Jahrbuch

der

Schiffbautechnischen Gesellschaft

91. Band
1997

Springer-Verlag Berlin Heidelberg New York
Barcelona Hong Kong London
Mailand Paris Singapur Tokio

Redaktion: Christel Reese, Schiffbautechnische Gesellschaft e. V.,
Lämmersieth 72, 22305 Hamburg

ISBN 3-540-65179-9 Springer-Verlag Berlin Heidelberg New York

Printed in Germany
Library of Congress Catalog Card Number: 8-17123

Satz: SPS Madras und Hilmar Schlegel, Berlin
Druck: Mercedes-Druck, Berlin; Bindearbeiten: Lüderitz & Bauer, Berlin
SPIN: 10698229 68/3020–5 4 3 2 1 0 gedruckt auf säurefreiem Papier

Schiffbautechnische Gesellschaft e.V.

Vorstand (Amtszeit bis 31.12.1997)

Vorstandsrat (Amtszeit bis 31.12.1997)

Technisch-Wissenschaftlicher Beirat (TWB)

Geschäftsführer:
Dipl.-Ing. Hermann Schmidt, Hamburg
Geschäftsstelle:
Lämmersieth 72, 22305 Hamburg
Telefon: 040-690 49 10
Telefax: 040-690 03 41

Fachausschüsse und ihre Leiter

Geschichte des Schiffbaus
Dipl.-Ing. W.-D. Hoheisel, Loxstedt

Schiffshydrodynamik mit den Arbeitskreisen Numerische Schiffshydrodynamik
und Schnelle und unkonventionelle Wasserfahrzeuge
Dipl.-Ing. F. Mewis, Ammersbek

Schiffsentwurf und Schiffssicherheit
Prof. Dr.-Ing. H. Poehls, Hamburg

Konstruktion und Festigkeit
Prof. Dr.-Ing. Dr.-Ing. E. h. Dr. h.c. E. Lehmann, Lübeck-Travemünde (bis 9. Dezember 1997)
Dr.-Ing. Wolfgang Fricke (ab 9. Dezember 1997)

Schiffsmaschinen mit den Arbeitskreisen Controlled Atmosphere, Arbeitserleichterung
im Schiffsbetrieb, Erhöhung der Zuverlässigkeit von Vortriebs-
und Manövrieranlagen, Kälte, Klima, Lüftung
Prof. Dr.-Ing. H. Meier-Peter, Glücksburg

Vibrationen und Geräusche
Dipl.-Ing. J. Blaurock, Hamburg

Schiffselektrotechnik
Prof. Dr.-Ing. G. Ackermann, Hamburg

Meßtechnik und Automation
Dr.-Ing. J. Ritterhoff, Lübeck

Werkstoffe und Korrosion mit den Arbeitskreisen Applikation, Verträglichkeit,
Kontaktkorrosion, Prüfverfahren und Unterwasserbeschichtungen
Prof. Dr. rer. nat. E. Hargarter, Hamburg

Meerestechnik
Prof. Dr.-Ing. G. Clauss, Berlin

Ausbildung und Fortbildung
Prof. Dr.-Ing. H. Keil, Ahrensburg

Seeschiffahrtsstraßen, Hafen und Schiff
Gemeinsamer Ausschuß mit der Hafenbautechnischen Gesellschaft
MinRat Dr.-Ing. G. Hovers, Bonn

Manövrieren
Dr.-Ing. P. Oltmann, Hamburg

Binnenschiffe
Gemeinsamer Ausschuß mit dem Verein für Binnenschiffahrt
und Wasserstraßen
Prof. Dr.-Ing. E. Müller, Duisburg

Arbeitsorganisation und Fertigungstechnik
Dipl.-Ing. H. Wilckens, Hamburg

Marinetechnik
Flottillenadmiral W. Feldes, Bornheim

Ehemalige Schirmherren und Ehrenvorsitzende

Wilhelm II., Deutscher Kaiser, König von Preußen, Dr.-Ing. der deutschen technischen Hochschulen (Schirmherr 1900–1937).

Friedrich August, Großherzog von Oldenburg, Dr.-Ing. E. h. (Ehrenvorsitzender 1900–1930).

Erich Raeder, Dr. h.c., Großadmiral (Schirmherr 1938–1942).

Ehrenmitglieder

Kurt Wendel, Dr.-Ing., Professor em., Hamburg (seit 1988).

Reinhard Mau, Dipl.-Ing., Hamburg (seit 1991).

Ehemalige Vorsitzende

Carl Busley, Dr.-Ing. E. h., Geheimer Regierungsrat, o. Professor, Berlin (1900–1928).

Walter Laas, o. Professor, Berlin (1928–1930).

Johann Schütte, Dr.-Ing. E. h., Geheimer Regierungsrat, o. Professor, Berlin (1931–1939).

Georg Schnadel, Dr.-Ing. E. h., Dr.-Ing., o. Professor em., Hamburg (1940–1960).

Hermann W. Lerbs, Dr.-Ing., o. Professor, Hamburg (1961–1966).

Kurt Illies, Dr.-Ing. E. h., Dr.-Ing., o. Professor em., Hamburg (1967–30.6. 1979).

Reinhard Mau, Dipl.-Ing., Hamburg (1.7.1979–1989).

Verstorbene Ehrenmitglieder

Friedrich Wilhelm, Kronprinz des Deutschen Reiches und Kronprinz von Preußen, Dr.-Ing. E. h., (seit 1902; †1951).

Heinrich, Prinz von Preußen, Dr.-Ing. E. h., Großadmiral (seit 1902; †1929).

Friedrich Franz IV., Großherzog von Mecklenburg-Schwerin (seit 1904; †1945).

Friedrich II., Großherzog von Baden (seit 1907; †1907).

Rudolf Haack, Kgl. Baurat, ehem. Schiffbaudirektor der Stettiner Schiff- und Maschinenbau-A.G. „Vulcan" (seit 1908; †1909).

Albert Ballin, Dr.-Ing., Vorsitzender des Direktoriums der Hamburg-Amerika-Linie (seit 1911; †1918).

Geo Plate, Präsident des Norddeutschen Lloyd (seit 1911; †1914).

Hermann Blohm, Dr.-Ing. E. h., Werftbesitzer, Hamburg (seit 1918; †1930).

Georg Claussen, Dr.-Ing. E. h., Kgl. Baurat, ehem. Direktor v. J. C. Tecklenborg AG, Geestemünde (seit 1919; †1919).

Carl Busley, Dr.-Ing. E. h., Geheimer Regierungsrat, o. Professor, Berlin (seit 1920; †1928).

Johannes Rudloff, Dr.-Ing. E. h., Wirklicher Geheimer Oberbaurat, Professor, Berlin (seit 1923; †1934).

Viktor Nawatzki, Generaldirektor, ehem. Vorsitzender des Aufsichtsrates der Bremer Vulkan, Eisenach (seit 1924; †1940).

Philipp Heineken, Dr.-Ing. E. h., früher Präsident des Norddeutschen Lloyd, Bremen (seit 1924; †1947).

Friedrich August, Großherzog von Oldenburg, Dr.-Ing. E. h. (seit 1930; †1931).

Paul von Hindenburg, Reichspräsident, Generalfeldmarschall (seit 1931; †1934).

Walter Laas, o. Professor, Berlin (seit 1950; †1951).

Gustav Bauer, Dr.-Ing. E. h., Dr. phil., Professor, Hamburg (seit 1950; †1953).

Emil Goos, Dr.-Ing. E.h., Hamburg (seit 1950; †1954).

Theodor Hitzler, Werftbesitzer, Hamburg (seit 1950; †1955).

Paul Reusch, Dr.-Ing. E. h., Dr. rer. nat. h. c., Schloß Katharinenhof/Oppenweiler (seit 1955; †1956).

Friedrich Romberg, Dr.-Ing. E. h., Geheimer Regierungsrat, Professor, Berlin (seit 1955; †1956).

Günther Kempf, Dr.-Ing., o. Professor, Hamburg (seit 1955; †1961).

Friedrich Gebers, Dr.-Ing., Eystrup (seit 1955; †1967).

Johann Köser, Werftbesitzer, Hamburg (seit 1956; †1967).

Wm. Scholz, Dr.-Ing. E. h., Dr. phil., Hamburg (seit 1963; †1967).

Hermann W. Lerbs, Dr.-Ing., o. Professor, Hamburg (seit 1966; †1968).

Fritz Horn, Dr.-Ing. E. h., Dr.-Ing. o. Professor em., Berlin (seit 1960; †1972).

Georg Schnadel, Dr.-Ing. E. h., Dr.-Ing., o. Professor em., Hamburg (seit 1961; †1980).

Hans Jobst v. Seebach, Hamburg (seit 1983; †1986).

Johs. Kulenkampff, Dr. jur., Bremen (seit 1974; †1987).

Kurt Illies, Dr.-Ing., Dr.-Ing. E. h., o. Professor em., Hamburg (seit 1979; †1987).

Siegfried Schuster, Dr.-Ing., Professor em., Berlin (seit 1984; †1989).

Inhaber der Goldenen Denkmünze der Schiffbautechnischen Gesellschaft

Wilhelm II., Deutscher Kaiser, König von Preußen, Dr.-Ing. der deutschen technischen Hochschulen (seit 1907; †1941).

Friedrich August, Großherzog von Oldenburg, Dr.-Ing. E. h. (seit 1908; †1931).

Carl Busley, Dr.-Ing. E. h., Geheimer Regierungsrat, o. Professor, Berlin (seit 1913; †1928).

Rudolf Veith, Dr.-Ing., Wirklicher Geheimer Oberbaurat, Berlin (seit 1915; †1917).

Hermann Frahm, Dr.-Ing. E. h., Werftdirektor i. R., Hamburg (seit 1924; †1939).

Gustav Bauer, Dr.-Ing. E. h., Dr. phil., Professor, Hamburg (seit 1925; †1953).

Johannes Rudloff, Dr.-Ing. E. h., Wirklicher Geheimer Oberbaurat, Professor, Berlin (seit 1933; †1934).

Imanuel Lauster, Dr.-Ing. E. h., Geheimer Baurat, Augsburg (seit 1934; †1948).

Hans Bürkner, Dr.-Ing. E. h., Geheimer Oberbaurat, Berlin (seit 1935; †1943).

Johann Schütte, Dr.-Ing. E. h., Geheimer Regierungsrat, o. Professor em., Berlin (seit 1939; †1940).

Hermann Föttinger, Dr.-Ing., o. Professor an der Technischen Hochschule, Berlin (seit 1942; †1945).

Fritz Horn, Dr.-Ing. E. h., Dr.-Ing., o. Professor em., Berlin (seit 1955; †1972).

Georg Schnadel, Dr.-Ing. E. h., Dr.-Ing., o. Professor em., Hamburg (seit 1956; †1980).

Wm. Scholz, Dr.-Ing. E.h., Dr. phil., Hamburg (seit 1959; †1967).

Georg Weinblum, Dr.-Ing. E. h., D. eng., Dr.-Ing., o. Professor em., Hamburg (seit 1967; †1974).

Kurt Illies, Dr.-Ing. E. h., Dr.-Ing., o. Professor em., Hamburg (seit 1972; †1987).

Hans Amtsberg, Dr.-Ing., o. Professor em., Berlin (seit 1974; †1976).

Siegfried Schuster, Dr.-Ing., Professor, Direktor, Berlin (seit 1979; †1989).

Heinrich Waas, Dr.-Ing. E.h., Dipl.-Ing., Bonn-Bad Godesberg (seit 1983; †1991).

Ulrich Gabler, Dipl.-Ing., Professor, Lübeck (seit 1984; †1994).

Otto Grim, Dr.-Ing., Dr.-Ing. E.h, Professor, Hamburg (seit 1986; †1994).

Kurt Wendel, Dr.-Ing., Professor em., Hamburg (seit 1993).

Inhaber der Silbernen Denkmünze der Schiffbautechnischen Gesellschaft

Hermann Föttinger, Dr.-Ing., o. Professor an der Technischen Hochschule, Berlin (seit 1906; †1945).

Ludwig Gümbel, Dr.-Ing., ehem. Professor an der Technischen Hochschule Berlin (seit 1914; †1923).

Gustav Bauer, Dr.-Ing. E. h., Dr. phil., Professor, Hamburg (seit 1916; †1953).

Karl Schaffran, Dr.-Ing., Hamburg (seit 1920; †1945).

Tjard Schwarz, Geheimer Marinebaurat a.D., Hamburg (seit 1927; †1931).

Rudolf Wagner, Dr.-Ing. E. h., Dr. phil., Hamburg (seit 1928; †1935).

Günther Kempf, Dr.-Ing., o. Professor, Hamburg (seit 1930; †1961).

Carl Schulthes, Marinebaurat a.D., Berlin (seit 1932; †1933).

Emil Goos, Dr.-Ing. E. h., Hamburg (seit 1933; †1954).

Georg Schnadel, Dr.-Ing. E. h., Dr.-Ing., o. Professor em., Hamburg (seit 1936; †1980).

Fritz Horn, Dr.-Ing. E. h., Dr.-Ing., o. Professor em., Berlin (seit 1939; †1972).

Fritz Bröking, Ministerialdirigent i.R., Berlin (seit 1943; †1961).

Theodor Hitzler, Werftbesitzer, Hamburg (seit 1944; †1955).

Ferdinand Brandes, Ministerialdirektor i.R., Dipl.-Ing., Bad Salzuflen (seit 1953; †1974).

Hans E. Dickmann, Dr.-Ing., Professor, Karlsruhe (seit 1957; †1957).

Georg Weinblum, Dr.-Ing. E. h., D. eng., Dr.-Ing., o. Professor em., Hamburg (seit 1957; †1974).

Otto Grim, Dr.-Ing., o. Professor, Hamburg (seit 1959; †1994).

Kurt Illies, Dr.-Ing., Dr.-Ing. E. h., o. Professor em., Hamburg (seit 1963; †1987).

Hermann W. Lerbs, Dr.-Ing., o. Professor, Hamburg (seit 1964; †1968).

Siegfried Schuster, Dr.-Ing. Professor, Direktor, Berlin (seit 1966; †1989).

Walter Pflaum, Dr.-Ing., Professor, Berlin (seit 1968; †1989).

Hans Amtsberg, Dr.-Ing., o. Professor, Berlin (seit 1969; †1976).

Joh. Hansen, Dipl.-Ing., o. Professor em., Hamburg (seit 1969; †1980).

Heinrich Waas, Dr.-Ing. E. h., Dipl.-Ing., Ministerialdirigent a.D., Bad Godesberg (seit 1969; †1991).

Kurt Wendel, Dr.-Ing., o. Professor, Hamburg (seit 1970).

Rudolf Wille, Dr.-Ing., o. Professor, Berlin (seit 1972; †1973).

Hans Brehme, Dipl.-Ing., Hamburg (seit 1974; †1984).

Hans S. Kannt, Dipl.-Ing. Lübeck (seit 1974).

Albert Wangerin, Dipl.-Ing., o. Professor, Hannover (seit 1974; †1985).

Klaus Meyne, Dr.-Ing., Köln (seit 1982).

Hans G. Payer, Dr. techn., Hamburg (seit 1982).

Harald Keil, Dr.-Ing., Professor, Ahrensburg (seit 1983).

Günther Mau, Dipl.-Ing. Professor, Westerholz (seit 1985).

Odo Krappinger, Dr.-Ing. Professor, Norderstedt (seit 1988).

Günter Großmann, Dr.-Ing., Professor, Berlin (seit 1990).

Carsten Östergaard, Dr.-Ing., Hamburg (seit 1993).

Werner Droste, Dr.-Ing., Professor, Hamburg (seit 1994; †1995).
Burkhard Müller-Graf, Dr.-Ing., Berlin (seit 1994).
Cai Boie, Dipl.-Ing., Hamburg (seit 1995).
Karl-Heinz Paetow, Dipl.-Ing., Preetz (seit 1996).

Inhaber der Bronzenen Denkmünze der Schiffbautechnischen Gesellschaft

Christof B. Rehling , Dipl.-Ing., Berlin (seit 1991).
Frank- Peter Schindler, Dipl.-Ing., Berlin (seit 1991).
Wolfgang Planitz, Dr.-Ing., Hamburg (seit 1992).
Joachim Zöllner, Dipl.-Ing., Mülheim/Ruhr (seit 1993).
Karl-Heinz Hochhaus, Dr.-Ing., Hamburg (seit 1995).
Dimitris Sideris, Dr.-Ing., Hamburg (seit 1996).
Andrés Cura Hochbaum, Dr.-Ing., Hamburg (seit 1997).
Pierre Sames, Dr.-Ing., Hamburg (seit 1997).

Inhaber der Goldenen Ehrennadel der Schiffbautechnischen Gesellschaft

Friedrich Maeder, Dipl.-Ing. Marinebaudirektor a.D., Kassel (seit 1974).
Kurt Arendt, Dipl.-Ing., Lübeck (seit 1974).
Erich Erdmann, Dipl.-Ing., Hamburg (seit 1974).
Berthold Gentzsch, Dipl.-Ing., Betriebsdirektor i. R., Kiel (seit 1974; †1992).
Karl Johannsen, Dipl.-Ing., Ltd. Reg. Baudirektor i.R., Hamburg (seit 1974).
Helmuth Karnatz, Dipl.-Ing., Bad Sooden-Allendorf (seit 1974).
Johannes Kausch, Dipl.-Ing., Timmendorferstrand (seit 1974; †1991).
Harald Lindenau, Dipl.-Ing., Kiel (seit 1974).
Lothar Onasch, Dipl.-Ing., Bremerhaven (seit 1974; †1994).
Fritz Seefisch, Dipl.-Ing., Hamburg (seit 1974).
Jochen Voss, Dipl.-Ing., Marinebaurat a.D., Hamburg (seit 1974).
Paul Weber, Ing. Südkirchen/Westf. (seit 1974; †1993).
Eberhard Westphal, Dr.-Ing., Professor em., Bonn (seit 1974; †1993).
Jacob Hsi Chi, Dr.-Ing., Seattle (seit 1975; †1995).
Dagobert Müller-Thomamühl, Schiffbau-Ing., Klagenfurt (seit 1975).
Karl H. Schulthes, Dipl.-Ing., Bad Godesberg (seit 1975; †1997).
Fritz Umlauf, Dipl.-Ing. Bremen (seit 1975; †1995).
Heinrich Waas, Dipl.-Ing., Dr.-Ing. E. h., Bad Godesberg (seit 1975; †1991).
Günther Humbert, Dipl.-Ing. Bremen (seit 1977; †1995).
Carl Lütgens, Dipl.-Ing., Hamburg (seit 1977; †1993).
Joseph Franz Meyer, Dipl.-Ing., Papenburg (seit 1977).
Friedrich Meyer-Degenhard, Hamburg (seit 1977; †1993).
John K. Mohr, Schiffbau-Ing., Binningen/Schweiz (seit 1977; †1994).
Bernd Rother, Dipl.-Ing., Preetz (seit 1978).
Rudolf Verhovsek, Dr. techn., Professor, Rendsburg (seit 1978; †1993).
Ernst Renning, Ing., Hamburg (seit 1979; †1991).
Bernhard Schönherr, W., Hofrat, Dipl.-Ing., Linz/Österr. (seit 1979).
Josef Dienstdorf, Dipl.-Ing., Bremen (seit 1980).
Hans Hass, Dipl.-Ing. Hamburg (seit 1981).
Kurt A. H. Oehlmann, Schiffbau-Ing., Lübeck-Travemünde (seit 1981, †1997).
Kurt W. Reiter, Dr.-Ing., Hamburg (seit 1981; †1993).
Walter Stage, Dipl.-Ing., Professor, Bremen (seit 1981; †1997).
Hans Drape, Ing., Mannheim (seit 1982; †1995).
Gerhard Gnutzmann, Dipl.-Ing., Wilhelmshaven (seit 1982; †1991).
Rudolf Gräfe, Dipl.-Ing., Emden (seit 1982; †1997).
Kurt Hecht, Dr.-Ing., Wilhelmshaven (seit 1982).
Heinz Heinsohn, Dipl.-Ing., Bremerhaven (seit 1982).
K. Schellenberger Dr.-Ing., Erlenbach (seit 1982).
Friedrich Seysen, Dipl.-Ing., Wiesbaden (seit 1982; †1991).
Kurt Wendel, Dr.-Ing., Professor, Hamburg (seit 1982).
Tewes Wischmann, Dipl.-Ing., Koblenz (seit 1982).
Otto Grim, Dr.-Ing., Dr.-Ing. E. h., o. Professor, Hamburg (seit 1983; †1994).
Cai Boie, Dipl.-Ing., Hamburg (seit 1990).
Werner Chilian, Dipl.-Ing., Karlsruhe (seit 1990).
Jon Valer Chirila, Dr.-Ing., Hamburg (seit 1990).
Egon Dittmer, Reinbek (seit 1990).
Otto Feuerhahn, Dipl.-Ing., Professor, Bremen (seit 1990).
Adalbert Gross, Dipl.-Ing., Berlin (seit 1990; †1992).
Franz Hitzler, Dipl.-Ing., Lauenburg (seit 1990).
Hans Martin Huchzermeier, Dr.-Ing., Worpswede (seit 1990; †1992).
Hans Kannt, Dipl.-Ing., Lübeck (seit 1990).
Karl Heinz Kurzak, Dipl.-Ing., Kiel (seit 1990).
Wolf-Dietrich Meienreis, Dipl.-Ing., Professor, Hattingen (seit 1990; †1995).
Gerhard Meyer-Haake, Dipl.-Ing., Hamburg (seit 1990; †1997).
Kurt Mühlstädt, Kiel (seit 1990).
Klaus Müller, Dipl.-Ing., Haltern-Sythen (seit 1990).
Werner Münnich, Dipl.-Ing., Hamburg (seit 1990; †1991).
Josef Pötz, Obering., Porta Westfalica (seit 1990; †1997).
Ernst Reese, Schiffbau-Ing., Quickborn (seit 1990).
Karl Remmers, Dr. rer. pol., Hamburg (seit 1990).
Johann Scholvin, Dr. rer. pol., Aumühle (seit 1990; †1996).
Norbert von der Stein, Dr.-Ing., Erftstadt Lechenich (seit 1990).
Manfred Volger, Dipl.-Ing., Bremen (seit 1990).
Heinrich-Georg Wallach, Schiffbau-Ing., Bremerhaven (seit 1990).
Conrad Birkhoff, Dipl.-Ing., Hamburg (seit 1991).

Karl-Theodor Braun, Prof. Dipl.-Ing., Rostock (seit 1991; †1994).
Hardwig Brück, Dipl.-Ing., Bremerhaven (seit 1991).
Wilhelm Fiedler, Dipl.-Ing., Aystetten (seit 1991; †1991).
Karl-Wilhelm Grützemacher, Dipl.-Ing., Deisenhofen (seit 1991).
Heinz Harder, Schiffbauing., Ingelheim (seit 1991).
Werner Henschke, Dr.-Ing., Berlin (seit 1991; †1993).
Peter Karig, Dipl.-Ing., Mallorca (seit 1991).
Günther Mau, Prof. Dipl.-Ing., Westerholz (seit 1991).
Walter Möckel, Kapitän, Reinbek (seit 1991).
Hans Peter Schlichting, Dipl.-Ing., Lübeck-Travemünde (seit 1991).
Otto-Werner Schlubach, Dipl.-Ing. Salem (seit 1991; †1995).
Karl A. Thorade, Dipl.-Ing., Ahrensburg (seit 1991).
Udo Ude, Dipl.-Ing., Klausdorf (seit 1991).
Friedrich Wehner, Dipl.-Ing., Köln (seit 1991).
Dieter Wustrau, Dipl.-Ing., Bremen (seit 1991).
Reimar Dade, Regierungsbaudirektor a.D., Dipl.-Ing., Heikendorf-Kitzeberg (seit 1992).
Denis A. Csupor, Dr.-Ing., Veyrier Genf/Schweiz (seit 1992).
Herbert Franz, Kapitän z.S. a.D., Dipl.-Ing., Swisttal-Buschhoven (seit 1992; †1996).
Max Jansen, Dipl.-Ing., Stockelsdorf (seit 1992).
Jan Erik Jansson, Prof. Dr. techn., Grankulla/Finnland (seit 1992).
Erik Karberg, Dipl.-Ing., Hamburg (seit 1992).
Walter Krause, Dipl.-Ing., Bremen-Lesum (seit 1992; †1996).
Roland Müller-Goldenstedt, Dipl.-Ing., Hamburg (seit 1992; †1995).
Wolfram Rittershausen, Bad Homburg (seit 1992).
Heinrich Röhrs, Hamburg (seit 1992; †1993).
Friedrich Franz Schnapauff, Ministerialrat a.D., Dipl.-Ing., Bonn (seit 1992; †1992).
Herbert Schneekluth, Prof. Dr.-Ing., Aachen (seit 1992).
Walther Schulz, Maschinenbau-Ing., Schenefeld (seit 1992; †1993).
Helmut Schwanecke, Prof. Dr.-Ing., Berlin (seit 1992).
Hans Suckow, Dipl.-Ing., Raisdorf (seit 1992).
Heinz Weyer, Dipl.-Ing., Norwalk/USA (seit 1992).
Gerhard Wollhofen, Dipl.-Ing., Münchweiler an der Rodalb (seit 1992).
Rudolf Wuchrer, Dipl.-Ing., Bremen (seit 1992).
Reinhard Beck, Dipl.-Ing., Koblenz (seit 1993).
Jost Bernhardt, Wedel (seit 1993; †1993).
Georg Blohm, Dr.-Ing., Hamburg (seit 1993).
Martin Böckenhauer, Dipl.-Ing., Reinbek (seit 1993).
Heinz Brand, Ing., Oldenburg (seit 1993).
Martin Braun, Dipl.-Ing., Hamburg (seit 1993).
Wolfram Claviez, Dipl.-Ing., Hamburg (seit 1993; †1996).
Martin de Cuvry, Dipl.-Ing., Lübeck (seit 1993).
Geerd Dettmers, Dipl.-Ing., Oldenburg (seit 1993).
Hugo Fiedler, Dipl.-Ing., Neuwittenbek (seit 1993).
Hans Gref, Dr.-Ing., Köln-Stammheim (seit 1993).
Andreas Harder, Dipl.-Ing., Bremen (seit 1993).
Günther Harms, Dipl.-Ing., Hamburg (seit 1993).
Horst Hebeler, Dipl.-Ing., Reinbek (seit 1993).
Gerhard Hellmich, Dipl.-Ing., Deggendorf (seit 1993).
Odo Krappinger, Prof. Dr.-Ing., Norderstedt (seit 1993).
Peter Leffler, Dipl.-Ing., Vallendar (seit 1993).
Werner Lütkens, Dipl.-Ing., Hamburg (seit 1993).
August Oberlein, Göttingen (seit 1993).
Karl-Heinz Otte, Dipl.-Ing., Rheinbach (seit 1993).
Woldemar Pelleter, Dipl.-Ing., Wilhelmshaven (seit 1993; †1996).
Eckhart Pleß, Dipl.-Ing., Hamburg (seit 1993).
Ohe Röhl, Dr.-Ing., Kakenstorf (seit 1993).
Karl Romahn, Dipl.-Ing., Emden (seit 1993).
Tarik Sabuncu, Prof. Dr. techn., Istanbul/Türkei (seit 1993).
Theodor Schumacher, Ing., Willich (seit 1993).
Karl Wieghardt, Prof. Dr., Hamburg (seit 1993; †1996).
Hermann Wippern, Ing., Hamburg (seit 1993).
Fritz Abels, Dr.-Ing., Lübeck (seit 1994).
Jürgen Alsen, Dipl.-Ing., Bremen (seit 1994).
Dietrich Barsch, Prof. Dipl.-Ing., Oyten (seit 1994).
Hans Brandl, Dipl.-Ing., Siegburg (seit 1994).
Willi Brockmann, Dipl.-Ing., Reinbek (seit 1994).
Gerhard Chomse, Dipl.-Ing., Hamburg (seit 1994).
Erwin Eitel, Dipl.-Ing., Antdorf/Obb. (seit 1994).
Bernhard Ferbus, Ing., Bremen (seit 1994; †1995).
Herbert Gehring, Dipl.-Ing., Gehrden (seit 1994).
Heinz-Georg Hahn, Prof. Dipl.-Ing., Felde (seit 1994).
Ulrich Harms, Hamburg (seit 1994).
Jan Hartmann, Prof. Dipl.-Ing., Bremen (seit 1994).
Gerrit Körte, Dipl.-Ing., Molfsee (seit 1994).
Elmar Kohlhaas, Dipl.-Ing., Köln (seit 1994).
Friedrich J. Kroeg, Dipl.-Ing., Hamburg (seit 1994).
Claus Kruppa, Prof. Dr.-Ing., Berlin (seit 1994).
Hans Langmatz, Garmisch-Partenkirchen (seit 1994).
Horst Lehnert, Schiffbau-Obering., Lemwerder (seit 1994).
Gunter Linkenbach, Schiffbau-Ing., Emden (seit 1994).
Hans Meier, Dr.-Ing., Hamburg (seit 1994).
Burkhard Müller-Graf, Dr.-Ing., Berlin (seit 1994)
Lutz Nohse, Dipl.-Ing., Lübeck (seit 1994).
Nils H. Norrbin, Dr.-Ing., Göteborg/Schweden (seit 1994).
Harro Postel, Prof. Dipl.-Ing., Mönkeberg (seit 1994).
Helmut Sanftleben, Dipl.-Ing., Lübeck (seit 1994).
Horst Schnoor, Dipl.-Ing., Lübeck (seit 1994).
Hermann Schumacher, Prof. Dipl.-Ing., Hamburg (seit 1994).
Rüdiger Snay, Dipl.-Ing., Berlin (seit 1994).
Hans Günther Spindler, Obering., Dinslaken (seit 1994; †1996).
Wolfgang Suchantke, Dipl.-Ing., Sereetz (seit 1994; †1996).
Otto Unger, Obering., Bremen (seit 1994).
Hans-Otto Wagner, Dipl.-Ing., Wendtorf (seit 1994; †1997).
Ernst-Ludwig von Aster, Dipl.-Ing., Oyten (seit 1995).
Walter Awolin, Dipl.-Ing., Raisdorf (seit 1995).
Erich Bagge, Prof. Dr., Kiel (seit 1995; †1996).
Lothar Borchers, Dipl.-Ing., Hamburg (seit 1995).
Rolf Ebeling, Dipl.-Ing., Meppen (seit 1995; †1997).
Jürgen Echte, Dipl.-Ing., Bremen (seit 1995).
K. Heinrich Ehlers, Dipl.-Ing. Buchholz (seit 1995).
Dieter Gerloff, Dipl.-Ing., Lübeck (seit 1995).
Friedrich Härtel, Dipl.-Ing., Bremen (seit 1995).

Rudolf Helmich, Dipl.-Ing., Koblenz (seit 1995).
Joachim Jens, Dipl.-Ing., Hamburg (seit 1995).
Klaus Knüpffer, Rosengarten-Ehestorf (seit 1995).
Gerhard Kratzenberg, Schiffbau-Ing., Mainz-Mombach (seit 1995).
Helmut Meyer, Dipl.-Ing., Lippstadt (seit 1995).
Jürgen Moll, Prof. Dipl.-Ing., Bremen (seit 1995).
Johann-Otto Oellerich, Dipl.-Ing., Bremerhaven (seit 1995).
Jürgen Oesten, Hamburg (seit 1995).
Johann Piehler, Dipl.-Ing. Dipl.-Kfm., Hamburg (seit 1995).
Helmuth Schaak, Dipl.-Ing., Nürnberg (seit 1995).
Erich Schomber, Ing., Bremen (seit 1995).
Josef Schormair, Kapitän, Hamburg (seit 1995; †1997).
Helmuth Schwenker, Dipl.-Ing. Halstenbek (seit 1995).
Werner Soland, Dipl.-Ing., Zürich (seit 1995; †1995).
Peter Timmann, Schiffbau-Ing., Lübeck (seit 1995).
Dieter Ulken, Prof. Dipl.-Ing., Geesthacht (seit 1995).
Carl August Ziegler, Dipl.-Ing., Hamburg (seit 1995).
Claus-Peter Buhtz, Dipl.-Ing., Hamburg (seit 1996).
Emil Ehmsen, Dipl.-Ing., Hamburg (seit 1996; †1997).
Paul Heidtkamp, Dipl.-Ing., Waldesch (seit 1996).
Asmus W. Feck, M.Sc.CEng., Pawleys Island/USA (seit 1996).
Arthur H. Graubart, Kapt. Z. See a.D., Palm Beach/USA (seit 1996).
Hermann Grothues-Spork, Dr.-Ing., Berlin (seit 1996).
Peter Jastram, Dipl.-Ing., Wentorf (seit 1996).
Hans-Werner Kaekenmeister, Ing., Hamburg (seit 1996).
Hartmut Meyer-Hermann, Dipl.-Ing., Buchholz (seit 1996).
Wolfgang Zehm, Dipl.-Ing., Lübeck-Travemünde (seit 1996).
Günter Bach, Gießerei-Ing., Neumünster (seit 1997).
Rameswar Bhattacharyya, Prof. Dr.-Ing., Annapolis/USA (seit 1997).
Reemt Bruhns, Kapt. Schiffbauing., Hamburg (seit 1997).
Hans-Jürgen Cierpinski, Ing., Heikendorf (seit 1997).
Dieter Grabbe, Dipl.-Ing., Hamburg (seit 1997).
Erich Hasbach, Dipl.-Phys., Berg.-Gladbach (seit 1997).
Curt Höfelmann, Dipl.-Ing., Mannheim (seit 1997).
Manfred Kubitzke, Dipl.-Ing., Kiel (seit 1997).
John Marcus, Schiffbau-Obering., Bremen (seit 1997).
Prabhat Kumar Pal, Dr., Chifley/Austr. (seit 1997).
Heino Schafstall, Prof. Dr.-Ing., Adendorf (seit 1997).
Holger Vogel, Dipl.-Ing., Planegg (seit 1997).
Hans-Dieter Winkler, Schiffbauing., Aurich-Haxtum (seit 1997).
Luis Zamora, Dipl.-Ing., Lima/Peru (seit 1997).

Inhaber des von der Georg-Weinblum-Stiftung seit 1986 jährlich verliehenen Georg-Weinblum-Preises

1986 Wolfgang Fricke, Dr.-Ing., Technische Universität Hamburg-Harburg.
1987 Christoph Teetz, Dr.-Ing., Universität Hannover.
1988 Gerhard Jensen, Dr.-Ing., Universität Hamburg.
1989 Robert Bronsart, Dr.-Ing., Universität Hamburg.
Franz U. Häusler, Dr.-Ing., Technische Universität Hamburg-Harburg.
1990 Günter Sens, Dr.-Ing., Universität Hamburg.
1991 Thomas Koch, Dr.-Ing., Universität Hamburg.
Gert-Andreas Meißner, Dr.-Ing., Technische Universität Berlin.
1992 Hans Jürgen Bohlmann, Dr.-Ing., Universität Hamburg.
1993 Herbert Aly, Dr.-Ing., Technische Universität Hamburg-Harburg.
Christian Cabos, Dr. rer. nat., Universität Hamburg.
1994 Leshan Zhang, Dr.-Ing., Universität Hamburg.
1995 Kai Uwe Graf, Dr.-Ing., Universität Hamburg.
Thomas Weber, Dr.-Ing., Technische Universität Berlin.
1996 Hermann Klein, Dr.-Ing., Technische Universität Hamburg-Harburg.
1997 Xing, Yu, Dr.-Ing., Universität Hamburg.

Als neue persönliche Mitglieder im Jahre 1997 begrüßen wir herzlich:

Sebastian Daniel Bade, Berlin
Marcus Bentin, Grinau
Dipl.-Ing. Matthias Bergande, Lübeck
Sven Brand, Oldenburg
Dipl.-Ing. Sabine Brandt, Emden
Andreas Brehme, Hamburg
Dipl.-Ing. Rüdiger Brockmüller, Flensburg
Hendrik Bruhns, Hamburg
Dipl.-Ing. Marcus Burgmann, Kopenhagen
Christel-Maria Burzeya, Bremen
Dipl.-Ing. Frank Felkel, Wiesenau
Felix Fliege, Königs Wusterhausen
Elektro-Ing. Rainer Hartig, Hamburg
Dr.-Ing. Hans Hinrichsen, Hamburg
York Ilgner, Hamburg
Kapt. Adolf Janssen, Oldenburg
Dipl.-Ing. Hans Hermann Kirschnick, London
Dipl.-Ing. Michael Klemt, Hamburg
Henrik Kliebhan, Bochum
Kapt. Martin Köhn, Helgoland
Sebastian König, Hamburg
Rudi Kussoy, Hamburg
Peer Lummerzheim, Hamburg
Kapt. John P. Marcus, Bremen

Thomas Minks, Hamburg
Dipl.-Ing. Jürgen Möller, Aachen
Dirk Pauly, Winsen
Csaba Piller, Berlin
Thorsten Priebe, Hamburg
Dipl.-Ing. Axel Pruin, Braunschweig
Dipl.-Ing. Stefan Richter, Delmenhorst
Dr.-Ing. Pierre C. Sames, Hamburg
Dipl.-Ing. Roland Schill, Hamburg
Klaus Schmidt, Osterrönfeld
André Schneider, Hamburg
Norbert Schouler, Kiel
Dr.-Ing. Detlef Schulze, Berlin
Dipl.-Ing. Malte Seyen, Hamburg
Dr.-Ing. Jae-Young Song, Korea
Carsten Speckheuer, Kiel
Michael Stelzer, Kiel
Florian Stempinski, Berlin
Axel Thobaben, Westerrönfeld
Dipl.-Ing. Georg Tinschmann, Hamburg
Dr.-Ing. Ulf-Dieter Ulken, Hamburg
Dipl.-Ing. Jürgen Wittburg, Wedel
Dipl.-Ing. Jobst Wulf, Buxtehude
Dr.-Ing. Xing Yu, Hamburg
Dipl.-Ing. Anita Zietsch, Hannover.

Als neue korporative Mitglieder im Jahre 1997 heißen wir willkommen:

Abb Turbolader, Hamburg
Reederei C. P. Offen, Hamburg
Orden der Heyligen Frau Latte, Berlin.

Inhaltsverzeichnis

Seetransport von Kühlgütern

Kurzfassungen der Vorträge des Sprechtages im Februar 1997 in Bremerhaven

Vorteile und Probleme des Kühltransportes von Früchten mit Kühlschiffen aus der Sicht des Importeurs. A. WEICHERT . . . 1
Kühlschiffe, Analyse der derzeitigen weltweiten Kühlschiffsflotte. K.-H. HOCHHAUS . . . 11
Kühlschiffe mit hoher Geschwindigkeit. D. LEHMANN . . . 19
Kühlschiffe der Zukunft. C. STROBEL . . . 25
Schiffskälteanlagen nach der FCKW-Verordnung. S. RODERMUND . . . 32
Kühlcontainerschiffahrt mit Porthole- und CA-Kühlcontainern. K.-H. HOCHHAUS, Y. WILD . . . 41
Integrierte Kühlcontainer im Laderaum von Containerschiffen. R. DUGE . . . 51
„Kühlcontainer“ – Prinzip, Betrieb und landseitiger Service. B. RENK . . . 61
Überblick über den aktuellen Stand bei der Kühlcontainer-Fernüberwachung (Remote Reefer Monitoring). Y. WILD . . . 68

Einfluß von Innovationen aus der Forschung auf moderne Entwurfsprozesse einer Werft

Kurzfassungen der Vorträge des Sprechtages im März 1997 in Flensburg

Einleitung. W. BÜHR . . . 75
Moderne hydrodynamische Entwurfsmethoden in der Werftpraxis. S. KRÜGER . . . 77
Entwurf der Stahlstruktur unter Benutzung neuer Dimensionierungsmethoden. B. BOHLMANN . . . 84
Entwurf eines modularen Deckshauses und Konzeption für seine Fertigung. R. HÖPFNER . . . 88
Aktuelle Entwicklungen zum Numerischen Tank – Auswirkungen auf den Entwurfsprozeß. G. JENSEN . 90
Globale Optimierung von Propellern. R. SCHULZE . . . 97
Rechnererzeugte Propellergeometrien. S. HARRIES, B.-L. KÄTHER . . . 105
Zukünftige Genehmigungsprozeduren. M. BÖCKENHAUER, A. JOST, J. SCHULTE . . . 111
Der Entwurf der Maschinenanlage und sein Einfluß bei der Projektierung von Schiffen. H. MEIER-PETER 114

Netzqualität, Netzrückwirkungen, EMV

Kurzfassungen der Vorträge des Sprechtages im April 1997 in Bremerhaven

Theoretische Erwartungen und Simulation von Netzrückwirkungen. A. KÖRNER, G. VAUPEL . . . 119
Störquellen und Störsenken im Bereich hochfrequenter Netz-Rückwirkungen und Merkmale eines EMV-gerechten Netzes. H.-M. BECKER, P. HARMS . . . 127
EMV-Gesetzgebung für die Schiffahrt (EMVG, CE-Zeichen). H. KUHN . . . 137
EMV-Anforderungen und Prüfungen an Geräten. P. HARMS, G. FEYAND . . . 141
Netzgestaltung zur Minimierung von Störauswirkungen auf Niederspannungsnetze am Beispiel „Costa Victoria“. M. RIECKMANN, M. GIUFFRIDA . . . 150
Netzqualität in Bordnetzen mit diesel-elektrischer Fahranlage ohne Filterkreise. A. FLEMMING, H. SCHNIER . . . 157
Reduzierung der Netzrückwirkungen durch innovative Stromrichtertechnik. G. VAUPEL, P. ANDERSEN . . 165
Netzgestaltung mit Duplex-Drosseln. W. SCHILD, W. PLANITZ . . . 173

Sommertagung

Vorträge der Sommertagung im Mai 1997 in Schruns/Österreich

Hydromechanik/Propulsion

Berechnung viskoser Schiffsumströmungen. A. CURA HOCHBAUM 183
Untersuchung der wandnahen Strömung. J. LAUDAN 187
Messung der Wandschubspannung mittels Heißfilmtechnik an einem Schiffsmodell. A. JUNGLEWITZ, J. HENSSE, V. MÜLLER 195
Nautische Modellversuche zur Bestimmung der benötigten Fahrspurbreite von Schiffen bei der Durchfahrt einschiffiger Trogbrücken. J. ZÖLLNER 201
Über das Stabilitätsverhalten der Bremer Hansekogge von 1380. H. POSTEL 207

Meerestechnik

Das Naßschweißen als Instandsetzungsmaßnahme – Festigkeitsprüfung unter Wasser geschweißter Rohrverbindungen. R. POHL 223
Offshore Öl- und Gasinstallationen, Verbesserung der Sicherheit durch Zertifizierung. H. HINRICHSEN, L. GÖHR 232
Stabilität und Bewegungsverhalten eines Koppelsystems von verankertem Schwimmponton und Transportshuttle. M. FRÖHLICH 240

Krane für den maritimen Einsatz

Neue Entwicklungen im Hebezeugbau zur Verkürzung der Schiffsliegezeiten im Hafen und zur Beschleunigung des Containerumschlages. W. GOLLNAST, R. PAMPEL 246

Neue Ergebnisse aus den Hochschulen – Der Nachwuchs berichtet

Kurzfassungen der Vorträge des Sprechtages im Oktober 1997 in Duisburg

Konzept zum Ersatz langsamlaufender Dieselmotoren durch moderne Mittel- oder Schnelläufer auf Binnenschiffen, insbesondere am Beispiel des TMS „EILTANK 230". N. KUHLMANN 251
Untersuchung der Redundanzverhältnisse von Schiffsmaschinenanlagen. A. OERTEL 253
Auslegung von Ballastwassertanks zur Kühlwasserwärmeabfuhr für Schiffe in der Eisfahrt. G. TINSCHMANN 256
FEM-Festigkeitsuntersuchungen im Heckbereich einer Waterjet-Passagierfähre. A. SCHULTZ-HEIMBECK . 261
Kinematik-Untersuchungen an einem 5,70 m langen Freifall-Rettungsboot. M. HAASIS 264
Experimentelle Untersuchungen an SWATH-Varianten. R. TRÖLLER 269
Ein Ansatz zum Abgleich von Fertigungs- und Widerstandsaspekten beim Formentwurf. P. KAEDING . . 272
Entwurf von Container-Feederschiffen und Variation bezüglich Wirtschaftlichkeit des Einsatzes auf ausgewählten Routen. J. FAHRBACH 276
Entwurf eines schnellen unkonventionellen Einrumpf-Fährschiffes. U. KLEINE 278
Entwurf und Konstruktion eines flachgehenden Elbe Container-Binnenschiffes. W. MÜHLBACHER 284
LNG-Transport per Binnenschiff. M. BERGANDE 287
Beitrag zur Entwicklung eines Integrierten Navigationssystems für die Binnenschiffahrt. K.-M. MEIER . . 291

92. Hauptversammlung

Vorträge der Hauptversammlung im Oktober 1997 in Hamburg

Festvortrag

Das fünfte Rahmenprogramm der Europäischen Union – Neue Zugänge zur Forschungslandschaft. M. BOHLE-CARBONELL 297

Schiffsmaschinenbau

Zukünftige Anforderungen an die Abgasemission von Schiffsdieselmotoren – Grenzwerte, Einführung, Nachweis. H.-J. GÖTZE, C. HADLER, R. KRAPP 301
Kriterien für die Entwicklung moderner Schiffsdieselmotoren. R. ERHARDT 309
Modernes Motormanagement – Ein Baustein für zuverlässige emissionsarme Schiffsdieselmotoren. R. VOGT, U. SCHLEMMER-KELLING, J. NAGEL 317
Ergebnisse einer Studie zur Erhöhung der Zuverlässigkeit von Vortriebs- und Manövrieranlagen. G. HENSCHEL, H. MEIER-PETER, J. RITTERHOFF, F. WRAGGE 325

Methoden der Strukturanalyse

Untersuchungen zum Kollisionswiderstand von RoRo-Schiffen. M. SCHARRER, E. D. EGGE 343
Grundberührung von Schiffen. E. LEHMANN, J. PESCHMANN, A. KULZEP 355
Elastische Schiffskörperschwingungen in begrenztem Fahrwasser. U. RÖHR, P. MÖLLER 373
Anwendung der Noise-FEM auf die Körperschallausbreitung auf Schiffen. I. ASMUSSEN, C. CABOS, J. JOKAT 391

Schiffselektrotechnik

Die Alternative: Integrierte Einheiten zur Energieverteilung. B. KALLBACH 399
Anpassung von Prüfverfahren an den modernen Schiffbau:
Teil 1: Reengineering von Abnahmeprozeduren: Vom Kosten-Faktor zum Nutzen-Faktor für den Reeder
Teil 2: Weiterentwicklung von Prüfverfahren bei Arbeitsteilung zwischen Hersteller und Klassifikationsgesellschaft. S. H. MUNDT, H. REINECKE 405

Schiffsfertigung, Schweißtechnik, Trennen

Automatischer Schweißtraktor für die Sektionsstöße. W. WILD, M. SCHILF, P. KRÜGER, A. KAHNFELD, M. KAHNFELD 409
UP-Senkrechtschweißen mit horizontaler Elektrodenzuführung. H. HEROLD, A. HINRICHS, S. ZAHARIEV . 417
Leistungssteigerung bei mechanisierten Schutzgasschweißverfahren. U. DILTHEY, U. REISGEN, H. BACHEM 427
Plasmaschmelzschneiden von Schiffbauteilen. F.-W. BACH, H. HAFERKAMP, M. NETUSCHIL, R. VERSEMANN 437

Doppelhüllenbulker

Festigkeitsaspekte von Massengutschiffen. E. LEHMANN, M. BÖCKENHAUER, W. FRICKE, H.-J. HANSEN . 447
Entwurf, Konstruktion und Wirtschaftlichkeit von Doppelhüllen-Massengutschiffen. W. FRICKE, R. NAGEL 461
Double Hull Bulkers for the Carriage of Cargo which may Liquefy. W. ABICHT 477

Marinetechnik

Erhalt der Systemfähigkeit im deutschen Marineschiffbau in Behörde und Industrie. E. VON HEYDEBRAND, H. SAEGER 483
Von der Fregatte Klasse 120 zur Fregatte Klasse 124. J. BAKENHUS, K.-O. SADLER 487
Uboote Klasse 212. M. BORCHERT, J. RITTERHOFF 499

Vortrag gehalten auf der 91. Hauptversammlung im Oktober 1996 in Bremen

Einführung einer integrierten CAD/CAM-Lösung für die Konstruktion und Fertigung von Lukenabdeckungen. M. BEYRODT, E. BRÜNNER 507

Neue Gesichtspunkte beim Yachtentwurf

Kurzfassungen der Vorträge des Sprechtages im November 1997 in Bremerhaven

Einfluß veränderter Randbedingungen auf den Yachtentwurf. T. CONRADI 521

Stand der Computersimulation für flexible Riggs von Segelyachten. H. Schoop, N. Bessert, L. Taenzer 530
Experimentelle und numerische Strömungsuntersuchungen mit Segelyachtmodellen. K. Graf, D. Aue . . 535
Leistungsanalysen für das Segeldynamometer. H. Brandt, K. Hochkirch, M. Abdel-Maksoud, M. Fröhlich . . . 543
Yachtentwurf aus der Sicht einer Klassifikationsgesellschaft. K. Fach . . . 557
Stabilitäts- und Festigkeitsbetrachtungen an Yachtriggs mit Kohlefasermasten. H. Hoffmeister 560

50. Sitzung des Fachausschusses Schiffshydrodynamik in Form eines Kolloquiums

Vorträge des Kolloquiums anläßlich des 100. Geburtstages von Prof. Dr.-Ing. G. Weinblum im Januar 1997 in Hamburg

Zur Geschichte des Fachausschusses „Schiffshydrodynamik" der Schiffbautechnischen Gesellschaft e.V. F. Mewis . . . 571
Georg Weinblum. H. Keil . . . 579
Unsymmetrische Katamarane und andere Mehrrumpfschiffe. H. Söding . . . 580
Schiffswellen bei transkritischer Fahrt. S. D. Sharma . . . 585
Beschreibung, Bewertung und Verbesserung von Schiffsformen. H. Nowacki . . . 586
Modellierung von Zwei-Phasen-Strömungen zur Behandlung von Kavitationsproblemen. W.-H. Isay . . 594
Vergleich verschiedener 3D-Verfahren zur Berechnung des Seeverhaltens von Schiffen. V. Bertram . . 594
Propeller und Ruder als Propulsionsorgan. A. Kracht . . . 601

Berichte, Nachrufe und Verzeichnisse

Berichte über die Tätigkeit der Fachausschüsse und Arbeitskreise . . . 609
Das Geschäftsjahr 1997 . . . 617
Satzungen . . . 628
Unsere Toten . . . 629
Mitgliederverzeichnis . . . 635
Verzeichnis der Vortragenden und Diskussionsredner . . . 679
Schrifttum der STG . . . 687
Mitgliedsbeiträge der STG . . . 688

Seetransport von Kühlgütern

Kurzfassungen der Vorträge des Sprechtages im Februar 1997 in Bremerhaven

Vorteile und Probleme des Kühltransportes von Früchten mit Kühlschiffen aus der Sicht des Importeurs

André Weichert
Internationale Fruchtimport Gesellschaft Weichert & Co., Hamburg

1 Einführung

Der Transport von Kühlgütern mit Kühlschiffen ist die wirtschaftlichste Möglichkeit Lebensmittel über größere Entfernungen zu transportieren. Besonders aus dem internationalen Handel mit frischen Früchten ist der Seetransport mit Kühlschiffen nicht mehr wegzudenken. Seit es Anfang des Jahrhunderts die technische Entwicklung in der Kühlschiffahrt ermöglichte auch empfindliche Kühlgüter, wie z.B. Bananen, über große Distanzen zu transportieren, stellen Früchte einen ständig steigenden Anteil am Ladungsvolumen der Kühlschiffe dar. Die bereits seit einigen Jahrzehnten in landseitigen Kühllagern erfolgreich angewandte „Kontrollierte Atmosphäre" findet seit geraumer Zeit auch Einzug im Überseetransport von Früchten und ermöglicht somit den gestiegenen Qualitätsanforderungen seitens des Lebensmitteleinzelhandels und Verbrauchers gerecht zu werden.
Früchte als „lebendes" Transportgut stellen besondere Anforderungen an die Kühl- bzw. Transporttechnik, aber auch die Verpackung der Ware hat entscheidenden Einfluß auf Qualität und somit auch auf die spätere Vermarktungsfähigkeit.
Einfuhrbeschränkungen für frische Produkte machen die ohnehin nicht einfache Logistik oftmals zu einem Glücksspiel und verursachen erhebliche Kostensteigerungen, die nicht ohne weiteres an den Verbraucher weitergegeben werden können.

2 Weltweiter Fruchthandel

Obstverbrauch in Deutschland
In Abb. 1 ist die Entwicklung des Obstverbrauchs (pro Kopf) in Deutschland der Jahre 1987/88 bis 1990/91 dargestellt. Hier wird ersichtlich, daß heimische Obstsorten jährlichen Schwankungen unterliegen, bei den reinen Importprodukten wie z.B. Bananen eine deutliche Steigerung erkennbar ist.
Die saisonalen Schwankungen im Obstverbrauch sind in Abb. 2 verdeutlicht.
Fruchteinfuhr in die EU
In Abb. 3 sind die wichtigsten Exportländer für den EU-Markt im Jahr 1993 dargestellt.
In Abb. 4 werden die mit Kühlschiffen transportierten Volumen an Kühlgütern in Millionen t dargestellt. Hier zeigt sich, daß von den ca. 40 Mio t Kühlladung über 50 % (ca. 23 Mio t) Früchte sind. Nachfolgend sind die für den Transport mit Kühlschiffen wichtigsten Obstsorten aufgeführt.

Bananen

Die Bananenexporte werden zu 100% mit Kühlschiffen durchgeführt. Der Großteil der weltweiten Ernte von ca. 50 Mio t wird in den Erzeugerländern selbst verbraucht. Die beiden bedeutendsten Produktionsländer Brasilien und Indien (insgesamt ca. 11 Mio t) haben als Exportländer praktisch keine Bedeutung. Etwas mehr als 20% der weltweiten Produktion steht für den Export zur Verfügung, dabei stammt der überwiegende Teil aus Mittel- und Südamerika.

Zitrusfrüchte

Die weltweite Produktion von Zitrusfrüchten liegt mit ca. 75 Mio t weit über der Gesamtproduktion von Bananen. Der internationale Handel mit Zitrusfrüchten betrug 1992 allerdings nur ca. 8 Mio t, von denen ungefähr 7 Mio t per Kühlschiff transportiert wurden. Die Hauptanbaugebiete sind die europäi-

Frischobst-Verbrauch in Deutschland
in KG p/Kopf

Obstsorten [1)]	1987/88	1988/1989	1989/1990	1990/91
Äpfel	28,30	43,20	33,40	31,20
Birnen	6,50	9,00	7,20	6,80
Kirschen	3,90	3,60	3,20	3,00
Pflaumen	5,30	6,50	6,10	4,00
Aprikosen	0,40	0,40	0,40	0,40
Pfirsiche	4,40	3,70	3,90	3,80
Johannis-, Stachel-u. Himbeere	3,80	4,20	3,70	3,60
Erdbeeren	2,30	2,30	2,10	1,80
Brom-, Heidel-u. Preiselbeeren	0,10	0,20	0,20	0,20
Tafeltrauben	4,50	3,90	3,80	3,90
Bananen	10,80	11,30	13,20	14,60
Apfelsinen	8,30	7,60	8,80	8,30
Clementinen u. a.	4,10	4,90	3,90	5,30
Zitronen	1,70	1,70	1,90	1,60
Pampelmusen	1,30	1,10	1,10	1,00
Sonstiges Obst	3,30	3,20	3,40	3,50
Gesamt	89,00	106,80	96,30	93,00

[1)] Einschließlich Hausgarten- und Streuobstproduktion

Abb. 1. Frischobst-Verbrauch in Deutschland in KG/Kopf (Quelle: Bundesministerium für Ernährung, Landwirtschaft und Forsten)

Marktanteile Obst in %

	Aug. '94	Sept. '94	Okt. '94	Nov. '94	Dez. '94
Bananen	17,6	17,8	22,3	20,6	17,3
Kernobst	15,6	22,9	27,8	22,3	18,5
Steinobst	38,4	25,5	3,4	1,7	2,2
Weintrauben	12,5	21,1	23,8	12,3	2,3
Zitrusfrüchte	3,5	6,4	17,2	37,2	53
Beeren	0,3	0	0	0	0
Melonen	6,2	1,7	0,5	0,4	0,3
Exotische Früchte	2,5	2,6	3,8	4,2	4,8
Sonstige	3,5	2	1,3	1,4	1,6
Gesamt in t	256268,5	219594	203956,8	246192,5	272799,1

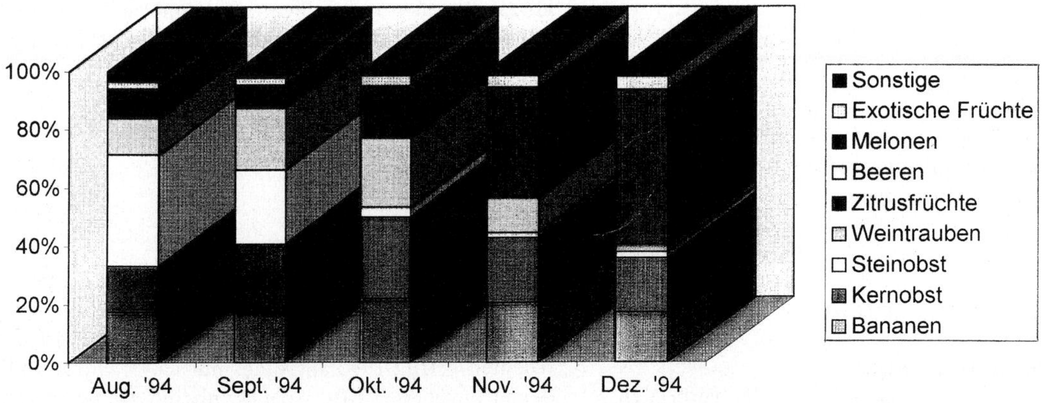

Abb. 2. Quelle: Nielsen

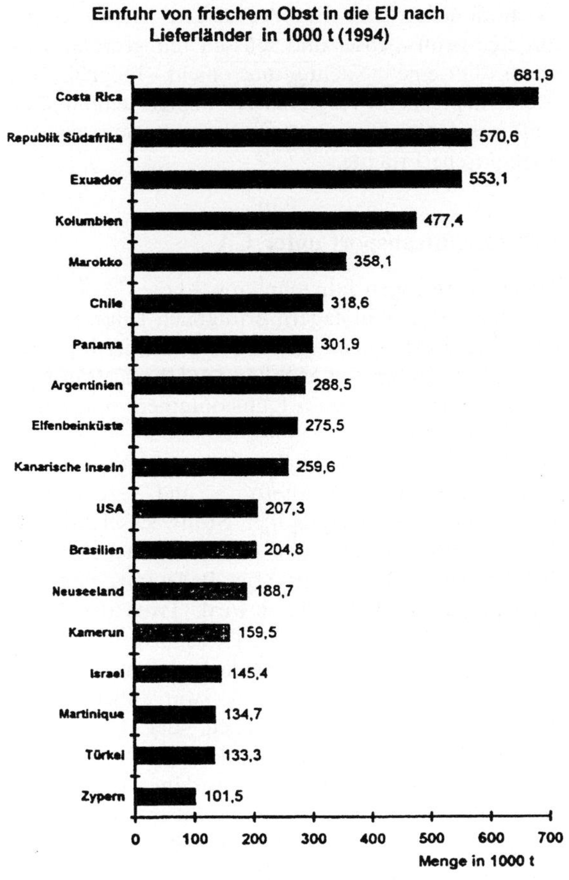

Abb. 3.

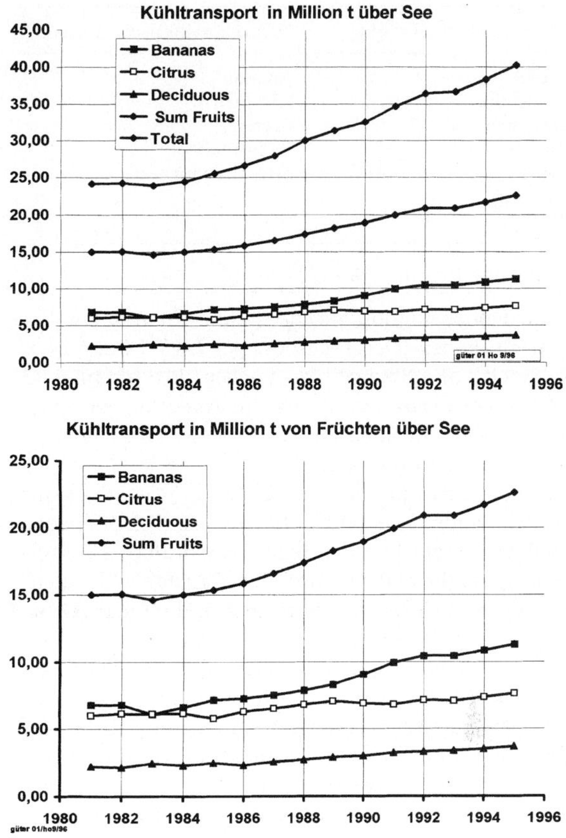

Abb. 4.

schen Mittelmeerländer mit nahezu 50% der Weltproduktion.

Saisonfrüchte (Decidious)

Hierzu zählen Früchte von laubabwerfenden Obstgehölzen, wie Äpfel, Birnen und Weintrauben. Die für den Seetransport interessanten Exportländer sind Chile, Südafrika und Neuseeland. Diese hatten im Jahr 1992 ein Exportvolumen von insgesamt ca. 3,3 Mio t.

Exotische Früchte

Im internationalen Fruchthandel nimmt die Bedeutung exotischer Früchte ständig zu. Die Importe Deutschlands, z.B. der Ananas haben sich in den letzten Jahren vervielfacht. So wurden im Jahr 1980 ca. 13 000 t und im Jahr 1992 über 45 000 t importiert, zum überwiegenden Teil fand der Transport per Kühlschiff statt. Auch andere Exoten, wie Mangos, Papayas oder Avocados konnten beträchtliche Steigerungen aufweisen und werden in den kommenden Jahren mit Sicherheit zusätzliche Ladungskapazitäten beanspruchen.

3 Transport von frischen Früchten

Ein schneller, zuverlässiger Transport ist das „A + O“ im Fruchthandel. Die ununterbrochene Kühlkette vom Produzenten bis zum Einzelhandel garantiert dem Konsumenten heutzutage ein breites Sortiment an frischen Früchten und Gemüsen in erstklassiger Qualität.

Unabhängig von Jahreszeiten verfügen wir heute über die Möglichkeit, auch zu Weihnachten z.B. frische Erdbeeren und Spargel, um nur einige zu nennen, zu genießen. Ebenso sind wir dank ausgefeilter Logistik in der Lage, mit exotischen Früchten und Gemüsen, die uns vor wenigen Jahren noch völlig unbekannt waren, unseren Speisezettel zu bereichern.

3.1 Qualitätsanforderungen

Früchte stellen als „lebendes“ Transportgut besondere Anforderungen an die Kühltechnik und Infrastruktur im Verschiffungs- und Bestimmungshafen. Die Ansprüche an Qualität und Frische sind mit dem gestiegenen Konsum der letzten Jahre überproportional gewachsen. Qualität beginnt natürlicherweise bereits in der Produktion, bei der die Wachstumsbedingungen (Klima, Bodenbeschaffenheit etc.) ent-

Klimakterische Früchte	Nichtklimakterische Früchte
Äpfel	Ananas
Avocados	Kirschen
Bananen	Beeren
Birnen	Weintrauben
Kiwi	Zitrusfrüchte
Mango	
Papaya	

scheidenden Einfluß auf die spätere Eignung als Exportgut haben. Der Transport per LKW, Bahn oder Seeschiff als Bindeglied zwischen Produzent und Verbraucher hat entscheidenden Anteil an der Qualität und somit auch an der Vermarktungsfähigkeit der einzelnen Produkte.
Eine objektive Beurteilung der Qualität ist meist nur auf die äußerliche Beschaffenheit wie Größe, Farbe und Unversehrtheit der Schale beschränkt. In wenigen Ausnahmefällen wird der Fruchtzuckergehalt (Brix) der Früchte gemessen und in die Qualitätsbeurteilung mit einbezogen. Die Anforderungen des Lebensmitteleinzelhandels beziehen sich daher fast ausschließlich auf äußere Merkmale und vernachlässigen die geschmackliche Komponente vollständig. Die Forderung nach einer möglichst problemlosen Ware, die eine lange Haltbarkeit auch im Laden garantiert, ist mit den spezifischen Ansprüchen frischer Produkte allerdings nicht zu vereinbaren.
Es ist nicht verwunderlich, daß man aus diesen Gründen den Ansprüchen der Konsumenten nicht gerecht wird und eine Steigerung des Verbrauchs, besonders bei unbekannten Exoten, nur sehr schwer zu erzielen ist.
Die Anforderungen an die Transportbedingungen differieren von Produkt zu Produkt, aber auch abhängig von der jeweiligen Sorte können sie recht unterschiedlich sein. Melonen z.B. benötigen je nach Sorte Temperaturen von +2,8 °C bis zu +12,0 °C und verschiedene Luftwechselraten.
Generell lassen sich Früchte in zwei unterschiedliche Kategorien einteilen – klimakterische und nichtklimakterische.
Die klimakterischen Früchte zeichnen sich durch einen starken Stoffwechsel aus und reifen nach der Ernte weiter. Die während des Klimakteriums starke Zunahme des Stoffwechsels macht sich zum einen in der Abgabe von CO_2 und Ethylen sowie durch die Produktion von Wärme bemerkbar. Durch das Kühlen der Ware mit der notwendigen Temperatur wird der Stoffwechsel verlangsamt, nicht jedoch vollständig gestoppt. Dies bedingt eine sehr begrenzte Lager- bzw. Transportfähigkeit, die durch den Einsatz von Kontrollierter Atmosphäre („CA") bedeutend verlängert werden kann. Bei Bananen z.B. gilt es, die hohe Pulptemperatur von nicht selten über 30 °C innerhalb von höchstens 48 Stunden auf die erforderlichen 13,3 °C zu bringen, um ein vorzeitiges Reifen zu verhindern.

Nichtklimakterische Früchte zeigen keinen ausgeprägten Stoffwechsel und müssen reif geerntet werden, da eine Nachreifung nicht möglich ist. Dementsprechend reagieren sie weniger empfindlich auf eventuelle Temperaturschwankungen als klimakterische Früchte.

3.2 Fruchttransport unter CA

Bereits seit einigen Jahrzehnten wird die CA-Technik in landseitigen Kühllagern erfolgreich eingesetzt. In logischer Konsequenz wird die Kontrollierte Atmosphäre seit einiger Zeit auch für den Überseetransport von frischen Früchten in Kühlcontainern und Kühlschiffen angewandt.
Ähnlich wie bei niedrigen Temperaturen, bewirkt CA eine Verzögerung der Alterungs- und Verderbsvorgänge durch Drosselung der Stoffwechselaktivität. Dies ist besonders bei den oben beschriebenen klimakterischen Obstsorten von Bedeutung, da der Reifeprozeß stark verzögert wird. Trotz der offensichtlichen Vorteile eines CA-Transportes bzw. einer CA-Lagerung gilt es zu bedenken, daß Früchte, die noch nicht voll ausgereift sind, zwar äußerlich den Qualitätsmerkmalen entsprechen, der Geschmack aber nicht voll ausgebildet wurde.
Für den Fruchthandel ist die verlängerte Lagerfähigkeit beim Seetransport, im Gegensatz zu den CA-Lagern an Land, nicht von großer Bedeutung. Vielmehr steht die Steigerung der Qualität und Verminderung der Schäden durch vorzeitig gereifte Ware im Vordergrund. Des weiteren ist man durch CA in der Lage, spezielle Früchte bzw. Fruchtsorten, die bisher nur in begrenztem Umfang per Schiff transportiert werden konnten, problemlos zu verschiffen. Bei den Saisonfrüchten ist man durch den CA-Transport in der Lage, eine ununterbrochene CA-Kühlkette vom Produzenten bis zum Distributionslager im Bestimmungsland zu garantieren. Die damit einhergehende Verbesserung der Haltbarkeit und Qualität hat einen positiven Einfluß auf die Marktfähigkeit der einzelnen Produkte.
Obgleich die Verzögerung des Alterungsprozesses eine dominierende Rolle spielt, darf die Bedeutung von Mikroorganismen nicht unterschätzt werden. Pilze und Bakterien, die direkt am Prozeß des Verderbs beteiligt sind, können bei bestimmten Atmosphären in ihrem Wachstum erheblich eingedämmt werden. Dies führt zu verringertem Bedarf an sogenannter Nacherntebehandlung. Im Idealfall könnten Früchte ohne dieses „post-harvest-treatment" auch über größere Distanzen verschifft werden.
Trotz der oben beschriebenen Vorteile von CA ist ein endgültiger Durchbruch beim CA-Kühlcontainer aufgrund hoher Stückkosten und damit erheblich höherer Frachtraten noch nicht geschafft. Hier könnte der Einsatz von fest installierten CA-Anlagen an Bord von Containerschiffen die Kosten erheblich

reduzieren und den CA-Transport für eine Vielzahl von Früchten auch profitabel machen.
Ein kleiner Anteil der weltweiten Kühlschiffsflotte (ca. 5%) ist bereits für den CA Betrieb vorbereitet. Kühlschiffneubauten werden heute überwiegend CA-geeignet gebaut.
CA-Transporte mit Kühlschiffen wurden anfänglich nur mit Saisonprodukten durchgeführt. Nach verschiedenen Testphasen, mit zum Teil erheblichen Rückschlägen, werden auch Bananen unter CA transportiert. Die Erfolge im Bananentransport mit Hilfe von CA sind eindeutig. Schäden durch vorzeitig gereifte Ware treten fast nicht mehr auf und man ist in der Lage, die Luftumwälzung erheblich zu reduzieren. Dieses führt wiederum zu Energieeinsparungen, hat aber auch Vorteile für die allgemeine Fruchtqualität. Des weiteren kann die gefahrene Temperatur um 1° C erhöht werden, um so die Gefahr von Unterkühlungserscheinungen zu minimieren.
Die Kontrollierte Atmosphäre bringt für den Fruchttransport erhebliche Vorteile. Da jede Frucht und jede Sorte unterschiedlich reagiert, ist auch die optimale Atmosphäre für die einzelnen Produkte sehr verschieden. Aufgrund der Erfahrungen mit CA-Lagerung an Land verfügt man z.B. für die verschiedensten Apfelsorten über exakte Angaben zur optimalen Zusammenstellung der Atmosphäre. Für die meisten Überseeprodukte existieren keine empirischen Daten in bezug auf das Verhalten unter CA. Somit ist man (noch) nicht in der Lage, für die einzelnen Früchte und Sorten die geeignete Atmosphäre herzustellen und damit die bestmöglichen Resultate zu erzielen.
Bei all den vielversprechenden Vorteilen der CA-Technik darf man jedoch nicht die Tatsache außer acht lassen, daß das „lebende" Produkt Frucht durch kein Verfahren besser gemacht werden kann, als es im Ursprung war.

3.3 Transportmittel

Die verschiedenen Transportmittel Luftfracht, Kühlcontainer und Kühlschiff stehen nicht unbedingt in direkter Konkurrenz zueinander. Vielmehr ergänzen sich die Systeme und helfen, die schwierige Logistik leicht verderblicher Güter zu vereinfachen. Der folgende Kostenvergleich der drei verschiedenen Transportmittel zeigt die ungefähren Kosten für den Transport von Kühlgütern pro kg von Costa Rica nach Hamburg.
Nachfolgend wollen wir die drei unterschiedlichen Transportwege für Früchte aus Übersee genauer betrachten.

3.3.1 Luftfracht

Der Transport per Luft ist außer Frage der schnellste und für die spezifischen Anforderungen tropischer Früchte der geeignetste Transportweg. Die Bedeutung der Luftfracht für den Fruchthandel wird allerdings oftmals überbewertet. So betrug das gesamte Importvolumen Deutschlands an Obst + Gemüse im Jahr 1995 ca. 2,9 Millionen Tonnen, wobei nur ca. 20 000 Tonnen per Flugzeug transportiert wurden. Dies entspricht ca. 0,7% aller Importe und bezieht sich fast ausschließlich auf exotische Früchte und Gemüse, zu einem sehr geringen Anteil auch auf sogenannte Off-Season Produkte. Das Flugzeug ist entweder aufgrund fehlender Infrastruktur in den Produktionsländern bzw. nicht vorhandener, regelmäßiger Schiffsverbindungen zu den Absatzmärkten oder wegen zu kleiner Exportmengen, oftmals die einzige Möglichkeit, exotische Früchte zu transportieren. Die schnelle Disposition ist ein weiterer Pluspunkt der Luftfracht und erleichtert es dem Handel, flexibel auf Angebotslücken zu reagieren. So werden z.B. zu Beginn der Exportsaison in Chile oder Südafrika Weintrauben per Luftfracht transportiert, um auf die hohe Nachfrage reagieren zu können. Somit ist man in der Lage, von den sehr guten Preisen, zumindest für einige Wochen bis ausreichend Ware für den Schiffstransport zur Verfügung steht, trotz hoher Luftfrachtraten zu profitieren.
Der Transport per Flugzeug ist ein wichtiger Bestandteil der Logistik im Fruchthandel und wird auch in Zukunft für Nischenprodukte die einzige Transportmöglichkeit bleiben.

3.3.2 Kühlcontainer

Der Kühlcontainer ermöglicht es, relativ kleine Mengen unterschiedlichster Produkte kostengünstig per Schiff zu transportieren. Durch den Transport per Kühlcontainer wird, im Unterschied zum Kühlschiff, eine ununterbrochene Kühlkette von der Plantage bis zum Großhändler bzw. Verbraucher gewährleistet. Für einige empfindliche Produkte ist dieser Transportweg oftmals die einzige Möglichkeit, einen längeren Transport unbeschadet zu überstehen. Die weltweiten Containerliniendienste ermöglichen auch kleineren Produzenten, Ware zu den wirtschaftlich interessanten Exportmärkten Europas und Nordamerikas zu bringen.
Containerschiffe der neuesten Generation verfügen über Kapazitäten von bis zu 700 × 40' Kühlcontainern und übertreffen somit selbst die größten Kühlschiffe im Transportvolumen. Der Kühlcontainer ist allerdings weniger Konkurrenz als vielmehr sinnvolle Ergänzung des klassischen Kühlschiffs. Gerade Kühlschiffe neue-

Luftfracht	Kühlcontainer [1]	Kühlschiff [2]
US$ 1,30	US$ 0,26	US$ 0,16

[1] Liniendienst
[2] Vollausgelastetes, modernes palettenfreundliches Kühlschiff

ren Baujahres werden mit immer größeren Kapazitäten für Kühlcontainer (und Standardcontainer) ausgerüstet und ermöglichen somit einen schnellen und kosteneffektiven Seetransport für eine Vielzahl verschiedener Produkte. Auf den klassischen Bananenrouten, auf denen diese Schiffe überwiegend verkehren, ermöglichen Kühlschiffe dieses Typs eine breite Diversifizierung der Produktpalette und eine flexiblere Reaktion auf die Bedürfnisse der Märkte.
Die Bedeutung des Kühlcontainers im internationalen Fruchthandel nimmt ständig zu. Besonders die sogenannten Exoten werden mit steigendem Exportvolumen mehr und mehr per Schiff transportiert, um durch günstigere Verkaufspreise ein breiteres Publikum ansprechen zu können.

3.3.3 Kühlschiff

Für Massenprodukte wie Bananen, Zitrusfrüchte und Saisonprodukte aus der südlichen Hemisphäre ist der Transport per Kühlschiff der wirtschaftlichste Weg zu den Weltmärkten. Neben dem Kostenvorteil bietet das Kühlschiff den Vorteil der Geschwindigkeit. Containerliniendienste haben eine wesentlich längere Transitzeit und benötigen für den Transport von Zentral-amerika nach Nordeuropa meist 15–20 Tage, ein Kühlschiff erreicht unsere Häfen dagegen bereits nach 10–12 Tagen. Ein wirtschaftlicher Transport mit Kühlschiffen ist allerdings nur bei optimaler Ausnutzung der vorhandenen Laderäume möglich, denn im Gegensatz zum Kühlcontainer ist Flexibilität nicht die Stärke des Kühlschiffs. Eine genaue Vorausplanung der zu verschiffenden Mengen und die damit verbundene Disponierung des benötigten Schiffraumes erfolgt meist einige Monate im voraus. Bei den Saisonprodukten, wie auch im Bananenhandel, finden die Verhandlungen im Spätsommer/Herbst für die nächste Saison bzw. für das kommende Jahr statt.
Die Kombination Kühlschiff und Kühlcontainer wird sich in Zukunft weiter durchsetzen. Die Vorteile einer Ausweitung der Angebotspalette auf viele verschiedene Produkte sowie die Möglichkeit flexibel auf die Bedürfnisse des Marktes reagieren zu können, wird sich in der Nachfrage an Schiffen diesen Typs bemerkbar machen.

4 Verpackung von Obst & Gemüse – Die speziellen Anforderungen für den Seetransport

Die Verpackung spielt gerade im Seetransport eine entscheidende Rolle, da sie die empfindlichen Früchte vor Beschädigungen beim Umschlag im Hafen, aber auch während der Seereise schützen muß. Trotz optimaler Verpackung sind Ladungsschäden gerade beim Kühlschiffstransport keine Seltenheit (Abb. 5, 6 ,7, 8). Schlechte Stauung im Verschiffungshafen bzw. unzureichende Laschung der Ladung führen immer wieder zu erheblichen Schäden. Obwohl der Karton einen relativ guten Schutz vor mechanischen Beschädigungen bietet, sind Schäden dieser Art nicht ungewöhnlich und führen meist zur vollständigen Vernichtung der Ware.

4.1 Break-Bulk

Daß die Bananen für unsere Märkte, trotz der eindeutigen Vorteile einer Palettisierung, dennoch zum überwiegenden Teil Break-Bulk verladen werden, liegt zum einen an der besseren Ausnutzung des Laderaums – je nach Schiffstyp ergibt sich ein Stauverlust von 10–15% – zum anderen ist die Kühlung in einem regulären Kühlschiff bei lose gestauten Kartons wesentlich effektiver als bei palettisierter Ware. Dies trifft besonders auf Kühlschiffe älteren Baujahres zu.
Die unterschiedlichen, und zum Teil veralteten, Reifesysteme verlangen zudem entweder eine Block- bzw. Kaminstauung auf unterschiedlichen Poolpaletten. Es ist jedoch anzunehmen, das, mit zunehmender Modernisierung der Reifeanlagen, in naher Zukunft eine Umstellung auf im Ursprung palettisierte Ware erfolgen wird, obwohl die Break-Bulk Verladung nach wie vor kostengünstiger ist als eine Palettisierung.

4.2 Palettisierung

Obst + Gemüse, das mit Kühlschiffen transportiert wird, ist, mit Ausnahme der Bananen für den Nordeuropäischen Markt, nahezu 100%ig palettisiert. Für den internationalen Transport wird meist die sogenannte Fruchtpalette mit den Abmessungen 1 × 1,2 m eingesetzt. Die Zeit- und Kostenersparnisse beim Laden im Verschiffungshafen sind ebenso wie schnellere Umschlagzeiten im Bestimmungshafen sowie eine Verbesserung der allgemeinen Fruchtqualität die Hauptgründe hierfür.
Der europäische Markt verlangt jedoch nach wiederverwendbaren Poolpaletten, wie z.B. die im Bananenhandel gebräuchlichen Fruchtpaletten (1 × 1,2 m), meist aber die universell einsetzbare Europalette (0,8 × 1,2 m). Es ist keine Seltenheit, daß Ware im Bestimmungshafen von den Einwegpaletten auf Europaletten umgepackt werden muß, da der organisierte Lebensmitteleinzelhandel die Lieferungen sonst nicht akzeptiert. Die Europalette ist wiederum für den Seetransport nur bedingt geeignet, da aufgrund der unterschiedlichen Maße ein Kühlcontainer nur mit erheblichem Stauverlust beladen werden könnte.

4.3 Mehrwegsysteme

Das wachsende Umweltbewußtsein der Verbraucher sowie die ständig steigenden Probleme und Kosten bei der Entsorgung von Verpackungsmüll haben in den letzten Jahren zu vermehrten Anstrengungen seitens der Produzenten von Obst + Gemüse geführt umweltgerechtere Verpackungen zu verwenden. Späte-

Abb. 5.

Abb. 6.

Abb. 7.

Abb. 8.

stens seit der „Verpackungsverordnung" in Deutschland drängt auch der organisierte Lebensmitteleinzelhandel seine Lieferanten mehr und mehr, die Produkte in wiederverwendbaren Kunstoffsteigen zu liefern. Die bereits seit einigen Jahren von lokalen Erzeugergemeinschaften verwendeten „starren" Kunstoffsteigen haben sich zwar bewährt, sind aber für längere Transportwege aufgrund des unveränderbaren, großen Volumens ungeeignet, da die hierbei entstehenden Kosten weit über den möglichen Ersparnissen liegen. Dies führte zu der Entwicklung von klappbaren Mehrwegsteigen, die von verschiedenen Herstellern inklusive der notwendigen Logistik angeboten werden. D.h. der Systemanbieter liefert dem Produzenten gegen Zahlung einer Benutzungsgebühr die gewünschte Kiste zur Packstation und sammelt sie beim Endabnehmer der Ware unentgeltlich wieder ein. Im internationalen Handel werden diese Systeme nur in begrenztem Umfang eingesetzt. Ein Problem ist sicherlich die fehlende Normierung, da sich bisher kein Anbieter mit seinem System durchsetzen konnte. Dieser Konkurrenzkampf macht es für den Produzenten bzw. Händler sehr schwierig und bedeutet im Moment, daß man mit verschiedenen Systemen arbeiten muß, wobei meist der Endabnehmer über die verwendete Klappsteige entscheidet. Dadurch werden die möglichen Kostenvorteile eines Mehrwegsystems wie geringe Herstellungskosten der Kunststoffkisten bei großer Auflage, universelle Verwendbarkeit sowie optimale Ausnutzung der notwendigen Aufklapp- und Reinigungsautomaten wieder vernichtet. Es bleibt abzuwarten, ob die Hersteller und Endabnehmer sich in Zukunft auf ein grundsätzliches Prinzip einigen können, um die oben beschriebenen Nachteile zu minimieren. Trotz der Erfolge von wiederverwendbaren Kunststoffsteigen auf dem deutschen und im zunehmenden Maße auch auf dem europäischen Markt durch eine ständig verbesserte Infrastruktur bleiben grundsätzliche Probleme im internationale Handel, insbesondere beim Überseetransport, bestehen. In der Vergangenheit wurden zwar immer wieder Versuche, zum Teil auch Transporte auf ausdrücklichen Wunsch des Kunden, durchgeführt. Zumeist werden Früchte aus Übersee jedoch im Bestimmungsland von dem jeweiligen Großhändler in Plastiksteigen umgepackt, um den Anforderungen des Einzelhandels nachzukommen. Daß hierbei nicht nur der ökologische Vorteil einer Mehrwegverpackung, sondern auch der wirtschaftliche ad absurdum geführt wird, liegt auf der Hand. Von einem kommerziellen Einsatz im Überseegeschäft auf Kühlschiffen ist man deshalb noch weit entfernt.

Am deutlichsten lassen sich die Probleme des Transports von Früchten in Mehrwegsteigen am Beispiel der Banane aufzeigen. Die Banane stellt unter den Kühlgütern die höchsten Ansprüche. Sie reagiert äußerst empfindlich auf Temperaturschwankungen und Veränderungen der Luftfeuchtigkeit. Während des gesamten Transports von der Plantage bis zum Einzelhandel schützt der heute verwendete Karton die Frucht vor mechanischen Beschädigungen, auch bei mehrfachem Umladen. Das sogenannte „Pad" aus Pappe zwischen der oberen und unteren Lage schützt die einzelnen Finger im Karton. Der gasdurchlässige Polyäthylenbeutel bzw. der gasdichte sogenannte Banavacbeutel schützt die Banane vor Austrocknung und den hohen Luftwechselraten (80/90-facher Luftwechsel) im Kühlschiff. Des weiteren übernimmt der Karton eine gewisse Pufferfunktion, da er am Anfang der Seereise Luftfeuchtigkeit speichern kann, um sie dann gegen Ende der Reise wieder abzugeben. Diese Aufgaben können Plastiksteigen nicht erfüllen. Die im Unterschied zum Karton harten Innenwände bieten keinen Schutz vor Beschädigungen und der Plastikbeutel ist unvermeidlich, um die oben beschriebenen negativen Auswirkungen der Austrocknung zu vermeiden. Der Sinn einer Mehrwegverpackung wäre zerstört, wenn man weiterhin eine Pappschicht zum Schutz vor den harten Plastikwänden sowie Plastikbeutel zum Schutz der Fruchtqualität einsetzen müßte. Die genannten Nachteile ließen sich zum Teil mit einigen Anstrengungen eventuell durch Anwendung von Controlled Atmosphere und erheblich reduzierten Lüfterraten erreichen. Das hauptsächliche Problem für den Produzenten und Importeur liegt jedoch bei dem maximalen Nettogewicht. Verschiedene Versuche haben gezeigt, daß eine von den Außenabmessungen her gleich große Plastiksteige nur ca. 85% des Nettogewichtes eines Bananenkartons aufnehmen kann. Die hieraus entstehenden Mehrkosten für verlorenen Frachtraum im Kühlschiff, beim Inlandtransport und die schlechtere Ausnutzung der Reifekammern lassen ein Mehrwegsystem für Bananen als wirtschaftlich nicht durchführbar erscheinen. Ein weiteres Problem beim Schiffstransport ist die mangelnde Stabilität der zur Zeit verwendeten Mehrwegsteigen. Durch unsanftes Handling können die Seitenwände bereits im Ladehafen eingedrückt werden und somit, besonders bei Schlechtwetter im Winter auf dem Nordatlantik, erhebliche Schäden an der Ware hervorrufen. Transportschäden durch Schlechtwetter im Winterhalbjahr sind selbst bei den heute verwendeten Kartons keine Seltenheit.

Aufgrund der oben genannten Probleme arbeiten einige Firmen an Konzepten, bei denen die Früchte im Ursprungsland in großen Behältnissen – sogenannten Bins – vorverpackt werden, um dann im Bestimmungshafen in eine wiederverwendbare Plastiksteige oder aber auch in (ebenfalls wiederverwendbaren) Displaysteigen für den Einzelhandel, umgepackt zu werden. Es ist zu bezweifeln, daß die bei uns im Verhältnis sehr hohen Personalkosten durch die nicht verwendete Einwegverpackung aufgefangen werden können. Ein solches System wäre nur dann wirtschaftlich darstellbar, wenn man durch die Verwendung der Bins im Seetransport den Staufaktor bzw. die Ausnutzung des vorhandenen Frachtraumes erheblich verbessern könnte.

Aufgrund der vielfältigen Schwierigkeiten bei der Verwendung von Mehrwegsteigen bleibt abzuwarten, ob weitere Entwicklungen in der Zukunft zu einem vermehrten Einsatz im internationalen Handel führen werden. Zur Zeit ist es nicht möglich, ein endgültiges Urteil abzugeben.

5 Importbeschränkungen und ihre Auswirkungen am Beispiel der Banane

Die vielfältigen Auswirkungen von Importbeschränkungen auf den Handel lassen sich am deutlichsten am Beispiel der Banane aufzeigen. Der gemeinsame Binnenmarkt und die damit einhergehende Bananenmarktordnung hat traditionellen Importeuren von Dollarbananen eines großen Teils ihres Geschäftes beraubt. Zu Beginn der Marktordnung hatten diese Auswirkungen auch einige Kühlschiffreedereien zu spüren bekommen, da bestehende Frachtverträge nicht oder nur zu einem Teil erfüllt werden konnten.

Bevor die Bananenmarktordnung am 01. Juli 1993 (Verordnung EWG Nr. 404/93) in Kraft trat, gab es in der Gemeinschaft keinen einheitlichen Bananenmarkt. Der Verbrauch der Mitgliedstaaten wurde damals gedeckt durch in der Gemeinschaft erzeugte Bananen (Gemeinschaftsbananen), durch Bananen, die in einigen der Staaten erzeugt wurden, mit denen die EU das Lomé-Abkommen geschlossen hatte (AKP-Bananen), und schließlich durch in anderen Staaten (Drittländer) erzeugten Bananen (Dollarbananen). In einigen Mitgliedstaaten, nämlich Frankreich, England, Spanien, Portugal, Griechenland und Italien gab es geschlossene Märkte, d.h. die Märkte in diesen Ländern waren im wesentlichen den Gemeinschafts- und/oder den AKP-Bananen vorbehalten. In den Mitgliedstaaten mit offenen Märkten – Beneluxländer, Dänemark, Deutschland und Irland – wurden hauptsächlich Dollarbananen gehandelt. Dort konnten Drittlandbananen genehmigungsfrei und ohne Mengenbeschränkungen importiert werden.

Die gemeinsame Einfuhrpolitik bestand bisher in der Erhebung eines innerhalb des Allgemeinen Zoll- und Handelsabkommens (GATT) konsolidierten Einfuhrzolls von 20% auf den Warenwert für die Einfuhr von Dollarbananen. AKP-Bananen konnten gemäß Art. 168 des Lomé-Abkommens zollfrei in die Gemeinschaft importiert werden. Der Wertzoll von 20% auf Drittlandbananen wurde jedoch nicht in Deutschland erhoben. Grundlage hierfür war das sog. Bananenprotokoll, welches seinerzeit bei Abschluß der Römischen Verträge durch die Bundesregierung ausgehandelt wurde. Aufgrund dieses Protokolls wurde jährlich ein Kontingent festgesetzt, innerhalb dessen Deutschland zollfrei importieren konnte. Die Höhe des Zollkontingents wurde jährlich an den Bedarf angepaßt.

Zur Realisierung des gemeinsamen Binnenmarktes zum 01. Januar 1993 hielt es die Kommission für erforderlich, eine gemeinsame Regelung für den Handel mit Bananen zu schaffen. Nach langen Diskussionen hat der EU-Agrarrat, nachdem Dänemark überraschend seinen Widerstand aufgab, am 13. Februar 1993 die Verordnung 404/93 über eine gemeinsame Marktorganisation für Bananen gegen die Stimmen von Deutschland, Belgien und den Niederlanden verabschiedet. Die seit dem 01. Juli 1993 gültige Marktorganisation sieht in der „Regelung für den Handel mit dritten Ländern" u.a. folgendes vor:

- Für die Einfuhr von Drittlandbananen und nichttraditionellen AKP-Bananen wird ein Zollkontingent in Höhe von 2,2 Millionen Tonnen eröffnet. Nichttraditionelle AKP-Bananen sind solche, die über die Gesamtmenge von 857 000 Tonnen hinaus aus den traditionellen AKP-Staaten eingeführt werden.
- Traditionelle ebenso wie nichttraditionelle AKP-Bananen können zollfrei eingeführt werden.
- Im Rahmen des Zollkontingents wird auf Einfuhren von Drittlandsbananen ein Zoll von 75 ECU/ Tonne erhoben. Dieser Gewichtszoll von 75 ECU/

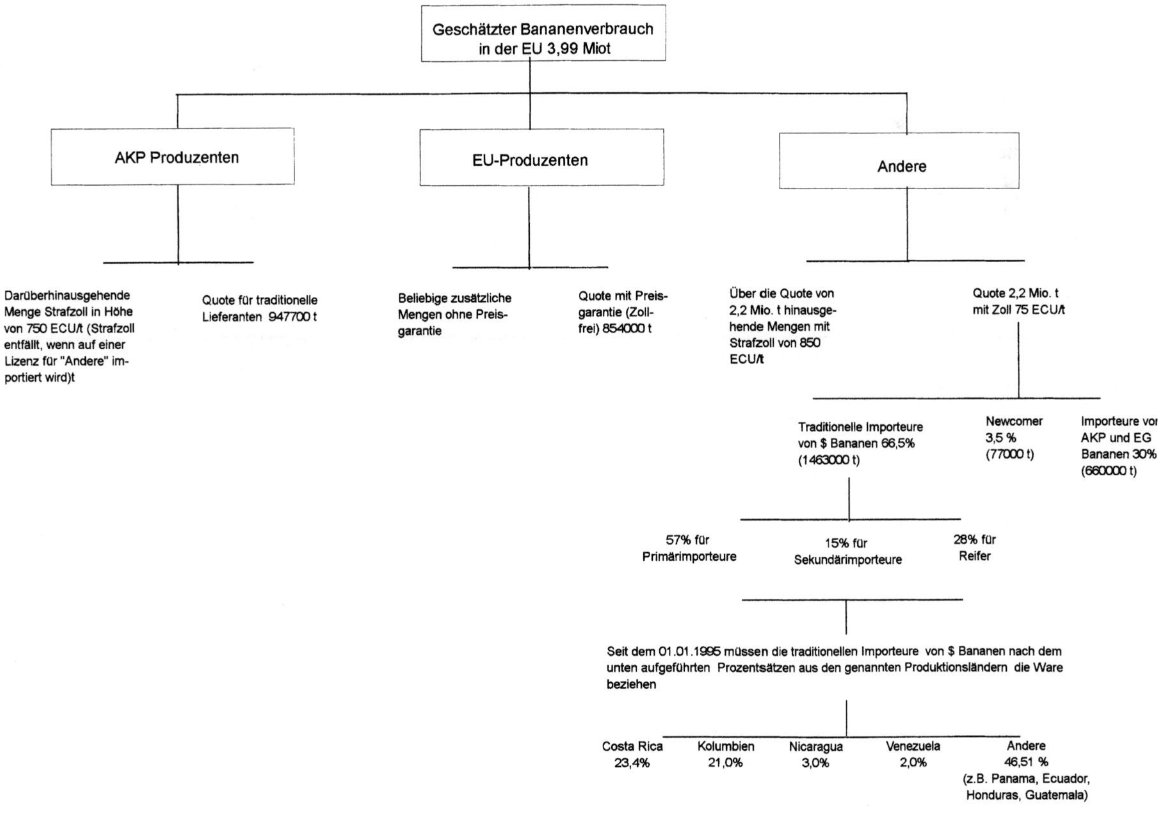

Abb. 9. Die EU-Bananenmarktordnung

Tonne entspricht derzeit in etwa dem 20%igen GATT-gebundenen Wertzoll.

- Für Einfuhren außerhalb des Zollkontingents wird bei Dollarbananen eine Abgabe von 850 ECU/Tonne und auf nichttraditionelle AKP-Bananen 750 ECU/Tonne erhoben. Dieser Gewichtszoll entspricht in etwa einem Wertzoll von 200%, weshalb man auch von einem Strafzoll spricht.
- Das Zollkontingent wird durch Lizenzen verwaltet, die auf die Marktbeteiligten wie folgt verteilt werden: 66,5% entfallen auf die Marktbeteiligten, die Drittlandbananen vermarktet haben (Gruppe A), 30% werden den Marktbeteiligten zugeordnet, die Gemeinschaftsbananen und/oder traditionelle AKP-Bananen vermarktet haben (Gruppe B), 3,5% sind für Newcomer reserviert.
- Das Kontingent der Gruppe A teilt sich wiederum wie folgt auf: 57% auf sog. Erstimporteure, 15% für sog. Zweitimporteure und die verbleibenden 28% auf den Reifer.

Durch Einführung der Bananenmarktordnung sind die Weltmarktpreise gesunken, worunter u.a. auch die Kleinerzeuger in den AKP-Staaten betroffen sind, denen gerade geholfen werden sollte. Gleichzeitig sind die Einzelhandelspreise in den bisher offenen Märkten um ca. 50% erheblich gestiegen. Die EU Bananenmarktordnung führte zu Protesten, nicht nur seitens des Handels, sondern auch von einigen Bananen produzierenden Ländern. Auf Antrag Kolumbiens, Costa Ricas, Guatemalas, Nicaraguas und Venezuelas wurde ein GATT-Panel-Verfahren eingesetzt, das zu folgenden Feststellungen kam:

- Die auf Bananenimporte anstelle der Wertzölle angewendeten Gewichtszölle verstoßen gegen GATT-Bestimmungen, da sie höher als 20% sein können.
- Die Aufteilung der Importlizenzen verstößt gegen das Diskriminierungsverbot, da 30% der Lizenzen unter dem Kontingent solchen Unternehmen vorbehalten sind, die in der Vergangenheit Bananen aus der EG oder den traditionellen AKP-Ländern auf den Markt brachten. Diese Regelung stellt für die Unternehmen einen Anreiz dar, Bananen aus der EU oder aus traditionellen AKP-Ländern zu kaufen, weil sie sich auf diese Weise einen größeren Anteil der Lizenzen sichern können. Nach dem Standpunkt des Ausschusses ist eine Bedingung GATT-widrig, die den Kauf einheimischer Produkte voraussetzt, um das Recht zur Einfuhr von Drittlandsbananen zu erhalten. Die bevorzugte Zuweisung eines Teils des Zollkontingents auf Importeure, die EU-Bananen kaufen, verstößt deshalb gegen Art. III GATT.
- Des weiteren ist man zu dem Ergebnis gekommen, daß die bevorzugte Zuweisung von Lizenzen an Unternehmen, die Bananen aus AKP-Ländern handeln, im Widerspruch zum Meistbegünstigungsprinzip steht, ebenso die Einräumung von Präferenzzöllen für Ware aus den AKP-Ländern.

Die EU verweigerte die Zustimmung zur Annahme des Panel-Berichts. Statt dessen wurde mit vier der Länder, die das Verfahren beantragt hatten, nämlich Costa Rica, Kolumbien, Nicaragua und Venezuela, ein Kompromiß geschlossen, nachdem ca. 1 Million Tonnen des Zollkontingents diesen Ländern zugeteilt wurde. Dieses sogenannte Frame-Work-Agreement oder Rahmenabkommen hat in jüngster Zeit zu den weitaus größten Problemen bei der Logistik geführt. Da die Importeure dazu gezwungen sind, die Ware nicht nur aus einem Ursprungsland zu beziehen, war eine Ausnutzung der vorhandenen Frachtkapazitäten nicht mehr ohne Beiladung von Fremdfirmen möglich. Ebenso waren einige Marktbeteiligte gezwungen, die Fahrpläne zu ändern und anstatt nur in einem Hafen, in zwei oder sogar in drei Häfen zu laden. Dies führte unweigerlich zu erhöhten Frachtkosten und machte es nahezu unmöglich, auf zeitweilige Produktionsengpässe in den verschiedenen Ländern zu reagieren.

Schrifttum

Hochhaus, K.-H.: Bericht Nr. 6 Forschungskreis „Kontrollierte Atmosphäre“ (CA)
Hochhaus, K.-H.: Deutsche Kühlschiffahrt
BVF München: Informations-Broschüre Luftfracht
Reiche, K.: GATT Recht und EG Gemeinschaftsrecht
Nuhn, H.: Bananenerzeugung und EG-Agrarpolitik
Reefer Trading Prospects to 2000. Ocean Shipping Consultants Ltd. London
Schickel; Ellinger: ZMP Bilanz Obst 1996
Bohling, H.: Früchte unter kontrollierten Atmosphären

Kühlschiffe, Analyse der derzeitigen weltweiten Kühlschiffsflotte

Dr.-Ing. **Karl-Heinz Hochhaus**
Technische Universität Hamburg-Harburg, Arbeitsbereich Hilfsmaschinen und Automation

1 Einführung

Kühlschiffe sind definiert als Schiffe mit Einrichtungen zum Kühlen, deren Laderäume alle isoliert sind. Dazu zählen die Vollkühlschiffe, Saftkonzentrattanker und u. U. Gastanker, die hier jedoch keine Berücksichtigung finden. Bei der Analyse interessieren uns die unterschiedlichen Größen, die unterschiedlichen Geschwindigkeiten und besonders das Alter der Kühlschiffe. Mit dem Alter sind Rückschlüsse möglich auf den Neubaubedarf. Die Charterrate oder besser der zeitliche Verlauf der Charterraten ermöglicht Aussagen über den zukünftigen Neubaubedarf. Der Reeder benötigt eine derartige Analyse bei der Planung von Neubauten, um die „richtige" Größe und Geschwindigkeit zu wählen, da das Schiff insgesamt 20–25 Jahre alt wird. Die Werften brauchen Aussagen für die mittelfristige Planung von 5–10 Jahren über die zukünftig benötigten Schiffstypen und -größen. Die Zulieferindustrie und hier besonders die Kälteanlagenhersteller und die Isolierfirmen interessieren sich für die Größe und den Kälteleistungsbedarf der Kühlschiffe. Für die Häfen oder Hafenbetriebsgesellschaften sind die Abmessungen der Kühlschiffe (Tiefgang, Breite, Kühlcontainer und Lademengen) wichtig für langfristige Kapazitätsplanungen. Auch die Verlader, Lager- und Speditionsgesellschaften und die Bahngesellschaften (z.B. Interfrigo) sind an Informationen über derzeitige und zukünftige Entwicklungen interessiert.

2 Internationale Kühlschiffsflotte

Bei der Betrachtung der Welthandelsflotte spielen Kühlschiffe bezüglich der Anzahl und Tragfähigkeit eine untergeordnete Rolle [1]. Die weltweite Kühlschiffsflotte gehört etwa 450 Reedereien und Kühlschiffpools. Der größte Kühlschiffspool ist UNICOOL, ein Zusammenschluß von Cool Carriers (Schweden) und Universal mit 85 Kühlschiffen. Als zweiter folgt Seatrade (Niederlande) mit etwa 45 und ca. 14 Mio. cbft. Die bestehende Kühlschiffsflotte wurde von 210 verschiedenen Werften gebaut, die 61 Kommunar-Werft (Ukraine) hat mit 74 Schiffen (23,3 Mio. cbft) die meisten und die MTW-Werft (Deutschland) hat mit 28,8 Mio. cbft (64 Schiffe) die größte Kühlraumkapazität geliefert [2]. Aus der Zuordnung der weltweiten Kühlschiffsflotte zum Flaggenstaat [3], wird deutlich, daß der Ausflaggungstrend noch nicht abgeschlossen ist. Derzeit erfolgen Ausflaggungen in größerem Stil von Rußland, Japan und den Niederlanden. Etwa 80% der weltweiten Kühlschiffsflotte sind Universalkühlschiffe, etwa 20% sind nur für die Tiefkühltransporte (Fisch, Fleisch) eingerichtet, diese Schiffe wurden besonders für den Fischtransport (Rußland, Japan) gebaut.
In der Tabelle 1 sind die Kühlschiffe deutscher Reedereien aufgeführt, die überwiegend unter fremder Flagge betrieben werden. Es sind derzeit 41 Kühlschiffe mit ca. 19 Mio. cbft und ca. 400 000 BRT, davon 6 unter deutscher Flagge [4].

2.1 Alter

Anfang 1996 zählte die weltweite Kühlschiffsflotte mit Schiffen > 10 000 cbft insgesamt 1 370 Kühlschiffe (1994: 1.434) mit 363 Mio. cbft (1994: 382). Für die Anzahl der Kühlschiffe ergab sich ein mittleres Alter von 14,9 Jahren und bezogen auf die Kapazität ein mittleres Alter von 12,9 Jahren. 5,4% aller Schiffe war älter als 30 Jahre, 23,5% sind 20–29 Jahre alt, 40,5% ist 10–19 Jahre alt und 30,6% der Schiffe sind jünger als 10 Jahre. Daraus ergibt sich, daß ca. 30% der Kühlschiffe 20 Jahre und älter sind und in den folgenden 5–6 Jahren zu ersetzen sind, wenn ein mittleres Abwrackalter von 25 Jahren zugrunde gelegt wird und eine gleichbleibende Kühlschiffsflottenkapazität vorausgesetzt wird.
Die altersabhängige Betrachtung der *Kühlschiffskapazität* ergibt eine etwas andere Aussage. Hier sind 2,3% älter als 30 Jahre und 20,9% sind 20–29 Jahre alt, 39,7% sind 10–19 Jahre alt und 37,1% sind jünger als 10 Jahre. Das bedeutet, daß die mittlere Schiffsgröße der jüngeren Schiffe größer ist als die der älteren. Dies wird auch in der rechten Spalte der Tabelle 2 deutlich.

2.2 Größe

In der Tabelle 3 sind die Kühlschiffe nach Anzahl und nach Kühlraumgröße in Kubikfuß (cbft) aufgeführt. In der Anzahl überwiegen die ganz kleinen Kühlschiffe mit 317 (91,6 Mio. cbft), an Kapazität die ganz großen Kühlschiffe mit 117,2 Mio. cbft (234 Kühlschiffe). Die Größe und die Geschwindigkeit der Kühlschiffe sagen etwas über die Transportleistung aus.

2.3 Geschwindigkeit, Brennstoffverbrauch und Transportleistung

Die in der internationalen Seeschiffahrt niedrigen Brennstoffpreise sorgen für Charterabschlüsse mit

Tabelle 1. Deutsche Reedereien mit Kühlschiffen, Anzahl der Schiffe, Baujahre, Kühlraum und BRT

Name der Reederei	Anzahl der Schiffe	Baujahre	Raum cbft	BRT
Ahrenkiel	3	1991	900.000	19.300
Flensburger Schiffsparten	1	1988	440.000	8.500
Frigomaris	7	1971–1973	4.320.000	65.840
Hamburg Süd	6	1992–1993	3.210.000	63.600
Hanse Bereederung	3	1990–1991	900.000	19.300
Horn Linie	3	1991–1992	1.440.000	38.625
E. Jakob	1	1984	450.000	12.800
H. Krüger	3	1983–1985	1.440.000	27.300
F. Laeisz	6	1990–1991	2.250.000	46.470
Maritime Services	4	1970–1994	–	46.400
Leonhardt & Blumberg	4	1989–1991	2.360.000	43.360
Thien & Heyenga	4	1977–1979	724.000	11.955
Union Kühlschiffahrt	1	1992	590.000	10.640
Summe	46		19.024.000	414.090

Tabelle 2. Anzahl und Kapazität der Kühlschiffe absolut und in % nach Alter

AGE	VESSEL		CAPACITY		AVERAGE SIZE
	number	%	Mio. cbft	%	cbft
30 and over	75	5,4	8,2	2,3	109.200
20 to 29	320	23,5	76,1	20,9	237.835
10 to 19	555	40,5	144,3	39,7	260.080
less 10	420	30,6	134,7	37,1	320.970
total 1995	1.370	100	363,3	100	265.180
total 1994	1.434	100	382,0	100	266.380

Tabelle 3. Anzahl und Kapazität der Kühlschiffe absolut und in % nach Größe

SIZE RANGE	VESSEL		CAPACITY		AVERAGE SIZE
1.000 cbft	number	%	Mio. cbft	%	cbft
10 to 99	317	23,1	19,6	5,4	61.829
100 to 199	279	20,4	42,0	11,6	150.538
200 to 299	255	18,6	64,6	17,8	253.300
300 to 449	240	17,5	90,5	24,9	377.170
450 to 599	234	17,1	117,2	32,2	500.850
greater 600	45	3,3	29,4	8,1	653.244
Total 1995	1.370	100	363,3	100	265.100

höheren Geschwindigkeiten. Höhere Geschwindigkeiten und zunehmender Transport von Kühlcontainern an Deck von Kühlschiffen ergeben bei gleicher Kühlschiffsflotte eine größere Transportleistung. Die mittlere Geschwindigkeit und der mittlere tägliche Brennstoffverbrauch der sechs Größen- oder Kapazitätsklassen wird in Abb. 1 dargestellt. Eine feinere Aufteilung zeigt die Abb. 2, hier sind die mittleren Geschwindigkeiten und die mittleren Brennstoffverbräuche pro Tag der verschiedenen Altersgruppen über der Größe aufgetragen.
Durch die gestiegene Paletteneignung der Kühlschiffe ergibt sich eine höhere Umschlagsleistung beim Laden und Löschen in den Häfen. Dadurch reduzieren sich die Hafenliegezeiten, verkürzen sich die Umlaufzeiten der Schiffe, auch das führt zu einer höheren Transportleistung der Kühlschiffe.

2.4 Paletten

726 Schiffe, das sind 53%, sind für Palettenladung eingerichtet, bezüglich der Kapazität ergeben sich mit 239,1 Mio. cbft etwa 66%, das bedeutet, daß die größeren Schiffe eine höhere Paletteneignung haben. Die Paletteneignung wurde bisher besonders für die etwas unempfindlichen Kühlladungen Fisch, Fleisch und Saisonfrüchte (Äpfel, Birnen, Weintrauben) gefordert und genutzt.
Im Bananendienst, der etwa 30 bis 40% der Kühlschiffsflotte beschäftigt, wird seit 15 Jahren über den Einsatz der Paletten diskutiert. In den Diensten mit kurzen Seewegen hat sich die Palette seit längerer Zeit durchgesetzt, bei den größeren Entfernungen erst seit zwei bis drei Jahren (Abb. 3). Probleme bereiten hier immer wieder frühzeitig reifende Bananen (Turner),

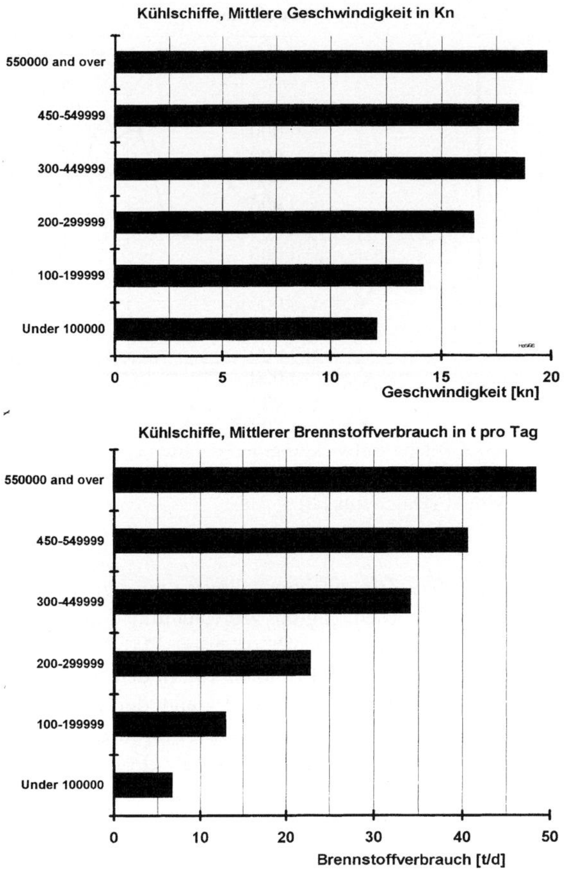

Abb. 1. Kühlschiffe, mittlere Geschwindigkeit und Brennstoffverbrauch der einzelnen Größenklassen, aus [6]

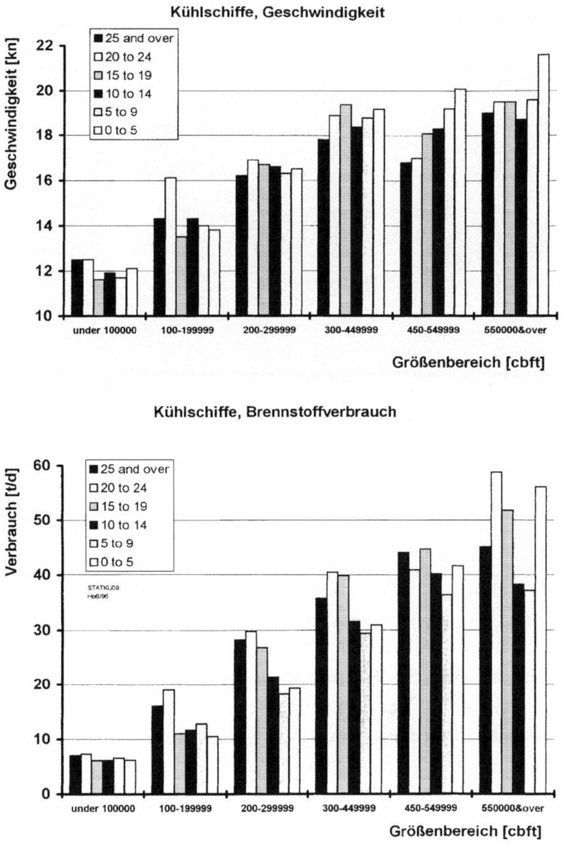

Abb. 2. Mittlere Geschwindigkeit und mittlerer Brennstoffverbrauch pro Tag von Kühlschiffen verschiedener Altersgruppen über der Größe aufgetragen, aus [6]

Abb. 3. Modernes Kühlschiff im Bananendienst Guyaquil-Hamburg beim Palettenumschlag mit bordeigenen Umschlagseinrichtungen (Foto: Verfasser)

die mit verschiedenen Mitteln immer weiter reduziert wurden. Die Vorteile der Paletten zum schnellen Ladungsumschlag sind unbestritten, es gibt jedoch auch Nachteile:

- Laderaumverluste
- Umpalettisierung wegen Kaminstauung (Reiferei)

2.5 Kühlcontainer

Das Thema wird in anderen Vorträgen ausführlich behandelt, besonders die derzeitige und zukünftige Technik wird von mehreren Seiten beleuchtet. Hier soll nur kurz eingegangen werden auf Kühlcontainer, die von Kühlschiffen transportiert werden.

Die Kühlschiffe der letzten Generationen haben überwiegend große oder mittelgroße Luken, um auf der Ballastreise Container unter Deck zu befördern. Der größere Teil der Container wird jedoch an Deck befördert, dies ist in der Fruchtfahrt besonders für die Ladereise interessant, da mit der Kühlladung unter Deck die Tragfähigkeit der Kühlschiffe nicht ausgelastet wird. Durch die Kühlcontainer an Deck läßt sich der kühlbare Raum um 15–45% vergrößern [5], außerdem können hier Früchte mit anderen Temperatur- und Atmosphärenbedingungen (MA/CA) transportiert werden.

Zur Zeit laufen wöchentlich etwa 20–25 Kühlschiffe nordwesteuropäische Häfen regelmäßig in einer Art Liniendienst an [5]. Die Kühlladeräume sind gefüllt mit Bananen, die Tragfähigkeit der Schiffe und die Kühlcontainerkapazitäten an Deck werden nur zum Teil genutzt. Es stehen auf diesen Schiffen pro Woche

Abb. 4. Ein CA-Kühlschiff der Chiquita Länderklasse mit Kühlcontainern an Deck (Foto: Verfasser)

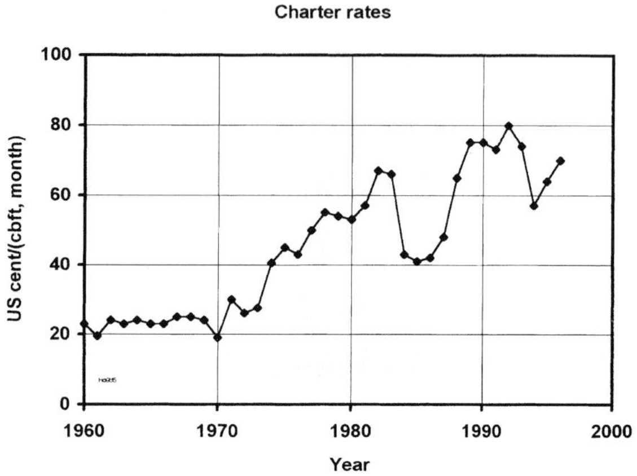

Abb. 5. Zeitliche Entwicklung der gemittelten Raten für Jahreschartern von Kühlschiffen in US Cent pro cbft und pro Monat (Daten aus [2])

etwa 1 000–1 500 TEU-Kühlcontainerstellplätze zur Verfügung (s. a. Abb. 4). Eine Auslastung dieser Kapazitäten mit Kühlcontainern zum schnellen Transport von Früchten und hochwertigen Tiefkühlladungen wie Fleisch, Fisch und Shrimps in 8–14 Tagen von Süd- und Mittelamerika nach Europa würde den Fruchtexporteuren helfen, die zum Teil auf nicht ausreichende Flugfrachtkapazitäten angewiesen sind. Die vorhandenen Containerdienste mit großen Kühlcontainerkapazitäten sind für empfindliche Früchte häufig zu langsam, da viele Häfen angelaufen werden.

In den bedeutenden europäischen Bananenlöschhäfen ist der Tiefgang in der Regel ausreichend, Containerbrücken sind am Fruchtterminal direkt oder in der Nähe vorhanden. Für die Weiterverteilung steht ein leistungsfähiges Zubringernetz zur Verfügung. Für die Reeder oder Charterer sind Kühlcontainer an Deck wegen der zusätzlichen Frachteinnahmen interessant.

3 Charterraten

Bei den Charterraten ist zu unterscheiden zwischen den kurz- und den langfristigen Raten. Die kurzfristigen Charterraten werden nur für einige Reisen oder wenige Monate im Saisongeschäft (Februar bis Mai) abgeschlossen, wenn die Saisonfrüchte von der südlichen zur nördlichen Hemisphäre transportiert werden. Dann ist Kühlschiffsraum knapp und die Charterraten steigen bis auf 1,5 Dollar pro Kubikfuß und Monat. Die langfristigen Raten beziehen sich auf größere Zeiträume, häufig mehrere Jahre, mindestens ein Jahr.

Als Indikator für eine langfristige Planung eignet sich besonders gut die jährliche Charterrate. Diese Raten bewegen sich seit 1994 nach oben, diese Aufwärtsbewegung zeigt eine zunehmende Nachfrage nach Kühlschiffsraum (s. Abb. 5 aus [6]). Die derzeitig hohen Abwrackraten und niedrigen Neubauzugänge werden die Nachfrage verstärken. Die bisherige geringe Neubautätigkeit liegt teilweise an den zur Zeit weltweit gut beschäftigten Werften und den daraus resultierenden hohen Neubaupreisen. Daß Raten und damit die Kühlschiffahrt auch für deutsche Reedereien wieder interessanter wird, zeigt der Kauf von sechs modernen Kühlschiffen der Hamburg-Süd, die unter den traditionellen Namen der „Polar-Länder-Schiffe“ mit dem Hamburg-Süd-Schornstein 1995 und 1996 in Fahrt gingen (Abb. 6).

4 Neubau

Die Tendenz aus 1994 bezüglich der geringen Neubauentwicklung wird verstärkt, im Jahr 1996 wurden nur acht neue Kühlschiffe mit insgesamt 2,6 Mio. cbft und einer mittleren Größe von 325 000 cbft in Dienst gestellt (1995: 6 Schiffe mit 1,4 Mio. cbft; 1994: 29 Schiffe mit 11,5 Mio. cbft, s. a. Abb. 7).

Die Verlust- und Abwrackrate war 1996 mit 22 Schiffen und 6,3 Mio. cbft niedrig, war 1995 mit insgesamt 57 Kühlschiffen und 16,8 Mio. cbft hoch (1994: 48 Schiffe mit 14,2 Mio. cbft), die ältesten Schiffe sind 35, die jüngeren 20–22 Jahre alt. Ein großer Anteil der abgewrackten Schiffe stammt aus der überalterten Kühlschiffsflotte der ehemaligen UdSSR.

Die Neubaulisten geben für 1997 insgesamt 14 Kühlschiffe mit ca. 6 Mio. cbft, für 1997/98 etwa 14 Schiffe mit ca. 7 Mio. cbft an. Dabei werden die endgültigen Ablieferungszahlen ab 1998 sicher höher liegen. Die Betrachtung der Bauwerften zeigt ein starkes Übergewicht der japanischen Werften, gefolgt von den ukrainischen und polnischen Werften. Für das Jahr 1997 wurden für den Seatrade-Scaldis-Pool mehrere 500 000 cbft Kühlschiffe in Indonesien geordert. Diese Schiffe werden nicht gebaut, Seatrade sucht derzeit dafür neue Bauplätze.

Die langfristige Entwicklung des Kühlraumes auf Kühlschiffen hatte im Jahr 1993 einen Wendepunkt

Abb. 6. POLAR ARGENTINA, Kühlschiffe der Hamburg Süd Polar Länderklasse (Foto oben: Deutsches Schiffahrtsmuseum Bremerhaven, unten Verfasser)

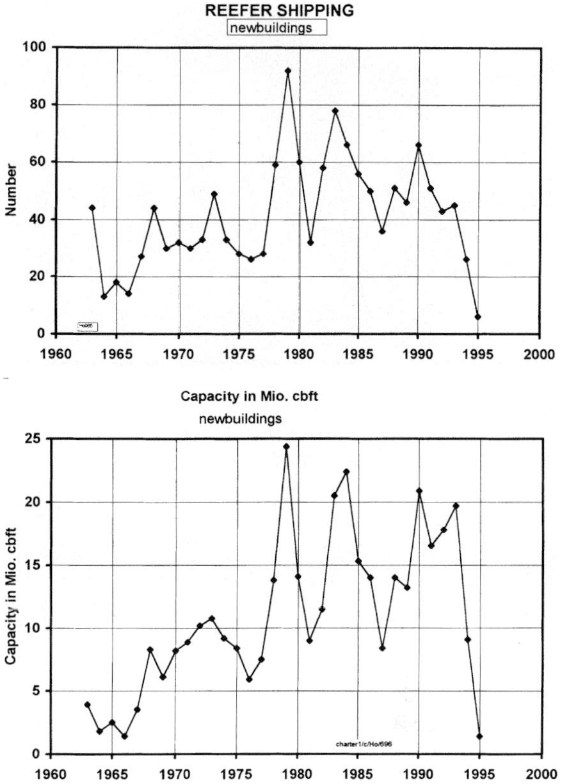

Abb. 7. Neubauentwicklung von Kühlschiffen, Ablieferung der Neubauten (oben Anzahl, unten Kühlraumkapazität in cbft)

bei ca. 390 Mio. cbft. Diese Entwicklung wird unterschiedlich kommentiert. Eine Gruppe von Experten sagt damit das beginnende Ende der Kühlschiffahrt voraus, übrigbleiben werden die Kühlcontainerschiffe. Eine andere Gruppe von Experten führen diese Entwicklung auf extrem hohe Abwrackraten der überalterten ehemals „roten" Kühlschiffsflotten zurück, die sich im internationalen Wettbewerb nicht mehr behaupten können.

5 Kühlschiffstypen

Für den Transport gekühlter Ladung werden Kühlschiffe und Kühlcontainerschiffe verwendet. Alle Kühlschiffe haben eigene Ladebäume oder Kräne, die meisten sind mit Seitenpforten ausgestattet und einige Dienste haben Einrichtungen zum RO-RO-Umschlag. Dienen die Seitenpforten in den Ladehäfen zum einfachen Beladen der Reede, werden Seitenlader für den Palettenumschlag in den Lade- und Löschhäfen eingesetzt.

5.1 CA-Kühlschiffe

Weltweit sind etwa 4–6% aller Kühlschiffe für CA vorbereitet und etwa 30–50 Kühlschiffe führen regelmäßig CA-Transporte durch. Kühlschiffsneubauten für den Fruchttransport werden heute überwiegend CA-geeignet gebaut, d. h. die Laderäume sind besser abgedichtet und die für den CA-Betrieb notwendigen zusätzlichen Rohrleitungen und elektrischen Anschlüsse sind bereits vorhanden [6], [7], [8].

Bei den Kühlschiffen werden aktive Systeme verwendet, die den benötigten Stickstoff aus der Umgebungsluft erzeugen. Wurden anfangs Druckwechselanlagen (Pressure Swing Absorption PSA, ISOLCELL 1985) eingesetzt, haben sich heute Membrananlagen (anfangs Wickelmembranen, jetzt Hohlfibermembranen) aufgrund ihrer Vorteile durchgesetzt. Es werden überwiegend flexibel installierte Anlagen eingesetzt, die aus dem Luftverdichter, dem Luftaufbereitungssystem (Abkühlung, Trocknung, Entölung), dem N_2-Generator und dem Meß- und Regelungssystem bestehen. Die CA-Anlage benötigt eine elektrische Leistung je nach Größe und Prinzip von 150–300 kW und ist an das elektrische Bordnetz des Schiffes angeschlossen. Der Stickstoff wird durch flexible Leitungen zu den einzelnen Laderäumen geleitet (Abb. 8). Aus dem Laderaum werden durch dünnere Leitungen Proben der Gaszusammensetzung genommen und durch das automatische Meßsystem analysiert, registriert und abhängig vom Ergebnis erfolgt die Zugabe von Stickstoff oder Luft (O_2) zu den einzelnen CA-Zonen in den Laderäumen.

Im Bananendienst sind die Anlagen in Seecontainern (Abb. 9) und für den Saisonverkehr (Kern- und

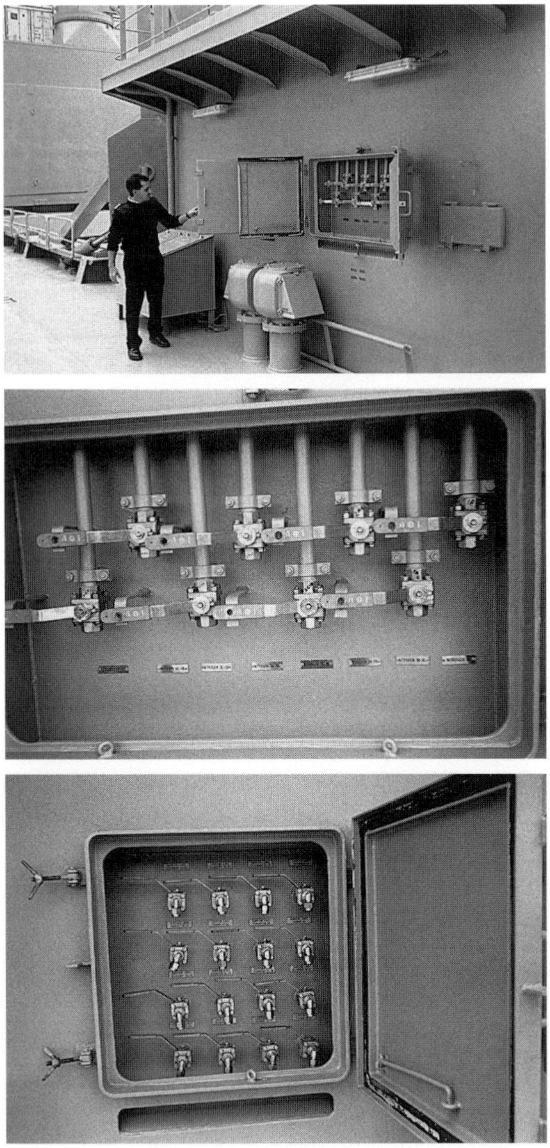

Abb. 8. Island Klasse, Blick auf die bordseitig vorbereiteten Anschlüsse für die Stickstoffversorgung und die Meßleitungen auf der BARRINGTON ISLAND (Foto: Verfasser)

Steinfrüchte) in kleineren mit dem Flugzeug transportierbaren Containern installiert. Dabei wird nach dem Spülprinzip gearbeitet, der Stickstoff wird in den Laderaum geleitet und spült den Sauerstoff heraus. Abhängig von der Stickstoffmenge und -konzentration dauert es bei den heute üblichen Anlagen etwa 24–36 h, bis der O_2-Gehalt im Laderaum ca. 5% beträgt. Nach dieser Reduzierungsphase wird N_2 abhängig von dem oberen CO_2-Gehalt und Luft abhängig vom unteren O_2-Gehalt zugegeben. Die N_2-Konzentration beeinflußt dann den O_2-Gehalt und der Stickstoffvolumenstrom den CO_2-Gehalt. Ist der CO_2-Gehalt eines Raumes zu niedrig, wird in diesem Raum kein Stickstoff mehr zugegeben. Dieses Verfahren ist einfach, hat sich in der jetzigen Pionierphase bewährt und wurde für CHIQUITA und NOBOA von den Firmen PERMEA (Norwegen) und UNITOR (Norwegen) geliefert.
In Abb. 9 ist eine flexible CA-Anlage nach dem PSA-Prinzip in einem 40-Fuß-Container dargestellt, die von Dole für den Bananendienst erprobt wurde. Auch Dole plant, auf CA umzustellen und ab Frühjahr 1997 die Bananen unter CA zu transportieren. In Abb. 10 wird der Verlauf der Atmosphäre, beim CA-Betrieb auf der TASMAN MERMAID gezeigt. Besonders interessant ist die schnelle Regeneration der Laderaumatmosphäre bei der Frischluftspülung.

5.2 RO-RO-Kühlschiffe

Kühlschiffe im Liniendienst fahren heute ähnlich wie Tanker und Massengutschiffe nur in eine Richtung beladen, die Rückreise erfolgt in der Regel ohne Ladung. Die großen Kühlschiffspools dagegen versuchen im Dreiecksverkehr zwei von drei Strecken mit zahlender Ladung, möglichst Kühlladung, zu fahren. Die Schiffe der Horn-Reederei sind mit großen Heckklappen ausgestattet und fahren viel rollende Ladung unter und Container an Deck auf der Rückreise. Die oberen Laderäume sind durchgehend für PKẂs befahrbar und im Deckshaus befindet sich eine großzügige Garage für Trailer, LKW und andere große rollende Ladungseinheiten.

5.3 Seitenlader

Die geschlossene Kühlkette für empfindliche „Break-Bulk"-Ladung wurde durch aufwendige Elevatoren oder ähnlichen Entladeeinrichtungen in den Kühlschiffshäfen geschaffen. Dadurch ist ein Ladungsumschlag unter idealen Bedingungen möglich und Regen, Kälte oder Hitze können keinen Schaden anrichten. Beim Übergang zur Palette werden die Ladungseinheiten für Elevatoren zu groß, es wurden Palettenbrücken für einen geschützten Umschlag in einigen Häfen erstellt. Parallel wurden Kühlschiffe auf schnellen Palettenumschlag optimiert, Seitenlader

Abb. 9. Flexible CA-Anlage für ein Kühlschiff in einem 40-Fuß-Container an Bord der TASMAN MERMAID (Foto: Verfasser)

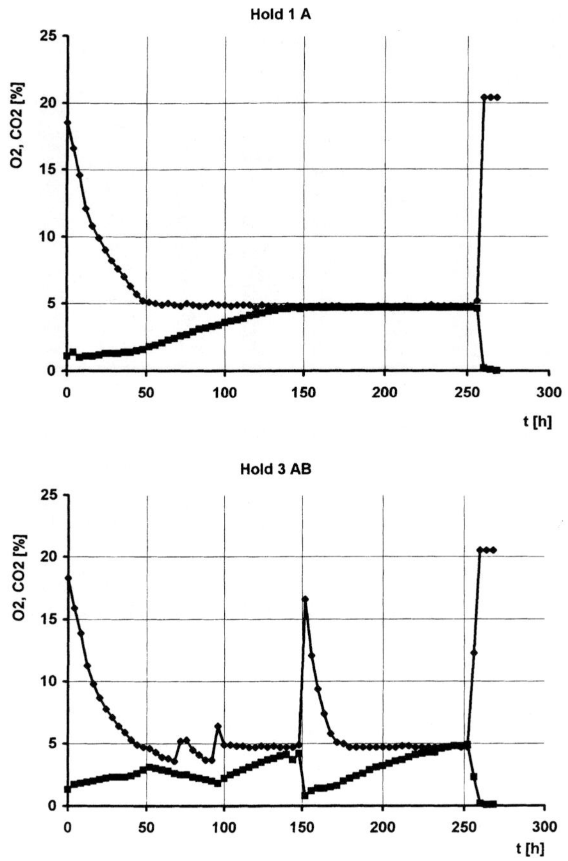

Abb. 10. Aufbau der CA-Atmosphäre (O_2, CO_2) im Kühlschiffsladeraum mit Bananen und Regeneration bei Frischluftzufuhr

gehören dazu. In der Regel werden die Paletten mit Gabelstaplern direkt von der Seitenladeeinrichtung abgenommen und sofort in den schützenden Kaischuppen gefahren.

5.4 Saftkonzentrat-Tanker

Die weltweite Zitrusernte betrug 1992 laut FAO etwa 67,3 Mio. t, davon wurden 7,4 Mio. t exportiert [10], [11], [12]. Die Orangen haben den größten Anteil, der Export betrug 1992 etwa 5,8 Mio. t und 1993 etwa 6,4 Mio. t, mit Spanien als größtem Exporteur (2,6 Mio. t), Frankreich mit 0,79 Mio. t und Deutschland mit 0,78 Mio. t als den größten Importländern. Das weltweit größte Erzeugerland von Orangen ist Brasilien, hier wurden 1992 etwa 15 Mio. t Orangen geerntet, die überwiegend zu Orangensaft oder Orangensaftkonzentrat (5- bis 7fach konzentriert) verarbeitet wurden. Etwa die gleiche Menge an Orangen, die exportiert wird, kommt als gefrorenes Orangen-Juice-Konzentrat (FCOJ) auf den Weltmarkt, etwa 1,1 Mio. t wurden 1992 von Brasilien erzeugt und überwiegend exportiert.

Zur Zeit gibt es weltweit etwa zehn bis zwanzig Schiffe dieser Art, die den konzentrierten Orangensaft um −10 °C transportieren [13]. Eines dieser Schiffe ist in Abb. 11 auf der Jungfernreise zu sehen. Sie entstanden anfangs häufig als Umbauten aus ehemaligen Kühlschiffen. Nachdem die notwendigen Erfahrungen mit diesem neuen Schiffstyp vorhanden waren, wurden diese bei den späteren Neubauten umgesetzt.

6 Kühlladung

Nach den Statistiken der FAO betrug der Welthandel an verderblichen Gütern 1993 etwa 63 Mio. t (1984 ca. 42 Mio. t). Über See wurden 1992 nach [10] etwa 36,5 Mio. t (1984 ca. 24,5 Mio. t) transportiert und für 1996 ca. 42 Mio. t geschätzt. Das Kühlladungsangebot für die Schiffahrt wurde in [8], [9] ausführlich beschrieben und steigt seit 1984 relativ beständig an, der Zuwachs beträgt etwa eine Mio. t pro Jahr. Das resultiert aus den weltweit gestiegenen Exporten der Massenladungen wie Fleisch, Fisch, Zitrus und Bananen, die fast saisonunabhängig über das ganze Jahr transportiert werden [11]. Aber auch die Saisonfrüchte wie Weintrauben, Äpfel und Birnen haben erstaunliche Zuwachszahlen und die Beeren-, Steinfrüchte und Exoten, die bisher überwiegend mit dem Flugzeug transportiert wurden, werden zunehmend mit Schiffen befördert. In Europa ist bei den überwiegend aus dem Mittelmeerraum stammenden Zitrusfrüchten eine partielle Trendwende zurück vom Lkw zum Schiff sichtbar.

Die zeitlichen Entwicklungen des Kühlgütertransportes über See wird in Abb. 12 mit Daten aus [11] dargestellt (ab 1993 als Prognose), sie stellt die Nachfrage des Weltmarktes an schiffsseitigem Kühlraum dar.

7 Ausblick

Die bisherige Entwicklung in der Kühlschiffahrt erlaubt einen Ausblick im technischen Bereich bezüg-

Abb. 11. OURO DO BRASIL, ein Tanker zum Transport von 12 800 m^3 tiefgekühltem Orangensaftkonzentrat und Container an Deck auf der Ballastreise (Foto: Verfasser)

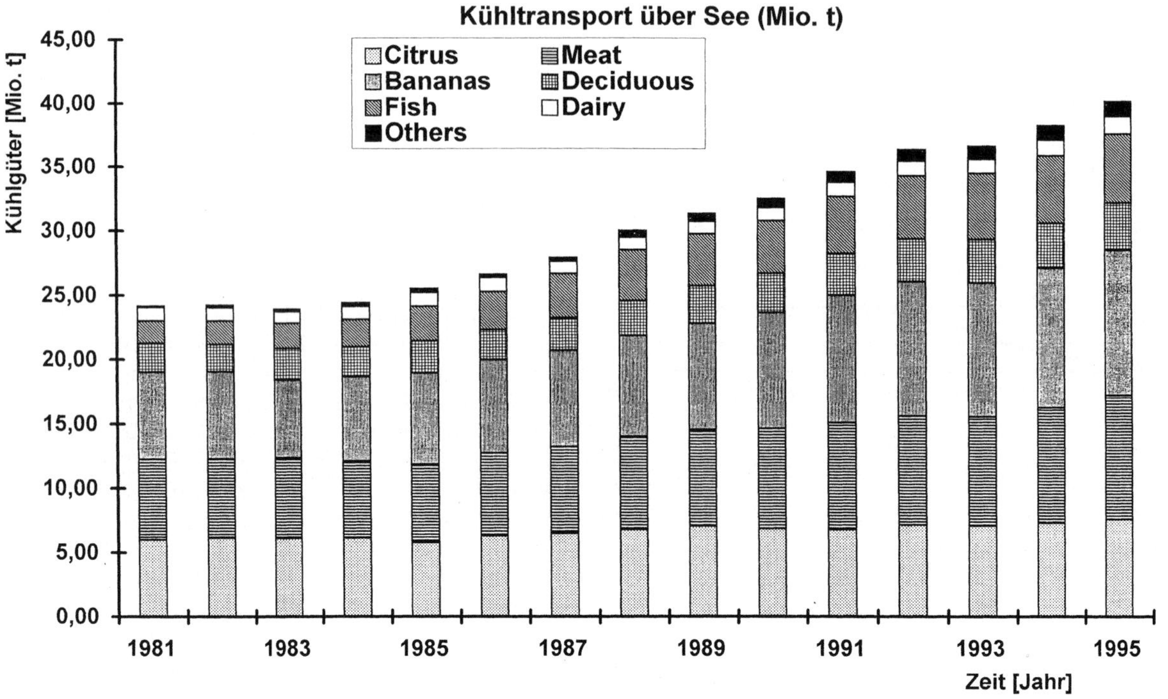

Abb. 12. Zeitliche Entwicklung des Kühlgütertransportes in Mio. t über See, ab 1993 Prognose

lich der Kälteanlagen, darüber wird Dipl.-Ing. S. Rodermund vortragen.

Bezüglich der CA wurde die Pionierphase bei den Bananen erfolgreich abgeschlossen, weitere Dienste werden folgen (ab 1997 Dole), Chiquita und Noboa werden im nächsten Schritt die energetischen Optimierungsmöglichkeiten der CA umsetzen. Im Bereich der Saisonfrüchte wird CA vorwiegend im Neuseelandverkehr eingesetzt und befindet sich bei den Steinfrüchten im Chile- und Südafrikaverkehr in der Testphase. Die Anwendung von MA/CA für Frischfleisch, Frischfisch und verarbeitete Nahrungsmittel wie Räucherlachs werden teilweise langjährig durchgeführt, teilweise erprobt, hier sind weitere Entwicklungen zu erwarten.

Schwieriger ist der Ausblick bezüglich der Größe, der Geschwindigkeiten und des Brennstoffverbrauchs von Kühlschiffen (Tabelle 4). Die Geschwindigkeit ist überwiegend von den Brennstoffkosten abhängig, die seit der 2. Ener-giekrise 1978/80 ständig gefallen sind, d. h. die langfristige Tendenz der Geschwindigkeit ist steigend. 1996 waren die Brennstoffpreise gegenüber 1995 um etwa 30% höher. Welt- oder umweltpolitische Gründe können einen weiteren Anstieg bewirken. Inflationsbereinigt sind die Treibstoffpreise derzeit niedriger als 1971, vor der ersten „Ener-giekrise" 1972. Für einige Güter und Fahrtgebiete wird über schnelle Kühlschiffe nachgedacht. Mit einer Geschwindigkeitserhöhung um 6–8 Knoten kann ein Schiff bei vier- bis fünfwöchigen Umlaufzeiten eingespart werden. Über derartige Projekte werden Dipl.-Ing. D. Lehmann und Dipl.-Ing. C. Strobel vortragen.

8 Zusammenfassung

Hohe Abwrackraten sowie geringe Neubauzugänge in der weltweiten Kühlschiffsflotte und hohe Neubauorder in der Kühlcontainerschiffsflotte kennzeichnen die derzeitige Situation in der internationalen Kühlschiffahrt. Das Kühlladungsangebot steigt seit 1984 mit etwa 1 Mio. t pro Jahr und sorgt besonders in den Saisonzeiten von Februar bis Juni für große Nachfrage an Kühlschiffsraum. Die Frachtraten für Kühlschiffe befinden sich wieder auf hohem Niveau und steigen voraussichtlich weiter, da auch 1997 wenig Neubauten abgeliefert werden.

Die vorstehende Analyse zur Anzahl, Größenverteilung, Alter, Geschwindigkeit von Kühlschiffen gibt einen Überblick über die derzeitige weltweite Kühlschiffsflotte, die überwiegend unter „billigen" Flaggen operiert. Ein Blick auf das Ladungsangebot ist positiv und zeigt steigende Tendenz, andererseits erhält die Kühlschiffsflotte ernstzunehmende Konkurrenz von den Containerschiffen mit Kühlcontainern. Neue Kühlschiffe werden daher mit einer hohen Kühlcontainerkapazität an Deck gebaut, nutzen damit die Tragfähigkeit im Fruchttransport besser aus und erzielen dadurch zusätzliche Einnahmen bzw. höhere Charterraten.

Die Geschwindigkeiten der neueren Kühl- und Kühlcontainerschiffe zeigen eine steigende Tendenz, der Hauptgrund sind niedrige Treibstoffpreise. Die gestiegenen Geschwindigkeiten und die effizienten Umschlagseinrichtungen in den Häfen sorgen für eine höhere Transportleistung.

Tabelle 4. Leistung, täglicher Brennstoffverbrauch und Brennstoffvorrat für ein 500.000 cbft-Kühlschiff mit verschiedenen Geschwindigkeiten (20–40 kn) in zwei Fahrtgebieten

$P_{spez.}$ kW/tdw	Distance			3600 nm		6000 nm		main engine and propulsion
	Speed [kn]	Power [kW]	fuel [t/d]	time [h]	fuel [t]	time [h]	fuel [t]	
1,00	20	10.000	40	180	310	300	510	diesel engine propeller
1,95	25	19.500	80	144	480	240	795	
3,37	30	33.750	243	120	1.215	200	2.025	gasturbine
5,36	35	53.600	386	103	1.660	171	2.750	propeller or
8,00	40	80.000	580	90	2.160	150	3.600	waterjet

1nm = nautical miles

8.1 Definitionen/Begriffe:

Kühlschiff = alle Laderäume isoliert, Ladekühlanlage
cbft = Kubikfuß (1 cbft = 0,02832 m^3)
TEU = 20 Fuß-Containerequivalent
R-TEU = Reefer-TEU (20 Fuß-Kühlcontainerequivalent ca. 1.000 cbft)

Schrifttum

1 Hochhaus, K.-H.: Schiffahrts- und Schiffbaustatistik, Handbuch der Werften, Band XXIII, Hansa Verlag, Hamburg 1996, Herausgeber H. Keil
2 NN: Fleet Analysis reefer vessel (10 000 cbft and above). Barry Rogliano Salles, Paris, 1996
3 Div. Autoren: Shipping Statistics Yearbook 1995, Institut für Seeverkehrswirtschaft und Logistik
4 N.N: Schiffsliste 1996, Eckardt und Messtorff GmbH, Hamburg 1996
5 Hochhaus, K.-H: Kühlschiffe und Kühlcontainer, Schiffsingenieur Journal, März/April 1995
6 Hochhaus, K.-H: Kühlschiffahrt ´95/96-Steigende Tendenz bei Raten und Transportleistung, Schiff und Hafen 9/96
7 Hochhaus, K.-H.; Idler, L.; Wild, Y.: Kühlcontainer und Kontrollierte Atmosphäre im Schiffstransport, Handbuch der Werften, Band XXI, Hansa Verlag Hamburg 1992
8 Hochhaus, K.-H: CA-Kühlschiffe und Kühlcontainer, International Fruitworld Nr. 3, 1996
9 Hochhaus, K.-H.: Seitenlader, ideale Kühlschiffe für Paletten, International Fruitworld Nr. 1, 1996
10 N.N.: Reefer Container Market, Drewry Shipping Consultants, London 1995
11 N.N.: Reefer Trading Prospects To 2000, Ocean Shipping Consultants, London 1995
12 N.N.: Statistic Supplement, International Fruitworld, Vol 18, 1996
13 Hochhaus, K.-H: OURO DO BRASIL, SOL DO BRASIL - Kühlschiffe, Safttanker oder Containerschiffe, International Fruitworld Nr. 2, 1995

Kühlschiffe mit hoher Geschwindigkeit

Dipl.-Ing. **Dirk Lehmann**
KSW Systems ASPH GmbH, Hamburg*[1]

1 Einleitung

Immer wieder in neuerer und älterer Zeit geisterten sie umher, Projekte über den Neubau schneller und schnellster Schiffe unterschiedlichen Typs. Einige Reedereien betreiben solche Einheiten heute, manche erfolgreich, manche nicht so erfolgreich. Noch mehr Reedereien denn je erwägen jedoch, schnelle Schiffe in ihren Planungen für das nächste Jahrhundert. Die Erfahrung der letzten Jahre zeigt, daß schnelle Schiffsentwürfe stets Gemeinsamkeiten haben:

- Ihre Wirtschaftlichkeit ist ganz wesentlich vom Treibstoffpreis abhängig.
- Schnelle Schiffe sind stets Spezialschiffe für eine bestimmte Route, eine bestimmte Transportaufgabe oder einen bestimmten
- Zeitplan. Schnelle Schiffe sind im Neubau und im Betrieb teurer als konventionelle Schiffe.
- Durch die maßgeschneiderte Konstruktion erzielen diese Schiffe einen nur geringen Wiederverkaufswert.

* mit freundlicher Unterstützung der AGNOS SCHIFFKO GmbH, Hamburg

Die o. g. Kriterien machen eine sehr sorgfältig durchzuführende Rentabilitätsberechnung zwingend notwendig. Dazu sind Einschätzungen der zukünftigen Marktbedingungen, der Verfügbarkeit und Auslastung und der saisonalen Abhängigkeiten mit den Voraussagen der Treibstoffpreise und der Neubaupreise in Einklang zu bringen. Das Ergebnis dieser Abwägung muß unter dem Strich eine deutliche Erfolgsaussicht liefern, um das finanzielle Risiko des Projektes überschaubar zu machen. Schnelle Schiffe werden heute eingesetzt in der Touristik, im Fährdienst und im militärischen Bereich. Die Trockenfracht jedoch hielt sich bisher bis auf wenige Ausnahmen, wie zum Beispiel SeaLand's Containerschiffe in den 70' ern, zurück, aber es werden gegenwärtig viele Projekte für schnelle Containerschiffe gerechnet.
Die Kühlschiffahrt hielt sich bisher an konventionelle Rumpfbauweisen und damit an Geschwindigkeiten bis 24 kn. Der in seinen Transportraten sehr stark schwankende, von politischen und geographischen Einflüssen stark abhängende Kühlguttransportmarkt bot bisher kaum die Gelegenheit, so weit im voraus planen zu können, daß an die Konstruktion schneller Schiffe gedacht werden konnte.
Erst die Veränderungen der letzten Jahre, wie die Stabilisierung der Märkte in Osteuropa, die zuverlässig steigende Nachfrage nach hochwertigen Lebensmitteln im wachsenden Ostasien und die zunehmende Konzentration der Weltkühlschifflotte auf Großkonzerne, welche auch die Ladung kontrollieren, erfüllen Projekte für schnelle Kühlschiffe mit Leben.

2 Wer braucht schnelle Kühlschiffe?

Kritiker schneller Schiffe fragen sofort: „Wer braucht den so etwas überhaupt...?“ und nehmen damit den Finanziers solcher Projekte die Worte aus dem Mund. Wie bereits erwähnt, wird sich jemand nur dann zugunsten hoher Geschwindigkeit entscheiden, wenn er dadurch einen wirtschaftlichen Vorteil erwarten kann. Wir sehen diesen Vorteil im wesentlichen in sechs Punkten:

2.1 Punkt 1: Alternative zum Lufttransport

Schnelle Kühlschiffe, ausgerüstet mit modernster Kühl- und Umschlagtechnik, können in Zukunft eine preiswerte Alternative zum Lufttransport verderblicher Güter sein. Um das sehr gut organisierte, aber teure logistische System Flugzeug zu ersetzen, bedarf es mehr Technik in den Schiffen als bisher. Kontrollierte Atmosphäre, Automation und Telematik sind dabei ausschlaggebend, um Schäden an der Ware, hohe Umschlagkosten und eine zuverlässige Planung der Fruchtvermarktung zu gewähren.
Güter wie Blumen, exotische Früchte, empfindliche Obstsorten, wie Kirschen, Erdbeeren etc. wären attraktives Transportgut. Diese werden heute in erheblichen Mengen z.B. auf den Relationen Zentralamerika – Europa, Südafrika – Europa geflogen. Der Transportpreis liegt dabei entsprechend hoch. Wenige kleinere schnelle Kühlschiffe könnten ganzjährig beschäftigt sein, wenn es gelänge, die bisherige Transportkette aufzubrechen und zu verändern.

2.2 Punkt 2: Effektiver Transport hochwertiger Güter

Der Transport hochwertiger Güter wie Maschinen, Halbzeuge und Ersatzteile, Autos oder Elektronik hat seine Zeitbeschränkung durch den Wert der Ware und durch den Lager- und Umschlagkostenanteil. Schnelle Schiffe können Transportzeit und damit Kapitalzinsen sparen, automatische schnelle Schiffe bieten das reibungslose Einfügen des Transportes in den Just in Time Gedanken.
Eine Kombination aus unterschiedlichen Transportgütern auf Hin- und Rückweg einer Relation kann somit auch eine Beschäftigungsmöglichkeit schneller Kühlschiffe sein. Dabei muß jedoch beachtet werden, daß jede Kombination das Spezialschiff noch mehr spezialisiert und das in der Regel Kompromisse zwischen den jeweiligen Anforderungen der Güter an die Laderaumgestaltung gefunden werden müssen.
Eine mögliche Kombination könnte der Transport hochwertiger PKW aus Europa nach Nordamerika und der Rücktransport gekühlter Ware wie Fisch, Fleisch, Zitrusfrüchte oder (mit Umweg zur Karibik) Bananen sein. Ein modernes Paletten-Kühlschif könnte aber auch z. B. Frucht nach Fernost bringen und hochwertige, palettierte Elektronikgüter zurückfahren.

2.3 Punkt 3: Liniendienstoptimierung

Kühlschiffreeder, welche ihre Schiffe ganzjährig in einer Linie betreiben, kommen gerne in die Versuchung, die Anzahl der benötigten Schiffe durch das Fahren mit höheren Geschwindigkeiten zu verringern. Man erhofft sich so Einsparungen durch den Betrieb mit weniger Schiffen.
Tatsächlich ist diese Variante für eine ganz besondere Gruppe der Reedereien interessant und zwar für die großen internationalen Bananenkonzerne. Diese Firmen kontrollieren den Anbau, Transport und Vertrieb ihres eigenen Produktes Banane, welches nebenbei auch noch das ganze Jahr über wächst und nachgefragt wird. Saisonale Schwankungen sind weitgehend ausgeschlossen und der Bananenkonsum ist über die Jahre planbar.
Ideale Voraussetzungen für Projekte mit schnellen Schiffen. Die Transportwege sind relativ lang (Karibik – NW Europa ca. 5000 nm), die Fahrpläne der Schiffe absolut regelmäßig, der Umschlag bietet Raum für Rationalisierung.

2.4 Punkt 4: Lange Distanzen

Schnelle Schiffe sind um so schneller, je weiter die zu überbrückende Transportstrecke ist. Kühlgüter wer-

den zum Teil über sehr lange Wege transportiert, die Relation Neuseeland – Europa soll hier als ein Beispiel dienen, weitere Relationen wären Chile – Europa, Südafrika – Nordamerika etc. Schnelle Schiffe schaffen pro Jahr rechnerisch mehr Umläufe auf diesen Relationen und könnten somit mehr Ware transportieren, verdienten also mehr Geld. ABER..., das Problem mit den vorgenannten Exportländern ist die stark saisonale Fruchtproduktion. Es gibt leider in keinem dieser Länder das ganze Jahr über genug Frucht, um die Schiffe das ganze Jahr zu beschäftigen. Auszeiten jedoch kann sich ein teures weil schnelles Spezialschiff nicht leisten.
Um also schnelle Kühlschiffe in die o. g. Relationen einzuführen, braucht man mehr als nur eine Fruchtsorte und eventuell auch mehr als nur eine Relation. Man muß versuchen, zwei Exportorganisationen und/oder zwei Regionen mit deren individuellen Saisonen zu kombinieren.
Die langen Distanzen sind tatsächlich so interessant, daß zur Zeit Untersuchungen laufen, wie eine Investition für einen solchen Dienst sich rechnen lassen kann.

2.5 Punkt 5: Wettbewerb

Manche Reeder haben ein großes Problem mit der lieben Konkurrenz auf einer oder mehreren Relationen. Schnelle Schiffe können ein Ausweg sein, dem Wettbewerb einen Sprung voraus zu sein und der Kundschaft zu zeigen, wer der bessere, weil zukunftsorientiert, ist. Dieser Beweggrund war ausschlaggebend für so manche neue schnelle Fährlinie weltweit. Die Kühlschiffindustrie ist jedoch eine so enge Gemeinde mit so geringen Margen, daß die Wettbewerbssituation allein nie ausreichend wird für die Investition in schnelle Schiffe.

2.6 Punkt 6: Sonderaufgaben

Bestes Beispiel seien hier die Anforderungen an Schiffe des militärischen Dienstes und solche der Forschung, sowie Schiffe für Privatzwecke. Diese Schiffe werden nur am Rande einer betriebswirtschaftlichen Rentabilitätsuntersuchung unterzogen und finanzieren sich meist aus staatlichen Mitteln. Ein schnelles Kühlschiff läßt sich zum Beispiel für den Einsatz als Versorgungsfahrzeug für mobile Einsatzverbände oder weit verteilte Stützpunkte betrachten.
Ein weiteres sehr interessantes Feld für Projekte mit schnellen Kühlschiffen.

3 Das Laderaumkonzept ASPH

Das Automatic Seaborne Pallet Handling ASPH-System stellt eine integrierte Laderaumeinrichtung für moderne Kühlschiffe dar. Es besteht aus der Kombination vorgefertigter Elemente für Isolierung, Lüftung und Kühlung und automatischer Technik für Palettenstauung, Verzurrung und Umschlag. Die Isoliertechnik in Paneelbauweise umgibt ein Regalsystem, in welches das Kühl- und Ventilationssystem integriert ist. ASPH entspricht damit im weitesten Sinne einem schwimmenden, Computer gesteuerten Hochregallager, wie es an Land weit verbreitet ist.
Die Laderäume eines ASPH-Kühlschiffes sind jeweils vertikal unterteilt in sechs Palettenebenen und horizontal in zwei Regalhälften und einen dazwischen liegenden Regalfahrzeuggang. Die Laderäume sind durch ein isoliertes Querschott getrennt.
Auf Deck, über jeweils zwei Laderäumen ist in einem Decksaufbau (kompatibel zur Containerstauung) eine Palettenumschlagstation angeordnet, zuständig für den Umschlag der Paletten der beiden Laderäume, unabhängig von Hafen- oder Seeschiffsumschlagvorrichtungen.
Während des Beladevorganges erreichen die Paletten die Umschlagstation mit Hilfe des bordeigenen Palettenkäfigs, welcher vom ebenfalls bordeigenen Palettenkran bewegt wird. In der Umschlagstation werden die Paletten automatisch über Kettenförderer den Checkstationen zugeführt und anschließend weiter verteilt. Nach dem Passieren der Checkstationen (Überprüfung des Gewichtes und der Abmessungen, Identifikation und/oder Kennzeichnen der Paletten) gelangen die Paletten in die Einlagerbahnen für den entsprechenden Laderaum. Ein Lift verfährt die Paletten dann durch eine kleine ffnung im Boden des Decksaufbaus (Hauptdeck = Oberkante Laderaum) in den jeweiligen Laderaum. Das Regalfahrzeug übernimmt die Palette, setzt sich mit der Palette in Bewegung und verfährt diese in Schiffslängsrichtung. Gleichzeitig bewegt der auf dem Regalfahrzeug montierte Lift den Satelliten und seine Palette zur vorgesehenen Regalzeile. Dort angelangt, fährt der Satellit in die Zeile ein, lädt die Palette ab und kehrt zum Regalfahrzeug zurück. Dieser Vorgang wiederholt sich bis der Ladevorgang beendet ist. Nachdem alle Paletten beladen wurden, schließt das vollautomatische Ladungssicherungssystem die Regale von den Regalfahrzeuggängen ab. Damit wird ein Verrutschen der Ladung zuverlässig verhindert. Das Löschen geschieht in umgekehrter Weise.
Zur Überwachung des Ladens/Löschens ist lediglich ein Mann Personal an der Umschlagstation erforderlich, kein Gabelstapler oder sonstiges Stauerei-Personal wird an Bord benötigt. Das System benötigt keinerlei Hafenperipherie (außer einer Pier oder Barge mit entsprechenden Gabelstaplern).

4 Kühlschiffsentwurf ASPH 7770/850-28

Die AGNOS SCHIFFKO GmbH hat in Zusammenarbeit mit KSW Systems einen Entwurf eines kombinierten Paletten/Container Kühlschiffes mit hoher Geschwindigkeit erstellt. Der Entwurf wird in einem Projekt mit einer internationalen Kühlschiffreederei verfolgt, welche einen Liniendienst mit Hilfe schneller Schiffe optimieren will. Der Entwurf heißt FUTURA – COMBIREEFER, ASPH 7770/850-28 und besitzt folgende Merkmale:

Die Tabelle geht von 120 $ je Tonne HFO aus, sowohl konventionelles, als auch schnelles Schiff wurden als Neubauten bewertet. Ferner ist ostgehend 100% Auslastung und westgehend 0% Auslastung angenommen.

Boxprice Calculation			(Costa Rica–Guatemala–Antwerp–Hamburg)	
			ASPH 6500	Conv. Ship
Capacity	Holds	corresp. Cbft	747500	55000
		Pal	6500	4500
	Reefer Containers (FEU)	FEU	150	100
		Pal	3300	2200
	Total	Pal	9800	6700
		Boxes	470400	321600
Particulars	Length over all	M	215	170
	Speed	Kn	26	20
	Consumption	t HFO	150	45
Costs	T/C	US$/d	22.000,00 $	15.000,00 $
Trade	Distance	nm	10200	10200
	Duration sea	D	17	22
	Duration ports	D	4	6
Roundtrip costs	TimeCharter T/C	US$/ RT	462.000,00 $	420.000,00 $
	Bunker	US$/ RT	330.000,00 $	122.400,00 $
	Port	US$/ RT	70.000,00 $	50.000,00 $
	Total	US$/ RT	862.000,00 $	592.4000,00 $
Shipping costs	Per box Bananas (18 kg)	US$/box	1,83 $	1,84 $
Handling costs (w/o FEU handling)	Carribean	US$/box	0,10 $	0,35 $
	Europe	US$/box	0,25 $	0,65 $
Transport costs	Total (only palletised)	US$/box	2,18 $	2,84 $

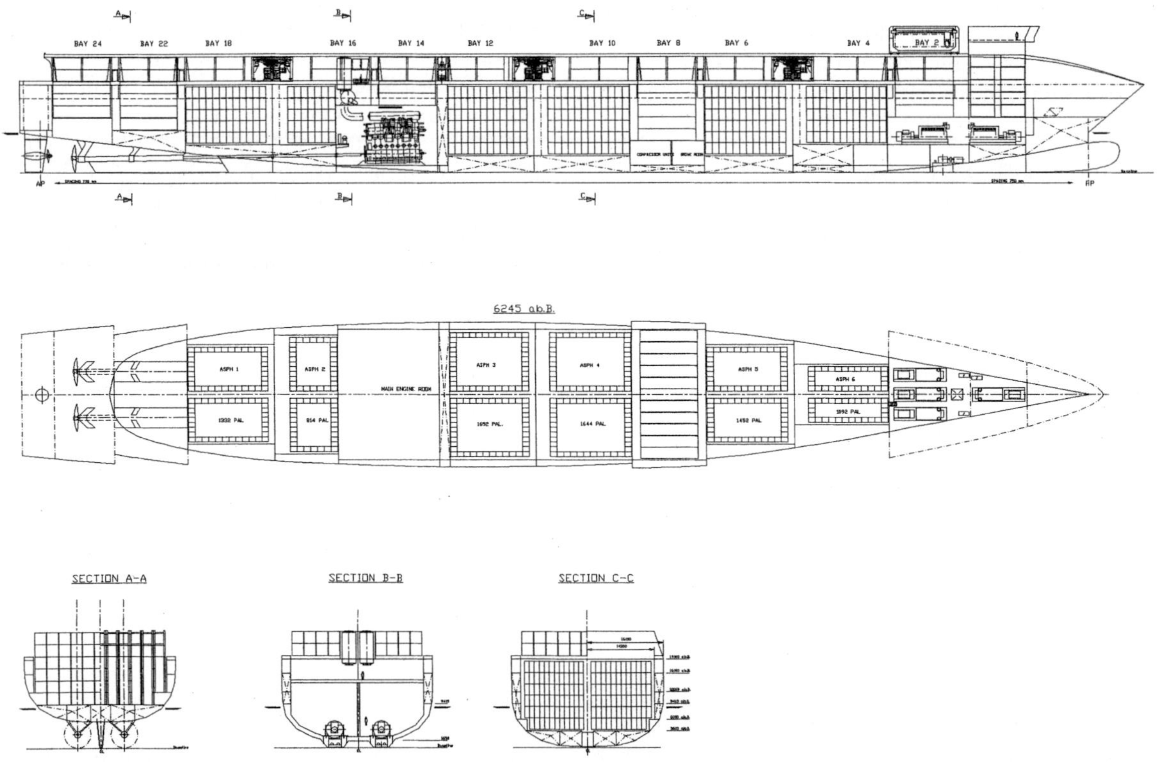

Abb. 1. Futura Combi Reefer

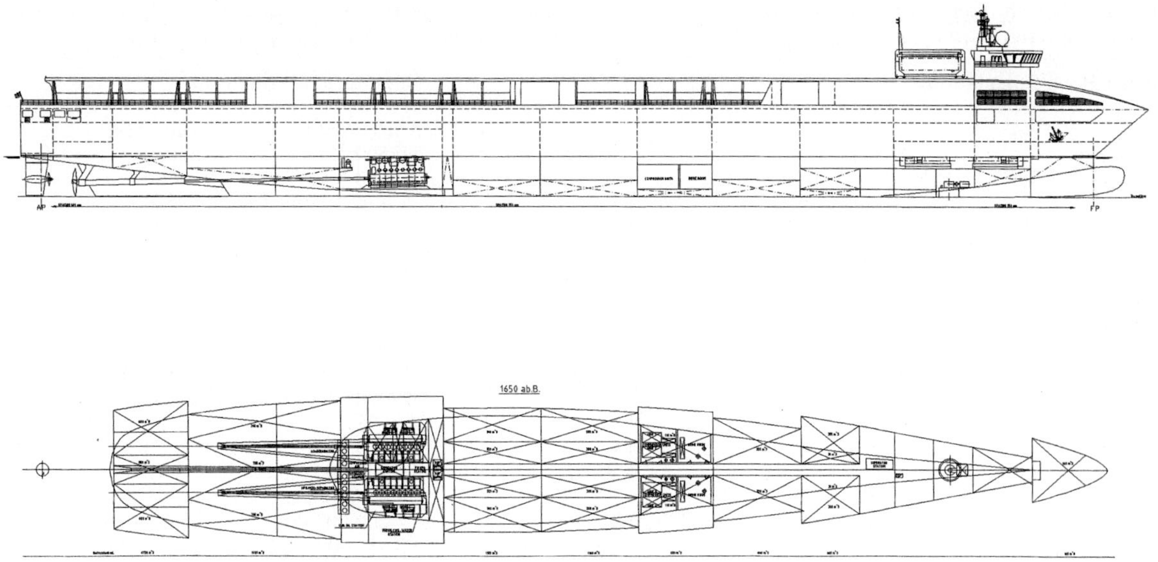

Abb. 2. Futura Combi Reefer

5 Wirtschaftlichkeitsvergleich

5.1 Vergleich: Relation Karibik – Europa

Der Vergleich beruht auf den Bananentransport des Jahres 1996. Vergleicht werden die spezifischen Transportkosten pro Bananenkiste von A = Karibik nach B = Europa zwischen drei schnellen, großen Kühlschiffen und vier konventionellen Kühlschiffen auf einer typischen Bananenroute einer der großen Fruchtunternehmen der Welt.

Der Vergleich zeigt, daß die Transportkosten (Shipping costs) beider Schiffe je Box annähernd gleich sind. Die schnellen Schiffe verdienen also genau so ihr Geld, wie die konventionellen. Die schnellen Schiffe können allerdings den notwendigen finanziellen Vorteil gegenüber den relativ risikolosen konventionellen Schiffen erst aufzeigen, wenn man die Ersparnisse im Umschlag einbezieht, die durch das ASPH-System beigetragen werden. Dann jedoch zeigen sich Ersparnisse von 23%. Das entspricht einem Einsparungspotential von ca. 3,5 Mio US$ je Schiff und Jahr.

5.2 Vergleich: Relation Neu Seeland – Europa

Dieser Vergleich bewertet den Langstrecken-Verkehr zwischen Neuseeland und Nordwest Europa. Wie bereits erwähnt, ein Verkehr mit extremen saisonalen Schwankungen und ohne ganzjährige Beschäftigung eines einzigen Charterers, aber ein Verkehr mit Wachstumspotential und mit einer vernünftigen Chance eines Kombinationsverkehres.

Der Vergleich zeigt, daß auf dieser Strecke die Transportkosten (Shipping costs) des schnellen Schiffes bereits 4% günstiger sind als jene des kon-

Type of vessel:		Combireefer
Main dimensions:	Length over all	235,0 mm
	Length between perp.	217,0 m
	Breadth moulded	32,2 m
	Depth to main deck	19,1 m
	Draught (design)	8,7 m
	Draught (max)	9,1 m
Deadweight:		21.000 tdw (d = 9,1 m)
Speed:		28,0 knots
Cargo capacity:	Pallets in refr. ASPH holds	7770 in 6 holds
	Container (refr. FEU)	421 on deck and open top holds
Propulsion plant:	2 four stroke main engines 18900 kW	
	2 marine reduction gears with PTI/PTO (4000 kW)	
	2 controllable pitch propellers	
	Azipod abt. 3000 kW	
	Pumpjet abt. 2500 kW	
Accommodation:	abt. 34 standardised units (22 persons)	

Die Tabelle geht von 120 $ je Tonne HFO aus, sowohl konventionelles, als auch schnelles Schiff wurden als Neubauten bewertet. Ferner ist nordgehend 100% Auslastung und südgehend 0% Auslastung angenommen.

Pallet Price Calculation			New Zealand–Antwerp	
			ASPH 6500	Conv. Ship
Capacity	Holds	corresp. Cbft	747500	55000
		Pal	6500	4500
	Reefer Containers (FEU)	FEU	150	100
		Pal	3300	2200
	Total	Pal	9800	6700
		Boxes	470400	321600
Particulars	Length over all	M	215	170
	Speed	Kn	26	20
	Consumption	t HFO	150	45
Costs	T/C	US$/d	22.000,00 $	15.000,00 $
Trade	Distance	Nm	23000	23000
	Duration sea	D	38	50
	Duration ports	D	3	4
Roundtrip costs	TimeCharter T/C	US$/ RT	902.000,00 $	810.000,00 $
	Bunker	US$/ RT	549.000,00 $	218.400,00 $
	Port / Panama	US$/ RT	200.000,00 $	160.000,00 $
	Total	US$/ RT	1.651.000,00 $	1.188.400,00 $
Shipping costs	Per box Pallet	US$/pallet	168,47 $	177,37 $
Handling costs	Carribean	US$/pallet	7,00 $	20,00 $
(w/o FEU handling)	Europe	US$/pallet	10,00 $	30,00 $
Transport costs	Total (only palletised)	US$/pallet	185,47 $	227,37 $

ventionellen Schiffes. Dieser Vorteil allein rechtfertigt natürlich noch kein schnelles Schiff. Nimmt man nun aber auch die Vorteile des effizienteren Umschlags, die durch das ASPH-System beigetragen werden hinzu, betragen die Einsparungen gegenüber den konventionellen Schiffen immerhin schon 18,5%. Das entspräche bei ganzjähriger Beschäftigung einem Einsparungspotential von ca. 2,4 Mio US$ je Schiff und Jahr.

6 Schnell = Groß – Und was dann?

Schnelle Schiffe sind meistens auch große Schiffe. Die Hydrodynamik gibt unbeirrbare Verhältnisse Größe zu Geschwindigkeit vor. In der Kühlschiffahrt gilt diese Gleichung ganz besonders, da nur geringfügig höhere Chartereinnahmen mit einem plus an Geschwindigkeit verdient werden können. Die Mehrkosten der schnellen Schiffe müssen sich also durch mehr Transportkapazität bezahlt machen, natürlich in Einklang mit Einsparungen im Schiffsbetrieb und im Umschlag. Nur so ist ein schnelles Kühlschiff bezahlbar.

Was passiert nun aber wenn ein großes Kühlschiff einen „normalen“ Bananenhafen anläuft und dort gar nicht so viele Bananen auf einmal geschnitten werden können, wie sie das Schiff fordert, um ausgelastet zu sein?

Was kann man tun, um die Massen an Bananen im Zielhafen verkaufen zu können, ohne daß der Bananenpreis durch das plötzliche Überangebot zusammenbricht und das Schiff nicht bezahlt werden kann?

Es wird klar, der Besteller eines schnellen, großen Kühlschiffes muß sich auch intensive Gedanken über Vor- und Nachlauf der Ware machen. Er muß die Verfügbarkeit der Kühlgüter im Beladehafen genauso sicherstellen, wie die marktgerechte Verteilung der Güter im Hinterland des Ankunftshafens. Lagerkapazitäten im Be- und Entladehafen sind notwendig. Die Konzeption eines Feederschiffdienstes zum Herantragen der Ware aus verschiedenen karibischen Häfen zum Beladehafen, wie zum Verteilen der Ware zum Beispiel in Richtung Ostseeanrainer oder Mittelmeer kann eine Lösung sein.

Noch interessanter ist jedoch die Akquisition von Rückfracht, palettiert oder containerisiert, kann jede Tonne Rückfracht die Gesamtwirtschaftlichkeit der schnellen Kühlschiffe erhöhen.

7 Zusammenfassung

Schnelle Kühlschiffe haben eine Chance in einigen Nischen des Kühlschiffmarktes der Zukunft. Die Besteller solcher Schiffe können entweder militärischen Ursprungs oder aber Großkonzerne sein, welche eine Ganzjahresauslastung der Schiffe mit möglichst eigener Ware sicherstellen können und zudem Einfluß auf Vor- und Nachlauf haben. Es bleibt festzustellen, daß es diese potentiellen Besteller gibt und das es in Zukunft noch mehr geben wird. Es bleibt aber auch abzuwarten, wer der erste sein wird.

Kühlschiffe der Zukunft

Reefers for the Future

Dipl.-Ing. **Christian Strobel**, Det Norske Veritas, Oslo

Summary. The Joint Industry Project "Reefers for the Future" was launched in January 1993 with some very ambitious design targets. The project was initiated and headed by Det Norske Veritas Classification A.S. and other group partners were charterers, a shipyard and subcontractors of equipment. The bringing together of a variety of experts within each area has been the strength of the project.

The main findings with regards to Ship Performance, Cargo Handling and Refrigeration are published in the DNVC Report No. 94-0398 "Reefers for the Future".

The results have shown that most of the design targets put forward early in the project, are achievable, and it is anticipated that the Reefer of the Future may be substantially different from present-day designs.

1 Einleitung

Im Jahre 1992 begann Det Norske Veritas mit der Durchführung eines Pilotprojekts für Kühlschiffe mit dem Ziel der Identifizierung von technologischen Herausforderungen für zukünftige Neubauten, da mehr als 30% der Flotte der Kühlschiffe heute älter als 20 Jahre ist und sehr bald ersetzt werden muß.

1993 wurde das gemeinsame Forschungsprojekt der Industrie „Kühlschiffe der Zukunft" gestartet, initiiert und geleitet bei DNV. Das Projekt sollte sich besonders mit Verbesserungen der Kühlschiff-Technologie und der weiteren Entwicklung von gegenwärtigem Schiffdesign, Frachtumschlag und der Kühlanlagen befassen. Weitere Partner des Projektes waren Cool Carriers, Dole Fresh Fruit International Ltd., Ulstein International A.S., ABB Stal Marine, Mac GREGOR-Hägglunds, Ticon Isolering A.S. und Norcontrol Automation A.S.

2 Projektziele

Einige der wesentlichen Projektziele werden nachstehend für die drei wichtigsten Arbeitsbereiche aufgeführt:

Schiffdesign

- Maximierung der Deckladung und Optimierung von Entwurfskriterien bei Beibehaltung eines schlanken Schiffskörpers für große Geschwindigkeiten.
- Flexibler Maschinenraum: Entwicklung von Konzepten für kosteneffiziente Maschinenräume und Antriebsanlagen, mit dem Ziel der Verbesserung von Einsatz-geschwindigkeit und Flexibilität, sowie der Verringerung von Höchstbelastungen für Hauptmaschinen- und Hilfsantriebsanlagen.
- Stabilitäts- und Schlingerbewegungskontrolle
- Verringerung von Bodenschlägen. Geschwindigkeitsverlust bei schwierigen Wetterverhältnissen. Entwicklung von Richtlinien für die Konstruktion von Schiffsformen.

Frachtumschlag

- Optimierung von Container-Deckstellplätzen
- Verbesserung der Produktivität des Umschlags von Paletten und Containern mit schiffseigenen Ladegeschirren
- Effizientes Zusammenspiel Kai/Schiff
- Maximierung in Retourfracht und Flexibilität
- Erhöhter Transportkomfort der Fracht

Kühlung

- Entfall von Bodengrätingen im Laderaum
- Wirkungsvolle und sichere Kühlanlagen
- Umweltfreundliche Kühlungsmittel
- Wirkungsvolle Isolierung
- Gutes Zusammenspiel von Mann und Maschine.

Einige der erzielten Resultate aus den drei Hauptbereichen werden in den nachfolgenden Abschnitten vorgestellt.

3 Schiffsdesign

Nach umfangreichen Voruntersuchungen formulierte das Projektteam für einen „Musterentwurf" eine Reihe von konstruktiven Zielen für das Schiffsdesign auf der Grundlage von operativer Logistik, Kosten und den Markterwartungen für Kühlladung.

Geschwindigkeit

24 kn (ohne Seegangsreserve) um in der Lage zu sein, auf einer 4-wöchigen Rundreise zwischen Europa und der Karibik 3 Häfen in Europa anzulaufen.

Kapazität

Da die meisten der Verladehäfen in der Karibik nur über ein begrenztes fertig zu verschiffendes Fracht-

volumen verfügen, wurden 450 000 Kubikfuß als optimale Größe analysiert.
Viele der vorhandenen Kühlschiffe in dieser Größe können bis zu 40 FEU an Deck befördern. Um die ansteigende Nachfrage von an Deck transportierten Kühlcontainern gerecht zu werden, hatte das Projektteam sich zum Ziel gesetzt, diese Größenordnung mindestens zu verdoppeln.

Tiefgang

7,4 m im voll mit Bananen beladenem Zustand entsprechend den Tiefgangsbegrenzungen der karibischen Häfen.

Weitere Entwurfsparameter

Manövrierfähigkeit, Schlepperhilfe beim An- und Ablegen und allgemeine Betrachtungen hinsichtlich der Antriebsleistung bei 24 Knoten, mit Begrenzung des Propellerdurchmessers bei 7,4 m Tiefgang, gab Veranlassung, eine Zwei-Schraubenversion zu untersuchen.
Des weiteren wurde vorausgesetzt:
Akzeptable Schiffsbewegungen im Ballastzustand, Bunkerkapazität mindestens 2 000 Tonnen, kein Wasserballast im Doppelboden und Wasserballast so gering wie möglich. Um Stillwasser-Biegemoment und Scherkräfte aus der Längsfestigkeit zu reduzieren, wurde es als Vorteil angesehen, Wasserballast in der Vorpiek so gering wie praktisch möglich zu halten.
Eine wichtige Frage bei der Entwicklung von Kühlschiffen ist die Stabilität im intakten Zustand als auch im Leckfall. Der Trend zur größeren Beförderung von Ladung in Containern, besonders in Kühlcontainern an Deck, hat außergewöhnliche Forderungen an die Stabilitätseigenschaften gesetzt.
Die Untersuchungen der Stabilität (einschließlich Schadensstabilität) ergaben für die kritischen Ladefälle gerade noch akzeptable Werte:
Ankunft mit Vollbeladung Bananen und Vollbeladung von Containern an Deck (123 FEU)

- 3 960 t Fracht in Laderäumen, 3 095 t in Containern an Deck. Tiefgang 8,8 m, 1 680 t Ballast, GM = 0,50 m

Ankunft mit leeren Laderäumen, maximale Ladung von Containern an Deck

- 102 FEU (2550 t) GM = 0,56 m

Die GM-Grenzwerte liegen im intakten Zustand bei ungefähr 0,50–0,55 m und ergeben sich aus dem geforderten Index gemäß den SOLAS Wahrscheinlichkeits-Stabilitätsberechnungen für den Leckfall.
Das „an Deck" Transportvermögen von 120 FEU ist 2 bis 3 mal höher als vergleichbare Schiffe im Einsatz.
Die elektrische Leistungbilanz für Kühlschiffe bedingt kurzzeitige Spitzenbelastungen. Eine grundsätzliche Herausforderung in der Entwicklung stellt sozusagen das „Austauschen" der Antriebsleistung mit dem elektrischen Leistungsbedarf dar, um Perioden von elektrischen Spitzenbelastungen abzudecken. Die Projektgruppe entschied sich daher, verschiedene Antriebssysteme zu untersuchen, um einen optimalen Wirkungsgrad bei einem variierenden Leistungsbereich zu erreichen.
Nach Iteration wurden folgende Parameter für das „Musterdesign" gewählt:
Der Doppelschraubenantrieb bringt folgende bedeutsame Vorteile mit sich:

Länge zwischen den Loten	128,5 m
Breite	21,0 m
Tiefgang, Vollast mit Bananen	7,4 m
Tiefgang, Vollast mit Bananen + Vollast mit Containern an Deck	8,8 m

Entwurfsgeschwindigkeit (ohne Seegangszuschlag)	24,0 Knoten
Antriebsleistung (2 Propeller)	22 800 PS (MCR)
Deckfläche	5220 m^2
Bale-Kapazität	428 000 cu.fr.
MaximaleContainer-Kapazität an Deck	Vollast Bananen 110 FEU bei leeren Laderäumen

- Verbesserte Stabilität aufgrund völliger Wasserlinien des Hinterschiffes.
- Verbesserung der Laderaumkapazität durch völligere Überwasserform.
- Verbesserte Manövrierfähigkeit für Navigation und beim An/Ablegen.

Allerdings mußte der Maschinenraum weiter nach vorne verschoben werden als dies bei herkömmlichen Schiffen mit einer Schraube der Fall ist. Durch Anordnung einer langen Poop entstanden 2 große Ladedecks und dadurch konnte der Verlust an Laderaum ausgeglichen werden. Mit der Anordnung von 2 Decks in dem hinteren Laderaum und 4 Decks einschließlich Innenboden in den 2 Laderäumen vor dem Maschinenraum, erreichte man auch vom Trimm her einen ausgewogenen Entwurf.
Das projektierte Kühlschiff wurde unter Anwendung typischer Einsatzszenarios mit folgenden Antriebssystemen untersucht:

Mittelschnelle Diesel Hauptmaschinen	2 × MANBWL56/64 (6 + 8 Zylinder) 26 500 PS
Wellengenerator	2600 kW Typ RCF
Diesel-Generatoren	3 × Caterpillar 3512 jeweils auf 1 000 kW ausgelegt
Diesel-Elektrische Anlage	2 × Wärtsilä 9R46 und 1 × Wärtsilä 4R46 29 200 PS

Diesel-Generatoren	Caterpillar 3516 für Niedriglastbetrieb
Diesel Hauptmaschine	BW 8L70MC 26800 BHP (geringfügig gedrosselt)
Wellen-Generator	2600 kW Baureihe RCF
Dieselgeneratoren	3xCaterpillar 3512 ausgelegt auf jeweils 1000 kW

Die drei Design-Alternativen wurden mit einer typischen Rundreise von 28 Tagen, bei einer Fracht-Reisegeschwindigkeit von 23 Knoten und einer Ballast-Reisegeschwindigkeit von 21 Knoten getestet.
Unter Berücksichtigung von Ausgaben für Investition, Brennstoff, Unterhaltung und Schmieröl wurden die drei Varianten über einen Zeitraum von zwölf Jahren bei Anwendung der „Present Value"-Methode kostenmäßig untersucht.
Dabei zeigte sich, daß die Anlage mit den mittelschnell-laufenden Hauptmotoren das von der Investition her günstigste System ist, mit 15% unterhalb der langsamlaufenden Variante und 40% weniger als die dieselelektrische Anlage.
Umweltaspekte begünstigen ebenfalls die Anlage mit mittelschnell-laufenden Hauptmotoren. Das Niveau der Schadstoff-Emissionen für diese Motoren ist niedriger als bei Systemen mit langsamlaufenden Dieselmotoren.
Hohe Dienstgeschwindigkeiten und Schiffslängen im Bereich von 120–160 Meter führen zu Schiffsbewegungen, welche häufig Anlaß zu Seeschlag und Wasser an Deck führen. Durch kräftigen Seeschlag kann es zu Strukturproblemen im vorderen Bereich kommen.
Bei Wellenhöhen ab ca. 5 m muß die Geschwindigkeit beträchtlich verringert werden, um, wie theoretische Untersuchungen zeigen und praktische Erfahrungen bestätigen, das Andeckkommen von „Green Water" und die Gefahr von kräftigen Seeschlag möglichst zu vermeiden.
Bezüglich Seegangverhalten ist die Bugform ein wichtiger Parameter. Die Auswirkungen einer Reduzierung in der ausfallenden Vorschiffsform ohne Verringerung der Deckfrachtkapazität wurden am gleichen Schiffsentwurf untersucht. Diese Studie ergab, daß das durch Wellen hervorgerufene Längsbiegemoment in „Head Sea" durch die Verringerung des Ausfalles bis zu 20% reduziert werden kann.
Diese Aspekte wurden bei der Revision der DNV-Bauvorschriften berücksichtigt.
Ein für große Decksfracht optimierter Entwurf wird auch ein großes Metazentrum (GM) im Ballastzustand aufweisen, welches aufgrund der großen Schlingeramplituden und Beschleunigungen zu einem sehr unbequemen Schiff führt. Eine mögliche Lösung zur Verbesserung dieser Situation könnte der Einbau hochgelegener „Stabilitätsreduzierender" Tanks sein. Das Konzept wurde am „Musterdesign" durch Berücksichtigung solcher Tanks getestet.
Bei einer GM-Reduzierung im Ballastfall von 2,3 m auf 1,3 m erhöhte sich die Rollperiode von 11 auf ungefähr 15 Sekunden. Diese Modifizierung führte zu einer beträchtlichen Verbesserung der Schlingerbewegung und damit des Komforts an Bord des Schiffes.
Nachdem die Entwicklungsarbeiten und Untersuchungen der verschiedenen Aspekte für dieses „Musterdesign" abgeschlossen waren, entschloß sich die Projektgruppe, Teile der angesammelten Erfahrungen in ein Modell zur Prädiktion/Simulation von Einsatz- und Lebenszykluskosten einzubringen. Dieses Modell wurde auf einem standardisierten Excel-Arbeitsblatt entwickelt und läßt sich vom Benutzer je nach Bedarf erweitern. Das Modell wurde in mehrere Module aufgeteilt, um den Einfluß von Parametervariationen gesondert untersuchen zu können.

4 Frachtumschlag

Derzeitig werden ca. zwei Drittel der Kühlladung im Seetransport auf Kühlschiffe und ein Drittel durch Containerschiffe befördert. 58% der durch Kühlschiffe beförderten Kühlgüter werden auf Palettensystemen transportiert. Bananen, Zitrusfrüchte und Kühlfleisch weisen unterschiedliche Trends auf was den Transport mit Paletten betrifft. Für Früchte erhöht er sich, während er für Fleisch abnimmt.
Da der größte Teil des Frachtgutes auf den Kühlschiffen auf Paletten mit ziemlich genormten Abmessungen befördert wird, sollte die Geometrie der Laderäume ebenso optimiert werden. Dies würde bedeuten: so rechteckig wie möglich, ebenes Deck, lichte Höhe von 2.20 m und ein Minimum an Behinderungen durch Stützen, Leitern und Armaturen.
Von Wichtigkeit für die Qualität des Frachtgutes bei der Ankunft ist eine feste Verstauung während der Seereise, um Schäden durch Verschiebung zu verhindern.
Die Qualität des Verstauens wird normalerweise bewertet anhand des Verhältnisses zwischen vorhandener Deckfläche und der erzielten Staufläche der Ladung. Der heute übliche Wirkungsgrad des Verstauens liegt bei 1,08 +/−0,03.
Kleine entstehende Abstände zwischen einigen Einheiten werden mit Luftsäcken (Airbags) ausgefüllt.
Teilbeladene Abteile an Bord des Schiffes sind sehr verbreitet und erfordern eine sichere Laschung der Fracht durch Abstützungen aus Holz oder anderen Vorrichtungen.
Grätingsfreie Decks bedingen spezielle Betrachtungen in der Verstauung von Paletten und erfordern üblicherweise feste Laschpunkte.
Für Be- und Entladung von auf Paletten gepacktem Ladegut verwendet man heute vielfach Standard-Umschlaggeräte wie einfache oder doppelte Zwillings-Palettenfahrkörbe, doppelte oder dreifache

C-Haken und mehr. In allen Fällen erfordert das Beladen des letzten Frachtgutes und das Entladen der ersten Einheiten unterschiedliche Verfahren. Entweder ist ein Leerraum erforderlich oder als Alternative zur Vermeidung dieses Stauraumverlustes während der Seereise können sogenannte „Pre-Slung" Paletteneinheiten eingesetzt und individuell oder in Blöcken von je vier Einheiten mit Kränen befördert werden. Siehe Fig. 1.

Die optimale Auslegung von Ladedecks ist rechteckig mit senkrechten Seiten. Da die Schiffsform derartige Möglichkeiten einschränkt, sollte man bestrebt sein dieser idealen Auslegung so nahe wie möglich zu kommen. Auf der Grundlage von Erfahrungen ist es jedoch nicht empfehlenswert, die Fläche des Ladedecks für ein vorgeplantes Verstauraster für Paletteneinheiten zu entwickeln.

Übliche Flächen von individuellen Ladedecks liegen zwischen 450 qm bis 550 qm, selten über 600 qm. Gewährleistung einer homogenen Kühlung/-Belüftung begrenzen die Größe von Ladedecks. Ein einschränkender Faktor sind auch die seit 1992 zu berücksichtigen probabilistischen Schadensstabilitätsforderungen.

Dennoch ist es wünschenswert, die größtmögliche Ladedeckfläche vorzusehen, da die Produktivität des Be- und Entladens mit dem Einsatz moderner Umschlaggeräte sich erhöhen ließe. Aus diesem Grunde stieg die Länge der Decks in den Laderäumen bei den jüngsten Bauausführungen bis zu 50 m.

Gabelstapler oder Palettenstapler werden in der Regel für den internen Transport beladener Paletten von/zu dem Lukenbereich des Schiffes angewandt.

Das „Break in/Break out"-Verfahren beim Beladen und Ausladen von Kühlschiffen ist verhältnismäßig zeitraubend, wie Fig. 1 illustriert und beein-flußt die Gesamtumschlagzeit beträchtlich. Üblich sind ein Umschlag von 100 bis 120 Paletten pro Schauerkolonne und Stunde.

Der Arbeitsvorgang beim Be- und Ausladen von Kühlschiffen mit einem seitlich angeordneten Ladesystem stellt eine andere Situation dar, auf die hier nicht näher eingegangen werden soll.

Die übliche lichte Stauhöhe von Zwischendecks, auch im Fall einer Isolationsstruktur und Bodengrätingen, beträgt 2,20 m, die sich der Entwicklung von Standardpaletten einschließlich eines Spielraums für den Umschlag von 10 cm anpaßt.

Ein dynamisches Zurrsystem, mit der Möglichkeit der Anpassung an Druckveränderungen infolge von Schiffsbewegungen, könnte ein Verrutschen von den auf den Paletten gestauten Kartons verhindern und dadurch Beschädigungen der Ladung begrenzen. Ein solches System zeigt Fig. 2 und ist in [1] kurz beschrieben.

Bei einem Schiff mit Deckgrätingen lassen sich die heute üblichen Verzurrsysteme bei nur teilweise beladenen Zwischendecks leicht anwenden. Die Luftdurchströmöffnungen in der Gräting können zum Einhaken benutzt werden.

Das Projektteam definierte für das Umschlagen des Ladegutes mit bordeigenen Vorrichtungen folgende Hauptziele:

- Umschlag von 20 Containern (FEU) pro Stunde und Schiffskran.
- Umschlagproduktivität von 200 Paletten pro Schauerkolonne und Stunde.

Die entsprechenden Höchstziffern mit Bordmitteln liegen heute bei 8 bis 10 Containern pro Standardkran und 140 Paletten für einen Palettenschwenklader. Die Umschlagrate für einen Bockkran (Gantry) liegen zwischen 25 und 30 Containern pro Stunde.

Fig. 1. Preslung unit handling. Source: Cool Carriers

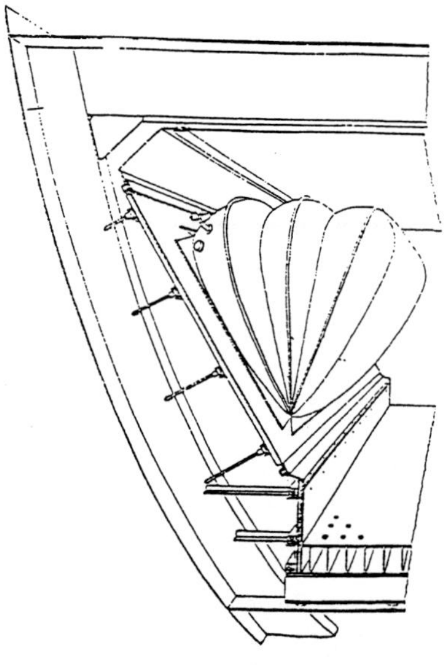

Fig. 2. Sideshoring below. Source: Cool Carriers

Um 20 Einheiten beim Containerumschlag zu erreichen, ist es notwendig, die Container in Zellgerüsten (Cell guides) an Deck zu fahren.
Die Vorteile durch Zellführungen lassen sich wie folgt zusammenfassen:

- Hoher erreichbarer Produktivitätsfaktor
- Umschlag der Container durch Spreader
- An Deck sind keine Arbeitskräfte erforderlich, wenn die Kräne mit Platzbeladern (cargo spotter) ausgestattet sind
- Kein zusätzlicher Platzbedarf zwischen den Containerabteilen (bays) zwecks Zurrung
- Keine zusätzlichen Sicherungselemente sind erforderlich.

Folgende Nachteile ergeben sich jedoch durch die Zellführungen:

- Hohe Investitionskosten
- Geringere Decksladung wegen des größeren Gewichts des Sicherungsystems.

Kurzfassend werden die Ergebnisse der Projektstudie zu diesem Bereich vorgestellt:
Bei Installation eines zusammenklappbaren Auslegerkrans für Container im Zusammenwirken mit den Zellführungen kann ein Umschlag von 20 Containern pro Stunde erreicht werden. Wie aus der Fig. 3 ersichtlich ist, verfügt der Kran über einen speziell entwickelten Ausleger mit einem zusätzlichen Zylinder, um den vorderen Teil des Auslegers unabhängig bedienen zu können. Der 52 Tonnen schwere Kran hat eine Hebekapazität von 40 t mit automatischem Spreader bei einer max. Reichweite von 24 m. Die Hebegeschwindigkeit beträgt 20 m/min für maximale Last bzw. 40 m/min für leichte Ladung.
Durch die Anwendung eines zusammenklappbaren Auslegerkrans läßt sich das Ladegut jederzeit bei einem Minimum an Pendelbewegung umschlagen und ermöglicht dadurch einen sehr gut steuerbaren Arbeitsvorgang. Die stark reduzierte Pendelbewegung ermöglicht, den Container rasch in seine Position zu bringen.
Um das Umschlagen von 200 Paletten pro Schauerkolonne und Stunde zu erzielen, wurde der übliche Palettenschwenklader zu einem Palettenaufzug weiter entwickelt. Der Palettenaufzug hat eine Hebekapazität von 8 t im Palettenkorb und 11 t unter dem Spreader und läßt sich halbautomatisch operieren. Das Anheben/seitliche Verfahren geschieht automatisch, während das Absetzen der Paletten durch Operateur mit mobilem Steuergerät oder von der Krankabine aus geregelt wird.
Die Hub- und Fahrgeschwindigkeit beträgt 60 m/min. Das Gewicht des Palettenaufzugs mit Spreader und Fahrkorb beträgt 14 t. Siehe Fig. 4.
Die Hubwinde ist mit einer automatischen Spannvorrichtung ausgestattet, so daß die vier Seile jederzeit gespannt bleiben und ein störungsfreies Abheben des Fahrkorbs vom Kai auch bei Schiffsbewegung sichergestellt ist.
Eine weitere Lösung mit hohem Palettenumschlag könnte der Einbau eines auf dem Paternosteraufzugprinzip arbeitenden Seitenladers sein. Dieses Konzept ist in [1] näher beschrieben.

5 Kühlung

Eines der Hauptziele des Projekts im Bereich Kühlung war das Bemühen, die Verwendung von Ozon schädigenden und die globale Erwärmung verursachenden Substanzen in den Kühlanlagen sowie in den Isoliermaterialien auf ein Minimum zu beschränken. Seit mehr als 30 Jahren ist HFCF22 (R22 oder Freon 22) das vorherrschend verwandte Kältemittel an Bord von Kühlschiffen gewesen. Angesichts der weitverbreiteten und zunehmenden Begrenzung in der Anwendung dieser Kühlmittel, werden unter-

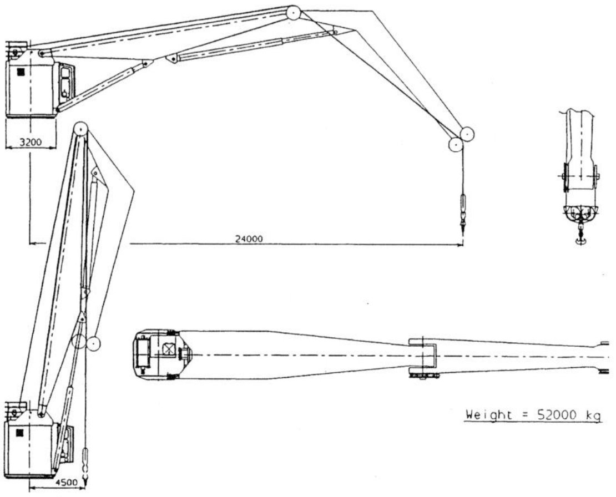

Fig. 3. Folded jib container crane. Source: Mac GREGOR-Hägglunds

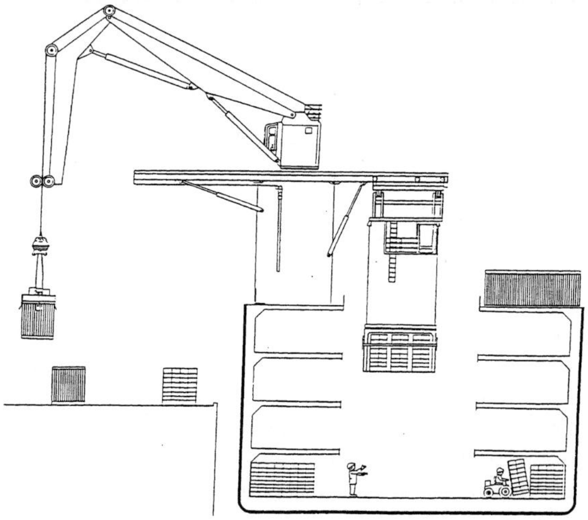

Fig. 4. Pallet lift. Source: Mac GREGOR-Hägglunds

schiedliche zeitliche Ausphasungen erörtert, siehe [1]. Es erscheint als sehr wahrscheinlich, daß die Verwendung von R22 in neuen Handelsschiffen in Europa vor dem Jahr 2000 verboten sein wird.

Die praktische Wahl liegt im Hinblick auf den Ersatz von R22 zwischen den sogenannten „natürlichen" Kühlmitteln, wie beispielsweise Ammoniak (NH_3), Kohlendioxid (CO_2) etc. und den nicht chlorierten Kühlmitteln (HFC).

Nach Auffassung des Projektteams gibt es zur Zeit keinen geeigneten, ausreichend getesteten und anerkannten nichtchlorierten Ersatz für R22.

Es wird empfohlen, in sogenannten indirekten Anlagen das natürliche Kühlmittel Ammoniak mit Kalziumchlorid ($CaCl_2$)-Lauge als Wärmeübertragungsflüssigkeit (HTF) einzusetzen. Die Kühlmittelanlagen sollten kompakthergestellten und getesteten Modulen mit einer absolut niedrigen Ammonium-Ladung bestehen. Die bevorzugte Lösung ist eine einfache einzelstufige Anlage mit niedrigen Kühlmittelladungen und gefluteten Verdampfungsanlagen. Eine zweistufige Verdichtungsanlage würde bei niedrigen Verdampfertemperaturen zu einem besseren Leistungskoeffizienten führen, jedoch rechtfertigen im allgemeinen die sehr wenigen Stunden mit gefrorenem Ladegut die zusätzlichen Investitionen für reine zweistufige Alternative nicht.

Bei Ammoniak handelt es sich um ein herkömmliches Kältemittel mit ausgezeichneten thermodynamischen Eigenschaften und einer guten Verträglichkeit mit der Umwelt. Die jüngsten technologischen Erkenntnisse liefern die Möglichkeit, kompakte Kältebaugruppen auf Salzlaugenbasis mit kleinen Ladeeinheiten von ungefähr 100 kg, zu entwickeln. Normal ist ein Bedarf von 3 bis 4 solcher Einheiten an Bord der Kühlschiffe. Im DNV-Rapport 94-0398 sind verschiedene Systeme mehr im Detail beschrieben, da dies im Rahmen des Vortrages zeitlich hier nicht möglich ist.

Was die Sicherheit betrifft, ist zu beachten, daß Ammoniak (NH_3) giftig sein kann und bei gewissen Gas/Luftmischungen explosiv ist. Entsprechende Sicherheitsvorkehrungen müssen in dem Entwurf der Kühlanlagen berücksichtigt werden und die Einrichtungen müssen von robuster, widerstandsfähiger und einfacher Natur sein, um für den Dauerbetrieb zuverlässig zu sein.

Näheres über Empfehlungen des Projektteams zu Konstruktions- und Sicherheitsaspekten von Kühlanlagen kann man in Ref. [1] finden.

Ein wirtschaftlicher Vergleich zwischen den auf R22 und NH_3 gründenden Salzlaugeneinrichtungen ist nach [1] recht kompliziert. Ammoniak wird zur bevorzugten Alternative, wenn man umweltbezogene Einschränkungen, Verfügbarkeit in der Zukunft und Preis für geeignete Kältemittel, Service, Instandhaltungskosten etc. berücksichtigt.

Die Luftverteilung in den Laderäumen ist der kritische Bereich eines Kühlschiffes. Die zirkulierende Luft transportiert Wärme von den Abteilen und dem Ladegut, und durch sie werden Temperatur, chemische Zusammensetzung und relative Luftfeuchtigkeit geregelt.

Die zirkulierende Luft wird derzeitig nicht effizient genutzt. Die Schwierigkeiten beim Palettentransport von Kühlgut werden verursacht durch eine aufwendige Umlenkung der Luft in die Zwischenräume der Paletten sowie die schwache Belüftungswirkung der Fracht in den mittleren Kartons (langsame Verringerung der Fruchtfleischtemperatur).

Ein Nachteil der gegenwärtigen Konzepte der Luftverteilung mit Ladegut auf Paletten ist die Notwendigkeit von Bodengittern. Die Gitter sind anfällig für mechanische Beschädigungen durch Gabelstapler und machen das Reinigen kostenträchtig und zeitaufwendig. Aus diesem Grunde ist es vorteilhaft, wenn leicht verderbliche Produkte auf Paletten ohne Bodengrätinge transportiert werden können. Ausgedehnte Labortests mit Bananen erwiesen, daß eine ausreichende Luftverteilung ohne Grätinge für Paletten befördernde Kühlschiffe möglich ist. Ein solches System ist schematisch in Fig. 5 dargestellt.

Basierend auf einer modifizierten Seiten-Luftschachtanlage wird Luft seitlich in den Raum unter die Paletten gedrückt und von dort in alle Bereiche des Laderaums befördert. Dieses System macht es erforderlich, daß die Paletten individuell mit einem oder zwei sogenannten „Dichtringen für Ladegut auf Paletten" ausgestattet werden. Die Dichtringe aus flexiblem Schaumstoff werden verwendet, um den Luftstrom aus dem Bereich unterhalb der Paletten steuern zu können. Damit läßt sich der durch die Kartons gehende Luftstrom beträchtlich verbessern.

Mit solchen Dichtungsringen und einem dynamischen Verzurrsystem ließen sich Luftzirkulation und Ladegutkomfort in einem Laderaum ohne Bodengrätinge erheblich verbessern.

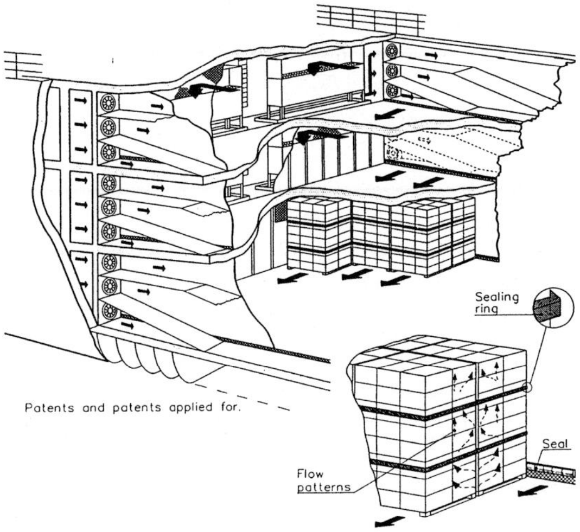

Fig. 5. An example of a gratingless cargo hold. Source: ABB Stal Marine, Cool Carriers

Wie die Resultate der Laborteste in [1] zeigen, kann eine Lösung ohne Bodengrätinge sogar zu einer besseren Kühlung führen als eine mit Grätingen.
Für die Isolierung der Kühlladeräume wird ein Modulsystem vorgefertigter Paneele mit z.B. Polyurethan empfohlen um:

- die Zeit und Kosten für Installationen

und

- Material an Bord zu verringern eine bessere hygienische und leicht zu reinigende Oberfläche zu schaffen

Figure 6 zeigt ein Beispiel eines vorgefertigten Paneelsystems.
Mit einem Modul-Paneelsystem auf der Tankdecke läßt sich eine einfache Sichtinspektion der Stahloberfläche unterhalb der Isolierung vornehmen.
Weiterhin sollten die Luftschächte zur Belüftung entlang der Schotten aus vorgefertigten Aluminiumprofilen (Robson-System) konstruiert werden. Folgende Ziele lassen sich durch Verwendung dieser vorgefertigten Profile erreichen:

- Verbesserter Luftstrom
- Größere Ladefläche im Laderaum
- bessere Hygiene und leicht zu reinigen.

Bezüglich der Kontroll- und Überwachungsfunktionen für die Ladekühlanlage wurden von dem Projektteam mehrere Konfigurationen untersucht.
Die Nachrichtenübermittlung innerhalb der Systeme sollte in einer kompakten Art und Weise konfiguriert sein, mit standardmäßigen selbständigen Fernbedienungseinheiten, die in der Lage sind, mit dem Zentralrechner über eine integrierte Leitung zu kommunizieren. Jede Baugruppe verfügt über ihre eigene Intelligenz. Das System wird im Verbund mit austauschbarer Computerhardware aufgebaut.
Für Fehlersuche und -beseitigung sollte das System über im Speicher gelagerte Bedienungsanleitungen verfügen, die beispielsweise ein automatisches Hervorheben von Warnungspunkten, bezogen auf Bereiche im Handbuch, ermöglichen.
Das Projektteam schlägt ein integriertes Schiffsüberwachungs- und Steuerungssystem vor, mit dem der Informationsaustausch zwischen den unterschiedlichen computergesteuerten Überwachungs- und Steuerungssystemen über das Nahbereichsnetz (Local Area Network) ermöglicht wird.

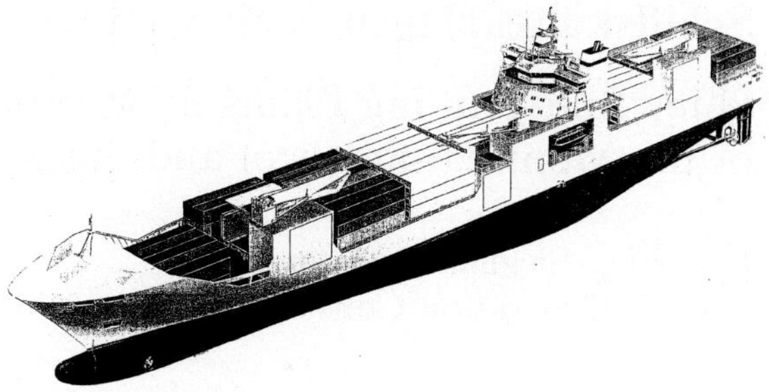

Fig. 6. Reefer for the future. Source: DNVC Report No. 94-0398

Darüber hinaus soll jedes einzelne Überwachungs- und Steuerungssystem in der Lage sein, gemäß der Klassifizierungsforderungen, auch ohne Netzbetrieb, oder mit dem vom Netz getrennten System, zu funktionieren.
Weiterhin sollten Planlösung und technische Auslegung auf dem Schiff den Anforderungen für einen Einmannbetrieb auf der Kommandobrücke erfüllen.

6 Schlußbemerkung

Die in diesem Bericht zusammengefaßten wichtigsten Resultate der Arbeitsgruppen über Kühlschiffe demonstrieren, daß die Mehrzahl der in das Projekt frühzeitig eingebrachten Konstruktions- und Entwicklungsziele, erreichbar sind. Die Unterteilung in Projektgruppen erwies sich als ein Erfolg. Die am Projekt mitarbeitenden Unternehmen verfügten über unterschiedliche Erfahrungen und Voraussetzungen im technischen und ökonomischen Bereich. Es erscheint als sehr wahrscheinlich, daß das Kühlschiff der Zukunft sich wesentlich vom heutigen Entwicklungsstand unterscheiden wird, und daß einige der Erkenntnisse zur praktischen Anwendung bei Neubauten kommen werden.
Man hofft, daß diese Studie mit dem abgebildeten „Musterdesign", Fig. 6, dazu beitragen kann.

Schrifttum

1 Det Norske Veritas concluding Report No. 94.0398 „Reefers for the Future", englisch. Deutsche Übersetzung erhältlich

Schiffskälteanlagen nach der FCKW-Verordnung

Ships Refrigerating Plants in accordance with the CFC/HFC-Regulations of the Montreal-Protocol and the Rules of the German Government

Dipl.-Ing. **Siegmar Rodermund**
Ships Refrigeration Consulting, Hohenfelde

Summary. The phase out of the CFC-Refrigerants will be continued in a short period by the complete phase-out of the HCFC-Refrigerants, this has been concluded for the end of the year 2000 for Germany and 2030 worldwide. Some parties of the German Government insist to phase-out all gases which will destroy the atmosphere, earlier than 2000 by law, which seems to be unrealistic technicalwise. The phase-out of R22 and R502 which are the most significant refrigerants on board of ships will rise a lot of technical problems mainly as no substitute which can meet the physically properties of R22 is available today.

The influence and the effect of retrofit existing R22-plants with new substitutes to be taken into consideration before converting the plant and machinery in accordance with the new TEWI-Formula, valuating plant and operation in future.

For new marine-refrigeration-plants a renaissance of Ammonia is demonstrated by the latest reefer-vessels of the „Naboa"-Type. Most modern ammonia reefer-plants will be designed with „lowest" charge of Ammonia and will be equipped with Ammonia-Scrubber-Systems with storrage tanks to take up leaks of ammonia during the ship is at harbour or sailing at rivers.

For aircondition-plants, chilled water systems with „flow-ice" and ice-production for fishing vessels, water will be used more preferably as refrigerant. Refrigeration plants which are using water as refrigerant can be driven by steam-jet-compressors or by electric driven centrifugal compressors. New developed centrifugal water-steam-compressors with small sizes will perform refrigerating systems with water on board of ships in the near future.

Natural Hydrocarbon-Refrigerants such as Butane, Propane and Propylene will find more interest as refrigerants, specially for refrigerating-plants on board of gastankers.

1 Die FCKW-Verordnung

Die FCKW-HALON-Verordnung mit dem weltweiten Verbot der Verwendung und der Produktion der FCKW's und HFCKW's haben insbesondere in der Schiffahrt zu vielen, teilweise kontroversen Diskussionen geführt, mit welchen Kältemitteln heutige Neuanlagen betrieben werden sollen und ganz besonders mit welchem Substitut die vorhandenen Anlagen künftig betrieben werden können.

Am 21.12.1995 hat das Umweltbundesamt eine Ersatzverordnung für das Kältemittel R12 erlassen, die die Übergangsverordnung von R12 vom 06.05.91 ersetzt. Hiernach wird als Ersatzstoff für R12 nur R22 und R134a genannt und eine Umstellungsfrist bis 30.06.98 festgelegt. Die seit Mai 1995 bestehende FCKW-Verordnung besagt jedoch, daß auch das Kältemittel R22 für Neuanlagen in Deutschland ab 01.01.2000 nicht mehr eingesetzt werden darf und europaweit ab 2005 verboten werden soll.

Gleichzeitig hat aber der Bundesrat mit der Entscheidung vom 05.07.1996 die Bundesregierung aufgefordert, soweit möglich, H-FCKW für Neuanlagen ab 01.01.1998 zu verbieten und bei der EU darauf hinzuwirken, daß alle Stoffe, die zum Abbau der Ozonschicht führen, ab 2003 verboten werden. Vorhandene Anlagen sollten mit einer Frist von 30 Monaten umgerüstet werden.

Mit Datum vom 16.10.1996 haben 30 Mitglieder der SPD-Fraktion des Bundestages einen Antrag eingereicht, wonach der Bundestag beschließen möge, den Einsatz von HFCKW (R22) bereits ab 01.01.1998 für Neuanlagen zu verbieten und die Umrüstung alter Anlagen mit einer Frist von 30 Monaten vorzuschreiben.

Die Verbände der Kälteindustrie [6] haben sich sofort dazu geäußert und die Rücknahme dieses Antrages verlangt. Die Kälteindustrie sieht in der Vorziehung der Phase-Out-Termine eine Benachteiligung des Standortes Deutschland im Vergleich zu den anderen Ländern der EG, abgesehen davon, daß die Bundesregierung (Ende 1995), wie vorher erwähnt, für die Substitute von R12, das Kältemittel R22 als Ersatz-Kältemittel benannt hat.

Die Verbände der Kälteindustrie haben noch einmal deutlich darauf hingewiesen, daß derzeit keine generellen technischen Lösungen für den Ersatz von R22 zur Verfügung stehen. Eine Aussage, welches Kältemittel R22 in der Zukunft einmal optimal ablösen wird, kann zur Zeit nicht gegeben werden. Außerdem fehlen langjährige Betriebserfahrungen. Dieses gilt besonders für die Schiffahrt. Die oben beschriebenen Aktivitäten zeigen, daß die Bundesregierung die H-FCKW-Problematik in Kürze lösen muß.

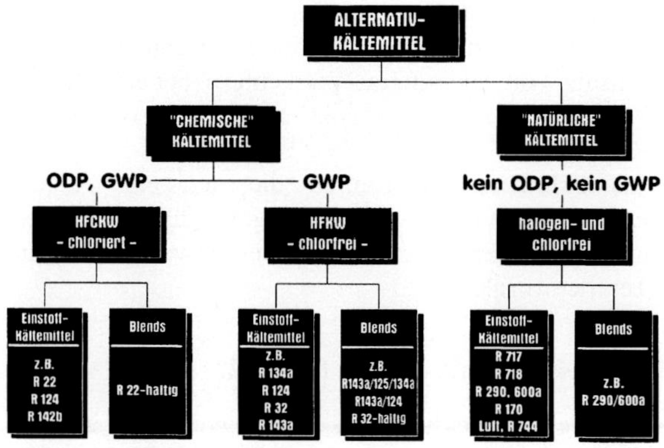

Abb. 1. Alternativ-Kältemittel [7]

Berechnungsmethode für TEWI-Kennwerte

TEWI = TOTAL EQUIVALENT WARMINGIMPACT

TEWI = (GWP x Lxn) + (GWP x m [1-$\alpha_{recovery}$] + (n xE$_{annual}$ x ß)

|← Leckage →|← Rückgewinnungsverluste →|← Energiebedarf →|

|← direkter Treibhauseffekt →|← indirekter Treibhauseffekt →|

GWP	= Treibhauspotential	[CO_2-Äquivalent]
L	= Leckrate pro Jahr	[kg]
n	= Betriebszeit der Anlage	[Jahre]
m	= Anlagenfüllgewicht	[kg]
$\alpha_{Recovery}$	= Recycling-Factor	
E_{annual}	= Energiebedarf pro Jahr	[kWh]
ß	= CO_2-Emission pro kWh	[Energie-Mix]

Abb. 2. Berechnungsmethode für TEWI-Kennwerte

1.1 Die TEWI-Formel

Für die Umweltbewertung der Kälteanlagen wurde in letzter Zeit der Begriff „TEWI" eingeführt.

Ein gravierender Faktor in dieser Formel ist die Kältemittel-Füllmenge der jeweiligen Anlage in Verbindung mit dem GWP-Faktor des Kältemittels. Geht man davon aus, daß dieser Bewertungsfaktor zu einem späteren Zeitpunkt auch einmal für eine Betriebsgenehmigung oder einer „Umweltsteuer" der Kälteanlage eine Rolle spielen wird, so heißt das schon heute, daß viele ältere Anlagen aufgrund ihres großen Kältemittelinhaltes, selbst bei der Auswahl der zur Zeit „besten" Ersatzfüllung, diesen Anforderungen nicht mehr entsprechen können.

Vergleichsweise sei erwähnt, daß die Kälteanlagen der größeren konventionellen Kühlschiffe mit direkter Verdampfung bis ca. 5 000 kg R22 und die Anlagen der Fischereifabrikschiffe der 2. und 3. Generation mit direkten Verdampfungskreisläufen teilweise mehr als 15000 kg Kältemittel aufnehmen.

2 Die Umrüstung bestehender R22/R502-Anlagen

Die Problematik, welches Kältemittel-Substitut für die jeweilige Anlage in Frage kommt, bedarf in jedem Fall einer eingehenden Studie der vorhandenen Anlage. Dabei ist zu berücksichtigen, daß das ideale Substitut für R22 zur Zeit nicht zur Verfügung steht. Zur Zeit sind nur wenige Substitute hierfür verwendbar. Alle Substitute erfordern jedoch eine Anpassung verschiedener Anlagenteile an das Kältemittel.

Die Kältemittel-Tabelle (Abb. 3) zeigt eine Übersicht über die zur Zeit bekannten Substitute für R22/R502. Zu den einzelnen Kältemittel-Substituten wäre anzumerken, daß besonders für die Umstellung bestimmter Anlagen ein Kältemittel mit einem *kleinen Temperatur-Gleit* eingesetzt werden sollte.

2.1 Der „Temperaturgleit"-Wert

Zur Erklärung:

Ein reines Kältemittel, wie NH_3, R22 usw. hat eine Dampfdruckkurve, die das Flüssigkeitsgebiet und das Dampfgebiet definiert. Ein nicht azeotropisches Gemisch hat zwei unterschiedliche Dampfdruckkurven, eine Taulinie und eine Siedelinie. Zwischen beiden Linien befinden sich Dampf- und Flüssigkeitsphase im Gleichgewicht. Die Differenz zwischen Verflüssigungstemperatur und der Siedetemperatur bei gleichem Druck ist der Temperatur-Gleit.

Die Kondensation des überhitzten Gases beginnt mit der Taulinie und geht in die unterkühlte Flüssigkeitsphase der Siedelinie über. Die Verdampfung läuft umgekehrt. Hier geht die unterkühlte Flüssigkeit bei konstantem Druck in den überhitzten Zustand der Taupunkt-Kennlinie über.

Die Folgerung aus diesen Prozessen bedeutet, daß bei der Verwendung nicht azeotropischer Gemische die Leistungen der Verdampfer und Kondensatoren aufgrund der veränderten Temperaturdifferenzen überprüft werden müssen.

Ein Problem stellen bei der Verwendung von nicht azeotropischen Kältemitteln mit einem größeren Temperaturgleit die überfluteten Anlagen sowie An-

Ersatz für	Substitut Kältemittel	Zusammen-setzung	ODP	GWP	Brenn-bar	Temp. Gleit	Siede Temp.	Krit. Temp.
			R11 = 1,0	CO_2 = 1,0		°K bei 1bar	°C	°C
		Chlorfreie Kältemittel						
R502/(R12)	R22	$CHCLF_2$	0,05	1700	N	0	-41	96
R502/R22	R404a	R143a/R125/R134a 44 / 52 / 4 %	0	3750	N	0,7	-47	73
R502/R22	R507	R143a / R125	0	3800	N	0	-47	71
R502/R22	R407a	R32/R125/R134a 20 / 40 / 40 %	0	1920	N	6,6	-46	83
R502/R22	R407b	R32/R125/R134a 10 / 70 / 20 %	0	2560	N	4,4	-48	76
R22	R407c	R32/R125/R134a 23 / 25 / 52 %	0	1610	N	7,4	-44	87
R22	R410a	R32/R125 50 / 50 %	0	1890	N	0,2	-51	72
		Halogenfreie Kältemittel						
R22	R717	NH_3	0	0	J	0	-33	133
R22/R502	R290	C_3H_8	0	3	J	0	-42	97
R22/R502	R1270	C_3H_6	0	3	J	0	-48	92
R114 u.a.	R600	C_4H_{10}	0	3	J	0	-12	135
verschiedene	R744	CO_2	0	1	N	0	-57	31
verschiedene	Wasser	H_2O	0	0	N	0	100	374

ODP = OZON-Abbau-Potential = Ozone-Depletion-Potential; GWP = Treibhaus-Potential = Global Warming Power

Abb. 3. Übersicht: Eigenschaften ausgewählter Substitute für R22/R502

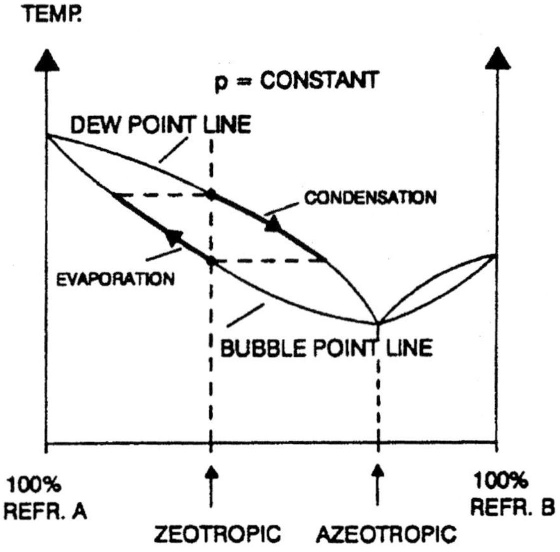

Abb. 4. Tau- und Siedelinien von nicht azeotropischen Gemischen

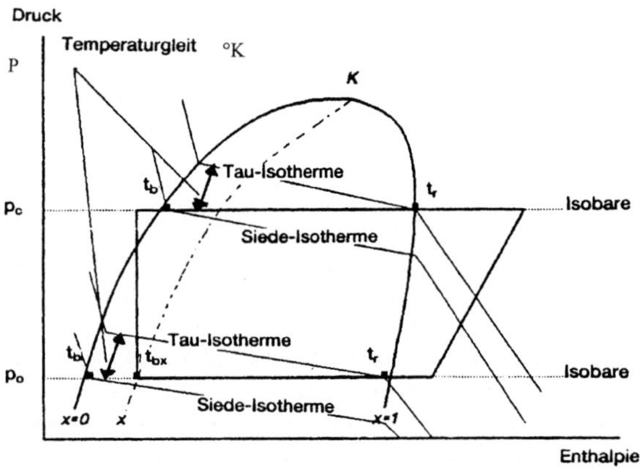

Abb. 5. Einfluß von „Temperaturgleit" nicht azeotropischer Kältemittelgemische

lagen mit unterschiedlichen Raumtemperaturen dar, weil hier innerhalb des Systems unterschiedliche Gasmischungsverhältnisse entstehen können, welche zu unkontrollierten Druck-/Temperaturbedingungen führen könnten.

3 Die Substitute

3.1 Die chlorfreien Kältemittelgemische R404a/R507

Die chlorfreien Gemische aus R143a/R125/R134a und R143a/ R125 könnten als Substitute sowohl für R22 und R502 verwendet werden. Sie sind im Markt bekannt als:

R404a: „SUVA"- HP 62- (DuPont)
R404a: „FORANE"- FX 70- (Atochem)
R507: „GENTRON"- AZ 50- (Allied Signal)

Diese Kältemittel sind, bedingt durch ihren niedrigen Adiabaten-Exponenten, besonders geeignet für den Einsatz von einstufigen Verdichtern bei niedrigeren Verdampfungstemperaturen. Das gilt besonders für R507.
Als Schmierstoffe können die neu entwickelten Esteröle verwendet werden. Negativ für die Beurteilung der ternären Gemische ist der teilweise sehr hohe Temperaturgleit.

3.2 R407c – als Ersatz für R22?

Weitere Entwicklungen konzentrieren sich auf die chlorfreien Gemische von R32/R215/R134a und R32/R125.
R32 ist zwar eine brennbare Komponente, die jedoch durch das Gemisch unterdrückt wird. Diese Gemische werden in erster Linie als Ersatz für R22 betrachtet. Nachteilig wirkt sich bei den ternären Gemischen wieder der hohe Temperaturgleit aus, der insbesondere die Leistung vorhandener Wärmeaustauscher beträchtlich reduzieren kann.
R407-Gemische sind im Markt bekannt als AC 9 000 – (DuPont) und Klea 66 – (ICI).

3.3 R410a – Ein Kältemittel mit Zukunft?

Die R410a Gemische sind seit einiger Zeit im Markt entwickelt und werden von Allied Signal (AZ20) und DuPont (AC9100) angeboten.
Ein wesentliches Merkmal dieses Kältemittels ist die im Vergleich mit R22 bis ca. 55% höhere Kälteleistung, allerdings bei entsprechend höheren Betriebsdrücken (z.B. 26 bar bei 43 °C). Vorteilhaft für dieses Kältemittel ist jedoch der nahezu vernachlässigbare Temperaturgleit (< 0,2) und die höheren Wärmeübergangs-Koeffizienten. Bedingt durch das höhere Druckniveau werden die an Bord installierten Kälteanlagen-Komponenten nur selten den Einsatz dieses Kältemittels ermöglichen. Aufgrund der überaus günstigen Eigenschaften dieses Kältemittels gibt es jedoch weltweit Forschungs- und Entwicklungsprogramme für die Entwicklung der entsprechenden Komponenten.

3.4 Der Einsatz von Kohlenwasserstoffen als Kältemittel

Überall dort, wo eine EX-Zone für solche Anlagen eingerichtet werden kann, bzw. vorhanden ist (z.B. im Flüssiggas -Transport, -Lagerung oder bei stationären Kälteanlagen usw.) können Kohlenwasserstoffe für den jeweiligen Temperaturbereich unter optimalen Bedingungen eingesetzt werden. Die Systemtechnik ist vergleichbar mit den R22-Anlagen. Hierbei sind zur Zeit i,n,-Butane und Propan die gebräuchlichsten Kältemittel und im industriellen Bereich sowie an Bord von Gastankern erprobt.

Für tiefere Temperaturen ist Propylen (R1270) ein interessantes Kältemittel. Leider ist dieser Stoff aufgrund seiner chemischen Doppelbindung relativ reaktionsfreudig. Der Adiabate-Exponent und somit auch die Verdichtungsendtemperatur liegt höher als bei Propan.

Über den Einsatz von R1270 in stationären Anlagen liegen zur Zeit wenig auswertbare Ergebnisse vor. Dagegen werden seit einigen Jahren an Bord von Flüssiggas-Tankern Propylen als Kältemittel für Kaskaden-Kälteanlagen und überfluteten Anlagen mit Pumpenzirkulation zur Kühlung von Ladungs-Gastanks eingesetzt. Diese Anlagen sind jedoch nach den Richtlinien des chemischen Anlagenbaues konzipiert und nicht mit den üblichen R22-Systemen zu vergleichen.

Mit den in den Tabellen 1 + 2 im Anhang angegebenen Kältemitteln sind die Substitute aufgeführt, welche für die Umrüstung bestehender R22/R502-Anlagen an Bord zur Zeit in Frage kämen oder auch für Neuinstallationen berücksichtigt werden könnten.

4 Das Kältemittel für Neuinstallationen

Für Neuinstallationen stehen neben den chlorfreien Kältemitteln auch die halogenfreien (natürlichen) Kältemittel zur Verfügung.

Unter diesen Kältemitteln ist eindeutig Ammoniak das optimale Kältemittel. Ammoniak hat keinen direkten Treibhauseffekt, kein Ozon-Abbau-Potential und ist wirtschaftlich genau so gut wie R22, in Teilbereichen sogar besser. Die Kosten von NH_3 liegen unter 10% der neuen Kältemittel und die Beschaffung ist weltweit kein Problem.

Aufgrund des höheren Adiabaten-Exponenten (NH_3 = 1,31; R22 = 1,18) hat NH_3 eine höhere Druckgastemperatur. Allerdings liegt die Grenze für den einstufigen Betrieb der Kompressoren schon bei Verdampfungstemperaturen von −10/−20 °C. Aufgrund seiner Toxizität ist NH_3 als Kältemittel nicht überall einsetzbar und wird auch international deshalb unterschiedlich favorisiert.

Abb. 6. NH_3-Kaltwasseraggregat mit Plattenkühler (Werksfoto: SABROE)

Die Systemtechnik ist mit dem R22 nicht vergleichbar. Gegenüber R22 und den genannten Substituten, hat NH_3 besonders bei überfluteten Verdampfersystemen Vorteile. Die vergleichsweise mit den anderen Kältemitteln besseren Wärmeübergangszahlen von NH_3 lassen kleinere Bauarten der Verdampfer und Kondensatoren zu. Eng berohrte Kondensatoren und Solekühler sowie überflutete Plattenkühler können mit kleinsten NH_3-Füllungen optimal eingesetzt werden.

Abbildung 6 zeigt ein NH_3-Kaltwasseraggregat mit einem Plattenkühler mit einer Kälteleistung von ca. 2100 kW bei 12/6 °C Wassertemperatur und einem NH_3-Füllvolumen von ca. 180 kg (11,7 KWo/kg NH_3) KWo.

4.1 Praxiserfahrungen mit NH_3

Die Unsicherheit der noch nicht ausreichend erprobten und nicht überall verfügbaren R22-Substitute führte in den letzten Jahren zu neuen Produktentwicklungen für NH_3-Apparate, deren Konstruktion von der Maßgabe des minimierten Kältemittel-Inhaltes vorgegeben wurde.

Unter diesen Gesichtspunkten wurden bereits die vielfach diskutierten und beschriebenen 5 „Grünen Reefer" der Naboa-Gruppe bei der DANYARD A/S, Frederikshavn, Dänemark [2] mit NH_3 als Kältemittel gebaut. Diese Schiffe wurden ausgerüstet mit

4 getrennten NH_3-Kälteaggregaten
2 getrennten Kaltsolekreisen für unterschiedliche Kühltemperaturen.

Zur Leistungsoptimierung im Teillastbereich wurden 2 der oben erwähnten Aggregate mit 2 kleineren Schraubenverdichtern (2 × 50%) ausgerüstet.

Als Kühlsole wurde eine Calciumchlorid-Sole verwendet. Die Solekühler wurden als überflutete Kühler in einer Kompaktkonstruktion, eng berohrt mit

Abb. 7. Ammoniak-Kompressoraggregat (Werksfoto: SABROE)

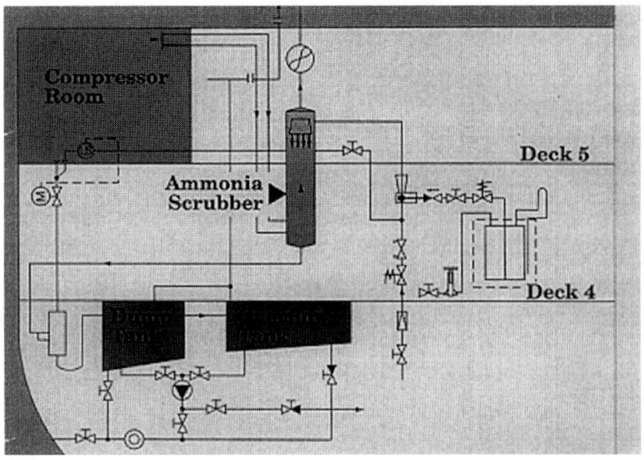

Abb. 8. NH_3-Scrubber-System mit Schwefelsäure-Injektion

Stahlrohren ausgeführt. Auch die Kondensatoren wurden eng berohrt mit Rohren aus nichtrostenden Werkstoffen, geeignet für NH_3 und Seewasser, ausgeführt. Beide Ausführungen wurden gewählt, um eine Reinigungsmöglichkeit der Rohre zu behalten, unter gleichzeitiger Optimierung des geringstmöglichen Kältemittelvolumens von ca. 250 kg NH_3/Anlage. Auch für die Proviant- und Klimaanlage wurde konsequent NH_3 als Kältemittel vorgesehen. Somit ergibt sich eine totale NH_3-Füllmenge aller Anlagen von ca. 1110 kg. Das entspricht vergleichsweise ca. 30% der Anlagenfüllung eines konventionellen Kühlschiffes mit R22!

Die Anlagen werden vollautomatisch geregelt und somit wird auch die Ölrückführung vom Verdampfer (Solekühler) und die Entlüftung des Systems über spezielle Wärmeaustauscher automatisch geregelt.

Wichtig für alle Schiffskälteanlagen an Bord ist ein „Emergency-Receiver" als Entleerungstank für die Systeme bei Reparaturen. Dieser Receiver wurde für diese Anlagen mit ca. 600 Liter bemessen.

Als gravierende Ausrüstung dieser Kälteanlage wurde ein NH_3-Scrubber-System eingebaut, welches durch 5 Sensoren (25 ppm/500 ppm) automatisch aktiviert wird.

Die 25 ppm-Sensoren aktivieren Frühwarnsignale (Audio/Visuell), um die Ingenieure an Bord auf kleinere Leckagen oder auf eine Fehlfunktion des Scrubbers aufmerksam zu machen. Die 500 ppm-Sensoren haben folgende Funktionen:

- Alarm für eine größere Leckage,
- Stop für Maschinenanlage und Maschinenraumlüfter,
- Start des Scrubbing-Systems.

Das Scrubbing-System ist so aufgebaut, daß der Ventilator des Scrubbers zeitverzögert gestartet wird. Damit wird sichergestellt, daß der Scrubber bei Eintritt des NH_3-Luftgemisches mit Wasser benetzt ist. Das System wurde bemessen für eine Absorbtion von ca. 250 kg NH_3, entsprechend einer Systemfüllung. Da eine hierfür erforderliche Frischwassermenge in der geforderten Zeit an Bord nicht zur Verfügung stand, mußte die Anlage für Seewasser ausgelegt werden. Um zu verhindern, daß der Scrubber im Seewasserbetrieb durch Calcium- und Magnesiumhydrooxide blockiert wird, wurde eine Dosiervorrichtung mit der Injektion von Schwefelsäure in das Seewasser vorgesehen. Das gesamte System ist so bemessen, daß es mit Storagetanks auch größere Leckagen über eine Zeit von 14 Stunden absorbiert, um im Hafenbetrieb oder auf Flüssen ein Ablassen des verunreinigten Wassers zu vermeiden. Das System wurde unter Aufsicht von Lloyds Register mit 120 kg NH_3 aus Flaschen getestet. Die Ergebnisse wurden über einen Zeitraum protokolliert und lagen innerhalb der vorgegebenen Grenzwerte.

Generell kann, auch nach den Betriebserfahrungen der Reederei, gesagt werden, daß mit diesen Schiffen sich der Einsatz von NH_3 bewährt hat und die Erfahrungen auf andere Projekte übertragbar sind. Die Einwände, daß NH_3-Soleanlagen aus energetischen Gründen nicht vertretbar sind, werden durch verbesserte Temperaturdifferenzen und Wärmeübergangsdaten im Vergleich mit den vorstehenden R22-Substituten merklich abgeschwächt.

5 Besondere Entwicklungen

5.1 Wasser als Kältemittel

Besonderes Interesses findet zur Zeit Wasser als Kältemittel für den Klimabereich und für die Eiserzeugung an Bord von Fischereifahrzeugen [1].

Die Kühlung mit Wasser als Kältemittel kann sowohl mit einem elektrisch betriebenen Verdichter als auch mit einem Dampfstrahlverdichter (Abwärme) erzeugt werden. Dampfstrahlkälteanlagen wurden aufgrund

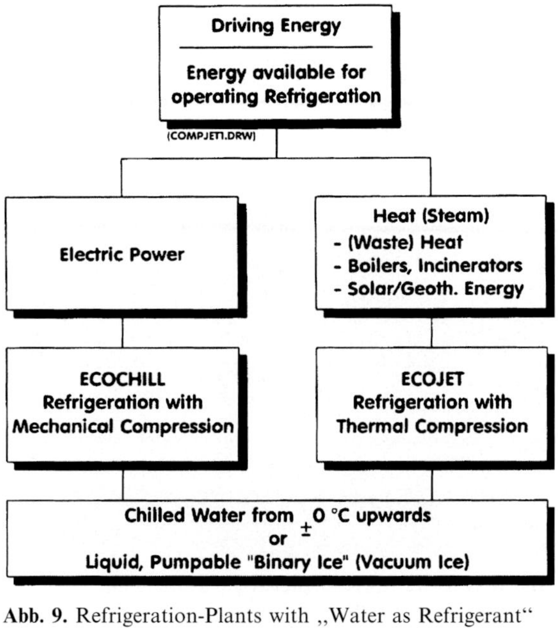

Abb. 9. Refrigeration-Plants with „Water as Refrigerant"

ihrer Baugröße an Bord in den letzten Jahrzehnten nicht mehr installiert. Durch die H-FCKW-Problematik und die verbesserten Technologien, z.B. in der Regelung etc., kann man jedoch eine Renaissance dieser Anlagen im Schiffbau überall dort erwarten, wo noch eine entsprechende (Ab)Wärme zur Verfügung steht. Aus betrieblicher Sicht ist die Dampfstrahlkälteanlage nahezu wartungsfrei und wird schon seit Jahren kommerziell eingesetzt. So wurden z.B. Dampfstrahl-Kälteanlagen für den Bergbau in Botswana seit 1991 eingesetzt mit einer Leistung von 7 000 kW. Diese Anlagen dienen zur Produktion von Binäreis und gehören seit Inbetriebnahme zu den größten Anlagen dieser Art.

5.2 Binäreis

Binär-Eis ist ein flüssiges und pumpfähiges Eis. Es hat durch seinen Eisanteil eine große Leistungsübertragungskapazität (ca. 4,7 fach gegenüber Wasser) und bewährt sich besonders bei großen Transportleistungen oder zur Schaffung von Kältespeichern. Ein typischer Anwendungsfall wäre auch die Eiswasserberieselung/Lagerung von Fisch- und Prozeßanlagen an Bord von Fischerreifahrzeugen.

5.3 Die Eigenschaften von Wasser als Kältemittel

Wasser ist ein Niederdruckkältemittel [4]. Die Druckdifferenz zwischen Verdampfer und Kondensator ist klein aber das Druckverhältnis ist hoch. Zum Beispiel beträgt bei einer Wasserkühlung von 6 °C und einem Kühlwasseraustritt von 32 °C die Druckdifferenz nur 37 mbar, das Druckverhältnis jedoch 5,1 bar. Aufgrund der physikalischen Eigenschaften des Wassers ist es sinnvoll, die Verdampfungstemperaturen so hoch wie möglich zu halten.
Für einen Verdichter mit 100 000 m^3/h Saugvolumen ergeben sich folgende Kälteleistungen als Funktion der Verdampfungstemperatur:

$t_0 =$	± 0	$Q_0 =$	340 kW	= 100%
	+ 5		475 kW	= 140%
	+ 10		660 kW	= 195%
	+ 15		900 kW	= 265%
	+ 20		1220 kW	= 360%

Für eine Klima-Kälteanlage wäre das Kältemittel Wasser bzw. Binäreis gleichzeitig der Kälteträger zu den Klimakühlgeräten.

5.4 Rotationsverdichter für die Wasserkälteanlage

Wie man erkennt, werden große Saugvolumen der Verdichter benötigt, während der Verdichter selbst aufgrund der niedrigen Betriebsdrücke einer Leichtbauversion entsprechen kann.
Ein weiteres Merkmal der Verdichtung des Wasserdampfes ist die hohe Verdichtungsendtemperatur.

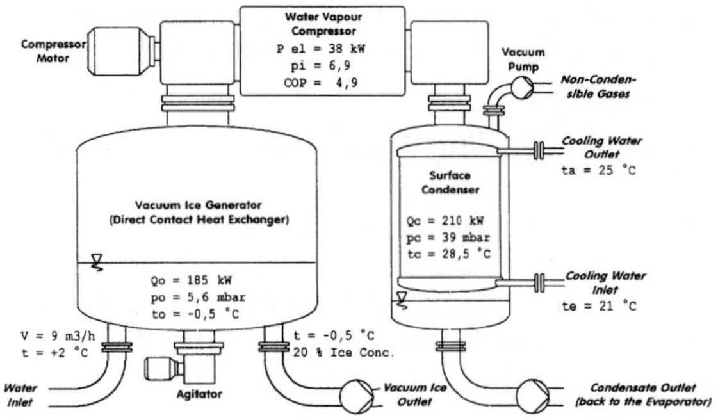

Abb. 10. ECOCHILL-System (at ICE-Conditions)

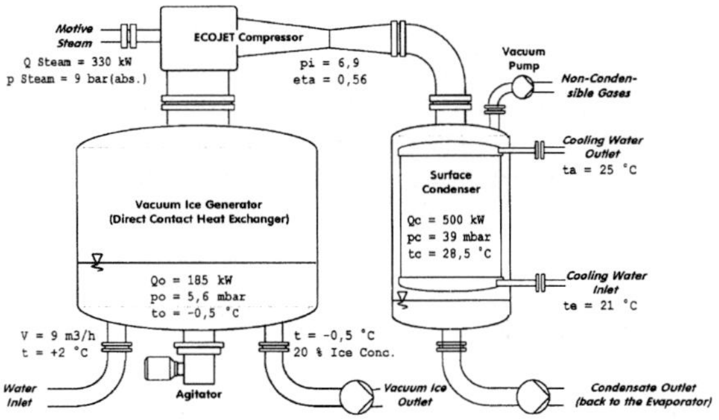

Abb. 11. ECOJET-System (at ICE-Conditions)

Abb. 12. Luftverdichter-Rotor (Werksfoto: INTEGRAL)

Diese Temperatur kann mehrere hundert Grad betragen. Daher ist es notwendig, bei mechanischen Verdichtern eine evtl. Zwischenkühlung der Verdichterstufen zu überprüfen.
In der letzten Zeit hat sich die Forschung auf einen idealen Wasserdampfverdichter konzentriert. Dabei geht man davon aus, mehrstufige Verdichter kleinerer Bauart mit großen Volumenströmen, d.h. mit hohen Drehzahlen für diesen Einsatz zu entwickeln. So wird in kurzer Zeit ein spezieller Verdichter der Firma INTEGRAL [1], Flensburg in die Betriebserprobung

gehen, der aufgrund seiner Bauart auch für den Einsatz an Bord interessant sein könnte.

6 Zusammenfassung

Nach dem Erlaß der FCKW-Verordnungen und den Bemühungen verschiedener politischer Gruppen auch die H-FCKW's so schnell wie möglich zu verbieten, steht die Schiffahrt sehr bald vor der Aufgabe, bestehende Anlagen mit neuen Kältemitteln zu ersetzen. Besonders problemreich ist der Ersatz für das Kältemittel R22. Ein absolut „leistungsgleiches" und erprobtes Substitut steht zur Zeit nicht zur Verfügung. Für Neuanlagen nimmt das Kältemittel Ammoniak wieder seinen „alten" Platz ein. Moderne Kälteanlagen mit NH_3 als Kältemittel sind für kleinstmögliche Kältemittelinhalte konzipiert und ausgerüstet mit NH_3-Scrubber-Systemen, die teilweise auch mit Seewasser die NH_3-Leckagen absorbieren und während der Hafenliegezeit oder der Flußfahrt aufnehmen.
Für Klima-Kälteanlagen und zur Eis/Eiswasser-Produktion an Bord eignet sich Wasser als Kältemittel. Diese Anlagen können entweder als Dampfstrahl-Kälteanlagen für die Ausnutzung von Abwärme oder mit Rotationsverdichtern (Leichtbauart) ausgeführt werden. Für beide Anlagentypen liegen stationäre Betriebserfahrungen vor. Um die Anlagendimensionen zu reduzieren, wurden neue mehrstufige Rotationsverdichter entwickelt, die auch an Bord von Schiffen eingesetzt werden können. Vorteilhaft für diese Systeme ist, daß die Verdampfer-Tanks den Schiffsstrukturen sehr leicht angepaßt werden können und nur wenige Wärmeaustauscher benötigt werden. Inwieweit das destillierte Wasserkondensat im Schiffsbetrieb genutzt werden kann, bedarf einer besonderen Betrachtung.

Schrifttum

1 INTEGRAL GmbH., Flensburg, Produktinformation
2 Sabroe Marine A/S, Produktionformation
3 Rigot, G.: Frinotek S.A., KI Luft u. Kältetechnik – Heft 8/95
4 Dr. Paul, Integral GmbH, Flensburg, „Wasser als Kältemittel"
5 Bitzer, Kältemittel-Report 5, A-500-5
6 Informationen des Deutschen Kältetechnischen Vereins, DKV
7 Variation von Bild Integral/Bitzer

Anhang

Tabelle 1. Theoretischer Leistungsdaten-Vergleich: „Tiefkühlfahrt"-Konditionen R22 und dessen Substitute

bezogen auf 1000 m³/h			Kältemittel				NH_3	Propane	Propylen
Kompressor-Ansaugvolumen		R22	404a	407a	507	410a	R717	R290	R1270
Kälteleistung	KWQ	227	217	210	228	332	218	198	251
Verdampfungs-Temperatur	°C	−37	−37	−37	−37	−37	−37	−37	−37
Kondensations-temperatur	°C	36	36	36	36	36	36	36	36
Saugdruck	bar(a)	1,21	1,55	1,23	1,63	2,03	0,84	1,25	1,57
Kondensations-Druck	bar(a)	13,91	16,61	15,8	17,04	21,95	13,9	12,64	15,18
Massenstrom	kg/h	5400	7942	5675	8453	7721	733	2893	3454
Auslaßtemperatur	°C	113	63,6	98	62,12	115	144	76	86
Leistungsbedarf	KWe	147	168	148	159	235	156,2	135,6	160
Temperatur-Glide-Verdampfe	°K	0,00	0,5	4,08	0,01	0,02	0	0	0
Temperatur-Glide-Kondensat	°K	0,00	0,36	4,62	0,04	0,12	0	0	0
COP	KWq/KWe	1,54	1,29	1,42	1,495	1,41	1,40	1,46	1,57

Tabelle 2. Theoretischer Leistungsdaten-Vergleich: „Fruchtfahrt"-Konditionen R22 und dessen Substitute (alle Daten ohne Einfluß einer Anlagenoptimierung für das jeweilige Kältemittel)

bezogen auf 1000 m³/h			Kältemittel				NH_3	Propane	Propylen
Kompressor-Ansaugvolumen		R22	404a	407a	507	410a	R717	R290	R1270
Kälteleistung	KWQ	936	947	972	961	1340	1038	976	963,5
Verdampfungs-Temperatur	°C	0.2	0.2	0.2	0.2	0.2	0.2	0.2	0.2
Kondensations-Temperatur	°C	41	41	41	41	41	41	41	41
Saugdruck	bar(a)	4,99	6,13	5,43	6,33	8,05	4,33	4,80	5,86
Kondensations-Druck	bar(a)	15,75	18,77	17,93	19,24	24,81	15,98	14,24	17,04
Massenstrom	kg/h	20702	29459	23258	30960	28828	3402	10135	11937
Auslaßtemperatur	°C	71	54	64	54	73	111	57,3	63
Leistungsbedarf	KWe	198	222	218	234	326,2	232,7	195,4	229,5
Temperatur-Glide-Verdampfe	°K	0	0,41	4,34	0.02	0,06	0	0	0
Temperatur-Glide-Kondensat	°K	0	0,34	4,41	0,04	0,12	0	0	0
COP	KWq/KWe	4,6	4,2	4,46	4,1	4,11	4,46	4,08	4,2

INTEGRAL Energietechnik GmbH

ECOCHILL units are operated with **ELECTRIC POWER** which drives the mechanical compressor. Such compressors are executed as centrifugal machines with multi-stage axial design. Typical indicative operating figures are depicted below for a 185 kW (50 TR) Vacuum Ice making unit (with a surface condenser as example).

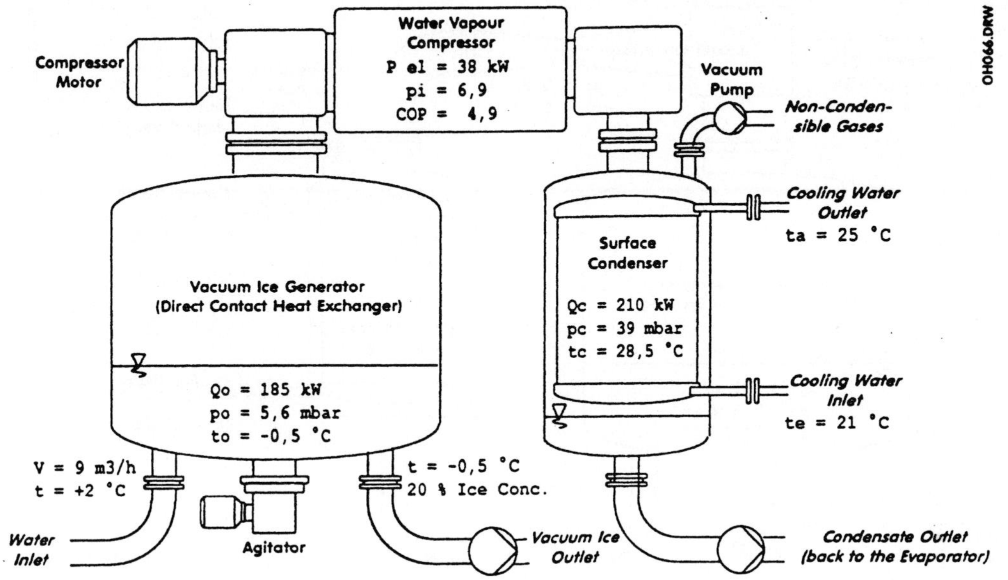

ECOCHILL units are available for capacities between 185 kW (50 TR) and 2.330 kW (660 TR) for ice(water) conditions and between 370 kW (100 TR) and 4.600 kW (1.300 TR) for chilled water of 10 °C (indicative figures in the table below):

Leistungsdatenblatt: ECOCHILL/Integral

COMPRESSOR MODEL	INTAX	TM 50	TM 150	TM 350	TM 1000
Cooling Capacity:					
at ice(water) conditions-0,5°C		**185kW**	**410kW**	**960kW**	**2.330kW**
chilled water 6°C		**285kW**	**630kW**	**1.470kW**	**3.590kW**
chilled water 10°C		**370kW**	**820kW**	**1.910kW**	**4.650kW**
Max. Cooling Water Inlet Temperature:					
at ice(water) conditions -0,5°C		25 °C	26 °C	28 °C	31 °C
chilled water 6 °C		31 °C	34 °C	37 °C	38 °C
chilled water 10 °C		36 °C	39 °C	41 °C	42 °C
Typical C.O.P.:					
ice(water) at -0,5 °C, cooling water 25 °C		4,9	5,0	5,1	5,2
water at 6 °C, cooling water 25 °C		5,9	6,0	6,1	6,3
water at 10 °C, cooling water 25 °C		7,1	7,2	7,4	7,6
Swept Volume:	approx.	19 m3/s	42 m3/s	97 m3/s	235 m3/s

Scope of Supply: Factory pre-assembled chiller/ice maker units in the small/medium range including evaporator- and condenser vessel, INTAX water vapour compressor with electric motor, vacuum-unit, electric switchboard and necessary controls, internal piping and wiring. Excluding pumps (specified for individual job requirements) and cooling tower. Large plants are erected on site.

Dimensions: ECOCHILL units consist mainly of two vessels. Local space conditions allow for flexible positioning. Dimensions upon request. Preferable height of the machineroom approx. 5m due to pumps connected to the internal vacuum (NPSH).

INTEGRAL Energietechnik GmbH

ECOJET units are operated with motive STEAM for the thermal compressor. Beside two pumps there are no moving parts and therefore wear and maintenance is very low. Typical indicative operating figures are depicted below for a 185 kW (50 TR) Vacuum Ice making unit (with surface condenser as example).

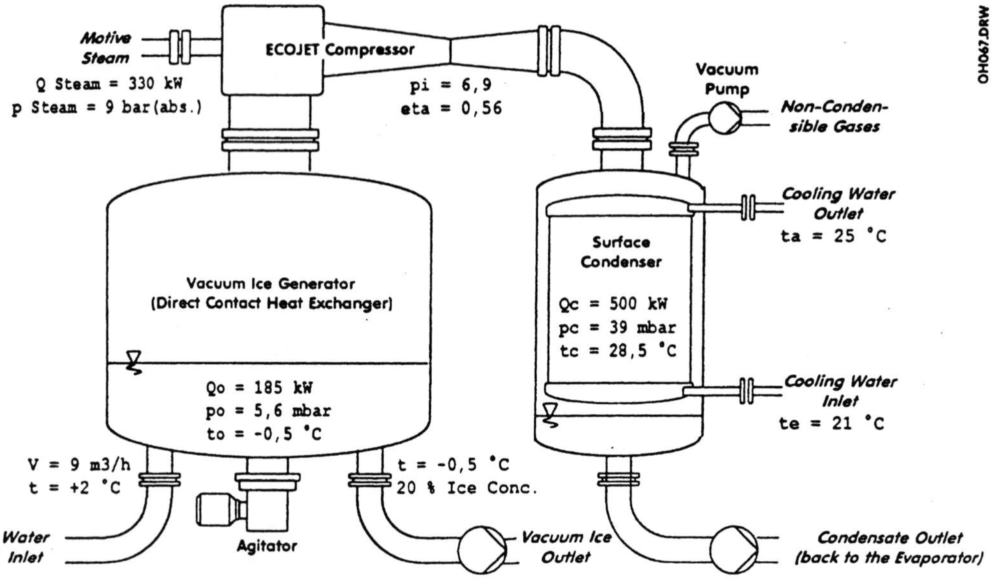

ECOJET units are tailored for the job and available for capacities between 50 kW (15 TR) and 2.500 kW (700 TR) for ice(water) conditions and between 50 kW (15 TR) and 4.200 kW (1.200 TR) for chilled water of 10 °C.

Leistungsdatenblatt: ECOJET/Integral

Cooling Capacity (Examples):	**50kW**	**250kW**	**1.000kW**	**2.000kw**
Steam Consumption (9 bar abs): Indicative Figures				
Cooling Water Temperature 25 °C:				
at ice (water) condition -0,5°C	0,15 t/h	0,75 t/h	3,0 t/h	6,0 t/h
chilled water 6 °C	0,10 t/h	0,50 t/h	2,0 t/h	4,0 t/h
chilled water 10 °C	0,08 t/h	0,40 t/h	1,6 t/h	3,3 t/h
Cooling water Temperature 35 °C:				
at ice(water) conditions -0,5 °C	0,29 t/h	1,40 t/h	5,7 t/h	11,5 t/h
chilled water 6 °C	0,18 t/h	0,90 t/h	3,5 t/h	7,0 t/h
chilled water 10 °C	0,14 t/h	0,70 t/h	2,8 t/h	5,5 t/h

Scope of Supply: Factory pre-assembled chiller/ice maker units in the small/medium range including evaporator- and condenser vessel, ECOJET compressor(s),connection to steam supply isolating value, vacuum unit, electric switchboard and necessary controls, internal piping and wiring. Excluding pumps (specified for individual job requirements) and cooling tower. Large plants are erected on site.

Dimensions: ECOJET units are very flexible in their positioning. The plants can be built horizontal or vertical. Since maintenance is hardly necessary (no moving parts) the plant can be arranged under the ceiling of a machine room, leaving floor space for other purposes.

Kühlcontainerschiffahrt mit Porthole- und CA-Kühlcontainern

Reefer Container Shipment with Porthole- and CA-Containers

Dr.-Ing. **Karl-Heinz Hochhaus**
Technische Universität Hamburg-Harburg, Arbeitsbereich Hilfsmaschinen und Automation

Dr.-Ing. **Yves Wild**
Dr.-Ing. Yues Wild Ingenieurbüro GmbH, Hamburg

1 Einleitung

Zwei interessante Themen in einer Überschrift, zu beiden Themen haben wir als Verfasser im Rahmen der Schiffbautechnischen Gesellschaft Arbeitsgruppen (AG) eingerichtet. Die AG „Kontrollierte Atmosphäre" bestand aus 30 Mitgliedern, mit einem breiten Firmenspektrum aus dem Bereich Reedereien, Werften, Zulieferindustrie, Fruchtbranche, Aufsichtsbehörden, Ing.-Büros und Hochschule. Die AG „Kühlcontainerschiffahrt" war mit 10 Mitgliedern aus dem Bereich Reedereien, Werften, Zulieferindustrie, Ing.-Büros und Hochschulen zusammengesetzt und war schwerpunktmäßig auf die zukünftige Entwicklung der Porthole-Container ausgerichtet. Aus aktuellem Anlaß sollte diese AG möglichst schnell zu einem abschließenden Ergebnis kommen, in einem Jahr (1995/96) wurde das erreicht und der Abschlußbericht wurde den Mitgliedern vorgelegt [1].

2 Porthole-Container

Es wurden weltweit insgesamt etwa 120 Kühlcontainerschiffe gebaut, die mit diesem System von Kühlstäben im Laderaum zum Anschluß von Porthole-Kühlcontainern für die Nord-Süd-Dienste gebaut wurden. Das Prinzip wurde in Europa entwickelt, als der Australien-Liniendienst 1969 ziemlich abrupt auf Container umgerüstet wurde. Vorher wurden in diesem Dienst Linien-Frachtschiffe mit einem großen Kühlraumanteil eingesetzt. Lange Liegezeiten, Dauerstreiks in australischen Häfen und ein hoher Anteil von Ladungsdiebstählen waren Gründe für die Containerisierung dieses Dienstes.
An der Entwicklung und dem Bau dieser Schiffe hatten deutsche Werften den wesentlichen Anteil, bei der Kältetechnik und den Kühlstäben wurden verschiedene Lösungen aus England, Skandinavien und Deutschland gewählt. Es wurden ausführliche theoretische und praktische Untersuchungen durchgeführt, um die Umstellung der Kühlladung von Kühlräumen auf Kühlcontainer mit optimalen Ergebnissen zu realisieren, einiges wurde in [4], [5] dokumentiert.

2.1 Liniendienste

Die Abb. 1 zeigt die wichtigsten Liniendienste und Fahrtgebiete von Containerschiffen mit Porthole-Containern. Aus verschiedenen Gründen ergeben sich ständig Änderungen bei den beteiligten Partnern der einzelnen Dienste, den Häfen und in dem Ladungsaufkommen. Werden die Schiffe aufsummiert, ergeben sich max. 90 Schiffe.
Die Kühlladung der Dienste besteht überwiegend aus Fleisch, Fisch und einem geringen Anteil an Früchten, hauptsächlich Saisonfrüchte, daher wurden fast ausschließlich
20-Fuß Porthole-Container verwendet. Der CAROL-Dienst (Caribbean Overseas Lines, Start 1977) war der erste mit 40-Fuß-Porthole-Kühlcontainern, da aus der Karibik als Kühlladung überwiegend Früchte abgefahren werden. Hier werden subtropische Früchte wie Bananen, Ananas, Mangos, Melonen und Avocados ganzjährig transportiert. Danach folgte der CGM-Bananendienst und der EUROSAL-Dienst, beide wegen ähnlicher Kühlladungsstruktur ebenfalls mit 40-Fuß-Porthole-Containern.
Es besteht z. B. im Australien-Dienst bei der Kühlladung eine Grundauslastung an Fleisch, die Saisonfrüchte sorgen in den Monaten von Dezember bis Juni für zusätzliche Ladung, die in den Spitzenzeiten Clip-On-Aggregate für Porthole-Container an Deck und zunehmend Integral-Container an Deck erfordern.
In all diesen Diensten reicht die Kühlcontainerkapazität in der Saison nicht aus, etwa 10–20% der Saisonfrüchte können mit den Kühlcontainern transportiert werden, für den größeren restlichen Teil werden dann zusätzlich Kühlschiffe eingechartert, die diese Ladung abfahren.

2.2 Prinzip

Das Prinzip der Kühlcontainerschiffe zur Kühlung der Porthole-Container wird aus der Abb. 2 deutlich [6]. In der schiffsfesten Kälteanlage wird die Wärme abgeführt, die über fest installierte Kühlstäbe aus den Porthole-Containern mit einem Kaltluftsystem entzogen wird. Die vertikalen Kühlstäbe sind in zwei Kanäle (Zuluft- und Abluftkanal) aufgeteilt, der Zu-

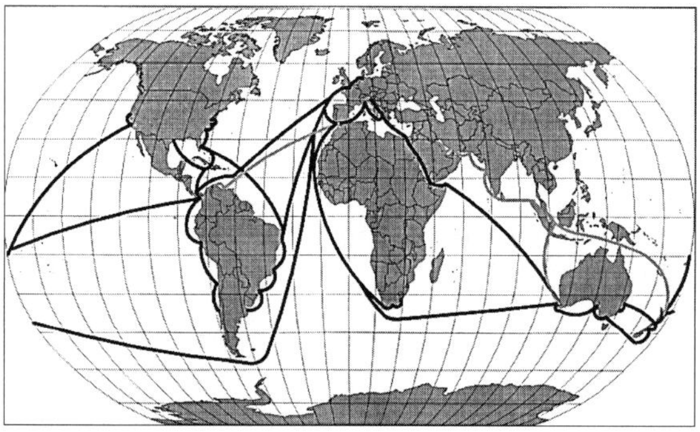

Abb. 1. Weltweite Porthole-Kühlcontainerdienste

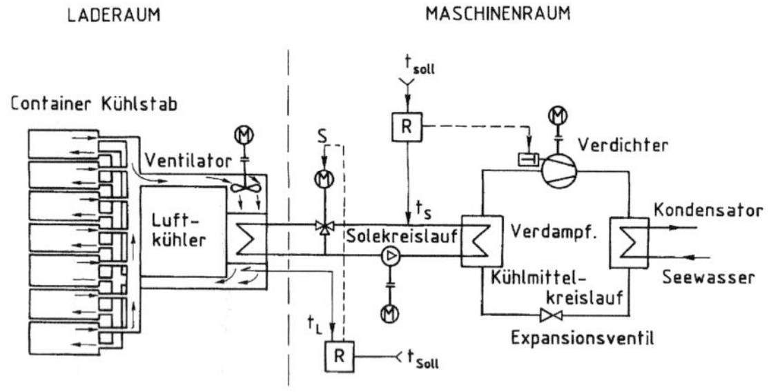

Abb. 2. Schematische Darstellung einer Porthole-Ladungskühlanlage bestehend aus der Kälteanlage, dem Sole- und Kaltluftsystem

luftkanal ist über schaltbare Kupplungen mit der unteren Öffnung in der Containerstirnwand verbunden. Hierdurch strömt die Kaltluft in den Container unter die Gräting, durch die Ladung und über der Ladung zurück durch die obere Öffnung über die Kupplung in den Abluftkanal. Die erwärmte Luft wird vom Kühlstablüfter aus dem Abluftkanal angesaugt und über den Luftkühler zurück in den Zuluftkanal gefördert, damit ist der Kaltluftkreis geschlossen.

Es handelt sich in der Abb. 2 um ein indirektes System mit einem Solezwischenkreis, der die im Maschinenraum zentral angeordnete Kälteanlage mit dem Kaltluftsystem im Laderaum verbindet. Die Temperaturregelung der Zulufttemperatur erfolgt hier durch die Verstellung des Dreiwegeventils im Solekreislauf.

In Abb. 3 ist die Anordnung der Kühlstäbe mit den Kupplungen im Laderaum eines Containerschiffes erkennbar, bei diesem Schiffstyp können maximal sieben Kühlcontainer übereinander an einem Kühlstab angeschlossen werden.

Für den Lkw-Transport wird ein Clip-On zur Kaltluftversorgung der Porthole-Container angeschlossen, im Hafen werden sie zur Zwischenlagerung an bewegliche oder fest installierte Anlagen angeschlossen (Abb. 3).

2.3 Schiffe und Stellplätze

Die Entwicklung der Porthole-Kühlcontainerschiffe erfolgte in der Pionierphase der weltweiten Containerschiffahrt.

Abb. 3. Kühlstäbe für Porthole-Container im Schiff (oben) und im Hafen (mitte), Clip-On beim Lkw-Transport (unten) (Fotos: K.-H. Hochhaus)

Die Neubauten dieser Pionierphase (1969–1984) hingen ursächlich zusammen mit der Containerisierung von neuen Fahrtgebieten im Nord-Süd-Verkehr mit mittleren (20–30%) und hohem Kühlladungsanteil (> 50%).

Aus dem Balkendiagramm in Abb. 4 sind die einzelnen Schritte gut ablesbar und ab 1981 wurden nur

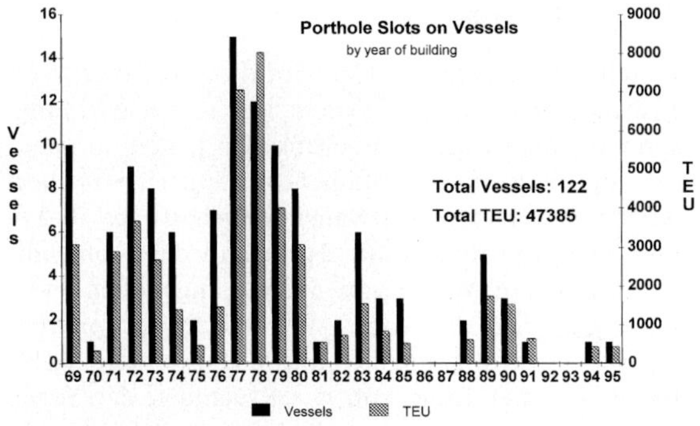

Abb. 4. Anzahl gebauter Porthole-Schiffe und Anzahl der Porthole-Stellplätze [7]

noch wenig Neubauten abgeliefert [7]. Begonnen wurde mit dem Australien-Dienst nach Europa und USA (1969–1977). Es folgte der Südafrika-Europa-Dienst 1977/78 und die Karibik-Europa-Dienste 1977/79 (CAROL, CGM mit Bananen). Die Europa-Südamerika-Dienste wurden 1981 bis 1985 containerisiert und bedienen die Ost- und Westküste. Die Neubauten von 1981–1985 waren für den Europa-Südamerikanischen-Ostküsten- (EESCA) und Westküstendienst (Eurosal). Der Eurosal-Dienst mit sechs Schiffen für 130 Porthole-Container à 40 Fuß (260 PR-TEU) und 100 Kühlcontainersteckdosen an Deck für 40-Fuß-Integral-Kühlcontainer (200 IR-TEU) begann 1984/85.

Bei den Neubauten, die nach 1984 in den Dienst gestellt wurden, handelt es sich überwiegend um Ersatzbauten älterer oder ungeeigneter Schiffe oder Nachbauten zur Aufstockung und Verdichtung einzelner Linien, um häufigere Abfahrten zu bieten.

In Abb. 5 wird der zeitliche Verlauf der Kühlcontaineranzahl in TEU für Porthole- und Integral-Container der letzten zehn Jahre dargestellt. Die Integral-Kühlcontainer, bis 1980 überwiegend in den Ost-West-Diensten eingesetzt, dringen zunehmend in die Nord-Süd-Dienste vor. Die Anzahl der Porthole-Container verharrt um 80 000 TEU, die Integral haben bis 1992 einen Zuwachs von ca. 25 000 TEU/a, der sich ab 1992 auf fast 60 000 TEU gesteigert hat.

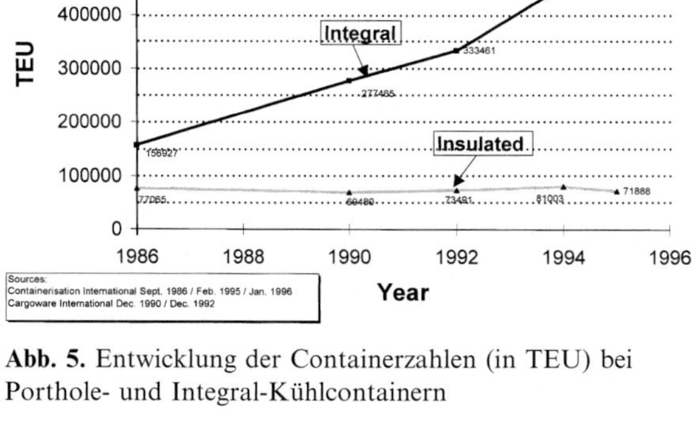

Abb. 5. Entwicklung der Containerzahlen (in TEU) bei Porthole- und Integral-Kühlcontainern

2.4 Kosten

Die Kosten von Schiffen, Schiffahrtslinien und Containerdiensten stehen ständig auf dem Prüfstand. Sind die Kosten langfristig höher als die Einnahmen, dann sind Subventionen fällig oder die Linien werden eingestellt. Die Kosten eines Containerdienstes wurden in [8] analysiert, daraus wurde deutlich, daß die Schiffskosten (hier Porthole-Containerschiffe) 21% vom gesamten Dienst betragen (Abb. 6). Sie liegen etwa in der gleichen Größenordnung der Container-Umschlagskosten. In [9] und [10] wurden die Kosten von Porthole- und Integral-Containerschiffen incl. des notwendigen Containerparks verglichen. Beide Untersuchungen ergaben deutliche Kostenvorteile für das Porthole-Container-System.

2.5 Ausblick

Der Eurosal-Dienst mit Integral- und Porthole-Containern deutete bereits den Übergang aus der Porthole-Technik an. Der weitere Verlauf des Überganges von Porthole- auf Integral-Container wird von den beteiligten Reedereien, von der Technik, den Verladern und den Versicherern beeinflußt. Einige der technischen Aspekte wurden in [11] und [12] untersucht. Dabei ging es in [11] um verbesserte und zeitweise abbaubare Kupplungen, um für Service- und Montagearbeiten beim Transport von Integral-Containern Platz bereitzustellen. In [12] wurden technische Fragen der Wärmeabfuhr von Integral-Containern in Laderäumen mit Kühlstäben behandelt, da hierbei etwa die dreifache Wärmemenge abzuführen ist.

Im Balkendiagramm von Abb. 7 wird sichtbar, wie sich die weltweite Kühlcontainerflotte zur Zeit (1995) zusammensetzt, und wie der Stand 1992 und 1994 war. Bei den Porthole-Containern gibt es zwei Längen (20, 40 ft) und drei Höhen (8 ft, 8 ft 6 inch, 9 ft 6 inch). Bei den Integral-Containern gibt es drei Längen (20, 40, 45 ft) und drei Höhen. Bei den Porthole-Containern ist kein Zuwachs sichtbar, bei den Integral-Containern dagegen erfolgen die höchsten Zuwachsraten bei den 40 Fuß „High Cube Containern" mit der Höhe von 9 ft 6 inch und den hohen 20 Fuß Containern. Aus der Containerlänge läßt sich eine Aussage über die Ladung ableiten, die 20 ft-Container werden für spezifisch schwere Kühlladungen

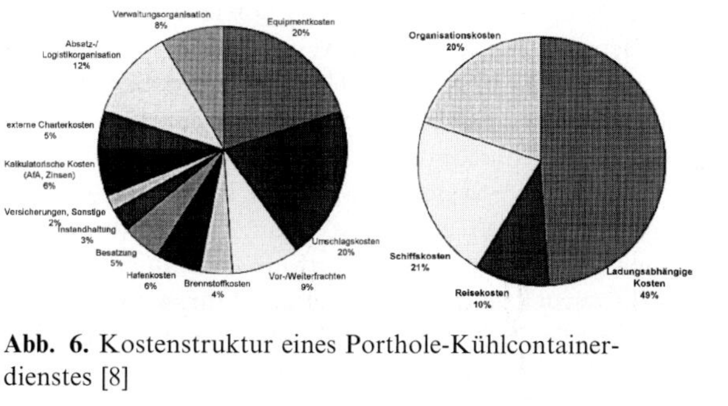

Abb. 6. Kostenstruktur eines Porthole-Kühlcontainerdienstes [8]

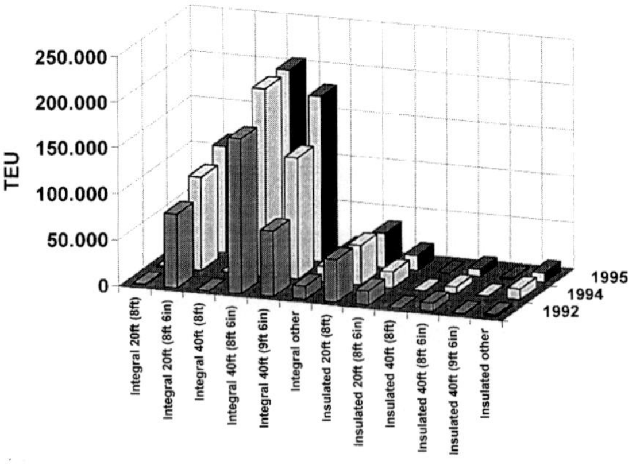

Abb. 7. Größenverteilung bei Porthole- und Integral-Kühlcontainern für 1992, 1994 und 1995

(Fleisch, Fisch) eingesetzt, die 40 ft-Container für spezifisch leichte Ladung (Früchte, Gemüse).
Bei den Containerschiffen sind 1996 mit der REGINA MAERSK die ersten 6000 TEU-Schiffe abgeliefert worden, die mit 700 Kühlcontainersteckdosen 1,4–1,6 Mio. cbft kühlbaren Raum ermöglichen (Integral Container, High Cube). Damit wurde die 1978 gebaute MAIRANGI BAY entthront, die mit ca. 1,3 Mio. cbft kühlbarem Raum als das größte Kühlcontainerschiff galt (Porthole-Container). Mit diesen in Ost-West-Diensten fahrenden Schiffen wird mit Unterstützung von Zubringerdiensten aus den Nord-Süd-Diensten Ladung abgefahren. Mit dieser gutzahlenden Kühlladung werden die großen Schiffe besser ausgelastet, hier sind die regelmäßigen Ladungen wie Fleisch und Fisch besonders interessant.

3 CA-Container

Seit einigen Jahren nimmt der Transport von Früchten und Gemüse unter „Kontrollierter Atmosphäre" (CA) an Bedeutung zu. Während CA früher weitgehend unbekannt war, ist diese Technik heute bei einigen Fruchtarten bereits sehr verbreitet (wenn auch mit starken regionalen Unterschieden). Bei den Kühlschiffen ist die Hauptanwendung heute der Bananen-Transport von Mittelamerika nach Europa (z.B. Chiquita, Equadorian Line, ab 1997 auch Dole). Außerdem werden ganze Schiffsladungen von Äpfeln von Neuseeland nach Europa sowie Steinobst von Chile nach USA unter CA verschifft [14]. Bei den Kühlcontainern sind die Hauptgüter bisher Avocados, Mangos, Steinobst sowie Mixed-Cargos.
Auf dem Kühlcontainer-Markt bieten verschiedene Hersteller CA-Systeme an, die in Integral-Kühlcontainer eingebaut werden können. Außerdem gibt es auch Anbieter für CA in Porthole-Containern. Dabei ist festzustellen, daß in den letzten Jahren zunehmend die großen Kühlaggregat-Hersteller den Markt für Stand-Alone-CA-Container übernommen haben.

3.1 CA-Prinzip

Durch den Einsatz von CA wird die Haltbarkeit von Früchten und Gemüsen nicht nur durch Kühlung, sondern auch durch Änderung der Luftzusammensetzung im Raum (Container) verlängert. Üblicherweise wird dabei der Sauerstoffgehalt auf 1–3% abgesenkt (normale Luft: 21%) und der Kohlendioxidgehalt auf Werte von 5–25% angehoben (normale Luft: 0,03%) [15], [16]. Die Atmosphärenzusammensetzung, die die längste Haltbarkeit ergibt, hängt in erster Linie von der Fruchtart, der Sorte, dem Anbaugebiet sowie dem Erntezeitpunkt ab. Durch die geeignete Atmosphäre wird die Atmung der Früchte reduziert und damit die längere Haltbarkeit erzielt. Die Fruchtatmung kann dabei um ca. 30–50% reduziert werden. Hierdurch lassen sich die Transitzeiten verlängern, so daß zum Beispiel Früchte, die normalerweise nur per Luftfracht transportiert werden können, auch im Kühlcontainer verschiffbar werden. Eine andere Möglichkeit ist es, die Früchte später zu ernten, um damit eine bessere Fruchtqualität zu erreichen.
Eine falsche Zusammensetzung der Atmosphäre kann allerdings auch Schäden hervorrufen. Ein zu geringer Sauerstoffgehalt wie auch ein zu hoher Kohlendioxidgehalt können die Frucht dauerhaft schädigen. Zudem muß beachtet werden, daß Ethylen, welches von den Früchten erzeugt wird und gleichzeitig den Reifungsvorgang beschleunigt, aus der Atmosphäre entfernt wird.

Glukose (Zucker):
$C_6H_{12}O_6 + 6\ O_2 \rightarrow 6\ CO_2 + 6\ H_2O + \text{Heat}$
RQ = 1.0
Organische Säuren:
$C_4H_6O_5 + 3\ O_2 \rightarrow 4\ CO_2 + 3\ H_2O$
RQ = 1.3
Langkettige Fettsäuren:
$C_{18}H_{36}O_2 + 26\ O_2 \rightarrow 18\ CO_2 + 18\ H_2O$
RQ = 0.7
Verschiedene Atmungsarten von Früchten
(die Zuckeratmung überwiegt immer)

Die ersten CA Anwendungen an Land nutzten einfach die Fruchtatmung, um den Sauerstoffgehalt abzusenken und den Kohlendioxidgehalt anzuheben. Heutzutage wird der Aufbau der Atmosphäre üblicherweise dadurch erreicht, daß der Raum mit Stickstoff gespült wird (normale Luft: 78% Stickstoff). Der Stickstoff wird entweder aus der Umgebungsluft gewonnen oder es wird Flüssigstickstoff aus Tanks verwendet. Als Stickstofferzeuger sind Membrananlagen oder Druckwechselanlagen (PSA) gebräuchlich. Im Fall der Membrananlagen wird Pressluft über eine Membran geleitet, die unterschiedliche Permeabilität für Sauerstoff und Stickstoff aufweist. Bei PSA-Systemen wird Aktivkohle eingesetzt, die bei hohem Druck Sauerstoff aufnimmt und bei niedrigem Druck wieder freigibt.

Um den Kohlendioxidgehalt zu senken, werden zwei Systeme verwendet: Spülen mit Stickstoff oder CO_2-Scrubber. Das Spülverfahren wird oftmals angewendet, wenn ein Stickstofferzeuger vorhanden ist. Da der Restsauerstoffgehalt des erzeugten Stickstoffes in der Regel immer noch 2–3% beträgt, kann der Sauerstoffgehalt im Raum nicht nennenswert unter diesen Wert fallen. CO_2-Scrubber arbeiten entweder mit Aktivkohle (die regeneriert wird), oder mit Kalk (der verbraucht wird). Wenn CO_2-Scrubber verwendet werden, muß dafür Sorge getragen werden, daß der Ethylen-Anteil nicht ansteigt (allerdings binden die meisten CO_2-Scrubber gleichzeitig auch Ethylen). Beim Spülverfahren ist dies kein Problem, da mit dem CO_2 auch Ethylen herausgespült wird. Der Nachteil des Spülverfahrens ist der hohe Energieverbrauch der Stickstofferzeugung. Zudem muß der Stickstofferzeuger auf den CO_2-Spül-Fall ausgelegt werden, da hierbei oftmals mehr Stickstoff benötigt wird als für den Atmosphärenaufbau.
Der CA-Raum muß so gasdicht wie möglich sein, um zu verhindern, daß Umgebungsluft (Sauerstoff) eindringt [17].

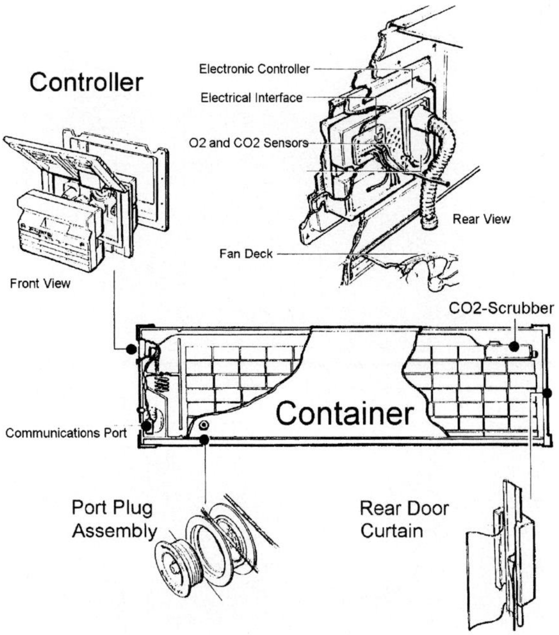

Abb. 8. Tectrol CA System von TransFRESH Corp. (schematisch) [18]

3.2 Anbieter

3.2.1 TransFRESH

Die kalifornische Firma TransFRESH Corp. ist seit einigen Jahren der größte CA-Anbieter für Kühlcontainer. Das Tectrol CA-System kam Ende 1990 auf den Markt. 1996 waren mehr als 25.000 Kühlcontainer damit ausgerüstet und es wurden in diesem Jahr mehr als 5.000 CA-Transporte hiermit durchgeführt. Die Hauptgüter sind Avocados und Steinfrüchte, aber auch Spargel, Melonen, Mangos und gemischte Gemüseladungen.
Das TransFRESH-System ist nicht dazu in der Lage die Atmosphäre selber aufzubauen. Vielmehr wird eine Anfangsatmosphäre nach dem Beladen des Container durch zwei Öffnungen in der Seitenwand des Containers eingefüllt. Das System ist dann dazu in der Lage, diese Atmosphäre zu halten, indem Frischluft in den Container gegeben wird und ein CO_2-Scrubber mit gebranntem Kalk an- und ausgeschaltet wird. Voraussetzung für einen erfolgreichen Transport sind dabei sehr gasdichte Container. Der Hauptvorteil dieses Systems sind seine geringen Investitionskosten. Die Grundausstattung für einen Container kostet etwa US$ 700. Diese Grundausstattung umfaßt:

- Zwei verschließbare Öffnungen in den Seitenwänden an gegenüberliegenden Enden des Containers, um die Anfangsatmosphäre einfüllen zu können. Die Befüllung erfolgt aus einem Tanklastwagen.
- Ein Aluminium-Rahmen, der in der Türöffnung angebracht wird. Hier kann im Falle eines CA-Transportes eine Plastikfolie eingeklemmt werden, um die Dichtheit des Containers zu erhöhen.
- Ein Gehäuse für die Aufnahme des CA-Controllers in der Stirnseite des Kühlaggregats sowie die notwendige Verkabelung. Der eigentliche Controller wird erst bei einem CA-Transport eingesetzt und hinterher wieder entfernt
- Anschlußmöglichkeit für den CO_2-Scrubber.

Im Fall eines CA-Transportes berechnet TransFRESH US$ 1.450 für die Durchführung des Transportes. Von dieser Summe erhält die jeweilige Reederei ca. US$ 300, um ihre Anfangsinvestitionen zu amortisieren. Der Service von TransFRESH umfaßt folgende Leistungen bei jedem Transport:

- Vor der Auslieferung des Containers an den Kunden wird der leere Container einem Dichtheitstest unterzogen. Hierzu wird die Plastikfolie in der Tür eingesetzt und der Container unter Druck gesetzt. Undichtigkeiten werden gesucht und behoben (sofern möglich). Erst nach dem Bestehen des Dichtheitstests wird der Container zur Beladung durch den Kunden freigegeben.
- Nachdem der beladene Container zurück auf dem Terminal ist, wird der CO_2-Scrubber installiert und eine neue Plastikfolie im Türbereich angebracht. Der CA-Controller wird in das dafür vorgesehene Gehäuse eingesetzt und entsprechend programmiert. Anschließend wird der Container durch die seitlichen Öffnungen mit der Anfangsatmosphäre aus Stickstoff und Kohlendioxid befüllt. Dabei sind auch CO_2-Konzentrationen von 20–30% möglich. Nach dem Befüllen werden die seitlichen Öffnungen verschlossen und der Container ist reisefertig.

Abb. 9. TransFRESH-Container mit Vorhang in der Tür zur Erhöhung der Gasdichtheit (Foto: Y. Wild)

- Nach Ankunft am Bestimmungsort wird der Controller (sowie einige Teile des CO_2-Scrubbers) per UPS o.ä. an TransFRESH zurückgesandt. Hier werden die Daten ausgelesen. Anschließend wird der Controller gewartet (Kalibrierung der Gas-Sensoren; Batterietest) und zu seinem nächsten Einsatzort gesandt.

Dieses System mag auf den ersten Blick sehr kompliziert erscheinen, jedoch sollte man bedenken, daß alle CA-Systeme letztendlich darauf angewiesen sind, daß die Container genügend dicht sind und die Gas-Sensoren korrekt arbeiten. Eine ständige Überprüfung der Container und Sensoren ist daher unumgänglich.

Die Hauptnachteile des TransFRESH-Systems liegen darin, daß
- der Kalk-Scrubber nach einer bestimmten Zeit erschöpft ist. Verlängert sich die Reisezeit aufgrund von Verspätungen, so steigt der CO_2-Gehalt unzulässig an. In diesem Fall öffnet der Controller das Frischluftventil komplett und stellt damit Normal-Atmosphäre ein.
- das System auf eine große Dichtheit des Containers und genügend Fruchtatmung angewiesen ist. Bei Früchten mit geringer Atmungsaktivität kann dann unter Umständen der Sauerstoffgehalt nicht gehalten werden.

Abb. 10. Befüllung eines TransFRESH-Containers mit Anfangsatmospäre im Hafen von Oakland (Foto: Y. Wild)

Abb. 11. TransFRESH-CA-Controller geöffnet (Frischluftventil sichtbar) (Foto: Y. Wild)

- die Verschiffungshäfen auf die Häfen begrenzt sind, in denen TransFRESH Servicestationen unterhält.
- die Kosten für einen Transport als sehr hoch eingeschätzt werden.

Allerdings ist das TransFRESH-System im Gegensatz zu den meisten anderen Systemen dazu in der Lage, auch sehr hohe CO_2-Konzentrationen einzustellen, wie sie etwa für Spargel, Beeren und Kirschen vorteilhaft sind.

3.2.2 Sabroe/Freshtainer

Die österreichische Firma Freshtainer hat mit ihren INTAC IV den sicherlich anspruchsvollsten CA-Container im Programm. Dieses System umfaßt einen PSA-basierten Stickstofferzeuger, einen regenerierbaren CO_2- und Ethylen-Scrubber sowie Einrichtungen zur Be- und Entfeuchtung. 100 Container dieser Art wurden insgesamt gebaut. Seit dem Sommer 1994 betreibt Freshtainer diese Container nicht mehr selbst, sondern verleast sie an große Kunden. Vor der Einführung des INTAC IV hatte Freshtainer ebenfalls 100 Container mit dem INTAC III System ausgestattet, welches noch mit Stickstoff- und CO_2-Flaschen arbeitete.

Anfang 1995 gingen Freshtainer und Sabroe Reefer Cool eine Kooperation miteinander ein. Das INTAC IV System wurde überarbeitet und in Sabroes TNE 508 Kühlaggregat eingepaßt. Diese Zusammenarbeit ist mittlerweile aufgekündigt, so daß beide Firmen ihre sehr ähnlichen Systeme heute getrennt vermarkten. Sabroe hat als neuen Partner BOC gewonnen, welche das Know-How für die PSA-Technik liefern und vorher auch mit Freshtainer zusammengearbeitet haben. Seit der Übernahme von Sabroe Reefer Cool durch Thermoking im Herbst 1996 ist es denkbar, daß Thermoking in Zukunft ebenfalls auf diese Technik zurückgreift. Zwar hatte Thermoking zuvor angekündigt, ein membran-basiertes System auf den Markt zu bringen, jedoch ist es über diese Ankündigung bisher nicht hinausgekommen.

Das INTAC IV System ist schematisch in Abb. 12 gezeigt. Es sind drei Ausbaustufen verfügbar: Die Basis Ausstattung besteht nur aus einem PSA-Stickstofferzeuger, mit dem der Sauerstoffgehalt wie auch der CO_2-Gehalt geregelt wird. Option 2 bietet außerdem die Zugabe von CO_2 aus Flaschen, wobei allerdings die maximale CO_2-Menge auf 52 kg (= 26 m^3) begrenzt ist (ein beladener 40 ft Highcube-Container hat ca. 45 m^3 Gasvolumen). Alternativ hierzu bietet Option 3 einen separaten CO_2- und Ethylen-Scrubber.

Bei den Original-Freshtainer INTAC IV wurde zur Erhöhung der Dichtheit des Containers eine einflügelige Tür verwendet. Bei der Sabroe-Variante wird dagegen ein Plastikvorhang verwendet.

Sind alle Optionen realisiert, so bietet der Freshtainer/Sabroe-Container laut Hersteller einen Atmosphären-Bereich von bis zu 1% Sauerstoff, 0–80% CO_2 und eine Regelung der Luftfeuchtigkeit zwischen 60% und 98%. Die Antriebsleistung des Sabroe-Aggregates beträgt 1,2 kW, das Gewicht etwa 340 kg.

Neben den bisher gebauten 100 Freshtainer-Containern hat Sabroe 1996 350 Exemplare an Hyundai Merchant Marine geliefert.

3.2.3 *Carrier Transicold*

Seit Herbst 1994 bietet auch Carrier Transicold, der Marktführer bei den Kühlaggregaten, ein eigenes CA-System namens EVERFRESH an. Dieses System verwendet einen Stickstoff-Separator, der mit einer Gastrenn-Membran von Medal ausgestattet ist. Es handelt sich hierbei um ein klassisches Spülsystem.

Abbildung 13 zeigt den prinzipiellen Aufbau dieses Systems. Umgebungsluft wird verdichtet, gereinigt und vorgewärmt durch die Membran gedrückt. Um verschiedene Stickstoffmengen mit unterschiedlicher Reinheit zu erhalten, sind hinter der Membran Magnetventile angeordnet, die es ermöglichen, mit drei unterschiedlichen Mengen/Reinheits-Verhältnissen zu fahren.

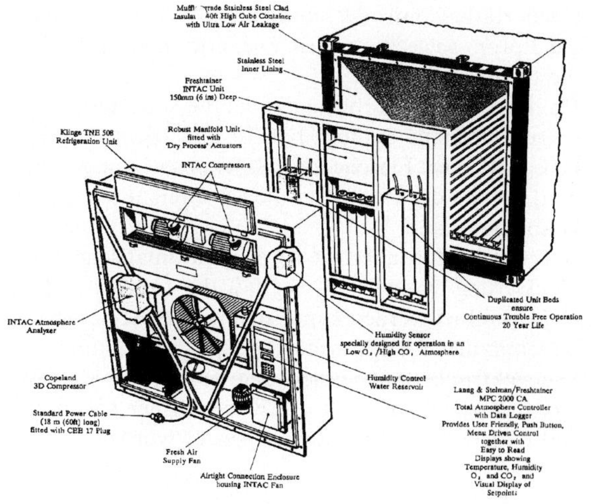

Abb. 12. Freshtainer/Sabroe: Darstellung des CA-Systems [19]

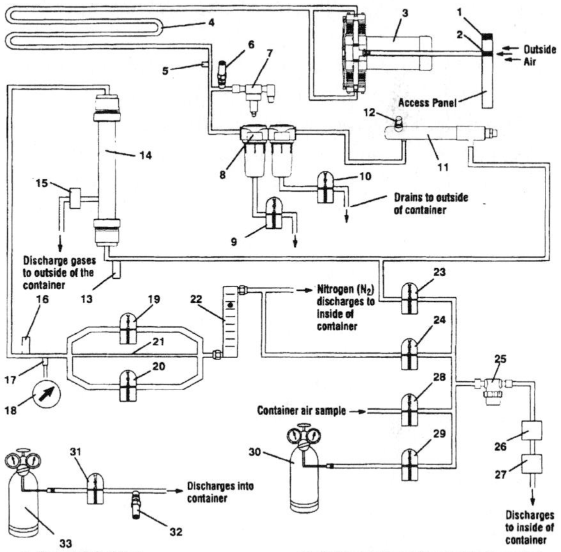

1. Pressure Relief Valve
2. Air Intake Filter
3. Air Compressor
4. Condensing Line
5. Schrader Valve
6. Pressure Relief Valve
7. Pressure Regulator Valve
8. Membrane Air Filter Assembly
9. Drain Solenoid Valve #1 (DS1)
10. Drain Solenoid Valve #2 (DS2)
11. Air Heater (AHTR)
12. High Air Temperature Switch (HATS)
13. Membrane Temperature Sensor (MTS)
14. Nitrogen Membrane Separator
15. Permeate Temperature Sensor (PTS)
16. Membrane Pressure Transducer (MPT)
17. Schrader Valve
18. Air Pressure Gauge (User installed for testing)
19. Bypass Solenoid Valve #1 (BSV1)
20. Bypass Solenoid Valve #2 (BSV2)
21. Orifice (Capillary Tube)
22. Flow Meter (User installed for testing)
23. Air Calibration Solenoid Valve (ASV)
24. Nitrogen (N_2) Purity Solenoid Valve (NSV)
25. Sensor Filter Assembly
26. Carbon Dioxide (CO_2) Sensor (COS)
27. Oxygen (O_2) Sensor (OS)
28. Sample Air Solenoid Valve (SAV)
29. Gas Calibration Solenoid Valve (GSV)
30. Calibration Gas Bottle
31. Carbon Dioxide (CO_2) Solenoid Valve (CSV)
32. Pressure Relief Valve
33. Carbon Dioxide (CO_2) Bottle

Abb. 13. EVERFRESH CA-System von Carrier Transicold (schematisch) [21]

Die Regelung des CO_2-Gehaltes erfolgt durch Spülen mit Stickstoff. Außerdem ist es möglich, CO_2 aus Gasflaschen zuzugeben.

Eine Besonderheit des EVERFRESH-Systems ist, daß der Controller für den CA-Teil baugleich mit dem normalen Kälte-Controller ist. Lediglich die Software sowie die angeschlossenen Sensoren sind andere. Daher kann der CA-Controller auch durch

einen Kälte-Controller ausgetauscht werden, sofern das Eprom gewechselt wird. Dies erleichtert natürlich die Ersatzteilhaltung.
Da Carrier die Problematik der Gasmessung über lange Zeiträume erkannt hat, ist außerdem vorgesehen, daß eine Flasche mit Referenzgas mitgeführt wird, so daß der Controller die Sensoren automatisch kalibrieren kann.
Als weitere Besonderheit ist eine automatische Türblockierung vorgesehen, so daß die Container-Tür nicht geöffnet werden kann, solange die Atmosphäre im Container für Menschen gefährlich sein kann.
Die elektrische Antriebsleistung beträgt ca. 1,5 kW, das zusätzliche Gewicht ca. 70 kg. Bisher sollen ca. 150 EVERFRESH-Container gebaut worden sein.

3.2.4 Mitsubishi

Der japanische Kühlaggregat-Hersteller Mitsubishi hat sein CA-Modell für den Sommer 1997 angekündigt. Das System soll ca. 200 kg wiegen und eine Antriebsleistung von 1,5 kW benötigen. Die Anbringung erfolgt ähnlich wie bei Freshtainer/Sabroe in einem Rahmen hinter dem Kühlaggregat, so daß 295 mm des Ladungsraumes verloren gehen.
Abbildung 14 zeigt den prinzipiellen Aufbau des Systems. Es verfügt für die Stickstoffgewinnung über einen PSA-Stickstofferzeuger mit einer Säule, wobei der erzeugte Stickstoff in einem Speicher gesammelt wird. Außerdem ist ein CO_2-und Ethylen-Scrubber vorgesehen, der die selben Kompressoren verwendet wie der Stickstofferzeuger, so daß entweder CO_2 gescrubbt werden kann (bzw. der Scrubber regeneriert wird) oder Stickstoff erzeugt werden kann.
Zum Anheben des CO_2-Gehaltes ist die Möglichkeit vorgesehen, 7,5 kg CO_2 in Flaschen mitzuführen (was allerdings sehr wenig ist, so daß die Herstellerangaben von bis zu 15% CO_2-Gehalt eher bezweifelt werden müssen).

3.2.5 Isolcell

Die italienische Firma Isolcell bietet seit 1992 ebenfalls einen CA-Container an. Isolcell ist auf dem Bau von Land-CA-Lagern stark vertreten. Das System besteht aus einem Stickerzeuger, der mit einer Membran von Permea arbeitet. Außerdem ist ein CO_2-Scrubber installiert sowie ein katalytisch arbeitender Ethylenkonverter. Die Gesamt-Leistungsaufnahme wird mit 7,5 kW (!) angegeben [1].
Die Dichtheit des Containers wird durch eine einfache Plastikplane verbessert, die mit Magnethaltern fixiert wird.

3.2.6 CONAIR plus

Der Ausstatter für Porthole-Kühlcontainerschiffe mit Kühlstäben G + H Montage bietet für seine Kühlstäbe ein CA-System an, daß in Verbindung mit Isolcell entwickelt wurde.
Das Gesamtsystem besteht aus einem Stickstoffseparator mit einer Leistungsaufnahme von 15 kW, der ca. 30 m^3/h N_2 bei einem Restsauerstoffgehalt von 3% erzeugt. Außerdem sind ein CO_2-Scrubber auf Aktivkohle-Basis sowie ein katalytischer Ethylen-Konverter installiert.
Die Hauptschwierigkeit bei diesem System ist in der Dichtheit der Container zu sehen. Anders als bei den Integral-Containern sind hier die Container nicht fest einem CA-System zugeordnet. Daher sind die Container auch nicht speziell abgedichtet, was zu hohen Luftleckagen führt. In der Praxis hat sich gezeigt, daß mit einer solchen Anlage zwar niedrige Sauerstoffgehalte erreicht werden können, es aber kaum möglich ist, den CO_2-Gehalt nennenswert anzuheben.
Bisher wurden drei CONAIR plus Anlagen mit insgesamt 25 Porthole-Stellplätzen gebaut: Auf der CAP FINISTERRE der Hamburg-Süd und auf den beiden Alianca-Schiffen ALIANCA BRASIL und ALIANCA EUROPA.

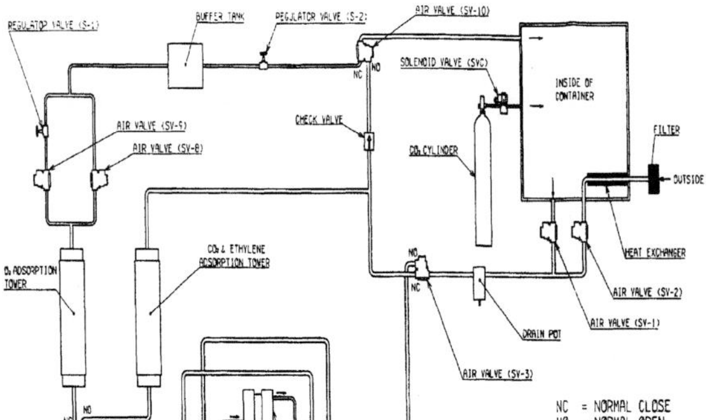

Abb. 14. Schematische Darstellung des CA-Systems von Mitsubishi (noch in Planung) [22]

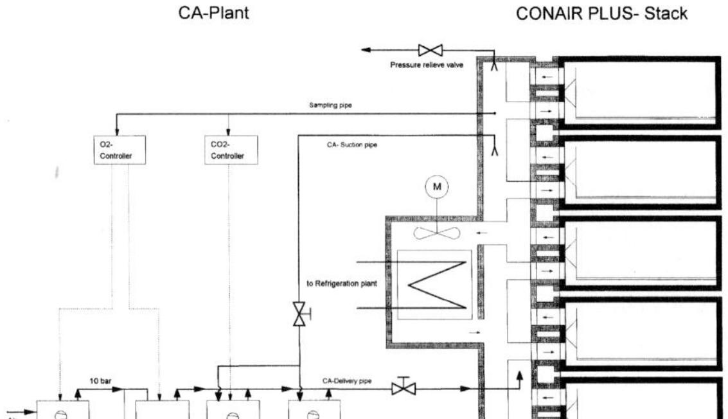

Abb. 15. CONAIR plus System von G + H MONTAGE für Porthole Container [4]

3.3 Preise

In Tabelle 1 sind die augenblicklichen Preise für CA-Container dargestellt. Während die Stand-Alone-CA-Container von ca. US$ 7 000 aufwärts kosten (jeweils zusätzlich zu dem Standard-Kühlcontainer), liegt das Trans-FRESH-System mit Anfangskosten von ca. US$ 700 deutlich niedriger, wobei hier aber die Transportkosten für den Einzel-Transport mit US$ 1.450 sehr hoch sind. Ein Stand-Alone-Container macht sich also gegenüber dem TransFRESH-System nach ca. 5 bis 9 CA-Reisen bezahlt.
Allerdings muß bedacht werden, daß ein Kühlcontainer, der in einem großen Pool betrieben wird, zunächst immer vorrangig ein Kühlcontainer bleibt. Mehr als 50% aller Transporte sind Tiefkühltransporte von Fisch und Fleisch. Selbst bei den Fruchttransporten erfordern nicht alle den Einsatz von CA. So ist etwa bei Citrusfrüchten der Einsatz von CA zweifelhaft. Die Anzahl der zu erwartenden CA-Transporte am gesamten Kühlcontainermarkt ist also eher gering und wird auf höchstens ca. 10% geschätzt.
Aus dieser Betrachtung läßt sich der Trend für die weitere Entwicklung von CA in Kühlcontainern für die Zukunft ableiten. Geht man davon aus, daß ein Kühlcontainer je nach Fahrtgebiet im Jahr für 6–12 Transporte eingesetzt wird, und davon 10% CA-Transporte sind, so ergibt sich ein CA-Einsatz alle ein bis zwei Jahre. Selbst wenn die Reederei für diese Transporte den TransFRESH-Preis erzielt, ist eine Amortisation der Anschaffungskosten über die Lebenszeit des Containers zweifelhaft. Die relativ geringen Investitionskosten des TransFRESH-Systems machen sich dagegen bereits nach etwa drei Transporten bezahlt, da die Reederei pro Transport ca. US$ 300 erhält.
Diese Betrachtungsweise gilt natürlich nur für den Kühlcontainer-Massenmarkt, in dem die großen Kühlcontainer-Reedereien wie Maersk, Sealand u.a. tätig sind. Für kleinere Linien, die ihre Container weitestgehend nur für Fruchttransporte einsetzen können (etwa Fruchtgesellschaften wie Chiquita, Dole u.a.), lohnt sich dagegen die Anschaffung eines Stand-Alone-CA-Containers.
Daher ist davon auszugehen, daß die Stand-Alone-Container ihre Anwendung in diesen Nischen finden werden, während das TransFRESH-System im großen Restmarkt dominant bleiben wird. Diese Entwicklung läßt sich auch heute bereits an den Zahlen der mit CA-ausgerüsteten Container ablesen: Während TransFRESH ca. 25 000 Container ausgerüstet hat, sind von den Stand-Alone-Geräten bisher keine 800 im Einsatz.

4 Zusammenfassung

Der Bestand an Porthole-Containern stagniert seit Jahren, während der Bestand an Integral-Containern beständig zunimmt. Dennoch sind einige Fahrtgebiete noch fest in der Hand der Porthole-Container. Aufgrund der Altersstruktur der Porthole-Schiffe ist damit zu rechnen, daß noch eine Generation von Porthole-Schiffen gebaut wird, die gleichzeitig als Übergangsschiffe zur Umstellung der Linien auf Integral-Container dienen werden.

Tabelle 1. Preise für CA-Container

	Ausstattung						
Hersteller	N_2-Separator	CO_2-Scrubber	CO_2-Zugabe	Ethylen-Konverter/Scrubber	Befeuchtung	Entfeuchtung	Ungefährer Preis
Carrier Transicold	•		•		•3		+ US $ 7.000/40 ft Container
Freshtainer	•	•	•	•	•	•	+ US $ 12.000/40 ft Container
Isolcell	•	•		•			US $ 56.000/40 ft Container
Mitsubishi	•	•	•	•	•3		??? (erst für Sommer 1997 angekündigt)
Sabroe Reefer Cool	•	•			•	•	+ US $ 12.000/40 ft Container
TransFRESH	•1	•	•1		•3		+ US $ 700/Container + Service für jeden Transport (~ US $ 1.450)
Conair-Plus	•	•		•	•2		+ *DM* 25.000/*Porthole-solt*

1: Nur Anfangsatmosphäre im Ladehafen
2: In Vorbereitung
3: Abhängig von Container

Anmerkung: Die Preise hängen zum Teil auch von sonstiger Ausstattung ab

Auf dem Markt der CA-Container haben sich in den letzten Jahren zwei Trends gezeigt:

- Das relativ einfache und in den Anfangsinvestitionen billige TransFRESH-System hat im Bereich der großen Kühlcontainer-Linien (Maersk, Sealand, u.a.) mit mittlerweile mehr als 25.000 Containern eine starke Position eingenommen.
- Der Markt der Stand-Alone-CA-Container, der vor einigen Jahren noch von relativ kleinen innovativen Firmen getragen wurde, ist zunehmend von den drei großen Kühlaggregat-Herstellern Carrier, Thermoking (über Sabroe Reefer Cool) und Mitsubishi übernommen worden. Die Stand-Alone-CA-Container sind eher in Nischenmärkten mit einem sehr hohen Anteil an Fruchttransporten zu finden.

Diese Entwicklung wird sich wohl auch in den kommenden Jahren fortsetzen, da einerseits CA immer mehr Verbreitung im Fruchttransport findend, dieser Markt aber andererseits zu klein ist, um jeden Kühlcontainer mit aktiven CA-Anlagen auszustatten. Daher wird das TransFRESH-System dort Verbreitung finden, wo nur gelegentlich mit einem CA-Transport zu rechnen ist, während für reine Fruchtlinien die Stand-Alone-Systeme Vorteile bieten.

Schrifttum

1 Hochhaus, K.-H. (Hrsg.): Kühlcontainerschiffahrt – Zukünftige Containerschiffe nur noch mit Integral-Kühlcontainern? Abschlußbericht der STG-Arbeitsgruppe „Kühlcontainerschiffahrt", Hamburg 1997

2 13 Verfasser: Transport unter kontrollierter Atmosphäre; Abschlußbericht der STG-Arbeitsgruppe „CA", Herausgeber K.-H. Hochhaus, TUHH

3 9 Verfasser: Transport von Früchten unter CA; Tagungsband, Herausgeber K.-H. Hochhaus, TUHH, Hamburg, 1994

4 Hochhaus, K.-H.; Idler, L.; Wild, Y.: Kühlcontainer und kontrollierte Atmosphäre im Schiffstransport; Handbuch der Werften, Band XXI, Hansa Verlag, Hamburg 1992

5 Linde, H: Zum Transport von Kühlladung in Containern an Bord von Containerschiffen; Hansa Nr. 24/1971, S. 2403 ff

6 Hochhaus, K.-H.: Kühlcontainertransport auf Schiffen; Hansa Nr. 3/1992, S. 242 ff

7 Wild, Y.: Porthole versus Integral Container; Intermodal Conference; Amsterdam Nov. 1995

8 Deichmann, F.: Schiffsbetrieb im Wandel – ein Überblick über die geänderten Anforderungen beim Betrieb des Transportsystems Schiff aus Sicht einer Linienreederei; STG-Sprechtag am 06. November 1996 in Hamburg

9 Wild, Y.: Vergleich zwischen Porthole- und Integral-Kühlcontainern; Hansa, Nr. 4/1994

10 Holst, U.: Analyse der Potentiale und Risiken des Einsatzes von Porthole- und Integral-Containern am Beispiel einer Linienreederei; Diplomarbeit an der TU Berlin, 1995

11 Roering, S.: Konstruktion einer wartungsarmen, entfernbaren Kupplung für Porthole-Container; Kleine Studienarbeit am Arbeitsbereich Hilfsmaschinen und Automation; TUHH; 1995

12 Verhoeven, B.: Untersuchung zur Nutzung vorhandener Kühlstäbe für den Transport von Integral-Kühlcontainern im Laderaum; Diplomarbeit am AB Hilfsmaschinen und Automation der TUHH, 1996

13 N.N.: Die deutsche Handelsflotte; Seehafenverlag Hamburg, 1995

14 Hochhaus; K.-H., Wild, Y.: Kühlschiffe mit Kontrollierter Atmosphäre; Hansa 1992; S. 1194 ff.

15 N.N.: Proceedings of the Fifth International Controlled Atmosphere Research Conference; June 14–16; 1989; Wenatchee, Washington, USA

16 N.N.: Proceedings of the Sixth International Controlled Atmosphere Research Conference; June 15–17; 1993; Ithaca, New York, USA

17 Wild, Y.: Leakage Rate Measurements for CA Cargo Holds and Containers; I.I.F. – I.I.R. Commisions B1, B2, D1, D2/3 – Palmerston North (New Zealand) – 1993; Cold Chain Refrigeration Equipment by Design S. 453 ff.

18 N.N.: Prospekt der TransFRESH Corporation, Salinas, CA

19 N.N.: Prospekt Freshtainer, Salzburg

20 N.N.: Prospekt Sabroe Reefer Cool, TNE 508 CA

21 N.N.: Operation and Service Manual CA Option; Carrier Transicold; Syracuse, NY; 1994

22 N.N.: Specification for Mitsubishi CA Unit for Refrigerated Container Model CPE-CA; November 1996

Integrierte Kühlcontainer im Laderaum von Containerschiffen

Integrated Reefer Container in Cargo Holds of Container Ships

Dipl.-Ing. **Reimer Duge**
Hapag-Lloyd Container Linie GmbH, Hamburg

1 Einleitung

In diesem Jahr 1997 betreibt Hapag-Lloyd seit 150 Jahren Schiffahrt – davon seit immerhin 93 Jahren Kühlschiffahrt.
1903 baute die Hapag ihre beiden Schiffe Sarnia (4.770 TDW) (Abb. 1) und Sibiria (5.060 TDW) bei Blohm & Voss zu Kühlschiffen um und setzte diese ab Ende 1903 im Atlas Dienst (New York – Westindien – Mittelamerika) ein. 1912 folgte der erste für deutsche Rechnung fertiggestellte Kühlschiffsneubau SS Karl Schurz (6335 TDW), gebaut bei Swan, Hunter & Wigham Richardson, Newcastle.
Im Zuge der Containerisierung der Ladung wurden auch die klassischen Kühlladeräume durch Kühlcontainer abgelöst. Hierbei konkurrieren der Porthole Container und der Integrierte Kühlcontainer miteinander.
Der Porthole Container muß an ein Kaltluftsystem bzw. eine externe Ladungskühlanlage angeschlossen werden. Dagegen besitzt der „Integrierte Kühlcontainer" eine integrierte Ladungskühlanlage und benötigt lediglich einen Stromanschluß.
Aufgrund der genannten Merkmale besitzt der „Integrierte Kühlcontainer" zwar einen energetisch schlechteren Wirkungsgrad, ist dafür im Operating und Handling flexibler als der Porthole Container. Dies macht seinen Erfolg aus. Der Trend geht daher eindeutig zum Integrierten Kühlcontainer.
Hapag-Lloyd betreibt derzeit 7200 eigene Kühlcontainer, davon 22% Porthole Container. Die Beschaffung neuer Porthole-Container ist derzeit nicht geplant. Bei den letzten Neucontainern dieses Typs ist der Umbau zum Integrierten Kühlcontainer möglich.

Abb. 1. Sarnia – erstes Kühlschiff der deutschen Flotte

Trotz seiner hohen Flexibilität stellt natürlich auch der Integrierte Kühlcontainer Grundanforderungen: Vor allem die Abführung der Abwärme und die Energieversorgung sind sicherzustellen.
In den Anfängen des Integrierten Kühlcontainers wurde dieser daher nahezu ausschließlich an Deck gestaut, da dies die einfachste Möglichkeit darstellte, die Containerabwärme ohne zusätzliche Maßnahmen abzuführen.
Jedoch bereits Mitte der 70er Jahre wurde in unserem Hause über den Transport von Integrierten Kühlcontainern unter Deck nachgedacht. Hierzu führten verschiedene Faktoren:

- Ein steigendes Aufkommen Integrierter Kühlcontainer. Die Stauung an Deck ist maximal auf die 1. und 2. Lage beschränkt.
- Eine hohe Zahl „Umstauer", verursacht durch Kühlcontainer an Deck. Um an die Container unter Deck zu gelangen, sind Umstauungen der Kühlcontainer an Deck unvermeidlich. Untersuchungen in unserem Hause zeigten, daß 50% aller „Umstauer" und die damit verbundenen, erheblichen Kosten durch Kühlcontainer verursacht werden. Zum Vergleich: ein „Umstauer" für einen 20 ft Container im Far East Dienst kostet durchschnittlich ca. 150 US$. Dies sind ca. 10–15% bezogen auf den gesamten Preis (Sofern eine Gewinnmarge für den Container vorhanden war, ist diese nun durch den Umstauer aufgebraucht).
- Stabilität, insbesondere in der Ostasien-Fahrt sind Kühlcontainer verhältnismäßig schwer und belasten in den oberen Lagen die Stabilität des Schiffes. Die Stauung in den unteren Lagen bietet sich daher an.

O.g. Faktoren führten dazu, daß in unserem Hause verhältnismäßig früh über Kühlcontainer im Laderaum nachgedacht wurde.

2 Integrierte Kühlcontainer unter Deck

Vor allem aufgrund des steigenden Kühlcontaineraufkommens wurde bereits in den 70er Jahren untersucht, ob vorhandene Schiffe mit Steckdosen für Integrierte Kühlcontainer nachgerüstet werden konnten. Hierzu mußten zunächst die Rahmendaten abgesteckt werden.

Wie der Porthole Container ist der Integrierte Kühlcontainer ein Isoliercontainer, d.h. er besitzt zur Wärmedämmung eine Isolierschicht. Während jedoch der Porthole Container an die Ladungskühlanlage des Schiffes angeschlossen ist, besitzt der Integrierte Kühlcontainer ein eigenes, integriertes Kühlaggregat.
Die Isolierung des Kühlcontainers ist endlich und die Güte wird durch den s.o. Wärmedurchgangskoeffizienten k beschrieben. Daher strömt Wärme durch die Wände des Containers vom hohen zum niedrigen Temperaturniveau, d.h. für den Kühlcontainer in der Regel von außen nach innen. Dieser Wärmestrom (Transmissionswärme $Q_{\text{Trans, Cont.}}$) ist neben dem k-Wert von der Fläche des durchströmten Körpers (Containeroberfläche) und vor allem von der Temperaturdifferenz (innen – außen) abhängig. Für den Kühlcontainer bedeutet dies, daß ständig Wärme durch die Wände strömt und das Innere aufheizt. Dabei ist der Wärmestrom um so größer, je größer der Temperaturunterschied. Je höher die Laderaumtemperatur bzw. je tiefer die Container-Innentemperatur, desto größer der Wärmestrom. Um die Temperatur im Inneren des Behälters konstant zu halten, muß die eingeströmte Wärme durch eine Kältemaschine abgeführt werden. Die hieraus resultierende Abwärme erwärmt die umgebende Laderaumatmosphäre. Um auch die Temperatur des Laderaumes konstant zu halten, muß dem Laderaum diese Wärme entzogen werden.
Grundsätzlich sind für eine genaue Bilanzierung folgende Wärmen zu berücksichtigen:

- Abkühlwärme $Q_{\text{Abkühl}}$ – Wärme zum Herunterkühlen einzelner Kühlcontainer nach dem Laden
- Reifewärme Q_{Reife} – Wärme aus Reifeprozessen bei Früchten
- Frischluftwärme Q_{Frisch} – Wärme durch Frischluftzufuhr zum Container
- Translationswärme durch Laderaumwände $Q_{\text{Trans, Lader.}}$ – Wärme von Außen, HFO-Tanks
- Wärme aus Betrieb Laderaumlüfter $Q_{\text{Lüfter, Lader}}$
- Umgewandelte elektrische Energie zum Betrieb des Kühlcontainers $Q_{\text{Betrieb, Cont}}$ – Abwärme aus dem Betrieb von Container-Ventilator, -Verdichter, -Lüfter (Kondensator), -Heizung

Im Folgenden soll von vereinfachenden Annahmen ausgegangen werden, detaillierte Beschreibungen der Zustände finden sich bei [1], [2], [3].
Der größte Teil der abzuführenden Wärme wird durch die Abwärme aus dem Betrieb des Kühlcontainers gebildet. Für die Ausrüstung mit Reefersteckdosen ist nicht die genaue Kenntnis aller Betriebszustände erforderlich. Zur E-Leistungs- und Kühlleistungsauslegung sind in erster Linie das Wissen über die äußeren Punkte des Arbeitsbereiches erforderlich. Daher können bei sinnvoller Annahme der Randbedingungen (z.B. Temperaturbereich des Laderaumes) die oben genannten Wärmen bei der Bestimmung von Rahmendaten z.T. vernachlässigt werden.
Die Berechnung der Wärmebilanz kann dadurch erheblich vereinfacht werden: Über die Systemgrenzen des Laderaumes treten nur zwei Energieströme (Abb. 2):

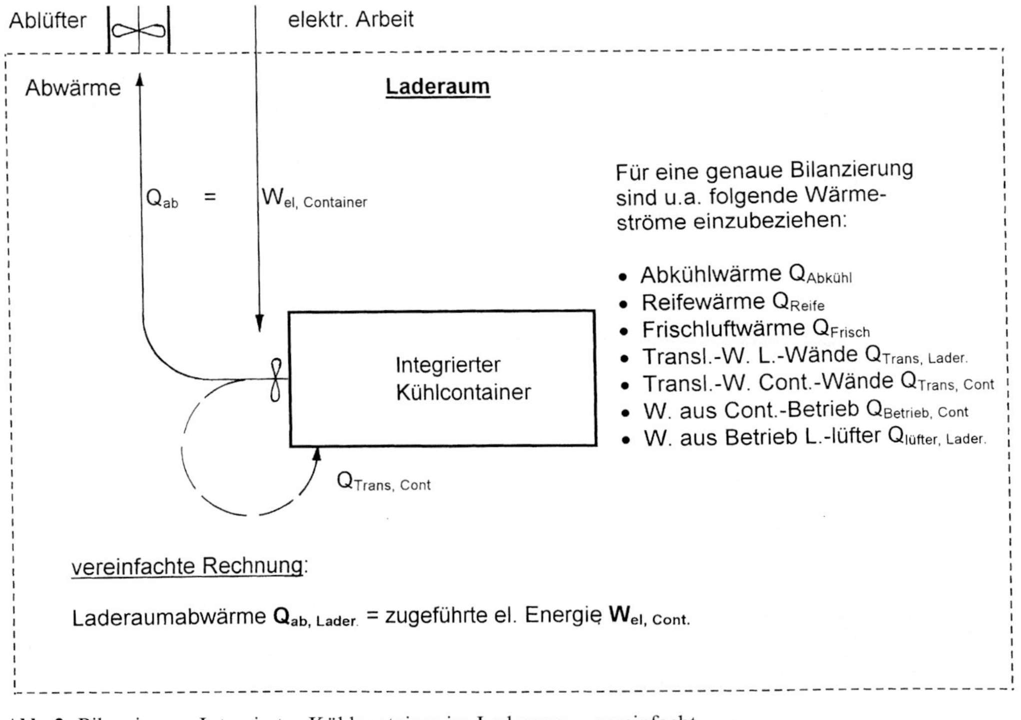

Abb. 2. Bilanzierung Integrierter Kühlcontainer im Laderaum – vereinfacht

- Elektrische Energie wird zugeführt, diese wird durch den Betrieb in Wärme überführt
- Die Abwärme tritt mit der Abluft über die Systemgrenze

Hieraus ergibt sich:

$$Q_{\text{ab, Lader.}} = W_{\text{El, Cont.}}$$

D.h. die aus dem Laderaum abzuführende Wärmeenergie entspricht der dem Kühlcontainer zugeführten elektrischen Energie (zum Antrieb seiner Kühlanlage).
Die Translationswärme, die in den Kühlcontainer strömt, ist von außen nicht zu erkennen, da sie scheinbar im Kreis fließt. Sie ist temperaturabhängig und beeinflußt die mit der Luft abgeführte Wärme. Der Temperaturarbeitsbereich muß daher in jedem Fall eingrenzt werden.
Zur Bestimmung brauchbarer Kalkulationsgrößen (E-Bedarf, Kühlung) zum Transport von Integrierten Kühlcontainern unter Deck wurden sowohl die Betriebsdaten unserer Schiffe als auch die Angaben verschiedener Kühlcontainer-Hersteller ausgewertet. Die Ergebnisse sind in den Tabellen 1 und 2 zusammengefaßt.
U.a. aus Tabelle 2 wurden die Basisdaten für letzte Hapag-Lloyd Neubauten abgeleitet.

3 Kühlung von Integrierten Kühlcontainern unter Deck

Zur Kühlung von integrierten Kühlcontainern unter Deck bieten sich drei Varianten an:

1. Kühlwasseranschluß für jeden einzelnen Kühlcontainer
2. Kühlung der Laderaumluft durch wassergekühlte Luftkühler
3. Wärmeabfuhr durch Belüftung des Laderaumes

3.1 Direkte Wasserkühlung – Kühlwasseranschluß für jeden einzelnen Kühlcontainer

Auf diese Art der Kühlung soll in diesem Rahmen nur oberflächlich eingegangen werden. Der direkte Wasseranschluß an den Kondensator des Kühlcontainers ist zwar grundsätzlich ideal, dennoch kommt diese Form der Kühlung für Integrierte Kühlcontainer nur beschränkt auf wenigen Schiffen zum Einsatz. Diese Kühlungsform kann angewendet werden, wenn nur wenige Reedereien beteiligt sind und nur wenige Häfen angelaufen werden (Beispiel: Bananen-Containerdienst von Chiquita, in den die PURITAN der Reederei Laeisz eingebunden ist) [4].
Während der 70er Jahre wurde direkte Wasserkühlung von unserem Hause für Neubauvorhaben untersucht. Insbesondere Kühlcontainer japanischer Hersteller waren für die direkte Wasserkühlung eingerichtet. Die Reederei NYK betrieb derartige Container. Als Kühlmedium wurde Seewasser verwendet. Man erkannte, daß die gute Kühlung durch mehrere nachteilige Faktoren kompensiert wird:

- zusätzlicher Aufwand durch die Kühlwasserschläuche
- Ständig Seewasser im Laderaum durch Leckagen beim An- bzw. Abschlagen der Container, dadurch verursacht erhebliche Korrosion

Zudem muß die Kühlung an Land geregelt sein und eine Umschaltung auf Luftkühlung möglich sein, d.h. die Flexibilität sinkt bzw. der Preis (für Zwittergeräte) steigt.

Tabelle 1. Basisdaten zum Transport von Integrierten Kühlcontainern unter Deck-Untersuchung 40 ft Container verschiedener Hersteller

Ladungstemperatur[°C]	Wärmemenge[kW]	benötigtes Luftvolumen[m3/h]	Luftwechselrate(bez. auf Cont.-Vol.)
+/- 0	10,44	3300	43
- 18	5,45	1700	22
+ 21	14,15	4470	58

Bedingungen:
40 ft Integr. Kühlcont. Raumtemp: 45°C; zulassige Temp.-Diff. 10C (t_m =35°C; t_{ab}=45°C; $t_{mittl.}$=40°C 40 ft. 77,015 m3

Tabelle 2. Kühlcontainer unter Deck-Basisdaten Hapag-Lloyd Neubau

	40'	20'
Anschlußleistung	15 kW	8,8 kW
Gleichzeitigkeitsfaktor	0,6	0,6
perm. Wärmestrom*	0,6 x 15 kW = 9 kW	0,6 x 8,8 kW = 5,3 kW
Zustand Zuluft	35 °C / 70 % rel. Feuchte	35 °C / 70 % rel. Feuchte
Raumzustand / Abluft	45 °C	45 °C

* Herunterkühlen einzeler Kühlcontainer an Bord ist berücksichtigt
Kein Transport von Früchten mit hoher Reifungswärme (z.B. Bananen)

Hapag-Lloyd hat von dieser Kühlungsform abgesehen.

3.2 Indirekte Wasserkühlung – Wassergekühlter Luftkühler

Bei der indirekten Wasserkühlung wird der überwiegende Teil der Containerabwärme durch einen Luftkühler abgeführt. Die Abwärme des Kühlcontainers geht auf die Laderaumluft über und erwärmt diese. Die Laderaumluft wird mittels eines Lüfter durch einen (see)wassergekühlten Wärmeaustauscher geführt und gekühlt. Es ergibt sich ein Umluftbetrieb. Nur ein Teil der Wärme wird über den normalen Frischluftwechsel abgeführt.

Bei dieser Art der Wärmeabfuhr (Kühlung der Raumluft) kann auf große Frischluftmengen (zur Wärmeabfuhr) verzichtet werden. Die Frischluftkanäle können verhältnismäßig klein gehalten werden, da lediglich die Luft für den notwendigen Frischluftwechsel zugeführt werden muß.

Diese Form der Kühlung ist insbesondere in Fällen einer Alternative, in denen keine Festigkeitsreserven der Schiffsstruktur vorhanden sind, um große Durchbrüche in den oberen Kastenträgern zu ermöglichen, oder dies aus anderen Gründen nicht möglich ist.

Für die Luftkühlungseinbauten (Kühlwasserleitungen, Lüfter, Luftkanäle) muß Platz vorgehalten werden (der eventuell nicht vorhanden ist).

Die Kühlwasserversorgung kann vom Maschinenraum oder aus separaten Seekästen im Laderaumbereich erfolgen. Die Versorgung vom Maschinenraum setzt jedoch einen Rohrtunnel oder die Anordnung der Reeferluke am Maschinenschott voraus.

Die indirekte Wasserkühlung besitzt gegenüber der Kühlung der Laderaumatmosphäre durch Frischluft keinen energetischen Vorteil. Der Arbeitsbereich des Kühlwassers liegt im Bereich 32 °C ($t_{\text{wasser,zu}}$) bis max. 45 °C ($t_{\text{wasser, ab}}$). Dies entspricht etwa dem Arbeitsbereich der zugeführten Frischluft 35 °C ($t_{\text{Luft, zu}}$) bis ca. 45 °C ($t_{\text{Luft, ab}}$) (-siehe auch unten). Durch unvermeidliche Grädigkeiten beim Wärmeaustausch Wasser/ Luft wird die für den Wärmeaustausch nutzbare Temperaturdifferenz erheblich eingeschränkt. Dies bedeutet, daß die zu kühlende Luftmenge erhöht werden muß (verglichen mit einer höheren Temperaturdifferenz). Die im Vergleich zur Kühlung durch Frischluft höheren Luftmengen erfordern höhere Lüfterleistungen. Für eine Energiebilanz sind zudem die Pumpenleistungen zu berücksichtigen. Durch eine Zweikreiskühlung treten zusätzliche Grädigkeiten auf. Um trotzdem eine möglichst hohe Temperaturdifferenz zu erzielen, bietet sich als Kühlmedium Seewasser an. Im Vergleich zur Frischluftkühlung besitzt die indirekte Wasserkühlung, auch in Hinblick auf den apparativen Aufwand, keinen Vorteil. Zu diesem Ergebnis kommt auch [3] in einer diesbezüglichen Untersuchung.

Allerdings ist für die Nachrüstung von Kühlcontainern in den Laderäumen bestehender Schiffe, bei denen die schiffbaulichen Strukturen keine Nachrüstung von zusätzlichen Lüfterkanälen zulassen, ist die indirekte Wasserkühlung interessant und wurde von uns für verschiedene derartige Projekte in Erwägung gezogen. Die indirekte Wasserkühlung kam bei den letzten bei HDW gebauten APL-Schiffen zum Einsatz.

3.3 Kühlung durch Luftwechsel – Wärmeabfuhr durch Frischluft

Grundlage der Kühlung ist die ausschließliche Wärmeabfuhr über die zugeführte Frischluft. Diese erwärmt sich durch die Abwärme der Kühlcontainer und wird anschließend abgeführt.

Die Obergrenze der Ablufttemperatur ($t_{\text{Luft, ab}}$) ist maximal 45 °C (GL-Regeln: E-Mot. und Kabel). Für die Zuluft ($t_{\text{Luft, zu}}$) müssen min. 35 °C angenommen werden. Die mittlere Temperatur für die max. Auslegungsbedingungen (Tropen) liegt damit bei 40 °C. Allerdings ist das aufzubringende Luftvolumen erheblich. Für einen 40 ft Container müssen für die Wärmeabfuhr ca. 3 000 m^3/h vorgehalten werden. Dies entspricht einem Luftwechsel (pro Stunde) von 40 bis 45 bezogen auf das Containervolumen und ca. 15 bezogen auf das Volumen des gesamten Laderaumes.

Hieraus resultiert, daß – verursacht durch die hohe Luftwechselrate – ca. 15 bis 30% der abzuführenden Wärmeleistung nochmals als E-Leistung für die Zu- bzw. Ablüfter aufgebracht werden muß.

Für die großen Luftströme müssen großvolumige Lüfterkanäle installiert werden. Hierfür müssen die oberen Verbände durchbrochen werden. Dies schwächt die Festigkeit und sofern dies möglich ist, muß dieser Verlust an Festigkeit durch das Einbringen von mehr Eisen kompensiert werden – das Schiff wird schwerer. (In jedem Fall ist der Schiffbauer nicht erfreut!)

Durch Wasserkühlung kann insgesamt bezogen auf das untere Temperaturniveau (32 °C Seewassertemperatur plus Grädigkeit beim Wärmeübergang) kein Temperaturvorteil erzielt werden.

Allerdings ist die Pressung der Luft in den Lüfterkanälen etwas höher als bei der üblichen Laderaumbelüftung, um die Luftkanalquerschnitte so klein wie möglich zu halten. Hieraus resultiert ein geringfügig höherer E-Leistungsbedarf für die Lüfter. Unter Berücksichtigung der oben genannten Punkte ist die Frischluftkühlung die einfachste Form, um die Abwärme der Integrierten Kühlcontainer aus dem Laderaum abzuführen. In jedem Fall ist die zusätzlich benötigte Lüfterleistung der Preis für die Unterdeckstauung der integrierten Kühlcontainer. Durch Rückkühlung der Laderaumluft durch wassergekühlte Wärmeaustauscher läßt sich kein energetischer Vorteil erzielen.

Die Tabelle 3 gibt eine Zusammenfassung der oben genannten Punkte.

Abschließend hierzu: In einer theoretischen Arbeit untersucht [3], ob als Übergangslösung für Portho-

Tabelle 3. Gegenüberstellung der Möglichkeiten der Wärmeabfuhr von Integrierten Kühlcontainern im Laderaum

Direkte Wasserkühlung	Wasser-/Luft-Kühlung	Kühlung durch Frischluftzufuhr
prinzipiell ideale, effektive Kühlung	Wärmeabfuhr durch Rückkühlung der Laderaumluft durch Wasserkühler	Wärmeabfuhr ausschließlich durch Frischluft
Aufwand durch zusätzliche Kühlwasser-Versorgungsschläuche	geringerer Frischluftaustausch möglich	Zuluft: 35 °C Abluft: 45 °C (GL!) (mittl. Temp.: 40 °C)
Seewasser im Laderaum durch An- bzw. Abschlagen ≥ dadurch verursacht evtl. Korrosion	geringere Festigkeitsprobleme, da geringere Querschnitte für Lüfterkanäle nötig.	großer Luftvolumenstrom nötig 40 ft Container: ca. 3000 m^3/h = 45 facher Luftwechsel/h (bez. auf Containervol.) = 15 facher Luftwechsel/h (bez. auf Laderaumvol.)
Kühlung an Land weniger flexibel bzw. teures Equipment	Platzbedarf für Luftkühlungseinrichtungen	großvolumige Lüfterkanäle notwendig Schwächung Festigkeit oder u.U. mehr installiertes Eisen
Nur anwendbar wenn: – wenige Reedereien beteiligt – wenige Häfen angelaufen werden	Kühlwasserversorgung: vom Maschinenraum: Rohrtunnel erforderlich bzw. Reeferluke am Maschinenschott alternativ: Separate Seekästen im Laderaumbereich Kühlwasser : Seewasser oder Frischwasser kein energetischer Vorteil zur Luftkühlung u.U. sinnvoll bei Nachrüstungen von Kühlcontainern unter Deck	einfache Möglichkeit der Wärmeabfuhr

leschiffe vorhandene Kühlstäbe für den Transport von Integrierten Kühlcontainern genutzt werden können (Kühlen der Laderaumatmosphäre durch die Kühlstäbe). Er kommt zu dem Schluß, daß dies grundsätzlich möglich ist, jedoch mit der Einschränkung, daß diese Kühlung nur für eine Teilladung Integrierter Kühlcontainer geeignet ist.

4 Kühlung durch Luftwechsel – Hapag-Lloyd Hannover-Klasse

Die in den vergangenen Jahren mit Integrierten Kühlcontainern unter Deck gemachten Erfahrungen wurden von Hapag-Lloyd bei den Schiffen der Hannover-Klasse umgesetzt.
Bei diesen Schiffen handelt es sich um Panmax Schiffe von 4600 TEU. In den Jahren 1990 bis 1994 wurden 8 Einheiten dieses Typs bei Samsung Heavy Industries – Korea gebaut und von Hapag-Lloyd im Far East Dienst eingesetzt (Abb. 3).
Die Schiffe besitzen 7 Laderäume, wovon ein Raum als Doppelluke für Integrierte Kühlcontainer ausgerüstet ist. Containerstauung:

an Deck: 13 Reihen quer/6 Lagen hoch
unter Deck: 11 Reihen quer/8 Lagen hoch

Insgesamt ist das Schiff mit 452 Reefer-Steckdosen ausgerüstet, davon 104 Steckdosen unter Deck.

4.1 Projektierung

An der Konzeption der Schiffe war die technische Abteilung des Reeders maßgeblich beteiligt.
Grundsätzlich waren/sind für die Stauung von integrierten Kühlcontainern unter Deck folgende Mindestanforderungen zu beachten:

- ausreichende Zugänglichkeit (Wartung, Inspektion, Kontrolle)
- ausreichende Luftversorgung zur Wärmeabfuhr/ausreichende Wärmeabfuhr
- keine zusätzlichen Wärmequellen (z.B. Schweröltanks)

4.2 Indirekte Wasserkühlung

Während der Projektierung wurde zunächst die Kühlung der Laderaumluft durch seewasserbeschickte Luftkühler in Erwägung gezogen. Für diese Lösung sprachen vor allem schiffbauliche Gründe. Durch die Wasserkühlung der Laderaumluft wären große Durchbrüche in den oberen Kastenträgern vermieden worden, die Festigkeit des Schiffsverbandes nicht beeinträchtigt worden. Abbildung 4 zeigt die angedachte Lösung (Skizze entspringt der Projektbauvorschrift).

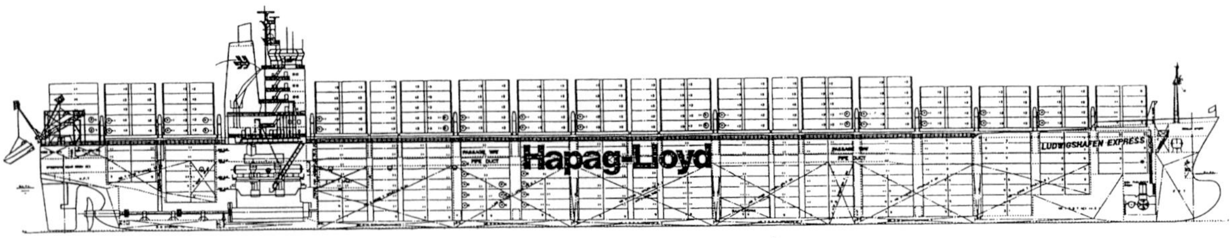

Hannover-Klasse
Hapag-Lloyd Container Linie

Werft:	Samsung Heavy Industries Co. Ltd/ Korea 1990 -1994
Länge	294 m
Breite	32,30 m
Tiefgang max.	13,52 m
Vermessung:	53783 BRZ
Tragfähigkeit:	67680 TDW
Container	max. 4626 TEU
Reefercontainer	452 (on deck: 348 in hold: 104)
Maschine:	Hyundai MAN B&W 9K90MC / 36500 kW
Geschwindigkeit:	23,8 kn

Abb. 3. Hapag-Lloyd Hannover-Klasse

An zwei Stellen, jeweils im Bereich der Crossboxgirder, sind drei Einrichtungen zur Kühlung der Luft vorgesehen. Funktionsschema: Die Luft wird durch die Abwärme der Kühlcontainer erwärmt und steigt auf. Im oberen Bereich des Laderaumes wird die Luft durch die Kühlungseinrichtung abgezogen und mittels eines Axiallüfters durch einen mit seewasserbeaufschlagten Luftkühler geführt. Der Luftaustritt liegt im unteren Bereich des Laderaumes. Die erforderlichen Seewassereinbauten (Pumpen, separater Seekasten) sind in den unteren Querkastenträgern angeordnet.
Anmerkung: Die Bereitstellung von Kühlwasser aus dem Maschinenraum kam nicht in Betracht. Aufgrund der Gesamtkonzeption ist die Reeferluke nicht am Maschinenschott angeordnet, ein Rohrtunnel ist nicht vorhanden.

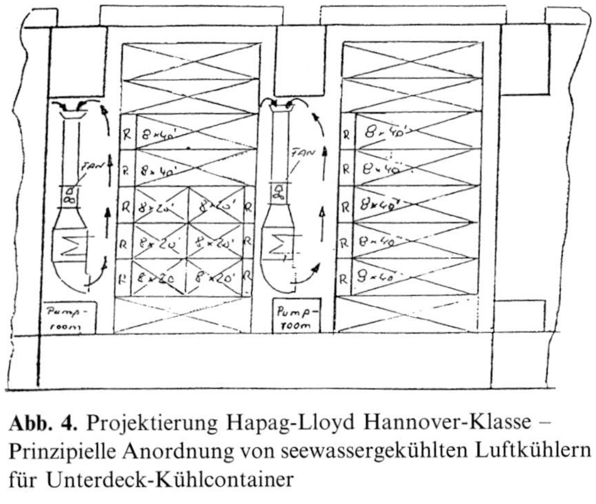

Abb. 4. Projektierung Hapag-Lloyd Hannover-Klasse – Prinzipielle Anordnung von seewassergekühlten Luftkühlern für Unterdeck-Kühlcontainer

Zusätzlich zu der Umlufteinrichtung ist die Zufuhr von Frischluft mit einer dreifachen Luftwechselrate vorgesehen.
Dennoch wurde die Lösung letztlich nicht berücksichtigt. Die Gründe hierfür:

- Eine wirkungsvolle Konstruktion konnte räumlich im Bereich der Querkastenträger nicht angeordnet werden, zudem wäre die Zugänglichkeit der Kühlcontainer eingeschränkt worden.
- Zusätzliche Seekästen im Bereich der Laderäume und Seewasserinstallationen waren letztlich nicht erwünscht.

4.3 Frischluftkühlung

Die Wärme aus der Reeferluke der Hapag-Lloyd Hannover-Klasse wird durch Frischluft abgeführt. Im Rahmen der Gesamtkonzeption wurde für die Anordnung der Kühlluke Hold 5 gewählt (Abb. 5). Der Laderaum grenzt nicht direkt an den Maschinenraum. Hold 5 ist als Doppelluke ausgeführt und besitzt eine Kapazität von 192 FEU (Stauung 11 Reihen quer/8 Lagen hoch). Für Reefer-Container wurden 104 Steckdosen vorgesehen.

Anordnung: Aufgrund der bereits genannten zu berücksichtigenden Maßgaben (Zugänglichkeit, ausreichende Luftversorgung, etc.) können lediglich 104 Reeferplätze in Hold 5 installiert werden (Abb. 5):

max. 80 Container 40 ft
oder
max. 72 Container 20 ft (+ 32 Container 40 ft)

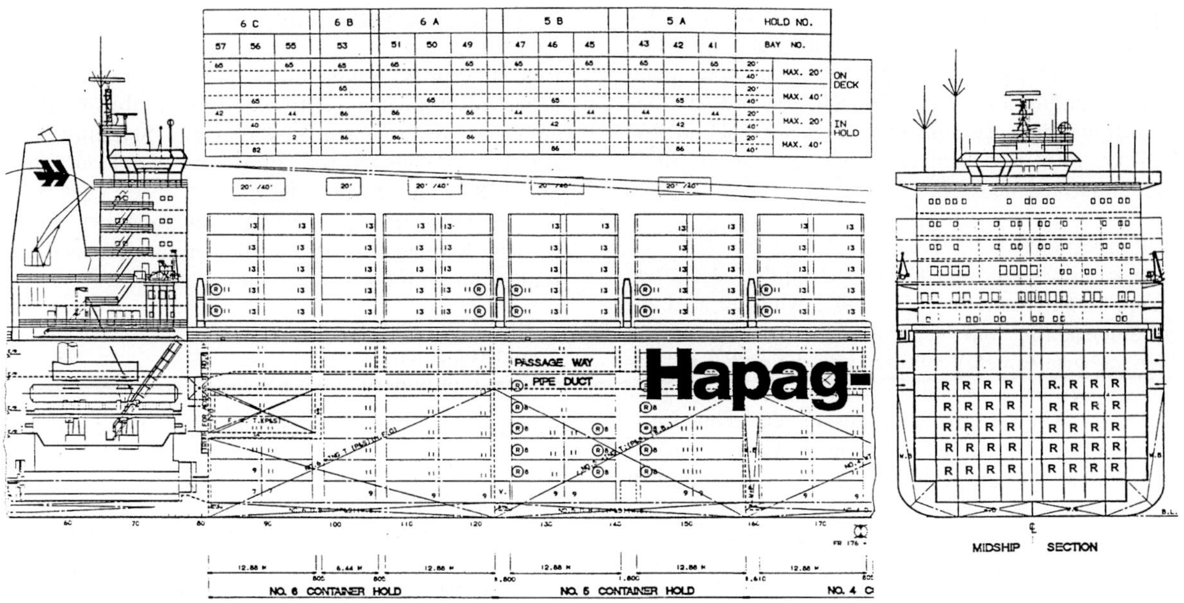

Abb. 5. Hapag-Lloyd Hannover-Klasse – Anordnung der Kühlcontainer Hold 5A/5B

Jeweils in den oberen, seitlichen und den unteren Lagen ist eine ausreichende Zugänglichkeit für Wartung, Service etc. nicht mehr sichergestellt. Daher sind in diesen Positionen keine Kühlcontainer berücksichtigt.

Hold 5A/5B

Container: 192 FEU

Reefer Cont.: 104 Plugs (15 kW)

Abzuführende Wärme: max. 759 kW (56 Stk 40 ft; 48 Stk 20 ft)

Install. Lüfterleistung: 224 kW (16 Zu-/ Ablüfter)

Luftvolumen: ZU: 252.000 m3/h (t_{zu} = 35 °C) **AB**: 123.200 m3/h / 136.400 m3/h (t_{ab} = 45 °C)

Luftwechsel: 14,5 (bez. auf ges. Raum)

4.4 Grundlagen für die Wärmebilanz:

Für die Auslegung der Wärmebilanz wurden folgende Werte und Annahmen zugrunde gelegt:

abzuführende Wärme = zugeführte E-Leistung
E-Leistung 40 ft : 15 kW
E-Leistung 20 ft : 8,8 kW
Gleichzeitigkeitsfaktor: 0,6

Hieraus ergeben sich folgende Abwärmen:

Abwärme 40 ft: 9 kW
Abwärme 20 ft: 5,3 kW

Hieraus ergibt sich bei für die maximal abzuführende Wärme:

$$[40 \times 9 \text{ kW (40 ft)}] + [16 \times 9 \text{ kW (40 ft)} + 48 \times 5{,}3 \text{ kW}] = 758{,}5 \text{ kW}$$

Die exakte Auslegung wurde in Zusammenarbeit mit der Fa. Witt + Sohn/Pinneberg durchgeführt.

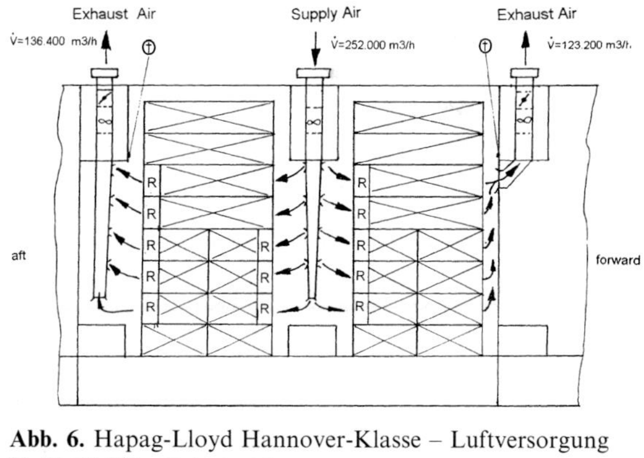

Abb. 6. Hapag-Lloyd Hannover-Klasse – Luftversorgung Hold 5A/5B – Prinzipskizze

4.5 Luftzufuhr/ -abfuhr Hold 5A/5B (Abb. 6)

Zuluft:
Die Wärmeabfuhr in Hold 5 wird durch eine kombinierte Zu- bzw. Ablüftung sichergestellt.
Zulüftung erfolgt in der Mitte der beiden 40 ft Bays mit 8 Zulüftern. Die Luft wird nach vorn und achtern verteilt. Die Lüftungskanäle sind bis in die 2. Containerlage geführt. Jeder einzelne Reeferplatz wird mit der gleichen Frischluftmenge versorgt. Die notwendigen Öffnungen wurden bei der Inbetriebnahme durch Blenden angepaßt. Anhand der vorgenannten Basisdaten wird insgesamt eine Frischluftmenge von 252 000 m^3/h benötigt. Die Lüfter und Lüfterklappen sind im oberen Bereich angeordnet und können von dort gewartet werden. Bezogen auf den gesamten Raum 5 ergibt sich eine Luftwechselrate von 14,5.

Abluft:
Vorn bzw. achtern wird die Luft mit Ablüftern aus dem Raum entfernt. Dies erfolgt mit jeweils 4 Ab-

lüftern vorn und 4 Ablüftern hinten (jeweils 2 Lüfter Bb und 2 Lüfter Stb). Die Luft wird dabei aus allen Container-Lagen abgezogen. Lüfter und Klappen sind ebenfalls im oberen Bereich angeordnet. Das abzuführende Luftvolumen beträgt vorn (Hold 5A) 123 000 m^3/h und achtern (Hold 5B) 136 000 m^3/h (Gesamtabluftmenge 259 600 m^3/h).

Lüfterbetrieb: (Abb. 7)
Die jeweils 8 Zu- und 8 Ablüfter sind in 4 Lüftergruppen unterteilt. Je 2 Zu- und 2 Ablüfter sind zusammengefaßt und separat schaltbar. Jeweils 2 benachbarte (innere) Zulüfter und die außen befindlichen (jeweils 1 Ablüfter vorn und ein Ablüfter achtern) Ablüfter arbeiten zusammen. Um Luftkurzschlüsse bei Betrieb einzelner Lüftergruppen zu vermeiden, sind die Abluftkanäle mit Lüfterklappen ausgestattet, die nur im Betrieb geöffnet sind.
Durch die wahlweise schaltbaren Lüftergruppen kann die benötigte Lüfterleistung auf die tatsächlichen Erfordernisse angepaßt werden – wie etwa: Teilauslastung mit Reefercontainern oder niedrige Außentemperaturen.
Die gesamt installierte Lüfterleistung (224,4 kW) entspricht 29,5 % der max. abzuführenden Wärme (758,5 kW)!

4.6 Zugänglichkeit:

Der einfachen Zugänglichkeit der Kühlcontainer zu Wartungs- oder Kontrollzwecken wurde besondere Beachtung geschenkt.
Zwischen den Bays, im Bereich der Querkastenträger, sind entsprechend den Containerlagen, Galerien angeordnet. Von diesen können Wartungs-arbeiten und Kontrollgänge bequem durchgeführt werden (Abb. 8a, b, c). Ebenso können Ersatzteile bequem herangeschafft werden.

5 Zusammenfassung

Ein steigendes Kühlcontaineraufkommen, zusätzliche Umstaukosten, verursacht durch Kühlcontainer an Deck sowie eine u.U. verbesserte Stabilität des Schiffes sind ein Anreiz Integrierte Kühlcontainer unter Deck zu transportieren.
Als Problem tritt hierbei die Abwärme des Integrierten Kühlcontainers auf, die permanent aus dem Laderaum entfernt werden muß: Für einen

- 40 ft Container ca. 9 kW
  und für einen
- 20 ft Container ca. 5,3 kW

Für die Wärmeabfuhr bieten sich drei Kühlungsvarianten an:

- Die direkte Wasserkühlung,
- die indirekte Wasserkühlung (wassergekühlter Luftkühler),
- sowie die Kühlung durch Frischluftzufuhr

Dabei erweist sich die Frischluftkühlung als die für Neubauten praktikabelste Lösung. Sie ist einfach. Der apparative Aufwand ist klein.
Die indirekte Wasserkühlung kommt für die Nachrüstung von Reefersteckdosen im Laderaum existierender Schiffe in Betracht, bei denen aus Platz oder Festigkeitsgründen nachträglich keine zusätzlichen Lüfterkanäle installiert werden können.
Am Beispiel der Hapag-Lloyd Hannover-Klasse wird eine ausgeführte Frischluftkühlung vorgestellt.
Es zeigt sich, daß zur Abfuhr der Wärme erhebliche Luftmengen durch Zu- und Ablüfter bewegt werden müssen. Für die untersuchte Schiffsklasse beträgt die benötigte Luftwechselrate/Stunde ca. 14,5 (bezogen auf den gesamten Laderaum). Die hierfür benötigte Lüfterleistung macht ca. 30% der abzuführenden Wärmemenge aus. Aus energetischer Sicht ist dies der

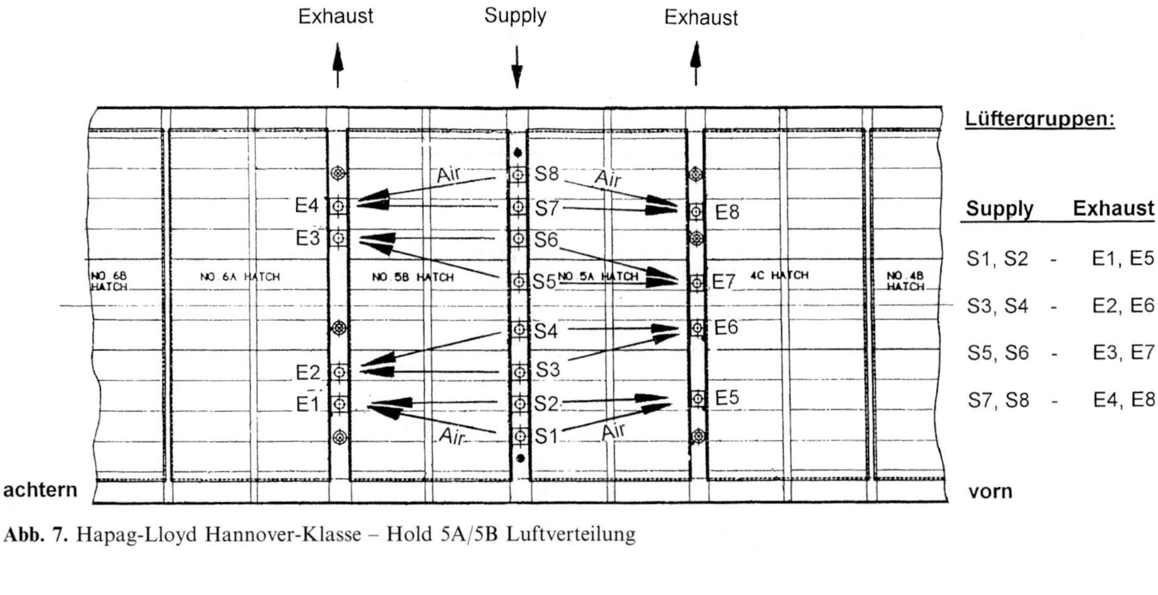

Abb. 7. Hapag-Lloyd Hannover-Klasse – Hold 5A/5B Luftverteilung

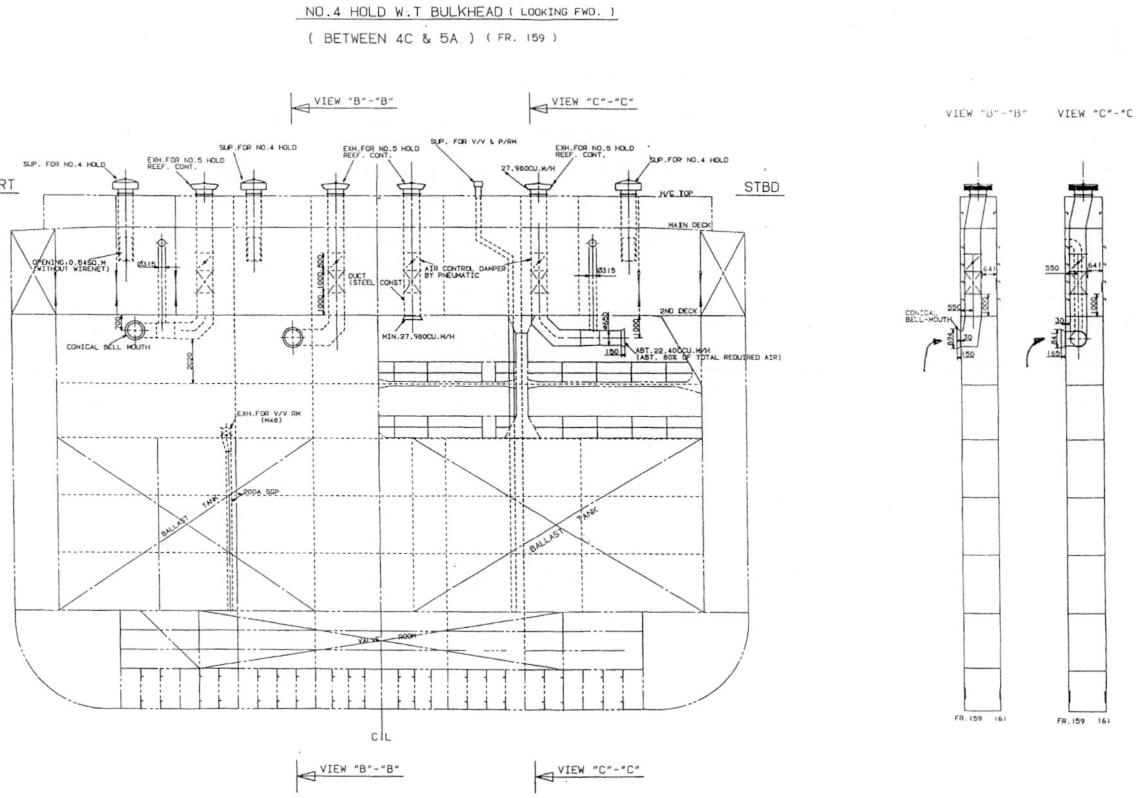

Abb. 8a. Hapag-Lloyd Hannover-Klasse Hold 5 – Anordnung der Abluftkanäle (vorn)

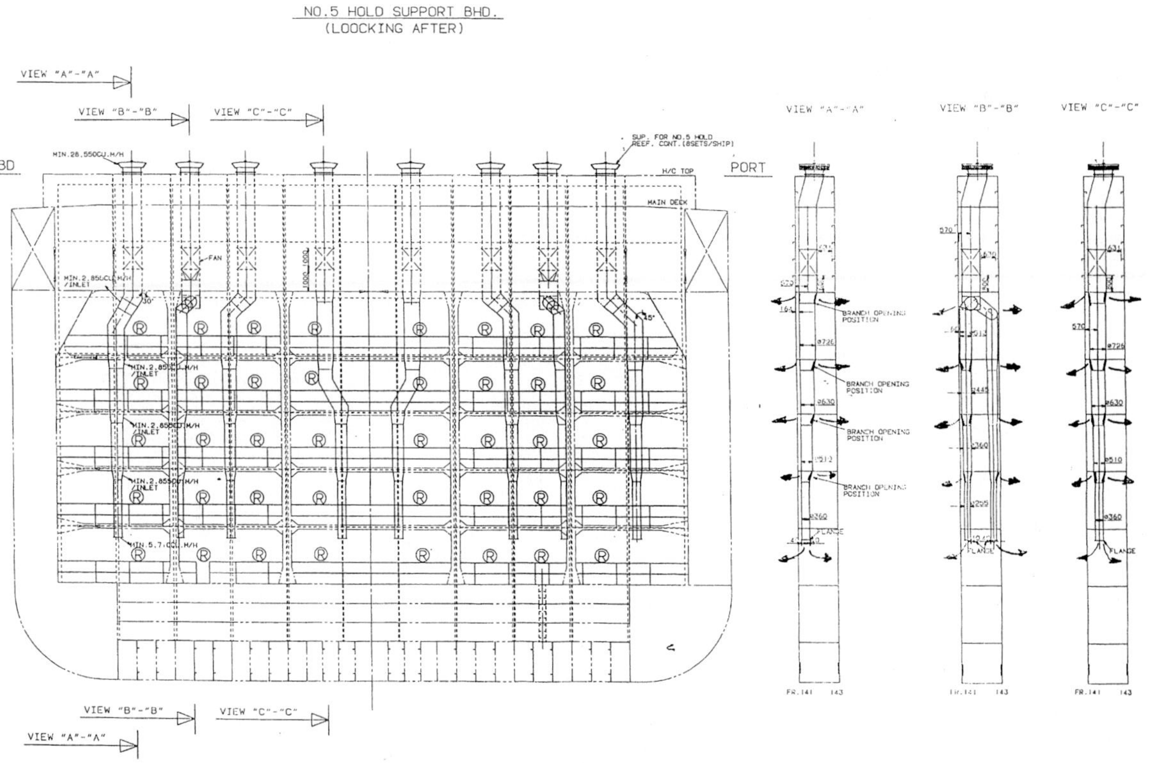

Abb. 8b. Hapag-Lloyd Hannover-Klasse Hold 5 – Anordnung der Zuluftkanäle (mitte)

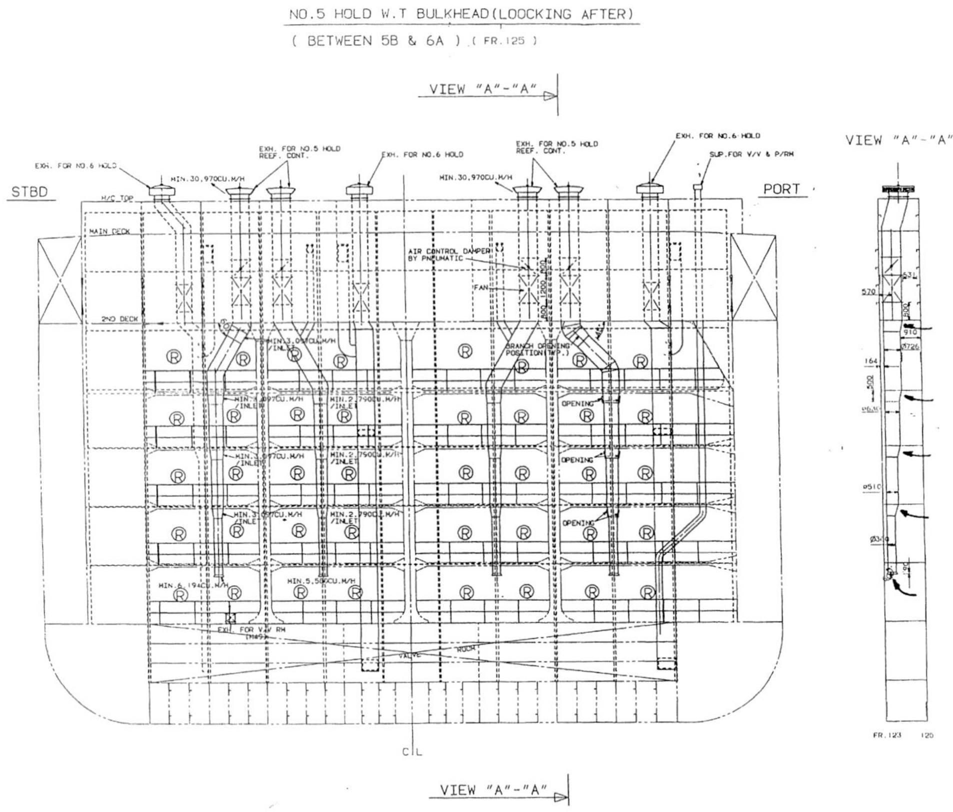

Abb. 8c. Hapag-Lloyd Hannover-Klasse Hold 5 – Anordnung der Abluftkanäle (achtern)

Preis für den Transport von Kühlcontainern unter Deck.

Schrifttum

1 Elsner, N.: Grundlagen der Technischen Thermodynamik, Akademie-Verlag, Berlin 1988

2 Hochhaus, K.-H.; Wild, Y.; Idler, L.: Kühlcontainer und Kontrollierte Atmosphäre (CA) im Schiffstransport, Handbuch der Werften, Band. XXI, Hansa Verlag, Hamburg 1992

3 Verhoeven, B.: Untersuchung zur Nutzung vorhandener Kühlstäbe für den Transport von Integral-Kühlcontainern im Laderaum; Diplomarbeit am AB Hilfsmaschinen und Automation der TUHH, 1996

4 Hochhaus, K.-H. (Hrsg.): Kühlcontainerschiffahrt – Zukünftige Containerschiffe nur noch mit Integral-Kühlcontainern? Abschlußbericht der STG-Arbeitsgruppe „Kühlcontainerschiffahrt“, Hamburg 1997

„Kühlcontainer" – Prinzip, Betrieb und landseitiger Service

Dipl.-Ing. **Bernhard Renk**
NOSKE KAESER GmbH, Hamburg

Prinzip

Bei der Darstellung des Prinzips eines Kühlcontaineraggregates gehe ich davon aus, daß die Anwesenden mit dem grundsätzlichen Prinzip der Funktion eines Kühlaggregates vertraut sind. Einzelheiten dazu finden sich zum Beispiel in [1] Literaturhinweis.
Ich möchte mich daher auf einige spezielle Punkte des Containerkälteaggregates beschränken.
Es werden daher Punkte angesprochen, die noch verbesserungsfähig sind. Hier zu gehört:

Die Luftführung

Bekanntermaßen ist die Luftführung im Container nicht wie sonst üblich, zum Beispiel im straßengebundenen Verkehr und in stationären Kühlhäusern, von oben nach unten, sondern von unten nach oben (Abb. 1).
Die Entscheidung für diese gegensätzliche Luftführung hat sich als richtig erwiesen, da es hierdurch möglich wird, selbst bei dichter Stauung im Container, eine relativ gleichmäßige Beaufschlagung des Transportgutes zu erreichen. Kurzschlußzonen werden besser vermieden als im straßengebundenen LKW-Verkehr. Dieses wird dadurch erreicht, daß die gesamte Fläche des Containerbodens als Druckraum ausgebildet wird, der es ermöglicht, die Verteilung durch die Ladung über den Staudruck sicherzustellen (Abb. 2).
Für den Betreiber von Kühlaggregaten ist es jedoch wichtig, die Luftmengenangaben einzelner Herstellerfirmen richtig zu interpretieren. Fakt ist es, daß die Luftmengenangaben, selbst wenn sie differenziert nach unterschiedlichen Gegendrücken angegeben werden, meistens nicht im eingebauten Zustand im Container erreicht werden. Diese Tatsache hängt nicht nur mit eventuell fehlerhaften Angaben der Hersteller zusammen, sondern auch mit den Abströmverlusten aus dem Containeraggregat in den Container. Da die T-Grätings der Boxen eine Höhe von ca. 70 mm haben, ist der Austritt aus dem Aggregat in die Box ein neuralgischer Punkt, wo große Verluste auftreten. Wird hingegen das Aggregat im nicht eingebauten Zustand vermessen, hat die Meßvorrichtung mehr oder weniger ideale Abströmver-

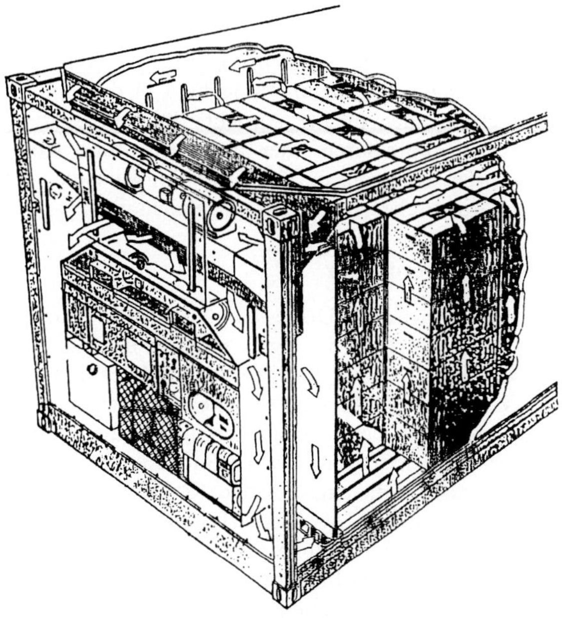

Abb. 1. Luftführung im seegehenden Container

Abb. 2.

hältnisse, wodurch diese Messung dann zu anderen Ergebnissen führt.
Wir haben in internen Messungen Abweichungen von 20% festgestellt. Da der Kraftbedarf der Luftkühlventilatoren immerhin bis zu 50% der erforderlichen Nettokälteleistung bei einer Containerinnen-temperatrur im Chilled Mode beträgt, sollte auch hier nicht nur nach Investitionskosten optimiert werden. Hier sind einige einfache Maßnahmen möglich, die das Verhältnis Energiebedarf zur Luftleistung wesentlich beeinflussen können. Hierzu gehören der Einsatz einer Düse anstatt eines einfachen Bleches sowie die Ausbildung der Umlenkverhältnisse im Aggregat unter Berücksichtigung der Strömungsgeschwindigkeiten an den einzelnen Stellen.
Diese Maßnahmen sind nicht nur aus Gründen des Kraftbedarfes wünschenswert, sondern auch zur Reduzierung der Lufterwärmung während des Betriebes im Container. Während die Temperaturkonstanz mit einer Toleranz von 1/10 bis 2/10 am Eintritt geregelt wird, beträgt die rechnerische Lufterwärmung immerhin 4 bis 5 °C. Wird daher die geplante Luftmenge nicht erreicht, steigt dieser Wert noch.

1.2 Kältemitte

Spricht man im Rahmen der Containerkühlung über prinzipielle Fragen, kommt man auch heute nicht herum, kurz über die Wahl des *Kältemittels* zu sprechen.
In der Diskussion stehen folgende Kältemittel:

- R 134a
- R 404a
- R 401a (auch bekannt als MP 39)
- R 401b (MP 66)

Bei der Auswahl des Kältemittels für ein Containeraggregat müssen folgende Punkte beachtet werden:

- Kälteleistung
- COP (Coefficient of Performance) das Verhältnis von Kälteleistung/Antriebsleistung
- Verdichtungsenddrücke bei hohen Umgebungstemperaturen
- Verdichtungsendtemperaturen bei hohen Umgebungstemperaturen
- Bestehen eines Einsatz-Verbots-Datums
- Weltweite Verfügbarkeit

Während die Kältemittel R 401A und R 401B aufgrund ihres über 50-prozentigen R 22-Inhaltes nur als Übergangskältemittel in Frage kommen, bieten sich das Kältemittel R 134a und neuerdings auch R 404A als langfristiges Ersatzkältemittel für den Containerverkehr an.
Es kann festgestellt werden, daß sich die Containerindustrie mehrheitlich für den Einsatz des Kältemittels R 134a entschieden hat. Für dieses Kältemittel spricht die niedrige Verdichtungsendtemperatur und der niedrige Verdichtungsdruck bei hohen Umgebungstemperaturen sowie das verhältnismäßig geringe GWP (Treibhauseffekt) von 1 300 zu 3 750 verglichen mit R 404A und die weltweite Verfügbarkeit, auch in Schwellenländern. Diese Entscheidung ergibt sich aus der Tatsache, daß sich auch die PKW-Industrie mit ihrem weit höheren Bedarf für R 134a entschieden hat. Da die Höhe des Treibhauseffektes in der zukünftigen Diskussion an Wichtigkeit gewinnen wird, ist dies ein wesentliches Entscheidungskriterium. Gegen R 134a spricht der niedrige Siedepunkt, wonach die Anlagen schon ab −26°C im Unterdruck arbeiten. Mit diesem niedrigen Siedepunkt geht eine rapide Kälteleistungsreduzierung einher, so daß größere Verdichter erforderlich sind. Die Vergrößerung des Hubvolumens beträgt ca. 25% verglichen mit R 12 (siehe Abb. 10).

1.3 Kompressor-Auswahl

Die Wahl des Kältemittels beeinflußt automatisch auch eine andere prinzipielle Entscheidung, nämlich die Entscheidung über die Wahl des *Kompressors*, soweit es sich um die Frage eines offenen bzw. eines halbhermetischen Kompressors handelt.
In der Vergangenheit hat ein maßgeblicher Produzent von Kühlcontaineraggregaten mit recht respektablem Erfolg den offenen Kompressor, der diesem Unternehmen von der LKW -Technik zur Verfügung steht, auch im Containerbereich eingesetzt. Aufgrund des erwähnten sehr niedrigen Verdampfungsdruckes, bei dem Kältemittel R 134a, arbeitet der Verdichter bei Tiefkühleinsatz immer im Unterdruck.
Wie später noch bei der Vorstellung der Regelung gezeigt wird, führt das Regelprinzip der saugseitigen Drosselregelung, wie sie häufig in der Containertechnik angewandt wird, dazu, daß sich der Kältemittelkreislauf auf der Saugseite auch bei Chilled Mode im Unterdruck befindet. Dies macht die Anlage anfällig gegenüber Undichtigkeiten, die beim Vorhandensein einer Gleitringdichtung nie ganz ausgeschlossen werden können. Daher ist mit der Einführung des Kältemittels R 134a in die Containertechnik nach meiner Ansicht, die Entscheidung offene Kompressoren oder halbhermetische Kompressoren einzusetzen, eindeutig zu Gunsten des halbhermetischen Kompressors gefallen.

1.4 Scrollverdichter

In Zukunft wird die Diskussion über den Einsatz der Scrollverdichter-Technologie eine große Rolle spielen. Diese Technik hat besonders im Hinblick auf den Einsatz in der Container-Technik einige wesentliche Vorteile. Einen wesentlichen Vorteil stellt die Bautiefe dieses Verdichters dar. Da die Bautiefe ca. 110 mm geringer ist als die eines für den 40′ Container erforderlichen Hubkolbenverdichters, läßt sich das Aggregat um diesen Betrag schmäler bauen, was wiederum zu mehr nutzbarem Innenraum führt (Abb. 3). Neben diesem Gewinn an Ladungsvolumen läßt sich auch das Aggregatgewicht um bis zu 80 kg reduzieren. Der ge-

Abb. 3.

ringere Platzbedarf, verbunden mit dem geringeren Preis dieser Verdichter, erlauben den Einsatz von 2 Verdichtern. Dies wiederum hat zwei Vorteile. Der erste Vorteil liegt in einer unter bestimmten Verhältnissen vorhandenen Teilredundanz. Der zweite Vorteil in einer effektiveren Leistungsregulierung, da im Chilled Mode ein Verdichter weggeschaltet werden kann. Mit dieser Art der Leistungsregulierung können ca. 2,5 bis 3 kW Leistung gespart werden.

Wie später noch bei der Betrachtung der einzelnen Leistungsregulierungen dargestellt wird, arbeiten die zur Zeit überwiegend am Markt befindlichen Kühlcontaineraggregate mit sehr schlechtem Teilwirkungsgrad aufgrund der künstlich abgesenkten Verdampfungstemperatur. Setzt man eine gleiche Standzeit des Scrollverdichters, verglichen mit dem halbhermetischen Kolbenverdichter voraus, würden sich die Betriebskosten aufgrund des geringeren Anschaffungspreises eines Scrollverdichters weiter reduzieren.

Für den noch jetzt mehrheitlich eingesetzten halbhermetischen Kolbenverdichter spricht die in Jahrzehnten entwickelte Technologie sowohl in der Fertigung der Verdichter als auch in der Anlagentechnik.

Sollte es dem Scrollverdichter gelingen, den Markt von einer vergleichbaren Betriebssicherheit zu überzeugen, besteht meines Erachtens kein Zweifel über den Einsatz dieser Verdichtertechnologie im Kühlcontainerbereich.

1.5 Leistungsregulierung/Temperaturregelung

Von prinzipieller Bedeutung ist auch die Art der Leistungsregulierung. Allen gemeinsam ist, daß während der Tiefkühlfahrt auf die Ein-/Ausregelung des Kompressors zurückgegriffen wird. Dies ist bezogen auf die geforderte Toleranz von ± 0,5 bis ± 1 °C ausreichend.

Schwieriger wird die Situation im sogenannten Chilled Mode, das heißt bei Plustemperaturen. Hier werden Genauigkeiten in der Zuluft zwischen ± 0,1 °C und ± 0,2 °C verlangt. Erschwerend hinzu kommt noch, daß für die Leistung im Plusbereich ein Kompressor mit einem Drittel Hubvolumen ausreichend wäre, das heißt, es müssen ca. 2/3 der vorhandenen Leistung zurückgeregelt werden.

Abbildung 4 zeigt die häufigste praktizierte Leistungsregulierung. Sie erfolgt in zwei Schritten. Im ersten Schritt wird der Querschnitt der Saugleitung durch ein Auf-/Zu-Magnetventil so stark reduziert, daß sich ein tiefer Saugdruck am Kompressor einstellt. Dieser Saugdruck liegt bei ganz geöffnetem zweiten Ventil, dem modulierenden Ventil, schon unter −20 °C, also bei Atmosphärendruck. In unseren Breiten ergibt sich dann durch die weitere Reduzierung des Saugleitungsquerschnittes durch das modulierende Ventil ein Saugdruck zwischen −30 °C und −40 °C, was bei dem Einsatz des Kältemittels R 134a bedeutet, daß dieser Verdichter immer unter Atmosphärendruck arbeitet. Darüber hinaus ergeben sich weitere Nachteile. Natürlich sackt der COP-Wert erheblich ab. Er liegt bei −35 °C Verdampfungstemperatur und 45 °C Kondensationstemperatur bei ca. 1,1, während er im optimalen Fall bei −10 °C Verdampfungstemperatur und 45 °C Kondensationstemperatur bei 2,4 liegt.

Da die Drosselung des Sauggases alleine durch die Containerinnentemperatur beeinflußt wird, muß sichergestellt werden, daß der Einbaumotor ausreichend gekühlt wird. Dies erfordert eine Nachspritzung von Kältemittel mit den bekannten Problemen.

Zum Schutz des Kompressors muß bei Minimallast dieser daher abgeschaltet werden.

Abbildung 5 zeigt eine andere Konzeption. Hier wird die Regulierung ebenfalls in 2 Stufen vorgenommen. In der ersten Stufe wird im Gegensatz zur vorangegangenen Regulierung nicht die Saugleitung künstlich gedrosselt, sondern die Leistung einer Zylinderbank abgeschaltet, wodurch eine nahezu lineare Leistungsaufnahme erreicht wird und hierdurch eine Verbesse-

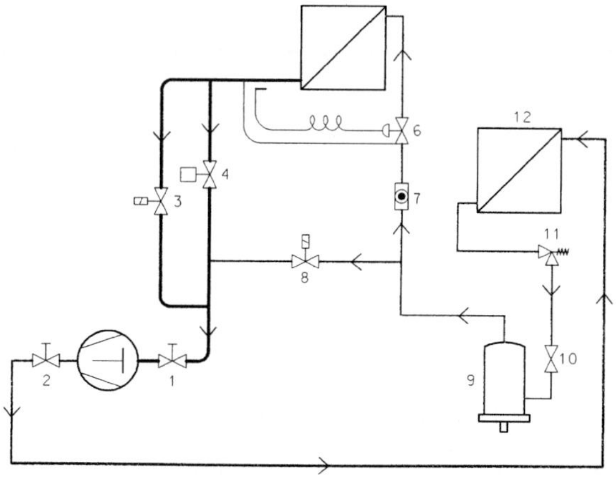

Abb. 4. Kältekreislauf 1. Saugventil, 2. Druckventil, 3. Magnetventil, 4. Regelventil, 5. Verdampfer, 6. Expansionsventil 7. Indikator Schauglas, 8. Magnetventil (Nacheinspritzung) 9. Filtertrockner, 10. Flüssigkeitsleitungsventil 11. Sicherheitsventil, 12. Kondensator

rung des COP-Wertes. Die weitere Anpassung der Kompressorleistung an den erforderlichen Kältebedarf erfolgt dann nicht, wie in Abb. 4, durch weitere Drosselung der Saugleitung, sondern durch eine künstliche Verdampferbelastung durch Einspritzen von Heißgas aus der Druckleitung.
Diese Regelung hat gegenüber der vorbeschriebenen Saugdruckregelung den Vorteil, daß auch das Expansionsventil in einem schmaleren Arbeitsbereich arbeitet und daher besser optimiert werden kann. Außerdem ist die Ölrückführung durch den größeren Massenstrom besser gewährleistet.
Das Einspritzen des Heißgases kann entweder über ein 3-Wegeventil erfolgen (siehe Abb. 6) bzw. über ein pulsierendes 2-Wegeventil (siehe Abb. 5).
Eine bessere Alternative zur Anpassung des erforderlichen Hubvolumens an die Betriebsart Frozen oder Chilled stellt der Einsatz eines polumschaltbaren Motors dar. Kompressoren mit dieser Schaltung stehen abhängig von der Verdichterleistung zur Verfügung. Für eine Aggregatleistung von ca. 4 000 Watt und einer Containerinnentemperatur von −18 °C ist ein derartiger Verdichter ohne nennenswerten Mehrpreis erhältlich. Bezüglich der Blindleistung hat dieser Verdichter weitere Vorteile.
Eine weitere Möglichkeit stellt der bereits erwähnte Einsatz von zwei Scrollverdichtern dar. In diesem Fall wird im Chilled Mode ein Verdichter weggeschaltet, was natürlich ebenfalls einen günstigen Einfluß auf den COP-Wert hat (Abb. 7).
Wie aus vorstehenden Ausführungen zu entnehmen ist, bildet offensichtlich nicht die Art der Feinregulierung das Problem, sondern die Reduzierung des erforderlichen Hubvolumens um den Faktor 3. Für die Zukunft stellt hier die immer kostengünstiger und betriebssicher werdende Invertertechnologie eine weitere Verbesserung in Aussicht.

2 Betrieb

Bei der Betrachtung des *Betriebes* von Kühlcontaineraggregaten spielt die Betriebssicherheit eine dominierende Rolle. Von der *Betriebssicherheit* sind direkt abhängig die *Betriebskosten* sowie die *Verfügbarkeit*. Beide letztgenannten Aspekte stellen wesentliche Komponenten der Betriebskostenrechnung für den Betreiber dar.
Aus den Erfahrungen unserer Service- und Neubauaktivitäten läßt sich feststellen, daß die durchschnittlichen Instandhaltungskosten unter Zugrundelegung einer Betriebszeit von 3 000 Stunden im Jahr durchschnittlich ca. 8% des Neupreises betragen, wobei durchaus Schwankungen zwischen 6% und 12% zu beobachten sind. Die Einflußgrößen für diese Kostenart sind neben der *Qualität* und der *Service-*

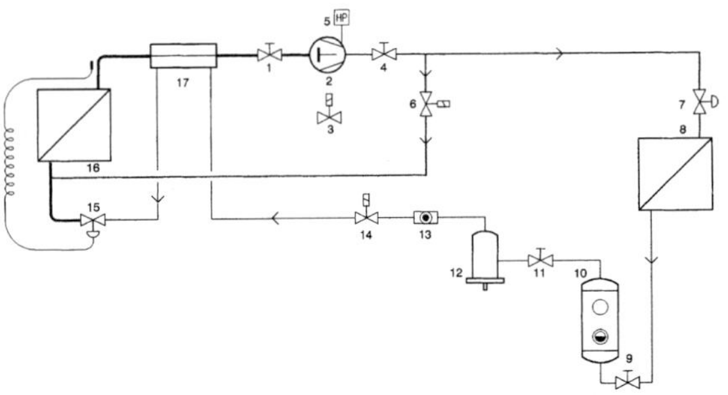

Abb. 5. R 134a-Schema mit 2-Wege-Heißgasregelventil 1. Saugventil, 2. Kompressor 3. Magnetventil für 50% Stufe, 4. Druckventil 5. Hochdruckschalter, 6. Heißgas-2-Wege-Regelventil 7. Aufstauregler, 8. Kondensator 9. Flüssigkeitshandabsperrventil, 10. Sammler 11. Flüssigkeitshandabsperrventil 12. Trockner mit auswechselbaren Blöcken 13. Indikator Schauglas, 14. Flüssigkeitsmagnetventil 15. Expansionsventil, 16. Verdampfer 17. Wärmeaustauscher

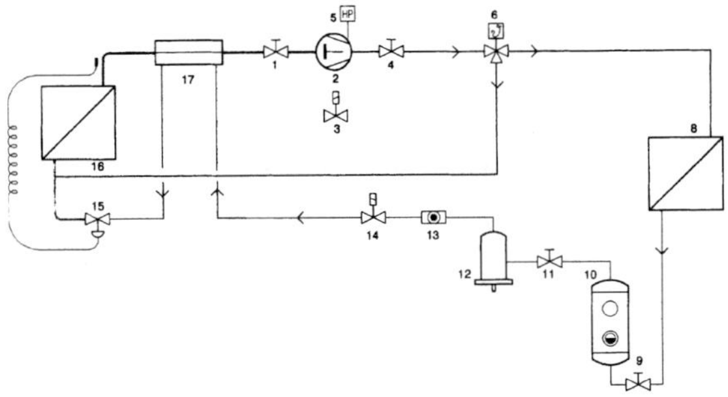

Abb. 6. R 134a-Schema mit 3-Wege-Heißgasregelventil 1. Saugventil, 2. Kompressor 3. Magnetventil für 50% Stufe, 4. Druckventil 5. Hochdruckschalter, 6. Heißgas-3-Wege-Regelventil 7. –, 8. Kondensator, 9. Flüssigkeitshandabsperrventil 10. Sammler, 11. Flüssigkeitshandabsperrventil 12. Trockner mit auswechselbaren Blöcken 13. Indikator Schauglas, 14. Flüssigkeitsmagnetventil 15. Expansionsventil, 16. Verdampfer 17. Wärmeaustauscher

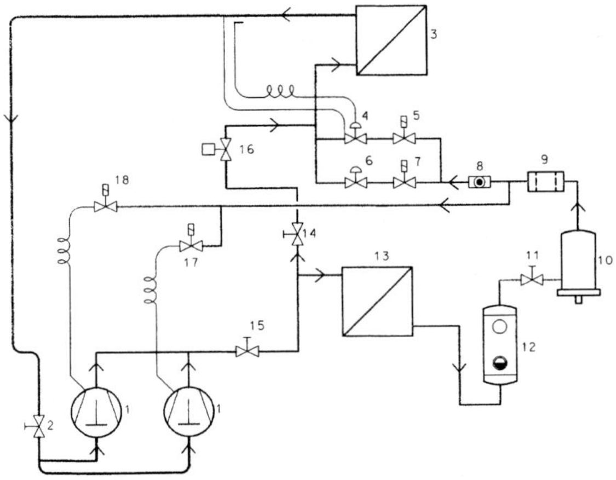

Abb. 7. Kältekreislauf 1. Kompressoren, 2. Service Ventil, 3. Verdampfer 4. Expansionsventil, 5. Magnetventil 6. Elektronisches Expansionsventil, 7. Magnetventil 8. Schauglas, 9. Filter, 10. Trockner, 11. Service Ventil 12. Sammler, 13. Kondensator, 14. Service Ventil 15. Service Valve, 16. Regelventil, 17. Magnetventil 18. Magnetventil

freundlichkeit des Aggregates, das Fahrgebiet sowie die Qualität des *landseitigen Services*.
Teilt man die Ausfälle in Gruppen ein, führt dies zu 7 Hauptgruppen, auf die in der Reihenfolge ihrer Häufigkeit bzw. ihrer Kostenträchtigkeit kurz eingegangen werden soll.

2.1 Elektroausfälle

Die erste Gruppe bildet die Kategorie der *Elektroausfälle*. In dieser Gruppe sind Kabelbrüche, lose Verbindungen, defekte Bauteile sowie als Sondergruppe der tatsächliche oder der vermeintliche Ausfall von Elektronikkarten zu suchen. Besonders im Hinblick auf Elektronikkarten ist von den Herstellern die zur Verfügungstellung von kostengünstigen Austausch-karten wünschenswert. Bei den Schäden, die durch lose Verbindungen hervorgerufen werden, steht zu befürchten, daß diese Kategorie in Zukunft weiter zunehmen wird, da von den Betreibern mehr und mehr anstelle des früher üblichen ausführlichen PTI's anhand einer vereinbarten Checkliste auf einen Shortcheck bzw. auf den automatischen PTI übergegangen wird. Dieser automatische PTI läßt jedoch eine vorbeugende Wartung in dieser Hinsichtnicht zu.

2.2 Undichtigkeiten im Kältekreislauf

Die zweite Kategorie stellen *Undichtigkeiten im Kältekreislauf*, meist durch Vibrationen oder Erschütterungen, dar. Hier wäre darauf hinzuweisen, daß eine Schock- und Rüttelprüfung nach Abschluß der Konstruktion sich als sehr hilfreich erwiesen hat. NOSKE-KAESER hat gute Erfahrung mit der Durchführung von Vibrationsprüfungen vor Abschluß der Konstruktionsphase. Vibrationsschäden lassen sich so vor dem weltweiten Einsatz im Vorfeld eliminieren. Es ist dem Betreiber beim Kauf von Neugeräten dringend anzuraten, auf ein Zertifikat für eine durchgeführte Schock- und Rüttelprüfung zu bestehen.

2.3 Ventilatorschäden

Als dritte Gruppe muß die Kategorie der *Ventilatorschäden* angesprochen werden. Diese unterteilen sich in Lager- und Wicklungsschäden. Für diese Schadenskategorie muß einfach festgestellt werden, und dies gilt für alle Hersteller, daß hier die Entwicklungsarbeit noch nicht abgeschlossen ist.

2.4 Kompressorschäden

Die vierte Gruppe stellt die Kategorie der *Kompressorschäden* dar. Diese Schäden sind zwar nach der Zahl der Ausfälle nicht so sehr relevant, bezüglich der Kosten und der Auswirkungen jedoch wesentlich. Diese Schäden teilen sich auf in Schäden am Klemmbrett, meist durch. Funkenüberschlag durch Schwitzwasser, Wicklungsschäden und mechanische Schäden am Triebwerk. Während die Schäden am Klemmbrett rein konstruktiver Art sind, muß davon ausgegangen werden, daß die Triebwerks- und Wicklungsschäden betriebstechnisch bedingt sind.
Wie bereits bei der Temperaturregelung erwähnt, erscheint die saugseitige Drosselregelung als alleinige Maßnahme zur Einhaltung der Temperatur im Chilled-Bereich nicht optimal. Die Schadensbilder Wicklungs- und Triebwerksschäden bestätigen diese Einschätzung, da diese Art der Regelung zu einem extrem niedrigen Massenstrom bzw. zur Notwendigkeit der Nacheinspritzung führt.

2.5 Elektrische Widerstandsheizungen

Als fünfte Gruppe können die *elektrischen Widerstandsheizungen* genannt werden. Hier muß festgestellt werden, daß an manchen Plätzen der Erde Heizungen auch aus Unwissenheit ausgewechselt werden. Es ist dem Betreiber daher dringend zu empfehlen die Vorschriften zur Durchführung des Mega-Ohm Testes zu erlassen.
Bei den beiden letzten Gruppen handelt es sich um *mechanische Beschädigungen* sowie um Schäden durch *Diebstahl*. Wobei die letzte Kategorie, nämlich die der Diebstähle von Fahrtgebiet zu Fahrtgebiet sehr unterschiedlich sind, so daß diese Gruppe in der Rangfolge durchaus auch höher angesiedelt werden kann. Aus Sicht des Reparaturbetriebes können für diese beiden Gruppen naturgemäß keine Empfehlungen zur Reduzierung ausgesprochen werden.
Es muß jedoch dringend empfohlen werden, daß vom Betreiber eine *Schadensstatistik* entsprechend obiger Eingruppierung bzw. einer ähnlichen Eingruppierung auf Bauteilebene durchgeführt wird. Meines Erachtens ist dies bei Einsatz der heutigen EDV-Möglichkeiten durchführbar. Mindestens jedoch sollten Instandsetzungs- und Investitionskosten, zum Beispiel nach dreijähriger Betriebszeit, zusammengeführt werden, um eine weitere Steigerung der Betriebssicherheit der Aggregate zu erreichen und um ein Mindestmaß an Mitsprache beim Aggregathersteller zu gewährleisten. Geschieht dies nicht, wird sich der Markt noch weiter in Richtung eines Verkäufermarktes entwickeln, wie es bisher schon weitgehend der Fall ist.
Ein weiterer Ansatz zur Reduzierung der Reparaturkosten und Erhöhung der Verfügbarkeit besteht zweifellos im Einsatz weltweit verfügbarer Komponenten anstelle der häufig anzutreffenden leicht abgeänderten Spezialausführungen. Auch dieser Tatbestand ist ein weiterer Hinweis, daß sich dieser Markt aufgrund der Konzentration der Hersteller immer mehr zu einem Verkäufermarkt entwickelt.
Als weiterer Aspekt beim Betrieb eines Kälteaggregates soll hier noch der Energiebedarf angesprochen werden. Sollte dieser Aspekt durch steigende Energiekosten bzw. durch ein beschränktes Energieangebot in Zukunft eine größere Rolle spielen, kann festgestellt werden, daß bezogen auf die heutigen

Geräte durch Optimierung der Luftführung und Optimierung der Leistungsregulierung ein Einsparungspotential von 20% bis 30% besteht, was einer Leistungseinsparung von 2 kW bis 2½ kW im Chilled Mode entspricht.

Als weiterer Aspekt bei der Betrachtung des Betriebes von Kühlcontaineraggregaten soll nur ganz kurz auf die zunehmende Bedeutung der Möglichkeit des *Data Loggings* eingegangen werden. Da dieser Punkt den Umfang meines Vortrages sprengen würde, möchte ich nur auf zwei Aspekte dieses Problems eingehen. Einmal auf die Art und den Umfang der Speicherung (Abb. 8) sowie der Möglichkeit des Auslesens (Abb. 9). Der NOSKE-KAESER Data Logging Speicher besteht aus drei Bereichen, einmal dem 3-Monatsspeicher, hier werden die Soll- und Istwerte für Supply Air und Return Air alle 15 Minuten gespeichert. Bei den Istwerten wird der Wert gespeichert, der die größte Abweichung vom Sollwert innerhalb dieses Zeitraumes hat. Weiterhin können die Istwerte von 3 USDA-Fühlern im Stundentakt zusätzlich gespeichert werden. Neben dem 3-Monatsspeicher ist ein 2-Jahresspeicher integriert, wo die Daten einmal am Tag gespeichert werden. Wie bei dem 3-Monatsspeicher wird bei der Istwerten der Wert mit der größten Abweichung zum Sollwert abgelegt. Die Daten können natürlich auch am NK 150 DL-Display angezeigt werden, so daß bei Reklamationen bis zu 27 Monate zurückliegende Daten abgerufen werden können.

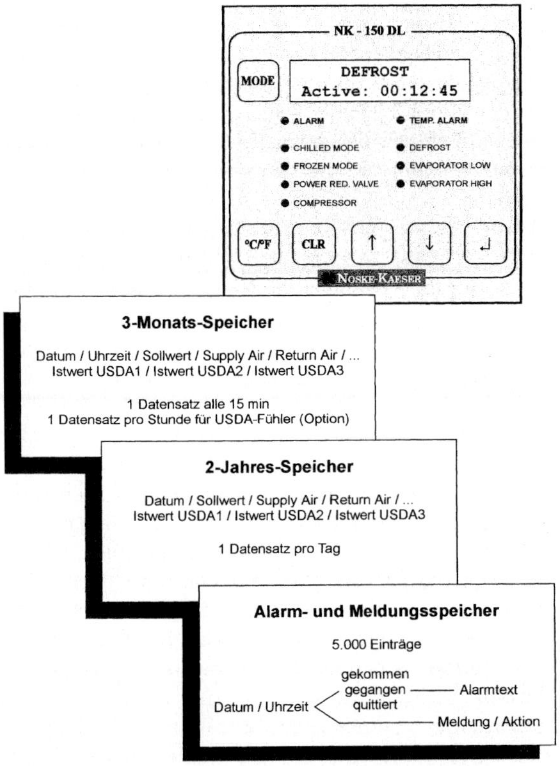

Abb. 8. Logging-Speicher des NK-150 DL

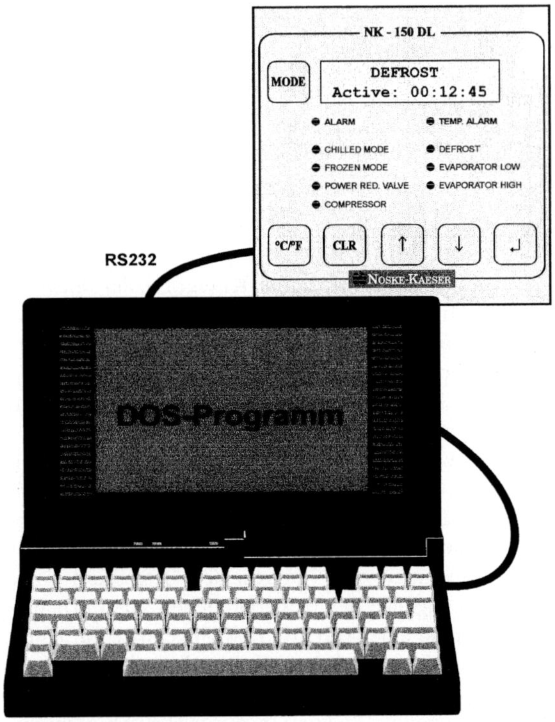

Abb. 9. Auslesen der Logging-Daten

In einem dritten Speicherbereich werden Alarme und Meldungen des Kühlcontainers mit Datum, Uhrzeit und Status abgelegt. Alarme sind dabei zum Beispiel zu große Temperaturabweichungen, Übertemperatur eines Ventilators oder ein defekter PT 100-Fühler für Supply und Return Air. Der Alarm- und Meldespeicher ist in der Lage, mindestens 5 000 Einträge zu speichern, so daß hiermit eine lückenlose Analyse aller wichtigen Ereignisse für einen langen Zeitraum möglich ist.

Abbildung 9 stellt dar, daß das Auslesen der gespeicherten Daten einfach mit einem *Laptop* und einer Standard-Schnittstelle möglich ist.

3 Landseitiger Service

Die Sicherstellung eines *landseitigen Services* in der Kühlkette spielt eine wesentliche Rolle. Die Aufgaben dieses landseitigen Services sind vielfältig. Ich möchte sie meinen Ausführungen als Aufstellung voranstellen.

- Instandhaltung und Reparatur der Aggregate im Depot oder auf dem Terminal.
- Durchführung für den Betreiber kostenfreie Garantiereparaturen.
- Betreuung der Kühlcontainer während des Lösch- und Ladebetriebes am Terminal bzw. auf dem Schiff.
- Falls gewünscht und erforderlich, Betreuung des Kühlcontainers während des landseitigen Transportes bis hin zum Beladen.

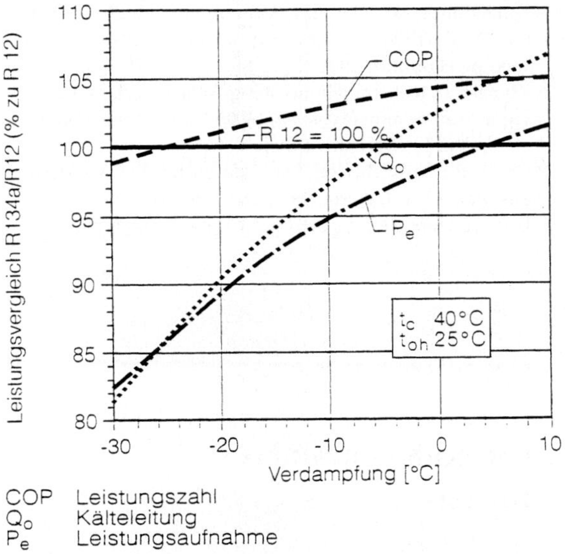

Abb. 10. R 134a/R 12-Vergleich der Leistungsdaten eines halbhermetischen Verdichters

- Zusammenarbeit mit dem Aggregathersteller und dem Betreiber im Hinblick auf die Weiterentwicklung der Aggregate.

Für die Sicherstellung dieser Aufgabenstellung sind folgende Voraussetzungen notwendig:

1. Eine ausreichende Zahl *gut geschulter Spezialisten.*
2. Eine enge Zusammenarbeit mit dem Depot, dem Terminal oder einem Boxreparaturbetrieb.
3. Die Vorhaltung eines ausreichend bemessenen *Reserveteillagers.* Dieser Punkt wird immer bedeutsamer, da einerseits der Wunsch nach Verkürzung der Durchlaufzeiten besteht, anderseits die Zahl und Typenvielfalt der Aggregate und damit der Komponenten ständig wächst.
4. Das Vorhandensein einer ausreichenden Anzahl von *E-Anschlußmöglichkeiten*, möglichst ebenerdig.
5. Der Besitz von *Servicedealerverträgen* möglichst vieler Aggregathersteller, um eine permanente Schulung sicherzustellen sowie die Möglichkeit Garantiekosten direkt mit dem Aggregathersteller abzurechnen.
6. Das Vorhandensein einer leistungsfähigen EDV, um ein ausreichendes *Reporting* dem Betreiber gegenüber sicherstellen zu können.

Besonders im Hinblick auf den letztgenannten Punkt besteht noch Vebesserungspotential in der Zusammenarbeit zwischen *landseitigem Service, dem Betreiber* und *den Aggregathersteller.* Zur Zeit besteht kein ausreichender Erfahrungsaustausch zwischen diesen drei Marktteilnehmern. Dabei wäre bei entsprechenden Bemühungen diese Möglichkeit unbedingt gegeben. Leider muß an dieser Stelle jedoch festgestellt werden, daß es den Betreibern bis heute nicht gelungen ist, sich auf ein einheitliches Abrechnungs- und Berichtssystem zu einigen. Diese Tatsache involviert bei den Servicebetrieben immense Kosten im Verwaltungsbereich. Letztendlich führt dies über die hohen Verwaltungskosten sowie über die nicht vorhandenen Möglichkeiten dieses Reportingsystem auch zu einer Schwachstellenanalyse zu benutzen, zu erhöhten Kosten beim Betreiber.

Bei engerem Zusammenwirken von Betreiber, Aggregathersteller und landseitigem Service wäre mittelfristig auch auf dem Gebiet des seegehenden Kühlcontainertransportes eine Verfügbarkeitsgarantie denkbar. Als Modell könnte in abgewandelter Form eine diesbezügliche Garantie, wie sie der temperaturgeführte LKW-Transport teilweise schon praktiziert, dienen. Mittelfristig würden sich hier Kostenvorteile für den Betreiber ergeben.

Wichtigste Voraussetzung für eine derartige Entwicklung ist die Berücksichtigung der Betriebskosten und der Investitionskosten bei der Wirtschaftlichkeitsbetrachtung.

Am Schluß meines Vortrages möchte ich die wesentlichen Punkte kurz zusammenfassen.

4 Zusammenfassung

Bei der Beurteilung der *Luftleistung* einzelner Aggregate sollte nicht nur die Herstellerangabe berücksichtigt werden, sondern auch Luftmenge und Stromaufnahme im *eingebauten* Zustand in Betracht gezogen werden.

Obwohl das *Kältemittel R 134a* bezüglich des niedrigen Siedepunktes und des um 25% größeren erforderlichen Hubvolumens verglichen mit R 12 einige Nachteile besitzt, überwiegen die Vorteile, so daß davon ausgegangen werden kann, daß sich das Kältemittel für den überschaubaren Zeitraum für den *Containerverkehr durchsetzt.*

Als Verdichter wird heute mehrheitlich der *halbhermetische Kolbenverdichter* eingesetzt, sollte sich jedoch herausstellen, daß die *Scrollverdichter* eine gleiche Zuverlässigkeit erreichen wie die Kolbenverdichter, ist damit zu rechnen, daß diese Technologie den halbhermetischen Kolbenverdichter im Containerverkehr ablösen wird.

Im Hinblick auf die erforderliche *Verringerung des Hubvolumens*, um den *Faktor 3 im Chilled Mode*-Betrieb verglichen mit dem Betrieb bei Tieftemperatur ist eine große Zahl der heute am Markt befindlichen Geräte noch verbesserungsfähig.

Zur Absenkung der *Betriebskosten* wird dringend empfohlen, *Investitionskosten* und *Instandhaltungskosten* zusammen zu betrachten. Der landseitige Service muß bei der Sicherstellung der Kühlkette eingebunden werden. Eine weitere Erhöhung der Verfügbarkeit der Aggregate kann über eine engere Zusammenarbeit zwischen Betreiber, Aggregathersteller und landseitigem Service, erreicht werden. Die

Vereinheitlichung der Rechnungslegung und Berichterstattung vom landseitigen Service an den Betreiber wird vorgeschlagen.

Schrifttum

1 Hochhaus, K.-H.: Deutsche Kühlschiffahrt (1902–1905, Hauschild-Verlag.)

2 Katzenburg, W.: Containerkühlung außerhalb des Schiffes, 26. Fortbildungskurs, Institut für Schiffbau der Universität Hamburg 1991

3 Ebinger, I.: Kältemittelumrüstung-Anlagentechnische Konsequenzen, Seminar vom 24.09.96 Umrüstung von Kälteanlagen, NOSKE-KAESER

4 Renk, B.: Auswahl von Ventilatoren für Transportkälteanlagen, TÜV Bayern, Band 14, Teil VII 1989

5 Diverse Herstellerangaben der Containeraggregate

Überblick über den aktuellen Stand bei der Kühlcontainer-Fernüberwachung (Remote Reefer Monitoring)

Dr.-Ing. **Yves Wild**
Dr.-Ing. Yves Wild Ingenieurbüro GmbH, Hamburg

Summary. Remote Reefer Monitoring becomes a more and more important issue in reefer container transportation. With vessels transporting more than 600 integral reefer boxes, RRM offers significant potentials for cost savings related to control, maintenance and pre trip inspections. This article wants to give an overview of the current situation of this industry.

1 Einleitung

Die Zahl der Integral-Kühlcontainer nimmt seit Jahren beständig zu. So wurden Ende 1995 ca. 520 000 TEU gezählt, bei einer jährlichen Zuwachsrate von ca. 60 000 TEU bzw. 15% (Abb. 1). Betrachtet man gleichzeitig die Verteilung der verschiedenen Containergrößen an der Gesamt-Flotte, so dominieren die 40 ft-Container deutlich (1 FEU = 2 TEU). Insbesondere in den letzten Jahren haben die sogenannten High-Cube-Container mit einer Höhe von 9'6" den Markt erobert.

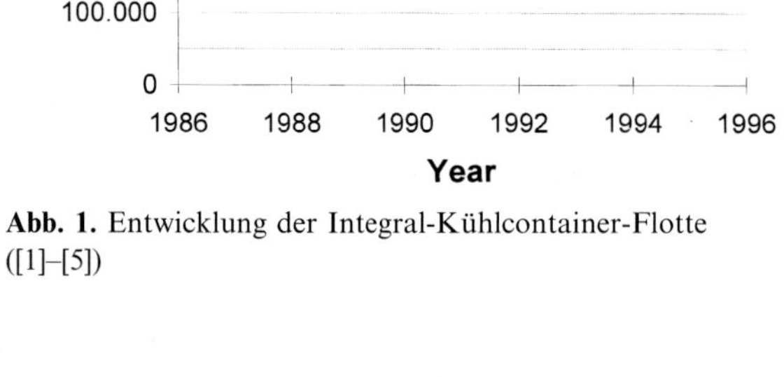

Abb. 1. Entwicklung der Integral-Kühlcontainer-Flotte ([1]–[5])

Basierend auf diesen Zahlen kann davon ausgegangen werden, daß die absolute Anzahl der Kühlcontainer zur Zeit ca. 330 000 Stück beträgt und pro Jahr um ca. 32 000 Stück wächst. Die Gesamtproduktion liegt dabei noch höher, da zur Zeit ca. 12 000 TEU pro Jahr ausgemustert und ersetzt werden [6].

Mit der zunehmenden Menge von Integral-Kühlcontainern im Seetransport wächst daher auch der Bedarf an effektiven Überwachungsmöglichkeiten für diese Container. Auf Schiffen, auf denen mehr als 600 Integral-Kühlcontainer transportiert werden können (z.B. Regina Maersk), ergeben sich durch den Einsatz einer Fernüberwachung Einsparmöglichkeiten bei der Inspektion der Container bei gleichzeitig schnellerer Reaktion der Besatzung bei Ausfall eines Kühlaggregates.

2 Verfügbare Systeme

Grundsätzlich werden zwei verschiedene Überwachungssysteme unterschieden:

– Bei der Vier-Draht-Überwachung werden über ein eigenes Überwachungskabel mit vier Adern die Statusmeldungen *Compressor running, Defrost* und *Temperature in Range* erfaßt. Ca. 80–90% aller Kühlcontainer verfügen über eine Buchse zum Anschluß einer solchen Überwachungsanlage.

– Bei der Power-Cable-Transmission (PCT) werden dagegen Daten über das Drehstromkabel der Con-

Abb. 2. Kühlcontainer im Hafen von Singapur

tainer übertragen. Hiermit lassen sich beliebige Daten zwischen dem Container und dem bord- oder landseitigem Empfänger übertragen. Der Datenaustausch kann dabei in beide Richtungen erfolgen, so daß es zum Beispiel auch möglich ist, den Temperatursollwert eines Containers auf diese Weise zu ändern. Von großer Bedeutung hinsichtlich des Kosteneinsparpotentials ist vor allem die Möglichkeit Pre-Trip-Inspektionen (PTI) der Container an Bord oder im Terminal per Fernsteuerung durchzuführen, sowie das Herunterladen der Datalogger-Informationen nach einer Reise.

– Bei der PCT sind zur Zeit ebenfalls zwei verschiedene Systeme verfügbar: Die Narrow-Band-Übertragung, die mit einer festen Frequenz für die Aufmodulierung der Daten auf das Stromnetz arbeitet (u.a. eingesetzt von Sealand, Matson), und die Wide-Band-Übertragung, bei der die Übertragung der Daten in einem Frequenzspektrum erfolgt (u.a. eingesetzt von Maersk, P&O). Die beiden Systeme sind leider nicht miteinander kompatibel, so daß je nach Ausstattung der Container mit Modems beide Systeme an Bord installiert werden müssen, um mit allen Containern kommunizieren zu können. Von den heute ca. 330 000 Integral-Kühlcontainern weltweit sind ca. 24 000 (= ca. 7,2%) mit Narrow-Band-Modems und ca. 19 000 (= ca. 5,8%) mit Wide-Band-Modems ausgestattet.[1] Dabei ist die Verbreitung sehr stark reederei- und fahrtgebietsabhängig ([7]–[12]).

[1] Die Zahlenangaben über die Anzahl der mit Modems ausgestatteten Container müssen als sehr ungenau eingestuft werden, da sie in erster Linie auf Veröffentlichungen der Hersteller beruhen. Angaben für verschiedene Reedereien, die PCT bisher im größeren Stil einsetzen, und die vom Autor stichprobenhaft überprüft wurden (Stand: Ende 1996):
Sealand: ca. 11 000 NarrowBand
OOCL: ca. 8 000 NarrowBand
Matson: ca. 5 000 NarrowBand
Maersk/A.P.Mller: ca. 8 000 WideBand (ca. 12 000 bis Ende 1997 geplant)
Hyundai Merchant Marine: ca. 6 000 WideBand
P&O: ca. 5 000 WideBand

3 Vier-Draht Überwachung

Bei der Vier-Draht-Überwachung (4-pole) werden die drei Signale als aktive 24 V Signale mit einem gemeinsamen Rückleiter über ein 4-adriges Kabel übertragen. Dabei ist der gemeinsame Leiter im allgemeinen mit dem Chassis des Containers verbunden. Daher kann durch Überprüfung einer Verbindung zwischen diesem Leiter und dem Erdungskabel des Containers festgestellt werden, ob ein Container an der Vier-Draht-Überwachungsanlage angeschlossen ist.

Schiffs- bzw. Terminalseitig müssen für jeden Kühlcontainer-Stellplatz die entsprechenden Buchsen zum Anschluß des Signalkabels vorhanden sein. Oft werden diese Buchsen gleich in die Kühlcontainersteckdosen integriert. Die Signale der einzelnen Container werden von dort entweder über ein Feldbus-System oder per Übertragung über die vorhandenen Stromnetze an den Auswerterechner übermittelt. Die Signalkabel selber müssen ebenfalls bereit gehalten werden.

Als eines der Hauptprobleme der Vier-Draht-Technik sind Kontaktschwierigkeiten zu nennen. Zwar sind die Signalbuchsen an den Containern und auf den Schiffen mit Schutzkappen versehen, jedoch kommt es aufgrund der rauhen Umgebungsbedingungen immer wieder zu Korrosion in den Buchsen. Auch die Kabel sind anfällig für Kabelbrüche, da sie oft harten Belastungen durch herunterfallende Twistlocks und Laschstangen ausgesetzt sind. Zum Teil werden die Kabel auch einfach abgerissen, weil vor dem Löschen der Container niemand die Kabel entfernt hat.

Aufgrund der Tatsache, daß die Signale als Spannungssignale mit den Zuständen 0 V und 24 V übertragen werden, ist es leider nicht feststellbar, ob eine zuverlässige elektrische Verbindung besteht oder nicht. Ein 4-20 mA Signal wäre hier die bessere Variante gewesen, jedoch ist dies bei der Einführung dieser Technik nicht vereinbart worden.

Die drei Signale, die die Vier-Draht-Technik zur Verfügung stellt, haben unterschiedliche Bedeutung. Zweifellos das wichtigste Signal ist *Temperature in Range*. Liegt es nicht vor, dann ist dies ein Alarmzustand. Daher können ganz einfache Überwachungsanlagen auch nur dieses Signal auswerten. *Defrost* und *Compressor running* sind dagegen Sta-

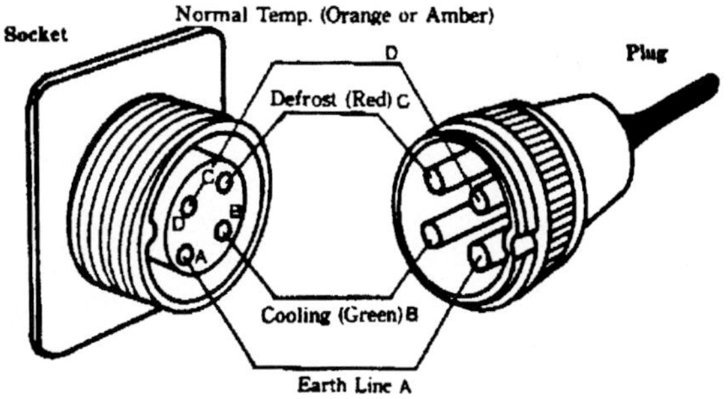

Abb. 3. Vier-Draht-Buchse und Stecker

tussignale, die für weitere Aussagen benötigt werden. Das *Defrost*-Signal kann beispielsweise dazu verwendet werden, einen Temperatur-Alarm zu unterdrücken (während des Abtauens ist damit zu rechnen, daß die Temperatur vom Sollwert abweicht). Ein Kältekompressor, der ständig in Betrieb ist (*Compressor running*), kann im Tiefkühlbetrieb ein Zeichen für eine Fehlfunktion des Containers sein.
Abbildung 4 zeigt beispielhaft den Signalverlauf eines funktionierenden Tiefkühlcontainers: Während des normalen Kühlbetriebes läuft der Kältekompressor im An-/Aus-Betrieb. Während des Abtauens ist der Kompressor aus, nach dem Abtauen muß er sofort anspringen und länger in Betrieb sein als sonst, um die eingebrachte Abtauwärme abzuführen. Das Temperature in Range-Signal wird im Laufe des Abtauens nicht mehr vorliegen, da die Luft im Kühlaggregat aufgeheizt wird, muß danach aber wieder erreicht werden.

4 Power-Cable-Transmission

Bei der Power-Cable-Transmission entfallen selbstverständlich alle Probleme, die sich aus der Verwendung eines extra Kabels bei der Vier-Draht-Überwachung ergeben. Außerdem ist der Funktionsumfang wesentlich größer, da beliebige Daten übertragen werden können (es kommt lediglich (!) auf das Übertragungs-Protokoll an). Die Daten werden als hochfrequentes Signal auf das Drehstromnetz des Schiffes oder des Terminals aufmoduliert und von einem oder mehreren Master-Modems empfangen. Von dort werden sie wiederum über ein Bus-System an den Leitrechner übermittelt. Die Anzahl der benötigten Master-Modems hängt von der Netzkonfiguration und den zu überbrückenden Entfernungen ab.

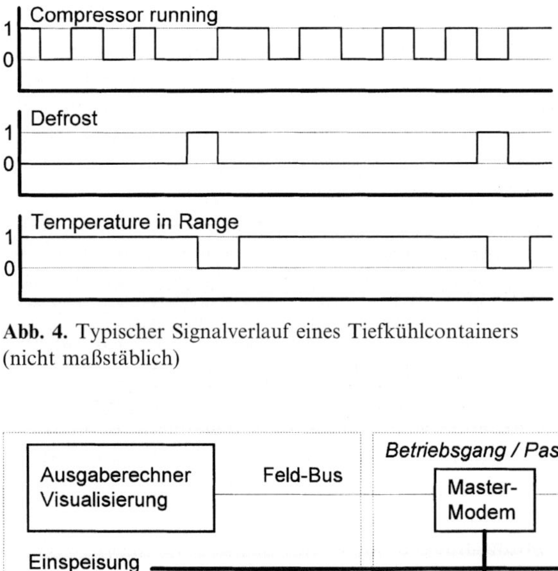

Abb. 4. Typischer Signalverlauf eines Tiefkühlcontainers (nicht maßstäblich)

4.1 Narrow-Band

Die Datenübertragung auf dem Narrow-Band ist die ältere Form der Übermittlung. Hierbei werden die Daten mit der festen Trägerfrequenz von 55 kHz auf das Stromnetz aufmoduliert. Die Übertragung erfolgt hier mit einer Rate von 1200 Baud, daher wird dieses System häufig auch als Low-Data-Rate-System bezeichnet.
Bereits Ende der siebziger Jahre begannen bei Sealand erste Versuche mit PCT. Anfang der Achtziger entwickelte ThermoKing in Zusammenarbeit mit Sealand das erste marktreife System, das unter dem Namen ThermoNet bekannt wurde. Sealand und Matson setzten dieses System als erste im großen Stil ein, vornehmlich in den relativ geschlossenen Kühlcontainer-Trades im Pazifik.

4.2 Wide-Band

Etwa Mitte der Achtziger kam das Wide-Band-System auf, das die Daten in einem Frequenzspektrum von 140–400 kHz überträgt. Durch die Übertragung auf mehreren Frequenzen wollte man sicherstellen, daß auch beim Vorhandensein von Störfrequenzen, wie sie etwa durch Frequenzumrichter erzeugt wer-

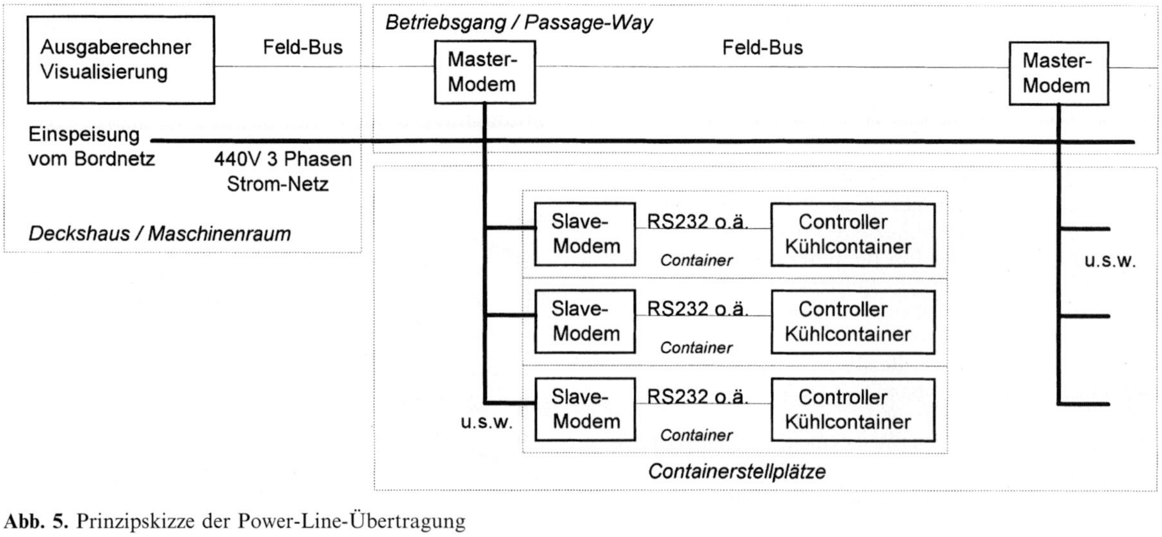

Abb. 5. Prinzipskizze der Power-Line-Übertragung

den können, eine sichere Übertragung gewährleistet ist. Allerdings ist durch die Verteilung des Signals auf ein Frequenzspektrum die Signalstärke auf einer Frequenz geringer als beim Narrow-Band, so daß Narrow-Band-Hersteller eine größere Reichweite für sich reklamieren [11].

Da die Datenübertragungsrate beim Wide-Band-System bei 19.200 Baud liegt, wird dieses auch als High-Data-Rate-System bezeichnet. Allerdings wird berichtet, daß sich dieser Geschwindigkeitsvorteil in der Praxis kaum bemerkbar macht [11].

Die Basis für diese Technologie wurde von der Firma AdaptiveNetworks (USA) entwickelt, deren Chips von Lanng&Stelman (L&S) (Dänemark), Refrigerated Machinery Control (RMC) (Schweiz) und Refrigerated Transport Electronics (RTE) (USA) in die Modems eingebaut werden.

4.3 Der ISO-Standard

Im Zuge der gewonnenen Erfahrungen wurde erkannt, daß ein Monitoring System nur dann sinnvoll ist, wenn es einen Standard für den Datenaustausch gibt, da sich echte Einspareffekte erst dann ergeben, wenn möglichst alle Kühlcontainer per PCT überwacht werden können. Daher wurde von 1987 bis 1990 eine ISO Sub-Kommision gebildet, um einen Standard festzulegen. Dieser wurde schließlich als ISO 10368 veröffentlicht [13]. Aufgrund der verschiedenen Interessen der in der Kommision vertretenen Firmen kam dabei keine Einigung über die Hardware (also die Übertragungsfrequenz) zustande, so daß weiterhin zwei Systeme am Markt vorhanden sind. Festgelegt wurden lediglich die Frequenzbereiche für beide Systeme, so daß sichergestellt sein sollte, daß sie gleichzeitig betrieben werden können. Dennoch wird von Fällen berichtet, in denen ein gleichzeitiger Betrieb von Narrow- und Wide-Band bei einer Terminal-Installation nicht möglich war, da die Modems eines großen Wide-Band-Anbieters in Abweichung von der ISO den Frequenzbereich des Narrow-Bands gestört haben [14].

Ansonsten regelt der Standard in erster Linie das Datenübertragungsprotokoll (also Software), und legt den minimalen Funktionsumfang der Remote Communication Devices (RCD) fest. Dieser umfaßt:

Vorgeschriebene Abfragen:

- Identifikationsnummer des Containers oder Clip-On-Aggregats
- Porthole Container Nummer (bei Portholecontainern, die mit einem Clip-On gekühlt werden)
- Datum und Uhrzeit der Änderung der Porthole Container Nummer
- Aktuelle Ablufttemperatur
- Aktuelle Zulufttemperatur
- Hersteller / Typ

Optionale Abfragen (nicht vollständig):

- Operating Mode (Full Cool, Partial or lower capacity cool, Modulated Cool, Fans only, Defrost, Heat)
- Soll-Temperatur
- Alarme (Statusabfrage)
- Anliegende Alarme (in der Reihenfolge ihres Auftretens)
- Produkttemperaturen
- Datalogger Intervall
- Stromaufnahme
- Bestimmungsort des Containers
- Löschhafen
- Herkunft
- Ergebnisse des Selbst-Checks (PTI)

Kommandos (sofern der Controller des Kühlaggregates diese unterstützt):

- Änderung der Soll-Temperatur
- Selbst-Check starten (PTI)
- Änderung der Identifikationsnummer
- Änderung des Datalogger Intervalls
- Setzen von Datum und Uhrzeit des Dataloggers
- Änderung des Operating Modes
- Herunterladen von Datalogger Informationen
- Änderung der Porthole Container Nummer
- Änderung des Bestimmungsortes

Abb. 6. Carrier MicroLink II Kühlaggregat mit eingebautem RMC-Wide-Band-Slave-Modem

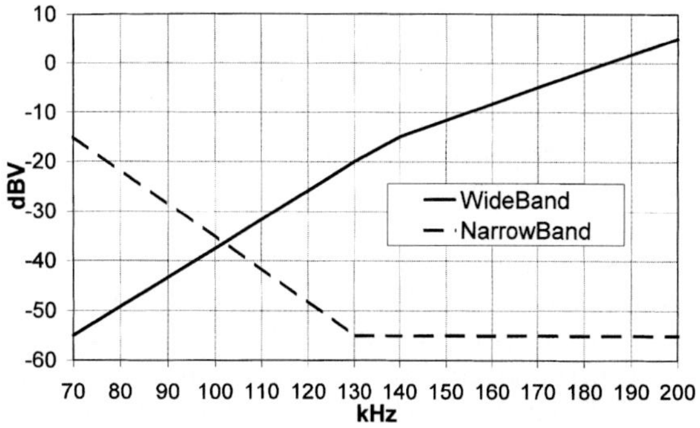

Abb. 7. Filterspezifikation nach ISO für WideBand und NarrowBand

Dabei wurden nicht für alle Befehle genaue Datenprotokolle festgelegt, und für spätere Erweiterungen wurde Raum gelassen für sogenannte „Private Sessions“, die von den jeweiligen Herstellern für die Übertragung eigener Daten benutzt werden können. Diese Erweiterungsmöglichkeit wurde von L&S exzessiv genutzt, so daß viele heute verfügbare Funktionen innerhalb dieser nicht standardisierten Protokollteile übertragen werden. Darüber, inwieweit die Protokolle für diese Art der Übertragung öffentlich gemacht werden, also auch dem Wettbewerb zur Verfügung gestellt werden und zu welchen Konditionen, herrscht zur Zeit Uneinigkeit.
Insgesamt hat der ISO Standard also lediglich die beiden vorhandenen Systeme dokumentiert und einige Minimal-Abfragen vorgeschrieben. Selbst wenn alle Übertragungsprotokolle öffentlich gemacht würden, führt dies heute dazu, daß für jeden Modem-Typ eigene Softwaretreiber vorhanden sein müssen. Da zudem auch die Controller der Kühlaggregate und die verwendeten Datenlogger unterschiedliche Funktionsumfänge und Datenformate haben, ist also eine Vielzahl von Treibern nötig, um alle potentiellen Konfigurationen zu unterstützen. Insofern hat der ISO-Standard wenig geholfen und lediglich zu einer Scheinstandardisierung geführt.
Ein weiteres Thema, das in der ISO gar nicht berücksichtigt wurde, ist der Datenschutz. Nach ISO (und in der Praxis auch) sind alle Daten aller mit Modems ausgerüsteter Container auf dem Stromnetz verfügbar. Es ist daher theoretisch möglich, daß auch fremde Personen, die Zugriff auf das Power-Line-Netz mit Hilfe eines Master-Modems haben, die Container-Informationen auslesen und sogar ändern können (z. B. Soll-Wert). Dies spielte solange keine Rolle, wie Reedereien PCT nur an Bord eigener Schiffe und Terminals eingesetzt haben. Spätestens seit dem Einsatz auf Multi-User-Terminals müssen jedoch die Netzbetreiber (Terminal-Betreiber) sicherstellen, daß nur befugte Personen Zugriff auf für sie bestimmte Container-Informationen haben.

4.4 Anbieter

Bei der Vier-Draht-Überwachung gibt es mittlerweile eine ganze Reihe von Anbietern. Hierzu gehören fast alle Firmen, die auch Schiffsautomationsanlagen liefern. In Verbindung mit Power-Line-Transmission als reine PCT oder Mixed-Type-Systeme bieten z. Z. folgende Firmen Systeme an:
– *Lanng&Stelman*: Die Sabroe-Tochter L&S ist der Vorreiter der Wide-Band-Technik, hat aber auch viele reine Vier-Draht-Überwachungsanlagen gebaut. Dabei hat L&S als Spezialität, daß auch die Vier-Draht-Signale per Modems über das Stromnetz übertragen werden. Zur Zeit ist L&S wohl im Bereich PCT der Marktführer, auch wenn ihnen verschiedentlich vorgeworfen wird, diese Position zu stark auszunutzen (etwa bei der Nutzung der „Private

Abb. 8. ThermoKing Kühlaggregat mit eingebautem RTE-Wide-Band-Slave-Modem

Sessions“) und sich nicht an den ISO-Standard zu halten.
– *RTE/Lyngs*: Refrigerated Transport Electronics (RTE) bot ursprünglich Narrow-Band Systeme an und verkaufte entsprechende Slave-Modems. Seit etwa zwei Jahren bieten sie auch ein Dual-Band-System namens *GRASP* sowie die entsprechenden Modems an. Durch Kooperation mit der STN-Tochter Lyngs wird auch die Vier-Draht-Technik unterstützt.
– *H.M. Stein Sohn/Seacos/RMC*: Dies sind die einzigen deutschen Anbieter auf dem Markt. H.M. Stein Sohn stellt in dieser Kooperation die Vier-Draht-Technik (*Vista Refrige*) sowie das Bussystem für die Power-Line-Transmission zur Verfügung, während die Software-Entwicklung (*Coolman*) von Seacos übernommen wird. RMC liefert die Master-Modems. Bisher wird neben der Vier-Draht-Technik von dieser Gruppe nur die Wide-Band-Technik unterstützt, an einer Dual-Band-Option wird gearbeitet.
– *America Systems Inc.*: ASI bietet das Visualisierungsprogramm *ForeRunner* an. Die eingesetzten Master-Modems werden bisher von Thermoking hergestellt. Bisher wird dabei das Narrow-Band unterstützt, ein Dual-Band-System ist in Vorbereitung.

Slave-Modems werden von L&S (Wide-Band), RTE (Narrow- und Wide-Band) und RMC (Wide-Band) geliefert. Außerdem bietet ThermoKing für eigene Kühlaggregate auch integrierte Narrow-Band-Modems an.

Die unterstützten und in Betrieb befindlichen Kühlaggregate mit Modems stammen bisher von Carrier Transicold, ThermoKing und Sabroe Reefer Cool. Mitsubishi und Daikin befinden sich in der Testphase mit verschiedenen Modem-Herstellern.

5 Aussichten

Zum heutigen Zeitpunkt läßt sich sagen, daß die Power-Cable-Transmission offenbar den Durchbruch geschafft hat und ihrer weiten Verbreitung entgegen schreitet. Dennoch werden zunächst noch zwei verschiedene Systeme vorhanden sein, so daß die Auswerteinstallation auf Schiffen und Terminals auf absehbare Zeit für beide Systeme geeignet sein müssen, um das damit verbundene Einsparpotential wirksam nutzen zu können. Auch wenn es so aussieht, als ob die neueren Investitionen eher im Wide-Band getätigt werden, so gibt es doch zu viele Narrow-Band Container, als daß zu erwarten wäre, daß diese umgerüstet werden. Die bisher relativ abgeschlossen betriebenen Systeme einzelner großer Reedereien werden zunehmend damit konfrontiert, daß durch Kooperation mit anderen Reedern, die das jeweils andere System einsetzen, beide Systeme an Bord der Schiffe anzutreffen sind. Auf den Terminals ist diese Entwicklung natürlich noch stärker ausgeprägt. Eine ähnliche Situation ist hinsichtlich des Einsatzes der Vier-Draht-Überwachung zu sehen. Zwar ist abzusehen, daß diese Technik durch die Power-Line-Transmission abgelöst werden wird, aber auch hier sind noch zu viele Container ohne PCT, aber mit Vier-Draht-Technik im Verkehr, als daß auf diese Technik verzichtet werden könnte.
Wichtig für die weitere Entwicklung der Power-Line-Transmission ist, daß diese Technik ein offenes und einheitliches System bleibt bzw. wird, bei dem es nicht darauf ankommt, welche Komponenten von welchem Hersteller geliefert werden. Nur so kann das volle Einsparpotential dieser Technik genutzt werden. Wichtig hierbei ist auch, daß die Hersteller von Controllern, Modems und Auswertesoftware enger zusammenarbeiten, damit Softwareerweiterungen schnell umgesetzt werden können. Bisher kann z. B. jede Änderung in der Controller-Software dazu führen, daß für die Modems und die Visualisierung neue Treiber geschrieben werden müssen. Geschieht dies erst, nachdem eine neue Controller-Software auf dem Markt ist, so gibt es einen vermeidbaren Übergangszeitraum, in dem die Fernübertragung nicht einwandfrei möglich ist.
Zum Glück sieht es zur Zeit so aus, als ob sich diese Erkenntnis in der Branche zunehmend durchsetzt.

Schrifttum

1 N.N.: World Container Census, Containerisation International Sept. 1986
2 N.N.: World Container Census, Cargoware International Dec. 1990
3 N.N.: World Container Census, Cargoware International Dec. 1992
4 N.N.: World Container Census, Containerisation International Feb. 1995
5 N.N.: World Container Census, Containerisation International Jan. 1996
6 Foxcroft, A.: A fine balancing act; Reefer Systems (Cargo Systems); March 1995; S. 15 ff.
7 Coulter, St.: Cold and distant; Container Management; November 1994; S. 24 f.
8 N.N.: Monitoring progress; Reefer Systems (Cargo Systems); January 1995; S. 9 f.
9 Brickner, L.: Remote Control; Container Management September 1995; S. 39 f.
10 N.N.: The will to powerline monitoring; Reefer Systems (Cargo Systems); December 1995; S. 14
11 Brickner, M. C.: The need for narrowband; Reefer Systems (Cargo Systems); December 1995; S. 15
12 Griffiths, D.: Remote Control; Container Management October 1996; S. 28 f.
13 ISO 10368; Freight thermal containers, Remote condition monitoring
14 Pratt, B.: Meeting the Challenges of Introducing Remote Reefer Monitoring in New (Multi-User) Container Terminals; Intermodal Conference 1996; London, 6. Dec. 1996

Einfluß von Innovationen aus der Forschung auf moderne Entwurfsprozesse einer Werft

Kurzfassungen der Vorträge des Sprechtages im März 1997 in Flensburg

Dipl.-Ing. **Wolfgang Bühr**
Flensburger Schiffbau-Gesellschaft mbH & Co. KG

Einleitung

Einleitend zu unserem heutigen STG-Sprechtag möchte ich Ihnen etwas zur Motivation der FSG für Forschung und Innovation, insbesondere auf dem Gebiet des Schiffsentwurfs, sagen. Wir glauben, daß man in einem Hochlohnland wie der Bundesrepublik nur dann im internationalen schiffbaulichen Wettbewerb überleben kann, wenn man die intelligentesten, besten Produkte zu einem akzeptablen Preis anbieten kann. Nur durch gleichzeitige, vernetzte Optimierung aller Systemkomponenten im Entwurf wird dies möglich und schafft die wichtigen Voraussetzungen für weitere unerläßliche Optimierungs- und Kostensenkungsschritte im anschließenden Konstruktions-, Planungs- und Fertigungsprozeß.
Wir von der FSG sind überzeugt, daß es unter solchen Voraussetzungen möglich ist, wirtschaftlich erfolgreich, ohne Subventionen in Deutschland Handelsschiffbau zu betreiben. Hierfür brauchen wir eine neue Entwurfsqualität, neue Entwurfswerkzeuge.
Vor wenigen Jahren, als wir mit einigen Partnern die Entwicklung des Methodenbanksystems für den Schiffbaulichen Entwurf „E4" betrieben, hatten wir z.B. das Ziel, in wenigen Stunden Schiffslinien generieren zu können, die die wichtigsten Zielmerkmale aufwiesen wie z.B. Hauptabmessungen, Verdrängung, Schwerpunktslage, Spantcharakteristik eines guten Vergleichsschiffes etc. Dieser schon einigermaßen strakende Linienriß war dann Basis für die weitere Entwurfsarbeit. Eventuell mußte dieser Linienriß noch einige Male etwas verändert werden.
Wenn man aber Erfahrung und etwas Glück hatte, hielten sich solche Änderungsnotwendigkeiten in Grenzen bis man zu einem späteren Zeitpunkt, meist nach Abschluß eines Bauvertrages, mit seinem Schiff in den Schlepptank ging. Sollte man auch hier von seinem Glück oder seiner Erfahrung nicht verlassen gewesen sein, genügten vielleicht einige wenige kleinere Formoptimierungen und man erreicht seine vertraglich zugesagten Werte. Zugegeben, dieses Beispiel ist vielleicht etwas zu sehr vereinfacht und der Entwurfsprozeß läuft heute bei keinem der Anwesenden in dieser kaum vernetzt optimierenden Weise ab.
Was muß also in einem innovativen Entwurfsprozeß anders werden:
Wir müssen Entwicklungsschritte, die der Detailkonstruktionsphase vorbehalten waren und somit nur korrigierend, aber nicht mehr im eigentlichen Sinne optimierend in die Produktentwicklung einwirken konnten, schon im Entwurf benutzen können.
Hierzu ein Beispiel:
Wenn man, wie wir bei der FSG, etwa drei Tage nach Projektbeginn ein grobes FEM-Modell des Laderaumbereichs verfügbar hat, kann man bei der Schiffsformoptimierung mittels eines Potential Strömungs CFD Codes praktisch zeitgleich prüfen, wie weit man z.B. in der Kimm von der Form noch etwas abhobeln kann, ohne daß eine nicht mehr zu bezahlende Stahlkonstruktion notwendig wird bzw. die Doppelbodenhöhe vergrößert werden muß, um alles noch festzubekommen, mit der Folge, daß sich hierdurch das ganze Ladungsvolumen nach oben schiebt, die Stabilität schlechter wird, das Schiff höher und damit teurer wird.
Weitere Beispiele über den Einsatz von neuen Entwurfswerkzeugen bei der FSG werden Ihnen Herr Dr. Krüger sowie Herr Dr. Bohlmann in den späteren Vorträgen geben, die unterstreichen, welche Optimierungschancen hierdurch erschlossen werden können.
Durch unser Bemühen, Berechnungsmethoden so zu beschleunigen, daß sie als Entwurfsmethode tauglich werden, führt das zu neuartigen Problemen, die sich folgendermaßen darstellen: Wir sind heute z.B. in der Lage, eine probabilistische Leckrechnung in wenigen Stunden durchzuführen, aber mit den heutigen Prüf- und Visualisierungswerkzeugen ist praktisch niemand in der Lage, solche Ergebnisse in vernünftiger Zeit zu prüfen bzw. zu genehmigen.

Es entsteht also die Notwendigkeit, daß man neue Formen von Kommunikations-, Visualisations- und Prüfwerkzeugen baut, mit denen man sich selbst und seine Prüfpartner soweit sichermachen kann, daß man z.B. kein falsches Rechenmodell erzeugt hat. Wenn das über die eigenen Unternehmensgrenzen hinaus nicht geht, muß man zumindest selbst von der Richtigkeit seiner Berechnung überzeugt sein, dann kann man ja getrost auf die viele Monate spätere Genehmigung seiner Berechnung warten. Ähnliche Probleme wie mit der probabilistischen Leckrechnung treten bei der Genehmigung von anderen komplexen Berechnungen wie z.B. der FEM-Berechnung auf, die ja nur deshalb so schnell in einer modernen Entwurfsumgebung ablaufen können, weil diese bei uns auf ein umfassendes für alle Entwurfsmethoden zugängliches Produktdatenmodell zurückgreifen können.

Wir haben uns bei der FSG schon einiges an innovativen Entwurfswerkzeugen erarbeitet.

- So wenden wir für die Schiffsformoptimierung heute Potentialströmungssolver an. In einem Jahr wollen wir auch Viskoseprobleme berechnen können.
- Wir können heute in wenigen Stunden ein FEM Modell des Laderaums generieren und berechnen.
- Morgen wollen wir in wenigen Tagen nach Projektbeginn eine globale Festigkeitsanalyse des gesamten Schiffs durchführen können, basierend auf direkten Belastungen aus Seegang und Ladung, wie dies heute z.B. von den Klassen durchgeführt wird.
- Heute legen wir alle wichtigen Maschinen und Anlagensysteme weitgehend ohne Rechnerunterstützung aus. Morgen wollen wir diese Systeme rechnergestützt quasi statisch auslegen und optimieren können.
- Übermorgen wollen wir die genannten Systeme in ihrem Anlagenverhalten auch dynamisch simulieren können.

Diese Liste könnte ich um viele, schon recht konkrete Vorhaben fortsetzen.

Es könnte bei all diesen Bemühungen der Eindruck entstehen, daß wir in Zukunft keine Partner wie Versuchsanstalten und Klassifikationsgesellschaften mehr benötigen. Das ist so nicht richtig. Wir streben zwar eine umfassende Systemführerschaft an, die uns in die Lage versetzen soll, weitgehend autark unser Produkt in seinen wichtigen Merkmalen zu bestimmen. Das Optimieren aller wichtigen Systemkomponenten muß nach unserer Auffassung so hochgradig zeitlich und inhaltlich vernetzt ablaufen, daß hierfür externe Kompetenz immer nur die zweitbeste Lösung darstellt. Die Schiffsformoptimierung muß somit auf der Werft stattfinden mit einem kleinen meßtechnischen Abschluß in der Versuchsanstalt. Damit verändert sich z.B. die Partnerschaft mit den Versuchsanstalten weg von der Schiffsformoptimierung hin zum Entwickler von Werkzeugen für morgen. Ich hoffe, wir hören im weiteren Tagesverlauf in dieser Richtung Interessantes von den anwesenden Forschern.

Die aufgezeigte Strategie hat entscheidend dazu beigetragen, daß wir in der letzten Zeit Aufträge für die FSG verbuchen konnten. Beispiele hierfür sind der Einsatzgruppenversorger für die Bundesmarine bzw. die C-Box für unseren eigenen Reeder, wo wir gegen eine Billiglohnwerft, die im Verbund mit einem renommierten, nordeuropäischen Ingenieurbüro gegen uns antrat, die Aufträge für uns gewinnen konnten.

Einige weitere Aspekte für die Wichtigkeit von leistungsfähigen Entwurfswerkzeugen möchte ich an einer von mir schon bei anderer Gelegenheit gezeigten Graphik aufzeigen. Der steile Anstieg der festgelegten Kosten in der ersten Woche des Entwurfs und die notwendige frühe Reife der Konstruktion sind die Voraussetzung für eine ausreichende Planung und Vorbereitung, um so Baukosten minimieren zu können.

Unser ganzes Bemühen um geeignete „Entwurfswerkzeuge" soll uns in die Lage versetzen, die zukünftigen Schiffe in all ihren Komponenten im Rechner schon mehrfach gebaut, erprobt und betrieben zu haben bevor wir mit dem realen Bau anfangen.

Moderne hydrodynamische Entwurfsmethoden in der Werftpraxis

Dr.-Ing. **Stefan Krüger**
Flensburger Schiffbau-Gesellschaft mbH & Co. KG

„Man kann hieraus entnehmen, daß Schiffe mit besseren oder schlechteren Eigenschaften mehr durch Zufall, denn durch einen sicheren Vorsatz gebaut werden. Folglich können Schiffe, solange man keine andere Grundlage in der Kenntnis Schiffe zu bauen hat als bloße Versuche und Erfahrung, im allgemeinen keine angemessene Vollkommenheit über jene hinaus erhalten, die sie bis jetzt besitzen. Es wird aus diesem Grunde notwendig, zu erforschen, wodurch dieses Wissen zu einer größeren Vollkommenheit gebracht werden kann."
Chapman, Architectura Navalis Mercatoria, 1775

1 Zielsetzung

Die Sicherung der Wettbewerbsfähigkeit der Schiffbauindustrie erfordert heute – genau wie früher – den Einsatz moderner, innovativer Methoden für die Produktentwicklung. Durch den gewaltigen Fortschritt der Informationstechnik liegt der Schwerpunkt heutzutage eindeutig auf der Entwicklung und Anwen-dung von rechnergestützten Methoden. In der Schiffshydrodynamik sind dies vor allem CFD-Verfahren zur numerischen Strömungsberechnung. Diese Methoden wurden und werden hauptsächlich von Hochschulen und Versuchsanstalten entwickelt und dort auch angewendet. Diese Werkzeuge erschließen jedoch vor allem den Werften ein erhebliches Potential zur Produktverbesserung bei gleichzeitiger Kostenreduktion, vorausgesetzt, daß sie bereits in der frühen Projektdefinitionsphase zum Einsatz kommen. Dies gilt insbesondere für die Entwicklung innovativer Produkte, da dort nicht ohne weiteres auf einen fundierten Erfahrungsschatz zurückgegriffen werden kann.
Daher setzt die Flensburger Schiffbau-Gesellschaft (FSG) verstärkt numerische Methoden zur Produktoptimierung ein. Diese Methoden zeichnen sich vor allem durch die vollständige Integration in das vorhandene Entwurfssystem E4 aus. Dadurch stehen die Methoden schon während der frühen Projektdefinitionsphase zur Verfügung; gleichzeitig wird die Bearbeitung der einzelnen Teilaufgaben durch automatisches Datenpre- und Postprocessing erheblich beschleunigt, so daß umfangreiche Variantenuntersuchungen und Wechselwirkungen zwischen den einzelnen Entwurfsparametern untersucht werden können.
Im einzelnen werden für folgende Teilaufgaben CFD-Verfahren eingesetzt:

- Stapellauf
- Formentwicklung mit Potentialverfahren (SHALLO)
- Ruderentwurf und Manövrieren
- Lüftung mit viskosen Methoden (in Entwicklung)
- Formentwicklung mit viskosen Methoden (COMET, in Entwicklung)
- Propulsoren (in Entwicklung)

2 Vorschiffsoptimierung mit Potentialmethoden

Zur Formoptimierung setzt die FSG derzeit den von der HSVA entwickelten SHALLO-Code in integrierter Form ein. An zwei Beispielen soll gezeigt werden, welche Möglichkeiten der CFD-Einsatz bei der Vorschiffsentwicklung bietet. Dabei muß das Optimierungsziel nicht immer der geringste Widerstand sein, sondern das Gesamtoptimum ist entscheidend, wie das folgende Beispiel der C-Box-Entwicklung zeigt.
Vorgaben an den Schiffsentwurf:

Schiffstyp:	Gleichzeitig Open Hatch-Bulkcarrier und Containerfeederschiff
Ladung:	Bulk alternierend, bis 15.5 t/m^2 Ladungsdruck Laderäume fully box-shaped Container, 1300 Stellplätze, 900 14 t
LoA,Lpp:	entsprechend Tandem-Produktionsverfahren
tdw:	20 000 t
T:	9.75 m
B:	23.6 m (St. Lorenz-Fähigkeit)
cb:	0.782..0.764 entspr. Lpp
v:	16.5 kn bei T = 9 m (Fn = 0.21. 0.22 entspr. Lpp)

Für dieses Projekt war aufgrund der ungewöhnlichen Entwurfsrandbedingungen eine Widerstandsprognose nach den üblichen statistischen Methoden praktisch unmöglich, da die Verfahren eine extrem hohe Streuung aufwiesen. Erste CFD-Analysen hatten jedoch gezeigt, daß mit dem ursprünglich aus produktionstechnischen Gründen vorgesehenem Lpp die erforderliche Geschwindigkeit voraussichtlich nicht zu erreichen war. Eine Optimierung des Produktionsverfahrens ermöglichte daraufhin eine Verlängerung des Schiffes um 5 m auf 147 m über Alles.

Die Frage war nun, wie die Verlängerung des ursprünglich bugwulstlosen Entwurfes durchgeführt werden sollte. Die hohe Froudezahl sprach dafür, das Schiff mit einem Bugwulst zu versehen. Daher wurden insgesamt ca. 100 verschiedene Formfamilien entwickelt und mit CFD rein nach hydrodynamischen Gesichtspunkten optimiert. Variiert wurden Wulstlänge, Fläche, Schwerpunkt, Wulstspitzenlage und die Position der vorderen Schulter. Jeweils die erfolgreichsten Varianten einer Familie wurden dann miteinander verglichen (vgl. Abb. 1–4). Dabei zeigte sich, daß mit keiner der Wulstvarianten ein Unterdruckgebiet auf der Wulstoberseite erzeugt werden konnte, eine dadurch bedingte Verringerung der Bugwelle war also nicht zu erwarten. Manche Wulsttypen zeigten jedoch insgesamt eine Verbesserung der Druckverteilung durch den Abbau der vorderen Schulter, jedoch war mit der neuen Schulterlage die Forderung nach senkrechten Laderaumwänden nicht mehr zu halten. Gleichzeitig mußte bei längeren Wülsten die CWL verkürzt werden, um LoA zu halten, dadurch ergaben sich ungünstigere Druckverteilungen im Bereich Spant 19–20. Die Untersuchung zeigt deutlich, daß die beste Lösung darin liegen würde, die gesamte Schiffsverlängerung in die Verlängerung der CWL zu investieren (Abb. 5 und 6). Schließlich wurden die in Abb. 5 und 6 gezeigten Varianten im Schlepptank der SVA untersucht, wobei die Variante Abb. 6 die erforderliche Geschwindigkeit erzielen konnte. Der Bauvertrag wurde gezeichnet, was ohne den konsequenten Einsatz von systematischen CFD-Untersuchungen nicht möglich gewesen wäre. Natürlich können Produktverbesserungen auch zu ganz anderen Lösungen führen, wie das folgende Beispiel zeigt:

Für ein schnelles Einschraubenschiff (Fn = 0.23) hatte die Reederei bereits im Rahmen von Projektstudien durch einen namhaften Consultant ein Linienkonzept erarbeiten lassen. Dieses Linienkonzept lag der FSG vor und wurde einer eingehenden CFD-Analyse unterzogen. Dabei zeigte sich unter anderem, daß der vorgesehene Bugwulst nicht optimal war, da nur an den Wulstseiten ein geringes Unterdruckgebiet erzeugt wurde (vgl. Abb. 7). Eine Optimierung des Wulstes sowie der Vorschiffsspanten im Bereich CWL-Überwasserschiff würde zu erheblichen Leistungseinsparungen führen. Dazu wurde der Wulst verlängert und die Lage der Wulstspitze wurde nach oben verschoben. Gleichzeitig wurden die Spanten im Vorschiffsbereich oberhalb der CWL schlanker gestaltet, wobei besonders darauf geachtet wurde, daß die Hohlkehle der inneren Schnitte gut in Strömungsrichtung lag, um die Abströmwirkung zu unterstützen.

Abbildung 8 zeigt die CFD-Analyse der optimierten Wulstform. Deutlich ist die erhebliche Vergrößerung

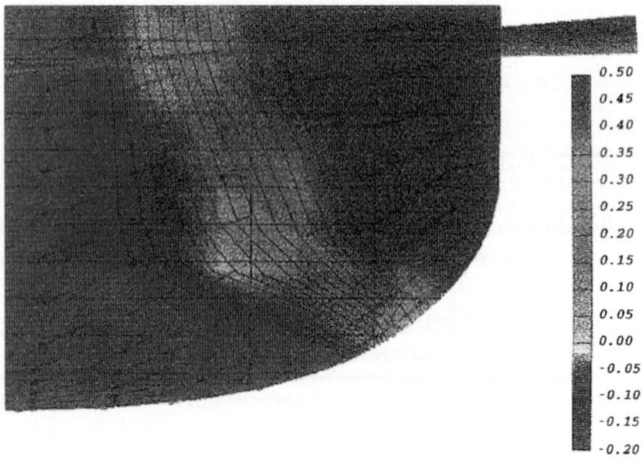

Abb. 1.

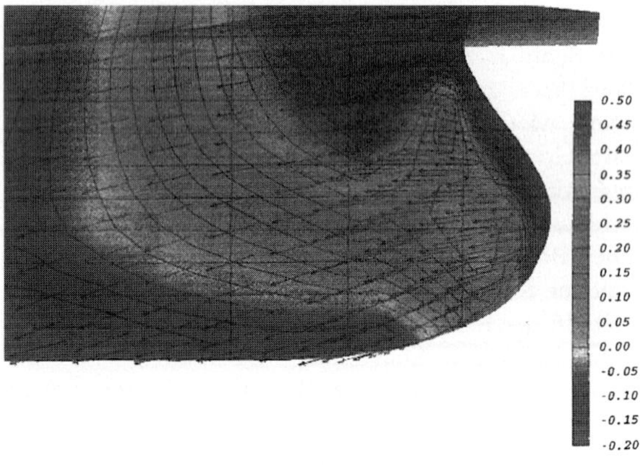

Abb. 3.

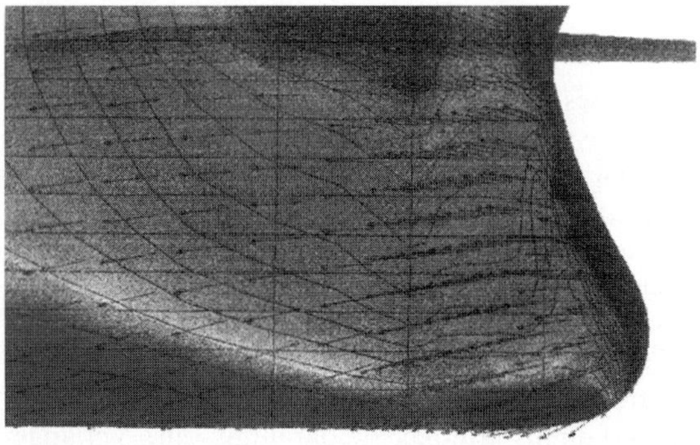

Abb. 2.

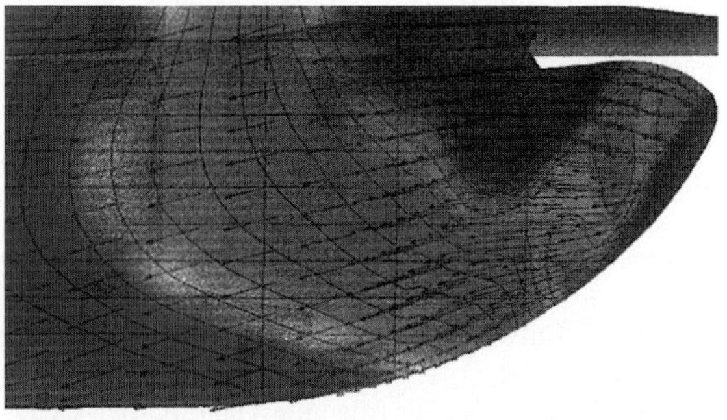

Abb. 4.

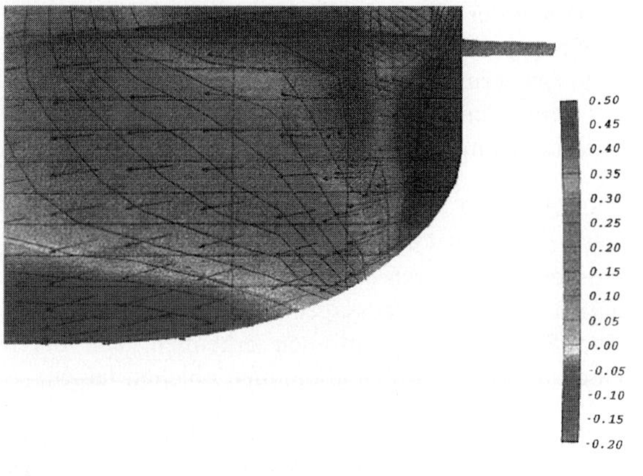

Abb. 5.

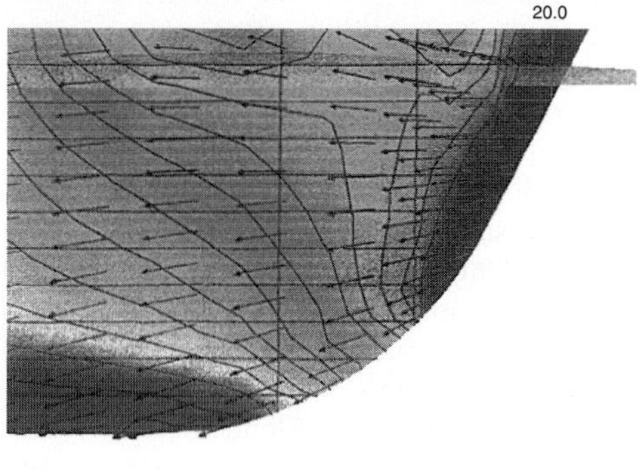

Abb. 6.

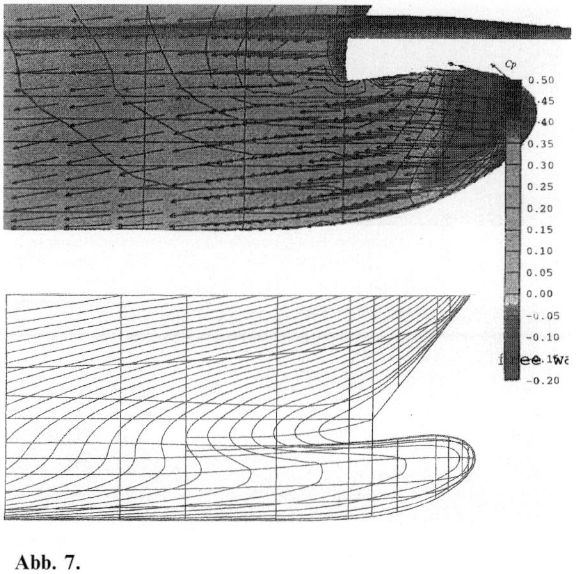

Abb. 7.

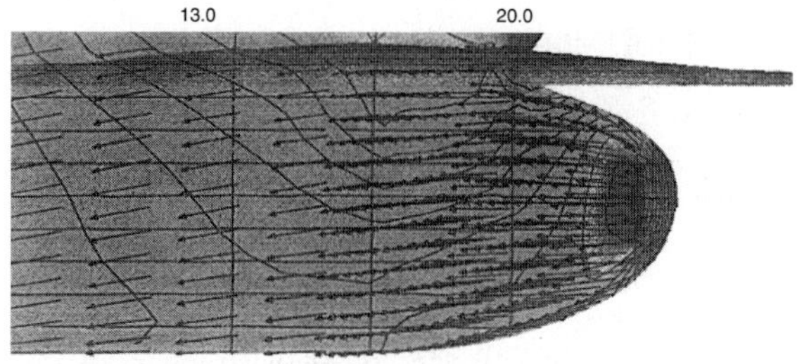

Abb. 8.

des Unterdruckfeldes zu erkennen, dadurch bedingt ist die Bugwelle sowohl in ihrer Höhe als auch in Ihrem Verlauf erheblich moderater. Die bei dem Projekt insgesamt durch CFD erzielten Verbesserungen ermöglichten die Reduktion der Hauptmaschinenleistung um 2 Zylinder, dadurch wurden die baulichen Mehrkosten für den Bugwulst mehr als aufgefangen. Die Einschätzung des neuen Leistungsbedarfes war möglich, da auf der Werft aufgrund der intensiven CFD-Erfahrung vergangener Projekte Verfahren existieren, CFD-Ergebnisse leistungsmäßig zu quantifizieren. Das Beispiel zeigt, daß es nicht nur wichtig ist, numerische Methoden in der frühen Projektphase einzusetzen, sondern man muß auch über die Erfahrung verfügen, die Ergebnisse zu quantifizieren.

3 Hinterschiffsoptimierung mit Potentialmethoden

Die Gesamtoptimierung des Hinterschiffes erfordert eigentlich den Einsatz viskoser Verfahren, da viele entscheidende Effekte viskoser Natur sind. Der Einsatz von viskosen Verfahren ist heute möglich, aber noch sehr zeit- und rechenintensiv. Diese Verfahren sind daher heute eher als Nachrechnen – denn als eigentliche Entwurfsverfahren einsetzbar. Dies wird sich jedoch in Zukunft ändern. Trotzdem können mit Potentialmethoden bei geringem Rechenaufwand eine Menge wertvoller Aussagen über die Hinterschiffsumströmung gewonnen werden, so daß auch in Zukunft wohl immer erst eine Optimierung mit der Potentialtheorie erfolgen wird, bevor viskose Methoden der Form den letzten Schliff geben. Die gegenwärtigen Möglichkeiten der Potentialtheorie zeigt das folgende Anwendungsbeispiel:

Derzeit werden bei der FSG bevorzugt Barge-Hinterschiffe mit Gondel eingesetzt. Die grundsätzliche Formidee wurde für die ECOBOX-Serie gemeinsam mit der HSVA vorrangig aus produktionstechnischen Gründen entwikkelt und hat sich bei diesen Schiffen sehr gut bewährt. Alle von der FSG weiter entwickelten Produkte bauen im Prinzip auf dieser Formidee auf (vgl. Abb. 9). Im Laufe der Zeit ergaben sich jedoch durch die fortschreitende Optimierung der Schiffsformen in den verschiedenen Entwicklungsstadien eine Reihe von Problemen:

- Bedingt durch die CFD-Optimierung kann eine nahezu ideale Interferenz zwischen Bugwelle und

Abb. 9.

vordere Schulterwelle erzielt werden, dadurch entsteht an der hinteren Schulter immer ein Wellental (vgl. Abb. 10).

- Im hinteren Bereich der Gondel entsteht immer eine Ablösung, besonders gefährdet sind dabei die asymmetrischen Varianten (vgl. Abb. 11). Die im Modellversuch nachgewiesenen, durch die Ablösung bedingten Leistungsverluste liegen in der Größenordnung 10–15%. Die Übertragbarkeit auf die Großausführung ist dabei unklar. Eine Verlängerung der Gondel nach hinten würde zwar zu schärferen Wasserlinien führen, jedoch aufgrund des geringeren Axialfreischlages zu erhöhten Sogziffern führen.
- Die optimale Spiegeltauchung richtet sich erheblich nach der Höhe der Heckwelle sowie nach dynamischem Trimm und Tauchung und muß individuell angepaßt werden.

Daher wurden bei der FSG umfangreiche CFD-Studien durchgeführt, um den Hinterschiffsentwurf entscheidend zu verbessern. Die wesentlichen Entwurfsforderungen sind dabei:

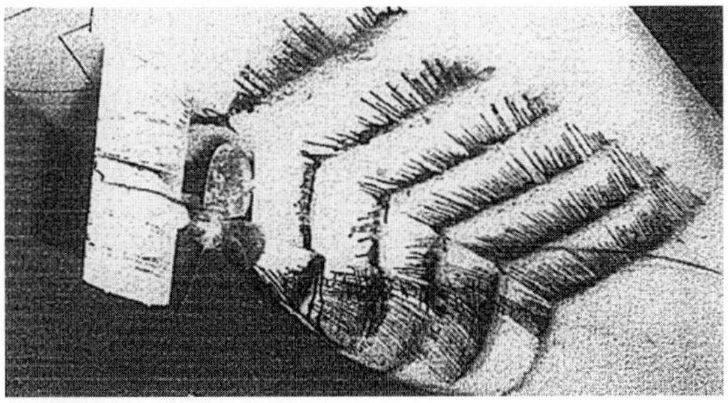

Abb. 10.

- Abbau der hinteren Schulterwelle
- Verringerung des Ablöserisikos bei gleichzeitiger Verbesserung der Sogziffer
- Optimierung der Spiegeltauchung
- Vergleichmäßigung des Nachstromfeldes

Abbildung 12 zeigt die berechnete Druckverteilung einer typischen Gondelform. Auch wenn die Potentialtheorie die durch die Viskosität bedingten Effekte natürlich nicht voraussagen kann, lassen sich doch eine Reihe von Symptomen erkennen, aus deren Deutung sich Abhilfemaßnahmen ableiten lassen:

- Das an Spant 3 entstehende Wellental hat seine Ursache in der großen Spantkrümmung im Bereich der CWL. Die Spantkrümmung wird wesentlich durch die Lage des Seiteneinlaufes sowie durch die Einlaufbedingung am Gondelknick bestimmt. Abhilfe: Tieferlegen des Seiteneinlaufes bei gleichzeitigem Anheben des Spiegels. Dadurch wird die Spantkrümmung über den Umfang vergleichmässigt.
- Die Ablösung im hinteren Gondelbereich hat ihre eigentliche Ursache in der Wechselwirkung des bodennahen Unterdruckfeldes mit den hohen Druckgradienten im oberen Gondelbereich. Abhilfe: Verlegen des Gondelbeginns an das Ende des parallelen Mittelschiffes. Dadurch gleichmäßige Krümmung der Senten im Gondelbereich. Aufdicken der Gondel im Bereich hinter Spant 3 (moderater Heckwulst).
- Bedingt durch nicht optimale Spiegeltauchung entsteht ein großes Überdruckgebiet im oberen Propellerbereich. Abhilfe: Anheben des Spiegels.

Abbildung 13 zeigt die modifizierte Gondelform, Abb. 14 die berechnete Druckverteilung. Der Abbau der beiden Unterdruckfelder ist deutlich zu erkennen, ebenfalls die Tatsache, daß beschleunigte Strömung in den oberen Gondelbereich gelangt, der Druckgradient ist dort moderat. Auch im unteren Gondelbereich ergeben sich erheblich moderatere Druckgradienten. Das Risiko der Ablösung hat sich offensichlich erheblich verringert, wenn man die Wechselwirkung zwischen Druckgradient und Grenzschichtverhalten in Betracht zieht. Die Form selbst ist offensichtlich bezüglich des Druckgradienten noch verbesserungsfähig. Der Vergleich der Gondelheckform mit einer für dieses Projekt alternativ entworfenen konventionellen Hinterschiffsform (vgl. Abb. 15) zeigt, daß die Gondelform bezüglich der Druckverteilung mindestens gleichwertig ist.
Alle Erkenntnisse wurden aus einer einfachen Potentialrechnung gewonnen. Eine vernünftige Druckverteilung im Hinterschiff ist offenbar notwendige Voraussetzung, um die weitere Verbesserung mit viskosen Methoden zu erzielen. Durch systematische Studien sind offenbar erhebliche Verbesserungen möglich.

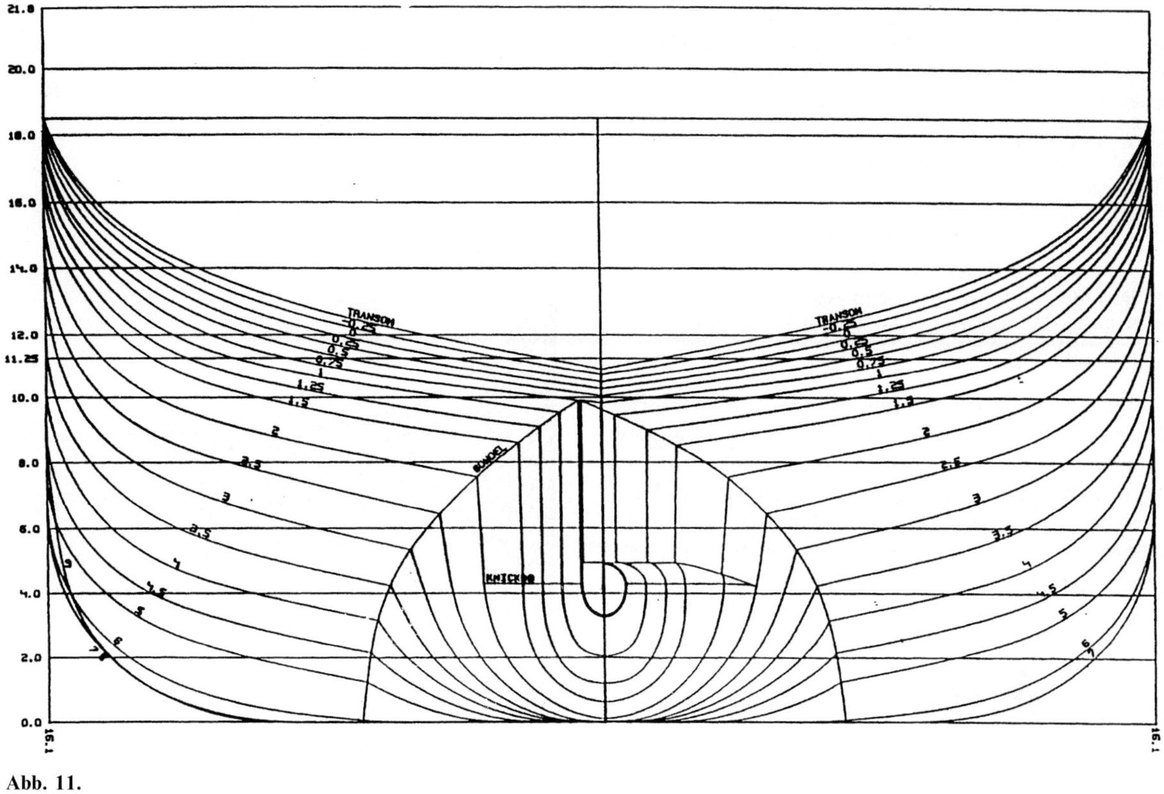

Abb. 11.

4 Ruderkraftberechnung im Propellerstrahl

Ein weiteres Anwendungsgebiet für CFD-Methoden ist der Ruderentwurf. Die Formgebung und Positionierung des Ruders ist die entscheidende Größe für das Manövrierverhalten des Schiffes. Darüber hinaus ist für die numerische Simulation des Manövrierverhaltens die sachgemäße Berechnung der Ruderkräfte von entscheidender Bedeutung. Die fortschreitende

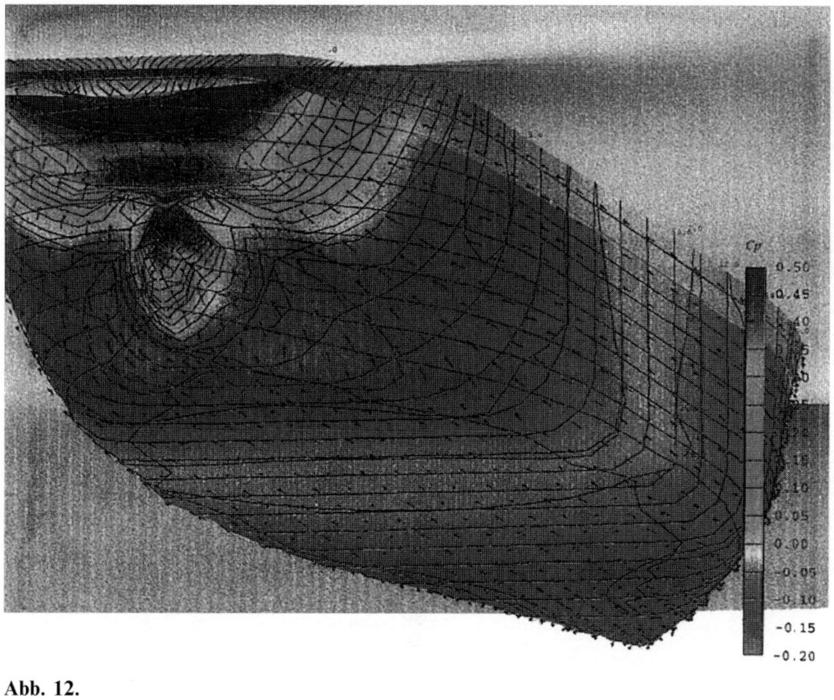

Abb. 12.

Optimierung der Manövriereigenschaften des Schiffes sowie des Ruders selbst bringt jedoch neue Probleme mit sich, die dringend einer Klärung bedürfen. Dies wird deutlich, wenn man sich einmal die wirksamen Ruderkräfte vor Augen führt, die beispielsweise bei der Probefahrt während des Steering Gear-Tests auftreten:

- stationäre Ruderkräfte bei verschiedenen Anstellwinkeln und Propellerzuständen
- Beschleunigungskräfte beim Ruderlegen
- Stützkräfte aufgrund der eingeleiteten Schiffsbewegungen

Von der FSG gemeinsam mit dem GL durchgeführte Bordmessungen haben ergeben, daß alle drei Kraftanteile etwa in der gleichen Größenordnung liegen können. Verbessert man nun beispielsweise das Manövrierverhalten des Schiffes, dann werden sich während des Manövers aufgrund der Schiffsbewegungen größere Stützkräfte ergeben, und es ist möglich, daß die Rudermaschine den Test nicht besteht, obwohl sie in Einklang mit den Klassifikationsvorschriften dimensioniert wurde. Das scheinbar naheliegende, nämlich eine Vergrößerung der Ruderlegegeschwindigkeit, führt automatisch zu größeren Beschleunigungskräften und kann ebenfalls dazu führen, daß die Rudermaschine den Test nicht besteht.
Dabei ist nicht entscheidend, ob das zugrundeliegende Testprocedere für die Rudermaschine nicht einer grundlegenden Überarbeitung bedarf, sondern es legt vielmehr die Spielregeln fest, innerhalb derer eine möglichst optimale Gesamtkonfiguration zu ermitteln ist.

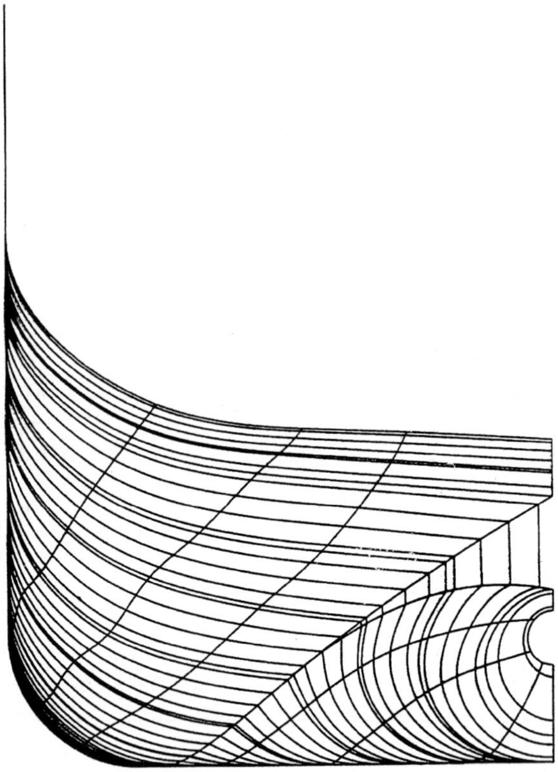

Abb. 13.

Grundlage dafür bilden in jedem Falle zuverlässige Berechnungsverfahren für alle Kraftanteile.
Zuerst müssen dazu die stationären Anteile richtig erfaßt werden, da sie außerdem noch Grundlage für

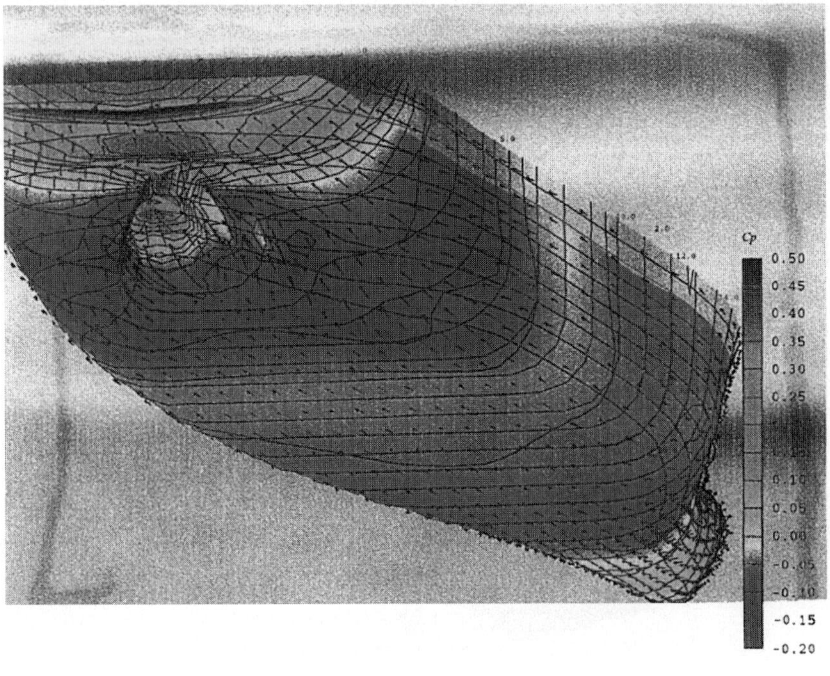

Abb. 14.

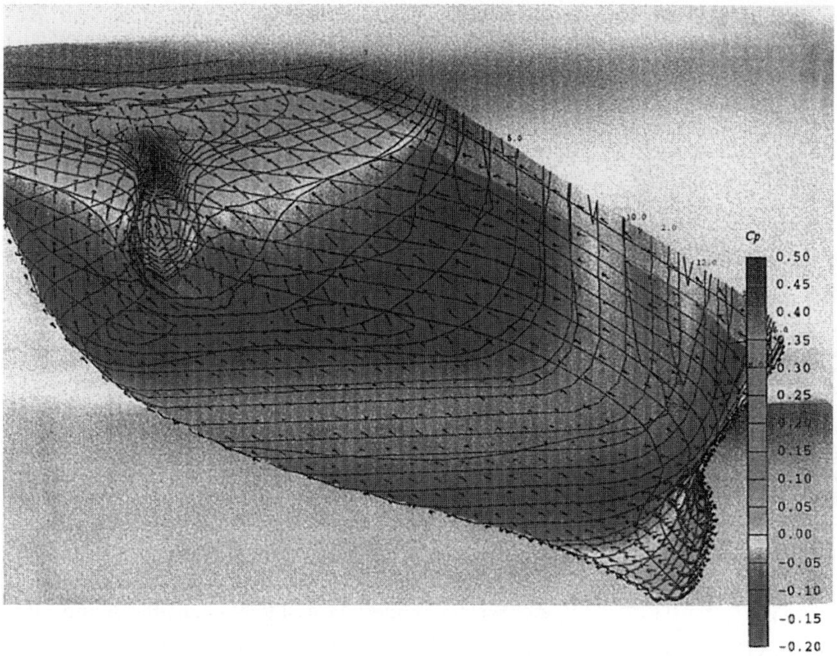

Abb. 15.

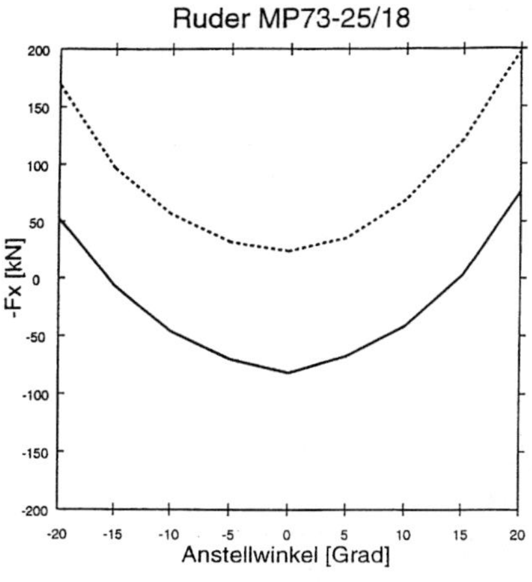

Abb. 16.

die in der Manöversimulation zu ermittelnden Schiffsbewegung bilden.

Für die Berechnung dieser Kraftanteile wird bei der FSG derzeit ein von Prof. Söding im Rahmen eines gemeinsamen Forschungsvorhabens entwickeltes Panelverfahren erprobt.

Abbildung 16 zeigt beispielsweise ein Berechnungsgitter für das Ruderarrangement der C-Box (Vollschweberuder mit Skeg). Für diese Konfiguration hat die FSG Ruderkraftmessungen bei der SVA durchführen lassen, Abb. 17 und 18 zeigen den Vergleich der gemessenen und berechneten Ruderlängs- und Querkraft. Die Übereinstimmung bei der Ruderquerkraft ist sehr gut, außerdem stimmt der Verlauf der Längskraft mit der Messung sehr gut überein. Ob die Differenz zwischen berechneter und gemessener

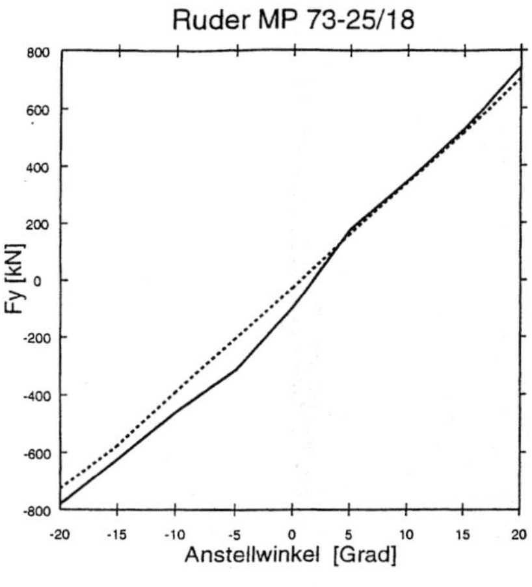

Abb. 17.

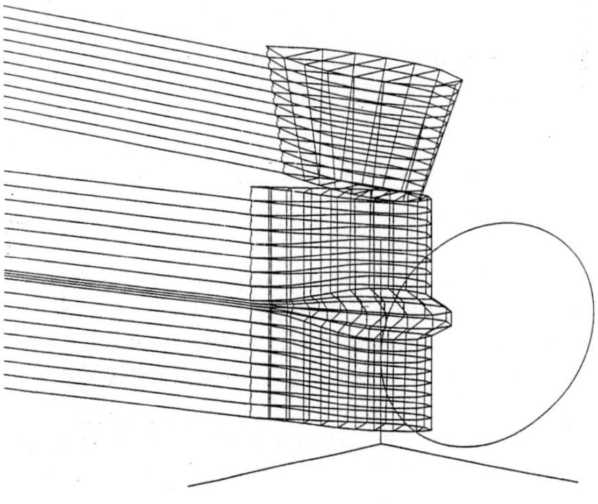

Abb. 18.

Abb. 19.

Ruderlängskraft auf eine bisher nicht erfaßte Wechselwirkungsgröße oder Ungenauigkeiten bei der Modellierung des Propellerstrahles zurückgeführt werden kann, wird derzeit noch geprüft.
Der Einsatz derartiger Verfahren ermöglicht nicht nur die zuverlässigere Auslegung bestehender Systeme, sondern auch den Einsatz neuartiger oder unkonventioneller Konfigurationen, z.B. des in Abb. 19 gezeigten Twist-Flow-Ruders zur optimalen Drallausnutzung bei gleichzeitiger Minimierung der Kavitationsgefahr. In Zusammenarbeit mit der FH Kiel werden derzeit die Einsatzmöglichkeiten derartiger Ruderkonfigurationen untersucht.

5 Zusammenfassung und Ausblick

Durch systematischen und konsequenten Einsatz numerischer Verfahren als Entwurfsmethoden lassen sich auf der Werft bereits in der frühen Projektdefinitionsphase erhebliche Kosteneinsparungen bei gleichzeitiger Verbesserung der Produktqualität erzielen. Dazu müssen in enger Abstimmung mit allen Fachabteilungen (Entwurf, Konstruktion, Maschinenbau, Planung und Fertigung) eine Vielzahl von Varianten untersucht werden. Wesentlich ist, daß die Ergebnisse dieser Methoden Entscheidungsgrundlagen und Argumente liefern, auf deren Basis nicht nur die Werft, sondern vor allem auch der Kunde das Schiff beurteilen kann, so daß gemeinsam die optimale Lösung entwickelt werden kann.
Dabei sind konsequentes Engagement der Versuchsanstalten und Hochschulen von entscheidender Bedeutung: Sie müssen in enger Abstimmung mit den Werften die Methoden grundlagenorientiert weiterentwickeln und die Werften in deren Anwendung unterstützen, so daß auch in Zukunft unsere Wettbewerbsfähigkeit gesichert bleibt.

Entwurf der Stahlstruktur unter Benutzung neuer Dimensionierungsmethoden

Design of the Steelstructure with new Dimensioning Methods

Dr.-Ing. **Berend Bohlmann**
Flensburger Schiffbau-Gesellschaft mbH & Co. KG

1 Einleitung

Der Einsatz moderner Rechentechnik führte auch im Schiffbau zu signifikanten Veränderungen der Entwurfsprozesse. Neben vielen anderen Gesichtspunkten hat eine erhebliche Beschleunigung vieler Entwurfsarbeiten stattgefunden und dabei noch gleichzeitig die Untersuchungstiefe sehr stark zugenommen. So gehören z.B. direkte Berechnungen mit der Methode der Finiten Elemente schon zum Standardrepertoire moderner Werften. Sehr avancierte Berechnungen, beispielsweise CFD zur Widerstandsprognose von Schiffen beginnen, sich zu etablieren.
Der Status Quo ist derzeit gekennzeichnet durch eine Anzahl von Insellösungen, die auf die speziellen Anforderungen der einzelnen Fachgebiete abgestimmt sind. Der Ursprung der einzelnen Komponenten liegt, historisch bedingt, denn auch im jeweiligen Fachgebiet. Es stehen heute eine Anzahl

von leistungsfähigen Programmen zur schiffbaulichen Bearbeitung von Entwurf, Strukturanalyse, Stahlkonstruktion, Maschinen- und Rohrbau zur Verfügung. Wenn auch natürlich die Programme sich im Detail deutlich unterscheiden, so zeichnen sich die namhaften Softwarepakete insgesamt gesehen doch durch einen hohen Entwicklungsstand bezüglich Modellqualität, Benutzerführung usw. aus.
Ihre Vernetzung untereinander zur gesamtheitlichen Bearbeitung und Optimierung jedoch läßt noch viele Wünsche offen. Unter dem Aspekt der Konstruktionsoptimierung ist daher der mit dem Durchlaufen von Iterationsschleifen verbundene Aufwand lästig und teuer, sobald Schnittstellen zwischen den Teilsystemen berührt werden. In der Praxis werden diese Iterationen dann auf ein unumgängliches Mindestmaß begrenzt. Es bleibt daher noch allzuoft bei Entwurfsschleifen innerhalb der Fachgebiete.
Im vorliegenden Beitrag wird am Beispiel der Flensburger Schiffbau Gesellschaft (FSG) gezeigt, wie eine effizientere Brücke zwischen den klassischen Disziplinen Entwurf und Konstruktion aussehen kann. Die FSG setzt im Gebiet des Schiffsentwurfes auf die Methodenbank E4. Strukturanalysen werden mit dem Finite Element Paket NISA angegangen und die Stahlkonstruktion arbeitet mit NUPAS.

2 Moderner Stahlentwurf

Bei der Architektur des Systems zur Stahlmodellierung stand nicht allein die klassische Schnittstellenproblematik im Vordergrund, also z.B. die Übergabe der Linien aus dem Entwurf an die Konstruktion.
Der Anspruch ist vielmehr, eine Software zu schaffen, die den Konstrukteur beim schiffbaulichen Stahlentwurf unterstützt, den fertigen Entwurf automatisch (vor)dimensioniert und die zur globalen Strukturanalyse benötigten Finite Element Modelle produziert. Schließlich sollen die erzeugten Berechnungsmodelle z.B. zwecks Prüfung und Genehmigung problemlos und vollständig an Dritte übertragen werden.
Die FSG-Stahlstruktur wird auf der Datenbasis des E4-Entwurfssystems erzeugt. Alle den Stahlentwurf betreffenden Methoden sind in das E4 einzubinden. Damit wird der Schulterschluß zwischen Entwurf und Konstruktion deutlich enger als in der Vergangenheit.
Das Stahlmodell muß nicht notwendigerweise den vollständigen Rumpf beschreiben. Teilmodelle können sowohl in den Vordimensionierungen als auch zur Erstellung der FE-Modelle verarbeitet werden. So lassen sich vom einfachen Hauptspant über Laderaummodelle bis hin zum vollständigen Rumpf stets den Aufgaben angepaßte Modelle erzeugen. Die schnelle und weitgehend automatische FE-Modellerzeugung erlaubt, an Teilkonstruktionen sehr frühzeitige FE-Untersuchungen durchzuführen und die fragliche Struktur gegebenenfalls zu modifizieren oder gar zu ersetzen. Durch diese Vorgehensweise wird sichergestellt, daß vor der aufwendigen, detaillierten Ausarbeitung in der Stahlkonstruktion die Struktur den Anforderungen in bezug auf globales Festigkeits- und Verformungsverhalten auch standhält.

2.1 Stahlentwurf

Konkret benötigt der Konstrukteur von seiten des Entwurfes vorläufige Linien sowie Raum- und Tankaufteilung. Die Anforderungen an den Entwurf beschränkt sich aus stahlbaulicher Sicht ganz auf den zu modellierenden Bereich. Dies ist besonders in der frühen Projektphase von großem Nutzen.
Auf dem Spantriß wird vom Konstrukteur zunächst die Außenhautabwicklung definiert (Abb. 1). Das Programm assistiert, indem die innere Struktur wie z.B. Decks mit eingeblendet werden können, um so die Nähte in Abhängigkeit von stoßenden Bauteilen festzulegen. Daneben gibt es weitere Vorschläge z.B. zur Gestaltung der Plattenbreite.
Im Anschluß daran werden auf den inneren Strukturen die Längs- und Querbauteile generiert (Abb. 2). Der Konstrukteur belegt die Entwurfswände mit Platten und Profilen. An dieser Stelle besteht keine Notwendigkeit zur Festlegung auf Plattendicken oder Profilgrößen. Zur Definition von Paneelen genügt neben der Angabe der räumlichen Ausdehnung die gewünschte Anzahl bzw./der Spantabstand sowie der Typ des zu verbauenden Profils. Eine Anzahl von weiteren Attributen gilt den Informationen zu Mallkante und Schlagrichtung, dem zu verwendenden Material, eventuell vorhandenen Ausschnitten, usw.. Auch können bereits bekannte Dimensionierungen wie z.B. Schlingerkielprofile an dieser Stelle eingetragen werden.
Verschiedene Visualisierer unterstützten den Konstrukteur in der Bewertung seines Entwurfs. Abbildung 3 zeigt die Längsbauteile im Hauptspantbereich eines RoRo-Schiffes vor der Übergabe zur Dimensionierung nach Klassevorschrift.
Der Arbeitsbereich dieser Methode reicht vom sehr frühen Projektstadium mit entsprechend grobem Datenmodell wie z.B. einem einfachen Hauptspant- oder Mittschiffsmodell bis zum weitgehend vollständig beschriebenen, über den gesamten Rumpf reichenden Stahlmodell. Auf Entwurfsseite vorgenommene nderungen z.B. an der Raumaufteilung können jederzeit leicht nachgepflegt und stahlbaulich bewertet werden.

2.2 Dimensionierung

Die automatische Dimensionierung basiert auf der Verbindung des im E4 beschriebenen Stahlmodells mit den Bauvorschriften von Klassifikationsgesellschaften. Dimensioniert wird sowohl nach globalen

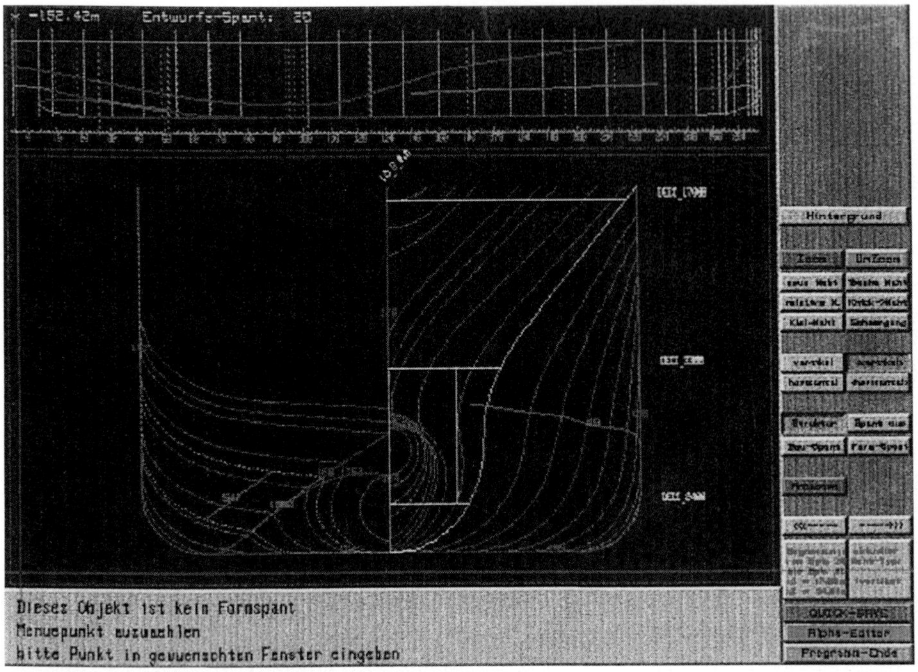

Abb. 1. Nahtdefinition für die Außenhautabwicklung

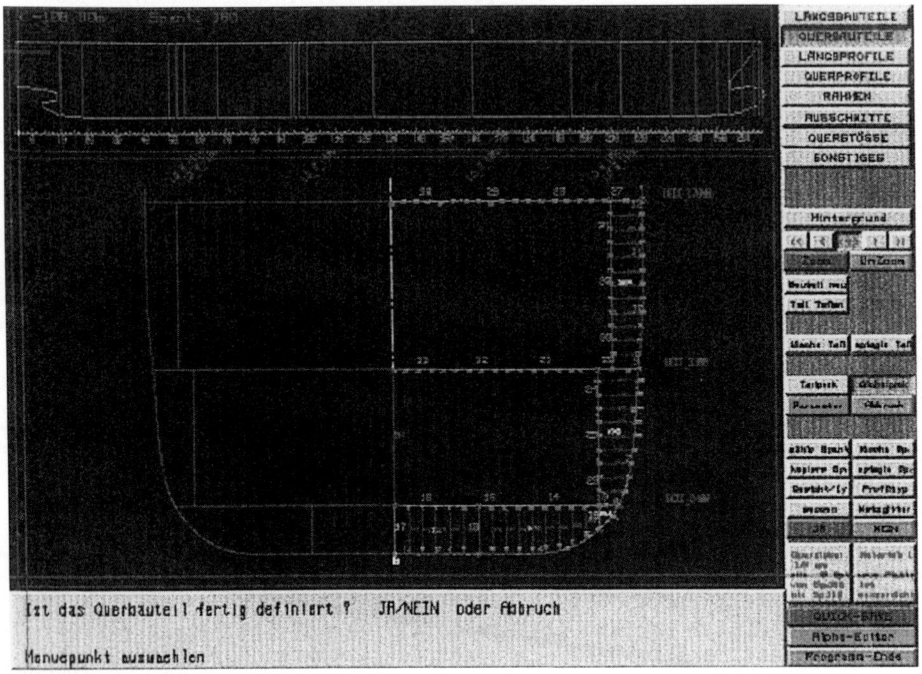

Abb. 2. Entwurf von Längs- und Querbauteilen

Gesichtspunkten wie z.B. Hauptspantwiderstandsmoment als auch nach lokalen wie Tankdruck.

Aktuell kann das Stahlmodell zur Berechnung der nach Klassevorschrift notwendigen Plattendicken und Profilgrößen an das vom Germanischen Lloyd (GL) entwickelte POSEIDON übergeben werden (Abb. 4). Damit kann die Konstruktion zu jedem beliebigen Zeitpunkt mit den GL-Regeln weitgehend konforme Stahlstrukturen garantieren.

Zudem wird mit Hilfe der automatischen Vordimensionierung schon im frühen Projektstadium das Stahlgewicht wesentlich genauer prognostiziert. Die mit der Stahlkalkulation verbundene Unschärfe nimmt ab.

Abb. 3. Stahlentwurf vor dem Dimensionieren

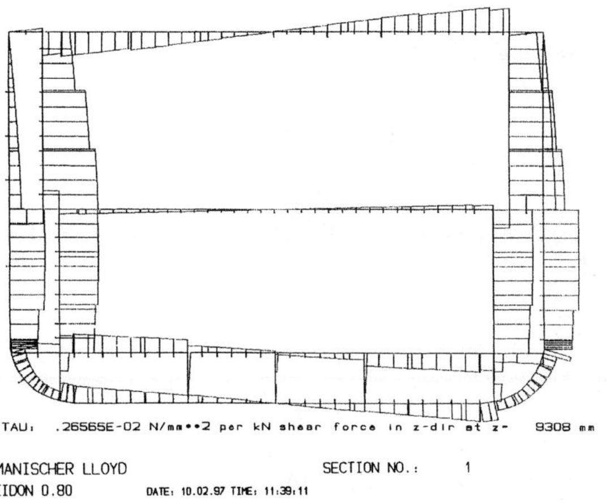

Abb. 4. Auswertung am Hauptspant

2.3 Finite Element Modelle

Neben den Dimensionierungen nach Regelwerk werden moderne Entwürfe zunehmend auf der Basis direkter Berechnungen nach der FE-Methode dimensioniert (Abb. 5). Bis heute steht jedoch der erhebliche Aufwand zur Erstellung geeigneter Berechnungsmodelle einer breiteren Anwendung der FEM entgegen. Mit der Entwicklung von Netzgeneratoren zur Erzeugung schiffbaulicher FE-Modelle eröffnen sich zusätzliche, neue Einsatzmöglichkeiten insbesondere zur globalen Strukturanalyse.

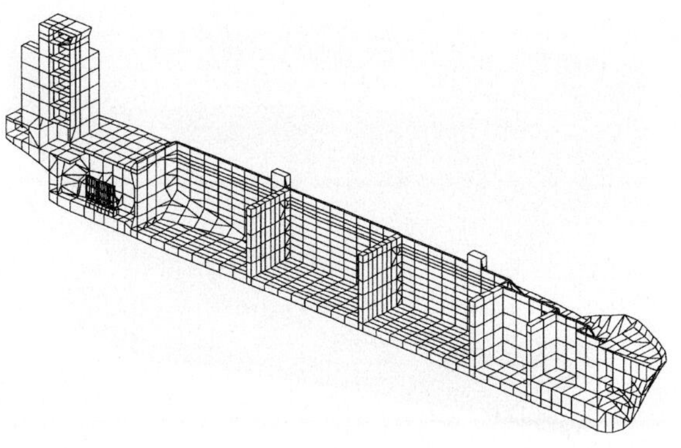

Abb. 5. FE-Modell der „C-Box“-Klasse

Die Methode dient nun nicht länger allein als Werkzeug zum überprüfen von weitgehend durchkonstruierten Strukturen. Der bisweilen sehr nachteilige Effekt, daß die Ergebnisse globaler FE-Rechnungen kurz vor Fertigungsbeginn zur Verfügung stehen, wird praktisch vollständig eliminiert.
Der von der FSG entwickelte Netzgenerator greift auf das zuvor im Stahlentwurf generierte und dann in der E4-Datenbasis abgelegte Datenmodell zu. Die eigentliche FE-Modellierung verlangt vom Sachbearbeiter lediglich Angaben zur gewünschten Netzqualität. Über eine Reihe von Parametern, wie z.B. Feinheit des FE-Netzes oder tolerierte Abweichungen der Elemente von ihrer Idealform, werden die aktuellen Bedürfnisse abgefragt. Der Statiker wird dabei durch Vorschläge vom System unterstützt. Schließlich wird das in E4 produzierte FE-Modell zur eigentlichen Strukturanalyse über eine Schnittstelle an das FE-Programm übergeben.
Zur Initialisierung werden die im FE-Modell einzutragenden Properties einem Vordimensionierungslauf nach Klassevorschrift entnommen. Dann werden je nach Aufgabenstellung die im Anschluß an die ersten Berechnungen gewünschten Modellmanipulationen entweder direkt am FE-Modell vorgenommen oder am E4-Stahlmodellierer. Erstere Methode kann Variationsrechnungen dienen, bei denen die E4-Datenbasis unverändert bleiben soll. Das andere Verfahren garantiert stets konsistente Datensätze; zusätzlicher Pflegeaufwand entfällt.
Derzeit kann der Prozessor alle Flächen von Außenhaut und Längs- und Querbauteilen zu Scheiben- oder Schalenelementen abbilden. Abbildung 6 demonstriert, daß auch lokale, fein zu elementierende Aufgaben sinnvoll angegangen werden können. Ausgehend von der in E4 hinterlegten Stahlbeschreibung beansprucht die Methode zur Zeit Rechenzeit im Sekundenbereich. Im Hinblick auf die herkömmliche Arbeitsweise mit einem in Manntagen oder gar-wochen zu messenden Umfang ist der bis jetzt erzielte Fortschritt bemerkenswert. In der nun anstehenden Ausbaustufe wird die Methode auf die Verarbeitung von Profilen erweitert.

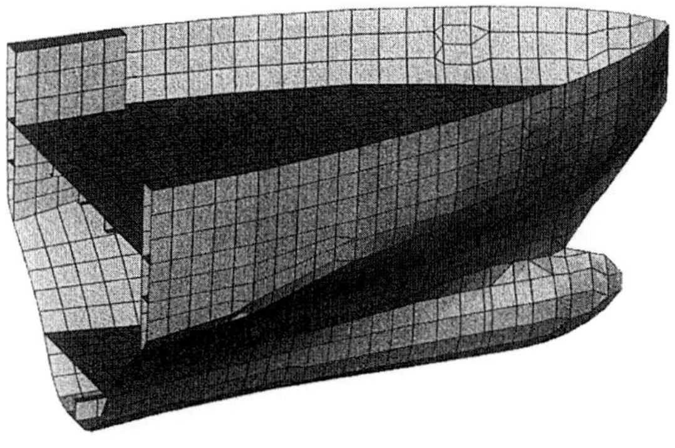

Abb. 6. Vorschiffsmodell einer Ro/Ro-Fähre

2.4 Genehmigungsverfahren

Neben anderen Aufgaben bindet die Überprüfung von auf der Werft durchgeführten FE-Berechnungen z.Zt. erhebliche Kapazitäten.
Der Aufwand entsteht jedoch nicht allein auf Seite der prüfenden Klasse, sondern durchaus auch auf der Werft. An protokollierten, rechnerisch erzeugten Netzen können mögliche Schwachstellen im Netz leicht ausfindig gemacht werden. Eine nach stets gleichen Algorithmen ablaufende und damit in gewisser Weise normierte Modellerstellung wird den notwendigen Aufwand für die Statiker maßgeblich verringern.

Notwendig erscheint zudem die Möglichkeit, anstelle der heute üblichen Präsentation von Modell und Berechnungsergebnissen die von der Werft verwendeten Berechnungsmodelle der genehmigenden Klasse vollständig und digital zu übergeben.

3 Ausblick

Die von der FSG betriebene Entwicklung des Stahlentwurfs und seiner Dimensionierung ist keinesfalls abgeschlossen. Eine Anzahl der skizzierten Prozessoren ist noch zu verfeinern; andere, wie z.B. die Generierung von Lastfällen zur direkten Bemessung aus den Entwurfsladefällen fehlen noch.
Unabhängig davon ist das Verfahren heute schon in einigen Teilen funktionsfähig. Es hat sich im Alltag der FSG bereits bei verschiedenen Projekten und auch bei den jetzt im Bau befindlichen Schiffen der neuen „C-Box"-Klasse bewährt. Rückblickend insbesondere auf die Entwicklung der „C-Box" hat der Stahlentwurf dabei an Qualität und Tempo hinzugewonnen bei gleichzeitiger Senkung der Entwicklungskosten.
Das in dem beschriebenen Verfahren noch schlummernde Potential ist heute nicht annähernd erschlossen. Dies zu erreichen, ist eine unserer vordringlichen Entwicklungsarbeiten.

Entwurf eines modularen Deckshauses und Konzeption für seine Fertigung

Dipl.-Ing. **Reiner Höpfner**, Wolgast

Der Markt zwingt die Werften zur Verringerung der Produktionstiefe. Deckshäuser sind von diesem Prozeß erfaßt worden. Um Deckshäuser wettbewerbsfähig herzustellen müßten der Stundenaufwand und der Aufwand für Konstruktion sinken und die Zeit von Auftragserteilung für das Deckshaus bis zu dessen Inbetriebnahme verkürzt werden. Innovative Lösungen sowohl für wichtige Baugruppen der Deckshäuser als auch für den gesamten Herstellungsprozeß werden benötigt.
Ich schlage folgenden Lösungsweg vor:
Deckshäuser sollen modular gebaut werden.
Das Modulare Deckshaus soll sich aus einem Baukasten, dessen Bausteine Module genannt werden, in Varianten zusammensetzen lassen. Die Module sind Funktionseinheiten, die in verschiedenen Größenstufen und Bauteilausstattungen existieren. Damit das Deckshaus die jeweils gewünschte Gesamtfunktion erfüllt, werden auch Bausteine, die nicht als Module vorhanden sind, hinzugefügt. Folgende Module sollen das Deckshaus bilden (Abb. 1): Die Raumzellen (1), die Etagen (2), die Kommandobrücke (3), der Schornstein (4) und die Anbauten (5). Deckshausmodule sollen unter Werkstattbedingungen vorgefertigt werden.
Die Raumzelle wird in der Werkstatt auf einem Teilstück des tragenden schiffbaulichen Decks vollständig fertig aufgebaut. Das wird durch die Verwendung lasergeschweißter Sandwich-Paneele für schiffbauliche Decks möglich. Die Etagen des Deckshauses werden wie folgt gebaut: Der vorgefertigte Trägerrost wird aufgelegt, vorgefertigte Wände

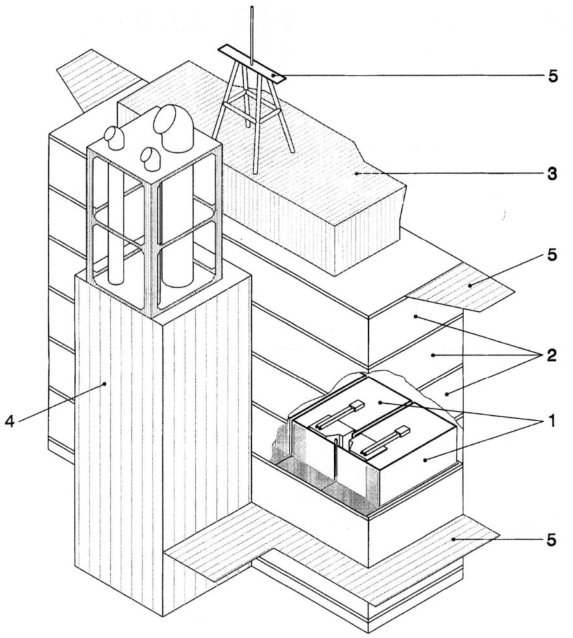

Abb. 1.

aufgestellt, dann die fertigen Raumzellen eingesetzt, zuletzt die Versorgungsstränge eingelegt und die Raumzellen daran angeschlossen. Die fertigen Etagen werden aufeinandergesetzt und nur von außen verschweißt. Die Versorgungsstränge werden miteinander verbunden, Kabel z.T. auch noch eingezogen. Die Kommandobrücke wird in der Werkstatt komplett fertig gebaut und ausgerüstet. Nach dem Aufsetzen auf den Rumpf des Deckshauses werden die im Rumpf bereits verlegten Kabel an die Geräte in der Kommandobrücke angeschlossen. Der Schornstein wird komplett, stehend oder als ein Rack der „Eingeweide" liegend gebaut und in den Schacht eingekrant.

Der noch sehr hohe Anteil von Handarbeit beim Bau der Deckshäuser soll durch Mechanisierung wesentlich verringert werden.

Hierfür hat sich mit dem Beginn der Herstellung lasergeschweißter Sandwich-Paneele eine neue bedeutende Möglichkeit eröffnet, weil diese billiger als herkömmliche Paneele hergestellt werden können und bei der Montage nicht wärme-gerichtet werden brauchen.

Der Lösungsweg für eine wettbewerbsfähige Herstellung von Deckshäusern schließt die Vormontage komplett fertiger Deckshäuser, deren Bau erst möglichst spät begonnen werden muß und die in wenigen Tagen auf dem Schiff montiert werden können, unbedingt ein.

Die Vorteile, die auf diesen Wegen erreicht werden können, sind nachfolgend aufgelistet:

Vorschläge	Vorteile daraus
*Modularbauweise	*Wiederverwendung von Konstruktionen *Vorfertigung von Modulen unter Werkstattbedingungen *Wiederholung von Fertigungsprozessen
*Werkstattfertigung der Deckshausmodule – Raumzelle – Deckshausetage – Kommandobrücke – Schornstein	*Bauzeitverkürzung aus hoher innerzyklischer Parallelität *Arbeitszeiteinsparung durch Wegfall von Verlustzeiten, Arbeitserleichterung und erhöhter Mechanisierung
*Mechanisierung	*Arbeitszeiteinsparung aus Wegfall von Arbeitsgängen besonders wenig produktiver Handarbeit
*Vormontage kompletter Deckshäuser unabhängig vom Schiffskörper unter Dach	*Bauzeitverkürzung und *Arbeitszeiteinsparung aus höherer innerzyklischer Parallelität und witterungsgeschützter Fertigung

Die Arbeitsgemeinschaft der Rostocker Betriebe Neptun Stahlkonstruktion, G + H Montage, STN Schiffselektrik und Neptun Industrie hat großes Potential an Innovation erarbeitet und will im Juni 1997 mit der Konstruktion des ersten Modularen Deckshauses beginnen und den Prototyp in den ersten Monaten 1998 fertigstellen.

Aktuelle Entwicklungen zum Numerischen Tank – Auswirkungen auf den Entwurfsprozeß

Present Developments for the Numerical Tank and their Effect on the Design Procedure

Dr.-Ing. **Gerhard Jensen**
Hamburgische Schiffbau-Versuchsanstalt GmbH, Hamburg

Summary. The paper shows examples where besides the established wave-making calculations and potential flow based propeller calculations advanced Computational Fluid Dynamics can be used in practical ship design. These examples include the optimization of a trimaran configuration with respect to wave making, the use of a RANSE-Solver to predict the flow around the afterbody of a twin screw shallow-water vessel, the potential of viscous flow codes to analyse unconventional propeller blade shapes and the use of a VOF-method for the prediction of resonantes in a partially filled tank.

1 Einführung

Im Entwurfsprozeß spielt die Bestimmung der Schiffsform eine zentrale Rolle. Beeinflußt sie doch zahlreiche Haupteigenschaften der Schiffe, die letztendlich in ihrer Kombination für unterschiedliche Aufgabenstellungen ein Optimum darstellen sollen.
Die uns als Versuchsanstalt besonders betreffende hydrodynamische Formoptimierung kann nicht isoliert von den übrigen Entwurfsaufgaben gelöst werden, weil andere wesentliche Eigenschaften des Projekts ebenfalls entscheidend von der Schiffsform abhängen.
Modellversuche mit bewährter Aussagequalität können aufgrund des Zeitbedarfs und der Kosten normalerweise nicht in mehreren Entwurfsschleifen eingesetzt werden. Neben den zahlreichen empirisch gewonnen Empfehlungen wie z.B. [1] die traditionell eingesetzt werden, haben sich numerische Simulationen von Strömungen (Computational Fluid Dynamics-CFD) bereits bewährt. Die HSVA betreibt alle diese Entwicklungen unter dem Titel *Numerischer Tank*. Wie der Titel schon erkennen läßt, ist das langfristige Ziel möglichst viele Probleme, die bisher ausschließlich experimentell behandelt werden können, auch durch numerische Simulation zu lösen. Dabei geht es nicht einfach um den Ersatz der Versuchstechnik, sondern um einen qualitativen Sprung beim Verstehen der physikalischen Ursachen für bestimmte Eigenschaften, der eine schnellere und gezieltere Entwicklung von Schiffen ermöglichte.
Daß die Berechnung von schiffbaulichen Strömungen aufgrund der hohen Reynoldszahlen und der Komplikationen durch die freie Wasseroberfläche mit brechenden Wellen und Spritzern, sowie die Entstehung und das Verhalten der gasförmigen Phase bei Kavitation, besonders schwierig sind ist schon oft erwähnt worden.
Numerischen Verfahren gehen daher stets – wie experimentelle Untersuchungen im allgemeinen auch – von gewissen Vereinfachungen der Wirklichkeit aus, wobei man abhängig vom Problemfall unterschiedliche Annahmen trifft. Dabei kommen praktisch verwendbare Methoden heraus mit denen heute routinemäßig Ingenieursarbeit geleistet wird.
Ich werde im folgenden solche Verfahren nur am Rande erwähnen, da über diese schon häufig und auch auf STG-Veranstaltungen berichtet worden ist [2]. Ich möchte vielmehr Entwicklungen vorstellen, die neue weitergehende Aufgaben für den Numerischen Tank erschließen.

2.1 Wellenwiderstand

Schiffe erzeugen bei ihrer Vorwärtsbewegung Wellen, die einen maßgeblichen Teil ihres Widerstandes begründen. Die Bestimmung des Wellenwiderstandes entzieht sich einer geschlossenen, analytischen Betrachtung. In der Tat war die Untersuchung dieses Widerstandsanteils einer der wesentlichen Gründe für die Entstehung von Schiffbau-Versuchsanstalten in der ganzen Welt.
Inzwischen haben sich potentialtheoretische Randelementeverfahren etabliert die außer zähen Effekten auch noch weitere Details der Strömung, wie z.B. Wellenbrechung und Spritzer-bildung vernachlässigen, aber dennoch recht zuverlässige Aussagen über die Wellenbildung erlauben und so routinemäßig in der Schiffsformoptimierung eingesetzt werden können. Die HSVA, einer der Vorreiter dieser Anwendungen, bietet ein entsprechendes Programm – PC-SHALLO – inzwischen für PC mit 32-bit Betriebssystemen an.
Diese Methode hat heute schon den Entwurfsprozeß wesentlich beeinflußt. Die Anwendungsbreite von

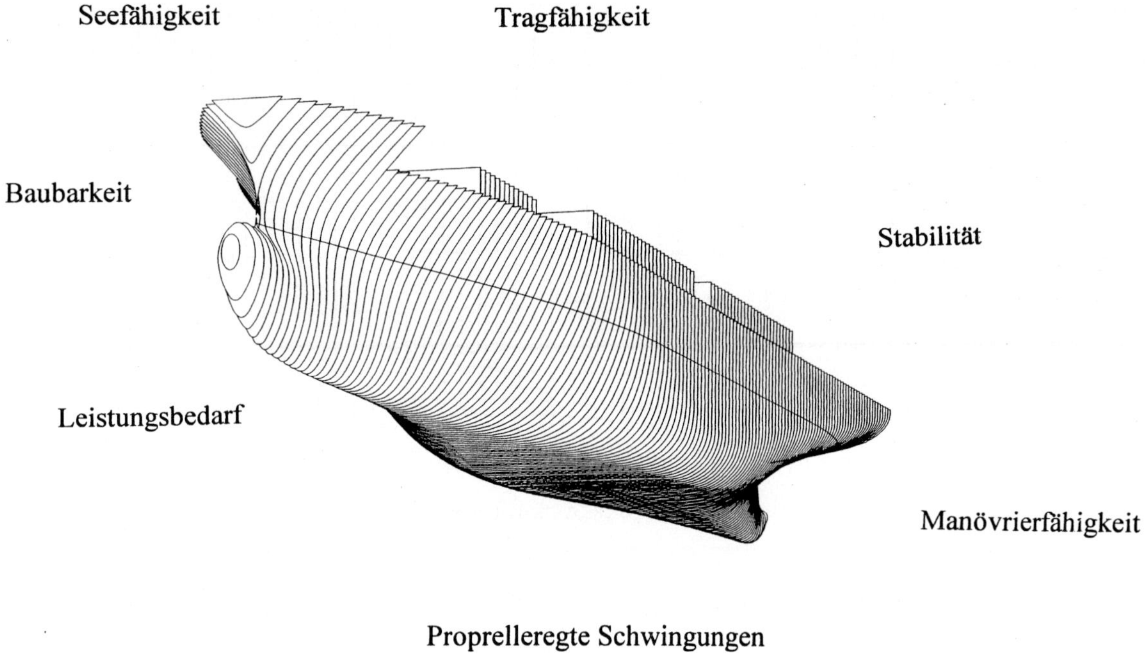

Abb. 0.

SHALLO wird kontinuierlich erweitert. So können z.B. Berechnungen für SES und Mehrrumpfschiffe durchgeführt werden. Abbildungen 1 bis 4 zeigen das von einem Trimaran bei Fn = 0.28 erzeugte Wellensystem einmal bei Anordnung der Rümpfe nebeneinander und dann in Anlehnung an die Söding'sche WeinblumE [3] bei Verschiebung der Seitenschwimmer um L/4 nach achtern. Wie man sieht, führt diese Konfiguration zu einer erheblichen Verminderung der Wellenbildung und damit zu einer Reduktion des Wellenwiderstandsbeiwerts um fast 60%.

Die gegenwärtigen Forschungsanstrengungen zielen auf die Erfassung der Effekte von brechenden Wellen und der Wechselwirkungen zwischen Wellenwiderstand und Zähigkeitswiderstand. Das Verfahren basiert auf Methoden zur Lösung der Navier-Stokes-Gleichungen, wobei aber derzeit noch auf die Erfassung der Reibung verzichtet wird. Statt der Laplacegleichung werden die sog. Euler-Gleichungen und die Kontinuitätsgleichung gelöst und die Bewegung von Schiff und Wasser mit einem Zeitschrittverfahren berechnet. Die Wasseroberfläche darf dabei nahezu beliebige Formen annehmen. Es handelt sich um ein Finite-Volumen-Verfahren, in dem die Wasseroberfläche durch einen sog. 'Volume-Of-Fluid'-Ansatz erfaßt wird. Das Verfahren wird in einem zweiten Schritt auch viskose Effekte be-

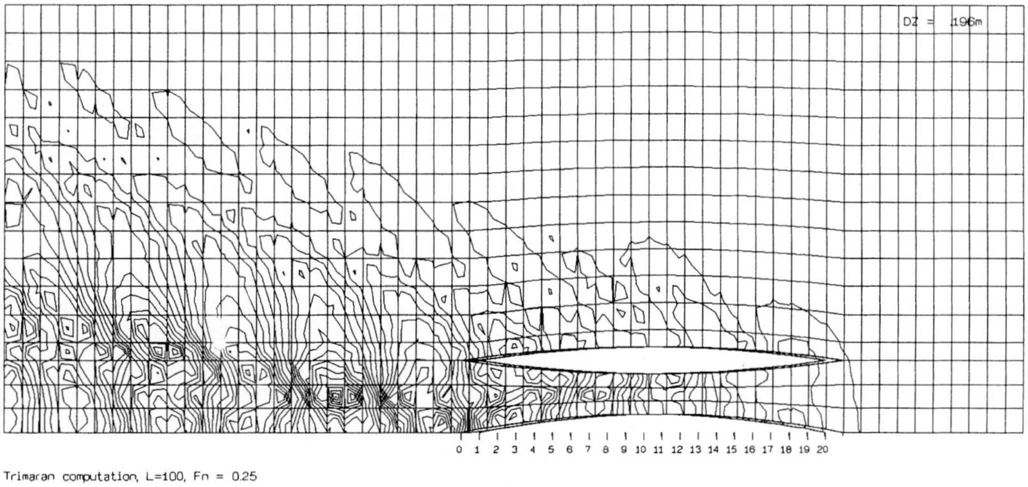

Abb. 1. Isolinien der Wellenerhebung – Trimaran, Fn = 0.28, Parallele Konfiguration

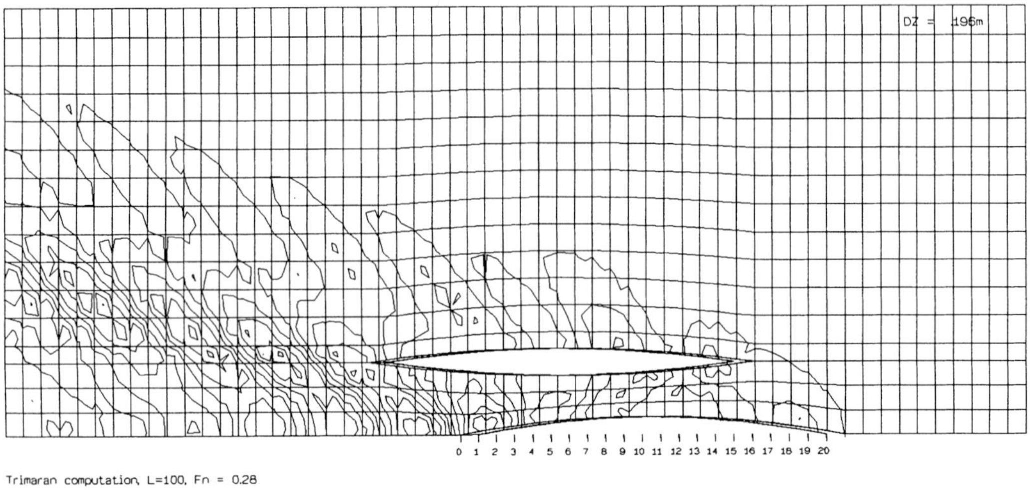

Abb. 2. Isolinien der Wellenerhebung – Trimaran, Fn = 0.28, Außenschwimmer um $\lambda/2$ verschoben

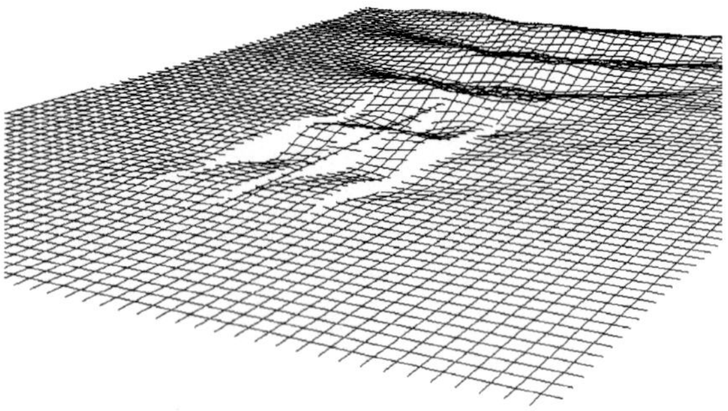

Abb. 3. 3-d Darstellung der Wasseroberfläche, Parallele Konfiguration

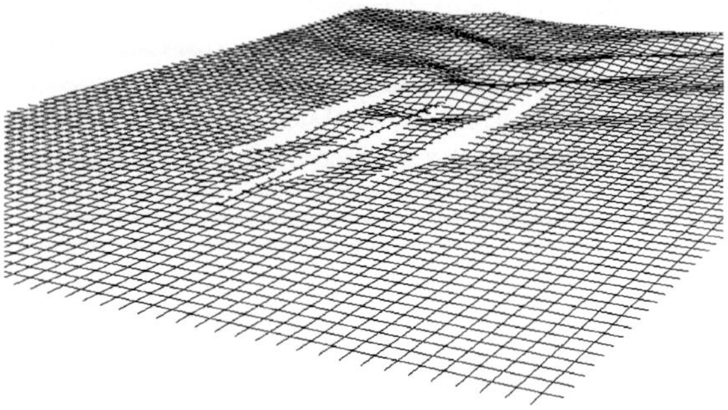

Abb. 4. 3-d Darstellung der Wasseroberfläche, verschobene Konfiguration

rücksichtigen. Die HSVA plant erste Ergebnisse gegen Ende dieses Jahres vorzulegen.

2.2 Zäher Widerstand und Propellerzuströmungen

Für die Bestimmung des zähigkeitsbedingten Widerstandes werden heute ausschließlich Verfahren eingesetzt, die die zeitlich gemittelten Navier-Stokes Gleichungen lösen. Zur Verringerung des Rechenaufwandes wird dabei die Wellenbildung vernachlässigt. Dies wird durch Spiegelung des Schiffkörpers an der ebenen, unverformten Wasseroberfläche erreicht. Zur numerischen Lösung der Gleichungen wird ein endlicher Bereich um das Schiff in Volumenelemente aufgeteilt. Einerseits muß ein Bereich mit Elementen gefüllt werden, an dessen äusseren Grenzen die Störung der Strömung durch das Schiff nahezu abgeklungen ist, und andererseits müssen Bereiche großer Gradienten der Strömungsgrößen, wie z.B. die Grenzschicht, gut aufgelöst werden. Diese widerstreitenden Forderungen können bei anspruchsvollen Geometrien nur mit blockstrukturierten Gittern erfüllt werden. Die Rechnungen liefern wesentlich mehr Strömungsdetails als die Messungen. Es können Gebiete untersucht werden, die meßtechnisch nicht oder nur mit sehr großem Aufwand erreichbar sind. Dies gilt besonders für Wasserjeteinläufe, Düsen, Wellenböcke und andere Anhänge. Damit kann die Optimierung wesentlich gezielter erfolgen.

Die Technik der blockstrukturierten Gitter wird hier an einem Binnenschiff (Abb. 5) verdeutlicht [4]. Abbildung 6 stellt die errechneten Wandschubspannungen bei Fahrt im flachen Wasser dar, kleine Werte deuten auf Strömungsablösung hin. In den Abb. 7 und 8, die einen Vergleich zwischen Rechnung und Messung zeigen, wird deutlich, welche Qualität diese Rechnungen bereits erreicht haben und daß sie einen höheren Detaillierungsgrad haben als die sehr aufwendigen Laser-Doppler-Messungen, die in der VBD durchgeführt wurden.

Für normale Einschrauberformen werden solche Rechnungen heute problemlos und zuverlässig zum Preis einer normalen Nachstrom-messung durchgeführt, allerdings ohne daß man zuvor ein physikalisches Modell bauen muß. Bei komplizierteren Formen und Anhängen ist der Aufwand entsprechend größer, dennoch beginnt auch hier die Anwendung im Entwurfsprozeß in der HSVA zur Routine zu werden.

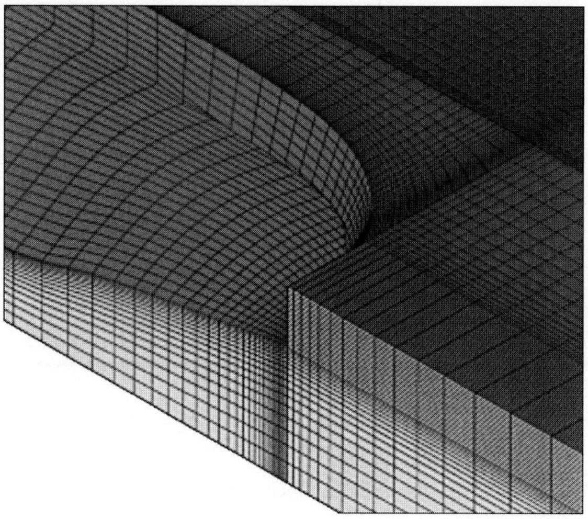

Abb. 5. Ausschnitt aus dem Berechnungsnetz mit mehreren Blöcken

Abb. 6. Verteilung der Wandschubspannung bei Wassertiefe/Tiefgang = 1,6

2.3 Propeller Wirkungsgrad und Kavitation/ Druckimpulse

Bei der numerischen Analyse eines Propellers sind der Wirkungsgrad und die Beurteilung der Kavitationserscheinungen von besonderem Interesse. Potentialtheoretische Ansätze, sind das Standardwerkzeug in der Praxis [5]. Die Detaillierung der Rechnung hat sich von Traglinien über Tragflächenverfahren (Wirbelgitter) mit Dickenkorrektur und in inhomogener Zuströmung bis hin zum gerade in der Einführung befindlichen Panelverfahren entwickelt. Außer der Berechnung des Propellerwirkungsgrades ist eine Beurteilung des Kavitationsgeschehens und vor allem der hierdurch verursachten Druckimpulse auf der Außenhaut das Ziel der Berechnung.

Detaillierte Berechnungen der zu erwartenden Druckverteilung (Abb. 9) können herangezogen werden, um vor dem Kavitationsversuch die Lasten für eine FE-Schwingungsanalyse der Struktur zu ermitteln.

Um mit immer höheren Anforderungen an die Geräuscharmut von Propellern fertig zu werden, kommen Propellerentwerfer auch auf neue ungewöhnliche Profilgeometrien die teilweise relativ dick sind. In solchen Fällen reicht es nicht aus, Zähigkeitseffekte mit einfachen Korrekturen zu berücksichtigen, so daß RANSE-Löser eingesetzt werden müssen. Abbildung 10 stellt Stromlinien und Druckverteilungen an einem 5-flügeligen Propeller dar. Die Rechnungen zeigen, wo die Grenzen der potentialtheoretischen Verfahren liegen: Die Druckverteilung am Propellerflügel bei 70% des Durchmessers (Abb. 11) stimmt beim dünnen Profil (5%) gut, beim dickeren Profil (11,5%) aber nur schlecht mit dem zähen Ergebnis überein. Der Einsatz von RANSE-Lösern für die Propelleranalyse werden, wenn sie denn ausreichend validiert sind, dem Propellerentwerfer wesentlich mehr Freiheit bei der Gestaltung und im Endeffekt dem Schiffbauer bessere Propeller ermöglichen.

Für Routineuntersuchungen im Kundenauftrag setzt die HSVA zur Zeit noch auf die zuverlässige und bewährte Potentialtheorie. Für anspruchsvollere Aufgaben steht aber jetzt schon das leistungsfähigere Werkzeug des RANSE-Lösers zur Verfügung.

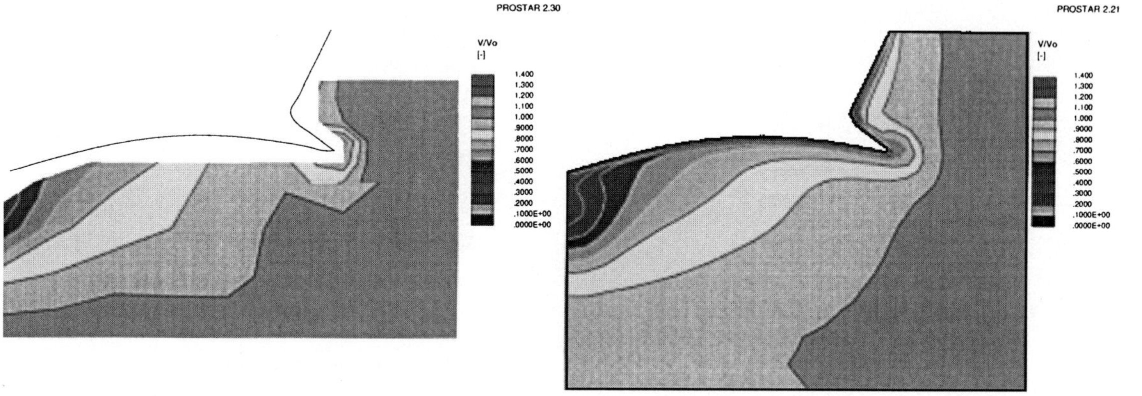

Abb. 7. Achsialkomponente der Geschwindigkeit in der Propellerebene, links Messung, rechts Rechnung

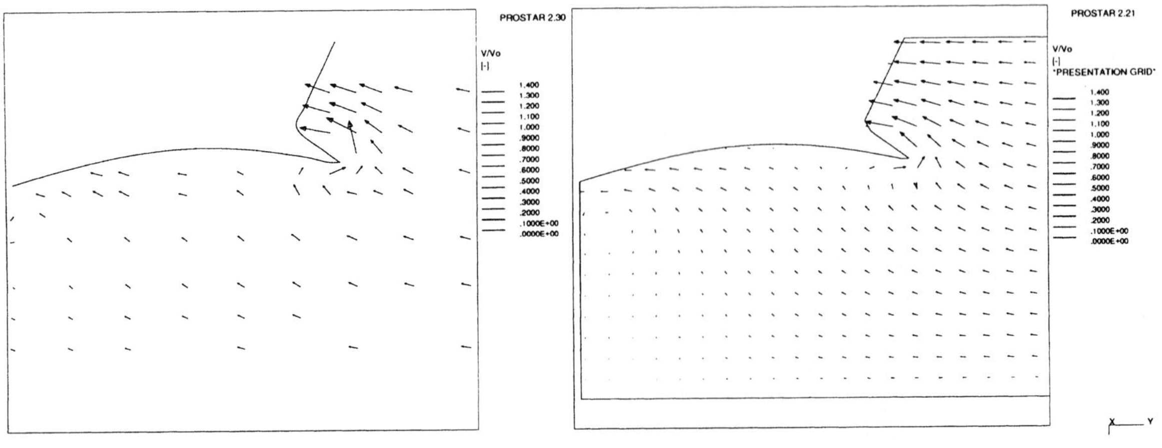

Abb. 8. Querkomponenten der Geschwindigkeit in der Propellerebene, links Messung, rechts Rechnung

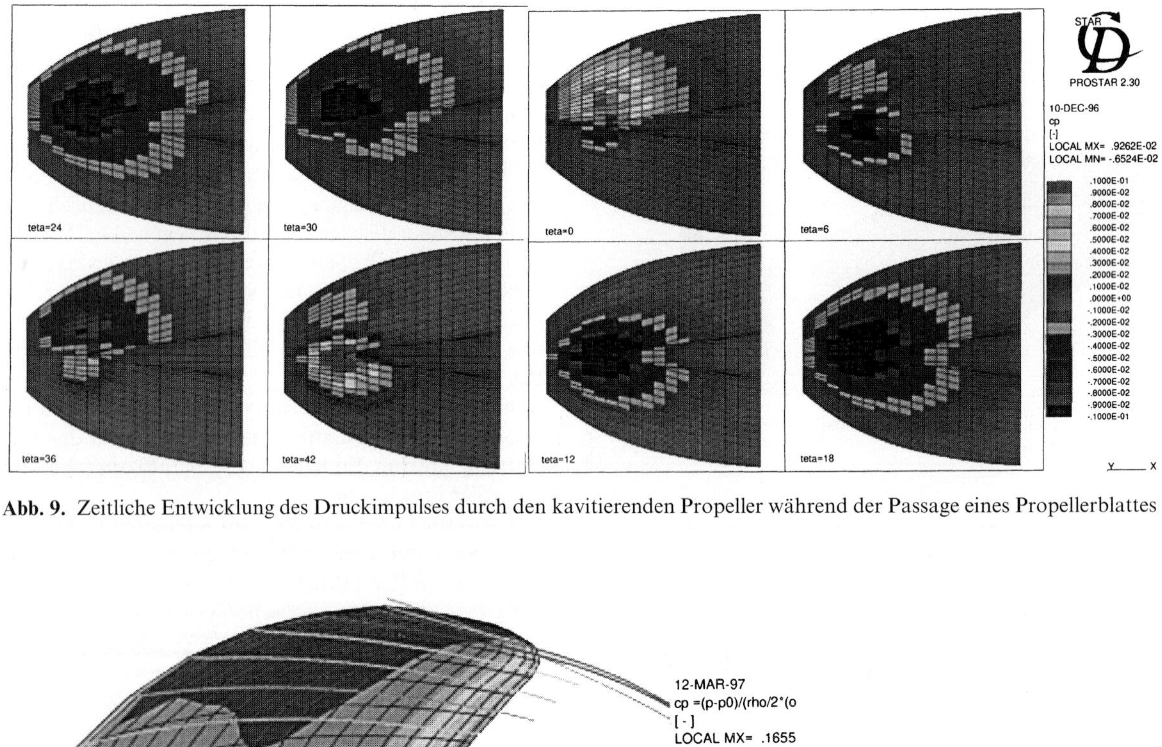

Abb. 9. Zeitliche Entwicklung des Druckimpulses durch den kavitierenden Propeller während der Passage eines Propellerblattes

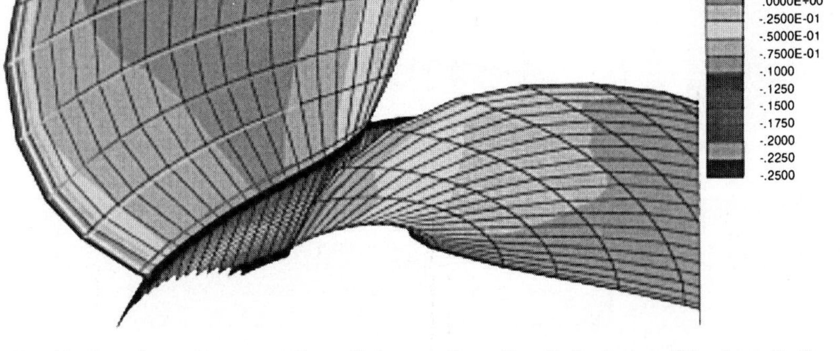

Abb. 10. Druckverteilung und Stromlinien am Propeller. Beim linken Flügel ist die Saugseite, rechts die Druckseite dargestellt

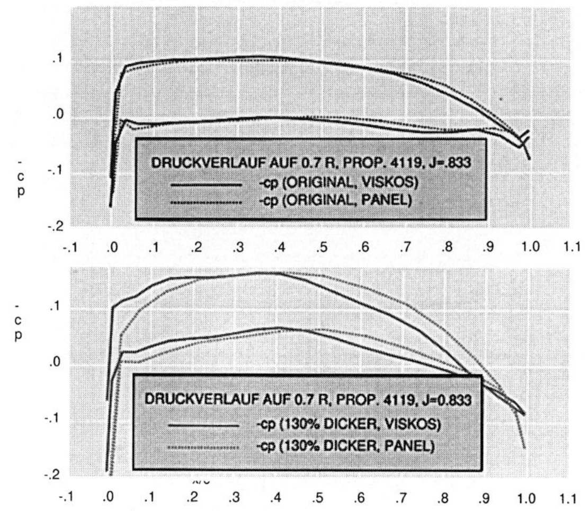

Abb. 11. Vergleich der Druckverteilung am Propellerflügel zwischen Potentiallösung (PANEL) und RANSE-Lösung (VISKOS) für zwei Profildicken

2.4 Sloshing

In großen Ladungstanks von Schiffen kann es bei Teilfüllung im Seegang zu heftigen Flüssigkeitsbewegungen kommen, die wiederum die Tankkonstruktion stark belasten (sloshing). Der Germanische Lloyd und andere Klassen fordern deshalb eine Überprüfung der untersten Eigenfrequenz. Wenn diese einen empirischen Grenzwert überschreitet, müssen Schlagschotte vorgesehen werden, andernfalls wird davon ausgegangen, daß kein sloshing auftritt. Bei komplizierten Tankformen sind die empirischen Formeln relativ ungenau, wie hier am Beispiel eines „semi-pressurized" Ladungstanks gezeigt wird, den die Noell-LGA in Hamburg für einen etwa 160m langen Chemikalien- und Gastanker entworfen hat. Nach den GL-Formeln ist der Einbau eines teuren, aus hochlegiertem Stahl gefertigten Schlagschotts erforderlich – eine genauere Rechnung zeigt, daß dies vermeidbar ist.

Abbildungen 12 und 13 zeigen den Längsschnitt durch den Tank, der zu 60% mit Ammoniak gefüllt ist, mit der sich in der Simulation ergebenden Flüssigkeitsbewegung bei den als kritisch erkannten Erregungsperioden. Zur Berechnung wurde eine instationäre „Volume of Fluid"-Methode verwendet [6]. Als Maß für das Auftreten von Sloshing kann die maximale kinetische Energie im Tank im eingeschwungenen Zustand verwendet werden. Abbildung 14 zeigt diese für unterschiedliche Erregungsperioden. Resonanz findet man etwa bei Eigenperioden von 3,5 und 7 Sekunden. Im Diagramm Abb. 15 ist die Übertragungsfunktion für Stampfen bei Fahrt gegen die See dargestellt. Bei Begegnungsperioden unterhalb von etwa 5 Sekunden rechnet man nur mit sehr geringen Schiffsbewegungen, so daß die erste Eigenperiode der Flüssigkeitsbewegung im Tank kaum angeregt wird. Die zweite, schwächere Resonanzstelle bei 7 Sekunden kann durch Erhöhung der Verstärkungsringe um 1,5m soweit gedämpft werden, daß keine Resonanz mehr auftritt (□ in Abb. 14).

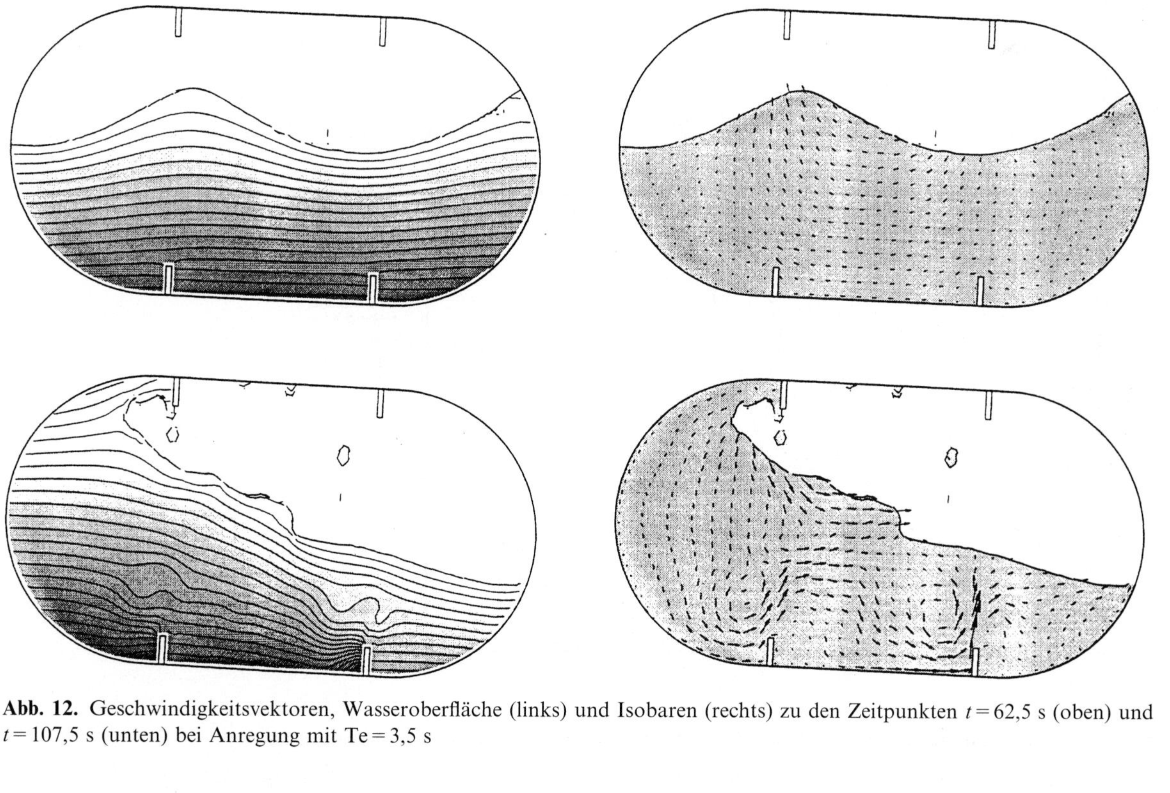

Abb. 12. Geschwindigkeitsvektoren, Wasseroberfläche (links) und Isobaren (rechts) zu den Zeitpunkten $t = 62{,}5$ s (oben) und $t = 107{,}5$ s (unten) bei Anregung mit $Te = 3{,}5$ s

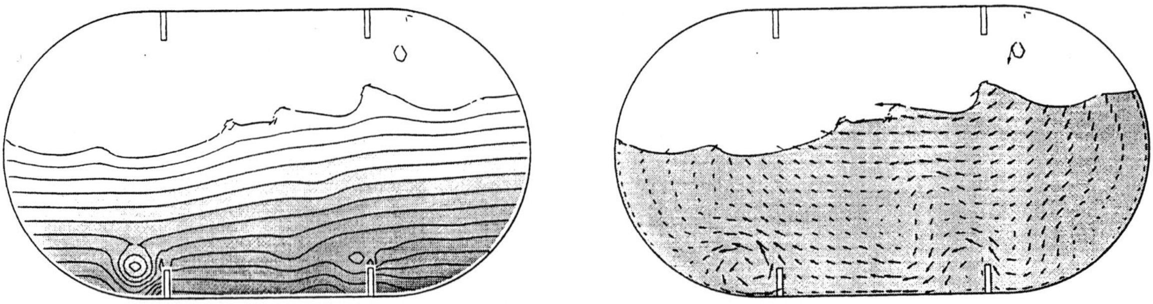

Abb. 13. Geschwindigkeitsvektoren, Wasseroberfläche (links) und Isobaren (rechts) zum Zeitpunkt $t = 49{,}2$ s (oben) bei Anregung mit Te = 7,0 s

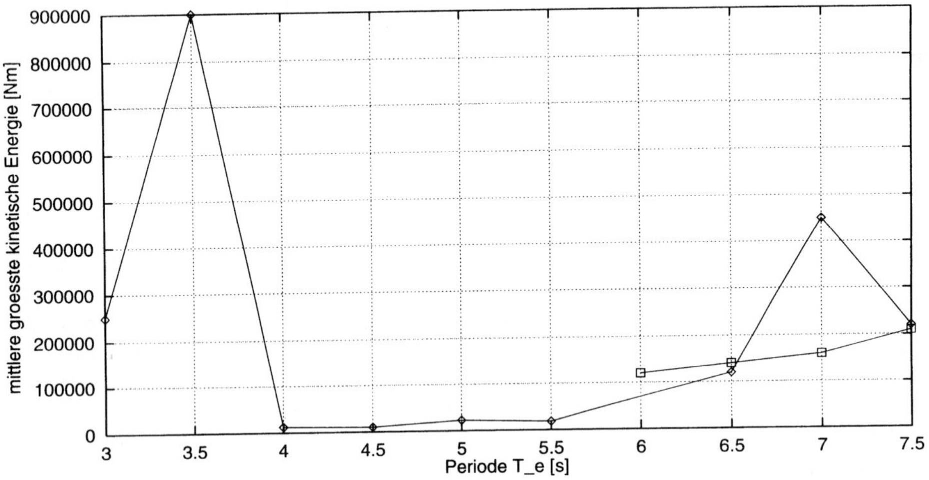

Abb. 14. Antwortfunktion der Flüssigkeitsbewegung für verschiedene Anregungsperioden zum Zeitpunkt $t = 49{,}2$ s (oben) bei Anregung mit Te = 7,0 s

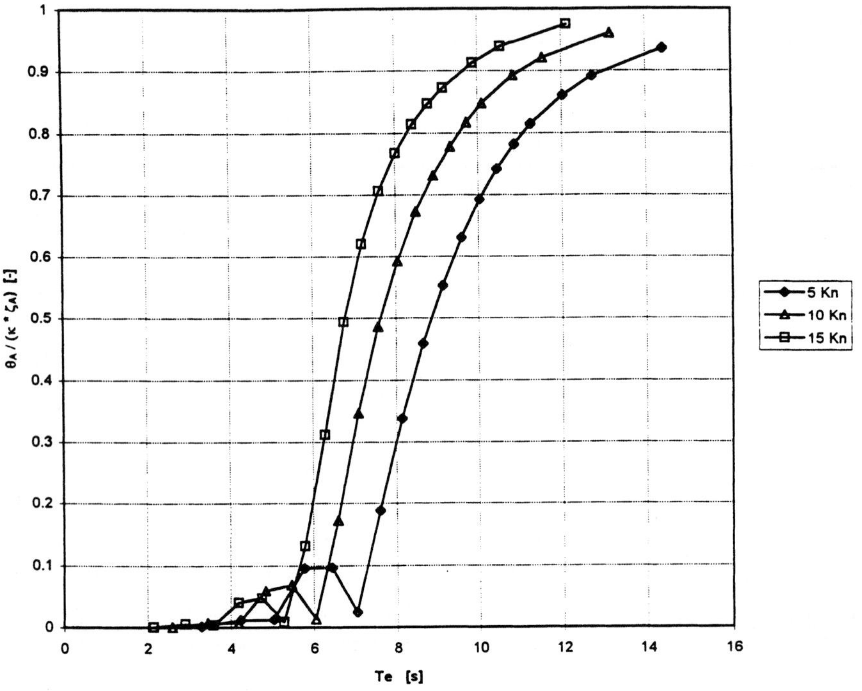

Abb. 15. Übertragungsfunktion des Schiffes für Stampfbewegung als Funktion der Begegnungsperiode

Dieses Beispiel zeigt, wie mit detaillierten Berechnungen erheblicher Aufwand beim Bau von Schiffen gespart werden kann. Voraussetzung ist selbstverständlich, daß die Klassifikationsgesellschaft diese einfache Maßnahme als ausreichend anerkennt.

3 Zusammenfassung

Der *numerische Tank* ermöglicht heute schon und in Zukunft mit zunehmender Genauigkeit, komplizierte strömungstechnische Fragen effektiv vorzuklären und zu optimieren. Hierdurch kann der Entwerfer neuartige Lösungen für Schiff und Propeller in Betracht ziehen, die er beim traditionellen empirisch orientierten Entwurfsansatz aus Zeit- und Kostengründen von vornherein ausgeschlossen hat. Ähnlich wie bei den Wellenwiderstandsoptimierungen werden künftig auch weitere Methoden anspruchsvollen Projektbüros direkt zugänglich sein.

4 Danksagung und Ausblick

Ich bedanke mich bei meinen Kollegen Jochen Laudan, Jochen Marzi, Carsten Schumann und Heinrich Streckwall für die Unterstützung bei der Vorbereitung dieses Aufsatzes. Erwähnen möchte ich auch die Unterstützung durch das BMBF, ohne die viele der hier angesprochenen Arbeiten nicht finanzierbar wären. Die HSVA wird auch in Zukunft sowohl experimentell als auch theoretisch mit an der Weltspitze in der praxisorientierten Schiffshydrodynamik stehen. Dazu benötigt sie allerdings die kontinuierliche Förderung eines soliden Forschungsfundaments. Wir wollen damit einen Beitrag zur Stärkung der maritimen Industrie und des maritimen Dienstleistungsstandortes Deutschland leisten.

Schrifttum

1 Gerhard Jensen, Moderne Schiffslinien, Handbuch der Werften, Band XXII, 1995
2 Volker Bertram, Gerhard Jensen und Jochen Laudan, Ergänzung und Erweiterung der Schiffbau-Versuchstechnik durch numerische Methoden der Hydrodynamik, Jahrbuch der Schiffbautechnischen Gesellschaft, 86. Band 1992
3 Heinrich Söding, Unsymmetrische Katamarane, Vortrag beim Festkolloquium zum 100ten Geburtstag von Georg Weinblum, 1997
4 Jochen Laudan und Jochen Marzi, Weiterentwicklung verfügbarer Rechenverfahren zur Anwendung in begrenztem Fahrwasser, HSVA Bericht 1615, 1996
5 Carsten Schumann, Beschreibung des zweidimensionalen VOF-Programms „*bert*", Version 0.1, HSVA-Bericht CFD18/96, 1996

Globale Optimierung von Propellern

Dr.-Ing. habil. **Reinhard Schulze**
Schiffbau-Versuchsanstalt Potsdam GmbH (SVA), Potsdam

1 Einleitung

Im Unterschied zu den Propellerentwurfsmethoden, die dem derzeitigen Stand der Technik entsprechen und im wesentlichen auf einer trial and error Strategie aufbauen, orientiert die SVA direkt auf die Anwendung inverser Methoden. Während bei der trial und error Strategie eine erfahrungsbasierte Formvariation vorgenommen wird und an Hand verschiedener Nachrechenverfahren das Entwurfsergebnis beurteilt wird, bemühen wir uns um eine zielgerichtete Formvariation an Hand eines Gütekriteriums durch eine Optimierungsstrategie.

Die Optimierungsstrategie baut lediglich auf das der gewünschten Eigenschaft angepaßte Gütekriterium (-funktional) auf, wobei über ein Nachrechenverfahren der Wert des Gütekriteriums (z.B. Wirkungsgrad des Propellers für einen bestimmten Fortschrittsgrad) definiert wird. Andererseits läßt sich nun mittels eines geeigneten Nachrechenverfahrens für eine beliebige Propellergeometrie der Wert des Gütekriteriums (Wirkungsgrad) ermitteln. Die auf das Gütekriterium aufbauende Optimierungsstrategie variiert nun zielgerichtet die Propellergeometrie solange, bis im Ergebnis die im Sinne des Kriteriums beste Lösung (Optimum) erreicht wird (inverses Verfahren).

Voraussetzung für die Anwendung der inversen Methoden ist ein Bündel von Nachrechenprogrammen für den Propellerentwurf. Im Abschnitt 2 geben wir an Hand einer Tabelle eine Übersicht der für den Propellerentwurf eingesetzten Programme in der Schiffbau-Versuchsanstalt Potsdam. Herzstück ist dabei das Programm VORTEX zur Berechnung der Propellerumströmung auf der Basis eines Wirbelgitterverfahrens. Das Programm VORTEX wird in Verbindung mit der Koppelroutine PFEST und dem kommerziellen Programm ANSYS vom Germanischen Lloyd für die Zertifizierung von konventionellen und unkonventionellen Propellern verwandt.
Setzt man voraus, daß die gewählte Optimierungsstrategie gut auf einem Computer implementierbar ist und über hinreichend gute numerische Eigenschaften verfügt sowie das Nachrechenverfahren gutartig ist, dann verbleibt das Problem der Definition des Gütekriteriums so, daß die jeweils interessierenden praxisrelevanten Fragestellungen in dieses Funktional eingehen (max. Wirkungsgrad, minimale Kavitationsneigung, minimale Druckschwankungen, usw.).
Die heute für allgemeine Optimierungsprobleme zur Verfügung stehenden Verfahren sind durchweg sog. lokal konvergente Algorithmen. D.h. man findet i.a. die „optimale Lösung" nur dann, wenn man von einer hinreichend guten Startlösung (Propellergeometrie) ausgeht und es werden nur die für das Kriterium gesuchten lokalen Extrema (Lösungen) gefunden.
Die im Rahmen eines vom BMBF geförderten Forschungsvorhabens erreichten Resultate mit Propellerentwürfen mittels inverser Methoden sind sehr ermutigend und zeigen offenbar einen vielversprechenden Weg auf. Trotzdem verbleibt ein Großteil der Arbeit in der „kreativen Beschaffung" von Startlösungen für die eigentliche Optimierung und mitunter werden mehrere lokale Optima (Lösungen) – ausgehend von verschiedenen Startgeometrien – generiert, die wieder manuell miteinander verglichen werden müssen.
Die kreative Suche nach geeigneten Startlösungen ist mitunter Recht aufwendig. Um diese Arbeit zu erleichtern, liegt es nahe, die Anforderungen für einen beliebigen guten Startentwurf schrittweise so zu modifizieren, daß im letzten Schritt der Entwurf mit den gewünschten Eigenschaften steht.
Diese Technik nennt man Einbettung. Man steuert mit einem Parameter zwischen 0 und 1 den Übergang von einer beliebigen optimalen Lösung für eine bekannte Situation stetig den Übergang zu der jeweils aktuellen Situation. Dies klingt zunächst sehr plausibel und einfach. Existieren aber für die aktuelle Situation (Entwurfspunkt) z.B. mehrere lokale Optima (Lösungen, Propellergeometrien), so ist dieser Weg (sog. path-following-algorithmen) nur mit größerem Aufwand verfolgbar.
Mit der Aufzeigung dieser Schwierigkeiten und Möglichkeiten zu deren Behebung wollen wir uns im weiteren beschäftigen.

2 Der Numerische Tank Propulsion der SVA

The Numerical Cavitation Tunnel of the Potsdam Ship Model Basin

manual input ---> PFFEDIT ---> name.pff
name.pff ---> VORTEX ---> name.v10
(lifting surface method) name.vtx
(with optimization module: name.pff)

---> PFFDRAW ---> PFFPLOT (name.pff)	the routine PFFDRAW yields the propeller draw, PFFPLOT represents the main data as a function of r	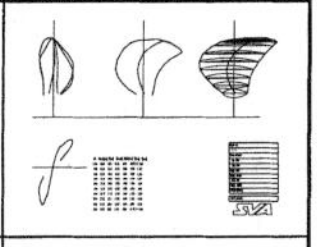
---> VTXPLOT (name.v10)	yields the graph of K_T, $10K_Q$ and η_0 as a function of J or C_{th}	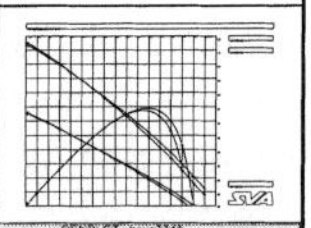
---> DENPLOT (name.vtx)	represents the vortex strength distribution	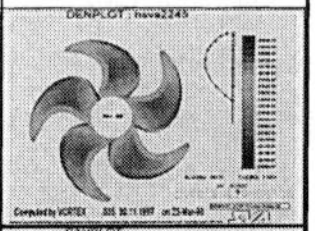
---> CAVPLOT (name.vtx) (name.wak)	represents the cavitation bucket chart and the cavitation behaviour of the blades in the wake (the regions with critical pressure are marked)	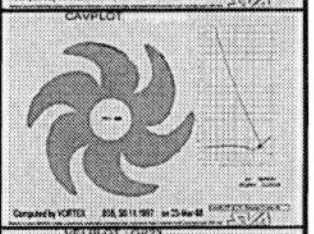
---> VELPLOT (name.vtx)	computation and representation of the velocity distribution around the propeller (in the propeller jet)	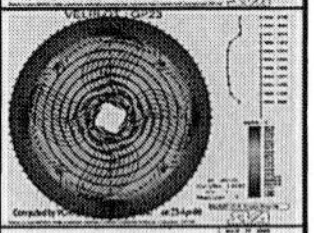
---> PFEST/ ANSYS: (name.vtx)	the routine PFEST converts the force distribution - computed by VORTEX- as input for the commercial FEM-program ANSYS for strength analysis	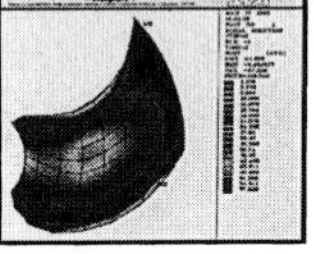

Abb. 1.

3 Optimierung der Propellergeometrie durch inverse Methoden

Die zum Einsatz kommenden Nachrechenverfahren unterscheiden sich stark nach Gültigkeitsbereich, Rechengeschwindigkeit und Genauigkeit. So bleiben z.B. die statistischen Verfahren auf der Basis der Wageninger Polynomkoeffizienten im wesentlichen auf die Wageninger Serie beschränkt, haben aber eine große Genauigkeit, da sie unmittelbar auf der Auswertung von Meßergebnissen aufbauen, und die Rechenzeiten sind minimal. Hinsichtlich Gültigkeitsbereich und Genauigkeit haben die Flächentheorieverfahren große Vorteile, sind aber relativ langsam.
Die heute auf dem Stand der Technik aufbauenden Entwurfsstrategien sind dialogorientierte interaktive Konzepte auf der Basis von trial and error, wobei meist eine subjektive Bewertung der Ergebnisse von verschiedenen Nachrechenverfahren mit dem Ziel der erfahrungsgestützten manuellen Formvariation erfolgt.

Die SVA stellte sich die Aufgabe, im Rahmen einer sog. „Toolbox Propulsionsoptimierung" sowohl die Bewertung der Ergebnisse der Nachrechenverfahren als auch die Formvariation des Propellers mit mathematischen Hilfsmitteln anzugehen.
Inverse Aufgabenstellungen bzw. Methoden umfassen Probleme, die sich numerisch durch Lösung linearer und nichtlinearer Gleichungssysteme sowie durch Lösung von Optimierungsproblemen behandeln lassen. Dabei wäre zu beachten, daß sich Gleichungssysteme auch als Optimierungsprobleme formulieren lassen. Charakteristisch für eine Optimierungsaufgabe ist die Existenz eines Gütekriteriums (-funktionals) das für alle möglichen Variablen (hier Geometrieparameter) eine eindeutige Bewertung durch eine Zahl ermöglicht. Das gemeinsame bei inversen Aufgabenstellungen ist, daß sich die gesuchten Größen i.a. nicht mehr explizit ausrechnen lassen, sondern indirekt über andere ableitbare Größen berechnet werden müssen.
Orientiert man sich an Gleichungssystemen, die gesuchten Größen miteinander verkoppeln, benötigt man i.a. so viele Gleichungen wie Unbekannte gesucht sind.
Auf unserer Problematik zugeschnitten, ergäben sich dann Verfahren die z.B. aus einer vorgegebenen Wirbeldichten- oder Druckverteilung die Propellergeometrie ermitteln. Woher aber z.B. die Druckverteilung nehmen, wenn ein wirkungsgradmaximaler Propeller gesucht wird. Andererseits kann man mit geeigneten Nachrechenverfahren (z.B. Wirbelgitterverfahren) den Propellerwirkungsgrad für einen bestimmten Betriebspunkt hinreichend genau bei gegebener Propellergeometrie ermitteln.
Definiert man nun unser Gütefunktional z.B. durch den Wirkungsgrad des Propellers, hat man jeder Geometrie (bzw. allen Formparametern die Propellergeometrie beschreiben) eine Zahl zugeordnet. Bei „hinreichender Gutartigkeit" dieses Funktionales kann man dann mit geeigneten Techniken zur Lösung von Optimierungsproblemen den (bzw. die) in unserem Sinne „besten" (optimalen) Propeller entwerfen. Auch Beschränkungen ganz unterschiedlicher Art die man beim Entwurf beachten muß, lassen sich in das Optimierungskonzept mit einbauen. Sie können in Form von Gleichungs- und Ungleichungsnebenbedingungen vorliegen.
Es existieren sehr leistungsfähige theoretische und praktische Werkzeuge zur Behandlung von Optimierungsproblemen. Aus theoretischer Sicht stehen Existenz- und Lokalisierungs-(Eindeutigkeits-) aussagen im Vordergrund. Aus praktischer Sicht interessieren Aufwands- und Genauigkeitsaussagen.
Die verwendeten Nachrechenverfahren stützen sich im allgemeinen auf eine Geometrie-beschreibung des Propellers in diskretisierter Form, wie z.B. den folgenden Daten:
Je nach eingesetztem Nachrechenverfahren werden die integralen Größen K_T, K_Q, η als Funktion von G

r/R	c	Φ	rake	Xe	f/c	t/c
.200	479.710	53.528	.000	295.410	.038565	.118488
.400	587.560	34.075	.000	352.510	.027401	.074341
.600	641.930	24.272	.000	358.320	.020251	.047544
.700	636.720	21.132	.000	335.210	.017119	.037599
.900	486.390	16.732	.000	194.560	.011102	.022163
1.000	20.000	15.140	.000	.000	.000000	.000000

(D), c, ϕ, rake, Xe, f/c und t/c als Funktion von r/R und Profilinformation definieren die Propellergeometie G (G wird hier durch 36 reelle Zahlen beschrieben).

(und J) über verschiedene Zwischenschritte berechnet.
Eine direkte Berechnung von G aus K_T, K_Q (bzw. η) ist nicht möglich (es wären viele Unbekannte aus zwei Größen zu ermitteln). Demgegenüber ist z.B. im Zweidimensionalen eine direkte Berechnung der Profilgeometrie aus einer vorgegebenen Druckverteilung möglich.
Wir veranschaulichen unser Vorgehen an folgender Problemstellung:
Für den Entwurfspunkt (J^*, K_Q^*) soll ein wirkungsgradmaximaler Propeller gesucht werden. Als variable Größen seien nur die Steigungs- und Wölbungsverteilung bei sonst vorgegebenem Blattumriß gesucht.
Wir definieren das Funktional

$$f(\Phi, f/c) = (1 - \eta(\Phi, f/c))^2 + \alpha(K_Q(\Phi, f/c)) - K_Q{}^*)^2$$

und formulieren unser Optimierungsproblem in Form einer Minimierungsaufgabe

$$f(\Phi, f/c) :\Longrightarrow \text{Min!}$$

Für hinreichend großes („Strafparameter", [13]) erhalten wir näherungsweise
$K_Q(\Phi, f/c)) = K_Q{}^*$ und existiert eine Lösung, so ist sie die Wirkungsgradmaximale.
Die Formulierung als Minimumproblem eröffnet die Möglichkeit der Anwendung von vielfach erprobten Optimierungsstrategien. Nichtlineare (freie) Optimierungsprobleme werden stets iterativ gelöst. Im Mittelpunkt steht dabei die Funktionalberechnung, die hier stets die Anwendung eines (zeitaufwendigen) Nachrechenverfahrens bedeutet. Die allgemein verwendeten Algorithmen zur Optimierung lassen sich auch gut parallelisieren.
Bei den iterativen Verfahren geht man i.a. [12] von dem Ansatz

$$x_{k+1} := x_k + a_k p_k \text{ aus.}$$

Beim Newtonverfahren wählt man $a_k = 1$ und $p_k = -(H(f(x_k)^{-1}\text{grad} f(x_k))$, wobei H die Hessematrix (Jacobimatrix von grad f) bezeichnet.
Beim Verfahren des steilsten Abstiegs wählt man $p_k = -\text{grad } f(x_k)$ und a_k, so daß

$$f(x_{k+1}) = \min_{a>0} f(x_k + ap_k)$$

(Für unser Beispiel wäre $x = (\Phi, f/c)$ zu setzen.)
Alle Verfahren benötigen einen Zeitaufwand proportional zu n^3. Daher muß man sich bei den zeitaufwendigen Verfahren auf wenige Parameter (< 20) beschränken. Folglich scheint ein polynomialer Ansatz auch aus analytischer Sicht für die Unbekannten c, **Φ**, rake, Xe, *f/c*, *t/c* als Funktion vom Radius sinnvoll. Als erzeugende Funktionen kämen orthogonale Polynome und trigonometrische Polynome in Frage.

Der erste Schritt zur Erprobung dieser Optimierungsstrategien, wurde unter Verwendung eines Nachrechenverfahrens auf der Basis der Wageninger Polynomkoeffizienten getan und in dem Programm WAGENOPT realisiert. Unter Verwendung des Burrill-Diagramms als „Nebenbedingungssystem" werden von diesem Programm das Flächenverhältnis, der Durchmesser und die Steigung für einen Wageninger Propeller mit bestmöglichem Wirkungsgrad im Entwurfspunkt ermittelt.

Unter Verwendung eines in VORTEX implementierten Flächentheorieverfahrens wurde diese Optimierungsstrategie auch in VORTEX selbst integriert. Damit lassen sich im Gültigkeitsbereich der Flächentheorieverfahren auch für unkonventionelle Propeller die Propellergeometrien optimieren. In VORTEX wurde ein auf Davidon/Fletcher/Powell [12] zurückgehendes Verfahren zur Minimierung eines Funktionals eingesetzt. Inzwischen stehen auch andere Bibliotheksroutinen zur Verfügung. In VORTEX stehen verschiedene Funktionale zur Auswahl, womit es möglich wird, aus verschiedenen bekannten Größen auch unterschiedliche Kombinationen von gesuchten Formparametern bestimmbar zu machen. Die Funktionalauswahl kann weiter zwischen einer Wirkungsgradmaximierung und Kavitationsminimierung gleiten.

Im Anschluß an diesen Entwurfsprozeß sind dann alle weiteren Hilfsmittel des Numerischen Tanks Propulsion der SVA zur Bewertung des entworfenen Propellers einzusetzen.

Der oben angedeutete Ansatz zur Formoptimierung von Propellern soll nur den Anfang eines auf lange Sicht tragfähigen Konzeptes werden. Dabei stehen Fragen nach der Auswahl eines bestmöglichen Gütekriteriums (die Wirkungsgradmaximierung ist sicher nur eines von vielen möglichen) und der Globalisierung der Verfahren im Mittelpunkt und sollen Gegenstand eines zweijährigen Forschungsvorhabens werden.

Die hier vorgeschlagene Entwurfstrategie wurde bereits für verschiedene Propellerentwürfe erfolgreich eingesetzt. Erste Messungen ergaben einen deutlichen Wirkungsgradgewinn bei gleichzeitiger Abnahme der Kavitationsgefährdung. Im Rahmen eines Forschungsvorhabens sollen die erreichten Resultate weiter vertieft und vervollkommnet werden.

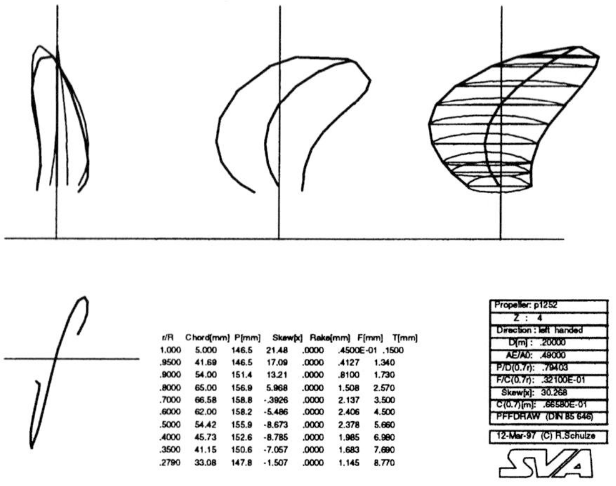

r/R	Chord[mm]	P[mm]	Skew[x]	Rake[mm]	F[mm]	T[mm]
1.000	5.000	146.5	21.48	.0000	.4500E-01	.1500
.9500	41.69	146.5	17.09	.0000	.4127	1.340
.9000	54.00	151.4	13.21	.0000	.8100	1.730
.8000	65.00	156.9	5.968	.0000	1.508	2.570
.7000	66.58	158.8	-.3926	.0000	2.137	3.500
.6000	62.00	158.2	-5.486	.0000	2.406	4.500
.5000	54.42	155.9	-8.673	.0000	2.378	5.660
.4000	45.73	152.6	-8.785	.0000	1.985	6.980
.3500	41.15	150.6	-7.057	.0000	1.683	7.690
.2790	33.08	147.8	-1.507	.0000	1.145	8.770

Abb. 2. Konventioneller Propeller P1252

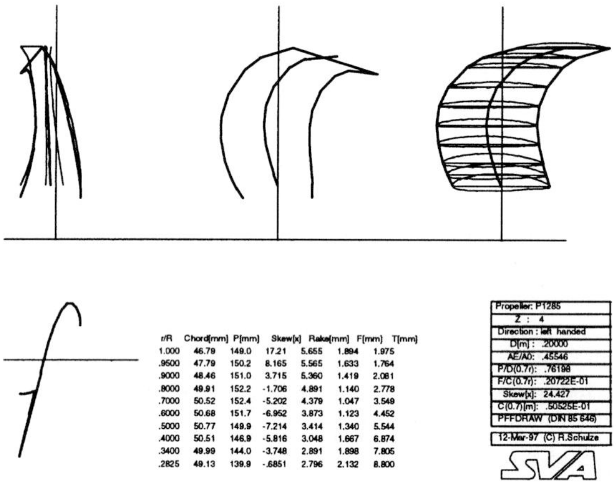

r/R	Chord[mm]	P[mm]	Skew[x]	Rake[mm]	F[mm]	T[mm]
1.000	46.79	149.0	17.21	5.655	1.894	1.975
.9500	47.79	150.2	8.165	5.565	1.633	1.764
.9000	48.46	151.0	3.715	5.360	1.419	2.081
.8000	49.91	152.2	-1.706	4.891	1.140	2.778
.7000	50.52	152.4	-5.202	4.379	1.047	3.549
.6000	50.68	151.7	-6.952	3.873	1.123	4.452
.5000	50.77	149.9	-7.214	3.414	1.340	5.544
.4000	50.51	146.9	-5.816	3.048	1.667	6.874
.3400	49.99	144.0	-3.748	2.891	1.898	7.805
.2825	49.13	139.9	-.6851	2.796	2.132	8.800

Abb 3. Optimierter Propeller P1285

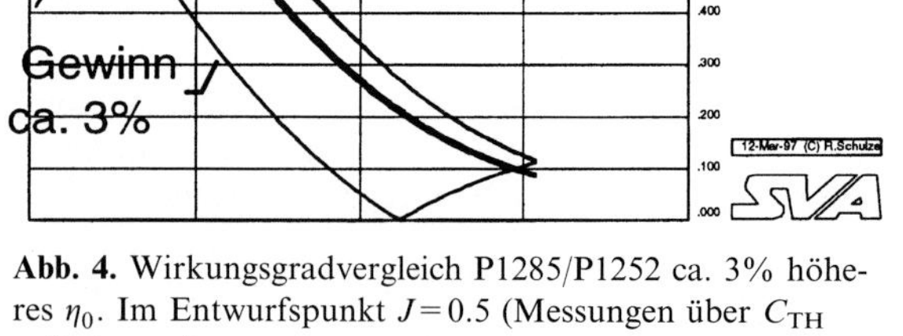

Abb. 4. Wirkungsgradvergleich P1285/P1252 ca. 3% höheres η_0. Im Entwurfspunkt $J = 0.5$ (Messungen über C_{TH} aufgetragen)

Im folgenden Beispiel werden zwei Entwürfe für den COT20 verglichen. Der erste Propeller (P1252) stellt einen Entwurf mittels der üblichen Vorgehensweise dar. Der zweite Entwurf (P1285) wurde mittels der inversen Verfahren optimiert. Es wurden im Ent-

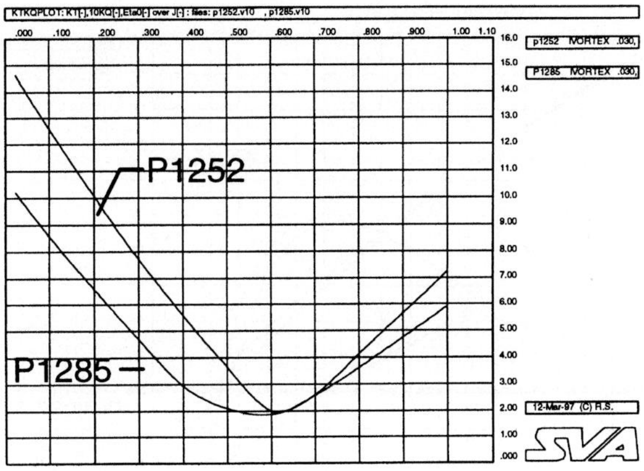

Abb. 5. Vergleich der Kavitationsbuckets P1252 (rot), P1285 (grün)

wurfspunkt ein um ca. 3% höherer Wirkungsgrad berechnet und auch im Kavitationstunnel sowie im Schlepptank gemessen. Trotz des etwas niedrigeren Flächenverhältnisses des P1285 im Vergleich zum P1252 weist er in der Rechnung und bei den Kavitationsbeobachtungen geringere Kavitationsneigung aus. Druckschwankungsmessungen und vergleichende Propulsionsversuche werden in Kürze noch vorgenommen.

Die Propellerauslegungen für den Schottel-Twin-Propeller (STP) werden mittels der hier skizzierten Vorgehensweisen vorgenommen und wurden im Modellmaßstab und Großausführung getestet.

Auch auf die Optimierung von Propellern mit Endscheiben wurden diese Algorithmen anwendet.

4 Diskussion der Propellerentwürfe mittels Inverser Methoden

Schon aus der langen Erfahrung vieler Ingenieure und Techniker mit Propellerentwürfen heraus ist es schwer vorstellbar, daß man für jedes beliebige Schiff „den einen optimalen" Propeller über die Methoden der inversen Verfahren finden kann. Da für diese Optimierungsstrategien im Prinzip nur lokal konvergente Verfahren zur Verfügung stehen, steht zuallererst die Frage des „Einzugsbereiches" der Algorithmen, d.h. wie weit darf die Startlösung denn überhaupt von der optimalen Lösung entfernt sein, damit das Verfahren funktioniert.

Im Zuge der Erfahrungen mit den inversen Verfahren für die Propelleroptimierung ergab sich, insbesondere durch die Berücksichtigung von Randbedingungen, daß der ursächliche Einzugsbereich für die Verfahren relativ klein ist. Folglich mußte bereits mit einer relativ guten Startlösung begonnen werden. Insbesondere müssen dabei die Startlösungen schon relativ gut die Randbedingungen erfüllen (die Forderungen an K_T bzw. K_Q).

Am schnellsten ließ sich eine solche Startlösung erhalten, wenn man von einer irgendwie erfahrungsgestützten Startgeometrie ausging und für diesen Propeller im Sinne eines Verstellpropellers die Flügelwinkel verstellte. Dieser Verstellvorgang konnte im Rahmen der Optimierung mit realisiert werden – es wurde der optimale Verstellwinkel ermittelt und dann erst in die eigentliche Optimierung eingestiegen. Dieses Vorgehen vergrößerte den Einzugsbereich der Optimierungsstrategien stark. Eine andere Idee wurde ansatzweise dadurch realisiert, daß in mehreren Schritten ausgehend vom berechneten K_Q (K_T) des Startentwurfes die Randbedingungen für K_Q (K_T) auf den Sollwert gebracht wurden. Auch dieses Vorgehen erweiterte den Einzugsbereich um Größenordnungen. In einigen Fällen blieb dieses Vorgehen auf der Strecke, d.h. ab einem gewissen geforderten Wert existierten keine oder aber mehrere lokale Lösungen oder aber dieser Prozeß ließ sich einfach aus Gründen der numerischen Stabilität nicht weiter fortsetzen.

Die eben aufgezeigte Strategie weist alle Merkmale eines sog. Einbettungsverfahrens (path following algorithm, imbedding) mit den zu erwartenden neuen Schwierigkeiten auf.

Die folgenden beiden Propeller SVA-0 und SVA-1 weisen trotz gleicher Blattschnitte eine völlig unter-

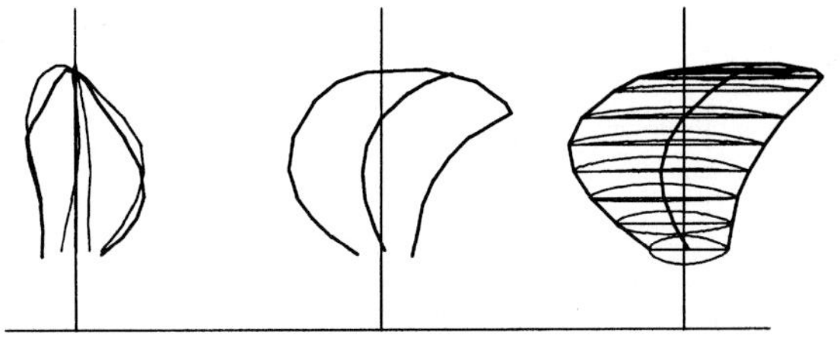

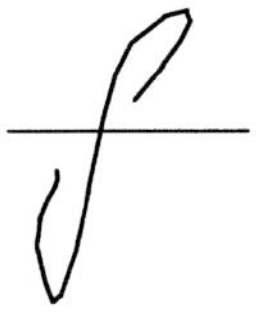

r/R	Chord[mm]	P[mm]	Skew[x]	Rake[mm]	F[mm]	T[mm]
1.000	23.68	157.5	15.12	.0000	.3026E-02	.5466
.9750	69.50	176.0	12.56	.0000	.1150	2.237
.9500	87.37	195.6	10.28	.0000	.4982	2.728
.9000	93.83	240.9	6.206	.0000	1.650	2.805
.8000	96.53	334.0	-.2583	.0000	3.336	3.406
.7000	93.21	367.6	-4.459	.0000	4.083	4.435
.6000	83.47	357.6	-6.643	.0000	3.847	6.060
.5000	70.12	323.3	-6.856	.0000	2.380	8.149
.4000	55.49	280.6	-4.117	.0000	.6576	10.70
.3000	37.52	252.5	2.406	.0000	-.1197E-01	13.55

Propeller: sva0
Z : 5
Direction : left handed
D[m] : .25000
AE/A0: .68890
P/D(0.7r): 1.4703
F/C(0.7r): .43808E-01
Skew[x]: 21.974
C(0.7)[m]: .93207E-01
PFFDRAW (DIN 85 646)

12-Mar-97 (C) R.Schulze

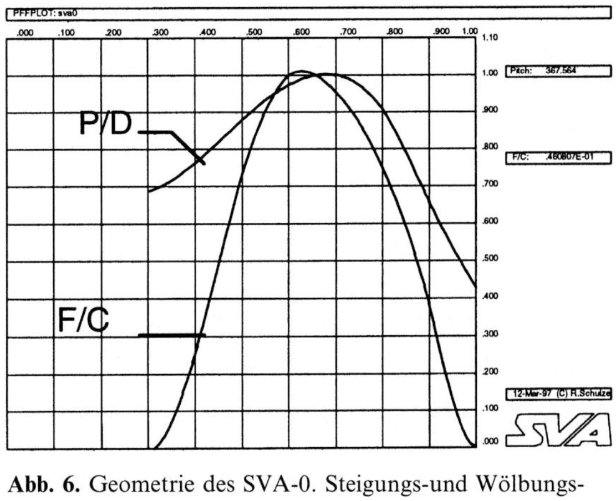

Abb. 6. Geometrie des SVA-0. Steigungs-und Wölbungsverteilung

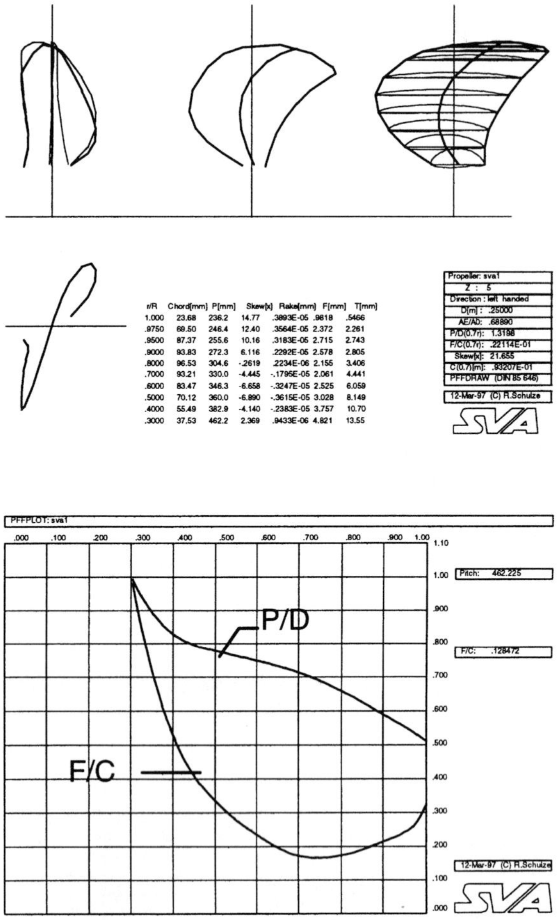

r/R	Chord[mm]	P[mm]	Skew[x]	Rake[mm]	F[mm]	T[mm]
1.000	23.68	236.2	14.77	.3893E-05	.9818	.5466
.9750	69.50	246.4	12.40	.3564E-05	2.372	2.261
.9500	87.37	255.6	10.16	.3183E-05	2.715	2.743
.9000	93.83	272.3	6.116	.2292E-05	2.578	2.805
.8000	96.53	304.6	-.2619	.2234E-06	2.155	3.406
.7000	93.21	330.0	-4.445	-.1795E-05	2.061	4.441
.6000	83.47	346.3	-6.658	-.3247E-05	2.525	6.059
.5000	70.12	360.0	-6.890	-.3615E-05	3.028	8.149
.4000	55.49	382.9	-4.140	-.2383E-05	3.757	10.70
.3000	37.53	462.2	2.369	.9433E-06	4.821	13.55

Abb. 7. Geometrie des SVA-1. Steigungs-und Wölbungsverteilung

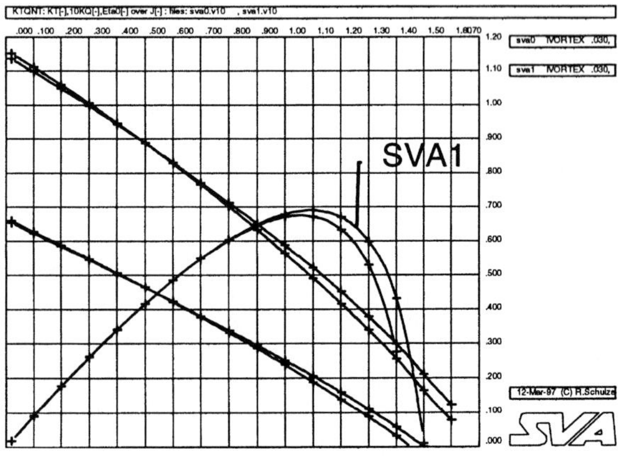

Abb. 8. Vergleich der berechneten Freifahrteigenschaften von SVA-0 und SVA-1

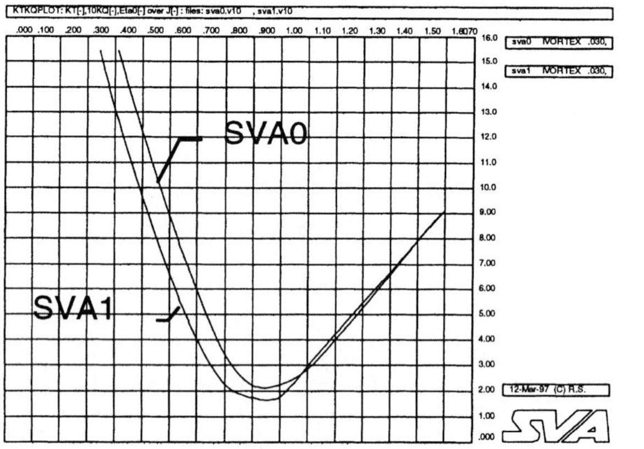

Abb. 9. Vergleich der Kavitationsbuckets von SVA-0 (rot), SVA-1 (grün)

schiedliche Geometrie (völlig verschiedene Steigungs- und Wölbungsverteilungen) auf, obwohl sie im interessierenden Fortschrittsgradbereich fast identische (berechnete) Freifahrtkurven aufweisen. Beide Propeller stellen im Hinblick auf maximalen Wirkungsgrad im Entwurfspunkt lokale Optima dar. Erst bei Analyse der Kavitationseigenschaften stellen sich gewisse Unterschiede ein. Diese beiden Beispiele sollen verdeutlichen, daß zwei lokal optimale Lösungen durchaus weit voneinander entfernt liegen und sogar (fast) gleiche Funktionalwerte aufweisen können.

5 Globalisierung von Optimierungsverfahren für den Propellerentwurf durch Einbettung und Erkennung von Verzweigungssituationen während der Einbettung

Wir versuchen nun noch einmal die im vorigen Abschnitt angedeuteten Probleme zu verdeutlichen, wobei wir stark vereinfachend voraussetzen, daß nur ein skalarer Parameter die geometrischen Verhältnisse der Propeller beschreibt.

In Abbildung 10 wird ein Minimumproblem mit einer eindeutig definierten globalen Lösung angedeutet. Die Eigenschaften der Konvexität und der hinreichenden Glattheit des Funktionals sind dabei die wesentlichen Voraussetzungen für diese Situation. Auf unsere Problematik angewandt werden damit indirekt Voraussetzungen an das Nachrechenverfahren und das Funktional gestellt. Im einfachsten Fall der Optimierung des „Verstellwinkels" zur Erreichung der Randbedingung eines vorgegebenen K_Q (K_T) zur Maximierung des Wirkungsgrades dürfte sich diese Situation einstellen. In diesem Fall kann man bei nicht allzu großem Strafparameter (zur Erreichung der Randbedingungen) globale Konvergenz erhalten.

Die Abbildung 11 soll eine Situation andeuten, bei der mehr Geometrieparameter als nur der Verstellwinkel zur Optimierung freigegeben sind. Man muß oft mit der Situation fertig werden, daß mehrere lokale Lösungen existieren (vgl. Abschnitt 4, Propeller SVA-0, SVA-1). Eine Möglichkeit zur Erreichung

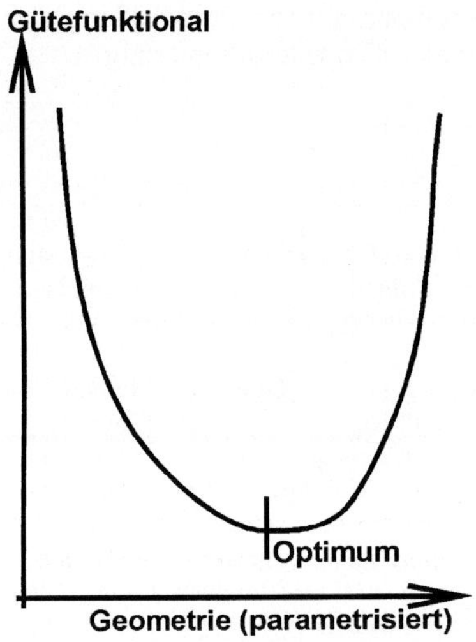

Abb. 10. Global konvergentes Optimierungsproblem

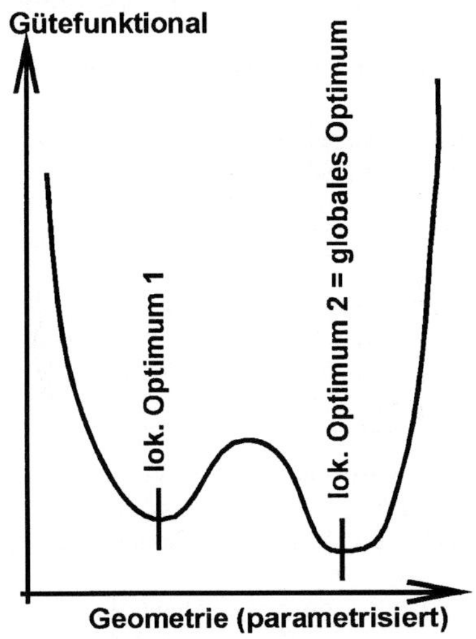

Abb. 11. Lokal konvergentes Optimierungsproblem mit 2 lokalen Lösungen

aller (oder wenigstens einiger) Lösungen besteht in der intuitiven erfahrungsbasierten Wahl von Startlösungen.

Eine andere und mehr zukunftsweisende Möglichkeit besteht in folgendem:

Ausgehend von einem gutartigen und global konvergenten Anfangsproblem (mit dem „Einbettungsparameterwert“ $p=0$) werden eine Folge von Zwischenproblemen in stetiger Abhängigkeit von dem Einbettungsparameter p definiert bis für $p=1$ das geforderte Endproblem formuliert wird. Durch die stetige Abhängigkeit der Probleme vom Einbettungsparameter p läßt sich eine Folge von Optimierungsproblemen formulieren, die trotz der jeweils lokalen Konvergenz für ein bestimmtes p eine Lösung des Endproblems liefert (vgl. z.B. [12]). Weist das Endproblem mehrere Lösungen auf, wird man auf dem Wege der Lösungsfolge sich für eine be-

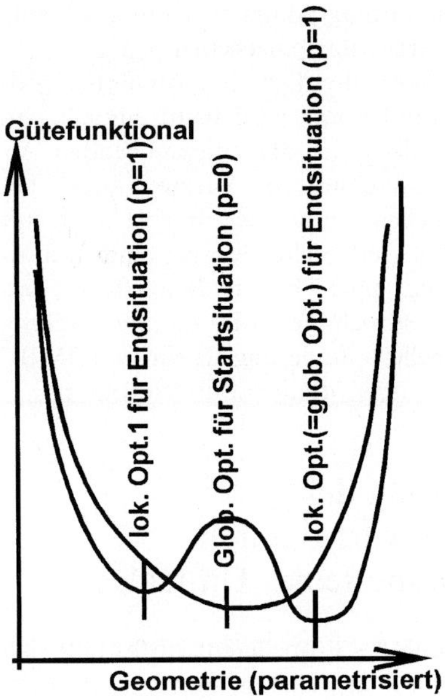

Abb. 12. Stetige Deformation

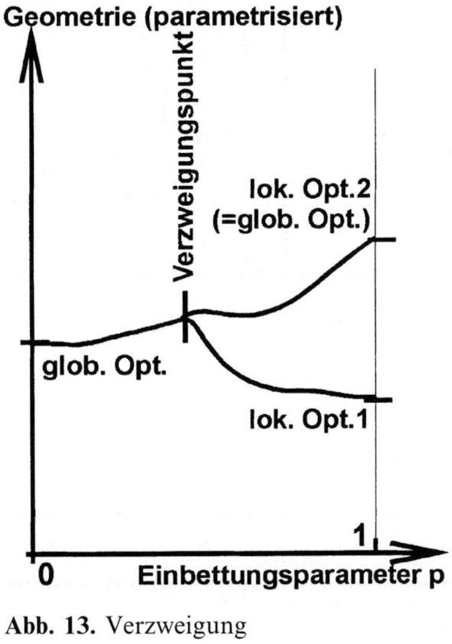

Abb. 13. Verzweigung

stimmte Richtung entscheiden müssen. Die „Wegegabelungen“ werden i.a. als Verzweigungspunkte bezeichnet. Um sich für eine bestimmte Richtung entscheiden zu können, benötigt man den Verzweigungspunkt selbst.

In Abbildung 13 ist diese Situation angedeutet. Die Kurven stellen in Abhängigkeit vom Einbettungsparameter die Lösungen dar (hier nur ein Parameter angegeben).

Für die Wahl des Einbettungsparameters gibt es mathematisch motivierte Standardeinbettungstechniken und physikalisch motivierte Parametrisierungen. Meist sind physikalisch motivierte Parametrisierungen vorzuziehen um von vornherein neben unvermeidlichen Verzweigungen nicht noch weitere

Singularitäten wie turning-points durch ungeschickte Wahl der Parametrisierung einzuschleppen.
Die gute Wahl einer physikalisch motivierten problemangepaßten Einbettung wird nicht einfach sein und auch die Realisierung der entsprechenden Algorithmen unter Einschluß von Verzweigungen bedarf eines erheblichen Aufwandes und ist auch mit Risiken verbunden, verspricht aber bei einer praktikablen Umsetzung einen hohen Nutzeffekt. Aus diesem Grunde beabsichtigen wir, die Behandlung der globalen Propelleroptimierung als ein vom BMBF gefördertes Forschungsvorhaben durchzuführen.

6 Globalisierung des Propellerentwurfes durch „Einbeziehung seines Umfeldes"

Eine Globalisierung des Propellerentwurfes läßt sich auch in dem Sinne interpretieren, daß man (schrittweise) das Propellerumfeld (Wechselwirkungen mit Schiff und Motor) direkt in die Propelleroptimierung mit einbezieht (Propulsionsoptimierung).
Aus Aufwandsgründen muß man sich von vornherein auf einfache Wechselwirkungseigenschaften (Kennlinienfeld des Motors, Randbedingungen des Motors, Nachstromverhalten des Schiffes, Randbedingungen des Schiffes) beschränken.
Relativ einfach ließe sich auf der Basis der Wageninger Polynomkoeffizienten, den analytisch erfaßten Motorkennlinien und den üblichen Wechselwirkungsparametern mit dem Schiff (Nachstrom- und Sogziffer) ein Optimierungstool als Erweiterung des Programms WAGENOPT realisieren.
Auf dem Wege der Umsetzung dieser Verfahren sind dann sicher die im Abschnitt 5 aufgezeigten Phänomene wie mehrdeutige Lösungssituationen und der Notwendigkeit der Einbettung mit Verzweigungssituationen zu erwarten. Da die hierbei verwendeten Nachrechenverfahren (Wageninger Polynomkoeffizienten) extrem schnell arbeiten, andererseits aber die Verfahren zur Globalisierung (Einbettung, Lösung von Verzweigungssituationen, Suche des globalen Optimums) einen recht erheblichen Aufwand erfordern, erhalten wir einen für Vorentwurfsfragen sehr praktikablen Testrahmen für die Entwicklung der Verfahren zur globalen Propelleroptimierung.

Schrifttum

1 Kerwin, J.E. and Lee, C.S.: Prediction of Steady and Unsteady Marine Propeller Performance by Numerical Lifting Surface Theory, Trans. SNAME, Vol. 86, 1978

2 Greely, D.S. and Kervin, J.E.: Numerical Methods for Propeller Design and Analysis in Steady Flow, Trans SNAME, Vol. 90, 1982, pp. 415–453

3 Boswell, R.J.: Design, Cavitation Performance, and Open-Water Performance of a series of Research Skewed Propellers, Report 3339, Department of the Navy, Naval Ship Research and Development Center, Washington, D.C. 20034, March 1971

4 Chao, K.-Y., Streckwall, H.: Berechnung der Propellerumströmung mit einer Vortex-Lattice-Methode, Schiffbautechnische Gesellschaft, Jahrbuch Band 83, 1989

5 20th. ITTC, Proceedings Volume 1, San Francisko, Sept. 19–25. 1993

6 Praefke, E.: Auslegung des Propellers, HSVA Bericht, 1992

7 Schulze, R.: Beschreibung des Propeller-File-Formates (PFF-file) Version SVA Bericht 2017, Potsdam 1993

8 Schulze, R.: Nachrechen- und Entwurfsverfahren für den Propellerentwurf, 1. SVA-Forum „Numerischer Tank", Potsdam 2.3.1995

9 Schulze, R.: Propellerumströmungs- und Festigkeitsberechnung mit VORTEX und ANSYS, Teil 1: Berechnung der Propellerumströmung mit dem Wirbelgitterverfahren VORTEX(0), SVA-Bericht 2163, Potsdam, August 1995

10 Bohm, M.: Propellerumströmungs- und Festigkeitsberechnung mit VORTEX und ANSYS, Teil 2: Berechnung der Propellerfestigkeit, SVA-Bericht 2162, Potsdam, August 1995

11 Schulze, R.: Projektstudie zur Entwicklung eines Programmes zur optimalen Gestaltung von Schiffspropellern, SVA Bericht 2030, Potsdam 1994

12 Schwetlick, H.: Numerische Lösung nichtlinearer Gleichungen, Deutscher Verlag der Wissenschaften, Berlin 1979

13 Großmann, Ch., Kaplan, A.A.: Strafmethoden und modifizierte Lagrangefunktionen in der nichtlinearen Optimierung, Teubner Texte zur Mathematik, BSB B.G. Teubner Verlagsgesellschaft, Leipzig, 1979

Rechnererzeugte Propellergeometrien

Computer Aided Geometric Modelling of Propellers

Dipl.-Ing. **Stefan Harries** und Dipl.-Ing. **Bernd-Leopold Käther**
Institut für Schiffs- und Meerestechnik der Technischen Universität Berlin

Summary. A method for the geometric modeling of propellers is presented. Special attention is given to the surface modeling of propeller blades. Propeller blades are generated by means of a simplified skinning method which yields a B-Spline-surface as a closed mathematical representation of the blade geometry. A new approach for treating the blade geometry at the tip is introduced.

1 Einleitung

Im Propellerentwurf werden neben potentialtheoretischen Verfahren [1, 2] zunehmend auch Methoden der Computational Fluid Dynamics (CFD) unter Berücksichtigung der Viskosität eingesetzt [3, 4]. Während bei potentialtheoretischen Verfahren die Diskretisierung der Propellergeometrie meist auf den Skelettflächen der Propellerflügel erfolgen kann (vgl. Quasi-Continuous-Method(QCM) [1]), erfordern viskose Berechnungen eine Diskretisierung des Strömungsfeldes einschließlich der Propelleroberfläche (vgl. RANSE-Lösungen [3]). Die Beschreibung der Propellergeometrie in Form mathematisch geschlossener Flächen stellt dann eine wesentliche Voraussetzung für die Netzgenerierung dar. Die Anforderungen an die Genauigkeit der Geometriemodellierung nehmen dabei deutlich zu.
Eine verbesserte Geometriemodellierung ist darüber hinaus auch bei der Propellerfertigung unter Einsatz numerisch gesteuerter Maschinen von Interesse. Vor allem nahe der Flügelspitze ist eine glatte Geometrie von Wichtigkeit.
Am Institut für Schiffs- und Meerestechnik der Technischen Universität Berlin wurde daher ein Verfahren zur Modellierung von Propellergeometrien entwickelt und in einem interaktiven Programmsystem umgesetzt [5, 6]. Die Geometrie konventioneller Propeller wird aufgeteilt in drei Elemente: Propellerflügel, Propellernabe und Füllfläche zwischen Flügel und Nabe.
In diesem Beitrag sollen die Grundlagen zur rechnergestützten Propellergeometriemodellierung beschrieben werden. Propellerflügel werden als eine B-Spline-Fläche erzeugt. Die einzelnen Schritte bei der Generierung von Propellerflügeln werden in Kapitel 2 vorgestellt. Ein vereinfachtes Skinning-Verfahren wird in Kapitel 3 ausführlich besprochen. In Kapitel 4 wird ein neuer Ansatz zur Behandlung der Geometrie an der Propellerflügelspitze vorgeschlagen. In Kapitel 5 wird kurz dargelegt, wie die Nabe als einfache Rotationsfläche und die Füllfläche als B-Spline-Fläche generiert werden können. Eine Zusammenfassung und eine Besprechung zukünftiger Arbeiten schließen den Beitrag ab.

2 Geometrische Modellierung von Propellerflügeln

2.1 Überblick

Die geometrische Modellierung von Propellerflügeln erfolgt in drei Schritten, vgl. Abb.1.
In einem ersten Schritt wird die Geometrie des Propellerflügels festgelegt. Die Geometriebeschreibung erfolgt über vorzugebende radiale Formparameterkurven als Eingabedaten, die durch die Wahl eines Profiltyps ergänzt werden (siehe Kapitel 2.2).
In einem zweiten Schritt werden für ausgewählte Radien Zylinderschnitte nach den Formparameterkurven erzeugt. Dabei wird jeweils ein Satz von Punkten auf der Saug- und Druckseite für ein ebenes Profil ermittelt (siehe Kapitel 2.2) und anschließend auf die Zylinderfläche projiziert (siehe Kapitel 2.3).
In einem dritten Schritt wird eine Fläche so generiert, daß sie die auf den Zylinderschnitten liegenden Punkte interpoliert (siehe Kapitel 3). Eine B-Spline-Flächenbeschreibung für den Propellerflügel stellt das Ergebnis des Modellierprozesses dar.

2.2 Formparameterkurven und ebene Profile

Als Formparameterkurven werden die Verläufe der Steigung (pitch Φ), der Profillänge (chord-length ratio c/R), der maximalen Profildicke (thickness ratio t/c) und der maximalen Profilwölbung (camber ratio f/c) sowie des Hangs (rake Z_R/R) und der Rücklage (skew $s/R = r\theta_s/(R\cos\Phi)$) in Abhängigkeit vom Radius r/R angesetzt. Ein Satz von Formparameterkurven ist in Abb. 2 beispielhaft für einen um Hang und Rücklage erweiterten Propeller DTNSRDC 4119 [7] dargestellt.
Die Formparameterkurven sind in Verbindung mit einem ebenen Profil eines bestimmten Typs zu verwenden. Für das Profil muß dabei eine Vorschrift zur Bestimmung der Dicken- und Wölbungsverteilung in

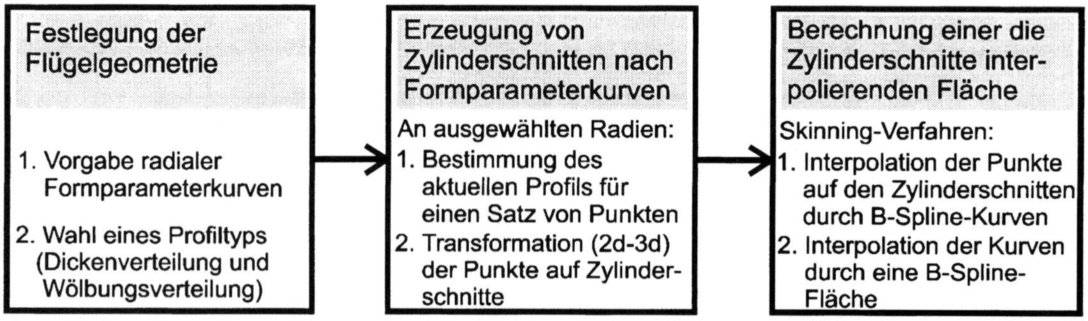

Abb. 1. Modellierung von Propellerflügeln in drei Schritten

Abhängigkeit von der maximalen Profildicke und der maximalen Wölbung vorliegen. Die Dickenverteilung ist der Wölbungsverteilung geeignet (senkrecht zur Mittellinie oder senkrecht zur Sehne) zu überlagern, um die Geometrie der Saug- bzw. Druckseite eines Profils festzulegen. Dabei reicht eine diskrete Beschreibung der Profilgeometrie in Form von Punktdaten aus, siehe Schritt 2 in Abb. 1.

Da im Propellerentwurf häufig Profiltypen des National Advisory Committee for Aeronautics (NACA) eingesetzt werden, wenn auch z.T. in leicht modifizierter Form, sind in Abb. 3 exemplarisch die Dickenverteilung eines NACA66-Profils [8] mit $t/c = 20\%$ und die Wölbungsverteilung $(y_P/c)/c_{L_i}$ für eine NACA a-mean-line mit $a = 0,8$ [8] in ihren zweidimensionalen lokalen Koordinatensystemen wiedergegeben. Die a-mean-line-Wölbungsverteilung stellt dabei das Verhältnis zwischen der maximalen Wölbung f/c und dem Auftriebsbeiwert c_{L_i} bei stoßfreier Anströmung her, siehe ebenfalls Abb. 3.

2.3 Erzeugung von Zylinderschnitten

Während aus den Formparameterkurven für Profillänge, -dicke und -wölbung eine Punktbeschreibung für die Geometrie der ebenen Profile folgt, liefern die Formparameterkurven für Steigung, Hang und Rücklage die Daten für die Transformation der Profile aus ihren lokalen zweidimensionalen Koordinatensystemen auf die Zylinderschnitte des globalen dreidimensionalen Koordinatensystems.

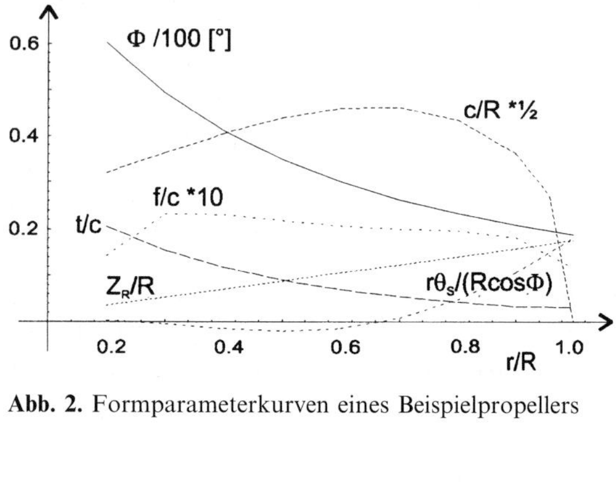

Abb. 2. Formparameterkurven eines Beispielpropellers

Das globale Koordinatensystem ist ein orthogonales Rechtssystem, siehe Abb. 4, in dem die z-Achse mit der Propellerachse zusammenfällt und positiv auf den Propellerstrahl gerichtet ist, die x-Achse durch den Sehnenmittelpunkt des Wurzelprofils geht und die y-Achse das kartesische System ergänzt.

Die Projektion eines Profilpunkts $\vec{P}_P = (x_P/c, y_P/c)$ auf einen Zylinderschnitt am Radius r/R erfolgt nach den Transformationsbeziehungen:

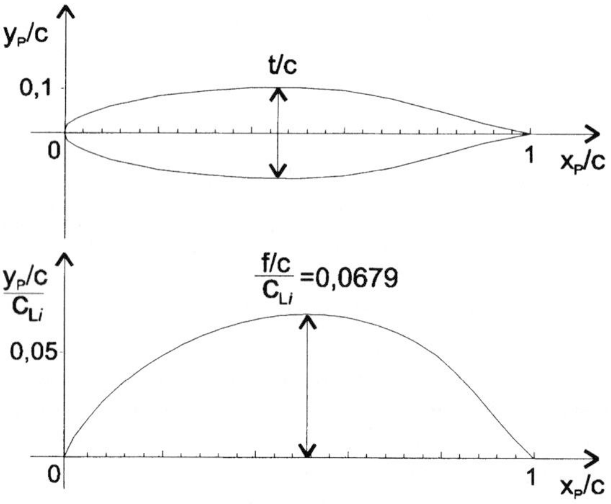

Abb. 3. Dickenverteilung eines NACA66-Profils und Wölbungsverteilung für eine a = 0,8 -mean-line

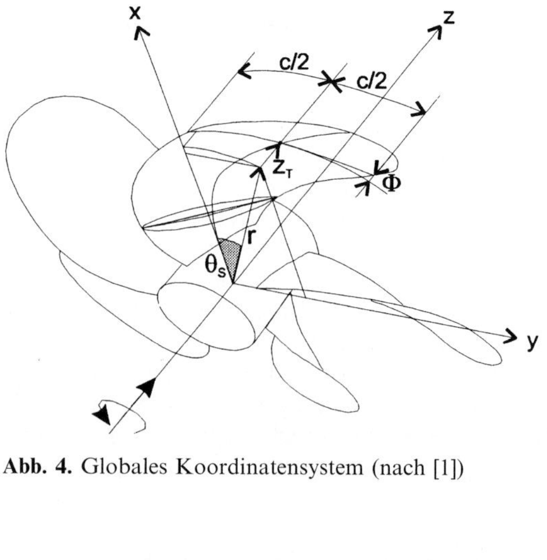

Abb. 4. Globales Koordinatensystem (nach [1])

$$a = (x_P/c - 1/2) \quad [1],$$
$$b = y_P/c \quad [2],$$
$$r\theta = r\theta_s + a\cos\Phi + b\sin\Phi \quad [3],$$
$$Z_T = Z_R + r\theta_s \tan\Phi = Z_R + s\sin\Phi \quad [4],$$
$$z = Z_T + a\sin\Phi - b\cos\Phi \quad [5],$$
$$x = r\cos\theta \quad [6],$$
$$y = r\sin\theta \quad [7],$$

wobei $x_P/c \in [0, 1]$ und y_P/c eine Funktion von x_P/c entsprechend des Profiltyps ist, vgl. Kapitel 2.2. Abb. 5 zeigt die Abwicklung eines Profils am Radius r und verdeutlicht die Bedeutung der einzelnen Terme. Über diese Transformation wird ein Satz von q aufeinander folgenden Zylinderschnitten mit je p Profilpunkten erzeugt, siehe zweiter Schritt in Abb. 1.

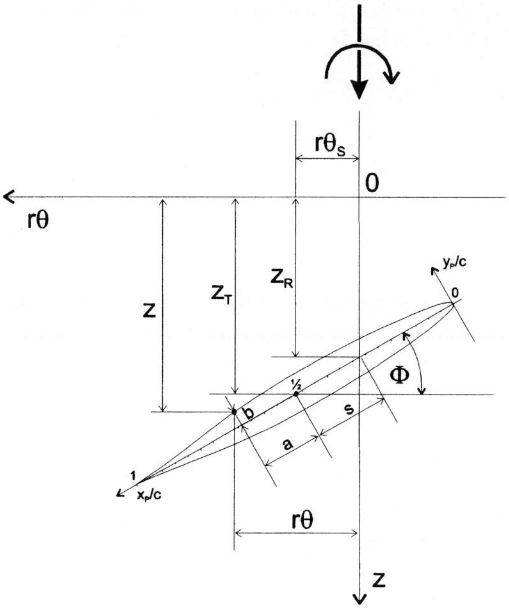

Abb. 5. Abwicklung eines Profils an einem Zylinderschnitt

3 Vereinfachtes Skinning-Verfahren

Im dritten Schritt der geometrischen Modellierung von Propellerflügeln muß eine Fläche bestimmt werden, die die auf den Zylinderschnitten liegenden Punkte interpoliert. Hierzu wurde ein vereinfachtes Skinning-Verfahren entwickelt, das für einen Satz speziell geordneter Punkte (Eingabe) eine interpolierende B-Spline-Fläche (Ausgabe) liefert [9]. Das vereinfachte Skinning-Verfahren ist in Abb. 6 schematisch dargestellt.

In einem Vorbereitungsschritt wird eine Schar von q offenen B-Spline-Kurven

$$\vec{Q}_h(t) = \begin{pmatrix} x(t) \\ y(t) \\ z(t) \end{pmatrix} = \sum_{i=0}^{m-1} \vec{V}_{i_h} N_{ik}(t) \quad \text{wobei } t \in [0, 1] \quad [8]$$

gebildet, mit $h = 0, \ldots, q-1$ als Laufindex der Zylinderschnitte. Diese sog. Querkurven besitzen die gleiche Anzahl von je m Stützpolygonpunkten $\vec{V}_i$, die gleiche Ordnung k sowie identische Knotenvektoren (und damit gleiche Basispolynome $N_{ik}(t)$). Eine Querkurve wird so berechnet, daß sie die p zueinander gehörenden Punkte $\vec{P}_P$ eines jeden Zylinderschnitts h an ihren Knoten interpoliert:

$$\vec{Q}_h(t_g) = \sum_{i=0}^{m-1} \vec{V}_{i_h} N_{ik}(t_g) \stackrel{!}{=} \vec{P}_{P_{h_g}} \quad \forall \; g = 0, 1, \ldots, p-1 \quad [9]$$

Da jede Kurve $m - k + 2$ verschiedene Knoten aufweist, sind für m unbekannte Stützpunkte k−2 zusätzliche Bedingungen vorzugeben. Für eine kubische B-Spline-Kurve mit $k = 4$ bietet sich z.B. die Vorgabe des zweiten und des vorletzten Stützpolygonpunktes als Tangentenrichtungsbedingung an den Enden an. Der eigentlichen Kern des Skinning-Verfahrens ist die Flächenerzeugung. Ziel ist es, eine B-Spline-Fläche

$$\vec{F}(u, v) = \begin{pmatrix} x(u,v) \\ y(u,v) \\ z(u,v) \end{pmatrix} = \sum_{i=0}^{m-1} \sum_{j=0}^{n-1} \vec{P}_{ij} \cdot N_{ik}(u) N_{jl}(v) \quad \text{wobei } u, v \in [0, 1] \quad [10]$$

so zu bestimmen, daß die Schar gleichartiger B-Spline-Querkurven interpoliert wird. Diese B-Spline-Fläche habe in Längsrichtung die Ordnung l, in Querrichtung die Ordnung k der Querkurven und ein Polyhedron mit n^*m Stützpunkten. Im vereinfachten Skinning-Verfahren erfolgt eine Interpolation an

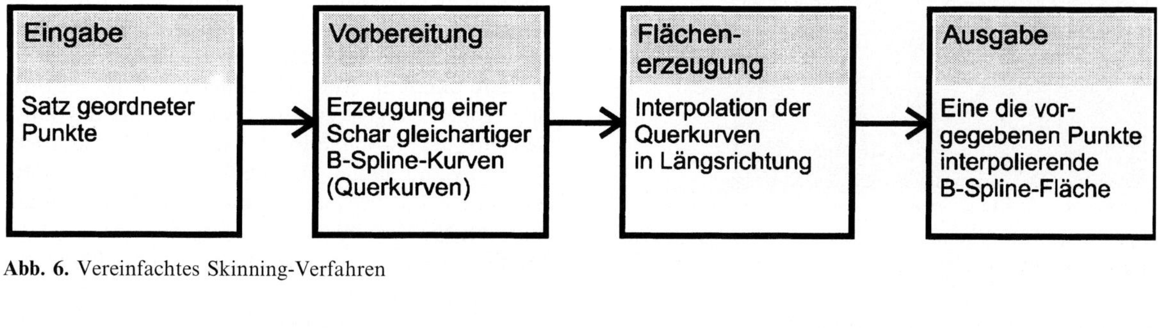

Abb. 6. Vereinfachtes Skinning-Verfahren

konstanten Isoparameterlinien $v_h = \text{const.}$ der zu erzeugenden Fläche. Dies führt zum Ansatz:

$$\vec{F}(u, v_h) = \sum_{i=0}^{m-1} \left(\sum_{j=0}^{n-1} \vec{P}_{ij} \cdot N_{jl}(v_h) \right) N_{ik}(u)$$
$$\stackrel{!}{=} \sum_{i=0}^{m-1} \vec{V}_{i_h} \cdot N_{ik}(u) = \vec{Q}_h(u)$$
$$\forall\, h = 0, \ldots, q-1 \qquad [11].$$

Dieses Gleichungssystem mit q Gleichungen zur Bestimmung der n^*m Unbekannten $\vec{P}_{ij}$ kann folgendermaßen umgeschrieben werden: Für jeden Parameterwert u muß gelten, daß

$$\sum_{j=0}^{n-1} \vec{P}_{ij} \cdot N_{jl}(v_h) \stackrel{!}{=} \vec{V}_{i_h} \quad \forall\, h = 0, \ldots, q-1 \qquad (12),$$

und zwar für alle $i = 0, \ldots, m-1$ was durch Rückeinsetzen von [12] in [11] unmittelbar deutlich wird. Dies sind nun m Gleichungssysteme à q Gleichungen für m mal n Unbekannte (wobei $n = q + l - 2$).
Analog zum Vorbereitungsschritt fehlt für eine in Längsrichtung kubische Fläche (Ordnung $l = 4$) damit noch ein Satz von zwei Bestimmungsgleichungen ($n = q + 4 - 2$) für zwei Reihen von je m Stützpolygonpunkten (i.d.R. die zweite und die vorletzte Reihe). Diese Stützpolygonpunkte können frei gewählt bzw. müssen vorgegeben werden. Anschaulich lassen sich diese m Gleichungssysteme [12] folgendermaßen interpretieren: Interpoliere m mal für festgehaltenes i („zeilenweise") in Längsrichtung alle q aufeinander folgenden Stützpolygonpunkte $\vec{V}_{i_h}$ der q gegebenen Zylinderschnitte durch neue B-Spline-Kurven, sog. Längskurven, und verwende die Stützpolygonpunkte dieser Längskurven als Polyhedron $\vec{P}_{ij}$ der B-Spline-Fläche.
Abb. 7 zeigt einige Isoparameterlinien der so erzeugten B-Spline-Fläche für einen Propellerflügel des DTNSRDC 4119 Beispielpropellers ohne Hang und Rücklage (graphische Ausgabe des Programms *CAPD* [5]). Abb. 8 gibt eine photorealistische Darstellung dieses Propellerflügels wieder.

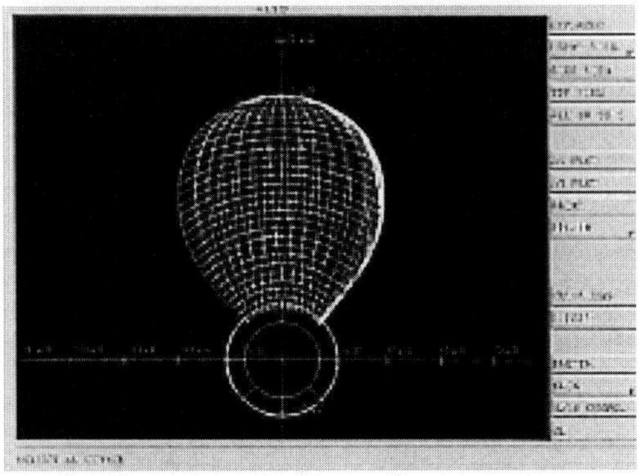

Abb. 7. Propellerflügel nach der Flächenerzeugung über das vereinfachte Skinning-Verfahren

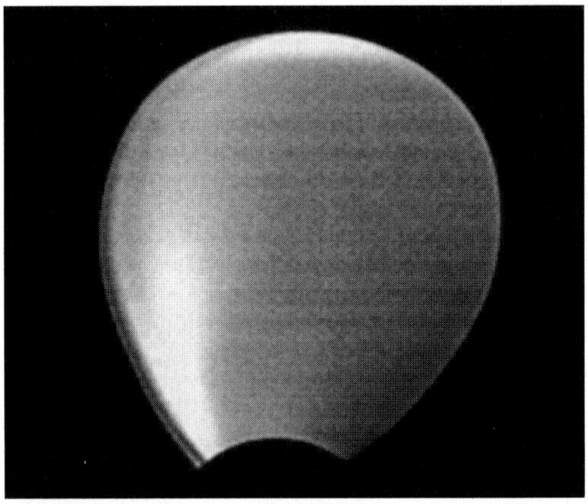

Abb. 8. Photorealistische Darstellung eines Propellerflügels

Es bleibt anzumerken, daß das hier beschriebene vereinfachte Skinning-Verfahren sich von einem vollständigen Skinning-Algorithmus [10, 11] dadurch unterscheidet, daß beim vollständigen Verfahren eine Schar geordneter Kurven zu interpolieren ist. Im vollständigen Skinning-Verfahren müssen dann in einem i.d.R. aufwendigen Vorbereitungsschritt alle Kurven in eine einheitliche B-Spline-Darstellung konvertiert werden. Der Kern des Verfahrens, d.h. die Flächenerzeugung, ist für beide Verfahren jedoch gleich. Eine Übertragung auf andere Flächenmodellierungsprobleme kann unmittelbar erfolgen; siehe Kapitel 5.2 und [12].

4 Behandlung des Spitzenproblems

Wie im vorangegangenen Kapitel ausgeführt, ist beim vorgestellten Skinning-Verfahren die Anzahl der unbekannten Stützpolygonpunkte größer als die Anzahl der zur Verfügung stehenden Gleichungen zur Lösung der Interpolationsprobleme. Diese Freiheiten können nun ausgenutzt werden, um die Modellierung des Flügels an der Spitze zu verbessern. Bei herkömmlichen Lofting-Verfahren (z.B. auf Basis kubischer Splines), die bei der Bestimmung der Flügelgeometrie verbreitet sind, kommt es an der Flügelspitze oftmals zu einem „dachähnlichen" Einlauf; siehe linke Skizze in Abb. 9. Die B-Spline-Technik kann nun eingesetzt werden, um an der Flügelspitze eine saubere Einlaufebene zu modellieren. Diese Tangentialebene wird durch einen Normalenvektor festgelegt, der durch die Spitze (Tip) des Propellerflügels läuft und senkrecht zur z-Achse steht; siehe mittlere Skizze in Abb. 9. Bei der Flächenerzeugung des Propellerflügels wird die zweite Reihe des Polyhedrons der B-Spline-Fläche als eine Reihe freier Stützpolygonpunkte aufgefaßt. Alle Stützpolygonpunkte $\vec{P}_{01}$ bis $\vec{P}_{m-11}$ der zweiten Reihe werden nun vorgegeben und auf die Tangentialebene gelegt. Da die zweite Reihe von Stützpolygonpunkten gemeinsam mit der ersten Reihe von $\vec{P}_{i0}$ den Einlauf am Rand der B-Spline-Fläche bestimmt und die erste Reihe von Stützpolygonpunkten komplett in der Propellerspitze zusammenfällt, läuft die gesamte B-Spline-Fläche tangential zu dieser gemeinsamen Ebene ein; siehe rechte Skizze in Abb. 9.

5 Geometrische Modellierung von Naben und Füllflächen

5.1 Nabenmodellierung

Die Propellernabe $\vec{N}(s,t)$ kann als eine einfache Rotationsfläche beschrieben werden, wobei eine ebene B-Spline-Kurve $\vec{Q}_{\text{Nabe}}(t)$ als Generierende in der x-z-Ebene definiert wird:

$$\vec{Q}_{\text{Nabe}}(t) = \begin{pmatrix} x(t) \\ 0 \\ z(t) \end{pmatrix} = \sum_{i=0}^{m-1} = \vec{V}_{ih} N_{ik}(t) \quad \text{wobei } t \in [0,1] \qquad [13].$$

Der entlang der Propellerachse veränderliche Nabenradius ergibt sich dann aus der x-Komponente der B-Spline-Kurve. Jeder Punkt auf der Nabenoberfläche ist über ein rotational-sweep-Verfahren als Funktion der Parameter s und t bestimmt:

$$\vec{N}(s,t) = \begin{pmatrix} x(t)\cos(2\pi s) \\ x(t)\sin(2\pi s) \\ z(t) \end{pmatrix} \quad \text{wobei } s,t \in [0,1] \qquad [14].$$

5.2 Füllflächenmodellierung

Nachdem sowohl für den Propellerflügel als auch für die Propellernabe eine mathematisch geschlossene Flächenbeschreibung vorliegen, muß abschließend die Übergangsfläche zwischen Flügel und Nabe, die sog. Blattwurzel, erzeugt werden. Übergänge zwischen Flügel und Nabe werden i.d.R. über Hohlkehlradien festgelegt, wobei tangentialstetige Übergänge zwischen Flügel und Füllfläche einerseits und zwischen Nabe und Füllfläche andererseits ausreichen. Die Füllflächen lassen sich über ein für dieses Problem adaptiertes rolling-ball-Verfahren generieren, das tangentialstetige Übergänge unmittelbar zur Folge hat.

In diesem speziellen rolling-ball-Verfahren wird zunächst ein Satz von Stützkurven berechnet. Diese Stützkurven werden anschließend als Querkurven über das vereinfachte Skinning-Verfahren interpoliert (vgl. Kapitel 3). Dabei entsteht die Füllfläche aus den Stützkurven in gleicher Weise wie zuvor der Propellerflügel aus den Zylinderschnitten. Ergebnis des vereinfachten Skinning-Verfahrens ist nunmehr eine B-Spline-Fläche für die Blattwurzel.

Die Stützkurven werden über ein Suchverfahren als Kreissegmente für eine diskrete Anzahl von Übergangsstellen entlang der Saug- bzw. Druckseite des Flügels berechnet. Die Kontaktpunkte des rolling-ball am Flügel bzw. an der Nabe stellen die Anfangs- bzw. Endpunkte einer Stützkurve dar.

Der Algorithmus zur Bestimmung der Kontaktpunkte und des Mittelpunkts einer Stützkurve baut auf die vorliegenden B-Spline-Flächenbeschreibung des Propellerflügels auf, wobei der Berechnung von Normalenvektoren eine zentrale Bedeutung zukommt.

Abb. 10 veranschaulicht das Verfahren: die linke Skizze zeigt einen z-Schnitt durch den Flügel und einen z-Schnitt durch die Nabe sowie eine Projektion der Normalenvektoren in die x-y-Ebene; die rechte Skizze gibt eine Draufsicht auf die Nabe und einen Schnitt durch den Flügel wieder. Der Algorithmus läßt sich folgendermaßen zusammenfassen: Lege den Hohlkehlradius für die Übergangsstelle fest. Be-

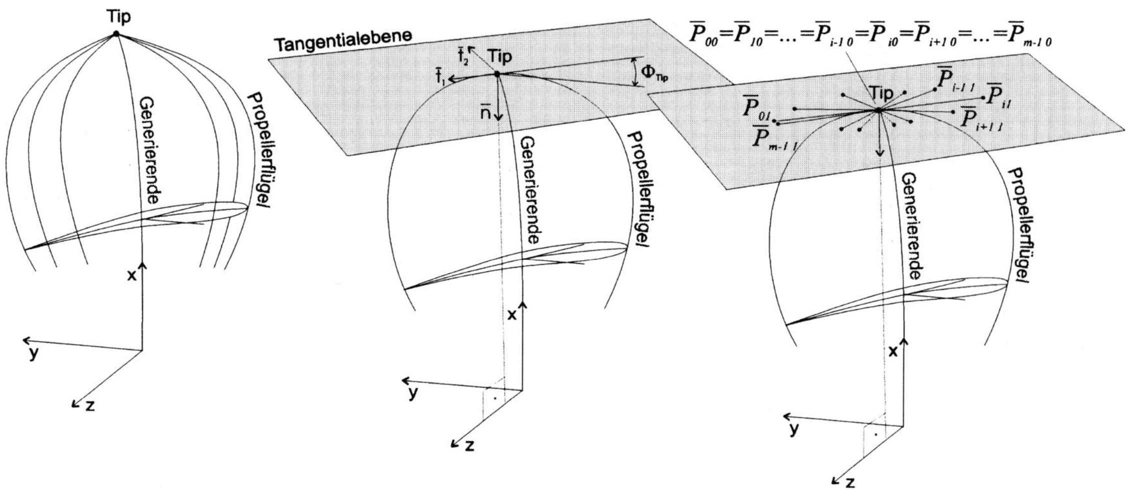

Abb. 9. Behandlung des Spitzenproblems

rechne für einen Anfangspunkt die Flächennormale der B-Spline-Fläche und bestimme den Mittelpunkt eines rolling-ball entsprechend des Hohlkehlradius. Teste in ebenen Schnitten $z = const.$ systematisch, ob der rolling-ball die Nabe schneidet. Ist dies nicht der Fall, verschiebe den Kontaktpunkt entlang der Flügelfläche nach unten in Richtung der Nabe. Schneidet der rolling-ball die Nabe mehrmals, dann verschiebe den Kontaktpunkt nach oben in Richtung der Spitze. Berechne nach einer Verschiebung die aktuelle Flächennormale und teste erneut, ob der rolling-ball die Nabe schneidet. Wiederhole dies so lange bis nur noch ein einziger Schnittpunkt zwischen Nabe und rolling-ball auftritt. Dies ist dann der untere Kontaktpunkt. Ergebnis des Suchverfahrens sind somit drei Raumpunkte: der Kontaktpunkte zwischen rolling-ball und Flügel als Anfangspunkt, der Kontaktpunkt zwischen rolling-ball und Nabe als Endpunkt und der Mittelpunkt des rolling-ball als Mittelpunkt des Kreissegments. Die drei Punkte spannen eine Ebene auf, in der die Stützkurve mit dem gewählten Hohlkehlradius liegt.

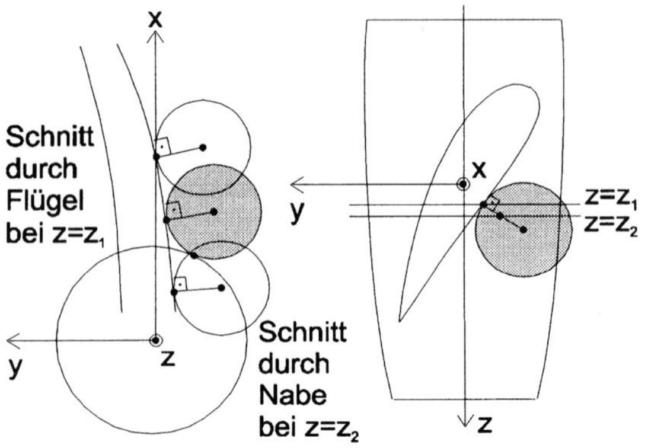

Abb. 10. Bestimmung der Kontaktpunkte für eine Stützkurve

6 Zusammenfassung

Ein Verfahren zur Geometriemodellierung von Schiffspropellern wurde entwickelt und dargestellt. Dabei wurde insbesondere die Generierung von Propellerflügeln und die Beschreibung in Form einer einzigen B-Spline-Fläche ausführlich beschrieben. Ein neuer Ansatz zur Geometriemodellierung an der Propellerspitze mit Hilfe der B-Spline-Technik wurde diskutiert.

Das vorgestellte Verfahren kann einerseits zur Geometriemodellierung von Propellern verwendet werden, für die bereits eine fertige Beschreibung des Propellerflügels entlang des Radius durch Formparameterkurven oder zumindest durch einen Satz diskreter Werte für Steigung, Profillänge, Dickenverlauf, Wölbung, Hang und Rücklage bei vorgegebenem Profiltyp vorliegt. Die Formparameter können dabei z.B. aus einer potentialtheoretischen Rechnung oder einer Auswertung systematischer Serien stammen.

Andererseits kann das Verfahren auch eingesetzt werden, um auf Grundlage vorzugebender Formparameter zunächst die Geometrie des Propellers zu erzeugen und sie anschließend einem System zur Netzgenerierung für eine CFD-Analyse der Strömung zu übergeben.

Aufgrund der mathematisch geschlossenen Beschreibung der Geometrie durch Parameterflächen kann jeder Punkt auf der Propelleroberfläche über ein Parameterpaar leicht und eindeutig adressiert werden. Dies stellt eine wichtige Voraussetzung für den Einsatz sowohl bei der Netzgenerierung als auch bei der Propellerfertigung mit Hilfe numerisch gesteuerter Maschinen dar.

7 Ausblick

Die vorgestellten Arbeiten zur Geometriemodellierung von Propellerflügeln auf Basis von B-Spline-Flächen sind noch nicht abgeschlossen. Zunächst muß die Glätte des Propellerflügels im Nasenbereich, d.h. in unmittelbarer Nähe der Eintrittskante, noch verbessert werden. Hierfür könnte im Gegensatz zur bisher eingesetzten B-Spline-Interpolation eine B-Spline-Approximation der auf den Zylinderschnitten liegenden Profilpunkte eingeführt werden. Zu berücksichtigen wären dabei Kriterien für die Glätte der Kurven, wie dies bereits für ebene B-Spline-Kurven erfolgt ist [12]. Forschungsbedarf besteht zudem bei der Modellierung der Propellerspitze. Zukünftig muß ein Verfahren zur optimalen Verteilung der Stützpolygonpunkte auf der Tangentialebene an der Propellerspitze (und ggf. auch der darunter liegenden nächsten Reihe von Stützpolygonpunkten) entwickelt werden. Als Ansatz kann hierbei ebenfalls eine Analyse der Fläche nach Glättekriterien (z.B. für den Krümmungsverlauf) dienen.

8 Danksagung

Die vorgestellten Methoden sind in einem interaktiven Programmsystem namens Computer Aided Propeller Design (CAPD) im Rahmen von Studien- und Diplomarbeiten am Institut für Schiffs- und Meerestechnik der Technischen Universität Berlin auf verschiedenen Rechnerplattformen realisiert worden. Spezieller Dank gilt den Herren W. Hercher, S. Hoog und O. Kalden für ihr großes Engagement und ihre hierfür geleistete Arbeit.

Schrifttum

1 Sheng, G. *Numerisches Tragflächenmodell für schräg angeströmte Propeller*, Dissertation, Institut für Schiffs- und Meerestechnik, Technische Universität Berlin, 1993.

2 Harries, S. *Variational Approach to the Design of Moderately Loaded Free-running Propellers*, Studienarbeit, Institut für Schiffs- und Meerestechnik, Technische Universität Berlin, 1991.

3 Abdel-Maksoud, M.; Bschorer, S; Scheuerer, G. *Numerische Berechnungen der viskosen Strömung um einen rotierenden Propeller*, Jahrbuch der Schiffbautechnischen Gesellschaft, 89. Band, 1995.

4 Brandt, H.; Hochkirch, K. *Berechnung der turbulenten Propellerumströmung*, Institut für Schiffs- und Meerestechnik Bericht 96/2, 2. Zwischenbericht zum DFG Projekt Br 532/5-1, Berlin, 1995.

5 Kalden, O. *Computer Aided Propeller Design* (CAPD), Studienarbeit, Institut für Schiffs- und Meerestechnik, Technische Universität Berlin, 1995.

6 Hoog, S. *Einsatz und Verbesserung der Formparameterbeschreibung von Schiffspropellern als Grundlage zur CFD-Gittergenerierung*, Diplomarbeit, Institut für Schiffs- und Meerestechnik, Technische Universität Berlin, 1996.

7 Jessup, S.D.; Schott, C.; Jeffers, M.; Kobayashi, S. *Local Propeller Blade Flows in Uniform and Sheared Onset Flows Using LDV Techniques*, 15th Symposium on Naval Hydrodynamics, Washington, D.C., 1985.

8 Abbott, I.H.; von Doenhoff, A.E. *Theory of Wing Sections*, Dover Publications, 1959.

9 Hercher, W. *NURBS-Kurveninterpolation und Skinning einer NURBS-Kurvenschar*, Studienarbeit, Institut für Schiffs- und Meerestechnik, Technische Universität Berlin, 1995.

10 Umlauf, U. *Näherungsweise krümmungsstetige Übergänge zwischen Freiformflächen*, Dissertation, Institut für Schiffs- und Meerestechnik, Technische Universität Berlin, 1993.

11 Woodward, J.R. *Skinning Techniques for Interactive B-Spline Surface Interpolation*, Computer Aided Design, Vol. 20, No. 8, 1988.

12 Harries, S.; Abt, C. *Parameterbasierter Schiffsformentwurf*, Kolloquium Parametrische Produktmodellierung, Institut für Straßen- und Schienenverkehr, Technische Universität Berlin, 1997.

Zukünftige Genehmigungsprozeduren

Future Approval Procedures

Dipl.-Ing. **Martin Böckenhauer**, Dipl.-Ing. **Anneliese Jost** und Dipl.-Ing. **Jochen Schulte**
Germanischer Lloyd, Hamburg

Summary. The paper gives an outlook on future development of rules for hull structures and future procedures for the class approval of hull structures and the examination of structural analyses. In addition, future procedures for the examination of analyses are discussed, which are required to show compliance with international standards such as the Load Line, SOLAS and MARPOL Conventions.

1 Einleitung

Zukünftige Genehmigungsprozeduren können nicht losgelöst von zukünftigen Vorschriften diskutiert werden, wobei mit Vorschriften im Sinne dieses Vortrages schiffbauliche Vorschriften gemeint sind.
Zukünftige Vorschriften werden mehr als bisher durch direkte Berechnungs- und Bemessungsprozeduren gekennzeichnet sein. Hier wird ein Weg weitergegangen werden, den der GL seit 1973 konsequent verfolgt hat. Neben der schrittweise immer mehr in den Hintergrund getretenen empirischen Bemessungsmethodik war eine Bemessung der Bauteile nach dem sogenannten 'Last-Spannungskonzept' möglich.
In zukünftigen Bauvorschriften wird die Frage nach der Grenztragfähigkeit der Bauteile eine große Rolle spielen. Für diese Betrachtungsweise ist das Konzept der Teilsicherheitsfaktoren besonders geeignet. Folgende Festigkeitskriterien sind für die Beurteilung der Festigkeit eines Bauteils maßgeblich:

a) Sicherheit gegen plastisches Versagen,
b) Sicherheit gegen Beulversagen,
c) Sicherheit gegen Ermüdungsversagen.

Die Grundformel für die Sicherheit gegen plastisches Versagen kann wie folgt geschrieben werden:

$$R\frac{R_{eH}}{\gamma_m} \geq F_{st} \cdot \gamma_{fst} + F_{dyn} \cdot \gamma_{fdyn} \qquad (1)$$

wobei:

R = Widerstandsparameter (z.B. Widerstandsmoment, Schubquerschnitt)
R_{eH} = Streckgrenze des verwendeten Werkstoffes

F_{st} = Auswirkungen statischer Lasten (z.B. Glattwasserbiegemomente und -querkräfte)

F_{dyn} = Auswirkungen dynamischer Lasten (z.B. Wellenbiegemomente und -querkräfte)

γ_m = Teilsicherheitsfaktor für den Widerstandsparameter, (z.B. zur Berücksichtigung von Dickenreduzierungen durch Abrostung bzw. von Schwankungen der Werkstoffkennwerte)

γ_{fst} = Teilsicherheitsfaktor für statische Lasten (z.B. zur Berücksichtigung von Schwankungen des Glattwassermomentes)

γ_{fdyn} = Teilsicherheitsfaktor für dynamische Lasten (zur Berücksichtigung von Ungenauigkeiten in den dynamischen Lastenannahmen).

Die obige Grundgleichung (1) kann für das Hauptspantwiderstandsmoment wie folgt geschrieben werden:

$$W_p \frac{R_{eH}}{\gamma_m} \geq \gamma_{fst} \cdot M_{SW} + \gamma_{fdyn} \cdot M_{WV} \qquad (2)$$

wobei:

Wp = plastisches Widerstandsmoment des Hauptspantquerschnittes

M_{SW} = Glattwassermoment

M_{WV} = vertikales Wellenmoment

Das elastische Widerstand W ergibt sich aus dem Verhältnis $k_w = \frac{W_p}{W}$ zu $W = \frac{W_p}{k_w}$. Im Normalfall ist k_w ungefähr 1,35.

Die Teilsicherheitsfaktoren γ_m, γ_{fst}, γ_{fdyn} würden unter Berücksichtigung der z.Z. gültigen Vorschriften folgende Größenordnung haben:

γ_m = 1,1 entsprechend einer zulässigen Abminderung des Hauptspantwidstands infolge Abrostung um 10%

γ_{fst} = 1,5

γ_{fdyn} = 2,0.

Die Frage der Sicherheit gegen Beulversagen ist bereits in der Ausgabe von 1997 der Schiffskörpervorschriften (Kapitel 1) in diesem modernen Sinn angepackt worden. Der neue Unterabschnitt 3F – Beulfestigkeitsnachweise – ist auf das Traglastverfahren in Anlehnung an die DIN18800 umgestellt worden. Hierzu wird eine gesonderte Veröffentlichung erfolgen [1]. Das Thema der Sicherheit gegen Ermüdungsversagen ist bereits seit 1978 Bestandteil der GL-Vorschriften. In der Ausgabe von 1992 ist diesem Thema ein umfangreicher Abschnitt gewidmet, der wiederum für die Ausgabe von 1997 überarbeitet wurde.

Zukünftige Bauvorschriften werden aber außer physikalisch klar begründeten Bemessungsregeln auch ein gewisses Maß an empirischen Regeln enthalten, in denen sich die Erfahrung mit der fahrenden Flotte widerspiegelt. Ein Schiff ist ein Transportmittel, das Einflüssen der Natur ausgesetzt ist, die nicht mit absoluter Sicherheit erfaßbar sind. Ebenso entziehen sich Belastungen, die durch Anlege- oder Schleppmanöver oder durch Greifer beim Be- und Entladen entstehen, einer exakten Berechnung. Diese Erfahrungen werden in Mindestdicken, in empirischen Berechnungsansätzen und auch in der Vorgabe bewährter konstruktiver Details wie bisher ihren Niederschlag finden.

2 Zeichnungsprüfung und Genehmigung

Die in der Einleitung genannten Berechnungsverfahren erfordern einen erheblich größeren Aufwand als bisher, der nur noch mit Rechnerunterstützung zu bewältigen ist.

Die meisten Werften benutzen schon heute sowohl für den Schiffsentwurf als auch für die Konstruktion und Fertigungssteuerung umfangreiche Rechenprogramme, die aber nur zum geringen Teil die Dimensionierung der Schiffsverbände beinhalten. Die notwendige Software muß von den Klassifikationsgesellschaften zur Verfügung gestellt werden und sollte weitestmöglich compatibel zu den von den Konstrukteuren im Rahmen von CAD benutzten Programmen sein. Es ist einleuchtend, daß solche Programme hauptsächlich den Bereich „Dimensionierung" und in begrenztem Maße den Bereich „Betriebsfestigkeit" abdecken können. Die konstruktive Gestaltung und Ausführung muß sicherlich noch längere Zeit dem geübten Blick des erfahrenen Ingenieurs überlassen werden. Daraus ergeben sich zwei Hauptbestandteile für eine zukünftige Zeichnungsprüfung und Genehmigung:

1) Programme zur Bestimmung der Materialabmessungen und Materialgüten ermöglichen der Werft eine schnelle, sichere Ermittlung der Mengengerüste für die Materialbestellung.
2) Die Prüfung der konstruktiven Ausführung mit Kenntnis der Beanspruchungen auch von Details führt trotz erhöhten Berechnungsaufwands zur schnelleren und objektiveren Bewertung der Konstruktion.

Das Ziel für Werften, Schiffseigner und Klassifikationsgesellschaft ist die Steigerung der Sicherheit, Qualität und Produktivität beim Bau und Betrieb eines Schiffes.

3 Dimensionierungsprogramm des GL

Der GL hat zur computerunterstützten Dimensionierung des Schiffskörpers ein Konzept entwickelt. Die erste Programmversion ist jetzt unter dem Namen POSEIDON verfügbar. Das Programm ist so konzipiert, daß sowohl eine eigenständige Anwendung wie auch die Datenübertragung aus CAE bzw. CAD-Programmen möglich ist. POSEIDON berechnet die erforderlichen Materialabmessungen nach den Formeln der Bauvorschrift und ermöglicht mit den gleichen Eingabewerten die „direkte" Berechnung der Schiffsverbände nach der Methode der finiten Elemente. Bei der Entwicklung wurde besonderer Wert auf folgende Belange des Werftkonstrukteurs und des Schiffbetreibers gelegt:

1. Benutzerfreundliche Anwendung
2. Möglichkeiten der Variation von Spant- und Trägerabständen
3. Leicht verständliche Darstellung der Bewertungskriterien (z.B. Ausnutzungsgrade)
4. Zugriff auf die Datensätze für Neuberechnungen und Bewertungen während der gesamten Lebensdauer des Schiffes (z.B. zur Bewertung von Dickenmessungsergebnissen, Umbauten etc.)
5. Eingabe- und Bewertungsmöglichkeiten von Besichtigungsergebnissen.

Das z.Z. verfügbare Programm POSEIDON ist auf die schiffbaulichen Strukturen beschränkt. Eine Erweiterung für maschinenbauliche Komponenten und eventuell schiffssicherheitstechnische Belange wird in einer zukünftigen Version enthalten sein.

4 Nachweispflichten

Über die Vorschriften hinaus, die von der Klasse – in unserem Falle vom Germanischen Lloyd – selbständig weiterentwickelt werden, gibt es auch Vorgaben/Regeln deren Interpretation ausschließlich anderen Institutionen (z.B. nationalen Flaggenstaatsverwaltungen, Hafenstaatsbehörden) vorbehalten sind. Diese Institutionen beauftragen die Klassen, diese nationalen und internationalen Vorgaben gutachterlich zu überprüfen, und in ihrem jeweiligen Namen zu bestätigen. Daraus ergibt sich eine Nachweispflicht für die Klasse in jedem Falle bereit zu sein, die Grundlagen der ausgesprochenen Bestätigung offen legen zu können.
Die Regeln, die in diesem Abschnitt angesprochen werden sollen, sind im wesentlichen die internationalen Konventionen wie die SOLAS, die MARPOL und die Freibordkonvention etc.. Darüber hinaus sind in jedem Falle evtl. nationale Vorgaben zu berücksichtigen, auf die aus zeitlichen Gründen in diesem Rahmen jedoch nicht näher eingegangen werden kann.
Im Zusammenhang mit den allgemein einsetzenden Entwicklungen zu mehr Transparenz in den Berechnungsmethoden durch verstärkten Einsatz von Informationstechnik (einerseits in der Erstellung der Berechnung, andererseits aber auch in der Darstellung der Konsequenzen ihrer Ergebnisse) läßt sich ableiten, daß auch die Nachweispflichten sich entwickeln werden. Welche Entwicklungen hier bereits umgesetzt werden bzw. wo noch weitere Möglichkeiten und Probleme erwartet werden, soll im folgenden an Hand des Leckstabilitätsnachweises am Beispiel verdeutlicht werden.

4.1 Vorgaben

In den Konventionen ist definiert, welche Regeln im einzelnen anzuwenden sind. Dies ergibt sich aus verschiedenen Parametern wie z.B. Schiffsgröße, Verwendungszweck, Ladungsart, Kiellegungsdatum, Einsatzort.
Aber auch diese Parameter sind nicht unbedingt unbeeinflußt von der sich entwickelnden Gesetzgebung. Zunächst wurde der anzuwendende Stand starr am Baudatum (Kiellegung) festgemacht. In den 70er Jahren wurde der Begriff der „Major Conversion" definiert, um eine Handhabe zu entwickeln, die aus wirtschaftlichem Interesse übermäßig strapazierte Lebensdauer vorhandener Schiffe, dem „Stand der Technik" anpassen zu können.
Mittlerweile ist es bei der Vorschriftenentwicklung, die ja als „Erfahrungsaufarbeitung" gesehen werden muß, üblich, neue Vorgaben nicht unbedingt nur für Neubauten sondern unter Berücksichtigung eines Zeitfensters auch für vorhandene Schiffe vorzuschreiben.
Daraus ergibt sich die Notwendigkeit, zu jedem Zeitpunkt genaue Kenntnis über die Umstände einer Genehmigung zu haben, bzw. bei Abweichungen über deren Voraussetzungen Bescheid zu wissen. Dies Wissen wurde herkömmlich in zeitlich geordneten Akten geführt. Die zeitliche Ordnung genügte solange der Zeitpunkt (z.B. des Bauens also z.B. Kiellegung) das Bezugsdatum war.

4.2 Umsetzung

Aus der nderung der Vorgaben, die für ein beliebiges Schiff wirksam werden, ergibt sich konsequenterweise die erneute Überprüfung eines vorhandenen Konzeptes mit dem geänderten Anforderungsprofil. Dies ist natürlich in der herkömmlichen Art der Betreuung möglich. Einfacher und schneller läßt sich solche „Anpassungsüberprüfung" aber durchführen, wenn auf ein im Rechner geführtes „Referenzmodell" zurückgegriffen werden kann. Dieses Modell wird während der Bauphasen eines Schiffes erzeugt und setzt sich aus Detailinformationen zu einem Thema zusammen. Auf einzelne Daten dieses Modells kann beliebig zugegriffen werden, so daß bei geänderten Vorgaben für gleichbleibenden Einsatz des Schiffes, der jeweilige Teilaspekt einzeln abgefragt und um notwendige neue Informationen ergänzt, erneut abgelegt werden kann.
Es ist natürlich ein entferntes Ziel, so ein „gläsernes Schiff" betreuen zu können.
Aber in kleinen Teilbereichen wird an diesem Ziel gearbeitet. Als Beispiel wird aus den Erfahrungen der

Leckstabilitätsprüfung berichtet, weil dieses Gebiet gerade in den letzten Jahren große Veränderungen im Hinblick auf Standards erfahren hat.
Dazu wird detaillierter auf den Begriff „Referenzmodell" eingegangen. Anhand dieses Beispiels soll verdeutlicht werden, warum eine solche Beschreibung des Schiffes für die Kunden, also die Eigner des Schiffes von großem Vorteil sein werden.
Das Referenzmodell besteht aus folgenden drei Teilen:

1. *Geometrisches Modell*, in dem außer der Raumdarstellung des Schiffskörpers (Schiffsform, Hydrostatik, wasserdichte Unterteilung bzw. wetterdichter Verschluß) auch die Randbedingungen der Berechnungen geführt werden. Das sind z.B. Rohrleitungen, soweit sie die Unterteilungsgrenzen durchqueren, Öffnungen und deren Verschlüsse. Diese Information liegt heute im Detail auf allen Werften weitgehend vor. Die Zusammenstellung dieser relevanten Information und deren Übertragung zur direkten Prüfung ist bis heute nur in Einzelfällen möglich. Hier sind noch erhebliche Verbesserungen möglich.
2. *Anforderungsprofil*, in dem diejenigen Kriterien, die für das aktuelle Objekt anzuwenden sind, dargestellt werden. Beispielsweise sind hierunter Vorgaben aus Internationalen Konventionen (SOLAS, LLC 66, MARPOL aber auch ISM ...), Nationale Bestimmungen (u.a. SeeBG Stabilitätskriterien oder Sichtstrahl, US Coastguard ...), und Unfallverhütungsvorschriften (UVV-See, ILO Bestimmungen) zu verstehen. Hierunter sind nicht die Details der Regeln gemeint, sondern es ist notwendig, auch den zeitlichen Bezug zu dokumentieren, um vom Neubau an über alle Umbauten hinweg, genaue Angaben über die Relevanz einzelner Details zu behalten. Das bedeutet, daß eine objektbezogene Datei geführt werden muß, in der die Historie des Anforderungsprofils erkennbar wird.
3. *Nachweisdarstellung*. Die Dokumentation über die Erfüllung der Vorgaben beinhaltet zunächst das Prüfprotokoll. Dies kann z.B. eine Ergebniszusammenfassung des Leckstabilitätsberichtes sein. Es umfaßt aber beispielsweise auch Querverweise auf die Stabilitätsgrenzkurve und die kritischen Konstellationen aus denen diese ermittelt wurde, Einschränkungen die sich aus Containerlaschmaterial/Holzdeckslastzurreinrichtungen oder genereller dem „cargo securing" ergeben genauso wie festigkeitsbedingte Beladungsgrenzen. Implizit wird hier eine Sammlung mit Querverweisen und deren Erfüllungsbedingungen zu finden sein, nämlich alle Details, die zur Genehmigung der vorgeschrieben Bordunterlagen (Certificate, Stabilitätsbuch, Lecksichheitsplan, Ladungsrechner...) vorausgesetzt wurden.

Der Vorteil der Informationstechnik über Suchroutinen und/oder Filter auf einzelne Kriterien, die zu einem beliebigen Zeitpunkt (durch Vorschriftenänderung oder spezifische Vorgaben die sich aus dem Alter eines Schiffes ergeben) auf Details der gesamten Information zugreifen zu können, wird immer dringlicher genutzt werden müssen.

Der Entwurf der Maschinenanlage und sein Einfluß bei der Projektierung von Schiffen

The Engine Plant Layout and it's Impact on the Ship Design Procedure

Prof. Dr.-Ing. **Hansheinrich Meier-Peter**
Institut für Schiffsbetriebsforschung an der Fachhochschule Flensburg, Flensburg

Summary. As regards the layout of ship machinery plants strong interaction exists with the overall ship design. Whereas during the past few years very capable and efficient ship design tools have been developed comparable tools for machinery layout and engine room design are still missing, the reason being the great complexity and variety of main and auxiliary systems, their interdependency, the broad field of operational requirements and the so far missing standardization of systems and components. Here, development action is needed. After first steps by forming function modules and three-dimensional space modules as well as a state-of-the-art assessment of standardization already being completed, the development of standardized systems would result in an improvement of speed and quality of design and manufacturing procedures. As a very important tool a unified product data information model has to be agreed upon and systematically developed.

1 Zielvorgaben für den Entwurf

Einer der frühen Schritte im Schiffsentwurf ist der „vorläufige Generalplan", in dem die Grobeinteilung aller wesentlichen Räume vorgenommen wird, die für die Einsatzaufgaben des Schiffes erforderlich sind. Der Maschinenraum ist einer dieser wesentlichen Räume: er soll die gesamte Maschinenanlage aufnehmen. Im Projektstadium schätzt man den benötigten Gesamtmaschinen-Raumbedarf zunächst meist nach Vergleichsschiffen mit einer möglichst ähnlichen Maschinenanlage ab. Wünschenswert ist hier ein Entwurfswerkzeug, das die Auslegung und Planung der gesamten Maschinenanlage mit allen Massen-, Volumen-, Energie- und Informationsströmen bereits im Projektstadium und allen wichtigen technischen und kaufmännischen Details präzise ermöglicht. Derartige Werkzeuge sind bei dem heutigen Stand der Technik vorstellbar aber noch nicht verfügbar. Dieser Vortrag soll daher die Problematik des Gesamtkomplexes und die verschiedenen Zusammenhänge behandeln, die bei der Entwicklung eines entsprechenden Planungsinstrumentariums berücksichtigt werden müssen. Da die wirtschaftliche Optimierung des Schiffes als oberste Zielsetzung alle Entscheidungen leiten sollte, müssen bei der Wahl der Anordnung des Maschinenraums und seiner Form bzw. Gestaltung folgende Hauptpunkte Berücksichtigung finden:

- Kleinster Raumbedarf unter Berücksichtigung angemessenen Platzes für Einbau, Betrieb und Überholung bzw. Austausch aller Komponenten der Maschinenanlage
- Berücksichtigung aller besonderen Anforderungen, die sich aus der Bestimmung des Schiffes selbst ergeben (Fahrgast-, Kühl-, Fracht-, Massengut-, Ro/Ro-, Lo/Lo-, LNG-, Tankschiff)
- Abstimmung der erforderlichen wasserdichten Unterteilungen, der Anlagengewichte und der Gewichtsverteilung mit den sich aus den schiffbaulichen Gegebenheiten ergebenden Anforderungen an Unterteilung und Stabilität
- Vermeiden von extremen Trimm- und/oder Stabilitätslagen als Folge der Maschinenraum-Gewichtsverteilung bei allen denkbaren Beladungszuständen
- Auf die Länge der Propellerwelle abgestimmte Länge der Welle der Wellenleitung zwischen Hauptmaschine und Propeller
- Berücksichtigung der Konsequenzen, die sich aus der Besatzungsgröße für die Maschinenanlage ergeben.
- Minimierung der Baukosten und der Betriebskosten.

Ein annehmbares, ausgeglichenes Verhältnis dieser grundsätzlichen Forderungen hängt von vielen einzelnen Faktoren ab. Dabei sind Schiffstyp-, -größe und Maschinenleistung wesentliche Parameter. Lage und Anordnung der Brennstofftanks müssen im Zusammenhang mit dem Entwurf des Maschinenraums ebenso beurteilt werden. Dabei muß auch die Brennstoffqualität in diese Betrachtung einbezogen werden wie der spezifische Brennstoffverbrauch und die Anforderungen an das Immissionsverhalten.

2 Wichtige Vorgaben für die Auslegung der Maschinenanlage

Die für den Vortrieb erforderliche Leistung und die zweckmäßige Propellerdrehzahl liegen als Ergebnis von Schlepp-, Propulsions- und Freifahrtversuch sowie Betrachtungen zum Verhalten des Schiffes im Seegang relativ frühzeitig fest. Die Entscheidung über Art und Lieferant der Hauptmaschine trifft in der Regel der Reeder einvernehmlich mit der Bauwerft. Während die Bauart (Zweitakt- oder Viertakt-Dieselmotor mit Verstell- oder Festpropeller) meist schon frühzeitig festliegen fällt die endgültige Entscheidung über den Lieferanten oft erst nach zähem Ringen um den Preis- was recht lange dauern kann. (Der Ablieferungstermin darf davon nicht berührt werden).
Mindestens ebensowichtig und -schwierig wie die Entscheidung über den Vortrieb ist die Festlegung des Konzepts der Versorgung mit elektrischer Energie: Wellengenerator oder Generatordiesel, (wie groß, wie viele, welche Bauart, welche Hersteller). Hier sind die zur Entscheidungsfindung erforderlichen Werkzeuge u.a. das Betriebsprofil des Schiffes einerseits und die E-Bilanz mit ihrer Aussage zur Gleichzeitigkeit des Betriebs der einzelnen Verbraucher andererseits. Auch hierbei besteht ein starker Einfluß des Schiffstyps: so ist er besonders ausgeprägt bei Fahrgast-, Kühl- und Kühlcontainerschiffen, aber auch bei Chemikalien-, Gas- und Produktentankern.
Erst wenn die Entscheidung über das Konzept der Vortriebsanlage und der E-Versorgung getroffen ist, können die Betriebsmittelsysteme für Kraftstoff, Schmieröl, Kühlwasser, Dampf oder Thermalöl, Werk- und Steuerluft entsprechend den Volumen- und Massenströmen ausgelegt und definiert werden, ebenso wie die Kühl- und Klimaanlage und die MR-Lüftung. Hierbei sind die Vorgaben der Motorenhersteller und des Betreibers mit den Erfahrungen und den Kostenvorgaben der Bauwerft in Einklang zu bringen. Es ist üblich, bereits im frühen Entwurfstadium die Hauptaggregate in einem Maschinenraum-Vorentwurf einzutragen der dann schrittweise weiter präzisiert wird, bis die endgültige MR-

Anordnung im Entwurf feststeht. Dabei sind CAD-Konstruktionsprogramme sehr hilfreich und tragen erheblich zu einer Beschleunigung der Planung bei.

Der Schiffsentwurf muß von Anfang an eine genügende Größe für den Maschinenraum vorsehen. Weder die Seefahrt im kommerziellen Bereich noch die Antriebsanlage eines Schiffes sind reiner Selbstzweck, und es wird deshalb immer wieder versucht, der Maschinenanlage nur den geringst möglichen Rauminhalt zuzuweisen. Hierzu ist festzustellen, daß ein zu knapper Maschinenraum die Gefahr ungünstiger Betriebsverhältnisse für die Lebenszeit des Schiffes vorprogrammiert. Unübersichtlichkeit im Maschinenraum führt zu Fehlern bzw. zur Nichtentdeckung auftretender Schäden im Frühstadium: Maschinenräume müssen unbedingt genügend Raum bieten für Erhaltungs- und Instandsetzungsarbeiten und dem Maschinenpersonal genügend Bewegungsfreiheit für zweckmäßige Überwachung und Wartung lassen. Dabei sind ausreichende Transportwege außerordentlich wichtig. Häufig kostet die Schaffung zusätzlicher Reparaturwege im Schadensfall für umständliche Transporte mehr als die eigentliche Reparatur. Ein unter diesen Gesichtspunkten sorgfältig geplanter Maschinenraum ist bei objektiver Betrachtung auch hinsichtlich des Fertigungsablaufs, insbesondere bei der Ausrüstung, kostengünstiger.

Der Querschnitt: Achterkante Hauptmotor/Schwungrad ist bei den heute überwiegend weit achterlich angeordneten Motoranlagen ein kritischer Bereich. Hierbei spielt im Detail die Ausführung der Fundamente eine wichtige Rolle: die einzelnen Motorenhersteller stellen unterschiedliche Forderungen, und über die Hauptmaschine wird erst zu einem relativ späten Zeitpunkt endgültig entschieden. Paetow [4] hat in seinem Vortrag vor der Hauptversammlung der Schiffbautechnischen Gesellschaft in Bremen 1996 auf diese Problematik hingewiesen und über erste Standardisierungsbemühungen berichtet. Er weist auch, ebenso wie [1], am Beispiel von einigen heute üblichen 2-Takt-Hauptmotoren auf die außerordentlich große Zahl unterschiedlicher Schnittstellen hin und begründet so den Handlungsbedarf für eine Standardisierung.

Die Gestaltung des Maschinenraumes eines Schiffes ist zunächst und in erster Linie Sache der Bauwerft. Sie muß jedoch von vornherein gewisse Forderungen des Hauptmaschinen-Herstellers berücksichtigen, damit vor allem die Funktion der einzelnen Systeme gewährleistet ist.

Die Planungsinstrumentarien, die dem Werftingenieur hierfür heute zur Verfügung stehen sind einerseits die Vorschläge des Motorenherstellers für die Ausführung der einzelnen Betriebssysteme, die Forderungen der Klassifikationsgesellschaften, die in deren Bauvorschriften niedergelegt sind, die Bauvorschrift des Bestellers- (in der Regel also des Reeders) und die eigenen Erfahrungen mit konstruktiven Lösungen auf früheren vergleichbaren Schiffsneubauten der eigenen Werft.

In einer späteren Phase der Realisierung kommt heute noch immer als ein in der Regel unverzichtbares Hilfsmittel das Konstruktionsmodell des Maschinenraums hinzu, das der Werft einerseits zur Erstellung der Fertigungsunterlagen für die Verrohrung und Verkabelung der Anlagenkomponenten unter- und miteinander dient, das aber auch dem späteren Betreiber in einem frühen Stadium der Möglichkeit eröffnet, zu prüfen, ob alle wichtigen Systemkomponenten, Pumpen, Kühler, Anlaß-Luftbehälter und Überwachungsstationen so angeordnet sind, daß sie gut gewartet werden können. Die Reinigung von Kühlern und Filtern und die Bedienung der Separatoren wie auch die Entleerung und Reinigung von Tanks muß ungehindert möglich sein. Alle Reinigungsöffnungen an der gesamten Anlage, auch die des Abgaskessels und der Schalldämpfer, müssen gut zugänglich sein.

Der notwendige Raum für den Ausbau und das Abstellen von Kolben, Einspritzpumpen, Auslaßventilen, Nockenwellen und Abgasturboladern muß freigehalten werden. Die seitlichen Triebraumdeckel zur Kontrolle der Lager und zum Ausbau von Triebwerksteilen müssen ohne zeitraubenden Abbau von Rohrleitungen und Flurplatten zugänglich sein. Auf eine günstige Anordnung und Transportmöglichkeit wichtiger Reserveteile im Maschinenraum ist zu achten, damit solche Teile unter Umständen auf See ausgetauscht werden können.

Ein Hilfsmittel hierzu, daß nicht unmittelbar für die Bauwerft, wohl aber für den späteren Betreiber von großer Wichtigkeit ist, ist der Transportstrukturplan, aus dem der Transportplan abgeleitet wird, der den späteren Transportablauf genau beschreibt. Grundsätzlich werden hierbei alle Transportaufgaben zusammengefaßt dargestellt und analysiert [3].

Bei einigen Werften kann die Planung der Maschinenanlage und des Maschinenraums bereits mit einem leistungsfähigen 2-D/3-D-fähigem CAD-Programm durchgeführt werden, was eine noch weitergehende Verbesserung dieser Planung ermöglicht [1]. Das Konstruktionsmodell und die Rohrisometriezeichnungen werden aber noch weiter für die Fertigung und Montage benötigt werden.

3 Einfluß des Fertigungsablaufs

Wie bereits angesprochen fallen wichtige Entscheidungen, die die Voraussetzungen für die abschließende Planung und die Fertigungsfreigabe im Bereich des Maschinenraums schaffen oft wesentlich später als es für einen optimalen Fertigungsablauf erforderlich wäre. Da aber die schiffbaulichen Details im Maschinenraumbereich von den maschinenbaulichen Vorgaben abhängig sind, entsteht eine ungünstige Verkoppelung zwischen den beteiligten Gewerken.

Hinzu kommt, daß der MR-Bereich i.a. sehr stundenintensiv ist und mehr Gewerke zu koordinieren sind als im übrigen Bereich des Schiffes – sieht man einmal von Fahrgast- und Spezialschiffen ab. Die einzelnen Gewerke sind teilweise nicht parallel einsetzbar, sondern müssen nacheinander arbeiten.

Noch vor einigen Jahren war es üblich, im MR-Bereich Decksektionen zu bilden, auf denen die großen Komponenten bereits vor dem Einbau der Sektion auf der Helling aufgestellt waren. Sie wurden dann später vor Ort, nach Einbau der schiffbaulichen Sektion, durch die erforderlichen Rohrleitungen miteinander verbunden und e-seitig verkabelt. Inzwischen ist man dazu übergegangen, einzelne Komponenten zu ganzen Baugruppen zusammenzufassen, weitestgehend in der Werkstatt zu komplettieren, zu verrohren und zu verkabeln, so daß die Endmontage auf der Helling bzw. im Baudock erheblich eingekürzt werden kann. Die dabei entstehenden Modulgruppen lassen sich in gewissen Grenzen allgemeinverwendbar gestalten, so daß der Planungs- und Fertigungsvorlauf deutlich verkürzt werden kann. Interessante Beispiele für diese Modularisierung hat Sell [5] vor der Hauptversammlung der Schiffbautechnischen Gesellschaft 1996 in Bremen vorgetragen.

Diese Modularisierung muß auch auf die Projektierungsarbeit übertragen werden und kann so dazu beitragen, den Ablauf der Projektierung der Maschinenanlage zu beschleunigen. Wichtige Voraussetzungen hierfür ist aber eine weiter als bisher gehende Standardisierung der Systeme und Komponenten und ihrer Schnittstellen sowie eine Verständigung auf einheitliche und kompatible Produkt-Datenmodelle und Beschreibungen.

4 Zusammenfassung

Der Entwurf der Maschinenanlage steht in starker Wechselwirkung zum Schiffsentwurf. Vergleichbar leistungsfähige systematische Planungshilfen, wie sie für den Schiffsentwurf bereits bestehen und eingesetzt werden, stehen für den Entwurf der Maschinenanlage bislang noch nicht zur Verfügung. Ursächlich hierfür ist die große Vielzahl unterschiedlicher Systeme, ihre gegenseitige Wechselwirkung, die erhebliche Variationsbreite des Betriebsprofils der Maschinenanlage und die bislang weitgehend fehlende Standardisierung der Komponenten.

Hier muß angesetzt werden; nach ersten Schritten zur Bildung von Funktions- und Raummodulen und ersten Bestandsaufnahmen zum Standardisierungsproblem kann das Definieren von Standardsystemen und daraus entwickelten System-Funktionsmodulen zu einer Erleichterung und Beschleunigung des Entwurfsprozesses führen. Ein Schiffbaustandard für den Produktdatenaustausch und ein einheitliches Produktdatenmodell müssen hierfür noch vereinbart werden.

Schrifttum

1 Bludszuweit, S., König, K, Mevius, A, Reetz, K.-D. Zielke H.-J.: Technologie-Konzept-Entwicklung zu neuartigen, kompakten Antriebsanlagen auf Großschiffen, Bericht Nr.: 265/1995, Forschungszentrum des Deutschen Schiffbaus, Hamburg, 1995

2 Illies, K.(Hrgb): Handbuch der Schiffsbetriebstechnik, 2. Auflage, Vieweg Verlag Braunschweig, 1982

3 Mau, G. , Meier-Peter, H.: Maschinenraum-Gestaltung, Handbuch der Werften, Band XXI, Schiffahrtsverlag „Hansa“ C. Schroedter & Co., Hamburg, 1992

4 Paetow, K,-H.: Standardisierung – Ein Weg zur Kostenreduzierung, Jahrbuch der Schiffbautechnischen Gesellschaft, 90. Band, Springer Verlag, Berlin, 1997

5 Sell, G.: Modularisierter Maschinenraum, Jahrbuch der Schiffbautechnischen Gesellschaft, 90. Band, Springer Verlag, Berlin, 1997

Zeitschriftenaufsätze:

6 Freese, H. et alii: Kreuzfahrtschiff „Costa Victoria“, HANSA-Schiffahrt-Schiffbau-Hafen 133(1996)9, S. 116

7 N.N.: Kreuzfahrtschiff „Oriana“, HANSA-Schiffahrt-Schiffbau-Hafen 132 (1995) 5, S. 75

8 N.N.: Umweltfreundliche Kombi-Fährschiffe für TT-Line, HANSA-Schiffahrt-Schiffbau-Hafen 132(1995), S. 27

9 N.N.: APL-Containerschiffe der C-11-Klasse von HDW, HANSA-Schiffahrt-Schiffbau-Hafen 132 (1995) 7, S. 25

10 N.N.: High-Tech-Kreuzfahrtschiff „Century“, HANSA-Schiffahrt-Schiffbau-Hafen 132 (1995) 12, S. 19

11 N.N.: Open Top-Containerschiff „Norasia Fribourg“, HANSA-Schiffahrt-Schiffbau-Hafen 131 (1994) 1, S. 33

12 N.N.: „Trade Sol“ erstes Containerschiff der FSG-Ecobox-Serie HANSA-Schiffahrt-Schiffbau-Hafen 131(1994) 7, S. 30

Netzqualität, Netzrückwirkungen, EMV

Kurzfassungen der Vorträge des Sprechtages im April 1997 in Bremerhaven

Theoretische Erwartungen und Simulation von Netzrückwirkungen

Theoretical Requirements and Simulation of Network Distortions

Dipl.-Ing. **André Körner**
Siemens AG, Anlagentechnik, Marine Engineering, Hamburg

Prof. Dr. **Gustav Vaupel**
Fachhochschule Hamburg, Fachbereich E/1

Summary. Limitation of voltage distortions caused by converters on board of ships is a very actual theme due to wide number of installed non-linear consumers on modern ship service networks. This paper explains the physics, defines the used terms and the limits given by the classification societies. Prediction to reduce the distortions by using 12-pulse converters, duplex reactors and passive filters are explained. The capability of the simulation program ‚KOPL' to determine the harmonic distortions in supply systems is shown.

Einführung

Stromrichter-Oberschwingungen gehören zu den hochaktuellen Problemen sowohl der Leistungselektronik als auch der elektrischen Netzstromversorgungstechnik an Bord von Schiffen. Obwohl das Problem der Oberschwingungen an sich schon lange bekannt ist, gewinnt es in letzter Zeit an Bedeutung, seit Anzahl und Leistung der angewandten Stromrichtertechnik stark zugenommen haben.
Der vorliegende Vortrag versucht kurz auf das Wesentliche einzugehen. Das Hauptgewicht liegt dabei auf dem physikalischen Verständnis.
Der Vortrag erläutert die bei dieser Thematik verwendeten Begriffe, geht ein auf die Vorschriften, die die relevanten Netzrückwirkungen betreffen, erläutert Maßnahmen, die getroffen werden können, um die Netzrückwirkungen zu reduzieren und beschäftigt sich mit dem Thema Simulation von Netzrückwirkungen während der Projektierungsphase eines Bordnetzes.

Das Thema der Stromrichter-Oberschwingungen kann als ein Teilproblem der allgemeinen Elektromagnetischen Verträglichkeit (EMV) betrachtet werden. Im Gegensatz zu der üblichen EMV-Problematik, die sich mit der Übertragung hochfrequenter elektromagnetischer Störungen im Raum und auf Leitungen beschäftigt, geht es hier allerdings nur um niederfrequente drahtgebundene Beeinflussungen.

Problembeschreibung

Durch das gemeinsame Bordnetz sind alle Verbraucher auf einem Schiff untereinander verbunden. Die Rückwirkungen der einzelnen Verbraucher auf das Bordnetz darf daher nur so groß sein, daß sie andere Verbraucher nicht stören.
Wegen ihrer großen technischen-wirtschaftlichen Vorteile werden Stromrichter immer häufiger an Bord eingesetzt. Sie werden als regelbare Stellglieder für Frequenz und Spannung zur Speisung von elektrischen Propellermotoren eingesetzt sowie zur Speisung von Lüfter- und Pumpenmotoren. Die Stromrichter verzerren jedoch die speisende Spannung. Eine Untersuchung der zu erwartenden Netzrückwirkungen ist daher bereits während der Projektierung in vielen Fällen notwendig.

Grundsätzliches über Stromrichter-Netzrückwirkungen

Das speisende elektrische Netz mit seinen Generatoren ist keine ideale, unendlich starke Energiequelle. Es entspricht einer Spannungsquelle mit einer inneren Impedanz, die im Falle einer Belastung eine Verminderung der Klemmenspannung verursacht. Beim Kurzschließen des Netzes wird der Kurzschlußstrom entsprechend der Impedanz begrenzt. Bei linearen Lasten (z.B. ohmsche Verbraucher und elektrische Maschinen) fließt, im stationären Zustand, durch das Netz sinusförmiger Strom, so daß der Spannungsabfall an den Impedanzen auch eine Sinusform aufweist. Die Netzklemmenspannung wird nur in Amplitude und Phasenlage, nicht aber in der Form beeinflußt. Der Sinusverlauf wird daher nicht verzerrt.

Bei nichtlinearen Lasten, wie Eisendrosseln in der Sättigung und Leuchtstoffröhren fließt im Netz ein nichtsinusförmiger Strom. Dieser verursacht an der Netzimpedanz einen nichtsinusförmigen Spannungsabfall und führt somit zu einer Verzerrung der Netzklemmenspannung.

Zu der Gruppe der nichtlinearen Lasten gehören auch die Geräte, die im Eingang mit Stromrichterventilen ausgerüstet sind. Zu den Stromrichterventilen gehören Transistoren, Thyristoren und GTO's. Alle Einrichtungen, die Ventile beinhalten, wie Batterie-Ladegeräte, elektronische Lichtregler, PC's oder Fernseher, haben also eine Netzspannungsverzerrung zur Folge. Besonders bemerkbar ist die Spannungsverzerrung bei den Einrichtungen der Leistungselektronik für die Propellerantriebe.

Da der Stromrichter-Netzstrom nicht nur von der Sinusform abweicht, sondern darüber hinaus auch gegenüber der Spannung phasenverschoben ist, kann die Netzrückwirkung der Stromrichter zweckmäßig unterteilt werden in

- Blindleistungsbelastung
- Spannungsverzerrung

Bevor wir uns jedoch mit den Netzrückwirkungen beschäftigen, eine Erläuterung der mathematischen Betrachtungsweise und eine kurze Bestimmung der verwendeten Begriffe.

Mathematische Betrachtungsweise

Das Zeitbild der verzerrten Spannung gibt zwar eine wichtige, aber doch nicht immer ausreichende Information über die Verzerrung wieder. Nur schwer ist anhand des Zeitverlaufes abzuschätzen, ob die vorhandene Verzerrung im Netz störend wirkt oder ob sie für die Verbraucher noch belanglos ist. Eine quantitative, allgemein gültige Bewertung der Abweichungen der verzerrten Form vom Idealzustand ist kaum möglich, besonders bei unregelmäßiger Verzerrung. Die vom Zeitverlauf ablesbaren Parameter, wie Tiefe, Breite und Anzahl der Einbrüche, reichen nicht aus.

Aus diesen Gründen wird zur Bewertung der Netzspannungsverzerrung eine mathematische Betrachtungsweise angewendet: die harmonische Analyse. Mit diesem Verfahren ist es möglich, jeder verzerrten, vom Sinus abweichenden Kurvenform eine quantitative Aussage zuzuordnen. Die harmonische Analyse, sie wird oft auch als Fourieranalyse bezeichnet, ist sowohl meßtechnisch als auch rechnerisch relativ einfach durchzuführen. Computergestützte Simulationen und computerisierte Meßgeräte ermöglichen eine schnelle Auswertung, ohne daß man auf die recht komplexen analytischen Rechenverfahren zurückgreifen muß.

Die Grundidee der harmonischen Analyse liegt in der Vorstellung, daß jede beliebige periodische Funktion, sei es Spannung, Strom oder Leistung, nichts anderes ist als eine Summe verschiedener Sinusfunktionen. Jede beliebige Kurvenform kann demnach durch eine unendliche lange Reihe von Sinusschwingungen, die verschiedene Frequenzen, Amplitude und Phasen aufweisen, ersetzt werden. Das Sinusglied, welches die gleiche Frequenz wie die analysierte Funktion hat, wird als Grundschwingung bezeichnet. Die höherfrequenten Glieder nennt man Oberschwingungen. Die Grund- und Oberschwingungen bilden zusammen das Spektrum der analysierten Kurvenform.

Jede periodische Funktion der Frequenz f läßt sich in eine unendliche Reihe von Sinusschwingungen der ganzzahligen Frequenzen 0, f, 2f, 3f, 4f... zerlegen. Die Frequenz 0 entspricht dem arithmetischen Mittelwert, die Schwingungen der Frequenz f wird Grundschwingung genannt. Die quadratische Summe der Effektivwerte aller dieser Sinusschwingungen ergibt den Effektivwert der ursprünglichen Funktion. Ist zum Beispiel der Effektivwert des nicht sinusförmigen Stromes gleich I dann gilt:

$$I = \sqrt{I_0^2 + I_1^2 + I_2^2 + I_3^2 + \cdots}$$

mit

I_0 Gleichstromkomponente
I_1 Grundschwingung
$I_{2,3,4...}$ Oberschwingungen

Für Wechselstrom ohne Gleichstromkomponente läßt sich dann schreiben:

$$I = \sqrt{I_1^2 + A^2}$$

mit

$$A^2 = I_2^2 + I_3^2 + I_4^2 + \cdots \quad .$$

Vorschriften und Begriffe

Die Oberschwingungs-Grenzwerte für die öffentlichen Netze werden in Deutschland in der Norm DIN VDE 0839 Teil 1/11.86 'Elektromagnetische Verträglichkeit' angegeben.

Die Klassifikationsgesellschaften haben in ihren Vorschriften ebenfalls Grenzwerte für die Ober-

schwingungen definiert. So sagt zum Beispiel der Germanische Lloyd in Kapitel 3, Abschnitt 1:
2. Netzqualität

2.1 In Netzen ohne wesentliche Stromrichterbelastung, die durch Synchrongeneratoren gespeist werden, soll der Oberschwingungsgehalt 5% nicht überschreiten.
2.2 Für stromrichtergespeiste Netze und Netze mit überwiegender Stromrichterbelastung gelten als Dauerwerte die Grenzwerte der einzelnen Oberschwingungen, gemäß Abb. 1.2.
Der gesamte Oberschwingungsgehalt soll 10% nicht überschreiten.
2.3 Werden vorgenannte Grenzwerte in besonderen Fällen (z.B. Fahranlagennetzen) überschritten, so muß die störungsfreie Funktion aller elektrischen Einrichtungen sichergestellt sein.

In der DIN 40 110 sind folgende Definitionen von Verhältniswerten festgelegt. Sie können auf Ströme und Spannungen angewandt werden:

Effektivwert

$$C = \sqrt{\sum_{\nu} C_\nu^2}$$

Grundschwingungsgehalt

$$g = \frac{C_1}{C}$$

Oberschwingungsgehalt

$$k = \frac{\sqrt{C^2 - C_1^2}}{C} = \sqrt{1 - g^2}$$

Leistungsfaktor

$$\lambda = \frac{P}{\sqrt{P^2 + Q_1^2 + D^2}}$$

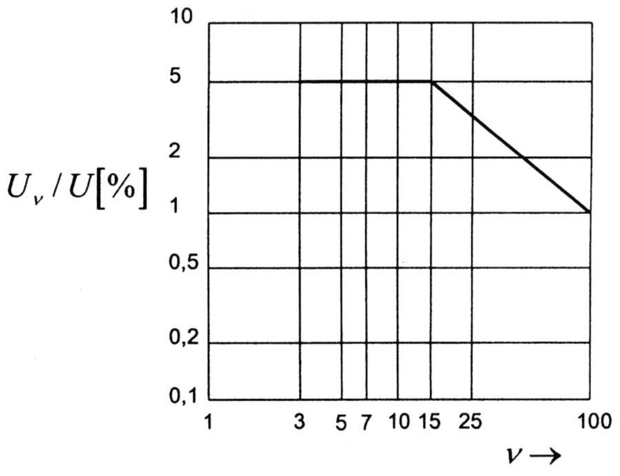

Abb. 1.2 Grenzwerte der einzelnen Oberschwingungen in der Versorgungsspannung U_ν als Effektivwert der Oberschwingungsspannung der ν-ten Ordnung

Verschiebungsfaktor

$$\cos\varphi = \frac{P}{\sqrt{P^2 + Q_1^2}}$$

Im anglo-amerikanischen Sprachgebrauch ist die Größe Verzerrungsfaktor, 'Distortion factor', und 'Total harmonic distortion' THD verbreitet, der sich vom Oberschwingungsgehalt k unterscheidet.

Distortion factor

$$DF = \frac{1}{U_1} * \sqrt{\sum_n U_n^2}$$

Total Harmonic Distortion

$$THD = \frac{\sqrt{C^2 - C_1^2}}{C_1}$$

Stromrichter-Blindleistung

Der Stromrichter stellt für das Netz zusätzlich eine Blindlast dar. Für einen Gleichrichter sieht zum Beispiel die Leistungsbilanz wie folgt aus:
Auf der Gleichstromseite wird eine Wirkleistung abgegeben:

$$P = U_d * I_d$$

mit:
$U_d \approx U_{di0} * \cos\alpha$ (siehe Abb. 1) Mittelwert der Gleichspannung
I_d Mittelwert des Gleichstroms
α Steuerwinkel

Die gleiche Wirkleistung bezieht nun der Gleichrichter – bei Vernachlässigung der Verluste – auch vom Netz. Für die Drehstromseite gilt:

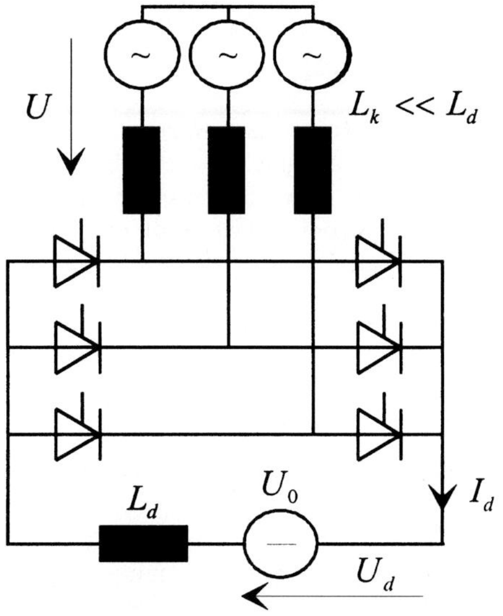

Abb. 1. Drehstrom-Brückenschaltung mit
L_k = Kurzschlußreaktanz
L_d = Gleichstromreaktanz

$$P = 3 * U * I_1 * \cos \varphi_1$$

mit:
U Sternpunktspannung
I_1 Grundschwingung des Stroms
$\cos \varphi_1$ Phasenverschiebung zwischen Grundschwingung I_1 und der Spannung U

Die Stromrichteroberschwingungen beteiligen sich an der Wirkleistung nicht. Sie Belasten das Netz nur thermisch und verhalten sich daher wie ein Blindstrom. Man kann also neben der Grundschwingungsblindleistung:

$$Q_1 = 3 * U * I_1 * \sin \varphi_1$$

beim Stromrichter auch noch von einer Oberschwingungsblindleistung sprechen:

$$Q_v = 3 * U \sqrt{I_2^2 + I_3^2 + I_4^2 + \cdots}$$

Die Ursache der Grundschwingungsblindleistung des Stromrichters liegt in der Kommutierung und der Steuerung. Dies wird später noch erläutert. Für die Oberschwingungsblindleistung, die manchmal auch als Verzerrungsleistung bezeichnet wird, ist die Nichtsinusförmigkeit des Netzstroms verantwortlich. Aus der Wirkleistung P und der Grundschwingungsblindleistung Q_1 ergibt sich die Grundschwingungsscheinleistung:

$$S_1 = \sqrt{P^2 + Q_1^2}$$

Infolge der Oberschwingungen muß die benötigte Bauleistung des Netzes allerdings größer sein, sie entspricht der Gesamtscheinleistung:

$$S = \sqrt{P^2 + Q_1^2 + Q_v^2}$$

Physikalische Betrachtungsweise der Spannungsverzerrung

In erster Näherung kann das Bordnetz durch Wechselspannungsquellen u und lineare Induktivität L_N ersetzt werden. Die Spannung an der Netzinduktivität u_L ist der Stromsteilheit di/dt des Netzstromes i_N proportional.

$$U_L = L_N * \frac{di_N}{dt}$$

Beim Sinusstrom

$$i_N = I_m * \sin \omega t$$

verläuft daher der Spannungsabfall cosinusförmig

$$u_L = I_m * \omega * L_N * \cos \omega t$$

Das bedeutet, daß der Strom i_N der Spannung u_L um 90° elektrisch nacheilt.
Beim Trapezstrom kommt es zur Spannungsbildung an der Induktivität nur in den Rampenabschnitten. Weil hier die Stromänderung konstant ist,

$$k = dt \frac{di_N}{}$$

ist auch die induzierte Spannung konstant:

$$u_L = k * L_N$$

In den Abschnitten mit konstantem Stromverlauf ist die Stromänderung Null,

$$\frac{di}{dt} = 0$$

was zur Folge hat, daß die induzierte Spannung auch Null wird:

$$u_L = 0$$

An der Induktivität L_N erscheinen also in einer Periode grundsätzlich vier rechteckige Spannungsblöcke. Die Polarität der Spannung hängt davon ab, ob der Strom zunimmt oder abnimmt. (Siehe Abb. 3). In Abb. 2 ist zum Vergleich der Fall mit dem Sinusstrom aufgezeichnet.
Die Netzspannung u_N setzt sich aus der idealen Sinusspannung u und dem Spannungsabfall u_L zusammen. Beim Fall mit dem sinusförmigen Strom (Abb. 4) bleibt sie unverzerrt sinusförmig. Im Gegensatz zum trapezförmigen Strom weist u_N hier scharfe Einbrüche bzw. Erhöhungen auf (Abb. 5).
Bei sprunghafter Stromänderung, d.h. Rechteckverlauf, $\frac{di}{dt} \to \infty$, würde also die induzierte Spannung unendlich hoch ansteigen. Dies trifft allerdings nicht zu, da der maximale Stromanstieg physikalisch durch den Quotienten aus Spannungsquellenamplitude und Netzinduktivität gegeben ist:

$$\frac{di}{dt_m} = \frac{U_m}{L_N}$$

Schneller als im Kurzschlußfall kann sich der Strom i_N im Netz nicht ändern.

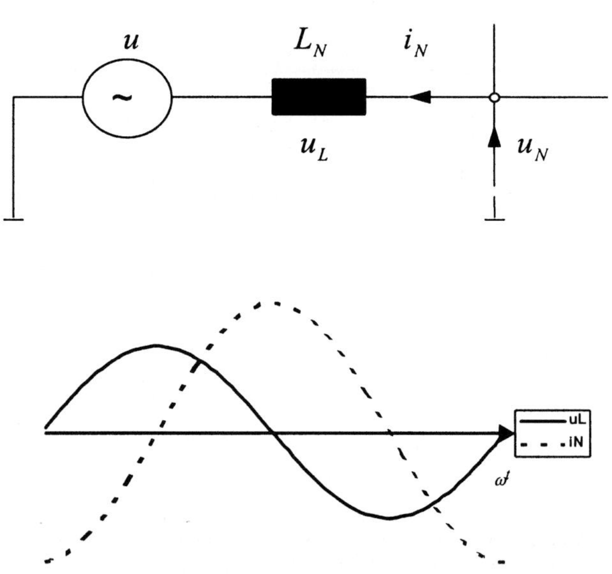

Abb. 2.

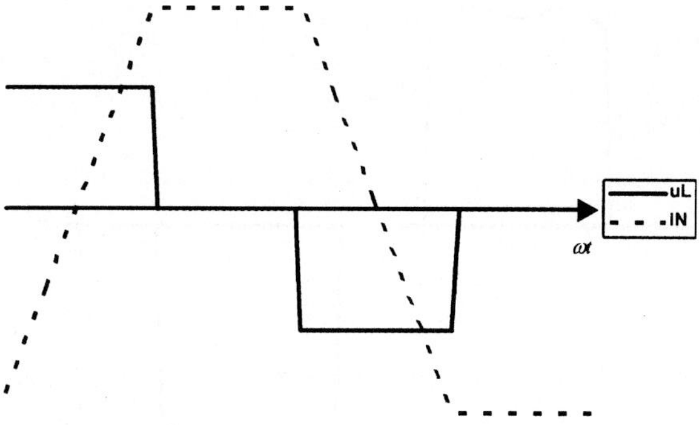

Abb. 3.

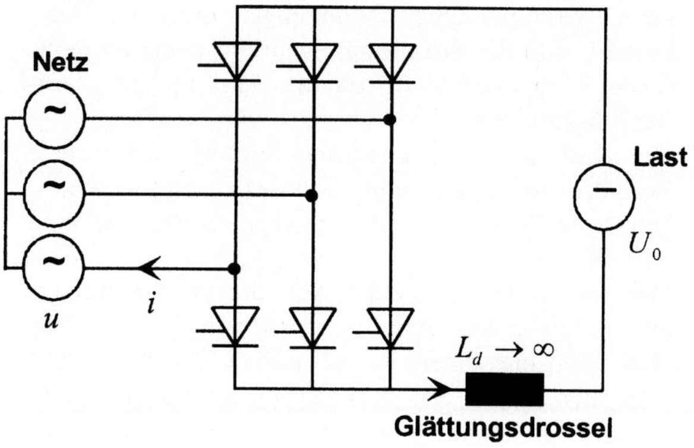

Abb. 6. Idealer Stromrichter $L_k = 0H,\ L_{d \to \infty}$

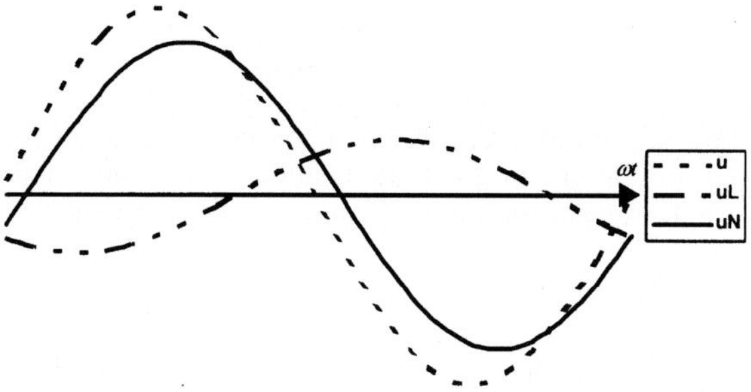

Abb. 4.

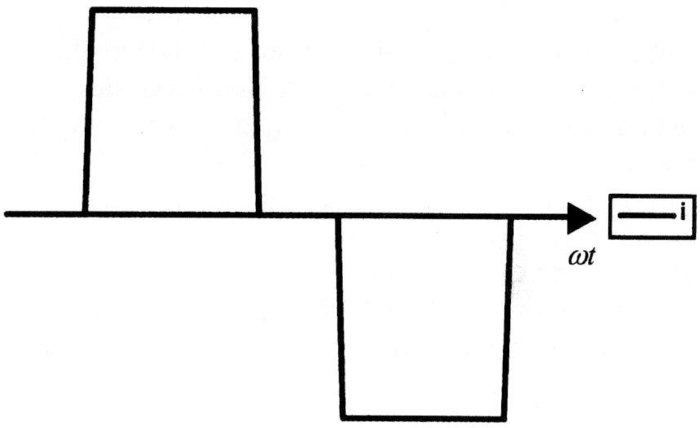

Abb. 7. Netzstrom des Stromrichters

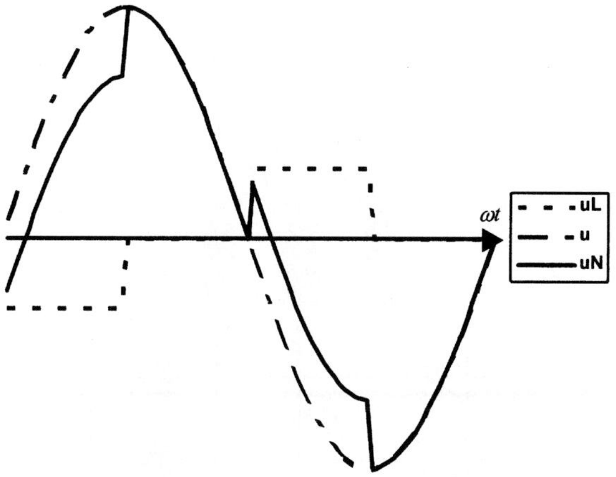

Abb. 5

Oberschwingungen der Drehstrom-Brückenschaltung

Betrachtungen am idealen Stromrichter.

Obwohl die Annahme gem. Abb. 7, daß der Netzstrom eines Stromrichters ideal rechteckförmig verläuft, unrealistisch ist, ist es doch sinnvoll, sein Oberschwingungsspektrum zu kennen. Der ideale Strom der Drehstrombrücke setzt sich aus zwei jeweils 1/3 der Periodendauer langen, gleichen Blöcken unterschiedlicher Polarität zusammen, die voneinander durch eine Lücke von 1/6 der Periodendauer getrennt sind. Der Scheitelwert ist gleich dem Gleichstrom I_d, und für den Effektivwert gilt:

$$I = \sqrt{\frac{2}{3}} * I_d$$

Führt man die harmonische Analyse des idealen Netzstroms der Drehstrombrücke durch, so erhält man für den Effektivwert der Grundschwingung:

$$I_1 = \left(\frac{3}{\pi}\right) * I$$

Das Spektrum weist Oberschwingungen folgender Ordnungszahlen auf:

n = 5, 7, 11, 13, 17, 19, = 6 k ± 1, mit k = 1,2,3,...

Für die Effektivwerte der Oberschwingungen erhält man:

$$I_5 = \frac{1}{5} * I_1,\ I_7 = \frac{1}{7} * I_1,\ I_{11} = \frac{1}{11} * I_1, \ldots$$

d.h. es gilt für jede n-te Oberschwingung einfach:

$$I_n = \left(\frac{1}{n}\right) * I_1$$

Die Stromform des idealen Stromrichters ist unabhängig von α. Nur die Phasenlage und die Amplitude ändert sich. Die Netzspannung weist keine Verzerrungen auf. Im Gegensatz dazu bleibt der Gleichstrom stets oberschwingungsfrei, obwohl die

Gleichspannung Oberschwingungen aufweist. Dazu kommt, daß die Schaltung eigentlich keine dynamischen Vorgänge zuläßt, da die Zeitkonstanten unendlich groß sind.
Der ideale Stromrichter ist also ungeeignet, um reale Verhältnisse an Bord eines Schiffes zu betrachten.
Der reale Stromrichter weist ein $L_k > 0H$ und eine $L_d < \infty$ auf.
Der Netzstrom weist ein $\frac{di}{dt}$ auf, der an der Netzreaktanz zu einer Spannungverzerrung führt. Zur Durchführung einer harmonischen Analyse zieht man hier jedoch Simulationsprogramme hinzu, da der analytische Aufwand hier sehr groß wird.

Kommutierung

Neben den Spannungsabfällen an der Netzreaktanz durch den oberwellenbehafteten Netzstrom des Umrichters trägt die Kommutierung zu den Oberwellen bei.
In der Drehstrombrücke fließt der Strom immer über zwei Ventile. Der Schaltzustand wird in einer Periode sechsmal verändert. dabei beteiligt sich jedes Ventil im Leitzustand an zwei Gleichstromzeitabschnitten. Die Stromübergabe von einem leitenden Ventil auf das in der Zündfolge nachfolgende Ventil kann sich wie folgt abspielen:

- Das leitende Ventil löscht, bevor der nachfolgende Thyristor gezündet wird. Die Brücke ist zeitweilig stromlos, im Gleichstrom entstehen Lücken.
- Der nachfolgende Thyristor wird gezündet noch während der Stromphase des zu löschenden Thyristors. Eine Weile führen daher drei Ventile den Strom. Durch die zwei benachbarten Thyristoren werden nun zwei Wechselstromleiter kurzgeschlossen. Der Strom im Thyristor, der löschen soll, wird schnell auf Null getrieben.

Man unterscheidet also zwei Betriebszustände des Stromrichters:

- Lückbetrieb
- Kommutierungsbetrieb

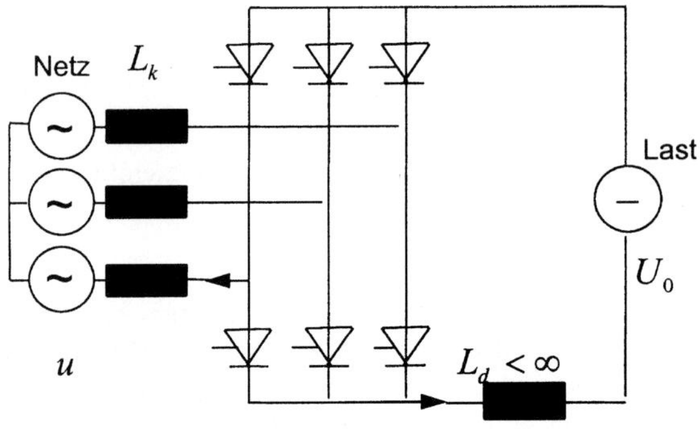

Abb. 8. Realer Stromrichter

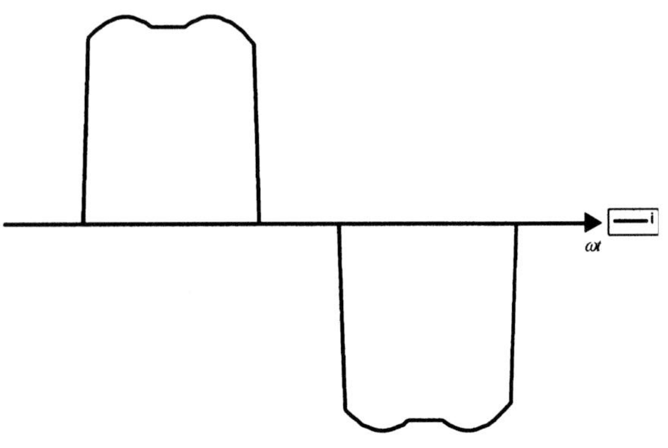

Abb. 9. Netzstrom eines realen Stromrichters

Ob sich nun der Stromrichter im lückenden oder im kommutierenden Zustand befindet, hängt nur von der Lastgegenspannung U_0 und vom Steuerwinkel α ab.
Die Kommutierung, die Stromüberlappung, hängt einerseits vom Laststrom ab, je größer der Strom, desto länger die Kommutierung, anderseits wird sie bestimmt durch die Kurzschlußreaktanzen des Drehstromsystems des Netzes. Je größer die Netz-Kurzschlußleistung, desto kürzer die Überlappung.

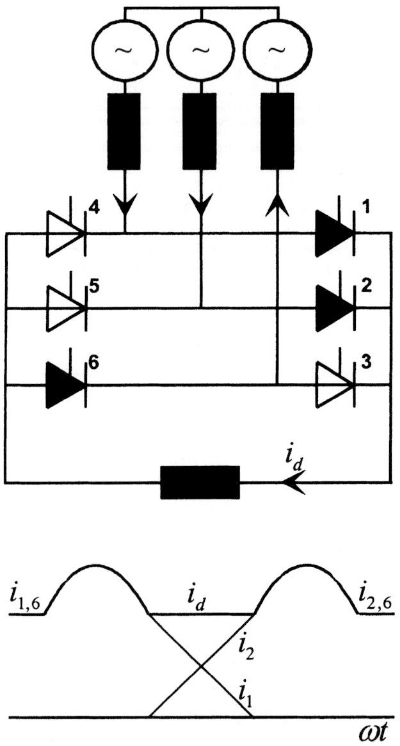

Abb. 10. Kommutierung

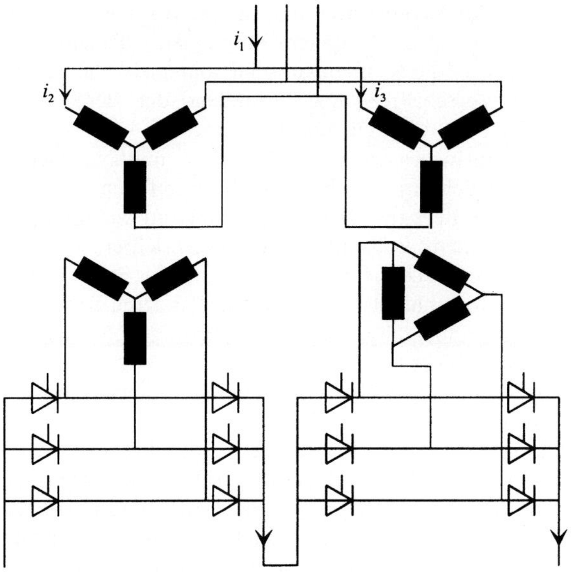

Abb. 11. Zwölfpulsige Umrichter

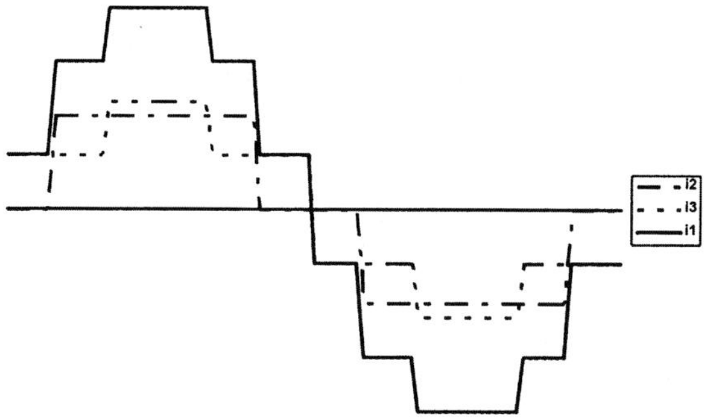

Abb. 12. Zwölfpulsige Umrichter

Reduzierung der Netzverzerrung

Um die Verzerrung der Netzspannung zu reduzieren sind verschiedene Maßnahmen möglich:

- Verwendung von 12- oder höherpulsigen Stromrichtern
- Einsatz von Duplexdrosseln zur Reduzierung der Oberwellen
- Einsatz von passiven Filtern in den Bordnetzen
- Einsatz von aktiven Filtern
- Verwendung von Stromrichtern mit besonderen Eingangsschaltungen (Aktive Front End)

Zwölfpulsige Umrichter

Durch das Zusammenschalten von zwei sechspulsigen Stromrichtern wird eine Verdoppelung der Pulszahl erreicht. Der Zwölfpulsumrichter weist, im Vergleich zum Sechspulsstromrichter, sowohl einen niedrigeren Oberschwingungsgehalt in der Gleichspannung auf als auch im Netzstrom. Die Grundidee der Zwölfpulsschaltung liegt in der gegenseitigen Versetzung der zwei sechspulsigen Gleichspannungen um 30° elektrisch. Dies kann durch die Anwendung von zwei unterschiedlich, in Stern und Dreieck geschalteten Transformatoren erreicht werden. Ob es sich nun um zwei getrennte Transformatoren oder einen Dreiwicklungstransformator handelt, spielt in bezug auf die Stromrichterwirkung keine Rolle.

Die Netzrückwirkung des Stromrichters beim Transformator mit Sternschaltung ist grundsätzlich gleich derjenigen beim Transformator in Dreieckschaltung. Der Netzstromverlauf sieht zwar in beiden Fällen unterschiedlich aus, das Amplitudenspektrum ist aber identisch. Der einzige Unterschied besteht hier nur in der Phasenlage einiger Oberschwingungen. Die Oberschwingungen der Ordnungszahlen n = 5, 7, 17, 19,... liegen bei beiden Schaltungsvarianten um 180° versetzt. Werden nun die zwei Sechspulsstromrichter gleich belastet und netzseitig parallel geschaltet, annullieren sich die in Opposition liegenden Oberschwingungen. Es bleiben Oberschwingungen der Ordnungszahlen n = 11, 13, 23, 25,....

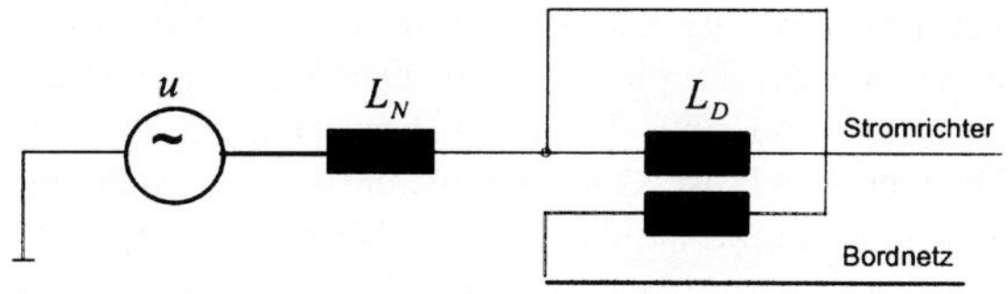

Abb. 13. Schaltung mit Duplex Drossel

Reduzierung der Oberwellen durch Duplex Drosseln

Diese Technik ist bereits mehrfach auf Schiffen angewandt. Sie ist in verschiedenen Schaltungsvarianten anzutreffen. Das Prinzip dieser Technik ist aber unabhängig von der gewählten Schaltungsart jeweils das Gleiche.

Das Prinzip beruht darauf, daß vor der eigentlichen Netzreaktanz eine zweite Reaktanz, die Duplex Drossel geschaltet wird. Über den einen Zweig der Drossel werden nun die Stromrichter gespeist, über den anderen Zweig werden die Bordnetzverbraucher gespeist.

Durch die nicht sinusförmigen Ströme des Stromrichters entstehen in der Duplex Drossel wie auch in der Netzreaktanz Spannungsabfälle. In der Netzreaktanz überlagern diese Spannungsabfälle nun die sinusförmige Quellenspannung und führen somit zu der Verzerrung der Versorgungsspannung. In der Duplex Drossel werden die Spannungsabfälle im Stromrichterzweig nun auf den Bordnetzzweig übertragen und um 180° gedreht. Die Spannungabfälle in der Netzreaktanz werden nun im optimalen Fall in der Duplex Drossel durch die in der Amplitude gleichen jedoch in der Richtung um 180° gedrehten Spannungabfälle im Bordnetzzweig komplett kompensiert. Dies ist allerdings nur möglich, wenn die Reaktanz der Duplex Drossel gleich der Netzreaktanz ist und das Übertragungsverhältnis in der Drossel ü = 1 ist. Die Problematik, die sich im Schiffbau ergibt, ist, daß sich die Netzreaktanz durch die verschiedene Anzahl von parallel laufenden Generatoren verändert. Dadurch wird es notwendig, die Duplex Drosseln in ihrer Reaktanz auf einen Mittelwert auszulegen, was dann bei geringerer oder höherer Netzreaktanz zu einer Über- oder Unterkompensation der Netzverzerrungen führt. Eine zweite Möglichkeit ist die Reaktanz der Duplex Drosseln auf verschiedene Einzeldrosseln aufzuteilen und somit die Drosselreaktanz durch Zu- und Abschalten an die Netzreaktanz anzupassen.

Einsatz von passiven Filtern

Der Netzstrom der Stromrichter weist mit Ausnahme des Direktumrichters ein festes Oberwellenspektrum auf. Durch die Belastung werden nur die Amplituden, nicht aber die Ordnungszahlen der Oberschwingungen verändert. Man kann daher als Oberschwingungsfilter im Netz Reihenresonanzkreise verwenden, die auf die entsprechenden Frequenzen der einzelnen Oberschwingungen abgestimmt sind. Das Netzfilter eines Sechspulsstromrichters setzt sich dann aus Saugkreisen für die Ordnungszahl n = 5, 7, 11, 13,... zusammen. Die Reihe der Saugkreise beginnt mit der niedrigsten Frequenz der vom Stromrichter produzierten Oberschwingungen. Die Anzahl der Saugkreise ist zwar beliebig wählbar, man darf aber keine Ordnungszahl auslassen. Der Grund liegt in der Gefahr der Parallelresonanz der Saugkreise mit der Induktivität des Netzes.
Die Saugkreise können entweder direkt bei den einzelnen Stromrichtern oder zentral im Bordnetz installiert werden. Die höchste Filterwirkung wird beim Anschluß der Saugkreise direkt an die Stromrichterklemmen erreicht. Man muß hier allerdings die Schaltvorgänge, insbesondere die Thyristorbelastung, kontrollieren. Beim zentralen Anschluß an das Bordnetz ist darauf zu achten, daß die Saugkreise nicht nur durch die Oberschwingungen der betreffenden Stromrichter, sondern zusätzlich noch durch die Oberschwingungen anderer Oberschwingungsquellen aus dem Bordnetz belastet werden.
Die Induktivitäten der Drosselspulen und Kapazitäten der Kondensatoren sind herstellungsbedingt Toleranzen unterworfen. Hinzu kommt, daß wir im Bordnetz mit einer Frequenztoleranz zu rechnen haben. Diese Toleranzen können die Filterwirkung stark vermindern.

Simulation von Netzrückwirkungen

Die quantitative, zahlenmäßige Untersuchung der Oberschwingungen werden während der Projektierung der Stromrichteranlagen und Bordnetze durchgeführt. Als Rahmenbedingungen dienen hier einerseits die Kundenwünsche, anderseits die geltenden Vorschriften. Die Grundlage der Berechnung bilden die Anlagen- und Netzdaten.
Allgemein bewegt man sich bei der mathematischen Untersuchung zwischen zwei Extremfällen. Auf der einen Seite kann überschlägig anhand vereinfachter Annahmen, konventioneller Stromrichter, rein induktives Netz, die Netzrückwirkung der Stromrichter grob abgeschätzt werden, auf der anderen Seite wird eine vollständige computergestützte Simulation durchgeführt.
Werden bei der Untersuchung Computerprogramme benutzt, so ist für die Genauigkeit der Ergebnisse die exakte Kenntnis aller einzugebenden Parameter notwendig. Da in der Regel der Antriebslieferant auch der Lieferant für die Bordnetzgeneratoren und die Verteilungsanlagen ist, sind diese Daten vorhanden. Unsicher sind in der Regel die Daten zu den sonstigen Oberschwingungsquellen im Bordnetz. Diese können unter Umständen, wie z.B. auf Kreuzfahrtschiffen, einen nicht unerheblichen Anteil am Gesamtoberwellengehalt haben.
Der Siemens Schiffbau verwendet zur Simulation der Netzrückwirkungen bei Projekten mit diesel-elektrischen Antriebsanlagen ein bei Siemens entwickeltes Programm mit Namen 'KOPL'. Das Programm läuft in Hamburg auf einer UNIX Workstation. Über eine graphische Oberfläche werden hier aus einer Bibliothek verschiedene vorhandene Elemente miteinander verbunden. Die Elemente sind letztlich Subroutinen, die die zu simulierenden Elemente mathematisch nachbilden. Die vorhandenen Elemente reichen von einfachen Widerständen, Induktivitäten und Kapazitäten bis hin zu kompletten Stromrichterschaltungen einschließlich der dazugehörigen Regelung und mehrsträngigen Synchronmaschinen.
Nach der Konfiguration des Netzes einschließlich der Stromrichter mit Hilfe der graphischen Bedienoberfläche erfolgt die Eingabe der notwendigen Parameter für die einzelnen verwendeten Elementen. Diese Parameter beinhalten alle Widerstände, Induktivitäten, Kapazitäten und Zeitkonstanten der Elemente. Mit diesen Angaben ist das gesamte Bordnetz mathematisch beschrieben. Im Anschluß an die Parameterangaben erfolgt die Bestimmung der Anfangswerte, die gesetzt werden müssen, da eine Simulation von 'Null' heraus erstens eine sehr lange Simulationszeit bedeuten würde, bis die Anlage sich in einem eingeschwungenen Zustand befindet und andererseits die Gefahr besteht, daß das gesamte Simulationssystem instabil wird und kippt, was einen Abbruch des Simulationslaufes bedeutet. Die richtige Bestimmung der Anfangswerte einschließlich der Schrittweiten der einzelnen Rechenoperationen und die Simulationsdauer setzen eine gewisse Erfahrung voraus. Ist das Gesamtsystem eingegeben, 'ablauffähig' und befindet sich in einem eingeschwungenen Zustand werden die

zu untersuchenden Betriebszustände eingestellt. Dazu gehören z.B. Drehzahl und Leistung der Antriebsmotoren, Anzahl der Generatoren und Bordnetzbelastung. An den verschiedenen Stellen im Bordnetz können zeitliche Verläufe der verschiedensten Größen geschrieben werden. Dazu gehören Ströme, Spannungen, Leistungen und auch Drehmomente. Die zeitlichen Verläufe können mittels der Fourieranalyse untersucht werden. Die Ergebnisse können graphisch in Form von Kurvenverläufen und Balkendiagrammen ausgegeben werden. Ebenso ist eine Listenausgabe möglich. Die Ergebnisse der Simulation werden dann kritisch betrachtet und auf ihre Plausibilität hin untersucht. Auf Grundlage der Ergebnisse der Simulation werden dann entsprechende Maßnahmen zur Reduzierung der Spannungsverzerrungen im Bordnetz ausgewählt und diese wiederum mit Hilfe der Simulation überprüft. Als letzter Arbeitsschritt erfolgt dann die Überprüfung der Simulation an Hand der gemessenen Werte auf der Anlage. Die Erfahrungen haben gezeigt, daß das Simulationsprogramm KOPL ausreichend genaue Werte liefert. Die auf dieser Basis projektierten Gesamtsysteme bieten ausreichende Sicherheiten auch hohe Anforderungen an die Spannungsqualität in komplexen Systemen zu erfüllen.

Schrifttum

- Albert Kloss, Oberschwingungen, vde-verlag.
- Kurt H. Krüger und Marianne Loskarn, Netzrückwirkungen infolge Leistungselektronik und Rundsteuertechnik, EV-Report, 3/1990.
- K. H. Krüger und W. Schultz, Der Einfluß niedriger Verzerrungsgrenzen auf die Auslegung von Filterkreisen, Archiv für Elektrotechnik 74 (1990) 61–68.
- Thanh-Nam Le, Marcos Pereira, Klaus Renz, Gustav Vaupel, Active Damping of resonances in Power Systems, IEEE/PES Summer Meeting, Vancouver, July 18–22, 1993.

Störquellen und Störsenken im Bereich hochfrequenter Netz-Rückwirkungen und Merkmale eines EMV-gerechten Netzes

Interference Sources and Interference Sinks in the Range of High Frequency Reactions and Characteristics of a Power Supply Network with regard to EMC

Dipl.-Ing. **Horst-Michael Becker**,
STN ATLAS Elektronik GmbH, Hamburg

Dipl.-Ing. **Peter Harms**,
PHC Peter Harms Consulting, Hamburg

Summary. Electrical and electronic equipment supplied by the ship's mains can cause undesirable effects and may interfere with other sensitive equipment if it doesn't have the sufficient immunity. These phenomena found at the point of common coupling are known as „power system response" the entirety of reactions is called „power quality". Concerning the high frequency reactions the following contribution provides necessary explanations.
First of all the most important phenomena will be given. Critical equipment being responsible for or being effected by the power quality are listed. The coupling and pollution mechanisms of the interferences and the test *methodes* to check interferences on mains are explained.
Subsequently the characteristics of a power supply system with regard to *EMC* and the necessity of mains decoupling is treated. The convenient devices for mains decoupling and their features are investigated. The configuration of power supply network with different zones is shown.

1 Einleitung

An Schiffs-Bordnetzen betriebene elektrische und elektronische Einrichtungen können unerwünschte Effekte verursachen, die sich auf die sensitiven Geräte in störender Weise auswirken, wenn diese keine ausreichende Störfestigkeit besitzen. Diese Effekte auf dem gemeinsamen Stromversorgungsnetz sind als „Netz-Rückwirkungen" bekannt; die Gesamtheit der Rückwirkungen bezeichnet man als „Netzqualität". Die folgenden Ausführungen sollen zu den hochfrequenten Netz-Rückwirkungen einige Erläuterungen geben.

Zunächst werden die wichtigsten Störphänomene angegeben. Kritische Verbraucher, die für die Netzqualität verantwortlich bzw. hiervon in ihrer Funktion betroffen sind, werden aufgeführt. Die Kopplungs- und Ausbreitungsmechanismen der hochfrequenten Störgrößen und die Prüfverfahren auf Netzleitungen werden erläutert.
Weiterhin werden die Merkmale eines EMV-gerechten Netzes und die Notwendigkeit der Entkopplung von Stromrichter- und Bordnetz behandelt. Die möglichen Einrichtungen für die Netz-Entkopplung und ihre Eigenschaften werden untersucht sowie die Bildung von verschiedenen Netz-Zonen dargelegt.

2 Störquellen und Störsenken im Bereich hochfrequenter Netz-Rückwirkungen

Der Begriff „Netz-Rückwirkungen" wird durch folgende Störphänomene gekennzeichnet:

- Spannungsunsymmetrien,
- Spannungsschwankungen,
- Spannungsunterbrechungen bzw. -einbrüche,
- schnelle transiente Spannungsänderungen,
- Stoßspannungen,
- Oberschwingungsgehalt (Klirrfaktor),
- Schwankungen der Netzfrequenz,
- überlagerte hochfrequente Störgrößen.

Von den vorgenannten Phänomenen sollen in diesem Beitrag die dem Netz überlagerten hochfrequenten und transienten Störgrößen behandelt werden. Die Störgrößen können als Strom oder Spannung auftreten. Frequenzbereich und Kurvenform sind entsprechend den schiffbaulichen Produktnormen für die hochfrequenten Störgrößen definiert im Bereich von 10kHz bis 80MHz bzw. für pulsförmige Störgrößen im Zeitbereich von μs bis ns.

2.1 Typische Verbraucher

Geräte und Anlagen eines Schiffes können im wesentlichen den in der Tabelle 1 angegebenen Gruppen zugeordnet werden. Für die Verträglichkeitsfragen ist es wichtig, die typischen Verbraucher nach ihrer Eigenschaft als Störquelle bzw. Störsenke zu unterscheiden. Diese Frage hängt weniger von der Anschlußleistung ab. Bei höheren Frequenzen kann je nach Quellimpedanz aus dem Verbraucher von Nutzleistung ein Erzeuger von Störleistung werden. Die IEC 533 [7] enthält entsprechende Hinweise in Form einer Geräte-Prümatrix.
Die EMV-Eigenschaften von Verbrauchern können am besten mit den Prüfwerten beschrieben werden, die in den anwendbaren Produktnormen IEC 533 [7] und IEC 945 [8] festgelegt sind. Danach ergeben sich für die zulässigen Störaussendungen Werte gemäß Abb. 1, für die Störfestigkeit Werte gemäß Tabelle 2. Es sei darauf hingewiesen, daß die pulsförmigen Störgrößen „schnelle transiente Spannungsänderungen" und „Stoßspannungen" netztypische Phänomene sind und daher für die Verbraucher nur als Störfestigkeitskriterien spezifiziert werden.
Die Kennwerte sind aus den schiffsspezifischen Anforderungen abgeleitet. Im Oberdecksbereich in der näheren Umgebung der Empfangsantennen und der Brücke sind dies die Mindestempfangspegel, zu denen die erzeugten unerwünschten Störgrößen einen ausreichenden Abstand haben müssen, sowie die Nutzfeldstärken im Nahbereich der Sendeantennen,

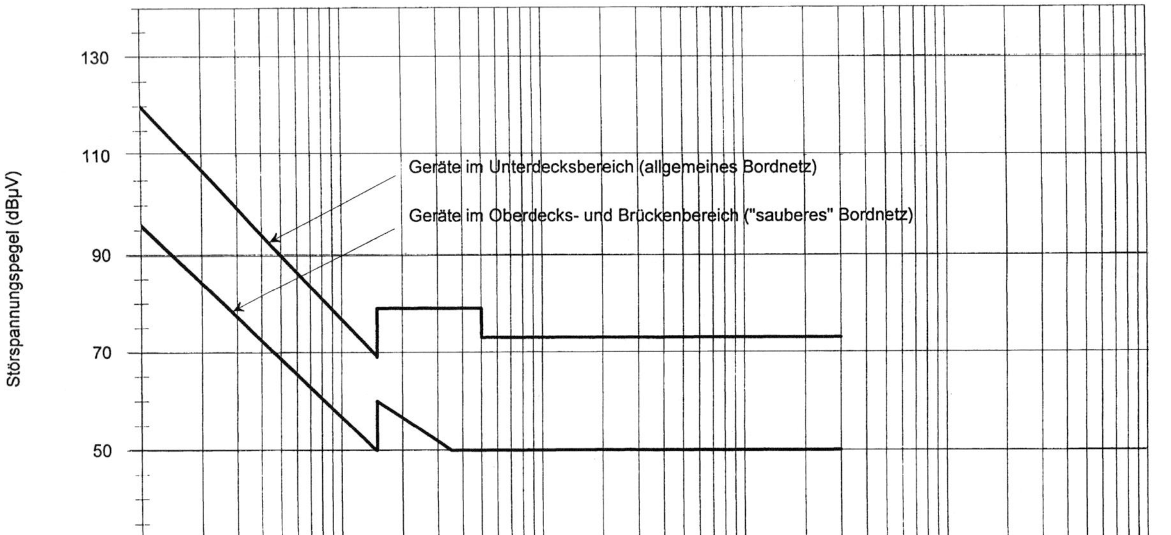

Abb. 1. Zulässige Werte der Störaussendung von Geräten, installiert in verschiedenen Bereichen des Schiffes

Tabelle 1. Typische Störquellen und -senken

Typische Verbraucher	Beispiele		Stör-quelle	Stör-senke	Typische EMV-Eigenschaften
Funkkommunikation und Funknavigation	Sende- und Empfangsanlagen für den Seefunkdienst und den passiven Seenavigationsfunkdienst sowie interne drahtlose Kommunikationseinrichtungen	GW-, HF-, VHF-, UHF- S/E Anlagen, Peiler, Omega, Loran-C, Decca-Navigator, GPS-Anlage, NAVTEX-Empfänger, EGC-Empfänger, VHF-, 406 MHz-, L-Band- EPIRB's, INMARSAT-Anlagen	x	x	Betrieb mit sinusförmigen oder schmalbandigen Signalen
Energieerzeugung und -wandlung	Gleich- und Wechselrichter, Umformer, Generatoren und Motoren, Wirtschaftsgeräte, Leuchten mit Entladungslampen	Synchrongeneratoren und -motoren, Gleichstrommotoren, Asynchronmotoren, rotierende Umformer, Synchro-Converter, Cyclo-Converter, Puls-Wechselrichter, Gleichrichter, unterbrechungsfreie Stromversorgungsanlagen	x		Quellen breitbandiger Dauerstörungen
Einrichtungen, die mit Pulsenergie arbeiten	Radar- und Sonaranlagen, Echolote	RADAR-Transponder SART, Fahrtmeßanlagen	x		Quellen periodischer Kurzzeitstörungen mit hoher Energie
Schaltanlagen und Steuerungen	Verteilerschalttafeln, Schützensteuerungen, Selbstanlasser, Heizungsanlagen.		x		Quellen nichtperiodischer Kurzzeitstörungen
Einrichtungen für die Signalverarbeitung	Automationsanlage, Computer, Sensoren.	Kreiselkompaßanlagen		x	Verarbeitung analoger oder digitaler Signale
Integrierte Anlagen	Integriertes Navigationssystem (INS) Integrierte Brücke (IBS)	integrierte Navigationsanlage mit Sensoren sowohl im Oberdecks- als auch im Kielbereich.		x	Störungen, die sich aus dem gleichzeitigen Betrieb von Geräten und Einzelanlagen ergeben

Tabelle 2. Störfestigkeitskriterien für Geräte

Schnittstelle	Störphänomen	Grundnorm	Bewertungskriterium	Prüfwert
DS-Stromversorgungseingang	leitungsgeführte Tonfrequenzstörungen	IEC 945	A	10% DS-Versorgungsspannung: 50–900Hz; 10%–1%: 900–6000Hz; 1%: 6–10kHz
	kurzzeitige Spannungsschwankungen	IEC 92-504	B	Spannung: ±20% für 1, 5s Frequenz: ±10% für 5s
	Ausfall der Stromversorgung	IEC 945	C	60s Unterbrechung
	schnelle Transiente (Burst)	IEC 1000-4-4	B	2kV[3]
	Stoßspannungen (Surge)	IEC 1000-4-5	B	0,5kV[1]/1kV[2]
	HF-Einkopplung	Draft IEC 1000-4-6	A	3Vrms[3]; (10kHz)[6] 150kHz–80MHz Durchstimmgeschwindigkeit $\leq 1{,}5 \times 10^{-3}$ Dekade/s[7] Modulation 80% AM (1kHz)
GS-Stromversorgungseingang	leitungsgeführte Tonfrequenzstörungen	IEC 945	A	10% GS-Versorgungsspannung 50Hz–10kHz
	kurzzeitige Spannungsschwankungen	IEC 92-504	B	Spannung: +20%/−25% für Geräte, die nicht von einer Batterie gespeist werden
	Ausfall der Stromversorgung	IEC 945	C	60s Unterbrechung
	schnelle Transiente (Burst)	IEC 1000-4-4	B	2kV[3]
	Stoßspannungen (Surge)	IEC 1000-4-5	B	0,5kV[1]/1kV[2]
	HF-Einkopplung	Draft IEC 1000-4-6	A	3Vrms[3]; (10kHz)[6] 150kHz–80MHz Durchstimmgeschwindigkeit $\leq 1{,}5 \times 10^{-3}$ Dekade/s[7] Modulation 80% AM (1kHz)
Signal-und Steuerungseingänge	schnelle Transiente (Burst)	Draft IEC 1000-4-4	B	1 kV[4]
	HF-Einkopplung	Draft IEC 1000-4-6	A	3Vrms[3]; (10kHz)[6] 150kHz–80MHz Durchstimmgeschwindigkeit $\leq 1{,}5 \times 10^{-3}$ Dekade/s Modulation 80% AM (1kHz)
Gehäuse	Elektrostatische Entladung (ESD)	IEC 1000-4-2	B	6kV Kontakt/8kV Luft
	HF-Einstrahlung	IEC 1000-4-3	A	10V/m[5] 80MHz–1GHz Durchstimmgeschwindigkeit $\leq 1{,}5 \times 10^{-3}$ Dekade/s Modulation 80% AM (1kHz)

[1] Leitung gegen Leitung
[2] Leitung gegen Masse
[3] kapazitive Ankopplung
[4] Einkopplung über Stromwandlerzange
[5] in Sonderfällen auch höhere Werte je nach Analyseergebnis
[6] das Prüfverfahren ist im Prüfbericht zu beschreiben
[7] für Geräte, die im Brücken- und Decksbereich installiert werden, sind die Prüfpegel gemäß IEC 945 auf $10V_{rms}$ bei folgenden Einzelfrequenzen zu erhöhen: 2/3/4/6,2/8,2/12,6/16,5/18,8/22/25MHz. Bei geschirmten Kabeln ist ein spezieller Prüfaufbau für die Einkopplung in den Kabelschirm zu verwenden.

die auch ins Bordnetz eingekoppelt werden und sich als Störgrößen auswirken.
Für den Unterdecksbereich wurden diese Werte unter Berücksichtigung einer Entkopplung von ca. 20dB durch die Stahlkonstruktion des Schiffskörpers umgerechnet.

2.2 Kopplungs- und Ausbreitungsmechanismen der Störgrößen

Aus wirtschaftlichen Gründen werden oft alle Verbraucher elektrischer Energie aus einem gemeinsamen Netz versorgt. Die zum Beispiel von Stromrichtern und anderen Einrichtungen erzeugten nieder- und hochfrequenten Störgrößen breiten sich im gesamten speisenden Bordnetz aus und sind als Störspannungen oder Störströme nachweisbar. Zur Erreichung der elektromagnetischen Verträglichkeit (EMV) ist zu vermeiden, daß von den Störquellen hohe Störströme ungehindert in das gemeinsame Netz fließen können. Das Ziel aller Maßnahmen zur Sicherstellung der Funktion sensitiver Verbraucher ist daher die wirksame Entkopplung der Störungen vom Bordnetz und insbesondere von den funktionskritischen Verbrauchern, aber auch die Anhebung der Störfestigkeit dieser sensitiven Verbraucher. Gemeinsame Maßnahmen auf beiden Seiten müssen zum Erfolg führen.

Die Ausbreitung der Störgrößen ist allein von den Impedanzen des Netzes abhängig. Abb. 2 zeigt das Prinzip anhand eines einpoligen Teilnetz-Ersatzschaltbildes. Hier ist die Entkopplung eines störempfindlichen Verbrauchers von der Störquelle mit Hilfe eines Transformators und eines rotierenden Umformers realisiert. Gezeigt wird auch, wie sich die einzelnen Störspannungen ΔU an den Impedanzen aufteilen und wie sich die Störströme verteilen. Die Darstellung ist stark vereinfacht.

Die Verteilung der ausgesendeten Störgrößen kann im Bordnetz bzw. am Netzanschlußpunkt meßtechnisch ermittelt werden. Die Gegenüberstellung dieser Störgrößen mit der Störfestigkeit des betreffenden Verbrauchers liefert ein Maß für die Störsicherheit im

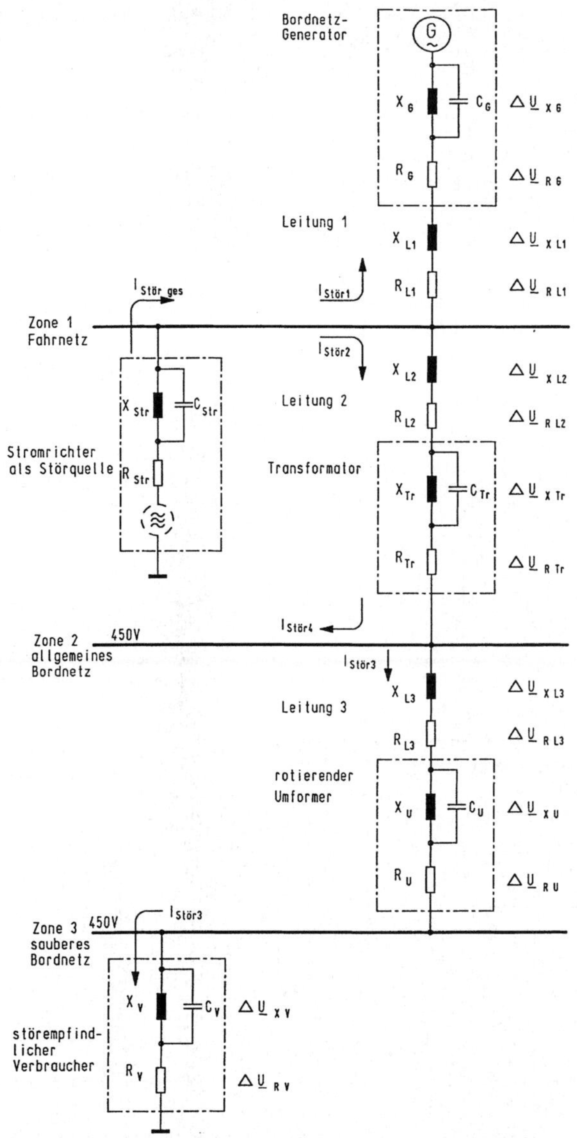

Abb. 2. Prinzip eines einpoligen Teilnetz-Ersatzschaltbildes mit Störquelle, störempfindlichem Verbraucher sowie der Netztrennung durch Transformator und rotierendem Umformer

System. Diese Prozedur ist allerdings schwierig und unvollkommen, da die Ermittlung der erforderlichen Bestimmungsgrößen mit einer großen Unsicherheit behaftet ist.

2.3 Elektromagnetischer Verträglichkeitspegel, Störsicherheitsabstand.

Wie Abb.3 zeigt, ist der größte Störpegel, der an einer unter bestimmten Bedingungen betriebenen Einrichtung erwartet werden kann, der elektromagnetische Verträglichkeitspegel. Hierbei ist zu berücksichtigen, daß Störpegel einer statistischen Verteilung unterliegen, bei der bestimmte Werte nur von einer sehr kleinen Zahl von Vorgängen überschritten werden. Andererseits findet in Netzen auch eine Aufsummierung der Pegel statt, die unter anderem von der Gleichzeitigkeit und der Phasenlage der Störquellen abhängt. Des weiteren zeigt Abb.3, daß die Schwellwerte der Störfestigkeit höher als die Prüfwerte sein können.

Wie bereits oben angeführt, ergibt sich aus dem Unterschied beider Größen, des Störpegels und der Störfestigkeit, der Störsicherheitsabstand. Er ist das logarithmische Verhältnis der Beträge der Störschwelle und der Störgröße am Ort der Einwirkung. Wenn anstelle individueller Störschwellen die spezifizierte Störfestigkeit (Prüfwert) verwendet wird, erhält man den minimalen Störsicherheitsabstand (siehe Abb.3); zwischen der Störgröße und der Störfestigkeit liegt das sogenannte Verträglichkeitsniveau.

2.4 Prüfungen und Nachweise

Hochfrequente Störgrößen im Netz sind nur mit speziellen Meßeinrichtungen zu messen. Dies ist mit Meßgeräten möglich, die eine entsprechende Bandbreite, Peak-Bewertung und den erforderlichen Übersteuerungsschutz besitzen. Diese Messungen können als Spannungs- oder als Strommessung ausgeführt werden. Spannungsmessungen werden mit Hilfe eines HF-Tastkopfes, Strommessungen mit Hilfe von Stromwandlerzangen durchgeführt. Während die Messung der hochfrequenten Störspannung die Verhältnisse am gemeinsamen Netzanschlußpunkt ausreichend kennzeichnet, ist bei der hochfrequenten Strommessung im Netz die Stromrichtung und die Herkunft des Stromes zunächst nicht feststellbar. Wichtig ist deshalb, daß die Verbraucher hinsichtlich der hochfrequenten Störemission und Störfestigkeit im Rahmen von Typ- oder Baumusterprüfungen vor Einbau vermessen wurden.

3 Merkmale eines EMV-gerechten Netzes

Der Einsatz von Netz-Stromrichtern an Bord von Schiffen gehört heutzutage zum Stand der Technik. Daher wird in den aktuellen IEC-Normen und Vorschriften der Klassifikationsgesellschaften auch die geforderte Netzqualität neu festgelegt. Danach sind sowohl auf seiten der Störquelle, aber auch der Störsenke geeignete Maßnahmen zu treffen, wobei die Wirtschaftlichkeit der Mittel eine entscheidende Rolle spielt.

Seitens der Störquelle bieten sich zwei Wege an:

- Dämpfung durch Erhöhung der wirksamen Kopplungsimpedanz und
- Entkopplung durch galvanische Trennung von den Störern.

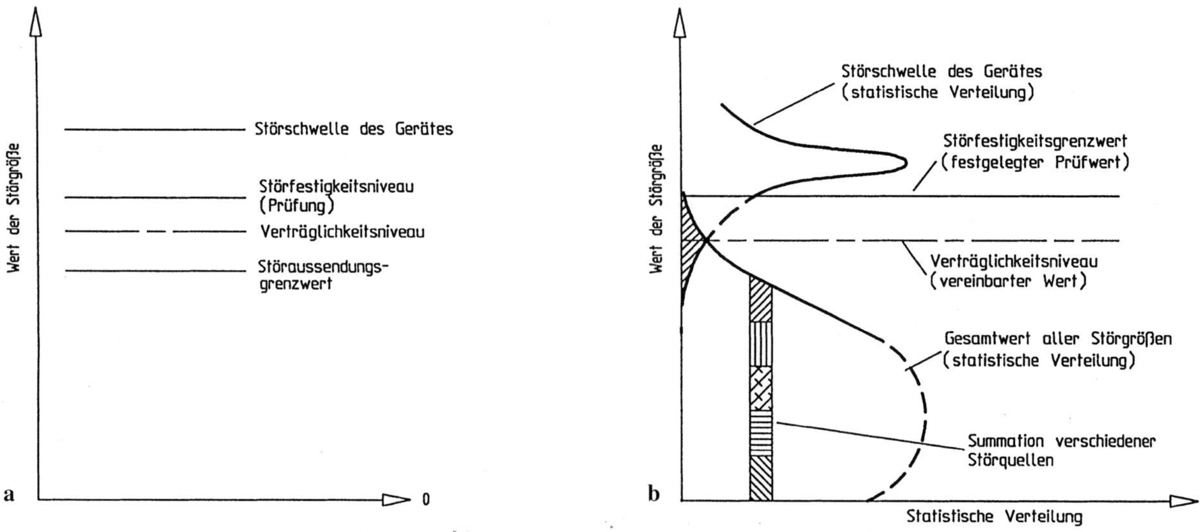

Abb. 3a. Beziehung zwischen den verschiedenen Pegeln einer elektromagnetischen Störgröße
Abb. 3b. Beziehung zwischen den verschiedenen Pegeln einer elektromagnetischen Störgröße unter Berücksichtigung der statistischen Parameter

Moderne drehzahlgeregelte Propeller-Motoren und andere Antriebs-Motoren werden immer über Stromrichter gespeist, wobei je nach Leistung, Drehzahl und geforderten speziellen Eigenschaften unterschiedliche Systeme zum Einsatz kommen: Drehstrom-Antriebe werden über Synchro-Converter, Cyclo-Converter oder Puls-Wechselrichter gespeist, Gleichstrom-Antriebe über gesteuerte Gleichrichter. Alle Systeme stellen eine Herausforderung sowohl zur Störfestigkeit als auch zur Entstörung dar. Daher muß generell bei Stromrichter-Antrieben diesem Problem große Aufmerksamkeit gewidmet werden.
Im folgenden sollen Maßnahmen beschrieben werden, die auf Schiffen beim Betrieb von Stromrichtern üblich sind.

3.1 Maßnahmen am Stromrichter

Die eigentliche Störquelle kann nicht eliminiert werden. Maßnahmen direkt am Stromrichter führen meist nicht zu entscheidenden Verbesserungen. Auch die zum Schuz der Thyristoren vor Überspannungs-Spitzen üblicherweise eingesetzten Drehstrom-Bedämpfungen reduzieren Störungen im HF-Bereich kaum. Diese Bedämpfungen bestehen aus einem Reihen-Schwingkreis mit Kapazität und Vorschalt-Widerstand (RC-Glied), der über einen Dioden-Gleichrichter aus dem Drehstrom-Netz gespeist wird. Er ist auf die Netz-Frequenz abgestimmt, schwingt bei Überspannung über und führt die Überschuß-Energie über einen Entlade-Widerstand ab.
Allenfalls die Beschaltung der einzelnen Halbleiter mit RC-Gliedern (TSE-Beschaltung) könnte bei optimierter Auslegung im hochfrequenten Bereich wirksam sein. Dieses konnte jedoch bisher meßtechnisch nicht nachgewiesen werden.
Eine Entstörung ist daher nur durch passive Maßnahmen außerhalb der Stromrichter möglich.

3.2 Netz-Trennung

Konzepte mit getrennten Netzen und mit getrennten eigenen Energie-Versorgungen für die Fahranlage und das Bordnetz kommen der Sicherstellung der EMV in idealer Weise entgegen. Auf diese weise wird eine Verschleppung von Störungen aus dem Fahrnetz wirksam vermieden, so daß der von den Stromrichtern erzeugte Störpegel praktisch in unverminderter Höhe auf der Stromrichter-Seite zugelassen werden kann. Dabei ist nur auf räumlich getrennte Verlegung der Kabel und deren teilweise Schirmung zu achten, wie dies auch bei anderen Konfigurationen Standard ist.
Solch ein Konzept erfordert allerdings eine vergrößerte Anzahl von Primärenergie-Erzeugern und Energie-Verteilungen. Es ist daher außerordentlich aufwendig und durch die große Anzahl von Diesel-Motoren auch sehr viel wartungsintensiver als konventionelle Systeme. Im Teillast-Betrieb der Fahranlage mit geringer Auslastung der Diesel-Aggregate ist es wenig wirtschaftlich.

Derartige Fahranlagen mit getrenntem Fahr- und Bordnetz sind zum Beispiel auf dem bei Wärtsilä in Helsinki gebauten Polar-Eisbrecher „Almirante Irizar“ [1] und auf dem bei Fincantieri in Triest gebauten Nato-Forschungsschiff „Alliance“ [2] realisiert worden.

3.3 Rotierende Umformer

Die Eigenschaften rotierender Umformer entsprechen ebenfalls auf ideale Weise den Forderungen der EMV nach großer Dämpfung von nieder- und hochfrequenten Störungen. Die durch Asynchron-Synchron- oder Synchron-Synchron-Umformer gekoppelten Netze sind galvanisch getrennt, induktive oder kapazitive Beeinflussungen vom Motor auf den Generator sind nicht nachweisbar.
Damit bleiben nur noch die üblichen Störungen bei Synchron-Generatoren, die von den Halbleitern des Spannungsreglers als Stellglied für die Erregung und durch den Kommutierungsvorgang der rotierenden Dioden hervorgerufen werden. Durch den Einsatz von Entstörmitteln am Generator können jedoch die Grenzwerte für die Funkstör-Spannung und -Leistung entsprechend den gültigen Normen eingehalten werden.
Wegen dieser guten Eigenschaften werden rotierende Umformer üblicherweise zur Versorgung von kleineren Teilnetzen mit sensitiven Verbrauchern, wie zum Beispiel im Brücken-Bereich, eingesetzt.

3.4 Transformatoren

Bei diesel-elektrischen Propulsionsanlagen großer Leistung werden meist Transformatoren eingesetzt, um einerseits die Stromrichter zur Drehzahl-Verstellung der Fahr-Motoren und andererseits das allgemeine Bordnetz aus dem Mittelspannungs-Fahrnetz 6,6kV oder 10kV zu speisen.
Aus ökonomischen Gründen muß die elektrische Leistung mit möglichst geringen Verlusten übertragen werden. Zusätzlich sind jedoch an Transformatoren besondere Anforderungen hinsichtlich der Entkoppel-Eigenschaft bei höheren Frequenzen zu stellen, um die von den Stromrichtern stammenden hochfrequenten Störungen stark zu dämpfen.
Störungen können bei Transformatoren durch induktive und kapazitive Kopplung zwischen Ober-und Unterspannungswicklung übertragen werden.
Das magnetische Feld eines Transformators ist bei Leerlauf gegenüber dem Lastfeld vernachlässigbar klein. Daher ist der zeitliche Verlauf des Streufeldes ziemlich genau proportional dem Verlauf des Laststromes einschließlich aller Oberwellen-Anteile. Es ändert sich in den Öffnungen der Spulen etwa umgekehrt proportional mit dem Quadrat des Abstandes (proportional $1/R^2$). In größerem Abstand nimmt die Streuinduktion schneller ab als mit $1/R^2$, wobei der theoretische Wert $1/R^3$ beträgt.

Störungen im höheren Frequenzbereich werden jedoch vor allem durch kapazitive Kopplung übertragen. Daher gilt es bezüglich HF-dämpfender Eigenschaften, die Kapazität des Transformators nachhaltig zu verkleinern.
Aus diesen Zusammenhängen resultieren folgende Maßnahmen zur Übertragungs-Dämpfung hochfrequenter Störungen, deren Wirksamkeit durch entsprechende Messungen und im praktischen Betrieb nachgewiesen wurden [3]:

a) Zwischen Ober- und Unterspannungswicklung werden eine oder zwei Schirmwicklungen angeordnet. Diese Hilfswicklungen sollten aus massivem Kupfer-Blech bestehen, mindestens dieselbe Höhe wie die Spulen haben, isoliert-überlappend ausgeführt und großflächig, niederohmig geerdet sein. Die beste Wirkung wird erzielt, wenn sich die Schirmwicklungen nahe der oberwellenbehafteten Spule befinden.
b) Ober- und Unterspannungswicklungen werden mit besonders großem Abstand zueinander ausgeführt. Dies gelingt besonders gut mit Gießharz-Transformatoren, bei denen die Oberspannungs- und die Unterspannungs-Spule jeweils für sich in Gießharz eingegossen werden und daher feste zylindrische Spulenkörper bilden, die bei zentrischer Anordnung einen Abstand von 30mm oder mehr bilden können.
c) Der Transformator wird mit einem Gehäuse versehen, dessen Bleche guten kontakt zueinander haben, um eine möglichst gute HF-Dichtigkeit zu erreichen.

Abb.4 zeigt den typischen Verlauf der hochfrequenten Einfügungsdämpfung eines Transformators mit HF-Eigenschaften [3]. Es ist zu erkennen, daß die genannten Maßnahmen bei richtiger Dimensionierung eine erhebliche Dämpfung bewirken, deren Größe im Frequenzbereich 50kHz bis 50MHz bei bis zu 60dB liegt.

3.5 Duplex-Drosseln

1983 wurden erstmals Duplex-Drosseln auf Schiffen mit Stromrichter-Fahranlagen erfolgreich erprobt. Seitdem haben sie sich außerordentlich bewährt und gehören bei bestimmter Netz-Konfiguration zur Standardanwendung. Dabei wird anstelle der üblichen Kommutierungs-Drossel die Duplex-Drossel mit zwei voneinander getrennten Wicklungen eingesetzt. Die Primär-Spule dient als Kommutierungs-Reaktanz. In der Sekundär-Spule, magnetisch antiparallel zur Primärseite geschaltet, wird eine den stromrichter-typischen Spannungsverzerrungen ent-

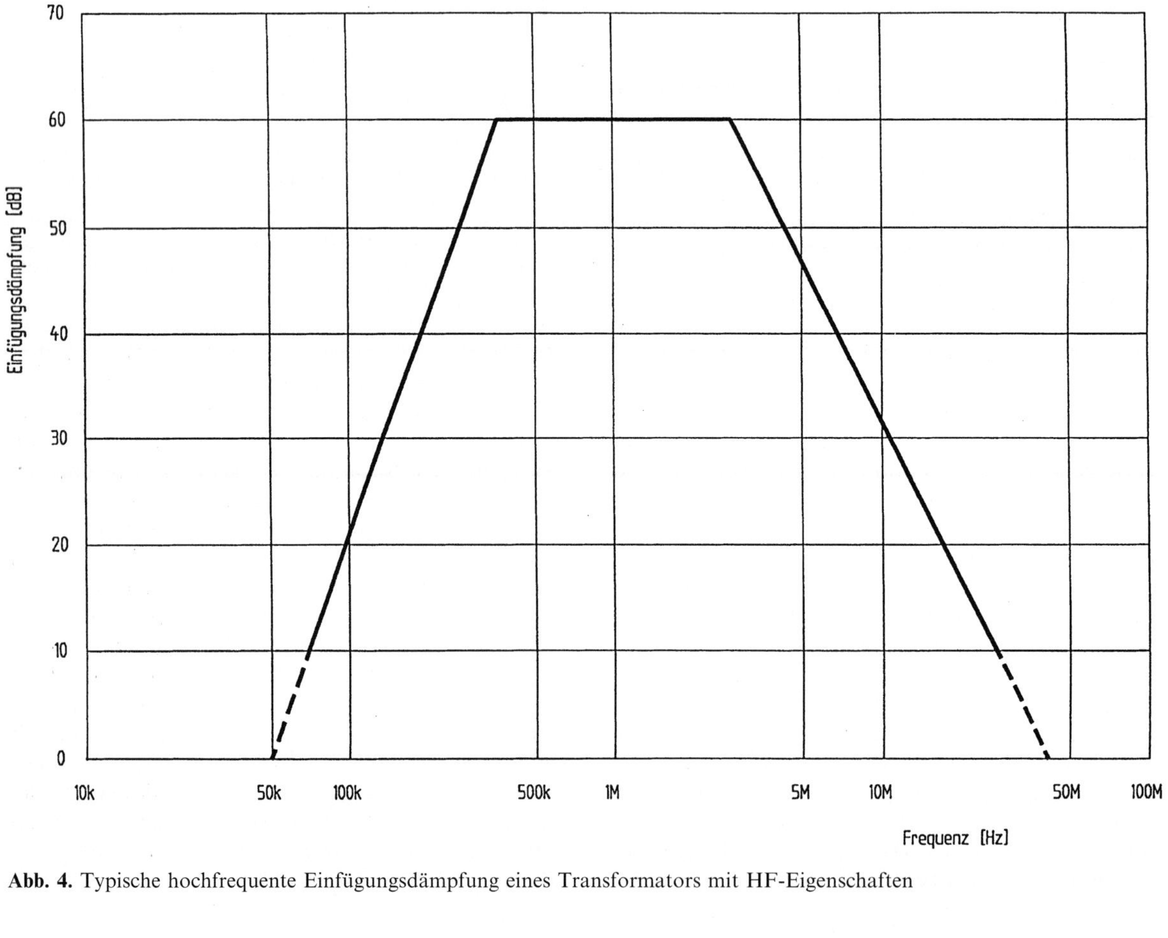

Abb. 4. Typische hochfrequente Einfügungsdämpfung eines Transformators mit HF-Eigenschaften

gegengesetzte und nahezu gleichgroße Spannung induziert [4]. Gespeist aus dem oberschwingungsbehafteten Fahrnetz liefert diese Ausgleichswicklung ein oberschwingungsarmes Bordnetz mit deutlich reduzierten Störungen.
Im Vergleich zum Transformator sind die gewünschten Übertragungs-Eigenschaften im HF-Bereich gerade entgegengesetzt: Die magnetische Kopplung soll auch im Funkstörbereich gut sein durch vollständige Durchflutung beider Wicklungen: Der Koppelfaktor bisher eingesetzter Duplex-Drosseln war 0,97 bis 0,99. Außerdem soll die Kapazität der Spulen möglichst groß sein. Dies wird dadurch erreicht, daß Primär- und Sekundär-Wicklung ohne Abstand zueinander unmittelbar übereinander gewickelt werden.
Leider zeigten die bisher eingesetzten Duplex-Drosseln nur geringe kompensierende Wirkung im HF-Bereich.

3.6 HF-Filter

Ziel des Einsatzes von HF-Filtern ist es, die Ausbreitung von leitungsgeführten Störungen zu reduzieren und gleichzeitig durch Veränderung der Impedanzverhältnisse die Störungen auf kürzestem Wege der Quelle wieder zuzuführen. Dabei können Entstör-Kondensatoren in Verbindungen mit Längs-Drosseln zu sehr effektiven Lösungen führen. Allerdings ist es unwirtschaftlich, die Filter direkt am Stromrichter anzuordnen und den gesamten Stromrichter-Strom damit zu beaufschlagen. Daher werden Filter gegebenenfalls einzelnen sensitiven Verbrauchern oder Verbraucher-Gruppen zugeordnet und sinnvollerweise auch auf diese Verbraucher abgestimmt.
Die Auslegung von Filtern setzt genaue Kenntnisse der frequenzabhängigen Störschwellen voraus, die naturgemäß nur dem Lieferanten der in Frage kommenden Geräte bekannt sind. Daher ist es ausschließlich dem Geräte-Lieferanten möglich, sein Gerät entsprechend zu ertüchtigen.
Dies würde auch dem Geist der EMV-Richtlinien des Germanischen Lloyd entsprechen, in denen das Verhältnismäßigkeits-Prinzip vertreten wird: Danach sollten geringe Emissionen einer Störquelle, aber auch die Störfestigkeit von Störsenken schon bei der Entwicklung und Herstellung der Geräte berücksichtigt werden [5].
Der Einsatz von Filtern ist jedoch nicht ganz unproblematisch: Parallele Filter können Resonanz-Erscheinungen hervorrufen und so zu unbefriedigenden Ergebnissen oder sogar zu Überhöhungen der Störpegel führen. Da jedoch Filter vor funktionskritischen Verbrauchern immer parallel aus dem Netz gespeist werden, sollten diese möglichst sparsam eingesetzt werden.

3.7 Kommutierungs-Reaktanz

Stromrichter erzeugen vor allem auf Grund des Kommutierungsvorganges und des sogenannten „Trägerstau-Effektes" mit hoher Stromanstiegs- und -abfallgeschwindigkeit intensive Störungen. Dabei entstehen an den Kommutierungs-Reaktanzen und an den im Kommutierungskreis vorhandenen Resonanzkreisen Spanungsspitzen mit großer Steilheit und infolgedessen mit hohen spektralen Anteilen, die zum Beispiel bei einem 6-pulsigen Stromrichter bis etwa 30MHz reicht.
Kommutierungs-Reaktanzen für Stromrichter-Antriebe werden üblicherweise nur für den reinen Kommutierungsvorgang ausgelegt und haben auf Grund ihres Frequenzganges im HF-Bereich nur noch geringe induktive Eigenschaften. Sie wirken daher bei höheren Frequenzen kaum noch dämpfend und reduzieren die Störungen nicht ausreichend.
Bessere HF-Eigenschaften hätten toroidförmige Luft-Drosseln mit höherer Eigen-Resonanz, geringerer Windungskapazität und geringeren Streufeldern als üblich Kommutierungs-Drosseln mit Eisenkern. Luft-Drosseln werden jedoch aus wirtschaftlichen Gründen und wegen des größeren Platzbedarfs kaum eingesetzt.

3.8 Geschirmte Kabel

Auf fast allen Schiffen werden Netze als einfache Strahlennetze ausgeführt. Dabei werden Generatoren und Verbraucher an ein gemeinsames Hauptsammelschienen-System angeschlossen, das damit zum gemeinsamen Knotenpunkt wird. Von hier aus verteilen sich die Zu- und Ableitungen zu Generatoren und Verbrauchern strahlenförmig über das gesamte Schiff. Größere Verbraucher werden meist über Einzelabgänge gespeist, während kleinere Verbraucher in Unterverteilungen zusammengefaßt werden. Aus bestimmten Gründen werden Netze vereinzelt als einfach oder sogar mehrfach geteilte Strahlennetze ausgeführt.
Aufgrund dieser Netz-Konfiguration werden auch leitungsgeführte Störungen von den vorhandenen Störquellen strahlenförmig zu den Störsenken geleitet, wobei die bereits genannten Maßnahmen für eine ausreichende galvanische Entkopplung sorgen. Zusätzlich muß jedoch verhindert werden, daß die Abstrahlung von Störenergie aus dem oberwellenbehafteten Kabelnetz an die Umgebung erfolgt und so auf benachbarte Kabel oder sensitive Verbraucher einwirkt. Auch dürfen umgekehrt keine Störungen auf die Kabel gekoppelt werden.
Dies verhindert üblicherweise die konsequente Schirmung aller Kabel, die aus den Störquellen eingespeist werden und die empfindliche Verbraucher beeinflussen können. Bei Steuerkabeln werden geschirmte Kabel mit zusätzlich verdrillten Adern eingesetzt. Dabei muß der Schirm beidseitig großflächig, also niederohmig, mit dem Erdpotential verbunden werden.
Zusätzliche Maßnahmen sind die Verlegung der Kabel auf getrennten Kabelbahnen entsprechend den verschiedenen Netz-Kategorien sowie die räumliche Trennung von Leistungs- und Signalkabel.

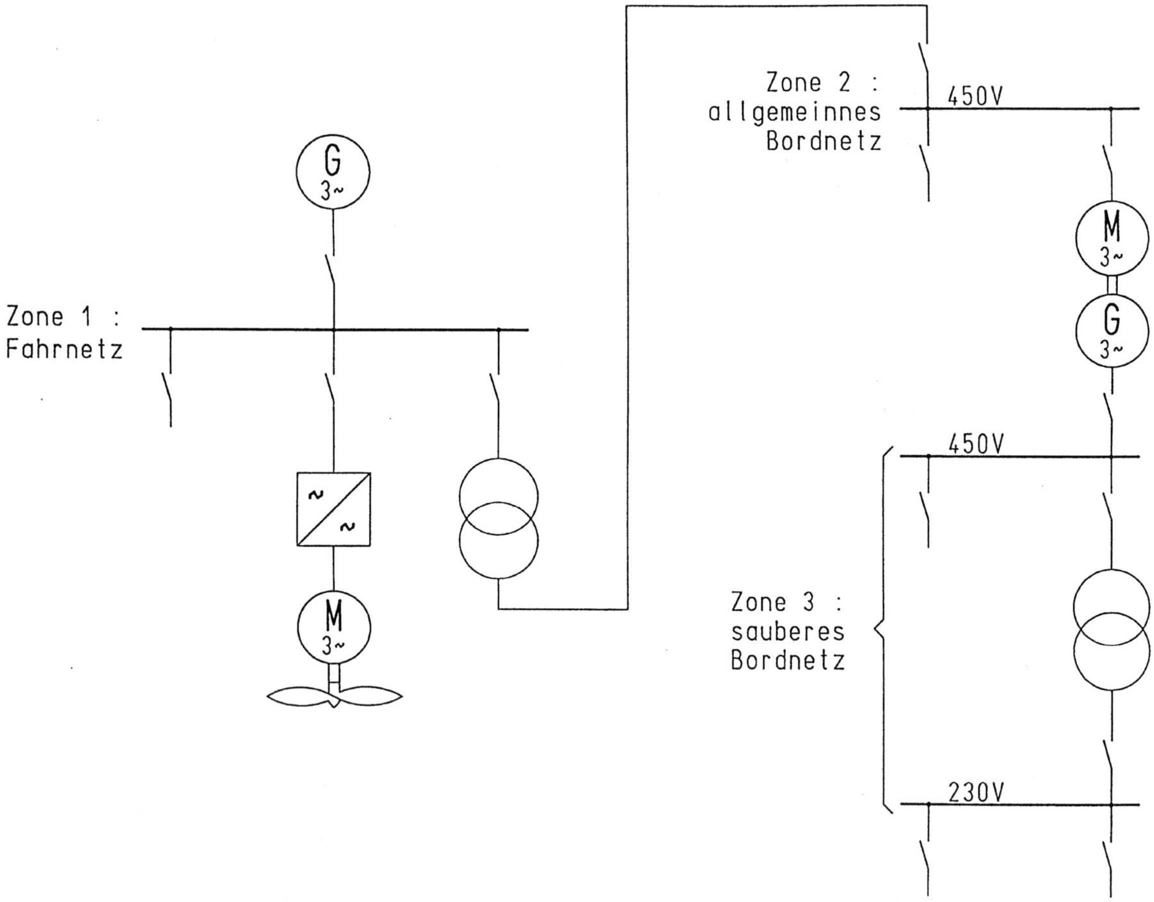

Abb. 5. Netz-Zonen auf Schiffen mit stromrichtergespeisten Fahranlagen

4 Zusammenfassung

Sowohl die theoretischen Betrachtungen als auch die Beschreibung der möglichen Netz-Konfigurationen zeigen, daß Verbraucher entsprechend ihrer EMV-Eigenschaften aus verschiedenen Netzen mit differenzierten Störpegeln eingespeist werden sollten.
Entsprechend Abb.5 könnten zumindest 3 verschiede Netz-Zonen gebildet werden:

Zone 1: Das Fahrnetz
mit der Fahranlage, allen anderen großen Stromrichter-Antrieben und sonstigen Antrieben sowie den Generatoren. In dieser Zone gibt es keine besonderen Anforderungen im hochfrequenten Bereich.
Zone 2: Das allgemeine Bordnetz 450V
mit den normalen, meist motorischen Verbrauchern und kleinen Stromrichtern. Dieses Netz wird aus der Zone 1 über Transformatoren eingespeist, der Oberschwingungsgehalt ist besser als in Zone 1.
Zone 3: Das saubere Bordnetz 450V und 230V
mit allen sensitiven Verbrauchern. Dieses Netz kann aus der Zone 2 über rotierende Umformer eingespeist werden und ist daher perfekt entkoppelt von allen Störern.

Elektrische Fahranlagen mit dieser Netz-Konfiguration wurden zum Beispiel auf den beiden bei Finnyards in Rauma gebauten Ro-Ro- und Passagier-Fähren „Robin Hood" und „Nils Dacke" realisiert [6].

Schrifttum

1 Dr. W. Hensel, H.-M. Becker, P. Harms: „Die elektrische Propulsions- und Bordnetzanlage des argentinischen Polar-Eisbrechers 'Almirante Irizar'" in: Schiff & Hafen Nr.8/1979; Seehafen-Verlag, Hamburg.
2 Dr.W. Hensel, R. Swoboda: „Die dieselelektrische Fahranlage des Saclant-Forschungsschiffes 'Alliance' und die Besonderheiten hinsichtlich Körper- und Luftschall" in: Schiff & Hafen Nr. 10/1988; Seehafen-Verlag, Hamburg.
3 P. Harms, P.v.d. Linden: „Sicherstellung der elektromagnetischen Verträglichkeit (EMV) in einem Schiffsnetz mit großen Stromrichterverbrauchern" in: Schiff & Hafen Nr. 11/1983; Seehafen-Verlag, Hamburg.
4 W. Schild „Harmonische Oberschwingungen und Methoden der Kompensation im Bordnetz mit Stromrichtern" in: GL-Technology Nr.1/1991; Germanischer Lloyd, Hamburg.
5 Germanischer Lloyd: „Richtlinien für die elektromagnetische Verträglichkeit elektrischer Betriebsmittel" von August 1989; Germanischer Lloyd, Hamburg.

6 H.-M. Becker: „Elektrische Propulsionsanlagen der 'Robin Hood' und 'Nils Dacke'" in: HANSA Nr. 10/1996; Schiffahrts-Verlag, Hamburg.
7 IEC 533 (Draft): Electromagnetic Compatibility of Electrical and Electronic Installations in Ships, 2nd Edition 1996.
8 IEC 945: Maritime Navigation and Radiocommunication Equipment and Systems – General Requirements, Methods of Testing and required Test Results, 1996.
9 ICE 92-101: Electrical Installations in Ships. Part 101: Definitions and general Requirements, 1993.
10 IEC 92-504: Electrical Installations in Ships. Part 504: Special Features–Control and Instrumentation, 2nd Edition, 1994.
11 DIN ENV 61000-2-2: Elektromagnetische Verträglichkeit Teil 2: Umgebungsbedingungen, Hauptabschnitt 2: Verträglichkeitspegel in öffentlichen Niederspannungsnetzen, DKE 1994.

EMV-Gesetzgebung für die Schiffahrt (EMVG, CE-Zeichen)

EMC Legislation for Ocean Shipping

Dipl.-Ing. **Hartmut Kuhn**
Germanischer Lloyd, Hamburg

Summary. The EMC Directive came into force on 1 January 1996 and applies to all equipment containing electrical or electronic components, unless expressly governed by other EC Directives. In order to be permitted to be placed on the market within the EC, the equipment referred to must be designed such that the generation of electromagnetic disturbances is limited such that other equipment can be operated as intended, and that the equipment itself is adequately resistant to electromagnetic disturbances such as to enable it to be operated as intended. Once the European standards are observed, the protection requirements are complied with and manufacturers or their agents established within the Community may place the equipment on the market without the intervention of a competent body. If these standards are either not or only partly applied or where no relevant European standards exist, the protection requirements are confirmed by the certificate issued by a competent body. In March 1996 Germanischer Lloyd has been accredited as competent body in accordance with the EMC Directive 89/336/EEC by the Bundesamt für Post und Telekommunikation (BAPT) and notified to the Brussels authorities.

Das „Gesetz über die elektromagnetische Verträglichkeit von Geräten (EMVG)" ist die Umsetzung der Richtlinie 89/336/EWG des Rates vom Mai 1989 und ist einer der Bausteine zur Beseitigung von Handelshemmnissen durch Harmonisierung nationaler technischer Vorschriften.

Obwohl das EMVG bereits seit November 1992 besteht, haben sich wegen der bis Ende 1995 parallel bestehenden nationalen Regelungen viele Betroffene erst spät mit diesem Gesetz auseinandergesetzt und dann ihre Schwierigkeiten artikuliert.

Selbst die EG-Kommission hat Kritikpunkte erst nach Inkrafttreten des EMVG geäußert.

Obgleich schon bei der Änderung des Gesetzes im August 1995 bekannt, hat man diese Kritikpunkte aus Zeitgründen zurückgestellt, um zunächst den Vorgaben von EG-Richtlinien zur Änderung der EMV – Richtlinie zu folgen.

Zu den Kritikpunkten gehörten:

- Verlangen nach eindeutigen Definitionen,
- Verzicht auf Angabe der ggf. zutreffenden Grenzwertklasse einer Europäischen Norm,
- Erhöhung der Transparenz für den Käufer durch Angabe von Einschränkungen bereits auf der Verpackung.

Eine Neufassung des Gesetzes, das im Entwurf vom November 1996 vorliegt, wird die zahlreichen Kritikpunkte berücksichtigen.

Das EMVG gilt für alle Geräte, die elektromagnetische Störungen verursachen können oder deren Betrieb durch diese Störungen beeinträchtigt werden kann. Es legt die Schutzanforderungen auf diesem Gebiet sowie die entsprechenden Kontrollmodalitäten fest.

Geräte sind allerdings dann ausgenommen, wenn sie von Einzelrichtlinien, die diesen Aspekt berücksichtigen, erfaßt werden.

Dies trifft für alle Geräte zu, die z.B. der Richtlinie 96/98/EG über Schiffsausrüstung vom Dezember 1996 unterliegen. Das bedeutet, daß u.a. Navigationsgeräte ab dem 1. Januar 1999 nicht mehr der EMV-Richtlinie, sondern der Richtlinie über die Schiffsausrüstung unterliegen und, um die Verwirrung zu komplettieren, statt mit der CE-Kennzeichnung dann mit einem Steuerrad zu versehen sind.

Die Anwendung des EMVG auf „Geräte", d.h. alle elektrischen und elektronischen Apparate, Anlagen und Systeme, die elektrische oder elektronische Bauteile enthalten, schien für den Gesetzgeber zunächst klar formuliert. Doch gerade hier gab es von Anfang an mehrere Schwierigkeiten.
Die erste Schwierigkeit für den Hersteller ist festzustellen, ob sein Produkt per Definition als Gerät im Sinne des EMVG gilt.
Die nächste Schwierigkeit ist das Verfahren des Nachweises der Einhaltung der Schutzanforderungen, sei es für eine elekronische Leiterkarte, einen PC oder eine vor Ort zusammengestellte Anlage.
Hier bestand also Bedarf nach Auslegung der Definition „Gerät", um eine dem vorhandenen breiten Spektrum gerecht werdende Verfahrensweise festzulegen.
Denn, das EMVG gibt vor, daß Geräte so beschaffen sein müssen, daß

1. die Erzeugung elektromagnetischer Störungen so weit begrenzt wird, daß ein bestimmungsgemäßer Betrieb von Funk-und Telekommunukationsgeräten sowie sonstigen Geräten möglich ist und
2. die Geräte eine angemessene Festigkeit gegen elektromagnetische Störungen aufweisen, so daß ein bestimmungsgemäßer Betrieb möglich ist.

Die wesentlichen Schutzanforderungen sind wie folgt festgelegt:
Der Höchstwert der von den Geräten ausgehenden elektromagnetischen Störungen muß so bemessen sein, daß der Betrieb insbesondere folgender Geräte nicht beeinträchtigt wird:

- private Ton- und Fernsehrundfunkempfänger,
- Industrieausrüstung,
- mobile Funkgeräte,
- kommerzielle mobile Funk- und Funktelefongeräte,
- medizinische und wissenschaftliche Apparate und Geräte,
- informationstechnische Geräte,
- Haushaltsgeräte und elektronische Haushaltsausrüstung,
- Funkgeräte für die Luft -und Seeschiffahrt,
- elektronische Unterrichtsgeräte,
- Telekommunikatiosnetze und -geräte,
- Sendegeräte für Ton- und Fernsehfunk,
- Leuchten und Leuchtstofflampen.

Die genannten Geräte müssen so beschaffen sein, daß sie in einem normalen EMV-Umfeld ein angemessenes Störfestigkeitsniveau an ihrem Einsatzort aufweisen, damit sie unter Berücksichtigung der Werte hinsichtlich der Störung, die von den Geräten ausgeht, die den genannten Normen entsprechen, ohne Beeinträchtigung betrieben werden können.
Die für das EMVG zuständige Behörde in Deutschland, das Bundesamt für Post und Telekommunikation (BAPT), untergliederte den Gerätebegriff und legte die Verfahrensweise durch Einzelvorschriften fest. Diese werden in der Neufassung des EMVG entsprechend berücksichtigt.

1. Geräte sind auch elektrische oder elektronische *Bauteile* mit direkter Funktion, die einzeln als eine Einheit in den Verkehr gebracht werden. Unter einer direkten Funktion von Bauteilen ist jede Funktion zu verstehen, die die Bedürfnisse eines Endbenutzers erfüllt und von diesem ohne weitere Anpassung direkt genutzt werden kann, ausgenommen eventuell notwendige Anschlüsse zur Stromversorgung oder zum Austausch von Signalen.
Beispiele: Thermostate, elektronische Karten, elektromechanische Bauteile (Elektromotore, Relais, Generatoren, Drehspulinstrumente)
Verfahren: – Einhaltung der Schutzanforderungen
– Konformitätserklärung
– CE-Kennzeichnung
2. Ein *Apparat* ist ein Endprodukt mit einer eigenen Funktion. Er besitzt ein eigenes Gehäuse und gegebenenfalls für Endbenutzer gebräuchliche Anschlüsse.
Beispiel: Monitore, Drucker, Tuner, Verstärker
Verfahren: – Einhaltung der Schutzanforderungen
– Konformitätserklärung
– CE-Kennzeichnung
3. Ein *System* ist eine funktionelle Einheit von Apparaten, die so entwickelt und hergestellt wurden, daß sie miteinander eine bestimmte Aufgabe erfüllen. Ein System wird als eine funktionelle Einheit in den Verkehr gebracht.
Beispiel: Personalcomputer mit Monitor, Tastatur und Drucker, der für einen gemeinsamen Betrieb ausgelegt ist und gemeinsam in Verkehr gebracht wird.
Verfahren: – Einhaltung der Schutzanforderungen
– Konformitästerklärung
– CE-Kennzeichnung
4. Eine *Anlage* ist eine Zusammenschaltung von Apparaten, Systemen oder Bauteilen zu einem bestimmten Zweck an einem gegebenen Ort.
Beispiel: Schaltschränke, die für einen bestimmten Betriebsort kundenspezifisch bestückt werden
Verfahren: – Einhaltung der Schutzanforderungen
– keine Konformitätserklärung
– keine CE-Kennzeichnung
– bei Verwendung von Apparaten, Systemen oder Bauteilen *mit* CE-Kennzeichnung:
Einhaltung der Anweisungen und Hinweise des Herstellers und der allgemein anerkannten Regeln der Technik
– bei Verwendung von Apparaten, Systemen oder Bauteile *ohne* CE-Kennzeichnung:
1. Einhaltung der Anweisungen und Hinweise des Herstellers und der allgemein anerkannten Regeln der Technik
2. Errichtung durch auf dem Gebiet der EMV fachkundigen Betrieben

3. Übergabe der technischen Dokumentation des Herstellers an den Betreiber bei Inbetriebnahme

5. Ein *Netz* ist eine Zusammenfassung von mehreren lokalen, regionalen oder überregionalen Übertragungsstrecken, die an einzelnen Punkten elektrisch oder optisch mittels einer Anlage, eines Systems, eines Apparates oder eines Bauteils verbunden sind.
Verfahren: wie für Anlagen

6. *Elementare Bauteile,* wie Widerstände, Kondensatoren, Dioden, Transistoren, IC's, Thermoelemente, galvanische Elemente, etc. sowie Apparate, Systeme und Bauteile mit direkter Funktion, die ausschließlich als *Zulieferteile* oder *Ersatzteile* zur Weiterverarbeitung durch auf dem Gebiet der elektromagnetischen Verträglichkeit fachkundige Betriebe hergestellt und bestimmt sind.
Verfahren:
- Einhaltung der Schutzanforderungen nicht erforderlich
- keine Konformitätserklärung
- keine CE-Kennzeichnung
- das betriebsfertige Gerät muß den Bestimmungen des Gesetzes genügen

Damit ist für den Hersteller eine faßbare Begriffs- und Verfahrensklärung erfolgt und eine einheitliche Anwendung des Gesetzes sichergestellt.
Im weiteren wäre nun zu klären, ob einschlägige harmonisierte Normen, die von der EG-Kommission anerkannt und im Amtsblatt der EG veröffentlicht worden sind, existieren. Ist dies der Fall und hat der Hersteller diese Normen vollständig angewendet, kann er die Konformität erklären und die CE-Kennzeichnung anbringen. Das Produkt kann in den Verkehr gebracht werden.
Hierbei ist nach EMVG:

„Hersteller" derjenige (natürliche oder juristische Person), der für den Entwurf und die Fertigung eines der EMV-Richtlinie unterliegenden Produktes verantwortlich ist oder aus bereits gefertigten Endprodukten ein neues Produkt erstellt oder ein Produkt verändert, umbaut oder anpaßt.
„Inverkehrbringen" das erstmalige entgeltliche oder unentgeltliche Bereitstellen eines der EMV-Richtlinie unterliegenden Gerätes im gemeinschaftlichen Markt zum Zwecke seines Vertriebs oder seines Betriebs auf dem Gebiet der Gemeinschaft.
Das Inverkehrbringen kann auch durch einen vom Hersteller in der Gemeinschaft niedergelassenen Bevollmächtigten oder durch einen in der Gemeinschaft niedergelassenen Importeur erfolgen.

Hat der Hersteller die harmonisierten Normen nicht oder nur teilweise angewandt oder sind keine Normen vorhanden, muß zur Ausstellung der Konformitätserklärung eine sogenannte zuständige Stelle eingeschaltet werden. Diese verfaßt einen technischen Bericht und/oder stellt eine Bescheinigung über die Einhaltung der Schutzanforderungen aus. Der technische Bericht und/oder die Bescheinigung ist Bestandteil der Dokumentation, die zusammen mit der EG-Konformitätserklärung für die Dauer von zehn Jahren nach Inverkehrbringen der Geräte für die Regulierungsbehörden (in Deutschland das BAPT) zur Verfügung zu halten sind. Derzeit sind in Deutschland mehr als zwanzig zuständige Stellen durch die zuständige Behörde BAPT akkreditiert. Darüber hinaus gibt es zahlreiche akkreditierte EMV-Labore. Der Germanische Lloyd ist seit März 1996 zuständige Stelle gemäß EMV-Richtlinie. Die Aufgaben werden in der Abteilung Elektrotechnik wahrgenommen.
EMV-Prüfungen müssen nicht zwangsläufig in akkreditierten Laboren vorgenommen werden. Wird eine zuständige Stelle in ein Konformitätsverfahren eingeschaltet, kann auch in nicht akkreditierten Laboren geprüft werden. Dafür wird von der zuständigen Stelle das Labor einer Bewertung auf der Grundlage der für die Akkreditierung von Laboren anzuwendende Verfahren unterzogen.
Für die beim Germanischen Lloyd baumustergeprüften elektrotechnischen und elektronischen Erzeugnisse heißt dies, daß aufgrund des Umfangs der absolvierten EMV-Prüfungen die Konformität hinsichtlich der Störfestigkeit nachgewiesen ist. Mit der Neuausgabe der Richtlinien über die Baumusterprüfung, Teil 1 wird auch der Teil der Störaustrahlung Prüfbestandteil der GL-Baumusterprüfung sein, so daß dann die Konformität uneingeschränkt erklärt werden kann.
Die EG-Konformitätserklärung muß folgendes enthalten:

1. die Beschreibung des betreffenden Gerätes oder der betreffenden Geräte,
2. die Fundstelle der Spezifikationen, in bezug auf die die Übereinstimmung erklärt wird, sowie ggfs. unternehmensinterne Maßnahmen, mit denen die Übereinstimmung der Geräte mit den Vorschriften der Richtlinie sichergestellt wird,
3. die Angabe des Unterzeichners, der für den Hersteller oder seinen Bevollmächtigten rechtsverbindlich unterzeichnen kann,
4. ggfs. Bescheinigung einer zuständigen Stelle bzw. EG-Baumusterprüfbescheinigung.

Die Anwendung der einschlägigen harmonisierten europäischen Normen begründet die Konformitätsvermutung. Voraussetzung dafür ist, daß die Fundstelle der betreffenden Norm im Amtsblatt der EG veröffentlicht wurde. Hersteller oder Importeure sind nicht verpflichtet, diese Normen anzuwenden, müssen dann aber bei der Konformitätsbewertung eine zuständige Stelle beteiligen.
Bei den Normen wird zwischen sogenannten Fachgrundnormen (generic standards) und Produktnormen unterschieden. Fachgrundnormen werden für verschiedene Kategorien von elektrischen und elektronischen Geräten erstellt. So gibt es einerseits Fachgrundnormen für den „Wohnbereich, Geschäfts- und Gewerbebereich und Kleinbetriebe" und ande-

rerseits für den „Industriebereich". Der Grund für die Differenzierung liegt in den unterschiedlichen Schutzanforderungen.
Produktnormen haben immer Vorrang vor Fachgrundnormen. Fachgrundnormen sind aber stets anwendbar, wenn es keine Produktnormen für ein konkretes Gerät gibt.
Die Fachgrundnormen und die Produkt- oder Produktfamiliennormen beziehen sich häufig hinsichtlich der Störaussendung und der Störfestigkeit auf vorhandene Normenreihen, die von den Technischen Komitees (TC) der Internationalen Elektrotechnischen Kommission (IEC) oder vom Internationalen Sonderausschuß für Funkstörungen (CISPR) erarbeitet und in die europäische Normenreihe übernommen wurden.
Die Normen können sich in bezug auf Störfestigkeit bei Wahl der Normenreihe IEC 1000-4 (EN 61000-4) im geforderten Prüfschärfegrad und im gewählten Bewertungskriterium unterschieden.
Folgende Störfestigkeitsnormen gehören i.a. zum Prüfumfang:

1. EN 61000-4-2: Störfestigkeit gegen elektrostatische Entladung
2. EN 61000-4-3: Störfestigkeit gegen elektromagnetische Felder
3. EN 61000-4-4: Störfestigkeit gegen schnelle Transienten (Burst)
4. EN 61000-4-5: Störfestigkeit gegen Stoßspannungen (Surge)
5. EN 61000-4-6: Störfestigkeit gegen leitungsgebundene Hochfrequenzstörungen.

In diesen Standards werden bis zu fünf Prüfschärfegrade ausgewiesen, die nach den Installationsbedingungen und den elektrischen bzw. elektromagnetischen Umgebungsbedingungen unterschieden werden.
Die Bewertung erfolgt über die folgenden Leistungskriterien:
Leistungskriterium A
Der Prüfling muß während und nach Ende der Prüfung wie vorgesehen weiterarbeiten. Weder eine Leistungsminderung noch ein Funktionsverlust, wie in der einschlägigen Gerätenorm oder in den vom Hersteller herausgegebenen technischen Kennwerten definiert, sind gestattet.
Leistungskriterium B
Der Prüfling muß nach Beendigung der Prüfung wie vorgesehen arbeiten. Weder eine Leistungsminderung noch ein Funktionsverlust, wie in der einschlägigen Gerätenorm oder in den vom Hersteller herausgegebenen technischen Kennwerten definiert, sind gestattet. Während der Prüfung ist jedoch eine Minderung oder Verlust der Funktion oder der Leistungswerte, die sich von selbst requenzieren können, gestattet, eine Änderung des eingestellten Betriebszustandes oder der gespeicherten Daten ist jedoch nicht erlaubt.
Leistungskriterium C
Während und nach der Prüfung ist zeitweise eine Minderung oder Verlust der Funktion oder Leistungswerte erlaubt, vorausgesetzt, sie kehren von selbst wieder zurück oder können durch Betätigung der Bedienelemente, wie in der einschlägigen Gerätenorm oder in den vom Hersteller herausgegebenen technischen Kennwerten definiert, wieder eingestellt werden.
Folgende CISPR-Normen, die Anwendung bei Geräten auf Schiffen finden können, sind harmonisiert:

1. EN 55011: Grenzwerte und Meßmethode für Funkstörungen von industriellen, wissenschaftlichen und medizinischen Hochfrequenzgeräten (ISM)
2. EN 55013: Grenzwerte und Meßmethoden für die Funkstöreigenschaften von Rundfunkempfängern und angeschlossenen Geräten
3. EN 55014: Grenzwerte und Meßverfahren für Funkstörungen von Geräten mit elektromotorischem Antrieb und Elektrowärmegeräten für den Hausgebrauch und ähnliche Zwecke, Elektrowerkzeugen und ähnlichen Elektrogeräten
4. EN 55015: Grenzwerte und Meßverfahren für Funkstörungen von elektrischen Beleuchtungseinrichtungen und ähnlichen Elektrogeräten
5. EN 55020: Störfestigkeit von Rundfunkempfängern und angeschlossenen Geräten
6. EN 55022: Grenzwerte und Meßverfahren für Funkstörungen von informationstechnischen Einrichtungen

Eine Produktfamiliennorm für Schiffe, die im Amtsblatt der EG veröffentlicht wurde, ist die IEC 945 (EN 60945) Navigations- und Funkkommunikationsgeräte und -systeme für die Seeschiffahrt – Allgemeine Anforderungen; Prüfverfahren und geforderte „Prüfergebnisse". Erst mit der dritten Ausgabe vom November 1996 wurde der Anwendungsbereich von Schiffsnavigationsgeräten und Schiffsfunkgeräten gemäß GMDSS auf 'alle anderen auf der Brücke und dem Deck montierten Geräte, Geräte in unmittelbarer Nähe von Empfangsantennen und Geräte, welche die Sicherheit der Schiffsnavigation und der Funkübertragung beeinflussen können', erweitert. Damit griff die IEC 945 über den bisherigen Geltungsbereich hinaus und wesentlich in den Anwendungsbereich der IEC 533 „Elektromagnetische Verträglichkeit von elektrischen und elektronischen Einrichtungen auf Schiffen und auf beweglichen und festen Offshore-Bohreinheiten", die derzeit gerade überarbeitet wird, ein.
Da die Internationale Seeschiffahrtsorganisation (IMO) in bezug auf EMV für die verschiedenen Ausrüstungsgegenstände auf beide Standards verweist, war der Geltungsbereich zwischen den zuständigen Technischen Komitees neu abzustimmen. Für die IEC 945 bestand man auf den enthaltenen

Anwendungsbereich, weil für das Nebeneinander von „klassichen" Brückengeräten und elektrotechnischen Geräten gleiche Anforderungen für notwendig erachtet wurden. Dieses würde sich auch mit den Schutzanforderungen der EMV-Richtlinie decken.
Da eine Abgrenzung des Anwendungsbereiches für die beiden IEC-Standards letztendlich nicht zustande kam, wird die IEC 533 in der überarbeiteten Fassung beim bisher vorhandenen Anwendungsbereich bleiben. Bei den auf dem freien Deck installierten Geräten und Geräten im Bereich der Energieerzeugung/-verteilung wird allerdings bei der zulässigen Störaussendung unterschieden werden. Die Festlegungen für die Störaussendung von Geräten auf dem freien Deck sind mit denen der IEC 945 harmonisiert.
Elektrotechnische Geräte fallen auf jeden Fall in den Anwendungsbereich der IEC 533. Wie eingangs bereits erwähnt, gilt die EMV-Richtlinie nicht für Geräte, die der Richtlinie für Schiffsausrüstung unterliegen. Dies betrifft Ausrüstungsgegenstände der folgenden Bereiche:

1. Rettungsmittel und -vorrichtungen
2. Meeresverschmutzung
3. Brandschutz
4. Navigationsausrüstung
5. Funkanlagen

Ausrüstungsgegenstände, die nach dem 1. Januar 1999 auf einem Gemeinschaftsschiff eingesetzt werden, müssen den Anforderungen der Richtlinie entsprechen.
Die Richtlinie hat das Ziel, die Sicherheit durch eine einheitliche Anwendung internationaler Anforderungen zu erhöhen und den freien Warenverkehr innerhalb der Gemeinschaft durch gegenseitige Anerkennung der Zulassungen zu gewährleisten.
Die Gegenstände werden einem Konformitätsbewertungverfahren unterzogen, d.h. eine EG-Baumusterprüfbescheinigung wird erforderlich.
Ein Ausrüstungsgegenstand, der mit der vorgeschriebenen Kennzeichnung versehen ist, kann auf jedem Gemeinschaftsschiff eingesetzt werden. Die Mitgliedsstaaten können die Verwendung nicht verbieten oder die Ausstellung oder Verlängerung von Sicherheitszeugnissen hierfür verweigern.

Schrifttum

H. Berghaus/D. Langner: Das CE-Zeichen, Carl Hanser Verlag München Wien, 1995

EMV – Anforderungen und Prüfungen an Geräten

EMC Requirements and Methods of Equipment Testing

Dipl.-Ing. **Peter Harms**
PHC Peter Harms Consulting Ingenieubüro für EMV EMC, Hamburg

Gottfried Feyand
ESW-Extel Systems Wedel, EMV-Zentrum, Wedel

Summary. The following contribution provides a specification of EMC requirements and necessary test methods for equipment. The term „equipment" is defined by the German EMC law (also valid for ships) and covers all electrical and electronic apparatus, systems and subsystems which contains electrical and electronic parts. As this term is too unclear it is necessary to explain the terms „system", „subsystem" and equipment in a more specific manner.
Whereas test methods for systems are not yet defined test procedures for equipment are existing.
First of all the protection requirements for systems and subsystems as per European EMC directive and the German EMC law are treated and subsequently a selected number of test methods for equipment given by the product family standards for ships are presented.

Einleitung

Dieser Beitrag soll sich mit den Anforderungen an die EMV von Geräten und den erforderlichen Prüfungen und Nachweisen befassen. Nach dem auch für Schiffe geltenden EMVG sind Geräte alle elekrischen oder elektronischen Apparate, Systeme und Anlagen, die elektrische und/oder elektronische Bauteile enthalten. Dieser Begriff ist sehr pauschal und bedarf im Sinne

dieses Beitrages einer weiteren Erklärung und Unterteilung in „System", „Anlage" und „Gerät".
Unter *System* versteht man mehrere zu einem bestimmten Zweck miteinander verbundenen Geräte und Anlagen, die für einen gemeinsamen Betrieb ausgelegt sind und als einziges Produkt in Verkehr gebracht werden sollen. In diesem Sinne ist ein Schiff als Gesamt-System anzusehen.
Im Sinne der EMC-Direktive ist die *Anlage* definiert als eine Kombination von Geräten, Einrichtungen und/oder Teilen, zusammengestellt und/oder errichtet von einer Fachfirma an einem bestimmten Ort mit bestimmten Einsatzbedingungen zur Erfüllung einer bestimmten Aufgabe. Der Übergang von der Anlage zum System ist fließend.
Ein *Gerät* ist eine technische Einrichtung zur Erfüllung einer vorgeschriebenen Funktion, die eine Anzahl untergeordneter Einheiten mechanisch und elektrisch zusammenfaßt. Geräte und zum Teil auch Anlagen werden in der neuen Schiffsausrüstungsrichtlinie der EU als „Ausrüstung" bezeichnet.
Während für Systeme und große Anlagen mit hohem Integrationsgrad verbindliche Prüfnormen derzeit noch nicht verfügbar sind, existieren für Geräte bereits einheitliche Festlegungen.
Zunächst soll auf die Problematik der Prüfungen von Systemen und Anlagen kurz eingegangen werden. Nachfolgend wird dann eine Auswahl von EMV-Prüfungen an Geräten nach den Produktfamiliennormen für den Schiffbau behandelt.

2 Prüfungen von Systemen und Anlagen

Um dem Schutzziel der EMC-Richtlinie der EU bzw. dem EMV-Gesetz gerecht zu werden, sollen alle Einrichtungen, die elektromagnetische Störungen verursachen können, so konstruiert werden, daß sie andere empfindliche Geräte in ihrer Umgebung nicht beeinflussen. Andererseits müssen empfindliche Einrichtungen ausreichend störfest gegenüber den Störaussendungen von Geräten aus der Umgebung sein. Allgemein stellt sich die Frage der Nachweise.
Diese Aufgabe ist bei den komplexen Anlagen, die an ihren äußeren Schnittstellen ebenfalls die Schutzziele erfüllen müssen, in der Regel sehr problematisch.
Bei Einzelanlagen mit einer geringen räumlichen Ausdehnung (vgl. Abb.1) kann dies noch mit einem gewissen Aufwand realisiert werden, vor allem, wenn die Komponenten dieser Anlage in einem EMV-Labor aufgebaut und die Betriebsbedingungen simuliert werden können.
Prüfungen an den äußeren Schnittstellen ausgedehnter Anlagen (Systeme), die z.B. aus einer Zentraleinheit und mehreren peripheren Komponenten bestehen und die in den verschiedenen Bereichen des Schiffes installiert werden, (z.B. intergriertes schiffstechnisches Leitsystem, vgl. Abb.2), sind dagegen

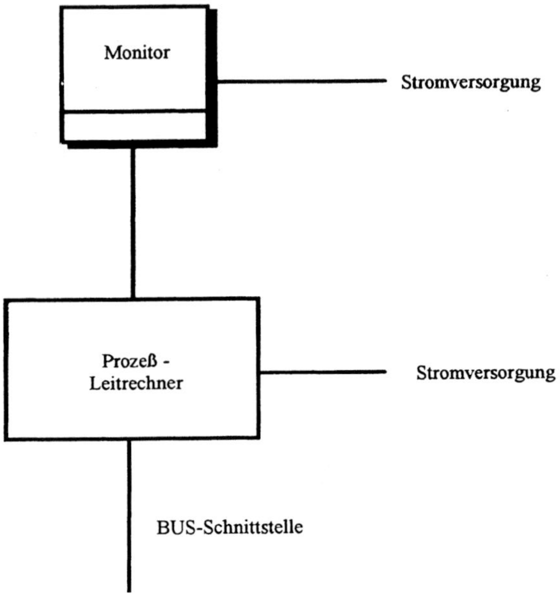

Abb. 1. Einzelanlage bestehend aus: Prozeßleitrechner mit Monitor und BUS-Schnittstelle

unter simulierten Betriebsbedingungen in einem EMV-Labor praktisch nicht möglich. Nach dem EMV-Gesetz ist in diesem Fall auch keine EG-Konformitätserklärung erforderlich. Dennoch ist der Errichter der Anlage für die Einhaltung der Schutzziele verantwortlich. Die Frage ist nur, wie er dieser Verantwortung gerecht wird und welche Möglichkeiten der Nachprüfung er hat. Hierzu soll auf zwei Gesichtspunkte hingewiesen werden:

1. alle Einzelanlagen bzw. Komponenten der Anlage erfüllen je für sich die EMV-Geräteanforderungen, nachgewiesen in einer Prüfung unter simulierten Betriebsbedingungen. Die Anlage wird im Gesamt-System von Fachleuten mit EMV-Erfahrung unter Berücksichtigung der Installationshinweise der Komponentenhersteller errichtet.
Die Vermutung gilt, daß die unter diesen Voraussetzungen Installierte Anlage die Schutzziele erfüllt. Hierbei wird jedoch vorausgesetzt, daß innerhalb der Anlage nicht neue Störeffekte, z.B. durch Interferenzen und Resonanzen, entstehen.
2. Durchführung einer sog. Zuschaltprüfung (stufenweise Inbetriebnahme von Anlagen oder Geräten) in einer betriebsfertigen Umgebung und einer Eignungsprüfung durch eine qualifizierte Person, die in Form eines Prüfberichtes bestätigt, daß die Anlage den gestellten Leistungsanforderungen entspricht. Messungen werden nur in Ausnahmefällen durchgeführt.

Wie dagegen die einzelnen Komponenten (Geräte) zu prüfen sind, ist in den Schiffbau-Normen IEC 60533 bzw. IEC 60945 unter dem Kapitel „EMV-Geräteprüfungen" festgelegt. Einzelheiten für eine Auswahl der geforderten Prüfungen (Tabelle 1) sind den folgenden Ausführungen zu entnehmen.

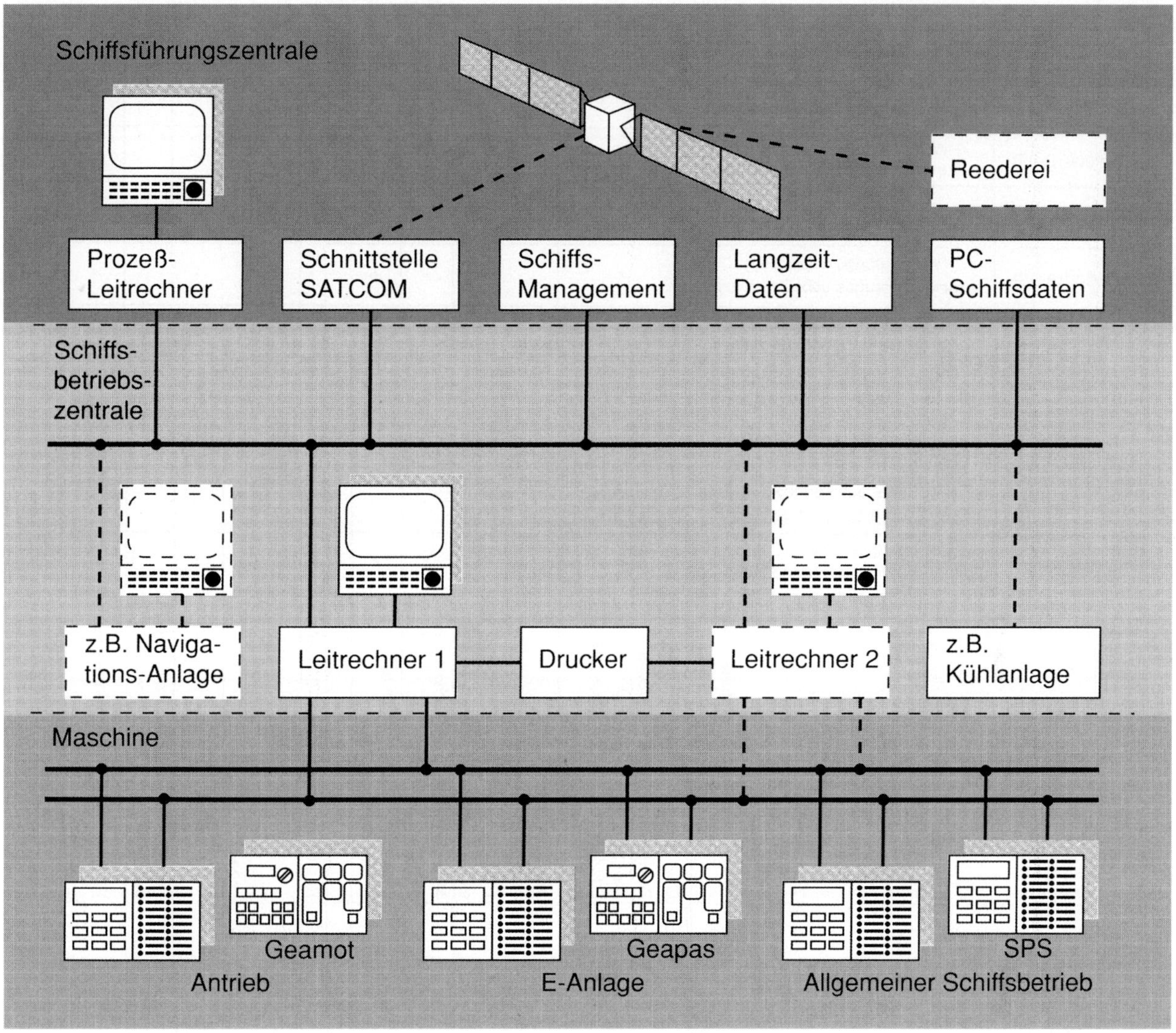

Abb. 2. Integriertes schiffstechnisches Leitsystem, Anlagenkonfiguration (Systemkonfiguration) mit Einzelanlagen bzw. Komponenten (Unterstationen), Quelle: STN ATLAS Marine Electronics

3 Prüfungen an Geräten

Die vorgenannte Auswahl enthält folgende Prüfungen:

- Ermittlung der leitungsgebundenen Störaussendung nach CISPR-16
- Prüfung der Störfestigkeit gegen Entladung statischer Elektrizität nach IEC 61000-4-2
- Prüfung der Störfestigkeit gegen schnelle transiente Störgrößen (Burst-Prüfung) nach IEC 61000-4-4
- Prüfung der Störfestigkeit gegen elektromagnetische Felder nach IEC 61000-4-3

Als Prüfobjekt sei hierbei ein elektronisches Überwachungssystem, bestehend aus dem 19" Einschub, Sensoren, einer Spannungsversorgung sowie Schnittstellenleitungen, angenommen.

Die funktionelle Überwachung wird mit Hilfe eines handelsüblichen PC realisiert. Dieser PC ist als Peripheriegerät (Prüfhilfsmittel) in einer zweiten Meßkabine aufgebaut. Zur Entkopplung sind die Schirme der digitalen Datenleitungen am Kabinendurchtritt niederimpedant mit der Kabinenmasse verbunden. Diese Maßnahme verhindert die Verkopplung von Prüfstörgrößen aus der Absorberhalle in die zweite Meßkabine.

3.1 Ermittlung der leitungsgebundenen Störaussendung nach CISPR-16

Die Normen für Meßverfahren (CISPR-16) gehen davon aus, daß die Aussendung der Störenergie unterhalb von 30 MHz überwiegend auf den ange-

Tabelle 1. EMV Geräteprüfungen

Geräte- und Anlagengruppe	Geräte- und Anlagenbereich	Beispiele für Einrichtungen	typische Geräte, Systeme und Anlagen, Bemerkungen	leitungsgebundene Störaussendung 10 kHz - 30 MHz (CISPR 16-2)	Störstrahlung 150 kHz - 1 GHz Meßabstand = 3 m (CISPR 16-2)	Festigkeit gegen NF-Störgrößen 10% U_{Netz}, 50 Hz - 10 kHz (IEC 60945, IEC 61000-4-16 ?)	Festigkeit gegen Spannungs- und Frequenzschwankungen (IEC 60092-504, IEC 61000-4-11)	Festigkeit gegen Unterbrechung der Versorgungsspannung 60 s (IEC 61000-4-11)	Festigkeit gegen schnelle transiente Störgrößen (Bursts) 2 kV (IEC 61000-4-4)	Festigkeit gegen Stoßspannungen (Surges) 0,5/1 kV (IEC 61000-4-5)	Festigkeit gegen HF-Einkopplung in Leitungen $3V_{eff}$, 10 kHz - 80 MHz (IEC 61000-4-6)	Festigkeit gegen Elektrostatische Entladung (ESD) 6/8 kV (IEC 61000-4-2)	Festigkeit gegen HF - Einstrahlung, 10 V/m, 80 MHz - 2 GHz (IEC 61000-4-3)
A	Funkkommunikation und Funknavigation	Sende- und Empfangsanlagen für den Seefunkdienst und den passiven Seenavigationsfunkdienst sowie interne drahtlose Kommunikationseinrichtungen	GW-, HF-, VHF-, UHF-S/E-Anlagen, Peiler, Omega, Loran-C, Decca-Navigator, GPS-Anlage, NAVTEX-Empfänger, EGC-Empfänger, VHF-, UHF-, L-Band-EPIRB's	x	x	x	x	x	x	x	x	x	x
B	Energieerzeugung und -wandlung	Maschinen	Asynchronmaschinen										
			Synchrongeneratoren und -motoren	x									
			Gleichstrommaschinen	x									
			elektron. ger. und Spezialmaschinen	x	x	x	x	x	x	x	x	x	x
		Elektonische Erregereinrichtungen	AVR: Automatic Voltage Regulator AVR-Zusatzeinrichtungen	x	x	x	x	x	x	x	x	x	x
		Umrichter	Cyclo- und Synchro-Umrichter Puls-Breiten-Umrichter	x	x	x	x	x	x	x	x	x	x
		Transformatoren											
C	Einrichtungen mit Pulsenergie	Navigationssysteme	Radar- und Sonaranlagen, Echolote	x	x	x	x	x	x	x	x	x	x
D	Schaltanlagen und Steuerungen	Relaissteuerungen						x		x			
		Elektronische Steuerungen		x	x	x	x	x	x	x	x	x	x
		Schalter	ohne Elektronik			x							
E	Bordsprechanlagen, Signalverarbeitung	Automationsanlagen, Rechner, Sensoren, Rundrufanlagen, Alarmanlagen		x	x	x	x	x	x	x	x	x	x
F	nichtelektrische Einrichtungen und Ausrüstungen	Rigg, Wanten, Stage, Relingsdurchzüge	Störaussendungen durch mechanisch lose Teile										
G	Integrierte Systeme	Ladungsrechner mit Sensoren und Geräten in unterschiedlichen Zonen	Prüfung an Einzelgeräten/-systemen	x	x	x	x	x	x	x	x	x	x
		Integriertes Navigationssystem (INS)	Prüfung an Einzelgeräten/-systemen	x	x	x	x	x	x	x	x	x	x
		Integrierte Brücke (IBS)	Prüfung an Einzelgeräten/-systemen	x	x	x	x	x	x	x	x	x	x

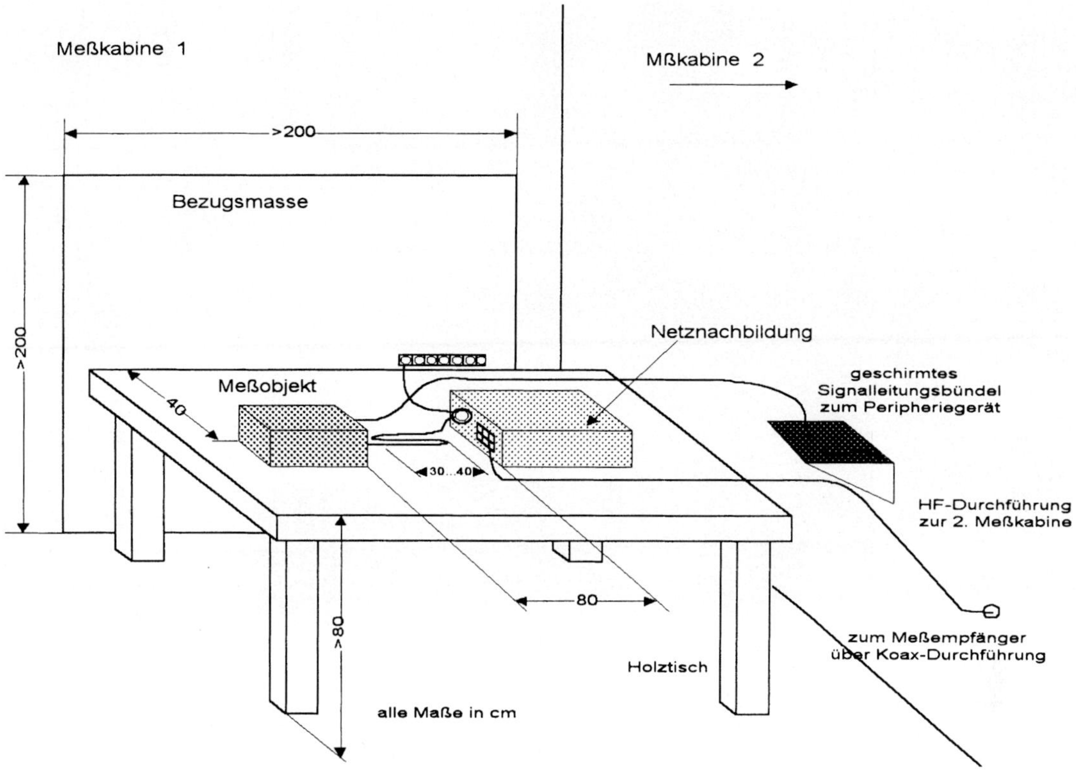

Abb. 3. Meßplatz für die Störspannungsmessung

Tabelle 2. Prüfarten ESD

Kombination Metallgehäuse Isolierte Tastaturen	Metallischer Prüfling	Isolierter Prüfling Kunststoff-Lacke
⇓	⇓	⇓
Mit Entladung	Mit Kontaktmöglichkeiten	Spannungsprüfung mit IEC-Finger und U_{max}
⇓	⇓	⇓
Entladung mit dem IEC Finger Haltezeit 5 S **air discharge**	Entladung direkt kontaktiert mit Relais und Prüfspitze **direct discharge**	Ohne Entladung (Durchschlag)
		↓
		Indirekte Prüfung mit Koppelplatte und Relais **indirect discharge**
	vergleiche Abb. 7	vergleiche Abb. 8

schlossenen Netzleitungen verbleibt, oberhalb von 30 MHz von diesen und vom Gerätegehäuse abgestrahlt wird. Deshalb wird unter 30 MHz die Störspannung und über 30 MHz die Störfeldstärke in einer festgelegten Entfernung ermittlelt. Die CISPR-16 schreibt Details in Bezug auf den Prüfaufbau vor.
Der Prüfling und die Netznachbildung werden auf einen Holztisch aufgebaut (Abb. 3.). Die Messung erfolgt jeweils an den einzelnen Außenleitern des Netzanschlusses, gemessen wird die unsymmetrische Komponente. Der betriebsmäßige Erdungs-/Massungsanschluß des Prüflings dient dabei als Bezugspotential.
Die Messung auf Signal- und Datenleitungen entfallen nach Norm (ggf. Nur zur Information).

Abb. 4. Prüfaufbau zur Messung der Funkstörspannung in der Absorberhalle

Abb. 5. Spezial-Kabeldurchführung für die Signal- und Datenleitungen der Hilfsgeräte

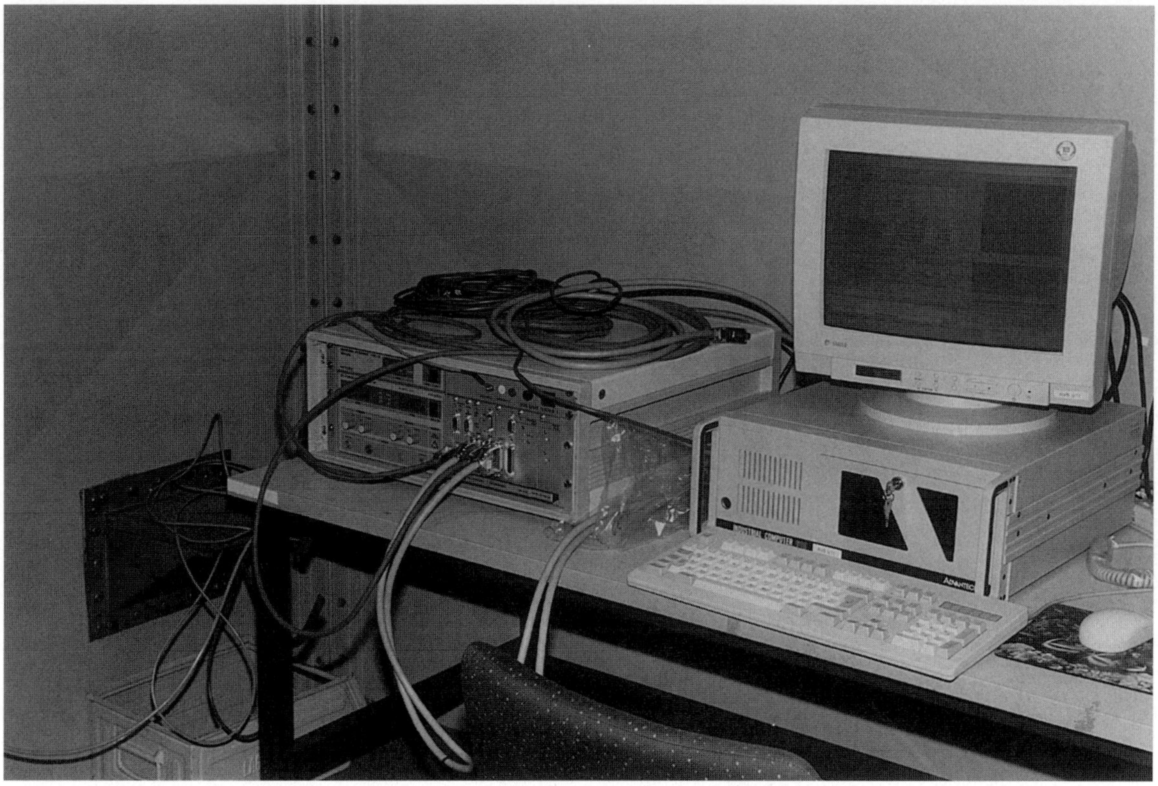

Abb. 6. Aufbau der Peripheriegeräte (Prüfhilfsmittel) in der 2. Schirmkabine zur funktionellen Überwachung

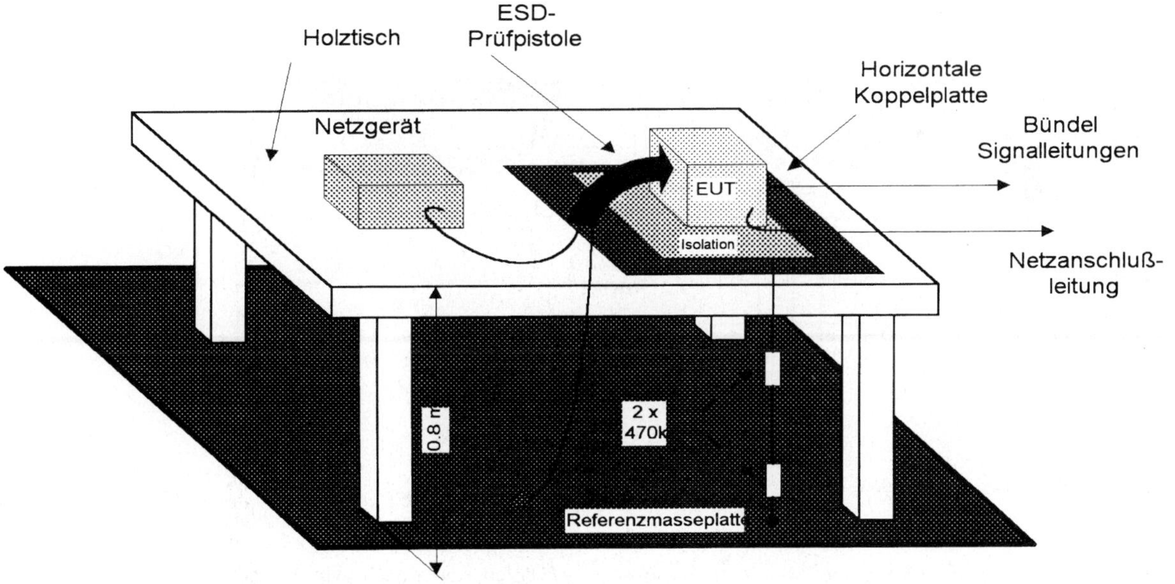

Abb. 7. Prüfaufbau für direkte elektrostatische Entladung (direct discharge)

3.2 Prüfung der Störfestigkeit gegen Entladung statischer Elektrizität Verfahren nach IEC 61000-4-2

Elektrostatische Ladungen können durch Bewegungsabläufe entstehen. Metallische Teilbaugruppen können dabei unterschiedliche Potentiale annehmen, die bei Überschreitung einer definierten Spannungshöhe zu einem Funkenüberschlag der Gehäuseteile untereinander führen. Das zweite Gefährdungskriterium stellen Bedienpersonen dar, die durch Bewegen auf mehr oder weniger gut isoliertem Boden statisch aufladen. Das Berühren der Gehäuse (z.B. beim Bedienvorgang) führt dann zur Entladung auf die elek-

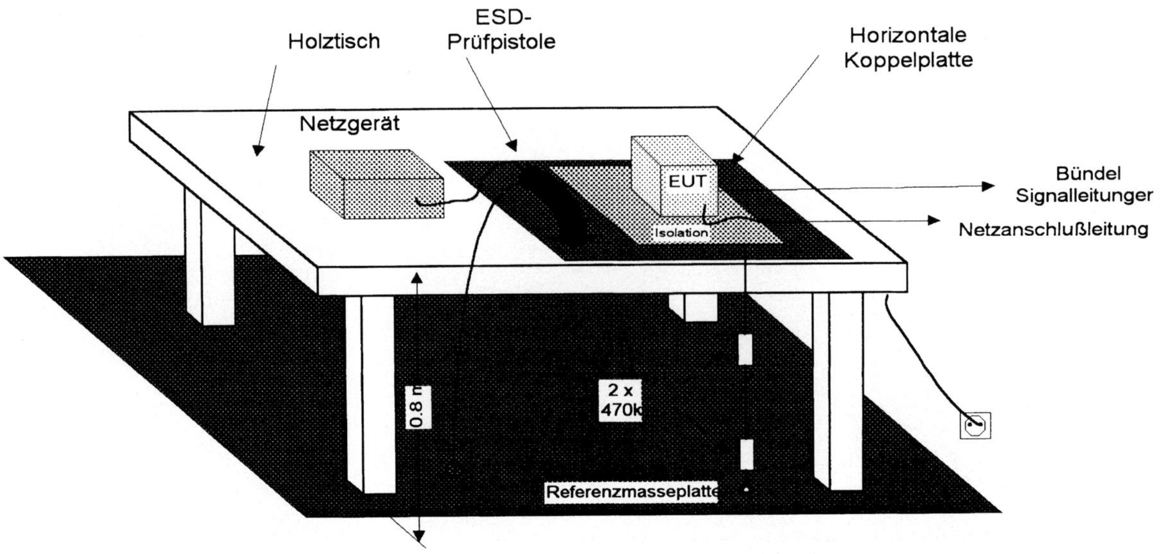

Abb. 8. Prüfaufbau für indirekte elektrostatische Entladung mit horizontaler Koppelplatte (indirect discharge)

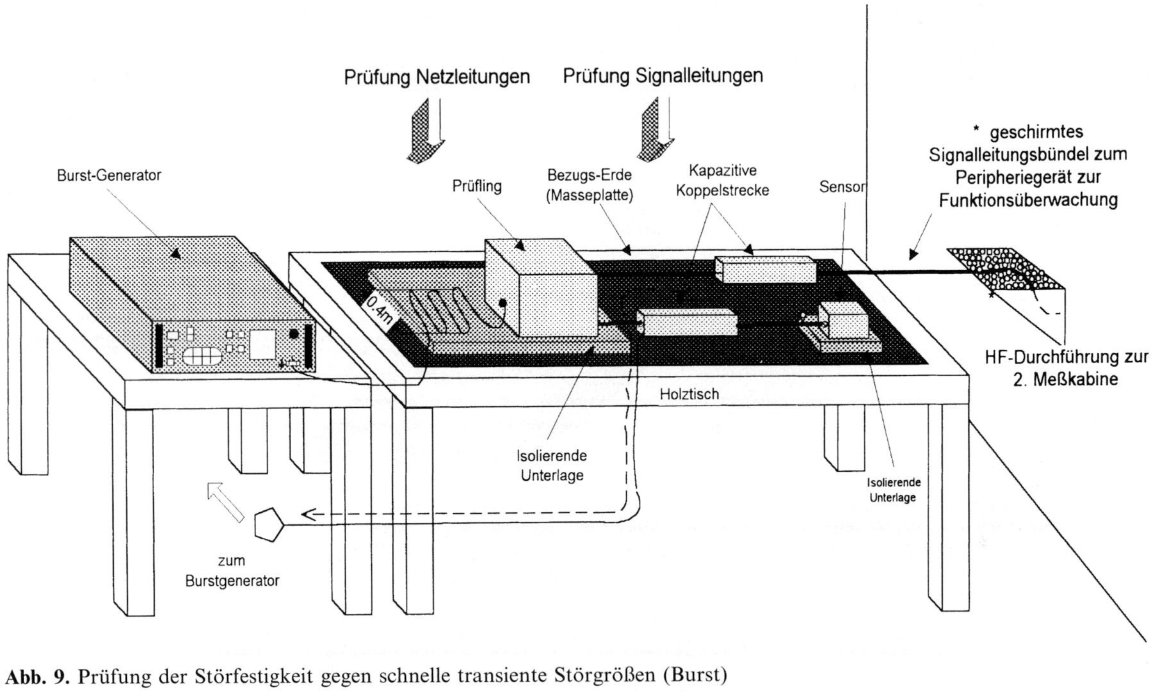

Abb. 9. Prüfung der Störfestigkeit gegen schnelle transiente Störgrößen (Burst)

tronische Baugruppe. Aufgrund der Gehäuseausführung des Prüflings ergeben sich die in Tabelle 2 aufgeführten Prüfarten.

3.3 Prüfung der Störfestigkeit gegen schnelle transiente Störgrößen (Burst-Prüfung) Verfahren nach IEC 61000-4-4

Die Prüfung mit schnellen transienten Störgrößen basiert auf der Nachbildung von Schaltvorgängen in Netzen, die durch Abschalten von induktiven Verbrauchern entstehen. Diese Impulse gelangen über die kapazitive Kopplung an die Signaleingänge der Geräte und Anlagen.

Die Norm berücksichtigt die Arten der angeschlossenen Leitungen mit unterschiedlicher Höhe der Prüfspannungen. Um eine hohe Reproduzierbarkeit der Prüfungen sicherzustellen, schreibt die Norm den Prüfaufbau, die Eigenschaften des Prüfgenerators, die Koppelelemente und die Leitungsverbindungen exakt vor.

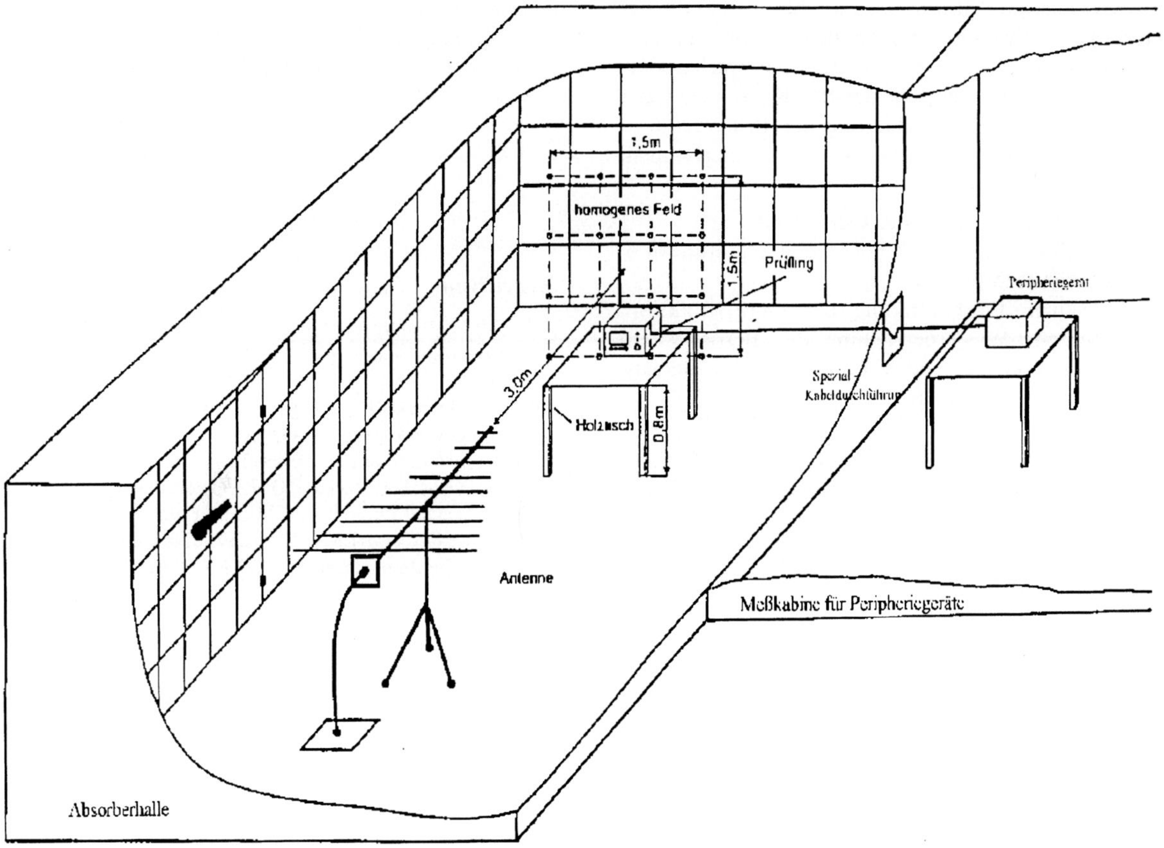

Abb. 10. Prüfaufbau in der Absorberhalle zur Ermittlung der Störfestigkeit gegen elektromagnetische Felder

Die Abb. 9 zeigt einen Prüfaufbau für ein Gerät mit Spannungsversorgung und über Signalleitung angeschlossene Sensoren. Aufgrund der hohen Anstiegszeiten der Bursteinzelimpulse und der daraus resultierenden hochfrequenten Anteile bis einige 100 MHz ist besonders auf gute HF-taugliche Verbindungen der Kabelschirme zu achten. Das gilt auch besonders für die Leitungen zu den Pheripheriegeräten der Funktionsüberwachung. Auch der Kontaktierung der Schirme am Kabinendurchtritt kommt hier eine hohe Bedeutung zu. Hier wird sie realisiert durch eine mit Kupfergranulat gefüllte Spezial-Kabeldurchführung. Diese Art der Schirmkontaktierung erreicht Werte im $\mu\Omega$-Bereich und damit eine ausreichende Entkopplung.

3.4 Prüfung der Störfestigkeit gegen elektromagnetische Felder Verfahren nach IEC 61000-4-3

Die Prüfung im Frequenzbereich 26 MHz – 1000 MHz ts nur in Absorberhallen durchführbar. Die gesamte Infrastruktur des Meßplatzes muß normenkonform gestaltet sein. Um zu gesicherten und reproduzierbaren Prüfergebnissen zu kommen, werden in der Norm hohe Anforderungen an die Feldhomogenität gestellt. Diese wird periodisch nachgewiesen.

Zur Entkopplung des Prüflings von den Peripheriegeräten der Anlagen ist ein entsprechender Aufbau wie in der Abb. 10. erforderlich. Dies wird mit einer 2. Meßkabine realisiert und mit der Spezial-Kabeldurchführung für Signal- und Datenleitungen (Abb. 5.).

Die aus der Bestimmung der Feldhomogenität einzustellenden Ansteuerleistungen der Verstärker werden frequenzbezogen in einer Datei eines PC eingelesen. Über den PC stehen somit die kalibrierten Belastungspegel der Norm (1, 3, 10 und 30 V/m) zur Verfügung. Ein Feldstärkesensor dient während der Prüfung lediglich als Kontrollmonitor.

Je nach Komplexität der funktionellen Überwachung des Prüflings entstehen Prüfzeiten zwischen 2 und 4 Stunden.

Die Überwachung des Prüflings geschieht üblicherweise über eine Videoüberwachung, wobei die Kamera auf Statusanzeigen, LED-Displays oder andere funktionsüberwachende Anzeigen gerichtet ist.

4 Bewertung der Ergebnisse

Der Bewertung der Reaktionen des Prüflings auf die Störfestigkeit aus den vorab beschriebenen Prüfverfahren Kommt entscheidende Bedeutung zu. Für die Interpretation der Prüfergebnisse/Funktionsbewertungen sind aus diesem Grund die Vorgaben des Herstellers/Anwenders einzubeziehen. Die Betriebsumgebung und die Sicherheitsaspekte spielen darüberhinaus eine entscheidende Rolle bei der Bewertung. Die Protokollierung der Prüfergebnisse orientieren sich an folgenden Bewertungsmerkmalen:

A keine Einschränkung der Gerätefunktion
B Zeitweilige Einschränkung der Gerätefunktion, jedoch selbsterholend
C Zeitweilige Einschränkung der Gerätefunktion, wobei zur Wiederherstellung des Betriebes ein Wiedereinschalten oder Eingreifen des Bedienpersonals erforderlich ist.

Nach Abschluß der Prüfungen wird ein Prüfbericht erstellt, in dem alle Einzelheiten dargestellt sind, wie z.B.:

- Kurzbeschreibung des Prüflings mit Typbezeichnung und Seriennummer
- Funktionseinstellung
- Fehlfunktionskriterien
- Anforderungen an die EMV-Prüflinge incl. gemessene Werte
- erreichte Bewertungskriterien (A, B, C) bei der Störfestigkeitsprüfung.

Schrifttum

- IEC 60533 (Draft): Electromagnetic Compatibility of electrical and electronic installations in Ships. 2nd Ed. 1996
- IEC 60945: Maritime navigation and radiocommunication equipment and systems – General requirements, Methods of testing and required test results. 1996
- EU General Secretariat COM (95) final 95/163 (SYN): Draft Council Directive on Marine Equipment. 1996
- CENELEC COM/EMC/129/12593: New Draft Guidelines for the Application of the EMC Directive. 1997

Netzgestaltung zur Minimierung von Störauswirkungen auf Niederspannungsnetze am Beispiel „Costa Victoria"

Layout of Networks to Minimize Disturbance Influences for Low Voltage Distribution Systems, Example „Costa Victoria"

Dipl.-Ing. **Michael Rieckmann**
STN ATLAS Elektronik Hamburg

Dr.-Ing. **Marco Giuffrida**, Tostedt

Summary. This paper describes the solutions to minimize disturbance influences, adopted in the design and realisation of the low voltage distribution systems on board the electric-propelled cruise ship *Costa Victoria* delivered in July 1996.
The adoption of 24-pulse synchroconverters for the supply of the two propulsion synchronous motors allows already in principle a considerable reduction of the amount of harmonics injected into the network from the 10 KV side; nevertheless the presence of sensitive and not predictable electric loads on board a passenger ship forced the designer of the system to adopt all possible measures to furtherly limit the influence of these harmonics on the low voltage distribution circuits.
The solution adopted consisted of the provision of dedicated *clean* networks, powered by rotating converters, for the end users considered to be more sensitiv to the harmonics such as TV set, radios, computers, navigation equipment, control and automation systems, etc.
The configuration of such network have to comply with the specific requirements of availability, redundancy and subdivision in fire zones typical for the application, as explained in the text.
The adopted solution provided very good results in the real operative conditions of cruising of the ship during the last 9 months.

1 Überblick

Am Beispiel des mit einer elektrischen Fahranlage versehenen Passagierschiffes „Costa Victoria", welches im Juli 1996 zur Auslieferung kam, wird die angewendete Lösung zur weitgehenden Unterdrückung von oberwellenbedingten Störauswirkungen im Bordnetz durch entsprechende Auslegung und Realisierung des Niederspannungsverteilungssystems vorgestellt.

Die Verwendung von 24poligen Synchroconvertern für die Speisung der 2 Fahrmotoren führt schon vom Prinzip zu einer kräftigen Reduzierung der fahranlagenbedingten Oberwellen, die von der 10 kV Seite des Bordnetzes in die Niederspannungsseite des Bordnetzes übertragen werden können. Unabhängig hiervon erfordert die Anwesenheit von empfindlichen und im Umfang zu Beginn der Auslegung nicht vorhersehbaren elektrischen Verbrauchern an Bord eines Passagierschiffes eine sorgfältige Auslegung des Verteilungssystems, um alle Möglichkeiten auszuschöpfen, den Einfluß von Oberwellen im Niederspannungsnetz zu begrenzen.

Dies führte bei der „Costa Victoria" zu der Anwendung von separaten Unternetzen für die Endverbraucher, die als besonders emfindlich gegenüber Oberwellen einzustufen sind, wie zum Beispiel Fernseh- und Videogeräte, Computer, Steuer- and Regelsysteme usw. Die Unternetze werden über rotierende Umformer gespeist, eine Übertragung von Oberwellen aus dem Hauptnetz wird damit verhindert.

Diese speziellen „sauberen" Unternetze, sind so ausgelegt, daß sie mit den für ein Passagierschiff geltenden Forderungen nach Verfügbarkeit, Redundanzen und entsprechende Unterteilung in mehrere Feuerzonen, übereinstimmen, wie später im Vortrag näher erläutert wird.

Während der nun fast 9 Monate dauernden realistischen Bordbedingungen in Fahrt des Schiffes, hat sich die angewendete Lösung hervorragend bewährt.

2 Kennzeichnende Daten des Schiffes

Die kennzeichnenden elektrischen Daten des Schiffes gehen aus Abb. 1 hervor. Die „Costa Victoria" ist, zusätzlich zu den IEC, SOLAS und IMO-Vorschriften, klassifiziert nach RINa (Registro Italiano Navale), deren Regelungen und Vorschriften voll zur Anwendung kamen. Die „Costa Victoria" ist ein 75.000 B.R.T. großes Passagierschiff, welches von 2 sowohl in Drehzahl als auch in Steigung geregelten Propellern mit jeweils einer Leistung von 15 MW angetrieben wird. Als Antriebsmaschinen dienen 2 Drehstomsynchronmotoren, die mit variabler Frequenz und Spannung über 2 Synchroconvertern in 24 Puls-Konfiguration gespeist werden. Jeder der 2 Synchroconverter wird aus dem 10 kV Hauptnetz über 2 Transformatoren mit jeweils 2 Sekundärwicklungen gespeist.

Die jeweilige Propellerwelle wird stufenlos zwischen 0 und 135 Umdrehungen/Minute geregelt. Dieses entspricht einer Frequenzänderung zwischen 0 und 18 Hz und einer Spannungsänderung zwischen 0 und 2900 V an den Ausgängen der Synchroconverter. Der schlechteste Fall, bezogen auf den gesamten durch die elektrische Fahranlage erzeugten Oberwellengehalt im Netz, tritt bei ca. 75% = 100 Umdrehungen/Minute Wellendrehzahl ein.

Dieses entspricht der durchaus üblichen Marschfahrt des Schiffes.

Das Niederspannungsverteilungsnetz wird gebildet von 10 kV/440/230 V Transformatoren sowie weiteren 230 bzw. 115 V Transformatoren und rotierenden Umformern 230V/230V mit den zugeordneten Schalttafeln und Verteilungseinrichtungen. Die Bordnetzfrequenz beträgt 60 Hz. Der Gesamtoberwellengehalt in allen Bordnetzen ist mit max. 10% spezifiziert.

Die gesamte elektrische Energie von 48.680 kW, entsprechend 69.540 kVA bei cos phi = 0,8, wird von 6 Hauptdieselgeneratoren erzeugt, die die 10 kV Hauptschalttafel speisen. Die gewählte Hauptspan-

Passagierschiff	75 000 B.R.T.
Vorschriften	RINa, SOLAS, IMO, IEC
Vortrieb	2 Wellen, 0....135 U/min
Antrieb	Elektrisch: 2 Synchronmotoren à 15 000 kW
Antriebsregelung	Synchroconverter, 24 pulsig: 0...18 Hz, 0...2 900 V
Energieerzeugung	3 Generatoren à 10 700 kVA 3 Generatoren à 12 480 kVA
Haupt-Bordnetz, gespeist über Generatoren	10 000 V60 Hz $I_k'' < 40$ kA
Bordnetze, gespeist über Transformatoren	440 V 60 Hz $I_k'' < 100$ kA
Bordnetze, gespeist über Transformatoren + Umrichter	230 V/115 V 60 Hz $I_k'' < 40$ kA
Bordnetze, gespeist über Netzgleichrichter	24 V DC
Oberwellengehalt THD	< 10%

Abb. 1. Kennzeichnende elektrische Daten „Costa Victoria"

nung 10 kV anstelle der auf Passagierschiffen üblicherweise verwendeten Hauptspannung 6,6 kV erlaubte es, auf Grund der bei 10 kV niedrigeren Kurzschlußströme die subtransienten Reaktanzen der Hauptgeneratoren mit verhältnismäßig niedrigem Niveau zu wählen, zumal ein niedriger Wert von Xd″, einen positiven Effekt aus der Sicht der im Hauptnetz erzeugten Oberwellen erwarten ließ. Die Hauptsynchrongeneratoren auf „Costa Victoria" haben eine subtransiente Reaktanz Xd″ von 16%.
Diese Werte führten in der Praxis zu Klirrfaktoren unter 10%, und andererseits zu folgenden Kurzschlußwerten:
10 KV-System: 35 kA Auslegung 40 kA
440 V-System: 83 kA Auslegung 100 kA

3 Elektrische Grundschaltung

In Abb. 2 ist die vereinfachte Grundschaltung für die Erzeugung und Verteilung der elektrischen Energie auf „Costa Victoria" dargestellt.
Die Grundschaltung stellt die Konfiguration einer zentralen Stromerzeugung dar, wie sie weit verbreitet ist auf heutigen elektrisch angetriebenen Schiffen: Die Antriebsanlage ist der größte von mehreren großen elektrischen Verbrauchern auf dem Schiff.
Die 6 Hauptgeneratoren speisen die 10 kV Hauptschalttafel.
Die 10 kV Hauptschalttafel ist zweigeteilt, wobei die einzelnen Schalttafeln vorne und achtern aus Sicherheitsgründen in getrennten wasserdichten Abteilungen angeordnet sind. Die 10 kV Hauptschalttafel stellt die elektrische Quelle der Energieversorgung des Schiffes dar und speist folgende Großverbraucher:

4 Fahranlagentransformatoren à 9.700 kVA
5 10 kV-Asynchronmotoren à 1.700 kW für den Antrieb der Bug- und Heckquerstrahler
4 10 kV-Asynchronmotoren à 1.200 kW für den Antrieb der Kaltwassersätze
2 900 kVA große Transformatoren als Überleitung zur Niederspannungsnotschalttafel.
2 2.400 kVA große Maschinenraumtransformatoren
2 1.350 kVA große Transformatoren für den Küchenbereich
10 Transformatoren für die Unterstationen innerhalb der 5 Feuerzonen

Die standardmäßigen Niederspannungen an Bord der „Costa Victoria" sind 440 V/230 V und 115 V. Sie werden erzeugt durch die Transformatoren, rotierende Umformer und einem batteriegestützten Statistischen Umrichter für die Notversorgung.
Das Schiff ist aus Sicherheitsgründen und in Übereinstimmung mit den relevanten internationalen Vorschriften unterteilt in Feuerzonen, in diesem Fall 5 Stck. Diese Unterteilung wurde konsequent auch durch die Schaffung von 5 Unterstationen für die Bereitstellung der elektrischen Energie angewendet.
Jede Feuerzone ist mit einer zugeordneten elektrischen Unterstation ausgerüstet und stellt die Standardspannungen 440, 230 + 115 V über entsprechende Verteilerschalttafeln zur Verfügung. Jede Unterstation wird versorgt von 2 St. 10 kV/440/230 V-Transformatoren, die gespeist werden von der vorderen bzw. achteren 10 kV Hauptschalttafel.
Durch diese Konfiguration wird eine voll redundante radiale Verteilung erreicht, die einen hohen Grad an Standfestigkeit und Verfügbarkeit sicherstellt.
Zusätzlich zu den genannten 5 Unterstationen für die Feuerzonen sind weitere Unterstationen im elektrischen Verteilungssystem der „Costa Victoria" angeordnet:

2 Unterstationen für den achteren und den vorderen Maschinenraum
1 Unterstation für die Küchen und Pantrys des Schiffes
1 Unterstation für die Notversorgung des Schiffes.

Diese Unterstation wird alternativ auch von dem Notgenerator 1250 kVA bzw. der zentralen Notbatterie mit der Kapazität 230 kVA für 30 Minuten versorgt.
Die weitere Verteilung der elektrischen Energie von den oben genannten Unterstationen wird durch Unterverteilungen und Schaltkästen realisiert, die in den Verbraucherschwerpunkten angeordnet sind.
Die Endstromkreise für den Wohnbereich von Passagieren und Mannschaftsmitgliedern arbeiten mit den Spannungen 230 V und 115 V.

4 Oberwellenerzeuger

An Bord eines modernen elektrisch angetriebenen Passagierschiffes existieren mehrere Quellen für die Erzeugung von Oberwellen, wie aus Abb. 3 hervorgeht.
Die Hauptquelle der Oberwellen an Bord ist die Antriebsanlage. Im Fall der „Costa Victoria" werden die in den zwei 24pulsigen Synchroconvertern für den Antrieb der Fahrmotoren erzeugten Oberwellen in das 10 kV Hauptnetz über die vier 10 kV/1,5 + 1,5 kV Fahranlagentransformatoren 9.700 kVA übertragen.
Am Projektbeginn wurde eine vorläufige Studie über die zu erwartenden Netzoberwellen bei verschiedenen Schiffsgeschwindigkeiten und bei verschiedenen Netzkonfigurationen (der Gesamtoberwellengehalt ist höher, wenn die Anzahl der Generatoren klein wird) durchgeführt. Der Wahrheitsgehalt der Studie wurde mit annähernder Genauigkeit durch die Ergebnisse der Funktionserprobungen auf See bestätigt (siehe Abb. 4). Die gemessenen Gesamtoberwellengehalte auf den 10kV- Sammelschienen der Hauptschalttafel und den 440 V und 230 V Sammelschienen der Unterstationen waren in jedem Fall innerhalb der Grenzen, wie sie von RINa als Klassifikationsgesell-

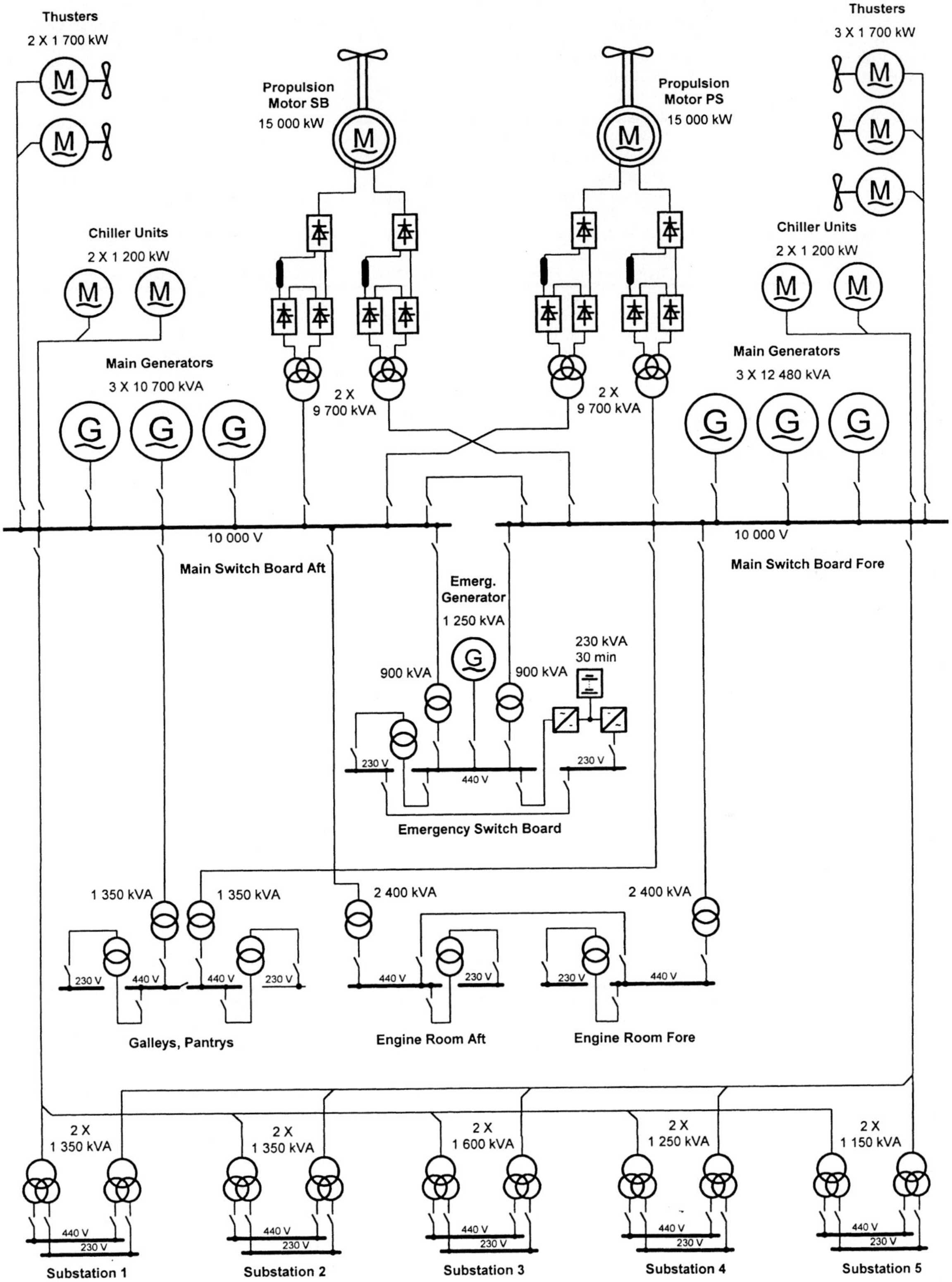

Abb. 2. Simplified Single Line Diagram „Costa Victoria“

Bordnetz	Oberwellenerzeugende Geräte	Oberwellenempfindliche Geräte
10 000 V 60 Hz	Synchroconverter der Antriebsanlage	
440 V 60 Hz	1. Oberwellenübertrag aus dem 10 000 V – Bordnetz 2. Thyristor und Transistorgesteurte Antriebe mit variabler Drehzahl: Lüfter, Lifte, Winden, Förderanlagen 3. Versorgungseinheiten mit Gleich-/Wechselrichtern: Notlicht, Funkanlagen, DV Netzwerke	
230 V 60 Hz/115 V 60 Hz	1. Oberwellenübertrag aus dem 10 000 V – Bordnetz 2. Thyristor und Transistorgeregelte Lichtdimmanlagen 3. Netzteile von Kompaktgeräten: Fernseher, PC's, Laptops, Handy's	1. Datenverarbeitung, PC's 2. Regelgeräte ohne eigene Netzteile 3. Schallsysteme, Entertainmentsysteme usw. 4. Steckdosen für Passagiergebrauch

Abb. 3. Oberwellenrelevante Geräte in den Bordnetzen „Costa Victoria"

		Oberwellen THD in Fahrtstufe		
E-Station	Bordnetz	6	8	9
Main Switchboard Aft/Fore	10 000 V 60 Hz	9,5%	9,0%	6,0%
Engine Room Aft/Fore	440 V 60 Hz	6,8%	7,5%	5,0%
Substation 1	440 V 60 Hz	9,0%	8,0%	4,5%
	230 V 60 Hz	9,0%	9,0%	4,5%
Substation 2	440 V 60 Hz	7,0%	8,0%	4,0%
	230 V 60 Hz	7,0%	9,0%	3,5%
Substation 3	440 V 60 Hz	7,5%	5,0%	5,0%
	230 V 60 Hz	8,5%	7,2%	4,0%
Substation 4	440 V 60 Hz	8,0%	7,5%	5,5%
	230 V 60 Hz	8,0%	9,0%	5,5%
Substation 5	440 V 60 Hz	8,0%	9,5%	5,0%
	230 V 60 Hz	8,0%	9,5%	5,5%
Galleys, Pantrys	440 V 60 Hz	9,5%	9,5%	6,0%
	230 V 60 Hz	9,5%	9,0%	5,5%

Abb. 4. Probefahrtsmeßergebnisse Oberwellengehalt in den Bordnetzen „Costa Victoria"

schaft vorgegeben wurden, nämlich kleiner als 10%. Unabhängig hiervon wurden Untersuchungen durchgeführt, um den Einfluß der Oberwellen auf die normalen an Bord vorhandenen kommerziellen Geräte soweit wie möglich zu reduzieren. Als erste augenscheinliche Möglichkeit, die Gesamtoberwellen zu reduzieren, wurde ins Auge gefaßt, im 10 kV Hauptnetz entsprechend ausgelegte Filter, abgestimmt auf die Oberwellenfrequenzen mit höherer Intensität, zu installieren.
Ein Einsatz dieser Filter ist jedoch mit folgenden Nachteilen verbunden:

- die technische Komplexität der Hochspannungsfiltersysteme und Hochspannungskomponenten.
- verminderter Effekt für die Oberwellen, die direkt in Niederspannungssystemen durch andere Geräte erzeugt werden.
- keine vollständige Unterdrückung der nicht erwünschten Oberwellen in allen Betriebsbereichen, da das Spektrum der Oberwellen abhängig ist vom tatsächlich angewendeten Fahranlagenbetrieb, insbesondere in Situationen, die vom ursprünglichen Design her abweichen und damit auch Anti-Resonanzeffekte hervorrufen können.
- Verluste in den Filterbänken, mit der Konsequenz, ein entsprechendes Kühlsystem vorzusehen und Blindleistungsverluste hinnehmen zu müssen.

Neben der thyristorgesteuerten Fahranlage als Hauptquelle für die Oberwellen existieren weitere nicht vernachlässigbare Quellen für Oberwellen (siehe Abb. 3):
Dieses sind Thyristor- oder Transistor-gesteuerte Umrichter für elektrische Antriebe mit variabler Drehzahl.

An Bord eines modernen Schiffes gibt es eine Vielzahl von drehzahlgeregelten Verbrauchern, wie z.B. Lüfter, Pumpen, Lifte, Winden, Förderanlagen usw. Zusätzlich dazu existiert eine große Anzahl von unterbrechungslosen Spannungsversorgungseinheiten mit ihren eingebauten Gleichrichterbrücken und Wechselrichtern. Diese werden vorgesehen für Verbraucher, wie z. B. unterbrechungslose Lichtversorgung, Computernetzwerke, Funkanlagen usw.
Alle diese Anlagen und Systeme sind normalerweise am 440 V Netz angeschlossen.
Auch der Einsatz von speziell ausgelegten Filtern, abgestimmt auf die Oberwellenfrequenzen mit hoher Intensität, direkt installiert auf den 440 V Stromkreisen, führt zu folgenden Nachteilen:

- Technische Komplexität und zusätzlicher Raumbedarf für die erforderlichen Filterbänke
- Verminderter Effekt für die Oberwellen, die direkt in den Untersystemen 230 V und 115 V durch andere Geräte erzeugt werden
- Keine vollständige Unterdrückung der nicht erwünschten Oberwellen in allen Betriebszuständen, da das Spektrum von diesen Oberwellen unabhängig ist von der Betriebsart der Fahranlage und von der Betriebsart der 440 V Antriebe. In Situationen, die leicht abweichend von den Auslegungspunkten der Filter sind, können auch hier Antiredundanzeffekte auftreten.
- Zusätzliche Blindleistungsanteile in den Netzen

Andere nicht vernachlässigbare – jedoch oft vernachlässigte – Quellen für Oberwellen sind Lichtdimmersysteme, welche normalerweise in großer Anzahl und hoher Leistung auf einem modernen Passagierschiff vorkommen.
Bedingt durch ihr Betriebskonzept erzeugen sie große Oberwellen im niedrigen Frequenzbereich, welche viele Probleme hervorrufen können, wenn sie nicht sorgfältig berücksichtigt werden in der Auslegung der Verteilungen und Kabelwege.
Eine immer höher werdende Anzahl von verschiedenen weiteren Quellen von Oberwellen in den Endstromkreisen sind die Netzgeräte von modernen kompakten Geräten, wie kleinen Fernsehern, Batterieladeeinrichtungen für Laptops, PC's, tragbare Elektronikgeräte wie z. B. Telefone und Handy's.
Mit dem Ziel, Abmessungen, Gewicht und Verluste zu minimieren, werden in solchen Geräten Schaltnetzteile eingesetzt, die Oberwellen höherer Frequenzen in den 230 V und 115 V Stromkreisen erzeugen können. Die Vorschriften und Regularien regeln zwar Grenzen für die Erzeugung von Oberwellen durch derartiges Equipment, jedoch kann dies für ein Schiff mit einer Vielzahl von derartigen Geräten unter Umständen nicht ausreichend sein.

5 Realisierte Lösung

Unter Berücksichtigung des Vorgenannten, wurde zu Beginn der Projektlaufzeit entschieden, eine technische Lösung zu realisieren, die für die kommerziellen sensitiven Verbraucher den Einsatz von rotierenden Umformern vorsieht. Die Umformer speisen ein zugehöriges sauberes Unternetz, an das Endverbraucher angeschlossen werden, von denen erwartet wird, daß sie besonders emfindlich gegenüber den störenden Oberwellen sind.
Folgende elektrische Verbraucher werden als besonders empfindlich gegenüber störenden Oberwellen eingestuft:

- Elektronische Datenverarbeitung und Personal Computer im allgemeinen,
- Regelgeräte ohne eigene Netzgeräte
- Fernseher, Radio
- Schallerzeugende Systeme.

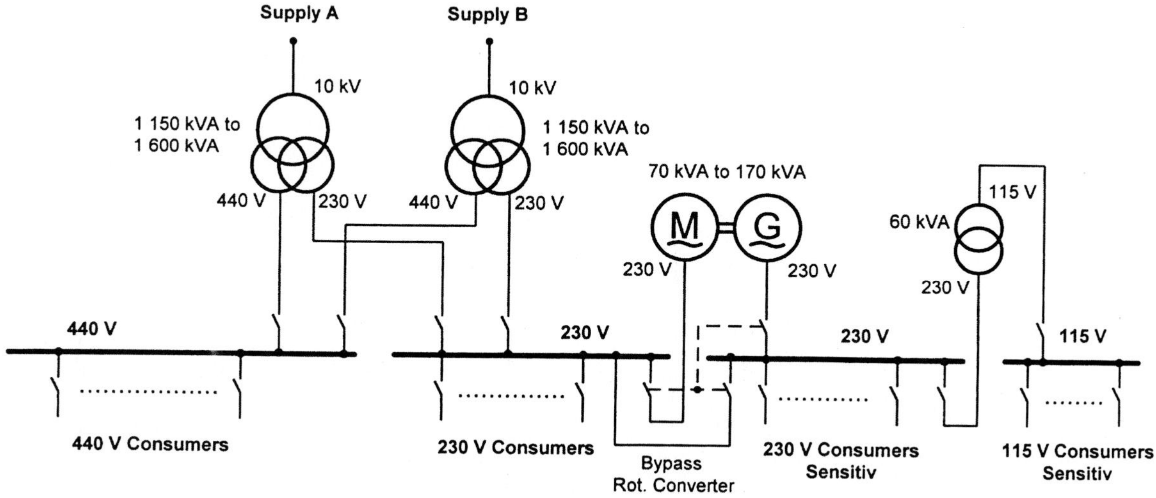

Abb. 5. Principle Diagram Substation „Costa Victoria“

In den Mannschafts- und Passagierkabinen wurden die Fernseher und die 115 V bzw. 230 V- Steckdosen für allgemeinen Gebrauch an das „saubere“ Unternetz angeschlossen. Wie aus Abb. 5 ersichtlich, ist in jeder Unterstation ein 230 V/230 V rotierender Umformer mit der entsprechenden Leistung installiert. Die rotierenden Umformer speisen das saubere Unternetz für die jeweilige Feuerzone bis hinunter auf den Kabinenlevel.
Kennzeichnende Daten des rotierenden Umformers für diese spezielle Anwendung sind:

- Asynchronmotor mit geringem Schlupf, um eine Ausgangsfrequenz so nahe wie möglich der nominalen Frequenz 60 Hz zu erhalten. Gemessen wurden 1–1,5% Schlupf
- sehr geringe Werte für Körper- und Luftschallemissionen

Es ist interessant zu erwähnen, daß die Frequenzverluste und die Phasenunterschiede zwischen den „sauberen“ Unternetzen der verschiedenen Feuerzonen, hervorgerufen durch den unabhängigen Betrieb der verschiedenen Umformer, keine Rolle spielen, da es keine gemeinsamen Systeme für die verschiedenen Feuerzonen gibt, die gleiche Phasen- und Frequenzreferenzen fordern.

6 Erfahrungen und Ergebnisse unter reellen Betriebsbedingungen

Die Ergebnisse unter reellen Betriebsbedingungen an Bord der „Costa Victoria“, können als sehr gut bezeichnet werden.

Der Gesamtoberwellengehalt im 10 kV Netz und in den 440 und 230 V Netzen war unterhalb der spezifizierten Grenze von 10%.
Ebenfalls konnte gemessen werden, daß die Verteilung der Einzelharmonischen in den vorgeschriebenen Grenzen von der Klassifikationsgesellschaft RINa waren.
Nahezu alle Geräte, angeschlossen am 440 V Bordnetz, waren spezifiziert, ausgelegt und gebaut unter der Berücksichtigung der Bordnetzqualität, die mit einem Klirrfaktor von 10% nicht so ideal wie die Netzqualität einer Landanlage ist.
Nahezu alle Systeme hatten keinerlei Probleme mit der an Bord vorhandenen Netzqualität. Lediglich in einer Anlage wurden Probleme bei Dämpfungsgliedern für Kontakte, bestehend aus RC-Kombinationen registriert. Durch Umdimensionierung des Verhältnisses zwischen Widerstand und Kondensatoren konnten diese Probleme jedoch behoben werden.
In anderen Stromkreisen und den „sauberen“ Unternetzen, die über die rotierenden Umformer vom Hauptnetz abgekoppelt waren, traten keinerlei Probleme auf, die zurückzuführen sein könnten auf den Oberwellengehalt des Netzes.
Die rotierenden Umformer haben in den letzten 9 Monaten einwandfrei im Dauerbetrieb gelaufen, zuerst im Mittelmeer und dann in der Karibik. Hier muß betont werden, daß für einen evtl. Umformerausfall der Umformer durch eine manuelle Bypass-Schaltung sehr schnell überbrückt werden kann, so daß das 230 V Netz in jedem Fall schnell wieder aufgebaut werden kann.

Netzqualität in Bordnetzen mit diesel-elektrischer Fahranlage ohne Filterkreise

Harmonic Distorsion of Filterless Power Supply Networks on Ships with Diesel-Electric Propulsion System

Dipl. Ing. **Axel Flemming** und Dipl. Ing. **Heinz Schnier**
STN ATLAS Elektronik GmbH, Hamburg

Summary. The design of the network for a cruise vessel with diesel-electric propulsion will be presented under special consideration of power generation and electric propulsion drives. A key factor for the quality of the ship's electric supply network is the THD factor. In accordance with the requirements of the classification societies a design is described, where the THD factor is < 10% in all operating conditions without special preventions like filter circuits or duplex chokes. A filterless solution requires as prerequisition a careful design of the alternators as well as of the converter. Also THD sensitive consumers have to be taken into account.
A filterless mains supply system is realized on the „Costa VICTORIA" and has proven successful in nearly one year of trouble free operation.

1 Einleitung/Anforderungen

Es wird das Bordnetz eines Kreuzfahrtschiffes mit einer diesel-elektrischen Fahranlage dargestellt unter besonderer Beachtung der Anforderungen sowohl an die Auslegung der elektrischen Fahranlage als auch an die Wahl der eingesetzten Verbraucher. Betrachtet werden hier die leitungsgebundenen Beeinflussungen im niederfrequenten Bereich, hervorgerufen durch den Einsatz von stromrichtergespeisten Antrieben.
An Hand der von STN ATLAS Elektronik im elektrotechnischen Bereich ausgerüsteten „Costa VICTORIA" wird der Aufbau des Mittelspannungsbordnetzes beschrieben, realisiert in Übereinstimmung mit der Bauvorschrift und den Vorschriften der Klassifizierungsgesellschaft, in diesem Fall RINa. Eingegangen wird auf die besonderen Anforderungen, die hervorgerufen werden durch einen relativ hohen Anteil Stromrichterleistung an der Gesamtleistung des Netzes.
Jeder Stromrichter ist als nichtlineare Last anzusehen und wirkt deshalb als Oberschwingungserzeuger. Aus der Art und Ausführung der Stromrichter zusammen mit der Netzkonstellation ergibt sich die Netzqualität des Bordnetzes. Es wird der Nachweis geführt, daß sich Bordnetze mit großen Stromrichterlasten bei optimaler Auslegung der einzelnen Komponenten ohne aufwendige Filterkreise realisieren lassen. Hierdurch werden die Nachteile der Filterkreise, wie z.B. zusätzliche Resonanzstellen, vermieden.
Der Klirrfaktor, als entscheidender Bewertungsfaktor für die Netzqualität eines Bordnetzes ist bei der überwiegenden Anzahl der Klassifizierungsgesellschaften auf maximal 10% limitiert, Einzelharmonische müssen bis zur 15.ten Oberschwingung kleiner 5% sein, darüberhinaus sinkt die zulässige Amplitude weiter. Diese Vorschriften beschreiben nicht ausschließlich die Energieerzeugungsseite, sondern sind auch für die Verbraucher gültig, die für eine Speisung aus einem stromrichterbehafteten Bordnetz geeignet sein müssen. Auf der Basis der Klirrfaktorforderung von k_u < 10% für die Niederspannungsversorgungen, wird eine Lösung ohne Filterkreise aufgezeigt, die am Beispiel Costa Victoria realisiert worden ist. Unterstützt wurde diese Auslegung des Bordnetzes durch eine umfangreiche Simulation des Gesamtnetzes einschließlich der wesentlichen Verbraucher.
Das gewählte Konzept hat sich im bislang einjährigen Betrieb gut bewährt.

2 Aufbau der elektrischen Energieerzeugung und Energieverteilung am Beispiel „Costa VICTORIA"

Die Ausführung der elektrischen Energieerzeugung folgt dem üblichen und vorteilhaften Konzept des „Kraftwerk" Prinzips. Alle Generatoren speisen auf eine gemeinsame, im Normalfall gekuppelte, Mittelspannungsschiene. Die Vorteile dieser Anordnung ergeben sich aus einer hohen Verfügbarkeit, guter Anpassung der Generatorleistung an die Bordnetzbedürfnisse, geringe zu installierende Reserveleistung, etc.
Als Spannung des Bordnetzes ist U = 10 kV gewählt worden. Primärer Entscheidungsgrund hierfür ist der geringere Kurzschlußstrom gegenüber einer Netzspannung von U = 6,6 kV. Daher kann der Klirrfaktor durch die Auslegung der subtransienten Reaktanz der Generatoren in weiten Bereichen optimiert werden.
Die elektrische Fahranlage, bestehend aus 2 Synchroconverter Antrieben mit jeweils 15 MW Leistung, stellt den größten Verbraucher dar. Als weitere nennenswerte Verbraucher sind die 10 kV Asynchronmotoren zu nennen, die als Querstrahlruderantriebe

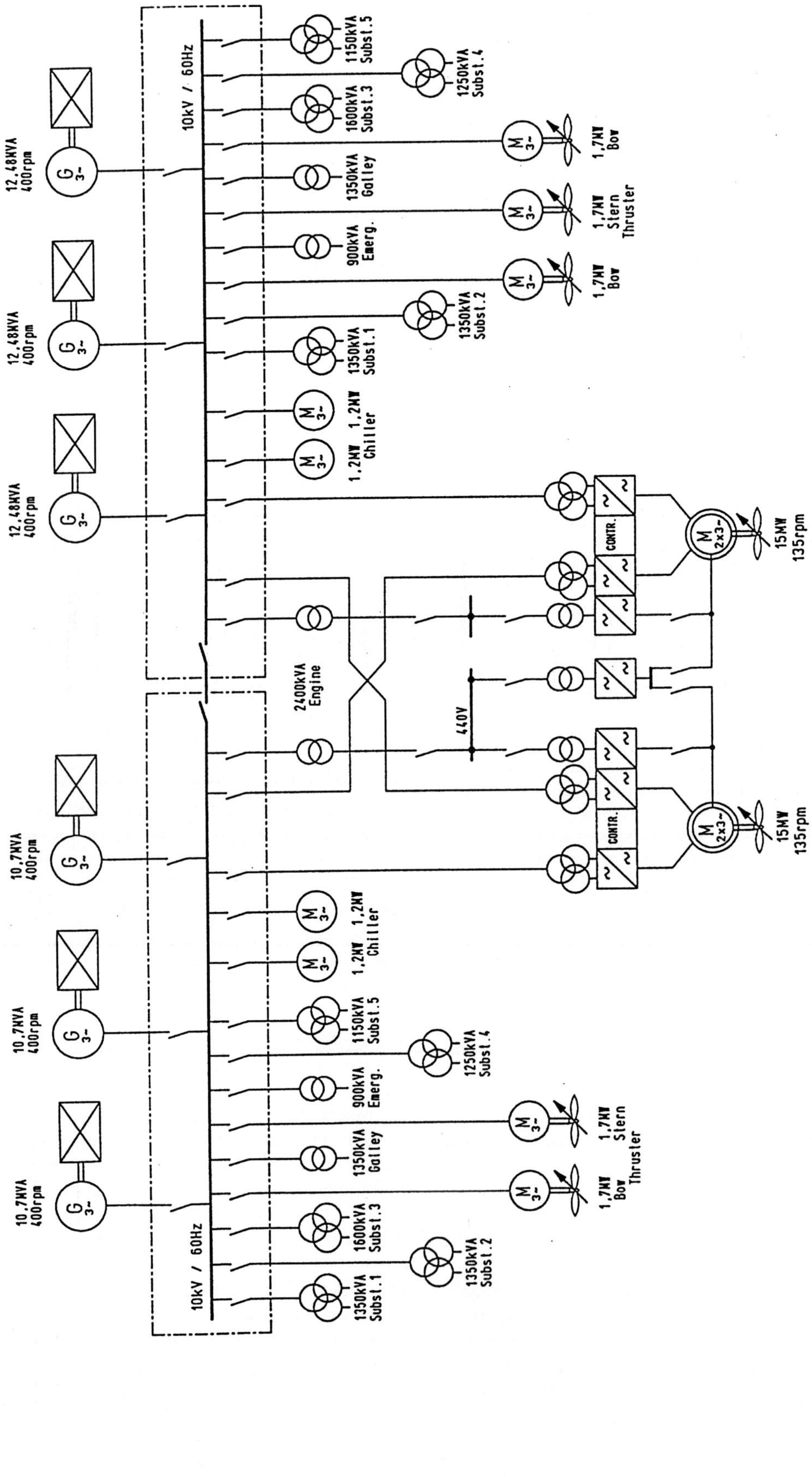

Abb. 1. Übersichtsschaltbild „Costa VICTORIA"

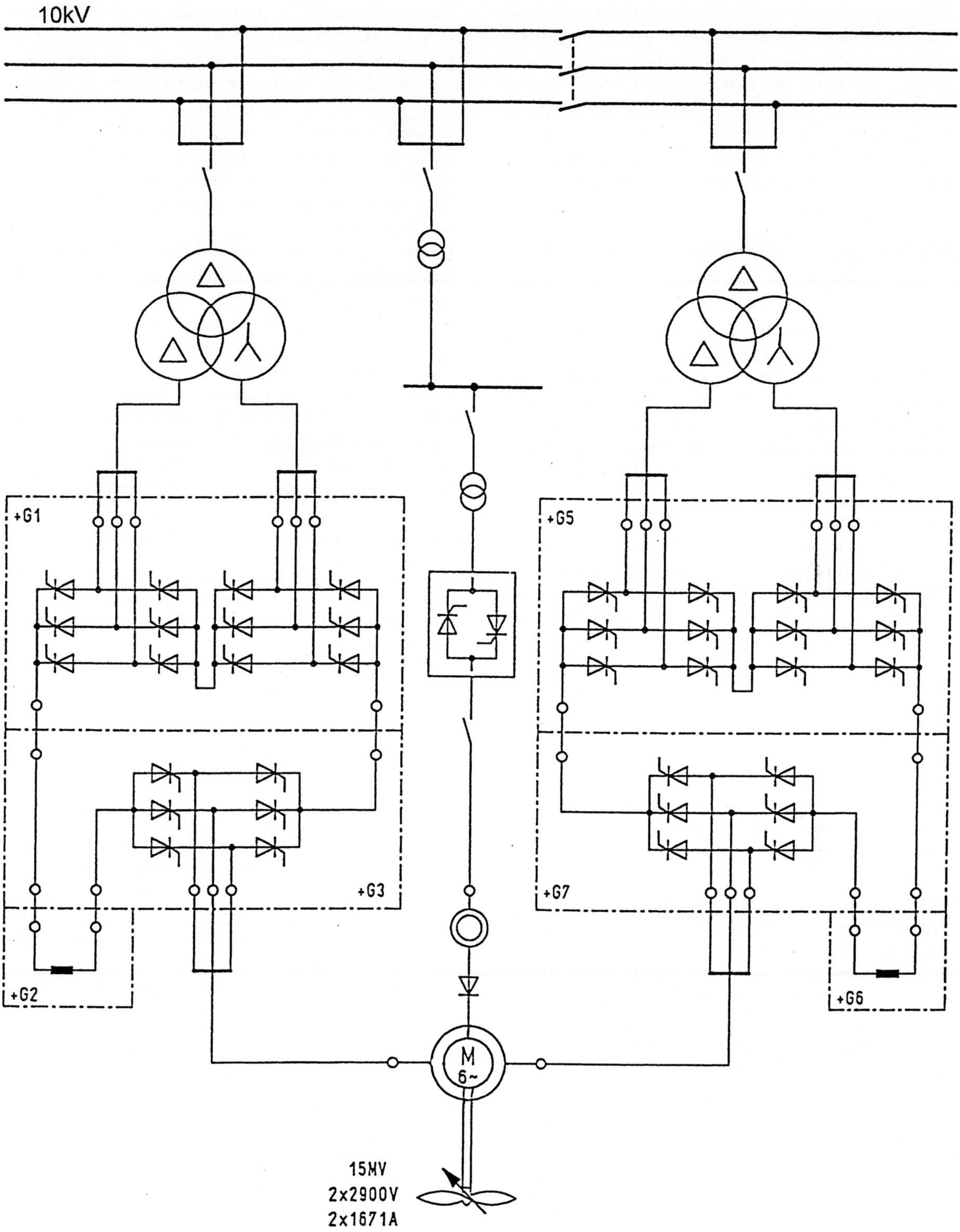

Abb. 2. Übersichtsschaltbild Propulsions-System „Costa VICTORIA"

mit 5 x je 1700 kW und als Klimakompressorantriebe mit 4 x je 1200 kW eingesetzt werden. Auf den Klirrfaktor wirken sich die Impedanzen dieser Maschinen reduzierend aus. Alle weiteren Verbraucher werden von diversen Niederspannungsneten, die über Transformatoren eingespeist werden, versorgt. Eine nennenswerte Reduktion der Oberschwingungsspannungen durch die Niederspannungstransformatoren erfolgt nicht, da an der Transformatorreaktanz stromabhängig nur eine schwache Dämpfung erfolgt.

Die einzelnen Feuerzonen werden von 3-Wicklungstransformatoren mit 440 V/230 V versorgt. Auf die Niederspannungsnetze wird hier nicht weiter eingegangen, da sie für die Bestimmung des Klirrfaktors nicht wesentlich sind. Die oberschwingungsbehaftete Spannung wird auf die Niederspannungsseite transformiert und tritt als Teil der Versorgungsspannung an sämtlichen Niederspannungsverbrauchern auf.

3 Konzeption der elektrischen Fahranlage

Die elektrische Fahranlage ist auf dem Prinzip des Synchroconverters aufgebaut. Diese Antriebsart hat sich in den letzten Jahren zum Standardantrieb auf größeren Kreuzfahrtschiffen entwickelt. Neben einem im Vergleich zum Cycloconverter reduzierten Umrichteraufwand zeichnet sich diese Schaltungsversion durch ein definiertes und dadurch besser zu beherrschendes Oberschwingungsverhalten aus.
Der generelle Aufbau der Fahranlage folgt den Überlegungen, daß bei einem Fehler im Leistungsteil der Antrieb mit verminderter Leistung weiterbetrieben werden kann. Der Ausfall eines kompletten Antriebs ist dadurch sehr unwahrscheinlich geworden. Bei Ausfall einer der insgesamt vier Leistungsbaugruppen steht noch 75% des Maximalmoments zur Verfügung. Die mögliche Schiffsgeschwindigkeit beträgt in diesem Fall noch über 92% der maximal möglichen Schiffsgeschwindigkeit.
Realisiert ist eine Schaltung mit 2 Leistungsteilgruppen je Motor, die parallel geschaltet sind. Jede dieser Leistungsteilgruppen speist eine der Wicklungen des Motors. Diese beiden Teilwicklungen sind im Motor um 30° versetzt angeordnet. Außer den Vorteilen von 2 redundanten Wicklungen wird so eine 12-pulsige Oberwelligkeit des Luftspaltdrehmoments erreicht. Der ohnehin schon geringe Körper und Luftschallpegel des Motors wird so weiter abgesenkt.
Jeder Antrieb wird aus beiden Sammelschienenhälften gespeist, so daß selbst bei einem Ausfall einer kompletten Sammelschiene beide Antriebe mit 50% Moment weiterbetrieben werden können. Selbst in diesem Fall wird noch nahezu 75% der maximal möglichen Schiffsgeschwindigkeit erreicht.
Jeder Antrieb ist als 24-pulsige Schaltung realisiert. Ziel dieser Schaltungsausführung ist eine drastische Reduktion der erzeugten Oberschwingungsströme. Dies ist eine der wesentlichen Vorraussetzungen für ein filterloses Konzept. Realisiert wird die 24-pulsige Schaltung durch einen Phasenversatz von 15 Grad zwischen den zwei parallel geschalteten Leistungsteilbaugruppen. Die Einspeisung erfolgt jeweils durch einen 3-Wicklungstransformator mit einer Schaltgruppe von Dy11d0. Dies ergibt jeweils eine 12-pulsige Schaltung, wie sie als Standardlösung bei größeren Antrieben gewählt wird. Um die gewünschte 24-pulsige Schaltung zu erreichen, wird die zweite Antriebsbaugruppe um 15° gegenüber der ersten Baugruppe versetzt. Beide Transformatoren sind mit einer identischen Schaltgruppe gefertigt. Der Phasenversatz wird durch eine Änderung des Drehfelds in Verbindung mit einem Schwenkzipfel von 7,5° erreicht.
Es wird deutlich, daß bei einer entsprechenden Anordnung der bei dieser Leistung in jedem Fall vorhandenen Halbleiterbrücken eine 24-pulsige Schaltung mit geringem Zusatzaufwand realisiert werden kann.
Des weiteren ergibt sich, daß bei einem Ausfall einer Leistungsteilhälfte der Antrieb noch in einer 12-pulsigen Konfiguration betrieben werden kann. Hier ist ein deutlicher Vorteil gegenüber 12-pulsigen Schaltungen zu sehen, die im Störungsfall nur noch 6-pulsig mit dem dann höheren Klirrfaktor betrieben werden können. Die Funktion von allen Geräten an Bord muss auch bei Ausfall einer Leistungsteilhälfte ohne Beschädigung gewährleistet sein.
Mit dieser Konzeption des Stromrichters sind die Voraussetzungen geschaffen, den geforderten Klirrfaktor einzuhalten. Umfangreiche, unterstützende Simulationen begleiteten die Auslegung der einzelnen Komponenten.

4 Stromrichtertypische Eigenschaften des Synchroconverters

Auf der Basis eines Vergleichs verschiedener Antriebskonzepte durch die Reederei und auf Grund vorhandener Erfahrungen ist der Synchroconverter als geeignetes Antriebskonzept für die „Costa VICTORIA“ ausgewählt worden.
Der Synchroconverter verhält sich bezogen auf das Netz wie ein thyristorgespeister Gleichstromantrieb. Dies bedeutet, daß der Umrichter eingerprägte Oberschwingungsströme erzeugt. Diese prinzipbedingten Oberschwingungsströme rufen an den Impedanzen der Netze und Verbraucher entsprechende Oberschwingungsspannungen hervor.
Die Oberschwingungsströme werden gemäß folgenden Gesetzmäßigkeiten erzeugt:

$$n = k \cdot p \pm 1$$

n = Ordnungszahl der Oberschwingung
k = 1, 2, 3, 4, 5, etc.
p = Pulszahl des Stromrichters
Beispiel: 12 pulsiger Stromrichter
Ergebnis n = 11, 13, 23, 25, 35, 37 etc.

Die Ordnungszahl multipliziert mit der Grundfrequenz entspricht der Frequenz der Oberschwingung. Dies bedeutet, daß sich die auftretenden Oberschwingungen bei 50 Hz und 60 Hz Netzen in der Frequenz unterscheiden.
Außer der Frequenz ist die Amplitude der Oberschwingung für die Bewertung des Netzverhaltens wichtig. Die Amplitude bestimmt sich aus folgender Formel:

$$I_n = \frac{1}{n} \cdot I_1$$

I_n = Amplitude der Oberschwingung
I_1 = Amplitude der Grundschwingung
n = Ordnungszahl der Oberschwingung

Dies bedeutet, daß sich die Amplitude des Oberschwingungsstromes umgekehrt proportional zur Frequenz verhält. Die Oberschwingungsspannung ermittelt sich aus dem Spannungsabfall an den Netzinduktivitäten.

$$U_n = n \cdot I_n \cdot \omega \cdot L$$

ω = Kreisfrequenz der Grundfrequenz

Diese Zusammenhänge gelten bei idealen Verhältnissen wie idealer Gleichstrom und ideales Netz.
Aus diesen einfachen Beziehungen können die Auslegungsmöglichkeiten, den Klirrfaktor zu minimieren, abgeleitet werden. Zur Vermeidung von Filterkreisen sind folgende Vorraussetzungen zu schaffen:

1. Maximale Pulszahl des Umrichters
2. Minimierung der Quellreaktanzen
3. Keine Netzresonanz im Bereich einer auftretenden Oberschwingungsspannung.

Die Ausführung der Netzstromrichter in einer 24-pulsigen Schaltung basiert auf diesen Überlegungen. Diese Schaltungsausführung ist erstmals bei einem Passagierschiff angewendet worden.
Als erste Oberschwingungen treten die 23./ 25. Harmonische der Grundschwingung entsprechend 1380 Hz/1500 Hz (bei einem 60 Hz Netz) auf. Deutlich wird, daß zwischen der 60 Hz Grundschwingung und 1380 Hz keine ausgeprägte durch die Fahranlage erzeugte Oberschwingung existiert. Die nächsten auftretenden Oberschwingungen, die 47./49. Oberschwingung, liegen bei 2820 Hz/2940 Hz und damit bereits recht hoch in Relation zur Grundschwingung. Außer den nicht vorhandenen üblichen Oberschwingungen der 5. / 7./ 11./ 13. Ordnung, die folglich nicht zur Verschlechterung des Klirrfaktors beitragen, ist die Amplitude der auftretenden Oberschwingungsströme wesentlich reduziert. Für die Costa VICTORIA beträgt die Amplitude der ersten Oberschwingung folglich nur 1/23 entsprechend = 0,043 I_1. Dieses Zahlenbeispiel verdeutlicht den Einfluß der Pulszahl des Stromrichters. Die durch diesen Strom hervorgerufenen Spannungen sind im gleichen Verhältnis reduziert.

5 Bordnetzkonfiguration unter Beachtung des Klirrfaktors

Die Anforderungen an den Entwurf eines filterlosen Bordnetzes bei einem Schiff mit elektrischer Fahranlage sind besonders hoch und erfordern die Beachtung folgender Kriterien:

5.1 Minimierung der Oberschwingungsströme durch die Wahl der Schaltungsart der Stromrichter

5.2 Minimierung der Oberschwingungsspannung des Bordnetzes durch Auslegung der Generatoren

5.3 Definition der Teilnetze mit sensitiven Verbrauchern und gegebenenfalls Entkopplung mittels rotierender Umformer

Im wesenlichen wird die Netzqualität durch den Spannungsklirrfaktor k_u beschrieben

$$K_U = \frac{\sqrt{\sum_{n=2}^{\infty} U_{n^2}}}{U_{\text{eff}}}$$

Abbildung 3 stellt das vereinfachte einphasige Ersatzschaltbild für die Betrachtung des Oberschwingungsverhaltens eines Schiffsnetzes mit Stromrichtern dar. Die Stromrichter sind als Erzeuger von eingeprägten Strömen höherer Ordnung dargestellt. Da es sich um eingeprägte Ströme handelt, sind die Oberschwingungsspannungen von der am Meßpunkt wirksamen Ersatzimpedanz abhängig. Bei einer Betrachtung der Größe der Einzelimpedanzen wird deutlich, daß die subtransiente Reaktanz der Generatoren den Klirrfaktor bestimmt. Bei der Auslegung der Generatoren ist deshalb eine möglichst geringe subtransiente Reaktanz vorzusehen, soweit diese Forderung nicht mit der Kurzschlußstromfähigkeit der Schaltanlage kollidiert. Parallelbetriebene Asynchronmotoren verringern den Klirrfaktor, eine deutliche Reduktion wird im Regelfall jedoch nicht erreicht, da das x_d'' der Generatoren sehr viel kleiner ist. Ebenso sind die Reaktanzen der Verbrauchernetze groß gegenüber den Reaktanzen der Generatoren, so daß eine Reduktion des Klirrfaktors im wesentlichen durch die Auslegung der Verbraucher nicht erreichbar ist.
Zusammengefaßt ist festzuhalten, daß der Auslegung der subtransienten Reaktanzen besondere Beachtung zu schenken ist, um einen zufriedenstellenden Klirrfaktor auch ohne Filterkreise zu erreichen.

6 Weitere Einflußparameter auf die Netzqualität

Die bisherige Betrachtung geht von idealisierten Bedingungen aus, wobei der Netzstrom eine ideale Rechteckform aufweist. Jede Abweichung hiervon, wie z.B. nicht vollständig geglätteter Gleichstrom, verändert nicht das Oberschwingungsspektrum, jedoch die Amplitude der einzelnen Oberschwingungen. Die folgende Darstellung soll die Tendenzen aufzeigen, welche Auswirkungen reale Netze und Verbraucher auf die Oberschwingungen und damit auf den Klirrfaktor haben.

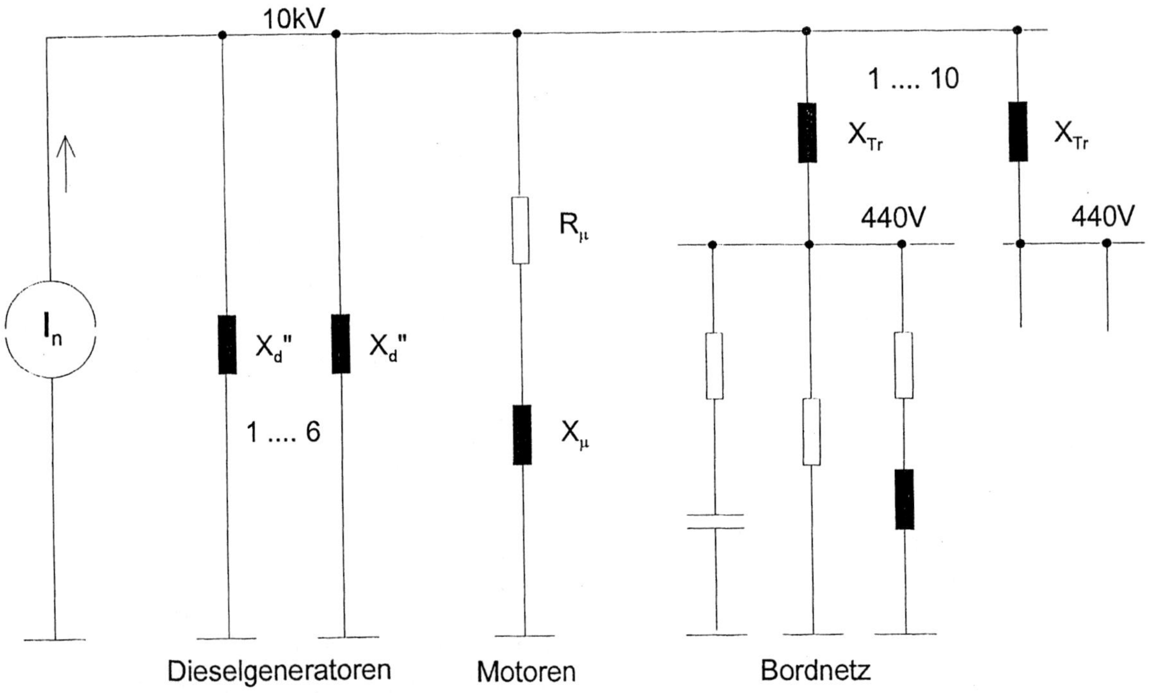

Abb. 3. Einpoliges Ersatzschaltbild eines Bordnetzes mit Stromrichtern

6.1 Überlappung des Stromes beim Kommutieren

Bedingt durch Netz- und Kommutierungsreaktanzen kommutiert der Netzstrom in endlicher Zeit. Diese Überlappung des Stromes senkt die Amplitude aller auftretenden Oberschwingungsströme, allerdings auch die erzielbare Gleichspannung. Außer von den Netz- und Transformatorreaktanzen ist die Überlappung von dem Steuerwinkel des Netzgleichrichters abhängig. Bedingt durch die zur Verfügung stehende Kommutierungsspannung nimmt die Überlappung bei Vollaussteuerung zu. Hieraus ist der geringere Klirrfaktor bei Nenndrehzahl des Antriebs herzuleiten.
Aus diesem Grund ist auch die Nennspannung des Motors so festzulegen, daß bei Nenndaten des Motors der Netzstromrichter nahezu in Vollaussteuerung betrieben wird.
Auf eine ausreichende Kommutierungsreaktanz sowie auf das Verhältnis Kommutierungsreaktanz zu Netzreaktanz ist zu achten.

6.2 Nicht idealer Gleichstrom im Zwischenkreis

Bedingt durch eine nicht unendlich große Zwischenkreisdrossel weist der reale Gleichstrom eine Welligkeit auf. Diese Welligkeit vergrößert die Amplitude einiger Oberschwingungen, (z.B. der 5. bei einer 6-pulsigen Schaltung), andere Oberschwingungen treten kleiner auf, bzw bleiben gleich. Zusätzlich treten Oberschwingungen der Wechselrichterseite und damit des Motors im Netz auf.
Als Maßnahme ist bei der Anlagenprojektierung eine ausreichend große Drossel vorzusehen, um die notwendige Entkopplung des Wechselrichters vom Netz zu erreichen. Leistungsfähige Simulationsprogramme unterstützen diese Auslegung.

6.3 Nicht stationäre Vorgänge

Die Theorie der Stromrichteroberschwingungen basiert auf stationären, periodischen Vorgängen. Bedingt durch nicht stationäre Vorgänge entstehen Unsymmetrien der Netzströme, die das Spektrum und die Amplitude verändern. Unsymmetrien werden z.B. durch Beschleunigungsvorgänge oder auch Ausregelvorgänge hervorgerufen. Es treten dann auch gradzahlige Oberschwingungsströme auf. Bei der Erprobung der Anlage sind die einzelnen Regelkreise mit einer entsprechenden Dämpfung zu versehen, um nicht kontinuierliche Ausregelvorgänge zu erhalten.

6.4 Kapazitäten im Netz vermeiden

Jede Kapazität, sowohl im Hochspannungsnetz, als auch in allen über Transformatoren gekoppelten Netzen, bildet mit den Netzreaktanzen einen Reihenschwingkreis. Dieser als Saugkreis wirkende Schwingkreis stellt je nach Größe der wirksamen Elemente einen niederohmigen Widerstand für die Oberschwingungsströme dar. Zu dem Grundschwingungsstrom addiert sich die Summe der Oberschwingungsströme, wodurch eine Überlastung des jeweiligen Gerätes bzw. Abgangs hervorgerufen werden kann. Einzelkompensierte Geräte sind zu vermeiden bzw. es sind nur verdrosselte Kondensatoren vorzusehen. Deutlich wird das am Beispiel von Leuchtstofflampen, wo durch Wahl einer Reihenkompensationsschaltung anstelle von Parallelkompensation Überlastungen vermieden werden. Auch RC Beschaltungsglieder bilden mit vorgeschalteten Reaktanzen einen, wenn auch gedämpften, Schwingkreis. Diese RC Glieder sind besonders zu beachten, da die teilweise sehr geringen zulässigen Verlustleistungen von < 1W scon bei kleinen Oberschwingungsströmen zu Überlastungen führen.

6.5 Netzresonanzen

Unabhängig vom Einsatz von Stromrichtern weist jedes Schiffsbordnetz Eigenresonanzen durch in jedem Fall vorhandene parasitäre oder parasitäre Kapazitäten auf. Diese sind unabhängig von der installierten Stromrichterleistung. Die typischen Eigenresonanzen liegen im Bereich einiger Kilohertz für Schiffe ohne diskrete Filterkreise. Beim Einsatz von Stromrichtern wird die Netzresonanz durch Schaltvorgänge angeregt. Da jede Kommutierung einen Schaltvorgang darstellt, wird die Eigenresonanz periodisch angeregt. Es ensteht eine höherfrequente, abklingende Schwingung bei jeder Kommutierung. Diese Spannung ist für die Leistungselektronik selbst unkritisch, belastet jedoch unbeschaltete Kondensatoren und RC Glieder in einzelnen Geräten. Im ungünstigen Fall werden diese Eingangskreise überlastet.
Bei der Auslegung bzw. Beschaffung einzelner Geräte ist darauf zu achten, ob RC Beschaltungen oder Kondensatoren parallel zu den Eingangsklemmen liegen. Folgende Geräte sind hier besonders angesprochen:

kompensierte Leuchtstofflampen
Netzteile, speziell Schaltnetzteile
sonstige Eingangskreise elektronischer Geräte
RC Beschaltungen als Kontaktschutz von Relais oder Schaltgeräten

Bei einer Auslegung der Geräte gemäß den GL Vorschriften ergeben sich erfahrungsgemäß keine Probleme, da diese für einen Klirrfaktor von 10% auszulegen sind. Da die Eigenresonanz jedoch durchaus im Bereich der 100. Oberschwingung liegen kann, sind auch hier die Eingangskreise nochmals kritisch zu überprüfen.
Bei einem Einsatz von Filterkreisen ist zu beachten, daß sich die Zahl der Netzresonanzen mit jedem Kreis erhöht.

7 Darstellung der Klirrfaktormessungen am Beispiel „Costa VICTORIA“

Abbildung 4 zeigt den Verlauf des Klirrfaktors der 10 kV Schiene in Abhängigkeit der Fahrhebelstellung. Der Klirrfaktor der einzelnen Unternetze folgt diesem Verlauf mit einer Reduktion um mindestens 1%. Deutlich wird aus den Werten, daß:

1. Auch bei einem sehr hohen Stromrichteranteil der elektrischen Propulsion an der Gesamtlast sind die Anforderungen der Klassifizierungsgesellschaften bei sorgfältiger Auslegung der Verbraucher ohne Filterkreise einhaltbar.
2. Der Einfluß der Überlappung wird deutlich durch den sehr guten Klirrfaktor bei maximaler Aus-

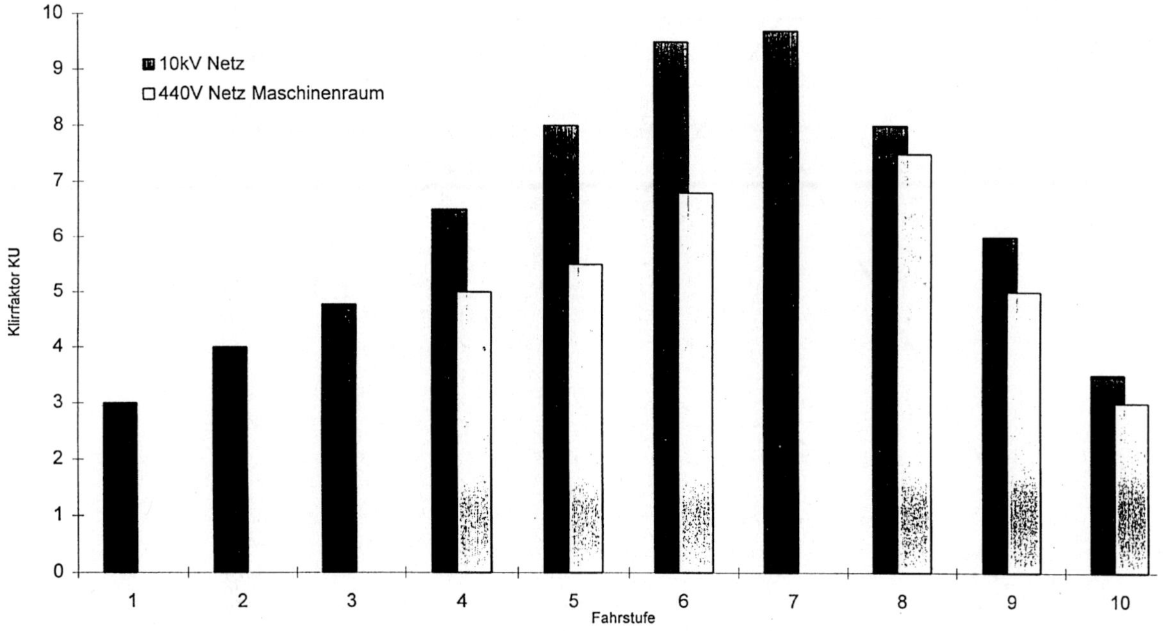

Abb. 4. Verlauf des Klirrfaktors am Beispiel „Costa VICTORIA“

steuerung der Stromrichter entsprechend maximaler Geschwindigkeit. Es sind Schaltungsvarianten verfügbar, mit denen Vollaussteuerung auch im Teillastbetrieb erreicht wird, siehe Teil 8 dieses Vortrags.

3. Abgesehen von einigen RC Gliedern mit Bauleistungen von < 1W, die in ihrer Dimensionierung geändert werden mußten, sind die Geräte an Bord in der Lage mit dieser Bordnetzqualität störungsfrei zu arbeiten.
4. Besonders sensitive Verbraucher, z. B. Funk- oder Navigationsgeräte, für die ein Klirrfaktor von 10% problematisch ist, sind durch Sondernetze zu versorgen.

Die mittels Simulation in der Auslegungsphase bestimmten Klirrfaktoren sind in ihren wesentlichen Größen durch die Messungen bestätigt worden. Das vorhandene Rechenprogramm ist für die Bestimmung des Kllirrfaktors geeignet.

8 Innovationen für elektrische Fahranlagen

Im Nennpunkt des Antriebs ist bedingt durch die langsam erfolgende Kommutierung der Klirrfaktor niedrig. Mit der von STN ATLAS neu entwickelten K-Schaltung wird mit einer Spannungsanpassung im Teillastbetrieb der Klirrfaktor und der Leistungsfaktor auch in diesen Bereichen wesentlich verbessert. Die K-Schaltung nutzt bei Umrichtern, die 2 in Reihe geschaltete Netzgleichrichterbrücken aufweisen, die Möglichkeit im Teillastbereich nur eine Netzgleichrichterbrücke zu betreiben. Dies ist in der Regel bei Antrieben mit 12-pulsiger Netzrückwirkung möglich. Die zweite Brücke wird mittels Dauerimpulsen kurzgeschlossen. Die gewünschte Vollaussteuerung wird so bereits bei Teildrehzahlen erzielt. Legt man die Anschlußspannung der Brücken im Spannungsverhältnis 40% : 60% aus, entstehen 3 Betriebspunkte in denen sowohl der Klirrfaktor als auch der Leistungsfaktor optimal sind. Zwischen den Spannungsstufen im Teillastbereich erfolgt ein Feldschwächbetrieb des Fahrmotors, der bis zum Erreichen der möglichen Leistung ausgenutzt werden kann. Geht man von einem für 14% Feldschwächbetrieb ausgelegten Motor aus, so ergibt sich fast im gesamten Betriebsbereich Vollaussteuerung des Netzgleichrichters und somit ein niedriger Klirrfaktor in Verbindung mit einem Leistungsfaktor von > 0,92. In dem gewählten Beispiel wird in der Leistungsstufe 1 eine Drehzahl von über 70% der Nenndrehzahl erreicht, womit diese Stufe in vielen Fällen ohne Umschaltung ausreichend ist. Die Umschaltung der Spannungsbereiche erfolgt ohne merkbaren Last-

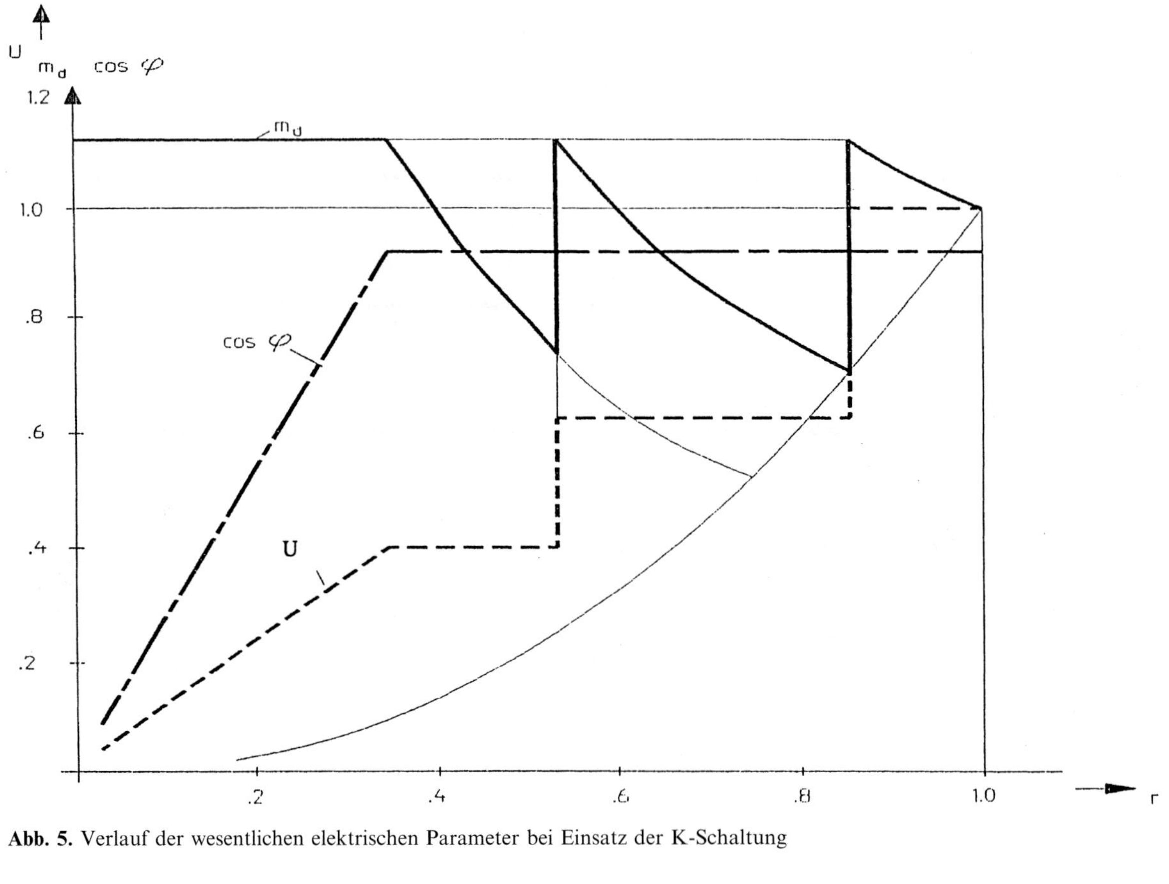

Abb. 5. Verlauf der wesentlichen elektrischen Parameter bei Einsatz der K-Schaltung

sprung für die Dieselaggregate, da die Regler den Strom im Zwischenkreis in wenigen Millisekunden ausregeln.
Die K-Schaltung halbiert im kritischen mittleren Drehzahlbereich gegenüber einer normalen Schaltung in etwa den Klirrfaktor, so daß in der Regel auf weitere Maßnahmen verzichtet werden kann. Verbunden ist mit der Verbesserung des Leistungsfaktors eine Wirkungsgradverbesserung von bis zu 10% im Teillastbereich. Durch den besseren Leistungsfaktor können die Generatoren zudem für einen Leistungsfaktor von > 0,90 ausgelegt werden.
Die erste Anlage dieser Art wird auf dem Schadstoff- und Unfall-Bekämpfungsschiff (SUBS) realisiert und in Kürze erprobt.

9 Zusammenfassung

Auf Schiffen mit einer diesel-elektrischen Fahranlage ist der Anteil der Stromrichterlast bezogen auf die Gesamtlast hoch. Diese für die Auslegung der Bordnetzversorgung im Prinzip ungünstige Konstellation erfordert bei der Auswahl der Komponenten der Energieerzeugung und -verteilung besondere Beachtung. Bei einer entsprechenden Systemauslegung sind in der Regel erhöhte Kosten nicht zu erwarten.
Eine Systemauslegung ohne Filterkreise ist bei großen Passagierschiffen durchaus möglich, sofern das richtige Stromrichterkonzept gewählt wird. Die Netzqualität mit einem Klirrfaktor von unter 10% bereitet üblichen Verbrauchern keine Probleme, einige sensitive Verbraucher, z.B. im Funk- und Navigationsbereich, müssen speziell betrachtet werden.
Als Ergebnis aus diesen Systemüberlegungen zeigen sich auch nach nahezu einem Jahr Betrieb keine Betriebsprobleme auf der Costa VICTORIA. Hierdurch wird die Systemauslegung der STN ATLAS Elektronik in allen Bereichen bestätigt.
Weitere Verbesserungen des Klirrfaktors werden durch den Einsatz von Schaltungsvarianten wie der K-Schaltung möglich, die den optimalen Klirrfaktor bei Vollaussteuerung nutzt.

Schrifttum

1 Germanischer Lloyd, Klassifikations- und Bauvorschriften, Schiffstechnik, Teil 1, Kapitel 3, Elektrische Anlagen, Abschnitt 1 Allgemeine Vorschriften und Hinweise, Unterabschnitt F.2 Netzqualität Hamburg 1992
2 Adolf J. Schwab „Elektromagnetische Verträglichkeit" Springer Verlag Berlin 1994
3 Prof. Dr. Rudolf Lappe „Leistungselektronik Handbuch" Verlag Technik Berlin 1994
4 Albert Kloss: „Stromrichter-Netzrückwirkungen in Theorie und Praxis" AT Verlag Aarau 1981
5 Ökonomieantrieb STN-Patent DE 195 19 424 A1
6 Längstransformator STN-Patent DE 195 22 302 A1

Reduzierung der Netzrückwirkungen durch innovative Stromrichtertechnik

Prof. Dr.-Ing. **Gustav Vaupel**
Fachhochschule Hamburg

Dipl-Ing. **Peter Andersen**
Siemens AG, Hamburg

Summary. Line voltage distortion on board of ships caused by their electric drives or high power converters for other consumers is a very actual theme. This paper describes possibilities to reduce or compensate distortions by innovative power electronics. High pulse rate converters improve line quality by avoiding lower frequency harmonic currents which have a higher value than higher frequency parts. Using active filters which are pulse width converters like SIPCON as line quality conditioners special harmonic currents can be sucked out of line.

1 Einführung

Der zunehmende Einsatz von schaltenden Betriebsmitteln verursacht bekanntlich Grundschwingungs- und Verzerrungsblindleistung im speisenden Netz, das ein Koppelelement zwischen vielen unterschiedlichen Betriebsmitteln darstellt und so einen Einfluß der einzelnen Einrichtungen untereinander und aufeinander bedingt. Diesen sogenannten Netzrückwirkungen (NRW), die sich vor allem in Spannungsabsenkungen, -verzerrungen und Verlusten bemerkbar machen, kann auf verschiedenste

Weise begegnet werden. Dabei lassen sich folgende Grundregeln nennen:

1. Vermeiden der Ursachen, wenn möglich
2. Reduzierung der Rückwirkungen soweit wie notwendig
3. Gesamtaufwand so gering wie möglich halten.

Unter „Vermeiden der Ursachen" fallen vor allem schaltungstechnische Maßnahmen. Für die Mehrzahl der industriellen und privaten Anwendungen sind die hier angesprochenen, neuartigen, besonders netzfreundlichen Schaltungen wirtschaftlich (noch) nicht tragbar. In speziellen Fällen, vor allem bei schwachen Netzen wie z. B. den Bordnetzen von Schiffen, ist der Einsatz innovativer netzfreundlicher Schaltungstechnik technisch notwendig.
Lassen sich die Ursachen der NRW nicht vermeiden, müssen die Rückwirkungen bei bekanntem Blindleistungs- und Oberschwingungsverhalten an die Erfordernisse durch Kompensations- und Filterkreisanlagen angepaßt werden.
Vor der Konzeption einer Kompensationsanlage sind folgende technischen Punkte zu klären:

1. Möglichst genaue Bestimmung der Netzimpedanz in ihrem vollen Variationsspektrum.
2. Welche Grundschwingungsblindleistung soll kompensiert werden?
3. Welche maximale Belastung durch die einzelnen Oberschwingungskomponenten ist zu erwarten?

2 Rückblick auf die Ursachen und Auswirkungen der NRW

2.1 Leistungsbegriffe

Bei sinusförmigem Verlauf von Strom und Spannung sind die Leistungsverhältnisse einfach überschaubar. Es gilt:

Scheinleistung: $S = U * I$
Wirkleistung: $P = U * I * \cos\varphi$
allgemein: $P = 1/T * {}_0\int^T u(t) * i(t) * dt$
Blindleistung: $Q = U * I * \sin\varphi$, mit $S^2 = P^2 + Q^2$ und
Verschiebungsfaktor: $\cos\varphi = P/S$.

Diese Leistungsbegriffe sind Rechengrößen. Nur der Augenblickswert der Leistung P(t) hat eine physikalische Bedeutung.
Bei der Betrachtung der Wirkungsweise von Stromrichtern reichen diese Begriffe nicht aus, weil nicht sinusförmige Ströme auf der Wechselstromseite fließen. Die Definitionen sind unter der Annahme einer sinusförmigen Spannung zu erweitern.

Scheinleistung: $S = U * I$, mit $I^2 = I_1^2 + I_2^2 + I_3^2 + \cdots$
Wirkleistung: $P = P_1 = U * I_1 * \cos\varphi_1$
Blindleistung: $Q^2 = S^2 - P^2$ mit zwei Anteilen:
Grundschwingungsblindleistung:

$Q_1 = U * I_1 \sin\varphi_1$ und

Verzerrungsleistung: $D^2 = U^2 * (I_2^2 + I_3^2 + \cdots)$

Es ist ferner definiert:

Leistungsfaktor $\lambda = P/S = g * \cos\varphi_1$ mit
Grundschwingungsgehalt: $g = I_1/I$
Leistungsbeziehung: $S^2 = P^2 + Q_1^2 + D^2$
(siehe auch DIN 40110 Wechselstromgrößen).

Hat auch die Spannung einen nicht sinusförmigen Verlauf muß unter verschiedenen Gesichtspunkten eine weitere Aufspaltung nach geeigneten Teilgrößen durchgeführt werden [4].

2.2 Blindleistung

2.2.1 Blindleistung bei netzgeführten Stromrichtern

Aus der Wirkungsweise der Stromrichterventile als Schalter in Stromrichterschaltungen wird das Wechselstromnetz mit Oberschwingungen und Blindleistung belastet. Die Blindleistung tritt vor allem bei gesteuerten Stromrichtern auf. Der gesamte Blindleistungsbedarf steuerbarer Stromrichter besteht aus der Steuer- und der Kommutierungsblindleistung. Die Steuerblindleistung wird durch die nacheilende Verschiebung des rechteckförmigen Anodenstromblocks um den Steuerwinkel α hervorgerufen. Die Phasenverschiebung der Grundschwingung des Stromes entspricht dem gleichen Steuerwinkel.
Durch den Kommutierungsvorgang ergibt sich eine Überlappung der Ströme der beiden kommutierenden Ventile (Stromrichter-Zweige) – vorübergehender Kurzschluß zweier Transformatorphasen – die zu einer Verschleifung der Stromflanken und damit zu einer weiteren nacheilenden Verschiebung der Grundschwingung des Stromes führt. Die hierdurch bedingte Blindleistung wird mit Kommutierungsblindleistung bezeichnet.

2.2.2 Zeitverhalten der Blindleistung

In der Praxis wird z.B. ein Antrieb häufig in der Drehzahl verstellt, beschleunigt oder abgebremst. Dort ist dann der zeitliche Verlauf der Blindleistung von Interesse.

2.2.3 Blindleistungsverhalten der Frequenzumrichter

In Bezug auf die Netzbelastung durch Stoßblindleistung weisen umrichtergespeiste Antriebe im Vergleich zu ungeregelten Antrieben schon allein dadurch eine erhebliche Netzentlastung auf, weil der hohe Anlaufstrom von Käfigläufermotoren entfällt. Außerdem muß berücksichtigt werden, daß die Drehmomentanforderungen durch die Belastungsmaschinen oft quadratisch mit der Drehzahl steigen, so daß die absoluten Werte der Blindleistung trotz

relativ ungünstigen Leistungsfaktors bei herabgesteuertem Betrieb kaum mehr ins Gewicht fallen.
Man muß mindestens folgende Umrichtertypen unterscheiden:

A: Zwischenkreisumrichter mit ungesteuertem netzseitigen Stromrichter (U-Umrichter; Pulswechselrichter)
B: Zwischenkreisumrichter mit gesteuertem netzseitigen Stromrichter (U-Umrichter; I-Umrichter)
C: Direktumrichter
D: Pulsumrichter mit gepulstem netzseitigen Stromrichter (4Quadrantensteller; Pulsstromrichter)

Für die oben genannten Umrichterausführungen gelten folgende Gesetzmäßigkeiten:

Typ A: Abgesehen von der Kommutierungsblindleistung des netzgeführten Stromrichters, wird unabhängig von der Drehzahl dem Netz nur Wirkleistung entnommen.

Typ B: Nahezu proportionale Abhängigkeit vom Steuerwinkel des netzgeführten Stromrichters. Zu beachten ist, daß beim U-Umrichter die Magnetisierungs(blind)leistung für die Maschine vom Zwischenkreiskondensator geliefert, und beim I-Umrichter vom Netz mit aufgebracht werden muß.

Typ C: Nahezu proportionale Abhängigkeit von der Aussteuerung. Die Blindleistung liegt im gesamten Aussteuerungsbereich stets oberhalb der eines vergleichbaren Gleichstromantriebes, weil die drei Umkehrstromrichter nie gleichzeitig mit maximaler Aussteuerung betrieben werden. Zu beachten ist, daß durch die sogenannte Trapezaussteuerung Blindleistungsreduzierung möglich wird, wobei Oberschwingungsanteile geringfügig steigen.

Typ D: Verursacht unabhängig von der Aussteuerung praktisch keine Blindleistung.

2.3 Oberschwingungen

2.3.1 Oberschwingungen netzgeführter Stromrichter

Die Ströme in den Netzzuleitungen von Stromrichterschaltungen sind nur in Sonderfällen sinusförmig. Unter Vernachlässigung von Reaktanzen in der Zuleitung, bzw. eines streuungslosen Stromrichtertransformators, sowie einer unendlich großen Glättungsdrossel L_d sind die Netzströme rechteckförmige Stromblöcke, deren Breite schaltungsabhängig ist.
Eine Analyse der Ströme nach Fourier ergibt neben dem Grundschwingungsstrom I_1 auch Oberschwingungsströme i_ν. Die Ordnungszahl ν der Oberschwingung errechnet sich aus:
$\nu = k^* p +/- 1$ mit $k = 1{,}2{,}3$ und p = Pulszahl.
Der Effektivwert der Oberschwingung ergibt sich zu
$I_\nu = 1/\nu * I_1$
Charakteristisch für die Oberschwingungen im Netzstrom ist, daß nur die Pulszahl p der Stromrichterschaltung die Ordnungszahl der auftretenden Oberschwingungen bestimmt.
In der Drehstrombrückenschaltung (6-pulsig) treten beispielsweise folgende Oberschwingungen auf: $\nu = 5, 7, 11, 13, \ldots$
In der Praxis sind die oben erwähnten idealen Bedingungen nicht gegeben. Welchen Einfluß haben daher Kommutierungsreaktanzen bzw. der Steuerwinkel auf die Höhe der Oberschwingen?
Der Oberschwingungsstrom I_ν wird infolge der Reaktanzen imKommutierungskreis kleiner, da durch diese Reaktanzen der Stromanstieg, bzw. -abfall abgeflacht wird. Die Abnahme ist nicht unerheblich und besonders bei Oberschwingungen mit einer Ordnungszahl $\nu \geq 11$ ausgeprägt.
Die Abhängigkeit der Höhe der Oberschwingungsströme ist nicht mehr mit einer einfachen Gleichung darstellbar. Sie ist in vielen Lehrbüchern wiedergegeben. In DIN 41750 Blatt 4 Beiblatt sind einige Kurvenscharen wiedergegeben.
Ein weiterer Einfluß auf die Größe der Oberschwingungen hat die Welligkeit des Stromes auf der Gleichstromseite. Die 5. Oberschwingung erreicht beim Übergang vom lückenden in den nicht lückenden Betrieb fast den doppelten Wert, während die 7. und 13. Oberschwingung kleiner wird bzw. sogar Null.
Oberschwingungen können ferner auftreten, wenn die Impulssymmetrie eines Steuersatzes schlecht ist, oder in den einzelnen Kommutierungskreisen unterschiedliche Reaktanzen wirksam sind, bzw. die Spannungen des Dreiphasensystems nicht gleich sind, oder der Phasenwinkel verschieden von 120 ° ist.
Für die aus Unsymmetriegründen zu erwartenden Oberschwingungsströme besteht eine fast proportionale Abhängigkeit von der Impulssymmetrie. Als Richtwert für $I\nu/Id$ kann mit einem Betrag von 1,5 % /° el $\Delta\alpha$ gerechnet werden [2].
Während bei den bisher betrachteten Stromrichtern die Oberschwingungsfrequenz fest und konstant ist, können bei sogenannten Direktumrichtern die Oberschwingungen mit einer Frequenz von
$f_M = 2 * p_2 * f_2$ moduliert werden, p_2 Phasenzahl sekundärseitig, f_2 Frequenz sekundärseitig.
Es treten dann neben der Frequenz der ν-ten Oberschwingung Seitenbandfrequenzen auf mit
$f_s = f\nu +/- f_M$
Wird die Frequenz auf der Sekundärseite von Null bis Nennfrequenz f_2 verändert, so tritt ein Frequenzband im Bereich zwischen den beiden Seitenbandfrequenzen auf.

2.3.2 Überlagerung von Oberschwingungen

Arbeiten mehrere Stromrichter an einem Anschlußpunkt, so dürfen die Oberschwingungswerte der Einzelstromrichter nicht algebraisch addiert werden, da dies zu ungünstige Werte liefert. Die Oberschwingungen der Einzelstromrichter addieren sich vektori-

ell. In der Praxis ist das Problem des Zusammenarbeitens mehrerer voneinander unabhängiger Stromrichter nur noch mit den Mitteln der Statistik zu lösen [5].
Arbeiten beispielsweise 10 Stromrichter gemeinsam an einem Anschlußpunkt mit unterschiedlicher Last und bei unterschiedlicher Aussteuerung so ist mit einer Wahrscheinlichkeit von 99 % nur mit 40 % der Oberschwingung des worst-case Falles zu rechnen, eine nicht unerhebliche Reduktion.

2.4 Flicker

Stromrichter im Schaltbetrieb, z.B Wechselstromsteller nach dem Prinzip der Schwingungspaketsteuerung, können störend auf andere Verbraucher wirken. Die Netzrückwirkung ist nicht stromrichterspezifisch; sie tritt jedes Mal beim Zuschalten einer Last an ein Netz auf. Die dabei eintretende Spannungsabsenkung ist proportional der zugeschalteten Leistung in Abhängigkeit von der Netzimpedanz. Interessant ist der Bereich mit einer Folgefrequenz um 10 Hz, da das menschliche Auge hier besonders empfindlich ist. So sind die Leuchtdichteschwankungen einer Glühlampe schon bei 0,3 % Spannungsschwankungen und 8 Hz bemerkbar. Sofern möglich, ist dieser Bereich zu meiden.

2.5 Berechnung von Netzrückwirkungen

In der Praxis tritt immer wieder die Frage auf: Was ist zulässig? Ist der Anschluß eines Stromrichters an ein vorhandenes Netz zulässig oder nicht?
In der VDE 0160 sind Angaben über die zulässigen Rückwirkungen von Stromrichtern bei Betrieb am Netz enthalten. So darf der Spannungseinbruch in der Netzspannung bei Kommutierungen im Stromrichter einen maximalen Wert von 20 % des Scheitelwertes der Spannung nicht überschreiten. Der Oberschwingungsgehalt einzelner Oberschwingungen muß unterhalb des zulässigen Grenzwertes von 5 % eingehalten werden.
In einer ausführlichen Untersuchung hat G. Möltgen für die Drehstrombrückenschaltung das Problem untersucht und für die Praxis aufbereitet, [6]. Dort können weitere Details nachgelesen werden.

2.6 Resonanzen

Eine Parallelresonanz tritt besonders stark in Erscheinung, wenn oberschwingungserzeugende Betriebsmittel an Sammelschienen betrieben werden, an denen gleichzeitig auch ins Gewicht fallende Kapazitäten angeschlossen sind (z.B Kabel oder Kondensatoren zur Leistungsfaktorverbesserung, abgestimmte Filterkreise zur Oberschwingungskompensation). Die Resonanzfrequenz des Netzes liegt somit im Bereich niedriger Frequenzen, für die auch beachtliche Oberschwingungsströme fließen. Die sich der Netzspannung überlagernde Oberschwingungsspannung kann ein Vielfaches der Spannung ohne Resonanzeffekt erreichen.

2.7 Frequenzumrichter

Art und Ausmaß der NRW umrichtergespeister Antriebe sind im Vergleich zu Gleichstromantrieben von einer weitaus größeren Zahl von Einflußgrößen abhängig. Hinzu kommt, daß es eine Aussage für d e n umrichtergespeisten Antrieb nicht gibt. Es hängt stets davon ab, welcher Umrichtertyp (nach 2.2.3) vorliegt.
Oberschwingungsverhalten der Umrichter
Der Umrichter Typ D ist in bezug auf Oberschwingungsbeanspruchung für das Netz nahezu bedeutungslos.
Bei pulsendem Netzstromrichter (Typ D), die es sowohl mit Gleichspannung- als auch mit Gleichstrom-Zwischenkreis gibt, wird durch Vorgabe einer sinusförmigen toleranzbehafteten Führungsgröße dafür gesorgt, daß sämtliche Oberschwingungen, die klein gegenüber der Pulsfrequenz sind, nur mit vernachlässigbar kleinen Amplituden auftreten.
Die Pulsverfahren bieten auch die Möglichkeit, aus dem gesamten Spektrum Oberschwingungen in einem beliebigen Frequenzband zu eliminieren.
Die 3 erstgenannten Umrichtertypen (A, B, und C) weisen eine für die NRW bedeutsame zusätzliche Eigenschaft auf. Hier ist bemerkenswert, daß die Ordnungszahlen der netzseitigen Oberschwingungsströme nicht mehr allein von der Pulszahl des netzseitigen Stromrichters bestimmt werden. Zur Veranschaulichung dieser Sachlage ist es bei Zwischenkreisumrichtern sinnvoll, zwischen netzseitigen und maschinenseitigen Strom- und Spannungsgrößen des Umrichters zu unterscheiden.
Von entscheidender Bedeutung für den Strom im Netz ist bei solchen Umrichtern stets der Gleichstrom des netzseitigen Stromrichters i_{dN}. Für Umrichter mit Stromeinprägung im Zwischenkreis ist er mit dem Gleichstrom des maschinenseitigen Stromrichters i_{dM} identisch ($i_d = i_{dN} = i_{dM}$). Dieser Strom wird aus den beiden Spannungen u_{dN} und u_{dM} in Verbindung mit der Kopplungsinduktivität bestimmt.
In der netzseitigen Zwischenkreisspannung u_{dN} sind neben der Gleichspannung U_d auch Wechselanteile mit 6, 12, 18,... facher Netzfrequenz enthalten. (Gilt auch für Gleichstrom-Antriebe). Der Steuerwinkel bestimmt die Amplitude und Phasenlage dieser Anteile.
In der motorseitigen Zwischenkreisspannung u_{dM} sind neben der Gleichspannung U_d auch Wechselanteile mit 6-, 12-, 18-facher Maschinenfrequenz enthalten. Der Steuerwinkel α_M bestimmt die Amplitude und Phasenlage dieser Anteile.
Der sich aus den Wechselanteilen der Spannung u_{dN} und u_{dM} in Verbindung mit der Zwischenkreisinduktivität L_d ergebende Zwischenkreisstrom enthält Wechselanteile, die sowohl der Netz- als auch der Maschinenfrequenz entsprechen. Der Gleichstrom

des netzseitigen Stromrichters i_{dN} setzt sich somit aus insgesamt 3 Anteilen zusammen:

- Gleichanteil I_{d0}
- vom netzseitigen Stromrichter verursachter überlagerter Wechselanteil
- vom maschinenseitigen Stromrichter verursachter überlagerter Wechselanteil.

Die stromrichtertypischen Oberschwingungen im Netz resultieren daher – wie bei einem Gleichstromantrieb – aus der Transformation des Gleichstromes I_{d0} und den von u_{dN} herrührenden Wechselanteilen auf die Netzseite. Die Zusatzoberschwingungen mit Zwischenfrequenzen im Netz resultieren aus der Transformation der von u_{dM} herrührenden Wechselanteile auf die Netzseite und bilden Seitenbänder oberhalb und unterhalb der Grundschwingung.
Die Amplituden der Zusatzoberschwingungen mit Zwischenfrequenzen erreichen in der Regel nicht mehr als 5% des Grundschwingungsstromes. Bei Umrichtern mit Spannungszwischenkreis liegen sie häufig noch darunter (3%). Sie sind daher in der Praxis bedeutungslos, solange in dem betreffenden Netzabschnitt keine ausgeprägten Resonanzstellen für diese Frequenzen vorliegen, oder Rundsteueranlagen mit dieser Frequenz betrieben werden, [2].
Die Betrachtung und auch Berücksichtigung dieser sogenannten „interharmonics" bei der Beurteilung der Netzqualität nimmt in letzter Zeit allerdings an Bedeutung zu.

2.8 Ursache-Wirkungskette

In Abb. 1 sind Zusammenhänge zwischen Verursacher, Ursache und dem Verhalten des Netzes, bezogen auf einige beispielhafte Netzrückwirkungen dargestellt.

3 Anforderungen an die Versorgungsspannung von Verbrauchsgeräten

3.1 Wechsel- und Drehstromsysteme

Verlauf der Spannungsform – sinusförmig
Verlauf der Spannungsamplitude – konstant
Frequenz–konstant
Symmetrie – Phasenwinkel (120°)
– Impedanz

3.2 Abweichungen von den idealen Werten

Langandauernde Abweichung vom Nennwert
Kurzabweichungen vom Nennwert durch:

- Spannungseinbrüche
- Überspannungen

Einflüsse auf den Verlauf der Spannungsform durch:

- Oberschwingungen
- Interharmonics
- Tonfrequenzspannungen (Rundsteuersender)

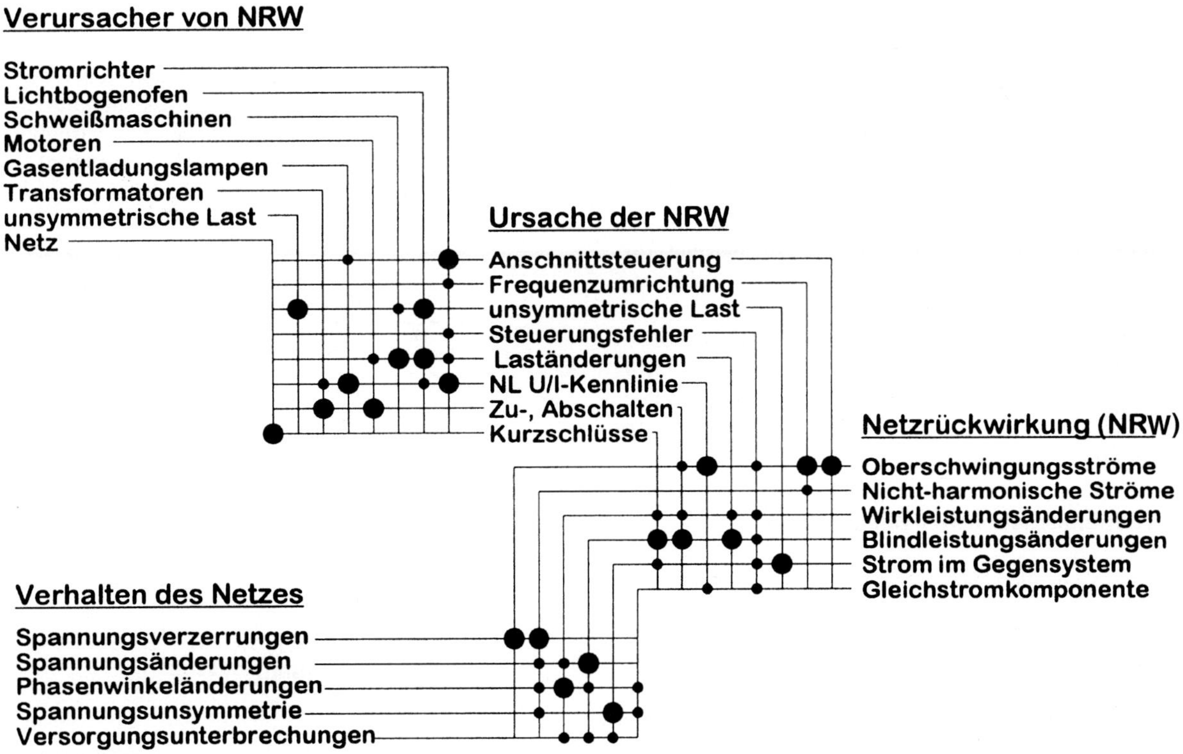

Abb. 1. Entstehung von Netzrückwirkungen (NRW) und das Verhalten des Netzes

4 Möglichkeiten der Reduzierung von Netzrückwirkungen

4.1 Schaltungstechnische Maßnahmen zur Reduzierung der Blindleistung

Alle Verfahren zur Blindleistungseinsparung laufen darauf hinaus, die Steuerblindleistung herabzusetzen. Die Kommutierungsblindleistung ergibt sich zwangsläufig aus der Schaltung und ist an ihrer Quelle nicht beeinflußbar.
Zur Einsparung von Blindleistung bei netzgeführten Stromrichtern werden folgende Verfahren heute benutzt:

- Verkürzung des Netzstromblockes nach dem Verfahren der Sektorsteuerung (An- bzw. Abschnittsteuerung)
- Verkürzung des Netzstromblockes durch Kommutierung des Gleichstromes auf Hilfsventile wie z.B. halbgesteuerte Schaltungen oder Schaltungen mit steuerbaren oder nicht steuerbaren Freilaufzweig z. B. Nullanodenschaltung.
- Verkleinerung des Netzstromblockes durch phasenversetzte Überlagerung von Teilstromrichtern z.B. Zu- und Gegenschaltung einer vollsteuerbaren mit einer nichtsteuerbaren Brückenschaltung oder Folgesteuerung bei Reihenschaltung zweier steuerbarer Teilstromrichter.
- Kleinhalten des Aussteuerungswinkels, d. h. bei der Projektierung einer Anlage darauf achten, daß die Spannungsreserve im Transformator nur nach Maßgabe der Betriebsbedingungen und nicht unnötig größer gewählt wird

Eine weitere Möglichkeit, die Phasenverschiebung des Stromes gegenüber der Spannung weitgehend zu vermeiden und gleichzeitig eine Annäherung an die Sinusform des Stromes zu erreichen, bietet die Pulstechnik. Hierbei sind stets löschbare Ventile mit geringer Freiwerdezeit erforderlich. Ein Beispiel für eine derartige Schaltung ist der sogenannte Vierquadrantensteller.
Er wird z.Zt. – nicht zuletzt wegen des relativ großen schaltungstechnischen Aufwandes – hauptsächlich bei Triebfahrzeugen eingesetzt, bei denen eine andere Möglichkeit der Rückwirkungsreduzierung kaum besteht.

4.2 Kompensation von Blindleistung

4.2.1 Statische Blindleistungskompensation

Eine konstante Blindleistung wird auf einfachste und wirtschaftlichste Weise mit Kondensatoren bzw. Filterkreisen kompensiert. Mit Rücksicht auf die Gefahr von Resonanzerscheinungen werden die Kondensatoren häufig durch Vorschaltung geeigneter Drosselspulen zu Filterkreisen ergänzt.

4.2.2 Dynamische Blindstromkompensation

Hier unterscheidet man zwischen direkten Verfahren (Synchronmotor als Phasenschieber, Blindleistungsstromrichter, Thyristorgeschaltete Kondensatoren) und indirekten Verfahren zusätzliche Kapazitäten mit im induktiven Bereich steuerbaren Kompensationseinrichtungen, wie sättigbare Drosselspulen, thyristorgesteuerte Drosselspulen z.B. Drehstromsteller, steuerbare Stromrichter in netzgeführter Technik).

4.2.3 Aktive Filter

Die Blindleistung kann mit aktiven Filtern beliebig kapazitiv und induktiv rasch gesteuert werden. Sie haben damit eine Charakteristik wie eine über- oder untererregte Synchronmaschine.

4.3 Schaltungstechnische Maßnahmen zur Reduzierung der Oberschwingungen

Durch die Wahl höherpulsiger Schaltungen können unerwünschte Oberschwingungen (5., 7, ...) eliminiert werden. Das Verfahren ist jedoch nur bei größeren Leistungen sinnvoll und erfordert immer den Aufwand eines Stromrichtertransformators – siehe Abb. 2. Pulszahlen größer p = 24 sind in der Praxis nicht sinnvoll realisierbar. Wegen der nicht zu vermeidenden Impulsunsymmetrie des Steuersatzes treten in der Praxis wieder niederharmonische Oberschwingungen auf.
Weitere mögliche Maßnahmen und Bemerkungen:

- Phasenversatz innerhalb einer Stromrichteranlage, bedingt zumeist den Einsatz sogenannter Saugdrosseln bei Parallelschaltung.
- Folgesteuerungen haben den Nachteil, daß Oberschwingungen vom jeweiligen Aussteuerungszustand abhängig sind, bei Antrieben mit variabler Drehzahl jedoch durchaus sinnvoll einzusetzen.

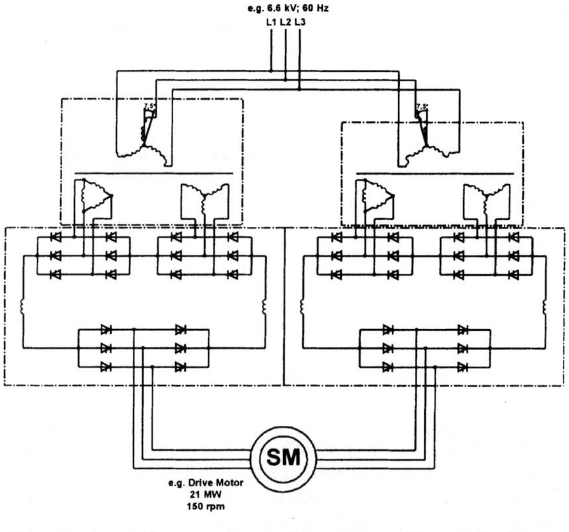

Abb. 2. Antriebssystem mit 24-pulsiger Netzrückwirkung und 6-phasigem Antriebsmotor

- Phasenversatz mehrerer Stromrichteranlagen untereinander ist sehr gebräuchlich. Es ist allerdings an bestimmte Bedingungen geknüpft, weil nur gleiche Aussteuerung und gleiche Belastung der Teilsysteme zu einem Ausgleich der entsprechenden Oberschwingungsströme führt.
- Verwendung von Stromrichtern mit Pulstechnik auch auf der Netzseite. Dazu als Beispiel ein realisiertes Standardgerät:

ACTIVE FRONT END
Aktuell von SIEMENS eingeführt, sind die Einspeisemodule ACTIVE FRONT END, AFE, (grundsätzlicher Schaltplan in Abb. 3) zu den Antriebsumrichtern SIMOVERT MASTERDRIVE.
Es ergeben sich folgende Vorteile:

- durch die aktive Gleichrichtung und durch spezielle LCL-Eingangsfilter speisen die AFE ausschließlich quasi reine Sinusgrößen ins Netz.
- Durch das Prinzip des Vierquadrantenstellers sind die Funktionen Gleichrichten und Rückspeisen möglich.
- Der Antriebsstromrichter ist auch im Wechselrichterbetrieb kippsicher, da der netzseitige Stromrichter selbstgeführt arbeitet.
  Speziell bei schwachen und unsicheren Netzen kann es bei netzgeführten Stromrichtern im Wechselrichterbetrieb zum sogenannten Kippen mit Sicherungsfall kommen. Durch aktives Abschalten der IGBT-Ventile gibt es mit dem AFE im Generatorbetrieb diese Gefahr nicht mehr.
- Das Prinzip des Hochsetzstellers sorgt mit einem speziellen Regelmodus für konstante Gleichspannung auch in instabilen Netzen. Der Umrichter-Antrieb mit AFE benötigt zur Rückspeisung keinen netzseitigen Transformator zur Spannungsanpassung wie es bei einer Netzrückspeiseeinheit mit Umkehrstromrichter aus Thyristoren notwendig wäre. Die Zwischenkreisspannung kann auch höher als die Netzspannung gewählt werden, damit kann eine Maschine mit größerer Nennspannung genutzt werden.
- Hohe Dynamik der Antriebe bei Lastwechseln ist möglich durch geringste Verzugszeiten der schaltenden IGBT (Schaltfrequenz ist 3 kHz).
- Die Blindleistung ist nach Wahl einstellbar zwischen -0,8 kapazitiv und 0,8 induktiv.

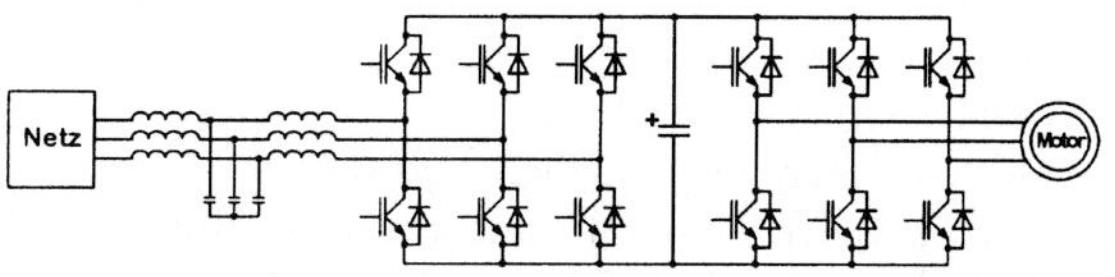

Abb. 3. Grundsätzlicher Schaltplan – Pulsumrichter mit gepulstem netzseitigem Stromrichter (4-Quadrantensteller, Pulsstromrichter)

4.4 Kompensationsmaßnahmen zur Reduzierung der Oberschwingungen

Eine sehr gebräuchliche und wirtschaftliche Maßnahme ist der Einsatz von Filterkreisen. In der Regel handelt es sich dabei um Reihenresonanzkreise, die auf eine bestimmte Oberschwingungsfrequenz abgestimmt sind. Für diese Frequenz ist ihr Widerstand praktisch Null. Durch Parallelschaltung zum Verbraucher wird auch die Gesamtimpedanz des Netzes bei der Abstimmfrequenz praktisch Null. Ströme der betreffenden Frequenz werden somit bevorzugt über diesen Kreis fließen und nicht mehr über die Einspeisung oder in unbeabsichtigte Stromwege.
Die Folge ist der Fortfall der Spannungsverzerrung und Entlastung etwa überlasteter Stromwege. Die passiven Filterkreise sind allerdings nur für bestimmte Frequenzen ausgelegt und gebaut. Bei Parameteränderungen von Last und Netz (z.B. Netzimpedanz, -Frequenz) wird die Filterfunktion nur noch eingeschränkt sein. Außerdem besteht die Gefahr der Anregung der Parallelresonanz von Netzimpedanz und Filterkreis.
Siemens Power Conditioner SIPCON®
Siemens hat mit SIPCON® ein System entwickelt, das je nach Variante in zwei Richtungen schützt. Es hält Störungen, die aus problematischen Lasten (etwa von Stromrichtern) resultieren, vom Netz fern oder sorgt dafür, daß stark „verseuchte" Netze bei sensiblen Lasten keinen Schaden anrichten.
Es arbeitet als sogenanntes Aktives Filter und setzt sich aus folgenden Hauptbestandteilen zusammen: pulsweitenmodulierter IGBT-Stromrichter der Reihe SIMOVERT MASTER DRIVE, Gleichspannungskondensator, LCL-Kombination zur Ankopplung ans Netz
Es werden ganz bewußt Serienprodukte verwendet, um ein günstiges Preis-Leistungs-Verhältnis zu erreichen.
Die Variante SIPCON P , siehe Abb. 4 und 5, schützt das Netz vor Rückwirkungen problematischer Lasten, indem gezielt Ströme in den Verknüpfungspunkt eingespeist werden, um die Qualität des Netzes zu verbessern.
Der Strom, der von der Last in das Netz fließt, wird gemessen und in seine Anteile nach Grundschwingung und Oberschwingung zerlegt. SIPCON P ist

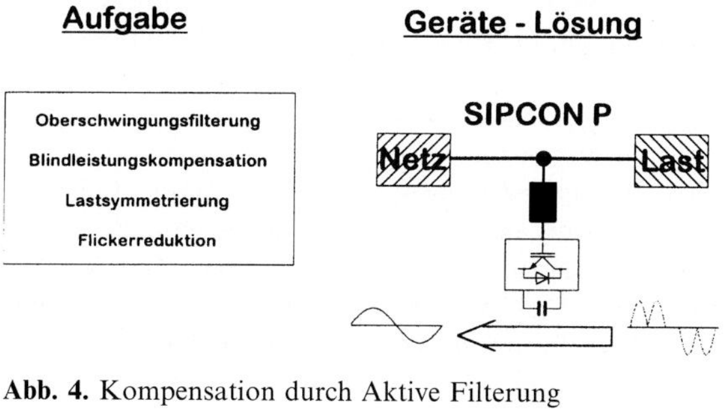

Abb. 4. Kompensation durch Aktive Filterung

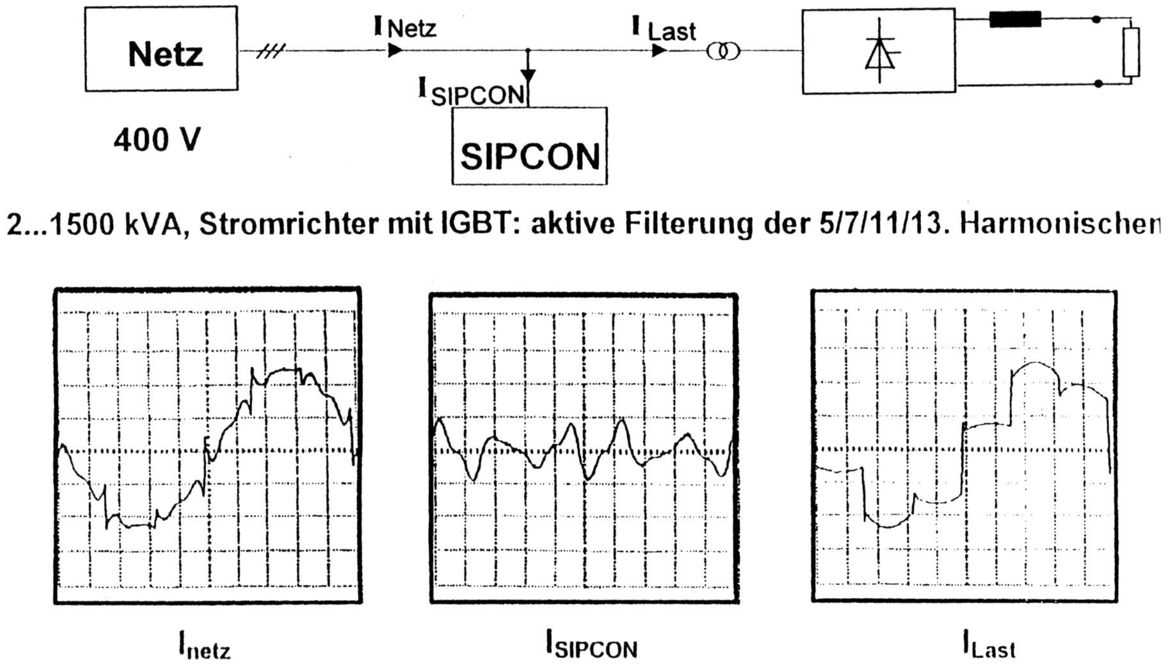

Abb. 5. SIPCON P - Aktive Filterung der Harmonischen des Laststromes

nun in der Lage, den Strom so in das Netz einzubringen, daß der Oberschwingungsstrom nur noch zwischen SIPCON P und der Last fließt – aber zum Netz nicht mehr in Erscheinung tritt. Dabei wird nicht breitbandig auf sämtliche Oberschwingungen eingegangen, sondern nur gezielt (jedoch flexibel – auch später auf der Anlage) auf Ströme bestimmter Ordnung (z.B. 5. und 7. Harmonische). Gleichzeitig können bis zu vier diskrete Oberschwingungen aktiv eliminiert werden (bis zur 13. Harmonischen). Der Vorteil dieser Methode: es werden nur Oberschwingungsanteile gefiltert, die wirklich problematisch sind. So muß SIPCON keine Bauleistungen für unbedeutende Nebenaufgaben bereitstellen. Auch kann zu jeder Oberschwingung separat ein Reststrom vorgegeben werden, den SIPCON in das Netz fließen läßt.

In ein bis zwei Netzperioden ist das System vom Leerlauf im Nennbetrieb. Eine Leistungsfaktorregelung ist ebenfalls möglich.

Bei unsymmetrischen Belastungen auftretende Strom-Gegensysteme können ausgeschaltet werden.

Der wahlweise zuschaltbare Flickeralgorithmus stellt hochdynamisch Blindleistungen zur Verfügung, und ermöglicht eine ebenso hochdynamische Lastsymmetrierung. Durch die in den Zwischenkreiskondensatoren gespeicherte Energie werden Spannungs- und Stromstärkeänderungen abgepuffert und stabilisiert.

Die Regelung basiert auf der Raumzeigerdarstellung.

Die Zeitverläufe einer beispielhaften Messung bei einer B6-Brückenschaltung zeigen, wie die 5., 7. und 11. Oberschwingung kompensiert werden.

4.5 Maßnahmen zur Verringerung der Zusatzoberschwingungen

Sämtliche Maßnahmen laufen darauf hinaus, möglichst geringe Wechselanteile im Zwischenkreisstrom zu verursachen.

Bei I-Umrichtern z. B. werden eingesetzt: nichtlineare Zwischenkreisdrosseln, möglichst große Begrenzung der Zwischenkreisströme durch die Zwischenkreisinduktivität. (Bei der Hochstrom-Gleichstrom-Übertragung, HGÜ, werden auf der DC-Seite zur Kompensation von Oberschwingungsströmen mehrfachabgestimmte Filterkreise eingesetzt, da es sonst zu Problemen mit dem Telefonverkehr kommen kann. Die Filterkreise werden auch in Kombination mit Aktiven Filtern eingesetzt, [7].)

Bei U-Umrichtern wird durch den Zwischenkreiskondensator, in Verbindung mit der Koppeldrossel ein Parallelschwingkreis für die Oberschwingungsströme im Zwischenkreis gebildet. Die Wechselanteile des gleichseitigen Stromes i_{dM} liegen bezüglich der interessierenden Frequenzen (6, 12, 18, ...)$\times f_M$ zwar im überwiegenden Drehzahlbereich weit oberhalb der Resonanzfrequenz dieses Kreises und werden fast vollständig vom Zwischenkreiskondensator aufgenommen, bei sehr geringen Drehzahlen sind jedoch resonanzbedingte Anhebungen des Zwischenkreisstromes denkbar.

Abhilfemaßnahmen: möglichst geringe Resonanzfrequenz des durch die Zwischenkreiselemente L_d und C_d gebildeten Parallelschwingkreises durch großes C_d oder großes L_d oder Ausblenden kritischer Frequenzen bei geringer Drehzahl durch Anwendung der

Pulstechnik in diesem Bereich oder Steuerung der Zwischenkreisspannung über gesteuerten netzseitigen Stromrichter.

5 Zusammenfassung

Zur Einschränkung der Netzrückwirkungen von Stromrichtern gibt es eine Reihe von innovativen Schaltungstechniken. Sie beziehen sich sowohl auf die verminderte Erzeugung von Rückwirkungen (ausgeführtes Gerätebeispiel ist der Einsatz eines gepulsten Netzstromrichters wie das Active Front End) als auch auf die technisch optimale Kompensation von vorhandenen Oberschwingungen in Strom und Spannung durch Aktive Filter (ausgeführtes Gerätebeispiel ist der Power Conditioner für Drehstromnetze SIPCON).

In der Praxis muß bei der Auslegung einer Anlage eine individuelle Abstimmung zwischen Kosten, Anforderungen und Technik erfolgen. Dabei müssen alle Vor- und Nachteile zwischen konventionellen und modernen Lösungen abgewogen werden.

Durch den fortschreitenden Einsatz von Hochstrom-IGBT-Module, die auch in den netzseitigen Pulsstromrichtern eingesetzt werden, ist ein weiterer Preisrückgang zu erwarten. Schon heute kosten 4-Quadranten-Antriebe mit netzseitigem Pulsstromrichter bis einige 100 kW Antriebsleistung etwa so viel wie mit netzgeführtem Umkehrstromrichter. Das bessere Preis-Leistungsverhältnis spricht dort schon für den Einsatz der selbstgeführten Technik.

Zusammenfassend kann vermerkt werden, daß die konventionelle Technik der Gleichrichterschaltungen ihre Vorteile im einfachen Aufbau und den niedrigeren Kosten hat. Der Trend geht jedoch zu den aufwendigeren, innovativen Stromrichterschaltungen mit hohen Leistungsfaktoren (keine Grundschwingungsblindleistung und wenig Oberschwingungen im Netz).

Schrifttum

1 Schulz, AEG: Netzrückwirkungen und ihre Kompensation in industriellen und gewerblichen Einrichtungen – Stromrichter-, ETG-Fachtagung Netzrückwirkungen, 1986

2 Lehrgang „Stromrichter-Netzrückwirkungen", TAE, Esslingen, Autoren: Berens, Gierse, Mombauer, Pestka, Schulz, Wargowsky, 1990

3 Aredes, Häfner, Untersuchungen von Aktiven Power Filtern, TU Berlin Jahresbericht 1992

4 K. Koch, „Bestimmung von Wechselstromgrößen in Mehrleiter-Systemen, Diss. Bochum, 1984

5 Kloss, Oberschwingungen, vde Verlag

6 Möltgen: Spannungsoberschwingungen in Drehstromnetzen infolge Stromrichterlast, Siemens F+E-Berichte, Bd. 3, Nr. 1, S. 36–42

7 Pereira, Sadek, Damping harmonics in the power system with active filters, epe '95, S. 1123–1128

8 Weinhold, Michl, Zurowski, Application of drive converters for improvement of powerquality in distribution systems, PCIM'97

9 Vaupel, Wide-band filter with actively reduced losses for power systems, epe '95, S. 1892–1897.

10 Lê, Performance of voltage source active filters, epe '91, S. 3001–3005

11 Fleckenstein, Netzrückwirkungsarme 4-Q-Einspeiseschaltung mit Transistoren für Umrichter mit Spannungszwischenkreis ETG-Fachbericht 23, 1988 S.294–304

Netzgestaltung mit Duplex-Drosseln

Design of Power Supply Systems with Duplex-Reactors

Dipl.-Ing. **Wolfgang Schild**, Bargteheide
Dr.-Ing. **Wolfgang Planitz**, Hamburg

Summary. The introductions of Duplex-Reactors for the suppression of short circuit stresses and harmonic distortions was very successful. Duplex-Reactors are cost effective and reliable. The suppression of harmonics is independent of the system frequency.

Research has begun nearly 20 years ago, first commercial units were installed about 1984. Today there is a total experience of nearly 200 years of operation of Duplex-Reactors without a severe fault. Duplex Reactors operate without auxiliary energy and need no control system. The operational safety of powerful electrical propulsion is determined by the design of the power supply system. Some exemplary design studies are presented.

1 Einleitung

Die Installation von Duplex-Drosseln ist die sicherste Methode zur Vermeidung von extremen dynamischen Belastungen im Netz. Die Ausbreitung von Oberschwingungen wird verhindert und die Kurzschlußströme werden beträchtlich reduziert. Duplex-Drosseln sind preiswert und raumsparend, verlustarm, wartungsfrei und arbeiten mit extremer Zuverlässigkeit über ihre technisch unbegrenzte Lebensdauer. Duplex-Drosseln arbeiten unabhängig von der augenblicklichen Netzfrequenz.
Schon die ersten kommerziellen Anwendungen auf Taucherbasis-Schiffen in den Jahren 1984/85 waren erfolgreich. Auf dem Sprechtag der STG 1985 in Bremen wurde darüber berichtet unter dem Titel: „Das Verhalten von Bordnetzen mit StromteilerDrosselspulen zur Kurzschlußstrombegrenzung", nachzulesen im Jahrbuch der STG 1985. Nachgewiesen wurde die Halbierung der prospektiven Kurzschlußströme und die Stabilisierung der Netzspannung in dem vom Kurzschluß nicht betroffenen Teilnetz. Schon damals wurde in einem Anwendungsbeispiel die Kompensation von Oberschwingungen in Wellengeneratoren durch Duplex-Drosseln vorgeschlagen. Heute gehört auch diese Anwendung der Duplex-Drossel zum Stand der Technik.
Die Nutzung von Duplex-Drosseln zur Kompensation von Oberschwingungen begann 1987 mit Experimentaluntersuchungen auf einem Wracksuchschiff mit dieselelektrischem Antrieb und später auf Mehrzweckschiffen der Bundesmarine.
Das Verfahren hat sich besonders auf Forschungsschiffen schnell als besonders leistungsfähig und zuverlässig durchgesetzt.
Die Entwicklung wurde vom Germanischen Lloyd getragen und vom Institut für Schiffshilfsmaschinen der TU Hannover, später Arbeitsbereich Hilfsmaschinen und Automation der TU Hamburg-Harburg, unterstützt. Entscheidende Beiträge leistete unser Frreund Prof. Dr.-Ing. Werner Droste, der die Arbeiten von Anfang an bis zu seinem Tode mit wertvollem Rat und Tat begleitet hat.

2 Technik der Duplex-Drosseln

Duplex-Drosseln sind in Veröffentlichungen auch anders bezeichnet worden: Strometeiler, Stromteiler-Drosselspulen, Ausgleichsdrosseln oder Glättungsdrossel mit Mittelanzapfung. Es erscheint uns zweckmäßig, den ursprünglichen Namen Duplex-Drossel beizubehalten, weil er die zweifache Wirkung andeutet: Drosselung des Kurzschlußstromes in einem Teilnetz und gleichzeitig Induktion einer stützenden Spannung im zweiten Teilnetz, Minderung der dynamischen Belastung im einen Teilnet zund Kompensation der Oberschwingungen im anderen Teilnetz.
Die ideale Duplex-Drossel ist ein Spezial -Transformator mit zwei Wicklungen geringer Streuinduktivität auf einem Eisenkern mit mehreren kleinen Luftspalten (Abb. 1). Durch die räumliche Nähe und den Eisenkern sind die Spulen magnetisch fast perfekt gekoppelt. Die Wicklungen werden antiparallel von den Strömen I1 und I2 der angeschlossenen Teilnetze durchflossen. Das Verhältnis der Windungszahlen ü = w2/w1 wird dem Bedarf entsprechend gewählt und ist in der Regel kleiner als 2. Dieses Übersetzungsverhältnis kann zunächst frei gewählt werden und kann zur Anpassung bei unterschiedlichen Nennströmen in den beiden. Teilnetzen genutzt werden.
Zum Verständnis ein Gedanken-Experiment: Die Windungszahlen der Drossel seien gleich, die Hauptinduktivität einer Wicklung sei gleich der Subtransient-Reaktanz des Generators. Ein Kurzschluß im Teilnetz 1 (siehe hierzu Abb. 2) hat jetzt die doppelte Netzimpedanz im Vergleich zur direkten Einspeisung vom Generator, der Anfangs-Kurzschlußstrom wird also halbiert.
Gleichzeitig fällt während des Kurzschlusses an der Drossel die halbe Generator-Nennspannung ab, die Klemmenspannung des Generators wird also nicht Null, sondern nur halbiert. Der Spannungsabfall am kurzschlußführenden Zweig der Drossel (=halbe Nennspannung) wird transformatorisch auf die zweite Wicklung übertragen und durch die Schaltung der Drossel zu der Generatorspannung addiert. Dadurch ist im nicht betroffenen Teilnetz die Spannung unverändert nahe der Generator-Nennspannung.
Weiterhin wird der Sättigungszustand der Subtransientreaktanz des Generators durch den Kurzschlußstrom bestimmt, bei halbem Kurzschlußstrom ist also nur eine Teilsättigung gegeben. Die wirksame Generator-Reaktanz erhöht sich dadurch, die Kurzschlußströme werden weiter reduziert.
Im ungestörten Betrieb ist das Netz so auszulegen, daß die beiden Zweige der Drossel etwa von gleichen

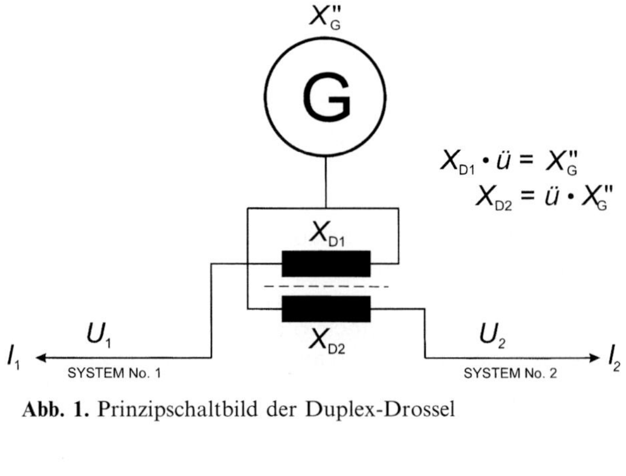

Abb. 1. Prinzipschaltbild der Duplex-Drossel

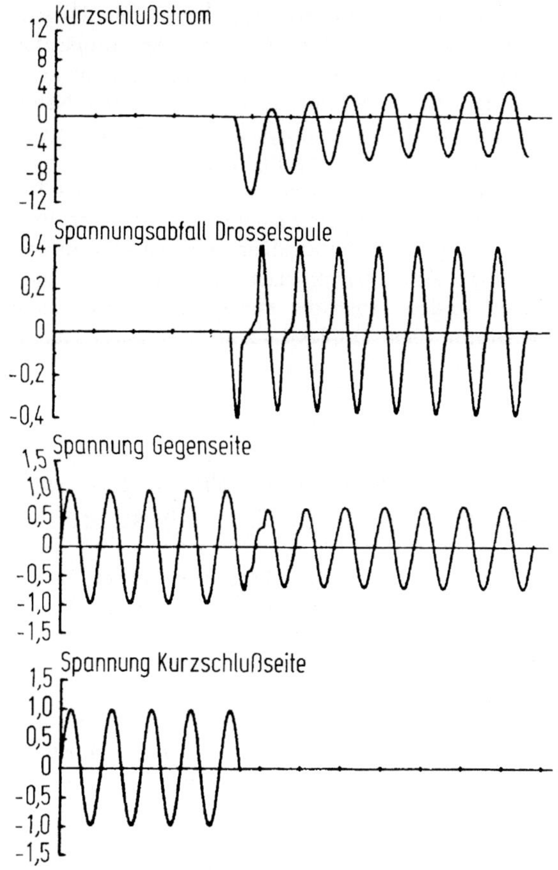

Abb. 2. Ströme und Spannungen an einer Duplex-Drossel bei Kurzschluß in einem Zweig

Strömen durchflossen werden. Die magnetischen Wirkungen der Ströme heben sich wegen der antiparallelen Schaltung auf. In diesem Fall ist die resultierende Durchflutung des Drosselkerns nahezu Null, die Drossel tritt magnetisch nicht in Erscheinung und bewirkt nur einen minimalen Spannungsabfall infolge des ohm'schen Wicklungswiderstandes. Da die Netzrückwirkungen netzgeführter Stromrichter letztlich auf dem kurzzeitigen Kurzschluß zweier Phasen während der Kommutierungszeit beruhen, kann die Duplex-Drossel auch diese Einwirkungen nach gleichem Prinzip aus dem nicht betroffenen Teilnetz fernhalten. Die Bemessung der idealen Duplex-Drossel ist einfach. Die Induktivität wird ausgehend von der subtransienten Reaktanz der Stromquelle X_q'' und der gewählten Übersetzung ü wie folgt berechnet:

$$L_{D1} = X_q''/\omega^\star ü \; ; \; L_{D2} = X_q''\star ü/\omega \; ;$$

$$\omega = 2^\star \prod \star f; \; f = \text{Netz-Nennfrequenz}$$

Die Reaktanz $X = \omega * L$ ist also frequenzabhängig, ebenso wie die Reaktanz eines Generators oder Netztrasformators. Das heißt: Oberschwingungen erfahren eine um die Ordnungszahl der Oberschwingung höhere Reaktanz als die Grundschwingung. Deshalb ist der Kurvenverlauf der Spannung über der Drossel besonders von Oberschwingungen geprägt (Abb. 3).

3 Einsatz der Duplex-Drossel zur Erhöhung der Kurzschluß-Sicherheit

Durch die Zuordnung der Duplex-Drosseln zu den Generatoren (siehe Abb. 4) wird das übliche Strahlen-Netz zum Doppel-Strahlen-Netz, wobei beide Teilnetze gleichberechtigt von allen laufenden Generatoren gespeist werden. Die Kurzschlußleistung je Teilnetz entspricht dabei etwa der halben Summen-Kurzschlußleistung aller laufenden Generatoren.
Die konventionelle Hauptschalttafel wird in zwei gleichwertige Hauptverteilungen mit jeweils eigenen Generatorschaltern aufgeteilt.
Dadurch ist zwar die doppelte Zahl von Generatorschaltern erforderlich, allerdings können alle Leistungsschalter der Schaltanlage für kleinere Bemessungsströme ausgelegt werden. Der Gesamtaufwand für die Schaltanlage erhöht sich nicht.
Die vorteile von solchen Netzen mit Duplex-Drosseln sind:

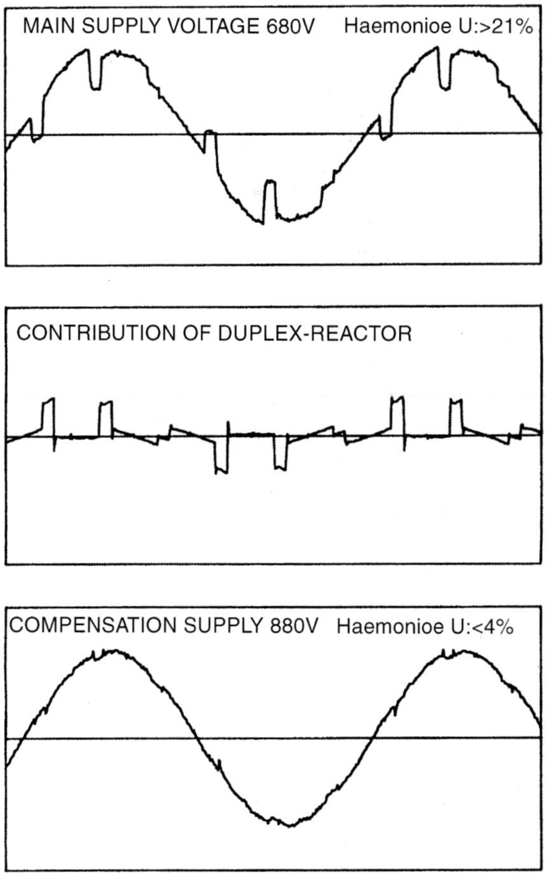

Abb. 3. Spannungen bei Anwendung der Duplex-Drossel zur Kompensation von Oberschwingungen

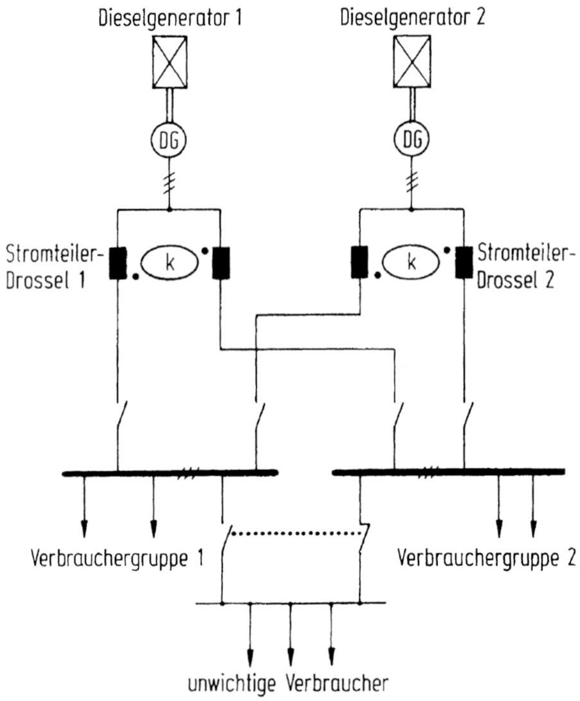

Abb. 4. Einsatz der Duplex-Drossel zur Erhöhung der Kurzschluß-Sicherheit

1. Der prospektive Kurzschlußstrom wird etwa halbiert. Das erhöht die Sicherheit und mindert die Baukosten, bzw. macht eine leistunggstarke Anlage im Grenzfall erst kurzschlußsicher betreibbar.
2. Bei dynamischen Vorgängen wird die Spannung im nicht betroffenen Teilnetz ohne Reglereingriffe gestützt. Das erhöht die Stabilität und vermeidet Totalausfälle der Energieversorgung.
3. Netzrückwirkungen von Stromrichtern können nicht von einem in das andere Teilnetz gelangen. Das erhöht die Netzqualität und erspart bei dieselektrischem Antrieb rotierende Umformer oder aufwendige Filterkreise.

Für die Trennung nahezu gleichberechtigter Teilnetze wird die Übersetzung der Duplex-Drossel zu 1 gewählt, die Reaktanz beider Pfade wird mit der 1,2fachen Reaktanz des zugeordneten Generators bemessen nach der Gleichung $X_D = 1{,}2 * X_q'' * U^2/S_G$. Der Gleichstrom-Widerstand darf vernachlässigt werden. Die Wärmeverluste der Drosseln sind sehr gering, sie betragen nur etwa ein Promille der Durchgangsleistung. Unsymmetrische Belastung der beiden Teilnetze hat eine geringfügige Spannungsdifferenz zwischen den Teilnetzen zur Folge, ist aber unkritisch. Es ist zweckmäßig, jede Spule der Duplex-Drossel für den maximal denkbaren Strom im unsymmetrischen Betrieb zu bemessen, damit auch bei unsymmetrischer Stromverteilung die volle Generatorleistung genutzt werden kann.
Weiterhin erlaubt eine reichliche Dimensionierung der Wicklungen, auf einen eigenen Schutz der Drossel zu verzichten. Der Eisenkern der Duplex-Drossel muß ohnehin mit Rücksicht auf den möglichen Kurzschlußstrom ausgeführt werden. Die Dimensionierung höherer Stromtragfähigkeit für den Nennbetrieb erfordert also lediglich zusätzliches Kupfer. Damit erhält man gleichzeitig noch weiter verringerte Verluste bei symmetrischer Lastaufteilung. Der Parallelbetrieb ungleicher Generatoren ist ohne Probleme möglich, wenn die Duplex-Dorosseln auf die jeweiligen Anfangsreaktanzen der Generatoren ausgelegt werden. Auch der Parallelbetrieb mit einem Generator ohne Duplex-Drossel, z.B. eines Hafengenerators, ist problemlos.

4 Einsatz der Duplex-Drossel zur Verminderung der Rückwirkungen von elektrischen Propulsions-Systemen

Kennzeichnend für dieselektrischen Antrieb ist die Nutzung statischer Umrichter zur optimalen Steuerung und Regelung der elektrischen Propellermotoren. Das Gesamtsystem aus Generator, Umrichter und Propellermotor bildet dann für den Antrieb praktisch ein stufenloses Getriebe zwischen Dieselmotor und Propeller. Gleichzeitig kann das elektrische Bordnetz von den selben Generatoren mitversorgt werden. Weiterhin kann ohne großen zusätzlichen Aufwand die Zahl der laufenden Dieselmotoren an den Lastbedarf angepaßt werden, damit ist eine Wirkungsgradoptimierung möglich. Für die rein mechanische Verwirklichung eines vergleichbaren Konzeptes sind Getriebe und Kupplungen erforderlich. Der Wirkungsgrad der mechanischen Lösung ist dem der elektrischen Variante etwa gleich.
Das Konzept des dieselelektrischen Antriebes hat sich in den vergangenen 15 Jahren bei immer größeren Antriebsleistungen zunehmend durchgesetzt. Es erlaubt die wahlfreie Aufstellung der Dieselmotoren im Schiff und damit Raumoptimierung. Außerdem ergibt sich die Möglichkeit, die Diesel elastisch zu lagern, und damit den Körperschall drastisch zu vermindern.
Bei Antriebsleistungen oberhalb 10 MW pro Welle werden in der Mehrzahl direktumrichtergetriebene Synchronmotoren, aber auch Stromrichtermotoren mit lastkommutierten Umrichtern eingesetzt.
Die Netzrückwirkungen der Stromrichter erzeugen im versorgenden Netz erhebliche Oberschwingungen und mindern damit die Netzqualität.
Die dem betriebsfrequenten Wechselstrom überlagerten Oberschwingungen aus dem Stromrichter bewirken in der Stromquelle eine Verzerrung der Kurvenform der Spannung, die sich damit auf alle angeschlossenen Betriebsmittel auswirkt.
Das Servicenetz für die Versorgung der Hilfsbetriebe, der Beleuchtung, der nautischen Geräte, der Kommunikationssyteme sowie der Versorgungssysteme im Wohnbereich benötigen eine oberschwingungsarme Versorgungsspannung. Ein überhöhter Klirrfak-

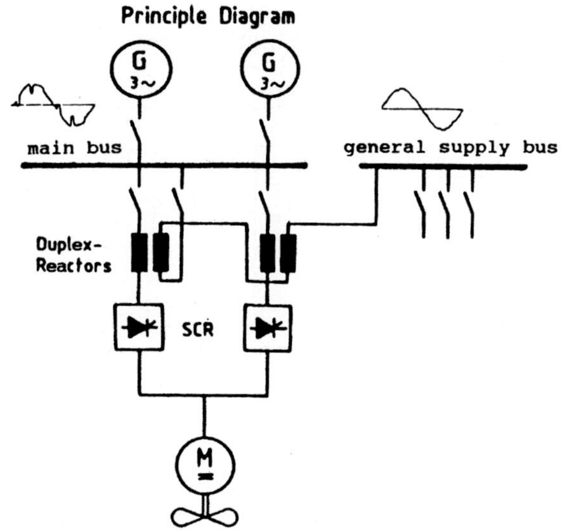

Abb. 5. Einsatz der Duplex-Drossel zur Kompensation von Oberschwingungen

tor kann zu Zusatzverlusten, Betriebsstörungen und im Grenzfall zur Zerstörung von Komponenten, z.B. Kompensationskondensatoren, führen.
Die herkömmliche Abhilfe besteht hier im Einsatz rotierender Umformer, passiver Filterkreise oder separat speisender Generatoren.
Um die Versorgung aus einer gemeinsamen Spannungsquelle zu ermöglichen, bietet sich die Auskopplung eines oberschwingungsarmen Teilnetzes über Duplexdrosseln an (Abb. 5). Am aktuellen Projektbeispiel einer Hochleistungsanlage mit Mittelspannungsgeneratoren werden in den folgenden Abschnitten zwei mögliche Konzepte der Netzgestaltung demonstriert.

5 Projektbeschreibung

Als aktuelles Beispiel sollen mögliche Netzkonzepte für das Bordnetz eines mit 75 000 BRZ vermessenen Kreuzfahrtschiffes vorgestellt und verglichen werden. Für den Hauptantrieb mit einer Wellenleistung von je 20 Megawatt auf zwei Wellen sollen Synchronmotoren mit Mittelspannungs-Direktumrichtern (engl.: Cycloconverter) der ABB eingesetzt werden. Das Fahrnetz versorgt weiterhin mit 3 Querstrahler mit je ca. 2,5 MW und ein Servicenetz mit 12 MW Leistungsbedarf. Das Servicenetz wird dominiert durch vier große Kompressoren der Klimaanlage, außerdem versorgt das Service-Netz die Hilfsaggregate des Maschinenraums und eine Vielzahl von kleineren Verbrauchern wie Lüftern, Leuchten, elektronischen Anlagen usw. Alle Lasten sollen gemeinsam von 4 Generatoren mit je 20 MVA mit elektrischer Energie versorgt werden. Die Netzfrequenz ist 60 Hz.
Die Sammelschienenspannung des Servicenetzes beträgt 6,6 kV, mit den zulässigen Toleranzen entsprechend den Vorschriften der Klassifikationsgesellschaft. Das Servicenetz soll u.a. über eine Ringleitung für jeden Brandabschnitt jeweils eine Netzstation mit Verteiltrafo und Schaltanlage versorgen, so daß eine große Zahl von Schaltgeräten erforderlich wird. Die Verminderung der Kurzschlußleistung bedeutet eine deutliche Kostenersparnis bezüglich der Schaltgeräte und des Verkabelungsbedarfes.
Die Spannung des Propulsionsnetzes darf sich in weiteren Grenzen bewegen. Sie wird begrenzt durch die zulässigen Betriebsgrenzen der Stromrichter. Die Schaltanlagen bedeuten keine Spannungsgrenze nach oben, da die handelsüblichen Mittelspannungsschaltfelder ohnehin für eine Reihenspannung von 11 kV bemessen sind.
Zu den Betriebsbedingungen eines hier einzusetzenden Duplex-Netzes gehören folgende Randbedingungen:

1. Die Einhaltung der zulässigen Spanungstoleranzen im Servicenetz hat bei der Netzregelung Priorität. Die Spannungsregler der Generatoren erhalten ihre Spannungs-Istwerte vom Servicenetz.
   Als Alternative kann der Spannungs-Istwert an einer Anzapfung der Duplex-Drossel nahe der Servicenetz-seitigen Klemmen abgenommen werden, die eine Spannungsänderung im Service-Netz im Rahmen der Vorschriften zuläßt.
2. Die belastungsbedingten Spannungsänderungen im Propulsionsnetz werden im Rahmen der zulässigen Grenzen durch die automatische Änderung der Steuerwinkel der Stromrichter kompensiert.
3. Die minimale Spannung im Propulsionsnetz muß bei der Dimensionierung der Antriebsmotoren in bezug auf Strom und Spannung sowie bei der Dimensionierung der Stromrichter auf die maximalen Ströme berücksichtigt werden.
4. Die maximale Spannung im Propulsionsnetz muß bei der Dimensionierung der Isolationsspannung der Schaltanlagen und der Sperrfähigkeit der Stromrichter berücksichtigt werden.

5.1 Netzkonzept 1

Jedem Generator wird eine Duplex-Drossel nachgeschaltet (siehe Abb. 6). Jede dieser Drosseln speist wie in Abschnitt 3 beschrieben jeweils zwei unabhängige Netze. Einerseits ist hier das Propulsionsnetz mit hohen Oberschwingungsgehalt angeschlossen, andererseits das oberschwingungsarme Servicenetz.
Als Besonderheit sind hier sowohl Propulsions- als auch Servicenetz nochmals in Backbord- und Steuerbord-Netze teilbar. Damit können im Havariefall Fehler in Teilanlagen auf keinen Fall den völligen Ausfall von Antrieb oder Servicebetrieb bewirken. Das Ringnetz des Servicebetriebes erlaubt das Auftrennen an jeder Unterstation und damit im Fehlerfall das Heraustrennen einer einzelnen Station.

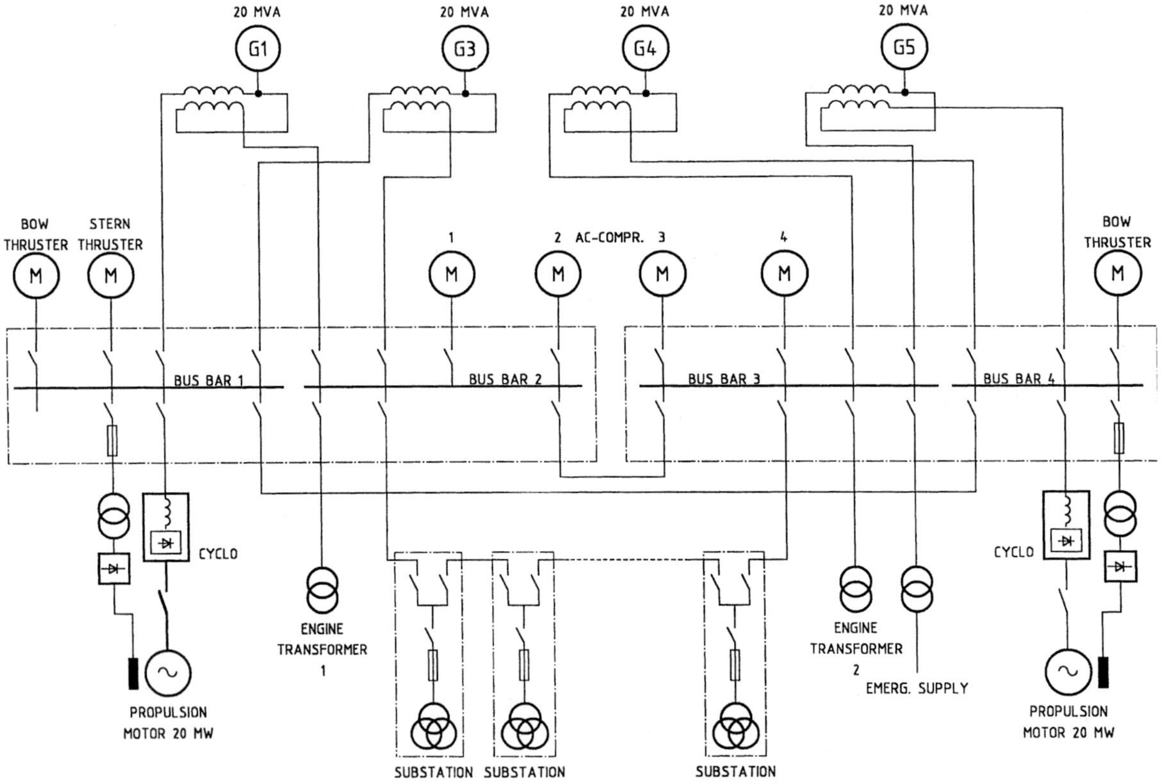

Abb. 6. Netzkonzept 1: Zuordnung der Duplex-Drosseln zu den Generatoren

Anders als im Abschnitt 3 beschrieben sind hier die beiden Pfade der Duplexdrosseln nicht von Strömen gleicher Höhe durchflossen. Das Übersetzungsverhältnis der Duplex-Drosseln muß daher auf mittlere Belastungsverhältnisse abgestimmt werden. Hier ist für das Servicenetz in etwa die doppelte Windungszahl im Vergleich zum Propulsionsnetz zu wählen.

Die optimale Bemessung der Duplex-Drosseln bedarf einer komplexen Berechnung der zu erwartenden Spannungsverhältnisse, weil die Ströme und ihre Phasenlagen in Abhängigkeit vom Betriebszustand des Propulsionsnetzes und der Last des Servicenetzes sehr verschieden sein können. Hierbei ist eine Vielzahl möglicher Betriebszustände zu untersuchen, jeweils unter Berücksichtigung des dann möglichen Schiffseinsatzes. So ist ein Seebetrieb mit nur einem Generator bei voller Service-Last und geringer Leistung der Antriebsanlage zwar vorstellbar, aber realitätsfremd.

Diese Berechnungen wurden im vorliegenden Fall durch aufwendige Computer-Simulationen der ABB erhärtet.

Bei starker Abweichung der Lasten in den beiden Teilnetzen vom optimierten Betriebszustand entstehen Spannungsdifferenzen zwischen Propulsions- und Servicenetz.

Um diese Spannungsdifferenzen möglichst gering zu halten, ist es wünschenswert, die Subtransientreaktanz der Generatoren möglichst gering zu wählen, damit die davon abgeleitete Induktivität der Duplex-Drosseln gering ausfallen kann.

Um den Aufwand für Schaltgeräte speziell im Servicenetz gering zu halten, wird ein möglichst kleiner prospektiver Kurzschlußstrom angestrebt, bei dem im Rahmen handelsüblicher Abstufungen möglichst kleine und damit raum- und kostensparende Schaltgeräte eingesetzt werden können. Um diese Forderung zu erfüllen, müßten die Reaktanzen von Generator und Duplex-Drossel möglichst groß ausfallen.

In der Optimierung zwischen diesen gegensätzlichen Anforderungen liegt die eigentliche Herausforderung bei der Gestaltung dieses Grenzleistungs-Netzes.

Eine Überschlagsrechnung mit einer angenommenen Subtransientreaktanz der Generatoren von 15% und einer Übersetzung der Duplex-Drosseln von 2 ergibt: Ohne die Duplex-Drosseln ergäbe sich bei vier parallelel arbeitenden Generatoren ein prospektiver Kurzschlußstrom von ca. 60 kA.

Mit Einsatz der Duplex-Drosseln wird der prospektive Kurzschlußstrom im Servicenetz auf ca 30% des unbeeinflußten Stromes begrenzt und der Kurzschlußstrom im Propulsionsnetz ebenfalls erheblich vermindert.

Der Klirrfaktor der Spannung im Servicenetz wird kaum über demjenigen der leerlaufenden Generatoren liegen, also 5% nicht überschreiten, selbst wenn im Grenzfall im Propulsionsnetz ein Klirrfaktor von weit über 20% auftreten sollte.

Die Nutzung sechspulsiger Stromrichter bei Mittelspanung ohne den Einsatz vor Versorgungstransformatoren und ohne weitere Saugkreise o.ä. ist damit problemlos möglich, was zur weiteren Kostenoptimierung beiträgt.
Wenn im Servicenetz eine maximale Abweichung von der Nennspannung innerhalb der Klassifikationsvorschriften geduldet wird, wird die Abweichung im Propulsionsnetz deutlich größer ausfallen, abhängig vom Belastungszustand der beiden Netze. Bei Minimallast im Servicenetz und gleichzeitiger Höchstlast im Propulsionsnetz ist die Spannung im Fahrnetz am geringsten, bei Höchstlast im Servicenetz und stehendem Hauptantrieb ist die Spannung im Fahrnetz am höchsten.
Die Vorteile dieses Konzeptes sind:

1. Schädliche Oberschwingungen werden unabhängig von der Frequenz und vom Betriebszustand der Netze sicher vom Servicenetz ferngehalten. Die Netzqualität im Servicenetz ist sehr gut.
2. Der prospektive Kurzschlußstrom im Servicenetz wird, verglichen mit einem Netz ohne Duplex-Drossel auf etwa ein drittel reduziert.
3. Der prospektive Kurzschlußstrom im Propulsionsnetz wird auf zwei Drittel des ursprünglichen Wertes reduziert. Bei vier gleichzeitig laufenden Generatoren wäre im Fahrnetz andernfalls die Grenze heute lieferbarer Schaltgeräte erreicht.
4. Dynamische Vorgänge im Propulsionsnetz, wie z.B. das direkte Zuschalten der Querstrahler, können die Qualität des Servicenetzes nicht beeinträchtigen. Kurzschlußvorgänge im Servicenetz beeinträchtigen das Fahrnetz ebenfalls nicht.

Der Haupt-Nachteil liegt in den lastabhängigen, deutlichen Spannungsänderungen im Fahrnetz.

5.2 Netz-Konzept 2

In diesem Konzept werden die Duplex-Drosseln den Stromrichtern zugeordnet (siehe Abb. 7). Die Generatoren werden in konventioneller Weise direkt auf eine Sammelschiene mit Längstrennung geschaltet. Von dieser Sammelschine werden alle Verbraucher gespeist. Als Kommutierungsdrossel für die Stromrichter der Propulsionsanlage dient die Primärwicklung jeweils einer Duplexdrossel, bzw. die Duplex-Drosseln werden den Cyclo-Convertern vorgeschaltet. Die Einspeisungen für die beiden Sammelschienenhälften des Servicenetzes werden über die Sekundärwicklungen der Duplexdrosseln geführt um in bekannter Weise die Spannungsoberschwingungen infolge der Netzrückwirkungen der Stromrichter zu kompensieren.
Damit ist das Netz hinter den Generatorschaltern gleich dem Propulsionsnetz; das oberschwingungsarme Servicenetz wird erst hinter den Duplex-Drosseln gebildet. Die Reaktanz der Spannungsquelle wird bei diesem Konzept von der Parallelschaltung der speisenden Generatoren gebildet, ist also vom Schaltzustand des Netzes abhängig. Die Zahl der Schaltungsvarianten ist vielfältig, aber es gibt bevorzugte Kombinationen. Mit nur einem Generator ist ein Fahrbetrieb praktisch nicht möglich. Realistisch ist nur der Seebetrieb mit 2, 3 und 4 Generatoren. Mit zwei Generatoren ist nur Schleichfahrt möglich, dann ist der Oberschwingungsgehalt im Propulsionsnetz noch gering.

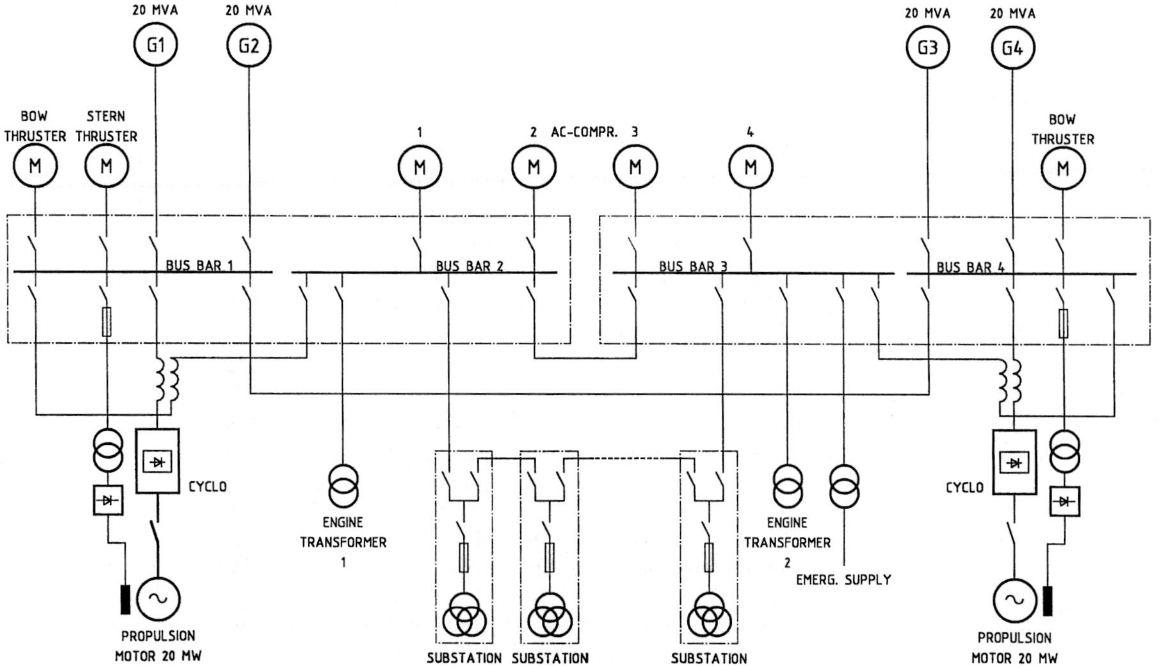

Abb. 7. Netzkonzept 2: Zuordnung der Duplex-Drosseln zu den Stromrichtern

Der durchschnittliche Betrieb findet bei mittlerer Geschwindigkeit mit drei Generatoren statt. Für diesen Zustand sollte die optimale Kompensation ausgelegt werden.
Wird dann bei Betrieb mit vier Generatoren die höchste Stromrichter-Last abgefordert, dann beträgt die resultierende Reaktanz der Spannungsquelle nur noch drei Viertel gegenüber dem Auslegungszustand, damit ist die Induktivität der Duplex-Drossel zu groß für diesen Betriebspunkt. Deshalb erfolgt eine Überkompensation.
Bei Betrieb von nur zwei Generatoren im Gesamtnetz ist die Reaktanz der Quelle gegenüber dem Auslegungszustand um 50% größer, daraus resultiert eine Unterkompensation. Ähnliche Verhältnisse ergeben sich, wenn im Havariefall die Sammelschiene längs geteilt wird. Bei Betrieb einer Hälfte mit einem Generator findet Unterkompensation statt, bei Betrieb einer Hälfte mit zwei Generatoren findet eine Überkompensation statt.
Bei der vorgegebenen Konfiguration treten sowohl bei Überkompensation wie auch bei Unterkompensation im Servicenetz Oberschwingungen von ca. einem Drittel des Wertes im Fahrnetz auf. Bei Überkompensation tritt eine Phasenverschiebung der Oberschwingungen um 180° ein.
Experimentaluntersuchungen und Veröffentlichungen des Germanischen Lloyd belegen, daß mit diesem Ansatz ein ausreichender Erfolg erreicht wird. Der Klirrfaktor im Servicenetz wird nur unter ungünstigen Bedingungen zeitweise größer als 5% sein, aber auch dann einen Wert von 10% nicht überschreiten.
Wenn die Hauptsammelschienen sowohl des Propulsionsnetzes als auch des Servicenetzes im Normalbetrieb gekuppelt sind, dann sind die beiden Duplex-Drosseln ober- und unterspannungsseitig parallel geschaltet. Dadurch ändert sich zunächst nichts an der Kompensation der Obserschwingungen. Nur wenn die Propellermotoren mit ungleicher Leistung betrieben werden, ändert sich die Lastverteilung der Einspeisungen für das Servicenetz. Der Strom des höher belasteten Propellerantriebes erzeugt eine höhere Spannung an der sekundärseitigen Wicklung der Duplex-Drossel. Diese Duplex-Drossel übernimmt infolgedessen einen höheren Anteil des Stromes für die Speisung des Servivce-Netzes.
Der Ausgleichsstrom über die Längskupplungen der Netze ist ein reiner Blindstrom maximal in etwa der Höhe des halben Nennstromes im Servicenetz. Dieser Strom ist ohne Schädliche Wirkungen.
Der Vergleichbarkeit wegen soll auch hier von einer Subtransientreaktanz der Generatoren von 15% und einer Übersetzung der Duplex-Drossel von 2 ausgegangen werden. Die Induktivität und die Übersetzung der Duplex-Drosseln müssen hier mit Rücksicht darauf gewählt werden, daß die Primärinduktivität der Duplex-Drossel als Teil der Kommutierungsdrossel wirkt.
In diesem Fall wird der Anteil der Generatoren am Kurzschlußstrom für die Hauptverteilung nicht durch die Duplex-Drosseln beeinflußt, die Schaltanlage ist also nahezu für den gleichen Strom auszulegen, der sich ohne Duplex-Drosseln ergibt.
Im Servicenetz und an den Stromrichtern ergeben sich durch den Einsatz der Duplex-Drosseln verminderte Kurzschlußströme, die jedoch größer als im Konzept 1 ausfallen.
Die im Konzept 2 vergesehene Zuordnung der Duplex-Drosseln zu den Stromrichtern hat gegenüber dem Konzept 1 folgende Vorteile:

1. Es sind nur 2 Duplex-Drosseln erforderlich anstelle von vier Duplex-Drosseln kleinerer Leistung, die Kommutierungsdrosseln können kleiner gewählt werden oder entfallen ganz. Das bedeutet reduzierte Kosten und geringeren Raumbedarf.
2. In der Schaltanlage werden zwei Leistungsschalter-Felder eingespart. Auch das bedeutet reduzierte Kosten und verminderten Raumbedarf.
3. Die Bemessungsreaktanz der Duplexdrosseln ist um ein Drittel geringer. Deshalb wird der Spannungshub an den Stromrichtern bei Abweichung vom Bemessungspunkt geringer.
4. Der Spannungsfall und damit der Blindleistungsbedarf im Hafenbetrieb sind gering.

Als wesentliche Nachteile sind zu nennen:

1. Die Netzqualität im Servicenetz ist nicht immer optimal. Unterkompensation im Betrieb mit nur 2 Generatoren bzw. Überkompensation bei einem Betrieb mit 4 Generatoren führen jeweils zu Klirrfaktoren von 6....8% bei ungünstigen Betriebszuständen.
2. Die Verminderung der prospektiven Kurzschlußströme ist geringer als bei Konzept 1, die Schaltanlage ist entsprechend zu bemessen. Der Kurzschlußström in der Fahranlage wird u.U. sehr hoch.
3. Die Zuordnung der Duplexdrosseln zu den Stromrichtern wird auf vielen Schiffen erfolgereich angewandt. Bisher sind die Ausgleichswicklungen aller Drosseln allerdings in Reihe geschaltet worden, die Parallelschaltung der beiden Duplex-Drosseln bei der Einspeisung in das Service-Netz ist bisher noch nicht erprobt.
4. Der Einsatz von Duplex-Drosseln als Kommutierungsdrosseln ist für Stromrichter derart großer Leistung noch nicht erprobt.

5.3 Bewertung der Netz-Konzepte

Bei der Bewertung der vorgestellten Netz-Konzepte wurde im akuellen Fall durch ABB Marine dem Konzept 1 der Vorzug gegeben. Hierfür wurden Computersimulationen aller realistisch vorkommenden Betriebsarten und Betriebsmittelkombinationen

angestellt und haben zu einer eindeutigen Auswahl geführt.
Das entscheidende Kriterium für die Auswahl ist im vorliegenden Fall die höchstmögliche Netzqualität. Der apparative Mehraufwand wird teilweise durch die geringeren Kosten der Komponenten infolge der geringeren Kurzschlußströme im Servicenetz und durch Vorteile bei der Installation kompensiert.

6 Zusammenfassung

Nach einer kurzen Vorstellung von Wirkungsweise und Bauart von Duplexdrosseln wurden zwei unterschiedliche Konzepte für die Verbesserung der Netzqualität auf einem dieselelektrisch angetriebenen Kreuzfahrtschiff mit Hilfe von Duplexdrosseln vorgestellt.
Weitere Konzepte sind im Schrifttum erwähnt.
Bis 1997 sind bereits 80 Duplex-Drosseln unterschiedlicher Leistungsdaten und Netz-Schaltungen im Einstaz. Die summierte Betriebsdauer aller Duplex-Drosseln beträgt mehr als 200 Jahre. Die Drosseln sind völlig wartungsfrei, arbeiten ohne Steuerungstechnik und Hilfsenergie.
Es ist keine einzige Betriebsstörung durch Duplex-Drosseln bekannt geworden. Der Einsatz von Duplex-Drosseln ermöglicht neben der Unterdrückung von Obserschwingungen auch eine beträchtliche Reduzierung der Kurzschlußströme und trägt damit wesentlich zur Erhöhung der Betriebssicherheit bei, besonders in Grenzleistungsnetzen für elekrischen Fahrantrieb.

Schrifttum

- Schild, W.: Stromteiler im Bordnetz HANSA 1980 Nr 15/16, S. 1112–1116
- Rüssel, K.; Schild, W.: Das Verhalten von Bordnetzen mit Stromteilerdrosselspulen zur Kurzschlußstrombegrenzung. Jahrbuch der Schiffbautechnischen Gesellschaft, Band 79 (1985), S. 215–224
- Gaede, F.; Planitz, W.; Schild, W.; Weidel, W.; Wittburg, J.; Wulf, J.: Dämpfung von Oberschwingungen im Bordnetz mit Stromrichtern durch Einsatz von Duplex-Drosseln. BMFT–Forschungsvorhaben MTK 0459-3, 1989
- Schild, W.: Harmonische Oberschwingungen und Methoden der Kompensation im Bordnetz mit Stromrichtern. GL –technology Nr. 1, April 1991
- Schild, W.: Bordnetze der Zukunft. HANSA 1991 Nr. 17, S. 904–907
- Droste, W.; Härer, H.; Paduch, W.; Planitz, W.; Schild, W.: Moderne Bordnetz-Konzepte. Handbuch der Werften Band XXI 1992, Schiffahrts-Verlag HANSA
- Schild, W.: Anwendung und Bemessung von Ausgleichsdrosseln. HANSA 1994 Nr. 11, S. 26–28
- NN.: Projektunterlagen „Superstar Leo" / „Superstar Virgo". ABB Industrietechik AG, Geschäftsfeld Marine, Öl und Gas
- Hackmann, Th.: Diesel-Electric Propulsion Systems for Cruise Vessels. The Experience of the „Fantasy" Sea Trials. ABB Strömberg Drives, Helsinki 1990

Sommertagung

Vorträge der Sommertagung im Mai 1997 in Schruns/Österreich

Hydromechanik/Propulsion

Berechnung viskoser Schiffsumströmungen

Computation of Viscous Ship Flows

Dr.-Ing. **Andrés Cura Hochbaum**
Hamburgische Schiffbau-Versuchsanstalt GmbH, Hamburg

1 Einleitung

Der Einsatz von Navier-Stokes Lösern zur Berechnung viskoser Schiffsumströmungen hat sich in der Praxis der Schiffbau-Versuchsanstalten etabliert. Am stärksten sind Finite-Volumen-Verfahren mit SIMPLE-Iteration und Turbulenzmodellierung auf Basis der Wirbelviskosität vertreten. Diese Technik wurde in Cura Hochbaum et al. (1995) und Cura Hochbaum (1994) beschrieben. Die Berechnungen beschränken sich meist auf den Modellmaßstab und berücksichtigen die freie Oberfläche nicht. Sie ermöglichen Hinterschiffsformen zu beurteilen und dadurch – mit geringem Kostenaufwand – eine Vorwahl zu treffen, über die Varianten, die schließlich im Tank getestet werden sollen.

Im Gegensatz zu normalen Modellversuchen geben die Ergebnisse einer Berechnung einen sehr detaillierten Einblick in die gesamte Strömung um das Schiff. Aus den ermittelten Werten der drei Geschwindigkeitskomponenten und des Druckes in jeder Zelle des Gitters lassen sich eine Reihe nützlicher Aussagen über die Strömung ableiten. Aus den Werten der Wandschubspannung und des Druckes auf dem Rumpf kann man feststellen ob und wo die Form geändert werden soll, um sie zu verbessern. Für diese eher qualitativen Betrachtungen sind die Berechnungen ausreichend genau. Dagegen haben in der Regel die durch Integration ermittelten Kräfte und Momente am Rumpf eine noch nicht ausreichende Genauigkeit für quantitative Aussagen.

Die Ergebnisse enthalten sowohl Modellfehler als auch Diskretisierungsfehler. Letztere resultieren aus der Approximation der Erhaltungsgleichungen (für Impuls, Masse, Turbulenzparameter) durch algebraische Ausdrücke, die die Unbekannten in den Zellmittelpunkten verknüpfen. Diese Ausdrücke würden nur dann die exakten Gleichungen wiedergeben, wenn die Gitterauflösung unendlich fein wäre. Diskretisierungsfehler lassen sich durch Gitterverfeinerung reduzieren. In der Praxis stößt man aber oft an die Grenzen der Computerkapazität ehe diese Fehler klein genug sind. Modellfehler resultieren aus der Beschreibung der Realität durch das benutzte mathematische Modell, nämlich, die Erhaltungsgleichungen, das Turbulenzmodell und die Randbedingungen (z.B. Vernachlässigung der freien Oberfläche). Diese Fehler lassen sich nicht durch Verfeinerung des Gitters sondern nur durch Verbesserung der Verfahren reduzieren. Sie haben schwerwiegendere Folgen als die Diskretisierungsfehler, z.B. beeinflußt das Turbulenzmodell die Genauigkeit der Prognose des Propellerzustroms erheblich.

2 Aktueller Stand

Es werden heute zunehmend komplexere Fälle, wie U-Boote mit Anhängen, schräg angeströmte Segelyachten oder Schiffe mit komplizierten Heckformen, auf immer feiner werdenden Gittern berechnet. Dies ist nicht nur ein Verdienst der numerischen Strömungsdynamik, sondern im großen Maße der Hardware-Industrie, die immer leistungsfähigere Rechner zu günstigeren Preisen anbietet. Die Verfahren wurden in den letzten Jahren robuster, wodurch ihre Einsatzmöglichkeit erweitert werden konnte. Probleme wie die i.a. noch unzufriedenstellende Turbulenzmodellierung oder die hohe numerische Diffusion der Verfahren, Cura Hochbaum et al. (1995), konnten dagegen bisher nur zum Teil gelöst werden.

In der Praxis werden weiterhin vorwiegend das k-ε Turbulenzmodell von Launder und Spalding (1974)

und algebraische Turbulenzmodelle, z.B. Cebeci und Smith (1974), benutzt. Da diese Turbulenzmodelle, wegen der benutzten Wandfunktionen bzw. wegen der Vernachlässigung des Turbulenztransports, nicht ganz zufriedenstellend sind, vermehrt sich in letzter Zeit die Anwendung sog. Low-Re Modelle, die beide Schwächen beheben. Die mit der Anwendung von Low-Re Modellen verbundenen numerischen Schwierigkeiten werden durch verbesserte Versionen und die zunehmend feinere Auflösung gelindert.
Berechnungen viskoser Schiffsumströmungen unter Berücksichtigung der freien Oberfläche und Berechnungen für die Großausführung nehmen zu. Die Ergebnisse lassen erwarten, daß sie bald auch für die Praxis ausgereift sein werden. Einen Eindruck über den erreichten Stand der Berechnungen kann man aus den CFD-Beiträgen beim ONR Symposium (1996) entnehmen.
Wegen der erhöhten Komplexität der untersuchten Fälle, kommt man meist mit einem herkömmlichen Gitter, bestehend aus einem einzigen, strukturierten Block, nicht aus. Die Gitterlinien müßten dann zu stark verformt werden um der Randgeometrie zu folgen oder die gewählte Gittertopologie wäre nicht für alle Regionen im Rechengebiet geeignet. Die meisten Navier-Stokes Löser sind heute in der Lage auf blockstrukturierten oder gar auf unstrukturierten Gittern zu rechnen. Letztere bieten die größte Flexibilität bei der Vernetzung komplexer Geometrien und erleichtern den Arbeitsgang der Gittererzeugung erheblich. Auf der anderen Seite eignen sich unstrukturierte Gitter nicht um Wandgrenzschichten (z.B. am Rumpf) aufzulösen wodurch der Vorteil abgeschwächt wird.
Aufgrund derartiger Betrachtungen wurde die Eigenentwicklung NEPTUN für blockstrukturierte Gitter erweitert. Besonders flexibel wird die Blockstrukturierung erst, wenn die Zellecken der an einer Kontaktfläche anliegenden Blöcke nicht zusammenfallen brauchen (non-matching interface). So können praktisch beliebige, von einander getrennt erzeugte Blöcke zu einem Gitter zusammengefügt werden. Die Benutzung von „non-matching interfaces" erfordert die genaue Bestimmung der Zusammensetzung der Zellseiten auf der Kontaktfläche aus Zellseiten der Nachbarblöcke. Diese Information wird vor der eigentlichen Berechnung bestimmt und gespeichert.
Abb. 1 zeigt einen Teil (8 Blöcke) eines blockstrukturierten Gitters an der Backbordseite eines Schiffes. Es handelt sich um einen Ausschnitt eines Gitters um ein ganzes Schiff (Bb und Stb), bestehend aus 42 Blöcken mit insgesamt ca. 480 000 Zellen. Es wurde jedoch nur jede zweite Linie gezeichnet. Das Gitter wurde an einer „non-matching interface" am Heck aufgeklappt. Dort findet im inneren Bereich des Gitters ein Topologiewechsel von O-Typ zu H-Typ statt. Über den größten Teil des Schiffes haben die Spanten einen flachen Boden oder laufen senkrecht in die Mitschiffsebene ein, so daß die O-Topologie am besten geeignet ist, um die Grenzschicht aufzulösen. Dort wo die Spanten V-förmig sind, insbesondere aber vor und hinter dem Schiff, ist die H-Topologie besser geeignet.

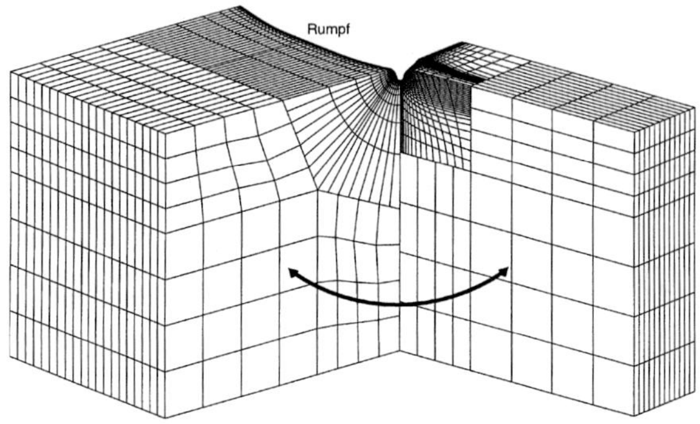

Abb. 1. Teil eines blockstrukturierten Gitters, aufgeklappt an einer „non-matching interface"

3 Anwendung

Als Beispiel für die erweiterten Einsatzmöglichkeiten von Navier-Stokes Lösern werden Ergebnisse der Berechnung der Schräganströmung des Mariner Schiffes gezeigt. Sie wurden in einem vom BMBF unterstützten Forschungsvorhaben gewonnen, das auch die Erweiterung des Verfahrens auf stationäre Kreisfahrten vorsieht und darauf abzielt, erste Schritte in Richtung einer numerischen Vorhersage des Manövrierverhaltens von Schiffen zu beschreiten. Das Mariner Schiff, mit Hauptabmessungen $L = 160{,}93\,\mathrm{m}$, $B = 23{,}17\,\mathrm{m}$, $T_m = 7{,}46\,\mathrm{m}$ und $C_B = 0{,}60$, wurde seit Anfang der sechziger Jahre sehr umfangreich untersucht. Es liegen ausführliche Messungen vor, u.a. Schrägschleppversuche von Laudan (1977). Die Berechnungen wurden im Modellmaßstab ($\lambda = 25$), bei einer Reynoldszahl $R_n = 10^7$ bzw. Froudezahl $F_n = 0{,}20$, durchgeführt. Die freie Oberfläche und die dynamische Veränderung der Schwimmlage wurden nicht berücksichtigt. Die Ergebnisse wurden mit dem algebraischen Turbulenzmodell von Cebeci–Smith erzielt.
Für die Untersuchung von Schräganströmungen in seitlich unbegrenztem Wasser hat es sich bewährt, nur ein Gitter für alle Driftwinkel zu verwenden. Nur die Randbedingungen an den äußeren Rändern des Rechengebietes werden je nach Driftwinkel verändert. Diese Ränder liegen etwa eine Schiffslänge vom Rumpf entfernt. Die bei der Geradeausfahrt üblichen Randbedingungen am Rumpf (Haftbedingung), am Einströmrand und unterem Rand (ungestörte Geschwindigkeit; jetzt abhängig vom Anstellwinkel), am Ausströmrand (ungestörter Druck) und an der Wasserlinienebene (Symmetrie) können beibehalten werden. Am Lateralrand auf der Luv-Seite (Eintritt)

wird jetzt ungestörte Geschwindigkeit und auf der Lee-Seite (Austritt), ungestörter Druck gesetzt.
Es wurde auf dem o.g. Gitter mit ca. 480 000 Zellen und auf einem groben Gitter mit ca. 60 000 Zellen gerechnet. Um im Laufe der iterativen Lösung die Residuennormen aller Erhaltungsgleichungen um 4 Größenordnungen zu reduzieren (Konvergenzkriterium), waren auf dem feinen Gitter etwa 500 Iterationsschritte nötig. Die Berechnung dauert auf einer gängigen Workstation etwa 15 Stunden wobei 145 MB Arbeitsspeicher benötigt werden. Die Ergebnisse der Berechnung auf dem groben Gitter zeigen bereits alle wichtigen Merkmale der Feingitterlösung und selbst integrale Größen, wie die Seitenkraft und das Giermoment, unterscheiden sich weniger als 10% zwischen den Gittern. Da solche Berechnungen weniger als eine Stunde dauern, eignen sich diese besonders für Testrechnungen.
Abb. 2 und 3 zeigen für den Driftwinkel $\beta = 12°$ die auf dem groben Gitter berechnete Verteilung des Reibungsbeiwertes $C_f = \tau/\left(\frac{\rho}{2}V^2\right)$ am Vor- und Hinterschiff. τ ist der Betrag der Wandschubspannung, ρ die Dichte des Wassers und V die Modellgeschwindigkeit. Die Bilder zeigen auch die Gitterlinien auf dem Rumpf. Im Gegensatz zu alten Anwendungen ist das Gitter jetzt vollständig randangepaßt. Dies ist bei einer Schräganströmung wichtiger als bei der Geradeausfahrt. Die sonst auftretenden Stufen an den Stevenkonturen könnten z.B. den Abriß der Strömung an der falschen Stelle eines runden Hecks verursachen. Im hinteren Heckbereich kann man insbesondere an der Saugseite (Stb) eine Verzögerung der Strömung daran erkennen, daß C_f kleiner wird. Der Reibungsbeiwert bleibt aber abgesehen vom Hintersteven positiv, so daß keine Ablösung stattfindet. Dies wurde in einem Experiment wo Wollfäden zur Strömungsvisualisierung eingesetzt wurden bestätigt. Wie erwartet befinden sich die größten C_f Werte an der Druckseite (Bb) im unteren Bereich des Vorschiffes und an der Kimm. An der Wasserlinie ist vorne ein kleiner Bereich mit verschwindender Wandschubspannung zu erkennen, was auf eine Ablösung der Strömung hindeutet. Wegen des scharfen Eintrittwinkels der Wasserlinien erscheint dies sehr plausibel. Leider beschränkte sich die erwähnte Strömungsvisualisierung auf das Hinterschiff, so daß dies nicht verifiziert werden konnte.
Abb. 4 zeigt für denselben Fall das berechnete Quergeschwindigkeitsfeld am Spant 18, 20% der Schiffslänge vom Bug entfernt. Das Bild zeigt eine typische dreidimensionale Ablösung, die nicht mit einem Verschwinden der Wandschubspannung und Rezirkulation verbunden ist. Die Wandschubspannung nimmt in diesem Bereich sogar die größten Werte der Saugseite an, Abb. 2.
Abb. 5 zeigt (im gleichen Maßstab) das berechnete und das gemessene Quergeschwindigkeitsfeld in der Propellerebene für $\beta = 12°$. Das gemessene Feld zeigt auf der rechten Seite nahezu ungestörte Geschwindigkeit, während auf der linken Seite ein sehr ausgeprägter Wirbel zu sehen ist. Dies wird von der Rechnung gut wiedergegeben. Der berechnete Wirbel liegt an derselben Stelle, hat allerdings eine geringere Stärke.
Abb. 6 zeigt das berechnete und das gemessene Quergeschwindigkeitsfeld in der Propellerebene für $\beta = 18°$. Gegenüber dem Fall $\beta = 12°$ hat sich hier der Wirbelkern nach außen verlagert, so daß er außerhalb des Meßbereiches fällt. Auch in diesem Fall ist die Übereinstimmung recht gut. Der Grund

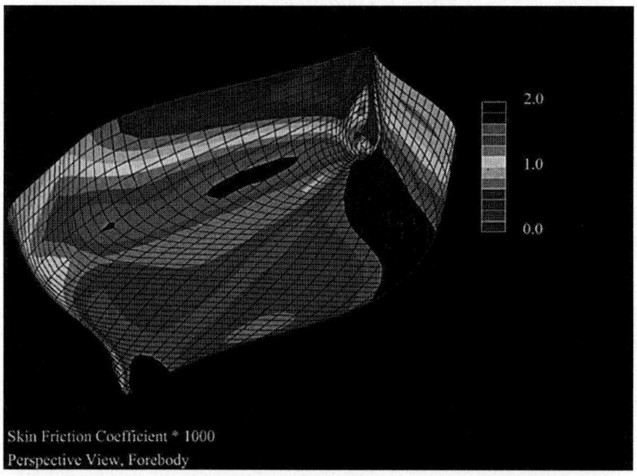

Abb. 2. Reibungsbeiwert · 10^3, Mariner Vorschiff, $R_n = 10^7$, $\beta = 12°$

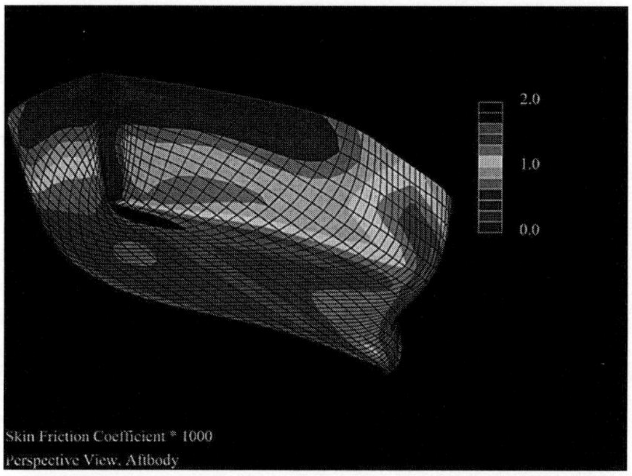

Abb. 3. Reibungsbeiwert · 10^3, Mariner Hinterschiff, $R_n = 10^7$, $\beta = 12°$

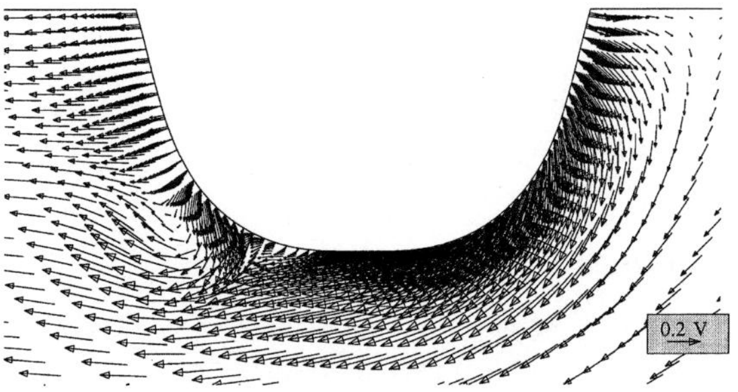

Abb. 4. Quergeschwindigkeit, Spant 18, Mariner Schiff, $R_n = 10^7, \beta = 12°$

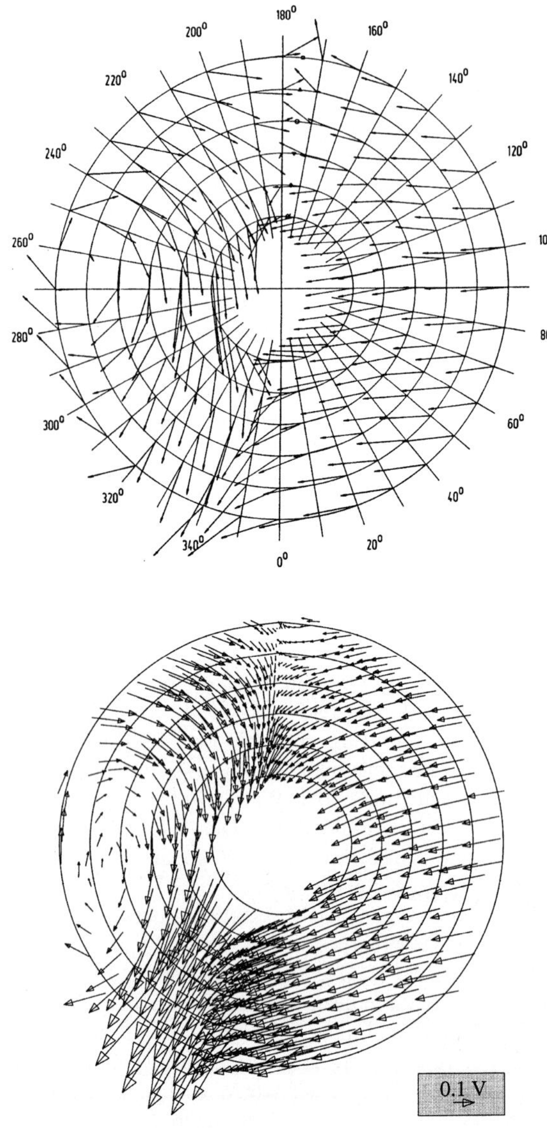

Abb. 5. Gemessene (oben) und berechnete (unten) Quergeschwindigkeit in der Propellerebene, Mariner Schiff, $R_n = 10^7, \beta = 12°$

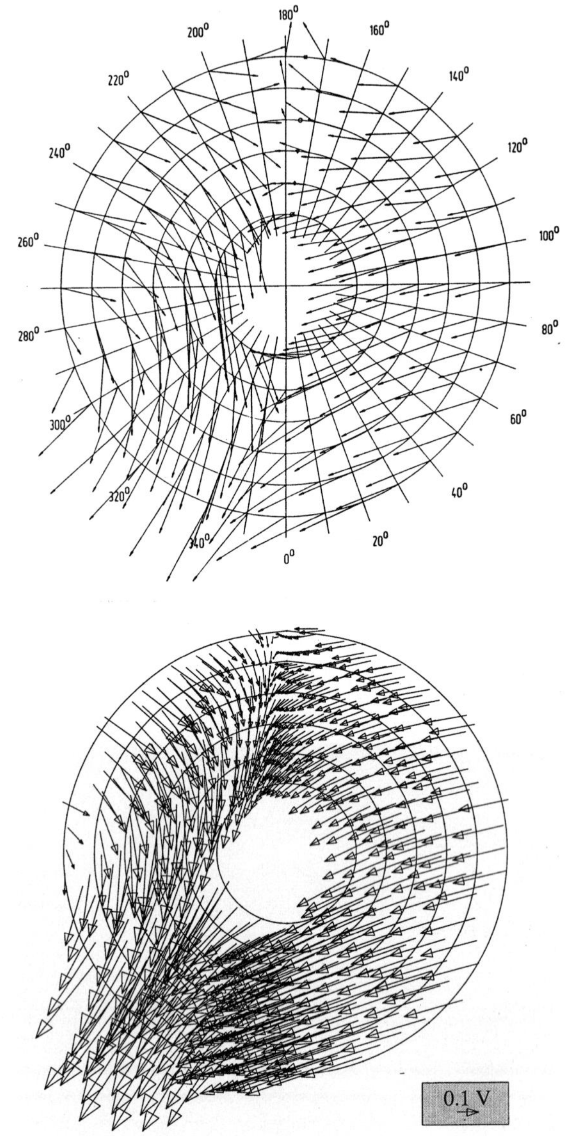

Abb. 6. Gemessene (oben) und berechnete (unten) Quergeschwindigkeit in der Propellerebene, Mariner Schiff, $R_n = 10^7, \beta = 18°$

für diese eher unerwartet gute Übereinstimmung liegt vermutlich darin, daß die Schräganströmung stärker durch Konvektion dominiert ist als die Geradeausfahrt, wodurch die Schwächen des Turbulenzmodells weniger zum tragen kommen. Da aber bisher nur ein schlankes Schiff untersucht wurde, lassen sich noch keine allgemeingültigen Aussagen machen.

Schrifttum

- Cebeci, T.; Smith, A.M.O.: Analysis of Turbulent Boundary Layers, Academic Press (1974)
- Cura Hochbaum, A.: Ein Finite-Volumen-Verfahren zur Berechnung turbulenter Schiffsumströmungen, Institut für Schiffbau, Universität Hamburg, Bericht 540 (1994)
- Cura Hochbaum, A.; Laudan, J.: Berechnung der turbulenten Schiffsumströmung, Jahrbuch der Schiffbautechnischen Gesellschaft, 89. Band, Springer-Verlag (1995)
- Laudan, J.: Zweiquadrantenmessungen bei Schräganströmung hinter einem Schiffsmodell, HSVA-Bericht 1508 (1977)
- Launder, B.E.; Spalding, D.B.: The Numerical Computation of Turbulent Flows, Computer Methods in Applied Mechanics and Engineering Vol. 3 (1974)
- ONR Symposium 21th ONR Symp. on Naval Hydrodynamics, Trondheim (1996)

Untersuchung der wandnahen Strömung

Investigation of Near Wall Flow

Dipl.-Ing. **Jochen Laudan**
Hamburgische Schiffbau-Versuchsanstalt GmbH, Hamburg

Summary. The turbulence model that is required for solution of the time averaged Navier Stokes equations and the interpolation procedure have an influence on the calculation results. The flow measurements that were carried out in order to verify the calculation results also included measurements close to the wall. The *k*-ε Model modified by Chen in combination with LUD- respectively QUICK-scheme show the best agreement with the measured resistance. The RNG *k*-ε Model combined with the LUD scheme yields the best agreement with the velocity measurements far from the wall while the turbulence model modified by Chen gives the better results for the region close to the wall.

1 Einleitung

Da eine direkte numerische Lösung der Navier-Stokes Gleichungen zur Zeit für technische Anwendungen noch nicht möglich ist, werden die zeitlich gemittelten Gleichungen, die Reynolds-Gleichungen (RANSE), gelöst. Die Ergebnisse einer Rechnung mit einem RANSE-Löser sind abhängig von dem verwendeten Turbulenzmodell und dem bei der Diskretisierung verwendeten Interpolationsschema. Durch Messung der Strömung auch im wandnahen Bereich werden verschiedene Turbulenzmodelle und Interpolationsschemata validiert.

2 Turbulenzmodelle

Obwohl in den Navier-Stokes Gleichungen eine empirische Annahme enthalten ist, reichen sie zusammen mit der Kontinuitätsgleichung nach dem heutigen Wissensstand aus, um alle wirklichen Flüssigkeitsbewegungen, bei denen Inkompressibilität vorausgesetzt werden kann, zu beschreiben. Die empirische Annahme besagt, daß die Normal- und Schubspannungen lineare Funktionen der Deformationsgeschwindigkeit sind (Newtonsche Flüssigkeiten). Beide Gleichungen sind Erhaltungsgleichungen und besagen, daß die Masse und der Impuls erhalten bleiben.

In Indexschreibweise lauten die Kontinuitätsgleichung:

$$\frac{\partial u_i}{\partial x_i} = 0,$$

und die Navier-Stokes Gleichungen:

$$\frac{\partial(\varrho u_i u_j)}{\partial x_j} = -\frac{\partial p}{\partial x_i} + \frac{\partial}{\partial x_j}\left[\mu\left(\frac{\partial u_i}{\partial x_j} + \frac{\partial u_j}{\partial x_j}\right)\right] + f_i,$$

mit der Geschwindigkeit u, dem Druck p, der molekularen Zähigkeit μ und der Körperkraft f. Tritt in einem Glied ein Index doppelt auf, dann muß von 1 bis 3 summiert werden. Der Ortsvektor hat die Koordinaten x_i, der Geschwindigkeitsvektor u_i und die Körperkräfte f_i.

Eine analytische Integration dieses Systems nichtlinearer Differentialgleichungen zweiter Ordnung ist im allgemeinen so schwierig, daß sie nur in Einzelfällen gelungen ist. Für reale Schiffsformen und übliche Geschwindigkeiten gibt es keine analytische Lösung. Mit den modernen numerischen Verfahren können diese Gleichungen im Prinzip gelöst werden. Aber auch mit den modernsten, leistungsfähigsten Computern sind bisher nur Lösungen für einfache Geometrien und niedrige Reynoldszahlen möglich. Das liegt daran, daß bei hohen Reynoldszahlen (für Schiffsmodelle und große Schiffe von $5 * 10^6$ bis $2 * 10^9$) die Turbulenzstruktur einen weiten Größenbereich umfaßt. Die größten Turbulenzballen haben die Abmessungen der Schiffsbreite und die kleinsten, in denen die Dissipation stattfindet, sind mehr als tausendmal kleiner. Für eine Lösung muß das Strömungsgebiet extrem fein in kleine Volumenelemente eingeteilt werden. Die Zahl der Gitterpunkte wächst ungefähr mit der dritten Potenz der Reynoldszahl. Choi et al. [Choi 1994] gelang es z.B. die Strömung in einem Kanal bis zu einer Reynoldszahl von 3300 direkt numerisch zu simulierem. Auch wenn die Rechenleistung weiter steigt, sind wir für absehbare Zeit noch weit von für Schiffbauer realistische Reynoldszahlen entfernt.

Um trotzdem ingenieurmäßige Lösungen zu erhalten, werden die Navier-Stokes Gleichungen und das Strömungsproblem vereinfacht. Auf der einen Seite wird über die zeitlichen Schwankungen der Strömung integriert und auf der anderen Seite wird der Einfluß der freien Wasseroberfläche vernachlässigt.

Um die Navier-Stokes Gleichungen einer rechnerischen Behandlung näherzubringen, werden die Geschwindigkeit und der Druck in einen Mittel- und einen Schwankungswert aufgeteilt

$$u_i = \bar{u}_i + u_i' \quad \text{und} \quad p = \bar{p} + p'$$

und über die Zeit gemittelt (Reynolds-Gleichungen). Dies in die Navier-Stokes und Kontinuitätsgleichungen eingesetzt ergibt, unter Beachtung der Rechenregeln für die Mittelwertoperationen (d.h. nur quadratische Glieder sind von Null verschieden) für die Kontinuitätsgleichung

$$\frac{\partial \bar{u}_i}{\partial x_i} = 0$$

und für die Navier-Stokes Gleichung

$$\frac{\partial(\varrho \bar{u}_i \bar{u}_j)}{\partial x_j} = -\frac{\partial \bar{p}}{\partial x_i} - \frac{\partial(\varrho \overline{u_i' u_j'})}{\partial x_j} + \frac{\partial}{\partial x_j}\left[\mu\left(\frac{\partial \bar{u}_i}{\partial x_j} + \frac{\partial \bar{u}_j}{\partial x_j}\right)\right] + f_i,$$

Da die Navier-Stokes Gleichungen nichtlinear sind, werden sie durch die Mittelwerte allein nicht erfüllt, es treten vielmehr noch Glieder hinzu, die sich aus den Schwankungsgrößen zusammensetzen (Reynolds-Spannungen).

$$-\varrho \overline{u_i' u_j'}.$$

Für die Lösung der Gleichungen mit den um die Reynolds-Spannungen vermehrten Unbekannten muß zusätzlich eine Beziehung eingeführt werden, die die Reynolds-Spannungen mit den mittleren Geschwindigkeiten verknüpft. Dies leisten die sogenannten Turbulenzmodelle. Fast alle Modelle gehen von dem von Boussinesq schon 1877 vorgeschlagenen Konzept der scheinbaren turbulenten Zähigkeit (eddy-viscosity) aus. Boussinesq nimmt an, daß sich die Reynolds-Spannungen wie die zähigkeitsbedingten verhalten, d.h. sie sind proportional den Geschwindigkeitsgradienten.

$$\varrho \overline{u_i' u_j'} = -\mu_t \left(\frac{\partial \bar{u}_i}{\partial x_j} + \frac{\partial \bar{u}_j}{\partial x_i}\right) + \frac{2}{3}\varrho k \delta_{ij}$$

mit der turbulenten kinetischen Energie

$$k = \frac{\overline{u_i' u_i'}}{2}$$

und dem Kronecker Symbol δ_{ij}, das 1 ist, wenn i gleich j ist und sonst null. Physikalisch ist dieser Ansatz nicht begründet, doch liefert er für die meisten technischen Anwendungen befriedigende Ergebnisse. Die Größe des Proportionalitätsfaktors μ_t, die scheinbare turbulente Zähigkeit (eddy viscosity), wird durch empirische Ansätze festgelegt. Die turbulente Scheinzähigkeit überwiegt bei hohen Reynoldszahlen die molekulare bei weitem. Den Ansatz von Boussinesq in die Reynoldsgleichungen eingesetzt ergibt

$$\frac{\partial(\varrho \bar{u}_i \bar{u}_j)}{\partial x_j} = -\frac{\partial(\bar{p} + 2/3\varrho k)}{\partial x_i} + \frac{\partial}{\partial x_j}\left[(\mu + \mu_t)\left(\frac{\partial \bar{u}_i}{\partial x_j} + \frac{\partial \bar{u}_j}{\partial x_j}\right)\right] + f_i$$

Diese Gleichung hat dieselbe Form wie die Navier-Stokes Gleichung, wenn als neue Variablen $\mu_{\text{eff}} = \mu + \mu_t$ und $(p + 2/3\varrho k)$ eingeführt werden.
Je nachdem wieviel Differentialgleichungen für die Modellierung benutzt werden, spricht man von Ein-Gleichungsmodellen, Zwei-Gleichungsmodellen u.s.w. Im einfachsten Fall wird die turbulente Scheinzähigkeit nur durch eine algebraische empirische Funktion beschrieben. Da keine Differentialgleichung benutzt wird, nennt man dies Modell auch Null-Gleichungsmodell. Beispiele für Null-Gleichungsmodelle sind das Modell von Cebecci-Smith (1974) und das diesem sehr ähnliche von Baldwin-Lomax (1978). Der Vorteil dieser sehr einfachen Modelle liegt zum einen darin, daß keine zusätzliche Differentialgleichung gelöst werden muß, zum anderen kann mit diesem Modell bis zur Wand gerechnet und die Haftbedingung direkt erfüllt werden. Es ist nachteilig, daß als Längenmaßstab die Verdrängungsdicke benutzt wird. Diese ist im Hinterschiffsbereich und im Nachlauf schwierig zu definieren. Trotzdem sind mit diesem Modell Rechnungen erfolgreich durchgeführt worden (Hoekstra 1989, Kodama 1989).
Alle nicht-algebraischen Modelle benutzen die Gleichung für die turbulente Energie (k). Das k-ε Modell ist das bekannteste Turbulenzmodell (Patankar, Spalding 1972). In ihm ist die skalare turbulente Zähigkeit eine Funktion der zeitlich gemittelten Turbulenzenergie (k) und ihrer Dissipationsrate (ε):

$$\mu_t = \frac{C_\mu \varrho k^2}{\varepsilon}$$

mit $C_\mu = 0{,}09$ als empirischer Konstanten. Beide Größen werden durch Differentialgleichungen ausgedrückt. Die Differentialgleichungen können direkt aus den Navier-Stokes Gleichungen abgeleitet werden. Die in diesen Differentialgleichungen auftretenden Konstanten wurden durch physikalische und numerische Experimente bestimmt. In unmittelbarer Nähe zur Wand ist das k-ε Modell nicht geeignet, da es nur für Gebiete gilt, in denen die Strömung voll turbulent ist. Aus diesem Grund wird es in der Regel mit dem aus der zweidimensionalen Grenzschichtrechnung bekannten logarithmischen Wandgesetz gemeinsam benutzt. Mit diesem Gesetz wird die Haftbedingung an der Wand automatisch erfüllt.

$$\frac{u}{u_\tau} = \begin{cases} y^+ & y^+ \le y_m^+ \\ \frac{1}{\kappa}\ln(Ey^+) & y^+ > y_m^+ \end{cases}$$

mit $\kappa = 0{,}42$ und $E = 9{,}0$ als empirischen Konstanten, dem dimensionslosen Wandabstand y^+ und der Wandschubspannungsgeschwindigkeit $u_\tau \cdot y_m$ ergibt sich aus der Forderung, daß die Funktionswerte am Schnittpunkt beider Kurven gleich sind. Die Konstante E ist ein Maß für die hydrodynamische Glätte der Wand. Um den Wert für E abzuschätzen, wurden Vergleichsrechnungen des Reibungswiderstandes für eine ebene Platte durchgeführt. Der Widerstand wurde auf der einen Seite nach der ITTC-Reibungslinie

$$C_{f\,\mathrm{ITTC}} = \frac{0.075}{(\log R_n - 2)^2}$$

bestimmt und auf der anderen mit einem RANSE-Löser. Bei einer für Modelle typischen Reynoldszahl von $R_N = 9 * 10^6$ ergibt sich für das Standard k-ε Modell $E = 6$ und für das RNG k-ε Modell $E = 10$. Mit dem Wandgesetz ist es möglich, die Anzahl der Zellen in Wandnähe zu reduzieren. Von Chen und Patel (1987) sind Rechnungen durchgeführt worden, die in dem gesamten Rechengebiet das k-ε Modell benutzen, lediglich in den der Wand am nächsten liegenden Zellen wird die Haftbedingung durch das Einführen eines algebraischen Ausdrucks für die ε Gleichung erfüllt. Mit diesem „Two-Layer" Modell sind gute Ergebnisse erzielt worden. Der Rechenaufwand ist, da sehr fein bis an die Wand aufgelöst werden muß (üblich sind y^+ Werte zwischen 5 und 10), allerdings erheblich. Die guten Erfahrungen von Chen und Patel konnten durch die eigenen Rechnungen nicht bestätigt werden.
Von Yakhot und Orzag wurden Elemente der renormalisierten Gruppentheorie (Renormalization Group Theory RNG) für die Formulierung eines modifizierten k-ε Modells benutzt. Es hat sich nur die Gleichung für die turbulente Dissipation geändert. In die Gleichung wurde ein zusätzlicher Term eingeführt, der den Einfluß von Störungen der Hauptströmung auf die Dissipationsrate berücksichtigt. Die Konstanten haben sich gegenüber dem Standardmodell nur geringfügig geändert.
Von Chen und Kim (1987) wurde ebenfalls die Gleichung für die Dissipation geändert. Der zusätzliche Term berücksichtigt den Transfer der turbulenten Energie auf die Größen des Spannungstensors.

3 Interpolationsschemata

Auf das Ergebnis einer Berechnung mit einem RANSE Löser hat nicht nur das verwendete Turbulenzmodell einen Einfluß, sondern auch das verwendete Interpolationsschema. Um die Differentialgleichungen für die Erhaltung der Masse und des Impulses zu lösen, werden sie durch finite Volumen diskretisiert (Patankar 1972). Das Lösungsgebiet wird dazu mit einem numerischen Gitter in eine endliche Zahl von Kontrollvolumina (Zellen) aufgeteilt. Die Gleichungen werden über jede Zelle integriert. Die Lösung wird für die diskreten Werte der abhängigen

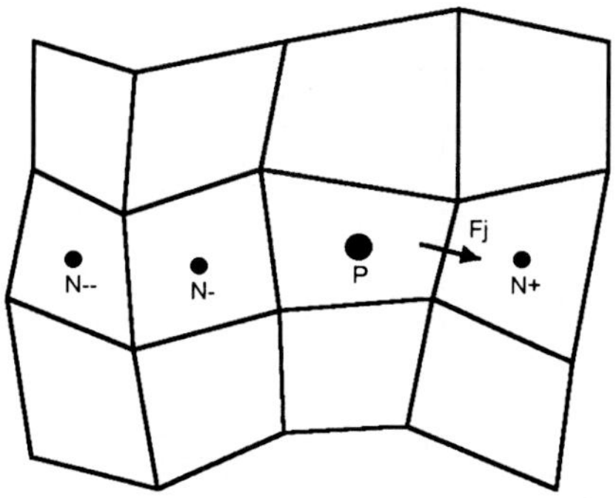

Abb. 1. Bezeichnung der Zellmittelpunkte

Variablen im Zentrum der Zelle gesucht. Zur Integration der konvektiven und der diffusiven Flüsse werden aber auch die Werte auf den Zellseiten benötigt. Sie müssen durch die Werte an den Zellmittelpunkten (Knotenpunkten) ausgedrückt werden. Hierfür können unterschiedliche Interpolationsverfahren eingesetzt werden.
Im einfachsten Fall wird der nächste stromauf gelegene Zellmittelpunktswert genommen ϕ_P (UD = Upwind Differencing). Diese Form der Interpolation stellt auf der einen Seite sicher, daß die physikalischen Grenzen für die Unbekannten unter allen Umständen eingehalten werden, auf der anderen Seite führt dies Verfahren leicht zu numerischen Schwierigkeiten. In Verfahren zweiter Ordnung werden zwei Knotenwerte für die Interpolation benutzt. Entweder werden die beiden nächsten stromauf liegenden Knotenwerte ϕ_{N-} und ϕ_P (LUD = Linear Upwind Differencing) oder die beiden unabhängig von der Strömungsrichtung nächstgelegenen ϕ_P und ϕ_{N+} (CD = Central Differencing) zur Interpolation herangezogen. Die beiden letztgenannten Interpolationen sind zwar numerisch stabiler, liefern jedoch unter Umständen physikalisch unsinnige Werte. Beim Verfahren dritter Ordnung wird durch zwei Punkte stromauf ϕ_{N-}, ϕ_P und durch eine Punkt stromab ϕ_{N+} eine Parabel gelegt (QUICK = Quadratic Upstream Interpolation of Convective Kinematics).

4 Berechnung der viskosen Strömung

Um den Einfluß der unterschiedlichen Turbulenzmodelle und der Interpolationsschemen auf das Ergebnis einer CFD-Berechnung zu untersuchen, wurde für ein Containerschiff die viskose Umströmung berechnet. Für die Zwei-Gleichungsmodelle wurde ein kommerzielles Programm benutzt (Dimirdzic et al. 1980), das algebraische Turbulenzmodell wurde mit einem im IfS und der HSVA entwickelten Programm untersucht (Cura 1994). Die Hauptabmessungen des Schiffes sind in der Tabelle 1 angegeben. In der Abb. 2 sind die Linien dargestellt. Für die Berechnung wurde ein zylindrisches Berechnungsgebiet gewählt. Der Ra-

Tabelle 1. Schiffsabmessungen

Länge zwischen den Loten	Lpp [m]	191.00
Länge eingetaucht	L_{OS} [m]	201.91
Breite	B [m]	32.20
Tiefgang	T [m]	13.00
Verdrängung	∇ [m^3]	50879
Oberfläche	S [m^2]	8597
Völligkeit	C_B	0.636
Propellerdurchmesser	D [m]	7.29
Modellmaßstab	λ	28.25

dius des Zylinders beträgt 0,5 Lpp. Das Gebiet erstreckt sich von 0,5 Lpp vor dem Bug bis 1,0 Lpp hinter das Heck. Es wurden die üblichen Randbedingungen gewählt. Am Einlaß wird die Geschwindigkeit und ein geschätzter Turbulenzgrad vorgegeben. Der Auslaß ist die stromabwärts senkrecht zur Mittellängsachse liegende Ebene. Als Randbedingung wird hier angenommen, daß die Gradienten aller Variablen in x-Richtung gleich Null sind.

Der äußere Rand, die Mittschiffsebene und die Wasseroberfläche werden als Symmetrieebenen definiert, d.h. die Gradienten aller Variablen senkrecht zur Ebene sind gleich Null. Das hat zur Folge, daß sowohl die Wellenbildung, als auch große periodisch von backbord nach steuerbord schwankende Ablösungen unterdrückt werden.

An der Schiffsaußenhaut gilt die Haftbedingung.

Um die Abhängigkeit der Lösung von der Feinheit des Gitters zu testen, wurden zwei unterschiedliche Gitter untersucht. Das erste hatte 176610 Flüssigkeitszellen und das zweite 305344. In der Abb. 3 ist

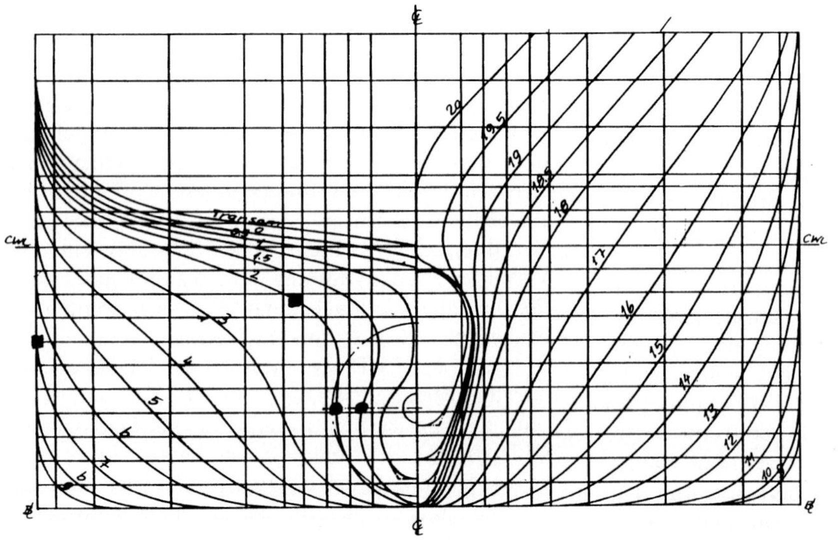

Abb. 2. Mod. 3516 Spantenriß (eingezeichnet Lage der Fenster, bzw. des Auftreffpunktes)

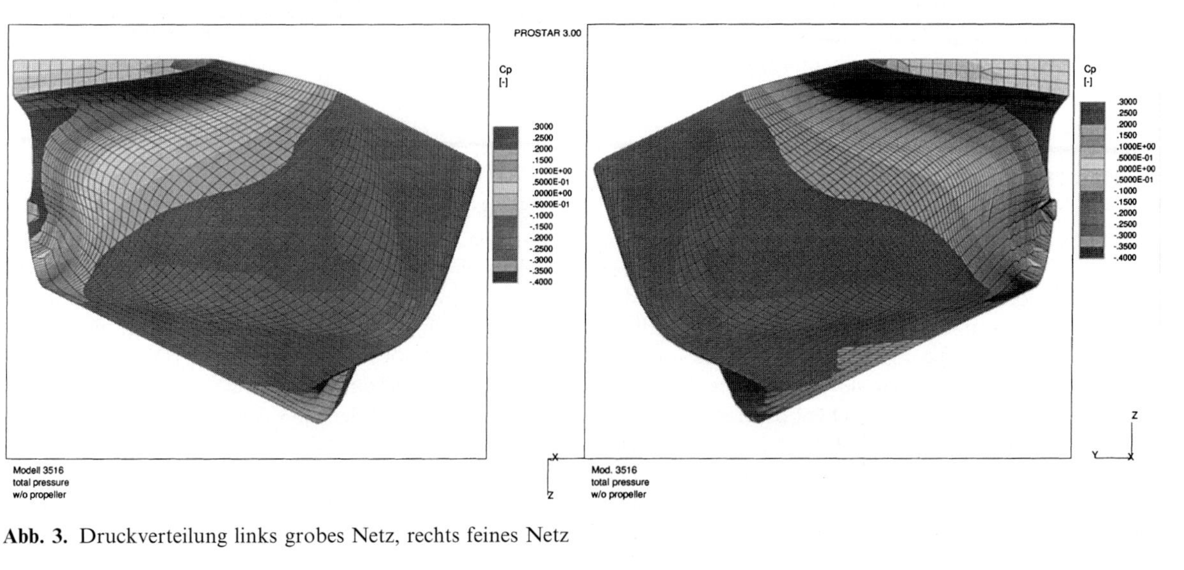

Abb. 3. Druckverteilung links grobes Netz, rechts feines Netz

Tabelle 2. Widerstandsbeiwerte für verschiedene Turbulenzmodelle und Interpolationsschemen

Turbulenz-modell	Interpolation-schema	Netz	C_T * 1000	C_f * 1000	1+k	1-w
k-ε	LUD	grob	5.346	3.089	1.58	
		fein	4.946	3.296	1.50	0.725
k-ε	QUICK	grob	5.420	3.364	1.61	
		fein	4.940	3.259	1.52	0.710
RNG	LUD	grob	4.961	3.347	1.48	
		fein	4.221	2.893	1.46	0.623
RNG	QUICK	grob	4.481	3.079	1.46	
		fein	4.095	2.865	1.43	0.700
Chen	LUD	grob	4.738	3.288	1.44	
		fein	4.423	3.151	1.40	0.697
Chen	QUICK	grob	4.517	3.280	1.38	
		fein	4.443	3.239	1.37	0.716
k-ε	LUD	two-lay-er	5.263	3.218	1.64	0.772
al-gebraisch	LUD		3.976	3.032	1.31	0.718
Messung			4.400	2.939	1.27	0.644

die Druckverteilung, die zusammen mit der Wandschubspannung den Widerstand bilden, für die beiden unterschiedlichen Gitter dargestellt. Das algebraische und das Zweischichten Turbulenzmodell rechneten mit 230 400 Zellen.

In der Tabelle 2 sind die berechneten Widerstandsbeiwerte angegeben. Die Rechnung erfolgte bei einer Reynoldszahl von $1{,}127 * 10^7$. Diese Zahl ergibt sich aus dem Modellversuch, der nach der Froudsche Ähnlichkeit durchgeführt wurde (Fn = 0,232). Es ist zum einen der Gesamtwiderstandsbeiwert

$$C_T = \frac{R_T}{0{,}5\varrho V_0^2 S}$$

und der Reibungsbeiwert

$$C_f = \frac{R_f}{0{,}5\varrho V_0^2 S}$$

angegeben. S ist die benetzte Oberfläche. Beim berechneten Gesamtwiderstandsbeiwert muß beachtet werden, daß es sich bei der Rechnung um ein tiefgetauchtes Doppelmodell handelt, d.h. kein Wellenwiderstand auftritt. In der Tabelle ist auch der gemessene Gesamtwiderstandsbeiwert und der nach der ITTC Formel berechnete Reibungsbeiwert eingetragen. Die Unterchiede zwischen dem groben und dem feinen Netz sind nicht groß. Für das feinere Netz ist der Widerstandsbeiwert immer kleiner als für das grobe Netz. Da der gemessene Gesamtwiderstandsbeiwert den Wellenwiderstandsanteil enthält, sind die berechneten Gesamtwiderstandsbeiwerte alle zu groß. Das Schiff ist mit einem Spiegelheck ausgestattet. Für die Berechnung wurde angenommen, daß dieses Heck vollständig getaucht ist. Dies entspricht aber nicht dem wirklichen Zustand des Schiffes in Fahrt. In der Tabelle ist auch der nach Prohaska bestimmte Formfaktor angegeben. Der mit dem algebraischen Turbulenzmodell berechnete Wert stimmt am besten mit dem gemessenen überein. Hier muß beachtet werden, daß das Spiegelheck keilförmig angenähert wurde. Zur Zeit der Rechnungen konnten mit dem Programm nur strukturierte Netze verarbeitet werden. Die $1+k$ Werte nähern sich bei Verwendung einer Wandfunktion mit der höheren Ordnung der Interpolation und mit dem komplizierteren Turbulenzmodell dem Meßwert.

In der Tabelle sind auch die Volumenmittelwerte der axialen Geschwindigkeit eingetragen. Der Mittelwert wurde über die Propellerkreisfläche gebildet. Dieser Mittelwert ist nicht unbedingt ein Maß für die Übereinstimmung von Messung und Rechnung. In der Abb. 4 sind die Isotachen und das aus den Querkomponenten gebildete Richtungsfeld für die Messung dargestellt. In der Abb. 5 sind die Werte aus der Rechnung mit dem k-ε RNG Turbulenzmodell und LUD Interpolationsschema dargestellt.

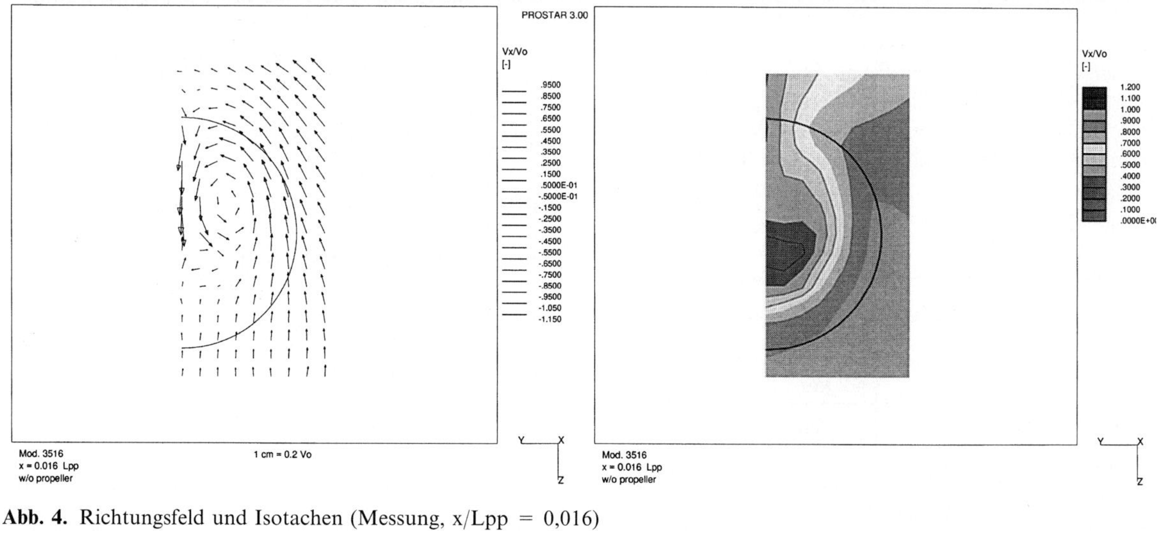

Abb. 4. Richtungsfeld und Isotachen (Messung, x/Lpp = 0,016)

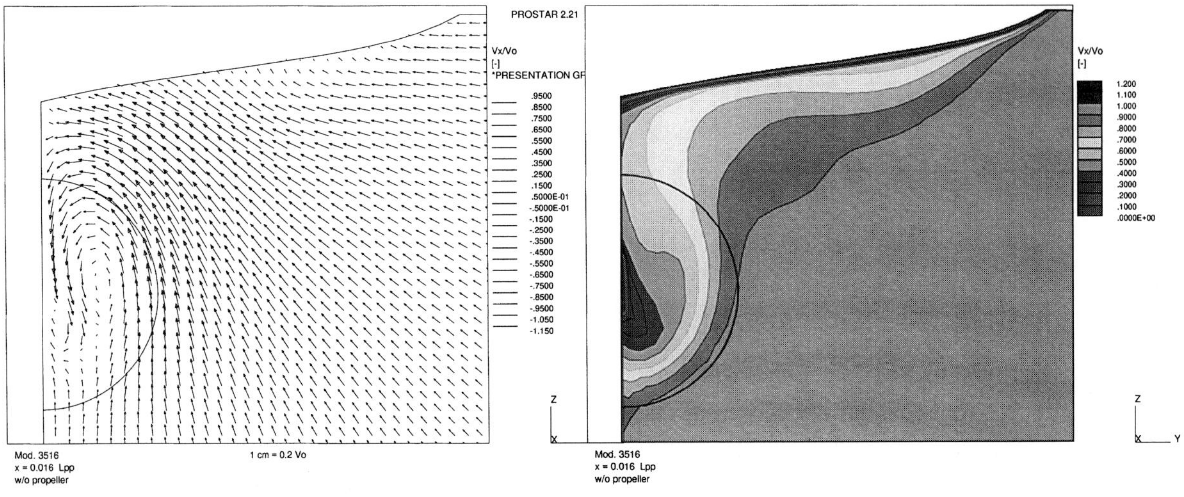

Abb. 5. Richtungsfeld und Isotachen (LUD, *k*-epsilon RNG), x/Lpp = 0,016

5 Messung der wandnahen Geschwindigkeit

Da der Widerstandsbeiwert und die Nachstromverteilung in der Propellerebene nur integrale Werte liefern, haben wir an einigen ausgewählten Punkten die Strömung im wandnahen Bereich untersucht. Die Lage der Punkte, für die hier die Ergebnisse gezeigt werden, ist in den Spantenriß mit eingezeichnet. Es wurden zwei verschiedene Meßtechniken benutzt. Zum einen wurde mit einem Zweikanal LDA-System von außen waagerecht bis nahe an die Wand gemessen (Cura Hochbaum et al. 1994) und zum anderen mit einem zweiten Zweikanal LDA-System von innen durch ein kleines Fenster senkrecht zur Außenhaut (Lammers et al. 1997). Im zweiten Fall wurde die Sonde so ausgerichtet, daß eine Meßachse möglichst mit der Hauptstromrichtung zusammenfällt. In beiden Fällen wurde eine Standard-LDA Fiberoptik (Typ 60X11 und 61X23 der Firma DANTEC) eingesetzt. Mit einem LDA-System ist es schwierig, sehr dicht senkrecht an der Wand zu messen. Das System empfängt das zurückgestreute Licht von einem sich mit der Strömung bewegenden Teilchen und filtert hieraus die Geschwindigkeitsinformation. In Wandnähe überlagert das von der Wand reflektierte Licht das Meßsignal so stark, daß Messungen nicht mehr möglich sind. Der kleinste Wandabstand betrug bei den Messungen von außen 6 mm. Aber auch bei Messungen von innen durch ein Fenster ist der minimale Wandabstand begrenzt. Zum einen stören auch hier die Reflektionen vom Fenster und zum anderen hat das Meßvolumen eine endliche Länge. Der kleinste Wandabstand betrug hier 0,73 mm. Die Abmessungen der Meßvolumina sind in der Tab. 3 angegeben.

	System 1	System 2
Brennweite	310 mm	60 mm
Fringeabstand	4.2 µm	2.0 µm
Länge Meßvolumen	3.2 mm	0.3 mm
Durchmesser Meßvolumen	150 µm	28 µm

Tab. 3 Daten der LDA-Systeme

In beiden Fällen wurde koinzident gemessen, d.h. es wurden nur Meßsignale ausgewertet, die gleichzeitig von beiden Kanälen gemessen wurden. Verschiedene Meßpunkte wurden durch motorisches Verschieben der gesamten Sonde angefahren. Die Datenerfassung und Wegverstellung wurden von einem PC kontrolliert.

In der Abb. 6 werden die gemessenen Geschwindigkeitsprofile mit den gerechneten verglichen. Für den Vergleich werden die Ergebnisse der beiden Rechnungen mit herangezogen, die einerseits die beste Übereinstimmung bei den Geschwindigkeiten (LUD RNG) und andererseits die beste Übereinstimmung beim *k*-Faktor (QUICK Chen) zeigten. Die Übereinstimmung ist durchaus gut. Da koinzident gemessen wurde, konnte auch das im Reynolds'schen Spannungstensor auftauchende gemischte Produkt $u'w'$ der Geschwindigkeiten ermittelt werden. In der Abb. 7 sind die drei gemessenen Komponenten des Spannungstensors aufgetragen. Die Turbulenz ist nicht isotrop, d.h. die Geschwindigkeitsschwankungen sind in den verschiedenen Richtungen nicht gleich groß. Die hier bei den Rechnungen benutzten Turbulenzmodelle gehen von einer isotropen Turbulenz aus. Da die Rechnungen nur die mittlere turbulente Energie k liefert, ist in der Abb. 6 das aus

$$k = \frac{1}{2}(u'^2 + v'^2 + w'^2) \sim \frac{3}{2}u'^2$$

gewonnene mittlere Schwankungsquadrat eingetragen. Die Übereinstimmung ist für das Ergebnis der

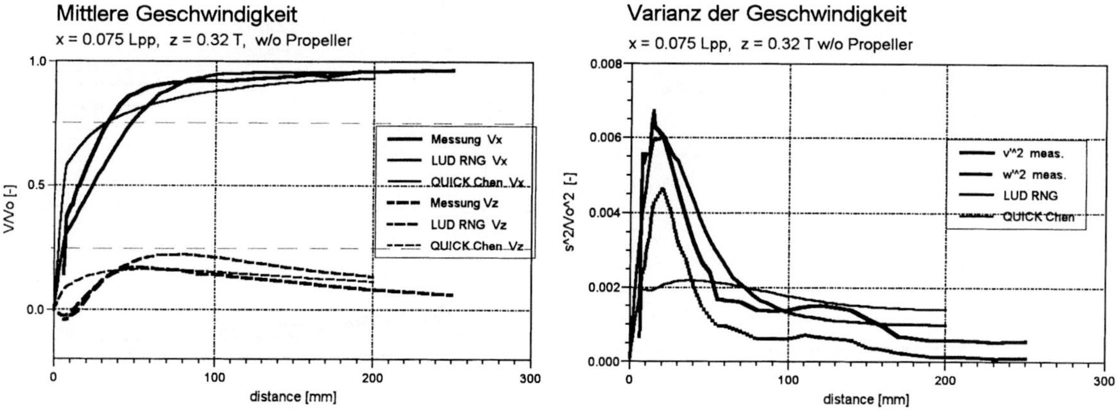

Abb. 6. Messung von außerhalb des Modells

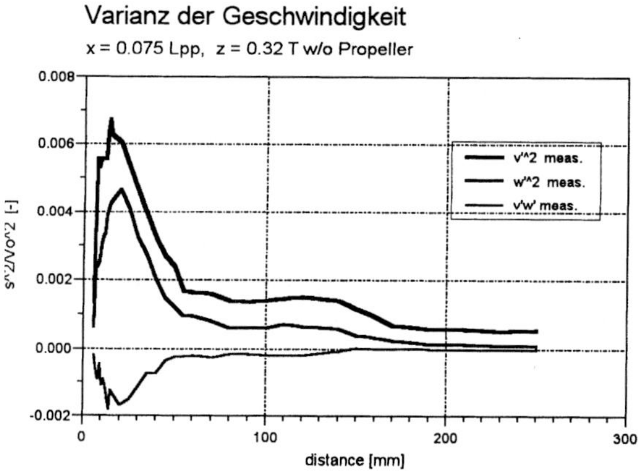

Abb. 7. Komponenten des Reynoldsschen Spannungstensors

Rechnung mit LUD RNG gut und für QUICK Chen schlecht. Dies trifft auch für die anderen Rechnungen zu. In der Abb. 8 sind die Geschwindigkeitsprofile gebildet aus dem Amplituden aufgetragen, wie sie aus den Inneren des Modells gemessen wurden. Hier konnte wesentlich dichter an der Wand gemessen werden. Bei den Rechnungen mit einem Zweigleichungs-Turbulenzmodell und der Benutzung der Wandfunktion liegt der innere Zellmittelpunkt ca. 4 mm von der Wand entfernt und die entsprechende Zellkante, an der die Geschwindigkeit ausgegeben wird ca. 9 mm. bei dem Zweischichten-Modell sind die entsprechenden Werte 0,5 mm und 1 mm. Die Übereinstimmung zwischen Rechnung und Messung ist befriedigend. Die berechneten Werte liegen über den gemessenen, was sich ja auch in dem größeren Volumenmittelwert widerspiegelt. Die Varianz der Geschwindigkeit ist in der Abb. 8 mit dargestellt. Die Übereinstimmung ist gut. Der theoretisch zu erwartende Abfall der Varianz zur Wand hin konnte meßtechnisch nicht nachgewiesen werden. Unter Umständen hat das Rauschen des Systems, das durch die Reflektionen in Wandnähe in diesem Bereich zunimmt, die Messungen verfälscht. Die Übereinstimmung zwischen Rechnung und Messung wird immer besser, je weiter vorn die Meßebene liegt. Abb. 9 zeigt eine Messung, die in der Hauptspantebene gemacht wurde.

6 Zusammenfassung

Das für die Lösung der zeitlich gemittelten Navier-Stokes Gleichungen benötigte Turbulenzmodell und das zur Interpolation benutzte Schema hat einen Ein-

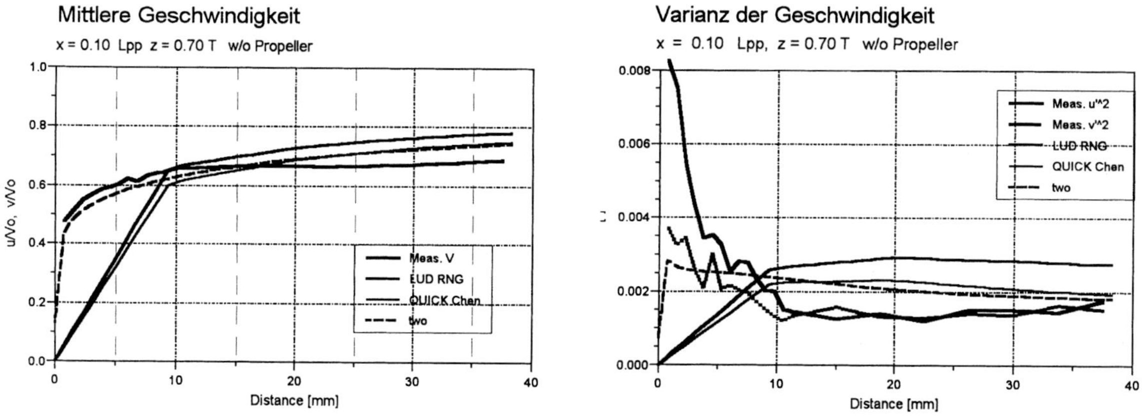

Abb. 8. Messung aus dem Modell

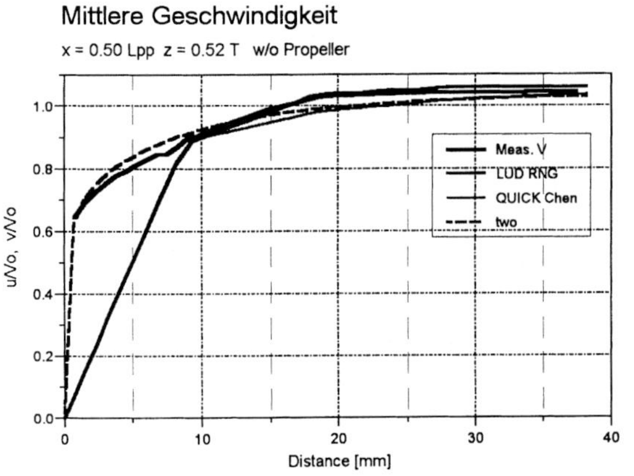

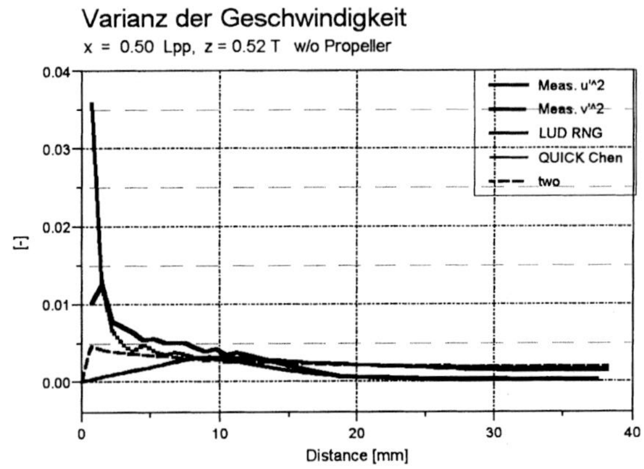

Abb. 9. Messung aus dem Modell

fluß auf das Ergebnis der Berechnungen. Zur Verifikation der Rechnungen wurden Strömungsmessungen durchgeführt, die auch den wandnahen Bereich erfassen. Das von Chen modifizierte k-ε Modell zeigt in Verbindung mit LUD- bzw. QUICK-Schema die beste Übereinstimmung mit dem gemessenen Widerstand. Das RNG k-ε Modell in Verbindung mit dem LUD-Schema liefert die beste Übereinstimmung mit den Geschwindigkeitsmessungen im wandfernen Bereich, während im wandnahen Bereich das von Chen modifizierte Turbulenzmodell besser ist.

7 Danksagung

Die hier vorgestellten Untersuchungen wurden im Rahmen zweier Forschungsvorhaben durchgeführt, die vom Bundesminister für Bildung, Forschung und Technologie mitfinanziert wurden. Bei den Messungen waren die Herren Lammers, Stöhrmann und Tanger maßgeblich beteiligt. Die Rechnungen mit dem algebraischen Turbulenzmodell wurden von Herrn Cura Hochbaum durchgeführt. Allen sei hier herzlich gedankt.

Schrifttum

- Baldwin, B.; Lomax, H.: „Thin layer approximation and algebraic model for separated turbulent flows prediction code", AIAA Paper 78–257, 1978
- Cebecci, T., Smith, A.M.O.: „Analysis of turbulent boundary layers", Academic Press, 1974
- Chen, Y.S.; Kim, S.W.: „Computation of turbulent flows using an extended k-ε turbulence closure model", NASA CR-179204, 1987
- Chen, H.C.; Patel, V.C.: „Practical near-wall turbulence models for complex flows including separation", AIAA paper 87–1300, 1987
- Choi, H., Moin, P., Kim, J.: „Turbulent drag reduction: studies of feedback control and flow over riblets", Report No. TF-55, Thermosciencies Dev., Dept. of Mech. Engr., Stanford Univ., (1994)
- Cura Hochbaum, A.: „A finite-volume method for turbulent ship flows", Schiffstechnik 135–148 (41) 1994
- Cura Hochbaum, A.; Chao, K.Y.; Lammers, G.; Laudan, J.; Stöhrmann, H.: „Numerische Verfahren zur Antriebsleistungsprognose", HSVA Bericht Nr. 1587, 1994
- Dimirdzic, I.; Gosman, A.D. and Issa, R.I.: „A finite-volume method for the prediction of turbulent flow in arbitrary geometries", Proc. 7th Int. Conf. Num. Meth. Fluid Dynamics, Stanford 1980.
- Hoekstra, M.: „Recent developments in a ship stern flow prediction code" 5th Int. Conf. on Numerical Hydrodynamics, Hiroshima 1989
- Kodama, Y.: „Grid generation and flow computation for practical ship hull forms and propellers using the geometrical method and IAF scheme", 5th Int. Conf. Num. Hydrodyn., Hiroshima, 1989
- Cura Hochbaum, A.; Chao, K.Y.; Lammers, G.; Laudan, J.; Stöhrmann, H.: „Untersuchung der wandnahen Strömung", HSVA Bericht Nr. 1618, 1997
- Patankar, S.V., Spalding, D.B.: „A calculation procedure for heat, mass and momentum transport in three-dimensional parabolic flows", Int. Journ. on Heat Mass Transfer 15, 1972
- Yakhot, V.; Orszag, S.A.: „Renormalization group analysis of turbulence", Basic Theory, J. Sc. Computing, 1 (1986), pp. 1–51
- Orszag, S.A.; Karniadakis, G.E.; Yakhot, A.; Yakhot, V.: „RNG Modeling techniques for complex turbulent flows", Proc. 5th Conf. on Num. Ship Hydrodynamics, Hiroshima 1989, pp. 35–43

Messung der Wandschubspannung mittels Heißfilmtechnik an einem Schiffsmodell

Measurement of Wall Shear Stress by Hot Film Technique on a Ship Model

Dr.-Ing. **Andreas Junglewitz**, Dipl.-Ing. **Jens Henße**, Dr.-Ing. **Volker Müller**
Technische Universität Hamburg-Harburg, Arbeitsbereich Meerestechnik 1

Summary. A main goal in ship design is to minimise the fuel consumption for a given transportation task. Model tests which support the designer are more and more accompanied by calculations with Navier-Stokes Equation (NSE) solvers. They permit a detailed insight into flow phenomena with high spatial resolution. An experimental technique at the same level of resolution is necessary to validate the calculation model. Hot-film anemometry provides the opportunity to measure the wall shear stress at the required resolution level without any apparatus-related interference. Currently this method is not often used in ship model testing because of the high sensitivity for temperature fluctuations, the unknown influence of wall curvature and the lack of a calibration device for the expected range of wall shear stress. Within a co-operative research project, launched at the Hamburg Ship Model Basin and the Technical University of Hamburg, Department of Ocean Engineering, a method to calibrate hot-film sensors for measurements in turbulent ship model tests has been developed. The new method considers the influence of accelerated boundary layers and temperature fluctuations. In this way calibrated hot-film sensors were successfully used for measurements of wall shear stress at different locations at the after body of a ship model.

1 Einleitung

Ein Hauptziel des Schiffsentwurfs ist die Minimierung des Treibstoffverbrauchs. Dabei werden die den Entwurfsprozeß begleitenden Schleppversuche in zunehmendem Maße durch Strömungsberechnungen mit Navier-Stokes Gleichungslösern ergänzt, die eine hohe örtliche Auflösung der Strömungsprozesse ermöglichen. Zur Validierung der Berechnungsmethodik sind experimentelle Techniken auf dem gleichen Auflösungsniveau notwendig. Mit der Heißfilm-Anemometrie kann die Wandschubspannung ohne Beeinflussung der Strömung durch das Meßsystem selber mit der geforderten Auflösung gemessen werden. Aufgrund ihrer hohen Empfindlichkeit gegenüber Temperaturschwankungen in Fluiden wird diese Meßtechnik im schiffbautechnischen Versuchswesen bisher aber relativ selten verwendet. In einem gemeinsamen Forschungsvorhaben zwischen der Hamburgischen Schiffbauversuchsanstalt GmbH und der Technischen Universität Hamburg-Harburg, Arbeitsbereich Meerestechnik 1, wurde eine Methode entwickelt, mit der Heißfilmsensoren für den Einsatz in der turbulenten Schiffsmodellumströmung kalibriert werden können. Diese Sonden wurden erfolgreich im Hinterschiffsbereich eines Modells zur Messung von Wandschubspannungen eingesetzt.

2 Grundlagen der Heißfilm-Anemometrie

Die Wandschubspannungsverteilung an Schiffen kann mittels in die Oberfläche bündig eingelassener Widerstandsfilme, die jeweils Element einer verstimmten Wheatstone'schen Brückenschaltung sind (das Widerstandsverhältnis („Überhitzungsverhältnis") beträgt 1.05), gemessen werden. Das damit verwendete Prinzip der Heißfilm-Anemometrie beruht auf der erzwungenen Wärmekonvektion eines definiert aufgeheizten elektrischen Widerstandes in einer Strömung [1]. Bei konstant gehaltener Temperatur θ_s des Heißfilms (Konstant-Temperatur-Mode) ist die Veränderung der Anemometerbrückenspannung E_a ein Maß für die Änderung des Wärmestroms Φ infolge einer veränderten Wandschubspannung τ_w [2]. Daneben hat auch eine Veränderung der Fluidtemperatur einen veränderten Wärmestrom und damit eine Änderung des Meßsignals zur Folge. Der Nachteil des notwendig geringen Überhitzungsverhältnisses bei Heißfilmmessungen in Wasser besteht in der hohen Sensibilität des Meßverfahrens gegenüber Schwankungen in der Medientemperatur. Notwendig sind daher isotherme Versuchsbedingungen, die aber im Modellversuchswesen praktisch nicht erreichbar sind. Die maximal zulässigen Temperaturschwankungen während der Messungen liegen unterhalb von ±0,1°C. In Abhängigkeit von den meteorologischen Bedingungen, Tageszeit, Meßprogramm und Meßort wurden Temperaturschwankungen bis zu ±0,5°C gemessen. Die für die Verifizierung der numerischen Rechnungen notwendige Meßgenauigkeit ist, bei den genannten Bedingungen, nur durch einen extrem hohen Kalibrieraufwand oder Verfahren der Temperaturkompensation erreichbar.

3 Methoden der Temperaturkompensation

Die Kennlinie eines Heißfilmsensors im Konstant-Temperatur-Mode wird aus der Äquivalenz der zugeführten elektrischen Energie sowie der abgeführten Wärmemenge pro Zeiteinheit

$$P_{\mathrm{el}} = \frac{E_a^2}{\alpha(\theta_s - \theta_\infty)} \equiv \int\limits_{A_s}\int q_s(x,y)dA = \Phi$$

(P_{el}: elektrische Leistung; A_s: Fläche des Heißfilmsensors; q: Wärmestromdichte; α: elektrischer Temperaturkoeffizient; θ_∞: Fluidtemperatur) ermittelt. Bei einem linearen Geschwindigkeitsprofil in der viskosen Unterschicht einer Plattengrenzschicht und einer konstanten Temperatur auf der Oberfläche des Heißfilms ist der örtliche Wärmestrom über die Energiegleichung der Temperaturgrenzschicht bei Vernachlässigung der Dissipation an den örtlichen Wert der Wandschubspannung in der Plattengrenzschicht gekoppelt [3].

$$\mathrm{Nu} = \frac{\Phi}{\lambda(\theta_s - \theta_\infty)} \sim \left(\frac{\rho}{\mu^2}\right)^{1/3} \sqrt{\tau_w}\left(\int\limits_A \sqrt{\tau_w}\, dA\right)^{-1/3} \mathrm{Pr}^{1/3}$$

(Nu: Nusselt-Zahl; Pr: Prandtl-Zahl; λ: Wärmeleitfähigkeit; ρ: Dichte) Für laminare Grenzschichten und kleine Heißfilme (Wandschubspannung kann als konstant auf der Fläche des Heißfilms angesehen werden) wird die Kennlinie des Heißfilmsensors durch das King'sche Gesetz

$$E_a^2 = a\tau_w^{1/3} + b$$

beschrieben [4]. Die Koeffizienten a und b sind dabei von der Fluid- wie auch der Heißfilmtemperatur abhängig. Dieser Temperatureinfluß kann bei Nichtberücksichtigung zu unakzeptabel großen Meßfehlern führen (Abb. 1).
Ursache für die hohe Temperaturempfindlichkeit der Heißfilmtechnik bei hydrodynamischen Anwendungen ist die Temperaturabhängigkeit der Materialparameter (Dichte, Viskosität, Wärmekapazität und Wärmeleitfähigkeit), deren Werte sich in dem Bereich zwischen 5°C und 25°C stark ändern. Damit sind die Ähnlichkeitskennzahlen in diesem Bereich ebenfalls stark temperaturabhängig (Abb. 2).
Bei einem flächigen Heißfilmsensor muß die Veränderung der Eigenschaften des Wärmeübergangs durch die stromabwärts gerichtete Erwärmung der Flüssigkeit berücksichtigt werden. Das King'sche Gesetz ist dann

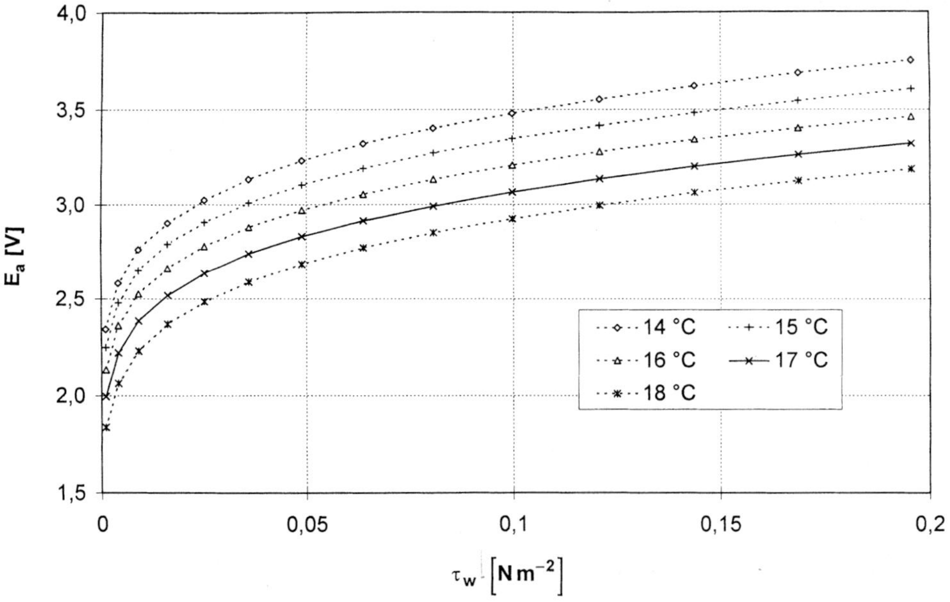

Abb. 1. Kennlinien eines Heißfilmmeßsystems bei verschiedenen Fluidtemperaturen und konstantem Überhitzungsverhältnis (=1,05 für $\theta_\infty = 17°C$)

$$E_a^2 = \left[a_1 + \frac{\theta_s - \theta_\infty}{\theta_\infty} a_2\right] \tau_w^{1/3} + \left[b_1 + \frac{\theta_s - \theta_\infty}{\theta_\infty} b_2\right]$$

wobei die Koeffizienten a_i und b_i nur von der Heißfilmtemperatur entsprechend dem eingestellten Überhitzungsverhältnis abhängig sind [5, 6]. Die Veränderung des Wärmeüberganges infolge einer gegenüber den Einstellwerten veränderten Fluidtemperatur wird durch diese Kennlinie erfaßt. Damit ist eine softwareseitige Kompensation des Temperatureinflusses, sowie eine deutliche Reduktion des Kalibrieraufwandes möglich. Nachteil der softwareseitigen Kompensation ist, daß die veränderliche Sensitivität des Meßsystems bei Temperaturschwankungen infolge des dann veränderten Überhitzungsverhältnisses nicht kompensiert werden kann. Mit einer automatischen Anpassung der Brückenschaltung (des Überhitzungsverhältnisses) an die veränderliche Fluidtemperatur kann dieser Nachteil ausgeglichen werden. Es wurde eine digital gesteuerte, analoge Brückenschaltung entwickelt, bei der erstens das Überhitzungsverhältnis entsprechend der Mediumtemperatur nachgeführt wird und zweitens eine Offsetkompensationsstufe den Materialparametereinfluß korrigiert [6]. Das bedeutet, daß die Temperatur nicht nur zur Korrektur erfaßt wird, sondern ebenfalls als Steuergröße dient. Die Temperaturempfindlichkeit des Meßsystems wird damit gegenüber der softwareseitigen Kompensationsmethode um eine Größenordnung verbessert (Abb. 3). Die verbleibende Temperaturabhängigkeit von ca. 1 mV/°C ist nur noch verschiedenen Meßfehlern und der Auflösung der verwendeten A/D- und D/A-Wandler zuzuordnen.

Die Kennlinienschar des hardwarekompensierten Heißfilmmeßsystems (Abb. 4) macht den geringen Meßfehler von 3% bei Temperaturschwankungen von 10 Grad über den gesamten Temperaturbereich deutlich. Ein weiterer entscheidender Vorteil ist die nur noch einmal notwendige Kalibrierung des Meßsystems bei der Herstellung. Somit ist bei entsprechender Auslegung der Schaltungsteile eine sofortige Messung ohne Nachbearbeitung bzw. Korrektur der Daten möglich. Die Funktionsfähigkeit der Temperaturkompensation wurde in verschiedenen Meßeinsätzen unter Beweis gestellt.

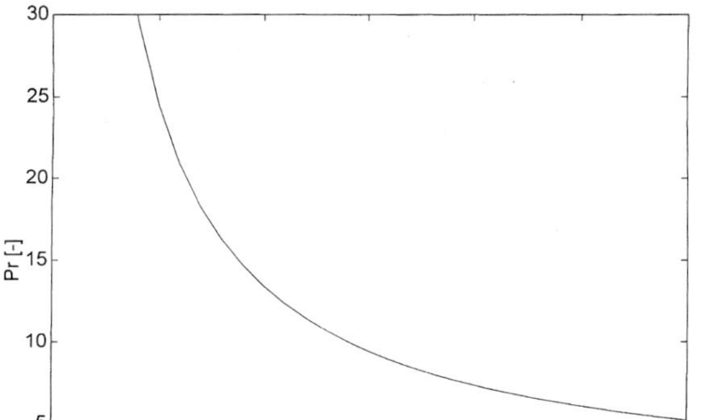

Abb. 2. Abhängigkeit der Prandtlzahl für Wasser von der Mediumtemperatur

4 Kalibrierung des Heißfilmsystems

Für die Anforderungen im Modellversuch ist eine Kalibrierung des Heißfilmmeßsystems bis $\tau_w \approx 15$ Nm^{-2} erforderlich. Mit der bisher verwendeten Kalibriertechnologie (rotierende Scherschichtströmung) konnten die Heißfilmsonden nur für Schubspannungswerte $\tau_w < 0.6$ Nm^{-2} kalibriert werden [7]. Aus der Anforderung heraus war eine neue Kalibriertechnologie zu entwickeln und anzuwenden [8]. Um den erforderlichen Wandschubspannungsbereich zu überdecken, wurde ein kleiner temperaturstabilisierter Umlauftank (Abb. 5, maximale Strömungsgeschwindigkeit $v_\infty = 7{,}8$ ms^{-1}) realisiert, in dem die bündig in eine Platte eingelassenen Heißfilmsensoren im Freistrahl kalibriert werden können.

Die für die Ermittlung der Kennlinie $E_a = f(\tau_w, \theta)$ notwendige unabhängige Bestimmung der Wandschubspannung τ_w stellt ein weiteres Problem dar. Die beste Möglichkeit – Messung mit einem unabhängigen Meßgerät – ist nicht realisierbar, da sowohl das Preston-Rohr als auch eine Schubspannungswaage für den konkreten Einsatzfall nicht verwendbar sind. Aus diesem Grunde wurde die vorhandene Schubspannung mittels aus den Navier-Stokes'schen Gleichungen unter Ausnutzung der Analogie zur Rohrströmung für die ebene Platte abgeleiteter Be-

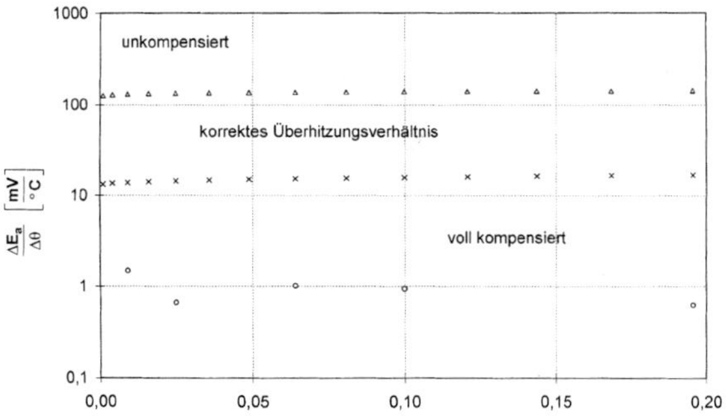

Abb. 3. Empfindlichkeit des Heißfilmmeßsystems auf Änderungen der Fluidtemperatur in Abhängigkeit von der Schubspannung bei den verschiedenen Realisierungsstufen der Temperaturkompensation; Δ: keine Temperaturkompensationsmethode verwendet; x: bei hardwareseitiger Temperaturkompensation wird das Überhitzungsverhältnis nachgeführt (dieses Empfindlichkeitsniveau wird ebenfalls durch softwareseitige Temperaturkompensation erreicht); o: zweistufige hardwareseitige Temperaturkompensation

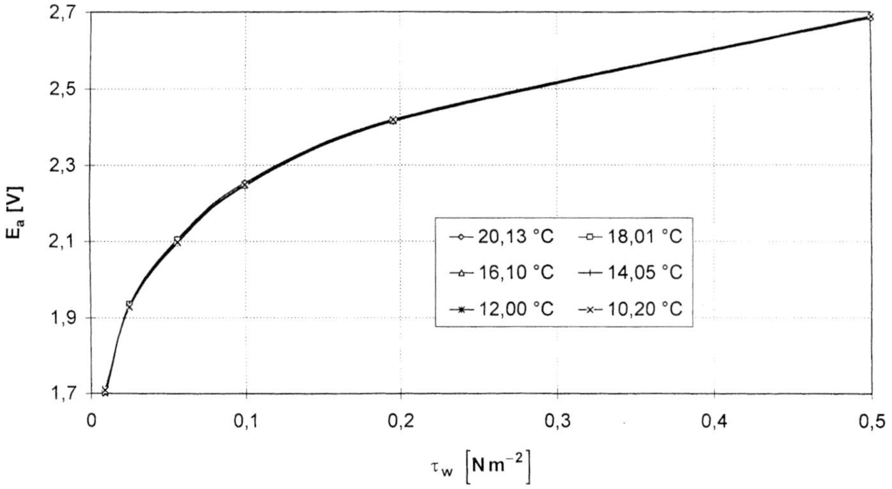

Abb. 4. Kennlinien des zweistufig hardwarekompensierten Heißfilmmeßsystems bei verschiedenen Fluidtemperaturen (siehe auch Abb. 1)

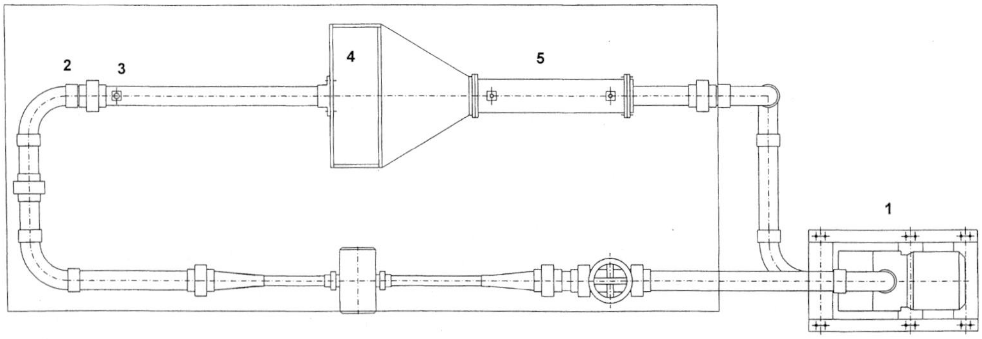

Abb. 5. Skizze des Umlauftanks mit Pumpe (1), Gleichrichtersystem (2), Temperaturmeßort (3), Meßstrecke (4) und Wärmetauscher (5)

stimmungsgleichungen errechnet [4]. Bei der Herleitung für den turbulenten Fall wird von den Reynolds'schen Gleichungen ausgegangen. Unter der Voraussetzung einer im Mittel stationären und ebenen Strömung läßt sich die Beziehung ableiten

$$\bar{\tau}_w = \rho v_A^2 \frac{d\delta_2}{dx}; \delta_2(x) = \int_0^{\delta(x)} \frac{\bar{v}}{v_A}\left(1 - \frac{\bar{v}}{v_A}\right) dy$$

Unter Ausnutzung der Analogie zur Rohrströmung und Integration über die Grenzschichtdicke nach dem 1/7-Potenzgesetz der Geschwindigkeitsverteilung, ergibt sich die bei der Kalibrierung verwendete Beziehung

$$\bar{\tau}_w = \rho v_A^2 0{,}0297 \left(\frac{v_A x}{\nu}\right)^{-1/5}$$

Aus den in jedem Meßpunkt mittels LDA aufgemessenen Geschwindigkeitsgrenzschichtprofil über dem Heißfilm wurde die Anströmgeschwindigkeit v_A ermittelt sowie die Einhaltung der gemachten Annahmen und Voraussetzungen überprüft. Das Ergebnis der vorgestellten Kalibriertechnologie ist eine Kennlinie (Abb. 6) des Heißfilmsensors, die die im Modellversuch zu erwartende Spannweite der Wandschubspannungswerte überdeckt.

5 Messung im Modellversuch

Gemeinsam mit der Hamburgischen Schiffbau-Versuchsanstalt GmbH wurden an einem Containerschiffsmodell im Hinterschiffsbereich an charakteristischen Punkten (Abb. 7) mittels LDA wandnahe Geschwindigkeitsprofile [9] und mittels Heißfilmtechnik Wandschubspannungen gemessen. Die Meßstellen 7, 4, 2 und 1 wurden derart gewählt, daß sie sich annähernd auf einer Stromlinie befinden. Für

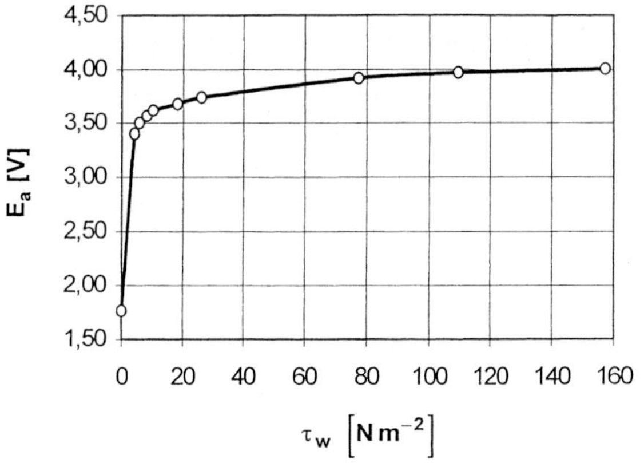

Abb. 6. Nach vorgestellter Kalibriertechnologie ermittelte Kennlinie des zweistufig hardwarekompensierten Heißfilmmeßsystems

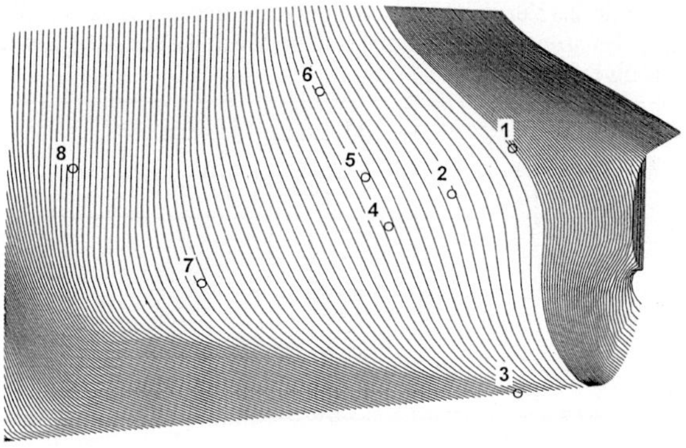

Abb. 7. Perspektivische Ansicht des Hinterschiffs des in den Messungen verwendeten Modells eines Containerschiffes mit den Anbringungsorten der Heißfilmsensoren (1–6, 8) und des Temperatursensors (7)

die soft- oder hardwareseitige Kompensation des Temperatureinflusses auf das Meßsignal der Heißfilmsensoren ist die Bestimmung der Temperatur des Fluids am Ort der Sensoren notwendig. Der dafür notwendige Temperatursensor (Meßstelle 7) befindet sich stromaufwärts in der Anströmung der Heißfilmsensoren, so daß davon ausgegangen werden kann, daß die dort gemessene Temperatur mit einer kurzen Verzögerungszeit auch am Ort der Heißfilmsensoren auftritt. Ob diese Annahme erfüllt ist, kann aus den Ergebnissen der Wandschubspannungsmessungen mittels Heißfilm selber nicht überprüft werden.
Das kontinuierliche Signal (0–5 V) der Sensoren wurde mit 0,1 kHz bis 1 kHz Samplefrequenz und einen 16-Bit A/D-Wandler aufgezeichnet. Die Zeitserien wurden mit statistischen Methoden ausgewertet. Neben Mittelwert und Standardabweichung wurden auch Schiefe und Kurtosis bestimmt. Diese dimensionslosen zentralen Momente 3. und 4. Ordnung wurden verwendet, um die Qualität der Messung zu beurteilen. Weichen die aus der Messung bestimmten Werte für Schiefe und Kurtosis signifikant von den entsprechenden Werten einer Gaußschen Normalverteilung ab, so muß überprüft werden, ob die statistische Verteilung beispielsweise durch geordnete Wirbelstrukturen, z.B. infolge Ablösung, beeinflußt wird. Derartige Abweichungen konnten bei den Messungen nicht festgestellt werden.
Für die Beurteilung der Qualität und Zuverlässigkeit der Messungen wurde weiterhin die Reproduzierbarkeit

$$\eta_\tau = 100\left[\frac{\max((\bar{\tau}_w)_i) - \min((\bar{\tau}_w)_i)}{\min((\bar{\tau}_w)_i)}\right]$$

der Wandschubspannungsmessungen bewertet. Die entsprechenden Werte aus sechs Fahrten ohne Propeller und vier Fahrten mit Propeller bei jeweils konstanten Versuchsparametern an 6 Meßstellen (Tabelle 1) zeigen, daß eine gute Reproduzierbarkeit erreicht wurde. Infolge der nichtlinearen Sensorkennlinie ist die Reproduzierbarkeit der Wandschubspannungswerte systematisch schlechter als die des Meßsignals „elektrische Spannung“. Der Wert der Reproduzierbarkeit des Meßsignals war bei allen Meßstellen kleiner als 1%.
Im Vergleich mit den Werten am Meßpunkt 8 ist die Reproduzierbarkeit der Messungen an den anderen Meßpunkten, die sich im Hinterschiffsbereich befinden, nicht so hoch, wobei die Versuche mit Propeller eine bessere Reproduzierbarkeit aufweisen als die ohne Propeller. Ob sich darin eine auf die Strömungsverhältnisse stabilisierende Wirkung des Propellers ausdrückt, bleibt offen. Bezüglich des Mittelwertes der Wandschubspannung an den einzelnen Meßpunkten läßt sich lediglich tendenziell ein Einfluß des Propellers nachweisen. Dieser Einfluß liegt im Rahmen der Reproduzierbarkeit selber. Eine Ausnahme bildet der Meßpunkt 5, in dem sowohl die Wandschubspannung als auch deren Varianz durch die Propellerwirkung verkleinert werden. Auf Grund der geringen Anzahl der Meßpunkte sowie nicht vorliegender Strömungsberechnungen bei Berücksichtigung der Propellerwirkung kann auf die mögliche Ursache nicht begründet geschlossen werden. Ein Vergleich der gemessenen und berechneten Wandschubspannungen ohne Propellereinfluß (siehe auch Tabelle 2) zeigt eine gute Übereinstimmung (die relative Abweichung ist im allgemeinen $\leq 10\%$). Ausnahmen bilden die Meßpunkte 6 und 3, wobei die Abweichung im Meßpunkt 6 durch die Nähe zur freien Wasseroberfläche erklärt werden kann. Der

Tabelle 1. Reproduzierbarkeit η_τ der Wandschubspannungsmessungen an den verschiedene Meßpunkten aller Meßfahrten mit und ohne Propeller

Meßpunkt	1	3	4	5	6	8
ohne Propeller	7,7	2,8	8,4	7,9	5,3	1,1
mit Propeller	2,7	1,7	1,3	7,4	3,0	0,6

Tabelle 2. Vergleich der Mittelwerte der gemessenen Wandschubspannungen an den einzelnen Meßpunkten mit den Ergebnissen aus der numerischen Modellierung [9] sowie die relative Abweichung der Berechnungsergebnisse von den Meßwerten

Meßpunkt	Messung (TUHH)	Rechnung (HSVA) [9]	
	$\bar{\tau}_w\,[\mathrm{Nm}^{-2}]$	$\bar{\tau}_w\,[\mathrm{Nm}^{-2}]$	Abweichung [%]
8	6,691	6,464	−3,4
6	6,543	5,690	−13,0
5	4,449	4,724	6,2
4	5,272	4,796	−9,0
3	3,265	5,580	71,1
1	3,119	3,433	10,0

Einfluß der freien Wasseroberfläche wurde in der numerischen Modellierung nicht berücksichtigt [9]. Der Meßpunkt 3 liegt nach den Modellierungsergebnissen in einem Gebiet mit einem großen örtlichen Gradienten der Wandschubspannung. Abweichungen zwischen Experiment und numerischem Modell werden hier besonders offensichtlich. Detaillierte Rechnungen mit unterschiedlichen Turbulenzmodellen und -konstanten werden Aufschluß darüber geben, inwieweit eine Verbesserung des Ergebnisses mit dem gegenwärtigen Kenntnisstand bei der Turbulenzmodellierung möglich ist.

6 Ausblick

Die durchgeführten Messungen zeigen, daß die Heißfilmanemometrie zur Bestimmung örtlicher Wandschubspannungsverteilungen bei Modellversuchen im Wasser erfolgreich eingesetzt werden kann. Die verwendete Kalibriertechnologie erlaubt den Einsatz der Heißfilmsensoren bis zu Wandschubspannungen von maximal $\tau_w = 150\ \mathrm{Nm}^{-2}$. Bei dem untersuchten Containerschiff betrug die maximal gemessene mittlere Wandschubspannung $\bar{\tau}_w = 8{,}1\ \mathrm{Nm}^{-2}$. Damit bestehen für die Heißfilmmeßtechnik im Modellversuchswesen auch weitere Einsatzmöglichkeiten, zum Beispiel bei Wandschubspannungsmessungen an schnellen Schiffen.

Die Heißfilmanemometrie ist prinzipiell in der Lage, örtlich hochauflösend Größe und Richtung des Wandschubspannungsvektors zu bestimmen (Labormessungen mit ebenen V-förmig angeordneten Heißfilmen großen Seitenverhältnisses zeigen, daß eine eindeutige Richtungsauflösung möglich ist). Dies ist grundsätzlich sowohl im Modell als auch in der Großausführung möglich, so daß mit ihrer Hilfe ein Zugang zum Maßstabseffekt gefunden werden könnte. Da der Temperatureinfluß kompensiert wird, ist lediglich die Robustheit und der Meßbereich ein Kriterium für die Einsetzbarkeit dieser Technik an der Großausführung. In Zonen kleiner Wandschubspannungen, beispielsweise im Hinterschiffsbereich, erscheint eine Messung mit der vorgestellten Meßtechnik möglich. Um eine breite Anwendung im Großmaßstab zu ermöglichen, ist jedoch eine deutliche Erweiterung des Meßbereichs notwendig.

Schrifttum

1 Ludwieg, H.: „Ein Gerät zur Messung der Wandschubspannung turbulenter Reibungsschichten", Ingenieur Archiv 17, 1949

2 Bruun, H. H.: „Hot-Wire Anemometry. Principles and Signal Analysis", Oxford University Press, Oxford, 1995

3 Schlichting, H., Gersten, K.: „Grenzschicht-Theorie", Springer Verlag, Berlin, 1997

4 Truckenbrodt, E.: 1992, „Fluidmechanik", Springer Verlag Berlin, 1992

5 Mueller, V., Gust, G.: „Hochauflösende Strömungsmessungen in meeresgeologisch relevanten Zonen", Proc. 2nd Workshop Meeresgeowissenschaften, Rostock, 1994

6 Henße, J., Müller, V., Gust, G.: Dynamic temperature compensation for hot film anemometry in turbulent flows – necessity and realisation, Proc. 3rd Int. Conf. On Fluid Dynamic Measurement and its Application, Beijing, 1997, im Druck

7 Gust, G.: „Method of Generating Precisely-Defined Wall Shearing Stresses", U.S. Patent No. 4.973.165, 1990

8 Junglewitz, A., Müller, V., Gust, G.: „Calibration of a hot film sensor for application in turbulent ship model testing", Proc. 1997 ASME Fluids Engineering Group Summer Meeting, FEDSM97-3468, Vancouver, 1997

9 Laudan, J.: „Untersuchung der wandnahen Strömung", 1997 Sommertagung der STG, Schruns, wird veröffentlicht im Jahrbuch der Schiffbautechnischen Gesellschaft, 1997

Nautische Modellversuche zur Bestimmung der benötigten Fahrspurbreite von Schiffen bei der Durchfahrt einschiffiger Trogbrücken

Nautical Model Testing to Evaluate the Required Fairway Breadth for Ships Passing an One-lane Canal Bridge

Dipl.-Ing. **Joachim Zöllner**
Versuchsanstalt für Binnenschiffbau e.V., Duisburg

Summary. The Dortmund-Ems-Kanal is lead in several sections on a dam above the ground level. For this reason, several bridges were required to cross natural rivers. These canal bridges were built to allow a two-lane traffic with inland water ships of conventional dimensions. As now the channel will be enlarged to allow a two-lane traffic with bigger ships. It is also necessary to replace the canal-bridges. The new bridges should be separated in two parallel sections, each section allowing the one-lane traffic. The building of two separate sections will be an advantage during the construction and maintenance works, as the traffic can be maintained in one of the sections. The nautical model testing allowed the evaluation of the required cross sections.

Zusammenfassung

Der Dortmund-Ems-Kanal wird in seinem Verlauf an mehreren Stellen als Dammstrecke geführt. Dort gibt es bis heute Kanalbrücken, die in einem zweischiffigen Querschnitt über Flüsse hinwegführen. Im Zuge der notwendigen Erneuerung und Anpassung der Kanalbrücken an das Bemessungsschiff soll geprüft werden, wie zwei einschiffige Tröge als Ersatz der alten Kanalbrücken ausgebildet sein müssen, um die Sicherheit und Leichtigkeit des Verkehrs zu gewährleisten. Die Aufteilung in zwei einschiffige Tröge erlaubt die Aufrechterhaltung des Schiffsverkehrs während der Bauphase und späterer Unterhaltungsmaßnahmen an den Brücken.

1 Was ist eine Kanalbrücke?

Eine Kanalbrücke ist dann erforderlich, wenn ein Kanal im Zuge seines Verlaufs in einer Dammstrecke über dem Umgebungsniveau verläuft und dabei einen Fluß oder eine Straße kreuzt. Beispiele dazu gibt es u.a. auf dem Main-Donau-Kanal, Mittellandkanal und dem Dortmund-Ems-Kanal.

Die Abb. 1 zeigt Querschnitte von Kanalbrücken am Main-Donau-Kanal. Bisher werden Kanalbrücken im Regelfall zweischiffig gebaut, d.h. der Fahrrinnenquerschnitt auf der Brücke entspricht dem des anschließenden Kanals.

Die auf dem Dortmund-Ems-Kanal (DEK) vorhandenen, bis zu 60 Jahre alten Kanalbrücken mußten im Zuge der Erneuerung auch an die heute gültigen Ausbaustandards angepaßt werden. Heutzutage ist nicht mehr das 8,2 m breite Schiff, sondern das 11,4 m breite Großmotorschiff bemessungsrelevant. Damit weisen die neuen Brücken eine Breite von 42 m bei einer Wassertiefe von 4 m auf.

Die Erfahrungen beim Neubau der Kanalbrücke KLAUKE auf dem DEK (Kanal-km 22,1) haben trotz einer schnellen Fertigstellung gezeigt, daß die Schiffahrt während der Bauzeit 6 Wochen komplett gesperrt war. Weiterhin ziehen auch spätere Unterhaltungsmaßnahmen eine Schiffahrtssperre nach sich.

Deshalb lag der Gedanke nahe, die weiteren 4 Kanalbrücken auf dem DEK in Form von jeweils zwei einschiffigen Trögen, getrennt durch einen Mitteldamm, auszuführen. Die Vorteile sind folgende:

- In der Bauphase des ersten einschiffigen Troges kann die bestehende alte Brücke weiterhin von der Schiffahrt benutzt werden.
- Nach Fertigstellung des neuen Troges wird die Schiffahrt während der Abriß- und Neubauarbeiten des zweiten Troges über den bereits fertiggestellten ersten Trog geführt.
- Nach Fertigstellung des zweiten Troges kann die Schiffahrt beide Tröge jeweils im Richtungsverkehr benutzen.
- Bei späteren Unterhaltungsmaßnahmen kann mit nur einem Trog die Schiffahrt eingeschränkt im Richtungsverkehr aufrecht erhalten werden.

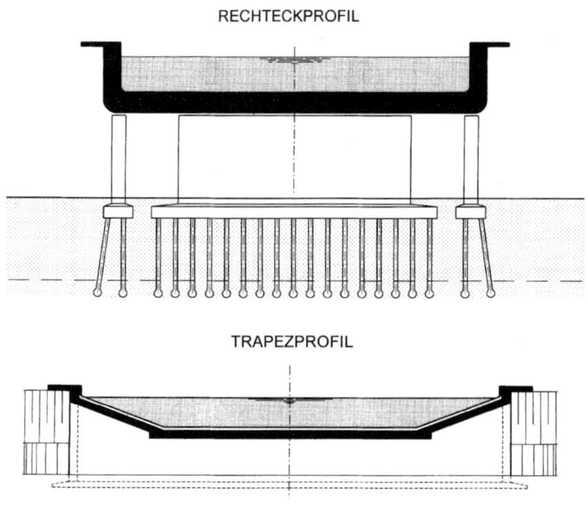

Abb. 1. Brückenquerschnitte

2 Wo liegt das Problem?

Im Fall der fertiggestellten Kanalbrücken nähert sich ein Schiff dem Überführungsbauwerk wie folgt: Das Schiff fährt im Standardkanalprofil mit seiner Geschwindigkeit und dem dazugehörigen Absunk (entspricht dem parallelen Eintauchen am Hauptspant zuzüglich der dynamischen Vertrimmung). Bei Einfahrt in den für die Fahrtrichtung vorgesehenen Trog vergrößert sich der Absunk des Schiffes aufgrund der Querschnittsverengung. Während der Durch- und der Ausfahrt aus dem Trog kann eine Zirkulationsströmung um den Mitteldamm herum entstehen, da beide Tröge im Regelfall geöffnet sind. Diese Strömung kann das Schiff bei der Brückenpassage hinsichtlich seines Manövrierverhaltens beeinflussen.
Es gibt also zwei Probleme, die gemeinsam betrachtet werden:

1. Notwendiger Fahrrinnenquerschnitt, um ein Aufsetzen des Schiffes bei der Brückenpassage zu verhindern.
2. Notwendige Fahrrinnenbreite, um dem Schiff bei der Passage der Trogbrücke den erforderlichen Manövrierraum bereitzustellen.

3 Welche Lösungsmöglichkeiten gibt es?

Zunächst denkt man aus naheliegenden Gründen (Kosten) an die Ausbildung einer einschiffigen Kanalbrücke als Schleusenquerschnitt mit 12 m Breite. Hierzu muß bemerkt werden, daß bei einer Schleuseneinfahrt die Geschwindigkeit des Schiffes sehr klein ist, weil die Schleuseneinfahrt mit dem Finale „Stoppen vor dem Tor" endet. Bei einer Durchfahrt durch einen Schleusenquerschnitt muß sichergestellt sein, daß die größere Absenkung des Schiffes nicht zu einer Grundberührung führt. Das erfordert eine deutlich größere Wassertiefe als 4 m, die im Standardkanal vorhanden sind. Eine Vergrößerung der Wassertiefe im Trog verringert jedoch das Lichtraumprofil unter der Kanalbrücke. Deshalb wird diese Möglichkeit verworfen.
Es gilt, einen Brückenquerschnitt zu bestimmen, der größer als ein Schleusenquerschnitt (12 m × 4 m) und kleiner als der Standardkanalquerschnitt (42 m × 4 m) ist.

4 Aufgabenstellung

In Modellversuchen sollten folgende Fragestellungen überprüft werden.

1. Schiffsgeschwindigkeit
Ermittlung der betriebsüblichen Schiffsgeschwindigkeiten und der Strömungsverhältnisse während der Brückenpassage.
2. Trogbreite
Ermittlung der Fahrspurbreite bzw. des Raumbedarfs von Großmotorgüterschiffen und Schubverbänden mit einer Breite von 11,4 m während der Brückenpassage mit Trogbreiten von 22 m, 24 m und 26 m mit und ohne Seitenwind
3. Ein- und Ausfahrtrichter
Ermittlung der Fahrspurbreite bzw. des Raumbedarfs der o.g. Fahrzeuge während der Ein- und Ausfahrt der Überführung mit und ohne Seitenwind.

5 Vorgehensweise

Im großen Versuchstank der Versuchsanstalt für Binnenschiffbau e.V. in Duisburg wurde im Maßstab 1:16 eine Kanalbrücke mit jeweils 3 möglichen Trogbreiten, 2 Durchfahrtsöffnungen und 3 unterschiedlichen Ein- bzw. Ausfahrtrichtern eingebaut.
Die Abb. 2 zeigt den Modellbrückenaufbau. Es wurde dabei berücksichtigt, daß mehrere Ein- bzw. Ausfahrsituationen untersucht werden können (Tabelle 1).
Es wurden mit Modellen von Großmotorschiffen und einem Schubverband kursgeführte bzw. freigefahrene Versuche auf einer korrespondierenden Wassertiefe von 4,0 m durchgeführt. Dabei wurden der Tiefgang, die Trogbreite, die Ein- und Ausfahrsituation und die Seitenwindkraft variiert.
Das dynamische Fahrverhalten der Fahrzeuge in der Einzelfahrt und bei Begegnung unter Nutzung der beiden Trogquerschnitte wurde registriert, dargestellt und bewertet.
Die Versuchsrandbedingungen bei der Bewertung der Fahrspurbreite beinhalten keine unangemessen hohe oder geringe Schiffsgeschwindigkeiten, es sei denn, die Wirkung der äußeren Einflüsse (Seitenwind, gegenseitiger Einfluß der Strömungsfelder bei Begegnung) erfordern eine größere Ruderquerkraft und/oder eine höhere Schiffsgeschwindigkeit, um eine Kollision zu vermeiden.

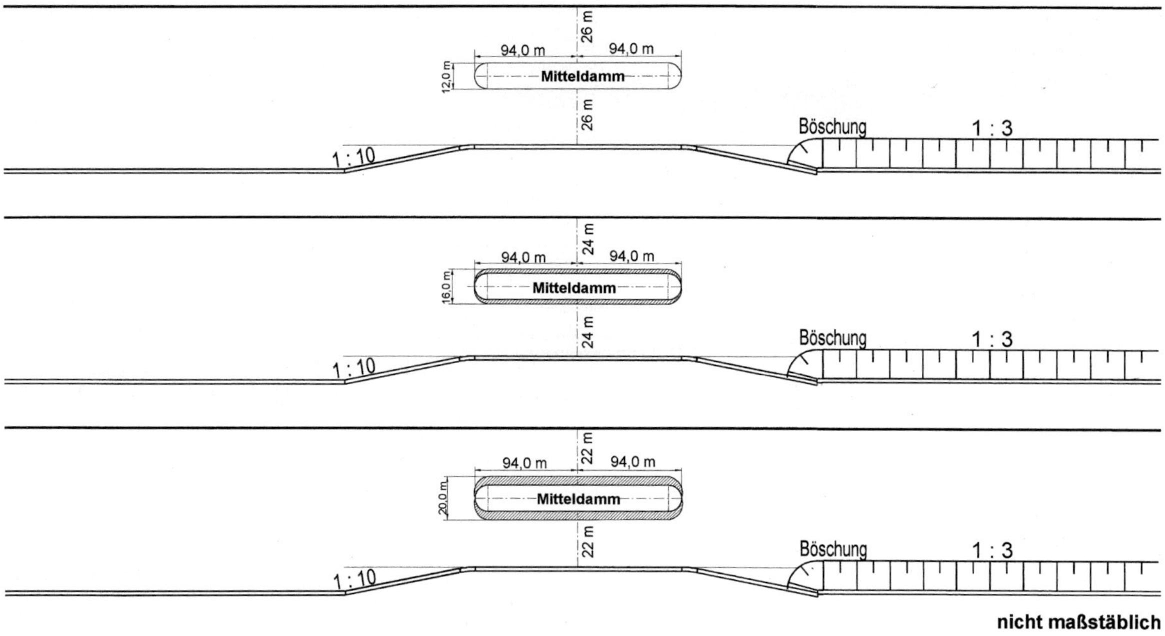

Abb. 2. Kanalbrücken-Varianten

Tabelle 1. Ein- und Ausfahrsituationen

Haupt-kanal	**Übergang zur Brückendurchfahrt**
Rechteck-profil	Neigung 1 : 10 auf ca. 110 m mit Ein- bzw. Ausfahrtrichter
Trapez-profil	Neigung 1 : 10 auf ca. 110 m mit Ein- bzw. Ausfahrtrichter
Rechteck-profil	parallel zur Trogmittelachse ohne Ein- bzw. Ausfahrtrichter

Es wird gemäß der allgemein üblichen Schiffahrtspraxis vorausgesetzt, daß die Brückenpassage berührungslos und mit einer angemessenen, den Fahrrinnenparametern entsprechenden Schiffsgeschwindigkeit durchfahren werden soll.
Die Abb. 3 zeigt die in 3 Bereiche eingeteilte untersuchte Brückenpassage.
Der *Einfahrbereich* des Schubverbandes ist definiert bis zu der Position „*Bug 40 m hinter der Meßstelle*". Der Bereich *im Trog* liegt zwischen Position „*Bug 40 m bis 140 m hinter der* Meßstelle" und der *Ausfahrbereich* ab Position „*140 m hinter der Meßstelle*". Die Troglänge beträgt 188 m.
Zur Ermittlung der betriebsüblichen Fahrzustände wurden Propulsionsfahrten mit einem Großmotorgüterschiff (Modell-Nr. 1366) mit $L \times B = 110$ m $\times$ 11,4 m und einem Tiefgang von $T = 2{,}8$ m sowie zwei mittleren Ballasttiefgängen $T = 1{,}96$ m und 1,64 m durchgeführt. Dabei wurde das Modell jeweils auf der Mittelachse der Trogquerschnitte kursgeführt. Es wurden Trogbreiten von 26 m und 22 m eingestellt. Die Propulsionsfahrten dienen auch dazu, die Bereiche der Geschwindigkeiten einzugrenzen, die bei den frei gefahrenen Versuchen gewählt wurden.
Folgende fahrdynamische Parameter wurden ermittelt:

- die Leistung an den Propellerwellen
- die Geschwindigkeit
- der Trimm und
- die parallele Absenkung

Folgende hydromechanische Parameter wurden in der Meßebene jeweils in Trogmitte im durchfahrenen und im gegenüberliegenden Trogquerschnitt ermittelt:

- die Wasserspiegelabsenkung und
- die Strömungsgeschwindigkeit

6 Ergebnisse

6.1 Propulsion, Wasserspiegelabsenkung, Strömung

In der nachfolgenden Tabelle 2 werden die für ein Großmotorschiff üblichen Fahrzustände und der Strömungsverhältnisse für 2 Trogbreiten aufgeführt. Ein Schubverband $L \times B = 180/186{,}5$ m $\times$ 11,4 m benötigt im Vergleich zum Einzelfahrer $L \times B$

Tabelle 2. Ergebnisse der gefesselten Fahrten

Tiefgang [m]	Leistungs-bereich [kW]	Geschwindigkeits-bereich [km/h]	Wasserspiegel-absenkungen [m]	Strömungs-geschwindigkeiten [m/s]
Trogbreite = 26 m, Fahrzeug mit L x B = 110 m x 11,4 m				
2,80	114 bis 240	5,0 bis 7,4	0,15 bis 1,00	0,65 bis 2,10
1,96	69 bis 150	6,7 bis 8,1	0,20 bis 0,45	0,55 bis 0,95
1,64	145 bis 222	7,7 bis 10,1	0,25 bis 0,90	0,65 bis 1,80
Trogbreite = 22 m, Fahrzeug mit L x B = 110 m x 11,4 m				
2,80	99 bis 261	5,8 bis 7,4	0,30 bis 0,65	0,80 bis 1,60
1,96	142 bis 183	6,7 bis 7,8	0,30 bis 0,60	0,80 bis 1,30

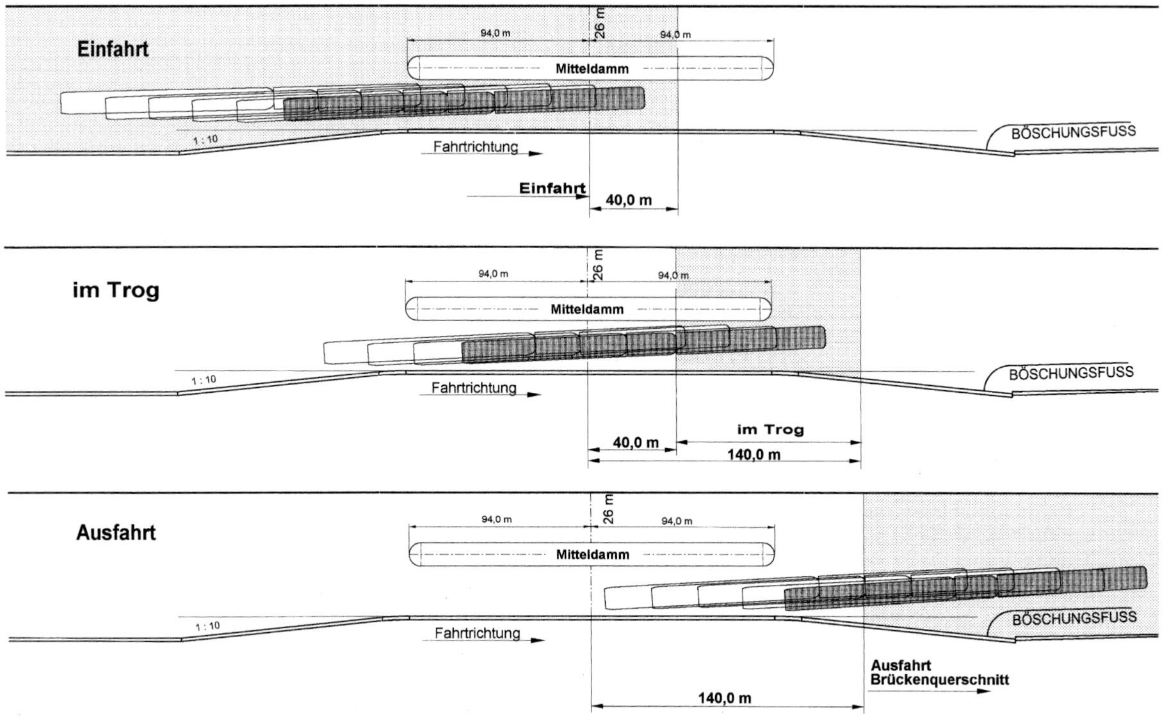

Abb. 3. Darstellung der Bereiche Einfahrt, Durchfahrt, Ausfahrt. Phasendarstellung im Acht-Sekunden-Takt

= 110,0 m × 11,4 m bei gleichen Geschwindigkeiten eine ca. 30% bis 50% höhere Leistung. Die Wasserspiegelabsenkungen sowie die Strömungsgeschwindigkeiten sind bei gleichen Tiefgängen und Schiffsgeschwindigkeiten beim Schubverband nicht größer im Vergleich zum Einzelfahrer. Der Druck- und Strömungsverlauf der einzelnen Propulsionsfahrten wird für den durchfahrenen und den gegenüberliegenden Trog in der Abb. 4 beispielhaft zeitabhängig dargestellt. Die Positionen „Bug an Meßstelle" und „Heck an Meßstelle" werden mittels eines Impulses gekennzeichnet. Mit den in diesem Kapitel beschriebenen Geschwindigkeits-Leistungsbereichen werden die später frei gefahrenen Versuche durchgeführt. Dabei dient die Drehzahl als Steuergröße. Die Schiffsgeschwindigkeit wird zusätzlich mit Lichtschranken festgestellt.

6.2 Ermittlung der Fahrspurbreite

Hierzu werden die Schiffe von einem Schiffsführer im Model sitzend mit der vorgewählten Drehzahl durch die Brücke gesteuert. Die Horizontalbewegungen werden durch an der Decke der Versuchshalle befestigte Kameras im Zeittakt von 2 Sekunden (entspricht 8 Sekunden in der Großausführung) fotografiert. Durch spätere Projektion der Bilder können die Schiffskonturen im Zeittakt auf einer Kanalkarte eingezeichnet und anschließend analysiert werden.

In der Abb. 5 ist beispielhaft eine Fahrt im 8-Sekunden-Takt dargestellt.

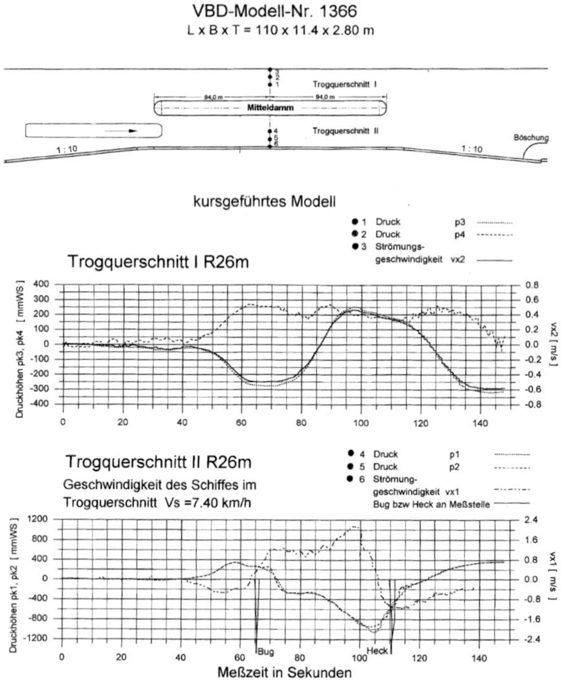

Abb. 4. Darstellung der Druckhöhen und Geschwindigkeiten

6.3 Erforderliche Trogbreite

Die maximale Fahrspurbreite ergibt sich aus einer Momentaufnahme beim Erreichen des maximalen Driftwinkels während einer Passage. Tatsächlich wird innerhalb eines Zeitraumes eine breitere Was-

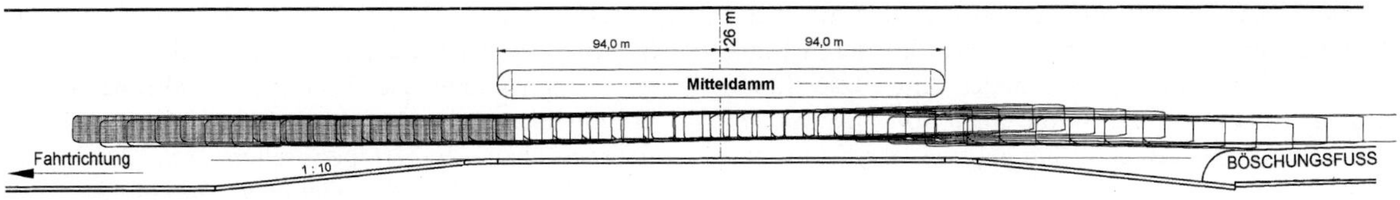

L x B x T = m x 11,4 m x 2,8 m
$\overline{v}$ = 5,90 km/h
Trogbreite = 26 m

Abb. 5. Phasendarstellung im Acht-Sekunden-Takt

serfläche überstrichen als bei der Momentaufnahme festgestellt. Nach Erreichen des maximalen Driftwinkels bewegt sich das Schiff mit kleiner werdenden Driftwinkeln in Querrichtung weiter über die vom Schiff eingenommene Fläche zum Zeitpunkt Driftwinkelmaximum. Das bedeutet, daß zusätzlich zur maximalen Fahrspurbreite weitere Breitenanteile hinzuaddiert werden müssen.

Dieses wird statistisch gelöst, indem die maximalen Fahrspurbreiten mehrerer Fahrten im Hinblick auf ihre Standardabweichung betrachtet werden. In Anlehnung an die Ausbaugrundsätze des nord-westdeutschen Kanalnetzes vom BMV wird zusätzlich zur Fahrspurbreite die 1,6 fache Standardabweichung der Fahrspurbreite in Kanälen ohne Strömung berücksichtigt.

Weiterhin muß ein hydrodynamisch notwendiger Abstand zur Fahrrinnenbegrenzung zur Vermeidung des Ansaugens des Schiffes zum Ufer bereitgestellt werden. In Kanälen mit Rechteckprofil beträgt dieser Abstand zu jeder Seite 2,5 m.

Danach ergeben sich die in Tabelle 3 aufgeführten Fahrrinnenbreiten.

Bei einer Trogbreite von 26 m ist nach der Analyse der angegebenen Versuche kein Ein- oder Ausfahrtrichter notwendig.

Bei einer Trogbreite von 24 m ist eine Fahrrinnenbreite von 26,9 m ohne Ein- und Ausfahrtrichter ermittelt worden, d.h. es muß eine Aufweitung des Querschnittes vor dem Trog von 1,5 m vorhanden sein.

Wird bei einer Trogbreite von 24 m kein Ein- bzw. Ausfahrtrichter vorgegeben, so resultiert aus den 3 Versuchsfahrten ohne Ein- bzw. Ausfahrtrichter, daß von 3 Ausfahrten bei 2 Ausfahrten mit einer Berührung des Schiffes mit dem Ufer zu rechnen ist.

Bei einer Trogbreite von 22 m wird eine einseitige Aufweitung von 5,4 m notwendig.

6.4 Seitenwind

Die Versuche zeigen, daß der Schubverband bei einem Schiffstiefgang von 1,53 m (möglicher Ballasttiefgang) und einer Seitenwindkraft von 1,82 t die Trogbrücke (Trogbreite 26 m) in der Regel nicht be-

Tabelle 3. Fahrrinnenbreiten

Im Trogquerschnitt (Bug 40 m bis 140 m hinter Meßstelle, s. Abbildung 3)			
		Ein- bzw. Ausfahrtrichter	**Fahrrinnenbreite**
26 m Trogbreite, T = 2,8 m			
Einzelfahrt	GMS	mit	21,1 m
Einzelfahrt	SV	mit	21,5 m
		ohne	21,4 m
mit Schott	SV	mit	18,4 m
Begegnung	GMS	ohne	23,1 m
Begegnung	SV	mit	24,4 m
26 m Trogbreite, T = 1,53 m			
Einzelfahrt	SV	mit	17,5 m
24 m Trogbreite, T = 2,8 m			
Einzelfahrt	SV	mit	22,1 m
		ohne	20,5 m
22 m Trogbreite, T = 2,8 m			
Einzelfahrt	SV	mit	21,7 m
		ohne	20,0 m
22 m Trogbreite, T = 1,53 m			
Einzelfahrt	SV	mit	20,3 m
		ohne	21,3 m
Im Ein- und Ausfahrtrichter (Bug bis 40 m hinter der Meßstelle und Bug ab 140 m hinter der Meßstelle, siehe Abbildung 3)			
		Ein- bzw. Ausfahrtrichter	**Fahrrinnenbreite**
26 m Trogbreite, T = 2,8 m			
Einzelfahrt	GMS	mit	23,1 m
Einzelfahrt	SV	mit	23,8 m
		ohne	24,5 m
mit Schott	SV	mit	23,2 m
Begegnung	GMS	ohne	23,4 m
Begegnung	SV	mit	25,7 m
26 m Trogbreite, T = 1,53 m			
Einzelfahrt	SV	mit	23,2 m
24 m Trogbreite, T = 2,8 m			
Einzelfahrt	SV	mit	24,3 m
		ohne	26,9 m
22 m Trogbreite, T = 2,8 m			
Einzelfahrt	SV	mit	32,8 m
		ohne	32,0 m
22 m Trogbreite, T = 1,53 m			
Einzelfahrt	SV	mit	21,8 m
		ohne	22,4 m

T = Tiefgang; GMS = Großmotorschiff; SV = Schubverband

rührungslos passieren kann. Das gleiche gilt bei einer Trogbreite von 22 m und einer Seitenwindkraft von 1,05 t. Bei über 50% der Fahrten mit den o.g. Bedingungen erfolgte eine Kollision.

Bei einer Versuchsfahrt ereignete sich eine Grundberührung mit dem Heck des Verbandes an dem geböschten Ufer. Anschließend erfolgte daraufhin im Trog eine Kollision mit dem Bug und der Trogmauer.

Bei einer Versuchsfahrt wurde der Molenkopf des Mitteldamms von der Koppelstelle des Verbandes getroffen. In der Großausführung wären die Koppeltrossen gerissen. Die anderen Kollisionen ereigneten sich innerhalb der Trogbrücke.

Es muß bei der Bewertung der Fahrten mit Seitenwind berücksichtigt werden, daß der Schiffsführer des Verbandes mit maximaler Antriebsleistung (P_D ca. 1000 kW) und somit auch mit maximaler Ruderquerkraft versucht hatte, eine Kollision zu verhindern.

Die erreichte mittlere Geschwindigkeit im Trogquerschnitt betrug maximal 10,84 km/h. Selbst mit dieser relativ hohen Geschwindigkeit konnte eine Kollision nicht vermieden werden. Bei allen Fahrten mit Kollisionen betrug die mittlere Geschwindigkeit im Trogquerschnitt 9,6 km/h.

Aus dem vorgenannten ergibt sich, daß ein sicheres und berührungsloses Durchfahren der Brücke bei den untersuchten Seitenwindkräften für den Verband mit einem mittleren Tiefgang von 1,53 m nicht möglich ist. In der Praxis unterbricht auch heute ein umsichtiger Schiffsführer die Fahrt bei Seitenwind, wenn der erforderliche Driftwinkel dann zu groß wird.

7 Abschließende Bewertung

Bei der Durchfahrt einer Trogbrücke von 26 m Breite und 4 m Wassertiefe fährt ein Fahrzeug bzw. Schubverband mit 11,4 m Breite eine Geschwindigkeit von minimal 5 km/h und maximal 7,4 km/h im beladenen Zustand (T = 2,8 m). Im Ballastzustand können 10,1 km/h erreicht werden. Die Wasserspiegelabsenkung beträgt bis zu einem Meter. Die Strömungsgeschwindigkeit erreicht Werte bis zu 2,1 m/s.

In einer 22 m breiten Trogbrücke mit 4 m Wassertiefe bewegen sich die Geschwindigkeiten zwischen minimal 5,8 km/h und maximal 7,4 km/h für das auf T = 2,8 m beladene Fahrzeug und zwischen 6,7 km/h und 7,8 km/h für das auf Ballasttiefgang fahrende Schiff. Die Strömungsgeschwindigkeit beträgt bis zu 1,6 m/s.

Ein Unterschied zwischen Großmotorschiff und Schubverband ist nur in der Antriebsleistung zu erkennen. Der Schubverband benötigt zwischen 30% und 50% mehr Antriebsleistung. Die Strömungsgeschwindigkeit und die Wasserspiegelabsenkung sind nahezu identisch.

Die erforderliche Trogbreite eines Schubverbandes im Ballastzustand ist kleiner als im beladenen Zustand (T = 2,8 m). Bei gleichzeitiger Befahrung beider Trogquerschnitte (Gegenverkehr) erhöhen sich die erforderlichen Fahrrinnenbreiten im Trog um ca. 13 % gegenüber der alleinigen Durchfahrt.

Bei Seitenwindeinfluß querab mit Windstärken zwischen 4 und 5 Beaufort führt jedoch jede zweite Durchfahrt eines beballasteten Schubverbandes im Modellversuch zu einer Brückenanfahrung. In der Praxis ist die zu erwartende Anzahl der Brückenanfahrungen, bedingt durch den genannten Seitenwind, bei beladenen Schiffen nahezu ausgeschlossen. Bei insgesamt im Jahr 2010 zu erwartenden 5171 Fahrzeugbewegungen im Jahr mit geringem Tiefgang (Leer-, Ballast-, Containerfahrer) und damit höherer Windanfälligkeit, ist bei 52 Schiffen pro Jahr davon auszugehen, daß die Kollisionswahrscheinlichkeit überschritten wird. Die Gesamtanzahl aller Fahrzeugbewegungen soll den Wert von 22838 nach einer Prognose erreichen.

Bei einer Trogbreite von 26 m ist kein Ein- und Ausfahrtrichter nötig. Bei 24 m Trogbreite muß der anschließende Querschnitt um 1,5 m aufgeweitet werden. Bei 22 m Trogbreite sind 5,4 m Aufweitung im anschließenden Ein- bzw. Ausfahrtrichter erforderlich.

Aus fahrdynamischen und bautechnischen Gründen wird die Lösung der Kanalbrücke mit zwei einschiffigen Trögen in der 26 m breiten und 4 m tiefen Ausführung gewählt.

Schrifttum

- Broß, H.: Nautische Modellversuche zur Bestimmung der benötigten Fahrspurbreite von Schiffen bei der Durchfahrt einschiffiger Trogbrücken. VBD–Bericht 1401, September 1995, im Auftrag des WNA Datteln
- Kirchdörfer, V.; Tillmann-Kerber, K.-F.: Der Umbau der Kanalbrücke Klauke in der Südstrecke des Dortmund-Ems-Kanals. Jahrbuch der Hafenbautechnischen Gesellschaft, 50. Band 1995
- Röben, J.: Überführungsbauwerk des Mittellandkanals über das Wesertal bei Minden. Jahrbuch der Hafenbautechnischen Gesellschaft, 50. Band 1995

Über das Stabilitätsverhalten der Bremer Hansekogge von 1380

On Stability of „Bremer Hansekogge" von 1380

Prof. Dipl.-Ing. **Harro Postel**, Kiel

Summary. "Hanse Cog" was a type of "cargo" sailship widely spread over Northern Europe within 14th century. It is discussed how builders, owners and sailors did manage the stability problems of the new ship and – later – with different cargos in spite of the absence of a theory or calculation of it then. According to middle age's tools, expensive material and a weatherdeck not watertight, water inside was a relatively normal situation. It is shown the reaction of the cog and what sailers had to do.

1 Einleitung

Im Jahre 1962 wurde im Weserschlick vor Bremen das gut erhaltene Wrack einer Hansekogge gefunden.

Die Rekonstruktion dieser „Bremer Hansekogge von 1380" im Deutschen Schiffahrtsmuseum hat eine Fülle bis dahin unbekannter Informationen über Form und Bauweise des mittelalterlichen Schiffes geliefert [1].

Der Kieler Nachbau dieser Kogge [2] ist umfangreichen Segelversuchen unterzogen worden [3], die zusammen mit Windkanaluntersuchungen zum Rigg [4] und Modellversuchen zur Hydrodynamik [5] [6] detaillierte und weitgehend abgesicherte Informationen über die Segelleistungen dieses eine Epoche dominierenden Schiffstyps liefern (Abb. 1).

Die Segelversuche mit dem Kieler Nachbau in der Strander-, der Kieler Bucht und weiteren Bereichen der Ostsee wurden natürlich unter heutigen Bedingungen durchgeführt, nachdem aus Krängungsversuch, Hydrostatik- und Beladungsrechnungen die Hebelarmkurven abgeleitet waren und ausreichende Kentersicherheit ergeben hatten – nach heutigen Vorschriften.

Diese Vorschriften basieren auf Glattwasser-Hebelarmkurven, die nach [7] „keine physikalische Erklärung des Kentervorganges liefern können, wohl aber auf statistischem Wege eine als ausreichend anzusehende Sicherheit geben – selbstverständlich nur in dem durch die Statistik abgedeckten Bereich von Schiffen".

Da der Beginn der „eigentlichen theoretischen Behandlung der Fragen der Stabilität im allgemeinen mit dem Werk von Pierre Bouguer (1698–1758) in Verbindung gesetzt wird" [8], können hier keine Antworten auf die Frage gefunden werden, wie die Kentersicherheit in historischer Zeit, also vor 600 Jahren, erreicht wurde.

Schließlich wurde die Fahrterlaubnis des Kieler Nachbaus an die wasserdichte Ausführung des Wetterdecks[1] gebunden, denn „der Ruf ‚Wasser im Schiff!' an Bord eines den Ozean kreuzenden Schiffes hat seinen Schrecken auch in unserer Zeit nicht verloren...", wie ein Aufsatz aus dem Jahr 1959 zu dieser Problematik eingeleitet wird [9].

Tatsächlich ist – unter bewußter Abweichung vom historischen Vorbild – durch diese Maßnahme, aber auch durch die Qualität der verwendeten Hölzer und die präzise Verarbeitung, eine unter den vorauszusehenden Bedingungen der Segelerprobung im wesentlichen trockene Kieler Hansekogge erreicht worden[2].

Diesen Zustand kann man den historischen Koggen nicht unterstellen:

- Das Wetterdeck war nicht wasserdicht, Bretter wurden lose in die Längsbalken eingelegt ([2], Abb. 43 und 44), die seitlichen Decksbereiche zwischen den Spanten waren nicht abgedeckt. Dadurch und wegen fehlender Speigatten lief Wasser, das gelegentlich beim Segeln über das Schanzkleid gelangt sein dürfte, und Regenwasser in den Raum.
- Holzschiffe werden mit zunehmendem Alter schließlich weich und ziehen Wasser[3].

---

[1] Der Einbau von Querschotten wurde zunächst nicht vorgeschrieben, war aber für den späteren Verwendungszweck durchaus ins Auge gefaßt ([2], S. 37).

[2] Die Kritik eines Fachmannes für historische Schiffe am Kieler Nachbau der Kogge lautete denn auch: „Sie ist zu gut geworden!"

[3] Nicht einmal genietete Eisenschiffe und spätere Stahlschiffe waren völlig Wasser- oder gar öldicht; noch in den ersten Jahrzehnten dieses Jahrhunderts wurde die Qualität genieteter Tanker auch nach ihrer Öldichtigkeit – dem Prozentsatz des Ölverlustes – beurteilt.

Abb. 1. Der Kieler Nachbau der Kogge

- Koggen setzte man gelegentlich zum Ent- und Beladen auf den Strand, gerieten bei Niedrigwasser im Hafen auf Grund oder mußten schon einmal – in Tidegewässern – bei Ebbe trockenfallen. Die damit verbundenen großen örtlichen Belastungen konnten Schädigungen in den Kalfaterungen der Karweel und Klinkernähte verursachen oder Risse im Holzwerk zur Folge haben: für Undichtigkeiten läßt sich keine Obergrenze angeben.
- Der hohe Preis für das Baumaterial und das mittelalterliche Werkzeug bedingten, daß auch Eichenplanken minderer Qualität in der Kogge verarbeitet wurden ([1], S. 51).

Damit liegen Fragen an die historische Kogge vor, die durch die Segelerprobungen mit dem Kieler Nachbau nur unvollständig oder überhaupt nicht beantwortet werden:

- Wie erreichten die Kogge-Bauer ausreichende Stabilität des Neubaus und welche Hinweise konnten sie auf das spätere Betriebsverhalten geben?
- Welche Möglichkeiten oder Regeln standen dem „Schiphere"[4] zur Verfügung, ausreichende Kentersicherheit bereits bei Beginn des jeweiligen Beladungsvorganges vorauszu„schätzen"?

In der Regel befand sich stets eine mehr oder weniger große Wassermenge im Raum. Wie reagiert die Kogge in verschiedenen Beladungszuständen auf unterschiedliche Wassermengen? Wie gingen Schiffsführung und Mannschaft damit um?

2 Gesetze und Verordnungen der Hansezeit

Einen ersten Einblick in das Verhalten der Koggen und in die zeitgenössische Seemannschaft gewinnt man aus den Gesetzen der Hansezeit, von denen einige hier zitiert seien (10).
In „Das Hamburgische Schiffsrecht" von 1292 findet man folgende Abschnitte[5]:

22a Wenn ein Schiff im Notfall Ladung über Bord wirft, soll (der Schaden) zu gleichen Teilen ausgeglichen werden.

22b Werden der Mast oder das Tauwerk (stehendes, laufendes Gut, Segel?) beschädigt (?), so hat der Schiphere den Schaden allein zu beheben, damit nicht Willkür entsteht; diese Willkür (?) sollen die bezeugen, die auf dem Schiff waren.

23c Ein Schiff sei bis zu einem (bestimmten) Schore[6] abgeladen und segelt ohne Widerspruch durch die Befrachter: wird deren Ladung mit Einverständnis geworfen, so soll der Schiphere darunter nicht leiden (den Schaden bessern?).

23d Wenn (aber) ein Schiphere (sein Schiff) trotz öffentlichen Protests mit Gütern belädt und wird er beschuldigt, sein Schiff zu schwer beladen zu haben, und segelt er dennoch: wird in diesem Falle Ladung geworfen, so muß der Schiphere den Schaden allein abgelten.

Sehr ähnlich, manchmal fast wörtlich übereinstimmend, sind die entsprechenden Absätze des „Lübekkischen Schiffsrechts" nach Albrecht von Bardowick (1299) formuliert.
Schließlich, da „grundsätzlich auch hier zu berücksichtigen (ist), daß die Kodifikation nicht mit der Entstehung des Rechts in Zusammenhang stehen muß, sondern nach längerem Gebrauch des Rechts erst vorgenommen wurde" [10], kann auch das spätere „Statut der Hansestädte" vom 24. Juni 1418 herangezogen werden, dessen Abschnitt 23 lautet:

Auch sollen in allen Städten, in denen Schiffe beladen werden, die Stadt und desgleichen die Älterleute des

[4] „Schiphere" – Schreibweise nach „Das Hamburger Schiffsrecht" von 1292 [10] – Schiffsherr/Reeder bzw. Schipper/Kapitän.

[5] Die Übersetzungen aus dem Mittelniederdeutschen wurden vom Verfasser vorgenommen, wobei er in dankenswerter Weise beraten wurde von Herrn Dr. Weber vom Institut für Niederdeutsch der CAU Kiel.

[6] Die Bedeutung des Begriffs „Schore" konnte nicht eindeutig geklärt werden.

Kaufmannes, die dort... sind, davor warnen (darauf achten), daß sie nicht zu tief beladen werden, seien die Schiffe nun groß oder klein. Kann man einem Schiphere beweisen, daß er überladen hatte und ist daraus ein Schaden entstanden, so soll ihn der Schiphere allein bezahlen.
Wurde ein Schiff überladen und ist dennoch über See gekommen, ohne Schaden zu nehmen, so soll von jeder Last, die man feststellt, (der Schiphere) der Stadt des Hansebundes oder den Älterleuten (in der Stadt), in die er kommt, so viel Fracht zahlen, wie er damit verdient hat.

Nimmt man diese Aussagen insgesamt, gelangt man zu folgender Schlußfolgerung:

Die Betriebssicherheit der Hansekoggen wurde durch ausreichenden Freibord gewährleistet; das Werfen von Ladung in Notfällen war das Bestreben, einen noch hinreichenden Restfreibord zu erhalten, wenn es nicht mehr möglich war, diesen durch Pumpen oder Ösen[7] zu sichern. Ein Stabilitätsproblem ist aus diesen Vorschriften jedoch nicht zu erkennen.
Nun könnte man argumentieren, daß ja um 1400 eine Stabilitätstheorie mit metazentrischen Höhen und Hebelarmkurven nicht existierte. Nicht dagegen kann man jedoch davon ausgehen, daß sich Kenterungen grundsätzlich nicht ereigneten und sie daher unbekannt waren, vielmehr muß man sie für in Betrieb befindliche Koggen praktisch ausschließen. Denn – würde ein solches Ereignis drohen und schließlich unerwartet und plötzlich auftreten – so würde man die Kogge-Mannschaft kaum zum Werfen der Ladung und zum Arbeiten unter Deck veranlaßt haben können.

Damit wird die Begrenzung des „Wasserziehens“, die Erhaltung des Außenhautzustandes und die Vermeidung von Außenhautschäden zur Hauptaufgabe der Koggefahrer, wie die „Wismarer Bursprake“ schlaglichtartig erhellt[8]:

Anno Domini 1419, am Himmelfahrtstage, haben meine Herren die Ratmänner, die neuen und die alten, einstimmig beschlossen, daß die folgenden Artikel genau zu befolgen sind.

5. Niemand soll Ballast in den Hafen werden, bei Verlust von Gut und Leben.
6. Niemand soll irgendwelche Schiffe, insbesondere Schuten, Prame, Boote, derartig mit Ballast beladen, daß sie sinken; bei einer Strafe von 100 Mark Silber.
7. Niemand soll Ballast von Bord zu Bord übernehmen oder ausladen, außer mit Zustimmung des Rates; bei einer Strafe von 20 Mark Silber. Und dieses soll jeder Bürger seinen Gästen mitteilen, wie auch diese 3 Artikel deutlich am Stadttor angeschlagen werden sollen.

Heutige Schiffe dagegen gehen nicht in See ohne Manuale
„Unterlagen zur Erhaltung der Stabilität in den verschiedenen Beladungszuständen“,
„Anweisungen zur Durchführung von Betriebskrängungsversuchen“, ohne
Programme für Bordrechner zur Beladungsüberwachung;
schließlich Passagier- und Fährschiffe, neuerdings auch einige Frachtschiffstypen, nicht ohne Unterlagen zur
„Sicherung des Überstehens von Verletzungen der Außenhaut“ mit Stabilitätsnachweisen für Zwischenzustände und den Endzustand.
Dieser grundlegende Unterschied zwischen den heutigen Schiffen und dem aus den hansischen Vorschriften folgenden Verhalten der Kogge soll untersucht werden.

3 Die Kogge in der Bauphase bis zur Ablieferung

Nach unserem Wissen wurden Koggen auf – heute noch gebräuchlichen – Helgen erbaut und in klassischer Weise im Längsablauf vom Stapel gelassen. So dürfte es sich auch bei der Bremer Kogge von 1380 verhalten haben, nur war der Zeitpunkt des „Ablaufs“ ein zufälliger, nämlich das plötzlich auftretende Hochwasser der Weser.
Der Bauzustand der Kogge ist durch den Fund bekannt, stellt also einen „Mindestzustand“ dar bezogen auf den regulären Stapellauf.
Der Kieler Nachbau dieser Kogge ist in so enger Anlehnung an den historischen Bau entstanden, daß man aus diesem mit sehr großer Zuverlässigkeit Massen und Höhenlagen der Massenmittelpunkte für verschiedene Bauzustände der Bremer Kogge zurückrechnen kann. Sie können bei der Beantwortung der Frage nach der Rolle der Erfahrung im Koggebau helfen[9] (Tab. 1).
Was den angestrebten Bauzustand beim Stapellauf angeht, so sind zwei Gesichtspunkte, die das Handeln der Koggebauer bestimmt haben könnten, einfach aufzuzeigen:

- Die Masse der ablaufenden Kogge sollte klein sein, um den Helgenunterbau möglichst wenig zu belasten.
- Die Kogge muß nach dem Stapellauf sicher stabil schwimmen (also positive metazentrische Höhe aufweisen).

[7] Das Lenzen ist sicherlich auch durch Ösfässer erfolgt; Pumpen waren bekannt, wie der Kalmarer Fund zeigt, hölzerne Saug-Druck-Pumpen mit Lederklappen-Ventilen und Dichtungen aus geteertem Tauwerk.

[8] [10], in der dort vorliegenden Übersetzung aus dem Lateinischen.

[9] Der Längenschwerpunkt x_G wird nicht diskutiert, weil durch entsprechende Stauung der üblichen Ballastmenge der gewünschte Trimm erreicht werden kann.

Tabelle 1. Verschiedene Zustände der Kogge bis zur „Ablieferung"

Zustand der Kogge	Depl. Δ (t)	$KG = z_G$ (m)	$MG = c_o$ (m)	Tiefg. T (m)
1. Rumpf vollst., ohne Rigg, ohne Ballast, ohne sonst. Ausr.	51,76	2,851	+0,248	1,12
2. Rumpf vollst., ohne Rigg, ohne Ballast, mit sonst. Ausr.	52,58	2,849	+0,242	1,14
3. Rumpf vollst., mit Mast, Rah, Segel, ohne Ballast, mit sonst. Ausr.	55,38	3,249	−0,178	1,17
4. Rumpf vollst., ohne Mast, Rah, Segel, mit Ballast[1], mit sonst. Ausr.	77,83	2,044	+1,011	1,48
5. Kogge vollst., Krängungsversuch Kieler Nachbau	80,63	2,346	+0,712	1,51
6. Kogge vollst. mit Mast, ohne sonst. Ausr., ohne Ballast	53,96	3,122	−0,032	1,15
7. Kogge wie Fall 6., zusätzlich 10 t Ballast	63,96	2,688	+0,371	1,29
8. Kogge vollst. wie Fall 5, mit Besatzg. und Vorräten (Segelerprobung Ostsee)	91,10	2,350	+0,720	1,64

[1] *Ballast im Kieler Nachbau: 24,6 t Steine + 0,65 t Batterie*

Hält man diese Gesichtspunkte für dominierend, so dürfte sie mit einer Masse von etwa 52 t abgelaufen sein, alle Rumpfelemente vollständig fertiggestellt. Nimmt man dagegen das Streben nach möglichst geringer Hellingliegezeit hinzu, so ist vorstellbar, daß die Kogge im oberen Bereich durchaus noch unvollständig war:

die Arbeiten am Achterkastell des an der Pier liegenden Kieler Nachbaus vermittelten keinen Eindruck von Improvisation
....und die zugehörige Erfahrung des Koggebauers besagt:
Der Rumpf der Kogge ohne weitere Ausrüstung und ohne Ballast läßt sich ohne Stabilitätsbedenken zu Wasser bringen!

Eine Fertigungsschwierigkeit könnte die Koggebauer zu anderem Handeln veranlaßt haben:
Das Aufstellen des 2,2 t schweren Mastes war auf der schwimmenden Kogge mit erheblichen Problemen behaftet, mit geringeren dagegen, solange sie sich auf dem Helgen befand.
Demnach hätte man beabsichtigt, den Mast noch während der Hellingliegezeit zu setzen. Der Koggefund gibt darüber keine eindeutige Auskunft ([1], S. 13–14): zwar fanden sich Juffern im Wrack und Wantenreste in einem Rüstbalken, an der Mastspur waren jedoch keine Gebrauchsspuren zu erkennen!
War das Setzen des Mastes also vor dem Stapellauf beabsichtigt, so hätte die Erfahrung dem Koggebauer sagen müssen:
es ist Ballast, zumindest in einer Teilmenge, einzubringen, der die Stabilität beim Stapellauf sichert.
(Ein Stapellauf im Zustand 6 der Tabelle 1 hätte zu einem Kenterunfall geführt; ein Stapellauf ohne Ballast hätte die Bremer Kogge zu einer Fehlkonstruktion degradiert, sie hätte nicht „bewährte Abmessungen und Verhältniswerte").

Damit standen den Koggebauern zwei Möglichkeiten zur Verfügung, die Kogge sicher, d.h. ohne Kentergefahr, zu Wasser zu lassen:

- Rumpf der Kogge fertiggestellt, ohne Mast, Stapellaufmasse ca. 52 t
- Rumpf der Kogge fertiggestellt mit Mast und ca. 10 t Ballast, Stapellaufmasse ca. 64 t

Es spricht manches dafür, daß der im Wesentlichen fertiggestellte Rumpf der Kogge zu Wasser gelassen wurde und der weitere Ausbau an der Pier und soweit nötig, von einem Floß aus erfolgte ([1], S. 58).
Im Verlauf der Fertigstellung (z.B. Heckkastell, Bugkastell (?), Setzborde, innere Seitensteven usw. ([1], S. 58), dem Errichten des Mastes, dem Anbordbringen der Ausrüstung (Anker, Rah, Segel, laufendes Gut usw.) wurden parallel Ballaststeine eingebracht und zwar stets so, daß der Koggebauer – möglicherweise auch der Schiphere – ausreichende Stabilität „in den Beinen spüren" konnte. Die Koggewerft dürfte ihren Neubau etwa in dem Zustand an den Auftraggeber übergeben haben, der dem Krängungsversuchszustand mit dem Kieler Nachbau entsprochen hat:
Leeres, fertig ausgerüstetes Schiff mit 26,25 t Ballast (+Batterie),
nachdem Erbauer und Auftraggeber übereinstimmend „ausreichende Stabilität" glaubten festgestellt zu haben.
Und schließlich ist es denkbar, daß eine Probefahrt die Übergabe besiegelte: beim Probesegeln konnten sich beide von „vernünftigen" Krängungswinkeln – passend zu Windstärke, Windrichtung und Kurs der Kogge – überzeugen oder anderenfalls das Einbringen einer weiteren Ballastmenge verabreden.

4 Die Kogge im Betrieb

Ausgehend vom leeren, fertig ausgerüsteten Kieler Nachbau der Kogge ergab die Vorausrechnung für den Zustand „Segelerprobung Ostsee" den des geringsten Deplacements

$$\Delta = 82{,}71 \text{ t (Tabelle 2, Fall 2)}$$

Tabelle 2. Verschiedene Ladefälle der Kogge (Ladefälle 3, 4 und 5 nach [3] bzw. [11])

Zustand der Kogge	Depl. Δ (t)	$KG = z_G$ (m)	$MG = c_o$ (m)	Tiefg. T (m)
1. Kogge vollst., Krängungsversuch Kieler Nachbau (Tab. 1.5)	80,63	2,346	+0,712	1,51
2. Kogge in Ballast, segelfertig mit Besatzung. (Mindestfall)	82,71	2,401	+0,659	1,54
3. Kogge wie Fall 2. ,mit homogener Faßladg. (Größe 3)	132,80	2,460	+0,720	2,11
4. Kogge wie Fall 2. ,mit homogener Faßladg. (Größe 3), Roggen	141,90	2,420	+0,790	2,21
5. Kogge wie Fall 2, mit Faßladung, gemischt Gr. 2 + Gr. 3	143,95	2,485	+0,730	2,24
6. Kogge wie Fall 2, jedoch ohne Ballast, Masse der homogenen Ladung um 25,25 t vergrößert-aus Fall 3	132,20	2,710	+0,470	2,11
7. Kogge wie Fall 2, jedoch ohne Ballast, Masse der homogenen Ladung um 25,25 t vergrößert-aus Fall 4	141,90	2,680	+0,530	2,21
8. Kogge wie Fall 2, jedoch ohne Ballast, Masse der homogenen Ladung um 25,25 t vergrößert-aus Fall 5	143,95	2,670	+0,550	2,24

und des tatsächlichen der Segelerprobung

$$\Delta = 91{,}10 \text{ t (Tabelle 1, Fall 8)}.$$

Beide Fälle dürften einer realistischen Beschreibung möglicher Zustände der historischen Kogge entsprechen[10].

Von Redlin [11] werden 3 Faßladungsfälle vorausgerechnet, die als Fall 3...5 in Tabelle 2 aufgeführt sind. Sie sind bezüglich der metazentrischen Höhen vergleichbar den Ballastfällen (Tab. 1, Fall 8; Tab. 2, Fall 2) und können (daher) als sicher angesehen werden.

Es fällt auf, daß die Massenmittelpunkte der beladenen Kogge nur geringfügig höher liegen als im beballasteten, leeren Fall. Die Begründung findet man im Volumenschwerpunkt des „leeren Laderaumes über dem Ballast", der je nach Interpretation des Brutto/Nettoinhalts mit

$$z_{\nabla i} = 2{,}34 \ldots 2{,}50 \text{ m}$$

etwa gleiche Höhe aufweist wie der Massenmittelpunkt der „leeren, fertigen Kogge mit Ballast".

Da überdies das Metazentrum – ausgehend von etwa 3,05 m ü.B. im Ballastfall bei $T = 1{,}54$ m – mit größer werdendem Deplacement nur geringfügig ansteigt, ergeben sich für die Ladefälle fast konstante metazentrische Höhen.

Hier finden wir eine erste Erfahrung der Koggewerft:

Ist die Kogge bei Ablieferung im Ballastzustand so stabil, daß sie „vernünftig" segelt, so segelt sie „vernünftig" auch in allen Beladungszuständen, solange sie weitgehend homogen beladen ist und den Maximaltiefgang nicht überschreitet.

Ist der Laderaum bei Erreichen des Maximaltiefgangs nicht gefüllt, liegt der Massenmittelpunkt niedriger, ist die Kogge steifer und kann gefahrlos gesegelt werden, solange nicht Ladung übergeht.

Das Stabilitätsproblem der Betriebsphase ist zurückverlagert in die Bauphase und ein Probesegeln in Anwesenheit des Schiphere.

Wie sehr diese Eigenschaft der Kogge sich aus der Erfahrung der Koggebauer und den daraus resultierenden „bewährten Proportionen" ergibt, wird deutlich, wenn man die Hydrostatik der Kogge mit der heutiger Schiffe vergleicht. In Abb. 2 ist das Kurvenblatt „B" der Kogge[11] mit dem eines modernen Kühlschiffes verglichen, das durch affine Verzerrung auf die Hauptabmessungen der Kogge umgerechnet wurde. Es ergibt sich, wenn man die Massenmittelpunkte der Kogge als näherungsweise auch für die affin verzerrte Form als gültig annimmt, ein Verhalten nach Tabelle 3.

Auf den ersten Blick erscheint die moderne Form vorteilhaft: die Kogge, komplett ausgerüstet, aber ohne Ballast, zeigt eine zufriedenstellende positive metazentrische Höhe. Die Beballastung liefert eine zum Segeln ausreichende, aber nicht wesentliche größere als die des Originals.

Sodann aber wird bei homogener Beladung die metazentrische Höhe mit größer werdendem Tiefgang kleiner, ist stets so klein, daß man vernünftige Segeleigenschaften und Kentersicherheit bezweifeln kann.

Die Kogge zeigt dieses ungünstige Verhalten nicht, offenbar auf Grund der speziellen Erfahrung der Koggebauer:

- die Außenhaut muß im Hauptspantbereich um einen bestimmten „günstigen" Winkel ausfallen, wie Abb. 3 zeigt.

In die Verantwortung des Schiphere fällt dagegen die Behandlung des Ballastes:

[10] Der auf der Ostsee erprobte Zustand „Kogge beladen" mit $\Delta = 127{,}8$ t kann nicht herangezogen werden, da die Ladung „Betonklötze" einen mit $z_G = 2{,}04$ m für den historischen Zustand zu niedrigen Massenmittelpunkt liefert.

[11] Hydrostatikrechnungen nach [11]; die entsprechenden Werte nach [13] stimmen damit in dem Bereich, in dem sie vorliegen, hinreichend überein.

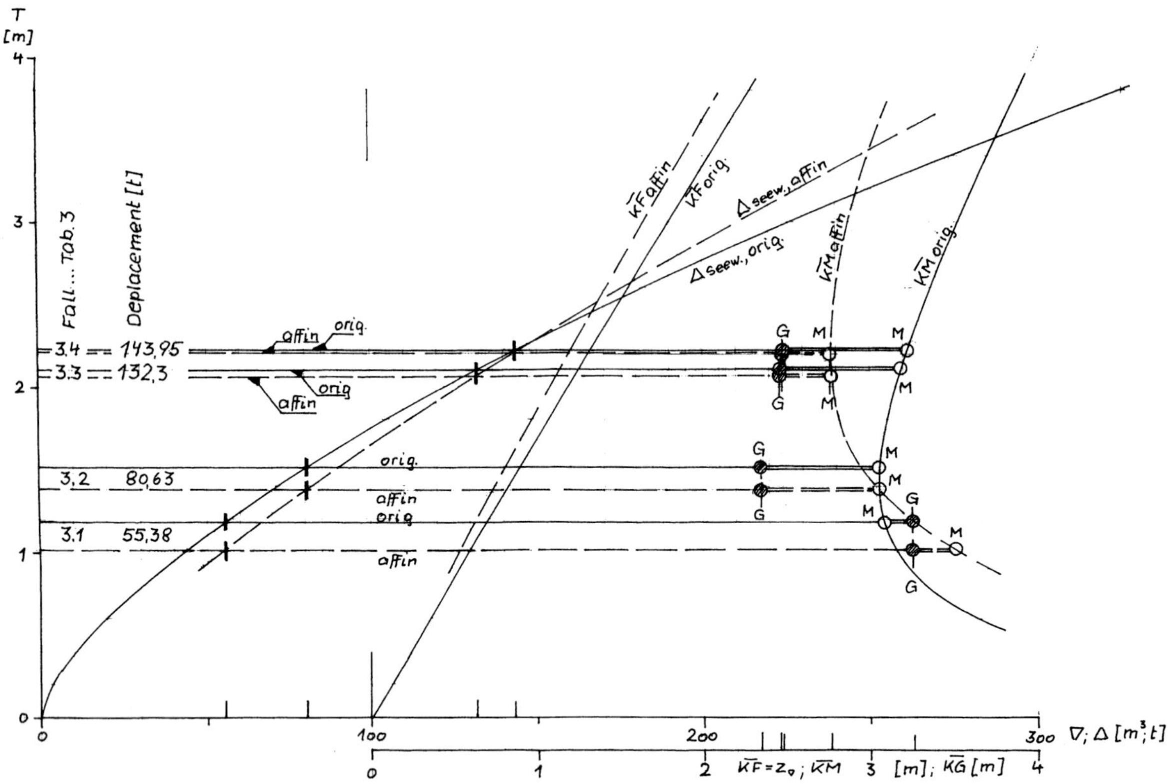

Abb. 2. Kurvenblatt B (Ausschnitt). Vergleich der Formwerte, Tiefgänge und metazentrischen Höhen zwischen Kogge- und moderner Schiffsform gleicher Hauptabmessungen

ist er als „schiffsfest" aufzufassen oder kann er gegebenenfalls entfernt und durch Ladung ersetzt werden?

Zunächst ist die einfache Rechnung aufzumachen, daß der Ersatz des Ballastes durch Ladung die Ladefähigkeit der Kogge von
ca. 60 t um ca. 25 t auf ca. 85 t, also um etwa 40%, erhöht.

Sicher ist auch, daß Ballast von und an Bord gegeben wurde, wie die Wismarer Bursprake deutlich macht (Kap. 2).

Schließlich zeigt die Rechnung für den Fall „homogene Ladung ohne Ballast" (Tab. 3, Fall 5) eine immerhin noch zufriedenstellende metazentrische Höhe $c_o = 0{,}54$ m.

Bedenkt man aber, daß das vollständige Entfernen des Ballastes – vor Beginn des Beladens – negative metazentrische Höhe liefert (Tab. 1, Fall 3), so wird man in so einfacher Weise nicht vorgegangen sein können. Zu bedenken ist auch, daß nach Abschluß des Beladungsvorganges eine Änderung der unter der Ladung liegenden Ballastmenge zur nachträglichen

Tabelle 3. Vergleich der Kogge mit einem Schiff moderner Form. Die Gewichtsschwerpunkte wurden als näherungsweise gleich übernommen

Zustand der Kogge	Vorgabe		Original-Form			affin verzerrte Form eines Kühlschiffes		
	Depl. Δ (t)	$KG = z_G$ (m)	Tiefg. (m)	KM (m)	$MG = c_o$ (m)	Tiefg. T (m)	KM (m)	$MG = c_o$ (m)
1. Kogge vollst., ohne Ballast (1,3)	55,38	3,249	1,17	3,07	−0,178	1,02	3,46	+0,211
2. Kogge vollst., mit Ballast (1,5)	80,63	2,346	1,51	3,04	+0,712	1,38	3,03	+0,684
3. Kogge vollst., mit Ballast und Faßladung Gr. 3 (2,3)	132,3	2,46	2,11	3,17	+0,72	2,06	2,77	+0,31
4. Kogge vollst., mit Ballast und Faßladung Gr. 1 + 3 (2,5)	143,95	2,485	2,24	3,22	+0,73	2,22	2,77	+0,285
5. Kogge vollst., ohne Ballast, Masse der homog. Ladung vergrößert (2,7)	141,9	2,68	2,12	3,21	+0,53	2,16	2,76	+0,08

Anm.: Wählt man als Ausgangsschiff für die affine Verzerrung ein Fährschiff, das wegen seiner Völligkeit ebenfalls infrage kommt, so ergeben sich gleiche Tendenzen und fast identische Zahlenwerte.

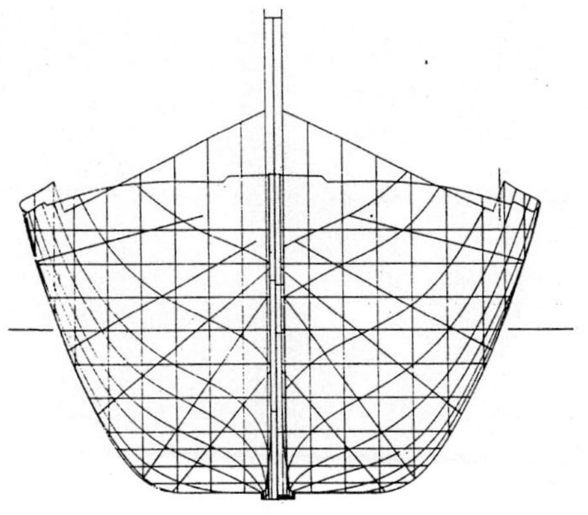

Spantriss der Kogge
Hauptdaten: L = 17,37 m; B = 6,6o m; T = 2,5o m

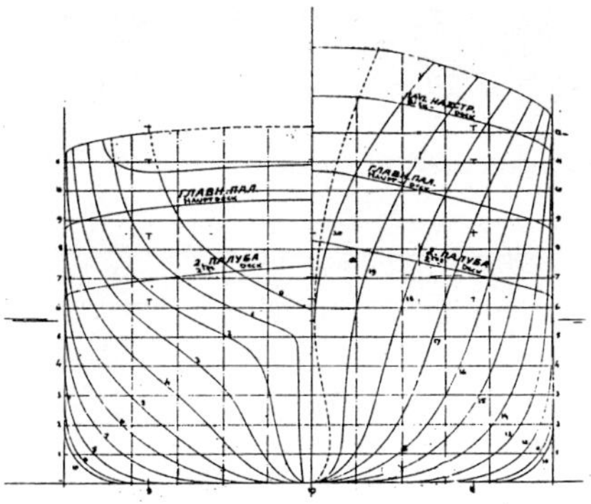

Spantriss eines Kühlschiffes
Hauptdaten: L_{pp} = 1o9,6 m; B_{Spt} = 16,4o m; T_k = 5,53 m
Faktoren der affinen Verzerrung:
$|\lambda|$ = 17,37/1o9,6 = o,158; $|\beta|$ = 6,6o/16,4o = o,4o2;
$|\tau|$ = 2,5o/5,53 = o,452

Abb. 3. Vergleich des Kogge-Spantrisses nach (11) mit dem affin verzerrten eines heutigen Kühlschiffes

Korrektur der metazentischen Höhe nicht möglich ist:

der Schiphere hatte nach festgelegtem Ladungskonzept vorzugehen und mußte über die Ballastfrage vor Beginn der Beladung entscheiden.

Hier ist es sinnvoll, einen Blick auf die Ladungsarten der Hansezeit zu werfen.
Angesichts der nicht zu erfüllenden Forderung nach Wasserdichtigkeit des Koggeladeraumes ist da zum einen die feuchtigkeitsempfindliche Ladung:
Stoffe, Tücher, Felle, Getreide, Mehl, Butter, Fleisch, Fisch usw.
Sie ist genau so in Fässern transportiert worden wie flüssige Ladung. Die Bedeutung der Faßmacher in den Hansestädten hat Dollinger in [12] herausgearbeitet, „auch wenn sie nicht eine eigene Zunft bildeten", wie er schreibt.
Unverpackt dürften dagegen versandt worden sein:
Eisenbarren, Osmundt (schwed. Eisenknollen), Eisenrollen, Kupfer, Zink, Blei, Steine (als Baumaterial); schließlich Halbzeuge, Geräte aus diesen Materialien.
Sie sind weitgehend feuchtigkeitsunempfindlich und haben überwiegend eine so große Dichte, daß sie als Ersatz für den Ballast genutzt werden können, indem sie vor Beginn der eigentlichen (Faß-) Beladung Zug um Zug gegen Ballast ausgetauscht werden.
Ein solches Vorgehen kann durchaus eine weitere „Erfahrung" des Schiphere sein, die den sicheren Seebetrieb der Kogge gewährleistet.
Schließlich muß man davon ausgehen, daß feuchtigkeitsempfindliche Ladung als zu sperrig nicht in Fässern wasserdicht verpackt werden kann. Es ist vorstellbar, daß sie durch Tücher abgedeckt im oberen Bereich des Ladesraumes gestaut wurde – oder aber so sperrig war, daß sie nicht in den Raum gebracht werden konnte: sie mußte als Deckslast gefahren werden. Details darüber sind nicht bekannt.
Bekannt ist dagegen, daß gelegentlich Beiboote an Deck mitgeführt wurden, die im Bedarfsfall dem Übersetzbetrieb Hafen-Reede dienten oder für den Schlepp- und Bugsierdienst eingesetzt wurden.
Ein solches Beiboot (oder eine entsprechende Deckslast) lag mit etwa 2,2 m so weit über dem mittleren Massenmittelpunkt der Kogge, wie der Ballast darunter.

Bei nahezu konstantem, vom Tiefgang weitgehend unabhängigem KM bedeutet das:
für jede „Last" an Deck sollte der Ballast um je eine „Last" vergrößert werden, wenn die metazentrische Höhe etwa unverändert erhalten werden soll.

Daß die Koggen tatsächlich Güter in unterschiedlicher Weise transportierten, folgt auch aus „Windengeldern" und schließlich aus unterschiedlichen „Bergegeldern" [10]. Sie geben weniger Hinweise auf den Wert der Ladung als vielmehr auf den erforderlichen Aufwand zum Umgehen damit.
Zusammenfassend läßt sich sagen, daß dem Schiphere einige sehr einfache Regeln zur Verfügung standen, den Betrieb der Kogge sicher zu gestalten, solange sie nicht überladen war. Es bleibt die Frage, wie sich Wasser im Schiff auf das Verhalten der Kogge auswirkt.

5 Wasser in der Kogge

5.1 Vorbemerkung

Es liegt in der Natur der Sache, daß es sich verbot, die Segelerprobungen mit dem Kieler Nachbau der Kogge um Erprobungen zum Leckverhalten zu erweitern, zumal sich eine solche Untersuchung auch auf das Grenzverhalten erstrecken muß:

– Wann kann Kentern eintreten?
– Wann ist der Restfreibord „aufgezehrt"?

(Es muß erwähnt werden, daß die Kogge keinen „Endzustand" im heutigen Sinne erreichen kann, denn die Ausdehnung des Leckwassers ist wegen des Fehlens jeglicher wasserdichten Unterteilung des Rumpfes nicht begrenzt).
Rechnerische Lösungen werden wegen der darin enthaltenen Näherungen für unscharf gehalten, da erwartet werden muß, das die Leckwassermenge einen erheblichen Prozentsatz des Ausgangsdeplacements erreichen kann. Es bleibt daher die Durchführung entsprechender Modellversuche.
Solche Modellversuche wurden im Rahmen einer Diplomarbeit an der Fachhochschule Kiel durchgeführt [13]. Sie ist Grundlage der nachfolgenden Darstellungen.

Abb. 4. Innenausbau des Kogge-Modells mit simuliertem Ballast und Ausgleichsgewichten nach (13)

5.2 Statisches Verhalten – Modellversuche

5.2.1 Das Modell

Als Modell wird eines der zuvor für Versuche zur Hydrodynamik [5] benutzten Modelle im Maßstab $\lambda = 15$ verwendet.
Neben der dort geforderten Ähnlichkeit der „Außenform" ist nach [13]

„in diesem Fall aufgrund der Untersuchungen mit Wasser im Schiff notwendig, auch den Innenraum geometrisch ähnlich auszubauen. Die Form dieser Einbauten hat entscheidenden Einfluß auf die Lage und Form der freien Oberfläche und die Verteilung des Wassers im Schiff. Als Grundlage diente der historische Zustand der Kogge. Zusätzliche Einbauten (im Kieler Nachbau) wie zur Sicherung der Ballaststeine wurden nicht berücksichtigt. Da die Spanten im Modell nur das Volumen darstellen müssen, aber nicht zur Festigkeit beizutragen brauchen, wurde Gummi als Werkstoff gewählt. Auf die Darstellung der durch die Klinkerbauweise entstehenden Absätze auf der Innenseite der Rumpfschale wurde verzichtet... (da) der Einfluß auf die Verteilung des Wassers unterhalb der Meßgenauigkeit liegen dürfte....Die Innenseite...wurde zur wasserdichten Konservierung mit Zwei-Komponentenlack gestrichen. Anschließend folgte die Vorfertigung des Innenkiels und der Innenbeplankung aus Holz... Dem Einbau der fünf im Original die Außenhaut durchstoßenden Querdecksbalken folgte die abschließende Konservierung des Innenraumes mit DD-Lack" (Abb. 4).
„Bei den Versuchen mit Wasser im Schiff muß zusätzlich der Ballast bzw. Die Ladung simuliert werden".

Die Darstellung der Ladung erfolgt durch Fässer mit den Abmessungen

Abb. 5. Kogge-Modell mit Faßladung an der K&R-Stabilitätswaage nach (13)

„...die aus Buchenholz hergestellt...anschließend mit Lack wasserdicht konserviert und mit Epoxid-Harz zu größeren Einheiten zusammengeklebt (werden). Dies soll das notwendige Fixieren der Ladung im Modell erleichtern (Abb. 5).
Der Versuch, den Ballast durch Steine darzustellen, scheiterte an der (zu) großen Gesamt-Masse des Modells mit Ballast und dem (zu) niedrigen Massenmittelpunkt... Daraus ergab sich die Notwendigkeit, ein Material mit möglichst geringer Dichte zu finden, das kein Wasser aufnimmt... (gewählt wurde) ein geschlossenporiger Hartschaum... Um auch diese Wasseraufnahme (Anlagerung) soweit wie möglich zu reduzieren, wurden die Quader einzeln in DD-Lack getaucht... (und) in feuchtem Zustand... so im Modell verteilt, daß sie den Raum ausfüllen, der dem in der Kogge für Ballaststeine benötigtem Raum entspricht... Durch die „nasse" Verarbeitung der Quader übernahm der Lack... die Aufgabe des Klebstoffes (Abb. 4).

Modell	Höhe	75 mm	Durchmesser	46,7 mm/33,3 mm
Großausf.	Höhe	1.125 m	Durchmesser	700 mm/500 mm

Die Gewichtsüberprüfung nach dem Versuch ergab, daß eine mögliche Wasseraufnahme unterhalb der Empfindlichkeit der Waage lag."

5.2.2 Versuchsaufbau und -durchführung

Das Meßgerät ist ein mechanisches Stabilitätsdynamometer der Firma Kempf und Remmers, Hamburg, Baujahr 1958 (Abb. 5). Es erfaßt die Stabilitätsmomente und ermöglicht die Ermittlung der metazentrischen Höhe aus der Anfangssteigerung dieser Momente.

Die klassischen Werte der Formzusatzstabilität ergeben sich in der Auswertung sodann als Differenz aus gemessenem Stabilitätshebel und dem „Kreisanteil" $c_o \sin\varphi$:

$$hz = \frac{M_{st}}{\Delta} - c_o \sin\varphi$$

Meßtechnisch ist es daher von Vorteil, die Versuche mit möglichst kleiner metazentrischer Höhe durchzuführen, damit das gewünschte Ergebnis nicht als „kleine Differenz großer Zahlen" unnötig an Schärfe verliert. Die Umrechnung auf jede in der Großausführung vorhandene metazentrische Höhe ist sodann ohne Schwierigkeiten möglich.

Das außen und innen geometrisch ähnliche Modell wird sodann durch Zusatzmassen auf das gewünschte Deplacement gebracht, die einerseits bei Krängungen nicht eintauchen und andererseits eine hinreichend kleine metazentrische Höhe liefern (Abb. 4, Abb. 5). Nacheinander werden in den Zuständen „Ballast" und „Faßladung" die Krängungen mit verschiedenen Wassermengen bis zum Eintauchen des Decks gefahren.

5.2.3 Versuchsergebnisse

Abb. 6 gibt beispielhaft Versuchsergebnisse und Versuchsauswertung nach [13] für den Ballastzustand mit 10% Wasser wieder

Die Ergebnisse aller Versuche sind in Tabelle 4 aufgeführt. Sofort zeigt sich ein bemerkenswertes Ergebnis:

TABELLE 3

Versuchs-Nr.: 1112.1/91
Masse des Wassers : 2,472 Kg
Masse des Modells : 24,720 Kg
Gewicht des Modells: 266,754 N

lfd. Nr.:	phi	phi	Trimm:	Moment fein	Moment grob	Moment	h(st)*	h(z)
	°	rad	-	Kpcm	Kpcm	Ncm	cm	cm
1	0	0,000	0,0	0,30	0	2,94	0,01	-0,002
2	-6	-0,105	0,0	-0,45	0	-4,41	-0,02	-0,044
3	-4	-0,070	0,0	0,45	0	4,41	0,02	-0,006
4	-2	-0,035	0,0	0,80	0	7,85	0,03	0,012
5	0	0,000	0,0	0,80	0	7,85	0,03	0,016
6	2	0,035	0,0	0,50	0	4,91	0,02	0,010
7	4	0,070	0,0	0,70	0	6,87	0,03	0,022
8	6	0,105	0,0	1,05	0	10,30	0,04	0,039
9	8	0,140	0,0	1,60	0	15,70	0,06	0,064
10	10	0,175	0,0	2,10	0	20,60	0,08	0,087
11	15	0,262	0,0	5,45	0	53,46	0,20	0,222
12	20	0,349	0,0	1,00	10	107,91	0,40	0,438
13	25	0,436	0,0	0,50	20	201,11	0,75	0,798
14	30	0,524	0,0	3,20	30	325,69	1,22	1,276
15	35	0,611	0,0	0,70	50	497,37	1,86	1,930
16	36	0,628	0,0	4,500	50	534,65	2,00	2,072
17	37	0,646	0,0	8,400	50	572,90	2,15	2,218
18	38	0,663	0,0	2,200	60	610,18	2,29	2,359
19	-6	-0,105	0,0	-0,50	0	-4,91	-0,02	-0,046
20	-4	-0,070	0,0	0,30	0	2,94	0,01	-0,012
21	-2	-0,035	0,0	0,60	0	5,89	0,02	0,004
22	0	0,000	0,0	0,60	0	5,89	0,02	0,009
23	2	0,035	0,0	0,40	0	3,92	0,01	0,006
24	4	0,070	0,0	0,50	0	4,91	0,02	0,015
25	6	0,105	0,0	1,00	0	9,81	0,04	0,038

Versuchs-Nr.: 1112.1/91
Berechnung von c(0) und y(G):

[1]	[2]	[3]	[4]	[5]	[5a]	[5b]	[6]	[7]	[8]	[9]	[10]	[10a]	[10b]
lfd	Bereich	d phi	d h	c(0)	v	v²	phi	phi	phi*c(0)	h	y(G)	v	v²
-	°	rad	cm	cm	cm	cm²	°	rad	cm	cm	cm	cm	cm²
1	0 bis -2	0,0349	0,0184	-0,527	0,393	0,154	-2	-0,035	0,018	0,029	0,011	0,002	0,00000
2	-2 bis -4	0,0349	0,0129	-0,369	0,235	0,055	-4	-0,070	0,026	0,017	-0,009	0,022	0,00050
3	0 bis 2	0,0349	0,0110	-0,316	0,182	0,033	0	0,000	0,000	0,029	0,029	-0,016	0,00026
4	2 bis 4	0,0349	0,0074	-0,211	0,077	0,006	2	0,035	-0,007	0,018	0,026	-0,012	0,00016
5	0 bis -2	0,0349	0,0000	0,000	-0,134	0,018	-2	-0,035	0,000	0,022	0,022	-0,009	0,00008
6	-2 bis -4	0,0349	0,0110	-0,316	0,182	0,033	-4	-0,070	0,022	0,011	-0,011	0,024	0,00059
7	0 bis 2	0,0349	0,0074	-0,211	0,077	0,006	2	0,035	-0,007	0,015	0,022	-0,009	0,00008
8	2 bis 4	0,0349	0,0037	-0,105	-0,029	0,001	4	0,070	-0,007	0,018	0,026	-0,012	0,00016
			SummeI	-2,054	SummeI	0,306				SummeI	0,116	SummeI	0,00183
9	0 bis -4	0,0698	0,0055	-0,079	-0,055	0,003	-4	-0,070	0,006	0,017	0,011	0,002	0,00000
10	0 bis 4	0,0698	0,0037	-0,053	-0,081	0,007	0	0,000	0,000	0,029	0,029	-0,016	0,00026
11	0 bis -4	0,0698	0,0110	-0,158	0,024	0,001	-4	-0,070	0,011	0,011	0,000	0,013	0,00018
12	0 bis 4	0,0698	0,0037	-0,053	-0,081	0,007	0	0,000	0,000	0,022	0,022	-0,009	0,00008
			SummeII	-0,342	SummeII	0,017				SummeII	0,063	SummeII	0,00052
13	-4 bis 4	0,1396	0,0092	-0,066	-0,068	0,005	-4	-0,070	0,005	0,017	0,012	0,001	0,00000
14	-4 bis 4	0,1396	0,0074	-0,053	-0,081	0,007	-4	-0,070	0,004	0,011	0,007	0,006	0,00003
			SummeIII	-0,119	SummeIII	0,011				SummeIII	0,019	SummeIII	0,00004

0,03 gem. Wert.

gemittelte Werte: c(0)= -0,134 d c(0)= 0,0740 -0,0404 y(G)= 0,013255 d y(G)= 0,00234

gemittelte Werte: (SUMME I + 2 * SUMME II + 4 * SUMME III) / 24

d c(0)=(Summe I / (8 * 7))^½ d y(G)=((SUMME I + 2 * SUMME II + 4 * SUMME III) / (24 * 23))^½

Abb. 6. Beispiel für Meßergebnisse und Versuchsauswertung eines Krängungsversuchs nach (13); Ballastzustand mit 10% Wasser

ein nur verhältnismäßig geringer Verlust an metazentrischer Höhe durch das Leckwasser, der zunächst mit steigender Leckwassermenge größer wird, schließlich aber auch wieder geringer.

Die Lage des Leckwassers in der Kogge wird beispielhaft in den Fotos der Abb. 7 und 8 angegeben.

Der mittlere Fehler der Messungen überschreitet den Wert $\Delta c_o \leq \pm 2$ cm (in der Großausführung) nicht, meist liegt er deutlich darunter. Die seitliche Verschiebung des Massenmittelpunktes liegt in noch engeren Grenzen und bestätigt die Zuverlässigkeit der obigen Aussage.

Der Trimm verändert sich gegenüber dem jeweiligen Ausgangszustand nicht meßbar.

Tabelle 4. Veränderung der metazentrischen Höhe durch Leckwasser aus Modellversuchen nach [13]

Vers.-Nr.	Modellwerte $\kappa = 15$		Großausführung	
	Modellzustand	c'_{oM} (c_{oM}) (cm)	c'_{oS} (c_{oS}) (cm)	Veränd. $\Delta c'_{oS}$ (cm)
1110.1/91	Ballast, trocken	+0,876	+13,15	–
1111.1/91	Ballast + 5% Leckw.	–0,094	–1,41	–14,5
1112.1/91	Ballast + 10% Leckw.	–0,134	–2,01	–15,1
1113.1/91	Ballast + 30% Leckw.	–0,624	–9,36	–22,5
1114.1/91	Ballast + 50% Leckw.	–0,043	–0,65	–13,7
1096.1/91	Faßldg., trocken	+1,789	+26,84	–
1097.1/91	Faßldg. + 4,5% Leckw.	+1,371	+20,55	–6,3
1098.1/91	Faßldg. + 9,1% Leckw.	+2,078	+31,16	+4,3
1099.1/91	Faßldg. + 13,6% Leckw.	+1,876	+28,15	+1,3

aufrechte Schwimmlage, φ = o°

Krängungswinkel φ = 2o°

Abb. 7. Kogge-Modell in Ballast mit 30% Leckwasser entsprechend 25,03 t in der Großausführung

Krängungswinkel φ = 15°

Krängungswinkel φ = 2o°

Abb. 8. Kogge mit Faßladung und 13,6% Leckwasser entsprechend 17,72 t in der Großausführung (Bis zum Krängungswinkel 15° befindet sich das Leckwasser vollständig innerhalb der Faßladung)

Die Zuverlässigkeit der Meßergebnisse zeigt sich auch im Vergleich der gemessenen Hebelarmkurven mit den rechnerischen für das Modell ohne Leckwasser, wie später gezeigt wird (Kap. 5.2.5).

5.2.4 Versuchsauswertung – Hebelarmkurven, Stabilitätsmoment

Der Modellzustand „Ballast" entspricht mit

$$\Delta = 84{,}34 \text{ t}$$

einem mittleren Deplacement verschiedener Vorausrechnungen (84,53–83,63–82,7 t) und liegt in der Nähe des Zustandes „Segelerprobung Ostsee in Ballast" mit 91,1 t.
Es wird daher für die Umrechnungen eine mittlere Höhenlage des Massenmittelpunktes mit $z_G = 2{,}346$ m (aus 2,475–2,401–2,346–2,35 m) gewählt.
Aus dem Modellversuch ergibt die Übertragung auf die Großausführung aus

$$z_{\mathrm{Gm}} = KM - c_o = 3{,}05 - 0{,}131 = 2{,}919 \text{ m},$$

so daß alle Versuche durch Verschiebung des Massenmittelpunktes der „festen Modellteile" um

$$\Delta M_z = 84{,}34(2{,}346 - 2{,}919) \text{ mt}$$

zu korrigieren sind. Dieses Korrekturmoment gilt für das trockene Modell und alle Leckwasseranteile.
Die Ergebnisse zeigt Abb. 9.
Mit größer werdendem Leckwasseranteil wird die metazentrische Höhe c_o auch hier zunächst etwas kleiner, nimmt dann aber bei Übergang von 30% auf 50% Leckwasseranteil wieder zu.
Die Stabilitätsmomente sind dagegen – eine Folge der Deplacementsvergrößerung – praktisch konstant, steigen schließlich sogar etwas an.
Lediglich die (statischen) Überflutungswinkel reduzieren sich von etwa 38° über etwa 35° (bei 30% Wasser) auf schließlich 32° (bei 50% Wasser).
Sehr ähnliche Verhältnisse ergeben sich für den Faßladungszustand.
Das gewählte Deplacement liegt mit Δ = 130,34 t in der Nähe der Vorausrechnungen nach [11] (132,2 t; 141,9 t; 143,95 t), die Höhenlage des Massenmittelpunktes KG = 2,46 m entspricht weitgehend den vorausgerechneten (2,46; 2,42; 2,485 m).[12]
Hier liegen die Verhältnisse noch günstiger (Abb. 9):

[12] Hier ist die Verschiebung des Massenmittelpunktes der „festen Modellteile" gegeben durch ΔM_Z = 130,34 (2,46–2,912) mt

- die Reduzierung der metazentrischen Höhen ist erheblich geringer; bei 4,5% Wasser steigt sie sogar an;
- die Hebelarme unterscheiden sich weniger als nach der Reduzierung von c_o zu erwarten ist; sie sind im untersuchten Bereich praktisch unabhängig von der Leckwassermenge;
- für die Stabilitätsmomente ergibt sich schließlich sogar eine mit der Leckwassermenge zunehmende Erhöhung.

Lediglich die Überflutungswinkel sind geringer, liegen um 30° oder etwas darunter.
An dieser Stelle ist eine bemerkenswerte Schlußfolgerung nicht zu übersehen:

- ein Stabilitätsproblem ist aus dem Leckwasser in der Kogge nicht abzuleiten; die Stabilitätsmomente sind so weit konstant, daß die Krängungen beim Segeln praktisch unverändert bleiben. Änderungen der Segelleistungen sind nur aus dem sich vergrößernden Deplacement zu erwarten [5].

Und schließlich:
- die in den vorigen Kapiteln abgeleiteten „Erfahrungsregeln" können in vollem Umfang aufrecht erhalten bleiben.

Die Ursache ist auch hier in der „Erfahrung" der Koggebauer zu sehen, die Außenhaut um einen günstigen Winkel ausfallen zu lassen (Abb. 3). Dadurch wird erreicht, daß das Breitenträgheitsmoment der Leckwasserlinie, das den Stabilitätsverlust wesentlich bestimmt, stets erheblich geringer ist als der Schwimmwasserlinie[13].

5.2.5 *Rechnerische Lösungen*

Die obigen Ergebnisse sollen nachfolgend mit rechnerischen Lösungen verglichen werden.
Eine dieser Lösungen ist – als Näherung – die Berücksichtigung der freien Flüssigkeitsoberfläche des Leckwassers.
Die klassische Formel für die metazentrische Höhe lautet:

$$c_o' = KM - z_G - \frac{i_B \kappa_\Omega}{\nabla}$$

In z_G wird das Leckwasser als „fester Körper" mit entsprechender Flutbarkeit κ_∇ berücksichtigt; i_B stellt das Breitenträgheitsmoment des Leckraumes und κ_Ω die Flutbarkeit der Leckwasseroberfläche dar.
Da im vorliegenden Falle die metazentrische Höhe c_o' gemessen wurde, läßt sich die Gleichung nach der

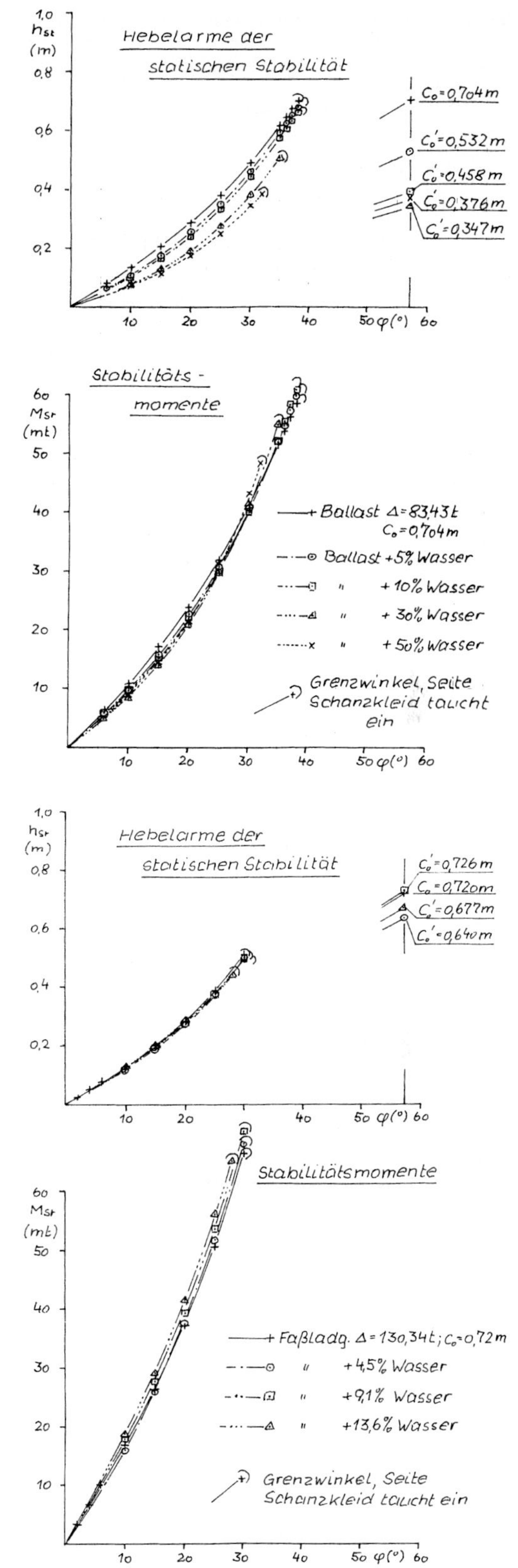

Abb. 9. Hebelarme und Stabilitätsmomente für verschiedene Leckwassermengen, umgerechnet aus Modellversuchen nach (13) oben: Ballastzustand
unten: Faßladungszustand

[13] Mit der Entwicklung der open-deck-container-Schiffe haben die Schiffbauer der HDW Kiel einen vergleichbaren Weg beschritten: hier ist das Breitenträgheitsmoment des Leckraumes durch Seitenlängsschotte begrenzt worden.

Tabelle 5. Ermittlung der Flutbarkeiten für anfängliche Krängungen aus Modellversuchen nach [13]

Vers.-Nr.	Modellzustand	a^*	κ_Ω a^{*2}	κ_∇ a^{*3}
1111.1/91	Ballast + 5% Leckw.	0,758	0,576	0,436
1112.1/91	Ballast + 10% Leckw.	0,767	0,588	0,451
1113.1/91	Ballast + 30% Leckw.	0,972	0,945	0,918
1114.1/91	Ballast + 50% Leckw.	0,988	0,988	0,964
1097.1/91	Faßldg. + 4,5% Leckw.	0,539	0,290	0,160
1098.1/91	Faßldg. + 9,1% Leckw.	0,510	0,257	0,130
1099.1/91	Faßldg. + 13,6% Leckw.	0,557	0,310	0,172

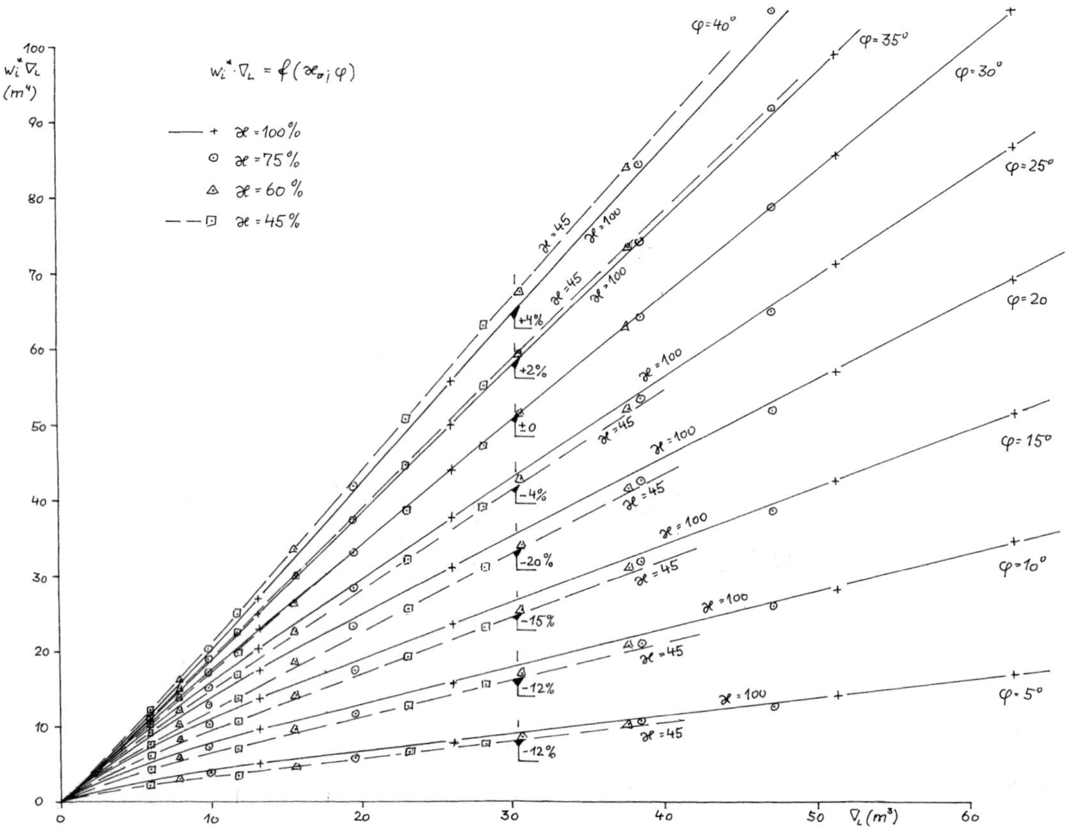

Abb. 10. Krängende Momente aus Leckraumpantokarenen $w_i \nabla_L (m^4)$ abhängig vom Leckwasservolumen und der Volumenflutbarkeit

Flutbarkeit des Volumens (κ_∇) und der Oberfläche (κ_Ω) auflösen, indem man für diese annimmt

$$\sqrt[3]{\kappa_\nabla} = \sqrt[2]{\kappa_\Omega} = \alpha^*$$

Bereits wenige Iterationsschritte liefern aus den Versuchsergebnissen die in Tabelle 5 aufgeführten Ergebnisse.

Die Zahlenwerte sind – trotz erkennbarer Streuung[14] – durchaus plausibel und stellen eine weitere Bestätigung der durchgeführten Versuche dar.

[14] Die Streuung der Ergebnisse kann eine Erklärung in „inhomogener“ Verteilung von Ballast„steinen“ bzw. Fässern finden.

Die aus diesem Ansatz folgenden Hebelarme werden später vorgelegt und diskutiert.

Eine zweite Lösung ist die Berücksichtigung der Leckwassermenge als krängendes Moment, das über die „Leckraumpantokarenen“ bestimmt wird.

Diese Pantokarenen werden in [13] für den Innenraum errechnet und lassen sich nach einigen Korrekturen mit denen für Außenkante Außenhaut nach [11] vorliegenden vergleichen.

Aus diesen Pantokarenen werden die krängenden Volumenmomente $w_i \nabla_L (m^4)$ für verschiedene angenommene Flutbarkeiten errechnet und über der Leckwassermenge aufgetragen (Abb. 10). Es fällt auf, daß diese Volumenmomente nur wenig von der Flutbarkeit abhängen:

- bei kleinem Krängungswinkel sind die für $\kappa_\nabla = 0{,}45$ etwa 20%–12% geringer als bei $\kappa_\nabla = 1{,}00$
- mit größer werdendem Krängungswinkel wird der prozentuale Unterschied geringer, bis bei $\varphi = 30°$ keine Abhängigkeit der Momente von der Flutbarkeit mehr erkennbar ist
- bei größeren Krängungswinkeln kehrt sich die Tendenz um, bei geringerer Flutbarkeit sind sie größer als bei kleiner (+4% bei $\varphi = 40°$).

Insgesamt gesehen ist diese Abhängigkeit erstaunlich gering.

Die in Kapitel 5.5 vorliegenden Hebelarmkurven (Abb. 9) werden mit den errechneten dieses Kapitels verglichen (Abb. 11).

Die über das Breitenträgheitsmoment des Leckwassers errechneten Hebelarme liefern unsystematische Abweichungen von den gemessenen Werten, wobei die Abweichungen grundsätzlich mit der Leckwassermenge ansteigen. Sie können nur als grobe Annäherung aufgefaßt werden.

Die über die Leckwasser-Pantokarenen ermittelten zeigen mit zunehmender Leckwassermenge größer werdende Abweichungen, die stets zu geringe Werte liefern; sie stellen eine Abschätzung nach der sicheren Seite dar, sind also denen aus dem obigen Vorgehen vorzuziehen.

Anzumerken ist, daß gerechnete und gemessene Momente für den „trockenen Fall" Ballast bzw. Faßladung praktisch identisch sind.

5.3 Dynamisches Verhalten der Kogge im Seegang

5.3.1 Allgemeines

Schiffe stellen ein schwingungsfähiges Gebilde dar. Freie Wassermassen ihrerseits sind ebenfalls schwingungsfähig. So gesehen muß die Kogge mit Leckwasser als „Doppelpendel" gesehen werden.

Es liegt der Gedanke an den Frahmschen Schlingertank nahe, der bei geeigneter Abstimmung auf die Rolleigenfrequenz des Schiffes eine erhebliche rolldämpfende Wirkung aufweist. Da es sich beim Leckwasser in der Kogge jedoch um eine – mehr oder weniger – freie Oberfläche handelt, fehlt die vollständige Analogie zum Frahmschen U-Tank.

Daher wird in einem einfachen Modellversuch die Eigenfrequenz freier Wasseroberflächen experimentell ermittelt. Die Ergebnisse sind in Tab. 6 zusammengefaßt.

Die Oberflächenbewegung des Wassers zeigt eine ausgeprägte Wellenformation (Flachwasser-, Brandungswellen) und liefert eine einfache Erklärung für den ausgeprägten Einfluß der Leckwassertiefe auf die Schwingungsdauer.

Die Schwingungsdauer ist auf die Großausführung mit Hilfe des Zeitmaßstabes aus dem Froudeschen Ähnlichkeitsgesetz umgerechnet worden, wobei je

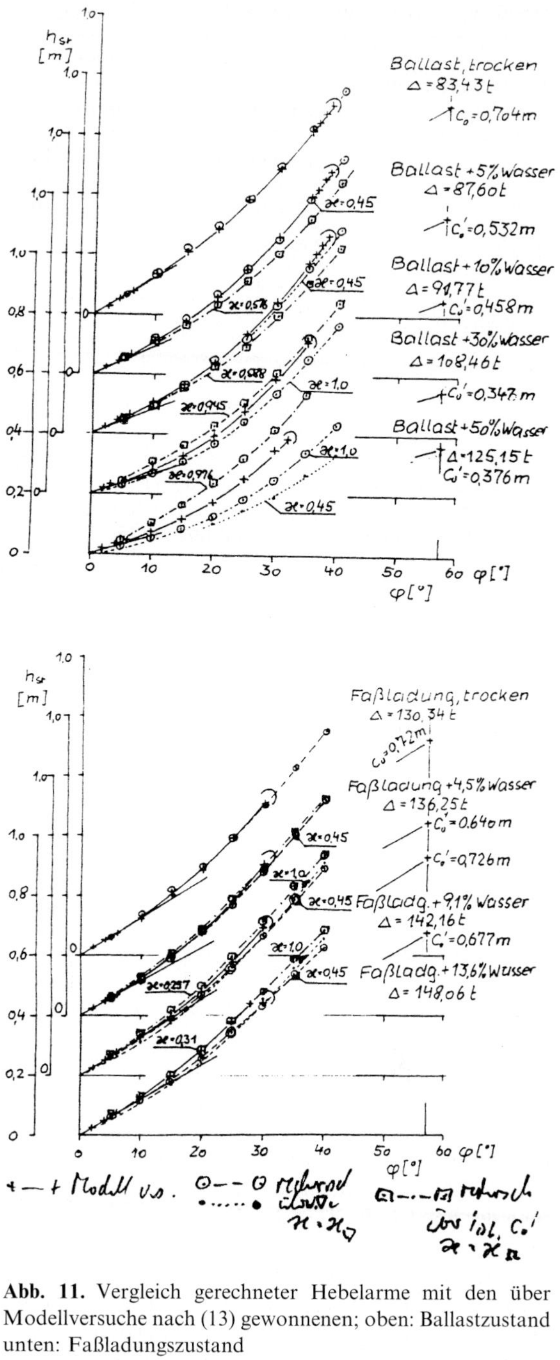

Abb. 11. Vergleich gerechneter Hebelarme mit den über Modellversuche nach (13) gewonnenen; oben: Ballastzustand unten: Faßladungszustand

nach Höhenlage der Wasseroberfläche zwei Breiten der Kogge eingesetzt werden.

Da die Tankfrequenzen in weiten Grenzen veränderlich sind, ist es weniger bedeutsam – zufällige – günstige Dämpfungen zu untersuchen als vielmehr, aus den Tankfrequenzen resultierende ungünstige Fälle der Rollanregung aus dem Tankwasser herauszufinden.

Da ferner die Schwingungsdauer auch von der Amplitude der Erregung abhängig ist, muß zur Bearbeitung nach geeigneter Literatur gesucht werden. Sie liegt in [14] vor.

Tabelle 6. Experimentelle Ermittlung der Schwingungsdauer in einem Rechtecktank mit freier Wasseroberfläche

Modell Wasserhöhe h (mm)	Schw.-Dauer (gem) T (s)	Großausf. B = 4,5 m h (mm)	T (s)	ω (s^{-1})	Großausf. B = 6,0 m h (mm)	T (s)	ω (s^{-1})	Anmerkg.
10	4,7–5,0–5,0	60	12,24	0,513	80	14,14	0,444	freie Schwingung
21	3,5–3,5–3,5	126	8,57	0,733	168	9,90	0,634	freie Schwingung
32	2,5–2,6–2,6	192	6,37	0,986	256	7,35	0,845	freie Schwingung
21	2,6–2,6	126	6,37	0,986	168	7,35	0,845	erzw. Schw., kleine Amplit.
32	2,5–2,5–2,5	192	6,12	1,026	256	7,07	0,888	erzw. Schw., kleine Amplit.
21	2,2–2,2	126	5,39	1,160	168	6,22	1,010	erzw. Schw., große Amplit.
32	2,2–2,1–2,2	192	5,14	1,22	256	5,94	1,058	erzw. Schw., große Amplit.

Leckwasser innerhalb der Ballaststeine weist eine erheblich größere Schwingungsdauer auf.
Modellabmessungen: B = 750 mm; H = 100 mm; in Schiffsrichtung gemessen.
Für die Umrechnung vom Modell auf die Großausführung wird der Zeitmaßstab des Froudeschen Modellgesetzes herangezogen.

5.3.2 Rollverhalten der trockenen Kogge

Im folgenden wird auf [14] verwiesen und die Partikularlösung der dort gegebenen D'Gleichung herangezogen.

Es wird vorausgesetzt, daß die Kogge in seitlich einfallenden regelmäßigen langen Wellen ohne Stampfen segelt. Dieser Fall ist vergleichsweise realistisch, soweit es sich um freies Seengebiet handelt und die Kogge in ihrer größten Höhe von etwa 90° segelt.

Der Rollwinkel der trockenen Kogge folgt aus [14], Gl. 7, wobei die Anteile aus dem Tankmoment hier entfallen.

Die Resonanzkurven für den Ballast- und den Faßladungsfall sind in Abb. 12 enthalten, einmal für die in [14] angegebene minimale, zum anderen für die maximale Rolldämpfung des Schiffskörpers. Die minimale Dämpfung erscheint für den Koggerumpf realistisch (beispielsweise fehlen Schlingerkiele), es dürfte aber eine erhebliche aerodynamische Dämpfung der halbwinds segelnden Kogge vorhanden sein.

Die metazentrischen Höhen wurden aus den entsprechenden Ladefällen übernommen, der Trägheitsradius für den Ballastfall aus dem Krängungsversuch errechnet, für den Faßladungsfall daraus umgerechnet unter Berücksichtigung der nahe der Rollachse liegenden Fässer.

Wellenlänge, Wellenhöhe und Windstärke werden aus den in [15] enthaltenen kennzeichnenden Werten für die Nordsee übernommen. Die Ergebnisse sind als normal anzusehen.

5.3.3 Rollverhalten mit Leckwasser in der Kogge

Die Tankmomente für das in der Kogge befindliche Leckwasser werden dem in [14] beispielhaft beigefügten Diagramm der dortigen Abb. 4 und 5 entnommen. Hier ist die Lösung iterativ zu suchen, weil das Tankmoment wesentlich vom gesuchten Rollwinkel abhängt.

Die Tankfrequenz wurde nach den Ergebnissen der Messungen der Tab. 5 gewählt, wobei die Anpassung an das Diagramm über eine rechnerische Tankbreite in dem Ausdruck der „dimensionslosen Eigenfrequenz" erfolgte.

Die Amplitude des Tankmoments außerhalb des vorliegenden Bereichs der Rollwinkel wurde

- bei niedrigen Frequenzen proportional dem Rollwinkel φ
- bei höheren Frequenzen proportional $\varphi^{1/2}$

verändert.

Die Leckraumoberfläche wird als Rechteck mit der Breite des Innenraumes und einer Länge von 10,7 m vereinfacht erfaßt, die Wasserbewegung in der Kogge als rein zweidimensional angesehen.

Darin wie auch in den obigen Annahmen für das Rollmoment ist eine Näherung zu sehen. Es kann sich also bei den nachfolgenden Ergebnissen lediglich um eine erste grobe Abschätzung des Verhaltens der Kogge handeln mit dem Ziel, Hinweise auf mögliche kritische Zustände zu erhalten.

In Abb. 12 sind die Ergebnisse mit denen für die trockene Kogge verglichen.

Für den Ballastfall wurde angenommen:

- 10% Leckwasser, Eigenfrequenz: – $\omega_t = 0,977\ s^{-1}$
- 30% Leckwasser, Eigenfrequenz: – $\omega_t = 1,27\ s^{-1}$

Sie zeigen keine Besonderheiten, überschreiten die Rollwinkel der trockenen Kogge nicht.

Für Faßladung wurden niedrige Tankfrequenzen gewählt, da sich das Leckwasser überwiegend zwischen den Fässern befindet (Abb. 8):

- 13% Leckwasser, Eigenfrequenz: – $\omega_t = 0,444\ s^{-1}$
  $\omega_t = 0,665\ s^{-1}$

Zunächst entsprechen die Ergebnisse nach Abb. 12 für den höheren Wert weitgehend denen des Ballastfalles: im gesamten untersuchten Frequenzbereich liegen die Rollwinkel unterhalb derer mit trockener Kogge, erreichen sie im Bereich hoher Frequenzen (also kleiner Wellenlängen).

Die gewählte niedrige Eigenfrequenz des Tanks im Faßladungsfall führt zu Rollwinkeln, die im Bereich unterhalb der Resonanz im trockenen Fall etwas größer sind.

Es wird aber nicht vermutet, daß dieses Verhalten bereits zu einer Gefährdung der Kogge führt.

Segelt die Kogge auf anderen Kursen als mit maximal erreichbarer Höhe (etwa halbwinds und seitlich einkommender See) sondern vor dem Wind oder raumschots, so ergibt sich die Erregerfrequenz aus der Differenz der Geschwindigkeit der Kogge und der Wellenfortschrittsgeschwindigkeit. Es sind Erregerfrequenzen möglich, die in den bisherigen Rechnungen nicht erfaßt wurden.

Außerdem ist zu erwarten, daß auf solchen Kursen zum Wind die zuvor angenommene große aerodynamische Dämpfung hier weitgehend entfällt.

Schließlich ist eine Anregung zu Stampfschwingungen und eine mögliche Kopplung zwischen Stampfen und Rollen nicht auszuschließen.

Die vereinfachten Rechnungen nach obigem Ansatz haben daher einen noch stärker ausgeprägten Näherungscharakter.

Dennoch sollen auch hier einige Werte vorgelegt werden, die schließlich auf erzwungene Schwingungen durch das Leckwasser nach einmaliger Anregung – z.B. in langwelliger Dünung – hinführen: die Kogge „torkelt".

ω	0,102	0,131	0,155	0,203
φ/θ	3,430	3,850	1,140	0,750

Die Vergrößerungsfaktoren liegen durchweg noch unterhalb der für die trockene Kogge mit großer Dämpfung errechneten. Eine Gefährdung läßt sich daraus nicht erkennen.

Dennoch könnte es sinnvoll sein, hier durch genauere Ansätze zuverlässigere Lösungen zu finden oder in weiteren Modellversuchen die Ergebnisse abzusichern.

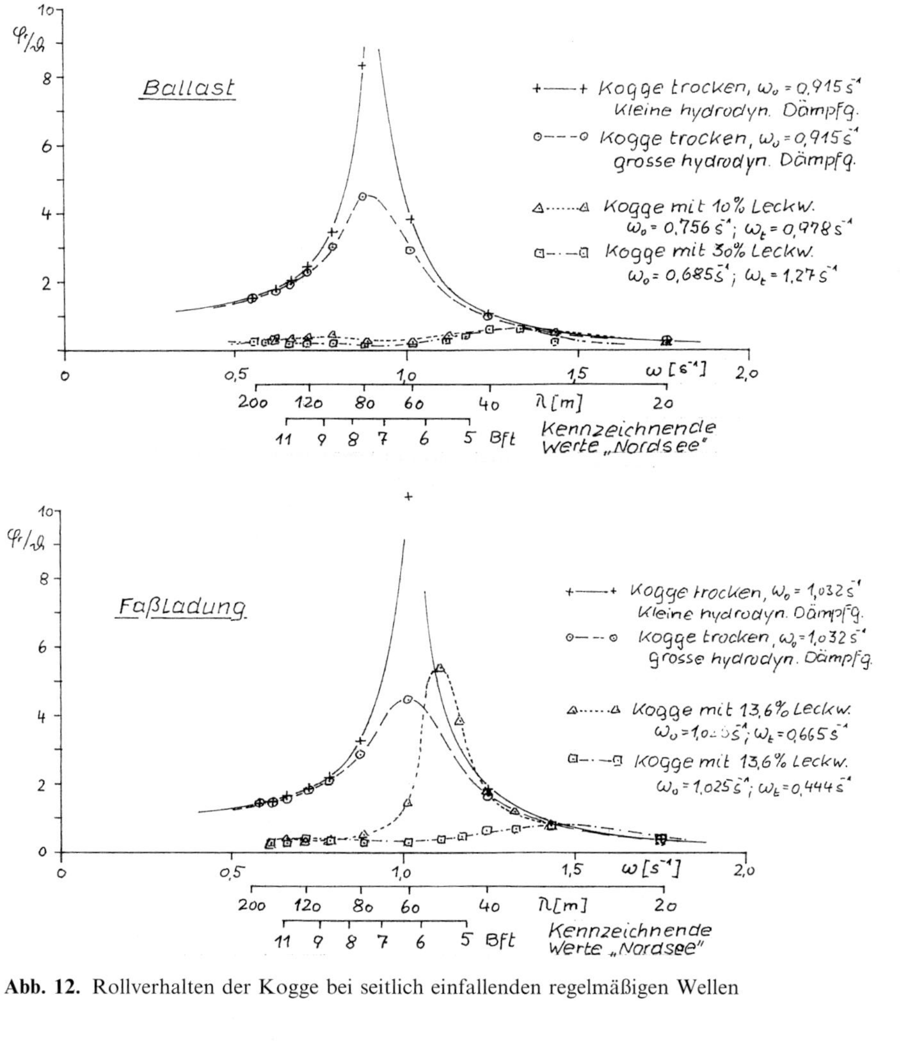

Abb. 12. Rollverhalten der Kogge bei seitlich einfallenden regelmäßigen Wellen

6 Zusammenfassung

Mittelalterliche Schiffe wie die Bremer Hansekogge wurden erbaut ohne eine nennenswerte Grundlage theoretischer Berechnungen, insbesondere fehlte jeder rechnerische Ansatz zur Erfassung der Stabilität bei Stapellauf, Ablieferung und im Betrieb.
Aufgrund der „bewährten Proportionen", die sich die Koggebauer über einen langen Zeitraum erarbeitet haben müssen, ist es ihnen dennoch gelungen, einen Schiffstyp zu entwickeln dessen Stabilität in allen denkbaren Betriebszuständen sicher zu gewährleisten war.
Über diese Stabilität entschied in der Bauphase die eingebrachte Ballastmenge, ohne die die Kogge mit Mast und Segel keine stabile Lage erreichte. War jedoch eine hinreichende Ballastmenge eingebracht – zu erproben durch Segeln mit vernünftigen Krängungen bei verschiedenen Windstärken und Kursen bei der Ablieferung – so konnte der Schiphere die Stabilität in den verschiedenen Beladungszuständen nach einfachen Regeln sichern:
homogene Ladung verschiedener Dichte, also verschiedener Gesamtmasse, führte zu praktisch gleicher metazentrischer Höhe wie im Ballastfall bei Ablieferung.
Beiboote oder – wenn auch nicht belegt – Deckslasten konnten gefahren werden, nachdem jede beabsichtigte Tonne Deckslast durch eine Tonne zusätzlichen Ballastes kompensiert worden war.
Eine Reduktion der Ballastmenge war möglich, indem vor Beginn der Beladung der Ballast Zug um Zug durch Ladung vergleichbarer Dichte ersetzt wurde, beispielsweise durch – unverpackte – Eisenbarren.
Zum entscheidenden Merkmal für sicheren Betrieb der Kogge wird daher der Freibord, dessen Bedeutung in besonderem Maße aus hansischen Urkunden hervorgeht,entscheidend als Maß zur Sicherung der „Reserveverdrängung", da den Hansekoggen wegen mittelalterlicher Werkzeuge und sparsamer Verwendung des teuren Baumaterials um so mehr das zugestanden werden muß, was man bis heute auf Planken gebauten Holzschiffen zuerkennt: sie ziehen Wasser, zunehmend mit der Betriebsdauer.
Da die Hansekoggen in sehr vielen Fällen mit Wasser im Schiff betrieben werden mußten, war es sinnvoll, mit „offenem", nicht wasserdichtem Deck zu fahren. Ein wasserdichtes Deck würde zu Stabilitätsproblemen führen können, wenn nach dort gelangtes Wasser nicht schnell abfließt. Wasser im Raum wirft dagegen keine Stabilitätsprobleme auf: zwar reduziert sich die metazentrische Höhe, je nach Zustand und Wassermenge unterschiedlich, die Stabilitätsmomente verändern sich jedoch praktisch nicht, so daß die Hansekogge bei gleichbleibendem Wind und Kurs ihren Krängungswinkel praktisch beibehält. Die erreichbare Höhe am Wind und die Fahrtgeschwindigkeit werden geringfügig ungünstiger wegen der Vergrößerung des Deplacements [3], [5].
Auch die dynamischen Verhältnisse bei Fahrt im Seegang ändern sich nicht grundsätzlich, wenn man von Frequenzverschiebungen durch das als „Schlingertank" wirkende Leckwasser absieht. Hier allerdings könnte man weitere Untersuchungen nach exakteren Ansätzen, die auch Kopplungen berücksichtigen, erwägen.
Das für Schiphere und Mannschaft bestehende Problem der Betriebssicherheit läßt sich wie folgt umreißen:

der Kogge muß genügend Schwimmfähigkeit erhalten bleiben,
die Leckwassermenge darf den Maximalwert nicht überschreiten.
Und die Aufgabe ist eindeutig:
Erhalten der Betriebssicherheit durch Pumpen, Ösen, notfalls Werfen der Ladung.
Wassermengen von über 50% des Deplacements im Ballastfall und von weit über 15% im Faßladungsfall stellen keine Gefahr dar.

Bedenkt man heutige Verhältnisse und die erforderlichen – auch theoretischen – Rechnungen und Maßnahmen, so ist das überraschend.

Schrifttum

1 Kiedel, Schall „Die Hansekogge von 1380" Förderverein Dtsch. Schiff.-Mus., Bremerhaven 1982
2 Baykowski „Die Kieler Hansekogge – Nachbau eines historischen Segelschiffes von 1380" RKE-Verlag, Kiel 1991
3 Brandt, Hoheisel „Experimentelle Ermittlung der Segelleistung... der Hansekogge von 1380" Techn. Univers. Berlin, ISM, 1994
4 Clausen „Die Segeleigenschaften... aus Messungen im Windkanal" Inst. f. Schiffb. D. Univ. HH, 1988
5 Postel „Modellversuche zur Hydrodynamik..." FH Kiel, Inst. f. Schiffb., 1992 „Zur Hydrodynamik der Hansekogge nach Modellversuchen" JSTG 1992
6 Postel „Segelleistungsdaten – Vergl. zw. Modell und Großausführung" 16. Symp. Jachtentw., Hanseboot, HH, 1995
7 Krappinger „Sicherheitsphilosophie und Sicherheitskonzepte" Kontaktstud. Inst. f. Schiffb. d. Univ. HH, 1987
8 Lehmann „Die Entwicklung der Stabilitätstheorie bis..." JSTG 1992
9 Varges „Wasser im Schiff" Schiffstechnik, Bd. 6, 1959
10 Sprandel (Hrg.) „Quellen zur Hansegeschichte" Wiss. Buchges. Darmstadt, 1982
11 Redlin „Hydrostatikrechnungen für die Hansekogge" Techn. Univ. Berlin, ISM, 1989
12 Dollinger „Die Hanse" Kröner-Verlag, Stuttgart, 1976
13 Rohlf „Stabilitätsverhalten der mit offenem Deck segelnden Bremer Hansekogge von 1380" Dipl.-Arb. FH Kiel, 1991
14 v. d. Bosch, Vugts „On Roll Damping by Free-Surface-Tanks" Trans. Rina, 1966
15 Hattendorf „Seeverhalten" Handb. d. Werften, Bd. XII

Meerestechnik

Das Naßschweißen als Instandsetzungsmaßnahme – Festigkeitsprüfung unter Wasser geschweißter Rohrverbindungen

Wet Welding as a Repair Method – Strength Testing on Underwater Wet Welded Pipe Joints

Dipl.-Ing. **Ralph Pohl**
Institut für Schiffbau der Universität Hamburg

The underwater wet welding method for repairing of submerged structural members has been intensively developed during the last years. Necessary maintenance operations at offshore installations gave cause for these efforts. Normally, the good technical state of offshore structures make possible a service beyond the original normative service life. Nevertheless, due to damages or operational faults as fatigue cracks or collisions with the supply ships repair work is required. Under water wet welding is an economical procedure to do this work. A major advantage is the shortened repair time. With regard to the rough sea climate in the North Sea area this allows a higher flexibility in repairing during the short fair weather periods. In connection with research projects on the quality assessment and improvement of the wet welding technology underwater repaired pipe connections have been investigated. Strength and fatigue tests have been carried out. The results has been evaluated according to codes being actually valid.

1 Einführung

Die Ausbeutung von Erdöl- und Erdgasvorkommen ist heute ein wichtiger Bestandteil der Energieversorgung und Wirtschaftspolitik einzelner Nationen oder Regionen der Welt. Getrieben von wirtschaftlichen und energiepolitischen Interessen sind große technische Anstrengungen unternommen worden, auch die Lagerstätten unter dem Meeresboden nutzbar zu machen. Die Förderstellen sind trotz der Unbilden der maritimen Umwelt immer weiter vom Vorstrandbereich in die Offshore-Gebiete der Festlandshelfs vorgeschoben worden. Dabei sind meerestechnische Bauwerke entstanden, die wohl utopischen Vorstellungen früherer Menschheitsgenerationen entsprechen könnten.

Natürlich haben diese Bauwerke einen festen technischen und physikalischen Hintergrund. Wie jede andere industriell angewandte Technik hat die der Offshore-Bauwerke aus Erfolgen und Fehlern ihren Fortschritt erhalten.

Die großangelegte Ausbeutung von Lagerstätten im Gebiet der Nordsee ist durch die Verteuerung des Nahost-Öls während der ersten Energiekrise 1973 ökonomisch sinnvoll geworden. Erfahrungen mit der Förderung von Öl und Gas aus dem Meeresboden bestanden vor allem in den USA, die seit dem Beginn der 60er Jahre im Golf von Mexiko nach Rohstoffen bohrten.

Daher war es naheliegend, die ersten europäischen Konstruktionen mit diesen Erfahrungen zu entwerfen und zu bauen. Allerdings besteht ein gravierender Unterschied in den klimatischen Bedingungen des ursprünglichen und des neuen Einsatz-Seegebietes. Der Golf von Mexiko ist gegenüber der Nordsee bezüglich Wind und Seegang deutlich moderater.

So erschien es anfangs als ausreichend, die Offshore-Bauwerke im Golf nach statischen Gesichtspunkten auszulegen. Damit fehlten dann Erfahrungen bei der Auslegung der Nordsee-Bauwerke hinsichtlich dynamischer Beanspruchung durch Wind und vor allem durch Seeschlag. Ermüdungsschäden vor dem Erreichen der normativen Nutzungsdauer waren die Folge.

Inzwischen sind enorme Anstrengungen unternommen worden, Wissenslücken zu schließen. Die Offshore-Bauwerke werden als vorwiegend dynamisch beanspruchte Konstruktionen ausgelegt. So wurde im

UKOSRP-Programm Großbritanniens bspw. die Basis für die Normen des Department of Energy „Offshore Installation: Guidance on Design and Construction", 1984 [1], und „Rules for the Design, Construction and Maintenance of Offshore Structures", 1990 [2], geschaffen. Sie stellen wiederum die Grundlage für viele europäische (und andere) Richtlinien für die Errichtung und Unterhaltung von Offshore-Bauwerken dar.
Ungeachtet allen Fortschritts wird es immer wieder zu betriebsbedingten Schäden an den Bauwerken kommen. Der Anfahrschaden durch ein Versorgungsschiff kann unabhängig vom Alter der Konstruktion eine Reparatur notwendig machen. Ermüdungsschäden treten an den Konstruktionen mit fortschreitender Nutzungsdauer häufiger auf.
Aufgrund der umfassenden Instandhaltung und Wartung befinden sich die Bauwerke zum Ende der normativen Nutzungsdauer in einem guten technischen Zustand. Ein Weiterbetrieb der teuren Anlagen ist wünschenswert und möglich. Gerade dieser Aspekt zeigt die Bedeutung von Reparatur und Instandsetzung.
An den stationär errichteten Plattformen sind Reparaturarbeiten vor Ort zu verrichten. Da die bevorzugte Fügetechnik für die Montage der Bauwerke das Schweißen ist, gehört es auch zu den Reparaturtechniken.
Geschweißt wird unter hyperbaren oder nassen Bedingungen. Für das Hyperbar-Schweißen wird die defekte Stelle umkammert. Der Schweißprozeß findet unter erhöhtem Druck im sog. Habitat statt.
Beim Unterwassernaß-Schweißen stehen alle beteiligten Komponenten in direktem Kontakt mit dem umgebenden Wasser. Derzeit wird eine solche Reparaturschweißung vorwiegend von Schweißtauchern ausgeführt.
Das Unterwassernaß-Schweißen bietet gegenüber dem hyperbaren Schweißen einige Vorteile. Es muß keine komplizierte Kammer angebracht werden. Dadurch wird die Logistik insgesamt vereinfacht. Die defekte Stelle muß nicht durch die schwere, strömungsungünstige Kammer zusätzlich belastet werden. Das Verfahren eignet sich insbesondere für schnelle Reparaturen. Gerade in einem Seegebiet wie der Nordsee ist die Ausnutzung der kurzen Schönwetterperioden (Wetterfenster) wichtig. Die Vorbereitungen für die nasse Reparatur laufen an Land ab. Die eigentliche Reparatur kann ohne große Vorbereitungen vor Ort beginnen. Unter ökonomischen Gesichtspunkten ist das Verfahren eine interessante Alternative zum hyperbaren Schweißen.
Die Gestaltung der Reparaturverbindung muß ebenfalls den Anforderungen einer dynamisch beanspruchten Struktur entsprechen. Da es für die Reparaturverbindung selbst keine Normen gibt, orientiert man sich an den existierenden Vorschriften für Offshore-Installationen und Seeschiffe.

2 Das Unterwassernaß-Schweißen als Reparaturmaßnahme

Das Schweißen unter Wasser wird bereits seit geraumer Zeit angewendet. So ist bekannt, daß es bei der Bergung eines 1917 vor Spitzbergen auf Grund gelaufenen Eisbrechers zur Abdichtung aufgesprungener Nietverbindungen benutzt wurde. Bei der Hebung von Schiffen, die im zweiten Weltkrieg gesunken waren, kam das Naßschweißen ebenfalls zum Einsatz.
Bei diesen Schweißverbindungen konnte aber in keiner Weise von Festigkeitsverbindungen gesprochen werden. Erst seit 1970 sind Naßschweißungen auch mit dem Ziel ausgeführt worden, Last tragende Verbindungen zu reparieren [3]. Repariert wurden Hafen- und Kaianlagen, meist im Inland gelegen.
Mit dem Entstehen der Offshore-Bauwerke war auch das Interesse vorhanden, das Schweißen in nasser Umgebung für Reparaturarbeiten an diesen Bauwerken einzusetzen. 1974 wurde eine umfassendere Reparatur an einer Offshore-Plattform im Golf von Mexiko ausgeführt. Dabei wurden Rohrverstrebungen erneuert und in die Konstruktion eingeschweißt [3].
Die erste Unterwassernaß-Schweißung zur Reparatur von tragenden Bauteilen an einer Nordsee-Plattform wurde 1990 vorgenommen [4]. An der Amoco-Montrose-Plattform „Alpha" ist eine Rohrstrebe von 762 mm Durchmesser ausgewechselt worden. Die Abbildung 1 zeigt einen Schweißtaucher bei der Arbeit an einem Rohrknoten dieser Plattform.
Bei der Reparatur durch Naßschweißen an Nordsee-Plattformen kommt gegenüber den Bauwerken in anderen Seegebieten erschwerend hinzu, daß höherfeste Stähle für die Konstruktionen eingesetzt wurden. Entscheidend für das nasse Schweißen ist die chemische Zusammensetzung der Elektrode und des Werkstoffes. Ein häufig für die Bauwerke in der

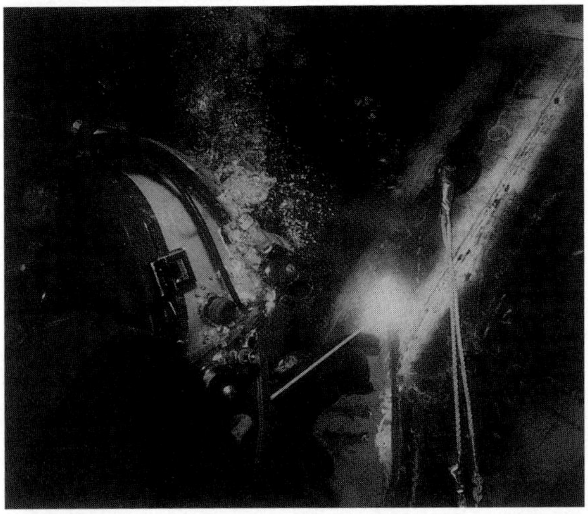

Abb. 1. Der Schweißtaucher bei der Arbeit

Nordsee eingesetzter Stahl ist der BS 4360 Grade 50D, der vergleichbar ist mit einem St52-3N. Dieser Stahl weist ein Kohlenstoffäquivalent von CE = 0,42 auf. Er neigt beim Schweißen allgemein zur Wasserstoffversprödung und Kaltrißbildung.
Die Abbildung 2 zeigt ein Schliffbild einer Unterwassernaß-geschweißten Kehlnaht aus einer Rohr-Muffen-Verbindung. Der Verlauf der Härtewerte in Wurzel und Decklage ist dargestellt. Die Abbildung zeigt, daß bei derartigen Verbindungen mit starker Porosität und Unebenheit der Nahtoberfläche gerechnet werden muß. Härtewerte von 400 bis 450 (HV3) sind keine Seltenheit.
In nasser Umgebung muß diesem Sachverhalt durch eine besondere Auswahl der Legierungselemente und Zuschlagstoffe in der Elektrode Rechnung getragen werden. Durch die Zugabe deoxidierender und dehydrierender Elemente soll der Anteil des schädigenden Wasser- und Sauerstoffs im Schweißgut vermindert werden. Durch die Anwendung einer Mehrlagen-Schweißtechnik, der sog. Temper-Bead-Technik, wird die Ausgasung des gebundenen Wasserstoffs begünstigt [5]. Die Ausführung der Schweißarbeiten erfordert gut ausgebildete und konzentriert arbeitende Taucher.
Vom schweißtechnischen Standpunkt bereitet das Fügen normalfester Stähle mit niedrigem Kohlenstoffäquivalent bis zu 100 m Wassertiefe kaum Probleme. Für das Verschweißen der höherfesten Stähle unter Wasser wird international an Schweißzusätzen und Verfahren geforscht [3], [5], [6], [7].
In den letzten Jahren sind einhergehend mit der Anwendung des Naßschweißens Normen und Richtlinien für die Herstellung derartiger Verbindungen erarbeitet worden. Die wichtigste von ihnen ist die ANSI/AWS D3.6 [8], da hier auch mechanische Gütewerte der Schweißnaht angegeben werden. National wird das Arbeitstauchen in Verbindung mit dem Unterwasserschweißen und -schneiden in den Merkblättern 1811 [9], 1812 [10] und 1813 [11] des DVS geregelt.

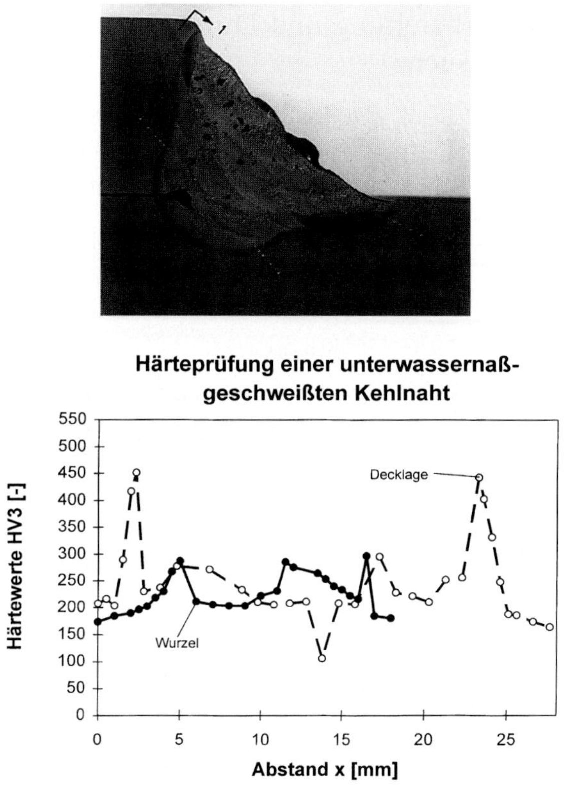

Abb. 2. Makroschliff einer naßgeschweißten Mehrlagen-Kehlnaht

3 Versuchsprogramm

Im Rahmen eines von der Europäischen Union geförderten Projektes sind in Zusammenarbeit des GKSS-Forschungszentrums Geesthacht GmbH, der Stolt Comex Seaways A/S und des Instituts für Schiffbau der Universität Hamburg Reparaturverbindungen hergestellt und getestet worden.
Während des Programms sind umfangreiche Schweißarbeiten in unterschiedlichen Wassertiefen sowohl in Druckkammern als auch im freien Seewasser ausgeführt worden. Bei den Tauchgängen wurden Proben und Versuchskörper in Bauteilgröße hergestellt.
Viele Versuche dienten der Schweißspezifikation. Die Verbindungen wurden hinsichtlich ihrer mechanischen Gütewerte beurteilt. Damit wurde auf die Optimierung von Schweißparametern, Schweißzusätzen und Nahtvorbereitungen hingearbeitet.
Im Institut für Schiffbau wurden während des Projektes Untersuchungen zum Festigkeits- und Ermüdungsverhalten von Reparaturverbindungen in Bauteilgröße durchgeführt. Die Durchführung der Versuche, ihre Bewertung und die Einordnung der Verbindungen bezüglich der Schwingfestigkeit wird im folgenden erläutert.

4 Die Bauteilmodelle für die Festigkeitsuntersuchungen

Bei den untersuchten Bauteilmodellen handelte es sich um Rohr-Muffe-Rohr-Verbindungen. In ihrer Form und Ausführung werden sie den Anforderungen des Unterwasserschweißens gerecht. Wie die Abbildung 3 zeigt, sind besondere Verbindungsformen entwickelt worden.
Die Form der Verbindung muß zwei gegensätzlichen Effekten gerecht werden. Einerseits kann unter Wasser nur eine Fallnahtschweißung ausgeführt werden. Der Lichtbogen läuft auf einem Wasserdampffilm und macht dem Taucher eine Führung der Elektrode überhaupt erst möglich. Andererseits bedeutet das

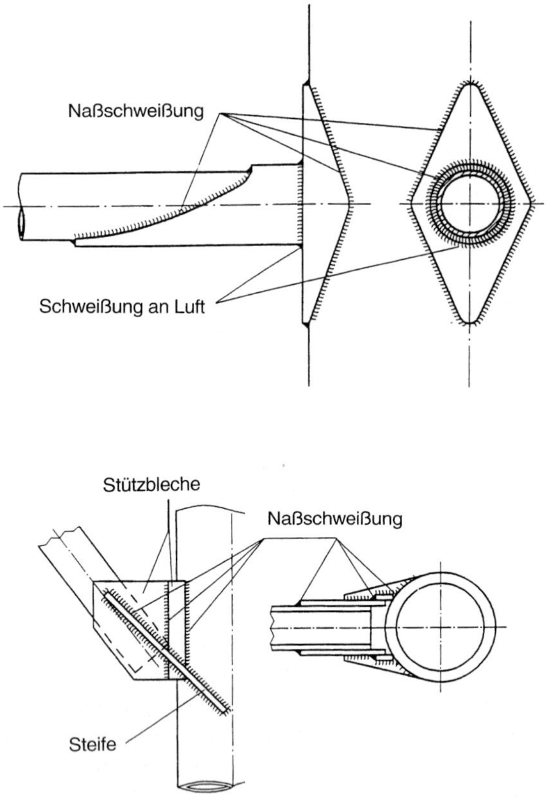

Abb. 3. Konstruktive Varianten für Unterwassernaß-Schweißverbindungen

immer einen hohen Eintrag von Wasserstoff in das Schmelzgut, da dieses selbst das Entweichen des Wasserdampfes behindert. Dieser Effekt verstärkt sich in einer überkopf zu schweißenden Position. Die Folge ist eine starke Aufhärtung und die Zunahme von Einschlüssen und Fehlern.

Durch eine optimierte Form der Verbindung kann dem entgegengewirkt werden. Die obere Skizze in Abbildung 3 zeigt eine Rohr-Muffe-Verbindung mit einer extrem langgezogenen Zunge an der Muffe. Dadurch wird die überkopf zu verschweißende Strecke minimiert. Bei 406 mm Rohrdurchmesser beträgt sie 80–100 mm. In der unteren Skizze der Abbildung 3 ist eine Verbindungsform abgebildet, die ohne Überkopf-Schweißung auskommt.

Festigkeitsuntersuchungen wurden an Bauteilmodellen entsprechend der in Abbildung 3 oben dargestellten Form ausgeführt. Wie die Abbildung 4 zeigt, wurde eine Muffe aus einem zugeschnittenen Blech hergestellt. Die Muffe wird aus diesem Blech gewalzt und an Luft mit einer Längsnaht geschlossen. Für die Versuchsmodelle ist die Muffe an ihrer flachen Seite mittels Kehlnaht bereits an Luft mit dem hinteren Rohr verbunden worden. Unter Wasser wurde ein zweites Rohrende in die Seite mit der Zunge eingeschweißt.

Die Wandstärke der Muffen betrug durchgehend 15 mm. Die verwendeten Rohre wiesen einen Durchmesser von 406 mm bei eine Wandstärke von

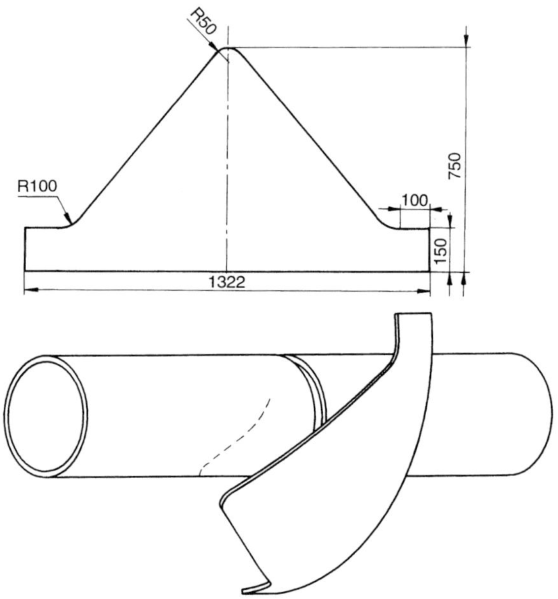

Abb. 4. Die untersuchte Rohr-Muffe-Verbindung

22 mm auf. Der Stahl für die Flicken und die Rohre entsprach den Anforderungen eines St52-3N. Das Kohlenstoffäquivalent lag oberhalb von 0,4.

Es wurden 6 Probekörper in Wassertiefen zwischen 20 und 100 m gefertigt. Zwei der Modelle sind im freien Meerwasser geschweißt worden.

5 Vorbereitung und Durchführung der Versuche

Für die Versuche wurden die Probekörper auf ca. 6 m verlängert. Dazu sind Rohre gleicher Abmessungen stumpf an die Enden des Probekörpers geschweißt worden.

Mittels entsprechender Lager und Krafteinleitungen ist das Bauteilmodell in die große Festigkeitsversuchsanlage des Instituts für Schiffbau eingebaut

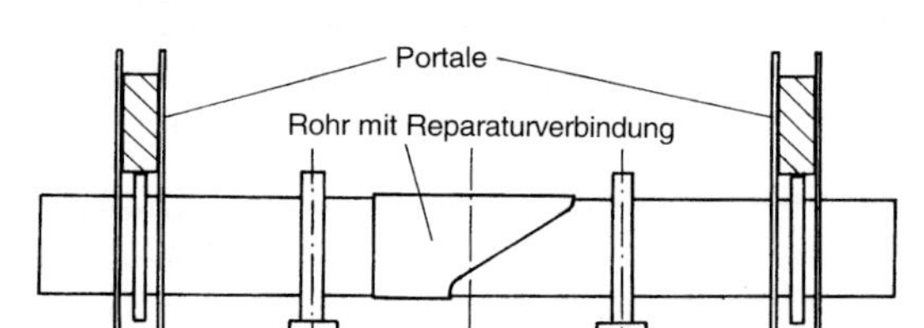

Abb. 5. Skizze der Festigkeitsversuchsanlage mit Bauteilmodell

worden. Die Abbildung 5 gibt den Versuchsaufbau schematisch wieder. Das Modell ist an Portalen gelagert. Die Belastung erfolgt über zwei stehende Hydraulikzylinder. Die Anordnung der Zylinder ist so gewählt, daß eine 4-Punkt-Biegebeanspruchung zustandekam. Das eigentlich zu untersuchende Detail mit der Rohr-Muffe-Verbindung ist querkraftfrei und wird durch reine Biegung beansprucht. Die Lagerelemente und Lasteinleitungen erlaubten Bewegungen entsprechend der Bauteilverformungen, so daß Einspanneffekte weitestgehend vermieden wurden.

Das Bauteilmodell war so in der Versuchseinrichtung plaziert, daß die Zunge der Muffe mit der überkopf geschweißten Naht in der Faser maximaler Zugspannungen lag. Dieses Detail sollte in den Ermüdungsversuchen bis zum Auftreten von Schwingrissen getestet werden. Die Horizontal-Position auf der gegenüberliegenden Rohrseite war der maximalen Druckbeanspruchung ausgesetzt.

Vor dem Einbau der Modelle sind diese mit Dehnungsmeßstreifen versehen worden. Die DMS dienten zur Ermittlung der globalen und lokalen Beanspruchung, zur Ausrichtung und Lagekontrolle des Modells sowie zum Registrieren von Anrissen. In Abbildung 6 ist der Meßstellenplan eines Modells wiedergegeben. Die Strichrichtung zeigt die Meßrichtung der DMS an.

Die in Abbildung 5 angegebene Maximallast der Zylinder mußte nicht in Anspruch genommen werden. Das erste Modell wurde mit jeweils 150 kN Zylinderkraft gefahren, die übrigen fünf Modelle mit 210 kN. Die Beanspruchungen blieben bei diesen Kräften im linear-elastischen Bereich.

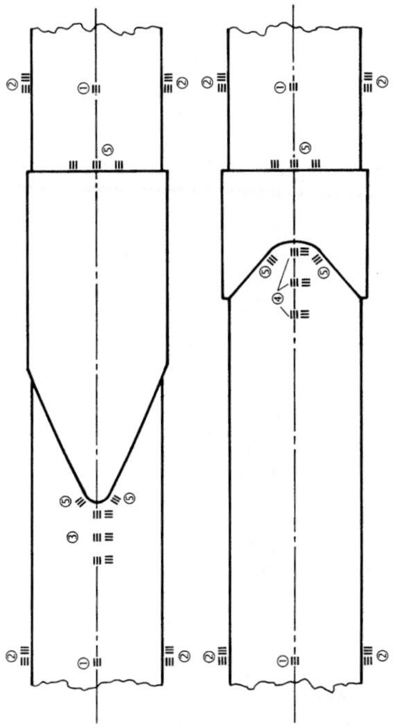

Abb. 6. Ein Meßstellenplan für Dehnungsmeßstreifen

Es wurden statische und dynamische Versuche durchgeführt. Die statischen Versuche dienten in Vorbereitung der Ermüdungsversuche zur Ermittlung der Beanspruchung und der Ausrichtung der Modelle in der Versuchsanlage. Die Dehnungen der einzelnen Meßstreifen wurden rechner-gestützt gemessen, gespeichert und ausgewertet.

Für die Ermüdungsversuche wurde die Kraft der Hydraulikzylinder rechnergesteuert zwischen einer Ober- und Unterlast gefahren. Der Kraftverlauf war sinusförmig. Um Lagerspiel zu vermeiden, ist jeweils eine Unterlast von 10 kN aufgebracht worden. Das Verhältnis R zwischen Unter- und Oberlast betrug je nach Größe der letzteren 0,07 oder 0,05. Damit konnte in guter Näherung von einer reinen Schwellbeanspruchung ausgegangen werden. Die Schwingbreite der Last betrug 140 bzw. 200 kN. Die Testfrequenz lag mit 0,3 Hz in dem für Bauteilversuche üblichen Bereich.

Der Versuchsdurchführung an Luft liegt die Annahme zugrunde, daß die Schwingfestigkeit unter atmosphärischen Bedingungen und kathodischem Korrosionsschutz äquivalent ist [12], [13].

Bei der gewählten Belastung war die Überkopf-Position der Schweißverbindung einer Zug-Schwell-Beanspruchung ausgesetzt. Die Horizontal-Position wurde dementsprechend Druck-Schwell-belastet.

Im Abstand von einigen tausend Lastwechseln wurde der Versuch gestoppt und die Dehnungen bei statischer Belastung gemessen. Somit wurde die Lage des Modells und das Funktionieren der Anlage überprüft. Nach Rissen wurde mit dem Farbeindring-Verfahren und Vergrößerungsgläsern gesucht. Mit dieser Methode und geübtem Personal war die Entdeckung von Rissen ab 1,0 mm Länge möglich. Mit den Dehnungsmeßstreifen konnten von der Nahtwurzel ausgehende Risse erkannt werden. Hier fielen die Dehnungen vor dem Durchschlagen des Risses zur Nahtoberseite ab.

Die bei der niedrigen Testfrequenz beträchtlichen Versuchslaufzeiten wurden durch Reparaturen zusätzlich verlängert. Die an Luft geschweißten Nähte auf der Rückseite der Muffe versagten z.T. mehrmals und mußten ausgebessert werden. Ursache war in allen Fällen eine zu schwache Naht. Die Nahtdicke betrug hier nur etwa 2/3 der naßgeschweißten Naht.

6 Versuchsergebnisse

Aus den Versuchen mit den 6 Bauteilmodellen konnten 12 verwertbare Ergebnisse gewonnen werden. Die Tabelle 1 gibt einen Überblick zu einigen Versuchsdaten.

Es traten nicht nur Risse an der Zug-Schwell-beanspruchten Zunge auf, sondern auch in der Druck-Schwell-beanspruchten Position der Muffe. Im Vergleich stellten sich hier die Risse sogar schon bei der halben Lastwechselzahl ein.

Tabelle 1.

Model l-Bez.	Herstellungs-tiefe	Lastschwing-breite [kN]	Lastwechsel bis zum Auftreten des 1. Risses Oberseite	Unterseite	Lastwechsel bis 20 mm Rißlänge Oberseite	Unterseite	Lastwechsel zum Testende
Scal-lop.1	20 m	140,0	202100 (nicht bekannt)	1.169700 (2,0 mm)	219600 (18,0 mm)	1.400000 (10,0 mm)	1.400000
SC.1	100 m	200,0	75000 (9,0 mm)	127000 (25,0 mm)	12700 (25,0 mm)	196500 (20,0 mm)	205500
SC.2	55 m	200,0	116200 (8,5 mm)	209000 (3,0 mm)	181100 (25,0 mm)	442800 (20,0 mm)	622500
SC.3	55 m	200,0	132000 (3,0 mm)	261500 (1,0 mm)	393900 (19,0 mm)	592600 (3,0 mm)	592600
SC.4	77 m Seewasser	200,0	102500 (20,0 mm)	256000 (5,0 mm)	102500 (20,0 mm)	422500 (13,0 mm)	422500
SC.5	77 m Seewasser	200,0	145500 (9,0 mm)	38500 (10,0 mm)	218700 (19,0 mm)	83000 (20,0 mm)	315000

Oberseite: Überkopf-geschweißte Positon der Zunge, im Versuch Zug-Schwell-beansprucht

Unterseite: Horizontal-geschweißte Position der Muffe, im Versuch Druck-Schwell-beansprucht

Dieses Verhalten ist auf die Überlagerung von Last- und Schweißeigenspannungen an diesem Detail zurückzuführen. Die hohen Eigenspannungen werden von den schwellenden Druckspannungen so überlagert, daß es insgesamt zu einer Zug-Schwell-Belastung an der Horizontal-Position kommt. Sie ist genau in Gegenphase zu der an der Zugseite des Rohres. Durch die Messung von Eigenspannungen in Höhe der Streckgrenze wurde dieser Sachverhalt bestätigt. Damit konnten die Ergebnisse dieser Position wie die der Überkopf-Position bewertet werden. Die Verdopplung der Anzahl der Ergebnisse steigert die Aussagekraft.

Der frühere Anriß ist durch eine betragsmäßig etwas höhere Spannung auf der Druckseite des Rohres im Bereich der Muffe zu erklären. Durch die lange Zunge wird die Last stärker über diesen Bereich der Muffe übertragen. Die neutrale Faser liegt außerhalb der Rohrseele. Das Widerstandsmoment für die Druckseite ist kleiner und damit die Spannung höher. Diese meßtechnisch und anschaulich erfaßbaren Effekte sind durch Finite-Elemente-Rechnungen bestätigt worden.

7 Bewertung der Ergebnisse

Die Versuchsergebnisse wurden einer rechnerischen Lebensdauerbewertung nach dem Strukturspannungskonzept (im englischen Sprachgebrauch: hotspot) unterzogen.

Die Strukturspannung ist keine wahre örtliche Beanspruchung der Schweißverbindung. Sie wird vielmehr nach bestimmten Regeln ermittelt.

Bei Annäherung an die Schweißverbindung steigt die Spannung an. Erst wird der Spannungsanstieg annähernd linear oder moderat nichtlinear vonstatten gehen. Bis zum Nahtübergang wird dann auf kurzer Distanz sehr schnell eine lokale Spannungsspitze erreicht. Der Verlauf der Spannung ist deutlich nichtlinear. Der erste Anstieg wird durch die geometrische Form der Struktur bewirkt. Der zweite, nichtlineare Anteil resultiert aus der lokalen Wirkung der Naht selbst mit ihrer Beschaffenheit im Nahtübergang, sowie Rauhigkeit und Imperfektionen.

Die Strukturspannung wird auf der Basis des erstgenannten Spannungsanstieges ermittelt. Sie ist definiert für den höchstbeanspruchten Ort des Nahtüberganges an der Schweißverbindung. Für die Ermittlung sind die Einflüsse der Naht selbst außer acht zu lassen. Die Forderung beinhaltet, daß nur eine lineare Spannungsverteilung in Richtung der Wanddicke erfaßt werden darf. Dem wird Rechnung getragen, indem nach Extrapolationsvorschriften die Spannung aus dem Verlauf vor der Naht über Stützpunkte auf den Nahtübergang extrapoliert wird. Häufig werden dazu gemessene oder errechnete Hauptspannungen benutzt. Meist werden lineare oder quadratische Extrapolationsvorschriften eingesetzt.

Die rechnerische Lebensdauerbewertung setzt eine gute Kenntnis der herrschenden Beanspruchungen im Bauteil voraus. Deswegen wurde ein umfangreiches Finite-Elemente-Modell erstellt.

Die Abbildung 7 zeigt den zentralen Teil des Rohres mit der Muffe als Finite-Elemente-Netz. Es wurde die Symmetrie in Längsrichtung ausgenutzt. Ziel der Rechnungen war die Bestimmung der Strukturspannungen für die im Versuch angerissenen Nahtübergänge zur Muffe.

Im Hinblick auf die Strukturspannungsberechnung mittels quadratischer Extrapolation nach [14], [15], [16] wurden isoparametrische 20-Knoten-Volumenelemente mit reduzierter Integrationsordnung verwendet. Es wurde jeweils 1 Element in Richtung der

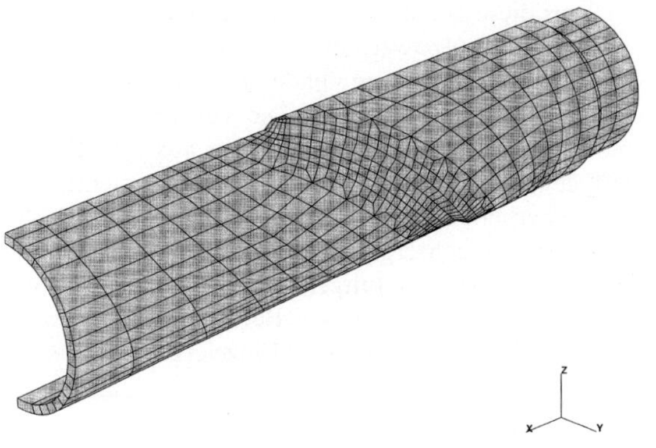

Abb. 7. Das Finite-Elemente-Netz

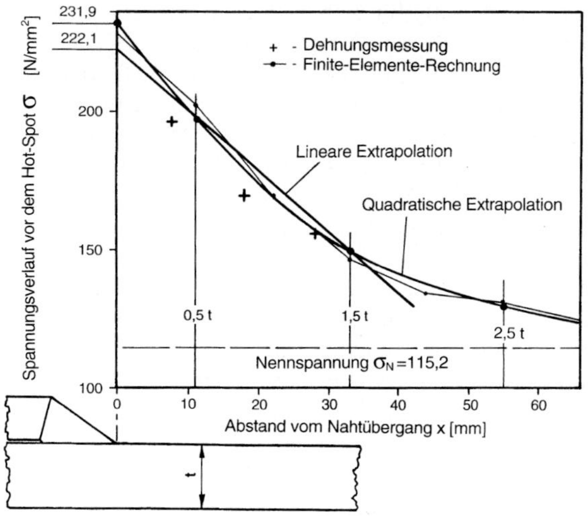

Abb. 8. Spannungsvergleich und Ermittlung der Strukturspannung

Blechdicke angeordnet. Im Bereich der Hot-Spot-Punkte wurden vor dem Nahtübergang 3 Elemente mit einer Länge gleich der Wandstärke generiert.
Durch die reduzierte Integrationsordnung der Elemente wird ein linearer Spannungsverlauf in Blechdickenrichtung realisiert. Die Steifigkeit der Volumen-Elemente wird über eine $2 \times 2 \times 2$ Integration ermittelt.
Die Naht selbst wurde nach Abgüssen von den Nahtübergängen der Muffen mit dem jeweiligen Anstiegswinkel modelliert. Die Naht wird so als Teil der geometrischen Kerbe in das Rechenmodell einbezogen. Zwischen Muffe und Rohrwandung ist 1 mm Spalt berücksichtigt worden.
Die Randbedingungen und die Belastung wurde gemäß dem Versuchsaufbau simuliert. Der Istwert der Lastschwingbreite ΔF des jeweiligen Versuchs wurde als statische Last aufgebracht. Die so berechneten Spannungen stellen Schwingbreiten infolge der schwellenden Belastung dar.
Die am Bauteilmodell mittels DMS gemessenen Spannungen wurden mit den berechneten Hauptspannungen verglichen. In Abbildung 8 ist der Vergleich für die Spannungen vor der Spitze der Zunge dargestellt. Die berechneten Werte weichen nicht mehr als 7 % von den gemessenen Werten ab. Gleich gute Ergebnisse wurden auch an anderen relevanten Meßorten erzielt. Mit dieser guten Übereinstimmung läßt sich auf die genaue Wiedergabe der Bauteilbeanspruchungen durch das Rechenmodell schließen. Damit sind die berechneten Spannungen für eine rechnerische Lebensdauerbewertung einsetzbar.
Die Abbildung 8 zeigt die Parabel der quadratischen Spannungsextrapolation. Die Stützstellen für diese befinden sich bei 0,5 t–1,5 t–2,5 t vor dem Nahtübergang. Mit t ist die Wandstärke des Rohres bezeichnet. Diese Orte sind gerade die Mitten der Elementkanten der ersten 3 Elemente vor der Naht. Diese Elemente liefern mit ihren Ergebnissen die Stützstellen für die Extrapolation. Zum Vergleich ist die durch lineare Extrapolation z.B. nach [17] ermittelte Strukturspannung eingezeichnet. Die Extrapolationsgerade liegt auf Stützstellen bei 0,5 t und 1,5 t. Der Unterschied beträgt 4,4 %.
Nach dieser Prozedur wurden die Strukturspannungen jeweils für die Überkopf- und die Horizontal-Position berechnet. Da die Istwerte der Lasten im Versuch und die Nahtanstiegswinkel variierten, kam es auch zu etwas unterschiedlichen Strukturspannungen für die einzelnen Modelle. Wie ausgeführt, stellen die berechneten Strukturspannungen Schwingbreiten dar.
In Verbindung mit den im Versuch erreichten Anrißlastwechselzahlen wurden die Strukturspannungsschwingbreiten Wöhlerlinien gegenübergestellt. Dafür wurden die Lastwechsel entsprechend der Spalten 4 und 5 der Tabelle 1 verwendet. Sie beziehen sich auf einen als technischen Anriß definierten, gut zu entdeckenden Riß.
Die Abbildung 9 gibt die Strukturspannungswöhlerlinie nach [18] mit dem Referenzwert $\Delta\sigma_{HS} = 90$ N/mm^2 bei $2 \cdot 10^6$ Lastwechseln und einer Überlebenswahrscheinlichkeit von 97,5 % wieder. Diese Wöh-

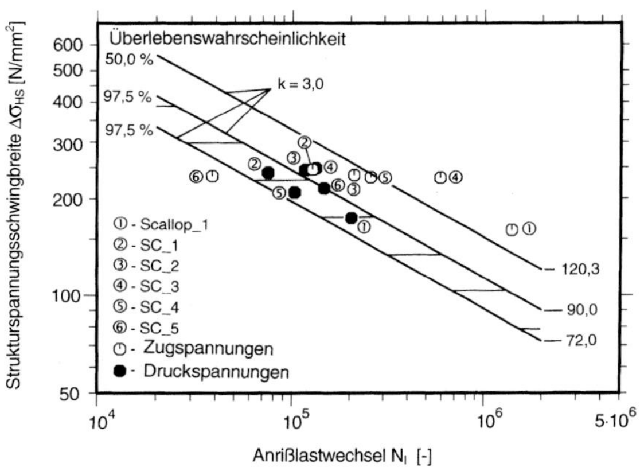

Abb. 9. Gegenüberstellung der Versuchsergebnisse mit Wöhlerlinien des Regelwerkes

lerlinie ist gültig für Kehlnähte, die die gesamte Last übertragen müssen. Die Nähte der hier untersuchten Verbindung entsprechen diesem Fall. Außerdem ist die zugehörige Mittelwertlinie des Streubandes ($P_{Ü} = 50$ %) eingezeichnet. Sie wurde mit einer Streuspanne für die ertragbare Spannungsschwingbreite T_σ = 1,45 nach [19] ermittelt.
Außerdem ist in Abbildung 9 eine Wöhlerlinie mit einem auf 80 % abgeminderten Referenzwert eingetragen. In [18] sind Abminderungsfaktoren für Nahtimperfektionen gegeben. Diese wurden auf die Imperfektionen der naßgeschweißten Nähte pauschal übertragen.
Die Versuchsergebnisse sind in die Abbildung mit Unterscheidung der Anrißorte eingezeichnet. Bis auf ein Ergebnis werden sie alle zumindest von der unteren Strukturspannungswöhlerlinie erfaßt. Die originale Wöhlerlinie mit $\Delta\sigma_{HS} = 90$ N/mm^2 würde weitere 3 Ergebnisse unkonservativ bewerten.
In der Verteilung der Versuchsergebnisse kann eine gewisse Ordnung festgestellt werden. Unabhängig von der Aussagekraft der wenigen Proben scheinen die Ergebnisse der Druckseite insgesamt niedriger als die der Zugseite zu liegen. Ursache kann hier ein Mittelspannungseinfluß sein, der durch das Ansetzen der Strukturspannungsschwingbreite im Rahmen dieses Konzeptes nicht berücksichtigt wurde.
Bei dem nach links herausgefallenen Ergebnis könnte es sich um einen „Ausreißer" handeln. Diese Probe müßte sich in gewissen Merkmalen von den anderen unterscheiden (z.B. Nahtfehler). Eine Überprüfung dieser Vermutungen steht noch an.
Mit entsprechender statistischer Absicherung oder der Anwendung von Sicherheitsfaktoren können die hier untersuchten Verbindungen gemäß der existierenden Vorschriften bewertet werden. Die Lebensdauer der Verbindung nach der Reparatur kann abgeschätzt werden.

8 Zusammenfassung

Im Rahmen eines Forschungsprojektes zur Bestimmung und Verbesserung der Qualität von Unterwassernaß-Schweißverbindungen sind Versuche mit Bauteilmodellen ausgeführt worden. Die Modelle stellten Rohr-Muffe-Rohr-Verbindungen dar. Die Muffe ist durch eine spezielle Form den Besonderheiten des Unterwassernaß-Schweißens angepaßt.
Für Festigkeits- und Ermüdungsversuche wurden die Bauteile in 4-Punkt-Biegung durch Hydraulikzylinder belastet. Die auftretenden Beanspruchungen wurden mittels Dehnungsmeßstreifen erfaßt. Während der Ermüdungsversuche kam das Farbeindringverfahren zum Auffinden von Rissen zum Einsatz.
Finite-Elemente-Rechnungen wurden ausgeführt. Aufgrund der guten Übereinstimmung der Rechenergebnisse mit den gemessenen Beanspruchungen konnten diese für eine rechnerische Lebensdauerbewertung eingesetzt werden.
Die Bewertung wurde nach dem Strukturspannungskonzept durchgeführt. Die Versuchsergebnisse sind Strukturspannungswöhlerlinien aus dem Regelwerk gegenübergestellt worden. Bei Berücksichtigung von Sicherheiten oder weiterer statistischer Absicherung der Versuchsergebnisse kann die Lebensdauer der Reparaturverbindungen mittels gängiger Wöhlerlinien abgeschätzt werden. Bei der Probenauswertung auffällig gewordene Einzelergebnisse sind speziell zu untersuchen.

Schrifttum

1 Department of Energy: „Offshore Installation: Guidance on Design and construction", HMSO, London 1984
2 Department of Energy: „Rules for the Design, Construction and Maintenance of Offshore Structures", HMSO, London 1990
3 C.E. „Whitey" Grubbs: „Under Water Wet Wedling (A State of the Art Report)", Proceedings of the International Conference on Offshore Mechanics and Arctic Engineering, OMAE-1993, Volume III-A, pp. 111–118, ASME 1993
4 Szelagowski, P.; Stühff, H.; Pachniuk, I.: „Wet Welding for Platform-Repair", Proceedings of the International Offshore Mechanics and Polar Engineering Conference, ISOPE-1992, San Francisco 1992
5 Szelagowski, P.: „Nasses Schweißen von Unterwasserstrukturen – Stand der Technik und Maßnahmen in der Qualitätssicherung", DVS-Bericht 162, Deutscher Verlag für Schweißtechnik, Düsseldorf, 1992
6 C.L. Tsai: „Underwater Wet Welding, Cuting and Inspection", Welding Journal, Februar 1995
7 R.J. Dexter: „Underwater wet and wet-backed welds: Mechanical properties and design guidelines", Southwest Research Institute SwRI Houston, Final Report SwRI, 06-7168, 1986
8 „ANSI/AWS D3.6-93 Specification for Underwater Welding – An American National Standard", American National Standards Institute/American Welding Society, Standard ANSI/AWS D3.6–93, 1993
9 „Lichtbogenschweißen unter Wasser", Merkblatt 1811 des DVS, Deutscher Verband für Schweißtechnik, Deutscher Verlag für Schweißtechnik, Düsseldorf, 1987
10 „Arbeitsschutz beim Unterwasserschweißen und -schneiden", Merkblatt 1812 des DVS, Deutscher Verband für Schweißtechnik, Deutscher Verlag für Schweißtechnik, Düsseldorf, 1987
11 „Unterwasser-Lichtbogenhandschweißen mit umhüllter Stabelektrode", Merkblatt 1813 des DVS, Deutscher Verband für Schweißtechnik, Deutscher Verlag für Schweißtechnik, Düsseldorf, 1987
12 Almar-Naess A.: „Fatigue Handbook Offshore Steel Structures", Tapir, 1985
13 Helms, R.: „Schwingungsrißverhalten von Werkstoffen in Meerwasser", Institut für Schiffbau der Universität Hamburg, Fortbildungskurs Nr. 24, 1988
14 Fricke, W.; Petershagen, H.: „Anwendung örtlicher Konzepte auf die Betriebsfestigkeit schiffbaulicher Schweißkonstruktionen", Expert 91 – DVS-Report 133,

Deutscher Verlag für Schweißtechnik DVS-Verlag GmbH, Düsseldorf 1991

15 Petershagen, H.; Massel, Th.: „Systematische Sammlung und Auswertung von Schwingfestigkeitsdaten geschweißter schiffbautypischer Konstruktionen", Abschlußbericht des Vorhabens BMFT-MTK 0441 8, Institut für Schiffbau der Universität Hamburg, 1990

16 W. Fricke, S. Pohl: „Ermittlung und Katalogisierung von Formzahlen für schiffbauliche Konstruktionsdetails", Abschlußbericht des BMFT-Vorhabens MTK 04429. Germanischer Lloyd, 1991

17 Det Norske Veritas Classification AS: „Fatigue Assessment of Ship Structures", Technical Report No. 93-0432, Hφvik/ Norway 1995

18 „Klassifikations- und Bauvorschriften. I – Schiffstechnik, Teil 1: Seeschiffe, Kapitel 1 – Schiffskörper", Selbstverlag, Germanischer Lloyd, 1997

19 Erwin Haibach: „Betriebsfestigkeit – Verfahren und Daten zur Bauteilberechnung", VDI-Verlag, 1989

Offshore Öl- und Gasinstallationen, Verbesserung der Sicherheit durch Zertifizierung

Oil and Gas Installations, Improvement in Safety, Achieved by Certification

Dr.-Ing. **Hans Hinrichsen** und Dipl.-Ing. **Lothar Göhr**
Germanischer Lloyd, Hamburg

Summary. Offshore production and processing plants are systems of considerable complexity where the safety and residual risk depend on numerous factors. It has been proved by experience that particularly in the sector of safety the views of owners, engineering contractors and construction companies vary considerably. The specific safety problems of offshore installations and the international participation on one side as well as the broad spectrum of requirements of technical safety necessitate a detailed safety assessment covering all project stages, including planning, design, manufacturing/installation, start-up and operation. To realise a unique safety level for every individual plant and plant component/system of the installation, an integrated Safety Concept has to be developed. The requirements and the application of such a Safety Concept will be discussed.

1 Die Sicherheitsproblematik von Offshore Förder- und Prozeßanlagen

Offshore Förder- und Prozeßanlagen sind in der Regel auf einer oder mehreren Plattformen installiert. Hierbei kann es sich um fest gegründete oder schwimmende Einheiten handeln. Die Anlagen auf den Plattformen dienen zur Förderung und Aufbereitung von Öl und Gas aus den Offshore gelegenen Feldern.
Sehr häufig gehört zu diesen Förder- und Prozeßanlagen ein entsprechendes Transportsystem für die geförderten Kohlenwasserstoffe sowie ein Anlagenkomplex an Land zur weiteren Aufbereitung oder Verarbeitung von Öl und Gas.
Die Sicherheitsproblematik von Offshore Förder- und Prozeßanlagen wird insbesondere durch die folgend aufgeführten Fakten gekennzeichnet:

- große Installationsdichte hochwertiger technischer Einrichtungen (Platzmangel, hohe Wertkonzentration), (Abb. 1)
- betriebsmäßiger Umgang mit leicht entflammbaren bzw. explosiven Medien, z.T. auch toxisch
- erschwerte Einsatzbedingungen für Anlagen und Komponenten durch typische Offshorebedingungen wie Wind, Seegang, Temperatur, Vereisung, Aggressivität des Wassers und der Luft
- erschwerte bzw. beschränkte Zugangsmöglichkeiten für Hilfs- und Rettungsmannschaften
- erschwerte bzw. eingeschränkte Fluchtmöglichkeiten für das Betriebspersonal, insbesondere bei Brand- und Explosionsstörfällen.

2 Sicherheit von Offshore Förder- und Prozeßanlagen

Die Sicherheit von Offshore Förder- und Prozeßanlagen umfaßt im wesentlichen folgende Bereiche:

- Sicherheit von Personen
- Schutz der Umwelt
- Einschränkung des Risikos hinsichtlich Investitions- und Betriebskosten
- Vermeidung von ungewollten Betriebsunterbrechungen.

Der Umfang der erforderlichen sicherheitstechnischen Maßnahmen hängt ab sowohl vom betreffenden Schutzziel als auch von der Art und dem Umfang der Gefahren, gegen die jeweils zu schützen ist.
Die Notwendigkeit bzw. das Erreichen eines hohen Sicherheitsniveaus auf einem der vier genannten Bereiche bedingt nicht automatisch ein gleich hohes Sicherheitsniveau auf den anderen Bereichen. Die zu realisierenden Schutzziele sind im einzelnen zu definieren und unter Berücksichtigung aller erforderlichen Randbedingungen darzulegen. Dies bedingt die Betrachtung der Sicherheit im Rahmen eines umfassenden Sicherheitskonzeptes, da es sowohl sicherheitstechnisch als auch wirtschaftlich nicht sinnvoll ist, die einzelnen Sicherheitsbereiche isoliert voneinander zu betrachten.
Die Sicherheit ist keine absolute Größe in der praktischen Anwendung. Eine Sicherheit ohne jeg-

Abb. 1. Große Installationsdichte von technischen Bauteilen

liche Einschränkung würde erfordern, daß alle denkbaren, die Sicherheit beeinträchtigenden Ereignisse und Fehlverhalten bei gleichzeitigem Auftreten berücksichtigt werden müßten. Dies würde im Anlagenbau jedoch zu unrealistischen Forderungen führen. Hier sind der Forderung nach Sicherheit Grenzen gesetzt. Es verbleibt demnach immer ein Restrisiko, dessen vertretbare Größe gefunden werden muß, was auch mit die Aufgabe einer Zertifizierungsgesellschaft ist.
Soweit Offshore Förder- und Prozeßanlagen durch ein Transportsystem mit einem Anlagenkomplex an Land verbunden sind, ist ein anlagenübergreifendes Sicherheitskonzept erforderlich, um die gegenseitige Beeinflussung der in Verbindung stehenden Anlagen hinsichtlich sicherheitstechnischer Erfordernisse entsprechend zu berücksichtigen. Das gleiche gilt hinsichtlich evtl. vorhandener Offshore- Verlade- und Lagereinrichtungen.

3 Aufgabenbereiche für die sicherheitstechnische Betrachtung

Aufgrund der Komplexität von Offshore Förder- und Prozeßanlagen ist es sinnvoll sowohl das Sicherheitskonzept für eine derartige Anlage als auch die sicherheitstechnische Betrachtung in einzelne Themenkreise aufzugliedern, in denen dann auch jeweils die ganz spezifischen Randbedingungen der zu betrachtenden Anlage berücksichtigt werden können. Eine derartige Gliederung kann z.B. wie folgt vorgenommen werden:

- Standort der Anlage
- Plattformen (Jackets, Decks)
- Förderanlagen, Prozeßanlagen
- Transporteinrichtungen
- angeschlossene Aufbereitungsanlagen/Verarbeitungs betriebe.

3.1 Standort der Anlage

Der Standort für eine Offshore Förder- und Prozeßanlage ist nicht frei wählbar. Für das Sicherheitskonzept sind daher alle standortbedingten Randbedingungen herauszuarbeiten, die für die Gestaltung der Sicherheit der betreffenden Anlage wesentlich sind. Hierzu gehören insbesondere:

- klimabedingte Einflüsse in der Standortregion
- maximal zu erwartende Wetterverhältnisse am Standort (z.B. Seegang, Sturm, Sandsturm o.ä.), (Abb. 2)
- seismische Einwirkungen im Bereich des Standortes
- Entfernung zur Küste, sowie Berücksichtigung des technischen Entwicklungsstandes der Küstenregion (Abb. 3)
- Wassertiefe.

3.2 Plattformstrukturen

Ausarbeitung der Auslegungs- und Sicherheitskriterien für die Plattformen einschließlich deren Gründung unter Berücksichtigung der standortspezifischen Randbedingungen und des Fördermediums.
Unabhängige Überprüfung oder Nachrechnung der Stahlstrukturen beinhaltend

- statische und/oder dynamische Lastfallrechnungen (Abb. 4)
- Ermüdungsberechnungen für die zyklischen Lastfälle
- Berechnung der Standsicherheit.

Abb. 2. Plattform im extremen Seegang

Abb. 3. Künstliche Insel Mittelplate

3.3 Förderanlagen, Prozeßanlagen

Sicherheitstechnische Überprüfung der Konzeption, konstruktive Beurteilung von wichtigen Aggregaten, Behältern und Rohrleitungen,
Überprüfung und/oder Beratung über alle Sicherheitseinrichtungen wie:

- Rettungsmittel
- Schnellschlußsysteme (Abb. 5)
- Fackel- und Abblasesysteme
- Vorbeugender Brand- und Explosionsschutz
- Gaswarnanlagen
- Brandmelde- und Brandbekämpfungsanlagen
- Katastrophenpläne.

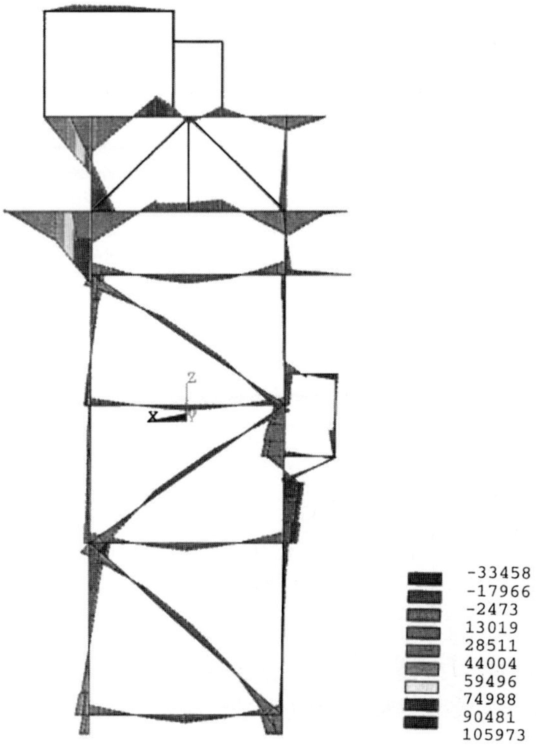

Abb. 4. Computerisiertes Modell einer Plattform

3.4 Transporteinrichtungen

Erstellung/Überprüfung der statischen und dynamischen Lastfallrechnungen für Rohrleitungssysteme und Verladeeinrichtungen. Die Überprüfung eines Transportrohrleitungssystems hat zu beinhalten:

- Berechnung der Wandstärke
- Korrosionsschutz
- Verlegeanalyse (Abb. 6)
- Minimum Biegeradius
- Lagestabilität am/im Boden
- Berechnung der Zulässigkeit von nicht unterstützten Rohrlängen (Wirbelablösung).

3.5 Angeschlossene Verarbeitungsbetriebe

Überprüfung/Erarbeitung des Sicherheitskonzeptes. Erarbeitung der Einflußfaktoren für die Sicherheit der Offshore Anlage, die sich aus dem Verbund Offshore Anlage-Transportsystem-Landanlage ergeben.

4 Sicherheitskonzept für Offshore Förder- und Prozeßanlagen

Bei den Offshore Förder- und Prozeßanlagen handelt es sich um sehr komplexe Systeme, deren Sicherheit und damit deren Restrisiko von vielen Faktoren beeinflußt wird.
Erfahrungsgemäß differieren gerade im Bereich der Sicherheit die Ansichten des Betreibers, des planenden Ingenieurbüros und der ausführenden Firmen

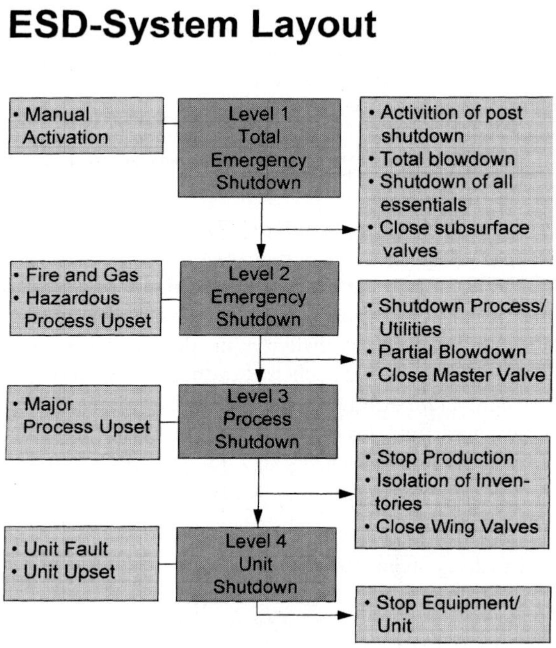

Abb. 5. Schnellschlußsystem

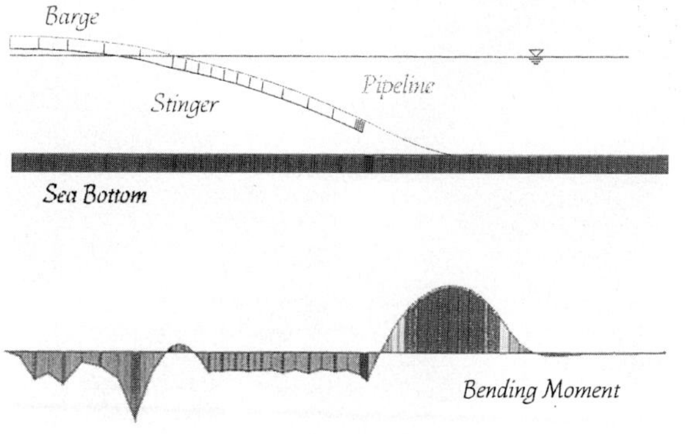

Abb. 6. Unterwasser-Rohrleitungsinstallation

besonders stark. Ferner ist zu berücksichtigen, daß Teilbereiche der Anlagen von unterschiedlichen Planern geplant werden, die dann häufig nicht in der Lage sind, die sicherheitstechnischen Auswirkungen ihres Teilsystems auf das Gesamtsystem ausreichend zu berücksichtigen.

Solche Kontroversen führen zu Kompromissen, bei denen die Sicherheit der Gesamtanlage nicht ausreichend berücksichtigt wird. Um für alle Anlagenbereiche ein einheitliches Sicherheitsniveau realisieren zu können, ist daher die Erstellung eines umfassenden Sicherheitskonzeptes für die Gesamtanlage erforderlich.

Ein solches Sicherheitskonzept muß vor allem folgendes berücksichtigen:

- die besondere Sicherheitsproblematik solcher Anlagen
- alle Bereiche der Sicherheit
- alle Randbedingungen, die sich aus dem Standort der Anlagen ergeben
- alle Randbedingungen, die sich aus dem Fördermedium ergeben
- alle Randbedingungen, die sich aus der Anlagenkonzeption ergeben.

Die Berücksichtigung dieser grundsätzlich einzubeziehenden Faktoren schließt eine Analyse der in Betracht zu ziehenden Gefahren ein. Ein Sicherheitskonzept darf sich nicht nur auf Festlegungen beschränken wie:

- konstruktive Sicherheitszuschläge
- Redundanz von Anlagen
- Auswahl und Auslegung von Sicherheitssystemen,

sondern es sind auch eine Reihe weiterer Faktoren zu berücksichtigen. Hierzu zählen u.a.:

- Auswahl der Standard- und Regelwerke
- Abschätzung von Fehlverhalten von Personen
- Abschätzung von denkbaren Ereignissen
- Abschätzung von Gleichzeitigkeitsfaktoren.

Die Vielzahl sicherheitstechnisch relevanter Faktoren und das breite Spektrum der Sicherheit bezogen auf die Gesamtanlage lassen es geboten erscheinen, für die Erstellung des Sicherheitskonzeptes und deren Realisierung über alle Phasen der Planung und Erstellung der Anlage eine von der Anlagenplanung, Anlagenerrichtung und Betreibung unabhängige Organisation einzuschalten, die für die Anlagen letztlich ein Sicherheitszertifikat ausstellt.

5 Tätigkeiten einer Zertifizierungsgesellschaft in den einzelnen Phasen von Planung und Errichtung

Sicherheitstechnisches Denken muß alle Stadien der Entwicklung einer guten Technologie begleiten, da man Sicherheitstechnik nicht beliebig hinzufügen oder aufpfropfen kann. Eine sinnvolle Überwachung muß daher in frühem Stadium der Planung einsetzen. Eine dauernde Abstimmung zwischen Konstrukteur und Prüfer/Zertifizierer ist notwendig.

5.1 Planungsphase

Unter der Planungsphase eines Projektes soll die Zeitspanne vom Beschluß, die Anlagen zu bauen, dem Benennen des planenden Ingenieur-Büros bis zum Beginn der Konstruktionsphase verstanden werden.

In dieser Phase wird das Sicherheitskonzept erstellt und grundsätzliche Fragen werden untersucht und geklärt. Hierzu gehören u.a.:

- Festlegung der verfahrenstechnischen Konzeption
- Untersuchung von Transportfragen
- Untersuchungen des Aufstellungsortes (Berücksichtigung der Infrastruktur)
- Feststellung und Bewertung der Umweltbedingungen
- Abstimmung der Regelwerke aufeinander
- Sichtung der nationalen Vorschriften
- Festlegung der Auslegungsfaktoren
- Vorabklärung von Werkstofffragen.

5.2 Konstruktionsphase

In der Konstruktionsphase prüft die Zertifizierungsgesellschaft, daß das planende Ingenieurbüro die Anlagen entsprechend dem im Konzept vereinbarten Sicherheitsniveau auslegt. Hierzu gehört die Prüfung folgender Unterlagen in sicherheitstechnischer Hinsicht:

- Bauspezifikation unter Berücksichtigung der vereinbarten Regelwerke und nationaler Vorschriften
- Zeichnungen und Berechnungen aller wichtigen Anlagenteile auf Basis eigener Festigkeitsberechnungen
- die Werkstoffauswahl

- die Aufstellung der Anlagenteile zueinander und zur Umgebung unter Berücksichtigung der Infrastruktur
- die Instrumentierung der Anlagen auf Basis einer Störfallanalyse
- die sicherheitstechnische Ausrüstung der Anlagen
- Notabschaltung, Brandschutz und Brandbekämpfung
- Rettungsmittel.

Neben diesen Aufgaben sind am Beginn der Konstruktionsphase die Zulieferbetriebe wichtiger Komponenten auf ihre Eignung zu überprüfen und ggf. Auflagen zu erteilen, um eine ausreichende und gleichbleibende Qualität der Komponenten sicherzustellen.
Um Schwierigkeiten zu vermeiden, die sich aus der Zusammenarbeit von planendem Ingenieurbüro und der Sachverständigenorganisation aufgrund erforderlicher Änderungen bereits fertiggestellter Konstruktions- und Berechnungsunterlagen ergeben können, ist es erforderlich, den organisatorischen Ablauf der Zusammenarbeit zwischen Sachverständigenorganisation und der an Planung und Errichtung beteiligten Stellen festzulegen; das geschieht in Form einer Koordinierungsprozedur.

5.3 Bau und Installation

In der Bau- und Installationsphase muß die Fertigung von Bauteilen und die Installation der Teile auf der Lokation überwacht und dafür Sorge getragen werden, daß die Einzelkomponenten eine dem Sicherheitskonzept entsprechende Qualität haben.
Die Aufgabe der Zertifizierungsgesellschaft beinhaltet:

- Erstellung von einheitlichen Qualitätsanforderungen für die Hersteller und Zulieferer
- Erstellung von Prüfplänen und Abstimmung der an den Prüfungen beteiligten Parteien
- Die Prüfung der Herstellungsmethoden (z.B. Schweißverfahren)
- die Prüfung der Qualifikation des Personals (z.B. Schweißer)
- die Abnahme von Werkstoffen
- die Überwachung der Fertigung von Bauteilen (Abb. 7)
- die Überwachung und Auswertung der notwendigen Prüfungen
- die Überprüfung und die Überwachung des Transportes von großen Bauteilen und Bauwerken zur Lokation (Abb. 8)
- die Überwachung der Installation der Bauwerke und Bauteile (Abb. 9).

In der Regel werden die einzelnen Bauteile von unterschiedlichen Lieferanten und aus mehreren Ländern bezogen. Für die Sicherstellung einer einheitlichen Qualität der Bauteile ist es von großem Vorteil, wenn ortsansässiges und sachkundiges Personal die Prüfungen in den entsprechenden Fertigungsländern durchführt.

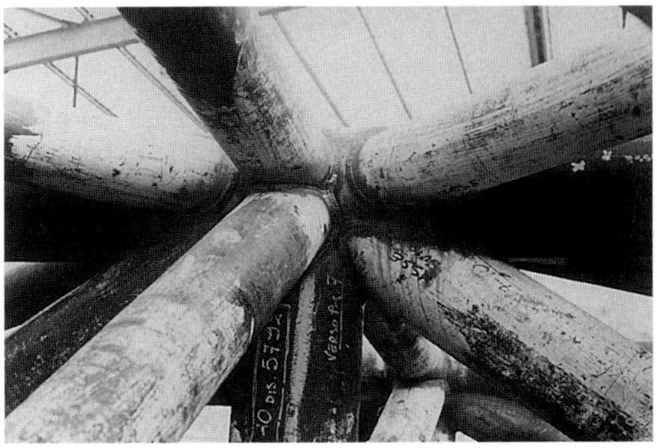

Abb. 7. Geschweißter Rohrknoten

Bei diesem Personal kann davon ausgegangen werden, daß die Prüfer mit den Gegebenheiten des Landes vertraut sind und ausreichende Kenntnis über lokale Fertigungs- und Prüfmethoden sowie den Qualitätsstand der Fertigungsfirmen haben.
Für Länder, in denen einzelne Bauwerke und Bauteile wie z.B. Plattformen und Druckbehälter der behördlichen Genehmigung bedürfen, ist es Voraussetzung, daß die Zertifizierungsgesellschaft von der entsprechenden Behörde für die Begutachtung solcher Bauteile anerkannt ist. Hierdurch wird wiederum gewährleistet, daß auch für solche Bauteile das Sicherheitsniveau einheitlich ist und dem Gesamtniveau entspricht.
Das Verladen und der Transport großer Einheiten zur Lokation wird häufig nicht mit der erforderlichen Sorgfalt durchgeführt. Unsachgemäße Durchführung, die die Sicherheit beeinträchtigen kann, muß vermieden werden. Die Beurteilung dieser Vorgänge sollte wiederum der Zertifizierungsstelle obliegen, da die Kenntnis der Gesamtsituation wie z.B. Belastbarkeit bei der Beurteilung ohne Zweifel von Vorteil ist. (Abb. 10)

Abb. 8. Transport eines Moduls per LKW

Abb. 9. Rohrleitungsverlegung an Land

Die sachgerechte Installation der Bauwerke und Bauteilkomponenten am Aufstellungsort ist ein wesentlicher Bestandteil des Sicherheitskonzeptes und wird von der Zertifizierungsgesellschaft überwacht. Erfahrungsgemäß zeigen sich zu diesem Zeitpunkt Fehler, die trotz aller Sorgfalt im Planungs- und Konstruktionsstadium unterlaufen sind. Damit Reparatur- und Änderungsmaßnahmen zur Beseitigung der Mängel, die häufig unter Zeitdruck und mit nicht ausreichend qualifiziertem Personal durchgeführt werden müssen, nicht die Sicherheit reduzieren, ist eine sorgfältige Prüfung dieser „Baustellenmethoden" erforderlich.

5.4 Inbetriebnahme

Es ist selbstverständlich, daß vor Inbetriebnahme der Anlagen alle Sicherheitseinrichtungen und Systeme einzeln und im Zusammenspiel mit anderen geprüft und justiert werden müssen. Diese Arbeiten sollten nach einem vorgegebenen und mit allen Beteiligten abgestimmten Konzept sehr sorgfältig durchgeführt und überwacht werden, damit die Kette der Sicherheit geschlossen werden kann. (Abb. 11)
Erfahrungsgemäß stellt sich in dieser Phase auf der Baustelle Hektik und Unvorsichtigkeit ein, da vorgegebene Anfahrttermine gehalten werden sollen. Die Zertifizierungsgesellschaft muß durch Übersicht und nachdrücklich vertretene Forderungen dazu beitragen, daß die Tests ordnungsgemäß abgeschlossen werden und damit das Sicherheitskonzept realisiert wird.

6 Zertifizierung

Nach erfolgreichem Abschluß aller Prüf- und Überwachungsaufgaben stellt die Zertifizierungsgesellschaft „End"-Zertifikate aus (Abb. 12):

Zertifikat für den sicheren Betrieb
- Plattformen inkl. der Förder- und Verarbeitungsanlagen
- Rohrleitungstransportsysteme
- Für Öl- und Gasaufbereitungsanlagen Onshore.

Diese Sicherheits-Zertifikate beinhalten die wesentliche Aussage:
„Es ist geprüft und festgestellt, daß die Auslegung, Fertigung und Errichtung der Strukturen und der Ausrüstungsteile in Übereinstimmung mit den anzuwendenden Vorschriften und Richtlinien durchgeführt worden ist.
Dem sicherheitstechnischen Standpunkt gibt es keine Einwände gegen den geplanten Betrieb der Anlagen auf der gewählten Lokation."
Die abschließenden Sicherheitszertifikate basieren in der Regel auf den während der Projektüberwachung ausgestellten Einzel- und Systemzertifikaten wie:

- Werkstoffzertifikate, z.B. für
  - Platten
  - Rohre
  - Fittinge
- Komponentenzertifikate, z.B. für
  - Druckbehälter
  - Dampfkessel
  - Sicherheitsventile
  - Kräne
- Systemzertifikate, z.B. für
  - Brandbekämpfungsanlagen
  - Schnell- und Notabschaltungen
  - Notenergieerzeugung

Abb. 10. Modul im Kranhaken

Abb. 11. Test eines Wasserwerfers

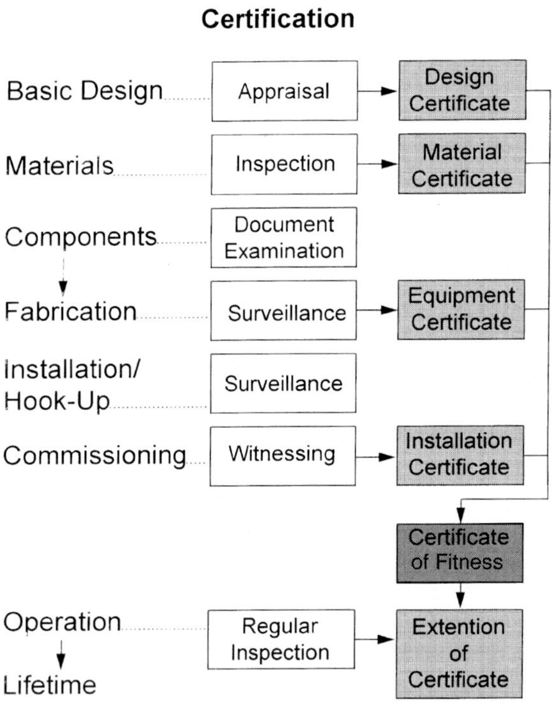

Abb. 12. Übersicht der Zertifikate

- Anlagenzertifikate, z.B. für
  - Plattformstahlstrukturen
  - Förderanlagen
  - Öl- und Gasaufbereitungsanlagen
  - Tankanlagen für die Lagerung von Öl.

7 Rezertifizierung

Bereits mit der Übergabe der Endzertifikate wird festgelegt, in welchem Turnus und in welchem Umfang die Komponenten/Systeme/Anlagen zu besichtigen sind, um die Gültigkeit der Sicherheitszeugnisse zu gewährleisten. Hierbei wird unterschieden zwischen der ständigen Überwachung durch den Betreiber, die zu dokumentieren ist, und der periodischen Besichtigung durch den Zertifizierer. (Abb. 13)
Sofern durch die periodischen Besichtigungen der sichere Zustand der Anlagen festgestellt wird und eine ausreichende Dokumentation der von dem Betreiber durchgeführten Inspektionen vorhanden ist, wird die Gültigkeit der Zertifikate spätestens alle 5 Jahre von der Zertifizierungsgesellschaft bestätigt.

8 Betrieb der Anlagen

Es kann davon ausgegangen werden, daß eine Anlage, die zertifiziert wurde, in allen Bereichen hinsichtlich der technischen Sicherheit dem Stand der Technik entspricht. Betriebsstörungen durch Ausfall oder Störung von für die Sicherheit bedeutsame Komponenten oder Systemen sind so weit als möglich eingeschränkt und ermöglichen eine bessere Ausnutzung der Anlagen und damit der Investitionen.
Während der Tätigkeiten für die Prüfung der Zeichnungen, Berechnungen, Spezifikation u.s.w. und der Installation erhält die Zertifizierungsgesellschaft Einblicke in alle Details der Anlagen. Das Dokumentieren dieser Tätigkeit/Kenntnisse gehört mit zu ihren Aufgaben. Damit ist gewährleistet, daß zumindest bei einer Organisation alle Dokumente/ Kenntnisse die Anlagen betreffend vorhanden und abrufbar sind. Sofern diese Möglichkeit bis zum Ende der Betriebszeit der Anlagen bestehen bleiben soll, muß die Rezertifizierung der Zertifizierungsgesellschaft übertragen werden.
Durch die Detailkenntnisse der Zertifizierungsgesellschaft wird gewährleistet, daß während der Betriebszeit alle Modifikationen und Erweiterungen dem ursprünglichen Sicherheitsniveau angepaßt werden können und somit das einheitliche Sicherheitsniveau der Anlagen aufrechterhalten werden kann.

9 Zusammenfassung

Die besondere Sicherheitsproblematik von Offshore Förder- und Prozeßanlagen einerseits und das breite Spektrum sicherheitstechnischer Anforderungen andererseits machen eine auf diese Besonderheiten zugeschnittene sicherheitstechnische Begutachtung erforderlich, die sich über alle Phasen von Planung, Bau und Errichtung bis zur Inbetriebnahme erstrecken sollte.

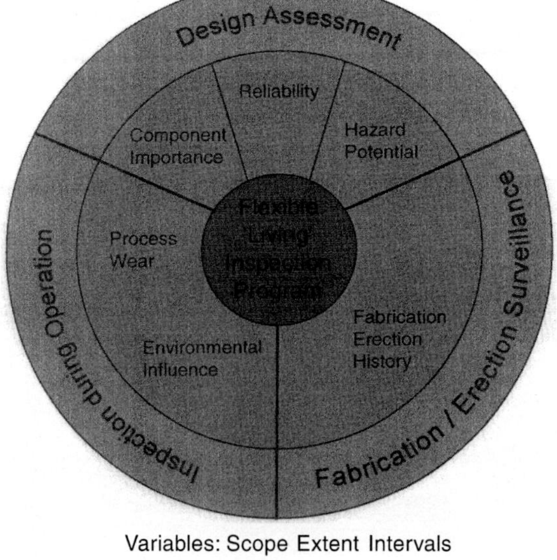

Abb. 13. Inspektionsphilosophie

Grundlage für die Gestaltung der Sicherheit derartiger Anlagen sollte die Erarbeitung eines auf die einzelne Anlage bezogenen Sicherheitskonzeptes sein. Für die Erarbeitung eines ausgereiften Sicherheitskonzeptes und deren Realisierung ist es sinnvoll, eine Sachverständigenorganisation in einem frühen Stadium der Planung einzuschalten.

Durch das Einschalten einer Zertifizierungsgesellschaft für die Zertifizierung der technischen Sicherheit der Anlagen wird erreicht, daß die technische Sicherheit aller Anlagenkomponenten und -systeme in etwa auf dem gleichen Niveau ist und den internationalen Anforderungen entspricht.

Stabilität und Bewegungsverhalten eines Koppelsystems von verankertem Schwimmponton und Transportshuttle

Seakeeping and Stability of a Coupled System of a Pontoon and a Shuttle

Dr.-Ing. **Matthias Fröhlich**
Schiffbau-Versuchsanstalt Potsdam GmbH

1 Einleitung

Bereits 1934 wurde ein Skizzenentwurf für eine Brücke über den Großen Belt veröffentlicht. In den folgenden Jahren wurden zahlreiche Vorschläge für ein derartiges Projekt vorgelegt, bis schließlich 1988 der erste Spatenstich erfolgte. Wie Pressemeldungen zu entnehmen war, wurde kürzlich der Eisenbahnverkehr zwischen dem Festland und der dänischen Insel Seeland aufgenommen. Damit konnte zunächst für die Eisenbahn die größte Lücke im dänischen Ost-West-Verkehr geschlossen werden. Die endgültige Fertigstellung der festen Landverbindung ist für das Jahr 1998 geplant; dann soll auch der Autoverkehr rollen.

Die Querung des Großen Belt besteht aus drei Hauptprojekten. Das sind:

- der 7,4 km lange Eisenbahntunnel zwischen Seeland und der auf etwa der halben Distanz gelegenen kleinen Insel Sprogø,
- die 6,6 km lange Westbrücke, als kombinierte Eisenbahn- und Autobahnbrücke zwischen Fünen und Sprogø,
- die 6,8 km lange Ostbrücke für den Autoverkehr (Abb. 1), als derzeitig längste Hängebrücke der Welt, mit einer freien Spannweite von 1624 m und einer Durchfahrtshöhe von 65 m.

2 Aufgabenstellung

Zur Absicherung der Arbeiten zum Bau der beiden über 250 m hohen Pylone und der Ankerblöcke gab die Hochtief AG Essen an die Schiffbau-Versuchsanstalt Potsdam GmbH folgende grundsätzliche Untersuchungen in Auftrag:

- Untersuchungen an einem verankerten Arbeitsponton in unmittelbarer Nähe zu einem Caisson zur Beurteilung der Stabilität und des Bewegungsverhaltens unter Seegangsbedingungen,
- Untersuchungen zum Andocken eines Transportshuttles und zum Übersetzen darauf befindlicher Betonmischfahrzeuge,
- Untersuchungen zur Stabilität und zum Bewegungsverhalten der Transportshuttle während der Überfahrt zum Arbeitsponton.

Das grundsätzliche Ziel der Untersuchungen war der Nachweis, daß bis Windstärke Beaufort 5 (Arbeitsphase) die Mischfahrzeuge ungehindert transportiert und auf den Ponton übergesetzt werden konnten. Des weiteren sollte geprüft werden, ob mit der vorgegebenen Verankerung des Pontons bis zu einer Windstärke Beaufort 8 (Schlechtwetterphase) in keiner Weise eine Gefährdung des Caissons gegeben war.
Für die beiden Windstärken wurden folgende Seegangsgrößen vorgegeben:

Arbeitsphase:

Richtung	N	NO	O	SO
T [s]	3,9	3,4	3,2	3,6
$H_{1/3}$ [m]	1,2	0,9	0,8	1,0

Richtung	S	SW	W	NW
T [s]	3,6	3,44	3,0	3,4
$H_{1/3}$ [m]	1,0	0,9	0,7	0,9

Schlechtwetterphase:

Richtung	N	NO	O	SO
T [s]	6,0	5,68	4,96	5,12
$H_{1/3}$ [m]	2,8	2,5	1,9	2,0

Richtung	S	SW	W	NW
T [s]	6,0	5,6	4,72	5,68
$H_{1/3}$ [m]	2,8	2,4	1,7	2,5

3 Modellbau

Zur Untersuchung des Koppelsystems von Arbeitsponton und Transportshuttle unter Seegangsbedingungen wurde ein Modell (Caisson, Ponton, Shuttle) in einem Maßstab von 1:20 in einem Freibecken von 40 × 50 m aufgebaut. Die drei Holzmodelle hatten folgende Hauptabmessungen:

	Caissson	
	Großausführung	Modell
Länge:	80,19 m	4,01 m
Breite:	37,09 m	1,85 m
Freibord:	4,02 m	0,20 m

	Ponton	
	Großausführung	Modell
Länge:	91,40 m	4,57 m
Breite:	27,40 m	1,37 m
Höhe:	6,10 m	0,305 m
Freibord:	3,00 m	0,155 m
Verdrängung:	7130 t	891,25 kg

	Shuttle (ohne Betonfahrzeuge)	
	Großausführung	Modell
Länge:	36,00 m	1,80 m
Breite:	13,00 m	0,65 m
Höhe:	3,00 m	0,15 m
Freibord:	2,23 m	0,112 m
Verdrängung:	270 t	33,75 kg

In den Abbildungen 2 und 3 sind das Modell und im Vergleich dazu das Original dargestellt.

4 Versuchsaufbau

An jeder Stirnseite des Modells vom Ponton wurde eine bewegliche Klappe montiert, mit der die Überfahrtbrücke simuliert wurde. Der Abstand zwischen Ponton und Caisson betrug im Modell 0,3 m (6 m in der Großausführung). Der Shuttle wurde in einem Abstand von 0,05 m (1,0 m in der Großausführung) mit dem Ponton gekoppelt, so daß er begrenzt Tauch-, Stampf- und Rollbewegungen ausführen konnte. Die Vertikalbewegungen am Kopplungspunkt, sowie die Querbewegungen des Pontons wurden mit Drahtpotentiometern gemessen. Die anderen interessierenden Bewegungen wurden mit Hilfe von Beschleunigungssensoren ermittelt (Abb. 4). Zur Erzeugung der verschiedenen vorgegebenen Seegangsspektren wurden transportable Klappenwellenerzeuger eingesetzt. Da die reale Verankerung des Pontons im Modell nicht simuliert werden konnte, wurde auf der Grundlage von Berechnungen durch den Germanischen Lloyd ein Ersatzsystem bestehend aus 8 Federn aufgebaut (Abb. 5). Zur Messung der Federkräfte wurden Kraftsensoren eingesetzt.

5 Modellversuche

Das Versuchsprogramm wurde entsprechend der Aufgabenstellung festgelegt. Demzufolge mußten nur die extremen Situationen untersucht werden. Die Auswertung der vorgegebenen statistischen Angaben zu Häufigkeiten von Windstärken und -richtungen, sowie zugehöriger Angaben zu Wellenhöhen und -perioden zeigte, daß Richtungen um Nord und West größte Bedeutung beizumessen war. Folgende Situationen wurden untersucht:

Seegang aus Richtung Nord bzw. West:
Messung von Bewegungen, Beschleunigungen und Federkräften

Beaufort 4 und 5:
Shuttle mit 6 vollbeladenen Mischfahrzeugen
Shuttle ohne Mischfahrzeuge

Beaufort 5:
Shuttle mit 6 vollbeladenen Mischfahrzeugen
Shuttle ohne Mischfahrzeuge
bei Richtung Nord wurde zum Vergleich zusätzlich die Leeseite untersucht

Beaufort 8:
Ponton ohne angekoppelten Shuttle

Seegang aus Richtung Nord-West:

Beaufort 5 und 8:
Videoaufnahmen

In den Abbildungen 6 und 7 sind zwei Situationen bei Beaufort 5, Windrichtung Nord bzw. West dargestellt.

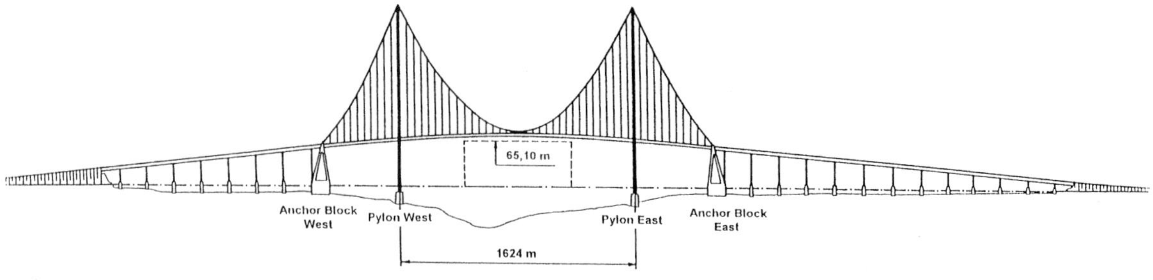

Abb. 1. Ostbrücke (überhöhte Darstellung)

Abb. 2. Caisson, Ponton und Shuttle (Großausführung)

Abb. 3. Caisson, Ponton und Shuttle (Modell)

Neben den Modellversuchen im Freibecken wurden Widerstandsversuche im Glattwasser und im Seegang in der Schlepprinne zur Ermittlung der erreichbaren Geschwindigkeit der Shuttle ausgeführt. Die Geschwindigkeitsprognose erfolgte für den ungünstigsten Fall, Shuttle mit 6 vollen Mischfahrzeugen und hecklastigen Trimm unter Berücksichtigung einer Strömung von 1 m/s. Ein Propulsionswirkungsgrad

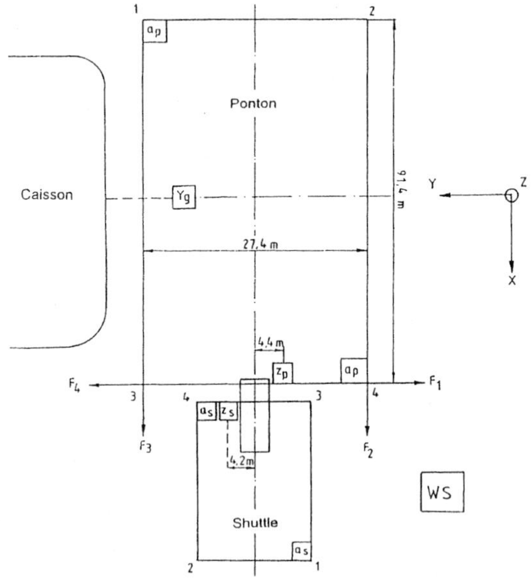

Abb. 4. Skizze Modell

wurde nach Vorgaben durch den Hersteller der Antriebsanlage verwendet. Es zeigte sich, daß unter den gegebenen Bedingungen die geforderte Geschwindigkeit von 15 kn erreicht werden konnte.

6 Berechnungen

Neben Berechnungen zur Stabilität von Ponton und Shuttle wurden ergänzende Berechnungen zum Bewegungsverhalten durchgeführt.
Die Berechnungen zur Stabilität und zum Bewegungsverhalten erfolgten in einer Phase in der die endgültige Geometrie noch nicht feststand. Diese Berechnungen dienten vor allem zur Entscheidungsfindung, wie zum einen der Arbeitsponton ballastiert werden mußte und zum anderen welche Art Mischfahrzeuge und deren Anzahl mit Hilfe eines Shuttles transportiert werden konnten.
Die Stabilitätsrechnung erfolgte nach einem Algorythmus von Krylow. Für den Ponton wurden vier Ballastfälle, jeweils mit und ohne Mischfahrzeuge mit

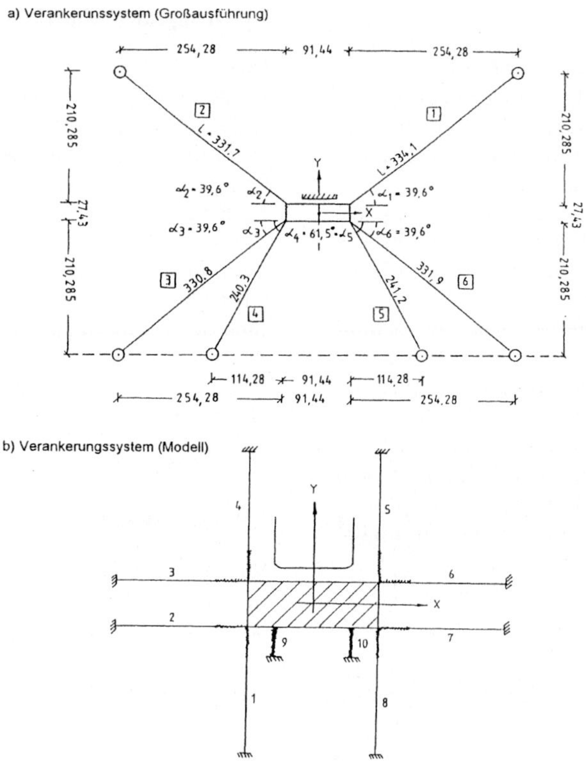

Abb. 5. Verankerungssystem
a) Verankerungssystem (Großausführung) b) Verankerungssystem (Modell)

Abb. 6. Beaufort 5, West

Abb. 7. Beaufort 5, Nord

verschiedenen Schwerpunktslagen berechnet. Für den Shuttle wurden zwei Breitenvarianten und verschiedene Fälle der Beladung mit vollen und leeren Mischfahrzeugen untersucht.

Für die Seegangsberechnungen wurde eine quasilineare Streifenmethode verwendet. Für den Ponton und die beiden Shuttlevarianten wurden die Übertragungsfunktionen für alle 6 Freiheitsgrade für 6 Wellenbegegnungswinkel bestimmt und die Reaktionen im realen Seegang unter Verwendung des ITTC-Spektrums für kurzkämmigen Seegang ermittelt. Neben den signifikanten Bewegungsgrößen in den Eckpunkten und der Überfahrtbrücke von Ponton und Shuttle wurden auch Extremwerte angegeben.

7 Ergebnisse

Die Ergebnisse der Berechnungen und der Modellversuche wurden verbal zusammengefaßt und entsprechende Empfehlungen abgeleitet. Einige der Wesentlichsten werden im folgenden aufgeführt:

7.1 Shuttle

Die endgültigen Abmessungen des Shuttle sind ausreichend bezüglich der Stabilität. In keinem der betrachteten Fälle werden die empfohlenen Werte der statischen und dynamischen Stabilität $\phi_{max} \geq 60°$ und $e_{hmax} \geq 0{,}08$ mrad unterschritten.
Zur Aufrechterhaltung der Stabilität sollten die Mischfahrzeuge in jedem Fall fixiert werden. Ein zusätzlicher Bord an beiden Seiten des Shuttle ist anzuraten.
Zur Minimierung der Rollbewegungen sind Schlingerkiele empfehlenswert. Der Einbau von Rolldämpfungstanks würde in keinem Verhältnis von Aufwand und Nutzen stehen.
Die Anordnung der Mischfahrzeuge in der Nähe des Schwerpunktes reduziert den Trägheitsradius und damit die Bewegungen im Seegang.
Ein zu großer hecklastiger Trimm wirkt sich ungünstig auf die erforderliche Leistung aus.
Es konnte nachgewiesen werden, daß mit der Installation von zwei SRP 330 zum Erreichen von 15 km/h genügend Reserve vorhanden ist.
Das Seeverhalten des Shuttle erlaubt einen ungehinderten Einsatz in der Arbeitsphase.

7.2 Ponton

Die endgültigen Abmessungen des Ponton sind für alle untersuchten Extremfälle der Beladung hinsichtlich der Stabilität ausreichend.
Die Bewegungen des Pontons während der Arbeitsphase sind von untergeordneter Bedeutung.
Zur Vermeidung der Wasserübernahme in der Schlechtwetterphase ist es besser, den Freibord von 3,0 auf 3,5 m zu erhöhen.
Zur Ballastierung empfiehlt es sich, die zusätzlichen Massen ebenfalls in der Nähe des Schwerpunktes zu konzentrieren.
Das optimale Verankerungssystem bestehend aus 4 Ankertrossen und zwei Sorgleinen garantiert eine zuverlässige Positionierung. Die maximal gemessene horizontale Querbewegung betrug 0.9 m im Schwerpunkt. Die überlagerte Gierbewegung lieferte eine maximale horizontale Auslenkung der Eckpunkte um 2,0 m, d. h, der geforderte Abstand zwischen Caisson und Ponton von 6 m ist ausreichend.

7.3 Caisson

Der Freibord von 4 m garantiert in der Arbeitsphase die Vermeidung einer Wasserübernahme. Hingegen ist in der Schlechtwetterphase mit einer Wasserübernahme zu rechnen.
Ein Wandeffekt zwischen Ponton und Caisson, der in einem Hochschießen von Wasser resultiert, konnte nicht beobachtet werden.

7.4 Kopplung Shuttle – Ponton:

Das Andocken „Kopf an Kopf“ hat sich als günstigste Variante herausgestellt. Es wurde vorgeschlagen, an jeder Stirnseite eine Überfahrtbrücke anzubringen, da auf der jeweiligen Leeseite des Pontons die Bewegungen bis zu 40% reduziert werden.
Zur Vermeidung zu hoher Kopplungskräfte muß die Verbindung flexibel gehalten werden. Eine geteilte Überfahrtbrücke gewährleistet ein besseres Ausgleichen der Rollbewegung des Shuttles.
Zur Vermeidung der Anhebung der Überfahrtbrücke infolge der Vertikalbewegung der Stirnseite des Shuttles muß die Freiborddifferenz zwischen Shuttle und Ponton mindestens 0,8 m betragen.

7.5 Ankerblöcke

Mit den vorhandenen Ergebnissen wurden die Baustellen der Ankerblöcke bewertet. Auf Grund der Windschattenwirkung künstlich aufgeschwemmter Inseln in der Nähe der Ankerblöcke sind mit Sicherheit geringere Kräfte und Bewegungen zu erwarten.

8 Schlußbemerkungen

Die Untersuchungen am Koppelsystem Ponton-Shuttle in Verbindung mit dem zugehörigen Caisson waren von sehr komplexer Natur. Hauptaugenmerk bei allen Teilaufgaben lag in der Beantwortung der Frage der Realisierbarkeit. Es sei bemerkt, daß die Realisierbarkeit über einen Zeitraum von mehr als zwei Jahren gewährleistet werden mußte, nämlich solange, wie die Betonarbeiten andauerten. Die Vielfalt der Varianten, die untersucht wurden, setzte sich dahingehend fort, daß nach Abschluß der Untersuchungen einige Lösungen und Empfehlungen modifiziert wurden. So wurde beispielsweise der Ponton mit einer Überfahrtbrücke nur an einer Stirnseite ausgerüstet. Des weiteren wurden die Shuttle mit bis zu 8 Mischfahrzeugen gleichzeitig gefahren. Das belegt, das optimale Ergebnisse aus hydrodynamischer Sicht nicht gleichzeitig deckungsgleich sind mit einem Optimum hinsichtlich technologischer Aspekte.
Die Angabe von Maximalwerten ergab sich aus der Notwendigkeit einer Aussage über einen Zeitraum von mehr als zwei Jahren, nämlich dem Zeitraum, den die Betonarbeiten andauerten.
Die Validierung der dargelegten Ergebnisse konnte nicht besser unter Beweis gestellt werden, als durch die Tatsache, daß während der Phase der Betonarbeiten keine kritischen Situationen zu verzeichnen waren. Nach Aussagen des Auftraggebers funktionierte der Transport der Mischfahrzeuge mit Hilfe der Shuttle und deren Überfahrt auf den jeweiligen Ponton ohne Probleme.

Symbole

a_p, a_s	m^{-1}	Beschleunigungssensoren
e_{hmax}	mrad	Grenzwert der dynamischen Stabilität
F_1–F_4	kN	Kraftsensoren (Federkräfte)
$H_{1/3}$	m	signifikante Wellenhöhe
T	s	charakteristische Periode
WS	–	Wellensonde
y_g	m	Drahtpotentiometer (Horizontalbewegung des Pontons)
z_p, z_s	m	Drahtpotentiometer (Vertikalbewegungen im Bereich der Brücke)
ϕ_{max}	°	Grenzwert der statischen Stabilität

Schrifttum

1 Fröhlich, M.: Final Report to Model Tests and Calculations of the Project „Great Belt – East Bridge". SVA-Report No 1974, Potsdam, December 1992
2 Fröhlich, M.: Appendix Report II to Model Tests of the Project „Great Belt – East Bridge". SVA-Report No 1974.2, Potsdam, December 1992
3 Fröhlich, M.: Appendix Report I to Calculations of the Project „Great Belt – East Bridge". SVA-Report No 1974.1, Potsdam, December 1992
4 Abb. 3: HOCHTIEF-Werkfoto Archiv-Nr. 17789

Krane für den maritimen Einsatz

Neue Entwicklungen im Hebezeugbau zur Verkürzung der Schiffsliegezeiten im Hafen und zur Beschleunigung des Containerumschlages

New Developments in Lifting Machinery Engineering to Reduce Turnround Times of Ships in the Port and to Speed up Container Handling

Dr. Ing. **Wolfgang Gollnast** und Dipl.-Ing. **Reiner Pampel**
KE Kranbau Eberswalde GmbH

Einleitung

Als Kranbetrieb, der vor 1990 auf die Entwicklung und Produktion von Drehkranen spezialisiert war, haben wir natürlich interessiert auch die Entwicklung in angrenzenden Bereichen, speziell bei Containerumschlagsgeräten, verfolgt. War auch der Hauptmarkt des damaligen VEB Kranbau die ehemalige Sowjetunion, so bestanden trotzdem ständig Kontakte auch zu anderen Märkten. Erwähnen möchten wir insbesondere große Kranlieferungen nach Brasilien auf dem Sektor der Dreh- und Känguruhkrane, aber auch Kranlieferungen ins Ruhrgebiet und nach Hamburg. Der ständig zunehmende Containerumschlag Mitte der 80er Jahre führte dazu, daß auch der Drehkran in der Lage sein mußte, Container umzuschlagen. Die Zeit der Multi-Purpose-Krane war gekommen. Beispiele sind Krane mit Doppellenkerwippsystem und den Parametern 50 t × 42 m und Einlenkerwippsystem und den Parametern 40 t × 40 m.

In den Jahren nach 1990 hat KE auch spezielle Containerumschlagsgeräte, also Geräte die nur für Containerumschlag und Schwerlastbetrieb ausgelegt sind, auf dem Markt angeboten. Die technischen Entwicklungen, was Gerätegestaltung und Design betrifft, waren aber im wesentlichen festgeschrieben. Einbringen konnten wir deshalb nur unsere Erfahrungen von den Drehkranen in der Auslegung der elektrischen Antriebe.

1 Entwicklungen im Großcontainerschiffbau und im Hafen

Von uns nicht unbeobachtet, löste sich der Schiffbau von den Fesseln des Panamakanals. Die Containerschiffe der 4. Generation kamen in Fahrt (siehe Hansa 1992, Heft 3). Damit war eigentlich klar, daß eine Grenze nicht festzuschreiben war, solange die Randbedingungen noch variabel sind (Wassertiefen, Hafenanlagen, Containerumschlagsgeräte, Logistik).

Im Bericht Nr. 548 des Institutes für Schiffbau der Universität Hamburg vom Februar 1995 mit dem Titel „Schiffstechnische, logistische und wirtschaftliche Aspekte von Containerschiffen mit mehr als 6000 TEU Kapazität" wird noch geschrieben, daß „die Jumbos zumindest bis auf weiteres in den Schubladen liegen bleiben". Heute wissen wir, daß die ersten „Jumbos" bereits auf große Fahrt gegangen sind, daß z.B. die Werft in Odense den Typ fast am Fließband produziert. Es ist aber auch bekannt, daß in Belgien und Holland Hafenanlagen mit 20,0 m Wassertiefe entstanden sind, die direkt am Meer liegen, also keine Kanal- oder Flußfahrt erforderlich machen; für Großschiffe äußerst wettbewerbsfähige Häfen.

2 Vorschläge der Kranbaubetriebe für die Gestaltung leistungsfähiger Umschlagsgeräte

2.1 „Supertainer" von Paceco

Aber auch die Kranbaubetriebe machten verstärkt mit Publikationen auf ihre Entwicklungsideen aufmerksam. So stellte Paceco Corp. (USA) in „Port Technology International" ihren „Supertainer Crane" vor, der die 5. Schiffsgeneration Post Panmax Plus mit einer Leistung bis zu 90 Containern pro Stunde bedienen soll. Ein ähnliches Gerät hat Hans Tax bereits 1969 zum Patent angemeldet und war damit seiner Zeit wohl zu weit voraus. In Abb. 1 ist die vorgesehene Ausführung dargestellt. Prinzipiell wird der Gesamtbewegungsablauf in Einzelbewegungen aufgelöst (Löscheimerprinzip) und diese werden durch getrennte Fördereinrichtungen ausgeführt. Zwei Katzen, ein wasserseitiger und ein landseitiger, übernehmen die Hub- und Senkbewegung, während ein Traverser den Horizontaltransport durchführt. Der Container muß dabei erst vollständig angehoben werden, ehe der Traverser ihn unterfahren kann. Anschließend senkt der Katze den Container ab, bis er auf dem Rahmen des Traversers aufsitzt. Der Traverser fährt zum 2. Katze, der seinen Spreader bereits in die oberste Position gebracht hat. Spreader und Container werden verriegelt, die Last angehoben und der Traverser wieder frei für die Rückfahrt beschleunigt. Nun kann der 2. Katze den Container absetzen. Über die Gestaltung des Traversers gibt es die unterschiedlichsten Vorschläge und das zeigt auch, daß hier ein neuralgischer Punkt liegt.

Interessant sind die vorgesehenen Arbeitsgeschwindigkeiten, die den Umschlag von 90 Containern ermöglichen sollen:

Heben bei Nennlast (50,8 t)	135 m/min	ca. 1600 kW
max. Hubgeschwindigkeit	270 m/min	
Senken bei Nennlast	150 m/min	
Fahren Traverser	270 m/min	

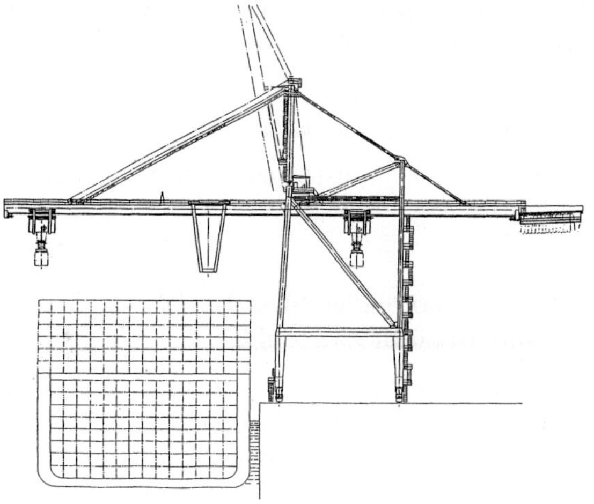

Abb. 1. Drei-Katz-Containerkran

2.2 „Containerkran 2000" von VIT und Kone

Neuentwicklungen entfachen natürlich sofort die Diskussion über Für und Wider der Vorschläge. Letzten Endes kommt es dann darauf an, einen Kunden von der Richtigkeit des Lösungsvorschlages zu überzeugen. Auf der anderen Seite ist es zunehmend so, daß die Betreiber, also die Hafenbetriebe, selbst ihre Erfahrungen und Gedanken mit einbringen möchten. Ein Beispiel dafür ist der Virginia International Terminal. Dieser Hafen hat sich Gedanken gemacht, wie der „Containerkran 2000" aussehen könnte und hat das Prinzip der heb- und senkbaren Trolleyfahrbahn favorisiert (Abb. 2). Nach Gesprächen mit Kranherstellern hat Kone signalisiert, daß sie eine solche Lösung für ausführbar halten. Die Zielrichtung des Entwicklungsvorschlages ist die Reduzierung des Lastpendels durch

- die Verkürzung der freien Pendellänge
- das Anbringen seitlicher Stabilisatoren (ähnlich der Flipper an Spreadern) zum Unterdrücken der Pendelbewegung.

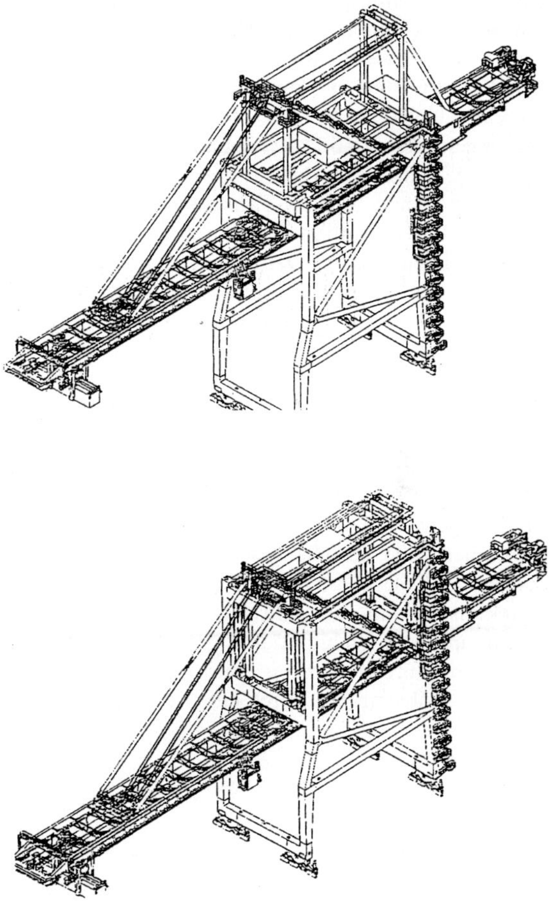

Abb. 2. Containerkran mit heb- und senkbarem Brükkenträger (Quelle: VIT)

Die Einschränkung des Lastpendelns ermöglicht die Verwendung hoher Arbeitsgeschwindigkeiten:

Fahren der Katze (seilgetrieben)	275 m/min	bei 1,8 m/s^2 Beschleunigung
Heben Nennlast (50 t)	91,5 m/min	
Heben leerer Spreader	183 m/min	

Die geometrischen Abmessungen beider Vorschläge liegen im üblichen Rahmen:

Ausladung	150′	(45,72 m)
rückwärtige Ausladung	50′ bis 75′	(15,24 bis 22,86 m)
Hubhöhe über OKS (CK 2000)	40′ bis 100′	(12,2 bis 30,48 m)

2.3 Containerkran im 2-Katzbetrieb vom Kranbau Eberswalde

Kranbau Eberswalde wurde Ende 1996 von Flanders Container Terminals N. V. in Zeebrugge, für die KE 1992 die Fertigung und Montage von Containerkranen im Auftrag Kocks Bremen ausgeführt hatte, angesprochen, ob wir einen Beitrag für eine wesentlich leistungsfähigere Containerkrangeneration mit der Zielrichtung, 100 Container/Std. umzuschlagen, liefern könnten. Nach Abwägung der Vor- und Nachteile der veröffentlichten Vorschläge entschied sich KE, FCT einen Containerkran für 2-Katz-Betrieb anzubieten (Abb. 3, 4). Dieser Kran ist dadurch gekennzeichnet, daß 2 voneinander unabhängige Laufkatzen, die auch separat gesteuert werden, sich auf einer gemeinsamen Fahrbahn bewegen. Am grundsätzlichen Aufbau des Containerkranes ändert sich dabei sehr wenig. Damit wird erreicht, daß erprobte Baugruppen zum Einsatz kommen, die sich viele Jahre bewährt haben und technisch ausgereift sind. KE bevorzugt dabei die Einträgerausführung, wobei sich die Fahrbahn der Laufkatzen auf dem Obergurt befindet. Der Katzrahmen umfaßt den Brückenträger U-förmig. Das Containerhubwerk befindet sich auf dem unteren Teil des Katzrahmens. Der besondere Vorteil dieser Maschinenhauskatzen ist die genaue Positionierbarkeit der Katze zum Container ohne zwischengeschaltete elastische Glieder, wie es Seile nun einmal sind. Natürlich muß die Tragkonstruktion den auftretenden Belastungen angepaßt und der Stabilität und Standsicherheit muß besondere Aufmerksamkeit gewidmet werden. Aber das sind Probleme, die durch entsprechende Rechen-

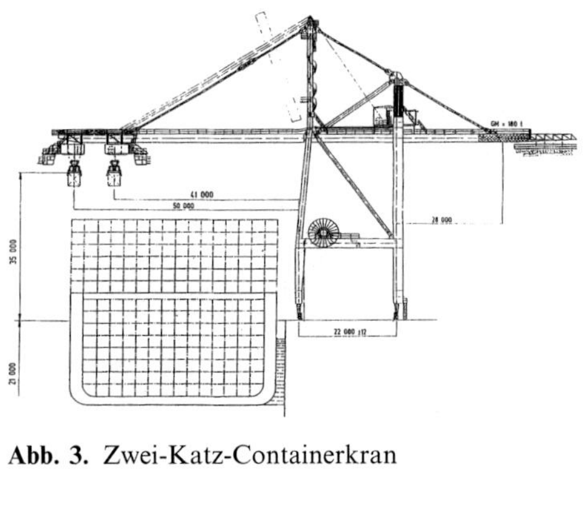

Abb. 3. Zwei-Katz-Containerkran

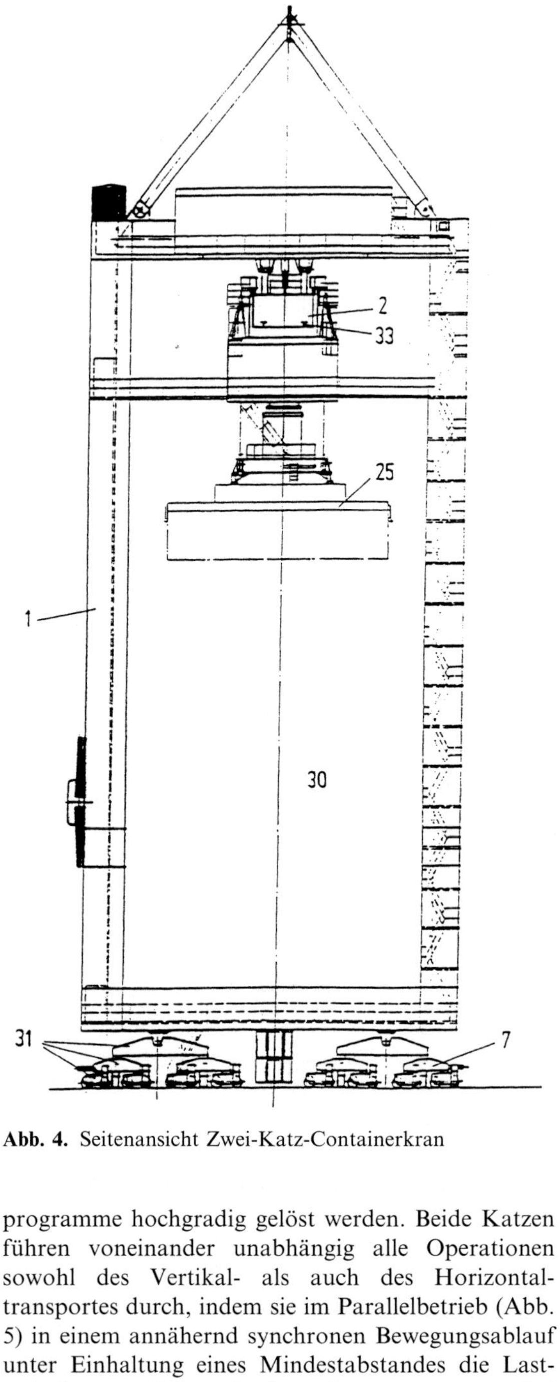

Abb. 4. Seitenansicht Zwei-Katz-Containerkran

programme hochgradig gelöst werden. Beide Katzen führen voneinander unabhängig alle Operationen sowohl des Vertikal- als auch des Horizontaltransportes durch, indem sie im Parallelbetrieb (Abb. 5) in einem annähernd synchronen Bewegungsablauf unter Einhaltung eines Mindestabstandes die Lastaufnahme- und Lastabgabestation ansteuern, wobei diese Stationen in voneinander beabstandete Bereiche entsprechend der Transferrichtung eingeteilt sind und jede Katze nur den Stationsbereich bedient, der der relativen Position zur anderen Katze entspricht. Wichtig für dieses Betriebssystem ist die Überwachung der Katzpositionen, um gefährliche Annäherungen und kritische, die Standsicherheit gefährdende Lastmomente zu vermeiden. Durch den ständigen gegenseitigen Austausch aller relevanten Informationen über den augenblicklichen statischen und dynamischen Zustand beider Katzen wird ein weitgehend

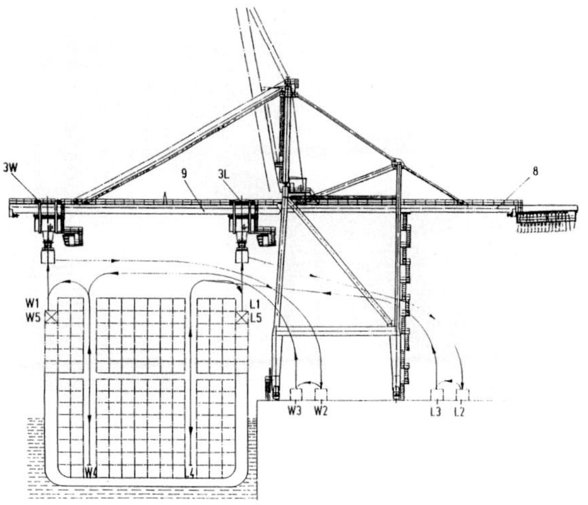

Abb. 5. Arbeitsablauf Zwei-Katz-Containerkran

synchroner Bewegungsablauf ermöglicht. Alle relevanten Betriebsparameter werden außerdem einem Zentralrechner zugeführt. Deren Verknüpfung und Abgleich mit Sollwerten schließt Gefahrenzustände aus.

Der vorgestellte Containerkran ist universell und flexibel einsetzbar. Je nach den im Hafenbetrieb herrschenden Anforderungen kann er ohne Eingriffe in das System im Ein- oder Zweikatzbetrieb betrieben werden. Wird nur eine Katze benötigt, kann die andere eine Parkposition am landseitigen Ende des Brückenträgers einnehmen. Gleiches trifft für den Schwerlastbetrieb zu. Auch hier wird die zweite Katze in eine Parkposition gefahren und übernimmt die Funktion einer stabilisierenden Gegenmasse. Bei FCT haben die KE-Vorschläge ein positives Echo gefunden, da der Technische Direktor des Hafens, Herr Thys, in die gleiche Richtung gedacht hat.

Die technischen Hauptdaten des Containerkranes sind folgende:

wasserseitige Ausladung max.	52,0 m
Distanz zwischen beiden Katzen	9,0 m
Spurweite	22,0 m
rückwärtige Ausladung bei Maximallast	20,0 m
Maximallast pro Katze (20′-Flüssigkeitscontainer im Twinbetrieb)	62,0 t
Maximallast Katze WS bei maximaler Ausladung	62,0 t
Maximallast beider Katzen bei maximaler Ausladung	100,0 t
Heben Nennlast	60,0 m/min = 800 kW
Katzfahren	max. 220,0 m/min

3 Feeder Server®

Der Feeder Server® ist für einen wirtschaftlichen Einsatz im Container- und Stückgutumschlag bei kleineren und mittleren Schiffen (feeder ships) konzipiert. Aufgrund der Mobilität und der Konstruktionsweise kann der Kran kurzfristig, abhängig von den Erfordernissen, auf die entsprechenden Kais für Feederschiffe verfahren werden, ohne den Umschlag auf dem Kai zu behindern.

Der Feeder Server® ist ausgelegt für den Containerbetrieb, wobei die Arbeitsgeschwindigkeiten Heben und Katzfahren denen eines Großgerätes entsprechen. Als mobiler Mehrzweckkran stehen verschiedene alternative Krankonstruktionen für Greiferbetrieb (el-hydr.), Stückgut- und Schwerlastbetrieb zur Verfügung.

Die hohe Mobilität des Feeder Server® wird erreicht durch

- das kombinierte Betriebs- und Straßenfahrwerk. Dabei wird das Gerät mit luftbereiften Rädern verfahren, während die Betriebsbelastungen durch die Varianten
  * Schienenfahrwerk oder
  * Hartgummiräder

  aufgenommen werden.
- die autarke Energieversorgung durch einen Diesel-Generator-Satz,
- das Ablegen des wasserseitigen Auslegers für das Umsetzen des Kranes.

Der wasserseitige Ausleger wird in seine Parkposition gebracht, bevor der Kran zu den verschiedenen Kais fährt. Wenn der Kran außer Betrieb ist, kann der Ausleger jedoch auch, wie gewöhnlich, angehoben sein.

Diese Eigenschaften, zusammen mit der niedrigen Gesamthöhe machen es dem Feeder Server® möglich, unter dem landseitigen Bereich großer Verladebrükken hindurchzufahren. Nach Erreichen des Einsatzortes dauert es nur 8 Minuten bis zum ersten Ladevorgang. Das Freiprofil unter dem Portalträger gestattet den ungehinderten Einsatz von Straddle Carriers wie bei großen Verladebrücken. Das Hubwerk und das Auslegerhubwerk sowie der Diesel-Generator-Satz und die elektrischen Komponenten sind in separaten Häusern installiert, die in den Fachwerkträger des Kranes integriert sind und bereits im Werk getestet werden.

Im Vergleich zur konventionellen Containerbrücke hat der Feeder Server® folgende Vorteile aufzuweisen:

- niedrigere Investitionskosten
- höherer Grad an Beweglichkeit und Vielseitigkeit
- Belegung der Kaifläche nur im Arbeitsfall

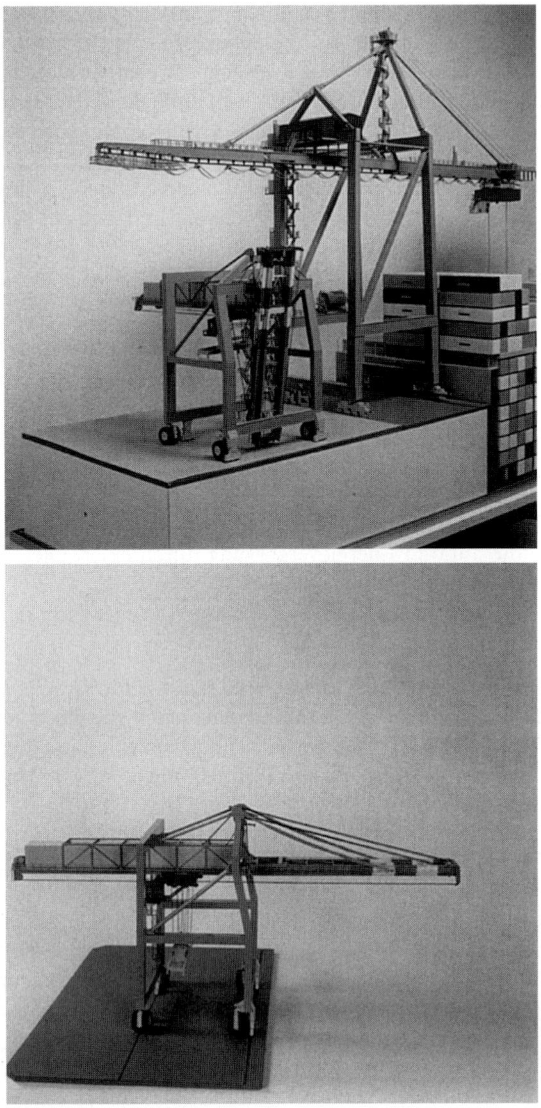

Abb. 6.

Abb. 7. Feeder Server®

- Einsatz an beliebigem Standort zur Abfertigung eines Feederschiffes
- geringere Bauhöhe bringt besseres Betriebsverhalten (Lastpendeln) und bessere Sichtverhältnisse für Kranführer
- Wartungsarbeiten außerhalb der Arbeitsfläche.

KE Kranbau Eberswalde GmbH möchte durch diese Neuentwicklungen dazu beitragen, gerätetechnische Voraussetzungen zur weiteren Erhöhung des Containerumschlages zu leisten.

Neue Ergebnisse aus den Hochschulen – Der Nachwuchs berichtet

Kurzfassungen der Vorträge des Sprechtages im Oktober 1997 in Duisburg

Konzept zum Ersatz langsamlaufender Dieselmotoren durch moderne Mittel- oder Schnelläufer auf Binnenschiffen, insbesondere am Beispiel des TMS „EILTANK 230"

Concept of Substituting Modern Medium or High-speed Diesel Engines for Low-speed ones on Vessels for Inland Waterways, Demonstrated for the Particular case of TMS „EILTANK 230"

Norbert Kuhlmann, Wesel

Als die Ära der Schleppschiffahrt, deren Komponenten im wesentlichen aus dampfgetriebenen Schleppbooten und antriebslosen Kähnen bestanden, zu Ende ging, setzte sich mehr und mehr das einzelfahrende Binnenschiff durch. In diesem Zusammenhang erlangte der Dieselmotor als Antriebsanlage eine dominierende Position, wobei fast ausschließlich langsamlaufende Motoren zum Einsatz kamen, worunter in der Binnenschiffahrt solche mit Nenndrehzahlen < 400 U/min verstanden werden. Gründe für die Bevorzugung dieses Motortyps lagen in der Robustheit dieser Maschinen und in der Tatsache, daß sie direkt, also ohne Getriebe, auf den Propeller wirkten. Darüber hinaus existierten in den 50er und 60er Jahren noch keine für den Einsatz auf Binnenschiffen geeignete schnellaufende Dieselmotoren. Aufgrund ihrer Langlebigkeit sind langsamlaufende Dieselmotoren heute noch in einer großen Anzahl von Binnenschiffen vertreten und haben somit circa 40 Jahre Betriebszeit hinter sich. Die Einsatzfähigkeit und Wirtschaftlichkeit der mit Langsamläufern ausgerüsteten Schiffe leidet immer mehr, so daß dringend über kostengünstige Ersatzlösungen für diese Antriebsanlagen nachgedacht werden muß. Beispielhaft soll an dieser Stelle das TMS „EILTANK 230" gelten, das aufgrund eines Kurbelwellenbruchs seines Langsamläufers circa 8 Wochen ausgefallen ist.

Nachfolgend werden einige der wichtigsten Gründe aufgeführt, die für den Ersatz langsamlaufender Dieselmotoren sprechen. Langsamläufer werden schon seit geraumer Zeit nicht mehr produziert, so daß die Versorgung mit Ersatzteilen immer schwieriger wird. In letzter Konsequenz könnte dies dazu führen, daß spezielle Ersatzteile demnächst einzeln angefertigt werden müssen. Schon heute verweigern Maschinenversicherer immer häufiger die Begleichung großer Schäden an Langsamläufern und drängen auf Ersatzlösungen. Ein weiterer Aspekt besteht in den Betriebskosten. Bedenkt man, daß langsamlaufende Dieselmotoren mit einer ungefähr 40 Jahre alten Technik arbeiten, so ist es verständlich, daß heutige Maschinen einen wesentlich niedrigeren spezifischen Kraftstoffverbrauch aufweisen können. Die spezifische Kraftstoffeinsparung kann, bezogen auf langsamlaufende Dieselmotoren, 10% und mehr betragen, was bei den heutigen hohen Gasölpreisen ein gewichtiges Argument für den Ersatz von Langsamläufern darstellt. Aufgrund des teilweise offenen Ölsystems des Langsamläufers läßt sich durch den Einsatz von Mittel- oder Schnelläufern zudem der Ölverbrauch senken. Bedenkt man, daß die langsamlaufende Antriebsmaschine des TMS „EILTANK 230" (KHD RBV 8M545, 882 kW bei 380 U/min) ungefähr ein Gewicht von 23 t aufweist, so läßt sich insbesondere durch Umbau auf eine schnellaufende Antriebsmaschine trotz des dabei nötigen Einsatzes eines Getriebes das Eigengewicht des Schiffes um 15 t und mehr reduzieren, was in gleicher Höhe der

Nutzladung zu Gute kommt. Besonders interessant ist dies für Schiffe, die auf Elbe oder Donau eingesetzt werden, wo die Abladetiefe aufgrund natürlicher Gegebenheiten stark begrenzt ist. Ein letzter wichtiger Aspekt besteht in der Tatsache, daß die Binnenschiffahrt vor der Einführung von Abgasnormen steht, die im Laufe der Zeit mit großer Wahrscheinlichkeit weiter verschärft werden. Aufgrund der 40 Jahre alten Technik, mit der langsamlaufende Dieselmotoren arbeiten, werden diese es schwer haben, die zu erwartenden Normen auf Dauer zu erfüllen.

Sollte sich eine Reederei bzw. ein Partikulier aus oben genannten Gründen in Verbindung mit einem größeren Schaden an einer langsamlaufenden Maschine dazu entschließen, die Antriebsanlage umzubauen, so sind folgende technische Randbedingungen zu beachten. Ändert sich durch den Umbau die installierte Leistung oder die Propellerdrehzahl, so muß der Propeller überprüft, ggf. verändert oder ersetzt werden. Wird der Propeller nicht überprüft, so ist es durchaus möglich, daß die Kraftstoffeinsparung des neuen Motors aufgrund des für die neue Situation nicht optimal ausgelegten Propellers aufgezehrt wird. Ein weiterer Aspekt besteht in der Schwimmlage des leeren Schiffes. Dadurch, daß durch einen Umbau der Maschine Gewicht aus dem Hinterschiff entfernt wird, verringert sich der achterliche Trimm des leeren Schiffes. Dies hat zum einen zur Folge, daß sich die Tauchung des Propellers reduziert, so daß die Gefahr des Luftansaugens beim Aufstoppen des Schiffes zunimmt. Zum anderen erhöht sich durch eine leichtere Maschinenanlage die Fixpunkthöhe des Achterschiffes. Absolut betrachtet kann in einigen Fällen diese Höhe um 10 cm zunehmen, was bei den niedrigen Brücken im Kanalgebiet schnell zu einer Einschränkung des Fahrtgebietes des Schiffes führen kann. Neben diesen genannten technischen Randbedingungen bedarf es im Fall eines Maschinenumbaus zusätzlich der Klärung weiterer Fragen. Es sollte z.B. im Vorfeld geklärt werden, wie das Maschinenfundament umzubauen ist und mit welchen Schwingungsverhältnissen nach dem Umbau gerechnet werden muß.

Steht der Entschluß zum Umbau fest und sind die technischen Randbedingungen geklärt, so muß aus den vielen zur Verfügung stehenden Motoren der für den jeweiligen Zweck optimale ausgewählt werden. Grundsätzlich kann zwischen mittelschnell- und schnellaufenden Motoren gewählt werden, wobei zu beachten ist, daß beide Motorarten den Einbau eines Getriebes erfordern, zum einen zur Reduzierung der Drehzahl und zum anderen zum Umsteuern der Antriebsanlage. Mittelschnellaufende Motoren sind gekennzeichnet durch eine Nenndrehzahl von 400–1000 U/min, während schnellaufende Motoren mit Nenndrehzahlen zwischen 1000 und 1800 U/min oder mehr arbeiten. Die Vorteile des Schnelläufers bestehen im wesentlichen in seiner günstigen Anschaffung, in seiner Kompaktheit und in seiner einfachen Austauschbarkeit bei größeren Schäden. Der Mittelschnelläufer weist gegenüber dem Schnelläufer allerdings den Vorteil der größeren Lebensdauer auf. In bezug auf den spezifischen Kraftstoffverbrauch kann festgestellt werden, daß besonders durch die Einführung der elektronischen Kraftstoffeinspritzung die Schnelläufer durchaus das Niveau der Mittelschnelläufer erreicht haben, so daß der niedrige Kraftstoffverbrauch nicht mehr ein Privileg der mittelschnellaufenden Maschinen darstellt.

Um nun zu einer Entscheidung zwischen mittelschnell- und schnellaufender Maschine zu gelangen, wurde eine wirtschaftliche Betrachtung angestellt, in der 6 Mittelschnell- und 5 Schnelläufer Berücksichtigung fanden. Unter für alle Motoren gleichen Bedingungen fanden bei dieser wirtschaftlichen Betrachtung die Kraftstoff- und Ölkosten, die Zusatzerlöse aus dem Tragfähigkeitsgewinn, die durchschnittlichen Instandhaltungskosten und die Kosten für Zinsen und Abschreibung Berücksichtigung. Das Ergebnis zeigt, daß die jährlichen Gesamtkosten der schnellaufenden Maschinen im großen und ganzen deutlich niedriger liegen als die jährlichen Gesamtkosten der mittelschnellaufenden Motoren. Berücksichtigt man in einer zweiten Rechnung die unterschiedliche Lebensdauer der betrachteten 11 Maschinen, so ergibt sich, daß die auf einen Zeitraum von 25 Jahren bezogenen Kosten bei Mittel- und Schnelläufer durchschnittlich auf demselben Niveau liegen. Es existieren sowohl Schnelläufer, die günstiger sind als mancher Mittelschnelläufer, als auch Mittelschnelläufer, die günstiger sind als mancher Schnelläufer. Die durchgeführten wirtschaftlichen Betrachtungen zeigen also, daß Mittelschnell- und Schnelläufer durchaus gleichwertig anzusehen sind, wenn es um die Wahl einer Maschine für ein Binnenschiff geht. Ob es wirtschaftlich sinnvoll ist, eine langsamlaufende Maschine ohne Vorliegen eines größeren Schadens zu ersetzen, oder ab welcher anzunehmenden Reparatursumme der Ersatz lohnt, kann nicht generell beantwortet werden, sondern hängt von den spezifischen Betriebsbedingungen eines jeden Schiffes ab. Die Berechnungen im speziellen Fall des TMS „EILTANK 230“ ergeben, daß ein Ersatz wirtschaftlich sinnvoller ist als die Reparatur des Kurbelwellenbruchs. Der wirtschaftliche Vergleich aller in Frage kommenden Motoren für dieses Schiff läßt die Wahl auf eine schnellaufende Maschine mit elektronischer Einspritzung fallen.

Die im vorliegenden Beitrag zusammengefaßte Arbeit hat also ergeben, daß schnellaufende Dieselmotoren für den Einsatz in Binnenschiffen neben den bewährten Mittelschnelläufern durchaus als ernstzunehmende Alternative gesehen werden sollten, in manchen Fällen sogar die bessere Wahl darstellen. Die Angst vor der geringeren Lebensdauer dieser Maschinen im Vergleich zum Mittelschnelläufer sollte überwunden werden, denn die wirtschaftliche Betrachtung hat gezeigt, daß sich dieser häufigere Ersatz dennoch rentieren kann. Einen ersten Schritt in Richtung Schnelläufer machen momentan eine Vielzahl von Koppelverbänden, die durch schnellaufende Doppelmotorenanlagen angetrieben werden.

Untersuchung der Redundanzverhältnisse von Schiffsmaschinenanlagen

Research on Redundant Parts in Marine Engine Plants

Andreas Oertel, Flensburg

1 Aufgabenstellung

Redundanz wird im Schiffsmaschinenbetrieb zur Erhöhung der Zuverlässigkeit eingesetzt. Ein zuverlässiges Schiff braucht sowohl der Reeder als auch der Kunde, der seine Ladung sicher und pünktlich transportiert wissen will. Die Zuverlässigkeit des Maschinenbetriebs bedeutet Sicherheit für das gesamte Schiff mit seiner Besatzung und Ladung.
In Küstennähe kann der Verlust der Manövrierfähigkeit nach Ausfall der Vortriebsanlage oder der Ruderanlage zu einem Totalverlust des Schiffes und zu einer starken Verschmutzung der Umwelt führen. Somit besteht auch ein öffentliches Interesse an einem zuverlässig funktionierenden Schiff.
Auf der Elbe und dem Nord-Ostsee-Kanal kam es in den Jahren 1993 bis 1996 zu insgesamt 537 technischen Ausfällen, die sehr häufig zu Notankerungen bzw. Böschungsberührungen führten [4]. Eine durch eine Arbeitsgruppe der STG durchgeführte Analyse der in den Jahren 1990 bis 1993 aufgetretenen Störfälle [3] zeigte, daß die vorhandene Redundanz die Ausfälle nicht verhinderte.
Im Rahmen einer Diplomarbeit ist untersucht worden, wo die bisher angewendeten Redundanzforderungen unzureichend sind und welche Verbesserungsvorschläge gemacht werden können, um letztendlich einen Beitrag zur Erhöhung der Ausfallsicherheit zu leisten.

2 Vorgehensweise

Die Redundanzverhältnisse wurden anhand von Rohrplänen und One-Line-Diagrammen des modernen Containerschiffs „Bonn Express" (Hapag Lloyd) untersucht. Die erforderlichen Pläne sind an der FH Flensburg vorhanden.

Im Lauf der Untersuchung wurden die Systeme E-Versorgung, Kühlwasser, Kraftstoff, Schmieröl und Arbeits-, Anlaß- und Steuerluft nach jeweils dem gleichen Schema betrachtet:

1. Zugrundeliegendes Konzept und vereinfachte Darstellung
2. Vorgaben des Germanischen Lloyd
3. Schwächen und Verbesserungsvorschläge

Abweichend hiervon ist die Redundanz des Antriebsstrangs, bestehend aus den Komponenten Hauptmaschine, Wellenleitung und Propeller betrachtet worden.

3 Redundanz im Schiffsmaschinenbetrieb

Redundanz (lat. Überfülle) will das Versagen einer Komponente durch den Einsatz einer anderen auffangen. Unterschieden wird in aktive (heiße), passive (kalte) und „warme" Redundanz. Letztere soll hier nicht näher betrachtet werden. Im Fall der aktiven Redundanz ist das technische Mittel nicht nur funktionsbereit, sondern auch zu z.B. 50% an der Ausführung der vorgesehenen Funktion beteiligt. Im Fall einer Bordnetzversorgung durch zwei Dieselgeneratoren (DG) würde jeder DG z.B. 50% der anstehenden Last übernehmen, bei Ausfall eines DG's jedoch 100% der Bordnetzversorgung stellen.
Häufiger ist jedoch die passive Redundanz anzutreffen. Sie wird z.B. durch die zahlreich vorhandenen Standby-Pumpen verkörpert. Das Fluid wird zu 100% durch die aktive Pumpe gefördert. Bei Ausfall wird die Funktion durch die nun angelaufene Standby-Pumpe zu 100% übernommen. Die Aufteilung kann auch auf drei Pumpen mit je 50% Förderlei-

stung erfolgen. Dabei laufen dann zwei Pumpen, während eine in Reserve steht.
Auch ein vorhandenes Ersatzteil kann als passive Redundanz angesehen werden, wenn ein kurzzeitiger Ausfall gestattet ist, die Fehlerauffindung durch geeignete Mittel erleichtert und damit beschleunigt wird, und das Bedienpersonal das Einschalten, Einsetzen oder Auswechseln vornimmt [1].
Die Umschaltung auf ein Standby-System hängt oft von einer Vielzahl einzelner Elemente und Bauteile ab, die jedes für sich eine Schwachstelle darstellen. Daraus ergibt sich, daß das Sicherheitssystem zur Überwachung und Umschaltung eine wesentlich höhere Zuverlässigkeit aufweisen muß als die Einheit, die es überwachen soll.
Eine Schwäche speziell der passiven Redundanz ist in der fehlenden Überwachung der Standby-Einheit auf Funktion zu sehen. Sogenannte „verborgene Ausfälle", die während der Standby-Zeit entstehen werden nicht detektiert. Wenn der Mensch versagt, stellt keine Überwachungseinheit fest, daß z.B. der Betriebswahlschalter am Schaltkasten einer Einheit nicht auf „Automatik" sondern auf „Handbetrieb" steht, und die redundante Einheit gar nicht anlaufen kann.
Da nicht alle Systeme und Komponenten im Schiffsmaschinenbetrieb redundant ausgelegt werden können, ergeben sich nicht-redundante Schnittstellen zwischen den einzelnen Systemen. Auch diese „Flaschenhälse" müssen eine hohe Zuverlässigkeit aufweisen, um die durch die eingesetzte Redundanz erreichte Steigerung der Zuverlässigkeit nicht zunichte zu machen. Besonders gilt das für Schnittstellen zwischen voneinander abhängigen Systemen, die allein nicht funktionsfähig sind.
Eine weitere Schwäche der passiven Redundanz ist in den bekannten Nachteilen stillstehender Maschinenteile zu sehen.
Jede Art von Redundanz wird von sogenannten redundanzüberbrückenden Fehlern bedroht. Diese Fehler, die verschiedene Systeme gleichzeitig ausfallen lassen, haben eine gemeinsame Ursache, wie z.B. Feuer oder Wassereinbruch und werden deshalb als „Common Mode Failure" (CMF) bezeichnet. Ein Schutz gegen CMF ist durch räumliche Trennung und Abschottung, wie auch durch unterschiedliche Funktions- und Konstruktionsprinzipien (Prinzip der Diversität) möglich.
Wird Redundanz aus wirtschaftlicher Sicht betrachtet, so muß festgestellt werden, daß für den Auftraggeber eines Schiffs zunächst einmal höhere Kosten entstehen. Denn überproportional zum Grad der Redundanz steigen Faktoren wie Gewicht, Platz-, Leistungs- und Ersatzteilbedarf, Aufwand zur Fehlerentdeckung und Instandhaltung sowie der Bedarf an Umschaltern und Überwachungseinrichtungen an. Diese Mehrkosten muß der Betreiber den Einsparungen durch weniger und kürzere Ausfallzeiten gegenüberstellen.
Die Grenzen der Redundanz werden durch die Zuverlässigkeitstheorie aufgezeigt. Demnach kann die Zuverlässigkeit nicht beliebig durch Erhöhung des Grades der Redundanz gesteigert werden, da die gleichfalls steigende Zahl der Bauteile (und somit Fehlerquellen) den Zugewinn an Zuverlässigkeit bremst [2].
Es kann die Vermutung geäußert werden, daß die Zahl der Totalausfälle (Blackouts) auf modernen und hochautomatisierten Schiffen auch hierauf zurückzuführen ist.

4 Betrachtung der Systeme

Der Antrieb der „Bonn Express" besteht aus einer Hauptmaschine vom Typ MAN-B&W 8L80MC+TCS (21700 kW), die das Schiff durch einen 5-Flügel-Festpropeller auf eine Dienstgeschwindigkeit von 21 kn bringt. Das Schiff mit einer Länge über alles von 206,4 m kann 2291 TEU-Container tragen.
Die Betrachtungseinheit „Antrieb" kann vereinfacht als Reihenschaltung der Komponenten Hauptmaschine, Wellenleitung und Propeller dargestellt werden. Dadurch wird deutlich, daß keine Redundanz vorhanden ist, denn Redundanz würde im Blockdiagramm als Parallelschaltung darzustellen sein. So führt hier der Ausfall einer Komponente zum Ausfall der gesamten Betrachtungseinheit.
Als Beispiel für Schiffsantriebe mit hoher Redundanz wurden u.a. die sogenannte Vater und Sohn-Anlage sowie die dieselelektrische Doppelmotorenanlage genannt. Letztere führte im Fall der RO/RO-Passagierfähre „Robin Hood" (TT-Line) zur erstmaligen Vergabe des Klassenzeichens RP50% (redundante Propulsion) durch den Germanischen Lloyd. Hierdurch wird ausgesagt, daß bei jeder Störung mindestens 50% Antriebsleistung zur Verfügung stehen. Bordtestergebnisse zeigten, daß über die Forderung des GL hinaus bei der überwiegenden Anzahl der Fehler ein Verfügbarkeitsgrad des Vortriebs von 75% oder mehr erreicht wird.
Diese Antriebsanlage besteht aus zwei Synchronmotoren, die jeweils 2 galvanisch getrennte 3-Phasen-Wicklungssysteme aufweisen. Die gesamte E-Versorgung mit Steuerung, Regelung und Überwachung ist doppelt vorhanden, räumlich voneinander getrennt auf Bb- und Stb-Seite verteilt und voneinander abgeschottet. Durch Kreuzschaltung kann jeder Propellermotor durch die Versorgungseinheit der jeweils anderen Seite bedient werden. In wieweit sich diese redundante Auslegung auch auf die versorgenden Systeme erstreckt, ist dem Verfasser nicht bekannt. Besonders bemerkenswert erscheint der Vergleich der neuen Robin Hood mit der alten, baugleichen aber mit dieselmechanischem Antrieb (Schweröl) ausgestatteten Robin Hood. Es konnten 1,9 Mio DM an installierter Technik eingespart werden. Durch den Betrieb der DG mit MDO fallen 39% weniger Wartungsstunden und 66% geringere Ersatzteilkosten an [5].

Die Erzeugung elektrischer Energie an Bord der „Bonn Express“ geschieht durch drei Dieselgeneratoren mit einer Leistung von insgesamt 6000 kVA. Alle Betriebszustände können mit maximal zwei DG gefahren werden. Ein Wellengenerator ist nicht vorhanden.

Die Energie wird den Verbrauchern durch ein Strahlennetz mit einer Hauptsammelschiene, die über zwei Trennstellen verfügt, zugeführt. Doppelt vorhandene Verbraucher können im Notfall von verschiedenen Teilschienen versorgt werden. Das einfache Strahlennetz bildet mit seiner Hauptsammelschiene einen Knotenpunkt. Sie wird von allen vorhandenen Generatoren versorgt und speist ihrerseits alle Verbraucher. Da die wichtigen Verbraucher doppelt vorhanden sind, bietet sich eine symmetrische Aufteilung der Hauptsammelschiene in zwei Teilschienen an. Durch den Einsatz von Stromteilern wird es möglich, daß jede Teilschiene von jedem Generator versorgt wird, gleichzeitig aber beide Teilschienen unabhängig voneinander sind.

Stromteiler sind Drosselspulen, die auch als Duplex-Drosseln bezeichnet werden. Das so entstehende einfach geteilte Strahlennetz wird auch als Duplex-Netz bezeichnet. Durch den Einsatz eines solchen Netzes wird der zu erwartende Kurzschlußstrom etwa um die Hälfte reduziert und gleichzeitig das nicht betroffene Teilnetz gestützt, was die Sicherheit erhöht und Totalausfälle vermeidet.

Bei der Betrachtung der fluidführenden Systeme (Kraftstoff, Kühlwasser und Schmieröl) wurde deutlich, daß bereits ein hoher Grad an Redundanz installiert ist. Die eingangs erwähnte Untersuchung der STG-Arbeitsgruppe [3] zeigt jedoch auf, daß von den analysierten 499 technischen Ausfällen 109 Fälle (20,6%) durch ein Versagen des Kraftstoffsystems begründet waren. 41 Ausfälle (8,2%) waren durch das Kühlwassersystem und 34 Ausfälle (6,8%) durch ein Versagen des Schmierölsystems begründet. Besonders bemerkenswert erscheint die Tatsache, daß bei allen drei Systemen die Ursache „Rohrleitung defekt/leck“ mit Abstand am häufigsten genannt wurde.

Stellvertretend soll hier das Kraftstoffsystem näher betrachtet werden. Die Bonn Express ist als one-fuel-ship mit Schwerölbetrieb für Hauptmaschine, Dieselgeneratoren und Hilfskessel konzipiert. Es ist jedoch möglich, die Verbraucher auf MDO umzusetzen. Da nur wenig MDO (250 m^3 gegenüber 4070 m^3 HFO) zur Verfügung steht, kann hierdurch das Schiff nur kurzzeitig angetrieben werden. Etwa um es aus einer Notlage zu befreien.

Die Kraftstoffsysteme wurden weitgehend redundant oder – z.B. bei Volumenstromzählern – mit Bypass ausgelegt. Den Dieselgeneratoren kann der Dieselkraftstoff auch unmittelbar – also unter Umgehung des HFO-Systems – vor dem Motor zugeführt werden. Ein Endvorwärmer ist elektrisch zu betreiben, was einen kurzzeitigen Dampfausfall überbrücken kann. Es darf jedoch nicht übersehen werden, daß ohne Dampf zum Beheizen des gesamten Schwerölsystems kein Schiffsbetrieb (jenseits der 250 m^3 MDO) möglich ist. Um festzustellen, ob die eingebaute Redundanz ausreichend ist, wurde versucht, die genaueren Ausfallursachen des Kraftstoffsystems zu ermitteln. Die über die Ausfallursachen gemachten Angaben sind nicht immer eindeutig und somit kann nur ein ungefährer Überblick gegeben werden:

- Kraftstoffleitung defekt: 25 Fälle
- Einspritzventil defekt: 14 Fälle
- Kraftstoffilter verstopft: 13 Fälle
- Wasser im Kraftstoff: 10 Fälle
- Kraftstoffleitung verstopft: 8 Fälle
- Kraftstoffpumpe defekt: 7 Fälle
- Einspritzpumpe defekt: 6 Fälle
- Tagestank leer: 3 Fälle
- Luft im System: 3 Fälle
- El. Steuerung defekt: 3 Fälle
- Schnellschlußventil zugefallen: 3 Fälle

Von diesen 11 Hauptursachen sind zwei Komponenten in der Regel bereits redundant ausgelegt: Die Kraftstoffilter und die Brennstoffpumpen. Innerhalb der verbleibenden 9 Ursachen erscheint der Einsatz von Redundanz bei nur zwei Ursachen diskussionswürdig zu sein. Es sind dies der Ausfall der elektrischen Steuerung und der leergefahrene Tagestank. Im letztgenannten Fall ist in hohem Maße menschliches Versagen als direkte Ursache anzunehmen, da sowohl das Nichtauffüllen des Tagestanks (durch die Separatoren) wie auch sein Niedrigstand in der Regel zu Alarmen führt.

Bei der Betrachtung der Ausfallursachen wird deutlich, daß Redundanz diese Ausfälle nicht vermeiden kann, bzw. schon eingebaute Redundanz versagte. Im Fall der Kraftstoffpumpen ist nicht bekannt, warum die mit hoher Wahrscheinlichkeit vorhandene Standby-Pumpe nicht zum Einsatz kam. Denkbar sind nicht korrekt eingestellte Grenzwerte, Verzögerungszeiten oder eine zu empfindliche Sensorik, was zu einem Hin- und Herschalten zwischen den Pumpen führen kann. Ebenso sind die zuvor beschriebenen „verborgenen Ausfälle“ als Ursachen möglich. Als Folge solcher Ausfälle sollte nicht ein höherer Grad an Redundanz (durch den Einbau einer dritten Pumpe), sondern eine genaue Feststellung und Beseitigung der Ausfallursache gefordert werden.

Im Fall der Kraftstoffilter muß zwischen automatisch rückspülenden und manuell umzusetzenden Doppelkammerfiltern unterschieden werden. Bei den Doppelkammerfiltern muß die passive Redundanz von Hand zum Einsatz gebracht und verschmutzte Filter von Hand gereinigt werden. Menschliches Versagen durch ungenügende Reinigung bzw. Nichtbeachten der optischen Differenzdruckanzeige sowie falsches Umsetzen führt hier nicht selten zum Ausfall. Aber auch undichte Ventilküken und defekte Differenzdruckmembranen können ursächlich sein. Bypässe,

die eventuell sogar automatisch öffnen, könnten im Fall des Versagens den Betrieb aufrechterhalten. Bei sich selbst reinigenden Rückspülfiltern erfolgt bei Überschreitung eines einstellbaren Differenzdrucks ein automatisches Umschalten auf eine Reservekammer. Jeder Rückspülvorgang wird gezählt und erlaubt eine Kontrolle der Wirksamkeit vorgeschalteter Reiniger. Diese Filter arbeiten also automatisch, sind jedoch von der Steuerluft abhängig.
Das für die Pumpen und Filter des Kraftstoffsystems gesagte, kann auch auf die anderen fluidführenden Systeme übertragen werden.

5 Beurteilung und Zusammenfassung

Aus diesen Ausführungen wird deutlich, daß bei der betrachteten „Bonn Express" eine weitgehende Redundanz vorhanden ist. Die in der Schiffahrt vorherrschenden technischen Ausfallursachen zeigen, daß ein verstärkter Einsatz von Redundanz in der Regel keine wesentliche Erhöhung der Ausfallsicherheit bringen wird. Es besteht zudem die Gefahr, daß fehlerhafte Systeme bzw. Komponenten verdoppelt werden.
Aus diesem Grund basieren die Vorschläge zur Verbesserung weniger auf dem Einbau von mehr Redundanz. Es muß vielmehr die Zuverlässigkeit der verwendeten Komponenten erhöht und die Standby-Schaltungen, die die vorhandene Redundanz zum Einsatz bringen, verbessert werden.
Bei der Betrachtung des Antriebs und der E-Versorgung fällt auf, daß moderne Konzepte hoher Redundanz häufig auf Passagier- und Kreuzfahrtschiffen, selten jedoch auf Frachtschiffen anzutreffen sind. Die unterschiedliche Finanzkraft der Schiffsbetreiber, sowie der Druck durch die Öffentlichkeit, bzw. die „Ladung" dürften der Grund hierfür sein.
Abschließend soll betont werden, daß nur ein (modernes) Schiff und nur die Vorschriften einer Klassifikationsgesellschaft betrachtet wurden. Die Sicherheit des internationalen Schiffsverkehrs wird jedoch durch viele Klassifikationsgesellschaften, Reedereien und Besatzungen beeinflußt.

Schrifttum

1 Hofmann, W.: Zuverlässigkeit von Meß-, Steuer-, Regel- und Sicherheitssystemen, Verlag Karl Thiemig, München 1968
2 Meyna, A.: Einführung in die Sicherheitstheorie – Sicherheitstechnische Analyseverfahren, Carl Hanser Verlag, München, Wien 1982
3 Schiffbautechnische Gesellschaft: Erhöhung der Zuverlässigkeit der Propulsions- und Manövriersysteme von Seeschiffen. Abschlußbericht einer Arbeitsgruppe, Hamburg 1996
4 Wasser- und Schiffahrtsdirektion Nord: Technische Ausfälle auf Seeschiffen auf dem Revier Elbe und auf dem Nord-Ostsee-Kanal
5 N.N.: Technische Besonderheiten der neuen TT-Line-Frachtfähren, Zeitschriftenbeitrag in „Schiff & Hafen" 06/1995 S. 56 ff

Auslegung von Ballastwassertanks zur Kühlwasserwärmeabfuhr für Schiffe in der Eisfahrt

Design of Water Ballast Tanks for Heat Dissipation of Cooling Water on Ice-going Vessels

Georg Tinschmann, Hamburg

1 Einleitung

Die Kühlwasserwärme von Schiffsmaschinenanlagen wird an das Seewasser abgeführt. In dem üblicherweise eingesetzten offenen Seekühlwassersystem durchströmt das Seewasser das Filter, die Pumpe und den Wärmeaustauscher zwischen Frischkühlwasser- und Seekühlwasserkreislauf, bevor es wieder nach außenbords gelangt (Abb. 1). Um Ablagerungen und Korrosion zu vermeiden, werden die Maschinen nicht direkt vom Seewasser durchflossen, sondern es wird die gezeigte Zweikreiskühlung verwendet.
Bei Schiffen in der Eisfahrt gerät oftmals Eis in das Seekühlwassersystem, blockiert das Seewasserfilter, vermindert den Durchfluß und gefährdet so den sicheren Schiffsbetrieb.

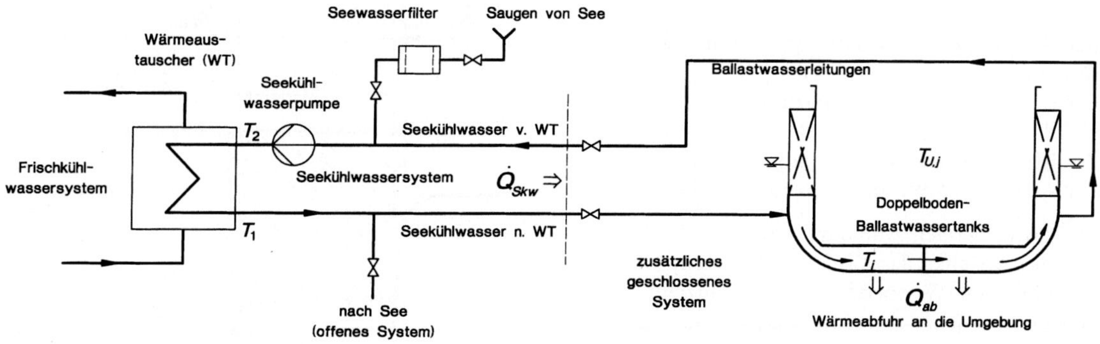

Abb. 1. Vereinfachtes Seekühlwassersystem mit einem zusätzlichen geschlossenen Kreislauf zur Kühlwasserwärmeabfuhr über Ballastwasser-Doppelbodentanks

Alternativ kann die Kühlwasserwärme aber auch über einen geschlossenen Seekühlwasserkreislauf abgeführt werden, um Eiseintritt in das System zu unterbinden. Das Seekühlwasser wird dabei über das Ballastwassersystem des Schiffes zu einem gefüllten Ballastwassertank gepumpt, gibt dort Wärme an die umgebenden Tanks, den Laderaum und das außenbords vorbeiströmende Seewasser ab und wird zu dem Wärmeaustauscher im Maschinenraum zurückgeleitet. Der Ballastwassertank fungiert so als Kühler für das Seekühlwasser. Ein solches geschlossenes System ist Gegenstand dieses Aufsatzes.
Ziel der Arbeit war es, ein Rechenprogramm zu erstellen, mit dessen Hilfe das Betriebsverhalten und die Wärmeabfuhr eines Seekühlwassersystems mit Ballastwassertank untersucht werden kann. In der Konstruktionsphase eines Schiffes sollte mit dem Programm eine Aussage über die Eignung eines Ballastwassertanks für ein geschlossenes Seekühlwassersystem möglich sein. Entweder kann der Tank im Dauerbetrieb eingesetzt werden, oder bis zum Erreichen einer Grenztemperatur.

2 Modellbildung

2.1 Grundlagen

Auch bei Seewassertemperaturen nahe dem Gefrierpunkt wird solange wie möglich das offene Seekühlwassersystem genutzt. Erst kurz bevor das Schiff ins Eis gerät, wird auf den geschlossenen Kreislauf umgeschaltet. Die Temperatur $T_{i,0}$ im Doppelbodentank entspricht zum Zeitpunkt des Umschaltens etwa der Seewassertemperatur außenbords. Das Seekühlwasser zirkuliert in einem geschlossenen Kreislauf, übernimmt im Wärmeaustauscher die Wärmeleistung aus dem Frischkühlwasserkreislauf und transportiert sie über das Seekühl- und Ballastwasserleitungssystem zum gefüllten Ballastwasser-Doppelbodentank (Abb. 1).
Das Seekühlwasser mit der Temperatur T_1 gelangt in den Doppelbodentank, gibt Wärme an die Umgebung ab und verläßt ihn mit der geringeren Temperatur T_2. Die Temperaturen T_1 und T_2 steigen solange an, bis die Temperaturdifferenz $T_i - T_{U,j}$ ausreicht, die gesamte Wärmeleistung an die Umgebung abzuführen ($\dot{Q}_{ab} = \dot{Q}_{Skw}$).
Das Seekühlwassersystem eines Schiffes ist in der Regel für eine maximale Seewassereintrittstemperatur von $T_2 = 32°C$ bei Nennwärmeleistung ausgelegt. Stellt sich vor Erreichen dieser Grenztemperatur ein stationärer Zustand ein, ist der ununterbrochene Betrieb des geschlossenen Kreislaufes möglich. Von Interesse ist also das Temperatur-Zeitverhalten des geschlossenen Systems.

2.2 Bilanzierung des Seekühlwassersystems

Mit den vereinfachenden Annahmen, daß alle Umgebungsmedien die Temperatur T_U haben und $T_2 = T_i$ ist, läßt sich für eine erste Bilanzierung die Gleichung

$$T_2 = T_{i,0} + \left(\frac{\dot{Q}_{Skw}}{\sum k_j A_j} + T_U - T_{i,0} \right) \left(1 - e^{-\frac{t}{t_R}} \right) \tag{1}$$

aufstellen. Darin sind

- T_2 die Seekühlwassertemperatur vor dem Wärmeaustauscher,
- $T_{i,0}$ die Anfangstemperatur im Tank zum Zeitpunkt des Umschaltens,
- $\dot{Q}_{Skw}$ die über der Zeit konstante abzuführende Wärmeleistung,
- k_j die verschiedenen Wärmedurchgangskoeffizienten,
- A_j die unterschiedlichen Flächen des Systems,
- T_U die Umgebungstemperatur des geschlossenen Systems,
- t die Zeit.

Die Relaxationszeit t_R berücksichtigt die aufzuwärmenden Massen im Tank, ist somit ein Maß für die Aufheizzeit des Systems, und lautet

$$t_R = \frac{m_{Sw} c_{p,Sw} + m_{Tk} c_{p,Tk}}{\sum k_j A_j} \tag{2}$$

mit

m_{Sw} der Masse des Seewassers im geschlossenen System,

$c_{p,Sw}$ der spezifischen Wärmekapazität des See wassers,

m_{Tk} der Masse des im Tank verbauten Stahls,

$c_{p,Tk}$ der spezifischen Wärmekapazität des Stahls.

Entgegen der bisherigen Annahme kann für die unterschiedlichen Flächen des Tanks A_j aber kein über der Zeit konstanter Wärmedurchgangskoeffizient k_j angenommen werden. Vielmehr ändert sich der Wärmedurchgang während der Erwärmung permanent in Abhängigkeit der vorliegenden Temperaturdifferenzen zwischen Tankinhalt und Umgebung. Zur Vorausberechnung des Betriebsverhaltens ist deshalb eine schrittweise Berechnung mit einem EDV-Programm erforderlich.

2.3 Beschreibung des zugrundegelegten Modells

Im Laufe der Untersuchungen wurde deutlich, daß auch über die seekühlwasserführenden Ballastwasserleitungen im Doppelboden ein größerer Wärmestrom abgeführt werden kann. Deshalb wurde das Gesamtsystem unterteilt in

- Vorlaufleitung zum Ballastwassertank,
- Ballastwassertank(s),
- Rücklaufleitung zum Maschinenraum.

2.3.1 Bestimmung der Wärmedurchgänge

Zur Berechnung der abgeführten Wärmeleistung

$$\dot{Q}_{ab} = \sum_{j=1}^{n} k_j A_j \left(T_{i,j} - T_{U,j}\right) \tag{3}$$

muß neben den einzelnen Flächen A_j, den inneren Temperaturen $T_{i,j}$ und den verschiedenen Umgebungstemperaturen $T_{U,j}$ der jeweilige Wärmedurchgangskoeffizient k_j bekannt sein. Als Wärmedurchgang wird, wie in Abb. 2 dargestellt, der Wärmetransport von einem Fluid durch eine Wand zu einem zweiten Fluid bezeichnet. Er setzt sich zusammen aus den beiden Wärmeübergängen und der Wärmeleitung in der Wand.

Dementsprechend setzt sich der Wärmedurchgangskoeffizient k aus dem inneren und äußeren Wärmeübergangskoeffizienten (α_i, α_a), der Wandstärke δ und der Wärmeleitfähigkeit λ des Wandwerkstoffes zusammen.

$$k = \frac{1}{\frac{1}{\alpha_i} + \sum \frac{\delta_j}{\lambda_j} + \frac{1}{\alpha_a}} \tag{4}$$

Besteht die Wand aus mehreren Schichten δ_j, sind diese wie gezeigt mit ihren Wärmeleitfähigkeiten λ_j aufzusummieren. Zur Berechnung des Wärmedurchgangskoeffizienten k_j müssen beide Wärmeübergänge bestimmt werden. Da die Übergangskoeffizienten

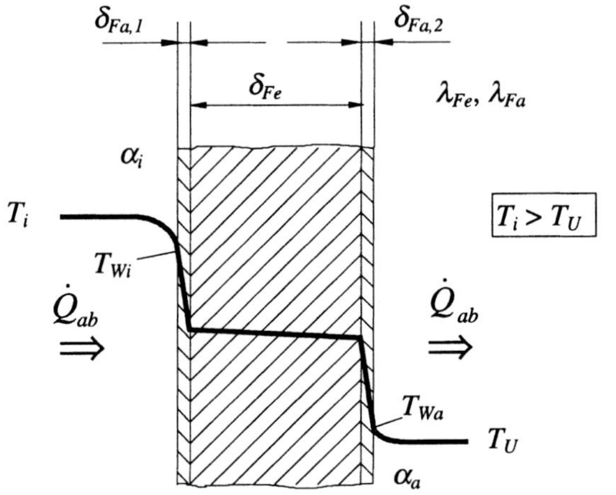

Abb. 2. Wärmeübergänge und typischer Temperaturverlauf durch eine Wand aus Stahl (*Fe*) mit zwei Farbschichten (*Fa*)

α_i, α_a von den jeweiligen Wandtemperaturen T_w abhängig sind, können die Wärmedurchgangskoeffizienten k_j nur iterativ berechnet werden.

Bei den im betrachteten System vorliegenden Wärmeübergängen handelt es sich entweder um erzwungene oder freie Konvektion. Die sehr geringe Strömungsgeschwindigkeit bei der freien Konvektion resultiert aus Dichteunterschieden, hervorgerufen durch Temperaturdifferenzen [1]. Bei der erzwungenen Konvektion dagegen wird die Strömung beispielsweise durch eine Pumpe aufgeprägt. Der Wärmeübergang ist bei einer erzwungenen Konvektion deutlich besser, denn bei einer höheren Strömungsgeschwindigkeit wird das Fluid stärker durchmischt. Die abgeführte Wärmeleistung ist entsprechend größer.

Alle Flächen des geschlossenen Seekühlwassersystems mit integriertem Ballastwassertank, über die Wärme an die Umgebung abgeführt werden kann, wurden verschiedenen Wärmeübergangstypen zugeordnet. Einteilungskriterien sind beispielsweise:

- erzwungene oder freie Konvektion,
- vertikale oder horizontale Flächen,
- Wärmestrom nach oben oder unten.

Die Wärmeüber- und -durchgänge der einzelnen Wände wurden dann mit den aus [1] bekannten Gleichungen iterativ berechnet. Die in Gleichung 3 benötigten Temperaturen $T_{i,j}$ wurden durch eine ideale Mischtemperatur T_i für den gesamten Ballastwassertank ersetzt. Nach [1] stellt diese Mischtemperatur in unserem Anwendungsfall eine Abschätzung nach unten dar.

2.3.2 Einfluß der Tankeinbauten

Die Flächen des Ballastwassertanks und der meisten angrenzenden Tanks sind mit den Schiffskörper versteifenden Längs- und Querverbänden versehen. Dies sind Bodenwrangen, Spanten, Stringer sowie Seitenträger, die bis auf kleinere Aussparungen über

Schweißnähte mit den Tankflächen verbunden sind. Im Sinne der Wärmeübertragung sind die Versteifungen als Rippen aufzufassen, die den Wärmeübergang verbessern können, da die an der Wärmeübertragung beteiligte Fläche vergrößert wird. Mit Hilfe des Rippenwirkungsgrades [2] läßt sich die Verbesserung des Wärmeübergangs einer Fläche mit Steifen als Funktion der Steifengeometrie

$$\alpha_{\text{eff}} = \alpha_W(1 + f(\text{Steifengeometrie})) \qquad (5)$$

darstellen. Dabei ist

α_{eff} der effektive Wärmeübergangskoeffizient der Fläche mit Steifen/Rippen,

α_W der Wärmeübergangskoeffizient einer glatten Wand.

Alle für das Programm benötigten geometrischen Daten der beteiligten Tank- und Rohrflächen sowie der Versteifungen wurden für die im folgenden vorgestellte Beispielrechnung aus [3] entnommen.

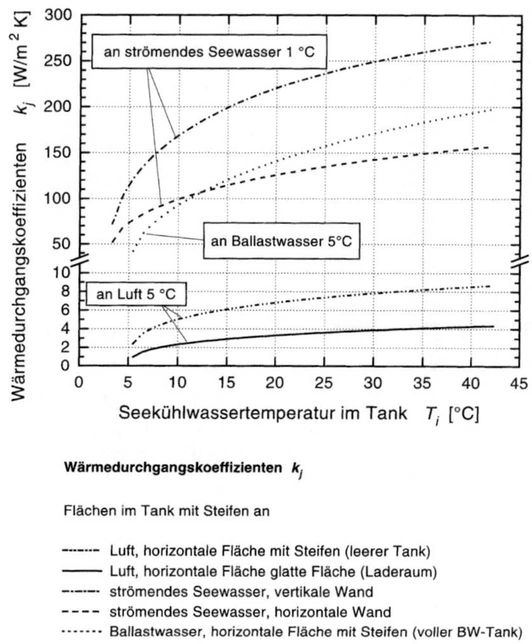

Abb. 3. Einige für das Beispiel berechnete Wärmedurchgangskoeffizienten des Seekühlwassers im Tank an die Umgebung

3 Ergebnisse

3.1 Berechnete Wärmedurchgangskoeffizienten

Das erläuterte Rechenverfahren wurde auf das Seekühlwassersystem des Containerschiffes MS „Janra" der Reederei Jürgen Ohle KG angewendet. Die später vorgestellten Messungen an dieser ausgeführten Anlage dienten zur Anpassung und Überprüfung der Berechnungsroutine.

Das Schiff verkehrt im Feederdienst zwischen Hamburg, Bremerhaven und Helsinki. Bei Eisfahrt wird die Wärmeleistung der Schiffsmaschinen in einem geschlossenen Seekühlwasserkreislauf über zwei hintereinandergeschaltete Ballastwasser-Doppelbodentanks abgeführt. Das Volumen des Systems beträgt 345 m^3 und die Tankaußenfläche an das Seewasser 308 m^2. Während der Messung war eine Wärmeleistung von $\dot{Q}_{Skw} = 1350\,\text{kW}$ abzuführen, und der von der Seekühlwasserpumpe geförderte Volumenstrom betrug 260 m^3/h. Die Berechnung wurde für identische Bedingungen durchgeführt.

Einige berechnete Wärmedurchgangskoeffizienten k_j sind in Abb. 3 dargestellt. Die Temperaturen der beteiligten Umgebungsmedien wurden entsprechend der durchgeführten Meßfahrt gewählt.

Wie aus dem Diagramm entnommen werden kann, ist der Verlauf der k-Werte abhängig von der Temperaturdifferenz zwischen dem Seekühlwasser im Tank und den Umgebungsmedien. Der Koeffizient für den Wärmedurchgang des Seekühlwassers über eine glatte Wand an Luft ist mit $k = 4\frac{W}{m^2K}$, bei einer Seekühlwassertemperatur von $T_i = 30°C$, sehr klein. Auf das 1,5...2-fache steigt der k-Wert, begünstigt durch die zusätzliche Rippenfläche, bei einer Wand mit Steifen und dem Durchgang an einen leeren Tank.

Der Wärmedurchgang an das strömende Seewasser und das stehende Ballastwasser ist dagegen mit $k = 140...250\frac{W}{m^2K}$ und ebenfalls $T_i = 30°C$ deutlich besser. Bei den Tankaußenflächen an das Seewasser fällt auf, daß der Wärmedurchgang einer vertikalen Fläche deutlich geringer ist, als der einer horizontalen. Über eine horizontale Fläche mit dem Wärmestrom nach unten läßt sich weniger Wärme abführen als über eine vertikale Wand. Ein zur Kühlwasserwärmeabfuhr eingesetzter Ballastwassertank sollte also eine möglichst große vertikale Fläche an strömendes Seewasser besitzen.

In Abbildung 4 ist die prozentuale Verteilung der an der Wärmeabfuhr beteiligten Flächen den einzelnen berechneten Wärmestromanteilen gegenübergestellt. Wie erwartet, wird der größte Teil der Wärme an das strömende Seewasser abgeführt. Dagegen kann die größere luftgekühlte Außenfläche nur etwa 2% der Wärme an die Umgebung abführen. Die Wärmeabfuhr an benachbarte volle Ballastwassertanks spielt ebenfalls nur eine untergeordnete Rolle, weil der Flächenanteil der kleinste ist. Das Verhältnis von Wärmeabfuhr zu Fläche ist aber ähnlich günstig wie beim Durchgang an das strömende Seewasser. Deutlich wird auch das sehr günstige Wärmestrom-Flächenverhältnis der Rohrfläche an das Ballastwasser.

3.2 Vergleich mit Messungen

Abbildung 5 zeigt sowohl die gemessenen wie auch die berechneten Seekühlwasser-Temperaturverläufe T_1

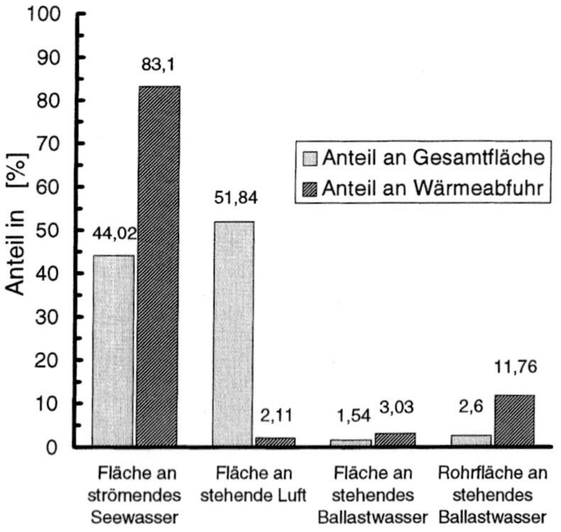

Abb. 4. Relative Flächen- und Wärmestromanteile

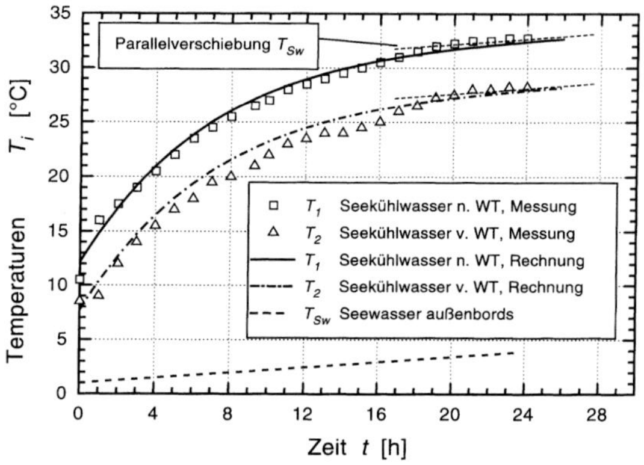

Abb. 5. Vergleich der berechneten und der auf MS „Janra" gemessenen Temperaturverläufe

nach dem Wärmeaustauscher im Maschinenraum und T_2 vor dem Wärmeaustauscher. Ebenfalls dargestellt ist die etwa linear ansteigende Temperatur des Seewassers T_{Sw}.

Während der ersten beiden Stunden variierte die Wärmeleistung $\dot{Q}_{Skw}$, da das Schiff auf Revierfahrt war und zusätzlich die Hilfsdiesel in Betrieb waren. Hier ist ein Vergleich mit der Rechnung bei einer konstant angenommenen Wärmeleistung nicht möglich.

Die Temperaturen T_1 und T_2 liegen zu Beginn der Messung schon oberhalb der Seewassertemperatur T_{Sw}, da der geschlossene Seekühlwasserkreislauf bereits während der gesamten Hafenliegezeit betrieben wurde.

Qualitativ stimmen die gemessenen und berechneten Temperaturverläufe gut überein, geringe Unterschiede gibt es nur in den örtlichen Steigungen. Verschiebt man den Verlauf der Seewassertemperatur T_{Sw} wie gezeigt, wird deutlich, daß nach etwa 24 Stunden die Steigungen aller Temperaturen gleich sind. Dies bedeutet, daß die Temperaturdifferenz zwischen dem Tankinnerem und dem Seewasser nach dieser Zeit nicht mehr ansteigt. Bei einer konstanten Seewassertemperatur T_{Sw} würde sich nach 24 Stunden also ein stationärer Zustand einstellen.

4 Zusammenfassung

Im Rahmen der vorgestellten Arbeit wurde ein Rechenprogramm entwickelt, mit dessen Hilfe das Temperatur-Zeitverhalten und die Kühlwasserwärmeabfuhr eines geschlossenen Seekühlwassersystems mit Ballastwassertank untersucht werden kann. Das Programm berücksichtigt die unterschiedlichen Tankgeometrien, berechnet alle Wärmedurchgänge vom Seekühlwasser an die umgebenden Medien und bestimmt die abgeführte Wärmeleistung.

Bei Messungen an einem ausgeführten Kühlwassersystem zeigte sich die gute Übereinstimmung zwischen Rechnung und Messung; die Eignung der Berechnungsmethode konnte nachgewiesen werden. Mit dem erstellten Programm und den gewonnenen Erkenntnissen kann somit bereits in der Konstruktionsphase eines Schiffes eine Aussage über die Eignung eines Ballastwassertanks für ein geschlossenes Seekühlwassersystem getroffen werden

Schrifttum

1 VDI-Wärmeatlas, Berechnungsblätter für den Wärmeübergang, 7. Auflage, VDI-Verlag, Düsseldorf 1994
2 Buxmann, J.: Wärmeübertragung, Vorlesungsskript, TUHamburg-Harburg, Hamburg 1989
3 Zeichnungen und technische Unterlagen, J. J. Sietas KG, Hamburg 1996

FEM-Festigkeitsuntersuchungen im Heckbereich einer Waterjet-Passagierfähre

FEM-strength Analysis of the Aft Section of a Waterjet driven Passenger-ferry

Arne Schulz-Heimbeck, Leer

1 Einleitung

Die Fr. Lürssen Werft baut eine Serie von schnellen Personenfähren für den indonesischen Großraum. Die Fähren können jeweils bis zu 900 Passagiere bei einer Verdrängung von ca. 600 t und einer Geschwindigkeit von 38 kn befördern. Das notwendige geringe Verdrängungsgewicht wird durch den Einsatz von Aluminiumlegierungen für Bleche, Einzelprofile und Strangpreßprofile erreicht. Zur Beurteilung und Optimierung der Konstruktion sind umfangreiche Festigkeits- und Schwingungsuntersuchungen erforderlich.

2 Aufgabenstellung

In der im Folgenden beschriebenen Diplomarbeit sollen Festigkeitsuntersuchungen mit Hilfe der Finiten-Element-Methode für den Heckbereich, in dem sich das Waterjet-Propulsionssystem befindet, durchgeführt werden. Quasistatische Analysen der Schiffsstruktur sollen durch Untersuchungen von Kerbstellen und Betriebsfestigkeitsnachweise für ausgezeichnete Bereiche ergänzt werden. Dabei soll die Frage geklärt werden, ob eine „weiche" Anbindung der Waterjets an die Spiegelplatte möglich ist [1], d.h. die auftretenden Belastungen über den Einlaßkanal in die Schiffsstruktur eingeleitet werden können. Alle Strukturanalysen werden auf der Fr. Lürssen Werft mit Hilfe werfteigener Programme durchgeführt.

3 Geschichtlicher Rückblick und Funktionsweise des Wasserstrahlantriebes

Schon 1661 wird das Prinzip des Wasserstrahlantriebes in England von Thomas Toogood und James Hayes zum Patent angemeldet. Die Nautilus, das erste mit einer Zentrifugalpumpe angetriebene Schiff erreicht 1866 eine Geschwindigkeit von 9.6 kn. Heute haben sich für den Einsatz in schnellen Schiffen die von Hamilton (1950) entwickelten spiegelmontierten, axial arbeitenden Waterjets durchgesetzt. Vertikal arbeitende Einheiten werden von der Firma Schottel in der Binnenschiffahrt eingesetzt.

Die modernen, axial eingebauten Waterjets arbeiten alle nach dem gleichen Prinzip: Wasser wird durch den Einlaßkanal im achteren Bereich des Schiffsbodens angesaugt und mittels Impeller beschleunigt. Ein nachgeschalteter Stator wandelt den Drehimpuls des Wassers in einen zusätzlichen axialen Impuls um. Durch die Querschnittsverengung in der Düse wird der Impuls des Wassers nochmals bedeutend erhöht. Der Schub wird nur durch diese mehrstufige Impulserhöhung des Wassers bereitgestellt. Innerhalb des Antriebssystems wirken zwischen Drucklager und Düse große Axialkräfte, da ca. 1/3 des Impellerschubes in der Düse in eine nach hinten gerichtete Kraft umgewandelt wird. In die Schiffsstruktur wird jedoch nur der Nettoschub eingeleitet, da sowohl das Drucklager als auch die Düse in dem komplexen Bauteil Waterjet integriert sind [2].

Dem abzugebenden Nettoschub wird durch die jeweilige Schiffsgeschwindigkeit eine Grenze gesetzt, da bei einer weiteren Erhöhung der Impellerdrehzahl großflächige Kavitation an den Wandungen im Einlaßbereich eintritt und der Schub beim Ansaugen der Kavitationsblasen in den Impeller zusammenbricht (Thrust Breakdown)[2].

4 Belastungen aus der Antriebsanlage

Die Waterjets erzeugen, je nach Fahrzustand, stark unterschiedliche Belastungen. Diese können auf das Impellerlager in der Spiegelebene projeziert werden [2], [3].

In Vorausfahrt wirkt der Nettoschub auf die den Waterjet umgebende Struktur. Zusätzlich zu dieser, als statisch zu betrachtenden Beanspruchung, gibt es einen dynamischen Anteil von ca. 2.5 bis 5% des Nettoschubes, der aus dem inhomogenen Strömungsfeld in der Impellerebene resultiert. Die Zuströmgeschwindigkeit ist, bedingt durch die Formgebung des Einlaßkanals, im unteren Teil der Impellerebene etwa doppelt so groß, wie im oberen Bereich.

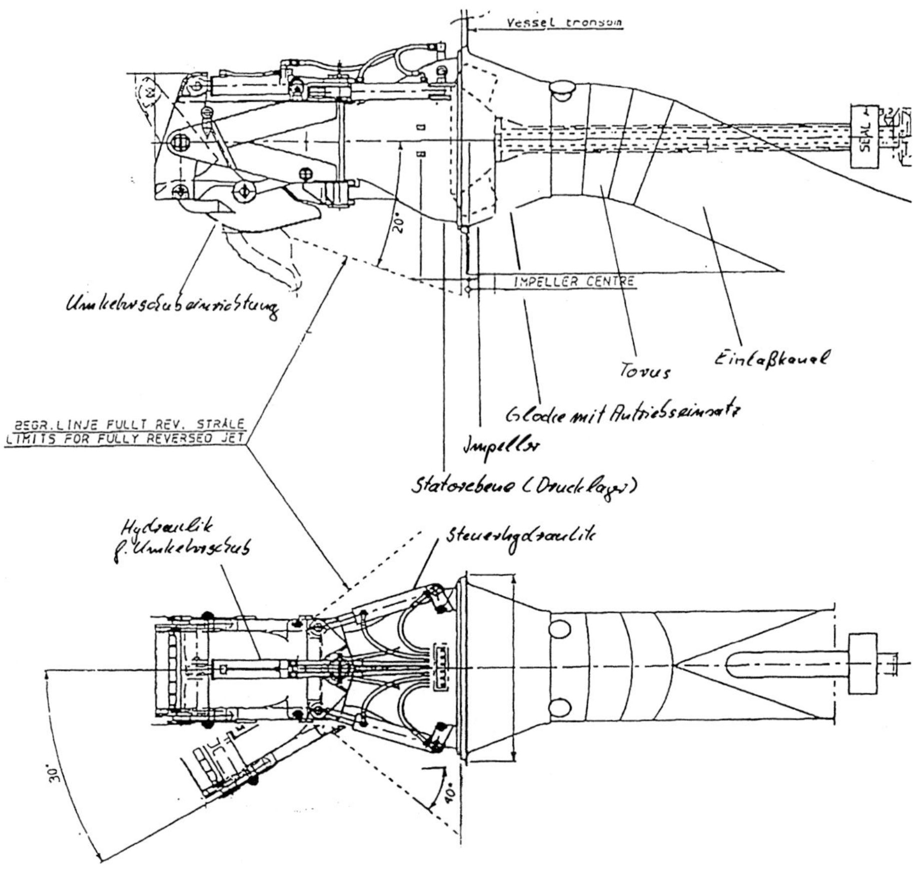

Abb. 1. Aufbau des KAMEWA Jets 90 S II

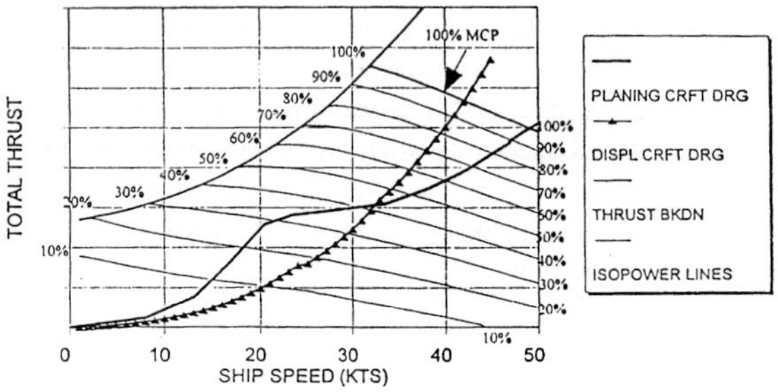

Abb. 2. Typischer Schubverlauf eines Waterjets

Die Steuerkräfte resultieren aus der Ablenkung des Wasserstrahls hinter der Düse. Dabei sind die auftretenden Querkräfte direkt proportional zum Bruttoschub. Zusätzlich greift ein Moment in der Spiegelebene an. Die Querkraft erreicht bei Vollausschlag (30°) die Größenordnung des Nettoschubes, bei Teilausschlag (5–10°) einsechstel bis ein drittel dieser Kraft. Das Biegemoment liegt bei dem drei- bis fünffachen des Wellenbiegemomentes.
Beim Notstopp, Abbremsen und Manövrieren wird der Wasserstrahl unter den Schiffsboden gelenkt. Dadurch werden eine nach hinten gerichtete und eine aufwärts gerichtete Kraft, sowie ein entsprechendes Biegemoment in der Impellerebene erzeugt. Die auftretenden Kräfte beim Notstopp aus voller Fahrt sind beachtlich. Die Vertikalkraft erreicht das Dreifache des Nettoschubes und das Biegemoment das Zehnfache des Wellentorsionmomentes. Beim Abbremsen aus niedrigeren Geschwindigkeiten sind die Belastungen entsprechend reduziert anzusetzen.
Diese Belastungen sind unterschiedlich zu bewerten. Während der Notstopp als statischer Lastfall anzusehen ist, kann man die anderen Lastfälle zur Betriebsfestigkeitsanalyse heranziehen. Dabei sind die Belastungen für den Lastfall Vorausfahrt als klein in der Amplitude, aber mit einer großen Lastwechselzahl, anzusehen. Der Fall, große Belastungen bei kleiner Anzahl von Lastzyklen, trifft auf die Fahrzustände Steuern und Manövrieren zu.

5 Modellbeschreibung

Sämtliche Berechnungen werden mit dem Programm NISA II (EMRC) und den zugehörigen Pre- und Postprozessoren durchgeführt. Aufgrund von Restriktionen durch das Programm und die verwendete Hardware kann für die Berechnung nur auf lineare Elemente zurückgegriffen werden. Dabei werden alle

Plattenfelder und hochstegige Träger durch 4-Knoten-Schalenelemente und alle Trägergurte, Längsspanten und Steifen mit Balkenelementen idealisiert. Die ausreichende Genauigkeit bei der Reduzierung auf diese Elementtypen wurde nachgewiesen.
Zur Zeit der Modellierung waren die Zeichnungen des betreffenden Bereiches noch nicht fertig gestellt. Es ergaben sich aus dem FE-Modell und aus der laufenden Konstruktion Änderungen. Erst Ende Mai wurde der bis dahin erreichte Konstruktionsstand eingefroren. Der letzte Modellstand ist in der Abb. 3 dokumentiert.
Zusätzlich zu den Belastungen, die aus den unterschiedlichen Fahrzuständen der Waterjets resultieren, wird bei allen Berechnungen der hydrostatische Druck auf der Außenhaut und dem Boden, sowie der Innendruck im Waterjet als Laterallast berücksichtigt [4]. Die Gewichte der Motoren und Getriebe sind als Einzellasten den jeweils pratzennächsten Knoten zugeordnet. Das Gesamtmodell ist in der Maschinenraumschottebene fest eingespannt, mittschiffs sind die entsprechenden Symmetriebedingungen aufgebracht.

6 Statische Festigkeitsuntersuchung

Die Konstruktion wird hinsichtlich der Vergleichsspannung nach den Vorschriften des Germanischen Lloyd für Hochgeschwindigkeitsfahrzeuge überprüft [5]. Die zulässigen Vgl.-Spannungen liegen für Legierungen der 5000er Serie bei 90 MPa und für Legierungen der 6000er Serie bei 71.3 MPa.
In mehreren Rechenläufen wird zuerst mit den nach [1] berechneten Lasten, dann mit den vom Waterjet-Hersteller angegebenen Größen die Spannungsverteilung im Achterschiff ermittelt. Aufgrund des allgemein niedrigen Spannungsniveaus können die Wandstärken des Einlaßkanals reduziert werden. Allerdings muß der Übergang vom Spiegel zur Außenhaut und den angehängten Spiegelkasten überarbeitet werden. Durch iterative lokale Untersuchungen unter Anwendung der Substrukturtechnik, läßt sich die Vergleichsspannung auf einen Wert von 14% unterhalb der zulässigen Spannung reduzieren. Eine weitere herausragende Spannungskonzentration kann zwischen den Waterjets ermittelt werden. Durch eine Modifikation der Flanschgeometrie der Waterjetdüsen wird die Vergleichsspannung auf ein unterkritisches Niveau gesenkt. Diese lokale Untersuchung wird mit Schalenelementen mit einem Längen-Dicken-Verhältnis von eins durchgeführt. Die Zulässigkeit der verwendeten „dicken" Schalenelemente wird gesondert nachgewiesen. Die Vergleichsspannungen in allen anderen Bereichen liegen unterhalb der zulässigen Vgl.-Spannung.
Die berechneten vertikalen und transversalen Verschiebungen der Jetdüsen in der Spiegelebene werden bei allen Lastfällen mit Werten kleiner als die maximal zulässigen 3 mm ermittelt.

7 Betriebsfestigkeitsuntersuchung

Die Betriebsfestigkeit erhält eine immer größer werdende Bedeutung, weil im Schiffbau auf die früher üblichen hohen Sicherheitsmargen im Hinblick auf den angestrebten Leichtbau verzichtet wird.
Der Betriebsfestigkeitsnachweis wird anhand der Vorschriften „British Standard, BS 8118, Part 1: 1991, Structural use of aluminium, Code of practice for design" durchgeführt. Dabei wird die Hauptnormalspannung in der Plattenebene als Nennspannung herangezogen. Für die oben angeführten dynamisch zu betrachtenden Belastungen werden getrennt die Spannungsamplituden bestimmt, dabei wird im Lastfall Steuern zwischen Voll- und Teilruderausschlag unterschieden. Es wird jeweils die Spannungsschwingbreite festgestellt und mittels der entsprechenden Detailkategorie und der zugehörigen Wöhlerkurve die zu erwartende Lebensdauer berechnet. Anschließend wird für jedes Detail die Palmgreen

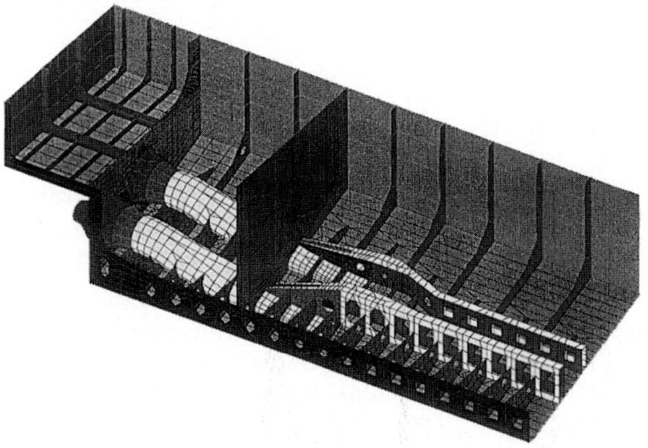

Abb. 3. Gesamtmodell

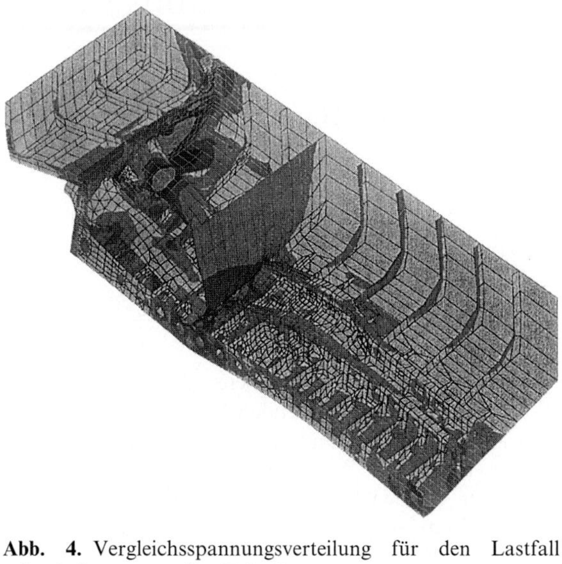

Abb. 4. Vergleichsspannungsverteilung für den Lastfall „Crash Stop aus voller Fahrt"

Miner-Summation durchgeführt, um eine Aussage über die Betriebsfestigkeit machen zu können. Es werden zwanzig Stellen mit erhöhter Spannungschwingbreite untersucht.
Dabei ist festzustellen, daß alle untersuchten Stellen die Forderungen nach Palmgreen Miner erfüllen.

8 Bewertung der Ergebnisse

Die Waterjets leiten die entstehenden Kräfte so in die Schiffsstruktur ein, daß sich ein allgemein niedriges Spannungsniveau einstellt. Das von Warren dargestellte Prinzip der „Krafteinleitung über den Einlaßkanal mit weichem Spiegel" kann als umgesetzt betrachtet werden. Durch die große Einlauflänge werden die Schubkräfte ohne größere Spannungsspitzen in die Bodenstruktur eingeleitet. Konstruktive Änderungen waren in der Abstützung des Spiegels notwendig. Andererseits konnten Materialeinsparungen im Bereich des Einlaßkanals und des Spiegels durchgeführt werden. Die größten Belastungen entstehen bei dem Lastfall Crash Stop. Dabei bewegt sich der Jetflansch in der Spiegelebene um annähernd 3 mm nach oben. Diese Verformung kann von den elastischen Kupplungen der Wellenleitung noch ausgeglichen werden.

Bei der Beurteilung der Ergebnisse muß beachtet werden, daß einige im Schiffsbetrieb auftretende Lastfälle nicht berücksichtigt wurden, z.B. das Anlegen und Docken. Für die Dimensionierung der Längs- und Querverbände muß außerdem die Längsfestigkeitsrechnung herangezogen werden. Diese lag zum Zeitpunkt der Diplomarbeit noch nicht vor.
Zusammenfassend läßt sich sagen, daß die gewählte und durch die FE-Berechungen verbesserte Konstruktion des Achterschiffes den Belastungen statisch und dynamisch standhält.

Schrifttum

1 Waterjet Propulsion – A shipbuilder's view, N.F. Warren, J. Kecsmar, RINA
2 Marine Waterjet Propulsion, J. Allison, SNAME Transactions Vol 101, 1993
3 Waterjet Forces and Transom Design, R. Verbeek, RINA
4 Projektbezogene Hersteller-Angaben durch Herrn Svensson, KaMeWa, Mai 1996
5 GL, Rules for Classification and Construction, I – Ship Technology, Part 1 – Seagoing Ships, Chapter 5 – High Speed Craft, Section 3 – Structures, 1996
6 RINA International Symposium on Waterjet Propulsion, Latest Developments, 1. & 2. December 1994, London

Kinematik-Untersuchungen an einem 5,70 m langen Freifall-Rettungsboot

Kinematic Examinations of a Freefalling Rescue Boat

Michael Haasis, Hamburg

Freifall-Rettungsboote gehören inzwischen zur Standardausrüstung an Bord der meisten Handelsschiffe und gelten als eine der sichersten Rettungsmittel.
Bei der Überprüfung der beim Aufprall auf die Wasseroberfläche auftretenden Bremsbeschleunigungen am Bootsrumpf und an den Sitzplätzen ist man nach wie vor auf Messungen an Prototypen bzw. Modellen angewiesen. Für die an die Schalensitze angegurteten Insassen liegen die Grenzen der ertragbaren Bremsbeschleunigungen von 0,1 bis 0,2 Sekunden Dauer in Blickrichtung bei etwa 15facher, in Querrichtung bei etwa 7facher und in der Achse des Rückgrades bei etwa 10facher Erdbeschleunigung (siehe hierzu verschiedene Regelwerke, z.B. DNV, IMO: SRSS–Kriterium mit CAR–Index, CDRR–Index). Zum Vergleich wirken beispielsweise bei einem Sprung von einem 80 cm hohen Tisch das 4–7fache der Erdbeschleunigung und beim Auslösen eines Pilotenschleudersitzes im Notfall das 13–15fache von g auf den menschlichen Körper.

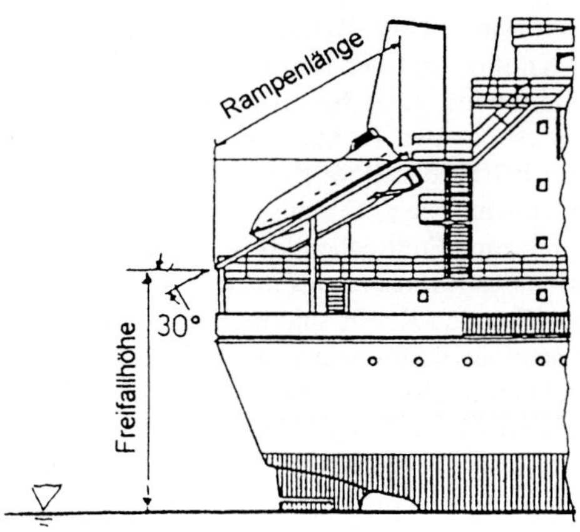

Abb. 1. Anordnung eines Freifallbootes an Bord eines Handelsschiffes

Abbildung 2 zeigt ein typisches Zeitdiagramm der gemessenen Bremsbeschleunigungen an Bug und Heck eines 5,70 m–Freifallbootes bei einer Freifallhöhe von 10 m, das von einem ungekrängten Mutterschiff abgelaufen ist. Wenn sich das Mutterschiff bzw. die Rampe in geneigter Lage befindet, können je nach Bootstyp auch höhere Beschleunigungswerte auftreten.

Am Beipiel eines 5,70 m langen, 2,20 m breiten und 4250 kg schweren Freifallbootes für 19 Personen soll das veränderte Ablaufverhalten für unterschiedliche Ablaufbedingungen untersucht werden.

Die hier in einer Parameterstudie zusammengestellten Ergebnisse wurden mit Hilfe eines Rechenprogramms

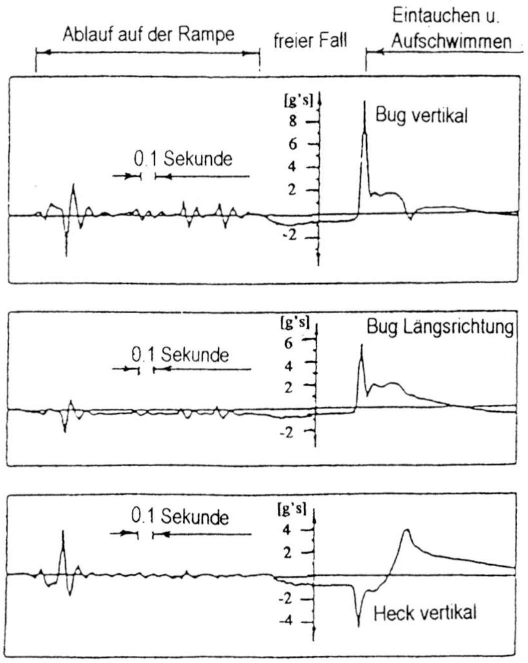

Abb. 2. Beschleunigungs-Zeit-Diagramm für Meßstellen am Bug bzw. Heck eines 5,70 m-Freifallbootes bei einer Freifallhöhe von 10 m

[1] ermittelt, das die Kinematik von Freifall–Rettungsbooten bezogen auf den Gewichtsschwerpunkt CG in jeder der insgesamt vier Bewegungsphasen beschreibt, diese bestehen aus:

- paralleler Ablauf auf der Rampe
- Rotation am Ende der Rampe
- Freifallphase
- Eintauchphase

Die Haupteinflußfaktoren für die Größe der in der Eintauchphase wirkenden hydrodynamischen Impulskräfte sind:

- Ablaufwinkel und Länge der Rampe
- Bahnreibung
- Länge und Position der Ablaufschiene
- Freifallhöhe
- Gewicht des Bootes
- Lage des Gewichtschwerpunktes CG
- Massenverteilung bzw. Massenträgheitsmoment
- Rumpfform, insbesondere im Bugbereich
- Flugbahnwinkel
- Eintauchwinkel des Bugs

Die Form bzw. die Oberfläche des Modells wird über die Eingabe von Knoten und der Generierung von Dreieckselementen, siehe Abb. 3, definiert. Dabei wird das Modell vom Programm als Starrkörper idealisiert, das bedeutet, daß Effekte durch Vibration nicht berücksichtigt sind.

Das Verhalten eines Freifall-Rettungsbootes ändert sich, wie man aus Freifallversuchen weiß, stark mit der relativen Position des Gewichtsschwerpunktes. Die Verlagerung von CG nach vorn bzw. nach achtern entspricht auch realistischen Bedingungen, wenn beim Ablauf z.B. nur die vorderen bzw. die hinteren Sitzplätze besetzt werden.

Es gibt zwei Phasen, in denen das Ablaufverhalten des Freifall-Rettungsbootes vom Gewichtsschwerpunkt abhängig ist, die Rotationsphase und die Eintauchphase. Das Verhalten des Rettungsbootes während

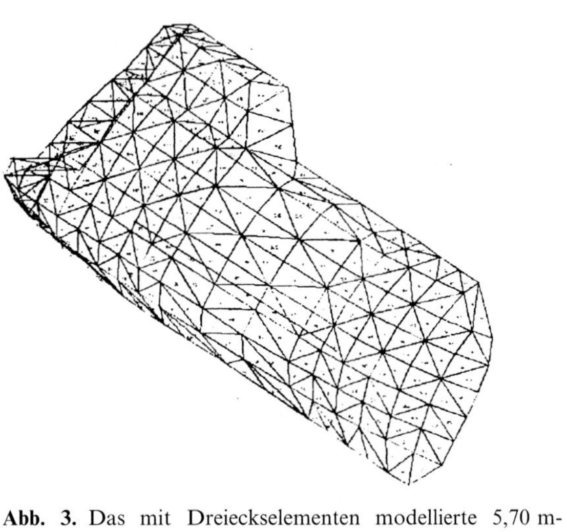

Abb. 3. Das mit Dreieckselementen modellierte 5,70 m-Freifallboot

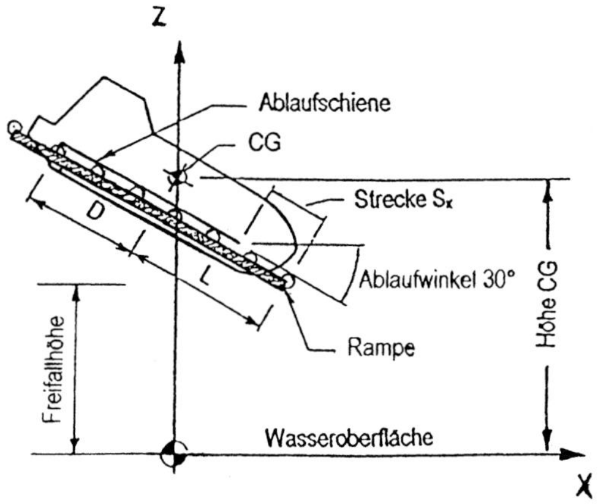

Abb. 4. Anordnung des Freifallbootes für die Startposition auf der Rampe

dieser Phasen ist abhängig vom Ort des Gewichtsschwerpunktes bezüglich des Endes der Rampe und der achteren Kante der Ablaufschiene.

Die Geometrie eines sich um das Ende der Rampe drehendes Rettungsbootes ist in Abb. 5 dargestellt. Nachdem der Gewichtsschwerpunkt das Ende der Rampe passiert hat, beginnt das Rettungsboot um diesen Punkt zu drehen. Die Rotation entsteht durch das Kräftepaar, das zwischen der Reaktionskraft im Drehpunkt am Ende der Rampe und der Gewichtskraft wirkt. Dieses Kräftepaar erzeugt ein Drehmoment auf das Rettungsboot. Die Parameter, die das Verhalten des Rettungsbootes bei der Rotation am Ende der Phase beeinflussen, sind das Gewicht, der Abstand D zwischen CG und dem hinteren Ende der Ablaufschiene, dem Ablaufwinkel und der Geschwindigkeit des Rettungsbootes am Beginn der Rotation.

Die Abstände L und D sind vom Ort des Gewichtsschwerpunktes in Längsrichtung abhängig. Wenn der Abstand L wächst, wird die Geschwindigkeit des Rettungsbootes am Beginn der Rotationsphase größer; das bedeutet, die Rotationszeit, also die Zeit, in der das Kräftepaar wirkt, verkürzt sich. Andererseits verlängert sich die Dauer der Rotation, je größer der Abstand D zum hinteren Ende der Ablaufschiene wird. Das Rettungsboot bleibt dann länger in Kontakt mit der Rampe.

Das Drehmoment steigt bis zu dem Zeitpunkt, wo das Rettungsboot den Kontakt mit der Rampe verliert. Dann behält das Boot die bis dahin induzierte Winkelgeschwindigkeit während der gesamten Freifallphase bis zum Eintauchen konstant bei.

Die Position des Bootes beim Eintritt ins Wasser und die dabei wirkenden Kräfte sind in Abb. 6 dargestellt. Es bildet sich ein Kräftepaar aus der Fluidkraft und der Gewichtskraft des Rettungsbootes. Dieses Kräftepaar verursacht ein Drehmoment, das dem Drehmoment aus der Rotationsphase entgegengesetzt wirkt; und zwar so lange, bis das Boot wieder auf ebenem Kiel (bzw. mit Trimm bei CG achtern und CG vorn) schwimmt.

Die Größe des Kräftepaars ist von verschiedenen Faktoren abhängig: Der Lage des Gewichtsschwerpunktes in Längsrichtung, der Größe und Richtung der Fluidkräfte und dem Eintauchwinkel des Rettungsbootes. Die Fluidkraft setzt sich für jedes eingetauchte Dreieckselement aus den richtungsabhängigen hydrodynamischen Form- und Reibungskräften sowie der hydrostatischen Druckkraft zusammen. Die im Programm verwendeten Gleichungen sind in [2] angegeben.

Das berechnete Eintauchverhalten für das untersuchte Rettungsboot ist in Abb. 7 dargestellt. Es zeigt akzeptable Ergebnisse und bestätigt die Beobachtungen, die man aus Videoaufzeichnungen von Freifallversuchen gewonnen hat: Je größer die Freifallhöhe wird, desto steiler taucht das Boot ein.

Es treten hierbei für die verschiedenen Schwerpunktslagen bedeutende Unterschiede in den Beschleunigungen am Rettungsboot auf, siehe Abb. 8. Darin sind die maximalen Beschleunigungen in z-Richtung während des Eintauchens dargestellt. Die z-Achse ist dabei die Ordinate des x–z-Koordinatensystems des Bootes mit seinem Ursprung in CG. Bezeichnend ist das starke Ansteigen der Beschleunigungswerte bei achterlich verschobenem Gewichtsschwerpunkt sowie eine relative Anstiegsvergrößerung der Werte für CG normal ab 27 m

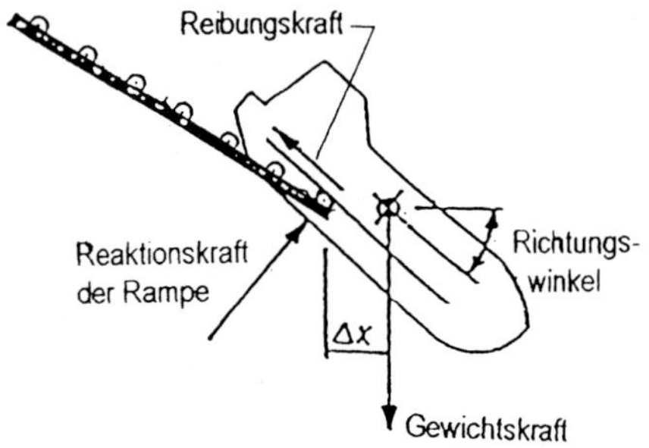

Abb. 5. Rotationsphase am Ende der Rampe

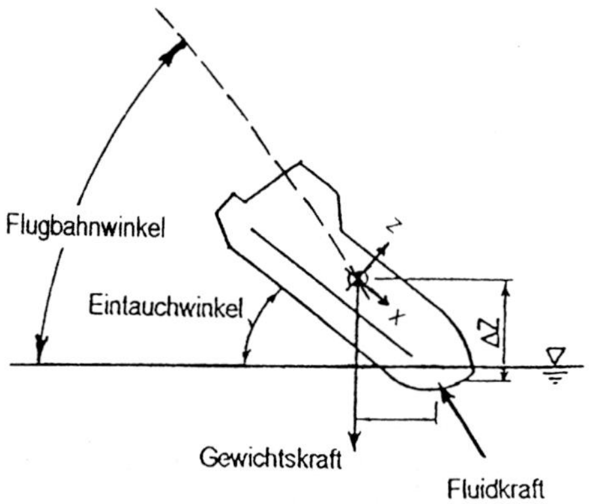

Abb. 6. Eintauchphase des Freifallbootes

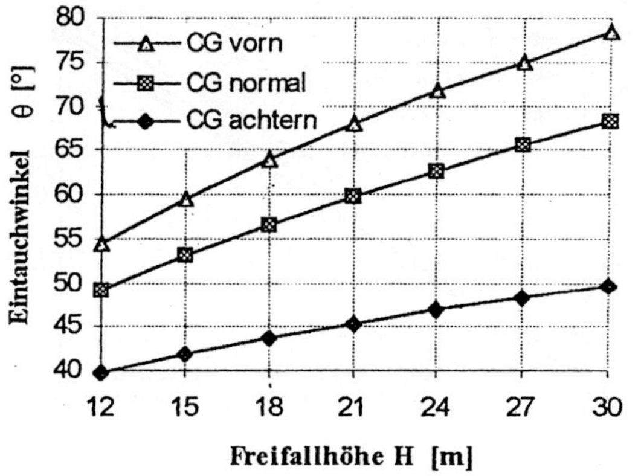

Abb. 7. Eintauchwinkel in Abhängigkeit der Freifallhöhe

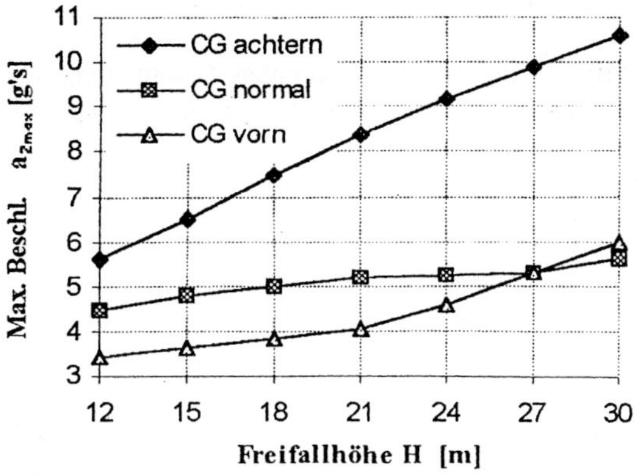

Abb. 8. Maximale Beschleunigung in z-Richtung in Abhängigkeit der Freifallhöhe

und für CG vorn ab 21 m Freifallhöhe. Die unterschiedliche Höhe der Beschleunigungen ist aus der Tatsache zu erklären, daß sich mit steigender Fallhöhe die Unterschiede zwischen Flugbahn- und Eintauchwinkel vergrößern, wenn der Gewichtsschwerpunkt nach achtern wandert.
Es ist interessant festzustellen, daß die in Abb. 8 dargestellten Beschleunigungen für CG normal mit der Freifallhöhe bis zu einem bestimmten Punkt steigen, und dann mit weiter wachsendem H annähernd diesen Wert halten. Für das hier untersuchte Rettungsboot geschieht das im Bereich zwischen H = 24 m und H = 27 m. Die vorkommenden Änderungen der Beschleunigungswerte sind darauf zurückzuführen, daß sich der Flugbahn- und der Eintauchwinkel schneller annähern, als die Freifallhöhe steigt.
In den Abb. 9 bis 11 werden die jeweiligen Flugbahn- und Eintauchwinkel am Beginn der Eintauchphase für die drei verschiedenen Positionen von CG gegenübergestellt.
Wenn der Gewichtsschwerpunkt nach achtern verschoben wird, liegen die beiden Kurven weiter auseinander, siehe Abb. 9, als bei normalem Gewichtsschwerpunkt, siehe Abb. 10; und bei vorlichem Gewichtsschwerpunkt schneiden sie sich sogar, siehe Abb. 11.
Je kleiner die Differenz zwischen Flugbahn- und Eintauchwinkel ist, desto geringer sind die Änderungen in der Geschwindigkeit und der Richtung des Rettungsbootes zum Zeitpunkt des Eintauchens. Die stärkste Annäherung der beiden Winkel wird bei vorlichem Gewichtsschwerpunkt erreicht, was zu

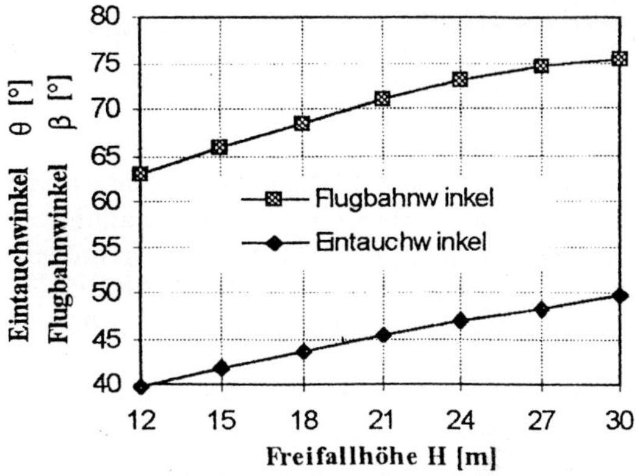

Abb. 9. Eintauchwinkel und Flugbahnwinkel in Abhängigkeit der Freifallhöhe für CG achtern

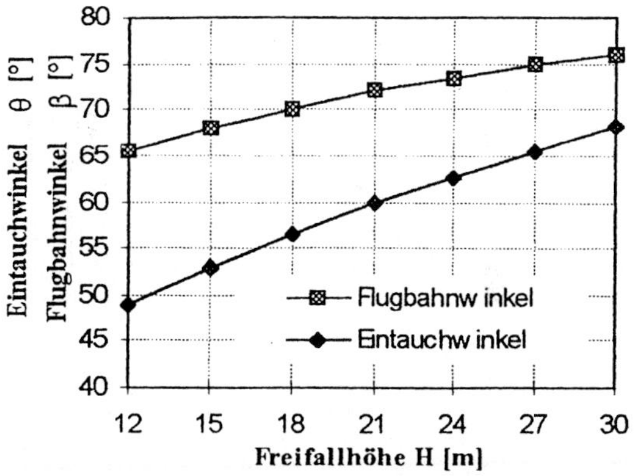

Abb. 10. Eintauchwinkel und Flugbahnwinkel in Abhängigkeit der Freifallhöhe für CG normal

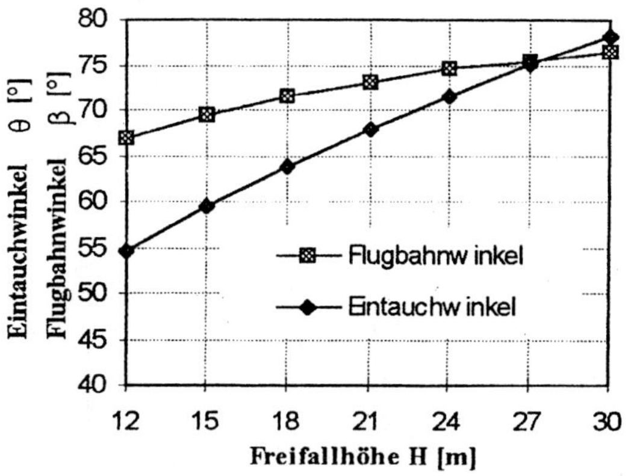

Abb. 11. Eintauchwinkel und Flugbahnwinkel in Abhängigkeit der Freifallhöhe für CG vorn

geringeren Beschleunigungen im Rettungsboot, siehe Abb. 8, führt.
Die wachsende Differenz zwischen den Eintauchwinkeln für die drei Schwerpunktspositionen achtern, normal und vorn ist auf die unterschiedliche Winkelgeschwindigkeit während der Freifallphase zurückzuführen.
In Abb. 12 wird die Winkelgeschwindigkeit des Rettungsbootes, das unter verschiedenen Winkeln abläuft, dargestellt. Die Winkelgeschwindigkeit ändert sich hierbei nicht mit der Freifallhöhe.
Mit steigendem Ablaufwinkel verringert sich die auf das Rettungsboot übertragene Winkelgeschwindigkeit. Sie wird ebenfalls durch den nach achtern verlagerten Gewichtsschwerpunkt reduziert. Das geschieht, weil in beiden Fällen die Rotationszeit am Ende der Rampe verkürzt wird: Die Rotationszeit verkleinert sich, wenn der Ablaufwinkel vergrößert wird, da das Rettungsboot bei größeren Ablaufwinkeln das Ende der Rampe mit einer größeren Geschwindigkeit verläßt. Bei achterlich liegendem Gewichtsschwerpunkt wird die Rotationszeit verkürzt, da sich auch der zeitliche Abstand zwischen dem Beginn der Rotation und dem Zeitpunkt, an dem sich das Boot von der Rampe löst, verkürzt.
Zur Vervollständigung wurde noch eine Auswertung der Richtung des Rettungsbootes am Ende der Rotationsphase bzw. Anfang der Freifallphase durchgeführt. Das ist der Zeitpunkt, an dem das Rettungsboot zum ersten Mal den Kontakt mit der Rampe verliert. Die Ergebnisse sind in Abb. 13 dargestellt; sie belegen, daß sich die induzierte Rotation mit steigendem Ablaufwinkel verringert.
Die untere Linie zeigt den Winkel, unter dem das Rettungsboot von der Rampe abgelaufen ist. Wie aus der Abbildung zu ersehen, werden die Unterschiede zwischen Ablaufwinkel und dem Winkel am Ende der Rotation mit wachsendem Ablaufwinkel kleiner; bei achterlichem Gewichtsschwerpunkt CG sind die Unterschiede am kleinsten. Dies ergibt sich aus dem gleichen Grund wie für die Änderungen der Winkelgeschwindigkeit.

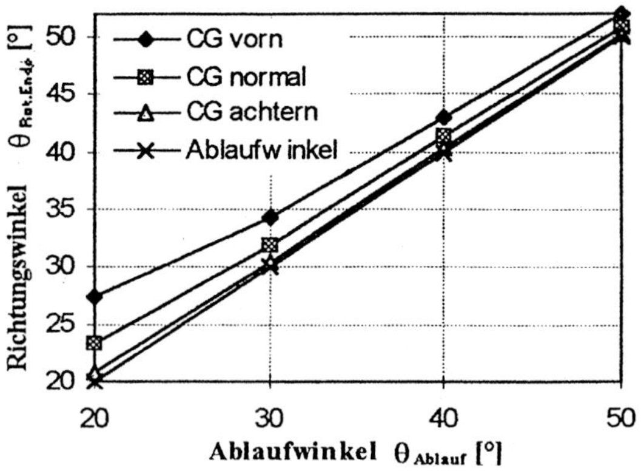

Abb. 13. Richtungswinkel am Ende der Rotationsphase in Abhängigkeit des Ablaufwinkels

Abbildung 14 zeigt die maximalen Tauchtiefen T_{max} der unterschiedlichen CG–Positionen, aufgetragen über die Freifallhöhen H.
Für schlankere Bugformen ist zu erwarten, daß das Freifallboot tiefer eintaucht, als dies oben für den relativ völligen Bug des 5,70 m-Bootes berechnet wurde. Zum Beispiel wurden für ein 10,15 m langes Freifallboot mit extrem schlanken Vorschiffslinien (Fa. Watercraft International Ltd.,Gosport, Great Britain) bereits Tauchtiefen bis 10 m erreicht bei einer Freifallhöhe von 40 m. Bei diesen großen Tauchtiefen kann für die Festigkeit der hydrostatische Druck den kritischeren Lastfall darstellen, besonders für die relativ geraden Seitenwände und die schwächere Struktur des Canopy–Daches. Um die Einflüsse der Bugform auf die Tauchtiefen zu untersuchen, wurde das 5,70 m-Modell mit einem schlanken Vorschiff versehen, siehe Abb. 15.
Aus obiger Grafik kann abgelesen werden, daß die schlankere Bugform etwa die 1,4-fache Eintauchtiefe erreicht. Dies zeigt den erheblichen Einfluß, den die Form auf das Tauchverhalten von Freifallbooten hat und damit auch auf die Höhe der auftretenden Wasserdrücke.

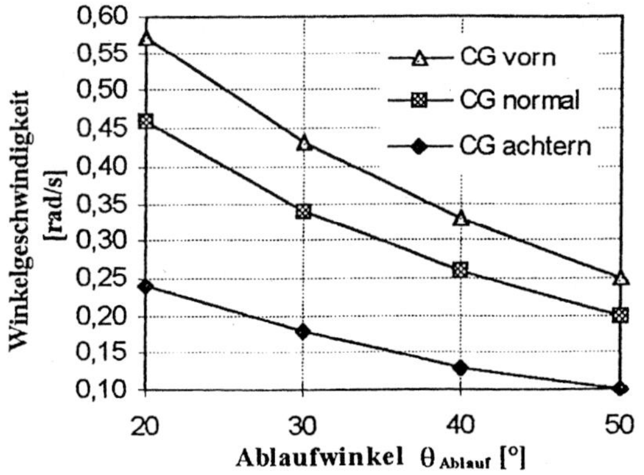

Abb. 12. Winkelgeschwindigkeit während der Freifallphase in Abhängigkeit des Ablaufwinkels

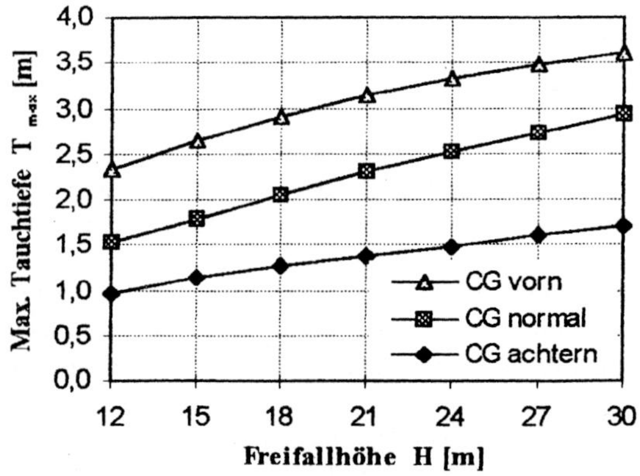

Abb. 14. Maximale Tauchtiefen in Abhängigkeit der Freifallhöhe

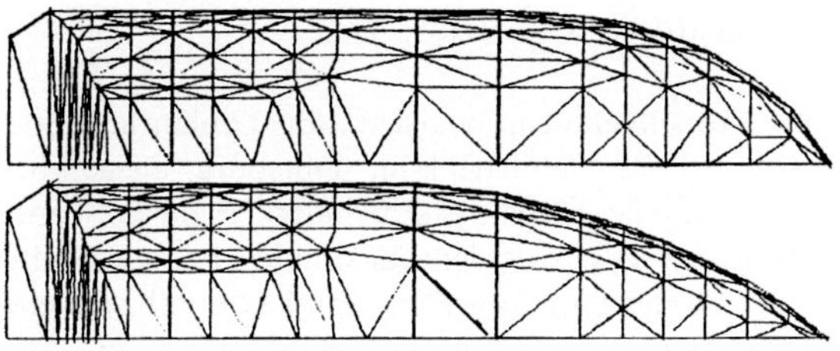

Abb. 15. Draufsicht auf das Boot mit völliger Bugform (oben) und mit schlanker Bugform (unten)

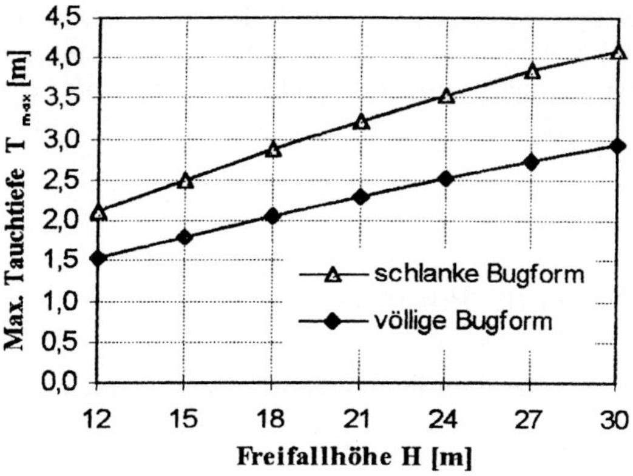

Abb. 16. Maximale Tauchtiefen in Abhängigkeit der Freifallhöhe für sclanke und völlige Bugform bei CG normal

Zum Vergleich der berechneten Beschleunigungswerte und der im Versuch gemessenen ist anzumerken, daß die berechneten tendenziell etwas höher als die gemessenen aus dem Freifalltest waren. Ein möglicher Grund hierfür ist die vom Programm nicht berücksichtigte hydrodynamische Masse und die endliche Steifigkeit des Bootskörpers.

Schrifttum

1 J.K. Nelson, Master of Engineering Program at The Citadel Clemson University, South Carolina, USA: FREEFALL – A Launch Prediction Model For „Free-Fall Lifeboats", Report No. 3-S-90, 1991 Revised 1993.

2 Studienarbeit can. arch.-nav. Michael Haasis, IfS Hamburg: „Kinematik-Untersuchungen an einem Freifall-Rettungsboot", 1997.

Experimentelle Untersuchungen an SWATH-Varianten

Experimental Research on Swath Variants

Rolf Tröller, Duisburg

1 Allgemeines

Im Zuge des steigenden Interesses an schnellen unkonventionellen Schiffen entstanden in den letzten Jahren eine ganze Reihe von Studien und Forschungsprojekten zum Thema SWATH-Schiff. Das große Interesse an diesem Schiffstyp resultiert aus der Kombination seines hohen Geschwindigkeitsvermögens und seinen sehr guten Seegangseigenschaften. Eine interessante Gegenüberstellung verschiedener Eigenschaften von Monohulls und SWATH-Schiffen findet man im Artikel „SWATH SHIPS" von Jerry L. Gore [1]. Nun zeigte sich aber bald, daß beim SWATH-Schiff mit zunehmender Geschwindigkeit keineswegs ein kontinuierlich ansteigendes Widerstandsverhalten erwartet werden darf. Vielmehr ist es so, daß es im mittleren zu durchfahrenden Geschwindigkeitsbereich ganz erhebliche Widerstandsmaxima gibt, die wesentlich über dem Widerstand im angestrebten Betriebspunkt liegen können. Die daraus resultierende Notwendigkeit, eine sehr hohe Maschinenleistung installieren zu müssen, stellt allerdings für viele Anwendungen den wirtschaftlichen Einsatz von SWATH-Schiffen in Frage.

In dieser Arbeit sollte nun ein Schritt auf der Suche nach widerstandsarmen SWATH-Formen getan werden. Dies geschah durch Modifikationen der Rumpfformen und Änderung der Abstände der Rümpfe. Insbesondere wurde das Widerstandsverhalten des Grundmodells mit einem Modell dessen Rümpfe Knochenform aufweisen, verglichen. Diese Knochenform, die im mittleren Teil der Rotationskörper eine Einschnürung besitzt, wird von Papanikolaou [2] als besonders widerstandsarm ausgewiesen.

Als Bezug diente in dieser Arbeit das Prototypmodell der HSVA, von dem die Hauptdaten vorlagen. Die

Modellabmessungen für das Modell 1 wurden maßstäblich übernommen. Um die Vergleichbarkeit zu gewährleisten, wurde das Modell 2 „Knochenform" mit gleicher Länge und gleichem Volumen angefertigt.

2 Variierte Parameter

Der wichtigste Versuchsparameter bezüglich der Auswirkungen seiner Variation ist die Geschwindigkeit. Das Hauptinteresse galt dabei den Geschwindigkeitsbereichen, bei denen aufgrund von extremen Wellenbildungen der Modelle der Widerstand sehr groß wird. Zur genauen Festlegung der Anzahl und Höhe der Geschwindigkeitsmeßpunkte wurden zunächst Vorversuche durchgeführt. Dabei zeigte sich, daß sich für die untersuchten Modelle bei einer Geschwindigkeit von v = 0,8 m/s (Fn = 0,36) eine markante Wirbelwalze im Heckbereich des SWATH bildet und dies zu einem Widerstandsmaximum führte. Weiterhin war von Interesse, wie die Widerstandswerte im höheren Froudezahlbereich ansteigen. Für die Messungen wurden die Geschwindigkeiten v = 0,8 m/s (Fn = 0,36); 1,4 m/s (Fn = 0,63); 1,8 m/s (Fn = 0,81) und 2,2 m/s (Fn = 0,99) festgelegt. Zuerst wurden die Tiefgänge variiert. Ähnlich wie beim Bugwulst an Einrumpfschiffen wirken sich die Rotationskörper bei unterschiedlichen Eintauchtiefen völlig unterschiedlich auf das Wellenbild aus.
Als nächster Parameter wurde der Abstand der Struts variiert. Auch hierbei wurde nach einer günstigen Beeinflussung auf die Wellenbildung beziehungsweise den Widerstand gesucht. Neben dem vom HSVA-Typ maßstäblich übertragenen Abstand von 160 mm wurden noch zwei weitere Abstände, nämlich 200 mm und 240 mm, als Varianten gewählt. Es ist leicht vorstellbar, daß das Wellenbild zwischen den Rümpfen stark durch den Abstand der Struts zueinander beeinflußt wird. Beispielsweise wird die Bugwelle in der Symmetrieachse reflektiert und trifft je nach Strutabstand unterschiedlich auf die Heckwellen.
Die folgende Tabelle gibt einen Überblick sämtlicher Parameter und deren Einstellgrößen, die untereinander kombiniert wurden.

3 Versuchstechnik

Die Modellversuche wurden am Umlauftank des Institutes für Schiffstechnik Duisburg ausgeführt. Die maximale Umlaufgeschwindigkeit dieses Tanks beträgt 2,2 m/s. Aus dem maximalen Froudezahlbereich und der Umlaufgeschwindigkeit ergab sich eine Modellänge von 500 mm. Bedingt durch die Modellgröße erschien es lediglich sinnvoll vergleichende Messungen mit rein qualitativen Aussagen durchzuführen, da hier nur tendenzielle Verbesserungen im Widerstandsverhalten gesucht wurden, und eine Umrechnung der gemessenen Widerstandswerte auf eine Großausführung mit zu großen Unsicherheiten behaftet wäre.
Die verwendete Meßkette bestand aus einem mit DMS bestückten Biegestab, dem Meßverstärker, einem Analog-Digitalumformer sowie einem PC zur Meßwertverarbeitung.

4 Versuchsauswertung

Dieser Bereich ist gegliedert in die Auswertung der verschiedenen Versuchsparameter auf die Wellenbildung und den Widerstand. Dabei wurde jeweils ein Parameter systematisch untersucht, indem bei seiner Änderung und Beibehaltung der anderen Parameter die Wellenbilder und Widerstandswerte miteinander verglichen wurden.
Die folgenden Erläuterungen seien auf die Betrachtung der Auswirkungen der Rumpfgeometrie und des Strutabstandes beschränkt, da sie die wichtigsten Parameter darstellen, und die Beschreibung der weieren Auswirkungen den Rahmen dieser Veröffentlichung sprengen würde.

4.1 Variation der Rumpfgeometrien

Diagramm 1 zeigt die gemittelten Widerstandswerte der beiden Modellvarianten bei den Einstellungen, die dem HSVA-Prototyp entsprechen. Bei der Betrachtung des Diagramms muß man sich allerdings darüber klar sein, daß die Kurven nur durch die angezeigten Stützpunkte definiert sind und daher den Verlauf zwischen den Punkten nicht korrekt wiedergeben können.

Variierte Parameter Modell:	Einstellgrößen			
	Zigarrenform	Knochenform		
Froudezahl:	0,36	0,63	0,81	1,0
Tiefgang:	65 mm	85 mm	105 mm	125 mm
Strutabstand:	160 mm	200 mm	240 mm	
Winkel zwischen den Struts:	0°	1°	2°	4°

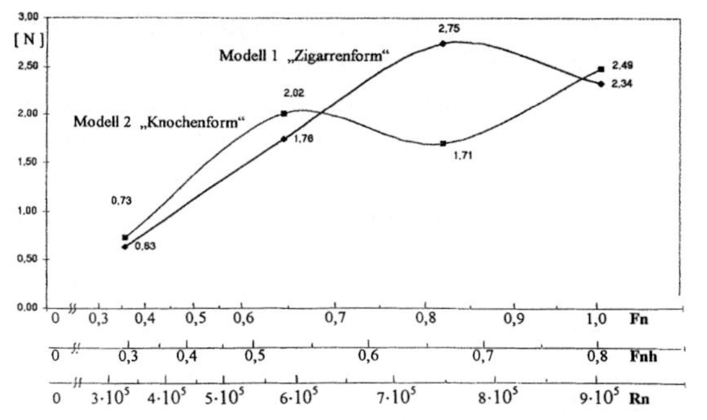

Einstellung der Modelle : Tiefgang = 65 mm, Strutabstand = 160 mm, Winkel zwischen den Struts = 0°

Abb. 1. Diagramm 1

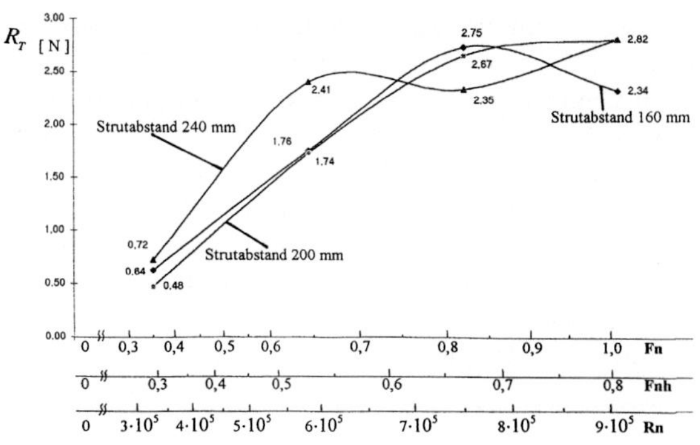

Modell 1 „Zigarrenform"
Einstellung des Modells : Tiefgang = 65 mm, Winkel zwischen den Struts = 0°

Abb. 2. Diagramm 2

Es zeigt sich, daß sich die Widerstände der beiden Modellvarianten völlig unterschiedlich entwickeln, wobei besonders der Bereich um Fn = 0,81 ins Auge fällt.
In diesem Bereich liegen die Widerstände der beiden Modelle am weitesten auseinander. Tatsächlich sehen die zugehörigen Wellenbilder sehr unterschiedlich aus. Es ist ein Spritzerbereich hinter den Rümpfen im Versuch zu beobachten, der beim Modell 1 etwas länger, aber auch wesentlich flacher als beim Modell 2 ist. Bei letzterem steigen die Spritzer in einem Winkel von etwa 45° aus der Oberfläche empor und bilden einen Bogen, der nicht über 200 mm (Modellwert) lang wird. Die Höhe dieses Spritzerbogens über der mittleren Wasseroberfläche beträgt etwa 100 mm.
Weitere Untersuchungen zeigten deutlich, daß die Differenz zwischen den Widerständen der beiden Modelle mit zunehmenden Tiefgang stark abnimmt. Dieses Verhalten bestätigt, daß die unterschiedlichen Widerstände vorwiegend durch den Einfluß der Rotationskörper zustande kommen.
Aus der vorangegangenen Auswertung ging hervor, daß es einen Froudezahlbereich gibt, in dem die Knochenform der Rotationskörper einen günstigen Einfluß auf die Wellenbildung hat und somit einen geringeren Widerstand verursacht. Dadurch, daß dieser Effekt eben nur in einem ganz bestimmten Geschwindigkeitsbereich und bei einem ganz bestimmten Tiefgang voll zum Tragen kommt, liegt der Vergleich mit der Wirkung eines Bugwulstes nahe. Beim Modell 2 zeigt sich ein wesentlich flacherer Aufstiegswinkel der Spritzer als beim Modell 1, der daraus resultiert, daß die Wasseroberfläche weniger gekrümmt auf das Rückstaugebiet zwischen den Hauptwellenzügen trifft. Dies wiederum ist ein Indiz dafür, daß tatsächlich eine günstige Interferenz der Wellensysteme vorliegt. Eine genaue Klärung der Frage, welche Wellenzüge sich auf welche Weise beeinflussen, ist nur sehr schwer möglich, da eine entkoppelte Betrachtungsweise der Wellensysteme den komplexen Zusammenhängen nicht gerecht wird. Festzuhalten ist die Tatsache, daß bei einer Froudezahl von 0,81 das Widerstandsverhalten des Modells 2 günstiger ist als das vom Modell 1. Die Tatsache, daß dieser Effekt mit zunehmendem Tiefgang abnimmt, ist ein Hinweis für die Beeinflussung der Oberflächenwellen durch die Form der Rotationskörper.

4.2 Variation des Strutabstandes

Zur Untersuchung des Einflusses der Strutabstände sind im folgenden Diagramm für das Modell 1 die Kurven der drei Strutabstände über den Geschwindigkeiten aufgetragen.
Dabei fällt auf, daß keiner der drei Strutabstände über den gesamten Geschwindigkeitsbereich den günstigsten Widerstand bewirkt. Jede einzelne Kurve nimmt in ihrem Verlauf bei bestimmten Geschwindigkeiten die höchsten und die niedrigsten Werte der Kurvenschar an. Wie schon bei der Variation der Rumpfabstände, kann man auch bei der Untersuchung unterschiedlicher Strutabstände nicht davon ausgehen, daß sich eine eindeutige Tendenz zu widerstandsärmeren Anordnungen zeigt. Es gibt also keinen optimalen Strutabstand für den gesamten Geschwindigkeitsbereich, sondern immer nur für ganz kleine Bereiche. Für den Bereich bis 1,4 m/s (Fn = 0,63) erzeugt das Modell mit dem größten Strutabstand auch den größten Widerstand. Die Auswertung der zugehörigen Wellenbilder zeigte, daß der Bereich der Spritzerbildung hinter den Rümpfen beim größten Strutabstand tatsächlich auch die größte Fläche in Anspruch nimmt.
Hierin ist ein entscheidender Unterschied zur Situation aus Kapitel 4.1 (Variation der Rumpfgeometrie) zu sehen. Dort war eine Zunahme des Gesamtwiderstandes stets auf eine Änderung der Höhe des Spritzerbogens über der benachbarten Wasseroberfläche zurückzuführen. Je höher der Widerstand war, desto steiler stiegen die Spritzer aus der Wasseroberfläche empor. Bei der Variation der Rumpfgeometrie war es die günstige Interferenz der von den Staupunkten ausgehenden Wellen mit dem Einfluß der Rotationskörper, die eine Reduktion des Widerstandes hervorrief. Durch die Vergrößerung des Strutabstandes rückten nun die Bereiche, in denen die Wellensysteme der Staupunkte aufeinandertrafen,

weit nach hinten, während der Einflußbereich der Rotationskörper den gleichen Abstand zu den Rümpfen behielt. Es fand also eine Entkoppelung der beiden Mechanismen statt, die sich ganz erheblich auf das Erscheinungsbild der Wellensysteme auswirkte. Die Wasseroberfläche traf nun immer mit annähernd der gleichen Krümmung auf das Staugebiet im Bereich des Dreiecks zwischen den Hauptwellenzügen, wodurch der Winkel der Spritzerbildung stets der gleiche blieb.

5 Fazit

Zusammenfassend bleibt festzuhalten, daß bei den Versuchen in dieser Arbeit trotz der relativ kleinen Modelle und des Einflusses vieler Störfaktoren deutliche Unterschiede bei den Widerstandswerten der verschiedenen Modellvarianten festgestellt wurden. Dabei zeigten sich unter anderem die in der vorliegenden Arbeit erkannten Ursachen und Tendenzen zu widerstandsärmeren Varianten. Alle diese Ursachen hängen allerdings sehr stark von den jeweiligen Parametern ab. Schon die Veränderung eines Parameters wirkt sich gravierend auf den Widerstand aus. Daher kann man nur mit der Vorgabe ganz eng gewählter Parameter und vorliegenden Ergebnissen aus Versuchsreihen geeignete Maßnahmen zur Widerstandsreduktion festlegen.

Schrifttum

1 Gore, J.L.: SWATH SHIPS. Naval Engineers Journal, Vol. 97, No. 2, February 1985. Special Edition, ASNE 1985, USA, pp. 83–112

2 Papanikolaou, A.: Hydrodynamic aspects and conceptual design of a SWATH passenger/car ferry. Tecnica Italia, No. 4, 1987

3 Tröller, R.: Experimentelle Untersuchungen von SWATH-Varianten. Studienarbeit am Institut für Schiffstechnik Duisburg (ISD), 1995. Betreut von Prof. Dr.-Ing. J.J. Thiel und Dr.-Ing. Grollius

---

Ein Ansatz zum Abgleich von Fertigungs- und Widerstandsaspekten beim Formentwurf

An Approach to Balancing of Production and Resistance Aspects during Hull Form Design

Patrick Kaeding, Norderstedt

Summary. Ships' hulls which are easy to construct require simple surfaces. On the other hand, hydrodynamically optimized hulls consist of many complicated plates, resulting in higher fabrication costs. Two conflicting tendencies are present: lower building costs or lower operational costs. There is an optimum balance between these costs. A combination of cost estimates (in spreadsheet format) and CFD is proposed for balancing of these two aspects. Characteristics of hull forms enabling easy construction, methods for cost estimates, and state-of-the-art of CFD are briefly reviewed. As a first approach, a simplified case study is included.

Einleitung

Die Baukosten eines Schiffes sollen so niedrig wie möglich sein. Um dieses Ziel zu erreichen, muß der gesamte Entwurf eines Schiffes Gesichtspunkte der Fertigung widerspiegeln. Dann ist es möglich, die Anzahl der benötigten Arbeitsstunden klein zu halten. Diese Überlegung schließt eine Außenhaut ein, die aus einfachen Flächen besteht und somit einfach zu fertigen ist.

Auf der anderen Seite sollen die Betriebskosten niedrig gehalten werden. Dieses erfordert eine Senkung des Brennstoffverbrauchs durch eine Schiffsform mit geringem Widerstand und guten Propulsionseigenschaften. Solche hydrodynamisch optimierten Schiffsrümpfe bestehen aber aus vielen kompliziert geformten Platten, die teuer in der Fertigung sind und somit die Herstellungskosten erhöhen.

Es gibt also zwei gegensätzliche Tendenzen: niedrigere Baukosten oder niedrigere Betriebskosten. Offensichtlich gibt es einen optimalen Kompromiß. Wenn die hydrodynamisch bessere Form gegenüber der fertigungsfreundlicheren Form zu so einer Einsparung an erforderlicher Leistung führt, daß eine kleinere Hauptmaschine vorgesehen werden kann, ergibt sich allerdings auch eine günstige Auswirkung durch verbesserte Hydrodynamik auf die Herstellungskosten. Dieses wird aber aufgrund der untersuchten geringen Variation der Schiffsform und somit des Leistungsbedarfs hier nicht weiter verfolgt.

Zum Abgleich der Herstellungs- und Betriebskosten wird eine Kombination von Baukostenabschätzung in Form einer Tabellenkalkulation und CFD (Computational Fluid Dynamics, Numerische Strömungsmechanik) vorgeschlagen. Zur Demonstration des Verfahrens wird eine Fallstudie mit einem vereinfachten Ansatz vorgestellt. Zuvor werden Aspekte fertigungsfreundlicher Rumpfformen, Methoden der Baukostenprognose und der Stand der Technik von CFD kurz zusammengestellt.

Fertigungsfreundliche Rumpfformen

Global gesehen wirken sich ein langes paralleles Mittelschiff und ein kleines L/B-Verhältnis positiv auf die Fertigung aus. Ersteres erhöht den Anteil ebener Flächen und verkleinert die Zahl unterschiedlicher Spantformen. Letzteres reduziert die Anzahl der Bauspanten.

Hier sollen mehr lokale Unterschiede in der Formgebung betrachtet werden. Die Vermeidung von zweiachsig verformten Platten wird von [1] gefordert. Eine Begradigung der Spanten bei veränderlichem Spantausfall ergibt zwar keine mathematisch abwickelbaren Flächen (Die Gaußsche Krümmung ist nicht null.), erleichert aber die Fertigung. Die Platten können beim Zusammenbau an die veränderliche Neigung angepaßt werden und müssen vorher nur in Richtung der Wasserlinien gebogen werden, Abb. 1. Eine linearisierte Struktur erhöht ferner die Produktivität beim Schweißen durch Erleichterung der Automation, [1], [2].

Baukostenabschätzung

Verfahren zur Vorhersage der Baukosten können in sogenannte Top-Down- und Bottom-Up-Methoden eingeteilt werden. Top-Down-Methoden bestimmen die Baukosten aus globalen Parametern wie dem Gewicht der betrachteten Struktur. Dazu wird eine Korrelation zwischen diesen Parametern und den Kosten verwendet, die aus ähnlichen Objekten gewonnen wurde. Top-Down-Ansätze eignen sich für erste schnelle Abschätzungen, aber nicht für die Analyse von feinen Veränderungen, [1], [3].

Bottom-Up-Methoden zerlegen den Fertigungsablauf in einzelne Tätigkeiten, [1], [3]. Tabelle 1 zeigt ein einfaches Beispiel. Für jede Tätigkeit wird die Zahl der benötigten Arbeitsstunden berechnet. Hierzu wird eine aus Arbeitsstudien gewonnene Einheitszeit (Std./Platte, Std./Schweißmeter) mit der Anzahl der Einheiten multipliziert. Die gesamten Arbeitsstunden ergeben sich als Summe der Stunden aller Tätigkeiten. Diese Methode eignet sich zur Analyse von Unterschieden in Entwurfdetails, [4]. Leider waren keine Einheitszeiten von den Werften zu erfahren, so daß im Abschnitt „Verfahren zum Abgleich" auf ein relatives Verfahren zurückgegriffen wird.

Strömungsberechnung

Stand der Technik bei der numerischen Bestimmung des Schiffswiderstandes ist die Berechnung der Potentialströmung mit Paneelmethoden zur Abschätzung

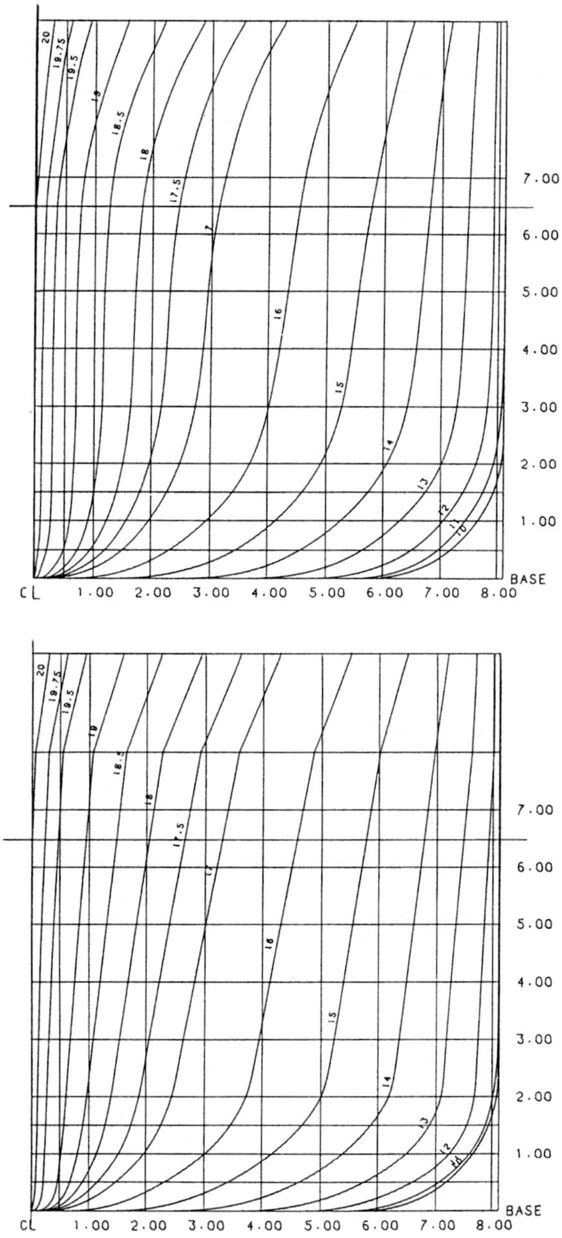

Abb. 1. Gekrümmte und gerade Spanten
Fig. 1. Curved and straight sections

Tabelle 1. Prinzip der Arbeitsstundenkalkulation nach dem Bottom-Up-Ansatz

Tätigkeit	Std./Einheit	Einheiten	Std.
Spantenbiegen			
Plattenbiegen			
– einachsig			
– zweiachsig			
Schweißen			
– manuell			
– automatisch			
Summe	–	–	

Tabelle 2. Daten von Series-60 und begradigtem Schiff

Länge/Breite	L/B	7,5
Breite/Tiefgang	B/T	2,5
Blockkoeffizient	C_B	0,6
Froudezahl	Fn	0,22
Reynoldszahl	Rn	$8{,}1 \cdot 10^8$
Reibungskoeffizient (ITTC57)	c_F	$1{,}57 \cdot 10^{-3}$
Formfaktor	k	0,09
Differenz der benetzten Flächen	ΔS	19 m^2

des Wellenwiderstandes. Der viskose Widerstand wird entweder anhand einer Reibungslinie und eines Formfaktors bestimmt oder durch Lösen der zeitgemittelten Navier-Stokes-Gleichungen ohne Berücksichtigung der Wellenerhebung vorhergesagt. Jetziger Stand und aktuelle Entwicklungen in der Berechnungstechnik werden in [5] aufgezeigt. Eine Einführung mit den Grundgleichungen gibt [6]. Der Vergleich verschiedener Formvarianten ist mit diesen Methoden möglich, eine direkte Leistungsprognose allerdings derzeit nicht. Im Rahmen der Vorschiffsoptimierung mit Potentialmethoden erklärt [7] aber, daß eine Quantifizierung der Änderung des Leistungsbedarfs möglich ist, wenn ausreichende Erfahrungen aus vorherigen Projekten vorliegen. Hierfür wird von [8] der Unterschied der Druckkräfte auf das Vorschiff verwendet.

Verfahren zum Abgleich

Als Ausgangform für eine Fallstudie zur Vorstellung des Verfahrens wurde das Series-60 Schiff mit Blockkoeffizient $C_B = 0,6$ gewählt, [9]. Die Studie wurde auf eine Änderung des Vorschiffes beschränkt. Das Vorschiff der Ausgangform zeigt überall mehr oder weniger stark gekrümmte Spanten; das entwickelte alternative Vorschiff weist dagegen oberhalb des Kimmradius nur noch gerade Spantlinien auf, Abb. 1. Um dennoch bei dieser Alternative ein ähnliches Unterwasserschiff bei gleicher Decksbreite zu gewährleisten, befindet sich über Wasser ein Knick. Tabelle 2 enthält die wichtigsten Daten beider Schiffe. Die benetzte Oberfläche des begradigten Schiffes ist etwas kleiner. Der Formfaktor für das Series-60 Schiff stammt aus [10] und wurde für die nur leicht veränderte alternative Form übernommen. Mit einem kommerziellen Paneelverfahren (SHALLO, [5]) wurden Wellenwiderstandsberechnungen durchgeführt. Das Netz der Schiffsoberfläche bestand aus 606 Elementen und reichte bis zu einer Höhe von 8,5 m, Abb. 2. Für beide Schiffe wurde die gleiche Netztopologie verwendet. Die Netze auf der Wasseroberfläche wurden automatisch erzeugt. Zur Sicherung der Ergebnisgüte wurde jeweils mit unverschobenem als auch mit um einen halben Gitterabstand verschobenem Wasseroberflächennetz gerechnet. Die Ergebnisse für das Series-60 Schiff (Wellenwiderstandskoeffizient, Tiefertauchung, Trimm) stimmen zwar nicht mit Messungen von [10] überein, liegen aber im Bereich der Berechnungen von [11]. Da sich die eigenen Ergebnisse bei beiden verwendeten Wasseroberflächennetzen nur wenig voneinander unterscheiden, kann von einer Parallelverschiebung der Ergebnisse gegenüber den exakten Werten ausgegangen werden, die in gleicher Weise bei dem begradigten Schiff auftritt. Somit ist ein Relativvergleich beider Formen möglich. Die Druckkraft auf das begradigte Vorschiff ist etwa 0,7 kN größer, wegen der kleineren benetzten Fläche ist der viskose Widerstand aber in gleicher Größenordnung kleiner. Es ist kein signifikanter Einfluß der leichten Formänderung auf den Widerstand festzustellen.

Um die Auswirkungen einer reinen Formänderung auf den Aufwand des Plattenformens und Schweißens beurteilen zu können, wurde für beide Schiffe die gleiche Topologie der Platteneinteilung gewählt, Abb. 3. Da nur die Vorschiffsform verändert wurde, reicht eine Einteilung für diesen Bereich. Im Boden gibt es einige ebene Platten. Im Bereich gerader Spantverläufe werden Platten als „einfach gebogen"

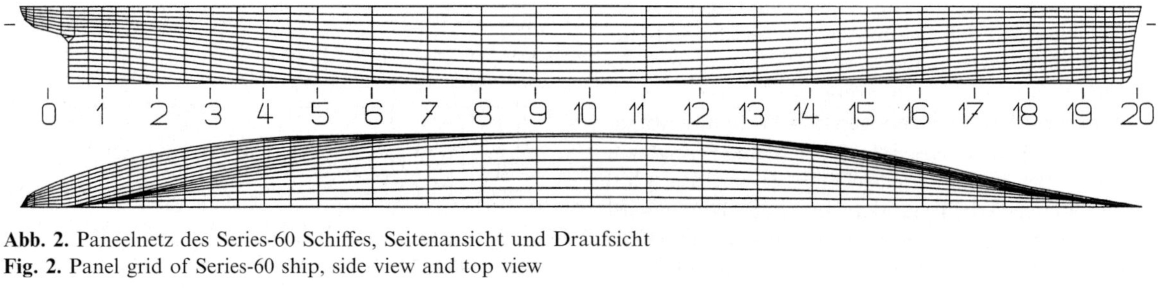

Abb. 2. Paneelnetz des Series-60 Schiffes, Seitenansicht und Draufsicht
Fig. 2. Panel grid of Series-60 ship, side view and top view

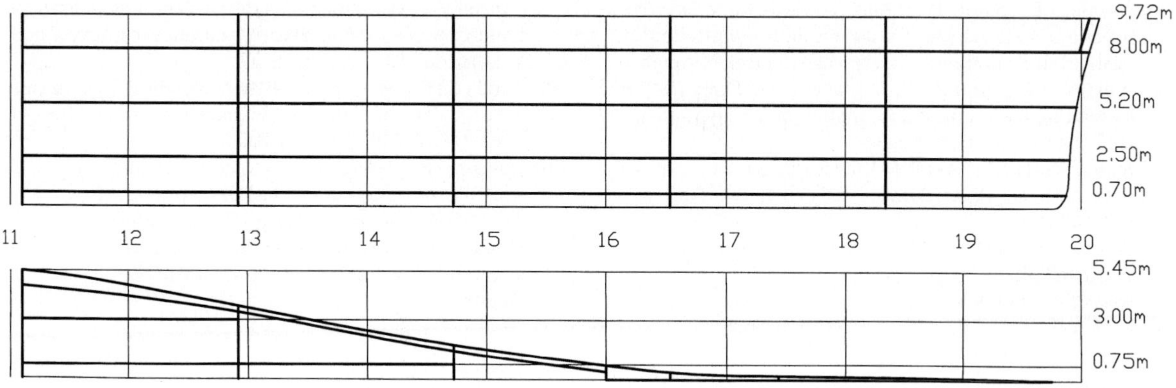

Abb. 3. Topologie (dicke Linien) der Seiten- und Bodenbeplattung
Fig. 3. Topology (thick lines) of side and bottom plating

Tabelle 3. Relativvergleich von Series-60 Vorschiff und begradigtem Vorschiff

	Vorschiff		Bewertungs-faktor	Vorschiff	
	Series-60	begradigt		Series-60	begradigt
Plattenanzahl					
– eben*	9	9	0,24243	0,12122	0,12122
– einfach gebogen*	30	4	0,08532	0,07528	0,01004
– gesamt	60	60	0,56444	0,28222	0,28222
Schweißmeter					
– bessere Automation*	205	149	0,07859	0,04551	0,03307
– gesamt	785	783	0,02922	0,01463	0,01459
Summe	–	–	1,00000	0,53886	0,46114

Bei den mit * versehenden Rubriken müssen wie im Text erläutert die Werte für die beiden Alternativen vertauscht eingetragen werden.

angesehen. Ungekrümmte Nähte sind bezüglich Schweißautomation günstiger.
Tabelle 3 zeigt einen Relativvergleich in Anlehnung an [4]. Die Bewertungsfaktoren wurden unter Wahrung ihrer Verhältnisse bei Streichung anderer von [4] betrachteter Aspekte auf diese Anwendung umgerechnet. Die Faktoren waren von [4] aus der Befragung von Experten abgeleitet worden. In Abänderung des ursprünglichen Verfahrens erhält in dieser Studie die ungünstigere Variante den höheren Wert. Das begradigte Vorschiff hat 30 „einfach gebogene" Platten. Diese Anzahl wird aber in der Spalte „Series-60" eingetragen. Denn das Series-60 Vorschiff hat nur 4 entsprechende Platten und ist somit in diesem Punkt ungünstiger. Bei allen mit einem $*$ gekennzeichneten Rubriken ist so vorzugehen. Die in Spalte 2 bzw. 3 stehenden Werte werden mit dem Bewertungsfaktor multipliziert und durch die jeweilige Zeilensumme von Spalte 2 und 3 dividiert. So ergeben sich Spalte 5 bzw. 6. Der Relativvergleich hinsichtlich der Baukosten ergibt einen leichten Vorteil für das begradigte Schiff. Eine Erhöhung des Leistungsbedarfs für die begradigte Form ist anhand der Widerstandsbetrachtung nicht zu erwarten. Auch wenn hier eine gewisse Unsicherheit besteht, da keine absoluten Baukosten bekannt sind und da die Widerstandsberechnung keine exakten Werte liefert, so ist doch eine – wenn auch kleine – Verringerung der Gesamtkosten möglich.

Ausblick

Ständige Verbesserung von CFD wird zu genaueren Prognosen bei dem Vergleich von Formvarianten führen. Lösen der zeitgemittelten Navier-Stokes-Gleichungen ermöglicht den Vergleich von Hinterschiffsumströmungen. Detaillierte Daten zur Baukostenprognose wären wünschenswert.

Schrifttum

1 Kraine, G.L.; Ingvason, S. (1990): Producibility in ship design, J. of Ship Production, November
2 Takeda, Y.; Kawano, T.; Takeda, H.; Iwabuchi, H. (1994): Recent development of new mechanization, automation and robotization of welding operations in the Japanese shipyard, Advanced Techniques and Low Cost Automation, IIW, Peking

3 Winkle, I.E.; Baird, D. (1986): Towards more effective structural design through synthesis and optimisation of relative fabrication costs, The Naval Architect, November
4 Wilkins, J.R.; Kraine, G.L.; Thompson, D.H. (1993): Evaluating the producibility of ship design alternatives, J. of Ship Production, August
5 Jensen, G. (1997): Aktuelle Entwicklungen zum Numerischen Tank – Auswirkungen auf den Entwurfsprozeß, STG-Jahrbuch
6 Bertram, V. (1992): CFD im Schiffbau, Handbuch der Werften XXI
7 Krüger, S. (1997): Moderne hydrodynamische Entwurfsmethoden in der Werftpraxis, STG-Jahrbuch
8 Langenberg, H.; Jensen, G. (1995): Verkürzung der Sea-Land-Containerschiffe: Hydrodynamischer Entwurf und Validierung, STG-Jahrbuch
9 Todd, F.H. (1963): Series 60 – Methodical experiments with models of single-screw merchant ships, Report 1712, David Taylor Model Basin
10 Ogiwara, S. (1986): Tank experiments and numerical works on Series 60 model in IHI ship model basin, Report of IHI Yokohama Research Laboratory
11 Hughes, M.; Bertram, V. (1995): A higher-order panel method for 3-d free-surface flows, IfS-Bericht 558, Univ. Hamburg

Entwurf von Container-Feederschiffen und Variation bezüglich Wirtschaftlichkeit des Einsatzes auf ausgewählten Routen

Jens Fahrbach, Hamburg

1 Einleitung

Durch den weltweiten Austausch von hochwertigen Halb- und Fertigprodukten und durch die wachsenden internationalen Handelsströme kommt es zu einem weiter steigenden Containertransportaufkommen [1].

In den letzten acht Jahren ist die Anzahl der Vollcontainerschiffe weltweit durchschnittlich um 10% gewachsen, im Pazifikraum stieg sie sogar weit über dem Durchschnitt an. Nach einer Studie des Bundesministeriums für Forschung und Technologie (BMFT) wird bis zum Jahr 2010 ein Wachstum um die Hälfte (50–60%) der containerisierten Güter erwartet [2].

Von den Experten der britischen Ocean Shipping Consultants (OSC) wird in einer Studie [3] bis zum Jahr 2000 sogar ein um 57% steigendes Umschlagsaufkommen weltweit erwartet. In dieser Studie werden zwei Szenerien unterschieden. Im ersten Fall wird vorausgesetzt, daß sich der Handel weiterhin frei entwickeln kann, im zweiten Fall wird von einer Beeinträchtigung des Wachstums durch zunehmende protektionistische Maßnahmen im Verkehr zwischen Nordamerika, der Europäischen Union, Japan und China ausgegangen.

Das Institut für Seeverkehrswirtschaft und Logistik (ISL) errechnete für das vergangene Jahr eine Kapazitätssteigerung der Vollcontainerschiffe um 15% [4].

In den letzten Jahren stieg nicht nur die Anzahl und Größe der Vollcontainerschiffe, sondern wuchs auch die Anzahl zu transportierender TEU der Container-Feederschiffe. Bei einem Schiffsentwurf ist die Berücksichtigung der Wirtschaftlichkeit von großer Bedeutung. Deshalb sollte bei jedem Entwurf auch eine Analyse des späteren Einsatzgebietes erfolgen. Es wurde beispielhaft der nordeuropäische Raum betrachtet. Der Container-Feederverkehr überwiegt in diesem Gebiet.

Aus diesem Grund sind im Rahmen der Diplomarbeit drei Schiffstypen entworfen und im nordeuropäischen Raum auf ausgewählten Routen eingesetzt bzw. variiert worden.

Im Kapitel 2 werden die einzelnen Routen festgelegt. Die einzelnen Schiffsentwürfe werden in Kapitel 3 näher beschrieben. Im Kapitel 4 werden die drei Schiffsentwürfe auf den Routen variiert, um die sinnvollsten Variationen bei gegebenen Randbedingungen zu erhalten. Im letzten Kapitel erfolgt eine Wirtschaftlichkeitsbetrachtung, bei der die Variationen mit den geringsten Gesamtkosten und der größten Anzahl zu befördernder 14 t/TEU errechnet werden.

2 Festlegung der Routen

Um die in dieser Arbeit erarbeiteten Schiffstypen für ein ganz spezielles Einsatzgebiet im nordeuropäischen Raum zu entwerfen, sind einige Routen ausgewählt worden. Diese Routen entstanden durch die Analyse der Containerumschlagsmengen in einigen Häfen an der Ostsee, im Gebiet des Skagerrak und der Nordsee.

Randbedingungen, wie sie speziell auf sich überschneidenden Routen, den sogenannten Slings [5], im

nordeuropäischen Raum zutreffen, sind ausgearbeitet und berücksichtigt worden.
Daraus entstand ein Sling mit vier sich überschneidenden Routen und insgesamt zehn Häfen:

Route 1: Hamburg–Bremerhaven–Oslo/Moss–Göteborg–Gdynia–Stettin und zurück
Route 2: Bremerhaven–Hamburg–Stockholm–Rauma–Gdynia und zurück
Route 3: Bremerhaven–Hamburg–Helsinki–Rauma-Stockholm und zurück
Route 4: Hamburg–Bremerhaven–Göteborg–Helsinki–Tallin und zurück

3 Schiffsentwurf

Unter diesen Voraussetzungen wurden drei Schiffstypen mit dem Entwurfsprogramm E4 entworfen, die für den späteren Einsatz auf den vier ausgewählten Routen bestimmt sind. Es sind drei Schiffstypen gewählt worden, weil sie eine breite Variationsmöglichkeit bieten und für ein steigendes Ladungsaufkommen bei unterschiedlichen Geschwindigkeiten eingesetzt werden können. Schon bei dem Entwurf wurde die Stellplatzzahl auf 14 t/TEU optimiert, da dies in der Praxis ein gängiges Containergewichtsmaß darstellt.
Der erste Schiffstyp **CFV** (Container-Feeder-Vessel) **TYP 1** hat nach dem Entwurf eine Stellplatzkapazität von 525 TEU bzw. 385 14 t/TEU. Die Geschwindigkeit beträgt 17 Knoten (kn).
Der zweite Typ **CFV TYP 2** ist eine vergrößerte Variante der heute bestehenden 600 TEU Schiffe und kann 811 TEU bzw. 607 14 t/TEU transportieren. Die Geschwindigkeit beträgt 18,5 kn.
Die dritte Variante, der **CFV TYP 3**, ist ein stark vergrößerter Entwurf, der sich in Stellplatzzahl und Geschwindigkeit deutlich von den zur Zeit auf den Ostsee-Slings eingesetzten Schiffen unterscheidet. Dieser Schiffstyp kann 1.110 TEU bzw. 798 14 t/TEU befördern und weist eine Geschwindigkeit von 20 kn auf.

4 Variation auf den ausgewählten Routen

Die drei entworfenen Schiffstypen wurden nun auf dem ausgewählten Sling, mit je einem Schiff pro

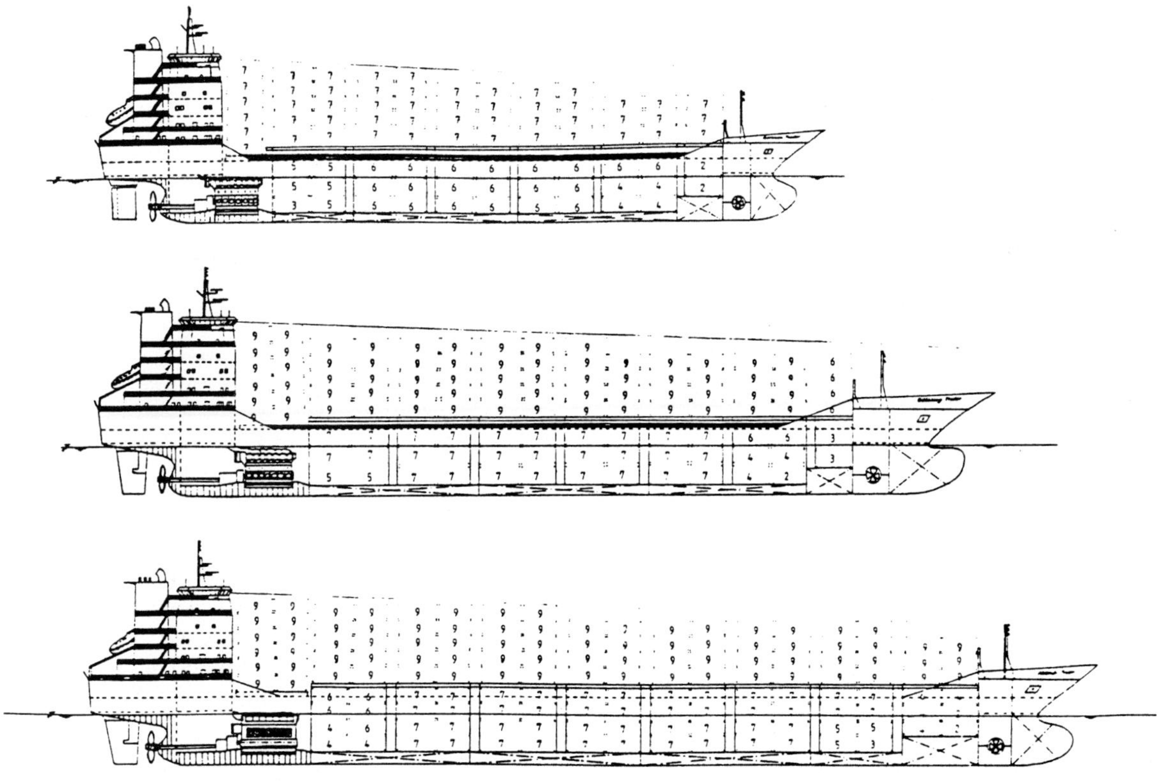

Abb. 1. Schiffsentwürfe

TYP 1 „German Trader"	TEU gesamt:	525
	14 t/TEU:	385
	Geschwindigkeit:	17 kn
TYP 2 „Göteborg Trader"	TEU gesamt:	811
	14 t/TEU:	607
	Geschwindigkeit:	18,5 kn
TYP 3 „Helsinki Trader"	TEU gesamt:	1.110
	14 t/TEU:	798
	Geschwindigkeit:	20 kn

Route, variiert. Mit einigen Einschränkungen bei der Vielzahl an Variationsmöglichkeiten bei dem Einsatz der Schiffstypen kristallisierten sich *vier* Variationen heraus, die mit den gegebenen Randbedingungen [5] sinnvoll sind. Dies sind:

Route 1 ⟶ CFV TYP 1 oder CFV TYP 2
Route 2 ⟶ CFV TYP 3
Route 3 ⟶ CFV TYP 3
Route 4 ⟶ CFV TYP 1 oder CFV TYP 2

5 Wirtschaftlichkeitsbetrachtung

Diese vier Variationen wurden nun auf alle anfallenden Kosten hin untersucht, um die Variation zu finden, bei der die Kosten am geringsten und die Anzahl der beförderten Container am größten ist. Dabei stellte sich heraus, daß der absolute Betrag für die ladungsunabhängigen Kosten bei Variation 3 am geringsten ist, jedoch die Variation 4 bezogen auf die mögliche Zahl an Containern (die innerhalb einer Woche transportiert werden können) besser abschneidet. Die Variation 4 ist also eindeutig für einen wirtschaftlichen Einsatz der Schiffsentwürfe zu wählen, wenn ein entsprechendes Ladungsaufkommen vorhanden ist.

Eine Aussage über den Einsatz von drei Containerschiffen auf einem Sling mit vier sich überschneidenden Routen und den hier anfallenden Kosten wäre ohne eine wirtschaftliche Betrachtung nicht möglich gewesen. Für eine Reederei, die ein bestimmtes Containeraufkommen aufweisen kann oder ein steigendes Aufkommen prognostiziert, könnte eine derartige Variations- und Kostenuntersuchung erfolgen. Auch für Werften könnte eine solche wirtschaftliche Betrachtung von Interesse sein, um Schiffsneubauten eines Kunden speziell an seine Anforderungen und sein bestimmtes Fahrtgebiet anbieten zu können.

Schrifttum

1 Sehr große Containerschiffe – eine wirtschaftliche Notwendigkeit?, Prof. Dr. H. Poehls, Institut für Schiffbau Hamburg, Seminarvortrag TU Berlin
2 Rahmenbedingungen und Konzepte für Transportsysteme der Zukunft, Dr. A. Kraus, Schiff & Hafen 1/95
3 Asiaten sorgen für Containerboom, DVZ, 26.03.1996
4 Shipping Statistics Yearbook 1995, Institut für Seeverkehrswirtschaft und Logistik, Bremen
5 Entwurf von Container-Feederschiffen und Variation bezüglich Wirtschaftlichkeit des Einsatzes auf ausgewählten Routen, Diplomarbeit IfS Hamburg, J. Fahrbach

Entwurf eines schnellen unkonventionellen Einrumpf-Fährschiffes

Design of a Fast Unconventional Monohull Ferry

Ulf Kleine, Hamburg

1 Aufgabenstellung

Ziel dieser Arbeit war es, eine schnelle Monohullfähre für den Einsatz zwischen Bergen (Norwegen) und Newcastle (England) zu entwerfen. Der Einsatz des Schiffes soll dabei bis zu einer Windstärke von Bft. 8 erfolgen können. Die weiteren Forderungen können folgender Tabelle entnommen werden.

	Sommer	Winter	
Passagiere	20000	16000	Pers./Saison
Autos	5000	2000	Autos/Saison

Diesen Daten liegt eine durchschnittliche Auslastung von 75% zu Grunde. Der Sommer ist mit 22 Wochen und der Winter mit 30 Wochen definiert. Für das Sommerhalbjahr gilt zusätzlich die Forderung, das jeden Tag mindestens eine Abfahrt erfolgen muß. Für die Abfertigung im Hafen sind 2 Stunden vorgesehen.

2 Lösung der Transportaufgabe

Aus diesen Forderungen ergibt sich folgende erforderliche Transportkapazität pro Woche.

	Sommer	Winter	
Passagiere	1212	711	Pers./Woche
Autos	303	89	Autos/Woche

Weil die erforderliche Transportkapazität im Sommer größer als im Winter ist, werden die folgenden Berechnungen und Optimierungen für die Sommersaison durchgeführt, obwohl die Wintersaison länger ist. Diese Vorgehensweise ist auch deshalb zu empfehlen, weil im Winter keine Vorgabe über die Abfahrtsdichte existiert, so daß anschließend mit den fertigen Schiffen die wirtschaftlichste Abfahrtsdichte ermittelt werden kann. Diese Abfahrtsdichte kann somit auch an die jeweiligen Feiertage (Weihnachten, Neujahr, Skiferien usw.) sowie der jährlichen Grundüberholung der Schiffe im Winter angepaßt werden. Damit ist eine gute Anpassung an das Kundenverhalten möglich, wodurch die durchschnittliche Auslastung der Schiffe verbessert wird.

2.1 Anzahl der Schiffe

Die Entfernung zwischen den beiden Häfen beträgt 410 sm. Weil beide Häfen jedoch nicht unmittelbar an der Küste liegen, ist ein Teil dieser Entfernung nicht mit voller Geschwindigkeit zu befahren. Diese Strecke der Revierfahrt beträgt ungefähr 20 Seemeilen die mit maximal 16 kn befahren werden kann. Mit diesen Vorgaben kann jetzt die Mindestgeschwindigkeit in Abhängigkeit der Anzahl der Schiffe bestimmt werden.

Anzahl der Schiffe	1	2	3	
max. Dauer einer Reise	12	24	36	Std.
min. Geschwindigkeit	44,6	18,8	11,9	kn

Die jetzt ermittelte Geschwindigkeit ist die Mindestgeschwindigkeit, die das Schiff bis zu einer Windstärke und dem dazugehörigen Seegang von Bft. 8 erreichen muß. Weil die Geschwindigkeit bei nur einem Schiff viel zu hoch ist, werden also mindestens zwei Schiffe benötigt. Die Lösung mit 3 Schiffen ist nicht sinnvoll, weil dadurch bei einem schnellen Schiff entweder die Hafenliegezeit zu groß wird, oder aber das Schiff zu klein wird.

2.2 Ermittlung der Abfahrtsfrequenz

Weil die Geschwindigkeit bei zwei Schiffen noch nicht sehr hoch ist, kann die Abfahrtsdichte durch eine Erhöhung der Geschwindigkeit, gesteigert werden, um die Wirtschaftlichkeit der Schiffe zu verbessern. Dazu ist jedoch eine Vorhersage über den Geschwindigkeitsverlust im Seegang erforderlich. Um diesen Geschwindigkeitsverlust zu ermitteln, wurde ein Diagramm des MARIN benutzt. Aus diesem Diagramm konnte für ein Verdrängungsschiff von 1000 t eine Reduzierung der Glattwassergeschwindigkeit bei Bft. 6 von 20% und bei Bft. 8 von 40%, entnommen werden. Damit bei mehr als 7 Abfahrten/Woche keine Abfahrt oder Ankunft zwischen 23,00 und 6,00 erfolgt, wird als Reisegeschwindigkeit die Geschwindigkeit gewählt, die entsprechend einer Windstärke von Bft. 6 erreicht werden muß. Die Glattwassergeschwindigkeit ist somit nur für die Bestimmung der Antriebsleistung wichtig, nicht jedoch für die Propellerauswahl, weil diese Geschwindigkeit nicht gefahren werden soll. Aus diesen Angaben ergaben sich folgende Möglichkeiten:

Abfahrten/Woche	7	8	9	
$v_{min.Seegang}$	18,8	22,0	25,3	kn
$v_{min.Glattwasser}$	31,3	36,6	42,2	kn
$v_{min.Reise}$	25,1	29,3	33,7	kn
max. Passagierkap.	174	152	135	Pers.
max. PKW-Kap.	44	38	34	Autos
Fahrzeit Reise	16,48	14,33	12,48	Std.

Aus dieser Tabelle geht hervor, daß maximal 9 Abfahrten pro Woche möglich sind, weil sonst die erforderliche Reisegeschwindigkeit für den gewählten Schiffstyp zu groß wird. Aus wirtschaftlichen Gründen kann es ein Vorteil sein, möglichst viele Abfahrten zu erzielen, um dadurch die Schiffe bei gleichem Transportvolumen kleiner bauen zu können. Um dabei zu einer guten Lösung zu kommen, wurden noch weitere Überlegungen in Bezug auf Auslastung, Komfort, Kosten, Ökologie und Flexibilität getroffen. Unter Berücksichtigung dieser Punkte mit verschiedenen Wertigkeiten, hat sich die Lösung mit 8 Abfahrten/Woche als am sinnvollsten erwiesen.

3 Entwurf des Schiffes

3.1 Ermittlung der Schiffsgröße

Die Schiffsgröße wird hauptsächlich von den folgenden 4 Vorgaben beeinflußt.

- Passagiere: 152
- Autos: 38
- Besatzung: 20
- Geschwindigkeit 29,4 kn

Um nun die Schiffsgröße zu bestimmen, ist es sinnvoll, zunächst die ungefähren Haupt-Abmessungen und anschließend die erforderlichen Decksflächen zu berechnen. Dazu müssen jedoch noch weitere Randbedingungen bekannt sein, die sich hauptsächlich aus der Einrichtung und dem Komfort ergeben.

3.1.1 Bestimmung der Schiffslänge

Die Schiffslänge ist der wichtigste Parameter der Hauptabmessungen, weil sie maßgeblich das Widerstands- und Seegangsverhalten des Schiffes beeinflußt.

Aus diesem Grund ist es erforderlich, die Schiffslänge gut an die Geschwindigkeit anzupassen. Der Widerstand des Schiffes teilt sich in die Anteile Reibungswiderstand R_F, viskosen Druckwiderstand R_{PV} und Wellenwiderstand R_W auf. Die ersten beiden Widerstandsanteile sind quadratisch von der Geschwindigkeit abhängig $(R_F + R_{PV}) \sim v^2$. Der Geschwindigkeitsexponent des Wellenwiderstands beträgt dagegen mindestens 4 $R_W \sim v^{4..6}$. Daraus folgt, daß bei diesem Entwurf dem Wellenwiderstand besondere Bedeutung zukommt. Insgesamt ist damit zu rechnen, das der Wellenwiderstandsanteil ungefähr 60% vom Gesamtwiderstand ausmacht. Auf Grund der gegebenen Randbedingungen, wird das Schiff im Übergangsbereich von der Verdränger- in die Gleitfahrt (Fn ~ 0,6) betrieben werden. Dieser Bereich weist einen Widerstandsbuckel auf, dessen Größe vor allem vom L/V^(1/3) Verhältnis bestimmt wird. Um diesen Widerstandsbuckel möglichst klein zu halten, muß das L/V^(1/3) Verhältnis ungefähr 10 betragen. Dagegen führt ein so großer Wert auch zu Festigkeitsproblemen so das viel Stahl verbaut werden muß. Anhand von Vergleichsschiffen, wurde nun eine Länge von ~80 m gewählt.

3.1.2 Bestimmung der Schiffsbreite

Die Schiffsbreite hängt hauptsächlich von der Aufstellung der Autos ab. Da diese Fähre keine Bugklappe erhalten soll, müssen die Autos im Schiff genügend Platz haben, um ohne Rangieren wenden zu können. Alle Autos sollen jetzt zusammen auf einem Deck untergebracht werden können. Weil die Autos während der Fahrt teilweise festgezurrt werden müssen, ist zwischen den Autos genügend Platz einzuplanen, damit die Festzurrung schnell und ohne Gefährdung der Autos vor Beschädigungen erfolgen kann. Dazu ist neben den Autos jeweils eine Gangbreite von 60 cm vorzusehen. Die Autos selbst haben eine durchschnittliche Breite von 1,80 m. An der Außenhaut werden dann noch 30 cm für die Spanten und Rahmen benötigt. In der Mitte des Autodecks werden die Aufgänge angeordnet, wofür 1,00 m benötigt wird. Aus diesen Vorgaben ergibt sich eine Breite von 12,40 m. Der maximale Wendekreis beträgt 11,80 m und ist damit groß genug, so das die meisten Autotypen ohne zu Rangieren im Schiff wenden können. Damit ist die nun berechnete Breite zugleich die Mindestbreite des Schiffes. Es ist nicht sinnvoll, eine größere Breite zu wählen, weil eine Verbreiterung negative Auswirkungen auf das Widerstands- und Seegangsverhalten hat.

3.1.3 Bestimmung des Tiefgangs

Der Tiefgang soll so gewählt werden, daß ein Austauchen des Vorschiffes im Seegang nach Möglichkeit nicht vorkommt. Dadurch sollen die Slammingstöße beim anschließenden Eintauchen möglichst klein gehalten werden. Daneben kann eventuell auch noch im vorderen Bereich ein steuerbarer Tragflügel montiert werden, um die Stampfbewegungen zu reduzieren bzw. zu dämpfen. Als Tiefgang wird nun 4,00 m gewählt.

3.2 Einrichtung

3.2.1 Kammern für die Passagiere

Aufgrund des rauhen Seegebiets ist es erforderlich, für jeden Passagier einen Sitzplatz vorzuhalten. Dazu kommt noch die verhältnismäßig sehr große Entfernung zwischen beiden Häfen und die daraus resultierende lange Fahrzeit von durchschnittlich 14,5 Std. Aus wirtschaftlichen Gründen ist es sinnvoll, möglichst viele Nachtfahrten anzubieten, weil dadurch ein Zeit- und Finanzvorteil für die Passagiere entsteht. Bei Tagesfahrten hingegen entstehen für den Passagier höhere Transportkosten für die schnellere Passage im Vergleich zum konventionellen Fährschiff sowie zusätzlich die Unterkunftskosten am Zielhafen. Insgesamt wird dadurch die Überfahrt für den Passagier sehr viel teurer, ohne daß ein Zeitvorteil für ihn entsteht. Bei 8 Abfahrten pro Woche sind 6 Nachtfahrten und 2 Tagesfahrten vorgesehen. Aus diesen Gründen genügt es nicht, nur Sitzplätze vorzuhalten, sondern es sind auch Kabinen vorzusehen. Weil jedoch nicht alle Fahrgäste die gleichen Ansprüche und finanziellen Möglichkeiten haben, ist es nicht erforderlich, für alle Fahrgäste Kabinen vorzusehen. Es wird nun angenommen, daß für 80% des durchschnittlichen Fahrgastaufkommens Kabinen vorzusehen sind. Die Kojen in den Kabinen sind alle in Längsrichtung auszurichten. In allen Kabinen soll ein Waschbecken und zusätzlich in den Außenkabinen noch eine Toilette installiert werden. Für die Innenkabinen, in denen es keine Toilette gibt, werden auf dem gleichem Deck Toilettenräume angeordnet. Neben diesen Räumen gibt es auch noch Duschräume, die von allen Passagieren genutzt werden können. Durch diese Maßnahme wird zwar der Komfort eingeschränkt, jedoch ist es auch von Vorteil, nicht zu viele Duschen vorzusehen, weil dadurch die notwendigen Pumpen und Wärmetauscher der Frischwasseranlage kleiner ausgeführt werden können. Aus diesen Vorgaben ergibt sich eine Kabinendeckfläche von etwa 527 qm.

3.2.2 Tagesraum für die Passagiere

Die Sitzplätze sollen nicht, wie bei schnellen Schiffen und Flugzeugen üblich, hintereinander angeordnet werden, sondern in größere, verglaste Abteile aufgeteilt werden. Damit soll sichergestellt werden, daß Störungen durch andere Fahrgäste klein gehalten werden, ohne daß das Gefühl der räumlichen Enge aufkommt, welches das Wohlbefinden stark beeinträchtigt. Aus dem gleichen Grund ist auch ein großer Sitzabstand von 1,30 m und eine Sitzbreite von 0,80 m vorzusehen, die es auch ermöglicht, die Sitze in die Liegestellung zu klappen, ohne daß andere Fahrgäste dadurch gestört werden. Alle Abteile sind zudem mit einer Video- und Musikanlage auszustatten (ähnlich ICE und Flugzeug). Dazu kommen sanitäre Einrichtungen und ein Spielsalon. Hierfür werden etwa 395 qm benötigt.

3.2.3 Besatzungsunterkunft

Die Unterkunftsräume der Besatzung sollen im vorderen Teil des Schiffes untergebracht werden. Alle Besatzungsmitglieder der Schiffsführung und der Mannschaft sollen jeweils eine eigene Kammer an Bord erhalten. Durch diese Maßnahme soll die Identifikation der Besatzung mit dem Schiff verbessert werden, obwohl dadurch mehr Platz benötigt wird. Für das Service-Personal stehen dagegen nur Einzelkammern für die Zeit an Bord zur Verfügung. Alle Kammern sind mit Längskojen und mit Dusche und WC auszustatten. Daneben soll jede Kammer mit einem Kleiderschrank und einem Schreibtisch ausgestattet werden. Neben den Kammern sind für die Besatzung noch 2 Aufenthaltsräume und 1 Fitnessraum bereitzustellen. Im Aufenthaltsraum soll es eine Tischgruppe für die Mahlzeiten und eine Sofaecke geben. Hierfür werden etwa 369 qm benötigt.

3.2.4 Autos

Da die Breite des Autodecks schon berechnet worden ist, fehlt noch die Länge des Autodecks. Bei einer maximalen angenommenen Länge von 5,00 m je Auto kann man jetzt die benötigte Fläche des Autodecks berechnen. Zusätzlich wird diese Fläche jedoch noch um 10% vergrößert, damit auch der Platzbedarf für das Wenden, die Auffahrtsrampen und die variablen Querschotte berücksichtigt wird. Aus diesen Forderungen ergibt sich eine Autodeckfläche von 648 qm.

3.3 Generalplan

Mit den nun getroffenen Vorgaben ergibt sich eine gesamte benötigte Decksfläche von knapp 2000 qm. Mit den bekannten äußeren Abmessungen und der benötigten Decksfläche, konnte jetzt die Anzahl der Decks bestimmt werden. Anschließend wurde auf den 3 Decks die Raumaufteilung im Schiff entsprechend den Vorgaben durchgeführt.

3.4 Linienriß

Die Linien für dieses Schiff sollen einige Besonderheiten erhalten. Ziel ist es dabei, einen möglichst günstigen Widerstand mit guten Seegangseigenschaften zu kombinieren. Die Linien sollen sich dabei denen vom Hai, Delphin oder aber auch dem Pinguin annähern. Dazu kommt beim Delphin und dem Pinguin noch eine lange schmale Nase bzw. Schnabel. Wenn man sich nun die Verdrängungskurve dieser Tiere anschaut, bemerkt man, daß alle Tiere ihren Verdrängungsschwerpunkt im vorderen Teil ihrer Verdrängung haben. Für die Spantarealkurve bedeutet dies, daß sie ungefähr die Form eines der Länge nach durchgeschnittenen Tropfens haben muß. Durch diese Maßnahme wird jedoch sehr viel Verdrängung im vorderen Bereich nötig. Diese Verdrängung hat aber dann negative Auswirkungen auf das Seegangsverhalten. Um ein gutes Seegangsverhalten zu erzielen, ist es notwendig, die Wasserlinienfläche, insbesondere im vorderen Bereich, möglichst klein zu halten. Dazu müssen dann auch noch die Spanten möglichst senkrecht zur Wasseroberfläche verlaufen. Dies ist auch ein Teil des SWATH-Prinzips, dessen Schiffe ein gutes Seegangsverhalten aufweisen. Der Nachteil an diesem System ist jedoch auch die geringe Dämpfung und die Tiefgangsempfindlichkeit. Das Ziel ist es jetzt, die beiden Systeme so zu kombinieren, damit die oben genannten Forderungen erfüllt werden. Da im vorderen Teil des Schiffes die Verdrängung im Vergleich zum hinteren Teil größer ist, die Wasserlinienfläche aber nur sehr klein sein darf, muß die Verdrängung außerhalb der Wasserlinienfläche untergebracht werden. Eine Lösung wäre jetzt z.B. ein Hydrofoil Small Waterplan Area Ship (HYSWAS). Diese Lösung ist jedoch nur dann interessant, wenn es gelingt, den Verdrängungskörper so weit vom Rumpf zu entfernen, daß im Seegang weder der Verdrängungskörper austaucht noch der Überwasserschiffskörper eintaucht. Bei den in der Nordsee vorkommenden Wellen würde das einen Abstand von mindestens 6 m bedeuten, was zur Folge hätte, daß der Tiefgang des Schiffes im Ruhezustand zu groß wird. Aus diesem Grund wird nun der Tiefgang des Schiffes an die Spantarealkurve angepaßt. Das bedeutet, daß der Tiefgang am vorderen Lot größer als am hinteren Lot ist. Durch diese Maßnahme des negativen Kielfalls kann man in der vorderen Schiffshälfte mehr Verdrängung unterbringen und erhält trotzdem eine kleine Wasserlinienfläche. Durch diese Anordnung wird auch ein Austauchen des Vorstevens, und damit vor allem das nachträgliche Eintauchen des Vorschiffes und die damit verbundenen Slammingstöße weitgehend vermieden. Ein weiterer Vorteil ist, daß durch den vorn liegenden Verdrängungsschwerpunkt und den schlanken Wasserlinien nur ein relativ kleines Stampfmoment erzeugt wird, weil der Hebelarm entsprechend klein ist. Durch die daraus resultierenden geringeren Stampfbewegungen wird das Schiff im Seegang nicht so stark vertrimmt, wodurch der Geschwindigkeitsverlust des Schiffes im Seegang verringert werden soll. Der Nachteil dieser Maßnahme ist jedoch, das mit größeren Tauchbewegungen zu rechnen ist. Da die Tauchbewegungen jedoch das ganze Schiff gleichmäßig belasten, im Gegensatz zu den Stampfbewegungen, die vor allem im vorderen Bereich für hohe Beschleunigungen sorgen, ist insgesamt mit einer Verbesserung des Seegangsverhaltens zu rechnen. Die Hinterschiffslinien können nun jedoch auch nicht einfach von dem

Tropfen oder dem Delphin übernommen werden. Weil sich das Schiff an der Wasseroberfläche und damit an der Grenzschicht zweier verschiedener Medien bewegt, müssen nun die Hinterschiffslinien an diese Verhältnisse angepaßt werden. Dadurch das dieses Schiff im Übergangsbereich der Gleit- und Verdrängerfahrt betrieben wird, ist mit einer starken achterlichen Vertrimmung zu rechnen. Um diese Vertrimmung möglichst klein zu halten, werden nun im Hinterschiffsbereich Schnitte mit sehr flachen Verlauf gezeichnet. Neben einem tiefgetauchten Spiegel wird dann noch ein Staukeil eingestrakt, um das Heck leicht aus dem Wasser zu heben und um die Abrißkante zu verstärken. Die Schiffsbreite bleibt im hinteren Bereich des Schiffes konstant. Daneben erhält der Spiegel eine leichte V-Form, damit die Stampfbeschleunigungen im Hinterschiff nicht zu groß werden. Die starke achterliche Vertrimmung wird jedoch auch durch den dynamischen Auftrieb am Bug verursacht. Um nun den Auftrieb am Vorsteven zu verringern, wird der Wulstbug als 3/4 getaucht, und mit einer negativen Eintrittskante entworfen. Durch die 3/4 Tauchung soll ein Wave-Piercing ähnlicher Effekt erreicht werden, und durch die negative Eintrittskante soll die Bugwelle in ihrer Höhe abgemildert werden. Daneben besteht auch noch die Möglichkeit, das durch diesen Vorstevenentwurf eventuell Luft in die Grenzschicht gewirbelt wird, und damit der Reibungswiderstand gesenkt wird. Um eine ausreichende Stabilität bei einem möglichst hohen (L/B)-Wert zu erreichen, wird der Hauptspantquerschnitt so gewählt, das die größte Breite nicht in der Wasserlinie, sondern erst oberhalb der Wasserlinie und unter dem 1.Deck erreicht wird. Durch diesen Trapezhauptspant soll auch eine ausreichende Leckstabilität erzielt werden. Mit den nun getroffenen Vorgaben kann jetzt der Linienriß entwickelt werden.

3.5 Abteilungseinteilung

Da im hinteren Bereich des Schiffes sehr flache Schnitte vorhanden sind und zudem das Autodeck teilweise nur 2,50 m über dem Schiffsboden verläuft, ist die Anordnung eines Doppelbodens in diesem Bereich sehr schwierig. Dazu kommt dann noch die sehr veränderliche Aufkimmung des Bodens. Diese Punkte führen dazu, das ein den Vorschriften entsprechender Doppelboden ungefähr nur eine Breitenausdehnung von 50% der Schiffsbreite hat. Dazu kommt dann noch eine sehr verwinkelte und stahlintensive Bauweise. Aus diesem Grund wird auf die Anordnung eines Doppelbodens verzichtet. Um trotzdem eine ausreichende Sicherheit zu gewährleisten, wird der Schottabstand auf den Mindestschottabstand reduziert. Zusätzlich wird noch 1 Mittellängsschott und 2 Seitenlängsschotte von der Achterpiek bis zum Maschinenraum angeordnet. Die Seitenlängsschotte werden so angeordnet, daß die dadurch entstehenden Räume ungefähr gleich groß sind. Im vorderen Bereich wird der Mindestschottabstand nochmals reduziert, um die Tankgröße zu verringern. Anstelle eines Doppelbodens wird auch hier ein Mittellängsschott angeordnet. Durch diese Anordnung ergeben sich kleinere freie Oberflächen und gleichzeitig viele kleine Kästen, die für eine große Festigkeit und Steifigkeit im vorderen Bereich sorgen. Auch beim Bau ist diese Anordnung vorteilhaft, weil sich dadurch weniger schwierige Schweißpositionen ergeben. Um die Leckstabilität zu verbessern, werden die mittleren Zellen im Hinterschiffsbereich als Überlauftanks für die Autodecks vorgesehen. Diese Aufteilung erfolgt wechselseitig, so daß bei einer Flutung des Autodecks auf der Stb-Seite die BB-Zelle geflutet wird und umgekehrt. Durch diese Aufteilung soll das entstehende krängende Moment durch einseitige Flutung verringert werden. Damit ist das Schiff ausreichend genau definiert um die Gewichtsrechnung durchzuführen.

3.6 Gewichtsrechnung

Die Gewichtsrechnung wird mangels geeigneter Überschlagsverfahren für schnelle Schiffe durch Addition einzelner Gewichtsgruppen durchgeführt. Insgesamt gibt es sechs einzelne Gewichtsgruppen (Schiffskörper, Maschinenanlage, Einrichtung, Ausrüstung, Baureserve und Zuladung). In jeder Gewichtsgruppe werden die einzelnen Massen der Baugruppen und Elemente addiert. Zusätzlich wird dabei auch noch ihr Schwerpunkt nach Länge und Höhe erfaßt. Der Schwerpunkt der Breite nach wird aufgrund des fast symmetrischen Entwurfs vernachlässigt. Auf diese Weise erhält man eine genaue Aufstellung über Gewichte. Das Gesamtgewicht des Schiffes beträgt einschließlich des größten Ladefalls 1028 t.

3.7 Leistungsberechnung

Die Leistungsberechnung wurde nach Vergleichsschiffen und nach Taylor-Gertler durchgeführt. Obwohl beide Verfahren für dieses Schiff nur bedingt geeignet sind, differierten die Werte nur um 10%. Somit ist sichergestellt das die gewählten Motoren genügend Leistung haben, um das Schiff entsprechend dem Fahrplan zu betreiben.

3.8 Wahl des Propulsors

Dieses Schiff soll mit einem Propellerantrieb ausgerüstet werden. Diese Wahl begründet sich mit der gewählten Reisegeschwindigkeit von 29,4 kn. Dazu kommt das die Seegangsempfindlichkeit beim Waterjet größer ist. So kann der Impeller beschädigt werden, wenn der Diffusor Luft ansaugt. Durch den gleichen Effekt kann es zu einer Überschreitung der zulässigen Motordrehzahl kommen, weil ruckartig

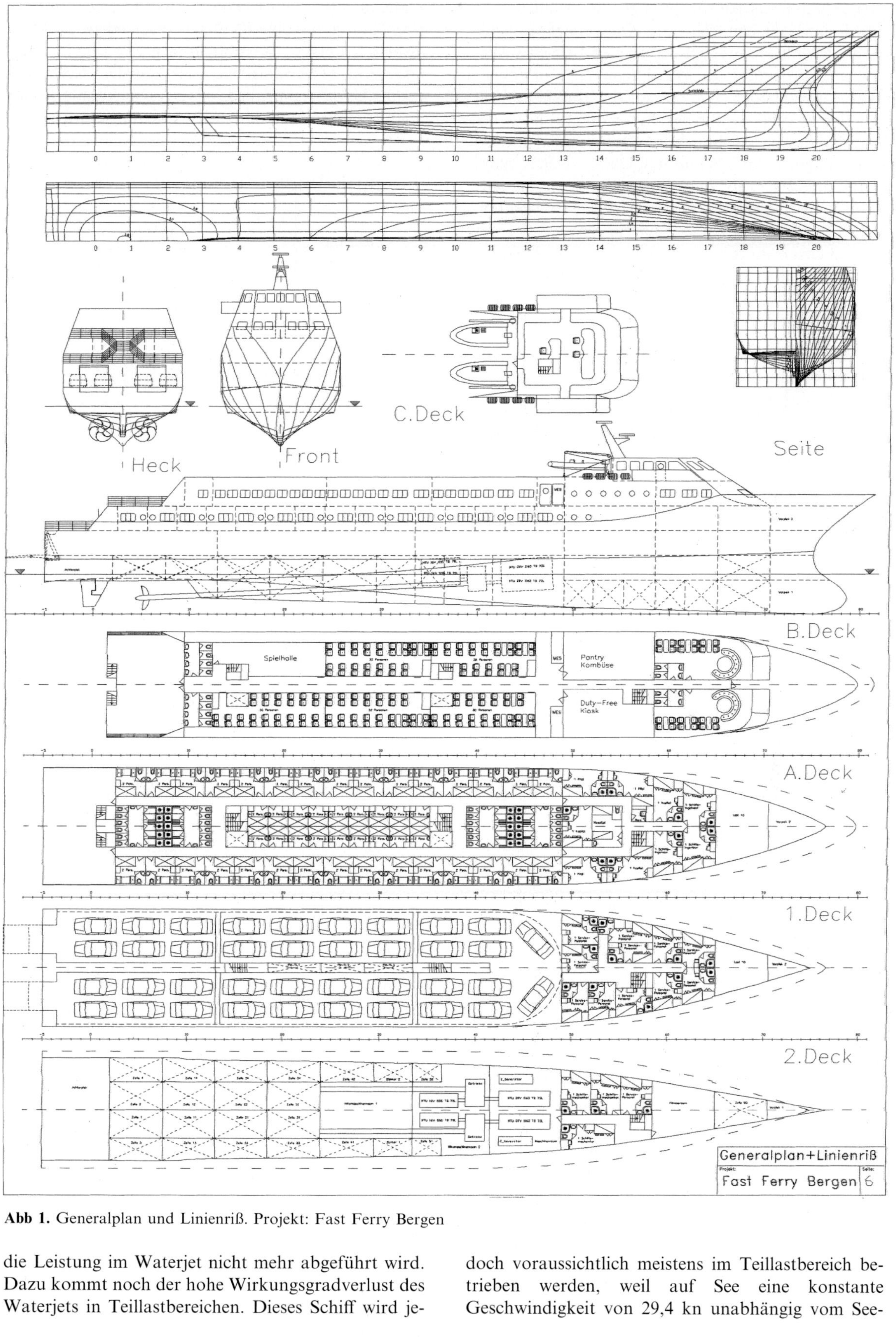

Abb 1. Generalplan und Linienriß. Projekt: Fast Ferry Bergen

die Leistung im Waterjet nicht mehr abgeführt wird. Dazu kommt noch der hohe Wirkungsgradverlust des Waterjets in Teillastbereichen. Dieses Schiff wird jedoch voraussichtlich meistens im Teillastbereich betrieben werden, weil auf See eine konstante Geschwindigkeit von 29,4 kn unabhängig vom Seegang gefahren werden soll. Aus diesen Gründen wird jedoch auch ersichtlich, daß ein Verstellpropeller benötigt wird, um möglichst für jeden Betriebspunkt eine gute Anpassung der Maschinenanlage zu finden. Diese Auswahl begründet sich auch dadurch, daß ein Teil der Strecke in Revierfahrt mit sehr niedriger Geschwindigkeit gefahren wird. Desweiteren ist es so auch möglich, im Winterhalbjahr, welches vom Zeitraum länger als das Sommerhalbjahr ist, die Strecke mit niedrigerer Geschwindigkeit zu fahren, um so Treibstoffkosten zu sparen. Auf Grund der ermittelten Leistung und der Unterwasserschiffsgeometrie ist es jedoch nicht möglich, das Schiff mit nur einem Propeller zu betreiben. Aus diesem Grund wird ein Zweischraubenantrieb vorgesehen.

Stabilität

Neben der Kurvenblatt- und Pantokarenenrechnung wurde auch eine umfangreiche Intakt- und Leckstabilitätsrechnung durchgeführt. Für die Intaktstabilitätsrechnung wurden 7 verschiedene Ladefälle definiert, um so einen großen Bereich abdecken zu können. Die Leckrechnung wurde anschließend mit 2 Ladefällen gerechnet. Hierbei wurde eine doppelte Lecklänge angenommen und 3 verschiedene Leckeindringtiefen. Diese Kombination ergab pro Ladefall insgesamt 34 verschiedene Leckfälle. Die Rechnung ergab, das das Schiff alle Lecks ertragen konnte. Somit ergibt sich für das Schiff ein 3-Abteilungsstatus.

4 Schiffsdaten

Gesamtlänge	86,5	m
Wasserlinienlänge	81	m
Breite	12,4	m
Seitenhöhe	6,2	m
Tiefgang	4,2	m
Deplacement	1027,95	t
Leer-Schiffs-Gewicht	812	t
Passagiere	152	Pers.
Autos	38	Autos
Besatzung	20	Pers.
Reise Geschwindigkeit	29,4	kn
Aktionsradius	500	sm
Leistung	20850	kW

Entwurf und Konstruktion eines flachgehenden Elbe Container-Binnenschiffes

Design and Construction of a Shallow Elbe-Container-Ship

Wolfgang Mühlbacher, Hamburg

1 Problem- und Aufgabenstellung

Die Wasserstände der Elbe variieren während eines Jahres sehr stark. Die Folge ist, daß bei niedrigen Wasserständen die Elbe nur noch eingeschränkt befahrbar ist. Dies führt dazu, daß sehr viele Waren nicht mit dem Binnenschiff sondern mit anderen Verkehrsträgern transportiert werden müssen. Abbildung 1 zeigt die zulässigen Tauchtiefen an der Elbe im Abschnitt 1. Die max. und min. Werte in Abb. 1 bedeuten die minimale bzw. maximale zulässige Tauchtiefe des Jahres 1994 in cm. Damit die Elbeschifffahrt zu anderern Verkehrsträgern konkurrenzfähig bleiben kann, ist es von Vorteil, wenn diese Schiffe das ganze Jahr über Waren transportieren könnten. Dies wäre aber nur möglich, wenn die Schiffe so gebaut würden, daß sie ein geringes Leerschiffsgewicht besitzen mit der Folge eines geringeren Tiefganges.

1.1 Bestimmung des Brutto-Containergewichtes

Für den Entwurf und die Konstruktion eines Schiffes ist das spezifische Gewicht der Ladung von großer Bedeutung. Das durchschnittliche Containergewicht ist aber nur sehr schwer zu bestimmen. Je nach Routen und Zählungen ergeben sich unterschiedliche Werte. Das durchschnittliche spezifische Bruttogewicht der transportierten Container mit dem Binnenschiff in Deutschland betrug 1994 etwa 8,5 t/TEU [1]. Nach Angaben des IfS (J. Isensee) beträgt die durchschnittliche Bruttomasse des Jahres 1994 im Hamburger Hafen für exportierte Container 11,3 t/TEU, für importierte 9,8 t/TEU [2]. Diese Angaben finden

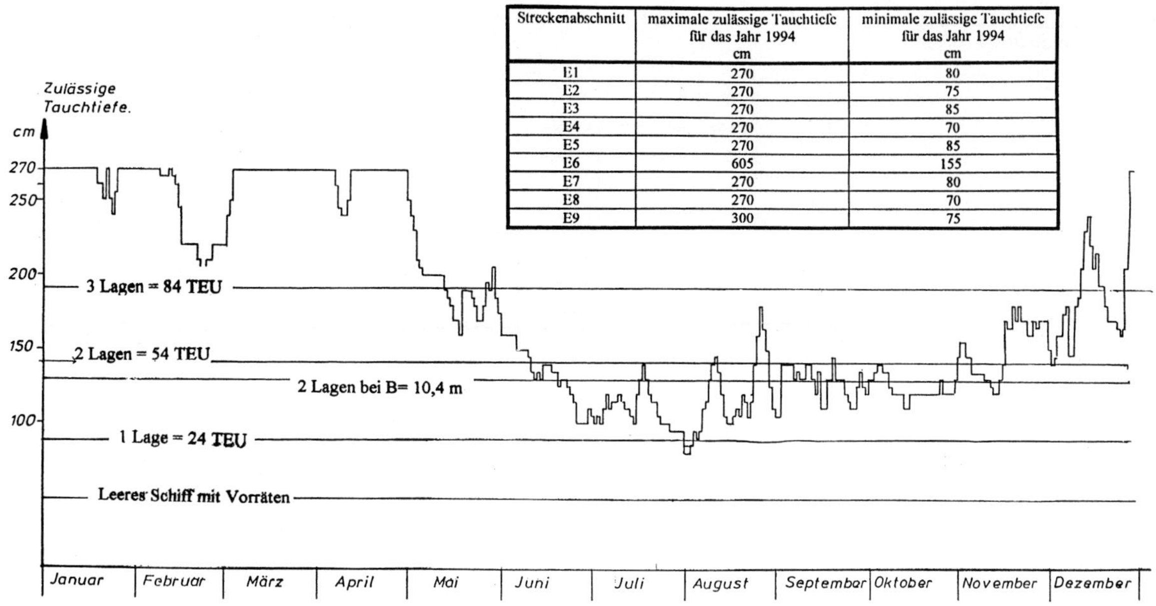

Streckenabschnitt	maximale zulässige Tauchtiefe für das Jahr 1994 cm	minimale zulässige Tauchtiefe für das Jahr 1994 cm
E1	270	80
E2	270	75
E3	270	85
E4	270	70
E5	270	85
E6	605	155
E7	270	80
E8	270	70
E9	300	75

Abb. 1. Zulässige Tauchtiefen beim Streckenabschnitt E1 für das Jahr 1994

wiederum Bestätigung vom statistische Landesamt Hamburg. Da an der Elbe die Stadt Hamburg die bedeutenste Stadt ist, ist es sinnvoll, das durchschnittliche Containergewicht im Hamburger Hafen als Datengrundlage zu nehmen. Die durchschnittlichen Bruttomassen der Container ist in den letzten Jahren ständig angewachsen. Es ist anzunehmen, daß dieser Trend sich weiter fortsetzt. Aus diesem Grunde wird als Entwurfsgrundlage das Containergewicht auf 12 t/TEU festgesetzt. Die Abmessungen des Laderaumes orientieren sich an den 20'- und 40'-Containern. Andere Container-Längenmaße wie 24', 30', 43', 45', 48' und 53' sind bedeutungslos [3].

1.2 Entwurfsgrundlagen

Länge und Breite eines Binnenschiffes werden von den Schleusen bestimmt, die im Einsatzgebiet vorherrschen. Bei einer Strecke Hamburg – Prag darf die Länge 85 m und die Breite 10,4 m nicht überschritten werden [4]. Soll das Schiff aber alle Wasserstraßen der Klasse IV befahren können, darf die Breite 9,5 m nicht übertreffen. Es werden L = 85 m und B = 9,5 m gewählt. Für den Antrieb im extremen Flachwasser sind Pump-Jets oder Schaufelräder am besten geeignet. Auswahl: Schaufelrad. Wichtig für den Entwurf ist es, daß die Vertrimmung des Schiffes bei jeder Beladung äußerst gering ist, weil eine Vertrimmung den Tiefgang des Schiffes erhöht. Auch auf Ballastwassertanks sollte möglichst verzichtet werden, um den Tiefgang gering halten zu können, und um zusätzliche Ausrüstungsgewichte einsparen zu können, wie Pumpen, Rohrleitungen usw. Auch sollte der mitgeführte Treibstoff auf eine Strecke begrenzt werden, um Gewicht einzusparen. Die Anzahl der Containerlagen wird auf drei gesetzt.

1.3 Konstruktion

Die Konstruktion besteht aus den drei Schiffssektionen Hinterschiff (Maschinenraum, Deckshaus), Laderaum und Vorschiff. Es ist nur der Laderaum optimiert worden, die Gewichtsabschätzung des Vorder- und Hinterschiffs erfolgte mit Hilfe eines Vergleichsschiffes [5]. Um möglichst viel Baumaterial einsparen zu können, muß die Belastung des Schiffes möglichst gering gehalten werden. Die größten Biegemomente treten bei einem Binnenschiff beim Be- und Entladen auf. Mit Hilfe eines Beladungsplan oder mit einem Ladungsrechner lassen sich die auftretenden Biegemomente beim Beladen unterhalb der minimalen anzunehmenden Biegemomente nach GL-Vorschrift oder die des Leerschiffes verringern. Siehe auch Abb. 2. Die zulässigen Spannungen sind ebenfalls nach GL ermittelt worden.
Der Schiffsquerschnitt muß so gewählt werden, daß die zulässigen Spannungen mit möglichst wenig Bau-Material eingehalten werden können. Da das Schiff speziell für den Containertransport konstruiert werden soll, ist ein Doppelboden oder Wallgang somit keine Notwendigkeit, anders bei Schüttgut. Die größten Zug- und Druck-Spannungen entstehen in der Oberkante des Dennebaumes. Im Falle eines Einbaues eines Doppelbodens oder Wallganges wird die Baumasse nicht an den kritischen Stellen eingebaut. Daher ist es besser, auf einen Wallgang oder Doppelboden zu verzichten. Der Verzicht auf Wallgang oder Doppelboden bedeutet, daß diese Schiff nur Container transportieren kann. Die Querfestigkeit wird von mächtigen Rahmenspanten gewährleistet. Auf den Gurten der Bodenwrangen können die Container abgesetzt werden.

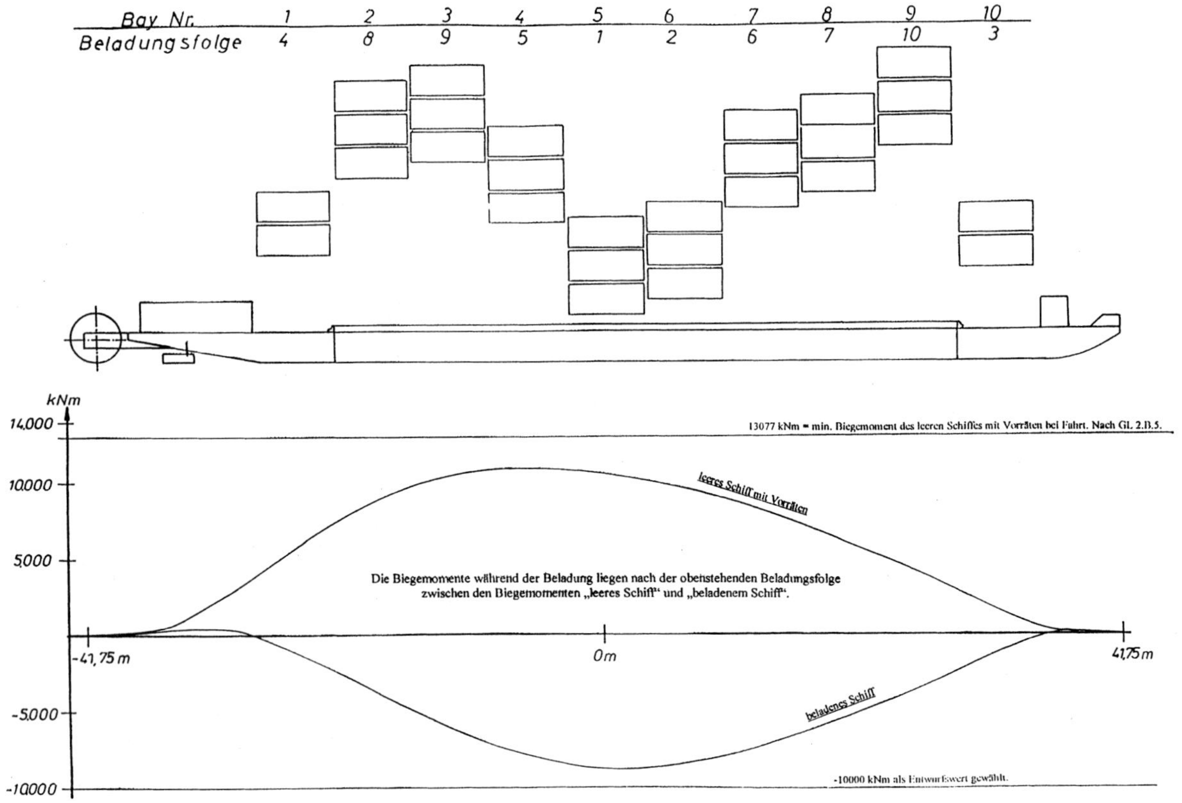

Abb. 2. Beladungsfolge zur Minimierung des Glattwasserbiegemomentes und Biegemomentenverlauf

2 Ergebnis

Die Gewichtsrechnung ergibt ein Leerschiffsgewicht von 245 t, wobei nur der Laderaum optimiert worden ist. Das Vorder- und Hinterschiff soll nach Vergleichsschiff 142 t und der Laderaum nach Optimierung weniger als 100 t Masse besitzen. Gesicherte Angaben über die Leerschiffsmasse kann aber nur eine vollständige Konstruktion geben. Die Vorräte einschließlich Treibstoff werden auf 20 t geschätzt. Tabelle 1 gibt die wichtigsten Ergebnisse wieder.

Anhand der Abb. 1 ist eindeutig zu erkennen, daß ein Schiff mit drei Lagen Beladung aufgrund des Tiefganges die Elbe nur für vier Monate befahren kann. Aufgrund des hohen Wasserstandes und der Höhe der drei Containerlagen ist wiederum eine Unterquerung von Brücken kaum denkbar. Das bedeutet, daß die Entwurfsgrundlage drei Containerlagen wenig sinnvoll ist. Besser ist es, daß Schiff gleich für zwei Containerlagen zu entwerfen. Die maximalen + (Hogging) Biegemomente lassen sich allerdings dadurch nicht verringern, weil das + Moment vom unbeladenen Schiff bestimmt wird. Dies führt aber dazu, daß trotz Reduzierung auf zwei Lagen Beladung das Widerstandsmoment vom Hauptspantquerschnitt nicht verringert werden kann. Aber es wäre aufgrund des geringeren Tiefganges denkbar, die Querschnitte der Rahmenspanten zu verringern, und darüber weitere Baumasse einzusparen.

Eine Vergrößerung der Schiffsbreite von 9,5 m auf 10,4 m könnte den Tiefgang des Schiffes nochmals verringern, würde aber bedeuten, daß dieses Schiff auf andere Wasserstraßen der Klasse IV nicht einsatzfähig wäre, das Operationsgebiet bliebe immer auf der Elbe und der Moldau beschränkt. Diese Variante ist leicht überschlägig zu berechnen. Bei einer Verbreiterung des Schiffsrumpfes von 9,5 m auf

Tabelle 1.

Maße: Loa = 85 m, B = 9,5 m, Tmax = 1,95 m, Freibord = 0,30 m, Sicherheitabstand = 0,55 m, Brutto-Containergewicht 12 t/TEU, Einhüllenbauweise
Einsatzgebiet: Alle Flüße der Klasse IV und der Zone 3
Schiff mit Vorräten = 265 t, 0,47 m Tiefgang//Schiff mit 1 Lage Beladung (24 TEU) = 288 t Beladung, 0,85 m Tiefgang//Schiff mit 2 Lagen Beladung (54 TEU) = 648 t Beladung, 1,40 m Tiefgang// Schiff mit drei Lagen Beladung (84 TEU) = 1008 t Beladung 1,91 m Tiefgang

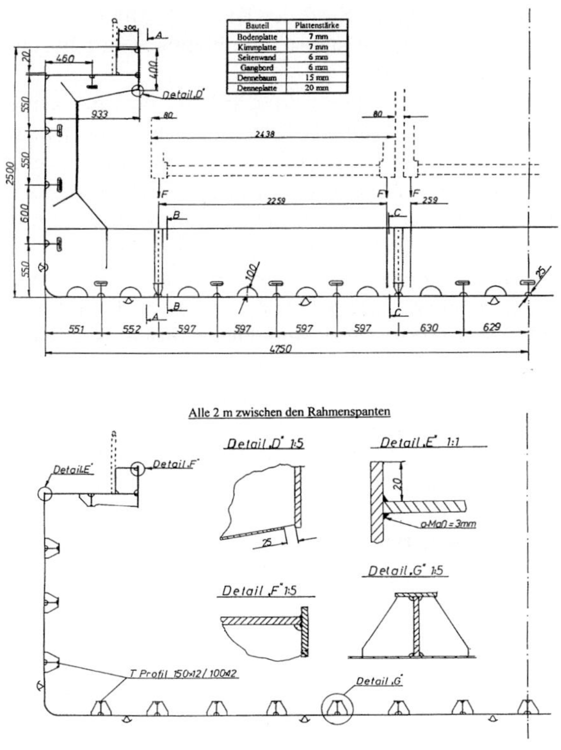

Abb. 3. Rahmenspant Maßstab 1:20

10,4 m müßten die Bodenplatten über die gesamte Länge um 0,9 m verbreitert werden, was das Leerschiffsgewicht um etwa 10 t erhöht. Bei einem geschätzten Cb-Wert von 0,86 würden sich die Tiefgänge auf folgende Werte ändern: 1 Lage (24 TEU) = 0,78 m//2 Lagen (54 TEU) = 1,28 m.
Die Vorschläge für den Entwurf, L = 85 m B = 10,4 m, Beschränkung der Containerhöhe auf zwei Lagen, Verzicht auf den Einbau von Doppelboden und Wallgang, sowie eine weitere Gewichtsoptimierung sowohl vom Laderaum als auch vom Vor- und Hinterschiff dürften eine ganzjährige Befahrung der Elbe mit zwei Containerlagen, also mit 54 TEU, bei geringen Eingriffen in den Wasserlauf möglich erscheinen. Die Transportleistung eines solchen Schiffes läßt sich mit der Erhöhung der Schiffsgeschwindigkeit steigern.

Schrifttum

1 Statistisches Bundesamt Fachserie 8, Reihe 4, Dezember 94
2 Jürgen Isensee Institut für Schiffbau in Hamburg
3 Containerisation International Feb. 1995
4 WESKA 95, Binnenschiffahrtsverlag in Duisburg
5 Diplomarbeit von Kruse in Duisburg

LNG-Transport per Binnenschiff

LNG transport by inland waterway vessel

Matthias Bergande, Lübeck

Summary. According to an inquiry of the company Messer Griesheim the possibility of LNG transport by inland waterway vessel in Western Europe was investigated, taking the route Zeebrügge-Berlin as an example.
For legal, technical and economical reasons such kind of transport cannot be expected within the next years. The medium-term perspective recommends to use bigger vessels on the one hand and a different tank system on the other.

Zusammenfassung. Auf Anfrage der Firma Messer Griesheim entstand eine Studienarbeit, in der die Möglichkeit eines LNG-Transportes per Binnenschiff in Westeuropa am Beispiel der Strecke Zeebrügge-Berlin untersucht worden ist.
Kurzfristig ist aus rechtlichen, technischen und wirtschaftlichen Gründen mit derartigen Transporten nicht zu rechnen.
Mittelfristig bieten sich bei dem Einsatz größerer Schiffe und der Wahl eines anderen Tanksystems jedoch bessere Perspektiven.

1 Einleitung

Der nachfolgende Beitrag ist als Studienarbeit am Institut für Schiffbau in Hamburg entstanden und

geht auf eine Anfrage der Firma Messer Griesheim (MG) zurück.
Mit der Studie sollte die Realisierbarkeit eines LNG-Transportes per Binnenschiff auf westeuropäischen Binnenwasserwegen untersucht werden. Dabei waren neben den technischen auch die rechtlichen und wirtschaftlichen Aspekte zu betrachten. Aus firmeninternen Gründen ist als Transportbeispiel die Route Zeebrügge-Berlin gewählt worden.
Für MG bestand die Frage, ob bei einer Ausweitung des LNG-Bedarfs in Berlin ein Binnenschiff als Alternative zum bisherigen LKW-Transport sinnvoll einsetzbar ist.
Als wichtige Randbedingung ist von MG die Forderung aufgestellt worden, ein bereits von dieser Firma entwickeltes Tanksystem an Bord zu verwenden.

2 LNG

2.1 Erklärung und technische Daten

Bei Liquified Natural Gas (LNG) handelt es sich um tiefkalt verflüssigtes Erdgas. Es besteht im wesentlichen aus Methan (90–99%) und wird unter Atmosphärendruck bei einer Temperatur von −162°C tranportiert. Die Dichte beträgt 420 kg/m^3.
Mit der Verflüssigung ist eine Volumenabnahme auf 1/600 verbunden. Diese macht es trotz des hohen Verflüssigungsaufwands sinnvoll, große Erdgasmengen tiefkalt zu transportieren und zu lagern.
Obwohl es sich bei LNG um ein Massengut handelt, ist der normalerweise für Stückgüter signifikante schnelle Transport von entscheidender Bedeutung.
Trotz eines hohen Isolationsaufwandes für die Tanks läßt sich ein Restwärmestrom in die Flüssigkeit nämlich nicht vermeiden. Dieser führt zum unerwünschten Verdampfen von LNG, dem sogenannten „boil-off". Um die „boil-off"-Rate gering zu halten kann das verdampfende LNG innerhalb gewisser Grenzen durch Druckerhöhung in den Tanks gehalten werden. Darüberhinaus sind dann relativ aufwendige technische Maßnahmen (Rückverflüssigung, Stickstoffkühlung) zu ergreifen, um ein Abblasen in die Atmosphäre zu verhindern. [1]

2.2 Transportvorschriften für LNG

Die ADNR-Vorschriften regeln den Transport gefährlicher Güter auf den nationalen Wasserstraßen der Niederlande, Belgiens, Frankreichs, Deutschlands und der Schweiz. Sie gliedern sich in eine Rahmenvorschrift, Anlage A mit den allgemeinen Stoffvorschriften und Anlage B mit Regelungen über den Transport gefährlicher Güter auf Trockenfracht- bzw. Tankschiffen.
Die ADNR-Vorschriften beziehen sich in ihrer Gefahrguteinteilung auf die ADR-Regelungen. Nach diesen ist LNG als Stoff der Klasse 2, Ziffer 8b, d.h. als tiefkalt verflüssigtes brennbares Gasgemisch, eingestuft. [2], [3]
Nach den aktuellen Vorschriften besteht keine Möglichkeit, LNG in Tankcontainern auf einem Binnenschiff zu transportieren. Die Klassifikationsgesellschaften fordern für Schiffe, die die o.a. Stoffklasse befördern nämlich Behältertankschiffe mit fest in die Schiffsstruktur integrierten Tanks. [4]
Ein LNG-Transport per Tankschiff ist z.Z. ebenfalls nicht möglich, da LNG bisher nicht in die aktuelle ADNR-Stoffliste aufgenommen worden ist. Nach Aussage vom Bundesverkehrsministerium bestehen jedoch keine prinzipiellen Bedenken, eine Transportzulassung für LNG zu erteilen. Mit einem längeren Planungszeitraum zur Klärung der administrativen und technischen Fragen ist jedoch zu rechnen.

2.3 Tanksystem

Neben der fehlenden Transportgenehmigung für LNG ist nach dem aktuellen Vorschriftenstand auch das MG-Tanksystem nicht für einen Binnenschiffstransport zugelassen.
Von den Klassifikationsgesellschaften wird für Gastanks die Anordnung von Tankdomen und Inspektionsöffnungen gefordert. [4]
Nach der Sicherheitsauffassung von MG stellt jede Unterbrechung der Stahlstruktur eines Tanks durch Dome bzw. Öffnungen jedoch eine potentielle Schwachstelle dar. Demzufolge sind die MG-Tanks nicht derartig ausgerüstet.
Es handelt sich bei diesen Behältern vielmehr um vollständig gekapselte Zweihüllenzylindertanks mit Korbbogenendstücken. Diese sind speziell für den Transport und die Lagerung kryogener Gase entwickelt worden. Der Raum zwischen innerer und äußerer Tankhülle ist dabei für die Aufnahme einer sogenannten Supervakuum-Isolierung bestimmt. [1]
Da dieses Tanksystem schon seit Jahren sowohl in stationären als auch mobilen Anlagen im Einsatz ist, müßte es möglich sein, die Klassifikationsgesellschaften von dessen Sicherheit zu überzeugen.

2.4 Typ-G-Schiff

Der einzige Schiffstyp, der nach den aktuellen ADNR-Vorschriften für einen LNG-Transport zugelassen werden würde, ist das sogenannte Typ-G-Schiff. Es handelt sich dabei um ein Zweihüllenfahrzeug, dessen Doppelseite mindestens 0,80 m breit und dessen Doppelboden mindestens 0,60 m hoch zu sein hat.
In Abhängigkeit von den Schiffsabmessungen ist eine Mindestanzahl von Tanks vorzusehen.
Desweiteren werden besondere Anforderungen an die Sicherheitsausstattung eines derartigen Fahrzeuges gestellt (Inertgasanlage, Gasschleusen, Feuerlöschausrüstung) und es sind eine Reihe von Mindeststabilitätswerten im Leckfall einzuhalten. [2]

3 Fahrtstrecke und Fahrtzeit

Die ausgewählte Route von Zeebrügge nach Berlin ist die kürzest mögliche, die für ein reines Binnenschiff zu fahren ist. Sie verläuft im wesentlichen in Ost-West-Richtung, die Streckenlänge beträgt knapp 1000 km. Je nachdem, welcher Besatzungsaufwand getrieben wird, kann die Entfernung unter normalen meteorologischen Bedingungen innerhalb von fünfeinhalb bis siebenhalb Tagen zurückgelegt werden.

3.1 Fahrteinschränkungen

Zu längeranhaltenden Behinderungen beim LNG-Transport kann es im wesentlichen in zwei Streckenbereichen kommen:
Einerseits ist während der Wintermonate mit langandauernden Eisbehinderungen bzw. -sperren auf dem Mittellandkanal zu rechnen, andererseits sind im Sommer bei der Elbequerung Magdeburg-Niegripp Fahrtbehinderungen aufgrund von Niedrigwasserperioden zu erwarten. Die letztgenannten Einschränkungen sind jedoch vermeidbar, wenn der Tiefgang des LNG-Tankers 1,30 m nicht überschreitet. [5]
Da sich das Problem langandauernder Eissperren im Winter jedoch nicht umgehen läßt, ist einerseits das Sicherheitssystem der Tanks entsprechend auszulegen und andererseits eine Transportalternative zum Binnenschif in diesem Zeitraum bereitzuhalten.

4 Der Entwurf

4.1 Abmessungen und LNG-Kapazität

Die Maximalabmessungen des Tankers werden z.Z. durch die am weitesten östlich gelegenen Streckenabschnitte im Raum Berlin begrenzt. Bei Einsatz einer Bugsteueranlage ist eine Länge von 82,00 m und eine Breite von 9,50 m zulässig. Fahrzeuge dieser Größe gehören in die Kategorie der Europa-Typschiffe. [6]
Um innerhalb dieser Grenzen eine möglichst große LNG-Menge transportieren zu können, ist das Schiff auf einen relativ langen parallelen Mittschiffsbereich (51 m) zur Unterbringung langer Tanks optimiert worden.
Entsprechend groß ist die Völligkeit von 0,88 bei einem erreichten Minimaltiefgang von 1,25 m.
Das Leerschiffsgewicht beträgt knapp 600 t.
Der Tanker kann in sechs gleichgroßen Behältern bei der maximal zulässigen 91%igen Füllung insgesamt 430 m^3 LNG transportieren. Die Tanks sind in drei Paaren angeordnet. Jeweils zwischen zwei Tankpaaren befindet sich ein Pumpenraum, von dem aus der Ladungsumschlag durchgeführt wird und in dem zusätzliche Ausrüstungselemente für den Gasbetrieb zu installieren sind.

4.2 Hinterschiff

Um einen langen parallelen Mittschiffsbereich zu realisieren ist das Hinterschiff für eine Zweischraubenanlage ausgelegt worden. Es kann so kürzer gestaltet werden als das Hinterschiff eines Einschraubers. [7]
Zudem läßt sich der Schub bei dem geringen Minimaltiefgang des Tankers durch die Zweischraubenanordnung besser übertragen. Es wurden zwei Düsenpropeller mit einem Schraubendurchmesser von je 1,20 m vorgesehen.
Die zu installierende Maschinenleistung zur Erreichung einer Geschwindigkeit von 19,0 km/h beträgt knapp 800 kW.

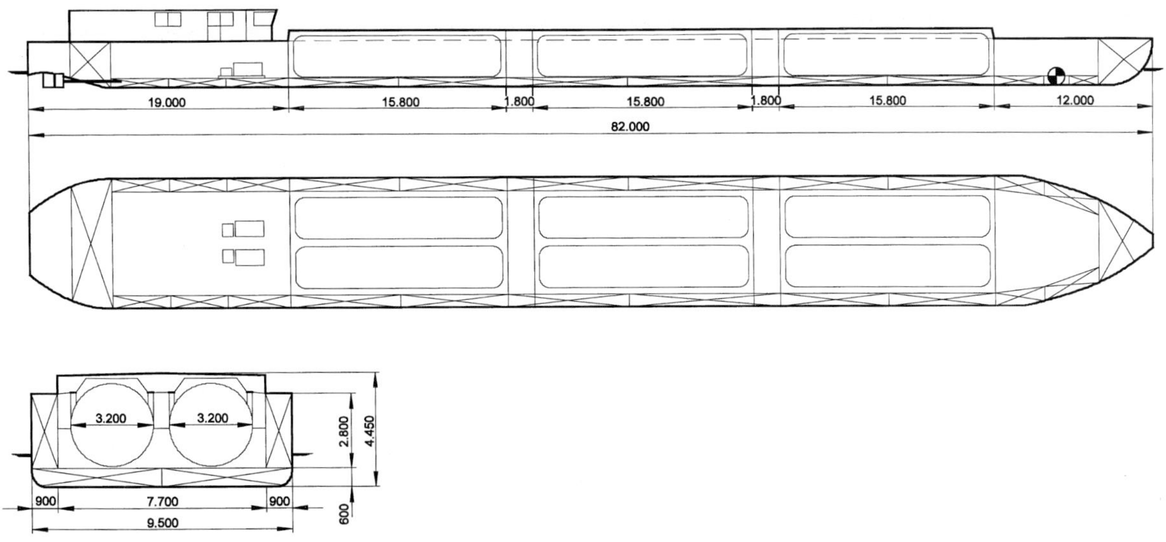

Abb. 1. LNG-Binnentanker, Europa-Typschiff

5 Wirtschaftlichkeit

Zahlenwerte können aus firmenpolitischen Gründen nicht genannt werden. Überschlägige Berechnungen haben jedoch ergeben, daß ein Binnentanker als Transportalternative zum LKW unter den vorgegebenen Randbedingungen für den LNG-Transport unwirtschaftlich ist.
Die Ursache dafür liegt in den hohen Investionskosten für das Schiff bei relativ geringer Kapazität.

6 Perspektiven

Ab dem Jahr 2002 wird mit der Vollendung des „Verkehrsprojektes 17 – Deutsche Einheit", dem Ausbau der Wasserwege zwischen dem Mittellandkanal und Berlin, die gesamte Strecke für sogenannte Großmotorgüterschiffe mit einer Länge von 110,00 m und einer Breite von 11,40 m befahrbar sein. [8]
Die Kapazität des LNG-Tankers kann dadurch bei weiterer Verwendung der MG-Tanks auf knapp 1000 m^3 erhöht werden. Als noch vorteilhafter dürfte sich eine Abkehr von dem MG-Tankkonzept erweisen. Mit dem Einsatz von sogenannten Membrantanks, die besser an die Schiffsstruktur angepaßt werden können, läßt sich eine weitere Kapazitätserhöhung auf rund 2000 m^3 erreichen. Damit wird dann, trotz des höheren Anschaffungspreises für den Tanker, der LNG-Transport per Schiff konkurrenzfähig zum LKW sein.

6 Ergebnis

Der Transport von tiefkalt verflüssigtem Erdgas mit einem Binnenschiff ist z.Z. nicht möglich, da zunächst eine Transportzulassung für LNG erwirkt werden muß und die Klassifikationsgesellschaften das MG-Tanksystem abzunehmen haben. Für beide Bereiche sind Lösungen anscheinend realisierbar.

Der Schiffsentwurf ermöglicht einen unter normalen meteorologischen Bedingungen unbehinderten Transport, zwei bis zweieinhalb Rundreisen Zeebrügge-Zeebrügge monatlich sind dann erreichbar. Lediglich während der Wintermonate sind längere Ausfallzeiten nicht auszuschließen.
Wirtschaftlich stellt der Entwurf aus Kapazitätsgründen jedoch erst ab dem Jahr 2002 eine mögliche Konkurrenz zum LKW dar. Dies gilt speziell, wenn MG die Forderung fallenläßt, das firmeneigene Tanksystem einzusetzen und stattdessen auf Membrantanks zurückgreift.
Weiterhin laufen Untersuchungen zu diesem Thema durch Messer Griesheim in Zusammenarbeit mit dem Institut für Schiffbau in Hamburg.

Schrifttum

1 Messer Griesheim GmbH, Gase Handbuch, 2. Auflage, 1989, Verlag C. Adelmann, Frankfurt am Main
2 Bundesministerium für Verkehr, Vorschriften über die Beförderung gefährlicher Güter auf Binnengewässsern, ADNR, Stand Januar 1995, Binnenschiffahrts-Verlag GmbH, Duisburg
3 H. Kirchner, Gefahrgut-Vorschriften Transport-Straße, ADR, Stand Juni 1992, Deutscher Bundes-Verlag GmbH, Bonn
4 Germanischer Lloyd, Klassifikations- und Bauvorschriften, Teil 2, Binnenschiffe, Ausgabe 1990, Selbstverlag des Germanischen Lloyd
5 N.N., Auswertung der Elbewasserstände, Zeitraum November 1990 bis Oktober 1994, Veröffentlichung in der Zeitschrift für Binnenschiffahrt
6 Binnenschiffahrtsverlag GmbH, Westeuropäischer Schiffahrts- und Hafenkalender, Ausgabe 1996, Binnenschiffahrts-Verlag Gmbh, Duisburg
7 H.H. Heuser, Weiterentwicklung bei Formwahl und Linienentwurf von Binnengüterschiffen, Jahrbuch der Schiffbautechnischen Gesellschaft, 1988, Springer Verlag, Berlin
8 Bundesministerium für Verkehr, Verkehrsprojekte Deutsche Einheit, Stand August 1993, Mayer Public Relations GmbH, Berlin

Beitrag zur Entwicklung eines Integrierten Navigationssystems für die Binnenschiffahrt

Contribution to the Development of an Integrated Navigation System for the Inland Navigation

Klaus-Martin Meier, Düsseldorf

Einleitung

Die Binnenschiffahrt gehört zu den ältesten Transportsystemen der Menschheit. Es ist zu vermuten, daß, noch bevor Noah seine Arche gebaut hat, der frühe Homo Sapiens oder der ihm ähnliche Homo Neandertalensis sich auf einem Baumstamm einen Fluß hat hinuntertreiben lassen. Und während er sich dort auf dem Fluß hat treiben lassen, wird er gleich das Problem erkannt haben, daß er diesen Baumstamm steuern mußte, wenn er nicht am Ufer stranden wollte. Die lange Entwicklung vom Neandertaler auf einem Baumstamm, der sich auf dem Fluß hat treiben lassen, bis zum modernen Binnenschiff auf dem Rhein, der meistbefahrenen Wasserstraße der Welt, will ich verkürzen und in der industriellen Schleppschiffahrt wieder einsetzen. Das Transportgefäß hat sich in der Zwischenzeit vom Baumstamm zum Schiff oder Kahn entwickelt, und auch das Manövrierorgan hat sich vom einfachen Ast zum mittschiffs hinter dem Heck des Schiffs angeordneten Ruder gewandelt. Ich möchte in meiner Einleitung jedoch nicht auf die verschiedenen Ruderformen, deren verschiedene Einsatzformen und Besonderheiten bezüglich Anströmung usw. eingehen, sondern ich möchte das Augenmerk auf das Bedienelement des Ruders lenken. Dieses Bedienelement hat seit den Anfängen der industriellen Schleppschiffahrt bis hin zum modernen Rhein- oder Binnenschiff eine enorme Entwicklung erfahren.

Wurden Ruder der Kähne anfangs noch über eine Pinne bedient, so wandelte sich die Ruderansteuerung mit langsam größer werdenden Kähnen zum liegenden Haspel. Mit dem stehenden Haspel war es dann möglich, dem Rudergänger ein Haus zu geben, so daß er nicht ständig im Freien stehen mußte. Es wurden dann hintereinander auf einer Welle mehrere Haspel angeordnet. Jetzt konnten mehrere Personen gleichzeitig das Ruder bedienen. Mit einem Rudergetriebe konnte die Geschwindigkeit des Ruders an die spezifischen Erfordernisse von Beladungszustand und Revier angepaßt werden. Auch die Motorschiffe hatten lange Zeit noch ein Haspel. Mit der zunehmenden Elektrifizierung der Binnenschiffe wurde dem Haspel ein elektrischer Hilfsantrieb für das Ruder beigestellt. Der Rudergänger betätigte zum erstenmal einen Schalter, um das Ruder zu bedienen. Später kam das Hydraulikruder, was bedeutete, daß das Ruder nun hydraulisch angetrieben wurde. Der Rudergänger betätigt nun ein Ventil. Die Folgen des elektrischen Hilfsantriebs und des hydraulischen Ruderantriebs waren, daß dem Rudergänger das Gespür für die vom Wasser auf das Ruder ausgeübte Kraft verlorenging. Das Ruder wurde nun häufiger betätigt, und die Ausschläge waren oft größer als erforderlich. Dies bedeutete erhöhten Verschleiß an den Manövrierorganen und erhöhten Brennstoffbedarf. Um diesem Übel vorzubeugen, wurde der Wendegeschwindigkeitsregler, der in der Binnenschiffahrt irrigerweise mit „Autopilot" bezeichnet wird, eingeführt. Dieser Autopilot hält das Schiff auf eine vom Schiffsführer mittels einem Tiller – oder auf deutsch Pinne – bestimmte Wendegeschwindigkeit in Grad pro Minute. So weit in groben Zügen die Entwicklung des Ruderbedienelements. Auf heute üblichen Binnenschiffen wird das Ruder hydraulisch angetrieben, und die Ventilsteuerung erfolgt über den Autopiloten.

Aufgabenstellung

Das Stuttgarter Institut für Systemdynamik und Regelungstechnik hat ein sogenanntes „Integriertes Navigationssystem" (INS) auf Computerbasis entwickelt, das es ermöglicht, Binnenschiffe in einem Fluß oder Kanal halbautomatisch zu führen. Halbautomatisch muß es deshalb genannt werden, weil das System noch nicht in der Lage ist, entgegenkommenden Fahrzeugen auszuweichen. Ansonsten folgt das Schiff einer im System vorgegebenen Führungslinie, die dem üblichen Weg der Schiffahrt in diesem Fluß entspricht. Die Eingriffe des Rudergängers auf die Führung des Schiffes beschränken sich somit auf Ausweichmanöver bei Begegnungen. Ohne Begegnung würde das Schiff automatisch von Rotterdam bis Basel ohne jeglichen Eingriff in das System fahren. Dieses INS erfordert jedoch, um funktionieren zu können, eine Reihe von Sensoren und Aktoren. Zum größten Teil befinden sich diese Sensoren und Aktoren bereits auf den heute fahrenden Binnenschiffen.

Die erforderlichen Schnittstellen zum System sind Gegenstand des vom Bundesministerium für Bildung, Forschung und Technologie geförderten Forschungsvorhabens „Integriertes Navigationssystem für die Küsten- und Binnenschiffahrt", in deren Rahmen die hier vorgestellte Arbeit angefertigt wurde.

Arbeitsweise des INS

Die wissenschaftlich genaue Erläuterung der Arbeitsweise des Integrierten Navigationssystems ist bereits mehrfach veröffentlicht worden – siehe nicht zuletzt STG-Jahrbuch 1995 –, daher möchte ich mich hier auf eine anschauliche Erklärung beschränken.
Eine erfolgreiche Navigation setzt zuerst die möglichst genaue Kenntnis der momentanen Position voraus. Diese Positionsbestimmung erfolgt im INS per DGPS und per Überlagerung einer im Computer abgespeicherten elektronischen Flußkarte mit dem in den Computer eingespielten Radarbild.
Ist dem Rudergänger die Position bekannt, so interessiert er sich als nächstes für den momentan gefahrenen Kurs. Im dichten Nebel sieht der Rudergänger eines Binnenschiffs dafür auf die Vorauslinie im Radar und auf den Wendeanzeiger, der ihm die Bewegung des Schiffs anzeigt. Ähnlich erfolgt die Kursbestimmung im INS. Aus den vorher bekannten Positionen und den in den Computer eingespeisten Signalen der Radar-Vorauslinie und des Wendeanzeigers berechnet sich das INS den momentanen Kurs.
Sind die Position und der momentane Kurs bekannt so muß der Rudergänger wissen, welche Kursänderung das Schiff in allernächster Zukunft machen wird. Dies bedeutet, daß er sich über die momentane Stellung des Ruders informiert. Der regelmäßige Blick auf den Ruderstandsanzeiger ist daher ein Muß für die erfolgreiche Navigation. Dem INS wird diese Information von dem Ruderstandsgeber in den Computer eingespielt.
Weiß der Rudergänger erst einmal, wo er ist, welchen Kurs er jetzt gerade fährt und welchen Kurs das Schiff gleich einschlägt, so muß er nur noch wissen, welchen Kurs er fahren soll. Der Binnenschiffer fährt nicht nach Kompaßkurs, ihm werden von den Wasser- und Schiffahrtsverwaltungen auch keine aktuellen Karten zur Verfügung gestellt. Der Binnenschiffer muß sich seine Kenntnis über den richtigen Kurs „erfahren". Seine über Jahre gewonnene Erfahrung sagt ihm, wo im Fluß das Fahrwasser ist und welchen Kurs er einschlagen muß. Von erfahrenen Schiffsführern wurde dem INS eine sogenannte „Ideallinie" in die elektronische Karte eingezeichnet. Sie dient dem System als Führungsgröße und gibt den Soll-Kurs für den Computer an.
Der Rudergänger weiß nun, wo er ist, welchen Kurs er fährt, welchen Kurs das Schiff gleich einschlagen wird, und er weiß, welchen Kurs er fahren soll. Er muß nun nur noch Eingriff auf das Ruder nehmen können, um Kurskorrekturen vorzunehmen. Für das INS bedeutet dies, eine neue Ruderstellung zu berechnen und Stellsignale an die Ruderanlage zu geben.
Dies ist in groben Zügen die Arbeitsweise des in Abb. 1 dargestellten Systems. Die notwendigen Sensoren, wie z.B. GPS-Empfänger, Radar, Wendeanzeiger, Ruderstandsgeber, und Aktoren, z.B. die Ruderanlagen, sind auf den Schiffen vorhanden. Welche Typen des entsprechenden Sensors sind jedoch auf dem Markt, und welche Bandbreite haben ihre Signale zur Verarbeitung im INS? Gibt es einen internationalen Standard für derartige Signale?
Anhand des Schiffsparks der Binnenschiffsflotte der Lehnkering Reederei GmbH wurden die einzelnen Sensoren untersucht.

Die untersuchte Flotte

Aus dem Schiffspark der Lehnkering Reederei GmbH wurden nur die motorisierten Fahrzeuge untersucht, die sich im Eigentum der Reederei befinden und mit eigenem Personal betrieben werden. Es handelte sich dabei um 6 Mineralöltanker, 12 Chemietanker, 13 Gastanker, 1 Großschubboot und 1 Arbeitsboot.

Das Radar

Das für die Positionsbestimmung maßgebliche Instrument ist das Radargerät. Aufgrund der, im Vergleich zur Seeschiffahrt, engen Reviere und der hier vergleichsweise hohen Verkehrsdichte werden an die Radargeräte der Binnenschiffahrt hohe Anforderungen an die Auflösung gestellt. Unter Auflösung versteht man die Unterscheidbarkeit zweier Objekte im Radarbild. Je dichter zwei Objekte beieinanderliegen, umso schwieriger ist es für das Radarecho, sie voneinander zu unterscheiden. Von der Radarwelle wird ein Funkwellenimpuls ausgesandt. Dieser Impuls bewegt sich mit Lichtgeschwindigkeit durch den Raum, und seine Vorderflanke hat bereits einen be-

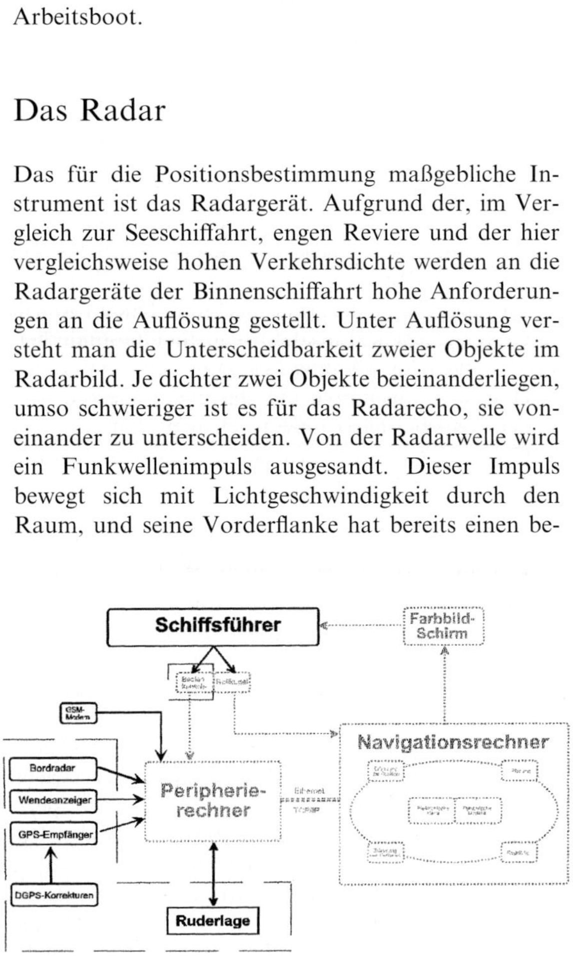

Abb. 1.

stimmten Weg L zurückgelegt, wenn sich die Rückflanke des Impulses von der Antenne löst. Trifft der Impuls auf ein Objekt, so wird der Impuls als Echo zur Antenne reflektiert. Liegen jetzt zwei Objekte wie in Abb. 2 dicht beieinander, so kann die Antenne nur zwei Echos voneinander unterscheiden, wenn die Vorderflanke des zweiten Echos nicht mit der Rückflanke des ersten Echos zusammenfällt. Dies bedeutet, die Objekte müssen mindestens $d = L/2$, oder anders $d = ½ *$ Impulsdauer * Lichtgeschwindigkeit, voneinander entfernt sein. Für eine hohe Auflösung wird die Impulsdauer so niedrig wie möglich gehalten. Andererseits beeinflußt die Impulsdauer mit der Impulsleistung auch die Reichweite. Je größer die Impulsdauer, umso größer wird auch die Reichweite sein. Die in der Binnenschiffahrt gebräuchlichen Radargeräte verfügen über eine Auswahl an unterschiedlichen Impulsdauern, so daß der Schiffsführer bei der Bereichswahl, also der Auswahl der Reichweite, immer über die optimale Auflösung verfügt.
Die Abbildung der Echos erfolgt in einer Braunschen Röhre. Synchron zum Antennenwinkel wird der Elektronenstrahl in der Röhre von der Mitte des Schirms radial zum Rand hin abgelenkt. Die Ablenkung aus der Schirmmitte erfolgt mit Aussendung des Funkwellenimpulses. Die von der Antenne empfangenen Echos werden auf dieser Linie angezeigt. Vor der nächsten Impulsaussendung wird der Elektronenstrahl wieder zur Mitte des Schirms gelenkt.
Um also Radarechos verarbeiten zu können, egal ob zur Anzeige im Radarbildschirm oder zur Verarbeitung im INS, sind mindestens folgende Informationen notwendig:

- Wann wurde ein Funkwellenimpuls ausgesandt, damit eine Ablenkung des Schreib- oder Elekronenstrahls beginnen kann? Für das INS stellt sich die Frage: Wie sieht das Triggersignal aus?
- Welchen Winkel nimmt die Antenne bezogen zu einer Referenzlinie, in der Regel die Mittschiffslinie, ein? Wie sieht das Antennenwinkel- und Vorausliniensignal aus?
- Wie groß ist die Impulsdauer, also in welchem Maßstab (Bereichswahl) sollen die Echos angezeigt werden?
- Wurde von der Antenne eine reflektierte Funkwelle empfangen und in ein Videosignal umgewandelt, und welchen Pegel hat es dann?

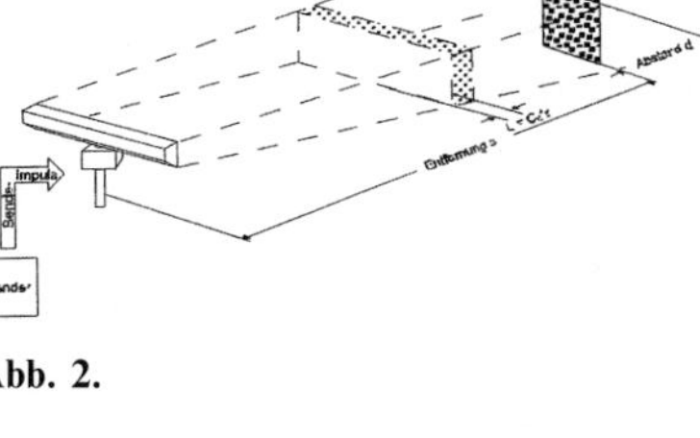

Abb. 2.

Die untersuchten Radargeräte

In der LRG-Flotte werden sechs unterschiedliche Radargerätetypen genutzt. Von der Firma Racal Decca sind dies die Typen RR 1216, RR1250, RR 2050 und RR 2175. Ferner sind die Geräte ELNA 3100 und Sperry MK 4217 in Gebrauch.
Um die Signale der Schnittstellen zu untersuchen, wurden die Bedienungsanleitungen und die Service Manuals der Geräte ausgewertet. Im Fall des Decca-Radars RR 2175 war nur ein vorläufiges Service Manual erhältlich. Hier wurden die Daten mit einem Oszillographen ermittelt.
An allen Radargeräten sind die erforderlichen Informationen an den Verbindungskabeln zwischen Antenne und Anzeigeeinheit vorhanden und können dort für die Verarbeitung im INS abgegriffen werden. Die jeweiligen Signale sind jedoch von Gerät zu Gerät sehr verschieden. Die unterschiedlichen Spannungen, Frequenzen und Arten der Signale bei den verschiedenen Radargeräten erfordern ein flexibles Interface, das im Institut für Systemdynamik und Regelungstechnik entwickelt wurde.
Alle hier untersuchten Radargeräte sind zum Einsatz im Integrierten Navigationssystem geeignet.

Das Global Position System GPS

Dem sogenannten „Kalten Krieg“ hat die Menschheit ein überaus leistungsfähiges Positionsbestimmungssystem zu verdanken. Da die Treffergenauigkeit ihrer vom U-Boot abgefeuerten Raketen nicht den gewünschten Anforderungen entsprach, legte die US-Amerikanische Marine im Jahre 1967 ein Konzept für den Bau des Navstar Global Position System vor. Dieses heute unter der Abkürzung GPS bekannte System stützt sich derzeit auf 18 Satelliten, die in ca 20,000 Meter Höhe die Erde zweimal täglich umrunden. Die Genauigkeit dieses Systems liegt nach US-Amerikanischen Angaben bei 17,8 Meter in der Horizontalen, bei 27,7 Meter in der Vertikalen und bei 100 Nanosekunden in der Zeit. Für die zivile Nutzung werden diese Signale auf z.B. 100 Meter in der Horizontalen künstlich verschlechtert.
Dem Segler im Atlantik oder Mittelmeer ist ein Fehler von 100 Meter bei einer ansonsten überaus einfachen Positionsbestimmung egal. Der Binnenschiffer, der sein Fahrtrevier auch auf Kanälen hat, deren Fahrrinnenbreite unter 40 Meter liegen kann, wird seine Navigation nicht auf ein System stützen, das ihm aufgrund des im System eingebauten Fehlers im Extremfall eine Position angibt, die außerhalb des Flusses oder Kanals liegt. Deshalb ist der GPS-Empfänger in der Binnenschiffahrt noch nicht sehr verbreitet und wird in der Regel nur zur Geschwindigkeitsmessung genutzt.
Im INS dienen die GPS-Signale nur der logischen Abfrage, ob die aus dem Radar und der elekronischen

Karte ermittelte Position überhaupt stimmen kann. In der LRG-Flotte sind zwei Fahrzeuge mit GPS-Empfängern Typ Phillips APN-8 ausgestattet, deren Signale einen NMEA-0183-Standard haben. Die Empfänger sind jedoch nur bedingt nutzbar, da sie nicht ermitteln, wieviel Satelliten sie zur Positionsbestimmung empfangen.

Der Autopilot

Im bereits obenerwähnten Autopiloten werden einige für das INS erforderliche Navigationsgeräte und deren Signale zusammengeführt. Dies sind

- der Wendeanzeiger mit Kreisel
- der Ruderstandsanzeiger mit Geber
- der Tiller.

Der Wendeanzeiger

Die Information über den aktuellen Kurs bekommt das INS von dem Wendeanzeiger.
Der typische Binnenschiffs-Wendeanzeiger besteht aus den zwei Grundeinheiten Kreisel und Anzeigeeinheit.
Der Kreisel rotiert mit hoher Drehgeschwindigkeit ω_{Kreisel} um eine im Ruhezustand horizontal und quer zur Schiffslängsrichtung verlaufende Achse. Wird dieser Rotation eine Drehgeschwindigkeit ω_{Schiff} um die Schiffshochachse überlagert, so führt der Kreisel eine Präzessionsbewegung aus, d. h., der Kreisel wird sich um den Winkel ϕ aus seiner Ruhelage bzw. Normallage heraus drehen. Dies ist in der Abbildung 3 dargestellt. Die Drehung des Kreisels aus seiner Ruhelage wird durch das Moment $M_{\text{Präzession}}$ ausgelöst und solange durchgeführt, bis zwischen dem Moment $M_{\text{Präzession}}$ und dem Moment aus der Feder ein Gleichgewicht hergestellt ist. Die Größe dieses Präzessionsmomentes wird in Spannung umgewandelt und in dem Anzeigegerät, einem Spannungsmesser, dargestellt.
Dem INS kann von dem Kreisel eine veränderliche Spannung in °/min zugeführt werden.

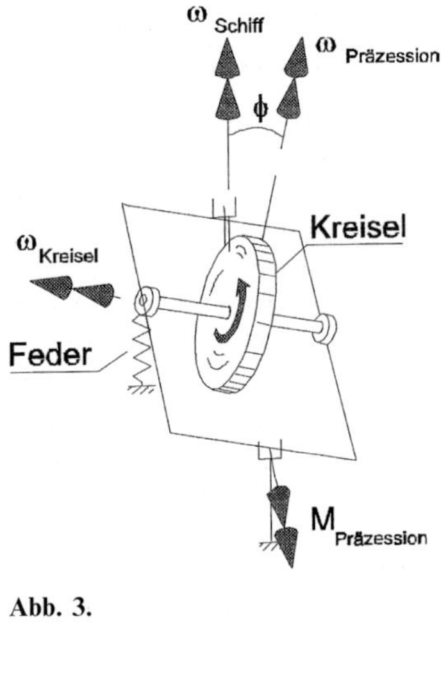

Abb. 3.

Die untersuchten Wendeanzeiger-Kreisel

In der LRG-Flotte werden vier unterschiedliche Kreisel genutzt. Dies sind Geräte der Firmen Radio Zeeland, Anschütz, Sperry und Debeg.
Auch an diesen Geräten wurden die Schnittstellen im wesentlichen aus den Service Manuals herausgesucht. Die Höhe der maximalen Spannungen bzw. Ströme wurde meßtechnisch bestimmt.
Alle hier genannten Wendekreisel sind im Prinzip geeignet, um im Integrierten Navigationssystem als Sensor genutzt zu werden. Aufgrund der Meßtechnik kommt es jedoch mit zunehmendem Alter der Geräte zu einer wachsenden Hysterese, so daß der Nullpunkt nicht mehr eingestellt werden kann. Um dem INS daher einen verläßlichen Sensor zu bieten, sollten die installierten Geräte der Firmen Anschütz und Debeg wegen ihrer langen Einsatzzeit auf den Schiffen nur nach vorheriger Überprüfung ihrer Hysterese genutzt werden.

Der Ruderstandsanzeiger

Die Rudergänger auf den modernen Binnenschiffen haben keinen Blickkontakt zu dem Ruder. Wegen der besseren Sicht zur Schiffsführung wird das Steuerhaus, in dem sich die Bedienelemente für das Ruder befinden, vor die Wohnräume des Schiffes gesetzt. Auch die Anordnung des Ruders, dessen Fläche im Vergleich zu den Rudern der früheren Schleppkähne sehr klein ist, unter dem Heck des Fahrzeugs verhindert einen Sichtkontakt. Neben dem fehlenden Sichtkontakt kommt bei modernen, meist hydraulisch angetriebenen Ruderanlagen der fehlende Tastsinn erschwerend hinzu. Während früher die Ruder über Pinne oder Haspel bedient wurden, gab es, wegen der mechanischen Kraftübertragung, eine direkte Rückkopplung der Ruderstellung auf den Rudergänger. Auch ohne Blick auf die Ruder spürte der Schiffsführer die momentane Ruderstellung. Bei den modernen Ruderanlagen wird die Ruderkraft von Hilfsanlagen aufgebracht. Zur Schiffsführung werden Schalter betätigt, so daß der Spürsinn zwar die Schalterstellung wahrnimmt, die tatsächliche Ruderstellung kann jedoch nicht mehr erfaßt werden. Der Rudergänger ist daher auf ein Hilfsmittel angewiesen, das ihm die momentane Stellung des Ruders angibt. Dieses Hilfsmittel besteht aus einem Ruderstandsgeber (Sensor), einer Signalübertragung und einem Anzeigegerät (Indikator). Meist wird die Signalübertragung elektrisch vorgenommen.

Die elektrische Umsetzung der Ruderstandsmessung erfolgt mit einer in Abb. 4 dargestellten Wheatstone-Meßbrücke. Die Widerstände R_{RSG_1} und R_{RSG_2} bilden dabei den aus einem Potentiometer hergestellten Ruderstandsgeber. Auch die Widerstände R_{A_1} und R_{A_2} werden aus einem Potentiometer gebildet. Dieser Potentiometer, der in den Autopiloten integriert ist, dient zum Abgleich der Brücke. Der an dem Amperemeter bzw. Ruderstandsanzeiger gemessene Strom I_M kann mit Hilfe der Leitwerte G_i bestimmt werden, die aus den Kehrwerten der Widerstände gebildet wurden.

Die untersuchten Ruderstandsanzeiger

Das Ruderstands-Signal für das INS entspricht einer dem Strom proportionalen Spannung, die an der Verbindung Ruderstandsgeber – Autopilot abgegriffen wird. Die untersuchten Geräte der Firmen Radio Zeeland, Anschütz, Sperry und Debeg haben Signalspannungen zwischen $\pm 15\ V$. Alle untersuchten Ruderstandsgeber sind für den Einsatz im INS geeignet. Die Art des jeweiligen Signals wurde den Service-Manuals der Geräte entnommen und meßtechnisch verifiziert.

Der Steuerhebel

Der Steuerhebel, oder englisch „Tiller„; (Ruder-pinne), ist der Ersatz des Ruderrades, mit dem früher die Schiffe gesteuert wurden. Als Bestandteil des Autopiloten dient der Steuerhebel als Sollwertgeber. In der Funktion „Wegsteuerung", in der die Stellung des Steuerhebels die Ruderstellung vorgibt, kommt der Tiller der früheren Ruderpinne am nächsten. Allerdings wird die Signalübertragung der modernen „Pinne" nicht mehr mechanisch, sondern elektrisch vorgenommen. Der Steuerhebel ist genau wie der Ruderstandsgeber ein Potentiometer, der entweder in eine Wheatstone-Meßbrücke integriert ist oder als einfacher Spannungsteiler dient. Für das Integrierte Navigationssystem wird eine dem Strom proportionale Spannung hochohmig abgeriffen. Sie gibt die Stellung des Tillers an.

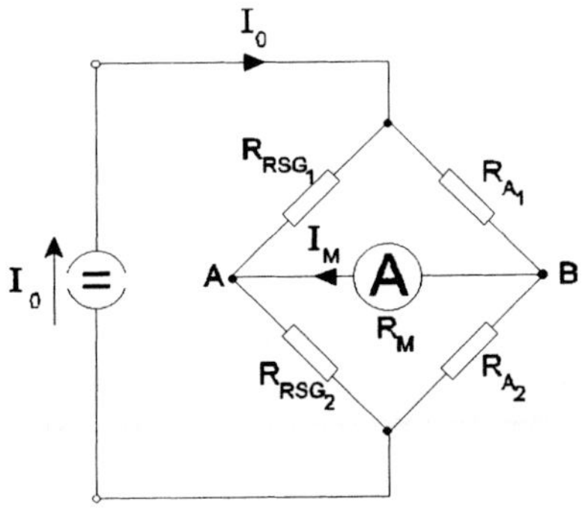

Abb. 4.

Die untersuchten Steuerhebel

Da der Steuerhebel wie auch die Wendekreisel und der Ruderstandsgeber integraler Bestandteil des Autopiloten sind, wird an dieser Stelle auf die oben aufgeführten Gerätetypen verwiesen. Die Signalspannungen unterscheiden sich nicht von denen der Ruderstandsgeber. Die Signalspannungen liegen im Maximum zwischen $\pm 15\ V$.

Zusammenfassung

Das Integrierte Navigationssystem erfordert für die erfolgreiche Navigation eine Reihe von Sensoren. Zum überwiegenden Teil sind diese Geräte bereits auf den modernen Binnenschiffen vorhanden. Die Untersuchung hat gezeigt, daß die an Bord befindlichen Radargeräte sowie die Bestandteile der Autopiloten – Wendekreisel, Ruderstandsgeber, Steuerhebel – insgesamt für eine moderne Computernavigation verwandt werden können. Allerdings sind die abgreifbaren Signale sehr unterschiedlich. Eine Standard-Schnittstelle gibt es zur Zeit noch nicht. Da zu erwarten ist, daß sich in Zukunft Navigationssysteme dieser Art in der Binnenschiffahrt durchsetzen werden, ist die Industrie gehalten, derartige Standards zu schaffen.

92. Hauptversammlung

Vorträge der Hauptversammlung im Oktober 1997 in Hamburg

Festvortrag

Das fünfte Rahmenprogramm der Europäischen Union – Neue Zugänge zur Forschungslandschaft

Dr. **Martin Bohle-Carbonell**
Europäische Kommission, Generaldirektion XII – Wissenschaft, Forschung und Entwicklung, Brüssel/Belgien

Einleitung

Der Begriff „Forschungslandschaft" im Titel dieses Beitrages soll darauf hinweisen, das die Organisation der Gemeinschaftsforschung sowohl gesetzte Gegebenheiten berücksichtigen muß, als auch aktive gestalten will. Wie in jeder gesunden Landschaft die Gestaltung durch den Menschen, den *homo faber*, im Rahmen der natürlichen Gegebenheiten erfolgen muß, um erfolgreich zu sein, muß die Forschungspolitik der Europäischen Union auf den Gegebenheiten aufbauen und, um im Bilde zu bleiben, ihre Zugänge sollten sich an Landmarken orientieren.

Diese Beinahe-Selbstverständlichkeit, das Wechselverhältnis vom Erkennen der Gegebenheiten, Beachten der Landmarken und Willen zur Gestaltung sollte dem Leser ermöglichen dem folgenden kurzen Streifzug durch die Vorbereitungen auf das Fünfte Rahmenprogramm der Europäischen Union zu folgen.

Vorrangige Aufgaben

Mit ihrem Vorschlag zum Fünftem Rahmenprogramm der Europäischen Union will die Europäische Kommission den Forschungseinrichtungen in den Mitgliedsländern besserer Möglichkeiten verschaffen, im internationalen Wettbewerb Führungspositionen zu erhalten, auszubauen bzw. zu gewinnen, damit diese Forschungseinrichtungen ihren Nutzen für die Bürger besser entfalten können.

Um dies zu erreichen, müssen sechs problematische Gegebenheiten der heutigen Forschungslandschaft berücksichtigt werden, nämlich daß:

- Forschungspolitik eine Querschnittsaufgabe ist, die nicht nur Innovationsförderung und Ausbildung betrifft, sondern auch Außen-, Sozial- und Beschäftigungspolitik und Freizügigkeit;
- die EU im Vergleich zu ihren Hauptkonkurrenten ein Ausfuhrdefizit von Gütern hohen Forschungs- und Entwicklungsaufwandes hat und in der Ausfuhr von Gütern mittleren Forschungs- und Entwicklungsaufwandes hinter Japan, wenn auch vor den USA, liegt;
- die EU im Vergleich zu ihren Hauptkonkurrenten ihre Mitführung in der Gewinnung von Erkenntnissen (wissenschaftlich-technische Veröffentlichungen) nicht in eine entsprechende Durchdringung der Anwendungsfelder (Patente) umsetzen kann;
- die öffentliche Akzeptanz von Wissenschaft als positive Gestaltungskraft nicht ohne weiteres gegeben ist, wenn mehrheitlich der Aussage, „wegen ihrer Kenntnisse üben Wissenschaftler eine gefährliche Macht aus"[1], zu gestimmt wird;
- die hohe Arbeitslosigkeit (18 Millionen in der EU) eine Verschwendung menschlicher Leistungsfähigkeit ist;
- die nachhaltige Entwicklung der Informationsgesellschaft und ihrer industriellen Basis mit dem Erhalt von Lebensqualität durch Gesundheit und gesunde Umwelt verschränkt werden muß;

Diesen Gegebenheiten der Europäischen Forschungslandschaft soll das Fünfte Rahmenprogramm der Europäischen Union gerecht werden. Dies ist nur durch Konzentration der Anstrengungen auf wenige Aufgaben, „Leitaktionen", möglich, die mehr sind als ein Bündel nationaler oder sektoraler Interessen.

Aufbau und Kriterien

Das laufende, Vierte Rahmenprogramm der Europäischen Union, wird durch 16 sektorale Spezifische

[1] Europeans, Science and Technology. EC12, 1992

Programme umgesetzt, die sich überwiegend parallel entwickeln. Synergien zwischen Forschungsvorhaben entstehen oftmals spontan auf der Ebene der Forschungseinrichtungen, die mit ähnlichen Fragestellungen an verschiedenen Forschungsprogramm teilnehmen, lassen sich jedoch nur schwer in Synergie zwischen Forschungsprogramme umsetzen.
Dies und andere Entwicklungspotentiale im Auge hat die Davignon-Kommission[2] aufgrund ihrer Fünfjahresbegutachtung der Gemeinschaftsforschung empfohlen, daß das Fünfte Rahmenprogramm keine direkte Fortsetzung des Vierten Rahmenprogrammes sein sollte. Qualitative Änderungen sollten eingeführt werden, die sowohl auf wissenschaftlichtechnische Leistungsfähigkeit als auch auf wirtschaftliche und soziale Bedeutung zielen.
Auf dem Hintergrund des Davignon-Berichtes und weitere Analysen[3] hat die Kommission eine neue Struktur für das Fünfte Rahmenprogramm der Europäischen Union vorgeschlagen:

- drei thematische Programme, jedes gegliedert in Leitaktionen, unterstützende Forschung und Maßnahmen die Forschungsinfrastruktur betreffend, zu den Themen:
  - Ressourcen der lebendigen Welt und der Ökosysteme,
  - Nutzerfreundliche, soziale Informationsgesellschaft,
  - Wettbewerbsorientiertes nachhaltiges Wachstum;
- drei horizontale Programme, jedes gegliedert in programmspezifische Maßnahmen und Koordination, zu den Themen:
  - Internationale Stellung der Gemeinschaftsforschung,
  - Innovation und Kleine u. Mittelständige Unternehmen,
  - Menschen entwickeln ihre Fähigkeiten[4];

Ziel ist es, durch Beschränkung, Auswahl und Leitaktionen eine höhere Wirkung zu erreichen. Eine Beschränkung, die in der Auswahl nur einiger, weniger Leitthemen und der Ausrichtung der Forschungsvorhaben an folgenden Vorgaben liegt:

- Beitrag der Forschungsvorhaben zu vier gesellschaftlichen Zielen:
- Beschäftigung, Lebensqualität, Gesundheit, Umwelt
- Beitrag der Forschungsvorhaben zur wirtschaftlichen Entwicklung und zu wissenschaftlich-technologischen Perspektiven:
- nachhaltiges Wachstum, verbesserte Wettbewerbsfähigkeit, technologische Durchbrüche,
- Zusätzlicher Nutzen der Forschungsvorhaben durch europäischen Vorgehens (Subsidaritätsprinzip):
- kritische Masse sich ergänzender Fähigkeiten und Ressourcen, bahnbrechende Unterstützung der Politik der EU, Probleme europäischen Ausmaßes, Normierung auf Gemeinschaftsebene

Die vorgeschlagene Struktur und die Ausrichtung der strikten Auswahl der Inhalte anhand einiger gesellschaftspolitischer Kriterien spiegelt den Willen der Europäischen Kommission wider, die Gegebenheiten der europäischen Forschungslandschaft respektiert zu sehen.

Landmarken des Fünften Rahmenprogrammes

Die Hauptzugänge zur europäischen Forschungslandschaft, wie sie durch das Fünfte Rahmenprogramm der Europäischen Union vermittelt werden sollen, sind durch die Leitaktionen markiert. Die gemeinsame Arbeit an den Leitaktionen soll auf Grundlage genauer Analysen und bei Vorgabe klarer Ziele technologische Engpässe durch Integration und Interdisziplinarität aufbrechen.
Einige Beispiele für derartige Leitaktionen seien hier beschrieben:

Bewirtschaftung der Wasservorräte und Wasserqualität:
„Wasser ist mittlerweile zu einem knappen Gut geworden und muss daher möglichst rationell bewirtschaftet werden. Diese Aktion betrifft die Umwelt-, Landwirtschafts- und Regionalpolitik und beschäftigt sich mit der Entwicklung entsprechender Kenntnisse und Technologien, um den Bedarf der Haushalte, der Industrie und der Landwirtschaft zu decken. Betroffen sind zum Beispiel folgende Bereiche: Aufbereitungs- und Sanierungstechnologien, Technologien zur Überwachung der Qualität des Grundwassers und der Oberflächengewässer, Überwachungs-, Frühwarn- Kommunikationssysteme, Technologien zur Regulierung der Vorräte sowie aride und semiaride Zonen.
Begründung: 20% der Oberflächengewässer in der Union sind von Umweltverschmutzung betroffen, und mehr als 60% des landwirtschaftlich genutzten Bodens weist einen für die Wasserqualität besorgniserregenden Düngemittel- und Pestizidgehalt auf. Die Ausgaben für Ausrüstungen und Dienstleistungen im Bereich Wasser dürften in der Europäischen Union im Jahr 2000 mehr als 30 Mrd. ECU betragen. Wasser ist eine gemeinsame europäische Ressource; in einigen Mitgliedstaaten hängt die Versorgung zu mehr als 50% von anderen Ländern ab. Das Problem

[2] EUR 17644 Five-year assessment of the European Community RTD framework programmes – Report of the Independent Expert Panel chaired by Viscount E. Davignon and the Commission's comments on the panel's recommendations, 1997, 61 pp., ISBN 92-828-0248-5
[3] siehe WWW-Sever: http://www.cordis.lu/fifth/src/inst.htm #com
[4] in Englisch: Humanresources

der Wasserqualität nimmt in der Umweltpolitik der Union eine zentrale Stellung ein."[5]

Multimedia-Inhalte:
„Die Förderung der Kreativität und stärkere Nutzung von Multimedia-Inhalten stellen wichtige Elemente für die Verwirklichung der Informationsgesellschaft dar und tragen unter anderem zur sprachlichen und kulturellen Vielfalt bei. Diese Leitaktion betrifft die Entwicklung innovativer Formen von Multimedia-Inhalten sowie von Instrumenten für deren Strukturierung und Bearbeitung. Die Aktion umfaßt drei Hauptteile: Erstens die interaktive elektronische Publikation, mit neuen Verfahren des kreativen Schaffens und der Strukturierung von Publikationen sowie der personalisierten Informationsverteilung, dieser Bereich umfaßt außerdem die Bereitstellung kultureller Inhalte über elektronische Bibliotheken und virtuelle Museen. Zweitens die neuen Sprachtechnologien, die zu einer höheren Benutzerfreundlichkeit von Informations- und Kommunikationsdiensten beitragen, und drittens fortgeschrittene Technologien für Zugang, Filterung und Analyse von Informationen, dank derer die Informationsflut beherrscht und die Nutzung von Multimedia-Inhalten erleichtert werden soll, insbesondere im Bereich statistischer und geographischer Informationen.
Begründung: Der Umsatz der Unternehmen im Bereich der Inhalte von Informations- und Kommunikationssystemen und -netzen in der Europäischen Union beläuft sich auf 150 Mrd. ECU jährlich. Dieser Wirtschaftszweig umfaßt 2,1 Millionen Vollzeitbeschäftigte. In den kommenden zehn Jahren könnten hier eine Million zusätzlicher Arbeitsplätze geschaffen werden. Auch wenn fast alle Inhalte im Internet in englischer Sprache abgefaßt sind, ist Englisch für die Hälfte der derzeitigen Internet-Nutzer eine Fremdsprache. Die Betonung der kulturellen und sprachlichen Vielfalt in Europa ist ein wichtiger Bestandteil der Politik der Europäischen Union in den Bereichen Bildung, Audiovisuelles und Kultur."[6]

Meerestechnologien:
„Die Meere, die das gesamte Gebiet der Europäischen Union umgeben und in der Geschichte unseres Kontinents eine wichtige Rolle spielten, sind für die Union mit wichtigen wirtschaftlichen, gesellschaftlichen und technologischen Chancen und Herausforderungen verbunden. Ziel dieser Maßnahme ist es, die Entwicklung und Integration von Kenntnissen und spezifischen Technologien zu fördern, die es der Union ermöglichen, ihr Potential vollständig zu entfalten, und damit eine „europäische Meerespolitik" zu unterstützen. Die Arbeiten konzentrieren sich auf Technologien, die für die Stärkung der europäischen Wettbewerbsfähigkeit in den betroffenen Bereichen wichtig sind: Technologien zur Entwicklung fortgeschrittener, umweltverträglicher, sicherer und effizienter Schiffe, zur Nutzung des Meeres für die Beförderung von Gütern und Personen (fortgeschrittene Hafeninfrastrukturen, regionale Seeverkehrssysteme) und zur rationellen und nachhaltigen Bewirtschaftung des Meeres als Energie- und Rohstoffquelle (Offshore- und Unterwassertechnologien).
Begründung: Die Küstenlinie der Europäischen Union hat eine Länge von 90 000 km, 47% der europäischen Bürger leben weniger als 50 km vom Meer entfernt. 90% des Außenhandels der Union erfolgt auf dem Seeweg. Zwischen 3 und 5% des BIP der Union werden direkt von maritimen Industrie- und Dienstleistungsbranchen erwirtschaftet, die 2,5 Millionen Beschäftigte in der gesamten Union zählen. Das Meer ist auch Gegenstand der Industrie-, Umwelt-, Fischerei-, Forschungs- und Energiepolitik der Union zahlreicher internationaler Abkommen, die von der Union unterzeichnet wurden."[7]

Die Stadt von Morgen:
„In den Städten als Lebensmittelpunkt der Mehrheit der Europäer konzentrieren sich die neueren wirtschaftlichen und gesellschaftlichen Entwicklungen, aber auch die damit verbundenen Probleme. Ihre harmonische Entwicklung muss mit Hilfe globaler und innovativer Konzepte gestaltet werden, die auf fortschrittlichen Modellen der Stadtentwicklung basieren (z.B. Sicherheit der Städte) und eine Entwicklung nach Grundsätzen der Wertschöpfung fördern. Es geht dabei vor allem um Technologien für ein integriertes Verkehrs- (siehe Leitaktion „Nachhaltige Mobilität und Intermodalität") und Energiemanagement (vor allem in Gebäuden) (siehe Leitaktion „Fortgeschrittene Dienstleistungen und Systeme im Energiebereich") sowie nachhaltige und wirtschaftliche Bautechnologien, Technologien für die Entwicklung und Demonstration wirtschaftlicher, sauberer, sicherer und intelligenter Fahrzeuge (zum Beispiel Fahrzeuge ohne jede Schadstoffemission) für den Stadtbereich.
Begründung: 80% der Europäer leben heute in Städten, in denen sich ihre wirtschaftlichen Aktivitäten konzentrieren. Die Kosten der Schädigung des europäischen Kulturerbes werden mit mehr als 14 Mrd. ECU jährlich veranschlagt. Die Stadt hat in der Geschichte Europas eine Schlüsselrolle gespielt und trägt auch heute durch Netze für Zusammenarbeit und Handel zwischen großen regionalen Metropolen (Eurometropolen, Eurocities usw.) beträchtlich zur europäischen Integration bei."[8]

[5] zitiert: Arbeitspapier der Kommission, Fünftes Rahmenprogramm: Wissenschaftliche und Technologische Ziele. Amt Für amtliche Veröffentlichungen der Europäischen Gemeinschaften, Luxemburg ISBN 92-78-16069-5
[6] a.o.a.O.
[7] a.o.a.O.
[8] a.o.a.O.

Die jedem thematischen Programm anteilige „unterstützende Forschung" greift die „klassische Komponente" der vorherigen Rahmenprogramme auf, begrenzt sie jedoch auf Inhalte, die komplementär zu den Leitaktionen sind. Aufgabe der unterstützenden Forschung wird es sein, den Strom an „know-how" zu beschleunigen, der andere Anwendungen treibt, als jene, die in den Leitaktionen aufgegriffen wurden. Die ebenfalls jedem thematischen Programm anteiligen Maßnahmen zur Entwicklung der Forschungsinfrastruktur sollen die Auslastung und komplementäre Nutzung der Europäischen Forschungsinfrastruktur verbessern. Damit wird eine besserer Verschränkung der Forschungspolitik der Mitgliedsländer wachsen können.

Die drei horizontalen Programme bilden die Hauptkontaktflächen der Forschungspolitik der Europäischen Union mit ihrer Außen-, Innovations- und Bildungpolitik und gleichfalls mit ihrer Sozial- und Beschäftigungspolitik wie ihrer Anstrengung die Mobilität der Bürger zu erhöhen.

Der Haushalt des Fünften Rahmenprogrammes soll, nach Vorschlag der Europäischen Kommission, etwa 32 Milliarden DM für die Jahre 1999–2002 betragen. Dies entspricht, gemessen an der Bevölkerung der Europäischen Union, einem Aufwand von etwa 20 DM pro Kopf und Jahr. Dies ist ein durchaus begrenzter finanzieller Aufwand (etwa 0,05% des Bruttoinlandsproduktes), der um 3% über den entsprechenden nominalen Aufwendungen der laufenden Forschungsprogramme liegt, und deswegen nur dann Wirkung zeigen kann, wenn er gezielt eingesetzt wird – gezielter als heute – eingesetzt wird.

Schlußbemerkung

Der Vorschlag der Europäischen Kommission ist anspruchsvoll, innovativ und wurde, in seinen Grundlagen, von den Mitgliedsländern begrüßt. Zur Zeit der Drucklegung dieses Beitrages wird sich abgezeichnet haben, in welchem Umfang die Vorbereitungen auf das Fünfte Rahmenprogramm vorangeschritten sind und ob es termingerecht einsetzen kann.

Das Fünfte Rahmenprogramm der Europäischen Union wird durch die strikte Anwendung seiner spezifischen Auswahlkriterien für Forschungs- und Entwicklungsvorhaben sicherstellen, daß die finanziellen Mittel mit Erfolg eingesetzt werden, daß eine sektorale und nationale Aufsplitterung der Aktionen überwunden wird, und somit „Die europäische Wissenschaft im Dienste der Bürger" tätig werden kann.

Schiffsmaschinenbau

Zukünftige Anforderungen an die Abgasemission von Schiffsdieselmotoren – Grenzwerte, Einführung, Nachweis

Future Requirements for the Exhaust Gas Emissions of Marine Diesel Engines – Emission Limit Values, Adoption, Testing and Survey

Dipl.-Ing. **Hans-Joachim Götze**, Dipl.-Ing. **Claus Hadler** und Dr.-Ing. **Reinhard Krapp**
Germanischer Lloyd, Hamburg

Zusammenfassung. Im September dieses Jahres wird auf einer Diplomatischen Konferenz der International Maritime Organisation ein neuer Annex zu MARPOL abschließend beraten, der unter anderem auch die Reduzierung der Stickoxid-Emissionen von Schiffsdieselmotoren zum Ziel hat. Es ist vorgesehen, daß die Stickoxidbegrenzung im Jahre 2000 in Kraft treten soll. Die Grenzwerte sind in Abhängigkeit von der Nenndrehzahl festgelegt und sollen zukünftig schrittweise weiter abgesenkt werden. Bei der Bewertung der Emissionen eines Motors wird das von seiner Verwendung abhängige Einsatzprofil berücksichtigt. Einzelheiten über diese Grenzwerte, die Meß- und Bewertungsverfahren bei Neuinstallationen sowie die verschiedenen Möglichkeiten der Zertifizierung als Einzelabnahme, nach dem ,,Engine Group"- oder ,,Engine Family"-Konzept werden erläutert. Dabei wird auch auf die Maßnahmen eingegangen, mit denen das Einhalten der Grenzwerte während der Lebensdauer des Motors überprüft bzw. nachgewiesen werden kann.

Summary. In September this year a new Annex to MARPOL will be finally discussed during a Diplomatic Conference of the International Maritime Organisation. This Annex inter alia aims at the reduction of the nitrogen oxide emissions of marine diesel engines. It is foreseen to set the NO_x emission reduction into force by the year 2000. The limit values are set dependent of the nominal speed and shall be reduced further step by step in the future. For the assessment of the emissions of an engine its application dependent load profile is taken into account. Details of these limit values, measurement and assessment procedures for new installations as well as the different possibilies of certification as single engine, according to the "Engine-Group-Concept" or "Engine-Family-Concept" will be reported. Also the measures are described, by which during the lifetime of the engine it is proved that its emissions comply with the limit values.

1 Einleitung

Der Seetransport von Gütern ist bezüglich des Energiebedarfes bekanntermaßen äußerst günstig. Geringer Brennstoffverbrauch bezogen auf die transportierte Ladung bedeutet auch geringen CO_2-Ausstoß. Die Entwicklung der Schiffsdieselmotoren in den letzten Jahren hin zu immer höherem Wirkungsgrad hat diesen Vorteil des Seeverkehrs noch weiter ausgebaut. Der geringere Brennstoffverbrauch wurde aber mit einem Anstieg der NO_x-Emissionen der Dieselmotoren erkauft. Zeitgleich mit dieser Entwicklung der Schiffsantriebsanlagen wurden an Land aufgrund strengerer gesetzlicher Vorgaben (Grenzwerte) vermehrt immer effektivere Abgasreinigungsanlagen für Kraftwerke und Fahrzeuge eingesetzt. Dadurch verringerten sich die landseitigen Emissionen und der Anteil der Emissionen von Schiffsantriebsanlagen an den Schadstoffemissionen betroffener Gebiete wuchs an. In der Stadt Hamburg z.B. ist es zu einem Anstieg des Anteils schiffseitiger Emissionen im Hafenbereich von 4,4% im Jahre 1982 auf 8,3% im Jahre 1992 gekommen [1].

Vor diesem Hintergrund und den Anforderungen luftseitig hochbelasteter Gebiete wie Kalifornien oder

Gebieten mit sensitiven Böden wie in Skandinavien wurde im Rahmen der International Maritime Organisation (IMO) ein neuer Annex zu MARPOL erarbeitet, mit dem die Emissionen von Schiffsdieselmotoren begrenzt werden sollen. Nachdem die SO_2-Emissionen nur durch den Schwefelgehalt des Brennstoffes sinnvoll verringert werden können, soll hier im wesentlichen auf die Stickoxidemissionen und die Anforderungen an die Motorentechnik eingegangen werden.

2 Grenzwerte nach IMO

Das Marine Environment Protection Committee (MEPC) der IMO hat mit dem „*Technical Code on Emission of Nitrogen Oxides from Marine Diesel Engines*" den Entwurf für eine Vorschrift [2] erarbeitet, die die Anforderungen an Meß- und Prüfverfahren zur Ermittlung der NO_x Emissionen von Schiffsdieselmotoren spezifiziert und die Zertifizierung der Einhaltung vorgeschriebener Grenzwerte vorsieht. Die Richtlinie wird im September 1997 in einer Diplomatischen Konferenz abschließend beraten.

Der Festlegung der zu erreichenden Grenzwerte ging eine Aufnahme des Ist-Zustandes voraus. Als Kompromiß zwischen einer einfachen, aber zweifelsfreien Definition der Grenzwerte und der Berücksichtigung der vielfältigen Abhängigkeiten der NO_x-Entstehung in Schiffsdieselmotoren unterschiedlicher Konstruktionsprinzipien mit Leistungen zwischen wenigen kW und mehreren MW wurde eine Darstellung in Abhängigkeit von der Drehzahl gewählt. In Abb. 1 ist der Bereich der Emissionen bezogen auf die abgegebene Arbeit in kWh der bis dato in Betrieb befindlichen Motoren dargestellt. In die Darstellung eingetragen ist die von der IMO als erstes Ziel vorgegebene Grenzkurve, die der drehzahlabhängigen Tendenz der Stickoxid-Bildungsmechanismen der Motoren folgt. Daraus ergeben sich höhere Grenzwerte für langsamlaufende Großdieselmotoren, die jedoch unterhalb 130 U/min auf maximal 17,0 g/kWh limitiert sind, und niedrigere Grenzwerte für schnellaufende Schiffsdieselmotoren. Man erkennt, daß es bereits jetzt Motoren gibt, die die zunächst vorgesehenen Grenzwerte einhalten.

Messungen des GL an Bord von Schiffen [3] an verschiedensten Haupt- und Hilfsmotoren haben gezeigt, daß die Stickoxidemissionen der Motoren über dem Drehmoment einen nahezu beliebigen Verlauf haben können (Abb. 2).

Die Aufgabe international gültiger Regelwerke besteht u.a. darin, Verfahren zu beschreiben, die eine einfache und eindeutige Bewertung technischer Anlagen zulassen, ohne jedoch das jeweils vordringliche Ziel aufzuweichen. Für das Ziel der effektiven Reduzierung der Stickoxidemissionen von Schiffsdieselmotoren und eine hierfür zu erarbeitende Richtlinie oder Vorschrift bedeutet das, daß den unterschiedlichen Betriebsbedingungen der Motoren an Bord von Schiffen Rechnung getragen werden muß. Im IMO-Code wird das erreicht, indem je nach Einsatzzweck des Motors die an verschiedenen definierten Lastpunkten gemessenen NO_x-Emissionen gewichtet und zu einem motorspezifischen Emissionskennwert zusammengefaßt werden. In den Bezeichnungen der Testzyklen folgt der IMO-Code der entsprechenden ISO-Norm [4]. Es werden Testzyklen für

- Hauptantriebsmotoren mit konstanter Drehzahl einschließlich dieselektrischem Antrieb und Verstellpropellerantrieb (Test E2)
- Haupt- und Hilfsmotoren mit Drehzahlen entsprechend der Propellerkurve (Test E3)
- Hilfsmotoren mit konstanter Drehzahl (Test D2) und
- Hilfsmotoren mit variabler Drehzahl und veränderlicher Last (Test C1)

unterschieden.

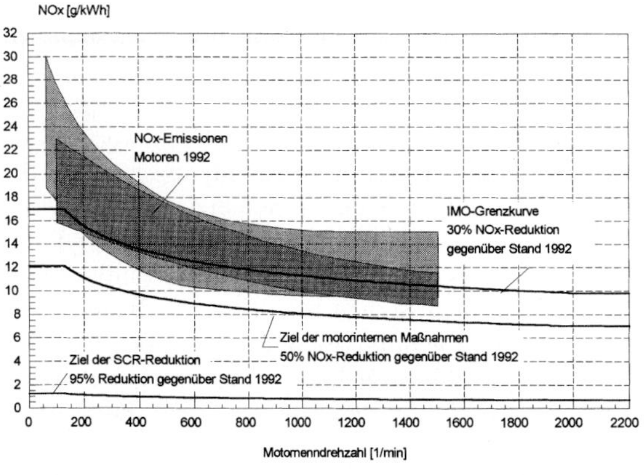

Abb. 1. NO_x-Emissionen von Schiffsdieselmotoren und IMO-Grenzkurve

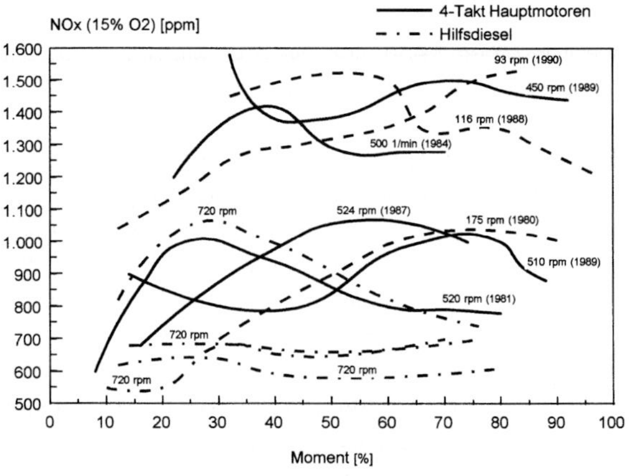

Abb. 2. NO_x-Meßwerte von Schifsdieselmotoren im realen Betrieb

Die Wichtung der gemessenen NO_x-Emissionen der einzelnen Lastpunkte wird entsprechend Tabelle 1 vorgenommen.
Die Lage der Meßpunkte der Testzyklen E2, E3 und D2 im Leistung/Drehzahl-Diagramm ist in Abb. 3 dargestellt.
Für Sonderanwendungen von Dieselmotoren auf Schiffen gilt in Anlehnung an den ISO-Standard 8178, Teil 4 für Motoren im Off-road und Industriebereich der Testzyklus C1, wobei in Abweichung von den anderen Testzyklen nicht die Leistung, sondern das Drehmoment vorgegeben wird.
Die Betriebsdrehzahl beim Testzyklus C1 wird dem Verwendungszweck des Motors entsprechend vom Hersteller festgelegt. Für die verschiedenen Einsatzmöglichkeiten der Motoren sind in Abb. 4 die anzufahrenden Testpunkte der Vollständigkeit halber zusammenfassend grafisch dargestellt.
Wenn der Motor über einen bestimmten Drehzahlbereich unter Vollast betrieben werden kann sowie

- das maximale Drehmoment bei einer Drehzahl zwischen 60% und 75% der Nenndrehzahl erreicht wird, dann ist diese Drehzahl als Betriebsdrehzahl einzusetzen,
- das maximale Drehmoment bei einer Drehzahl erreicht wird, die kleiner als 60% der Nenndrehzahl ist, dann sind 60% der Nenndrehzahl als Betriebsdrehzahl einzusetzen
- das maximale Drehmoment bei einer Drehzahl größer als 75% der Nenndrehzahl erreicht wird, dann sind 75% der Nenndrehzahl als Betriebsdrehzahl einzusetzen.

Wenn der Motor nicht dafür ausgelegt ist, über einen größeren Drehzahlbereich unter Vollast betrieben werden zu können, dann wird die Betriebsdrehzahl üblicherweise zwischen 60% und 70% der Nenndrehzahl liegen.
Die Abbildungen veranschaulichen, daß Hersteller von Motorentypen, die in mehreren Anwendungsgebieten eingesetzt werden sollen, demnach ihre Motoren so auslegen müssen, daß sie den für sie zutreffenden Grenzwert für alle relevanten Testzyklen erfüllen. Es ist nicht grundsätzlich auszuschließen, daß Motoren an einzelne Testzyklen speziell angepaßt werden müssen.

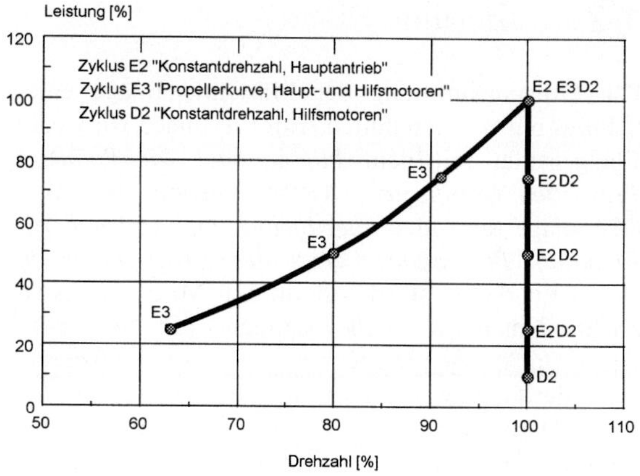

Abb. 3. IMO-Testzyklus E2, E3 und D2

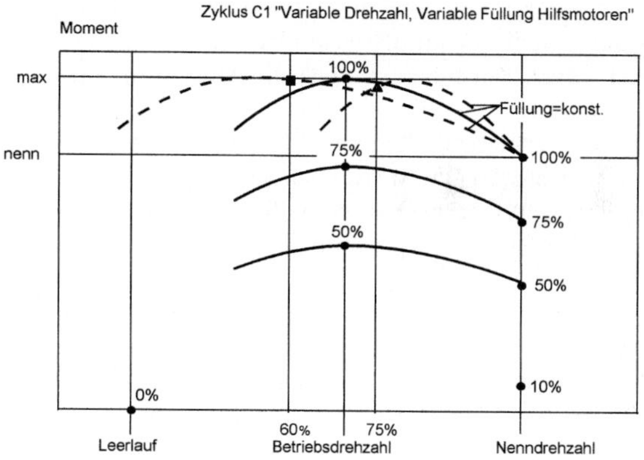

Abb. 4. IMO-Testzyklus C1

Tabelle 1. Wichtungsfaktoren zur Bewertung der NO_x-Emissionen von Schiffsdieselmotoren

Testzyklus E2	Drehzahl	100%	100%	100%	100%	
	Leistung	100%	75%	50%	25%	
	Wichtung	0,2	0,5	0,15	0,15	
Testzyklus E3	Drehzahl	100%	91%	80%	63%	
	Leistung	100%	75%	50%	25%	
	Wichtung	0,2	0,5	0,15	0,15	
Testzyklus D2	Drehzahl	100%	100%	100%	100%	100%
	Leistung	100%	75%	50%	25%	10%
	Wichtung	0,05	0,25	0,3	0,3	0,1
Testzyklus C1	Nenndrehzahl					
	Drehmoment	100%	75%	50%	10%	
	Wichtung	0,15	0,15	0,15	0,1	
	Betriebsdrehzahl					
	Drehmoment	100%	75%	50%		
	Wichtung	0,1	0,1	0,1		
	Leerlauf					
	Drehmoment	0%				
	Wichtung	0,15				

3 Zertifizierung

Die Übereinstimmung der Maschinenanlage eines Schiffes mit den genannten Anforderungen wird vom Flaggenstaat mit dem *International Air Pollution Prevention Certificate (IAPP-Certificate)* bestätigt. Grundlage sind u.a. *die Engine International Air Pollution Prevention Certificates (EIAPP-Certificates)* für die an Bord befindlichen Motoren. Es ist auch möglich, Motoren zusammen mit NO_x-reduzierenden Anlagen wie Katalysatoren zu zertifizieren, wenn der Grenzwert anders nicht eingehalten werden kann. Dann wird jedoch die Abgasreinigungsanlage quasi zum Bestandteil des Motors und muß mit ihren Spezifikationen mit im *Technical File* des Motors aufgeführt werden.

Grundlage des Motorzertifikates ist eine Messung der NO_x-Emissionen, die die Verwaltung des Flaggenstaates auch an autorisierte Organisationen delegieren kann. Einzelheiten über die Durchführung der Messungen, der zu verwendenden Gasanalysatoren sowie der einzuhaltenden Meßtoleranzen sind im Code geregelt. Die Messungen sollen der Einfachheit und ggf. Wiederholbarkeit halber vorzugsweise auf dem Prüfstand vorgenommen werden. Bei großen Motoren, für die das nicht möglich ist, kann in Ausnahmefällen der meßtechnische Nachweis auch an Bord vorgenommen werden, wobei jedoch alle Anforderungen wie auf dem Prüfstand, besonders an die Meßgenauigkeit, einzuhalten sind.

Neben dem Einzelnachweis für Motoren können Serienmotoren, die an Bord nicht mehr modifiziert bzw. angepaßt werden, auch nach dem sog. „*Engine Family Concept*" zertifiziert werden. Dafür ist eine für das Emissionsverhalten aller Motoren dieser Familie repräsentative Maschine, die sog. „*Parent Engine*", zu vermessen, die nachweislich die meisten Stickoxide emittiert. Zum Nachweis kann u.U. auch gefordert werden, Stichprobenmessungen an einer zweiten Maschine der Familie vorzunehmen. Sind bei den Motoren konstruktionsbedingt Einstellungen in bestimmten Grenzen möglich, die jedoch nicht zu einer Überschreitung des jeweiligen Grenzwertes führen dürfen, dann sind die zulässigen Einstellwerte im Zertifikat anzugeben. Das *EIAPP* Zertifikat gilt dann für alle Motoren dieser Familie.

Schiffsmotoren müssen häufig an die besonderen Betriebsbedingungen des jeweiligen Schiffes angepaßt werden. Wenn diese Anpassungen das NO_x-Emissionsverhalten nicht unzulässig verschlechtern, können diese Motoren in Anlehnung an das „*Family Concept*" zu Gruppen zusammengefaßt werden. Die Motorentypen müssen dafür die im Code genannten Merkmale wie z.B. Bohrung und Hub, Konstruktionsprinzipien des Ladeluft- und Abgassystems sowie die Zylinder-Nennleistung gemeinsam haben. Der meßtechnische Nachweis kann wieder anhand der „*Parent Engine*" mit den nachweislich schlechtesten Abgaswerten vorgenommen werden.

Nach dem Einbau an Bord muß überprüft werden, ob die auf dem Prüfstand vorzertifizierten Motoren nach wie vor die Emissionsgrenzwerte einhalten und eine Voraussetzung für die Ausstellung des *IAPP*-Zertifikates gegeben ist. Für den Sonderfall der Einzelabnahme an Bord ist dies natürlich nicht erforderlich. Bei allen anderen Motoren muß überprüft werden, ob gegenüber dem auf dem Prüfstand vermessenen Motor unzulässige Änderungen vorgenommen wurden. Um nicht in jedem Fall an Bord umfangreiche Messungen durchführen zu müssen, sieht der Code mit den sog. „*Ready Means of Verification*" einfachere Prüfmöglichkeiten vor. Dies kann durch eine Überprüfung der in den Datenblättern des Motors, dem „*Technical File*", festgehaltenen emissionsrelevanten Motorparameter für Motoren mit *EIAPP* Zertifikat mit Einzelabnahme oder nach dem *Engine Family*- bzw. *Engine Group*-Konzept geschehen. Als weitere Möglichkeit ist eine vereinfachte Bordmessung der Abgasemissionen vorgesehen, wobei die Vereinfachungen nicht den Meßumfang betreffen, sondern geringere Anforderungen an die Meßgenauigkeit umfassen.

Die wiederkehrende Überprüfung der Einhaltung der Emissionsgrenzwerte während der Lebenszeit des Motors kann ebenfalls anhand der Motorparameter oder mit vereinfachten Messungen vorgenommen werden. Zusätzlich kann auch von der Möglichkeit einer kontinuierlichen Messung und Aufzeichnung der Emissionen Gebrauch gemacht werden.

4 Meßtechnische Ermittlung der Emissionen

Im folgenden sollen die vorgeschriebenen Meß- und Berechnungsmethoden für die Bestimmung des gemittelten und gewichteten Kennwertes für die NO_x-Emissionen eines Schiffsdieselmotors sowie die bei den Messungen zu berücksichtigende Besonderheiten beschrieben werden, wobei hier nicht näher auf die im Code spezifizierten Randbedingungen, die die Ausrüstung und den Zustand des Motors sowie den zu verwendenden Kraftstoff betreffen, eingegangen werden soll.

Neben den Gesamt-Stickoxiden NO_x sind weitere wesentliche Abgaskomponenten meßtechnisch zu erfassen:

- Sauerstoff (O_2)
- Kohlenwasserstoff (HC)
- Kohlenmonoxid (CO)
- Kohlendioxid (CO_2)

Für jede Gaskomponente ist ein spezieller Gasanalysator erforderlich, der den geforderten Spezifikationen hinsichtlich Meßverfahren, Genauigkeit und Querempfindlichkeit gegenüber anderen Inhaltsstoffen genügt. Die Entnahme des Rohabgases aus der

Abgasleitung kann jedoch über einen gemeinsamen Stutzen erfolgen und in der Entnahmeeinheit systemintern auf die einzelnen Analysatoren verteilt werden. Dabei ist strengstens darauf zu achten, daß im gesamten Gasweg keine Kondensation der Abgaskomponenten einschließlich Wasser und Schwefelsäure auftritt. Dieses wird durch die Verwendung temperaturgeregelter, beheizter Leitungen gewährleistet. Vom Germanischen Lloyd zahlreich durchgeführte Messungen auf Motorenprüfständen und vor allem an Bord von Schiffen haben gezeigt, daß besonders Übergangsstellen wie z.B. am Entnahmestutzen an der Abgasleitung oder am Eintritt in die Pumpeneinheit besondere Aufmerksamkeit zu widmen ist. Eine weitere Fehlerquelle kann eine undichte Stelle im System, besonders an Schlauchverbindungen, bilden. Eine Fehlmessung ist unvermeidlich, wenn die Leckage in der Saugeleitung zwischen Entnahmestelle und Pumpe auftritt. Aus diesem Grunde empfiehlt der Germanische Lloyd, die Entnahmeeinheit möglichst nah an die Entnahmestelle zu bringen, um die Saugeleitung möglichst kurz zu halten. Eine minimale Leckage in der Druckleitung zu den Analysatoren, der den Durchfluß nicht wesentlich verringert, sollte zwar vermieden bzw. umgehend behoben werden, führt aber nicht zwangsläufig zu einer fehlerhaften Messung (Abb. 5).

Einen Teil der Ausrüstung für die Messung gasförmiger Komponenten im Dieselabgas zeigt Abb. 6. Auf dem Bild sind neben den Analysatoren und dem zur Steuerung und Datenerfassung notwendigen Meßrechner auch diverse Gasflaschen zu sehen, die die vorgeschriebenen Gase für die Kalibrierung des Systems enthalten. Die Kalibrierung erfolgt je nach Analysatortyp mit Stickstoff oder einem speziellen Nullgas für die Nullpunktjustierung und dem der zu messenden Gaskomponente entsprechenden Meßgas in geeigneter Konzentration zur Einstellung des gültigen Meßbereiches. Die Meßbereiche sind für eine möglichst gute Aussteuerung der Geräte auszuwählen, um durch mangelhafte Auflösung bedingte Meßfehler so gering wie möglich zu halten.

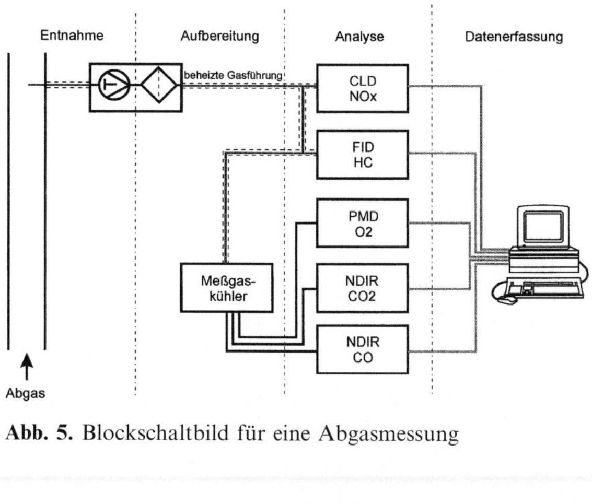

Abb. 5. Blockschaltbild für eine Abgasmessung

Abb. 6. Portable Meßausrüstung für Abgasmessungen

Die zusätzlich zu den Stickoxiden zu messenden gasförmigen Komponenten im Dieselabgas werden ebenso wie ein Teil der gleichzeitig mit zu erfassenden Motorbetriebsdaten benötigt, um aus den in ppm bzw. Vol% gemessenen Konzentrationen den spezifischen NO_x-Kennwert in g/kWh berechnen zu können. Der IMO-Code gibt in seinem Anhang zwei Methoden zur Bestimmung des Abgasmassenstromes an, die auf der Zusammensetzung des Dieselabgases basieren und den spezifischen Kraftstoffverbrauch und die im Kraftstoff enthaltenen Komponenten berücksichtigen.

Da Fehler bei der Messung der einzelnen Größen sich voll in der Genauigkeit der Bestimmung des NO_x-Kennwertes wiederfinden, stellt der IMO-Code nicht nur an die Meßgenauigkeit der Gasanalysatoren, sondern auch an die Genauigkeit bei der Erfassung der Motorbetriebsparameter wie Drehzahl, Drehmoment etc. hohe Ansprüche. Geringe Zugeständnisse an die Meßgenauigkeit weniger Größen werden nur in dem Fall eingeräumt, wenn das ansonsten gleiche Meßverfahren nicht auf dem Prüfstand, sondern bei den vereinfachten Nachmessungen an Bord angewendet wird.

Die Ergebnisse der Messungen werden vom Motorenhersteller in einem Meßbericht zusammengefaßt und im Original bzw. als Kopie dem *Technical File* des Motors beigefügt.

5 Maßnahmen der Industrie und Ausblick

Die zu erwartende Einführung von Vorschriften zur Reduzierung der umweltrelevanten Abgasemissionen von Schiffsdieselmotoren ist seit langem auf verschiedenen Ebenen in der Diskussion und den Motorenherstellern und Reedern bekannt. Beginnend mit Gedanken zur Durchsetzung von Betriebsbeschränkungen für besonders hoch belastete Küstengewässer wie z.B. die kalifornischen, die Ostsee, die Nordsee etc. und Überlegungen zur Erhebung emissionsabhängig gestaffelter Hafengebühren für Schiffe war ei-

ne internationale Regelung zur Schadstoffbegrenzung seitens der IMO zu erwarten. Vor diesem Hintergrund wurde vom Germanischen Lloyd im Zusammenwirken mit der Projektträgerschaft Schiffstechnik und in Abstimmung mit Motorenherstellern im Jahre 1994 ein vom BMBF gefördertes Verbundvorhaben initiiert, in dem vielfältige Möglichkeiten zur Schadstoffreduzierung untersucht werden sollten. Die Arbeiten an diesem Vorhaben [5], das unter dem Akronym „CLEA*N*" – **C**lean and **L**ow **S**oot **E**ngine with **A**dvanced Technioues for NO_x-Reduction – bekannt wurde, begannen 1995 und werden zunächst noch bis Ende 1998 weitergeführt. Die erarbeiteten allgemeingültigen Erkenntnisse werden allen am Projekt beteiligten Partnern zur Verfügung gestellt. In Tabelle 2 sind alle mit eigenem finanziellem Beitrag am BMBF-Verbundvorhaben beteiligten Firmen und Institutionen aufgeführt.
Der Germanische Lloyd hat bereits eine Reihe von Schiffsdieselmotoren nach dem Entwurf des IMO-Code mit den dort definierten Testzyklen abgenommen. Für die Abnahmemessungen wurde meistens auf die GL-eigene Meß- und Analysetechnik zurückgegriffen. Dadurch konnten erste Erfahrungen sowohl bzgl. der Durchführbarkeit der Messungen und des damit verbundenen Aufwandes als auch mit der Prüfung der emissionsrelevanten Bauteile bis hin zur Ausstellung entsprechender Zertifikate gesammelt werden.
Es ist schon jetzt abzusehen, daß allein mittels innermotorischer Maßnahmen eine deutliche Reduzierung der NO_x-Emissionen zu erzielen ist, so daß die von der IMO vorgeschriebenen Grenzwerte nicht nur eingehalten, sondern auch unterschritten werden. Es ist im Annex zu MARPOL jedoch vorgesehen, die Grenzwerte Schritt für Schritt weiter zu senken. Das wird dann zur Folge haben, daß einerseits die Motorenhersteller weitere Anstrengungen unternehmen müssen, um zukünftige Dieselmotoren an die verschärften Anforderungen anzupassen. Dabei kann es erforderlich werden, daß zunehmend Abgasnachbehandlungsmaßnahmen, wie z.B. der Einsatz von Katalysatoren, notwendig werden. Andererseits werden dann auch höhere Anforderungen an die für den Nachweis der gasförmigen Emissionen einzusetzende Meßtechnik gestellt werden, die dann wesentlich empfindlicher ausgelegt werden muß.
Die Industrie ist aber nicht nur auf die kurzfristig zu erwartende Entwicklung der Regularien zur Minderung der Stickoxidemissionen von Schiffsdieselmotoren vorbereitet, sondern sie befaßt sich auch mit Maßnahmen zur Verringerung anderer umweltrelevanter Komponenten im Dieselabgas. Große Bedeutung kommt hierbei der Untersuchung der Partikelemission schwerölbetriebener Schiffsmotoren zu. Bereits im Rahmen des CLEA*N* - Vorhabens werden vom Germanischen Lloyd in Zusammenarbeit mit Motorenherstellern grundsätzliche Untersuchungen zur Partikelzusammensetzung (Ruß, staubförmige Partikel, kanzerogene Anlagerungen etc.) bei Schwerölbetrieb vorgenommen. Bei den Bord- und Prüfstandsmessungen wird ein speziell für den mobilen Einsatz auf Schiffen gefertigtes System mit Mikro-Verdünnungstunnel zur Partikelsammlung eingesetzt das nach gemeinsamen Vorgaben des Germanischen Lloyd, MAN B&W Augsburg und MWM Mannheim von dem Meßgerätehersteller AVL-Graz angefertigt wurde. Die mit Abgaspartikeln belegten Filter werden im chemischen Labor des Germanischen Lloyd gewogen und mit aufwendiger Analytik auf Inhaltsstoffe untersucht.
Bislang werden im Rahmen des Vorhabens allerdings lediglich Untersuchungen bei quasi-stationärem Motorbetrieb vorgenommen. Die größeren Probleme treten erfahrungsgemäß im instationären Motorbetrieb, d.h. bei Start- und Beschleunigungsvorgängen sowie Lastaufschaltungen, auf. Zur Zeit gibt es von der ISO Bestrebungen, einen transienten Rauchtest einzuführen, der zunächst nur für Motoren, wie sie beispielsweise im Off-road-Bereich eingesetzt werden, angewendet wird. Es wird jedoch erwartet, daß mittelfristig auch Verfahren zur Bewertung schwerölbetriebener Großmotoren erarbeitet werden, wobei die Motorenindustrie aufgefordert ist, praxisgerechte Vorschläge zu unterbreiten.

Tabelle 2. Vertragspartner des Verbundvorhabens CLEA*N*

Forschungsvereinigung Verbrennungskraftmaschinen FVV	
Germanischer Lloyd AG	GL
AVL Graz	AVL
Dieselmotorenwerk Vulkan GmbH	DMV
Fiedler Motoren Consulting Kiel GmbH	FMC
MaK Motoren GmbH	MaK
MAN B&W Diesel AG	MAN B&W
Motorenwerke Mannheim AG	MWM
Siemens Energieerzeugung KWU	SIEMENS
SKL-Motoren- und Systemtechnik GmbH	SKL
TT-Line GmbH & Co.	TT-Line
Woodward Governor Germany GmbH	WOODWARD

Schrifttum

1 Krapp, R. Hadler, C. und H.-J. Götze: German Research into Diesel Engine Emission Controls Low Emission Ship Propulsion Plant. Staub, Inernational Conference Propulsion' 96, New Orleans

2 MEPC 39: Draft „Technical Code on Emission of Nitrogen Oxides from Marine Diesel Engines", MARPOL 73/78, IMO, 3.1997

3 Hadler, C. und H.-J. Götze: Ermittlung der Schadstoffemissionen von Schiffsdieselmototoren unter realen Bordbedingungen im Schwerölbetrieb, Schlußbericht BMFT-Forschungsvorhaben MTK-0436B, Germanischer Lloyd, 1993

4 ISO 8178-4: Reciprocating internal combustion engines – Exhaust emission measurement–, 1996

5 CLEA*N* – Emissionsarme Schiffsantriebsanlage –, BMBF-Forschungsvorhaben MTK590, Beginn 1995, noch nicht abgeschlossen

Erörterungen

Prof. Dr.-Ing. Günter Großmann, Berlin: Grenzwert für CO_2-Emission

Warum wird die CO_2-Emission nicht in die Betrachtung der Regeln eingeführt? Es würde dann vermieden, daß zwar No_x-Emission eingespart wird, dafür aber mehr Brennstoffverbrauch und die CO_2- und SO_2-Emissionen gesteigert werden. Vielleicht würden die zusätzlichen Angaben von Grenzwerten für CO_2 in g/kWh und CO_2, SO_2 und No_x in Kg/Kg etwas mehr Klarheit bewirken.

Dipl.-Ing. Hansjörg Klante, Wedel: Drehzahlabhängiger Grenzwert für No_x

Ich finde die drehzahlabhängige Limitierung der No_x-Emission irgendwie unfair den schnellerlaufenden Motoren gegenüber.
Der Luft ist es letztlich egal, wo das No_x herkommt!

Dr.-Ing. Jürgen Ritterhoff, IKL-HDW, Lübeck: Emissionsgrenzen für Gasturbine, Dampfkessel, Brennstoffzelle

Herr Dr. Krapp hat die MARPOL „Regulations of the prevention of airpollution of ships" rein für den Dieselmotor als Schiffsantrieb diskutiert. Sind die gezeigten Grenzkurven auch auf andere prime-movers übertragbar, wie

- Gasturbine
- Dampfkessel/-turbine
- Reformer-Brennstoffzelle?

Dipl.-Ing. Udo Schlemmer-Kelling, MaK Motoren GmbH, Kiel: Anerkennung von Emissionszertifikaten

Werden die Zertifikate der Emissionsmessung von allen Klassifikationsgesellschaften anerkannt?

Dipl.-Ing. Hans-Joachim Götze, Dipl.-Ing. Claus Hadler, Dr.-Ing. Reinhard Krapp, Hamburg (Schlußwort)

Zu Prof. Großmann: Die Begrenzung der SO_2-Emissionen ist im neuen Annex IV MARPOL durch einen globalen Grenzwert für den Schwefelgehalt im Brennstoff und die Möglichkeit der Ausweisung von Sondergebieten mit schärferen Anforderungen eingeführt. Die Ostsee ist als Sondergebiet im Annex bereits aufgeführt.
Da die CO_2-Emissionen proportional zum Brennstoffverbrauch sind, gibt es für deren Senkung starke wirtschaftliche Anreize über die Brennstoffkosten des Motorbetriebes.

Zu Herrn Klante: Der Festlegung der drehzahlabhängigen Grenzwertkurve sind umfangreiche Diskussionen vorangegangen. Diese Kurve stellt den Kompromiß zwischen einer einfachen und eindeutigen Definition der Grenzwerte und der Berücksichtigung der physikalischen Zusammenhänge im Verbrennungsprozeß von Großdieselmotoren dar.

Zu Dr. Ritterhoff: Die Grenzkurve im neuen Annex VI zu MARPOL gilt ausschließlich für Schiffsdieselmotoren. Da die Gesamtemissionen betrachtet werden müssen, kann die No_x-Grenzkurve nicht auf andere „prime mover" angewendet werden, die zwar hinsichtlich der No_x-Emissionen günstiger sind, aber einen höheren Brennstoffverbrauch, d.h. höheren CO_2-Ausstoß besitzen.

Zu Herrn Schlemmer-Kelling: Die neue No_x-Regelung der IMO wird nach Inkrafttreten Angelegenheit des jeweiligen Flaggenstaates sein. Für die Zertifizierung (EIAPP) können sich die Flaggenstaaten Organisationen bedienen, die gemäß entsprechender Richtlinien über die Benennung von Organisationen zur Durchführung flaggenstaatlicher Aufgaben befugt sind. Hierzu zählen in der Regel die Klassifikationsgesellschaften. Die gegenseitige Anerkennung der jeweiligen Motorenzertifikate durch die Unterzeichnerstaaten ist vorgesehen.

Kriterien für die Entwicklung moderner Schiffsdieselmotoren

Criteria for the Development of Modern Marine Diesel Engines

Dipl.-Ing. **Rudolf Erhardt**
MAN B&W Diesel Aktiengesellschaft, Augsburg

Summary. During the last 25 years, the requirement priorities for medium-speed four-stroke engines changed repeatedly because of external influences, such as

- fuel and lube oil expenses,
- the consequences of cost pressure on the crewing level and
- the requirements concerning environmental protection.

In this connection the decisive factors for purchases also changed. It is an interesting fact that in the past criteria such as the reliability and the availability of a propulsion plant never came first. The simple reason for this is that now as before these two criteria are taken for granted. During the above-mentioned period, considerable development steps and conceptional improvements could be reached on the relatively old product „Diesel engine", resulting in essential improvements of operational behaviour, reliability and economic efficiency. Solely the rapidity of this development leads to the conclusion that the Diesel engine still has significant potential for its further development. This is based on the well proven design principle of the engine's basic structure, as it is in use today. The criteria for the development of new, modern four-stroke engines for ship's propulsion will therefore, in the years to come, be primarily determined by the following subjects:

- protection of the environment, whereby the improvement of the injection technique and the optimisation of the combustion process are in the foreground,
- turbocharging technique, whereby, due to the rising pressure ratio, the requirements, especially in the part-load range, will still increase,
- material technique, whereby it is important that not only thermal and mechanical stresses are controlled, but that simply quality control is also improved,
- higher reliability through selfsufficient supply systems and better electric and electronic components,
- further subtilisation of the calculating methods.

With these measures it will be possible to improve the economic efficiency and reliability of the medium-speed four-stroke Diesel engine, despite higher specific loads, and thus to extend its application possibilities.

1 Allgemein

Vermutlich kommt es nicht allzu häufig vor, daß jemand, der für den Service für Dieselmotoren verantwortlich zeichnet, sich mit einem reinen Entwicklungsthema befaßt. Es ist sicherlich zutreffend, daß der Service nicht im Bereich von Research und Development tätig ist. Andererseits stellt der Service aber ein wichtiges Bindeglied zwischen dem Betreiber und der Motorenentwicklung dar. Im Rahmen dieser Aufgaben muß der Service seinen Beitrag zur Definition von Anforderungsprofilen und zur Weiterentwicklung des eigenen Produktes leisten. Die nachfolgenden Überlegungen zu obigem Thema sind daher auch aus dieser Sicht angelegt.

2 Rückblick und heutiger Stand bei der Entwicklung von Schiffsdieselmotoren

Verfolgt man den Werdegang des Viertakt-Dieselmotors in den letzten 30 Jahren, dann ist festzustellen, daß es für dessen Entwicklung mehrfach wechselnde Schwerpunkte gegeben hat, welche durch den Wettbewerb oder aber durch das Marktgeschehen selbst geprägt waren.
Sicherlich hatten Zuverlässigkeit und Wirtschaftlichkeit aus Sicht aller Beteiligten stets die höchste Priorität. Diese Parameter sind jedoch wegen hochgesteckter Entwicklungsziele mitunter etwas zu kurz gekommen.
Zunächst stand bei den Viertakt-Dieselmotoren ganz allgemein die Eignung für den Schwerölbetrieb im Vordergrund, wobei man sich primär um nachfolgende Themen kümmern mußte:

- Verschleißverhalten der Brennraumkomponenten,
- die Auswirkungen des Verschleißverhaltens der Brennraumkomponenten auf den Schmierölverbrauch, wobei ursprünglich 2 g/kWh durchaus ein guter Wert war,

- Standzeiten der Auslaßventile und nicht zuletzt
- die Haltbarkeit der neu entwickelten Galvaniklager und die hierfür richtige Schmierölsorte.

Als man die Probleme des Schwerölbetriebes einigermaßen zu beherrschen glaubte, stand sofort eine hohe Leistungsdichte im Vordergrund. Wegen der ersten Ölkrise rückte aber bald die Forderung nach einem möglichst niedrigen Kraftstoffverbrauch an die Spitze der Prioritäten.

Vor einigen Jahren kam dann der Dieselmotor ins Gerede, weil er doch nicht so umweltfreundlich ist, wie man dies lange Zeit geglaubt hatte. Neben der Einhaltung der neuen Grenzwerte für Abgasemissionen mußten die Motorenhersteller aber auch Verbesserungen für die strengeren Vorschriften hinsichtlich Vibrationen und Schall finden.

Durch den auf der ganzen Linie enger gewordenen Kostenrahmen bekamen dann bereits in der Projektphase die Betrachtungen über die Gesamtwirtschaftlichkeit der Dieselmotorenanlagen für Schiffe eine immer höhere Bedeutung.

Vor dem Hintergrund dieses sich mehrfach ändernden Szenarios dürfte der Vergleich des Entwicklungsstandes von 1965 mit dem von 1995 anhand eines passenden Objektes, nämlich dem Motor L 40/54 ganz interessant sein. Wie aus Abb. 1 und Abb. 2 deutlich entnommen werden kann, ist der Grundaufbau der Maschine konzeptionell völlig überarbeitet worden, wobei auf folgende markante Verbesserungen hingewiesen wird:

- einteiliges Motorgestell,
- einzeln aufgehängte Zylinderbuchsen,
- neue Kolbenkonzeption,
- robuste Triebwerkslagerung,
- komplettes Wartungskonzept und
- nach wie vor einstufige Aufladung.

Beim Vergleich der wichtigsten technischen Daten (Abb. 3) fällt auf, daß aus dem gleichen Hubvolumen

- rund 75% mehr Leistung primär über einen deutlich höheren Mitteldruck herausgeholt wird und

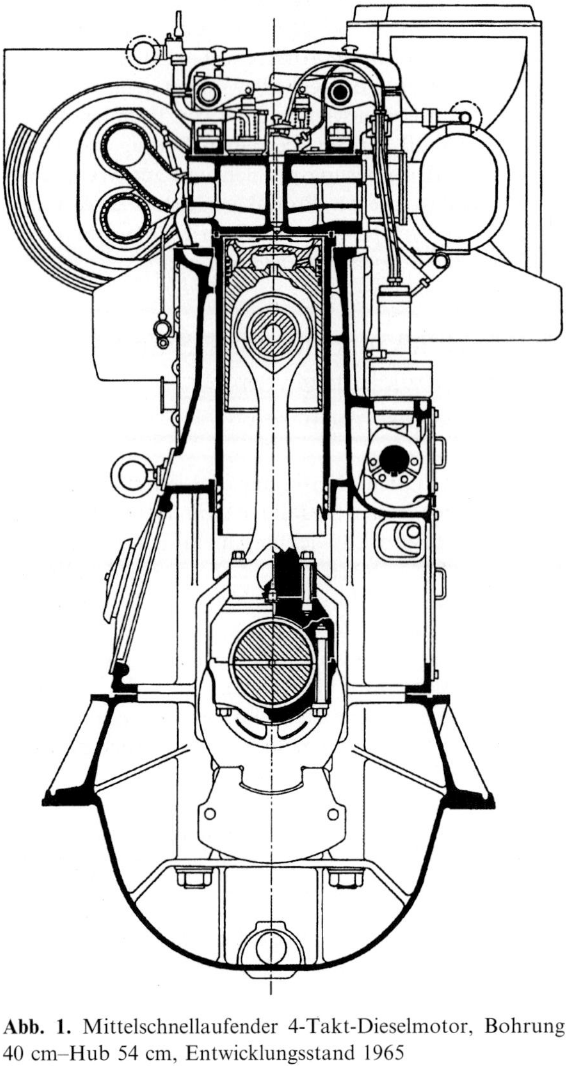

Abb. 1. Mittelschnellaufender 4-Takt-Dieselmotor, Bohrung 40 cm–Hub 54 cm, Entwicklungsstand 1965

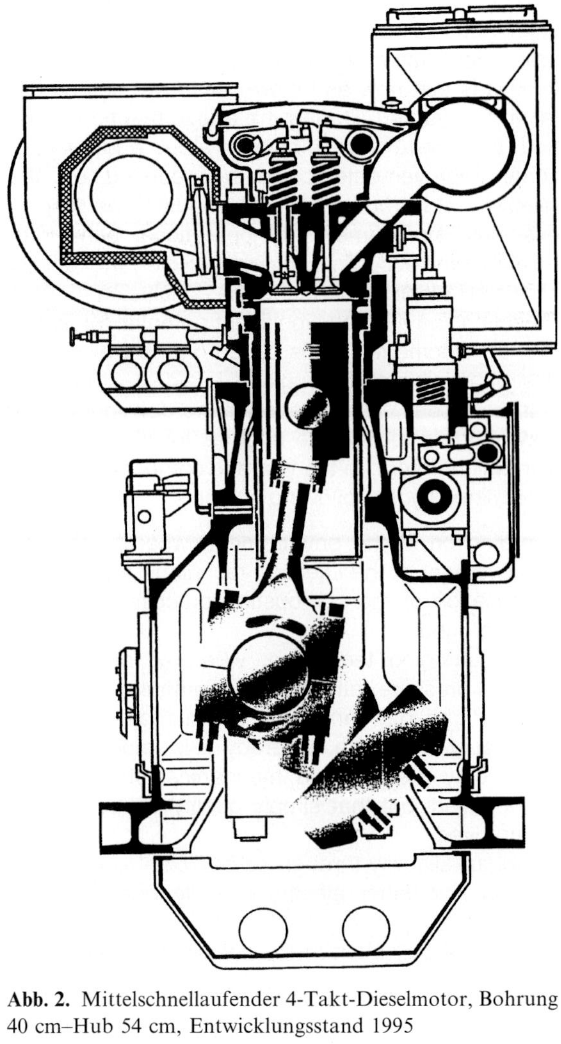

Abb. 2. Mittelschnellaufender 4-Takt-Dieselmotor, Bohrung 40 cm–Hub 54 cm, Entwicklungsstand 1995

Entwicklung des mittelschnell laufenden 4-Takt-Motors über 30 Jahre

Beispiel: MAN B&W-Motor L 40/54

Motordaten		**1965**	**1995**
N_{zyl}	kW	410	720
n	1/min	400	514
p_z	bar	120	180
p_{me}	bar	18	25
c_m	m/s	7,2	9,25
p_{me} x c_m		130	231
Π_V		3,0	4,2
b_e		210	183

Abb. 3.

- der Kraftstoffverbrauch primär über einen um etwa 50% angehobenen Zünddruck um rund 13% abgesenkt werden konnte.

Trotz dieser deutlich höheren spezifischen Leistung konnten die neuralgischen Punkte aus der ersten Zeit des Schwerölbetriebes, nämlich das Verschleißverhalten der Brennraumkomponenten mit dem damit zusammenhängenden Schmierölverbrauch und darüber hinaus die Standzeiten wichtiger Motorkomponenten so verbessert werden, daß diese Punkte heute völlig aus der Diskussion verschwunden sind.

3 Weitere Entwicklungsmöglichkeiten

Bei den unter Punkt 2 gemachten positiven Aussagen kann leicht die Frage hochkommen, wenn dies alles so schön in Ordnung ist, warum muß dann eigentlich über künftige Entwicklungskriterien groß nachgedacht werden. Andererseits können diejenigen, die mit der Praxis vertraut sind, durchaus fragen, warum es dann im täglichen Betrieb immer noch Schwierigkeiten und Probleme in nicht unerheblichem Maße gibt.
Diese Einwände haben selbstverständlich ihre Berechtigung. Mit den vorstehenden Ausführungen soll primär die Tatsache herausgestellt werden, daß in den letzten 30 Jahren bei der Entwicklung des mittelschnellaufenden Viertakt-Dieselmotors ganz wichtige Erkenntnisse gewonnen und ganz erhebliche Verbesserungsmaßnahmen realisiert werden konnten. Die Motorenhersteller haben mit der heute vorhandenen Grundkonzeption des Dieselmotors, die sich zwischen den einzelnen Fabrikaten nicht mehr allzu stark unterscheidet, eine Ausführung zur Verfügung, welche noch ein bemerkenswertes Entwicklungspotential besitzt. Die hier heute vorhandenen realisierbaren Möglichkeiten sollen wiederum am Beispiel des Motors L 40/54 aufgezeigt werden.
Man kann davon ausgehen, daß innerhalb der nächsten 10 Jahre

- die Leistung bei unverändertem Hubvolumen noch einmal um knapp 30% gegenüber dem heutigen Stand angehoben werden kann (Abb. 4), was nach wie vor bei einstufiger Aufladung darzustellen ist. Der effektive Mitteldruck wird dann in der Größenordnung von 30 bar liegen. Das Druckverhältnis des Verdichters muß hierfür auf mindestens 5 angehoben werden.
- Gleichzeitig kann der Kraftstoffverbrauch nochmals um rund 7% reduziert werden, wobei sich der Zünddruck dann bei ca. 230 bar bewegen wird.

Gegenüber der ursprünglichen Auslegung des Motors von 1965 ist dann die Leistung um fast 126% gesteigert und der Kraftstoffverbrauch um knapp 20% reduziert worden.

4 Entwicklungskriterien für mittelschnellaufende Viertakt-Schiffsdieselmotoren

Was sind nun die Kriterien, welche auf dem Weg zu diesem Ziel zu beachten bzw. zu erfüllen sind?
Diese Punkte lassen sich in sehr prägnanter Weise zusammenfassen:

Entwicklung des mittelschnell laufenden 4-Takt-Motors in den nächsten 10 Jahren

Beispiel: MAN B&W-Motor L 40/54

Motordaten		**1995**	**2005**
N_{zyl}	kW	720	925
n	1/min	514	550
p_z	bar	180	230
p_{me}	bar	25	30
c_m	m/s	9,25	9,9
p_{me} x c_m		231	297
Π_V		4,2	5
b_e		183	170

Abb. 4.

Bei der Weiterentwicklung von mittelschnellaufenden Viertakt-Dieselmotoren kommt es zunächst einzig und allein darauf an, geeignete Mittel und Wege zu finden, um ein Höchstmaß an Zuverlässigkeit darzustellen. Alle anderen durchaus auch sehr wichtigen Anforderungen an den Dieselmotor, wie zum Beispiel Umweltverträglichkeit und Wirtschaftlichkeit, werden in der Rangfolge weiter unten rangieren.

Zugegebenermaßen sind das keineswegs neue Kriterien für die weitere Entwicklung des Dieselmotors. Bei näherer Betrachtung der verschiedenen Kriterien kann man jedoch davon ausgehen, daß sich aus heutiger Sicht durchaus neue Aspekte ergeben. Bei den nachfolgenden Überlegungen wird allerdings der aus Sicht des Verfassers wichtigste Punkt, nämlich die Zuverlässigkeit, bewußt erst am Schluß behandelt.

4.1 Entwicklungskriterium ‚Wirtschaftlichkeit'

Für eine wirtschaftlich arbeitende Motorenanlage ist deren Zuverlässigkeit eine Grundvoraussetzung. Darüber hinaus gibt es aber noch weitere wichtige Parameter, die in diesem Rahmen ohne nähere Erläuterungen nur angesprochen werden sollen. Hier sind zu nennen:

- niedrige Produktionskosten, welche bestimmend für die Investitionen sind,
- möglichst geringe Betriebskosten, wobei der Motorenhersteller den Grundstein für einen möglichst geringen Aufwand bei Kraftstoffverbrauch, Schmierölverbrauch sowie bei Wartungs- und Instandhaltungsaktivitäten zu legen hat.
- In diesem Zusammenhang ist ein komplettes Wartungssystem ebenso eine Voraussetzung wie
- die zunehmende Einführung von elektronischen Lösungen, für die aber entsprechende Komponenten zur Verfügung gestellt werden müssen, welche für die Bedingungen im Schiffsbetrieb geeignet sind.

Man kann davon ausgehen, daß die Elektronik bei den Propulsionsanlagen auf Schiffen in ähnlicher Weise zum Einsatz kommen wird, wie diese Entwicklung von den Kraftfahrzeugen her bereits bekannt ist und dort trotz diverser Anfangsprobleme zwischenzeitlich volle Akzeptanz gefunden hat.
Der Einsatz dieser modernen Technologie wird die Motorenhersteller wie auch die Werften in Zugzwang bringen, in der Elektronikbranche kompetente Partner zu finden, die an diesen Lösungen interessiert mitwirken.
Bei Zweitaktmotoren spricht man heute in Verbindung mit dem verstärkten Einsatz der Elektronik bereits von dem sogenannten intelligenten Motor, wobei zumindest teilweise eine eigene Elektronikentwicklung beim Motorenhersteller betrieben wird, um die sich hier bietenden Möglichkeiten voll ausschöpfen zu können.

4.2 Entwicklungskriterium ‚Umweltschutz'

Die Anforderungen an Dieselmotoren bezüglich des Umweltschutzes sind hinlänglich bekannt, und es gibt bereits genügend Publikationen über die inner- und außermotorischen Maßnahmen zur Reduzierung der Emissionswerte bzw. zur Einhaltung der relevanten Vorschriften.
Die Forderung nach einem höheren Wirkungsgrad bei gleichzeitig geringer Umweltbelastung erscheint zunächst kaum lösbar, weil die physikalischen Gesetzmäßigkeiten innermotorisch gegenläufige Auswirkungen haben. Hier wird noch in erheblichem Maße Grundlagenforschung notwendig sein.
Die zunehmende Anhebung der spezifischen Leistung des Dieselmotors wird aber auch ganz zwangsläufig erhebliche Anstrengungen beim Motorenhersteller auslösen, um über den gesamten Lastbereich einen guten Verbrennungsprozeß und damit auch eine akzeptable Abgastrübung sicherzustellen. Sicherlich gibt es hier bereits realisierte Lösungen wie zum Beispiel variable Steuerzeiten für Ladungswechselorgane und Kraftstoffeinspritzung. Diese werden aber in Zukunft nicht ausreichen, so daß gerade auf diesem Sektor noch weitere Lösungen gefunden und realisiert werden müssen. In dieser Hinsicht sind heute folgende Möglichkeiten bekannt:

- der Einsatz von Doppeldüsen,
- die Verwendung eines zweiten Einspritzsystemes für den unteren Lastbereich oder
- die Einführung des sogenannten common rail.

4.3 Entwicklungskriterium ‚Zuverlässigkeit'

Die Betriebssicherheit bzw. die Zuverlässigkeit von modernen Dieselmotoren basiert

seitens des Motorenherstellers auf
- einem soliden Design,
- einer hochwertigen Produktion im eigenen Hause bzw. bei Lizenznehmern sowie bei ausgewählten Unterlieferanten und
- einem wirkungsvoll funktionierenden After-sales Service.

seitens der Werft auf
- einem soliden Design des Motorenumfeldes,
- einer einwandfreien Installation der Haupt- und Hilfsmotoren und
- einer sorgfältigen Ausführung der Versorgungssysteme

sowie seitens des Betreibers auf
- der Verwendung der vorgeschriebenen Betriebsmittel,
- einer korrekten Betriebsführung sowie
- einer ordnungsgemäßen Wartung und Instandhaltung.

Die Motorenhersteller haben, um ein Höchstmaß an Zuverlässigkeit darstellen zu können,

- die Berechnungsmethoden im Hinblick auf
  - mechanische und thermische Beanspruchungen,
  - elastische Verformungen,
  - Mikrobewegungen zur Vermeidung von Fretting corrosion,
  - Tribologie und
  - den Verbrennungsablauf

erheblich verfeinert. Dazu muß angemerkt werden, daß in Verbindung mit den heute zur Verfügung stehenden EDV-Möglichkeiten die Chancen sehr günstig sind, insbesondere komplexe Probleme auf diversen Gebieten noch besser in den Griff zu bekommen.

- die Kenntnisse über die tatsächlichen Belastungsverhältnisse während des stationären und instationären Betriebes erheblich ausgeweitet,
- die Kenntnisse über die Werkstoffeigenschaften vertieft und
- Produktions- und Wärmebehandlungsprozesse weiter optimiert.

Aufgrund des enormen Fortschrittes in der Entwicklung von Dieselmotoren ist man durchaus in der Lage, die Zuverlässigkeit trotz höherer Materialausnutzung weiter zu steigern. Die Realisierung dieser Möglichkeit wird aber nur dann gelingen, wenn hierfür **alle** Voraussetzungen stimmen. Für diese Voraussetzungen ist der Motorenhersteller im Rahmen seiner Produktqualität maßgeblich in der Verantwortung. Es steht jedoch außer Zweifel, daß auch der Betreiber selbst einen maßgeblichen Beitrag zur Bewahrung dieser Zuverlässigkeit zu leisten hat.
Gerade in diesem Bereich ist in den letzten Jahren eine schwierige und delikate Problematik mehr und mehr deutlich geworden. Während die Motorenhersteller sich aus Preis- und Wettbewerbsgründen veranlaßt sahen zu rationalisieren und eine möglichst hohe Leistungsausbeute aus den Motoren herauszuholen, ist, von Ausnahmen abgesehen, auch aus Kostengründen die Qualifikation des Betreiberpersonals im Schnitt abgefallen.
Dies hat praktisch dazu geführt, daß technisch hochwertigere Anlagen weniger kompetentem Personal anvertraut werden.
Diese Entwicklung ist äußerst problematisch, und man kann nur dafür plädieren, daß der Verkaufspreis für einen Dieselmotor nicht der primäre, kaufentscheidende Faktor bleiben sollte, weil sonst die Qualitätssicherung aufgrund des Kostendruckes immer wieder zu kurz kommen kann und darunter die Zuverlässigkeit und die Betriebssicherheit der gesamten Anlage leiden, was letztlich zum Nachteil aller Beteiligten ist.
Man kann sich durchaus vorstellen, daß der Motorenhersteller eine Möglichkeit hat, welche zur Vermeidung oder sogar zur Lösung dieser Problematik beitragen kann, nämlich dadurch, daß der Motorenhersteller

- Mittel und Wege findet, um die wichtigsten Wartungsintervalle, z.B. bei 15–20 000 Betriebsstunden zusammenzufassen,
- die Versorgungssysteme so autark auszulegen, daß die Bordbesatzung nicht mit Einstellungs- und Anpassungsaufgaben belastet wird, was wiederum Fehlermöglichkeiten eliminiert,
- die elektrischen und elektronischen Systeme mit zuverlässigen oder redundanten Komponenten versieht, damit Störungen oder Ausfälle im Elektronikbereich nicht zu Betriebsunterbrechungen führen.

Der Betreiber müßte sich seinerseits aber dann auch bereit finden,

- notwendige Wartungs-, Instandhaltungs- und Reparaturaktivitäten von autorisiertem und qualifiziertem Personal durchführen zu lassen.

Die Einschaltung einer nicht autorisierten Fremdfirma mit Supervising durch einen Repräsentanten des Motorenherstellers ist hier sicherlich nicht der richtige Weg.
Wenn man dieses Konzept weiter ausarbeitet, wäre z.B. eine Konsequenz, daß bei den Ladungswechselorganen, also bei den Ein- und Auslaßventilen, gänzlich auf Ventilkörbe verzichtet werden könnte. Die Überholungsintervalle der Kolben und der Ventile müßten dann eben gleich sein.
Eine solche Vereinfachung würde auf jeden Fall zu einer höheren Zuverlässigkeit führen, weil verschiedene Fehlermöglichkeiten von vornherein ausgeschaltet sind. Daneben eröffnet sich gleichzeitig wiederum die Möglichkeit, den Ladungswechsel aufgrund der damit um ca. 5% günstigeren Platzverhältnisse so zu verbessern, daß der Wirkungsgrad des Motors weiter angehoben werden kann.
Ein solches Vorgehen ist aber nur dann sinnvoll, wenn die Vorgaben des Motorenherstellers mit den Vorstellungen der Betreiber und natürlich auch der Klassifikationsgesellschaften in Einklang gebracht werden.
Bezüglich der Klassifikationsgesellschaften dürfte hier kein Einwand zu erwarten sein. Allerdings wäre in diesem Zusammenhang ein aktiveres Engagement der Klassifikationsgesellschaften für die Verwendung von Originalersatzteilen und für den Einsatz von autorisierten Firmen bei der Durchführung von Wartungs-, Überholungs- und Reparaturaktivitäten für das angestrebte Ziel, nämlich einer hohen Zuverlässigkeit, sehr förderlich.
Dagegen kann man sich durchaus Einwände seitens der Betreiber vorstellen, nachdem es zwischenzeitlich üblich geworden ist, daß die regulären Wartungs- und Überholungsarbeiten sukzessive während der relativ kurzen Liegezeiten durchgeführt werden. Das heißt, eine Überholung der kompletten Maschinenanlage innerhalb einer einzigen dafür bemessenen

Liegezeit dürfte zunächst einmal auf wenig Gegenliebe stoßen.
Wenn man aber mit der hier aufgezeigten Vorgehensweise Störungen, Probleme und/oder sogar Schäden weitestgehend ausschließen kann, dann wird sich diese Praxis nach Überzeugung des Verfassers auf jeden Fall rechnen.

5 Zusammenfassung

Der mittelschnellaufende Viertaktdieselmotor bietet noch erhebliches Potential für weitere Leistungssteigerungen und Verbrauchsverbesserungen, wobei aus heutiger Sicht die wichtigsten Entwicklungskriterien, nämlich Zuverlässigkeit, Umweltfreundlichkeit und Wirtschaftlichkeit, auch weiterhin und unverändert ihre Bedeutung behalten werden.
Die Zuverlässigkeit der für die Sicherheit von Schiffen äußerst wichtigen Motorenanlage wird sich allerdings nur dann zufriedenstellend bewahren lassen, wenn die Qualitätssicherung bei den Werften, bei den Motorenherstellern und deren Unterlieferanten nicht wegen eines bis zum äußersten geführten Preiskampfes zu kurz kommt und darüber hinaus die geringe oder vielleicht sogar noch weiter rückläufige Besatzungsstärke verbunden mit der teilweise nicht voll ausreichenden Erfahrung und Qualifikation durch ein abgestimmtes Motoren- und Wartungskonzept wieder abgefangen wird. Dieses Konzept muß darauf ausgerichtet sein, daß Fehler bei Aktivitäten der Bordbesatzung durch narrensichere Lösungen weitestgehend vermieden werden und ansonsten die Bordbesatzung möglichst nur Aufgaben im Rahmen der Betriebsführung wahrzunehmen hat. Wenn sich eine Spezialisierung in den verschiedenen Aufgabenbereichen, nämlich der Betriebsführung einerseits und der Wartung, Überholung und gegebenenfalls auch der Reparatur andererseits realisieren läßt, dann wird man auch eine optimale Nutzung erreichen, womit der Dieselmotor auch im nächsten Jahrzehnt und darüber hinaus seine führende Position bei Wärmekraftmaschinen weiter unangefochten behaupten kann.

Erörterungen

Prof. em., Dr., Dr. h. c. Constantin Gallin, Baden-Baden: Quantifizierung des Vorteils bei weiterentwickelten Motoren

Herr Dipl.-Ing. Rudolf Erhardt hat uns zuerst ein sehr klares, leicht verständliches Bild über die Entwicklung von mittelschnellaufenden Viertakt-Schiffsdieselmotoren in den letzten drei Jahrzehnten übermittelt. Darüber hinaus hat der Herr Vortragende eindrucksvolle Perspektiven für die weiter möglichen Verbesserungen dieser Motorenart in den nächsten zehn Jahren gezeigt und Kriterien dafür genannt. Wir alle müssen ihm für seine Bemühungen dankbar sein.
Zu dem im Vortrag angewandten Kriterium „Wirtschaftlichkeit" möchte ich Herrn Erhardt folgende Frage stellen: Sind für das von ihm gezeigte Beispiel des weiterentwickelten L 40/54 Motors oder von sonstigen zukünftigen Produkten seiner Firma, die Vorteile für die Schiffahrt auch quantifiziert worden und verglichen mit den dafür notwendigen finanziellen Aufwendungen ausgeführt?
Heutzutage gibt es nämlich eine moderne Berechnungsmethode, die „Formal Safety Assessment" genannt wird, die die Abschätzung von Risikos in der Schiffahrt gegenüber den Maßnahmen zu ihrer Beseitigung oder Milderung stellt, d.h. sogenannte „Cost-Benefit"-Analysen ermöglicht. Denn, wie die Engländer sagen, „at the end of the day" interessiert den Reeder oder den Betreiber, welchen Gewinn das Schiff und nicht der Motor hervorgebracht hat.

Dipl.-Ing. Peter Nissen, MaK Motoren GmbH & Co. KG, Kiel: Kraftstoffverbrauchs- oder Emissionsoptimierung

Liefert MAN/B&W heute Viertakt-Motoren bezüglich der Optimierung in Richtung Kraftstoffverbrauch oder Emission (No_x) aus?

Dr.-Ing. Jürgen Ritterhoff, IKL-HDW, Lübeck: Konkurrenz Diesel/Brennstoffzelle

Herr Erhardt prognostiziert, daß der Dieselmotorenbau gelassen in die nächsten 100 Jahre schauen kann. Wenn es aber richtig ist, daß die drei Kriterien

- Zuverlässigkeit
- Umweltfreundlichkeit
- Wirtschaftlichkeit

die wichtigsten Bewertungen bleiben, dann wird schon in 10 Jahren die Brennstoffzelle ein ernster Mitbewerber zum Diesel sein!

Dipl.-Ing. Rudolf Erhardt, Augsburg (Schlußwort)

Zum Beitrag von Herrn Prof. Gallin:
Für die von MAN B&W entwickelten mittelschnellaufenden Viertakt-Dieselmotoren gibt es recht unterschiedliche Einsatzbedingungen, welche auch beim Einsatz als Schiffsmotoren sehr breit gefächert sind. Selbstverständlich hat MAN B&W die Vorteile quantifiziert und mit den hierfür notwendigen Investitionen verglichen. Diese Untersuchungen müssen aber, wenn sie zu einer konkreten Aussage führen sollen, immer auf den Anwendungsfall zugeschnitten sein. Eine pauschale Antwort ist hier leider nicht möglich.
Bezüglich der heute im Hinblick auf Formal Safety Assessment-Methode zur Verfügung stehenden Berechnungsmöglichkeiten ist folgendes zu sagen:
Mittelschnellaufende Viertakt-Dieselmotoren werden von MAN B&W mit einer jährlichen Leistung von nahezu 1 Mio. kW gebaut. Hier ergeben sich wegen der unterschiedlichen Motortypen und der unterschiedlichen Anwendungsfälle leider zu geringe Stückzahlen, die nach unserer Einschätzung für statistische und theoretische Betrachtungsmöglichkeiten im Rahmen einer Formal Safety Assessment-Untersuchung nicht ausreichend sind. Für uns steht daher eine solche Betrachtungsweise bislang nicht im Vordergrund, da wir uns bei der Entwicklung der optimalen Zuverlässigkeit unserer Dieselmotoren nach wie vor überwiegend auf Prüfstands- und Felderprobung abstützen. Die hierbei gewonnenen Erkenntnisse liegen bei schwerölbetriebenen Viertakt-Dieselmotoren dann in der Regel auch nicht in den Bereichen, welche im Rahmen einer Formal Safety Assessment-Studie durchgeführten theoretischen Betrachtungen zugänglich sind.

Zum Beitrag von Herrn Nissen:
MAN B&W hat sich schon zu einem sehr frühen Zeitpunkt mit der Frage befaßt, was bei mittelschnellaufenden Viertakt-Dieselmotoren zur Schonung der Umwelt verbessert werden kann. In diesem Zusammenhang sei daran erinnert, daß die ersten konkreten Maßnahmen in dieser Hinsicht mit der Einführung des Motors L 58/64 bereits vor fast 15 Jahren serienmäßig realisiert worden sind. Der vorgenannte Motortyp erhielt damals bereits eine Einrichtung, mit der während des Betriebes der Zündzeitpunkt verstellt und damit die No_x-Emission optimiert werden kann.
MAN B&W hat diese Einrichtung zwischenzeitlich generell bei allen Motoren des aktuellen Programmes eingeführt.
Bei dem jüngeren Motortyp, dem L, V 32/40, ist dieser Mechanismus dann sogar über die Verwendung von 2 Steuerwellen auch auf die Ladungswechselorgane erweitert worden, womit man noch mehr Einstellmöglichkeiten im Hinblick auf No_x und Abgasqualität über den gesamten Lastbereich zur Verfügung hat.
Darüber hinaus hat sich MAN B&W natürlich auch mit außermotorischen Maßnahmen, wie z.B. der Kraftstoff-Wasser-Emulsion oder der Nachschaltung von Katalysatoren, befaßt. MAN B&W hat solche Lösungen zur Verfügung. Eine praktische Anwendung ist aber bislang wegen des damit verbundenen Investitionsaufwandes und auch wegen der höheren Anforderungen an das Betreiberpersonal nicht auf breiter Basis erfolgt.

Zum Beitrag von Herrn Dr. Ritterhoff:
Hierzu möchte ich feststellen, daß MAN B&W absolut davon überzeugt ist, daß Zuverlässigkeit, Wirtschaftlichkeit und Umweltfreundlichkeit die entscheidenden Kriterien für die Wahl einer Wärmekraftmaschine sind und dies auch bleiben werden. Auch wenn sich in den letzten Jahren die Entwicklung in vielen Bereichen ungewöhnlich rasch beschleunigt hat, können wir uns nicht vorstellen, daß die Brennstoffzelle, welche unseres Wissens über einige Pilotanwendungen im Leistungsbereich des LKW- oder Bussektors nicht hinausgekommen ist, den Dieselmotoren in den nächsten 10 Jahren in dem Leistungsbereich von 500 bis 70.000 kW pro Einheit ein ernsthafter Wettbewerber werden könnte. Trotzdem werden wir diese Entwicklung aufmerksam verfolgen.

Ich möchte diese Gelegenheit wahrnehmen, um allen Teilnehmern dieser STG-Veranstaltung für Ihr Interesse zu danken. Mein besonderer Dank gilt aber den Herren, die meinen Vortrag durch ihre interessanten Diskussionsbeiträge bereichert haben. Leider war es im Rahmen der zur Verfügung stehenden Zeit nicht möglich, die angesprochenen Themen in allen Aspekten auszuleuchten.
Zusammenfassend möchte ich daher feststellen, daß die Dieselmotoren aufgrund ihres nach wie vor bestehenden hohen Entwicklungspotentiales noch sehr viel Anlaß zu Diskussionen bieten werden. Ich persönlich stehe jedoch auf dem Standpunkt, daß es nicht richtig wäre, nur diese Seite der Technik zu behandeln. Wir sind an einem Punkt angelangt, wo auch über Modelle und Entwicklungen auf der Betreiberseite nachgedacht und nach Lösungen gesucht werden muß. Wenn technisch immer ausgefeiltere und hochwertigere Produkte, wie Dieselmotoren es heute darstellen, im Rahmen der kurzen Liegezeiten sozusagen nur noch nebenher von weniger kompetenten Leuten überholt und gewartet werden, dann sind Probleme schlicht und einfach vorprogrammiert. Aus diesem Grund sollte auf der Betreiberseite konkret über den Vorschlag nachgedacht werden, ob nicht doch ein Weg gefunden werden kann, um eine Aufgabenteilung dahingehend vorzunehmen, daß die Betriebsführung einerseits und Wartungs- bzw. Überholungsarbeiten andererseits von speziell dafür geschulten Crews wahrgenommen werden können. Ein vorkalkulatorisch leicht erfaßbarer Nachteil durch etwas höhere Wartungsaufwendungen bzw. durch etwas reduzierte Einnahmen aufgrund einer längeren Liegezeit wird sehr schnell durch eine vorkalkulatorisch leider nicht richtig bewertbare höhere Zuverlässigkeit der Anlage aufgewogen.
Zu solchen Lösungen kann der Motorenhersteller wie gezeigt durchaus einen Beitrag leisten. Dies setzt aber voraus, daß für modifizierte Wartungskonzepte im Vorfeld ein entsprechender Konsens mit der Betreiberseite gefunden wird.

Modernes Motormanagement – Ein Baustein für zuverlässige emissionsarme Schiffsdieselmotoren

Modern Engine Management – An Essential Element for Reliable Low-Emission Marine Diesel Engines

Dr.-Ing. **Rainer Vogt**, Dipl.-Ing. **Udo Schlemmer-Kelling**, Dipl.-Ing. **Jürgen Nagel**
MaK Motoren GmbH, Kiel

Summary. After a definition of the tasks of an engine management system, a description of its main components with regard to construction and function is given. These are Smart Pipe for the processing of analog signals, Asi-bus for the processing of binary signals, CAN-bus for the transmission of all relevant information, the diagnosis system DICARE, and the new control and display unit on the engine. The benefits in terms of simple installation and control as well as a permanent self-monitoring make an essential contribution to safe engine operation. Furthermore it will be outlined that an appropriate control of variables by means of the engine management system allows to reduce emissions. This applies both to the reduction in visible smoke upon starting the engine and in the part load range by means of variable valve timing providing decreased NOx-emission levels, and the decrease in fuel consumption by means of a variable turbine geometry.

1 Der Begriff Motormanagement

Mit dem Einzug der Elektronik in die Technik der Verbrennungsmotoren wurde der Begriff des Motormanagements eingeführt, wie er vor allem im Bereich der LKW-Motorisierung [1] oder beim PKW [2] Verwendung findet. Mit dem Motormanagementsystem soll der Motor optimal – unter Berücksichtigung der Zielgrößen Verbrauch, Emissionen, thermische und mechanische Belastung – betrieben werden. Zu diesem Umfang gehören auf der einen Seite die Sensorik mit Signalen wie Drehzahl, Temperaturen und Drücke und auf der anderen Seite Aktuatoren, wie z.B. Drehzahl- und Lastregelung, Einspritzmenge und Förderbeginn. Wegen der Komplexität des Systems wird zusätzlich ein Diagnosesystem gefordert. Beim Auftreten von Fehlern müssen Hinweise auf das Wartungs- und Bedienungshandbuch gegeben werden (Abb. 1). Die vorhandenen Signale sollen – so weit das möglich ist – für die Alarm- und Sicherheitsanlage genutzt werden. Im Gegensatz zu den Kfz-Motormanagementsystemen müssen die Anzeigen des aktuellen Motorzustandes nicht nur am Motor, sondern zusätzlich im Maschinenkontrollraum und auf der Brücke dargestellt werden. Darüber hinaus sind Diagnose- und Trendergebnisse auf dem Schiff zu betrachten und auszuwerten oder gegebenenfalls mit den heute üblichen Methoden der Datenübertragung zur Reederei oder zum Motorenhersteller zu übertragen, um von dort aus Maßnahmen einzuleiten. Die steigenden Umweltanforderungen an Schiffsdieselmotoren richten das Augenmerk auf den Instationärbetrieb und gutes Teillastverhalten ohne Kompromisse in der Vollast. Dazu sind – abhängig vom gewünschten Betriebszustand und den Umgebungsbedingungen – variable Einstellungen der Motorstellgrößen erforderlich [3]. Diese Aufgaben sind mit den heute zur Verfügung stehenden Mitteln der Elektronik und Kommunikationstechnik kostengünstig und bedienerfreundlich zu lösen [4].

2 Die Hauptkomponenten des Motormanagementsystems

Motormanagement heißt, den Motor auf unterschiedliche Belastungsfälle oder Lastkollektive optimal einzustellen. Optimal heißt hier, Kraftstoffverbrauch und Emissionen, NOx und Ruß – in Abhängigkeit von der mechanischen Last – zu minimieren.
Das Konzept ist, relevante Daten permanent aufzunehmen und Stellenglieder nach vorgegebenen Regelgrößen zu verändern. Die Schwierigkeit liegt in der Sensorik, der Meßwertverarbeitung und der Kombinatorik der verschiedenen Meßgrößen und Stellglieder.

2.1 Smart pipe

Zur Verarbeitung analoger Signale (4–20 mA, 0–10 V) wird eine Schiene verwendet, die über Steckmodule maximal 31 Signale aufnimmt, digitalisiert und an einen CAN-Bus-Knoten zur Weiterleitung übergibt. Eine angeschlossene Anzeigeeinheit am Motorbedienstand zeigt nicht nur menügeführt die gewünschten Werte quasi-analog an, sondern überprüft die

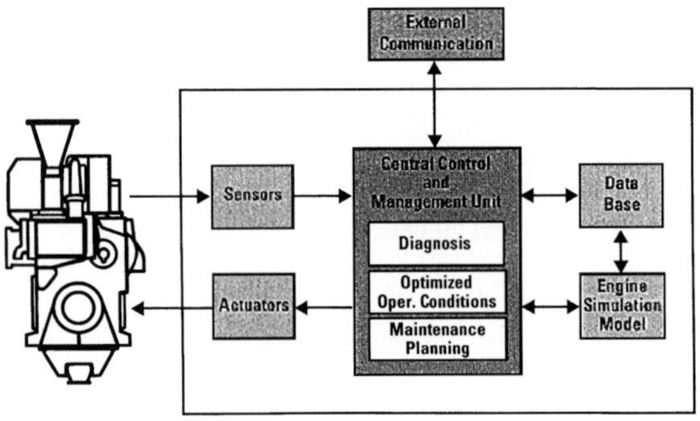

Abb. 1. Engine Management System

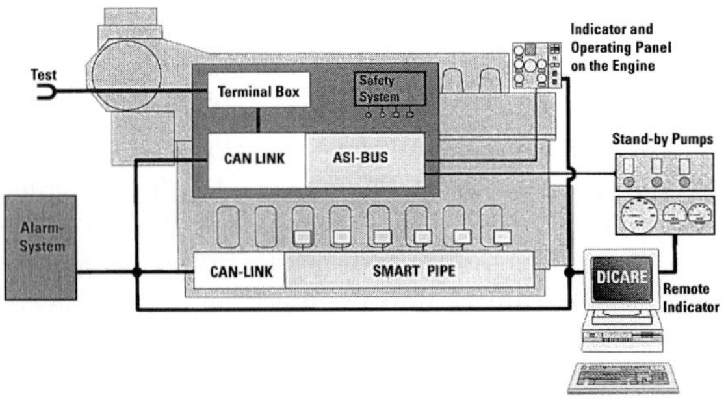

Abb. 2. Engine Management System, Components

Signale auf Vollständigkeit und Plausibilität, d.h. richtigen Bereich, Grenzwertüberschreitungen, richtige Steckverbindungen und Sensorfunktion. Diese Selbstüberprüfung der Analog-Schiene führt zu einer erheblichen Reduzierung der Probleme bei der Inbetriebsetzung oder auch bei der Fehlererkennung im Betrieb und erhöht damit die Zuverlässigkeit der gesamten Motorenanlage.

2.2 CAN-Bus

Die Zukunft benötigt variable Einstellungen am Motor und das wird zu einer ständig steigenden Menge an Information an und um den Motor herum führen. Dies wird nur kontrollierbar sein mit Mitteln der modernen Informationstechnologie.
Deshalb wird MaK ein Bus-System für die Motorsteuerung und Überwachung verwenden.
Ein solcher Bus besteht aus einem vieradrigen Kabel incl. Abschirmung – zwei Adern für die Stromversorgung und zwei für Sensorsignale wie

- Drücke
- Temperaturen
- Drehzahlen usw.

Über ein Datenprotokoll werden vom Verbraucher, z.B. einer Anzeige- oder Auswerteeinheit, die Signale vom Geber angefordert, wenn sie benötigt werden, und von diesem geliefert.
Zweck dieses Bussystems ist es,

- Verkabelungsaufwand am Motor und werftseitigen Verkabelungsaufwand zu reduzieren,
- eine größere Flexibilität in der Auswahl und Art der Darstellung der Meßwerte auf einem Display zu gewähren,
- eine Überprüfung der Informationsstrecke vom Sensor bis zur Anzeige bei der Inbetriebnahme und im Betrieb als automatischen Selbst-Check zur Verfügung zu stellen,
- für die Zukunft gerüstet zu sein, in der in zunehmendem Maße variable Einstellungen am Motor wie
  - variable Turbinengeometrie,
  - variabler Einspritzdruck,
  - variabler Einspritzbeginn

zu immer mehr Informationsaufwand am und um den Motor führen.

2.3 ASI-Bus

Dieses spezielle Bussystem für Aktuatoren und Sensoren dient der Übertragung von binären Daten, also der Verarbeitung von Signalen, die bei Erreichen von Grenzwerten ausgegeben werden, und Signalen zur Ansteuerung von Relais oder Lampen usw. Dieses ASI-Bussystem verarbeitet nur direkt am Motor auftretende oder benötigte Signale und ist im Klemmenkasten am Motor untergebracht. Dadurch, daß die einzelnen Signalgeber oder Stellglieder sequentiell, statt – wie bisher – parallel angesteuert werden, verringert sich der Verkabelungsaufwand ungemein (Abb. 3). Die Funktionsüberprüfung reduziert sich auf die Überprüfung der SPS. Über eine Schnittstelle kann der ASI-Bus Informationen an den CAN-Bus weitergeben.

2.4 Diagnosesystem DICARE

Der kostengünstigste Betrieb eines Motors erfordert ein Wartungs- und Betriebsprogramm, das den Betrieb optimiert, das Risiko eines Motorausfalls minimiert und die Motor-Stillstandszeiten reduziert.
Die traditionelle Methode der Motorwartung bestand darin, den Motor abzuschalten, wenn die vor-

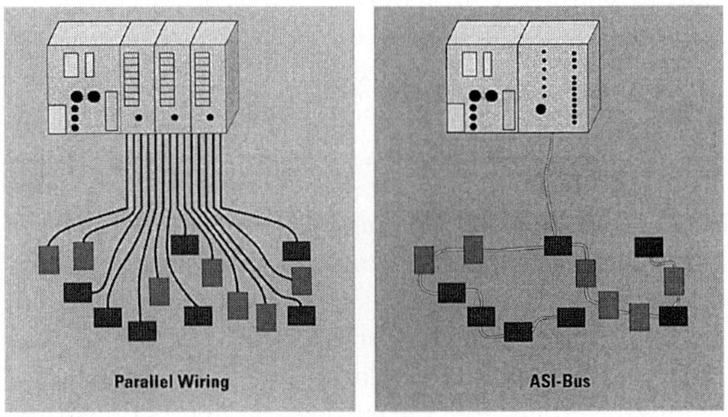

Abb. 3. A Substitute for the Cable Loom

gegebene Laufzeit erreicht war, und dann die Maschine zu überholen. Vor über 10 Jahren haben wir deshalb das Expertensystem DICARE auf den Markt gebracht. Diese Art von Systemen ist auch als zustandsabhängiges Wartungssystem bekannt. Im Laufe der letzten Jahre wurde dieses System ständig weiterentwickelt und verbessert, aber die Grundidee ist immer noch dieselbe wie am Anfang: Die Überwachung wird mittels Sensoren und Instrumenten vorgenommen, die kontinuierlich oder in regelmäßigen Abständen die Motorbetriebsparameter aufnehmen, anzeigen und mit den Parametern vergleichen, die während des Abnahmelaufes aufgenommen wurden. Durch Anwendung dieser Diagnosetechnik bekommt man eine sehr genaue Aussage über den aktuellen Zustand des Motors (Abb. 4). Abhängig vom Ergebnis der Analyse schlägt das System Wartungsarbeiten oder andere Maßnahmen vor, um Motorausfall oder Motorgefährdung zu vermeiden. Dazu werden verbale Hinweise, Trendauswertungen und vor allem grafische Darstellungen ausgegeben (Abb. 5).

Das DICARE-System wird im Hinblick auf leichte Installation und Handhabung auf der einen Seite und Verbesserung und Erweiterung des Funktionsumfanges auf der anderen Seite ständig weiterentwickelt. Neben der Verfeinerung und Verbesserung der Meßwerterfassung und Verarbeitung sowie der Diagnosefunktionen wurde DICARE auf eine neue Softwareplattform – MS Windows/Windows 95 – gestellt. Insgesamt wurden folgende Neuerungen realisiert:

- Vordiagnose im online-Betrieb mittels einer Motorengrafik mit Visualisierung der Meßwerte in einer Motorengrafik.
- Einfache Bedienung durch Fenstertechnik mit Pull Down Menüs gemäß internationalem Standard (Abb. 6).
- Grafische Darstellung eines gemittelten online-Tagesmeßwertes über Monate und Jahre für die Trendanalyse und Fahrtenschreiber-Funktion.
- Offene Anzahl von Meßstellen zwecks späterer Erweiterung.

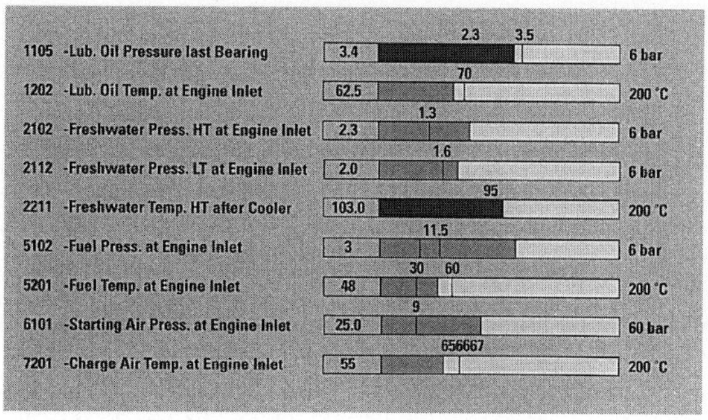

Abb. 5. Analog-Indicators 1

- Verwaltung der erfaßten Daten in Datenbanken zur Auswertung der erfaßten Meßwerte mit Programmen, wie zum Beispiel MS Access oder MS Excel.
- Datenfernübertragung mit Telefonmodem.
- Schiff/Station – Reederei oder MaK.

Die Vorteile für den Betreiber sind:

- DICARE beschreibt und diagnostiziert den aktuellen Motorzustand und gibt Empfehlungen für eine zustandsorientierte Wartung.
- Hierdurch werden Wartungskosten reduziert, Ausfallzeiten vermieden und außerdem sind die durchzuführenden Wartungsarbeiten besser planbar.
- Die Auswertung von Langzeitprotokollen ermöglicht eine sehr gute Abschätzung der Restnutzungszeiten von Verschleißbauteilen.
- Das Programm gibt auch Hinweise auf den aktuellen Kraftstoffverbrauch und hilft somit, die laufenden Betriebskosten zu minimieren.
- Durch die Auswertung der übermittelten Daten ist die technische Inspektion besser und schneller über den Zustand aller von ihr verwalteten Motoren informiert. Damit ist auch die Planung und Disposition von Ersatzteilen sowie die Planung der durchzuführenden Wartungsarbeiten und Instand-

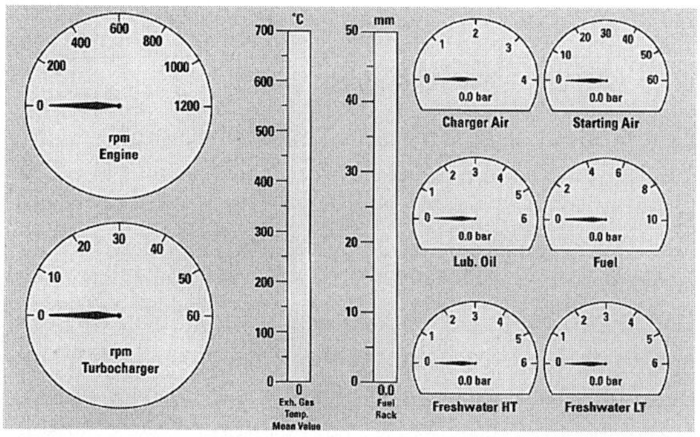

Abb. 4. Condition Monitoring

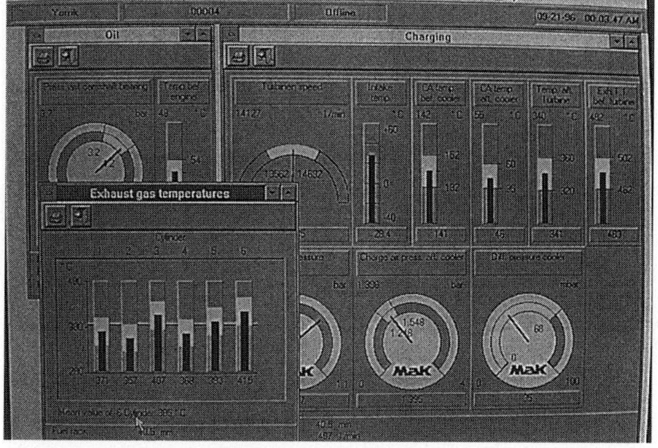

Abb. 6. DICARE - Symbolized Measuring Instruments

haltungsmaßnahmen besser und einfacher zu koordinieren.

2.5 Verbindung des Diagnosesystems DICARE mit der Motorbedienungsanleitung und der Instandhaltungssoftware DIMOS

Wir unterscheiden drei Arten der Instandhaltung (Abb. 7): Die vorbeugende periodische Instandhaltung nach vorgegebenem Plan, die zustandsabhängige Instandhaltung und die korrektive Instandhaltung, d.h. die Reparatur. Es ist offensichtlich, daß diese drei Instandhaltungsarten nicht unabhängig voneinander sind; daher ist auch eine datenmäßige Verbindung der Softwareeinheiten DICARE, DIMOS und Bedienungsanleitung geboten: DICARE soll durch aktuelle Diagnose den Reparaturfall vermeiden und durch Trendanalyse von einer starren in DIMOS geplanten Instandhaltung zu einer bedarfsgerechten Instandhaltung führen. Wenn ein Eingreifen nötig ist, muß auf die Bedienungsanleitung und den Ersatzteilkatalog samt Beschaffungsformalitäten zurückgegriffen werden.
Das Ziel von DIMOS ist es, die von den Betriebsstunden abhängigen Wartungsmaßnahmen gemäß Betriebsanleitung in den laufenden Betrieb des Schiffes oder der Anlage einzuplanen. Die Betriebsanleitung und der Ersatzteilkatalog stehen in der Datenbank DIMOS auf Datenträger zur Verfügung. Dabei werden die Informationen über den Motor und das Ersatzteilpaket bei Auslieferung auftragsspezifisch zusammengestellt und auf CD-ROM ausgeliefert.
Diese Informationen, eingebunden in DICARE, ermöglichen auf leichte Weise den Zugriff direkt aus der Diagnosesoftware per Mausklick entweder in das Planungsprogramm DIMOS oder in das Informationssystem über den MaK-Motor.

3 Emissionskonzept

Wenn wir über Emissionen sprechen, müssen wir die derzeit gültigen Vorschriften betrachten

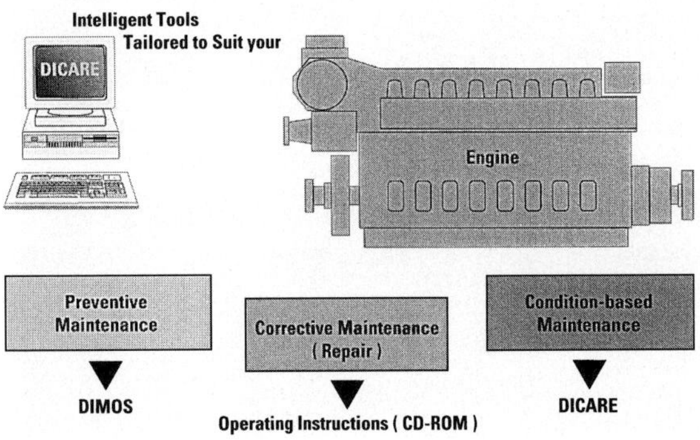

Abb. 7. Intelligent Tools

wie California Vorschriften,
die deutsche TA Luft,
die IMO-Vorschriften
oder Vorschriften für spezielle Bereiche.
Außerdem haben wir auf die Emissionskomponenten zu achten, die begrenzt sind in diesen Vorschriften
wie Stickoxide,
Schwefeloxide,
CO_2 verantwortlich für Global Warming
oder Partikels und ihre Definition.

Das MaK-Emissionskonzept wurde nicht für eine spezielle Vorschrift oder ein spezielles Fahrtgebiet entwickelt; vielmehr ist dieses Konzept voll flexibel und kann so unterschiedliche Betriebsweisen – je nach zu erfüllender Vorschrift oder nach Fahrtgebiet – ermöglichen.
Dazu braucht man in gewissem Sinn einen variablen Motor.
Die prinzipiellen Zusammenhänge zwischen NOx-Emissionen, Rußemissionen gemessen als Rauchzahl nach Bosch und den CO_2-Emissionen – oder, was äquivalent dazu ist, dem Verbrauch – sind allgemein bekannt.
Wir sollten also besonderes Augenmerk nicht nur auf die NOx-Reduzierung, sondern gleichzeitig auf die Rußbildung richten.
Eine der effektivsten Maßnahmen zur NOx-Reduktion, die sowohl technisch als auch unter Kostengesichtspunkten leicht zu realisieren ist, ist die Anhebung des Verdichtungsverhältnisses. Das ist gleichzeitig eine hervorragende Möglichkeit, auch Schweröle von immer schlechter werdender Qualität zuverlässig zu zünden.
Man kann leider das Verdichtungsverhältnis nicht beliebig erhöhen, denn es gibt gewisse Grenzen, die sich aus dem Zusammenhang zwischen Verdichtungsverhältnis und Hub-/Bohrungsverhältnis sowie dem Bohrungsdurchmesser bei gleichzeitig vernünftiger Brennraumgeometrie ergeben: Im Prinzip läßt sich feststellen, daß das Verdichtungsverhältnis umso höher gewählt werden kann, je höher das Hub-/Bohrungsverhältnis ist. MaK trägt dieser Tatsache mit der neuen Langhubmotoren-Generation mit Hub-/Bohrungsverhältnissen von etwa 1,5 Rechnung.

3.1 Variable Steuerzeiten

Eine weitere, sehr wirksame Maßnahme sind variable Ventilsteuerzeiten in Verbindung mit variablem Einspritzbeginn, die allerdings bei Großdieselmotoren zur Zeit in der Serie noch nicht umfassend eingesetzt werden.
Die Erhöhung des Verdichtungsverhältnisses und konstruktive Lösungen für variable Steuerzeiten sind das Herzstück des MaK-Emissionskonzeptes.
Entsprechend hat MaK zur weiteren NOx-Absenkung ein System auf der Basis der Abgasrückführung

entwickelt, das gegebenenfalls sogar nachrüstbar ist. Das ist allerdings nicht das traditionelle und altbekannte System der externen Abgasrückführung, sondern die sogenannte innere Abgasrückführung mittels variabler Ventilsteuerzeiten. Abb. 8 zeigt das Funktionieren. Durch Drehen einer Exzenterwelle kann die Nockenerhebung nach früh oder spät verstellt werden. Im Prinzip könnte man so Einspritzbeginn, Einlaßventil-Öffnen und Auslaßventil-Öffnen kontinuierlich und unabhängig voneinander vornehmen.
Eine genaue Prozeßanalyse zeigt jedoch, daß es genügt, deutlich weniger Aufwand in der Mechanik zu treiben, da man einen guten Kompromiß dadurch erreichen kann, daß erstens nur zwei Endstellungen ausreichend sind – und man damit eine Regelung spart –, und daß man zweitens eine Kombination zwischen Einspritzzeitpunkt und Ventilüberschneidung herausfinden kann, die es gestattet, alle drei Exzenter auf nur einer Welle anzubringen.
Leider haben wir mit dieser Anordnung nicht nur den positiven Effekt der NOx-Reduktion, sondern auch negative Begleiterscheinungen: Abhängig von der Ventilüberschneidung steigen Abgastemperatur und damit auch Auslaßventiltemperatur, so daß unter Umständen die Grenzen für Schwerölbetrieb überschritten werden. Außerdem steigt die Rußemission und kann die Sichtbarkeitsgrenze übersteigen (Abb. 9). Sorgfältige Auslegung des Brennraumes, der Aufladung und besonders der Einspritzausrüstung wie Einspritzdruck, Einspritzverlauf und Düsenkonfiguration können diesen negativen Effekten entgegenwirken.
An dieser Stelle kann das Motormanagementsystem den Betriebszustand des Motors beurteilen und die geeigneten Einstellungen vornehmen.

3.2 Elektronische Einspritzung

Einer der maßgeblichen Parameter für die Gemischbildung und Verbrennungsqualität ist der Einspritzdruck.

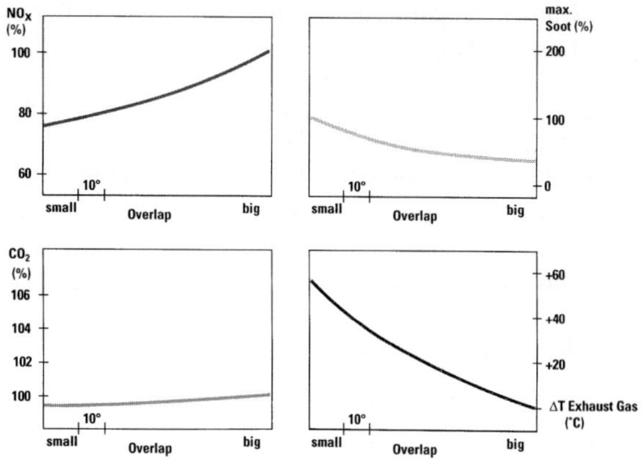

Abb. 9. Effect of the Variable Cam Follower Shaft

In Abb. 10 sehen wir den Einfluß des Einspritzdruckes auf die Abgastrübung. In Verbindung mit später Einspritzung kann man erreichen, daß bei Erhöhung des Einspritzdruckes die NOx-Emissionen zu halten oder sogar leicht zu senken sind und gleichzeitig die Rußemissionen abnehmen.
MaK hat – im Zusammenhang mit dem vom BMBF geförderten Vorhaben „CLEAN" – auf der Ostseefähre „Nils Dacke" der TT-Line, zusammen mit Woodward Germany, eine elektronisch gesteuerte Kraftstoffeinspritzung an einem Motor 6 M 552 C mit 4500 kW installiert. Dieses System befindet sich seit Anfang 1997 in praktischer Anwendung und zeigt durch sorgfältige Abstimmung des Startvorgangs einen absolut rauchfreien Motorstart: Eine genau bestimmte Kraftstoffmenge wird erst beim Erreichen der Startdrehzahl eingespritzt und dann gezielt hochgefahren. Am Forschungsmotor 8 M 20 wurden auf dem Prüfstand Versuche mit elektronischer Einspritzung in Kombination mit variabler Lenkerwelle gefahren: Durch die elektronische Einspritzung kann

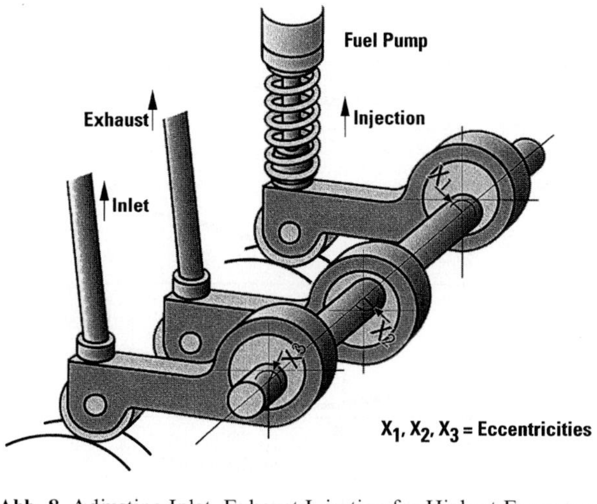

Abb. 8. Adjusting Inlet. Exhaust Injection for Highest Economy and Highest Environmental Compatibility

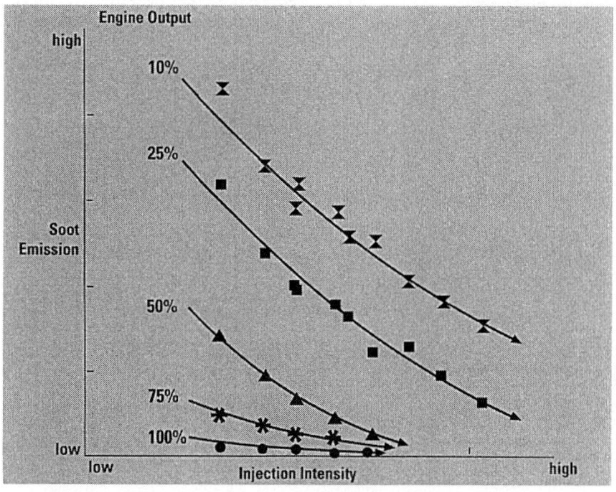

Abb. 10. Soot Reduction by Adapting the Injection Process

der Einspritzbeginn -unabhängig von der Stellung des Einspritznockens – eingestellt werden; dadurch kann man bei kleinen Mengen und niedrigen Drehzahlen den Einspritzdruck erhöhen und die Rußemissionen deutlich absenken.
Hier ist es ganz offensichtlich, daß ein ausgeklügeltes Motormanagementsystem gewaltige Vorteile realisieren kann.

3.3 Variable Aufladung

Zur weiteren Optimierung des thermodynamischen Prozesses sind weitere Stellglieder wünschenswert.

- Eine auf Vollast optimierte Turboladerauslegung führt zu niedrigem Drehmomentangebot und eventuell thermischer Überlast im Teillastbereich.
- Eine für Teillast optimierte Turboladerauslegung führt zu einem Anstieg der thermischen Belastung und des Kraftstoffverbrauches bei Vollast durch Abblasen; trotzdem bleibt der Ladedruck in der Teillast noch unbefriedigend.
- Durch Einsatz einer variablen Turbinengeometrie können diese Schwierigkeiten vermieden werden: Dazu muß die Düsenringfläche von klein für Teillast auf groß für Vollast umgestellt werden.

Für eine Radialturbine zeigt Abb. 11 eine sehr einfache Anordnung, die von MaK patentiert und gemeinsam mit einem Turboladerhersteller entwickelt wurde.
Dieses einfache System besteht aus zwei unterschiedlichen Düsenringen:

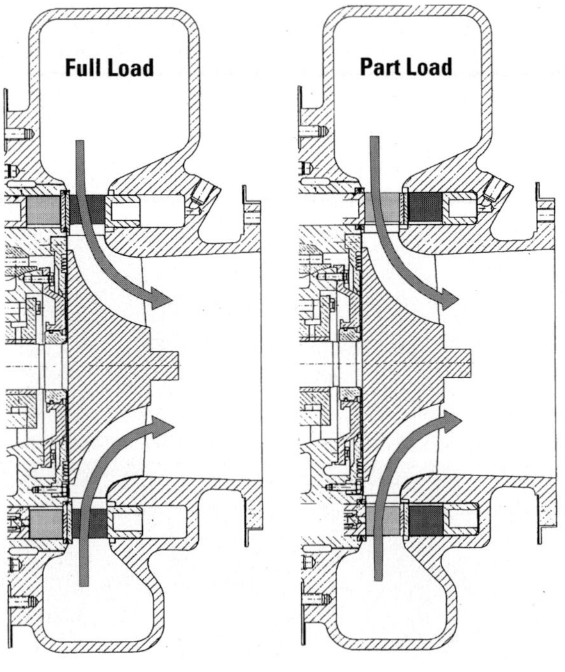

Abb. 11. Variable Nozzle Ring

- einer für Teillast,
- der andere für höhere Lasten ab etwa 80% der Vollast.

Die Düsenringe werden einfach mit Druckluft von einer Stellung in die andere gebracht, so daß der jeweils richtige im Eingriff ist. Natürlich erfordert dieses System einen gewissen Steuerungs- und Kontrollaufwand, der aber leicht vom Motormanagement geleistet werden kann.
Mit Hilfe dieser variablen Turbinengeometrie erreichen wir nicht nur die gewünschte deutliche Verbesserung des Drehmomentangebots in der Teillast, sondern darüber hinaus noch eine Kraftstoffverbrauchsverbesserung in der Gegend von 5%.
Sogar in der Nähe der Vollast, also oberhalb 80% Leistung, ist noch eine kleine Verbrauchsverbesserung zu realisieren, weil hier die Auslegung ohne Rücksicht auf das Teillastverhalten kompromißlos optimiert werden kann.
Insgesamt ergibt sich folgendes günstige Emissionsverhalten durch Einsatz der Variablen Turbinen Geometrie (VTG) (Abb. 12):

- Absenkung der CO_2-Emissionen um 2% bis 5%, gleichbedeutend mit entsprechender Verbrauchsabsenkung,
- Absenkung der NOx-Emissionen um etwa 15%,
- Reduzierung der Rußemissionen um bis zu 50%.

Die zusätzliche Absenkung der Abgastemperaturen und damit auch der Auslaßventiltemperaturen trägt wesentlich zum sicheren Schwerölbetrieb auch bei emissionsgünstigem Motorbetrieb bei.
Dieses VRT-System befindet sich seit Mitte 96 auf einem Flußschiff erfolgreich im Einsatz. Vorteilhaft ist das sehr gute Drehmomentangebot im niederen Drehzahlbereich bei erheblich schneller verfügbarer

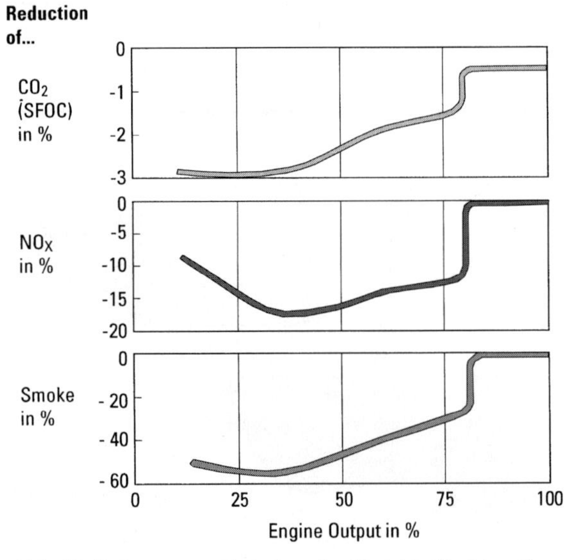

Abb. 12. Influence on Emissions by Variable Turbine Geometry. Propeller Operation

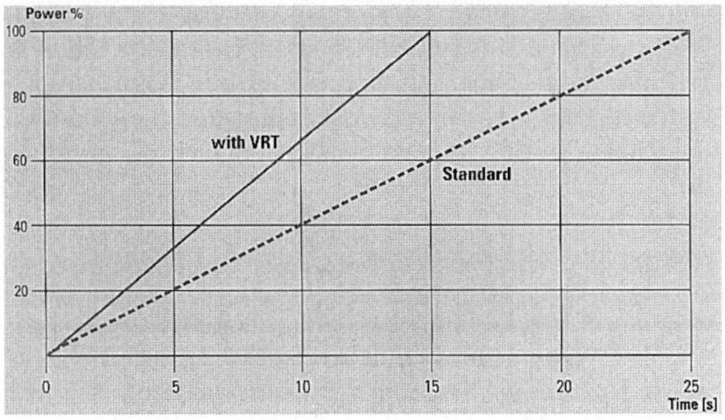

Abb. 13. Fast Power Availability with VRT/T.C.

100% Leistung in Verbindung mit niedrigsten Rußemissionen (Abb. 13).

4 Zusammenfassung

Das neue Motormanagement-Konzept der MaK geht davon aus, daß Signale möglichst am Ort der Entstehung in elektrische Signale umgewandelt, digitalisiert und mit einem Bus-Protokoll versehen werden. Über einen Bus, in diesem Fall einen CAN-Bus, werden diese Informationen allen Verbrauchern wie Direktanzeige am Motor, Fernanzeige im Maschinenkontrollraum und auf der Brücke sowie für die Alarmanlage und das MaK-Diagnosesystem DICARE zur Verfügung gestellt. DICARE wurde auf die neue Software–Plattform „Windows“ gestellt und damit nicht nur von der Nutzeroberfläche her deutlich anwendungsfreundlicher, sondern gleichzeitig auch in der Grafikausgabe überarbeitet. Die Verwendung einer Datenbank für die aufgenommenen Meßwerte gestattet eine einfache und flexible Aufbereitung dieser Daten für die grafische Darstellung und Auswertung oder Datenkompression für die Datenfernübertragung. Die offene Zahl der Meßstellen läßt eine Erweiterung des Systems zu.
Weiterhin wurde dargestellt, daß für einen kompromißlos emissionsgünstigen Motorbetrieb ein variabler Motor nötig ist.
Es wurden insbesondere

- variabler Einspritzbeginn,
- variabler Einspritzdruck,
- variabler Ladedruck

und

- variable Ventilsteuerzeiten untersucht.

Diese variablen Einstellungen werden von einer zentralen Steuereinheit, die Bestandteil des Motormanagementsystems ist, gesteuert und überwacht. Diese Steuereinheit erhält ihre Informationen von Sensoren, soweit der Motor oder seine unmittelbare Umgebung betroffen ist oder über externe Stellgrößen, sofern der Motorbetrieb betroffen ist. Für einfache Kommunikationswege werden Bussysteme eingesetzt. Das Motorverhalten schließlich wird mit einer Datenbasis oder Ergebnissen einer Motorsimulation verglichen, um die Aktuatoren für optimalen Motorbetrieb zu setzen.
Somit ist das Motormanagement ein wichtiger Baustein zur Erhöhung der Zuverlässigkeit und Umweltfreundlichkeit des Schiffsdieselmotors.

Schrifttum

1 H. Bergmann, E. Mack: Die Konstruktionsmerkmale des neuen Nutzfahrzeug-Dieselmotors OM 904 LA von Mercedes Benz. MTZ 57 (1996) Seite 74–84

2 R. Bauer, W. Brox, A. Fischer, R. Hofmann, H. Lemberger, J. Städter: BMW-V8-Motoren – Steigerung von Umweltverträglichkeit und Kundennutzen. MTZ 57 (1996) Seite 86–95

3 R. Vogt, U. Schlemmer-Kelling: Variable Engine and Emissions. 17th Annual Fall Technical Conference ASME. ICE-Vol. 25-1 (1995)

4 R. Vogt, R. Knorrek: Das neue Motormanagementkonzept der MaK. STG-Sprechtag „Fuzzy Logic und Zustandsdiagnose in der Schiffstechnik“ am 23. April 1996 in Lübeck

5 R. Vogt: M 25 – ein neues Mitglied der MaK-Langhubmotoren-Generation. Pressekonferenz (4/1996)

Erörterungen

Prof. em., Dr., Dr. h. c. Constantin Gallin, Baden-Baden: Turbolader mit „Variable-Multi-Pulse“-Verfahren

Aus meiner früheren langjährigen Beratertätigkeit für Ihre Firma, damals Krupp-MaK GmbH, weiß ich, daß dort ein sogenanntes „VMP“, d. h. „Variable Multi Pulse“-Verfahren entwickelt wurde. Dieses Verfahren sollte das Verhalten von Turboladern bei Teillast von Schiffsantriebsanlagen verbessern.
Was ist daraus geworden?
Hat sich das VMP-Verfahren durchgesetzt?
Wurde es auf viele Schiffe angewandt und waren die Betreiber damit zufrieden?

Dr.-Ing. Wolfgang Planitz, Hamburg: Umschaltbare Emissions-/Verbrauchsoptimierung

Im Vortrag wurden Konzepte vorgestellt, Motoren umschaltbar einerseits in bezug auf Emissionen als auch alternativ in bezug auf Wirkungsgrad zu optimieren.
Wird ein solches umschaltbares Schiff als schadtstoffarm anerkannt werden? Solange keine direkte Überwachung besteht, wird der Kapitän vermutlich den guten Wirkungsgrad einer günstigen Abgaszusammensetzung vorziehen.

Dipl.-Ing. Friedrich Ziegler, Howaldtswerke-Deutsche Werft AG, Kiel: Klassifizierung der Meßwerterfassung für das Motormanagement

Erfüllt die Erfassung von Meßwerten für ein Motormanagement auch die Forderung der Klassifikationsgesellschaften hinsichtlich Motorüberwachung/Motorsicherheit und Motorsteuerung?

Dr.-Ing. Rainer Vogt, Dipl.-Ing. Udo Schlemmer-Kelling, Dipl.-Ing. Jürgen Nagel, Kiel (Schlußwort)

Antwort zu Prof. Gallin:
In der Tat beruht das seinerzeit von MaK vorgestellte System auf dem gleichen Prinzip wie das hier vorgestellte VRT-

System, nämlich der Verkleinerung der Turbineneinströmfläche in der Teillast, um höhere Ladedrücke zu erzielen. Beim VMP wurde eine von zwei konzentrischen Eintrittsflächen geschlossen, während beim VRT durch Wechsel des Düsenleitgitters die Eintrittsfläche verkleinert wird. Entsprechend ist auch die Wirkung in beiden Fällen gut vergleichbar, d.h.Emissionen, Kraftstoffverbrauch und Drehmomentangebot waren ähnlich den hier gezeigten Werten. Obwohl erwartungsgemäß mehrere Schiffe – in diesem Fall Schlepper – mit dem VMP in über 30 000 Bh nur gute Ergebnisse einfuhren und die Betreiber immer noch hochzufrieden sind, mußte seinerzeit die Serieneinführung aus Kostengründen abgelehnt werden.
Anwort zu Dr. Planitz:
Ob die generelle Anerkennung als schadstoffarm erfolgt, weiß man heute noch nicht. Es ist aber vorstellbar, daß in bestimmten Regionen mit eigener Gesetzgebung die Anerkennung erfolgt, wenn die Motoreinstellung automatisch dokumentiert wird. Das ist vielleicht ähnlich zu sehen wie die Verwendung bestimmter Kraftstoffe nur in bestimmten Regionen.
Anwort zu Dipl.-Ing. Ziegler:
Bei der Meßwerterfassung für das Motormanagementsystem wurde aus Gründen der Einfachheit und aus Kostengründen weitestgehend, d.h. soweit die Vorschriften das zulassen, von den Sensoren Gebrauch gemacht, die zum Betrieb eines Motors ohnehin nötig und entsprechend von den Klassifikationsgesellschaften auch vorgeschrieben sind.

Ergebnisse einer Studie zur Erhöhung der Zuverlässigkeit von Vortriebs- und Manövrieranlagen

Results of a Study for increased Reliability of Propulsion and Manoevering Plants

Dipl.-Ing. **Günter Henschel**, Bremerhaven

Professor Dr.-Ing. **Hansheinrich Meier-Peter**
Institut für Schiffsbetriebsforschung, Flensburg

Dr.-Ing. **Jürgen Ritterhoff**
Ingenieurkontor Lübeck/HDW, Kiel

Dipl.-Ing. **Friedrich Wragge**
See-Berufsgenossenschaft, Hamburg

Summary. The number of failures in propulsion and manoevering systems registered by the federal maritime authorities and by the pilots gave rise to start an investigation into the matter to identify possible countermeasures. 500 reports of incidents of the kind mentioned were analysed. The paper deals with the findings and the conclusions derived from this analysis and discusses the question whether and by which means significant improvements in the reliability of propulsion and manoeuvring systems can be obtained. The basic material of the paper was provided from a common working group of the STG-Departments *Marine Engineering, Measuring Techniques and Automation* as well as *Marine Electrical Engineering* together with experts from ship operators, shipyards, marine engine and equipment manufacturers, Germanischer Lloyd and See-Berufsgenossenschaft and the federal maritime authorities.

1 Einführung

In der Seefahrt hat es in den letzten Jahren eine ganze Reihe schwerer Schiffsunfälle gegeben, die immer wieder zu einer Verstärkung der Diskussion um die Sicherheit auf See führten. Die Verkehrssicherheit ist dabei in einem engen Zusammenhang mit der Betriebssicherheit der Vortriebs- und Manövriersysteme der Seeschiffe zu sehen. Der Ausfall der Vortriebsanlagen kann ein Risiko für Schiff und Besatzung darstellen oder er führt unter bestimmten Bedingungen unweigerlich in eine Katastrophe, d.h. Strandung, Kollision oder Seenotfall. Hierbei ist von Bedeutung, ob das Schiff sich auf hoher See, in Küstennähe oder auf dem Revier befindet. Auch Wetter- und Strömungsbedingungen sind von ausschlaggebender Bedeutung. Die Betriebssicherheit der Vortriebsanlage umfaßt die Technik und die sie bedienenden und überwachenden Menschen. Internationale Untersuchungen zu dieser Thematik zeigen, daß etwa 75–80% dieser Ereignisse im maritimen Bereich – aber auch in der Luftfahrt – auf „menschliches Versagen" und ca. 20% auf Versagen der Technik bzw. andere Ursachen wie Wetter, Ladung u.ä. zurückzuführen sind.

Zu diesem Ergebnis kommen auch deutsche Untersuchungen. Eine Statistik der vier Seeämter der alten Bundesländer [1] zwischen Oktober 1986 und März 1991 zeigt, daß in dieser Zeit 322 Sprüche zu Seeunfällen ergingen, wobei folgende Unfallursachen ermittelt wurden:

- 6,2% technische Mängel im Schiffsbetrieb
- 2,8% Ladung
- 1,2% Wetterlage
- 1,0% Schleppereinsatz
- 0,3% nicht bekannte Untiefe
- 4,1% Ursachenaufklärung nicht möglich
- 84% menschliches Fehlverhalten.

Einen entsprechend großen Anteil bei den Beratungen nimmt das Problem des „menschlichen Faktors" ein. Dabei werden die unterschiedlichsten Gründe für menschliches Versagen angeführt, z.B.

- unzureichende Qualifikation bzw. Ausbildung der Besatzung;
- zu kleine Besatzungen, die physisch und psychisch überfordert sind;
- Mangelnde Motivation der Besatzungen, da keine Bindung zum sozialen Umfeld besteht;
- Besatzungsstruktur (multinationale Besatzungen, z.T. mit Sprachproblemen);
- Überforderung durch zu komplizierte und teilweise ungeeignete Technik;

– Rationalisierung des Bordbetriebes in einem Umfang, so daß nicht mehr alle Aufgaben sach- und fachgerecht erfüllt werden können.

Es darf bei dieser Diskussion jedoch nicht übersehen werden, daß es sich beim Betrieb eines Schiffes um ein komplexes System handelt, das den Menschen und die durch ihn bediente und überwachte Technik umfaßt. Der Mensch ist nicht frei von Fehlern und Unzulänglichkeiten, aber auch die heute sehr komplexe Technik kann versagen.

Daher gilt es grundsätzlich, die Sicherheit und Zuverlässigkeit der technischen Systeme zu erhöhen und die Fehlentscheidungen des bedienenden und überwachenden Menschen zu minimieren. Der Mensch muß als eigenständiges Teilsystem im komplexen „Mensch-Maschine“ -System des Schiffsverkehrs angesehen werden. Es gilt, fachliche Kompetenz zu erhalten bzw. zu erhöhen (Ausbildung) sowie die soziale Kompetenz und die Entscheidungs- und Fehlervermeidungskompetenz zu verbessern.

Die Erhöhung der Sicherheit und Zuverlässigkeit der technischen Systeme wird auch durch eine möglichst geringe Ausfallwahrscheinlichkeit erreicht. Da Technik nicht beliebig in ihrer Zuverlässigkeit/Sicherheit erhöht werden kann, müssen Schwerpunkte gesetzt werden. Hierfür wurden allgemein anerkannte Regeln der Technik erstellt und ständig weiterentwickelt, die in internationalen Übereinkommen, in nationalen Gesetzen und Verordnungen sowie den Vorschriften der Verwaltungen, in den Vorschriften der Klassifikationsgesellschaften und in Normen festgelegt sind. In den letzten Jahren wurde die Zuverlässigkeit der Bauteile und Systeme durch Baumusterprüfungen weiter erhöht. In der International Maritime Organization (IMO) werden im Schiffssicherheitsausschuß (Maritime Safety Committee) die folgenreichsten Anlagen- und Schiffsausfälle beraten, um hieraus Schlußfolgerungen zu ziehen. Die Kenntnis dieser Ausfälle soll auch im Subcommittee on Flag State Implementation (FSI) zum Anlaß genommen werden, die Flaggenstaaten in stärkerem Maße dazu zu bringen, die Schiffe unter ihrer Flagge intensiver zu überprüfen. Das Bundesverkehrsministerium, Abteilung Seeverkehr, hat eine Auswertung der Seeunfallberichte vorgenommen, um überprüfen zu können, ob und ggf. welche Maßnahmen getroffen worden sind, bzw. noch eingeleitet werden müssen, um erkannte Defizite im Regelwerk zu beseitigen. Das „Ship Operation System“ (SHOPSY) hat als Forschungs- und Entwicklungsvorhaben weitere Möglichkeiten zur Erhöhung der Zuverlässigkeit aufgezeigt, sowohl mit der Entwicklung eines Beratungs- und Informationssystems als auch mit dem innovativen Energie-Management und der vorausschauenden und montagelosen Beurteilung des Anlagenzustands.

Die Mitarbeiter der Arbeitsgruppe waren sich einig, daß bei der Bearbeitung der gesamten Thematik Schwerpunkte gesetzt werden müssen. In einer eingehenden Diskussion über die Zielsetzung wurde deutlich, daß das Hauptthema der Arbeitsgruppe nur die Untersuchung der Ausfälle von Vortriebs- und Ruderanlagen sein kann und keine weiteren Anlagen und Systeme, wie z.B. die Anlagen zur Schiffsführung, in die Analyse einbezogen werden sollten.

2 Technische Ausfälle

Während Störungen an Vortriebs- und Ruderanlagen auf offener See in den meisten Fällen ohne negative Auswirkungen bleiben und deshalb auch nur selten erfaßt werden, führen technische Ausfälle in Revieren und anderen komplizierten Seegebieten immer wieder zu kritischen Situationen bis hin zu Totalverlusten. Durch die Revierzentralen und die Lotsen werden diese Störungen zudem fast immer erfaßt und an die Wasser- und Schiffahrtsämter, die Wasserschutzpolizei bzw. die See-Berufsgenossenschaft gemeldet. Die von den Wasser- und Schiffahrtsdirektionen auf der Basis dieser Meldungen jährlich herausgegebenen Aufstellungen über technische Ausfälle in den jeweiligen deutschen Revieren standen der Arbeitsgruppe als Grundlage für eine Analyse der Ausfallursachen der Vortriebs- und Ruderanlagen zur Verfügung. Die anfängliche Untersuchung dieses Datenmaterials ergab jedoch, daß speziell in den achtziger Jahren nur ein Teil der Ausfälle erfaßt worden war. Erst seit 1990 wurden auch Meldungen der Lotsen für die Statistik herangezogen. Deshalb steht erst ab diesem Zeitpunkt detaillierteres Material zur Verfügung. Die im folgenden durchgeführte Analyse der Statistik der Wasser- und Schiffahrtsämter Cuxhaven, Hamburg und Kiel-Holtenau beschränkt sich deshalb auf den Zeitraum 1990 bis 1993.

Um die Auswertung dieser Statistik zu vereinfachen und auch in Zukunft Daten eingeben und mit den vorhandenen Zahlen vergleichen zu können, wurde das gesamte Material der Wasser- und Schiffahrtsdirektionen sowie der See-Berufsgenossenschaft für die Jahre 1990–1993 in eine Computer-Datenbank eingegeben [2]. Insgesamt wurden 499 technische Ausfälle erfaßt, wobei es sich fast ausschließlich um die Reviere Elbe, Hamburger Hafen und Nord-Ostsee-Kanal (NOK) handelte.

Durch Auswertung der Informationen dieser Datenbank sollten letztendlich Aussagen über Ausfallursachen an Vortriebs- und Manövriersystemen von Seeschiffen getroffen und Möglichkeiten der Erhöhung der Zuverlässigkeit und Sicherheit der technischen Systeme untersucht werden.

2.1 Datenbank

Die Datenbank wurde den Aufstellungen der Wasser- und Schiffahrtsdirektionen entsprechend strukturiert. Soweit möglich wurden die Daten durch Material der

See-Berufsgenossenschaft ergänzt. Dort, wo keine entsprechenden Informationen zur Vorfügung standen, blieben die Datenfelder unbesetzt. Obwohl fast für alle Schiffe der Schiffsname und das Rufzeichen bekannt und in der Datenbank erfaßt sind, wurde mit Rücksicht auf den Datenschutz auf die Wiedergabe dieser Angaben verzichtet. Die vollständige Datei umfaßt somit folgende Informationen: Datum und Uhrzeit des technischen Ausfalls, Flaggenstaat, Revier, Schiffstyp, Baujahr und Größe des Schiffes, ausgefallenes System und jeweiliges Aggregat bzw. Bauteil sowie eine Schlüsselnummer. Sie ist in dem vollständigen Abschlußbericht der Arbeitsgruppe als Anhang enthalten, kann jedoch an dieser Stelle mit Rücksicht auf den Umfang nicht wiedergegeben werden.

2.2 Verschlüsselung der Ausfallursachen

Bei der Beschäftigung mit der gesamten Thematik wurde deutlich, daß ein einheitlicher Systemschlüssel, der von allen Beteiligten verwendet wird, unbedingt erforderlich ist. Sowohl bei der statistischen Erfassung und Auswertung der Ausfälle, bei der Ausfallanalyse kompletter Betriebssysteme oder der Berechnung von Ausfallraten muß jedes System, Aggregat bzw. Bauteil durch eine konkrete Schlüsselnummer jederzeit identifiziert werden können.
Um die Ausfallursachen besser analysieren zu können, wurden daher allen Systemen, Aggregaten bzw. Bauteilen entsprechende Schlüsselnummern zugeordnet s. Tabelle 1. Es wurden 12 Hauptgruppen gebil-

Tabelle 1. Systemschlüssel für Systeme, Aggregate und Bauteile zur Identifizierung technischer Ausfälle

1.	**Hauptmotor**
1.1	Zylinderdeckel einschl. Ventile
1.2	Zylinderlaufbuchse, Kolben, Pleuelstange
1.3	Kurbelwelle/Lagerung
1.4	Nockenwelle/Steuerungsantrieb
1.5	Zylinderschmierung
1.6	Abgasturbolader
1.7	Ladeluftkühler, Ladeluftleitung, Spülluftkanal
1.8	Abgasleitung
1.9	Überwachungseinrichtung
1.10	Bedien-, Regel- und Steuereinrichtung
1.11	Sonstiges
2.	**Hilfsdiesel**
2.1	Zylinderdeckel einschl. Ventile
2.2	Zylinderlaufbuchse, Kolben, Pleuelstange
2.3	Kurbelwelle/Lagerung
2.4	Nockenwelle/Steuerungsantrieb
2.5	Abgasturbolader
2.6	Ladeluftkühler, Ladeluftleitung, Spülluftkanal
2.7	Abgasleitung
2.8	Überwachungseinrichtung
2.9	Bedien-, Regel- und Steuereinrichtung
2.10	Sonstiges
3.	**E - Anlage**
3.1	Generator/Wellengenerator
3.2	Hauptschalttafel
3.3	Generatorschalter
3.4	Verteilerschalttafel
3.5	Stromerzeugerautomatik
3.6	Kabel, Sicherungen
4.	**Wellenleitung**
4.1	Druck-, Stützlager
4.2	Zwischenwelle
4.3	Propellerwelle
4.4	Kupplung, Getriebe
4.5	Propeller, Verstellpropeller
4.6	Verstelleinheit, Steuerung
4.7	Rohrleitungen, Armaturen
5.	**Kesselanlage**
5.1	Dampfkesselanlage
5.2	Thermalölanlage
5.3	Regel-, Sicherheitseinrichtungen
5.4	Rohrleitungen, Armaturen
6.	**Schmierölsystem**
6.1	Pumpe
6.2	Kühler
6.3	Filter
6.4	Rohrleitungen, Armaturen
7.	**Brennstoffsystem**
7.1	Tagestank
7.2	Schnellschlußventil
7.3	3-Wege-Ventil
7.4	Brennstoff-Druckerhöhungspumpen
7.5	Automatikfilter
7.6	Bypass Filter
7.7	Verbrauchsuhr
7.8	Mischtank
7.9	Zubringerpumpen
7.10	Enderhitzer
7.11	Viskosimat
7.12	Doppelfilter
7.13	Brennstoffdruckstoßdämpfer
7.14	Einspritzpumpe
7.15	Einspritzleitung
7.16	Einspritzventil
7.17	Rohrleitungen , Armaturen
7.18	Wasser, Luft, Schmutz im System
7.19	Automations-/Überwachungseinrichtung
8.	**Kühlwassersystem**
8.1	Kühlwasserpumpe
8.2	Filter
8.3	See-, Ausgußventil
8.4	Kühler
8.5	Rohrleitungen, Armaturen
9.	**Druckluftsystem**
9.1	Druckluftbehälter
9.2	Luftverdichter
9.3	Rohrleitungen, Armaturen
10.	**Ruderanlage**
10.1	Hydraulikpumpen, -zylinder
10.2	Rohrleitungen, Armaturen
10.3	Elektrische Versorgung, Steuer, ,Sicherheitseinrichtungen
10.4	Übertragungselemente
11.	**Hilfsanlagen**
11.1	Querstrahlruderanlage
11.2	Schottelanlage
12.	**Sonstiges**
12.1	Ursache unsicher
12.2	Ursache unbekannt
12.3	Bedienfehler
12.4	Brand, Explosion, Verpuffung

det. Dabei wurden diejenigen Systeme, Aggregate bzw. Bauteile berücksichtigt und detaillierter untergliedert, die in der Statistik der Wasser- und Schiffahrtsdirektionen sehr häufig als Ausfallursache genannt wurden. Die in der Tabelle aufgeführte Auflistung der Systeme und Aggregate reicht für die hier untersuchte Problematik aus. Eine noch weitgehende Unterteilung würde zu einem erheblichen Mehraufwand bei der Verschlüsselung führen, ohne das Ergebnis deutlich zu verbessern.

2.3 Ergebnisse

Insgesamt wurden 499 technische Ausfälle für die Jahre 1990–1993 untersucht, Einzelergebnisse der Analyse zeigen die Abbildungen 1...4 Das ursprüngliche Ziel, durch die Auswertung der Statistiken der Wasser- und Schiffahrtsämter konkrete Ursachen für technische Ausfälle auf Seeschiffen ermitteln zu können, konnte jedoch mit dieser Auswertung nicht in vollem Umfang erreicht werden. Der größte Nachteil der vorliegenden Statistik ist die oft sehr ungenaue bzw. in einigen Fällen völlig fehlende Angabe zu den Aggregaten/Bauteilen, die ursächlich für den Ausfall der Antriebs- oder Ruderanlage gewesen sind. Aussagen wie z.B. „Motor ließ sich nicht anlassen", „Probleme mit dem Verstellpropeller", „Brennstoffzufuhr unterbrochen", lassen bei einer Analyse keine qualitativen Aussagen zu. Selbst Angaben wie „Brennstoffpumpe ausgefallen" oder „Ausfall Kühlwasserpumpe" sind für eine gezielte Untersuchung nicht ausreichend. Handelt es sich hierbei nun um eine Brennstoffzubringer-, Druckerhöhungs- bzw. Einspritzpumpe oder um eine Kühlwasserpumpe im Hoch- bzw. Niedertemperaturkreislauf oder evtl. sogar um eine Seewasserpumpe? Auch die insgesamt nur registrierten 3 Schäden an Hilfsdieseln bzw. die 15 Bordnetzausfälle geben zu der Annahme Anlaß, daß bei der Schadenserfassung noch erhebliche Lücken bestehen. Vermutlich sind die Ursachen darin zu suchen, daß in zahlreichen Fällen nur ungenaue Auskünfte von den Besatzungen zu erhalten sind. Oft liegt zwischen Schadenseintritt und Untersuchung auch ein längerer Zeitraum, der eine genaue Analyse nicht mehr zuläßt.

Andere Gründe werden darin zu suchen sein, daß die Besatzungen bei Befragungen nicht alles korrekt wiedergeben, insbesondere bei eigenen Fehlern, daß Verständigungsprobleme vorliegen oder die konkreten Ursachen tatsächlich nicht bekannt sind.

Auch ein Versuch, die Statistik der Wasser- und Schiffahrtsämter durch Informationen aus der Schadensdatei des Germanischen Lloyd bzw. durch Informationen über bei Hafenstaatenkontrollen getroffene Feststellungen zu ergänzen bzw. aufzuklären, brachte keine Verbesserung der Ergebnisse. Da die Schadensdatei des GL mit einer nicht vergleichbaren Zielsetzung erstellt wurde, ist ein Vergleich mit der vorliegenden Statistik nicht möglich.

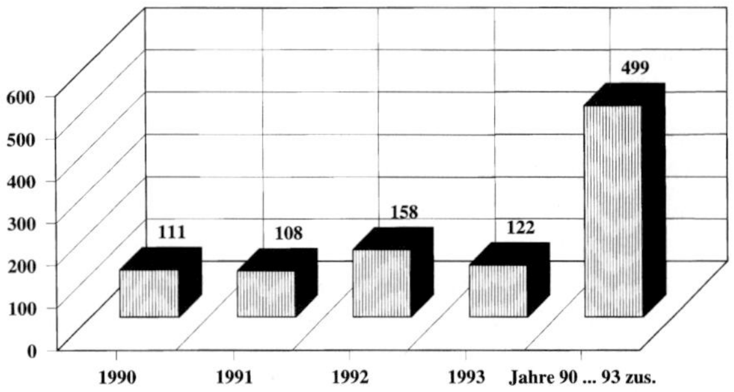

Abb. 1. Gesamtheit der technischen Ausfälle in den Revieren Elbe, Hamburg und NOK 1990...1993 (für das Revier NOK lagen keine Angaben für 1990 und 1991 vor)

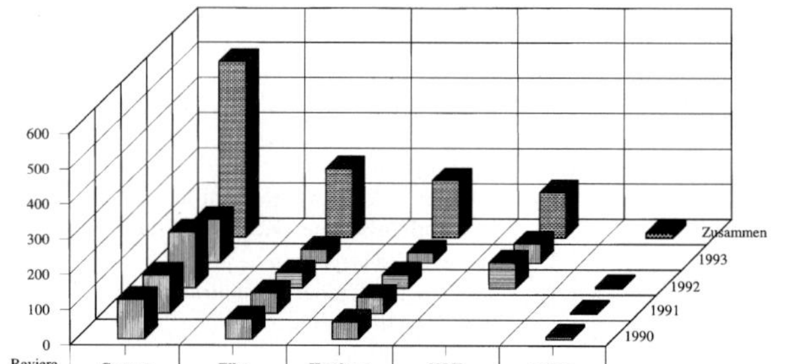

Reviere	Gesamt	Elbe	Hamburg	NOK	andere
1990	111	56	48		7
1991	108	58	47		3
1992	158	43	38	73	4
1993	122	38	29	55	
Summe	499	196	162	128	14

Abb. 2. Technische Ausfälle in den Revieren Elbe, Hamburg und NOK 1990...1993, Verteilung auf die einzelnen Reviere

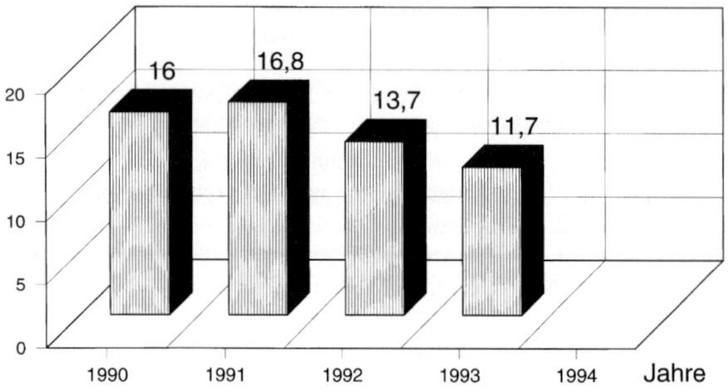

Abb. 3. Technische Ausfälle in den Revieren Elbe und Hamburg 1990...1993, Ausfälle pro 10.000 Schiffsbewegungen

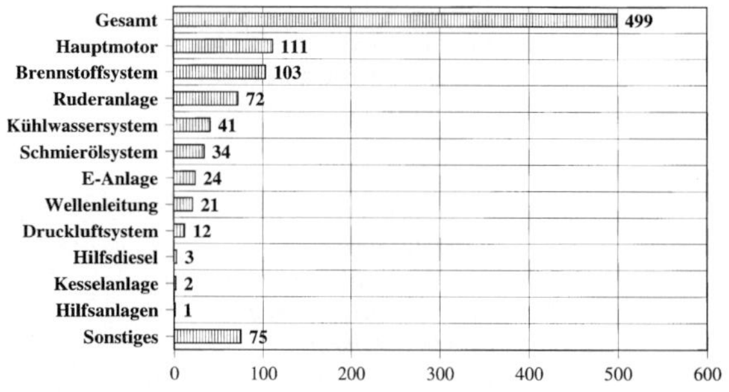

Abb. 4. Technische Ausfälle in den Revieren Elbe, Hamburg und NOK 1990...1993, Verteilung nach ursächlichen Systemen

Die Aussagen der Lotsen und Revierzentralen beinhalten zur Zeit nur Informationen, die sie bei einem Ausfall selbst in Erfahrung bringen. Dabei sind die Angaben qualitativ sehr unterschiedlich.

Um diese Mängel in Zukunft nach Möglichkeit zu beseitigen und konkretere Aussagen über die Ursachen der technischen Ausfälle zu erhalten, hat die Arbeitsgruppe einen Fragebogen zur Erfassung von technischen Ausfällen auf Seeschiffen in deutschen Revieren erstellt. Er soll dazu beitragen, eine deutlich aussagefähigere Statistik zu ermöglichen, die vor allem dazu dienen soll, Schwerpunkte der Ausfallwahrscheinlichkeit zu erkennen. Es bedarf dann in jedem Einzelfall dennoch einer genauen Untersuchung des jeweiligen Schadens, um konkrete Maßnahmen treffen zu können.

So einig wie die Arbeitsgruppe sich über die dringende Notwendigkeit präziser und eindeutiger Informationen über Ausfälle war, so unterschiedlich waren die Auffassungen der einzelnen Arbeitsgruppenmitglieder hinsichtlich der Durchsetzbarkeit einer korrekten Ausfüllung derartiger Fragebögen wegen der damit auch im Fall einer zugesicherten Anonymität unausweichlich verbundenen legalen und monetären Konsequenzen einerseits und auch wegen des mit der praktischen Abwicklung verbundenen Arbeitsaufwands für die Lotsen andererseits.

Die Arbeitsgruppe einigte sich nach sehr kontroverser Erörterung schließlich darauf, einen anonymen Erfassungsbogen zu konzipieren, Abb. 5.

Dieser Erfassungsbogen ist in vier Abschnitte unterteilt; er enthält Angaben zum Schiff, über den technischen Ausfall, über die Betriebszustände bei Beginn der Lotsung und über technische Ausfallereignisse. Bei der Gestaltung des Erfassungsbogens wurde davon ausgegangen, daß im Normalfall nur eine ursächliche Störung vorliegt Durch die Unterteilung in mehrere Blöcke (D.1–D.6), wurde die Möglichkeit geschaffen, mittels weiterer Angaben diese spezielle Störung näher zu erläutern. Die technischen Ausfallereignisse untergliedern sich in den sogenannten „Black out“, Ruderanlage, Hauptmotor, Dieselgeneratoren, Verstellpropelleranlage, E-Anlage und Brennstoffsystem.

Er sollte 1 Jahr angewendet und bei der See-Berufsgenossenschaft ausgewertet werden. Die Ergebnisse liegen inzwischen dort vor und stehen bei einer eventuellen Fortführung der Arbeiten zur Verfügung.

Aus Platzgründen kann hier nicht die Fülle der vorgebrachten und sämtlich wohlbegründeten Argumente und unüberbrückbaren Auffassungsunterschiede wiedergegeben werden, die innerhalb der Arbeitsgruppe vorgebracht bzw. ausgetauscht wurden; es wird diesbezüglich auf den vollständigen Abschlußbericht der Arbeitsgruppe verwiesen [8].

3 Erhöhung der Systemsicherheit und Systemzuverlässigkeit mittels formaler (probabilistisch – analytischer) Methoden

Versuche, die Sicherheit und Zuverlässigkeit mittels Methoden der Wahrscheinlichkeitsrechnung quantitativ zu bestimmen, gehören, auch in Schiffbau und Schiffahrt, seit langem zum Stand der Technik. Die damit zweifellos erreichten Verbesserungen waren jedoch nicht immer ausreichend. So wurde z.B. menschliches Fehlverhalten dabei nicht entsprechend seiner Bedeutung berücksichtigt.

Die Arbeitsgruppe informierte sich deshalb über Methoden und Verfahren, die bereits in der Luft- und Raumfahrt angewendet werden.

Erfassungsbogen von technischen Ausfällen auf Seeschiffen in deutschen Revieren

A. Vorwort

Der Erfassungsbogen dient der Erstellung der Statistiken der Wasser- und Schiffahrtsverwaltung des Bundes einerseits und der Untersuchung von technischen Ausfällen, um deren Ursachen zu ermitteln, andererseits.

Der Erfassungsbogen soll im Anschluß an eine Störung oder Havarie vom Lotsen, der Wasserschutzpolizei, der Verkehrszentrale oder der See-Berufsgenossenschaft auf Grund von Angaben der Schiffsbesatzung ausgefüllt werden.

Wenn das einzelne Bauteil nicht benannt werden kann, so ist im Abschnitt D in den Gruppen 1 bis 6 die Eintragung in der letzten Zeile vorzunehmen, um die Information über den Ausfall des jeweiligen Aggregats oder Systems zu erhalten. Der ausgefüllte Erfassungsbogen ist dem zuständigen Wasser- und Schiffahrtsamt zuzuleiten.

B. Angaben zum Schiff

Flagge .... Baujahr ....
Heimathafen .... Schiffstype .... BRZ/BRT ....
Klassifikationsgesellschaft .... Klassenzeichen ....
Antriebsanlage: Leistung .... Hersteller .... Typ ....

Die Angaben zum Schiff können teilweise entfallen, wenn z.B. die Lotsenkarte angeheftet wird.

C. Angaben über den technischen Ausfall

Datum / Uhrzeit .... Ort / Revier ....
Maßnahmen / Ereignisse: Notankerung ☐ Kollision ☐ Festkommen ☐
einkommend ☐ ausgehend ☐ Treiben ☐
im Nord-Ostsee-Kanal ostwärts / westwärts ☐*) Sonstiges ☐
See-Berufsgenossenschaft eingeschaltet ja/nein*)
Zuständige Klassifikationsgesellschaft eingeschaltet ja/nein*)

D. Technische Ausfallereignisse

Ausfall ***) ja — Bemerkungen

1) **Ruderanlage**
E-Versorgung ☐
Pumpenaggregat 1 ☐
Pumpenaggregat 2 ☐
Steuerung ☐
Anzeigeeinrichtung (Ruderlagenanzeiger) ☐
Rohrleitung (Armatur) ☐
Bauteil, das den o.g. nicht zuzuordnen ist **) ☐

2) **Hauptmotor**
Einspritzpumpe ☐
Einspritzventil / Druckrohrleitung ☐
Ein-, Austrittsventile ☐
Anlaßventile / Umsteuersystem ☐
Zylinderdeckel ☐
Triebwerk ☐
Bedien-, Regel-, Steuereinrichtung ☐
Schmierölsystem ☐
Bauteil, das den o.g. nicht zuzuordnen ist **) ☐

*) Nichtzutreffendes streichen

3) **Dieselgeneratoren**
Einspritzpumpe ☐
Einspritzventile/ -Druckrohrleitung ☐
Ein-, Austrittsventile ☐
Anlaßsystem ☐
Kühlsystem ☐
Schmierölsystem ☐
Bedien-, Regel-, Steuereinrichtung ☐
Bauteil, das den o.g. nicht zuzuordnen ist **) ☐

4) **Verstellpropelleranlage**
Hydraulikpumpe ☐
Steuereinrichtung ☐
Bauteil, das den o.g. nicht zuzuordnen ist ☐

5) **E-Anlage**
Ausfall der E-Anlage (Black out) ☐
Wellengenerator ☐
Dieselgeneratorenaggregate, Generatorschalter ☐
Stromerzeugerautomatik ☐
Bedien-, Regel-, Steuereinrichtung ☐
Stand-by-Wahlschaltung ☐
Bauteil, das den o.g. nicht zuzuordnen ist **) ☐

6) **Brennstoffsystem**
Brennstoffsystem der Hauptmotoren ☐
Brennstoffsystem der Dieselgeneratorenaggregate ☐

Schnellschlußventil Hauptmotor ☐
Schnellschlußventil Hilfsdiesel ☐

Gasbildung im Standrohr durch zu hohe Temperatur beim Umstellen ☐
Wasser im Brennstoff ☐
Unverträgliche Brennstoffe (Parafin-Ausscheidungen) ☐
Brennstoff-Filter ☐
Zubringerpumpe ☐
Armaturen, Rohrleitungen ☐
Bauteil, das den o.g. nicht zuzuordnen ist **) ☐

**) „Bauteil, das den o.g. nicht zuzuordnen ist“ auch ankreuzen, wenn nur der Schaden an der Ruderanlage, am Hauptmotor, Hilfsdiesel bekannt ist, aber nicht ein bestimmtes Bauteil genannt werden kann.

***) Zutreffendes ankreuzen

Abb. 5. Erfassungsbogen für technische Ausfälle auf Seeschiffen in deutschen Revieren

Auch über diese Thematik wurde sehr kontrovers diskutiert. Ein hartnäckig betontes Argument besteht darin, daß die Methoden und Verfahren der Luft- und Raumfahrt auf die Schiffahrt so nicht anwendbar sind, weil die Wartungsmethodik auf Schiffen völlig verschieden von der von Flugzeugen ist und die Qualitäts- und Sicherheitsanforderungen sehr differenziert betrachtet werden müssen. Andererseits lassen sich auch zahlreiche Argumente dafür anführen, daß auch für das Transportsystem Schiff ein Sicherheitsanalyseverfahren eingeführt werden sollte, und zwar gerade wegen der hohen Komplexität, Vielfalt und Vernetzung moderner schiffsbetriebstechnischer Systeme. In diesem Zusammenhang wurde auch darauf hingewiesen, daß von der IMO für einige Anlagen/Systeme auf Hochgeschwindigkeitsfahrzeugen (High Speed Craft) bereits derartige Sicherheitsanalysen vorgeschrieben werden, auch wenn es z.Z. dabei noch Probleme mit der Umsetzung gibt.

Als Ergebnis empfiehlt die Arbeitsgruppe, sich hinsichtlich dieser Problemstellung neuen Methoden und Techniken zu öffnen. Konkret sind folgende Problemstellungen zu lösen, um die Zuverlässigkeit und Sicherheit von Schiffen und ihren Systemen zu erhöhen:

1. Für Vortriebs- und Manövrieranlagen ist ein Sicherheitsziel (Sicherheitswahrscheinlichkeit S(t)) zu bestimmen.
2. Ausgehend von diesem übergeordneten Sicherheitsziel, ist entsprechend der Regeln der Wahrscheinlichkeitsrechnung für alle Hauptanlagen und -einrichtungen ein systemspezifisches Sicherheitsziel abzuleiten.
3. Alle Hauptanlagen und -einrichtungen eines Schiffes und deren Subsysteme/Geräte sowie deren Schnittstellen sind klar zu definieren und mit allgemeingültigen Bezeichnungen zu versehen.
4. Für alle Hauptanlagen und -einrichtungen und deren Subsysteme/Geräte ist eine vorläufige Gefahrenanalyse zu erstellen (Preliminary Hazard Analysis = PHA).
5. Zur Bewertung der Ausfallschwere, sind Ausfallschwereklassen mit universell anwendbarer Schadensbeschreibung, gekoppelt mit max. auftretenden Eintrittswahrscheinlichkeiten zu definieren.
6. Die Methoden und Techniken eines System Safety Assessments sind in einer Richtlinie exakt zu beschreiben.
7. Ausgehend von den Ergebnissen dieser vorläufigen Gefahrenanalyse ist für alle sicherheitskritischen Systeme, deren Ausfall zu einem Versagen der Vortriebs- und Manövrieranlagen führt, ein vollständiges Sicherheitsanalyseverfahren durchzuführen (System Safety Assessment).
8. Es muß versucht werden, Ausfalldaten von Schiffsanlagen zu erfassen und – unter Wahrung des Datenschutzes – derart aufzubereiten, daß sie einem breiten Kreis von Interessenten zur Verfügung gestellt werden können.

Die gesamte Thematik ist sehr umfangreich und so arbeitsintensiv, daß im Rahmen der Arbeitsgruppe bisher nur sehr allgemeine Vorstellungen zu einigen der o.g. Problemstellungen entwickelt werden konnten. Als Beispiel soll hier nur kurz auf die Definition des Begriffs „Ausfall" bzw. mögliche Klassifizierungen dieses Begriffs eingegangen werden. Auch hier bewegte sich die Arbeitsgruppe auf einem Terrain, das schon mehrfach von den verschiedensten Interessenten sondiert worden ist.

Im Rahmen einer Sicherheitsanalyse ist eine Bewertung der Ausfälle bezüglich ihrer Schwere durchzuführen. Dazu sind Ausfallschwereklassen mit universell anwendbaren Schadensbeschreibungen zu schaffen und Eintrittswahrscheinlichkeiten sowohl in beschreibender Form als auch quantitativ festzulegen. Je nach Schwere des Ausfalls/Unfalls können dann spezielle Anforderungsklassen bzw. maximal auftretende Eintrittswahrscheinlichkeiten des unerwünschten Ereignisses (Ausfall oder Unfall) definiert werden.

Von der Arbeitsgruppe wurde der Versuch unternommen, auftretende Fehler bezüglich ihrer Auswirkungen auf ein Hauptsystem zu klassifizieren. So wurde z.B. vorgeschlagen, die Fehler in drei Gruppen einzuteilen entsprechend der Gruppen, die der Germanische Lloyd für Störungen im automatisierten Schiffsbetrieb fordert. Auch eine Klassifizierung, wie sie im IMO-Alarmcode existiert, wurde diskutiert. Die Arbeitsgruppe einigte sich auf eine vorläufige Einteilung, die in Tabelle 2 dargestellt ist und in der dem in der linken Spalte beschriebenen Ereignis rechts die entsprechende Definition lt. DIN 40041 zugeordnet wurde:

Bei der Anwendung dieser Klassifizierung wurde dann festgestellt, daß bei einer derartigen Einstufung nicht zu erkennen ist, ob das Sicherheitsrisiko jeweils

Tabelle 2. Pragmatischer erster Ansatz für eine Klassifizierung von Ausfällen: Gegenüberstellung von Vorschlägen der Arbeitsgruppe und DIN 40041. Dieser Vorschlag wurde wegen der darin enthaltenen Inkonsequenz durch die Klassifizierung in Tabelle 3 ersetzt

Definition laut Arbeitsgruppe:	**Definition aus DIN 40041:**
Typ 1: Kein Sicherheitsrisiko Das Ereignis hat keine unmittelbare Auswirkung auf die Sicherheit der Vortriebs-/Manövrieranlage und kann langfristig behoben werden.	Ereignis Nr. 2.2.1 Übergang in einen anderen Zustand
Typ 2: Allgemeine Störung Durch automatisierte Stand-by-Systeme, eine Umstellung auf Handregelung oder Umgehungen hat diese Art der Störung nur begrenzte Auswirkung. Ein Weiterbetrieb der Anlage ist meist ohne Probleme möglich.	Störung Nr. 2.1.6 Fehlende, fehlerhafte oder unvollständige Erfüllung einer geforderten Funktion
Typ 3: Schwere Störung Ohne Sofortmaßnahmen kommt es innerhalb kurzer Zeit zum Ausfall der Vortriebs-/Manövrieranlage.	Fehler. Nr. 2.1.4 Nichterfüllung einer Forderung
Typ 4: Ausfall Antriebsanlage Das Ende der Funktionsfähigkeit führt unmittelbar zum Ausfall der Vortriebs-/Manövrieranlage.	Ausfall, Nr. 2.2.4 Beendigung der Funktionsfähigkeit einer Einheit

höher oder niedriger liegt. Während z.B. bei der untersten Stufe (kein Sicherheitsrisiko) noch Sicherheitskriterien herangezogen wurden, wurden bei der nächst höheren Stufe (allgemeine Störung) Verfügbarkeitskriterien bzw. betriebliche Kriterien herangezogen. Bei der höchsten Einstufung (Ausfall der Antriebs-/Manövrieranlage) handelt es sich zudem nicht um eine Einstufung, sondern um die Beschreibung einer Fehlerauswirkung.
Aus diesem Grunde wurde die Systemanalyse nochmals überarbeitet und die Klassifizierung entsprechend angepaßt s. Tabelle 3.

4 Analyse einzelner Betriebssysteme

4.1 Vorbemerkungen

Wie die Auswertung der Statistik von technischen Ausfällen in deutschen Revieren gezeigt hat, ist das Brennstoffsystem neben dem Hauptmotor das System, in dem offensichtlich die meisten Störungen bzw. Schäden auftreten. Es wurde deshalb für das Brennstoffsystem beispielhaft die Ausfallwahrscheinlichkeit bestimmt. Aus Zeitgründen und zur Wahrung der Übersichtlichkeit wurde zunächst ein stark vereinfachtes System untersucht. Bestimmte Teilsysteme, wie Vorratstanks Umförderpumpen und Rohrleitungen, Separatoren u.a., wurden nicht betrachtet, da Störungen bzw. Ausfälle sich dort nicht unmittelbar auf das übergeordnete System auswirken. Aus den gleichen Gründen wurde auch bei der Darstellung des Blockschaltbildes auf Hilfseinrichtungen (Entlüftungs-, Entwässerungsleitungen, Meßgeräte) und unwichtige Armaturen verzichtet.
In der Debatte über den Umfang der Untersuchung wurde auch beraten, ob sämtliche Armaturen des Brennstoffsystems im Blockschaltbild bzw. Fehlerbaum dargestellt und analysiert werden sollten. So wurde z.B. der Vorschlag gemacht, Armaturen nicht mit in die Fehleranalyse aufzunehmen und ggf. einen Fehlerausschluß für Armaturen vorzunehmen, da die Ursachen für Probleme mit diesen Bauteilen heute offenbar nicht mehr in deren Zuverlässigkeit, sondern vielmehr in der Ausbildung und Qualifikation der Besatzung liegen. Die Arbeitsgruppe beschloß schließlich, mindestens sehr wichtige Armaturen (Schnellschlußventil, 3-Wege-Ventil, ggf. Regelventile) zu berücksichtigen, da es durch deren Ausfall zu schweren Störungen kommen kann. Auf die in diesem Zusammenhang angeschnittene Problematik der Fehlbedienung von Armaturen wird im einzelnen noch eingegangen.
Das als Blockschaltbild Abb. 6 gezeichnete Brennstoffsystem entspricht dem Stand der Technik, nach dem Brennstoffsysteme in der Regel heute von den Werften eingebaut werden. Dabei ordnet sich das dargestellte Betriebssystem folgendermaßen in das Gesamtsystem ‚Antriebsanlage' ein:

Betrachtungsebenen:

1.	System:	Antriebsanlage
2.	Teilsystem:	Brennstoffsystem
3.	Geräteebene:	Pumpen, Vorwärmer, Filter u.a.
4.	Modulebene:	Bauteile der Geräte, E – Motoren, Armaturen

Der Betrieb des Hauptmotors erfolgt dabei im Normalfall mit Schweröl. Der Kraftstoff für den Motor wird über ein spezielles Schnellschlußventil am Tagestank entnommen. Der Kessel und die Separatoren werden über gesonderte Schnellschlußventile versorgt. Ein Betrieb mit Dieselöl ist möglich. Auch in diesem Falle erfolgt die Versorgung der jeweiligen Aggregate

Tabelle 3. Vorschlag zur Klassifizierung der Fehler in bezug auf die Eintrittswahrscheinlichkeit, Ausfallschwere und Ausfallwirkung sowie Einteilung in Anforderungsklassen

Wahrscheinlichkeit (quantitativ)	1 bis 1 x 10^{-3}/Std.	1 x 10^{-5}/Std.	1 x 10^{-7}/Std.	1 x 10^{-9}/Std.
Wahrscheinlichkeit (beschreibend)	wahrscheinlich häufig ziemlich wahrscheinlich	unwahrscheinlich selten	unwahrscheinlich sehr selten	äußerst unwahrscheinlich
Klassifizierung der Ausfallschwere	unbedeutend, geringfügig	beträchtlich	gefährlich	katastrophal
Ausfall-auswirkung	- leichte Reduzierung der Sicherheitsreserven -geringer Sachschaden - geringe Reduzierung der Manövriereigenschaften - geringe Verschlechterung der Stabilität und Festigkeit - geringe Umweltverschmutzung - leichte Zunahme der Arbeitsbelastung - physische Auswirkungen, aber keine Verletzung der Besatzung - einige Unbequemlichkeiten für Mitreisende/Passagiere .	- signifikante Reduzierung der Sicherheitsreserven - mittlerer Sachschaden - signifikante Reduzierung der Manövriereigenschaften - signifikante, Verschlechterung der Stabilität und Festigkeit - beträchtliche Umweltverschmutzung - eine Reduzierung der Fähigkeiten der Besatzung mit widrigen Umständen fertig zu werden infolge einer Zunahme der Arbeitsbelastung oder infolge von Bedingungen, welche deren Leistungsfähigkeit verschlechtern. - Verletzung von Besat zungsmitgliedern u./o. Mit reisenden	- eine starke Reduzierung der Sicherheitsreserven oder funktionaler Fähigkeiten - großer Sachschaden - starke Reduzierung der Manövriereigenschaften - Erreichen der Stabilitäts- und Festigkeitsgrenzen - große Umweltverschmutzung - eine physische Notlage oder Arbeitsbelastung, so daß die Besatzung nicht zuverlässig ihre Aufgaben korrekt oder komplett erfüllen kann. - ernsthafte/schwere Verlet zungen bei Besatzungsmit gliedern u./o. Mitreisenden. Geringe Anzahl von Toten	- ein Ausfallereignis, daß zum Verlust des Schiffes führt -hohe Anzahl von Toten - schwere, langfristig anhaltende und großflächig wirkende Umweltverschmutzung
Anforderungsklassen	**D**	**C**	**B**	**A**

Anmerkung: Für die Anforderungsklasse E = "Keine Auswirkung auf die Sicherheit" darf die Wahrscheinlichkeit jeden Wert annehmen

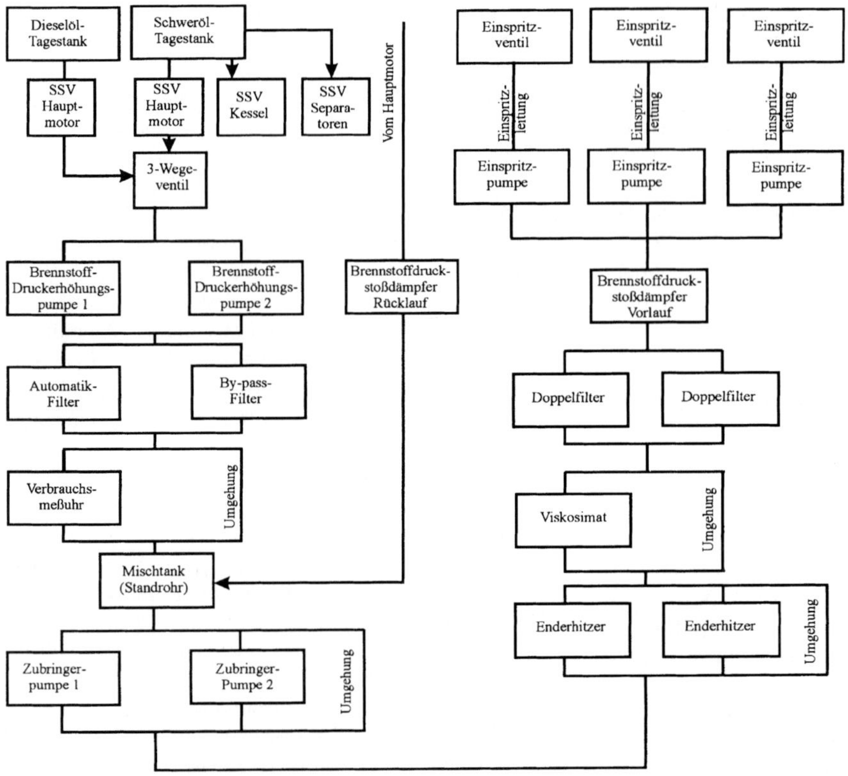

Abb. 6. Zuverlässigkeitsblockschaubild Brennstoffsystem

(Hauptmotor, Hilfsdiesel, Kesselanalge) über voneinander unabhängige Schnellschlußventile des Dieselöltagestanks. Das Umstellen von einer Brennstoffsorte auf die andere wird mit dem handbetätigten 3-Wege-Ventil durchgeführt.

4.2 Fehleranalyse Brennstoffsystem

In einer zunächst durchgeführten Analyse des Brennstoffsystems wurden die in dem Blockdiagramm abgebildeten Hauptbestandteile des Systems nacheinander als fehlerhaft angenommen. Dazu wurde ein Formblatt erstellt, in welchem der jeweilige Fehler, seine Ursachen, die Auswirkungen dieses Fehlers, eine Fehlerklassifizierung sowie Maßnahmen genannt wurden. Die Ergebnisse dieser Untersuchung wurden dann in Diagrammen, die als Fehlerbäume bezeichnet wurden, dargestellt und kommentiert.

Als weitere Systeme wurden das Schmierölsystem, der Hauptmotor und die Rudersteuerung in gleicher Weise analysiert.

Da sich erst nach Abschluß dieser Analysen herausstellte, daß die gewählte Vorgehensweise nicht in allen Punkten nationalen und internationalen Normen (DIN IEC 1025 „Störungsbaumanalyse“ und IEC 812 „Procedure for Failure Mode and Effect Analysis“) entsprach, wurde ergänzend die Untersuchung des Kraftstoffsystems diesbezüglich überarbeitet.

Bei der überarbeiteten Version der Systemanalyse wurde ein TOP-Ereignis festgelegt (Ausfall Brennstoffsystem) und ein Fehlerbaum erstellt, welcher über die Fehlerkombinationen „UND“/„ODER“ in den verschiedenen Betrachtungsebenen bis zur untersten Ebene läuft. Da als TOP-Ereignis der Ausfall des Brennstoffsystems benannt wurde, erfolgt nur eine Berücksichtigung der Fehler, die wirklich zum Ausfall des Systems führen. Alle anderen Fehler wurden – wie schon oben erwähnt – aus Zeitgründen und zur Wahrung der Übersichtlichkeit zum jetzigen Zeitpunkt nicht untersucht.

Auch konnten die Schnittstellen im System aus diesen Gründen nicht vollständig dargestellt und erläutert werden. Die Schnittstellen werden an dieser Stelle nur sehr allgemein aufgelistet; sie müssen bei weiteren Untersuchungen in Verbindung mit der Erstellung des Nummernschlüssels noch exakter definiert werden.

Solche Schnittstellen sind z.B. die:

Energieversorgung:
Bordnetz-Einspeisungen der E-Motoren
Hilfsenergie: Hilfsluft:
Viskosimat oder Automatikfilter
Regel- und Automationseinrichtungen:
Temperaturregelung Endvorwärmer, Standby-Schaltung Pumpen, Druckregelung.
Entsorgung:
Lecköleitungen, Schlammtank

In Abb. 7 wird der Fehlerbaum für das im Blockschaltbild dargestellte Brennstoffsystem wiedergegeben. Aus Platzgründen wurde ein Motor mit drei Zylindern gewählt. Aus dem gleichen Grund wurden in der Modulebene nur eine begrenzte Anzahl von Ausfallursachen für die Pumpen genannt. Auch Ereignisse, die zum „Human Error", zu „Externen Störungen" oder „Strukturellem Versagen" führen, sind nicht vollständig aufgeführt.

Nach Erstellung des Fehlerbaumes bestand das Ziel darin, mittels der Ausfallraten λ der einzelnen Komponenten des Systems bzw. der Ausfallraten für externe Störungen, strukturelles Versagen und menschlicher Fehler eine Gesamtausfallrate für das Brennstoffsystem zu bestimmen.

Die entsprechenden mathematischen Grundlagen werden in der DIN IEC 1025 genannt und basieren auf den Gesetzen, der Boolschen Algebra. Die Größe der Ausfallraten ist der einschlägigen Literatur [5] sowie aus nicht veröffentlichten Daten aus der Luftfahrt entnommen. Dabei zeigte sich, daß die meisten Werte für die Schiffahrt nur bedingt oder gar nicht zutreffend sind.

Tabelle 4 zeigt die eingesetzten Ausfallraten (Ausfälle pro 10^6 h).

Um dennoch zumindest an einem Beispiel das Verfahren einmal näher erläutern zu können, wurden letztendlich Werte angenommen. Dabei wurden einerseits Daten aus der obigen Tabelle berücksichtigt, andererseits wurden Werte eingesetzt, welche in Gesprächen mit Praktikern ermittelt wurden, die mit der gesamten Problematik vertraut sind. Dies betrifft u.a. auch die Werte für die externen Störungen ($1{,}2 \times 10^{-4}$) und den Human Error (1×10^{-4}).

4.3 Kommentierung und Zusammenfassung der Ergebnisse

Abb. 7 zeigt den Fehlerbaum für das Brennstoffsystem, allerdings ohne die entsprechenden Ausfallraten der einzelnen Aggregate bzw. den Ausfallraten für; „Externe Störungen" sowie „Strukturelles-" und menschliches Versagen' (Human Error). Eine entsprechende Abbildung mit diesen Ausfallraten ist in dem vollständigen Abschlußbericht der Arbeitsgruppe [8] enthalten. Dabei wurden dem Wert für den „Human Error" nur solche menschlichen Fehler zugeordnet, die tatsächlich zum Ausfall des Brennstoffsystems führen. Fehlhandlungen, die z.B. durch redundante Systeme korrigiert werden, sind in diesen Werten nicht enthalten.

Mittels der o.g. Methode wurde daraus eine Gesamtausfallrate von $\lambda = 23{,}3 \times 10^{-5}$ h für das Brennstoffsystem eines Schiffes errechnet, d.h. es kommt zu 23,3 Ausfällen des Brennstoffsystems pro 100.000 Stunden.

Mit der für die eigentliche Betriebsphase zutreffenden Beziehung MTBF $= 1/\lambda$ ergibt sich somit eine mittlere Ausfallzeit von 4,292 Stunden bzw. alle 4,292 Stunden würde es zu einem Ausfall der Antriebsanlage infolge des Ausfalls des Brennstoffsystems kommen.

Dieser hypothetische Wert müßte nun mit dem für das Transportsystem Schiff noch zu definierenden, quantitativen Sicherheitsziel verglichen werden. Ausgehend von diesem quantitativen Sicherheitsziel für das Transportsystem Schiff ist entsprechend der Produkt-

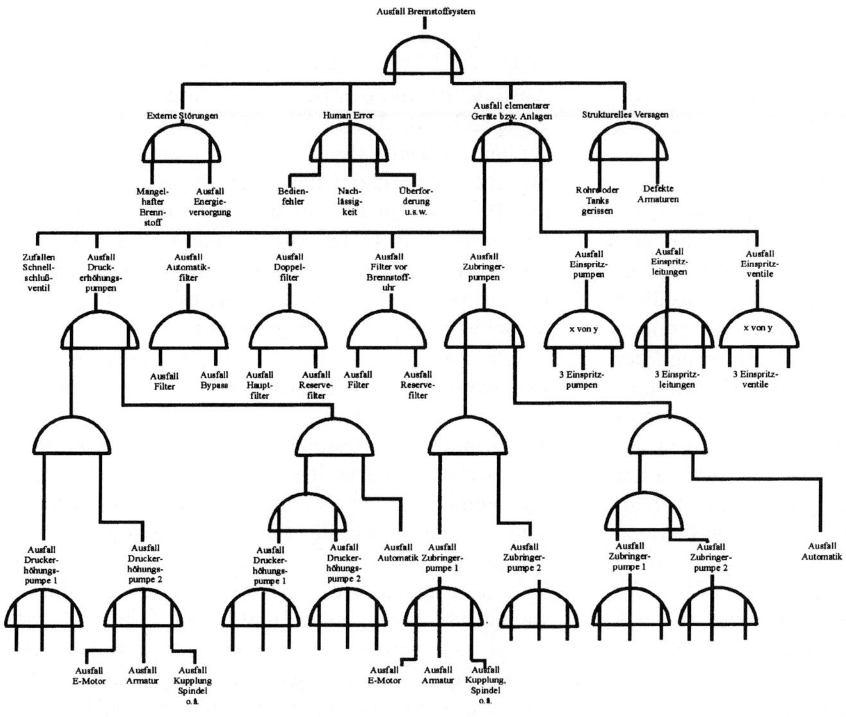

Abb. 7. Fehlerbaum Brennstoffsystem

Tabelle 4. Ausfallraten

Gerät/Fehler	Quelle f. Ausfallrate	Größe Ausfallrate [λ]	Bemerkung:
Zubringerpumpe	Luftfahrt ISF OREDA (S. 212)	6×10^{-6} $27{,}5 \times 10^{-6}$ 316×10^{-6}	 einst. Kreiselpumpe
Pumpenautomatik	Luftfahrt OREDA (S 399) OREDA (S. 519)	45×10^{-6} 140×10^{-6} 170×10^{-6}	Panel f. Alarmanlage Feuermeldeanlage Datenübertragungsanl.
Filter	Luftfahrt ISF	$1 \times 1\,0^{-6}$ $23\,6 \times 10^{-6}$	keine Angabe ob Aut.- Fil ter
Bypaß	ISF	$5{,}3 \times 10^{-6}$	
Doppelfilter	ISF	$23{,}6 \times 10^{-6}$	
Einspritzpumpe	keine Angaben	200×10^{-6}	Wert wurde angenommen
Einspritzleitung	keine Angabe	$2\,00 \times 10^{-6}$	$0{,}2 \times 10^{-6}$ in Luftfahrt f. Hy draulik/Pneumatikleitungen
Einspritzventil	keine Angaben	200×10^{-6}	$1{,}5 \times 10^{-6}$ in Luftfahrt f. Nadelventil
Schnellschlußventil	OREDA (S. 112)	11×10^{-6}	überwachtes fernbetätigtes Ventil in Ölleitung
Externe Störungen -Ausfall Energie -mangelhafter Brennstoff	 Luftfahrt	 120×10^{-6} 55×10^{-6}	 Ausfall Energieversorgung Annahme
Human Error	Luftfahrt	10×10^{-6}	
Strukturelles Versagen - Rohre/Tanks gerissen - Armaturen defekt	 Luftfahrt Luftfahrt Luftfahrt 36×10^{-6}	 $0{,}2 \times 10^{-6}$ 1×10^{-6} $1{,}5 \times 10^{-6}$	 Hydr. Pneumatikleitungen Leckage Hydr.-Vorratstank Ø für versch. Ventilarten OREDA (S.121) Fernbetätigtes Kugelventil

regel der Wahrscheinlichkeitsrechnung für alle Hauptsysteme (z.B. Antriebsanlagen) und Teilsysteme (z.B. Brennstoffsystem) ein quantitatives Sicherheitsziel abzuleiten. Es muß zu einer Bewertung der Ausfallschwere anhand von Schadensbeschreibungen und Ausfallschwereklassen kommen, mit dem Ziel, festzustellen, ob die maximale Eintrittswahrscheinlichkeit dieses Ereignisses mit entsprechenden gesetzlichen Forderungen übereinstimmt. Ist dies nicht der Fall, können auf der Basis konkreter Ausfallraten die entsprechenden Schwachstellen im System analysiert und gezielt Forderungen bezüglich bestimmter Bauteile, Aggregate oder kompletter Systeme an die Hersteller gestellt werden.

Setzt man z.B. die jährliche Einsatzzeit eines Containerschiffes mit ca. 8.000 Betriebsstunden an und legt die o.g. Zahlen zugrunde, so bedeutet dies, daß es mit ziemlicher Wahrscheinlichkeit zu zwei Ausfällen des Brennstoffsystems pro Jahr und Schiff kommen wird. Hierbei stellen die externen Störungen und der „Human Error" den dominierenden Einfluß dar, während etwa 5% der Ausfälle des Brennstoffsystems auf Ausfälle elementarer Geräte bzw. Anlagen zurückzuführen sind. Diese Zahlen werden auch in der Literatur [1] und z.T. in der eingangs näher behandelten Statistik bestätigt. Analysiert man die Werte in der Geräteebene (Filter, Pumpen usw.) genauer, so wird deutlich, daß die Ausfallrate von $1{,}2 \times 10^{-5}$ für diesen Zweig des Fehlerbaumes maßgeblich von den Werten für das Zufallen des Schnellschlußventils bzw. für die Einspitzleitungen bestimmt wird. Die Ermittlung derartiger „Flaschenhälse" ist eines der Hauptziele der Fehlerbaumanalyse.

Schon an diesem Beispiel wird deutlich, daß das Hauptproblem in der Seeschiffahrt derzeit die fehlenden Aussagen bezüglich der Ausfallraten der einzelnen Systemkomponenten sind. In der Arbeitsgruppe wurde über diesen Punkt sehr intensiv diskutiert. Datensammlungen, wie z.B. das Handbuch OREDA [5] basieren auf Informationen der Off-Shore Industrie. Vergleichbare Datensammlungen in dieser systematischen Aufbereitung existieren in der Seefahrt nicht. Es fehlen Rückmeldungen der Reeder über Ausfälle, die dann entsprechend ausgewertet werden. Entsprechende Daten wurden zwar in der Vergangenheit an Bord erfaßt, sind aber nicht mehr aktuell. Da auch viele Herstellerfirmen die Ausfallraten für ihre Produkte nicht kennen gibt es nur den Weg der Sammlung von Daten zur Bestimmung der Ausfallraten. Erste Aktivitäten dazu liegen seitens der Arbeitsgruppe in Form des Erfassungsbogens vor.

Verschiedene andere Möglichkeiten – z.B. Informationen über die Besichtiger des GL oder aus den Datensystemen SIRE und CDI (Chemical Distribution Institute) – sollen noch geprüft werden. Zur Problematik der Bestimmung von Ausfallraten wurde innerhalb der Arbeitsgruppe jedoch auch bemerkt, daß Fehleranalysen bereits in der Vergangenheit erstellt wurden. Wichtig war dabei nicht immer die Bestimmung einer Gesamtausfallrate, sondern der Vergleich alternativer Systemvarianten oder die systematische Suche nach Engpässen.

Durch den Sprecher der Arbeitsgruppe wurde dazu noch einmal deutlich gemacht, daß die qualitative Analyse zwar eine gute Möglichkeit der Untersuchung von Systemen darstellt, andererseits aber auch quantitative Aussagen unbedingt erforderlich sind. Dabei sind insbesondere Ausfallraten von Bauteilen, welche an „Flaschenhälsen" bzw. Engpässen sitzen und höchste Zuverlässigkeit besitzen müssen, von ausschlaggebender Bedeutung. Um künftig konkrete Daten für eine derartige quantitative Betrachtung zur Verfügung zu haben, ist die Errichtung eines Systems zur Datenerfassung unbedingt erforderlich.

Entscheidend für die Seefahrt ist weiterhin, daß ausgehend von einem übergeordneten Sicherheitsziel für alle Hauptanlagen und -einrichtungen systemspezifische Sicherheitsziele abzuleiten und Gefahrenanalysen zu erstellen sind. Dazu sind alle Systeme und Geräte eines Schiffes sowie deren Schnittstellen klar zu definieren. Zur Bewertung der Ausfallschwere sind Ausfallschwereklassen mit maximal auftretenden Eintrittswahrscheinlichkeiten festzulegen. Beispiele für das Vorgehen und weitere Hinweise hierzu finden sich in dem vollständigen Bericht der Arbeitsgruppe [8].

5 Weitere Möglichkeiten zur Erhöhung der Sicherheit und Zuverlässigkeit von Vortriebs- und Manövrieranlagen

5.1 Hilfssysteme

Auch mit der Thematik von Hilfsvortriebssystemen und Hilfsdieselsystemen/Notstromquellen beschäftigte sich die Arbeitsgruppe. Dabei wurde deutlich daß es auch international rege Aktivitäten zu der Problematik gibt. Sowohl auf Sitzungen der MEPC- und MSC-Ausschüsse der IMO, als auch im DE-Unterausschuß (Design and Equipment) wurden die Themen diskutiert.

5.1.1 Hilfsdiesel/Notstromquellen

Zur Problematik der Hilfsdieselsysteme und Notstromquellen sind dabei folgende Fragen zu stellen:

Zum Thema „Hilfsdieselsysteme":

Frage 1: Mit welchen Einschränkungen der Zuverlässigkeit der einzelnen Hilfsdieselaggregate durch gemeinsame stützende Systeme, wie Brennstoff- und Steuerungssysteme, ist zu rechnen?

Frage 2: Welche Maßnahmen sind gegeben bzw. erforderlich, wenn gemeinsame stützende Systeme versagen?

Zum Thema „Notstromquellen":

Frage 1: Welche Notverbraucher sollten über die bisher vorgeschriebenen vom Notstromaggregat gespeist werden?

Frage 2: Wann sollte das Notstromaggregat hochlaufen?

Frage 3: Bei welchen Bedingungen sollte das Notstromaggregat die Stützung der Notverbraucher übernehmen?

Auf einer Sitzung der IACS, Ende September 1995 war das Thema Hilfsdieselsysteme ebenfalls ein wichtiger Tagesordnungspunkt. Ergebnisse lagen der Arbeitsgruppe bei Redaktionsschluß aber noch nicht vor.

Innerhalb der Arbeitsgruppe wurden zu der gesamten Thematik zwei unterschiedliche Lösungsmöglichkeiten erörtert:

Lösung 1 besteht in entsprechend groß dimensionierten Not- oder Hilfssystemen

Lösung 2 besteht in einer möglichst schnellen Wiederverfügbarkeit der Antriebs- bzw. Manövrieranlagen.

Günstiger als ein entsprechend groß dimensioniertes Notstromaggregat, welches einen Notbetrieb der wichtigsten Anlagen ermöglicht, kann z.B. die schnelle Inbetriebnahme eines 2. Dieselgenerators sein, wobei die Zuverlässigkeit der die Hilfsdiesel stützenden Systeme überprüft werden muß.

Wegen der derzeit in der IMO laufenden Aktivitäten beschloß die Arbeitsgruppe, die dort erarbeiteten Ergebnisse abzuwarten und zunächst statt dessen die technischen Möglichkeiten von neuartigen Hilfsvortriebs- und Notsystemen zu untersuchen.

5.1.2 Hilfsvortriebssysteme

Die Arbeitsgruppe informierte sich über zwei Vorschläge zu dieser Thematik, die für Schiffe gedacht sind, durch die große Umweltschäden verursacht werden können. Auf eine hohe Verfügbarkeit und Zuverlässigkeit der gesamten Anlage wurde deshalb besonderer Wert gelegt. Dabei werden in der ersten Lösungsvariante im Rahmen des Projekts E3-Tanker, zusätzlich zum Hauptmotor ein oder zwei unabhängige Schottel Pump-Jets (SPJ 520 T) mit einer Leistung von jeweils 2600 KW zum Einbau vorgeschlagen. Modellversuche haben die Effektivität dieser Anlagen unter Beweis gestellt und die Fähigkeit, daß Schiffe mit derartigen Hilfsantrieben bei Ausfall der Antriebsanlage manövrierfähig bleiben, nachgewiesen.

Bei dem 2. Lösungsvorschlag handelt es sich um einen dieselelektrischen Hybridantrieb für Schiffe mit kurzzeitig besonders hohem Bedarf an elektrischer Energie, eine Problematik, die heute außer auf Tanker und Passagierschiffe auch auf Kühlschiffe zutrifft. Zudem soll dieser Vorschlag kostenneutral sein. Bei diesem Vorschlag wird bei einem Ausfall des Hauptdieselmotors das Bordnetzaggregat gestartet und das Bord- vom Fahrnetz getrennt. Die Fahraggregate treiben dann drehzahlgeregelt entsprechend ihrer Leistung den Propeller an (Abb. 8).

5.1.3 Hilfsdiesel-/Notstromsysteme (gemeinsame Hilfssysteme)

Probleme der Notenergieversorgung sowie gemeinsamer Systeme für Haupt- und Hilfsdiesel wurden in-

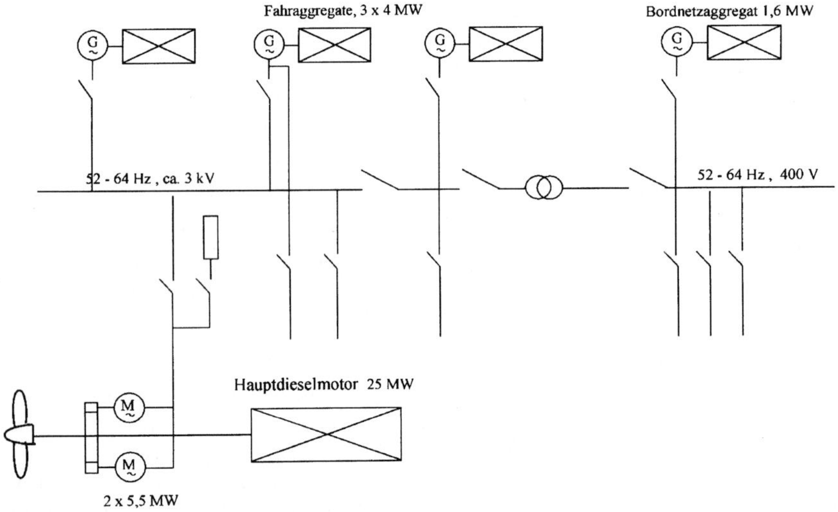

Abb. 8. Dieselelektrischer Hybridantrieb

tensiv erörtert und das Ergebnis wie folgt zusammengefaßt:
Elektrische Bordnetze sind im allgemeinen stets Inselnetze, welche von Hilfsdiesel- und Wellengeneratoren gespeist werden. Die Größe der Generatoren ist abhängig von der E Bilanz, es sind lt. SOLAS mindestens zwei Hilfsdieselgeneratoren vorgeschrieben. Die Generatoren speisen die Hauptschiene, von dieser Hauptschiene werden die wichtigen und unwichtigen Verbraucher versorgt (Abb. 9).
Beim Normalbetrieb läuft in der Regel ein Aggregat, im Revierbetrieb oder bei anderen Betriebsarten mit hohem E-Bedarf laufen zwei oder mehr Aggregate parallel.
Für den Notbetrieb ist eine Notstromquelle vorgeschrieben, in der Regel ist das ein Notdieselgenerator, der auf ein eigenes Netz, die Notschiene, speist. Dabei ist die Zahl der Notverbraucher aus Sicherheitsgründen so klein wie möglich zu halten.
Treten Störungen bei der E-Versorgung auf, dann werden bei Überlastung die unwichtigen Verbraucher automatisch abgeschaltet. Sie werden nach der Störungsbeseitigung wieder von Hand oder automatisch stufenweise zugeschaltet. Bei größeren Störungen kann es zu einem „Black Out" kommen.
Nach einem „Black Out" wird die Überleitung zwischen der Haupt- und Notschiene (Abb. 9) geöffnet und es starten auf automatisierten Schiffen der Standbydiesel und der Notdiesel, beide laufen hoch und schalten bei Erreichen der Nennspannung und Nennfrequenz auf die jeweilige Schiene.
Für automatisierte Handelsschiffe gilt dabei nach den Vorschriften des Germanischen Lloyd:

Notenergieversorgung nach Ausfall:
– so schnell wie möglich < 45 s
Standbydieselgenerator nach Ausfall:
– < 30 s

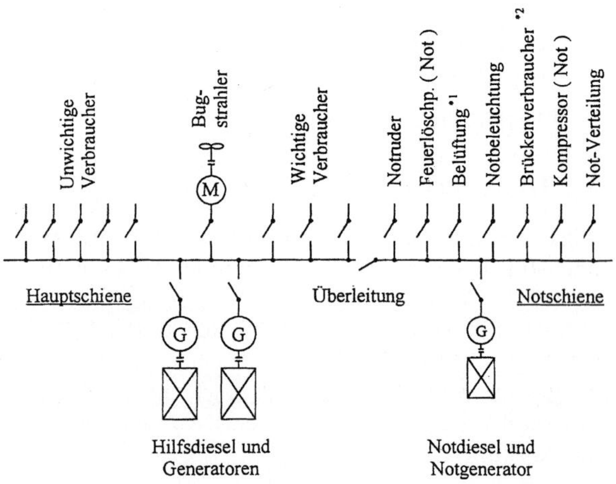

Abb. 9. Systembeispiel elektrischer Energieversorgung mit Hauptsammel- und Notschiene, Dieselgeneratoren und Verbrauchern
Anmerkungen: *[1]: Nach SOLAS nicht vorgeschrieben, *[2]: Hier sollten zwei Einspeisungen erfolgen, Haupt- und Noteinspeisung

Bei voltautomatisierten Systemen wird der Notdiesel häufig zeitverzögert gestartet oder der Notgenerator zeitverzögert zugeschaltet. Im Normalfall wird der Standbygenerator schnell auf die Hauptschiene geschaltet und die wichtigen Verbraucher schalten sich zeitgestaffelt zu. Nach automatischer Prüfung (Notgenerator auf Notschiene = nein) wird die Überleitung eingeschaltet.
Mechanische Störungen können aufgrund von Problemen bei der Versorgung mit Betriebsstoffen (Brennstoff, Schmieröl, Kühlwasser), zu hoher Drehzahl (u.U. zu hohe Abgastemperatur) und bei großen Störfällen (z.B. Kurbelwellenbruch, Kurbelwannenbrand) auftreten und zum Abschalten oder Ausfall des Dieselgenerators führen (s. Tabelle 5).

Dabei werden die Betriebsstoffe auf Druck und/oder Temperatur überwacht, häufig werden die überwachten physikalischen Größen mit mehreren Alarmgrenzwerten ausgestattet, die ansprechen, bevor der Abschaltgrenzwert erreicht wird.
In der Diskussion wurden insbesondere drei Schwachstellen in den dargelegten technischen Lösungen gesehen:

- Derzeit wird für elektrische Leistungen unter 1.500 kVA kein Schutz des Leitungsnetzes zwischen Generator und Generatorschalter gefordert.
- Ab 10% Unterfrequenz kommt es zum Fall des Generatorschalters nach 5 bis 10 Sekunden. Diese Zeit ist zu kurz, da man bis zu 20% Unterfrequenz ohne weiteres über einen Zeitraum von ca. 15 Minuten fahren kann. Es sollten Untersuchungen durchgeführt werden, ob die Zeit bis zum Generatorschalterfall geändert werden kann.
- Der Notgenerator sollte nach Möglichkeit so groß wie möglich ausgelegt werden, um auch einen ruhigen Hafenbetrieb in Zeiten zu gewährleisten, in denen kein Lade- und Löschbetrieb besteht.

Dazu wird festgestellt, daß im SOLAS 74/88 klar geregelt ist, daß der Notgenerator nur in Ausnahmefällen für andere Zwecke als den Notbetrieb und dann nur für kurze Zeit gefahren werden darf. Technisch wären die o.g. Forderungen ohne weiteres möglich. Der Germanische Lloyd läßt den Notgenerator auch als Hafengenerator zu, dann allerdings mit strikten Auflagen. Ein Einsatz im Seebetrieb wird nicht zugelassen. Auch seitens der See-BG bestehen keine Einwände gegen einen Einsatz des Notdiesels im Hafen- bzw. kurzzeitig im Seebetrieb. Im Seebetrieb sollte der Notdiesel allerdings so schnell hochfahren, daß nicht nur ein reiner Notbetrieb möglich ist, sondern daß er das Bordnetz stützt und mindestens für kurze Zeit den Betrieb des Hauptmotors ermöglicht. Eine andere Möglichkeit besteht darin, eine volle Redundanz der Hilfsdiesel und ihrer Betriebssysteme anzustreben.

Tabelle 5.1. Vereinfachte Übersicht zu Fehlern; Bedingungen und Folgen im elektrischen Bordnetz am Beispiel der GL-Vorschriften

Größe	**Störung**	**Bedingung**	**Folge**
Strom	Überstrom	max. 1,5 I nenn Zeit max. 2 min.	unwichtige Verbraucher ab, Alarm
	Kurzschluß	> 1,5 I nenn .Zeit max. 500 ms	Abschaltung
Spannung	Überspannung	./.	./.
	Unterspannung	zwischen 0,7 bis 0,35U nenn Zeit 500 ms (wie bei Kurzschluß)	Abschaltung (abhängig vom Leistungsschalter)
Frequenz	Überfrequenz	(wird mechanisch vermieden, durch den Drehzahlregler)	
	Unterfrequenz	DG*[1] > 10% Zeit > 5 bis 10 s Frequenz bleibt niedrig	unwichtige Verbraucher ab, Alarm Abschaltung
		WG*[2] > 10 % Zeit > 5 bis 20 s	nach 10 s startet Standbyaggregat Abschaltunq
Leistung	Rückleistung	$P_{rück} > 0{,}04 - 0{,}1\ P_{nenn}$ Zeit > 2 - 5s	Abschaltung

Tabelle 5.2. Mechanische Fehler, die zum Abschalten oder Ausfall des Hilfsdiesels führen

Störungen im System, andere Vorfälle	**Folge** (in der Regel erst Alarm, bei Überschreitung weiterer Grenzwerte Abschaltung)
Brennstoff	Alarm, Abschaltung durch Stillstand (Rückleistung bei Parallelbetrieb, Abschaltung elektrisch)
Schmieröl	Alarm, Abschaltung des Diesels
Kühlwasser	Alarm, Abschaltung des Diesels
Abgastemperatur	u.U. Mittelwertanlage bei Hilfsdieseln (nur bei großer Leistung), dann Alarm, Abschaltung
Verbrennungsluft	./.
Überdrehzahl	Regler oder Pick ab, Abschaltung
grobe mech. Fehler	z.B. Kurbelwellenbruch
Kurbelwannenbrand	./.

Eine weitere Alternative ist das „fehlertolerante Schiff". Dabei wird unabhängig von der E-Bilanz für kurze Zeit der Weiterbetrieb der Antriebs- und Ruderanlage aufrechterhalten. In diesem Zusammenhang wird darauf verwiesen, daß kurzfristige Ausfälle in der Schmierölversorgung des Hauptmotors nicht zum sofortigen Ausfall der Antriebsanlage führen dürfen. Bei SULZER-Motoren der neuen Generation ist dieses bereits umgesetzt worden.

5.1.4 gemeinsame Betriebssysteme

Aus verschiedenen Gründen werden für Haupt- und Hilfsdiesel gemeinsame Systeme benutzt, wie

- Brennstoff (HFO, MDO)
- Seekühlwasser
- Frischkühlwasser (NT, HT)
- Steuerluft
- Steuerelektronik
- Anlaßluft
- Heizsystem für Brennstoff

Das kann dazu führen, daß ein Ausfall im gemeinsamen System zum Ausfall des Hauptmotors, des im Betrieb befindlichen Dieselgenerators und danach des Standbydiesels führt.
Als Beispiel sollen hier die vereinfachten Brennstoff- und Kühlwassersysteme betrachtet werden.

1 Brennstoftsystem
Nach den Brennstoffpreiserhöhungen (1972/1978) wurden häufig auch die Hilfsdiesel auf Schweröl umgestellt und ein gemeinsames Brennstoffsystem propagiert und ausgeführt (One fuel ship), s. Abb. 10 und Abb. 11. MDO wird auf diesen Schiffen als Brennstoff verwendet, wenn Arbeiten am Brennstoffsystem ausgeführt werden. Fehler bei der Brennstoffaufbereitung, z.B. Wasser im Tagestank oder andere Engpässe, wie dauernder Schwachlastbetrieb, zu niedrige Systemdrücke und Temperaturen, können zum Ausfall des Hauptmotors und der Hilfsdiesel führen.

2 Kühlwassersystem
Es wird in der Regel ein gemeinsames Seekühlwassersystem verwendet, in dem das Seewasser die zentralen Niedrigtemperatur- (NT) und Hochtempe-

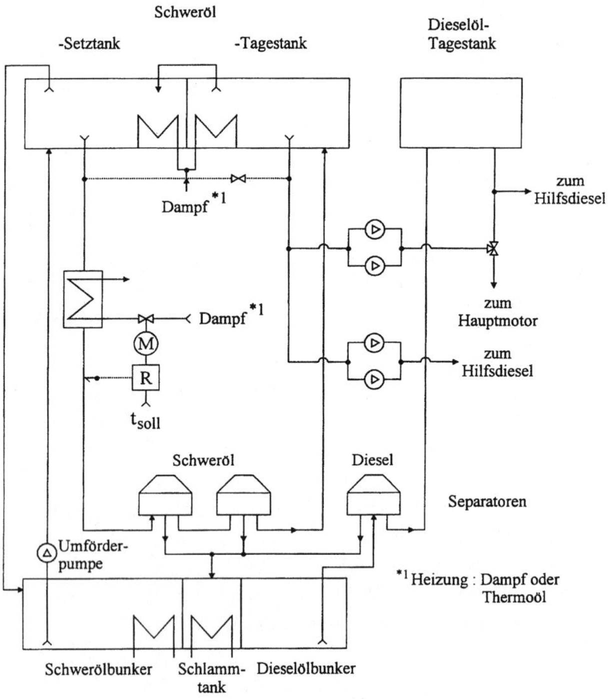

Abb. 10. Brennstoffsystem für one-fuel-Anlagen, Teilsysteme „Lagern" und „Aufbereiten"

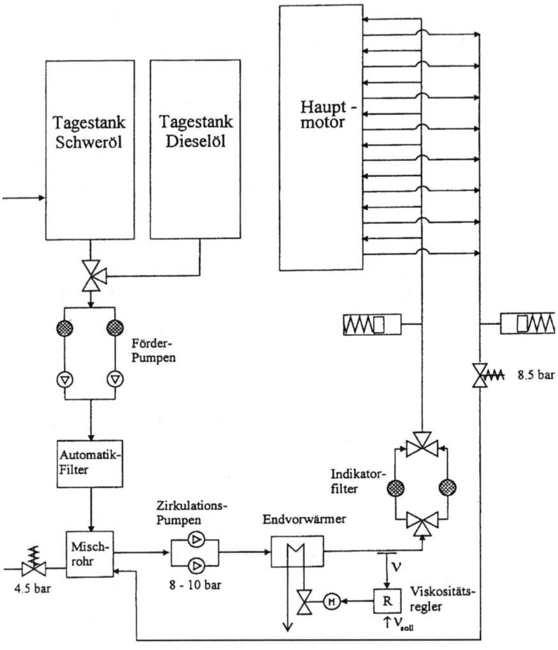

Abb. 11. Brennstoffsystem, Typische Ausführung des Teilsystems „Verteilen" für Hauptmaschinen

raturkühler (HT) entweder seriell oder parallel durchströmt. In der Abb. 12 ist ein vernetztes Kühlwassersystem stark vereinfacht dargestellt. Das Seekühlwassersystem ist in dieser Anordnung seriell geschaltet. Das NT-Frischkühlwassersystem versorgt hier den Hauptmotor, den Wellengenerator, die Hilfsdiesel und andere Hilfssysteme. In dieser Anordnung würde eine Störung des NT-Temperaturreglers (Sicherheit ist hier die Handbetätigung), den Hauptmotor und alle Hilfsdiesel beeinflussen, ebenso wie der seewasserseitige Ausfall des NT-Kühlers.

5.2 Checkliste der vor Anlaufen eines Reviers für Vortriebs- und Manövrieranlagen durchzuführenden Maßnahmen

Zwar war der Arbeitsgruppe bewußt, daß eine Checkliste, in der Maßnahmen abgefragt werden, die vor Anlaufen eines Reviers durch die Besatzung durchzuführen sind, zu einer guten Seemannschaft gehören. Die Erfahrung hat aber auch gezeigt, daß gute Seemannschaft leider nicht immer selbstverständlich ist. Deshalb wird eine derartige Checkliste als eine sehr sinnvolle Ergänzung angesehen. Unabhängig von der Qualifikation der Besatzung besteht gemäß dem ISM Code zudem die Nachweispflicht, daß erforderliche Kontrollen durchgeführt wurden und wann diese Kontrollen stattgefunden haben. Vorteilhaft ist deshalb ein Formblatt, in dem die einzelnen Punkte durch die Besatzung mit dem entsprechenden Datum abgearbeitet werden können. Deshalb wurde durch die Arbeitsgruppe die hier als Abb. 13 dargestellte Checkliste erstellt.

5.3 Vereinheitlichung der Anordnung von Systemgruppen in Maschinenräumen zur Erhöhung der Sicherheit in der Bedienung der Anlagen

Auf einer Sitzung des Fachausschusses „Schiffsmaschinen" wurde das Thema „Vereinheitlichung der Anordnung von Systemgruppen in Maschinenräumen" behandelt und einige Ausführungen zu der Problematik gemacht. Da innerhalb der Arbeitsgruppe auch der Standpunkt vertreten wurde, daß eine derartige Modulbauweise eigentlich Stand der Technik ist und weniger ein Bedienerthema als vielmehr ein Schwerpunkt der Werften sein sollte, wurde seitens der See-Berufsgenossenschaft darauf hingewiesen, daß eine Standardisierung auch Sicherheitsaspekte beinhaltet. Aufgrund der z.T. recht unterschiedlichen Qualifikation der Besatzungen ist eine bestimmte Standardisierung, z.B. die identische Anordnung von betriebswichtigen Anlagen auf verschiedenen Schiffen, wenn technisch durchfürbar, aus sicherheitstechnischer Sicht zu befürworten.
Auch innerhalb der IMO gibt es entsprechende Aktivitäten zum „Engine Design Layout", die eine Erhöhung der Bedienerfreundlichkeit sowie die Vereinfachung der Anlagen zum Ziel haben.

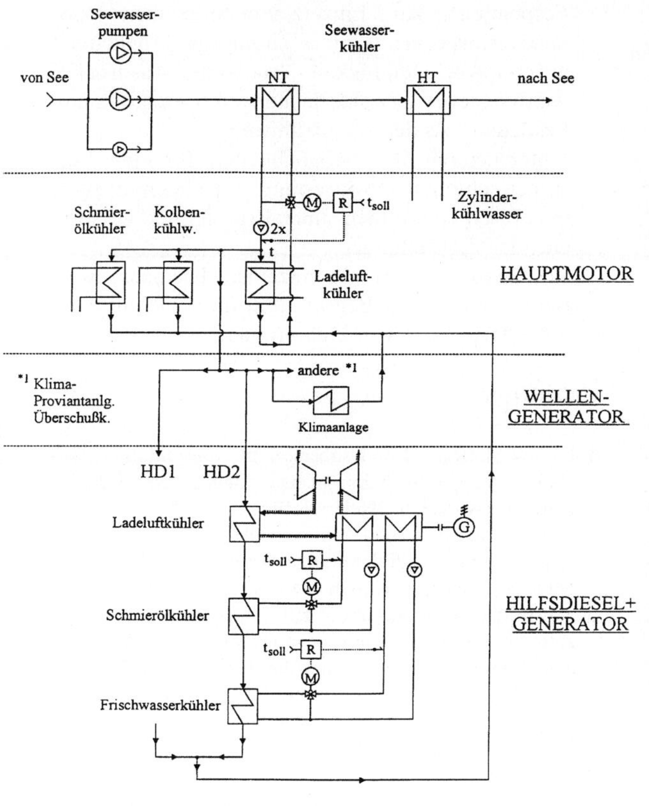

Abb. 12. Typisches Kühlwassersystem

Checkliste der vor Anlaufen eines Reviers durchzuführenden Maßnahmen für Vortriebs- und Ruderanlagen

Diese Checkliste enthält eine Zusammenstellung von wesentlichen Maßnahmen für Vortriebs- und Manövrieranlagen, die von den Schiffsleitungen vor Anlaufen eines Reviers bei guter Seemannschaft einzuhalten sind. Für bestimmte Schiffstypen und Schiffe mit besonderen Einrichtungen können zusätzliche Maßnahmen erforderlich sein. Zusatzforderungen können sich auch beim Befahren bestimmter Reviere ergeben.

1. Es ist sicherzustellen, daß mindestens zwei Hauptstromquellen (Diesel-Generatoren-Aggregate bzw. Wellengeneratoren) betriebsbereit sind.
2. Es ist sicherzustellen, daß die Notstromquelle (Notdieselaggregat, Akkumulatoren) und die automatische Aufschaltung des Notstromaggregates betriebsbereit sind.
3. Bei Beginn der ersten Revierfahrt nach langen Seereisen ist unbedingt die Funktion des Rückwärtsmanövers zu erproben. Bei direkt umsteuerbaren Motoren sind mind. 1 Rückwärtsmanöver durchzuführen. Muß der Motor für Rückwärtsfahrt nicht umgesteuert werden, ist die einmalige Überprüfung der Schubumkehr des Propellers ausreichend.
4. Auf der Brücke müssen die Anzeige der Propellerdrehzahl, die Steigungsanzeige von Verstellpropelleranlagen, die Drehrichtungsanzeige und die Anzeige der Betriebsbereitschaft der Antriebsaggregate der Ruderanlage funktionsfähig und einwandfrei abzulesen sein.
5. Der Uhrenvergleich zwischen Brücke und Maschinenraum ist durchzuführen.
6. Anlaßluftflaschen sind zu füllen und gefüllt zu halten, so daß alle erforderlichen Anlaß- und Umsteuermanöver durchgeführt werden können. Vor Fahrtantritt oder Beginn der Revierfahrt sind die Anlaßluftflaschen zu entwässern. Es ist zu prüfen, daß die erforderlichen Anlaßluftventile geöffnet sind.
7. Wenn erforderlich, ist das Brennstoffsystem von Schwer- auf Marine-Dieselöl rechtzeitig umzustellen.
8. Eine Kontrolle der Betriebsbereitschaft des Maschinentelegrafen ist vorzunehmen.
9. Die Besatzung hat alle manuell zu reinigenden Filter in Brennstoff- und Schmierölsystemen - auch in den Stand-by-Systemen - zu überprüfen und ggf. in der Wache vor der Revierfahrt zu reinigen.
10. Die Schmieröltanks sämtlicher Motoren müssen gut gefüllt sein, um bei starker Krängung ein Abreißen des Schmierölstromes zu verhindern.
11. Beide Antriebsaggregate der Ruderanlage sind in Betrieb zu nehmen und die Funktion der Hydraulikpumpen ist zu kontrollieren, soweit es technisch möglich ist. Eine Umstellung auf Handbetätigung ist nicht erforderlich. Fährt das Schiff mit Selbststeueranlage, so ist auf dem Revier und bei hoher Verkehrsdichte ein Rudergänger auf der Brücke in unmittelbarer Nähe des Steuerstandes in Bereitschaft zu halten.
12. Das Ruder ist bei reduzierter Schiffsgeschwindigkeit von Endlage zu Endlage zu legen. Die Übereinstimmung der Ruderlage mit der Ruderlagenanzeige auf der Brücke ist festzustellen.
13. Sind mehrere Fahrstände für die Ruderanlage auf der Brücke vorhanden, sind diese ebenfalls zu erproben.
14. Vor Beginn der Revierfahrt sind die Anker "Klar zum Fallen" zu machen.

Abb. 13. Ckeckliste der vor Anlaufen eines Reviers durchzuführenden Maßnahmen für Vortriebs- und Ruderanlagen

5.4 Störstellendrucker

Bereits im Rahmen der Analyse der Ursachen von technischen Ausfällen wurden Störstellenausdrucke von Schiffen einer deutschen Reederei untersucht. Es sollte festgestellt werden, ob diese Ausdrucke die Möglichkeit bieten, die Ursachen der Ausfälle im nachhinein konkret zu benennen und diese entsprechend auszuwerten. Dabei wurde jedoch deutlich, daß dies derzeit in den wenigsten Fällen machbar ist.
Dies wurde bestätigt, als an einem konkreten Beispiel die Probleme mit Störwertregistrierungen aufgezeigt wurden. Laut Aussage der Reedereivertreter in der Arbeitsgruppe ist die gesamte Thematik unbefriedigend gelöst und trägt nicht zur Erhöhung der Sicherheit bei. Die Störstellenausdrucke der meisten im Markt befindlichen Systeme enthalten zu wenig Informationen und irritieren den Benutzer häufig mehr, als daß sie zur Klärung von Ausfallursachen beitragen. Um die Situation zu verbessern, sind nach Aussage der Reedereien Empfehlungen erforderlich. Nur durch international verbindliche Vorschriften für Störstellendrucker wäre der Standard zu verbessern.
Es wurde bestätigt, daß Störstellen-/Störwertdrucker international nicht gefordert werden. Bei umfangreichen Ausfällen sollten nur bestimmte, ereignisbezogene Störungen ausgedruckt werden und nicht alle auflaufenden Meldungen. Dies trifft insbesondere für Aufzeichnungen zu, die bei einer größeren Störung, wie z.B. einem „Black out", auflaufen.
Um sich ein Bild über den derzeitigen Entwicklungsstand von Störstellendruckern zu verschaffen, wurde anhand der Produktinformation eines Herstellers der Aufbau und die Wirkungsweise des Störstellendruckers erläutert. Bei modernen Konzepten besteht sowohl die Möglichkeit des kompletten Ausdrucks aller Alarme in ihrer zeitlichen Reihenfolge, als auch eines reduzierten Ausdrucks, durch Aufbau von „freien" Alarmlisten, in denen auswählbare Meldungen unterdrückt werden können. Dabei können die Alarme im Klartext ausgedrückt werden, in einer max. Länge von 40 Zeichen.
Seitens der Arbeitsgruppe wird darauf hingewiesen, daß es sehr wichtig ist, gemeinsame Bezeichnungen bzw. Kürzel in den Störstellenausdrucken aller Hersteller zu verwenden, damit eine entsprechende Zuordnung erfolgen kann und alle Beteiligten tatsächlich über das gleiche Ereignis reden. Auch muß der Aufwand für die Erstellung der „freien Listen" so gering gehalten werden, daß ein Aufbau der Listen durch das Bordpersonal jederzeit problemlos möglich ist.
Konkrete Entscheidungen zu diesem Schwerpunkt wurden durch die Arbeitsgruppe noch nicht getroffen.

5.5 Bedienoberflächen

In der Einführung zu diesem Arbeitsschwerpunkt wurde deutlich, daß die Peripherie der Vortriebs- und Manövriersysteme ein wesentliches Gebiet ist, auf dem die Ursachen für Ausfälle, z.B. durch Fehlbedienungen, entstehen können. Aus diesem Grunde wurde eine Auflistung von Bedienoberflächen und deren mögliche Fehlerquellen zusammengestellt, und es war das Ziel, im Rahmen der Arbeitsgruppe ggf. Änderungen anzustreben. Da jedoch auch bei diesem Thema keine Übereinstimmung der Ansichten erzielt werden konnte, kam es zu keiner abschließenden Empfehlung. Einerseits wurde betont, daß der Nutzen einer derartigen Zusammenstellung sehr gering ist, da die entsprechenden Informationen bereits in den Vorschriften des GL existieren, andererseits wurde auf nicht eindeutige Schalterstellungen, unklare Anzeigen, flackernde LED's mit einem Informationsgehalt gleich Null oder schlechte Bildschirmdarstellungen verwiesen. An einem Beispiel wurden Probleme und Vorstellungen zu Bedienoberflächen dargelegt. Es wurde festgestellt, daß Bedienoberflächen möglichst nach ergonomischen und anthropotechnischen Gesichtspunkten gestaltet sein müssen, damit sich jeder schnell und unproblematisch zurechtfinden kann. Dies ist heute leider oft noch immer nicht der Fall. Jede Bedienoberfläche muß so klar und eindeutig sein, daß man sie sowohl im Ruhe-, als auch Alarmfall beherrscht. Informationen müssen jederzeit abrufbar sein.

6 Schlußfolgerungen

Die Auseinandersetzung mit der Frage nach Möglichkeiten der Erhöhung der Zuverlässigkeit von Vortriebs- und Manövrieranlagen hat gezeigt, daß nur Verbesserungen erzielbar sein werden, wenn die dazu erforderlichen Voraussetzungen geschaffen werden können. Zu diesen Voraussetzungen gehört die intensive Bearbeitung folgender Themenschwerpunkte:

- Auswertung des Informationsrücklaufs über den von der Arbeitsgruppe erstellten Erfassungsbogen zur Ermittlung von technischen Ausfallursachen auf Seeschiffen.
- Festlegung eines Sicherheitszieles (Sicherheitswahrscheinlichkeit) für das Transportsystem Schiff.
- Festlegen von systemspezifischen Sicherheitszielen für alle Hauptanlagen und -einrichtungen und deren Subsysteme/Geräte.
- Definition aller Hauptanlagen und -einrichtungen eines Schiffes sowie deren Subsysteme/Geräte und ihrer Schnittstellen.
- Festlegen von allgemein gültigen Bezeichnungen.
- Definition von Ausfallschwereklassen mit universell anwendbaren Schadensbeschreibungen und maximal auftretenden Eintrittswahrscheinlichkeiten
- Beschreibung der Methoden und Techniken eines vollständigen Sicherheitsanalyseverfahrens (Systems Safety Assessment) in einer Richtlinie.
- Erarbeiten eines Verfahrens zur Ermittlung von Ausfallraten von Systemen/Bauteilen.
- Analyse von Hilfssystemen. Untersuchung der Schwerpunktthemen Hilfsdieselsysteme/Notstromquellen und Hilfsvortriebssysteme.
- Festlegungen zum Einsatz von Störstellen– bzw. Störwertdruckern. Untersuchung der Möglichkeit in ihrer Aussagefähigkeit verbesserter Ausdrucke.
- Analyse der Bedienoberflächen auf Seeschiffen und Festlegung zu deren Ausführung.
- Untersuchung von Möglichkeiten für eine Vereinheitlichung der Anordnung von Systemgruppen in Maschinenräumen und Erarbeitung entsprechender Zielstellungen.
- Festlegung der für die einzelnen Themenschwerpunkte relevanten Begriffe und ihrer Definitionen (erweiterte Liste von Definitionen).

Schrifttum

1 Dr. W. Lampe, Bundesoberseeamt: „Seeunfalluntersuchung – jetzt einheitlich in allen Küstenländern" Schiff & Hafen/Seewirtschaft, Heft 1 1/1991
2 Aufstellung über technische Ausfälle auf Seeschiffen der Wasser- und Schiffahrtsämter Brunsbüttel, Cuxhaven, Hamburg und Kiel-Holtenau für die Jahre 1990–1993
3 Schriftliche Prüfungsarbeit zur Ablegung der Prüfung zum technischen Aufsichtsbeamten Dipl.-Ing. Hans-Jürgen Banisch: „Untersuchung der Betriebssicherheit von Propulsions- und Manövriersystemen von Seeschiffen anhand von Zuverlässigkeitsanalysen"
4 Institut für Schiffsbetriebsforschung an der Fachhochschule Flensburg „Wirtschaftliche Schiffsbetriebstechnik für Seeschiffe", Technischer Bericht Nr. 820/85, Teilbericht Nr. 2: „Vereinheitlichung von schiffsbetriebstechnischen Systemen"
5 OREDA, Offshore Reliability Data Handbook, 2nd Edition, Published by: OREDA Participants, Distributed by Det Norske Veritas Industri Norge AS DNV Technica
6 DIN 40041, DIN 40042, DIN IEC 1025 IEC 812
7 Peters, O., Meyna, A.: Handbuch der Sicherheitstechnik, Carl Hanser Verlag München Wien
8 Erhöhung der Zuverlässigkeit der Propulsions- und Manövriersysteme von Seeschiffen Abschlußbericht der STG-Arbeitsgruppe Hamburg Juni 1996

Erörterungen

Dipl.-Ing. Helmuth Breyer, Norderstedt:
- Fragebogen für Lotsen in Englisch und Deutsch
- Festlegung von „Fuel Classes" für Haupt- und Hilfsanlagen

Zum Fragebogen für Lotsen:
Meine Anregung den Text mindestens zweisprachig auszuführen und ebenfalls eine Interpretationshilfe für technische Schadensprobleme zur Verfügung zu stellen.
Zur hohen Ausfallrate von Brennstoffsystemen:
Angeregt wird die Einführung einer „Fuel Class", die eindeutig die Auslegung des Brennstoffsystems und seiner Komponenten für die jweilige Antriebs- und Hilfsdieselanlage festlegt und damit nicht nur durch reine Empfehlungen der Motorenhersteller oder Einkauf preiswerterer Komponenten durch die Werften, eine nicht sachgerechte „billige" Auslegung des Brennstoffsystems erlaubt.

Prof. Dr.-Ing. Günter Ackermann, TU Hamburg-Harburg:
Datensammlung zur Zuverlässigkeit von Anlagen

Herr Prof. Meier-Peter, Sie hatten in Ihrem Vortrag auf die Notwendigkeit von verläßlichen Daten zur Zuverlässigkeit von Komponenten hingewiesen. Halten Sie es für realistisch, einmal zu einer solchen Datensammlung zu kommen? Nach meiner Einschätzung ist das praktisch unmöglich; im Vergleich zu Flugzeugen werden Schiffe und deren Komponenten in vielen unterschiedlichen Ländern und Werften mit sehr unterschiedlichen Qualitätsstandards hergestellt.

Dipl.-Ing. Jürgen Nagel, Gettorf: Aufschlüsselung des menschlichen Versagens

Sind in den genannten 84% menschlicher Fehler eventuell Konstruktionsfehler und Qualitätsmängel, ausgelöst durch menschliches Fehlverhalten, enthalten?

Dipl.-Ing. Gerhard Fischer, Germanischer Lloyd, Hamburg: Prozentsatz des menschlichen Versagens an Störfällen

Wenn man auch technische Mängel auf Konstruktionsfehler zurückführt, erhält man als Begründung für nahezu 100% aller Ausfälle das menschliche Versagen, nur das kann nicht eine nützliche Aussage sein.
Meines Erachtens muß man danach fragen, wie hoch der Prozentsatz ist, der auf rein menschliches Versagen zurückzuführen ist, d.h. von den 84%, die auf menschliches Versagen zurückzuführen sind, die z.B. auf falsche Bedien-Oberflächen oder ähnliches abzielt. Können Sie sagen, wie hoch dieser Anteil ist?

Prof. Dr.-Ing. Hansheinrich Meier-Peter, Flensburg (Schlußwort)

Zum Beitrag von Herrn Breuer:
Der Fragebogen für Lotsen ist durch das BVM inzwischen übersetzt worden, so daß er auch in englischer Sprache vorliegt. Eine Interpretationshilfe ist bisher nicht erarbeitet worden. Bei der Ausgabe der Fragebögen an die Lotsen ist jedoch eine Begründung und Erläuterung gegeben worden, was mit dem Fragebogen erreicht werden soll.
Die Anregung, grundsätzlich eine „Fuel Class" für die Mindestauslegung von Systemen für die Lagerung, Aufbereitung und Zubringung von Brennstoff zu den Motoren zu definieren, um unzuverlässige Billigkonstruktionen auszuschließen, halte ich für sinnvoll jedoch auch für schwer durchsetzbar wegen der großen Vielfalt in Frage kommender Schiffstypen und Vortriebsanlagen. Erste Ansätze sind jedoch in den IACS-Vorschriften zu finden bzw. werden in Kürze wohl verabschiedet. Allerdings erstrecken sich diese Vorschriften nur auf die Systemkonzeption–eine „Design fuel class" ist noch nicht vorgesehen.

Zum Beitrag von Prof. Dr.-Ing. Ackermann:
Der unterschiedliche Qualitätsstandard und der globale Wettbewerb bei Bau und Betrieb von Schiffen sind sicher die größten Hindernisse und stellen den signifikantesten Unterschied zur Luft- und Raumfahrt dar. Eine Datensammlung, die universell auf alle Schiffe bzw. Schiffsanlagen anwendbar wäre, wird es in absehbarer Zukunft nicht geben.
Einen weiteren Hinderungsgrund stellen die kleinen Stückzahlen der Maschinen der jeweiligen Entwicklungsgeneration dar. Die neuen Motorengenerationen entstehen ja oft schon, bevor die „Kinderkrankheiten" der Vorläufergeneration alle bekannt, geklärt und geheilt sind.
Weitere Unterschiede liegen in den Betriebsstoffen die extrem unterschiedlich sein können, – auch zwei baugleiche Schiffe – so es sie denn gäbe – die mit „schlechtem" bzw. „gutem" Kraftstoff betrieben würden, würden signifikante Unterschiede hinsichtlich der Schwere der auftretenden Störungen und Ausfälle und ihrer Häufigkeit aufweisen.
Andererseits sammeln viele Hersteller, und hier vor allem die Motorenbauer, soweit es ihnen möglich ist, Informationen über auftretende Störungen und Ausfälle im Rahmen ihrer Produktpflege.

Zum Beitrag von Herrn Nagel:
Eine genaue Aufschlüsselung der 84% auf menschliches Versagen zurückzuführenden Störungen und Ausfälle, liegt uns nicht vor. In einigen Fällen konnte gewöhnliche Schlamperei als Ursache identifiziert werden – vornehm umschrieben mit „poor seamanship", wie z.B. Nichtbefolgen von Dienstvorschriften. Auch Fälle bei denen das Bedienungspersonal durch die hohe Kompflexität der Anlage überfordert war, sind aktenkundig.
Wie im Vortrag bereits angedeutet, ist eine eindeutige Aufklärung der auslösenden Ursachen nur selten möglich – das gilt leider auch für die große Gruppe der Ausfälle durch menschliches Versagen.

Zum Beitrag von Herr Fischer:
Die statistischen Aussagen über den großen Anteil menschlichen Versagens sind leider nicht näher aufgeschlüsselt. Es gibt in den hier angeführten Quellen keine detaillierten Untersuchungen darüber, wieviel Prozent auf unzureichende Ausbildung, Arbeitsüberlastung, Übermüdung, Wartungsfehler, Nichtbeachtung der Unfallverhütungsvorschriften oder schlichte Schlamperei zurückzuführen sind. Wir wissen aber, daß auch unübersichtliche Bedienoberflächen, ergonomisch ungünstige Geräteanordnung, erschwerte Zugänglichkeit für Wartungsarbeiten und falsch interpretierbare Bedienungshinweise eine große Bedeutung haben können. Hierauf bezog sich meine Bemerkung, daß menschliches Versagen bereits in der Konstruktion beginnt. Wir müssen auch bei den heutigen komplexen Systemen zu „narrensicheren" Lösungen kommen.
Ein weiterer Beitrag zur Verringerung des hohen Prozentsatzes „menschlichen Versagens" kann durch intensives und gezieltes Störfall-Training in Simulationsanlagen geleistet werden. Leider sind die Maßnahmen des Bundesverkehrsministeriums in dieser Beziehung kontraproduktiv, da versucht wird, die bisher bereits knapp bemessene Ausbildungszeit der Schiffsingenieure um 30% zu kürzen, um die Ausbildung im Ganzen dem Niveau der Entwicklungsländer anzupassen.

Methoden der Strukturanalyse

Untersuchungen zum Kollisionswiderstand von RoRo-Schiffen

Investigations about the Collision-Resistance of RoRo-Vessels

Manfred Scharrer, Dr.-Ing. **Ernst Detlef Egge**
Germanischer Lloyd, Hamburg

1 Einleitung

In den letzten Jahren fanden einige spektakuläre Schiffskollisionen statt, an denen auch RoRo- bzw. Fahrgastschiffe beteiligt waren. Wenn solche Schiffe in Kollisionen verwickelt werden, dann sind im Gegensatz zu anderen Schiffen stets viele Menschenleben unmittelbar in Gefahr.
Zur Beurteilung der Sicherheit dieser Schiffe ist es nötig, das Verhalten der Schiffskörper während einer Kollision zu untersuchen und das Schadensausmaß zu bestimmen, um die Folgen für das Schiff abschätzen zu können. Das Verhalten des Schiffes nach der Kollision wiederum bestimmt maßgeblich die Überlebenschancen der an Bord befindlichen Menschen. Das Risiko dieser Menschen steigt mit dem Verlust der Manövrierfähigkeit an und erhöht sich durch den Verlust der Schwimmfähigkeit deutlich. Eine weitere Erhöhung des Risikos ergibt sich durch Auseinanderbrechen oder Kentern des Schiffes.
Im Rahmen eines vom BMBF geförderten Forschungsvorhabens [1] wurde u.a. auch der „konstruktive Kollisionsschutz" untersucht. Ziel dieser Untersuchung war es, durch konstruktive Maßnahmen den Kollisionswiderstand der RoRo-Fahrgastschiffe zu erhöhen und dabei realisierbare Konstruktionsvarianten hinsichtlich ihrer Effektivität zu beurteilen. Im folgenden wird über diese und weiterführende Untersuchungen berichtet.

2.1 Umfang der Berechnungen

In der vorliegenden Arbeit wurde beispielhaft ein 180 m langes RoRo-Schiff untersucht, das von einem 140 m langen Mehrzweckfrachter getroffen wurde. Neben der Grundversion des RoRo-Schiffes, die einer normalen Dimensionierung entspricht, wurden 4 verstärkte Versionen betrachtet:

A: Decks im Seitenbereich mit größeren Plattendicken
B: Decks im Seitenbereich aus höherfestem Stahl
C: Anordnung zusätzlicher Schotte und Stringerdecks in den Seitentanks
D: Kombination der Verstärkungen entsprechend A, B und C.

Die Umstände, unter denen Kollisionen stattfinden, sind vor der Kollision nicht bekannt. Parameter wie Geschwindigkeit, Begegnungswinkel, Tiefgang und Auftreffstelle beeinflussen aber den Ablauf der Kollision erheblich. Daher sollten Vergleiche zwischen verstärkter und unverstärkter Version immer auch unterschiedliche Kollisionssituationen mit einbeziehen, um auf allgemeinere Aussagen zu kommen.
Bei systematischen Variationen der Parameter ergibt sich schnell eine große Anzahl von Rechnungen, die nur mit einem geeigneten Rechenverfahren zu bewältigen ist.

2.2 Voraussetzungen des Rechenverfahrens

Da mit dem beim Germanischen Lloyd bisher verwendeten Programm nur rechtwinklige Kollisionen behandelt werden konnten, wurde für die hier durchzuführenden Berechnungen eine spezielle Version erstellt, die auch das Berechnen von schrägen Kollisionen erlaubt. In diesen Berechnungen werden folgende Voraussetzungen zugrunde gelegt:

1. Die Bugstruktur des treffenden Schiffes wird als starr, d.h. unverformbar angenommen. Frühere Berechnungen rechtwinkliger Kollisionen mit deformierbarer Bugstruktur ergaben, daß die Energieaufnahme des Buges im allgemeinen klein ist. Ferner haben tatsächlich stattgefundene Kollisionen gezeigt, daß die Bugstrukturen meistens nur geringe Beschädigungen aufwiesen. Als im Nov. 1989 das Containerschiff „Nordic Stream" mit dem Fahrgast-RoRo-Schiff „Hamburg" kollidierte, gab es keine wesentlichen Beschädigungen am Bug des Containerschiffes, obwohl es bis zur Mittellinie in das RoRo-Schiff eindrang.

2. Die Winkellage der Schiffe zueinander ändert sich während der Kollision nicht. Die Änderung der Winkellage zwischen den Schiffen während der Kollision wird als Teil der äußeren Kollisionsmechanik angesehen und hier nicht betrachtet.
3. Weder das getroffene noch das treffende Schiff führt eine Tauch-; Roll-, oder Stampfbewegung aufgrund der Kollision durch. Diese Bewegungen während des eigentlichen Stoßvorgangs der hier betrachteten Kollisionen sind gering und werden daher nicht weiter berücksichtigt.
4. Der zeitlich-dynamische Ablauf der Kollision wurde durch einen quasistatischen Kollisionsprozeß ersetzt. Eine quasistatische Kollision bedeutet, daß Massenträgheitskräfte lediglich in der äußeren Kollisionsmechanik berücksichtigt werden. Der Einfluß der Dehngeschwindigkeit auf die Bruchspannung wird nur pauschal erfaßt.

Für Einzelberechnungen werden Rechenzeiten von einigen Minuten benötigt. Voraussetzungsgemäß beinhaltet eine Berechnung auch eine Variation der Kollisionsgeschwindigkeit, da diese über die Energie zugeordnet werden kann.
Zur Absicherung des Berechnungsverfahrens wurde der hier ausführlicher gezeigte Kollisionsfall auch mit dem FEM-Crash-Programm DYNA3D [2] berechnet. Diese Berechnung wurde mit einer SUN Ultra 1 durchgeführt und erforderte eine Rechenzeit von ungefähr 4 Wochen.

2.3 Die Berechnungsmethode

Die gewählte Berechnungsmethode basiert auf Traglastansätzen. In dieser Methode werden alle von der Kollision betroffenen Teile in ihre Strukturkomponenten wie Platten, Paneele, Stringer, Rahmen und Schotte aufgeteilt, und es werden ihre Tragkräfte nach Traglast- und Stabilitätstheorie berechnet. Für Komponenten mit geringer Ausdehnung in Schiffsquerrichtung wird die Fließgelenktheorie verwendet. Das Tragverhalten der seitlichen Außenhaut wird durch ein einfaches Membranmodell erfaßt. Entsprechend der Bauvorschrift des Germanischen Lloyd, Abschnitt 33, Verstärkung gegen Kollisionen [3] wird als Bruchdehnung 5% angenommen.
Diese sog. Methode der Substrukturen ist auf Reckling zurückzuführen und wurde beim Germanischen Lloyd im Rahmen eines BMBF-Vorhabens weiterentwickelt [4–7].
Die Berechnungen erfolgten schrittweise, wobei in jedem Schritt der Bug eine vorgegebene Strecke weiter in die Seite des getroffenen Schiffes gedrückt wird. Ziel ist die Berechnung der Verformungsenergie als Funktion der Eindringtiefe. Dabei werden für jeden Berechnungsschritt die Schnittlinien des Buges mit der RoRo-Seite bestimmt. Die Verformungsenergie eines Elementes erhält man durch Integration seiner Traglast über den lokalen Eindringweg des betreffenden Elementes. Die Summe der Energien über die einzelnen Elemente ergibt die gesamte Verformungsenergie. Da der Verlauf der Traglasten über der Eindringtiefe stark nichtlinear ist, ist wegen der Integration zur Verformungsenergie das inkrementelle Vorgehen notwendig. Man erhält also automatisch den Zusammenhang zwischen Kollisionsgeschwindigkeit und Eindringtiefe und anderen, das Schadensausmaß beschreibende Größen.
Im allgemeinen kann es bei Kollisionen auch vorkommen, daß sich die Bugstruktur von Teilen der eingedrückten Seitenstruktur wieder entfernt. Dies erfolgt besonders bei Kollisionen schräg von vorn, wenn die Relativgeschwindigkeit der Kollisionsgegner in Längsrichtung des getroffenen Schiffes groß ist. Der verwendete Kontaktalgorithmus berücksichtigt, daß dabei natürlich keine Zugkräfte übertragen werden.
In die Traglastberechnung gehen die Plattendicken, die Steifen und die geometrischen Abmessungen und Orientierung der Beulfelder ein.
Mit dem Membran-Modell werden neben den Membran-Energien vor allem die Öffnungsgrößen in der Außenhaut des getroffenen Schiffes berechnet. Diese Methode wurde für den 2-dimensionalen Fall in [8] angewendet.
Die Vorstellung besteht darin, daß der Bug die Außenhaut der Schiffsseite eindrückt und dabei Zugspannungen und -dehnungen entstehen. Querbauteile, Decks und Stringer bilden die Berandungen von Membran-Elementen. Bei direktem Kontakt des Buges mit den Berandungen werden die Knoten dieser Kanten rechtwinklig zu den entsprechenden Elementen des Buges in das getroffene Schiff geschoben.
Aufgrund dieser Verformungen werden Vertikal- und Horizontaldehnungen berechnet, und zwar

$\epsilon_z(x)$ = Vertikaldehnung, als Funktion von x
$\epsilon_x(z)$ = Horizontaldehnung als Funktion von z

mit
x = Schiffslängsrichtung
z = Vertikalrichtung

Nun ergibt sich die Membranenergie wie folgt:

$$E = E_x + E_y \ ,$$
$$E_x = A \cdot t \int \sigma_y \cdot \mathrm{Min}(\epsilon_x(z), \epsilon_{\mathrm{br}})\, dz$$
$$E_z = B \cdot t \int \sigma_y \cdot \mathrm{Min}(\epsilon_z(x), \epsilon_{\mathrm{br}})\, dx$$

mit
E = Membranenergie
E_x = Membranenergie durch Längsdehnung
E_z = Membranenergie durch Vertikaldehnung
A = Elementlänge in Längsrichtung
B = Elementlänge in Vertikalrichtung
t = Plattendicke

σ_y = Fließspannung
ϵ_x = Dehnung in Längsrichtung
ϵ_z = Dehnung in Vertikalrichtung
x = Koordinate in Längsrichtung
z = Koordinate in Vertikalrichtung
ϵ_{br} = Bruchdehnung

Hier werden die Dehnungen (ϵ_x und ϵ_z) unter der Voraussetzung berechnet, daß kein Bruch auftritt, auch wenn eine oder beide Dehnungskomponenten die Bruchdehnung überschreiten. Zur Energieberechnung werden die Dehnungswerte auf die Bruchdehnung von 5% begrenzt, da nach Auftreten des Bruches keine Energie mehr aufgenommen wird.
Die Membranenergie wurde durch numerische Integration für jedes verformte Außenhautelement berechnet. Die gesamte Membranenergie ergibt sich aus der Summe der Membranenergien der Außenhautelemente.
Neben der Energie wurden mit diesem Modell auch die Größen der Öffnungen bestimmt, die bei der Kollision entstehen. Es wird angesetzt, daß jedes in die Außenhaut eindringende Objekt zwei Öffnungen verursachen kann: einen horizontalen und einen vertikalen Riß (Abb. 1). Ein konventioneller Bug kann zwei Öffnungen und eine Bugform mit Wulst vier Öffnungen verursachen. Ein horizontaler Riß wird durch vertikale Membrandehnungen und ein vertikaler Riß durch horizontale Dehnungen erzeugt.
Die Breite einer Öffnung (d.h. die Ausdehnung der Öffnung in Richtung der Materialdehnung) wird nun bestimmt durch

$b(z) = A \cdot (\epsilon_x(z) - \epsilon_{br})$ für eine vertikale Öffnung

$b(x) = B \cdot (\epsilon_z(x) - \epsilon_{br})$ für eine horizontale Öffnung

mit
b = Breite der Öffnung
ϵ_{br} = Bruchdehnung

Somit kann in einem Element sowohl eine horizontale als auch eine vertikale Öffnung entstehen.
Für eine horizontale Öffnung ist die Breite dann eine Funktion von x, der Längsrichtung der Öffnung. An den Enden der Öffnung sind die Breiten gleich Null, d.h. die Dehnung entspricht der Bruchdehnung. Die Längendifferenz der Enden der Öffnung definiert die Öffnungslänge. Vertikale Öffnungen werden analog berechnet.
Auch bei größeren Eindringtiefen wird die Öffnungsbreite wie oben aufgeführt berechnet: zuerst wird die Auslenkung der als nicht gerissen angenommenen Außenhaut bestimmt; anschließend wird die Breite der Öffnung entsprechend der Auslenkung und der eingegebenen Bruchdehung berechnet. Bei größeren Eindringwegen wird die Außenhaut erheblich verformt, d.h. es werden insbesondere ursprünglich vertikale Ebenen stark geneigt.
Die Öffnungsbreite ist hier definiert als die Breite der auf die vertikale Ebene projizierten Öffnung.

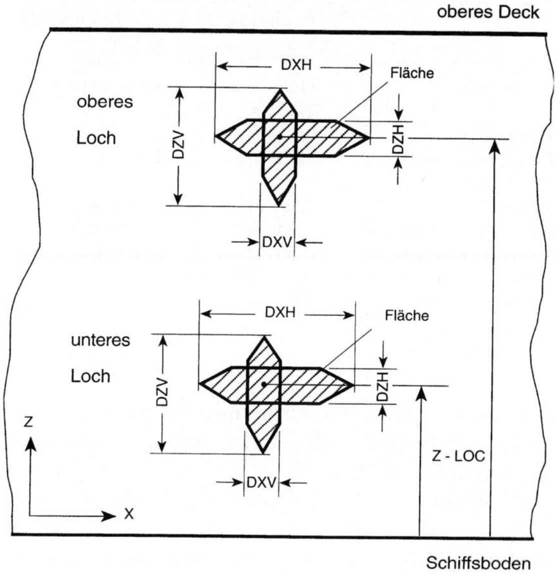

Abb. 1. Horizontale und vertikale Löcher in der Seite des getroffenen Schiffes. DXH = Ausdehnung des horizontalen Loches in X-Richtung, DZH = Ausdehnung des horizontalen Loches in Z-Richtung, DXV = Ausdehnung des vertikalen Loches in X-Richtung, DZV = Ausdehnung des vertikalen Loches in Z-Richtung, Fläche = Gesamtfläche des kombinierten Loches, Z-LOC = Vertikaler Flächenschwerpunkt des kombinierten Loches

Zwei weitere vernünftige Voraussetzungen werden gemacht:

Öffnungen werden während der Kollision nicht wieder schmaler.
Der Dehnungszustand eines Elementes bleibt erhalten, auch wenn der Bug den Kontakt mit dem Element verliert.

Es entstehen keine Nebenöffnungen.

Bei großen Eindringtiefen können pro eindringendes Objekt mehr als eine horizontale und vertikale Öffung berechnet werden. Dies bedeutet, daß im Nachbarelement parallel zur Hauptöffnung eine zweite Öffnung entstehen würde. In diesen Fällen wird so verfahren, daß die bereits vorhandene Öffnung verbreitert wird, daß aber keine Nebenöffungen entstehen.

Die Fläche der Gesamtöffnung wird durch Überlagerung der horizontalen und der vertikalen Öffnung berechnet. Die überlappende Fläche wird nur einmal gezählt.

2.4 Untersuchte Kollisionsfälle

Die Hauptabmessungen der Kollisionsgegner sind in der nachfolgenden Tabelle aufgeführt.
In Abb. 2 sind Einzelheiten zur Kollisionssituation erläutert. Der Hauptspant des RoRo-Schiffes ist in

	Treffendes Schiff	Getroffenes Schiff
Schiffstyp	Mehrzweck-frachter	RoRo-Schiff
Länge ü.a.	160,0 m	202,0 m
Länge zwischen den Loten	140,0 m	180,0 m
Breite	21,5 m	31,5 m
Konstruktionstiefgang	9,0 m	7,0 m
Verdrängung auf Konstruktionstiefgang	17500 t	27000 t
Höhe Back-Deck	14,6 m	
Höhe Fahrdeck		9,3 m
Höhe oberstes Deck		21,1 m

Abb. 3 dargestellt. Hieraus können die Abmessungen und Anordnungen der Decks und Versteifungen entnommenen werden.
Wie eingangs erwähnt, müssen die Kollisionsparameter variiert werden, um allgemeinere Vergleiche durchführen zu können. Andererseits bemüht man sich aber, die Anzahl der Variationen wegen des damit verbundenen Rechen- und Speicheraufwands gering zu halten.
Für die Geschwindigkeiten wurde angenommen, daß sie für das treffende und das getroffene Schiff gleich groß sind und maximal 10 m/s (19.4 Kn) betragen.
Mit der äußeren Kollisionsmechanik entsprechend [9] wird für diese Maximalgeschwindigkeit die Verformungsenergie ermittelt und als Referenzenergie aufgeführt. Bis zu dieser Energie wurden die jeweiligen Kollisionsberechnungen durchgeführt.
Eine Kollisionsrechnung erfolgt schrittweise und man erhält für jeden Zwischenschritt eine Verformungsenergie, der mit der folgenden Formel eine Kollisionsgeschwindigkeit zugeordnet werden kann.

$$v = v_{\text{ref}} \cdot \sqrt{E/E_{\text{ref}}}$$

mit

v = Kollisionsgeschwindigkeit (beider Partner)
v_{ref} = Referenzgeschwindigkeit (10 m/s)
E = Verformungsenergie
E_{ref} = Referenzenergie

Um den Bereich möglicher Kollisionswinkel abzudecken, wurden 3 Winkel berechnet. Zu beachten ist, daß zwischen dem Kollisionswinkel ω und dem Eindringwinkel β zu unterscheiden ist, wenn das getroffene Schiff eine Geschwindigkeit besitzt.
Diese Rechnungen wurden für einen voll abgeladenen und für einen im Ballast fahrenden Mehrzweckfrachter durchgeführt. Die Tiefgänge wurden so justiert, daß das getroffene Schiff an den 30%-Punkten zwischen zwei Decks getroffen wird. Die Membranenergie, die zum Aufreißen der Außenhaut führt, ist abhängig von der Auftreffkoordinate des Buges zwischen den Decks.
Die Energie ist ein Maximum, wenn der Auftreffpunkt mittig zwischen zwei Decks liegt. Sie fällt auf ihr Minimum wenn die Decks direkt getroffen werden. An den 30%-Punkten wird gerade diejenige Energie zum Aufreißen benötigt, die sich als Mittelwert von gleichverteilten Auftreffpositionen zwischen den Decks ergibt.
Der Auftreffpunkt auf das RoRo-Schiff wurde auf halber Schiffslänge angesetzt, dem Punkt an dem die größte Verformungsenergie entsteht.
Es wurden die in den nachfolgenden Tabellen dargestellten Fälle untersucht. Neben den rein geometrischen Daten, die die Kollisionssituationen beschreiben, werden auch die Massen, die hydrodynamischen Massen sowie die Referenzenergie angegeben.

Fall Nr.	Tiefgang treffendes Schiff (m)	ω (Grad)	β (Grad)	Referenz-energie (kNm)
1	8,63	45,0	112,5	155300
2	8,63	90,0	135,0	831200
3	8,63	135,0	157,5	1810300
4	5,77	45,0	112,5	108700
5	5,77	90,0	135,0	606600
6	5,77	135,0	157,5	1366800

	getroffenes RoRo-Schiff.	treffendes Schiff (Beladen)	treffendes Schiff (Ballast)
Tiefgang (m)	7,00	8,63	5,77
Verdrängung (t)	27000	16884	11115
Massen, incl. Hydromassen			
– längs (t)	29160	18235	12004
– quer (t)	42491	33182	18826
– um Vertikalachse (tm^2)	65577000	25214000	1661900

Für den Fall 2 sind die wesentlichen Berechnungsergebnisse in der Abb. 4 dargestellt.

2.5 Vergleichsrechnung mit DYNA3D

Zur Verifikation der Rechenmethode wurde eine Vergleichsrechnung mit dem FEM-Crash-Programm DYNA3D durchgeführt. Bei diesem sehr aufwendigen expliziten Verfahren werden ca. 740000 Zeitschritte verwendet, um 1 Sek. Echtzeit zu simulieren. Es wurde der Fall Nr. 2 (rechtwinklige Kollision, großer Tiefgang) nachgerechnet.
Auch hier wurde der treffende Bug als starr angenommen. Das getroffene Schiff wurde mit insgesamt über 12 000 Schalenelementen mit je 3 bzw. vorzugsweise 4 Knoten modelliert. Dabei wurde das getroffene Schiff vollständig dargestellt, der Mittelschiffbereich auf der Backbordseite als Kontaktbereich recht fein mit elasto-plastischen Elementen und der übrige Bereich gröber und mit elastischen Elementen. Diese Annahme wurde durch die Rechnung bestätigt. Die im Bereich der elastischen Elemente auftretenden Spannungen lagen sämtlich im elastischen Bereich des Materials. Schwierigkeiten bei der Lagerung eines

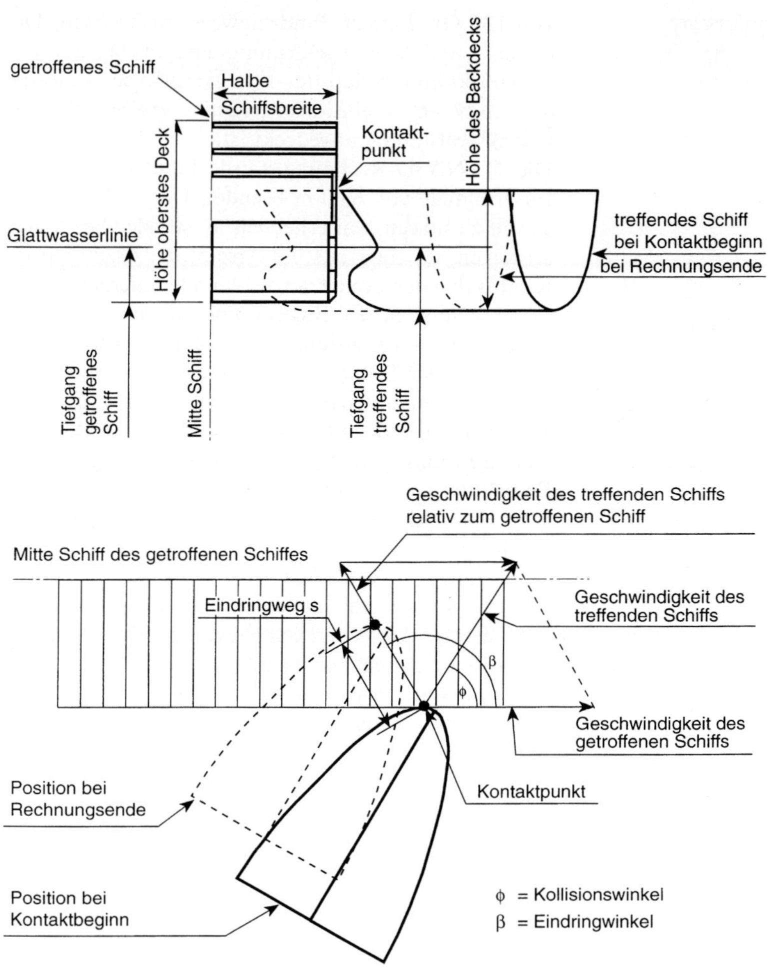

Abb. 2. Erläuterung der Kollisionssituation; oben: In Richtung des getroffenen Schiffes gesehen; unten: Draufsicht

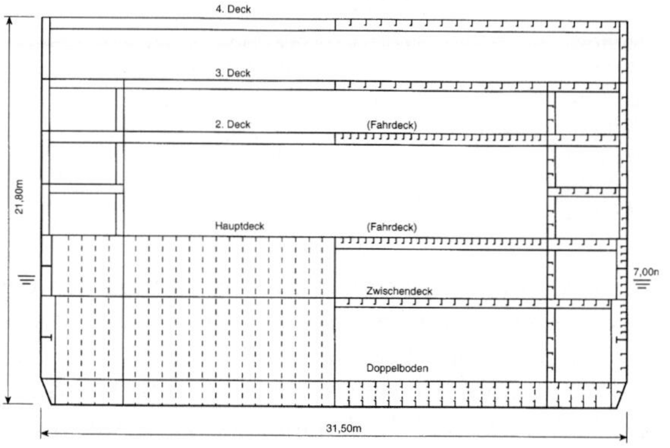

Abb. 3. RORO-Schiff, Hauptspant Grundversion

Teilmodells an dessen Rändern konnten damit vermieden werden.

Die Spannung für die elasto-plastischen Elemente im Kontaktbereich beträgt bei der Fließgrenze 235 N/mm^2 und erhöht sich durch Verfestigung bis auf 405 N/mm^2 bei der Bruchdehnung. Der Mittelwert dieser Zahlen entspricht mit 320 N/mm^2 der „Fließspannung", die auch in dem GL-Substruktur-Verfahren angewendet wurde.

Das Versagenskriterium eines Finiten Elements basiert auf der Bruchdehnung. Ein Element versagt, wenn die plastische effektive Dehnung des Elementes die vorher definierte Bruchdehnung erreicht. Ihr Wert ist von der Elementgröße abhängig und ergibt sich aus der Gleichmaß- und Einschnürdehnung von Zugproben. Bei den hier verwendeten Elementgrößen überwiegt der Einfluß der Gleichmaßdehnung und es wurde eine Bruchdehnung von 10% angesetzt. In Verbindung mit der Substruktur-Methode erscheint eine Bruchdehnung von 5% gerechtfertigt, da die Dehnungen nur sehr viel pauschaler berücksichtigt werden.

Die Stahlmasse des getroffenen Schiffes wird durch Elementmassen aufgebracht, während die Ladung, Maschine und hydrodynamische Zusatzmasse als Knotenmassen dargestellt werden.

Auftriebsänderungen werden durch entsprechende Federn idealisiert, so daß das getroffene Schiff Tauch-, Stampf- und Rollbewegungen wirklichkeitsnah durchführen kann. Bei Starrkörperbewegungen in der Horizontalebene wirken nur Massenträgheitskräfte aber keine Rückstellkräfte.

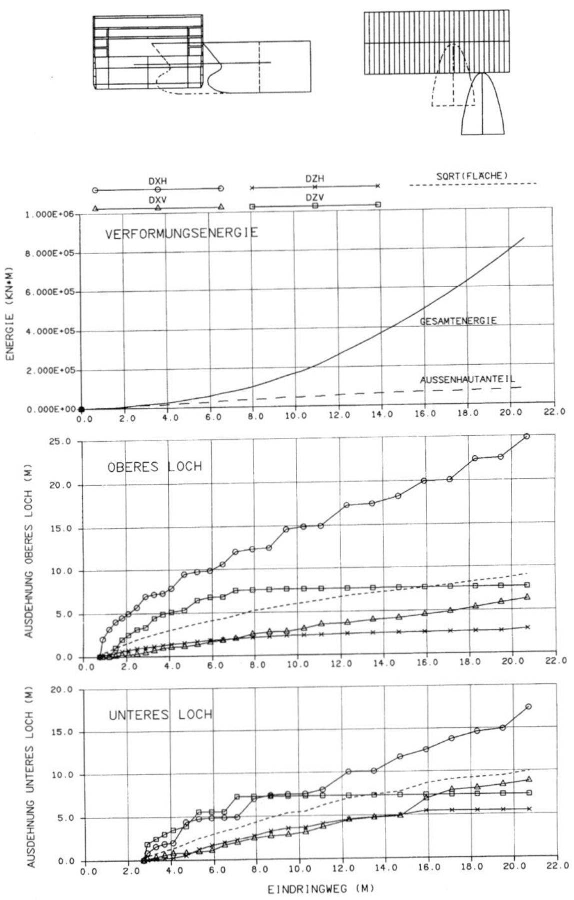

Abb. 4. Ergebnisse der Kollisionsrechnung, hier beispielhaft für die Grundversion, Fall 2

2.6 Rechenergebnisse

Die Vergleichsrechnungen zwischen der GL-Substruktur-Methode und der nichtlinearen FE-Methode zeigen ein sehr einheitliches Bild. Die im Folgenden in Klammern gesetzten Angaben beziehen sich auf die FE-Methode.

Zunächst trifft der ausfallende obere Bereich des Vorderstevens die Seite des RoRo-Schiffes und reißt sie bei einer Eindringtiefe von 0,5 m (0,4 m) auf. Der Bruch der Außenhaut im Bereich der Kimm durch den Bugwulst erfolgt bei einer Eindringtiefe von 1,8 m (1,8 m).

Bei einer Eindringtiefe von ca. 4,3 m erreicht der Bug das Seitenlängsschott. Dieser Eindringtiefe wurde bei der GL-Substruktur-Methode konservativ der Bruch des Seitenlängsschotts zugeordnet.

Das Aufreißen des Seitenlängsschotts in der DYNA3D-Berechnung erfolgte bei 4,8 m Eintringtiefe.

Die Rechnung wurde mit der GL-Substruktur-Methode soweit durchgeführt, daß das rammende Schiff mit einer Anfangsgeschwindigkeit von 19,4 Kn in der Seite des getroffenen Schiffes rechnerisch zum Stillstand kommt. Dies erfolgt bei einer Eindringtiefe von 14,60 m und entspricht unter dem Eindringwinkel von 135 Grad einem Eindringweg von 20,70 m. Die dabei berechnete Verformungsenergie beträgt ca. 844600 kNm, so daß der Energiewert, der sich aus der äußeren Kollisionsmechanik ergibt (831200 kNm), vollständig abgedeckt ist.

Die DYNA3D-Rechnung wurde bereits nach einer Eindringtiefe von 6,00 m beendet. Der Aufwand, sie soweit zu führen, war erheblich. Er würde aber weiter ansteigen, da einerseits die Anzahl der Elemente im Kontaktbereich weiter ansteigt und andererseits die Geschwindigkeit des Buges abnimmt, das Zeitinkrement aber etwa konstant bleiben muß. Dieses richtet sich nach der Schallausbreitungsdauer in einem typischen Element der modellierten Struktur. Ein Verformungsbild mit den plastischen Dehnungen zum Zeitpunkt 0,555 s (kurz vor Beendigung der Berechnung) ist in Abb. 5 gegeben.

Der Vergleich der Verformungsenergien über der Eindringtiefe ist in Abb. 6 durchgeführt. Die Übereinstimmung muß als bemerkenswert gut bezeichnet werden, auch wenn die maximale Abweichung ca. 30% beträgt. Der Vergleich deckt nicht den gesamten Kollisionsvorgang bis etwa Mitte Schiff ab, enthält aber die kritischen Situationen wie Aufreißen Außenhaut und Seitenlängsschott.

2.7 Variationsrechnungen

Die Berechnungen der Grundversion zeigen, daß die Decks bei großen Eindringtiefen den größten Anteil der Verformungsenergie aufnehmen. Dies ist beispielhaft für den Kollisionsfall 2 aus folgender Tabelle zu entnehmen.

Eindringtiefe	Anteil der Energieaufnahme durch Decks und Boden
2,00 m	12 %
4,00 m	35 %
6,00 m	48 %
8,00 m	55 %
10,00 m	61 %
12,00 m	66 %
14,00 m	70 %

Bei einer Eindringtiefe von ca. 1,00 m beginnen die Decks Energie aufzunehmen und bei Erreichen des Seitenlängsschotts liegt ihr Anteil zwischen 30 und 40%. Er erhöht sich bei großen Eindringtiefen bis auf ca. 70%. Aufgrund der Kontaktgeometrie wird auch bei großen Eindringtiefen der bestimmende Anteil der Verformungsenergie von der Seitenkonstruktion zwischen Außenhaut und Seitenlängsschott aufgenommen. Insbesondere für energiereiche Kollisionen spielen deshalb die Decks im Seitenbereich eine wichtige Rolle.

Um die Beschädigungen des getroffenen RoRo-Schiffs zu verringern, wurden die in 2.1 genannten vier verstärkten Konstruktionsvariationen untersucht.:

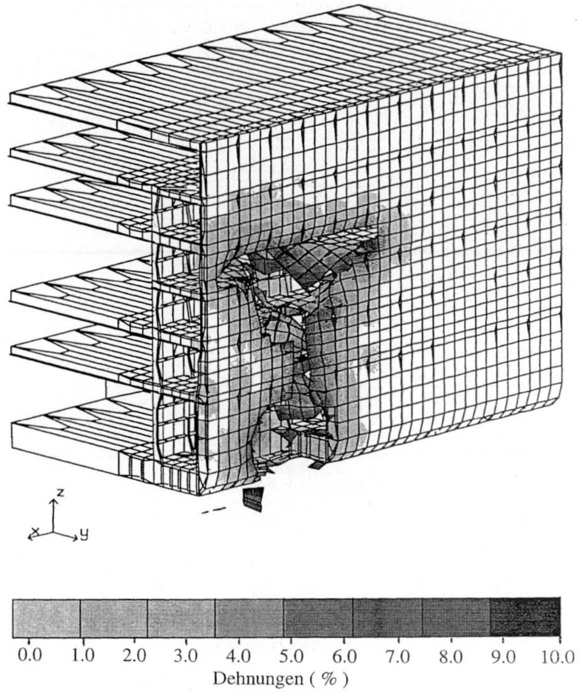

Abb. 5. Kollisionsrechnung mit dem FEM Crash Program DYNA3D. Verformungen und plastische Dehnungen bei 6 m Eindringtiefe

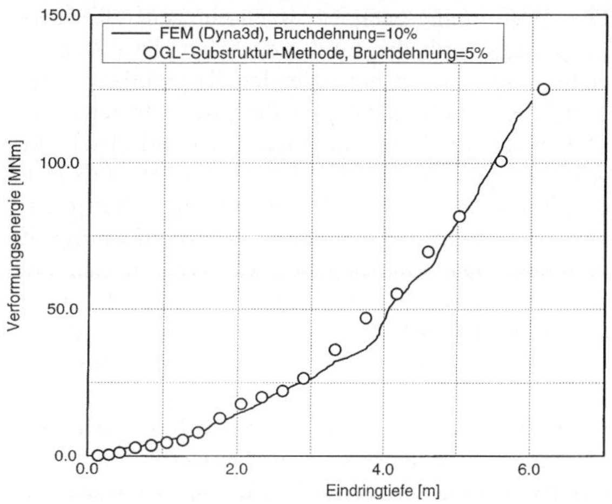

Abb. 6. Der Vergleich der Verformungsenergien nach der DYNA3D-Berechnung und der GL-Substruktur-Methode zeigt gute Übereinstimmung

A: Decks im Seitenbereich mit größeren Plattendicken

Die Plattendicken und Profile der Decks und des Doppelbodens wurden zwischen dem Seitenlängsschott und der Außenhaut (11,40 m bis 15,75 m a.MS) einheitlich auf 12,5 mm bzw. HP240 * 11 verstärkt. Die Decks der Grundversion bestehen aus Plattendicken 6,0/6,5 mm und Profilen HP120 * 6/140 * 7. Der Doppelboden weist die Abmessungen 9,0 mm und HP180 * 8 auf.

B: Decks im Seitenbereich aus höherfestem Stahl

Die Decks zwischen dem Seitenlängsschott und der Außenhaut wurden durch Verwendung von höherfestem Schiffbaustahl verstärkt. Gewählt wurde Material mit einer Nennstreckgrenze (Fließspannung) von 345 N/mm^2 und einer Zugfestigkeit (Bruchspannung) von 495 N/mm^2.
Die in der Substruktur-Methode verwendete hochgesetzte Grenzspannung, der Mittelwert aus Fließspannung und Bruchspannung, beträgt damit 420 N/mm^2 für den höherfesten Schiffbaustahl. Da die Bruchdehnungen aus Zugprobenversuchen für normalfeste und höherfeste Schiffbaustähle vergleichbar sind, werden in den Berechnungen gleiche Bruchdehungen angesetzt.

C: Anordnung zusätzlicher Schotte und Stringerdecks in den Seitentanks

Der Stringer auf 3,725 m über Basis wird im Seitenbereich zu einem Deck erweitert. Die Dimensionierung wurde analog zum Doppelboden vorgenommen, d.h. es wurden Plattenstärken von 9 mm und Profile HP180 * 8 gewählt. Statt der Rahmenspanten zwischen dem Doppelboden und dem Zwischendeck, die im Abstand von 2,5 m angeordnet sind, werden in diesem Bereich Schotte mit Plattenstärken von 7,5 mm mit Profilen HP160 * 9 vorgesehen.
D: Kombination der Verstärkungen entsprechend A, B und C.

Die Verstärkungen A, B und C sind unabhängig voneinander und werden kombiniert.

2.8 Berechnungsergebnisse

Für die Grundversion und die 4 Variationen wurden jeweils die in Abschnitt 2,4 angegebenen 6 Kollisionsfälle berechnet. Eine Zusammenfassung der Ergebnisse wie für den Kollisionsfall Nr. 2 der Grundversion (Siehe Abb. 4) kann hier aus Platzgründen nicht gegeben werden.

Kollisionswinkel		Eindringtiefe		Öffnungsflächen	
		Tiefgang treffendes Schiff T = 8.63 m	T = 5.77 m	Tiefgang treffendes Schiff T = 8.63 m	T = 5.77 m
45 Grad	schräg von achtern	6.0 m	5.8 m	52 m^2	50 m^2
90 Grad	rechtwinklig	14.5 m	14.0 m	179 m^2	209 m^2
135 Grad	schräg von vorn	17.5 m	16.2 m	609 m^2	619 m^2

Die Verformungsenergien wachsen generell überproportianal mit der Eindringtiefe an. Dies liegt in erster Linie an der zunehmenden Kontaktbreite des treffenden Schiffes mit der Eindringtiefe. Andererseits verhält sich die Verformungsenergie quadratisch zur Kollisionsgeschwindigkeit. Dieses erklärt, daß sich die Eindringtiefen bei den gerechneten Beispielen nahezu proportional zur Kollisionsgeschwindigkeit verhalten. Die Eindringtiefen variieren in den berechneten Beispielen auch kaum mit dem Tiefgang des treffenden Schiffes, obwohl sich dessen Masse und damit auch dessen kinetische Energie verändert. Bei größerem Tiefgang des treffenden Schiffes wird die Verformungsarbeit im RoRo-Schiff von der weiter unten liegenden, kräftiger ausgeführten Konstruktion aufgenommen, so daß der Zuwachs an kinetischer Energie durch den Zuwachs des Arbeitsaufnahmevermögens der Konstruktion etwa ausgeglichen wird.

Mit einer deutlichen Änderung dieser Tendenz ist zu rechnen, wenn der Tiefgang und damit auch die Masse des treffenden Schiffes signifikant größer werden, so daß der Bug das RoRo-Schiff teilweise unterfährt.

Für die Grundversion können die Eindringtiefen bei einer Kollisionsgeschwindigkeit von 10 m/s der vorseitigen Tabelle entnommen werden.

Zur Beurteilung der Verstärkungen werden in den Abb. 7 und 8 die Eindringtiefen und Öffnungsgrößen für die Versionen A bis D gezeigt. Die Werte sind über der Kollisionsgeschwindigkeit aufgetragen. und auf die Grundversion bezogen, so daß die durch die Verstärkung erreichte Verringerung des Schadens unmittelbar abgelesen werden kann.

Version A

Die größten Vorteile bietet die Version A, also die größeren Materialstärken in den Seitenbereichen der Decks. Durch diese Maßnahme gehen die Eindringtiefen bei Kollisionsgeschwindigkeiten oberhalb von 3 m/s (ca. 6 Kn.) bis auf 75% zurück. Bei niedrigen Kollisionsgeschwindigkeiten sind die Vorteile geringer, da die Außenhaut und die Rahmenspanten, die

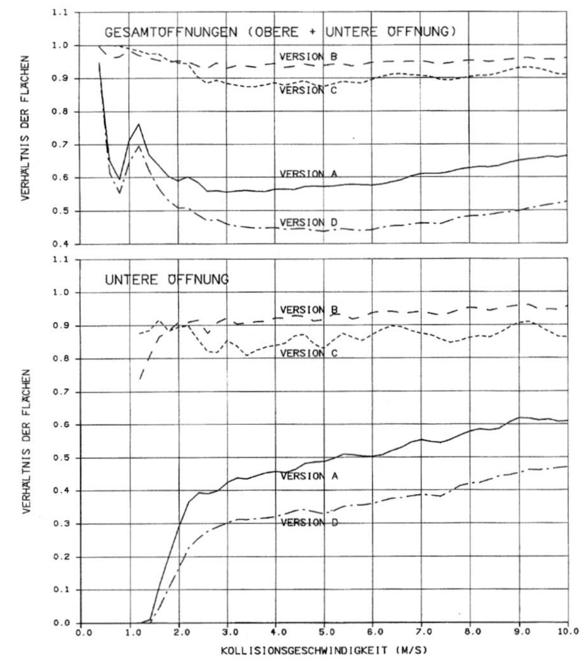

Abb. 8. Verhältnis der Flächen der Außenhautöffnungen jeweils bezogen auf die Grundversion; oben: Verhältnis der Gesamtflächen (obere + untere Öffnung); unten: Verhältnis der Flächen der unteren Öffnung

nicht verstärkt wurden, in diesem Bereich nennenswert Energie aufnehmen.

Die Gesamtöffnungsgröße in der Außenhaut reduziert sich auf ca. 60%.

Als sehr kritisches Ereignis muß das Entstehen einer Öffnung im Seitenlängsschott angesehen werden, wenn sie unterhalb der Wasserlinie liegt. Die Kollisionsgeschwindigkeiten, die zum Aufreißen des Seitenlängsschotts durch den Bugwulst führen, erhöhen sich um ca. 35%. Diese Erhöhung der kritischen Geschwindigkeit stellt eine wesentliche Verbesserung des Schiffsentwurfs dar.

Version B

Die Verwendung von höherfestem Stahl bietet für den Kollisionwiderstand nur geringe Vorteile. Die Eindringtiefen gehen um ca. 3% zurück. Die Reduktion der Gesamtöffnungsgrößen liegt bei ca. 5%, bei den unteren Öffnungen ist der Vorteil etwas größer.

Die kritischen Kollisionsgeschwindigkeiten, d.h. die Geschwindigkeiten, die zum Aufreißen des Seitenlängsschotts durch den Bugwulst führen, wachsen lediglich im Durchschnitt um 2,6%.

Die Erhöhung der Grenzspannung um ca. 31% (von 320 auf 420 N/mm^2) läßt eigentlich eine höhere Energieaufnahme erwarten. Betrachtet man nur die Energieaufnahme der Decks – alle anderen Bauteile sind aus normalfestem Schiffbaustahl – dann ergibt sich für Eindringtiefen bis zum Seitenlängsschott eine um ca. 22% erhöhte Energieaufnahme. Dieser Wert wird bei größeren Eindringtiefen geringer, da dann

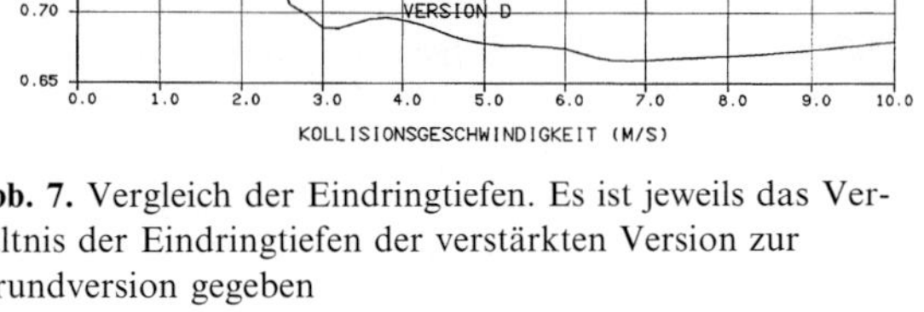

Abb. 7. Vergleich der Eindringtiefen. Es ist jeweils das Verhältnis der Eindringtiefen der verstärkten Version zur Grundversion gegeben

zunehmend wieder der unverstärkte Mittelbereich aus normalfestem Schiffbaustahl deformiert wird.
Ein Zuwachs der Gesamtenergie von mehr als 22% ist erreichbar, wenn ausschließlich höherfestes Material verwendet werden würde. Unter Zugrundelegen eines quadratischen Zusammenhangs zwischen Energie und Eindringtiefe ergäbe sich eine Verringerung der Eindringtiefe um ca. 10%. Berechnungen hierzu wurden aber nicht durchgeführt.

Version C
Das Aussteifen der Tanks im Seitenbereich durch Schotte und durch ein zusätzliches Deck führt bei nennenswerten Kollisionsgeschwindigkeiten zu Verringerungen der Eindringtiefen von ca. 5%. Die Gesamtöffnungsgröße nimmt um 5 bis 15% ab. Die kritische Geschwindigkeit steigt um ca. 7,5% an.

Version D
Die Kombination der drei vorstehend beschriebenen Maßnahmen ist etwas wirksamer als die Summe der Einzelmaßnahmen. Eindringtiefen, die nur noch ca. 67% derjenigen Werte der Grundversion entsprechen, und eine Erhöhung der kritischen Geschwindigkeit um 57% für das Aufreißen des Seitenlängsschotts sind schon eine beachtliche Verbesserung. Die Gesamtöffnungsgröße in der Außenhaut geht auf ca. 50% zurück. Die Fläche der unteren Öffnung reduziert sich noch ein wenig stärker.

3 Zusammenfassung und Schlußfolgerung

Es sind Programmentwicklungen durchgeführt worden, die Aussagen über das Schadensausmaß auch bei schrägen Schiffskollisionen ermöglichen und mit denen auch mit vertretbarem Aufwand Variationsrechnungen durchgeführt werden können. Vergleichsrechnungen mit dem FEM-Crash-Program DYNA3D haben die Ergebnisse im wesentlichen bestätigt.
Variationsrechnungen mit rechnerisch verstärkten Schiffskonstruktionen haben gezeigt, daß bei erhöhtem Materialaufwand, aber ohne den Entwurf des RoRo-Schiffes infrage zu stellen, die Kollisionsschäden, d.h. die Eindringtiefen und die Größe der Öffnungen in der Außenhaut, wesentlich geringer werden können.

Schrifttum

1 Östergaard, C. und Scharrer, M.: Sicherheit von RoRo-Passagierfähren F&E-Vorhaben, MTK 05851, Abschlußbericht, Germanischer Lloyd, Bericht Nr. FG-97.107
2 Hallquist, J.O. und Whirley, R.G.: DYNA3D User's Manual (Nonlinear Dynamic Analysis of Structures in Three Dimensions) Methods Development Group, Mechanical Engineering, Rev. 5, May 1989
3 Germanischer Lloyd: Klassifikations- und Bauvorschriften, I – Schiffstechnik, Teil 1 – Seeschiffe, Kapitel 1 – Schiffskörper, Ausg. 97
4 Egge, E.D. und M. Böckenhauer: Calculation of the Collision Resistance of Ships and its Assessment for Classification Purposes, Marine Structures 4, pp 35–56, 1991
5 Reckling, K.-A.: Beitrag der Elasto-Plastomechanik zur Untersuchung von Schiffskollisionen, Jahrbuch der Schiffbautechnischen Gesellschaft, 70. Band, 1976, S. 443–464
6 Reckling, K.-A.: Mechanics of Minor Ship Collisions, International Symposium on Structural Crashworthiness, University Liverpool, 14–16. Sept. 1983
7 Egge, E.D.: Tankersicherheit, Berechnungen von Kollisionen mit Tankschiffen, Zwischenbericht zum FE-Vorhaben MTK210, Germanischer Lloyd, Bericht 1984
8 Hysing, T.: Safety of Passenger/RoRo Vessels, Damage and Penetration Analysis. DNVC Report No. 95-0419, 1995
9 Riska, K.: External Collision Model, HUT-Report D-28, 1995

Erörterungen

Dipl.-Ing. Martin Böckenhauer, Reinbek:
- Vergleich der „Substruktur-Methode" mit FE-Programm DYNA 3D
- Berücksichtigung von Kollisionsberechnungen bei der Lecksicherheit

Ich habe 1989 vor der STG die GL-Substruktur-Methode zur Berechnung der Energiedissipation im Kollisionsfall vorgestellt und dabei auch ganz erhebliche Kritik einstecken müssen. Umso erfreuter bin ich heut zu hören, daß die Autoren zeigen konnten, daß eine erstaunlich gute Übereinstimmung zwischen den Ergebnissen, die mit der relativ einfachen und preiswerten GL-Substruktur-Methode und den mit dem sehr aufwendigen nicht-linearen FE-Programm DYNA 3D ermittelt wurden, besteht. Dazu möchte ich die Autoren ganz besonders beglückwünschen.
In diesem Zusammenhang möchte ich darauf hinweisen, daß ich im April dieses Jahres auf der zweiten Sitzung des IMO-"Sub-Committee on Bulk Liquids and Gases" darauf aufmerksam gemacht habe, daß es nunmehr an der Zeit sei darüber nachzudenken, wie die auf einfachen Abstandsforderungen beruhenden „Kollisions- und Grundberührungsschutzregeln" in den IMO-Regelwerken (MARPOL 73/78, Annex I, Regel 13 F, IBC/IGC-Codes) geändert werden können, um dem heutigen Stand der Berechnungstechnik besser Rechnung tragen zu können.

Dipl.-Ing. Gerhard Woisin, Geesthacht: Kritikpunkte und Möglichkeiten zur Weiterentwicklung von DYNA 3D

1. Das Kollisionsrechenverfahren des Germanischen Lloyds für rechtwinklig-symmetrische Kollisionen wird auf „schräge" (unsymmetrische) Kollisionen angewendet. Neu ist ferner die Erfassung der Membranarbeit in der Außenhaut auch in senkrechter Richtung. Ferner werden neu auch die Abmessungen der Öffnungen in der Außenhaut ermittelt. Der Rechengang ist leider meist nur angedeutet.
2. Meine bereits früher geäußerte Kritik besonders am Membranmodell ändert sich nicht - ich wiederhole sie hier jedoch nicht im einzelnen, sondern fasse sie wie folgt zusammen: Die Anwendung des Traglastansatzes mit idealplasti-

schem Werkstoff auf die Membranarbeit und -kräfte bei sehr großen Dehnungen bringt nicht nur kleine, sondern grundsätzliche Verfälschungen.

3. Eine unsymmetrische Kollision entsteht durch schiefen Kollisionswinkel, eigene Geschwindigkeit des seitlich getroffenen Schiffs oder eine zur Mittelebene des fremden Bugs unsymmetrische Struktur der Seitenwand. Dann ist die innere nicht von der äußeren Mechanik getrennt zu behandeln. Während der Stoßdauer verringert sich die Relativgeschwindigkeit V_{rel} nicht nur, sondern ändert auch ihre Richtung. In Abb. 1 ist dagegen der Eindringweg des Kontaktpunkts parallel zu V_{rel} eingetragen. Offenbar ist die Richtung des Wegs konstant angenommen.

4. Der Weg des Punkts des ersten Kontakts am Bug relativ zur Schiffswand während der Stoßdauer wird bestimmt von

- den Größen der wirksamen trägen Massen beider Schiffe in Schiffslängs- und -querrichtung [1] und
- der Größe und Richtung des mechanischen Widerstands gegen die Relativverschiebung im Kontaktbereich in deren aktuellen Richtung.

In den Fällen Nr. 3 und 6 ist sogar ein Auseinanderschleudern beider Schiffe vor Eintreten von $V_{rel} = 0$ zu erwarten.

5. Das numerische Modell bietet sich für eine Kopplung der äußeren mit der inneren Stoßmechanik förmlich an (auch ggf. mit einer Krängung des seitlich getroffenen Schiffs etc). Jede Änderung von V_{rel} ergibt dann verschiedene Eindringwege.

6. Zur Energieabsorption in der Außenhaut durch Membranarbeit *nach* Rißbeginn abhängig von der Eindringtiefe: Meist wird von anderen Analytikern die Membranarbeit nach dem ersten Aufreißen (zumindest) in der zugehörigen Zugrichtung null gesetzt. Bei Schweißkonstruktionen führt die Kerbwirkung an der Rißwurzel zur Verringerung der Membranarbeit je Eindringtiefenzuwachs. Beim Eindringen eines Bugwulstes verkleinert sich aber auch der plastische Membranbereich infolge des an jeder seiner Hälften (auf jeder Seite von der Kontaktfläche) geänderten Kräftegleichgewichts schnell und stark. Das beeinflußt übrigens auch die Größe der Bruchöffnungen.

7. Die Annahme „starrer Bug" trifft für das schwächere Überwasservorschiff häufig nicht zu. Das gilt besonders bei dem gerechneten Fall von doppelt so dicken Decks in der Seitenwand wie üblich etc. Die Annahme ist auch nicht stets konservativ. Die Abplattung des oberen Teils des Bugs führt u.U. zu einer tieferen Eindringung des Wulstes. Eine Verstärkung der Seitenwand wäre dann kontraproduktiv.

8. Da eine empirische Bestätigung des GL-Verfahrens noch fehlt, könnten FE-Rechnungen hilfsweise nützlich sein. Die „abgebrochene" FE-Rechnung ist dafür bei unsymmetrischen Kollisionen jedoch ungeeignet, da sie – bei dem vorgegebenen $V_{rel} = \sqrt{2^*}$ 10 m/s – nur bis ca. 6 m oder 40% der endgültigen Eindringtiefe durchgeführt wurde. Das entspricht (bei ungefähr proportionaler Zunahme der Stoßkraft mit der Eindringtiefe) nur ca. 16% der Stoßverlustenergie. V_{rel} nimmt bis dahin also nur auf das ca. $\sqrt{0,84} = 0,92$- fache oder um 8% ab. Bis dahin weicht die Eindringrichtung aber noch kaum vom anfänglichen Eindringwinkel (hier 135°) ab.

9. Auch eine Übertragung der Ergebnisse der FE-Rechnung auf einen Fall mit so geringer Anfangsgeschwindigkeit, daß am Ende nur 6 m Eindringtiefe erreicht wird, also z.B. mit $V_{rel} = \sqrt{2^*}$ 4 m/s $V_A = V_B = 7{,}5$ kn der Schiffe A und B) ist wegen der verschiedenen gekrümmten Eindringwege nicht möglich. Die vollständige FE-Rechnung für eine solche Kollision wäre aber ohne Mehraufwand mit 300.000 statt 740.000 Zeitschritten je Sekunde Echtzeit möglich.

10. Die beiden Bruchdehnungen für die Außenhaut wirken einander angepaßt: (a) 5% im GL-Rechenmodell, (b) 10% im FE-Modell. M.W. ist (a) die über die Ausdehnung der Eindrückung der Beplattung gemittelte Membrandehnung in Längs- oder in senkrechter Richtung. (b) ist dagegen wohl die maximale lokale Vergleichsdehnung im FE-Modell. Ist die große Abweichung zur „Gleichmaßdehnung" an der einaxialen Zerreißprobe von meist mindestens 20% allein mit der endlichen Größe der Rechenelemente zu begründen? Wie lang sind letztere an der Bruchstelle in Zugrichtung?

11. Warum ergibt das GL-Rechenmodell bei einer Erhöhung der „Grenzspannung" um 31% bei gleicher Bruchdehnung nur „eine um ca 22% erhöhte Energieaufnahme" der betreffenden Decks? Wie wird die Energieumsetzung in den eingeschnittenen Decks angesetzt? (Reckling hatte den rein empirischen Ansatz aus den damaligen Platten-Stoßversuchen verwendet und zwecks Anpassung an die Energiebilanz bei den damaligen Großmodellversuchen einfach vervielfacht.)

Schrifttum

1 Woisin, G.: Instantaneous loss of energy with unsymmetric ship collisions, PRADS 1987, Trondheim, Schiff und Hafen 1988, 50ff

Manfred Scharrer, Dr.-Ing. Ernst-Detlev Egge, Hamburg (Schlußwort)

Wir bedanken uns für die Diskussionbeiträge von Herrn Dipl.-Ing. G. Woisin und Herrn Dipl.-Ing. M. Böckenhauer.

Herr Woisin behandelt eine Reihe interessanter Detailfragen und zeigt Verbesserungsmöglichkeiten in den Berechnungen auf. In der Weiterentwicklung des Programms ist vorgesehen, die innere und die äußere Kollisionsmechanik zusammen zu behandeln und auch den treffenden Bug als deformierbar anzusetzen. Wir sind zwar der Überzeugung, daß sich die Ergebnisse dadurch eher geringfügig ändern, aber es ist natürlich besser, auf unnötig einengende Voraussetzungen zu verzichten.

Damit würde sich die Richtung von v_{rel} (Punkt 3,5,8 v.Woisin) als Bahnkurve aus der Rechnung ergeben, man könnte sehen, ob sich die Schiffe wieder trennen, bevor die Relativgeschwindigkeit am Kontaktpunkt $v_{rel} = 0$ wird, und inwieweit ein Bugunterteil weiter in das getroffene Schiff eindringt, wenn sich sein Überwasservorschiff deformiert (Punkt 7).

Der Vorschlag, in der DYNA3D-Rechnung die Zeitschritte zu vergrößern (Punkt 9), kann nicht angenommen werden. Bei der expliziten FE-Methode schreiben die Schallausbreitung im Material und die kleinsten Elementlängen die maximalen Zeitschrittintervalle vor.

Die Behauptung, die Bruchspannungen deshalb unterschiedlich angesetzt zu haben, um auf ein vergleichbares Ergebnis zu kommen (Punkt 10), weisen wir zurück. Bei Untersuchungen an dem Dehnungsverhalten von Materialien havarierter Schiffe, die wir durchgeführt haben, zeigt sich, daß bei den Proben im Rißbereich im Mittel eine Gleichmaßdehnung von 6,7% auftrat. Der Bereich der Einschnürung ist relativ klein; er beträgt durchschnittlich ca. das 1,9-fache der Blechdicke. In diesem Bereich wirkt die

Einschnürdehung, die mit durchschnittlich über 40 % recht hoch werden kann. Bei diesen Verhältnissen scheint es doch nur angebracht, die Bruchdehnung an die Größe der Rechenelement zu koppeln. Zugproben zeigen Gleichmaßdehnungen von ca. 10%, solche die über 20% aufweisen, sind uns nicht bekannt.

Zum Diskussionsbeitrag von Herrn Böckenhauer möchten wir ausführen, daß es unser Bestreben ist, die Kollisionsrechnungen in die Lecksicherheitsvorschrift einfließen zu lassen. Da die Vorschriften für die Lecksicherheitsberechnungen international geregelt sind, können die erarbeiteten Verfahren uneingeschränkt erst in die praktische Anwendung eingehen, wenn sie von den Verwaltungen der Flaggenstaaten und der IMO (International Maritime Organization) akzeptiert worden sind. Schon heute aber könnten sie angewendet werden, wenn allein die Verwaltungen der jeweils zuständigen Flaggenstaaten den Nachweis äquivalenter Sicherheit anerkennen. In diesen Fällen wird für das Schiff ein Ausnahmezeugnis ausgestellt, das jedoch leider zumindest bei einem Wechsel des Flaggenstaates nicht als vollwertig gelten kann. Dies zeigt die Notwendigkeit einer Regelung im internationalem Rahmen.

Grundberührung von Schiffen

Grounding of Ships

Prof. Dr.-Ing. Dr.-Ing. E.h. Dr. h.c. **Eike Lehmann**
Germanischer Lloyd Hamburg

Dipl. Ing. **Jörg Peschmann**
Technische Universität Hamburg-Harburg

Dipl. Ing. **Alexander Kulzep**
St. Petersburg Marine State University

Summary. Grounding of ships frequently happens. When such events are accompanied by serious damage to the bottom area, it can happen, as has been reported from the 'Exxon Valdez' disaster in the Prince William Sound, Alaska that an extensive oilspill occures.

Germanischer Lloyd created, several years ago, a special class notation 'COLL', which is based on a semi-analytical approach of the energy dissipation into the side structure of ships during collision. This method has been developed by GL in cooperation with Prof. Reckling. For the approximation of the energy dissipation during grounding, this method is not really practicable. Therefore, there is a need for an useful and simple approximation of the energy dissipation into the double bottom structure in case of a grounding accident. This is because a full finite element calculation would require too much time and is, in many cases, too expensive. Due to the fact that ship groundings are a high non-linear problem, model experiences are very valuable for determining the accuracy of the theoretical calculations. Therefore, in cooperation with Dutch partners from TNO, model tests of two double bottom sections have been performed. One of the double bottom sections was left empty and the other section was filled with foam. The purpose of this test was to study the effect of foam filling on the degree of damage. The most important conclusion reached by this test is, indeed, foam diminished significantly, not only penetration, but also the extension of the damage.

The (semi-analytical) simple method, as has been coded by the DAMAGE-program, is able to closely approximate the entire energy absorption very well. However, the accuracy of this method decreases when force calculations are performed. This lack can only be compensated in the present time by a finite element calculation e.g. with DYNA3D or other suitable codes.

1 Einleitung

Grundberührungen von Seeschiffen gehören zu den häufig auftretenden Unfällen der Seefahrt, Abb. 1, 2. Erhebliche Risiken für eine Gefährdung der Umwelt sind damit immer dann verbunden, wenn die Gefahr des Austritts größerer Mengen gefährlicher Flüssigkeiten besteht. Gerade in jüngster Zeit, nachdem sich die Diskussion um den Grundberührungsunfall der „Exxon Valdez" im Prince William Sound in Alaska abzuschwächen scheinen, sind mehrere andere Unfälle bekannt geworden, die zwar nicht so spektakulär, so doch nicht weniger eindringlich darauf aufmerksam machen, daß die Bewertung der Bodenkonstruktionen in Hinblick auf Grundberührungen eine wesentliche Aufgabe der Sicherheitsbewertung von Seeschiffen ist. Daher betreibt der Germanische Lloyd zusammen mit dem Arbeitsbereich Schiffstechnische Konstruktionen

Abb. 1. Grundberührung des Containerschiffes „Vikartindur" 1997 auf weichem Grund mit anschließendem Durchbrechen des Rumpfes

Abb. 2. Grundberührung des argent. Antarktik-Versorgers „Bahia Paraison" 1989 auf Felsen

und Berechnungen der Technischen Universität Hamburg–Harburg intensive theoretische und experimentelle Untersuchungen zu diesen Fragen. Der Germanische Lloyd hat seit vielen Jahren ein Klassezeichen „COLL" eingeführt und bewertet vorgelegte Konstruktionen auf ihre Fähigkeit der Energiedissipation und der Eindringtiefe im Falle einer Kollision. Dieses Verfahren stammt aus der Zusammenarbeit mit Prof. Reckling und baut auf einer Makroelementidee auf, nach der man die Energieaufnahme einzelner Bauteile oder Bauteilgruppen abschätzen kann und dann durch schrittweise Summation Aussagen über die Gesamtenergieaufnahme im Falle einer Kollision machen kann.
Mittlerweile sind die rechnergestützten Methoden der Finiten Elemente soweit ausgebaut, daß man diese zur direkten Simulation heranziehen kann. Dennoch bleibt ein Bedarf, mit vereinfachten Methoden eine schnelle und kostengünstige Abschätzung der Folgen einer Grundberührung zu ermöglichen. Alle diese Berechnungen bedürfen natürlich einer versuchsmäßigen Validierung. Daher haben wir die Gelegenheit, solche Versuche durchzuführen, genutzt.
Mit dankenswerter Unterstützung des BMBF wurden im Rahmen des Verbundforschungsvorhabens „Life Cycle Design" umfangreiche Modellversuche vorgenommen. Diese Versuche und die begleitenden theoretischen Untersuchungen konnten so erfolgreich durchgeführt werden, daß das BMBF ein ergänzendes Forschungsvorhaben zur Untersuchung des Kollisionsverhaltens der Außenhaut in Doppelhüllenkonstruktionen fördern wird. Vorbereitungen für einen solchen Versuch sind bereits angelaufen, so daß Anfang 1998 dieser durchgeführt werden kann.
Eine doppelte Hülle wie sie heute für Tankschiffe gefordert wird, ist in anderen Bereichen der Seeschiffahrt z.B. Container-, Fährschiffe aufgrund der dort notwendigen Räume für Ballast, schon lange Stand der Technik. Überlegungen in Bezug auf eine Verbesserung des passiven Schutzes gegen Kollision oder Grundberührung wurden bereits Ende der fünfziger Jahre im Zuge der Entwicklung kernenergiegetriebener Frachtschiffe angestellt. Zur Zeit gewinnt dieser Aspekt vor dem Hintergrund wachsender Umweltverschmutzung und im Zusammenhang mit der Entwicklung schneller Schiffe wieder an Bedeutung.

2 Beschreibung der Testsektionen

In enger Zusammenarbeit mit der Howaldtswerke Deutsche Werft AG Kiel wurden die Versuchsmodelle geplant und entworfen. Dabei konnten die von der Werft im Rahmen des von mehreren europäischen Großwerften durchgeführten sogenannten „E-3 Tankerprojekt" [1, 2] gefundenen Erkenntnisse verwendet werden. Die Modelle stellen eine Doppelbodensektion eines Großtankers im Maßstab 1:3 dar Abb. 3. Als Strukturkomponenten erhielten die Modelle einen Mittellängsträger und 5 Bodenwrangen. Längsträger und Bodenwrangen waren jeweils horizontal durch drei Steifen aus 5 mm Flacheisen verstärkt, Abb. 6.
Hintergrund dieser Art der Aussteifung ist eine gemeinsam mit den Howaldtswerken-Deutsche Werft AG entwickelte Bauweise, die total auf vertikale Kopfsteifen verzichtet. In Abb. 4 werden die beiden Varianten gezeigt. Es ist bekannt, daß die vertikale Aussteifung der Bodenwrangen mit sogenannten Kopfsteifen sich im Schiffsbetrieb schwingfestig-

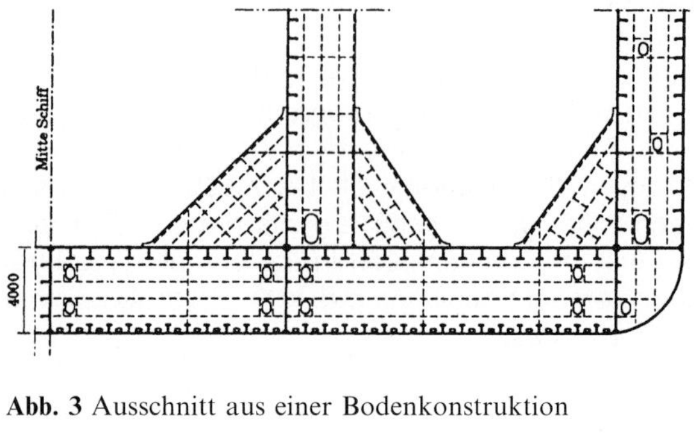

Abb. 3 Ausschnitt aus einer Bodenkonstruktion

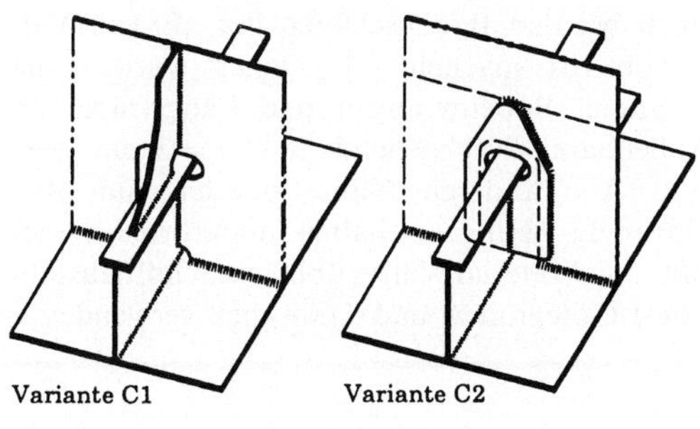

Abb. 4. Anschluß der Längsprofile Variante C1 konventionell, Variante C2 neuartige Konstruktion

keitsmäßig schadensanfällig gezeigt hat. Außerdem benötigt eine solche Konstruktion erhebliche Passarbeit beim Montieren der Sektionen, abgesehen davon, daß eine solche Konstruktion nicht schweißrobotergerecht ist. Darüberhinaus werden gegenüber der Neuentwicklung wesentlich mehr Bauteile benötigt. Festigkeitsmäßig ist die unterschiedliche Beulfestigkeit zu beachten. Abb. 5 zeigt die Rechenmodelle für die beiden Aussteifungsvarianten C1 und C2.

Als Lastfälle wurden a) eine konstante Last N_x in X-Richtung, b) eine Drucklast in Y-Richtung N_y; Ladungsdruck und Außendruck simulierend und c) reine Schubbelastung N_{xy} angenommen. Die Ergebnisse sind in Tabelle 1 zusammengestellt.

Von besonderer Bedeutung ist die Interaktion der einzelnen Lastfälle Abb. 7. R_x, R_y und R_{xy} sind die jeweils auf die Lastfälle in Tabelle 1 bezogenen kritischen Beulspannungen. Man kann gut den Unterschied der Wirkung der Aussteifungssysteme erkennen. Insgesamt ist die horizontale Aussteifung festigkeitsmäßig sehr gut realisierbar. Die horizontal ausgesteiften Bodenwrangen und Längsträger besitzen im Fall einer Grundberührung (Lastfall N_y) die Tendenz zu horizontalen Beulen und Faltungen, da die kritische Beullast für diesen Fall relativ niedrig ist. Die Folge ist, daß die Energiedissipation in den Bereich der Tankdecke hinein relativ klein ist und somit diese länger intakt bleibt. Eine solche Konstruktion des Doppelbodens verhält sich stärker nach dem Knautschzonen–Prinzip als übliche.

Der Anschluß der Längsspanten erfolgt mit speziell entwickelten Riegelblechen, die gleich mehrere Vorteile besitzen, Abb. 4. Zunächst entfallen die im Bereich der Kopfsteifen-Knie vorhandenen Kerbstellen, die häufig zu Schwingrissen führen. Weiterhin erfolgt eine fast gleichmäßige Krafteinleitung in die Bodenwrangen, mit deutlich niedrigeren Kerbspannungen als bei üblichen Konstruktionen und damit wesentlich höherer Schwingfestigkeit [3]. Nicht unerwähnt sollte bleiben, daß diese neuartige Konstruktion auch erhebliche Vorteile bei der Montage bietet, da praktisch kaum Passarbeit notwendig ist. Außerdem ist diese Konstruktion schweißrobotergerechter als die übliche und bietet wesentlich günstigere Verhältnisse bei der Konservierung. Das man insgesamt auf dem richtigen Weg ist kann man daran erkennen, daß diese

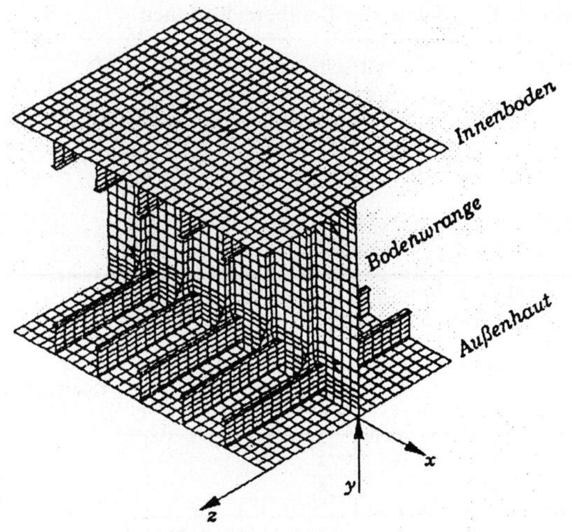

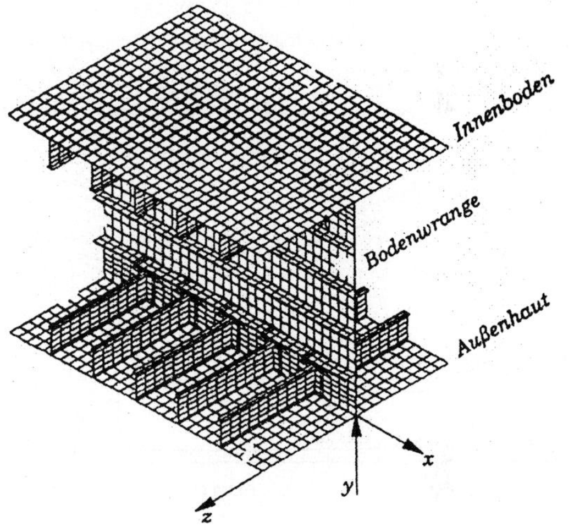

Abb. 5. Rechenmodelle für die Aussteifungsvarianten oben Variante C1 konventionell, unten Variante C2 neuartig

Grundprinzipien der neuen Konstruktionsform bereits in Japan in großem Umfang angewendet werden, nachdem dort ebenfalls vergleichbare Untersuchungen, etwa zeitgleich mit unseren, und ähnlichen Resultaten durchgeführt wurden. In [4] wird über die Untersuchungen berichtet. Der wesentliche Unterschied besteht allerdings darin, daß man überhaupt auf Riegelbleche verzichtet und die Profile durch die geschlitzten Bodenwrangen steckt. Eine Bauweise, die auch in Europa angewendet wird, allerdings auch eine besondere Fertigungstechnologie erfordert [5].

Die Modelle wurden in großzügiger Weise von den Howaldtswerken Deutsche Werft AG finanziert und in einer kleinen Werft in Holland, die bereits ähnliche Modelle gefertigt hatte, gebaut. Eine wichtige Frage ist die Verschweißung der Längsträger, Spanten und Bodenwrangen mit der Außenhaut. Der Grundberührungsunfall der „Sea Empress" (Abb. 9) zeigte, daß es zum großflächigen Abreißen der Außenhaut kommen kann, da die Kehlnähte für diesen „Lastfall" nicht ausgelegt sind [6]. Diese Beobachtung konnte

Tabelle 1. Ergebnisse der Beulberechnungen

Lastfall	kritische Spannung (N/mm^2)	
	Variante C1	Variante C2
N_x	99*	133
N_y	372	90**
N_{xy}^+	434	532
N_{xy}^-	−509	532

*Beulform Abb. 8 oben
**Beulform Abb. 8 unten

man auch bei den Bodenschäden der „Exxon Valdez" (Abb. 10) machen [7]. Daher wurden die Längsspanten, Bodenwrangen und Längsträger an der Außenhaut durchgehend mit $a = 3$ mm verschweißt. Alle anderen Nähte wurden, um den Schweißverzug gering zu halten, unterbrochen geschweißt. Als Material wurde üblicher Schiffbaustahl normalfest Gütegrad A und 5 mm dick verwendet.

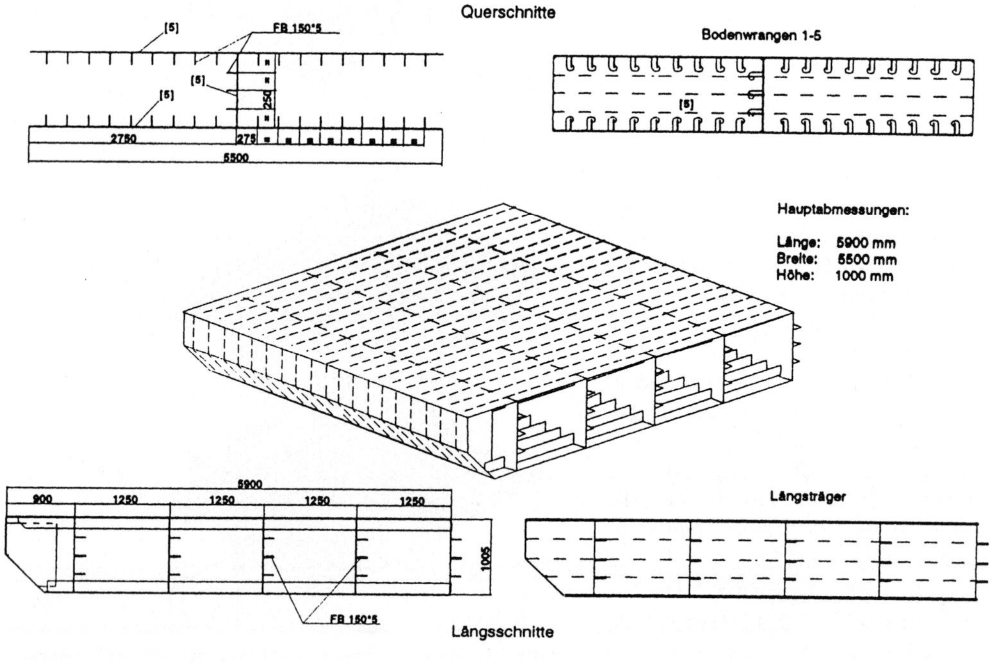

Abb. 6. Konstruktionszeichnung der Versuchsmodelle

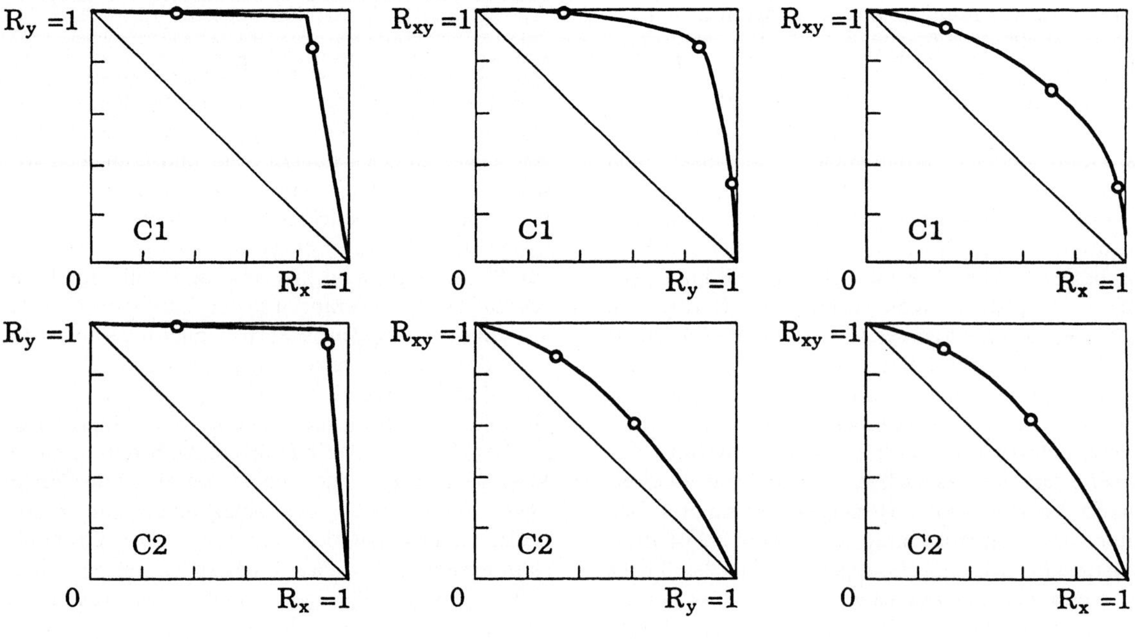

Abb. 7. Interaktionskurven oben) Variante C1, unten) Variante C2

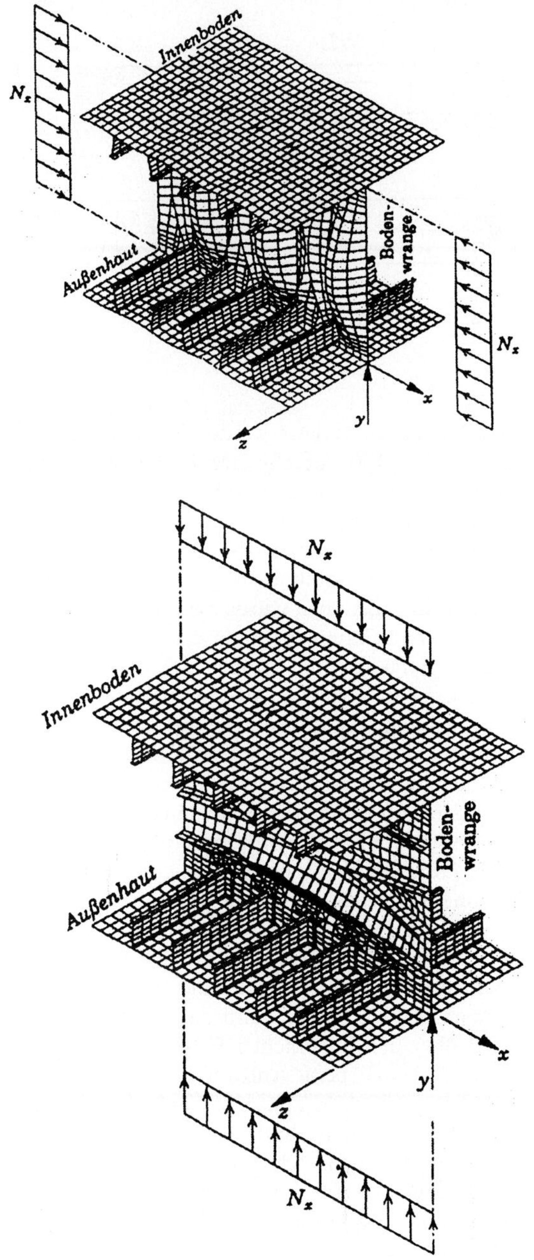

Abb. 8. Beulformen oben) Variante C1 konventionell Lastfall N_x, unten) Variante C2 neuartig Lastfall N_y

Abb. 9. Bodenstruktur des Tankers „Sea Empress" nach einer Grundberührung 1996 aus [6]

Abb. 10. Bodenschäden des Tankers „Exxon Valdez" aus [7]

3 Beschreibung der Versuche

Die Versuche konnten im Rahmen eines japanisch–niederländischen Versuchsvorhabens durchgeführt werden, wobei die Modellform, deren Befestigung und die Art des künstlichen Felsens durch dieses Projekt weitestgehend vorbestimmt war. Die Versuche wurden durch das Centre for Mechanical Engineering, TNO unter Leitung von A.W. Vredeveldt und L.J. Wevers durchgeführt.
Abb. 11 zeigt das Versuchsschiff und die Konstruktion des künstlichen Felsens. Das Versuchsmodell

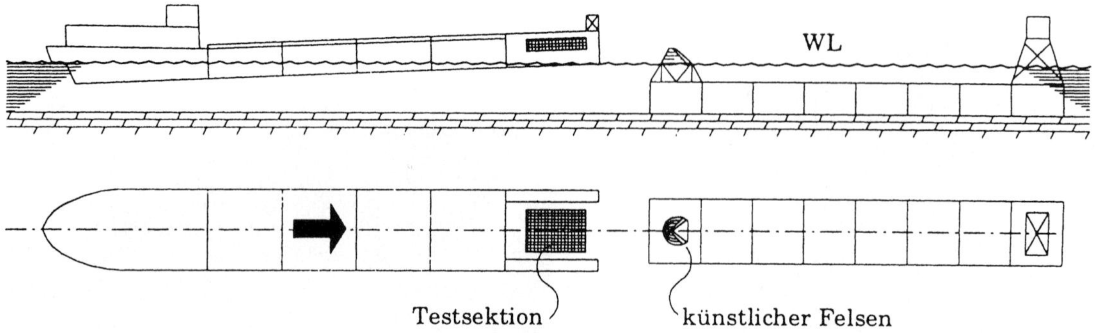

Abb. 11. Die Versuchsanordnung

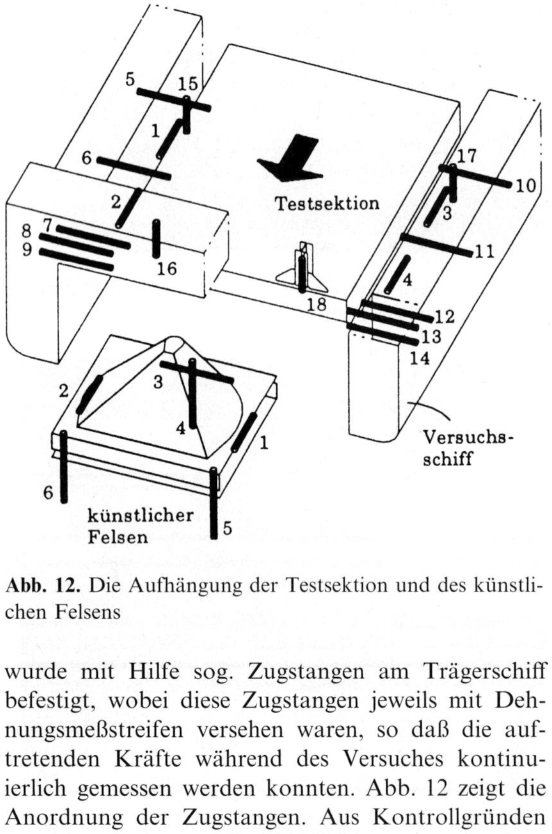

Abb. 12. Die Aufhängung der Testsektion und des künstlichen Felsens

wurde mit Hilfe sog. Zugstangen am Trägerschiff befestigt, wobei diese Zugstangen jeweils mit Dehnungsmeßstreifen versehen waren, so daß die auftretenden Kräfte während des Versuches kontinuierlich gemessen werden konnten. Abb. 12 zeigt die Anordnung der Zugstangen. Aus Kontrollgründen wurde der künstliche Felsen ebenfalls mit Zugstangen befestigt, Abb. 12. Weiterhin wurden die Geschwindigkeit und Bewegungen (Trimm) des Trägerschiffes sowie die Eindringung des künstlichen Felsens in die Stahlstruktur gemessen.

Angeregt durch die Diskussion mit den niederländischen Partnern wurde nach dem eigentlichen Versuch das zweite baugleiche Reservemodell mit Formschaumblöcken (Dichte 20 kg/m^3) üblicher Art gefüllt. Hintergrund für einen solchen Versuch ergab die Vorstellung, daß es zu einer breiteren Lastverteilung beim Eindringen des künstlichen Felsens kommt und damit ein erhöhter Kollisionswiderstand entsteht. Beim Transport von Öl werden die Doppelbodenzellen eines Doppelhüllentankers leer gefahren. Im Fall einer Kollision oder Grundberührung können Leerzellen verletzt werden, die dann geflutet werden und zu Tiefertauchungen führen. Das ist im allgemeinen sehr nachteilig oder sogar gefährlich sowie bei einer eventuellen Bergung erschwerend. Bei seitlichen Kollisionen ist durch unsymmetrische Flutung mit einem stabilitätsmindernden Moment zu rechnen. Demgegenüber würde bei ausgeschäumten Leerzellen der Schaum im Falle des Aufreißens der Zelle das Fluten verhindern oder zumindest deutlich verzögern. Ebenso dürfte, aufgrund der Verteilung der eingeleiteten Kollisionskräfte auf größere Strukturbereiche, die Eindringtiefe des Kollisionsgegners erheblich reduziert werden, was einen günstigen Effekt bei der Anordnung der Seitenlängsschotte (B/5–Regel) haben könnte. Auch könnte man daran denken, die Doppelbodenhöhe im Fall eines Ausschäumens im Vergleich zu einer Konstruktion mit Leerzellen reduzieren zu dürfen.

Nach mehreren Probeanläufen, die den Einfluß von Wind, Strömung und Wellen auf die Treffgenauigkeit bestimmen sollten, wurde dann das Trägerschiff gegen und über den künstlichen Felsen gesteuert. Die Geschwindigkeiten beim Auftreffen auf den künstlichen Felsen waren im ersten Versuch 4,0 m/s entsprechend 14,4 km/h und im zweiten Versuch 3,25 m/s entsprechend 11,7 km/h. Von lauten Geräuschen begleitet, riß im ersten Versuch die Außenhaut auf, während das Schiff eine starke Stampfbewegung vollführte. Im zweiten Versuch blieb das Schiff mit der Testsektion auf dem künstlichen Felsen stecken. Der Ponton, auf dem der künstliche Felsen befestigt war, blieb bei beiden Versuchen unbeweglich auf dem Grund der Wasserstraße liegen.

4 Ergebnisse der Versuche

4.1 Erster Versuch

Abb. 13 zeigt schematisch den Verlauf, die Eindringtiefe und Breite sowie den Bereich der Beschädigung des Modellkörpers. Den Verlauf der Längs- und Querkräfte zeigt Abb. 14. Man kann die excellente Übereinstimmung der Kräfte gemessen am Modell

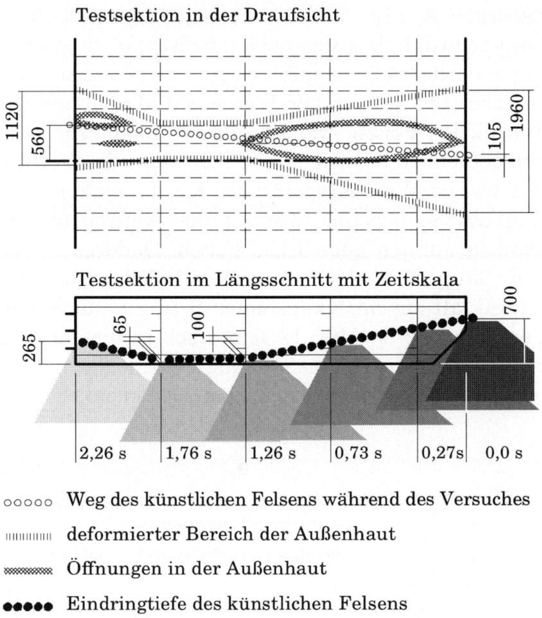

Abb. 13. Verformungsbild der Testsektion nach dem 1. Versuch

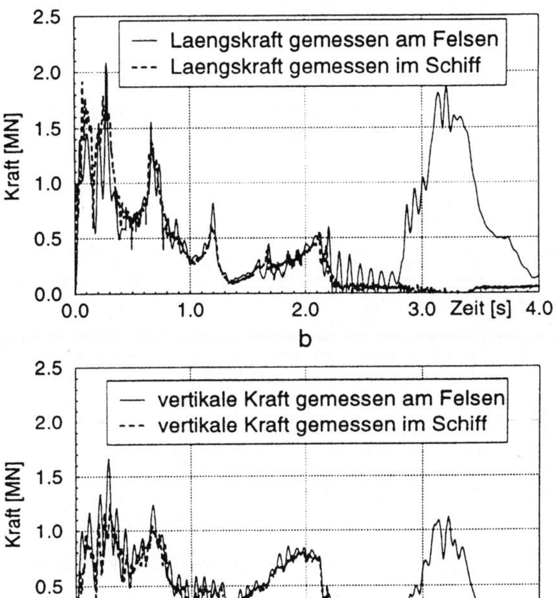

Abb. 14. Gemessene Reaktionskräfte während des ersten Versuches a) Längskräfte, b) Vertikalkräfte

und am Felsen erkennen. Nach Ablauf von knapp 3 s verließ der Felsen das Versuchsmodell und drang in einen trägerschiffseitigen Puffer ein, so daß am Felsen wiederum eine erhöhte Kraft gemessen wurde, die natürlich keinen entsprechenden Kraftverlauf am Modell zeigt.

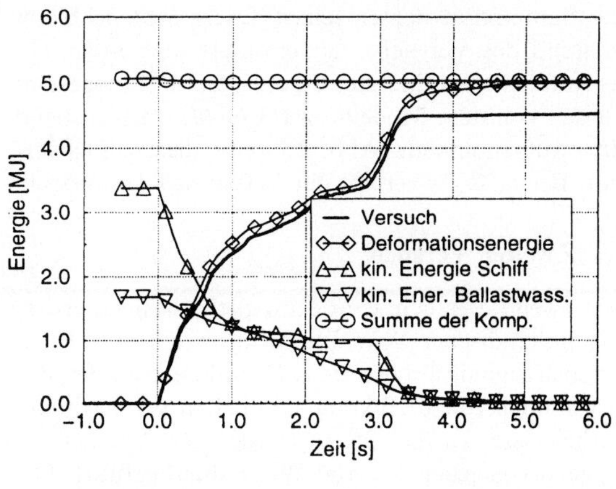

Abb. 15. Energiebilanz während des zweiten Versuches

Das Verformungsbild zeigt starke Deformationen der Außenhaut mit einem etwa 3500 mm langen Riß im vorderen Bereich entlang des Pfades des künstlichen Felsens. Der Innenboden blieb vollständig intakt. Die Schweißverbindungen versagten im Wesentlichen nur vor dem ersten Querträger an den Verbindungen mit der Außenhaut und im weiteren Verlauf an den Verbindungen der zweiten und fünften Bodenwrange mit der Außenhaut. Ebenfalls rissen im Bereich zwischen erster und zweiter Bodenwrange einige Verbindungen zwischen den Längssteifen und der Außenhaut.

Während der Kollisionsphase wurden die Schiffsbewegungen kontinuierlich gemessen. Diese besitzen, da das Testschiff im Verhältnis zu den auftretenden Kräften relativ klein war, einen wesentlichen Einfluß auf den Grundberührungsvorgang.

Interessant ist die Energiebilanz während des Versuches, Abb. 15. Aus der Integration der gemessenen Längskräfte am künstlichen Felsen erhält man die im Versuch absorbierte Energie. Einen wesentlichen Einfluß haben dabei die im Testschiff befindlichen Wassermengen. Da in den Tanks freie Oberflächen existierten, kommt es beim Abbremsen des Testfahrzeuges zu erheblichen Bewegungen der Flüssigkeiten, die somit einen beachtlichen Energiespeicher bilden. Die Komponenten der Energie (kin. Energie Schiff und Ballastwasser sowie die Deformations- und totale Energie) wurden mit einem Programm zur Berechnung der Schiffsbewegungen ermittelt, in das die am Felsen gemessenen Kräfte als Eingabewerte eingingen. Es wird somit unter Vorgabe der Kollisionskraft der Kollisionspfad bzw. die Schiffsbewegung errechnet, wogegen bei den nachfolgenden FE-Berechnungen unter Vorgabe des Kollisionspfades die Kräfte berechnet werden. Die Bilanz der einzelnen Energieanteile und der Vergleich mit der im Modell absorbierten Energie weist keine Energieanteile aus, die durch Reibung absorbiert werden. Die Reibeinflüsse sind bei Integration der gemessenen Längskräfte über die Längseindringung mit erfaßt, da die Längskräfte auch die Reibkraft in Längsrichtung beinhaltet. Außerdem wird ein Teil am Ende des Versuchs durch den erwähnten Puffer absorbiert.

Die Summation der einzelnen Energieanteile bleibt während des Versuches unverändert und entspricht der anfänglichen Energie von etwa $5,2\,MJ$. Insgesamt werden von dem Modell etwa $3,66\,MJ$ entsprechend 70% aufgenommen. Abb. 15 zeigt diesen Sachverhalt. Bei ca. $2,7\,s$ verläßt der Felsen das Testmodell.

4.2 Zweiter Versuch

Der zweite Versuch wurde möglich, weil einerseits von holländischer Seite Interesse an einem solchen Versuch signalisiert wurde und andererseits ein Reservemodell zur Verfügung stand. Um vergleichbare Verhältnisse zu behalten, wurde der Versuch in möglichst gleicher Art und Weise durchgeführt. Die Erfahrung aus dem ersten Versuch hatte gezeigt, daß die Anfangsenergie von $5,2\,MJ$ dazu führt, daß der künstliche Felsen das Modell wieder verläßt und in das eigentliche Testschiff einzudringen droht. Um dieser Gefahr auszuweichen wurde die Schiffsgeschwindigkeit gegenüber 4 m/s entspr. 7,8 kn beim ersten Versuch auf 3,25 m/s entspr. 6,3 kn reduziert. Der wesentliche Unterschied bestand nun darin, daß das Modell mit handelsüblichen Schaumstoffplatten ausgefüllt war. Zudem wurde die Anfangseindringhöhe um 100 mm auf 800 mm erhöht. Alles in allem ein interessanter Versuchsparameter mit vielen bedeutsamen Aspekten. Abb. 16 zeigt den Verlauf der Beschädigungen. Im Vergleich mit dem ersten Versuch kann man deutlich erkennen, daß sich die Eindringtiefe von beginnend 800 mm schnell auf ca. 30 mm im Bereich der zweiten Bodenwrange reduziert. Auch ist der beschädigte Bereich wesentlich gleichmäßiger ohne übermäßiges Aufreißen des Außenbodens deformiert. Interessant sind die gemessenen Kräfte, Abb. 17. Trotz geringerer Kollisionsgeschwindigkeit sind die Kräfte wesentlich größer. Im Fall der Längskraft zeigen sich Unterschiede zwischen den gemessenen Werten am Modell und am künstlichen Felsen, während die Vertikalkräfte sehr gut übereinstimmen. Ursache hierfür ist das Verbiegen zweier Widerlager für die Kraftaufnehmer im Bug des Schiffes im Moment des Auftreffens des Modells auf den künstlichen Felsen. Dadurch ist für den übrigen Versuch die am Modell gemessene Längskraft um einen konstanten Betrag zu hoch. Die Energiebilanz in Abb. 18 zeigt auch in diesem Fall eine sehr gute übereinstimmung zwischen dem Experiment und den einzelnen Energieanteilen.

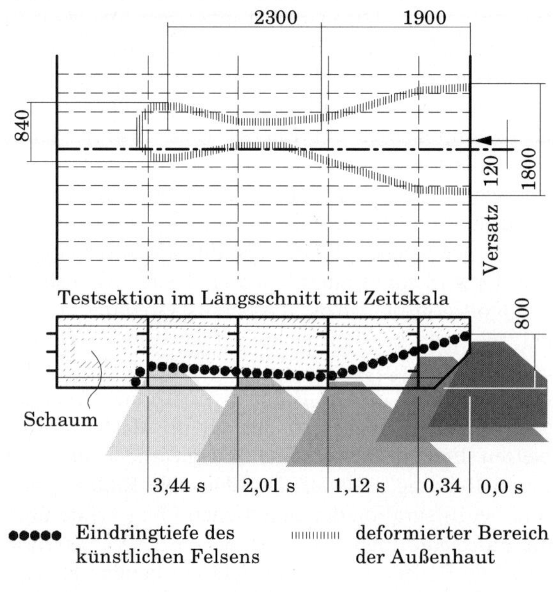

Abb. 16. Verformungsbild der Testsektion nach dem zweiten Versuch

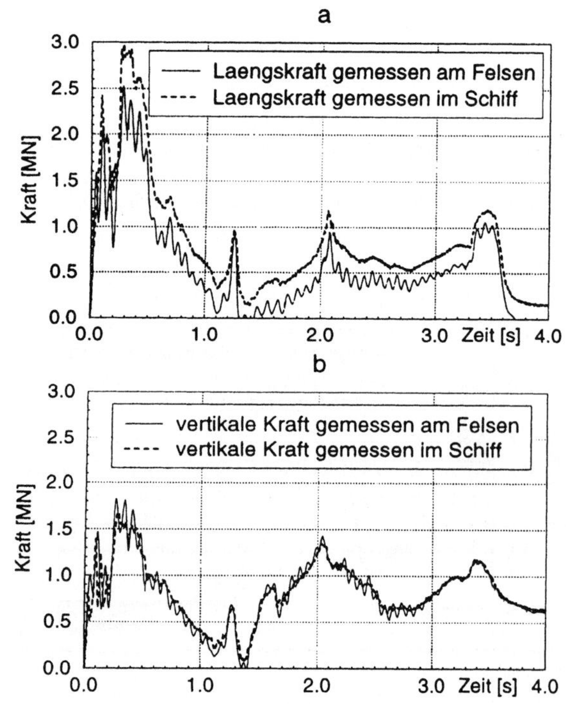

Abb. 17. Gemessene Reaktionskräfte während des zweiten Versuches a) Längskräfte, b) Vertikalkräfte

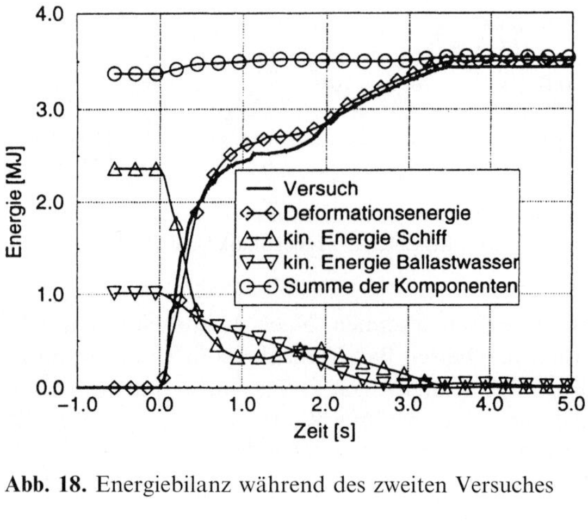

Abb. 18. Energiebilanz während des zweiten Versuches

5 Berechnung

5.1 Analytisch/empirische Verfahren

Der Germanische Lloyd verwendet seit vielen Jahren zur Abschätzung der Verformungsenergie eine Substrukturmethode bei der die Energiedissipation einzelner Bauteile ermittelt wird und dann über eine Summation die gesamte dissipierte Energie abgeschätzt wird. Die Methode, die mit geringem Aufwand arbeitet, erlaubt eine schnelle und in den meisten Fällen auch ausreichende Abschätzung, ist aber für das hier vorliegende Problem nicht recht geeignet.

Ein Programm, das ebenfalls auf der Grundlage analytisch/empirischer Ansätze unter Verwendung von Ergebnissen eigens hierfür durchgeführter Modellversuche arbeitet, ist im Rahmen des „Joint Industry Tanker Safety Project" am Massachusetts Institute of Technology, Cambridge USA unter Leitung von Prof. Wierzbicki entstanden. Da der GL an diesem Projekt beteiligt ist, konnte dieses unter dem Namen DAMAGE bekannt gewordene Programm für den vorliegenden Fall angewendet werden.

DAMAGE stellt eine Verknüpfung der sogenannten „inneren Kollisionsmechanik" mit der „äußeren Kollisionsmechanik" her, und soll damit in der Lage sein, Grundberührungsvorgänge zu simulieren. Im Programmteil für die „innere Kollisionsmechanik" wird durch verschiedene analytisch/empirische Ansätze für die einzelnen Bauteile, die Kollisions- bzw. Grundreaktionskraft ermittelt. Der Programmteil für die „äußere Kollisionsmechanik" liefert auf Grund dieser Kraft die Schiffsbewegung. Die Vorgehensweise ist inkrementell, d.h. es wird zunächst auf der Grundlage der Anfangsbedingungen (Geometrie der Struktur, Material und Grundberührungsszenario) eine Reaktionskraft ermittelt, auf deren Grundlage dann die Bewegung des Schiffes für den nächsten Zeitschritt berechnet wird, woraus sich eine neue Reaktionskraft ergibt. Dabei wird die verbrauchte Energie aufsummiert. Ist diese Energie der Anfangsenergie des Schiffes gleich, ist das Schiff zum Stillstand gekommen und die Rechnung beendet. Die mit DAMAGE erzielten Ergebnisse sind in den Abb. 19 bis 21 für den ersten Versuch dargestellt.

Die Abschätzungen des zeitlichen Verlaufes des Grundberührungsvorganges sowie die dissipierte Energie sind befriedigend. Demgegenüber zeigen die ermittelten Reaktionskräfte und die Schiffsbewegung große Abweichungen von den experimentell ermittelten Werten, Abb. 20 und 21.

Die Ursache hierfür scheint im Programmteil für die Schiffsbewegungen begründet zu sein. Im Programm DAMAGE wurden einige Annahmen, die Bewegung des Schiffes und den Pfad des Felsens betreffend, auf der Grundlage von Testrechnungen mit sehr großen Schiffen getroffen. Abweichend hierzu wurde der Versuch mit einem relativ kleinen Schiff durchgeführt, wobei relativ hohe Reaktionskräfte zu erwarten wa-

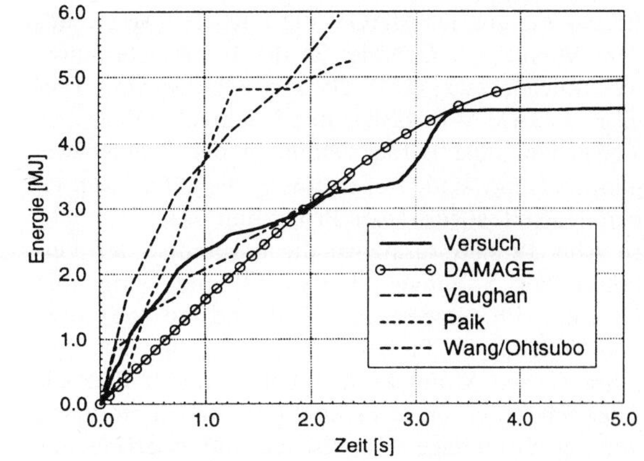

Abb. 19. Vergleich der absorbierten Energie zwischen dem ersten Versuch und den Ergebnissen mit dem Programm DAMAGE sowie anderer Verfahren aus der Literatur

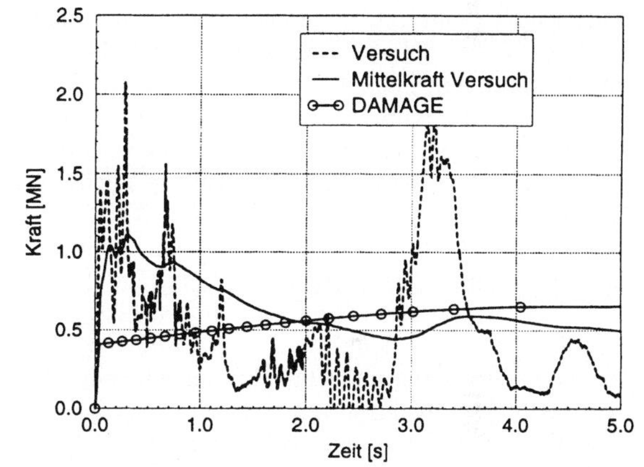

Abb. 20.. Vergleich der Längskräfte zwischen dem ersten Versuch und den Ergebnissen mit DAMAGE

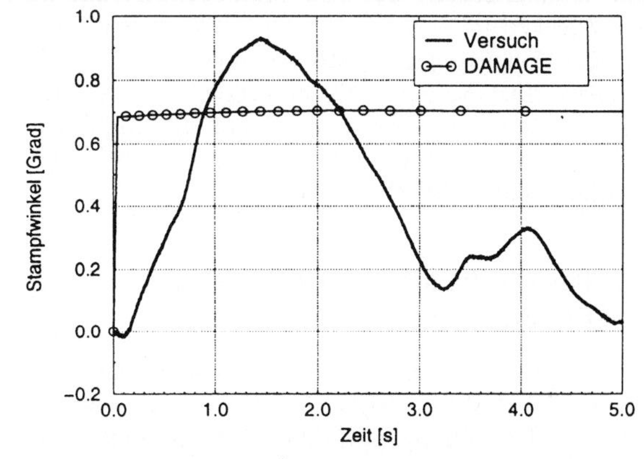

Abb. 21. Vergleich der Stampfwinkel zwischen dem ersten Versuch und den Ergebnissen mit DAMAGE

ren. Dies führte zu sehr ausgeprägten Schiffsbewegungen, so daß, auf Grund der relativ kurzen Länge der Testsektion, der gesamte Versuch über ein gewisses „Einschwingstadium" nicht hinauskam. Legt

man aus diesem Grunde bei der Auswertung der Ergebnisse aus DAMAGE die mittleren Werte aus dem Versuch zu Grunde, ist die Übereinstimmung wesentlich besser (Abb. 20 und 21). Da vom Programm DAMAGE bisher nur Nachrechnungen von Versuchen ohne Berücksichtigung der Schiffsbewegung bekannt sind, stellen unsere Berechnungen einen neuen Test für dieses Programm dar.
In Abb. 19 sind zusätzlich die Ergebnisse der Verfahren von Vaughan [8], Paik [9] und Wang und Ohtsubo [10] eingearbeitet. Während das Verfahren von Vaughan im Prinzip eine Erweiterung des Verfahrens nach Minorsky darstellt, ermittelt Paik die Energiebeiträge einer orthogonal versteiften Platte auf der Grundlage analytischer und experimentell abgesicherter Formeln. Ohtsubo und Wang gehen den Weg über die Ermittlung einer Kraftkurve auf der Grundlage analytischer Ansätze für das Verhalten der Strukturelemente und erhalten dann durch Integration die Energieanteile. Allen drei Verfahren gemeinsam ist, um gute Ergebnisse zu erzielen, daß das Ausmaß des Schadens nach einer Grundberührung bekannt sein muß. Bei der Nachrechnung des ersten Versuches, wurden nur die jeweils geschädigten Strukturbestandteile einbezogen. Zudem wurden auf Grund des vorhandenen Mittelträgers noch zusätzliche Annahmen getroffen. Alle drei Verfahren können relativ leicht mit Hilfe eines Taschenrechners ausgeführt werden. Die Ergebnisse zeigen, daß die Verfahren von Vaughan und Paik im vorliegenden Fall die Energie zu hoch abschätzen, während das Verfahren von Wang und Ohtsubo ein sehr gut mit den Messungen übereinstimmendes Ergebnis liefert. Ursache hierfür dürfte sein, daß Vaughan und Paik als Grundlage von der gesamten kinetischen Anfangsenergie des Schiffes ausgegangen sind, die am Ende der Rechnung wieder erreicht werden sollte. Die Anfangsenergie für den hier nachgerechneten Versuch betrug etwa 5,2 *MJ*. Dieser Wert wird von beiden Abschätzungen relativ gut angenähert, jedoch muß beachtet werden, daß im Versuch ein Teil der Energie durch den Puffer im Schiff aufgenommen wurde, dessen Verformung bei der dargestellten Berechnung unberücksichtigt blieb.

5.2 Berechnung mit einem nichtlinearen FE–Programm

Für das hier vorliegende Problem konnte das FE–Programm MARC–MENTAT verwendet werden. Für die Berechnung mit diesem Programmsystem war es zunächst notwendig eine Möglichkeit für die Modellierung des aufreißenden Bodens, also ein Bruchkriterium zu definieren. Zuerst wurde als Bruchkriterium die Bruchdehnung verwendet. Ergebnisse dieser Berechnungen sind in der Abb. 22 als Kurve MARC Bruchdehnung dargestellt. Es hat sich im weiteren Verlauf der Untersuchungen jedoch gezeigt, daß sogenannte Schädigungsparameter, wie sie

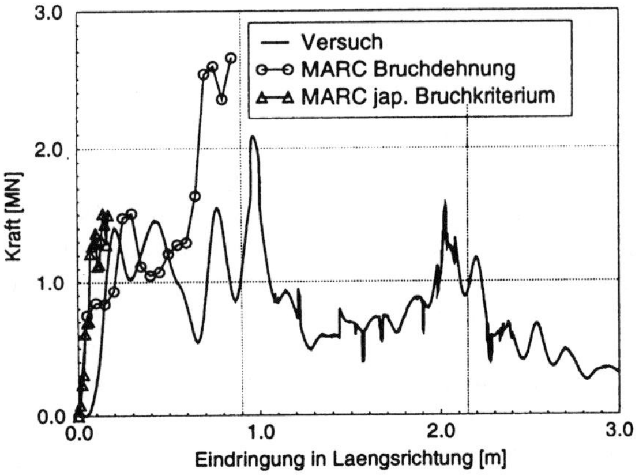

Abb. 22. Vergleich der Längskräfte zwischen dem ersten Versuch und den Ergebnissen mit dem Programm MARC

im sog. GURSON-Material-Modell verwendet werden, als Bruchkriterium für die Beplattung besser geeignet sind. Dies rührt unter anderem aus der Berücksichtigung der Spannungsmehrachsigkeit her, die beim Bruchverhalten eine wesentliche Rolle spielt. Für neue Berechnungen wurde daher ein Bruchkriterium das im Rahmen der Dissertation von YU [11] entwickelt wurde und ein von Kitamura und Kuroiwa [12] vorgestelltes Bruchkriterium verwendet. Dazu werden nach einer bestimmten Anzahl von berechneten Inkrementen, die MARC–Ergebnisdaten in Hinblick auf die Bruchkriterien analysiert. Die Elemente, in denen die Kriterien erfüllt sind, werden dann im nächsten Rechenlauf deaktiviert.
Dieses Verfahren erfordert durch die oftmalige Unterbrechung des Rechenlaufes für die Analyse, einen hohen Aufwand. Die mit dieser Vorgehensweise erzielten Ergebnisse liegen im selben Bereich, wie die mit dem Dehnungskriterium berechneten (Kurve MARC jap. Bruchkriterium). Jedoch konnte bisher aufgrund der Rechenkapazitäten nur eine Eindringtiefe des Felsens von etwa 180 mm realisiert werden. Die Kräfte weisen, wie auch bei den Berechnungen mit dem Dehnungskriterium eine Tendenz zu zu hohen Werten auf. Dies wird durch die zu steif modellierten Schweißnähte vor allem auch an den Steifen erklärt, die somit das Beulen und Zusammenfalten des Mittellängsträgers erheblich behindern.

5.3 Berechnungsergebnisse mit DYNA3D

Das Programmsystem DYNA3D ist speziell für die rechnerische Untersuchung von Crash–Versuchen auf der Basis der Methode der Finiten Elemente entwickelt worden. Durch ein relativ einfaches Verfahren ist es gelungen, das für die Berechnung mit MARC–MENTAT erzeugte Rechenmodell in das DYNA3D–Eingabeformat umzusetzen. Die Materialeigenschaften und Steuerparameter werden anschließend in einem Editor bearbeitet. Die Auswertung

kann dann im DYNA3D–eigenen Postprozessor TAURUS erfolgen.
Für die Berechnung mit DYNA3D wurde das vorhandene Modell erheblich verfeinert, Abb. 23. Das Modell wird an den Aufhängepunkten entsprechend dem Modellversuch gelagert. Der Felsen wird als starrer Körper angenommen und entsprechend der im Versuch gemessenen Relativbewegung zwischen Testsektion und Felsen geführt. Damit dürfte der Einfluß der globalen Massenkräfte relativ gut berüchsichtigt sein, da die resultierende Bewegung aus der Grundberührung als Eingabe für die Berechnung dient.
Als Materialmodell wird ein elastisch–plastisches Material mit isotroper Verfestigung und einer vorgegebenen Bruchdehnung angenommen. Für die Berücksichtigung der Verfestigung wird die wahre Spannungs–Dehnungskurve ermittelt, die durch numerische Nachrechnung von Zugversuchen gewonnen wurde. Eine Abhängigkeit der Materialeigenschaften von der Dehnungsgeschwindigkeit wird in der hier vorgestellten Berechnung nicht berücksichtigt. Abschätzungen der mittleren Dehnungsgeschwindigkeiten brachten das Ergebnis, das diese in lokal sehr begrenzten Bereichen am Mittellängsträger und den Knieblechen bis $80\,s^{-1}$ betragen kann. Im Bereich der Außenhaut werden jedoch maximal Werte um $20\,s^{-1}$ erreicht. Da die Bauteile mit den höchsten Dehnungsgeschwindigkeiten vorwiegend Druckbelastungen unterworfen sind, ist dort mit einem Reißen des Materials nicht zu rechnen. Zudem sind diese hohen Dehnungsgeschwindigkeiten sowohl örtlich als auch zeitlich sehr beschränkt, so daß ihr Einfluß auf das Verhalten der Gesamtstruktur vernachlässigbar klein sein dürfte.
Die berechneten Verformungen stimmen mit den im Versuch beobachteten sehr gut überein. Wie im Versuch entsteht im vorderen Teil des Modells ein Riß, der sich bis kurz hinter die dritte Bodenwrange erstreckt. Ein weiterer kurzer Riß ist am Ende der Testsektion zu erkennen, Abb. 24 und 25. Auch die Verformungen der Bodenwrangen gleichen den im Versuch beobachteten. Es bildet sich zunächst ein Riß an der Verbindung zum Längsträger und etwas später ein dazu parallel verlaufender Riß in der Bodenwrange selbst. Dann wird das Material nach hinten gebogen. Im Längsträger treten im vorderen Bereich starke Beul- und Faltungserscheinungen auf, nachdem die Verbindung zwischen Außenhaut und Längsträger gebrochen ist. Das Foto der Testsektion

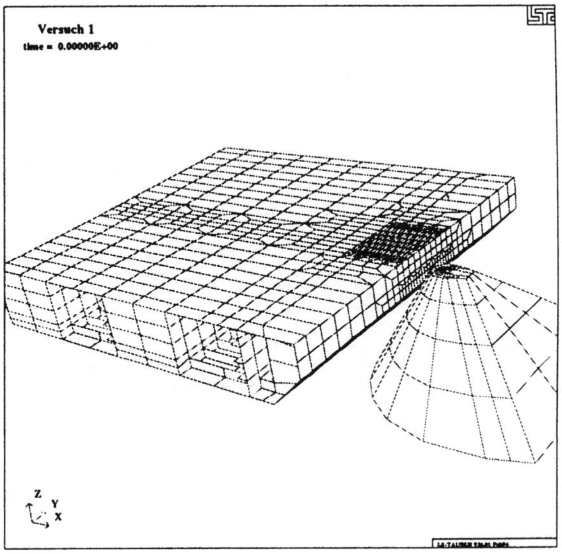

Abb. 23. Berechungsmodell für DYNA3D

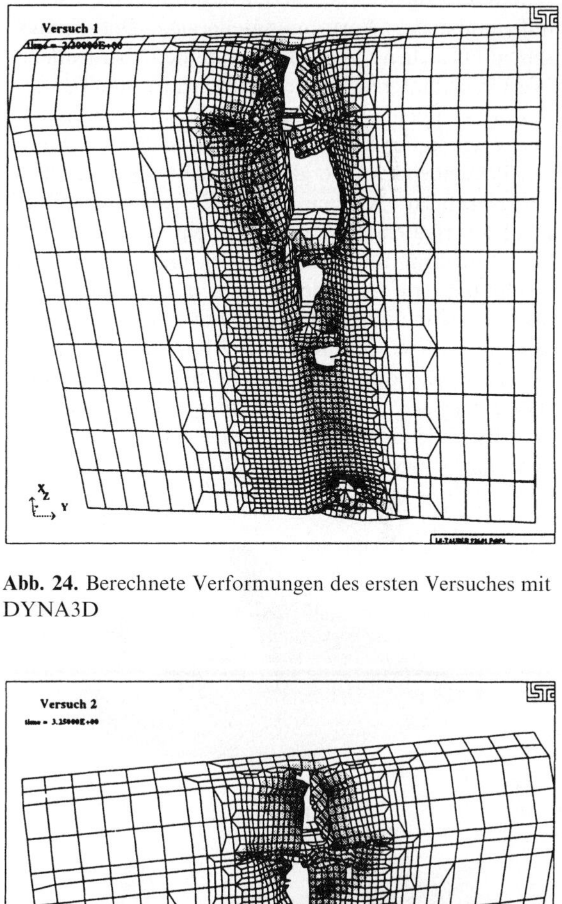

Abb. 24. Berechnete Verformungen des ersten Versuches mit DYNA3D

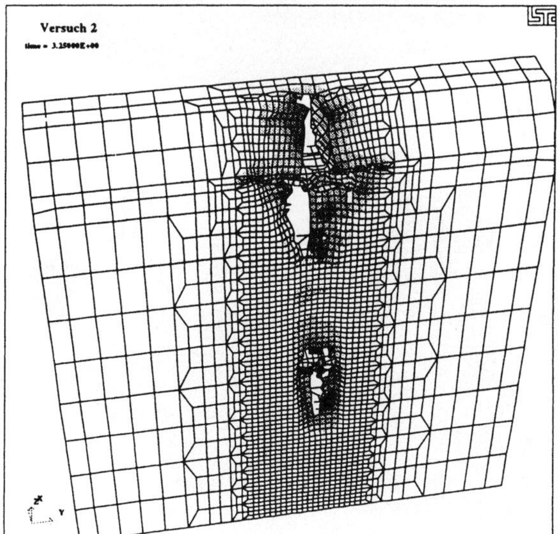

Abb. 25. Verformungen des zweiten Versuches berechnet mit DYNA3D

(Abb. 26) macht die gute Übereinstimmung zwischen rechnerischer Simulation und Wirklichkeit deutlich. Die Rechnungen zeigen sowohl in den Kräften als auch in den Energien eine gute Übereinstimmung mit den experimentell gewonnenen Daten. In der Kurve für die Längskräfte (Abb. 27) spiegelt sich sehr deutlich der Einfluß der Querbauteile wieder. Die Kurve der vertikalen Kräfte (Abb. 28) zeigt etwas größere Abweichungen von den gemessenen Werten. Für die berechneten Energien wurden zwei Kurven dargestellt, Abb. 29. Die erste wurde aus der Integration der errechneten Längskräfte über der Längseindringung des Felsens im Rechenmodell gewonnen und ist somit der Kurve aus den Messwerten äquivalent. Die zweite Kurve zeigt die interne Energie des Materials, also die aufgenommene Verformungsenergie. Der Unterschied zwischen Versuchs- und den berechneten Werten im hinteren Teil der Kurve rührt offenbar von der in der Rechnung nicht berücksichtigten Reibung her. Auch in der Kurve der Längskräfte ist im hinteren Bereich eine im Vergleich zum Versuch zu kleine Längskraft zu erkennen, die die Ursache für die zu niedrig verlaufende Energiekurve darstellt.

Als Bruchkriterium wurde in der hier vorgestellten Rechnung eine Bruchdehnung von 20% eingesetzt. Weitere Rechnungen wurden mit anderen Bruchdehnungen bzw. dem Bruchkriterium nach Kuroiwa/ Kitamura [12] durchgeführt. Die beste Übereinstimmung mit den Versuchsergebnissen ergab sich für eine Bruchdehnung von 20% und einem pauschalen Reibfaktor von 0,15. Einige Anmerkungen zur Auswahl der Bruchdehnung bzw. zu den Bruchkriterien werden im Anhang gegeben. Der Bruch der Schweißnähte wurde in den hier vorgestellten Rechnungen vernachlässigt. Das Versagen der Schweißnähte scheint bei den durchgeführten Versuchen nur

Abb. 26. Die verformten Modelle nach den Versuchen (oben Versuch 1, unten Versuch 2)

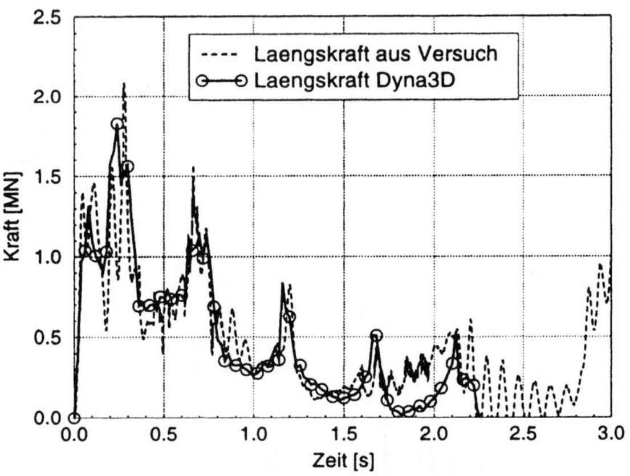

Abb. 27. Vergleich der Längskräfte des ersten Versuches mit den Ergebnissen der DYNA3D Rechnung

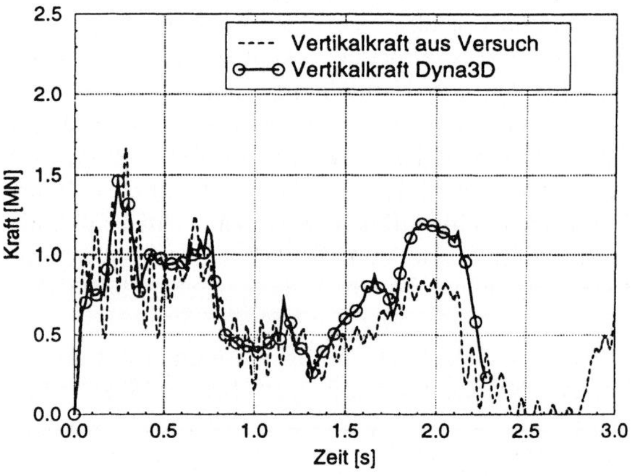

Abb. 28. Vergleich der Vertikalkräfte des ersten Versuches mit den Ergebnissen der DYNA3D Rechnung

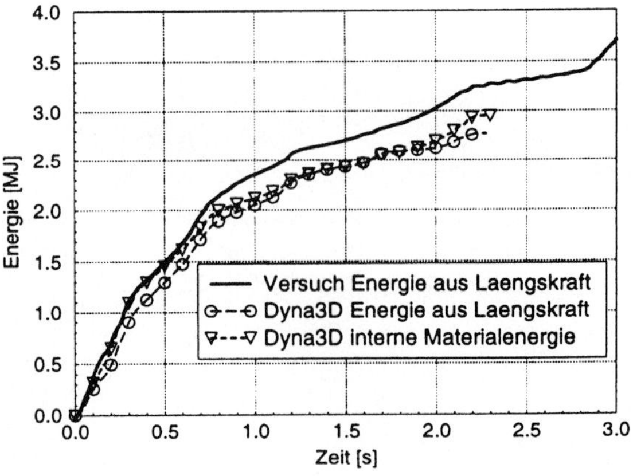

Abb. 29. Vergleich der absorbierten Energie des ersten Versuches mit den Ergebnissen der DYNA3D Rechnung

eine untergeordnete Rolle zu spielen. Die Energie wird hier vorwiegend durch das Verformen und Aufreißen der Außenhaut und der Bodenwrangen sowie im Anfangsbereich durch das Beulen des Längsträgers dissipiert. Dabei scheint die Haltbarkeit der Schweißnähte vorwiegend im vorderen Bereich von Bedeutung zu sein, wo der Längsträger sich von den Steifen und der Außenhaut lösen muß, um beulen und falten zu können. Da in den Berechnungen die Elemente an der Stirnseite des Längsträgers frühzeitig versagen, spielt hier eine Berücksichtigung der Schweißnähte keine entscheidende Rolle.

Anders ist die Situation, wenn Verformungsbilder wie in den Abbildungen 10 und 9 vorliegen. Hier ist die Festigkeit der Schweißnähte bei der Betrachtung der Energieaufnahme von entscheidender Bedeutung. Für die Berücksichtigung der Schweißnähte haben ebenfalls Kitamura und Kuroiwa in [12] ein Verfahren vorgestellt, das auf der Beurteilung der Festigkeit von Kehlnähten nach dem von der IIW 1976 vorgeschlagenen Kriterium beruht [17]. Diese Methode ist in DYNA3D implementiert und sagt den Bruch für das Abschälen der Platte von einem Steg auch richtig voraus. Vergleichsrechnungen mit Berücksichtigung dieser Option brachten das Ergebnis, daß die Randelemente des Längsträgers intakt blieben, dafür aber die Schweißnaht versagte. Die Kraftverläufe bzw die dissipierte Energie änderten sich jedoch nur unwesentlich. Im Allgemeinen scheint die Berücksichtigung der Festigkeit der Schweißnähte bei derartigen Berechnungen wichtig zu sein. Für echte Vorhersagen ist dies sogar unabdingbar, da das entstehende Verformungsbild offenbar von der Festigkeit der Schweißnähte abhängig ist. (Vergleiche Verformungsbild der „Exxon Valdez“ und der „Sea Empress“ Abb. 10, 9 mit denen der Testsektion Abb. 26. Die Verbindungen mit der Außenhaut wurden an der Testsektion mit besonderer Sorgfalt und durchgehenden doppelten Kehlnähten geschweißt.) Die Berücksichtigung bei der Berechnung erfordert jedoch erheblichen Mehraufwand in der Modellierung, da die Schweißnähte durch Doppelknotenreihen dargestellt werden müssen. Zudem bereitet auch hier das Finden der zutreffenden Parameter bei der Beschreibung der Schweißnaht (zulässige Spannung) gewisse Schwierigkeiten.

Der Anteil der Reibung an der Energieaufnahme während des Experimentes konnte auf der Grundlage von Messungen leider nicht abgeschätzt werden. Beispielrechnungen mit verschiedenen Reibfaktoren brachten das Ergebnis, daß mit größer werdendem Reibfaktor der Kraftanteil in Längsrichtung wächst und der Kraftanteil in vertikaler Richtung sinkt. Ebenfalls verändert sich das Verformungsbild dahingehend, daß an den Schnittkanten und vor dem Felsen vermehrt Beulerscheinungen auftreten. In der Literatur findet man Reibwerte zwischen 0, 1 und 0, 3, die für numerische Simulationen von Grundberührungen verwendet wurden. Für die Reibwerte der Materialpaarung Stahl gegen Stahl findet man Werte um 0,1. Unsere Rechnungen haben gezeigt, daß mit einem pauschalen Reibfaktor von 0,15 die beste Übereinstimmung zwischen den gemessenen und berechneten Kräften erzielt wird. Dabei scheint aber im vorderen Bereich ein niedrigerer Reibfaktor zutreffend zu sein, da hier die Kräfte etwas zu hoch abgeschätzt werden. Untersuchungen über die Größe wirklicher Reibwerte bei Grundberührungen sind an der Technischen Universität Hamburg-Harburg im Rahmen eines DFG–Forschungsvorhabens angelaufen.

Ein bisher wenig beachteter Parameter ist die Wärmeentwicklung bei Kollisions- und Grundberührungsvorgängen. In Berichten wird immer wieder auf zum Teil erhebliche Wärmeentwicklung bei Kollisionen hingewiesen. Deren Ursache dürfte zum Teil in der Energieumsetzung in relativ kleinen Bereichen, den plastischen Gelenken und natürlich auch in der Reibung liegen. Die dabei auftretenden Veränderungen der mechanischen Eigenschaften des Materials werden bisher außer Acht gelassen. Wahrscheinlich ergibt die Berücksichtigung dieser Erscheinungen auch keine merkliche Änderung der berechneten Kräfte und Energien.

6 Zusammenfassung

Wie in allen Bereichen der Technik, so wird auch im Schiffbau der Sicherheitsaspekt immer mehr ein entscheidendes Verkaufsargument. Im Zuge der Produkthaftung und vor dem Hintergrund spektakulärer Unfälle von Tank-, Fähr- und Massengutschiffen in den letzten Jahren werden an Werften und Konstruktionsbüros erhöhte Anforderungen gestellt. Bei den Klassifikationsgesellschaften beginnt man mit der Neuordnung der Bauvorschriften und ersetzt ältere, vorwiegend auf empirischer Grundlage stehende Vorschriften durch neue, wissenschaftlich abgesicherte Verfahren. Das Beispiel einer eventuellen Kopplung der Lecksicherheitsvorschriften an den Nachweis kollisions- bzw. grundberührungssicherer Strukturen zeigt die Richtung der zu erwartenden Entwicklung an. Die Erhöhung der Sicherheit von Schiffen gegen Grundberührungen und Kollision stellt somit einen wichtigen Baustein zur Verbesserung des Produktes „Schiff“ dar. Um dieses Ziel erreichen zu können sind zuverlässige Verfahren zur Beurteilung der Konstruktionen notwendig. Aufgrund der vielen Einflußfaktoren und komplizierten Vorgänge bei Grundberührungen und Kollisionen ist es jedoch unabdingbar, die zur Verfügung stehenden Verfahren an experimentell gewonnenen Daten realitätsnaher Versuche zu messen und zu validieren.

Schrifttum

1 Paetow, K.-H.: *The E–3 Tanker* Proc. 5th. IMDC and Summer Meeting STG, Delft 1994

2 Awolin, W., Meyer, F.-K., Steinberger I.-P.: *Rohöltanker der Zukunft, Entwurfskonzept unter Berücksichtigung*

der neuesten Umweltauflagen, Jhb. STG, 85. Band, Springer-Verlag Berlin 1991
3 Paetzold, H.: *Schwingfestigkeitsverhalten von Schweißkonstruktionen aus thermomechanisch gewalztem Schiffbaustahl*, Jhb. STG, 89. Band, Springer-Verlag Berlin 1995
4 Motoi, T., Murakami, A., Kohsaka, A., Kada, K., Unno, M., Taniguchi, T.: *A New Structural Design of Double Hull VLCC*, Proc. MARIENV 1995, S.191–197
5 Tang-Jensen,P.: *Innovative Structural Design for High Quality Double Hull VLCC's*, Proc. MARIENV 1995, S. 144–151
6 N.W.: Recent activity at Harland & Wolff Drydock, June 1996, S37–39
7 Mc Neill, M. C., Malmquist, D., Walter, D., Grothen, D., Londot, K.: *The Reconstruction of the Exxon Valdez*, Trans. SNAME, Vol. 98 pp 663–694 New York 1990
8 Rodd, J. L., Sikora, P.: *Double Hull Grounding Experiments*, ISOPE 1995, Den Haag s.446ff
9 Paik, J. K., Lee, T. K.: *Damage and Collapse of Double Hull Tankers in Groundings*, ISOPE 1995, Den Haag S.457ff
10 Wang, G., Ohtsubo, H., Liu, D.: *A Simple Method for Predicting Ships' Grounding Strength*, übermittelt an SNAJ zur Veröffentlichung 1996
11 Yu, X.: *Strukturverhalten mit großer Verformung bis zum Brucheintritt und mit dynamischer Zusammenfaltung*, Dissertation Universität Hamburg, Institut für Schiffbau Bericht Nr.579 1997
12 Kitamura, O., Kuroiwa, T.: *Large-Scale Grounding Experiments and Numerical Simulations*, Schiffstechnik Bd.43 1996 S.62ff
13 Simonsen, B.C., Wierzbicki, T.: *Theoretical Manual on Grounding Damage of Ships, Vol. III*, Joint MIT–Industry Program on Tanker Safety, Report No. 59 1997
14 Lemmen, P. u. andere TNO-Report 94-CMC-R1252, Delft, 1995
15 Kuroiwa, T., Kawamoto, Y., Kusuba, S., Stillman, D.: *Numerical Simulation of Collision and Grounding of Ships*, Proc. MARIENV'95 Vol. 1 S.66ff Tokio 1995
16 Kitamura, O.: *Comparative Study on Collision Resistance of Side Structure*, Proc. International Conference on Design and Methodologies for Collision and Grounding Protection of Ships, San Francisco 1996
17 Doc. IIS/IIW-504-76 veröffentlicht als *Design rules for arc-welded connexions in steel submitted to static loads*, Welding in the World, Volume 14, No. 5/6 1976 S.132ff
18 Chakrabarty, J.: *Theory of Plasticity*, Mc. Graw-Hill, New York 1987

Anhang

Anmerkungen zu den Bruchkriterien

Als Bruchkriterium wurde in den meisten Rechnungen eine Bruchdehnung definiert. Das Finden der passenden Bruchdehnung stellt unseres Erachtens nach eines der Hauptprobleme bei numerischen Berechnungen von Kollisions- bzw. Grundberührungsvorgängen dar. Die Ursache hierfür liegt in der Tatsache begründet, daß im allgemeinen von der im Zugversuch meßtechnisch erfaßten Bruchdehnung nicht auf die für numerische Berechnungen zutreffende Bruchdehnung geschlossen werden kann, da die Bruchdehnung im FE–Modell eine starke Abhängigkeit von der Elementgröße zeigt. Erklären läßt sich dieses Phänomen durch die Spannungskonzentrationen an der Rißspitze [14]. Diese haben je nach Art des Risses verschiedene Formen. Der Abstand zwischen der Rißspitze im Rechenmodell und dem nächstgelegenen Integrationspunkt variiert mit der Elementgröße. Je kleiner die verwendeten Elemente sind, desto dichter wird der nächste Integrationspunkt an die Rißspitze rücken und desto größer wird auch der Spannungsgradient werden. Eine Beziehung zwischen der Bruchdehnung und der Elementlänge kann nach [14] von der Form der Spannungskonzentration an der Rißspitze abgeleitet werden. Wenn z.B. an der Rißspitze plastische Verformungen vorliegen, ändern sich die Spannungen mit $1/r$, wobei r der Abstand von der Rißspitze ist. In einem solchen Fall kann die Bruchdehnung als veränderlich mit $1/l$ angenommen werden, wobei l die Elementlänge bezeichnet. Bei relativ dünnen Blechen, wie sie in der getesteten Modellsektion vorlagen, geht man im allgemeinen von einem plastischen Rißwachstum aus.

Eine etwas andere Erklärung liefert die folgende Überlegung. Bei einem einfachen Zugversuch kommt es gewöhnlich zu einer Einschnürung der Probe und anschließend zum Bruch. Mit dem Beginn der Einschnürung wird aus dem anfänglich einachsigem Spannungszustand ein allgemeiner dreiachsiger Spannungszustand. Damit sind die Dehnungen in diesem Bereich durch einfache analytische Ansätze nicht mehr erfaßbar. Bei der Nachrechnung eines solchen Zugversuches mit Hilfe der Methode der Finiten Elemente wird man aus diesem Grunde die Elementierung in dem zu erwartenden Einschnürungsbereich möglichst fein wählen. Mit einer solchen Elementierung erhält man, so zeigen Untersuchungen von Yu [11], kurz vor dem Brucheintritt Dehnungen von zum Teil deutlich über 100%. Vergrößert man die Elemente, kann der Einschnürungsbereich nicht mehr korrekt erfaßt werden. Um aber bei der gleichen Probenverlängerung wie im Experiment den Bruch zu erhalten, muß die verwendete Bruchdehnung im entsprechenden Maße reduziert werden. In Japan sind zu diesem Problem Untersuchungen durchgeführt worden, die in der Ausarbeitung eines Bruchkriteriums für Platten ihren Abschluß fanden [12], [15]. Dieses Kriterium berücksichtigt dabei sowohl den Einfluß der Spannungsmehrachsigkeit, als auch den Einfluß der Elementgröße auf den Bruchbeginn.

$$D(t) = \int_0^t G(\alpha) \frac{1}{\epsilon_{fp}} \dot{\epsilon}_p \, dt \qquad (1)$$

Dabei ist ϵ_{fp} die Bruchdehnung für das Element, die sich aus

$$\epsilon_{fp} = \frac{1}{\sqrt{\left(\frac{\sin\gamma}{\epsilon_f[L_A]}\right)^2 + \left(\frac{\cos\gamma}{\epsilon_f[L_B]}\right)^2}} \quad (2)$$

ergibt (Abb. 30). Für die Bruchdehnungen $\epsilon_f[L_A]$ und $\epsilon_f[L_B]$ werden dabei Werte eingesetzt, die aus Versuchsreihen mit verschieden großen Zugproben stammen (Abb. 31) [15], [16]. Die Funktion $G(\alpha)$ berücksichtigt die Spannungsmehrachsigkeit und den Einfluß von Druckspannungen auf die Entstehung eines Bruches. Somit stellt $D(t)$ einen Schädigungsparameter dar, der für jedes Element in jedem Zeitschritt geprüft wird. Für $D(t) > 1$ versagt das Element und wird gelöscht. Dieses Bruchkriterium steht für das Programmsystem LS–Dyna3D zur Verfügung und ergab bei Proberechnungen recht gute Ergebnisse.

Eine untere Grenze für die Bruchdehnung kann unter der Annahme gefunden werden, daß der Beginn einer Einschnürung in einer Platte gleichzeitig den Beginn eines Bruches anzeigt. In diesem Fall kann man durch Nachrechnung einer Zugprobe einen Wert für die Bruchdehnung aus dem Dehnungszustand der Probe außerhalb des Einschnürungsbereiches ermitteln. Dieser Wert besitzt offenbar den Vorteil, von der Elementgröße im Rechenmodell unabhängig zu sein. Die so ermittelte Bruchdehnung beträgt für das in der Testsektion verwendete Material 20%. Dies ist im übrigen der Wert, der sich nach den japanischen Untersuchungen für sehr große Elemente ($l > 200$ mm) ergibt. Dieser Zusammenhang wurde auch am MIT im Rahmen des „Joint MIT–Industry Tanker Safety Project“ untersucht [13]. Hier wird der Punkt der plastischen Instabilität (Punkt des Auftretens einer diffusen Einschnürung) an einer einachsigen Zugprobe als der Punkt beschrieben, bei dem der Zuwachs der Spannung, verknüpft mit der Abnahme

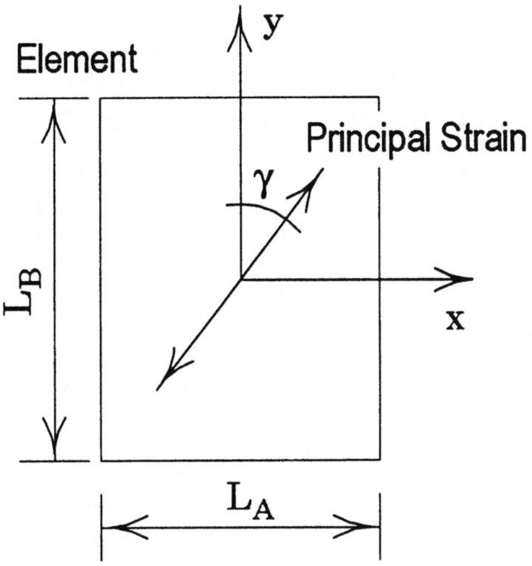

Abb. 30. Abhängigkeit der Bruchdehnung von den Elementabmessungen nach [15]

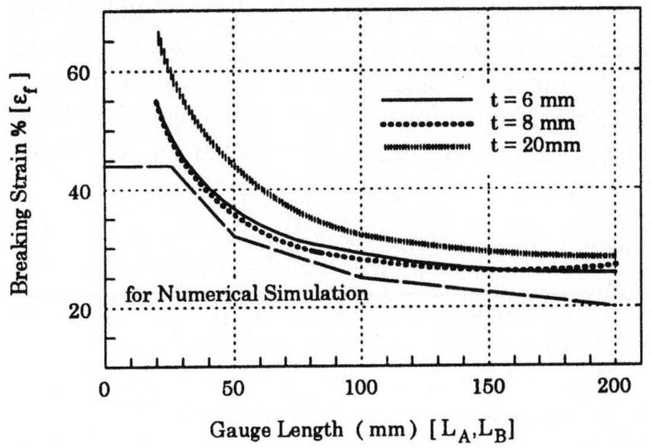

Abb. 31. Abhängigkeit der Bruchdehnung von der Probenlänge nach [15]

des aktuellen Querschnitts und die änderung der aufgebrachten Last im Gleichgewicht stehen $dP = d(\sigma A) = 0$. Dies führt zu

$$\frac{d\sigma}{\sigma} + \frac{dA}{A} = 0 \quad (3)$$

Mit der Annahme konstanten Volumens während der Deformation $d(l \cdot A) = 0 \Rightarrow ldA + Adl = 0 \Rightarrow \frac{dl}{l} = -\frac{dA}{A} = d\epsilon$ führt dies zu

$$\frac{d\sigma}{d\epsilon} = \sigma \quad (4)$$

Für ein Material, daß sich nach dem Verfestigungsgesetz von Swift (generalized power law)[18]

$$\bar{\sigma} = C(B + \bar{\epsilon})^n \quad (5)$$

verhält, wobei n, B und C Materialkonstanten sind, ergibt sich als Axialdehnung zum Beginn der Einschnürung

$$\epsilon = \ln\frac{\ell_0 + \Delta\ell}{\ell_0} = n - B \quad (6)$$

Da n den Verfestigungexponenten darstellt und B oftmals als $B = 0$ angenommen wird, ergibt sich $\epsilon = n$ als Punkt des Beginns einer diffusen Einschnürung für den einachsigen Zugtest. Für eine Platte ergibt sich das zweiachsige äquivalent zur Gleichung 6, das oft als „Swift's Criterion for diffuse Necking“ bezeichnet wird zu:

$$\begin{aligned} \bar{\epsilon} &= \frac{2}{\sqrt{3}}\sqrt{\epsilon_1^2 + \epsilon_2^2 + \epsilon_1\epsilon_2} = Z_d n - B \\ Z_d &= \frac{4(1 - X + X^2)^{3/2}}{4 - 3X - 3X^2 + 4X^3} \\ X &= \frac{\sigma_2}{\sigma_1} = \frac{2\epsilon_2/\epsilon_1 + 1}{2 + \epsilon_2/\epsilon_1} \end{aligned} \quad (7)$$

Für das Auftreten der Einschnürung in der Zug-Region hat Hill folgenden Ausdruck gefunden:

$$\epsilon_1 + \epsilon_2 = n \quad \text{für} \quad \epsilon_2 < 0 \quad \text{und} \quad \dot{\epsilon_1} > 0, \dot{\epsilon_2} < 0 \quad (8)$$

Für den Dehnungsbereich ($\dot{\epsilon_1} > 0; \dot{\epsilon_2} > 0$) ist die Angabe einer Beziehung schwieriger. Atkins schlug eine empirische Formel vor, nach der die Beziehung zwischen dem Punkt des Auftretens einer Einschnürung und den Materialeigenschaften in der Dehnungsregion

$$\epsilon_1 - 1/2\epsilon_2 = n \quad \text{für} \quad \epsilon_2 > 0 \qquad (9)$$

ist [13]. Diese Beziehungen werden in [13] als Bruchkriterien vorgeschlagen und erzielen sehr gute Ergebnisse. So wird für einen Low-carbon steel einer Dicke von 0, 8 mm für n ein Wert von 0, 21 ermittelt. Der Vorteil dieser Vorgehensweise zur Ermittlung einer Bruchdehnung liegt zum einen in ihrer Einfachheit und zum anderen in der guten Verfügbarkeit der benötigten Materialdaten. Die Daten eines herkömmlichen Zugtestes sind hierfür ausreichend. Für die japanische Vorgehensweise muß demgegenüber die Abhängigkeit der Bruchdehnung von der Probenlänge in einer Versuchsreihe ermittelt werden. Zudem erscheint bei allen Unwägbarkeiten, die Kollisions- und Grundberührungsberechnungen mit sich bringen, die Genauigkeit für die Abschätzung der Energiedissipation als ausreichend.

Erörterungen

Prof. Dr.-Ing. Walter Abicht, Institut für Schiffbau, Hamburg: Werden Berechnungen zur Grundberührung von Schiffen in Regelwerken berücksichtig?

Die Autoren haben dargelegt, daß es heute möglich ist, Vorhersagen über das Strukturverhalten bei Grundberührungen zu machen. Mich würde interessieren, ob nach Meinung der Verfasser die Zeit schon dafür reif ist, an Umsetzungen in die Praxis zu denken. Sollten für Tanker Mindestanforderungen an das Strukturverhalten im Grundberührungsfall eingeführt werden? Sollte man ein besonders günstiges Strukturverhalten bei der Leckrechnung berücksichtigen? Kann in diesem Fall auf eine separate Leckrechnung für den Bodenleckfall verzichtet werden, so daß – wie bei den Nichttankern – nur der Seitenleckfall zu betrachten ist? Oder sollte grundsätzlich bei allen größeren Schiffen das Verhalten bei einer Bodenbeschädigung näher untersucht werden?

Dipl.-Ing. Martin Böckenhauer, Reinbek:
- Definition des Meeresgrundes als Kollisionsgegner
- Einführung der Grundberührung in Regelwerke

Im Hinblick auf die von Herrn Prof. Lehmann erwähnte Tatsache, daß die GL-Substruktur-Methode für das Problem der Berechnung von Grundberührungen nicht recht geeignet ist, möchte ich noch folgendes bemerken: Das Problem Grundberührung ist insofern viel komplexer als das der Schiff - Schiff Kollision, weil der „Kollisionsgegner“, nämlich der Meeresgrund, kaum faßbar ist, da es unendlich viele Möglichkeiten gibt. So bleibt nur übrig, Felsen zu simulieren, um dann mittels Berechnung und Versuch herauszufinden, wie Bodenkonstruktionen im Hinblick auf ihre Widerstandsfähigkeit bei Grundberührungen optimiert werden können. Darin sehe ich ein Hauptziel der in diesem sehr interessanten Vortrag dargestellten Forschungsarbeiten.

Auf die Frage von Herrn Prof. Abicht, wie die Ergebnisse dieser Forschungsarbeiten im Regelwerk bezüglich Tankabstände von der Außenhaut und Leckstabilität eingeführt werden können, möchte ich bemerken, daß dies z.B. auf der Basis einer Verformungsenergieäquivalenz erfolgen könnte. Zu vergleichen wären die Verformungsenergien einer unverstärkten Standardkonstruktion mit den gemäß IMO-Regelwerken geforderten Tankabständen zu einer verstärkten Konstruktion mit verringerten Abständen. Dazu sind natürlich international anerkannte Rechenverfahren und die Festlegung standardisierter Grundberührungssituationen erforderlich. Bis dies erreicht ist, wird aber noch einige Zeit vergehen.

Dipl.-Ing. Gerhard Woisin, Geesthacht:
- Auswirkungen der Masse des Ballastwassers und des umgebenden Wassers bei Kollision
- Energieumwandlungen bei Kollision und Grundberührung

Erlauben Sie mir bitte, der ich 1966–90 für mehrere Serien von Stoßversuchen mit Kollisionsmodellen in Hamburg und Brest die wissenschaftliche Verantwortung trug, einige Bemerkungen.

1. Die Autoren deuten an, daß die Versuchstechnik „weitestgehend vorbestimmt war“. Tatsächlich dürfte eine große Verschieblichkeit des Ballastwassers, ca. 1/3 der Gesamtmasse, infolge Teilfüllung von Schiffsräumen ein großes Hindernis für eine genaue Auswertung von Versuchen sein. In Abb. 15 und 18 ist für die zwei Versuche der Autoren die Energiebilanz über der Zeitdauer aufgetragen. Die Größe der kinetischen Energie des Ballastwassers zwischen Beginn und Ende der Stoßdauer wurde daher wohl einfach linear interpoliert. Ist dabei die potentielle Energie infolge der senkrechten Verschiebung des Ballastwassers relativ zum Schiff erfaßt?

2. Abgesehen von diesem Problem werden die potentiellen Energien der gesamten Schiffsmasse und des umgebenden Wassers durch die Trimm- und Austauchbewegung des Schiffes während des Stoßes verändert. Beim 1. Versuch ist die zu dieser Bewegung gehörige kinetische Energie zumindest des Schiffes nach Abb. 21 bis t = 1,4 s vollständig in potentielle Energie von Schiff und umgebendem Wasser verwandelt. Diese Energiebeträge wurden anscheinend völlig ignoriert.

3. Die Gesamtgröße der in 2. beschriebenen potentiellen Energie und des zugehörigen Teils der kinetischen Energie ergibt sich aus dem Integral der in Abb. 14b bzw. 17b gegebenen vertikalen Kraft über den Anhebungen des Modells gegenüber seiner anfänglichen Lage. Dabei wären die Anhebungen in Abb. 13 und 16 wegen der in Abb. 11 erkennbaren achterlichen Trimmlage des Modells mit dem Schiff gegen eine für jeden Versuch entsprechend geneigte Bezugslinie für die „Eindringtiefe des künstlichen Felsens“ auszumessen. Für den 1. Versuch ergibt sich diese Energie bei t = 1,26 s bis 1,76 s zu ca. 0,6 MN*0, 65 m = 0,4 MJ und für den 2. Versuch bei t = 1,12 s sogar zu ca. 0,7 MJ. Das entspricht ca. 13 bis 25% von der zu diesen Zeitpunkten in Längsrichtung umgesetzten Verformungsarbeit, ist also nicht unerheblich. Nach t = 1,76 s bzw. 1,12 s bis zum Lösen des Modells vom „Felsen“ wird ein relativ kleiner Teil der potentiellen Energie durch Eindrücken des Modells in den Felsen in vertikaler (!) Richtung in Verformungsarbeit umgesetzt.

4. Beim 1. Versuch interessieren die in Abb. 14,15 und 19 bis 21 ausführlich gezeigten zweiten größeren Hälften der

Stoßdauern nach $t = 2$ s nur versuchstechnisch. Sie sind für den Vergleich mit den Kurven „DAMAGE" in Abb. 19 und 20 ungeeignet, da diese sich auf einen ausgedehnten Boden beziehen. Die gewählte Gegenüberstellung verleitet m.E. leicht zu einer Fehlinterpretation.

5. In Abb. 20 ist eine Kurve „Mittelkraft Versuch" ausdrücklich eingetragen, um eine bessere Übereinstimmung mit der gerechneten Kurve „DAMAGE" zu suchen. Dafür müßte auch „DAMAGE" gemittelt werden. Wie wurde der Versuch „gemittelt"? Wurde die Verschiebe*arbeit* in Schiffslängsrichtung bis t durch den Weg geteilt *oder* der übertragene *Impuls* durch die Stoßdauer, Abszisse t in Abb. 20?

6. Die „Mittelkraft DAMAGE" würde in jedem Fall in Abb. 20 auch bei $t = 2$ s, am Ende des auswertbaren Teils des Versuchs, noch deutlich unter der „Mittelkraft Versuch" liegen. Da das Verfahren DAMAGE nicht vorgestellt wurde, ist der Vergleich nicht im einzelnen nachzuvollziehen.

7. Warum verläuft die Linie „Summe der Energiekomponenten" in Abb. 15 und 18 nicht genau waagerecht, obwohl die Gesamtenergie konstant bleiben muß? Und warum unterscheiden sich dann dort die Kurven „Versuch" und „Deformationsenergie", wenn nicht mit $E = \text{const}$ abgeglichen wurde?

8. Dem 1. Versuch wurde eine Doppelbodenkonstruktion zugrundegelegt, „die sich stärker als übliche nach dem Knautschzonen-Prinzip verhält". Dazu möchte ich erwähnen, daß der Doppel- bzw. Dreifachboden unter dem Atomreaktor der OTTO HAHN Anfang der 60er Jahre eine solche Konstruktion hatte, die – mangels Vorkehrungen dagegen – bereits beim Stapellauf im gedachten Sinn funktionierte, so daß die Eindrückung im Dock repariert werden mußte. Bei späteren Dockungen waren in diesem Bereich Pallen verboten.

9. Zum 2. Versuch wird im ‚Abstract' als wichtigstes Ergebnis herausgestellt, daß Hartschaum in Schiffszellen geeignet sei, die Eindringtiefe eines Felsens (oder Bugs?) und gleichzeitig die Schadensausdehnung zu verringern. Diese Idee wurde z.B. bereits 1987 in den USA für den Grundberührungs- und Kollisions- sowie vor allem Sinkschutz eines speziellen Schiffsprojekts behandelt [1].

10. In den Modellen wurden außer den Schweißkehlnähten an der Außenhaut „alle anderen Nähte", um den Schweißverzug gering zu halten, (anders als im wirklichen Schiff) unterbrochen geschweißt". Trotz kleineren Modellmaßstabs (1:7,5 bis 1:12 statt 1:3) und daher ca. 2 mm statt 3 mm dicken Blechen wurden bei den eingangs genannten Kollisionsversuchen alle Nähte aller Bug- und Seitenwandmodelle unter Schutzgas ohne ‚zu großen Verzug' durchgehend geschweißt. Das setzte allerdings einige Vorübungen und Probestücke voraus.

Schrifttum

1 Hutchison, B. L. et al.: Conceptual design and probabilistic safety assessment for a nuclear waste transport and emplacement ship, SNAME Trans. 95 (1987), pp. 283–317 (incl. Discussion).

Prof. Dr.-Ing. Dr.-Ing. E.h. Dr. h.c. Eike Lehmann, Dipl.-Ing. Jörg Peschmann, Dipl.-Ing. Alexander Kulzep, Hamburg (Schlußwort)

Zu dem sehr umfangreichen Diskussionsbeitrag von Herrn Woisin wollen wir wie folgt Stellung nehmen:

zu 1.

Der Einfluß der freien Oberfläche auf die Schiffsbewegung wurde von uns erst bei der Auswertung der Ergebnisse erkannt. Dies ist ein Effekt, der möglicherweise auch bei Grundberührungen größerer Fahrzeuge eine Rolle spielen kann. Für die Berücksichtigung der Bewegung des Ballastwassers im Berechnungsmodell wurde ein vereinfachtes Modell verwendet bei dem die Oberfläche des schwingenden Wassers als eben angenommen wurde. Die sich aus dieser Modellvorstellung ergebende Differentialgleichung wurde in das Gleichungssystem für die Schiffsbewegung eingebaut. Die Energieumwandlungen des Ballastwassers durch Verschiebung in der Senkrechten sind damit erfaßt.

zu 2.

Der in Abb. 21 dargestellte Stampfwinkel stimmt mit der Kurve der potentiellen Energie des Schiffes nicht überein, da hierfür ebenfalls die Berücksichtigung der Tauchbewegungen notwendig ist. Es kann daher nicht mit Sicherheit gesagt werden, daß die gesamte kinetische Energie der Vertikalbewegung des Schiffes zum Zeitpunkt des Erreichens des größten Stampfwinkels (etwa nach 1,4 s) vollständig in potentielle Energie umgewandelt ist. Zudem werden diese Energieanteile im weiteren Verlauf des Versuches wiederum in kinetische Energie und andere Energieformen umgesetzt. Die in den Abb. 15 und 18 gezeichneten kinetischen Energien des Schiffes ergeben sich aus der Geschwindigkeit der Schiffes in Längsrichtung. Andere Bewegungskomponenten wurden in der Berechnung berücksichtigt, im Diagramm aber nicht gesondert dargestellt. Auffällig und interessant ist hierbei, das die dargestellten Energiekomponenten in ihrer Summe fast die gesamte anfängliche kinetische Energie des Schiffes enthalten, andere Komponenten also offenbar untergeordnete Rollen spielen.

zu 3.

Die in den Abb. 15 und 18 gezeigten Deformationsenergien wurden aus der Integration der Längskraft über die berechnete Schiffsbewegung gewonnen. Die Arbeit, die sich aus der Integration der Vertikalkraft über die Hebung des Modells errechnet haben wir nicht gesondert berechnet, zumal sich diese am Ende des Versuches wieder umgewandelt hat. Natürlich sind potentielle Energieanteile, die sich möglicherweise am Ende der Versuche gebildet haben, zu berücksichtigen.

Hinsichtlich des Integrationsverfahrens ist zu beachten, daß die Kraft- bzw. Integrationswegkomponenten im gleichen Koordinatensystem zu messen sind. Läuft die Längsachse waagerecht, dann werden die Anhebungen des Modells ebenfalls von der waagerechten Bezugslinie und nicht von dem entsprechend der Schwimmlage geneigten Schiffsboden aus gemessen.

zu 4.

Die Kraftkurven und Energiebilanzen wurden bis zum Stillstand des Schiffes aufgezeichnet.

Der Grund hierfür war, den kompletten Vorgang darzustellen. Für den Vergleich mit Berechnungsergebnissen aus DAMAGE muß natürlich darauf geachtet werden, daß die eigentliche Grundberührung wie in den Abb. 13 und 16 gezeigt, nach 2,3 bzw. 3,4 s beendet war.

zu 5. und 6.

Die in Abb. 20 dargestellte Kurve „Mittelkraft" stellt den übertragenen Impuls durch die Stoßdauer dar.

Bei der Grundberührung gibt es ein Anfangsstadium, bei dem sich die Bewegengskomponenten stark ändern. Danach stabilisiert sich die Bewegung und einige Komponenten lassen sich statisch berechnen (Siehe z.B. [19], Fig. 21, 23). Der

größte Teil des Versuches stellt nur das Anfangsstadium einer Grundberührung dar. Ursache hierfür war das vergleichsweise kurze Doppelbodenmodell von 5,9 *m* Länge. Das Programm DAMAGE rechnet jedoch den gesamten Vorgang zu jedem Zeitpunkt statisch, d.h. der Vergleich der Ergebnisse ist eigentlich nur am Ende des Versuches möglich. Gleichermaßen stellt nur der Wert der Kurve „Mittelkraft" zum Zeitpunkt des Versuchsendes einen Wert dar, der mit der DAMAGE-Rechnung vergleichbar ist.
zu 7.

Abb. 32. Bodenschaden an einem Mehrzweckfrachter

Abb. 33. Beschädigte Bodenwrange in einem Mehrzweckfrachter

Abb. 15 und 18 stellen nur die wichtigsten für die Grundberührung relevanten Energiekomponenten dar. Die Summe der Energiekomponenten verläuft nicht geradlinig. In der Differentialgleichung für die Bewegung in Längsrichtung sind die addierten Wassermassen berücksichtigt, die eine Energiezufuhr voraussetzen. Die Bezeichnung Deformationsenergie in den Energiebilanzen ist somit zugegebenermaßen etwas irreführend, da es sich um die Energie aus der Längskraft integriert über die Längseindringung des Felsens handelt.
zu 8, 9 und 10.
Für die unter 8, 9 und 10 gegebenen Informationen und Hinweise möchten wir uns bedanken. Zu der unter 9 von Herrn Woisin erwähnten Literaturstelle ist anzumerken, daß dort die Wirkung von Hartschaum auf die Eindringtiefe eines Felsens oder Buges auf rein theoretischem Wege behandelt wird. Zudem erscheinen uns, wie offensichtlich auch im Diskussionsbeitrag von Herrn Woisin zu dieser Veröffentlichung, die dort angenommenen Verformungen als Grundlage für die gemachten theoretischen Ableitungen als anzweifelbar. Vor diesem Hintergrund erscheint ein Modellversuch mit einer ausgeschäumten Testsektion umso interessanter.
Zu der Ausführung der Schweißnähte ist festzustellen, daß wir beabsichtigten, das Modell unter im Schiffbau üblichen Bedingungen auf einer Werft fertigen zu lassen. Hintergrund war, die Schweißnahtqualität im Modell gegenüber der Wirklichkeit nicht zu steigern.
Für den Hinweis von Herrn Böckenhauer, daß der Meeresgrund einen in geometrischen und materialmäßigen Größen komplexen und nur schwer faßbaren Kollisionsgegner darstellt, sind wir dankbar. In diesem Zusammenhang ergibt sich möglicherweise die Aufgabe festzulegen, gegen welche Art von Grundberührung (Größe und Beschaffenheit, Eindringtiefe des Felsens) zukünftige Bodenkonstruktionen Schutz bieten müssen. Dem zweiten Teil des Beitrages, der Beantwortung der Frage von Prof. Abicht können wir nur zustimmen.
Während der Vorbereitungen zu diesem Vortrag erhielten wir von der Peterswerft in Wewelsfleth eine Reihe von Bildern einer schweren Grundberührung Abb. 32 und 33. Man kann gut erkennen, daß trotz totaler Zerstörung der Außenhaut und der Bodenwrangen die Tankdecke intakt geblieben ist.

[19] Kuroiwa,T.: *Numerical Simulation of Actual Collision & Grounding Accidents*, Proceedings International Conference on Designs and Methodologies for Collision and Grounding Protection of Ships, San Francisco, 1996.

Elastische Schiffskörperschwingungen in begrenztem Fahrwasser

Elastic Vibrations of Ships on Shallow Water

Prof. Dr.-Ing. **Udo Röhr** und Dr. rer. nat. **Peter Möller**
Universität Rostock, Institut für Technische Mechanik

Summary. The analysis of elastic vibrations of ships is a large-scale procedure involving the complex models of ship structure and surrounding water region. For the numerical treatment of this interaction problem it will be often advantageous to combine an elastokinetic FE-model for structure and the boundary element method (BEM) for fluid. The lastmentioned reduces the spatial dimension by one and simplifies the discretization of fluid region. In the following the hydroelastic behaviour of ships is considered in incompressible and nonviscous fluid especially under conditions of a bounded domain with free surface, for instance shallow water in sea canals or ports. The interaction with fluid is represented in the FE-equations of motion of structure by added masses determined by approach of a velocity potential and modified BE-collocation procedure. In order to decrease the numerical amount condensed mass matrices are derived with respect to the degrees of freedom on fluid-structure interface. Results will be shown, which prove the influence of the sea-lane.

1 Einleitung

Globale Festigkeits- und Schwingungsberechnungen auf der Grundlage räumlich strukturierter Finite-Elemente-Modelle gehören mittlerweile zum Standard in der praktischen Strukturanalyse des Schiffskörpers. Nach wie vor erweist sich jedoch das hydroelastische Schwingungsproblem des Schiffskörpers gegenüber statischen Aufgaben selbst unter der Annahme einer Reihe von physikalischen Vereinfachungen als äußerst komplex. Die Ursache hierfür ist einerseits in der Erfassung der hydroelastischen Wechselwirkungen zu sehen und liegt zum anderen in den unverändert schwierigen Abschätzungen der Strukturdämpfung bzw. der propellerinduzierten Erregung [1], [2]. Hinzu kommt der nicht unerhebliche Aufwand zur Lösung der diskretisierten Bewegungsgleichungen.
Für die linear elastische Struktur besitzen diese ausgehend vom Prinzip der virtuellen Arbeiten

$$\int\limits_{V \atop \text{mit } i,j=1,2,3} \partial_i \delta u_j \sigma_{ij}\, dV + \int\limits_V \delta u_i (\rho \ddot{u}_i + \mu \dot{u}_i)\, dV - \int\limits_{S_\sigma} \delta u_i f_{\sigma_i}\, dS - \int\limits_{\Gamma_K} \cos(\mathbf{n}, \mathbf{e}_i)\, \delta u_i p\, d\Gamma = 0 \tag{1}$$

bzw. von dessen entsprechender schwacher Formulierung die bekannte Form

$$\mathbf{M} \cdot \ddot{\mathbf{D}} + \mathbf{B} \cdot \dot{\mathbf{D}} + \mathbf{K} \cdot \mathbf{D} = \mathbf{F} + \mathbf{F}_H \tag{2}$$

M, **B** und **K** repräsentieren dabei in Verbindung mit den diskreten Beschleunigungs-, Geschwindigkeits- und Verschiebungsvektoren $\ddot{\mathbf{D}}$, $\dot{\mathbf{D}}$ sowie **D** die Trägheits-, Dämpfungs- und Steifigkeitseigenschaften der Struktur in konsistenter Matrixform.
Neben den äußeren Erregerkräften **F** gehen in (2) über den Kraftvektor $\mathbf{F}_H$ die Wechselwirkungen von elastokinetischem Strukturverhalten und umgebender Flüssigkeit aus der hydrodynamischen Druckverteilung p auf der benetzten Oberfläche ein. Im Fall linearer Schiffskörperschwingungen handelt es sich um hydrodynamische Trägheitswirkungen. Ausgelöst durch die komplexen Schiffskörperverformungen liegt insbesondere bei höheren Frequenzen im strukturnahen Umfeld eine räumlich interaktive Strömung vor. Mit den üblichen hydrodynamischen Vereinfachungen drückt sich diese Wechselwirkung über die Proportionalität

$$\mathbf{F}_H = -\mathbf{M}_H \cdot \ddot{\mathbf{D}} \tag{3}$$

mit $\mathbf{M}_H$ als hydrodynamischer Massenmatrix aus. Darüber hinausgehende physikalische u.a. Wirkungen, wie Oberflächenwellen, Kompressibilität der Flüssigkeit, Initialspannungen in der Struktur, liefern weitere Proportionalitäten und damit Zusätze für die System-Dämpfung und -Steifigkeit.
Den Ausgangspunkt einer Bewertung des globalen Schwingungsverhaltens bildet gewöhnlich die Kenntnis der Eigenschwingungen als Lösung der allgemeinen Eigenwertaufgabe

$$\left[\mathbf{K} - \omega^2(\mathbf{M} + \mathbf{M}_H)\right] \cdot \mathbf{D_0} = \mathbf{0} \tag{4}$$

Bei den frühen komplexeren Untersuchungen [3]–[6] zu (4) mittels FEM wurde vereinfachend das räumliche Interaktionsproblem derart reduziert, daß näherungsweise auf das ebene Problem einer Starrkörperumströmung in Form der bekannten Zusatzmassen nach Lewis [7], [8] zurückgegriffen werden konnte. Eine gewisse Korrektur dieses vereinfachten Modells erfolgte mittels eines globalen Reduktionsfaktors J [4], der, obgleich schwingformabhängig, überwiegend als konstanter Wert angesetzt wurde. Die sich hieraus ergebende numerisch günstige Diagonalform der hydrodynamischen Massenmatrix

$$\mathbf{M}_H = J\,\mathrm{diag}(m_{ij}) \tag{5}$$

erklärt, daß diese Vorgehensweise trotz der bekannten physikalischen Einschränkungen in der Praxis noch weitgehend üblich ist [9], [10].

Der Zwang zu treffsicheren Aussagen, insbesondere zum Schwingungsverhalten unkonventioneller Schiffe, führte bereits Anfang der achtziger Jahre zur theoretischen Entwicklung deutlich verfeinerter Rechenmodelle, die das räumliche hydrodynamische Problem vollständig in Ansatz nahmen. Bekannt geworden sind hierzu u.a. Untersuchungen, die auf gekoppelten FE-Modellen [11]–[13] für Flüssigkeit und Struktur oder auch auf der Kombination von FE- und Rand-Elemente-Methoden, z.B. [14]–[16] beruhten. Wegen ihres schiffstechnischen Bezuges sind darunter die Arbeiten von Hakala [12] und Kaleff [14] hervorzuheben, da sie den räumlichen hydrodynamischen Masseneffekt im Fall der Schiffskörperschwingungen eindeutig belegen. Die Zahl neuerer Arbeiten mit grundsätzlichen Modellverbesserungen ist dennoch eher gering [2]. Dagegen liegt eine Reihe von Untersuchungen in Verbindung mit komplexen schiffstechnischen Anwendungen vor [17]–[21].

Das generell bestehende Interesse an der Modellentwicklung begründet sich auch weiterhin aus der bislang ungenügenden Erfassung physikalischer Einflüsse in Form von Erregeramplituden, Dämpfungsparametern der Struktur aber auch hydrodynamischen Wechselwirkungen bei gleichzeitiger Aufwandsverminderung in der routinemäßigen Strukturanalyse.

So zeigen beispielsweise Untersuchungen zum Einfluß von Oberflächenwellen am Hinterschiff beachtliche Auswirkungen auf die zusätzliche Massenverteilung [22]. Weitere Effekte mit Einfluß auf die Verteilung der hydrodynamischen Masse treten in beschränktem Fahrwasser auf. Die Mehrzahl derartiger lokaler wie globaler Phänomene setzt dreidimensionale Rechenmodelle für die Struktur ebenso wie für die umgebende Flüssigkeit voraus.

Im vorliegenden Beitrag werden zunächst die Grundzüge einer gekoppelten Finite-Elemente- und Rand-Elemente-Formulierung (FEM-BEM) und deren Besonderheiten vorgestellt, wie die einer diskontinuierlichen Randelemente-Darstellung höherer Ordnung. Neben verschiedenen numerischen Untersuchungen zu einigen Aspekten der Konvergenz folgen Ergebnisse für dreidimensionale Eigenschwingungen des Schiffskörpers in unbegrenztem Fahrwasser gegenübergestellt den Ergebnissen mit einem vereinfachten Massenmodell. Die Eignung des Rechenmodells für weiterführende Problemstellungen verdeutlichen schließlich die Resultate für flaches Fahrwasser. Endgültiges Ziel der Entwicklung ist es, ein leistungsfähiges Verfahren für die routinemäßige Schwingungsanalyse in der Praxis bereitzustellen.

2 Flüssigkeits-Modell und Rand-Elemente-Methode

Für die mathematische Beschreibung des hydroelastischen Problems der linearen Schiffskörperschwingungen hat sich ein Flüssigkeitsmodell als hinreichend erwiesen [23], das auf ein potentialtheoretisches Feldproblem führt. Im Regelfall wird also von einer inkompressiblen und drehungsfreien Flüssigkeit ausgegangen, für die sich die hydrodynamische Randwertaufgabe mit dem Geschwindig-keitspotential Φ für ein beschränktes dreidimensionales Flüssigkeitsgebiet gemäß Abb. 1 wie folgt darstellt:

$$\Delta\Phi = 0 \quad \text{in } \Omega \quad \text{(Flussigkeitsgebiet)} \tag{6}$$

$$\Phi = 0 \quad \text{auf } \Gamma_1 \quad \text{(freie Wasseroberflache)} \tag{6.1}$$

$$\frac{\partial\Phi}{\partial\mathbf{n}} = g \quad \text{auf } \Gamma_2 \tag{6.2}$$

mit $g = 0$ längs Boden und Kanalwänden;
$g = g_K$ auf der Schiffsaußenhaut als Kontaktfläche Γ_K.
$\Phi \in C(\bar{\Omega})$ habe auf Γfast überall eine reguläre Normalenableitung, und es gelte

$$\Phi = \mathrm{O}\left(R^{-1}\right) \text{ fur } R \to \infty\ . \tag{6.3}$$

Die Funktion g ist dabei stückweise stetig, der Gebietsrand selber stückweise stetig gekrümmt. Die Eigenschaft (6.3) zeigt, daß Γ_2 auch ins Unendliche verlegt werden kann. Die eindeutige Lösbarkeit von (6) gestattet zudem eine Formulierung als Integral-

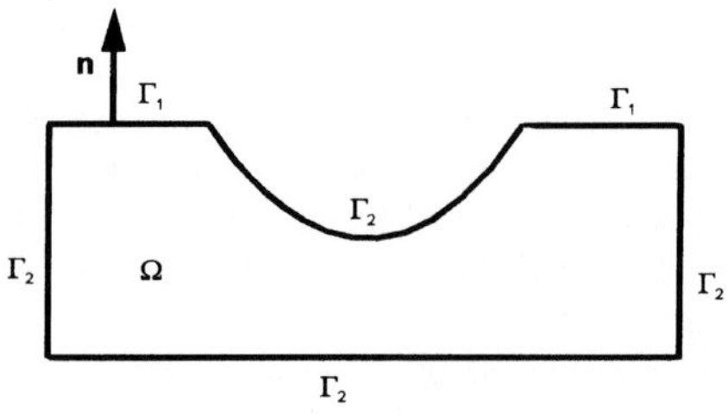

Abb. 1. Geometrie des Flüssigkeitsgebietes (Kanalquerschnitt)

gleichung, die in allen Punkten **x** des Gebietes Ω und seiner Berandung zu erfüllen ist:

$$\alpha(\mathbf{x})\Phi(\mathbf{x}) = V^0(\mathbf{x}, \partial\Phi, \Gamma) - V^1(\mathbf{x}, \Phi, \Gamma) \qquad (7)$$

mit

$$V^0(\mathbf{x}, \partial\Phi, \Gamma) = \int_\Gamma \Phi^*(\mathbf{x}, \mathbf{y}) \frac{\partial}{\partial \mathbf{n}_y} \Phi(\mathbf{y})\, d\Gamma_y \qquad (8)$$

(Potential der einfachen Belegung)
und

$$V^1(\mathbf{x}, \Phi, \Gamma) = \int_\Gamma \Phi(\mathbf{y}) \frac{\partial}{\partial \mathbf{n}_y} \Phi^*(\mathbf{x}, \mathbf{y})\, d\Gamma_\mathbf{y}$$

(Potential der doppelten Belegung)
sowie mit der Fundamentallösung der Laplace-Gleichung

$$\Phi^*(\mathbf{x}, \mathbf{y}) = \frac{1}{4\pi} \frac{1}{|\mathbf{x} - \mathbf{y}|} \qquad (9)$$

und

$$\frac{\partial}{\partial \mathbf{n}_y} \Phi^*(\mathbf{x}, \mathbf{y}) = \frac{1}{4\pi} \frac{\partial}{\partial \mathbf{n}_y} \frac{1}{|\mathbf{x} - \mathbf{y}|}$$

Eine Anpassung von (7) an die Randbedingungen des Problems liefert die zu (6) vollständig äquivalente Integralformulierung

$$\begin{aligned}\alpha(\mathbf{x})\Phi(\mathbf{x}) =& V^0(\mathbf{x}, \partial\Phi, \Gamma_1) + V^0(\mathbf{x}, g_K, \Gamma_K) \\ & - V^1(\mathbf{x}, \Phi, \Gamma_2)\end{aligned} \qquad (10)$$

mit

$$\Phi = 0 \qquad \text{auf } \Gamma_1 \qquad (10.1)$$

$\Phi \in C(\bar{\Omega})$ habe auf Γ fast überall eine regulare Normalenableitung sowie

$$\Phi = O\left(R^{-1}\right) \qquad \text{für } R \to \infty \qquad (10.2)$$

Es ist zu beachten, daß die Integralgleichung (10) unverändert ein dreidimensionales Problem beschreibt. Selbst bei ihrer weiteren Diskretisierung darf ein Bezug zum Gebietsinnern nicht fehlen, da ansonsten der Begriff der Normalenableitung in (8) keinen Sinn ergibt. Eine Grenzwertbetrachtung für (7) zusammen mit der Anwendung der Greenschen Identität für gebietsinnere Punkte liefert für (10) die Reduzierung auf die Gesamtheit aller Punkte **x** auf Γ und damit der Dimensionalität des physikalischen Problems. Hieraus begründet sich der bekannte und eigentliche Vorteil der Rand-Elemente-Methode, zumal in (10) hierzu lediglich eine Änderung des geometriespezifischen Faktors $\alpha(\mathbf{x})$ vorzunehmen ist. Weiterführende Betrachtungen einschließlich des Äquivalenzbeweises finden sich in [24] und [25] sowie mit den hier erforderlichen Problemanpassungen in [26].

Für die numerische Lösung von (10) wurde unter den verschiedenen bekannten Möglichkeiten auf die Kollokationsmethode als eine einfach handhabbare und zugleich bewährte Verfahrensweise zurückgegriffen, zumal auch plausible Konvergenznachweise vorliegen [26]. Betrachtet werden endlich viele Punkte $\mathbf{x}_j$ auf Γ für $j = 1, ..., N$, in denen gemäß (7) zunächst ungeachtet der Randbedingungen die Integralgleichung (11) streng zu erfüllen ist:

$$\alpha(\mathbf{x}_j)\Phi(\mathbf{x}_j) = V^0(\mathbf{x}_j, \partial\Phi, \Gamma) - V^1(\mathbf{x}_j, \Phi, \Gamma) \qquad (11)$$

für $j = 1, ..., k_m$ Kollokationspunkte im m-ten Element auf Γ.
Die eigentliche Diskretisierung der Aufgabe folgt aus der Elementierung der Randfläche Γ des Flüssigkeitsgebietes mit $m = 1, ..., M$ Elementen als Voraussetzung für die Auswertung der Integrale der einfachen und doppelten Belegung in (8). Abweichend von den gebräuchlichen Element-Konzepten der BEM wird hierzu apriori von einer variablen Anzahl von Kollokationspunkten k_m im Innern des m-ten Elementes ausgegangen. Somit ergibt sich die Gesamtzahl der Kollokationspunkte und damit der aus (11) hervorgehenden algebraischen Gleichungen zu $N = \sum k_m$ mit einer Summation über alle $m = 1, ..., M$ Elemente. Formal besitzen die Ansätze für das Geschwindigkeitspotential und dessen Normalenableitung den üblichen Aufbau einer Linearkombination

$$\begin{aligned}\Phi_m(\mathbf{y}) &= \mathbf{N}_{\Phi_m}(\mathbf{y}) \cdot \varphi_m \\ \frac{\partial}{\partial \mathbf{n}_y} \Phi_m(\mathbf{y}) &= \psi_m(\mathbf{y}) = \mathbf{N}_{\psi_m}(\mathbf{y}) \cdot \psi_m\end{aligned} \qquad (12)$$

Zu beachten ist allerdings, daß hier die Ansatzparameter

$$\begin{aligned}\varphi_m^T &= \{\varphi_1, ..., \varphi_k\}_m \\ \psi_m^T &= \{\psi_1, ..., \psi_k\}_m\end{aligned} \qquad (13)$$

nicht die Bedeutung von diskreten Potentialwerten annehmen, sondern als generalisierte Parameter zu verstehen sind.
Die Betrachtung des Rand-Elemente-Problems als Grenzfall eines dreidimensionalen ist die Ursache dafür, daß für das Potential und seine Normalenableitung separate Ansätze verwendet werden dürfen: $\mathbf{N}_m = \mathbf{N}_{\phi m} = \mathbf{N}_{\psi m}$. Damit geht Gleichung (11) mit (12) über in die diskretisierte Form (14), (15) und lautet für den j-ten Kollokationspunkt im l-ten Element

$$\begin{aligned}&4\pi\alpha(\mathbf{x}_j)\, \mathbf{N}_l(\mathbf{x}_j) \cdot \varphi_l \\ &= \sum_{m=1}^{M} \left\{ V_{lm}^0(\mathbf{x}_j, \partial\Phi_m, \Gamma_m) - V_{lm}^1(\mathbf{x}_j, \Phi_m, \Gamma_m) \right\}\end{aligned} \qquad (14)$$

mit den diskretisierten Potentialen

$$V^0_{lm}(\mathbf{x}_j, \partial\Phi_m, \Gamma_m) = \int_{\Gamma_m} \frac{1}{|\mathbf{x}_j - \mathbf{y}|} \mathbf{N}_m(\mathbf{y})\, d\Gamma_y \cdot \psi_m = \mathbf{G}^l_{jm} \cdot \psi_m$$

$$V^1_{lm}(\mathbf{x}_j, \Phi_m, \Gamma_m) = \int_{\Gamma_m} \frac{\partial}{\partial \mathbf{n}_y} \frac{1}{|\mathbf{x}_j - \mathbf{y}|} \mathbf{N}_m(\mathbf{y})\, d\Gamma_y \cdot \varphi_m = \hat{\mathbf{H}}^l_{jm} \cdot \varphi_m \tag{15}$$

Für ebene Elemente und innen gelegene Kollokationspunkte, gilt $\alpha = \frac{1}{2}$. Mit der Zusammenfassung

$$\mathbf{H}^l_{jm} = \begin{cases} \hat{\mathbf{H}}^l_{jm} & l \neq m \\ 2\pi \mathbf{N}_l(\mathbf{x}_j) + \hat{\mathbf{H}}^l_{jm} & l = m \end{cases} \tag{16}$$

folgt aus (14), (15) und (16) dann für jeden Kollokationspunkt $j = 1, ..., k_l$ der $l = 1, ..., M$ Elemente die streng zu erfüllenden Gleichung

$$\sum_{m=1}^{M} \mathbf{H}^l_{jm} \cdot \varphi_m = \sum_{m=1}^{M} \mathbf{G}^l_{jm} \cdot \psi_m \tag{17}$$

Die Gesamtfolge der Gleichungen liefert schließlich ein System für die Parametervektoren mit insgesamt 2N Komponenten:

$$\mathbf{H} \cdot \varphi = \mathbf{G} \cdot \psi \tag{18}$$

Die Randbedingungen auf Γ_1 und $\Gamma_2 \backslash \Gamma_K$ legen jeweils eine der Randgrößen Φ bzw. φ oder $\Phi_{,n}$ bzw. ψ fest, dagegen auf der Kontaktfläche Γ_K sowohl die Ansatzparameter des Potentials φ_K als auch die der flächennormalen Geschwindigkeiten ψ_K unbekannt sind. Aus einer Kondensation von (18) auf diese Kontaktfreiheitsgrade ergibt sich schließlich der Zusammenhang beider Parametervektoren zu

$$\varphi_K = \mathbf{C} \cdot \psi_K \tag{19}$$

mit **C** als sogenannter Einflußmatrix.

Offen blieb bisher die Frage nach den Ansatzfunktionen in (12) und in enger Verknüpfung damit nach der zweckmäßigen Lage der Kollokationspunkte im Element. Eine der bemerkenswertesten Eigenschaften der Rand-Elemente-Methode ist, daß im Gegensatz zu konventionellen FE-Ansätzen die approximierenden Funktionen an den Elementgrenzen einen unstetigen Verlauf aufweisen dürfen [25]. Kurz gefaßt lautet die Begründung hierfür, daß die Existenz der schwachen Ableitung in (8) in Richtung der Außennormalen durch die Unstetigkeit der Element-Ansätze in tangentialer Richtung auf der Oberfläche Γ nicht berührt wird [26]. Die praktischen Konsequenzen sind äußerst attraktiv und erlauben auf einfachem Weg die systematische Entwicklung ganzer Elementfamilien [27]. Ohne Veränderung der Netzgeometrie und Beachtung von Kompatibilitätsforderungen lassen sich bipolynomiale Ansätze in elementeigenen Koordinaten beliebiger Ordnung

$$\mathbf{N}_m \equiv \mathbf{N}_{\Phi_m} \equiv \mathbf{N}_{\psi_m} = \{1, x, y, xy, x^2, y^2, ...\} \tag{20}$$

über eine entsprechende Zahl von Kollokationspunkten definieren, die nun im Sinne von virtuellen Knoten im Elementinnern beispielsweise in den Stützstellen gemäß einer Gauß-Integration angeordnet sind (Abb. 2). Hiermit verbindet sich die Möglichkeit einer bequemen Genauigkeitsverbesserung, etwa vergleichbar mit der p-Version der FEM. Beschränkt man sich bei der Diskretisierung der Oberflächen auf finite Dreiecks- und Viereckselemente und wählt kartesische Element-Koordinatensysteme, kann sogar die übliche numerische Integration umgangen und eine voll analytische elementeweise Integration in (15) vorgenommen werden.

Darüber hinaus wird mit der Verlegung der Kollokationspunkte in das Elementinnere die Proble-

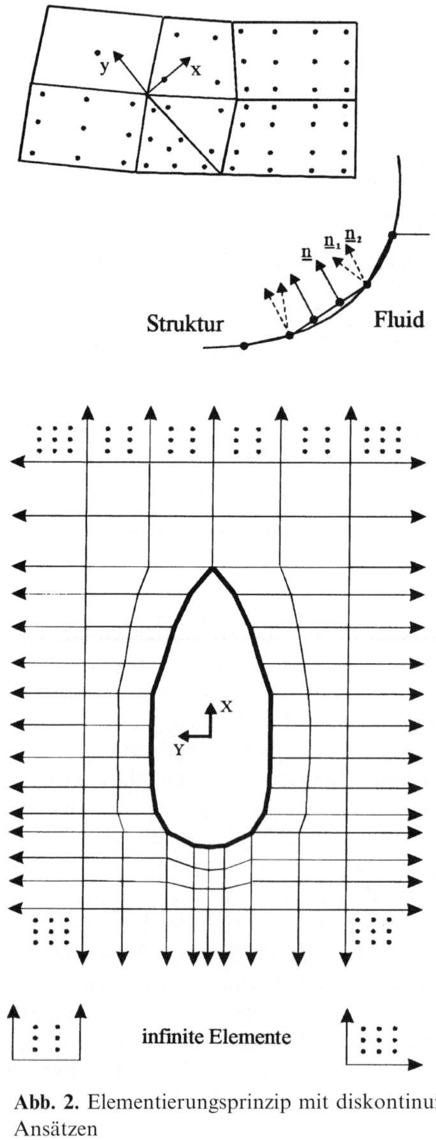

Abb. 2. Elementierungsprinzip mit diskontinuierlichen Ansätzen

matik umgangen, einen Wert für den Geometrieparameter α in einem Kollokationspunkt festlegen zu müssen, der infolge der geometrischen Diskretisierung einer an sich glatten Oberfläche (z.B. benetzte Körperoberfläche) einer Kante bzw. Ecke zugeordnet ist und sich deshalb sprunghaft ändert. Durch diese Vorgehensweise wird darüber hinaus gleichfalls das Problem der Mehrdeutigkeit der Außennormalen des Flüssigkeitsgebietes in den Kollokationspunkten behoben.
Das beschriebene Diskretisierungsprinzip zeichnet sich durch eine hohe Flexibilität aus. Es erlaubt beispielsweise die effektive Modellierung eines partiell unbeschränkten Flüssigkeitsgebietes mittels Kopplung von finiten und infiniten Rand-Elementen gemäß [28]. Ein entsprechendes Vernetzungsschema für die freie Wasseroberfläche ist in Abb. 2, unten skizziert.

3 Kopplung des diskreten Struktur- und Flüssigkeitsmodells

Mit (1) als Ausgangspunkt sowie der dynamischen Druckverteilung p in einer nichtviskosen Flüssigkeit $p = -\rho_F \dot{\Phi}$ (ρ_F als Flüssigkeitsdichte) lautet der Anteil virtueller Arbeiten der hydrodynamischen Kräfte auf der benetzten Oberfläche

$$\delta W_H = \int_{\Gamma_K} \delta u_i \cos(\mathbf{n}, \mathbf{e}_i) p \, d\Gamma = -\rho_F \int_{\Gamma_K} n_i \delta u_i \dot{\Phi}_K \, d\Gamma \tag{21}$$

Aus den Diskretisierungen für die Verschiebungen und das Geschwindigkeitspotential auf der Kontaktfläche

$$\begin{aligned} \mathbf{u}_K^T &= \{u_i\}_K \quad \mathbf{n}^T = \{n_i\} \quad i = 1,2,3 \\ \mathbf{u}_K^T &= \mathbf{N}_D \cdot \mathbf{D}_K \\ \dot{\Phi}_K &= \mathbf{N}_\Phi \cdot \dot{\varphi}_K \end{aligned} \tag{22}$$

wobei $\mathbf{D}_K$ den Vektor globaler Knotenverschiebungen und φ_K den Parametervektor für das Geschwindigkeitspotential auf Γ_K bezeichnen, folgt nach Einführung der Einflußmatrix (19) die diskretisierte Form von (21) zu

$$\begin{aligned} \delta\hat{W}_H &= -\,\delta\mathbf{D}_K^T \cdot \left(\rho_F \int_{\Gamma_K} \mathbf{N}_D^T \cdot \mathbf{n} \cdot \mathbf{N}_\Phi d\Gamma \right) \cdot \dot{\varphi}_K \\ &= -\,\delta\mathbf{D}_K^T \cdot \mathbf{Q} \cdot \dot{\varphi}_K = -\delta\mathbf{D}_K^T \cdot \mathbf{Q} \cdot \mathbf{C} \cdot \dot{\psi}_K \\ &= \delta\mathbf{D}_K^T \cdot \mathbf{F}_H \end{aligned} \tag{23}$$

Der generalisierte hydrodynamische Kraftvektor

$$\mathbf{F}_H = -\mathbf{Q} \cdot \mathbf{C} \cdot \dot{\psi}_K \tag{24}$$

ist der Druckverteilung arbeitsäquivalent und läßt sich unter Beachtung der kinematischen Kompatibilität auf der Kontaktfläche

$$\frac{\partial \Phi}{\partial \mathbf{n}} = \dot{\mathbf{u}}_K^T \cdot \mathbf{n} \tag{25}$$

auf die Verschiebungsfreiheitsgrade der Struktur zurückführen.
Aufgrund der Inkonsistenz der hier gewählten Ansätze, die eine knotenbezogene Darstellung für die Struktur und andererseits eine generalisierte Parameterform für die Flüssigkeit besitzen, läßt sich die Erfüllung von (25) bestenfalls im Sinne eines gewichteten integralen Fehlerabgleiches erreichen. In elementeigenen Koordinaten und mit den lokalen Knotenverschiebungen $\mathbf{d}_K$ folgt aus (25) in symbolischer Schreibweise aus der Minimalforderung

$$F(\psi_m) = \int_{\Gamma_{Km}} [\mathbf{N}_m \cdot \psi_{K_m} - N_{D_m} \cdot \dot{\mathbf{d}}_{K_m} \cdot \mathbf{n}]^2 d\Gamma \rightarrow \text{Minimum} \tag{26}$$

mit der notwendigen Bedingung

$$\frac{\partial F(\psi_{K_m})}{\partial \psi_{K_m}} = 0 \tag{27}$$

für jedes Element der Kontaktfläche für die Ansatzparameter der Zusammenhang

$$\dot{\psi}_{K_m} = \mathbf{R}_m \cdot \ddot{\mathbf{d}}_{K_m} \qquad m = 1, \ldots, M \tag{28}$$

Im Spezialfall konstanter Ansätze für die Randelemente vereinfacht sich die Vorgehensweise. Es ist dann in (25) lediglich eine Mittelwertbildung der Knotenwerte der Geschwindigkeiten vorzunehmen.
Transformiert in globale Koordinaten lautet schließlich der druckäquivalente Kraftvektor

$$\mathbf{F}_H = -\mathbf{Q} \cdot \mathbf{C} \cdot \mathbf{R} \cdot \ddot{\mathbf{D}}_K = -\mathbf{M}_H \cdot \ddot{\mathbf{D}}_K \tag{29}$$

und damit die hydrodynamische Masse

$$\mathbf{M}_H = \mathbf{Q} \cdot \mathbf{C} \cdot \mathbf{R} \tag{30}$$

Dabei handelt es sich nach der vorliegenden Darstellung um eine vollbesetzte und vor allem unsymmetrische Matrix, was die eingangs angesprochenen Vorteile der BEM wiederum einschränkt. Anhand energetischer Betrachtungen läßt sich für den hier interessierenden Problemkreis jedoch zeigen, daß eine Symmetrisierung über eine Mittelwertbildung mit der Transponierten zulässig ist [26].

4 Beispiele zur numerischen Validierung

Zur Charakterisierung der Eigenschaften des numerischen Interaktionsmodells hinsichtlich seines Konvergenzverhaltens und seiner Stabilität unter Einschluß vor allem praktisch interessierender Modellparameter wurden umfangreiche Studien vorgenommen, von denen hier einige ausgewählte Ergebnisse vorgestellt werden.

Einen zuverlässigen Aufschluß über das Konvergenzverhalten gelingt am ehesten anhand einer analytischen Lösung. Herangezogen wird hierzu das Eigenschwingungsproblem einer an den Rändern frei drehbar gelagerten Quadratplatte bei einseitiger Flüssigkeitsbeaufschlagung (Abb. 3). Zur Einbeziehung des Wandeinflusses ist das Flüssigkeitsgebiet parallel zur Platte durch eine feste Wand (Neumann-Bedingung) wahlweise begrenzbar. Mit ω als Eigenkreisfrequenz der benetzten Platte in einer Potentialströmung sowie m, n als Wellenzahlen existiert in Verbindung mit der Kirchhoff-Theorie die analytische Lösung

$$\omega = \frac{\omega_{\text{tr}}}{\sqrt{1 + \frac{\rho_f}{\rho \cdot h \cdot k} \cdot C_{\text{Wa}}}} \; ; \qquad k = \frac{\pi}{a} \cdot \sqrt{m^2 + n^2} \; ;$$

$$\omega_{\text{tr}} = k^2 \cdot \sqrt{\frac{E \cdot h^2}{12\rho \cdot (1 - \nu^2)}} \; ; \qquad C_{\text{Wa}} = \frac{1 + e^{-2kz_R}}{1 - e^{-2kz_R}} \tag{31}$$

In dieser Darstellung für ω sind als Grenzfälle zum einen die Frequenzen der unbenetzten Platte, hier mit ω_{tr} bezeichnet (Flüssigkeitsdichte = 0), und zum anderen die der benetzten Platte in unendlich ausgedehnter Flüssigkeit (Wandabstand z_R strebt gegen Unendlich) enthalten. Erkennbar wird einerseits der beträchtliche frequenzabsenkende Einfluß der Flüssigkeit ebenso wie der exponentiell abklingende Wandeinfluß andererseits.

Das Approximationsverhalten der numerischen Lösung (lineare Strukturansätze, wahlweise konstante

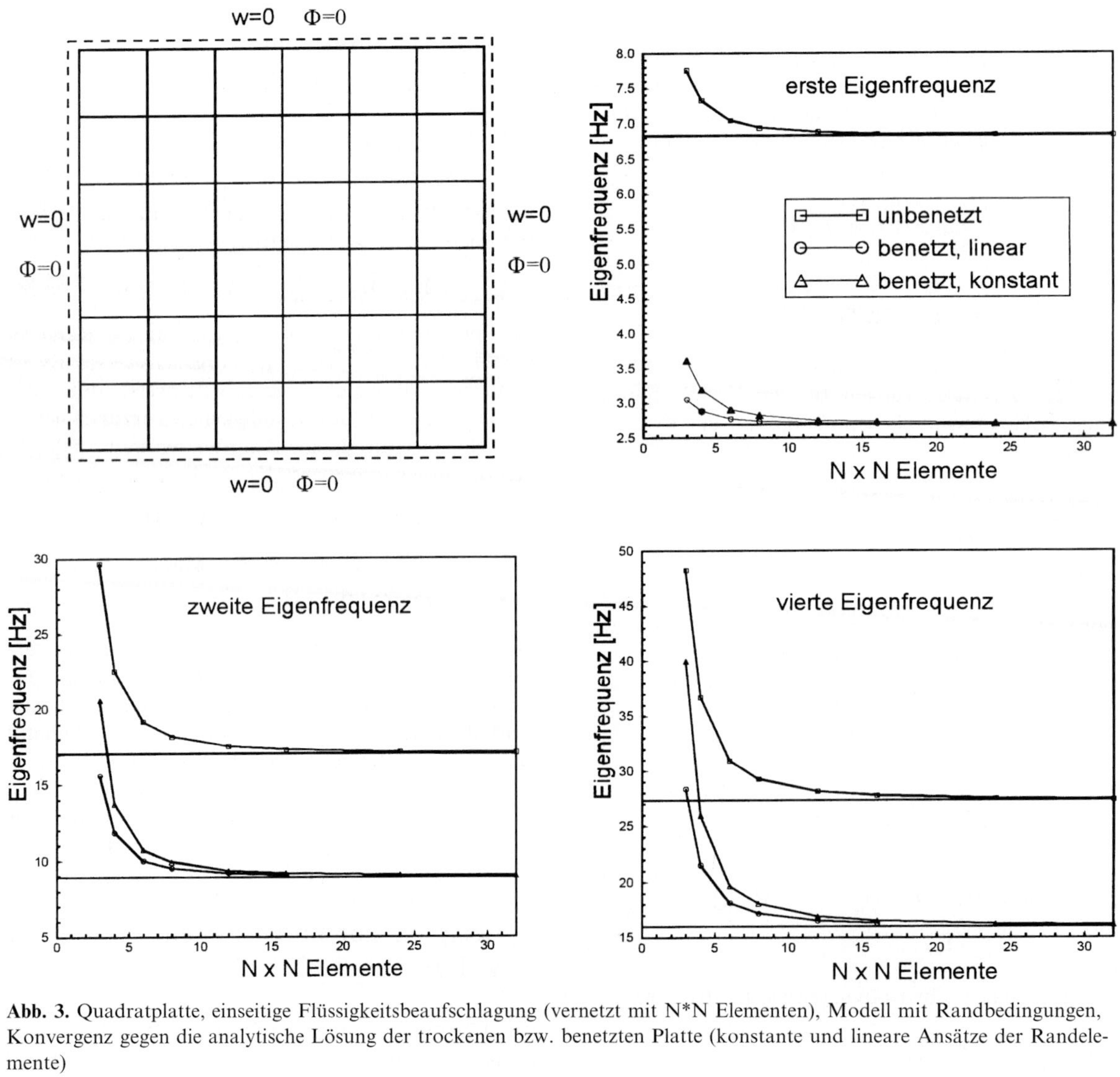

Abb. 3. Quadratplatte, einseitige Flüssigkeitsbeaufschlagung (vernetzt mit N*N Elementen), Modell mit Randbedingungen, Konvergenz gegen die analytische Lösung der trockenen bzw. benetzten Platte (konstante und lineare Ansätze der Randelemente)

oder lineare Rand-Elemente-Ansätze) für eine monoton verfeinerte Elementierung der Platte einschließlich der Flüssigkeitsberandung liefert das bemerkenswerte Resultat, daß das gekoppelte Rechenmodell über die gleiche qualitative Schrankeneigenschaft wie das reine Strukturmodell verfügt. Damit wird zumindest im numerischen Fallbeispiel bestätigt, daß die Diskretisierung der Randintegralgleichung (11) mit inkompatiblen Ansätzen im allgemeinen Gegensatz zur FEM zu theoretisch korrekt algebraisierten Gleichungen führt.
Darüber hinaus ist hervorzuheben, daß bei Verwendung linearer Ansätze für die Randelemente die relativen Fehler (Tab.1), gebildet aus numerischer und analytischer Lösung, für die benetzte Platte einerseits und die trockene andererseits, nahezu identisch sind, d.h. im vorliegenden Problem führt das Flüssigkeitsmodell zu keinem nennenswerten zusätzlichen numerischen Fehler bzw. einer weiteren Abminderung der Konvergenzrate.
Wird dagegen die Flüssigkeits-Berandung mit konstanten Ansätzen modelliert, ist der separierte Fehler des Rand-Elemente-Problems gemäß Tab.1 als etwa in derselben Größenordnung wie der der Finite-Elemente-Rechnung zur Struktur einzuschätzen. Es darf somit gefolgert werden, daß bei gleicher Ansatzordnung die BEM gegenüber der FEM wesentlich genauere Resultate liefert, allerdings auf Kosten entsprechend ansteigenden Rechenaufwandes. Im vorgestellten Falle war die Verwendung linearer

Tabelle 1. Vergleich relativer Fehler (in %) der Eigenfrequenzen von unbenetzter und benetzter Platte gegenüber einer festen Wand (konstante bzw. lineare Elemente für Flüssigkeitsberandung)

	1	2	3	4
unbenetzt				
N = 3	13,4	73,5	73,5	76,6
N = 4	7,2	32,0	32,0	34,3
N = 6	3,1	12,2	12,2	13,3
N = 8	1,7	6,5	6,5	7,1
N = 12	0,70	2,7	2,7	3,0
N = 16	0,35	1,5	1,5	1,6
N = 24	0,09	0,58	0,58	0,59
N = 32	0,02	0,26	0,26	0,23
benetzt, konstant				
N = 3	34,5	130,1	130,6	149,4
N = 4	18,7	53,2	53,6	61,9
N = 6	8,0	19,7	19,9	22,9
N = 8	4,9	11,0	11,1	12,8
N = 12	2,2	4,7	4,7	5,4
N = 16	1,3	2,6	2,7	3,0
N = 24	0,56	1,1	1,1	1,3
N = 32	0,27	0,60	0,62	0,65
benetzt, linear				
N = 3	13,5	74,2	74,2	76,8
N = 4	7,3	32,2	32,2	34,4
N = 6	3,3	11,9	12,4	13,2
N = 8	1,7	6,5	6,5	7,1
N = 12	0,68	2,7	2,7	3,0
N = 16	0,39	1,5	1,5	1,6

Flüssigkeits-Elemente ineffektiv, da die für die Gesamtrechnung erzielte Genauigkeitsverbesserung aufgrund der Überlagerung der Fehler der beiden Teilprobleme zu klein blieb gemessen am gestiegenen Aufwand.
Hieraus ergibt sich bereits die Schlußfolgerung, bei der Behandlung komplexer Beispiele mit linearen Strukturelementen konstante Ansätze für die Flüssigkeits-Berandung zu bevorzugen. Die Einsatzmöglichkeiten von Rand-Elementen höherer Ordnung werden in folgenden Bereichen gesehen:

- Strukturmodell liegt mit höheren als linearen Ansätzen vor
- Netzvergröberung in vom Bauteil entfernten Anteilen der Flüssigkeits-Berandung
- Einsatz infiniter Rand-Elemente gemäß [28] zur Modellierung eines partiell unbeschränkten Flüssigkeits-Gebietes im Sinne einer Effektivitätssteigerung der numerischen Rechnungen
- bessere Erfassung komplizierter geometrischer Verhältnisse längs der Kontaktfläche

Die obigen Punkte sind nicht unabdingbar für die Funktionalität der Methode, verstehen sich aber als effektivitätssteigernde Optionen, deren Realisierung aus praktischer Sicht anzustreben ist.
Schließlich sind noch die Auswirkungen der lediglich in einem integralen Sinne erfüllbaren Kontaktbedingungen gemäß (26) bei der Anwendung linearer Rand-Elemente von Interesse. Für den hier betrachteten Sonderfall einer Vernetzung der Kontaktfläche mit geometrisch quadratischen Elementen sind diesbezüglich keine Aussagen erreichbar, da eine exakte Realisierung der Kontaktbedingungen erzielt werden kann. Geeignet sind verzerrte Elementierungen gemäß Abb. 4.

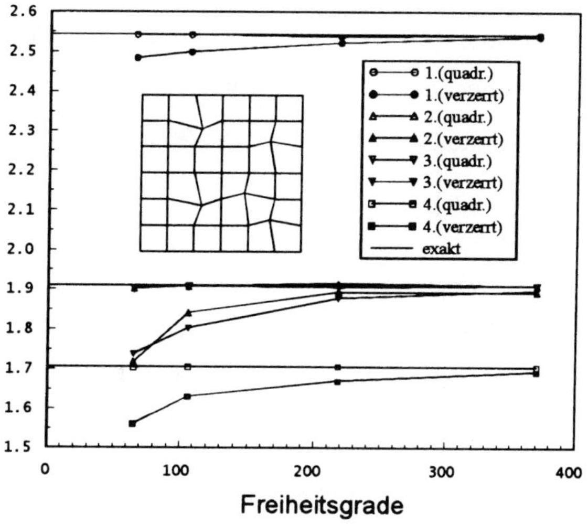

Abb. 4. Verhältnis der Eigenfrequenzen von unbenetzter und benetzter Platte (Einfluß der Elementgeometrie auf die Konvergenz)

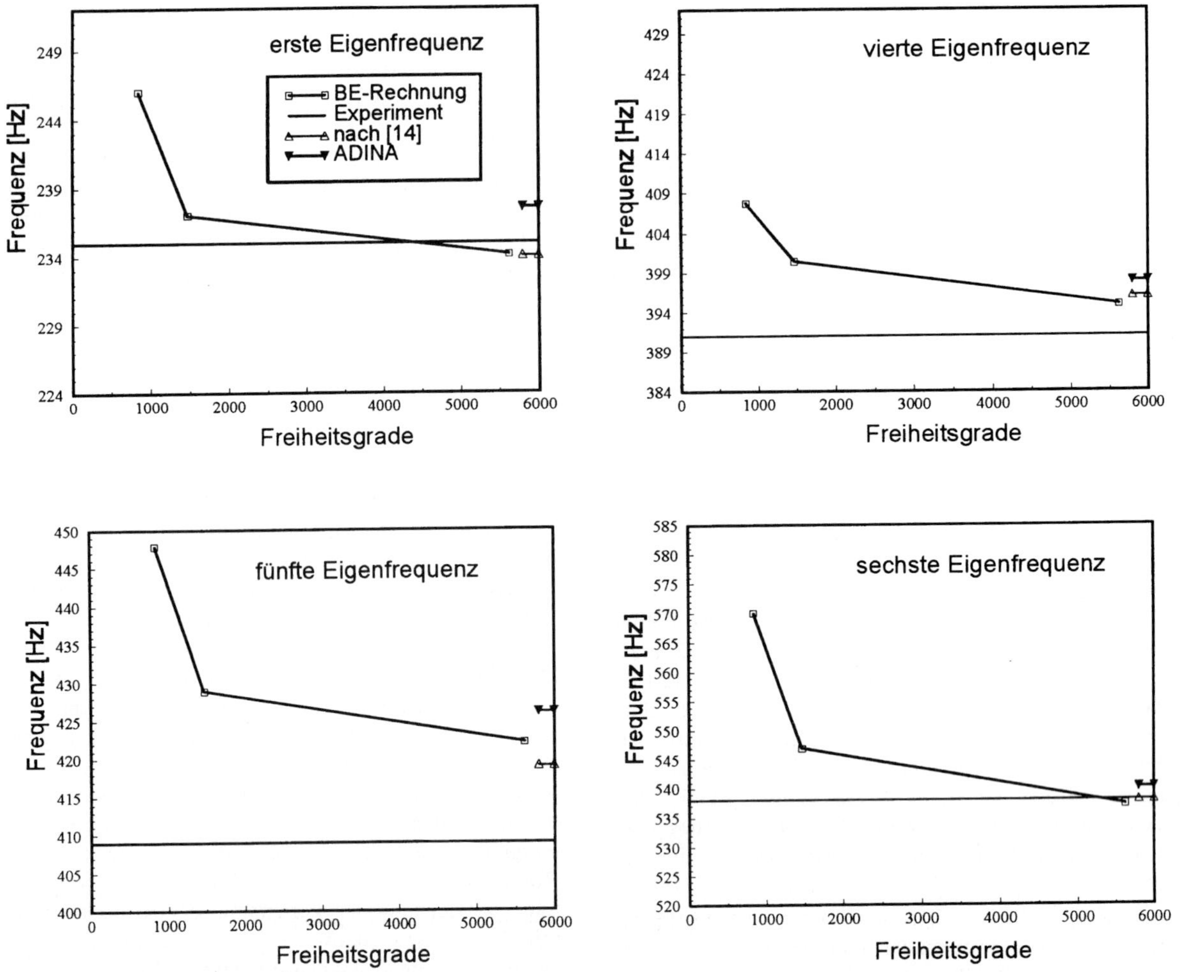

Plattendicke: $t = 0{,}0015875$ m ;

Materialdichte: $\rho = 7827{,}08$ kg/m^3 ;

E-Modul: $E = 2{,}0684 \cdot 10^{11}$ N/m^2 ;

Poisson-Zahl: $\nu = 0{,}3$;

Flüssigkeitsdichte: $\rho_f = 995{,}67645$ kg/m^3

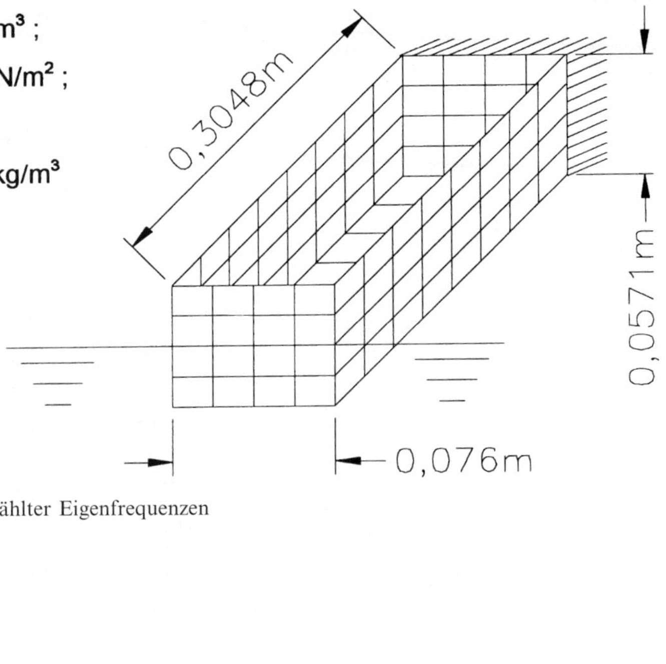

Abb. 5. Kastenträger, halbgetaucht: Vergleich ausgewählter Eigenfrequenzen

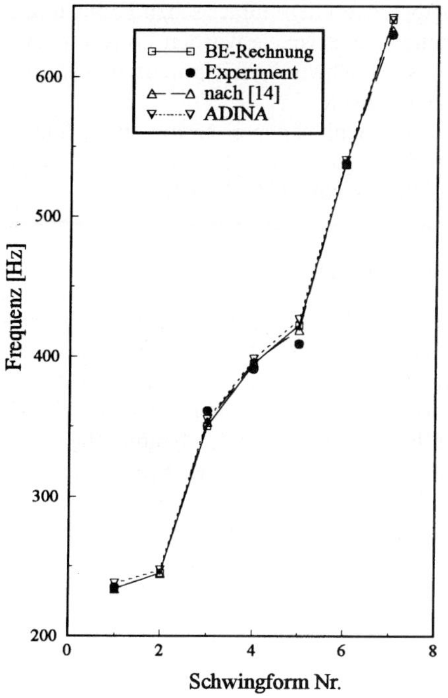

Abb. 6. Eigenfrequenzen des halbgetauchten Kastens im Überblick

Da durch die Manipulation der Vernetzungsgeometrie auch die Genauigkeit des FEM-Anteils der Rechnung leidet, sind hier als Resultat nur die jeweiligen Verhältnisse zwischen den Frequenzen der benetzten und der unbenetzten Platte geeignet, den Einfluß der lediglich approximativen Erfüllung der Kontaktbedingungen zu separieren. Die Ergebnisse sind in Abb. 4 zusammengetragen.

Gemäß der Tatsache, daß für zwei mit numerischen Fehlern behaftete Größen a und b aus der Konvergenz der Quotienten selbiger gegen den Quotienten der beiden analytischen Lösungen A und B auch die Konvergenz der relativen Fehler von a bzw. b gegeneinander folgt, ist in den Diagrammen in Abb. 4 der Abstand zu diesem Wert A/B ein Maß für die Gleichheit der relativen Fehler der Frequenzen der benetzten bzw. der unbenetzten Platte und mithin für den separierten Einfluß des Flüssigkeits-Problems. Erwartungsgemäß liegt letzterer bei dem aus verzerrten Elementen aufgebauten Netz höher, mit steigender Freiheitsgradzahl klingt dieser Effekt jedoch ab.

Bei dem folgenden, komplexeren Beispiel handelt es sich um einen einseitig eingespannten, prismatischen, oben offenen Kasten entsprechend Abb. 5. Es ist insofern repräsentativ, als hier experimentell ermittelte Ergebnisse [30] wie auch vergleichbare Resultate aus Rechenmodellen mit den beiden Kopplungscharakteristiken FEM-FEM, ermittelt mit [29], und FEM-BEM [14] vorliegen. Untersucht worden sind jeweils das Eigenspektrum des unbenetzten sowie des halbgetauchten Bauteils.

Strukturseitig wurde mit Mindlinschen Plattenelementen linearer Ansatzordnung gearbeitet, während aus bereits genannten Gründen für das Flüssigkeits-Problem konstante Ansätze zum Einsatz kamen. Berechnet wurden drei Vernetzungsvarianten, von denen die gröbste eine 3D-Elementierung der Unterteilung $8 \times 4 \times 4$ aufweist (Abb. 5).

Die in Tab. 2 als „mittel" bezeichnete Netzgeometrie entsteht durch Zweiteilung aller Elemente in Kastenlängsrichtung und die als „fein" bezeichnete Variante durch erneute Vierteilung der Elemente.

Ausgewählte Ergebnisse sind in Abb. 5 für den Fall größter Netzfeinheit des halbgetauchten Bauteils zusammengestellt. Dem Rechenmodell mit einer FEM-FEM-Kopplung liegen strukturseitig 8-Knoten-Schalen-Elemente und zur Flüssigkeitsmodellierung dreidimensionale 20-Knoten-Elemente zugrunde. Die Struktur-Elementierung enthält $16 \times 8 \times 8$ Elemente. Kaleff [14] dagegen koppelte die FEM mit einem Singularitätenverfahren und benutzte insgesamt $16 \times 4 \times 4$ neunknotige Platten-Elemente für die Strukturdarstellung. Gemäß [14] dürfte das durch Chowdhurry [30] experimentell ermittelte Eigenspek-

Tabelle 2. Eigenfrequenzen des unbenetzten und des halbgetauchten Kastens

f in Hz	1	2	3	4	5	6	7
unbenetzt							
grob	266,5	285,2	426,1	476,5	511,5	592,4	814,8
mittel	257,0	283,4	418,2	457,8	496,2	569,1	727,0
fein	253,3	282,4	412,7	452,7	490,8	560,1	707,4
ADINA	252,0	282,1	410,8	451,1	489,0	557,0	701,3
nach [14]	251	280	410	447	486	557	695
nach [30]	–	272	403	445	–	558	691
benetzt							
grob	246,0	250,8	363,8	407,7	447,8	570,0	748,9
mittel	237,0	248,2	353,9	400,4	428,9	546,9	665,6
fein	234,1	244,9	350,3	394,9	422,1	537,2	640,6
ADINA	237,5	246,9	354,7	397,9	426,1	540,1	641,5
nach [14]	234	245	353	396	419	538	633
nach [30]	235	–	361	391	409	538	630

trum nicht lückenlos vorliegen, weswegen die entsprechenden Angaben in Tab. 2 fehlen.
Obwohl ein Vergleich hier nur qualitativ erfolgen kann, da den einzelnen Ergebnissen verschiedene Algorithmen zugrunde liegen, passen sich die erzielten Resultate in das Gesamtbild (Abb. 6) logisch ein.
Weitere Fallstudien an perforierten, beidseitig beaufschlagten Platten sowie schiffskörperähnlichen Kastenstrukturen bestätigen ebenso die oben angegebenen Merkmale des Rechenmodelles, so daß auf ihre Darstellung hier verzichtet werden soll.

5 Freie Schiffskörperschwingungen

Gestützt auf die vorhergehenden Parameter- bzw. Konvergenzstudien beinhalten die nachfolgenden Ergebnisse der Schwingungsanalyse eines Mehrzweckfrachtschiffes neben einem Methodenvergleich den Nachweis für die Anwendbarkeit des Rechenmodells auch auf spezielle Bedingungen des Fahrwassers und dessen Auswirkungen auf das Schwingungsverhalten. Dabei kam für die Nachbildung der Schiffskörperstruktur und seiner Massenverteilung aus Eigenmasse und Zuladung ein Strukturmodell zur Anwendung, wie es dem Standard der Berechnungspraxis entspricht.
Im einzelnen bedeutet das für die Simulation der Massenverteilung der Struktur, daß diese im Rechenmodell durch konzentrierte Knotenmassen abgebildet wird. In Verbindung mit einer BEM-Formulierung entsteht damit zwangsläufig ein insgesamt inkonsistentes Massenmodell.
Die mit einem räumlichen Scheiben- und Stabmodell (Abb. 7) nachgebildete Schiffskörperstruktur umfaßt etwa 10000 Freiheitgrade, so daß auch Schwingformen höherer Ordnung, die in einem praktisch relevanten Frequenzbereich liegen, angemessen genau darstellbar werden.
Die Ausdehnung des mit dem Rand-Elemente-Modell zu erfassenden Flüssigkeitsbereiches im Sinne eines unbegrenzten Fahrtgebietes wurde in Schiffslängsrichtung als das Zwanzigfache, in Querrichtung als das Achtfache und in vertikaler Richtung als das Fünffache der halben Schiffsbreite gewählt. Vergleiche mit einem erweiterten Bereich führten zu keinen signifikanten Ergebnisänderungen.
Die geometrische Modellierung erfolgte rechnergestützt mit einem eigens hierfür entwickelten Preprocessor. Für den hieraus enstehenden „prismatischen" Bereich mit freier Oberfläche (Dirichlet-Bedingung) sowie mit den „künstlichen" Abgrenzungen (Neumann-Bedingung) kamen für die einzelnen Varianten durchschnittlich 2000 Freiheitsgrade zur Anwendung, von denen etwa 1000 Freiheitsgrade allein zur Erfüllung der Kontaktbedingungen auf der benetzten Schiffskörperfläche dienten. Entsprechend den numerischen Erfahrungen der vorhergehenden Beispiele wurden konstante Ansätze für das Geschwindigkeitspotential als ausreichend angenommen.
Der untersuchte Schiffskörper besitzt ein Längen-Breiten-Verhältnis von $L/B = 5,9$ und ein Breiten-Tiefgang-Verhältnis von $B/T = 3,04$.

5.1 Unbegrenztes Fahrwasser

Eine Gegenüberstellung der ersten dreizehn Eigenfrequenzen nach den beiden hier zur Diskussion stehenden Flüssigkeitsmodellen, dem nach Lewis und dem hier vorgestellten dreidimensionalen, enthält Tab. 3. Zur Bewertung des hydrodynamischen Einflusses sind die Angaben um die Frequenzen des trockenen (unbenetzten) Schiffes ergänzt. Die numerische Lösung erfolgte mit einem modifizierten Lanczos-Algorithmus [31], [32].
Zunächst ist festzustellen, daß innerhalb des betrachteten Frequenzbereiches keine markanten Unterschiede bestehen. Lediglich bei der Grundfrequenz tritt im 3D-Modell bei den zugeordneten Schwingformen anstelle der Torsion zunächst die vertikale Biegung (Abb. 8) auf. Bezogen auf die Frequenzen der trockenen Struktur führt das 2D-Massen-Modell zu einer leichten Unterbewertung der hydrodynamischen Trägheitswirkungen. Diese Tendenz kehrt sich zwar bei höherer Ordnung der Schwingformen um, ohne daß sich jedoch der Einfluß der Flüssigkeit generell abschwächt.
Bei einem Vergleich der Schwingformen in diesem Frequenzbereich (Abb. 9) stellt sich überraschend wiederum deren Vertauschung heraus, wobei sich bei gleichzeitiger Betrachtung der 12. Ordnung schwache Unterschiede im Verformungsmuster des Vor- und Hinterschiffsbereiches erkennen lassen.
Die lokalen und für eine schwingungstechnische Bewertung letztendlich maßgebenden Deckshaus-Schwingungen treten bereits unter 5 Hz in Erscheinung und finden bei der 9. und 12. Oberfrequenz eine deutliche Ausprägung (Abb. 10). Beide Modelle weisen übereinstimmend für diese eine Phasengleichheit mit der Schiffskörperschwingung aus. Eine zusammenfassende grafische Gegenüberstellung der einzelnen Frequenzspektren zeigt Abb. 11.

5.2 Begrenztes Fahrwasser

Das im vorliegenden Beispiel sich als durchaus akzeptabel erweisende hydrodynamische 2D-Modell sollte keinesfalls zu der Schlußfolgerung verleiten, daß der Wert einer 3D-Modellierung sich mehr auf den Gewinn von theoretischen Einsichten beschränkt. Dagegen sprechen nicht nur die Vielzahl bereits bekannter Ergebnisse, sondern auch die Resultate der folgenden numerischen Studie zum Einfluß der Fahrwassertiefe.

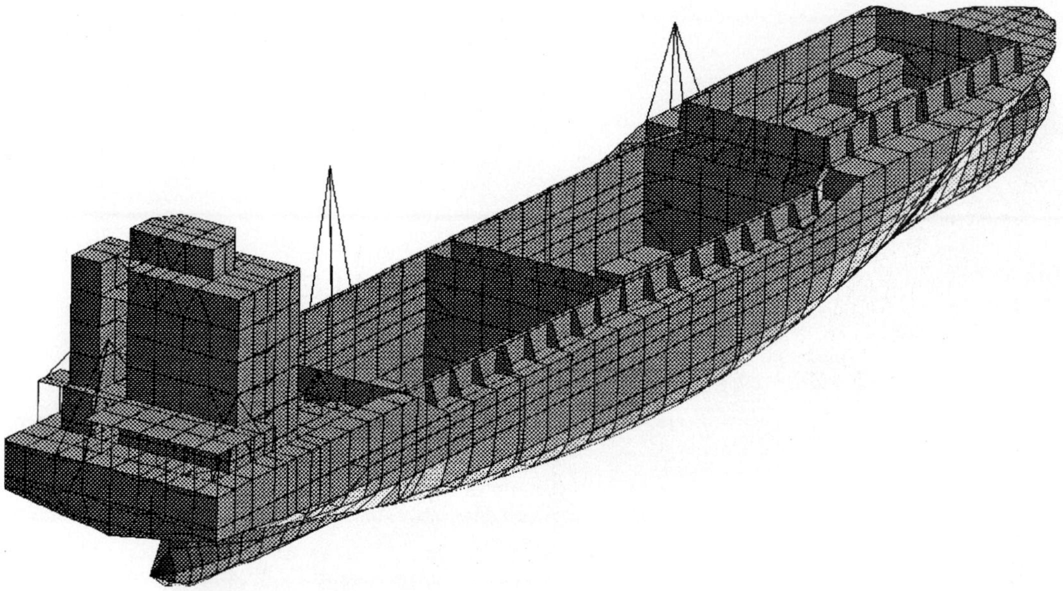

Abb. 7. FE-Modell des Mehrzweckschiffes

Tabelle 3. Eigenfrequenzen des Schiffes in Hz (Vergleich Lewis-Methode - FEM-BEM-Kopplung)

Schwingform Nr.	trockenes Schiff	FEM-Lewis	FEM-BEM
1	1,92	1,65	1,53 (Abb.8)
2	2,05	1,72	1,69
3	2,38	2,34	2,27
4	3,19	2,88	2,71
5	4,03	3,31	3,06
6	4,69	4,14	4,09
7	4,99	4,57	4,45
8	5,57	4,97	4,75
9	6,31	5,27	5,05
10	6,79	5,76	5,64
11	7,36	6,31	6,15 (Abb.9)
12	7,60	6,46	6,54
13	7,84	6,67	6,72

Untersucht wird das Schwingungsverhalten des bereits oben vorgestellten Schiffstyps bei Kanalfahrt bis hin zu extremem Flachwasser. Eine Zusammenstellung der Frequenzspektren einschließlich der für Tiefwasser enthält Tab. 4. Die Angaben in der mit NOK gekennzeichneten Spalte entsprechen hinsichtlich der angenommenen Kanalabmessungen denen des Nord-Ostsee-Kanals.

Erwartungsgemäß zeigt sich mit abnehmender Wassertiefe (h/T) ein von der jeweiligen Schwingform abhängiger Rückgang in den Frequenzen (Abb. 12). Für sich betrachtet geben die Frequenzänderungen allerdings kaum Aufschluß über den tatsächlich auftretenden hydrodynamischen Einfluß und insbesondere dessen Auswirkungen auf die Struktur. Wird beispielsweise der Übergang von Tiefwasser ($h/T = 7,5$) zur Situation im Kanal ($h/T = 1,6$) bei

Tabelle 4. Eigenfrequenzen des Schiffes in Hz (Einfluß verschiedener Kanalabmessungen)

Schwingform Nr.	Tiefwasser	Tiefe 15,0 m	Tiefe 11,0 m (NOK)	Tiefe 9,2 m	Tiefe 8,0 m	Kanalfahrt Breite 34 m Tiefe 11 m
1	1,53	1,48	1,41	1,35	1,26	1,40
2	1,69	1,68	1,67	1,65	1,62	1,67
3	2,27	2,27	2,26	2,25	2,22	2,26
4	2,71	2,70	2,66	2,56	2,35	2,65
5	3,06	2,95	2,81	2,70	2,63	2,78
6	4,09	4,08	4,06	4,01	3,76	4,07
7	4,45	4,42	4,32	4,13	3,96	4,31
8	4,75	4,68	4,56	4,47	4,35	4,55
9	5,05	5,01	4,96	4,86	4,51	4,96
10	5,64	5,53	5,26	5,00	4,89	5,25
11	6,15	6,14	6,10	6,03	5,57	6,12
12	6,54	6,53	6,40	6,08	5,96	6,40
13	6,72	6,64	6,50	6,42	6,26	6,52

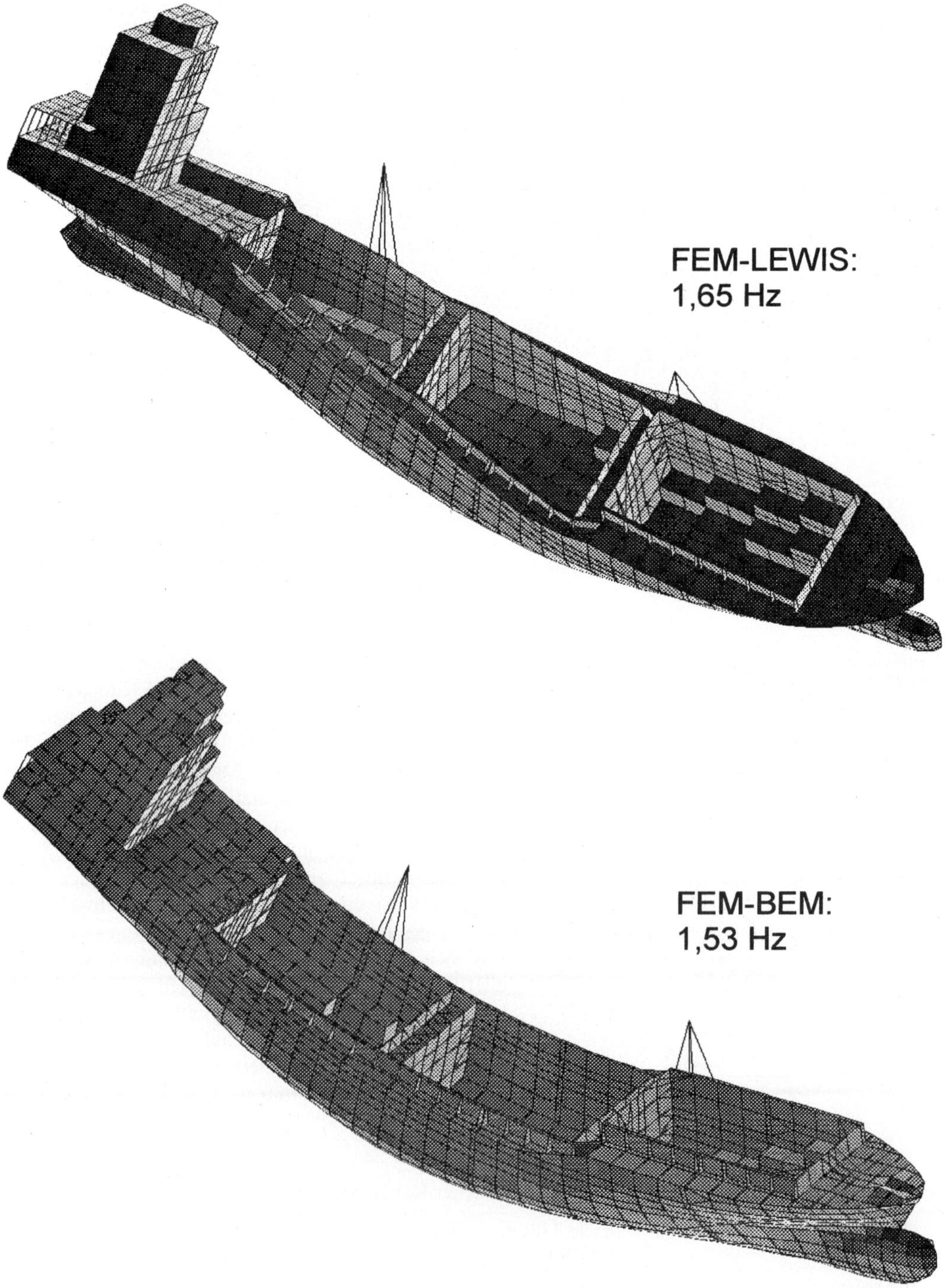

Abb. 8. Gegenüberstellung der Grundschwingform (FEM-Lewis - FEM-BEM)

der 12. Schwingform betrachtet, so ist zunächst eine nahezu marginale Frequenzabnahme von lediglich 2,4 Prozent festzustellen. Diese wächst erst bei einer extrem verminderten und von daher mehr theoretischen Wassertiefe ($h/T = 1,2$) auf 9 Prozent.

Werden die zugeordneten Schwingformen, also Verformungsmoden gleicher Ordnung, hinzugezogen, zeichnet sich der hydrodynamische Einfluß deutlicher ab. Aus ihrer Gegenüberstellung (Abb. 13) zeigt sich, daß selbst Frequenzänderungen dieser Größenordnung (Bedingungen entsprechend NOK) zu einem Übergang in eine andere Schwingform führen. Bemerkenswerterweise handelt es sich um jene lokale Deckshausschwingung, die unter Tiefwasserbedin-

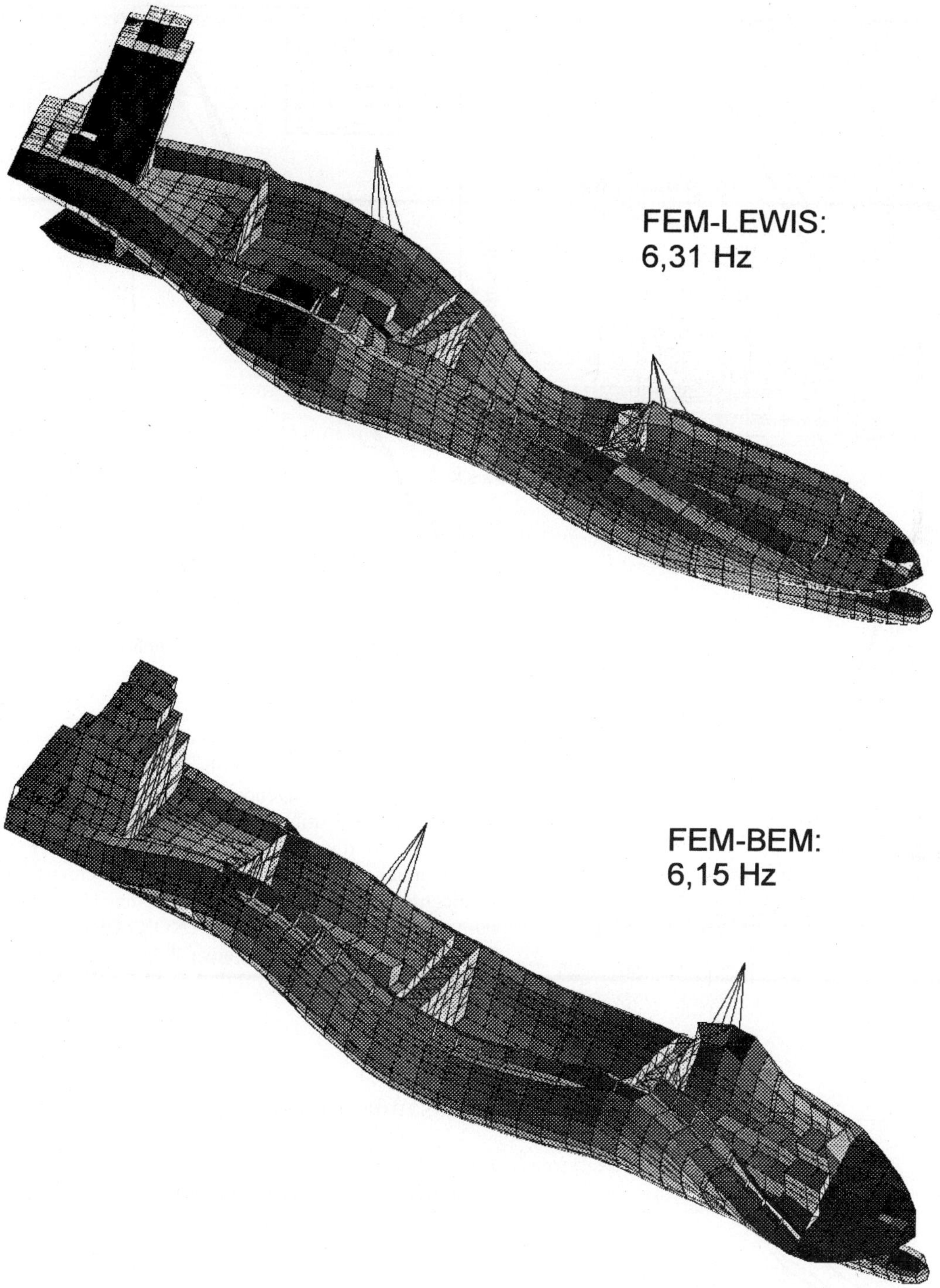

Abb. 9. Gegenüberstellung der 11. Schwingform (FEM-Lewis - FEM-BEM)

gungen allerdings erst in der nächsthöheren Schwingform (Abb. 14) auftritt.
Bei weiterer Verringerung der Wassertiefe stellt sich eine nahezu vollständige „Beruhigung" im Bereich des Hinterschiffes ein.
Noch deutlicher zeichnet sich dieses Phänomen ab, wenn die „Verschiebung" dieser Schwingform durch die tiefenabhängigen Frequenzspektren „verfolgt" wird. Aus Abb. 14 wird ersichtlich, daß der mit dem Schiffskörper in Phase liegende Deckshausmode mit abnehmender Wassertiefe und einer damit einhergehenden Frequenzschwankung von über 1 Hz nahezu invariant ist. Demnach können Schwingformen, die sich bei großer Fahrwassertiefe für obere Frequenzen

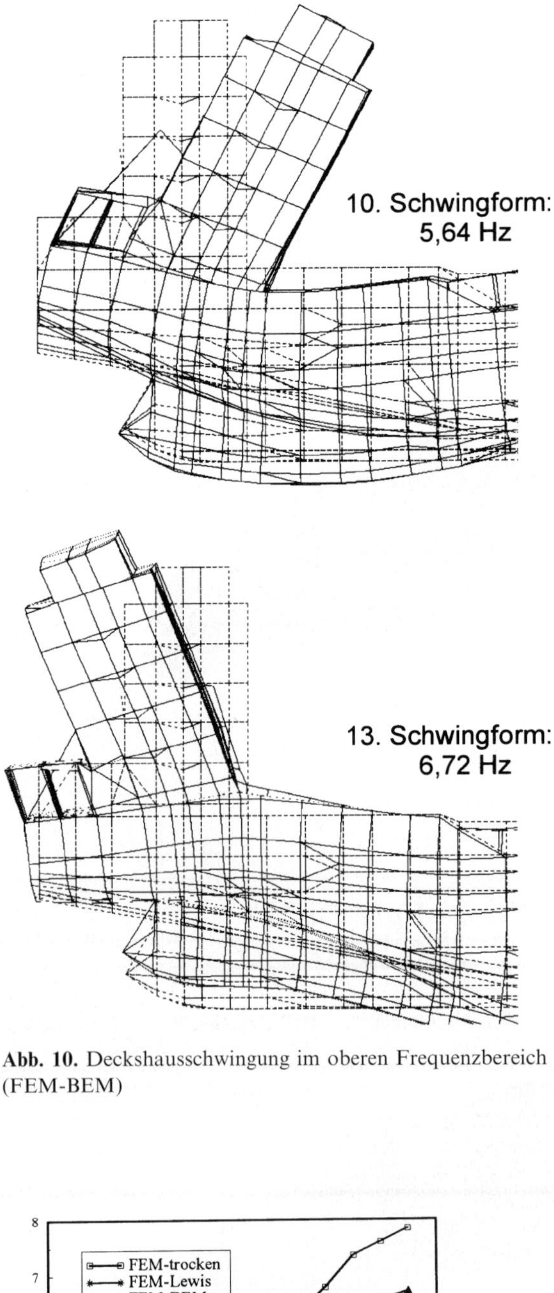

Abb. 10. Deckshausschwingung im oberen Frequenzbereich (FEM-BEM)

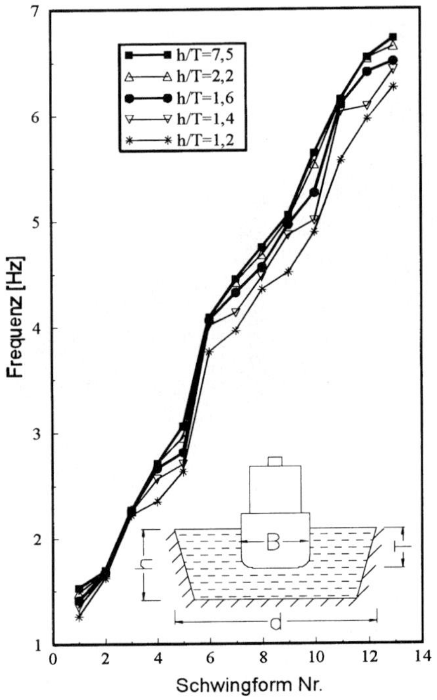

Abb. 12. Eigenfrequenzen des Schiffes (Einfluß verschiedener Kanalabmessungen)

einstellen, im Flachwasser bereits an um einige Ordnungen tiefer liegende Frequenzen gekoppelt sein. Dieser „Shifting"-Effekt von Verformungsmoden findet in dieser Ausprägung im unteren Frequenzbereich keine Fortsetzung. Dennoch ist zu beobachten, daß die Schwingform im Heck-Aufbauten-Bereich im Flachwasser (NOK) bereits in der 7. Ordnung (Abb. 15) bei etwa 4 Hz eine Verstärkung erfährt, was aus praktischer Sicht ebenso von Interesse sein dürfte.

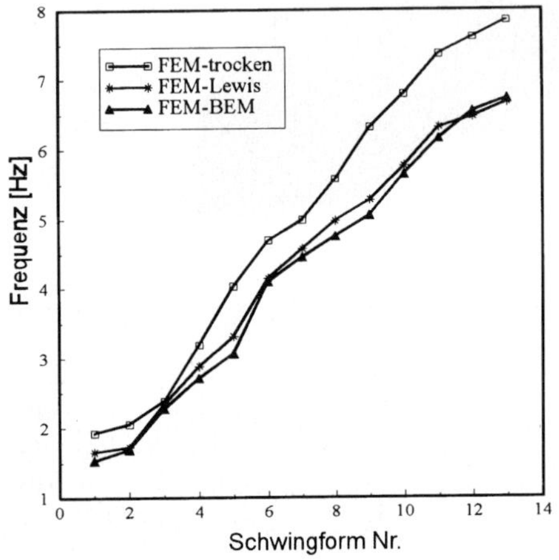

Abb. 11. Eigenfrequenzen des Schiffes (Vergleich Lewis-Methode - BEM).

6 Zusammenfassung

Im vorliegenden Beitrag wurde für die Schwingungsanalyse benetzter Strukturen ein dreidimensionales finites Rechenmodell auf der Grundlage einer Kopplung der Finiten- und der Rand-Elemente-Methode vorgestellt.
Letztere weist das besondere Merkmal inkompatibler Ansätze für die generalisierten Parameter des Geschwindigkeitspotentials auf, deren Ordnungen entsprechend den Problemanforderungen variabel angenommen werden können. Die Integration der Elemente-Formulierungen zur Aufstellung von Kollokationsgleichungen erfolgt analytisch. Infolge der Inkonsistenz von FE- und der hier vorgestellten BE-Formulierung lassen sich die Kontaktbedingungen auf den benetzten Oberflächen bei höheren Ansatzordnungen lediglich in einem integralen Sinne erfül-

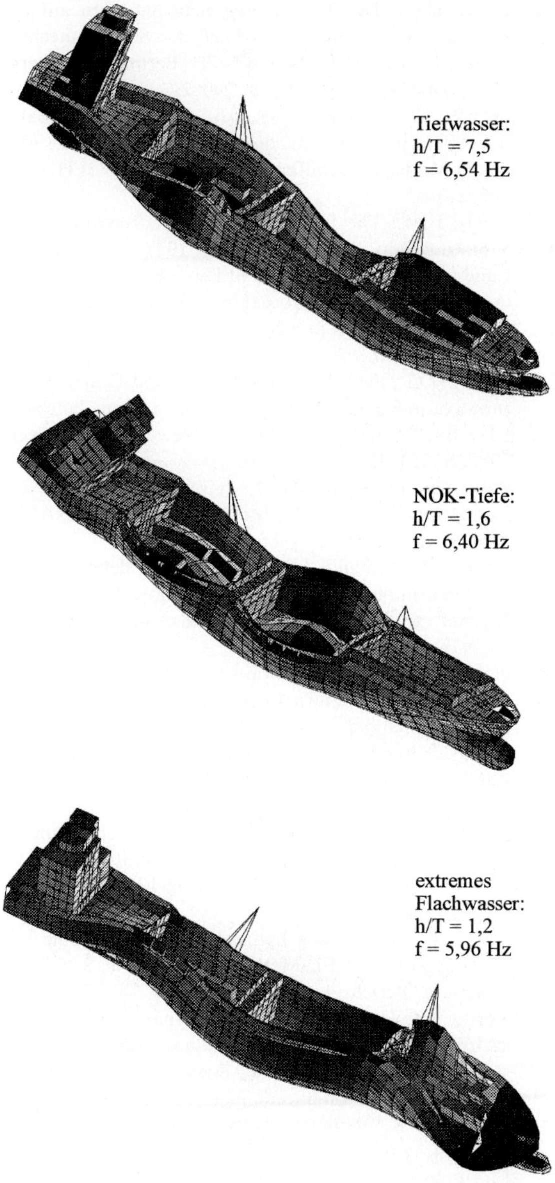

Abb. 13. 12. Schwingform in Abhängigkeit von der Wassertiefe

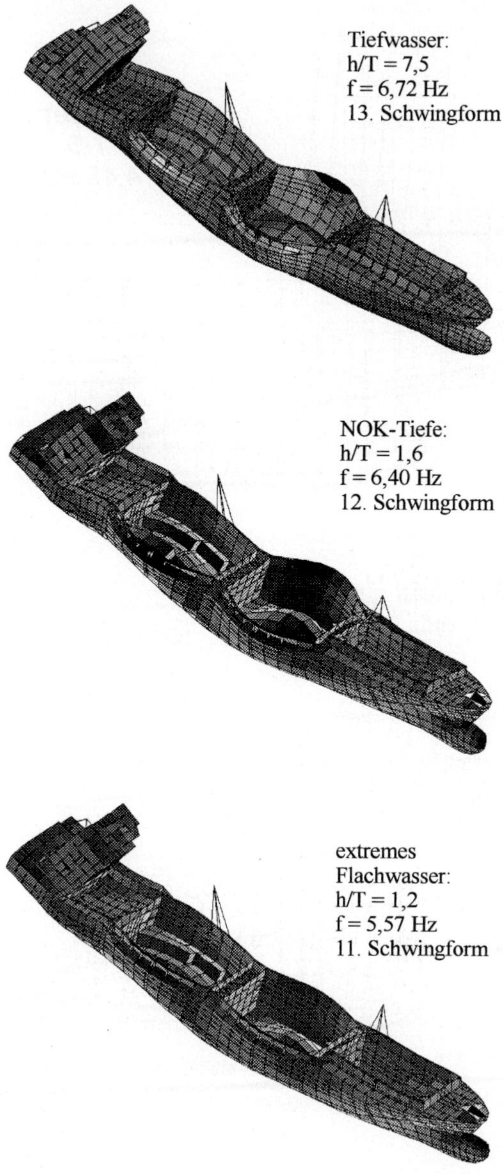

Abb. 14. Deckshausschwingung in Abhängigkeit von der Wassertiefe

len. Numerische Konvergenz- und Parameterstudien bestätigen das Element-Konzept.

Aus der Sicht praktischer und komplexer Anwendungen empfiehlt es sich, aufgrund des mit der BE-Ansatzordnung merklich anwachsenden Aufwandes, diese angepaßt zu dem Finite-Elemente-Modell der Struktur zu wählen.

Die Anwendbarkeit auf komplexe Problemstellungen wird anhand der Schwingungsanalyse eines Mehrzweckfrachtschiffes nachgewiesen. Insbesondere bestätigen die Untersuchungen zur begrenzten Fahrwassertiefe deren merklichen Einflußauf das Schwingungsverhalten des Schiffskörpers sowie die Leistungsbreite des Verfahrens bzw. darauf aufbauender Programm-Algorithmen.

6.1 Danksagung

Abschließend möchten die Autoren gegenüber dem Germanischen Lloyd für sein stetes Interesse am Fortgang des Vorhabens und die Bereitstellung von technischen Informationen sowie dem Bundesministerium für Bildung und Forschung für die Förderung ihren Dank aussprechen.

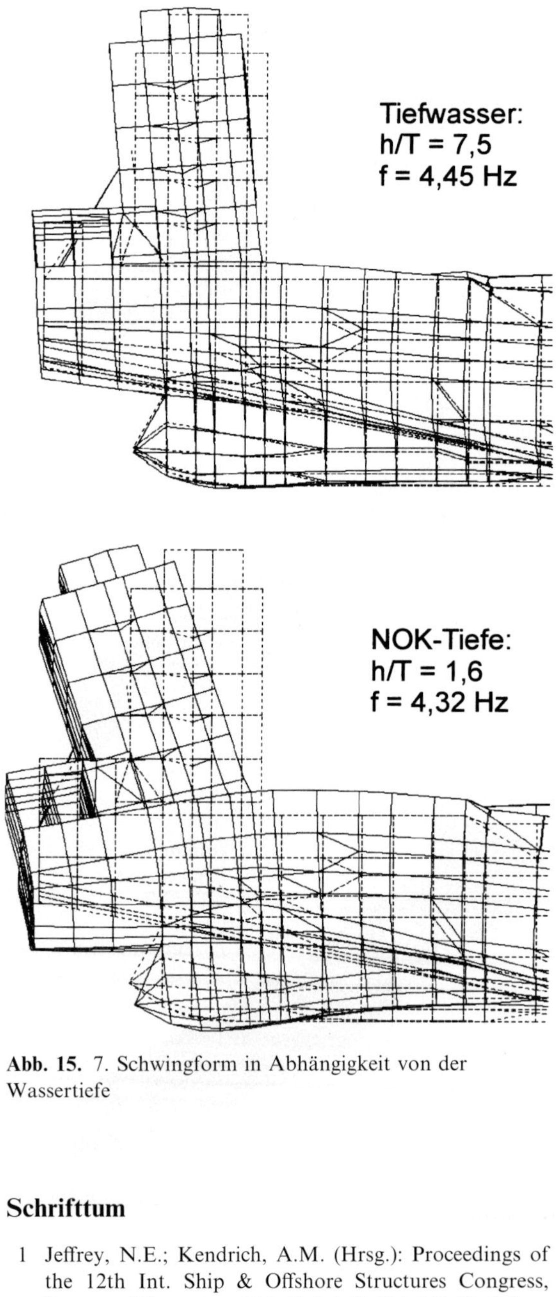

Abb. 15. 7. Schwingform in Abhängigkeit von der Wassertiefe

Schrifttum

1 Jeffrey, N.E.; Kendrich, A.M. (Hrsg.): Proceedings of the 12th Int. Ship & Offshore Structures Congress, Report of Committee II.2: Vol. 1, S. 254–258, St. Johns, September 1994.

2 Moan, T.; Berge, S. (Hrsg.): Proceedings of the 13th. Int. Ship & Offshore Structures Congress, Report of Committee II.2: Vol. 1, S. 200–202, Trondheim, August 1997.

3 Camisetti, C. et al.: Investigation of the containership vibration behaviour by finite element method at design stage. International conference on engineering application of the finite element method. Høvik, Norway, May 9–11. 1979. pp. 3.1–3.30.

4 Skaar, K.T.; Carlsen, C.A.: Modelling aspects for finite element analysis of ship vibration. International conference on engineering application of the finite element method. Høvik, Norway, May 9–11.1979. pp. 4.1–4.30.

5 Payer, H.G.: Der Einfluß von Schwingungen auf die Festigkeit von Schiffen. Jahrbuch der Schiffbautechnischen Gesellschaft (STG) Bd. 75. Berlin, Heidelberg, New York: Springer 1981, S. 290–294.

6 Geßner, W.; Schmitz, K.-P. u.a.: Berechnung globaler Schiffsschwingungen mit dreidimensionalen Finite-Elemente-Modellen. Schiffbauforschung 22 (1983) H. 4, S. 205–213.

7 Lewis, F.M.: The Inertia of the Water Surrounding a Vibrating Ship. SNAME. Vol. 37, 1929.

8 Landweber, L.: Added Mass of Lewis Forms Oscillating in a Free Surface. Proceedings Symposium on the Behaviour of Ships in a Seaway, Wageningen, the Netherlands, 1957.

9 Payer, H.G.; Pleß, E.: Konstruktion und Dimensionierung von offenen Schiffen mit langen Luken. Jahrbuch STG Bd. 79. Berlin, Heidelberg, New York: Springer, 1985, S. 323–326.

10 Payer, H.G.; Asmussen, I.: Vibration Response on Propulsion-Efficient Container Vessels. SNAME Transactions, Vol. 93, 1985, pp. 147–164.

11 Orsero, P.; Armand, J.-L.: A numerical determination of the entrained water in ship vibration. International Journal for Numerical Methods in Engineering 13(1978), pp. 21–34.

12 Hakala, M. K.: Application of the finite element method to fluid-structure interaction in ship vibration. Espoo September 1986. Valtion teknillinen tutkimuskeskus. Tutkimuksia – Statens tekniska forskningscentral. Forskningsrapporter – Technical Research Centre of Finnland. Research Reports 433. 114 p.

13 Watanabe, T.: Added mass calculation of ship hull vibrating by finite element method. Sumitomo Heavy Industries Ltd. Technical Review 30(1982)89, pp. 35–42. (in Japanese).

14 Kaleff, P.: Berechnung hydroelastischer Probleme mit der Singularitäten FE-Methode. Institut für Schiffbau, Hamburg, Bericht 401 (1980).

15 Vorus, W.; Hylarides. S.: Hydrodynamic added-mass matrix of vibrating ship based on a distribution of hull surfase sources. Transaction, Society of Naval Architects and Marine Engineers, New York, Vol. 89 (1981).

16 Schramm, K.: Untersuchungen zur Anwendung der Rand-Element-Methode (BEM) auf die Berechnung des Eigenschwingungsverhaltens flüssigkeitsbeaufschlagter schiffbaulicher Konstruktionen. Rostock, Wilhelm-Pieck-Universität, Fakultät für Mathematik, Physik und technische Wissenschaften, Diss., 1989.

17 Blake, W.K.; Chen, Y.K.; Walter, D. and Brigg, R. (1994): Design and sea trial evaluation of the containership 'MV PFEIFFER' for low vibration. Transactions an SNAME, 102.

18 Le Gal, R.; Pedron, J.L. (1995): Predictive analysis for the dynamic behaviour of a new 130,000 m^3 gas carrier. International Conference on Noise and Vibration in the Marine Enviromment, RINA, London, May.

19 Grubisic, R.; Bobanac, N. and Senbjanovic, J. (1994): An integral procedure for ship vibration prediction. Part 1 - Vibration Analysis. Brodogradnja, 42.

20 Mumm, H.; Asmussen, I. (1995): Simulation of low speed main engine excitation forces in global vibration analyses. Proceedings of International Conference on Noise and Vibration in the Marine Environment, RINA, London.

21 Pegg, N.G.; Gilroy, L.E. and Kumar, R. (1995): Full scale virfication of finite element modelling of a 75 tons SWATH vessel. Maine Structures, 8:3.
22 Morel, P.; Beghin, D. and Baudin, M. (1995): Assessment of the vibratory behaviour of the ships, Proceedings of International Conference on Noise and Vibration in the Marine Environment, RINA, London.
23 Armand, J.-L.; Orsero, P.: A Method for evaluating the hydrodynamic added mass in ship hull vibrations. Transactions of SNAME 87(1979), pp. 99–120.
24 Vladimirov, V.S.: Gleichungen der mathematischen Physik. – Verlag der Wissenschaften. – Berlin 1977.
25 Brebbia, C.A.; Telles, J.C.F. and Wrobel, L.C.: Boundary Element Techniques. Theory and Applications in Engineering. Berlin, Heidelberg, New York, Tokyo. Springer: 1984.
26 Möller, P.; Röhr, U.: Hydrodynamische Massen- und Dämpfungsmatrizen. Abschlußbericht zum BMBF-Verbundvorhaben „Life Cycle Design". Universität Rostock, 1998. (in Vorbereitung).
27 Danson, D.: BEASY Boundary Element Analysis System, Computational Mechanics Centre, MANUAL: Southampton, UK, 1982.
28 Bettes, P.; Bettes, J.A.: Infinite elements for static problems. Eng. Comput., 1984, Vol. 1., March, pp. 4–16.
29 ADINA-IN for ADINA Users Manual. (Report ARD 92-4) ADINA R & D, Inc. Watertown, 1992.
30 Chowdhurry, P.C.: Free vibrations of fluid-borne structures: Investigations on a simple model. North East Coust Institution of Engineers and shipbuilders – Vol. 91, No. 1, 1974 –.
31 Schwarz, H.R.: Methode der finiten Elemente. Stuttgart, Teubner-Studienbücher: 1991.
32 Schwarz, H.R.: FORTRAN-Programme zur Methode der finiten Elemente. Stuttgart, Teubner-Studien-Bücher: 1991.

Anwendung der Noise-FEM auf die Körperschallausbreitung auf Schiffen

Computation of Structure-borne Noise Propagation in Ship Structures using Noise-FEM

Dipl.-Ing. **Iwer Asmussen**, Dr. rer. nat. **Christian Cabos**, Dipl.-Ing. **Jürgen Jokat**
Germanischer Lloyd, Hamburg

Summary. The Noise-Finite-Element-Method (Noise-FEM) allows the computation of structure-borne sound intensity flux through complex ship structures. In case finite-element models for global strength and vibration calculations are available, they can be further used for Noise-FEM analyses. The method can be used to optimise local structural elements along the main structure-borne sound transmission paths, thereby increasing the structure-borne sound insulation index in the frequency ranges of interest. Applied Noise-FEM results are shown and discussed. By computed and measured structure-borne sound levels, the accuracy is plotted against the octave band mid frequency ranging from 31,5 Hz to 8,000 Hz.

1 Einleitung

Die vom Germanischen Lloyd in einem BMBF-Vorhaben entwickelte **Noise**-Finite-**E**lemente-**M**ethode (Noise-FEM) ermöglicht die Prognose der Körperschallausbreitung in komplexen schiffbaulichen Strukturen. Ziel bei der Entwicklung der Noise-FEM war es, die Körperschallausbreitung auf der Grundlage von Geometriedaten schon vorhandener Finite-Elemente-Modelle, hauptsächlich erstellt für Festigkeits- und Vibrationsberechnungen, zu prognostizieren.
Um die Zuverlässigkeit des Noise-FEM Verfahrens zu überprüfen, wurden neben Körper-, Wasser- und Luftschallmessungen an einer Schiffsmodellstruktur umfangreiche Messungen an realen Schiffsstrukturen durchgeführt. Am Beispiel einiger Anwendungen wird die Vorgehensweise und die Genauigkeit der Noise-FEM Ergebnisse diskutiert.

2 Überblick – Berechnung der Körperschallausbreitung auf Schiffen

Prinzipiell liegt hier ein Vibrations- bzw. ein Wellenausbreitungsproblem vor, das bei harmonischer Anregung im wesentlichen auf die Helmholtzgleichung führt. Wird für die Lösung dieser Gleichung die Finite-Element-Methode benutzt, so gilt als Faustregel, daß bei der Diskretisierung etwa zehn Elemente pro Wellenlänge notwendig sind. Dies führt bei einem Containerschiff von 250 m Länge im Frequenzbereich um 1000 Hz zu Modellen mit über 10^6 Freiheitsgraden. Da Prognosen für die mittlere Körperschallausbreitung in der Regel in einem Frequenzband (z.B. einer Oktave) gesucht werden, wäre es erforderlich, die genannten Vibrationsrechnungen für sehr viele Frequenzen zu wiederholen. Auf der anderen Seite läßt es gerade die Tatsache, daß über einen Frequenzbereich gemittelte Aussagen gesucht werden, unnötig erscheinen, viele schmalbandige Rechnungen mit einem überaus detaillierten Modell durchzuführen.
Die vorgenannten Probleme führten zur Entwicklung von statistischen Verfahren, die die Berechnung der gemittelten Energieausbreitung zum Inhalt haben. So wird zum Beispiel in der ***Statistical Energy Analysis*** (SEA) [Ly95] der Energieaustausch zwischen diskreten, gekoppelt schwingenden Teilsystemen untersucht. Eine Schwierigkeit bei der Anwendung der SEA im Schiffbau besteht darin, daß ein spezielles, auf das Verfahren zugeschnittenes 3D-Modell des Schiffs erzeugt werden muß. Ein schon vorhandenes FE-Modell kann für eine Rechnung mit der SEA nicht benutzt werden.
Bei der Herleitung der SEA wird ausgegangen von

- einer Gleichverteilung der Energie pro Mode eines Teilsystems

Für gewöhnlich wird außerdem

- eine schwache Kopplung der Teilsysteme und
- eine hohe Anzahl von Moden im Frequenzband für jedes Teilsystem

angenommen. Gerade durch die letzten beiden Forderungen wird die Anwendung von Finite-Elemente-Verfahren behindert: Konvergenz eines FE-Verfahrens kann nur erreicht werden, wenn eine feinere Unterteilung des Modells nicht zu schlechteren Ergebnissen als das grobe Modell führt.

Aus diesem Grund werden in der Noise-FEM die Grundgleichungen der SEA mit entsprechenden Korrekturen eingesetzt.
Bei der Suche nach einer Möglichkeit, FE-Modelle zur Berechnung der Körperschallausbreitung zu nutzen, bietet sich eine Analogie zur Wärmeausbreitung an:
Das Schwingungsproblem wird nicht im mikroskopischen, molekularen Bereich, sondern das makroskopische Energieausbreitungsproblem gelöst. Eine Schlüsselrolle fällt dabei der Definition der Temperatur T zu. Sie beschreibt den Energieinhalt je schwingendem Teilsystem (Mode) und bestimmt die Richtung des Energieflusses. Dadurch erhält man das einfache Gesetz $P = -\Lambda \nabla T$, wobei P den Leistungsfluß darstellt und Λ für die Wärmeleitfähigkeit steht.
Es zeigt sich, daß die Körperschallausbreitung durch dieselbe Gleichung beschrieben werden kann, wenn analog die *Schalltemperatur* T als mittlere Energie pro Mode eines schwingfähigen Teilsystems definiert wird. Die größte Schwierigkeit bei der Anwendung der obigen Gleichung besteht in der Bestimmung der *Schalleitfähigkeiten* Λ. Sind diese bekannt, so ist es, wie auch bei der Wärmeausbreitung, relativ einfach, durch eine Leistungsbilanz eine parabolische Ausbreitungsgleichung herzuleiten, die zum Beispiel mit Hilfe der Methode der Finiten-Elemente gelöst werden kann. Das Resultat ist die Schalltemperatur- und damit Energieverteilung aufgrund der vorgegebenen, dem System zugeführten Leistung.
Zur Herleitung der Leitfähigkeitsbeziehung wird von in der Literatur bekannten Verfahren zur Berechnung der Körperschallausbreitung ausgegangen. Dazu gehören das ***Kettenleitermodell***, die ***Power Flow Finite Element Analysis*** (PFFEA) sowie die ***SEA***. Sie dienen als Grundlage der entwickelten ***Noise-FEM***-Methode zur Berechnung der Körperschallausbreitung in komplexen Strukturen. Der grobe Zusammenhang ist in Abb. 1 wiedergegeben.

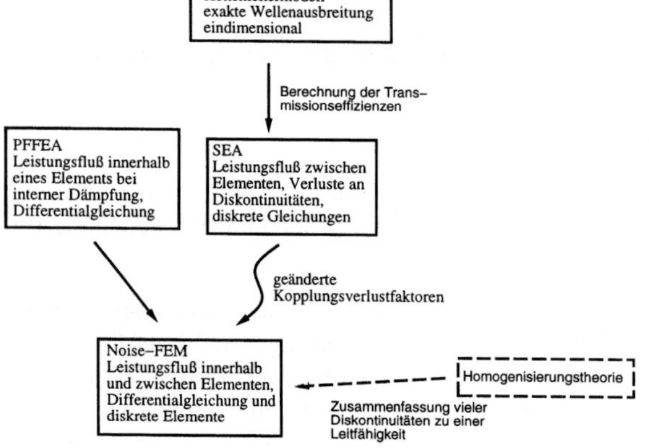

Abb. 1. Zusammenhang der Noise-FEM mit den eingesetzten Verfahren

3 Überblick über die Noise-FEM

Die wesentlichen Körperschallschnellepegeldifferenzen (Schwinggeschwindigkeit auf Festkörpern im hörbaren Frequenzbereich) treten in einer schiffbaulichen Struktur nicht innerhalb homogener Platten oder Balken auf. Dort sind die Ausbreitungsverluste aufgrund der Dämpfung maßgeblich. Sie entstehen vielmehr an Diskontinuitäten wie Versteifungen oder Winkeln zwischen Platten, also durch Körperschalldämmung. Um beide genannten Effekte zu modellieren, geht die Noise-FEM folgendermaßen vor.:
Die **Dämpfung** innerhalb homogener Platten und Balken läßt sich mit Hilfe der PFFEA [Ne89] berechnen. Diese Theorie führt auf eine Ausbreitungsgleichung der gewünschten Art getrennt nach Wellentyp. Sie läßt sich im wesentlichen durch Finite Elemente, die für Wärmeausbreitungsrechnungen verwendet werden, modellieren. Die für Platten benötigten Leitfähigkeiten Λ werden in [Bo92] abgeleitet. Man erhält z.B. für gleichförmige Platten $\Lambda = \frac{\Delta\omega}{\pi\eta}$, wobei $\Delta\omega$ für die Breite des betrachteten Frequenzbands und η für den Verlustfaktor des Materials steht. Aufstellen einer Leistungsbilanz für einen geschlossenen Teilbereich einer Platte führt auf die elliptische Gleichung für die stationäre Schalltemperaturverteilung

$$-\nabla \cdot (\Lambda \nabla T) + C\omega_0 \Delta\omega \eta T = P_0''.$$

Hierbei steht ω_0 für die mittlere Frequenz im betrachteten Frequenzband und C bezeichnet die *Modendichte*, d.h. die Anzahl der Eigenfrequenzen je Plattenfläche und Breite des Frequenzbands. Das Symbol P_0'' bezeichnet die zugeführte Leistung pro Fläche.
Die **Dämmung**seffekte an einer Diskontinuität werden getrennt für jede Kante, an die mehrere Finite Elemente anschließen, erfaßt. Ein Beispiel wären etwa zwei in einem Winkel aufeinander treffende Platten. Die SEA prognostiziert für diesen Fall einen Nettoleistungsfluß der Größe

$$P_{12} = -\omega_0 \eta_{12} N_1 (T_2 - T_1).$$

Der sogenannte Kopplungsverlustfaktor η_{12} ist von Material und Geometrie der gekoppelten Platten abhängig, N_1 bezeichnet die Anzahl der Moden in Teilsystem 1. Die zuverlässige Berechnung der Kopplungsverlustfaktoren ist wesentlich für die Genauigkeit der Prognose der Körperschallausbreitung. Bei Vorliegen schwacher Kopplung sowie hoher Modendichte läßt sich η mit Hilfe von Detailrechnungen ermitteln, man verwendet dazu z.B. das Kettenleiter-Verfahren [Cr96]. Sind diese Voraussetzungen nicht erfüllt, so müssen Korrekturfaktoren eingeführt werden [Ly95].
Da an Diskontinuitäten i.a. Kopplungen zwischen allen beteiligten Wellentypen auf allen Platten auftreten, entsteht eine Kopplungsmatrix, die bei n in der Kante zusammentreffenden Elementen $3n$ Zeilen

und Spalten hat (entsprechend den drei Wellentypen Biege-, Longitudinal- und Schubwellen).
Zur Zeit ist es nicht üblich, in einem Finite-Elemente-Modell eines Schiffs alle Versteifungen auszumodellieren. Aus diesem Grund bietet die Noise-FEM die Möglichkeit, den Effekt mehrerer Versteifungen auf einer Platte zu einer homogenen Leitfähigkeit zu verschmieren. Dazu werden die Ausbreitungsgleichung der Platte und die Kopplungsbeziehungen der Diskontinuitäten gemeinsam mit den Verfahren aus [Ji94] **homogenisiert**. Die wesentliche Schwierigkeit besteht dabei, die Kopplungen der unterschiedlichen Wellentypen korrekt zu berücksichtigen.
Damit ergeben sich für die Noise-FEM im wesentlichen zwei verwendete **Elementtypen**:

- Ein Element, das die Kopplungen entlang einer Kante beschreibt – es hat $2n$ Knoten, wenn an der Kante n Elemente aufeinander treffen.
- Ein flächiges 3- bzw. 4-Knoten-Element, das eine möglicherweise orthotrope Schallenergie-Leitfähigkeit modelliert. Die Orthotropie ergibt sich aus der Richtung, in die die homogenisierten Versteifungen verlaufen. Ein Element ohne Versteifungen enthält als Leitfähigkeit nur die Effekte aus interner Dämpfung.

4 Anwendung der Noise-FEM

4.1 Teilausgerüstetes Deckshaus

Umfangreiche Körperschallmessungen wurden an einem teilausgerüsteten Deckshaus eines Containerschiffes (Typ ECOBOX 42) durchgeführt. Das Deckshaus befand sich auf dem dafür vorgesehenen Bauplatz der Flensburger Schiffbau-Gesellschaft (FSG). Die Hauptabmessungen des Deckshauses waren:

- Länge ca. 15 m
- Breite ca. 26 m
- Höhe ca. 20 m
- Masse ca. 800 t

Die Struktur wurde an der hinteren Deckshausquerwand mit Hilfe eines Shakers (elektrodynamischer Schwingungserreger) im Frequenzbereich von 40 Hz bis 6300 Hz mit Terzbandrauschen („weißes" Rauschen) angeregt. Die Strukturantwort wurde gleichzeitig mit einem piezoelektrischen Kraft- bzw. mehreren Beschleunigungsaufnehmern gemessen und die Meßsignale über Meßkabel und DAT-Recorder auf einer DAT-Kassette gespeichert und anschließend im Meßlabor des Germanischen Lloyd ausgewertet.
Der Modellierungsgrad des Deckshaus-FE-Modelles wurde so fein gewählt, daß jede Längs- und Querwand abgebildet wird. Gebaute Träger und Walzprofile wurden nicht ausmodelliert. Informationen über deren Abmessungen und Lage sind in einer speziellen Datei enthalten, die die Noise-FEM bei der Berechnung der Schallausbreitung benötigt.
Die Abb. 2 zeigt das Finite-Elemente-Modell des FSG-Deckshauses. Die Ergebnisse der markierten Flächen sind als ein Beispiel im Vergleich Messung/Rechnung in Abb. 3 gegenübergestellt. Insgesamt wurden 550 verschiedene Körperschallmeßpunkte auf ca. 41 Wand- und Decksflächen des Deckshauses verteilt und gemessen (jede Fläche ca. 20qm bis 50 qm). Pro „Fläche" wurden mindestens neun und maximal zwölf Körperschallmeßpunkte vorgesehen. Die Körperschallschnellepegel pro „Fläche" wurden energetisch gemittelt und den entsprechenden Ergebnissen aus der Noise-FEM Berechnung gegenübergestellt. Verglichen wurden die Körperschallpegeldifferenzen (Terzspektren, re $v_o = 5 * 10^{-8}$ m/s) zwischen dem Schnellepegel (Schwinggeschwindigkeit) an der Anregestelle (Referenzpunkt) und den verschiedenen Meßpunkten an den Deckshausseiten-, Innen- und Decksflächen.
Aus dem Vergleich (Abb. 3) ist eine gute Übereinstimmung zwischen Messung und Rechnung im Frequenzbereich zwischen 160 Hz und 4000 Hz zu erkennen. Die Auswertung der Meßergebnisse ergab, daß der angeregte Körperschall (Punktanregung) vom Anregepunkt aus (im unteren Bereich der Deckshausrückwand) hauptsächlich über die Decks in die Seiten- und Frontwand übertragen wurde. Diese Hauptkörperschallübertragungswege wurden durch die Simulationsrechnungen (Noise-FEM) wiedergegeben. Der Vergleich für die Meßfläche 1 (Abb. 3) zeigt größere Abweichungen. Die gemessene Schnelledifferenz ist größer als die prognostizierte Pegeldifferenz. Zu erklären ist dies durch ein in Realität vorhandenes Schwimmbecken in Höhe des 2. Aufbaudecks, das im FE-Modell nicht modelliert wurde. Aus diesem Grund kann sich mehr Körperschallenergie in der Noise-FEM Berechnung in das entsprechende Deck und somit in die Stb.-Seitenwand verteilen.
Unterhalb 160 Hz treten generell größere Abweichungen auf. Gründe hierfür sind verfahrensbedingt

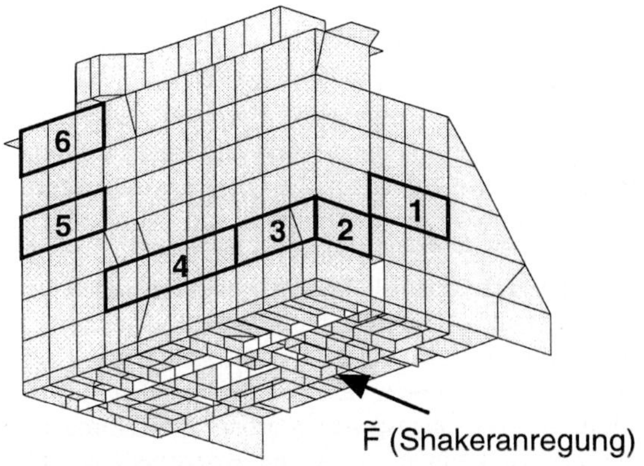

Abb. 2. Finite-Element-Modell des FSG-Deckshauses

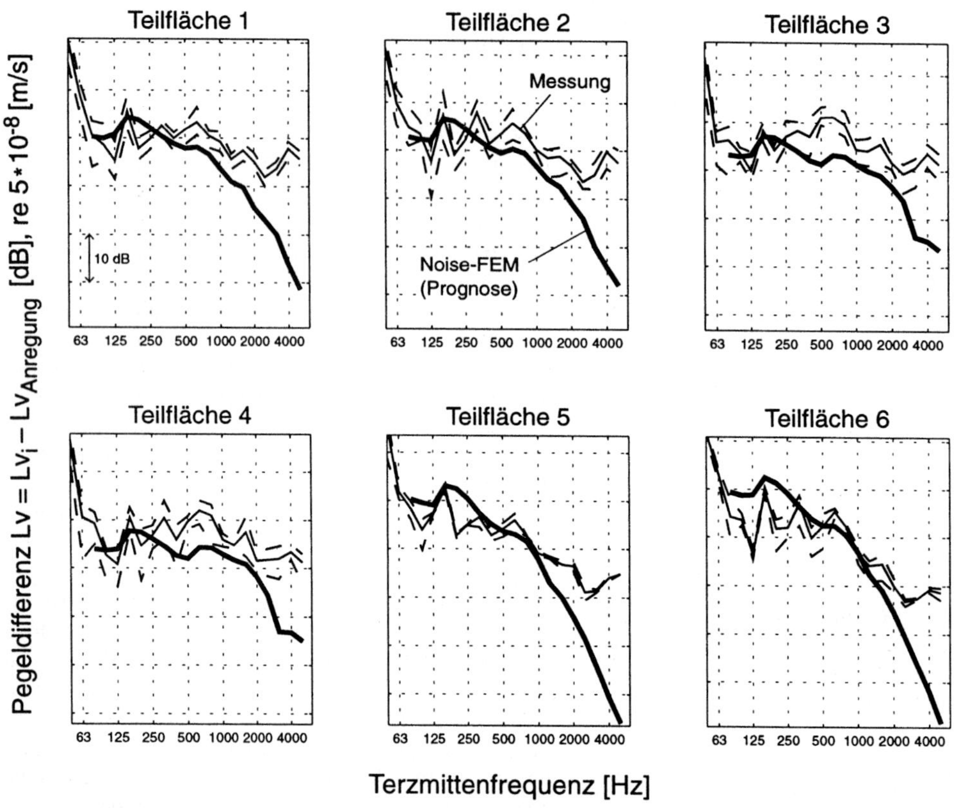

Abb. 3. Vergleich von gemessenen und prognostizierten Körperschallschnellepegeln für das FSG-Deckshaus

(bis ca. 100 Hz), da in diesem Frequenzbereich eine geringerere Modendichte pro Finites-Element vorhanden ist.

Unterhalb 63 Hz konnte die gesamte Struktur mit dem gewählten Meßaufbau nicht ausreichend angeregt werden.

4.2 Hinterschiff eines Containerschiffes

Während einer Ladungsreise auf dem Containerschiff „Trade Sol“ (FSG nb. 685, Typ ECOBOX 42) wurden umfangreiche Körper- und Luftschallmessungen im Betriebszustand 90% MCR und im Hafenbetrieb durchgeführt. Die Schnellepegel und die mechanische Eingangsimpedanz (Schwingwiderstand der Struktur) wurde an mehreren Meßpunkten auf der Außenhaut über dem Propeller, auf dem Hauptmaschinenfundament und unterhalb der elastischen Lagerung der Hilfsdieselaggregate meßtechnisch ermittelt. Im Betriebszustand 90% MCR wurden an den Deckshausaußenflächen eine große Anzahl von Körperschallbeschleunigungsmessungen sowie in allen Unterkunftsräumen Luftschallmessungen durchgeführt. Ziel dieser Messungen war, die durch die relevanten Körperschallquellen in die Schiffsstruktur eingespeiste Körperschalleistung abschätzen zu können, sowie die Körperschallverteilung in den Deckshausaußenwänden zu ermitteln.

4.2.1 Finite-Element-Modell für die Noise-FEM-Berechnung

Das Finite-Element-Modell für das erwähnte Containerschiff wurde für Festigkeits- und globale Vibrationsuntersuchungen erstellt (Abb. 4). Um dieses Geometrie-Modell für die Noise-FEM Berechnungen benutzen zu können, mußten kleinere Änderungen an der Modellgeometrie vorgenommen und eine Datei mit den Abmessungen und der Lage der Versteifungen erstellt werden. Die Änderungen der Modell-

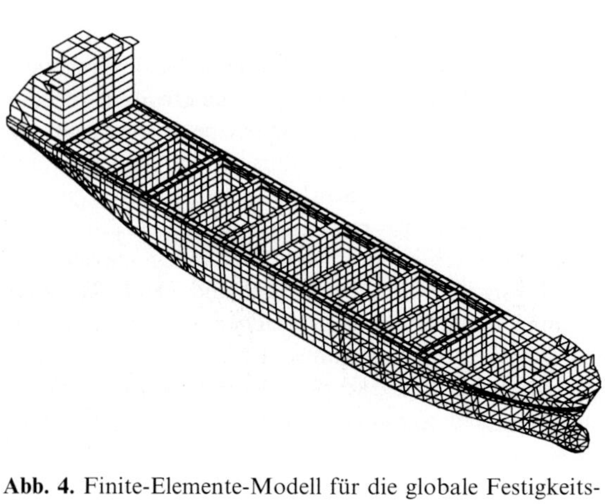

Abb. 4. Finite-Elemente-Modell für die globale Festigkeits- und Vibrationsuntersuchung

geometrie bezog sich hauptsächlich auf die Bereiche, in denen die Körperschallanregung im Modell erfolgen mußte. Der für globale Vibrationsmodelle übliche grobe Modellierungsgrad und Vereinfachungen in der Modellierung wurden beibehalten.
Für die Noise-FEM Berechnung wurde das Modell in der Längenausdehnung bis auf einen Bereich von ca. 20 m vor dem vorderen Maschinenraumschott verkürzt. Der Einfluß dieser Maßnahme auf die Ergebnisse der Ausbreitungsberechnung ist zu vernachlässigen, da in diesem Bereich die Körperschallpegel während des Betriebszustandes 90% MCR kaum meßbar waren.
Noise-FEM prognostiziert die Ausbreitung der Körperschalleistung und benötigt am Ort der relevanten Körperschallquelle die Vorgabe deren eingespeister Körperschalleistung. Mit Hilfe der meßtechnisch ermittelten, mittleren mechanischen Eingangsimpedanz Z_i und der energetisch gemittelten Körperschallschnelle $v_{\mathrm{eff},i}$ für die Quelle i, wurde die eingeleitete Körperschalleistung $P_{K,i}$ über die Beziehung $P_{Ki} = v_{\mathrm{eff},i}^2 \cdot \mathrm{Re}(Z_i)$ abgeschätzt und als Anregung für das Noise-FEM Modell angesetzt.

4.2.2 *Vergleich der Ergebnisse*

Abb. 5 zeigt als ein Beispiel die 3D-Darstellung der Biegewellenschnelleverteilung im Hinterschiff für die Oktavmittenfrequenz 125 Hz.
Zu sehen ist das in Längsrichtung aufgeschnittene Hinterschiff. Die Anregung erfolgte auf dem Hauptmaschinenfundament, der Außenhaut über dem Propeller und dem Hilfsdieselfundament. Während die Schnellepegel im Bereich der Quellen größere Unterschiede bzw. Pegelabnahmen aufweisen, sind die Pegel im Deckshaus ziemlich gleichverteilt. Die Pegel liegen im Bereich zwischen 55 dB und 90 dB entsprechend der Graustufen.
In Abb. 6 sind die energetisch gemittelten Schnellepegel aus der Messung und der Noise-FEM Berechnung für alle Deckshausaußenflächen zwischen dem 5. und 6. Aufbaudeck gegenübergestellt.
Die Oktavpegel der Körperschallprognose weisen im Frequenzbereich zwischen 125 Hz und 2000 Hz eine relativ gute Übereinstimmung auf. Oberhalb 2000 Hz werden die prognostizierten Pegel zu hoch abgeschätzt. Die Ursache muß in der Annahme der Verlustfaktoren gesucht werden, da für alle Flächen des Deckshauses ein mittlerer Verlustfaktor von 0,007 (63 Hz) bis 0,0025 (8000 Hz) angenommen wurde. Dieser Verlustfaktor berücksichtigt nicht spezielle akustische Isoliermaßnahmen (z.B. eine effektive Hohlraumisolierung, Feuerschutzisolierungen etc.), wie sie zum Teil in Wirklichkeit vorhanden waren. Im Frequenzbereich unterhalb der 125 Hz – Oktave ist eine größere Abweichung von den Meßwerten zu erkennen. Die Pegel der Noise-FEM Prognose werden zu niedrig abgeschätzt. Ursachen müssen in der geringeren Modendichte pro Finites-Element gesucht werden, sowie in der Nichtberücksichtigung von Körperschallquellen, angeordnet im oberen Deckshaus (starr gelagerter kombinierter Abgaskessel- und Abgasschalldämpfer in Maschinenschacht, Luftschallanregung der Deckshausrückwand und des

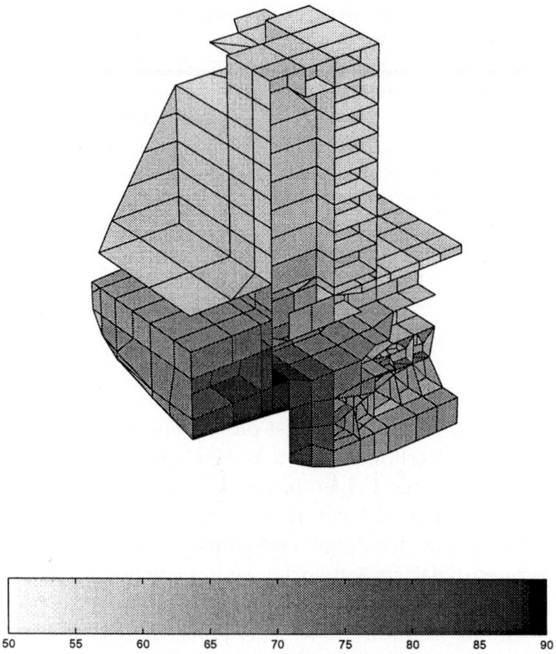

Abb. 5. Noise-FEM Ergebnis. Körperschallschnelleverteilung für die Oktavmittenfrequenz 125 Hz in dB

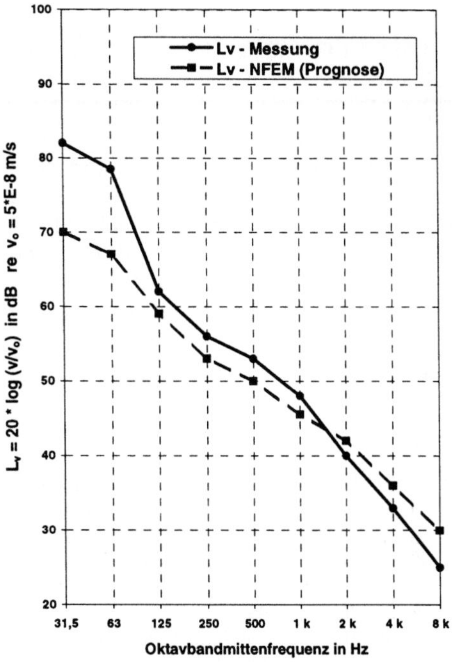

Abb. 6. Gemittelte Körperschallschnellepegel (L_v) aus Messung und Noise-FEM Prognose für alle Außenwände zwischen dem 5. und 6. Deck

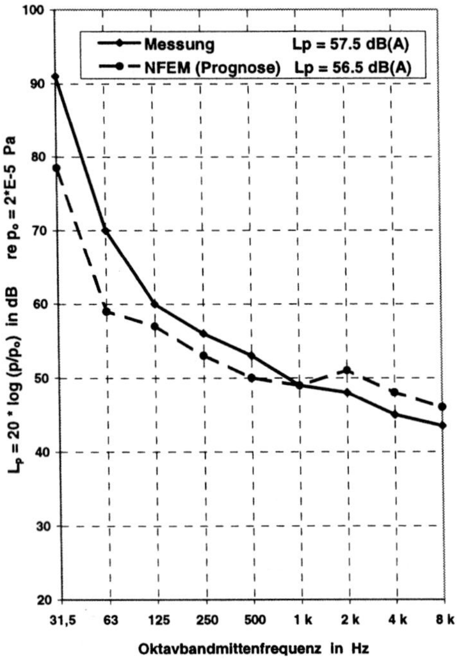

Abb. 7. Gemittelte Schalldruckpegel (L_p) aus Messung und Noise-FEM Prognose für alle Kabinen auf dem 5. Deck

Deckshaus-Topdecks durch den Abgasschall). Da die Pegel unterhalb der 125 Hz – Oktave überwiegend auf die Propelleranregung zurückzuführen sind, kann ebenfalls die Anregezone der Außenhaut über dem Propeller, vor allem des Longitudinalwellenanteils, nicht ausreichend hoch im Prognosemodell enthalten sein. Zur Zeit werden mögliche Fehlerquellen näher untersucht.
In Abb. 7 ist auf der Grundlage der prognostizierten Körperschallpegel und einer empirisch ermittelten Übertragungsfunktion zwischen dem mittleren Körperschallpegel in den Deckshausaußenwänden und dem mittleren Luftschallpegel in akustisch ähnlichen Kabinen eine Prognose der Luftschallpegel auf dem 5. Aufbaudeck durchgeführt worden. Obwohl die dB(A) – Werte zwischen Messung (57,5 dB(A)) und Prognose (58,5 dB(A)) sich nur um 1 dB(A) unterscheiden, weist der frequenzabhängige Pegelverlauf relativ große Abweichungen im oberen und unteren Frequenzbereich auf (Abb. 7).

Schrifttum

- Bo92 O.M. Bouthier, R. J. Bernhard. *Models of space-averaged energetics of plates* AIAA Journal, 30(3):616–623, 1992.
- Cr96 L. Cremer, M. Heckl: *Körperschall. Physikalische Grundlagen und technische Anwendungen.* 2.Aufl.,. Springer-Verlag, Berlin, 1996.
- Ji94 V.V. Jikov, S.M. Kozlov, and O.A. Oleinik. *Homogenization of Differential Operators and Integral Functionals.* Springer-Verlag, Berlin, 1994.
- Ly95 R. H. Lyon, R.G. DeJong: *Theory and Application of Statistical Energy Analysis.* Butterworth-Heinemann, Boston 1995.
- Ne89 D.J. Nefske, S.H. Sung. *Power flow finite element analysis of dynamic systems: Basic theory and application to beams.* Transactions of the ASME, Journal of Vibration, Acoustics, Stress, and Reliability in Design, 111:94–100, Januar 1989.

Erörterungen

Dr. Martin Bohle-Carbonell, Europäische Kommission, Brüssel: Körperschallausbreitung zur Produktionskontrolle

Läßt sich das Verfahren zur Qualitätsüberwachung in der Produktion „umdrehen", d.h. läßt sich aus dem Unterschied berechneter und beobachteter Schallausbreitung auf Baufehler schließen?

Prof. Dr.-Ing. Helmut Schwanecke, Norderstedt: Theoretische Grundlagen der Noise-FEM

Die von den Herren Dr. Cabos und Jokat vorgestellten Ergebnisse sind sehr eindrucksvoll Sie geben einen guten globalen Überblick über die Körperschallsituation eines Schiffes und geben somit wertvolle Hinweise für den Konstrukteur im Hinblick auf wünschenswerte konstruktive Veränderungen für ein „schallarmes" Schiff.
Ich habe nun einige Fragen zu der theoretischen Grundlage des verwendeten Berechnungsmodells.
Wie werden bei der Homogenisierung die an den Unstetigkeiten (Spanten, Balken, aufgesetzte Steifen) auftretenden Sekundärwellen, beispielsweise die Umwandlung von Biegewellen in Dehnwellen, berücksichtigt? Wie werden mit dem Temperaturmodell die Abstrahlbedingungen erfüllt? Wie wird bei der Homogenisierung die Spuranpassung definiert? Bei Plattenstärken von 10 mm und darunter liegen oberhalb von etwa 4000 Hz die Biegewellenlängen im cm-Bereich, d.h. sie liegen in der Größenordnung der Plattenstärke. Das Temperaturmodell ist bestechend, und die präsentierten Ergebnisse bestätigen seine grundsätzliche Brauchbarkeit. In Anbetracht der sehr knappen Ausführungen mangelt es mir aber am Verständnis für die physikalischen Eigenschaften des Modells, insbesondere bezüglich des im Vortrag genannten Frequenzbereiches bis etwa 10 kHz.

Dipl.-Ing. Iwer Asmussen, Dr. rer. nat. Christian Cabos, Dipl.-Ing. Jürgen Jokat (Schlußwort)

Antwort zum Diskussionsbeitrag von Herrn Bohle-Carbonell

Zum jetzigen Zeitpunkt ist die Genauigkeit des vorgestellten Verfahrens nicht ausreichend, um „invers" Aussagen über Fehler in der gebauten Struktur zu treffen. Aufgrund der statistischen Natur des Verfahrens und der damit verbundenen Varianz in den prognostizierten Antworten ist ein solches Vorgehen auch in Zukunft und bei konsequenter Weiterentwicklung nur im hohen Frequenzbereich und zur Erkennung grober Baufehler vorstellbar.

Antworten zum Diskussionsbeitrag von Prof. Dr. Schwanecke

Sekundärwellen bei Homogenisierung:
Die Schallausbreitung innerhalb eines versteiften Plattenfeldes kann bei Betrachtung nur einer Ausbreitungsrichtung als gewöhnliche Differentialgleichung (bzgl. des Orts) mit drei Variablen (den drei Wellentypen) betrachtet werden. An den Versteifungen erhält man diskrete Kopplungsbedingungen, die durch 3×3-Matrizen angegeben werden können. Nach der Homogenisierungstheorie (s. die im Vortrag angegebene Quelle) läßt sich eine Differentialgleichung homogenisieren, indem das zugehörige Variationsproblem im Raum der periodischen Funktionen gelöst wird. Diese Vorgehensweise läßt sich auf den hier vorliegenden Fall von an Diskontinuitäten gekoppelten Differentialgleichungssystemen verallgemeinern. Dabei erhält man als Resultat eine 3×3-Leitfähigkeitsmatrix, die die Umwandlung in Sekundärwellen berücksichtigt.

Abstrahlbedingungen beim Temperaturmodell:
Der Energieverlust durch Abstrahlung in Wasser und in Luft wird in der Ausbreitungsgleichung durch Verlustfaktoren berücksichtigt.

Homogenisierung und Spuranpassung:
Der Effekt der Spuranpassung wird berücksichtigt, wenn die Kopplungsmatrizen an den Positionen der Versteifungen berechnet werden. In die Homogenisierung gehen diese Matrizen dann über den Einfallswinkel und die Erregungsfrequenzen gemittelt ein. In diesem Sinne wird bei der Homogenisierung die Spuranpassung nicht mehr betrachtet.

Frequenzen oberhalb 4000 Hz:
Im Frequenzbereich in dem die Biegewellenlänge in der Struktur in der Größenordnung der Plattenstärke und darunter liegt ist das vorgestellte Verfahren nicht mehr anwendbar, da Schubdeformationen in Platten nicht berücksichtigt werden.

Schiffselektrotechnik

Die Alternative: Integrierte Einheiten zur Energieverteilung

Another Way: Integrated Supply and Distribution Systems

Dipl.-Ing. **Bernd Kallbach**
Vorgetragen von Dipl.-Ing. **Ernst-Alfred Lieberich**
Siemens AG, Hamburg

1 Einleitung

Auf dem Weg zunehmender Produktivität in Montage und Installationsleistungen, setzen sich in Schiffsbetriebsanlagen immer häufiger Bussysteme für die Übermittlung von Steuerungssignalen durch.
Prozeßorientiert werden Daten gesammelt, ortsgebunden bearbeitet, ausgewertet und das Ergebnis an ein übergeordnetes System weitergeleitet.
In dieser Leitebene übernehmen Workstations und PC's die Prozeßsteuerung in Verbindung zu anderen Leitebenen über schnelle Datenverbindungen, wie z.B. dem Profibus DP.
Eine Vorverarbeitung der hier benutzten Signale erfolgt auf der Zellebene durch freiprogrammierbare Steuerungen oder PC's mit entsprechender Software für die zu übernehmenden Teilprozeßabläufe.
In der Feldebene sitzen dann die zu steuernden Aggregate, Ventile, allgemein ausgedrückt: die elektrischen Verbraucher. Über die Verbindung der Befehlsgeber und der Rückmeldungsbausteine mit dem ASINTERFACE werden alle Befehle und Information von und zu den elektrischen Verbrauchern über das mit dem Profibus DP kommunizierende Bussystem übertragen. Elektrische Verbraucher benötigen aber auch einen Energieanschluß, um die zugedachten Aufgaben erfüllen zu können. In der zigfach eingesetzten konventionellen Anordnung werden Energieverteilungsknotenpunkte geschaffen, von denen aus die Energie über Kabel verteilt wird. Die Schutzorgane und Leistungsschalter befinden sich hierbei konzentriert auf einem oder mehreren Schaltschränken verteilt und die Einspeisungsleitungen zu den Verbrauchern verlaufen dann strahlenförmig von diesem Punkt aus. Eine streckenweise Parallelführung sehr vieler Leitungen ist durch die vorgegebenen Kabelwege dadurch unvermeidbar.
Für diese Energiewege ist die Stromschiene die platz- und montagezeitsparende Alternative. Durch die nun dezentrale Anordnungsmöglichkeit von speisenden Leistungsschalter auf der Schiene, ergibt sich für den Betreiber dieser Anlage eine variable Nutzung. Die eingespeiste Energie steht auf der gesamten Schienenstrecke, individuell während des Betriebes, zukünftiger Umbauten oder allgemeiner Reparaturliegezeiten des Schiffes zur Verfügung.

2 Stromschienensysteme

Wir betrachten Stromschienensysteme im Niederspannungsbereich bis 690V. Der Bereich der Ströme dieser Systeme kann in zwei Kategorien unterteilt werden:

- bis zu 400A
- über 400A

Die Systeme bis 400A eignen sich für die Versorgung mehrerer kleiner Verbraucher, oder werden dort verwendet, wo die Verbraucher auf verschiedene Schienenstränge aus Gründen der Redundanz verteilt werden. Die Verlegung solcher Stromschienen kann beispielsweise auf Kreuzfahrtschiffen im Kabinenbereich erfolgen und speist vom Mittelgang aus die Kabinen einer Feuerzone ein.
Die Systeme für Ströme über 400A eignen sich zur Verlängerung der Hauptschalttafel. Hierdurch entsteht eine Dezentralisierung der Energieversorgung durch die Verteilung der Abgänge im Schiff.
Diese Art von Schienen eignen sich zur vertikalen Verlegung in Versorgungsschächten, um von dort in die einzelnen Decksbereiche verzweigt werden zu können. Hier kann dann ein Stromschienensystem bis 400A oder aber auch über 400A für die horizontale Weiterführung angeschlossen werden. Bei größeren Unterschieden in der Strombelastbarkeit, den Kupferquerschnitten oder bei Unterschieden im Schienensystem sind die Verbindungen durch ein Kabel auszuführen.

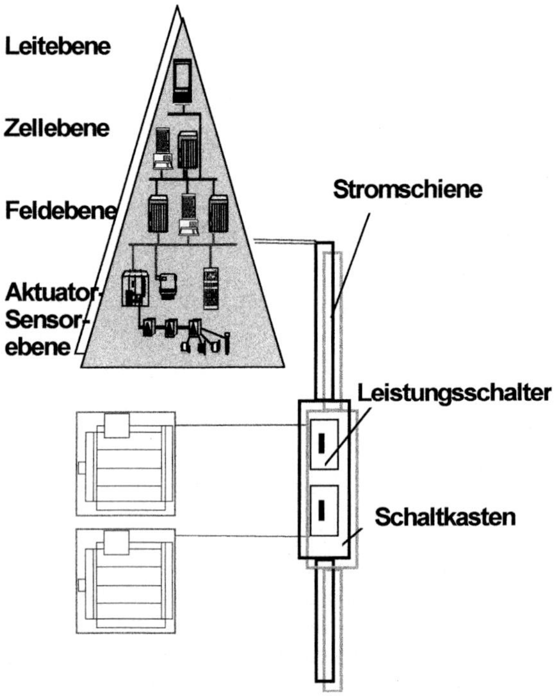

Abb. 1.

Die Einspeisung der Schienen erfolgt über Leistungsschalter mittels Kabel, welche in einem Kabelanschlußkasten mit dem Stromschienensystem verbunden werden. Hierbei gibt es zwei Varianten, einmal den Endeinspeisungskasten, welcher an einem Ende des Schienenstranges die Energie einspeist, sowie einen Mitteneinspeisungskasten, der zwei abgehende Schienenstränge von einem zentralen Punkt aus versorgt.
Innerhalb des Stromschienensystems größer 400A besteht die Möglichkeit durch Einsatz eines Reduzierstückes, welches entsprechende Sicherungen beinhaltet, den Kurzschlußstrom im weiterführenden Zweig der Schiene zu begrenzen.
Bei der Auslegung der Kurzschlußbetrachtung ist das Stromschienensystem ähnlich wie eine Hauptschaltanlagensammelschiene zu betrachten. In Abwandlung zu einer Schaltanlagensammelschiene wird die Stromschiene durch die Verzweigungs- und Abgangsschalter häufiger geschützt. Die in Kabelnetzen eingesetzten Impedanzwerte finden auch hier bei der Kurzschlußberechnung ihre Anwendung, wenn auch nur mit geringeren Werten, bedingt durch den konstruktiven Aufbau, den Kupferquerschnitt und den jeweiligen Schienenlängen.
Durch die Vielzahl der nacheinander auf dem Schienensystem angebrachten Leistungsschaltern gewinnt die Selektivitätsbetrachtung einen gewichtigen Aspekt. Immer dort, wo sich das Schienensystem verzweigt, übernimmt der dort eingesetzte kurzschlußbegrenzende Leistungsschalter den Kurzschlußschutz des nachfolgenden Stromschienenabschnittes. Die dann hier eingesetzten Leistungsschalter für weitere Verzweigungen oder Abgänge sind selektiv gewählt.
Im Falle kleinerer Abgänge oder geringerer Verbraucherströme, ist der Einsatz von Back-up Sicherungen als Leistungsschalterersatz vorzusehen.

3 Abgangskästen

Die elektrische Adaption der Abgangskästen auf die stromführenden Kupferleiter erfolgt mittels Kontaktklammern an vorgegebenen Adaptionsstellen. Mechanisch wird der Kasten mit einem umlaufenden Bügel um die Schiene gehaltert. Der Abgangskasten muß gemäß der Forderungen der Klassifikationsgesellschaften mindestens die Schutzart IP 43 erfüllen.
Die Größe der Abgangskästen bei Stromschienensystemen größer als 400A sind so ausgelegt, daß sie 4 Leistungsschalter bis 63A oder 2 Leistungsschalter a 125A aufnehmen können. Dabei wird ein ausreichender Anschlußraum für die abgehenden Verbraucherkabel vorgesehen.
Alle sicherheitsrelevanten Bedienkriterien, elektrisch, wie mechanisch sind hierbei zu berücksichtigen.

4 Nutzen der Stromschiene

Der Einsatz einer Stromschiene hat zwangsläufig auch Veränderungen in den schiffbaulichen Konstruktionen und dem späteren Betrieb zur Folge. Es

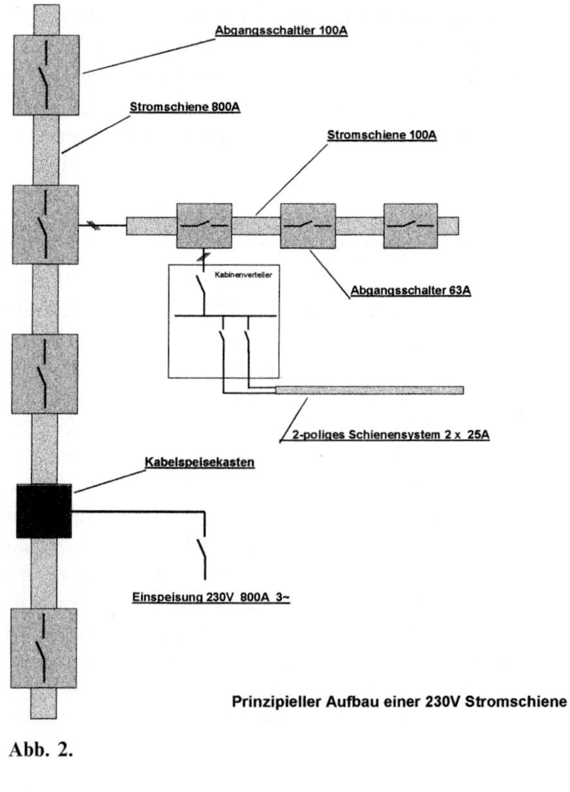

Abb. 2.

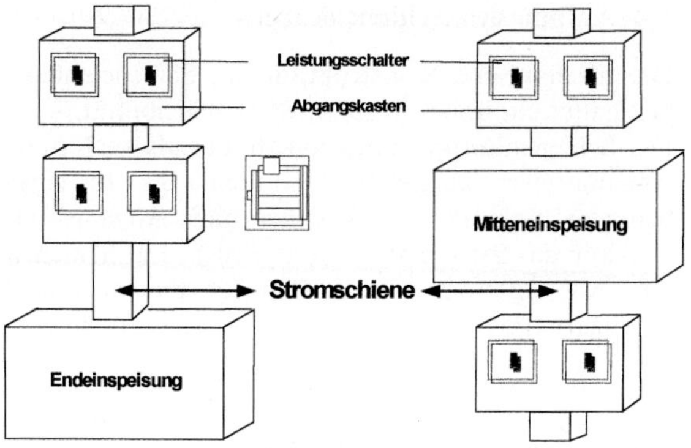

Abb. 3.

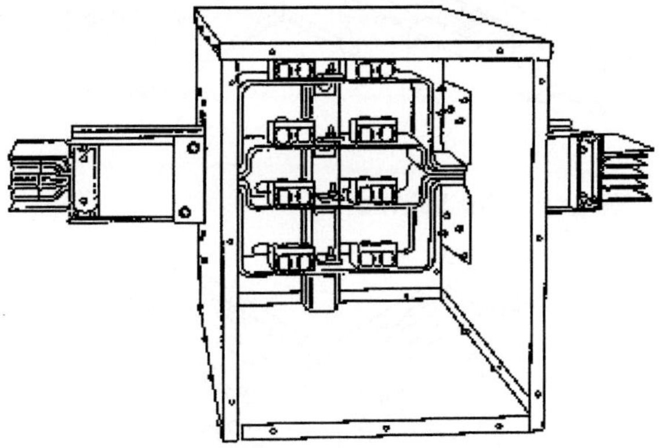

Sentron-Mitteneinspeisungskasten

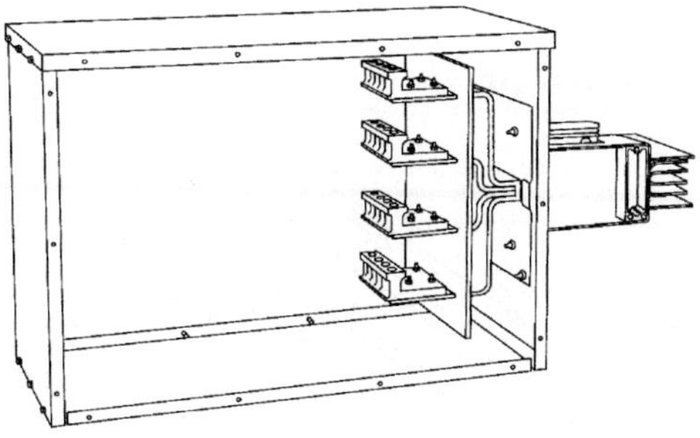

Sentron-Endeinspeisungskasten

Abb. 4.

setzt ein verändertes Planungs-, Konstruktions- und Wartungsverhalten gegenüber dem Kabel voraus. Diese Veränderungen ergeben sich in den Bereichen der

- Kabelnetzplanung,
- Montage,
- Inbetriebnahme
- und später dann in der Betriebsunterhaltung der Anlage.

Im Zuge der sich immer stärker durchsetzenden Sektionsbauweisen ergeben sich auch neue Anforderungsprofile auf der elektrotechnischen Seite:

- Stromschienen
  - Plug-in Technik
  - Dezentralisierung von Verbraucherabzweigen
  - Die Leistung steht auf dem gesamten Schienenstrang zur Verfügung.
- Stromschieneneinsatz im Sektionsbau
  - Sektionsinbetriebnahme nach Fertigstellung einer Sektion
    bei Schiffsverlängerungen, Sektionsintegration ohne Leistungskabelverlängerung.
- Stromschieneneinsatz für Kühlcontainer
  - Aufnahme der Container nach Orientierung des Bestimmungshafens
  - Variablere Stapelung der Container
  - Reduzierung der Containerplatzreservierungen
  - Verkürzung der Schiffsliegezeiten.
- Stromschieneneinsatz auf Passagierschiffen
  - Dezentralisierung von Verteilersystemen in der Decksenergieversorgung
  - Direkte Zuordnung der Absicherungen zu Kabinen
  - Vereinfachte Zuordnung zu Systemkabinen mit Naßzellen
  - In Küchenbereichen flexible Nachrüstungsmöglichkeiten für zusätzliche Verbraucher.

5 Der technische Aufbau einer Stromschiene

5.1 Schienenhalter

Die Befestigung der Schiene an der Stahlkonstruktion von Schiffen erfolgt mittels der nachstehend abgebildeten Halterung.
Hierbei werden die Halter zunächst auf den Stahl geschweißt. Zwischen die Stehbolzen der Halterung wird die Schiene gelegt und mit der Halteplatte fixiert. Um die notwendigen Maßtoleranzen des Schiffbaus berücksichtigen zu können, haben die Stehbolzen einen ausreichenden Abstand zueinander, sowie die entsprechende Länge, um auftretende Differenzen auszugleichen.

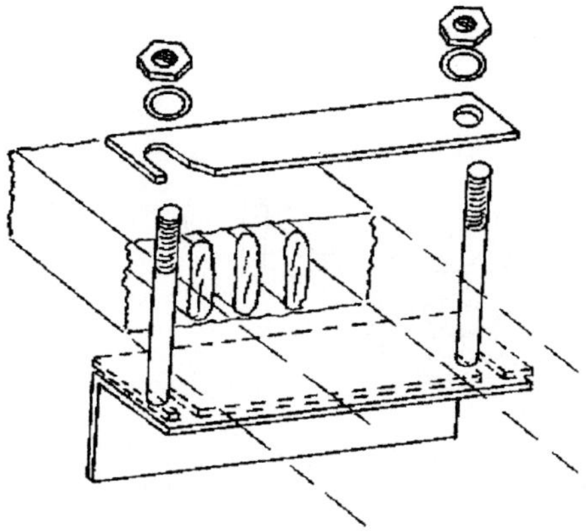

Abb. 5.

5.2 Schienenverbinder

Für eine einwandfreie elektrische Verbindung der einzelnen Schienenstücke sind spezielle Verbinder erforderlich. Folgende Kriterien müssen hier unbedingt eingehalten werden:

- Die Isolation im Verbindungsbereich entspricht dem der Schiene.
- Die Verbindung ist alterungsbeständig.
- Ein konstanter Anpressdruck zwischen den Kupferschienen und dem Verbinder sowie zwischen den Kupferschienen wird gewährleistet.
- Der Übergangswiderstand im Bereich der Verbindungsstellen ist auf ein Minimum beschränkt.
- Der Verbinder ist montage- sowie servicefreundlich konzipiert.

Am Beispiel der „Sentron"-Schiene wird der in Abb. 6 abgebildete Verbinder durch einen Bolzen mit Doppelkopfschraube zusammengepreßt. Die beiden Schraubenköpfe sind unterschiedlich groß ausgelegt. Für das Festsetzen der Verbindung muß eine andere Schlüsselgröße wie für das Lösen der Verbindung benutzt werden. Bei einem fest definierten Anpressdruck schärt der erste Schraubenkopf der Festziehschraube ab. Mittels zweier spezieller Federscheiben oben und unten am Bolzen bleibt der Druck des Verbinders auf die Kupferleiter konstant. Die Isolationslagen zwischen den Kupferschienen sorgen dafür, daß die Isolationswerte entsprechend der gesamten Stromschiene eingehalten werden.

5.3 Spezielle Schienenstücke

Für die erforderliche Systemflexibilität gibt es verschiedene Komponenten, um nicht nur gerade Wege beschreiten zu müssen.
Für die optimale Auslegung der Schienenstränge unter Berücksichtigung der Gegebenheiten an Bord, wurden die notwendigen Komponenten für eine Richtungsänderung oder Verzweigung konstruiert. Nachstehend abgebildet sind Beispiele der vielfachen Varianten, Abb. 7.
Die vielfältige Kombination dieser verschiedenen Komponenten ermöglicht eine nahezu unbeschränkte Stromschienenführung.

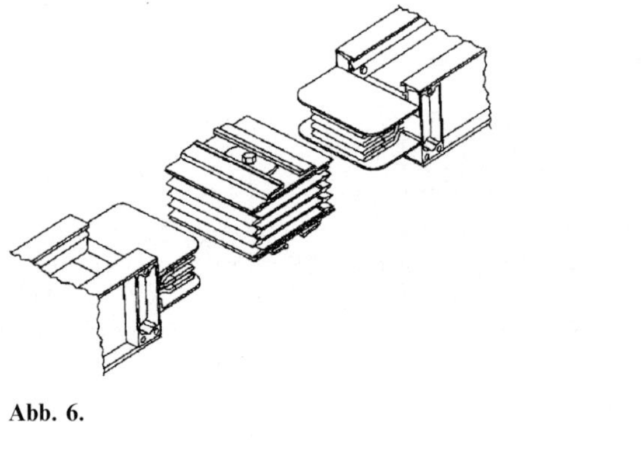

Abb. 6.

5.4 Aufbau des Schienenkorpus

Die mechanische Konstruktion der Schienenstücke beinhaltet ein hohes Maß an Systemflexibilität.
Der Schienenkorpus kann sowohl mit als auch ohne Abgangstellen ausgestattet werden. Bis zu einer Schutzart von IP66 bei Schienen ohne Abgangsstellen kann das System aufgebaut werden. Für Schienen mit Abgangsmöglichkeiten beträgt die maximale Schutzart IP54.

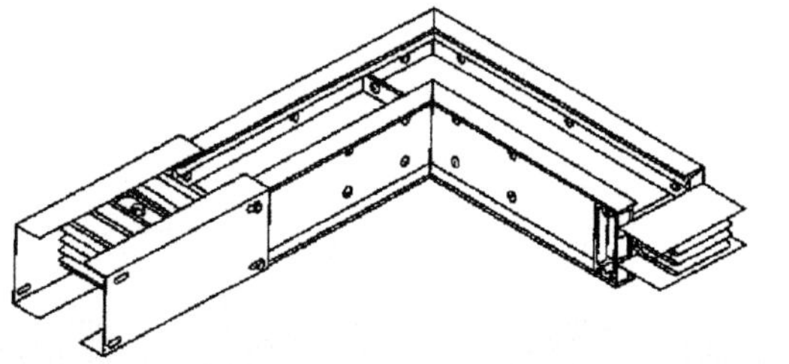

Bogen oder Winkel

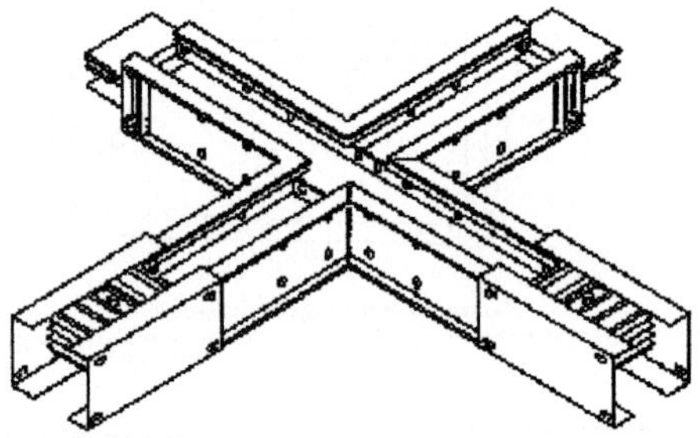

Kreuzung

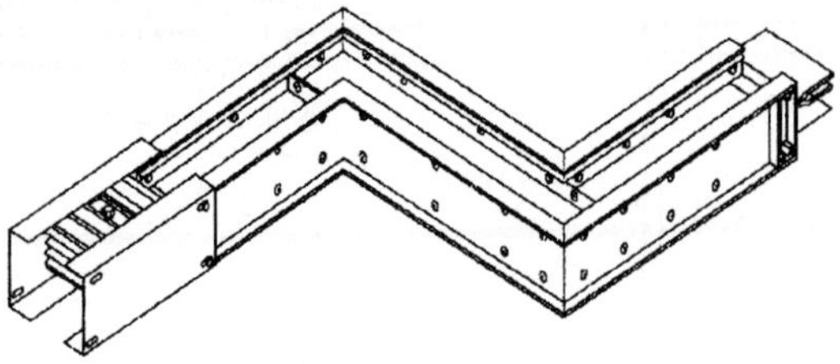

Versatzstück

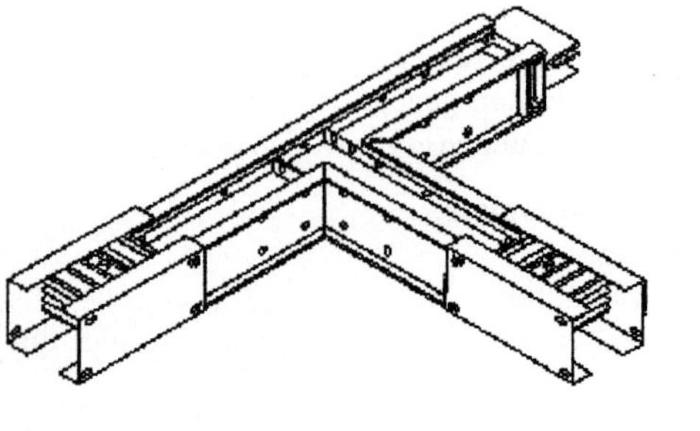

T-Stück

Abb. 7.

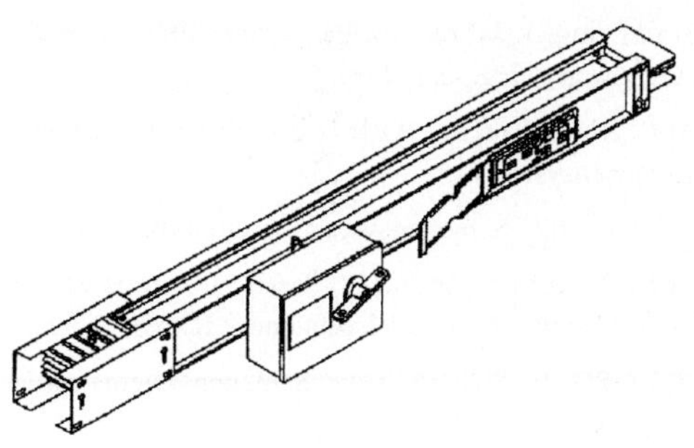

Sentron-Schiene mit Adaptionskasten

Abb. 8.

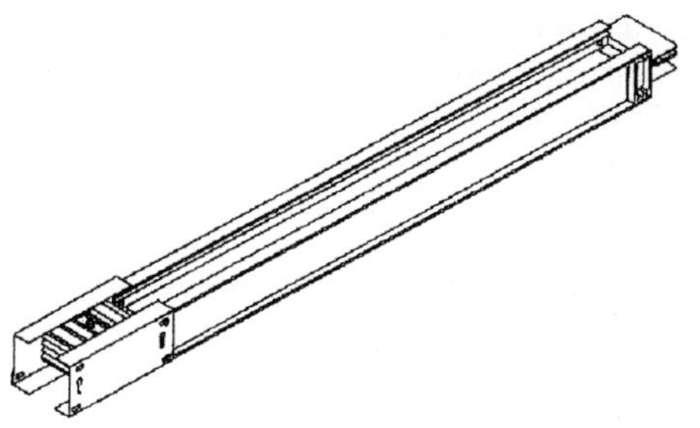

Sentron-Schiene ohne Adaptionstellen

Abb. 9.

Die Bestückung mit Abgangskästen kann von zwei gegenüberliegenden Seiten erfolgen, wobei ein minimales Rastermaß eingehalten werden muß.
Die Adaptionsstellen werden mittels angebautem Klappdeckel verschlossen.
Entsprechend dem Einsatzfall können die Schienensysteme in verschiedenen elektrischen Ausführungen geliefert werden:

- 3 Phasen, 3 Leiter
- 3 Phasen, 4 Leiter (100% N)
- 3 Phasen, 4 Leiter (200% N)
- 3 Phasen, 5 Leiter

mit oder ohne isoliertem PE. Der metallische Gehäusekorpus der Stromschiene kann ebenfalls als PE genutzt werden. Die hierfür notwendigen Anschlüsse sind dann an den Adaptionsstellen vorhanden.

6 A60 Schott: Vergießen oder Verpacken

Im TÜV-Brandversuchshaus in Hamburg wurde unter definierten Bedingungen (siehe Tabelle) die Feuerfestigkeit der Stromschienen im Brandfall mit den dazugehörigen Schottdurchführungen, gemäß den Vorschriften der IMO und der Klassifikationsgesellschaften, für Decks- und Schottdurchführungen nachgewiesen.

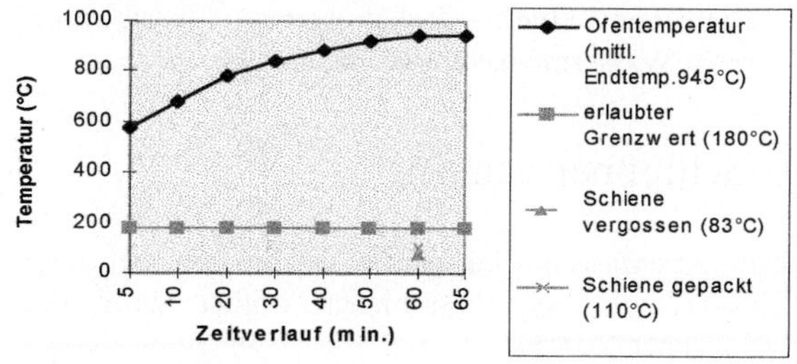

Abb. 10. Brandversuch in einer Schottwand mit gepackter und vergossener Schiene

Abb. 11. Sentron-Schienenstück in Schottwand (nach Brandversuch auf der feuerabgewandten Seite)

Der Versuch beinhaltete die Prüfung verschiedener Schienenstücke. Es wurde nachgewiesen, daß bei einer Endtemperatur im Ofeninneren von 945°C an den außenliegenden Schienenenden Temperaturen von max. 180°C nicht überschritten wurden.

7 Gas- und Wasserdichtigkeit

Bei der Verwendung von Stromschienensystemen unterhalb der Wasserlinie oder in geschotteten Bereichen sind gas- und wasserdichte Schienenstücke in Decks- und Schottdurchführungen zu verwenden. Dabei werden spezielle Schienenstücke durch vergossene oder gepackte Durchführungsrahmen geführt. Geprüft wurde die Gas- und Wasserdichtigkeit nach den Vorschriften der Klassifikationsgesellschaften und beinhaltet die folgende Forderungen:

- Die Gasdichtigkeit ist nachgewiesen, wenn ein Luftdruck von 30 mbar in einem geschlossenen Tank auf ein offenes Ende eines Schienenstückes einwirkt und dieser Druck für eine halbe Stunde unverändert bestehen bleibt. Das heißt, während der Prüfung darf keine Luft durch die Schiene oder durch die Durchführung entweichen.
- Die Wasserdichtigkeit ist nachgewiesen, wenn ein Wasserdruck von 1 bar in einem geschlossenen Tank auf ein offenes Ende eines Schienenstückes einwirkt und dieser Druck für eine halbe Stunde unverändert bestehen bleibt. Anschließend wird der Wasserdruck für weitere 30 Minuten auf 2,5

bar erhöht. Hierbei darf nur eine definierte minimale Wassermenge entweichen.

8 Schlußbetrachtung

Zusammenfassend betrachtet ergibt sich bei dem Einsatz von Leistungsschienen immer dann ein technischer Vorteil,

- wenn die gesamte eingespeiste Energie an beliebigen Stellen der Schiene bzw. des Schiffes zur Verfügung stehen soll,
- wenn viele parallellaufende Kabel lange Strecken gemeinsam verlegt werden müssen,
- wenn im Sektionsbau die elektrische Anlage dadurch bis zur Teilinbetriebnahme der hier befindlichen Verbraucher abgeschlossen installationsfähig wird,
- wenn dadurch provisorische Baubeleuchtungen sowie Baustromversorgungen größtenteils entfallen können,
- wenn bei zukünftigen Änderungen der Schiffsform und -länge das Durchtrennen und Wiederzusammenmuffen der vielen Energiekabel entfallen kann,
- wenn durch den Einsatz dezentralisierter Abgangsschalter, die Schutzorgane verbrauchernah angeordnet werden können,
- wenn die Option für die zukünftige Nutzung des Systems, in Bezug auf örtliche Veränderung von elektrischen Verbrauchern, erhalten bleiben soll.

Schrifttum

Siemens Sentron Busway Systems Selection and Application Guide
Foto im TüV Nord GmbH Brandversuchshaus Hamburg
Group Schneider: Prinzipieller Aufbau 220V Verteilung

Erörterungen

Dipl.-Ing. Hartmut Dobinsky, Bundesanstalt für Wasserbau, Hamburg: Kostenvergleich Schiene – Kabel

Welche Kosten können durch die Anwendung des Schienensystems gespart werden? Sind hier Beispiele gerechnet?

Thomas Fetzberger, ABB, Hamburg: Schienensystem zur Energieversorgung auf Passagierschiffen

Sie betonten, daß das Schienensystem für die Energieversorgung im Schiff Neuland bedeutet. Wissen Sie, daß dieses System seit einigen Jahren auf Passagierschiffen einer deutschen Großwerft eingesetzt wird?

Dipl.-Ing. Klaus Lorenz, ABB, Hamburg:Typprüfung des Stromschienensystems

Ist das vorgestellte Schienensystem bereits typgeprüft?

Dipl.-Ing. Friedrich Wragge, See-Berufsgenossenschaft, Hamburg: Sicherheitsvergleich Schiene – Kabel

Wie setzen Sie die Sicherheit des Schienensystems im Vergleich zum Kabelsystem?

Dipl.-Ing. Ernst-Alfred Lieberich, Hamburg (Schlußwort)

Zur Frage von Herrn Dobinsky:
Kundennutzen:

- Reduzierung von Kabel und Kabelbahnen
- Einsparung von Montage
- Reduzierung der IBS
- Höherer Energietransport bei geringerem Platzbedarf
- Platzeinsparung von Verteilern (HV, UV)
- Eingespeiste Energie auf der gesamten Schienenstrecke mit direkten Abgriffsmöglichkeiten verfügbar
- Schutzorgane verbrauchernah durch dezentrale Abgriffsmöglichkeiten
- Vereinfachte Energieverteilung im Sektionsbau
- Nutzbar zur Baustromversorgung
- Arbeitssicherheit
- Reduzierung der Projektmanagementkosten

Zur Frage von Herrn Fetzberger:
Der Einsatz von Stromschienen bedeutet insofern Neuland im Bereich der Energieversorgung, da die gesamte eingespeiste Energie an beliebigen Stellen der Schiene bzw. des Schiffes zur Verfügung steht. Hierbei wird nicht nur die Energie von Punkt A zu Punkt B übertragen. Daraus resultiert, daß mittels der Stromschienen ein dezentrales Energieverteilungssystem aufgebaut wird.

Zur Frage von Herrn Lorenz:
Das Siemens „Sentron Busway System" ist beim Germanischen Lloyd approbiert.
Type approval certificate No.: 99191-96 HH.
Die Zertifizierungen durch das American Bureau of Shipping, das Bureau Veritas, Det Norske Veritas sowie des Lloyd's Register of Shipping sind bereits eingeleitet und erfolgen in der nächsten Zeit.

Zur Frage von Herrn Wragge:
Die Stromschiene beinhaltet, auf Grund des metallischen Gehäuses, eine wesentlich höhere mechanische Sicherheit wie ein vergleichbares Schiffskabel mit „Kunststoff"-Mantel und darunterliegendem konzentrischen Leiter.

Kostenvergleich (Am Beispiel eines Kreuzfahrtschiffes) Stromschienen – Schiffskabel

	Stromschienen		Schiffskabel	
Installierte Länge	90 m		5,600 m	(eingesparte Länge)
DM/m verlegt (Material + Montage)	755,00	(67,950,00)	25,00	(140,000,00)
Verteiler (incl. Einspeisung)	(Dezentral)	80,000,00	(Zentral)	75,000,00
Gesamtkosten in DM		147,950,00		215,000,00
Einsparpotential	ca. 30%			

Anpassung von Prüfverfahren an den modernen Schiffbau:
Teil 1: Reengineering von Abnahmeprozeduren: Vom Kosten-Faktor zum Nutzen-Faktor für den Reeder
Teil 2: Weiterentwicklung von Prüfverfahren bei Arbeitsteilung zwischen Hersteller und Klassifikationsgesellschaft

Adaptation of Inspection Procedures to the Modern Shipbuilding: Part 1: Reengineering of Classification Procedures: from Cost Factor to Utility Factor for the Ship Owner Part 2: Advancement of Inspection Procedures for Joint Implementation by Manufacturers and Classification Society

Dipl.-Ing. **Siegfried H. Mundt**
VDMA Arbeitsgemeinschaft Schiffbau- und Offshore-Zulieferindustrie, Hamburg
Dipl.-Ing. **Hinrich Reinecke**
Germanischer Lloyd, Hamburg

Teil 1: Dipl.-Ing. Siegfried H. Mundt:

Die Schiffbau- und Offshore-Zulieferindustrie in Deutschland umfaßt ca. 400 überwiegend mittelständisch strukturierte Unternehmen, die etwa 70,000 Mitarbeiter beschäftigen und pro Jahr über 16 Milliarden DM Umsatz erwirtschaften, woven rund 60% exportiert wird.

Im Hinblick darauf, daß der Wert eines Schiffes heute schon zu weit über 60% aus Zulieferprodukten besteht, sieht sich diese Branche mit ihrem breiten Spektrum von Produkten, Komponenten und Systemen als *Schrittmacher für Technik und Wirtschaftlichkeit des Transportsystems Schiff*. Entsprechend der weltweiten Entwicklung im Schiffbau sehen die Zulieferfirmen einen klaren *Trend zu produktübergreifenden Systemlösungen*. Dies ist für die Zulieferunternehmen Herausforderung und Chance der sie sich mit *hoher Systemkompetenz* und effektiver Zusammenarbeit mit den Werften stellen.

Allerdings steht die Branche auch vor erheblichen *Kostenproblemen*: Die weltweiten Überkapazitäten im Schiffbau verschärfen seit längerer Zeit den Preisdruck, der sich über die Werften auf die Zulieferindustrie fortsetzt: bis zu 25% und mehr sind in der jüngeren Vergangenheit die Preise für Zeliefer-Produkte, -Komponenten und -Systeme an den Weltmärkten gefallen, während gleichzeitig die technischen Anforderungen der Kunden steigen. Die Schiffbau-Zulieferer befinden sich deshalb in einem *permanenten „Fittness-Programm"*, bei dem Produkte und Prozesse konsequent wertanalytisch auf ihren Markt- und Kundenbezug untersucht und nichtwertschöpfende Teile kompromißlos eliminiert werden.

Dabei entzieht sich aber ein erheblicher Kosten-Faktor dieser unerläßlichen, marktbezogenen Prozedur: *die direkten und indirekten Abnahmekosten der Klassifikationsgesellschaften*! Diese werden – völlig unabhängig vom Markt – nach dem „Kostenumlage-Prinzip" als quasi „hoheitliche Gebühr" berechnet und verursachen zusätzliche erhebliche interne Aufwendungen, die das Zulieferunternehmen nicht beeinflussen kann. Der Effekt: der Gesamtaneil der direkten und indirekten Abnahmekosten an den marktpreisbedingt kleiner werdenden, verfügbaren „Kostenpaketen" wächst ständig, selbst wenn die Klassifikationsgesellschaften auf ihre regelmäßigen, jährlichen ca. 5%igen Kostenerhöhungen verzichten würden, was sie leider nicht tun! Die Unternehmen haben aber kaum noch Möglichkeiten, durch eigene Kostensenkungsmaßnahmen diese „Fremdkosten" zu kompensieren.

Welches Volumen diese Abnahmekosten erreichen, zeigen einige Beispiele:

- Dieselmotorenhersteller berichten über Einzelabnahmekosten von 4% eines Großmotors und von direkt berechneten „Klassekosten" von über 3% des maritimen Umsatzes – ohne die zusätzlichen internen Kosten!
- Eine Dehnschraube im Wert von DM 14,– kostet bis zu DM 3,– Abnahmekosten = 21%, die bei den

meist erforderlichen Mehrfachklassifizierungen auf 60% steigen.
- Auch bei anderen Produkten und Komponenten stehen die Abnahmekosten in keiner vernünftigen Relation: sie Übersteigen bis zum Dreifachen den Materialwert des Abnahmeobjektes!

Eine Umfrage der Arbeitsgemeinschaft Schiffbau- und Offshore- Zulieferindustrie im VDMA ergab – über diese Beispiele hinaus – daß die *direkten und indirekten Gesamtaufwendungen für Abnahmen bis zu über 12% der maritimen Umsätze erreichen.*
Abgesehen von der absoluten Größe dieser enormen Aufwendungen sind viele der dahinterstehenden Kosten-Faktoren

- nicht-wertschöpfend im Sinne von Qualität und Sicherheit für den Reeder und überflüssig im Sinne einer „schlanken und effizienten Abnahmeprozedur"!

Den vermeidbaren Anteil von nicht-qualitäts-/sicherheitsfördernden Zeit- und Kostenaufwendungen schätzen die befragten Zulieferfirmen der Arbeitsgemeinschaft auf 50–60%! Diese entstehen durch eine Vielzahl von Faktoren. Hierzu einige Beispiele:

- *Mehrfach-Zertifizierungen verschiedener Klassifikationsgesellschaften*
  - Eine kosteneinsparende, gegenseitige Anerkenntnis zumindest eines Teils der sogenannten „Rules bedingt ernsthafte Bemühungen der Klassifikationsgesellschaften zu einer *Harmonisierung* auf der Basis international gültiger technischer Regelwerke. Dies ist weder national noch international zu erkennen.
  - Die wechselseitige, wenigstens teilweise Anerkennung von Testaten der renommierten Klassifikationsgesellschaften ist in der Praxis eher die Ausnahme.
  - Das heutige Procedere führt nicht nur zu unnötigen Mehrkosten, sondern führt durch Redundanzen und Zeitverzögerungen zur Gefährdung der heute ganz besonders wichtigen Anforderung *Time-to-market*!
- *Mehrfachabnahmen von einzelnen Zulieferprodukten bis hin zur Endabnahme eines gesamten Systems (z.B. Propulsion)*
  - Einzelabnahmen trotz vorliegender 3.1.B.-bzw. 3.1.C.-Zertifikate.
  - Keine Anerkenntnis von Werksabnahmen auf der Basis von Baumusterprüfungen.
    - Keine kosten- und zeiteinsparende Berücksichtigung von vorhandenen, u.a. von den Klassifikationsgesellschaften selbst zertifizierten DIN ISO 9000 ff-Zertifikaten.
  - Für das gleiche Produkt werden von verschiedenen Klassifikationsgellschaften Mehrfach-Baumusterprüfungen durchgeführt.
- *Vorhandene Regelwerke der Klassifikationsgesellschaften wirken häufig innovationsbremsend*
  - Die vorhandenen Regelwerke der Klassifikationsgesellschaften sind überwiegend vergangenheitsorientiert und entsprechen damit in der Regel nicht den Anforderungen kostengünstiger Produktentwicklungsvorhaben. Konkret bedeutet dies daß häufig im Rahmen der sogenannten „Rules" konkrete technische Lösungen verlangt werden, die jedoch auf einem überholten technischen Entwicklungsstand basieren und den Produktentwicklern bei der Umsetzung ihres Lastenheftes – welches nur Funktionen enthält – erheblich daran hindert zukunftsweisende und marktadäquate Innovationen zu betreiben. Dieses gefährdet erheblich die Umset-zung hohen technischen Niveaus, gepaart mit vermeidbaren Kosten, und ist damit ein wesentlicher Wettbewerbsnachteil für die deutschen Zulieferfirmen.

Was ist zu tun?
Anhand der genannten Probleme, deren Liste sich durchaus noch erweitern ließe, wird deutlich, daß ihre Lösung durch „kosmetische" Veränderungen der heutigen Abnahmeverfahren nicht zu erreichen ist.
Dringend erforderlich ist hier ein umfassendes „Reengineering" der gesamten „Prüfprozeßkette", bei dem „Betroffene" – wie Werften und Zulieferer – „Beteiligte" und „Partner" der Klassifikationsgesellschaften sein müssen!
Ziele sind dabei:

- Den gemeinsamen Kunden „Reeder" hinsichtlich der zugesagten Qualität und Sicherheit des Gesamtsystems „Schiff" voll zufriedenzustellen und
- „schlanke", zukunftsorientierte, innovationsfördernde und am Gesamtsystem orientierte Prüfverfahren zu entwickeln, bei denen nicht-qualitäts-/sicherheitsfördernde Zeit- und Kostenaufwendungen konsequent eliminiert werden!

Voraussetzungen dazu:
- Gemeinsames Umsetzen der genannten Partner der bekannten Erkenntnis *Qualität kann nicht erprüft, sondern nur produziert werden!*: Aus der Sicht der Zulieferer müssen sich die Klassifikationsgesellschaften verstärkt von der Rolle des „hoheitlichen Kontrolleurs" zu „Beratern" für qualitätsfördernde Produktionsprozesse" entwickeln
- Die vorhandene hohe Qualitätslage der deutschen Zulieferfirmen muß bei zukünftigen Abnahmeprozeduren stärker berücksichtigt werden. Die beste Qualitätsgarantie ist letzlich der hart umkämpfte Schiffbaumarkt, in dem sich kein Zulieferunternehmen erlauben kann, relevante Sicherheits- und Zuverlässigkeitsaspekte des Kunden „Reeder" zu vernachlässigen.
- *Nicht nur den Schiffbau-Produktionsprozeß am Kostenziel ausrichten, sondern auch die Prüf- und Abnahmeprozeduren!*: Analog zur Empfehlung von Professor **Christian Nedeß**, Professor an der TU Hamburg-Harburg, vom 22.09.1997 müssen von

den Partnern „Werften, Zulieferer und Klassifikationsgesellschaften“ gemeinsam und möglichst früh Prüf- und Abnahmeverfahren entwickelt werden, die für alle Beteiligten wirklich sinnhaft sind, d.h. die deckungsgleich mit den ohnehin notwendigen Prüfprozeduren der Werften und Zulieferer gestaltet werden und wirklich in der Lage sind, den aktuellen Entwicklungsstand der einzubauenden Produkte, Komponenten und Systeme überzeugend zu überprüfen.

- *Mehr Berücksichtigung der qualitativen Selbstverantwortung des Herstellers*: Die Kette der Doppel- und Dreifachprüfungen von Produkten und Komponenten bis hin zum Gesamtsystem muß dringend reduziert werden; sie erhöht nicht die Qualität und den Nutzen für den Reeder, sondern nur die Kosten und muß stärker als bisher durch Selbstprüfungsverfahren, Baumusterprüfungen, Typprüfungen und andere Maßnahmen ersetzt werden. Überprüfung/Nachweise sollten sich konzentrieren auf die Abnahme sicherheitsrelevanter Gesamtsysteme.
- *Die internationale Harmonisierung der sogenannten „Rules“ muß auf der Basis anerkannter, allgemeingültiger technischer Regelwerke dringend vorangetrieben werden*: Die Schiffbau-Zulieferer haben dazu sowohl Einzelgespräche als auch gemeinsame Gesprächsrunden mit den wesentlichen Klassifikationsgesellschaften durchgeführt. Die bisherigen Ergebnisse sind wenig ermutigend. Darüber hinaus wird der europäische Dachverband der Schiffbau-Zulieferer, EMEC, entsprechende Initiativen in Richtung der internationalen Organisation der Klassifikationsgesellschaften, IACS, vorantreiben.
- *Gespräche zwischen den Partnern der Prüfprozeßkette“ intensivieren*: Im Hinblick auf die Dringlichkeit der Problematik, insbesondere der Notwendigkeit einer kurzfristigen Kostensenkung, werden die Schiffbau-Zulieferer die begonnenen Gespräche mit den Klassifikationsgesellschaften, insbesondere mit dem Germanischen Lloyd, fortsetzen und entsprechend auf die Werften zugehen. Nur durch das gemeinsame Gespräch und den gemeinsamen Willen aller Beteiligten, einen wirksamen Beitrag zu liefern, kann das Ziel eines *zukunftsorientierten Reengineerings von Abnahmeprozeduren* gelingen, bei dem der *Nutzen-Faktor für den Reeder* im Vorgrund steht.

Teil 2: Dipl.-Ing. Hinrich Reinecke:

1 Einleitung

Das traditionelle Prüfungssystem der Klassifikationsgesellschaften wie auch des Germanischen Lloyd (GL) beruht darauf, daß betriebswichtige und sicherheitstechnisch relevante Bauteile und Anlagen einer Prüfung im Herstellerwerk unter Beaufsichtigung eines Besichtigers der Klassifikationsgesellschaft erfolgen müssen.
Durch die Weiterentwicklung von Fertigungstechnologien, wie NC-Fertigung, und durch die Einführung von Qualitätsmanagementsystemen, z.B. nach ISO 9000 ff, haben sich Änderungen und Systematisierungen von Prüf- und Dokumentationsverfahren in den letzten Jahren entwickelt, welche die Eigenverantwortung des Herstellers bei Prüfungen stärker als bisher einbeziehen.
Es wird die von uns bisher geübte Praxis, im Rahmen der Zulassung von Produkten, die der Baumusterprüfung unterliegen, jetzt auch für Produkte, welche einer Einzelprüfung in Anwesenheit eines GL-Besichtigers bedürfen, erweitert.
Der GL trägt dieser Entwicklung Rechnung und läßt eigenverantwortliche Prüfungen des Herstellers in spezifiziertem Umfang für Produkte zu.
Die Voraussetzungen für dieses Verfahren sind in den „Richtlinien für die Prüfung von maschinenbaulichen und elektrotechnischen Produkten“, Ausgabe April 1997, sowie dem „Leitfaden für die Prüfung und Zulassung von Produkten“ des GL genannt.

2 Prüfsystem

Das Prüfsystem der eigenverantwortlichen Prüfung bindet den Hersteller stärker in die Verantwortung der GL-Prüfprozedur ein, wobei sichergestellt sein muß, daß die Qualität der Prüfung und letztendlich auch die des Produktes gleichwertig der bisherigen Vorgehensweise sein müssen.
Der wesentliche Vorteil für den Hersteller liegt bei der eigenverantwortlichen Prüfung darin, daß bei der Terminplanung für die Prüfungen keine Abstimmung mehr mit dem Besichtiger der Klassifikationsgesellschaft erfolgen muß, Vorprüfungen entfallen können, und, daß die Gebühren für die Prüfung, je nach Prüfklasse, reduziert sind.
Nachfolgend werden die wesentlichen Merkmale des Systems der eigenverantwortlichen Prüfung erläutert.
Grundsätzlich gilt, daß die Produkte nach den in den Bauvorschriften und Richtlinien festgelegten Prüfanforderungen zu prüfen sind.
Hersteller können in Ablauf, Art und Durchführung von Einzelprüfungen einbezogen werden, wenn die nachfolgenden erforderlichen Voraussetzungen erfüllt werden:

- Vereinbarung mit dem GL
- vom GL anerkanntes QM-System
- Baumusterprüfung oder andere Zulassung der Produkte durch den GL
- Produkt-Audits

Das Prüfsystem ist in vier Prüfklassen unterteilt, die nach Betriebswichtigkeit und sicherheitsrelevanter Signifikanz der zu prüfenden Bauteile abgestuft sind. Jede höherwertige Prüfklasse deckt alle vorgehenden

Tabelle 1. Eingruppierung der Produkte

Prüfklasse	Produkte
A	Baumusterprüfpflichtige Produkte sowie Produkte, die auf Wunsch des Herstellers baumustergeprüft werden.
B	Alle prüfpflichtigen Produkte, die nicht in Klasse C oder D fallen sowie Einzelkomponenten von Produkten der Klasse C bzw. alle anderen Produkte, die vom Hersteller für den GL eigenverantwortlich geprüft werden sollen.
C	Propeller, Wellenanlagen, Kupplungen in Hauptantrieben, Getriebe, Serienmotoren, Bordnetz- u. Notstromaggregate, Haupt- u. Notschalttafeln, Druckbehälter der Druckbehälterklasse II sowie Einzelkomponenten von Produkten der Klasse D.
D	Hauptantriebsmaschinen, Kessel, Druckbehälter der Druckbehälterklasse I, Ruderantriebsanlagen.

Tabelle 2. Übersicht Prüfsystem

<table>
<tr><th>Prüfklasse</th><th>A</th><th>B</th><th>C</th><th>D</th></tr>
<tr><td>Prüfen der Unterlagen</td><td colspan="4">GL gemäß Bauvorschriften und Richtlinien</td></tr>
<tr><td>Prüfungen von Verfahren</td><td colspan="4">GL gemäß Bauvorschriften und Richtlinien</td></tr>
<tr><td>Werkstoffnachweise</td><td colspan="2">Herstellernachweis</td><td colspan="2">Gemäß Bauvorschriften des GL und/oder nach Vereinbarung</td></tr>
<tr><td>Zwischenprüfungen</td><td colspan="3">Hersteller gemäß Prüfanweisung einschließlich Dokumentation</td><td>GL</td></tr>
<tr><td>Endprüfungen</td><td colspan="2">Hersteller gemäß Prüfanweisung einschließlich Dokumentation</td><td>GL</td><td>GL</td></tr>
<tr><td>Bescheinigungsausstellung</td><td>Hersteller</td><td>Hersteller mit GL-Bestätigung</td><td>GL</td><td>GL</td></tr>
<tr><td>Kennzeichnung</td><td colspan="2">Hersteller gem. Vereinbarung mit GL</td><td colspan="2">Stempelung GL</td></tr>
<tr><td>QM-System</td><td colspan="3">geprüftes System erforderlich</td><td>erwünscht</td></tr>
<tr><td>Produkt/Verfahrensaudit</td><td colspan="4">Germanischer Lloyd</td></tr>
</table>

Klassen ab. Die Prüfklassen können Prüfungen durch den GL und durch den Hersteller beinhalten. Die erforderlichen Voraussetzungen sowie Prüfnachweise und die Aufgabenteilung zwischen Hersteller und GL sind der Tabelle 2 zu entnehmen.

Das hier vorgestellte Prüfsystem umfaßt die verschiedenen Abstufungen für die Beteiligung der Hersteller an Einzelprüfungen, die bisher unter Beaufsichtigung eines GL-Besichtigers erfolgten. Eine grobe Unterteilung macht dieses deutlich:

Da die Schaffung der Voraussetzungen zur eigenverantwortlichen Prüfung durch den Hersteller mit einem zeitlichen und finanziellen Aufwand verbunden ist, gibt diese Prüfmethode nur Sinn, wenn es sich bei den zu prüfenden Produkten um Serienprodukte handelt. Als Beispiel dafür sind die Produkte zu nennen, die gemäß GL-Bauvorschriften Teil 1, Kapitel 3 – Elektrische Anlagen in Abschnitt 18 C 3 genannt sind.

- Generatoren und Motoren für betriebswichtige Einrichtungen, $P \geq 50$ kW/KVA
- Transformatoren, $P \geq 100$ KVA
- Leistungselektronik für betriebswichtige Einrichtungen $P \geq 50$ kW/KVA
- Schalttafeln für Ladungskühlanlagen
- Starter für Motoren, $P \geq 50$ kW/KVA
- Batterieladegeräte, $P \geq 2$ kW

Die Gültigkeitsdauer für die Anerkennung zur eigenverantwortlichen Prüfung beträgt 3 Jahre. Danach kann die Anerkennung auf Antrag für jeweils weitere 3 Jahre verlängert werden.

Es muß noch erwähnt werden, daß das eigenverantwortliche Prüfsystem Produkt-Audits in regelmäßigen Abständen vorsieht.

3 Zusammenfassung

Durch neue Bauvorschriften und Richtlinien des GL wurde es möglich, unter festgelegten Voraussetzungen den Hersteller mit in das GL-Prüfsystem für Produkte einzubeziehen, für die bisher eine Beaufsichtigung eines GL-Besichtigers erforderlich war. Hieraus ergeben sich Planungs- und Kostenvorteile für den Hersteller unter der Voraussetzung gleicher Qualität der Prüfungen und des Produktes.

Tabelle 3. Übersicht Zwischen-/Endprüfungen

Prüfklasse	Zwischenprüfung	Endprüfung
A	Hersteller	Hersteller
B	Hersteller	Hersteller
C	Hersteller	GL
D	GL	GL

Schiffsfertigung, Schweißtechnik, Trennen

Automatischer Schweißtraktor für die Sektionsstöße

Automatic Welding Tractor for Sectional Joints

Prof. Dr. **Walter Wild**, Dipl.-Ing. **Matthias Schilf**, Dipl.-Ing. **Peter Krüger**
Universität Rostock, Institut für Meß- und Regelungstechnik

Dipl.-Ing. **Alfred Kahnfeld**, Dipl.-Ing. **Michael Kahnfeld**
MIKA Schweißtechnik GmbH Stralsund

Summary. Based on a commercial welding systems on rails a welding head has been developed which can weld vertical sectional joints automatically. Stable sensors are responsible for the groove detection and guide the torch via electrically driven axes along the seam with high accuracy. Feed and deflections of the torch transversely and vertically to the groove are performed by means of an intelligent microcontroller-aided steering system. Continuous observation and manual regulation by the weldor are no longer required; root pass, filler pass and final pass of the seam can always be produced at an unchanced high quality. A prototype has successfully been tested under practical conditons.

1 Einleitung

Seit mehr als einem Jahrzehnt wird im Schiffbau darüber nachgedacht, wie die überaus erfolgreichen Lösungen anderer Maschinenbaubetriebe auf den Gebieten Automatisierung und Genaufertigung auch auf den Schiffbau übertragen werden können. Insbesondere die umfangreichen Schweißerstunden in der Vor- und Endmontage einschließlich der technologisch bedingten Vor- und Nacharbeiten sind Ziel der Untersuchungen und Entwicklungen.

Meßtechnisch begleitete Arbeitsabläufe und der Einsatz moderner mechanisierter und automatisierter Geräte und Anlagen haben im Bereich der Vormontage, wo relativ kleine Bauteile in Hallen gefertigt werden, bereits zu guten Ergebnissen geführt. Die Bauteile werden maßgerecht geliefert und verlassen nach dem Verschweißen auch ziemlich maßgerecht die Bedienstation. Nur ein Bediener steuert und handhabt oft die Anlage. Er ist bereits weitgehend von schwerer körperlicher Arbeit befreit. Zudem garantiert eine automatische Anlage längere Betriebszeiten, höhere Belastbarkeit und eine größere Gleichmäßigkeit und Wiederholgenauigkeit.

In der Endmontage, wo die großen Sektionen und Module zum Schiffskörper zusammengeschweißt werden, sind Automatisierungslösungen bisher immer in Ansätzen steckengeblieben. Die Module sind so groß, daß sie nicht mehr zur Bearbeitungsstation gebracht werden können, sondern das Bearbeitungsverfahren „Schweißen“ mit dem Schweißer zur Helling oder zum Dock gebracht werden muß. Dabei steht der Schweißer weiterhin unter hoher körperlicher Belastung und ist unmittelbar den schädlichen Wirkungen von Schweißrauchen und dem grellen Licht des offenen Lichtbogens ausgesetzt.

Ziel der hier vorgestellten Entwicklung ist es, dem Schweißer die Schweißpistole aus der Hand zu nehmen, seine Augen durch geeignete Sensoren zu ersetzen und seine Erfahrungen über geeignete Software in das automatische System einfließen zu lassen. Allerdings ist bekannt, daß zur Zeit das Tripel Auge-Hand-Gehirn von keinem Automaten zu ersetzen ist. Daraus folgt, daß es sich um eine sehr anspruchsvolle Aufgabe handelt, die hier gelöst werden soll. Zudem ist bekannt, daß gerade in der Endmontage die Nahtvorbereitung nicht optimal ist. Ungenauigkeiten entstehen bei der Fuge durch:

- starke Abweichungen von der Geradlinigkeit in Seite und Höhe
- veränderliche Spaltbreiten
- Heftstellen in unterschiedlicher Länge und Stärke
- Wärmeverzug während des Schweißvorganges.

Dazu kommen noch die Erschwernisse durch die verschiedenen Schweißpositionen an den Sektions- und Modulstößen, wie:

- Naht im Kimmbereich
- Naht im Über-Kopf-Bereich

- Senkrechtnaht
- Quernaht.

Es gilt also, für den rauhen Werftbetrieb ein System zu entwickeln, das mit Hilfe geeigneter Bewegungsachsen und robuster Sensoren im Stande ist, meterlange Nähte mehrlagig in guter Qualität zu schweißen und auf Unregelmäßigkeiten zeit- und ortsgenau zu reagieren.

2 Stand der Technik

Unter den Schweißverfahren nimmt das MAG-Verfahren auf den Werften mit einem Anteil über zweidrittel allen niedergeschmolzenen Schweißgutes die absolute Spitzenposition ein. Es ist ein teilmechanisiertes Verfahren, bei dem ein Drahtvorschubgerät den Zusatzwerkstoff nachliefert. Allerdings führt der Schweißer einen Großteil aller Montageschweißungen noch von Hand aus. Nur in der Vormontage erleichtern ihm Profilschweißmaschinen oder Profilaufsetzanlagen als teilautomatisierte Systeme seine Arbeit.
In der Endmontage finden sich Mechanisierungssysteme bereits in Form von schienengebundenen Schweißtraktoren wie das BUG-O-Matic-Gerät (USA), das KAT-Gerät von GULLCO (Kanada) oder das Railtrac-System von ESAB (Deutschland). Mit Magneten an der Außenhaut befestigte Schienen führen einen Traktor entlang des vorgegebenen Weges. Der Traktor realisiert den Vorschub und trägt den Brenner einschließlich eines Pendelgerätes für die Zwangslagen. Der Schweißer verstellt während des Vorlaufes von Hand Seite und Höhe des Brenners über der Fuge und paßt die Schweißdaten der jeweiligen Fugengeometrie an. Der Vorteil liegt in der Entlastung des Schweißers vom Halten des Brenners; der Nachteil besteht weiterhin darin, daß der Schweißer kontinuierlich am Ort des Lichtbogens beobachten und nachstellen muß. Durch die permanente Überwachung kommt es zu Konzentrationsermüdungen und deshalb zu Ungenauigkeiten und Fehlern bei der Ausbildung der Schweißnähte, was zu Aus- und Nachbesserungsarbeiten führt. Um diese Fehler zu vermeiden, müssen technische Sensoren den Vorgang überwachen und Stellsignale an Achsen und Schweißstromquellen liefern. Für die Sensoren bieten sich einige physikalische und technische Prinzipien an. Sie können unter bestimmten Voraussetzungen sowie unter bestimmten Vor- und Nachteilen günstig eingesetzt werden [2]. In Frage kommen neben den taktilen, induktiven oder kapazitiven Sensoren vor allem die intelligenten Laserscanner und die Lichtbogensensoren. Sie bieten die besten Voraussetzungen für die Lösung solcher komplexer Aufgaben. Offenbar ist auch die kombinierte Anwendung mehrerer Sensoren eine bevorzugte Variante.
Seit der Entwicklung der kleinen Halbleiterlaserdioden und der Miniaturisierung der elektronischen Schaltungen werden verstärkt Lasersensoren zur Abstandsmessung und zum Szeneerfassen eingesetzt [4]. So können mit einem Laserscanner durch Auslenkung des Laserstrahls zweidimensionale Abstandsprofile gewonnen werden. Beim Laser-Lichtschnittverfahren werden Lichtlinien auf die Oberfläche projiziert, die von einer CCD-Kamera unter einem bestimmten Winkel aufgezeichnet und im Rechner ausgewertet werden. Vorteilhaft ist das hohe theoretische Auflösungsvermögen und die schnelle Signalverarbeitung. Nachteilig wirken sich der hohe Preis sowie die Probleme des Vor- und Nachlaufes solcher Systeme am Brenner aus. Hinzu kommen beim offenen Lichtbogen die Störungen durch das Licht des energiereichen Plasmas selbst und das unterschiedliche Reflexionsvermögen der praktischen Oberflächen der Schiffbaubleche. Ein Laserscanner an einer UP-Schweißanlage wird in [5] beschrieben. Da hier kein offener Lichtbogen auftritt, sind die Störungen gering und der Sensor kann erfolgreich arbeiten.
Eine grundsätzlich sehr gute Idee stellt die Ausnutzung interner Prozeßgrößen zur Brennersteuerung dar. Warum soll nicht der Lichtbogen selbst als Sensor herangezogen werden? Der für die meisten externen Sensoren als Störquelle anzusehende Lichtbogen ist in seinem physikalischen Aufbau ein elektrischer Leiter, dessen Widerstand empfindlich von seiner Länge abhängt. Dadurch kann z. B. der Strom als Maß für den Abstand Brenner-Blechoberfläche herangezogen werden. Sensoren, die sich auf die elektrischen Parameter des Lichtbogens beziehen, heißen Lichtbogensensoren [6]. Ein solcher Sensor wurde speziell für den Schweißtraktor entwickelt [7].

3 Entwicklung eines sensorgeführten Schweißtraktors

Aufbauend auf den Erfahrungen bei der Bearbeitung des Verbundvorhabens MOROMAG [8, 9] zur Entwicklung eines freifahrenden, sensorgeführten Kleinschweißroboters, wurde mit Unterstützung des Wirtschaftsministeriums Mecklenburg/Vorpommern [1] ein automatisch arbeitender Schweißtraktor entwickelt. Der Traktor bewegt sich entlang eines grob zur Fuge ausgerichteten Schienensystems und verschweißt kontinuierlich meterlange Fugen in senkrechter und in über Kopf-Position sowie Wannenlage (PF, PE, PA). Der Traktor schiebt den „Schweißwagen" vor sich her und das selbstentwickelte Nahtführungssystem gleicht alle Unregelmäßigkeiten der Fuge aus. Die Steuerungssignale bekommt die Steuerung vom nahtverfolgenden Lichtbogensensor und vom induktiven Höhensensor.
Basisgerät des Schweißtraktors ist das auf einigen Werften bereits eingeführte KAT-System zuzüglich eines Schleppwagens, auf dessen Montageplatte die Steuerung befestigt ist. Am vorderen Teil des Wagens ist der Bewegungsapparat für den Brenner montiert. Er besteht aus zwei kreuzweise angeordneten Line-

areinheiten mit einem Hub von je 100 mm, wobei die eine Achse noch in ihrer Höhe verschoben werden kann. Da der Schleppwagen vom Traktor geschoben wird, kann das vorhandene Antriebszahnrad gegen ein inkrementales Wegmeßsystem ausgetauscht werden. Es arbeitet im Bereich von 0...10 m. Die Achsen werden von angeflanschten Gleichstrom-Servomotoren über Planeten- und Zahnriemengetriebe angetrieben. Der Brenner kann in Fahrtrichtung um ± 20° und quer zur Fahrtrichtung bis zu 45° geneigt werden. Das ist für das angestrebte Schweißregime ganz wichtig. Der Traktor fährt mit einer minimalen Vorschubgeschwindigkeit von 1,9 cm/min und ist stufenlos einstellbar bis zu einem Eilgang von 63,0 cm/min (Rückführung). Der Aufbau des Gesamtgerätes ist in Abb. 1 dargestellt.

Der Brenner wird durch einen vorlaufenden induktiven Abstandssensor [3] in einer konstanten Höhe über dem Blech geführt, wobei der Vorlauf infolge der robusten Ausführung des Sensors nur 8 cm beträgt. Die Signale aus dem Schweißstrom werden über einen HALL-Wandler vom Stromkabel abgegriffen und der zentralen Steuerung zugeführt. Dieser Stromimpuls stellt das Signal für den Lichtbogensensor dar. Voraussetzungen für die Funktion des Lichtbogensensors sind ein gependelter Brenner und eine Fugenform, die zur Veränderung der Lichtbogenlänge führt. Wird der Brenner quer zur Fuge gependelt, ändert sich durch die schrägen Flanken der Fuge die Länge des Lichtbogens und führt zu signifikanten Änderungen des Stromes. Der Arbeitspunkt im Strom-Spannungs-Diagramm verschiebt sich, was bei einer nahezu horizontalen Kennlinie zu relativ starken Stromänderungen führt. Die Änderungen liegen in der Größenordnung von ca. 1,5, ... ,2% pro 1 mm Abstandsänderung. Eine geeignete und intelligente Auswertung der Signale liefert die entscheidenden Informationen zur Position des Lichtbogens – und damit des Brenners – relativ zur Schweißfuge und kann auch zur Ermittlung des Brennerabstandes über dem Blech herangezogen werden. Die Pendelbewegung des Brenners wird durch eine Linearachse erzeugt, durch einen Weggeber erfaßt und zusammen mit den Stromwerten nach folgendem Algorithmus verarbeitet:

- Trennung der Lichtbogenbrenn- und -kurzschlußphasen, da diese ein unterschiedliches Verhalten bei Lichtbogenlängenänderungen ausweisen
- Zusammenfassung und Klassierung der Meßwerte zur Datenreduktion
- Ersetzen der Meßwerte durch Funktionen mit Hilfe der Regressionsrechnung
- Berechnung des Brennerabstandes aus den Werten im Pendelzentrum
- Berechnung der seitlichen Abweichung von der Fugenmitte aus dem Verhältnis der Funktionswerte an den Umkehrpunkten der Pendelbewegung.

Pendelamplitude, Pendelfrequenz und Haltezeiten sind in weiten Bereichen frei wählbar und in ihrer Kombination nahezu unendlich varierbar. Während andere Lichtbogensensoren nur für eine bestimmte Schweißaufgabe, einen Lichtbogentyp oder eine Schweißstromquelle konzipiert sind, zeichnet sich der

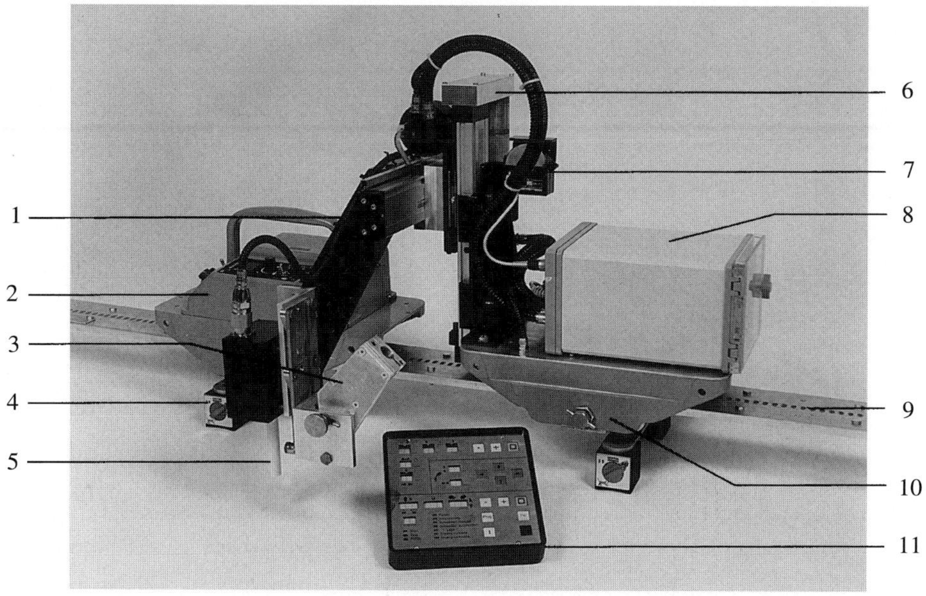

Abb. 1 Ansicht des entwickelten Gerätesystems
1. Lineareinheit zur horizontalen Brennerbewegung; 2. Vorschubtraktor; 3. Schnellspannvorrichtung und manuelle Neigungsverstellung des Brenners; 4. Haftmagneten; 5. Induktiver Sensor mit Pendeleinrichtung; 6. Lineareinheit zur vertikalen Brennerbewegung; 7. Hall-Sensor zur Schweißstrommessung; 8. Steuereinheit; 9. Schienensystem; 10. Zusatzwagen mit integrierter Wegmeßeinrichtung und Endlagenschaltern; 11. Bedientableau zur Parametereinstellung, -übergabe und Bewegungssteuerung

hier vorgestellte Sensor durch seine Universalität aus. Mit ihm können V-, Y-, X- und Kehlnähte mit unterschiedlichen Stromquellen, ob mit Massiv- oder Fülldrähten automatisch auch mehrlagig verschweißt werden. Die bei der Fugenverfolgung gemessene Führungsgenauigkeit beträgt ± 0,6 mm (Abb. 2).
In den Fällen, wo der Brenner keine Pendelbewegungen ausführen muß, weil z.B. eine Strichraupe gelegt werden soll, kann der Lichtbogensensor nicht arbeiten. Dann übernimmt der induktive Sensor durch Abscannen des Fugenprofils die Brennerführung. Diese Möglichkeit ist ausführlich im Labor getestet worden. In der Praxis tritt dieser Fall selten auf, denn bereits mit 1 mm-Pendelamplitude ist der Lichtbogensensor noch einsatzbereit.
Ein 16-bit-Microcontroller fungiert als zentrale Steuereinheit. Die Steuereinheit ist über eine serielle Schnittstelle mit einem handlichen Bedientableau verbunden. Dieses enthält eine übersichtliche Tastaturmatrix mit den dazugehörigen Anzeigeelementen. Das Steuerungskonzept (Abb. 3) sieht vor, daß alle für den Schweißvorgang notwendigen Parameter und Positionierbefehle über das Bedientableau eingestellt werden. Die Parametereingabe umfaßt sowohl die Bewegungen des Schweißbrenners und des Vorschubtraktors als auch die Ansteuerung der Schweißstromquelle. Es können 30 verschiedene Parametersätze eingegeben und gespeichert werden.
Um eine störungsarme Übertragung über eine längere Distanz, gerade auch unter den gegebenen

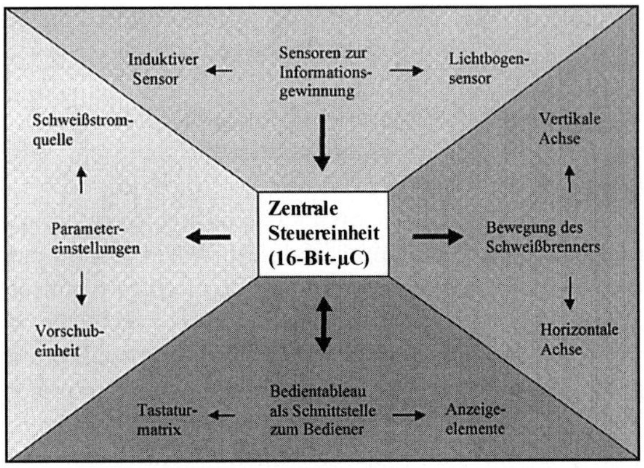

Abb. 3. Steuerungskonzept

schiffbaulichen Bedingungen zu ermöglichen, wird für die serielle Übertragung der Daten zur zentralen Steuereinheit der RS-422-Standard verwendet.
Parameter und Ablaufsteuerungsbefehle werden als Datenpakete an die Steuereinheit übertragen. Der 16-bit-Microcontroller übernimmt die Zuordnung und Verteilung der Daten und führt die auszuführenden Routinen gemäß des programmierten Ablaufes selbständig aus.
Die Achsen zur Brennerbewegung werden über Motioncontroller mit eigener Lageregelung und einem entsprechenden Leistungsteil angesteuert. Die zur Bewegung notwendigen Informationen reduzieren

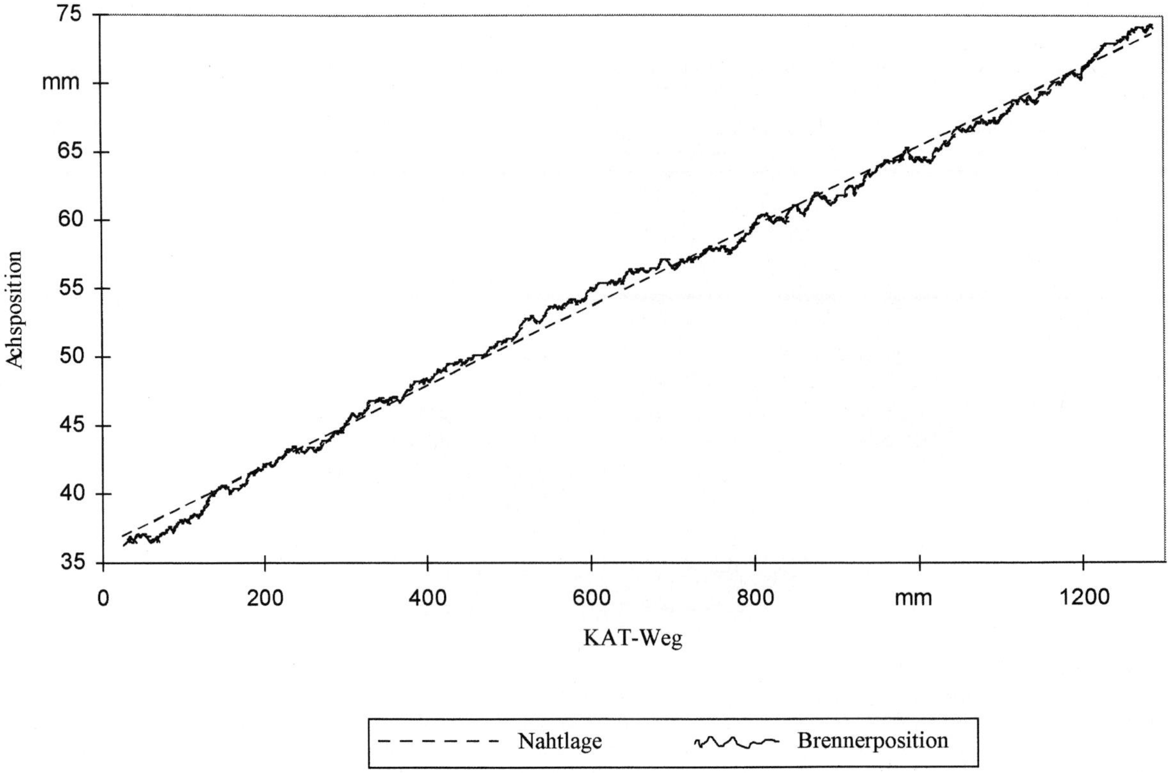

Abb. 2. Nachführgenauigkeit des universellen Lichtbogensensors

sich somit auf Zielpunkt, Geschwindigkeit und Beschleunigung. Das Erreichen der Position wird vom Motioncontroller in Form eines Interrupts quittiert. Diese Form der Ansteuerung ermöglicht die für ein sauberes Nahtbild erforderliche gleichmäßige Bewegung des Brenners mit minimalem Softwareaufwand.
Zur Vorschubsteuerung wird der KAT-Traktor verwendet. Um keine technischen Veränderungen vornehmen zu müssen, wird der herkömmliche Fernsteller des Traktors durch Verwendung digital ansteuerbarer Potentiometer simuliert.
Das gleiche Verfahren wird zur Ansteuerung der Schweißstromquelle verwendet, um auch hier auf technische Veränderungen an der Schweißstromquelle verzichten zu können.
Das Einrichten des Automaten erfolgt manuell. Dazu wird über die Vorschubsteuerung bzw. über die horizontale oder vertikale Brennerbewegung der Startpunkt gesucht. Nach Auswahl des Parametersatzes und der auszuführenden Funktion kann der Prozeß gestartet werden.
In einem automatischen Modus wird die 1. Lage verschweißt. Die Informationen der Sensoren werden über analoge Schnittstellen von der Hauptsteuerung eingelesen und bearbeitet. Als Resultat werden korrigierte Positionssignale für die horizontale bzw. vertikale Brennerposition an die jeweilige Steuerung gesendet. Parameteränderungen am Vorschub und an der Schweißstromquelle werden nicht automatisch verändert. Hier läßt der Bediener zu Beginn des Ablaufes seine Erfahrungen einfließen und gibt entsprechende Werte vor.
Über den gesamten Bereich des Vorschubes werden die Stellbewegungen des Schweißbrenners in einem Datenfeld dokumentiert, um Mehrlagenschweißungen erheblich zu vereinfachen.
Nach Beendigung des Verschweißens der 1. Lage kann der Automat selbständig zum Startpunkt zurückfahren und mit dem Verschweißen einer zusätzlichen Lage beginnen. Zum sicheren Schweißen werden neben den Sensorinformationen jetzt zusätzlich die Bahndaten der 1. Lage mit bewertet. Das sorgt besonders in der schwer zu sensierenden Decklage für eine sichere Fugenverfolgung und damit für ein sauberes Nahtbild.
Um auch komplizierte Konturen verschweißen zu können bzw. alternative Anwendungen zu ermöglichen, verfügt der sensorgeführte Schweißtraktor auch über manuelle Bedienfunktionen. So kann z.B. eine Lernfahrt durchgeführt werden, die anschließend beliebig oft nachvollzogen werden kann.

4 Der Schweißtraktor im praktischen Einsatz

Erste praktische Schweißversuche werden bei der Firma MIKA in Stralsund durchgeführt. Zunächst werden alle Funktionen des Gerätes getestet. Dazu müssen verschiedene Fahrversuche unternommen und die Fernsteuerung der Schweißmaschine eingestellt werden. Dann wird die schweißtechnische Erprobung an 12 mm starken Schiffbaublechen in der Position PF (steigend) gestartet, was einer relativ häufig in der Modul- und Endmontage im Schiffbau vorkommenden Schweißaufgabe entspricht. Derzeit werden solche Nähte noch manuell hergestellt. Weitere Versuche werden in Überkopfposition (PE) sowie Querposition (PC) ausgeführt, was den Wünschen der potentiellen Anwender entspricht.
Als günstigste Technologie wird das einseitige Schweißen der gesamten Fuge angewandt. Der schienengeführte Traktor kann so alle Lagen einer Naht nacheinander herstellen. Die Wurzellagen werden dabei auf einer keramischen Badsicherung ausgeführt.
Wegen des anderen Bewegungsablaufes beim automatischen Schweißen sind die Parametereinstellungen eines Handschweißers nicht auf das Gerät übertragbar. Deshalb müssen zunächst günstige Schweiß- und Pendelparameter gefunden werden. Diese Einstellungen werden im Bedientableau gespeichert und stehen dann immer erneut zur Verfügung.
Die Schweißversuche an ca. 1,5 m langen Stößen dienen der weiteren Optimierung der Schweißparameter und der gründlichen Erprobung aller Komponenten des Gerätes. Nach dem Feinabgleich werden einwandfreie Stöße geschweißt. Eine von der SLV Mecklenburg-Vorpommern GmbH abgenommene Verfahrensprüfung bestätigt die guten Ergebnisse (Prüfbericht-Nr. 071196).
Während aller Schweißungen funktioniert der Lichtbogensensor zur vollsten Zufriedenheit. Er ist auch dann noch funktionsfähig, wenn während der Erprobung ungünstige Lichtbogenparameter eingestellt werden und der Lichtbogen dadurch sehr unruhig brennt. Auch gelegentliche Störungen im Drahtvorschub behindern die Bahnführung nicht.
Nach den Werkstatterprobungen geht es auf die Werften in Stralsund und Wolgast. Vor Werftfachleuten ist auf der Volkswerft Stralsund ein Versuchsblech zu verschweißen, was einem Abschnitt der Bordwand mit Bodengang, Kimmgang und Seitengang entspricht. Es kann die sichere Funktion des Gerätes und seiner Sensoren gezeigt werden. Besondere Beachtung findet die industriemäßige Bauweise und die Integration aller Bedienfunktionen in ein Gerät. Bemängelt wird die zu große Länge des Zuges und die Position des Brenners, die einen Anlaufweg von fast einem Meter an der Fuge erfordert. Auch die von den Schweißern geforderte Zugänglichkeit am Brenner ist bei dem Prototyp nur eingeschränkt möglich.
Eine zweite Vorführung an dicken und dünnen Blechen verläuft auf der Peene Werft Wolgast ebenfalls zufriedenstellend. Erst das automatische Schweißen einer langen Quernaht offenbart einige Mängel an der

Prototyp-Ausführung. Trotzdem sind wichtige Erkenntnisse für die Verbesserung des Gerätes gewonnen worden.

5 Nutzen für die Anwender

Beim Einsatz der schienengebundenen, mechanisierten Traktorsysteme in der Endmontage ergeben sich auf den Werften schon etliche Verbesserungen gegenüber den konventionellen Schweißanlagen. Diese erhöhen sich noch bei der Anwendung des hier vorgestellten Systems um folgende Vorteile:

- Senkung der Gesamtmontagezeit durch eine höhere Einschaltdauer und kontinuierlicher Schweißzeit
- bessere Nahtqualität durch gleichmäßigen Nahtaufbau
- Vermeidung von Fehlern der teilautomatisierten Systeme, so daß Nacharbeiten entfallen
- wesentliche Erleichterung der Arbeit des Schweißers
- höhere Produktivität und weniger Vorbereitungszeit

Die Abbildung 4 veranschaulicht das Verhältnis der beaufsichtigten Schweißzeit gegenüber der Zeit, in der das Gerät vollständig automatisch arbeitet. Lediglich beim Schweißen der 1. Lage einer Naht (Wurzellage) ist eine Kontrolle durch den Bediener erforderlich. Nach der Fertigstellung jeder Lage fährt das Gerät nach entsprechender Funktionswahl durch den Werker in einem sog. Eilgang automatisch zum Anfangspunkt zurück. Der Schweißer stellt dann die Parameter für die nächste Lage ein und startet das Gerät zur automatischen Schweißung der Füll- oder Decklage. Vorteilhaft für den Schweißer ist die weniger anstrengende Arbeit und seine Freisetzung aus der unmittelbaren Prozeßführung. In der Zeit, in der das Gerät automatisch schweißt, bringt er ein zweites Gerät in Ansatz oder kontrolliert das Ergebnis der Schweißung.
Eine übersichtliche und nachvollziehbare, logisch aufgebaute Ablaufsteuerung (Abb. 5) minimiert die

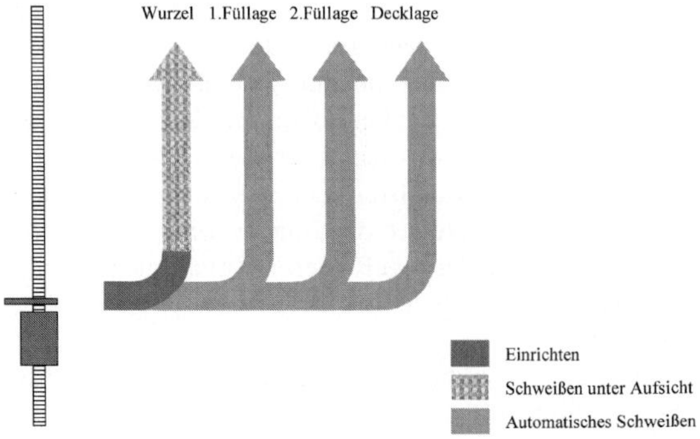

Abb. 4. Verhältnis von Anfahrphase zur Überwachungsphase und automatischem Betrieb

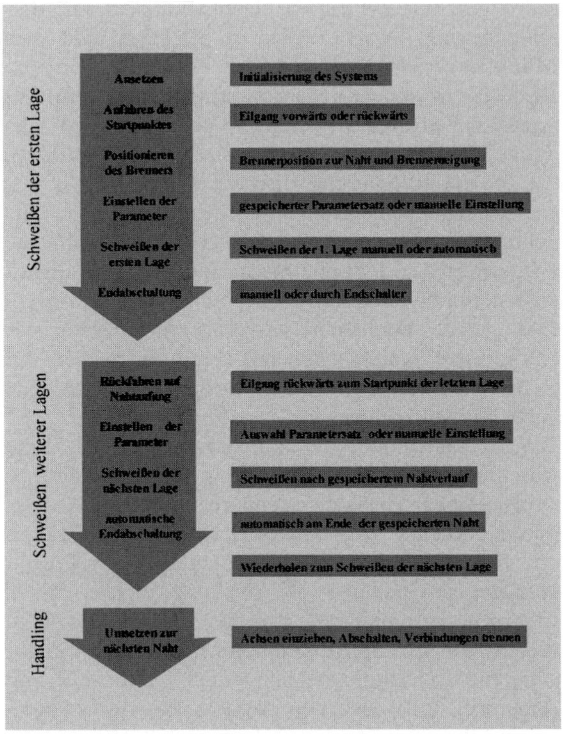

Abb. 5. Algorithmus zur Nahtbearbeitung mit dem Schweißtraktor

Einarbeitungszeit und schafft die Voraussetzung, daß das Gerätesystem von den Schweißern „angenommen" und in die Produktion überführt wird. Erfüllt das System die hohen Erwartungen, werden selbst bestehende Montagetechnologien (Nahtvorbereitungen) umgestellt.

6 Ausblick

Die Vorführungen des Prototypen vor Praxisvertretern im Labor und unter starker Beteiligung auch anderer norddeutscher Werften in der Volkswerft und der Peene Werft selbst zeigen das große Interesse der Schiffbauindustrie an der Lösung dieses Problems. Grundsätzlich positiv werden die erreichten Ergebnisse bewertet, die im Senkrechtschweißen und Überkopfbereich erzielt wurden. Das Schweißen der Quernaht bedarf weiterer Erprobungen, weil noch keine geeignete Schweißtechnologie für den Automaten in dieser Position gefunden worden ist. Die Werften sind bereit, daß System in die Produktion einzuführen, wenn es gelingt, daß Gerät noch kompakter zu bauen und ausfallsicherer zu schweißen.
Das Augenmerk der weiteren Entwicklung liegt deshalb auf der Reduzierung sowohl der geometrischen Abmessungen als auch der Masse. Das führt zum besseren Handling und zur gewünschten Tieferlegung des Startpunktes. Wichtig ist weiterhin die Stabilisierung der Höhensensierung über der Fuge. Hier

sollen eventuell neue Sensierprinzipien genutzt werden. Da der Lichtbogensensor sich bei der Fugenverfolgung hundertprozentig bewährt hat, wäre es wünschenswert, ihn auch für die Höhensensierung einzusetzen. Das bedarf aber doch einer längeren Entwicklungszeit, so daß er für die kurzfristige Lösung noch nicht in Frage kommt. Erste Überlegungen zu diesem Problem lassen allerdings erwarten, daß über eine Erweiterung der Hard- und Software eine solche Lösung zu erreichen ist. Mit dem Bau eines neuen Prototypen werden umfangreiche Erprobungen einhergehen, aus denen erneute Werfteinsätze resultieren werden. Bei positivem Verlauf der Erprobungen wird das Gerät in einer ersten Kleinserie produziert.

Schrifttum

1 Lehmann, E. Maritime Technik – die Zukunft des Nordens Schiff und Hafen 48 (1996) H. 1, S. 64–68

2 Dilthey, U. Sensortechnik für Schweißroboter Bänder, Bleche, Rohre 29 (1988) H. 7, S. 32–35

3 Fiedler, O., Luschtinetz, Th., Induktiver Abstandssensor unter rauhen Kruse, K. Bedingungen Feingerätetechnik 36 (1987), H. 4., S. 150–152

4 Drews, P., Wagner, R., Willms, K. Sind in der Sensortechnik wesentliche Fortschritte zu erwarten? Schweißen und Schneiden 39 (1987) H. 4, S. 171–175

5 Hokenmaier, W., Haug, K. Konturverfolgung mit Lichtschnittsensor Sensor Report 11 (1996), H. 6, S. 25–27

6 Faber, W. Der Lichtbogen als Sensor ZIS-Mitteilungen 27 (1985), H. 12, S. 1276–1284

7 Wild, W., Kupfer, G., Schilf, M., Fiedler, O., Luschtinetz, T. Verfahren zur prozeßorientierten vertikalen- und horizontalen Führung von Schweißbrennern beim Lichtbogenschweißen Patent DE 4110190 A1

8 N. N. Mobiles Kleinrobotersystem für den Einsatz in der schiffbaulichen Montage (MOROMAG) Gemeinsamer Abschlußbericht der Projektpartner, Rostock 1995 BMFT-Förderkennzeichen 515-4018-18 S 0044

9 Wild, W. Kleinschweißroboter für die Endmontage der Sektionen Schiff und Hafen 47 (1995) H. 9, S. 60–64

UP-Senkrechtschweißen mit horizontaler Elektrodenzuführung

Submerged Arc Welding In Vertical Position With Horizontal Electrode Feeding

Prof. Dr.-Ing. habil. **Horst Herold**, Dipl.-Ing. **Stefan Zahariev**
Otto-von-Guericke-Universität, Institut für Füge- und Stahltechnik, Magdeburg

Dipl.-Ing. (FH) **Alfred Hinrichs**
MTW Schiffswerft GmbH, Wismar

Summary. In the recent years there are important needs to innovate and to improve the mechanized and automatized vertical welding processes in the shipbuilding industry. This report deals with the development of the submerged arc welding in vertical position with horizontal twin-wire-feeding.
In the submerged arc welding in vertical position with horizontal electrode feeding are important changes obtained in the welding penetration and the depositon ratios. The metal deposition efficiency and the weld penetration efficiency can be increased and the heat input in the welds as well as in the heat affected zone can be decreased using this technology. It produces welds with better quality as some other power-melting-efficiency vertical welding processes, such as electro slag welding and electro gas welding.
The main points in this paper are the optimization of the welding apparatus and the process conditions, the examination of the mechanical and technological properties of the weld joints as well as the process control.

1 Einleitung

In der schiffbaulichen Fertigung, insbesondere beim Sektionszusammenbau, besteht weiterhin die Notwendigkeit, lange, meist gerade verlaufende Nähte in vertikaler Position unter Montagebedingungen zu schweißen. Dies ist vor allem durch mehrere schwierige Bedingungen der Schweißnahtbildung insbesondere infolge der Wirkung der Schwerkraft relativ zum Nahtverlauf in der Senkrechtposition charakterisiert. Nach dem heutigen Stand wird außerdem eine Vielzahl solcher Montageschweißarbeiten immer noch manuell oder teilmechanisch durchgeführt.
Aus Wirtschaftlichkeits- und Qualitätsgründen ist deshalb der Anteil des manuellen Lichtbogenschweißens auf ein notwendiges Mindestmaß herabzusetzen. Dabei müssen die für die senkrechte Schweißposition zur Verfügung stehenden vollmechanischen Hochleistungsverfahren ständig weiterentwickelt werden, um den immer schärfer werdenden Anforderungen der Qualitätskontrolle standhalten zu können.

Diesen hohen Forderungen wird durch den Einsatz des Unterpulverschweißens mit horizontaler Elektrodenzuführung entsprochen. Die anderen für diesen Zweck üblichen Schweißverfahren, wie RES-Schweißen, Elektrogasschweißen sowie MSG-Schweißen, weisen in vielen Fällen Nachteile bezüglich der wirtschaftlichen und qualitätssicheren Anwendung unter Baustellenbedingungen auf. Das MSG-Schweißen in Senkrechtposition wird derzeit noch durch niedrigere erzielbare Abschmelzleistungen und damit höhere erforderliche Lagenanzahl sowie Witterungsempfindlichkeit charakterisiert. Die EG- und RES-Schweißprozesse sind zwar sehr leistungsfähig, die erreichbaren mechanisch-technologischen Gütewerte der Schweißverbindungen aber aufgrund des sehr hohen Energieeinsatzes jedoch ungenügend. Die Reserven der Leistungsfähigkeit des UP-Schweißprozesses bleiben beim Senkrechtschweißen bislang ungenutzt.
In einem Komplex von Grundlagenuntersuchungen zum UP-Senkrechtschweißen unter Einsatz einer horizontal zugeführter Bandelektrode wurden wichtige Vorteile dieses Verfahrens aufgezeigt [5, 7].
Im vorliegenden Beitrag wird über die Ergebnisse der Untersuchungen zur Weiterentwicklung dieser Technologie unter Anwendung der Mehr-Draht-Technik, durchgeführt an der Otto-von-Guericke-Universität Magdeburg in Zusammenarbeit mit der MTW Schiffswerft GmbH Wismar, berichtet.

2 Stand der Technik und Ausgangssituation

Die gegenwärtig eingesetzten vollmechanischen Senkrechtschweißverfahren sind MSG-, EG- und RES-Schweißverfahren.
Das MSG-Schweißen gehört zu den häufigsten unter Montagebedingungen eingesetzten Schweißverfahren. Ab einer Blechdicke von 5 mm werden die Senkrechtschweißungen steigend ausgeführt. Zum Zwecke der Beherrschung des Schweißbades wird der Schweißbrenner üblicherweise quer zur Schweißrichtung nach unterschiedlichen Bewegungsfunktionen gependelt [3, 4, 10, 11]. Aufgrund der freien Naht-

formung werden bei diesem Verfahren aber nur kleine Schweißbadgrößen beherrscht [4, 10]. Zur sicheren Erfassung des Querschnittes eines Stumpfstoßes muß deshalb eine V-Fuge mit einem Öffnungswinkel im Bereich 50...70° vorgesehen werden. Aus der relativ geringen beherrschbaren Schweißbadgröße sowie der Notwendigkeit der Überlagerung einer Pendelbewegung resultieren niedrige Schweißgeschwindigkeiten je Lage (v_{seff} = 5, ... ,12 cm/min). Der Einsatz von Fülldrahtelektroden bringt wesentliche Vorteile gegenüber von Massivdrähten hinsichtlich der Erhöhung der Abschmelzleistung sowie der Verbesserung der Qualität der Schweißverbindung [1, 3, 4, 10, 11].

Die Vorteile dieses Schweißverfahrens liegen im gleichmäßigen reproduzierbaren Nahtaussehen sowie den guten mechanisch-technologischen Eigenschaften der Schweißnähte, wie statische Festigkeit und Kerbschlagzähigkeit. Einem wirtschaftlichen Einsatz unter Montagebedingungen im Blechdickenbereich 10...25 mm stehen beim MSG-Senkrechtschweißen die geringen praktisch realisierbaren Abschmelzleistungen (ca. 2–3 kg/h) bei hoher erforderlicher Lagenzahl entgegen [1]. Eine Verbesserung der Leistungsfähigkeit des MSG-Senkrechtschweißens kann durch eine Reduzierung der Lagenanzahl bei geringerem Fugenvolumen ermöglicht werden. Diesbezüglich wurden zwei Verfahrensvarianten zum einlagigen Schweißen, das MAG-Intervallschweißen und das MAG-Engspaltschweißen in Senkrechtposition entwickelt [9, 10]. Diese haben sich aber aufgrund der aufwendigen Gerätetechnik und der begrenzten Blechdicke (MAG-Intervallschweißen) sowie der Störempfindlichkeit (MAG-Engspaltschweißen) nicht umfassend durchgesetzt.

Das RES-Schweißen ist derzeit eines der leistungsfähigsten Schweißverfahren beim Senkrechtschweißen großer Werkstoffdicken [5, 7]. Die große Wirtschaftlichkeit des RES-Schweißens ist auf die hohen Abschmelzleistungen zurückzuführen. Bei der konventionellen Variante liegen diese im Bereich 12,5, ... ,24 kg/h. Das Verfahren zeichnet sich desweiteren durch eine gute Reproduzierbarkeit und geringe Fehlerhäufigkeit aus.

Das Elektrogas-Schweißen ist ein vollmechanisches Metall-Schutzgas-Schweißverfahren hoher Leistung zum Fügen von Bauteilen im Blechdickenbereich von s = 10, ... ,40 mm in senkrechter Position [5–7]. Im Vergleich zum RES-Schweißen wird durch die Anwendung einer schmaleren Fuge das Nahtvolumen reduziert, was zu einer positiven Beeinflussung der Wirtschaftlichkeit führt. Beim EG-Schweißen wird im Blechdickenbereich 10, ... ,20 mm einlagig mit I- oder V-Nahtvorbereitung und im Dickenbereich 20, ... ,40 mm zweilagig in Lage-Gegenlage-Technik ohne Pendelung der Elektrode geschweißt.

EG- und RES-Schweißverfahren sind zwar sehr leistungsfähig, die erreichten Zähigkeitseigenschaften der Schweißverbindung entsprechen wegen der niedrigen Kristallisations- und Abkühlgeschwindigkeiten aber oft nicht den Anforderungen. Bedingt durch den für eine sichere Elektrodenpositionierung erforderlichen Mindestabstand der Fugenflanken ist bei diesen Verfahren die Steigerung der Schweißgeschwindigkeit trotz hoher Abschmelzleistung begrenzt. Deshalb und auch aufgrund der hohen erforderlichen Rüstzeit können lediglich große Blechdicken ($s \geq 25$ mm) und Nahtlängen (l > 6 m) wirtschaftlich geschweißt werden [5]. Für den Blechdickenbereich von s = 10...25 mm besteht somit nach wie vor der dringende Bedarf nach einem leistungsfähigeren und gleichzeitig qualitätssicheren Senkrechtschweißverfahren.

Die Grundtendenz der Produktivitätssteigerung bei der Entwicklung vollmechanischer Hochleistungsschweißtechnologien für die senkrechte Position (EG und RES) beruht neben der Reduzierung des Fugenvolumens vor allem auf dem Erreichen hoher Abschmelzleistung und Schweißgeschwindigkeit durch hohen Energieeinsatz [5, 7, 12]. Das Problem der Gegenläufigkeit zwischen den technischen Möglichkeiten der Leistungssteigerung einerseits und den mechanisch-technologischen Qualitätsmerkmalen der Schweißverbindung andererseits begrenzt jedoch diese Steigerungsmöglichkeiten. Zudem sind der Fugenreduzierung infolge des in der Spaltmitte positionierten Schweißrüssels Grenzen gesetzt. Möglichkeiten zur Leistungssteigerung resultieren aber nicht nur aus der Erhöhung der aufzuwendenden Energie, sondern auch aus deren effektiven Nutzung im Auf- und Abschmelzprozeß [2, 5, 7].

Ergebnisse der am IFST der UNI MD durchgeführten Untersuchungen zum UP-Senkrechtschweißen mit horizontal zugeführter Bandelektrode offenbaren neue Möglichkeiten zur Verbesserung der Wirtschaftlichkeit und der mechanisch-technologischen Gütewerte beim vollmechanischen Senkrechtschweißen unter Montagebedingungen [5, 7].

Das Schweißen in senkrechter Position mit horizontal zugeführter Elektrode bewirkt eine Veränderung des Auf- und Abschmelzverhaltens von Grund- und Zusatzwerkstoff. Die Auf- und Abschmelzleistung wird gesteigert, wobei der Wärmeeintrag in das Schweißgut sowie in den an die Naht angrenzenden Grundwerkstoff gesenkt und somit die Güte der Schweißverbindung deutlich verbessert werden kann [5, 7]. Die Verwendung einer quergestellten Bandelektrode ermöglicht aufgrund der selbsttätigen Lichtbogenwanderung an der V-förmig abschmelzenden Bandspitze eine sichere Spaltüberbrückung mit gezielter Flankenaufschmelzung. Die optimierte Wärmeführung im Spalt bietet neben einer geringeren Schmelzbadüberhitzung günstige Voraussetzungen, das Schweißnahtvolumen und die Wärmeeinbringung beim Schweißen in senkrechter Position weiter zu minimieren, ohne daß erhöhte Anforderungen an die Fugenvorbereitung, wie z.B. eine mechanische Fugenvorbereitung, erforderlich werden.

Dadurch kann im Vergleich zu den EG-Technologien der aufzufüllende Nahtquerschnitt bis zu 60% reduziert werden [5, 7]. Die deutliche Reduzierung des aufzufüllenden Nahtquerschnitts bewirkt neben einer Minimierung des Zusatzwerkstoffverbrauchs und des zur Herstellung der Schweißverbindung notwendigen Energie- und Zeitbedarfs vor allem eine beträchtliche Steigerung der Schweißgeschwindigkeit und Verringerung der Streckenenergie. Die gegenüber den EG-Technologien bis zu 65% geringere Streckenenergie führt zu einer Verbesserung der Gefügeausbildung und somit auch der Gütewerte der Schweißverbindung [5, 7].

Zum Zwecke der Verbesserung der Nahtqualität sowie zur Steigerung der Verfahrensleistung wurden in den letzten Jahren verschiedene Technologien zum UP-Schweißen mit mikrolegierten (Ti, B) Fülldrahtelektroden entwickelt [14]. Diese Hochleistungsvariante ist beim Schweißen in Normalposition vor allem durch sehr hohe Kerbschlagzähigkeit bei sehr hohen Schweißleistungen (Stromstärken) gekennzeichnet.

3 Ziele und Randbedingungen der Untersuchungen

Ausgehend vom gegenwärtigen Stand der Technik sowie den Ergebnissen der Grundlagenuntersuchungen zum UP-Senkrechtschweißen unter Einsatz einer Bandelektrode [5, 7] wurden folgende Untersuchungsziele gesetzt:

1. Weiterentwicklung der Technologie des UP-Senkrechtschweißens unter Einsatz von endlosen Drahtelektroden. Durch eine Parallel-Draht-Variante sollen die mit der Bandelektrode erreichbaren günstigen Effekte erzielt und genutzt werden. Dabei ist die bessere Handhabbarkeit der Drähte sowie deren breitere Verfügbarkeit (Liefersortiment) im Vergleich zur Bandelektrode zu berücksichtigen
2. Untersuchung und Vergleich unterschiedlicher Verfahrensvarianten (Zwei-Draht-, Drei-Draht-, Massivdraht-, Fülldraht-Schweißen) und deren Auswirkungen auf die Wirtschaftlichkeit und die Qualität der geschweißten Verbindungen
3. Praxisgerechte Optimierung und Prozeßführung (Prozeßsteuerung) unter Berücksichtigung auftretender Toleranzen der Fugenvorbereitung.

Die spezifischen Randbedingungen der Untersuchungen sind in der Tabelle 1 zusammengefaßt.

Tabelle 1. Spezifische Randbedingungen bei den Untersuchungen zum UP-Senkrechtschweißen

Grundwerkstoff	GL-A, GL-E36
Blechdicke	10, 14 und 18 mm
Probengröße	500 x 400
Zusatzwerkstoff	Massivdraht S 2 (DIN 8557) 1,6 mm, Massivdraht S 2 2,5 mm, basischer Fülldraht SG B1 C Y4254 (DIN 8559), 1,6 mm
Hilfsstoffe	Schweißpulver A AB 1 67 AC und A CS 1 77 AC (EN 760)
Nahtvorbereitung	V-Naht, ÖW 30°-40°, Stegabstand 2-4 mm
Badsicherung	Cu-Badsicherung mit eingelegtem Glasfaserband; keramische Badsicherung; Glasbadsicherung
Nahtaufbau	einlagig und mehrlagig (zweilagig)
Drahtanordnung	parallel und diagonal

4 Durchführung experimenteller Untersuchungen zum UP-Doppeldraht-Senkrechtschweißen mit horizontaler Elektrodenzuführung

4.1 Verfahrensprinzip und Gerätetechnik

Das Verfahrensprinzip, die Verknüpfung der Gerätekomponenten sowie der Versuchsstandaufbau sind in den Bildern 1 bis 3 dargestellt. Das UP-Doppeldraht-Senkrechtschweißen mit horizontaler Elektrodenzuführung wird durch zwei getrennte Lichtbögen charakterisiert, die in einer gemeinsamen Kaverne brennen und ein gemeinsames grundwerkstoffseitiges Schweißbad bilden (Abb. 1). Die Stromversorgung erfolgt von einer Schweißstromquelle, wobei der Schweißstrom geteilt wird. Das Schweißpulver wird durch einen Trichter über Pulverzuführungsschlauch in eine geschlossene Pulverkammer an der Schweißstelle zugeführt. Die Nahtformung wird mittels eines wassergekühlten Cu-Schuhs realisiert, der entlang der Fuge geführt und durch einen Pneumatik-Zylinder angedrückt wird. Geschweißt wird vor allen einseitig auf geeignete Wurzelbadsicherung.

Als Basisgerät bei der Geräteentwicklung wurde das handelsübliche Montageschweißgerät zum EG-Schweißen ESG 1 genutzt, wobei vor allem die Bewegungsfunktionen sowie die Schweißprozeßsteuerung weiter in unveränderter Form zum Einsatz kommen (Abb. 2). Um ausreichende Leistungsfähigkeit des Zwei-Draht-Schweißens zu gewährleisten, wird ein thyristorgesteuerter Schweißgleichrichter mit einem Maximalstrom von 800 A eingesetzt. Der Schweißkopf wurde in Anlehnung an die Praxis und in Zusammenarbeit mit einem Brenner-Hersteller entwickelt und aufgebaut. Das Funktionsmuster für das Versuchsstadium ermöglicht isolierte Drahtführung mittels Führungselementen (-rohre) sowie stufenlose Verstellbarkeit des Drahtabstandes (Abb. 3). Die Drahtförderung erfolgt durch ein modifiziertes Drahtvorschubsystem über doppelgenutete Drahtrollen mit elektrischer Isolierung für beide Drähte.

4.2 Nahtform- und Badsicherungselemente

Zur optimalen Nahtformung wurden spezielle Formelemente in Form von Cu-Schuhen entwickelt. Diese werden pneumatisch angepreßt und durch eine entsprechende Vorrichtung entlang der Schweißbe-

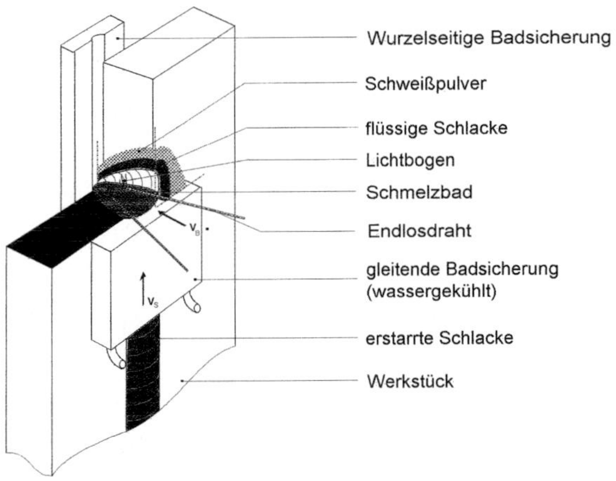

Abb. 1. Verfahrensprinzip des UP-Doppeldraht-Senkrechtschweißens

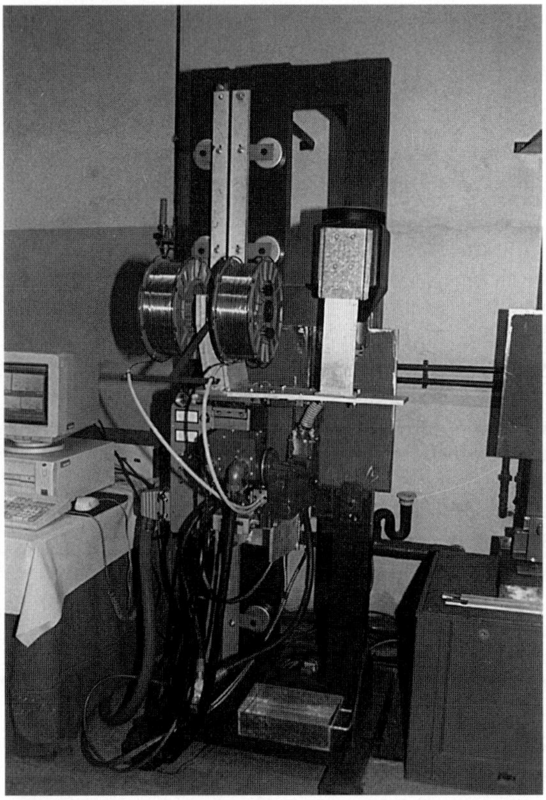

Abb. 2. Versuchsstandaufbau

Abb. 3. Schweißkopf

wegungsachse unmittelbar nach dem Lichtbogenbrennort geführt. Zur Kühlung des Cu-Schuhs wurde ein Wasserkühlkreislauf realisiert. Die Formgebung der Nahtoberseite erfolgt durch eine am Cu-Schuh angefräste Nut in Abhängigkeit von der Lagenart. Entwickelt wurden sowohl Nahtformelemente für das Wurzelschweißen als auch solche für das Decklagenschweißen.
Als wurzelseitige Badsicherungen wurden drei unterschiedlichen Arten untersucht. Die Vor- und Nachteile dieser Badsicherungsarten sind nachfolgend dargestellt.

Cu-Platte ohne Nut + Glasfaserband
- nur bei geringeren Leistungen einsetzbar, da durch das eingelegte Glasfaserband die Wärmeableitung im Wurzelbereich fehlt; bei höheren Leistungen besteht Gefahr vor Cu-Einschlüssen

Glasbadsicherung
- beständiger als die meisten keramischen Badsicherungen, schmilzt jedoch mit fortschreitendem Schweißweg immer mehr auf, der Prozeß verlagert sich nach hinten (zur Wurzel hin)

Keramische Badsicherungen
- praxisübliche Keramik-Badsicherungen schmelzen zu stark auf; jedoch sind beständigere Sorten verfügbar, die gut geeignet für das Wurzelschweißen sind

Aufgrund dieser Merkmale ist der Einsatz hochtemperaturbeständiger Keramik-Badsicherungen gefordert.

4.3 Prozeßcharakteristika und -zustände

Die Prozeßführung beim UP-Doppeldraht-Senkrechtschweißen mit horizontaler Elektrodenzuführung wird von folgenden Hauptprozeßgrößen beeinflußt:

Gesamtschweißstrom I_g
Teilstrom 1 I_1
Teilstrom 2 I_2
Schweißspannung U_s
Schweißgeschwindigkeit v_s
Drahtvorschubgeschwindigkeit v_{dr} = const.

Der Gesamtstrom Ig teilt sich in zwei Teilströme I_1 und I_2, wobei die zwei Lichtbögen kontinuierlich wechselphasig in Hoch- und Niedrigstromphasen bzw. auch gleichphasig brennen. Dieser richtet sich wertmäßig vor allem nach der Blechdicke bzw. nach der Beherrschbarkeit des Schweißbades. Der Werkstoffübergang ist meist kurzschlußfrei, bei Brennen der Lichtbögen nur im Wurzelbereich bzw. auf der Badsicherung auch kurzschlußbehaftet. Die Werkstoffübertragung bei einem Drahtdurchmesser im Bereich 1,6–2,5 mm erfolgt teils über die Schlacke, teils frei.

Aufgrund der Zwangsformung sowie der Verfahrensspezifika ist das Schlackeaufgebot in der Regel größer als notwendig, somit muß die Schlacke abgeführt werden bzw. aus dem Pulverauffangtrichter herauslaufen können. Daher wird die Pulverzuführung kontinuierlich dosiert, um die sich bildende Schlackemenge zu steuern. Die Bildung einer dünnen Schlackeschicht auf der Nahtoberfläche ist wichtige Voraussetzung für eine gute Nahtqualität. Um eine optimale Nahtformung zu gewährleisten, werden vor allem Schweißpulver mit „kurzer" Schlacke bevorzugt.

Der Schweißablauf sowie die Qualität der Schweißnaht beim UP-Doppeldraht-Senkrechtschweißen sind primär abhängig von der Anpassung der Schweißparameter (Gesamtschweißstrom, Schweißspannung, Schweißgeschwindigkeit, Drahtvorschubgeschwindigkeit, Drahtanordnung) an die jeweilige Fugengeometrie (Spaltbreite, Öffnungswinkel und dadurch Fugenbreite decklagenseitig) (siehe Abb. 4). Die Gewährleistung einer konstanten Erfassung der Wurzel- und Decklagenbereiche stellt die Hauptaufgabe der Prozeßführung dar. Entscheidend ist vor allem die Einhaltung eines optimalen Verhältnisses zwischen Nahtquerschnitt (Fugenform, Spaltbreite) und Drahtabschmelzvolumen pro Nahtlängeneinheit, d.h. zwischen Schweißgeschwindigkeit (v_s) und Drahtvorschubgeschwindigkeit (v_{dr}) bei einem gegebenen Fugenquerschnitt. In Abhängigkeit von diesen Verhältnissen sind folgende Prozeßzustände möglich:

Vorlaufendes Schweißbad (zu langsames Schweißen)

Bei einer zu geringen Schweißgeschwindigkeit (v_s) besteht die Gefahr eines vorlaufenden Schweißbades, wobei der Wurzelbereich nicht gut erfaßt bzw. durchgeschweißt wird (siehe Bild 4). Die Lichtbögen brennen nah an der Blechoberfläche, es kann zu einer Formschuhabhebung kommen. Das zu füllende Querschnittsvolumen ist kleiner als die Abschmelzrate pro Nahtlängeneinheit. Der Schweßprozeß ist ruhig und feintropfig, es ist eine Erhöhung der Gesamtschweißstromstärke aufgrund der Lichtbogenlängenänderung zu beobachten.

Zu schnelles Schweißen (ungenügende Erfassung des Nahtquerschnittes)

Bei einer zu hohen Schweißgeschwindigkeit (v_s) brennen die Lichtbögen meist nur im Wurzelbereich. Die Flanken werden nicht gut erfaßt und es können sich Bindefehler bilden (siehe Abb. 4). Darüber hinaus besteht die Gefahr von Stockungen auf der Badsicherung, dem Auftreten von Drahtausknickungen sowie dem Festbrennen bei Anwendung einer Cu-Badsicherung. Der Prozeß ist unregelmäßig und kurzschlußbehaftet. Eine Verringerung des Gesamtstroms ist festzustellen. Die Naht wird insgesamt unzureichend gefüllt.

Optimaler Schweißprozeß

Werden die beim Schweißen verwendeten Prozeßparameter optimal an die Fugengeometrien angepaßt, entsteht ein stabiler Prozeß bei dem die Lichtbögen wechselphasig im mittleren Nahtflankenbereich brennen. Die Fuge wird optimal erfaßt und es kommt decklagen- und wurzelseitig zu einer guten Nahtausbildung (Abb. 4, 5 und 6). Deutlich zu erkennen ist das für die UP-Doppeldraht-Senkrechtschweißung typische Einbrandprofil. Die Oberflächen der UP-Senkrechtschweißnähte weisen durch die formbildende Schlacke nur eine geringe Schuppung auf. Bei

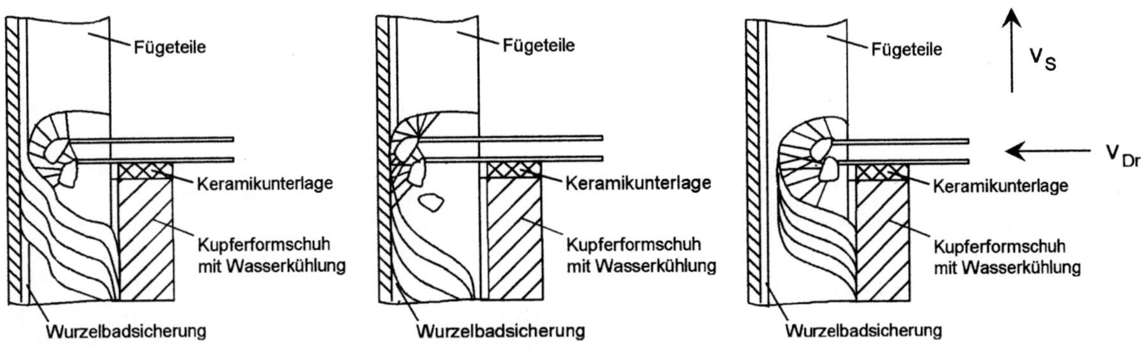

Abb. 4. Mögliche Prozeßzustände beim UP-Doppeldraht-Senkrechtschweißen

optimal eingestellten Schweißparametern und günstigen Prozeßbedingungen verläuft die gesamte Schweißnaht gleichmäßig, frei von Einbrandkerben, Schlackeeinschlüssen, Poren und Rissen. Dies wird durch die Ausbildung einer vollständig geschlossenen Schlackeschicht ermöglicht, denn durch sie wird die Schweißnaht vor den Einflüssen der Atmosphäre geschützt, weiterhin ermöglicht die Schlacke einen gleichmäßigen Abkühlvorgang.
Da diese optimale Anpassung der Schweißparameter an die Fugengeometrien manuell nicht immer ausreichend erreicht werden kann, ist die Entwicklung einer Steuerung zur automatischen Prozeßführung erforderlich. Diese wird im Abschnitt 5. ausführlich behandelt.

4.4 Technologische Verfahrensvarianten

4.4.1 Einfluß des Schweißzusatzes

Im Rahmen der Untersuchungen zum UP-Doppeldraht-Senkrechtschweißen wurden als Zusatzarten sowohl Massiv- als auch Fülldrähte eingesetzt. Nachfolgend sind die wichtigsten Merkmale und Besonderheiten dieser beiden Gruppen dargestellt:

- Fülldrähte ermöglichen höhere Drahtvorschubgeschwindigkeiten, höhere Abschmelzleistungen und etwas höhere Schweißgeschwindigkeiten als Massivdrähte

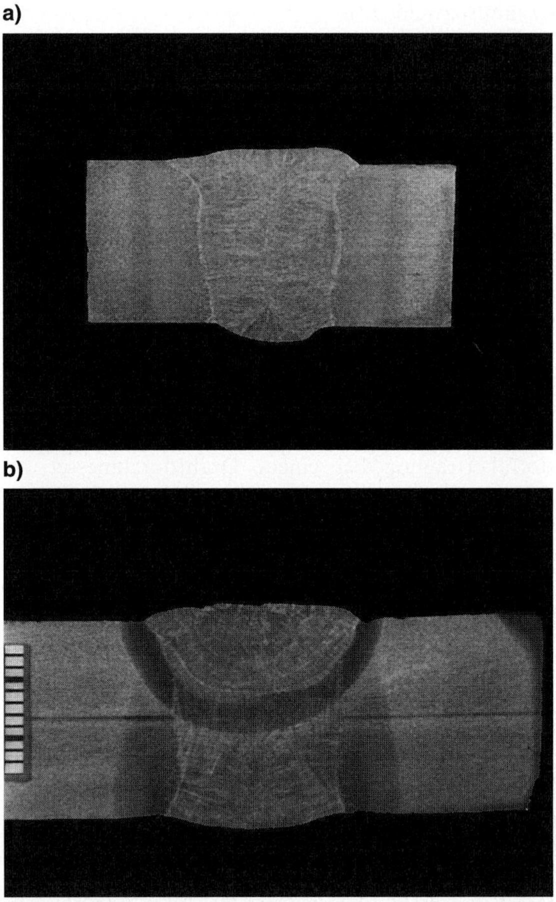

Abb. 6. Nahtprofile beim UP-Doppeldraht-Senkrechtschweißen. a) einlagig, b) zweilagig

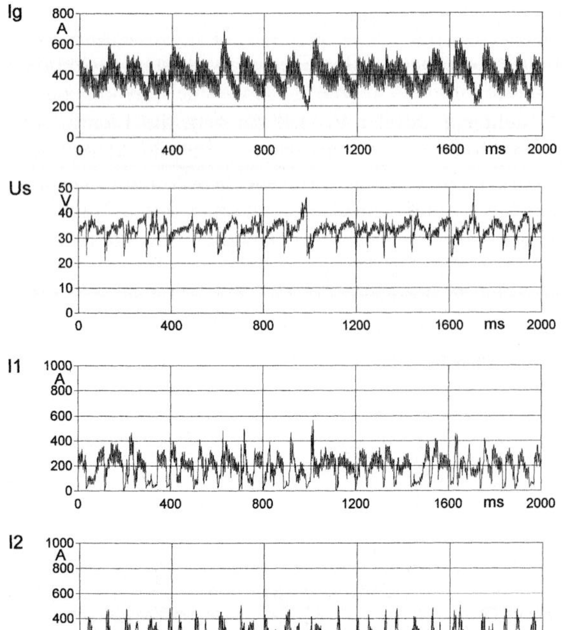

Abb. 5. Prozeßverläufe beim UP-Doppeldraht-Senkrechtschweißen (Decklage):
I_g = 398 A; U_s = 33,5 V; I_1 = 194 A; I_2 = 201 A;
v_s = 15 cm/min.

- mit Massivdrähten lassen sich gleichfalls gute Gütewerte erzielen.

Die besonderen Vorteile der Fülldrähte sind in der besseren Prozeßbeherrschung, in der guten Wurzelausbildung sowie in der möglichen Verbesserung der Kerbschlagzähigkeitswerte zu sehen. Fülldrähte schmelzen „weicher" ab, können besser Unregelmäßigkeiten bzw. Instabilitäten im Prozeß kompensieren, sind darüber hinaus unempfindlicher gegen Stockungen auf der Keramik-Badsicherung.
Neben der Schweißzusatzart wurde auch der Einfluß des Drahtdurchmessers bei Massivdrähten untersucht. Mit dünnen Massivdrähten wird eine höhere Abschmelzleistung (bei einer bestimmten Schweißleistung) als mit dickeren erzielt; d.h. bei einer gleichen Abschmelzrate liefern die dickeren Drähte mehr Strom, was sich nachteilig auf die Nahteigenschaften auswirken kann (höherer Wärmeeintrag). Daher sind technologische Grenzen beim einlagigen Schweißen dicker Bleche (18mm) mit dicken Drähten (2,5 mm) gegeben. Als mögliche negative Folgen sind eine sehr breite Wurzel, Gefahr vor teilweiser Festschweißung der Cu-Badsicherung, erhöhte Verweilzeiten des

Schweißbades bei höheren Temperaturen (> 1100°C) und dadurch mögliche Verschlechterung der Kerbschlagzähigkeit zu nennen. Aus diesen Gründen ist der Einsatz dünner Drähte zu favorisieren.

4.4.2 Einlagiges Schweißen

Die Technologie des einlagigen Schweißens besitzt den Vorteil, daß die Füge in einem Schweißgang erfaßt und die Naht gefüllt wird. Jedoch sind dabei technologische Grenzen insbesondere bezüglich des zu füllenden Nahtquerschnitts, des Fugenöffnungswinkels und des Stegabstandes. Daher ist mit wachsender Blechdicke der Fugenquerschnitt zu verringern, um eine einlagige Schweißung zu ermöglichen. Der Prozeß ist im Vergleich mit der Mehrlagentechnologie empfindlicher gegen Bindefehler und eine automatische Prozeßführung ist schwieriger zu realisieren. Dabei ist auf eine optimale Nahtquerschnittsgeometrie bzw. ein günstiges Breiten-zu-Tiefen-Verhältnis zu achten. Ein für die Einlagentechnik typisches Nahtprofil ist im Abb. 6a dargestellt.

4.4.3 Mehrlagiges Schweißen

Mit der Mehrlagentechnik wird die Strategie verfolgt, zuerst eine gute Wurzel einseitig auf Keramik zu schweißen und anschließend bei hoher Leistung mit dicken Decklagen die Naht zu füllen. Das Mehrlagenschweißen hat folgende hauptsächliche Vorteile gegenüber der Einlagen-Technologie:

- bessere Prozeßbeherrschung, da das Schweißbad kleiner und die Streckenenergie niedriger ist,
- mögliche Verbesserung der mechanisch-technologischen Gütewerte (vor allem der Kerbschlagzähigkeit),
- leichtere Prozeßadaption, weniger Prozeßunregelmäßigkeiten.

Die Nachfolgende Darstellung stellt einen Vergleich des Einlagen- und Mehrlagenschweißens dar.

Technologie des Mehrlagenschweißens

Wurzelschweißen:	*Decklagenschweißen:*
Blechdicke: 14 und 18 mm	Blechdicke: 14 und 18 mm
Öffnungswinkel: 40°	Öffnungswinkel: 40°
Spaltbreite: 3–4 mm	Spaltbreite: 3-4 mm
I_s = 330...350 A	I_s = 350...400 A
U_s = 34...35 V	U_s = 33...34 V
v_s = 18...21 cm/min	v_s = 15...17 cm/min
v_{dr} = 4...5 m/min	v_{dr} = 5...6 m/min
Zusatz: Fülldraht, 1,6 mm	Zusatz: Fülldraht, 1,6 mm
m_{ab} = 7...8 kg/h	m_{ab} = 9...10 kg/h
E_s = 33...36 kJ/cm	E_s = 35...40 kJ/cm

Die Realisierung der Mehrlagentechnik ist jedoch mit der Entwicklung und dem Einsatz geeigneter Nahtformelemente verbunden. Zu diesem Zweck wurde ein spezieller Cu-Schuh für das Wurzelschweißen entwickelt. Beim Decklagenschweißen kommen die für die Einlagen-Technik üblichen Formelemente zum Einsatz. Im Bild 6b ist ein typisches Nahtprofil dargestellt.

4.5 Mechanisch-technologische Eigenschaften der geschweißten Verbindungen

Festigkeitseigenschaften (Zugversuch)
Zur Ermittlung der Festigkeitseigenschaften der Schweißverbindungen wurden Flachzugproben nach DIN 50 120 quer zur Schweißnaht entnommen. Die Werte für Zugfestigkeit Rm, Streckgrenze Re und Bruchdehnung A wurden im Zugversuch nach EN 10 002 bestimmt.
Alle geprüften Proben reißen unabhängig vom Schweißzusatz oder anderen Randbedingungen im unbeeinflußten Grundwerkstoff. Die erreichten Werte für die Zugfestigkeit, Streckgrenze und Bruchdehnung übertreffen eindeutig die für den Grundwerkstoff laut Schiffbauvorschriften geforderten Mindestgrenzen. Somit konnte eine ausreichende Festigkeit der Schweißverbindungen nachgewiesen werden.

Formänderungsvermögen (technologischer Biegeversuch)
Alle geprüften Biegeproben erreichen unabhängig vom Schweißzusatz oder anderen Randbedingungen stets einen Biegewinkel von 180°.

Kerbschlagbiegeversuch
Die Kerbschlagzähigkeit wurde im Kerbschlagbiegeversuch nach DIN EN 10045 bei einer Prüftemperatur von −20°C ermittelt. Die Werte für die Kerbschlagarbeit liegen im Bereich 50–70 J. Somit wurden gute Zähigkeitseigenschaften der geschweißten Verbindungen nachgewiesen. Ausgewählte Ergebnisse des Kerbschlagbiegeversuches sind in Abb. 7 dargestellt.

5 Entwicklung einer Prozeßsteuerung zur adaptiven Anpassung des Prozesses an variable Fugengeometrien

Der hardwaretechnische Aufbau der Steuerung wird im Abb. 8 verdeutlicht. Die Struktur der Gerätesteuerung des schienengeführten Montageautomaten bleibt bezüglich der Regelung der zwei Motoren (Schweißvorschubbewegung und Drahtvorschub) erhalten sowie die Verknüpfungen bei Start/Beendigung des Schweißprozesses (Lichtbogen Ein/Aus) werden weiter genutzt. Die PC-Steuerung ersetzt die analoge Parameterstellung durch die digitalen Potentiometer am Montageschweißgerät.
Die Prozeßsteuerung wird als unabhängiges Gerät realisiert. Den Hardwarekern stellt ein Industrie-PC auf der Basis des Prozessors 486DX dar. Desweiteren besteht diese aus folgenden Komponenten:

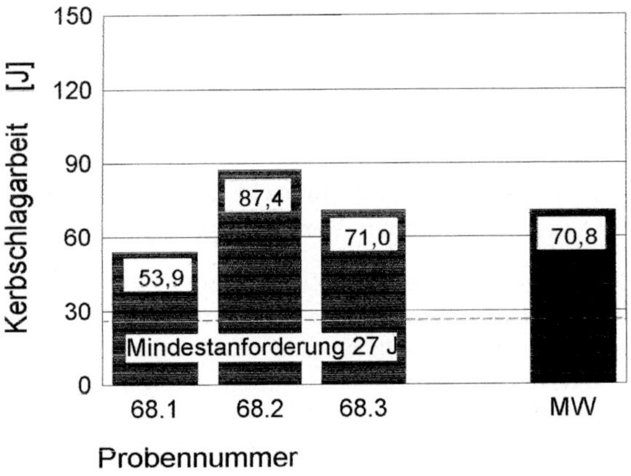

Abb. 7. Ergebnisse des Kerbschlagbiegeversuches nach DIN EN 10045:
GL-A, t = 14 mm; Zusatz S2, 1,6 mm; Schweißpulver A AB 1 67 AC

- serielles Schnittstellen-Modul
- analoge Eingangsmodule
- analoge Ausgangsmodule
- digitales Ein-/Ausgangsmodul.

Als Entwicklungsumgebung wurde das offene graphische PC-Programmiersystem für Automation *iCon-L* eingesetzt. Die Programme werden auf einem PC geschrieben und über serielle Schnittstelle RS 232 auf den Industrie-PC „down"-geladen (übertragen). Die gewählte Hard- und Software-Konfiguration gewährleistet eine genügende Flexibilität bei verschiedenen Steuer- und Regelaufgaben sowie die Entwicklung und Implementierung von eigenen Programmbausteinen.

Die Hauptfunktionen der Prozeßsteuerung sind folgende:

- **on-line-Meßwerterfassung**
- statistische **on-line-Auswertung** der aufgenommenen Parametervektoren für die Prozeßparameter Gesamtstrom I_G, Teilströme I_1 bzw. I_2 und Schweißspannung U_s
- **on-line-Stellung und -Anpassung** der Technologie nach optimiertem Algorithmus durch die Stellgrößen v_s und v_{dr}
- **Parametervorgabe** über ein im System integriertes Handterminal in Form von Schweißprogrammen sowie Bedienung des Systems
- Visualisierung verschiedener Prozeßzustände

Es erfolgt über geeignete Meßwandler die on-line-Gewinnung von folgenden Signalmerkmalen:

- arithmetischer Mittelwert
- quadratischer Mittelwert (Effektivwert)
- Standardabweichung
- Variationskoeffizient (auf der Basis vom arithmetischen Mittelwert)
- Variationskoeffizient (auf der Basis vom quadratischen Mittelwert)

Der Eingriff der Prozeßsteuerung in den Schweißprozeßablauf erfolgt durch die Stellung der zwei Hauptstellparameter v_s und v_{dr} mit Hilfe von Steu-

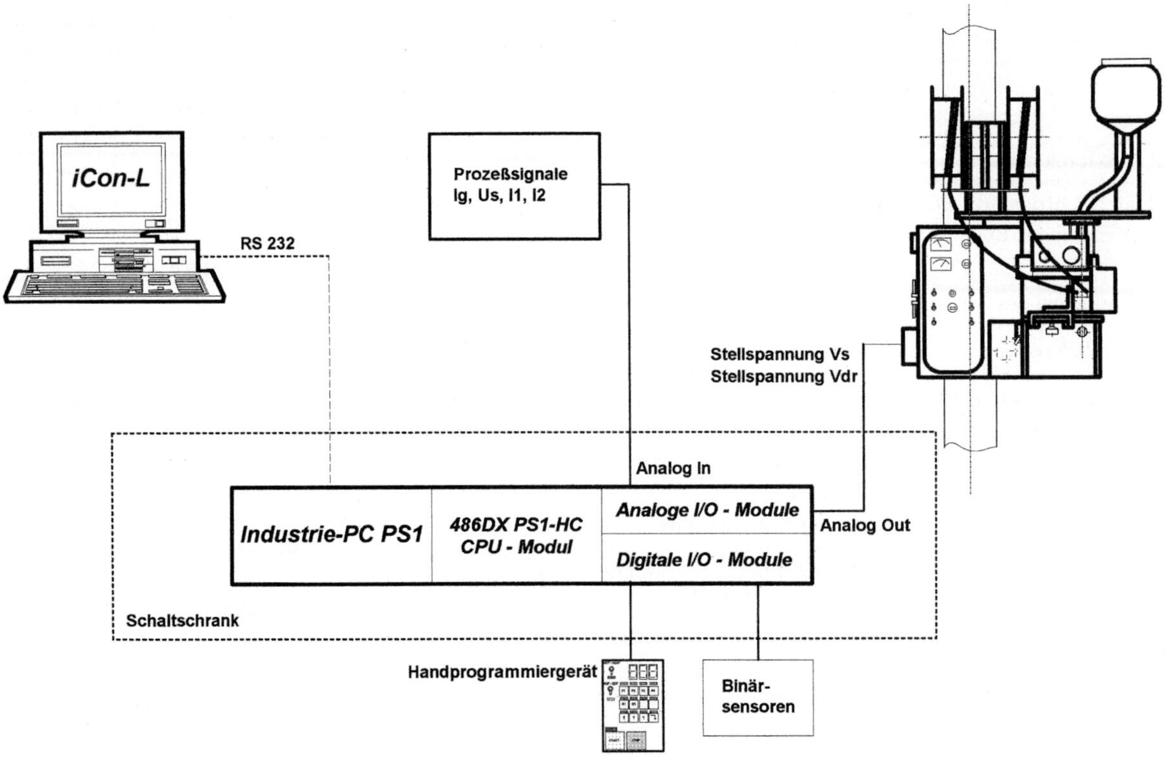

Abb. 8. Komponenten und Verknüpfung der Steuerungshardware

erspannungen nach entsprechendem Steueralgorithmus. Zusätztlich werden notwendige Visualisierungsfunktionen ermöglicht. Start/Stop-Funktionen sowie Programmvorwahlen werden mit dem integrierten Handterminal realisiert. Weitere Informationen über die aktuelle Prozeßsituation können mittels Binärsensoren über digitale Eingänge gewonnen werden.

Derzeit werden Untersuchungen zur Optimierung des Steueralgorithmus durchgeführt. Die Realisierung der Steuerung sowie die Testphase werden in der letzten Bearbeitungsperiode erfolgen.

6 Zusammenfassung und Ausblick

Die Ergebnisse der durchgeführten Untersuchungen zum UP-Doppeldraht-Senkrechtschweißen zeigen Möglichkeiten eines großen Leistungssteigerungspotentials der Senkrechtschweißung unter schiffbaulichen Produktionsbedingungen. Bei Abschmelzleistungen von über 10 kg/h sowie bei erhöhten Prozeßgeschwindigkeiten in dieser schwierig zu beherrschende Schweißposition sind gute mechanisch-technologische Gütewerte der Schweißnähte erzielbar. Die Grundvoraussetzung für die praktische Umsetzung der Verfahrenstechnik sind die Entwicklung zweckentsprechender robuster Montagegerätetechnik sowie die Gewährleistung einer optimalen automatischen Prozeßführung. Ausgehend vom erreichten Stand lassen sich folgende Untersuchungsschwerpunkte für die Weiterführung der Forschungs- und Entwicklungsarbeiten ableiten:

- Realisierung einer Drei-Draht-Technik
- Untersuchungen zur Anpassung der Technologie an veränderlicher Fugenbreite (Spaltbreite) sowie Kantenversatz
- Implementierung von Steuer- und Regelalgorithmen
- Vergleich der erzielbaren Nahtqualität (mechanisch-technologische Gütewerte) bei unterschiedlichen Prozeßvarianten (Zwei-Draht-, Drei-Draht-, Einlagen-, Mehrlagen-Technik)
- Untersuchung des Temperaturfeldes bei unterschiedlichen Verfahrensvarianten.

Über die Endergebnisse der Untersuchungen wird zu einem späteren Zeitpunkt berichtet.

Das diesem Bericht zugrundeliegende Vorhaben wurde aus Mitteln des Bundesministeriums für Bildung, Wissenschaft, Forschung und Technologie (BMBF) über die Projektträgerschaft „Schiffstechnik" des Germanischen Lloyds, der Deutschen Schiffbauindustrie sowie eines Verbunds beteiligter schweißtechnischer Unternehmen über das Forschungszentrum des Deutschen Schiffbaus Hamburg gefördert. Für diese Förderung sei gedankt. Überdies danken die Verfasser der Firma Oerlikon Deutschland GmbH, Wittenberg sowie Herrn Dr.-Ing. G. Schäfer, Halle/Saale.

Schrifttum

1 Scholz, E.: MAG-Schweißen mit Fülldraht- sowie Massivdrahtelektroden – technischer und wirtschaftlicher Vergleich beim Arbeiten in Zwanglage. Oerlikon-Schweißmitteilungen, Eisenberg 46 (1988) H. 118, S. 4–9.

2 Larisch, F.: Methode zur rationellen Führung des Enegiehaushaltes im Schmelzschweißprozeß. Schweißtechnik, Berlin 38(1988) 8, S. 371–373.

3 Herold, H. und Zahariev, S.: Systeme zum mechanisierten Schweißen im Schiffbau und Behälterbau. Vortragsband zur Internationalen technisch-wissenschaftlichen Konferenz „Schweißen in der Energietechnik", 2.-3-Oktober 1996 in Kiew, Ukraine, S. 23–24.

4 Herold, H.; Neubert, G. und Zahariev, S.: Untersuchungen zur Qualitätssicherung und Weiterentwicklung des Metall-Schutzgasschweißens in Zwangspositionen. DVS-Berichte, Bd. 176, Schweißen und Schneiden ,96, Düsseldorf, Deutscher Verlag für Schweißtechnik (DVS-Verlag) 1996, S. 237–242.

5 Kupetz, G.: Beitrag UP-Senkrechtschweißen mit horizontal zugeführter Bandelektrode. Dissertation, Otto-von-Guericke-Universität Magdeburg 1995.

6 Engindeniz, E.: Elektrogasschweißen – eine hochleistungsfähige Technologie mit Baustelleneignung. Oerlikon-Schweißmitteilungen, Eisenberg 46 (1988) H. 117, S. 4–13.

7 Herold, H. und Kupetz, G.: Unterpulver-Senkrechtschweißen mit horizontal zugeführter Bandelektrode. DVS-Berichte, Bd.170, DVS-Verlag GmbH, Düsseldorf 1995, S. 83–88.

8 Millar, D.W.: Qualität und Leistung beim Schweißen im Schiffbau gleichzeitig gesteigert. Der Praktiker 47 (1995) 9, S. 430–435.

9 Wietrzniok, H.: Beitrag zur Weiterentwicklung des Metallschutzgas-Engspaltschweißens in senkrechter Zwangsposition. Dissertation, TH Aachen 1992.

10 Herold, H.; Neubert, G. und Zahariev, S.: Weiterentwicklungen zum MSG-Schweißen in schwierigen Schweißpositionen. Schweißen und Schneiden, Düsseldorf 48 (1996) Heft 8, S.589–598.

11 Kügler D.: MAG-Schweißen im Schiffbau. DVS-Berichte, Bd. 67, DVS-Verlag, Düsseldorf 1981, S. 35–43.

12 Dilthey, U., Dahl, W., de Lede, F. und Borner A.: Anwendung moderner Hochleistungsschweißverfahren bei der Verarbeitung hochfester Feinkornbaustähle. DVS-Berichte, Bd. 155, DVS-Verlag, Düsseldorf 1993, S. 71–76.

13 Raschka, D.: Schweißtechnische Anforderungen in Schiffbau und Meerestechnik. DVS-Berichte, Bd. 168, DVS-Verlag, Düsseldorf 1995, S. 189–200.

14 Engindeniz, E.: Unterpulver-Hochleistungsschweißen mit Fülldrahtelektroden. DVS-Berichte, Bd. 155, DVS-Verlag, Düsseldorf 1995, S. 170–178.

Erörterungen

Dipl.-Ing. Helgi Kringel, Bremer Vulkan Marineschiffbau, ARGE F 124:

- Automatische Anpassung der Schweißparameter
- Schweißung von Blockstößen bei Plattenstärken 7–10 mm

Zwei Fragen zu den Einsatzmöglichkeiten der vorgestellten Technik:

Läßt der Prototyp bereits die automatische Anpassung der Schweißparameter an variable Blockstoßfügenbreiten zu, die montagegegeben sind?
Ist der Einsatz bei Blockstößen möglich, bei denen die Plattenstärke zwischen 7 und 10 mm liegt?

Prof. Dr. mult. Eike Lehmann, Germanischer Lloyd, Hamburg: Äußere Form der Schweißnähte

Zu den sehr interessanten Ausführungen von Prof. Herold erlaube ich mir die Bemerkung, daß neben ausreichender Kerbschlagzähigkeit und statischer Festigkeit besonders auch die ausreichende Betriebsfestigkeit von Bedeutung ist. Einige Bilder der Probeschweißungen zeigen hohe Nahtüberhöhungen oder Wurzeldurchhang. Müßte man hier nicht noch an der Verbesserung der äußeren Form der Naht arbeiten?

Prof. Dr.-Ing. habil. Horst Herold, Dipl.-Ing. Stefan Zahariev, Magdeburg, Dipl.-Ing. (FH) Alfred Hinrichs, Wismar (Schlußwort)

Zum Beitrag von Herrn Dipl.-Ing. Kringel:
Frage 1: Automatische Anpassung der Schweißparameter:
Die Flexibilität der Verfahrenstechnik sowie die automatische Anpassung der Technologie an variable Fugengeometrie ist wichtige Grundvoraussetzung für den praktischen Einsatz des neuartigen UP-Senkrecht-Schweißprozesses.
Dies wurde selbstverständlich bei der Technologieoptimierung sowie der steuerungstechnischen Weiterentwicklung des UP-Senkrechtschweißens berücksichtigt. Derzeit wird die Prozeßsteuerung zum Zwecke der Kompensation von Toleranzen des Stegabstandes (der Spaltbreite) im Bereich 2...6 mm und des Kantenversatzes bis 2 mm in Hinblick auf das Schweißen von Montagestößen und nach Absprache mit dem projektbegleitenden Ausschuß optimiert und angepaßt.
Frage 2: Einsatz im Blechdickenbereich 7...10 mm:
Nach Meinung der Autoren stellt das Schweißen im Blechdickenbereich 7...10 mm eine sinnvolle Ergänzung des Anwendungsumfanges des UP-Senkrechtschweißens dar. Es erfordert jedoch eine entsprechende Anpassung der Schweißtechnologie und der Prozeßsteuerung. Dieser Schwerpunkt ist bereits bei der Weiterführung der Forschungsarbeiten je nach Bedarf vorgesehen.
(Autorenbemerkung: Sinnvolle Anregungen sowie Informationen über anwendungsspezifische Details haben wir von Herrn Kringel in einem umfangreichen Schriftwechsel bereits erhalten)

Zum Beitrag von Herrn Prof. Lehmann:
Bei der Qualitätsprüfung der geschweißten Verbindungen wurden sowohl die statischen Festigkeitseigenschaften, die Kerbschlagzähigkeit, die Röntgensicherheit und die Härte als auch die Nahtgeometrie, -aussehen und -ausbildung ermittelt und beurteilt. Insbesondere bezüglich der Nahtgeometrie und -ausbildung zeigten sich deutliche Vorteile der Mehrlagentechnologie mit dünnen Fülldrahtelektroden gegenüber der entsprechenden Einlagentechnologie. Die Ausbildung der Wurzellage wird durch die verwendete Wurzelbadsicherung beeinflußt und ist für die Qualität der Verbindung entscheidend. Mit der optimierten Technologie wurden Nahtqualitäten entsprechend der Bewertungsgruppe „B“ nach dem Fertigungsstandard des Deutschen Schiffbaus in Anlehnung an EN 25817 erzielt.
Unzulässige Wurzel- und Nahtüberhöhungen sowie scharfe Nahtübergänge können durch den Einsatz einer aufgabenangepaßten Prozeßsteuerung vermieden werden.

Leistungssteigerung bei mechanisierten Schutzgasschweißverfahren

Increased Performance of Mechanized GMA-Welding Processes

Prof. Dr.-Ing. **Ulrich Dilthey**, Dr.-Ing. **Uwe Reisgen**, Dipl.-Ing. **Heinz Bachem**,
Institut für Schweißtechnische Fertigungsverfahren der RWTH Aachen

Summary. During the last years there were made a lot of efforts to increase welding speed and deposition rate without reducing quality. The result of these developments were different GMAW-welding processes characterized essentially by arc type and material transfer. In addition to high productive short arc- and high productive spray arc-welding processes this paper describes welding with rotating arc. In laboratory experiments it was possible to raise the deposition rate up to 25 kg/h, but these high performance rates are not accessible in practical application. Realistic deposition rates using an electrode diameter of 1,2 mm are 13–14 kg/h with a wire feed up to 25 m/min. Because of the increasing use of flux cored wire electrodes in GMA-High-Productivity-Welding these wires are compared with the solid wire electrodes. New developments use two wire electrodes for further increase of performance. With the Two-Wire-GMA-Welding-Technology it is possible to raise considerably the welding speed by simultaneous increasing the deposition rate. The development of GMA-Twin-Arc-Welding with a common contact tube or two contact tubes with the same voltage are presented in this paper just as the GMA-Tandem-Welding with electrically seperated contact tubes.

1 Einleitung

Schweißprozesse in der metallverarbeitenden Industrie haben heute noch immer einen hohen Anteil an den Produktionskosten. Oft stellt die Schweißzeit, abhängig von der Menge des abzuschmelzenden Zusatzwerkstoffes und von der Schweißgeschwindigkeit, einen Begrenzungsfaktor dar, der für die Amortisationszeit einer Investition von Bedeutung ist. Da der zunehmende Kostendruck viele Betriebe zur verstärkten Mechanisierung ihrer Schweißarbeiten sowie zur Auswahl produktiver Schweißverfahren zwingt, wurden in den letzten Jahren große Anstrengungen unternommen, Schweißgeschwindigkeit und Abschmelzleistung bei gleichbleibender Qualität zu steigern. Ergebnis der Entwicklungen waren MSG-Hochleistungsschweißverfahren, die zum einen durch die Lichtbogenart und zum anderen durch die Zweidrahttechnik charakterisiert sind. Letztere Technologie setzt zur weiteren Leistungssteigerung eine zweite gleichzeitig abschmelzende Elektrode ein.

2 MSG-Hochleistungsschweißprozesse

Seit der Einführung des Metall-Schutzgas-Schweißens in die industrielle Fertigung Anfang der Sechziger Jahre ging der Anteil des bis dahin vorherrschenden Lichtbogenhandschweißens immer weiter zurück. Der Grund hierfür liegt in der Flexibilität des MSG-Verfahrens, verbunden mit einer hohen Kosten-Rentabilität. Es kann zum Positionsschweißen verwendet werden, ist für die Mechanisierung hervorragend geeignet, und die Abschmelzleistung ist von 0,5 kg/h bis zu 25 kg/h variabel. Von 1975 bis 1989 hat das MSG-Schweißen mit Massivdraht seinen Marktanteil verdoppelt [1, 2].

Die kontinuierliche Weiterentwicklung des Metall-Schutzgas-Schweißens wurde im wesentlichen durch frei programmierbare, leistungsstarke Stromquellen, die Invertertechnologie, zuverlässige Drahtvorschubsysteme sowie durch eine konsequente Entwicklung von Schutzgasgemischen und Zusatzwerkstoffen geprägt. Gegenüber dem Schweißen mit Stabelektrode konnte die Abschmelzleistung auf die 2–3 fache Menge gesteigert werden. Um ein Vorlaufen des Schmelzbades zu verhindern, ist es gleichermaßen nötig, die Schweißgeschwindigkeit entsprechend zu erhöhen. Geschieht dies nicht, kommt es zu Flanken- und Wurzelbindefehlern. Außerdem besteht die Gefahr, daß das große Schmelzbad nicht ausreichend vor der Atmosphäre geschützt wird, so daß Porenbildung unmittelbar die Folge ist.

Obwohl bereits 1958 gezeigt werden konnte, daß der Leistungsbereich des MSG-Schweißens noch über den Sprühlichtbogen hinausgeht und Mitte der Sechziger Jahre erstmals Schweißungen mit der Hochstromtechnik mit Abschmelzleistungen bis 20 kg/h gelangen, dauerte es noch über 20 Jahre, bevor das MSG-Hochleistungsschweißen in Europa erstmals industriell unter dem Begriff T.I.M.E.- Schweißen eingeführt wurde [3]. Die Besonderheit dieses Verfahrens besteht in der drastischen Steigerung der Drahtvorschubgeschwindigkeit bis max. 50 m/min gegenüber dem konventionellen MAG-Schweißen mit Drahtvorschüben bis zu etwa 12 m/min.

Beim Metall-Schutzgasschweißen ergeben sich in Abhängigkeit vom Schutzgas und den gewählten Schweißparametern unterschiedliche Lichtbogenbereiche, die sich durch die Art des Werkstoffüberganges unterscheiden. Bei Drahtelektroden mit 1,6 mm Durchmesser und maximalen Drahtfördergeschwindigkeiten von ca. 11 m/min (Stromstärke ca. 450 A) werden im Sprühlichtbogen Abschmelzleistungen von etwa 10 kg/h erreicht [4]. Die Bezeichnung Sprühlichtbogen ist in DIN 1910 Teil 4 genormt. Er ist gekennzeichnet durch einen axialen, kurzschlußfreien Werkstoffübergang bei Drahtvorschubgeschwindigkeiten von 9–18 m/min. Neben diesem und dem Kurzlichtbogen sind heute noch 3 weitere Lichtbogenbereiche bekannt, auf die im folgenden näher eingegangen werden soll. Abb. 1 gibt einen Überblick über verschiedene Einstellbereiche beim MSG-Hochleistungsschweißen.

2.1 Hochleistungs-Kurzlichtbogen

Ein leistungsgesteigertes Kurzlichtbogenschweißen ist das Hochleistungs-Kurzlichtbogenschweißen. Dieser Begriff ist allerdings noch nicht genormt, eine für dieses Schweißverfahren ebenfalls geläufige, rechtlich geschützte Bezeichnung „Rapid Arc“ oder die Bezeichnung „forcierter Kurzlichtbogen“ charakterisieren annähernd den gleichen Einstellbereich. Es handelt sich um ein Metall-Schutzgas- Schweißen mit unkonventioneller Parametereinstellung, dessen vorrangigstes Ziel eine Steigerung der Produktivität durch Erhöhung der Schweißgeschwindigkeit ist. Es werden dabei in Abhängigkeit von Schweißposition und Blechdicke Schweißgeschwindigkeiten von 1–2 m/min erreicht, ohne daß es zu Schweißfehlern wie Einbrandkerben und zu starke Schweißnahtüberhöhung kommt, die beim Schweißen mit hoher Geschwindigkeit auftreten können [6].
Diese Prozeßvariante beruht auf der Wahl eines erhöhten Drahtvorschubes und eines längeren Kontaktrohrabstandes bei gleichzeitiger Einstellung einer geringeren Schweißspannung als beim konventionellen MAG-Kurzlichtbogenschweißen. Durch einen bis zu 36 mm erhöhten Kontaktrohrabstand wird ein Durchfallen bei dünnwandigen Blechen vermieden. Durch die längere freie Drahtlänge wird der Widerstand erhöht, was wiederum zu einer geringeren Stromstärke und erhöhter Vorwärmung des Drahtes führt. Nach Trube erweicht das Drahtende und beginnt zu rotieren [5]. Die Auslenkung aus der Drahtachse beträgt etwa 1–2 mm, wobei das rotierende Drahtende an der Flanke der Schweißnaht periodisch Kurzschlüsse verursacht.

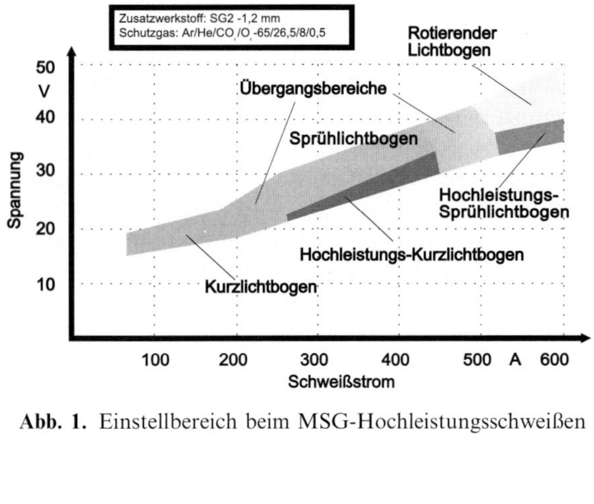

Abb. 1. Einstellbereich beim MSG-Hochleistungsschweißen

Vorrangigstes Ziel war die Erhöhung der Schweißgeschwindigkeit, wobei im Stromstärkenbereich zwischen 200 und 450 Ampere bei Drahtvorschubgeschwindigkeiten von 12–25 m/min geschweißt wird. Normalerweise ergibt sich bei derart hohen Drahtfördergeschwindigkeiten ein Sprühlichtbogen. Da allerdings die Stromstärke aufgrund der langen freien Drahtelektrode verringert werden kann und die Schweißspannung auf einen Bereich zwischen 18 und 34 V begrenzt wird, kommt es durch den erhöhten Widerstand zu einem Vorwärmen der Drahtelektrode, was die Abschmelzleistung erhöht. Der Werkstoffübergang des Hochleistungs-Kurzlichtbogens oder forcierten Kurzlichtbogens ist dem des herkömmlichen Kurzlichtbogens ähnlich. Während der Lichtbogen brennt, wird das freie Drahtelektrodenende durch den elektrischen Widerstand erwärmt und an seiner Spitze durch den Lichtbogen aufgeschmolzen. Der Tropfen am Drahtelektrodenende vergrößert sich, bis er das Schmelzbad berührt. Daraufhin bricht der Lichtbogen durch Kurzschluß zusammen, der Pincheffekt schnürt den Tropfen am Drahtelektrodenende ein. Durch die Oberflächenspannung wird der Tropfen vom Schmelzbad aufgesaugt, die Kurzschlußbrücke verschwindet, und der Lichtbogen zündet erneut [7].
Bedingt durch die periodisch auftretenden Kurzschlüsse ist das Hochleistungs-Kurzlichtbogenschweißen spritzerbehaftet, so daß der Wahl des richtigen Schutzgases eine besondere Bedeutung zukommt. Hier sind allerdings in der Literatur sehr unterschiedliche Empfehlungen zu finden. Bei Schutzgasströmen von 20 l/min werden Schutzgase auf Argonbasis mit CO_2-Anteil bis 8% bzw. bis 18% empfohlen, darüber hinaus können Helium-Anteile zu einer zusätzlich geringen Steigerung von Schweißgeschwindigkeit und Oberflächenqualität führen. Durch Einsatz des Hochleistungs-Kurzlichtbogens bzw. forcierten Kurzlichtbogens konnte z.B. bei der Fertigung von Hydraulikbehältern für Nutzfahrzeuge eine Reduzierung der Schweißkosten um 25% nachgewiesen werden. Weitere Anwendungsbeispiele sind das Schweißen von Vierkantrohren für Autobahnschilderbrücken, von Rohrflanschen oder die Fertigung von Heizkesseln [7, 8, 9].

2.2 Hochleistungs-Sprühlichtbogen

Mit dem Hochleistungs-Sprühlichtbogen wurde in erster Linie eine Erhöhung der Abschmelzleistung bei

Drahtvorschüben oberhalb 19 m/min erreicht. Er ist gekennzeichnet durch einen axialen tropfenförmigen Werkstoffübergang, die Tropfengröße entspricht ungefähr dem Drahtdurchmesser. Auch der Begriff Hochleistungs-Sprühlichtbogen ist wiederum nicht genormt. Veröffentlichungen zum „Modifizierten Sprühlichtbogen" beschreiben mit ähnlichem Einstellbereich die gleiche Lichtbogenart.
Charakteristisch für den Hochleistungs-Sprühlichtbogen ist seine eng eingeschnürte Plasmasäule. Nach dem Erweichen des unteren Drahtendes wird die Lichtbogenlänge reduziert, und die Plasmasäule wird breiter. Es bildet sich eine Schmelzenbrücke aus, die durch die Pinchkraft zunehmend eingeschnürt wird. Sobald die Schmelzenbrücke zwischen Drahtende und Tropfen abreißt, geht der Tropfen im freien Flug in das Schmelzbad über. Die Stromstärken für einen Draht mit einem Durchmesser von 1,2 mm liegen oberhalb 400 Ampere bei Schweißspannungen von 35 bis 39 Volt. Der hohe Lichtbogendruck preßt den Tropfen dabei ins Schmelzbad, so daß sich ein tiefes fingerförmiges Einbrandprofil ergibt, das häufig Poren oder Einschlüsse aufweist [5, 10, 11]. Der Hochleistungs-Sprühlichtbogen wird deshalb in der Praxis nicht eingesetzt.

2.3 Rotierender Lichtbogen

Bei weiterer Erhöhung der Schweißspannung kommt es bei hohen Schweißströmen zur Rotation des Lichtbogens. Abb. 2 zeigt die Hochgeschwindigkeitsaufnahme eines rotierenden Lichtbogens bei einer Stromstärke von 450 Ampere.
Bei einem relativ großen Kontaktrohrabstand (bis 35 mm) kommt es zu einer starken Widerstandserwärmung des Drahtes, wodurch das freie, vom hohen Schweißstrom durchflossene Drahtende fast auf Schmelztemperatur erwärmt wird und dadurch seine Steifigkeit verliert. Es kommt zu einem Erweichen des Drahtendes, der starke Lichtbogendruck auf den Lichtbogenansatzpunkt führt dabei zu einem seitlichen Ausweichen des übergehenden Metalls. Die Mindeststromstärke liegt oberhalb 400 A bei 25 bis 45 m/min Drahtvorschub. Die Rotationsrichtung ist zufällig, die Rotationsfrequenz liegt bei 800–1000 HZ [5, 12].
Die Abschmelzleistung konnte in Laborversuchen auf 25 kg/h gesteigert werden, jedoch sind diese hohen Abschmelzraten in der Praxis zur Zeit nicht erreichbar. Relevante Abschmelzleistungen bei Einsatz einer Drahtelektrode mit 1,2 mm Durchmesser liegen in der Größenordnung von 13–14 kg/h bei 25 m/min Drahtvorschub. Da es bei den hohen Werten für Spannung, Drahtvorschub und Stromstärke zu einer großen Belastung des Handschweißers durch UV-Strahlung und Wärme kommt, wird das Verfahren zur Zeit vorzugsweise automatisiert eingesetzt [13, 14].
Bei einem Vergleich der Einbrandprofile der verschiedenen Lichtbogenarten ist festzustellen, daß gegenüber dem konventionellen Sprühlichtbogen mit dem Hochleistungs-Sprühlichtbogen, wie bereits erwähnt, ein sehr tiefes, fingerförmiges Einbrandprofil zu erzielen ist. Der rotierende Lichtbogen ergibt ein sehr breites Einbrandprofil, daß beim Schweißen von Füllagen eingesetzt werden kann, Abb. 3.
Das Schweißen mit rotierendem Lichtbogen erfordert eine spezielle Anlagentechnik, die in Europa erstmalig von einem österreichichen Schweißmaschinenhersteller unter dem Namen T.I.M.E. vertrieben wurde. Die Abkürzung steht für **T**ransferred **I**onisized **M**olten **E**nergy und bedeutet die Übertragung von hoher Energie und aufgeschmolzenem Zusatzwerkstoff in einem ionisierten Plasma. Da mit diesem Namen die verfahrensbedingte Schweißzeitverkürzung in Verbindung gebracht wird, hat sich auch der Name T.I.M.E. – Schweißen eingebürgert. Bezeichnungen wie Rapid Melt sind allerdings ebenso geläufig.
An die für das Schweißen mit rotierendem Lichtbogen eingesetzten Anlagen werden hohe Ansprüche gestellt [15, 16]:

- Die Stromquelle muß bei hohen Schweißspannungen (bis zu 50 Volt) hohe Stromstärken bei einer Einschaltdauer von idealerweise 100% liefern.
- Beim Drahtfördersystem ist ein gleichmäßiger Drahtelektrodentransport auch bei hohen Drahtfördergeschwindigkeiten erforderlich. Mindestens

Abb. 2. Hochgeschwindigkeitsaufnahme des rotierenden Lichtbogens [Quelle: Messer Griesheim]

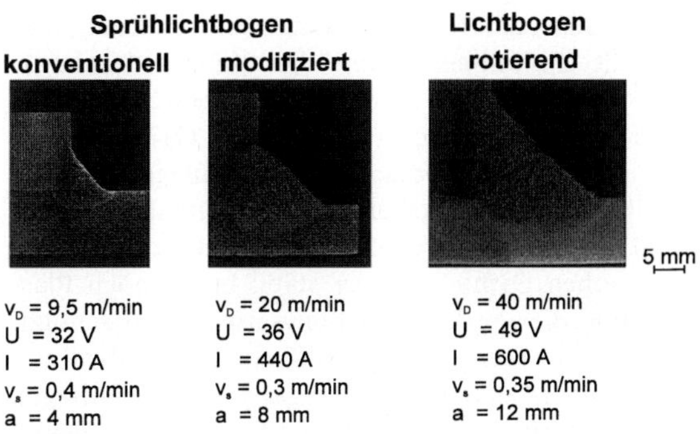

Abb. 3. Vergleich der Einbrandprofile der verschiedenen Lichtbögen

ein Vierrollenantrieb, gegebenenfalls als Push-Pull-System ausgeführt, in Verbindung mit einem Schlauchpaket, in dem nur geringe Reibungswiderstände auftreten, ist für eine solche Schweißanlage sinnvoll, da nur minimale Abweichungen von der voreingestellten Drahtfördergeschwindigkeit auftreten dürfen. Darüberhinaus sollte der Drahtvorschub ein ausreichend hohes Drehmoment aufweisen sowie geschwindigkeitsgeregelt sein.

- Der Schweißbrenner muß angesichts der hohen Wärmebelastung wassergekühlt sein. Somit ist gewährleistet, daß die entstehende Wärme von den Kontaktrohren und der Gasdüse möglichst schnell an den Kühlkreislauf abgegeben wird.

Wesentlich für eine optimale Schweißnahtqualität ist ein geregelter Anlauf des Drahtvorschubes. Es ist nicht möglich, einen Lichtbogen mit einer Drahtvorschubgeschwindigkeit von 25 m/min sicher zu zünden. Aus diesem Grunde muß mit einem geringen Drahtvorschub gezündet und dann nach Bildung des Schmelzbades auf eine höhere Leistung hochgeregelt werden. Beim Beenden des Schweißprozesses würde ebenfalls das Verringern des Drahtvorschubes von 25 m/min auf 0 m/min unzulässige Endkrater mit Rissen erzeugen. Deshalb ist auch hier ein geregeltes Absenken der Drahtvorschubgeschwindigkeit erforderlich.
Das T.I.M.E – Verfahren findet dort seine Anwendung, wo vorzugsweise dicke Blechquerschnitte in horizontaler oder waagerechter Schweißposition miteinander verbunden werden sollen. Als Anwendungsbeispiele werden in [12] das Schweißen von Achsen für Allradfahrzeuge sowie von Druckluftbehältern genannt. Weiterhin wird in [17] anhand des Schweißens von Maschinenrahmen gezeigt, daß trotz Investition in eine neue Schweißanlage eine Verringerung der Produktionskosten erzielt wurde.

3 Schutzgase

Um die Leistungsbereiche für das MSG-Hochleistungsschweißen sicher zu erreichen, empfiehlt es sich, speziell hierfür entwickelte Schutzgase einzusetzen. Schutzgase zum Hochleistungsschweißen, wie zum Beispiel das T.I.M.E – Gas, verfügen durch ihre spezielle Zusammensetzung über ein überdurchnittlich hohes Energieniveau. Dies wird erreicht durch spezielle Kombinationen aus Ar-He-CO_2-O_2 [18].
Die einzelnen Komponenten der Schutzgasgemische erfüllen für den Prozeß ergänzende Aufgaben. Argon dient als Grundkomponente und führt wegen der relativ hohen Dichte zu einer stabil brennenden Plasmalsäule, die vor der Umgebungsatmosphäre schützt. Helium besitzt eine sehr gute Wärmeleitfähigkeit und erhöht damit den Wärmeübergang vom Lichtbogen ins Werkstück. Dadurch wird ein sehr heißes Schmelzbad erreicht, das gut entgasen kann. CO_2 bewirkt eine Verringerung der Gefahr des Schmelzbadvorlaufes, da CO_2 das Schmelzbad zähflüssiger macht. Zudem dissoziiert Kohlendioxid im Lichtbogen zu Kohlenmonoxid und Sauerstoff und erzeugt durch Rekombination am kalten Werkstück einen tiefen breiten Einbrand. Der Sauerstoffanteil führt zur Bildung von Metalloxiden, die Tropfen und Schmelzbad überziehen. Da diese im Vergleich zu reinem Metall eine geringere Oberflächenspannung aufweisen, entstehen kleinere Tropfen, die früher ablösen und ruhig und ohne Spritzer in das Schmelzbad tauchen [19]. Weiterhin führt dies zu breiteren, flacheren Schweißnähten mit guter Flankenanbindung.
Im Jahre 1984 wurde von dem Kanadier John Church eine spezielle Schutzgaszusammensetzung (T.I.M.E – Gas) zum Patent angemeldet, das die Lichtbogenstabilität der Lichtbogenrotation verbessern sollte. Dieses Vier-Komponenten Gas ist allerdings bis zur heutigen Zeit aufgrund des exakt einzuhaltenden Mischungsverhältnisses sehr teuer. Als 1992 in Europa von ersten Anwendungen des T.I.M.E.-Schweißens berichtet wurde, wurden erste Forderungern nach preiswerteren Gasen zum Hochleistungsschweißen laut. Es wurden verschiedenen Zwei- und Drei- Komponenten Gase seitens der Hersteller entwickelt, die ähnliche gute Eigenschaften wie das patentierte T.I.M.E.-Gas aufweisen. Untersuchungen in [20] belegen, daß neben dem T.I.M.E.-Gas (65% Ar, 26,5% He, 8% CO_2, 0,5% O_2) auch das Dreikomponentengas bestehend aus 60% Ar, 30% He, 10% CO_2 zum MSG-Hochleistungschweißen geeignet ist. Für den „Rapid Melt“ - Prozeß wird in [2, 9, 10, 11] ein Gemisch aus 92% Ar und 8% CO_2 empfohlen. Farwer hält Zwei- und Dreikomponentengase für sinnvoll (Argon + 8% CO_2 oder 4% O_2, Argon + 4% CO_2 und 2% O_2) [21]. Beim Einsatz dieser Gase darf allerdings nicht mehr vom T.I.M.E.-Prozeß gesprochen werden.
Neueste Untersuchungen von Trube zeigen, daß durch einen gezielten Einsatz der Aktivgaskomponenten CO_2 und O_2 im Leistungsbereich oberhalb 20 m/min Drahtvorschub Lichtbogeninstabilitäten unterdrückt werden können. Das Schutzgasgemisch 25% CO_2, 25% He, Restanteil Ar stabilisiert durch seinen hohen CO_2-Anteil den Sprühlichtbogen bis zu Drahtvorschüben von 27 m/min. Darüber hinaus wird der Übergangsbereich zugunsten des Hochleistungs-Sprühlichtbogens vollständig unterdrückt. Mit einem Schutzgasgemisch aus 3% O_2, 25% He; Restanteil Ar läßt sich der Übergangsbereich sowie das Gebiet des Hochleistungs-Sprühlichtbogen nahezu vollständig zugunsten des rotierenden Lichtbogens unterdrücken. Dadurch wird eine stabile Rotation des Lichtbogens schon ab 20 m/min Drahtvorschub (Draht ∅ = 1,2 mm) ermöglicht [34].

4 Zusatzwerkstoffe

Neben der richtigen Wahl des Schutzgases hat die Art und Qualität des Zusatzwerkstoffes großen Einfluß auf das Schweißergebnis. Generell sollten die Drähte zwecks einer verbesserten Gleitfähigkeit im Schlauchpaket sowie eines sicheren Stromüberganges im Kontaktrohr eine gleichmäßige Verkupferung aufweisen. Eine geringe Toleranz im Drahtdurchmesser sowie eine saubere Lagenspulung sind für eine sichere Drahtförderung unerläßlich. Darüberhinaus beeinflußt die chemische Zusammensetzung des Drahtes die Lichtbogenstabilität des MSG-Hochleistungsschweißprozesses.

Untersuchungen zum MSG-Hochleistungsschweißen wurden im wesentlichen mit Massivdrahtelektroden durchgeführt. Anforderungen an Drahtelektroden werden durch Hauch und Sandner in [22] beschrieben, Parametervariationen für verschiedene Arten von Schweißdrähten, die unterschiedliches Abschmelzverhalten zeigten, werden in [23] aufgeführt. In Untersuchungen am Institut für Schweißtechnische Fertigungsverfahren in Aachen wurde die Eignung einer Massivdrahtelektrode S2 mit Durchmesser 1,0 mm zum Hochleistungsschweißen nachgewiesen. Bei einen Drahtvorschub von 20 m/min in einem Spannungsbereich von 37–38 V stellt sich kein rotierender Lichtbogen ein, sondern ein stabil brennender modifizierter Sprühlichtbogen. Ab 25 m/min Drahtvorschub beginnt der Lichtbogen zu rotieren, jedoch kann dieser über längere Zeit nicht stabil aufrecht erhalten werden, da sich bei geringen Spannungsdifferenzen ein modifizierter Sprühlichtbogen wieder einstellt und Kurzschlüsse auftreten. Bei einem Drahtvorschub von 30 m/min stellt sich ein optimaler Prozeßverlauf bei Schweißspannungen von 43–44 V ein. Bei weiterer Erhöhung der Lichtbogenspannung sind noch gute Schweißergebnisse möglich, jedoch wird mit einem Drahtvorschub von 48,5 m/min die Leistungsgrenze des Drahtvorschubs erreicht.

Der zunehmende Einsatz von Fülldrähten verdankt die in der Mitte der Siebziger Jahre als „Röhrchendraht" eingeführte Drahtelektrodenart der Tatsache, daß sie gegenüber der Stab- und Massivdrahtelektrode wesentliche Vorteile in sich vereint, wie z.B. gutes Nahtaussehen, verringerte Spritzerbildung, geringere Porenanfälligkeit und bessere Zähigkeit des Schweißgutes [24, 25]. Teilweise sind die Abschmelzleistungen höher als die von Massivdrähten, da bei der Fülldrahtelektrode der Strom hauptsächlich über die Umhüllung fließt und damit dort eine höhere Stromdichte vorliegt, die zu höheren Temperaturen führt. Entscheidend für die Abschmelzleistung ist der Füllgrad einer Elektrode. Dieser ist als Verhältnis des Gewichts der Pulverfüllung eines Fülldrahtes zum Gesamtgewicht des Drahtes definiert. Ein Höherer Füllgrad bedingt bei gleichem Elektrodendurchmesser eine dünnere Umhüllung und damit wiederum eine höhere Stromdichte [26].

Ähnlich wie bei der Stabelektrode unterscheiden sich die Fülldrahtelektroden gemäß ihres Pulverinhaltes. Es wird zwischen Rutilen-, Basischen-und Metallpulver-Fülldrahtelektroden unterschieden [27]:

- Bei Rutilen-Fülldrahtelektroden wird zwischen Typen mit dünnflüssiger Schlacke, die sich hervorragend für die waagerechte und horizontale Position eignen und solchen mit zähflüssiger, schnell erstarrender Schlacke für Zwangslagenschweißungen unterschieden. Beide sind sehr gut verschweißbar und gekennzeichnet durch ein glattes, sauberes Nahtaussehen sowie gute Benetzbarkeit des Grundwerkstoffes. Sie zeichnen sich außerdem durch einen feintropfigen Werkstoffübergang und einen großen einstellbaren Parameterbereich aus.
- Basische-Fülldrahtelektroden ergeben hohe Schweißgutzähigkeiten, vergleichbar mit denen von basischen Stabelektroden. Aufgrund ihrer guten mechanischen Eigenschaften werden diese vorzugsweise bei hochfesten Feinkornbaustählen eingesetzt. Der Einstellbereich ist zwar deutlich schmaler als bei den Rutilen-Fülldrahtelektroden, dafür neigen basische Fülldrähte weniger zu Schlackeneinschlüssen.
- Metallpulver-Fülldrahtelektroden bieten bei vergleichbaren Schweißparametern eine höhere Abschmelzleistung als Massivdrahtelektroden sowie eine höhere Ausbringung. Da Metallpulver-Fülldrähte nahezu keine Schlacke sondern nur vereinzelte Oxidinseln erzeugen, sind sie für das Schweißen von Wurzellagen bzw. für mechanisierte Mehrlagenschweißungen hervorragend geeignet. Sie sind nach [26] für Werkstückdicken ab 6 mm eine wirtschaftliche Alternative zu Massivdrähten.

Bei Verwendung von Fülldrähten zum MSG-Hochleistungsschweißen erfolgt aus physikalischen Gründen keine Rotation. Daraus folgt ein sehr tiefer, keilförmiger Einbrand, der in der Spitze zu Binderfehlern und Poren führen kann. Abb. 4 zeigt die Einbrandprofile von drei verschiedenen Fülldrähten im Hochleistungsbereich [nach 27].

Der Rutil-Fülldraht zeigt eine sehr günstige Form des Einbrandes mit nahezu dreieckförmigem Einbrandprofil und guter Flankenanbindung, die der eines rotierenden Lichtbogens entspricht. Aufgrund der großen Menge an Schlackebildnern in diesem Draht kommt es bereits nach kurzen Schweißstrecken zu einem Vorlaufen der Schlacke, so daß mit steigender

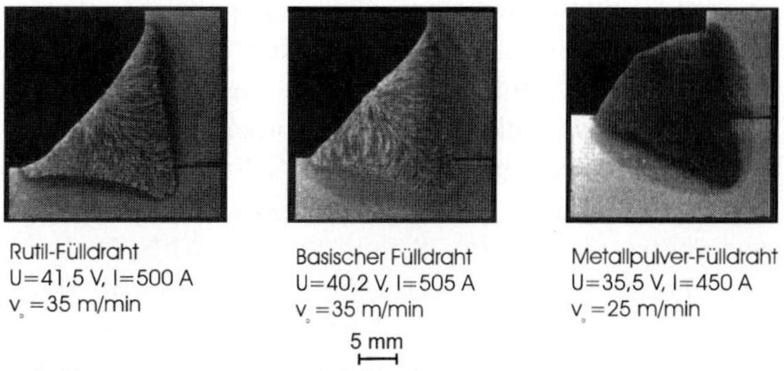

Abb. 4. Einbrandprofile von Fülldrähten im Hochleistungsbereich

Drahtfördergeschwindigkeit Einschlüsse festzustellen sind. Der Querschliff zeigt einen kleinen Schlackeneinschluß im Wurzelbereich. Der basische Fülldraht zeigt eine ebenfalls gute Nahtwurzelausbildung, die Flankenanbindung ist etwas schlechter als beim rutilen Fülldraht. Probleme durch vorlaufende Schlacke treten hier wegen der geringeren Menge an Schlackebildner erst bei wesentlich längeren Schweißstrecken auf. Der Metallpulver-Fülldraht weist einen sehr schmalen, tiefen Einbrand auf. Aufgrund relative geringer Schweißspannungen ist die Naht überhöht und hat demzufolge eine schlechte Flankenanbindung. Eine Erhöhung der Spannung resultiert in starker Porosität.

5 Zweidrahtschweißen

Die Anzahl der MSG-Hochleistungsschweißverfahren wurde durch die Entwicklung der MSG-Zweidrahttechnik um ein Verfahren erweitert, welches weniger durch die Lichtbogenart charakterisiert ist, sondern durch die Anordnung einer zweiten gleichzeitig abschmelzenden Drahtelektrode in einer gemeinsamen Gasdüse. Durch die MSG-Zweidrahttechnik wird eine deutliche Erhöhung der Schweißgeschwindigkeit bei gleichzeitiger Steigerung der Abschmelzleistung erreicht.
Die beiden Lichtbögen erfahren wie zwei stromdurchflossene Leiter mit gleichem Potential durch ihr gleichgerichtetes Magnetfeld eine Anziehungskraft. Die Lichtbogenfußpunkte rücken infolge dessen zusammen und bilden einen gemeinsamen Fußpunkt. Bei einem Abstand von 4–7 mm, abhängig vom Drahtelektrodendurchmesser und der Gesamtstromstärke, treffen sich die übergehenden Tropfen in der Mitte des Schmelzbades in einem gemeinsamen Punkt. Wird der Abstand der Drähte zu gering gewählt, bildet sich ein gemeinsamer Tropfen an den Drahtenden, der zu Prozeßstörungen führt. Ist der Abstand der Drähte zu groß, nimmt die Blaswirkung und die Spritzerbildung sehr stark zu.
Beim MSG-Schweißen mit einer Drahtelektrode findet die Tropfenablösung genau senkrecht im Lichtbogen statt. Bei zunehmender Schweißgeschwindigkeit reicht die Energie des Lichtbogens nicht mehr aus, Grundwerkstoff und Zusatzwerkstoff ausreichend aufzuschmelzen, die Schweißnaht wird schmal und stark überhöht. Darüber hinaus nimmt die Gefahr von Einbrandkerben zu. Beim Schweißen mit zwei Drahtelektroden in Tandemstellung tritt dies erst bei wesentlich höhreren Schweißgeschwindigkeiten auf. Der Grund hierfür liegt in der langgestreckten Form des Schmelzbades, Abb. 5. Bei zwei Drahtelektroden vergrößern die Bereiche des vorlaufenden und nachlaufenden Lichtbogens die Energieeinbringung beträchtlich. Selbst bei hohen Schweißgeschwindigkeiten kann der vorlaufende Lichtbogen genügend Grundwerkstoff breit an-

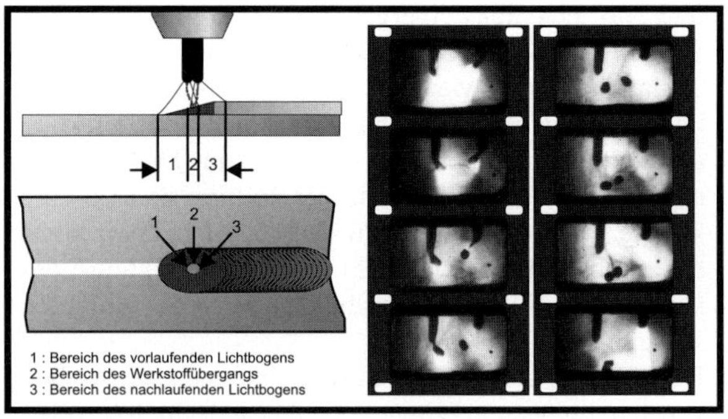

Abb. 5. Ausbildung des Lichtbogens und Werkstoffübergang beim Schweißen

schmelzen, so daß übergehende Tropfen vom Schweißbad aufgenommen werden können. Der nachlaufende Lichtbogen bewirkt das Formen der Nahtoberraupe.
Beim MSG-Zweidrahtschweißen wurden zwei unterschiedliche Verfahren nacheinander entwickelt. Bereits 1975 wurden an Forschungsanstalten sowie von führenden Firmen der Schweißtechnik erste Untersuchungen zum Doppeldrahtschweißen durchgeführt. Probleme, einen stabil laufenden Schweißprozeß aufrecht zu erhalten sowie das Fehlen moderner, leistungsfähiger Schweißstromquellen führten dazu, daß sich das Zweidrahtschweißen in der Industrie damals nicht durchsetzen konnte. Nach langer Pause wurde das Verfahren in einem neuen Forschungsvorhaben vor ca. 5 Jahren wieder aufgegriffen und nicht zuletzt durch den Einsatz modernster Gerätetechnik zu einem vielversprechenden Hochleistungsverfahren weiterentwickelt [28]. Die Entwicklungen des MSG-Zweidrahtschweißens begannen mit der sogenannten Twin-Arc- oder Doppeldrahttechnik. Aufgrund verschiedener Nachteile erfolgte eine Weiterentwicklung zur MSG-Tandem-Technologie, Abb. 6.

5.1 MSG-Twin-Arc-Technologie

Bei der MSG-Twin-Arc-Technologie wird die Leistung in der Regel von zwei gekoppelten Quellen zur Verfügung gestellt. Während die Steuerung inklusive Bedienoberfläche nur in einer Stromquelle vorhanden ist, verfügen beide Geräte über ein für das Zweidrahtschweißen ausgelegtes Transistor-Leistungsteil. Die Parallelschaltung der Anlage ist so ausgelegt, daß der gesamte Schweißstrom sich jeweils genau zur Hälfte auf beide Stromquellen aufteilt. Während bislang beide Leistungsteile in zwei verschiedenen Stromquellengehäusen untergebracht wurden, werden diese zunehmend in ein gemeinsames Gehäuse integriert.
Charakteristich für das Twin-Arc-Verfahren ist ein Schweißbrenner mit einem gemeinsamen oder zwei potentialgleichen Kontaktrohren für beide Drahtelektroden. Die Spannung zwischen Kontaktrohr

und Werkstück ist daher für beide Drahtelektroden immer gleich. Daraus ergibt sich beim Kurzschluß einer Elektrode mit dem Werkstück, daß auch an der anderen Elektrode die Spannung sehr stark abfällt und der Lichtbogen erlischt. Der gesamte Strom wird jetzt nur noch von der kurzgeschlossenen Elektrode übertragen, so daß diese schnell freibrennt. Die andere Elektrode ohne Lichtbogen wird unterdessen vorgeschoben und löst bei Berührung mit dem Werkstück den nächsten Kurzschluß aus. Die Folge ist ein Schweißprozeß mit häufigen Kurzschluß- und geringen Lichtbogenbrennzeiten, der extrem instabil verläuft.

Ein Nachteil dieser Technologie liegt darin, daß die Schweißprozesse nicht getrennt für beide Drahtelektroden einstellbar sind, so daß weder das Kurzlichtbogenschweißen noch die Anpassung der Parameter zum Einsatz unterschiedlicher Drahtdurchmesser möglich ist. Aus diesem Grund kommen beim Twin-Arc-Schweißen in der Praxis nur Sprüh- und Impulslichtbogen mit gleichen Drahtdurchmessern zum Einsatz. Hier sind vor allem bei Verwendung eines impulsförmigen Schweißstroms stabile, spritzerarme Werkstoffübergänge zu erzielen [29].

5.2 MSG-Tandem-Technologie

Erst die Entwicklung eines Schweißbrenners mit geteiltem Kontaktrohr bzw. mit zwei getrennten Kontaktrohren ermöglichte die elektrische Trennung der beiden Drahtelektroden. In Analogie zum UP Schweißen wird diese Technologie daher MSG-Tandem-Schweißen genannt. Die Schweißprozesse für beide Drahtelektroden sind nun getrennt einstellbar, so daß such ein Kurzlichtbogenschweißen möglich ist. Das Schweißen mit gemeinsamem Kontaktrohr führt zu unterschiedlichen Schweißströmen für beide Drahtelektroden, da geringe Unterschiede im Übergangswiderstand im Kontaktrohr nicht zu vermeiden sind. Während die hieraus resultierenden unterschiedlichen Abschmelzleistungen an beiden Drähten weitgehend durch transistorisierte Konstantspannungs-Stromquellen mit schneller innerer Regelung kompensiert werden, kommt es beim Impulslichtbogenschweißen zu zeitlich unterschiedlichen Tropfenablösungen, die die Lichtbogenstabilität beeinträchtigen. Beim Impulslichtbogenschweißen ist die Tropfengröße weitgehend unabhängig von der Lichtbogenleistung und hängt rechnerisch nur von der Drahtgeschwindigkeit und der Impulsfrequenz ab. Da die Impulsströme in ihrer Höhe in der Regel über der Grenze vom Übergangslichtbogen zum Sprühlichtbogen liegen, wirken sich Änderungen in der Höhe der Einzelströme nicht sofort als Änderung der Abschmelzleistung, sondern im Abschmelzzeitpunkt des Tropfens aus. Die Folge ist ein Tropfen, der sich 100 oder 200 μs früher oder später als der andere Tropfen von der Drahtelektrode löst und in das Schweißbad übergeht [28]. Durch die elektrische Trennung der Drahtelektroden ist eine verbesserte Steuerung der Tropfenablösung möglich. Durch eine phasenverschobene Pulsphase an einer der Drahtelektroden ist eine Synchronisation der Tropfenablösung erreichbar. Darüberhinaus können hierdurch gezielt abwechselnde Tropfenablösungen eingestellt werden.

Die Kontaktrohre im Tandembrennner sind V-förmig in einem Winkel von ca. 11 Grad angeordnet. Dadurch ergibt sich eine etwas größerer Bauart als beim Twin-Arc-Brenner, die einen leicht erhöhten Gasverbrauch mit sich bringt. Während beim Twin-Arc-Brenner die Drahtelektroden parallel angeordnet sind und damit ein konstanter Abstand zwischen den Drähten gewährleistet ist, reagiert der Tandem-Brenner sehr empfindlich auf Abstandsänderungen zum Werkstück, da mit jeder Verkürzung oder Verlängerung des Kontaktrohrabstandes sich der Abstand der Drahtelektroden zueinander ändert und Spritzer die Folge sind. Durch die Anstellung der Drähte zueinander ergeben sich bei Verdrehung des Brenners für Kehlnahtschweißungen jedoch auch Vorteile. Wird die Brennerachse in einer Kehlnaht mit einem Neigungswinkel von 45° positioniert, führt die noch stärkere Neigung der zweiten Elektrode zu einem Aufschieben der Schmelze an das Stegblech, so daß die Gefahr von Einbrandkerben minimiert wird.

Im Straßen- und Schienfahrzeugbau setzt sich das MSG-Zweidrahtschweißen inzwischen immer mehr durch. Gründe hierfür sind die mögliche hohe Schweißgeschwindigkeit mit der geringeren Wärmeeinbringung, was erheblich weniger Richtarbeit zur Folge hat [30]. Je nach zu schweißendem Werkstoff und Fugengeometrie können Schweißgeschwindigkeiten bis 6 m/min (z.B. Behälterschweißungen) realisiert werden. Die präzise Führung und Positionierung des Schweißbrenners muß bei derartigen Anwendungen unbedingt gewährleistet sein [31, 32]. In Analogie zum UP-Doppeldrahtschweißen kann der Brenner aus der Tandemstellung derart zur Fuge gedreht werden, daß die Drähte nicht mehr hintereinander laufen, sondern parallel in der Fuge ausgerichtet sind. Dies ermöglicht bei Bauteiltoleranzen eine größere Spaltüberbrückbarkeit, reduziert jedoch gleichzeitig die maximal mögliche Schweißgeschwindigkeit.

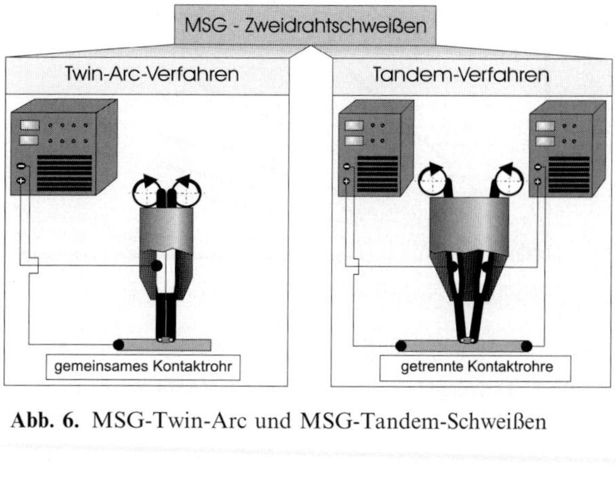

Abb. 6. MSG-Twin-Arc und MSG-Tandem-Schweißen

6 Leistungsbereiche verschiedener MSG-Schweißverfahren

Während für des MSG-Tandemschweißen bislang keine oder nur wenige Daten über Leistungs- und Einstellbereiche zu finden sind, wurde das Twin-Arc-Schweißen schon früh anderen MSG-Hochleistungsschweißverfahren gegenübergestellt. Abb. 7 vergleicht verschiedene MSG-Varianten anhand von Abschmelzleistung bzw. Drahtvorschubgeschwindigkeit und Schweißgeschwindigkeit bei unterschiedlichen Kehlnahtdicken. Die Abgrenzungen sind in der Praxis nicht so exakt, sondern variieren mit der jeweiligen Schweißaufgabe je nach Schweißposition, geforderter Schweißnahtqualität, Nahtvorbereitung, etc. [33]. Es ist zu erkennen, daß mit Schweißgeschwindigkeiten von über 2 m/min noch a-Maße von 3 mm erreichbar sind, mit Schweißgeschwindigkeiten von 1,2 m/min noch a-Maße von 5 mm. Bei kleineren a-Maßen ist die Leistungsgrenze die Schweißgeschwindigkeit, bei größeren a-Maßen ab 5 mm die maximale Drahtvorschubgeschwindigkeit infolge der beginnenden Lichtbogenrotation.

7 Sensorgeführtes Twin-Arc-Schweißen

Ein grundlegendes Problem bei Hochleistungsschweißverfahren und insbesondere beim Zweidrahtschweißen mit hohen Schweißgeschwindigkeiten ist die Brennerführung, da der Prozeßschon bei geringen Bauteiltoleranzen keine ausreichende Nahtqualität mehr erzeugt. In einem aktuellen Forschungsvorhaben wurde am Institut für Schweißtechnische Fertigungsverfahren in Aachen auf Basis des Lichtbogensensors ein geeignetes Nahtverfolgungssystem entwickelt, das speziell auf die Belange der deutschen Schiffsbauwerften, insbesondere für das Ausschweißen von Hollandprofilen auf Sektionsbleche in den Werften abgestimmt ist. Dabei werden Kehlnähte von 3 bis 4 mm a-Maß mit Schweißgeschwindigkeiten über 1,6 m/min realisiert.

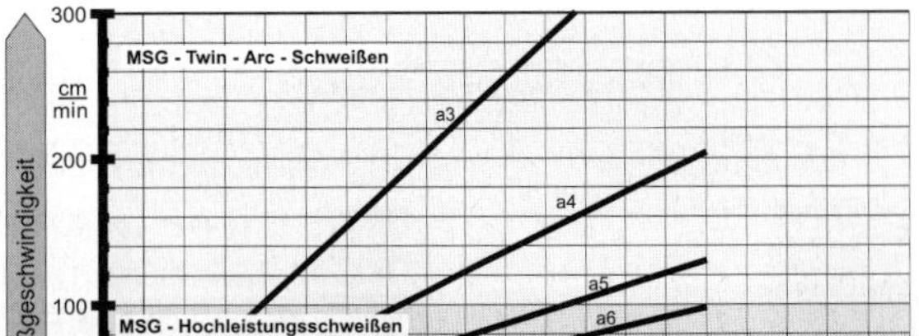

Abb. 7. Leistungbereiche verschiedener MSG-Schweißverfahren [Quelle: Fronius]

Ein Verdrehen der Drahtelektroden quer zur Schweißrichtung ermöglicht die Erfassung von Prozeßgrößen zur Regelung der Brennerpositionierung, Abb. 8. Hierbei brennt jeweils ein Draht auf einer Flanke der Kehle. Durch Versorgung der Lichtbögen aus einer gemeinsamen Schweißstromquelle teilt sich der Gesamtschweißstrom entsprechend den Widerstandsverhältnissen, die den jeweiligen Kontaktrohrabständen proportional sind, zwischen den beiden Drahtelektroden auf. Durch die Verwendung eines Tandembrenners mit getrennten Kontaktrohren ist ein vergleichendes Messen der Flankenströme möglich, so daß zum einen durch Differenzbildung ein Signal zur Seitenführung, zum anderen durch Summenbildung ein Signal zur Höhenführung des Brenners gewonnen werden kann.
Abb. 9 zeigt die Ausbildung der Schweißnähte bei unterschiedlichen Geschwindigkeiten für hintereinander angeordnete Drähte (0° gedreht) bzw. für eine Verdrehung der Drähte in Schweißrichtung. Als Schutzgas wurde ein Gasgemisch aus 5% O_2, 5% CO_2, 90% Ar eingesetzt. Während die Flankenanbindung bei einer Schweißgeschwindigkeit von 1,2 m/min sowohl im Bereich des Steg- als auch des Grundbleches recht gut ist, wird die Naht mit zunehmender Schweißgeschwindigkeit in der Mitte überhöht. Die zur Erfassung von Prozeßsignalen erforderliche Drehung der Drähte um mindestens 20° hat ein Aufschieben der Schmelze an das Stegblech zu Folge. Gleichzeitig verringert sich hierdurch die Gefahr von Einbrandkerben.

8 Ausblick

Hochleistungsschweißverfahren werden in Zukunft aufgrund ihrer Wirtschaftlichkeit eine große Bedeutung haben. Ein großes Entwicklungspotential bietet die Mehrdrahttechnik, die gegenüber den konventionellen Hochleistungsverfahren eine Erhöhung der Abschmelzleistung bei gleichzeitiger Steigerung der Schweißgeschiwindigkeit erreicht. Die noch auftretenden Schwierigkeiten lassen sich durch eine weitere

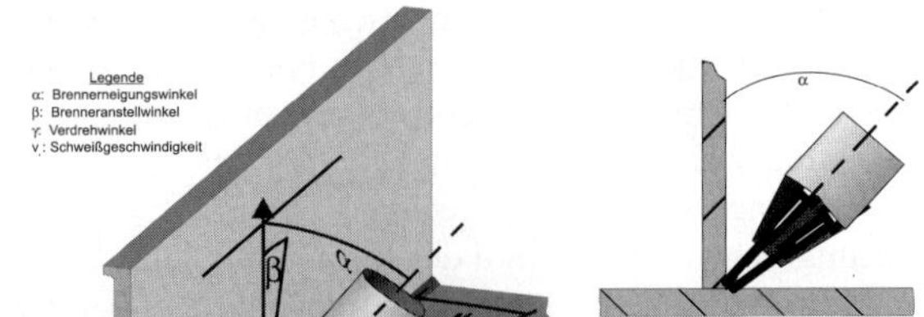

Abb. 8. Brennerpositionierung zum sensorgeführten Twin-Arc-Schweißen

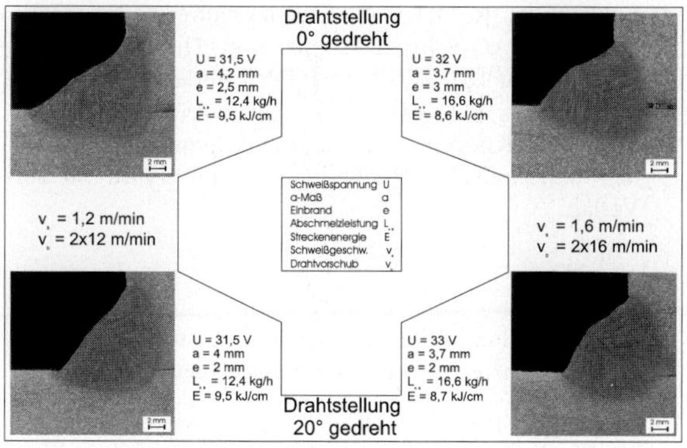

Abb. 9. Vergleich der Einbrandprofile beim MSG-Twin-Arc-Schweißen

Optimierung der Verfahren und der Anlagentechnik sowie durch eine geeignete Sensorik in naher Zukunft beherrschen.

9 Zusammenfassung

In den letzten jahren wurden bei MSG-Schweißverfahren große Anstrengungen unternommen, Schweißgeschwindigkeit und Abschmelzleistung bei gleichbleibender Qualität zu steigern. Ergebnis der Entwicklungen waren verschiedene MSG-Hochleistungsschweißprozesse, die im wesentlichen durch die Lichtbogenart bestimmt sind. Neben dem Hochleistungs-Kurzlichtbogen und Hochleistungs-Sprühlichtbogen wird in diesem Beitrag das Schweißen mit rotierendem Lichtbogen beschrieben. Während in Laborversuchen die Abschmelzleistung bereits 25 kg/h gesteigert werden konnte, sind diese hohen Abschmelzleistungen z. Zt. in der Praxis nicht umsetzbar. Realistische Abschmelzleistungen liegen bei Einsatz einer Drahtelektrode mit 1,2 mm ∅ in der Größenordnung von 13–14 k/h bei 25 m/min Drahtvorschub. Aufgrund das zunehmenden Einsatzes von Fülldrähten für das MSG-Hochleistungsschweißen werden diese den Massivdrähten gegenübergestellt.
Neueste Entwicklungen setzen zur weiteren Leistungssteigerung zwei gleichzeitig abschmelzende Drahtelektroden ein. Durch die MSG-Zweidrahttechnik wird eine deutliche Erhöhung der Schweißgeschwindigkeit bei gleichzeitiger Steigerung der Abschmelzleistung erreicht. Bei der zuerst entwickelten Twin-Arc-Technologie führen beide Drahtelektroden über ein gemeinsames Kontaktrohr das gleiche Potential mit dem Nachteil, daß eine getrennte Parametereinstellung für beide Drähte nicht möglich ist. Erst die Entwicklung eines Schweißbrenners mit elektrisch getrennten Kontaktrohren führte zur MSG-Tandem-Technologie, die durch den Einsatz zweier getrennter Stromquellen eine getrennte Einstellung der Parameter für beide Drahtelektroden und somit eine weitere Leistungssteigerung erlaubt.

Schrifttum

1 Bültmann, R.; Helwig, R.; Schrader, H.: MAG-Schweißen in Klein- und Mittelbetrieben, Stand der Anwendung und aktuelle Entwicklungen, DVS-Bericht 170, DVS-Verlag, Düsseldorf
2 N.N.: Facts about: Rapid Arc, Rapid Melt, Hochleistungs-MIG/MAG-Schweißen,Wissenswertes für den Praktiker, AGA AB 1992
3 Stenke, V. u. a.: Der T.I.M.E.-Prozeß – Eigenschaften eines neuen MAG-Hochleistungsverfahren, DVS-Bericht 134, DVS-Verlag, Düsseldorf 1991
4 Dilthey, U.; Grave, M.; Warmuth, P.; MSG-Hochleistungsschweißverfahren steigern Abschmelzleistung und Schweißgeschwindigkeit, Automatic Welding 12/96
5 Trube, St.; Ladi, Z.: Einfluß der Schutzgas-Draht-Kombination auf die Stabilität der Werkstoffübergänge beim MAG-Hochleistungsschweißen, Schweißen und Schneiden 47(1995) Heft 12
6 von Brömmssen, Bernt; Skirfors, Anders: Greatly increased welding speed with high-productivity welding methods, Special Issue, June 1995
7 Bengtsson, P.; Trautrims, N.: Produktivität beim Metall-Aktivgasschweißen steigern – so geht es, Der Praktiker, Heft 8/93
8 Craig, E.: A unique mode of GMAW transfer, welding journal, september 1987
9 Olfsson, R.; Bengtsson, P.: Starers, I.: High-speed welding gives a competitive edge, Special Issue, No 3, 1995
10 Grollimund, H.: Mehr Produktivität mit Rapid Processing Technica 15/16/93
11 Bengtsson, P.; Ballingall, I.; Ollson, R.; High productivity MIG/MAG welding processes, Welding & Metal Fabrication, June 1992
12 Lahnsteiner, R.: T.I.M.E.-Process – Ein neues MAG-Schweißverfahren, Technica 19/92
13 N. N.: T.I.M.E.. – Das neue MAG-Hochleistungs-Schweißverfahren, Eine verfahrenstechnische Information, Firmenschrift Messer Grießheim, 500/10/92
14 Pomanska, H.-U.: Kritische Betrachtung zu einem Hochleistungs-Metall-Schutzgasschweißverfahren, Praktiker 5/94
15 Matzner, H.: Grundlagen und Anwendungshinweise zum Metall-Schutzgasschweißen mit hohen Drahtfördergeschwindigkeiten, Praktiker 7/93
16 Aichele, G.: T.I.M.E.-Schweißen: Höhere Produktivität im Stahlbau, Zeitschrift Stahl 6/96
17 Steidl, L.: Schweißen von Maschinenrahmen im T.I.M.E.-Prozeß, Schweißtechnik 12/92
18 Hereth, M.: MAG-Schweißen auf dem Weg zum Hochleistungsprozeß, Technica 1/2/94
19 Böhme, D.: Gezielte Beeinflussung des Lichtbogenschweißprozesses in der Fertigung, Linde Sonderdruck 03/90, Linde Technische Gase, München 1990
20 Dilthey, U.; Reisgen, U.; Stenke, V.; Matzner, H.: Schutzgase zum MAGM-Hochleistungsschweißen, Schweißen und Schneiden 47 (1995) Heft 2
21 Farwer, A.: Zeitgemäß – MAG-Hochstromschweißen senkt die Kosten und erhöht die Abschmelzleistung, Maschinenmarkt 99 (1993) Heft 24
22 Hauck, G., Sandner, G.: Qualitätsanforderungen an Drahtelektroden für den T.im.e. – Prozeß und mechanisch-technologische Eigenschaften des Schweißgutes bei hoher Abschmelzleistung, DVS-Bericht 146, DVS-Verlag, Düsseldorf, 1992

23 Church, J.G., Imaizumi, H.: Welding characteristics of a new welding process, T.I.M.E.-Process, IIW-Doc. XII-1990–91
24 Killing, R.: MAG-Schweißen mit Fülldrahtelektrode – Wirtschaftilchkeit entscheidet, Schweizer Maschinenmarkt Nr. 19/1993, Goldach
25 Aichele, G.: MAG-Schweißen mit Fülldrahtelektrode – Heiss diskutiertes Thema, Schweizer Maschinenmarkt Nr. 6/1993, Goldach
26 Huisman, M. D.: Fülldrähte für das Metall-Aktivgasschweißen, Technica (1991), Nr. 2
27 Borner, A.: Beitrag zur Verarbeitung thermomechanisch gewalzter Grobbleche mit modernen Hochleistungsschweißverfahren, Aachener Berichte Fügetechnik, Band 1/95, Verlag Shaker, Aachen
28 N. N.: Untersuchungen zum MAG-Mehrdrahtschweißen, Forschungsbericht der SLV-München, AIF-Bericht Nr. 8546, März 1993
29 Knoch, R.; Nentwig, A.: Schneller MAG-Schweißen mit mehreren Drahtelektroden. DVS-Bericht 162, Düsseldorf, DVS-Verlag, 1994
30 N. N.: Mechanisierung von Schweißprozessen im Fahrzeugbau, Schweißen und Schneiden 48 (1996) Heft 12, Seite 987, Düsseldorf, DVS-Verlag
31 N. N.: Metall-Aktivgasschweißen mit Kohlendioxid und Mischgas, Schweißen und Schneiden 48 (1996) Heft 5, Seite 375, Düsseldorf, DVS-Verlag
32 N. N.: MIG/MAG-Hochgeschwindigkeitsschweißen mit Tandem-Technik, Cloos Info, Firmenzeitschrift, Ausgabe 4, Dezember '96
33 Lahnsteiner, R.: T.I.M.E.-Twin-Verfahren – das Hochleistungs-MAG-Schweißen mit zwei Drahtelektroden, DVS-Bericht 162, Düsseldorf, DVS-Verlag, 1994
34 Trube, St.: MAG-Hochleistungsschweißen mit dem LINFAST-Konzept, Vortragsband zum 5. Aachener Schweißtechnischen Kolloquium, Juni 1997, Shaker Verlag

Erörterung

Prof. Dr. Walter Wild, Universität Rostock: Tandem-Lichtbogen-Sensor für Stumpfnähte geeignet?

Läßt sich der neue Tandem-Lichtbogen-Sensor auch erfolgreich beim entsprechenden Schweißvorgang an Stumpfnähten einsetzen?

Dipl.-Ing Helgi Kringel, Bremer Vulkan Marineschiffbau, ARGE F124: Kehlnähte bei Plattenstärken von 4–5 mm

Von den Vortragenden wurden auf eine Folie Aufnahmen von kehlnähten gezeigt, die ausgeprägte Nahtüberhöhungen zeigen. Ich gehe davon aus, daß dieses nicht Ergebnisse des Abschlusses der Entwicklung sind?
Im Hinblick auf die Anwendung der vorgestellten Neuentwicklungen stellt sich mir die Frage, ob diese geeignet sein können, gleichförmige Kehlnähte mit a = 2,5 bei Materialstärken von 4 bis 5 mm und bei niedrigen Wärmeeinbringens zu erzeugen, wobei die Platten und Versteifungen mit sogen. „Low-Zinc-Primer" beschichtet sein können. Diese Fragen stellen sich in Bezug auf die Anwendung im Marineschiffbau.

Plasmaschmelzschneiden von Schiffbauteilen

Plasma Arc Cutting of Shipbuilding Plates

Prof. Dr.-Ing. **Friedrich-Wilhelm Bach**, Prof. Dr.-Ing. Dr.-Ing. E.h. **Heinz Haferkamp**, Dipl.-Ing. **Ralf Versemann**
Universität Hannover, Institut für Werkstoffkunde

Dipl.-Ing. **Matthias Netuschil**
Noell Service und Maschinentechnik, Frankfurt/Main

1 Einleitung

Im Bereich der Werftindustrie herrscht in den letzten Jahren ein zunehmender Verdrängungswettbewerb auf hohem Niveau. Im Jahre 1994 wurden 46 Prozent aller Handelsschiffe in Japan gebaut. Der Marktanteil deutscher Werftunternehmen betrug lediglich 5,4 Prozent. Nach dem Verband für Schiffsbau und Meerestechnik (VSM) müssen die Kosten in Deutschland bis 1998 um 40 Prozent gesenkt werden, um den gegenwärtigen Marktanteil halten zu können.
Zur Realisierung von Kostensenkungen dieser Größenordnung liegt das Hauptaugenmerk auf Steigerungen der Produktivität und Effektivität sowie der Qualität im Bereich der Fertigung. Im Schiffbau ist der Zuschnitt der einzelnen Bleche und Profile in den meisten Fällen der erste Schritt im Fertigungsprozeß. Hierbei auftretende Fehler und Qualitätsmängel erhöhen den Nachbearbeitungsaufwand erheblich und führen zur Verringerung des Qualitätsniveaus des Endproduktes, sofern sie nicht detektiert werden. Daraus resultiert die Forderung nach Schneidverfahren, die sowohl einen hohen Qualitätsstandard als auch eine hohe Wirtschaftlichkeit gewährleisten.
In den letzten Jahren hat sich das Plasmaschmelzschneiden bedingt durch Entwicklungen im Bereich der Plasmaanlagen- und- brennertechnologien als Fertigungsverfahren für alle metallischen Werkstoffe etabliert. Nicht zuletzt die Einführung des Sauerstofftrockenplasmaschneidens sowie die Erhöhung der Verschleißteilstandzeiten führten zur Substitution des autogenen Brennschneidens durch das Plasmaschmelzschneiden in dem für die Werftindustrie relevantesten Blechdickenbereich zwischen 10 und 25 mm /1-6/.
Bis 1994 wurde beispielsweise bei der Howaldtswerke-Deutsche Werft AG (HDW) das Plasmaschmelzschneiden ausschließlich für Senkrechtschnitte eingesetzt. Schweißnahtvorbereitungen für V-, DV-, Y- und DY-Nähte sowie der Zuschnitt von Wulstflachprofilen konnten verfahrens- und anlagenbedingt nur mit autogenen Schneidsystemen durchgeführt werden.

Seit 1994 wird bei der HDW AG für die Bearbeitung von Wulstflachprofilen, d.h. den Zuschnitt der Profile mit zeitgleicher Schweißkantenvorbereitung im Bereich des Wulstes sowie der Einbringung von Ausschnitten im Bereich des Steges ein robotergestütztes Plasmaschneidsystem eingesetzt.
Zudem wurde für das Besäumen großflächiger Blechplatten mit geradliniger Schweißnahtvorbereitung ein Schneidportal mit zwei parallel betriebenen Plasma-Dreibrenneraggregaten etabliert /7/.
Für den Einsatz von Plasma-Mehrbrenneraggregaten zur Schweißnahtvorbereitung an unterschiedlich orientierten, konturbehafteten Kanten wurde ein Schneidportal mit einem drehbaren Plasma-Zweibrenneraggregat entwickelt /8/.
Als ein Schritt in Richtung der Realisierung eines umfassenden Qualitätssicherungssystems konnte für das Plasmaschmelzschneiden durch Detektion des Düsenverschleißes in der Pilotlichtbogenphase, d.h. vor dem eigentlichen Schneidprozeß, eine prozeßintegrierte Verschleißteilüberwachung und Qualitätsprüfung zur Gewährleistung einer reproduzierbaren Schnittqualität entwickelt werden, die sich derzeit in der industriellen Erprobung befindet /9/.

2 Sauerstoff-Plasmaschneiden

Von den Anwendern wird zur Bearbeitung von Schiffbauteilen zunehmend das Sauerstoff-Plasmaschneiden eingesetzt, da durch Schweißuntersuchungen belegt werden konnte, daß beim Verschweißen an der Schweißnahtoberfläche häufig Poren entstehen, wenn die Werkstücke mit stickstoffhaltigen Prozeßgasen geschnitten wurden. Die Neigung zur Porenbildung wird auf einen erhöhten Stickstoffgehalt in der Oberfläche der Schnittflanke zurückgeführt /11/.
Bei der Verwendung von sauerstoffhaltigen Plasmagasen ist die maximale übertragbare Leistung im Plasmalichtbogen begrenzt. Der Elektrodenwerkstoff ist bei derartigen Plasmabrennern eine Zirkon- oder Hafniumlegierung, die in Form eines Stiftes in einen wassergekühlten Elektrodengrundkörper aus Kupfer

eingelötet oder -gepreßt ist. Bei hoher thermischer Belastung kommt es zu einem verstärkten Elektrodenverschleiß, der in erster Linie am Elektrodengrundkörper einsetzt. Durch Substitution der Kupferkathodenfassung durch eine silberhaltige Speziallegierung gelang es die Standzeit bei 100 Brennerzündungen von 1,5 h auf 5 h zu erhöhen /3/. Da der Düsen- und Elektrodenverschleiß hauptsächlich durch die Zündvorgänge des Lichtbogens und weniger während des eigentlichen Schneidprozesses verursacht wird, wird bei Anlagen mit Longlifetechnik der Pilotlichtbogen in einer Stickstoff- bzw. Argon-Atmosphäre gezündet und anschließend auf das Plasmagas Sauerstoff umgeschaltet. Nach Schnittende führt das Spülen der Kathode mit Stickstoff zur Bildung von hochtemperaturfesten Nitriden, die die Verschleißbeständigkeit erhöhen.

Die handelsüblichen Sauerstoff-Plasmabrenner sind bislang auf einen max. Dauerschneidstrom von ca. 250 A ausgelegt. Die mit Sauerstoff-Plasmabrennern schneidbare Blechdicke ist somit technisch begrenzt. Sie liegt an Baustahl bei ca. 45 mm.

3 Robotergestütztes Plasmaschneiden von Wulstflachprofilen

Das robotergestützte Plasmaschneiden, in der industriellen Fertigung zur Schweißnahtvorbereitung von komplexen Stahlkonstruktionen und Wulstflachprofilen eingesetzt /11,12/, stellt hohe Anforderungen sowohl an die Steuerung als auch an den Plasmaschneidprozeß.

Beispielsweise muß für die Schnittverläufe an Wulstflachprofilen unterschiedlicher Größe nach DIN 1019 mit einer maximalen Schnittdicke von 74 mm der Schneidstrom aufgrund der Schnittdicke im Bereich des Wulstes kurzzeitig auf 300 A angehoben und im Übergangsbereich des Wulstes zum Steg Schneidgeschwindigkeit und Schneidstrom einander angepaßt werden (Abb. 1, rechts).

Da eine exakte Plasmabrennerführung über eine ebene Oberfläche leichter zu realisieren ist, werden die Werkstücke über einen Rollengang mit dem Wulst nach unten dem Schneidroboter zugeführt und auf der Werkstückauflage positioniert. Aufgrund der Geometrie der Wulstflachprofile ergibt sich dadurch bei allen Profilen eine Neigung der Werkstückoberfläche um ca. 10° zum horizontalen Auflagetisch (Abb. 1, links).

Mit dem robotergeführten Plasmaschmelzschneidsystem werden unterschiedliche Schweißnahtvorbereitungen an Wulstflachprofilen durchgeführt. Die geometrische Form dieser Nahtvorbereitung richtet sich nach der Lage des Werkstückes bei der späteren Verschweißung und der damit verbundenen Zugänglichkeit für den Schweißer.

Die Brennerführung erfolgt entsprechend der geforderten Nahtgeometrie. Der Schnitt wird bei allen Profilen an der Wulstseite begonnen und am flachen Steg beendet. Der Schneidvorschub setzt erst nach einer zeitlichen Verzögerung ein, die sich nach der Schnittdicke des Werkstückes richtet. Durch die Vorschubunterbrechung wird einerseits eine vollständige Stabilisierung des Plasmalichtbogens bei vollem Schneidstrom und andererseits die Vorwärmung des Werkstückes auf der gesamten Schneidfront erreicht. Die Schneidgeschwindigkeit und der Schneidstrom werden in Abhängigkeit der Schnittdicke automatisch durch die Robotersteuerung geregelt. Im Bereich des Wulstes wird die Schneidgeschwindigkeit verringert und der Schneidstrom angehoben. Im Bereich zwischen der max. Wulstdicke und dem Profilsteg werden diese Schneidparameter gleichzeitig an die sich kontinuierlich verändernde Schnittdicke angepaßt.

Die Bearbeitung des Wulstflachprofiles HP200x10 mit einer maximalen Schnittdicke von 38 mm erfolgt z.B. mit einem Schneidstrom von 300 A und einer Schneidgeschwindigkeit von 600 mm/min im Bereich der maximalen Wulstdicke. Der Schneidstrom wird im Übergangsbereich zwischen Wulst und Steg auf 250 A reduziert, bei gleichzeitiger Erhöhung der Schneidgeschwindigkeit auf 3300 mm/min.

Bei der Schweißnahtvorbereitung an größeren Wulstflachprofilen beträgt die max. Schnittdicke ca. 74 mm. Durch ein Freischneiden (Abb. 2, links) des Wulstes kann die max. Schnittdicke auf ca. 40 mm reduziert werden. Der Wulst des HP-Profiles wird in

Abb. 1. Roboterschneiden von Wulstflachprofilen

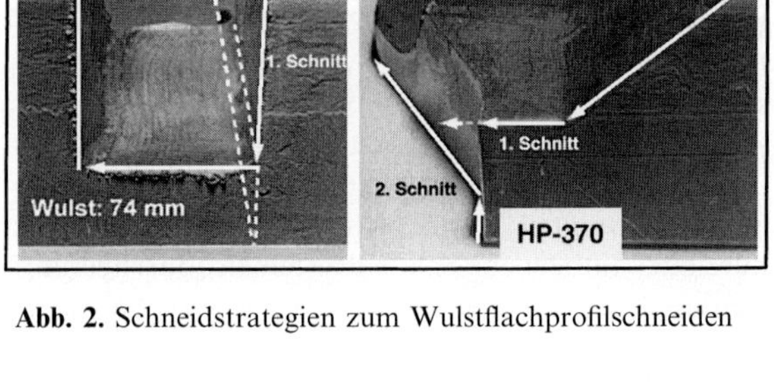

Abb. 2. Schneidstrategien zum Wulstflachprofilschneiden

zwei Arbeitsschritten bearbeitet, wobei der Plasmabrenner für den ersten Schnitt senkrecht zur Stirnfläche des Profiles ausgerichtet und am unteren Wulstradius gezündet wird. Der zweite Schnitt erfolgt von der oberen Kante des Werkstückes.
In der Schiffskonstruktion ist jedoch nicht immer eine Verschweißung der Wulstflachprofile vorgesehen. Es kommt auch vor, daß diese Profile mit einer freien Kante, d.h. mit einer nicht weiterzubearbeitenden Schnittfläche versehen werden. In einem solchen Fall wird das Profil nicht nur mit einer senkrechten Schnittfläche versehen, sondern muß je nach Einbauort der schiffbaulichen Konstruktion angepaßt werden. Basierend auf den Erkenntnissen aus Untersuchungen zur Schwingfestigkeit von unterwasserplasmageschnittenen Schiffbaustählen /13/ treten auch bei freien Werkstückkanten aufgrund der großen Werkstückdickendifferenz im Bereich des Wulstes, Festigkeitsprobleme auf. Durch einen durch den Germanischen Lloyd geprüften und genehmigten Schnittkantenverlauf (Abb. 2, rechts), wird der Übergang zwischen Wulst und Steg so gestaltet, daß die auftretenden Spannungen vom Bauteil deformationsfrei aufgenommen werden können.
Der Brenner wird zum Freischneiden des Wulstes zu Beginn senkrecht zur Wulststirnseite an der unteren Kante positioniert und der Lichtbogen gezündet. Nach Beendigung des Freischneidens erfolgt der Anschnitt für den zweiten Arbeitsschritt an der wulstseitigen Werkstückkante .
Durch den Einsatz der Plasmaschneidtechnologie im Bereich der Wulstflachprofilbearbeitung konnten die Durchlaufzeiten nach Aussage des Anwenders stark reduziert werden, so daß aufgrund der höheren Schneidgeschwindigkeit mit einem robotergestützten Plasmaschneidsystem der Durchsatz von zwei autogenen Brennschneidrobotern erzielt werden kann.

4 Parallel-Besäumanlage

Für die Fertigung großflächiger Blechplatten, wie z.B. der Außenhaut von Schiffen, müssen die lieferbaren Blechhalbzeuge zusammengeschweißt werden. Hierfür ist eine beidseitige Schweißnahtvorbereitung – Besäumen – erforderlich, die bislang mechanisch oder mit autogenen Mehrbrenneraggregaten durchgeführt wurde. Zur Reduzierung der Fertigungszeiten wurde bei der HDW das Parallel-Besäumen auf den Betrieb mit Sauerstoff-Plasmabrennern umgestellt. Dabei impliziert die von den Werften geforderte Maßhaltigkeit der Bauteile eine hohe Führungsgenauigkeit des Schneidportals /7/.
Bei der in Abb. 3 dargestellten Plasma-Besäumanlage wurde deshalb ein neues Konzept für Schneidportalmaschinen eingeführt. Das Schneidportal verfährt nicht wie üblich über dem Werkstück, sondern ist fest installiert. Die Blechhalbzeuge werden in einem Spannportal fixiert und direkt vom äußeren Blechlager unter der Führungsmaschine durchgeführt und bearbeitet. Dadurch können zum einen mögliche Führungsungenauigkeiten des Schneidportals ausgeschlossen und zum anderen Produktionsfläche eingespart werden. Die fertigen Bleche werden unmittelbar hinter dem Schneidportal entnommen und der Schweißanlage zugeführt.

Abb. 3. Plasma-Mehrbrenneraggregat zum Besäumen von Schiffbaublechen

Im Gegensatz zum autogenen Brennschneiden, bei dem die Brenneranordung so gewählt wird, daß der nachfolgende Brennstrahl keine Fuge überbrücken muß (d.h.: Unterfase/Steg/Oberfase), wird beim Plasmaschmelzschneiden mit Mehrbrenneraggregaten erst die Oberfase und dann der Steg geschnitten.
Abb. 4 verdeutlicht den Einfluß der Brennerreihenfolge auf die Schnittqualität. Bei vorlaufendem Stegbrenner kommt es beim Fasenschnitt zu Schmelzenanhaftungen im unteren Schnittdickenbereich. Bei umgekehrter Brennerreihenfolge sind sowohl Fase als auch Steg schmelzenfrei.
Der Nachteil bei dieser Schneidreihenfolge liegt darin, daß bei zunehmender Blechdicke, d.h. bei größer werdendem Abstand zwischen der Brennerdüse und dem Bereich, in dem der Plasmalichtbogen die Schnittfuge des vorlaufenden Brenners überbrücken muß, die Bündelung des Plasmalichtbogens abnimmt. Dieses hat eine zunehmende Instabilität des Lichtbogens und eine daraus resultierende Zunahme der Schnittflankenwelligkeit zur Folge.

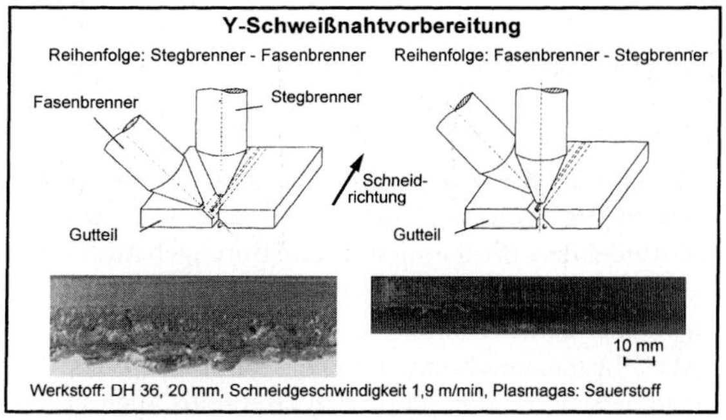

Abb. 4. Schneidstrategien zur Y-Schweißnahtvorbereitung

Eine DY-Nahtvorbereitung wird in zwei unmittelbar aufeinander folgenden Arbeitsgängen durchgeführt. In einem ersten Arbeitsschritt wird eine Y-Nahtvorbereitung mit einem Zweibrenneraggregat durchgeführt. Nachdem die Schrottstreifen über seitlich angeordnete Förderanlagen entfernt und einem Schrottlager zugeführt wurden, wird an der frei zugänglichen Werkstückkante in einem zweiten Arbeitsgang die untere Fase geschnitten. Da die zu schneidende Materialdicke für die Unterfase nur wenige Millimeter beträgt, ist die Schneidgeschwindigkeit wesentlich höher als bei der Y-Nahtvorbereitung.

Das Konzept des fixierten Schneidportals in Verbindung mit der Bewegung des Werkstücks bietet weitere Vorteile. So ist z.B. eine Vollkapselung der Schneidanlage ohne größeren Aufwand möglich. Die beim Plasmaschneiden an Atmosphäre entstehenden Stäube werden vollständig abgesaugt und einer Entstaubungs-Filteranlage zugeführt. Durch die Vollkapselung des Mehrbrenneraggregates wird die Lärmemission, die beim gleichzeitigen Einsatz von zwei Plasmabrennern bis zu 102 dB(A) betragen kann auf ein Maß reduziert, daß bei entsprechenden Gehöhrschutzmaßnahmen zu keiner Gefährdung des Bedienpersonals führt /14/.

Der Schneidprozeß wird seitlich von zwei Video-Kameras überwacht und ist damit für das Bedienpersonal transparent. Durch Beobachtung des Winkels der abfließenden Schmelze (Nachlauf des Plasmalichtbogens) ist beispielsweise eine Aussage über die Schnittqualität möglich. Ggf. kann der Bediener bei auftretenden Störungen, z.B. durch Verändern der Schneidgeschwindigkeit in den Prozeß eingreifen.

Die Höhenführung des Aggregates wird über einen Induktivsensor, der direkt neben dem Stegbrenner angeordnet ist gesteuert. Eine Höhenführung über die Lichtbogenspannung ist nur bei einem kontinuierlichem Schneidverlauf sinnvoll. Kleinste Störungen des Lichtbogens (z.B. Überqueren einer Schnittfuge) wirken sich auf die Lichtbogenlänge und somit auf die -spannung aus.

Bei einem senkrechten Plasmaschnitt können leichte Schwankungen in der Höhenführung toleriert werden, da sich unterschiedliche Abstände des Brenners zum Werkstück nicht in Schnittkonturabweichungen und der Schnittflächenqualität wiederspiegeln. Bei einem Fasenschnitt wird nicht nur die Schnittoberfläche durch Schwankungen in der Höhenführung wellig sondern darüber hinaus verändert sich auch die Kontur des Formteils, das später verschweißt werden soll. Dieses führt dazu, daß die zu verschweißenden Bleche nicht mehr durchgehend anliegen und ein vollautomatisiertes Verschweißen nicht mehr möglich ist.

Das Plasma-Dreibrenneraggregat mit dem feststehenden Stegbrenner, sowie den lateral als auch in der Höhe zustellbaren Fasenbrennern weist mit dem Induktivsensor eine sehr kompakte Bauweise auf. Der Abstand zwischen dem Steg- und dem Fasenbrenner beträgt 90 mm. Für den Einsatz im Plasma-Mehrbrenneraggregat wurde von der Firma Kjellberg ein spezieller Kurzschaft-Plasmabrenner entwickelt, der eine kurze Einspannung des Brenners bei einer platzsparenden und kompakten Bauweise des Gesamtaggregates ermöglicht.

Die erreichbare Schnittgüte mit dem Mehrbrenneraggregat erfüllt die Güteklasse I, Feld 1,2 nach DIN 2310 T4. Hierbei wurden sowohl die gemittelte Rauhtiefe R_Z als auch die Neigungstoleranz u für die Bestimmung der Güteklasse zugrunde gelegt.

Eine Y-Nahtvorbereitung an einem 16 mm starken Schiffbaustahl GL DH-36 Grad A wurde mit dem Plasma-Mehrbrenneraggregat mit einer Schneidgeschwindigkeit von 2,5 m/min durchgeführt.

Nach Aussage des Anwenders beträgt die Maßhaltigkeit < +/−0,5 mm auf einer Schnittlänge von 16 m. Die reine Schneidzeit für eine DY-Nahtvorbereitung an einem 25 mm Blech beträgt bei Schneidgeschwindigkeiten von 1m/min für die Y-Naht und 5 m/min für die Unterfase ca. 20 min. Die leichte Neigung des Steges führt beim Verschweißen der Blechplatten zu keinerlei Problemen, sondern erleichtert vielmehr das Anheften der Bleche vor dem Verschweißen. Mit der Besäumanlage wird derzeit in einer Arbeitsschicht der Durchsatz erreicht, der vorher mit autogenen Mehrbrenneraggregaten nur im Dreischichtbetrieb erreicht werden konnte.

5 Drehbares Plasma-Mehrbrenneraggregat

Neben den großflächigen Außenhäuten umfaßt das Bauteilspektrum auf Werften auch Bauteile, die an unterschiedlich orientierten, konturbehafteten Kanten mit einer V- oder Y-Nahtvorbereitung zu versehen sind. Diese Bauteile werden z.Z. in zwei Arbeitsgängen in unterschiedlichen Fertigungseinrichtungen gefertigt: Zunächst werden die Bauteilaußenkonturen endmaßgenau durch einen Senkrechtschnitt an einer Plasmaschmelzschneidanlage erzeugt, um anschließend die Schweißnahtvorbereitung halbautomatisch mittels Autogen-Schneidtraktoren an einem separaten Arbeitsplatz manuell vorzunehmen. Aus dieser Vorgehensweise resultieren jedoch zahlreiche Nachteile, wie z.B.

- der Einsatz zweier unterschiedlicher Schneidverfahren,
- ein geringer Automatisierungsgrad,
- eine geringe Bauteilgenauigkeit,
- ein hoher logistischer Aufwand sowie
- zusätzliche Arbeitsgänge und erhöhter Platzbedarf,

die zu einer unwirtschaftlichen konturbehafteten Schweißnahtvorbereitung führen.

Im Rahmen des derzeitigen Bauteileprogramms der HDW werden Plasmaschnitte mit einer Gesamtlänge von rund 90 km pro Jahr ausgeführt. Davon beträgt der Längenanteil von Bauteilkanten mit einer Schweißnahtvorbereitung ca. 5,5 Prozent. Um den Blechzuschnitt dieser Bauteile zu optimieren, wurde im Rahmen eines BMBF-Forschungsvorhabens am Institut für Werkstoffkunde der Universität Hannover in Zusammenarbeit mit der HDW AG, Kiel, der NOELL Service und Maschinentechnik GmbH, Frankfurt und der Kjellberg Elektroden & Maschinen GmbH, Finsterwalde eine Plasma-Mehrbrenner-Konturschneidanlage entwickelt (Abb. 5) /8/.

Das Schneidportal beinhaltet eine Steuerung, mit der maximal 19 Achsen gesteuert werden können. Die Führungsmaschine verfügt über einen robusten Aufbau mit hoher Steifigkeit und günstigem Eigenresonanzverhalten.

Der Aufbau des drehbaren Plasma-Mehrbrenneraggregates ermöglicht die Aufnahme von zwei Plasmabrennern. Der Stegbrenner kann zur Kompensation der verfahrensbedingten Schnittflankenneigung in einem Bereich von +/−10° geneigt werden, während der Fasenbrenner durch eine individuelle Höhen-, Lateral- und Winkelverstellung in einem Bereich von +/−45° verstellbar ist. Die Einstellung der Brennerposition wird durch einen Kreuztisch (d.h. zwei orthogonal angeordnete Linearachsen) mit einer adaptierten, rotatorischen Winkelverstellung erreicht. Trotz der Einschränkung durch die Medienversorgung der Plasmabrenner über Schlauchpakete konnte ein Drehfreiheitsgrad des Gesamtaggregates von +/−360° realisiert werden. Der Abstand zwischen den Plasmabrennern in Schneidrichtung beträgt 68 mm, wobei der Fasenbrenner vor dem Stegbrenner geführt wird. Durch eine Beistellachse kann der Abstand in Abhängigkeit der Brennerneigung verringert werden. Die Plasmabrenner können im Einbrennerbetrieb wahlweise eingesetzt werden, wobei das nicht verwendete Werkzeug in eine sichere Parkposition gestellt wird. Zusätzlich sind beide Plasmabrenner jeweils mit einem Kollisionsschutzsystem ausgestattet, das bei mechanischer Beanspruchung eines Brenners (z.B. durch Berührung mit einem abgekanteten Bauteil) den Schneidvorgang und die Vorschubbewegung des Schneidportals unterbricht.

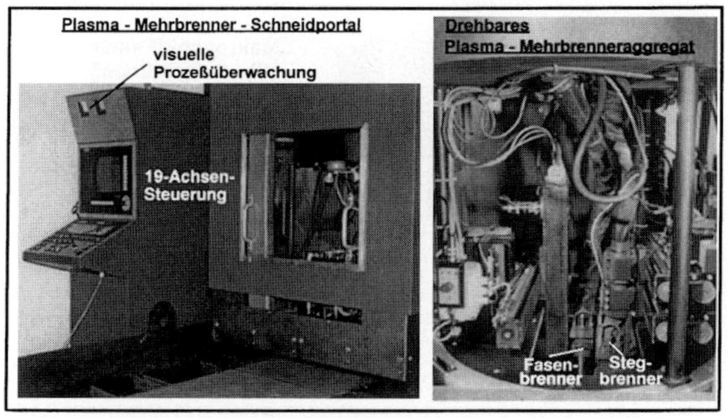

Abb. 5. Drehbares Plasma-Mehrbrenneraggregat zur konturbehafteten Schweißnahtvorbereitung

Zum Schutz des Bedienpersonals vor Staub- und Aerosol-, Schall- sowie Strahlungsemissionen wurde eine Vollkapselung des Aggregates mit interner Absaugung vorgenommen. Die unterhalb des Werkstückes anfallenden Stäube werden z.T. vom Beckenwasser aufgenommen.

Der Bediener wird während des Schneidprozesses über ein Diagnosesystem in die Lage versetzt, sämtliche relevanten Prozeßparameter, die aktuelle Position des Plasma-Mehrbrenneraggregates und eventuell auftretende Störungen zu erkennen. Die aufgenommenen Daten werden auf einem Monitor graphisch visualisiert. Durch eine CCD-Kamera, die den Schneidbereich beobachtet und einer seitlich neben dem Werkstück geführten Kamera ist eine optische Kontrolle des Schneidprozesses möglich.

In Abhängigkeit von der zu schneidenden Blechdicke sowie der geforderten Schweißnahtvorbereitung und der daraus resultierenden effektiven Schnittdicke werden die Einstellparameter für den Fasenbrenner und der Schneidstrom in Verbindung mit der Vorschubgeschwindigkeit im Vorfeld des Schneidbetriebes von der CNC-Steuerung berechnet und automatisch eingestellt. Die Übermittlung der berechneten Prozeßparameter an die Plasmaschneidstromquellen erfolgt über eine aktive Schnittstelle.

Das Schneidportal ist mit zwei Sauerstoff-Plasmabrennern ausgestattet. Diese, mit einem Brennerkopfwinkel von 48° sehr spitzbauende Plasmabrenner eignen sich durch einen maximal realisierbaren Anstellwinkel von 60° in besonderem Maße für Fasenschnitte. Der maximale Schneidstrom je Brenner beträgt 250A. Zur Erhöhung der Verschleißteilstandzeit erfolgt die Zündung des Pilotlichtbogens in reiner Preßluft.

Ein weiterer Vorteil dieser Plasmaanlage liegt in der Möglichkeit des fliegenden Anschnittes an der Blechkante. Dieses bedeutet, daß der Plasmabrenner nicht direkt an der Werkstückkante positioniert werden muß, sondern daß der Pilotlichtbogen bereits vor der Werkstückkante gezündet wird, und der Schneidprozeß fliegend, d.h. ohne Unterbrechung des Vorschubes gestartet werden kann.

Die automatische Erstpositionierung des Plasma-Mehrbrenneraggregates über der Werkstückkante wird durch die Sensorik der Führungsmaschine realisiert. Mittels eines Infrarot-Lasers wird die Werkstückoberfläche abgetastet, bis die Werkstückkanten in X- und Y-Richtung detektiert sind. Danach wird der Schnittpunkt der beiden Geraden berechnet und der Fasenbrenner über der Plattenecke positioniert. Dem Bediener wird somit die Möglichkeit geschaffen, das Schneidprogramm zur Minimierung des Verschnittes mit einem definiert geringen Versatz zur Plattenkante zu beginnen.

Die Erstfindung und Höhenführung des Aggregates wird mit Hilfe eines Induktivsensors durchgeführt.

Da sich Schwankungen in der Höhenführung in erster Linie auf die Maßhaltigkeit des Fasenschnittes auswirken, befindet sich der Sensor ca. 40 mm vor dem Fasenbrenner. Unebene Bleche oder unregelmäßige Werkstückauflager werden somit durch Anheben oder Absenken des Gesamtaggregates ausgeglichen. Der Fasenbrenner verfügt über eine wahlweise aktivierbare lichtbogenspannungsabhängige Höhenführung. Im Einbrennerbetrieb ohne Tangentialsteuerung ist das Aggregat wie eine konventionelle Plasmaschneidanlage einsetzbar.

Aufgrund der Einschränkung des Drehfreiheitsgrades des Gesamtaggregates von +/−360° durch die Schlauchpakete für die Medienzuführung, werden in den Bauteilecken nicht wie bei konventionellen endlos drehbaren Autogen-Mehrbrenneraggregaten 270°-Schlaufen gefahren, sondern Dreiecke mit einer gegenläufigen 90°- Drehung des Aggregates.

Die Schneiduntersuchungen mit dem Plasma-Mehrbrenneraggregat hatten zum Ziel, die hohen Qualitätsanforderungen an die Oberflächenbeschaffenheit der Schnittflächen sowie die Nahtgeometrietreue zu erfüllen. Die Schnittgütebestimmung nach DIN 2310 Teil 4 ergab für die gemittelte Rauhtiefe R_Z und die Rechtwinkligkeits- bzw. Neigungstoleranz u bei V- bzw. Y-Nahtvorbereitungen durchgehend die Güteklasse 1 (Abb. 6).

Die Untersuchung der Schnittflächen auf Schnittfehler wie Kantenanschmelzung, Schmelzperlenkette, Schlackebart und übermäßige Rillentiefe gemäß DIN 8518 ergab, daß durch die Verwendung von Sauerstoff als Prozeßgas eine bartfreie, glatte und riefenfreie Schnittkante erzeugt wird. Eine Nachbearbeitung im Anschluß an den Schneidprozeß ist somit nicht mehr erforderlich.

Aufgrund der durch die hohen Aufheizgeschwindigkeiten und die rasche Wärmeabfuhr während des Schneidprozesses verursachten Gefügeveränderungen wurden die Schnittflanken eingehenden metallurgischen und metallographischen Analysen unterzogen. Die Breite der Wärmeeinflußzone (WEZ) betrug bei den durchgeführten Sauerstoffplasmaschneidversuchen zwischen 400 μm und 1200 μm. Sie variiert in Abhängigkeit von den der Schnittdicke angepaßten Schneidgeschwindigkeiten. Die Messung der Härtewerte im Randbereich der Schnittkanten ergab für die Werkstoffe GL-A 36 und GL-D 36 TM maximale Härtewerte von 450 $HV_{0,5}$, für das Schiffskesselblech H2 von 400 $HV_{0,5}$. Die metallographischen Untersuchungen haben weiterhin ergeben, daß die Härtewerte durch die zweimalige Einbringung thermischer Energie nicht wesentlich beeinflußt werden. Vielmehr führt eine bei größeren Blechdicken reduzierte Schneidgeschwindigkeit zu einer Erhöhung der Härtewerte und einer Zunahme der Breite der WEZ.

Eine mittels einer Elektronenstrahl-Mikroanalyse (ESMA) durchgeführte Analyse des Stickstoffgehaltes der Schneidproben ergab eine Stickstoffkonzentration von unter 0,5 Masse-% im Schnittkantenbereich.

Die Auswertung von Makroschliffen an abschließend durchgeführten UP-Schweißungen an Probewerkstücken der Güte GL-D 36 TM und den Schiffskesselblech H2 ergab, daß aufgrund der geringen Stickstoffkonzentration in der Schnittkante eine Porenbildung ausgeschlossen werden kann. Bei der Ermittlung der Härtewerte stellte sich heraus, daß die höchsten Werte in der WEZ der Schweißnaht auftreten (Abb. 7). Diese sind rund 10% höher als die des Grundgefüges. Somit kann eine Beeinflussung der mechanischen Kenngrößen des Schweißbauteils durch den vorherigen thermischen Trennprozeß ausgeschlossen werden.

Durch den Einsatz der neuentwickelten Plasma-Mehrfasen-Konturschneidanlage erwartet die HDW Kosteneinsparungen von ca. 830 TDM/Jahr.

Die augenscheinlichsten Einsparungsmöglichkeiten ergeben sich in der Einzelteilfertigung durch den Wegfall der Transport- und Einrichtvorgänge sowie der manuellen Brennschneidaufgaben. Desweiteren kann durch den Wegfall der Handarbeitsplätze die Hallenkapazität besser genutzt werden.

Ein weiterer Aspekt ist die Genauigkeit der Ausführung von Fasenschnitten durch die neue Plasmaschneidanlage. HDW betreibt seit einigen Jahren ein Programm der Genaufertigung, um die Zugaben an Bauteilen und Baugruppen weitestgehend zu vermeiden. Eine Schweißnahtvorbereitung, ausgeführt mit der Genauigkeit einer CNC-Maschine ist in die-

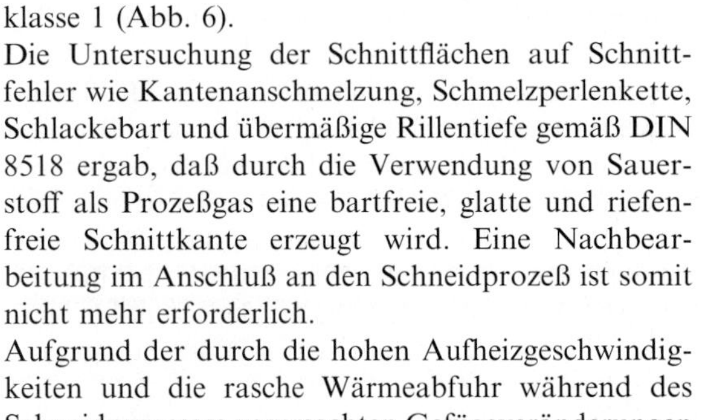

Abb. 6. Schnittqualität konturbehafteter Schnittkanten

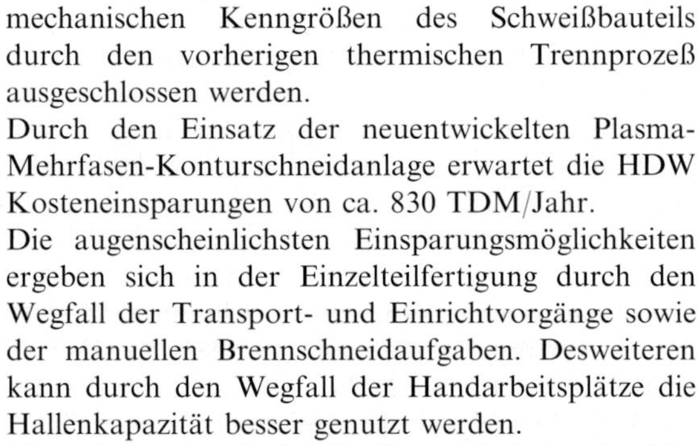

Abb. 7. Metallographische Untersuchungen an einer UP-Schweißnaht

ser Hinsicht ein großer Vorteil. Die von Hand autogen erzeugten Nahtvorbereitungen weisen bei Y-Nähten eine diskontinuierliche Steghöhe auf, was einen negativen Einfluß auf die Ausführung von Schweißarbeiten bei nachfolgenden Montagearbeitsgängen (Wurzelfehler) hat. Bei V-Nahtvorbereitungen kommt es sehr häufig vor, daß das Sollmaß der manuell bearbeiteten Kanten unterschritten wird. Auch dies führt zu Mehraufwand bei nachgelagerten Montageschweißungen, da die Schweißfugen voluminöser werden.

Neben den Vorteilen der neuen Plasma-Mehrfasen-Konturschneidanlage ergeben sich aber auch Nachteile gegenüber dem bisherigen Verfahren. Beispielsweise muß der Bauteil-Bauteil-Abstand auf den Schachtelprogrammen vergrößert werden, da gegenüber dem Einbrenneraggregat veränderte Anschnitt- und Eckschleifenstrategien angewandt werden müssen. Ein Materialmehrverbrauch von ca. 8% wird dadurch erwartet.

6 Prozeßintegrierte Verschleißteilüberwachung und Qualitätsprüfung

Eine Grundvoraussetzung zur Kostenreduzierung bei der Blechbearbeitung in der Werftindustrie ist die Minimierung bzw. Vermeidung der Fertigung von fehlerhaften Bauteilen. Auf der Basis der maßgeblich in der DIN 2310, Teil 4 und in der VDI-Richtlinie 2906 Blatt 7 genormten Qualitätsmerkmalen gilt es, nachbearbeitungsfreie, möglichst planparallele Schnittflächen zu erzeugen.

Zur Bewertung des Werkzeugverschleißes und zur Überwachung der Schnittqualität können unterschiedliche Prozeßgrößen und Verfahren in den 3 unterschiedlichen Prozeßablaufphasen Pilotlichtbogen- und Gastestphase (Preprozeß-Prüfung), Hauptlichtbogenphase (Inprozeß-Prüfung) und Schnittende (Postprozeß-Prüfung) eingesetzt werden /9,15,16/.

Eine Qualtätssicherungs-Strategie beim Plasmaschmelzschneidprozeß kann entsprechend Abb. 8 in die drei Regelkreise

- maschineninterner Regelkreis,
- prozeßnaher Regelkreis und
- übergeordneter Regelkreis

unterteilt werden.

Kennzeichnend für den maschineninternen Regelkreis ist eine direkte Entnahme der Informationen aus dem Prozeß und die Rückführung der ausgewerteten Informationen in den laufenden Bearbeitungsprozeß. Hierzu gehören z.B. Leistungs- und Schneidgeschwindigkeitsanpassungen beim Schneiden von sich verändernden Werkstückdicken.

Prozeßnahe Regelkreise sind gekennzeichnet durch den Einsatz von Meßzellen. In der Pilotlichtbogen- und Gastestphase können als präventive Qualitätssicherungsmaßnahme Aussagen über den Düsen- und Elektrodenverschleiß getroffen werden (Preprozeß-Prüfung).

Bei Spitzelektrodenbrennern ist beispielsweise eine Detektion des Elektrodenverschleißes über die Pilotlichtbogenspannung möglich. Bei einsetzendem Elektrodenverschleiß brennt der Pilotlichtbogen nicht als äußerer Lichtbogen zwischen Elektrodenspitze und Düsenaußenwandung, sondern als innerer Lichtbogen zwischen der Elektrodenkante und der Düseninnenwandung. Meßbare Auswirkung ist die reduzierte Pilotlichtbogenspannung. Analog dazu kann der Düsenverschleiß bei Spitzelektrodenbrennern durch Aufnahme des Schneidgasdruckes beurteilt werden. Unabhängig von der Meßstelle im Kathodenraum, vor dem Schneidbrenner und am Plasmasteuergerät verringert sich mit zunehmender Düsenaufweitung der Schneidgasdruck.

Für Flachelektrodenbrenner für den Einsatz von Sauerstoff und Luft als Prozeßgase wurde in Zusammenarbeit mit der Firma Kjellberg ein mikrokontrollergestütztes Diagnosesystem entwickelt. Ziel ist die Bewertung des Düsenverschleißes und die Steuerung eines Werkzeugwechselsystems. Derzeit realisiert und in der industriellen Erprobung ist eine Meßdatenaufnahme, -speicherung und -auswertung für eine Düsenverschleißbewertung (Abb. 9). Die Grundlage zur Verschleißbewertung bildet die Berechnung des Spannungsmittelwertes und der Spannungsvarianz.

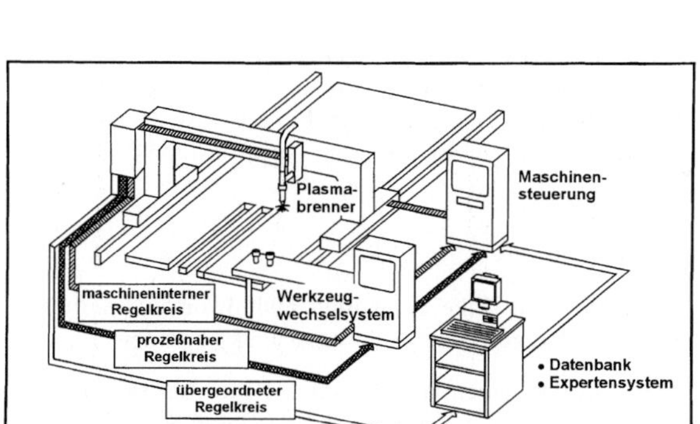

Abb. 8. Qualitätsregelkreise beim Plasmaschmelzschneiden

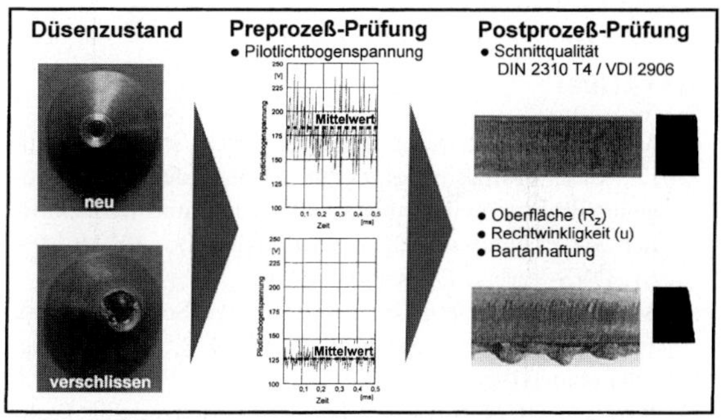

Abb. 9. Prozeßintegrierte Verschleißteilüberwachung und Qualitätssicherung

Die Wahl der Prüfphase richtet sich nach der jeweiligen Schneidaufgabe. Für Bauteile kleiner Abmessungen mit häufigen Brennerneuzündungen empfiehlt sich die Preprozeß-Prüfung in der Pilotlichtbogenphase. Für Bauteile großer Abmessungen oder Besäumschnitte ist zur Gewährleistung einer gleichbleibenden Schnittqualität eine Inprozeß-Prüfung durch Überwachung der Hauptlichtbogenspannung sinnvoll. Dies ermöglicht eine statistische Auswertung der direkt am Brenner aufgenommenen Hauptlichtbogenspannung.

Das Hauptaufgabengebiet des übergeordneten Regelkreises liegt in der Bereitstellung von Stellgrößen für ein spezielles Bearbeitungsproblem sowie in der Angabe von Fehlerursachen und Möglichkeiten zur Fehlervermeidung. Kernbestandteil dieses Regelkreises sind somit Datenbanken und wissenbasierte Systeme. Grundlage hierfür bildet die Postprozeß-Prüfung, d.h. die Beurteilung der Schnittqualität am Schnittende. Zur Analyse der Schnittflankenabweichungen kann das am Institut für Werkstoffkunde entwickelte rechnergestützte Bildverarbeitungsverfahren eingesetzt werden /17/.

7 Zusammenfassung

Zusammenfassend läßt sich feststellen, daß durch den Einsatz des Sauerstofftrockenplasmaschneidens ein deutlicher Beitrag zur Kostensenkung in der Bauteilfertigung durch die Ausnutzung von Rationalisierungspotentialen sowie durch die erhöhte Genauigkeit und die daraus resultierende Minimierung der Folgekosten geleistet werden konnte. Die Relevanz dieser Produktivitäts- und Effektivitätssteigerungen tritt besonders vor dem Hintergrund des in der Werftindustrie zunehmenden Wettbewerbs aus dem ostasiatischen Raum zutage.

Die Entwicklung eines mikrokontrollergestützten Diagnosesystems ermöglicht eine prozeßintegrierte Qualitätssicherung durch Bewertung des Düsenverschleißes und bildet damit zusammen mit der derzeitigen Entwicklung eines modularen Schnellwechselbrenners und einer Werkzeugwechseleinrichtung die Grundlage für einen automatisierten Plasmaschneidprozeß.

Schrifttum

1 Mair, H.: Abgrenzung der thermischen Schneidverfahren Laserstrahlschneiden, Plasmaschneiden und autogenes Brennschneiden nach technischen und wirtschaftlichen Gesichtspunkten. DVS-Berichte Bd. 162, S. 48–61, DVS-Verlag, Düsseldorf 1994

2 Mootz, A.: Neue Konzeption in der Schneidtechnik Jahrbuch Schweißtechnik´96, S. 164–173, DVS-Verlag, Düsseldorf 1995

3 Krink, V., F. Laurisch u. H. Simler: Beitrag zur Technologie des Sauerstoff-Plasmaschneidens DVS-Berichte Bd. 185, S. 51–54, DVS-Verlag, Düsseldorf 1997

4 Harris, D. u. J. Lowery: High tolerance plasma arc cutting, Welding, in the world, Bd. 37, Heft 6, S. 283–287, 1996

5 Fernicola, R.C.: New Oxygen Plasma Process Rivals Laser Cutting Methods, Weldings, Design & Fabrication, Heft 6, S. 19–26, 1995

6 Bach, Fr.-W. u. R. Versemann: State of the art of cutting techniques IIW Doc. Number IE 267–97, 1997

7 Bach Fr.-W., G. Cisewski, A. Istel, M. Netuschil, H. Simler, W. Six u. E. Wilde: Schweißnahtvorbereitung mit einem Plasma-Dreibrenneraggregat. DVS-Berichte Bd. 170, S. 133–137, DVS-Verlag, Düsseldorf 1995

8 Bach, Fr.-W., H. Haferkamp, M. Netuschil u. L. Wernwag: Komplexe Schweißnahtvorbereitung mit Plasmamehrbrenneraggregaten DVS-Berichte Bd. 185, S. 36–40, DVS-Verlag, Düsseldorf 1997

9 Bach, Fr.-W., H. Haferkamp, M. Niemeyer u. M. Reinhold: Prozeßintegrierte Qualitätsprüfung beim Plasmaschmelzschneiden DVS-Berichte Bd. 185, S. 55–59, DVS-Verlag, Düsseldorf 1997

10 El-Erhayem, O.; Jensen, J.: Bildung von Poren beim Schweißen von druckluft-plasmageschnittenem Stahl sowie Maßnahmen zu ihrer Vermeidung. Schweißen und Schneiden 35 (1983), Heft 11, S. 533–536

11 Marquardt, E., Th. Mänche u. J. Müglitz: Numerisch gesteuertes Plasmaschneiden komplizierter Bauteile DVS-Berichte Bd. 170, S. 130–133, DVS-Verlag, Düsseldorf 1995

12 Müglitz, J. u. M. Ströfer: Plasmaschneiden räumlicher Bauteile - Erfahrungen bei der praktischen Anwendung DVS-Berichte Bd. 185, S. 40–43, DVS-Verlag, Düsseldorf 1997

13 Paetzold, H. u. H. Petershagen: Schwingfestigkeit unterwasser-plasmageschnittener Schiffbaustähle DVS-Berichte Bd. 185, S. 48–51, DVS-Verlag, Düsseldorf 1997

14 Böhme, D. H. Hantsch und G. Rawlings: Lärmentstehung an Arbeitsplätzen der Schweißtechnik und Schutzmaßnahmen zur Vermeidung bzw. Minderung BMFT- Vorhaben, Förderkennzeichen OI HK 195/9, SLV Duisburg 1990

15 Mühlenweg, A.: Beitrag zur prozeßintegrierten Qualitätsüberwachung beim Plasmaschmelzschneiden VDI-Fortschritt-Berichte, Reihe 8, Mess-, Steuerungs- und Regelungstechnik, Nr. 264, VDI-Verlag, Düsseldorf 1991

16 Bach, Fr.-W., H. Haferkamp, V. Krink, M. Niemeyer, M. Reinhold u. H. Simler: Prozeßintegrierte Verschleißteilüberwachung und Qualitätsprüfung beim Plasmaschmelzschneiden, Manuskript zum Vortrag auf der „Großen Schweißtechnischen Tagung '97" in Essen, DVS-Verlag, Düsseldorf 1997

17 Haferkamp, H., M. Hüske u. M. Niemeyer: Guaranteeing arc cutting accuracy Lloyd's List, German Maritime Technology, London, April/Mai 1996

Erörterungen

Prof. Dr. mult. Eike Lehmann (Schlußwort zur Vortragsgruppe Schiffsfertigung, Schweißtechnik, Trennen

Die Vorträge haben gezeigt, welch hohes Entwicklungspotential auch heute noch in der Schneid- und Schweißtechnik vorhanden ist. Die vier prominenten Vertreter der Schweißtechnik haben uns in beeindruckender Weise die

Ergebnisse ihrer Forschung dargestellt und wir bedanken uns hierfür ganz herzlich.
Nach der Wiedervereinigung Deutschlands hat die STG sofort die Integration der Fachkollegen aus Rostock, Magdeburg und Halle in unsere Gesellschaft betrieben. Das fiel ihr auch nicht besonders schwer, da die Qualität der Forschung in der Schiffbau- und Schweißtechnik in der ehemaligen DDR im Westen sehr wohl bekannt war. Bei dieser Veranstaltung können Sie erkennen, das diese Integration nunmehr im wesentlichen geschehen ist. Hierüber sind wir sehr glücklich.
Ich darf daher allen Vortragenden für Ihre Beiträge danken, aber auch den Diskussionsteilnehmern, die dieser Vortragsgruppe geholfen haben, ein Erfolg zu werden.

Doppelhüllenbulker

Festigkeitsaspekte von Massengutschiffen

Structural Design Aspects of Blue Carriers

Prof. Dr. mult. **Eike Lehmann**, Dipl.-Ing. **Martin Böckenhauer**, Dr.-Ing. **Wolfgang Fricke**, Dr.-Ing. **Hans-Joachim Hansen**
Germanischer Lloyd, Hamburg

Abstract. Large and efficient bulk carriers, designed and built mainly in the 1960's and 1970's, are now reaching the end of their service life. The past few years have revealed several structural problems, which strongly affected the ships' safety. Although corrosion and bad maintenance was found to contribute mostly to the problems, the strength behaviour and design criteria have, nevertheless, to be reviewed taking into account the service experience observed. After describing different designs of bulk carriers and the governing structural design principles, the criteria and models for the strength assessment based on first engineering principles are sumarised. Emphasis is placed on local strength analyses in order to cover fatigue aspects. Important will become also the strength analysis in flooded condition, considering extreme loads such as the pressure on bulkheads due to cargo and ingressed water. But rule developments related to such aspects are still under discussion. Finally, corrosion and wastage aspects are discussed which need to be considered more thoroughly as service experience has shown.

1 Einleitung

Gemäß Definition der Internationalen Vereinigung der Klassifikationsgesellschaften (IACS) erhalten Eindeckschiffe in Einfach- oder Doppelhüllenbauweise mit Doppelboden, Hopperseitentanks und Toppseitentanks (unter dem Oberdeck angeordnet), s. Abb. 1, die für die Beförderung trockener Massengutladung vorgesehen sind, den Zusatz „Bulk Carrier" zum Klassenzeichen.
Diese typischen Konstruktionsmerkmale sind nahezu unabhängig von der Schiffsgröße, und es gibt sie seit Ende des letzten Jahrhunderts, als englische Kohlen- und Erzschiffe zwischen den Häfen Großbritanniens und des europäischen Festlands verkehrten. Die charakteristischen Merkmale dieser Schiffe sind:

- Schnelles Be- und Entladen von Massengutladung aller Art
- Selbsttrimmen der Ladung
- Mittlere Geschwindigkeit
- Verstärkung für Schwergutladung

Es ist eine Tatsache, daß diese Schiffe hauptsächlich weltweit in der Trampschiffahrt eingesetzt worden sind, wo ein hohes Maß an Flexibilität hinsichtlich Ladungen wie Kohle, Getreide und Konzentrat erforderlich ist. Da Erz eine hohe Dichte besitzt, weisen Erzschiffe als spezieller Massengutschiffstyp mit der Angabe „Ore Carrier" hinter dem Klassenzeichen einen unterschiedlichen Hauptspantquerschnitt auf. Sie sind mit zwei Seitenlängsschotten gebaut, zwei Seitentanks und einem Doppelboden, der sich über den gesamten Laderaumbereich erstreckt, mit dem Ziel, Ladung lediglich im mittleren Raum zu befördern, s. Abb. 2.
In einigen Fällen soll außer Trockenladung als Massengut auch Ölladung befördert werden, jedoch nicht gleichzeitig. Diese Schiffe sind als Erz-Öl-Schiffe anzusehen, bei denen es für den Hauptspant mehrere unterschiedliche Konstruktionen gibt, s. Abb. 4. Schiffe, die sich für die Beförderung von Öl, Massengut oder Erz im selben Laderaum eignen, werden als OBO-Frachter (Oil Bulk Ore) bezeichnet. Ihr Hauptspant entspricht nahezu dem gewöhnlicher Massengutschiffe mit Doppelhülle, s. Abb. 3.
Gegenwärtig beläuft sich die Zahl der in Fahrt befindlichen Massengutschiffe weltweit auf ca. 4600. Die Mehrzahl dieser Schiffe entspricht der nach IACS-Definition klassischen Bauart. Es ist daher vernünftig, die Konstruktion für diesen Schiffstyp beizubehalten. In den letzten Jahren waren weltweit Verluste von Massengutschiffen zu beklagen. Es wird angenom-

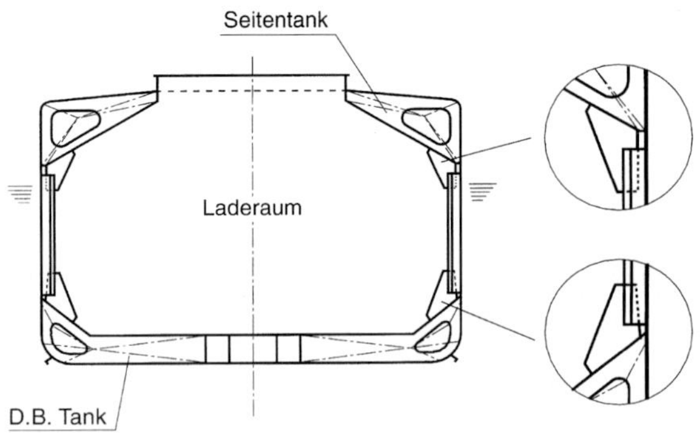

Abb. 1. Hauptspant eines Massengutschiffes

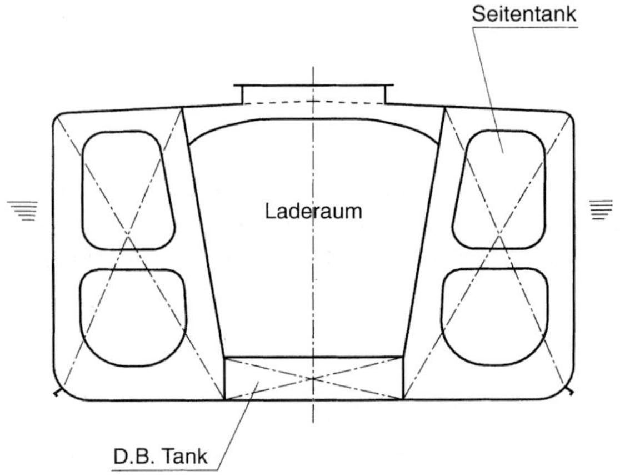

Abb. 2. Hauptspant eines Erzschiffes

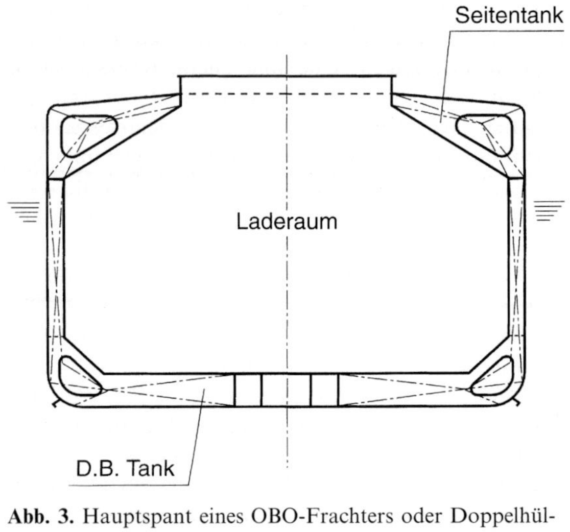

Abb. 3. Hauptspant eines OBO-Frachters oder Doppelhüllen-Massengutschiffes

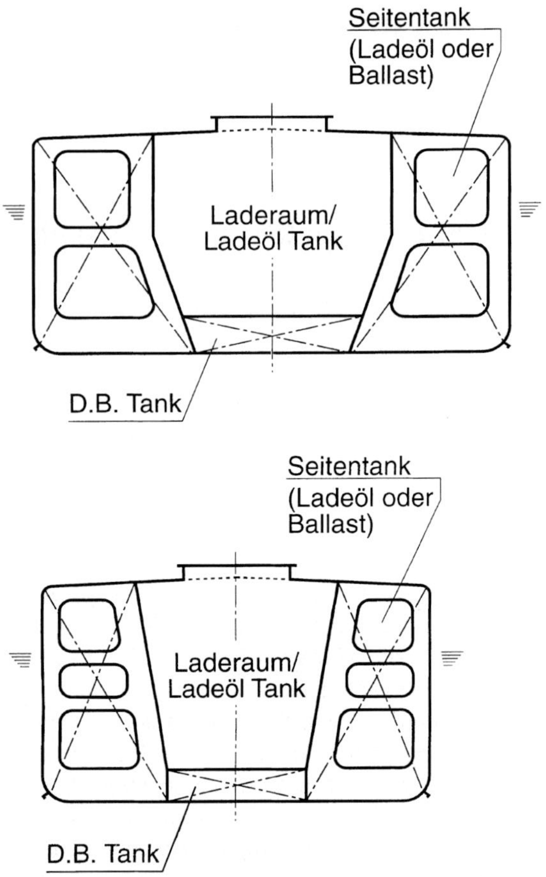

Abb. 4. Hauptspante von Erz-Öl-Schiffen

men, daß diese Schiffsunfälle zum größten Teil auf die Alterung der Flotte zurückzuführen sind. Der vorliegende Beitrag beschreibt einleitend kurz den Stand der Technik auf dem Gebiet der Konstruktion von Massengutschiffen unter besonderer Berücksichtigung der Stahlkonstruktion von Einfach- und Doppelhüllen-Massengutschiffen. Außerdem werden die Auswirkungen bei Verwendung höherfester Schiffbaustähle und die damit verbundenen Probleme erörtert. Dies beinhaltet die Darstellung verschiedener Festigkeitsberechnungen für den gesamten Schiffskörper auf der Grundlage eines globalen FE-Modells, von partiellen FE-Modellen des Laderaums, sowie die Berechnung der Betriebsfestigkeit von Konstruktionsdetails. Angesichts der Tatsache, daß Aspekte der Korrosion und des Verschleißes an Bedeutung zunehmen, wird auf entsprechende Probleme aus der Sicht einer Klassifikationsgesellschaft eingegangen.

Es wird aufgezeigt, daß der Germanische Lloyd in der Lage ist, sämtliche Fragen zu Neubauten von Massengutschiffen sowie zur Fahrenden Flotte dieser Schiffe fachlich kompetent zu beantworten und zur Lösung von Problemen im Zusammenhang mit Massengutschiffen beizutragen.

2 Grundsätze für Bemessung und Konstruktion

2.1 Allgemeines

Wie bereits erwähnt, müssen Massengutschiffe, was die Dichte unterschiedlicher Ladungen betrifft, äußerst flexibel in der Handhabung sein. Bei Kohle oder

Getreide mit einer relativ geringen Dichte wird das gesamte Volumen des Laderaums benötigt, um die Schiffe auf den maximal zulässigen Tiefgang zu bringen. Bei Erzkonzentrat mit relativ hoher Dichte ist dagegen ein geringeres Ladungsvolumen erforderlich. Es ist daher vernünftig, nur jeden zweiten Raum mit Ladung zu füllen. Dieses Konzept der alternierenden Beladung bietet neben verschiedenen Vorteilen jedoch auch Nachteile.

Alternierende Beladung der Räume hat ein besseres Rollverhalten des Schiffes im Seegang aufgrund einer mittleren Schwerpunktlage der Ladung zur Folge; bei Beladung aller Räume wäre dieses weniger vorteilhaft. Das Entladen und das Reinigen der Laderäume ist offensichtlich weniger kostspielig, wenn nur einige ausgewählte Räume benutzt werden. Andererseits müssen für alternierende Beladung vorgesehene Schiffe aufgrund erhöhter Querkräfte verstärkt werden, insbesondere im Bereich der Außenhaut in der Nähe von Querschotten zwischen beladenen und leeren Räumen. Bei Wassereinbruch in den Laderaum ist dieser Aspekt noch kritischer und zur Zeit Diskussionsgegenstand innerhalb der IACS.

2.2 Einfach- oder Doppelhülle

Die wichtigsten Fragen sind gegenwärtig die Art der Ausführung der Schiffsaußenhaut – als Einfach- oder Doppelhülle – und die Art der angemessensten konstruktiven Gestaltung der Querschotte.

Wie bereits erwähnt, sind die Endbefestigungen von Querspanten von Schiffen in Einhüllen-Bauweise äußerst anfällig. Daher ist die Doppelhüllen-Bauweise vorzuziehen. Es darf nicht vergessen werden, daß Doppelhüllen das Laderaumvolumen verringern, da der Abstand zwischen äußerer und innerer Hülle groß genug sein muß, um Besichtigungen zu ermöglichen (ca. 1000 mm). Andererseits werden bei Vorhandensein einer Doppelhülle Laderäume von Anordnungen freigehalten, wie z.B. Knieblechen oder anderen ähnlichen Bauteilen.

Als weiterer Vorteil kann ein verbesserter Schutz der Stahlkonstruktion innerhalb des Doppelhüllenraumes gegen Verschleiß durch Lade- und Entladevorgänge genannt werden. Es wird jedoch empfohlen, den Leerraum mit einer Beschichtung zur Verhinderung von Korrosion zu versehen. Wenn diese Räume als Ballasttanks benutzt werden, ist dies ohnehin vorgeschrieben. Vom Standpunkt der Festigkeit aus gesehen erlaubt eine Doppelhüllenkonstruktion zwischen oberen und unteren Seitentanks eine homogenere Verteilung der Struktursteifigkeit bezogen auf die Querfestigkeit des Schiffskörpers insgesamt.

2.3 Querschotte

Die konstruktive Gestaltung der Querschotte von Massengutschiffen unterscheidet sich in verschiedener Hinsicht von der, die für Trockenfrachter im allgemeinen zur Anwendung kommt. Das ist darauf zurückzuführen, daß sie dem Druck infolge schwerer Massengutladung standhalten müssen, der weitaus höher sein kann als der normalerweise in Betracht gezogene Wasserdruck. Weiterhin ist zu berücksichtigen, daß nach Löschen der Ladung auf den Schottverbänden keine Restladung zurückbleiben sollte.

Abb. 5 zeigt verschiedene Schottausführungen. Die Verwendung der normalerweise für Trockenfrachter eingesetzten, mit Steifen versehenen Schottkonstruktion beschränkt sich ausschließlich auf sehr kleine Massengutschiffe. Bei größeren Schiffen werden Schottsteifen sehr schwer, selbst bei Lagerung auf Horizontalstringern; abgesehen davon stören letztere bei selbsttrimmender Entladung, da daraufliegende Ladungsreste unvermeidlich sind.

Wie aus Abb. 5a (versteifte Plattenkonstruktion) ersichtlich wird, fallen die Maxima lokaler Spannungen infolge Plattenbiegung (σ_D) nicht mit denen der globalen Spannung aus Biegung der Steifen zusammen. Bei Knickschotten fallen jedoch die lokalen Spannungen infolge Plattenbiegung (σ_D) mit den maximalen globalen Biegespannungen zusammen; dies ist auch bei einer Doppelhüllen-Schottkonstruktion der Fall.

Berechnungen zur Gewichtsoptimierung haben ergeben, daß das Knickschott die optimale konstruktive Lösung darstellt. Auch hier erweisen sich jedoch die Endverbindungen als kritische Bereiche, die entsprechend sorgfältig zu bemessen und zu fertigen sind.

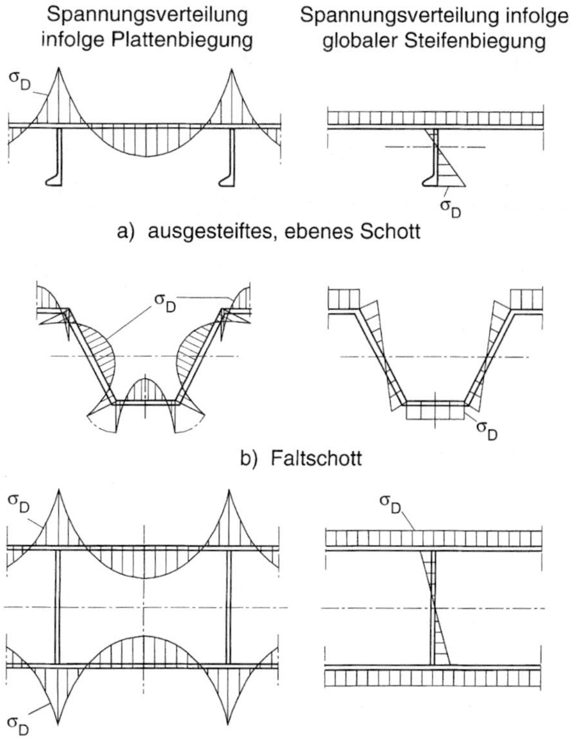

Abb. 5. Spannungsverteilung in unterschiedlichen Schottkonstruktionen

3 Festigkeitsanalysen für den intakten Zustand

3.1 Ziel der Analysen

Die komplexe Konstruktion im Laderaumbereich eines Massengutschiffes erfordert ausführliche Strukturanalysen, um örtliche Überbeanspruchungen zu vermeiden. Üblicherweise werden folgende Aspekte durch spezielle Festigkeitsanalysen abgedeckt:

- Längsfestigkeit des Schiffskörpers einschließlich der Querkraftaufnahme im Bereich der Schotte
- Festigkeit der Bodenroste, besonders im Fall von Schwergutladung bzw. leeren Laderäumen unter Berücksichtigung der Einspannwirkung der unteren Wingtanks und Schottstühle
- Festigkeit der Schotte unter Berücksichtigung der Interaktionseffekte zwischen Schottstuhl und Bodenrost
- Lokale Festigkeit von Strukturdetails unter Berücksichtigung von Spannungskonzentrationen und Betriebsfestigkeit. Besondere Aufmerksamkeit erfordern die Knicke im Hopperbereich, die Verbindungen zwischen den Schottstühlen und der Schottbeplattung sowie dem Innenboden, die Endbefestigungen der Seitenspanten, die Lukenecken und Ausläufe der Längssülle sowie die Übergänge an den Enden des Laderaumbereiches [1].

In den vergangenen Jahren sind die Methoden und Werkzeuge für die Festigkeitsanalyse schiffbaulicher Konstruktionen weiterentwickelt und verfeinert worden. Verfahren zur direkten Strukturbemessung nach „First Principles" und rechnergestützte Werkzeuge sind verfügbar. Im folgenden wird ein Überblick über eine rationale Analyse und Bemessung am Beispiel der vom Germanischen Lloyd verwendeten Verfahren gegeben. Da die direkte Bemessung sowie Betriebsfestigkeitskriterien bereits vor vielen Jahren in den GL-Vorschriften berücksichtigt wurden - die letztgenannten bereits 1978-, beruhen die Verfahren, Entwurfslasten und zulässigen Spannungen auf einer langjährigen Erfahrung.

3.2 Globale Festigkeitsanalyse

Im frühen Entwurfsstadium werden die Querschnitte des Schiffskörpers im allgemeinen mit Hilfe der Balkentheorie bemessen, wobei neben den lokalen Drucklasten auf den Platten und Steifen die globalen Momente und Querkräfte im Schiffskörper in die Berechnung eingehen. Im unteren Bereich des Schiffskörpers müssen zusätzlich die Biege- und Schubspannungen des Doppelbodenrostes berücksichtigt werden.

Trägerrostberechnungen mit Balkenelementen werden heute zunehmend von Analysen mit 3D-Modellen abgelöst, bei denen Scheiben- oder Plattenelemente für den Innen- und Außenboden sowie für die Bodenwrangen und Längsträger und Stab- oder Balkenelemente für die Längsspanten verwendet werden. Dadurch werden die Probleme der Balkenmodellierung im Hinblick auf starre Endbalken und Drehfedern im Bereich der unteren Wingtanks und der Schottstühle vermieden.

Üblicherweise wird ein Teilmodell des Schiffskörpers erstellt, das sich über ein oder zwei Laderäume erstreckt, siehe Abb. 6. Dadurch können zusätzlich zum Doppelboden auch die Schotte und die Seitenspanten analysiert werden. Ein Teilmodell eröffnet die Möglichkeit, extreme Lasten entsprechend den Bauvorschriften ohne größere Probleme aufzubringen. Auch alternierende Ladeverteilungen können in Verbindung mit maximalen Tiefgängen und den dynamischen Drucklasten aus dem Seegang untersucht werden. An den Enden können sinnvolle Randbe-

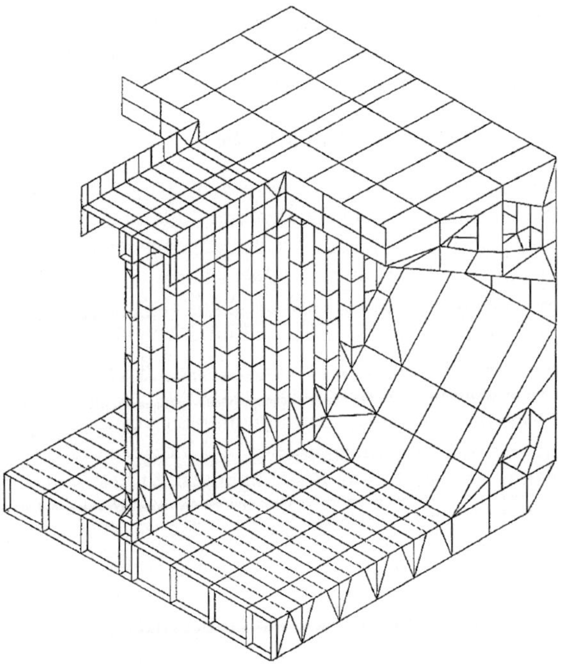

Abb. 6. Typisches Laderaummodell für ein Massengutschiff

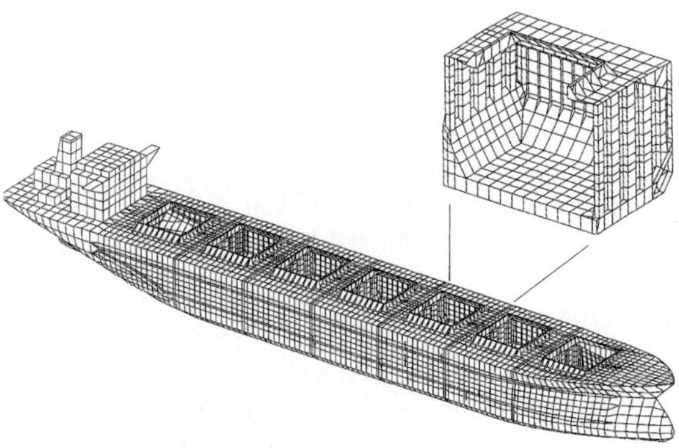

Abb. 7. Gesamtmodell eines Massengutschiffes

dingungen definiert werden, weil die Raumgeometrien über einen großen Längenbereich ähnlich sind.
Gesamtmodelle des Schiffskörpers wurden in der Vergangenheit überwiegend zur Festigkeitsanalyse von Schiffen verwendet, bei denen spezielle Aspekte zu beachten waren. Außerdem erfordert eine zuverlässige Vorhersage der Deckshausschwingungen im allgemeinen ein Gesamtmodell des Schiffskörpers.
Gesamtmodelle von Massengutschiffen entsprechend Abb. 7 können aufgrund der Weiterentwicklung von Netzgeneriertechniken in Zukunft breitere Anwendung finden. Gesamtmodelle ermöglichen generell eine realistischere Analyse von Lastkombinationen und die korrekte Berücksichtigung aller Interaktionseffekte zwischen den Bauteilen. Außerdem werden kritische Bereiche an den Schiffsenden wie z.B. die Seitenspanten im ersten Laderaum oder die Übergänge vom letzten Laderaum in den Maschinenraumbereich in die Analyse einbezogen. Auf der anderen Seite ist es fallweise schwierig, die in den Bauvorschriften für bestimmte Bauteile spezifizierten Extremlasten aufzubringen und gleichzeitig die Gleichgewichtsbedingungen einzuhalten.
In den meisten Fällen wird bei der globalen Festigkeitsanalyse eine deterministische Vorgehensweise bevorzugt, bei welcher bestimmte Ladefälle und Wellensituationen ausgewählt wird, welche die ungünstigsten Entwurfsbedingungen repräsentieren [2]. Das in Abb. 7 gezeigte Modell ist zur Verifikation von Messungen des Seitendrucks und zugehöriger Spannungen erstellt worden, die derzeit durchgeführt werden. Außerdem wurde das Modell zur Anwendung der sogenannten integrierten Betriebsfestigkeitsanalyse auf ein typisches Massengutschiff verwendet. Weitere Details werden im nachfolgenden Abschnitt beschrieben.

3.3 Betriebsfestigkeit

Die Bewertung der Betriebsfestigkeit spielt – wie erwähnt – heute eine wichtige Rolle. Die deterministische Vorgehensweise unter Verwendung ausgewählter Lastfälle, wie im vorhergehenden Abschnitt erwähnt, ermöglicht eine vereinfachte Bewertung der Betriebsfestigkeit, indem die größte Spannungsschwingbreite aus den Ergebnissen abgeschätzt und ein geeignetes Beanspruchungskollektiv angenommen wird. Abb. 8 zeigt typische Lastsituationen, in denen extreme Spannungsänderungen in den Querverbänden eines Massengutschiffes auftreten.
Die oben beschriebenen Festigkeitsanalysen unter Verwendung von Teil- oder Gesamtmodellen des Schiffskörpers liefern im allgemeinen Nennspannungen, auch wenn lokale Spannungen infolge von Steifen- oder Plattenbiegung überlagert werden. Die Nennspannungen können in den meisten Fällen direkt im Betriebsfestigkeitsnachweis verwendet werden. Die GL-Vorschriften [3] enthalten einen vereinfachten Nachweis, bei dem die höchste see-

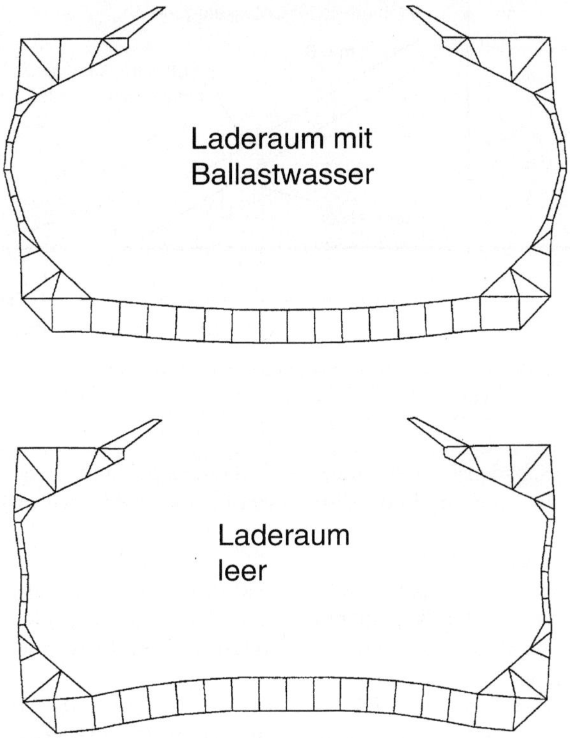

Abb. 8. Lastfälle mit extremen Spannungsänderungen in den Seitenspanten

gangsbedingte Spannungsschwingbreite $\Delta\sigma_{\text{max}}$ die zulässige Spannungsschwingbreite $\Delta\sigma_{\text{p}}$ nicht überschreiten darf. Das Vorgehen ist z.B. in [4] anhand von Beispielen illustriert.
Der Nachweis setzt einen effektiven Korrosionsschutz voraus, der z.B. für an die Außenhaut angrenzende Ballasttanks vorgeschrieben ist. Wegen der recht konservativen Detailklassierung in den Schiffbauvorschriften aufgrund der Empfehlungen des Internationalen Schweißverbandes und der regelmäßigen Besichtigungen führt eine zeitweise Verschlechterung des Korrosionsschutzes nicht notwendigerweise zu Betriebsfestigkeitschäden. Andererseits kann ein nicht vorhandener oder inadäquater Korrosionsschutz während der gesamten Betriebszeit die Betriebsfestigkeit erheblich reduzieren. Die Änderung der Wöhlerlinie durch Korrosion wird in Vorschriften für Offshore-Bauwerke nach Abb. 9 angenommen.
Mit Korrosion muß speziell im Laderaumbereich von Massengutschiffen gerechnet werden, wo Beschichtungen frühzeitig durch aggressive Ladungen zerstört werden können. Anfällig sind besonders die Endbefestigungen der Seitenspanten. Als Konsequenz der beobachteten Schäden wurde das geforderte Widerstandsmoment für Seitenspanten bereits vor mehreren Jahren in den GL-Vorschriften um 20% erhöht. Es wird erwartet daß die damit verbundene Spannungsreduktion die in Abb. 9 gezeigte negative Auswirkung auf die Betriebsfestigkeit kompensiert. Weitere Korrosionsgesichtspunkte werden im Abschnitt 5 diskutiert.

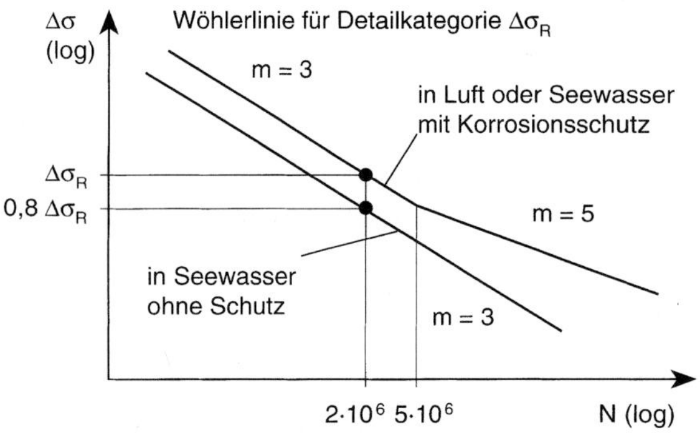

Abb. 9. Einfluß der Korrosion auf die Wöhlerlinie bei geschweißten Details

Schadensbesichtigungen auf Massengutschiffen zeigten, daß die Endbefestigungen der Seitenspanten infolge der Ladung von Baumstämmen u. ä. sowie des rauhen Umschlagbetriebes fallweise stark verformt waren [5]. Schon kleine lokale Beulen können hohe zusätzliche Biegespannungen an den Knieblechenden verursachen, welche die Traglast aufgrund örtlichen Fließens herabsetzen.
Die Betriebsfestigkeitsanalyse von Strukturdetails mit spezieller Geometrie, z.B. geknickte Übergänge oder Ausschnitte, kann die Ermittlung örtlich erhöhter Spannungen erfordern, d.h. Struktur- oder Kerbspannungen, die ebenfalls auf der Basis der erwähnten Vorschriften bewertet werden können. Diese lassen sich mit speziellen Finite-Elemente-Modellen ermitteln, welche die lokale Geometrie detaillierter beschreiben. Ein alternativer und wirtschaftlicher Weg bei der Ermittlung örtlich erhöhter Beanspruchungen ist die Verwendung von Formzahlen, die in zunehmendem Umfang auch für schiffbauliche Strukturdetails ermittelt werden.
Eine umfangreiche Betriebsfestigkeitsanalyse auf der Basis der Spektralmethode, welche die Ermittlung des Beanspruchungskollektives in diversen Strukturbereichen ermöglicht, erfordert die Berechnung einer Vielzahl von Einheitslastfällen. Ergebnisse einer derartigen Analyse unter Verwendung des Gesamtmodells eines Schiffskörpers, bei der auch Nichtlinearitäten der Lastwirkungen an den Schiffsseiten berücksichtigt wurden, sind in [6] beschrieben.

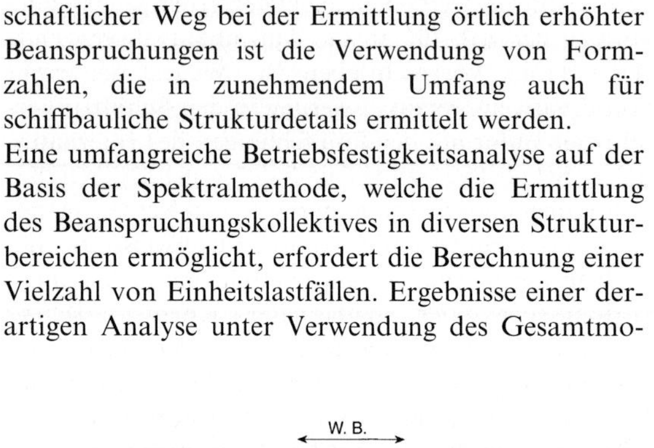

Abb. 10. Auslastungsfaktoren hinsichtlich Spannungsschwingbreiten für die unteren Endbefestigungen der Seitenspanten in einem Massengutschiff

Entsprechende Ergebnisse für die unteren Anschlüsse der Seitenspanten eines Massengutschiffes sind in Abb. 10 dargestellt. Die Auslastungsfaktoren U beziehen sich auf Spannungen und nicht auf Lebensdauern, weil dadurch dem Konstrukteur ein besserer Anhalt für notwendige oder mögliche Veränderungen gegeben wird. Bemerkenswert sind erhebliche Unterschiede zwischen den Auslastungsfaktoren von Seitenspanten, die an Querrahmen im oberen Wingtank angeschlossen sind, und denjenigen, die zwischen den Querrahmen enden. Letztere werden wesentlich höher beansprucht.

4 Festigkeitsanalysen für den gefluteten Zustand

4.1 Allgemeines

Um dem Problem der Bulk Carrier-Verluste gerecht zu werden, hat IACS vorgeschlagen, daß bei der Dimensionierung von Massengutschiffen die Festigkeit im gefluteten Zustand berücksichtigt werden sollte. Entsprechende Unified Requirements (UR) – darunter versteht man vereinheitlichte Mindestforderungen, die von jeder Klasse eingehalten werden müssen – sind erarbeitet worden, wobei einige noch in Detailfragen erörtert werden. So ist das UR S17 für die Längsfestigkeit im gefluteten Zustand erstellt worden, das UR S18 beinhaltet die Forderungen für vertikal gesickte wasserdichte Querschotte und UR S20 beschreibt Regeln für die Bestimmung zulässiger Ladungsmengen in den einzelnen Laderäumen unter Berücksichtigung der Flutung des jeweiligen Laderaums. Es ist vereinbart worden, diese neuen Vorschriften für alle Einhüllen-Massengutschiffe mit Längen über 150 m vorzusehen, deren Bauvertrag nach dem 1. Juli 1998 abgeschlossen wird. Für existierende Schiffe gleicher Merkmale sind ähnliche Forderungen aufgestellt worden, die zum Tragen kommen, wenn das jeweilige Schiff älter als 10 Jahre ist oder wird.
Im Gegensatz zu den Berechnungsansätzen für Leckstabilitätsberechnungen nach IMO, wo ein Austausch zwischen Ladung und eindringendem Wasser angenommen wird, bedeutet Flutung in diesem Zusammenhang, daß jeder Laderaum für sich durch eine fiktive Öffnung in der Außenhaut im Bereich zwischen den Wingtanks als geflutet angesehen wird. Diese Öffnung ist weder in ihrer Größe noch in ihrer Lage definiert, soll aber das Eindringen des Wassers bis zum Erreichen der neuen Gleichgewichtslage ermöglichen. Hierfür wird dann der Festigkeitsnachweis zusätzlich zu dem des intakten Falles erbracht, der im Beladungshandbuch beschrieben ist. Ein solches Flutungsszenario ist sicher als Notsituation zu bezeichnen.

4.2 Längsfestigkeit

Für jeden Ladefall, der im Beladungshandbuch aufgeführt ist, müssen entsprechend der Anzahl der Laderäume Leckrechnungen durchgeführt werden und die Verteilung der Biegemomente und Querkräfte über die Schiffslänge ermittelt werden.
Der kritischste Fall jedoch ist im allgemeinen der Fall mit alternierender Beladung, d.h. nur jeder zweite Laderaum ist gefüllt, wie Abb. 11 exemplarisch zeigt. Das Schiff hat 7 Laderäume. Die Räume mit ungeraden Nummern sind beladen, die anderen leer. Dies ist eine typische Ladungsverteilung, wenn spezifisch schweres Massengut gefahren wird. Die Abb. 11 zeigt die Biegemomenten- und Querkraftverteilung über die Schiffslänge. Zusätzlich sind die zulässigen Werte in glattem Wasser an jedem Querschnitt angegeben, die von der Klasse festgelegt werden. Was die errechneten Querkräfte angeht, so sind sie korrigiert im Hinblick auf die Lastübertragung der Bodenstruktur an den Schotten (siehe ausgezogene Linie).
Abb. 12 zeigt die Biegemomenten- und Querkraftverteilung für den Fall, daß der vordere Laderaum entsprechend dem oben geschilderten Szenario geflutet ist. Man erkennt, daß die Querkraft am hinteren Schott von Laderaum 1 angestiegen ist und daß der Wert höher als der zulässige ist. Auch die Biegemomente verändern ihre Werte und sind örtlich höher als die zulässigen. Der Anteil des Biegemoments aufgrund der Flutung ist auch ausgewiesen.

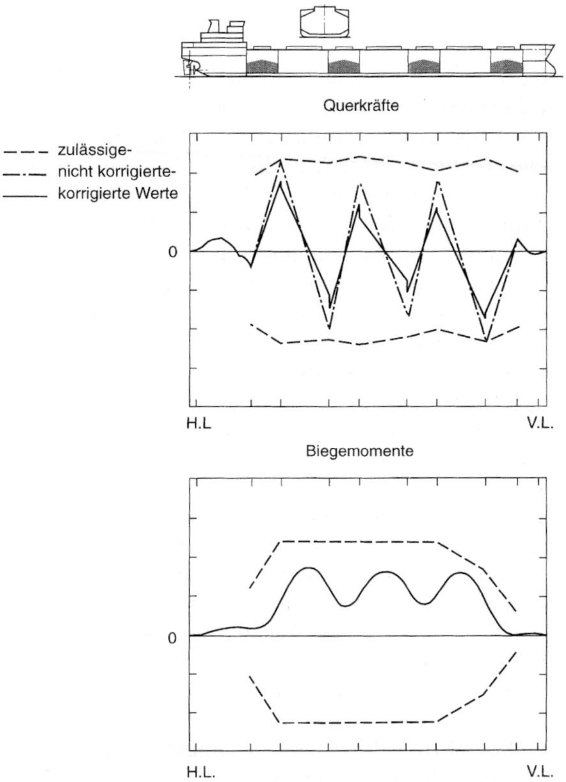

Abb. 11. Alternierende Beladung, Intakt – Fall

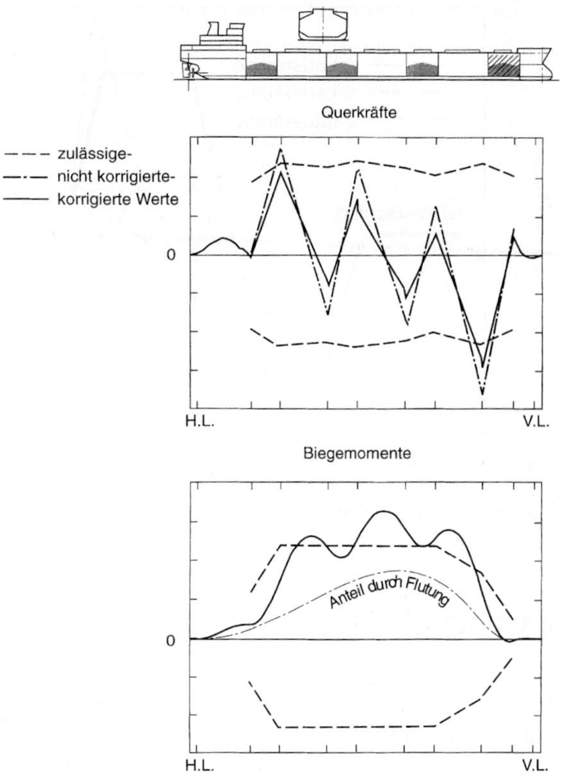

Abb. 12. Alternierende Beladung, Laderaum 1, vorne, geflutet

Indem dieselbe Vorgehensweise für Laderaum 2 und alle folgenden angewendet wird, erhält man die Einhüllenden der Belastungskurven, die Basis für Verstärkungen aufgrund von Längsbiegung und Querkraft sind. Während der Spannungsnachweis im Intaktfall mit den maximalen Glattwasserbelastungen und den Entwurfswerten der Wellenbelastung durchgeführt wird, erlaubt das UR S17 für den Flutungsfall eine Reduzierung der Wellenbelastungen auf 80% der Entwurfswerte. In erster Näherung kann man unter der Voraussetzung, daß im Intaktfall die Glattwasser- und Wellenanteile gleich groß sind, davon ausgehen, daß die Festigkeit für den gefluteten Zustand erhöht werden muß, wenn sich die Glattwasserbelastungen aufgrund der Flutung um mehr als 20% erhöhen.
Der GL hat im Rahmen der Diskussionen bei IACS eine Pauschalierung für Verstärkungen der Außenhaut vorgeschlagen. Hierzu wurden 9 Schiffe mit jeweils 9 Laderäumen, 8 Schiffe mit jeweils 7 Laderäumen und 6 Schiffe mit jeweils 5 Laderäumen nach der beschriebenen Weise untersucht. Abb. 13 zeigt den erforderlichen Dickenzuwachs aufgrund der erhöhten Querkräfte im gefluteten Zustand. Die Linie „GL-Vorschlag" wurde aus Daten von nur zwei Schiffen festgelegt. Natürlich reichen diese Daten von 25 Schiffen nicht aus für eine statistische Absicherung. Dennoch kann damit ein Trend angegeben werden, wo die Außenhaut in welchem Maße verstärkt werden muß, um den erhöhten Lasten zu genügen.

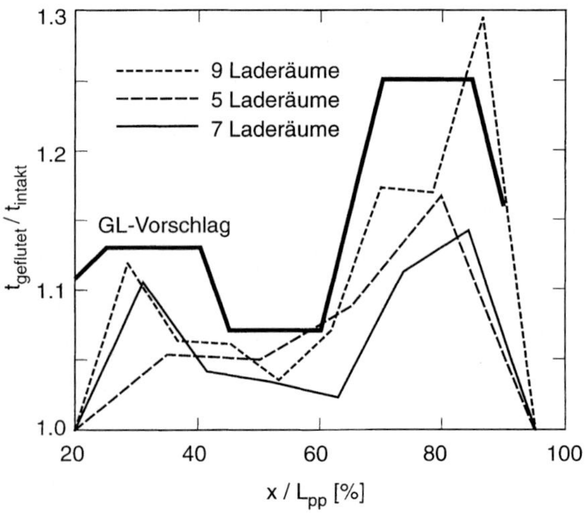

Abb. 13. Relativer Dickenanstieg der Außenhaut aufgrund Laderaumflutung, pauschale Werte

4.3 Vertikal gesicktes wasserdichtes Querschott

Während im vorstehenden über die sogenannte erste Barriere, nämlich die Außenhaut gesprochen wurde, wird im folgenden über die zweite Barriere, die wasserdichten Schotte diskutiert. Sie sind es, die in mehreren Fällen versagt haben, nachdem durch die Außenhaut eingedrungenes Wasser in Kombination mit der Ladung zu erhöhten Horizontaldrücken geführt hat. Deshalb sollen jetzt solche ungünstigen Kombinationen für die Dimensionierung der Schotte herangezogen werden, wobei die verschiedenen – im Beladungshandbuch erwähnten – Ladefälle berücksichtigt werden müssen, als da sind:

- homogene Ladefälle
- alternierende Ladefälle
- Ladefälle für Walzprodukte

Im Gegensatz zur Längsfestigkeitsuntersuchung werden hier keine Berechnungen zur Ermittlung der Schwimmlagen nach der Flutung angestellt, um die Druckhöhe auf das Schott zu ermitteln. Vielmehr werden feste Werte d_f für die Höhe der Flutung je nach Schiffstyp und Lage des Schottes vorgegeben. Abb. 14 zeigt die Zusammenhänge. Im einzelnen ist d_f wie folgt festgelegt:
im allgemeinen

- D für das vordere vertikal gesickte wasserdichte Schott
- 0,9 D für die anderen vertikal gesickten wasserdichten Schotte

für Schiffe mit weniger als 50000 tdw und mit B-Freibord

- 0,95 D für das vordere vertikal gesickte wasserdichte Schott
- 0,85 D für die anderen vertikal gesickten wasserdichten Schotte

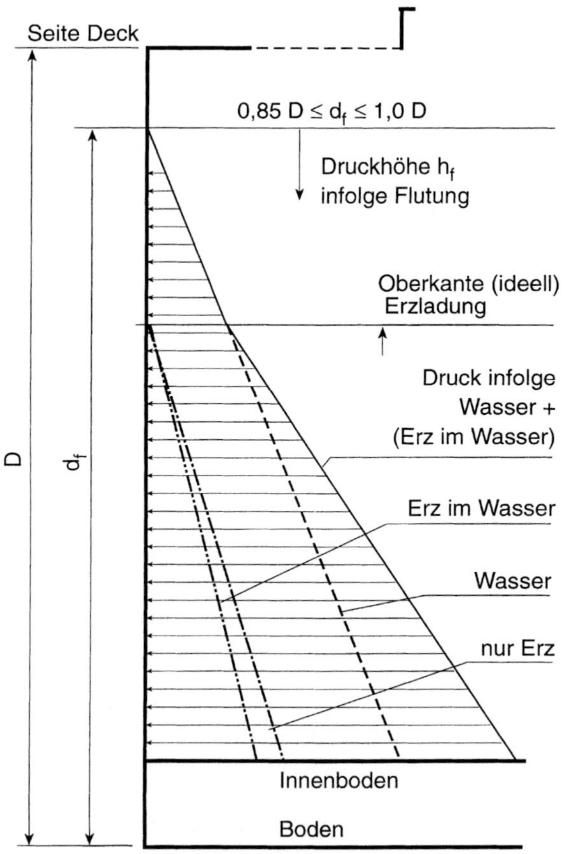

Abb. 14. Horizontale Drücke auf das Querschott, Laderaum geflutet

Oberkante Erzladung bedeutet die sich nach der Einebnung des Erzkegels ergebende Linie, die dann Basis für die Berechnung der Druckbelastung ist.

Die Festigkeitskriterien, die zur Bestimmung der Abmessungen der Sicken in Bezug auf Widerstandsmoment und lokale Plattendicke führten, sind in umfangreichen Berechnungen der einzelnen Klassifikationsgesellschaften mit dem Ziel erarbeitet worden, soviel wie möglich im Hinblick auf globale und lokale Strukturdetails zu vereinheitlichen. Abb. 15 zeigt zum Beispiel die Spannungsergebnisse für die Sicke auf Mitte Schiff eines Massengutschiffes aus der Fahrenden Flotte, wenn als Belastung die Flutung des nur teilweise mit Ladung gefüllten Laderaums angenommen wird. Die Ergebnisse wurden mit Hilfe des in Abb. 6 gezeigten FE-Modells erzielt, wobei verschiedene Blechdicken angenommen wurden.

Neben den FE-Berechnungen wurden auch Berechnungen mit Balken-Modellen durchgeführt. In der Tabelle 1 sind die verschiedenen Ergebnisse für das Biegemoment auf halber Sickenlänge und an Oberkante unterer Schottstuhl gegenübergestellt. Für Überschläge verwendet der GL in der Regel das Balken 1-Modell, das für die untere kritische Stelle eine gute Übereinstimmung in den Ergebnissen mit dem FE-Modell ergibt.

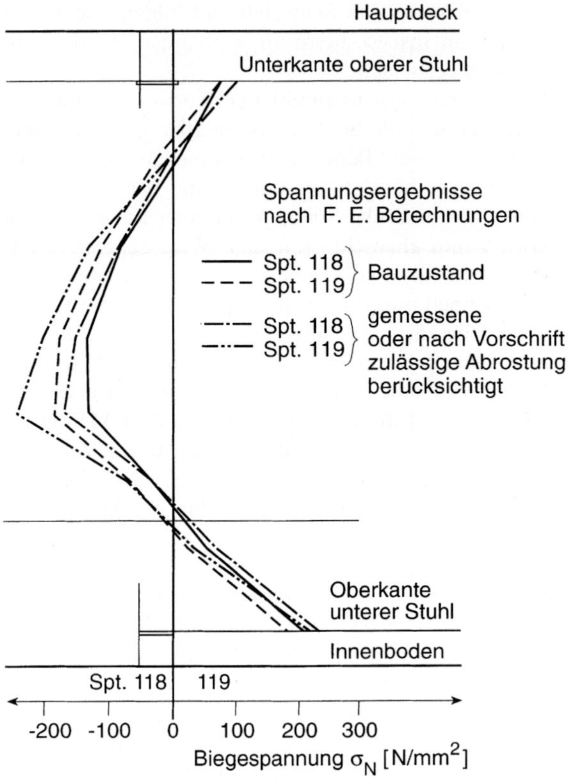

Abb. 15. Spannungsverteilung entlang der Sicke auf M.S., ein Laderaum geflutet

Da die Flutungsbedingung im Vergleich zu den im Beladungshandbuch angegebenen Ladefällen als Notfall-Bedingung angesehen werden kann, sind die Anforderungen an die Festigkeit hierfür reduziert worden. Nichtlineare FE-Berechnungen sind Basis für diese Vereinbarungen in IACS gewesen. Aufgrund dieser Berechnungen konnte eine Bemessungsformel aufgestellt werden, die von dem Modell ausgeht, daß im Fall der Laderaumflutung mit ansteigendem Wasserspiegel sich zunächst an der unteren Schotteinspannung ein Fließgelenk bildet. Bei weiterem Druckanstieg erfolgt dann etwa auf halber Sickenlänge eine zweite Fließgelenkbildung und der Zusammenbruch des Schottes, wenn die Belastung weiter steigt. Anhand der theoretisch ermittelten Last-Verformungskurven haben sich die IACS-Gesellschaften auf eine mehr konservative Festlegung der Bemessungsformel und die damit verbundene Vorgehensweise geeinigt. So gehen z.B. für die globale Biegeuntersuchung des Sickenschottes die Summe aus 50% des Widerstandsmomentes am unteren Ende der Sicke und 100% des Wertes auf halber Sickenlänge in die Bewertung ein, wobei der rechnerische Ansatz für den Wert auf halber Sickenlänge das 1,15fache des Wertes am unteren Ende nicht überschreiten darf. Es sind jeweils die Widerstandsmomente nach dem „Netto-Dicken" Konzept und gemäß der linearen Spannungstheorie zu berechnen, wobei für den Druckgurt die wirksame Breite in Ansatz gebracht wird. Die zulässige Spannung ist gleich der Fließgrenze des verwendeten Stahls. Was die lokale Festigkeit der Sickenfelder angeht, so ist der vorgesehene Ansatz etwa 8% konservativer als der GL-Ansatz für wasserdichte Schotte.

Tabelle 1. Vergleich der Biegemomente nach verschiedenen Berechnungsmethoden

Berechnungs Methode	F. E. M.	Balken 1	Balken 2	Balken 3
		Deck, M_1, M_2, IB, B	Oberer Stuhl, IB, B	Oberer Stuhl, Unterer Stuhl, IB, B
M_1 [kNm] auf halber Sickenlänge	1642	2025	1987	1348
M_2 [kNm] Oberkante Unterer Stuhl	3282	3370	2919	4251

4.4 Schubfestigkeit des Doppelbodens

Für existierende und neue Einhüllen-Massengutschiffe muß diejenige zulässige Ladungsmenge eines Laderaumes bestimmt werden, die sich unter den in 4,3 genannten Flutungsbedingungen ergibt. Hierzu dient die Summe aller Schubflächen der Bodenwrangen und Längsträger des jeweiligen Laderaums als Basis der Berechnungen, wobei Erleichterungslöcher entsprechend berücksichtigt werden. Die Belastung des Doppelbodenteils ergibt sich aus dem Druck infolge Ladung und eingedrungenem Wasser abzüglich der äußeren Wasserdruckbelastung, wobei der wellenbedingte Druckanteil pauschal angesetzt wird. Die ermittelte zulässige Ladungsmenge soll nicht größer als die nach Beladungshandbuch im intakten Fall vorgesehene Menge sein. Während für neue Schiffe alle Laderäume in diesem Sinne untersucht werden müssen, hat man sich im Einklang mit der IMO dahingehend verständigt, daß für existierende Schiffe nur der Doppelboden des vorderen Raumes betrachtet wird.
In nächster Zukunft sollen nicht nur lokale Schubkriterien bei der Ermittlung des Tragvermögens des Doppelbodens berücksichtigt werden, sondern es soll auch der Einfluß der Interaktion mit der Längsfestigkeit bewertet werden.

5 Korrosion und Verschleiß

5.1 Korrosion und Verschleiß bei Festigkeitsverbänden von Massengutschiffen

Korrosions- und Verschleißprobleme bei Massengutschiffen sind in der Vergangenheit unterschätzt worden. Zahlreiche Verluste von Massengutschiffen während der letzten 20 Jahre sind auf Festigkeitsverlust infolge starker Korrosion und massiven Verschleißes zurückzuführen. Bei Massengutschiffen sind folgende Einflüsse zu berücksichtigen:

- Korrosion durch Seewasser, vorwiegend in den Seiten- und Doppelbodentanks
- Korrosion durch aggressive Ladung, wie z.B. Kohle in Laderäumen
- Verschleiß aufgrund rauhen Betriebes bei Be- und Entladearbeiten.

Das Problem der Korrosion in den Ballasttanks ist von den Klassifikationsgesellschaften erkannt worden. Sie reagierten durch Einführung von IACS Unified Requirement Z 8, wonach seit 1990 sämtliche Ballasttanks für Seewasser von Massengutschiffsneubauten, deren äußere Begrenzung durch die Schiffshülle gebildet wird, eine Schutzbeschichtung aus Epoxy oder gleichwertigem Material erhalten müssen. Seit 1992 fordert die IACS in Übereinstimmung mit Unified Requirement Z 9 für sämtliche Massengutschiffsneubauten, daß diejenigen Oberflächen der seitlichen Außenhaut und der Querschotte, die der Ladung ausgesetzt werden können, mit einer Schutzbeschichtung zu versehen sind. Zu diesen Oberflächen gehören der Bereich des unteren Schottstuhles bis 300 mm unterhalb seiner Oberkante und diejenigen Teile der oberen und unteren Seitentanks innerhalb eines Bereichs von 300 mm über die Endpunkte von Spantknieblechen hinaus (s. Abb. 16). Mit Hilfe dieser Maßnahmen beabsichtigen die Klassifikationsgesellschaften, die durch Ballastwasser und Ladung verursachten Korrosionsauswirkungen zu reduzieren. Einige Kohleladungen mit hohem Schwefelgehalt können äußerst aggressiv sein. Aus der sich an der Seitenbeplattung niederschlagenden Feuchtigkeit und dem in der Ladung enthaltenen

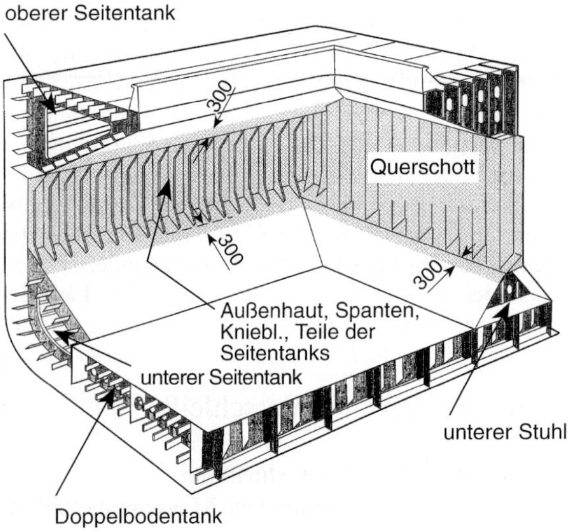

Abb. 16. Räume und Flächen auf Massengutschiffen, die einen Schutzanstrich erhalten müssen

Schwefel kann sich Schwefelsäure bilden, die starke Korrosion insbesondere an Verbandsteilen der Außenhaut verursacht.

Unter dem Gesichtspunkt der Korrosion sollte die Befestigung von Steifen mit relativ geringen Stegdicken an der Beplattung vermieden werden. Es kommt z.B. häufig vor, daß an eine Beplattung von etwa 18 mm Dicke Spanten mit einer Stegdicke von etwa 9 mm angeschlossen sind. Wird aggressive Ladung befördert, so können die Stege der Steifen relativ schnell aufgrund starker Korrosion ihre Festigkeit verlieren, während die Dicke der Beplattung die zulässigen Toleranzen nicht unterschreitet. In solchen Fällen geht die versteifende Wirkung der Steifen verloren, und die Beplattung wird hohen Membranspannungen ausgesetzt, die wiederum ein Versagen der Seitenbeplattung selbst zur Folge haben können. Dies kann eine Erklärung für das bei Massengutschiffen beobachtete typische Versagen der Seitenbeplattung sein. Es ist daher wichtig, daß die Stegdicke von Versteifungselementen in Bereichen, die der Korrosion ausgesetzt sind, der Dicke der versteiften Beplattung angepaßt ist.

Die Klassifikationsgesellschaften fordern daher seit 1992 in Übereinstimmung mit Unified Requirement S12, daß die Stegdicke von Spanten in Massengutschiffen einer vorgeschriebenen Mindestdicke von normalerweise 11,5–13 mm entsprechen muß, unabhängig davon, ob normal- oder höherfester Stahl verwendet wird. Die Dicke der unteren Spantkniebleche muß mindestens 2 mm über der angegebenen Mindeststegdicke für Spanten liegen.

Die obengenannten Verstärkungen sind ebenfalls unter dem Gesichtspunkt des Verschleißes von Bedeutung. Wie bereits erwähnt, sind die Laderaumverbände von Massengutschiffen dem rauhen Betrieb bei Be- und Entladearbeiten ausgesetzt, der Beschädigungen verursacht. Schwere Greifer können mit Spanten und Knieblechen in Berührung kommen, und Restladung wird von Bauteilen mit Hilfe spezieller beweglicher 'Schlaggeräte' entfernt. In einem anderen Fall wurden starke Verformungen der Seitenspanten und Spantkniebleche beobachtet, die beim Be- und Entladen großer Baumstämme entstanden. Infolgedessen war das Spantsystem nicht mehr in der Lage, die Seitenbeplattung in ausreichendem Maße zu versteifen, was aus den oben genannten Gründen zum Versagen der Beplattung und damit zur Flutung des Laderaumbereichs führte.

In diesem Zusammenhang sollten auch einige Aspekte in Verbindung mit der Verwendung von höherfestem Stahl berücksichtigt werden. Die Korrosionsraten werden auch von dem jeweiligen Spannungsniveau beeinflußt, das bei höherfesten Stählen größere Korrosionsraten verursachen kann. Daher sollten Verbände im Raum, die korrosiver Ladung ausgesetzt sind, möglichst aus Normalstahl gefertigt werden. Die Verwendung von höherfestem Stahl in Massengutschiffen sollte auf die Längsverbände der oberen und

unteren Gurtung des Schiffskörpers und ggf. auf die Außenhaut beschränkt bleiben.
Ein Aspekt, der bei der Konstruktion des Innenbodens zu berücksichtigen ist, ist seine Beanspruchung durch schwere Greifer beim Löschen von Ladung. Diese Greifer mit einem Eigengewicht von 15 t und mehr werden häufig während der letzten Phase des Entladevorgangs auf den Innenboden fallengelassen, wobei extrem große Stoßkräfte verursacht werden. Diese Stoßkräfte lassen sich am besten durch eine nachgiebige Innenbodenkonstruktion aufnehmen. Nach Erfahrung des GL hat ein relativ dicker Innenboden in Verbindung mit einem relativ großen Steifen/Trägerabstand von nicht weniger als etwa 800 mm ein weitaus besseres Vermögen, diesen Stoßkräften standzuhalten als ein relativ dünner Innenboden in Verbindung mit einem geringen Steifen/Trägerabstand von etwa 400–600 mm.

5.2 Korrosionszuschläge, Restfestigkeit korrodierter Verbände

Nach den Vorschriften des GL wird der Korrosionszuschlag t_k so definiert, daß sich ein prozentual relativ hoher Zuschlag für geringe Regeldicken t' und ein prozentual geringer Zuschlag für große Regeldicken t' ergibt; denn eine mittlere jährliche Korrosionsrate von z.B. 0,2 mm bedeutet eine Dickenreduzierung von ca. 3% für eine 6 mm dicke Platte, jedoch von lediglich 0,8% für eine 25 mm dicke Platte.
Der Korrosionszuschlag t_k beträgt daher im allgemeinen zwischen $\approx$ 10 und 25% der ursprünglichen Dicke. Für Platten, die lokalen Drücken standhalten müssen, ist der absolute Korrosionszuschlag t_k ausgedrückt in mm identisch für normal- und höherfesten Stahl, da die Regeldicke u.a. von der Quadratwurzel der Werkstoffkennziffer k abhängt. Im Verhältnis zur Dicke ist der Korrosionszuschlag t_k größer für höherfesten Stahl, verglichen mit dem für normalfesten Stahl. Auf diese Weise soll den oben erwähnten etwas höheren Korrosionsraten höherfester Stähle Rechnung getragen werden.
Das in den Vorschriften des GL enthaltene Festigkeitskonzept beruht auf der Bedingung, daß eine Erneuerung des Bauteils erforderlich ist, wenn die durchschnittliche Dickenreduzierung dem Korrosionszuschlag t_k entspricht, d.h. wenn die Nettodicke $t' = t - t_k$ erreicht ist. Das bedeutet, daß die Vorschriften des GL auch die Strukturfestigkeit im korrodierten Zustand berücksichtigen.
Zur Gewährleistung des Längsfestigkeitsstandards im korrodierten Zustand dürfen die Widerstandsmomente der Schiffsquerschnitte aufgrund von Korrosion um höchstens 10% reduziert werden. Das bedeutet eine maximale Erhöhung der Längsbiegespannung von 10%, d.h. von 175 auf ca. 193 N/mm^2, oder im korrodierten Zustand einen Sicherheitsfaktor von ca. 1,2 gegen die Streckgrenze. Es kann gezeigt werden, daß bei einer Dickenreduzierung von 20% der Sicherheitsfaktor gegen plastisches Versagen eines Bodenplattenfeldes und eines Bodenlängsspantes, die beide sowohl der Längsbiegespannung als auch der lokaler Biegespannung ausgesetzt sind, noch bei 1,2 [7] liegt.
Die Bauvorschriften für den Beulfestigkeitsnachweis beruhen ebenfalls auf dem „Nettodicken"-Konzept unter Verwendung der Regeldicke $t' = t - t_k$. Während die bisherigen Vorschriften auf dem klassischen Verfahren aufbauten, wonach eine vorgegebene Sicherheit gegenüber einer Beulvergleichsspannung nachzuweisen war, basiert das neue Verfahren auf dem Nachweis ausreichender Grenztragfähigkeit. Es liegt in der Ausgabe 1997 der GL-Bauvorschriften in Kapitel 1 (Schiffskörper) für Seeschiffe vor. Hierbei wurde auf die DIN 18800 [8] zurückgegriffen, deren Berechnungsmethodik in Teilbereichen vereinfacht und den besonderen schiffbaulichen Gegebenheiten angepaßt wurde. Beim neuen Verfahren sind die Spannungen über Interaktionsbedingungen auf ihre Zulässigkeit zu überprüfen, wobei wegen des zuvor benannten globalen Spannungsanstieges um 10% infolge möglicher Korrosion ein Sicherheitsfaktor von 1,1 angesetzt wird. Sind Strukturen zu beurteilen, die globalen und lokalen Belastungen ausgesetzt sind, wird der Sicherheitsfaktor auf 1,05 reduziert. Zu beachten ist, daß bei Reduzierung der ursprünglichen Dicke um den Korrosionszuschlag t_k der Austausch des Bauteils erforderlich wird.

6 Schlußbemerkungen

Schwerwiegende Probleme mit der alternden Weltflotte der Massengutschiffe in den zurückliegenden Jahren erforderten ein Überdenken des Festigkeitsverhaltens und der Entwurfskriterien dieser Schiffe. Die vorhandenen Methoden und Vorgehensweisen zur Analyse des globalen und lokalen Festigkeitsverhaltens, wie sie in dem Vortrag geschildert wurden, erlauben eine rationale Bewertung der strukturellen Integrität auf der Basis von „First Principles". Dies beinhaltet auch Gesichtspunkte der Ermüdungsfestigkeit und der ungünstigen Wirkung der korrosiven Umgebung im Ladungsbereich auf die Rißentstehung in Bauteilen.
Ein neuer Gesichtspunkt wird die Forderung nach Festigkeitsanalysen im gefluteten Zustand sein. Der augenblickliche Stand des Entscheidungsprozesses ist diskutiert worden, endgültige Beschlüsse werden die zuständigen IACS-Gremien fassen.
Es muß nachdrücklich unterstrichen werden, daß selbst ein Massengutschiff von hervorragender Konstruktion Probleme während seiner Einsatzzeit haben wird, wenn es nicht angemessen gewartet wird. Korrosions- und Verschleißgesichtspunkte sind deshalb sehr wichtig für die bauliche Unversehrtheit. Entwurfsanforderungen im Hinblick auf Ermüdung, Blechdickenzuschläge in Bezug auf Korrosion und

Schutzanstriche können zur Verringerung der Probleme beitragen, angemessene Wartung und wirkungsvolle Inspektionen sind nötig, um die Probleme unter Kontrolle zu halten.
Der GL ist sich voll seiner Verantwortung für begründete Konstruktionsforderungen und für hinreichende Vorschriftenentwicklung für sichere und leistungsfähige Massengutschiffe bewußt, wie auch für sorgfältige Zeichnungsprüfung verbunden mit allen notwendigen Festigkeitsanalysen. Dieselbe Verantwortung gilt für sorgfältige Besichtigungen während des Baus und im Betrieb der Schiffe. Auf der Grundlage guter Erfahrungen in der Vergangenheit mit einer großen Anzahl von Massengutschiffen in der Klasse sind die Aussichten für neue Generationen von Massengutschiffen solange als gut zu bezeichnen, wie die Festigkeitsforderungen eingehalten und Wartungen sinnvoll durchgeführt werden.

Schrifttum

1 IACS – International Association of Classification Societies: „Bulk Carriers – Guidelines for Surveys, Assessment and Repair of Hull Structure.“ London, 1994.
2 H.G. Payer und W. Fricke: „Rational Dimensioning and Analysis of Complex Ship Structures.“ SNAME Transactions, Vol. 102 (1994).
3 Germanischer Lloyd: „Klassifikations- und Bauvorschriften, I – Schiffstechnik, Teil 1 – Seeschiffe, Kapitel 1 - Schiffskörper.“ Selbstverlag, Hamburg 1997.
4 H. Petershagen, W. Fricke und H. Paetzold: „Betriebsfestigkeit schiffbaulicher Konstruktionen – Anwendungsbeispiele.“ In: Handbuch der Werften, Band XXIII, Schiffahrtsverlag „Hansa“ C. Schroedter & Co., Hamburg 1996.
5 E. Lehmann: „Schäden in Schiffskonstruktionen.“ Jahrbuch der STG, Band 84, Springer-Verlag, 1990.
6 W. Fricke, M. Scharrer, H. von Selle: „Integrated Fatigue Analysis of Ship Structures.“ Proceedings 5. IMDC und Sommertagung der STG, Delft 1994.
7 M. Böckenhauer: „Residual Strength of Corroded Structures.“ Paper presented at the Work Group Meeting of the Tanker Structure Co-operative Forum in Hamburg, October 1988.
8 DIN 18800: „Stahlbauten.“ Beuth Verlag, Berlin 1990.

Erörterungen

Prof. Dr.-Ing. Walter Abicht, Institut für Schiffbau, Hamburg: Längsfestigkeit bei Flutung von zwei Abteilungen

Mit Interesse habe ich vernommen, daß ab 1. Juli 1998 bei Massengutschiffen Längsfestigkeitsberechnungen auch für den Leckfall durchgeführt werden müssen. Damit wird bei diesem Schiffstyp – und leider nur hier – eine Sicherheitslücke geschlossen. Bisher war es ja so, daß die Flutung eines Laderaums als ertragbar angenommen wurde, wenn eine ausreichende Schwimmfähigkeit und Reststabilität verblieb. Ob das Schiff dabei durchbricht, wurde nicht überprüft.
Bezüglich der Längsfestigkeit im Leckfall hat der Vortragende immer nur Flutungen von Einzelabteilungen betrachtet. In manchen Fällen muß jedoch auch die Flutung von zwei benachbarten Abteilungen ertragbar sein (z.B. bei B-100-Schiffen; evtl. auch bei Anwendung der probabilistischen Unterteilungsvorschrift für Frachtschiffe gemäß SOLAS). Logischerweise müßten in diesen Fällen auch Längsfestigkeitsberechnungen für die Flutung von Zweiergruppen durchgeführt werden. Werden die künftigen Bestimmungen dieser Forderung gerecht oder bleibt es hier bei einer Sicherheitslücke?

Dipl.-Ing. Martin Böckenhauer, Reinbek: Erhöhte Korrosions- und Abnutzungszuschläge bei Bulkern

Herr Dr. Hansen, Sie haben zu Recht darauf hingewiesen, daß vor allem folgende Ursachen für die Bulkerverluste verantwortlich sind:

- Korrosion und Abnutzung der Verbände
- unzureichende Wartung und Pflege der Schiffe

Hätte man dann nicht das Problem viel einfacher dadurch lösen können, indem man erhöhte Korrosions- bzw. Abnutzungszuschläge in Verbindung vielleicht mit reduzierten zulässigen Spannungen und vor allem ein verschärftes Besichtigungssystem für Massengutschiffe eingeführt hätte? Dann hätte man das „Übel“ wirklich an der Wurzel gepackt und hätte sich den von Ihnen erwähnten enormen zusätzlichen Berechnungsaufwand für die Festigkeitsnachweise im gefluteten Zustand sparen können.
Dipl.-Ing. Arno Westram, Wedel: Besichtigung und Wartung von Bulkern

Ich beglückwünsche den Vortragenden zu seiner Prognose, wie zukünftig das Festigkeitsproblem der Bulker hinsichtlich seiner durch Korrosion hervorgerufenen Schwachstellen innerhalb der IACS behandelt wird.
Zu Beginn der Ausführung wurde als Hauptgrund des Versagens der Konstruktion die Korrosionsprobleme genannt und dann aber speziell darauf nicht weiter eingegangen und ausführlich darüber referiert, wie die IACS darauf reagiert.
Das Ganze hat aber eine ganz praktische Seite, denn noch sind viele Bulker die älter als 10–15 Jahre sind in Fahrt. Und auch zukünftig bei geänderten Konstruktionen bleibt das Korrosionsproblem unverändert.
Hier wird auffällig, das die Schiffe nicht ausreichend und effizient gewartet worden sind. Eine Wartung ist auch schwierig, weil die Zugänglichkeit der kritischen Bereiche durch Inspektoren der Reederei und der Klassifikationsgesellschaften nicht ohne aufwendige Stellagen zugänglich sind. Einrüstungen können nur bei leerem Raum erfolgen, sind aufwendig und kostspielig und sind während üblicher Hafenliegezeiten praktisch nicht realisierbar. Um die Zugänglichkeit der kritischen Bereiche zu gewährleisten, müßten zukünftig besondere konstruktive Vorkehrungen (Augen, Ösen, Steigleitern) vorgesehen werden!
Das Wartungsproblem bleibt auch in Zukunft ein wichtiger Punkt zur Erhaltung der Neubaufestigkeit!

Prof. Dr. mult. Eike Lehmann, Dipl.-Ing. Martin Böckenhauer, Dr.-Ing. Wolfgang Fricke, Dr. Hans-Joachim Hansen, Hamburg (Schlußwort)

Ich danke den Herren Abicht, Böckenhauer und Westram – auch im Namen der Ko-Autoren – für ihre wertvollen und kritischen Diskussionsbeiträge.
Prof. Abicht erwähnt den 2-Abteilungsstatus bei den sog. B-100-Massengutschiffen, der nach der LOADLINE-Convention gefordert wird. In der Tat spricht die IMO dagegen in Regel 4-1 mit der Verabschiedung eines neuen „CHAPTER XII on bulk carriers“ in SOLAS für Schiffe von 150m Länge und darüber nur von „. . .flooding of any one cargo

hold", so daß der 2-Abteilungsstatus in der SOLAS-Convention ausgeklammert ist. Die in der letztgenannten Convention angesprochenen Festigkeitskriterien für Schotte und Doppelböden und die von IACS darüber hinaus erarbeiteten Forderungen hinsichtlich der Längsfestigkeit im gefluteten Zustand gelten somit ausschließlich für den 1-Abteilungsstatus.

Im Fall der Flutung zweier benachbarter Räume treffen für die Schotte und die jeweiligen Doppelböden unter den Laderäumen die genannten Kriterien auch zu, während die Längsfestigkeit nicht untersucht wird. Ich nehme Prof. Abichts Ausführungen gerne als Anregung für solche Untersuchungen auf.

Herr Böckenhauer und Herr Westram sprechen die Themen Korrosion, Wartung und Instandhaltung an. Herr Böckenhauer und ich waren an den langwierigen Verhandlungen bei IMO und IACS beteiligt und haben dabei wiederholt die erwähnte Vorgehensweise vertreten, der man u. E. durch eine Dimensionierung aller wasserdichten Schotte nach den Forderungen für Tankschotte hätte gerecht werden können. Allerdings kann auch damit das Problem der Korrosion nicht beseitigt werden.

Herr Westram weist besonders auf die Probleme Wartung und Instandhaltung hin. Die Zugänglichkeit zum zu beurteilenden Bauteil ist hierbei der kritische Punkt. Eine häufigere Besichtigung, die aufgrund der korrosiven Ladung und potentieller Schäden durch Greifer, Bulldozer und hydraulische Hämmer beim Entladen wünschenswert ist, ist aufgrund der Laderaumbauweise äußerst zeit- und kostenaufwendig. Vorschläge, wie Herr Westram sie macht, sind begrüßenswert und werden auch eine Rolle bei der Diskussion über die Zugänglichkeit von Doppelhüllen spielen, die zur Zeit geführt wird.

Ich hoffe, daß die von den Klassifikationsgesellschaften erarbeiteten neuen Vorschriften für Bulk Carrier, von denen etwa 5500 (mit typischen Längen von 180–275m) weltweit operieren, wesentlich zur Verbesserung der Sicherheit dieses Schiffstyps beitragen.

Entwurf, Konstruktion und Wirtschaftlichkeit von Doppelhüllen-Massengutschiffen

Design, Strength and Economics of Double Hull Bulk Carriers

Dr.-Ing. **Wolfgang Fricke**, Germanischer Lloyd, Hamburg
Dipl.-Ing. **Rolf Nagel**, Flensburger Schiffbau-Gesellschaft, Flensburg

Summary. Taking the example of a 75.000 tdw bulk carrier, a conventional design is compared to different alternative designs with double hull at the sides. In addition to calculations of volumes, weight and intact stability, damaged conditions with flooded holds are analysed in view of the increased IACS strength requirements for these cases. The structural design is based on extensive finite element calculations for the hold area. Special care is taken of the detailled design of the side structures in view of high pressure fluctuations at the side shell. Further investigations concern the strength and corrosion resistance of the inner bottom which is subjected to high impact loads and aggressive cargo. Finally, economic aspects are discussed and compared, including operation and maintenance costs in service. In addition to the increased ship's safety, the main advantages of the double skin design are seen in decreased operation costs, improved availability and reduced failure suspectibility together with related cost savings.

1 Einleitung

Um 1990 häuften sich die strukturellen Probleme mit älteren Massengutschiffen. Innerhalb eines Jahres waren weltweit über zehn Totalverluste, bei denen strukturelles Versagen ein möglicher Faktor war, mit vielen Verlusten an Menschenleben zu verzeichnen (Adam u.a., 1991). Vielfach drang während der Erzfahrt bei schwerem Wetter Wasser in Laderäume ein, was zum Versagen der Schotte und zum schnellen Sinken des Schiffes führte.

Nachfolgende Schadensanalysen zeigten, daß oftmals Seitenspanten, Außenhaut und Schotte starke Korrosionserscheinungen infolge aggressiver Ladung sowie Verformungen aus dem rauhen Umschlagsbetrieb aufwiesen. An den Endbefestigungen der Seitenspanten entstanden Risse, die in die Außenhaut liefen und Leckagen verursachten. Fallweise waren größere Strukturbereiche aus der Außenhaut herausgebrochen (Lehmann, 1990).

Als Folge wurden wesentlich strengere Maßnahmen hinsichtlich der periodischen Besichtigungen und den daraus resultierenden Konsequenzen ergriffen (Enhanced Survey Program ESP) sowie Reparaturvorschläge ausarbeitet (IACS, 1992). Darüber hinaus wurden die Festigkeitsanforderungen für Seitenspanten verschärft und eine Beschichtung für die Laderaumseiten gefordert. Kurz vor der Einführung stehen weitere, international vereinbarte Zusatzforderungen hinsichtlich der Festigkeit der Längsverbände, Querschotte und Bodenverbände im Leckfall, über die im vorhergehenden Beitrag bereits berichtet wurde.

Die genannten Maßnahmen zielen darauf ab, die bisherige Bauweise der Massengutchiffe mit einer einfachen Außenhaut an den Schiffsseiten zu verstärken. Die eigentlichen Ursachen für die Probleme, nämlich daß die tragenden Verbände dem mechanischen und korrosiven Angriff seitens der Ladung ausgesetzt sind und daß die einfache Außenhaut keine Redundanz bietet, werden nicht beseitigt. Eine grundsätzliche Verbesserung und logische Folge aus den gemachten Erfahrungen wäre eine Doppelhüllenbauweise an den Schiffsseiten. Neben der zusätzlichen Redundanz hätte sie den Vorteil, daß die versteifenden Bauteile innerhalb der Doppelhülle liegen und nicht mehr direkt der Ladung ausgesetzt sind. Die seitliche Laderaumbegrenzung wäre eine glatte Plattenfläche.

Prinzipiell ist eine Doppelhüllenkonstruktion nicht neu. Bei größeren Tankern wurde sie nach dem Desaster der „Exxon Valdez" vor mehreren Jahren als Schutzmaßnahme gegen Kollisionen und Grundberührungen bindend vorgeschrieben. Bei Massengutschiffen bestimmen andere Gesichtspunkte die Konstruktion. Hier steht nicht der Kollisionsschutz, sondern der Schutz der tragenden Verbände vor korrosivem Angriff und mechanischen Beschädigungen im Vordergrund. Das heißt, daß die doppelte Außenhaut relativ schmal sein kann, so daß sich im Vergleich zur herkömmlichen Bauweise ein möglichst kleiner Verlust an Laderaum ergibt. Außerdem wird wie bei allen Schiffen eine möglichst leichte und einfach zu fertigende Konstruktion angestrebt.

Mit dem Ziel, günstige konstruktive Lösungen zu erarbeiten und die Vor- und Nachteile der Konstruktionen mit und ohne Doppelhülle an den Schiffsseiten zu quantifizieren, wurde 1996 vom Germanischen Lloyd und der Flensburger Schiffbau-Ge-

sellschaft ein FuE-Vorhaben in Angriff genommen. Ausgehend von einem Massengutschiff mit Panamax-Breite sollten verschiedene konstruktive Varianten ausgearbeitet und im Hinblick auf Bau- und Betriebskosten untersucht werden. Für zusätzliche Arbeiten und Anregungen während der Bearbeitung wurde ein projektbegleitender Arbeitskreis gebildet, der sich aus Vertretern der Werftindustrie, mehrerer Reedereien, Fertigungsfachleuten sowie der Stahlindustrie zusammensetzte. Neben der Konstruktion standen auch Fragen zum Werkstoffeinsatz und zu Fertigungsmethoden im Vordergrund. Letztere führten zu einer Studie über die Möglichlichkeiten einer zentralen Paneelfertigung für Werften, die außerhalb des Vorhabens weiterverfolgt wurde.
Nachfolgend werden Ergebnisse des Vorhabens vorgestellt und diskutiert. Es steht zu erwarten, daß sich angesichts des hohen Durchschnittsalters der Massengutflotte die Neubautätigkeit beleben wird, so daß die hier diskutierten Aspekte besondere Aktualität besitzen. Massengutschiffe dürften auch für deutsche Werften von Interesse sein, insbesondere wenn es gelingt, mit intelligenten Lösungen ein qualitativ besseres und damit insgesamt wirtschaftlicheres Produkt anzubieten.

2 Basisentwürfe für ein 75.000 tdw – Massengutschiff

2.1 Hauptdaten

International verbreitet ist eine Größenklasse, die durch eine Schiffsbreite von 32,24 m (Panamax-Breite) und eine Länge von 225 m über alles (max. Länge für den B-60-Freibord nach International Load Line Convention 1966 mit Ein-Abteilungsstatus im Leckfall) charakterisiert ist. Aus Vergleichsschiffen wurden folgende Hauptdaten abgeleitet, die Grundlage für die Basisentwürfe bilden:

Länge über alles	max.	225	m
Breite	max.	32,24	m
Tiefgang	max..ca.	14,3	m
Seitenhöhe	ca.	19,7	m
Laderauminhalt	ca.	85.000	m^3
Tragfähigkeit	ca.	75.000	t
Geschwindigkeit	ca.	14,0	kn

Üblicherweise werden die Massengutschiffe dieser Größe heute mit sieben Laderäumen entworfen, die in der Erzfahrt alternierend beladen werden können. Das folgende Klassezeichen wurde gewählt:

GL + 100 A5 Bulkcarrier G ESP Hold 2, 4, 6 may be empty
+ MC AUT

2.2 Entwurfsbeschreibung

Mit den genannten Hauptabmessungen wurde je ein Basisentwurf für ein konventionelles Massengutschiff mit einfacher Außenhaut an den Schiffsseiten und für ein Schiff in Doppelhüllenbauweise entwickelt. Für den Querschnitt des konventionellen Schiffes wurde die Raumeinteilung in enger Anlehnung an übliche Entwürfe, wie in Abb. 1 oben dargestellt, gewählt. Die Doppelbodenhöhe beträgt 2 m, die Hopperschräge 45° und die Wingtankschräge 30°. Die Schotte sind als Faltschotte mit Schottstühlen im unteren und oberen Bereich ausgebildet.
Da die Doppelhüllenbauweise mit einem Raumverlust verbunden ist, wurde der Querschnitt umgestaltet, um den Verlust an nutzbarem Laderaum gering zu halten, siehe Abb. 1 unten. Die Doppelbodenhöhe wurde auf 1,70 m bei gleichzeitiger Verkleinerung der Hopper- und Wingtanks reduziert. Zusätzliche Verstärkungen im Bodenbereich werden dabei in Kauf genommen. Die Breite der doppelten Seitenhülle ist vorerst auf 1 m festgelegt worden, die aus fertigungstechnischer Sicht und Erfordernissen der Instandhaltung und Besichtigung möglich erscheint.

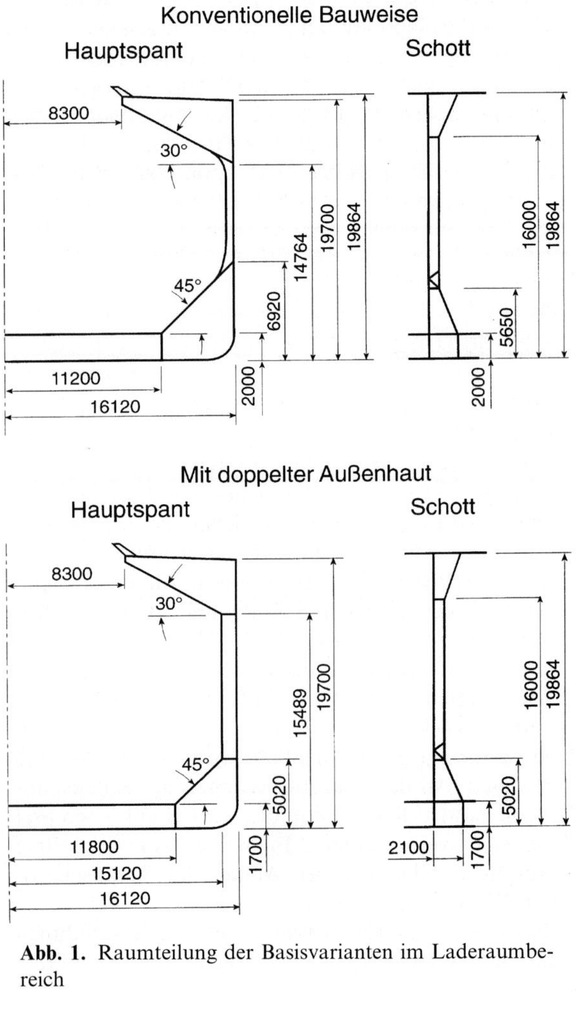

Abb. 1. Raumteilung der Basisvarianten im Laderaumbereich

Der Bereich der doppelten Seitenhülle wird für Ballastwasser als Ausgleich der reduzierten Tankinhalte im Boden und Hopperbereich vorgesehen. Die Ballasttanks werden als L-Tanks (Boden- und Seitentank) ausgebildet.

Der Generalplan in Abb. 2 zeigt die Raumanordnung des Doppelhüllenbulkers in Längsrichtung. Sechs der sieben Laderäume besitzen gleiche Längen, wobei Raum 4 für den „Schwerballastfall" ausgelegt wird. Alle Verbrauchstanks für Schweröl, Schmieröl, Dieselöl etc. sind im Bereich des Maschinenraums untergebracht. Neben den genannten L-förmigen Ballasttanks werden die Vorpiek, die Achterpiek sowie die oberen Wingtanks als Ballasttanks genutzt.

Das Leerschiffsgewicht wurde mit ca. 11.800 t abgeschätzt. Bei einem Blockkoeffizient von $C_B = 0{,}825$ ergibt sich damit eine Tragfähigkeit von 74.600 tdw. Das Laderaumvolumen beträgt 86.081 m^3 bei der konventionellen Variante und 85.401 m^3 bei der Doppelhüllenvariante, d. h. trotz des niedrigeren Doppelbodens ergibt sich ein Raumverlust von 680 m^3 bzw. 0,8%.

Als Antriebsanlage wurde eine Hauptmaschine MAN B&W 4S60MC mit MCR = 8160 kW gewählt. Ein fünfflügliger Festpropeller mit 6,50 m Durchmesser verleiht dem Schiff eine Dienstgeschwindigkeit von 14 kn auf Entwurfstiefgang bei 90% MCR und 15% Seezuschlag.

2.3 Entwurfsladefälle

Für beide Basisvarianten wurde eine Reihe von Ladefällen berechnet. Neben dem Ballast- und „Schwerballastfall" (Laderaum 4 mit Wasser gefüllt) sowie dem Fall mit homogener Ladungsverteilung wurden zwei Fälle mit alternierender Ladung betrachtet, bei denen die Laderäume 1, 3, 5 und 7 teilweise (4 t/m^3) und ganz (1,6 t/m^3) gefüllt sind. Der alternierende Fall mit 1,6 t/m^3 ist u. a. maßgebend für die Schottbemessung und der Fall mit 4 t/m^3 maßgebend für die Bodenbemessung und Längsfestigkeit im Leckfall.

In der Längsfestigkeitsberechnung ergeben sich keine nennenswerte Unterschiede zwischen der Einhüllen- und Doppelhüllenvariante. Folgende Maximalwerte für die Glattwassermomente und -querkräfte wurden ermittelt:

$$M_{GW} = 1{,}68 \cdot 10^6 \text{ kNm}$$
$$Q_{GW} = 49{,}6 \cdot 10^3 \text{ kN}$$

Bei der Querkraft ist die Reduktion aufgrund der Lastabtragung in Längs- und Querrichtung innerhalb der Räume bereits berücksichtigt.

2.4 Leckrechnungen für den Einhüllenbulker

Entsprechend den Anforderungen der neuen Unified Requirement (UR) S 17 der IACS wurden für alle Entwurfsladefälle des Einhüllenbulkers Leckrechnungen durchgeführt. Die Flutung jedes einzelnen Laderaumes wurde angenommen und die Biegemomente und Querkräfte im jeweiligen Leckfall ermittelt. Eine entscheidende Rolle spielt hierbei die Annahme der Flutbarkeit der teilweise mit Ladung gefüllten Räume. Entsprechend den genannten Regeln wurde für den Ladefall mit schwerem Erz eine Flutbarkeit von 0,3 für den mit Ladung belegten Laderaumbereich und 0,95 für den darüber befindlichen Laderaumbereich angenommen. Das größte Hogging-Moment in glattem Wasser ergab sich mit $2{,}8 \cdot 10^6$ kNm erwartungsgemäß bei Flutung des vordersten Laderaumes. Dagegen tritt das größte Sagging-Moment im „Schwerballastfall" bei Flutung des benachbarten Laderaumes 5 auf. Auf die Bewertung und Konsequenzen im Hinblick auf die Bemessung wird im nachfolgenden Kapitel eingegangen.

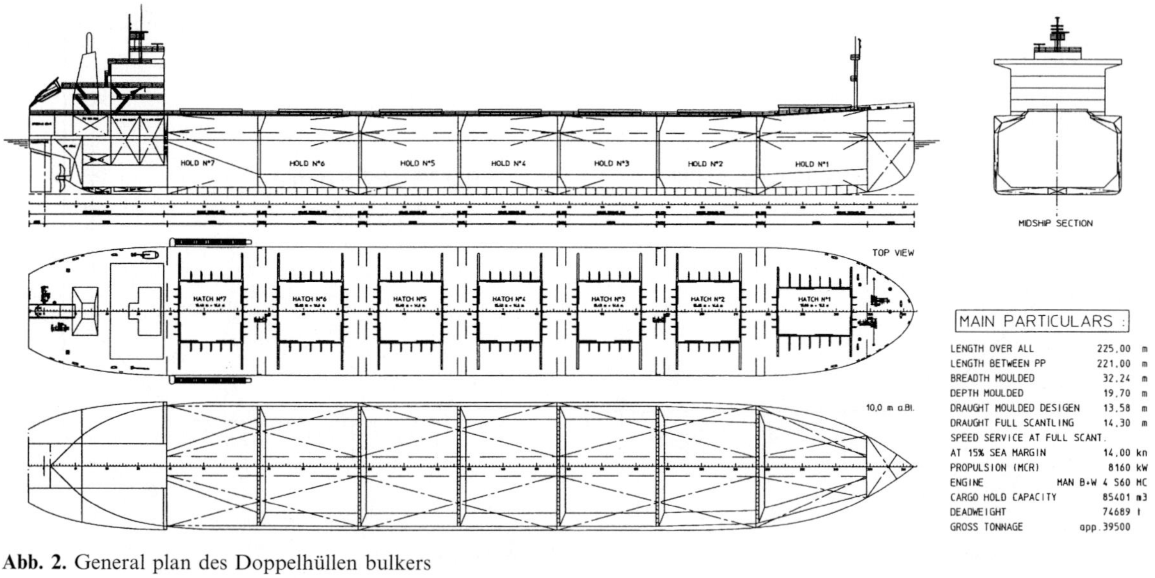

Abb. 2. General plan des Doppelhüllen bulkers

3 Stahlentwurf

3.1 Hauptspantentwurf

Die Auslegung der Verbände erfolgte nach den Bauvorschriften des Germanischen Lloyd (1997) unter Verwendung des Programms POSEIDON (Cabos u. a., 1997). Bei der Dimensionierung werden lokale Lasten (Außendruck, Tankdrücke, Ladungsdruck, Deckslasten) sowie die globale Biege- und Querkraftbelastung des Schiffskörpers berücksichtigt.

Die Querspantentfernung wurde auf 860 mm festgelegt. Für den Abstand der Längsspanten wurden Werte zwischen 750 und 800 mm gewählt. Der Abstand der Querrahmen bzw. Bodenwrangen beträgt 2580 mm (3 × 860 mm). Für die Doppelhülle an den Seiten der Basisvariante wurde eine Längsspantbauweise gewählt.

Die Bemessung des Hauptspants führte zu den in Abb. 3 gezeigten Plattendicken. Dabei sind folgende Punkte erwähnenswert:

- Für den Innenboden wurde eine Mindestdicke von 20 mm vorgegeben. Im Hinblick auf den Greiferbetrieb sollten generell größere Dicken vorgesehen werden. Für das Klassenzusatzzeichen „G“ wären die in Abb. 3 angegebenen erhöhten Plattendicken erforderlich.
- Für die obere Gurtung ist höherfester Stahl DH 32 vorgesehen worden, während im Boden- und Seitenbereich normalfester Stahl gewählt wurde.
- Das vorgegebene maximale Glattwassermoment erfordert im Oberdeck eine Plattendicke von 21 bzw. 22 mm in Verbindung mit entsprechend verstärkten Decklängsbalken. Damit wird das Mindestwiderstandsmoment nach Bauvorschrift gerade eingehalten.
- Die Querkraftspitzen im Bereich der Schotte bei alternierender Ladung können bei der Doppelhüllenvariante von der Außenhaut und dem Seitenlängsschott ohne besondere Verstärkung aufgenommen werden. Für das Seitenlängsschott wurde eine Mindestdicke von 12 mm bzw. 14 mm im geknickten Bereich vorgegeben. Bei der konventionellen Bauweise wurde eine Außenhautdicke von 18 mm gewählt. Im Bereich der Querkraftspitzen an den Schotten ist lokal eine Dicke von 20 - 22 mm erforderlich. Noch nicht berücksichtigt sind hierbei zusätzliche Verstärkungen für Leckfälle aufgrund der geplanten Vorschriften, auf die im Abschnitt 3.3 näher eingegangen wird.
- Für die Längsspanten in der Doppelhülle ergaben sich im oberen Bereich Profilstärken von HP 200 × 9 und im unteren Bereich von HP 240 × 11 (außen) bzw. HP 220 × 11 (innen). Die gewählte Breite der Doppelhülle von 1 m ist demnach tatsächlich erforderlich. An der Innenhülle des für den „Schwerballastfall“ genutzten Laderaumes 4 sind etwas größere Profile anzuordnen. Bei der konventionellen Variante ergibt sich für die Querspanten unter der Annahme von 500 mm langen Knieblechen ein T-Profil mit einem Steg von 450 × 13 und einem Gurt von 150 × 15. Für den Laderaum 4 sind auch hier erhöhte Abmessungen von 600 × 15 (Steg) bzw. 250 × 20 (Gurt) erforderlich.

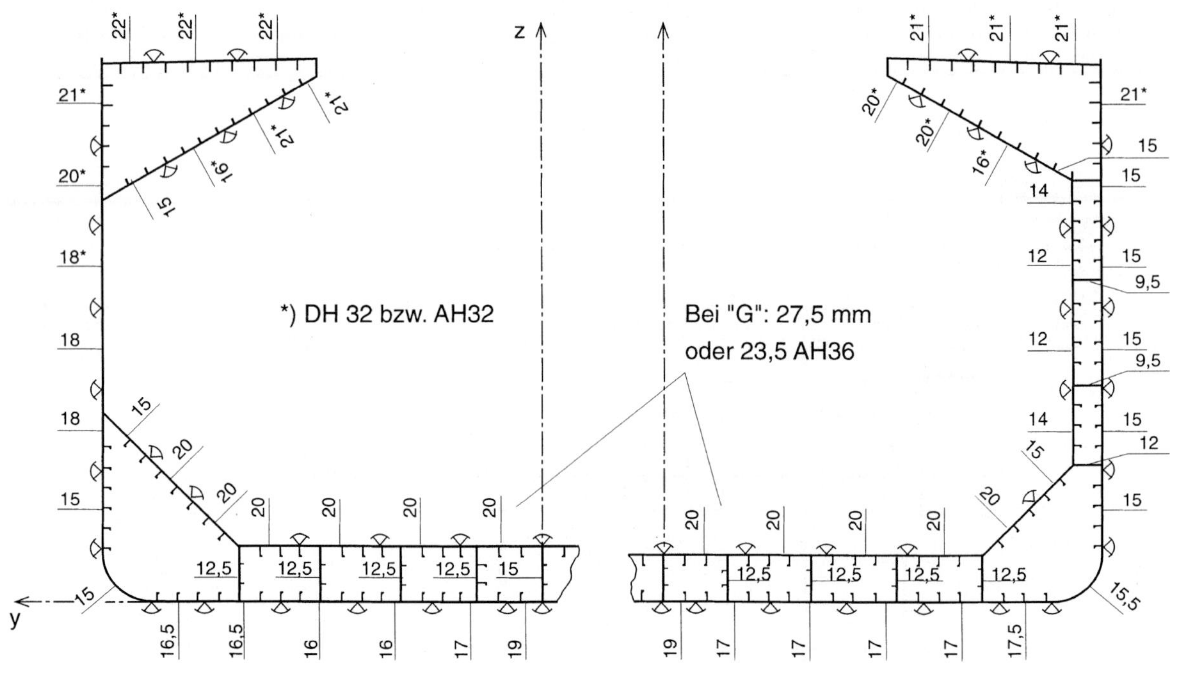

Abb. 3. Hauptspant der Basisvarianten mit einfacher und doppelter Außenhaut

Ergänzend zu der dargestellten Bemessung des Hauptspants ist eine Finite-Elemente-Berechnung des Laderaumbereiches insbesondere im Hinblick auf die reduzierte Doppelbodenhöhe erforderlich. Damit sollten auch die Querschotte analysiert werden, weil sich wiederholt gezeigt hat, daß eine vereinfachte Balkenidealisierung zu unrealistischen Abmessungen führt.

3.2 Finite-Elemente-Analyse

Für die Basisvariante mit Doppelhülle wurde ein Finite-Elemente-Modell erstellt, das sich über zwei Laderaumlängen (von jeweils Mitte der Räume 4 bis 6) erstreckt. Die Struktur wurde im Spantraster relativ fein eingeteilt, um Effekte der mittragenden Breite näherungsweise zu erfassen und Spannungen in den einzelnen Plattenfeldern direkt für die Beulauswertung zu erhalten. Die Platten wurden mit Schalenelementen und die Spanten im Boden- und Seitenbereich mit exzentrischen Balkenelementen modelliert.

Als Ladefälle wurden neben der homogenen Ladeverteilung und dem „Schwerballastfall" (Laderaum 4 mit Wasser gefüllt) die im Abschnitt 2.3 genannten Fälle mit alternierender Ladung berücksichtigt. Für jeden Ladefall wurden die Seegangssituationen „Schiff auf Wellenberg" und „Schiff im Wellental" unter Ansatz der in den Bauvorschriften definierten hydrodynamischen Drucklasten und Zusatzbeschleunigungen betrachtet. Außerdem wurden die Biegemomente und Querkräfte im Schiffskörper durch Aufbringen entsprechender Schnittlasten an den Modellenden simuliert.

Abb. 4 zeigt das Modell mit den ermittelten Verformungen für einen Fall mit alternierender Ladung und der Wellenbergbedingung. Es wird deutlich, daß die alternierende Beladung eine besonders ausgeprägte Biegung des Bodenrostes hervorruft.

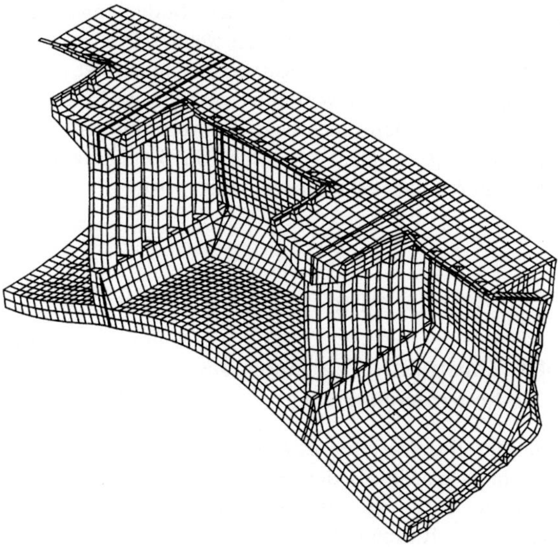

Abb. 4. Finite-Elemente-Modell des Laderaumbereiches mit Verformungen bei alternierender Beladung (überhöht dargestellt)

Aus der Auswertung hinsichtlich zulässiger Spannungen und Beulfestigkeit ergab sich für den auf 1,70 m Höhe reduzierten Doppelboden eine verstärkte Außenbodendicke von bis zu 23,5 mm im mittleren Bereich der Leerräume (2, 4 und 6). Die Wahl höherfesten Stahls würde nur zu geringfügig reduzierten Dicken führen. Außerdem müssen wegen zu hoher Querkräfte die Längsträger im Bereich der Schotte auf 25 mm sowie die Hopperschrägen auf 21,5 mm verstärkt werden. Diese Verstärkungen betreffen auch den konventionellen Einhüllenbulker, jedoch bei den Bodenlängsträgern wegen der größeren Doppelbodenhöhe in geringerem Maße.

Die Veränderungen beim Doppelhüllenbulker gegenüber der Vordimensionierung nach Abb. 3 sind in Abb. 5b zusammengefaßt. Insgesamt ergibt sich daraus ein Mehrgewicht von 61 t.

Für die Beplattung der Faltschotte ergab sich bei Wahl einer Faltentiefe von 950 mm eine Plattendicke von 15,5 mm bzw. 19 mm für den Raum 4 („Schwerballastfall"). Die unteren Schottstühle erfordern entsprechende Dicken in der Beplattung und in den Stegen.

Zusätzliche Untersuchungen betrafen die Betriebsfestigkeit ausgewählter Strukturdetails. Bei den Seitenspanten zeigte sich, daß der in Tankern beobachtete Effekt, daß im Bereich der Schotte ausgeprägte Zusatzspannungen auftreten (Fricke u.a., 1995), hier nicht zu beobachten ist. Dieses wird darauf zurückgeführt, daß die Faltschotte in Querrichtung eine ähnlich hohe Flexibilität besitzen wie die Seitenrahmen. Besondere Aufmerksamkeit erfordern die Gestaltung der Seitenrahmen im unteren Bereich, die wegen hoher Querkräfte mit 13 mm Plattendicke bemessen wurden, sowie die geknickten Übergänge vom Hopperbereich zum Innenboden und Seitenlängsschott. Hierzu sind weitere Detailanalysen erforderlich.

3.3 Verstärkungen für den Leckfall

Die geplanten Zusatzforderungen für konventionelle Massengutschiffe hinsichtlich der Festigkeit im Leckfall sind für die Basisvariante abgeschätzt worden und führen zu folgenden Maßnahmen:

- Das im Abschnitt 2,3 erwähnte höhere Glattwassermoment, das bei Flutung des Raumes 1 auftritt, erfordert eine Verstärkung des Decks über dem Laderaum 4. Unter Ansatz des auf 80% reduzierten Wellenzusatzmomentes entsprechend den geplanten Vorschriften ergibt sich lokal eine erforderliche Decksdicke von bis zu 26,5 mm (bei Verwendung von höherfestem Stahl DH 36).
- Zusätzlich erhöhen sich die Querkräfte. Abb. 6 zeigt die Querkraftverteilung in den Leckfällen und

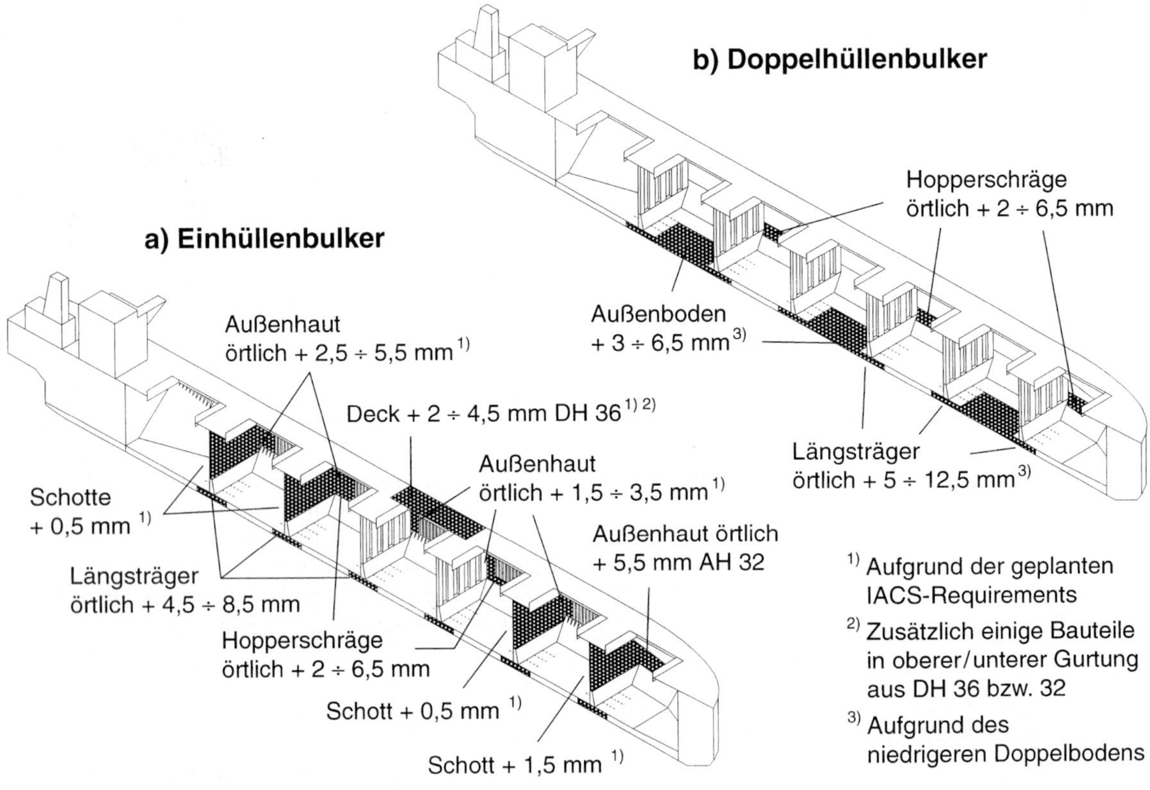

Abb. 5. Bereiche mit Verstärkungen

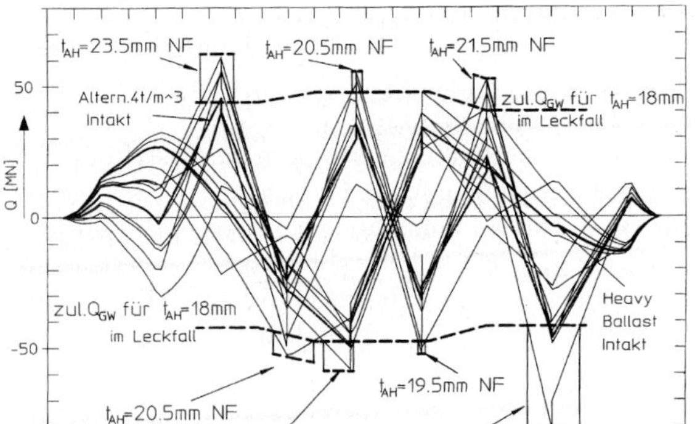

Abb. 6. Querkraftverteilung für das konventionelle Massengutschiff in den Leckfällen und resultierende Außenhautdicken

die daraus resultierenden Außenhautdicken, die im Bereich der Schotte bis zu 26 mm betragen. Durch Verwendung höherfesten Stahls können besonders im vorderen Bereich erhebliche Gewichtseinsparungen erzielt werden, da die zulässigen Schubspannungen direkt von der Werkstoffkennziffer abhängen, solange die Beulfestigkeit nicht kritisch ist.

– Für die Schottbeplattung resultiert aus den geplanten Vorschriften im vorliegenden Fall eine geringe Erhöhung um 0,5 mm. Lediglich das vorderste Faltschott muß wegen der größeren Druckhöhe auf 17 mm verstärkt werden.

Die aus den geplanten Vorschriften resultierenden Verstärkungen sind in der Abb. 5a zusammengefaßt. Insgesamt ergibt sich aus den IACS-Forderungen ein Mehrgewicht von ca. 60 t. Die bereits erwähnten zusätzlichen Verstärkungen der Bodenlängsträger und Hopperschrägen erfordern weitere 35 t.
Auf die genannten Schottverstärkungen ist beim Doppelhüllenbulker verzichtet worden, weil die Flutung eines Laderaumes beim Einhüllenbulker – wie die Praxis gezeigt hat – infolge von Beschädigungen der Außenhaut viel wahrscheinlicher ist.

4 Untersuchungen zu Varianten

4.1 Konstruktive Varianten des Laderaumbereiches

Bei der Basisvariante des Doppelhüllenbulkers (Variante 1) wurde für den Seitenbereich die schiffbautypische Bauweise mit einer Längsaussteifung sowie vertikalen Rahmen gewählt. Im Verlauf des Vorhabens wurden verschiedene konstruktive Varianten vorgeschlagen und diskutiert, von denen die folgenden näher untersucht wurden (vgl. Abb. 7):

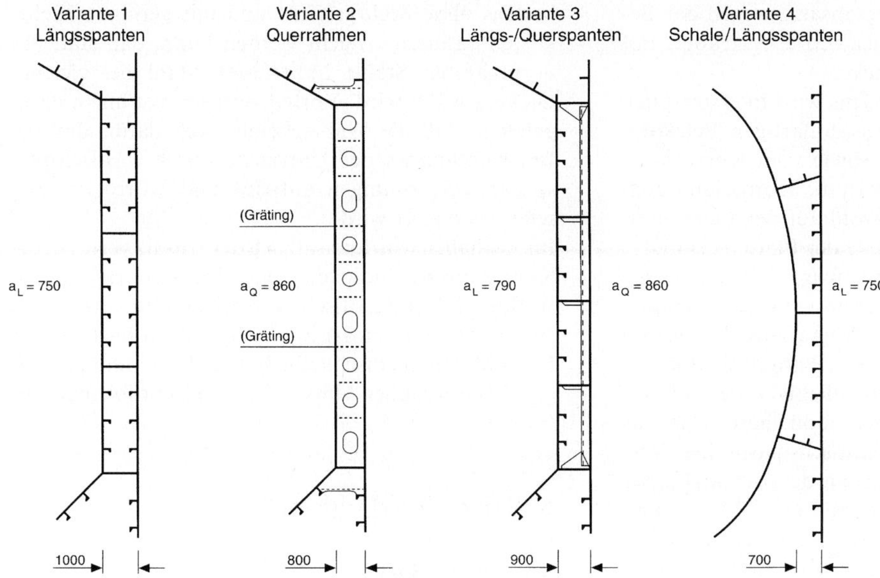

Abb. 7. Konstruktive Varianten der doppelten Seitenhülle

Variante 2: Querrahmenbauweise

An den Seiten werden Querrahmen an jedem Spant (a = 860 mm) angeordnet. Dadurch kann die Breite der Doppelhülle auf ca. 800 mm reduziert werden, weil der Raum nicht durch Spanten eingeschränkt wird. Allerdings müssen ausreichend große Durchstiegsöffnungen (mind. 400 × 600) sowie Besichtigungsplattformen vorgesehen werden, die aus Grätingen bestehen können. Die Querrahmenbauweise ist schwerer als die Längsspantbauweise (ca. 0,4 t/m + Grätinggewichte), weil zusätzliche Flächenbauteile vorhanden sind und weil im oberen Bereich der Außenhaut und des Seitenlängsschottes erhöhte Plattendicken zur Erzielung einer ausreichenden Beulfestigkeit erforderlich werden.

Variante 3: Gemischte Längs- und Querspantbauweise

Alternativ ist eine gemischte Bauweise mit Längsspanten am Seitenlängsschott und Querspanten an der Außenhaut denkbar. Die Stützung erfolgt durch Querrahmen bzw. durch Stringer, die im Abstand von drei Spantentfernungen angeordnet werden. Diese Bauweise hätte gegenüber der reinen Längsspantbauweise den Vorteil, daß die Bewegungsfreiheit in der Doppelhülle größer wird, so daß die Breite auf ca. 900 mm reduziert werden kann. Allerdings müssen die Querrahmen im unteren Bereich wegen der großen Querkräfte und der notwendigen Öffnungen auf 17 mm verstärkt werden. Die Anordnung von Querspanten kommt Wünschen von Reedern entgegen, die dadurch eine Reduktion von Anlegeschäden erwarten. Die Variante ist etwas schwerer als die Variante 1.

Variante 4: Innenhülle als Schalentragwerk

Bei der Suche nach Varianten, bei denen die Zahl der Bauteile im Hinblick auf die Fertigungskosten reduziert ist, kam die Idee auf, die Innenhülle teilweise aus gekrümmten Platten zu gestalten und dadurch ihre Schalentragwirkung auszunutzen. Eine mögliche Bauform ist in Abb. 7 dargestellt. Im gesamten gekrümmten Bereich bis zum Einlauf in den Innenboden bzw. in den schrägen Wingtankboden werden keine Längsspanten, sondern nur noch einzelne Stringer sowie Querrahmen im üblichen Abstand angeordnet. Ein wesentliches Entwurfskriterium ist die Beulfestigkeit der Schale unter den globalen Schiffskörperbelastungen sowie unter den örtlichen Drucklasten und der Rahmenbiegung. Problematisch sind die großen Krümmungsradien von z. T. über 10 m, die bei der betrachteten Schiffsgröße erforderlich werden. Derzeit werden ausführlichere Untersuchungen zu einer Strukturoptimierung unter Beachtung des Beulverhaltens durchgeführt.

4.2 Untersuchungen zur Festigkeit des Innenbodens

Es wird erwartet, daß bei den Doppelhüllenvarianten die eingangs geschilderten Probleme hinsichtlich der Korrosion und der Beschädigung der Seitenstruktur nicht mehr relevant sein werden. Die genannten Probleme werden sich vor allem an den Querschotten und im Innenboden zeigen, insbesondere wenn langlebige Konstruktionen angestrebt werden.
Hinsichtlich der Schotte kann ebenfalls eine grundsätzliche Verbesserung durch eine doppelwandige Konstruktion erreicht werden. Beim Innenboden

zielen bisherige Verbesserungsansätze wegen der Beanspruchungen beim Umschlagbetrieb vorrangig auf eine Erhöhung der Plattendicke.
Die Robustheit des Innenbodens wird in erster Linie von der Festigkeit gegenüber stoßartigen Belastungen aus dem Greiferbetrieb sowie vom Korrosionsverhalten bestimmt. Dabei wird die Korrosion durch plastische Verformungen sowohl auf der Laderaumseite als auch auf der Tankseite der Platte beeinflußt.
Im Rahmen des Vorhabens wurden rechnerische Untersuchungen zur Auswirkung von Stoßkräften auf Platten mit Hilfe des Programms DYNA3D durchgeführt. Dabei wurde ein Plattenfeld aus der Innenbodenkonstruktion einschließlich der Längsspanten mit Plattenelementen modelliert. Für das Material wurde ein ideal elastisch-plastisches Verhalten angesetzt. Der Greifer wurde als Starrkörper angesehen, der mit einer bestimmten Masse und Geschwindigkeit zentral auf die Konstruktion trifft, wobei eine ca. 100 mm lange Kontaktlinie angenommen wurde.
Abb. 8 zeigt die berechneten Last-Verformungskurven für eine 20 mm dicke Innenbodenplatte bei dynamischer Stoßbelastung mit einer Masse von 5 t und verschiedenen Auftreffgeschwindigkeiten v_0. Die Berechnungen wurden für einen normalfesten Stahl (R_{eH} = 235 N/mm^2) sowie für einen höherfesten Stahl (R_{eH} = 390 N/mm^2) durchgeführt. Die Ergebnisse zeigen, daß beim höherfesten Stahl die plastischen Verformungen um etwa 30% kleiner sind. Bei geringen Stoßgeschwindigkeiten sind die prozentualen Reduktionen größer. Entsprechende Reduktionen könnten alternativ durch eine Erhöhung der Plattendicke von 20 mm auf etwa 28 mm erreicht werden. Ähnliche Resultate ergaben sich für den Fall, daß der Greifer nicht das Plattenfeld, sondern ein Längsspant trifft, wo das Versagen durch örtliches Stegkrüppeln bestimmt wird.
Aus den Ergebnissen läßt sich ableiten, daß eine wesentliche Verbesserung der Robustheit des Innenbodens ohne Mehrgewicht und mit geringen Mehrkosten dadurch erreicht werden kann, daß statt des normalfesten Stahls höherfester Stahl bei gleicher Dicke gewählt wird. Vorteile werden vor allem darin gesehen, daß die Wahrscheinlichkeit dafür, daß die Beschichtung an der Unterseite durch elastisch-plastische Verformungen aufreißt und Korrosion einsetzt, verringert wird.
Im Vorhaben wurde zusätzlich der Ansatz verfolgt, die Korrosionsbeständigkeit des Innenbodens durch Aufkleben von ferritischem Edelstahl zu verbessern. Neben den Kosten ist auch hier die Robustheit der Edelstahltafeln einschließlich ihrer Verbindungen angesichts des rauhen Umschlagbetriebs problematisch.

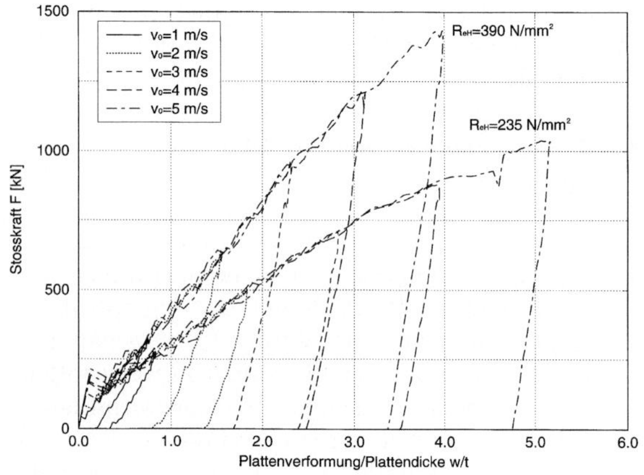

Abb. 8. Last-Verformungskurven bei dynamischer Stoßbelastung (Stoßmasse = 5 t, Plattendicke t = 20 mm)

5 Wirtschaftlichkeit

5.1 Allgemeines

Die Wirtschaftlichkeit eines Bulkcarriers hängt von vielen Faktoren ab, die im nachfolgenden eingehend erläutert werden. Hierzu stand die Reederei Oldendorff als kompetente Reederei, die 10 Bulkcarrier in der Größenordnung des hier behandelten Schiffstyps bereedert, als Forschungspartner zur Verfügung. Prinzipiell können von seiten einer Reederei die folgenden Anforderungen an die Wirtschaftlichkeit eines Schiffes gestellt werden:

- Geringstmögliche Investitionskosten
- Niedrige Betriebs- und Instandhaltungskosten
- Zuverlässigkeit, Betriebssicherheit
- Hoher Wiederverkaufswert
- Geringe sonstige Kosten wie Versicherungsprämien, Hafengebühren etc.

Diese Aspekte werden im nachfolgenden eingehend untersucht und anschließend bewertet. Hierzu wird das Verfahren der Kapitalwertmethode aus der Investitionsrechnung angewendet. Der Einfluß der unterschiedlichen innovativen Doppelhüllenbauweisen untereinander sowie der wirtschaftliche Vergleich zum Einhüllenbulker unter Berücksichtigung der neuen IACS-Vorschriften ist mit diesem Verfahren möglich. Die Schiffsform sowie der Vor- und Hinterschiffsbereich einschließlich maschinenbaulicher und seemännischer Ausrüstung wurde für alle Schiffe als identisch angenommen. Die Grenzen des Verfahrens werden aufgezeigt.
Als Basis für die Wirtschaftlichkeitsbetrachtung wurde eine typische Jahresbeschäftigung simuliert. Ca. 80% der Bulker weltweit sind in der Trampschiffahrt beschäftigt. Das Beschäftigungsprofil eines in der Trampschiffahrt eingesetzten Bulkers kann, basierend auf der Auswertung der Oldendorff-Flotte, etwa wie folgt angenommen werden:

- 130 Tage beladen
- 130 Tage in Ballast

- 100 Tage Hafenliegezeit und auf Reede
- 14 Tage Werftliegezeit alle 2,5 Jahre

Dies entspricht auch einer durchschnittlichen Reisedauer von 45 Tagen bei 8 Reisen pro Jahr. Je nach Reederei und Einsatz sind mehr oder weniger starke Abweichungen von dieser Annahme denkbar, die dann im Einzelfall zu einem abweichenden Ergebnis bei der Wirtschaftlichkeitsbetrachtung führen.

5.2 Erfassung der Daten zur Wirtschaftlichkeit

5.2.1 Investitionskosten

Die wesentlich von der Werft beeinflußbaren Investitionskosten lassen sich in folgende Gruppen aufteilen:

- Stahleinkauf
- Fertigungskosten
- Konservierungskosten

Basis der bei der FSG durchgeführten Untersuchung waren die ermittelten Querschnittsdaten aller Varianten des Doppelhüllenbulkers sowie des Einhüllenbulkers. Für den Stahleinkauf wurde das Mengengerüst je Meter Schiffslänge (im Laderaumbereich) ermittelt, aufgeteilt in höherfeste und normalfeste Bauteile, wobei noch zusätzlich nach Platten und Profilen diffrenziert wurde. Hieraus konnte der exakte Unterschied der Materialpreise ermittelt werden.
Auf der Basis von Modulzeichnungen wurde der unterschiedliche Fertigungsaufwand je Meter Seitenmodul ermittelt. Der Fertigungsaufwand für die Basisvariante mit Doppelhülle in Längsspantbauweise (Variante 1) sowie für die Variante 3 ist erwartungsgemäß größer ermittelt worden. Dies ist primär bedingt durch die größeren Schweißnahtlängen, das Arbeiten in beengten Räumen und das zeitaufwendige Verschweißen der Profilstöße auf dem Helgen. Letzteres erklärt auch den Unterschied zwischen den Varianten 1 und 3. Die Variante 2 in reiner Querrahmenbauweise inkl. zu montierender Grätinge für die spätere Besichtigung der Tanks im Seitenbereich liegt hinsichtlich des Fertigungsaufwandes etwas über der Variante 1.

Daneben wurden die zu konservierenden Flächen berechnet und die entsprechenden Kosten je Meter Seitenmodul ermittelt. Berücksichtigt wurde demgemäß die zusätzlich erforderliche Konservierung der als Ballasttanks genutzten Seitenhülle beim Doppelhüllenbulker, wobei ein Epoxyanstrich von 300 μm angenommen wurde. Eine Erstkonservierung des Laderaumes mit einem Epoxyanstrich von 200 μm wurde sowohl beim Einhüllen- als auch beim Doppelhüllenbulker vorausgesetzt. Die Kosten hierfür fallen beim Doppelhüllenbulker wegen der ausschließlich glatten Wände geringer aus. In der Summe ist aber ein Mehraufwand für die Erstkonservierung beim Doppelhüllenbulker wegen der zusätzlich zu konservierenden Ballasttanks zu verzeichnen.
Die Tabelle 1 zeigt das Ergebnis dieser detaillierten Untersuchungen. Die Unterschiede in den Herstellungskosten sind somit sehr genau erfaßt.
Kalkulationsbasis war der Stand der Stahlpreise vom 1.9.97, der aktuelle FSG-Fertigungsstundensatz sowie die Konservierungskosten gemäß aktuellen FSG-Unterlieferantenverträgen.

5.2.2 Einnahmen

Im Chartergeschäft sind in der Regel Mindestgrößen von Laderaumvolumen und/oder Deadweight erforderlich, um eine bestimmte Tagesrate von derzeit ca. 10.000 \$ pro Tag zu erzielen. Abweichungen von diesen geforderten Mindestgrößen an Deadweight oder Laderaumvolumen nach oben werden nicht zusätzlich vergütet.
Bei eigenen Ladungskontrakten wird sich hingegen eine Differenz bemerkbar machen. Die nachfolgende Betrachtung gibt einen Anhaltswert der momentanen Situation für die Änderung der Einnahmen, indem man ein Verhältnis von 25% der durch das Deadweight begrenzten Ladungsreisen (d. h. eine Erzladungsreise und eine Reise mit Tiefgangsbeschränkung im Panama-Kanal pro Jahr mit jeweils 45 Tagen Dauer) und 50% der durch das maximale Volumen begrenzten Ladungsreisen (4 Reisen pro Jahr mit insgesamt 180 Tagen Dauer) annimmt. Bei weiteren 25% der Reisen spielt weder das Deadweight noch

Tabelle 1. Unterschiede im Stahlgewicht, dem Fertigungsaufwand und der Konservierungskosten zwischen Einhüllenbulker und den Varianten des Doppelhüllenbulkers sowie daraus abgeleitete Kostenunterschiede

	Gewicht des gesamten Querschnitts	Fertigungsaufwand im Seitenbereich	Kostenunterschied der Konservierung im Seitenbereich	Zusatzinvestition für Doppelhüllenbauweise
Einhüllenbulker	40,18 t/m	63,2 h/m	Bezug	Bezug
Doppelhüllenbulker Basisvariante	39,44 t/m	78,3 h/m	+450 \$/m	+107.000 \$
Doppelhüllenbulker Variante 2	39,85 t/m	81,5 h/m	+465 \$/m	+171.000 \$
Doppelhüllenbulker Variante 3	39,56 t/m	76,5 h/m	+420 \$/m	+101.000 \$

das Volumen eine Rolle. Die Differenz der jährlichen Einnahmen berechnet sich dann zu:

$$\Delta e\left[\frac{\$}{\text{Jahr}}\right] = 45\text{Tage}\ \frac{30\$}{\text{Tage}}\frac{\Delta\text{tdw}}{100\ \text{t}} + 45\text{Tage}\frac{16,6\$}{\text{Tag}}\frac{\Delta\ \text{tdw}}{100\ \text{t}} + 180\ \text{Tage}\ \frac{14,8\$}{\text{Tag}}\frac{\Delta\ \text{Vol.}}{100\ \text{m}^3} + 0$$

Die in der Formel enthaltene „Tägliche Netto-Einnahmendifferenz" („Net Daily") in $ pro Tag bezieht sich auf je 100 m^3 bzw. 100 t Differenz von Laderaumvolumen bzw. Deadweight und ergibt sich aus einer Auswertung von typischen Reisen eines Panamax-Bulkers.

Im konkreten Beispiel macht diese Berechnungsannahme unterschiedliche Einnahmen beim Doppelhüllenbulker auf Grund der in Tabelle 2 aufgelisteten Unterschiede im Deadweight bzw. im Laderaumvolumen aus.

5.2.3 Betriebs- und Instandhaltungskosten

Neben den Investitionskosten spielen die Betriebs- und Instandhaltungskosten die wesentliche Rolle bei der Wirtschaftlichkeitsrechnung. Den Aspekten der Konservierung, Beschädigungen und Reparaturen von deformierten Spanten etc. wird bei der Instandhaltung das Augenmerk gelten. Bei den Betriebskosten zeigt sich das Problem der Reinigung von Laderäumen als äußerst bemerkenswert. Neben den direkten Betriebskosten ist auch ein Einfluß auf der Einnahmenseite zu verzeichnen, wenn die Verfügbarkeit des Schiffes durch zu lange Reinigungszeit nicht hergestellt werden kann und daher sehr kurzfristige Chartern nicht angenommen werden können. Im folgenden werden die einzelnen Kostenarten ausführlicher diskutiert.

Für Massengutschiffe gilt seit 1992 das Klassezusatzzeichen ESP (Enhanced Survey Program), mit dem von seiten der IACS/IMO auf die zunehmenden Schäden beim Einhüllenbulker reagiert wurde. ESP bewertet den Zustand der Beschichtung in den Laderäumen dadurch, daß bei einem guten Zustand der Beschichtung (d. h. praktisch, daß die Beschichtung regelmäßig instandgehalten wird) den Umfang von Nahbesichtigungen und Dickenmessungen nach Entscheidung des Besichtigers reduziert werden kann. Ein bestimmter Umfang der Instandhaltung der Laderaumbeschichtung wird nicht direkt gefordert. Da die Praxis zeigt, daß oft schon nach 5, spätestens nach 10 Jahren mit beginnendem, korrosiven Abtrag an den interessierenden Bauteilen gerechnet werden muß, sind zwei Szenarien denkbar:

a. Nach einem bestimmten Zeitraum, der für den Einhüllenbulker auf 10 Jahre geschätzt wird, ist im Sinne des ESP eine vollständige Neukonservierung des in Frage kommenden Laderaumbereiches vorzusehen. Die Kosten für diese nachträgliche Konservierung des Laderaumes belaufen sich auf ca. 250.000 $ und umfassen Sandstrahlarbeiten, Material und Lohnkosten. Da diese Arbeiten umweltbelastend und lohnintensiv sind, werden sie i. d. Regel in einem Billiglohnland durchgeführt werden und o. g. Zahl reflektiert diesen Sachverhalt. Für den Doppelhüllenbulker wurde der Zeitpunkt der Nachkonservierung auf 15 Jahre festgelegt und die Kosten mit ca. 100.000 $ ermittelt.
b. Das zweite Szenario geht davon aus, daß Schäden an der Konservierung regelmäßig (spätestens nach einem Jahr) und fachgerecht ausgebessert werden und somit eine komplette Nachkonservierung – wie oben beschrieben – entfallen kann. Ein zusätzlicher Vorteil dieser regelmäßigen „Touch-up"-Konservierung ergibt sich daraus, daß der Umfang der bei den Inspektionen nach 15, 20 bzw. 25 Jahren geforderten aufwendigen Dickenmessungen in Abstimmung mit der zuständigen Klassifikationsgesellschaft reduziert werden kann.

Beschädigungen des Innenbodens, der Spanten und Anschlußknie durch den Greiferbetrieb sowie durch das Lösen von Ladung mit Schlagwerkzeugen und Preßlufthämmern sind typisch für den Einhüllenbulker. Daher wird bei der Klassebesichtigung verstärkt die Erneuerung dieser beschädigten Bauteile gefordert. Da es sich aber hier um vom Belader verursachte Kosten handelt, wird die Reparatur dieser Beschädigungen in 80% der Fälle vom Belader getragen. Lediglich ca. 20% der Kosten verbleiben bei der Reederei, so daß der Unterschied zwischen Ein- und Doppelhüllenbulker nicht signifikant ist und daher bei der Kapitalwertrechnung nicht berücksichtigt wird. Daneben besteht subjektiv eine größere Gefahr von Schäden durch Anlegestöße bei der Längsspantbauweise. Statistische Auswertungen lassen bislang jedoch keine eindeutige Aussage zu, ob

Tabelle 2. Unterschiede von Deadweight, Laderaumvolumen und Einnahmen zwischen Einhüllenbulker und den Varianten des Doppelhüllenbulkers

	Deadweight	Laderaumvolumen	Δ e pro Jahr
Einhüllenbulker	74.500 t	86.081 m^3	Bezug
Doppelhüllenbulker Basisvariante	74.632 t	85.401 m^3	−15.300 $
Doppelhüllenbulker Variante 2	74.559 t	86.107 m^3	+1.900 $
Doppelhüllenbulker Variante 3	74.611 t	85.754 m^3	−6.400 $

diese Schadensart bei der Längsspantbauweise tatsächlich häufiger anzutreffen ist. Aufgrund der bestehenden Unsicherheit wurde daher in der Beispielrechnung auf diesen möglichen Kostenfaktor verzichtet.

Im Chartergeschäft werden strenge Maßstäbe an die Reinigung der Laderäume gesetzt. Außerdem ist nach Beendigung einer Zeitcharter oder einer Reisecharter die Anschlußcharter meist nicht bekannt. Daher ist nach Beendigung einer Charter in der Regel der Zustand „ready for grain loading" herzustellen. Dies bedeutet eine umfangreiche und sehr gründliche Reinigung, die vom Bordpersonal meist unmittelbar nach der Entladung begonnen wird und beim Doppelhüllenbulker deutlich schneller durchgeführt werden kann. Beim Doppelhüllenbulker reduziert sich dieser Reinigungsaufwand in Form von Personalkosten um ca. 12.500 $ pro Jahr, wobei insbesondere die Reduzierung der Überstunden in Ansatz gebracht wurde. Ein weiterer geldwerter Vorteil liegt auch darin, daß durch die schnellere Reinigung möglicherweise eine frühere Charter angenommen werden kann. Außerdem wird die Gefahr von Off-hire-Zeiten aufgrund von nicht ausreichender Sauberkeit beim Doppelhüllenbulker merklich reduziert, insbesondere wenn Ladehäfen in Nordamerika angelaufen werden. Durch diese insgesamt bessere Verfügbarkeit ist mit einer durchschnittlichen Mehreinnahme von ca. 12.500 $ pro Jahr beim Doppelhüllenbulker zu rechnen.

5.2.4 Wiederverkaufswert

Der Wiederverkaufswert oder Restwert hängt wesentlich vom Zustand der Laderäume zu dem Zeitpunkt ab, an dem das Schiff veräußert werden soll. Die bereits eingehend beschriebene Problematik der Korrosion und Nachkonservierung mit den eingeleiteten Maßnahmen des ESP wird den Erhaltungszustand beim Einhüllenbulker deutlich verbessern. Trotz dieser Aufwertung des Einhüllenbulkers kann man aber davon ausgehen, daß ein dem üblichen Standard entsprechend gewarteter Doppelhüllenbulker einen höheren Wiederverkaufswert erzielen kann. Diese Aussage stützt sich auf die Äußerung erfahrener Besichtiger und einiger Kapitäne, die jahrelang im Bulkgeschäft tätig waren. Der Differenz im Wiederverkaufswert wurde bei einem 15 Jahre alten Schiff mit 200.000 $ zugunsten des Doppelhüllenbulkers abgeschätzt.

5.2.5 Sonstige Kosten

Insbesondere die Versicherungskosten und deren mögliche Veränderung wurden untersucht. Es stellte sich heraus, daß von seiten eines Versicherers das Risiko für Einhüllenbulker und Doppelhüllenbulker gleich eingeschätzt wurde, so daß eine Prämienreduzierung für einen Doppelhüllenbulker z. Zt. nicht zu erwarten ist. Aus rein technischer Sicht ist dies nicht nachzuvollziehen, da eine Doppelhülle – wie im Vorhergehenden gezeigt – die ohne Zweifel technologisch bessere Lösung darstellt. An die Versicherungswirtschaft sei hier die Frage gestellt, ob nicht die Prämie als Bonus für Doppelhüllenbulker im Vorwege reduziert werden muß anstatt wie bislang nur auf den langfristigen Schadensverlauf zu reagieren.

Alle anderen Gebühren wie Hafengebühren, Lotsgebühren etc. sind unabhängig von der Laderaumgeometrie. Lediglich die Nettovermessung des Einhüllenbulkers und der Varianten des Doppelhüllenbulkers sind leicht unterschiedlich, wirken sich aber auf die Betriebskosten nicht aus.

5.3 Kapitalwertrechnung

5.3.1 Allgemeine Voraussetzungen

Die jährlich konstanten „Ein- und Auszahlungen" zur Kapitalwertrechnung mit allen Annahmen sind nunmehr bekannt. Sonderinvestitionen wie die Nachkonservierung werden diskret erfaßt. Fast allen bislang ermittelten Kosten liegt ein Umrechnungsfaktor von 1,75 DM je US $ zugrunde, insbesondere den werftseitig ermittelten Investitionskosten.

Zur Ermittlung des auf heute bezogenen Kapitalwertes (alle zukünftigen Zahlungen werden auf den heutigen Tag abgezinst) sind zudem Annahmen über den Kalkulationszinssatz zu treffen. Die Höhe des Kalkulationszinssatzes macht eine Aussage über die Mindestverzinsungsanforderung an das eingesetzte Kapital. Auch hier entsteht ein Spielraum bei der Anwendung der Investitionsrechnung, denn unter Berücksichtigung von Risikozuschlägen kann der Kalkulationszinssatz vom Investor ohne weiteres auf 15% oder mehr festgelegt werden. Die Laufzeit spielt eine ganz erhebliche Rolle bei der Frage des Investors, wann sich das eingesetzte Kapital amortisiert hat.

5.3.2 Beispielrechnung

Es ergeben sich vielfache Kombinationen von „Ein- und Auszahlungen", „Kalkulationszinssatz" und „Laufzeit". Im Rahmen dieses Vortrags wurde beispielhaft wie folgt gerechnet, wobei alle genannten Kosten Differenzkosten zwischen dem Einhüllenbulker und den Varianten des Doppelhüllenbulker darstellen:

- Zusatzinvestition
- Jährlich konstant angenommene Ein- und Auszahlungen.
- Diskrete Zahlungen bzw. Sonderinvestitionen für Nachkonservierung, Reparaturen, Wiederverkauf etc.
- Kalkulationszinssatz von 15%
- Laufzeit 15 Jahre

Die Gleichung zur Ermittlung des Kapitalwertes unter Berücksichtigung von diskreten Sonderinvestitionen zu Zeitpunkten t lautet (Däumler, 1994):

$$C_0 = (e - a) \cdot DSF_n + R \cdot AbF_n - \Sigma(S \cdot AbF_t) - A$$

mit
C_0 Kapitalwert
e Jährlich konstante Einnahmen
a Jährlich konstante Ausgaben
DSF Diskontierungssummenfaktor
R Restwert
AbF Abzinsungsfaktor
S diskrete Sonderinvestition
A zusätzliche Anfangsinvestition
t Zeitpunkt der Sonderinvestition
n Laufzeit

Die entsprechend ermittelte Kapitalwertkurve auf Basis der zunächst verfahrensbedingt unterschiedlich angenommenen Kalkulationszinssätze von 5 bis 30% ergibt eine flach gekrümmte Kurve für jede der drei Varianten, siehe Abb. 9.
Das Ergebnis wird wie folgt interpretiert:

- Das eingesetzte Kapital wurde wiedergewonnen und in der geforderten Höhe von 15% verzinst
- und zusätzlich wird ein barwertiger Überschuß in unterschiedlicher Höhe bei jeder der Varianten erzielt. Die Anforderung des Investors an die Rentabilität der Investition ist somit mehr als erfüllt.

Bei Verwendung der Kapitalwertmethode zur Entscheidungshilfe, welche der Varianten des Doppelhüllenbulkers die beste ist, würde man sich für Variante 3 entscheiden, da der barwertige Überschuß bei $i = 15\%$ am größten ist. Die Kapitalwertrechnung zeigt, daß die Variante 3 die beste Alternative ist, da sie die geringste Zusatzinvestition hat, relativ hohe jährliche Einnahmen aufweist und somit für einen schnellen Kapitalrückfluß sorgt.
Zusätzlich wurde der Einfluß einer regelmäßigen „Touch-up"-Konservierung untersucht, wodurch die aufwendigen Nachkonservierungen entfallen und ggf. der Aufwand der Dickenmessungen reduziert werden kann. Dabei zeigten sich jedoch nur geringe Unterschiede im Kapitalwert, was damit zusammenhängt, daß sich die zu einem späten Zeitpunkt anfallenden Kosten kaum auf den Kapitalwert zum heutigen Zeitpunkt auswirken. Trotzdem bleibt festzuhalten,

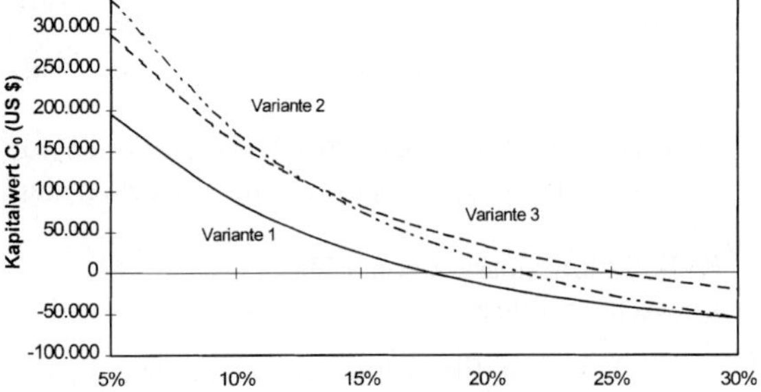

Abb. 9. Kapitalwertkurve für Beispielrechnung

daß gerade die Kosten nach 15 bzw. 20 Jahren sich signifikant auf die Wirtschaftlichkeit bzw. den Restwert eines regelmäßig gewarteten Schiffes auswirken können.

5.3.3 Variation von Laufzeit, Kalkulationszinssatz, Restwert und Sonderinvestitionen

Die Verwendung der Kapitalwertmethode für weitere Variationsrechnungen ist etwas umständlich, so daß eine in der Praxis den Reeder eher interessierende Frage einer Lösung zugeführt wird:

- Wie hoch muß zum Erzielen einer bestimmtem Mindestverzinsungsanforderung von i% (bei einem beliebig angenommenen höheren Restwert des Doppelhüllenbulkers nach n Jahren Laufzeit und beliebig hohen Nachkonservierungskosten für den Einhüllenbulker nach t Jahren) der jährlich konstante Überschuß von „Einnahmen – Ausgaben" beim Betrieb des Doppelhüllenbulkers im Vergleich zum Einhüllenbulker sein?

Hierzu wird die Gleichung zur Bestimmung des Kapitalwertes zu Null gesetzt und nach $(e–a)$ aufgelöst:

$$(e - a) = \frac{-R \cdot AbF_n + \sum(S \cdot AbF_t) + A}{DSF_n}$$

Nunmehr ist es möglich, Werte für i, n, R und S vorzugeben und den Einfluß dieser Größen zu variieren. Der Term A für die Zusatzinvestition bleibt natürlich konstant. Muß bei einer Laufzeit von 25 Jahren eine zweite Nachkonservierung des Einhüllenbulkers nach z.B. 20 Jahren erfolgen, ist ein zusätzlicher Term $(S_2 \cdot AbF_{t2})$ für diese 2. Sonderinvestition zum Zeitpunkt t_2 einzusetzen. Der Restwert wurde im Zuge der Nachkonservierung nach 15 Jahren mit 200.000 $ mehr für den Doppelhüllenbulker gemäß Abschnitt 5.2.4 angenommen.
Abb. 10 zeigt, daß sich erwartungsgemäß die Kosten sowohl für die Nachkonservierung beim Einhüllenbulker nach 10 Jahren als auch die für den Doppelhüllenbulker nach 15 Jahren signifikant auf den Wirtschaftlichkeitsvergleich auswirken. Es liegt nunmehr im Ermessen des Reeders, zu ermitteln, ob die errechnete erforderliche Differenz von Einzahlungen und Auszahlungen (Differenz von Einnahmen und Betriebskosten) bei einem Kalkulationszinssatz von 15% die Zusatzinvestition in die Doppelhülle rechtfertigt. Nach Ansicht der Autoren stellen die im Diagramm gezeigten Werte von 14.000 $ bis ca. 20.000 $ (ab einer Laufzeit von 10 Jahren) aufgrund der geringeren Reinigungskosten und besseren Verfügbarkeit eine durchaus erzielbare Größenordnung dar.
Natürlich ist auch die hier gezeigte Variation nur ein Beispiel, das auf den beschriebenen realistischen Kostenansätzen beruht. Die Methodik ermöglicht es aber, unter Berücksichtigung der heutigen (meist

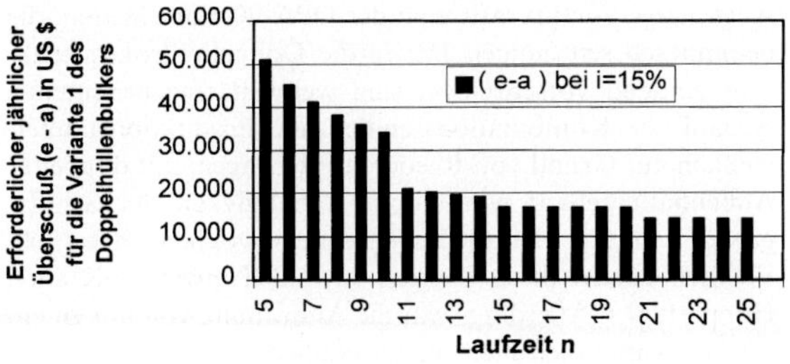

Abb. 10. Variation der Laufzeit

bekannten) Einflußgrößen und aller zukünftigen (mit einem gewissen Risiko behafteten) Größen eine Vielzahl von Variationen durchzurechnen und somit eine Minimierung des Risikos bei der Entscheidung für die Doppelhülle zu erzielen

6 Zusammenfassung und Schlußfolgerungen

Anhand eines 75.000 tdw Massengutschiffes wurde die konventionelle Bauform mit einfacher Außenhaut an den Schiffsseiten mit mehreren konstruktiven Varianten der Doppelhüllenbauweise verglichen. Die Ausarbeitung der Entwürfe ergab, daß bei den verschiedenen Varianten das Stahlgewicht und damit auch die Tragfähigkeit fast gleich ist. Dabei wurden bei der konventionellen Bauform die geplanten, international vereinbarten Zusatzanforderungen hinsichtlich der Festigkeit im Leckfall bereits berücksichtigt.
Ein geringer Nachteil ergibt sich bei der Doppelhüllenbauweise aus dem etwas kleineren Laderaumvolumen und den etwas höheren Baukosten. Vorteile ergeben sich – abgesehen von Sicherheitsaspekten – vor allem während der Betriebszeit.
Eine Wirtschaftlichkeitsrechnung zeigte, daß beim Doppelhüllenbulker insbesondere die Reinigungskosten nach dem Entladen sowie die Wartungskosten geringer sind. Außerdem kann von einer besseren Verfügbarkeit und von einem höheren Restwert ausgegangen werden. Eine Kapitalwertrechnung bei Annahme realistischer Kostenschätzungen ergab, daß insgesamt gesehen die Doppelhüllenkonstruktion die wirtschaftlichere Variante ist, so daß nicht allein Aspekte der Schiffssicherheit und Bauteilredundanz für eine grundsätzliche Änderung der Bauweise von Massengutschiffen sprechen.

7 Danksagung

Die beschriebenen Untersuchungen wurden dankenswerterweise von der Studiengesellschaft Stahlanwendung e.V. und der AVIF (Forschungsvereinigung der Arbeitsgemeinschaft der Eisen und Metall verarbeitenden Industrie e. V.) mit Mitteln der Stiftung Stahlanwendungsforschung sowie vom FDS (Forschungszentrum des Deutschen Schiffbaus) im Rahmen eines zweijährigen FuE-Vorhabens gefördert. Hervorzuheben ist die aktive Mitarbeit des eingangs erwähnten Arbeitskreises, insbesondere die bei den Stahlwerken Bremen durchgeführten Untersuchungen zu Klebeverbindungen von Edelstahltafeln. Die Entwurfsrechnungen wurden von Herrn H.-P. Heldt, die Festigkeitsberechnungen zu einem großen Teil von Herrn T. Priebe und die dynamischen Stoßanalysen von Dr. L. Zhang durchgeführt. Desweiteren danken wit Herrn G. Woisin für den Hinweis auf einen Fehler in der Abb. 8, der in der vorliegenden Endfassung korrigiert werden konnte.

Schrifttum

- Adam, J.C.; Ferguson, J.M. und Robinson, D.W. (1991): „Bulk Carriers – The Safety Issue.“ XII. Pan-American Congress of Naval Engineering, Maritime Transportation and Port Engineering, Buenos Aires.
- Cabos, C.; W. Grafe and J. Schulte (1997): „New Computerized Approach in Classification.“ Proc. of ICASS'97, Yokohama.
- Däumler, K.-D. (1994): „Grundlagen der Investitions- und Wirtschaftlichkeitsrechnung.“ Verlag Neue Wirtschaft-Briefe, Herne/Berlin.
- Fricke, W.; M. Scharrer und H. von Selle (1995): „Integrated Fatigue Analysis of Tanker Structures.“ 6. Int. Symp. on Practical Design of Ships and Mobile Units (PRADS'95), Seoul.
- Germanischer Lloyd (1997): „Klassifikations- und Bauvorschriften, I – Schiffstechnik, Teil 1 – Seeschiffe, Kapitel 1 – Schiffskörper.“ Selbstverlag, Hamburg.
- IACS (1994): „Bulk Carriers – Guidelines for Surveys, Assessment and Repair of Hull Structure.“ International Association of Classification Societies, London.
- Lehmann, E. (1990): „Schäden an Schiffskonstruktionen.“ Jahrbuch der STG, 84. Band, Springer-Verlag.

Erörterungen

Dipl.-Ing. Willi Brockmann, Hamburg: Wirtschaftlichkeitsrechnungen auch für Trampfschiffe erforderlich?

Die Herren beglückwünsche ich zu der Darstellung, vor allem mit der Einbeziehung der Wirtschaftlichkeit. Zum Diskussionsbeitrag von Herrn Strobel bestätige ich die Hinweise, die auch von mir gemacht werden können. Gut finde ich, daß die Werft die Wirtschaftlichkeit in dieser Form vorstellt. Aber sie sollte auch aus der Sicht des Trampreeders die Rechnung aufmachen. Er wird mit der Time-Charter konfrontiert. Mit dieser muß sich das verteuerte Schiff rechnen lassen. Schwierig dabei ist die Langzeitbetrachtung! Ob dann die Annahme auch für den normalen Trampreeder eintreffen, bezweifle ich; z.B. kann man nicht alle 2,5 Jahre mit 15 Tage Dockzeit rechnen.

Prof. Dr.-Ing. Hansjörg Petershagen, Institut für Schiffbau der Universität Hamburg:
- Breite der Doppelhülle für Besichtigung
- Innenboden bei Greiferbetrieb

Im wesentlichen von der Öffentlichkeit unbemerkt hat sich um den Anfang des Jahrzehnts eine Häufung schwerer Un-

fälle mit Bulkcarriern ereignet, die sicherlich nicht weniger dramatisch war als einzelne spektakuläre Schiffsunfälle in den letzten Jahren. Die IACS hat hierauf mit verschärften Vorschriften für Konstruktion und Betrieb sowohl von Neubauten als auch der fahrenden Flotte reagiert. Die von den Verfassern dargestellte Entwicklung des Doppelhüllen-Bulkcarriers ist als konsequente Fortsetzung dieser Entwicklung zu sehen. Sie hielt darauf ab, eindeutig erkannte Schwachstellen in der herkömmlichen Konstruktion dieses Schiffstyps zu vermeiden. Die dazu durchgeführte Abschätzung der Wirtschaftlichkeit für die Doppelhüllenkonstruktion dürfte dabei auf der sicheren Seite liegen.
Bedenklich im Hinblick auf die Instandhaltung und die damit verbundenen Besichtigungen erscheint die Breite der Doppelhülle von 1000 mm und besonders von 800 mm für das Querspantsystem. Sind diese Maße mit den zuständigen Aufsichtsorganen abgestimmt?
Die Aussage zur Berechnung der Verbände von Querschotten überrascht. Verschiedene ältere Veröffentlichungen hierzu belegen die Anwendbarkeit einer Balkenidealisierung. Gibt es veröffentlichte Beispiele für das Gegenteil?
Die Berechnungen zur Verformung des Innenbodens durch Stoßbelastung im Greiferbetrieb zeigen, daß der Innenboden mit 20 mm Plattendicke für diese Betriebsart deutlich zu schwach ausgelegt ist. Hierzu mögen unveröffentlichte Beobachtungen an den Innenböden zweier Ende der 60er Jahre bei den Rheinstahl Nordseewerken gebauter 80.000tdw-Bulkcarrier von Interesse sein. Der auch hier ursprünglich 20 mm dicke Innenboden wies bereits nach wenigen Reisen mit Erzladung so große bleibende Verformungen auf, daß Abhilfemaßnahmen erforderlich wurden. Da zutreffende Berechnungen seinerzeit noch nicht möglich waren, wurden Versuche mit simulierten Greiferstößen durchgeführt. Sie zeigten, daß eine Verringerung des ursprünglichen Längsspantabstandes von etwa 650 mm auf die Hälfte keinen wesentlichen Einfluß auf die Tiefe der bleibenden Verformungen hatte. Als wirksame Abhilfemaßnahme erwies sich eine durch Dopplungsplatten auf 35 mm vergrößerte Innenbodendicke. Dabei wurden die Dopplungsplatten durch Dreiblechnähte bzw. Lochschweißung mit dem ursprünglichen Innenboden verbunden. Es wäre sicherlich von Interesse, im Rahmen des von den Verfassern beschriebenen Vorhabens mit Hilfe der nunmehr verfügbaren Rechentechnik systematische Berechnungen zum Einfluß von Innenbodendicke und Spantabstand auf das Auftreten bleibender Verformungen unter Greiferstößen durchzuführen.

Dipl.-Ing. Christian Strobel, Det Norske Veritas, Høvik/Norwegen: Querspantenbauweise für Doppelhüllenbulker

Mein Diskussionsbeitrag enthält ergänzende Ausführungen und eine Anfrage.
Zunächst: Ich bin der gleichen Auffassung wie der Autor, daß die Doppelhüllenkonstruktion prinzipiell nicht neu ist. Nicht nur für Tanker, sondern auch für typische Trockenfrachtschiffe und Massengutschiffe ist sie bereits häufig, allerdings in signifikanter Abhängigkeit der Schiffsgröße, zur Ausführung gekommen.
Einige relevante Anwendungen seien hier kurz genannt: Mit unserer Klasse fahren eine beträchtliche Anzahl von sogenannten Minibulkern (bis ca. 18.000 DWT) und das bei weitem größte Tonnagesegment der Openhatch Handy/Handy Max-Bulkcarrier mit der Doppelhülle. Überwiegend haben diese Schiffe „Box-Shape"-Laderäume mit einer Breite des vertikalen Seitentanks von 1500 bis 2800 mm.
Auch lange vor Inkrafttreten der OPA-90-Vorschriften, die bekanntlich seit einigen Jahren die Doppelhüllenkonstruktion bindend vorschreiben, sind weltweit eine bedeutende Anzahl von Kombinationsschiffen und Produktionstanker, vielfach auf Grund von Reedereiforderungen, mit doppelter Außenhaut gebaut worden. In Abhängigkeit der Schiffsgröße war die Doppelhüllenbreite zwischen 900–1700. Vielfach hatten diese Designs sowohl Topwing- als auch Hoppertanks. Allerdings war die Anordnung von nur einem solchen Tank auch nicht ungewöhnlich.
Nach unseren Bauvorschriften wurden hier in Deutschland 1987 drei Handy-Max-Bulkcarrier zu Kombinationsschiffen umgebaut. Diese Schiffe erhielten unter anderem eine 900 mm breite Doppelhülle in Querspantenbauweise zwischen den existierenden Topwing- und Hoppertanks.
Die unserer Klasse vor ca. 10 Jahren zur Klassifizierung eingereichten Doppelhüllenkonstruktionen für Panmax-Bulkcarrier und Produktentankern mit einer Breite von 900 mm in einer Quer- oder Längsrahmenweise oder von 1100 mm Breite mit Querspanten scheinen sich bis jetzt gleichfalls im Betrieb bewährt zu haben. Meines Wissens sind auch einige größere reine Kohlentransporter mit Tragfähigkeiten zwischen 80 bis 120.000 t und einige Cape Size Bulkcarrier mit doppelter Außenhaut im Betrieb und im Auftrag. Mir ist ein existierender Caper bekannt; der bei 1000 mm weiter Doppelhülle zwischen den Seitentanks in Querrahmenkonstruktion mit einem horizontalen Stringer der Begehung wegen gebaut worden ist.
Nun zu meiner Anfrage:
Meines Wissens nach ist eine Serie von Handy-Max-Bulkcarriern mit üblichen Hauptspantquerschnitt aber mit Doppelhülle seit mehreren Jahren in Service. Diese doppelte Außenhaut zwischen den Seitentanks ist in reiner Querspantenbauweise gefertigt mit einem Stringer auf ca. halber Spannweite.
Eine ähnliche konstruktive Ausführung ist ebenfalls für mehrere in diesem Jahr bereits kontrahierte Doppelhüllen Panmax-Bulkcarrier geplant. Auch wie obengenannt, ist diese Variante für 75.000 DWT Bulkcarrier mit unserer Klasse seit 1990 im Einsatz. Demnach zu urteilen muß diese Variante etwas für sich haben und ich möchte daher den Autor gerne fragen, ob diese Anordnung auch von der Projektgruppe für den Panmax-Bulkcarrier mit Hinblick auf Kosten/Mehrgewicht etc. untersucht worden ist. Danke.

Dipl.-Ing. Gerhard Woisin, Geesthacht: Festigkeit des Innenbodens im Greiferbetrieb

1. Sind den Autoren zu diesem Thema frühere Arbeiten bekannt und ist die vorliegende in einem ausführlicheren Bericht nachlesbar? Ich weise auf die Stoßversuche, numerischen und analytischen Modelle mit starrem Keil mit gerader und zur Beplattung parallelen Kante von L. Zhu hin [1].
2. Die Autoren beschränken sich auf die Mitteilung nur der „äußeren" Ergebnisse bei einer Parameterstudie mit dem FE-Programm DYNA 3D, nämlich der Kraft-Weg-Funktionen. Für die Minimierung der Schäden an der Beschichtung der Unterseite (Korrosion) dürfte dagegen die jeweils größte Biege- und Membrandehnung interessieren.
3. Zur Zuordnung von Greifer (einer Ecke desselben?) und Plattenfeld: wären statt der für jede Eindringtiefe gleichen, nur 100 mm langen, geraden Kontaktlinie nicht eine Kontaktfläche oder -linie, die mit w wächst, realistischer?
4. Ich vermisse den Vergleich mit einer eigentlichen Analyse mit Näherungslösungen in geschlossener Form (die Doku-

mentierung „mathematischer Versuche" ist doch keine Analyse = „Auflösung", Zerlegung, etc).

5. Ist nicht die Schlagverfestigung, für normalfesten Flußstahl mit der Cowper/Symonds-Formel z.B. bei 1/s ca. 50%, zu beachten? Danach würden in Abb. 8 die Kraft-Weg-Funktionen höher liegen. Außerdem würden sie z.B. bei kleinem w/t für v = 5 m/s deutlich, ca. 15%, höher als für v = 1m/s verlaufen.

6. Der in Verformungsarbeit umzusetzende Verlust nicht nur kinetischer, sondern auch potentieller (Schwere-) Energie wurde offenbar ignoriert. Dabei wird die Arbeit z.B. bei $v_0 = 2$ m/s und $R_{eH} = 235$ N/mm^2 (unter Berücksichtigung der ebenfalls vergrößerten Eindrücktiefe) um 20% größer. Der Prozentsatz ändert sich überdies mit den Parametern in Abb. 8 erheblich. (Außerdem ist anzumerken, daß eigentlich die untere oder Arbeitsfließspannung R_{eL} zu verwenden wäre, die z.B. 15% kleiner als R_{eH} sein kann; andererseits wurde auch die Dehnungsverfestigung ignoriert.)

7. An einem – um die Kontaktlinie mit dem Greifer herum – freigeschnittenen Plattenstreifen ist mit realistisch angenommenem Eindrückmuster im Laderaumboden einerseits und den der Abb. 8 zu entnehmenden Kontaktkräften bei Ende der Eindrückung andererseits nicht das notwendige statische Gleichgewicht zu erzielen. (Ist die Massenkraft des Plattenstreifens nicht vernachlässigbar klein, so erhöht sie m.E. die größten Schnittkräfte sogar.)

Beispiel $R_{eH} = 235$ N/mm und $v_0 = 5$ m/s^2 mit einer unter Berücksichtigung der Mehrachsigkeit der Spannungen mittleren Membranlängsspannung von $1{,}1^*235$ N/mm^2 = 259 N/mm^2 ergibt sich allenfalls bei 'Faltung' der Beplattung, also einer Abknickung um $2^*90°$ um die Kontaktlinie, mit 4000 mm^{2*}259 N/mm^2 = 1034 kN knapp die Abb. 8 zu entnehmende größte Stoßkraft von 1040 kN. Eine solche 'Faltung' anzunehmen, wäre aber völlig unrealistisch, wie m.E. auch ein rechtwinkliges 'Abkanten' um fast $2^*45° = 90°$, das bei $v_0 = 3$ m/s nötig wäre, um die Stoßkraft von 713kN nach Abb. 8 zu erreichen.

Liefert also der angewendete FEM-Code bei der gewählten Maschengröße (wie groß?) Bis zu Abständen von ca. 50 mm von der Kontaktlinie (von nur 100 mm Länge) in allen Längs- und Querrichtungen der Beplattung, d.h. im Umfeld des Stoßzentrums von ca. 200 mm*100 mm, vielleicht noch keine gültigen Spannungen und Dehnungen?

8. Man betrachte auch die Krafteinleitung an der *angenommenen* Kontaktlinie: Es ergeben sich *ohne* Dehnungs- oder Schlagverfestigung offensichtlich absolute Obergrenzen für die Stoßkräfte durch das Produkt aus der unter der Kontaktfläche liegenden Querschnittsfläche von 2000 mm^2 und der (wegen Symmetrie) doppelten Schubfließspannung nach v. Mises: $2/\sqrt{3} * R_{eL} = 271$ bzw. 450 N/mm^2, also von 542 kN bzw 900 kN. Zeichnet man diese Grenzen in Abb. 8 ein, so zeigt sich, daß die Mehrzahl der Fälle, nämlich alle für $v_0 \geqslant 3$ m/s, danach nicht möglich sind. Da zu den (gemittelten, d.h. bereits zu günstig gerechneten) Schub- noch Membranzugspannungen treten, müßten die tatsächlichen Obergrenzen noch niedriger liegen.

Schrifttum

1 Zhu, L., Faulkner, D.: Damage estimate for plating of ships and platforms under repeated impacts, Marine Structures 9 (1996), 7, pp 697–720 (dort weitere Literaturhinweise)

Dr.-Ing. Wolfgang Fricke, Hamburg, Dipl.-Ing. Rolf Nagel, Flensburg (Schlußwort)

Zunächst einmal möchten wir allen Diskussionsrednern für ihre interessanten Beiträge danken. Zu den Ausführungen von Herrn Strobel sei angemerkt, daß sich unsere Untersuchungen in erster Linie auf Standardbulker beziehen, bei denen derzeit noch immer große Vorbehalte gegenüber einer Doppelhülle wegen des befürchteten Mehrgewichtes und der Mehrkosten bestehen. Die guten Erfahrungen mit kleineren, doppelwandigen Schiffen, bei denen der Übergang vom Bulker zum Mehrzweckfrachter, eingerichtet für den Containertransport, fließend ist, können aus Sicht der Autoren nur bestätigt werden.

Zur Frage von Herrn Strobel zur reinen Querspantbauweise ist zu sagen, daß diese unserer untersuchten Variante 3 sehr ähnlich ist. Die Hauptverbände, d. h. Querrahmen zur Stützung von Stringern, welche wiederum die Querspanten stützen, sind dieselben, lediglich die Versteifungsrichtung der Innenhülle ist geändert. Wir haben zwei Stringer gewählt, um einerseits für eine schmale Doppelhülle relativ niedrige Spanten und andererseits eine besichtigungsfreundliche Konstruktion zu erhalten. Die Wirtschaftlichkeit dürfte sich ähnlich günstig wie für unsere Variante 3 darstellen. Ein Nachteil der Querversteifung besteht allerdings darin, daß aus Beulgründen im oberen Seitenbereich relativ große Plattendicken erforderlich werden.

Zum Beitrag von Herrn Brockmann sei angemerkt, daß, wie auch im Vortrag dargelegt, der größte Teil der Panamax-Bulker in der Trampschiffahrt beschäftigt ist. Leider lasssen sich die wirtschaftlichen Vorteile dabei nicht so präzise darstellen, da die Charterrate für eine Zeitcharter (z.B. 1 Jahr, 2 Jahre oder im Idealfall auch langfristig) ständigen und zum Teil sehr starken Schwankungen unterliegt, die kaum prognostiziert werden können. Ein erheblicher Vorteil einer Doppelhülle für den Vercharterer wird in jedem Fall aber darin liegen, daß er, obwohl das Schiff im Baupreis etwas teurer ist, bei einer zu einem beliebigen Zeitpunkt zu erzielenden Zeitcharterrate deutlich weniger Probleme haben wird, eine Charter abzuschließen. Ausfallzeiten, die sonst gewöhnlich durch Liegezeiten oder unattraktive Reisechartern überbrückt werden, entfallen und dies wirkt sich positiv auf den wirtschaftlichen Erfolg aus. Wie bereits erläutert, lassen sich solche marktabhängigen Einsatzprofile nicht präzise in einer Wirtschaftlichkeitsrechnung abbilden, da zu viele unsichere Annahmne getroffen werden müssen.

Die von Prof. Petershagen angesprochene Breite der Seitenhülle ist natürlich mit Blick auf den Laderaumverlust und die Wirtschaftlichkeit möglichst gering gewählt worden – allerdings nach Rücksprache mit Fertigungsfachleuten und Besichtigern. Für Durchstiegsöffnungen in Trockenfrachtschiffen sind 600/400 mm erforderlich und hier auch vorgesehen worden. Der verfügbare Raum ist natürlich eng, insbesondere bei der Querrahmenvariante 2.

Die angesprochenen Probleme bei der Schottdimensionierung werden durch die Tabelle 1 des vorlaufenden Vortrages veranschaulicht. Die ausgedehnten Diskussionen in der IACS sowie unterschiedliche Schottbemessungen im internationalen Vergleich während der vergangenen Jahrzehnte zeigen, daß eine vereinheitlichte Vorgehensweise erforderlich ist, die sich in der „Unified Requirement S 18"wiederfindet.

Die Hinweise von Prof. Petershagen zur Innenbodenfestigkeit unter Berücksichtigung des Greiferbetriebes sind sehr aufschlußreich und decken sich mit anderweitigen Erfahrungen. Obwohl mit unseren Berechnungen eine ausreichende Gesamtfestigkeit des Bodenrostes mit 20 mm Plattendicke nachgewiesen wurde, sind für den Greiferbetrieb größere Plattendicken unbedingt empfohlen, wie auch die Forderung zum Klassenzusatzzeichen „G" zeigt (vgl. Abb. 3).

Herr Woisin fragt nach früheren Arbeiten zu Stoßbelastungen auf Beplattungen. Neben den von Prof. Petershagen erwähnten unveröffentlichten Untersuchungen sowie der genannten Arbeit [1] seien hier noch diejenigen von Adeberg (1982), Apostolov et al. (1981) sowie Schlüter und Kohlhaupt (1995) erwähnt. Unsere Berechnungen sind in dem abschließenden Forschungsbericht (Fricke und Nagel, 1998) etwas ausführlicher beschrieben. Dort finden sich auch die berechneten plastischen Dehnungen (Effektivdehnungen) an der Plattenunterseite.

Der Umfang unserer Untersuchungen sowie getroffene Vereinfachungen, z. B. die während des Stoßes mit 107,5 mm konstant gehaltene Länge der Kontaktlinie, sind dadurch begründet, daß es uns lediglich auf einen Vergleich des Einflusses der Stahlfestigkeit sowie der Plattendicke auf die plastischen Verformungen ankam, um daraus Folgerungen im Hinblick auf eine robustere Konstruktion zu ziehen. Aus dem gleichen Grund wurde bei den Berechnungen der Einfluß der Dehngeschwindigkeit vernachlässigt, obwohl dieser bei der kurzen Stoßdauer sicherlich vorhanden ist. Allerdings wird der Einfluß durch die Cowper/Symonds-Formel überschätzt, wie Vergleiche mit Messungen zeigen.

Zu den Grenztragfähigkeitsbetrachtungen ist anzumerken, daß sowohl die Berechnungen als auch die in der Praxis beobachteten großen Durchsenkungen und Neigungswinkel im Umfeld der Stoßstelle auf ausgedehnte überelastische Membran- und Biegespannungen hinweisen. Bei extrem großen Stoßkräften kann natürlich der Verfestigungsbereich oder sogar die Bruchdehnung örtlich erreicht werden und eine Rißbildung eintreten. Bei den hier dargestellten vergleichenden Untersuchungen wurden diese Effekte nicht berücksichtigt. Bei der Betrachtung der Spannungen im Bereich der Krafteinleitung ist zu bedenken, daß mit der Diskretisierung in finite Elemente letztlich eine Verteilung der Knotenkräfte verbunden ist. Die Spannungen und damit die Fließbedingung werden auch nicht an den Knoten, sondern in den Elementen ausgewertet. Für genaue Aussagen über die Maximalwerte der Spannungen und Dehnungen in Bereich der Kontaktlinie ist hier eine sehr feine Modellierung erforderlich, die auch den Stoßkörper selbst einbezieht.

Abschließend sei erwähnt, daß zwischenzeitlich die einzelnen Varianten noch weiter optimiert wurden, so daß im Schlußbericht (Fricke und Nagel, 1998) leicht abweichende Daten genannt sind. Die Variante 4 hat sich als nicht wirtschaftlich herausgestellt, weil auch im oberen Bereich der Innenhülle relativ große Plattendicken im Hinblick auf eine ausreichende Beulfestigkeit erforderlich werden, sehr hohe Fertigungskosten trotz eingesparter Versteifungen abgeschätzt wurden und der Laderaumverlust mit der gerundeten Innenkontur im vorderen und hinteren Schiffsbereich größer als bei den geknickten Varianten ist.

Weiteres Schrifttum

- Adeberg, B. (1982): „Durchführung und Auswertung von Fallversuchen zur Dimensionierung stählerner Schottwände für Stoßbelastungen aus dem Ladungsumschlag." 2. Weiterbildungsseminar Schiffsfestigkeit, Wilhelm-Pieck-Universität, Rostock.
- Apostolov, W.; Angelov, I.; Iwanov, I. und Zenkov (1981): „Zum Einfluß von Verformungen der Innenbodenplatten, entstehend durch stoßartige Belastungen, auf die Schiffskörper- und Doppelbodensteifigkeit." Schiffbauforschung 20, S. 63–67.
- Fricke, W. und Nagel, R. (1998): „Innovative Konstruktion von Massengutschiffen in Doppelhüllenbauweise." Bericht P 316 / A 104 der Studiengesellschaft Stahlanwendung e.V., Verlag und Vertriebsgesellschaft mbH, Düsseldorf.
- Schlüter, H.-J. und Kohlhaupt, A.G. (1995): „Beanspruchungen von Binnenschiffen bei robusten Be- und Entladevorgängen." Jahrbuch der STG, 89. Bd., Springer-Verlag, Berlin Heidelberg New York.

Double Hull Bulkers for the Carriage of Cargo which may Liquefy

Transport breiartiger Ladungen in Doppelhüllenbulkern

Prof. Dr.-Ing. **Walter Abicht**
Institut für Schiffbau, Universität Hamburg

Zusammenfassung. Erzkonzentrate und einige andere Schüttladungen haben die Eigenschaft, während der Reise breiartig werden zu können. Im Falle einer derartigen Ladungsverflüssigung verringert sich die Stabilität des Schiffes erheblich. Zahlreiche Schiffe sind auf diese Weise gekentert.
Im „Code of Safe Practice for Solid Bulk Cargoes" wird davon ausgegangen, daß nur dann mit einer Verflüssigung zu rechnen ist, wenn der vor der Beladung gemessene mittlere Feuchtigkeitsgehalt der Ladung einen kritischen Grenzwert überschreitet. Dieses Feuchtigkeitskriterium ist jedoch sehr umstritten. Insbesondere dann, wenn im Laufe der Reise die Ladungsfeuchtigkeit nach unten wandert, kann am Boden die Sättigungsgrenze auch dann erreicht werden, wenn die Messung einen unterhalb des zulässigen Grenzwerts liegenden Feuchtigkeitsgehalt ergeben hat.
Die beste Methode, ein Kentern infolge Ladungsverflüssigung zu verhindern, ist daher der Transport von zum Breiartigwerden neigenden Gütern in Massengutschiffen, die so konzipiert sind, daß nach Abzug des nach der Ladungsverflüssigung auftretenden Ladungsverschiebungsmoments noch ein ausreichend großes aufrichtendes Restmoment verbleibt. Um dieses zu gewährleisten, ist eine bestimmte metazentrische Resthöhe erforderlich. Eine Entwurfslösung, bei der der Verlust an metazentrischer Höhe in akzeptablen Grenzen bleibt und die auch den Ladungsumschlag nicht behindert, ist die Doppelhüllenbauweise. Die zur Einhaltung der benötigten metazentrischen Resthöhe vorzusehende Seitenraumbreite hängt von mehreren Einflußfaktoren ab. Anhand eines Diagramms wird demonstriert, wie sich diese Faktoren auf den Seitenwandabstand auswirken und wie dieser kleingehalten werden kann.

1 Existing rules for the shipment of ore concentrates

The relevant rules, by which capsizing due to liquefaction of cargo shall be excluded, are laid down in the „Code of safe practice for solid bulk cargoes" of IMO (BC Code). They are based on the assumption that liquefaction will not occur if the moisture of the cargo – to be measured prior to loading – does not exceed the „transportable moisture limit" (TML). TML is defined as 90% of the „flow moisture point" (FMP). FMP indicates the percentage of moisture at which the material starts to flow in a plastic manner when vibrated. To determine FMP, tests must be carried out with representative samples of the material. The test procedures are described in detail in the BC Code.
Materials having a moisture content in excess of the transportable moisture limit TML must be carried either in cargo ships fitted with specially designed portable divisions or in specially constructed cargo ships with permanent structural boundaries. If TML is not exceeded, no measures must be taken in order to confine a shift of cargo to an acceptable limit.
These rules are rather ineffective. The reasons for this judgement are:

- For the behavior of the cargo during the voyage several factors are of importance. It is absolutely impossible to predict the behavior if only mean moisture content and flow moisture point are known.
- The moisture of the material is not constant but distributed throughout the consignment. During the voyage, the distribution varies with time, and accordingly, the occurrence of liquefaction depends – among other factors – on the duration of the voyage.
- The TML criterion does not differentiate between upward and downward movement of moisture. At the time the criterion was developed, mainly cases of capsizing after liquefaction at the surface of the cargo were known (Ref. 1). However, capsizing after liquefaction at the bottom of the cargo may also occur (Ref. 2). Especially in the latter case, the moisture may rise up to saturation at the bottom, even if the average moisture of the cargo is clearly below TML. The cargo can then easily shift along the steel deck.

The inadequacies of the TML criterion call for an improvement of the existing rules. Because of the difficulties to predict prior to shipment whether a cargo will partly or totally liquefy during the voyage, a new regulation should be based on the worst case scenario. The consequences for the design would be not too severe. As demonstrated in the following, an arrangement of a double hull is the most convincing solution. The benefits attained by a double hull of sufficient width are: no capsizing in case of liquefaction, high probability of surviving small damages occurring from inside by the grab or from outside by being rammed, no cumbersome portable divisions or permanent longitudinal bulkheads within the holds, smooth inner side walls, no troublesome procedures like determination of FMP and measurements of moisture contents.

Much can be done in the design stage to keep the necessary width of the double hull small. A remaining loss of cubic capacity of the holds can be avoided by reducing the height of the double bottom, by rising the depth, and by enlarging the hatchways.

2 Residual stability of a bulk carrier after liquefaction of cargo

If a bulker carrying liquid cargo is inclined, the cargo starts to shift with the result that a heeling moment arises which grows with increasing angle of inclination. For obtaining the resulting righting arm, this heeling moment has to be subtracted from the initial righting moment of the vessel and the remaining moment to be divided by the weight of the ship. The residual arms must attain the minimum values which are required in the existing stability rules. This is to be observed if the risk of capsizing shall not exceed the level which is normal for seagoing ships.

Fig. 1 shows the midship section of a bulk carrier of 48 000 tdw (Ref. 3). The initial design is a single hull standard bulker with alternating short and long cargo holds. The total number of holds is seven; the four short holds are assumed to be loaded with iron ore concentrate of 3.6 t/m^3. The respective righting arms of this bulker are plotted in Fig. 2: the upper broken line applies to a load condition in which the cargo is still solid, and the lower broken line to a load condition in which the same cargo has become liquid. In the latter case the vessel will capsize because the residual righting arms are negative throughout the total range of angles of inclination up to 80°.

In Ref. 3 it was investigated to what extent the stability after liquefaction can be improved by the arrangement of a double hull of 2 m in width (case a), of 4 m in width (case b), and by the arrangement of a centreline division (case c). As to be seen in Fig. 2, the highest improvement of stability is obtained by the centreline division. For practical reasons, however, a centreline division should be avoided because it hampers the handling and stowage of cargo. From this point of view, the double hull is the better solution. Though the residual righting arms are smaller, the stability rules can be fulfilled if the width of the wing space is broad enough. Curve a) in Fig. 2 represents the residual lever arms for a width of 2 m

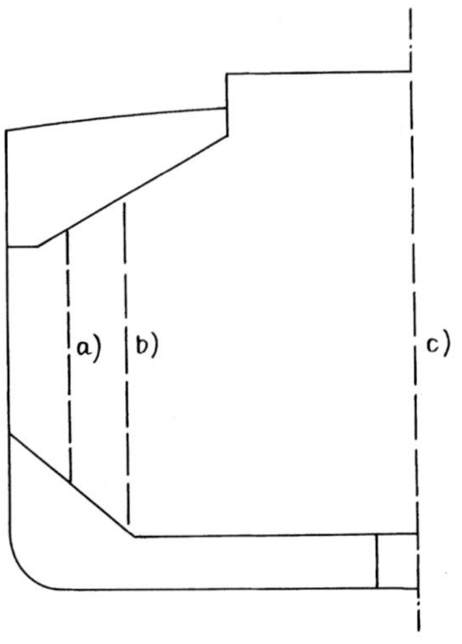

L_{PP}	= 208.80 m	Δ	= 60 539 t
B	= 28.00 m	C_B	= 0.85
D	= 16.20 m	T	= 11.87 m

Fig. 1. Variation of the midship section of a bulk carrier of 48 000 tdw (Ref. 3): a) 2 m wide double hull, b) 4 m wide double hull, c) single hull bulker with centreline division.

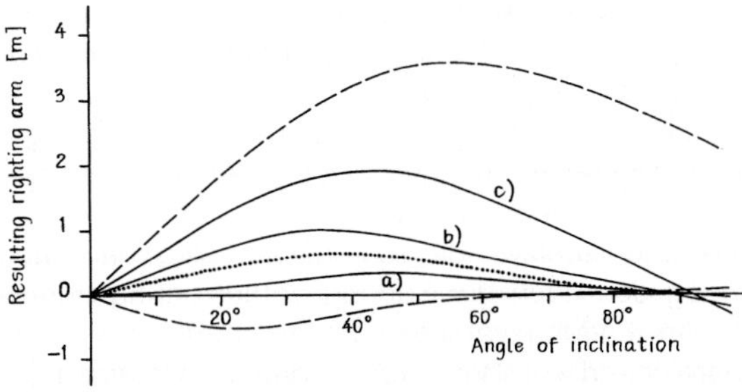

Fig. 2. Residual righting arms after liquefaction of concentrate cargo for the variations a), b), and c) of the bulk carrier presented in Fig. 1 (from Ref. 3).

and curve b) for a width of 4 m. The dotted line between curves a) and b) indicates the limit below which the residual lever arms must not fall if the intact stability rules of the „Seeberufsgenossenschaft" (Ref. 4) – which are equivalent to the „Code of Intact Stability" of IMO (Res. A 749) – shall be satisfied. From this limiting curve follows that for the bulk carrier under consideration the width of the double hull should be 3 m.

The residual metacentric height which corresponds with the dotted righting arm curve of Fig. 2, is about $\overline{GM'} \approx 1.20$ m (the prime indicates that the free surface effect of the cargo is included). This result is not only valid for the bulk carrier presented in Fig. 1, but applicable to all bulk carriers of normal shape. Generally, sufficient residual stability is to be expected if after liquefaction the metacentric height of the vessel does not fall below $\overline{GM'} \approx 1.20$ m.

3 Reduction of the metacentric height of a double hull bulker due to liquefaction of cargo

The assumption that the total cargo moves like a liquid, is an extreme statement. In reality, liquefaction does not start simultaneously in all cargo holds. However, because it cannot be excluded that after some time the total cargo has become easily movable, it appears advisable to consider the worst case. An additional advantage of this assumption is that it will make a ship generally able to carry liquid cargoes without any stability problems.

The effect of a free liquid on the metacentric height can be assessed by assuming that the centre of gravity of the fluid is shifted from the centre of the fluid to the metacentre of the fluid in the hold. Fig. 3 shows the cross section of a double hull bulker. If b_o marks the centre of the fluid in the cargo hold and m the metacentre of the fluid, we get for the distance between these two points:

$$\overline{b_o m} = \frac{i}{v} = \frac{l \cdot w^3}{12v},$$

where

i = transverse moment of inertia of free surface

v = volume of the liquid

l = length of the hold partly filled with liquid cargo

w = inside width of the hold

The shift of the centre of gravity of the fluid from b_o to m shifts the centre of gravity of the ship from G to G'. The distance $\overline{GG'}$ is identical with the loss of metacentric height $\Delta\overline{GM}$ caused by the liquid:

$$\Delta\overline{GM} = \overline{GG'}$$

The mass of the ship is equal to the product of the factors ρ_w = mass density of the sea water, C_B = block coefficient, L = length of the ship, B = breadth of the ship, and T = draft of the ship. The mass of the liquid is obtained by multiplying the volume v of the liquid by the mass density ρ_c of the cargo. By comparing the moments of mass, we get from

$$\overline{b_o m} \cdot \rho_c \cdot v = \overline{GG'} \cdot \rho_w \cdot C_B \cdot L \cdot B \cdot T$$

the result:

$$\overline{GG'} = \frac{\rho_c}{\rho_w} \cdot \frac{\overline{b_0 m} \cdot v}{C_B \cdot L \cdot B \cdot T}$$

If for $\overline{b_o m}$ the above expression is inserted, we obtain for the loss of metacentric height:

$$\Delta\overline{GM} = \frac{1}{12} \cdot \frac{\rho_c}{\rho_w} \cdot \frac{l \cdot w^3}{C_B \cdot L \cdot B \cdot T}$$

Because of the aim to present the influence of the double hull width b on the loss of stability, the inside width of the cargo hold is to be expressed as a function of b:

$$w = \left(1 - 2\frac{b}{B}\right) \cdot B$$

In order to make the final result dimensionless, $\Delta\overline{GM}$ is divided by the breadth of the ship. The formula for the reduction of the metacentric height is then:

$$\frac{\Delta\overline{GM}}{B} = \frac{1}{12} \cdot \frac{\rho_c}{\rho_w} \cdot C_B^{-1} \cdot \frac{1}{L} \cdot \frac{B}{T} \cdot \left(1 - 2\frac{b}{B}\right)^3$$

This formula demonstrates that the loss of stability due to liquefaction decreases with decreasing ρ_c/ρ_w ratio, l/L ratio, B/T ratio, and with increasing block coefficient C_B and b/B ratio.

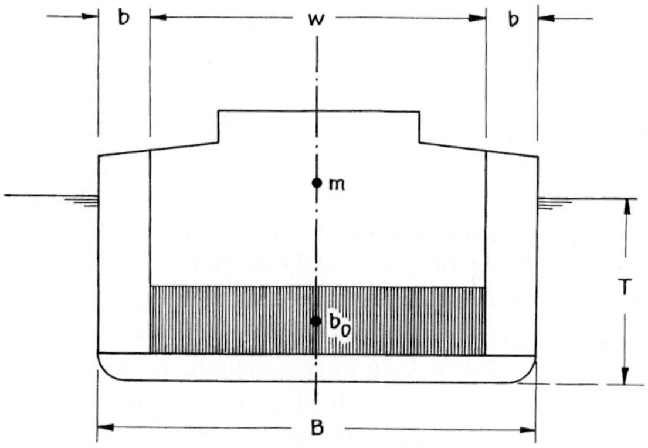

Fig. 3. Free liquid effect: the centre of gravity moves from the centre of the fluid b_o to the metacentre of the fluid m.

4 Minimum double hull width for sufficient stability after liquefaction of cargo

The metacentric height $\overline{GM}$ of a bulker as shown in Fig. 1 is comparatively high if it carries solid concentrate cargo. In case of solid iron ore concentrate, for instance, $\overline{GM}$ amounts to some metres even if only every second cargo hold is loaded. As stated in chapter 3, the residual metacentric height after liquefaction of cargo should be about $\overline{GM'} = 1.20$ m. The difference between $\overline{GM}$ and $\overline{GM'}$ is the loss of metacentric heigh $\Delta\overline{GM}$. From the formula presented above for $\Delta\overline{GM}/B$, the parameters can be seen on which the loss of metacentric height depends. If in the stage of a double hull bulker design $\overline{GM}$ can be assessed and the minimum $\overline{GM'}$ is given, one obtains the acceptable loss of metacentric height $\Delta\overline{GM}$ by subtraction. If also the parameters ρ_c/ρ_w, C_B, l/L, and B/T are given, the double hull width b/B can be calculated which is needed for getting the required residual metacentric height $\overline{GM'}$. From the formula for $\Delta\overline{GM}/B$ follows:

$$\frac{b}{B} = 0,5\left(1 - \sqrt[3]{\frac{12C_B \cdot \frac{\Delta \overline{GM}}{B}}{\frac{\rho_c}{\rho_w} \cdot \frac{l}{L} \cdot \frac{B}{T}}}\right)$$

This equation shows what must be done to keep the double hull width small. The only parameter which cannot be influenced by the designer, is the mass density ratio ρ_c/ρ_w. Therefore, a maximum mass density for concentrate cargo should be specified for each ship. For the other parameters is to be aimed at: a high block coefficient C_B, a small B/T ratio, a small l/L ratio by filling cargo only into some of the holds, and – above all – a high $\Delta\overline{GM}/B$ ratio. For a high, $\Delta\overline{GM}/B$ it is important to try to get a high metacentric height $\overline{GM}$ without making the vessel too broad and too stiff. Unfortunately, some of these points have also opposite effects. For instance, if l/L is kept small, the cargo must be stowed higher with the result that $\overline{GM}$ becomes smaller. Therefore, in each individual case, it must be well considered which solution is more effective.

In order to get a small double hull width, all factors contributing to this goal must be observed. Of course, the range of variation for the individual parameters is limited. This applies also to the metacentric height $\overline{GM}$. For the highest $\overline{GM}$ which may be tolerated, the shortest rolling periods of existing standard bulk carriers give some orientation. In case of iron ore concentrate cargo, the lower limit may be set between 8 and 9 seconds, which is around one second and a half less than the average rolling period of around 10 seconds. This means that, for example, for a bulker of 24 m in breadth, the maximally acceptable metacentric height is about $\overline{GM} = 5.15$ m.

In the design stage, it will be helpful to have a diagram which shows for each individual case how wide the double hull must be. Such a diagram is presented in Fig. 4. A family of curves is plotted; each curve is based on a constant product of C_B and $\Delta\overline{GM}/B$. The other relevant parameters are to be found as a product of ρ_c/ρ_w, B/T, and l/L on the vertical axis. The minimum double hull width b/B needed for sufficient residual stability is to be read from the abscissa.

The following example demonstrates how the diagram is used. A double hull bulker of 30 000 tdw is subdivided as shown in Fig. 5. The concentrate cargo is carried in the four shorter of the seven holds. The stowage factor is assumed to be 9.57 cu.ft./t or 0.27 m^3/t. For the mass density ratio we get ρ_c/ρ_w = 3.6. The other data are follows:

$$B = 24.00\text{ m} \quad \overline{GM} = 5.15\text{ m}$$
$$T = 10.50\text{ m} \quad \Delta\overline{GM} = 3.95\text{ m}$$
$$C_B = 0.82 \quad l/L = 0.34$$

For determining the minimum double hull width, we first calculate $C_B \cdot \Delta\overline{GM}/B = 0.135$. The corresponding curve is plotted in Fig. 4 (dashed line).

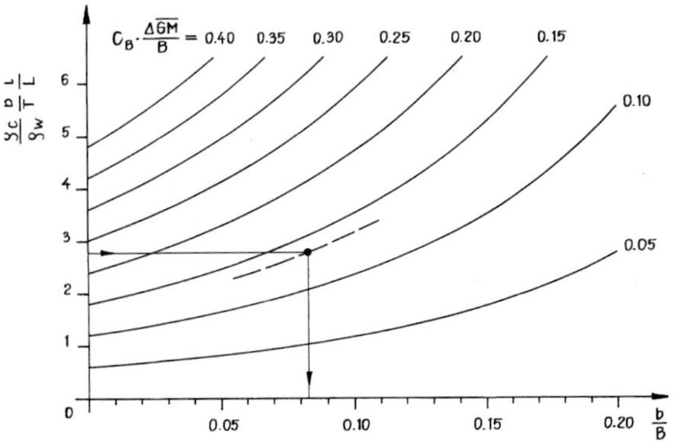

Fig. 4. Diagram for the determination of the minimum double hull width. Example: $C_B \cdot \Delta\overline{GM}/B = 0.135$ and $\rho_c/\rho_w \cdot B/T \cdot l/L = 2.8$. The double hull width must be $b/B = 0.083$.

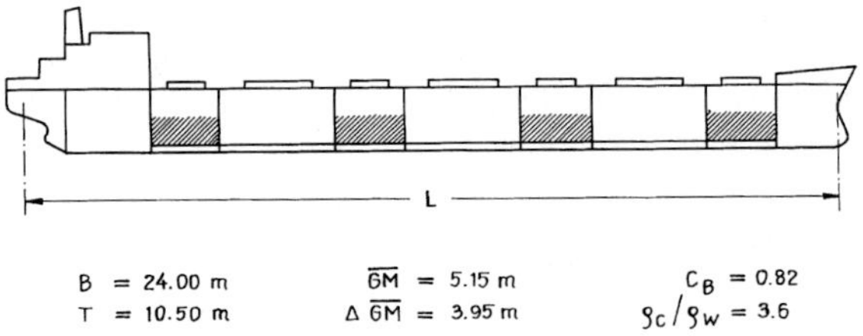

Fig. 5. Example plotted in Fig. 4: double hull bulker of 30 000 tdw with concentrate cargo in the four shorter holds; the total length of holds filled with cargo is $l/L = 0.34$.

From the axis of ordinates we draw at $\rho_c/\rho_w \cdot B/T \cdot l/L = 3.6 \cdot 2.286 \cdot 0.34 = 2.80$ a horizontal line which intersects the dashed line at $b/B = 0.083$. Hence, the minimum double hull width being necessary for sufficient residual stability is $b = 0.083 \cdot 24$ m = 2.00 m. It may be interesting that this is just the same double hull width which is required for an oil tanker of the same size – not for stability reasons but for reasons of oil pollution minimization.

A smaller width than b = 2.00 m will be obtained, if the mass density of the cargo or the total length of the loaded holds are below the values given above. Also a minimum residual metacentric height smaller than $\overline{GM'} = 1.20$ m has a width-reducing effect. Provided that the other data are left unchanged, we get for example for ρ_c/ρ_w = 3.2 a minimum width of b = 1.60 m. The necessary width will become even smaller, if liquefaction is assumed to occur in only three of the four holds filled with cargo. We then get for $\rho_c/\rho_w = 3.6$ a width of $b = 0.99$ m and for $\rho_c/\rho_w = 3.2$ a width of only b = 0.55 m. A further example may demonstrate the influence of the minimum residual metacentric height. If instead of $\overline{GM'} = 1.20$ m a value of $\overline{GM'} = 0.76$ m is accepted, we obtain for ρ_c/ρ_w = 3.6 and l/L = 0.34 a double hull width of b = 1.64 m – this is 0.36 m less than for $\overline{GM'} = 1.20$ m. However, the assumption of a partial liquefaction of cargo or the allowance of a smaller residual metacentric height reduces safety. Moreover, the ability of the safe carriage of cargoes which are already liquid prior to loading, will be lost.

5 Concluding remarks

In the BC Code efforts are made towards a safe carriage of bulk materials which are liable to liquefy. However, the rules are not as effective as they could be. Only in those cases in which the average moisture content exceeds the „transportable moisture limit", special divisions or constructions are required. If the moisture content is below this limit, precautions against an eventual shift of cargo do not have to be taken and the material may be carried in any cargo vessel.
Unfortunately, the moisture content is not a reliable criterion. Cargoes which are known for their latent risk of liquefaction, may totally or partly move like a liquid even when the moisture content is below TML. Therefore, it is proposed to carry all cargoes which may liquefy, in effectively subdivided bulk carriers. As demonstrated in the paper, the arrangement of a double hull of adequate width will be fully sufficient for enabling the vessel to withstand the heeling moments due to shifting of liquefied cargo. Additional advantages of the double hull are a better protection of the frames against damages during loading and unloading, an easier cleaning of the cargo holds, and a higher survivability in case of collision. Summing up, cargoes which are liable to liquefy should be generally carried in double hull bulkers. Such a regulation seems all the more acceptable, since the double hull width can be kept small and the loss of hold capacity can be compensated by omitting the lower and upper wing tanks, by a lower double bottom, by larger hatchways etc. Tankers must be fitted with a double hull to minimize oil pollution. Just the same, bulkers should be fitted with a double hull to avoid capsizing. Safety of life at sea is an argument which is at least as serious as marine environment protection !

References

1 Arndt, B.: Kentern durch Übergehen von Schüttladung. HANSA 1966, No. 24, p. 2113.
2 Atkinson, J.H. and Taylor, R.N.: Moisture migration and stability of iron ore concentrate cargoes. International Conference „Centrifuge 94", 31.8. – 2.9.1994, Singapore.
3 Heldt, H.P.: Stabilität und Laderaumgeometrie von Massengutschiffen in bezug auf die Problematik des Transports breiartiger Ladungen. Diplomarbeit, Institut für Schiffbau, Hamburg 1996.
4 Seeberufsgenossenschaft: Bekanntmachung über die Anwendung der Stabilitätsvorschriften für Fracht-, Fahrgast- und Sonderschiffe vom 24. Oktober 1984.
5 Abicht, W.: Sicherer Transport von breiartigen Erzkonzentraten. HANSA 1996, No. 10, p. 28.

Erörterungen

Dipl.-Ing. Wilfried Müller, Komrowski Befrachtungskontor KG (GmbH & Co.), Hamburg: Stabilisierung verflüssigter Kupferkonzentratladung

Auf Anforderung und zu Lasten von Versicherern haben wir in zwei Fällen Schiffe stabilisiert, die in Not geraten waren, weil die Kupferkonzentratladung sich verflüssigt hatte.
Zum Wiederherstellen der IMO BC Code-Transportkriterien wurden feuchtigkeitsabsorbierende Mineralstoffe (Katzenstreu) in die breiartige Ladung gemischt.

Prof. Dr.-Ing. Walter Abicht, Hamburg (Schlußwort)

Herrn Müller danke ich für die Schilderung von in der Praxis aufgetretenen Problemfällen bei der Verschiffung von Erzkonzentraten. Die gefundene Lösung, die Ladung mit Katzenstreu zu mischen, um so den Feuchtigkeitsgehalt herabzusetzen, ist sicherlich sehr originell. Andererseits dürfte die Beschaffung der benötigten erheblichen Stoffmengen und deren spätere Beseitigung sehr zeit- und kostenintensiv gewesen sein. So zeigt auch dieses Beispiel, daß der elegantere Weg derjenige ist, Erzkonzentrate in geeigneten Doppelhüllenbulkern zu transportieren.

Marinetechnik

Erhalt der Systemfähigkeit im deutschen Marineschiffbau in Behörde und Industrie

Naval Systems Capability in the German Government and Industry

Ministerialrat **Ernst von Heydebrand**
Bundesministerium der Verteidigung, Bonn

Dipl.-Ing. **Hans Saeger**
Howaldtswerke-Deutsche Werft AG, Kiel

Teil 1: Ministerialrat Ernst von Heydebrand:

1

Das BMVg befindet sich in der Lage eines durch die „Friedensdividende“ Geschädigten. Das, was außenpolitisch immer als Ziel erklärt und weitgehend erreicht wurde, bedeutet in der Auswirkung

- weniger Soldaten
- deshalb weniger Ausrüstung
- deshalb (?) weniger Leute, die sich mit Ausrüstung beschäftigen.

Hinsichtlich der Logik der dritten Aussage kann man verschiedene Auffassungen haben, ohne daß ich das hier ausführen will.
Ich möchte aber konkretisieren, wie die veränderte politische Lage seit 1989 sich in zwei für die Marinerüstung wichtigen Bereichen verändert hat:
Abb. 1 zeigt die Verringerung der Beschaffungsmittel im Marineschiffbau: Die Haushaltsmittel sind von 1,3 Milliarden auf 900 Millionen DM zurückgegangen. Ich verrate kein Geheimnis, wenn ich Ihnen sage, daß diese Summe, wenn sie sich in der Zukunft fortsetzen sollte, Zweifel an einem technisch und wirtschaftlich vernünftigen Erneuerungszyklus der Flotte aufkommen läßt.
Abb. 2 zeigt, wieviel Leute im zivilen Amtsbereich (ohne BMVg) sich mit Rüstung befassen; ich kann dabei natürlich die Marinerüster nicht herausrechnen, aber ihre Verhältnisse unterscheiden sich nicht wesentlich von der Allgemeinheit. Es leuchtet ein, daß bei nur noch 71% des alten Personalbestandes die Aufgaben anders als vorher erledigt werden müssen.

Wir haben uns also von zu aufwendigen Managementstrukturen gelöst, insbesondere soweit das Ministerium betroffen ist. Wir haben die Managementfunktion dem BWB übertragen, das wiederum große Teile seiner fachtechnischen Aufgaben an die Wehrtechnischen Dienststellen abgegeben hat.
Dies also in kurzen Worten zum Umgang mit unseren eigenen Kapazitäten, personell wie investiv.
Bei den Investitionsanteilen entsprechend Abb. 1 liegt natürlich unsere engste Verbindung zur Industrie.
Wenn der Staat seine Ausgaben derart dramatisch verringert, wenn er gleichzeitig zur Kenntnis nehmen muß, daß der für die Auslastung komplementäre Handelsschiffbau, unter internationaler Wettbewerbsverzerrung und hohen Lohnkosten leidend, weniger absetzt, dann kann er nicht einfach die Dinge weiterlaufen lassen, sondern muß handeln.
Und das haben wir versucht, im Rahmen unserer Möglichkeiten zu tun.
Einmal jährlich treffen sich Vertreter der deutschen Marine-Schiffbau- und Ausrüstungsindustrie mit Verantwortlichen der Marinerüstung im BMVg. Wir versuchen dabei einen Planungsabgleich. Nun können wir keinen Marinebedarf erfinden, um Industriekapazitäten auszulasten, aber in Einzelfällen gelingt es schon einmal, die zeitliche Realisierung eines Bedarfs so zu ändern, daß dieses der Industrieauslastung dient. Das war z.B. der Fall bei den jetzt unter Vertrag befindlichen UBooten der Klasse 212.
Wenn ich von Industrieauslastung gesprochen habe, dann bin ich mir wohl bewußt, daß der nationale Marinebedarf nur einen bescheidenen Auslastungsbeitrag liefern kann.
Da das so ist, können wir uns nur auf den Erhalt von Kernfähigkeiten und internationalen Spitzenstellungen sowie auf die Systemfähigkeit konzentrieren.

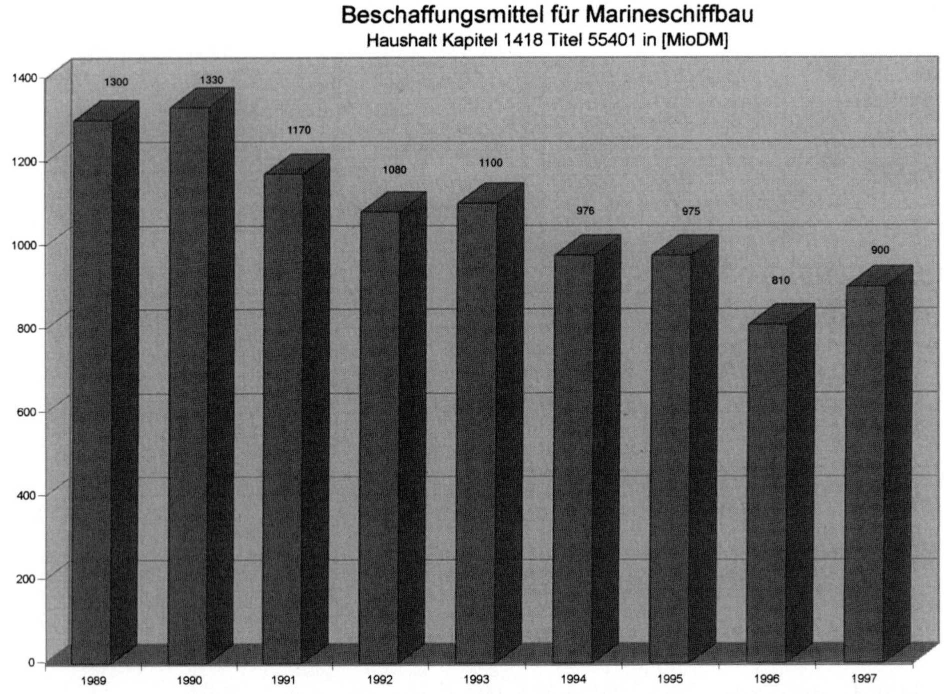

Abb. 1.

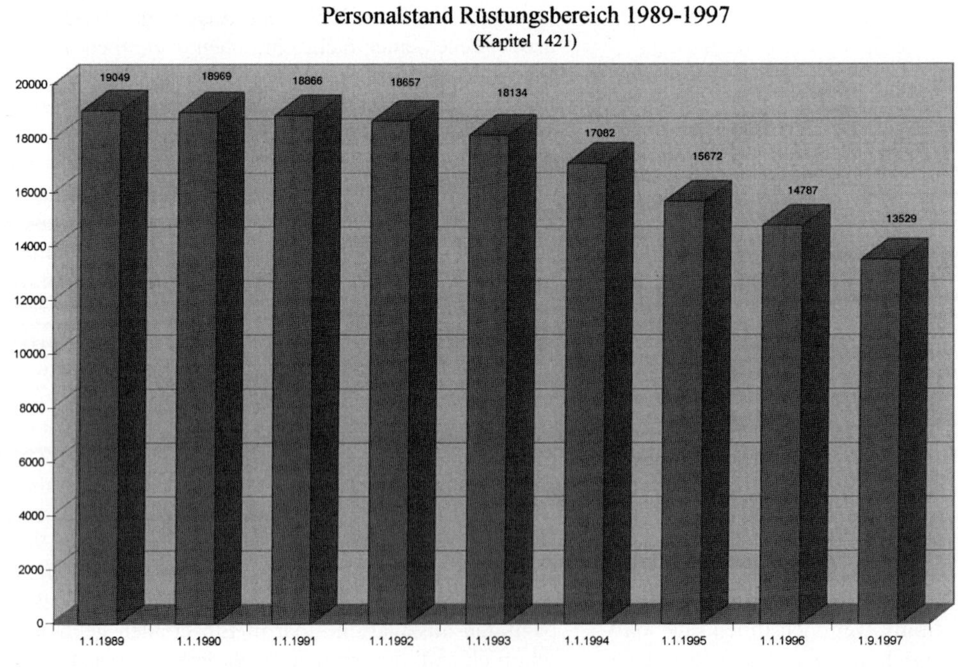

Abb. 2.

Ohne diese würden wir zum Käuferland, das seine Marine nicht selbstbestimmt ausrüsten kann.
Also müssen wir mehr tun als nur Kapazitätsabgleich betreiben, vielleicht mit ein paar Verschiebungen. Das versuchen wir auf verschiedene Weise:

- Es ist wohl selbstverständlich, daß wir bei Rüstungskooperationen technisch anspruchsvolle Arbeitsanteile für unsere Industrie zu gewinnen versuchen.
- Auf den Auslands-Ausbildungsreisen der Marine geben wir der Industrie Gelegenheit, die deutschen Erzeugnisse ins rechte Licht zu setzen.
- Die Präsenz auf wichtigen Ausstellungen und Messen regeln wir in Zusammenarbeit.
- Die politische Ebene unserer Ministerien wirbt u.a. auf ihren Auslandsreisen auch für deutsche Wehrtechnik.

- Die Ergebnisse der Berichterstattung unserer Botschaften und ihrer spezialisierten Attachés nutzen der Industrie, die auch ihrerseits mit Erfolg über BMVg und Auswärtiges Amt Wünsche an die Auslandsvertretungen heranträgt.

Der letzte Punkt führt mich zu anderen Bundesressorts: man kann ohne Übertreibung feststellen, daß in den letzten Jahren Auswärtiges Amt und Bundesministerium für Wirtschaft jedenfalls im Bereich der Marinerüstung in Übereinstimmung mit dem BMVg eine freizügige Exportpolitik fördern, die dem Erhalt der Kapazitäten unserer nationalen Industrie dient.

2

Wo liegen die Grenzen der Einflußmöglichkeiten des BMVg?
Lassen Sie mich plakativ einige aufzählen:

- Der Bundeshaushalt wird für Zwecke der Marinerüstung in den nächsten Jahren kaum mehr hergeben als bisher; schon eine Verstetigung wäre eine positive Erwartung.
- Ein Autarkiestreben ist nach allem, was ich ausgeführt habe, ausgeschlossen. Vielleicht müssen wir in Zukunft sogar noch auf weiteren Gebieten den Wegfall nationaler Komponentenfertigung hinnehmen, solange wir uns nur die Ingenieurfähigkeiten zur Systemherstellung erhalten.
- Welchen Einfluß es haben wird, wenn Artikel 223 EWG-Vertrag, der die nationale Sicherheitsvorsorge vom gemeinsamen Markt ausnimmt, einmal wegfallen sollte, ist schwer abzuschätzen. Ich glaube nicht so sehr an baldigen Wegfall, und wenn, dann werden viele unserer Nachbarn andere Wege zur Protektion der nationalen Industrie finden.
- Die Politik setzt uns selbstverständliche Grenzen. Jede Änderung der Außenpolitik kann wichtige Exportchancen berühren. Wir können auch nicht die Freiheit künftigen politischen Handelns einschränken, indem wir zu früh eine Ausfuhr genehmigen, ohne den politischen status quo vorauszusetzen.

Damit mein Ausblick, der Grenzen betrachtete, nicht als zu negativ empfunden wird, möchte ich noch einmal deutlich aussprechen und dies sicher im Gleichklang mit der Industrie, daß für die Marinerüstung ein so enges Zusammenwirken zwischen Staat und Industrie erreicht wurde, wie das in anderen Rüstungssektoren nicht möglich war. Zum weiteren Ausbau auf dieser Basis stehen wir bereit.

Teil 2 Dipl.-Ing. Hans Saeger:

Standortbestimmung aus der Sicht der Industrie:

- Erhaltung und Weiterentwicklung der national gewünschten Systemfähigkeit setzt genügend kontinuierliche, aufgabenrelevante Beschäftigung/Umsätze voraus. Da diese auf absehbare Zeit durch ausschließlich nationalen Bedarf nicht sichergestellt werden können wird internationale Kooperation, Verminderung von Entwicklungs- und Fertigungskapazitäten im Markt sowie Export zur existentiellen Frage.
- Vereinheitlichte europäische Rahmenbedingungen für die außerhalb Europas miteinander konkurrierenden europäischen Rüstungsfirmen würden gerechtere Wettbewerbsbedingungen und eine Verbesserung deutscher industrieller Chancen darstellen. Ihre Bedeutung wird jedoch durch strategischen Kapitaleinsatz im Rüstungssektor (Firmenkäufe und Verschmelzungen durch überwiegend französische, englische und amerikanische Konzerne) und internationale Vernetzungen zunehmend relativiert.

Erörterungen

Prof. Dr.-Ing. Fritz Abels, Lübeck:
- Ausbildung des Nachwuchses
- Abstimmung über F + E-Vorhaben
- Untere Grenze der Systemfähigkeit

Beiden Vortragenden sei herzlich gedankt für ihre interessanten Ausführungen über den Erhalt der Systemfähigkeit. Es war meines Wissens das erste Mal während der Vorträge vor unserer Gesellschaft, daß beide Autoren im Zwiegespräch dem Publikum ihre Erläuterungen zu dem Thema dargebracht haben.
Ich habe hierzu noch folgende Fragen:
Der Erhalt der Systemfähigkeit wird heute m.E. an erster Stelle durch kompetentes Fachpersonal verbürgt. Dieses ist zweifelsohne vorhanden, muß aber kontinuierlich gepflegt und auch immer wieder neu aufgebaut werden. Was tut die Behörde und die Industrie für die Ausbildung und die Förderung junger Ingenieure und Konstrukteure in der Marinetechnik?
Die Diskussion über den Erhalt der Systemfähigkeit führt zwangsläufig zu der Frage nach den Forschungs- und Entwicklungsvorhaben derzeit und in der Zukunft. Gibt es Abstimmungen hierüber zwischen der Behörde und der Industrie?
In den letzten Jahren haben wir in der Marinetechnik beim Personalstand die untere Grenze für den Erhalt der Systemfähigkeit erreicht. Gibt es Vorstellungen über diese untere Personalgrenze für die Entwicklung und den Bau eines Ubootes oder einer Fregatte?

Dipl.-Ing. Tewes Wischmann, Koblenz: Notwendigkeit von FuE

Wenn man die Personalstärke der Bundeswehr erheblich verkleinert, ist es naheliegend, auch die materielle Ausstattung und die dafür notwendigen industriellen Kapazitäten zu verringern.
Daraus ist logisch aber nicht abzuleiten, daß auf die für angewandte Forschung und Entwicklung im Bereich der Wehrtechnik erforderlichen geistigen Kapazitäten ebenfalls in analogem Umfang verzichtet werden kann.
Für den Handelsschiffbau hat Prof. Keil wiederholt darauf hingewiesen, daß der deutsche Schiffbau auf die technische Entwicklung im Ausland nicht nur reagieren, sondern im eigenen Land in verstärktem Umfang innovativ werden müsse.
Das gilt in besonderem Maße für die Wehrtechnik – und damit auch für den Marineschiffbau – vor allem dann, wenn man neue Systeme und neues Gerät in zunehmendem Umfang in Kooperation mit ausländischen Partnern herstellen will.
Kooperation ist auf Dauer nur dann erfolgreich möglich, wenn jeder Partner nicht nur wirtschaftliche Vorteile realisiert, sondern auch zusätzliches technisches Know-how erwirbt. Wer nichts zu geben hat, kann auf die Dauer nicht erwarten, von den anderen schlau gemacht zu werden.
Nach der deutschen Haushaltssystematik werden Forschung und Entwicklung aus einem anderen Haushaltstitel bezahlt als die Fertigung. Wenn man aber über den Erhalt der Systemfähigkeit im deutschen Marineschiffbau diskutiert, muß man beide Sparten betrachten, bei der Behörde und bei Dienstleistungs- und Fertigungsindustrie, denn ohne Forschung und ohne Entwicklung neuer Geräte gibt es kein dem jeweiligen technischen Stand entsprechendes, funktionsbereites Waffensystem.

Von der Fregatte Klasse 120 zur Fregatte Klasse 124

From the Frigate Class 120 to the Frigate Class 124

Ministerialrat Dr.-Ing. **Johannes Bakenhus**
Bundesministerium der Verteidigung, Bonn

Dipl.-Ing. **Karl-Otto Sadler**
Blohm + Voss GmbH, Hamburg

Teil 1 Dr.-Ing. Johannes Bakenhus:

Im folgenden wird ein Überblick über die Entwicklung der deutschen Fregatten sowie über die wichtigsten entwurfsbestimmenden Einflußgrößen gegeben. Seit 1945 sind bisher 3 Klassen von Fregatten (die „Köln"-Klasse F 120, die „Bremen"-Klasse F 122, die „Brandenburg"-Klasse F 123) für die deutsche Marine gebaut worden; eine weitere Klasse, die F 124 wird z.Z. konstruiert. Die Klassen unterscheiden sich von der jeweils vorhergehenden durch eine neuere Technologie. Das betrifft sowohl die Schiffstechnik, in besonderem Maße aber die Ausstattung mit Waffen und Elektronik.
Die technischen Neuerungen gegenüber der vorhergehenden Klasse liegen bei der F 122 in der

- Einführung von Flugkörpern,
- Einführung des bordgestützten Hubschraubers,

bei der F 123 in der

- Einführung eines Vertikalstart-Silos für das Verschießen bestimmter Flugkörper,

bei der F 124 in der

- Einführung einer neuen Radartechnologie.

Es sind nicht nur diese neuen Technologien auf dem Gebiet der Waffen und Elektronik, die den Schiffsentwurf beeinflußt haben, sondern es waren auch weniger spektakuläre Entwicklungen, die sich direkt oder indirekt auf den Schiffsentwurf ausgewirkt haben. Dazu zählen z.B.

- die gestiegenen Unterbringungsstandards für die Besatzung
- die immer größer werdende Flut von Umweltschutzbestimmungen
- die gewachsenen Ansprüche an die Sicherheit und Standkraft der Schiffe.

In Skizzen der Seitenansichten der 4 Klassen ist auf einfache Weise durch unterschiedliche Schraffuren dargestellt, wie sich die Schiffe hinsichtlich

- der Maschinenanlage (darin enthalten sind auch die Schiffsbetriebsanlagen und die E-Erzeuger)
- der Unterbringung der Besatzung
- der Ausstattung mit Elektronik
- und der Waffenanlagen

entwickelt haben. (Abb. 1)
Zunächst ist festzustellen, daß die Schiffe aufgrund des technischen Fortschritts von Klasse zu Klasse größer geworden sind (vergl. Tabelle 1).

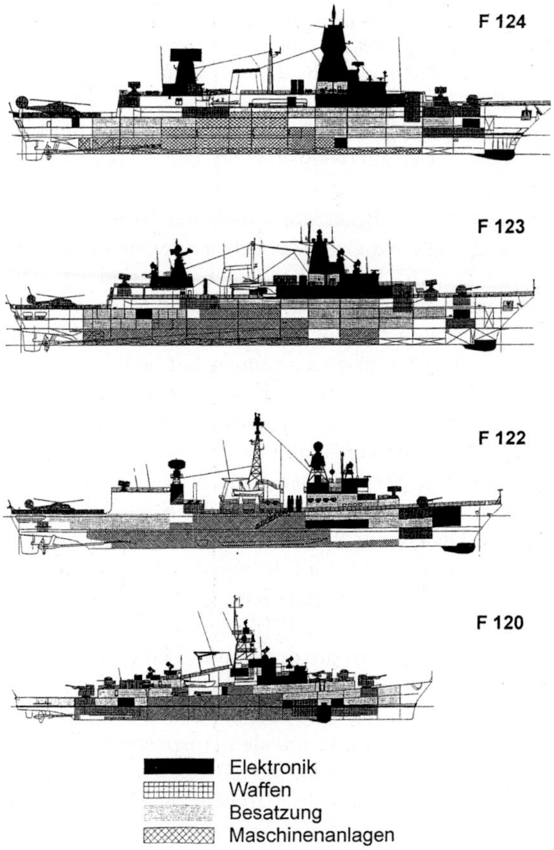

Abb. 1.

Tabelle 1. Hauptdaten der Fregatten (ca.-Werte, u.a. gem. „Jane's Fighting Ships")

	F120	F122	F123	F124
Länge über alles [m]	110	130	139	143
Breite in der Wasserlinie [m]	11	14,6	15,7	16,7
Seitenhöhe [m]	6,5	9,0	9,5	9,5
Tiefgang am Hauptspant [m]	4,2	4,5	4,7	5,0
Verdrängung [t]	2700	3700	5060	5780
Reichweite [sm]	3000	4000	4000	4000
Antrieb	CODAG	CODOG	CODOG	CODAG
Leistung der Gasturbine [kW]	2 × 8.800	2 × 19.000	2 × 19.000	1 × 23.500
Leistung der Antriebsdiesel [kW]	4 × 2.200	2 × 3.820	2 × 4.120	2 × 7.400
Höchstleistung [kW]	16.400	38.000	38.000	38.300
E-Leistung [kW]	2.160	3.000	3.000	4.000
Geschwindigkeit [kn] (Höchst-/Marschgeschw.)	32/23	30/20	29/18	ca. 28/20
Besatzungsstärke	ca. 220	ca. 203	ca. 230	ca. 253

Die F 120 war 110 m lang und verdrängte 2700 t; die Länge der F 124 wird 143 m betragen und sie wird etwa 5800 t verdrängen.

Der Anteil der Maschinenanlage am Gesamtschiff ist nahezu gleich geblieben; absolut ist er jedoch größer geworden. Ein Grund dafür sind u.a. höhere Antriebsleistungen. Alle Schiffe sind ausgestattet mit Antriebsdieseln und Gasturbinen. Die Fregatten F 122 und F 123 werden entweder durch Diesel oder für höhere Geschwindigkeiten durch Gasturbinen angetrieben (CODOG-Betrieb). Bei den Fregatten F 120 und F 124 erfolgt der Antrieb bei geringeren Geschwindigkeiten durch Diesel, bei höheren Geschwindigkeiten durch Diesel und Gasturbinen (CODAG).

Die installierte E-Leistung hat sich von ca. 2100 kW bei der F 120 auf 4000 kW bei der F 124 nahezu verdoppelt.

Die Anzahl der Besatzungsmitglieder ist größenordnungsmäßig etwa gleich geblieben. Sie betrug bei der F 120 ca. 220 Mann, bei der F 124 sind ca. 250 Personen vorgesehen. Aus den Skizzen ist ersichtlich, daß der Raum für die Besatzung im Verhältnis zur Schiffsgröße kaum zugenommen hat. Absolut steht auf den wesentlich größeren neuen Fregatten jedem Besatzungsmitglied im Durchschnitt jedoch erheblich mehr Raum zur Verfügung als dies auf der F 120 der Fall war. Die gewachsenen Unterbringungsstandards sind auch ein Grund dafür, daß die F 123 und die F 124 ein Deck mehr haben als ihre Vorgänger.

Sieht man von der Einführung des Hubschraubers ab, so ist festzustellen, daß der Anteil der Bewaffnung am Gesamtschiff bei der F 122 geringer ist als bei der F 120; das gilt nur für den Raum/Platzbedarf, sagt aber nichts aus über die Kampfkraft. Die Erklärung hierfür ist einfach; während die F 120 noch 5 Geschütze an Bord hatte mit den entsprechenden Munitionsräumen, haben die nachfolgenden Klassen nur noch ein Geschütz. Diese tragen als Hauptbewaffnung Flugkörper. Deren Starter benötigen relativ wenig Platz an Deck. Flugkörper zum Nachladen werden in wesentlich geringerer Menge mitgeführt, als früher Munition für Rohrwaffen. Nach Einführung der Vertikalstart-Flugkörper bei der F 123 und F 124 ist der Raumbedarf wieder etwas angestiegen. Auffällig in den Skizzen ist der Zuwachs des Anteils an Elektronik.

Besonders ausgeprägt ist dies bei der Klasse F 124 auf dem Gebiet der Radargeräte. Während das Radargerät auf der F 120 nur wenige Tonnen wog, wird das neue Radargerät auf der F 124 ca. 65 t wiegen. Da darüber hinaus das Bestreben besteht, ein solches Radargerät möglichst hoch anzuordnen, mußte die F 124 allein schon aus Stabilitätsgründen größer werden. In den Skizzen ist deutlich zu erkennen, wie sich die Mastkonstruktion zur Aufnahme des Radargerätes verändert hat.

Einige schiffbauliche Neuerungen, die zum Schiffsgewicht und damit zum Wachsen der Schiffsgröße beigetragen haben, haben mit der Erhöhung der Sicherheit nach Treffern zu tun. So wurden erstmalig bei der F 123 Erkenntnisse aus den Beschußversuchen-Flugkörper „Kormoran" gegen Zerstörer „Z 1" – in konstruktive Maßnahmen umgesetzt und Doppelschotte sowie Kastenträger angeordnet.

Auch die neueren Umweltschutzbestimmungen haben zur Folge, daß die Schiffe größer geworden sind. Für die Aufnahme von Müll und Abfällen ist inzwischen auf unseren Schiffen beträchtlicher Raum vorgesehen.

Der zunehmende Anteil besonders an Elektronik zeichnet sich auch ab in der Entwicklung der Kosten. Angaben über die tatsächlich aufgetretenen Kosten sind zwar nicht verfügbar, u.a. weil sie sich nicht entsprechend aufschlüsseln ließen. Um dennoch eine Aussage über die Tendenz der Kostenentwicklung machen zu können, wurden von der Marinetechnik Planungsgesellschaft aufgrund der dort vorliegenden Informationen und vom Amtsbereich entsprechende Schätzwerte ermittelt. Das Ergebnis zeigt Abb. 2. Eine Angabe für die F 120 fehlt, weil hierfür keine hinreichenden Kosteninformationen vorliegen.

Aufgetragen sind hier die Kosten für Waffen und Elektronik in Prozent der Gesamtkosten des Schiffes. Die Differenz zu 100 Prozent entfällt auf den Anteil für die Schiffstechnik. Die gestrichelte Linie zeigt das

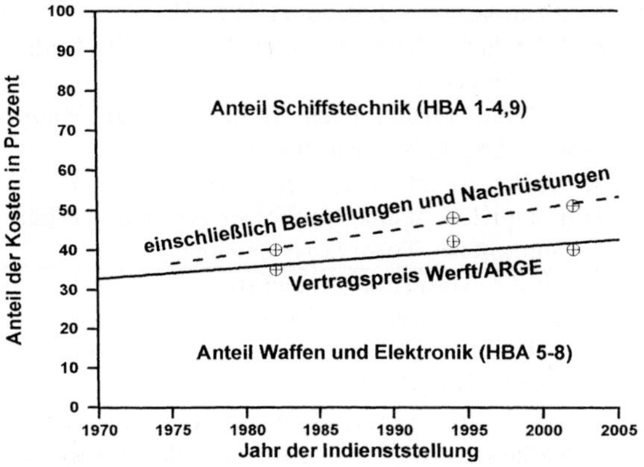

Abb. 2. Kostenanteile von Waffen und Elektronik (HBA 5–7) und Schiffstechnik (HBA 1–4,9) bei Fregatten der Bundesmarine

Verhältnis ohne die sogenannten Beistellungen; hierbei handelt es sich meist um Waffen- und Elektronik-Anlagen, die von der Bundeswehr unabhängig vom Hauptauftragnehmer beschafft werden.
Aus Abb. 2 ist zu entnehmen, daß der Anteil der Kosten für Waffen und Elektronik an den Gesamtkosten eine zunehmende Tendenz hat. Er betrug bei der F 122 ca. 30% bzw. bei Berücksichtigung der Beistellungen ca. 40%. Bei der F 124 betragen die entsprechenden Werte inzwischen ca. 46% bzw. ca. 54%, und es ist davon auszugehen, daß dieser Anteil bei künftigen Fregatten weiter wachsen wird.

Teil 2 Dipl.-Ing. Karl-Otto Sadler:

Einleitung

Nach fast 2 Jahren Definitionsphase wurde am 22. Juni 1995 die Bauspezifikation F124 von der ARGE F124 bestehend aus

- Blohm + Voss GmbH (Systemleiter) B + V
- Howaldtswerke-Deutsche Werft AG HDW
- Thyssen Nordseewerke GmbH TNSW

Abb. 1. Fregatte Klasse 124

an das Bundesamt für Wehrtechnik und Beschaffung (BWB) als Auftraggeber (AG) abgeliefert.
Am 16. Juli 1995 hat die ARGE F124 ein verbindliches Bauangebot als Generalunternehmer (GU) für 4 Fregatten der Klasse F124 an das BWB (AG) abgegeben.
Am 13. Juni 1996 (1.45 Uhr morgens) hat das Parlament des Deutschen Bundestages den Bauvertrag für ein Fregatten-Prorgramm von 3 neu zu entwickelnden Fregatten F124 zum Festpreis und zu vereinbarten Lieferterminen bei Einhaltung von Leistungsdaten genehmigt.

Aufgaben/Einsatzgebiete der Fregatte Klasse 124

Aufgaben:
Die Fregatte Klasse 124 hat folgende Primäraufgaben zu erfüllen:

- Taktische Führung eines Verbandes
- Bekämpfung von Luftzielen zum Eigen- und Verbandschutz
- Bekämpfung von U-Booten
- Bekämpfung von Seezielen

Außerdem sind Aufgaben im Frieden und in einer Krisenzeit im Rahmen maritimer Präsenz zu erfüllen.

Einsatzgebiet:
Die Einsatzgebiete der Fregatte Klasse 124 sind die Seegebiete der NATO, insbesondere der Nordatlantik und die Norwegen See.
Die Fregatte Klasse 124 soll auch im Rahmen der NATO, WEU und Vereinten Nationen weltweit -mit Ausnahme von Gebieten mit extremen klimatischen Verhälntnissen- einen militärischen Beitrag im Rahmen multinationaler Verbande leisten.

Besonderheiten der F124

Die Fregatte Klasse 124 bedeutet einen Generationswechsel im Fregatten-Bau und stellt besondere Anforderungen an die ARGE F124 als Generalunternehmer.

Abb. 2. Silhouetten-Vergleich F 123/F 124

Die Besonderheiten des Entwicklungs- und Bauvertrages F124 sind:

1. Integration von europäischer Radar-Sensorik
   - mit US-Navy Waffen- und Flugkörper-Systemen
2. Vernetzung aller Teilsysteme (Waffen- und Elektronik-System der F124) mit dem Führungs- und Waffeneinsatz-System (FüWES) über einen redundanten Data-Bus
3. Entwicklung der operationellen Software für das FüWES in Verantwortung der ARGE F124.
4. Lieferung eines Führungs- und Waffeneinsatz-Systems (FüWES) mit einer neuen Systemarchitektur, d.h. mit einer verteilten Rechner-Intelligenz mit einer Data-Bus-Kommunikationstechnik mit dezentralem Datenbankkonzept (nicht wie bisher mit einem zentralen Rechner-Bereich).
5. Lieferung eines funktions- und betriebsbereiten Waffensystems F124 zum Festpreis.
6. Die 1. Fregatte F124 ist ein Prototyp und nach Abschluß von umfangreichen Systemerprobungen wird die 1. Fregatte das 1. Schiff einer Serie von 3 bzw. 4 Fregatten sein (das Ende 2002 an den AG abgeliefert werden soll.)

Entwurfs-Kriterien/ Haupt-Abmessungen

Die Entwurfsgestaltung der F124 unterscheidet sich von der F123 maßgeblich durch die Hauptaufgabe der F124:

- **Verbandsschutz – Flugabwehr (AAW) –**
- und die dadurch bedingten Änderungen im Radar-Sensorbereich,
- den damit verbundenen Mehrbedarf an Raum, elektrischen Leistungen und Kühlleistung
- sowie den damit verbundenen Mehrgewichten.

D.h. die F124 ist eine Neukonstruktion und erhält/hat ein „neues Topside Arrangement“ durch die Anordnung/Integration
- des modernen Multi-Funktions-Radars „APAR“ mit 4 feststehenden Antennen in Form eines Mastes,
- des 3-dimensionalen Weitbereichs-Rundsuch-Radars „SMART-L“ für Flugzielerfassung und -verfolgung,
- durch weitere Maßnahmen zur Reduzierung der Schiffs-Radar-Signatur (gegenüber F123)

1. Besatzung:

Die Fregatte F124 erhält Wohnräume, Messen und sanitäre Einrichtungen für insgesamt 255 Besatzungsmitglieder inkl. Kojenplätze und sanitäre Einrichtungen für weibliches Personal.
Die verschiedenen Dienstgrade werden in getrennten Bereichen untergebracht.
Für die Freizeit stehen für die Besatzung neben 4 Messen eine Bibliothek und ein Sportgeräteraum an Bord zur Verfügung.
Außerdem ist ein modern eingerichetes Lazarett mit einer Bettenkapazität für 5 Personen an Bord vorgesehen.

Hauptabmessungen/Daten

Die Hauptabmessungen/Daten der Fregatte F124 sind (siehe Proki Hauptdaten Schiffstechnik):

Länge ü. a.	143,00 m
Länge KWL	132,15 m
Breite H-Deck	17,44 m
Breite KWL	16,68 m
Tiefgang	5,00 m, max 7,0 m
Verdrängung	ca. 5.600 to
Besatzung	gesamt 255 inkl. weibl. Besatzungsmitglieder
Antriebsart-CODAG	1 × Gasturbine GE LM-2500 PF/MLG mit 23.500 kW 2 × Dieselmotoren MTU 20 V 1163 mit je 7.400 kW
Wellenanlage	zwei Wellen
Propelleranlage	2 × 5-flüglige Propeller
Getriebe	2 × Haupt-/1 × Verteilergetriebe (Cross-Connection)
Generatoren	4 × 1.000 kW
Automation Schiffstechnik	Integriertes Machinen-/Central-System (IMCS)
Doppelwand-Schotte	6
Kastenträger	3
Seeausdauer	21 Tage
Fahrtstrecke	4000 sm bei 18 kn
Besatzung:	Unterbringungsmöglichkeiten: 255 Personen inkl. weibl. Bordpersonal Kdt./Geschw.Kdr. = 2 Offiziere = 39 PUO's = 68 UO's/Mannschaft = 146

Abb. 3. Hauptabmessungen/Daten

2. Seeausdauer:

Die Seeausdauer der F124 ist für 21 Tage ausgelegt. Die Fahrstrecke beträgt mit den vorgesehenen Tankfüllungen mindestens 4000 sm bei AnDiMot-Betrieb bei 18 kn Schiffsgeschwindigkeit.

3. Standkraft:

Es werden, wie bei der F123 bereits eingebaut,

6 Doppelwandschotte und
3 Kastenträger

als besondere Standkraftmaßnahme eingebaut, um die Fregatte zum Beispiel bei einem FK-Treffen noch teilweise funktionsfähig zu erhalten.
Es werden für alle Anlagen und Geräte die Schock- und Vibrationsvorschriften nach BV 0430/1985 berücksichtigt (BV = Bauvorschriften für Schiffe der Bundesmarine).
Der Rumpf und die Deckshäuser sowie Masten sind aus höherfestem Schiffbaustahl D36 gefertigt.
Der Rumpfbereich ist in den Bereichen verstärkt, die erfahrungsgemäß beim Anlege- oder Ablege-Manöver besonders beansprucht werden.

4. Ruderanlage:

Die F124 erhält eine Halbschwebe-Mittelruder-Anlage, mit der ein Drehkreisdurchmesser bei 35° Hartruderlage von ca. 4 Schiffslängen erreicht wird.

5. Antriebsanlage:

Die F124 erhält einen CODAG-Antrieb.
Im Dieselmotorenbetrieb wirkt über die zwei Haupt- und das Verteilergetriebe ein Dieselmotor (MTU-20 V 1163 TB 93) mit einer Dauerhöchstleistung von 7.400 kW bei 1.350 U/min auf beide Wellen.
Im Gasturbinenantrieb wirkt über das Verteilergetriebe und die zwei Hauptgetriebe eine Gasturbine (GE Typ 7-LM 2500 PF/MLG), die in einem MTU-LM-2500 CM-Modul installiert ist, mit einer Leistung von ca. 23.500 kW und 3.600 U7min auf beide Wellen.
Im CODAG-Betrieb wirken beide Dieselmotoren zusammen mit der Gasturbine über die zwei Haupt- und das Cross-Connect-Getriebe auf beide Wellen.
Der Vortrieb erfolgt über 2 5-flügelige Verstellpropeller, die geräusch- und wirkungsgradmäßig optimiert worden sind.
Die Antriebsdieselmotoren sind in einer nicht begehbaren Schallkapsel installiert.

6. E-Anlage:

Es sind aus Standkraftgesichtspunkten zwei getrennte Kraftwerke mit je 2 Diesel-Drehstrom-Aggregaten von je 1000 kW E-Abgabeleistung an Bord vorhanden. Beide Kraftwerke sind durch eine Überleitung verbunden. Für die Unternetze 440 V, 60 Hz und 115 V, 60 Hz wird eine unterbrechungsfreie Stromversorgung über Hauptgruppen aus dem Hauptstromversorgungsnetz vorgestellt, um für die Waffen, Sensoren und das Combat Direction System eine unterbrechungslose Stromversorgung sicherzustellen.

7. Automation:

Die F124 erhält ein modernes, leistungsfähiges Automationssystem – Schiffstechnik (IMCS), das eine ständige Zustandserkennung und Steuerung der in das IMCS integrierten schiffstechnischen Komponenten der Bereiche Antrieb, E-Anlagen, Schiffsbetrieb und Schiffssicherung erlaubt und dadurch Personaleinsparung ermöglicht.
Mit dem integrierten Schiffssicherungskontrolle-Programm und Stabilitätsrechner mit dynamischer Integration der Tank-/Überflutungssensorik können Zustands- und Lagedarstellungen der Plattform aufgezeigt werden (Rechner gestützte Auswertung aller Alarmmeldungen zur graphischen Schadenslagedarstellung).

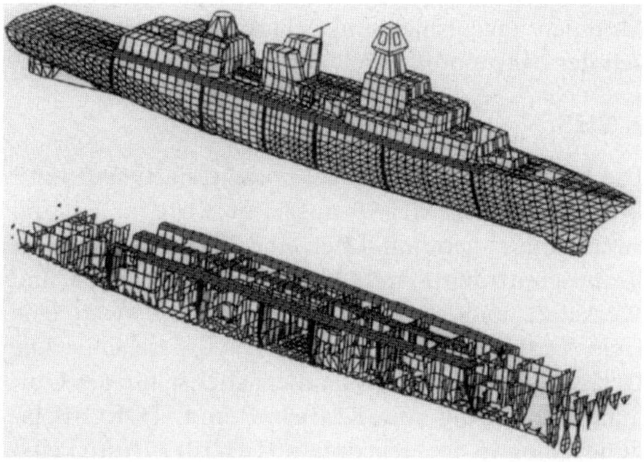

Abb. 4. Standkraft

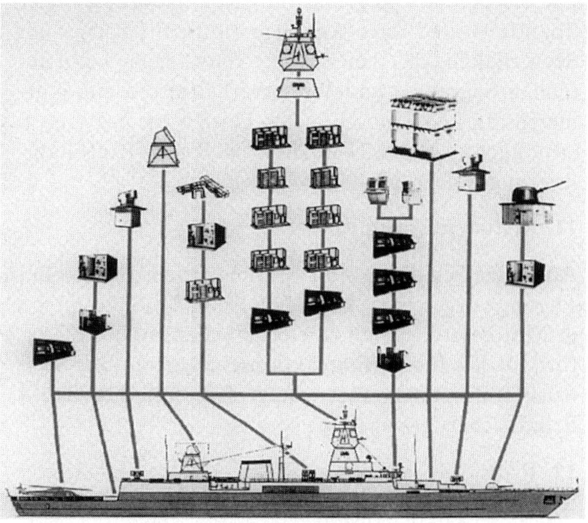

Abb. 5. Modularisierung

8. Modularisierung:

Die Modulbauweise wird, wie bei der F123 bei Anlagen und Geräten angewendet, bei denen

- Baukostenersparnis,
- Verkürzung der Bauzeit,
- Steigerung der Verfügbarkeit in der Nutzungsphase,
- Kosten- und Zeitersparnisse bei Nach- und Umrüstungen und
- Verbesserung der Installationsqualität

erzielt werden kann.
Folgende Module werden an Bord der F124 eingebaut:

4 Waffenmodule (76 mm-Geschütz, 2 × RAM, VLS-Mk-41)
7 Elektronik-Module (APAR, SMART-L)
9 Gerätepaletten auf Bodenraster
24 Gerätepaletten
12 Lüftungsmodule
2 Mastmodule (APAR, SMART-L)

Das Einbringen der Module/Paletten erfolgt über Montageöffnungen, die über den entsprechenden Modulen angeordnet sind, sowie durch die Öffnungen der Mastmodule und Waffenmodule.

9. BHS:

Die Landedeck- und Hangareinrichtungen sind für 2 Bord-Helicopter MH-90 ausgelegt worden. Es sind zwei Hangar -getrennt durch einen Verkehrsgang (als Brandschutzraum)- mit Wartungseinrichtungen und Werkstatt und ein BHS-Briefingraum, sowie eine Helo-Verfahranlage an Bord vorgesehen. Die Decksstruktur der Helo-Landefläche ist für die Landung/Versorgung mit Kraftstoff und TORO-Beladung eines 15 to Helicopters (EH-101) (festigkeitsmäßig) berechnet/konstruiert worden.

10. Seeverhalten:

Die F124 hat aufgrund ihrers Freibordes, ihrer Spantform und ihrer Anhänge am Schiffskörper ein Seeverhalten, das bei den im Einsatzgebiet auftretenden Seegangs- und Wetterverhältnissen ein Waffeneinsatz und Hubschrauber-Betrieb bis Seegang 6 ermöglicht. Die F124 erhält eine Ruder-Roll-Stabilisierungsanlage.

11. Rettungseinrichtung:

Auf jeder Schiffseite sind Rettungsinseln für die Besatzung vorgesehen. Außerdem ist an Bb-Seite ein 8,5 m Motorrettungsboot (für 6 Personen) und ein Motorboot-See für Krisenreaktionseinsätze an Stb-Seite (für 12 Personen) angeordnet. Die F124 besitzt 4 Schiffssicherungsbereiche.

12. RAS:

Die F124 erhält sowohl eine Möglichkeit der Versorgung in See zum kontrollierten Absetzen von festen Versorgungsgütern mit einem Lastgewicht von 2,0 to sowie an Bb- und Stb-Einrichtungen für jeweils eine Querab-Naßversorgung.

13. Lüftungsanlage/Kaltwassersätze:

Die F124 erhält eine weitgehend abteilungsautarkes modular aufgebautes Schutzluftsystem (Lüftungsmodule).
Für die Klimatisierung sind 4 Kaltwassersätze mit je ca. 650 kW-Leistung vorgesehen.

14. Frischwassererzeuger:

Es sind 2 Stück Frischwassererzeuger mit je 30 m^3 Tagesleistung an Bord vorhanden.

15. Abfallbeseitigung:

Zur Erfüllung der Vorschriften des AG bezüglich der Umweltschutzmaßnahmen auf See wird eine 1 Vakuumanlage installiert. Die Abwasseraufbereitung erfolgt in einer biologischen Kläranlage mit Puffertanks. Speisereste und Küchenabfälle werden durch einen Naßmüllzerkleinerer verarbeitet und zu einem Drucktank gesandt. Müll wird nach den Vorgaben des Dual-Systems gesammelt und durch eine Ballenpresse im Volumen reduziert.

Waffen- und Führungssystem (W + F)

Das Waffen- und Führungssystem (W + F-System) besteht aus dem im Bild dargestellten Primär-Anlagen und Untersystemen.
Die funktionelle Vernetzung und die Systemintegration des komplexen und neuartigen W + F-Sytems mit seinen 8 Untersystemen sowie die Entwicklung der operationellen Software für das Führungs- und Waffeneinsatz-System wird zum 1. Mal in der Geschichte des Marine-Schiffbaues in Deutschland von der Industrie, d.h. im Auftrage der ARGE F124 parallel zum Bauablauf der 1. Fregatte durchgeführt. Die ARGE F124 hat auch die Verantwortung für die Systemintegration der

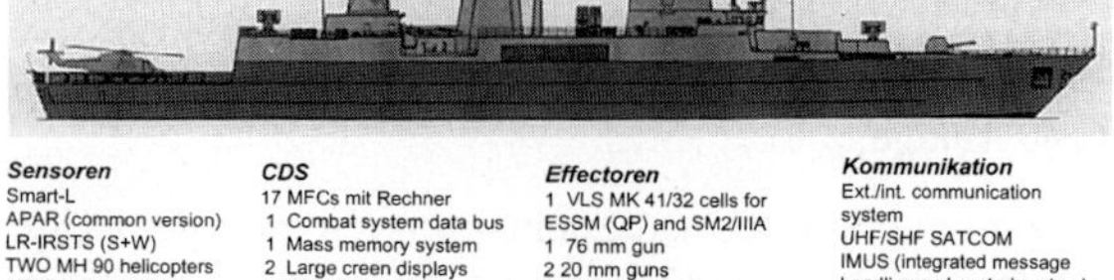

Abb. 6. Hauptdaten (CS)

- operationellen Software des FüWES
- mit der operationellen Software des Flugabwehr-Systems, daß im Auftrage des AG (trilateral NL, GE, CA) extern entwickelt wird, übernommen.

Diese System-Integrations-Aufgabe bedeutet in seiner Komplexität und in seiner Neuheit eine besondere Herausforderung für die ARGE F124 und seinen Primär-Zulieferfirmen, insbesondere unter Berücksichtigung des dafür vertraglich vereinbarten Festpreises und der Liefertermine für die 1. F124, Ende 2002.
Die funktionelle Systemintegration bedeuet:

- Sicherstellung von systemgerechten Funktionsabläufen sowie einer Datenverteilung innerhalb des Gesamt-Waffen-Systems „Fregatte".
- Ein derartiger Funktionsablauf beginnt am Anfang einer Funktionskette mit dem Radar-Sensor über das Führungs- und Waffeneinsatz-System (Führungszentrale) bis hin zum Effektor, d.h. bis zum Geschütz, Flugkörper Abschußanlage oder Torpedo-Rohr.

Diese Funktionsabläufe (in Form von Funktionsketten) werden von ca. 22 Operatoren in Verbindung mit dem FüWES in der Führungs- und Waffeneinsatz-Zentrale (OPZ) koordiniert, kontrolliert und die Waffenzuweisung sowie der Waffeneinsatz über die operationelle Software (FüWES/Flugabwehr) automatisch unter operativen und taktischen Randbedingungen entschieden.
Das FüWES besteht (erstmalig) aus:

- einem redundanten Datenbus
- einer dezentralen Verteilung der Rechnerkapazität durch Verwendung von 17 Mehrzweck-Konsolen (MZK) (Bediengeräten) mit eigenen Rechnern, d.h. jede MZK hat eine eigene Intelligenz und eine Verbindung zum Datenbus. Mit jeder MZK kann der Operator jede Funktion der anderen MZK im Bedarfsfall durchführen.

Durch dieses neuartige noch zu entwickelnde FüWES wird erstmalig an Bord einer Fregatte ein ganzheitlich verteiltes Datenverarbeitungs-; Führungs- und Waffeneinsatz-System mit einer neuartigen Daten-Kommunikationstechnik mit verteiltem Datenbankkonzept für ein komplexes „Waffensystem" realisiert.
Hinweis:
Für die deutsche Industrie ist diese Vorgehensweise neu, denn bisher wurden die:

- Zentrale Daten-Kommunikationstechnik und
- die Entwicklung der operationellen Software für ein FüWES, verantwortlich durch den AG (d.h. vom BWB FE III 6 und vom Kommando Marine Führungs-Systeme in Wilhelmshaven), durchgeführt.

Wachstumspotential

Gemäß den Anforderungen und Vorgaben des AG ist an Bord der F124 ein aus-reichendes Wachstumspotential für das **W + F-System** vorgesehen worden (ca. 270 to).

Systemleistung der F124

Die Fregatte 124 kann mit ihrem Waffen- und Führungssytem folgende Aufgaben erfüllen:

- Verbandsführung durch speziell dafür ausgewählte, teils neu zu konzipierende/zu entwickelnde Fernmelde- und Datenübertragungs-Systeme.

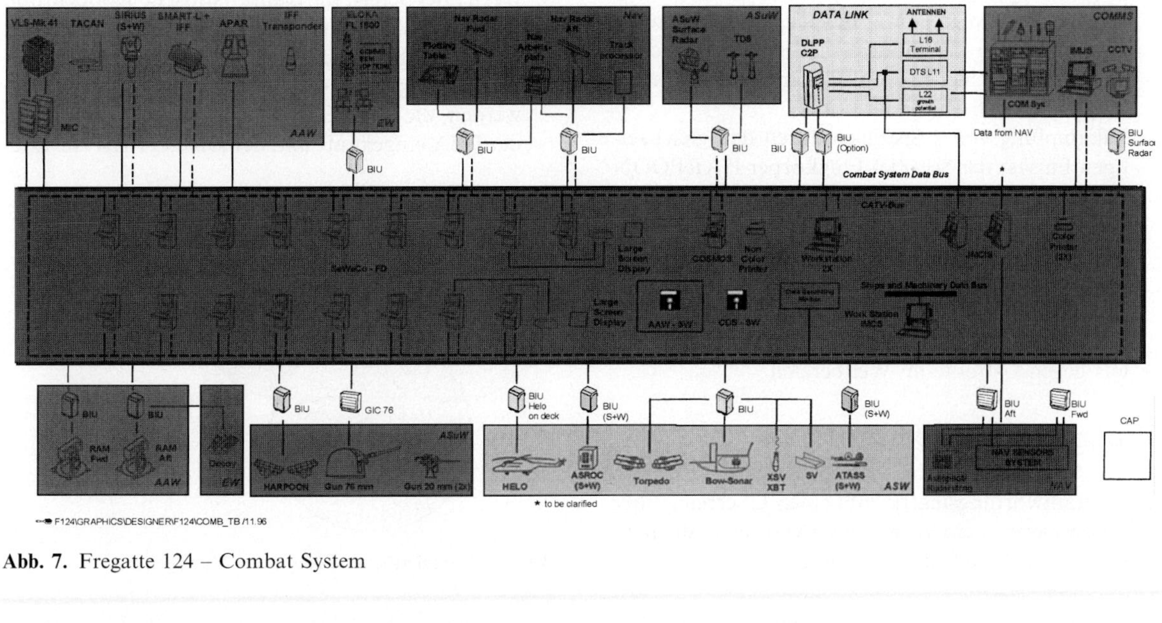

Abb. 7. Fregatte 124 – Combat System

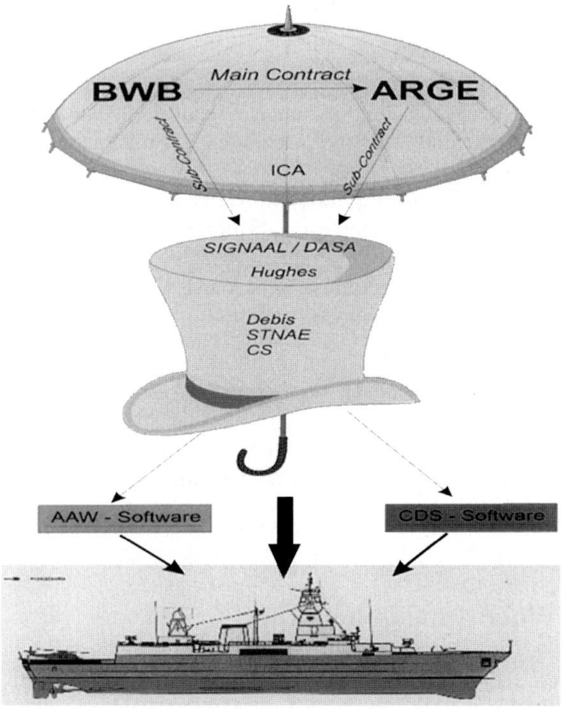

Abb. 8. Entwicklung der AAW/CDS Software

- Abwehr/Bekämpfung von bis zu 12 Luftzielen im Weit-, Nah- und Nächstbereich durch einen quasi gleichzeitigen Einsatz der
  - Flugabwehr-Flugkörper Standard Missile (SM)-2 Bl. III A (Weitbereichsflugkörper gegen Flugzeuge/Bomber).
  - Flugabwehr-Flugkörper Evolved Sea-Sparrow Missile (ESSM) (Nahbereichsflugkörper speziell gegen tieffliegende FK's).
  - Flugabwehr-Flugkörper Rolling Airframe Missile (RAM) (Nächstbereich gegen Flugzeug und FK's).
- Gleichzeitiger Einsatz von passiven und aktiven Gegenmaßnahmen im Bereich elektronischer Kampfführung durch das FL-1800 S II-System und das Abschießen von Radar- und Infrarot-Düppel/Täusch-Raketen.
- Bekämpfung von 2 Seezielen durch den gleichzeitigen Einsatz der See-Ziel-Flugkörper HARPOON und dem 76 mm Geschütz.
- Bekämpfung von 2 Unterwasser-Zielen durch den gleichzeitigen Einsatz von Torpedos im Nächstbereich aus den beiden Torpedo-Rohrsätzen an Bb- und Stb-Seite und durch den Einsatz von Leichtgewichts-Torpedos vom Bordhubschrauber aus gegen U-Boote im Weitbereich.

Program-Management F124

Die Verantwortungsmatrix gibt einen Überblick über die komplexe Vernetzung der Verantwortlichkeit zwischen der ARGE und dem AG.

Um dieser Vernetzung der Verantwortlichkeiten Rechnung zu tragen, wurde ein Program-Management zwischen dem AG und der ARGE in Verbindung mit den wesentlichen UAN's vertraglich vereinbart. Die mit dem komplexen Neubauvorhaben Fregatte F124 verbundenen primären Managament-Aufgaben sind:

die

- Koordinierung,
- Steuerung und
- Überwachung des Entwicklungs- und Bauprogramms F124 in technischer und finanzieller Hinsicht (Festpreis), mit dem Ziel einer vertragsgerechten Auftragsabwicklung und Lieferung von funktionsgerechten und beriebsbereiten Fregatten F124 zu den Vertragsterminen:

1. Fregatte	08.12.2002
2. Fregatte	15.12.2004
3. Fregatte	15.12.2005
4. Fregatte (Option)	15.12.2006

Internationale Kooperation

Partner im F124-Programm

Die Realisierung des Entwicklungs- und Bauvorhabens F124 ist nur durch eine internationale Zusammenarbeit insbesondere auf dem Flugabwehr-Sektor möglich, um die notwendige Bündelung von finanziellen Mitteln und technischem Know-How für die Entwicklung von „Neuen Technologien", die für die Realisierung des ehrgeizigen Neubauvorhabens F124 notwendig sind, zu erreichen.
Das Bauprogram F124 basiert auf drei wesentliche Kooperationsbereiche:

- Der 1. Bereich ist die transatlantische Kooperation mit der USA bzw. mit der US-Navy/US-Industrie, da an Bord der F124 primär US-Waffenanlagen- und Flugkörper-Systeme eingebaut/integriert werden, die der AG (BWB) weitestgehend selbst in der USA eingekauft und der ARGE F124 zur Inte-

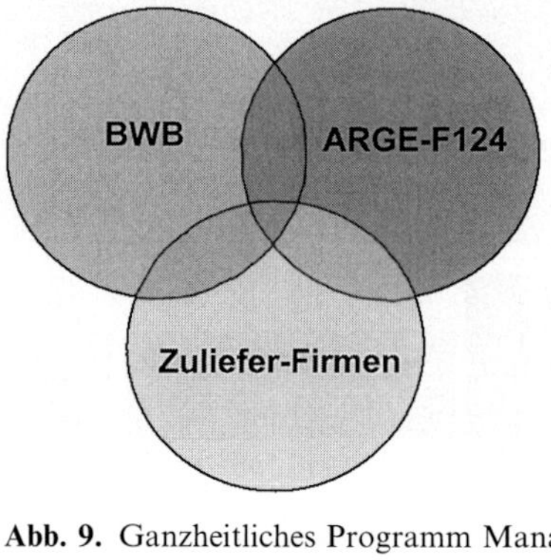

Abb. 9. Ganzheitliches Programm Management

Abb. 10. F 124 Eine Evolution - 40 Jahre Erfahrung

gration beistellt (Government to Government Beschaffungsrichtlinie der USA).

- Der 2. Bereich ist die trilaterale Entwicklung
  des Multi-Funktions-Radar APAR
  der operationellen Software des Flugabwehr-Systems
  durch die Niederlande, Kanade und der Bundesrepublik Deutschland, was über Regierungsvereinbarungen (MOU's) vereinbart worden ist.
  Die Entwicklungskosten hierfür und die Entwicklungsarbeiten werden zu je 33% auf die drei Nationen aufgeteilt. Jede Nation kauft das entwickelte Produkt (APAR) bei der Herstellerfirma (Thomson-Signaal) separat auf der Basis einer Common-Anlagen-/Gerätespezifikation ein. Für die F124 kauft die ARGE F124 die gesamten Waffen- und Elektronikanlagen ein, somit auch das MFR-APAR-System.
- Der 3. Bereich ist die trilaterale Kooperation zwischen den Niederlanden, Spanien und der Bundesrepublik Deutschland für den Entwurf einer Flugabwehr-Fregatte. Diese Kooperation besteht darin, daß jede Nation nach eigenem Entwurfskonzept und militärischen Forderungen einen eigenen Fregatten-Typ baut (LCF-NL, F100-SP, F124-BRD). Dabei haben sich die Niederlande und die BRD auf die Verwendung von gleichen Waffen- und Elektronikanlagen, d.h. US-Flugkörper und Waffen-System und europäische Radar-Sensoren (COMMON APAR/SMART-L) für die LCF-Fregatte (NL) und der F124 entschieden (Spanien hat sich für ein komplettes US-Waffen- und Radar-Sensor und Rechner-Konzept entschieden).

Die ARGE hat im Einklang mit den regierungsseitig getroffenen trilateralen Vereinbarungen hinsichtlich Entwicklung und Realisierung des Waffen-Systems F124 auch Kooperationsvereinbarungen mit den Primär-Zuliefer-Firmen (Signaal, DASA) getroffen. Solche industriellen Vereinbarungen sind notwendig, wenn man ein Kooperationsvorhaben wie die F124 erfolgreich abwickeln will.

Die F124 – Eine Evolution im Deutschen Fregatten-Bau

(40 Jahre Marine-Überwasser-Schiffbau in Deutschland)

Mit der F124 werden neue Maßstäbe für

- den Auftraggeber,
- die Industrie/ARGE F124 und UANs und für
- die Deutsche Marine

gesetzt, insbesondere durch das

- neue Flugabwehr-System mit dem Multi-Funktions-Radar für eine Mehrfachluftzielbekämpfung für den Eigen- und Verbandsschutz
- das zukunftsorientierte Führungs- und Waffeneinsatz-System mit einem Datenverarbeitungssystem auf der Basis eines redundanten Datenbusses bei

dezentraler Verteilung der Rechnerkapazitäten (ATM-Bus-Technologie/ADA-Programmsprache)

D.h. die F124 stellt in ihrer Komplexibilität und der paralel durchzuführenden (AAW/CDS-HW/SW)-Entwicklungen und Systemintegration eine besondere Herausforderung an „ALLE“ dar, die an diesem Entwicklungs- und Bau-Vorhaben F124 beteiligt sind.

Die F124 Fregatten sind das Ergebnis einer kontinuierlichen Entwicklung im Marine-/Fregatten-Bau in Deutschland, die

- Mitte der 50. Jahre mit den Fregatten der KÖLN-Klasse (F120), 6 Stück begann
- In den 60. Jahren wurden die Zerstörer der HAMBURG-Klasse (D101), 4 Stück vom BWB bei H.C. Stülcken Sohn in Auftrag gegeben
- Die Fregatten der BREMEN-Klasse (F122), 6 + 2 Stück stellen den Entwicklungsstand der 70. Jahre im Fregatten-Bau dar
- Mit dem Bauauftrag einer MEKO-Fregatte NNS-ARADU für die nigerianische Marine wurde 1977 das MEKO-Design-Konzept bekannt gemacht und revolutionierte den Überwasser-Marineschiffbau für Fregatten und Korvetten.
- Bis heute (ab 1977–1997 = 20 Jahre) wurden 36 MEKO-Fregatten und Korvetten an 8 Marinen geliefert oder sind noch in der Auftragsabwicklung mit zusammen ca. 1000 Containern/Modulen für Waffen, Elektronik und Klimaanlagen.
- Die 4 Fregatten der BRANDENBURG-Klasse (F123), die mit wesentlichen MEKO-Elementen (Modulen/Paletten) ausgerüstet und somit bei der deutschen Marine erstmalig eingeführt worden sind, haben wesentlich zum Entwurfskonzept der Fregatte Klasse 124 beigetragen.
- Neben dem neuesten Stand der Technik besitzt der neue Fregatten.Typ F124 auch die Summe aller Erfahrungen der deutschen Marine und des deutschen Marine-Schiffbaues der vergangenen 40 Jahre (1957 bis 1997) (von der KÖLN-Klasse zur F124-Klasse).

Die neuen Fregatten Klasse 124 bedeuten zum Ende des 20. Jahrhunderts einen Quantensprung im Marine-Schiffbau.

Schlußbetrachtung

1. Die F124 ist eine zukunftsweisende Inovation im Fregatten-Bau, der erforderlich ist, um unsere Wettbewerbsfähigkeit auf dem Weltmarkt im Marktsegment Fregatten/Korvetten zu fördern, bzw. zu erhalten.
2. Nur mit neuer Spitzentechnik in Verbindung mit der dafür erforderlichen Vorhabens- und Systemfähigkeit können wir (die Industrie) auf dem Welt-Export-Markt erfolgreich sein und eine Mindestauslastung im Marine-Schiffbau erreichen, die zum Erhalt der strategischen Mindestkapazitäten in Deutschland/Europa erforderlich sind.

Nur monopolähnliche Spitzentechniken können uns eine gute Marktchance auf dem Weltmarkt „Überwasser Kampfschiff“ garantieren und in Verbindung mit dem Prädikat „on Time, on cost, high quality“ und durch die Unterstützung des BWB’s, der Politik sowie der Deutschen Marine als „Parent-Navy“ können wir unsere Erwartungen auf Exportaufträge erfüllen.

Exportaufträge sind zum Erhalt von Mindestkapazitäten (strategischer, nationaler Systemfähigkeit) in der deutschen Marinerüstungs-Industrie notwendig, da die nationalen Beschaffungsquoten den Erhalt der notwendigen nationalen Mindestkapazitäten nicht sichern können.

Der Erhalt der industriellen Mindestkapazitäten ist erforderlich, um eine selbstbestehende, bedarfsgerechte Ausrüstung der Deutschen Marine mit Überwasser-Kampfschiffen nicht nur von der Planungs- und Haushaltsseite, sondern auch bezüglich des Wirtschaftsfaktors und den sicherheitspolitisch begründeten Bedarf der Deutschen Marine sicherzustellen (NATO-Forderungen).

Eine Mindestauslastung im Marine-Schiffbau ist auch ein wichtiger Kostendeckungsbeitrag für die Werften (und Zulieferfirmen) und notwendig für den Gesamtbestand der deutschen Werftenindustrie und der entsprechenden Zulieferindustrie.

Außerdem erfordern betriebswirtschaftliche Gründe eine wehrtechnische Mindestkapazität der Industrie, die die wirtschaftliche Erfüllung von Marine-Schiffbau-Vorhaben für den nationalen Bedarf und den Export sicherstellen.

Der Erhalt der industriellen Mindestkapazitäten wird wiederum erforderlich, um bedarfsgerechte Waffensysteme für die Deutsche Marine herstellen/liefern zu können. Dazu ist eine bestimmte Industriekapazität im Hinblick auf Vorhabens- und Systemfähigkeit erforderlich.

Die Ergebnisse der Entwicklungen, die im Rahmen des Bauprogramms F124 durchgeführt werden, werden nicht nur für die drei Fregatten 124 genutzt, sondern werden mehr oder weniger querschnittlich bei allen zukünftigen nationalen Neubauvorhaben eingesetzt und werden auch bei Marine-Export-Projekten/Aufträgen Verwendung finden.

D.h. die Fregatte F124 mit ihren neuen Technologien ist eine wichtige Investition für die Zukunft der deustschen Marine-Schiffbau- und der Zulieferer-Industrie.

Erörterungen

Prof. Dr.-Ing. Fritz Abels, Lübeck:

- Wachstumspotential
- Kostenanteile von W + F und Schiffstechnik

Herrn Bakenhus und Herrn Sadler gebührt Dank und Anerkennung für den guten Überblick über die Entwicklung der deutschen Fregatten, der engagiert und temperamentvoll vorgetragen wurde. Ich habe eine Frage zum Wachstumspotential und zu dem Diagramm über die Kostenanteile von W + F und Schiffstechnik.
Sie nennen etwa 270 t Gewicht als Wachstumspotential für das W + F-System. Das sind rund 5% der Verdrängung. Ist dieses als Indiensthaltungsreserve für später vorgesehen oder verbrauchen Sie einen Teil davon noch bis zur Ablieferung? Können Sie Ihr Diagramm über die Kostenanteile bei den Ubooten ergänzen, wenn die Ubootstechnik Ihnen zuliefert? Eine ähnliche Frage werde ich nach dem nächsten Vortrag über die Uboote stellen.

Dipl.-Ing. Horst Fabarius, Hamburg: Roll-Stabilität

Frage: Fregatte 124 – welche Ausrüstung zur Stabilisierung im Seegang ist geplant/vorgesehen?
Im Rumpf der Fregatte ist keine Flossenstabilisierungsanlage sichtbar, wie bei den Vorgängern. Wie wird die Rollstabilisierung im Seegang bewirkt?
(Antwort: Ruderrollstabilisierung nach Erfahrung der niederländischen Marine.)

Dipl.-Ing. Karl-Otto Sadler, Hamburg (Schlußwort)

Zum Beitrag von Prof. Abels:
Die Reserven setzen sich zusammen aus einer Konstruktionsreserve und einer Baureserve und zusätzlich 270 t Wachstumspotential (Instandhaltung und Nachrüstung), d.h. diese 270 t sind also nicht für Konstruktion oder Bau vorgesehen.

Uboote Klasse 212

Class 212 Submarines

Kapitän zur See, **Matz Borchert**, Kommandeur der Ubootflottille,
Dr.-Ing. **Jürgen Ritterhoff**, Ingenieurkontor Lübeck/HDW

Zusammenfassung. Die bedeutenden sicherheitspolitischen Veränderungen in Europa haben eine konzeptionelle Neuorientierung der Bundeswehr und damit auch der Marine notwendig gemacht. Das Aufgabenspektrum deutscher Seestreitkräfte ist heute geographisch weiter angelegt und militärisch vielfältiger. Trotz gleichzeitig zunehmender Haushaltszwänge hat die deutsche Marine aber immer wieder herausgestellt, daß Uboote ein unverzichtbarer Bestandteil einer ausgewogenen deutschen Flotte sind.
Die nationalen Anforderungen an die Uboote der Klasse 212 werden vor dem Hintergrund des neuen taktischen und operativen Umfeldes dargestellt und als Herausforderung für den Ubootsentwurf beschrieben.
Der daraus resultierende Entwurf U212 wird in seinen Besonderheiten näher ausgeführt, um erkennbar zu machen, daß die Klasse U212 die Basis für eine neue Ubootsgeneration neben den dieselelektrischen und Atom-Ubooten bildet: außenluftunabhängig und nicht nuklear.
Darüber hinaus gibt die Klasse U212 mit ihrem außerordentlich hohen Anteil an Wertschöpfung in der deutschen wehrtechnischen Industrie lebenswichtige Impulse zum Erhalt der sicherheitspolitisch bedeutsamen Fähigkeiten unseres Schiffbaus in Deutschland.

Summary. The considerable safety-related changes in Europe have made it necessary for the Federal German Armed Forces, and hence for the Navy, to re-define their concepts. Today's range of tasks of the Navy covers a much wider geographic area and is much more varying from the military point of view. Despite an ever tighter federal budget, the German Navy has time and again pointed out that submarines are an indispensable component in a balanced German fleet. This paper presents the national requirements on the Class 212 submarines against the background of a new environment in terms of tactics and operation, and in how far this implies a challenge to the submarine design.
The Class 212 design resulting from this is described concerning its special features so as to demonstrate that Class 212 provides the basis for a new generation of submarines apart from the diesel-electric and nuclear boats: air-independent, but non-nuclear.
Moreover, the fact that Class 212 creates a considerable value in the German defence industry, vitally supports the preservation of shipbuilding potential in Germany, which is crucial to defence politics.

– Es gilt das gesprochene Wort –

Sehr geehrte Damen und Herren,
ich freue mich, heute zusammen mit Herrn Dr. Ritterhoff vom Ingenieurkontor Lübeck – in der Howaldtswerke-Deutsche Werft AG – vor Ihnen über unseren neuen Ubootstyp der Klasse 212 sprechen zu können.

1 Einführung und Historie

Als die Taktische Forderung der Uboote der Klasse U212, von dem damaligen Staatssekretär im Verteidigungsministerium Professor Dr. Timmermann am 17.12.87 gebilligt wurde, war zwar im Osten das Zeitalter der Perestroika eingeleitet, aber es sollten noch fast drei Jahre bis zur deutschen Wiedervereinigung vergehen, an die zu diesem Zeitpunkt noch niemand ernsthaft zu glauben wagte.
Mittlerweile schreiben wir das Jahr sieben nach dem Fall der Mauer.
In der Bunderwehr hat sich seit dieser Zeit viel gewandelt. Einsätze des Heeres und der Luftwaffe finden außerhalb unserer Landesgrenzen statt und die Marine hat sich mit dem Gedanken vertraut gemacht, international, über die bis dahin stattfindenen Höflichkeitsbesuche hinaus, Einsätze durchzuführen. Dazu gehörten insbesondere die Unterstützung des Heeeres durch die Marine in Somalia und die Einsätze zur Embargoüberwachung in der Adria während der heißen Phase des Bosnienkonfliktes.
Auch wir Ubootfahrer mußten uns den neuen Aufgaben stellen und unsere Einsatzkonzepte auf die neue Lage abstimmen.
Zur Zeit der Erstellung der taktischen Forderung für U 212 war das Einsatzgebiet der deutschen Uboote die Ostsee und die Nordsee mit den angrenzenden atlantischen Seegebieten. Man ging in einem Konflikt mit den Warschauer Pakt Staaten von großen gegnerischen Verbänden mit Landungsschiffen aus, die in

Abb. 1.

der Lage waren, die strategischen Schlüsselpositionen im Deutsch-Dänisch-Norwegischen Seegebiet zu besetzen. Diese Verbände sollten weit im Osten von den Ubooten und den Marinefliegern aufgeklärt und bekämpft werden.
Um diese Aufgabe zu erfüllen, waren Einsatzgebiete – Submarine Patrol Areas – eingerichtet, in denen unsere Uboote bei der Bekämpfung von Überwasserkräften freie Hand und Klassifizierungs- und Identifizierungsfragen einen weniger hohen Stellenwert hatten. Man ging einfach davon aus, daß alle georteten Kontakte feindlich waren.

2 Einsatzarten

Heute hat sich für den Einsatz eine entscheidende Wandlung vollzogen. Der wichtigste Einsatz – die Landesverteidigung – wird zwar immer noch durch das oben beschriebene Szenario dargestellt, aber durch den Zerfall des Warschauer Paktes und die enge Bindung an ehemalige Mitgliedsländer immer unwahrscheinlicher. Dennoch hat dieses Szenario immer noch hohe Priortät bei Ausbildung und Beschaffung von neuem Wehrmaterial.

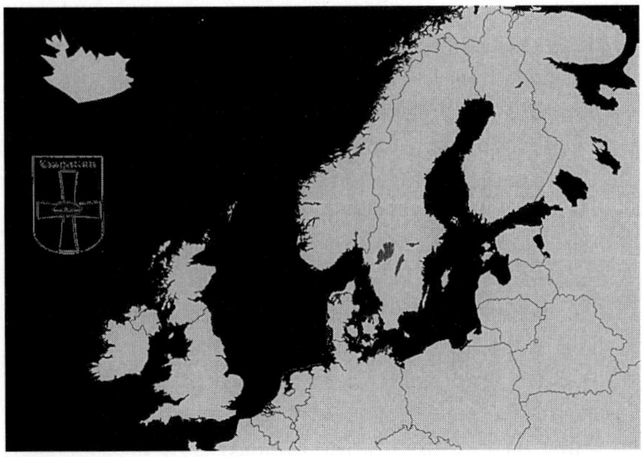

Abb. 2.

Die Uboote werden bereits heute und zukünftig verstärkt mit Aufklärungs- und Überwachungsaufgaben betraut und müssen auch für diesen Einsatz optimal gerüstet sein.
Konkret heißt das: Uboote müssen genauso gut kämpfen können wie bisher, zusätzlich jedoch über bessere Aufklärungsmittel und sehr gute Kommunikationsmittel verfügen; weiterhin ist der Eigenschutz zu verbessern.
Man unterscheidet drei unterschiedliche Arten des Ubooteinsatzes:

1. Area Operations
2. Associated Support Operations
3. Direct Support Operations

Dabei sind folgende einzigartigen Fähigkeiten der Uboote für verdeckte, langdauernde Operationen auch in Einsatzgebieten gegnerischer Überlegenheit zu nutzen:

- Fähigkeit zur Unterwasseroperation
- Große Ortungsreichweiten
- Schwerortbarkeit
- Unabhängigkeit von taktischer Logistik für die gesamte Einsatzdauer
- Wetterunabhängigkeit

Wie sehen die Einsatzarten im einzelnen aus?
Die Area Operation wurde im alten Ost-Westszenario angewendet, in dem ein Uboot auf sich allein gestellt im Einsatzgebiet auf den Landungsverband oder andere Über- und Unterwasserseestreitkräfte wartet. Dieses Szenario habe ich oben bereits angerissen und möchte nicht näher darauf eingehen. Nur soviel: Die Führung und Einsatzverantwortung des Bootes liegt allein bei der Submarine Operation Authority; bei uns ist dies das Flottenkommando in Glücksburg. Diese in der Marinesprache kurz SUBOPAUTH genannte Dienststelle betreibt das Waterspacemanagement, -dies ist die Zuteilung von Tauchgebieten und Unterwasserfahrtrouten zur Ubootsicherheit,- weiterhin stellt sie die Fernmeldeführung sicher und setzt das Uboot im Einsatzgebiet operativ ein.
In der Associated Support Operation unterstützt das bzw. die Uboote eine Kampfgruppe bei deren Aufgabenerfüllung. Auch hier liegt die Einsatzverantwortung bei der SUBOPAUTH, aber der Befehlshaber der Kampfgruppe, der Commander Taskgroup -abgekürzt CTG-, legt quasi fest, was für das Uboot zu tun ist und setzt es über die SUBOPAUTH ein. Dies dürften im Krisenfall vorwiegend Aufklärungs- und Überwachungsaufgaben, aber bei Eskalation auch gezielte Kampfaufträge sein. Entscheidend ist der Auftrag des Kampfgruppenkommandeurs.
Noch enger ist die Bindung an eine Kampfgruppe bei einem Uboot in der Direct Support Operation. Bei solchen Operationen wird der taktische Einsatz des Ubootes direkt vom CTG festgelegt. Dieser bekommt ein bestimmtes Seegebiet zugewiesen, innerhalb dessen er das Uboot wirkungsvoll einsetzen

kann. Auch die taktische Fernmeldeführung wird an den CTG übertragen.
Der Einsatz des Ubootes in Direct Support bzw. in Associated Support Operations gewinnt zunehmend Bedeutung. Bei unserer Ausbildungsreise in die USA, die am 05. August beendet wurde, wurden solche Einsätze gezielt geübt.
Auch das Uboot als UJäger gewinnt einen Stellenwert, der in früheren Jahren nicht vorhanden war. Kein anderer UJäger findet optimalere Verhältnisse vor, als das Fahrzeug, welches unter gleichen Bedingungen operiert wie das gegnerische Uboot. Für einen Kampfgruppenkommandeur bedeutet ein ihm zuarbeitendes Uboot einen deutlichen Gewinn beim Lagebildaufbau und für die Lagebildqualität. Er hat – ohne sich selbst durch das Befahren eines Gebietes mit Ubootbedrohung zu gefährden – ein optimiertes Seekriegmittel zur Verfügung, welches verdeckt die Unterwasserlage aufklären kann.
Deutsche Uboote müssen also künftig weltweit verdeckt operieren, sie müssen aufklären und überwachen, klassifizieren, identifizieren, bekämpfen und melden können.
Welche Fähigkeiten sind für ein Uboot bei diesem Aufgabenspektrum abzuleiten? Die Fähigkeit zum Kämpfen habe ich einmal bewußt nicht an die erste Stelle gesetzt.

3 Ortung

Ohne außenluftunabhängigen Antrieb und drastische Reduzierung der Signaturen würde einem künftigen Uboot der o.g. große Vorteil der Schwerortbarkeit verlorengehen. Es verringert beim Schnorcheln weiterhin seine eigene Ortungsfähigkeit. Unter Signaturreduzierung versteht man alle schiffbaulichen Maßnahmen, um das Boot leiser zu machen und die Ortbarkeit mittels Sonaranlagen, Radaranlagen, Infrarotsensoren, Magnetiksensoren usw. technisch zu erschweren.
Zur Aufklärung und Überwachung brauchen wir Sensoren, die über und unter Wasser, bei Nacht oder bei schlechter Sicht, ihre Fähigkeiten erhalten und die lückenlose Auskundschaftung und Überwachung eines Gebietes möglich machen.
Konkret sind dazu folgende Führungs- und Ortungstechniken notwendig:

- Moderne Sonargeräte, die im mittel- und tieffrequenten Bereich gute Daten liefern
- Leistungsfähige optische Sensoren
- Wärmebildgeräte zur Nachtsicht
- Gute Meßgeräte zur exakten Entfernungsbestimmung über und unter Wasser
- Präzise Navigationstechnik über und unter Wasser
- Schnelle Radarempfangs- und Auswerteanlagen und -last but not least-
- Datenspeichermedien mit hoher Kapazität und mit intelligenter Auswertetechnik

4 Kommunikation

Um zu jeder Zeit einen schnellen, sicheren und zuverlässigen Befehls-/Informations-/und Meldungsaustausch zwischen einem Befehlshaber und seinen unterstellten Einheiten sicherzustellen, ist eine zeitgemäße, interoperabele Fernmeldeausstattung, auch auf Ubooten, erforderlich.
Der Anspruch auf eine „weltweite Führungsfähigkeit“ schließt ein, daß neben den herkömmlichen weitreichenden terrestrischen HF-Verbindungen geostationäre Satelliten zur Informationsübertragung genutzt werden. Solche SATCOM-Verbindungen sind von atmosphärischen Bedingungen weitgehend unabhängig und ermöglichen zudem eine größere Datenübertragungsrate.
Insbesondere in den Support Operations ist es für ein Uboot von vitalem Interesse, über ein aktuelles Lagebild an Bord zu verfügen. Die dazu benötigten Informationen können teilweise durch das Uboot selbst ermittelt werden, zum anderen durch einen Datenaustausch – und dies geschieht in Echtzeit – mit anderen Einheiten komplettiert werden.
Umgekehrt kann das Uboot seine ermittelten Informationen weitergeben, so daß alle Beteiligten über die gleichen Informationen verfügen.
Dies setzt allerdings voraus, daß auch Uboote in das NATO-Datenfunksystem mit der Bezeichnung LINK eingebunden werden.

5 Bewaffnung

Wie muß aus operativer Sicht ein Uboot bewaffnet sein, was muß es zukünftig bekämpfen können?
Für unsere Landesverteidigung benötigen wir weiterhin einen Hochleistungstorpedo wie den jetzigen Typ DM2A3 und den zukünftigen DM2A4. Diese Torpedos sind den weitreichenden Sensoren unserer Uboote angepaßt und zur Bekämpfung mittlerer bis großer Überwasserschiffe und aller Ubootstypen bestens geeignet. Für die Abwehr von UJagdhubschraubern, unsere stärkste Bedrohung, für die bislang noch keine Abwehrmöglichkeit vorhanden war und zur Bekämpfung kleiner schneller Ziele strebt die Marine eine navalisierte Version des für das Heer entworfenen Flugkörpers Polyphem an.
Dieser lichtwellenleitergelenkte Flugkörper, ausgerüstet mit einer hochauflösenden Infrarotkamera, ist gerade im Krisenreaktionseinsatz eine wichtige Ergänzung der Bewaffnung. Mit ihm könnten auch diskrete Ziele an Land selektiv bekämpft werden.

6 Schlußbemerkung aus Sicht der Ubootflottille

Meine Damen und Herren, ich habe Ihnen aufgezeigt, was sich die Ubootflottille unter einem leistungsfähi-

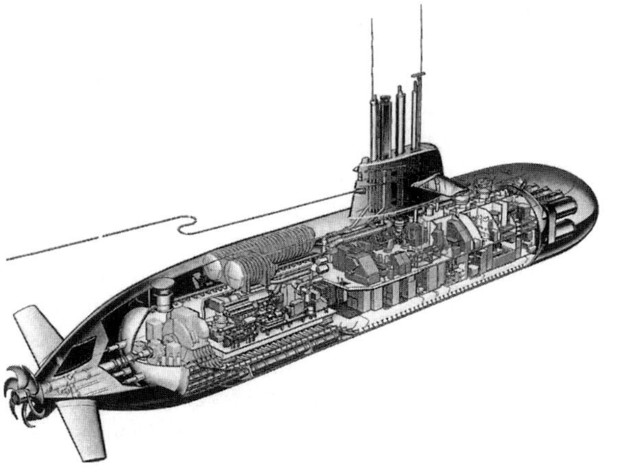

Abb. 3. Uboot Klasse 212

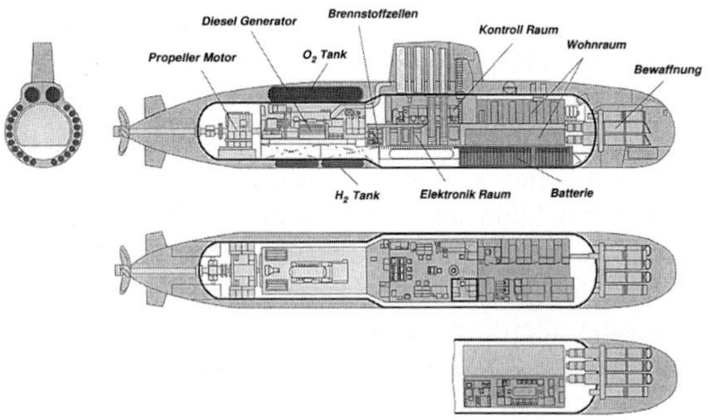

Abb. 4. U 212 Übersichtsplan

gen Uboot, daß in der Zukunft seine Aufgaben erfüllen kann, vorstellt. Ich bin mir sicher, daß unser neues Uboot U 212, obwohl es vor dem Hintergrund anderer taktisch-operativer Erfordernisse konzipiert wurde, seine Aufgaben erfüllen wird. Insbesondere der 50% außenluftunabhängige Antrieb ist ein Meilenstein in der Geschichte des Ubootbaues, den mein Mitreferent, Herr Dr. Ritterhoff, maßgeblich mitbeeinflußt. Er wird konkret auf die Konstruktion und Besonderheiten von Unterseeboot U 212 eingehen. Ich danke für Ihre Aufmerksamkeit und übergebe an Herrn Dr. Ritterhoff.

7 Entwurfsschwerpunkte

Vor dem Hintergrund dieser hier von K.z.S. Borchert geschilderten Einsatzarten und Bedrohungspotentiale ergaben sich Forderungen und Vorgaben zu einem Entwurf, der gekennzeichnet ist durch

- niedrige Verratssignaturen
- weitestgehende Außenluftunabhängigkeit
- Integration eines effektiven Waffen- und Sensorsystems.

Damit ergeben sich drei Schwerpunkte, die den Entwurfsingenieur besonders herausfordern, zugleich aber auch deutlich machen, was den Entwurf U-212 von allen bisherigen Ubootentwürfen unterscheidet: U-212 ist für reine Unterwasserfahrt ausgelegt. Das Boot soll gegnerische Schiffe auffassen und bekämpfen können, ohne daß es seinen Standort verrät und lange bevor der Gegner die Situation erkannt hat.

7.1 Das Signaturenmanagement

Mit dem Begriff „Signaturenmanagement" werden die Anstrengungen und Maßnahmen zur Reduzierung aller Signaturen – Wasserschall, Magnetik, Radar, Infrarot, Druck – auf ein möglichst niedriges, aber auch aufeinander abgestimmtes, ausgewogenes Maß beschrieben. Unter den genannten Signaturen ist die akustische Signatur zweifellos diejenige, welche den größten Einfluß auf den Entwurf und zugleich auf die Kosten des Ubootes hat.
Dabei wird zwischen „Zielpegel" und „Zielmaß" unterschieden. Der akustische Zielpegel ist als Maß für die Eigengeräusche anzusehen, die das Uboot in das umgebene Wasser abstrahlt und die dann von gegnerischen passiven Sensoren aufgefaßt werden können. Für gegnerische aktive Sonare ist das Zielmaß des Ubootes die entscheidende Größe. Aufgabe des Entwurfsingenieurs ist es, dieses Zielmaß so klein wie möglich zu halten. Dies gelingt in erster Linie durch die Formgebung des Entwurfs zu einem kompakten Boot, aber auch durch „Verspiegelungseffekte" im Bootsinnern und durch das Aufbringen von spezifischem Absorptionsmaterial auf die Außenhaut. Für U-212 wurde die Form nicht nur hinsichtlich der hydrodynamischen Eigenschaften und zur Erzielung eines möglichst geringen Widerstandes entwickelt, sondern gerade unter Beachtung des Zielmaßes optimiert.

7.2 Integration der Brennstoffzellenanlage

Die Forderung nach weitestgehender Außenluftunabhängigkeit fand in einer Hybrid-Antriebsanlage ihre Lösung. Diese setzt sich aus nur noch einem Ladeaggregat, einer relativ kleinen Fahrbatterie, einer Brennstoffzellenanlage und einem Fahrmotor sowie den zugehörigen Schaltanlagen zusammen.
Kernstück der Antriebsanlage und zugleich Innovationsmittelpunkt des gesamten Entwurfs ist die Brennstoffzelle (BZ). Ihre erstmalige Integration in ein Uboot sowie die Verknüpfung der komplexen Hybrid-Antriebsanlage mit den schiffselektrotechnischen Anlagen, den Schiffsbetriebsanlagen und den Automatisierungseinrichtungen kann als die zweite große Entwurfsaufgabe bei U-212 bezeichnet werden.

7.3 Integration der Waffen und Sensoren

Alle Anstrengungen im schiffstechnischen Bereich sollten allerdings nur einem Ziel dienen, nämlich den

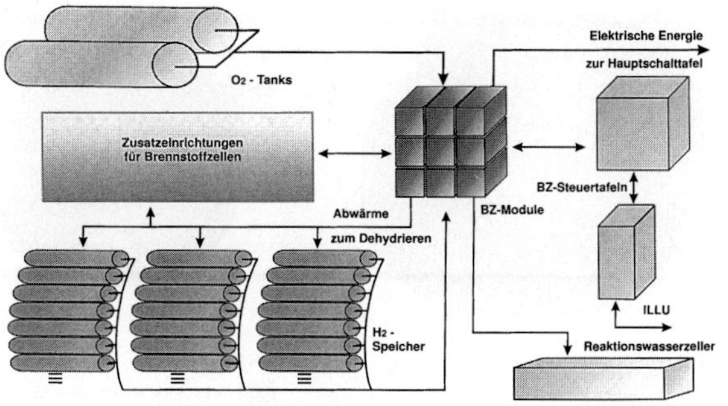

Abb. 5. Schematische Darstellung der Brennstoffzellenanlage Uboote Klasse 212

Waffeneinsatz und damit insgesamt die Kampfkraft des Ubootes so effizient wie möglich zu gestalten. Daraus ergibt sich zwangsläufig der dritte Entwurfsschwerpunkt: die Auswahl leistungsstarker Waffen und Sensoren, deren Integration untereinander und in das Boot sowie Einbindung in ein leistungsstarkes Führungs- und Waffeneinsatzsystem (FüWES).
Hauptwaffe des Ubootes Klasse 212 wird der zur Zeit noch in der Entwicklung befindliche Schwergewichtstorpedo DM2A4 sein, eine Weiterentwicklung des bereits eingeführten Torpedos DM2A3. Der beste Effektor kann allerdings nur dann seine Stärken voll ausspielen, wenn er durch entsprechend leistungsfähige Sensoren und durch ein leistungsfähiges Führungs- und Waffeneinsatzsystem (FüWES) unterstützt wird. Der Entwurf hält in seinem Potential für Aufwuchs in der Ausrüstung Möglichkeiten bereit für Bewaffnung zur Torpedoabwehr (TAU) und Hubschrauberbekämpfung (SUB-Polyphem).

8 Technische Kurzbeschreibung

8.1 Sicherheits- und Rettungskonzept

Das Sicherheits- und Rettungskonzept baut im wesentlichen auf der hohen Festigkeit des Druckkörpers (DK) auf. Im Störungs- bzw. Havariefall wird davon ausgegangen, daß der DK intakt bleibt und das Boot durch Ausblasen der Tauchzellen mittels Hydrazingasgeneratoren schnell an die Wasseroberfläche gebracht werden kann.
Bis zu einer Tiefe von ca. 80 m bleibt der Besatzung darüber hinaus der Rettungsweg des freien Auftauchens, nachdem das Boot soweit geflutet wurde, bis sich Druckausgleich eingestellt hat und das Turmluk geöffent werden konnte. Die Besatzungsmitglieder können dann in die vom Boot ausgestoßenen Rettungsinseln einsteigen.

8.2 Hauptabmessungen und Formgebung

Über die Grundsätze der Formgebung wurde bereits im Abschnitt 2 berichtet. Die Forderung nach hoher Manövrierfähigkeit, die in den engen und flachen Gewässern des Einsatzgebietes der deutschen Marine einen besonderen Stellenwert hat, wird durch das vor dem Propeller angebrachte Hochleistungsruder in X-Form und die Anordnung der vorderen Tiefenruder am Turm umgesetzt.

8.3 Bootskörper

Als DK-Material kommt ein austenitischer Stahl, Werkstoffnummer 1.3964, zum Einsatz. Neben seinen hohen Festigkeitswerten und seinem besonderen Elastizitätsverhalten, das sich nicht nur unter dem wechselnden Tauchdruck, sondern auch bei Grundberührungen und Kollisionen vorteilhaft auswirkt, hat dieser Stahl die Eigenschaft, daß er nichtmagnetisierbar ist und somit in Verbindung mit der amagnetischen Ausführung der im Boot eingebauten Geräte und Anlagen einen hohen Schutz gegen Magnetminen bietet.

8.4 Schiffstechnische Anlagen

So, wie das Boot für reine Unterwasserfahrt entworfen und geformt ist, wird es von einem speziell für den Ubootvortrieb entworfenen sog. skew-back Propeller getrieben, der mit seinen sieben Flügeln extrem langsam dreht, die gefürchtete Kavitation, auch bei höheren Geschwindigkeiten und in Nähe der Oberfläche, vermeidet und selbst tiefgetaucht bei hohen Geschwindigkeiten extrem leise den Schub erzeugt.
Der relativ langsam drehende und damit ein hohes Drehmoment liefernde Propellermotor treibt den Propeller (wieder aus Geräuschgründen!) direkt, ohne Getriebe. Er entwickelt seine Leistung sowohl für langsame Schleich- und Suchfahrt als auch für Höchstgeschwindigkeit – in 3. Potenz gesteigert auf das mehr als 200fache – ohne lautes Schalten, stufenlos, übergangsfrei und präzise auf jede gewünschte Drehzahl einstellbar.
Dieser relativ kleine Motor in besonders kurzer Bauart nutzt die Technologie der permanenten Magnete auf dem Rotor zum Aufbau seiner elektrischen Erregung, vermeidet also die Erregerverluste und den

VERDRÄNGUNG (MIT M.W.A.)	***1500 m³***
LÄNGE Ü.A.	***57,15 m***
HÖHE	***11,7 m***
DRUCKKÖRPER-DURCHMESSER	***5,7 / 7,0 m***
LEISTUNG FAHRMOTOR	***1700 kW***
GESCHWINDIGKEIT	***-***
TAUCHTIEFE	***-***
BESATZUNG	***24 + 3***

Abb. 6. Hauptdaten Uboot Klasse 212

Aufwand für Kühlung im Läufer. Transistorbestückte Wechselrichter-Module steuern die Drehmoment-Richtung und -Höhe und sorgen für Kommutierung.
Im schallgekapselten Maschinenraum treibt ein abgasturbo-geladener, schnelllaufender 16 V-396 Dieselmotor einen Ladegenerator für eine Batterie im unteren Deck des vorderen Bootsteiles. Beide Elemente sind deutlich an Kapazität und Leistung kleiner als in konventionellen dieselektrischen Ubooten, denn der hybride Fahrantrieb bei U-212 geschieht in der Hauptsache mittels der außenluftunabhängigen BZ-Anlage: Dieselmotor, Generator und Batterie bieten daneben einen konventionellen Zusatzantrieb, der dem Boot die operationell geforderte Spitzengeschwindigkeit tiefgetaucht, dabei hinreichend schnell und ausdauernd, verleiht und bei kleiner Schnorchelrate Batterieladung ermöglicht. Zur Energiespeicherung des Hauptantriebes gehören die zahlreichen H_2-Metallhydridspeicher, die außerhalb des Druckkörpers im Doppelhüllenbereich des Bootes unterhalb des LOX-Tanks angeordnet sind.
Hier im Doppelhüllenbereich sind alle geräuscherzeugenden Aggregate angeordnet, gemeinsam mit dem Dieselgeneratorsatz auf einer doppelt elastisch gelagerten schwingenden Decksplattform. Diese Anordnung als Modul in einer geschlossenen, schalldämmenden Kapsel untergebracht, schalltechnisch getrennt vom Druckkörper und dann noch umgeben von den schirmenden schweren H_2-Speichern und den O_2-Tanks, dient wiederum dem Zwecke der Wasserschall-Pegel-Dämpfung.
Im Mittelteil steht auf einer zweiten, elastisch schwingenden sowie bezüglich Schall- und Schockübertragung optimierten Plattform das Herz des U-Bootes: die gemeinsame operationstechnische und schiffstechnische Zentrale. Hier sind für das Command Team um den Kommandanten auch die Ausfahrgeräte mit Schnorchel und Antenne zugänglich.

9 Industrielle Aspekte

Die deutsche Ubootindustrie mit ihren beiden Werften, der HDW mit dem Entwurfsbüro IKL und den TNSW sowie den zulieferenden System- und Komponentenlieferanten ist durch den Bauvertrag U-212 der lang erhoffte unterstützende Anschub für die Wahrung der Position und für neuen Perspektiven im internationalen Ubootsbau gegeben.
Der Auftragswert von 2,6 Mrd DM bleibt zu 95% in Deutschland und mit etwa 45% des Wertes bei dem Hauptauftragnehmer der ARGE-U212. Die Sorge um den Erhalt der deutschen Systemfähigkeit im Ubootbau, um den Fortbestand der Werften mit ihrem Engineering- und Fertigungskapazitäten ist nun optimistischer Stimmung gewichen.
Die Chance für Deutschland, bündnisfähig über die Landesgrenzen hinweg zu wirken, heißt: Sicherheit

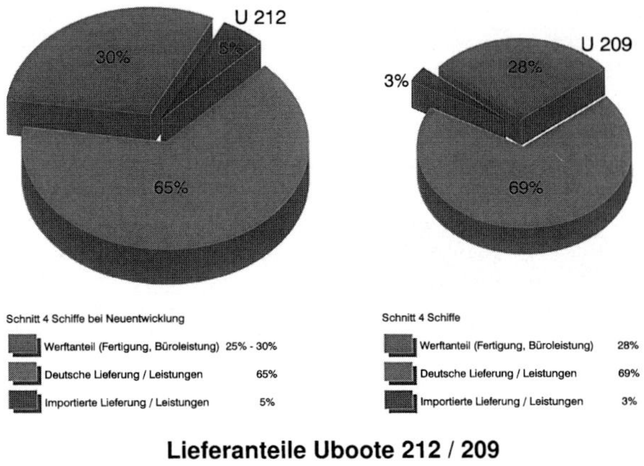

Abb. 7. Lieferanteile Uboote 212 / 209

durch hohe technische Kompetenz zu exportieren und mit der Öffnung zu größeren Märkten wirtschaftliches Überleben der deutschen Kern-Technologie „Uboote“ zu importieren. Die Uboot-Klasse U-212 ist in wirtschaftlich-industrieller Sicht die dringend notwendige Absicherung für Planungs- und Rüstungssicherheit mit neuen Perspektiven auf dem Sprung in das nächste Jahrtausend.
Der in diesem Jahr auf Regierungsseite geschlossene Vertrag zur deutsch-italienischen Zusammenarbeit für den Bau weiterer Boote U212 in Italien für die italienische Ubootsflottille mit Zulieferung in packages, Systemen und Geräten aus Deutschland – der Schlüsseltechnologie U212 -beweist, daß wir mit U212 wieder einen Uboot-Entwurf zur Verfügung haben, der an der Spitze seines Technologiebereiches steht!

Schrifttum

1 Ritterhoff, J und Schütz, H.: Uboot Klasse 212 wt 6/95, S. 55–61 Mönch Verlag, Bonn
2 Wulf, U und Klein, M.: Submarine Class 212 – is it a conventional submarine? Maritime Industry Journal, issue 4/93, S. 1–7 Seehafenverlag, Hamburg
3 Rautmann, J.: Revolution im Ubootbau Marineforum 5/1995, S. 5–8 Mittler Verlag, Hamburg
4 Schütz, H.: Type 212 – The German Navy Leading for the Next Generation of Submarines
Naval Forces – special issue „SUBCON 95“, S. 8–10 Mönch Verlag, Bonn
5 Schepers, R.: Type 212: German Submarine Design coming to a close Naval Forces 2/96, S. 22–28 Mönch Verlag, Bonn
6 Windolph,W.: Deutsch-italienische Kooperation beim Vorhaben U212 A Marine-Forum 4/1997, S. 12–19 Mittler Verlag, Hamburg

Erörterungen

Prof. Dr.-Ing. Fritz Abels, Lübeck:
- weltweiter Transport von U 212
- Abwehr von Hubschraubern
- druckfestes Schott
- Ergänzungen für Fregatten und Uboote

Dem Kommandeur der Ubootflottille und Herr Dr. Ritterhoff sei Dank und Anerkennung gesagt für die hervorragende Beschreibung der Klasse 212 aus taktischer, konzeptioneller und technischer Sicht. Diese neuen, außenluftunabhängigen und nichtnutzbaren Uboote stellen eine neue Ubootsgeneration dar. Ich habe nachfolgende Fragen und eine Bitte:
Deutsche Uboote müssen künftig weltweit operieren. Die Klasse 212 ist für diesen Einsatz geeignet; nur der Fahrbereich und die Seeausdauer setzen hier Grenzen. Ich wiederhole eine Frage, die in den vergangenen Jahren einige Male gestellt wurde: Ist daran gedacht, einen schnellen, weltweiten Transport von U212 mit Überwasserschiffen – welcher Art auch immer – vorzusehen? Es könnten Dockschiffe sein, mit viel Phantasie auch Flugzeugträger.
Mit großem Interesse las ich über die Abwehrmöglichkeit von Ujagdhubschraubern mittels einer navalisierten Version des Flugkörpers Polyphem. Es ist ein altes, bisher nicht gelöstes Problem. Können Sie etwas über den Stand der Entwicklung sagen?
Bei U 212 ist kein druckfestes Schott vorgesehen. Gibt der Entwurf eine spätere Anordnung eines Schottes auf Kundenwunsch ohne große Änderungen her?
Als letztes eine Bitte an die Vortragenden der beiden Vorträge über Fregatten und Uboote. Sie zeigen bei den Fregatten die Kostenanteile von W+F und von der Schiffstechnik, bei den Ubooten die Lieferanteile. Beide Darstellungen könnten gegenseitig ergänzt werden, da diese Zahlen hier im Kreise unserer Gesellschaft sicher von großem Interesse sind.

Dipl.-Ing. Helmuth Breyer, Norderstedt:
– Wirkung des Tiefenruders bei Schleichfahrt
– Propellerverhalten bei Schleppen

1. Frage der Tiefensteuerbarkeit des Typs 212 bei Lage des Tiefenruders am Turm, anstelle am Vorschiff. Wie verhält sich das Boot, vor allem in der Steuerbarkeit, bei Schleichfahrt oder reduzierten Fahrtstufen?
2. Wird es keine Probleme geben bei Schleppen des „towed arrays" mit dem 7-flügeligen Propeller, bei Unterwasserfahrt und Kimmveränderungen.

Dipl.-Ing. Uwe-Karsten Petersen, Stoltenberg: Erkennbarkeit bei Informationsabgabe

Wir haben von den Vortragenden gehört, mit welchen Maßnahmen die Signaturen gemindert werden. Wie verhält sich das mit den Aufgaben, die Herr Borchert geschildert hat, z.B. die Information des Kommandeurs einer Kampfgruppe zu der taktischen Lage über Satcon.

Kapitän zur See Matz Borchert, Eckernförder, Dr.-Ing. Jürgen Ritterhoff, Lübeck (Schlußwort)

Die Vortragenden danken der STG, den Diskussionsteilnehmern und dem Moderator, Herrn Prof. Dr. Abels, über die neue deutsche Ubootsklasse 212 sprechen zu können.
Zu den Bemerkungen und/oder Fragen aus der Diskussion noch einige abschließende Anmerkungen:
U-212-Transport mit Überwasserschiffen:
Ohne die Phantasie noch weiter anzuregen sei gesagt, ein solcher Transport über weite Strecken über See ist möglich. Allerdings hat die deutsche Ubootflottille mit den Booten der Klasse 205 und 206 immer wieder im Nordatlantik, der Norwegen See, im Mittelmeer und an der Ostküste Mittel- und Nordamerikas Ubootverbände erfolgreich in See auf eigenem Kiel z.T. getaucht, z.T. in Überwasserfahrt eingesetzt, ohne daß dazu Überwasser-Transport per Schiff notwendig war. Gleiche, wenn nicht bessere diesbezügliche Eigenschaften wird auch die Klasse U-212 haben.

Anti-Helicopter Bekämpfung:
Die HC-Bedrohung der Uboote könnte mit einem Flugkörper aus der deutschen Heeresentwicklung, zur Unterwasseranwendung und zum Ausstoß aus den To-Rohren weiterentwickelt, beantwortet werden. Ein solcher über Lichtwellenleiter gesteuerter Flugkörper ist verfügbar, die Entwicklungsarbeiten zur Ubootanwendung sind angelaufen.

Druckfestes Schott:
Eine spätere Einfügung eines druckfesten Schottes in U-212 ist z.Zt. nicht vorgesehen und würde auch erhebliche Änderungen verursachen, wie eine Bootsverlängerung um mehr als 2 m sowie Umgruppierung der Energieversorgung und Stauung von Geräten und Material, um den Life-support der Besatzung auf beiden Seiten des Schottes unabhängig gewährleisten zu können. Ein inzwischen aus der Klasse 212 weiterentwickelte Ubootklasse 214 für internationale Vertriebsanforderungen ist schon vom Entwurf auf die Integration eines druckfesten Schottes im Sinne „fitted for" vorbereitet und könnte dgl. Kundenwünsche leichter erfüllen.

Kostenanteile W + F/Schiffstechnik:
Hierzu wird die Anregung von Prof. Dr. Abels, mehr Abstimmung und Ergänzungen der Informationen für die STG aufzubereiten, an den STG-Fachausschuß „Marinetechnik" weitergegeben. Ein Vortrag vor der Gesellschaft zu diesem Thema im Sinne der Systemfähigkeit unserer Marine-Werftindustrie im Konzert mit den Marinebehörden und den Zulieferern wäre in nächster Zukunft durchaus denkbar.

Tiefensteuerbarkeit bei langsamer Fahrt und bei Einsatz des Towed Array:
Umfangreiche PMM (Planar motion mechanism) Versuche in den USA und nachfolgende Rechnerläufe zur Simulation haben die Auswahl (und den Entwurf) der Tiefenruder vorn und am Turm begleitet. Die Anordnung der vorderen Tiefenruder ist bekanntlich vor allen Dingen für langsame Fahrt optimiert und muß dabei die Anordnung der Sonare des Bootes bzgl. Dämpfung der Bootseigengeräusche mit berücksichtigen.
Insofern ist auch das Towed Array, geschleppt entweder in clip-on am Turm oder über eine spezielle Ausbringvorrichtung unterhalb des hinteren Druckkörpers, vorgesehen worden. Der Propeller wird mit einer drahtabweisenden Vorrichtung – auch aus anderen Gründen – geschützt.

(Satelliten) Kommunikation und Maßnahmen zur Verringerung der Signaturen:
Erfordernis zum Fm-Verkehr, insbesondere bei Zusammenarbeit von Ubooten mit See- und Seeluftstreitkräften einerseits und hoher Aufwand zur Reduzierung der Signaturen andererseits, stehen sich diametral gegenüber.
Beide Erfordernisse sind unverzichtbar: hier ist dann Fingerspitzengefühl und taktisches Geschick des Kommandanten gefragt, um Boot, Besatzung und Auftrag nicht zu gefährden.

Die Vortragenden danken für die angeregte Diskussion!

Vortrag gehalten auf der 91. Hauptversammlung im Oktober 1996 in Bremen

Einführung einer integrierten CAD/CAM-Lösung für die Konstruktion und Fertigung von Lukenabdeckungen

Dr.-Ing. **Martin Beyrodt**
Neptun Stahlobjektbau GmbH, Rostock-Warnemünde

Dr.-Ing. **Edzard Brünner**
MACOR Marine Systems International GmbH, Bremen

1 Ausgangssituation

In dem folgenden Beitrag wird ein Prozeß der Zusammenführung zweier Unternehmen des Schiffbaus dargestellt, bei der ein klassisches Konstruktionsbüro und ein reiner Fertigungsbetrieb des Schiffbaus ein gemeinsames Konzept einer rationellen Lukendeckelfertigung aufbauen.
Die Wettbewerbssituation im internationalen Schiffbau führte in den letzten Jahren auch im Bereich der Schiffbauzulieferer zu einem starken Kostendruck, unter dem Wege gefunden werden mußten, die eigenen Produkte weiterhin marktgerecht anzubieten. Im Bereich der Zulieferer des Cargo-Access-Equipment hatte sich dabei ein für alle Anbieter gleiches Konzept durchgesetzt:
Ein Konstruktionsbüro ist der Anbieter und Vertragspartner der Werft für die zu liefernde Ausrüstung. Die Konstruktion wird meist unabhängig von den Fertigungsstandorten erarbeitet. Nach Abschluß der Konstruktionsarbeiten werden die Zeichnungen an wechselnde Hersteller übergeben, die dann unter Aufsicht des Konstruktionsbüros die Fertigung der Bauteile übernehmen. Aus diesem Konzept heraus wurde über lange Zeit das einzige Rationalisierungspotential in der Auftragsvergabe an immer preisgünstigere Fertigungsbetriebe gesehen. Durch den häufigen Wechsel der Hersteller ergaben sich Qualitätseinbußen und Terminverzögerungen, so daß der anfängliche Kostenvorteil schnell wieder aufgezehrt wurde. Ein Rückfluß von Know-how der Fertigung zur Konstruktion war nur in seltenen Fällen einer langjährigen Kooperation mit einem Hersteller gegeben. Da aber bei Konstruktionsbeginn häufig der Hersteller noch nicht feststand, konnte eine fertigungsspezifische Konstruktion nicht durchgeführt werden. Technologien des einen Herstellers waren nicht immer bei dem Alternativzulieferer vorhanden, so daß die Berücksichtigung der Vorteile des einen bei einer anderweitigen Vergabe zu Nachteilen beim Alternativhersteller führen konnte. Am Rande sei nur erwähnt, daß gelegentlich die Bauteile der Wettbewerber parallel im selben Fertigungsbetrieb hergestellt wurden und damit eine Bewahrung des Know-hows der Konstruktion und neuer Entwicklungen nur schwer möglich war.
Vor diesem Hintergrund liegt es nahe, eine enge Kooperation zwischen einem Konstruktionsbüro und einem Fertigungsbetrieb anzustreben.
Im Rahmen der Neuordnung der ostdeutschen Werften nach der Vereinigung Deutschlands mußten die Schiffsneubauaktivitäten der Neptun-Werft in Rostock eingestellt werden. In der Folge wurde für die verbleibende Fertigungskapazität des Stahlbaus der ehemaligen Werft ein Konzept erarbeitet, nichtschiffbauliche Stahlstrukturen wettbewerbsfähig zu fertigen. Ein Standbein der neu gegründeten Neptun-Stahlobjektbau GmbH sollte dabei die Fertigung von Cargo-Access-Equipment für die MACOR Marine Systems International GmbH sein. Damit war für beide Unternehmen die Aufgabenstellung zum Aufbau einer integrierten Lösung zur Konstruktion und Fertigung von Lukenabdeckungen gegeben.

1.1 Das Konstruktionssystem

Bis zur Einführung des unten beschriebenen Systems wurde im Unternehmen auf klassische Weise gearbeitet: Auf der Basis eines Entwurfskonzeptes wurde die Festigkeitsberechnung durchgeführt. Parallel dazu wurde begonnen, die Stahlzeichnungen mit einem 2-D orientierten CAD-System oder von Hand zu erstellen. Der Rückgriff auf bereits ausgeführte Konstruktionen war nur begrenzt möglich. Das Modifizieren einer Konstruktion durch teilweises Verzerren alter Übersichts- und Detailzeichnungen oder Eingabe geänderter Plattendicken und Materialspezifikationen erforderte nahezu den gleichen Aufwand wie eine Neukonstruktion. In der Folge kam es je nach Bearbeiter zu sehr individuellen Ausprägungen der Konstruktion für vergleichbare Anlagen.

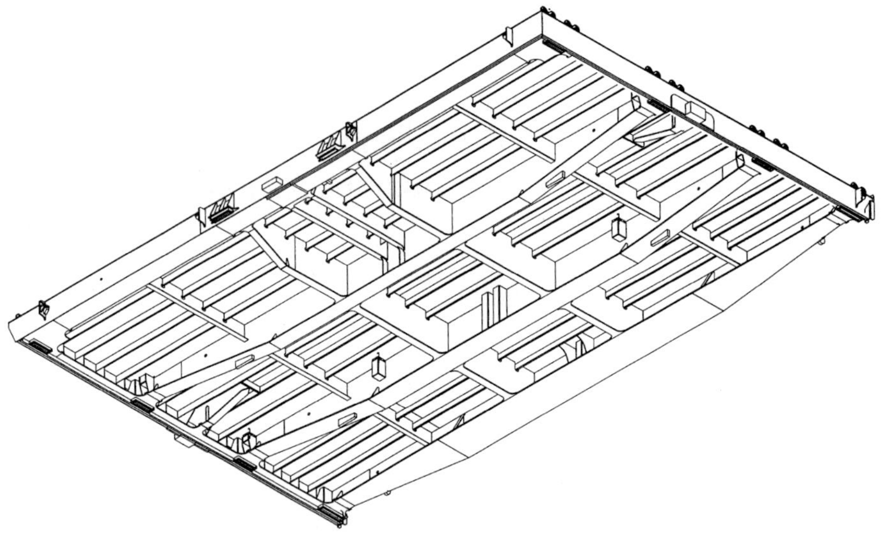

Abb. 1. Ansicht eines typischen Containerschiffslukendeckels

Für Zubehörteile gab es eine ähnliche Tendenz: Alle Zeichnungen wurden als Transparentoriginale archiviert, jedes Teil wurde in seiner individuellen Ausprägung zeichnerisch dargestellt. Standardisierte Zeichnungen für gleichartige Baugruppen mit einer möglichst parametrisierten Bestellbezeichnung waren selten. Eine Auswertung der im Archiv vorhandenen Varianten einer durch einen Hydraulikzylinder angetriebenen Verriegelung für eine Rampe oder Seitentür ergab eine überraschende Vielzahl von Ausführungen. Für eine Baugruppe, die in der Grundversion ohne Berücksichtigung der Einbauverhältnisse 32 Ausführungen hat und sich dann nur noch durch die aufzunehmenden Verriegelungskräfte unterscheidet, sind im Archiv einige hundert Ausführungen vorhanden. Ein Beispiel für die Struktur dieser Baugruppe wird in Abb. 2 dargestellt.

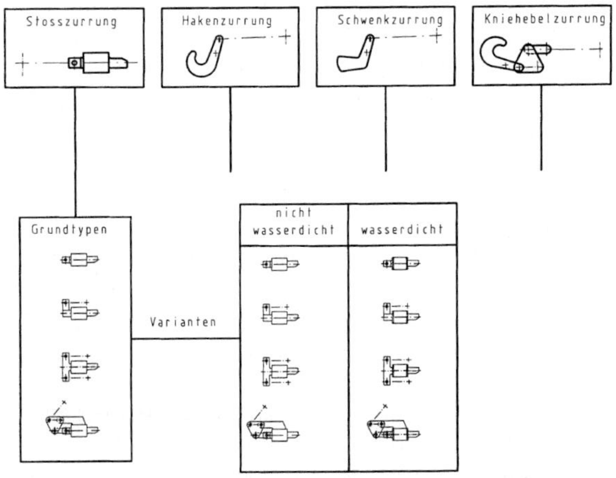

Abb. 2. Wesentliche Ausprägungen der Baugruppe Verriegelung

Ein weiterer Schwachpunkt der konventionellen Arbeitsweise war die Behandlung von Änderungen. Bedingt durch die parallele Bearbeitung von Berechnung und Zeichnung konnte es notwendig werden, daß aufgrund von Berechnungsergebnissen Teile der Konstruktion zu ändern waren. Allein die Einarbeitung einer Änderung der Materialgüte barg das Risiko, daß diese Information nur in einer Übersichtszeichnung berücksichtigt wurde, jedoch nicht in einer Detailzeichnung.

Eine Möglichkeit zur Steigerung der Effizienz des Gesamtablaufes von Konstruktion und Fertigung liegt in der Behandlung der Werkstattzeichnungen: Aus der Arbeitsweise, Konstruktionszeichnungen anzufertigen und die Fertigung nach außen zu vergeben und bedingt durch den notwendig langen Vorlauf bei der Stahlbestellung ist es zwingend nötig, einen Materialauszug zu einem frühen Zeitpunkt im Konstruktionsbüro anzufertigen. Dabei werden alle Einzelteile der Struktur, soweit sie bis dahin definiert sind, erfaßt, um damit die Abmessungen der zu bestellenden Platten festzulegen. Später in der Fertigungsvorbereitung beim Anfertigen der Verschachtelungspläne wird nahezu die gleiche Arbeit nochmals durchgeführt. Das ist besonders zeitaufwendig, wenn man bedenkt, daß ausschließlich Zeichnungen mit Konstruktionsmaßen an den Fertigungsbetrieb übergeben wurden. Während der fertigungsvorbereitenden Arbeiten wurden aus den übergebenen Zeichnungen für die Brennvorlagen die Bauteile im übertragenen Sinne abgezeichnet und mit Schrumpfzugaben versehen. Diese Arbeiten sind zwar im Preis des Fertigungsbetriebes enthalten und damit kalkulierbar, sie könnten aber bei Vorhandensein eines leistungsfähigen Konstruktionssystems bereits im Konstruktionsbüro mit einem geringeren Zeitaufwand erstellt werden, zumal Teile der Arbeiten ohnehin schon dort durchgeführt werden.

Ein weiterer Vorteil einer langfristigen Bindung zwischen Konstruktionsbüro und Fertigungsbetrieb besteht auch darin, daß die besonderen Gegebenheiten des Fertigers, wie spezielle Ausrüstungen und Erfahrungen bereits bei der Konstruktion im Sinne einer Effizienzsteigerung genutzt werden können. Bei Nutzung eines geeigneten CAD-Systems lassen sich außerdem die erforderlichen Arbeitsunterlagen ohne wesentlichen Mehraufwand so aufbereiten, daß sie jeweils die Informationen enthalten, die am entsprechenden Arbeitsplatz gebraucht werden, was wiederum zu einer Erhöhung der Effizienz in der Fertigung führt.

Aus diesen einleitenden Bemerkungen mag man bereits das effizienzsteigernde Potential erkennen, das mit der Einführung eines leistungsfähigen Konstruktionssystems verbunden ist.

1.2 Das Fertigungssystem

Bisher wurden bei NSO Lukendeckel nach dem Prinzip der Nestfertigung gebaut. D. h. auf einem Fertigungsplatz wurden alle Arbeitsvorgänge bis zur Fertigstellung des erprobungsfähigen Lukendeckels durchgeführt. Zwecks Erhöhung des Ausstoßes wurden mehrere gleiche Fertigungsplätze parallel angeordnet. Dieser Lösung steht das Fließprinzip gegenüber, bei dem die Arbeitsgegenstände (die entstehenden Lukendeckel) oder die Arbeitsmittel von Fertigungsplatz zu Fertigungsplatz bewegt werden. Für beide Fälle unterscheidet sich die gesamte Arbeitsorganisation sowohl hinsichtlich der Materialbereitstellung, der Durchführung von Transportvorgängen, dem Einsatz der Arbeitskräfte und der Bereitstellung von Arbeitsinformationen. Besonders letzteres steht in engem Zusammenhang mit dem Konstruktionssystem, da es ein wesentlicher Unterschied ist, ob die Arbeitsinformationen für einen universellen Fertigungsplatz, wie er bei der Nestfertigung vorliegt, aufzubereiten sind, oder die Arbeitsinformationen für einen spezialisierten Arbeitsplatz benötigt werden, wie er für das Fließprinzip typisch ist.

Wegen der starken Wechselbeziehungen zwischen Fertigung und Konstruktion wurde MACOR von Anfang an in die Planungen des neuen Fertigungssystems bei NSO einbezogen. Ohne den weiter unten zu behandelnden Einzelheiten zu den fertigungstechnischen und fertigungsorganisatorischen Lösungen und ihrer Begründung vorgreifen zu wollen, sei hier nur festgestellt, daß für den Kernbereich des neuen Fertigungssystems das Fließprinzip gewählt wurde, während für Anfang und Ende des Systems die Nestfertigung angewendet wird.

2 Anforderungen an das Konstruktionssystem, Pflichtenheft

Mit der Einführung eines neuen Konstruktionssystems sollten die oben angedeuteten Schwachpunkte der Arbeit beseitigt werden. Da kein fertiges Programmpaket für die Konstruktion von Lukenabdeckungen am Markt angeboten wird und um den Auswahlprozeß zu vereinfachen, mußte zunächst ein Pflichtenheft für das zu beschaffende Programm ausgearbeitet werden. Zusätzlich war diese Ausarbeitung mit einem Klärungsprozeß über die durchaus unterschiedlichen Anforderungen von Konstrukteuren und Fertigungsingenieuren verbunden. Deshalb wurden in die Formulierung des Pflichtenheftes alle Bereiche der MACOR und die Planungsgruppe für den Aufbau der Fertigung bei der NSO einbezogen. Es war sicherzustellen, daß die Anforderungen der Stahlbaukonstruktion, des Maschinenbaus, die Datenübergabe an die Materialwirtschaft und an die Fertigung sowie die Forderungen der Fertigung an Art und Umfang der Arbeitsinformationen ausreichend beschrieben werden. Das Pflichtenheft stellte die Grundlage der Ausschreibung und eines abschließend durchgeführten Benchmarks dar.

2.1 Prinzip des Konstruktionsmodells

Ein Nachteil der meisten herkömmlichen 2-D-Systeme ist das Arbeiten mit geometrischen Figuren, denen keine weiteren Informationen über das konstruierte Produkt zugeordnet werden können. Ein Beispiel einer Stahlkonstruktion möge das verdeutlichen: Ein Trägersteg kann in der Seitenansicht als Polygonzug dargestellt werden, die Materialgüte und Plattendicke kann als graphische Information (Schriftzug) daneben gesetzt werden. In einer Schnittdarstellung des Steges muß der Konstrukteur selbst dafür sorgen, daß die Dicke des Materials korrekt dargestellt wird. Wird eine Änderung der Plattendicke durchgeführt, muß der Konstrukteur diese Änderung in beiden Darstellungen vornehmen. Existieren zu dem geänderten Bauteil auch Anschlußbauteile, dann wird es unter Umständen erforderlich, auch deren Darstellungen entsprechend zu modifizieren. Die Änderung der Stücklisteninformation ist ähnlich aufwendig.

Mit der Einführung eines neuen Konstruktionssystems soll von Beginn der Konstruktionsarbeiten an in einem Modell gearbeitet werden. Der Konstrukteur soll aus einem Katalog von Bauteilen eine Struktur modellieren können, an deren Einzelteilen möglichst alle Produktinformationen hängen, die für spätere Betriebsabläufe notwendig sind. Zu diesen Informationen gehören neben den Materialeigenschaften (Dicke, Profilquerschnitt, Materialgüte, Klassifikationsgesellschaft) auch Daten für das Bestellwesen, die Lagerung und die Daten für Leitwege in der Fertigung. Diese Stücklisteninformationen sollten für den Benutzer frei konfigurierbar sein.

In den Anforderungen des Pflichtenheftes wurden Bleche in verschiedenen Grundformen (Rechteck, Dreieck, beliebiges Polygon) und produktspezifischen Formen, sowie die gängigen Walzprofile festgeschrieben. Als produktspezifische Formen sind Knie-

bleche in häufig verwendeten Formen, aus mehreren Blechen zusammengesetzte Trägerstege und Gurte gemeint. Ein Beispiel für eine Hauptbaugruppe, die in einem Vorrat von Baugruppen zur späteren Wiederverwendung abgelegt werden soll, ist in Abb. 3 dargestellt. Bearbeitungsroutinen, wie z.B. die Bearbeitung von Walzprofilen mit Standardendabschnitten wurden ebenfalls gefordert.
Neben der Bearbeitung stahlbaulicher Baugruppen wurde gefordert, maschinenbauliche Komponenten einzufügen. Zu den maschinenbaulichen Komponenten werden mechanisch bearbeitete Bauteile, Hydraulikzylinder, Rohre mit Verschraubungen und Halterungen, Näherungsschalter und letztlich ganze Funktionsbaugruppen wie z.B. eine Verriegelung gezählt. Dabei sollte es jedoch die Möglichkeit geben, daß im Konstruktionsmodell des Stahlbaus lediglich ein das Bauteil repräsentierender Grundkörper eingefügt wird, der mit den zeichnerischen Darstellungen und Stücklisteninformationen verknüpft ist. Eine komplette Modellierung solcher Bauteile im Konstruktionsmodell wurde als zu aufwendig und rechenzeitintensiv eingeschätzt.
Für die Sicherung und Bereithaltung der Baugruppen und Standardkonstruktionsdetails soll eine Normteilbibliothek vorhanden sein, die durch den Benutzer des Programms erweitert werden kann. Neben firmenspezifischen Standards sollen ebenfalls Standardteile nach DIN und anderen Normen zur Verfügung stehen.
Bei der Definition des Modells muß es möglich sein, das Modell in verschiedene Baugruppen, und Zuständigkeitsbereiche einzuteilen. Mit der Baugruppeneinteilung soll eine Vereinfachung der Arbeitschritte zum Erzeugen der zeichnerischen Darstellung gegliedert nach Baugruppen und Fertigungsschritten erreicht werden. Mit der Trennung nach Zuständigkeiten soll eine Bearbeitung der Konstruktion durch mehrere Personen erreicht werden, bei der z.B. eine Verantwortlichkeit für die Hauptstruktur besteht, eine für Anbauteile und eine weitere für den hydraulischen Antrieb. Es sollte möglich sein, daß sich ein Bearbeiter die Arbeitsergebnisse des anderen zur Ansicht auf den Bildschirm holen kann und seine Arbeiten im Rahmen der schon existierenden konstruktiven Randbedingungen durchführen kann, ohne die Konstruktion des anderen ändern zu können.
Firmenspezifische Anpassungen sollten möglich sein: Dazu gehört die Möglichkeit zur Programmierung von Makros, eine Schnittstelle zu einer höheren Programmiersprache und die Möglichkeit einer freien Konfiguration der Benutzeroberfläche. Die Abb. 4. zeigt ein Beispiel eines einfachen Menüs des Standardumfanges. Ähnliche Menüs sollen auch nach Benutzervorgaben gestaltbar sein.

2.2 Darstellungen des Modells und abgeleitete Informationen

Bereits während der Bearbeitung des Modells muß eine Erzeugung von zeichnerischen Darstellungen des gegenwärtigen Bearbeitungsstandes des Modells möglich sein. Eine weitere und die bei weitem wichtigste Forderung war die Assoziativität der abgeleiteten Zeichnung zum Modell. Eventuell durchgeführte Änderungen des Modells sollten nach Aktivieren einer Update-Funktion in die bereits bestehende Zeichnung übertragen werden. Die Zeichnungen müssen in unterschiedlicher Detaillierungstiefe erzeugt werden können. Werden z.B. Zeichnungen der Stahlstruktur für Prüfzwecke der Klassifikationsgesellschaft erzeugt, muß es möglich sein, Teile des hydraulischen Antriebes auszublenden. Für Werkstattzeichnungen muß eine Beschränkung der Darstellung auf ausgewählte Baugruppen möglich sein. Für die Definition von Schnitten und Ansichten wird eine einstellbare Begrenzung der Sichttiefe erwartet, um hinter der Schnittebene liegende Teile der Struktur auszublenden. Für die Erzeugung von Brennunterlagen ist eine automatische Erzeugung von Einzelteilzeichnungen gefordert. Das Konstruktionssystem muß in der Lage

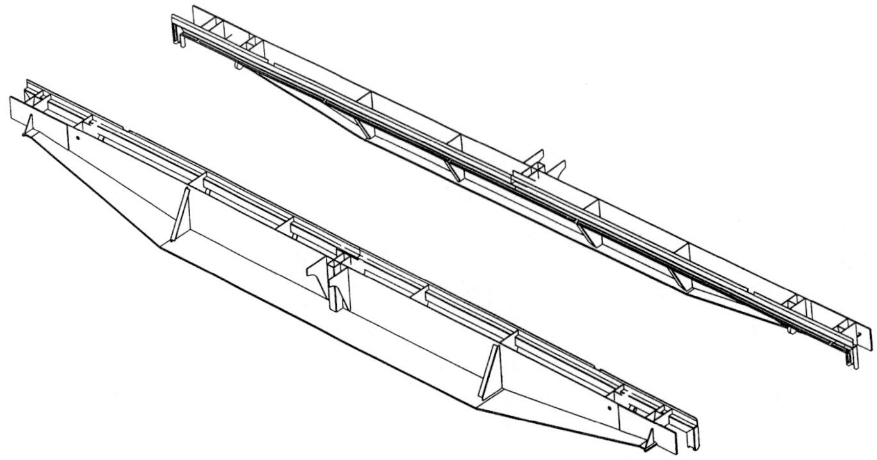

Abb. 3. Darstellung eines Hauptträgers mit Anbauteilen

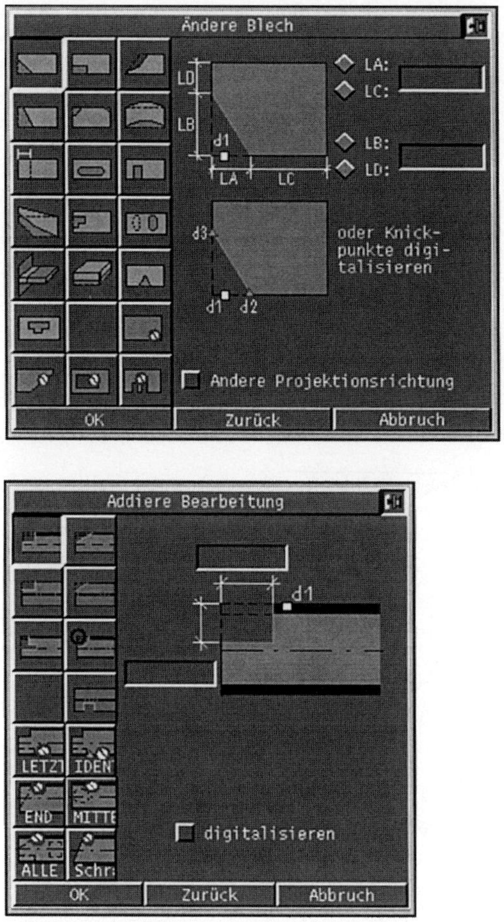

Abb. 4. Menüs zur Blech- und Trägerbearbeitung

sein, zusätzlich zum Modell in den Konstruktionsmaßen auch die erforderlichen Schrumpfzugaben zu verwalten und in den Zeichnungen in der firmenüblichen Art darzustellen. Hierfür sind ggf. Zusatzroutinen, die über den Standardumfang des Programms hinausgehen, bereits mit Systemeinführung bereitzustellen.
Für die Darstellung werden die üblichen Bemaßungen und Beschriftungen erwartet. Neben technischen Zeichnungen müssen auch bildliche Darstellungen wie z.B. perspektivische Darstellungen unter Auslassung der verdeckten Kanten oder schattierte Darstellungen erzeugt werden können. Diese Darstellungen erleichtern besonders die Übersicht über die Konstruktion und lassen eine Vereinfachung des Zusammenbaus in der Werkstatt erwarten (s.a. Abb. 5.).
Neben der reinen Darstellung der Geometrie muß weiterhin die Produktinformation verfügbar sein. Durch einfaches Anklicken eines dargestellten Bauteils müssen z.B. Plattendicke und Materialgüte aufzurufen und der Darstellung des Bauteils hinzuzufügen sein.
Auf Anforderung durch den Benutzer sind Stücklisten der Konstruktion in unterschiedlichen Auflösungen auszugeben. Die Stücklisten müssen nach den Hauptbaugruppen Stahl und Antrieb, nach Unterbaugruppen, sowie nach Materialgüten, Plattendicken und Profilarten sortiert ausgegeben werden können. Angaben über das Gesamtgewicht, den Schwerpunkt und die Anstrichfläche müssen verfügbar sein.
Das Programm muß in der Lage sein, die gängigen Schnittstellen VDAFS, IGES und DXF für den Datenaustausch mit anderen CAD-Systemen zu bedienen. Für die Erzeugung von Datensätzen für die Ansteuerung von Bearbeitungsmaschinen ist das DStV-Format gefordert.

2.3 Schnittstellen zur Fertigung

2.3.1 Werkstattzeichnungen

Wie in der Einleitung erwähnt, wurden in der Vergangenheit lediglich Übersichtszeichnungen an den Fertigungsbetrieb übergeben, das aufwendige Erarbeiten der Werkstattzeichnungen wurde dort durchgeführt. Ein Hauptgrund für dieses Verfahren war auch die von Hersteller zu Hersteller verschiedene Baugruppeneinteilung und Fertigungsreihenfolge. Im Falle der kontinuierlichen Zusammenarbeit mit einem Hersteller können diese beiden Randbedingungen bereits im Konstruktionsbüro berücksichtigt werden. Schon während der Modellierung der Stahlstruktur wird vom Konstrukteur eine Layerzuteilung der Bauteile entsprechend der Baugruppeneinteilung vorgenommen. Die Darstellung der Baugruppe enthält alle Teile, die an einem Arbeitsplatz zusammengefügt werden. Am Beispiel eines Trägers sind das der Steg mit Gurt und den bereits auf dem Vormontageplatz angesetzten Teilen mit ihren Ansetzmaßen unter Berücksichtigung der Schrumpfmaße. Für die Darstellung der Baugruppe ruft der Konstrukteur den entsprechenden Layer des Konstruktionsmodells auf und wendet die Funktionen zur Zeichnungserstellung an. Zu diesem Zeitpunkt werden auch die Funktionen zur Behandlung der Schrumpfzugaben angewendet. Die Bauteile, die in diesem Zusammenbauzustand einer gemeinsamen Schrumpfung unterworfen sind, werden um einen Betrag nach Vorgabe durch den Konstrukteur gestreckt. Die zeichnerische Darstellung enthält zum einen die Ansetzmaße, die vom Mitarbeiter der Fertigung gerade gebraucht werden, zum anderen werden aber auch die Konstruktionsmaße für spätere Kontrollzwecke mit angegeben.
Die während dieses Arbeitsschrittes vom Konstrukteur eingegebenen Schrumpfzugaben werden im Hintergrund den Bauteilen der Baugruppe zugeordnet und bei der späteren Bauteilerzeugung berücksichtigt. Da ein Bauteil mehreren Schrumpfungen unterworfen ist, können entsprechend mehrere Schrumpfzugaben für ein Bauteil eingegeben werden. Das Beispiel eines Deckbleches mag dies erläutern:

1. Die erste Schrumpfung erfährt das Bauteil beim Zusammenschweißen des Plattenplans. Bei Erzeugung der Zeichnung des UP-Plans wird diese Zugabe eingegeben.

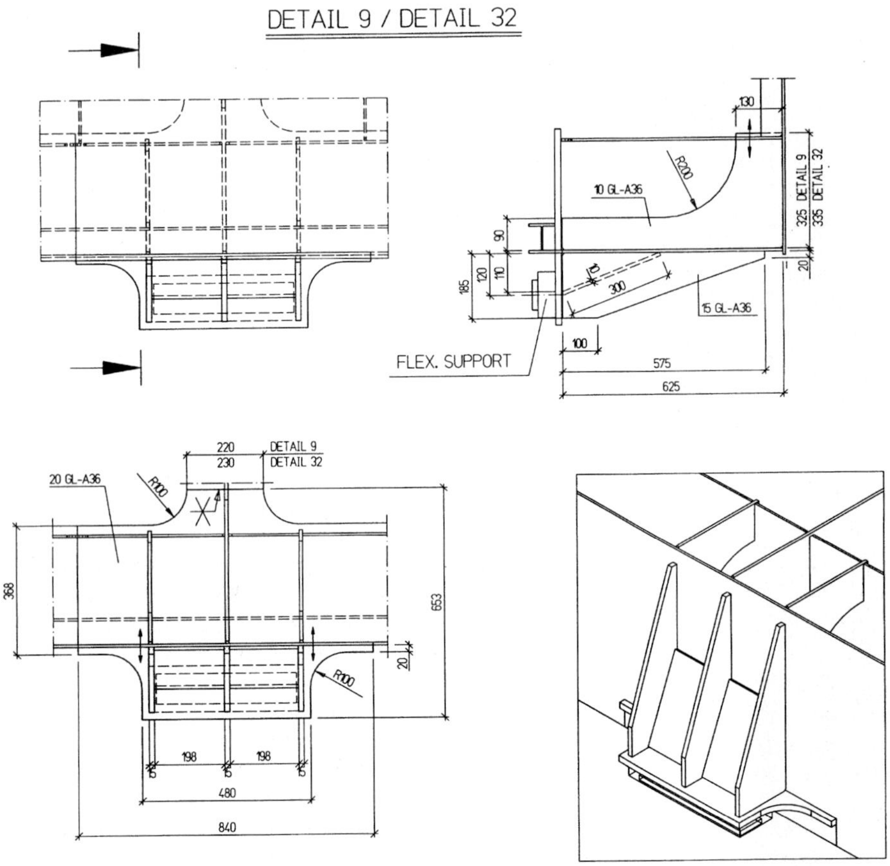

Abb. 5. Darstellung eines Konstruktionsdetails in Schnitten und einer Perspektive

2. Die zweite Schrumpfung erfährt das Bauteil beim Aufsetzen der Profile auf den Plattenplan. Bei Erzeugung der Zeichnung des Aufsetzlinienplanes wird diese Zugabe eingegeben. In beiden Fällen ist eine Schrumpfzugabe längs der Nähte in relativen Beträgen und quer zu den Nähten in absoluten Beträgen einzugeben.
3. Die dritte Schrumpfung erfolgt beim Verschweißen der Hauptträger mit dem Deckblech. Diese Zugabe wird ebenfalls bei der Erzeugung des Aufsatzlinienplanes eingegeben.

Diese drei Schrumpfzugaben werden nacheinander den beteiligten Bauteilen zugeschlagen. Das Konstruktionsmodell bleibt von diesen Änderungen der Maße jedoch unberührt. Die Erstellung der Übersichtszeichnungen in Konstruktionsmaßen ist weiterhin möglich. Der Bauteilspeicher enthält jedoch die Einzelteile in gestreckten Abmessungen.

2.3.2 Stahlzuschnitt (Einzelteilherstellung)

Für den Stahlzuschnitt werden die Konturen der Bauteile als Datensatz im Format des DStV erzeugt und an die Verschachtelungssoftware übergeben. Die Daten enthalten die Konturen der Bauteile, die Schweißnahtvorbereitungen der Bauteilkanten und Informationen für die Markier- und Signiereinrichtung. Markiert bzw. signiert werden die Bauteile mit evtl. vorhandenen Knicklinien zusammen mit den technologischen Daten, Schweißnahtvorbereitungen, die von den thermischen Trennmaschinen nicht ausgeführt werden und nachträglich von Hand auszuführen sind sowie mit Positionsnummern und weiteren Kennungen zur Steuerung des Durchlaufs der Teile durch die Fertigung. Zu Kontrollzwecken werden diese Informationen auch in Form einer Zeichnung, des sog. Brennbildes, mit Signierungen und Markierungen übergeben.

2.3.3 Markierstation

Für die Markierung der Aufsetzlinien der Profile, Träger und Anbauteile werden die Informationen des Aufsetzlinienplans ebenfalls als Datensatz zur Ansteuerung eines Markierportals übergeben. Hierfür kommt ebenfalls das Format des DStV zur Anwendung.

2.3.4 Roboterprogrammierung

Wichtiges Element der Fertigungsanlage ist ein unten näher beschriebener Roboterarbeitsplatz, der die Verschweißung der Träger mit dem Deckblech (horizontale Kehlnähte) und der Träger untereinander

(senkrechte Kehlnähte) durchführt. An den Arbeitsplatz des Programmierers für den Schweißroboter werden die Geometriedaten des Bauteils über eine neutrale Schnittstelle übergeben. Im Konstruktionsbüro werden die Bauteile in Boxen eingeteilt, die den Arbeitsbereichen eines Roboters entsprechen. Die Boxeneinteilung orientiert sich an den Bearbeitungszeiten des Roboters für eine zugeteilte Box. Da auf dem Portal zwei Schweißroboter zeitlich parallel arbeiten werden, ist zur Vermeidung von Stillstandszeiten eine gleichmäßige Häufung von Schweißnähten je Box anzustreben.
Neben der reinen Geometrie des Bauteils werden auch die Daten der Schweißnähte übertragen. Diese Nähte erscheinen auf dem Bildschirm des Programmierarbeitsplatzes, eine Übertragung von Zeichnungsdaten per Hand bei der Programmierung des Roboters entfällt damit weitgehend. Zeichnungen werden lediglich zu stichprobenartigen Kontrollen herangezogen. Die Schweißnähte werden bereits bei der Modellierung der Stahlstruktur durch Setzen der sog. Schweißpunkte definiert. Die Schweißpunkte enthalten Informationen zu Schweißnahtform und Maß und zur Kantenbearbeitung. Bei der Erzeugung der Daten für die Roboterprogrammierung werden die Informationen zu Nahtform und Maß umgewandelt, so daß am Programmierplatz die Geometrie der Schweißnaht zu erkennen ist.

2.4 Auswahl und Einführung des Systems

2.4.1 Benchmark

Das Pflichtenheft wurde mit einer Beschreibung des später durchzuführenden Benchmarks an 14 Anbieter von CAD-Systemen versandt. Dabei wurden die Unterlagen nicht nur an die Anbieter des jeweils originären Systems versandt, es wurden ebenfalls Systemhäuser angesprochen, die Applikationen auf der Basis eines Grundsystems anbieten. Die Auswahl erfolgte auf der Basis von Veröffentlichungen in diversen Fachzeitschriften.
Die Basis für den Benchmark stellte eine für MACOR typische kleinere Konstruktion eines Klappdeckels dar, die die wesentlichen Merkmale des Stahlbaus und des Antriebs sowie die Struktur der Darstellung von Anbauteilen und deren Stücklisten enthielt. Vom Anbieter wurde erwartet, daß in einem festgelegten Zeitrahmen von zwei Tagen die wesentlichen Arbeitsschritte der Konstruktion sowie das Endergebnis vorgeführt werden. Dabei war es zulässig, wenn vorbereitete Zwischenschritte abgespeichert waren. Damit wurde erreicht, daß eventuelle Planspiele auf der Basis der vom Anbieter mitgebrachten Daten während des Benchmark nicht zur Zerstörung des Ausgangsmodells führten und damit das Erreichen des Ergebnisses verhinderten. Langwierige Arbeiten konnten so prinzipiell angedeutet werden, das Ergebnis war verfügbar.
Nach einer Zahl von Vorpräsentationen, die noch jeweils nach den Vorstellungen des Anbieters verliefen, wurden nach einer Vorauswahl sechs Systeme zu dem Benchmark in der verlangten Form eingeladen. Nach einem vereinbarten Schema wurden diese Vorstellungen intern bewertet. Die Wahl fiel auf das System PKS des Anbieters DSC. Das Basissystem ist CADDS5 von Computervision.

2.4.2 Schulung und Betreuung der Konstrukteure

Zusammen mit DSC wurde ein Schulungs- und Einführungsplan erarbeitet. Der Plan sah vor, die Mitarbeiter der Konstruktion in mehreren Gruppen zeitlich gestaffelt in das Programm einzuweisen. Um die Schulung in einem möglichst kurzen Zeitraum für alle Mitarbeiter zu ermöglichen, wurden die Kurse an zwei Standorten durchgeführt. Nach einem Grundkurs bestand die Möglichkeit am Arbeitsplatz die zunächst erworbenen Grundkenntnisse zu praktizieren, bevor in einem weiteren Aufbaukurs weitere Funktionen des Systems vermittelt wurden. Die Abb. 6 stellt den Schulungsumfang und die ersten drei Monate der Planung dar.
Während der Einarbeitungsphase war eine Betreuung der Konstrukteure am laufenden Auftrag durch Mitarbeiter der Firma DSC geplant. Diese ideale Linie zur Einführung des Systems ließ sich neben der Bearbeitung der laufenden Aufträge nicht durchhalten. Parallel zur Einführung des PKS wurde bei NSO die Fertigungslinie in Betrieb genommen, verbunden mit zusätzlichen Abstimmungen und neuen Aufgaben für die Konstruktion, so daß zum heutigen Zeitpunkt lediglich die Stahlbaufunktionen des Programms genutzt werden; die Einführung der maschinenbaulichen Elemente des Systems wurde verschoben.

3 Aufbau der Fertigungslinie

3.1 Fertigungsplätze

Der Kernbereich der Lukendeckelherstellung besteht aus der stahlbaulichen Fertigung. Bevor diese näher vorgestellt wird, soll noch auf die diesem Kernbereich vor- bzw. nachgelagerten Fertigungsabschnitte eingegangen werden. Es handelt sich um den Komplex der Einzelteilfertigung und um den Komplex der Beschichtungs- und Komplettierungsarbeiten.

3.1.1 Einzelteilfertigung

Die Einzelteilfertigung besteht aus den neu aufgebauten Abschnitten

- Stahllager für Bleche und Profile
- Stahlkiesstrahlanlage
- Zuschnitt
- Sortieren
- Kommissionieren

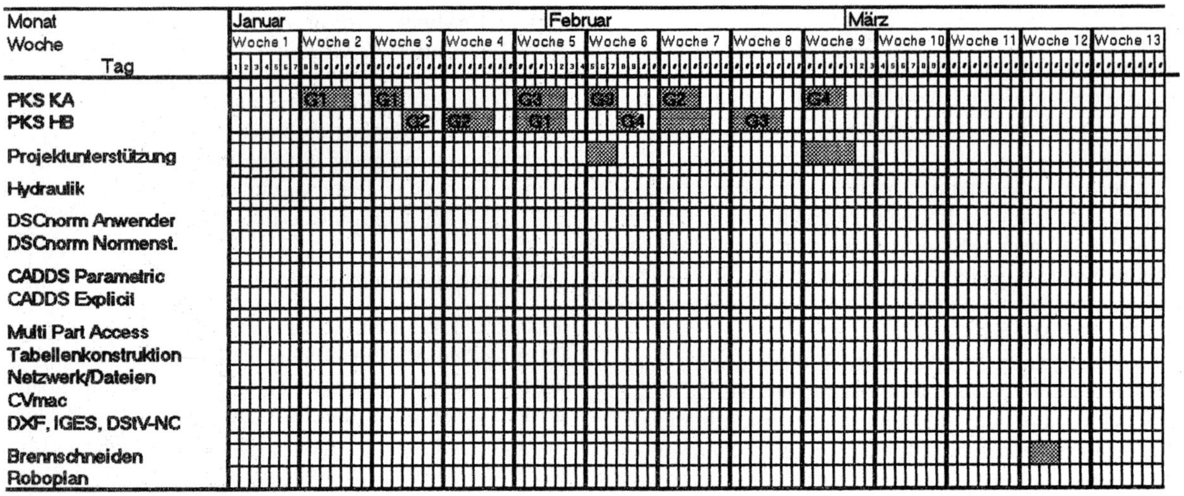

Abb. 6. Schulungsplan zur Einführung des PKS

Die Einzelteilfertigung ist für einen Stahldurchsatz von 20 000 t/a ausgelegt und fertigt neben Teilen für die Lukendeckelfertigung auch für andere Bedarfsträger. Sie stellt deshalb organisatorisch und wirtschaftlich eine eigene Struktureinheit dar.

Der Ablauf im Stahllager ist weitgehend automatisiert. Das Material wird mit Waggon oder LKW angeliefert und mit einem Magnetkran, der dabei handgesteuert wird, auf Pufferplätze entladen. Damit verbunden sind Wareneingangskontrolle und Eingabe der Materialdaten in den Lagerrechner, der seinerseits mit dem betrieblichen PPS-System gekoppelt ist und die Aktualisierung von Bestelldaten und Lagerdaten vornimmt. Die Bleche werden anschließend vom Magnetkran automatisch von den Pufferplätzen in das Lager transportiert, wobei der Lagerrechner die jeweiligen Lagerplätze so festlegt, daß beim ebenfalls automatischen Auslagern Kranbewegungen und Umstapelvorgänge minimiert werden.

Die Entnahme aus dem Stahllager erfolgt nach einem Tagesplan, der auf der Grundlage der im PPS-System enthaltenen Liefertermine und der jeweiligen Ist-Situation in der Fertigung vom Fertigungsleitstand der Einzelteilfertigung erzeugt wird. Das Material wird vom Automatikkran auf den Einlaufrollengang der Stahlkiesstrahlanlage aufgelegt und beginnt damit seinen Durchlauf durch die eigentliche Fertigung.

Die gestrahlten Bleche (SA 2,5) werden mit einem weiteren Automatikkran entweder Bereitstellungsplätzen oder unmittelbar den Trennmaschinen zugeführt. Zur Verfügung stehen drei Autogen-Brenn maschinen und eine Unterwasser-Plasmaschmelzschneidmaschine. Der Plan für die Maschinenbelegung wird nach dem Bedarf und der grundsätzlichen Zuordnung bestimmter Materialdicken zu bestimmten Maschinen sowie der täglichen Ist-Situation im Fertigungsleitstand erzeugt. Die Verknüpfung der einzelnen Maschinen und Transportanlagen einschließlich des Automatikkranes erfolgt über eine spezielle Zentralsteuerung, die ebenfalls mit dem Fertigungsleitstand gekoppelt ist.

Die geschnittenen Bleche werden mit dem Automatikkran auf spezielle gleisgebundene Wagen abgelegt und auf diesen nach Befehl der Zentralsteuerung in den Sortierbereich gefahren. Hier sind zwei handgesteuerte Sortierportale vorhanden, die beide mit einer automatischen Signiervorrichtung ausgerüstet sind. Nach dem alle Einzelteile einer Platte eine Signierung erhalten haben, werden die Schrottmaske entfernt und anschließend die Einzelteile in Paletten absortiert. Aus diesen Paletten werden im anschließenden Kommissionierbereich die Teile in der jeweils richtigen Lage und Reihenfolge für die einzelnen Fertigungsplätze in Transporteinheiten zusammengestellt.

3.1.2 Nachgeordnete Fertigungsabschnitte

Dem Kernbereich nachgeordnet sind die Abschnitte

- Strahlen
- Beschichten
- Komplettieren

Neben der eigentlichen stahlbaulichen Fertigung wird durch die Fertigungsvorgänge in diesen Abschnitten in hohem Maß die Qualität des Endprodukts bestimmt. Diesbezüglich wirkt es sich sehr günstig aus, daß für das Strahlen, Beschichten und Komplettieren ein besonderer Trakt unter einem gemeinsamen Dach geschaffen wurde, in dem die Lukendeckel witterungsgeschützt bearbeitet werden können und ihn erst verlassen, wenn sie ablieferungsfähig sind.

3.1.3 Der Kernbereich der Lukendeckelfertigung

Für den Aufbau der neuen Anlage für die Fertigung von Lukenabdeckungen war grundsätzlich zu klären, welches Fertigungsprinzip zugrundegelegt werden

sollte. Wie bereits bei den grundsätzlichen Ausführungen zum Fertigungssystem erwähnt (Abschn. 1.2), wurde für den Kernbereich eine Kombination von Nestfertigung und Fließfertigung gewählt.
Vom Fließprinzip wurde für die Stationen ausgegangen, die durch einen hohe Technisierung der technologischen Ausrüstung mit starker Spezialisierung gekennzeichnet sind. Die Forderung nach möglichst hoher Auslastung dieser Anlagen hätte sich bei der Nestfertigung nicht realisieren lassen. Dafür mußte in Kauf genommen werden, daß eine besondere Lösung für das Vertakten der einzelnen Lukendeckel nötig wurde. Für den annähernden Abgleich der Taktzeiten wurden spezielle Lösungen wie z.B. die Verdoppelung der Fertigungsplätze bei der Trägermontage oder flexible Verfahrensweisen beim Einsatz der Arbeitskräfte erforderlich (siehe auch Abschn. 3.2).
Die Nestfertigung konnte jedoch für die Trägerfertigung realisiert werden, weil es sich hier um einen Fertigungsplatz handelt, der in organisatorischer Hinsicht parallel angeordnet ist und eine universelle Ausrüstung benötigt. Ebenso wurde die abschließende Bearbeitung auf dem Probesüll nach dem Prinzip der Nestfertigung gestaltet. Hier sind mehrere gleichartige Fertigungsplätze vorhanden, auf denen jeweils alle abschließenden Arbeiten vor der Übergabe an den Konservierungstrakt ausgeführt werden.
In der Abb. 7 ist der Platz 1 am rechten Ende der Halle und der linke, auf der Zeichnung vertikal angeordnete, Teil der Halle für Nestfertigung ausgelegt.

Einen Überblick über die gesamte Fertigungsanlage mit den wichtigsten Ausrüstungen gibt Abb. 7.

3.1.3.1 Trägerfertigung

Die eigentliche Lukendeckelfertigung beginnt mit der Trägerfertigung, die als Fertigungsnest gestaltet wurde. Hier werden hochstegige Träger aus Stegblechen und Gurtblechen zusammengebaut und geschweißt. In großem Umfang werden auch bereits Komplettierungsteile wie Containerunterbauten und Kniebleche angebaut.
Hier zeigt sich bereits das Problem einer fertigungsorientierten konstruktiven Vorbereitung: Es wurde bereits davon gesprochen, daß für jeden Fertigungsplatz die dort benötigten Arbeitsinformationen, und nur diese, zur Verfügung gestellt werden sollen. Die genannten Komplettierungsteile können nun grundsätzlich bereits bei der Trägerfertigung oder aber erst auf dem noch vorzustellenden Komplettierungsplatz am Ende der Fertigungslinie angebaut werden. Die konkrete Entscheidung hängt von mehreren Kriterien ab, deren Gewichtung teilweise auch durch die operative Situation beeinflußt wird. So bieten sich in der Trägerfertigung günstigere Anbau- und Schweißmöglichkeiten, andererseits können bereits montierte Komplettierungsteile spätere Montageprozesse behindern. Das CAD-System muß deshalb die Möglichkeit bieten, die Komplettierungsteile jeweils in die dem tatsächlichen Fertigungsablauf entsprechenden

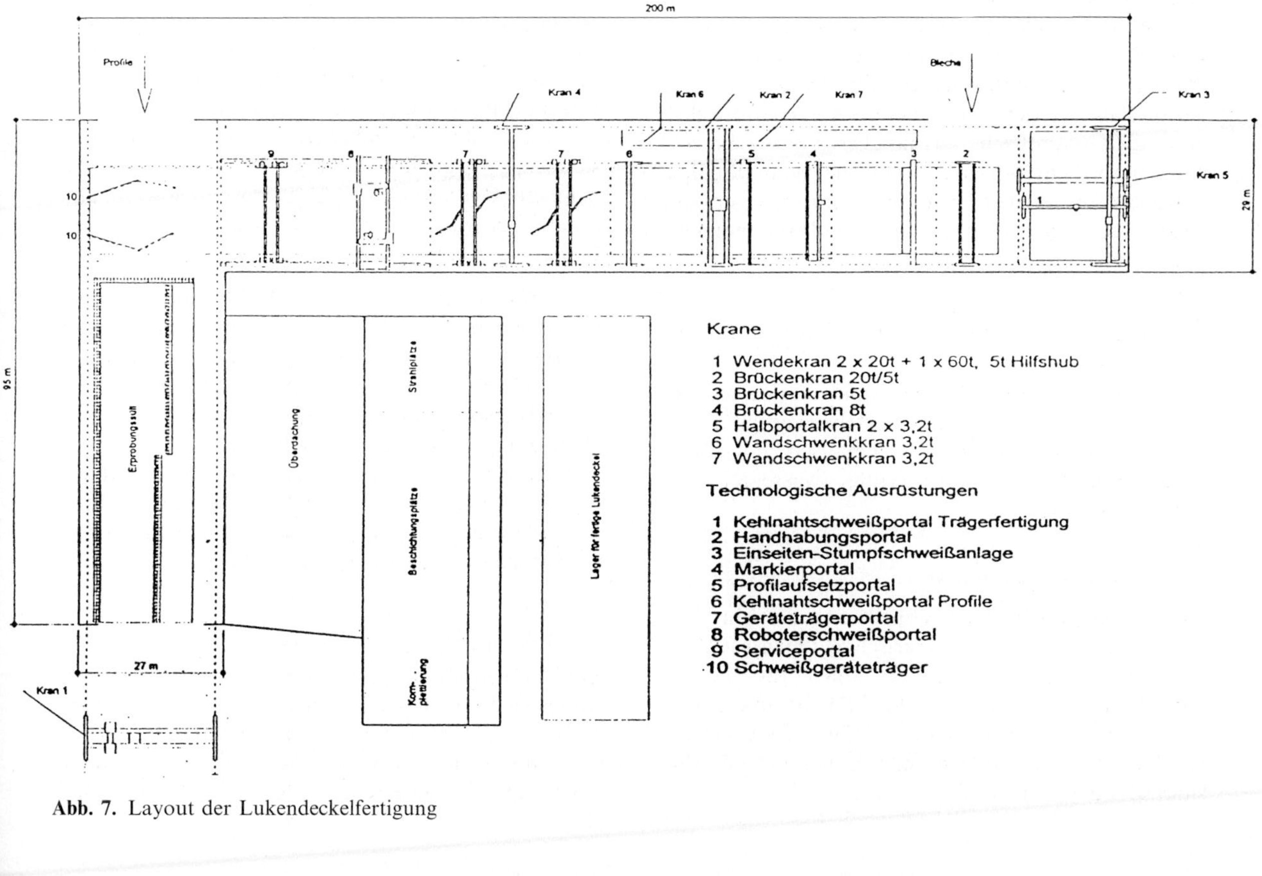

Abb. 7. Layout der Lukendeckelfertigung

fertigungsplatzbezogenen Werkstattzeichnungen einzuordnen und gegebenenfalls auch operative Änderungen zuzulassen.
Der Fertigungsplatz für die Trägerfertigung liegt im Bereich eines 5t-Brückenkranes und ist zusätzlich mit einem eigenen 2x3,2t-Halbportalkran ausgerüstet. Neben allgemeinen Montagehilfsmitteln ist für die Schweißarbeiten ein den gesamten Platz überspannendes Schweißportal mit zwei MAG-Doppeldrahtschweißköpfen (TwinArc) vorhanden.

3.1.3.2 Plattenplanfertigung

Der Fließfertigungsabschnitt beginnt mit der Herstellung der Deckbleche, die aus einzelnen Platten auf einer Einseiten-UP-Stumpfschweißanlage zu Flächen bis zu 10 m × 16 m verschweißt werden.
Die Teilbleche werden in der Reihenfolge, wie sie für das Auslegen zum Plattenplan erforderlich ist, von der Einzelteilfertigung angeliefert und vor der Schweißanlage bereitgestellt. Für das Auslegen ist ein besonderes Handhabungsportal mit Vakuumhebern vorhanden. Das Schweißen erfolgt auf einer verschiebbaren Schweißbadsicherung einseitig unter Pulver. Zum Verschieben des Plattenplans auf einem Rollenfeld sind magnetische Handhabungseinrichtungen vorhanden, die gemeinsam mit Reibrädern den Plattenplan auch drehen können, wenn Nähte nicht in der Hauptschweißrichtung liegen.
Nach dem Schweißen wird der fertige Plattenplan mittels Kettenförderer auf Rollen zum nächsten Arbeitsplatz verschoben.
Als fertigungsplatzbezogene Werkstattzeichnung wird eine Skizze für die Anordnung der einzelnen Platten zur Gesamtfläche geliefert. Wesentlich ist dabei, daß bei der Konstruktion versucht werden muß, die Gesamtfläche aus möglichst wenig Einzelplatten zusammenzusetzen und die Schweißnähte möglichst nur in einer Richtung anzuordnen, um die Anzahl der Schweißnähte und der Handhabungsoperationen zu minimieren.
Daten der Anlage:

- Stationäres Schweißportal mit Ausrüstung für UP-Zweidraht-Schweißen
- Magnetspanntisch mit ein- und auslaufseitiger hydraulisch unter die Transportebene absenkbarer Magnetspannreihe und pneumatisch höhenverstellbarer Schweißbadsicherung (wassergekühlte Kupferschiene)

3.1.3.3 Markieren

Der Plattenplanfertigung schließt sich die Markierstation an. Durch ein numerisch gesteuertes Markierportal werden alle Aufsetzlinien für die zu montierenden Längs- und Querbauteile mit einem Plasmabrenner angezeichnet. Ein Tintenstrahldrucker beschriftet die einzelnen Linien mit den Positionsnummern der aufzusetzenden Teile.
Eine fertigungsplatzbezogene Werkstattzeichnung ist für das Markieren nicht erforderlich, da die Maschine durch Kopplung an das CAD-System vollautomatisch arbeitet, eine Darstellung mit allen Markierungen und Texten (Aufsetzlinienplan) kann aber jederzeit zu Kontrollzwecken ausgegeben werden, weil die entsprechenden Daten für die Maschinensteuerung bereitgestellt werden müssen.

3.1.3.4 Aufsetzen und Schweißen der Profile

Markierportal und ein besonderes Portal zum Aufsetzen und Heften der Wulstprofile arbeiten im gleichen Bereich. In einer Kammpalette werden die Profile in der richtigen Lage und Reihenfolge bereitgestellt. Das handgesteuerte Portal entnimmt die Profile der Reihe nach und setzt sie an der jeweiligen Linie auf. Die grobe Positionierung in Profillängsrichtung erfolgt bereits durch die Lage in der Kammpalette. Mit dem Aufsetzportal können die Profile noch um ± 150 mm in Längsrichtung verschoben werden. Nach endgültiger Positionierung werden sie hydraulisch angedrückt und automatisch geheftet.
Für diesen Arbeitsplatz ist nur indirekt eine fertigungsplatzbezogene Arbeitsinformation erforderlich. Es handelt sich um eine auf der Basis des Aufsetzlinienplanes erzeugte Zeichnung, nach der die Profile im Anschluß an die Einzelteilfertigung in die Kammpaletten einsortiert werden. Die Lage des jeweiligen Profils in der Palette und die Aufsetzlinie auf der Deckelfläche stellen dann alle erforderlichen Informationen dar.
Nachdem alle Profile aufgesetzt und geheftet sind, wird der so vorbereitete Plattenplan mit dem Kettenförderer in den Bereich des Profilschweißportals verschoben. Hierbei handelt es sich um eine Anlage, die mit einem Schweißwagen versehen ist, an dem sich zwei gegenüberliegende MAG-Schweißköpfe befinden. Geschweißt werden beiderseitige Kehlnähte mit Dicken von 3 bis 5 mm in einer Lage.
Daten des Andrückportals:

- Profilsortiment: HP 120...HP 240 sowie Winkel bis 400 mm Steghöhe für automatisches Heften HP 80...HP 100 sowie L 80...100 für Aufsetzen mittels Adapterstücken und manuelles Heften
- Andrückausrüstung: 17 elektromagnetische Profilhalter mit hydraulischer Andrückvorrichtung
- Heftausrüstung: Heftwagen mit zwei MAG-Schweißköpfen für beiderseitige Heftschweißung sowie einer elektromagnetischen Vorrichtung zum Anziehen des Plattenfeldes an die Steifen

3.1.3.5 Trägermontageplätze

Die Trägermontageplätze und die weiteren Fertigungsplätze im Bereich der Fließfertigung verfügen über spezielle Unterflurtransportwagen mit Hubeinrichtungen, die auch den Bereich des Kehlnahtschweißportals unterfahren können. Von hier holen

sie die mit Profilen besteiften Paneele ab und legen sie auf einem der beiden Trägermontageplätze ab.
Die Trägermontageplätze sind weitgehend durch manuelle Arbeit gekennzeichnet, zu deren Erleichterung zwei Geräteträgerportale vorhanden sind. Diese sind jeweils neben zwei 5t-Krankatzen mit 6 MAG-Schweißgeräten, einem Autogen-Handschneidbrenner sowie einer Einrichtung zum Anziehen der Paneelflächen an die aufzusetzenden Träger versehen. Von den MAG-Schweißgeräten sind zur Erweiterung des Arbeitsbereiches zwei an Knickarmauslegern angebracht.
Die in der Trägerfertigung (vgl. 0) gefertigten hochstegigen Quer- und Längsträger werden auf einem Platz neben den Trägermontageplätzen geordnet in Paletten bereitgestellt und nach Bedarf mit den Hallenkranen auf das entsprechende Paneel aufgesetzt. Mit Hilfe der Geräteträgerportale und ihrer Einrichtungen werden die Träger endgültig positioniert und geheftet. Teilweise werden hier auch bereits schwer zugängliche Eckverbindungen von Hand geschweißt. Explizite Arbeitsinfomationen sind für diese Fertigungsplätze nicht erforderlich, da alle Informationen implizit durch Markierungen, Signaturen und die Gestalt in den Bauteilen vorhanden sind. Zu Kontrollzwecken stehen Zeichnungen zur Verfügung.

3.1.3.6 Roboterschweißen

Eine wesentliche Innovation stellt die Anlage zum automatischen Schweißen der Verbindungen zwischen den hochstegigen Trägern und dem Deckblech sowie zwischen den Trägern untereinander und zwischen Trägern und Profilen dar. Im ersten Fall handelt es sich um horizontale Kehlnähte, während zwischen den Versteifungen senkrechte Kehlnähte zu schweißen sind.
Diese Nähte sind weitgehend durch zwei Schweißroboter, die an einem gemeinsamen Portal angeordnet sind, zu schweißen. Die gerätetechnische, steuerungstechnische und schweißtechnische Seite des Roboterschweißens kann heute als gelöst betrachtet werden und soll deshalb hier nicht behandelt werden. Problematisch ist bei wechselnden Schweißaufgaben aber immer noch die Programmierung, deren Lösung kurz vorgestellt werden soll.

Roboterprogrammierung

Grundsätzlich war davon auszugehen, daß unterschiedliche Schweißbilder auftreten und die Zugänglichkeitsbedingungen differieren. Die Programmierung sollte eine möglichst hohe Auslastung der Roboter sichern, so daß die Teach-in-Programmierung ausschied. Statt dessen wurde ein Off-line-Programmiersystem gewählt (RoboPlan), mit dessen Hilfe auf der Grundlage von CAD-Daten die Roboterprogramme weitgehend räumlich und zeitlich unabhängig vom eigentlichen Fertigungsprozeß erarbeitet werden können. Gleichzeitig ist es aber auch möglich, kurzfristig Programmänderungen vorzunehmen, da die Aufteilung der Arbeit zwischen Robotern und Handschweißern manchmal erst entsprechend der operativen Situation erfolgen kann.
Die Programmierung erfolgt an einer Workstation, die über das Modell der Roboterschweißanlage verfügt und on-line mit dem CAD-System gekoppelt ist. Jeder Lukendeckel wird bereits vom Konstrukteur in einzelne Bereiche, sog. Boxen, aufgeteilt, die aus dem Arbeitsbereich der Roboter und den konstruktiven Gegebenheiten folgen. Die Schweißprogramme werden jeweils für einen Roboter und eine Box erstellt. Eine Besonderheit stellt das Doppel-Kehlnaht-Schweißen dar, bei dem beide Roboter gleichzeitig innerhalb einer Box arbeiten.
Kurzgefaßt gilt folgender Ablauf:

- Umrechnen der CAD-Daten eines Lukendeckels in das interne Format von RoboPlan durch Postprozessor des RoboPlan-Rechners.
- Automatische Visualisierung der Nähte. Ggf. Ergänzung oder Änderung von Nähten durch den Programmierer. Festlegung, welche Nähte als Einzelnähte und welche als Doppel-Kehlnähte geschweißt werden sollen.
- Festlegung der Schweißfolge getrennt für Einzel- und für Doppel-Kehlnähte durch den Programmierer.
- Automatische Erzeugung der Brennerbahnen (Sollverlauf des Brenners und der Schweißnahtdaten). Automatische Erzeugung von Meßbahnen, die das taktile Nahtanfangsssuchen beschreiben.
- Automatische Erzeugung einer Schweißbahn zu jeder Brennerbahn, die die Roboterbewegung beschreibt und von Transferbahnen, die die Roboterbewegungen zwischen den einzelnen Nähten sowie zur Brennerreinigungs- und Brennerwechselstation festlegen. (Die Bewegungen während Brennerreinigung bzw. Brennerwechsel werden nicht erfaßt, sie sind in einem internen Makro der Robotersteuerung enthalten, das vom Programm aufgerufen wird.) Die Schweißparameter werden automatisch einer Bibliothek entnommen, die vom Programmierer nach Bedarf geändert werden kann.

Auf Wunsch kann der gesamte Bewegungsvorgang am Bildschirm sichtbar gemacht werden. Abb. 8 zeigt einen entsprechenden Screen-shot.
Zu Beginn des Robotereinsatzes, d.h. in der derzeitigen Phase, muß jede Naht vom Programmierer am Bildschirm identifiziert und eine jeweils typische Schweißbahn ermittelt werden, die dann in einer Vorlage gespeichert wird. Mit zunehmender Anzahl von Vorlagen kann beim Programmieren immer stärker auf diese zurückgegriffen und damit der Aufwand reduziert werden. Darüber hinaus kann der Programmierer aus solchen Vorlagen und Transferbahnen auch komplexe Schweißbilder zusammensetzen und speichern. Auf diese Weise kann der Programmieraufwand immer weiter reduziert werden.

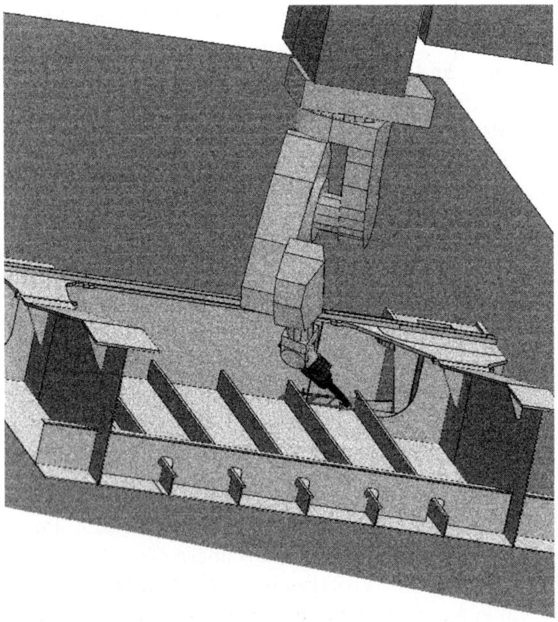

Abb. 8. Screenshot einer Roboterbewegung

Die Programmierung umfaßt auch die Kollisionskontrolle zwischen Roboter und Lukendeckel, zwischen Roboter und sich selbst sowie zwischen Roboter und Umgebung. Für den Doppel-Kehlnahtbetrieb wird auch die Kollisionskontrolle zwischen den beiden Robotern durchgeführt. Die Kollisionskontrolle läuft üblicherweise im Hintergrund ab; ihre Ergebnisse können aber auch durch Rotfärbung der beteiligten Elemente am Bildschirm sichtbar gemacht werden. Abb. 9 zeigt ein Beispiel.

Roboterbetrieb

Der Lukendeckel wird über das Unterflurtransportsystem mit Hubwagen in den Bereich des Roboterschweißportales transportiert und grob ausgerichtet. Mit Hilfe des 3D-Meßsystems wird durch Anmessen von bereits in der Konstruktion festgelegter Marken die exakte Lage des Lukendeckels bestimmt.
Für den eigentlichen Betrieb des Roboters ist neben der internen Steuerung noch ein Leitrechner erforderlich, der die Verwaltung der einzelnen Lukendeckel, Boxen und Programme vornimmt. Weiterhin wird auf dem Leitrechner die Reihenfolge der einzelnen Boxen festgelegt und die Zuordnung zu den beiden Robotern vorgenommen

Daten der Roboterschweißanlage:

- Verfahrbares Portal (x-Achse ca. 35 m) mit zwei verfahrbaren Brücken (y-Achse ca. 21 m)
  - je Brücke 1 Schlitten, verfahrbar in x-Richtung (x'-Achse ca. 3,5 m), mit senkrechter Achse (z-Achse ca. 1,5 m)
  - je Schlitten 1 sechsachsiger Drehgelenkroboter (Romat 260) in Überkopfposition
- Arbeitsbereich: 16 500 mm Breite, 1200 mm Höhe, 3500 mm Länge; Länge durch schrittweises Versetzen des Portals auf 35 000 mm vergrößerbar
- Schweißtechnik:
  - MIG/MAG-Gerätetechnik, mikroprozessorgesteuerte Impulsstromquellen (GLC 503 Quinto Forte)
  - Gasdüsenkontaktsensorik zum Nahtanfangssuchen; Lichtbogensensorik zur Nahtverfolgung
  - Kehlnahtdicke a = 3...5,5 mm einlagig, bis a = 8 mm mehrlagig

Eine Vorstellung des Roboterschweißportals vermittelt Abb. 10. Es handelt sich dabei um eine Darstellung auf der Grundlage des internen Modells des Roboterschweißportales im RoboPlan-Rechner.

3.1.3.7 Komplettieren

Nach dem Roboterschweißen wird der Lukendeckel mit der Transporteinrichtung in den Komplettierbereich transportiert. Hier wird der Deckel um bisher noch nicht angebaute Kleinteile und Baugruppen ergänzt. Weiterhin werden alle nach dem Roboterschweißen noch übrigen Nähte von Hand geschweißt. Ursachen dafür können, abgesehen von nicht völlig auszuschließenden Ausfällen der Roboter, in der nicht ausreichenden Zugänglichkeit von Nähten für die Roboter und in mangelnder Kapazität der Roboter bestehen.

Abb. 9. Kollisionskontrolle am Bildschirm

Abb. 10. Darstellung des Roboterschweißportals am Robo-Plan-Arbeitsplatz

In diesem Bereich besteht auch die Möglichkeit, die Lukendeckel von der bisherigen Überkopflage in ihre Gebrauchslage zu wenden. Dazu steht ein Wende-Kran zur Verfügung. Nach dem Wenden werden noch Nähte geschweißt, die sich bisher in Überkopfposition befunden haben. In der produktionsfreien Zeit (3. Schicht) können in diesem Bereich auch Ultraschall- und Röntgenprüfungen der Schweißnähte durchgeführt werden.
In diesem Bereich endet das Unterflurtransportsystem und der Fließfertigungsabschnitt.
Als Arbeitsinformationen sind Angaben über die anzubauenden Teile und Baugruppen sowie über die zu prüfenden Nähte erforderlich.
Daten der Ausrüstung:

- 2 Knickausleger mit 16 m Auslage, jeweils mit Hubplattform (Tragfähigkeit 100 kg, Hub 3000 mm) ausgerüstet mit Kettenzug, 2 MAG-Handschweißgeräten, 1 Autogen-Handbrenner, Druckluft- und E-Anschluß
- Serviceportal mit 4 Hubzügen für MAG-Handschweißgeräte
- Wendekran: 2 × 20 t + 1 × 60 t; 5 t Hilfshub

3.1.3.8 Probesüll

Das Probesüll befindet sich in einem Hallenteil mit größerer Höhe, der senkrecht zu dem bisher behandelten Fertigungsabschnitt steht. In diesem höheren Hallenteil befindet sich auch der bereits vorgestellte Komplettierungsplatz, so daß von diesem aus der Lukendeckel mit dem Wendekran zum Probesüll transportiert werden kann.
Das Probesüll dient zur stahlbaulichen Fertigstellung des Lukendeckels und zum Nachweis seiner Funktion einschließlich der Toleranzeinhaltung. Es besteht dazu aus sechs fest in einer Reihe angeordneten 10,5 m langen Süllbalken auf der einen Seite des hohen Hallenteils. Gegenüber befinden sich ebenfalls sechs Süllbalken gleicher Länge, die jedoch unabhängig voneinander verschiebbar sind. Damit können maximal sechs unterschiedlich lange Lukendeckel gleichzeitig aufgelegt werden, falls sie nicht breiter als 10 m sind. Bei breiteren Deckeln müssen nebeneinanderliegende Süllbalken zusammengefaßt werden, wodurch sich die Zahl der Auflagplätze verringert.
Die einzelnen Deckel werden auf dem Probesüll mit einem mobilen 3D-Meßsystem (Leica DCA-TC) vermessen und ggf. gerichtet, wobei über eine Kopplung zum CAD-System ein automatischer Soll-Ist-Vergleich durchgeführt wird. Insbesondere werden hier auch Positionierung und Nivellement der Containerbeschläge sowie das Nivellieren des Gummidichtungsbettes vorgenommen.
Eine weitere Aufgabe besteht in der Funktionserprobung nebeneinander liegender Deckel. Bei Faltdeckeln wird hier mit Kranhilfe der Faltversuch durchgeführt. Als Arbeitsinformation gilt hier im wesentliche die schiffbauliche Einbauzeichnung.

3.2 Arbeitsorganisation

Die neue Fertigungsanlage kann nur effektiv betrieben werden, wenn gleichzeitig eine Reihe arbeitsorganisatorischer Maßnahmen wirksam werden, die in einem gesonderten Organisationsprojekt erarbeitet wurden. Es würde den Rahmen dieser Darstellung sprengen, auf den Inhalt des Organisationsprojektes ausführlich einzugehen. Lediglich einige wesentliche Probleme seien kurz angerissen:
Das Grundproblem wird darin gesehen, für alle an der Vorbereitung und Durchführung der neuen Fertigung Beteiligten eine hohe Motivation zu sichern. Eine wesentliche Maßnahme dazu ist die Bildung von einzelnen Teams mit jeweils einem verantwortlichen Sprecher, die für einen bestimmten Arbeitskomplex zuständig sind und weitgehend nach dem Prinzip der Selbstorganisation arbeiten. Folgende Teamstruktur ist vorhanden:

- Team 1: Trägerfertigung
- Team 2: Paneelfertigung
- Team 3: Trägermontage
- Team 4: Roboterschweißen und Komplettieren
- Team 5 und 6: Probesüll

Die Teams sind für einen bestimmten Arbeitsumfang zuständig und organisieren diesen selbständig. Wichtig ist dabei, daß jedes Teammitglied in der Lage ist, alle anfallenden Tätigkeiten auszuführen. Erste Erfahrungen haben gezeigt, daß besonders im Hinblick auf einen annähernden Abgleich der Taktzeiten eine weitere Flexibilisierung der Arbeitszeiten sinnvoll ist.
Die Erfassung des Fertigungszustandes, eventueller Maschinenausfälle sowie der Arbeitszeit der Mitarbeiter erfolgt über ein BDE-System, das über Industrie-PCs an den einzelnen Arbeitsplätzen bedient

wird. Die Informationen werden im Fertigunsleitstand verarbeitet und als Ist-Werte automatisch bei der täglichen kurzfristigen Fertigungsplanung verwendet.
Die Gesamtleitung des Prozesses der Lukendeckelfertigung obliegt einem Steuerteam, dem der Leiter der Abteilung Lukendeckelfertigung vorsteht, und in dem vier weitere Mitglieder für alle Fragen der Arbeitsvorbereitung und Arbeitsorganisation, der unmittelbaren Steuerung des Zusammenwirkens der einzelnen Teams sowie der Roboterprogrammierung und der Meßtechnik verantwortlich sind.

4 Erste Arbeitsergebnisse, Zusammenfassung

Wie bereits oben erwähnt, konnte der Einführungsplan für das CAD-System nicht eingehalten werden, so daß zum heutigen Zeitpunkt noch nicht alle Mitarbeiter der Konstruktionsabteilung mit dem System arbeiten. Nach der Einführung des CAD-Systems kam es zunächst zu einem deutlichen Produktivitätseinbruch bei den Mitarbeitern, die erstmalig einen Auftrag mit dem System bearbeiteten. Bei der Bearbeitung nachfolgender Aufträge ähnlicher Anlagen ist jedoch eine Produktivitätssteigerung zu erkennen. Diese beruht zum einen auf der wachsenden Routine, aber auch auf dem ständig wachsenden Vorrat an Konstruktionsmodellen, die für eine Wiederverwendung und Modifikation zur Verfügung stehen.
Aus dem Bereich der Fertigung können wegen einer Verzögerung des Aufbaus der Anlage nur erste Tendenzen berichtet werden. Die Übergabe der Konstruktionsdaten an die einzelnen Arbeitsstationen funktioniert zufriedenstellend, wenn man von den üblichen Anlaufschwierigkeiten und sich wiederholenden Tests absieht. Die Arbeitsplätze, an denen die Tätigkeit bereits vollständig entsprechend der Konzeptionierung aufgenommen wurde, zeigen deutlich bessere Ergebnisse gegenüber einer herkömmlichen Fertigung.

Erörterungen

Prof. Dr.-Ing. habil. Manfred Beyer, Howaldtswerke-Deutsche Werft AG, Kiel:

- Berücksichtigt das CAD-System die Schweißschrumpfung automatisch?
- Welche Parameter werden bei der Berechnung des Schweißvorganges berücksichtigt?

1. Wird die Schrumpfung vom CAD-System automatisch eingebracht?
2. Welche Parameter werden berücksichtigt? Z.B. Plattendicke, Nahtform, Schweißverfahren etc.

Dr.-Ing. Martin Beyrodt, Rostock-Warnemünde, Dr.-Ing. E. Brünner, Bremen (Schlußwort)

Die Schrumpfzugaben der Bauteile werden vom Benutzer auf der Basis von abgestimmten Erfahrungswerten direkt eingegeben. Ein wissensbasiertes System, in dem die o.g. Parameter und deren Einflüsse auf die Schrumpfung gespeichert sind existiert nicht. Dem Konstrukteur sind lediglich Hilfsmittel an die Hand gegeben, die es erlauben, die Geometrie der Bauteile durch Eingabe von Streckungsfaktoren zu verändern. Für diese Arbeit ist es nicht erforderlich, jedes Brennteil einzeln zu bearbeiten. Es ist vorgesehen, die Bauteile die zu einer Baugruppe zusammengefaßt sind und eine gemeinsame Schrumpfung erfahren, mit Faktoren für die Längs- und Querrichtung gesondert, proportional zu strecken. So wird z.B. ein UP-Plan als Gruppe gemeinsam mit den Profilen aufgerufen. Dann wird für die Richtung längs zu den Profilen bzw. quer zu den Profilen je ein Faktor eingegeben. Die Profile und die Konturen der Brennteile, die sich in der gerade aktivierten Baugruppe befinden werden entsprechend gestreckt. die Aktion hat jedoch nur Einfluß auf die Datensätze, die zu den Trennmaschinen und dem Markierportal gesandt werden. Das Konstruktionsmodell bleibt weiterhin in den Konstruktionsmaßen erhalten.
Zum letzten Teil der Frage bleibt zu sagen, daß derzeit eine Arbeitsgruppe die Übertragbarkeit der Methoden der Genaufertigung auf die Lukendeckelfertigung untersucht. Ziel der Einführung ist nicht so sehr die zugabenfreie Fertigung als mehr die Steuerung der Genauigkeit und die Kontrolle der Maßhaltigkeit. Da ein Lukendeckel eine übersichtliche und als ganzes zu fertigende Baugruppe darstellt, sind auch in der Vergangenheit nur selten Montagezugaben für Stöße von Baugruppen verwendet worden. Der Vorteil einer Markenmontage wird eher bei der möglichen Verkürzung von Montagezeiten und bei der Verringerung des Zeichnungsaufwandes für die Konstruktion gesehen. Die dazu notwendigen Voraussetzungen, die vom Konstruktionssystem zu erfüllen sind, sind noch zu spezifizieren.

Neue Gesichtspunkte beim Yachtentwurf

Kurzfassungen der Vorträge des Sprechtages im November 1997 in Bremerhaven

Einfluß veränderter Randbedingungen auf den Yachtentwurf

Modern Yacht Design under the Influence of Today's Changed Conditions

Dipl.-Ing. **Torsten Conradi**
judel/vrolijk & co-engineering gmbh, Bremerhaven

1 Einleitung

In den vergangenen zehn Jahren haben sich erhebliche Veränderungen bei den Rahmenbedingungen auf dem Yachtmarkt ergeben. Dies gilt nicht nur für den eher technischen Bereich der Entwicklung, der Konstruktion und des Baus von Segelyachten, sondern auch für den kaufmännischen und allgemeinen gesellschaftlichen Aspekt. Da es sich bei Yachten um sehr technische Sportgeräte handelt, sind sie in erster Linie technischer Natur, d.h. sie sind ursächlich auf veränderte technische Rahmenbedingungen zurückzuführen. Aber auch allgemeine gesellschaftliche Entwicklungen spielen eine Rolle und gehen z.T. soweit, daß sie den Entwurf beeinflußen.
Im folgenden soll eine kurzer Abriß über diese Veränderungen und ihre Auswirkungen auf den Yachtentwurf gegeben werden.

2 Vermessungsformeln

Vermessungsformeln, die dazu dienen Yachten unterschiedlicher Größe und Bauart auf einem Regattakurs gegeneinander segeln zu lassen, haben den Entwurf von Yachten schon immer entscheidend geprägt. Jedesmal, wenn eine neue Vermessungsformel eingeführt wurde, bedeutete dies Veränderungen im Bild der Yachtflotte. Meist ergab es sich schon nach kurzer Zeit, daß ältere Schiffe nicht mehr konkurrenzfähig waren und ausgetauscht werden mußten, wollte man weiterhin erfolgreich auf der Regattabahn mitsegeln.
Schon seit Mitte der 70er Jahre ist an einer neuen Formel gearbeitet worden, die die zu dieser Zeit verwendete *IOR-Formel* (International Offshore Rule) ablösen sollte. Diese neue Formel – *IMS* (International Measurement System) – weist zu all ihren Vorgängern einige entscheidende Unterschiede auf. Um diese bewerten zu können muß zunächst etwas über die klassische Form der Yachtvergütung gesagt werden:
Vermessungsformeln setzen sich üblicherweise aus zwei Teilen zusammmen, einem Vermessungsteil, der die Bewertung des Geschwindigkeitspotentials der Yacht übernimmt und einem Vergütungsteil der regelt, welche Zeitvorgaben Yachten unterschiedlicher Vermessung haben sollen. Alle bisherigen Yachtvermessungen haben als Ergebnis des Vermessungsteils einen einzigen Rennwert ermittelt, der das Geschwindigkeitspotential einer Segelyacht somit für alle Kurse, Wind- und Wetterbedingungen widerspiegeln mußte. Entsprechend war die Vergütung zwischen zwei Yachten unabhängig von Kurs, Wind und Wetter.
Auch die Vermessung der Yacht selbst wurde nur anhand weniger, einzelner Meßpunkte vorgenommen, was dazu führte, daß die Yachten im Bereich der Meßpunkte von den Konstrukteuren manipuliert wurden. Bestes Beispiel sind die eingeschnürten Hecks von IOR-Yachten, die zwar den Widerstand deutlich erhöhten, die aber den Quotienten Bootsgeschwindigkeit/Rennwert positiv beeinflußten [Lit-1] und daher für mehr als zwei Jahrzehnte das Bild und die Segeleigenschaften der Yachten prägten.
Im Gegensatz dazu werden bei der IMS-Vermessung die kompletten Rumpflinien aufgenommen (mit einer Genauigkeit von ca. 1–2 mm), so daß lokale Manipulationen an der Bootsform das Vermessungsergebnis nicht mehr substantiell beeinflussen können. Entscheidend ist aber, daß bei der IMS Vermessung kein Einzelrennwert mehr erteilt wird, sondern daß eine Geschwindigkeitsprognose für die Yacht bei verschiedenen Kursen, Windgeschwindigkeiten und Segelführungen durchgeführt wird, mit dem Ergebnis, daß theoretisch beliebig viele Rennwerte zur Verfügung stehen. Eine Wettfahrt kann also im Computer

simuliert und gemäß den tatsächlich aufgetretenen Bedingungen vergütet werden. Gerade diese Möglichkeit hat aber viele Probleme, auf die später noch eingegangen wird, aufgeworfen und zu erheblicher Kritik an der IMS-Formel geführt.

Der Einfluß, den die IMS Vermessung auf den Yachtentwurf ausübt, zeigt sich am besten, wenn man eine typische IOR-Yacht mit einer typischen IMS-Yacht vergleicht. In Abb. 2.1 sind zwei etwa gleich große Yachten beider Vermessungen dargestellt, Abb. 2.2 gibt deren Segelpotential wieder. Wie man sieht sind die modernen IMS-Yachten den IOR Yachten praktisch auf allen Kursen und bei allen Windstärken überlegen.

Auch seitens der Segler erfreuen sich die IMS-Boote größter Beliebtheit – sie sind schnell, lebendig, einfach und gutmütig zu segeln und bieten viel Segelspaß.

Die Komplexität der IMS-Vermessung und ihre Leistungsbewertung stellen an den Konstrukteur von Regattayachten heute neue Anforderungen. Am besten läßt sich das am Beispiel der sog. Level-Rater verdeutlichen. Level-Rater sind Boote, die den gleichen Rennwert aufweisen und die aus diesem Grund direkt und ohne Vergütung gegeneinander segeln können. Das bedeutet für die Segler einen erhöhten Reiz, weil das Rennen nach dem Zieldurchgang entschieden ist und weil dadurch ein taktisches Segeln, d.h. z.B. der gezielte Zweikampf mit dem gefährlichsten Rivalen, ermöglicht wird. Unter IOR gab es bestimmte Klassen, die sog. Tonner-Klassen, die einen festen Rennwert aufwiesen und in die die Konstrukteure Rennyachten gezielt ‚hineinoptimierten'. Prominentester Vertreter dieser Tonner-Klassen ist der Eintonner, benannt nach dem Eintonnerpokal, der die Siegestrophäe für die Weltmeisterschaft dieser Klasse war.

Aufgrund dieser Vorteile wurden auch unter IMS ‚Level-Rating-Klassen' gebildet, die sog. ILC-Klassen (International Level Class). Allerdings fällt es unter IMS schon schwerer, diese Klassen zu definieren, weil das Vermessungsergebnis ja eine Geschwindigkeitsprognose für verschiedene Kurse und Windgeschwindigkeiten ist. Man hat hier daher einen ‚Performance Envelope' definiert, der eine Klasse beschränkt. In Abb. 2.3 ist dies für die Klasse der ILC30 wiedergegeben. Eine typ. Vertreterin dieser Klasse ist in Abb. 2.4 zu sehen.

Trotz vieler unbestreitbarer Vorteile und dem allgemeinen Lob am Segelverhalten der IMS-Yachten ist gerade in jüngster Zeit sehr viel Kritik an IMS geübt worden. Die wesentlichen Kritikpunkte, die man immer wieder hört sind

1. Zu aufwendig und zu teuer
2. Zu viel Einfluß der Wettfahrtleitung auf die Regattaergebnisse
3. Taktisches Segeln ist nicht oder nur sehr schwer möglich.

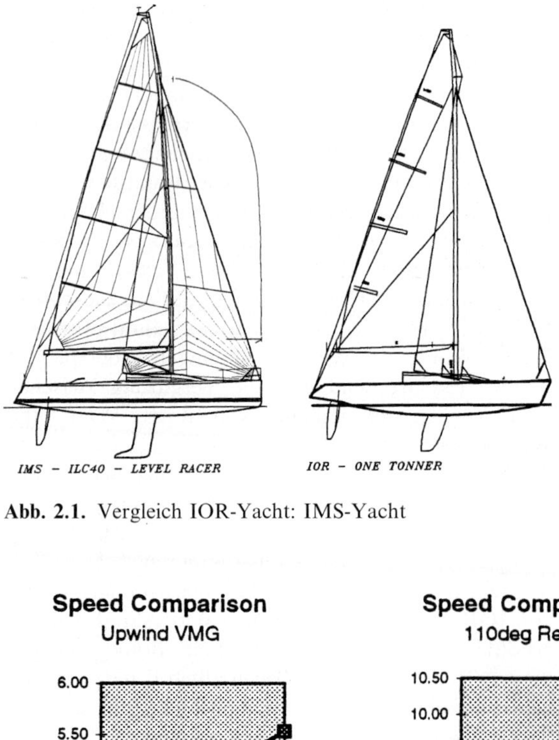

Abb. 2.1. Vergleich IOR-Yacht: IMS-Yacht

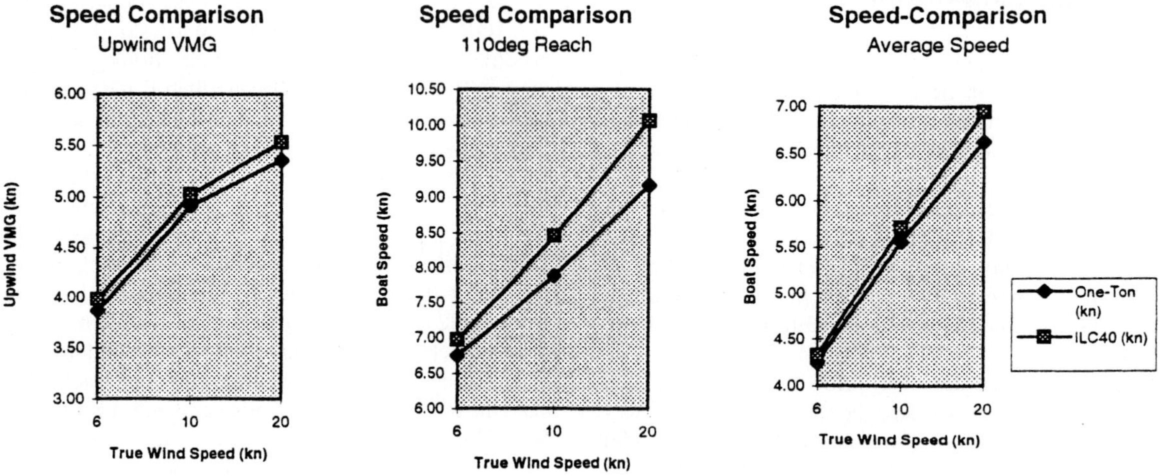

Abb. 2.2. Vergleich: Segelpotential

ILC LIMIT : 720 sec/sm
(alle Angaben in sec/sm)

Wind-Speed (kn)	VMG-Beat (sec/sm)	110-Reach (sec/sm)	VMG-Run (sec/sm)	VMG-Beat (kn)	110-Reach (kn)	VMG-Run (kn)
6	1001	570	1034	3.60	6.32	3.48
10	802	472	674	4.49	7.63	5.34
20	753	399	449	4.78	9.02	8.02

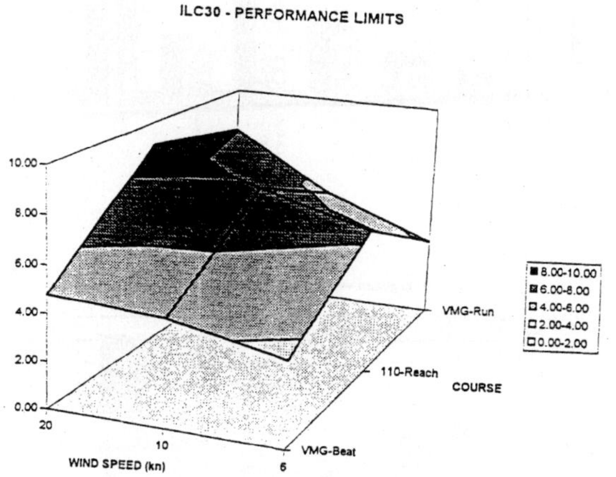

Abb. 2.3. ILC 30 Performance Limits

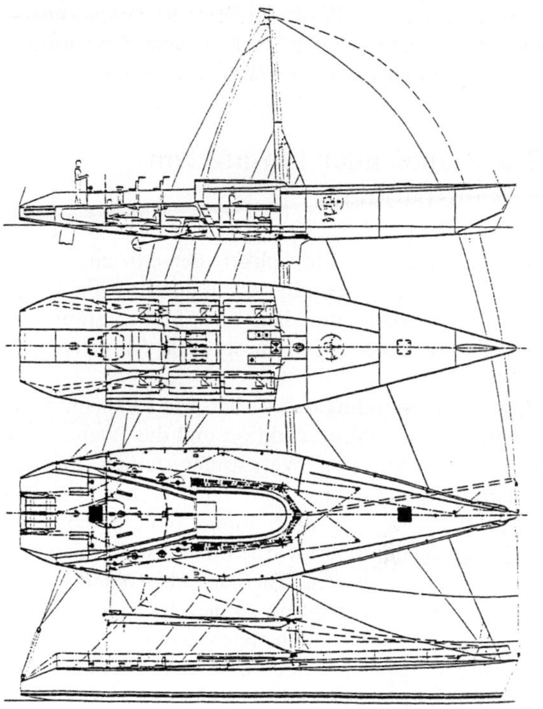

Abb. 2.5. Typische Whitbread 60′ Yacht (judel/vrolijk & co-engineering gmbh) Displacement 14,00 to, LOA. 19,50 m, DWL 17,30 m, Beam 5,25 m, Draft 3,75 m

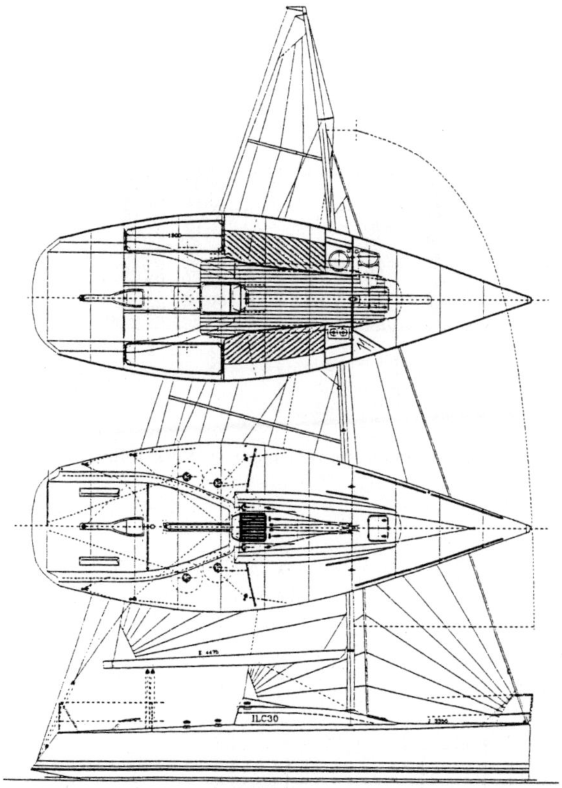

Abb. 2.4. ILC 30-,Level Rater' (judel/vrolijk & co) Principal Dimensions, LOA 9,60 m, DWL 8,50 m, Bma 3,30 m, DRAFT 2,00 m, DSPL 2600 kg

Es gibt daher Bestrebungen neben IMS eine neue einfachere Vermessungsformel zu stellen, die diese Nachteile nicht aufweisen soll.

Nach Auffassung des Verfassers ist dieses Bestreben ein Rückschritt, der nicht erreichen kann, was damit beabsichtigt ist, weil die oben angeführten Kritikpunkte nicht ursächlich IMS zugeordnet werden können, sondern mehr mit der Administration und der Durchführung von Wettfahrten unter IMS zu tun haben. IMS an sich stellt ja nichts weiter dar, als ein System eine Yacht zu vermessen und mit dem Rechenmodell dieser Yacht eine Geschwindigkeitsprognose durchzuführen. Sie tut dies mit einem physikalischem Rechenmodell, das wie alle Modelle immer nur ein vereinfachtes Abbild der Wirklichkeit sein kann, das aber derzeit den Stand der Technik repräsentiert. Wie dieses Modell eingesetzt wird liegt in der Hand der Regatten durchführenden Vereine.

Neben der IMS-Formel gibt es noch weitere Vermessungsformeln, die aber bewußt als typ-formende Vermessungen für ganz bestimmte Bootsklassen geschaffen wurden und die daher keinen unmittelbaren Einfluß auf den Yachtentwurf im allgemeinen ausüben.

Prominenteste Vertreter dieser Regeln ist zum einen die W60 (Whitbread 60) Regel und zum anderen die IACC-Regel (International America's Cup Class). Nach diesen Regeln werden Yachten für ganz bestimmte, medienwirksame Regatten gebaut. Die W60 (Abb. 2.5) segelt im sog. Whitbread-Around-the World-Race, einer Regatta um den Globus, die IACC-Yachten segeln um den America's Cup, der prestigereichsten Trophäe im Segelsport. Bedingt durch den Stellenwert dieser Segelereignisse und durch den enormen finanziellen und technischen

Aufwand mit dem Boote für diese Regatten entworfen und gebaut werden, fließen neue Erkenntnisse auch in den allgemeinen Yachtentwurf ein.

3 Zunehmender Einsatz von Kunststoffen

Bedingt durch die Möglichkeit der effizienten Serienfertigung in Formen hat der Kunststoff die klassischen Bootsbaumaterialien wie Holz, Stahl und Aluminium immer mehr in spezielle Marktbereiche gedrängt.

Besseres Verständnis und verbesserte Rechenmodelle für die Kunststoffkonstruktion und die Weiter- bzw. Neuentwicklung von Werkstoffen haben für eine Verbreitung der Kunststoffe auch in den Bereichen gesorgt, die bislang noch immer von metallischen Werkstoffen dominiert wurden. Hier ist vor allem der Einzelbau von großen Yachten, also Yachten von über 25 m Länge gemeint, in dem in zunehmendem Maße Kunststoffyachten nachgefragt werden. In Kunststoff kann ein Boot erheblich leichter als in Metall gebaut werden.

Der Hauptnachteil der Kunststoffe liegt in dem vergleichsweise kleinen Elastizitätsmodul (E-Modul) (Abb. 3.1) des Materials. Gerade bei großen Yachten spielt aber die Gesamtsteifigkeit der Konstruktion eine große Rolle. Hier kann die erforderliche Steifigkeit durch den Einsatz von Sandwichkonstruktionen erzielt werden. Durch die höheren Trägheitsmomente kann die Steifigkeit $E * I$ in eine Größenordnung gebracht werden, die mit den metallischen Werkstoffen vergleichbar ist (Abb. 3.1). Besondere Beachtung ist dabei dem Kernmaterial und der Verklebung der Deckschichten mit dem Kern zu schenken, hier sind in der Vergangenheit mitunter Schadensfälle aufgetreten. Die Ursachen waren meist Schubversagen des Kernmaterials aufgrund zu geringer Schubfestigkeit oder Delaminationen aufgrund von unsauber oder unzureichend ausgeführten Verklebungen.

Insbesondere durch das bessere Verständnis des Werkstoffverhaltens von Kunststoffsandwichkonstruktionen und durch Fortschritte bei den Berechnungsmethoden sind heute Auslegungen mit der erforderlichen Betriebssicherheit möglich.

Auch bei den Ausrüstungsteilen kommen in zunehmenden Maß Kunststoffbauteile zum Einsatz. Bei den Segelyachten sind hier an erster Stelle Carbon-Masten zu nennen. Gerade für große Yachten werden mittlerweile mehr Masten aus diesem Material gebaut als aus Aluminium. Der Mast hat zwar nur einen sehr geringen Anteil am Gesamtgewicht einer Yacht, wegen seiner Abmessungen und seiner ‚Lage' im Schiff hat er aber einen erheblichen Einfluß auf die Schwerpunktlage des Bootes und damit auf die Stabilität. Weil sich die Proportionen von Yachten mit der Bootsgröße verändern (Abb. 3.2), spielt das

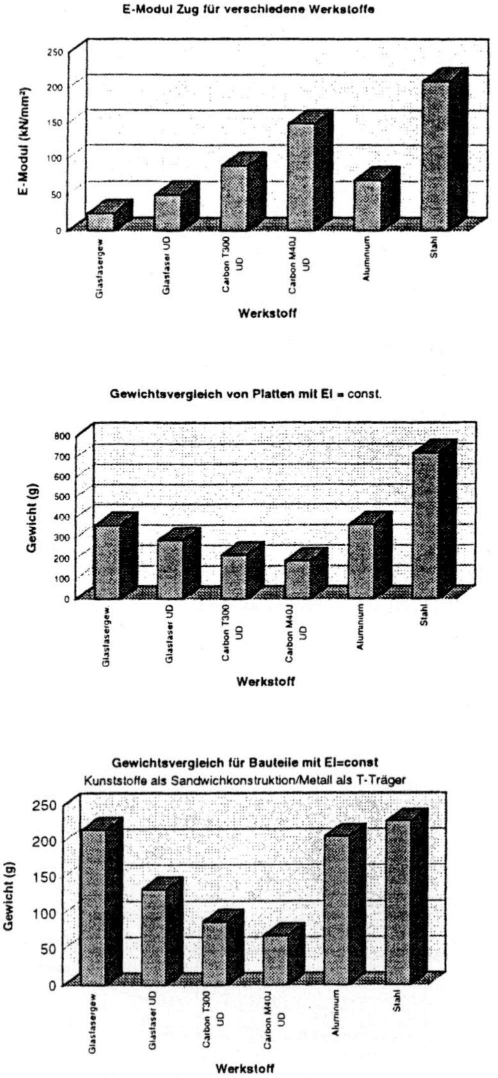

Abb. 3.1. E-Modell für verschiedene Werkstoffe

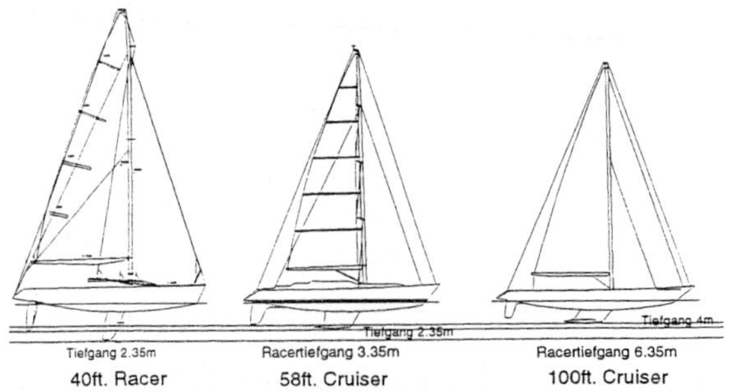

Abb. 3.2. Relativer Tiefgang großer Yachten im Vergleich zur Regattayacht

Toppgewicht eine immer größere Rolle, je größer das Boot wird. Jedes zusätzliche Kilogramm hier erfordert das acht- bis zehnfache Gewicht im Kiel um die Stabilität konstant zu halten.

4 Komplexere Bordsysteme

Schon seit Jahren geht der Trend im Yachtbau zu immer umfangreicher ausgestatteten Schiffen. Während die an Bord befindliche Technik früher überwiegend aus einem Hilfsdiesel, einer Batterie, der Beleuchtung und einigen elektrischen Pumpen bestand, werden heute umfangreiche technische Systeme installiert. Sie ermöglichen es an Bord den gleichen Komfort wie an Land genießen zu können.
Um große Yachten mit kleiner Crew, oft nur zwei Personen, sicher und effizient handhaben zu können, ist ein hohes Maß an technischer Unterstützung und Automation erforderlich. Hieraus ergeben sich zusätzliche Volumenanforderungen zur Unterbringung dieser Systeme, was die Bootsgröße nochmals wachsen läßt.
Die technischen Systeme, Kabel und Rohrleitungen etc. haben einen großen Anteil am Gesamtgewicht einer Yacht (Abb. 4.1). Um sie betreiben bzw. den erzeugten Komfort genießen zu können, sind auch die erforderlichen Tankkapazitäten angestiegen. Dadurch sind die Yachten auch relativ, d.h. im Verhältnis zu ihrer Länge immer schwerer geworden. Für den sportlichen Segler haben sie damit an Lebendigkeit eingebüßt. Auch die erzielten Geschwindigkeiten, gerade von besonders großen Yachten von 100 ft. Länge (33 m) und darüber nehmen sich eher bescheiden aus, vergleicht man sie mit den Segelleistungen moderner 50 ft. Cruiser Racer 1, Tab. 4.1.
In Tabelle 4.2. ist ein Geschwindigkeitsvergleich für einen 50 ft. Cruiser/Racer und eine 100 ft. große Fahrtenyacht höchsten Standards wiedergegeben. Die erste Ziffer gibt den absoluten Geschwindigkeitsvorteil der 100 ft.Yacht in Prozent an, die zweite Spalte gibt den Geschwindigkeitsunterschied in dimensionsloser Form, also bezogen auf die Froude-Zahl wieder. In beiden Fällen beträgt das Potential der 50 ft.-Yacht 100% Prozent.
Die Gründe für die relativ geringen Segelleistungen großer Yachten liegen nicht nur darin, daß sie „überladen" mit Komfort und Technik sind, sondern auch in den immer ungünstigeren Verhältnissen, die sich aus Tiefgangsbeschränkungen, Stabilität und Segelfläche ergeben.
Eine deutliche Verbesserung dieser Verhältnisse, ohne daß auf Komfort und Automation verzichtet werden muß, ergibt sich durch den gezielten Einsatz leichterer Werkstoffe (vgl. Abschnitt 3). Außerdem können im Entwurf neue Konzeptionen erarbeitet werden, um die Segeleigenschaften dieser Yachten zu verbessern. Grundsätzlich sind dabei die Forderungen zu erfüllen, das Boot im Topp möglichst leicht zu machen, Struktur und Technik im Gewicht ebenfalls gering zu halten und möglichst viel Ballast so tief wie möglich anzuordnen. Der Einsatz von Carbon-Masten und Hubkielen ermöglicht drastische Verbesserungen bei

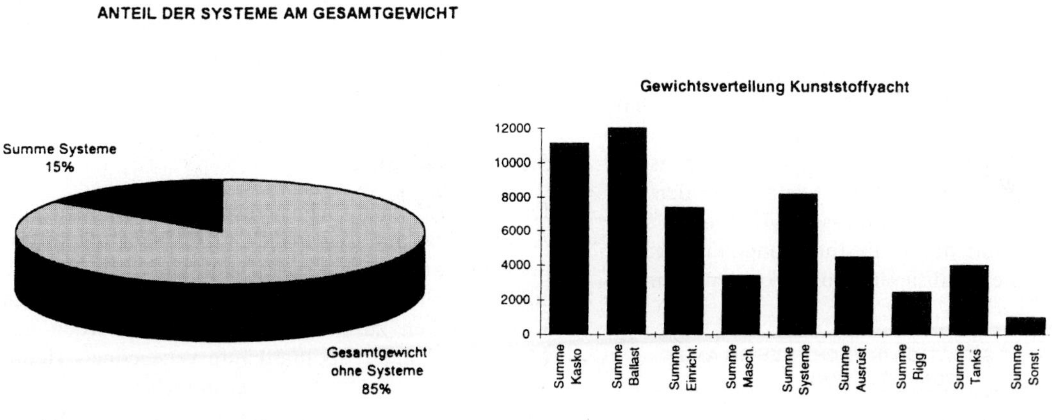

Abb. 4.1. Gewichtsverteilung

Tabelle 4.1. Bordsysteme auf modernen Fahrtenyachten

- Maschinenanlage
- Abgassystem
- Hydraulisches System
- Frischwassersystem
- Schwarzwassersystem
- Kühl-/Tiefkühlsystem
- Feuerlöschsystem
- Ankersystem

Tabelle 4.2. Geschwindigkeitsunterschiede 100 ft. Cruiser zu 50 ft. Cruiser/Racer

Windstärke	VMG-Kreuz (absolut)	VMG-Kreuz (relativ)	VMG-Run (absolut)	VMG-Run (relativ)
10 kn	104%	71%	95%	65%
15 kn	113%	78%	103%	70%
20 kn	121%	83%	112%	77%

den Segeleigenschaften und sollte daher erwogen werden, wenn gute Segelleistungen gefordert sind.

5 Marktbedingungen

5.1 Marktsättigung

Bis ca. Anfang der 80er Jahre war der Segelbootmarkt ein Wachstumsmarkt, allerdings mit abnehmender Tendenz und den üblichen Schwankungen, die sowohl regionalen wie auch allgemeinen konjunkturellen Einflüssen unterlagen. Seitdem hat sich die Marktsituation dahin geändert, daß wir es heute überwiegend mit einem ‚normalen‘ Verdrängungsmarkt zu tun haben, was für die Werften, hier insbesondere die Serienwerften, bedeutet, daß sie Marktanteile von Mitbewerbern gewinnen müssen, wenn sie ihre Verkaufszahlen steigern wollen.
Für die Sättigung des Segelbootmarktes gibt es verschiedene Gründe.
In den Wachstumsjahren sind Überkapazitäten aufgebaut worden, die jetzt einen stagnierenden oder z.T. sogar rückläufigen Markt bedienen.
Anders als bei den Autos, die für einen bestimmten Lebenszyklus (in der Regel 8–10 Jahre) entworfen und gebaut werden, halten Segelboote sehr viel länger. Gut gebaute Boote können bei entsprechender Pflege durchaus 100 Jahre alt werden. Aus diesem Grund hat sich über die Jahre ein enorm großer Gebrauchtbootmarkt entwickelt, der oftmals durch drastische Preiseinbrüche gekennzeichnet ist und gegen den die Yachtwerften konkurrieren müssen. Meist lassen sich Bootsverkäufe nur durch die Inzahlungnahme eines Gebrauchtbootes realisieren. Lokal kommt oftmals erschwerend hinzu, daß nicht genügend Liegeplätze zur Verfügung stehen und das der Verkauf nur bei Beschaffung eines Liegeplatzes gelingt.
Diese Situation hat zur Folge, daß von einer durchschnittlichen 10 m Meter langen Yacht, von der vor 20 Jahren noch ca.400 Boote im ersten Jahr verkauft wurden, heute vielleicht noch 100 Boote pro Jahr abgesetzt werden können. Die Serienwerften müssen daher ihre Entwicklungskosten auf sehr viel geringere Stückzahlen umlegen, wodurch sich ihr Anteil an den Gesamtkosten erhöht. Andererseits kann im Markt nur noch der bestehen, der besonders innovativ und trotzdem preiswert ist. Das ist aber in der Regel nur durch größeren Entwicklungsaufwand erreichbar (Abb. 5.1). Der Kostendruck, der durch diese Spirale entstanden ist, hat dazu geführt, daß viele z.T. renommierte Hersteller in Konkurs geraten sind und entweder schließen mußten oder mit anderen Firmen fusioniert wurden.
Es zeichnet sich hier, wie in vielen anderen Branchen auch, eine Konzentration ab, die vermutlich dazu führen wird, daß es in wenigen Jahren nur noch eine Handvoll größerer Serienyachtwerften weltweit geben wird. Daneben werden noch einige mittlere Betriebe mit besonderen Qualitätsmerkmalen und -Produkten bestehen bleiben, die aber gezielt bestimmte Marktnischen suchen und bedienen müssen, um ‚überleben‘ zu können.

CURRENT SITUATION IN YACHT DESIGN AND CONSTRUCTION

MARKET SITUATION: STRONG COMPETITION IN A SLOW (OR EVEN NOT) GROWING MARKET DUE TO

- oversupply by too many manufacturers
- too much (and still growing) competition from 2nd hand boats

CHANCES TO SELL MORE BOATS AND/OR TO GAIN MARKET SHARES FROM COMPETITORS:

- innovation
- competitive price
- comfort (of living and handling)
- image
- exploring market niches

TO ACHIEVE THE ABOVE YOU NEED TO BE COMPETITIVE IN TERMS OF:

- innovative ideas
- cost management
- „lean“ production
- quality control
- marketing and sales

Abb. 5.1. Entwicklungsaufwand

5.2 Kaufverhalten

Da das Geld nicht mehr so leicht verdient wird und Arbeitsplätze im allgemeinen nicht mehr als so abgesichert angesehen werden können, wie das vor Jahren noch der Fall war, ist ein stark verändertes Kaufverhalten zu beobachten. Früher wurden auf Messen viel mehr Spontankäufe verzeichnet. Heute wird der Bootskauf sehr viel gründlicher vorbereitet, die Entscheidungen fallen nach mehr Abwägungen und oft erst nach Jahren. Um den Verkauf zu fördern sind Preisanreize nötig wie:

- Direkter Preisnachlaß (‚Messerabatt‘ o.ä.)
- Inzahlungnahme eines Gebrauchtbootes (z.T. zu überhöhten Preisen)
- Indirekte Preisvorteile (z.B. Überlassung zusätzlicher Extras ohne Mehrpreis)
- Liegeplatz (Vermittlung eines Liegeplatzes oder kostenlose Stellung eines Liegeplatzes für eine Saison).

Das Qualitätsbewußtsein der Konsumenten ist angestiegen, gleichzeitig ist die Bereitschaft gesunken kleiner Fehler selbst zu beheben oder zu reparieren. Die Gewährleistung wird sehr viel eher in Anspruch genommen, was Kosten für den Hersteller verursacht, die über das Produkt erwirtschaftet werden müssen. Oft werden kleinere Mängel auch als Grund herangezogen, einen Teil des Kaufpreises einzubehalten. Diese Restsummen sind mitunter nur auf dem

Der Stabilitätsindex (STIX) wird bestimmt durch:

$$STIX = (2L_{WL}+L_H)(FRE \cdot FIR \cdot FKR \cdot FDL \cdot FBD \cdot FWM \cdot FDF)^{0.3}$$

LWL = Length Waterline
L_H = Length of Hull acc. to ISO 8666
FRE = Righting Energy Factor
FIR = Inversion Recovery Factor
FKR = Knockdown Recovery Factor
FDL = Displacement-Length Factor
FBD = Beam-Displacement Factor
FWM = Wind Moment Factor
FDF = Downflooding Factor

Stabilitätskategorie Anforderungen für STIX

Für Stabilitätskategorie	A	B	C	D
STIX muß größer sein als $\underline{STIX}$=	30	22	14	5

STIX = Actual Stability Index value
$\underline{STIX}$ = Required Stability Index value

Zusammenfassung der Stabilitätskategorie Definitionen

Stabilitätskategorie	A	B	C	D
Signifikante Wellenhöhe	7 m	4 m	2 m	0.5 m
Typische Windkraft nach Beaufort	bis 9	bis 8	bis 6	bis 4
Angenommene max. Windböe	25 m/s	21 m/s	17 m/s	13 m/s

***Gemäß ISO/TC188/WG22**
Stand 31.12.1996

Abb. 5.2. Errechnung des Stabilitätsindexes (STIX) gemäß Europäischer Sportbootnorm

Rechtsweg zu erstreiten, was aber wiederum mit Kosten verbunden ist.

5.3 Neue Vorschriften

Das Yachtgeschäft in Deutschland ist bislang von staatlichen Auflagen und Vorschriften relativ ‚verschont' geblieben. Im Zuge der Schaffung des europäischen Binnenmarktes wird sich das aber ändern. Ab Sommer 1998 dürfen in Europa nur nach neue Yachten verkauft werden, die ein CE-Certifikat vorweisen können. Die CE-Vorschriften [Lit 2] regeln alle wichtigen und unwichtigen Fragen zu und um das Sportboot, angefangen von der Rumpfauslegung, über die Stabilität bis hin zum Aussehen des Benutzerhandbuches, das jedem Yachtkäufer bei Auslieferung seiner Yacht mitzugeben ist. Problematisch ist, das ein Teil der Vorschriften noch gar nicht ausgearbeitet ist bzw. sich noch im Ausarbeitungsstatus befindet.

Gerade die Stabilitätsvorschrift könnte in Zukunft Fragen aufwerfen, da entgegen allen derzeitigen Beteuerungen möglicherweise damit zu rechnen ist, daß sie sich als Revierbeschränkung erweisen wird. Das Stabilitätsverhalten einer Yacht wird nach CE anhand eines Indexes, dem STIX (Abb. 5.2) bewertet. Die Richtlinie geht davon aus, daß ein Boot für das Seegebiet entworfen wurde, das seinem STIX entspricht. Die Seegebiete sind wiederum durch so schwer erfassbare Größen wie signifikante Wellenhöhe und maximale Windgeschwindigkeit einer einfallenden Boe beschrieben. Was geschieht, wenn ein Kategorie-C Fahrzeug und seine Besatzung auf der Nordsee bei Windstärke 8 Beaufort Schaden nehmen und es zu einer Seeamtsverhandlung kommt?

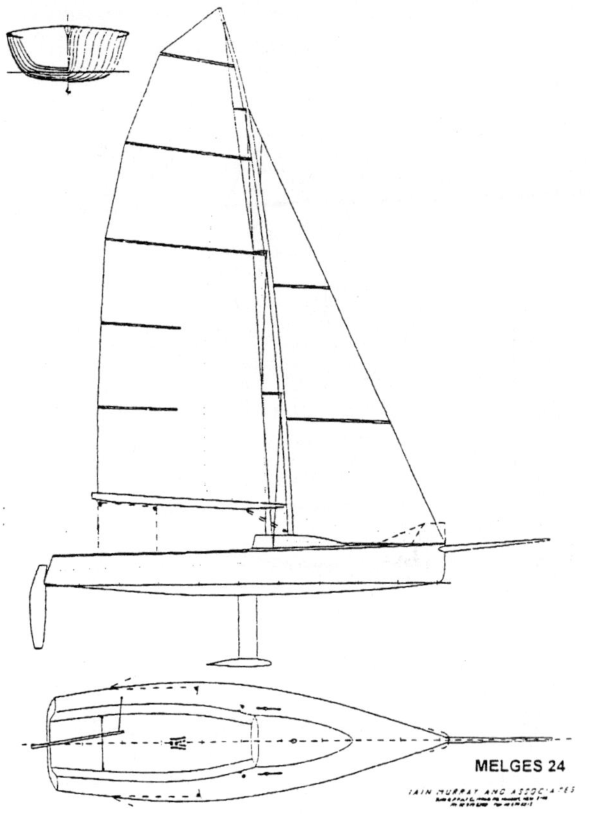

Abb. 6.1. Melges 24 Principal Dimensions, LOA 7,46 m (24,6′), LWL 5,7 m (22′), Bemax 2,30 m (76 1/2′), Sail Area 36 sqrm (387 sqrft), Weitht 950 kg (2100 lbs)

6 Markttrends

6.1 Sportbootklassen

Unter dem Begriff Sportbootklassen sind Bootstypen zusammengefaßt, die ca. 7–8 m Meter lang, sehr leicht und sehr sportlich zu segeln sind, daher auch der Name und die als Einheitsklassen gebaut und verkauft werden. Aufgrund gewisser Ähnlichkeiten untereinander gibt es aber inzwischen Veranstltungen, in denen diese Boote auch mittels Handicap gegeneinander segeln können.

Die Boote der Sportbootklassen weisen in der Regel nur einen relativ kleinen Innenraum auf der als Stauraum benutzbar ist und sind daher nicht oder nur äußerst spartanisch bewohnbar. Die Segelfläche ist vergleichsweise riesig, die Stabilität wird durch tiefgehende Hubkiele z.T. aber auch durch den Einsatz von Trapezen erbracht. Die Boote sind meist gleitfähig und erbringen im Verhältnis zu ihrer Größe außerordentlich hohe Segelleistungen. Sie schließen die Lücke zwischen den Jollenklassen und der seegehenden Kielyacht. Preislich bewegen sie sich zwischen ca. 40–100 tDM.

Zielgruppe für diese Art von Fahrzeugen sind Jollenklassenaufsteiger, aber auch Umsteiger aus dem

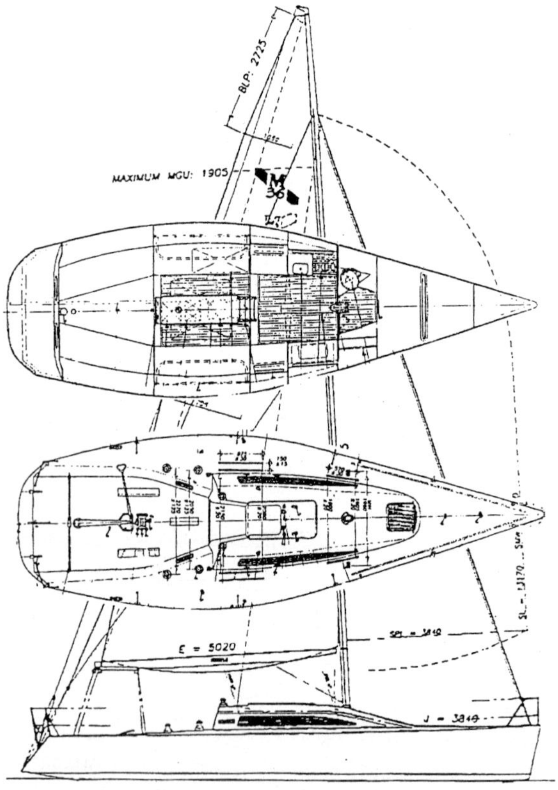

Abb. 6.2. Mumm 36 (Designer: Bruce Farr) Principal Dimensions, LOA 10,92 m, Draft 2,025 m, Beam 3,587 m, Displacement 3600 kg, IMS SA 66,55 sqm

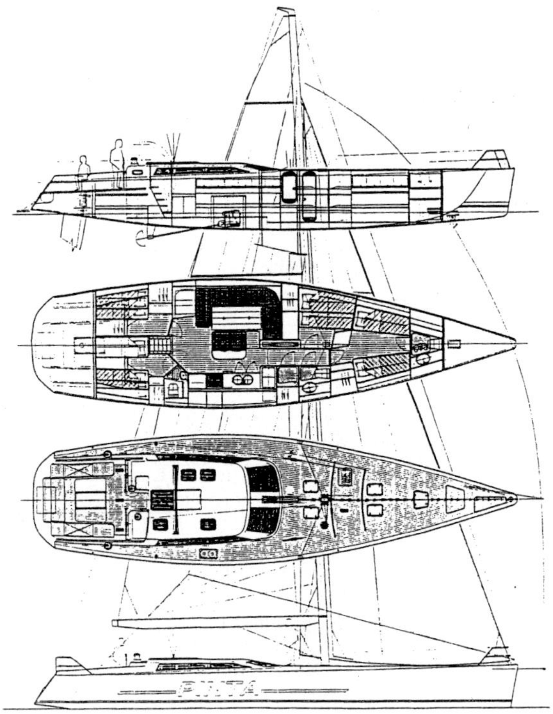

Abb. 6.3. Pinta '97 50′ Hightech Performance Cruiser with DROP Keel (judel/vrolijk & co-design & engineering)

Bereich der Surfer oder der Katamarane. Weltweit sind etwa 10 000 Boote dieser Art verkauft, wobei anzumerken ist, daß sich diese Zahl auf annähernd 100 verschiedene Bootstypen verteilt, so daß oft nur sehr kleine Regattafelder innerhalb der Klassen zustande kommen.
Prominentester Vertreter dieser Kategorie ist die *Melges 24* (Abb. 6.1), die auch als eines der ersten Boote dieser Art angesehen werden kann.

6.2 One designs

Bedingt durch die bereits angesprochene Kritik an der IMS Formel und damit am derzeitigen Stand des Handicap-Segelns haben verschiedene Hersteller auch bei den Seeyachten Einheitsklassen entwickelt. Vorteil solcher Einheitsklasseyachten ist sicherlich der direkte seglerische Vergleich auf dem Wasser. Auch in der Vergangenheit hat es immer wieder Versuche gegeben solche Klassen bei den Seeyachten zu etablieren. Aber da das Segeln ein sehr technischer Sport ist, stellt der Bau einer Yacht bereits einen wichtigen Baustein zum späteren Erfolg dar, ein Reiz den viele Eigner nicht aufgeben wollen, zumal im Zeitalter der Profi-Segler dies oftmals die einzige Eignerdomäne geblieben ist.
Ein oft angeführter Vorteil der Einheitsklassen sind die geringeren Kosten für das Boot im Vergleich zum Einzelbau. Unter Berücksichtigung der Gesamtkosten einer Regattasaison relativieren sich die echten Kostenunterschiede jedoch erheblich. Die Einheitsklassen bei den Seeyachten können auch als große Sportbootklassen bezeichnet werden. Eine typische Vertreterin dieser Kategorie ist die *Mumm 36* (Abb. 6.2).
Daher konnten sich Einheitsklassen bei den Seeyachten bislang nie so recht etablieren.
Die derzeitigen Diskussionen um IMS begünstigen im Augenblick das Klima für Einheitsklassen auch beim Seesegeln, aber es bleibt dennoch abzuwarten, ob sich die zur Zeit auf dem Markt befindlichen Boote auch längerfristig halten können.

6.3 Performance Cruiser

Viele Yachteigner, gerade auch wenn sie aus dem Regattasegeln kommen, wollen beim Umstieg auf eine Fahrtenyacht nicht die Geschwindigkeit und das Segelerlebnis einer sportlichen Yacht aufgeben. Sie lassen sich daher Boote entwerfen und bauen, die konzeptionell die Vorzüge einer Regattayacht mit denen eines Cruising-Bootes verbinden. Dies ist möglich, wenn gewisse Abstriche an die Technik und an den ‚Wohnstil' gemacht gemacht werden wie z.B.

- Einrichtung in Honeycomb-Sandwich,
- klarer und schnörkelloser Einrichtungsstil,
- Mast aus Carbon,
- Hubkiel oder großer Tiefgang,

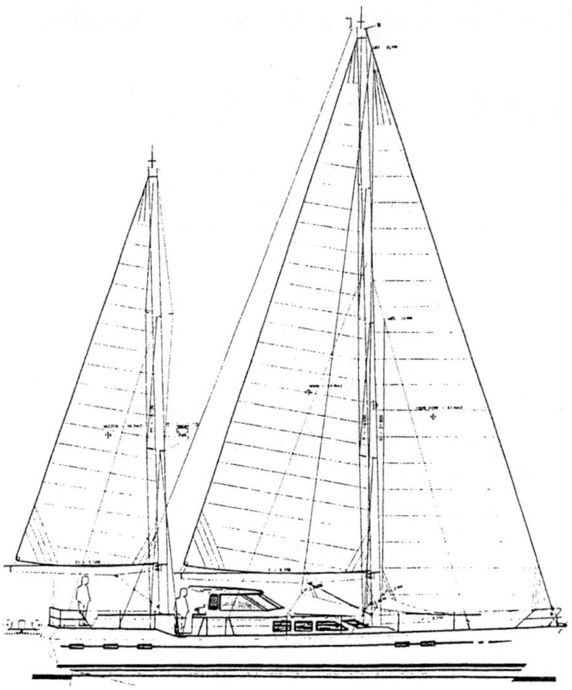

Abb. 6.4. 60′ Motorsailor (judel/vrolijk & co-engineering gmbh) Principal Dimensions, LOA 18,50 m, DWL 14,30 m, Bmax 5,40 m, DRAFT 2,40 m, DSPL 32500 kg, Ballast 11500 kg

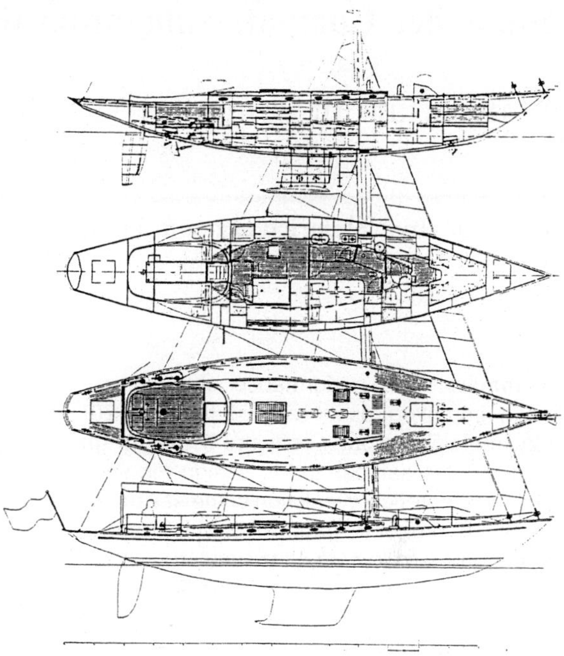

Abb. 6.5. 57′ Classic Cruiser. General Arrangement

- ‚leichte' Technik (z.B. schnelllaufender Generator mit 3000 U/min statt eines Langsamläufers 1500 U/min).

Ein in dieser Hinsicht konsequent geplantes und gebautes Boot, die 60'-Yacht Pinta ist in Abb. 6.3 wiedergegeben. Trotz einer vollständigen Einrichtung mit vier Kabinen und kompletter Technik vom Generator bis hin zur Müllpresse wiegt dieses Boot noch unter 20 t Tonnen. Es ist mit einem Carbonmast und einem Hubkiel ausgestattet und erreicht Bootsgeschwindigkeiten, die denen einer Regattayacht entsprechen. Schon bei geringen Windstärken wurden unter Gennaker Geschwindigkeiten von 13–14 kn Knoten auf glattem Wasser erzielt.

6.4 Wohnkomfort

Neben den bislang angeprochenen sportlichen Segelyachten gibt es auch einen starken Trend zu mehr Komfort, der sich mit dem Stichwort ‚Wohnen auf dem Wasser' am besten beschreiben läßt. Hier steht der Wohn- und Einrichtungsanspruch eindeutig vor dem Anspruch an Segelgeschwindigkeit.

Für diesen Bootstyp werden ‚Zimmer' gewünscht, ein Schlafzimmer für den Eigner, Gästezimmer, Wohnzimmer etc. mit den sich daraus ableitenden Anspüchen an die Bordtechnik. Die Tankkapazität muß üppig bemessen sein, die Energieversorgung muß so ausgelegt werden, daß der Bordbetrieb sich mit dem gleichen Komfort wie an Land abspielen kann und die Segelbedienung muß weitestgehend automatisiert sein, damit das Boot auch von einer kleinen Besatzung gesegelt werden kann.

Schattige Cockpitflächen, die Unterbringung des Beiboots, die Badeplattform und Sonnenliegeflächen stehen beim Entwurf mehr im Vordergrund als zwei oder drei Grad mehr Höhe am Wind oder ein halber Knoten Bootsgeschwindigkeit mehr. Ein Beispiel einer solchen Yacht ist in Abb. 6.4 abgebildet.

6.5 Classic Yachten

Diese Kategorie von Booten läßt sich am besten mit den Worten ‚Nostalgie auf dem Wasser' beschreiben. Gemeint sind hiermit Yachten, die im Überwasserschiff eine klassische Linienführung aufweisen, deren Unterwasserschiff in der Regel jedoch modern ist. Das bedeutet Rumpflinien unter Wasser und Anhänge sind mit kurzem Lateralplan und einem separat angeordnetem Ruder gezeichnet, um die Segeleigenschaften einer modernen Yacht zu erzielen (Abb. 6.5).

Schrifttum

1 Torsten Conradi: „Der Einfluß von Einschnürungen im Hinterschiff einer IOR-Yacht auf das Widerstandsverhalten". Diplomarbeit IfS 1981

2 Richtlinie des Europäischen Parlaments über Sportboote (1995) Bezugsquelle DBSV Hamburg

Stand der Computersimulation für flexible Riggs von Segelyachten

State of art in computer simulation of flexible yacht riggs

Prof. Dr.-Ing. **Heinrich Schoop**, Dipl.-Ing. **Nicolas Bessert**, Dr.-Ing. **Lars Taenzer**
Technische Universität Berlin

Summary. The performance of yacht sails has been improved essentially in the last 20 years. Commercial computer software helps the sailmaker to develop a sail cut and to design the sail panels. But the theoretical prediction of the sail performance is still a matter of research. This paper reports about some progress in computer simulation of sails.
Due to the shape sensitivity of the flow around a sail it is very important to have accurate informations about the flexibility of sail and rigg. Many details of computer simulation of this structural problem were developed by Taenzer [17] with the *finite element method* (FEM).
Simple simulations of the aerodynamics of sails are restricted to windwards courses. But even for this case the standard *vortex-lattice-method* (VLM) produces remarkable errors in the performance prediction. Improvements are possible by the *quasi-continuous-method* (QCM). The paper shows how to overcome the difficulties to combine this method with the structural computation of a rigg. The main issue is to employ two different meshes, one for the aerodynamical computation and another one for the structural computation (QCC see section 4).
Up to now the flow around a sail was asumed to be stationary. But it is obvious that sailing in waves results in more or less periodical deflections of the rigg and in a correspondant instationary air flow. First results of a simulation of this complicated problem are presented.

1 Einleitung

In den letzten 20 Jahren haben Segelmacher, Tuchhersteller und Mastenbauer die Riggs von großen Segelyachten, Jollen und Windsurfern sehr verbessert. Die Leistungsverbesserungen wurden durch seglerische Erfahrung und durch wissenschaftliches Verständnis der Wirkungsweise der Segel möglich. Die theoretisch-quantitative Analyse von Segeln hinkt dieser rasanten Entwicklung aber erheblich hinterher. Woran liegt das?
Die für Flugzeuge entwickelte Profiltheorie läßt sich nicht nicht auf Segel übertragen, weil die Strömung um ein dreieckiges, stark verwundenes Segel dreidimensional ist und eine zweidimensionale Betrachtung wesentliche Effekte nicht beschreiben kann. Propeller werden bei der Umströmung als starre Körper idealisiert, während Segel sehr flexibel sind und sich unter Belastung stark verformen. Erst seit ca. 10 Jahren hat man sich an das komplizierte Problem der Wechselwirkung zwischen der Strömung um das Segel und der Deformation des Segels infolge der Strömungsdrücke herangewagt.
Das Ziel dieser Computersimulationen ist einfach: Man gebe als input die Geometrie und die Materialien des Segels sowie den Wind nach Stärke und Richtung an, und der Computer antwortet mit einem umfangreichen output, der die Mastbiegekurven, die Form des Segels bei der gegebenen Windstärke, die Kräfte im Segel und im Rigg, sowie den Vortrieb etc. enthält.
Seit über zehn Jahren werden Veröffentlichungen zu diesem Thema geschrieben. Jackson (1985) [10], Chatzikonstantinou (1987) [3], Schoop (1990) [15], Muttin (1991) [12], Fukasawa-Katori (1993) [6] und Hänsel (1995) [9] berechnen die Strömung um ein Segel mit dem Wirbelgitterverfahren (vortex-lattice-method, VLM). Dieses Verfahren basiert auf der Potentialtheorie, vernachlässigt also die Luftreibung. Graf (1996) [7] ergänzt die potentialtheoretische Lösung um Zähigkeitseffekte. Bevor man über eine nachträgliche Berücksichtigung von Reibungseffekten nachdenkt, sollte der Diskretisierungsfehler der VLM-Rechnungen abgeschätzt werden. Hänsel tat dies und zeigte, daß z.B. der Vortriebsbeiwert c_v nach VLM eine Unsicherheit von ca. 10% aufweist, also weit über der von Ingenieuren angestrebten 1% – Marke liegt (Abb. 2.1, Abb. 2.2).
Eine Ursache für diese inakzeptablen Ungenauigkeiten ist die schlechte Konvergenzrate der VLM. Die zweite Ursache ist die große Empfindlichkeit der Luftströmung gegen kleine Änderungen der Segelform (die dem Regattasegler aus Erfahrung wohl bekannt ist). Zur Verringerung des Berechnungsfehlers werden im folgenden

- die VLM durch die wesentlich genauere und in der Propellertheorie bewährte quasi-continuous-method (QCM) ersetzt
- die Berechnungsmethoden für die aus der Segelmembran, den Spieren, den Wanten, Stagen und Schoten bestehende Riggstruktur erheblich verfeinert.

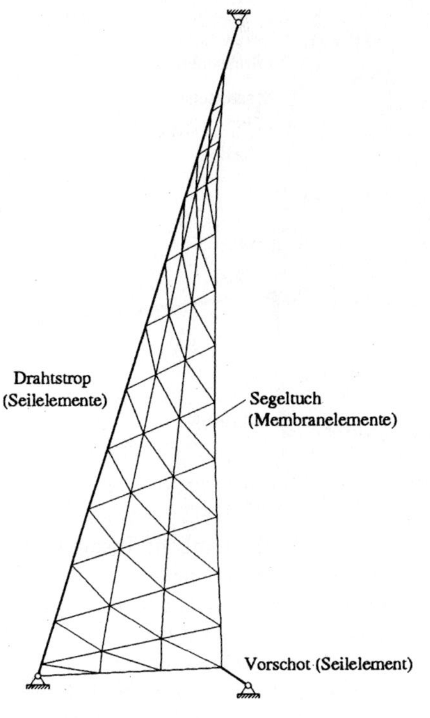

Abb. 2.1. FEM-Struktur eines Vorsegels

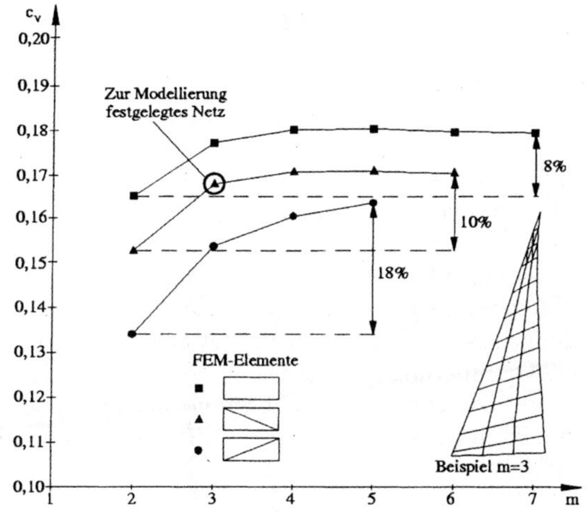

Abb. 2.2. Vortriebsbeiwert bei 25° Anströmung (am Wind Kurs)

Wenn das Berechnungsverfahren der reibungsfreien Strömung in sich stimmig ist, sollten die Ergebnisse mit Windkanalversuchen verglichen und kalibriert werden.

2 Aerodynamik von Segel

Zur potentialtheoretischen Beschreibung der Umströmung von Segeln wird die gewölbte Segelfläche mit einer Wirbelschicht belegt (tragende Wirbelfläche). Der für das Segeln wesentliche Effekt, daß die Leeströmung schneller als die Luvströmung ist, wird damit gut dargestellt. Diese Wirbelschicht wird durch ein Gitter von Ringwirbeln der Stärke Γ_i und (zur Erfüllung der Kuttaschen Abflußbedingung) Hufeisenwirbeln der Stärke Γ_j diskretisiert. Die Wirbelstärken Γ_i und Γ_j werden aus der Bedingung bestimmt, daß das Segel in bestimmten Punkten, den Kontrollpunkten, nicht durchströmt werden darf. Bei dem klassischen Wirbelgitterverfahren (VLM) verwendet man dazu ein möglichst gleichmäßiges Netz. Abb. 2.1 zeigt die von Hänsel verwendete FEM-Struktur eines Vorsegels. Abb. 2.2 zeigt, wie der berechnete Vortriebsbeiwert c_v von der gewählten Netzstruktur und der Art der finiten Elemente abhängt. Da diese Werte stark voneinander abweichen, ist dieses Verfahren offensichtlich zu ungenau.

Über die Verbesserung der finiten Elemente wird im Abschnitt 3 berichtet. Das Wirbelgitterverfahren kann man nach Vorschlägen von Brakhage (1961) [2], Stark (1971) [16], Lan (1974) [11] und Guermond (1989) [8] verbessern, indem man der Singularität der Wirbelschicht an der Anströmkante durch eine spezielle Netzteilung Rechnung trägt. Diese ist nicht gleichmäßig, sondern konzentriert die Wirbellinien mit einer cosinus-Verteilung an den Segelrändern (vgl. Abb. 4.2). über die Schwierigkeit, dies mit der finiten-Element-Methode (FEM) zu verbinden, wird im Abschnitt 4 berichtet.

Hänsel zeigte auch, wie man die potentialtheoretische Lösung durch ein Grenzschicht-Integral-Verfahren ergänzen und damit die Luftreibung berücksichtigen kann (Abb. 2.3, Abb. 2.4)

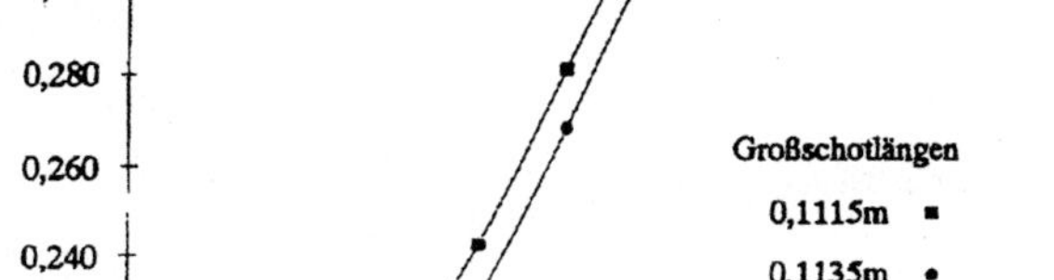

Abb. 2.3. Vortrieb als Funktion des Anströmwinkels

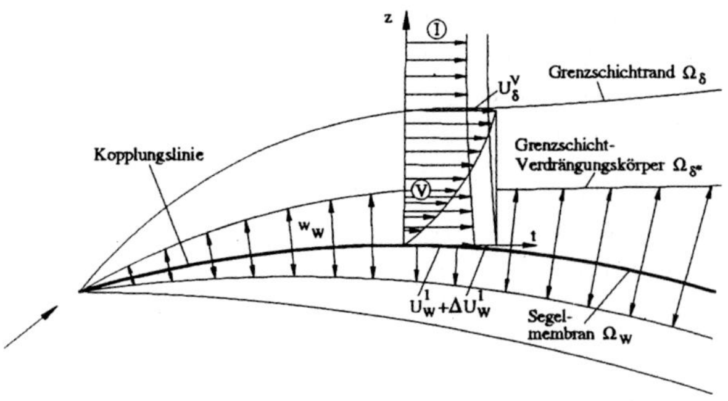

Abb. 2.4. Ausblasprinzip für die Segelmembran

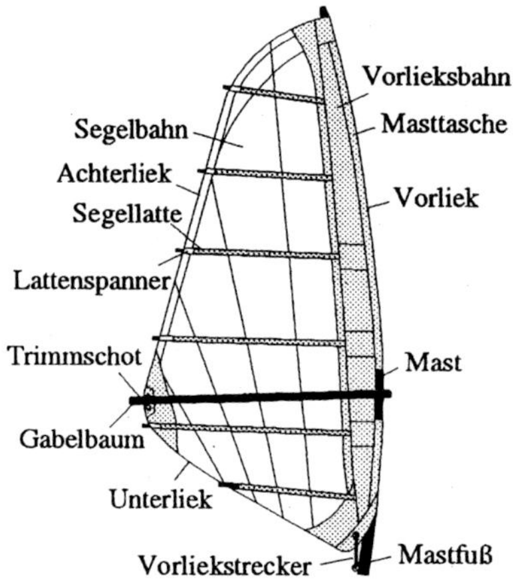

Abb. 3.2. Struktur eines Surfriggs

3 Strukturdynamik von Segeln

Taenzer (1997) [17] hat sich ausführlich mit einer möglichst genauen Modellierung der Tragwerkseigenschaften von Segelkonstruktionen beschäftigt. Der Yachtrumpf wird als starrer Körper idealisiert, aber die Deformationen des gesamten Riggs (Segel mit Segellatten, Mast, Baum, Salinge, stehendes und laufendes Gut) werden mit der FEM so genau wie möglich beschrieben (Abb. 3.1, Abb. 3.2). Dazu sind fogende, jeweils beliebig im Raum orientierte Elemente erforderlich:

- Seil-Elemente
- Membran-Elemente (Dreieck- und Viereckelemente)
- Stab-Elemente (incl. Biegung und Torsion)

Die in der Literatur üblichen constant-strain-Dreieckselemente (Oden-Sato, 1967 [13]) und bilinearen Viereckselemente werden durch höhere Membran-Elemente, nämlich 6-Knoten-Dreieckselemente mit quadratischen Verteilungsansätzen und 8-Knoten-Viereckselemente vom Serendipity-Typ ersetzt. Für die Stab-Elemente wird die Formulierung von Crisfield (1990) [4] gewählt, um räumliche Instabilitätserscheinungen beschreiben zu können.
Als besonders segelspezifisch wird ein Trimm-Seil-Element verwendet, das bei beliebiger Länge eine konstante, vorgegebene Trimmkraft simuliert. Ferner darf man die Biegesteifigkeit der durch Doppelungen verstärkten Teile des Segels (z.B. am Schothorn) nicht vernachlässigen. Deshalb werden diese nicht mit Membran-Elementen, sondern mit Platten-Elementen modelliert. Der Membranteil des Segels widerum kann nur realistisch beschrieben werden, wenn man der Faltenbildung Rechnung trägt. Hierbei wird das Faltenmodell von Roddeman [14] verwendet, das ein kinematisches Modell ist und die orthotropen Eigenschaften von Segeltuch (Kette-Schuß) berücksichtigen kann. Ferner wird das Rutschen der Segellatten in den Lattentaschen sowie, der Lieken in der Mastnut und am Vorstag simuliert.
Die Membranrechnung geht vom Schnittmuster des Segelmachers aus, das auch die tatsächliche Kette-Schuß-Orientierung enthält. Die Stoffbahnen werden quasi im Computer zusammengefügt und die Form des Segels unter Strömungs- und sonstiger Belastung ermittelt.

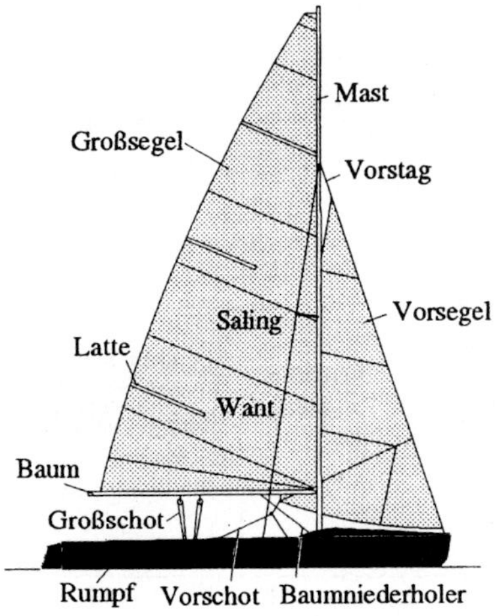

Abb. 3.1. Struktur einer Segelyacht

4 Trennung der Rechengitter

Um gute Ergebnisse der Simulation zu erreichen, trennt man das aerodynamische Rechengitter (Abb. 4.2) von dem strukturdynamischen Gitter (Abb. 4.1). Das Struktur-Gitter orientiert sich am Segelschnittmuster und besteht aus einer verhältnismäßig großen Zahl höherer Membran-Elemente, damit die Oberfläche möglichst genau und glatt beschrieben wird. Die Zahl der Wirbelelemente des aerodynamischen Gitters muß nicht sehr groß sein, aber das Netz besitzt QCM-Teilung. Als Vorarbeit ist deshalb ein Koordinatensystem auf der Segelfläche zu schaffen, bei dem der linke bzw. rechte Rand die Koordinaten $q_1 = -1$ bzw. $q_1 = +1$ und der untere

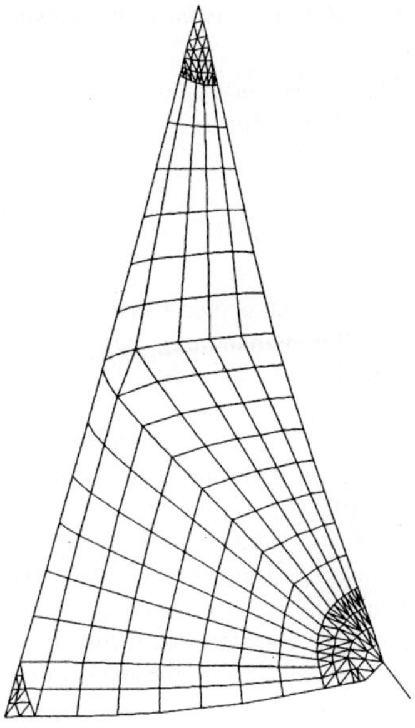

Abb. 4.1. FE-Gitter des Drachenvorsegels

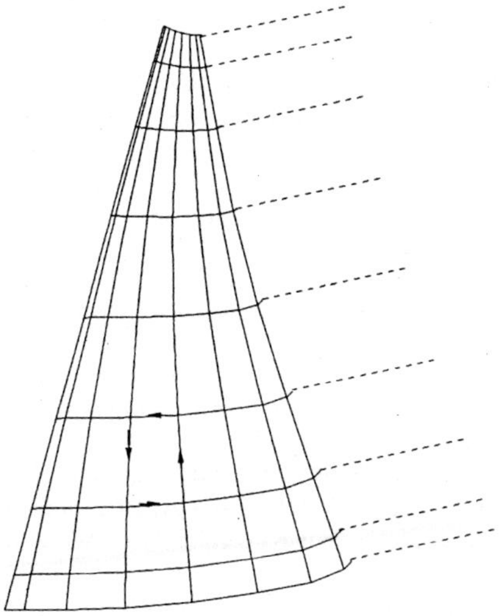

Abb. 4.2. Wirbelgitter des Drachenvorsegels

bzw. obere Rand die Koordinaten $q_2 = -1$ bzw. $q_2 = +1$ haben.

Die Hauptschwierigkeit bei der Interaktion der Aero- mit der Strukturdynamik liegt darin, die aerodynamischen Kräfte zu ermitteln und sinnreich auf die finiten Elemente zu verteilen. Wären beide Netze identisch, so könnte man die Kraft auf eine Wirbelstrecke nach der Formel von Kutta-Joukowski berechnen und nach dem Hebelgesetz auf die Knoten verteilen. Bei getrennten Gittern wird ein anderer Weg nötig: Die diskreten Wirbel Γ werden in eine äquivalente kontinuierliche Wirbelverteilung umgerechnet, und zwar in Form einer Ackermann-Birnbaum-Doppelreihe [1]. Aus der somit in jedem Punkte des Segels bekannten Wirbelstärke wird mit der Bernoulli-Gleichung auf den Drucksprung zwischen lee und luv geschlossen, der die Membran belastet. Dieses Verfahren nennen wir quasi-continuous-continuous: QCC.

5 Segel in der Welle

Zur Entwickung der instationären aeroelastischen Kopplung wird zunächst ein vereinfachtes 2D Modell betrachtet (Abb. 5.1). Der 2D-Profilschnitt wird strukturdynamisch als elastisches Seil gedeutet. Die zusätzlichen aerodynamischen Lasten werden nach einem Verfahren von [5] bestimmt. Zu den stationären Belastungen kommt nun noch der instationäre Druck hinzu, der von der zeitlichen Änderung der Zirkulation abhängig ist $\sim \frac{\partial \Gamma}{\partial t}$.

Gegenüber der stationären Strömung ändert sich die Abflußbedingung. Gefordert wird nach [5] ein stetiger Übergang der Zirkulation auf der Tragfläche zur Zirkulation im Nachlauf.

Als einfachste Annahme für den Nachlauf in der instationären Strömung wird davon ausgegangen, daß die Zirkulation in Anströmungsrichtung abtransportiert wird. In jedem Zeitschritt Δt wird das Nachlaufwirbelfeld um den Vektor $\mathbf{v}_\infty \Delta t$ verschoben.

Der Zeitschritt Δt wird dabei so groß gewählt, daß die Wirbelboxen im Nachlauf und am Profilende die gleiche Größe haben. Der numerische Aufwand steigt damit linear mit der Anzahl der Zeitschritte. In jedem Zeitschritt muss ein Gleichgewicht zwischen den strukturdynamischen inneren Kräften und den aerodynamischen äußeren Kräften iteriert werden.

Die Abb. 5.3 und Abb. 5.4 zeigen die Ergebnisse der Berechnung eines harmonisch schwingenden elastischen 2D-Profils in einer konstanten Anströmung. Zu Beginn der Berechnung ist die Schwingungsamplitute noch null und das Profil ist starr. Der Anfahrtswirbel bildet sich aus. Nach einer halben Periode (bei $t = 4\,\text{sec}$) wird die Elastizität zugelassen. Nach einer Periode wird die Amplitude linear auf ihren Endwert gesteigert, so daß zur dritten Periode (ab $t = 16\,\text{sec}$) die Bewegung voll ausgeprägt ist

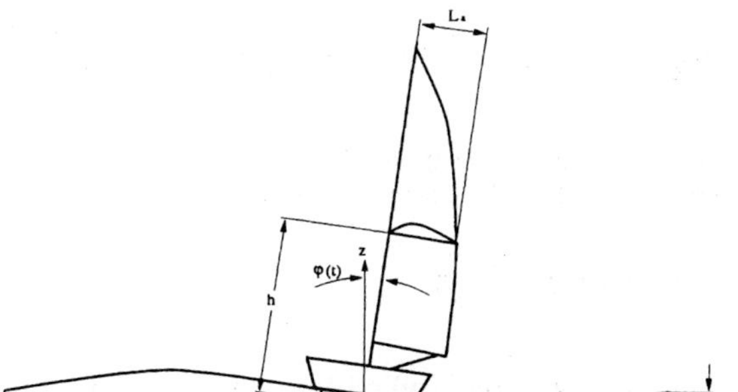

Abb. 5.1. Vereinfachtes 2d-Modell

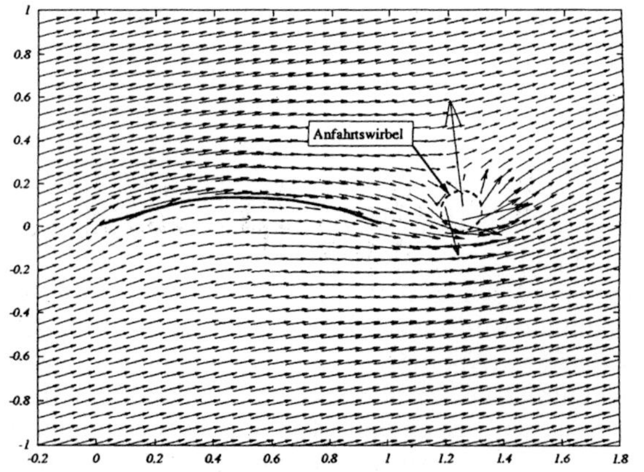

Abb. 5.2. Geschwindigkeitsfeld um ein starres Profil beim Anfahrtsvorgang

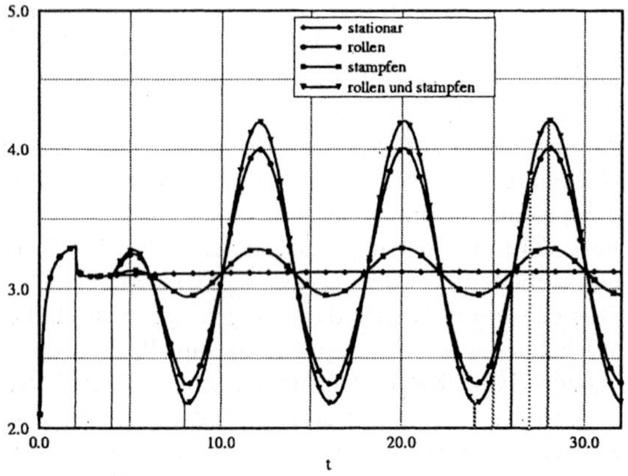

Abb. 5.3. Auftriebsbeiwert c_l des instationär umströmten elastischen Seils als Funktion der Zeit t

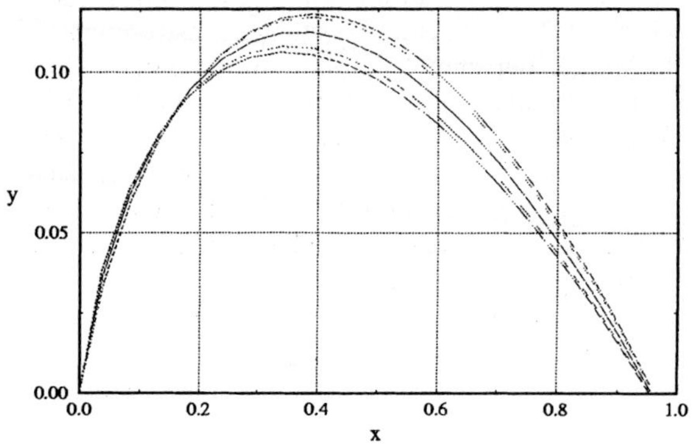

Abb. 5.4. Form des elastischen Seils während der 4. Periode über die Sehnenlänge x aufgetragen

6 Zwischenbilanz

- Die detailgetreue Strukturdynamik ist wichtig und möglich.
- QCC ist Grundlage für eine gute potentialtheoretische Konvergenz der Aerodynamik.
- Eine Kalibrierung der QCC mit Windkanalversuchen steht noch aus.
- Die 2D instationäre QCC-Methode ist erprobt.
- Die 3D instationäre QCC-Methode ist in der Entwicklung.

Schrifttum

1 Birnbaum, W. und W. Ackermann: Die tragende Wirbelfläche als Hilfsmittel zur Behandlung des ebenen Problems der Tragflügeltheorie. ZAMM, 3:290–297, 1929.

2 Brakhage, H. und M. Borja: Zur numerischen Behandlung der Tragflügelgleichung. Zeitschrift für Flugwissenschaften, 10:349–356, 1968.

3 Chatzikonstantinou, Thomas: Aerodynamik des dehnbaren Segels unter Berücksichtigung des Segelschnitts. Doktorarbeit, TU Berlin, 1987.

4 Crisfield, M. A.: A consistent co-rotational formulation for non-linear, three-dimensional beam-elements. Computer Methods in Applied Mechanics and Engineering, 81:131–150, 1990.

5 Frydenlund, Oddvar and Justin E. Kerwin: The development of numerical methods for the computation of unsteady propeller forces. Technical report, Hydrodynamics of ship and offshore propulsion systems, Oslo, 1977.

6 Fukasawa, T. and M. Katori: Numerical approach to aeroelastic response of three-dimensional flexible sails. 11th Chesapeakes Sailing Yacht Symposium, 1993.

7 Graf, Kai Uwe: Inviscid and viscous flow calculations around yachting sails. Ship Technology Research, 43, 1996.

8 Guermond, J. L.: Collocation methods and lifting-surfaces. European Journal of Mechanics, B/Fluids, 8(4):283–305, 1989.

9 Hänsel, Michael: Berechnung von Yachtsegeln unter Berücksichtigung der Grenzschicht. Doktorarbeit, Technische Universität Berlin, 1995.

10 Jackson, P. S.: The analysis of three-dimensional sails. Technical report, Proc. of 10th CANCAM (Canadian Congress of Applied Mechanics, University of Western Ontario, 1985.

11 Lan, C. E.: A quasi-vortex-lattice method in thin wing theory. Journal of Aircraft, 11:S.518–527, 1974.

12 Muttin, F.: Structural and aerodynamik analysis of sails. European Journal of Mechanics, A/Solids, 10(5), 1991.

13 Oden, I. T. and T. Sato: Finite strains of elastic membranes by the finite methode. Int. Journal Solids Structures, (3):471–488, 1967.

14 Roddeman, D. G.: Finite-element analysis of wrinkling membranes. Communications in applied numerical methods, 7:299–307, 1991.

15 Schoop, Heinrich: Structural and aerodynamic theory for sails. European Journal of Mechanics, A/Solids, 9(1):37–52, 1990.

16 Stark, V. J. E.: A generalized quadrature formula for cauchy integrals. AIAA Journal, 9:1854–1855, September 1971.

17 Taenzer, L. und H. Schoop: Modellierung der Tragwerkseigenschaften von Segelkonstruktionen. Technische Mechanik, 17(2), 1997.

Experimentelle und numerische Strömungsuntersuchungen mit Segelyachtmodellen

Experimental and numerical flow investigations with sailing yacht models

Prof. Dr.-Ing. **Kai Uwe Graf**, Dipl.-Ing. **D. Aue**
Fachhochschule Kiel

Summary. The paper describes a method for the prediction of the speed of a racing sail yacht under given wind conditions. It is based on a mixture of experimental and numerical methods to estimate flow fources on hull and sails. A velocity prediction procedure calculates ship speed, heel and rudder angles for equilibrium condition of all forces and moments acting on the boat. The method is used for the velocity prediction of state of the art racing boats. Some results are shown.

1 Einleitung

Strömungsuntersuchungen mit Segelyachtmodellen ermitteln die hydro- und aerodynamischen Eigenschaften eines Yachtentwurfes. Die in experimentellenen und numerischen Modelluntersuchungen gewonnenen Strömungskräfte sind allerdings nur ein Zwischenergebnis. Anders als beim Widerstands- bzw. Propulsionsversuch konventioneller Seeschiffe wird nicht der Widerstand bzw. die notwendige Antriebsleistung für eine vorgegebenen Geschwindigkeit ermittelt, vielmehr ist die sich einstellende Geschwindigkeit bei gegebenen Randbedingungen Ziel der Berechnungen. Die Bestimmung der auf die Yacht wirkenden Kräfte und Momente ist nur ein notwendiges mittelbares Ergebnis, das isoliert betrachtet nur eine begrenzte Aussage zuläßt. Eine vollständige strömungsmechanische Untersuchung einer Segelyacht besteht daher sowohl aus einer Ermittlung der hydrodynamischen Kräfte auf den Naßkörper der Yacht als auch aus der Ermittlung der aerodynamischen Kräfte auf Rigg und Segel. Ein Geschwindigkeitsprognoseprogramm (VPP – Velocity Prediction Program) gestattet dann die Berechnung der von der Yacht erreichbaren Zielgeschwindigkeit auf der Basis der ermittelten Strömungskräfte.
An der Fachhochschule Kiel wird ein Verfahren zur Geschwindigkeitsprognose von Segelyachten angewandt, das alle beschriebenen Komponenten beinhaltet. Für die Ermittlung der Kräfte auf den Naßkörper der Yacht werden experimentelle Modellversuche herangezogen. Strömungskräfte auf Rigg und Segel werden mit Strömungssimulationsverfahren ermittelt. Die Geschwindigkeitsprognose selbst erfolgt mit einem Verfahren, das die Geschwindigkeit, Abdrift, Krängung und Ruderlage ermittelt, bei der Rumpf- und Segelkräfte im Gleichgewicht sind und die Zielgeschwindigkeit der Yacht (VMG – Velocity Made Good) optimal ist. In diesem Aufsatz wird dieses Verfahren skizziert. Einige neuere Ergebnisse werden beschrieben.

2 Modellversuche mit Segelyachtrümpfen

2.1 Versuchseinrichtung

Die FH Kiel betreibt zur Durchführung strömungsmechanischer Modellversuche ein Labor mit einem Umlauftank K&R F 10 B, Abbildung 1.
Für die Untersuchung von Segelyachten werden Modelle mit einer Länge von einem bis 1,2 m herangezogen. Mit dem Umlaufprinzip der Versuchseinrichtung und mit den relativ kleinen Modellen sind im Vergleich zu konventionellen Versuchseinrichtungen, die Modelle mit einer Länge von etwa 7 m einsetzen, gewöhnliche Einschränkungen in der Qualität der Versuchsergebnisse verbunden. Durch eine Reihe von Maßnahmen können diese jedoch vermieden werden:

- Umlenkvorrichtungen und Zusatzdüsen vergleichmäßigen das Strömungsprofil in der Meßstrecke.
- Das Wasser wird für die Versuche auf 40°C erhitzt, wodurch sich die Reynoldszahl gegenüber Kaltwasserversuchen etwa verdoppelt.
- Die Wasseroberflächenverformung wird kontrolliert, ein Gefälle wird durch Aufstau vermieden.
- Elektronische Meßverfahren auf DMS-Basis und PC-basierte Meßdatenerhebung und -verarbeitung gestatten eine statistische Verarbeitung der Meßgrößen, bei der Signale gefiltert und integriert werden können. Dies erhöht die Reproduzierbarkeit der Meßergebnisse und rationalisiert den Versuchsablauf.

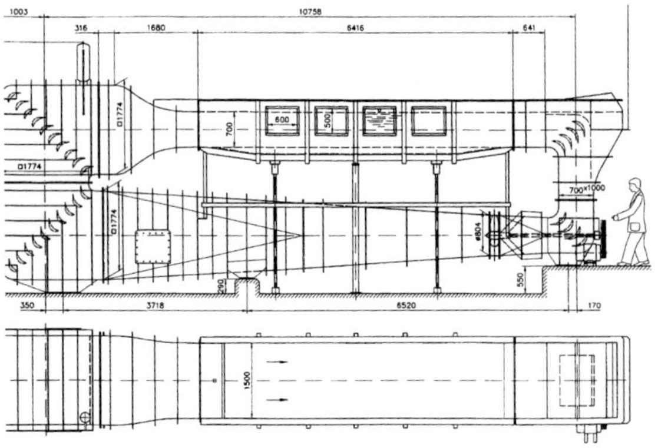

Abb. 1. Umlauftank K&R F 10 B

Bei der Übertragung der Modellversuchsergebnisse auf die Großausführung treten die bekannten Probleme mit im Modellversuch nicht gewährleisteter Reynoldsscher Ähnlichkeit auf. Bei der Untersuchung von Yachten im beschriebenen Umlauftank ist dieses Problem jedoch geringer als bei herkömmlichen Handelsschiffsuntersuchungen in einer Schiffbau-Versuchsanstalt. Hierfür sind zum einen die relativ kleinen Längenabmessungen der Großausführungen von Yachten, zum zweiten die Versuchsdurchführung mit erhitztem Wasser verantwortlich. Das Verhältnis der Reynoldszahlen von Schiff zu Modell beträgt beispielsweise bei einer Containerschiffsuntersuchung in einer konventionellen Schiffbauversuchsanstalt $Rn_S/Rn_M = 100 \div 200$. Dieses Verhältnis ist bei einer Untersuchung von Yachten im beschriebenen Umlauftank lediglich $Rn_S/Rn_M = 15 \div 30$.
Wenn auch mit der kleinen Modellgröße und dem Umlaufprinzip der Versuchseinrichtung eine gewisse Ergebnisungenauigkeit verbleibt, so bietet die beschriebene Versuchseinrichtung doch einen nennenswerten Vorteil. Die Kosten für die beschriebenen Yacht-Modellversuche können in einer derartigen Versuchseinrichtung sehr gering gehalten werden. Dies liegt zum einen an den geringeren Modellbaukosten für kleine Modelle. Zum zweiten erlaubt ein Umlauftank eine äußerst rationale Versuchsdurchführung, da er permanente Messungen zuläßt, die nicht auf die kurze Zeitspanne beschränkt sind, in denen ein Schleppwagen seine Meßstrecke durchfährt.

2.2 Versuchsprogramm

Ein standardisiertes Versuchsprogramm, das weitgehend einheitlich bei allen Yachtuntersuchungen durchgeführt wird, gewährleistet die Vergleichbarkeit der Versuchsergebnisse. Dieses Versuchsprogramm setzt sich zusammen aus:

- Widerstandsversuche bei auftriebsfreier Anströmug bei mehreren Krängungswinkeln, z.B. 0°, 10°, 20° und 30°.
- Abdriftversuche bei einer typischen Am-Wind-Geschwindigkeit und den oben genannten Krängungswinkeln.
- Ruderversuche bei der Geschwindigkeit und den Krängungswinkeln wie Abdriftversuche. Rumpf und Kiel werden dabei so angestellt, daß bei mittschiffs gelegtem Ruder kein Auftrieb entsteht.

Im Versuch werden Längs- und Querkräfte sowie das Giermoment bestimmt. Aus diesen Kräften werden modifizierte Beiwerte bestimmt. Der Modellwiderstandsbeiwert bei auftriebsfreier Anströmung ist

$$c^*_{TM} = \frac{R_{TM}}{0,5\rho\, u_M^2 \nabla_M^{2/3}} \tag{2.1}$$

mit dem Modellwiderstand R_{TM}, der Dichte ρ, der Modellgeschwindigkeit u_M und der Verdrängung des Modells ∇_M.
Der Modellwiderstand wird mit einem aus dem Großschiffbau bekannten Verfahren (z.B. ITTC78) auf die Großausführung übertragen. Der Auftrieb wird auf die gleiche Weise wie der Widerstand normiert. Von den aus Abdrift- und Ruderversuch gewonnenen Auftriebsbeiwert c^*_{LB} und c^*_{LR} wird angenommen, sie seien von der Geschwindigkeit unabhängig. Aus Abdrift- und Ruderversuch werden auch Beiwerte des induzierten Widerstandes für Rumpf mit Kiel und Ruder c^*_{DB} und c^*_{DR} gebildet, in dem angenommen wird, daß der Minimalwert des induzierten Widerstandes Null sei. Dies ist allerdings eine Näherungsannahme, die nur bei kleinen Unsymmetrien des Tragflügelsystems Rumpf-Kiel-Ruder, d.h. bei kleinen Krängungswinkeln gilt. Von dem induzierten Widerstand wird ebenfalls Geschwindigkeitsunabhängigkeit angenommen.
Eine direkte Aussage aus den Versuchen kann durch Vergleich der Ergebnisse verschiedener Modelle erfolgen. Hierfür wird der Widerstand bei auftriebsfreier Anströmng zur Beurteilung der Raumschots- und Vormwindeigenschaften herangezogen. Für die Beurteilung der Am-Wind-Eigenschaften wird das auf die Großausführung übertragene Polardiagramm herangezogen.
Für eine Geschwindigkeitsprognose müssen Widerstand und Auftrieb für jede Kombination von Längsgeschwindigkeit, Krängungswinkel sowie Abdrift- und Ruderwinkel bestimmt werden. Dazu werden Näherungsansätze verwendet. Der Gesamtauftriebsbeiwert berechnet sich mit

$$c^*_L = c^*_{LB} + c^*_{LR} - \kappa_1 c^*_{LB} c^*_{LR} \tag{2.2}$$

und der Widerstandsbeiwert mit

$$c^*_D = c^*_{TS} + c^*_{DB} + c^*_{DR} + \kappa_2 \sqrt{c^*_{DB} c^*_{DR}} \tag{2.3}$$

Darin ist c^*_{TS} der auf die Großausführung übertragene Widerstandsbeiwert bei Nullauftrieb, κ_1 und κ_2 sind Korrelationsfaktoren, die die Wechselwirkungen von Kiel und Ruder berücksichtigen. Sie

werden in wenigen Zusatzversuchen bei schräg angeströmten Rumpf/Kiel und zusätzlich gelegtem Ruder ermittelt.
(2.2) und (2.3) beinhalten Näherungen, die aber für kleine Abdrift- und Ruderwinkel hinreichend genau sind. Der Vorteil der beschriebenen Ansätze liegt darin, daß für eine Geschwindigkeitsprognose nicht für jede praktisch vorkommende Kombination von Abdriftwinkel und Ruderwinkel Versuchsdaten vorliegen müssen.

2.3 Ergebnisse

Abbildung 2 zeigt im Vergleich den Widerstandsbeiwert c_{TS}^* einer IOR- und einer IMS-Yacht. Der Schlankheitsgrad der Yachten beträgt:

$$\text{IOR:}\quad L/\nabla^{1/3} = 5,55$$

$$\text{IMS:}\quad L/\nabla^{1/3} = 7,0$$

Die IOR-Yacht ist also deutlich schwerer. Das Widerstandsdiagramm zeigt bei kleineren Froudschen Zahlen einen geringeren Widerstandsbeiwert der IOR-Yacht. Dies ist jedoch in der Normierung begründet. Bei Froudschen Zahlen $Fn > 0,4$ lassen die Diagramme die bessere Gleitfähigkeit der IMS-Yachten erkennen.
Abbildung 3 zeigt den Widerstandsbeiwert der IMS-Yacht bei Krängungswinkeln $\varphi = 0°$, 15° und 30°. Der Widerstandsbeiwert ist bei aufrechter Schwimmlage größer als bei Krängung. Er erreicht bei $\varphi = 15°$ ein Minimum. Dies gilt jedoch für auftriebsfreie Anströmung, also für Raumschots- und Vormwindkurse.
Bei auftriebserzeugender Anströmung, also auf Am-Wind-Kursen, muß zusätzlich der mit dem Auftrieb verbundene induzierte Widerstand berücksichtigt werden. Mit zunehmender Krängung steigt der induzierte Widerstand, der Auftrieb nimmt jedoch ab. Abbildung 4 zeigt die Auftriebs-Widerstandspolaren c_L^* über c_D^* der IMS-Yacht bei Krängungswinkeln $\varphi = 0°$, 15° und 30°. Für die Erzeugung eines gegebenen Auftriebes erhöht sich der Widerstand nennenswert mit dem Krängungswinkel.

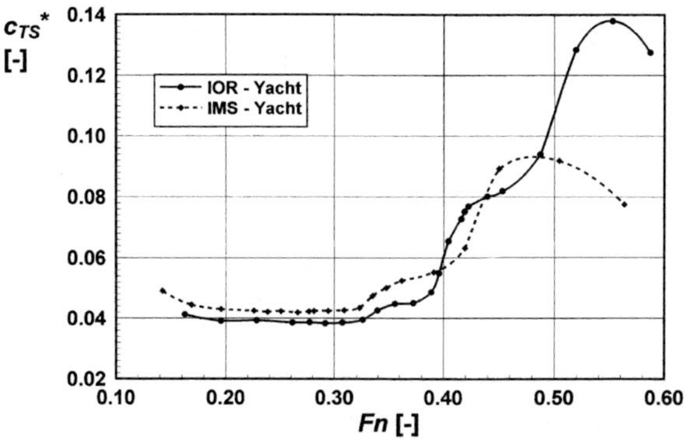

Abb. 2. Widerstandsbeiwert IOR- u. IMS-Yacht

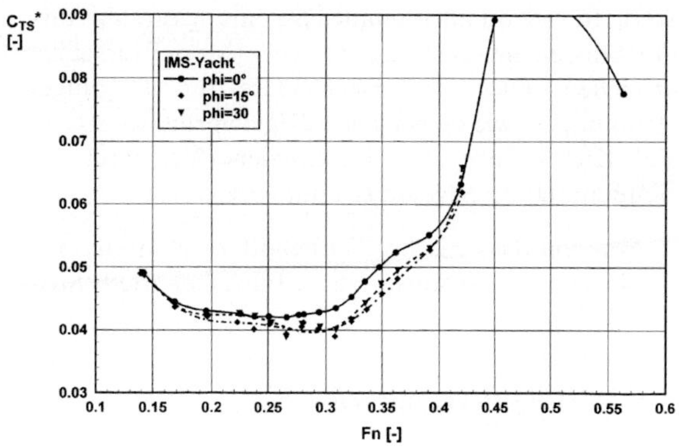

Abb. 3. Widerstandsbeiwert in Abhängigkeit des Krängungswinkels Phi

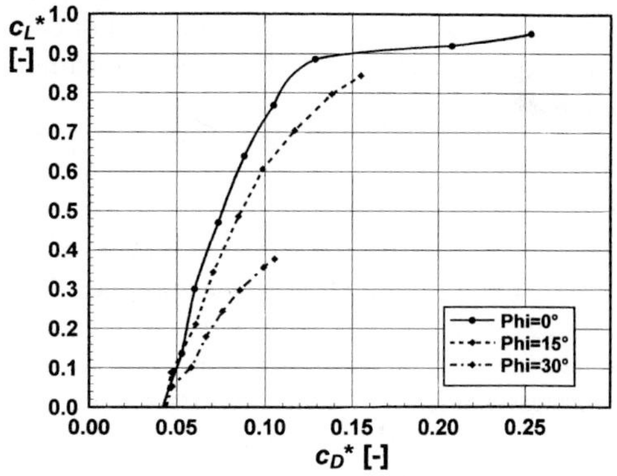

Abb. 4. Auftriebs-Widerstandspolaren der IMS-Yacht

Offensichtlich sollte die Yacht auf Am-Wind-Kursen unbedingt aufrecht gesegelt werden, während auf Raumschots- und Vorm-Wind-Kursen eine gewisse Krängung durchaus wünschenswert ist. Tatsächlich ist aber in der Regel das Gegenteil unvermeidbar.

3 Aerodynamische Strömungssimulation

Hydromechanische Untersuchungen des Naßkörpers einer Yacht allein sind nur von begrenztem Wert. Für eine Geschwindigkeitsprognose sind neben den Naßkörperkräften einer Yacht die Kenntnis der Kräfte an Rigg und Segeln erforderlich.
Der klassische Ansatz zur Untersuchung luftumströmten Körper sind Windkanalversuche. Dabei werden Modelle im Maßstab $\lambda = 10$ bis 20 untersucht. Reynoldssche Ähnlichkeit kann in der Regel nicht gewährleistet sein, da daraus resultieren würde, daß die Strömungskräfte auf das Segelmodell genau so groß sind wie die auf das Großausführungssegel, bei allerdings im Modellmaßstab verkleinerten Abmessungen von Mast und Verstagung. Windkanalversuche sind zudem sehr teuer.
Strömungssimulationen werden in steigendem Umfang zur Substitution von Modellversuchen einge-

setzt. In vielen Fällen können Strömungssimulationsergebnisse die Genauigkeit von Modellversuchen erreichen. Dies gilt insbesondere für Tragflügelströmungen, wie sie bei einem Segel vorliegen. An der FH Kiel werden zwei verschiedene Verfahren zur Simulation von Segelumströmungen eingesetzt:

- Potentialtheoretisches Wirbelgitterverfahren
- Navier Stokes Solver für reibungsbehaftete Strömungen

3.1 Wirbelgitterverfahren

Wirbelgitterverfahren werden in der Strömungsmechanik zur Strömungsberechnung dünner Tragflügel verwendet. Wichtigste Anwendung im Schiffbau sind Propellerauslegungen. Das an der FH Kiel benutze Verfahren zur Segelberechnung ähndelt den dort verwendeten Verfahren, ist aber problembedingt sehr viel einfacher aufgebaut.

3.1.1 Theorie

Das Segel wird mit viereckigen Paneelen diskretisiert, Abbildung 5. Entlang der Ränder der einzelnen Paneele werden geschlossen Ringwirbel konstanter Wirbelstärke angeordnet. An der Achterkante des Segels werden zur Erfüllung der Kutta'schen Abflußbedingung hufeisenförmige Wirbel angeordnet, die sich in Strömungsrichtung bis ins Unendliche erstrecken.

Die von einem Wirbelfaden induzierte Geschwindigkeit berechnet sich mit dem *Biot-Savartschen Gesetz*. Für ein beliebig im Raum angeordnetes Wirbelstück konstanter Wirbelstärke erhält man daraus die im Punkt K induzierte Geschwindigkeit:

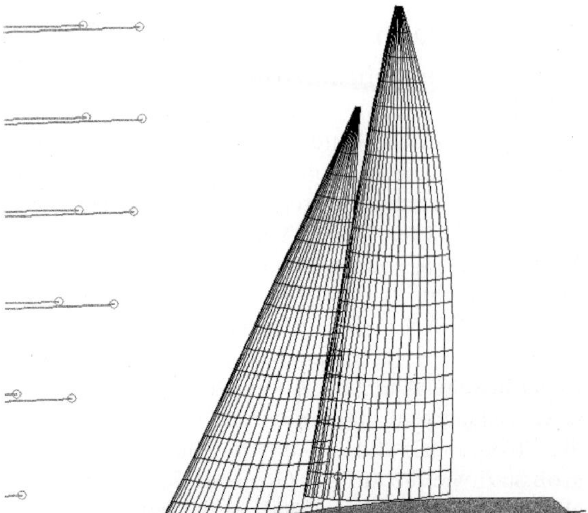

Abb. 5. Paneelisierung Vor- u. Großsegel

$$v_K = \frac{\Gamma}{4\pi a}(\cos\alpha + \cos\gamma) \tag{3.1}$$

Sie steht senkrecht auf der vom Wirbelfaden und dem Punkt K aufgespannten Ebene (Bezeichnungen siehe Abbildung 6).

Die Wirbelstärken der Ring- bzw. Hufeisenwirbel wird aus einer Kollokationsbedingung bestimmt, d.h. die aus allen Wirbelfadenabschnitten überlagerte induzierte Geschwindigkeit und die ungestörte Anströmgeschwindigkeit ergeben in der Mitte jedes Paneeles keine Komponenten senkrecht zur Paneelebene. Daraus ergibt sich ein lineares Gleichungssystem mit voll besetzer Koeffizientenmatrix, das mit Rechnerhilfe gelöst wird. Sind die Wirbelstärken bekannt, werden daraus die auf den Wirbelfaden wirkenden Kräfte **F** bestimmt:

$$\mathbf{F} = \rho\Gamma(\mathbf{u} + \hat{\mathbf{v}}) \times \mathbf{r} \tag{3.2}$$

Dabei ist **u** die ungestörte Anströmgeschwindigkeit, $\hat{\mathbf{v}}$ die induzierte Geschwindigkeit aller Wirbelfäden und **r** der Vektor von einem zum anderen Ende des Wirbelfadenabschnittes. Eine genaue Beschreibung des Verfahrens findet sich in *Hänsel (1995)* oder *Graf (1996)*.

3.1.2 Implementation

Das beschriebene Verfahren ist als C-Programm implementiert. Die Eingabe erfolgt mittels klartextlesbarem Textfile. Die Form der Segel wird mit einer beliebigen Anzahl horizontal übereinander angeordneter Profile beschrieben. Für jedes Profil kann neben Länge und Höhenlage die maximale Profiltiefe und ihre Lage sowie der örtliche Anstellwinkel angegeben werden. Damit sind alle trimmbaren Parameter einer Segelyacht (Schot, Traveller, Unterliek- u. Vorliekstrecker, Mastfall und -biegung) simulierbar. Die Anströmung des Segels ist hinsichtlich Betrag und Einfallsrichtung höhenvariabel, wie es beim praktischen Segeln vorliegt.

Die Diskretisierung jedes Segels wird zur Laufzeit angegeben. Die Anzahl der Segel eines Stells ist beliebig und nur von Rechnerressourcen begrenzt. Diskretisierungen ab 400 Paneele ergeben gitterinvariante Ergebnisse. Für ein Zwei-Segel-Stell ergeben sich damit Rechnerlaufzeiten von etwa 1–3 Minuten auf einem modernen PC.

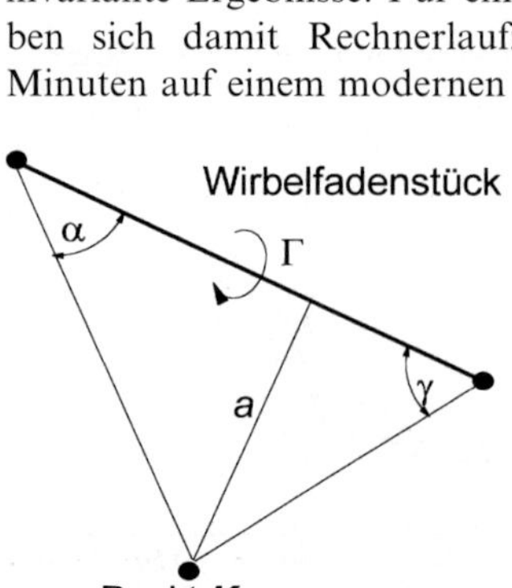

Abb. 6. Geschwindigkeitsinduktion durch Wirbelfaden

Vergleiche der mit diesem Verfahren berechneter Segel mit geeigneten Windkanalmessungen sind in *Graf (1996)* beschrieben.

3.1.3 Anwendungsbeispiel

Die primäre Anwendung des beschriebenen Verfahrens besteht in der Berechnung der Segelkräfte im Rahmen der Geschwindigkeitsprognose, siehe Kap. 4. Es eignet sich darüberhinaus auch für theoretische Segeltrimmoptimierungen. Ein Beispiel hierfür ist die Bestimmung des besten Segeltwistes in realer Anströmung. Grundsätzlich gilt: geringerer Twist erzeugt geringeren induzierten Widerstand, aber auch ein größeres krängendes Moment. Berücksichtigt werden muß ferner der in Höhenrichtung zunehmende Einfallswinkel der Anströmung sowie die Beeinflussung der Segel untereinander. Abbildung 7 zeigt Auftriebsbeiwerte c_L und Widerstandsbeiwerte c_D für ein OK-Jollen-Segel über dem Windeinfallswinkel. Parameter ist der Twist des Segels. Für einen nach Stabilitätskriterien gegebenen Auftriebsbeiwert kann der Widerstandsbeiwert der verschieden getwisteten Segel bestimmt werden. Allerdings muß dabei berücksichtigt werden, daß ein getwistetes Segel bei gleichem krängenden Moment einen größeren Auftrieb erzeugen darf.

Nicht berücksichtigt ist hierbei der *Human Factor*. Ein wenig getwistetes Segel verzeiht Abweichungen vom optimalen Anströmwinkel nicht gut. Das Boot verlangt einen aufmerksameren Steuermann.

3.2 Viskose Strömungsberechnungen

Das in Kap. 3.1 beschriebene Verfahren basiert auf dem Modell idealer Strömung. Es gestattet daher nicht die Berücksichtigung viskoser turbulenter Effekte und erfaßt keine Strömungsablösungen. Diese haben vor allem bei geringeren Windgeschwindigkeiten jedoch großen Einfluß auf die Segelkräfte. Zur Berechnung viskoser turbulenter Segelumströmungen werden an der FH Kiel *Navier Stokes Solver* eingesetzt. Diese lösen die zeitgemittelten Navier Stokes (NS) Gleichungen in einem Strömungsgebiet unter gegebenen Randbedingungen. Auf den theoretischen

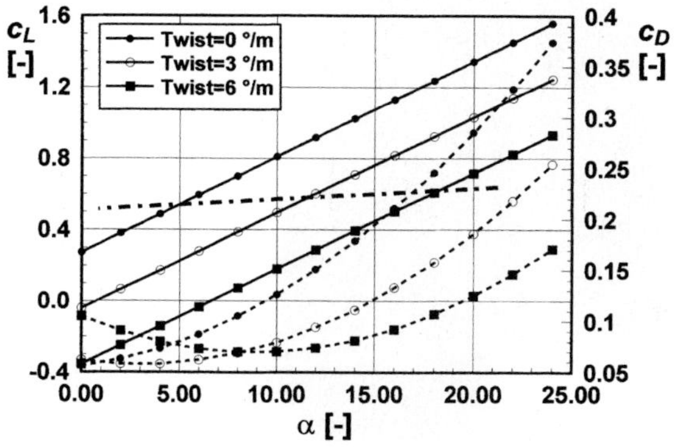

Abb. 7. Twistvariation OK-Segel

Hintergrund von NS-Solvern wird an dieser Stelle nur auf die Literatur verwiesen, z.B. *Schönung (1990)*. An der FH Kiel wird als NS-Solver und als Werkzeug für die dazugehörenden Modellierungs- und Diskretisierungsaufgaben das Programmpaket *CFX 5.1* verwendet. Es besteht aus einem Solid-Modeller auf Patran-Basis, einem Oberflächen-Netzgenerator und einem auf AVS basierenden Ergebnis-Visualisierer. Der eigentliche NS-Lösungsalgorithmus zeichnet sich durch die folgenden Charakteristika aus:

- Unstrukturierte Diskretisierung des Berechnungsgebietes
- Volumengittergenerierung und -adaption während der Laufzeit des Lösers
- k-ε-Turbulenzmodell mit Wandfunktionen
- Gekoppeltes Lösungsverfahren

Vor allem die unstrukturierte Topologie des Diskretisieurungsgebietes erleichtert Strömungsberechnungen um Segel. Versuche mit einem Berechnungsverfahren mit blockstrukturierten Gittern verlangten einen wesentlich höheren Aufwand bei der Modellierung von Diskretisierungsblöcken und bei der Diskretisierung.

3.2.1 Berechnungsaufwand

Der Zeit- und Rechenaufwand ist bei NS-Solvern nennenswert größer als der des oben beschriebenen potentialtheoretischen Verfahrens. Bei letzerem betrug der Zeitaufwand zur Modellierung eines 2-Segel-Stells wenige Minuten, übliche Rechenzeiten lagen bei wenigen Minuten auf einem modernen PC. Der Hauptspeicherbedarf beträgt einige MB. Bei NS-Solvern beträgt der Aufwand zur Modellierung eines Segelstells in günstigen Fällen wenige Tage. Für die Lösung der diskretisierten Gleichungssysteme sind Rechenzeiten von mehreren Stunden bis Tagen auf leistungsfähigen Workstation üblich. Hier werden nichtlineare Gleichungssysteme mit manchmal mehreren Millionen Unbekannten gelöst. Der Hauptspeicherbedarf der Workstation kann mehrere Hundert MB betragen.

In der Phase der Gittergenerierung ist bei dem an der FH Kiel verwendeten Verfahren lediglich die Generierung eines Oberflächengitters auf den Rändern des Berechnungsgebietes erforderlich. Das Volumengitter wird während der iterativen Lösung der diskretisierten NS-Gleichungen erstellt und während der Berechnung adaptiert. Dies reduziert den Aufwand für die Modellierung des Strömungsproblems nennenswert.

Der große Aufwand für Modellierung und Gleichungslösung bei der Anwendung von NS-Solvern macht diese zur Ausnahmeuntersuchung. Im Rahmen der Geschwindigkeitsprognose können NS-Solver für die Segelkraftberechnung zum jetzigen Zeitpunkt nicht eingesetzt werden. Für die Untersuchung von Teilphänomenen, insbesondere zur Bestimmung des maximalen Auftriebes eines Segels vor allem bei wenig Wind sind sie jedoch das Werkzeug der Wahl.

3.2.2 *Verifikation*

Berechnungsergebnisse mit dem beschriebenen NS-Solver wurden mit Windkanaluntersuchungen von *Schenzle (1983)* verglichen. Für den Vergleich wurde das Segelmodell *R4* (Abbildung 8) herangezogen. Hierbei handelt es sich um ein Rechtecksegel, das an einer Rollreffstange hinter einem Mast angeordnet ist. Das Seitenverhältnis des Segels beträgt $\Lambda = 2{,}5$. Die Reynoldssche Zahl ist $Rn = 4 * 10^5$.

Abbildung 9 zeigt als Ergebnis des Vergleichs das Polardiagramm, d.h. Auftriebsbeiwert aufgetragen über Widerstandsbeiwert.

Der Vergleich berechneter und gemessener Segelpolaren zeigt einen recht ähnlichen Verlauf der Graphen bei aber deutlich geringeren berechneten Widerstandsbeiwerten. Beachtenswert ist allerdings, daß der maximale Auftriebsbeiwert beider Graphen nur gering voneinander abweicht.

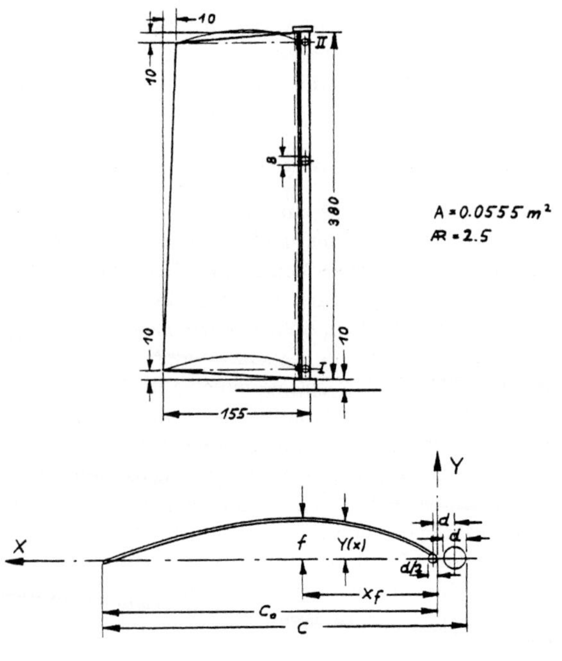

Abb. 8. Windkanalmodell R4

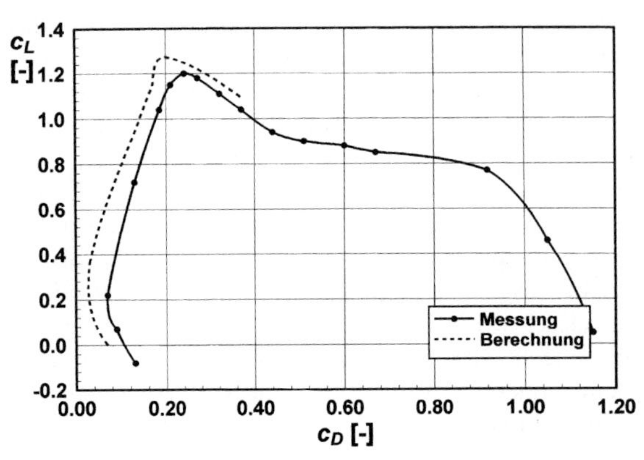

Abb. 9. Polardiagramm Segelmodell R4

Die Genauigkeit der NS-Solver-Berechnungen befriedigt in diesem Beispiel nicht voll. Ursache hierfür dürfte mit großer Wahrscheinlichkeit die geringe Diskretisierung des Berechnungsgebietes sein, z.Zt etwa 100000 Diskretisierungszellen. Feinere Diskretisierungsgitter sprengen zur Zeit die vorhandenen Möglichkeiten. Mit der Verfügbarkeit schnellerer und zugleich billigerer Computer werden hier deutliche Verbesserungen erwartet.

3.2.3 *Anwendungsbeispiel*

Die folgenden Abbildungen zeigen das Ergebnis der Untersuchung eines 7/8tel-Riggs, wie es auf vielen modernen Yachten eingesetzt wird. Zu den meisten Navier Stokes Solvern gehörende Postprozessoren gestatten eine detailreiche Sicht auf Ausschnitte der Strömung und erlauben so die Detektion von Strömungsablösungen und vieles mehr. Abbildung 10 zeigt die Druckverteilung auf der Segeloberfläche bei einer Anströmung der Sehne des Großsegels von etwa 12°. Abbildung 11 zeigt Geschwindigkeitsvektoren in einer horizontalen Ebene etwa die halbe Spannweite des Segels über der Segelunterkante. Beide Plots lassen Strömungsablösungen erkennen.

Die Berechnungen wurden durchgeführt mit einem Diskretisierungsgitter mit etwa 100000 Gitterzellen. Es wurde das k-ε-Turbulenzmodell mit Wandfunk-

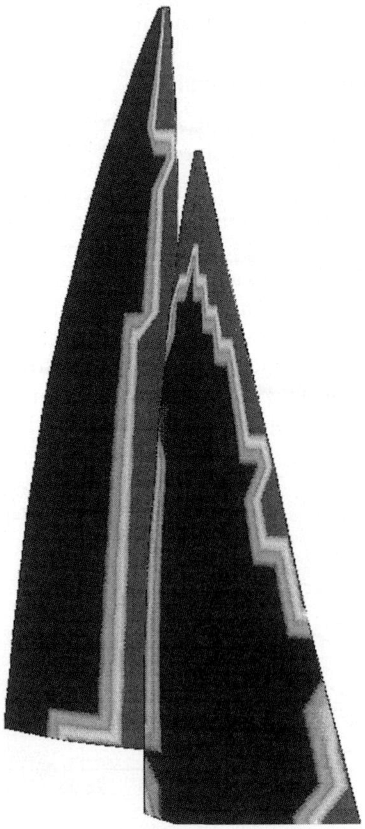

Abb. 10. Iso-Flächen der Druckverteilung

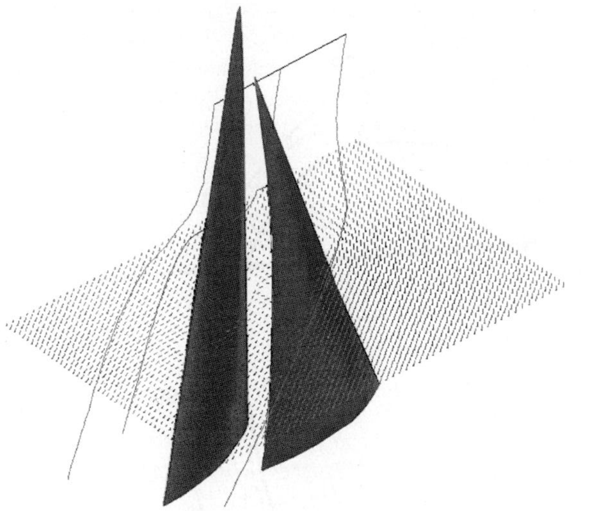

Abb. 11. Vektorplot und Stromlinien

tionen verwendet. Der dimensionslose Wandabstand betrug $180 < y^+ < 400$.
Abbildung 12 zeigt einen Vergleich der mit CFX und dem in Kap. 3.1 beschriebenen potentialtheoretischen Verfahren berechneten Längs- und Querkräfte auf das Schiff. Die Geschwindigkeit des als gleichförmig angenommenen scheinbaren Windes ist $u_{WW} = 10$ m/s. Die Unterschiede beider Verfahren sind erwartungsgemäß groß bei größeren Anstellwinkeln. Bei kleineren Winkeln ist die Übereinstimmung befriedigend. Hier wirkt sich die relativ geringe Diskretisierung begünstigend aus. Bei geringerer Diskretisierung wird die Haftbedingung auf der Segeloberfläche immer weniger genau eingehalten und die Lösung nähert sich einer Euler-Lösung an, die sich von der potentialtheoretischen Lösung selbst weniger unterscheidet.

4 Geschwindigkeitsprognose

Ein Geschwindigkeitsprognoseverfahren berechnet auf der Basis der am Naßkörper und an Rigg und

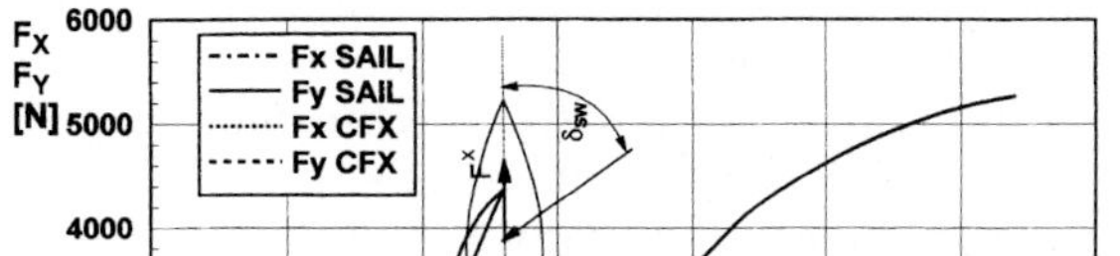

Abb. 12. Vergleich der Segelkräfte

Segel angreifenden Kräfte die Geschwindigkeit der Yacht. Das an der FH Kiel benutzte Geschwindigkeitsprognognoseprogramm (Velocity Prediction Program – VPP) berechnet das Gleichgewicht für Längs- und Querkräfte sowie für Momente um die Hoch- und Längsachse (Giermomente und Krängungsmomente). Es ist also ein VPP mit 4 Freiheitsgraden. Anders als das bei der IMS-Formel benutzte VPP arbeitet es hinsichtlich der am Naßkörper angreifenden Kräfte und Momente mit den tatsächlichen Modellversuchsergebnissen und nicht mit einem statistischen Widerstandsprognoseverfahren. Das Verfahren gestattet ferner, den Einfluß sämtlicher Segeltrimmparameter auf die erreichte Geschwindigkeit zu berechnen. Dies ermöglicht systematische Trimmoptimierungen der Segel.

4.1 Theorie

Das Geschwindigkeitsprognoseprogramm arbeitet iterativ, d.h. es müssen Startwerte der Berechnung für Längs- und Quergeschwindigkeit $\hat{u}^x$und $\hat{u}^y$sowie Ruder- und Krängungswinkel $\hat{\beta}_R$ und $\hat{\phi}$ vorliegen. Mit diesen Startwerten sowie dem von der Höhe abhängigen wahren Wind wird zunächst der hinsichtlich Geschwindigkeitsbetrag und Einfallswinkel von der Höhenkoordinate abhängige scheinbare Wind berechnet. Mit diesem wird dann mittels des beschriebenen potentialtheoretischen Segelkraftberechnungsverfahrens die Längs- und Querkräfte $\hat{F}_S^X$ und $\hat{F}_S^Y$ sowie die Momente um die Hoch- und Längsachse $\hat{M}_S$ und $\hat{N}_S$ berechnet. Mittels der Gleichungen (2.1) bis (2.3) und den Ergebnissen aus den Modellversuchen werden die Längs- und Querkräfte $\hat{F}_B^X$ und $\hat{F}_B^Y$ sowie die Momente um Hoch- und Längsachse $\hat{M}_B$ und $\hat{N}_B$ für den Naßkörper bestimmt. Segel- und Naßkräfte sind zunächst nicht im Gleichgewicht, d.h. die komponentenweise Summe der Segel- und Naßkräfte ist nur mit einer Korrektur Null:

$$\hat{F}_S^X + \hat{F}_B^X + F_{\mathrm{Korr}}^X = 0 \tag{4.1}$$

Für die anderen Kraft- und Momentenkomponenten ergeben sich entsprechende Ausdrücke. Aus den für die Gleichgewichtsbedingung notwendigen Korrekturen der Kräfte und Momente wird nun eine Korrektur der Längs- und Quergeschwindigkeit u_{Korr}^X und u_{Korr}^Ysowie des Krängungs- und des Ruderwinkels φ_{Korr} und β_{RKorr} ermittelt mit:

$$\begin{bmatrix} \frac{\partial X}{\partial u^x} & \frac{\partial X}{\partial u^y} & \frac{\partial X}{\partial \beta_R} & \frac{\partial X}{\partial \varphi} \\ \frac{\partial Y}{\partial u^x} & \frac{\partial Y}{\partial u^y} & \frac{\partial Y}{\partial \beta_R} & \frac{\partial Y}{\partial \varphi} \\ \frac{\partial M}{\partial u^x} & \frac{\partial M}{\partial u^y} & \frac{\partial M}{\partial \beta_R} & \frac{\partial M}{\partial \varphi} \\ \frac{\partial N}{\partial u^x} & \frac{\partial N}{\partial u^y} & \frac{\partial N}{\partial \beta_R} & \frac{\partial N}{\partial \varphi} \end{bmatrix} \cdot \begin{Bmatrix} u_{Korr}^X \\ u_{Korr}^Y \\ \beta_{RKorr} \\ \varphi_{Korr} \end{Bmatrix} = \begin{Bmatrix} F_{Korr}^X \\ F_{Korr}^Y \\ M_{Korr} \\ N_{Korr} \end{Bmatrix} \tag{4.2}$$

Mit Hilfe der so berechneten Korrekturen der Längs- und Quergeschwindigkeit sowie der Ruder- und Krängungswinkel werden die geschätzen Geschwin-

digkeiten und Winkel korrigiert. Die Berechnung wird wiederholt, bis das Kräfte- und Momentenungleichgewicht vernachlässigbar klein ist.
Die Koeffizienten der Iterationsmatrix in (4.2) werden berechnet unter der Annahme, die Bootsgeschwindigkeit sei viel kleiner als die Windgeschwindigkeit (Abweichungen hiervon verlangsamen die Iteration), der Abdriftwinkel sei klein und Auftriebs- und Momentenbeiwerte werden linearisiert hinsichtlich des Anströmwinkels. Dann erhält man beispielsweise für

$$\frac{\partial X}{\partial u^x} = \rho u^x (c_T^* + c_{DB}^* + c_{DR}^*) \nabla^{2/3} \qquad (4.3)$$

unter Vernachlässigung der Kiel-Ruderinteraktion. Die Koeffizienten der Matrix in (4.2) müssen keineswegs exakt sein, solange die Konvergenz des iterativen Verfahrens sichergestellt ist. Weitere Angaben zu dem Geschwindigkeitsprognoseverfahren finden sich in *Graf (1995)*.

4.2 Anwendungsbeispiele

4.2.1 Vergleich IMS- und IOR-Yacht

Dem folgenden Geschwindigkeitsvergleich liegen eine ältere IOR-Yacht des Konstrukteurs *Farr* und eine neuere IMS-Yacht des Konstrukteurs *Nissen* zugrunde. Die Ergebnisse der Modellversuche mit beiden Yachten wurden auf eine Länge in der Wasserlinie von $L_{WL} = 10{,}4$ m umgerechnet. Der Schärfegrad der Yachten $L_{WL}/\nabla^{1/3}$ beträgt:

IOR	IMS
7,0	5,2

Die Stabilitätseigenschaften beider Yachten konnten aufgrund fehlender Daten nur abgeschätzt werden. Sie wurden gleichgesetzt. Auch der Segelplan wurde bei beiden Yachten als gleich angenommen. Lediglich die Längsposition des Riggs wurde so verändert, daß sich auf einem Am-Wind-Kurs etwa gleiche Ruderwinkel einstellten.
Abbildung 13 zeigt das Geschwindigkeitspolardiagramm der beiden Yachten im Vergleich. Hierbei ist der Geschwindigkeitsbetrag der Yacht über dem Einfallswinkel des wahren Windes als Polardiagramm aufgetragen. Das Polardiagramm muß mit gewissen Einschränkungen betrachtet werden. Bei größeren Windeinfallswinkeln muß berücksichtigt werden, daß der Baum nicht weiter gefiert werden kann und aufgrund großer Anstellwinkel des Segels Strömungsablösungen auftreten, die aber hier nicht erfaßt werden. Bei sehr kleinen Windeinfallswinkeln fängt ein Segel üblicherweise zu killen an, was im vorliegenden Fall nicht berücksichtigt wird. Vielmehr wird das Segel als starr angenommen.

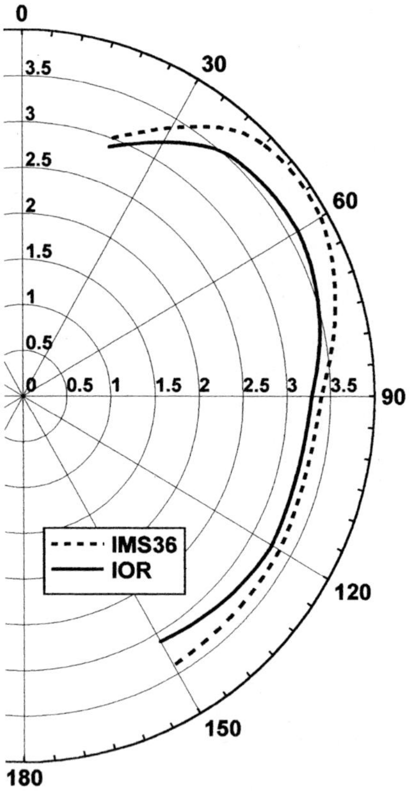

Abb. 13. Geschwindigkeitspolardiagramm

Das Ergebnis des Vergleiches fällt trotz dieser Einschränkungen eindeutig aus: der Geschwindigkeitsvorteil der leichteren IMS-Yacht ist deutlich zu erkennen. Er ist allerdings nicht besonders groß, da bei den hier angenommenen Windverhältnissen beide Yachten ihre annähernd gleiche Rumpfgeschwindigkeit erreichen.

5 Schlußbemerkung

Der vorliegende Aufsatz beschreibt das an der FH Kiel verwendete Verfahren zur Geschwindigkeitsprognose von Segelyachten. Es basiert auf einer Kombination von Modellversuchen zur Ermittlung der Naßkräfte und auf numerischen Strömungssimulationen der Segelumströmung.
Der Geschwindigkeitsprognosealgorithmus berücksichtigt die ermittelten Kräfte direkt, d.h. ohne Zuhilfenahme von Regressionsverfahren zur Widerstands- und Auftriebsabschätzung des Rumpfes und des Segelstells, wie es bei der IMS-Formel der Fall ist. Er arbeitet mit vier Freiheitsgraden und gestattet damit eine direkte Berücksichtigung von Trimmparametern, die bei der IMS-Formel unberücksichtigt bleiben.
Die Berechnung viskoser Strömungen um das Segel bleibt in dem Verfahren zur Zeit unberücksichtigt.

Der Aufwand zur Durchführung dieser Berechnungen übersteigt zum gegebenen Zeitpunkt vorhandene Möglichkeiten.
Mit der potentialtheoretischen Berechnung zur Segelkraftbestimmung beschränken sich die Einsatzgebiete des Verfaherens daher auf weitgehend ablösefreie Strömugszustände, wie sie zumindest bei größeren Windgeschwindigkeiten vorliegen. Auch dann beschreiben potentialtheoretische Simulationen der Segelumströmungen die tatsächlichen Verhältnisse nur näherungsweise. Das Verfahren ist daher besonders geeignet, um vergleichende Untersuchungen durchzuführen. Dazu gehören Studien unterschiedlicher Kielvarianten, Variationen des Ballastanteils oder aber Trimmvariationen. In diesen Fällen können die vorhandenen systematischen Fehler und Unzulänglichkeiten weitgehend ignoriert werden.

Schrifttum

- Hänsel, M. (1985): Berechnung von Yachtsegeln mit Berücksichtigung der Grenzschicht, Diss. TU Berlin, Verlag Shaker, Aachen
- Graf, K. (1996): Calculation of inviscid and viscous flow around yacht sails of arbitrary shape, Ship Technology Research, Vol. 43, No 3/96
- Graf, K. (1995): Berechnung der Kräfte und Geschwindigkeit eines Segelfahrzeuges am Wind, 16. Symposium Yachtentwurf und Yachtbau, Deutscher Boots- und Schiffbauer-Verband, Hamburg
- Larsson, L. (1990): Scientific methods in Yacht Design, Annual Review of Fluid Mechanics
- Milgram, J. (1996): Hydrodynamics in Advanced Sailing Design, ONR, New York
- Schenzle (1983): Segelkräfte aus dem Windkanal, Inst. f. Schiffbau der Univ. Hamburg, Schrift Nr. 2378, Hamburg
- Schönung, B.E. (1990): Numerische Strömungsmechanik, Springer Verlag, Berlin, New York

---

Leistungsanalysen für das Segeldynamometer

Performance Predictions for the Sailing dynamometer

Prof. Dr.-Ing. **Hartmut Brandt**, Dipl.-Ing. **Karsten Hochkirch**
Institut für Schiffs- und Meerestechnik, TU-Berlin

Dr.-Ing. **Moustafa Abdel-Maksoud**, Dr.-Ing. **Matthias Fröhlich**
Schiffbau-Versuchsanstalt Potsdam GmbH (SVA)

Zusammenfassung. Für das BMBF-Forschungsvorhaben „Entwicklung eines Segeldynamometers zur Erfassung der aerodynamischen und hydrodynamischen Kräfte" wurden umfangreiche Voruntersuchungen durchgeführt, von denen hier ein wesentlicher Teil vorgestellt wird. Mit dem Segeldynamometer können die realen Kräfte in Abhängigkeit von den jeweiligen Wind- und Seeverhältnissen ermittelt werden, die als Grundlage für die Validierung von Ergebnissen aus Modellversuchen, CFD-Berechnungen, Festigkeitsanalysen und schließlich zur Leistungsbestimmung dienen.
Im Rahmen der Voruntersuchungen wurden Schleppversuche mit dem Modell des Segeldynamometers durchgeführt, wobei die Kräfte und Momente des Kiels und Ruders getrennt erfaßt worden sind. Einen besonderen Schwerpunkt bildeten dabei die Kieluntersuchungen. Zu diesem Zweck wurden insgesamt 6 unterschiedliche Kielkonfigurationen mit 2 Tiefgängen in der Schlepprinne und im Kavitationstank getestet.
Außerdem wurden die Strömungszustände des Modells für die gleichen Kielkonfigurationen mit CFD-Methoden berechnet, wobei wegen der komplexen Beschreibung der Kielumströmung ein erheblicher Rechenaufwand betrieben werden mußte. Schließlich dienten der Einschätzung des gegenwärtigen Entwicklungsstandes vergleichende Berechnungen mit herkömmlichen Velocity Prediction Programs (VPP). Es werden die Grenzen der einzelnen Verfahren und deren Aussagekraft diskutiert, während die Übertragbarkeit der Ergebnisse auf die Großausführung unter realen Umweltbedingungen zukünftigen Versuchen mit dem Segeldynamometer vorbehalten bleibt.

Summary. Within the BMBF-Project „Design and Construction of a Sail-Force-Dynamometer" various performance predictions have been carried out. The most significant results are presented.
The „Sail-Force-Dynamometer" gives means to measure the forces while sailing in a seaway. To-

gether with model tests and CFD-calculations this data can be used as base for future strength analysis and performance prediction.
In towing tank tests not only usual force measurements but the forces acting on keel and rudder have been measured seperately as well. Keeldesign has been considered a main point of interest. Therefore alltogether 6 different designs with two different drafts were tested in the towing tank and cavitation tunnel.
In addition the viscous flow for these configurations was calculated by solving the RANS-Equations. Further comparisons are made with conventional Velocity Prediction Programs.
The limits and applicability of these approaches are discussed, while extrapolation to full scale is left to future research with the „Sail-Force-Dynamometer".

1 Übersicht

Das Forschungsvorhaben
„Entwicklung eines Segeldynamometers
zur Erfassung der aerodynamischen
und hydrodynamischen Kräfte"
wird vom Bundesministerium für Bildung, Wissenschaft, Forschung und Technologie sowie von verschiedenen Industrieunternehmen und Instituten gefördert. Mit dem Vorhaben wird beabsichtigt, die Entwicklung der Hochtechnologie im Yachtbau voranzutreiben, um damit die Erfolgsaussichten der deutschen Bootsbranche zu verbessern.
Das „Segeldynamometer" ist ein Meßgerät in Form einer Segelyacht, mit deren Hilfe die aerodynamischen und hydrodynamischen Kräfte und Momente beim Segeln getrennt erfaßt werden können. Zu diesem Zweck ist eine 10 m lange Segelyacht mit einem Innenrahmen, auf dem sämtliche Riggelemente angeordnet sind, entwickelt worden. Dieser Rahmen ist mit dem äußeren Schiffskörper durch eine 6-Komponentenwaage verbunden. Zusätzlich werden die Kräfte und Momente vom Kiel und Ruder erfaßt. Zur Analyse der Riggkräfte sollen außerdem an allen Stagen, Wanten, Schoten und dem Mast die Einzelkräfte bestimmt werden (Abb. 1).
Rumpf und Rigg des „Segeldynamometers" stammen aus dem Konstruktionsbüro Judel/Vrolijk und entsprechen dem Linienriß der Dehler 33. Die Konstruktion der Meßtechnik erfolgte am ISM der TU-Berlin. Das „Segeldynamometer" steht kurz vor seiner Fertigstellung und erhält in den Wintermonaten die elektronische Ausrüstung. Sämtliche Meßverfahren und die erforderlichen Rechenprogramme zur synchronen Aufnahme und Verarbeitung der Meßdaten werden gegenwärtig am ISM entwickelt [1, 2].
Ein wichtiges Ziel des Vorhabens ist die Validierung der numerischen Berechnungsverfahren und der Modellversuchsergebnisse mit den realen Daten, damit diese Ergebnisse in entsprechende Rechenprogramme zur besseren Leistungsermittlung, für

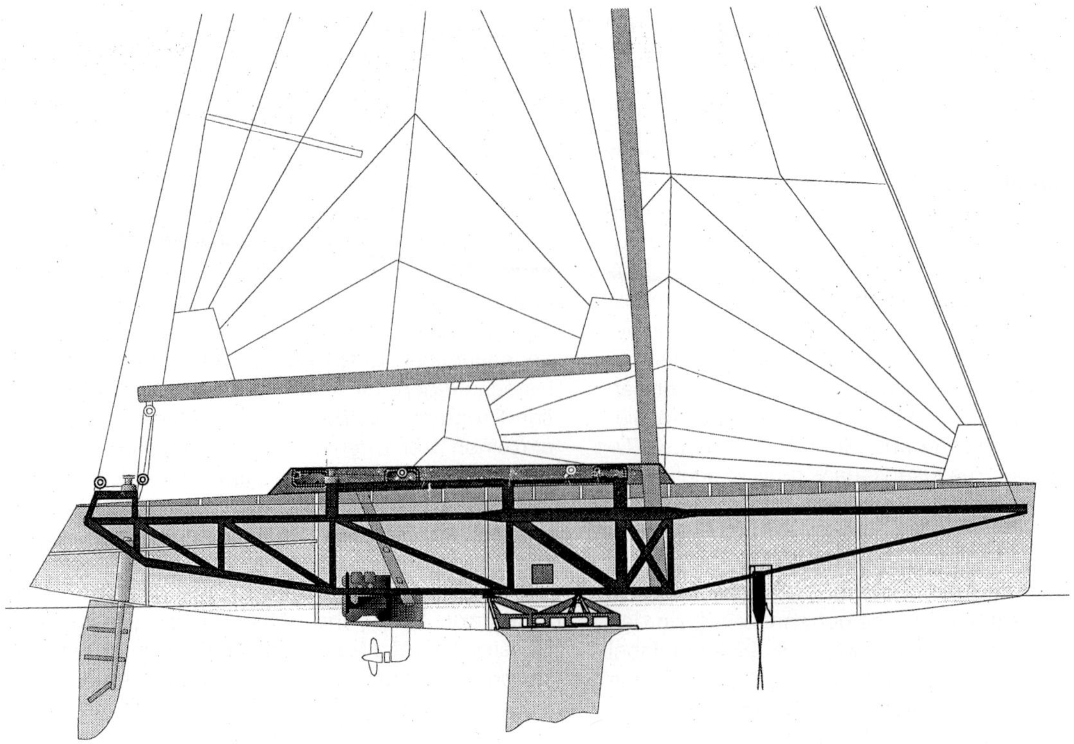

Abb. 1. Das „Segeldynamometer" der TU-Berlin

Festigkeitsanalysen und damit zur Entwurfsoptimierung einfließen können. Aus diesem Grund wurden mit dem Rumpf des Segeldynamometers umfangreiche Modellversuche und CFD-Berechnungen für viskose Strömung durchgeführt sowie vergleichend herkömmliche Berechnungsverfahren (VPP) angewendet. Ein Schwerpunkt liegt dabei auf der Kielentwicklung, da gerade auf diesem Gebiet ein wesentlicher Nachholbedarf besteht.

2 Modellversuche

In der Schlepprinne wurden Widerstands- und Querkraftmessungen an Rumpf, Kiel und Ruder mit dem Modell des „Segeldynamometers" im Maßstab 1:2 mit drei Kielvarianten durchgeführt [3] und im großen Kavitationstank des ISM der TUB vier unterschiedliche Kiele untersucht [4], wobei der sogenannte „Standard"- oder „Tiefkiel" einen Tiefgang des Schiffes von 1, 95 m erreicht, während für die „Flachkiele" der Tiefgang des Segeldynamometers auf 1, 45 m begrenzt wurde. Erklärtes Ziel ist es, bessere Gütegrade von Kielen mit geringer Streckungslänge (Tiefgang) zu erreichen, da große Tiefgänge in der Regel unerwünscht sind. Die Abbildungen 2–4 zeigen die untersuchten Kielkonstruktionen. Während die Standard- und Flachkiel Entwürfe aus dem Büro Judel/Vrolijk sind, ist der Flügelkiel etwas abgewandelt worden. Er hat die gleiche Flosse wie der Flachkiel, jedoch aus Gründen der Herstellungsvereinfachung einen rotationsymmetrischen Bulb. Die Flügel entsprechen dem NACA Profil 63.2-015 mit einer leichten Rücklage und einer Neigung von 20° nach unten. Das Ruder blieb beim Tief- und Flachkiel unverändert.

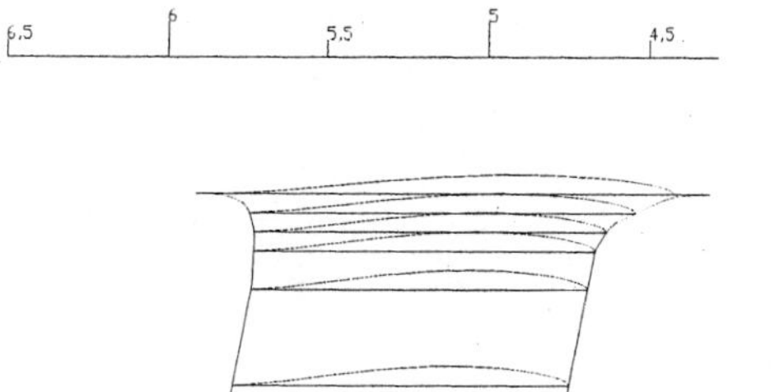

Abb. 2. Standard *Tiefkiel* des „Segeldynamometers" ($T = 1,95\,\text{m}$)

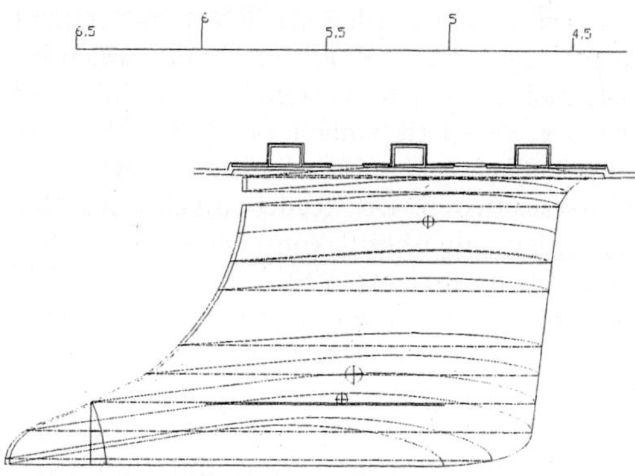

Abb. 3. *Flachkiel* des „Segeldynamometers" ($T = 1,45\,\text{m}$)

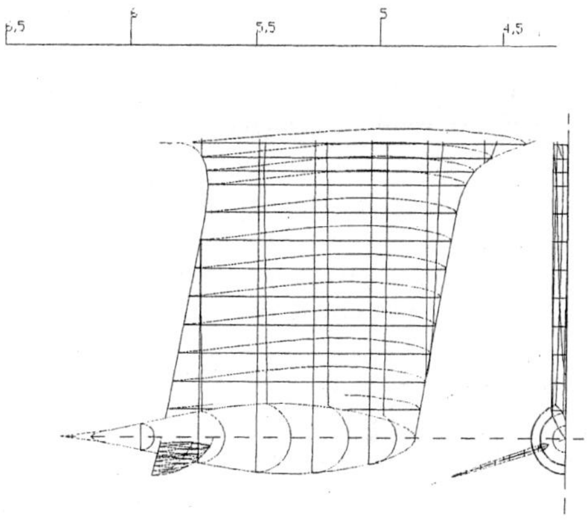

Abb. 4. *Flügelkiel* des „Segeldynamometers" ($T = 1,45\,\text{m}$)

2.1 Schleppversuche in der SVA

Das Testprogramm für die Schleppversuche ist speziell in Hinsicht auf die zu erwartenden Meßergebnisse des Segeldynamometers und auf die Entwicklung von Kielen abgestimmt worden. Der Modellmaßstab der 10 Meter langen Yacht betrug 1:2 und die wichtigsten Hauptabmessungen der Großsausführung sind in Tabelle 1 angegeben.

Da drei unterschiedliche Kielversionen, ein Tiefkiel und als Flachkiele ein Bulb- und ein Blubflügelkiel untersucht werden sollten, mußte das Versuchsprogramm stark gestrafft werden. Die Anzahl der Testreihen wurde daher auf 33 Meßfahrten für jeden Kiel

Tabelle 1. Hauptabmessungen

LOA	=	9,99 m
LWl	=	8,75 m
B_{Max}	=	2,99 m
B_{WL}	=	2,35 m
T_{Rumpf}	=	0,36 m
T_{Tiefkiel}	=	1,95 m
$T_{\text{Flachkiel}}$	=	1,45 m
D_{Tiefkiel}	=	3,95 t
$D_{\text{Flachkiel}}$	=	4,25 t

begrenzt. Untersucht wurden der Schleppwiderstand für Schiffskurse mit dem Wind für Froudezahlen bis 0.4 sowie zwei Krängungswinkel (12° und 24°) mit drei relativ großen Driftwinkeln (4°, 6° und 8°), um eine gute Auflösung der Einzelkräfte am Kiel und Ruder zu garantieren. Der Ruderwinkel betrug bei allen Testreihen mit Abdrift konstant 3°. Außerdem dienten jeweils 4 Meßfahrten bei 12° und 24° Krängung mit einem Ruderwinkel von 0° und Driftwinkeln um den Nullpunkt zur Definition der realen Nullage.

Meßtechnisch bestimmt wurden die Kräfte und Momente des Gesamtsystems Schiff mit Hilfe einer 6-Komponentenwaage und mit zwei weiteren 6-K-Waagen die Einzelkräfte und -momente von Kiel und Ruder. Das erfordert, wie später beim Segeldynamometer auch, eine Trennung des Kiels und Ruders vom Rumpf. Hierbei sind zwei unterschiedliche Koordinatensysteme zu berücksichtigen: ein schleppwagenfestes und ein schiffsfestes (Abb. 5).

Das Modell konnte frei tauchen und trimmen, während die Krängung und Abdrift aufgezwungen wurden.

Mit den jeweils drei Kräften und Momenten an Rumpf, Kiel und Ruder, sowie der Tauchung, dem Trimm und der Modellgeschwindigkeit mußten zeitgleich 21 Meßwerte verarbeitet werden.

Die Ergebnisse der umfangreichen Modellversuche sind in einem Bericht der SVA [3] zusammengefaßt worden und können hier nur auszugsweise vorgestellt werden. Alle Daten beziehen sich auf das Modell, wurden also nicht auf die Großausführung umgerechnet. Diese Vorgehensweise ist zweckmäßig, da auch die CFD-Berechnungen für viskose Strömung den Modellmaßstab berücksichtigen und damit Übertragungsfehler ausgeschlossen werden können.

Abbildung 6 zeigt den Schleppwiderstand des gesamten Modells und getrennt davon den Anteil des Standardkiels und Ruders.

Den unterschiedlichen Gesamtwiderstand des Modells mit den drei verschiedenen Kielen zeigt Abbildung 7 und Abbildung 8 den Schleppwiderstand der

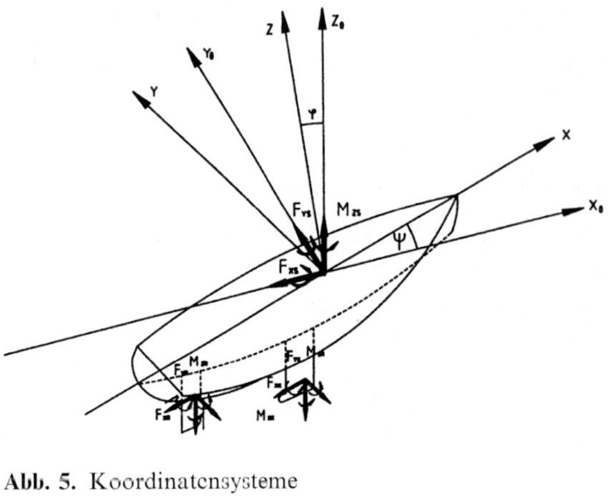

Abb. 5. Koordinatensysteme

einzelnen Kiele. Am günstigsten schneidet hierbei der Flachkiel ab, da auch dessen benetzte Oberfläche etwas kleiner als beim Tiefkiel ist. Der Flügelkiel liegt zwischen Tief- und Flachkiel. Wenn die Unterschiede

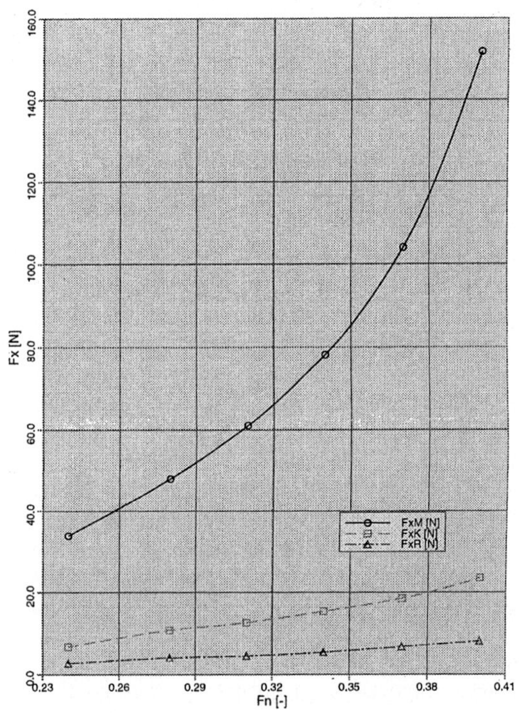

Abb. 6. Widerstand von Modell, Tiefkiel und Ruder

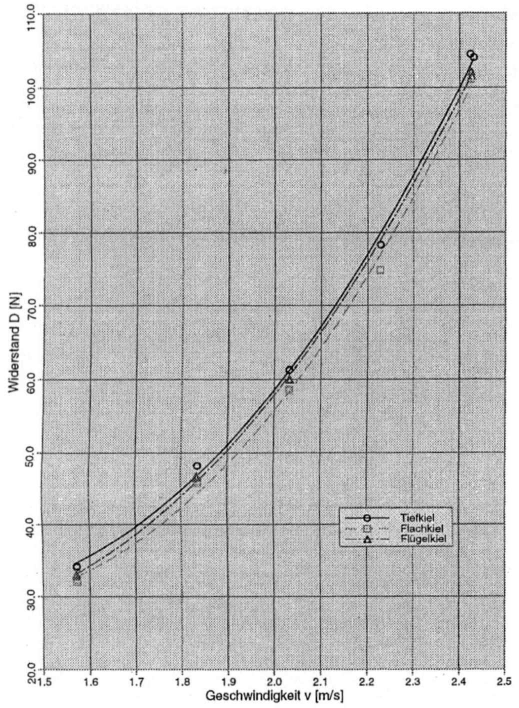

Abb. 7. Gesamtwiderstand des Modells mit unterschiedlichen Kielen

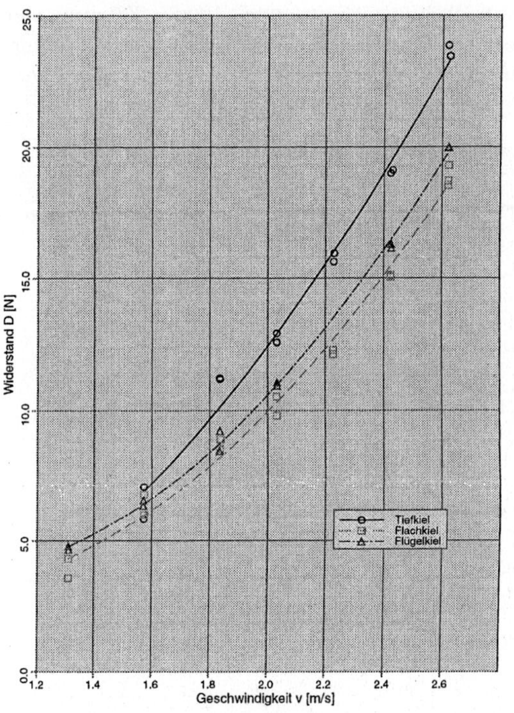

Abb. 8. Schleppwiderstand der einzelnen Kiele

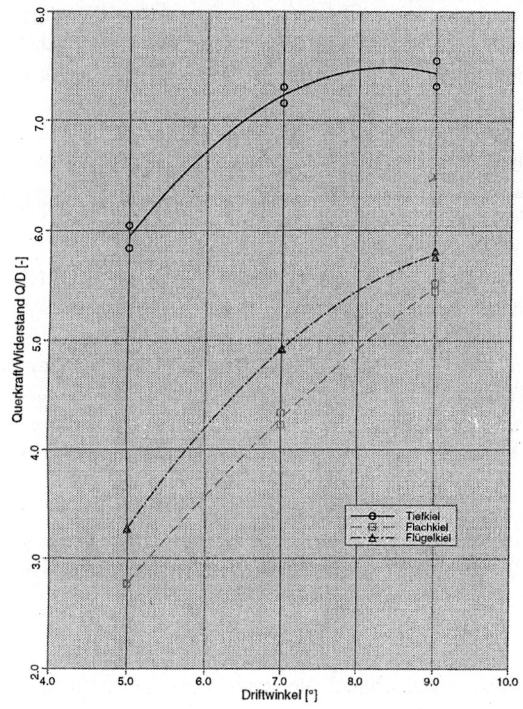

Abb. 9. Gütegrad des Modells mit unterschiedlichen Kielen ($\varphi = 12°$, $F_N = 0,24$)

auch nicht sehr groß sind, so muß doch in ungünstigen Froudezahlbereichen mit einer Geschwindigkeitsdifferenz von bis zu 0,13 Knoten gerechnet werden.

Bei Beurteilung der Modellversuchsergebnisse für den Fahrtzustand „Am-Wind", sind Widerstand, Querkraft, Driftwinkel, Ruderwinkel, Krängung und Schiffsgeschwindigkeit bzw. Froudezahl zu berücksichtigen. Wegen dieser vielen Parameter ist eine Verknüpfung der wichtigsten Größen unumgänglich. Es wird daher ein Gütegrad definiert,

$$\frac{C_Q}{C_R} = \frac{Q}{R} = \frac{1}{\epsilon} \tag{1}$$

der die Abhängigkeit zwischen Widerstand und Querkraft herstellt und eine einwandfreie Bewertung der Ergebnisse zuläßt. Aufgetragen werden die Gütegrade über dem Driftwinkel. Je größer bei gleichem Driftwinkel die Gütegrade werden, um so besser sind die Am-Wind-Eigenschaften eines Segelbootes. Der Qualitätsnachweis von Yachten erfolgt jedoch in der Regel in umgekehrter Reihenfolge. Das Polardiagramm eines Segels bestimmt eine ganz bestimmte Quer- und Vortriebskraft, die im Gleichgewichtszustand der hydrodynamischen Querkraft und dem Widerstand entsprechen müssen.

Die Abbildung 9 zeigt die Gütegrade des Modells für die drei untersuchten Kiele mit 12° Krängung und einer Froudezahl von 0,24 und die Abbildung 10 die entsprechenden Ergebnisse für 24° Krängung und einer Froudezahl von 0,31. Der Standard- oder Tiefkiel hat eindeutig die besseren Eigenschaften im

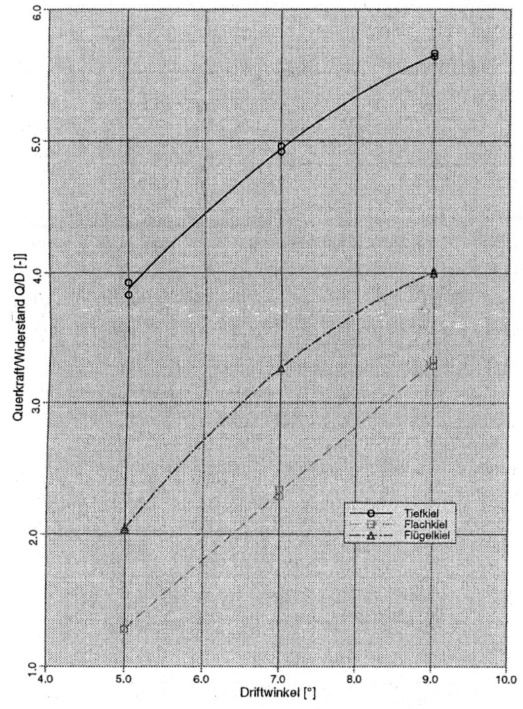

Abb. 10. Gütegrad des Modells mit unterschiedlichen Kielen ($\varphi = 24°$, $F_N = 0,31$)

Vergleich mit dem Flachkiel. Der Flügelkiel liefert zwar etwas höhere Gütegrade als der Flachkiel, erreicht jedoch nicht annähernd den Tiefkiel.

Zur besseren Quantifizierung der Ergebnisse dient die Tabelle 2. Hier ist das Verhältnis Q/R in % des Tiefkiels bei 7° Abdrift und 12° sowie 24° Krängung angegeben.
Aus diesen mittleren Werten ist ersichtlich, daß insbesondere bei größerer Krängung der Flachkiel erhebliche Gütegradverluste gegenüber dem Tiefkiel (< 50%) in Kauf nehmen muß, während der Flügelkiel mit 66% deutlich besser abschneidet.
Ein weiteres interessantes Ergebnis liefern die Gütegrade der Kiele selbst. Sie liegen beim Flachkiel um 8 bis 12% über den Gesamtgütegraden und beim Flügelkiel um 5 bis 16% höher. Obwohl die Ursachen hierfür nicht näher untersucht wurden, ist zu vermuten, daß durch die um 20% größere Profillänge der Flachkiele am Bootsboden und die damit veränderte Druckverteilung ein größerer Zusatzwiderstand am Rumpf wirksam wird.
Außerdem geben die Versuchsergebnisse der Ruderkräfte einen Hinweis für die großen Unterschiede von Kiel- und Gesamtgütegrade (Abb. 11 und 12). Obwohl bei allen Versuchen die Geometrie des Ruders unverändert blieb, reduzieren sich mit abnehmender Effektivität der Flachkiele auch die Querkräfte des Ruders! Bei 12° Krängung und 7° Abdrift verringern sich die Gütegrade des Ruders in Verbindung mit dem Flach- und Flügelkiel um 17% gegenüber dem Strömungszustand mit Tiefkiel und bei 24° Krängung sogar um bis zu 44% bei Verwendung des Flachkiels (Tabelle 3).
Damit kann ein wesentlicher Anteil der Unterschiede zwischen den Gesamtkräften des Modells und den Einzelkräften am Kiel erklärt werden. Diese Wechselwirkungseffekte richtig zu erfassen, ist sicher noch ein wichtiges Aufgabengebiet. Die besseren Gütegrade des Ruders beim Flügelkiel mit 24° Krängung deuten darauf hin, daß durch die Flügel eine Verringerung oder Veränderung des Randwirbels vom Kiel bewirkt wird und der Gütegrad des Ruders dadurch gegenüber dem Flachkiel um 24% verbessert werden konnte.

2.2 Kielversuche im Kavitationstank

Ergänzend zu den Schleppversuchen in der SVA wurden am Institut für Schiffs- und Meerestechnik der TU Berlin im großen Kavitationstank in einem Meßstreckenquerschnitt von 1000 × 700 mm vier unterschiedliche Kiele im Modellmaßstab 1:5 untersucht, wovon einer der Standard- oder Tiefkiel war,

Tabelle 2. Mittlere Gütegrade

	Standard Tiefkiel	Flachkiel	Flügelkiel
Bootsgütegrad [%] $\varphi = 12°$	100	59	68
Kielgütegrad [%], $\lambda = 7°$	100	67	73
Bootsgütegrad [%] $\varphi = 24°$	100	48	66
Kielgütegrad [%], $\lambda = 7°$	100	60	82

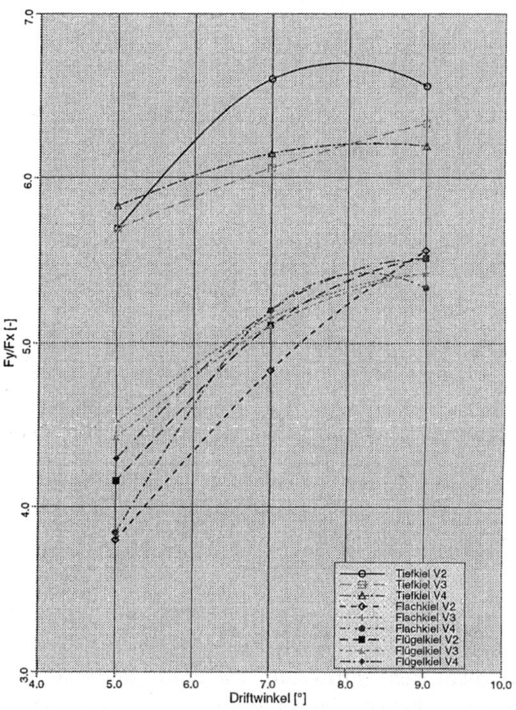

Abb. 11. Gütegrad des Ruders für unterschiedliche Kiele und Geschwindigkeiten ($\varphi = 12°$)

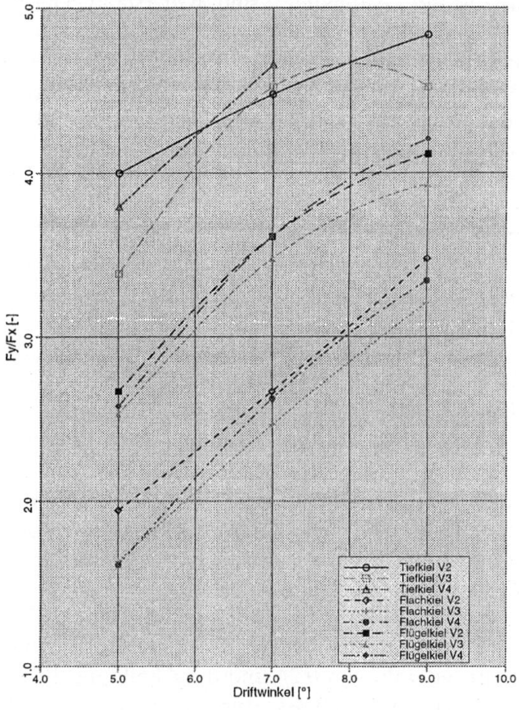

Abb. 12. Gütegrad des Ruders für unterschiedliche Kiele und Geschwindigkeiten ($\varphi = 24°$)

Tabelle 3. Vergleich der Ruderkräfte

Kiel	Tiefkiel	Flachkiel	Flügelkiel
Tiefgang [m]	1,95	1,45	1,45
Ruderkräfte [%] bei 7° Abdrift und			
12° Krängung	100	ca. 83	ca. 83
24° Krängung	100	ca. 56	ca. 80

wie er auch bei den Schleppversuchen verwendet wurde. Zu diesem Zweck wurde die freie Flüssigkeitsoberfläche in der Meßstrecke mit einer Platte, die den Bootsboden simulierte, abgedeckt und durch einen Spalt berührungslos das Kielprofil geführt. Oberhalb der Meßstrecke konnten mit Hilfe einer 6 Komponentenwaage alle erforderlichen Kräfte, Momente und damit die Kraftangriffspunkte erfaßt werden.

Diese zusätzlichen Modellversuche haben den Zweck, die qualitative Vergleichbarkeit simulierter Kielversuche im Tank ohne Schiff nachzuweisen und zugleich mehr Informationen über unterschiedliche Kielsysteme zu erhalten. Im Gegensatz zu den Versuchen mit dem gesamten Schiffsmodell wird hier das Druckfeld, welches durch die Umströmung des Rumpfes entsteht, vernachlässigt. Außerdem bleibt die Lage des simulierten Bootsbodens auch bei Krängung des Kiels horizontal. Es ist demnach nicht zu erwarten, daß auch bei Wahl gleicher Reynoldszahlen die Modellversuchsergebnisse der Kiele im Tank quantitativ denjenigen aus der Schlepprinne entsprechen. Erwartet werden hingegen zuverlässige Aussagen beim Vergleich verschiedener Kielkonfigurationen untereinander.

Untersucht wurden der Standardkiel oder Tiefkiel ($T = 1,95$ m) (Abb. 2) und drei Flachkielversionen ($T = 1,45$ m) (Abb. 13 bis 15). Die Profile sind numerisch gefräst worden, so daß eine große Maßhaltigkeit garantiert werden kann. Aus Herstellungsgründen ist der Bulb beim Flach- und Flügelkiel rotationssymmetrisch. Die Flügel (NACA 63.2-015) sind nach unten angestellt und schließen mit der Unterkante des Kiels ab. Die Streckungslänge der Flügel beträgt $0,35$ m bzw. am Modell 70 mm. Als dritter Flachkiel wurde eine Version aus dem Büro Judel/Vrolijk gewählt, deren Bulb dem gespiegelten Unterwasserschiff einer Jolle ähnlich ist und folgend als Flächenkiel bezeichnet wird.

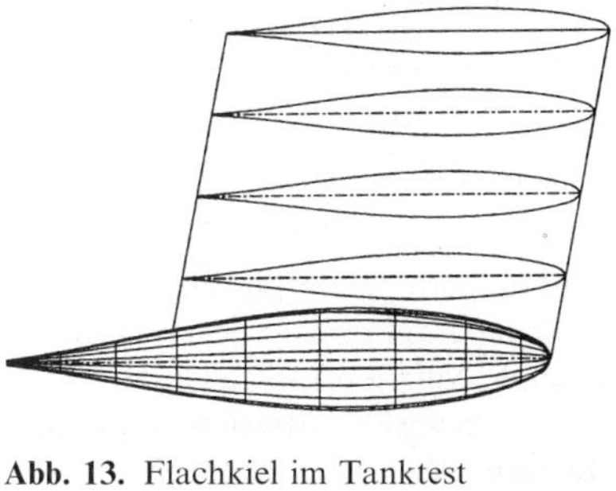

Abb. 13. Flachkiel im Tanktest

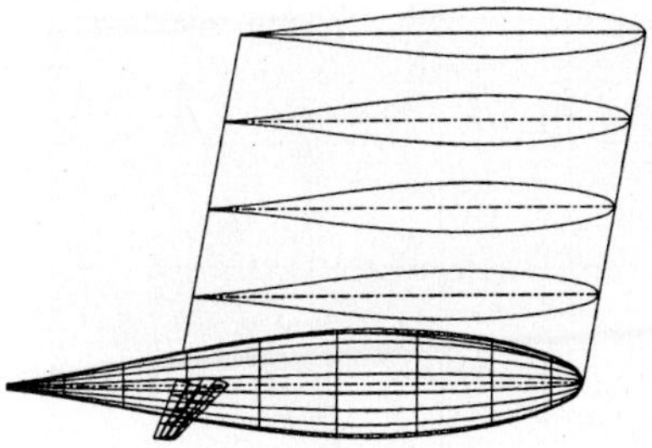

Abb. 14. Flügelkiel im Tanktest

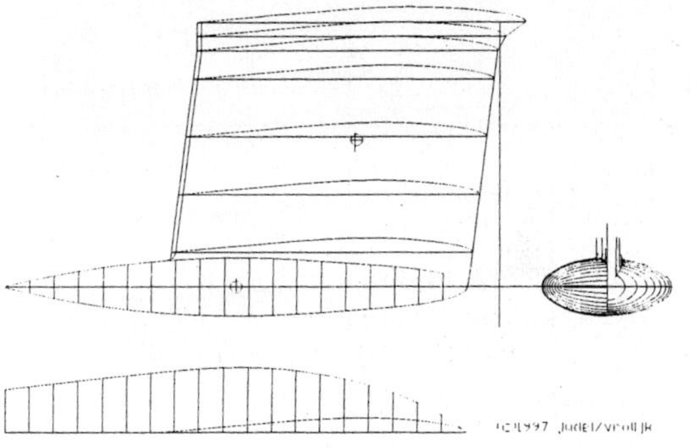

Abb. 15. Flächenkiel im Tanktest

Das Versuchsprogramm beinhaltet 4 unterschiedliche Anströmgeschwindigkeiten $V = 3 - 6\frac{m}{s}$, $R_N = 1,1 - 2,7 \cdot 10^6$, 4 Driftwinkel ($\lambda = 0°, 4°, 6°$ und $8°$), die aufrechte Lage und zwei Krängungswinkel ($\varphi = 15°$ und $25°$). Auf den Abbildungen 17 bis 19 sind für alle vier untersuchten Kiele die vergleichenden Gütegrade für eine Anströmgeschwindigkeit von $4.5\frac{m}{s}$, dem entspricht eine Reynolds-Zahl von $1,5 \cdot 10^6$ (Tiefkiel) bis $1,8 \cdot 10^6$ (flache Kiele) und eine mittlere Froudezahl der Großausführung von 0.2 als Funktion des Driftwinkels dargestellt. Die Diagramme gelten für drei unterschiedliche Krängungswinkel (0°, 15° und 25°).

Zur besseren Übersicht werden in Tabelle 4 die auf den Tiefkiel bezogenen prozentualen Abweichungen der Gütegrade aller untersuchten Kiele aufgelistet.

Wie auch bei den Modellversuchen in der SVA zeigt der Tiefkiel die besten Eigenschaften, während von den Flachkielen der Flügelkiel zumindest bis zu Krängungwinkeln von 15° überlegen ist. Die Gütegrade des Flachkiels mit Bulb unterscheiden sich von den Flächenbulbkiel bis zu Krängungswinkeln von 15° nur geringfügig.

Die in Klammern angegebenen Zahlen in der Tabelle 4 sind die entsprechenden Werte aus den Modellversuchen mit dem gesamten Schiff. Zu berücksichtigen ist hierbei, daß die Krängungswinkel bei den Modellversuchen in der SVA etwas kleiner waren und der Bulb des Flachkiels eine widerstandsärmere Form hatte. Das erklärt die etwas besseren Gütegrade der Kiele mit Schiff hinreichend. Unter Berücksichtigung dieser Tatsachen kann die

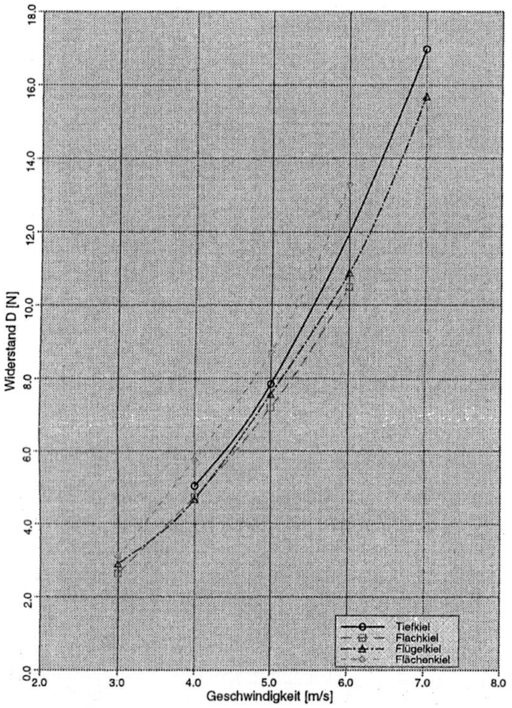

Abb. 16. Schleppwiderstand der Kiele im Tanktest

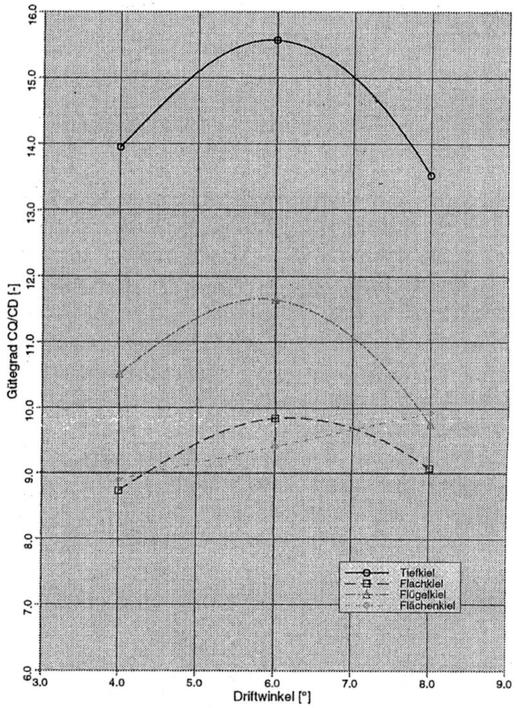

Abb. 18. Kielgütegrade im Tanktest ($\varphi = 15°$)

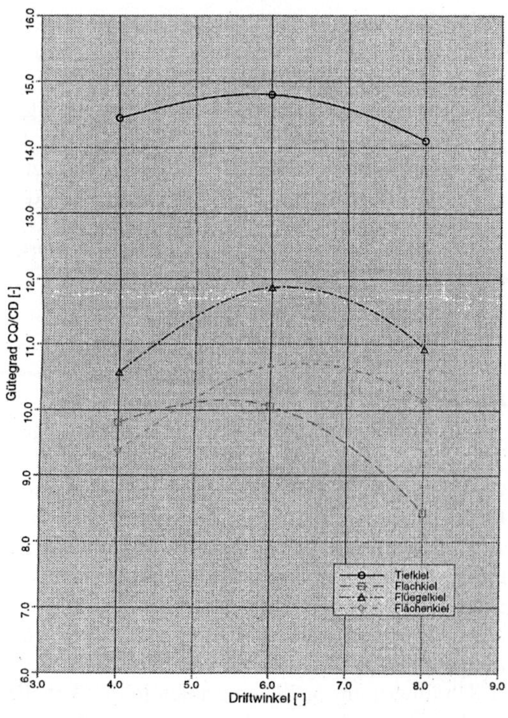

Abb. 17. Kielgütegrade im Tanktest ($\varphi = 0°$)

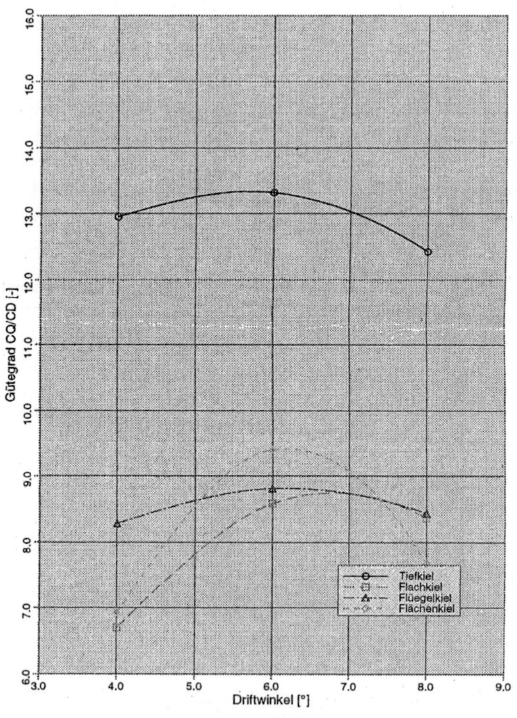

Abb. 19. Kielgütegrade im Tanktest ($\varphi = 25°$)

Übereinstimmung der qualitativen Ergebnisse als zufriedenstellend angesehen werden und läßt die Schlußfolgerung zu, daß vergleichende Modellversuche mit Kielen im Umlauftank aussagekräftige Schlußfolgerungen zulassen.

Der Flächenkiel und im geringeren Umfang auch der Flügelkiel sind äußerst empfindlich gegen Trimmänderungen. Während Auftriebskräfte (Lift) noch akzeptabel erscheinen, bewirken abwärts gerichtete Kräfte, die zum Beispiel bei achterlichem Wind und

Tabelle 4. Gütegrade der Flachkiele

λ[°]	φ[°]	Tiefkiel	Flachkiel	Flügelkiel	Flächenkiel
4	0	100%	68%	73%	65%
4	15	100%	63% (67%)*	76%	64%
5	25	100%	58% (60%)**	66%	63%
Mittelwert:		100%	63%	72%	64%

* $\varphi = 12°$
** $\varphi = 24°$
$\lambda = 7°$ aus Schleppversuchen mit dem Modell

vorlichem Trimm auftreten können, eine erhebliche Widerstandszunahme. Bereits bei dem im Umlauftank der Meßstrecke sorgfältig ausgerichteten Flächenkiel lagen die Auftriebskräfte bei 25° Krängung bis zu 18% über dem Querkraftanteil.
Nicht betrachtet wurde bisher die Krängungsstabilität. Alle Kiele sind so ausgelegt worden, daß sie das gleiche statische aufrichtende Moment liefern. Das erfordert bei den Flachkielen einen größeren Ballastanteil und damit eine größere Verdrängung des Rumpfes. Dieser Zusatzwiderstand konnte bei den Kieluntersuchungen im Umlauftank nicht berücksichtigt werden. Ebenso blieb das dynamische Krängungsmoment unberücksichtigt, welches bei gleicher Querkraft und mit zunehmendem Tiefgang (Streckungslänge) wächst und bei den Flachkielen demnach entsprechend geringer (günstiger) wird. Eine Ausnahme stellt hier der Flügelkiel dar. Die Flügel werden zur Reduktion der induzierten Geschwindigkeiten eingesetzt und erzeugen somit ein zusätzliches krängendes Moment.
Schließlich muß für die Beurteilung der Qualität der unterschiedlichen Kiele der Schleppwiderstand berücksichtigt werden, der auf Abbildung 16 als Funktion der Anströmgeschwindigkeit aufgetragen wurde. Sofern keine Auftriebs- und Querkräfte wirksam werden, wird der Schleppwiderstand der untersuchten Kiele vom Anteil der benetzten Oberfläche und der Kantenlänge am Bootsboden (hier nicht vollständig enthalten) und Bulb bestimmt, während der Druckwiderstand bei allen Kielen sehr ähnlich sein dürfte.

Die Bewertung der einzelnen Kiele ist in Tabelle 5 zusammengefaßt.

3 Berechnungen für viskose Strömung

Die Umströmung des Rumpfes von Segelbooten unterscheidet sich deutlich von derjenigen üblicher Handesschiffe. Die wesentlichen Unterschiede ergeben sich aus der Schräganströmung und der komplizierten Kiel-Ruder-Geometrie. Durch die Anströmung mit Drift entsteht Asymmetrie, womit beide Schiffshälften zu berücksichtigen sind. Außerdem ist die Wechselwirkung zwischen Schiffsrumpf, Kiel und Ruder ein wichtiges Kriterium bei der Beurteilung der Strömung. Bei komplizierten Kielformen, wie z.B. bei Flügelkielen, ist der Rechenaufwand in bezug auf die Gittergenerierung (Gittertopologie, Anzahl der Gitterpunkte, Qualität des Rechengitters) und Rechenzeit (Auswahl der Zeitschritte und Anzahl der Iterationen) mehrfach höher als für die alleinige Berechnung der Umströmung eines Segelbootrumpfes.
Ziel der numerischen Untersuchungen war es, die Details der Strömung an den verschiedenen Kielen zu ermitteln, um so eine solide Grundlage für den Vergleich dieser Kiele zu schaffen.

3.1 Rechenverfahren

Die Berechnungen wurden mit zwei Rechenverfahren, TASCflow und Comet durchgeführt. Beide

Tabelle 5. Bewertung der verschiedenen Kiele

	Tiefkiel	Flachkiel	Flügelkiel	Flächenkiel
mittlerer Gütegrad am Wind*	100	63	72	64
Schleppwiderstand*	100	91	95	115,7
statische Stabilität*	100	100	100	100
dynamische Stabilität/Krängungsmoment	mäßig	sehr gering	gering	gering
Widerstandszunahme durch Trimm	sehr gering	gering	mäßig	groß
Widerstandszunahme bei Tauchbewegungen (Erfahrungswerte^{+})	gering	gering	mäßig	groß
Widerstandsbeeinflussung durch Rollbewegungen (aus Meßergebnissen [5])	positiv	gering	?	?

* Angaben in [%] bezogen auf den Tiefkiel positiv = evt. sogar widerstandsverringernd
$^{+}$ Ein weiteres Forschungsvorhaben zur Bestimmung des dynamischen Verhaltensvon Kielen ist in Zusammenarbeit mit der SVA geplant

Rechenverfahren liefern qualitativ vergleichbare Rechenergebnisse.
In dem Rechenverfahren TASCflow werden zur Erfassung der inkompressiblen turbulenten Strömung die Reynolds-gemittelten Navier-Stokes-Gleichungen (RANSE) und die Kontinuitätsgleichung numerisch gelöst. Als Turbulenzmodell zur Modellierung der Reynolds-Spannungen wird das k-ε-Zweigleichungs-Turbulenzmodell eingesetzt [6].
Das Turbulenzmodell ist für vollturbulente Strömungen anwendbar. In unmittelbarer Wandnähe, wo diese Annahme nicht mehr gültig ist, wird das logarithmische Wandgesetzt verwendet.
Eine Lösung der Reynolds-gemittelten Navier-Stokes-Gleichungen, der Kontinuitätsgleichung und der Gleichungen für das Turbulenzmodell kann nur numerisch erfolgen. Für die Lösung dieser partiellen Differentialgleichungen wird das Finite-Volumen-Verfahren verwendet. Dazu wird der Lösungsraum in einzelne Kontrollvolumina aufgeteilt. Die zu lösenden Gleichungen werden über diese Volumina integriert, diskretisiert und zu einem linearen Gleichungssystem approximiert [7].
Das Rechenverfahren TASCflow basiert auf einer konservativen Finite-Volumen-Methode. Das Verfahren verwendet körperangepaßte, nichtorthogonale, blockstrukturierte Rechengitter in Verbindung mit kartesischen Geschwindigkeitskomponenten und einer nicht versetzten Variablenanordnung [8].
Für die Lösung des resultierenden gekoppelten Gleichungssystems wird ein algebraisches Mehrgitterverfahren verwendet [9]. Damit wird erreicht, daß die Rechenzeit etwa linear mit der Anzahl der Kontrollvolumina ansteigt.

3.2 Randbedingungen

Das Rechengebiet erstreckt sich von einer viertel Schiffslänge vor bis zu einer Schiffslänge hinter dem Schiff sowie eine halbe Schiffslänge nach außen und unter dem Kiel. Beim flachen Kiel wurde für 12° Krängung und 4° Drift die Verformung der freien Wasseroberfläche mit einem potentialtheoretischen Verfahren bestimmt und für die viskose Berechnung als reibungsfreie Wand weiterverwendet. Für alle anderen Rechenfälle ist die Verformung der freien Wasseroberfläche vernachlässigt worden. Am Einströmrand und an den äußeren Rändern wird ungestörte Strömung angenommen. Die Anströmgeschwindigkeit entspricht der Schiffsgeschwindigkeit. Am Ausströmrand werden die Ableitungen der Geschwindigkeit in der Hauptströmungsrichtung gleich Null gesetzt.

3.3 Gittergenerierung

Aufgrund der zahlreichen numerischen Berechnungen war es sinnvoll, die Anzahl der Gitterpunkte des Einzelgitters nicht zu verändern, damit der Rechenaufwand in vertretbaren Grenzen gehalten werden konnte. Die stark unterschiedlichen geometrischen Konfigurationen zwischen den verschiedenen Kielen erfordern die Anwendung von verschiedenen Gittertopologien und auch einer unterschiedlichen Anzahl von Gitterpunkten für jeden Kiel (Gitterpunkte: 200 000–400 000; Blöcke: 50–100).
Da das verwendete Rechengitter im allgemeinen zu grob ist, um jede Einzelheit der Strömung zu erfassen, steht hier der Vergleich der Haupteigenschaften der Strömung im Vordergrund. Jedoch sind die Tendenzen der verschiedenen Kiele zueinander vergleichbar. Für die Erfassung der absoluten Werte sind jedoch höhere Gitterauflösung und eine Berücksichtigung der freien Wasseroberfläche unumgänglich.

3.4 Ergebnisse

Als Rechenergebnisse stehen die Druckverteilung und die Quergeschwindigkeitskomponenten zur Verfügung. Während die Druckverteilung für 4° Driftwinkel und 24° Krängung gezeigt wird, ist die Geschwindigkeitsverteilung für Geradeausfahrt, 4° Driftwinkel und 12° Krängungswinkel sowie 4° Driftwinkel und 24° Krängungswinkel dargestellt worden.
Aus der großen Anzahl der vorliegenden Strömungbilder werden hier nur einige wenige vorgestellt. Die Abbildungen 20 bis 22 zeigen den Strömungszustand für 24° Krängung und 4° Abdrift vergleichend für die drei untersuchten Kiele in Verbindung mit dem Rumpf des Segeldynamometers. Deutlich erkennbar ist, daß die Randwirbel am Bulb der Flachkiele stärker ausgebildet sind und somit auch die größten Verluste aufweisen. Beim Flügelkiel ist die Geschwindigkeitsverteilung in diesem Bereich stärker aufgelockert und hat nicht mehr die gleiche Intensität, was sich auch in den Gütegraden dieses Kiels wiederspiegelt. Am günstigsten ist das Strömungsbild des Tiefkiels, dessen Randwirbel an der

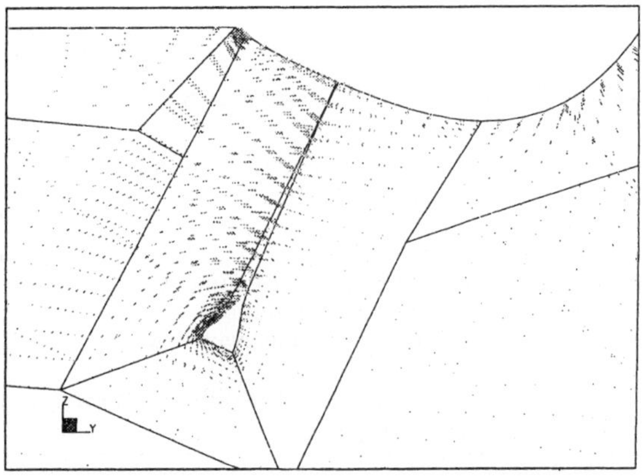

Abb. 20. Geschwindigkeitsvektoren an der Hinterkante des Tiefkiels bei $\varphi = 24°$, $\lambda = 4°$ und $\delta = 3°$

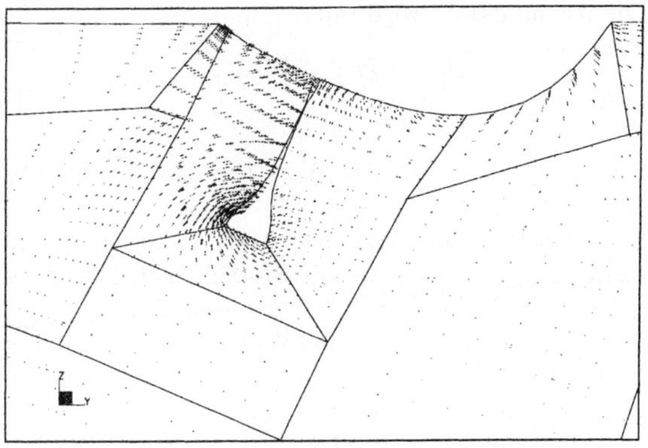

Abb. 21. Geschwindigkeitsvektoren an der Hinterkante des Flachkiels bei $\varphi = 24°$, $\lambda = 4°$ und $\delta = 3°$

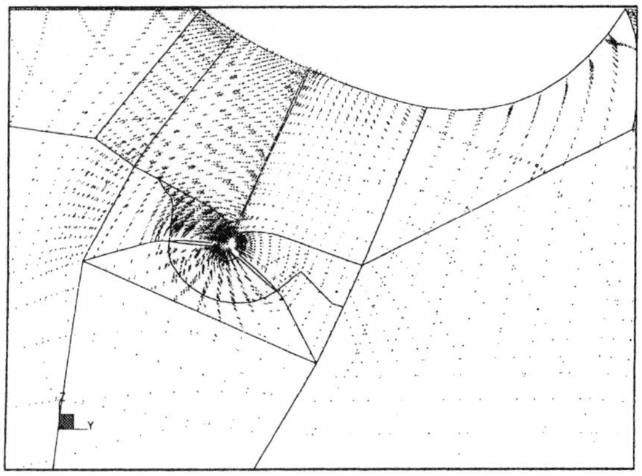

Abb. 22. Geschwindigkeitsvektoren an der Hinterkante des Flügelkiels bei $\varphi = 24°$, $\lambda = 4°$ und $\delta = 3°$

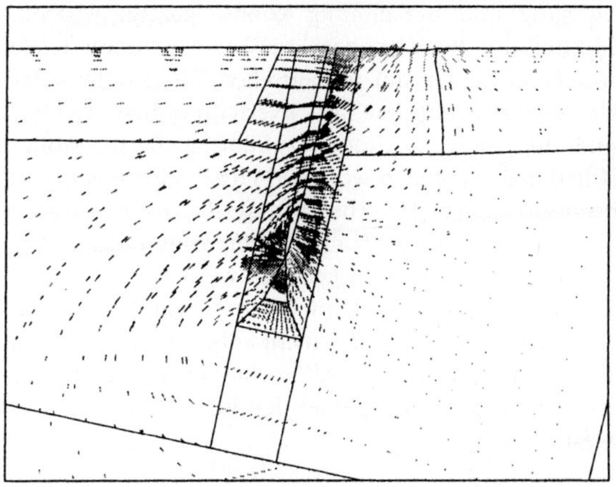

Abb. 23. Geschwindigkeitsvektoren am Ruder (Tiefkiel) bei $\varphi = 12°$, $\lambda = 4°$ und $\delta = 3°$

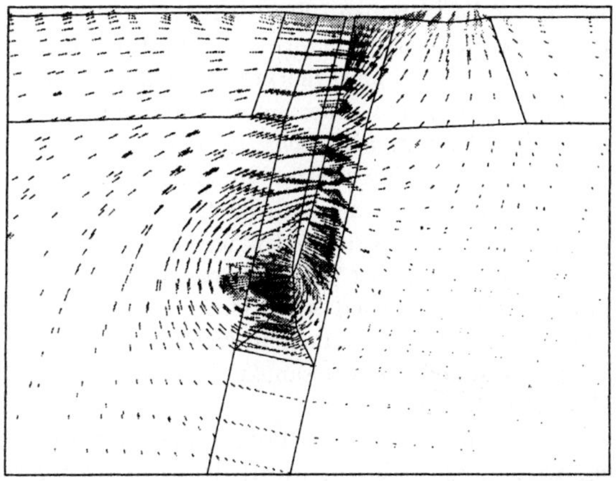

Abb. 24. Geschwindigkeitsvektoren am Ruder (Flachkiel) bei $\varphi = 12°$, $\lambda = 4°$ und $\delta = 3°$

Kielunterkante lange nicht das gleiche Volumen und die gleiche Mächtigkeit wie beim Flügelkiel aufweist. Der Randwirbel des Flachkiels bleibt bis zum Ruder erhalten, womit insbesondere bei 12° Krängung starke Wechselwirkungskräfte zwischen Kiel und Ruder verbunden sind und der Gütegrad des Ruders bei dieser Kielversion erheblich abnimmt. An dem unteren Rand des Ruders ist die Überlagerung der Randwirbel von Ruder und Kiel zu erkennen. Die Abbildungen 23 und 24 zeigen einen Vergleich der Strömungsbilder am Ruder für 12° Krängung und 4° Abdrift sowie 3° Ruderwinkel. Die Rudergeometrie blieb beim Tief- und Flachkiel unverändert. Durch die Verwendung von Winglets (Flügeln) können diese Wechselwirkungseffekte gemildert oder ganz abgebaut werden, womit eine Verbesserung der Gütegrade von Kiel und Ruder erreicht werden kann.
Ein Vergleich der Strömungsbilder von den unterschiedlichen Kielkonfigurationen zeigt, daß durch eine weitere Optimierung von Flügelkielen bessere Gütegrade zu erreichen sind. Hierzu gehören insbesondere die Bulbform und die Gestalt der Flügel. Außerdem ist bei flachen Kielen die Wechselwirkung zwischen Kiel, Bootsrumpf und der freien Wasseroberfläche sowie zwischen Kiel und Ruder ein wichtiges Thema bei der Optimierung von Kielen.
Die Validierung der CFD-Berechnungen mit den Modellversuchsergebnissen stößt auf Schwierigkeiten, da den vorliegenden Rechenergebnissen kleinere Driftwinkel (4°) zugrunde liegen. Qualitativ jedoch zeigt der Gesamtwiderstand des Modells mit den unterschiedlichen Kielen für 0° und 24° Krängung die gleiche Tendenz wie die Modellversuche. Das gilt nicht in gleicher Weise für die Querkräfte, so daß eine Gütegradbestimmung bisher noch nicht möglich ist. Ähnliches gilt für die Einzelwertbestimmung von Kiel und Ruder.

3.5 Schlußfolgerungen

Die Untersuchungen haben gezeigt, wie komplex die Beschreibung der Umströmung von Kielen selbst bei stationärer Betrachtungsweise und wie hoch bereits in diesem Zustand der Berechnungsaufwand ist. Ungeachtet einiger größerer Abweichungen zwischen

Messung und Berechnung konnte gezeigt werden, daß auf der Basis moderner CFD-Methoden Kiele von Segelyachten auf numerischen Wege seitens der Umströmung und der Druckverteilung beschreibbar sind und diese Methoden zukünftig ein wertvolles Hilfsmittel darstellen werden. Wirbelablösungen und Beeinflussungen der Anströmung des Ruders durch den davorliegenden Kiel können durch diese Berechnungen gut sichtbar gemacht werden. Auch wenn der Standardkiel von den flachen Kielen hinsichtlich der Leistungsparameter nicht übertroffen werden kann, wurde durch CFD-Berechnungen gezeigt, daß insbesondere der Flügelkiel deutliche Reserven aufweist.

4 Berechnung der Hydrodynamik mit Standardverfahren

Die hydrodynamischen Eigenschaften eines Segelbootrumpfes mit Anhängen – damit ist insbesondere Widerstand und Querkraft gemeint – werden heutzutage von den meisten Konstruktionsbüros mit Hilfe der sogenannten *Velocity Prediction Programs* (VPP) bereits im Entwurfsstadium analysiert.

In dem VPP werden die hydrodynamischen Eigenschaften des Rumpfs durch Extrapolation und Regression der Ergebnisse aus systematischen Modellversuchen mathematisch beschrieben und mit einer ähnlich gewonnenen mathematischen Beschreibung des Riggs für die interessanten Segelzustände ins Gleichgewicht gebracht.

Um die Qualität der in den Programmen verwendeten Ansätze zu bewerten, wurde das Verfahren zur Bestimmung der hydrodynamischen Kräfte in dem Programm *AHVPP/1* (Feb. 92) der Firma Aero-Hydro Inc. mit den Ergebnissen der Modellversuche verglichen [10].

Für eine gegebene parallel zur Wasseroberfläche wirkende Querkraft (F_S), einen gegeben Krängungswinkel φ und einer Bootsgeschwindigkeit V_S werden nach AHVPP zunächst aus der Geometrie des Rumpfes Tabellen für die benetzte Oberfläche WS und die LSM (Second Moment Length) in Abhängigkeit von dem Krängungswinkel ermittelt.

Der Widerstand in aufrechter Schwimmlage wird konventionell in einen Anteil für den Wellen- oder Restwiderstand, einen für den Reibungswiderstand sowie für den Propellerwiderstand aufgeteilt. Der Restwiderstand R_R wird durch Extrapolation aus den Modellversuchen von Gerritsma [11] ermittelt. Für den Reibungswiderstand wird der übliche Ansatz

$$R_F = \frac{\rho}{2} \cdot V_S^2 \cdot WS \cdot C_F \tag{2}$$

verwendet, wobei der Reibungswiderstandsbeiwert nach der ITTC-Line bestimmt wird:

$$C_F = \frac{0,075}{(\log(R_N) - 2)^2} \tag{3}$$

Die Reynoldszahl wird mit

$$R_N = 0,7 \cdot \frac{V_S \cdot LSM0}{\nu} \tag{4}$$

eingesetzt. $LSM0$ ist der Wert für LSM in der ungekrängten Lage.

Der Propellerwiderstand R_P wurde in unserem Fall nicht berücksichtigt, da am Modell auch kein Propeller vorhanden war.

Die Daten für den aufrechen Widerstand werden von dem Programm tabelliert ausgegeben und dienten unseren Untersuchungen als Eingabe.

Abb. 25 zeigt den von AHVPP/1 ermittelten Widerstand im Vergleich zu den Ergebnissen anderer Verfahren und den Messungen aus dem Schleppversuch. Die Kurve für „Gerritsma (alt)“ basiert auf der alten Delfter Serie für typische IOR Schiffe, und zeigt, daß man mit großen Fehlern rechnen muß, wenn man diese für heutige IMS-Rümpfe anwendet.

Die Vergleichsdaten aus dem Modellversuch wurden mit der Standard-ITTC Methode für die Großausführung umgerechnet. Bei der Extrapolation wurde dabei ein Formfaktor von $k = 0,24$ ermittelt.

Um den Einfluß der sich ändernden wellenbildenden Länge bei Krängung zu erfassen werden die Werte für eine effektive Geschwindigkeit

$$V_{\mathrm{EFF}} = V_S \cdot \sqrt{\frac{LSM(0)}{LSM(\varphi)}} \tag{5}$$

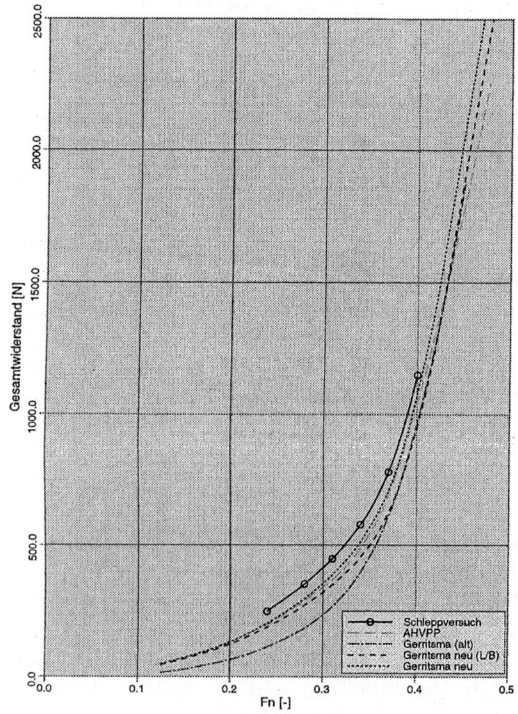

Abb. 25. Widerstandsprognosen in aufrechter Schwimmlage

den Tabellen entnommen. Der Reibungswiderstand wird dabei wie folgt korrigiert:

$$R_F = R_{F\,\text{Tabelle}} \cdot \frac{WS(\varphi)}{WS(0^\circ)} \tag{6}$$

Der Widerstand (ohne induzierten Widerstand) ist dann:

$$R_{TU} = R_F + R_R + R_P \tag{7}$$

Aus der durch die aerodynamischen Berechnungen gegebenen Seitenkraft (F_S) kann der erforderliche Querkraftbeiwert des Unterwasserschiffs berechnet werden:

$$C_S = \frac{2 \cdot F_S}{\rho V_S^2 \cdot A_{\text{Ref}}} \tag{8}$$

Den Beiwert des induzierten Widerstands erhält man mit

$$C_I = A(\varphi) \cdot C_S^2 \tag{9}$$

wobei

$$A(\varphi) = \frac{WS}{2 \cdot \pi \cdot T_{\text{EFF}}^2 \cos^2 \varphi} \tag{10}$$

ist. T_{EFF} bezeichnet dabei den effektiven Tiefgang. Der induzierte Widerstand ist damit schließlich

$$R_I = \frac{\rho}{2} V_S^2 \cdot A_{\text{Ref}} \cdot C_I \tag{11}$$

und der Gesamtwiderstand im gekrängten Zustand

$$R_T = R_R + R_F + R_I. \tag{12}$$

Den entsprechenden dimensionslosen Beiwert erhält man mit

$$C_D = \frac{R_T}{\frac{\rho}{2} V_S^2 \cdot A_{\text{Ref}}}. \tag{13}$$

Die Abbildungen 26 und 27 zeigen die Widerstandsbeiwerte (*CD*) über den für die Großausführung ermittelten Querkraftbeiwerten (*CL*). Wie auch in Abbildung 25 handelt es sich um Daten des Modells mit dem tiefen Standardkiel (Abb. 2).

Während bei 12° Krängung die Übereinstimmung zwischen den berechneten und gemessenen Daten als ausreichend angesehen werden kann, sind die Abweichungen bei großen Krängungswinkeln erheblich. Als allgemeine Tendenz zeigt sich, daß der gemessene Widerstand größer ist, als von den Rechenverfahren prognostiziert. Dies mag vor allem dadurch begründet sein, daß die Linien des Dynamometers – trotz der Typähnlichkeit – außerhalb der Formvariationen der Delfter Serie liegen.

Bei Betrachtung der absoluten Werte liefert der Vergleich der gemessenen und berechneten Daten den Schluß, daß die Segelleistung des Dynamometers durch das VPP überschätzt wird und die Chancen bei Regatten damit geringer sind.

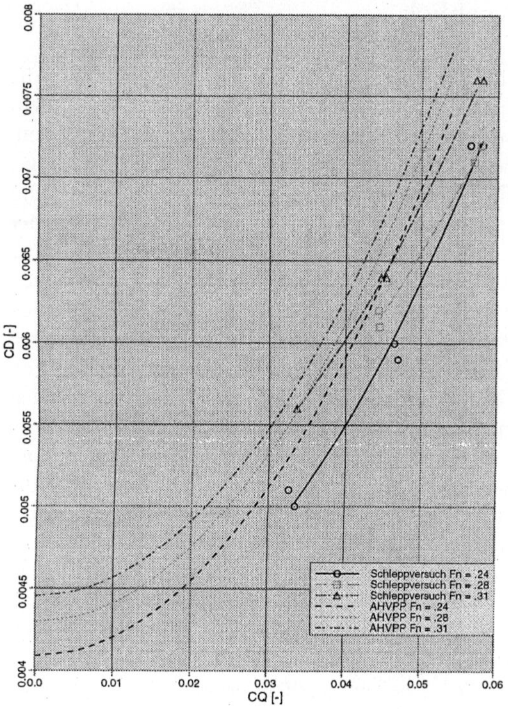

Abb. 26. Vergleich der Widerstandsbeiwerte bei 12° Krängung

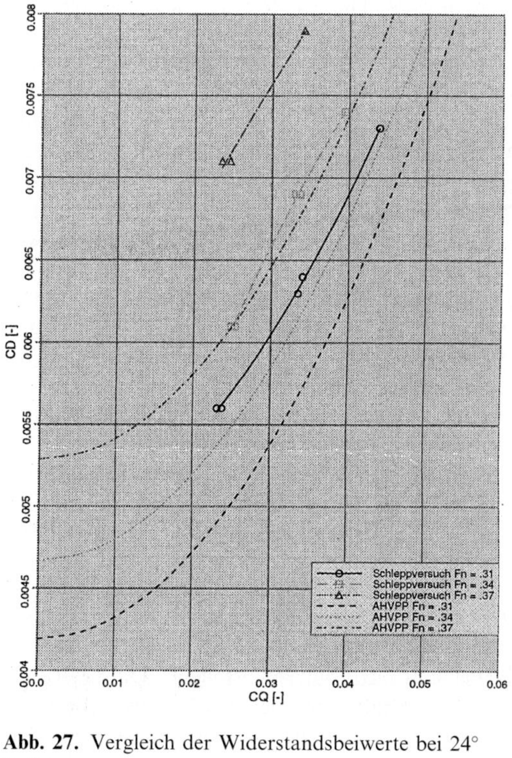

Abb. 27. Vergleich der Widerstandsbeiwerte bei 24° Krängung

5 Ausblick

Die hier vorgestellten Ergebnisse zeigen deutlich die Grenzen und Möglichkeiten der verwendeten Prognoseverfahren. Die Modellversuche mit dem „Segeldynamometer" dienten dabei als Grundlage, da hier das gesamte System Schiff mit Kiel und Ruder untersucht worden ist und Umrechnungen der Schleppversuchsergebnisse auf die Großausführung für die CFD-Berechnungen und Vergleichsmessungen der Kiele im Kavitationstank nicht erforderlich waren. Eine Ausnahme stellen die Untersuchungen mit dem VPP-Verfahren dar, da in diesem Fall nur Fahrtzustände des Originals berechnet werden konnten.

Es ist unbestritten, daß die Kielversuche im Umlauftank für den stationären Fall zwar nicht die gleichen quantitativen Daten wie im Modellversuch mit dem Gesamtsystem liefern, deren relative Aussagen aber beim Vergleich der unterschiedlichen Kiele zueinander absolut zuverlässig sind. Dabei zeigt sich, daß der Tiefkiel den Flachkielen weit überlegen ist. Mit Flügeln (Winglets) kann zwar der Gütegrad verbessert werden, erreicht aber in keinem Fall die Werte des Tiefkiels. Hingegen erfüllt der Flächenbulbkiel nicht die an ihn gestellten Erwartungen, zumal bei unterschiedlichem Trimm des Bootes mit erheblichen Zusatzwiderständen gerechnet werden muß. Diese Untersuchungen sollten unbedingt fortgesetzt werden, um andere Kielformen (z.B. Tandemkiele, Kimmkiele, Kielschwert-Systeme u.a.) aber auch weitere Flügel- und Bulbvarianten auf ihre Tauglichkeit zu prüfen und weiterzuentwickeln. Auch instationäre Analysen sollen in diese Betrachtungen einbezogen werden. Ein entsprechendes Versuchsprogramm ist in Zusammenarbeit mit der SVA Potsdam geplant.

Unentbehrlich erscheinen in Zukunft für die Optimierung von Rumpf, Kiel und Ruder CFD-Berechnungen, obwohl der hierfür erforderliche Rechenaufwand erheblich ist. Schon heute konnten mit den vorliegenden Ergebnissen Wechselwirkungseffekte zwischen Kiel und Ruder eindeutig nachgewiesen werden. Auch für die Anordnung von Winglets an unterschiedlichen Bulbformen geben die Strömungsbilder wichtige Hinweise. Allerdings ist die relativ grobe Gitteranordnung für komplizierte Kielkonfigurationen noch nicht ausreichend. Außerdem sollte später die freie Flüssigkeitsoberfläche in die CFD- Berechnungen einbezogen werden. Die bisher hierfür übliche potentialtheoretische Anbindung erscheint nicht zufriedenstellend. Da die Rechnerkapazität ständig gesteigert wird, bleibt zu hoffen, daß in absehbarer Zeit auch komplexe Systeme gelöst werden können und zu absoluten Ergebnissen führen, die für zuverlässige Leistungsprognosen geeignet sind.

Die Grenzen herkömmlicher VPP-Berechnungsverfahren für die Ermittlung des Widerstands und der Querkraft werden durch den Vergleich mit den Modellversuchsergebnissen nachhaltig demonstriert. Bereits geringe Abweichungen von der Standardrumpfform führen zu abweichenden Daten und stellen eine Optimierung des Entwurfs mit Hilfe derartiger Programme in Frage. Außerdem können schwierige Kielkonfigurationen nur unzureichend erfaßt werden. Da für die Ermittlung der aerodynamischen Kräfte sicher ähnliches gilt, sollten neue Berechnungsmethoden angestrebt werden.

6 Symbole

A_{Ref}	Referenzfläche
B_{WL}	Breite der Wasserlinie
C_F	Reibungsbeiwert
C_S	Querkraftbeiwert
C_I	Beiwert des induzierten Widerstands
C_D	Widerstandbeiwert
LSM	Second Moment Length
F_N	Froude Zahl $= V/\sqrt{gl}$
F_S, Q	Querkraft
R_F	Reibungswiderstand
R_N	Reynoldszahl $= V \cdot l/\nu$
R_R,	Restwiderstand
R_T, D	
R	Gesamtwiderstand
Δ	Deplacement
V_S	Schiffsgeschwindigkeit
WS	Benetzte Oberfläche
δ	Ruderwinkel
ϵ	Gleitzahl
λ	Abdriftwinkel
φ	Krängungswinkel
ρ	Dichte
ν	kinematische Viskosität $= \mu/\rho$
ψ, θ	Trimmwinkel

Schrifttum

1 H. Brandt: Das Forschungsprojekt eines Segeldynamometers, 17. Symposium Yachtentwurf und Yachtbau, pp. 9–42, Hamburg, 1996

2 H. Brandt und K. Hochkirch: Entwicklung eines Segeldynamometers zur Erfassung der aero- und hydrodynamischen Kräfte, ISM-Bericht 97/4, 1. Zwischenbericht zum BMBF-Projekt 616-3892-MTK 593, Technische Universität Berlin, Institut für Schiffs- und Meerestechnik, 1997

3 M. Fröhlich: Optimierung von Kielen einschließlich Rumpf für Segelyachten auf der Basis eines numerischen Rechenverfahresn für viskose und instationäre Strömung, Projekt 1022, Schiffbau Versuchsanstalt Potsdam GmbH, 1997

4 H. Brandt und B. Krüger: Untersuchungen von Kielmodellen im Kavitationstank, ISM-Bericht 97/6, Technische Universität Berlin, Institut für Schiffs- und Meerestechnik, 1997

5 T. Voges: Induzierter Widerstand und Auftrieb an Kielen mit oszillierender Bewegung, Diplomarbeit, Tech-

nische Universität Berlin, Institut für Schiffs- und Meerestechnik, 1994
6 B.E. Launder und D.B. Spalding: The Numerical Computation of Turbulent Flows, Comp. Meth. Appl. Mech. Eng, Vol. 3, pp. 269–289, 1974
7 M. Abdel-Maksoud, S. Bschorer und G. Scheuerer: Numerische Berechnung der viskosen Strömung um einen rotierenden Propeller, Schiffbautechnische Gesellschaft, 1995
8 M. Raw et al: An Element-Based Finite Volume Method for Computing Viscous Flow, Int. J. Num. Meth. Fluids, 1995
9 M.J. Raw: A Coupled Algebraic Multigrid Method for the 3D Navier-Stokes Equation in Fast Solvers for Flow Problems, Vol 49, pp. 204–215 W. Hackbusch and G. Wittum, 1995
10 AeroHydro, Inc., P.O. Box 684/Main Street, Southwest Harbour, ME 04679 USA AHVPP/1 Velocity Prediction Program, 2 1992
11 J. Gerritsma, R. Omnink und A. Verslius: Geometry, Resistance and Stability of the Delft Systematic Yacht Hull Series, International Shipbuilding Progress, 1981

Yachtentwurf aus der Sicht einer Klassifikationsgesellschaft

Yacht Design from the Viewpoint of a Classification Society

Dipl.-Ing. **Karsten Fach**
Germanischer Lloyd, Hamburg

Summary. The main duty of classification societies is the classification of merchant ships, but they also deal with yachts of all sizes. Germanischer Lloyd had the first Rules for Yachts in 1904.
Many services for yachts can be offered by classification societies. Starting with the full classification of a yacht, a hull certificate or a certificate of components of the yacht is possible. All kinds of common materials and methods of construction can be investigated. In summary, one can say that the classification of a yacht raises its safety.

Als der Germanische Lloyd (GL) 1867 gegründet wurde, sollte hauptsächlich die Klassifizierung von Handelsschiffen betrieben werden, siehe Abb. 1.
Im Register von 1870 werden jedoch schon 5 Yachten aufgeführt (Abb. 2). Schon 1904 gab es Vorschriften für die Klassifikation und für den Bau und die Ausrüstung von Yachten, (Abb. 3). Die Klassenvorschriften für die R-Yachten forderten die Klassifizierung durch eine Klassifikationsgesellschaft.
Nun stellt sich die Frage, wer Interesse an der Klassifikation von Yachten hat (Abb. 4). Während in der Berufsschiffahrt eine Klasse mehr oder weniger vorgeschrieben ist (Seeschiffe mehr, Binnenschiffe weniger), können Yachten oft ohne Klasse betrieben werden, also auf freiwilliger Basis.
Eine Werft, die sich entschließt, mit Klasse zu bauen, hat entweder den Wunsch des Eigners im Hintergrund, oder falls ein Eigner noch nicht bekannt ist, kann die Werft durch ein Klassenzertifikat die technische Qualität und Sicherheit ihres Produktes beweisen.
Der Entschluß eines Eigners, mit Klasse eine Yacht zu bestellen, kann mehrere Gründe haben. Neben dem berechtigten Wunsch, eine technisch hochwertige und sichere Yacht zu bekommen, kann dies aber auch die

Auszug aus den Statuten von 1870

Der **Germanische Lloyd** ist eine Gesellschaft, welche sich die Aufgabe gestellt hat, möglichst genaue und gerechte Klassifizierungen von Handelsschiffen gegen thunlichst niedrige Gebühren durch zu ernennende Besichtiger vorzunehmen und die angestellten Beobachtungen über den Zustand von Handelsschiffen dem Publikum in einem ausführlichen, je nach Bedürfnis durch Nachträge zu ergänzenden Schiffsregister zugänglich zu machen.
Ferner wird sie von anerkannt tüchtigen Fachmännern ausgearbeitete Vorschriften für Neubau und Reparaturen von Handelsschiffen, wie sie dem Interesse des Handels, der Schiffahrt und des Schiffbaues für Versicherer und Versicherte am besten entsprechen, herausgeben.

Abb. 1.

Segelschiffe im Register von 1870

Anzahl der Schiffe	Schiffstyp
183	Barken
180	Schoner /hiervon 25 Dreimastschoner) *)
160	Briggs
80	Schonerbriggs *)
19	Vollschiffe *)
15	Galeassen
14	Schonergaleassen
9	Ewer
9	Schlups
9	Kuffen
7	Gaffelschoner
6	Schonerkuffen
6	Schonerbarken
6	Jacht-Galeassen
5	Jachten
4	Tjalken
1	Galeass-Ewer
	*) davon 1 Schiff mit Eisenschiffskörper

Abb. 2.

Germanischer Lloyd.

Vorschriften für die Klassifikation

und für den

Bau und die Ausrüstung

von

Yachten.

1904.

Gedruckt in der

Rats- und Universitäts-Buchdruckerei von Adlers Erben, G. m. b. H., Rostock i. M.

Abb. 3.

Forderung einer Bank sein, die einen Kredit durch ein hochwertiges Produkt abgesichert sehen möchte, oder einer Versicherung, die Rabatte gewährt, wenn eine Yacht Klasse hat.

Wer hat Interesse an der Klassifikation von Yachten

- Werften
- Eigner
- Vercharterer
- Charterer
- Versicherungsgesellschaften
- Banken
- Nationale Schiffssicherheitsbehörden (teilweise)
- andere

Abb. 4.

Ab einer gewissen Größe oder Geschwindigkeit stellen einige nationale Schiffssicherheitsbehörden die Forderung nach Klasse, ebenso für z.T. kommerziell genutzte Yachten – immer mit dem Ziel, die bauliche Sicherheit der Fahrzeuge durch eine unabhängige Institution bestätigen zu lassen.
Generell ist zu ersehen, daß, wenn technische Qualität und Sicherheit gefordert werden, eine Klassifikationsgesellschaft einbezogen wird. Viele Schadensfälle im Yachtbau hätten verhindert werden können, wenn eine Klassifikationsgesellschaft rechtzeitig eingeschaltet worden wäre.
Der GL bietet folgende Leistungen im Rahmen der Klassifikation an:

1 GL Klasse

Für jedes einzelne Fahrzeug werden eine Prüfung der Baupläne und eine kontinuierliche Bauüberwachung bis zur Endabnahme durchgeführt, siehe auch Abb. 5 und Abb. 6.

2 Bauschein für den Schiffskörper

Wer sich die Anwendung von GL-Bauvorschriften zum Beispiel nur für den Schiffskörper ohne Maschinenanlage bestätigen lassen möchte, erhält nach entsprechender Prüfung durch den GL hierfür einen Bauschein und die Plakette „Approved Hull Construction".

3 Serienbauten

Viele Yachten und Boote aus faserverstärktem Kunststoff (FVK) werden heute in großen Serien

Umfang für GL-Klassenzertifikat

- Prüfung von Konstruktionsplänen, Zeichnungen und Berechnungen des Schiffskörpers einschließlich Rigg, Motoren- und E-Anlage auf Übereinstimmung mit den GL-Bauvorschriften.
- Der Bau wird durch Besichtiger des GL laufend auf Einhaltung der Bauvorschriften überwacht.
- Nur Vom GL geprüfte beziehungsweise zugelassene Werkstoffe und Bauteile dürfen verwendet werden.
- Die Bauwerft ist für bestimmte Fertigungsmethoden vom GL zugelassen und wird auf Einhaltung entsprechender Bedingungen überwacht.
- Der Betrieb hat seine Eignung zum Beispiel für Schweiß- oder Laminierverfahren (FVK) nachgewiesen.
- Qualifiziertes Personal der Bauwerft, durch Prüfzeugnisse bestätigt.
- Zur Aufrechterhaltung der Klasse sind alle zwei beziehungsweise fünf Jahre Besichtigungen durch den GL erforderlich.

Abb. 5.

Fahrzeuge mit GL-Klasse erhalten ein Klassenzertifikat

✠ 100 A 5 SEGELYACHT

oder

✠ 100 A 5 MOTORYACHT

Abb. 6.

gebaut. Hier bietet sich die Zertifizierung der baulichen Sicherheit kostengünstig durch die Serienbaubescheinigung an. Sie bestätigt eine systematische Serienfertigungsüberwachung durch den GL. Grundlage sind speziell auf Serien abgestimmte Prüfverfahren.
Die vom Germanischen Lloyd ausgestellten Serienbaubescheinigungen weisen den Prüfumfang durch Spezifikation der technischen Prüfunterlagen und Zeichnungen im Detail aus, z.B. „Schiffskörper mit Kiel und Ruder“

4 Serienbauüberwachung des Schiffskörpers

Der Prüfumfang umfaßt hier mindestens:

- Rumpf mit Innenverbänden und Schotten
- Kielflosse einschließlich Bodenwrangen
- Deck mit Aufbauten sowie Cockpit
- Püttinge
- Ruderschaft mit Lager und Koker sowie Ruderkörper
- Wetterdichtigkeit der äußeren Verschlüsse

5 Erweiterte Serienbauüberwachung gemäß 100 A5

Hier wird der Prototyp der Serie vom Germanischen Lloyd im Sinne einer Klassifikation geprüft und erprobt, und es wird ein Klassenzertifikat ausgestellt. Die Prüfungen beziehen sich auf Schiffskörper einschließlich Rigg, Maschinen- und elektrische Anlagen sowie Verschlußeinrichtungen. Die Serienfabrikation unterliegt dann gleichfalls einer systematischen Serienfertigungsüberwachung.
Yachtbesitzer oder -käufer haben mit der Serienbaubescheinigung folgende mit der Klassifikationsgüte übereinstimmende Gewähr:

- Werkstoffe sind vom GL geprüft und zugelassen
- Herstellung und Behandlung der faserverstärkten Kunststoffe erfolgen in einem zugelassenen Betrieb unter kontrollierten Bedingungen durch qualifiziertes Personal.

Im Rahmen der CE-Zertifizierung für Yachten ist der GL als Zertifizierungs- und Prüfstelle akkreditiert, um die nach der EU-Richtlinie erforderlichen Prüfungen durchführen und das Konformitätszeichen CE verleihen zu können.
Die Prüfung und Zertifizierung von Kohlefasermasten soll an dieser Stelle nicht weiter erläutert werden, da sie Thema eines eigenen Vortrages im Rahmen dieser Veranstaltung sind.
Während Klassifikationsgesellschaften sich früher hauptsächlich mit Prüfvorgängen und der Erarbeitung von Vorschriften beschäftigten, wird heutzutage immer mehr Beratung gewünscht. Festigkeitsberechnungen, Schwingungsanalysen, strukturelle Optimierung und schalltechnische Beratung werden mehr und mehr auch für Yachten durchgeführt, wobei sich die vorgenannten im allgemeinen auf große Yachten beziehen. Abb. 7 zeigt das Finite-Element Modell einer großen Motoryacht, mit dem Festigkeits- und Schwingungsberechnungen durchgeführt wurden.

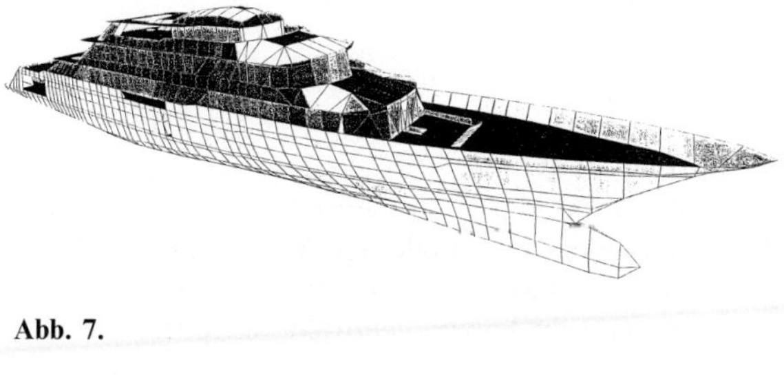

Abb. 7.

Die Klassifikationsgesellschaften versuchen als Partner den Werften Hilfestellungen zu geben, um technische Probleme zu lösen, aber auch als Berater bei der „Bewältigung" nationaler und internationaler Vorschriften.
Bei größeren Yachten beginnt die Arbeit meistens mit einem Gespräch zwischen Vertretern des Eigners, der Werft und GL-Mitarbeitern aus den Fachbereichen, bei denen die eventuellen Probleme durchgesprochen werden. Sind Yachten unter 24 m, wird das Hauptaugenmerk auf Struktur, Stabilität, Maschinenbau und Elektrotechnik gelegt. Für Yachten über 24 m werden die Belange der Schiffssicherheit z.B. Feuerlöscheinrichtungen, Brandschutz und Fluchtwege verstärkt berücksichtigt.
Je größer die Fahrzeuge werden, um so mehr werden Standards aus den Vorschriften für seegehende Handelsschiffe herangezogen, letztlich befinden sich auch bezahlte Seeleute als Crew an Bord.
Praktisch alle gängigen Werkstoffe für den Yachtbau können klassifikatorisch behandelt werden. Neben Stahl, Aluminium, Holz konventionell, Holz/Epoxy-Verbundbauweisen, glasfaserverstärkten Kunststoffen (GfK) werden heute auch Laminate aus Kohle- und Aramidfaser routinemäßig behandelt, ebenso wie moderne Sandwichbauweisen, z.B. die Strongplankbauweise.
Häufig werden von Designern hochwertige Materialien als „high tech" eingesetzt, ohne alle Eigenschaften hinreichend zu kennen. Der Einsatz dieser Werkstoffe erfordert im allgemeinen eine detaillierte Spannungsanalyse, die leider oft nicht durchgeführt wird. Beim Versagen eines Bauteils wird dann das Material als schlecht dargestellt, es mangelte aber an der Bemessung der Konstruktion bzw. deren Gestaltung. Ein Beispiel hierfür ist der Einsatz von „Unidirektionalen Gelegen" mit hervorragenden Eigenschaften in Faserrichtung, bei denen häufig die Kräfte quer zur Faser vergessen werden.
In den 70er Jahren wurden vermehrt Ferrozementyachten gebaut. Der GL reagierte damals sofort mit „vorläufigen Vorschriften", die aber aus Mangel an Nachfrage nicht weiter verfolgt wurden.
Die Prüfung durch eine Klassifikationsgesellschaft bezieht sich nur auf sicherheitstechnische Belange. Schlechte Lackierungen, unebene Außenhaut (solange die Beulen kein kritisches Maß übersteigen), ungewöhnliche Formen und Konstruktionen (solange die Sicherheit nicht beeinträchtigt wird) gehören nicht zum Einflußbereich der Klassifikationsgesellschaften. Ebenso wird die Beschlagsausrüstung sowie auch das „Laufende Gut" von Segelyachten nicht geprüft.
Vorsicht ist geboten, wenn Bootswerften oder Händler Formulierungen wie „nach GL gebaut" verwenden, so entspricht dies in aller Regel einer subjektiven Einschätzung. Ob die Bauvorschriften eingehalten wurden, kann alleine der Germanische Lloyd bestätigen.
Zusammenfassend ist zu sagen, daß die Arbeit der Klassifikationsgesellschaften die Sicherheit im Yachtbau zwar erhöht, eine zusätzliche Bauaufsicht durch den Eigner allerdings nicht ersetzt. Es ist hier wünschenswert, frühzeitig in ein Projekt einbezogen zu werden, so daß im Dreiergespräch Werft-Eigner-Klasse die gemeinsame Projektbetreuung festgelegt werden kann.

Stabilitäts- und Festigkeitsbetrachtungen an Yachtriggs mit Kohlefasermasten

Considerations of Stability and Structural Strength for Yacht rigs with Carbon Masts

Dipl.-Ing. **Hasso Hoffmeister**
Germanischer Lloyd, Hamburg

1 Einleitung

Die Berechnung von modernen Yachtriggs hat Tradition. Zu den Pionieren, die sich auf diesem Gebiet verdient gemacht haben, gehörten besonders die Ingenieure von Sparkman & Stevens. Auf der Basis halbempirischer Formeln war es ihnen möglich, Mastkompressionen sowie Lasten im stehenden Gut abzuschätzen und zu bewerten. Diese Methode wird heute noch von den meisten Klassifikationsgesell-

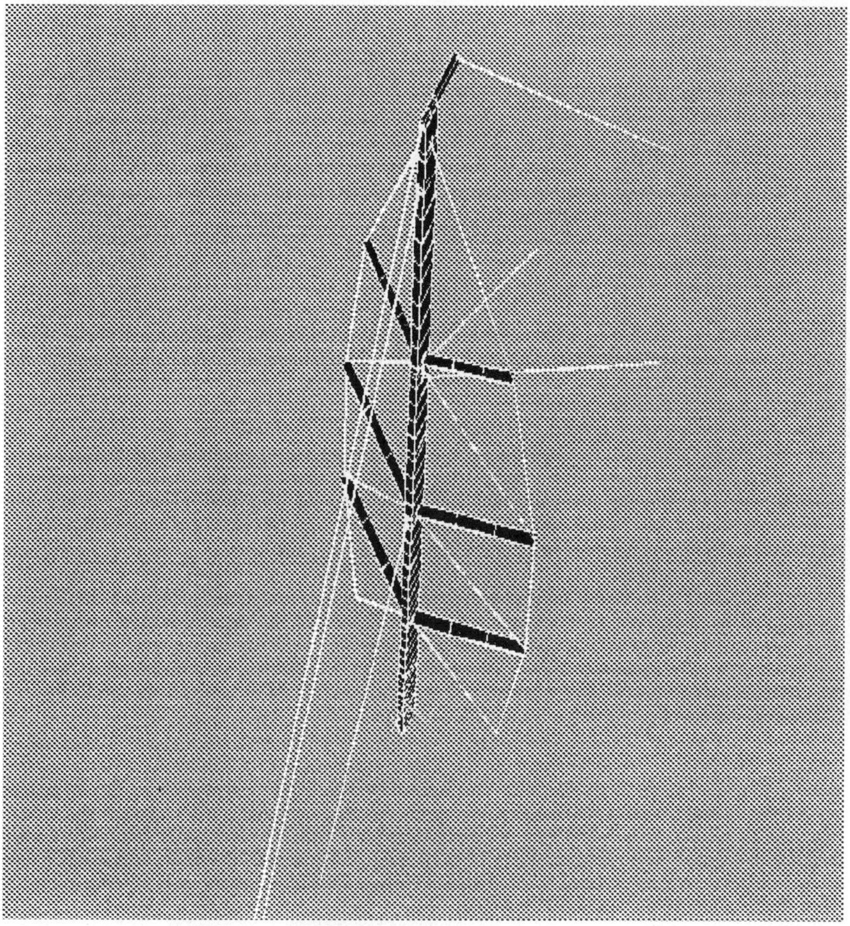

schaften als Grundlage ihrer Berechnungen genommen.
Besonders unter Zuhilfenahme moderner Rechentechniken sowie Erkenntnissen aus durchgeführten Versuchsreihen hat man heute ein tieferes Verständnis für die physikalischen Vorgänge erhalten. Des weiteren ist man heute in der Lage, ein Rigg originalgetreuer nachzubilden und den einzelnen Parametern genauer Rechnung zu tragen.
Der Germanische Lloyd (GL) ist von einem bekannten deutschen Versicherungsmakler gebeten worden, als unabhängige Institution eine Prozedur für die Konstruktionsprüfung von Yachtriggs mit Kohlefasermasten zu entwickeln, die Bedingung für den Abschluß eines Versicherungsvertrages darstellen soll.
Dadurch ausgelöst ist ein Richtlinienwerk entwickelt worden, anhand dessen auf Wunsch eine Zertifizierung von Segelyachtriggs durchführt werden kann. Bei den bisher geprüften Konstruktionen handelt es sich ausschließlich um Riggs sportlich orientierter Tourenyachten (Performanceyachten) zwischen Längen von 60 und 138 Fuß (Abb.1). Bei diesen Yachten steht die Motivation im Vordergrund, durch ein leichteres Rigg einen Zuwachs an Stabilität und durch eine Reduktion des Längenmassenträgheitsmomentes eine Steigerung der Segelleistung zu erreichen. Sicherlich ist für einige Yachteigner ein Kohlefaserrigg auch imageträchtig.
Die Konstruktion und Herstellung von Komponenten aus Faserverbundwerkstoffen, die bisher aus metallischen Werkstoffen hergestellt werden (z.B. auch Püttinge), steckt, verglichen mit dem traditionellen Yachtbau, noch in den Kinderschuhen. Bei vereinzelten Konstruktionen ist das „In-Metall-Denken" nicht ganz zu verheimlichen.
Tatsächlich erfordert die Anwendung speziell hochfester Fasern im Verbund durch seine große Anisotropie ein Umdenken, so daß die Nachteile berücksichtigt und die Vorteile genutzt werden können. Schließlich sind Masten aus KVK (Karbonfaser verstärkter Kunststoff) um ca. 10–50% teuerer als aus Aluminiumstrangpreßprofilen hergestellten.
Unsere „Vorläufigen Anforderungen" definieren im hauptsächlichen die zu berücksichtigenden Lastfälle und die dazugehörigen erforderlichen Mindestsicherheiten. Es werden keine Berechnungsmethoden beschrieben, keine Formeln vorgegeben. Der GL prüft durch eigene Parallelrechnung. Wie diese Rechnungen durchgeführt werden, und was sie beinhalten, soll im folgenden an Hand eines Überblickes umrissen werden.

Abb. 1.

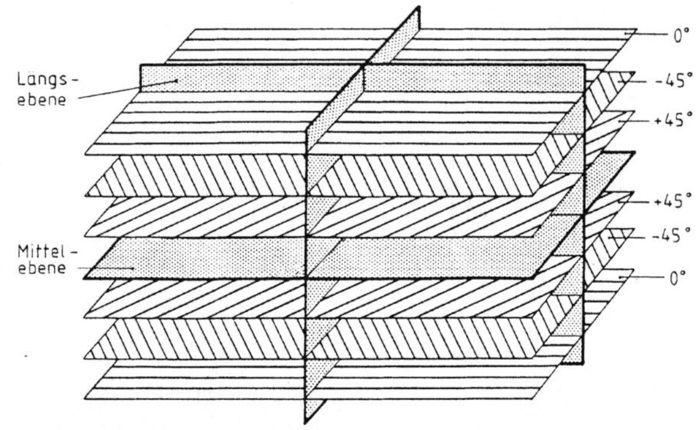

Abb. 2.

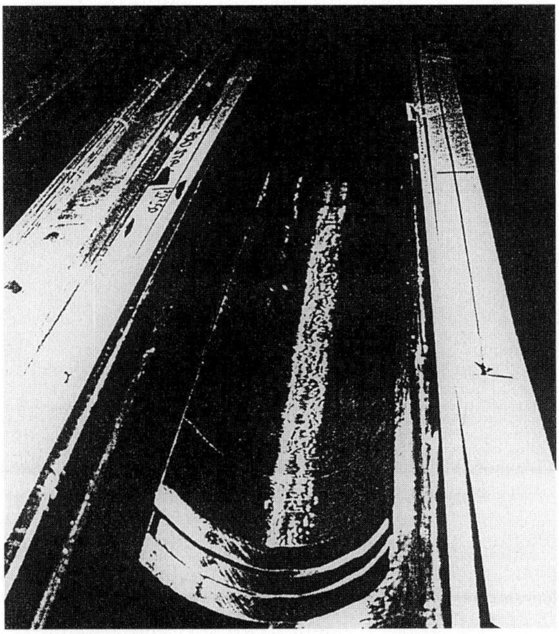

Abb. 3.

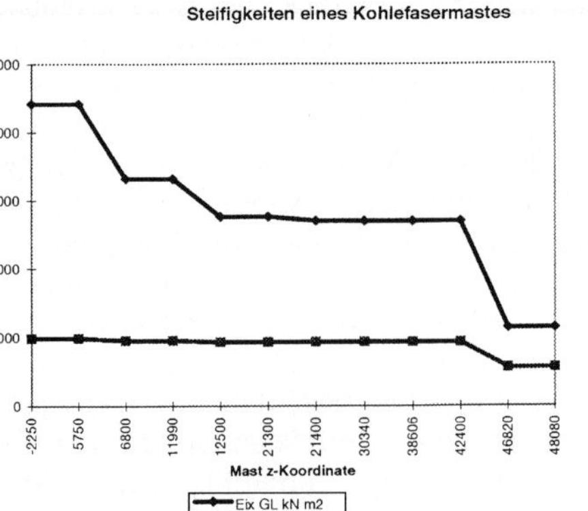

Abb. 3a.

2 Der Werkstoff KVK

Karbonmasten und deren Komponenten werden i.A. aus unidirektionalen Kohlefaserlagen in einer Epoxymatrix ausgelegt. Per Vakuum unter Folie, -oder in einer Autoklave- wird das Laminat verdichtet, geglättet und der Verbund von Lufteinschlüssen befreit, die als geometrische Kerben Initiatoren von Rissen sein können.

Die einzelnen Lagen werden je nach Lastart und Hauptlastrichtung multiaxial ausgerichtet (Abb. 2). Ferner werden die einzelnen Lagen beispielsweise im Mast von unten nach oben abgetreppt (Abb. 3). Es ist möglich, weitgehend beliebige Querschnittsformen mit beliebigen Werkstoffdicken und -eigenschaften zu schaffen.

Die Gewichtung der Anordnung von UD Lagen unter 0, +/−45 und 90° hängt vom Einsatz des Materials ab und ist bei Mastprofilen für Tourenyachten meist 60/25/15. Im Falle von Furlingmasten, bei denen das Großsegel in einer Mastkammer aufgerollt wird, muß der Anteil der +/−45° und 90° Lagen aufgrund der Notwendigkeit einer größeren Torsions- und Quersteifigkeit (Aufbiegen und Ausknicken der Rollkammerwände), größer sein.

Unidirektionales Kohlefaserlaminat ist, auch makroskopisch betrachtet, ein höchst anisotropes Material. Für die o.g. Kombination ergibt sich eine Anisotropie des E-Moduls in der Laminatebene wie in Abb. 4.

Masten sind global auf Druck beansprucht, so daß für eine Biege- oder/und Knickrechnung der E-Modul in 0° (Mastlängsachse) primär entscheidend ist. Dieser beträgt bei den meisten Tourenyachtenmasten unter Verwendung beispielsweise einer T300

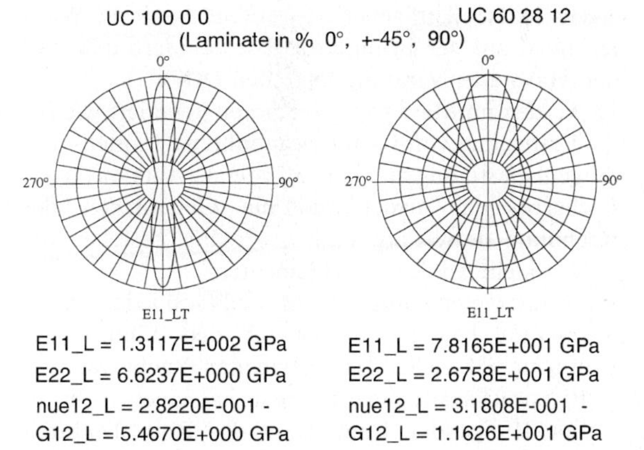

Abb. 4.

Faser etwa 85 GPa (100% 0° weisen 116 GPa auf), Aluminium weist einen isotropen E-Modul von etwa 72 GPa auf. In letzter Zeit finden noch wesentlich steifere Kohlefasern Anwendung, wie z.B. die HR40 Faser.
Die Dichte eines unter Vakuum verdichteten Kohlefaserlaminates liegt etwa bei 1,5 g/cm^3, dazu Aluminium im Vergleich mit ca. 2,7 g/cm^3.
Die Festigkeitskennwerte unterscheiden sich ebenfalls stark. Während die Bruchfestigkeit auf Druck (niedriger als bzgl. Zug) für Kohlefaserlaminat 60/25/15 bei ca. 655 Mpa liegt, weist die im Mastenbau i.A. verwendete Aluminiumlegierung eine Streckgrenze von ca. 240 Mpa und eine Druckfestigkeit von etwa 290 Mpa auf. In Abb. 5 sind die spezifischen Eigenschaften von Kohlefaserlaminat 60/25/15 in 0° Richtung und Aluminium aufgeführt.
Abhängig davon, welcher Typ Kohlefaser für den Bau eines Mastes gewählt wird, liegt das Gewicht eines solchen aber doch bei ca. 60% gegenüber einem vergleichbaren Alumast. Es wird verschiedenen Einflußfaktoren Rechnung getragen, wie UV-Empfindlichkeit, Alterung, Fertigung, Temperatureinfluß. Ein Kohlefaserlaminat weist allerdings eine höhere Dauerfestigkeit auf als Aluminium.
Zwei grundsätzliche Unterschiede zum Aluminiumwerkstoff sollen hier doch betont werden:

1) CFK weist keine ausgeprägte Streckgrenze und auch keine Materialverfestigung auf. Für die Beurteilung einer ausreichenden Festigkeit werden sog. Versagenshypothesen angewendet, auf die hier aber nicht näher eingegangen wird.
2) KVK selbst ist korrosionsunempfindlich (Graphit ist eines der edelsten Elemente), jedoch in Kombination mit Metallen (Beschlägen) und einem elektrolytischen Medium ist eine gute Isolation zu gewährleisten.

3 Ziel der Rechnungen

Zunächst sollen verschiedene statische Segelzustände simuliert werden.

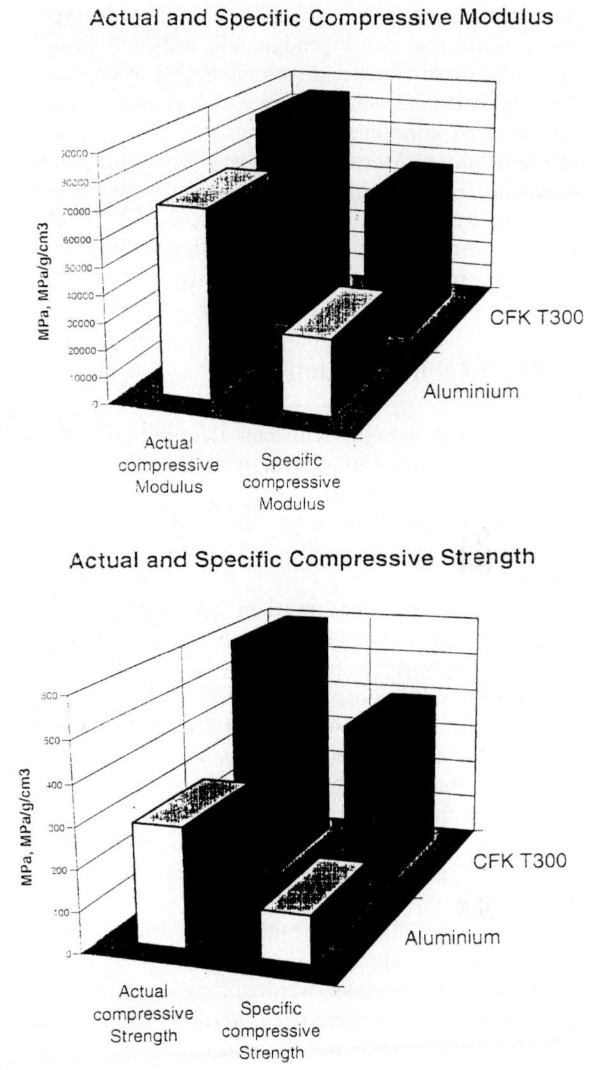

Abb. 5.

Durch ein Berechnungsprogramm werden nach Vorgaben die Lasten aus den Segeln generiert, ferner werden nach Spezifikation der Konstrukteure die externen Lasten durch das laufende Gut, durch Baumniederholer und Spinnakerbaum sowie eine spezifizierte Vorspannung aufgebracht. Die dadurch in Mast, Salingen und stehendem Gut induzierten Schnittlasten werden berechnet und bewertet.
Des weiteren wird das mit den entsprechenden Lastniveau belegte Rigg einer Stabilitätsuntersuchung unterzogen. Diese Berechnungen sollen Basis für eine Bewertung der globalen Sicherheiten darstellen.
Je näher man sich mit Hilfe moderner Rechenmethoden mit der Simulation der Vorgänge in Riggs der Realität annähert, desto stärker kann man den „Unsicherheits"-Sicherheitsfaktor reduzieren. Bei hochseegängigen Tourenyachten wird aber immer eine relativ große Marge an Sicherheit bestehen bleiben müssen. Die Unsicherheit gegenüber den Umge-

bungsbedingungen, wie die Kombination aus Seegang, Wind und der Eigendynamik muß mit geeigneten Faktoren abgedeckt werden. Selbst wenn diese Unsicherheitsparameter in der Zukunft genauer erfaßt werden könnten, bleibt immer noch der Unsicherheitsfaktor Mensch. Ein gewisses Maß von möglicher Fehlbedienung sollte also auch abgedeckt sein. Bei Regattayachten würden die Sicherheitsfaktoren sowie auch die materialseitigen Abminderungsfaktoren eine andere Gewichtung erfahren.

4 Das Rechenmodell

Basierend auf den tatsächlichen Laminataufbauten wird ein Balken/Stabmodell erstellt. Den Elementen werden die tatsächlichen Steifigkeiten und werkstoffspezifischen Eigenschaften zugeordnet. Der Mast wird aus Balken, das stehende Gut aus Stäben generiert (Abb. 6).

Das gewählte Stabelement ist in der Lage „losezufallen", sobald es Druck aufzunehmen hat. Dies ist für einen gewissen Rechenkomfort wichtig.

Es handelt sich bei dem generierten Modell um ein globales Modell, Anschlüsse von Wanten oder Salingen werden nicht detailgerecht modelliert, lediglich durch die Randbedingungen der Elemente wird der Realität Rechnung getragen, beispielsweise Einspannung oder gelenkige Lagerung der Salinge am Mast, oder die Tatsache, ob der Mast an Deck oder im Schiff steht.

Dadurch, daß Balken und Stäbe in FE Programmen eindimensionale Bauteile darstellen, müssen einige Kunstgriffe angewendet werden, um der tatsächlichen Riggeometrie gerecht zu werden. Dieses sind z.B. die Ansatzpunkte der Wanten am Mast, für die eigens Hilfsbalken generiert werden, damit die Wanten nicht auf der Symmetrieachse, sondern quasi an der Mastaußenwandung angreifen (Abb. 7).

Es werden im Mast so viele Knoten generiert wie für die Festlegung von Lastansatzpunkten (Wanten- und Stagenbefestigungen, Umlenkrollen, Lümmellager, Kickerbeschlag usw.) und die Genauigkeit der Rechnung notwendig sind. Insgesamt bestehen die Riggmodelle aus ca. 100 Elementen.

Ein Manko eines Mast FE- Modells soll jedoch nicht unerwähnt bleiben. Es betrifft den Einfluß der Rumpfsteifigkeit der entsprechenden Yacht, die hier nicht berücksichtigt wird. Diese hat einen nicht zu vernachlässigenden Einfluß auf das Rigg. Dadurch wird die Riggsteifigkeit, besonders in Bootslängsrichtung, im Modell größer als angenommen. Dadurch, daß die Längsabstagung von Masten in der Regel während des Segelns aber justierbar ist (Backstag, hydraulisches Achterstag), relativiert sich dieser Effekt allerdings in gewissem Maße.

5 Die Lasten

Auf das fertige Modell wird eine Vorspannung aufgebracht. Das Niveau wird entweder durch den Designer definiert oder aus Erfahrungswerten aufgebracht. Die Vorspannung des Riggs ist notwendig, um dem Rigg eine gewisse Steifigkeit zu geben. Ein weiteres Kriterium für die Größe der Vorspannung ist, daß bis ca. 30° Krängung die Leewanten nicht losefallen. Diese Ansatz unterscheidet sich allerdings bei kleinen und großen Yachten.

Das „Vorspannen des Modells" ist ein relativ mühseliger iterativer Prozeß, da es sich bei Yachtriggs um stark gekoppelte Systeme handelt. Wenn hier wie in Wirklichkeit von „Vorspannen" gesprochen wird, geschieht dies in unserem Modell durch eine Initialdehnung, d.h. man verkürzt die Wanten und Stagen um einen gewissen Betrag wie beim Drehen von Wantenspannern und kontrolliert die dadurch ent-

Abb. 6. Geometrie des FE-Modells

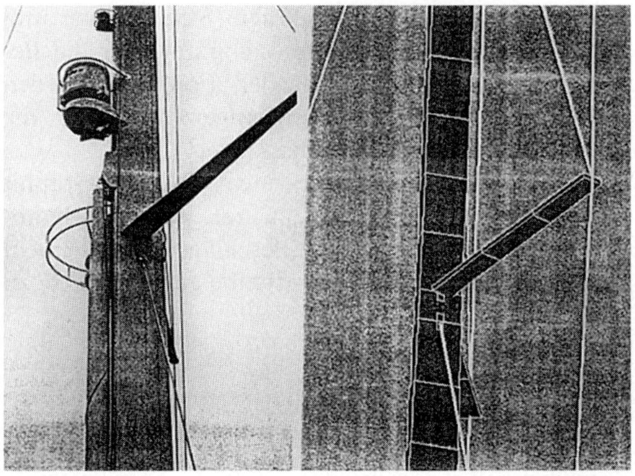

Abb. 7.

standenen Schnittlasten. Zweckmäßigerweise beginnt man mit den Oberwanten. Sobald die Unterwanten gespannt werden, kann es je nach dem, ob es sich um 1) gepfeilte oder 2) nicht gepfeilte Salinge handelt, vorkommen, daß die Unterwanten durch das 1) Verbiegen des Mastes durch die Oberwanten strammer oder 2) durch eine gewisse Stauchung des Mastes loser werden. Bisher ist noch keine Rechenroutine erstellt worden, die uns diese Prozedur erleichtert oder abnimmt.

Besonders langwierig ist diese Vorgehensweise bei Masten mit gepfeilten Salingen, die durch das Deck geführt werden.

Die richtige Grundeinstellung des Riggs ist aus unseren Erfahrungen für alle weiteren Betrachtungen äußerst wichtig. Eine Kontrolle bietet das Belastungsniveau (Abb. 8) sowie die Verformungskurve des Mastes (Abb. 9).

Es werden definierte Segelzustände durchgerechnet.

Diese sind: volles Großsegel kombiniert mit großer Genua G1 über 2. Reff mit Arbeitsfock G3 bis zur Sturmfock alleine. Zusätzlich wird ein Spinnakerlastfall gerechnet.

Die eigentlichen Segellasten, mit denen der Mast beaufschlagt wird, werden nicht aus entsprechenden Winddrücken berechnet. Man vollzieht den Ansatz über die laterale hydrostatische Stabilität der Yacht. Man geht also davon aus, daß alle die Yacht krängenden Kräfte in das Rigg eingeleitet werden. Entsprechend dem jeweiligen Segelzustand und der Geometrie der Segel wird das Momentengleichgewicht um die Schiffslängsachse gebildet. Die Flächenschwerpunkte der Segel werden als Bezugspunkte gewählt. Um die Rechnung zu vereinfachen, werden die gesamten lateralen Lasten der einzelnen Segel im Verhältnis der Segelflächen verteilt. Dabei wird eine Gewichtung vorgenommen, denn Vorsegel sind in der Regel höherbelastet als Großsegel. Unter Erwägung anderer Unsicherheiten, auf die später noch eingegangen wird, wird hier aber eine hinreichende Genauigkeit erzielt.

Diese Querkräfte von Groß- und Vorsegel werden zu 3/7 auf den Segelkopf, zu 2/7 auf das Schothorn und zu 2/7 auf den Segelhals verteilt.

Die punktuelle Verteilung der Großsegelkraft auf den Mast entspricht nicht der Realität, allerdings genauso wenig wie eine strenge laterale Streckenlast. Die Wirklichkeit liegt in einem Bereich dazwischen und ist auch sehr stark von der Art des Riggs, der Segel, dem Kurs zum Wind und dem Einsatzspektrum der Yacht abhängig.

Es hat sich allerdings aufgrund von Studien herausgestellt, daß die Art der Aufteilung keinen großen Einfluß auf das Level der Schnittlasten sowohl im Mast selber wie auch in den Wanten hat.

Bei dem Spinnakerlastfall gilt die Aufteilung 4/10 am Kopf und jeweils 3/10 an den Schothörnern.

Die Schothornkräfte werden in das Deck eingeleitet und somit für die Riggrechnung nicht berücksichtigt. Unter Spinnaker wird über die tatsächliche geometrische Beziehung die Last im Achterholer in den Spinnakerbaum eingeleitet, der seinerseits gegen den Mast drückt.

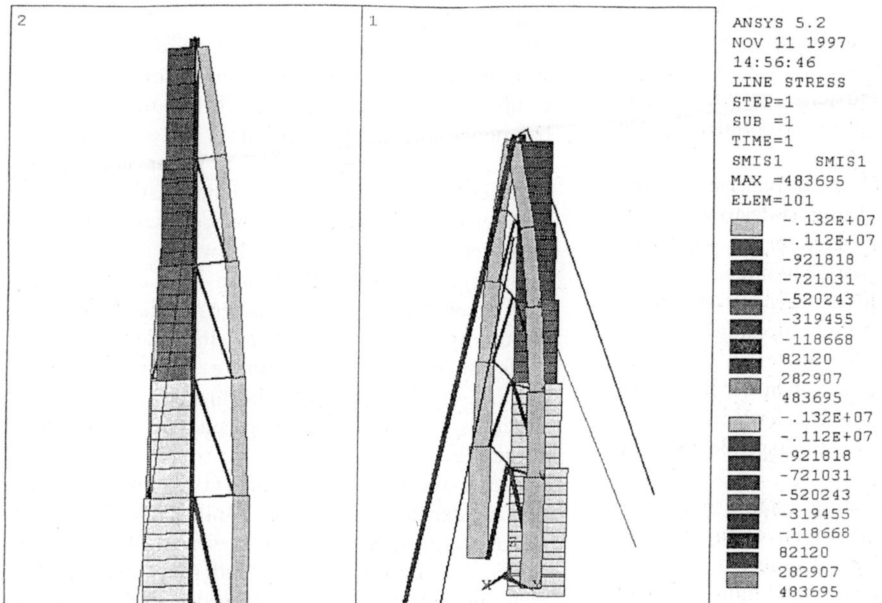

Abb. 8. Axiale Kräfte in den Elementen durch Vorspannung des Riggs

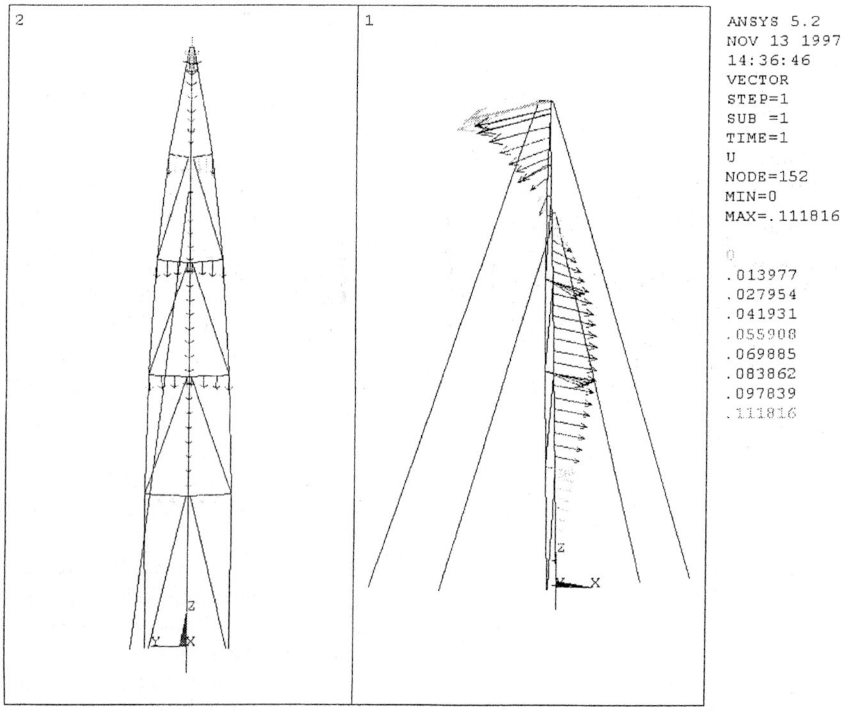

Abb. 9. Verformung nach dem Vorspannen

Die externen Arbeitslasten von Groß- und Genuafall werden an den den Umlenkblöcken entsprechenden Elementknoten angesetzt.
Zusätzlich zu den lateralen Lasten durch das Vorsegel soll die axiale Last im Vorstag berücksichtigt werden, die aufgrund des Durchhangs des Vorstags durch die am Vorstag mit Stagreitern oder Liekprofilschiene gefahrene Genua entsteht. Auf diese Weise werden die in Schiffslängsrichtung wirkenden Lasten berücksichtigt.
Die durch den Vorstagdurchhang induzierte Last hat u.U. einen erheblichen Betrag und ist desto größer, je kleiner der Durchhang ist. Letzterer ist wiederum desto kleiner, je größer die Vorspannungen in Back- bzw. Achterstag bzw. bei einem Rigg mit gepfeilten Salingen in Wanten, Back- und Achterstag sind.
Um nicht noch zusätzliche Parameter in die Riggberechnung einfließen zu lassen, geben wir hier einen definierten Durchhang von 1%–2% der Vorstaglänge vor. Dabei kommt es auf die Bootsgröße und die Takelungsart an.
Über eine getrennte Berechnung erfährt man, wie groß die Vordehnung für das Modellvorstag gewählt werden muß, damit bei einer definierten lateralen Streckenlast der vorgegebene Durchhang erreicht wird.
Der Durchhang selber wird in der eigentlichen Rechnung also nicht direkt eingebracht, die gewählten Elemente geben diese Option nicht her. Auf die Ergebnisse hat dies indes keinen Einfluß.

6 Die Berechnung der Schnittlasten

Die Rechnung wird aufgrund der relativ großen zu erwartenden Verformungen des Riggs geometrisch nichtlinear durchgeführt.
Die Gleichgewichtsbedingungen werden im Gegensatz zur linearen Rechnung am verformten System erfüllt. Es werden Iterationsschritte unternommen, bei denen die Last in Schritten aufgebracht wird. Diese Zwischenschritte werden linear gelöst. Dies geschieht so lange bis die Übereinstimmung der äußeren und inneren Formänderungsarbeit mit der vorgegebenen Toleranz erreicht wird.
Das Ergebnis dieser Rechnung sind axiale Lasten und Spannungen in den Stäben sowie Lasten und Spannungen in allen 6 Freiheitsgraden an jedem Ende der Mastelemente und an Lagerungspunkten wie z.B. der Mastdecksdurchführung.
Ergebnisse dieser Rechnung sind in Abb. 10–12 dargestellt.
Die Belastungen im laufenden Gut werden mit den Bruchlasten der eingesetzten Drähte oder Rods verglichen und die Sicherheiten bewertet. Die Belastungen in den Balken (Salinge und Mast) werden hier nicht gesondert betrachtet, da weder die Druckkräfte noch die Biegungen für die meisten Masten ein Festigkeitsproblem darstellen.
Weiterhin werden die berechneten Schnittlasten für eine Prüfung der lokalen Details verwendet.

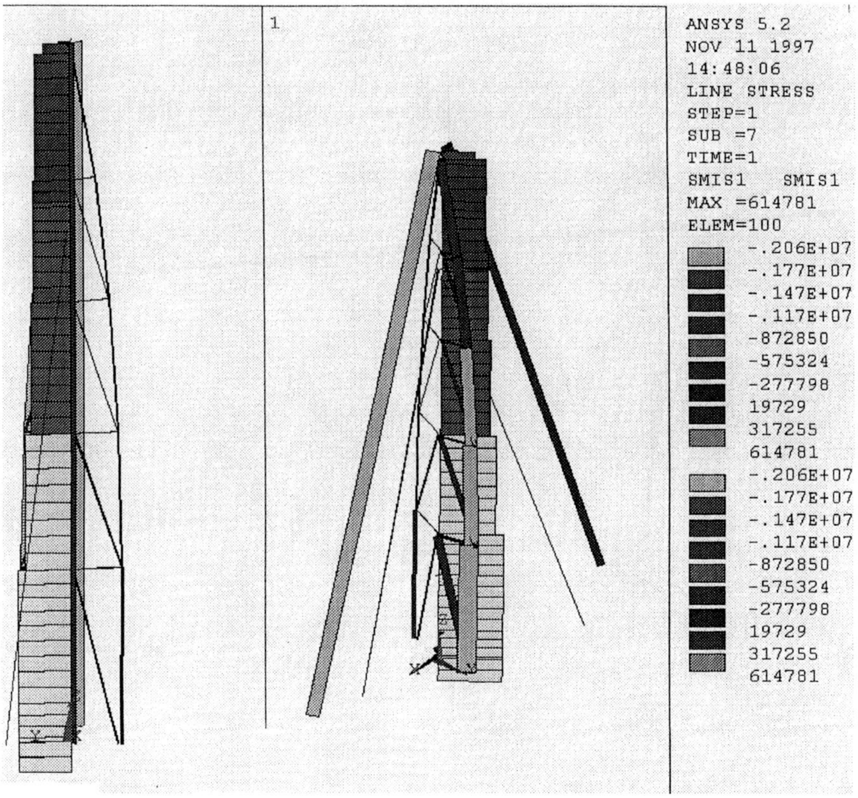

Abb. 10. Axiale Kräfte in den Elementen für Lastfall 1

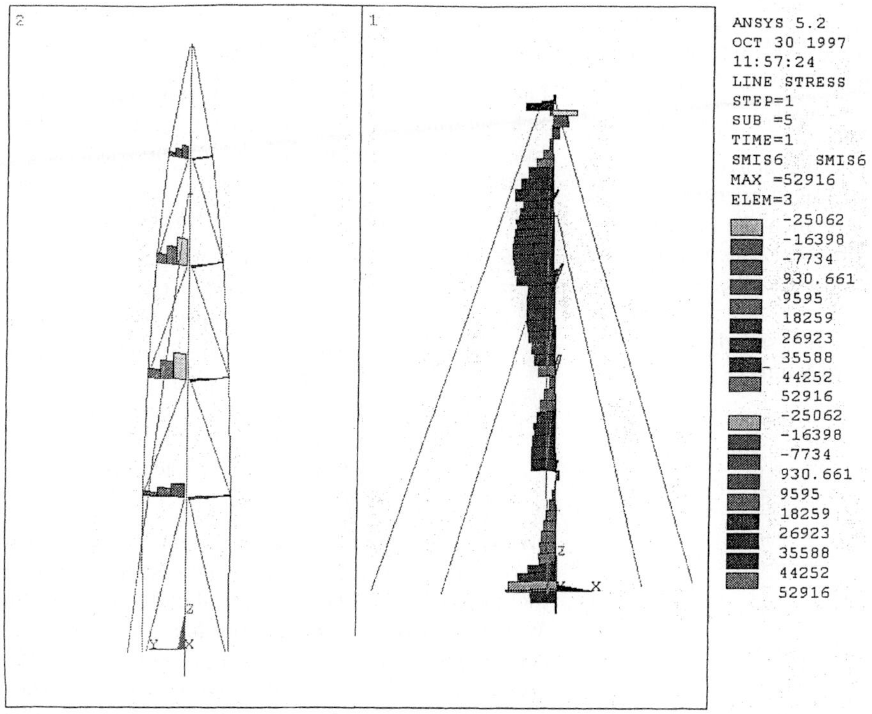

Abb. 11. Schnittmomente in Balken Mz

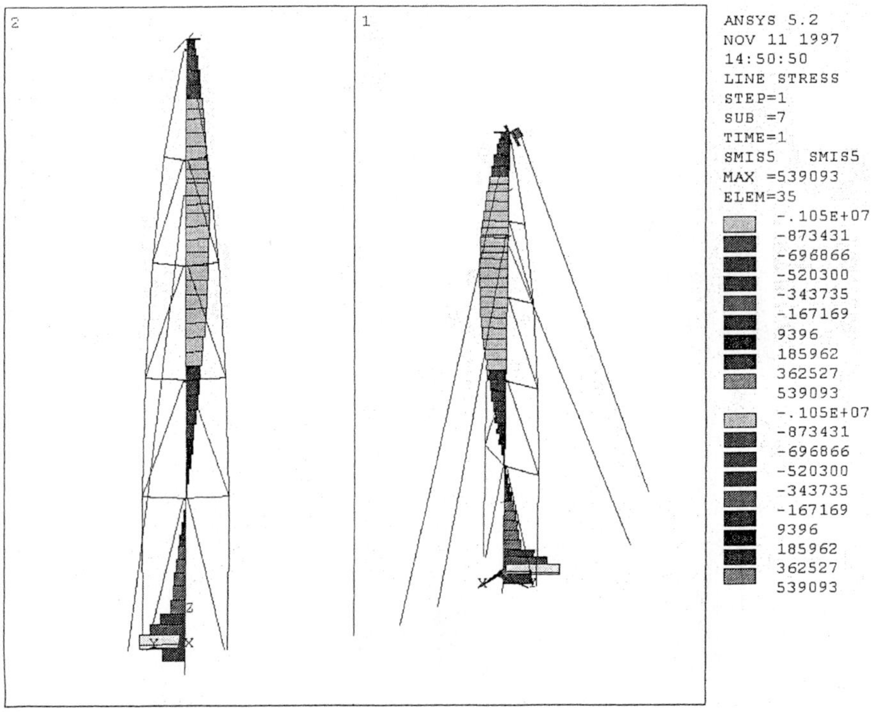

Abb. 12. Schnittmomente in Balken My

7 Die Berechnung der Stabilität

Wohl aber ein Kriterium für die Dimensionierung der Steifigkeiten der Mastquerschnitte ist deren Sicherheit gegen das Versagen durch Ausknicken zwischen den Stützstellen (Salinge) seitlich („lokales Knicken") einerseits wie auch das Versagen als ganzes System („globales Knicken") von Mast und Wanten in Längsrichtung andererseits.
Das Stabilitätsversagen ist bei einem solch komplexen System wie einem Rigg schwerlich nach ingenieursmäßigen Ansätzen (z.B. Euler) zu berechnen, da sowohl die Querschnitte als auch die Lasten in Mastlängsachse variieren (Abb. 13). Zudem besteht eine große Unsicherheit über die jeweiligen Lagerbedingungen.
Es gibt zwei Möglichkeiten, wie man sich der Lösung dieses Problems besser annähern kann:

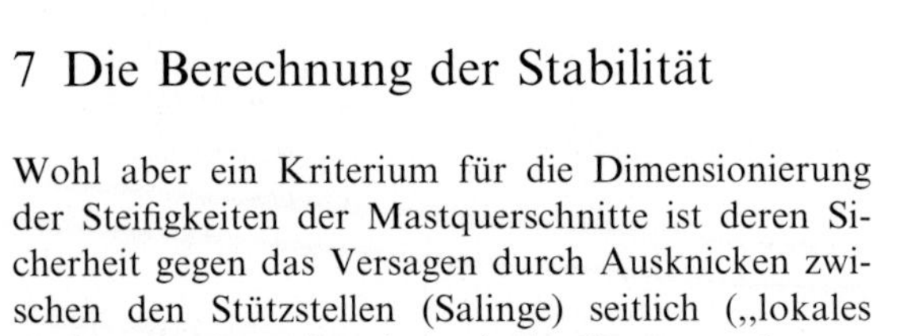

Abb. 13.

1) Man führt die nichtlineare Verformungsrechnung mit den entsprechend proportional überhöhten Lasten weiter, bis das Rigg nicht mehr in der Lage ist, die erhöhten Lasten aufzunehmen (beispielsweise durch Ausknicken). Das System bricht quasi zusammen, die Gleichgewichtsbedingungen können nicht mehr erfüllt werden.

Dieses Kriterium für das Stabilitätsverhalten stellte sich aufgrund zu vieler unsicherer Parameter in der Eingabe als zu empfindlich heraus und lieferte Ergebnisse, die zu sehr streuten. Daher wurde von der Verwendung für die Mastzertifizierung abgesehen.

2) Eine zweite Methode bietet die Berechnung der Eigenwerte. Der Eigenwert ist der Faktor, mit dem das als Basis genommene Lastniveau multipliziert werden muß, damit die Steifigkeitsmatrix singulär wird: das Bauteil knickt aus. Die ersten Eigenwerte werden bestimmt und die Sicherheit gegen das Versagen bestimmt. In Abb.14 und15 sind die ersten beiden dazugehörigen Eigenformen dargestellt.

Die Berechnung der Knicksicherheit mittels Eigenwerten hat aber auch einen großen Nachteil: Sie ist nicht konservativ. Das bedeutet, daß das Versagen in Wirklichkeit früher eintritt, weil hier von einer ideal zentrischen Belastung ausgegangen wird (lineare Berechnung ohne Vorspannung). Durch einen Abgleich mit bewährten Masten und mit Sicherheitsfaktoren aus früheren Eulerknickrechnungen ist es möglich,

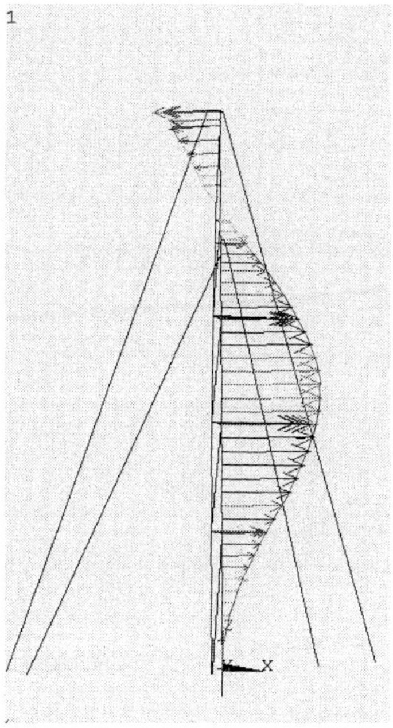

Abb. 14. Darstellung der 1. Eigenform

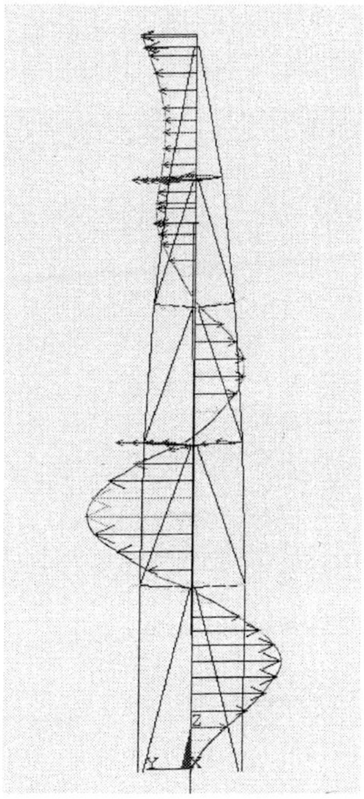

Abb. 15. Darstellung der 2. Eigenform

dem o.g. Effekt mit der Wahl geeigneter Sicherheitsfaktoren beizukommen. Diese sollten mindestens bei 2,5 liegen durch die Belastung bezüglich des maximal aufrichtenden Momentes. Für sehr flexible Masten von Regattayachten beispielsweise ist diese Berechnung mit gebotener Vorsicht durchzuführen.
Ist das Budget ausreichend (Regattaprojekte, z.B. Americas Cup) und sind die getroffenen Annahmen zuverlässig, liefert die erste Methode sicherlich die realistischeren Ergebnisse, zumal die Vorspannung und die Vorbiegung des Mastes zusätzlich berücksichtigt werden können.

8 Fazit

Alle Berechnungen machen nur dann Sinn, wenn das Design und die Konstruktion im tatsächlichen Bau widergespiegelt wird. Dazu gehört eine Übereinstimmung der Materialeigenschaften in Design und Praxis. Der beste Weg dahin sind Materialtests, die die Rechenwerte verifizieren und/oder sicherstellen. Dabei stellt sich das Problem, daß die Qualität von im Vorwege unter Laborbedingungen angefertigte Proben häufig in der Praxis nicht erreicht werden kann. Werden andererseits vom fertiggestellten Bauteil Proben für eine Materialprüfung entnommen, kann es für eine evtl. notwendige Modifikation der Konstruktion zu spät sein.
Des weiteren ist das globale Design des Riggs nur ein Bestandteil der Gesamtkonstruktion. Zur Gesamtintegrität eines Riggs gehören weiterhin lokale Konstruktionen wie Wantenaufhängungen, Rollen und Rollenkästen sowie lokale Verstärkungen, die ja durch den Werkstoff Kohlefaser bei jedem Rigg „Custom made“ sind.
Beispielsweise ist bei großen Öffnungen im Torsionsbereich (zwischen Lümmelbeschlag und Kickerbeschlag) von Mastfurlinganlagen Vorsicht geboten wie bei offenen Mastfurling Querschnitten überhaupt. Sofern sorgfältig konstruiert wird, kann mit den getroffenen Annahmen der Werkstoff KFK vorteilhaft genutzt werden. Die noch häufig verwendeten zusätzlichen „Angstschrauben“ werden in letzter Zeit mehr und mehr weggelassen. Grundsätzlich ist eine materialgerechte Konstruktionen anzustreben.

Schrifttum

– Abb.2/ aus: Michaeli und Wagner, Einführung in die Technologie der Faserverbundwerkstoffe

50. Sitzung des Fachausschusses Schiffshydrodynamik in Form eines Kolloquiums

Vorträge des Kolloquiums anläßlich des 100. Geburtstages von Prof. Dr.-Ing. G. Weinblum im Januar 1997 in Hamburg

Zur Geschichte des Fachausschusses „Schiffshydrodynamik" der Schiffbautechnischen Gesellschaft e.V.

Dipl.-Ing. **Friedrich Mewis**
Hamburgische Schiffbau-Versuchsanstalt GmbH, Hamburg

Im Jahre 1997 treffen durch einen Zufall zwei Jubiläen in unserer Gesellschaft zusammen, aus deren Anlaß wir heute am 24.01.1997 eine gemeinsame Jubiläumsveranstaltung durchführen wollen.
Diese Jubiläen sind die 50. Sitzung des Fachausschusses „Schiffhydrodynamik" seit seiner Neugründung 1951 durch Prof. Dr.-Ing. Günther Kempf und der 100. Geburtstag des langjährigen Fachausschußleiters Prof. Dr.-Ing. Georg Weinblum.
Wir führen die Jubiläumssitzung des Fachausschusses als ein Ehrenkolloquium für unseren verehrten Prof. Dr.-Ing. Georg Weinblum durch. So werden uns heute Weggefährten von Prof. Weinblum aber auch junge Wissenschaftler, die sozusagen auf den Spuren Professor Weinblums wirken, einen Einblick in ihre neuen Forschungsergebnisse und Erkenntnisse geben.
Aber lassen Sie mich zunächst einige Worte zur Geschichte des Fachausschusses sagen.
Am 22. Februar 1933 wurde ein Fachausschuß „Widerstand und Vortrieb" gegründet. Wahrscheinlich erster Obmann dieses Fachausschusses war Prof. Dr.-Ing. Fritz Horn, die Arbeit des Fachausschusses ist nachweisbar bis zum 1. Mai 1942. Die nachstehende Mitgliederliste aus dem Jahrbuch der STG, 43. Band, 1942 ist aussagefähig genug, um sich über die Kompetenz dieses Gremiums ein Bild zu machen.
Leider wurden die Aufzeichnungen über die weitere Arbeit des Fachausschusses 1943 vernichtet als die Geschäftsstelle der STG in Berlin durch Bombenschaden vollständig zerstört wurde. So liegen uns aus der Kriegszeit keine weiteren Unterlagen vor, es ist aber anzunehmen, daß der FA zumindest 1943 noch unter Leitung von Prof. Horn aktiv gewesen ist.
Auf der konstituierenden Mitgliederversammlung der neuen STG, am 9. August 1950 in Hamburg, wurde bereits die Gründung eines Ausschusses „Antrieb und Widerstand" geplant, die am 20. April 1951, unter Leitung von Prof. Dr.-Ing. Günther Kempf, als Fachausschuß „Widerstand und Vortrieb" erfolgte.
Im Jahre 1951 wurden die erste und zweite Sitzung unseres Fachausschusses abgehalten, auf diese Zählung bezieht sich auch unser heutiges Jubiläum.
Der Bericht der Tätigkeit des Fachausschusses 1951 enthält eine Bestandsaufnahme des gestellten Aufgabenkreises des FA. Da sich diese Grundaufgaben bis heute nur unwesentlich verändert haben, habe ich mir erlaubt, den gesamten Tätigkeitsbericht 1951 im Anhang zu diesem Geleitwort wiederzugeben.

Fachausschuß für Widerstand und Vortrieb:
Obmann: Dr.-Ing. Horn, Prof. a. d. Techn. Hochschule, Berlin.

Betz, Prof., Kaiser-Wilhelm-Institut f. Strömungsforschung (Aerodynamische Versuchsanstalt), Göttingen.
Gebers, Dr.-Ing., Dir. der Schiffbautechnischen Versuchsanstalt, Wien
Gutsche, Dr.-Ing. Regierungsbaurat, Preuß. Versuchsanstalt für Wasser-, Erd- und Schiffbau, Berlin.
Helmboldt, Aerodynamiker, Warnemünde.
Kempf, Dr.-Ing., Prof., Direktor d. Hamburgischen Schiffbau-Versuchsanstalt, Hamburg.
Lerbs, Dr.-Ing., Hamburgische Schiffbau-Versuchsanstalt, Hamburg.
Mueller, Dr.-Ing., J. M. Voith, Heidenheim, Brenz.
Schlichting, Prof. Dr. phil., Techn. Hochschule, Braunschweig.
Schultz-Grunow, Dr.-Ing., Kaiser-Wilhelm-Institut f. Strömungsforschung, Göttingen.
Seewald, Prof. Dr.-Ing., Leiter d. Deutschen Versuchsanstalt für Luftfahrt, Berlin.
Seifert, Dr.-Ing., Prof., Direktor d. Preuß. Versuchsanstalt für Wasser-, Erd- u. Schiffbau, Berlin.
Troost, Ir., Dir. d. Niederländischen Schiffbau-Versuchsanstalt, Wageningen.
Weinblum, Dr.-Ing., a. o. Prof., Fa. Gebr. Sachsenberg, Dessau.
Weingart, Obering., Deutsche Werft, Hbg.
Weitbrecht, Dr.-Ing., Oberreg.- und -baurat, Preuß. Versuchsanstalt für Wasser-, Erd- und Schiffbau, Berlin.
Ein Vertreter der Kriegsmarine.

Abb. 1.

III. Bericht über die Tätigkeit der Fachausschüsse.

a) „Widerstand und Vortrieb" in der STG.

Von Professor Dr.-Ing. **G. Kempf,** Hamburg.

Der Fachausschuß für Widerstand und Vortrieb hat im Jahre 1951 zwei Sitzungen abgehalten unter Teilnahme seiner Mitglieder:

Professor Dr.-Ing. G. Kempf, Hamburg, als Vorsitzenden
Dr.-Ing. H. Amtsberg, Berlin
Dipl.-Ing. Kannt, Bremerhaven
Professor Dipl.-Ing. E. Klindwort, Berlin
Dipl.-Ing. H. K. Kloeß, Bremen
Min.-Rat a. D. O. Schlichting, Berlin
Professor-Ing. Troost, Wageningen
Dipl.-Ing. Weingart, Hamburg.

Es besteht die Absicht, den Kreis der Teilnehmer an den Sitzungen fallweise durch Hinzuziehung von Gästen zu ergänzen.

In der ersten am 20. April 1951 abgehaltenen Sitzung wurde der Aufgabenkreis des Fachausschusses festgestellt und in folgender Gliederung angenommen:

I. Schiffsform	a) Form und Wellensystem b) Theorie des Wellenwiderstandes c) Reibung und Rauhigkeit d) Verhalten in Wellen
II. Propeller	a) Schrauben-Theorie-Kavitation b) Nachstrom und Sog c) Flügelzahl — Vibrationen d) Sonderpropeller
III. Modellversuche	a) Methoden b) Turbulenz c) Vergleichsversuche
IV. Probe- und Dienstfahrt	a) Geschwindigkeit b) Leistung c) Beschleunigungen d) Bewuchs
V. Steuereigenschaften	a) Kursstetigkeit b) Drehfähigkeit und Ruderform c) Schiffsversuche
VI. Flachwasserprobleme	
VII. Stabilität und Schwingungen	

Die Bearbeitung der einzelnen Aufgaben wurde auf die Mitglieder verteilt mit der Bitte, bis zur nächsten Sitzung einen gedrängten Übersichtsbericht über den wissenschaftlichen und technischen Stand auf dem betreffenden Gebiet vorzulegen.

Diese Berichte wurden auf der zweiten Sitzung am 21. November 1951 vorgelegt und einzeln im Fachausschuß erörtert.

Es wurde daraufhin beschlossen, zunächst die Fahrtmessungen auf Schiffen auf einen zuverlässigen Stand zu bringen und durch Rundfrage bei den Werften deren Urteil über die zuverlässigsten Meßgeräte und Meßmethoden zu ermitteln, um daraufhin beim Technischen Ausschuß des Seeverkehrsbeirates die erforderlichen Mittel einzuwerben.

Diese Mittel betragen für je drei Torsions-, Schub- und Fahrtmesser DM 50000,—. Die Meßgeräte sind so eingerichtet, daß sie auswechselbar auf verschiedenen Schiffen eingesetzt werden können.

Als Meßtrupp wurde der bei der HSVA bestehende eingearbeitete Trupp vorgesehen, dessen jeweilige Ergänzung durch Hinzuziehen von Studierenden vorgeschlagen wurde.

Die Bearbeitung der anderen Aufgaben kann vom Fachausschuß zwar erörtert und gefördert werden, es muß aber den einzelnen Forschern überlassen bleiben, welche Aufgaben und wie sie sie bearbeiten wollen.

Abb. 2. Aus Jahrbuch der STG, 45. Band, 1951, S. 18

Im Jahre 1956 erhielt unser Fachausschuß den noch heute verwendeten Namen „Schiffshydrodynamik". Auf der 9. Sitzung, am 20. November 1957, wurde Prof. Dr.-Ing. Georg Weinblum, dessen 100. Geburtstag wir heute begehen, zum neuen Fachausschußleiter gewählt. Er stand dem Fachausschuß fünf Jahre vor und wurde 1962 von Prof. Dr.-Ing. Hans Amtsberg abgelöst. Nach elfjähriger Leitung des FA durch Prof. Amtsberg wurde, am 1. Januar 1974, Prof. Dr. Karl Wieghardt zum Vorsitzenden gewählt. Seine Amtszeit ging bis zum 27. Juni 1985. An diesem Tag wurde Prof. Dr.-Ing. Horst Nowacki Vorsitzender des FA „Schiffshydrodynamik", seine Amtszeit ging bis zum 13. Oktober 1993. Ihm folgte Dipl.-Ing. Friedrich Mewis.

Eine ausführliche Würdigung der wissenschaftlichen Lebenswerke unserer ehemaligen Vorsitzenden des Fachausschusses „Schiffshydrodynamik" finden Sie im Anhang zu diesem Geleitwort.

Welcher Aufgabenkreis steht nun heute vor dem Fachausschuß „Schiffshydodynamik"?

Es ist im wesentlichen der gleiche wie 1951! Allerdings haben sich durch die Entwicklung der Rechentechnik, die 1951 wirklich noch niemand ahnen konnte, die Lösungsmethoden verändert. Auf fast allen Gebieten stehen uns heute zuverlässige Berechnungsverfahren zur Verfügung, die jedoch immer wieder an ihre Grenzen stoßen und weiterentwickelt oder gänzlich neu gefunden werden müssen.

Eine besondere Bedeutung hat dabei die Numerische Hydrodynamik gewonnen, deren Entwicklung so weit vorangeschritten ist, daß gegenwärtig bereits bestimmte Formoptimierungen schneller und preiswerter im „Numerischen Tank" durchgeführt werden können als im Schlepptank.

Hier sind wir erst am Anfang einer Entwicklung, die die Arbeitsweisen der Versuchsanstalten, aber auch anderer Forschungseinrichtungen, in den nächsten Jahrzehnten erheblich verändern werden.

Abb. 3. Fritz Horn

Die Leiter
des Fachausschusses „Schiffshydrodynamik"
der Schiffbautechnischen Gesellschaft

Prof. Dr.-Ing. **Fritz Horn**	
Obmannn des FA „Widerstand und Vortrieb"	**1933–1945** (?)
Prof. Dr.-Ing. **Günther Kempf**	**1951–1957**
Vorsitzender des FA „Widerstand und Vortrieb"	1951–1956
„Schiffshydrodynamik"	1956–1957
Prof. Dr.-Ing. **Georg Weinblum**	**1957–1962**
Vorsitzender des FA „Schiffshydrodynamik"	
Prof. Dr.-Ing. **Hans Amtsberg**	**1962–1973**
Prof. Dr.-Ing. **Karl Wieghardt**	**1974–1985**
Prof. Dr.-Ing. **Horst Nowacki**	**1985–1993**
Dipl.-Ing. **Friedrich Mewis**	**seit 1993**

Fritz Horn

Fachausschuß-Obmann 1933–1945(?)

Am 9. Oktober 1880 in Ostpreußen geboren, wandte er sich schon frühzeitig der Schiffstechnik zu. 1903 schloß er sein Studium in der Abteilung Schiffbau und Schiffsmaschinenbau der damaligen Königlich-Technischen Hochschule zu Berlin mit dem Diplomexamen ab. Neben seiner Industrietätigkeit in Kiel und Danzig promovierte er 1910 in Berlin zum Doktor-Ingenieur, habilitierte sich 1912 an der Technischen Hochschule in Danzig und wurde 1921 an der gleichen Hochschule zum außerordentlichen Professor ernannt und mit einem Lehrauftrag über Sondergebiete der Schiffstheorie betraut. Nachdem Horn einige Jahre die wissenschaftliche Abteilung der Deutschen Werft in Hamburg und die Abteilung Schiffbau der Berliner Versuchsanstalt für Wasserbau und Schiffbau geleitet hatte, erfolgte 1928 seine Berufung als ordentlicher Professor auf den neugegründeten Lehrstuhl für Theorie des Schiffes der Technischen Hochschule Berlin.

In dieser Eigenschaft hat Horn vorbildlich als Lehrer und Forscher über 25 Jahre gewirkt. Mehr als eine Generation verdankt ihm einen wesentlichen Teil ihrer fachlichen Ausbildung und die Vermittlung eines auf hohem Niveau stehenden Wissens.

Prof. Horn ist einer der Begründer der modernen Schiffstheorie. Auf allen ihren Gebieten hat er sie nachhaltig beeinflußt und gefördert und das Niveau der Schiffbauwissenschaft in Deutschland maßgeblich gehoben. Im In- und Ausland genoß er in Fachkreisen hohes Ansehen. Seine wissenschaftlichen Leistungen sind durch die Verleihung der Würde eines Doktor-Ingenieurs Ehren halber der Technischen Hochschule Karlsruhe 1950 gewürdigt worden. Die Technische Universität Berlin verlieh ihm 1951 die Würde eines

Ehrensenators. In seltener Vollendung trafen sich in Fritz Horn wissenschaftliche und menschliche Gaben. So hat er dank seines menschlichen Wesens, seiner Uneigennützigkeit, seiner Bescheidenheit und steten Hilfsbereitschaft sehr viele Freunde gewonnen. Auch noch nach seiner Emeritierung hat Prof. Horn über 20 Jahre lang in voller geistiger Frische seine wissenschaftliche Tätigkeit fortsetzen können. Dabei hat er sich in den letzten 10 Jahren noch einer neuen Disziplin zugewandt und intensive Studien über Probleme der Physik durchgeführt.

Prof. Fritz Horn war eines der namhaftesten Mitglieder der Schiffbautechnischen Gesellschaft. Fast alle bedeutenden Ergebnisse seiner erfolgreichen Forschertätigkeit hat er vor dem Plenum unserer Gesellschaft vorgetragen. Er war aktives Mitglied in verschiedenen Fachausschüssen. Von 1933 bis 1945 (?) war er Obmann des Fachausschusses „Widerstand und Vortrieb". Er war Mitglied der Gesellschaft seit 1907, 1939 wurde ihm die Silberne Denkmünze verliehen, von 1950 bis 1955 war er stellvertretender Vorsitzender. In Würdigung seiner besonderen Verdienste ist ihm 1955 die seltene Auszeichnung der Goldenen Denkmünze der Schiffbautechnischen Gesellschaft verliehen worden. Er war seit 1960 Ehrenmitglied und aufgrund seiner 50jährigen Mitgliedschaft zu unserer Gesellschaft war er seit 1957 Träger der Goldenen Ehrennadel.

Prof. Dr.-Ing. E.h. Dr.-Ing. Fritz Horn verstarb am 11. Januar 1972 im Alter von 91 Jahren.

Abb. 4. Günther Kempf

Günther Kempf

Fachausschußleiter 1951–1957

Geboren wurde Günther Kempf am 11. Februar 1885 in Berlin als Sohn des Geheim Justizrats Georg Kempf. Er besuchte das Friedrichs-Gymnasium in seiner Vaterstadt und studierte Schiffbau an der Technischen Hochschule Berlin-Charlottenburg in den Jahren 1905–1909. Anschließend war er als Konstrukteur bei der Schiffswerft Dresden-Uebigau und Leiter von deren Schiffbauversuchsanstalt tätig. Im Jahre 1911 wurde er als Studien- und Baurat an die Technische Staatslehranstalten in Hamburg berufen. Dort richtete er auch ein modernes Schiffbaulabor ein, in Verbindung mit einem kleinen, aber technisch interessanten Modellschleppkanal. Im gleichen Jahre promovierte er an der Technischen Hochschule Dresden.

Seine Berufung an die Hamburgische Schiffbau-Versuchsanstalt (HSVA) und Ernennung zum Direktor der Anstalt erfolgte im Jahre 1922. Erwähnenswert ist hier, daß diese Anstalt die größte und am besten ausgestattete ihrer Art in der Welt war, als sie ihre Tätigkeit im Jahre 1915 aufnahm. Nach dem ersten Weltkrieg mußte sie ihren Betrieb für kurze Zeit einstellen. Unter der Leitung von Dr. Kempf hat sie dann seit 1922 einen ungeahnten Aufschwung genommen. Zu den einfachen Routinemessungen der Anfangszeit traten wissenschaftliche Forschungen hinzu, auch Versuche auf den verschiedenartigsten Gebieten, so der Propulsion, der Manövrierfähigkeit, des Seegangsverhaltens der Schiffe, der Oberflächenrauhigkeit und des Bewuchses sowie der Kavitation an Propellern.

Auf allen diesen und durch die gesteigerten Anforderungen sich weiter ergebenden Gebieten im Schiff- und Schiffsmaschinenbau und in der Meßtechnik hat die Anstalt unter der Leitung von Direktor Kempf hervorragendes geleistet. Als besondere Pionierleistung gelang es ihm, die Gesetzmäßigkeit des Reibungswiderstandes der Schiffswand zu ergründen. Seine Auffassung war, daß es Aufgabe der Wissenschaft sein müsse, die Strömungsmechanik der Schiffe theoretisch in noch weiterem Maße zu durchdringen.

Eine große Anzahl von fachlichen Abhandlungen wurde von ihm in Zeitschriften oder Sonderdrucken veröffentlicht, auch durch wertvolle Vorträge, so vor unserer Gesellschaft, ist er häufig hervorgetreten. Ebenfalls hat er Vorträge im Ausland gehalten und sich dort längere Zeit zu Forschungszwecken aufgehalten. Der Titel Professor wurde ihm 1942 verliehen.

Die HSVA arbeitete, zwar schwerbeschädigt, unter seiner Leitung bis zu den letzten Kriegstagen des zweiten Weltkrieges, bevor sie in den ersten Nachkriegsjahren demontiert wurde.

Im Jahre 1952 konnte er die große Genugtuung erleben, daß der Grundstein für eine neue Anstalt in der Nachbarschaft der alten, deren Einrichtungen vollständig vernichtet oder entwendet waren, gelegt wurde. Die Arbeiten an dem Aufbau der neuen Anstalt haben unter seiner sachgemäßen und zielbewußten Leitung in den folgenden drei Jahren seines Verbleibs an der Anstalt einen, der vorläufigen Zielsetzung entsprechenden Abschluß gefunden. Doch die Entwicklung ging danach in vorbildlicher Weise und in Anlehnung an die bisherige Planung weiter mit dem Ergebnis, daß die Leistungsfähigkeit der neuen Anstalt die Leistungsmöglichkeit der alten erreicht hat.

Unsere Gesellschaft ehrte Prof. Kempf im Jahre 1930 durch die Verleihung der Silbernen Denkmünze und im Jahre 1955 durch die Ernennung zum Ehrenmitglied. Auch war er langjähriges Mitglied des Vorstandsrats. Bei seinem Ausscheiden aus der HSVA im Jahre 1955 wurde ihm von der Bundesregierung das Große Verdienstkreuz verliehen.

Prof. Kempf hat auch noch angeregt, daß die Leiter aller Schiffbauversuchsanstalten der Welt zusammentreffen sollten, um Fachprobleme in gemeinsamem Meinungsaustausch zu besprechen. Aus dieser Anregung heraus hat sich eine Arbeitsgemeinschaft im Weltmaßstab entwickelt, die regelmäßig alle drei Jahre ein solches Zusammentreffen herbeiführt (Internationale Tankleiterkonferenz, ITTC).

Prof. Kempf ist am 24. August 1961 im Alter von 76 Jahren verstorben.

Abb. 5. Georg Weinblum

Georg Weinblum

Fachausschußleiter 1957–1962

Georg Weinblum war weit bekannt, sein Wirken reichte über die Grenzen unseres Landes. Am lebhaftesten erinnern wir uns an seine zahlreichen wissenschaftlichen Arbeiten, an seine Vorträge, an seine Diskussionsbemerkungen. Die persönliche Note, die alle seine Äußerungen unverkennbar kennzeichnete, der Charme, den er ausstrahlte, brachte allen, die ihn hörten, Gewinn und Freude; sie ließen uns seinem Auftreten in der Öffentlichkeit jedesmal mit großen Erwartungen entgegensehen. Diese Erwartungen wurden immer erfüllt. Die Originalität seiner Persönlichkeit und seiner Arbeiten machte ihn zu einem der bekanntesten und geschätztesten Schiffbauwissenschaftler der Welt.

Sein Lebensweg: Geboren am 22. Januar 1897 in Livland, Studium zunächst in Petersburg, wo noch der berühmte Alexej Kryloff Schiffbau lehrte, 1923 Abschluß in Danzig, 1929 Promotion in Danzig, 1931 Privatdozent und später außerplanmäßiger Professor an der Technischen Hochschule Berlin-Charlottenburg und gleichzeitig Mitarbeit an der Preußischen Versuchsanstalt für Wasserbau und Schiffbau Berlin. 1938 Forschungsleiter und Direktor bei der Firma Gebr. Sachsenberg AG Dessau-Roßlau, 1942 Ordinarius an der Technischen Hochschule Danzig, nach Kriegsende als Wissenschaftler mehrmals in England, 1948 am David Taylor Model Basin in Washington, 1952 Berufung an die Universität Hamburg – erster Direktor des Instituts für Schiffbau. Aufbau dieses Instituts, gleichzeitig Honorarprofessor an der Technischen Hochschule Hannover, 1962 Emeritierung. Gestorben am 4. April 1974.

Sein Lebenswerk war der Theorie des Schiffes gewidmet. Die Hydrodynamik, die Forschung des Schiffswiderstandes, insbesondere des Wellenwiderstandes, standen im Mittelpunkt seiner Bemühungen. Aber auch zu allen anderen Bereichen der Schiffshydrodynamik trug er Wesentliches bei: Verhalten und Sicherheit im Seegang, Schiffsvibrationen, Manövriereigenschaften usw. Stellvertretend für über hundert veröffentlichte wissenschaftliche Arbeiten werden zwei genannt: „Schiffsform und Wellenwiderstand", Jahrbuch der Schiffbautechnischen Gesellschaft 1932, – „On the Motions of Ships at Sea", zusammen mit M. St. Denis, SNAME 1950. Neben seiner eigenen wissenschaftlichen Tätigkeit waren sehr fruchtbringend und hervorstehend: die Förderung, die er jüngeren Wissenschaftlern angedeihen ließ; Anregungen, die er gab, Beratungen, für die er immer zur Verfügung stand. Wie viele junge Schiffbauer sind durch seine Schule gegangen, von ihm gehört oder beraten worden, nicht nur in unserem Land, auch in anderen Ländern, insbesondere in den USA! Er verstand es, jüngere Leute für die Wissenschaft zu begeistern und ihnen so ein großes Ziel zu weisen. So wurden viele wissenschaftliche Arbeiten in

aller Welt durch ihn beeinflußt, ja zum Teil erst durch ihn ermöglicht.
Ein weiteres fruchtbares Feld seines Wirkens fand er in den zahlreichen Gremien, in denen er tätig war, in denen er sich für die Wissenschaft, für den Schiffbau einsetzte: An der Universität Hamburg, in der er u.a. auch als Dekan der Mathematisch-Naturwissenschaftlichen Fakultät wirkte, an der Technischen Hochschule Hannover, in Gremien der deutschen Forschungsgemeinschaft, im Forschungsrat der Freien und Hansestadt Hamburg, im Aufsichtsrat der Hamburgischen Schiffbau-Versuchsanstalt, als Gutachter für die Stiftung Volkswagenwerk.
Die ihm zuteil gewordenen Ehrungen sprechen eine beredte Sprache: Ehrendoktor der Technischen Hochschulen Berlin und Wien sowie der University of Michigan/USA. Die Medaille der Braunschweiger Wissenschaftlichen Gesellschaft, die Goldene William-Froude-Medaille der Royal Institution of Naval Architects, die Verdienstmedaille der Association Technique Maritime et Aéronautique und die Davidson-Medaille der Society of Naval Architects and Marine Engineers. Er war korrespondierendes Mitglied der Académie des Sciences und Träger des Großen Bundesverdienstkreuzes.
Georg Weinblum war von 1954–1963 im Vorstandsrat unserer Gesellschaft. Es wurden ihm 1957 die Silberne Denkmünze und 1967 die Goldene Denkmünze von der Schiffbautechnischen Gesellschaft verliehen.

Abb. 6. Hans Amtsberg

Hans Amtsberg

Fachausschußleiter 1962–1973

Prof. Amtsberg wurde am 28. April 1905 in Straßburg geboren. Sein Schiffbaustudium schloß er in den frühen dreißiger Jahren an der Technischen Hochschule in Berlin-Charlottenburg ab. Vor dem Kriege war er als wissenschaftlicher Mitarbeiter an der Versuchsanstalt für Wasserbau und Schiffbau in Berlin und während des zweiten Weltkrieges beim Oberkommando der Kriegsmarine tätig. Gegen Ende des Krieges übernahm er die Leitung der Wiener Schiffbauversuchsanstalt. Zurückgekehrt nach Berlin, begann er 1945 zunächst seine Tätigkeit als Oberingenieur an der Technischen Universität, von der dann 1952 seine Berufung zum Ordinarius für „Theorie des Schiffes“ erfolgte.
Die Theorie des Schiffes, das Gebiet, das er zwei Jahrzehnte in Forschung und Lehre vertrat, hatte er von seinem von ihm so verehrten Vorgänger, Prof. Dr.-Ing. Horn, übernommen und in der glänzenden Tradition weitergeführt. Dieses Gebiet war für ihn ein Lebensinhalt, der ihn mit Begeisterung erfüllte. Er verstand es, dank seiner begnadeten Fähigkeiten als Hochschullehrer, seiner unbestechlichen wissenschaftlichen Klarheit, seiner Fähigkeit, einfach und anschaulich komplizierte Zusammenhänge zu erklären und Ordnung ins Wissenschaftsgebäude zu bringen, seine Begeisterung auf seine Studenten und Mitarbeiter zu übertragen.
Die Theorie des Schiffes hat er stets als eine Wissenschaft im Dienste, ja als einen Teil der Praxis gesehen. Neue theoretische Verfahren in die Tat umzusetzen und an der Wirklichkeit zu erproben, sah er als Ziel wissenschaftlichen Arbeitens an. Hierin liegt ein Schlüssel für seine großen wissenschaftlichen Erfolge und hierdurch hat er manchen seiner Schüler vor Irrungen bewahrt.
Im weiteren Rahmen wirkte Hans Amtsberg durch seine überall in der Welt bekannten Veröffentlichungen, die nicht nur Erkenntnisse aus intensiver eigener Arbeit wiedergeben, sondern dank seiner Achtung vor den Leistungen anderer und seiner Objektivität Übersichten vermitteln, die außerordentlich gute Wegweiser darstellen. Neben der Liste der Begriffe, Definitionen und Symbole der Schiffshydrodynamik, die er im Rahmen der Internationalen Konferenz der Schiffbauversuchsanstalten (ITTC) erarbeitete, sei insbesondere die bemerkenswert sachliche Darstellung seines Beitrages zur hydrodynamischen Forschung genannt, die im Jubiläumsband zum 75jährigen Bestehen der Schiffbautechnischen Gesellschaft erschien. In der STG leitete er elf Jahre lang erfolgreich den Fachausschuß „Schiffshydrodynamik“ und war von 1967–1974 Vorsitzender des Technisch-Wissenschaftlichen Beirats der Gesellschaft. Von 1961 bis zu seinem Tode war er Mitglied des Vorstands bzw. Vorstandsrats. 1969 wurde ihm die Silberne Denkmünze der STG in Anerkennung

seiner ingenieurwissenschaftlichen Arbeiten und der darüber hinaus vor der STG gehaltenen Vorträge verliehen. 1974 erhielt er die Goldene Denkmünze.
Prof. Dr.-Ing. Hans Amtsberg ist am 12. Dezember 1976 im Alter von 71 Jahren verstorben.

Abb. 7. Karl Wieghardt

Karl Wieghardt

Fachausschußleiter 1974–1985

Karl Wieghardt wurde am 20. November 1913 als Sohn des Ordentlichen Professors für Mathematik und graphische Statik an der Technischen Hochschule, Karl Wieghardt, in Wien geboren. Offensichtlich durch den Vater vorbelastet, studierte er an der Technischen Hochschule Dresden Technische Physik und Maschinenbau und setzte nach dem Vorexamen in beiden Fächern sein Studium der Technischen Physik an der Universität Göttingen fort.
Mit seiner Dissertation 1938 über „Die Auftriebsverteilung eines Rechteckflügels" begann eine mehr als zehnjährige Tätigkeit als Schüler von Ludwig Prandtl am Kaiser-Wilhelm-Institut (dem späteren Max-Planck-Institut) in Göttingen, aus der viele Arbeiten über verschiedene Probleme der angewandten Strömungslehre hervorgingen. Den Schwerpunkt bildete dabei das Problem der Grenzschicht, das Wieghardt sein Leben lang nicht losgelassen hat.
War es in seiner Habilitationsschrift 1945 die Berechnung laminarer Grenzschichten, standen später die turbulenten Grenzschichten im Mittelpunkt. Professor Georg Weinblum, der Gründer des Instituts für Schiffbau, schrieb über diesen Abschnitt: „Dr. Wieghardt besitzt alle Vorzüge der Prandtlschen Schule, nämlich den Blick für das physikalischtechnisch Wesentliche, die Beherrschung des notwendigen mathematischen Handwerkzeugs und experimentelles Geschick."
Nach einer Tätigkeit am Admirality Research Laboratory in Teddington/England von 1949 bis 1952 trat Karl Wieghardt in das Institut für Schiffbau ein, wo er 1955 zum Außerplanmäßigen Professor und 1960 zum Ordinarius ernannt wurde. Er widmete sich nun ganz dem Problem der turbulenten Grenzschicht am Schiff. Mit der Weiterentwicklung der Meßtechnik im Windkanal wurden seine Ergebnisse immer bedeutsamer und zum Teil spektakulär. Diese Untersuchungen waren um so bedeutsamer, als mit der Entwicklung zu immer größeren und völligeren Schiffen Anfang der 70er Jahre das in der Praxis angewandte Modell der Wechselwirkung zwischen Schiff und Propeller immer fraglicher wurde.
Daneben griff Wieghardt immer wieder Probleme der Strömung in granularen Medien auf, die zum Teil durch Anregungen aus der Praxis stimuliert wurden. Sehr anwendungsbezogen waren auch seine vielen Untersuchungen zur Lüftung von Straßentunneln und zur Gebäude-Aerodynamik.
Mehr als einer Generation von Studenten an der Universität Hannover, wo Wieghardt als Honorarprofessor lehrte, und am Institut für Schiffbau hat er in die Grundlagen der Strömungslehre und in spezielle Fragen der Schiffshydrodynamik eingeweiht. Die Klarheit seiner Darstellung bewirkte, daß seine Bücher aus der Lehre auf diesem Gebiet nicht wegzudenken sind. So war es eine zwangsläufige Folge, daß sein Wissen und sein Rat überall gefragt waren. Jahrelang war er Mitglied von Komitees der internationalen Vereinigung der Schiffbau-Versuchsanstalten (ITTC), Vorsitzender des Fachausschusses „Schiffshydrodynamik" der Schiffbautechnischen Gesellschaft und Mitglied des Vorstandes der Gesellschaft für Angewandte Mathematik und Mechanik (GAMM). Von 1967 bis 1970 war er Präsident dieser bedeutenden Gesellschaft.
Viele Anerkennungen wurden ihm zuteil, von denen nur seine Nominierung als *David W. Taylor Memorial Lecturer* in Washington 1981 und als Vortragender der Ludwig-Prandtl-Gedächtnisvorlesung 1983 erwähnt seien.
Im März 1982 wurde Prof. Wieghardt mit einem Kolloquium aus seinen Pflichten als Hochschullehrer entlassen. Die große Beteiligung aus dem Ausland stellte einen Beweis für das große internationale Renommee des Emeritierten dar. Sie war aber auch eine Folge der hohen Wertschätzung, der sich der Mensch Wieghardt erfreut. Ein hohes Maß an Bildung, Geist und hintergründigem Humor sind der Grund für die Ausstrahlung, die trotz der großen Zurückhaltung in die Weite wirkt.
Am 26. Juni 1987 wurde Prof. Wieghardt in Anerkennung seiner hervorragenden wissenschaftlichen Leistungen auf dem Gebiet der angewandten Strö-

mungslehre die Würde eines Doktor-Ingenieurs Ehren halber von der Universität Stuttgart verliehen. Prof. Wieghardt verstarb am 26. November 1996 im Alter von 83 Jahren.

Abb. 8. Horst Nowacki

Horst Nowacki

Fachausschußleiter 1985–1993

Prof. Dr.-Ing. Dr. h.c. Horst Nowacki ist gegenwärtig Professor für Schiffsentwurf am Institut für Schiffs- und Meerestechnik der Technischen Universität Berlin.

Geboren wurde Horst Nowacki am 9. Februar 1933 in Berlin, er studierte an der Technischen Universität Berlin Schiffstechnik und schloß sein Studium dort 1958 ab. In den Jahren 1958 und 1959 war er in der Versuchsanstalt für Binnenschiffbau e.V. Duisburg als Forschungsingenieur tätig. Er promovierte 1963 an der Technischen Universität Berlin mit einer Dissertation zu dem Thema „Berechnung der Nachstrom- und Sogziffer mit Hilfe von potentialtheoretischen Methoden“.

1964 folgte er dem Ruf der University of Michigan, Department of Naval Architecture and Marine Engineering, Ann Arbor, Michigan, USA, wo er bis 1974 eine zehnjährige Lehrtätigkeit ausübte. 1974 kehrte er in seine Heimatstadt Berlin zurück und übernahm im Fachbereich Verkehrswesen und Angewandte Mechanik der Technischen Universität Berlin den Lehrstuhl für Schiffsentwurf, den er noch heute inne hat. Er ist außerdem seit 1974 wissenschaftlicher Leiter des CAD-Labors am Fachbereich Verkehrswesen und Angewandte Mechanik.

Seine überaus vielfältigen Arbeitsergebnisse zu seinen Fachgebieten Schiffsentwurf, Computer-Aided Design (CAD), theoretische und numerische Schiffshydrodynamik sowie Schiffsdynamik und Hydroelastizität, hat Prof. Dr.-Ing. Dr. h.c. Horst Nowacki in bisher schon mehr als 120 Publikationen im In- und Ausland veröffentlicht. Damit ist er einer der weltweit bekanntesten und auch anerkanntesten Fachleute auf seinem Arbeitsgebiet geworden. Ganz besonders positiv beeinflußt wurde seine wissenschaftliche Entwicklung wohl durch die zehnjährige Tätigkeit in Lehre und Forschung in den USA, wohin ihn auch heute freundschaftliche, persönliche und wissenschaftliche Beziehungen verbinden.

Prof. Nowacki ist einer derjenigen, der den Computer für den modernen Schiffsentwurf nutzbar gemacht hat. Immer wieder hat er die Entwicklung der Oberflächendarstellung vorangetrieben, aber auch fachgebietübergreifende System-Lösungen gefunden, die u.a. eine Verbindung verschiedener CAD-Methoden erlauben.

Nicht zuletzt hat er in seiner Tätigkeit als Hochschullehrer in mehr als 20 Jahren eine ganze Generation Schiffbauer an die zeitgemäßen Methoden und Praktiken herangeführt und auch hier hervorragende Arbeit geleistet.

Prof. Nowacki erhielt am 11. Oktober 1996 die Ehrendoktorwürde der National Technical University of Athens, Griechenland.

In der Laudatio zur Ehrendoktorwürde von Professor Horst Nowacki wird neben den wissenschaftlichen Leistungen seine menschliche Seite und Freundschaft zu zahlreichen ehemaligen Studenten, Mitarbeitern und Kollegen im In- und Ausland herausgestellt. Auch diese Eigenschaft ist ein Grund für

Abb. 9. Friedrich Mewis

die hohe Wertschätzung, die Prof. Nowacki in aller Welt erfährt.

Friedrich Mewis

Fachausschußleiter seit 1993

Dipl.-Ing. Friedrich Mewis ist gegenwärtig in der Hamburgischen Schiffbau-Versuchsanstalt GmbH als Abteilungsleiter Widerstand und Propulsion und Numerische Hydrodynamik (CFD) tätig.
Geboren wurde Friedrich Mewis am 10. Februar 1943 in der Lutherstadt Wittenberg. Nach seinem Schulbesuch in Pretzsch an der Elbe studierte er von 1963 bis 1968 an der Schiffbautechnischen Fakultät der Universität Rostock Schiffbau.
Von 1968 bis 1996 war Friedrich Mewis in der Schiffbau-Versuchsanstalt Potsdam in verschiedenen Funktionen, zuletzt als Bereichsleiter „Schiffshydrodynamik/Schlepprinne“ tätig. Seine wesentlichen Fachgebiete sind die Schiffshydrodynamik, Schiffsformentwurf und Korrelation.
Er ist gegenwärtig Mitglied des „Propulsion Committee“ der internationalen Tankleiterkonferenz (ITTC).

Schrifttum

- Die Lebensläufe von Fritz Horn, Günther Kempf, Georg Weinblum, Hans Amtsberg wurden mit Zustimmung der STG-Geschäftsstelle in redaktionell veränderter Fassung den STG-Jahrbüchern entnommen.
- Der Lebenslauf von Karl Wieghardt wurde von Prof. H. Keil zur Verfügung gestellt.
- Der Lebenslauf von Horst Nowacki wurde nach Angaben von ihm selbst und einer Ergänzung von A. Papanikolaou (Schiff & Hafen 12/96) geschrieben.

Georg Weinblum

Prof. Dr.-Ing. **Harald Keil**
Institut für Schiffbau der Universität Hamburg

Georg Weinblum wurde am 22. Januar 1897 in Neu-Kalzenau/Livland als Sohn des Forst-Inspektors Karl Weinblum und seiner Ehefrau geboren. Nach dem humanistischen Abitur studierte er ab 1914 an der Polytechnischen Hochschule in St. Petersburg Schiffbau. Diese Zeit war wohl für ihn besonders prägend, da er von 1914 bis 1917 Vorlesungen bei dem weltbekannten Alexej Kryloff hörte. Nach der Revolution setzte er ab 1920 sein Studium an der Technischen Hochschule Danzig fort und erwarb 1923 den Grad eines Diplom-Ingenieurs. Anschließend arbeitete er sechs Jahre als wissenschaftlicher Assistent von Prof. Erbach am Lehrstuhl für Theorie des Schiffes und Schiffbau und schloß diese Tätigkeit mit der Promotion zum Doktor-Ingenieur aufgrund der Dissertation „Anwendung der Michellschen Widerstandstheorie“ ab. Seine allererste Veröffentlichung „Reibfestigkeit von Nietverbindungen“ ist dem praktischen Schiffbau zuzuordnen. Es blieb allerdings auch die letzte auf diesem Gebiet.
1929 wechselte er als Forschungs-Ingenieur an die Preußische Versuchsanstalt für Wasserbau und Schiffbau (VWS) in Berlin. 1931 habilitierte er sich an der Technischen Hochschule Charlottenburg und lehrte dort Schiffstheorie, zunächst als Privat-Dozent und ab 1936 als apl. Professor. In der Geschichte der VWS ist darüber zu lesen: „Im Schiffbaubereich sind die zweiten 25 Jahre der VWS-Geschichte hauptsächlich durch den Namen G. Weinblum gekennzeichnet. Er trug 1929 vor der Schiffbautechnischen Gesellschaft über seine Anwendungen der Michellschen Widerstandstheorie vor, entwickelte mathematisch aus der Bedingung geringsten Wellenwiderstandes optimale Schiffslinien, behandelte theoretisch das Schiff im Seegang, setzte bezüglich des Kanaleffekts eine hydrodynamische Antithese gegen die hydraulische Vorstellung von Hans Detlef Krey und definierte die bei der Begegnung von Schiffen zu erwartenden Wechselwirkungen“. Gleichzeitig mit Wigley, der bei Havelock arbeitete, aber unabhängig von ihm, veröffentlichte er 1936 eine Theorie des Wulstbuges. Schon damals galt sein besonderes Interesse der Förderung von Studenten und angehenden Wissenschaftlern. Einen davon haben wir heute unter uns: Prof. Dr.-Ing. Kurt Wendel fertigte 1939 bei Weinblum eine besonders anspruchsvolle Diplomarbeit über „Rollschwingungen und Hebelarmkurve“ an, die zu den ersten Arbeiten über nichtlineare Schiffsschwingungen zählt. Weinblum wandte sich dann der Theorie des Tragflügelbootes zu und trat 1939 als Forschungsleiter und Technischer Direktor bei der Sachsenberg AG in Dessau-Roßlau ein, wo er unter Anwendung der Schertelschen Ideen die Aera des industriellen deutschen Tragflügelbootbaus einleitete. 1943 wurde er als

ordentlicher Professor für die Theorie des Schiffes an die Technische Hochschule Danzig berufen und übte diese Tätigkeit neben seinen Aufgaben bei Sachsenberg aus.
Nach einer kurzen Zeit als Berater der Britischen Admiralität in London 1947 wurde er 1948 an das David Taylor Model Basin in Washington gerufen. Er traf dort auf eine Zahl von jungen Wissenschaftlern, die exzellent in Mathematik, Mechanik und Physik ausgewiesen, aber noch nicht auf die Anwendung im Schiffbau gerichtet waren. Dieses besorgte der Konstrukteur und Wissenschaftler Weinblum. In diese Zeit fiel auch die berühmte Arbeit mit Manley St. Denis 1950 „On the Motions of Ships at Sea", die man als den Beginn der modernen Forschung auf dem Gebiet der Schiffsbewegungen bezeichnen kann.
1952 erhielt er den Ruf als Direktor des neu geschaffenen Instituts für Schiffbau der Universität Hamburg und Inhaber des Lehrstuhls für Schiffstheorie. Hier und als Honorarprofessor an der Technischen Hochschule Hannover setzte er das fort, womit er in Washington aufgehört hatte, nämlich die Suche nach talentierten jungen Schiffbauern, die er gezielt wissenschaftlich förderte. Es mag manch anderen akademischen Lehrer gegeben haben, der eine spannendere Vorlesung hielt, über das Charisma Weinblums verfügten aber nur ganz wenige oder niemand.
1962 vereinte er noch einmal alles, was Rang und Namen in der Hydrodynamik auf der Welt hatte, zur Feier seines 65. Geburtstages und des 10jährigen Bestehens des Instituts für Schiffbau. Im selben Jahr wurde er emeritiert, war am Leben im Institut für Schiffbau jedoch weiterhin stark interessiert, hielt sich informiert und zeigte oft Präsenz. Im April 1974 verstarb er im Alter von 77 Jahren.
Neben seiner eigenen wissenschaftlichen Arbeit, die zu mehr als 120 Veröffentlichungen führte, hat er sich als Mitglied einflußreicher Gremien wie dem Aufsichtsrat der Hamburgischen Schiffbau-Versuchsanstalt, dem Vorstandsrat und dem Technisch-Wissenschaftlichen Beirat der Schiffbautechnischen Gesellschaft, dem Forschungsrat der Freien und Hansestadt Hamburg, der Besprechungsgruppe Schiffbau und der Senatskommission Ozeanographie der Deutschen Forschungsgemeinschaft für die Förderung der Wissenschaft und speziell der Schiffstheorie eingesetzt. Viele Ehrungen wurden ihm dafür zuteil. Zu nennen sind hier die Silberne und Goldene Denkmünze der Schiffbautechnischen Gesellschaft, die Medaille der Braunschweiger Wissenschaftlichen Gesellschaft, die Goldene William-Froude-Medaille der Royal Institution of Naval Architects, die Verdienstmedaille der Association Technique Maritime et Aéronautique, die Davidson-Medaille der Society of Naval Architects and Marine Engineers und das Große Verdienstkreuz des Verdienstordens der Bundesrepublik Deutschland. Die Technischen Universitäten in Berlin und Wien und die University of Michigan in Ann Arbor verliehen ihm den Ehrendoktor. Nur wenige Wochen vor seinem Tod ernannte ihn die Académie des Sciences in Paris zu ihrem korrespondierenden Mitglied.
Sein Name lebt fort, nicht nur durch sein wissenschaftliches Werk, sondern durch die jährlich von einem international herausragenden Hydrodynamiker in Deutschland und in Washington gehaltene Georg-Weinblum-Gedächtnis-Vorlesung und den jährlich für die beste wissenschaftliche Arbeit eines Nachwuchs-Wissenschaftlers verliehenen Georg-Weinblum-Preis. Allen aber, die ihm näher gestanden haben, bleibt die Erinnerung im Herzen wach.

Unsymmetrische Katamarane und andere Mehrrumpfschiffe

Catamarans with Staggered Hulls and other Multihulls

Prof. Dr.-Ing. **Heinrich Söding**
Institut für Schiffbau, Hamburg

Summary. If the two hulls of a catamaran are arranged not side by side, but staggered as in Fig. 2, the wave systems generated by both hulls can largely cancel, reducing the wave resistance to a small fraction and the total resistance, typically, to about half the value for the corresponding symmetrical catamaran. The optimum longitudinal shift between the hulls seams well realizable for design Froude numbers in the range 0,30 to 0,45; for higher speed, smaller non-optimum shifts or a trimaran arrangement (Fig. 8) may be preferable. The unsymmetrical hull arrangement causes no difficulties for sailing straight-ahead and reduces the motions in waves, but it causes higher structural weight.

1 Wechselwirkung zwischen Katamaran-Rümpfen

Das Wellenfeld eines Einrumpfschiffes zeigt innerhalb des Kelvin-Winkels von etwa $\pm 20°$ hinter einem Schiff Querwellen und am Rand dieses Bereichs Diagonalwellen. Weit hinter dem Schiff dominiert die Energie der Querwellen. In einem normalen Katamaran werden beide Rümpfe nebeneinander angeordnet. Die Querwellen beider Rümpfe überlagern sich dann phasengleich zur doppelten Wellenhöhe. Da die Energie einer Welle proportional zum Quadrat der Wellenhöhe ist, würde nach dieser einfachen Betrachtung der Katamaran den vierfachen Wellenwiderstand des Einzelrumpfes haben.

Diese einfache Vorstellung ist nur teilweise richtig. Dies soll am Beispiel der Katamaranfähre „Supercat-Haroula" erläutert werden, [1]. Abb. 1 vergleicht den Wellenwiderstand des Katamarans mit dem doppelten Widerstand des Einzelrumpfes. Die Abbildung zeigt Ergebnisse eines modernen „voll nichtlinearen" Wellenwiderstandsprogramms (KELVIN). Für die meisten Geschwindigkeiten gilt zwar die Regel, daß der Katamaran etwa den vierfachen Wellenwiderstand des Einzelrumpfes hat; im Froudezahl-Bereich um 0,4 (bezogen auf eine Länge L von 65 m) ist der Katamaran-Wellenwiderstand aber rund 20% kleiner als der doppelte Einzelrumpf-Wellenwiderstand. Dies berechnete Ergebnis stimmt sehr gut mit Modellversuchsergebnissen der VWS überein, [1]. Daraus läßt sich schließen:

a) Das Rechenverfahren ist geeignet, die Wechselwirkung zwischen den Rümpfen korrekt zu erfassen
b) Der betrachtete Katamaran, dessen Entwurfs-Froudezahl etwa 0,39 ist, profitiert erheblich von der günstigen Wechselwirkung der Rümpfe
c) Für gewisse Froudezahlen ist die anfängliche einfache Betrachtung inkorrekt.

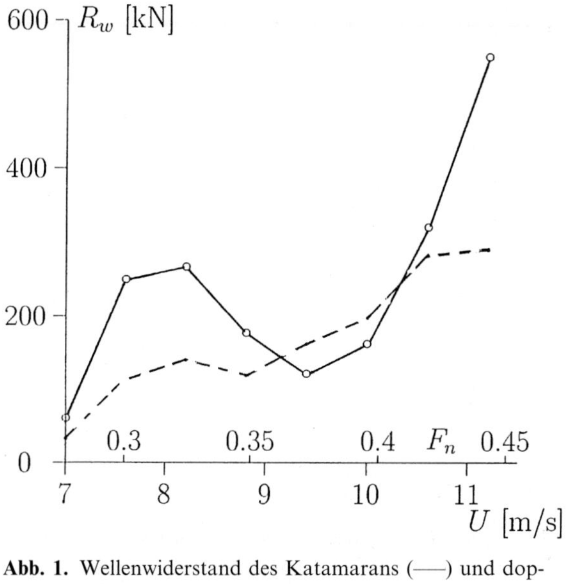

Abb. 1. Wellenwiderstand des Katamarans (——) und doppelter Wellenwiderstand eines Seitenschwimmers (- - -)
Fig. 1. Wave resistance of catamaran (——) and twice the wave resistance of one of its hulls (- - -)

2 Katamarane mit versetzten Rümpfen

Eine weitere Verringerung des Widerstands ist möglich, wenn man die beiden Rümpfe nicht genau nebeneinander anordnet, sondern entsprechend Abb. 2 in Längsrichtung gegeneinander versetzt. Dies bewirkt einen Phasenunterschied zwischen den von beiden Rümpfen erzeugten Querwellen. Eine Längsversetzung der Rümpfe um eine halbe Querwellenlänge bewirkt einen Phasenunterschied von 180°. Dabei kommt es zu einer weitgehenden gegenseitigen Auslöschung der Querwellen; demgemäß sollte der Wellenwiderstand drastisch reduziert werden. Bei einer Froudezahl von 0,4 entspricht dies einer Verschiebung der Rümpfe um eine halbe Schiffslänge.

Abb. 3 bestätigt diese Überlegung: Bei einer Längs-Versetzung der Rümpfe um eine halbe Schiffslänge berechnet KELVIN einen wesentlich geringeren Wellenwiderstand als bei nebeneinander angeordneten Katamaranrümpfen für $0,35 < F_n < 0,70$. Bei $F_n = 0,4$ liegt wie erwartet das Minimum der Wellenwiderstandskurve, und zwar bei etwa 1/4 des Wertes für den üblichen, symmetrischen Katamaran bei dessen günstigster Froudezahl!

Abb. 4 zeigt, daß sich der Gesamtwiderstand für $F_n = 0,4$ beinahe halbiert. Für höhere Froudezahlen sind die relative und die absolute Widerstands-Verringerung noch größer! Der Gesamtwiderstand wurde hier nach der Formel

$$R_t = R_w + 0.5\rho U^2 c_f S\overline{v^2}/U^2 \tag{1}$$

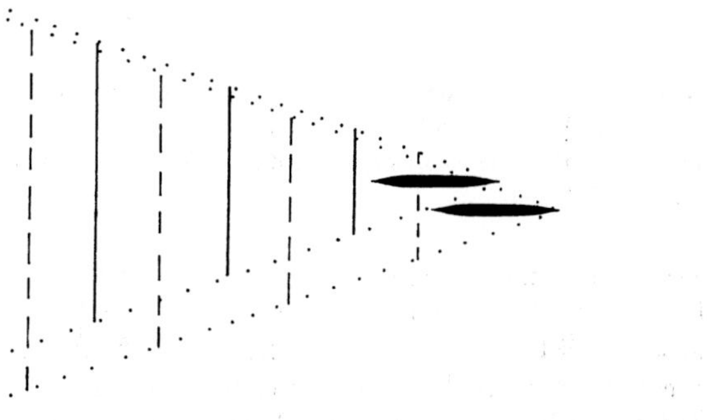

Abb. 2. Schematische Darstellung der Querwellenberge bei verschobenen Rümpfen
Fig. 2. Schematic view of transverse waves crests generated by two staggered hulls

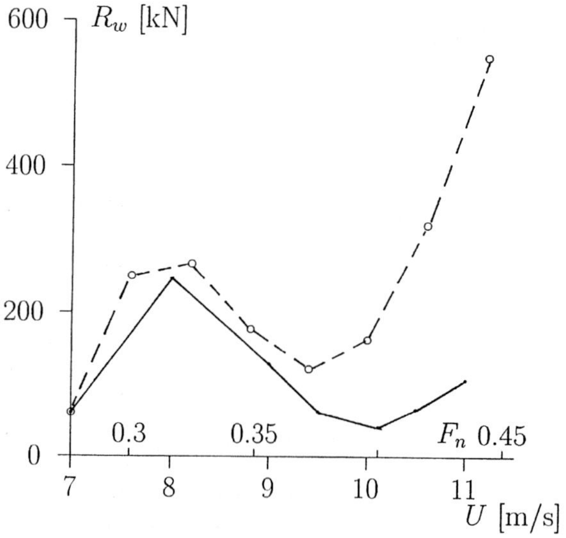

Abb. 3. Wellenwiderstand der verschobenen Rümpfe (——) und des ursprünglichen Katamarans (- - -)
Fig. 3. Wave resistance of staggered hulls (——) and the original catamaran (- - -)

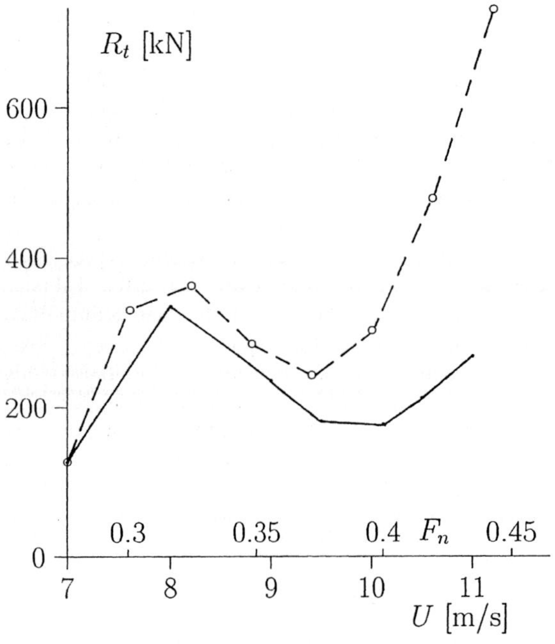

Abb. 4. Gesamtwiderstand der verschobenen Rümpfe (——) und des ursprünglichen Katamarans (- - -)
Fig. 4. Total resistance of staggered hulls (——) and original catamaran (- - -)

angenähert; dabei ist c_f der nach der ITTC57-Formel berechnete Plattenreibungsbeiwert, U ist die Fahrgeschwindigkeit, $\overline{v^2}$ ist der über die Schiffsoberfläche S gemittelte Wert der reibungsfrei berechneten quadrierten Geschwindigkeit des Wassers entlang der Außenhaut, S ist die einschließlich Squat und Wellenbildung berechnete benetzte Schiffsoberfläche, und R_w ist der aus der Druckintegration erhaltene Wellenwiderstand. R_w, S und $\overline{v^2}/U^2$ sind Ergebnisse der Wellenwiderstandsberechnung.

3 Modellversuche für ein unsymmetrisches SWATH

Ist die Halbierung des Gesamtwiderstands glaubhaft bei einem Katamaran, dessen Widerstand bereits unter Einsatz experimenteller und numerischer Verfahren optimiert wurde? Zur Klärung dieser Frage hat die HSVA (Dr. Jensen, Herr Schenzle) kurzfristig und kostenlos Schleppversuche mit einem SWATH durchgeführt, dessen Widerstandskurve bei üblicher Anordnung der 2 Rümpfe nebeneinander in dem verhältnismäßig geringen Abstand von $0,2L$ bereits vorlag. (L = Länge der Stütze = Länge der Rotationskörper.) Dabei wurden jetzt die Rümpfe in Längsrichtung gegeneinander um $L/2$ versetzt. Das Modell konnte frei tauchen, aber nicht trimmen. Abb. 5 vergleicht den Restwiderstandsbeiwert beider Rumpfanordnungen, Abb. 6 den aus den Versuchen prognostizierten Gesamtwiderstand einer 25 m langen Großausführung. Auch hier zeigt sich oberhalb einer Froudezahl von 0,36 (11 kn) eine erhebliche Verringerung des Gesamtwiderstands; zwischen 12,7 kn und 16,3 kn übersteigt die Widerstandsminderung 50%!

4 Folgen der Unsymmetrie

Erkauft wird dieser Vorteil durch die für Schiffe ungewohnte Unsymmetrie der Rumpfanordnung. Diese

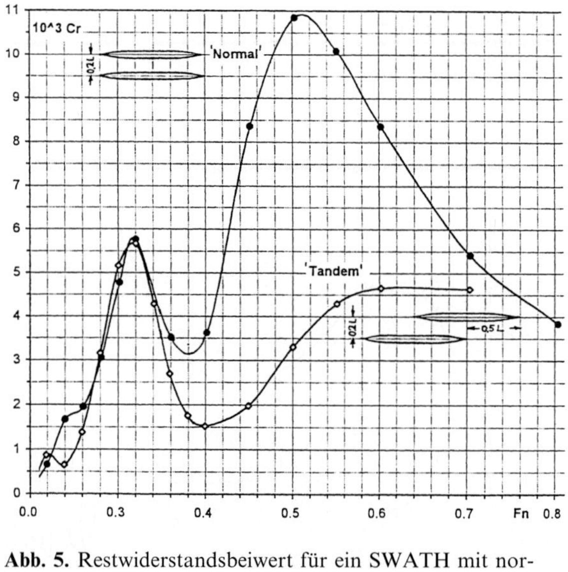

Abb. 5. Restwiderstandsbeiwert für ein SWATH mit normaler und verschobener Rumpfanordnung nach Messungen der HSVA
Fig. 5. Residual resistance coefficient of a SWATH with normal and staggered hull arrangement measured by HSVA

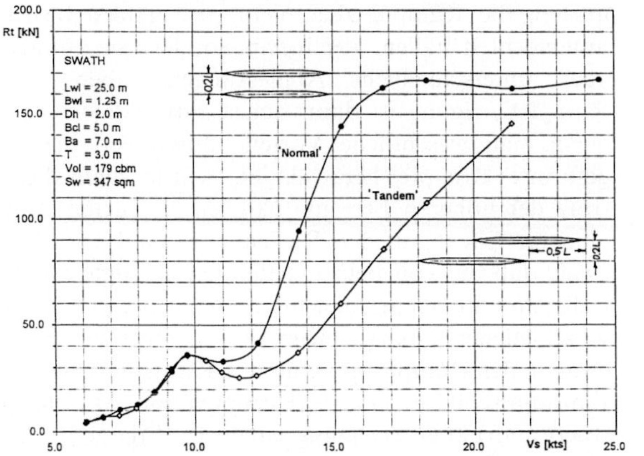

Abb. 6. Gesamtwiderstandsbeiwert für ein SWATH mit normaler und verschobener Rumpfanordnung nach Vorhersage der HSVA

Fig. 6. Total resistance of a SWATH with normal and staggered hull arrangement predicted by HSVA

hat Auswirkungen auf die Stabilität, das Seeverhalten und die Manövrier-Eigenschaften.

Die Längsversetzung der Rümpfe verringert die Querstabilität um die schräge Achse, für die das Wasserlinien-Trägheitsmoment minimal wird. Wenn dies nicht toleriert werden kann, ist ein größerer seitlicher Rumpfabstand notwendig – im Beispiel der „Supercat-Haroula" müßte der Rumpf-Mittenabstand von 15 m auf 22,5 m vergrößert werden, um dieselbe Querstabilität zu bekommen. Dies vergrößertuch den Widerstand, Abb. 7; jedoch ist der Einfluß für größere Froudezahlen gering.

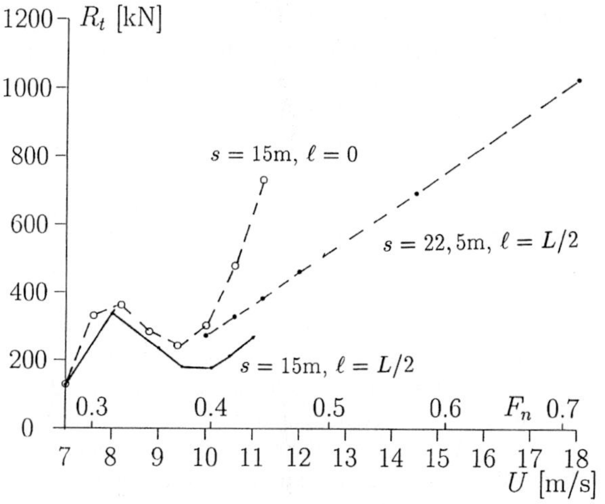

Abb. 7. Gesamtwiderstandsbeiwert für einen Katamaran mit normaler und verschobener Rumpfanordnung mit Rumpfverschiebung $\ell = L/2$ mit unterschiedlichem seitlichem Abstand s der Einzelrümpfe

Fig. 7. Total resistance of a normal catamaran and two staggered hull arrangements with hull shift $\ell = L/2$ having different centerline distance s

Um geradeaus zu fahren, benötigt ein Katamaran mit verschobenen Seitenrümpfen einen mittleren Ruderwinkel ungleich 0, wenn wir die Unsymmetrie nicht in anderer Weise – durch einseitigen Antrieb, durch eine Krümmung eines oder beider Rümpfe usw.– ausgleichen. Eine Hauptantriebsanlage nur in einem Rumpf kann ohnehin eine bessere Lösung sein als zwei Antriebsanlagen in beiden Rümpfen. Platzprobleme können eigentlich nicht ernster als bei bisherigen Katamaranen sein; denn wenn die Antriebsleistung nur etwa halb so groß ist, braucht man nur eine Anlage wegzulassen. Zu prüfen ist allerdings, ob man mit einer Anlage den Widerstandsbuckel zwischen $F_n = 0,30$ und 0,35 durchfahren kann. Dies hängt stark von der Entwurfs-Froudezahl ab, von der Möglichkeit, den Motor kurzzeitig höher zu belasten, und ob ein Fest- oder Verstellpropeller vorhanden ist. Der zweite Rumpf könnte eine kleine Hilfsantriebsanlage erhalten, die sowohl als Notanlage bei Ausfall der Hauptmaschine benutzt werden kann als auch zum Manövrieren, vergleichbar einem Querstrahler.

Ohne solche zusätzliche Unsymmetrie durch Antrieb und Rumpfform muß man den unsymmetrischen Katamaran durch die Ruder auf Kurs halten. Das verwendete Wellenwiderstandsprogramm liefert auch das Giermoment und die Seitenkraft. Daraus habe ich für einige Beispielfälle die erforderlichen Ruderwinkel bestimmt – die Werte erreichten knapp 3°.

Eine Folge der anderen Trägheitsmomente und der Unsymmetrie sind andere Bewegungen im Seegang; so treten z.B.Kopplungen der symmetrischen und der antimetrischen Bewegungen auf, die bei einem symmetrischen Schiff zumindest im linearen Fall verschwinden. Tauch- und Stampfbewegungen in See von vorn (sowohl genau von vorn als auch in Richtung der Hauptträgheitsachse der Wasserlinie) wurden von einem Streifenmethoden-Programm erheblich geringer prognostiziert als für den konventionellen Katamaran, [2]. Das verbesserte Seeverhalten für sich allein könnte schon das strukturelle Mehrgewicht und die damit verbundenen Kosten der verschobenen Rumpfanordnung rechtfertigen.

Eine weitere Folge der Längsversetzung der Rümpfe zueinander sind höhere Schnittmomente um die y-Achse – sowohl statisch als auch in Seegang – in Spant-Schnitten $x =$ konstant durch die Konstruktion, welche die beiden Rümpfe oberhalb der Wasserlinie miteinander verbindet. Berechnungen zeigen, daß die versetzte Rumpfanordnung ein etwa doppelt so hohes Widerstandsmoment wie ein konventioneller Katamaran erfordert, [2].

Längsversetzungen um mehr als 0,6 bis $0{,}7L$ könnten daher vom Festigkeitsstandpunkt aus problematisch sein. Es wurden daher nur Versetzungen bis $0{,}5L$ untersucht. Diese sind für die Antriebsleistung optimal im Bereich von Froudezahlen um 0,4. Aber auch oberhalb von $F_n = 0,4$ ist eine Rumpfversetzung von nur $0,5L$ der konventionellen, unversetzten Anordnung noch wesentlich überlegen.

5 Trimaran mit längsversetzten Rümpfen

Für höhere Froudezahlen könnte vom Standpunkt der Querstabilität und der Festigkeit eine symmetrische Bauweise als Trimaran günstiger als ein Katamaran mit längsversetzten Rümpfen sein. Dabei sollten der Mittelrumpf allein und beide Seitenrümpfe zusammen gleichstarke Wellen erzeugen, die dann durch die Längsversetzung zwischen Mittelrumpf und Seitenrümpfen weitgehend eliminiert werden. Abb. 8 zeigt den Gesamtwiderstand eines solchen Trimarans im Vergleich zu dem schon besprochenen längsversetzten Katamaran mit 22,5 m Rumpfabstand.

6 Weitere Verbesserungsmöglichkeiten

Wenn wir die symmetrische Anordnung der Rümpfe aufgeben, eröffnen sich zusätzliche Möglichkeiten der Optimierung. Wenn wir von Formdetails absehen, werden die Antriebsleistung und das Seeverhalten von Einrumpfschiffen durch 4 Hauptparameter des Rumpfes festgelegt: Länge, Breite, Tiefgang und Völligkeit. Das Produkt dieser 4 Parameter entspricht der Schiffsmasse, das Verhältnis Breite zu Tiefgang folgt aus der erforderlichen Querstabilität. Damit bleiben nur zwei wesentliche Formparameter zur hydrodynamischen Optimierung übrig: der Schlankheitsgrad und die Völligkeit.

Bei einem symmetrischen Katamaran kommt zu den 4 genannten Parametern der Rumpfabstand hinzu, und das Kriterium der Querstabilität verliert an Wichtigkeit, so daß wir jetzt 3 bis 4 Parameter optimieren können. Bei unsymmetrischen Katamaranen müssen die Rümpfe aber nicht, wie in den bisher untersuchten Fällen, gleich sein, sondern sie können auch unterschiedliche Abmessungen haben. Die Rumpf-Fertigung ist dann sicher aufwendiger; aber wenn man wesentliche Vorteile durch verschieden geformte Rümpfe herausfindet, würde man diese trotz der höheren Fertigungskosten realisieren. Der günstige Effekt auf den Wellenwiderstand erfordert zwar, daß die von beiden Rümpfen erzeugte Querwellenamplitude etwa gleich groß ist; dies ist aber mit verschiedenen Abmessungen der Rümpfe zu erreichen. Jeder Rumpf wird durch 4 Parameter wie ein Einrumpfschiff definiert; zusammen mit Mittenabstand und Längsversetzung haben wird dann 10 Parameter, von denen 1 bis 2 durch die Schiffsmasse und eventuell die Querstabilität festgelegt sind, und eine weitere Abhängigkeit folgt aus der angestrebten Gleichheit der Querwellenamplituden bei der Entwurfsgeschwindigkeit. Beim unsymmetrischen Katamaran bleiben also 7 bis 8 unabhängig voneinander variierbare Haupt-Formparameter übrig, wenn wir weniger wichtige Parameter wie Biegungen oder Verdrehungen der Rumpf-Längsachsen außer Acht lassen. Dieses weite Feld von Möglichkeiten zur Optimierung der Antriebsleistung und des Seeverhaltens könnte und sollte man für einen konkreten Entwurf untersuchen, um neben dem Haupteffekt der Längsversetzung auf den Widerstand auch alle anderen Möglichkeiten optimal zu nutzen.

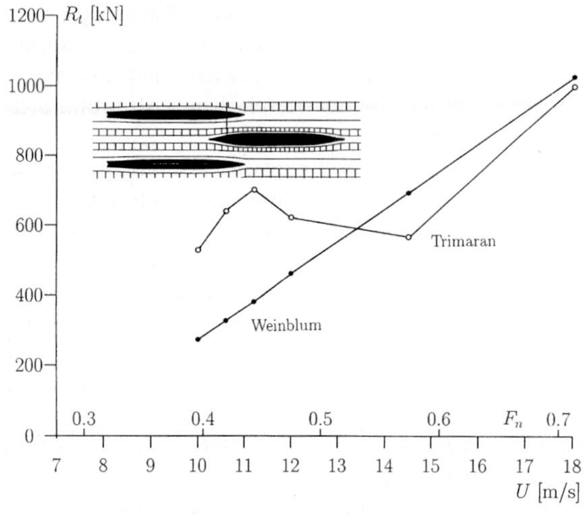

Abb. 8. Vergleich des Widerstands eines Katamarans mit längsversetzten Rümpfen ($\ell = L/2 = 32,5$ m, $s = 22,5$ m) mit dem eines Trimarans ($\ell = 50$ m, $s = 2 \times 12,5$ m)
Fig. 8. Comparison of total resistance of a staggered-hull catamaran ($\ell = L/2 = 32,5$ m, $s = 22,5$ m) with that of a trimaran ($\ell = 50$ m, $s = 2 \times 12,5$ m)

7 Bewertung und Benennung

Der symmetrische Katamaran ist bezüglich der Antriebsleistung insofern die schlechteste Möglichkeit, als sich die von beiden Rümpfen erzeugten Wellen mit der ungünstigsten Phasenlage (phasengleich) überlagern. Jede Längsversetzung der Rümpfe gegeneinander bewirkt einen Phasenunterschied der Querwellensysteme und damit eine Verringerung des Widerstands. Man hat also jahrzehntelang gerade die Längsversetzung der Rümpfe gebaut, die die größte Antriebsleistung erfordert – und dies bei Schiffen, deren Antriebsleistung wegen der hohen Geschwindigkeiten ganz entscheidend die Wirtschaftlichkeit bestimmt.

Der hier vorgeschlagene Schiffstyp mit längsversetzten Rümpfen hat noch keinen Namen. In Gedenken an Georg Weinblum nenne ich diesen Schiffstyp daher Weinblum. Prof.Eggers trug bereits 1955 vor der STG über den Widerstand solcher Konfigurationen von 2 Rümpfen vor, [3]. Er untersuchte dabei genau nebeneinander, schräg hintereinander und in der gleichen Spur hintereinander fahrende Schiffe und fand – nach der Berechnungsmethode nach Michell und Sretensky und auch in Messungen der HSVA und der VBD – den geringen Widerstand von schräg hintereinander fahrenden Schiffen heraus. Leider hat diese Arbeit m.W. bis heute keine praktischen Konsequenzen gehabt.

Schrifttum

1 Papanikolaou, A.D.; Dafnias, N. (1997), *Hydrodynamic optimization and design of a fast displacement ferry*, Int. Marine Design Conf. IMDC 97, Newcastle

2 Söding, H. (1997), *Drastic resistance reductions on catamarans by staggered hulls*, FAST'97, Sydney

3 Eggers, K. (1955), *Über Widerstandsverhältnisse von Zweikörperschiffen*, Jahrbuch STG, S.516–539

Schiffswellen bei transkritischer Fahrt

Ship Waves at Transcritical Speeds

Prof. Dr.-Ing. **Som Deo Sharma**
Institut für Schiffstechnik, Gerhard-Mercator-Universität – GH Duisburg

Summary. In a historical review extending back to the memorable International Symposium on Ship Theory held at Hamburg in 1962 to celebrate Georg Weinblum's 65th birthday it was shown how efficiently modern shallow-water ship-wave theory, developed largely by several prominent Weinblum Memorial Lecturers (Tuck, Wehausen, Wu), has succeeded in explaining various exciting transcritical flow phenomena, originaly observed at full scale more than a century ago and repeatedly verified in ship model tanks. These include the dramatic rise and fall of wave resistance, reversal of squat, metamorphosis of wave pattern, and generation of forward solitons, all occurring as ship speed rises through its critical value in shallow water, particularly in a narrow channel. Systematic model experiments initiated by Weinblum at the Shallow Water Towing Tank in Duisburg (VBD) more than 35 years ago have proved invaluable for validating recent theoretical computations. New wave pattern, side force and yaw moment measurements have corroborated the calculations in more detail. Further development of the theory by this Speaker's group at Duisburg has culminated in the discovery of „superconductive" channels and catamarans, characterized by zero wave resistance at a chosen supercritical design speed. This is achieved, in principle, by mutual concelation of bow and stern waves, a bit akin to the classical Busemann's biplane proposed for hypersonic flight some 60 years ago. The superconductive catamaran, rendered independent of channel sidewalls by use of suitable cambered hulls, would, besides saving propulsive power by virtue of its vanishing wave resistance, have the additional environmental benefit of being a „no-wash" vehicle. Ongoing research is concerned with the conception of a cambered air-cushion catamaran, ideally eliminating the local wave also.

Zusammenfassung. In einem bis zum denkwürdigen – anläßlich des 65. Geburtstags von Georg Weinblum 1962 in Hamburg abgehaltenen – „Internationalen Symposium über Schiffstheorie" zurückreichenden historischen Überblick wurde gezeigt, wie wirkungsvoll die weitgehend von einigen prominenten Weinblum-Gedächtnis-Vortragenden (Tuck, Wehausen, Wu) entwickelte moderne Theorie der Schiffswellen in flachem Wasser es geschafft hat, mehrere aufregende Phänomene transkritischer Strömung zu erklären, die ursprünglich an der Großausführung schon vor mehr als hundert Jahren beobachtet und später am Schiffsmodell im Schlepptank wiederholt bestätigt worden sind. Da sind der dramatische Anstieg und Abfall des Wellenwiderstandes, die Umkehrung der Fahrtabsenkung, die Verwandlung des Wellenbildes und die Erzeugung vorlaufender Solitonen, die sich alle ereignen, wenn die Schiffsgeschwindigkeit ihren kritischen Wert in flachem Wasser, besonders in einem engen Kanal, steigend durchschreitet. Auf Anregung von Weinblum vor über 35 Jahren in der Versuchsanstalt für Binnenschiffbau Duisburg (VBD) ausgeführte systematische Modellversuche haben sich als unschätzbar wertvoll für die Validierung jüngster theoretischer Berechnungen erwiesen. Neue Messungen der Wellenbilder, Seitenkräfte und Giermomente haben die Rechnungen noch mehr im Detail bestätigt. Eine Weiterentwicklung der Theorie durch die Arbeitsgruppe des Vortragenden in Duisburg gipfelte vorläufig in der Entdeckung sog. „supraleitender" Kanäle und Katamarane, die sich durch Null-Wellenwiderstand bei einer ausgewählten überkritischen Entwurfsgeschwindigkeit auszeichnen. Das wird, zumindest im Prinzip, erreicht durch gegenseitige Auslöschung der Bug- und Heckwellen, ein wenig dem klassischen, vor etwa 60 Jahren von Busemann für Überschallflug vorgeschlagenen

Doppeldecker ähnlich. Der dank passend gewölbter Rümpfe von der Wellenspiegelung an senkrechten Kanalwänden unabhängige „supraleitfähige" Katamaran hätte außer der Ersparnis an Antriebsleistung infolge fehlenden Wellenwiderstandes den zusätzlichen Umweltvorzug eines Wasserfahrzeugs ohne Wellennachlauf. Die laufende Forschung befaßt sich nun mit der Konzeption eines gewölbten Luftkissenkatamarans, bei dem im Idealfall auch die mitlaufende Welle im Nahfeld verschwinden würde.

Schrifttum

- Chen, X.-N.; Sharma, S. D. (1992–1995): A slender ship moving at a near-critical speed in a shallow channel, J. of Fluid Mech., vol. 291, pp. 263–285
- Chen, X.-N.; Sharma, S. D. (1994): Nonlinear theory of asymmetric motion of a slender ship in a shallow channel, Proc. 20th Symp. on Naval Hydrodynamics, Santa Barbara/Ca, USA, pp. 386–407
- Jiang, T.; Chen, X.-N.; Sharma, S. D. (1994): Numerical and experimental study of lateral force and yaw moment on a slender ship moving at high speed in shallow water, Proc. MCMC '94, Southampton, UK, pp. 361–374
- Chen, X.-N.; Sharma, S. D. (1994): A slender ship moves in a shallow channel, Proc. ICHD '94, Wuxi, China, pp. 158–165
- Jiang, T.; Sharma, S. D.; Chen, X.-N. (1995): On the wavemaking, resistance and squat of a catamaran moving at high speed in a shallow water channel, Proc. FAST 1995, Travemünde, Germany, pp. 1313–1325
- Chen, X.-N.; Sharma, S. D. (1995 = 97): Zero wave resistance for ships moving in shallow channels at supercritical speeds, J. of Fluid Mech., vol. 335, pp. 305–321
- Chen, X.-N.; Sharma, S. D. (1996): On ships at supercritical speeds, Proc. 21st Symp. on Naval Hydrodynamics, Trondheim, Norway
- Chen, X.-N. (1997): Elimination of wave resistance by a combered twin-hull at supercritical speed, Ship Technology Research (Schiffstechnik), Band 44, Heft 1, pp. 13–21
- Sharma, S. D.; Chen, X.-N. (1997): Novel cambered-hull catamaran for high speed in shallow water, Proc. FAST '97, Sydney, Australia, pp. 125–132

Beschreibung, Bewertung und Verbesserung von Schiffsformen

Description, Assessment and Improvement of Ship Hull Forms

Prof. Dr.-Ing. Dr. h. c. **Horst Nowacki**
Technische Universität Berlin

Summary. The description, evaluation and improvement of a hull form are closely connected interdependent steps of the shape design process. Precise shape definition and quality assessment are prerequisites for rational shape improvement. D. W. Taylor laid the foundation for systematic hull form description by form parameters. Georg Weinblum extended this work into methodical assessment and improvement of hull forms. This article describes both Weinblum's perspectives on future advances required in this methodical process and the status currently achieved in all stages of this design task.

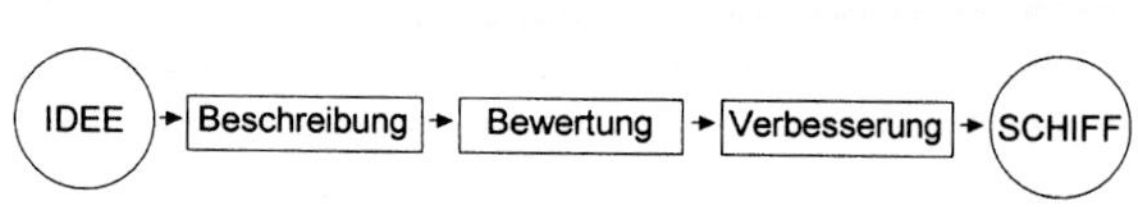

Abb. 1. Von der Formidee zur ausgereiften Schiffsform
Fig. 1. From a Shape Concept to a Mature Hull Form

1 Einleitung

Die Beschreibung, Bewertung und Verbesserung einer Schiffsform sind zusammenhängende, kausal verknüpfte Schritte eines zielgerichteten Formgebungsprozesses (Abb. 1). Systematische Verbesserungen der Form setzen eine vergleichende Bewertung nach rationalen Kriterien voraus. Die Bewertung bezieht sich in diesem Prozeß auf eine Form, deren Merkmale eine quantitative Beschreibung haben müssen, damit sich eine kausale Beziehung zwischen der Formgebungsmaßnahme als Ursache und ihrer hydrodynamischen Wirkung entwickeln läßt. Daraus ergibt sich, daß die Fähigkeit, Schiffsformen mit ihren vielfältigen Merkmalen exakt zu beschreiben und flexibel zu variieren, wesentliche Voraussetzung dafür ist, sie hydrodynamisch vergleichend zu bewerten und systematisch zu verbessern. Die Beschreibung der Form nach Hauptformkoeffizienten, wie sie in Archiven üblich ist, reicht hierfür nicht aus, sondern es ist eine exakte

Beschreibung auch der lokalen Merkmale einer Form erforderlich.
Die wesentlichen Grundlagen für eine exakte, analytisch formulierte Beschreibung von Schiffslinien und für die systematische Variation der Schiffsform hat David W. Taylor zu Anfang dieses Jahrhunderts gelegt [1]. Georg Weinblum hat hiervon ausgehend die Grundidee der Formbeschreibung und -variation erheblich vertieft und darauf eine Systematik der Formbewertung und Formverbesserung aufgebaut. Davon zeugen seine grundlegenden Publikationen über mehr als vier Jahrzehnte [2–8].

2 Beschreibung der Schiffsform

„Die ‚exakte' Darstellung der Schiffsoberfläche geschieht jetzt auf zwei Weisen. 1. durch Approximation eines graphisch gegebenen Linienrisses und 2. durch Konstruktion der Gleichung der Oberfläche aufgrund von kennzeichnenden Größen oder Bedingungen - die rein analytische Methode. Der zweite, zweifellos konsequentere Weg bereitet zur Zeit noch größere Schwierigkeiten als der erste; er wird aber zur Jahrhundertwende allgemein angewandt werden.
Die Wirtschaftlichkeit des Entwurfs und des Baues (der Produktion) wird durch die Mathematisierung erhöht, aber es sind keine spektakulären Änderungen zu erwarten. Das systematische Studium der Schiffseigenschaften und die Verwirklichung gewünschter Qualitäten werden besser durchzuführen sein; beispielsweise werden wir die Bedeutung der Stetigkeitseigenschaften der Schiffsoberfläche und Schiffslinien beherrschen lernen. Die geometrische Gestalt der Schiffsoberfläche und des Schiffes wird sich möglicherweise wandeln."

Georg Weinblum (HANSA 1970)

2.1 Taylor

„Die Aufstellung eines ordnenden Prinzips für Schiffslinien und Formen, wie es D. W. Taylor vorgeschwebt hat, ist an sich schon recht wesentlich. Experimentelle wie theoretische Untersuchungen erhalten ihre volle Bedeutung nur, wenn die Ergebnisse genügend verallgemeinert werden können; eine Voraussetzung dafür in der Schiffbauwissenschaft ist, daß man von systematisch variierten Formen ausgeht.
Ein negativer Beweis hierfür ist auch schon leider erbracht: Zahlreiche Veröffentlichungen über Widerstandsversuche an unsystematisch vorgenommenen Variationen von Schiffsmodellen haben sich nachgerade zu einer Plage entwickelt."

Georg Weinblum (Jahrbuch STG 1953)

Während die Verwendung mathematischer Schiffslinien, dargestellt durch Polynome, mindestens bis auf Chapman (ca. 1760) zurückgeht, verdanken wir es Taylor [1], hieraus ein übersichtliches System zur systematischen Variation von Schiffsformen entwickelt zu haben, das auch seiner Standard-Serie zugrunde liegt. Dabei verwendete Taylor Polynome (fünften Grades) für die charakteristischen Kurven beider Schiffshälften (Spantarealkurve, Konstruktionswasserlinie). Dies geschah in der Absicht, Linien zu beschreiben, die eine erwünschte Form besitzen, ohne jeden Anspruch auf besondere hydrodynamische Eigenschaften. Taylors Darstellung eines ebenen Kurvenabschnitts in expliziter Polynomform $y = f(x)$ läßt sich auch in einer durch geometrische Formparameter bestimmten Polynomschreibweise angeben:

$$y = f(x) = \sum_{i=o}^{5} a_i x^i = \sum_{i=0}^{5} C_i f_i(x), \qquad (1)$$
$$0 \leq x \leq 1, \ 0 \leq y \leq 1$$

Hierin sind

$f_i(x) =$ Basispolynome für die Formparameterklasse $\bar{C}$
$C_i \ \ =$ geometrischer Formparameter

Taylor wählte im Rahmen seiner Standard-Serie die Formparameterklasse

$$\bar{C} = \{y_0 = 0, y_1 = 1, y_0' = t, y_1' = 0, y_1'', C_p\}$$

In den Liniensegmenten der Spantarealkurve der Taylorserie waren also drei der sechs Formparameter durch Endbedingungen fixiert, die drei übrigen t, y_1'' und $C_p = \int_0^1 f(x)dx$ frei variierbar.
Taylors Ansatz ähnelt dem Prinzip der Hermitekurven, mit denen ein Kurvenabschnitt über seine Endbedingungen, nämlich beliebige, an beiden Enden gleich hohe Ableitungen der Kurve, bestimmt wird. Taylor hat jedoch eine der Endbedingungen durch seine schiffbaulich relevante Integralbedingung für die Fläche (C_P) ersetzt. Bei Taylor wie bei Hermite beruhen alle gestellten Formbedingungen auf linearen Operationen auf $y = f(x)$, so daß es gelingt, die Basispolynome $f_i(x)$ aus linearen Gleichungen getrennt zu ermitteln und gemäß Gl. (1) zu superponieren. Damit hat Taylor für seine Formparameterklasse eine Polynombasis eingeführt, die ausschließlich auf geometrischen Formparametern C_i beruht. Die Existenz von zulässigen Lösungen nach seinem Ansatz ist allerdings nur gewährleistet, solange die Nebenbedingungen für einen zulässigen Verlauf der Kurve $y = f(x)$ eingehalten werden.

2.2 Weinblum

„Weiter führt die Untersuchung geeigneter Parameter der dimensionslosen Form zwanglos Zur analytischen Darstellung der Schiffsoberfläche. Eine befriedigende ‚Theorie der Formkoeffizienten' baut sich deshalb am einfachsten auf einer Verwendung der exakten Schiffsgleichungen auf."

Georg Weinblum (Jahrbuch STG 1953)

Weinblum hat den von Taylor eröffneten Weg der Formbeschreibung systematisch weiter verfolgt und, insbesondere in Verbindung mit der linearen Wellenwiderstandstheorie, für die analytische Formbewertung und -verbesserung erschlossen. In der Mehrzahl seiner Arbeiten (z.B. [4] bis [7]), und von Vereinfachungen abgesehen, wählt Weinblum eine explizite Polynomdarstellung für die Segmente charakteristischer Schiffslinien von der Form

$$y = 1 - \sum_{(n_i)} a_i x^{n_i}, 0 \leq x \leq 1, 0 \leq y \leq 1, \qquad (2)$$

wobei die Menge der Exponenten (n_i) eine an sich beliebige, in der Anzahl unbeschränkte Auswahl positiver ganzer Zahlen ist. Z.B. hat er nicht selten für Spantarealkurven mit der Menge $(n_i) = <2,4,6>$ oder $(n_i) = <2,3,4>$ gearbeitet. Über die erweiterte Anzahl freier Koeffizienten a_i gewinnt Weinblum gegenüber Taylor grundsätzlich eine vergrößerte Auswahl an Formparametern. Allerdings hat er den gewählten a_i meist nur 2 geometrische Formparameter für die systematische Variation zugeordnet, nämlich t and C_P, und den übrigen Koeffizienten keine geometrische Bedeutung beigemessen. Für ihn waren t and C_P zwei der hydrodynamisch wichtigsten Formparameter, zumal der Wellenwiderstand auf beide empfindlich anspricht.

Abb. 2 zeigt exemplarisch, welche Formenvielfalt und systematische Variation mit dieser Methodik erreichbar sind. Die verfügbare Variationsbreite dieses Ansatzes hat für viele methodische Untersuchungen hingereicht. Aber Weinblum hat auch schon selbst auf die Grenzen hingewiesen, welche die explizite, einsegmentige natürliche Polynom-Darstellung von Kurven grundsätzlich zur Folge hat. Zu den wesentlichen Einschränkungen dieser Darstellung gehören:

- Der Lösungsraum, in dem zulässige, die geometrischen Nebenbedingungen nicht verletzende Formen existieren, ist begrenzt. Bei sehr völligen und sehr scharfen Formen gibt es Schwierigkeiten.
- Mit dem Polynomgrad steigt die Neigung zu Wendepunkten und Oszillationen.

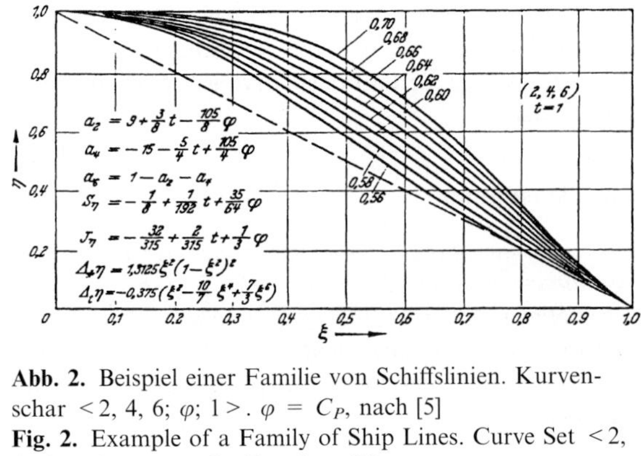

Abb. 2. Beispiel einer Familie von Schiffslinien. Kurvenschar $<2, 4, 6; \varphi; 1>$. $\varphi = C_P$, nach [5]

Fig. 2. Example of a Family of Ship Lines. Curve Set $<2, 4, 6; \varphi; 1>$. $\varphi = C_P$, Based on [5]

- Die numerische Stabilität von Monomen ist eingeschränkt.

Auch aus diesen Gründen wird diese Art der Kurvenbeschreibung den heutigen Anforderungen für praktische Schiffsformen nicht gerecht. Es ist jedoch möglich, den richtigen Grundgedanken der Formparameterbeschreibung von Kurven auch auf flexiblere Darstellungen zu übertragen.

2.3 Neuere Kurvendarstellungen

Unter dem Einfluß der CAD-Entwicklung haben sich auch im Schiffbau parametrische, meist stückweise stetige Polynomdarstellungen von Kurven (Splines) durchgesetzt. Oft werden Bézier- oder B-Spline-Darstellungen bevorzugt, die sich durch geometrische Flexibilität ohne Schwankungs- oder Entartungsgefahr auszeichnen. Die Kurvensegmente dürfen niedrigen Polynomgrad besitzen und werden mit beliebig hoher Stetigkeit aneinandergefügt. Tabelle I gibt eine Übersicht über die wichtigsten Merkmale dieser Beschreibungen. Weniger bekannt, wenigstens im Rahmen heutiger CAD-Systeme, ist es, daß sich dieser Kurventyp auch ohne weiteres aus den geometrischen Formparametern erzeugen läßt, die Taylor und Weinblum benutzt haben und die schiffbaulich relevant sind. Jedoch kann man die Zahl der Formparameter erheblich erweitern.

Z.B. ist die Augabe, eine Parameterkurve mit gegebener Fläche und ggf. Endbedingungen sowie Aufmaßpunkten zu generieren sowohl einsegmentig ([9], [10]) als auch mehrsegmentig ([11]) gelöst worden. Abb. 3a zeigt exemplarisch einen einsegmentigen Spant mit Flächen- und Endbedingungen, interpoliert durch 8 Aufmaßpunkte, Polynomgrad 19. In Abb. 3b wird eine stückweise quintische Polynomkurve gezeigt, die eine Punktmenge glättend approximiert und eine Fläche sowie Endtangenten-

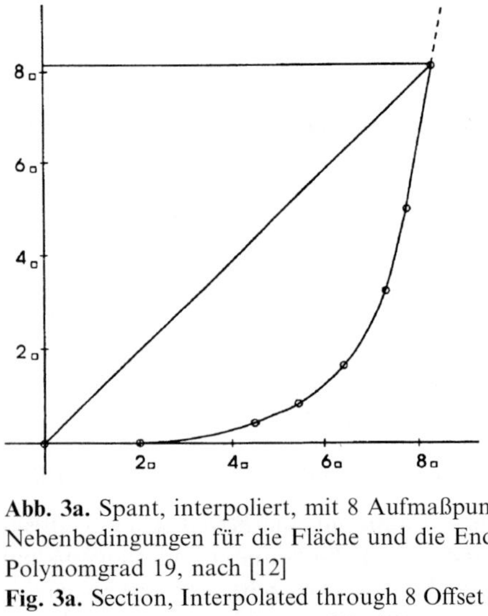

Abb. 3a. Spant, interpoliert, mit 8 Aufmaßpunkten mit Nebenbedingungen für die Fläche und die Endtangenten, Polynomgrad 19, nach [12]

Fig. 3a. Section, Interpolated through 8 Offset Points with Constraints on Section Area and End Tangents, Based on [12]

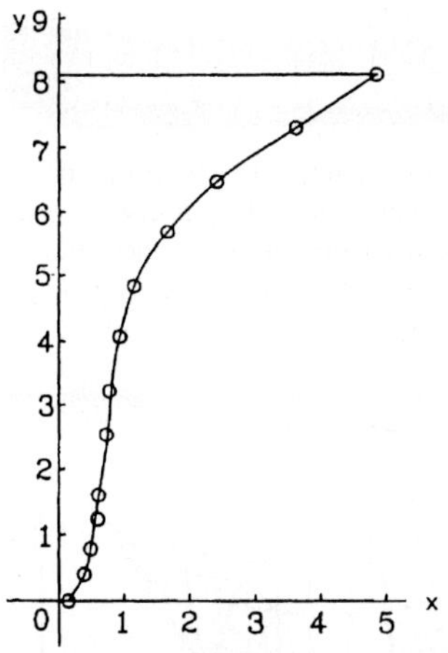

Abb. 3b. Approximierende Kurve mit vorgegebener Fläche und Endbedingungen, nach [11]
Fig. 3b. Approximation Curve with Given Section Area and End Condition, Based on [11]

richtungen exakt einhält. Auf entsprechende Weise lassen sich weitere Formparameterbedingungen berücksichtigen. Der Lösungsansatz führt auf ein simultanes Gleichungssystem, das je nach Formparametertyp auch nichtlinear sein kann.

2.4 Flächenbeschreibungen

„In einer Denkschrift sagt Prof. Mørch (s. Kongreß der Leiter der Schiffbauversuchsanstalten, Den Haag, 1933), daß es wohl möglich sei, Schiffslinien exakt darzustellen, nicht aber ganze Schiffsoberflächen: diese Feststellung ist nur insofern richtig, als der Aufbau einer Oberflächengleichung immer noch mit Schwierigkeiten verknüpft sein kann, wenn die Gleichungen der Elemente – Wasserlinien und Spanten – in befriedigender Form vorliegen. Solche Schwierigkeiten treten bei Schiffsformen mit völligen Hauptspanten auf oder auch dann, wenn die Kiellinie eine komplizierte Form hat; für Schiffe mit rechteckiger Längskontur und schärferen Hauptspantformen ist dagegen das Problem als gelöst zu betrachten, und auch für den allgemeinen Fall ist durch einen Satz von Weierstraß die Lösungsmöglichkeit gegeben, so daß es sich um rechnerische Schwierigkeiten der wirklichen Durchführung handelt. Sind die überwunden, so möchte ich der Hoffnung Ausdruck geben, daß in Zukunft systematischen Forschungsarbeiten nur exakte Schiffsoberflächen zugrundegelegt werden."

Georg Weinblum (Jahrbuch STG 1934)

Weinblum hat in verschiedenen Arbeiten den Weg verfolgt, eine Beschreibung der Schiffsoberfläche aus sogenannten Hauptlinien, d. h. den charakteristischen Linien wie Spantarealkurve, Konstruktionswasserlinie, Seiten- und Decksprofil u.a. zu entwickeln. Dieser Ansatz ist weit flexibler als das bei ihm auch sehr beliebte Elementarschiff mit affinen Wasserlinien und Spanten, da beide Kurvenscharen hier beliebig gestaltet werden können. Die in Abb. 4 gezeigten Grundkurven bilden eine notwendige Mindestzahl von Hauptlinien, um die Schiffsoberfläche zu konstruieren, wenn auch noch nicht ganz eindeutig. Dieser schiffbaulich an sich bekannte Lösungsweg wird in [12] unter dem Aspekt beschrieben, daß die Grundkurven formparametergeneriert sind und der Spantriß hieraus entwickelt wird. Bei komplexeren, praktischen Schiffsformen sind weitere Ergänzungen notwendig und möglich, um lokale Formmerkmale (wie Knicklinien, flache Seite, Anhänge) zu berücksichtigen:

- Weitere Hilfslinien, z.B. an allen Unstetigkeiten (Knicklinien) der Fläche, als Demarkationslinien.
- Eine Einteilung in mehrere Gebiete, zumindest in die Rumpfform und Zusatzelemente (wie Wulst).

Insgesamt ergibt sich so ein Netz von Kurven, die ausschließlich durch ihre Formparameter beschreibbar sind. Die Topologie dieses Netzes ist überwiegend regelmäßig (mit Vierecksmaschen), in manchen Stellen aber auch unregelmäßig.
Ungeachtet seiner Komplexität ist gezeigt worden, daß ein solches Netz durch eine Fläche geforderter Stetigkeit interpolierbar ist. So zeigt die Folge der Abb. 5–7 die Erzeugung von Schiffsoberflächen durch Interpolation von Kurvennetzen (GC^2- bzw. GC^1-stetig) und – bei Abb. 6 – innere Glättung der Flächenelemente (Glättekriterien höherer Ordnung). Nach dem Stand der Wissenschaft, nicht unbedingt schon der CAD-Technik allgemein, sind heute Beschreibungen der Schiffsoberfläche aus einer hinreichenden Zahl von Grundkurven für komplexe, praxisnahe Schiffsformen generierbar, wobei die

Tabelle I. Übersicht über unterschiedliche Kurvenbeschreibungen
Table I. Overview of Diverse Curve Representations

Eigenschaft	Früher	Heute
Polynomdarstellung	Explizit	Parametrisch
Raumkurven	Skalar komponentenweise	Vektoriell
Segmentierung	Meist einsegmenting	Mehrsegmentig, stückweise stetig
Polynombasen	Monom	Bernstein-Bézier, B-Spline
Polynomgrad	Begrenzt (Anzahl der Terme)	Ziemlich frei (z.B. bis 20)
Anzahl der freien Formparameter	Begrenzt auf 2, 3, 4,...	Ziemlich frei
Bedeutung der Koeffizienten	Teils geometrisch, teils algebraisch	Geometrisch
Oszillationsgefahr	Wendepunkte möglich	Konvexität kontrollierbar
Numerische Stabilität	Kritisch	Ungefährlich

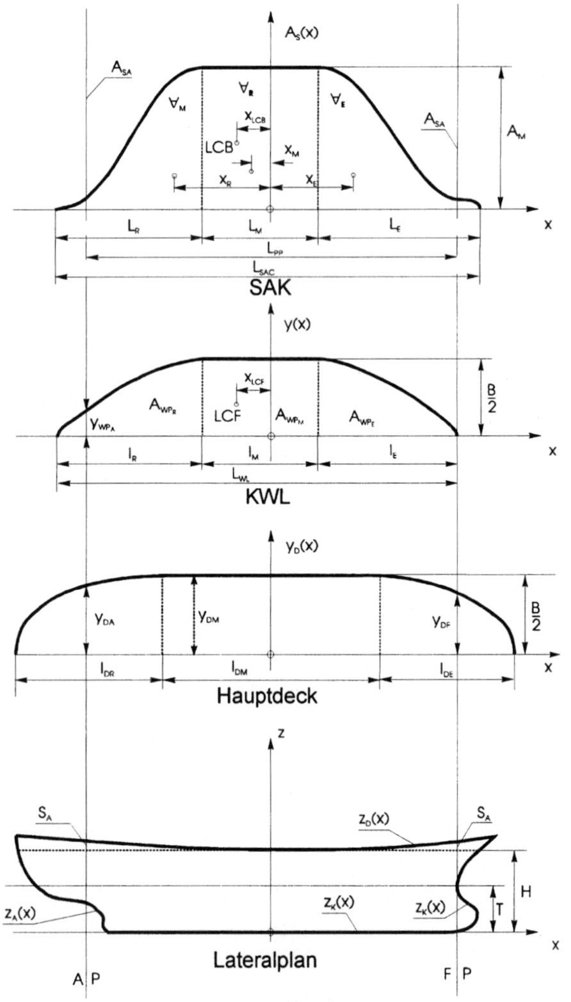

Abb. 4. Grundkurven der Schiffsformdefinition, nach [12]
Fig. 4. Basic Curves of Hull Form Definition, Based on [12]

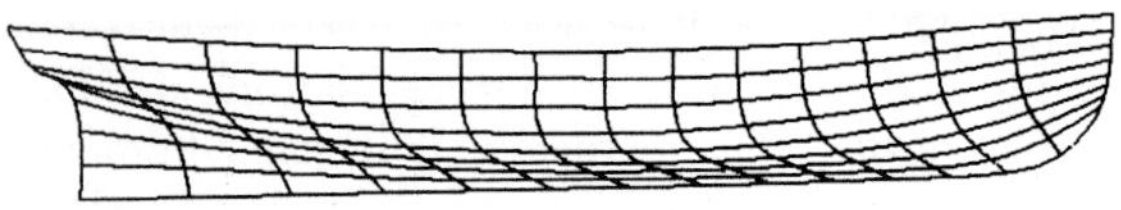

Abb. 5. Kurvennetz quintischer, krümmungsstetiger Quer- und Längskurven, nach [13]
Fig. 5. Curve Mesh of Quintic Curvature Continuous Transverse and Longitudinal Curves, Based on [13]

Grundkurven, wie seit je angestrebt, eine Formparameterdarstellung besitzen.

3 Bewertung der Schiffsform

„Ein Transportkoeffizient ($\Delta V/P$) oder sein Kehrwert $P/(\Delta V) = (RV)/(\eta_p \cdot \Delta V) = (R/\Delta) \cdot (1/\eta_p)$ (η_p = Propulsionsgütegrad) ist die wichtigste Größe zur Oreintierung in unserem Gebiet."

Georg Weinblumm (HANSA 1970)

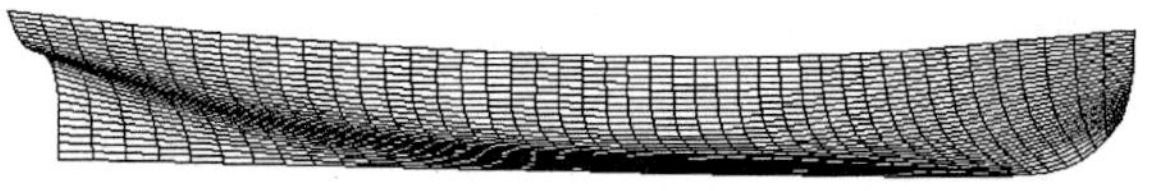

Abb. 6. Interpolierte krümmungsstetige Fläche (Polynomgrad 9 × 9) nach [13], visualisiert durch Isoparameterlinien
Fig. 6. Interpolated, Curvature Continuous Surface (Polynomial Degree 9 × 9), Based on [13], Visualized by Isoparameter Lines

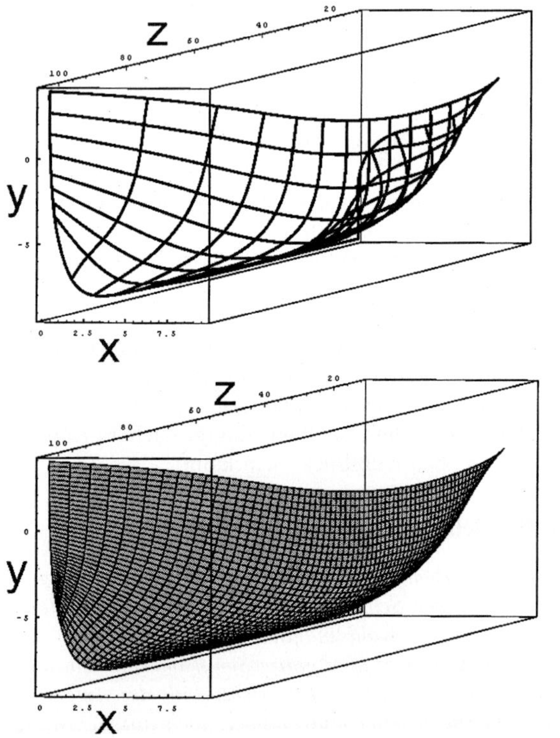

Abb. 7. Erzeugung einer Schiffsoberfläche durch Interpolation eines Kurvennetzes und nach Glättung der Flächenelemente nach [13], Glättekriterium vierter Ordnung
Fig. 7. Generation of a Ship Surface by Interpolation of a Curve Mesh after Fairing of the Surface Patches, Based on [13], Fourth Order Fairness Measure

Wir folgen dieser Aussage von Weinblum, die sich in anderer Form auch bis zu Froude zurückverfolgen läßt, auch heute noch, soweit es um eine rein hydrodynamische Bewertung geht. Der spezifische Widerstand R_T/Δ hat zumindest die Eigenschaft, daß bei gleicher Geschwindigkeit und Verdrängung (und damit etwa gleicher Transportleistung) der Entwurf mit dem geringeren Widerstand eindeutig der bessere ist, was bei anderen Widerstandsbeiwerten nicht unbedingt der Fall ist. Neuere Untersuchungen (Ship Merit Factor, H. Cheng) haben auch bestätigt, daß diese Kenngröße proportional in die wirtschaftliche Gesamtbewertung eines Schiffes eingeht, so daß die Eingangsaussage jedenfalls ceteris paribus gilt. Wir wissen dabei auch (ebenso wie Weinblum), daß eine Gesamtbewertung auch auf andere Leistungsaspekte (Räumte, Stabilität, Kosten und Einnahmen) Rücksicht zu nehmen hat. Manche neueren Schiffstypen, auch Katamarane und SWATH, lassen sich erst aus dieser Gesamtperspektive rechtfertigen. Aber auch in diesen Fällen geht die Größe $(R_T/\Delta) \cdot (1/\eta_P)$ direkt in die Gesamtbewertung ein. Der eigentliche Fortschrit der letzten Jahrzehnte liegt aber vielmehr in unseren verbesserten Instrumenten, um eine vergleichende Bewertung von Schiffsformen, ggf. auch für systematische Varianten, mit Hilfe von numerisch-analytischen Verfahren wie Computational Fluid Dynamics (CFD) schon in der frühen Projektphase praktisch durchführen zu können.

4 Verbesserung der Schiffsform

Die Entwicklung steht, wie es scheint, durch die Verfügbarkeit neuer Instrumente für die systematische Formvariation und für die numerische Strömungsberechung durch CFD am Beginn einer neuen Phase, in der das Potential der neuen Verfahren erst noch voll für die Verbesserung der Schiffsform erschlossen werden muß. Dabei wird durch die genauere Analyse lokaler Strömungszustände neue Information verfügbar, die zu einem tieferen Verständnis und einer differenzierten Diagnose des Strömungsbildes beiträgt. Es gilt daher, diese zusätzlichen Informationen zu nutzen und damit die klassischen Strategien der Formverbesserung weiterzuentwickeln. Einige Hinweise hierzu finden sich in [14] und [15].

Es liegt mir fern, hier die möglichen Strategien zu erörtern, die zu einer Verbesserung der Schiffsform führen können. Es wird sich vorwiegend weiterhin um klassische Strategien der Widerstandsverringerung handeln, wenn auch durch immer bessere Indizien zu den Ursachen der Strömungserscheinungen unterstützt. So wird man weiterhin nach günstigen Verdrängungsverteilungen für den Wellenwiderstand und nach vorteilhalften Geschwindigkeits- und Druckverteilungen für den Zähigkeitswiderstand suchen. Hierin ist in Experiment und Theorie ein hoher Wissensstand erreicht. Ich möchte mich hier darauf beschränken, an zwei Beispielen exemplarisch zu illustrieren, wie eng eine exakte Formbeschreibung mit Formverbesserungen zusammenhängen kann. Dabei beziehe ich mich wieder auf Arbeiten von Weinblum, und zwar zum Einfluß von Formparametern auf den Wellenwiderstand sowie zur Formfaktor-Extrapolationsmethode.

4.1 Formparameter und Wellenwiderstand

Weinblum hat sich in vielen Arbeiten systematisch mit dem Zusammenhang zwischen den Formparametern der Hauptlinien der Schiffsform und dem Wellenwiderstand befaßt. Zu seinen grundlegenden Erkenntnissen gehörte auch die Feststellung, daß kleine Änderungen in den Hauptlinien mitunter sehr erhebliche Änderungen im Wellenwiderstand hervorrufen können. In einem gut dokumentierten Einzelfall geht diese Möglichkeit sogar so weit, daß zwei Formen mit gleichem Schärfegrad $C_P = \varphi$ und identischer Eintrittstangente $t = 1$ der Spantarealkurven, die sich nur durch eine andere Polynomdarstellung unterscheiden, erhebliche Unterschiede im spezifischen Wellenwiderstand aufweisen. Dieses zunächt paradox erscheinende Ergebnis wurde durch wiederholte Rechnungen und Messungen bestätigt, Abb.8 bis 11. Weinblum selbst sagte hierzu bereits in einem ähnlichen Zusammenhang [6]:

„Der Tradition folgend haben wir bei der vorausgehenden Diskussion den Schärfegrad als maßgeblichen

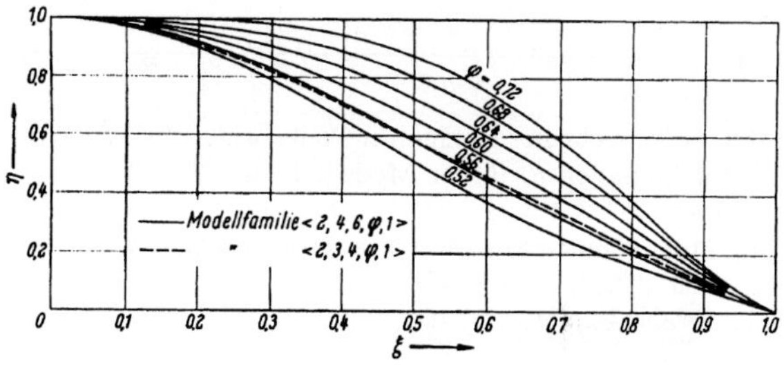

Abb. 8. Spantflächenkurven, nach [7]
Fig. 8. Sectional Area Curves, Based on [7]

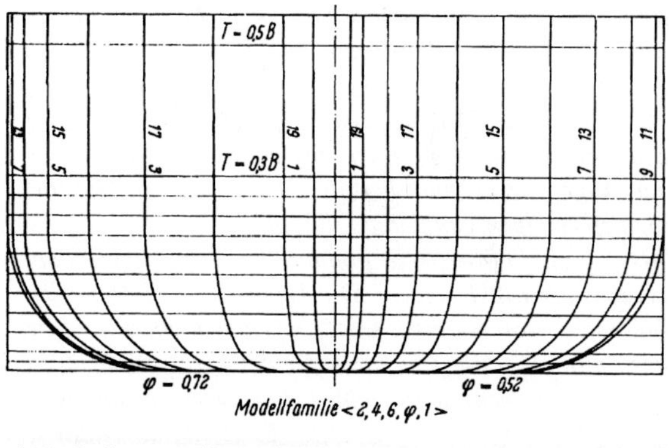

Abb. 9. Spantenriß, nach [7]
Fig. 9. Body Plan, Based on [7]

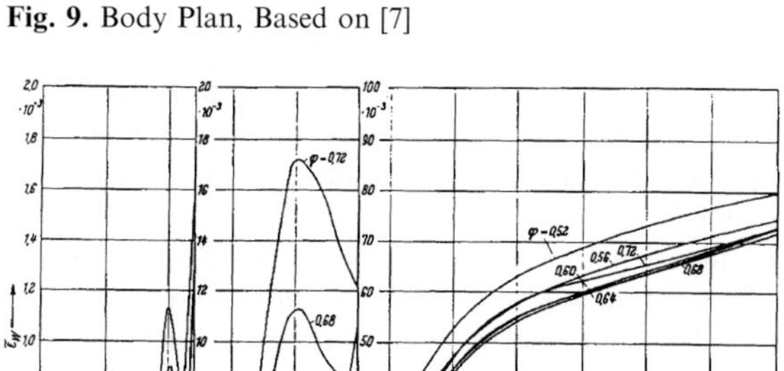

Abb. 10. Errechneter spezifischer Wellenwiderstand $\tilde{R}_W/\Delta$ als Funktion F_n und $\varphi = C_P$, nach [7]
Fig. 10. Computed Specific Wave Resistance $\tilde{R}_W/\Delta$ as a Function of F_n and $\varphi = C_P$, Based on [7]

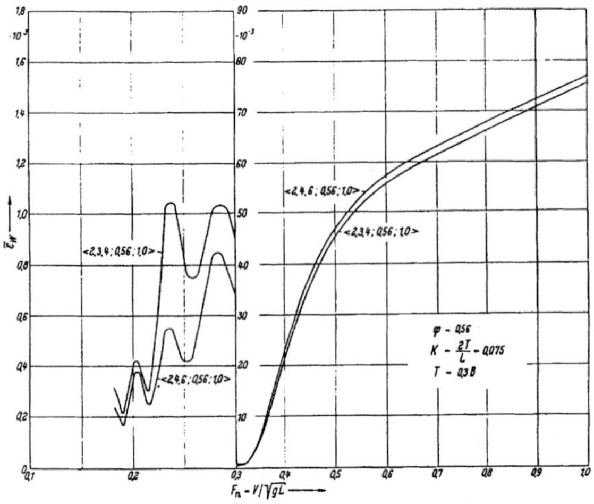

Abb. 11. Errechneter spezifischer Wellenwiderstand $\tilde{R}_W/\Delta$ als Funktion von F_n für die Modelle 1766 <2, 3, 4, 0,56, 1> und 1767 <2, 4, 6, 0,56, 1>, nach [7]
Fig. 11. Computed Specific Wave Resistance $\tilde{R}_W/\Delta$ as a function of F_n for the Models 1766 <2, 3, 4, 0,56, 1> and 1767 <2, 4, 6, 0,56, 1>, Based on [7]

Parameter verwandt. Seine Bedeutung als ordnendes Prinzip in der Widerstandslehre ist nicht zu erschüttern, solange man innerhalb einer Familie bleibt, wenngleich diese Bedeutung im Bereich der hohen Froude-Zahlen zurücktritt. φ stellt ein notwendiges, aber bei weitem nicht ausreichendes Mittel für das Studium der Schiffsformen vor; letzteres tritt deutlich vor Augen, wenn man bei gleichen φ von Optimalformen zu ungünstigen Linien übergeht.
Als nächste Formgröße kommt der Taylorsche Tangentenwert t in Frage ... Die Linien in ... [Abb. 12], für ein φ = 0.68 errechnet, zeigen jedoch, wie stark der optimale t-Wert in einem Gebiet kleinerer Froude-Zahlen von dem allgemeinen Formverlauf der Ausgangsgleichung abhängig ist,... Es ist daher fraglich, ob diesem Differentialwert t die Bedeutung zukommt, die Taylor ihm beimaß.“

Diese Folgerung läßt sich nur unterstreichen. Die Bedeutung von t wird bei Taylor – und ähnlich bei Weinblum – nur dadurch zum Schein aufgewertet, daß bei der Wahl von nur zwei expliziten Formparametern (C_P und t) diese Größe auf den gesamten Charakter der Kurve Einfluß nimmt und nicht nur auf den Eintrittswinkel. Die übrigen Formeinflußgrößen sind in den Polynomansätzem versteckt. Der Größe t haftet also „keine magische Bedeutung“ an. Aus heutiger Sicht würde man wohl mit einem System von hinreichend vielen, ausschließlich geometrisch interpretierbaren Formparametern die Spantarealkurve flexibler variierbar machen.

4.2 Widerstandsanteile und Formfaktor

Weinblun ist bei seinen vielfältigen Arbeiten über Widerstandsanteile (z. B. in [16]) immer wieder auf

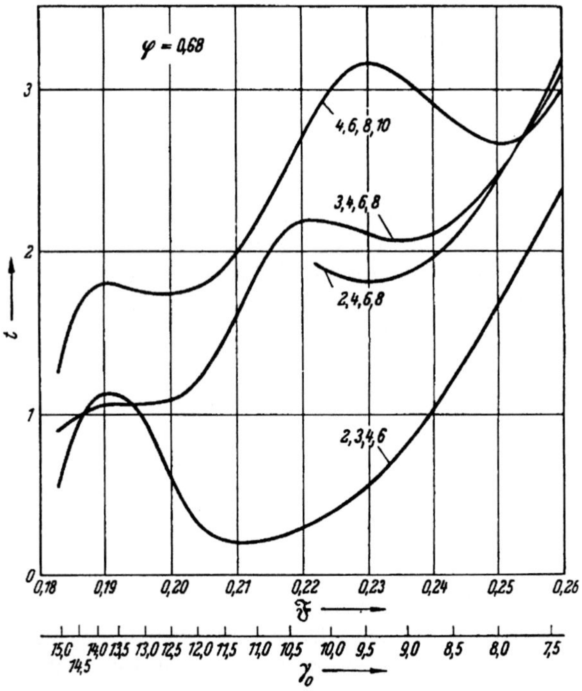

Abb. 12. Abhängigkeit des optimalen t-Wertes in einem Gebiet kleiner Froude-Zahlen vom allgemeinen Formverlauf der Ausgangskurve, φ = 0,68, nach [6]
Fig. 12. Dependence of Optimal t in the Range of Small F_n on the General Shape Character of the Given Curve for φ = 0,68, based on [6]

Zweifel gestoßen, ob der Widerstandsanteil, der auf der Wechselwirkung zwischen Wellen und Zähigkeitseinflüssen beruht, stets so klein sei, wie es die Froudesche Hypothese voraussetzt. Z. B. äußert er im Hinblick auf die Extrapolation von Modelversuchsergebnissen:

„Man findet häufig die Behauptung, daß diese physikalisch falsche, aber einfache Interpretation[1] doch zu richtigen Ergebnissen bei der Umrechnung des Modellwiderrstandes auf die Großausführung führt. Danach würde sich der formabhängige Zähigkeitswiderstand mit der Reynoldsschen Zahl nicht ändern. Diese Hypothese scheint sich aber bei völligen Schiffen nicht zu bestätigen.“

Georg Weinblum (Jahrbuch STG 1962)

Diese Zweifel werden durch neuere Ergebnisse aus CFD-Berechnungen nur bestärkt. Wenn es in bestimmten Fällen zutrifft, daß die Präsenz einer freien Oberfläche in einer zähen Strömung relevanten Einfluß hat, wie Rechenergebnisse es nahelegen, dann sprechen maßgebliche Gründe dafür, den Formfaktor (1+k) nicht mehr ohne weiteres als maßstabsunabhängig vorauszusetzen. Hierüber werden uns

[1] Der Verf.: Nämlich die Prognose nach ‚single extrapolater line‘ mit Korrekturen

weitere Untersuchungen sicher Auskunft geben. Auch für diese numerischen Berechnungen ist eine exakte Beschreibung der Schiffsform Voraussetzung, um den Ursachen dieser physikalischen Frage auf den Grund zu gehen.

5 Zusammenfassung

Die Methoden der exakten Beschreibung von Schiffsformen haben in den letzten Jahrzehnten wesentliche Fortschritte gemacht und erlauben heute die Darstellung praktischer Schiffsformen mit einem flexiblen System geometrischer Formparameter.
Damit ist auch eine systematische Variation und Bewertung wesentlich erleichtert worden. Damit sind die Voraussetzungen für eine systematische Formentwicklung, gerade auch mit CFD-Methoden, maßgeblich verbessert worden. Es steht die Aufgabe an, dieses neue Potential in eine Vertiefung unserer grundsätzlichen Erkenntnisse umzusetzen.

„Die vornehmste und wichtigste Aufgabe in der technischen Forschung besteht in der Gewinnung neuer grundsäzlicher Erkenntnisse.“

George Weinblum (Jahrbuch STG 1953)

„Die Grenzen der von uns benutzten Theorie halten wir uns stets vor Augen und hoffen, daß die junge Generation der Hydrodynamiker uns weiterhelfen wird. Es wäre zu schön, wenn die hier unter sehr einschränkenden Bedingungen gewonnenen Ergebnisse sich unmittelbar auf die rauhe Wirklichkeit anwenden ließen.“

George Weinblum (Jahrbuch STG 1957)

Schrifttum

1 D.W. Taylor, „Calculations of Ships' Forms and the light Thrown by Model Experiments upon Resistance, Propulsion and Rolling of Ships“, Int. Congress of Engineering, San Francisco, 1915

2 G. Weinblum, „Anwendungen der Michellschen Widerstandstheorie“, Jahrbuch STG 31, S. 389–436, 1930

3 G. Weinblum, „Schiffsform und Wellenwiderstand“, Jahrbuch STG 33, S. 419–456, 1932.

4 G. Weinblum, „Untersuchungen über den Wellenwiderstand völliger Schiffsformen“, Jahrbuch STG 35, S. 164–192, 1934.

5 G. Weinblum, „Systematische Entwicklung von Schiffsformen“, Jahrb: STG 47, S. 186–210, 1953.

6 G. Weinblum, D. Wustrau, G. Vossers, „Schiffe geringsten Widerstandes“, Jahrbuch STG 51, S. 175–204, 1957.

7 G. Weinblum, S. Schuster, C. Boës, R. Bhattacharyya, „Untersuchungen über den Widerstand einer systematisch entwickelten Modellfamilie“, Jahrbuch STG 56, S. 296–319, 1962.

8 G. Weinblum, „Beitrag der Schiffstheorie zur Entwicklung des Schiffes“, HANSA 107, S. 37–45, 1970.

9 H. Meier, H. Nowacki, „Interpolating Curves with Gradual Changes in Curvature“, Computer Aided Geometric Design 4, 1987.

10 H. Nowacki, D. Liu, X. Lü, „Fairing Bézier Curves with Constraints“, Computer-Aided Geometric Design 7, 1990.

11 H. Nowacki, X. Lü, „Fairing Composite Polynomial Curves with Constraint“, Computer-Aided Geometric Design 11, 1994.

12 H Nowacki, M.I.G. Bloor, B. Oleksiewicz, eds., „Computational Geometry for Ships“, World Scientific Publ., Singapore, London, 1995.

13 H. Nowacki, F. Jin, X. Ye. „A Synthesis Process for Fair Free-Form Surfaces“, W. Straßer (ed): Theory and Practice of Geometric Modeling (BlaubeurenII), Springer-Verlag, 1997.

14 H. Nowacki, „Hull Form Variation and Evaluation“, Kansai Society of Naval Architects, Osaka, September 1992.

15 H. Nowacki, „Hydrodynamic Design of Ship Hull Shapes by Methods of Computational Fluid Dynamics“, 9th Conf. of the European Consortium for Mathematics in Industry, Lyngby, Juni 1996.

16 G. Weinblum, „Über die Unterteilung des Schiffswiderstandes“, Schiff und Hafen 22, Heft 9, S. 807–812, 1970.

Modellierung von Zwei-Phasen-Strömungen zur Behandlung von Kavitationsproblemen

Modelling of Two-Phase Flows for Treating Cavitation Problems

Prof. Dr.-Ing. habil. **Wolfgang-Hermann Isay**
Institut für Schiffbau der Universität Hamburg

Zusammenfassung. Der Beitrag erörtert die verschiedenen Möglichkeiten zur Modellierung von Zwei-Phasenströmungen sowie deren Vor- und Nachteile. Insbesondere wird ein für die Behandlung von Kavitationsproblemen mit beliebigem Gasvolumenverhältnis (zwischen 0 und 1) geeignetes Modell vorgestellt. Es enthält Wasser und gelöste Luft in der flüssigen Phase sowie Wasserdampf und Luft in der gasförmigen Phase. Besonderes Augenmerk ist der notwendigen Modellierung der Wechselwirkungsterme in den Partialimpulssätzen und den Partialenergiesätzen gewidmet. Für eine ausführliche schriftliche Fassung wird auf [1] verwiesen.

Summary. The contribution discusses the various possibilities of modelling two-phase flows with their respective advantages and disadvantages. In particular, a model is presented that is suitable to treat cavitation problems for arbitrary gas volume ratio (between 0 and 1). It contains water and dissolved air in the liquid phase and steam and air in the gas phase. Special emphasis is placed on the necessary modelling of the interaction terms in the partial momentum equations and the partial energy equations. The extended written documentation is found in [1].

1 Isay, W.H. (1997), Modellierung von Zwei-Phasen-Strömungen zur Behandlung von Kavitationsproblemen, IfS-Bericht 576, Univ. Hamburg

---

Vergleich verschiedener 3D-Verfahren zur Berechnung des Seeverhaltens von Schiffen

Comparison of Various 3-D Methods to Compute Seakeeping of Ships

Dr.-Ing. **Volker Bertram**
Institut für Schiffbau der Universität Hamburg

Zusammenfassung. Lineare Berechnungen des Seeverhaltens teilen das Potential in einen stationären und einen instationären Teil auf. Der instationäre Teil wird dann hinsichtlich der Wellenhöhe linearisiert. Die meisten Methoden führen als weitere Vereinfachung die Annäherung des stationären Teils durch gleichförmige Parallelströmung ein. Eine Methode, die den stationären Teil voll erfaßt durch Lösen des nichtlinearen Wellenwiderstandproblems, erlaubt erstmalig den Effekt dieser Vereinfachung numerisch zu untersuchen. Der Vollständigkeit halber wird auch die Näherung durch Doppel-körperströmung untersucht. Ergebnisse für ein Series-60 Schiff sind Bewegungen und lokale Drücke.

Summary. Linear seakeeping computations decompose the potential into a steady and an unsteady part. The unsteady part is then linearised with respect to the wave height. Most methods introduce a second simplicification by approximating the steady part by parallel flow. A method that incorporates the steady part by computing it first in a fully nonlinear wave-resistance code allows to investigate for a first time to analyse the effect of this simplification numerically. For completeness, also the intermediate approximation of double-body flow is presented. Results for a Series-60 ship are motions and local pressures.

1 Einleitung

„The present hydrodynamic methods used in studying problems of seaworthiness are based largely on the powerful concept of sources and sinks. Probably more advanced treatments of the boundary problem involved can lead to further useful results." Fast fünfzig Jahre sind seit dieser Einschätzung von Weinblum und St. Denis [1] vergangen. Verfahren zur Berechnung des Seeverhaltens von Schiffen sind in dieser Zeit tatsächlich beträchtlich leistungsfähiger geworden, basieren aber vorwiegend immer noch auf Quell-Senken-Verteilungen. Heute erlauben uns stark numerisch orientierte Verfahren sowohl die Berechnung nichtlinearer Bewegungen (in Zeitsimulationen), als auch die voll dreidimensionale Erfassung der Strömung für beliebige Schiffsgeometrien. Allerdings haben diese Verfahren bislang kaum Eingang in die Praxis gefunden, da sie noch zu aufwendig sind. Voll dreidimensionale Verfahren für lineare Bewegungen könnten aber bald zu Standardberechnungen für die Industrie eingesetzt werden. Ein derartiges Verfahren soll hier vorgestellt werden. Das untersuchte Verfahren gehört zur Klasse der Rankine-Singularitäten-Methoden (RSM), über die [2] einen Überblick geben. Die Methode erfaßt alle stationären Geschwindigkeitseffekte und erlaubt daher zu untersuchen, welchen Einfluß Vereinfachungen haben, die andere Methoden (teilweise gezwungenermaßen) einführen, nämlich:

- Vernachlässigung von dynamischer Tiefertauchung und Vertrimmung
- Vernachlässigung des stationären Wellenprofils und generell des stationären Wellensystems
- Vernachlässigung der lokalen stationären Strömungsänderung

Als entscheidender „Baustein" bei der Berechnung des Seeverhaltens wird dabei das Verhalten in einer regelmäßigen Welle untersucht.

2 Rankine-Panelmethode mit voller Erfassung der stationären Einflüsse

Wir betrachten ein Schiff, das mit einer mittleren Geschwindigkeit U in einer regelmäßigen, langkämmigen Welle kleiner Amplitude h fährt. Die Randbedingungen werden hinsichtlich der Wellenamplitude h (und damit zusammenhängender, zeitharmonischer Größen) linearisiert. Diese Einschränkung ist nötig, wenn man den Seegang in einer Fourier-Analyse zerlegen und die Schiffsreaktionen hinterher wieder überlagern möchte, also wie üblich bei nur statistisch vorgegebenem Seegang vorgehen will. Hinsichtlich der stationären Strömungsanteile ist keine Einschränkung nötig und wird hier auch zunächst *nicht* eingeführt! [3] gibt eine ausführliche Herleitung der Gleichungen. Die grundlegende Differentialgleichung für die angenommene Potentialsströmung ist die Laplace-Gleichung, die den Masseerhalt beschreibt. Diese Gleichung muß im gesamten Flüssigkeitsbereich erfüllt sein. Jedes Rankine-Element erfüllt automatisch exakt die Laplace-Gleichung. Da die Laplace-Gleichung linear ist, erfüllt dann auch jede beliebige Linearkombination aus Rankine-Elementen exakt die Laplace-Gleichung. Zusätzlich werden die folgenden Randbedingungen aufgestellt:

[a] Wasser strömt nicht durch die Schiffsaußenhaut.
[b] Wasser strömt nicht durch die Wasseroberfläche.
[c] An der Wasseroberfläche herrscht atmosphärischer Druck.
[d] In weiter Entfernung stört das Schiff die Strömung nicht.
[e] Vom Schiff erzeugte Wellen entfernen sich vom Schiff. Abhängig von der Frequenz der Wellen und der Schiffsgeschwindigkeit, sind diese Wellen meist auf einen Sektor stromab beschränkt.
[f] Vom Schiff erzeugte Wellen sollten den künstlichen Rand des Berechnungsgebiets ohne Reflextion verlassen.
[g] Für die Gier- und Sway-Bewegung muß eine Kutta-Bedingung am Schiffsheck erfüllt werden. Bei See direkt von vorn oder hinten muß dies nicht berücksichtigt werden.
[h] Die Kräfte auf das Schiff führen zu Bewegungen. (Es wird angenommen, daß der zeitgemittelte Zusatzwiderstand durch entsprechend höhere Propulsionskräfte ausgeglichen wird, d.h. die mittlere Geschwindigkeit konstant bleibt.)

Das Problem der Strahlungsbedingung [e] verdient eine vertiefte Diskussion. Eine Begegnungsfrequenz ω_e kann bis zu drei verschiedenen Wellenlängen (und Fortschrittsgeschwindigkeiten) zugeordnet werden, abhängig von der Schiffsgeschwindigkeit U und der Laufrichtung der Wellen. Für $\tau = \omega_e U/g < 0,25$ ($g = 9,81$ m/s^2) existieren auch Wellensysteme, die schneller als das Schiff sind, d.h. sich vor dem Schiff ausbreiten. Für $\tau > 0,25$ breiten sich vom Schiff erzeugte Wellen nur stromab aus. Diese Situation ist analog zur Strahlungsbedingung bei stationärer Fahrt auf flachem Wasser für unterkritische Tiefen-Froude-Zahlen. Numerische Techniken, die sich für diesen Fall bewährt haben, dürften daher problemlos analog übertragbar sein. Das IfS-Verfahren ist bislang auf

Fälle mit $\tau > 0,25$ beschränkt. Diese Beschränkung ist für übliche Schiffe allerdings nur für See von hinten relevant, Abb. 1. Das vorhandene IfS-Verfahren könnte durch in [2] diskutierte Techniken auf den gesamten τ-Bereich erweitert werden.

Das Problem wird in rechts-orientierten, kartesischen Koordinatensystemen beschrieben. Das xyz-Inertialsystem bewegt sich gleichförmig mit der Geschwindigkeit U. x zeigt vorwärts (in die Richtung der Schiffsgeschwindigkeit U), z nach unten. Das schiffsfeste XYZ-System fällt im zeitlichen Mittel mit dem xyz-System zusammen. Der Begegnungswinkel μ zwischen Schiff und erregender Welle ist so definiert, daß $\mu = 180°$ See von vorn und $\mu = 90°$ See von Steuerbord bedeutet.

Das Schiff hat 6 Freiheitsgrade der Bewegung, die in dem Translationsvekor $\vec{u} = \{u_1, u_2, u_3\}^T$ und dem Rotationsvektor $\vec{\underline{\alpha}} = \{u_4, u_5, u_6\}^T = \{\underline{\alpha}_1, \underline{\alpha}_2, \underline{\alpha}_3\}^T$ zusammengefaßt werden:

u_1 ‚Surge'-Bewegung von $\underline{O}$ in x-Richtung
u_2 ‚Sway'-Bewegung von $\underline{O}$ in y-Richtung
u_3 Tauch-Bewegung von $\underline{O}$ in z-Richtung
u_4 Rollwinkel (um x-Achse)
u_5 Stampfwinkel (um y-Achse)
u_6 Gierwinkel (um z-Achse)

Alle Bewegungen werden als von erster Ordnung $O(h)$ klein angenommen.

Wir spalten das gesamte Geschwindigkeitspotential wie folgt auf:

$$\phi^t = \phi^{(0)} + \phi^{(1)} + \cdots \tag{1}$$

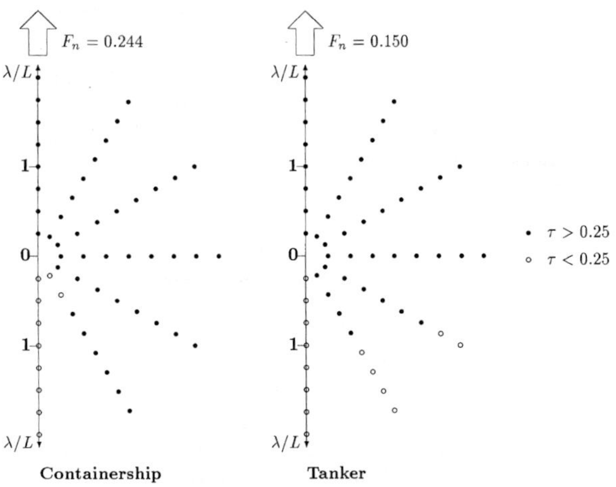

Abb. 1. Der Parameter τ is gewöhnlich größer als 0.25 (•) für die meisten Schiffe und relevanten Wellenlängen. Das Diagramm zeigt unproblematische τ-Werte abhängig von der Wellenlänge und dem Einfallswinkel der erregenden Welle. Nur wenige achterliche Wellen führen zu $\tau < 0,25$ (∘).
Fig. 1. The parameter τ is usually larger than 0,25 (•) for most ships and relevant incidents wave lengths. The diagrams shows unproblematic τ values depending on wave length of incident wave (between 0,25 and 2 of ship length) and angle of attack. Only some waves lead to $\tau < 0,25$ (∘).

$\phi^{(0)}$ ist der Anteil des Potentials, der unabhängig von der Wellenamplitude h ist. Dies ist das stationäre Potential, die Lösung des „Wellenwiderstandsproblems". $\phi^{(1)}$ ist proportional zu h und erfaßt (linearisiert) die Seegangsanteile der Strömung. Terme höherer Ordnung werden vernachlässigt.

Wir beschreiben die Wellenerhebung der Wasseroberfläche ζ analog wie das Potential, wobei wir die Zeitabhängigkeit von der Begegnungsfrequenz ω_e, explizit vorgeben (Lösung im Frequenzbereich):

$$\begin{aligned}\phi^t(x,y,z;t) &= \phi^{(0)}(x,y,z) + \phi^{(1)}(x,y,z;t)\\ &= \phi^{(0)}(x,y,z) + \mathrm{Re}(\hat{\phi}^{(1)}(x,y,z)e^{i\omega_e t})\end{aligned} \tag{2}$$

$$\begin{aligned}\zeta^t(x,y;t) &= \zeta^{(0)}(x,y) + \zeta^{(1)}(x,y;t)\\ &= \zeta^{(0)}(x,y) + \mathrm{Re}(\hat{\zeta}^{(1)}(x,y)e^{i\omega_e t})\end{aligned} \tag{3}$$

Das Symbol ^ bezeichnet generell die komplexe Amplitude einer zeitharmonischen Größe.

$\phi^{(1)}$ wird aufgeteilt in Anteile aus der erregenden Welle ϕ^w, der Diffraktion ϕ^d und der 6 Radiationsanteile:

$$\phi^{(1)} = \phi^d + \phi^w + \sum_{i=1}^{6} \phi^i u_i \tag{4}$$

Um nur für die Steuerbordhälfte ein Rechennetz erstellen zu müssen, bietet es sich an, ϕ^w und ϕ^d in symmetrische und antimetrische Teile aufzuspalten:

$$\begin{aligned}\phi^w &= \phi^{w,s} + \phi^{w,a}\\ \phi^d &= \phi^{d,s} + \phi^{d,a}\end{aligned} \tag{5}$$

Das stationäre Potential $\phi^{(0)}$ kann ohne Einschränkung mit einem „voll nichtlinearen" Wellenwiderstandsprogramm gelöst werden. Da im weiteren Verlauf der Seeverhaltens-Berechnung zweite Ableitungen des stationären Potentials (erste Ableitungen der Geschwindigkeit) auf dem Schiff benötigt werden, wird hierfür ein spezielles Programm mit Paneln höherer Ordnung eingesetzt, [4], das ansonsten dem Programm SHALLO entspricht.

Das Potential der erregenden Welle wird vorgegeben mit:

$$\begin{aligned}\phi^w &= \mathrm{Re}(\hat{\phi}^w e^{i\omega_e t})\\ \hat{\phi}^w &= -\frac{igh}{\omega} e^{-ik(x\cos\mu - y\sin\mu) - kz}\end{aligned} \tag{6}$$

$\omega = \sqrt{gk}$ ist die Frequenz der Welle, $\omega_e = |\omega - kU\cos\mu|$ die Begegnungsfrequenz. k ist die Wellenzahl.

Es bleiben also die Diffraktions- und Radiationspotentiale (zunächst für Einheitsbewegungsamplituden) zu bestimmen. Dazu ist die Laplace-Gleichung unter Erfüllung von Randbedingungen zu erfüllen. Die Randbedingungen an der Wasseroberfläche und an der Schiffsoberfläche führen zu den folgenden Formeln:

An der (mittleren) Wasseroberfläche, bei $z = \zeta^{(0)}$:

$$(-\omega_e^2 + Bi\omega_e)\hat{\phi}^{(1)} + ((2i\omega_e + B)\nabla\phi^{(0)} + \vec{a}^{(0)} + \vec{a}^g)\nabla\hat{\phi}^{(1)} + \nabla\phi^{(0)}(\nabla\phi^{(0)}\nabla)\nabla\hat{\phi}^{(1)} = 0 \quad (7)$$

Diese Gleichung ist Gl.(3-23) von [6] äquivalent. $\vec{a} = (\nabla\phi^{(0)}\nabla)\nabla\phi^{(0)}$ ist die stationäre Partikelbeschleunigung, $\vec{a}^g = \vec{a} - \{0, 0, g\}^T$, $B = -(1/a_3^g)\frac{\partial}{\partial z}(\nabla\phi^{(0)}\vec{a}^g)$.

Die Schiffsoberfläche sei im schiffsfesten Koordinatensystem durch $\underline{S}(\vec{\underline{x}}) = 0$ beschrieben. Auf der Schiffsoberfläche wird die Randbedingung nach Einführen der abkürzenden „m-Terme" $\vec{m} = (\underline{\vec{n}}\nabla)\nabla\phi^{(0)}$:

$$\underline{\vec{n}}\nabla\hat{\phi}^{(1)} + \hat{\vec{u}}(\vec{m} - i\omega_e\underline{\vec{n}}) + \hat{\vec{\alpha}}(\vec{\underline{x}} \times (\vec{m} - i\omega_e\underline{\vec{n}}) + \underline{\vec{n}} \times \nabla\phi^{(0)}) = 0 \quad (8)$$

Diese Gleichung ist Gl.(3-30) von [6] äquivalent.
Mit (2) und (4), schreiben wir das gesamte Potential:

$$\phi^t = \phi^{(0)} + \mathrm{Re}\left[(\hat{\phi}^{w,s} + \hat{\phi}^{w,a} + \hat{\phi}^{d,s} + \hat{\phi}^{d,a} + \sum_{i=1}^{6} \hat{\phi}^i \hat{u}_i)\, e^{i\omega_e t}\right] \quad (9)$$

In dieser Gleichung gibt es 8 unbekannte Potentiale: ($\hat{\phi}^{w,s}$, $\hat{\phi}^{w,a}$ und die $\hat{\phi}^i$). Diese Potentiale werden in einer RSM bestimmt, wobei Elemente erster Ordnung (eben und von konstanter Stärke) auf dem Schiff (bis über die stationär (im Mittel) benetzte Fläche hinaus) und um das Schiff herum angeordnet werden. Jedes Rankine-Element erfüllt automatisch die Laplace-Gleichung und die Abklingbedingung. Wir beschränken uns hier auf See von vorn ($\mu = 180°$). In diesem Fall sind für alle relevanten Wellenlängen die τ-Werte deutlich größer als 0,25. Die Strahlungsbedingung und die Bedingung des offenen Randes können analog zum stationären Problem durch versetzt angeordnete Netze erfüllt werden. Die Beschränkung auf $\mu = 180°$ führt zudem dazu, daß alle antimetrischen Potentiale und Bewegungen verschwinden. Die Erfüllung der Kutta-Bedingung etwa durch Anordnung zusätzlicher Dipol-Elemente auf und hinter dem Schiff erübrigt sich daher.

Für das (symmetrische) Diffraktionsproblem werden alle Bewegungen u_i und α_i zu Null gesetzt. Für die Radiationsprobleme wird die entsprechende Bewegungsamplitude zu 1 gesetzt, alle anderen Bewegungsamplituden, $\hat{\phi}^w$ und $\hat{\phi}^d$ zu Null. Dann werden die Randbedingungen (7) und (8) in einem Kollokationsverfahren erfüllt. Dies formt vier lineare Gleichungssysteme für die unbekannten Quellstärken der symmetrischen Potentiale. Die vier Gleichungssysteme unterscheiden sich dabei nur in den rechten Seiten. Sie werden gleichzeitig durch Gauss-Elimination gelöst. Danach können die Potentiale und ihre Ableitungen an allen Kollokationspunkten berechnet werden. Zur Berechnung des Gesamtpotentials müssen aber noch die bislang unbekannten Bewegungsamplituden bestimmt werden.

Die dafür nötigen Gleichungen ergeben sich im Prinzip aus einem Ansatz „Kraft = Masse mal Beschleunigung" zu:

$$m(\vec{u}_{tt} + \vec{\alpha}_{tt} \times \vec{\underline{x}}_g) = -\vec{\alpha} \times \vec{G} + \int_{\underline{S}^{(0)}} (p^{(1)} - \rho(\vec{u}\vec{a}^g + \vec{\alpha}(\vec{\underline{x}} \times \vec{a}^g)))\underline{\vec{n}}\, d\underline{S} \quad (10)$$

$$m(\vec{\underline{x}}_g \times \vec{u}_{tt}) + I\vec{\alpha}_{tt} = -\vec{\underline{x}}_g \times (\vec{\alpha} \times \vec{G}) \int_{\underline{S}^{(0)}} (p^{(1)} - \rho(\vec{u}\vec{a}^g + \vec{\alpha}(\vec{\underline{x}} \times \vec{a}^g)))(\vec{\underline{x}} \times \underline{\vec{n}})\, d\underline{S}$$

Der instationäre Druck $p^{(1)}$ wird aufgespalten in Anteile durch die erregende Welle, Diffraktion und Radiation:

$$p^{(1)} = p^{w,s} + p^{d,s} + p^{w,a} + p^{d,a} + \sum_{i=1}^{6} p^i u_i \quad (11)$$

wobei jeder instationäre Druck-Term p^j auf der rechten Seite von Gl. (12) sich nach der Form berechnet:

$$p^j = -\rho(\phi_t^j + \nabla\phi^{(0)}\nabla\phi^j) \quad (12)$$

$\vec{G} = \{0, 0, mg\}^T$ ist das Schiffsgewicht, m die Schiffsmasse (Deplacement), $\vec{\underline{x}}_g$ der Massenschwerpunkt, I die Matrix der Massenträgheitsmomente bezüglich des Ursprungs des körperfesten Systems. Gl. (10) ergibt ein lineares Gleichungssystem für die unbekannten Bewegungen u_i und α_i, das sich schnell z.B. durch Gauss-Elimination lösen läßt.

3 Näherungslösungen für die stationäre Strömung

Nähert man (wie einige RSM-Verfahren) die stationäre Strömung durch Doppelkörperströmung an, so ist die Randbedingung (7) bei $z = 0$ zu erfüllen und für $\phi^{(0)}$ ist die numerische Lösung der Doppelkörperströmung einzusetzen, für die insbesondere $\partial\phi^{(0)}/\partial z = 0$ an $z = 0$ gilt. Gl. (8) wird gewöhnlich am Schiff in Glattwasserschwimmlage statt im dynamisch abgesenkten und vertrimmten Zustand angesetzt. Die Gleichungen als solche vereinfachen sich nicht sonderlich, aber die Berechnung der Näherungslösung ist vom Programmieraufwand einfacher und von der eigentlichen Rechenzeit schneller. Der tatsächliche Aufwand liegt aber in anderen Bearbeitungsschritten wie der Netzgenerierung für das Schiff.

Nähert man (wie die Streifenmethoden, alle GFM-Verfahren und auch einige RSM-Verfahren) nun die stationäre Strömung durch Parallelströmung an, so vereinfachen sich die Randbedingungen. Statt Gl. (7) an $z = \zeta^{(0)}$ wird dann nur an $z = 0$ angesetzt:

$$\left(U\frac{\partial}{\partial x} - i\omega_e\right)^2 \hat{\phi}^{(1)} - g\hat{\phi}_z^{(1)} = 0 \qquad (13)$$

Und statt Gl. (8) wird (gewöhnlich am Schiff in Glattwasserschwimmlage statt im dynamisch abgesenkten und vertrimmten Zustand) angesetzt:

$$\underline{\vec{n}}\nabla\hat{\phi}^{(1)} - U(\hat{\alpha}_2\underline{\vec{n}}_3 - \hat{\alpha}_3\underline{\vec{n}}_2) - i\omega_e(\hat{\underline{\vec{u}}}\underline{\vec{n}} + \hat{\underline{\vec{\alpha}}}(\underline{\vec{x}}\times\underline{\vec{n}})) = 0 \qquad (14)$$

4 Anwendung auf ein Series 60 Schiff in See von vorn

Das Series-60 Schiff mit $C_B = 0,6$, Tabelle I, bei einer Froude-Zahl $F_n = 0,2$ wurde als Anwendungsfall ausgewählt. Abb. 2 zeigt die Panelbelegung des Rumpfes mit 594 Elementen. Es wurde ein strukturiertes Netz gewählt, das Panelkanten an der Ruhewasserlinie hat, um den Vergleich verschiedener Verfahren zu erleichtern. Für Rechnungen mit einer Doppelkörpernäherung wird nur das Netz bis zur Ruhewasserlinie benutzt, das 495 Elemente enthält. Die Beschränkung auf ein strukturiertes Netz – das Panelprogramm kann eigentlich unstrukturierte Netze auf der Körperoberfläche verarbeiten – erlaubt auch Vergleichsrechnungen mit weniger leistungsfähigen Programmen mit demselben Netz.

Tabelle I. Series-60 Schiff (C_B = 0,6)
Table I. Series-60 ship (C_B = 0,6)

L_{pp}	121,92	m
B	16,25	m
T_{ap}	6,50	m
T_{fp}	6,50	m
C_B	0,6	
m	$7,726 \cdot 10^6$	kg
x_g vor $L_{pp}/2$	−1,8	m
z_g unter CWL	0,9	m
k_x/L	0,055	
k_y/L	0,25	
k_z/L	0,23	
k_{xz}/L	0,0	
A_w	1403	m^2
x_w	−4,7	m
GM	1	m
GM_L	138	m

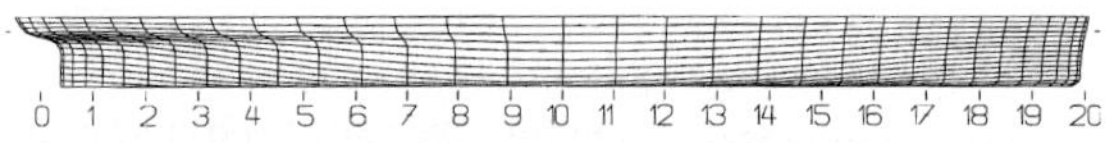

Abb. 2. Diskretisierung des Series-60 Schiffes mit 594 Elementen. Für die Näherung mit Doppelkörperströmung oder Parallelströmung wird nur der Teil bis zur CWL (markiert durch die beiden Striche) mit 495 Elementen berücksichtigt.
Fig. 2. Discretization of Series-60 ship with 594 elements. For double-body flow or parallel flow approximation, only the lower part up to CWL (marked by the two short lines) with 495 elements is considered.

Zunächst wurde die stationäre Strömung berechnet nach [5]. Das strukturierte Netz an der Wasseroberfläche bestand aus 1422 Elementen. Die nichtlineare Berechnung der stationären Strömung, die die Verformung der Wasseroberfläche und die dynamische Schwimmlagenänderung berücksichtigt, konvergierte rasch. Innerhalb von 3 Iterationsschritten wurde der Fehler in der Erfüllung der nichtlinearen Randbedingung an der Wasseroberfläche auf 1% des Anfangswertes reduziert. Trimm und Absenkung stimmten gut mit Meßergebnissen überein, der Wellenwiderstand wurde aber (wie üblich) zu großvorhergesagt. Dies ist nicht weiter tragisch, da der Wellenwiderstand eine kleine Größe ist und für die weiteren Seegangsberechnungen anders als Trimm und Absenkung nur eine sehr untergeordnete Rolle spielt. Das stationäre Wellenbild war plausibel, insbesondere zeigten sich keine Störungen an den Rändern des Berechnungsgebiets.

Experimentelle Daten von Modellversuchen im Seegang liegen von [7] und [8] vor. Die experimentellen Ergebnisse wurden aus den Veröffentlichungen gemessen und für die hier gewählten Darstellungen konvertiert. Zusätzlich wurde mit Ergebnissen der Streifenmethode der HSVA verglichen, die dankenswerterweise von James Filhol zur Verfügung gestellt wurden. Für jede untersuchte Wellenlänge wurde für die Seegangsmethode ein neues strukturiertes Netz an der Wasseroberfläche erzeugt und die Ergebnisse der stationären Lösung auf diesem Netz interpoliert. Die Netze enthielten 1400 bis 1700 Elemente. Das Netz auf dem Schiff wurde unverändert übernommen, so daß die Gesamtzahl der Unbekannten auf maximal 2300 beschränkt blieb.

Abb. 3. zeigt die Übertragungsfunktionen für Tauchen und Stampfen. Die Ergebnisse für die Bewegungen können wie folgt zusammengefaßt interpretiert werden:

- Die Streifenmethode reproduziert die Bewegungen befriedigend.
- Die 3-d RSM (stationäres Potential „voll nichtlinear") stimmt am besten mit den Experimenten überein.
- Die Ergebnisse ändern sich kaum, wenn man die stationäre Strömung durch Doppelkörperströmung annähert.
- Die Näherung der stationären Strömung durch Parallelströmung führt zu erheblich größeren Fehlern, Tabelle II. In dem untersuchten Fall sind die Abweichungen von den Messungen sogar größer als für die Streifenmethode.

Neben integralen Werten wie Bewegungen interessieren aber manchmal auch lokale Drücke, besonders in der Bugregion. Daher wurde ein Streifen am Vor-

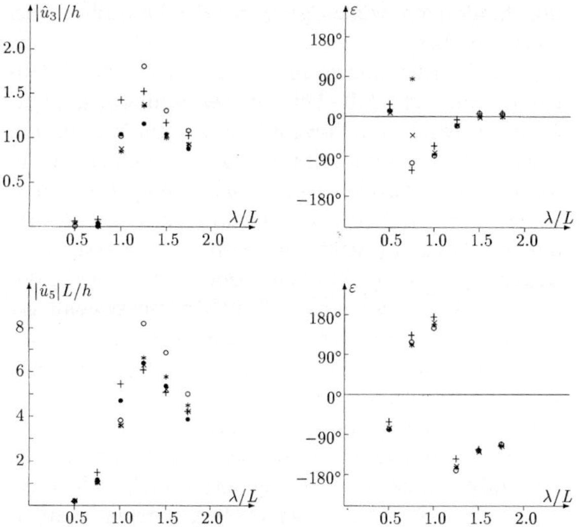

Abb. 3. Übertragungsfunktion für Series 60, $C_B = 0.6$, $\mu = 180°$, $F_n = 0.2$ • Experiment, + Streifenmethode, ∗ 3-d RSM (stationäres Potential „voll nichtlinear"), × 3-d RSM (Doppelkörper-Näherung), ○ 3-d RSM (Parallelströmung-Näherung)
Fig. 3. Response amplitude operators for Series 60, $C_B = 0.6$, $\mu = 180°$, $F_n = 0.2$ • experiment, + strip method, ∗ 3-d RSM (steady potential „fully nonlinear"), × 3-d RSM (double-body flow approximation), ○ 3-d RSM (parallel flow approximation)

Tabelle II. Mittlere absolute Abweichung von Meßwerten
Table II. Average absolute deviance from experimental data

	$\lvert u_3\rvert/h$	$\lvert u_5\rvert L/h$
RSM „voll nichtlinear"	0,1	0,5
RSM Doppelkörpernäherung	0,1	0,4
RSM Parallelströmung	0,3	1,3
Streifenmethode	0,2	0,4

Tabelle III. Koordinaten der Punkte, an denen Drücke verglichen werden
Table III. Coordinates of points where pressures are compared

x/L	y/B	z/T
0,4723	0,00049	0,9850
0,4753	0,00107	0,9488
0,4776	0,00137	0,8968
0,4785	0,00156	0,8283
0,4787	0,00161	0,7559
0,4789	0,00163	0,6833
0,4791	0,00164	0,6108
0,4794	0,00162	0,5383
0,4797	0,00159	0,4660
0,4802	0,00158	0,3939
0,4806	0,00157	0,3217
0,4811	0,00157	0,2497
0,4817	0,00158	0,1780
0,4824	0,00159	0,1066

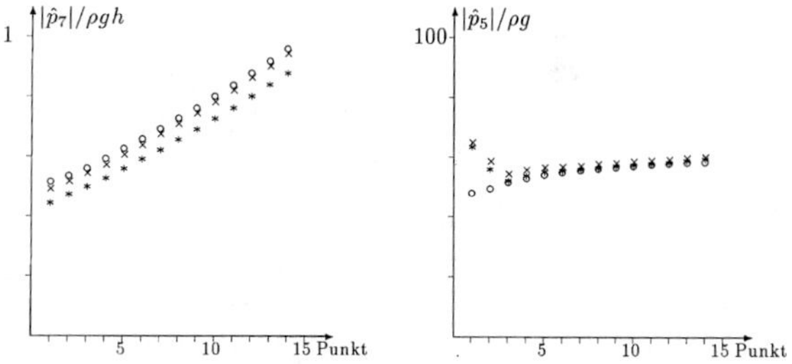

Abb. 4. Diffraktionsdruck und Druck durch Einheitsstampfbewegung am Bug (dritter Panel-Streifen) für Series 60, $C_B = 0,6$, $\mu = 180°$, $\lambda/L = 0,5$, $F_n = 0.2$ ∗ 3-d RSM (stationäres Potential „voll nichtlinear"), × 3-d RSM (Doppelkörper-Näherung), ○ 3-d RSM (Parallelströmung-Näherung)
Fig. 4. Diffraction pressure and pressure due to unit pitch motion at bow (third panel strip) for Series 60, $C_B = 0,6$, $\mu = 180°$, $\lambda/L = 0,5$, $F_n = 0.2$ ∗ 3-d RSM (steady potential „fully nonlinear"), × 3-d RSM (double-body flow approximation), ○ 3-d RSM (parallel flow approximation)

schiff ausgesucht, um dort die instationären Drücke (also nur die schwankenden Druckanteile ohne die hydrostatischen und stationären Druckanteile) zu untersuchen. Tabelle III gibt die dimensionslosen Koordinaten an, wobei x vom Hauptspant nach vorn gemessen wird und z von der CWL nach unten. Es handelt sich bei den Werten um die Panelmitten im dritten Streifen von vorn vom Kiel bis zur CWL.

Abb. 4 zeigt den Diffraktionsdruck (ohne den Anteil der einfallenden Welle) und den Druck durch Einheitsstampfbewegung über den Streifen für den Fall $\lambda/L = 0.5$. Ich führe den recht konstanten Unterschied im Diffraktionsdruck auf die Berücksichtigung der dynamischen Tiefertauchung im „voll nichtlinearen" Verfahren zurück. Beim Druck durch die Einheitsstampfbewegung zeigen nur im Kielbereich signifikante Unterschiede.

Abb. 5 zeigt die entsprechenden Werte an einem Punkt im Streifen (zweiter von unten im Streifen) über die Bandbreite der untersuchten Wellen. Beim Diffraktionsdruck verstärken sich die Unterschiede bei größeren Wellenlängen zwischen der Parallelströmungsnäherung einerseits und dem „voll nichtlinearen" Verfahren und der Doppelkörpernäherung andererseits. Bei der Einheitsstampfbewegung sind dagegen bei kurzen Wellen die Unterschiede signifikant. Da bei kurzen Wellen der Diffraktionsdruck relativ größere Bedeutung hat, bei langen Wellen dagegen die Drücke aus den Bewegungen dominieren dürften, erklärt sich das doch recht gute Abschneiden der Parallelströmungsnäherung bei kurzen und langen Wellen. Die großen Fehler werden bei dieser Annäherung bei den unwichtigen Druckanteilen gemacht. Im Bereich mittlerer Wellenlängen können sich aber offensichtlich Fehler ungünstig überlagern, so daß es zu größeren Abweichungen in den Bewegungen kommen kann, Abb. 3.

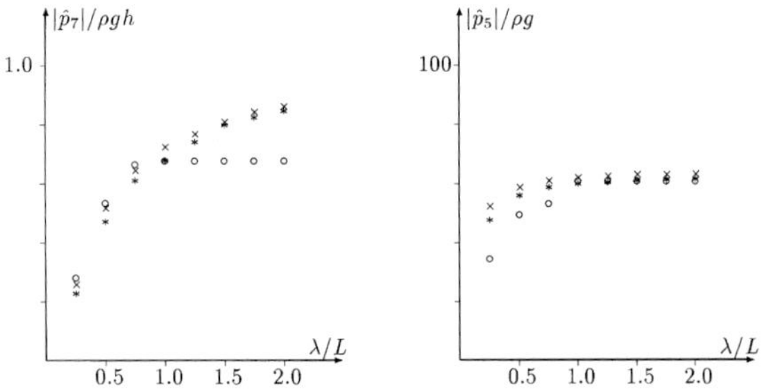

Abb. 5. Diffraktionsdruck und Druck durch Einheitsstampfbewegung am Panel 36 (Bug, nahe Kiel) für Series 60, $C_B = 0.6$, $\mu = 180°$, $F_n = 0,2$ $*$ 3-d RSM (stationäres Potential „voll nichtlinear"), $\times$ 3-d RSM (Doppelkörper-Näherung), $\circ$ 3-d RSM (Parallelströmung-Näherung)

Fig. 5. Diffraction pressure and pressure due to unit pitch motion at panel 36 (bow, near keel) for Series 60, $C_B = 0,6$, $\mu = 180°$, $F_n = 0.2$ $*$ 3-d RSM (steady potential „fully nonlinear"), $\times$ 3-d RSM (double-body flow approximation), $\circ$ 3-d RSM (parallel flow approximation)

5 Zusammenfassung und Ausblick

Sofern der Vergleich mit Messungen integraler Werte wie Bewegungen einen Schluß zuläßt, verbessert die Berücksichtigung der tatsächlichen („voll nichtlinearen") stationären Strömung bei der Berechnung des Seeverhaltens von Schiffen die Genauigkeit. Die Annäherung durch Doppelkörperströmung liefert recht ähnliche Werte, sofern die dynamische Schwimmlagenänderung nicht entscheidend ist. Allerdings ist auch der Aufwand fast identisch.

Die Näherung der stationären Strömung durch Parallelströmung führt bei sonst unveränderten Verhältnissen, insbesondere bei gleicher Diskretisierung und damit vergleichbaren Diskretisierungsfehlern, zu nennenswerten Abweichungen in den berechneten Bewegungen bei Wellen mittlerer Wellenlänge. Die Fehler in den instationären Drücken waren bei den untersuchten Punkten im Bugbereich bei der Radiation bei kurzen Wellen groß, bei der Diffraktion bei langen Wellen.

Japanische Messungen an einem Tankermodell deuten darauf hin, daß bei *völligen* Schiffen die Diffraktionsdrücke im Vorschiff bei kurzen Wellen von vorn ($\lambda/L = 0,3$ und 0,5) bis zu 50% Fehler haben, wenn sie mit Parallelströmungsnäherung (GFM und Streifenmethode) vorhergesagt werden, [9]. Es dürfte daher interessant sein, eine ähnliche Untersuchung wie hier für ein völliges Schiff durchzuführen. Leider wird die Form des japanischen Modells geheim gehalten, so daß eine Untersuchung notgedrungen auf einen qualitativen oder rein rechnerischen Vergleich beschränkt bleiben müßte. Eine ähnlich systematische Untersuchung mit Validierungsmessungen wie in Japan wäre für deutsche oder europäische Hydrodynamiker ein lohnenswertes Ziel, daß auch in der von mir hier vorgestellten Thematik mehr Erkenntnisse bringen könnte.

Schrifttum

1 Weinblum, G.; ST. Denis, M. (1950), *On the motions of ships at sea*, SNAME Trans. 58

2 Bertram, V.; Yasukawa, H. (1996), *Rankine source methods for seakeeping problems*, STG-Jahrbuch

3 Bertram, V. (1996), *A 3-d Rankine panel method to compute added resistance of ships*, IfS-Bericht 566, Univ. Hamburg

4 Hughes, M.; Bertram, V. (1995), *A higher-order panel method for steady 3-d free-surface flows*, IfS-Bericht 558, Univ. Hamburg

5 Newman, J.N. (1978), *The theory of ship motions*, Advances in Applied Mechanics 18

6 Gerritsma, J.; Beukelman, W. (1960), *Shipmotions in longitudinal waves*, ISP 7/66

7 Gerritsma, J.; Beukelman, W. (1967), *Analysis of the modified strip theory for the calculation of ship motions and wave bending moments*, ISP 14/156

8 Iwashita, H.; Ito, A.; Okada, T.; Ohkusu, M.; Takaki, M.; Mizuguchi, S. (1993), *Wave force acting on a blunt ship with forward speed in oblique sea (2nd report)*, J. Soc. Nav. Arch. Japan 173 (in Japanisch)

Propeller und Ruder als Propulsionsorgan

Propeller and Rudder as Propulsion Unit

Dr.-Ing. **Alfred Kracht**
VWS Zentraleinrichtung der TU Berlin

1 Einleitung

Wenn ein dynamisches Gesamtsystem in einzelne Komponenten zerlegbar ist, genügt es nicht, die Leistungsfähigkeit der Einzelkomponenten für sich allein zu untersuchen, es sind auch die zwischen den einzelnen Komponenten herrschenden, mitunter sehr bedeutenden Wechselwirkungen zu beachten. Am System Ruder – Propeller läßt sich zeigen, daß die einzeln optimierten Komponenten nicht notwendigerweise das beste Gesamtsystem ergeben müssen. Bei einer angemessenen Berücksichtigung der hydrodynamisch bedingten Wechselwirkungen ist es aber möglich, Ruder und Propeller so aneinander und beide an das Schiff anzupassen, daß die unvermeidbaren Einbußen klein gehalten werden können.
Neben den Wechselwirkungen spielen im Entwurfsverfahren und bei der experimentellen Bewertung der Einzelkomponenten auch die Strömungsrandbedingungen eine Rolle, die weder in den beiden Fällen noch mit denen am Schiff vollständig übereinstimmen. Auf diese Unstimmigkeiten wird näher eingegangen, die nicht unbeachtlichen Maßstabseffekte bleiben dagegen außer acht.
Dabei ist allgemein noch zu bemerken, daß ein Schiff in der Regel ein Unikat ist und das Optimieren eines Prototyps, wie es im Auto- oder Flugzeugbau üblich ist, sich aus Kostengründen im Schiffbau verbietet. Erschwerend ist, daß der Optimierungsprozeß schon in der Entwurfsphase beginnt, wenn genaue Randbedingungen noch gar nicht existieren. Hieraus ergeben sich auch Konsequenzen für die Nachprüfung der Leistungsfähigkeit der Einzelkomponenten, die zunächst für vereinfachte oder abstrahierte Strömungszustände entworfen, im Modellexperiment unter anderen Bedingungen getestet werden und im Zusammenwirken bei wiederum anderen Bedingungen die anfangs gewünschten optimalen Eigenschaften zeigen sollen.

2 Die Einzelkomponenten

2.1 Das Ruder

Das Ruder ist ein passives Organ, ein Tragflügel mit symmetrischem Profil, das ohne Energiezufuhr bei Anstellung die für das Manövrieren des Schiffes notwendigen Querkräfte liefert.
Bei einem optimalen Tragflügel mit geringstem Energieverlust ist der ideale Anstellwinkel α_i in Spannweitenrichtung konstant. Diese Eigenschaft hat der unverwundene elliptische Tragflügel mit einer elliptischen Auftriebsverteilung über der Spannweite (s. Abb. 6). Bei möglichst spaltfreier Anordnung am Schiff erfüllt das Spatenruder diese Bedingung. Als Einflächenruder ist es das beste Ruder. In der an der Außenhaut gespiegelten Anordnung und in Parallelströmung ist dieses Ruder einer theoretischen Berechnung zugänglich. Aus Gründen der Festigkeit und Vibrationen hat sich aber in der Praxis das Halbschweberuder durchgesetzt. Wegen der vielen Spalten ist es die hydrodynamisch schlechteste Ruderform.
Von den hydrodynamischen Eigenschaften eines Ruders interessieren bei konstanter Schiffsgeschwindigkeit die Querkraft Y_R und das Ruderschaftmoment Q_R und beide als Funktionen des Ruderwinkels δ_R. Im Modellversuch sind beide meßbar (s. Abb. 7), an der Großausführung bereitet nur das Schaftmoment keine großen meßtechnischen Probleme.

2.2 Der Propeller

Der Propeller ist ein aktives Organ, das die ihm zugeführte Drehleistung in eine Schubleistung umsetzt und so das Schiff auf einer konstanten Geschwindigkeit hält. Beim freifahrenden Optimalpropeller geringsten Energieverlustes ist der induzierte Fortschrittsgrad λ_i über dem Radius konstant. Unvermeidbare Verluste sind der Drall des Propellerstrahles, der Profil- und Zähigkeitswiderstand. Für freifahrende Optimalpropeller gibt es theoretische Entwurfsverfahren, die für die gegebenen Bedingungen die optimale Auftriebs- bzw. Steigungsverteilung liefern.
Aber auch bei ungleichförmiger Zuströmung lassen sich z.B. nach Lerbs hierfür angepaßte Optimalpropeller berechnen. Abb. 1 zeigt eine Gegenüberstellung der Zirkulationsverteilungen eines freifahrenden (ausgezogene Linien) und eines dem Nachstrom angepaßten Optimalpropellers (unterbrochene Linien) berechnet nach der Traglinientheorie mit Tragflächenkorrekturen.
Von den hydrodynamischen Eigenschaften eines Propellers bei konstanter Fortschrittsgeschwindigkeit

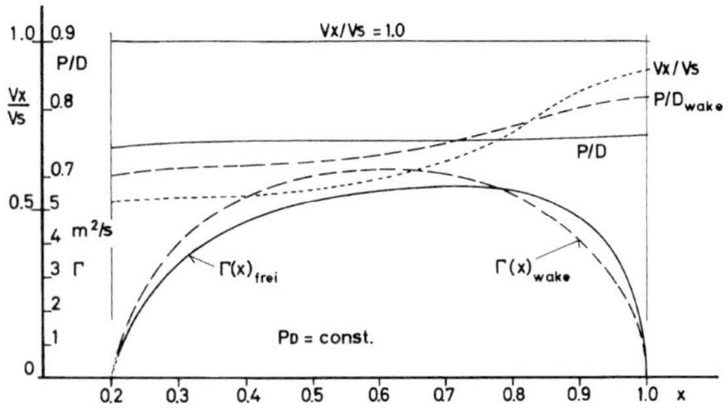

	z	$\bar{\bar{w}}$	J	η	P/D	AE/Ao
frei	5	0	0.437	0.522	0.754	0.699
wake		0.310		0.530	0.753	0.642

Abb. 1. Radiale Verteilungen der axialen Anströmgeschwindigkeiten, der Zirkulationen und der Steigungen, Vergleich zwischen freifahrendem und dem Nachstrom angepaßten Optimalpropeller.
Radial distributions of axial inflow velocities, circulations, and pitch; comparison of free running optimum and wake adapted propeller.

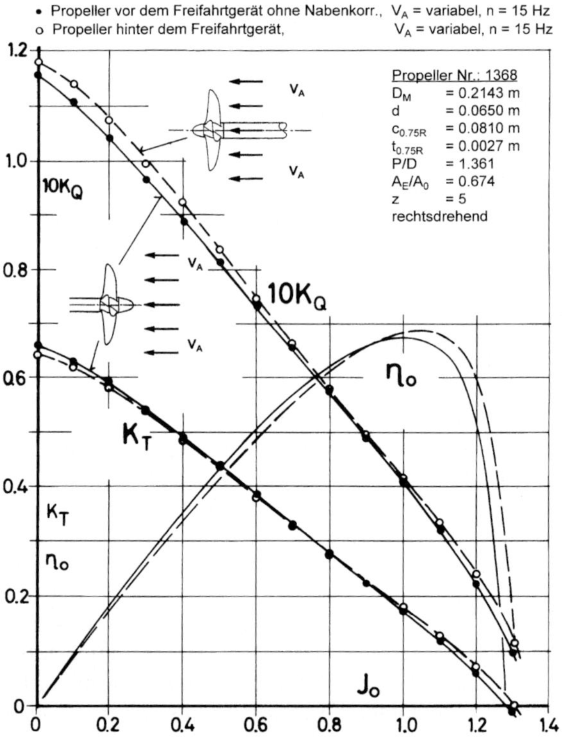

Abb. 2. Freifahrtdiagramm des Propellers Nr. 1368; Vergleich der Ergebnisse der Freifahrt des Propellers vor bzw. hinter dem Freifahrtdynamometer, nach Kracht [1].
Open water diagram of propeller No. 1368; comparison of the results of the propeller running ahead and behind the dynamometer, respectively, by Kracht [1].

V_A interessieren zunächst nur sein Schub T, sein Drehmoment Q und die zugehörige Drehzahl n, die am Modell mühelos, an der Großausführung mit einigem Aufwand gemessen werden können. Sie bilden ein charakterstisches Wertetripel, das in dimensionsloser Form als Freifahrtdiagramm (s. Abb. 2) die Visitenkarte des Propellers darstellt.

Da der Propeller hinter dem Schiff arbeiten soll, muß das dort herrschende Geschwindigkeitsfeld für den Entwurf bekannt sein. Dieses inhomogene nominelle Feld (s. Abb. 3) kann mehr oder weniger störungsfrei nur am Modell aufgemessen werden. Weil der starre Flügelschnitt eines Propellers nur für eine, über den Umfang gemittelte axiale Anströmgeschwindigkeit ausgelegt werden kann, wird aus dem dreidimensionalen Geschwindigkeitsfeld ein rotationssymmetrisches axiales Zustromfeld ermittelt. Diese für die Großausführung korrigierte radiale Geschwindigkeitsverteilung (s. Abb. 1, V_X/V_S) liegt dem Propellerentwurf zu Grunde.

Im Modellexperiment wird geprüft, ob der so berechnete Propeller die verlangten Eigenschaften auch hat. Während des allgemein üblichen Freifahrtversuches wird dabei der Propeller einer ungestörten Parallelströmung ausgesetzt, für die er gar nicht entworfen worden ist. Er wird vor dem Freifahrdynamometer gefahren, was für die Nabenregion falsch simulierte Zu- bzw. Abströmbedingungen und somit eine Korrektur der Ergebnisse bedeutet. Bei richtig simuliertem Zu- und Abstrom an der Nabe, bei vorausfahrendem Dynamometer hat der Propeller bei ausgebildeten Nabenwirbeln deutlich verschiedene Eigenschaften wie die Gegenüberstellung der Freifahrtergebnisse in Abb. 2 zeigt.

2.3 Das Hinterschiff

Das Schiff ist der Ladungsträger, das wegen der nicht zu vermeidenden Wasserverdrängung bei seiner Bewegung durch das Wasser einen Widerstand erfährt, der am Modell problemlos, an der Großausführung mit einigem Aufwand gemessen werden kann. Das optimale Schiff hat bei gegebener Verdrängung den geringsten Gesamtwiderstand, der grob in einen zähigkeits- und in einen wellenbedingten Anteil aufge-

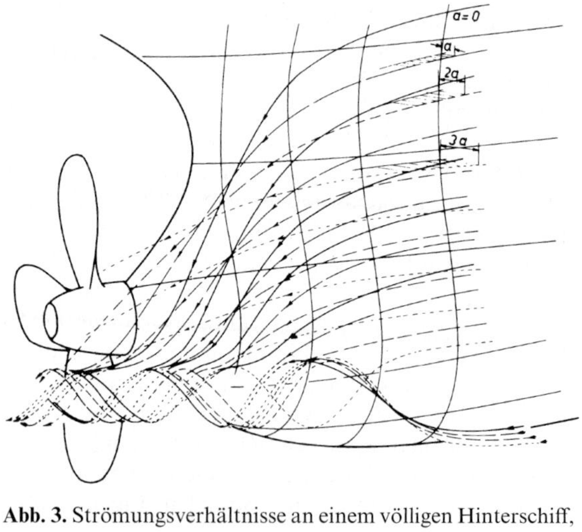

Abb. 3. Strömungsverhältnisse an einem völligen Hinterschiff, nach Grothues-Spork [2].
Flow condition at a full afterbody, by Grothues-Spork [2].

teilt werden kann. Beide Anteile sind durch Formgebung beeinflußbar, so daß ein Optimum erreichbar ist.
Das Hinterschiff, das wie ein Diffusor wirkt, lenkt die Strömung um das Schiff herum. Als ein Ergebnis der Aufweitung der Stromlinien in Richtung zum Hintersteven, durch die Reibung entlang der Außenhaut und wegen der Wellenbildung ist die Eintrittsgeschwindigkeit in den Propeller–Ruder–Bereich generell kleiner als die Schiffsgeschwindigkeit. Obwohl eine klare Defintion für ein optimales Hinterschiff kaum möglich ist, wird das beste Hinterschiff dasjenige mit dem geringsten Druckverlust in der Umströmung sein, das keine oder geringe Strömungsablösung aufweist. Sein Strömungsfeld soll so gleichförmig wie möglich sein. Diese strenge Forderung läßt sich bei völligen Hinterschiffen durch Formgebung allein nicht erreichen. Abb. 3 nach Grothues-Spork [2] gibt eine Vorstellung von der Umströmung eines völligen Hinterschiffes.

3 Wechselwirkungseffekte zweier Komponenten

Propeller und Ruder haben die Aufgabe, das Schiff auf Geschwindigkeit und Kurs zu halten, wobei sie auch in Geschwindigkeitsfeldern nach Abb. 3 möglichst optimale Eigenschaften haben sollen. Da beide Komponenten miteinander und mit dem Schiff in Wechselwirkung treten, folgt für ein Verständnis dieser Phänomene zunächst eine Disskusion der typischen gegenseitigen Einflüsse zweier isolierter Komponenten.

3.1 Schiff und Ruder

Während der Einfluß des Ruders auf das Schiff schwach ist, beeinflußt das Schiff die Ruderwirkung. Wird das Ruder möglichst spaltfrei und möglichst tief getaucht angeordnet, dann verhindert der Rumpf sowohl einen Lufteinbruch als auch die Umströmung der Ruderwurzel und verbessert so die Ruderwirksamkeit. Im Ruderentwurf wird dieser Effekt durch ein vergrößertes effektives Streckungsverhältnis berücksichtigt.
Wegen der nicht mehr konstanten Anströmgeschwindigkeit in Spannweitenrichtung hat allerdings das Ruder im Nachlauf eine geringere Wirksamkeit.

3.2 Schiff und Propeller

Schiff und Propeller treten in sehr starke Wechselwirkung. Sie ist die Ursache für viele ernste Probleme, von denen hier nur der Einfluß auf die Propulsion von Interesse sein soll.
Über sein Druckfeld übt der Propeller einen großen Einfluß auf die Umströmung des Hinterschiffes aus. Durch seine Induktionswirkungungen wandelt er das nominelle Geschwindigkeitsfeld in ein effektives um, an das die radiale Steigungsverteilung des Propellers eigentlich anzupassen ist, um den Energieverlust bei der Schuberzeugung klein zu halten. Der Propeller beschleunigt die Strömung entlang der Außenhaut und erhöht somit den Reibungswiderstand. Schließlich beeinflußt er auch die Wellenbildung und damit den Wellenwiderstand. Es liegt also nahe, daß der im üblichen Widerstandsversuch meßbare Schiffswiderstand eine andere Kraft ist, als diejenige, die der Propeller überwinden muß, um das Schiff auf konstanter Geschwindigkeit zu halten.
Der Einfluß des Unterwasserschiffes auf die Propellereigenschaften äußert sich darin, daß der Propeller mehr Schub erzeugen muß, als für den Vortrieb, bzw. für die Überwindung des Rumpfwiderstandes nötig ist. Die Tabelle 1 mit den Ergebnissen des Pfahlzugversuches mit Modell D9 aus [1] zeigt deutlich, daß die Zugkraft F_X im Seil geringer als die Summe der Propellerschübe $\sum T_M$ ist.
Der Hauptteil dieser inneren Kraft, die am Schublager anliegt und mitgemessen wird, ist als Lagally–Kraft bekannt. Die Differenz zwischen gemessem Gesamtschub und dem nicht meßbaren Widerstand des Schiffes bei arbeitendem Propeller ist der Sog, dessen Verhältnis zum Gesamtschub die Sogzahl t ist. Sie ist kaum vom Maßstab und der Propellerbelastung abhängig, dagegen sehr vom Abstand des Propellers vom Schiff. Sie geht gegen Null, wenn dieser Abstand gegen unendlich geht.
Die Bestimmung der Sogzahl aus getrennt gefahrenen Widerstands- und Propulsionsversuchen ist problematisch und nicht empfehlenswert. Besser ist ihre Ermittlung aus Propeller–Last–Variationsversuchen. Die Steigung der nahezu linearen Funktion des Schubes T_M über der externen Entlastungskraft F_X ist ein Maß für die Sogzahl, die bei propellergetriebenen Schiffen nicht negativ werden kann. Abb. 4 zeigt diesen linearen Zusammenhang auch bei extremer Belastung des Propellers (Trossenzug).

3.3 Propeller und Ruder

Im Normalfall befindet sich das Ruder im Propellerstrahl, dabei beherrscht der rotierende Strahl die Umströmung des von ihm beaufschlagten Teiles des

Tabelle 1. Propeller–Last–Variationsversuch mit Zweischrauber–Modell *D9* bei V_M = 0,0 m/s (Pfahlzugversuch), nach Kracht [1].

F_X N	$\sum T_M$ N	$\sum Q_M$ Nm	n_M^2 1/s^2
−9,924	9,95	0,412	3,69
−41,37	41,95	1,661	15,31
−93,82	95,63	3,732	34,86
−170,37	174,38	6,750	63,25
−269,01	273,41	10,538	98,80
−384,97	392,88	15,108	141,82

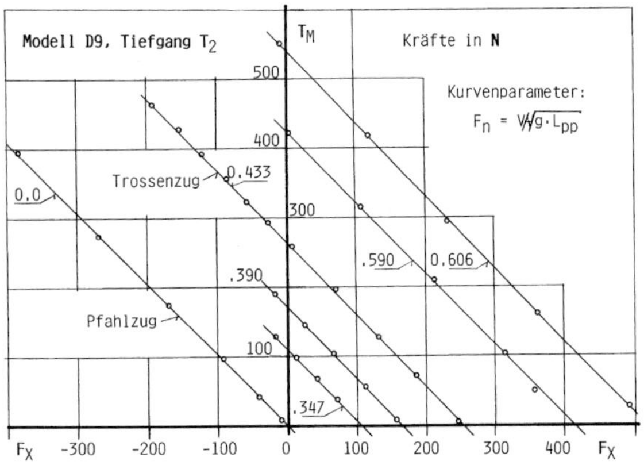

Abb. 4. Ergebnisse von Propeller–Last–Variationsversuchen, Gesamtschub T_M als Funktion der Schubentlastung F_X, Kurvenparameter ist die Froudesche Zahl F_n, nach Kracht [1].
Results of load–variation tests, total thrust T_M as function of relieving force F_X of propellers, by Kracht [1].

Ruderblattes. Der Propeller induziert große Axial- und Horizontalkomponenten am Ort des Ruders, wie in Abb. 5 für ein vollbeaufschlagtes Rechteckruder zu sehen ist. Er verbessert die Ruderwirksamkeit vor allem bei kleinen Schiffsgeschwindigkeiten. Im Vergleich zu dem dominanten Einfluß dieser propeller-

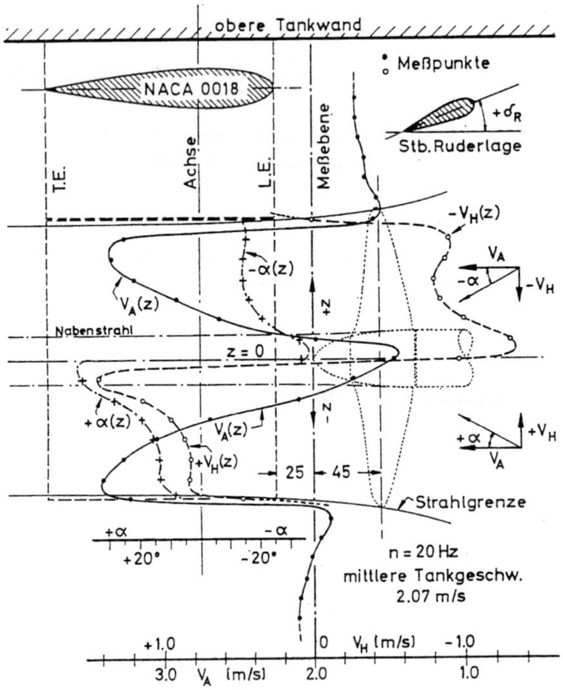

Abb. 5. Axial– und Horizontalgeschwindigkeiten $V_A(z)$ und $V_H(z)$ in der Lateralebene eines Rechteckruders, gemessen zwischen Ruder und Propeller 25 mm vor L.E. Ruder, nach Kracht [3].
Axial and horizontal velocity components $V_A(z)$ and $V_H(z)$ in the lateral plane of a rectangular rudder, measured 25 mm ahead L.E. of the rudder, by Kracht [3].

induzierten Geschwindigkeiten auf die Rudereigenschaften, können die Einflüsse aus der Ungleichförmigkeit des Nachstromfeldes und aus der Schräganströmung unberücksichtigt bleiben. Die Verteilung dieser Geschwindigkeitskomponenten über der Ruderspannweite erschweren allerdings eine theoretische Berechnung der Ruderquerkraft, wofür es schon vielverprechende Ansätze gibt und hier nur Söding und Molland genannt sein sollen.

Um eine Vorstellung über die Querkraftverteilung in Spannweitenrichtung zu geben, sei auf Abb. 6 verwiesen. Die nach Multhopp berechneten Querkraftkoeffizienten $C_{YR}(\zeta)$ eines vollbeaufschlagten Rechteckruders zeigen die unterschiedliche Belastungsverteilungsverteilung bei Bachbord– bzw. Steuerbordruderlage. Hier wird auch verständlich, daß ein Ruder im Propellerstrahl je nach Beaufschlagung und Lateralform einen neutralen Ruderwinkel δ_N aufweist, bei dem die resultierende Querkraft verschwindet, wie in Abb. 7 für ein halbbeaufschlagtes Spatenruder zu erkennen ist.

Je nach dem Dickenverhältnis induziert das Ruder auch in der Propellerebene Horizontal- und Axialkomponenten. Diese Induktionswirkungen sind zwar klein aber vorhanden. In der Regel verbessert ein Ruder durch seine Leitflächenwirkung die Eigenschaften eines Propellers und damit auch die Gesamtpropulsionseigenschaften des Systems Schiff–Propeller-Ruder. Befindet sich das Ruder in der Mitte des Propellerstrahles und wird von diesem voll beaufschlagt, dann entfaltet es seine besten Wirkungen, die nicht im Leistungsgewinn sondern im Verhindern eines Leistungsverlustes zu sehen sind.

Die quantitativen Einflüsse hängen dabei von den geometrischen Parametern von Propeller und Ruder sowie von deren relativer Position zueinander ab. Am

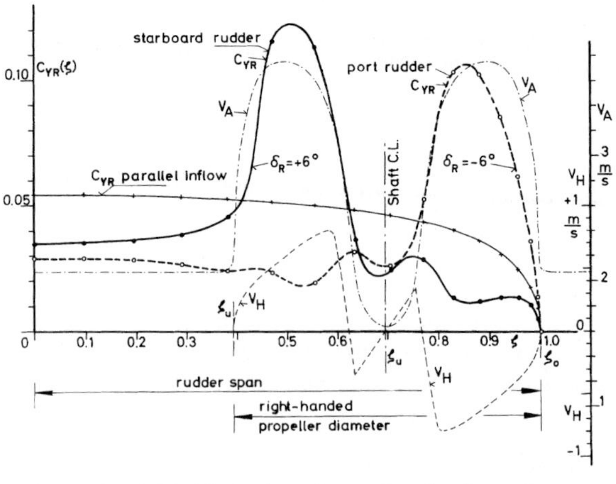

Abb. 6. Nach Multhopp berechnete Querkraftverteilungen $C_{YR}(\zeta)$ eines Rechteckruders, in Parallelströmung und im Propellerstrahl bei Backbord– und Steuerbordruderlage, nach Kracht [4].
Transverse force coefficient $C_{YR}(\zeta)$ of a rectangular rudder in homogeneous flow field and in the slipstream of a propeller at port and starboard rudder angle, by Kracht [4].

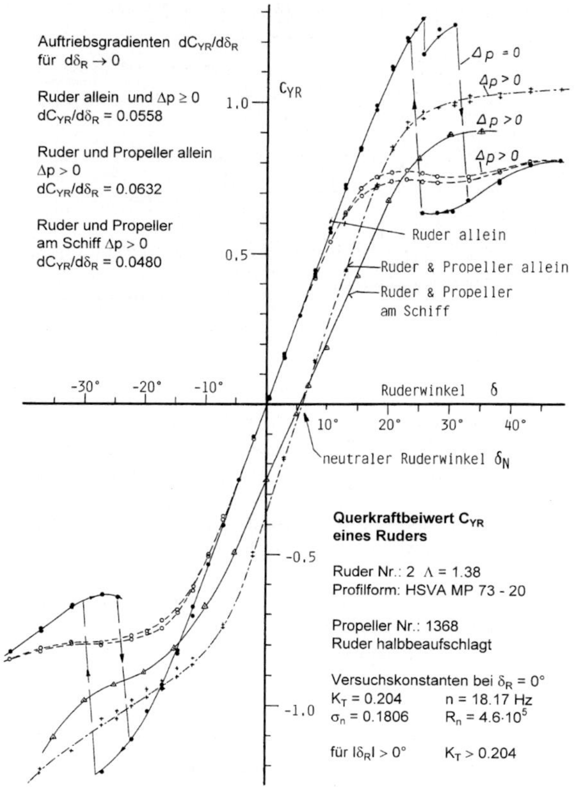

Abb. 7. Querkraftbeiwerte C_{YR} eines Spatenruders als Funktionen des Ruderwinkels δ_R, allein in Parallelströmung, halbbeaufschlagt im Propellerstrahl und hinter dem Schiff. *Coefficients C_{YR} of rudder force of a spade rudder as functions of rudder angle δ_R, rudder alone in parallel flow, rudder half in race of a propeller, and in behind condition.*

freifahrenden System Propeller–Ruder hat Stierman [5] umfangreiche systematische Untersuchungen vorgenommen, deren Resultate nur kurz kommentiert werden sollen. Auch wenn seine Untersuchungen aus Kostengründen den Ruderwinkel als weiteren Parameter nicht enthalten, sind die Resultate wertvolle Entwurfsrichtlinien.

Die Wirkung des Ruders auf die Propellereigenschaften zeigt sich in den Änderungen der Schub- und Drehmomentenbeiwerte, die sich als die folgenden Differenzen angeben lassen:

$$\Delta K_T = K_{T\,\text{with rudder}} - K_{T\,\text{w/o rudder}}$$
$$\Delta K_Q = K_{Q\,\text{with rudder}} - K_{Q\,\text{w/o rudder}}.$$

Im Propellerstrahl erzeugt das Ruder eine zusätzliche Kraft F_{XR} parallel zum Propellerschub, die dimensionslos gemacht als Ruderschub-Beiwert definiert werden kann

$$K_R = (F_{XR\,\text{with prop}} - F_{XR\,\text{w/o prop}})/(\rho \cdot n^2 \cdot D^4).$$

Alle drei Größen sind Funktionen des Propellerfortschrittsgrades

$$J = V_A/(n \cdot D).$$

Die wesentlichen geometrischen Parameter für die beiden Komponenten sind für das Ruder

das Dickenverhzaltnis t/c

und für den Propeller

das Steigungsverhaltnis P/D

Die wesentlichen gegenseitigen Lageparameter von Ruder und Propeller, sowie deren Abstände vom Schiff sind jeweils auf den Propellerdurchmesser bezogen

der Längsabstand x_{PR} von Propeller und Ruder	x_{PR}/D
der seitliche Abstand y_{PR} von Propeller und Ruder	y_{PR}/D
der Längsabstand x_{PS} des Propellers vom Schiff	$x_{PS}D$
der Längsabstand x_{RS} des Ruders vom Schiff	x_{RS}/D

Nach Stierman [5] läßt sich für den Ruderschub–Beiwert die folgende Parameterdarstellung angeben:

$$K_R = f(J^2,\ x_{PR}/D,\ P/D,\ t/c)$$

Danach nimmt K_R quadratisch mit wachsendem J bis auf ein Minimum $K_R < 0$ ab und wird für $K_T = 0$ auch zu Null. Für alle Parameter und für alle interessanten Propellerfortschrittsgrade ist K_R negativ. Im einzelnen hat K_R bei jeweils zwei konstanten Parametern die folgenden Eigenschaften:

- sein negativer Wert nimmt zu, wenn x_{PR}/D abnimmt, d.h. das Ruder sollte nicht zu dicht hinter dem Propeller sitzen,
- sein negativer Wert steigt mit wachsendem t/c, d.h. das Ruder sollte nicht zu dick sein,
- K_R nimmt zu, wenn P/D ansteigt, wobei es auch positiv werden kann, d.h. bei großen Propellerbelastungen C_{Th} erzeugt das Ruder Schub, der mit wachsendem P/D sogar ansteigt.
- Für den Zuwachs ΔK_Q des Drehmomentenbeiwertes K_Q eignet sich die folgende Parameterdarstellung

$$\Delta K_Q = g(x_{PR}/D,\ t/c,\ P/D).$$

Mit wachsender Entfernung x_{PR} des Ruders vom Propeller nimmt ΔK_Q nichtlinear ab, wobei die Abnahme umso größer ist, je größer das Ruderdicken–Verhältnis ist. Bei konstanter Entfernung steigt ΔK_Q linear mit wachsendem t/c an, wobei die Zunahme mit wachsendem P/D größer wird. Dicke Ruder erhöhen die Leistungsaufnahme des Propellers.

Für den Zuwachs ΔK_T des Schubbeiwertes K_T läßt sich eine ähnliche Parameterdarstellung angeben

$$\Delta K_T = h(x_{PR}/D,\ t/c,\ P/D).$$

Mit wachsender Entfernung des Ruders vom Propeller nimmt ΔK_T fast linear ab, wobei die Abnahme vom Ruderdicken–Verhältnis unabhängig ist. Bei konstanter Entfernung ist ΔK_T unabhängig von t/c. Nur der Betrag von ΔK_T steigt ein wenig mit wachsendem P/D.

4 Schiff – Propeller – Ruder

Im Rahmen eines Forschungsvorhabens sind in der VWS [7] detaillierte experimentelle Untersuchungen bezüglich der Wechselwirkungen der drei Komponenten durchgeführt worden, mit ähnlichen Ergebnissen wie sie Stiermann [5] und Labes [6] veröffentlicht haben.

Ohne auf die Ergebnisse der Untersuchungen mit den Einzelkomponenten und der Wechselwirkungen zweier Komponenten einzugehen, soll hier nur auf einen Teil der Gesamtergebnisse eingegangen werden. Bei konstanter Entfernung x_{RS} zwischen Ruder und Schiff wurde nur der Abstand x_{PS} zwischen Propeller und Schiff in drei Stufen verändert. Abb. 8 vermittelt einen Eindruck vom Versuchsaufbau im Kavitationstunnel KT1 – für die Untersuchung Propeller und Ruder allein – und der Schiff–Propeller–Ruder–Konfiguration – für die Versuche in der großen Rinne. Eingezeichnet sind die drei Propellerpositionen A, B und C zwischen Ruder und Schiff.

In Form von Balkendiagrammen sind in Abb. 9 die Ergebnisse für die Dienstgeschwindigkeit $V_S = 18$ kn der Großausführung zusammengefaßt. Die Wechselwirkungseffekte sind gut erkennbar.

- *Schiff mit Propeller ohne Ruder:* Sogzahl t und effektive Nachstromzahl w_T nehmen ab mit zunehmendem Abstand des Propellers vom Schiff, Drehzahl und Leistung steigen. Nach einem Maximum sinkt der Schub weil der Sog abnimmt.
- *Schiff mit Propeller und Ruder:* das beste Ruder ist das dünne Ruder NACA 0018. Das Ruder vergrößert die Nachstromzahl und verringert die Sogzahl. Es verringert den Schub bei fast gleicher Drehzahl. In der mittleren Position „B" benötigt der Propeller die geringste Leistung. Der ungünstige Einfluß des dicken Ruders NACA 0024 auf die Propulsion nimmt mit abnehmendem Abstand zwischen Propeller und Ruder zu.

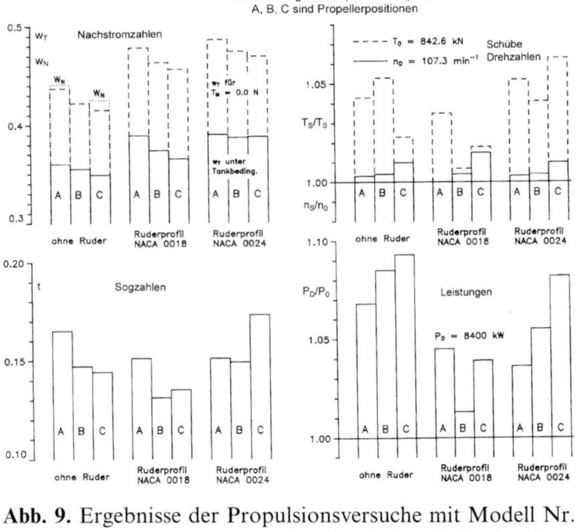

Abb. 9. Ergebnisse der Propulsionsversuche mit Modell Nr. 2490 ohne und mit zwei verschieden dicken Halbschweberudern sowie drei verschiedenen Propellerpositionen.
Results of propulsion tests, Model No. 2490 without and with two semi-balance rudders full in race of the propeller at three different propeller positions.

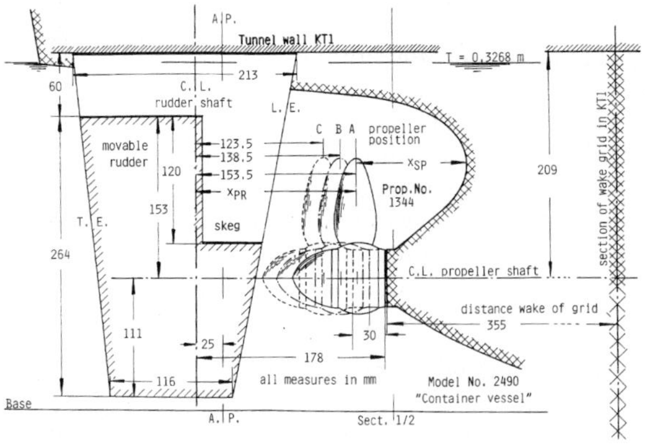

Abb. 8. Anordnung von Propeller und Ruder hinter dem Modell Nr. 2490 und im Kavitationstunnel KT1, nach Kracht [8].
Propeller–rudder arrangement in behind condition of Model No. 2490 and in cavitation tunnel KT1, by Kracht [8].

Den Einfluß des Propellers auf das Ruder zeigt Abb. 10. Erkennbar ist, daß bei ansteigender Propellerbelastung der neutrale Ruderwinkel δ_N von der Steuerbord- nach der Backbordruderlage wandert. Während für Ruderwinkel 0° die Ruderquerkräfte zunehmen bei steigender Propellerbelastung, nehmen sie ab bei gelegtem Ruder.

Abbildung 11 zeigt die Folgen eines falsch angepaßten bzw. ausgelegten Ruders. Das Ruder ist in zwei Teile zerbrochen. Es scheint sich um einen Sprödbruch zu handeln, der auf dem Pazifik eintrat. Das Schiff mußte mit der hier gezeigten ‚Ruder–Konfiguration' noch 2000 Seemeilen bis nach Korea fahren. Der Balanceteil lag quer im Propellerstrahl, mit dem oberen Ruderteil war das Schiff noch halbwegs manövrierfähig.

5 Zusammenfassung

Im Entwurfsverfahren kann nicht davon ausgegangen werden, daß die drei Komponenten Schiff, Propeller und Ruder jede für sich optimiert auch eine optimale Gesamtkonfiguration Schiff–Propeller–Ruder ergeben. Besonders bei Einschraubern und bei Rudern, die vom Propellerstrahl voll beaufschlagt werden, treten beachtliche Wechselwirkungseffekte auf. Dabei verbessert ein im Propellerstrahl angeordnetes, nicht zu dickes Ruder die Propulsionseigenschaften. Es läßt sich eine optimale Lage des Propellers in der Lücke zwischen Ruder und Schiff finden.

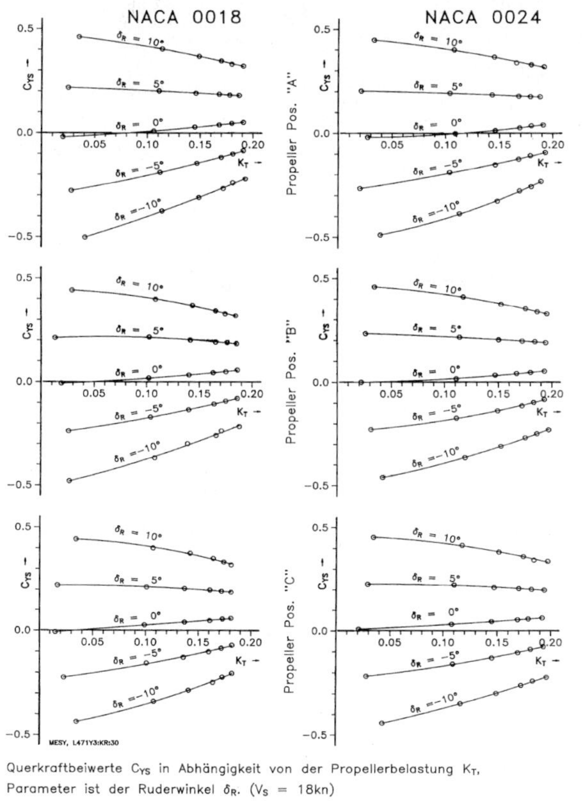

Abb. 10. Ruderquerkraftbeiwerte C_{YS} in Abhängigkeit von der Propellerbelastung K_T, Parameter ist der Ruderwinkel δ_R, korrespondierende Geschwindigkeit $F_n = 0{,}22$. *Rudder force coefficients C_{YS} as functions of propeller load K_T, curve parameter is the rudder angle δ_R. Corresponding Froude number $F_n = 0{,}22$.*

Abb. 11. Gebrochenes Halbbalanceruder. *Broken semi-balanced rudder.*

Schriftum

1 Kracht, A.: „Erweiterung der D-Serie: Breite, schnelle Zweischraubenschiffe" VWS Bericht Nr.: 1267/96

2 Grothus-Spork, H.: „Bilge vortex control devices and their benefits for propulsion", ISP 35 (1988) 402

3 Kracht, A.: „Ruderentwurf Teil I" VWS Bericht Nr.: 1137/89

4 Kracht, A.M.: „Rudder in the slipstream of a propeller" Intern. Symposium on Ship Resistance and Powering Performance, April 1989, Shanghai, China

5 Stierman, E.J.: „The influence of the rudder on the propulsive performance" marin Report No. 50827 – 1 – RT, Sept. 1988.

6 Labes, K.-H.: „Einfluß von Propeller und Ruder auf die Propulsionskennziffern von Einschraubenschiffen" Schiffbauforschung 27 (1988) 1.

7 Kracht, A.: „Ruder im Schraubenstrahl" VWS Bericht Nr.: 1178/90

8 Kracht, A. M.: „Ship-propeller-rudder interaction" International Symposium on Propulsors and Cavitation, June 1992 in Hamburg

Berichte, Nachrufe und Verzeichnisse

Berichte über die Tätigkeit der Fachausschüsse und Arbeitskreise

Geschichte des Schiffbaus

Der Fachausschuß bereitet sich darauf vor, sich inhaltlich an der Gestaltung der geplanten Jubiläumsausstellung anläßlich des 100jährigen Bestehens der Schiffbautechnischen Gesellschaft in Berlin 1999 zu beteiligen. Diese Ausstellung soll in der Versuchsanstalt für Wasserbau und Schiffbau auf der Schleuseninsel stattfinden. Sie soll neben einem Rückblick über 100 Jahre STG auch die Bedeutung der Schiffstechnik und damit die Notwendigkeit des Erhalts einer angemessenen Forschungs- und Ausbildungskapazität in Berlin vor Augen führen.
Der Fachausschuß hat in der Berichtszeit mehrere Sitzungen durchgeführt, in denen auch obiges Thema behandelt wurde.
Leiter des Fachausschusses: Dipl.-Ing. W.-D. Hoheisel, Loxstedt.

Schiffshydrodynamik

Vom Fachausschuß Schiffshydrodynamik wurden 1997 drei wichtige Veranstaltungen der STG mitgestaltet:

- 50. Fachausschußsitzung am 29.01.1997 in Hamburg anläßlich des Kolloquiums des Institutes für Schiffbau der Universität Hamburg zum 100. Geburtstag von Georg Weinblum
- Sprechtag am 14.03.1997 in Flensburg „Einfluß von Innovationen aus der Forschung auf moderne Entwurfsprozesse einer Werft", gemeinsam mit dem Fachausschuß Schiffsentwurf und Schiffssicherheit
- STG Sommertagung am 20.05.–23.05. 1997 in Schruns, Gestaltung eines Vortragsblocks „Schiffshydrodynamik"

Die etwa 130 Teilnehmer des Weinblum-Kolloquiums konnten sich an den Beiträgen der 6 hochkarätigen Vortragenden (Söding, Sharma, Nowacki, Isay, Bertram und Kracht) erfreuen, die einen außerordentlich guten Einblick in den Stand ihrer Forschungen vermitteln konnten.

Der Sprechtag in Flensburg war mit seinen ca. 120 Teilnehmern und dem gewählten übergreifenden Thema eine besonders gelungene Veranstaltung. Durch die Mischung von praktischer Anwendung in der jüngsten Zeit erzielter Forschungsergebnisse mit neuesten Ergebnissen der Hydrodynamik-Forschung wurde deutlich, wie schnell die Forschungsergebnisse von heute in die Praxis von morgen einfließen können.
Die drei Vorträge Hydrodynamik (Jensen, Schulze, Harries und Käter) befaßten sich ausschließlich mit der Weiterentwicklung numerischer Verfahren.
Die drei Vorträge (Cura-Hochbaum, Laudan, Junglewitz) zur Sommertagung 1997 waren für alle Anwesenden in ihrer Mischung aus Praxis und Weiterentwicklung numerischer Verfahren von hohem informativen Wert.
Als Fazit der gesamten Präsentation des Jahres 1997 ist festzuhalten, daß der „Numerische Tank" wieder ein Stück an Kontur gewonnen hat.
Die 51. FA-Sitzung wird am 26.10.1997 in Hamburg durchgeführt.
Leiter des Fachausschusses: Dipl.-Ing. Friedrich Mewis, Ammersbek.

Schiffsentwurf und Schiffssicherheit

Der Fachausschuß Schiffsentwurf und Schiffssicherheit veranstaltete im Jahre 1997 zwei Sprechtage über „Einfluß von Innovationen aus der Forschung auf moderne Entwurfsprozesse einer Werft" am 14. März in Flensburg, gemeinsam mit dem Fachausschuß Schiffshydrodynamik, sowie über „Neue Gesichtspunkte beim Yachtentwurf" am 21. November im Deutschen Schiffahrtsmuseum in Bremerhaven.
Der Sprechtag über moderne Entwurfsprozesse wurde von 120 Teilnehmern besucht und war von überaus lebhafter Diskussion begleitet. Allgemein wurde die Veranstaltung von den Teilnehmern als von großer Aktualität und Bedeutung für industrielle Entwurfstätigkeiten der Werften empfunden und apostrophiert. Unter maßgeblicher Mitwirkung der Werftindustrie, insbesondere der Flensburger Schiffbau-Gesellschaft, war es das erklärte Ziel des Sprechtages, die integrierende Funktion moderner Planungsprozesse des

Schiffsentwurfs fachübergreifend zu behandeln. Dabei wurden neben den fachlichen Aspekten besonders der effizient vernetzte Einsatz menschlicher und technischer, rechnergestützter Ressourcen betont. Entsprechend dem fachübergreifenden Charakter des Sprechtages reichten die zehn Vortragsthemen von Methoden des hydrodynamischen Entwurfs und der Strukturdimensionierung über schiffbauliche Konstruktion und Fertigung sowie hydrodynamische Themen der Versuchsanstalten bis zu Genehmigungsprozeduren der Klasse und dem Entwurf der Maschinenanlage und deren Integration in den Entwurfsprozeß.

Der Sprechtag über Yachtentwurf wurde gemeinsam mit Dipl.-Ing. Conradi vorbereitet und fand das lebhafte Interesse von mehr als 80 Teilnehmern, die von der Diskussion ausgiebigen Gebrauch machten. Ein gemeinsames Mittagessen im Ambiente der „Seute Deern" sowie ein Gang durch das hochinteressante Schiffahrtsmuseum, das dem Fachausschuß freundliche Gastfreundschaft gewährte, rundeten das Programm ab, das neun Vorträge enthielt. Die Themenstellungen reichten von den Randbedingungen im modernen Yachtentwurf und Qualitätsanforderungen an den Entwurf über rechnergestützte, numerische Berechnungsmethoden für Riggs und Strömungen sowie Segeldynamometer bis zur Serienfertigung und Klassifizierung von Yachten sowie Fertigungsuntersuchungen von Kohlefasermasten und moderne Segeltuchgenerationen. Die Vorträge hatten zum Teil hohes wissenschaftliches Niveau und waren zum anderen Teil sehr praxisbetont, insbesondere der Vortrag der Lürssen Werft, Lemwerder, über moderne Megayachten und ihre Anforderungen. Allen Vorträgen gelang es dem Generalthema entsprechend, neue Gesichtspunkte beim Yachtentwurf als einem stets faszinierenden Spezialgebiet des Schiffsentwurfs zu präsentieren und mit den interessierten Fachleuten zu erörtern.

Leiter des Fachausschusses: Prof. Dr.-Ing. Harald Poehls, Glinde.

Konstruktion und Festigkeit

Der Fachausschuß hat sich im Berichtsjahr aktiv an der Vortragsgestaltung der Gesellschaft beteiligt.

Schwerpunkte waren Fragen der Bemessung von Massengutschiffen, des Kollisionswiderstandes und der Grundberührung von Schiffen. Der Fachausschuß veranstaltete am 9. Dezember eine Fachausschußsitzung, auf der obige Themen durch Beiträge von Dr. Hansen über die neuen IACS-Vorschriften für Massengutschiffe, Dr. Yu über das Durchstoßen von ausgesteiften Platten und Dr. von Selle über Formzahlen für komplexe schiffbauliche Strukturdetails als Grundlage für eine Betriebsfestigkeitsanalyse behandelt wurden.

Da der Ablauf der Amtszeit des Fachausschußleiters eine Neuwahl notwendig machte und Prof. Lehmann für eine weitere Amtsperiode nicht zur Verfügung stand, wurde Dr.-Ing. Wolfgang Fricke, Germanischer Lloyd, einstimmig zum neuen Fachausschußleiter gewählt.

Leiter des Fachausschusses: Prof. Dr.-Ing. Eike Lehmann, Travemünde (bis 9. Dezember 1997), Dr.-Ing. Wolfgang Fricke, Ahrensburg (ab 9. Dezember 1997).

Schiffsmaschinen

Ein Sprechtag des Fachausschusses, der in ganz besonderem Maße die Reedereien ansprach, wurde im November 1996 im Hotel Steigenberger in Hamburg durchgeführt. Unter dem Leitthema „Reedereistrukturen und ihre Auswirkungen auf den Schiffsbetrieb in bezug auf Technik und Personal" stellten vier Repräsentanten deutscher Reedereien diese Problematik sehr deutlich dar, zwei weitere Vorträge aus der Sicht einer modernen Werft und eines Lieferanten moderner Überwachungs- und Automatisierungstechnik stellten Antworten auf die seitens der Reedereien angesprochenen Fragen vor. Eine Podiumsdiskussion zum Thema „Hilfestellung bei betrieblichen Problemen – welchen Beitrag können Werften, Zulieferer, Klassifikation und schiffstechnische Forschungseinrichtungen leisten?" rundete das Programm ab. Die Vorträge wurden von 145 Teilnehmern sehr aufmerksam verfolgt und von zahlreichen Diskussionsrednern kommentiert bzw. ergänzt. Bei der nachträglichen Wertung der Veranstaltung durch den Fachausschuß wurde beschlossen, daß möglichst in jedem oder jedem zweiten Jahr ein Sprechtag „Schiffsbetrieb" ausgerichtet werden sollte, sofern entsprechende aktuelle Themen anstehen.

Als ein solches aktuelles Thema stand die Entwicklung beim Bau von Kühlcontainerschiffen und Kühlschiffen als nächstes auf der Arbeitsliste, so daß der Fachausschuß einen Sprechtag zum Thema „Seetransport von Kühlgütern" gestaltete, der am 25. Februar 1997 in Bremerhaven stattfand und der sich mit den neuesten Entwicklungstendenzen im Kühlschiffbau, in der Schiffskältetechnik und auf dem Gebiet des Einsatzes der Controlled Atmosphere Technik (CA) befaßte. Organisation und Abwicklung des Programms waren von den Herren Dr.-Ing. Karl-Heinz Hochhaus und Dr.-Ing. Yves Wild, die auch selbst mit mehreren Vorträgen beteiligt waren, intensiv vorbereitet. Die hohe Aktualität des Themas ließ sich an der Resonanz messen, die diese Veranstaltung in der Fachwelt fand:

165 Teilnehmer, darunter zahlreiche Reedereivertreter, nahmen an dem Sprechtag teil. Durch Einzelveröffentlichungen über diese Veranstaltungen in der Fachpresse wurde zusätzlich noch besonders auf die Arbeit der STG aufmerksam gemacht.

Eine Fachausschußsitzung fand am 6. Mai 1997 ebenfalls in Bremerhaven statt und konnte mit einer Besichtigung der MWB Motoren und Anlagen GmbH verbunden werden, bei der die Aufmerksamkeit der Fachausschußmitglieder vor allem der neuen Produktlinie leistungsfähiger Blockheizkraftwerke sowie den Themen Motorinstandsetzung, Service und Reparatur galt.

Organisatorisch bereitete der Fachausschuß die Konstituierung der neuen Arbeitsgruppe „Klimatisierung und Lüftung" vor. Beabsichtigt ist, eine Bestandsaufnahme zum Stand der Technik und den anstehenden Problemen dieses Fachgebiets im Rahmen einer erweiterten Fachausschußsitzung gemeinsam mit den Fachausschüssen „Meßtechnik und Automation", „Schiffselektrotechnik" und „Schiffsentwurf und Schiffssicherheit" durchzuführen, mit denen die langjährige erfolgreiche Zusammenarbeit fortgesetzt wurde.

Für 1998 ist ein gemeinsamer Sprechtag dieser Fachausschüsse geplant, der unter dem Leitthema „Schiffsanlagen unter dem Aspekt der Sicherheit, Verfügbarkeit und Redundanz" am 28. April 1998 in Rostock-Warnemünde stattfinden soll.

Der Fachausschuß Schiffsmaschinen besteht z. Z. aus 49 aktiven Mitgliedern und Gästen.

Dr. Hochhaus berichtet über die Arbeitsgruppe „Kühlcontainerschiffahrt" wie folgt:

„Ausgehend von den Entwicklungen auf dem Sektor der Kühlcontainerschiffahrt wurde unter der Fragestellung „Gibt es eine Zukunft für Porthole-Kühlcontainerschiffe?" eine Arbeitsgruppe „Kühlcontainerschiffahrt" im STG-Fachausschuß Schiffsmaschinen gegründet. Die konstituierende Sitzung fand am 24.01.1996 in der Technischen Universität Hamburg-Harburg, Technologiezentrum Finkenwerder statt, die abschließende und 4. Sitzung erfolgte am 15.10.1996 bei Hapag Lloyd. Bei den anderen beiden Sitzungen waren die Hamburg-Süd und G + H Montage die Gastgeber. Der Abschlußbericht wurde dem Fachausschuß Schiffsmaschinen am 20.11.1996 vom Sprecher vorgelegt und wichtige Ergebnisse wurden auf dem STG-Sprechtag „Seetransport von Kühlgütern" am 25.02.1997 vorgetragen.

Dieses System „Porthole" ist unter dem Namen Con-Air bekannt und die damit ausgerüsteten Containerschiffe sind überwiegend im Nord-Süd Dienst mit hohem Kühlladungsanteil tätig. Die meisten und auch größten dieser technisch anspruchsvollen Containerschiffe wurden auf deutschen Werften gebaut und/oder modernisiert, die überwiegende Anzahl ist auch heute noch in Fahrt und in den nächsten Jahren zu ersetzen. Der Anteil dieser Kühlcontainerschiffe mit Porthole-Kühlcontainern an den Containerschiffen ist gering, der wirtschaftliche Erfolg dieser Kühlcontainerschiffe war in der Regel wegen der anspruchsvollen Ladung gut. Der Bau dieser Schiffe ist aufwendiger und daher für deutsche Werften (Spezialschiffbau) besonders attraktiv.

In der Arbeitsgruppe wurden die Unterschiede der beiden Kühlcontainer-Systeme

– Porthole
– Integral

unter den Gesichtspunkten Energieverbrauch, Platzbedarf der Kühlcontainer im Schiffsladeraum, Platzangebot für die Ladung im Kühlcontainer, Genauigkeit der Kühltemperatur, Zuverlässigkeit, landseitiger Service, Wirtschaftlichkeit und Besitzverhältnisse herausgearbeitet. Beim letzten Punkt wurde z. B. deutlich, daß etwa 50 % der weltweiten rund 600.000 Integral-Kühlcontainer geleast sind, fast 100 % der weltweit 70.000 Porthole Container dagegen den Reedereien gehören. Offen geblieben ist z. B. der Anteil der Ladungsschäden der beiden verschiedenen Systeme, dieser Punkt wäre noch zu bearbeiten.

Als weiterer wichtiger Fragenkomplex wurde der zeitliche Übergang von Porthole auf Integral-Kühlcontainer der Nord-Süd-Dienste behandelt, der nur überlappend erfolgen kann. Inwieweit bei Neubauten sogenannte „Übergangsschiffe" erforderlich werden, die im Übergangszeitraum beide Stellplatzmöglichkeiten anbieten, hängt von den einzelnen Diensten und Reedereien ab. Hier sind es besonders die ersten containerisierten Liniendienste, wie z. B. der Australiendienst, die aufgrund des Schiffsalters ersetzt werden. Wie zur Pionierzeit der internationalen Containereinführung werden die Erfahrungen des ersten Generationswechsels einen großen Einfluß auf die weitere Entwicklung haben.

Zu den einzelnen Themen wurden im Rahmen dieser Arbeitsgruppe Vorträge gehalten, Studien- und Diplomarbeiten vergeben, die von motivierten Studenten angefertigt und mit großen Engagement in der Arbeitsgruppe vorgetragen wurden.

Die Investitionskosten von Porthole-Kühlcontainerschiffen liegen deutlich über denen von Containerschiffen mit Integral-Kühlcontainern. Der notwendige Containerpark von Integral-Containern kann im Gegensatz zu Porthole-Containern problemlos geleast werden, bindet daher kein Kapital.

Der elektrische Energieverbrauch von Integral-Containern ist erheblich höher als von Porthole-Containern, daher wird eine höhere installierte Kapazität der Generatoren, Schaltanlagen und Verteilungen benötigt.

Das ist auch der Grund für einen höheren E-Bedarf und entsprechend ansteigendem Brennstoffverbrauch. Der höhere Brennstoffverbrauch spielt zur Zeit jedoch eine untergeordnete Rolle, da die Brennstoffpreise in der Schiffahrt derzeit sehr niedrig sind.

Die Vorteile der Porthole-Kühlcontainer gegenüber den Integral-Kühlcontainern sind aus mehreren Gründen geringer geworden. Neben der größeren Flexibilität und laufend verbesserter Technik der Integral-Kühlcontainer sind es besonders die Investitions- und Betriebskosten, die einen großen Einfluß ausüben. Derzeitig sind viele Containerschiffe im Bau, zum Teil mit einer hohen Stellplatzkapazität für Integral-Kühlcontainer. Es werden zur Zeit keine Kühlcontainerschiffe mit Porthole-Kühlcontainern gebaut, obwohl aufgrund der Altersstruktur für den Australiendienst Ersatzbedarf besteht. Offene Containerschiffe werden zunehmend gebaut, da sie beim Umschlag Zeit- und Kostenvorteile bieten, in Verbindung mit Integral-Kühlcontainern unter Deck stellen sie eine optimale Lösung zur Wärmeabfuhr dar.

Unter den derzeitigen Bedingungen ist davon auszugehen, daß Neubauten zukünftiger Kühlcontainerschiffe nur noch für Integral-Container ausgestattet werden.

Leiter des Fachausschusses: Prof. Dr.-Ing. Hansheinrich Meier-Peter, Glücksburg.

Schiffselektrotechnik

Der Fachausschuß hielt zwei Arbeitssitzungen ab, und zwar am 15. April 1997 im Schiffahrtsmuseum in Bremerhaven und am 26. Oktober 1997 in Hamburg.

Am 16. April 1997 fand im Schiffahrtsmuseum in Bremerhaven ein vom Fachausschuß vorbereiteter Sprechtag mit dem Thema „Netzqualität, Netzrückwirkung und elektromagnetische Verträglichkeit (EMV)“ statt. Vor einem Auditorium von 80 Teilnehmern (50 % von Zulieferfirmen und 25 % von Werften und Schiffsbetreibern) wurden in acht Vorträgen Theorie, Planung und Gesetzgebung sowie die Minimierung von Netzrückwirkungen in Anlagen mit Stromrichtern behandelt. Besonders diskutiert wurden die verschiedenen Alternativen zur Netzgestaltung und zur Vermeidung von Oberschwingungen bei Schiffen mit elektrischer Fahranlage.

Der Fachausschuß Schiffselektrotechnik hat zur Zeit 20 Mitglieder.

Leiter des Fachausschusses: Prof. Dr.-Ing. Günter Ackermann, Hamburg.

Meßtechnik und Automation

Allgemeines:

Der Fachausschuß tagte im Berichtszeitraum zweimal; gemeinsam mit dem Fachausschuß „Schiffsmaschinen“ am 20. November 1996 beim Germanischen Lloyd in Hamburg und als sogenanntes Industrietreffen in der Technischen Marineschule in Kiel am 12. Juni 1997. Parallel zu den Sitzungen wurde in einzelnen Treffen über die eventuelle Neustrukturierung der drei eng zusammenarbeitenden Fachausschüsse „E-Technik“, „Automation“ und „Maschinenbau“ diskutiert.

Dieser Aktivität lag eine Empfehlung des Technisch-Wissenschaftlichen Beirats und des Vorstandsrats der STG zugrunde, über eine Straffung, evtl. verbunden mit der Zusammenlegung von Fachausschüssen, nachzudenken. Nach engagierter Diskussion in den Tagungen aller drei Ausschüsse, lebhaftem Briefwechsel zwischen den Mitgliedern und Leitern der Ausschüsse – auch mit TWB und STG-Vorstand – waren die Argumente pro und contra eher verteilt als eindeutig. Eine endgültige Aussage und Direktive muß dem STG-Vorstandsrat überlassen bleiben; die Aussprachen waren zumindest für eine neuerliche Standortbestimmung und Rückbesinnung auf die Ziele technisch-wissenschaftlicher Fachausschüsse in der STG unter Einbeziehung der besonderen Umstände personeller Reduzierung in den technischen Abteilungen der Reedereien, Hochschulinstitute, Behörden und nicht zuletzt der Schiffbauindustrie recht nützlich.

Sollte der Fachausschuß selbständig weiterarbeiten, wird er das Arbeitsgebiet Schiffsnavigation, das zu einer modernen integriert zu entwerfenden Automation und Meßtechnik hinzugehört, mitbearbeiten und Abstimmung mit anderen auf dem Gebiet arbeitenden Gesellschaften suchen. Die Marinetechnik war immer schon im Blickfeld der Arbeiten, der Fachausschuß könnte sich aber dem Bereich Simulation für Forschung und Entwicklung wie auch für Schulung stärker widmen.

Mitgliederbewegung:

Es fällt weiterhin schwer, Reedereivertreter zur Mitarbeit zu werben. Bei einer ersten Mitgliederauffrischung der STG mit Personen vom deutschen Reeder „Marine“ könnte es evtl. gelingen: Als Gäste wohnten die Kapitäne Prof. Grete und Müller (TMS, Kiel) der Sitzung des Fachausschusses bei.

Aus Altersgründen wie aus Gründen der Verlagerung der Arbeitsschwerpunkte scheiden einige Mitglieder aus der Arbeit aus: Dipl.-Ing. E. Grünke (ehemals Siemens, dann MTG) und Dipl.-Ing. H. O. Wille (Germanischer Lloyd). Der Fachausschußleiter dankte im einzelnen der Facharbeit der ausgeschiedenen Mitglieder.

Fachliches:

1. Der Fachausschuß schlägt dem TWB in Zusammenarbeit mit den Fachausschüssen „Schiffselek-

trotechnik“ und „Schiffsmaschinenbau“ für das Jahr 1998 einen Sprechtag zum Thema „Schiffsanlagen unter dem Aspekt der Sicherheit, Verfügbarkeit und Redundanz“ vor, geplant für den 28. April 1998 in Rostock oder Warnemünde.

2. Ein weiterer Sprechtag in Zusammenarbeit der drei Fachausschüsse mit dem in Gründung befindlichen Fachausschuß „Marinetechnik“ zum Thema „Wechselwirkungen zwischen Handels- und Marineschiffbau“, geplant für September 1998 in der 39. KW in Kiel, wurde dem TWB vorgeschlagen.
3. Zur Hauptversammlung der STG im Oktober ’97 in Hamburg engagiert sich der Fachausschuß im Gemeinschaftsvortrag auf der Basis der ARGE „Zuverlässigkeit von Vortriebs- und Manövrieranlagen“ sowie in der Vortragsgruppe zur Marinetechnik durch drei Vorträge, jeweils mit Autorenpartnern aus Marine und Industrie.

Leiter des Fachausschusses: Dr.-Ing. Jürgen Ritterhoff, Lübeck.

Werkstoffe und Korrosion

Im Berichtszeitraum November 1996 bis Oktober 1997 fanden drei Sitzungen des Arbeitskreises „Applikation“ unter der Leitung von Herrn Dipl.-Ing. Nitschmann, Kiel, statt. Hauptarbeitsgebiet ist die Überarbeitung der STG-Richtlinie 2215 „Korrosionsschutz für Schiffe und Seebauwerke“, Teil 1 Schiff, Seebauwerk und Ausrüstung – Neubau, 3. Ausgabe.

Auf der 41. Sitzung beschäftigte sich der Arbeitskreis mit der Abschlußdiskussion einzelner noch offener Punkte der STG-Richtlinie.

In der 42. Sitzung war die Überarbeitung des Entwurfes der 3. Ausgabe der STG-Richtlinie der Hauptarbeitskreispunkt. Wegen der zahlreichen Vorschläge aus dem Mitarbeiterkreis dieses Arbeitskreises verzögert sich die Verabschiedung der Richtlinie. Es ist auch vereinbart worden, daß die in der Richtlinie enthaltenen Protokollformulare von den Mitgliedern des Arbeitskreises in der Praxis selbst getestet werden sollen, ehe sie verabschiedet werden.

In der 43. Sitzung wurden die Arbeiten an der Richtlinie fortgesetzt.

Leiter des Fachausschusses: Prof. Dr. rer. nat. Erich Hargarter, Hamburg.

Meerestechnik

Der Fachausschuß Meerestechnik organisierte während der Sommertagung in Schruns einen Vortragszyklus mit Beiträgen zur Unterwasser-Schweißtechnik, zum Bewegungsverhalten von gekoppelten Pontons sowie zum Indonesischen NATUNA-Projekt und zur Zertifizierung von Offshore Öl- und -Gasanlagen. Auf seiner am 1. September 1997 anberaumten Fachausschußsitzung wurden Prof. G. Clauss, Technische Universität Berlin, zum Vorsitzenden sowie Frau Dipl.-Ing. A. Zietsch, PREUSSAG, zur stellvertretenden Vorsitzenden gewählt.

Leiter des Fachausschusses: Prof. Dr.-Ing. Günther Clauss, Berlin.

Ausbildung und Fortbildung

Die Feierlichkeiten zum 25. Jahrestag der Wiedergründung der Universität Duisburg als Gerhard-Mercator-Universität Gesamthochschule Duisburg waren Anlaß, den diesjährigen Sprechtag „Neue Ergebnisse aus den Hochschulen“ – Der Nachwuchs berichtet“ in Duisburg zu veranstalten.

Mühe hatte der Fachausschuß weniger mit der Durchführung der Veranstaltung, sondern vielmehr mit der Auswahl der Vorträge. 36 Angebote aus allen Gebieten der Schiffstechnik und allen Hochschulen lagen vor, vorwiegend hervorragende, interessante und größtenteils auch anwendungsbezogene Themen, aus denen die normalerweise üblichen 11 für den Sprechtag ausgewählt werden sollten.

Um die Relation ein bißchen zu verbessern, wurden 13 ausgewählt, was inklusive der Pausen einen 9-Stunden-Freitag bedeutete: Um 8.30 Uhr wurde der Sprechtag eröffnet, um 17.30 Uhr wurden die Teilnehmer verabschiedet, und der Hörsaal war noch weitgehend gefüllt. Dazwischen lagen wieder engagiert vorgetragene und inhaltlich anspruchsvolle interessante Beiträge. Der Besuch war mit knapp sechzig Personen gut, und so wurde auch eingehend diskutiert.

In den Pausen war Gelegenheit, die Posterschau des Instituts für Schiffstechnik Duisburg und der Versuchsanstalt für Binnenschiffbau zu betrachten. Die Veranstaltung war gut organisiert, so daß sie als sehr erfolgreich und trotz des strömenden Regens schön bezeichnet werden kann.

Zum ersten Mal wurden zwei Preise aus der Zustiftung Eckhart Pless zur Veith-Berghoff-Stiftung (je DM 250,– und freien Eintritt zu einer STG-Tagung) vergeben, die an die Duisburger Absolventen Norbert Kuhlmann und Arne Schulz-Heimbeck fielen.

Der Technisch-Wissenschaftliche Beirat hat auf seiner letzten Sitzung beschlossen, daß künftig bei jedem Sprechtag möglichst ein Beitrag eines Studenten oder jungen Absolventen in das Programm aufgenommen werden soll. Dadurch soll zusätzlich die jüngere Generation in das Leben der Gesellschaft eingebunden werden.

Der Fachausschuß hat derzeit 25 Mitglieder und wird noch von Prof. Dr.-Ing. Harald Keil geleitet. Es wird aber nach jungen Mitgliedern gesucht, die in diesem Fachausschuß mitarbeiten und dann auch einen neuen Leiter bestimmen.

Seeschiffahrtsstraßen, Hafen und Schiff

Der Ausschuß hat sich am 22. Oktober 1996 in Lübeck und am 11. März 1997 in Papenburg getroffen. Eine Herbstsitzung ist am 20./21. Oktober 1997 in Rostock vorgesehen.

In Lübeck informierte sich der Ausschuß über die Entwicklung in den Lübecker Häfen, speziell über den Ausbau des Vorwerker Hafens für den Fährverkehr für Groß-RoRo-Fähren, die über zwei übereinander angeordnete und gleichzeitig benutzbare Lade- und Löschrampen mit erheblichen zeitlichen Vorteilen bedient werden können. Bautechnisch bemerkenswert ist die Verkürzung des Hafenbeckens unter Einbau kontaminierten Hafenbaggergutes als Auffüllmaterial. Dieses eingebrachte Hafenbaggergut ist unter einer Sandauflast mittels Vakuumverfahren entwässert und innerhalb kurzer Zeit (4 Monate) entwässert und konsolidiert worden. Setzungen von 3 m wurden erreicht. Anschließend wurde das Papierterminal Schlutup der LHG besichtigt.

Dies war in eine Bereisung der Trave und der Lübecker Hafenbereiche integriert. Seitens der Wasser- und Schiffahrtsverwaltung des Bundes wurden die Fahrwasser- und die Verkehrsverhältnisse der Trave vorgetragen. Ein besonderer Informationspunkt war die Problematik der baufälligen Herrenbrücke, die durch einen Tunnel ersetzt werden soll.

Weitere Vorträge hatten die Simulation von An-/Abfahrten auf das Containerterminal Altenwerder/Hamburg mit Containerschiffen der IV. Generation und einen Überblick über die Verkehrsentwicklung auf dem Nord-Ostsee-Kanal zum Inhalt.

In Papenburg standen die Fragen des Schiffbaues der dortigen Werft und die Problematik des Emsfahrwassers im Mittelpunkt von Vorträgen und Diskussionen. Ergänzend wurde der Emsabschnitt zwischen Papenburg und Leer bereist.

Niedersachsen beabsichtigt, bei Gandersum ein Sturmflutsperrwerk zu errichten, welches zugleich eine Staufunktion erhalten soll. Mittels des Aufstaus von Wasser soll der Papenburger Werft die Überführung von Schiffen größer 7,30 m Tiefgang ermöglicht werden, eine Maßnahme mit der Zielsetzung der Stabilisierung von Werftarbeitsplätzen in dieser strukturschwachen Region unseres Landes.

Die Problematik der Überführung großer Werftschiffe wurde vom örtlich zuständigen Wasser- und Schifffahrtsamt vorgetragen. Als Gast informierte Baudirektor a. D. Dietze/Aurich über das Arbeitsergebnis der WG 30 der PIANC „Approach Channels – A Guide for Design". Diese interessante Bearbeitung ist inzwischen von der PIANC veröffentlicht worden und wird z. Z. auch in die deutsche Sprache übersetzt.

Am 20./21. Oktober wird sich der Ausschuß in Rostock treffen. Im Mittelpunkt werden Vorträge zum Verkehr von Schnellfähren über die Ostsee und der Ausbau des Seekanals Rostock stehen. Der Ausschuß wird mit einer Schnellfähre die Ostsee überqueren und auch auf der Schnellfähre tagen.

Personelle Veränderungen:

Dr.-Ing. Karl-Eduard Naumann, zusammen mit Prof. Dr.-Ing. Kurt Illies Gründer des Fachausschusses, ist altersbedingt (87. Lebensjahr) ausgeschieden. Ebenfalls ausgeschieden sind die Herren Prof. Dr.-Ing. Kastner und Langenberg.

Als neue Mitglieder wurden in den Ausschuß aufgenommen die Herren

- Dipl.-Ing. Hein Albrecht, Consulting Engineers Salzgitter GmbH
- Dipl.-Ing. Helmut Broß, Versuchsanstalt für Binnenschiffsbau e. V. Duisburg
- Karl-Ernst Eppler, Amt für Hafenwirtschaft, Rostock
- Dr.-Ing. Alexander Nürnberg, Uetersener Maschinenfabrik, Uetersen.

Leiter des Fachausschusses: MinRat Dr.-Ing. Günter Hovers, Bonn.

Manövrieren

Der Fachausschuß „Manövrieren" hielt turnusgemäß am 9. Oktober 1997 seine 27. Sitzung ab. Wichtigster Tagesordnungspunkt war die Festveranstaltung „100 Jahre STG" im Jahre 1999 und der Beitrag des Fachausschusses zu diesem Ereignis.

Nach einem einführenden, instruktiven Kurzreferat von Dr.-Ing. A. Cura Hochbaum, HSVA, über künftige Möglichkeiten des Einsatzes von CDF-Methoden auf dem Gebiet der Manövriertechnik erfolgte eine lebhafte Diskussion über Art und Inhalt von zwei Fachreferaten. Die Anwesenden einigten sich auf zwei Fachreferate mit folgenden Arbeitstiteln:

- „Manövriertechnik – Standortbestimmung und Perspektiven". Verantwortlich Dr.-Ing. Cura Hochbaum, Dr.-Ing. Oltmann und Prof. Söding
- „Wichtige Stationen in der Entwicklung der Manövriertechnologie". Verantwortlich Dr.-Ing. Meyerhoff, Dipl.-Ing. Walter und Dipl.-Ing. Weiß.

Leiter des Fachausschusses: Dr.-Ing. Peter Oltmann, Hamburg.

Binnenschiffe

Für diesen Ausschuß ist der enge und ständige Kontakt zwischen Forschung und Wissenschaft, betrieblicher Praxis und den für die Binnenschiffahrt zuständigen Behörden sowie dem Verordnungsgeber sehr wichtig. Forschung und Wissenschaft sind Triebfedern der Veränderung und Grundlage für die Chancen der Anwender von Technik in der Zukunft. Die Binnenschiffahrt hat es in dieser Hinsicht besonders schwer, sie wird in ihrer Entwicklung nicht von finanzkräftigen (multinationalen) Konzernen geprägt, die aus ihrer eigenen – oftmals globalen – Interessenlage heraus der technischen Entwicklung der von ihnen produzierten oder eingesetzten Verkehrs- und Antriebssysteme durch eigene Forschungsarbeit maßgebliche Impulse verleihen. LKW, Bahn und Luftfahrt können insoweit auf beachtliche finanzielle Ressourcen zurückgreifen. Das zu Forschungszwecken eingesetzte Finanzvolumen der Binnenschiffahrt nimmt sich dagegen mehr als bescheiden aus., obwohl ihr Forschungsbedarf und -potential – relativ gesehen – keineswegs geringer sind. Zu binnenschiffsbezogener Forschungsarbeit und zur Bereitstellung der dafür benötigten Mittel durch Vorstöße und Entscheidungen von Unternehmen kommt es nur in sehr begrenztem Umfang. Die durchweg schwache Ertragslage und die dünne Eigenkapitaldecke der Schiffahrtsfirmen vertragen – von ganz wenigen Ausnahmen abgesehen – kein Wagnis und keine längeren Erprobungszeiten. Um so wichtiger ist die Existenz eines Gremiums, das, wie der Fachausschuß für Binnenschiffe, eine Plattform bietet, um Ideen und Initiativen selbst zu geben, aufzugreifen, zu bündeln, auf ihre Bedeutung und Nutzbarmachung für die Binnenschiffahrt hin zu untersuchen, sowie ihre finanzielle und technische Realisierung zu fördern. Ohne Rat, konstruktive Kritik und hilfreiche Korrekturen seitens der Praxis stünde der Fachausschuß dabei auf verlorenem Posten.

Diese Komponente gewinnt an Bedeutung. Forschung gerät immer stärker unter das Gebot der direkt wirtschaftlichen Verwertbarkeit ihrer Ergebnisse. Das zeigt sich am deutlichsten, wenn es um ein sehr aktuelles Thema wie z. B. das der schnellen Schiffe geht, um die Anforderungen an Bau und Zulassung sog. schneller Schiffe. Die Aufmerksamkeit richtet sich hier auf vier Problemkreise

- Anforderung an die technische Ausrüstung
- optimale hydro- und aeromechanische Formgebung
- spezielle Fragen der Verkehrssicherheit
- spezielle Fragen des Umweltschutzes

Im Vorfeld der Beratung der drei zuletzt aufgeführten Problemkreise hat sich eine von Herrn Dipl.-Ing. Zöllner geleitete Arbeitsgruppe des Fachausschusses mit den Resultaten einer vom Bundesminister für Verkehr in Auftrag gegebenen Untersuchung zur Höhe der Wellen befaßt, die von Schiffen verschiedenen Typs unter den zur Zeit gültigen Verhältnissen auf Binnenwasserstraßen erzeugt werden. Die Auswertung soll die Wellenbildung von Schiffen erfassen, die zwar schnell sind, sich aber noch im unterkritischen Geschwindigkeitsbereich bewegen, um eine Vergleichsbasis zu überkritisch fahrenden Schiffen zu haben. Eine erschöpfende und abgesicherte Antwort kann noch nicht gegeben werden, da über die Auswirkungen bei Fahrten im überkritischen Bereich z. Z. nicht genügend quantitative Ergebnisse vorliegen. Der Faktor der Wellenbildung allein wird jedoch vom Fachausschuß nicht als ausreichend angesehen, um die Frage zu beantworten, unter welchen Bedingungen Flachwasserschnellschiffe zugelassen werden können. Trotz vieler offener Fragen und bei aller Skepsis gegenüber dem ungewohnten Gedanken, Güterverkehr auch mit Fahrzeugen zu betreiben, die eine Geschwindigkeit zwischen 30 und 40 km/h oder sogar mehr erreichen, verstärkt sich für den Fachausschuß der Eindruck, daß die Entwicklung hin zu schnellen Schiffen nicht aufzuhalten sein wird. In der Fahrgastschiffahrt hat dieser Prozeß das Realisierungsstadium bereits erreicht. Der Einsatz von Hochgeschwindigkeitsfahrzeugen, z. B. der Elbe-City-Jets „Hanseblitz“ und „Hansepfeil“ im Personenfährverkehr auf der Unterelbe und des „Rheinjets“ als Streckenfahrgastschiff deutet einen Trend an, der sich schnell beschleunigen wird. Der Einsatz weiterer ähnlicher Schiffe ist konkret geplant. Einer Ausdehnung auf den Güterschiffssektor wird man sich auf Dauer nicht verschließen können. Es ist nur folgerichtig, daß sich der *Kleine Schiffahrtsausschuß der Zentralkommission der Rheinschiffahrt* ebenfalls bereits ausführlich mit dem Thema „Schnelle Schiffe auf dem Rhein“ auseinandergesetzt und in einem umfangreichen Schriftstück die unterschiedlichen Aspekte aufgelistet hat, die vor der Zulassung von Flachwasserschnellschiffen auf Binnenwasserstraßen geklärt werden müssen. Einen ähnlichen Prüfungskatalog hat die Arbeitsgruppe des VBW erstellt. Um Doppelarbeit zu vermeiden und das unverkennbar starke Interesse der Schifffahrtsöffentlichkeit an klaren Antworten zum Bau und zur Zulassung schneller Schiffe möglichst bald befriedigen zu können, sind beide Gremien übereingekommen, auf der einen Seite eine Abgrenzung der Untersuchungsthemen auf diesem Feld vorzunehmen, zum anderen ihre Beratungen in enger Fühlungnahme abzuhalten. Eine grobe Aufteilung zeichnet sich in der Richtung ab, daß der Fachausschuß des VBW über seine Arbeitsgruppe die primären schiffbaulichen Aspekte (Schiffskörperdimensionierung, Schwell, Festigkeitsanforderungen etc.), die Wirkungen auf Gewässerberandung und -sohle, auf Anlagen in und an der Wasserstraße sowie die Wirkungen auf Gewässerbiologie und Umwelt prüft, während die Zentralkommission über ihren Kleinen Schiffahrtsausschuß und eventuell weitere Gremien die für die Sicherheit und Leichtigkeit des Verkehrs maßgeblichen Aspekte untersucht.

Wenn das schnelle Schiff kommt – und davon bin ich fest überzeugt – bedeutet das einen Entwicklungssprung für die Binnenschiffahrt von sektoral umwälzender Bedeutung.

Über diese perspektivisch wichtigen Beratungen hat der Fachausschuß die Belange des betrieblichen Alltags in der Schiffahrt nicht aus dem Auge verloren. Die von Herrn MR Jungmann geleitete Arbeitsgruppe „Schiffahrtstechnische Planungsgrundlagen für Rhein-Main-Donau-Verkehre" steht mit ihren Arbeiten unmittelbar vor dem Abschluß. Die Mühe, über viele Jahre streckenbezogene Daten zusammenzutragen und in Datenblättern zu erfassen, hat sich gelohnt. Die Arbeitsgruppe hat mit dem sog. Transportgütegrad eine technische Berechnungsgröße entwickelt, die es erlaubt, unterschiedliche Schiffe oder auch ein Schiff auf unterschiedlichen Wasserstraßen vergleichend zu bewerten. Die Angaben in den Datenblättern werden zur Ermittlung des Transportgütegrades herangezogen. Auf diese Weise erhält der Nutzer für die Disposition der Schiffe Unterlagen und Hinweise, die ihm als Grundlagen für die Wahl der bestgeeigneten Fahrzeuge und Fahrzeugzusammenstellungen sowie für optimale Transportabläufe dienen. Leider ist es trotz größter Anstrengungen nicht gelungen, für die gesamte Donau eine ausreichende Datendichte zu gewinnen. Die Angaben für die Donau unterhalb von Ungarn (ab Donau-Kilometer 1433) müssen deshalb zu gegebener Zeit ergänzt werden. Erfreulich bleibt, daß die Broschüre „Schiffahrtstechnische Planungsgrundlagen für Rhein-Main-Donau-Verkehre" im 4. Quartal dieses Jahres erscheinen kann und Schiffahrt und Verladerschaft eine weitere wichtige Hilfestellung bietet.

Allen Mitgliedern des Fachausschusses und nicht weniger den Sachverständigen, die, ohne Mitglieder des Fachausschusses zu sein, ihre Erfahrungen und Kenntnisse in die Tätigkeiten der Arbeitsgruppen eingebracht haben, möchte ich nicht nur für die im letzten Jahr geleistete ehrenamtliche Tätigkeit danken, sondern auch für die Bereitschaft, die Beratungen im Fachausschuß und seinen Untergremien auch in Zukunft weiterhin nach Kräften zu unterstützen.

Leiter des Fachausschusses: Prof. Dr.-Ing. Ernst Müller, Duisburg.

Arbeitsorganisation und Fertigungstechnik

Eine konstituierende Sitzung hat am 15. Mai 1997 stattgefunden, an der 16 Herren teilnahmen.

Grundsätzlich wurde die Einrichtung dieses Fachausschusses begrüßt, nachdem mit dem VSM-Arbeitskreis Fertigung eine Einigung über die Abgrenzung der Arbeit erzielt werden konnte und Mitglieder des Arbeitskreises im Fachausschuß vertreten sind.

Für die weitere Arbeit wurde zunächst die Einarbeitung eines neutralen Fertigungsprozeßmodelles für notwendig erachtet, anhand dessen gezielt Einzelbereiche für weitere konkrete Arbeiten identifiziert werden sollen.

Eine weitere Fachausschußsitzung ist für den Herbst 1997 geplant.

Leiter des Fachausschusses: Dipl.-Ing. Hellmut Wilckens, Hamburg.

Marinetechnik

Am 24. November 1997 fand die konstituierende Sitzung des neu gegründeten Fachausschusses „Marinetechnik" in Hamburg statt. Die anwesenden Mitglieder wählten ohne Gegenstimme Herrn Admiral Waldemar Feldes zum Vorsitzenden des Fachausschusses „Marinetechnik". Herr Admiral Feldes nahm die Wahl mit Dank für das Vertrauen gern an.

Das Geschäftsjahr 1997

1 Übersicht über Tagungen

In diesem Jahr fanden neben der Sommertagung und der Hauptversammlung fünf Sprechtage statt, die sich eines großen Zuspruches erfreuten:

1. „Seetransport von Kühlgütern" 25.2. 1997 in Bremerhaven mit 150 Teilnehmern
2. „Einfluß von Innovationen aus der Forschung auf moderne Entwurfsprozesse einer Werft" am 14.3. 1997 in Flensburg mit 125 Teilnehmern
3. „Netzqualität, Netzrückwirkung, EMV" am 16.4. 1997 in Bremerhaven mit 80 Teilnehmern
4. „Neue Ergebnisse aus den Hochschulen – der Nachwuchs berichtet" in Duisburg mit 58 Teilnehmern
5. „Neue Gesichtspunkte beim Yachtentwurf" am 21.11. 1997 in Bremerhaven mit 95 Teilnehmern

Die Sommertagung fand vom 20.–24.5.1997 in Schruns/Österreich statt.
Die Vorträge der Sommertagung waren aus den Arbeitsgebieten Hydromechanik/Propulsion, Meerestechnik und Krane für den maritimen Einsatz gewählt. Das Interesse war bei den 100 Teilnehmern groß und die Themen der qualitativ hochwertigen Vorträge wurden in der Diskussion lebhaft erörtert. Die Besuche bei den Firmen Liebherr Werk Nenzing und MTU in Friedrichshafen vermittelten interessante Einblicke in die Produktionsstätten beider Werke. Das Rahmenprogramm mit Fahrten in die Umgebung sowie nach Vaduz/Liechtenstein und Lindau am Bodensee waren gut besucht und das Wetter war dem Anlaß angemessen.
Die Hauptversammlung fand vom 26.–28.10.1997 im Atlantic Hotel in Hamburg statt.
Das wissenschaftliche Programm umfaßte die Bereiche Schiffsmaschinenbau, Methoden der Strukturanalyse, Schiffselektrotechnik sowie Schiffsfertigung, Schweißtechnik, Trennen und Doppelhüllenbulker und Marinetechnik.

2 92. Hauptversammlung in Hamburg

Die 92. Hauptversammlung fand in diesem Jahr in Hamburg statt. Die Niederschrift der Hauptversammlung ist unter der folgenden Nr. 3 abgedruckt.
Die Eröffnungsfeier der Tagung fand im Hotel Atlantic Hamburg, Großer Festsaal statt. Sie wurde vom Vorsitzenden der Gesellschaft, Prof. Keil, eröffnet:

Herr Staatsrat,
Herr Professor Wendel,
sehr verehrte Damen,
meine Herren,
„Zu einer umfassenden Innovationspolitik gehören schließlich strategische Entscheidungen darüber, welche Technologien am Standort Deutschland gegen die Auswirkungen der Subventionspolitik anderer Länder verteidigt werden müssen. Davon ist der Schiffbau als High-Tech-Branche in besonderem Maße betroffen. Seine Preisgabe würde das technologische, ingenieur-wissenschaftlich geprägte Netzwerk in Deutschland schwächen, dem der Schiffbau wertvolle Impulse gibt und zu dem andere Industriezweige, insbesondere die Stahlindustrie, der Maschinenbau und die Elektroindustrie, gehören." Dieses Zitat haben einige von Ihnen wahrscheinlich im Editorial der Oktoberausgabe unseres Organs SCHIFF UND HAFEN gelesen. Es stammt vom Präsidenten des Bundesverbandes der deutschen Industrie, Hans-Olaf Henkel. Er hat dies in seinem Festvortrag anläßlich der diesjährigen Mitgliederversammlung des Verbandes für Schiffbau und Meerestechnik gesagt.
Uns war dies ja schon bekannt, und die Schiffbautechnische Gesellschaft hat sich von jeher als kleiner Bestandteil dieses Netzwerkes verstanden, indem sie ihre Aufgabe als Plattform für den Austausch der Impulse, für den Transfer der Innovationen zu erfüllen versucht hat.
In diesem Sinne haben wir uns auch heute wieder zusammengefunden.

Meine Damen und Herren,
ich darf Sie sehr herzlich zur 92. Hauptversammlung der Schiffbautechnischen Gesellschaft begrüßen und gleichzeitig meine Freude darüber zeigen, daß wir das Tief des letzten Jahres zwar mahnend in Erinnerung behalten, aber doch als nicht im Trend liegend abtun können. War es doch von Beteiligung und Stimmung her gesehen, als ob der ganze Jammer der Region auch über unsere Gesellschaft hereingebrochen wäre. Heute haben wir wieder einen Kreis, auf den wir auch in Zukunft rechnen können.
In der Einladung habe ich dramatisch gesagt, daß wir uns zum letzten Mal in diesem Jahrtausend in Hamburg treffen, wobei es noch die Frage ist, ob es stimmt. Denn das Jahrtausend endet ja eigentlich erst am 31. Dezember 2000. Was aber stimmt, und das kann ich als nicht geborener Hamburger mit hanseatischer Bescheidenheit sagen, ist die unbestrittene „Pole-Position" von Hamburg in unserer Profession. Eine solche Häufung von maritimer Kompetenz findet sich an keinem Ort in Sichtweite. Dies ist nur leider nicht allen bekannt. Einer der besten Kenner dieser Szene und

engagiertester Kämpfer für dieses Gebiet ist heute bei uns. Ich begrüße sehr herzlich den Vertreter des Senats der Freien und Hansestadt Hamburg, Herrn Staatsrat Prof. Giszas. Lieber Herr Kollege Giszas, trotz der bekannten alten Verbundenheit ist es sicher nicht selbstverständlich, daß Sie in den für Sie und Ihre eigenen fachlichen Anliegen nicht unkritischen Tagen zu uns gekommen sind. Wir bedanken uns dafür und freuen uns auf Ihr Grußwort.

Ich begrüße ganz besonders unser Ehrenmitglied, Herrn Prof. Dr.-Ing. Kurt Wendel. Er ist nicht nur seit 55 Jahren Mitglied unserer Gesellschaft und hat sie in den verschiedensten Positionen befruchtet, sondern hat vielen von denen, die sich jetzt auf den Generationswechsel vorbereiten, das berufliche Rüstzeug gegeben.

Die Eröffnungsfeier wird stets beschlossen mit dem Festvortrag. Wir haben uns dabei stets bemüht, hervorragende Redner mit interessanten Themen aus den verschiedensten Gebieten zu suchen, und – Wer Eigenlob nicht mag, höre jetzt bitte weg! – auch gefunden. Heute ist Dr. Martin Bohle-Carbonell zu uns gekommen. Herr Bohle-Carbonell hat vielfache Beziehungen zu uns. Er ist Ozeanograph, hat in Hamburg studiert und lange hier gearbeitet und ist nun in der Direktion Umwelt der Generaldirektion Wissenschaft, Forschung und Entwicklung der Europäischen Union tätig. Haben Sie herzlichen Dank, daß Sie zu uns gekommen sind und uns über das im nächsten Jahr beginnende neue Rahmenprogramm vortragen werden.

Wir haben dieses Mal so viele wichtige Themen zu behandeln, daß der Technisch-Wissenschaftliche Beirat beschlossen hat, heute nachmittag Parallelveranstaltungen durchzuführen. So kann ich besonders viele Vortragende begrüßen und mich bei ihnen dafür bedanken, daß sie wieder das Neueste aus ihrem Fachgebiet darbieten. Es muß immer wieder gesagt werden, daß es leichter ist zuzuhören, als den Vortrag vorzubereiten und die schriftliche Form auch noch rechtzeitig abzuliefern. Auch daran sehen wir, welches Feuer in der Schiffstechnik steckt.

Ich kann noch ein anderes Beispiel für die Lebendigkeit in der STG, für das gegenseitige Geben und Nehmen und das Bestreben, auf dem neuesten Stand zu sein, bringen: Von einer kleineren Werft sind zwölf Mitarbeiter hierher gekommen, vorwiegend junge Diplom- und Doktor-Ingenieure, die durch ihr Engagement und den festen Willen, fachlich etwas zu bewegen, beeindrucken. Ich begrüße sie herzlich und hoffe, daß der Funke, der zur STG übergesprungen ist, ein großes Feuer entfacht.

Ich begrüße alle, die heute geehrt werden. Mit diesen Ehrungen will die Gesellschaft Dank sagen für langjährige Mitgliedschaft oder für besondere technisch-wissenschaftliche Leistungen.

Ich begrüße die Studenten und jungen Absolventen und rufe sie zu Engagement in der Gesellschaft auf, Engagement, wie es ein Mitglied fast zwei Drittel Jahrhundert gezeigt hat, Dipl.-Ing. Karl Johannsen, der nun 65 Jahre der STG angehört und stets aktiv für sie tätig war. Ich heiße Sie, lieber Herr Johannsen, in alter Frische ganz herzlich willkommen.

Mit einem besonderen Dank begrüße ich zwei Mitglieder, die durch eine generöse Zustiftung zur Veith-Berghoff-Stiftung den Nachwuchs unterstützen helfen. Ich begrüße Dipl.-Ing. Cai Boie und Dipl.-Ing. Tewes Wischmann. Und ich begrüße den Vorsitzenden der Georg-Weinblum-Stiftung, die den Georg-Weinblum-Preis verleiht, Herrn Dr. Külper.

Frau Herta Brix und Prof. Petershagen haben uns schon mit dem ersten Satz der Scaramouche begrüßt und erfreut. Wir erwidern diesen Gruß und bedanken uns sehr herzlich für die Darbietungen. Schiffbau und Kunst haben immer dicht beieinander gelegen. Heute erleben wir dies wieder.

Mit der Presse habe ich angefangen und höre mit ihr auf. Ich begrüße die Vertreter unser Fachzeitschriften, bedanke mich für die Ankündigungen und im voraus für die wahrheitsgetreue, also positive Nachlese.

Natürlich grüße ich alle anderen ebenso herzlich und wünsche uns allen interessante und schöne Stunden.

Die 92. Hauptversammlung der Schiffbautechnischen Gesellschaft ist eröffnet.

Anschließend sprach Herr Staatsrat Prof. Dr.-Ing. Heinz Giszas von der Wirtschaftsbehörde der Freien und Hansestadt Hamburg einige Grußworte.

Ihm schloß sich Herr Dr. Ache, Vorsitzender des Verbandes für Schiffbau und Meerestechnik, mit einigen Grußworten an.

Der Text des Festvortrages, den Herr Dr. Martin Bohle-Carbonell von der Generaldirektion XII der Europäischen Kommission, Brüssel, über das Thema „Das Fünfte Rahmenprogramm der Europäischen Union – Neue Zugänge zur Forschungslandschaft" hielt, ist unter „Vorträge 92. Hauptversammlung" zu finden.

Die Feier wurde musikalisch mit dem 3. Satz aus Scaramouche von Darius Milhaud beendet.

Ehrungen

Die Schiffbautechnische Gesellschaft hat zwanzig Mitglieder, die schon vor Ende des Krieges eingetreten sind, eines schon 1930. Das Jubiläum der 40jährigen Mitgliedschaft würdigt die Gesellschaft durch die Verleihung der Goldenen Ehrennadel. In diesem Jahr begehen 14 Mitglieder dieses Jubiläum.

Gießerei-Ing. Günter Bach
Prof. Dr.-Ing. Rameswar Bhattacharyya
Kapt. Schiffbauing. Reemt Bruhns
Ing. Hans-Jürgen Cierpinski
Dipl.-Ing. Dieter Grabbe
Dipl.-Phys. Erich Hasbach
Dipl.-Ing. Curt Höfelmann
Dipl.-Ing. Manfred Kubitzke
Schiffbau-Obering. John Marcus
Dr. Prabhat Kumar Pal
Prof. Dr.-Ing. Heino Schafstall
Dipl.-Ing. Holger Vogel
Schiffbauing. Hans-Dieter Winkler
Dipl.-Ing. Luis Zamora

Wir bedanken uns alle bei Ihnen für ihr Interesse, ihre Treue und ihre Mitarbeit. Sieben von ihnen sind heute anwesend, und es ist mir eine besondere Freude, ihnen die Goldene Ehrennadel persönlich anstecken zu dürfen.

Der Vorstandsrat hat beschlossen, in diesem Jahr zwei Bronzene Denkmünzen für besondere Verdienste zu vergeben. Die Geehrten, Dr.-Ing. Andrés Cura Hochbaum und Dr.-Ing. Pierre Sames, haben in ihrer wissenschaftlichen Arbeit vieles gemeinsam.

Andrés Cura Hochbaum wurde im Januar 1958 in Montevideo/Uruguay geboren, besuchte dort die Deutsche Schule und anschließend von 1970 bis 1974 das Goethe-Gymnasium in Buenos Aires/Argentinien.

1975–82 studierte er Ingenieurwissenschaften an der Universidad de la Republica in Montevideo. Während seines Studiums lehrte er an einem Gymnasium Mathematik. Von 1983 bis 88 studierte er weiter, und zwar Schiffbau an der Universität Hamburg und schloß dieses Studium im Oktober 1988 mit sehr gutem Ergebnis ab.

Während seiner anschließenden Tätigkeit als wissenschaftlicher Mitarbeiter bei Prof. Söding bis 1993 schrieb er eine Dissertation über „Ein Finite-Volumen-Verfahren zur Berechnung turbulenter Schiffsumströmungen“ und promovierte damit im März 1994 mit der seltenen Note „Ausgezeichnet“ zum Doktor-Ingenieur.

Seit dieser Zeit arbeit er in der Hamburgischen Schiffbau-Versuchsanstalt auf dem Gebiet der Numerischen Hydrodynamik, auch CFD genannt.

Herr Cura hat in Vorträgen bei den Fachausschüssen „Schiffshydrodynamik“ und „Ausbildung und Fortbildung“ und bei der Sommertagung in Schruns gezeigt, daß man schwierige wissenschaftliche Zusammenhänge verständlich und einleuchtend darstellen kann. Der von ihm damit geleistete Beitrag zur technisch-wissenschaftlichen Arbeit der Gesellschaft soll durch die Verleihung der Bronzenen Denkmünze gewürdigt werden.

Die Urkunde:

Die
Schiffbautechnische Gesellschaft e.V.
Berlin-Hamburg

verleiht

Herrn Dr.-Ing.
Andrés Cura Hochbaum

in Anerkennung seines
hervorragenden Beitrages zum
Tagungsprogramm der Gesellschaft die

Bronzene Denkmünze

Hamburg, 27. Oktober 1997

Harald Keil
Vorsitzender

Pierre Sames, geboren im September 1963 in Hannover, ging in Bonn zur Schule und bestand dort auch 1982 sein Abitur. Nach dem 15monatigen Wehrdienst beim Flottendienstgeschwader in Flensburg und dem Praktikum bei den Vereinigten Aluminium-Werken in Bonn und bei Blohm + Voss begann er im April 1984 an der Universität Hamburg das Schiffbaustudium und schloß es im Sommer 1991 mit dem Diplom ab. Er hat sich dabei vertieft mit unkonventionellen schnellen Schiffen befaßt und darüber auch vor der Schiffbautechnischen Gesellschaft vorgetragen.

In den Jahren 1992 bis 1995 arbeitete er bei Prof. Söding am Institut für Schiffbau über die turbulente Schiffsumströmung. Zusammen mit Herrn Cura Hochbaum trug er darüber 1994 auf einem CFD-Workshop in Tokyo vor. Seit November 1995 ist er Mitarbeiter des Germanischen Lloyds im Bereich Schiffbau, wo er schon als Student ausgeholfen hatte.

Im Januar 1996 promovierte er an der Universität Hamburg mit einer Arbeit über „Ein Beitrag zur Berechnung turbulenter Schiffsumströmungen“ und der Note „Sehr gut“ zum Doktor-Ingenieur.

Bei mehreren Gelegenheiten, zuletzt bei der Sommertagung in Berlin, hat Herr Sames durch vom Inhalt als auch von der Qualität der Präsentation her hervorragende Beiträge beeindruckt. Als Anerkennung dafür verleiht ihm die Gesellschaft die Bronzene Denkmünze.

Die Urkunde:

Die
Schiffbautechnische Gesellschaft e.V.
Berlin-Hamburg

verleiht

Herrn Dr.-Ing.
Pierre Sames

in Anerkennung seines
hervorragenden Beitrages zum
Tagungsprogramm der Gesellschaft die

Bronzene Denkmünze

Hamburg, 27. Oktober 1997

Harald Keil
Vorsitzender

Wir haben jedes Jahr die Ehre und Freude, den von der Georg-Weinblum-Stiftung für die beste an einer deutschen Hochschule entstandene Dissertation auf dem Gebiet der Schiffstechnik verliehenen Georg-Weinblum-Preis zu überreichen. Bisher sind 15 junge Schiffstechniker für ihre hervorragenden Arbeiten ausgezeichnet worden. Alle sind ihren Fähigkeiten entsprechend an verantwortungsvollen Positionen in Wissenschaft und Industrie tätig.
Der diesjährige Preis geht zum zweiten Mal an einen Chinesen, an Herrn Dr.-Ing. Xing Yu. Er erhält ihn für seine Dissertation „Strukturverhalten mit großer Verformung bis zum Brucheintritt und mit dynamischer Zusammenfaltung“, die er unter der Betreuung von Herrn Kollegen Lehmann geschrieben hat.
Xing Yu wurde am 6. Februar 1962 in Wuhan in der Provinz Hubei/China geboren und besuchte bis 1978 dort Grundschule und Gymnasium. Von Oktober 1978 bis Juli 1982 studierte er an der Zentralchinesischen Hochschule für Technik in Wuhan Schiffbau und vertieft sich nach dem Erwerb des Bachelor Sc. an derselben Hochschule in Schiffsfestigkeit und erwarb im Juli 1985 den Master Sc.
Dann arbeitete er bis März 1992 am Wuhan Ship Development and Design Institute der CSSC an anspruchsvollen Sonderproblemen der Schiffsfestigkeit. Nebenher lernte er Deutsch an der Tongji Universität Shanghai, um ab April 1992 als DAAD-Stipendiat am Goethe-Institut Bremen seine Deutschkenntnisse zu vervollständigen.
Seit Oktober 1992 ist er als DAAD-Stipendiat bei Prof. Lehmann am Arbeitsbereich Schiffstechnische Konstruktionen und Berechnungen der Technischen Universität Hamburg-Harburg tätig. Er schrieb dort seine Dissertation, auf Grund derer er im Dezember 1996 an der Universität Hamburg mit der Note „Ausgezeichnet“ zum Doktor-Ingenieur promovierte.
Die Urkunde lautet:

Die Georg-Weinblum-Stiftung
verleiht

Herrn Dr.-Ing. Xing Yu

in Würdigung seiner an der
Universität Hamburg
durchgeführten Dissertation

„Strukturverhalten mit großer Verformung
bis zum Brucheintritt
und mit dynamischer Zusammenfaltung“

den Georg-Weinblum-Preis 1997

Hamburg, den 27. Oktober 1997

Der wissenschaftliche Ausschuß

Harald Keil
Institut für Schiffbau
der Universität Hamburg
Eike Lehmann
Technisch-Wissenschaftlicher Beirat
der Schiffbautechnischen Gesellschaft
Horst Nowacki
Institut für Schiffs- und Meerestechnik
der Technischen Universität Berlin
H.-J. Schlüter
Fachbereich Maschinenbau
der Gerhard-Mercator-Universität GH Duisburg
Udo Röhr
Fachbereich Maschinenbau und Schiffstechnik
der Universität Rostock

3 Niederschrift über die 92. Ordentliche Mitgliederversammlung am Montag, dem 27. Oktober 1997, im Hotel Atlantic in Hamburg

Tagesordnung

1. Bericht des Vorstandes
2. Bericht des Technisch-Wissenschaftlichen Beirats
3. Kassenbericht für das Jahr 1996
4. Bericht der Rechnungsprüfer über das Jahr 1996
5. Entlastung von Vorstand und Vorstandsrat
6. Ergebnis der Wahl und der Berufungen in den Vorstandsrat
7. Ergebnis der Wahl des Vorstandes
8. Berufung zweier Rechnungsprüfer
9. Wirtschaftsplan für 1998
10. Festsetzung des Mitgliedsbeitrages
11. Anträge
12. Ehrungen
13. Verschiedenes

Beginn: 08.00 Uhr
Ende: 09.15 Uhr
Der Vorsitzende begrüßt die Anwesenden und bittet sie, sich zu Ehren der Mitglieder zu erheben, die seit der letzten Hauptversammlung verstorben sind. Die Gesellschaft trauert um:

Dipl.-Ing. Rudolf Gräfe aus Emden am 6. Januar 1997
Prof. Dipl.-Ing. Walter Stage aus Bremen am 5. Februar 1997
Kapt. Josef Schormair aus Hamburg am 10. Februar 1997
Dipl.-Ing. Rolf Ebeling aus Meppen am 12. Februar 1997
Dipl.-Ing. Günter Tietjen aus Oldenburg am 2. März 1997
Dipl.-Ing. Gerhard Meyer-Haake aus Hamburg am 8. März 1997
Dr.-Ing. Hans Walther Schlott aus Aachen am 23. März 1997
Dipl.-Ing. Johann Oeker aus Wedel am 27. März 1997
Obering. Josef Pötz aus Porta Westfalica am 13. April 1997
Kaufmann Ulrich Harms aus Hamburg am 3. Juni 1997
Dipl.-Ing. Emil Ehmsen aus Hamburg am 28. Juni 1997
Dipl.-Ing. Hans-Otto Wagner aus Wendtorf im Juli 1997
Dipl.-Ing. Kurt Oehlmann aus Ratekau am 5. Juli 1997
Dipl.-Ing. Bruno Arndt aus Tornesch am 3. Oktober 1997

Fast alle Verstorbenen waren Träger der Goldenen Ehrennadel für vierzigjährige Mitgliedschaft in der Gesellschaft. Drei von ihnen waren der STG schon 1942 beigetreten.

Sie werden in ihren Leistungen und in der Erinnerung weiterleben.

Der Vorsitzende stellt fest, daß die Einladung satzungsgemäß erfolgte und die Beschlußfähigkeit damit gegeben ist.

Da keine Wünsche zur Tagesordnung geäußert werden, wird in die versandte Tagesordnung eingetreten:

TOP 1 – Bericht des Vorstandes

Da mit dem Jahr 1997 die zweite Amtsperiode des Vorstandes zu Ende geht, beginnt der Vorsitzende mit einer Rückschau auf die Aufgaben, die in den acht Jahren anstanden.

Die Amtszeit begann mit der nationalen Sternstunde der Wiedervereinigung Deutschlands. Für die Gesellschaft galt es, die technisch-wissenschaftlichen Aktivitäten auf dem Gebiet der Schiffstechnik in beiden Teilen Deutschlands zusammenzubringen. Der Vorstand hat deshalb gleich Anfang 1990 die Kollegen in Rostock aufgesucht, hat die Gesellschaft, ihre Ziele und die Arbeit der Fachausschüsse im April 1990 unter großer Beteiligung in Rostock präsentiert und um Mitglieder aus der DDR geworben. So konnten etwa 100 Mitglieder gewonnen werden, die heute allerdings nicht mehr alle dazugehören. Aber es waren viele sehr aktive dabei, die noch heute mit Erfolg an unserer Arbeit teilnehmen. Und dennoch sind es noch nicht genug. Viele in den neuen Bundesländern in der Schiffstechnik und verwandten Gebieten Tätige stehen noch abseits. Deshalb besteht die Bitte an alle mitzuhelfen, jedem Außenstehenden zu vermitteln, was er versäumt, wenn er sich abseits hält.

Die zweite Aufgabe war, die jungen Schiffstechniker näher an die Gesellschaft heranzuführen und sie mehr für die Arbeit zu interessieren. Eine Möglichkeit wurde darin gesehen, sie besser an den Entscheidungen zu beteiligen. Deshalb haben wir eine neue Satzung erarbeitet, nach der heute ein Viertel der gewählten Mitglieder des Vorstandsrates zum Zeitpunkt der Wahl nicht älter als 35 Jahre sein dürfen. Dieses Experiment kann durchaus als gelungen bezeichnet werden, hat doch die Mitarbeit dieser jüngeren Mitglieder das Geschehen im Vorstandsrat und damit in der Gesellschaft sicher belebt. Es wäre zu wünschen, daß auch in den Fachausschüssen das Interesse der Jüngeren mehr zu bemerken wäre.

Die dritte Aufgabe bestand in der finanziellen Sanierung. Dazu mußten ab 1993 der Beitrag und der Kostenanteil für das Jahrbuch um je DM 10,– erhöht werden. Im wesentlichen aber waren Maßnahmen zur Kostenreduzierung an verschiedenen Stellen dafür ausschlaggebend, daß in den letzten Jahren ein ausgeglichener Jahresabschluß vorgelegt werden konnte. Dies wird in der Zukunft fortgesetzt werden müssen.

Eine weitere Aufgabe war die Umstellung der Produktion des Jahrbuches, die nun abgeschlossen ist.

Außerdem wurde versucht, die Kommunikation innerhalb der Gesellschaft zu verbessern.

Wegen des Wegfalls des Buß- und Bettages als Feiertag war ein neuer Termin für die Hauptversammlung gewählt worden. Die Beteiligung im letzten Jahr ließ darauf schließen, daß der Termin nicht angenommen worden ist. Deshalb ist im Januar eine Mitgliederbefragung durchgeführt worden, deren Ergebnis noch einmal angegeben wird:

A Antworten von regelmäßigen Tagungsteilnehmern	131
B Antworten von anderen	59
C Antworten von Mitgliedern, die keine Präferenz haben	4
	194

	A	%	B	%	ges.	%
Sonntag – Montag – Dienstag – Mittwoch	13	10	11	19	24	13
Mittwoch – Donnerstag – Freitag – Samstag	90	69	34	58	124	64
letzte Oktoberwoche	31	24	20	34	51	27
Beginn am Buß- und Bettag	91	69	29	49	120	62
sonstige Vorschläge	40	31	11	19	51	26

Der Vorstand hat nicht alles geschafft, was er leisten wollte. Die Ziele wären auch nicht hoch genug gesteckt gewesen, wenn man sie erreicht hätte. Aber ein bißchen ist doch an der einen oder anderen Stelle bewegt worden. Deshalb wird es als schmerzlich empfunden, daß der stellvertretende Vorsitzende Wolfgang Zehm das Ende der Amtszeit nicht im Vollbesitz seiner Kräfte erleben kann. Ihm, der in besonderem Maße mit Pragmatismus und abgewogenem Urteil die Arbeit beeinflußt hat und der noch gern im Vorstand weitergearbeitet hätte, gilt der besondere Dank.
Es haben vier Sprechtage und die Sommertagung stattgefunden:

- 25.2. Sprechtag „Seetransport von Kühlgütern" in Bremerhaven mit 150 Teilnehmern
- 14.3. Sprechtag „Einfluß von Innovationen aus der Forschung auf moderne Entwurfsprozesse einer Werft" in Flensburg mit 125 Teilnehmern
- 16.4. Sprechtag „Netzqualität, Netzrückwirkung, EMV" in Bremerhaven mit 80 Teilnehmern
- 20.–24.5. Sommertagung in Schruns mit 100 Teilnehmern
- 10.10. Sprechtag „Neue Ergebnisse aus den Hochschulen – Der Nachwuchs berichtet" in Duisburg mit 58 Teilnehmern

Die Veith-Berghoff-Stiftung hat sich weiter erfreulich entwickelt. Sie erhielt im Jahr 1996 Spenden in Höhe von DM 16.500,– und konnte an sieben Studenten DM 13.800,– für Stipendien und DM 5.000,– an sonstigen Beihilfen vergeben. Das Vermögen betrug am Jahresende 1996 DM 237.000,–. In diesem Jahr konnten fünf Stipendien, drei Reisestipendien, eine Beihilfe zu einer Auslandsexkursion und eine Unterstützung für ein Treffen von Studenten mehrerer europäischer Universitäten gewährt werden.
Aus der Zustiftung Eckhart Pless wurden bei dem Sprechtag „Neue Ergebnisse aus den Hochschulen – Der Nachwuchs berichtet" am 10. Oktober 1997 in Duisburg die ersten beiden Preise vergeben, die an zwei Duisburger Vortragende gingen.
Als besondere Glanzpunkte können zwei neue Zustiftungen bekanntgegeben werden:
Dipl.-Ing. Tewes Wischmann hat DM 10.000,– gestiftet, damit alle zwei Jahre ein besonders guter Absolvent eine auf dem Gebiet der Fertigung weltweit führende Werft besucht und auf dem nächsten Sprechtag „Neue Ergebnisse aus den Hochschulen – Der Nachwuchs berichtet" über seine Erkenntnisse wertend vorträgt.
Dipl.-Ing. Cai Boie hat anläßlich des erwähnten Sprechtages in Duisburg eine Zustiftung
in Höhe von DM 20.000,– gemacht.

Allen Spendern gebührt Dank, ein ganz besonderer Dank sei aber den beiden Zustiftern ausgesprochen.
Die Zahl der persönlichen Mitglieder hat sich im letzten Jahr um 20 verringert. Von den korporativen Mitgliedern sind zwei ausgeschieden, davon eine Reederei. Dafür ist mit C. P. Offen wieder eine Reederei eingetreten.

	Okt.97	Okt.96	Okt.95	Okt.94	Okt.93	Okt.89
persönliche Mitglieder	1482	1501	1575	1543	1567	1526
korporative Mitglieder	134	135	142	147	150	173

Am Ende des laufenden Jahres werden wieder zwei korporative Mitglieder die Gesellschaft verlassen, es werden aber auch zwei neue, die Rhederei Rickmers, Hamburg, und die J. P. Sauer & Sohn GmbH, Kiel, eintreten.
Die Werbung neuer Mitglieder, besonders bei jüngeren Schiffstechnikern, ist weiter eine wichtige Aufgabe. Das 100jährige Jubiläum sollte zum Anlaß genommen werden, hier verstärkt aktiv zu werden.
Bei dieser Gelegenheit soll einmal darauf hingewiesen werden, daß zehn Mitglieder schon während des Krieges und weitere zehn noch davor der Gesellschaft beigetreten sind. Eines dieser Mitglieder ist regelmäßiger Teilnehmer an den Tagungen und vollendet in diesem Jahr die 65jährige Mitgliedschaft: Dipl.-Ing. Karl Johannsen.
Über die Vorbereitung des 100jährigen Jubiläums war im letzten Jahr eingehend berichtet worden. Der TWB-Vorsitzende wird noch darauf eingehen.

TOP 2 – Bericht des Technisch-Wissenschaftlichen Beirates

Der Vorsitzende des Technisch-Wissenschaftlichen Beirats führt aus:
„Die Arbeit der Gesellschaft erfolgt stets vor dem Hintergrund der allgemeinen Entwicklung der Schiffstechnik - insbesondere in Deutschland. Daher hat auch die endgültige Schließung der Vulkan Werft in Bremen-Vegesack eine Bedeutung für die Schiffbautechnische Gesellschaft. So verliert diese nicht nur ein langjähriges korporatives Mitglied, sondern leider auch den einen oder anderen Fachgenossen, der seinen Arbeitsplatz aufgeben mußte. Aus der Übernahme der Holzschiffswerft von Johann Lange entstand 1893 unter der Leitung von Viktor Nowatzki eine der ersten leistungsstarken Stahlschiffswerften an der Weser. Das Aktienkapital zeichneten damals außer Bremer Reedern und Geschäftsleuten auch der Bremer Werftbesitzer F. Ulrich und auch der Papenburger Werftbesitzer Jos. L. Meyer. Berühmte Namen wie

Victor Nawatzki, Robert Kabalac, Hermann Roester und Martin Huchzermeier haben den Weltruhm des Bremer Vulkan begründet. Alle diese Herren waren Mitglieder und Förderer der STG, das sollte man nicht vergessen.

Die Wiedervereinigung Deutschlands und die damit verbundene Ost-West Entspannung hat auch die allgemeine Akzeptanz des Marineschiffbaues nachhaltig beeinflußt. Die Bedeutung des Marineschiffbaues für die deutschen Werften ist und war unbestritten, dennoch war dieser zwar in unsere Arbeit eingebunden, aber dennoch organisatorisch unterrepräsentiert.

Umso mehr ist es erfreulich, daß es gelungen ist, einen „FA Marinetechnik“ zu gründen. Daher standen zunächst Fragen der inhaltlichen Abgrenzung zu existierenden FA im Vordergrund, die erfreulicherweise schnell geklärt werden konnten. Vor dem ersten Weltkrieg war die Mitgliedschaft in der STG ab einem bestimmten Dienstgrad für einen kaiserlichen Marinebaubeamten ein absolutes „Muß“. Später, zwischen den Kriegen bis zum Zusammenbruch, galt die Mitgliedschaft für diesen Personenkreis als willkommene Plattform, sich technisch-wissenschaftlich auszutauschen.

Großadmiral Erich Raeder war Schirmherr der Gesellschaft in Deutschlands dunkelsten Jahren. Mit der nunmehr erfolgten Gründung eines „FA Marinetechnik“ glauben wir, auch den technisch-interessierten Angehörigen der Bundesmarine und ihrer Verwaltungen eine interessante Plattform zu geben, die diese möglichst intensiv nutzen mögen.

Daß wir auch gern eine vermehrte Mitgliedschaft dieser Personengruppe sehen würden, braucht nicht weiter betont zu werden.

Der erfreuliche Ausbau der Werften in Mecklenburg-Vorpommern hat dazu geführt, daß neben den bereits modernen Werften in Papenburg oder Kiel nunmehr Deutschland über die modernsten Schiffbauplätze zumindestens in Europa verfügt.

Es ist daher gut nachvollziehbar, daß die STG einen „FA Arbeitsorganisation und Fertigung“ ins Leben gerufen hat.

Dieser Gründung gehen langjährige Bemühungen voraus. Der erste Gründungsversuch scheiterte seinerzeit an dem Widerstand der Werftindustrie, da diese in ihrem Verband mehrere Fachausschüsse etabliert hatten, die Vergleichbares taten, wobei diese überwiegend aus Betriebsingenieuren der einzelnen Werften zusammengesetzt waren.

Der neue FA der STG unter der Leitung von Herrn Dipl.-Ing. H. Wilckens hat bereits getagt und sich seine strategischen Ziele und Prioritäten gesetzt. Da der überwiegende Teil der Produktionskosten bereits in einem frühen Stadium der Produktentwicklung festgelegt wird, erscheint es dem FA sinnvoll und notwendig, in enger Kooperation mit dem „FA Konstruktion und Festigkeit“ sowie dem „FA Schiffsentwurf und Schiffssicherheit“ zusammenzuarbeiten.

Ein wesentliches strategisches Ziel ist die Kostenreduktion im Fertigungsablauf, wobei technische und organisatorische Aspekte untersucht werden sollen. Wir wünschen dem FA und seinem Leiter viel Erfolg.

Die Berichte der FA werden ja getrennt im Jahrbuch abgedruckt, so daß hier nicht auf die Einzelheiten eingegangen werden muß. Dennoch sei es erlaubt, einige Bemerkungen zu den Tätigkeiten der einzelnen FA zu machen.

Der „FA Schiffsentwurf und Schiffssicherheit“ ist im Berichtszeitraum gleich mit zwei Sprechtagen hervorgetreten. Wie sehr der moderne Schiffsentwurf eine Querschnittsdisziplin ist, wurde auf dem Sprechtag über moderne Entwurfsprozesse in Flensburg so recht deutlich. Daher wurde neben den fachlichen Aspekten besonders der effizient vernetzte Einsatz menschlicher und technischer rechnergestützter Ressourcen betont. Nach längerer Zeit wird der Sprechtag Yachtentwurf ein Thema behandeln, welches in der Gesellschaft nur sporadisch durch hochkarätige Beiträge wie z. B. durch M. Oertz, A. Tiller oder Emmerich behandelt worden ist. Heute sind Yachten, besonders der größeren Klasse, in bezug auf den technischen Aufwand kleinen und mittleren Handelsschiffen durchaus ebenbürtig. Bugstrahlruder oder moderne navigatorische Elektronik sind heute nahezu Standard auf großen Yachten.

Auch der „FA Schiffsmaschinenbau“ ist im Berichtszeitraum neue Wege gegangen. Im Bemühen, auch die Interessen der Reeder einmal wieder schwerpunktmäßig zu berücksichtigen, wurde ein gut besuchter Sprechtag unter dem Leitthema „Reedereistrukturen und ihre Auswirkungen auf den Schiffsbetrieb in bezug auf Technik und Personal“ in Hamburg abgehalten.

Erfreulich war, daß zu diesem Anlaß ganz handfeste, praktische Fragen diskutiert werden konnten, so daß besonders die Praktiker einmal ausführlich über ihre Probleme sprechen konnten. Mit dem Angebot von Sprechtagen – ausgerichtet auf die Interessen der Praktiker – glauben wir, unsere Akzeptanz für alle Schiffstechniker zu erhöhen. Wir hoffen sehr, daß wir damit auch eher fernstehende Kreise für unsere Gesellschaftsziele interessieren können, aber auch, daß der eine oder andere Fachkollege sich dabei Anregungen für weitere Arbeiten holen kann. Die Arbeit der FA ist stets von der Aktivität ihrer Mitglieder bzw. ihres Fachausschußleiters abhängig. So ist der Erfolg des Sprechtages Seetransport von Kühlgütern auf unsere

Mitglieder Dr.-Ing. Hochhaus und Dr.-Ing. Wild und ihren besonderen Einsatz zurückzuführen. Wir freuen uns über jede Aktivität dieser Art unserer Mitglieder und möchten dieses fördern. Die Amtsträger innerhalb der Gesellschaft verstehen sich daher mehr als Koordinatoren und wollen die Aktivitäten im Rahmen unserer materiellen Möglichkeiten und administrativen bzw. satzungsmäßigen Vorgaben begleiten, vielleicht sogar auch Ideen einbringen oder fördern, auf jeden Fall nicht durch selbstherrliche Vorgaben, die die Dinge steuern. Fachausschüsse sind keine unverrückbaren Institutionen. Ab und an reduziert sich die Aktualität der Themen oder die Aktivitäten in dem einen oder anderen FA. Wir beobachten dieses und reagieren im allg. nach einer angemessenen Frist. So haben wir beschlossen, den „FA Klimatisierung und Lüftung" aufzulösen und die Tätigkeiten in einer Arbeitsgruppe innerhalb des „FA Schiffsmaschinenbau" zu plazieren. Diese einvernehmliche Lösung erscheint uns der Lage adäquat.

Es ist schon mehrfach von dieser Stelle aus betont worden, daß das Zusammenwirken des „FA Schiffsmaschinenbau" mit den „FA Automation und Meßtechnik" sowie „FA Schiffselektrotechnik" vorbildlich ist und wohl auch durch besonders glückliche Auswahl der einzelnen FA-Leiter zu erklären ist.

Durch den neuen „FA Marinetechnik" entstand die Frage, ob man nicht die beiden letztgenannten FA besser zusammenlegen sollte. Der TWB hat hierüber eine Diskussion in den FA angestoßen. Pro und Contra waren hierzu verteilt, so daß man zunächst die Frage eines Zusammenschlusses offen lassen möchte. Die Diskussion wurde aber als dennoch nützlich angesehen.

Der „FA Geschichte des Schiffbaues" hat mehrere Sitzungen durchgeführt und steht bereit, sich inhaltlich an der Gestaltung der geplanten Jubiläumsausstellung in Berlin 1999 zu beteiligen. Hier besteht unmittelbarer Handlungsbedarf des Vorstandes. Unabhängig davon, wie sich der neue Vorstand zusammensetzen wird, hat der alte Vorstand Prof. Keil gebeten, sich für die Gestaltung der Jubiläumsausstellung und den damit zusammenhängenden Fragen zur Verfügung zu stellen. Prof. Keil hat seine aktive Beteiligung an den Vorbereitungen zugesagt, und dafür sollten wir ihm jetzt schon herzlich danken.

Die geplante Ausstellung soll in der Versuchsanstalt für Wasserbau und Schiffbau auf der Schleuseninsel erfolgen. Einerseits sind das Ambiente der VWS und andererseits natürlich die Nähe zur Technischen Universität Berlin überzeugende Argumente. Es gibt aber noch einen weiteren Grund. Wir wollen mit einer solchen Ausstellung in den Räumen der Universität dieser die Bedeutung der Schiffstechnik und damit die Notwendigkeit des Erhalts einer angemessenen Forschungs- und Ausbildungskapazität in Berlin vor Augen führen.

Die Vorbereitungen zum Jubiläum, insbesondere für unsere geplante Jubiläumsschrift „Biographien zur Geschichte des Deutschen Schiffbaues" sind im Manuskript fertig, und der Verlag hat bereits mit der Produktion begonnen, für die etwa ein Jahr vorgesehen ist.

Es ist kein Geheimnis, daß durch den bevorstehenden Generationswechsel in der Professorenschaft in Berlin, Hamburg und teilweise auch in Duisburg eine kritische Situation entsteht, die vor dem Hintergrund extrem angespannter Haushalte und dem Druck sinkender Studentenzahlen der Ingenieurwissenschaften allgemein zu dramatischen Kapazitätsreduktionen führen kann.

Da die Schiffbauindustrie gerade jetzt besonderen Bedarf an jungen, motivierten Schiffstechnikern hat, sind wir aufgerufen, alles zu tun, um Schlimmeres zu verhindern. Die STG hat zwar keinen unmittelbaren Einfluß auf diese Dinge, dennoch ist eine starke, gut funktionierende technisch-wissenschaftliche Schiffbautechnische Gesellschaft ein wichtiges Signal für alle diejenigen, die unserer Disziplin keine Zukunft geben wollen. Wie schwer es ist, eine fachliche Kompetenz zu erhalten, wenn die Forschungsförderung droht zu versiegen und der entsprechende industrielle Hintergrund sich reduziert, ist an der Meerestechnik zu erkennen. Dem „FA Meerestechnik" unter der Leitung von Professor Clauss ist zu danken, unter diesen traurigen Umständen dennoch unbeirrt tätig zu bleiben. In Berlin sind unter seiner Leitung beachtliche Forschungsaktivitäten betrieben worden. Wir freuen uns sehr, daß Professor Clauss die STG als Plattform für die Präsentation seiner Forschung nutzt. Der „FA Schiffshydrodynamik" konnte im Berichtszeitraum seine 50. Fachausschußsitzung mit einem Kolloquium sowie einen Sprechtag abhalten. Die Gemeinschaft der Hydrodynamiker ist erfreulicherweise eine eingeschworene Gruppe von Fachkollegen in Deutschland mit vielfachen internationalen Verbindungen. Die auch heute noch wirksame Integrationswirkung großer Namen wie Professor Weinblum und die Weinblum-Vorlesung bzw. -Stiftung haben hier sicher eine segensreiche Wirkung.

Seit Anbeginn ist die Schiffshydrodynamik trotz genialer theoretischer Ansätze auf das Experiment angewiesen, wie die vielen Versuchsanstalten in der ganzen Welt beweisen. Nunmehr zeichnet sich ab, daß der Computer das reale Experiment beginnt zu verdrängen. So heißt es in dem Bericht des FA: Der „numerische Tank" hat wieder ein Stück an Kontur gewonnen.

Der „FA Manövrieren" arbeitet im kleinen Kreis, aber nicht weniger qualifiziert. Auch im Bereich des

Manövrierens werden die „Computer Fluid Dynamic Methoden" (CFD-Methoden) eine zunehmend wichtige Rolle spielen. Denkbar wäre ja auch, daß mit diesen Methoden die Manövrier-Simulationstechnik, die in Hamburg durch den Ausbau der SUSAN einen erheblichen Fortschritt erfahren hat, wesentlich unterstützt werden kann. Zur Zeit stehen wohl die exorbitanten Rechenzeiten dagegen.

Die STG hat sich seit ihrer Gründung ganz besonders auch für die Interessen der Binnenschiffahrt eingesetzt. Technisch stand der Binnenschiffbau meist im Schatten des Seeschiffbaues. Heute wandeln sich die Dinge aber. Der „FA Binnenschiffe" beteiligt sich intensiv an den technischen Problemen wie den Anforderungen an die technische Ausrüstung, optimale hydro- und aeromechanische Formgebung, spezielle Fragen der Verkehrssicherheit und des Umweltschutzes. Ein ganz wesentlicher Entwicklungsschritt wird in dem Einsatz von sog. schnellen Schiffen gesehen. Der FA beschäftigt sich mit allen Aspekten des schnellen Personen- und Gütertransportes, wobei dieser besonders auch mit industriellen Fragen und Planungen beschäftigt ist. Es scheint so, daß dieser FA, der in Gemeinschaft mit dem Verein für europäische Binnenschiffahrt und Wasserstraßen arbeitet, eine glückliche Symbiose zwischen den Beteiligten ganz unterschiedlicher Interessengruppen gebildet hat. Ohne auf den ganzen Jahresbericht des FA einzugehen, darf man wohl auch hier von einem besonderen Glücksumstand bei der Auswahl der FA-Leiter sprechen. Nach Prof. Heuser hat nunmehr Prof. Müller in der Leitung des FA offensichtlich eine glückliche Hand.

Der „FA Seeschiffahrtsstraßen, Hafen und Schiff", der gemeinsam mit unserer Schwestergesellschaft HTG tätig ist, war gleich mehrfach „vor Ort" – so in Papenburg, Rostock und Lübeck. Der TWB hat den Eindruck, daß dieser Ausschuß erheblich dazu beiträgt, die Palette unserer Interessen zu erweitern. Diese Bemerkung ist nicht ganz ohne Hintergrund. In letzter Zeit wird den Schiffbauern mehrfach vorgeworfen, sie sollten sich nicht so sehr auf sich selbst konzentrieren, sondern vermehrt die technisch-wissenschaftliche Auseinandersetzung mit verwandten Gebieten suchen. Hier in diesem FA besteht eine gute Möglichkeit, dieses auch zu realisieren.

Der „FA Ausbildung und Fertigung" veranstaltet diesmal seinen Sprechtag in Duisburg, um auch so ein Interesse an dem Hauptstandort der Binnenschiffahrt zu demonstrieren. Die Diplomanden aus allen deutschen Hochschulen, an denen Schiffstechnik betrieben wird, präsentieren ihre Arbeiten. Es wäre wünschenswert, wenn zumindestens die Professoren an der Veranstaltung teilnehmen würden, die die jeweiligen Arbeiten betreut haben.

Der TWB möchte anregen, daß vielleicht im Programm der Hochschule neben dem Autor auch der Name des betreuenden Professors aufgenommen werden sollte. Das hätte den Effekt, daß sich der eine oder andere Hochschullehrer vielleicht noch mehr für seine Diplomanden interessiert. Außerdem fällt vielleicht auch auf den jeweiligen Vortragenden etwas Glanz des betreuenden Professors. Zumindestens weiß der Zuhörer oder spätere Leser, bei wem er sich ggf. Erkundigungen einholen kann.

Der FA „Werkstoffe und Korrosion" hat sich im wesentlichen mit der Überarbeitung der STG-Richtlinie 2215 „Korrosionsschutz für Schiffe und Seebauwerke" Teil 1 beschäftigt. Diese Richtlinie hat einen sehr hohen Beliebtheitsgrad erreicht und wird gerne angewendet. Der FA ist dabei, die zahlreichen Verbesserungsvorschläge aus dem Mitarbeitskreis zu prüfen und ggf. in einer Neuausgabe einzubauen.

In verschiedenen FA wird intensiv über die Beiträge zum Vortragsprogramm der Hundertjahrfeier diskutiert. Das ist gut so, denn die Zeit läuft, und es wäre wirklich eine vertane Chance, sich einmal ganzheitlich auch im historischen Rückblick der letzten 100 Jahre darzustellen. Wenn dieses gelingt, so wird das Jahrbuch 1999 eines Tages den besonderen Rang eines technisch-wissenschaftlichen Dokuments erhalten. Die Gesellschaft muß mit der Zeit gehen. So ist z. Z. eine eigene „home page" für die STG im Internet in Vorbereitung. Diese soll neben den wichtigsten Informationen über die Gesellschaft auch die Möglichkeit bieten, sich über aktuelle Veranstaltungen zu informieren. Weiterhin ist geplant, eine Möglichkeit zu eröffnen, direkt über das Internet einen Antrag auf Mitgliedschaft zu stellen (Formblatt) und/oder sich zu den einzelnen Veranstaltungen anzumelden.

Um das alles zu realisieren, wird die Geschäftsstelle sich noch Hardware-mäßig einrichten müssen, und es müssen einige Schulungen erfolgen.

Zum Schluß eine Bemerkung in eigener Sache. Die Amtszeit des TWB-Vorsitzenden läuft am Ende des Jahres aus, daher verabschiede ich mich bei Ihnen aus dem Amt des TWB-Vorsitzenden.

In diese Amtszeit fiel die Wiedervereinigung Deutschlands. Die Integration unserer Fachkollegen aus dem anderen Teil Deutschlands haben wir mit Freude betrieben und so auch einen Beitrag geleistet. Wir haben uns bemüht, möglichst viele zu Wort kommen zu lassen, aber auch ein anspruchsvolles Niveau zu erhalten. Daher geht der Dank nicht nur an die Mitglieder des TWB, sondern auch ganz besonders an alle Vortragenden, die durch ihre Beiträge letztlich die Bedeutung unserer Gesellschaft so deutlich demonstriert haben.

Auf die Frage von Herrn Boie nach den Sprechtagen für 1998 teilt der Vorsitzende die derzeit feststelhenden Sprechtage „Schiffsanlagen unter dem Aspekt der Sicherheit und Verfügbarkeit", „Wechselwirkung zwischen Handels- und Marineschiffbau", „Schiffe im Seegang" und Neue Ergebnisse aus den Hochschulen – Der Nachwuchs berichtet" mit.

TOP 3 – Kassenbericht für das Jahr 1996

Der Vorsitzende trägt den Kassenbericht für 1996 vor und erläutert ihn. Das Jahr 1996 brachte einen Verlust von ca. DM 14.700,–. Die Ausgaben entsprechen in der Summe etwa dem Wirtschaftsplan 1996, die Einnahmen sind allerdings um ca. DM 13.400,– geringer als geplant. Es wird auch in der Zukunft verstärkt an der Reduktion der Ausgaben gearbeitet werden müssen. Die Einzelheiten ergeben sich aus der folgenden, verteilten Aufstellung (siehe nächste Seite).
Der Prüfbericht des Wirtschaftsprüfers weist einen Verlust von DM 11.988 aus.
Die Differenz gegenüber DM 14.712 ergibt sich aus folgenden Posten:

Einnahmen FAST '95, die erst 1996 eingingen	–DM 19.963
Ausgaben FAST '95, die erst 1996 geleistet wurden	DM 4.396
Abschreibungen (sind weder Einnahmen noch Ausgaben)	DM 16.007
Zuschreibungen (sind weder Einnahmen noch Ausgaben)	–DM 3.164

TOP 4 – Bericht der Rechnungsprüfer

Die Herren Dipl.-Ing. Jochen Sachse und Dipl.-Kfm. Dirk Sebelefsky haben die Jahresabrechnung 1996 und die Kasse der STG sowie die Abrechnungen der Veith-Berghoff-Stiftung am 29. September 1997 geprüft.
Herr Sebelefsky berichtet der Mitgliederversammlung über das Ergebnis der Prüfung und erläutert die Unterschiede zwischen dem Bericht des Wirtschaftsprüfers und dem Kassenbericht des Vorstandes. Es haben sich keinerlei Beanstandungen ergeben.

TOP 5 – Entlastung von Vorstand und Vorstandsrat

Herr Sebelefsky beantragt die Entlastung von Vorstand und Vorstandsrat, die bei zwei Enthaltungen einstimmig erfolgt.

TOP 6 – Ergebnis der Wahl und der Berufungen in den Vorstandsrat

Die Wahl zum Vorstandsrat gemäß § 7.5 der Satzung erbrachte eine Wahlbeteiligung von 48 % und hatte folgendes Ergebnis:

Dipl.-Ing. Frauke Baumgärtel
Dipl.-Ing. Fred Deichmann
Dr.-Ing. Wolfgang Fricke
Dr.-Ing. Jürgen Gollenbeck
Dr.-Ing. Gerhard Jensen
Dr.-Ing. Stefan Krüger
Prof. Dr. mult. Eike Lehmann
Prof. Dr.-Ing. Hansheinrich Meier-Peter
Dr.-Ing. Klaus Meyne
Prof. Dr.-Ing. H. Petershagen
Dr.-Ing. Christof B. Rehling
Dr.-Ing. Jürgen Ritterhoff
Dr.-Ing. Eckhard Rohkamm
Dr.-Ing. Pierre Sames
Dipl.-Ing. Hermann H. Schaedla
Prof. Dr.-Ing. Som Deo Sharma

Am 7. Oktober 1997 haben diese gewählten Mitglieder gemäß § 7.2.3 der Satzung die folgenden Mitglieder kooptiert:

Prof. Dr.-Ing. Siegfried Bludszuweit
Prof. Dr.-Ing. Günther Clauss
Dipl.-Ing. Wulf-Dieter Kirst
Dr.-Ing. Manfred Mehmel
Dipl.-Ing. Siegfried Tympe
Dipl.-Ing. Werner Walker

TOP 7 – Ergebnis der Wahl des Vorstandes

Am 26. Oktober 1997 hat der designierte Vorstandsrat

als Vorsitzenden
Prof. Dr. mult. Eike Lehmann und
als Stellvertretende Vorsitzende
Dr.-Ing. Jürgen Gollenbeck und
Dipl.-Ing. Hermann Schaedla

gewählt. Dipl.-Ing. Schaedla hat die Wahl angenommen, Prof. Lehmann und Dr. Gollenbeck unter dem Vorbehalt der Zustimmung der Aufsichtsratsvorsitzenden.
Gemäß § 8.2 der Satzung scheiden sie aus dem Vorstandsrat aus, und nach § 7.3.3 rücken

Dr.-Ing. Karl-Heinz Hochhaus,
Dipl.-Ing. Wolfgang Bühr und
Dipl.-Ing. Friedrich Mewis

als gewählte Mitglieder des Vorstandsrates nach.

TOP 8 – Berufung zweier Rechnungsprüfer

Als Rechnungsprüfer schlägt der Vorstand

Dipl.-Ing. Jochen Sachse und
Dipl.-Kfm. Dirk Sebelefsky
vor.

	1996	Wirtschaftsplan 1996	1995	1994
Beiträge, Spenden	280.257	295.000	292.481	299.245
Tagungsüberschuß	6.890	15.000	18.739	12.861
Verkaufserlöse	9.702	15.000	16.702	25.074
Zinsen	78.666	55.000	57.335	58.846
Sonstiges	1.178	10.000	1.782	3.149
Einnahmen	376.693	390.000	387.039	399.175
Gehälter, Soz.-Abg.	233.694	225.000	228.291	223.507
Pension	6.932	7.000	6.857	6.780
Porto, Telefon	16.510	30.000	23.633	25.917
Bürobedarf, Reparat.	5.798	6.000	6.214	5.303
Druckkosten	98.102	80.000	84.063	80.532
Reisekosten	1.728	2.000	1.142	920
Öffentlichkeitsarb.	105	3.000	84	183
Beiträge, Versich.	2.933	3.000	2.563	2.536
Geldverkehr	4.179	6.000	4.401	5.002
Rechnungsprüfung	13.405	15.000	11.923	14.944
Fachausschüsse	1.492	3.000	2.101	3.230
Nichtabzugsf. Vorst.	4.000	6.000	5.695	8.153
Sonstiges	2.527	4.000	4.510	6.920
Ausgaben	391.405	390.000	381.477	383.927
Überschuß	−14.712	–	5.562	15.248

Sie werden einstimmig gewählt und nehmen die Wahl an. Herr Sachse erklärt, etwa gegen Mitte der Amtsperiode zurückzutreten.

TOP 9 – Wirtschaftsplan für 1998

Der Vorstandsrat hat für 1998 den folgenden, verteilten Wirtschaftsplan beschlossen und gibt ihn gemäß § 6.2.4 der Satzung der Mitgliederversammlung zur Kenntnis.

	Plan 1998 DM	Plan 1997 DM	Ist 1996 DM
EINNAHMEN			
1. Mitgliedsbeiträge, Spenden	285.000	290.000	280.257
2. Verwaltungszuschuß aus Tagungen	15.000	15.000	6.890
3. Verkaufserlöse	5.000	15.000	9.702
4. Zinsen	60.000	55.000	78.666
5. Sonstiges	—	—	1.178
	365.000	375.000	376.693
AUSGABEN			
1. Gehälter inkl. Sozialausgaben	215.000	215.000	233.694
2. Pension	7.000	7.000	6.932
3. Porto, Telefon	20.000	25.000	16.510
4. Bürobedarf, Reparaturen	6.000	6.000	5.798
5. Druckkosten	85.000	85.000	98.102
6. Reisekosten	1.000	2.000	1.728

7. Öffentlichkeitsarbeit	1.000	1.000	105
8. Versicherungen, Beiträge	3.000	3.000	2.933
9. Fachausschüsse	2.000	3.000	1.492
10. Rechnungsprüfung, Beratung	14.000	12.000	13.405
11. Geldverkehr	5.000	5.000	4.179
12. Nichtabzugsfähige Vorsteuer	5.000	6.000	4.000
13. Sonstiges	3.000	5.000	2.527
	367.000	375.000	391.405
ÜBERSCHUSS			
	−2.000	—	−14.712

TOP 10 – Festsetzung des Mitgliedsbeitrages

Der Vorstandsrat schlägt vor, den Beitrag wie bisher zu belassen, den Anteil für das Jahrbuch aber von DM 60,– auf DM 80,– zu erhöhen, da der bisherige Beitragsanteil seit einiger Zeit die Herstellungskosten des Jahrbuches nicht mehr trägt.
Nach reger Diskussion wird bei fünf Enthaltungen der Vorschlag des Vorstandes angenommen.
Damit gelten für 1998 die am Ende des Jahrbuches aufgeführten Beiträge.

TOP 11 – Anträge

Dem Vorstand sind keine Anträge zugegangen.

TOP 12 – Ehrungen

14 persönliche Mitglieder können in diesem Jahr auf eine 40jährige Zugehörigkeit zur STG zurückblicken:

Gießerei-Ing. Günter Bach
Prof. Dr.-Ing. Rameswar Bhattacharyya
Kapt. Schiffbauing. Reemt Bruhns
Ing. Hans-Jürgen Cierpinski
Dipl.-Ing. Dieter Grabbe
Dipl.-Phys. Erich Hasbach
Dipl.-Ing. Curt Höfelmann
Dipl.-Ing. Manfred Kubitzke
Schiffbau-Obering. John Marcus
Dr. Prabhat Kumar Pal
Prof. Dr.-Ing. Heino Schafstall
Dipl.-Ing. Holger Vogel
Schiffbauing. Hans-Dieter Winkle
Dipl.-Ing. Luis Zamora

Die STG bedankt sich bei allen für ihre Treue und wünscht ihnen noch viele Jahre Freude an der Arbeit der STG. Die Goldenen Ehrennadeln werden den sieben Anwesenden bei der Eröffnung überreicht.
Den korporativen Mitgliedern

Handels- og Søfartmuseet På Kronborg,
International Farbenwerke,
Fr. Lürssen Werft,
Oldenburg-Portugiesische Dampfschiffs-Rhederei,
The Institute of Marine Engineers,
Society of Naval Architects and Marine Engineers,
Society of Naval Architects of Japan

dankt die Gesellschaft ebenfalls für ihre 40jährige Mitgliedschaft.
Der Vorstandsrat hat beschlossen, in diesem Jahr zwei Bronzene Denkmünzen für besondere Verdienste zu verleihen. Damit werden

Dr.-Ing. Andrés Cura Hochbaum und
Dr.-Ing. Pierre Sames

für ihre hervorragenden Beiträge zum Tagungsprogramm ausgezeichnet.

TOP 13 – Verschiedenes

Dr. Hochhaus regt an, daß die STG mithilft, angemessene und der Ausbildung dienliche Praktikumsplätze in der schiffstechnischen Industrie zu finden, da nach seinen Erfahrungen die Studenten zunehmend Schwierigkeiten haben, ein ordnungsgemäßes Praktikum abzuleisten.
Es wird festgelegt, daß der Fachausschuß Ausbildung und Fortbildung sich dieser Frage annehmen soll.
Hamburg, im Dezember 1997

Harald Keil — H. Schmidt

Vorsitzender — Geschäftsführer

Satzungen

Die Satzung der Schiffbautechnischen Gesellschaft e.V. und die Satzung der Veith-Berghoff-Stiftung sind in den Jahrbüchern 1992 (Band 86) und 1993 (Band 87) veröffentlicht.
Sie können auch bei der Geschäftsstelle angefordert werden.

Unsere Toten

Bruno Arndt

Am 3. Oktober 1997 verstarb Dipl.-Ing Bruno Arndt. Geboren 1928 in Ostpreußen geriet er 1945 als Flakhelfer in sowjetische Gefangenschaft. Nach seiner Rückkehr absolvierte er eine Schiffbaulehre bei der Kremer-Werft in Elmshorn. Danach studierte er Schiffbau, zunächst an der damaligen Ingenieurschule in Hamburg, später an der Technischen Universität Hannover. Am Lehrstuhl von Prof. Wendel wirkte er maßgeblich mit an der Entwicklung zeitgerechter und physikalisch fundierter Methoden zur Beurteilung der Schiffsstabilität. Sie fanden ihren Ausdruck in der substantiell noch heute gültigen Marinebauvorschrift BV 1033, über die er 1964 vor der STG vortrug. Arndt gehörte Ende der fünfziger Jahre auch zu den Entwicklern eines elektromechanischen Stabilitätsmeßgeräts. Es eilte seiner Zeit voraus, weil es noch zu teuer war. Als preiswerte elektronische Tischrechner auf den Markt kamen, griff Arndt diese Idee wieder auf. Ab 1977 befruchtete er die Entwicklung des neuzeitlichen Bordrechners — u. a. auch im Rahmen des „Schiffs der Zukunft" — durch nutzerfreundliche und erweiterte Anwendungen zulassende Programmelemente. Noch kurz vor seinem Tod lieferte er ein speziell für die Bedürfnisse der Binnenschiffahrt konzipiertes Rechnersystem aus.

Als Mitarbeiter der SCHIFFKO galt er als Spezialist für unkonventionelle Lösungen neu aufgetretener Probleme. Unter seiner Leitung wurde der Prototyp des Unterwasser-Arbeitsgeräts SUPRA entwickelt und gebaut. 1982 trug Arndt darüber vor. Auch für das Heckscharnier der aufklappbaren Ölfangschiffe der Lühring-Werft lieferte Arndt die entscheidenden Berechnungsgrundlagen.

Große Verdienste erwarb sich Bruno Arndt um den sicherheitstechnischen Fortschritt in der Ausrüstung der Schiffe mit Rettungsmitteln. Seine Lösungsansätze wurden u. a. auch bei einem Preisausschreiben der STG ausgezeichnet. Als Obmann der Arbeitsgruppe Rettungsmittel im Fachausschuß Schiffsentwurf und Schiffssicherheit trieb er die Entwicklungsarbeiten der deutschen Bootsbauer voran. Das selbstlenzende und selbstaufrichtende Rettungsboot sind seine Idee. Für das heute übliche geschlossene und Freifall-Rettungsboot leistete er maßgebliche Beiträge. Über die Ergebnisse berichtete er 1984 vor unserer Gesellschaft.

Bruno Arndt gehörte der STG seit 1962 an. Mit ihm verlieren wir ein in vielen Feldern unseres Fachgebiets besonders engagiertes Mitglied. Wir werden ihm ein ehrendes Andenken bewahren.

Rolf Ebeling

Am 1. Februar 1997 verstarb in Meppen Dipl.-Ing. Rolf Ebeling im 77. Lebensjahr.

Rolf Ebeling wurde am 16. Dezember 1920 in Halle a. d. Saale geboren. Seine Schulausbildung schloß er 1939 mit dem Abitur ab. Mit Beginn des 2. Weltkrieges verpflichtete er sich zum Dienst in der deutschen Wehrmacht. Er kam auf die Offiziersakademie nach Groß Glienicke bei Berlin und konnte bald darauf ein technisches Studium an den Technischen Hochschulen Berlin und Stuttgart aufnehmen. 1942 mußte er sein Studium abbrechen; er wurde zu einer Panzereinheit kommandiert, die er bis zum Ende des Krieges anführte.

Nach Rückkehr in seine Heimat wurde Rolf Ebeling in den Jahren 1945/46 zunächst in der sowjetisch besetzten Zone zwangsverpflichtet, konnte aber dann in den Westen fliehen. Er arbeitete hier in verschiedenen Betrieben, erlangte 1948 seinen Facharbeiterbrief als Schlosser und wurde 1950 zur Meisterprüfung zugelassen. Im Jahre 1951 konnte Ebeling endlich sein Studium an der Technischen Hochschule Aachen wieder aufnehmen. Er studierte Maschinenbau mit der Fachrichtung Schiffbau. Während des Studiums arbeitete er praktisch bei den Werften Bremer Vulkan, A.G. „Weser" und Ewald Berninghaus. 1960 legte er seine Diplomprüfung ab und trat beim Bundesamt für Wehrtechnik und Beschaffung in Koblenz in den höheren technischen Dienst ein. Eingesetzt wurde er dann in verschiedenen Erprobungsstellen und im Amt selbst. 1972 wurde Rolf Ebeling zum Leitenden Regierungsbaudirektor ernannt.

Der Verstorbene war seit 1955 Mitglied unserer Gesellschaft. 1995 konnten wir ihm die Goldene Ehrennadel für 40jährige Mitgliedschaft überreichen. Wir werden ihm ein treues Angedenken bewahren.

Rudolf Gräfe

Am 6. Januar 1997 verstarb in Emden Dipl.-Ing. Rudolf Gräfe kurz nach Vollendung seines 92. Lebensjahres.

Rudolf Gräfe wurde am 23. Dezember 1904 in Berlin geboren. Nach seinem Abitur arbeitete er zunächst als Volontär bei der Berliner Maschinenbau AG und bei der A.G. „Weser" in Bremen. 1925 begann er an der Technischen Hochschule in Berlin-Charlottenburg ein Studium der Fachrichtung Maschinenbau, das er 1932 nach

Praktikantenzeiten bei der Hamburg-Amerika Linie und bei Blohm & Voß mit dem Diplom abschloß. Seine erste Anstellung fand Rudolf Gräfe bei der Schichauwerft in Königsberg und Elbing als Konstrukteur im Schiffbaubüro. In den Jahren 1934-37 war er selbständiger Konstrukteur im Kriegsschiffbau bei der A.G. „Weser" in Bremen, um anschließend in die schiffbautechnische Abteilung des Marinearsenals Kiel überzuwechseln. Von 1940 bis Kriegsende arbeitete er dort als Abteilungsleiter bei der Bauaufsicht und später als Abteilungsleiter für die Betreuung der fertigen Kriegsschiffe bei den Deutschen Werken in Kiel.

Nach der Kapitulation Deutschlands konnte Gräfe sich noch bis 1947 mit Angelegenheiten der Fahrzeuge der Räummarine und mit Abwicklungsaufgaben des Marinearsenals befassen. Dann beschäftigte er sich bis 1950 als Statistiker bei der britischen Besatzungsmacht in Krümmel. 1951 schließlich trat er für die letzten 20 Jahre seines Berufslebens in die Dienste der Thyssen Nordseewerke in Emden ein. Hier galt sein Wirken als leitender Angestellter in den letzten Berufsjahren vor allem dem U-Bootsbau. 1970 trat er in den Ruhestand.

Rudolf Gräfe war mit seinem Eintritt 1942 ein sehr langjähriges Mitglied unserer Gesellschaft. Wir konnten ihm bereits 1982 die Goldene Ehrennadel für treue Mitgliedschaft überreichen. Wir werden dem verdienten Ingenieur, der neben seinem Beruf sein Leben lang auch ein begeisterter Sportler war, stets ein ehrendes Andenken bewahren.

Ulrich Harms

In Hamburg verstarb am 3. Juni 1997 Kaufmann Ulrich Harms im Alter von 65 Jahren.

Ulrich Harms wurde am 7. Februar 1932 in Hamburg geboren. Nach Kriegsende trat der 14jährige, der eigentlich Schiffbauingenieur werden wollte, „notgedrungen" eine Lehre als Tischler an und arbeitete anschließend in einer Möbelfabrik. Daneben betätigte er sich aber mit einigen Freunden zusammen als „Hobbytaucher" im Hamburger Hafen, wo die jungen Leute im abgesoffenen U-Bootbunker in Finkenwerder versuchten, darin befindliche U-Boote auszuschlachten. Diese Taucherei brachte ihn in Verbindung mit der Hamburger Bergungsfirma Beckedorf, bei der sich Ulrich Harms bald einen Namen als nunmehr akkreditierter Bergungstaucher im In- und Ausland machte. Als Beckedorf 1954 in Konkurs ging, ergriff der Taucher Harms mutig die ihm gebotene Chance. Er erwarb aus der Konkursmasse alle 20 Bergungseinheiten und gründete sein eigenes Unternehmen, das er im folgenden Jahrzehnt zu einem der größten Bergungsunternehmen ausbaute. Weltweit gründete er weitere Firmen, und nicht unerheblichen Anteil am Erfolg hatte der Einsatz seiner bekannten Magnus-Schwimmkräne, deren größter bis zu 1000 t bewegen konnte.

Ulrich Harms trat 1954 in die Schiffbautechnische Gesellschaft ein. Die Goldene Ehrennadel der STG wurde ihm 1994 überreicht. Wir werden das Andenken an ihn, dessen Name überall an der Küste ein fester Begriff war, stets in Ehren halten.

Johann Oeker

Am 27. März 1997 verstarb in Wedel Schiffbau-Ingenieur Johann Oeker.

Johann Oeker wurde am 30. November 1919 in Seehausen bei Bremen geboren, absolvierte eine Schiffbaulehre auf der Marinewerft Wilhelmshaven und studierte Schiffbau an der Ingenieurschule Bremen, um die Ausbildung zum Marine-Ingenieur anzuschließen. Ingenieur-Prüfung und 2. Staatsexamen bestand er mit Auszeichnung. Ab 1940 arbeitete er zwei Jahre als Konstrukteur auf der Marinewerft und dann drei Jahre bei der Uboot-Erprobung in Kiel. Nach dem Krieg holte er sein Abitur nach und war dann Konstrukteur bei der Seebeckwerft und ab 1950 bei der Schiffbaugesellschaft Unterweser in Bremerhaven, wo er bis in den Vorstand aufstieg. 1964 ging er als Betriebsleiter zu H.C. Stülcken und zur Blohm & Voss AG. Nach einer Tätigkeit als Leiter des Konstruktionsbüros der Norderwerft und als Leiter der Register-Abteilung des Germanischen Lloyds trat er 1970 in die Deutsche Revisions- und Treuhand-AG ein, wo er sich als Fachbereichsleiter Technik mit Organisations-, Fertigungs- und Informationssystemen bei Werften befaßte. Von 1977 bis 1984 arbeitete er in der Abteilung Seeschiffahrt der TREUARBEIT AG im Auftrag des Verkehrsministeriums an gutachterlichen Stellungnahmen über die deutsche Seeschiffahrt. Nach dem Eintritt in den Ruhestand stellte er seine umfangreiche Erfahrung der STG als Mitarbeiter und dann als Leiter der Dokumentationsstelle für Schiffs- und Meerestechnik zur Verfügung, bis die Dokstelle Ende 1992 aus Kostengründen geschlossen werden mußte.

Wir werden ihm ein treues Gedenken bewahren.

Kurt A. H. Oehlmann

In Lübeck verstarb am 5. Juli 1997 Dipl.-Ing. Kurt A. H. Oehlmann im 88. Lebensjahr.
Kurt Oehlmann wurde am 27. August 1909 in Hamburg geboren. Nach dem Schulbesuch trat er eine zweijährige Schiffbaulehre bei der Norderwerft in Hamburg an. Seine Liebe galt hier, wie man berichtet, vor allem den Arbeiten auf dem Schnürboden, wo die Linien der zu bauenden Schiffe im Maßstab 1 : 1 ausgearbeitet wurden. An die Lehre schloß sich ein fünfsemestriges Schiffbaustudium bei der Höheren Technischen Staatslehranstalt in Hamburg an, wo er 1929 sein Examen mit Auszeichnung bestand. Anschließend begann er seine berufliche Laufbahn auf der Stülckenwerft. Nach verschiedenen Stationen als Mitarbeiter von Dr.-Ing. Wrobbel, einer Zeit auch als Erwerbsloser, Ende 1933 wiederum bei Stülcken und schließlich als Konstrukteur bei der Marinewerft in Wilhelmshaven, fand der zielstrebige junge Ingenieur bei der Schichauwerft in Elbing eine Aufgabe als Projektbearbeiter. Sein eigentlicher Wunsch war es aber, Yachtkonstrukteur zu werden, und so griff er sofort zu, als 1936 die Bootswerft Abeking & Rasmussen in Lemwerder einen Projektbearbeiter für Yachtkonstruktionen suchte. Hier wirkte er als Abteilungsleiter, bis er während des Krieges von der Marine als Ausbildungsleiter dienstverpflichtet wurde.
Nach Kriegsende wurde Oehlmann 1945 zunächst Betriebsleiter der Siegfried-Werft in Eckernförde. 1950 wurde ihm von der Schlichtingwerft in Travemünde die Stellung des Leiters des Konstruktionsbüros angeboten. Unter seiner Leitung entstanden hier unter anderem der bekannte Schoner „Coradina"sowie eine größere Anzahl von Yachten.
1954 gelang Kurt Oehlmann der Sprung in die Selbständigkeit. Er gründete am Priwallhafen ein Ingenieurbüro, in dem bis zu seinem Ausscheiden in den Ruhestand im Jahre 1979 ca. 800 Yachten und Gebrauchsfahrzeuge aller Art entworfen und durchkonstruiert wurden.
Oehlmanns besondere Vorliebe galt dem Holzbau. Über dieses Thema hat er auch vor unserer Gesellschaft in einem vielbeachteten Vortrag berichtet. Über 55 Jahre war er Mitglied der STG, und wir konnten ihm 1981 die Goldene Ehrennadel für treue Mitgliedschaft überreichen. Wir werden das Ansehen dieses erfolgreichen und angesehenen Schiffbauers stets in Ehren halten.

Hans Walther Schlott

Am 23. März 1997 verstarb in Aachen im 60. Lebensjahr Dr.-Ing. Hans Walther Schlott.
Hans Walther Schlott wurde am 1. Oktober 1937 in Bad Doberan/Mecklenburg geboren. Nach seiner Schulzeit in Flensburg begann er 1957 ein Schiffbaustudium an der RWTH Aachen und erwarb 1964 sein Diplom. Sein besonderes Interesse hatte schon immer einer Lehrtätigkeit gegolten, und so begann er unmittelbar darauf eine Assistententätigkeit am Lehrstuhl für Schiffbau in Aachen. Er promovierte dort 1972 mit einer Arbeit über die Beanspruchung von Schraubenpropellern bei Professor Schneekluth. - Mit seiner 1973 getroffenen Entscheidung, nach Nigeria zu gehen, wurden die Weichen endgültig für ein weiteres Berufsleben außerhalb Deutschlands gestellt. In Port Harcourt baute er für die Nigerian Shipbuilding eine neue Werft auf. Zu seinen Aufgaben gehörte dabei auch, ein passendes Gelände zu suchen, dieses aufzuspülen und eine Verbindungsstraße dorthin zu bauen. Nach Abschluß dieser Arbeit 1978 trat er in die Dienste der GTZ (Gesellschaft für Technische Zusammenarbeit) und reiste in deren Auftrag mit seiner Familie nach Surabaya/Indonesien aus. Als Teamleiter für die deutschen Fachleute war er dort als Dozent für Schiffbau am IST (Institut Technologi sepuluh) tätig. Dieses Projekt lief bis 1987, und in dieser Zeit ermöglichte er u. a. den Bau eines Schlepptanks auf dem Gelände des Instituts. Hans Schlott unterbrach seinen Aufenthalt dann für zwei Jahre, um in der GTZ-Zentrale in Eschborn an der Planung eines Polytechnikums für Schiffbau in Surabaya zu arbeiten. 1989 ging er wiederum nach Surabaya zurück, diesmal als Teamleiter und Dozent für das neue Polytechnikum. 1995 kehrte er aus Gesundheitsgründen nach Deutschland zurück.
Die Schiffbautechnische Gesellschaft wird diesem vielseitigen und einsatzfreudigen Ingenieur, der seit 1963 unser Mitglied war, stets ein ehrenvolles Andenken bewahren.

Josef Schormair

Am 10. Februar 1996 verstarb in Hamburg Kapitän Josef Schormair im Alter von 88 Jahren.
Schormair, der am 6. Februar 1908 geboren wurde, heuerte 1930 bei der Reederei John T. Essberger an und führte später auf zahlreichen Schiffen der Flotte das Kommando. Nach Ende der Kriegsjahre wurde ihm die Leitung der Inspektion der Reederei John T. Essberger und der Deutschen Afrika-Linien übergeben. Der Wiederaufbau der

Flotte ist untrennbar mit seinem Namen verbunden. Besondere Verdienste erwarb er sich beim Auf- und Ausbau der Tanker- und Linienschiffsflotte. Bis Juni 1976 setzte Kapitän Schormair seine umfangreichen Fachkenntnisse für die Reedereigruppe ein und war danach noch lange als Berater der Reedereien tätig. Insgesamt 55 Jahre lang stand der international hoch angesehene und beliebte Fachmann und Vorgesetzte im Dienste seiner Reederei, bis er 1985 in den Ruhestand trat.
In unsere Gesellschaft trat Kapitän Josef Schormair bereits 1955 ein. Die Goldene Ehrennadel für 40jährige Mitgliedschaft konnten wir ihm 1995 überreichen. Wir werden das Andenken an diesen Mann, der sich immer wieder für andere Menschen eingesetzt hat, stets in Ehren halten.

Karl-Heinrich Schulthes

Am 2. Dezember 1997 verstarb in Hamburg im Alter von 88 Jahren Dipl.-Ing. Karl-Heinrich Schulthes.
Schulthes, der am 19. November 1909 geboren wurde, entstammt einer maritim geprägten Familie. Sein Großvater war Handelsschiffskapitän, sein Vater Schiffbauer, Marinebaumeister und Gründungsmitglied der Schiffbautechnischen Gesellschaft. Er selbst begann 1929 ebenfalls eine Laufbahn als Marinebaubeamter. Nach dem Studium des Schiffsmaschinenbaues an der Technischen Hochschule Berlin-Charlottenburg begann er 1934 auf den Deutschen Werken in Kiel seine Laufbahn, die ihn schließlich bis Kriegsende 1945 zum Abteilungsdirektor der Deutschen Werke in Gotenhafen unter Professor Dr.-Ing. Hermann Burkhardt brachte.
Nach dem Kriege fand Schulthes 1951 wieder Anschluß an den Schiffbau, und zwar bei den Nordseewerken in Emden, in deren Geschäftsführung er 1952 als Nachfolger von Hermann Schliephake eintrat. Von dort wechselte er 1955 als selbständiger Berater nach Hamburg, und von 1961 bis zu seiner Pensionierung 1974 war er Mitglied der Geschäftsführung der Industrie-Verwaltungs-Gesellschaft/IVG in Bad Godesberg.
Karl-Heinrich Schulthes hat unserer Gesellschaft 67 Jahre lang angehört. Seit 1975 war er Inhaber der Goldenen Ehrennadel der STG. Wir werden das Andenken an diesen vielseitigen und für neue Technik stets aufgeschlossenen Ingenieur, der von seinen Mitarbeitern hoch geschätzt wurde, stets in Ehren halten.

Günter Tietjen

In Oldenburg verstarb am 2. März 1997 Dipl.-Ing. Günter Tietjen im 55. Lebensjahr.
Günter Tietjen wurde am 17. Juni 1942 in Oldenburg geboren. Nach dem Schulbesuch begann er 1959 seine 3-jährige Lehre als Schiffbauer bei der Schiffswerft Heinrich Brand K.G. in Oldenburg. Nach der Facharbeiterprüfung arbeitete er weiter als Geselle bei Brand bis 1964, unterbrochen durch Ableistung seines Wehrdienstes bei der Bundesmarine. 1965 ging er auf die Ingenieurschule nach Bremen, wo er nach beendetem Schiffbaustudium 1968 sein Diplom als Schiffbau-Ingenieur ablegte. — Seine erste Stellung als Ingenieur fand Günter Tietjen 1965 bei der Elsflether Werft AG, und dort wurde er mit konstruktiven und theoretischen Aufgaben vielseitiger Art betraut. Auch Verhandlungen mit Kunden und Klassifikationsgesellschaften gehörten zu seinen Aufgaben. Ab 1973 übernahm er die Leitung des Schiffbau-Büros der Werft.
1965 wechselte Tietjen zur Unterweser Reederei GmbH. Hier oblag ihm die Bearbeitung von Projekten der Schleppschiffahrt, der Versorgungs- und Forschungsschiffahrt. Federführend bearbeitete er auch die im Rahmen einer Arbeitsgemeinschaft erstellte Studie „Pipeline-Service-Schiff", die vom BMFT gefördert wurde. Als 1977 die RF Reedereigemeinschaft Forschungsschiffahrt GmbH, eine Tochtergesellschaft der Unterweser Reederei und der VTG Vereinigte Tanklager und Transportmittel GmbH, ausgegliedert und selbständig wurde, trat Günter Tietjen in deren Dienste. Hier übernahm er bereits 1979 die Leitung der Abteilung Technik mit den Sparten Nautik, Technik und Schiffbau einschließlich der Planung, Beschaffung, Ausschreibung, Kalkulation und Rechnungsprüfung und des Versicherungswesens. Die RF erteilte ihm 1981 Prokura. 20 Jahre gehörte Tietjen diesem Unternehmen an, als der Tod ihn ereilte.
Günter Tietjen war seit 1978 Mitglied der Schiffbautechnischen Gesellschaft. Wir werden das Andenken an diesen tüchtigen Schiffbauer stets in Ehren halten.

Hans-Otto Wagner

Kurz vor Vollendung seines 84. Lebensjahres verstarb im Frühjahr 1997 in Wendtorf Diplom-Ingenieur Hans-Otto Wagner.
Hans-Otto Wagner wurde am 8. Juni 1913 in Kiel geboren. Nach seiner Schulzeit studierte er Schiffbau an der

Staatlichen Ingenieurschule in Kiel und legte dort im Sommer 1939 sein Ingenieursexamen ab. Seine erste Stellung fand Wagner bei den Deutsche Werke Kiel AG, bei denen er schon vor und während seines Studiums als Detailkonstrukteur tätig gewesen war. Sehr bald nach Kriegsbeginn wurde ihm die verantwortungsvolle Leitung der Abteilung für die U-Bootsreparatur übertragen, daneben war er auch im U-Bootsneubau und in der Schnellbootreparatur eingesetzt. Das Kriegsende 1945 führte dann zu seiner Entlassung.
Ein beruflicher Neuanfang gelang Hans-Otto Wagner zu Beginn 1952 bei den Nordseewerke Emden. Als Betriebsingenieur war er hier bis zum April 1954 im Neubau, in der Reparatur und im Dockbetrieb tätig. Er kehrte anschließend in seine Geburtsstadt Kiel zurück, um in die Kieler Howaldtswerke AG einzutreten, die ihm nun bis zu seiner Pensionierung im Jahre 1978 eine berufliche Heimat wurden. Die Werft ernannte ihn 1957 zum Oberingenieur und betraute ihn unter anderem mit dem Vorsitz in der Kommission für das betriebliche Vorschlagswesen.
Mitglied unserer Gesellschaft wurde Hans-Otto Wagner schon 1954. Die Goldene Ehrennadel für langjährige Treue konnten wir ihm bei der Hauptversammlung 1994 überreichen. Das Andenken an diesen tüchtigen Schiffbauer werden wir in Ehren halten.

Weiter verstarben 1996 und 1997

Diplom-Ingenieur	
Emil Friedrich Ehmsen	geb. 05.02.1901 in Riga
Mitglied seit 1956	gest. 28.06.1997 in Hamburg
Ingenieur	
Peter Hauschild	geb. 31.05.1928 in Borstel-Höhen
Mitglied seit 1972	gest. 26.12.1997 in Westerrönfeld
Diplom-Ingenieur	
Gerhard Meyer-Haake	geb. 10.09.1915 in Flottbeck
Mitglied seit 1950	gest. 08.03.1997 in Hamburg
Oberingenieur und Werftdirektor i.R.	
Josef Pötz	geb. 07.02.1911 in Duisburg
Mitglied seit 1950	gest. 13.04.1997 in Porta Westfalica
Professor Diplom-Ingenieur	
Walter Stage	geb. 27.05.1915 in Hamburg
Mitglied seit 1941	gest. 05.02.1997 in Bremen
Oberingenieur	
Hans Günter Spindler	geb. 28.04.1923 in Bielefeld
Mitglied seit 1954	gest. 05.06.1996 in Dinslaken

Mitglieder-Verzeichnis der Schiffbautechnischen Gesellschaft e.V.

Stand 16. Februar 1999

Die in ( ) stehenden Buchstaben haben folgende Bedeutung: M = Mitglied, LM = lebenslängliches Mitglied, KM = korporatives Mitglied. Dahinterstehende Zahlen bedeuten das Eintrittsjahr in die STG.

Die Mitglieder werden im eigenen Interesse gebeten, jede Änderung der Anschrift oder der Telefonnummer sofort der Geschäftsstelle mitzuteilen.

1. Einzelmitglieder

Aalbers, Arie, Prof., Technical University Delft; priv. Schildmos 20, NL-2951 HH Alblasserdam, Tel. 0031-78-18506. (M 90)

Aarse, Klaus, Dipl.-Ing, Trinkaus & Burkhardt KgaA, Düsseldorf; priv. Am Teckenberg 41, 40883 Ratingen-Hösel, Tel. 02102-963161. (M79)

Abdel-Maksoud, Moustafa, Dr.-Ing., Schiffbau-Versuchsanstalt Potsdam GmbH; priv. Namslaustr. 31, 13507 Berlin,Tel. 030-4327774, dienstl. 0331-5671255. (M91)

Abels, Fritz, Prof. Dr.-Ing., priv. Parkstraße 56, 23568 Lübeck, Tel. 0451-32621. (LM54)

Abicht, Walter, Prof. Dr.-Ing., Universität Hamburg, Institut für Schiffbau; priv. Poststraße 15, 21227 Bendestorf, Postfach 1107, 21225 Bendestorf, Tel. dienstl. 040-2984-3150. (M58)

Abt, Claus, Dipl.-Ing., Technische Universität Berlin, Institut für Schiffs- und Meerestechnik; priv. Steglitzer Str. 79–81, 14547 Fichtenwalde, Tel. 033206-62758, Fax 033206-62759, Tel. dienstl. 030-314-25143, Fax 030-314-22885. (M99)

Achtmer, Gerd, Dipl.-Ing., Frickestr. 63c, 20251 Hamburg. (M78)

Ackermann, Günter, Prof. Dr.-Ing., Technische Universität Hamburg-Harburg; priv. Slipstek 6, 21129 Hamburg, Tel. dienstlich 040-74315-240. (M94)

Adam, Lambros G., Dipl.-Ing., Engineering Projects, Technical Representations, Consultants, Piraeus; priv. Zalokosta 4-Psychiko 15452, Griechenland, Tel/Fax 0030-1-6470284. (M74)

Addiks, Joachim, Dipl.-Ing., Lloyd's Register of Shipping, Emden; priv. Am Weserdeich 70, 26931 Elsfleth, Tel. 04404-3568. (M89)

Ahlers, Wolfgang, Dipl.-Ing., Walter-Delius-Str. 42, 27574 Bremerhaven, Tel. 0471-22113. (M62)

Ahnemann, Klaus, Dipl.-Ing., selbständig, Ingenieur-Büro; priv. Schießrainweg 5/1, 71263 Weil der Stadt, Tel. 07033-80007. (M72)

Ahrens, Friedrich, Dipl.-Ing., Wiesengrund 14, 24161 Altenholz, Tel. 0431-321422. (M59)

Ahrens, Reiner, Student, Institut für Schiffbau, Hamburg; priv. Alte Grenze 36, 29221 Celle, Tel. 05141-23345. (M87)

Ahrns, Hans Eckart, Schiffbau-Ing., Thyssen Nordseewerke GmbH, Emden; priv. Platanenstr. 22, 26725 Emden. (M70)

Albert, Roman, Dipl.-Ing., Bremer Vulkan AG, Bremen; priv. Jaburgstr. 37, 28757 Bremen-Vegesack, Tel. 0431-661802. (M66)

Alberts, Enno, Dr.-Ing., Lloyd's Register of Shipping, London; priv. 80 Raleigh Drive, N20 OXA London/United Kingdom, Tel. 0044-181-3685108, Tel. dienstl. 0044-171-423-2388. (M87)

Albrecht, Klaus, Dipl.-Ing., Berat. Ing. VBI; priv. Lindnerstr. 17, 27726 Worpswede, Tel. 04792-3769. (M62)

Alef, Walter, Mathematiker, Dorfstr. 38, 25923 Braderup, Tel. 04663-1237, Fax 04663-7505. (M71)

Alpers, Rainer, Dipl.-Ing., Kapitän, Otto-Hahn-Str. 6, 22880 Wedel. (M62)

Alsen, Jürgen, Dipl.-Ing., Osloer Str. 17, 28719 Bremen. (M54)

Alte, Rainer, Prof. Dr.-Ing., Fachhochschule Flensburg; priv. Kappelner Str. 14, 24975 Husby, Tel. 04634-335. (M65)

Althoff, Burkhard, Dipl.-Ing., priv. Heinrichstr. 8, 45964 Gladbeck, Tel. 02043-24348. (M88)

Alwardt, Peter, Dr. rer. nat., STN Atlas Elektronik GmbH, Hamburg; priv. Heidhofsweg 8 A, 22589 Hamburg, Tel. 040-8704210. (M85)

Aly, Herbert, Dr.-Ing., Blohm + Voss AG, Hamburg; priv. Groß-Flottbeker Str. 78, 22607 Hamburg, Tel. 040-8100161. (M94)

Amann, Hans, Prof. Dr., Versuchsanstalt für Wasserbau und Schiffbau, Berlin; priv. Stubenrauchstr. 57, 12161 Berlin. (M92)

Amian, Christoph, Student, Gerhard-Mercator-Universität – GH Duisburg; priv. Bismarckstr. 109, 47057 Duisburg, Tel. 0203-316532. (M96)

Ammon, Dirk, Student (Schiffbau), Bürgermeister-Smidt-Str. 196, 27568 Bremerhaven. (M89)

Anderseck, Hartmut, Dipl.-Ing., Kvaerner Warnow Werft GmbH, Rostock; priv. Am Feldrain 91, 18059 Rostock, Tel. 0381-8096498. (M95)

Andersen, Peter, Dipl.-Ing., Siemens AG, Hamburg; priv. Triftstr. 27, 21075 Hamburg, Tel. dienstl. 040-28890. (M94)

Andersen, Poul, Dr.-Ing., Ph. D., Dept. of Ocean Engineering, Techn.University of Denmark, Lyngby; priv. Egernvänget 309, DK-2980 Kokkedal. (M91)

Andersen, Tor Erik, Dipl.-Ing., Det Norske Veritas N-Oslo; priv. Ravnsborgv. 38, N-1364 Hvalstad. (M67)

Andrich, Detlef, Dr.-Ing., Techno Trans e.V., Rostock; priv. Stadtblick 9, Sildemow, 18059 Papendorf, Tel. 0381-4005471, Tel. dienstl. 0381-8150. (M90)

Angenendt, Hartmut, Dipl.-Ing., Ingenieurkontor Lübeck; priv. Am Born 31, 23627 Groß Grönau. (M71)

Antkowiak, Bert, Dipl.-Ing., Student, Gerhard-Mercator-Universität – GH Duisburg; priv. Kohlstr. 2, 80469 München, Tel. 089-2021213, Tel. dienstl. 02102-971661. (M83)

Anzböck, Richard, Dipl.-Ing., Schiffbautechnische Versuchsanstalt, Wien; priv. Gugitzgasse 8/29, A-1190 Wien, Tel. 0222-374600. (M77)

Appen, Jörg von, Dipl.-Ing., Germanischer Lloyd, Zweigniederlassung Berlin; priv. Strandweg 34, 22587 Hamburg, Tel. 040-869068. (M93)

Arendt, Kurt, Dipl.-Ing., Marlistr. 11, 23566 Lübeck, Tel. 0451-622281. (M33)

Argyriadis, Kimon, Dipl.-Ing., Weidenallee 49, 20357 Hamburg, Tel. 040-434030. (M88)

Arndt, Bruno, Dipl.-Ing., TECHNOLOG GmbH, Hamburg; priv. Birkenweg 8, 25436 Tornesch, Tel. dienstl. 040-37609-153, Fax 040-373315. (M62†)

Arp, Bruno, Obering., Unter den Eichen 85 a, 12205 Berlin, Tel. 030-8113275. (M70)

Asmussen, Iwer, Dipl.-Ing., Germanischer Lloyd, Hamburg; priv. Moorbekweg 14b, 22359 Hamburg. (M74)

Aßheuer, Stephan, Germanischer Lloyd, Hamburg; priv. Heidegängerweg 36, 22149 Hamburg, Tel. 040-67378724, Tel. dienstl. 040-361490. (M91)

Aster, Ernst-Ludwig v., Dipl.-Ing., Elsflether Werft AG; priv. Elbinger Str. 8, 28876 Oyten. (M55)

Augustiniak, Nicolai, Howaldtswerke-Deutsche Werft AG, Kiel; priv. Blücherstr. 16, 24105 Kiel, Tel. 0431-8866678. (M93)

Awolin, Walter, Dipl.-Ing., Holstenstr. 50, 24223 Raisdorf. (M55)

Azzopardi, Carmel, Dipl.-Ing., Technical Institute – Paola; priv. 54 B Triq Il-Kbira, Dingli, RBT 11/Malta. (M81)

Baade, Ralf, Dipl.-Ing., Thyssen Nordseewerke GmbH, Emden; priv. Saarke-Moyarts-Str. 48 b, 26725 Emden, Tel. 04921-21929. (M75)

Bach, Günter, Gießerei-Ingenieur, Nordische Stahlwerke Bach & Co; priv. Rendsburger Straße 81, 24537 Neumünster, Tel. 04321-2511-12. (M57)

Backhaus, Jörg, Dipl.-Ing., Wasser- und Schiffahrtsamt Duisburg Rhein, Duisburg; priv. Flingerstr. 7, 47199 Duisburg, Tel. 02841-81330. (M87)

Bade, Sebastian Daniel, Student, Technische Universität Berlin, Institut für Schiffs- und Meerestechnik; priv. Straßburger Str. 11, 10405 Berlin, Tel. 0172-3049409, Tel. dienstl. 030-314-26620. (M97)

Baden, Gerald, Dipl.-Ing., Howaldtswerke-Deutsche Werft AG, Kiel; Hansastr. 50, 24118 Kiel, Tel. 0431-567407, dienstl. Tel. 0431-7002410, Fax 0431-7004211. (M99)

Bakenhus, Johannes, Dr.-Ing., Bundesministerium der Verteidigung, Bonn; priv. Trierer Str. 93c, 56072 Koblenz, Tel. 0261-24071. (M70)

Bannister, Glenn Maxwell, Dr.-Ing., Marine Service GmbH, Hamburg; priv. Mortagne Weg 3, 21521 Aumühle, Tel. dienstl. 040-36903299. (M86)

Barsch, Dietrich, Prof. Dipl.-Ing., priv. Danzigerstr. 2 a, 28876 Oyten. (M54)

Bartels, Bernd, Dipl.-Ing., Fr. Schweers Bardenfleth/Weser; priv. Steinfeldstr. 4 a, 27809 Lemwerder. (M67)

Bartels, Fritz, Dr.-Ing., Forschungsanst. der Bundeswehr für Wasserschall- und Geophysik, Kiel; priv. Saarbrückenstr. 157, 24113 Kiel, Tel. dienstl. 0431-7204-264. (M71)

Bartels, Jens-Erk, Dr.-Ing., Voith Hydro GmbH, Heidenheim; priv. Fellbacher Weg 71, 89522 Heidenheim, Tel. 07321-955393. (M90)

Bartels, Werner, Dr.-Ing. Dr.-Ing. E. h., Konsulat von Uruguay; priv. Leuchtenberger Kirchweg 15, 40489 Düsseldorf. (M70)

Bartsch, Roger, Student, Technische Universität Hamburg-Harburg; priv. Paul-Sorge-Str. 142B, 22455 Hamburg, Tel. 040-5519242. (M95)

Bartz, Andreas, Student, Institut für Schiffstechnik Duisburg; Gerhard-Mercator-Universität – GH Duisburg; priv. Friedenstr. 45, 47053 Duisburg, Tel. 0203-62601. (M95)

Baskaya, Özgür, Dipl.-Ing., Köthener Str. 32, 10963 Berlin, Tel. 030-2617648. (M95)

Basshuysen van, Richard, Dipl.-Ing., Herausgeber MTZ; priv. Pfarrer-Roßkopf-Str. 3, 74206 Bad Wimpfen, Tel. 07063-333. (M91)

Bauer, Karl-Heinz, Ing., Fuhlsbüttlerstr. 607, 22337 Hamburg, Tel. 040-6308793. (M71)

Baumann, Horst, Schiffbau-Ing., C. F. Ahrenkiel, Hamburg; priv. Margeritenweg 11, 24568 Kaltenkirchen, Tel. 040-24838-371. (M94)

Baumgärtel, Frauke, Dipl.-Ing., Technische Universität Berlin/Deutsches Schiffahrtsmuseum, Bremerhaven; priv. Striegauer Str. 11, 12621 Berlin. (M 96)

Baumscheiper, Clemens, Dipl.-Ing., Schiffstechn. Offz., Zerstörerflottille Bundeswehr; priv. Peepenhörn 4a, 26446 Friedeburg, Tel. 04465-8713. (M91)

Baur, Michael vom, Dipl.-Ing., ABEKING & RASMUSSEN, Schiffs- und Yachtwerft GmbH & Co., Lemwerder; priv. Hinter den Fuhren 36 C, 28790 Schwanewede-Löhnhorst, Tel. 0421-622039. (M78)

Beck, Horst, Dipl.-Ing., Bundesministerium für Verkehr, Ref. „Transport gefährl. Güter“, Bonn; priv. Schwertberger Str. 5, 53177 Bonn, Tel. 0228-355420, dienstl. 0228-3002439. (M80)

Beck v., Sven, Dipl.-Ing., Papenmoorweg 27, 25469 Halstenbek, Tel. 04101-433 66. (M79)

Beckedorf, Gerd, Dipl.-Ing., Jochim-Sahling-Weg 25, 22549 Hamburg, Tel. 040-80 44 79. (M60)

Beekmann, Bernd, Student, Gerhard-Mercator-Universität – GH Duisburg; priv. Kaiserstr. 72, 47178 Duisburg, Tel. 0203-472132. (M92)

Begler, Wolfgang, Dr.-Ing., Maschinenbau und Umwelttechnik (MBU), Rostock; priv. Hinter den Dünen 26,

18119 Rostock, Tel. priv. 0381-4659590, dienstl. 0381-4059344. (M90)

Behrens, Hans Peter, Dipl.-Ing., Technischer Leiter, Dr. E. Horn Meßgerätefabrik, Schönaich; priv. Landhausweg 37, 71093 Weil im Schönbuch, Tel. dienstl. 0703-630201. (M79)

Behrens, Jürgen, Dipl.-Ing., Howaldtswerke-Deutsche Werft AG, Kiel; priv. Seebrooksberg 8, 24147 Klausdorf, Tel. 0431-7004173. (M88)

Behrens, Roland, Dr.-Ing., Motorenwerke Mannheim AG; priv. Bruchweg 7, 68775 Ketsch, Tel. 06202-690733, Fax 06202-690735. (M91)

Beiderbeck, Jörg, Dipl.-Ing., beiderbeckdesigns Jörg Beiderbeck, Bremen; Alte Hafenstr. 27, 28757 Bremen, Tel. 0421-662353, Fax 0421-662425. (M78)

Beitlich, Manfred, Ing., c/o MAN Gutehoffnungshütte AG, Bahnhofstraße 66, 46145 Oberhausen. (M74)

Belohradsky, Hanns-Jürgen, Dr.-Ing., Motoren und Turbinen-Union (MTU), München; priv. St. Cajetan-Str. 13, 81669 München, Tel. 089-492295. (M67)

Below, Uwe von, Schiffbau-Ing., Holztwiete 6, 22605 Hamburg. (M61)

Beltrán, Victor Q., Dipl.-Ing., Blohm + Voss AG, Hamburg; priv. Dorotheenstr. 21, 22301 Hamburg. (M85)

Bendfeldt, Peter, Dipl.-Ing., FECO-Industrieanlagen GmbH, Hamburg; priv. Hauptstr. 13, 23847 Bliestorf. (M81)

Bendixen, Hans, Prof. Dr.-Ing., Deutsches Patentamt, München; priv. Fiernhagen 6 A, 30823 Garbsen, Tel. 05137-70275. (M87)

Benedict, Knud, Prof. Dr.-Ing. habil, Hochschule Wismar, Fachbereich Seefahrt Warnemünde an der Universität Rostock, Warnemünde; priv. Sonnenblumenweg 107, 18119 Dietrichshagen. (M90)

Benke, Sascha, Dipl.-Ing., Ingenieurkontor Lübeck; priv. Geniner Str. 64, 23560 Lübeck, Tel. 0171-4954592. (M98)

Benkißer, Gunter, Dr.-Ing. Universität Rostock, FB Maschinenbau und Schiffstechnik Rostock; priv. Schlüsselblumenweg 9, 18198 Kritzmow. (M90)

Benkner, Holger, Dr.-Ing., Bremer Vulkan, Bremen; priv. Ritterhuder Str. 14, 28790 Schwanewede. (M90)

Benrath, Klaus, Dipl.-Ing., Korte Blöck 36, 22397 Hamburg, Tel. 040-60508029. (M66)

Benthien, Udo, Dipl.-Ing., Ingenieurkontor Lübeck; priv. Elswigstr. 15a, 23562 Lübeck, Tel. dienstl. 0451-31070. (M89)

Bentin, Marcus, Student, Universität Hamburg, Institut für Schiffbau; priv. Hauptstr. 54, 23847 Grinau, Tel. 04501-607. (M97)

Berg, Fritz-Hinrich, Fachhochschule Hamburg, Fachbereich Seefahrt und Wasserschutzpolizeischule Hamburg; priv. Erikaweg 4 b, 21220 Seevetal, Tel. 04105-83347. (M64)

Berg, Peter, Dipl.-Ing., abh Ingenieur-Technik GmbH; priv. Ditzumer Weg 8, 26725 Emden, Tel. 04921-51051. (M93)

Bergande, Matthias, Dipl.-Ing., Ingenieurkontor Lübeck; priv. Rosengarten 8, Hs. 12, 23552 Lübeck, Tel. 0451-7070366, dienstl. 0451-31070, Fax 0451-3107204. (M97)

Bergeest, Volker-Joachim, Dr., Rechtsanwalt, Allianz Versicherung AG; priv. Staudingerstr. 37, 22607 Hamburg , Tel. 040-820770. (M91)

Bergemann, Asmus, Dipl.-Ing., Eurolog Systemtechnik GmbH, Hamburg; priv. Klaus-Groth-Str. 21, 22946 Trittau. (M63)

Berger, Harald, Dipl.-Ing., Schiffko ICC GmbH, Hamburg; priv. Bengelsdorfstr. 24, 22179 Hamburg, Tel. 040-37609101. (M87)

Bergmann, Christian M., Maschinenbau-Ing. (grad.), Segeberger Str. 22, 23866 Nahe, Tel. 04535-460. (M70)

Bergmann, Gert-L., Dipl.-Ing., Plaggenkamp 5, 22927 Großhansdorf, Tel. 04102-616 00. (M76)

Bergmann, Jost, Dipl.-Ing., Det Norske Veritas, Høvik/Norwegen; priv. Akersborgterr. 23, Oslo/Norwegen, Tel. 0047-22695649, dienstl. 0047-67578401, Fax 0047-67579911. (M98)

Bertram, Volker, Dr.-Ing., Technische Universität Hamburg-Harburg, Fachbereich Schiffbau; Lämmersieth 90, 22305 Hamburg, Tel. 040-2984-3171. (M84)

Betke, Falko, Dipl.-Ing., Krupp Fördertechnik GmbH, Lübeck; priv. Wilhelmstr. 14, 23611 Bad Schwartau. (M70)

Beutel, Hans, Dipl.-Ing., Ltd. Reg. Baudirektor, Marinearsenal Kiel; priv. Berliner Str. 6, 26441 Jever, Tel. 04461-35729. (M73)

Beyer, Manfred, Prof. Dr.-Ing. habil., Howaldtswerke-Deutsche Werft AG, Kiel; priv. Buschfeldstr. 26, 24143 Kiel. (M91)

Beyer, Rolf, Dipl.-Ing., Consilium GmbH, Hamburg; priv. Lotsenweg 2, 22880 Wedel. (M70)

Beyrodt, Martin, Dr.-Ing., Macor Marine Systems International GmbH, Bremen; priv. Kliffstr. 37, 18211 Ostseebad Nienhagen, Tel. 038203-84850. (M90)

Bhattacharyya, Rameswar, Prof. Dr.-Ing., Department of the Navy, United States Naval Academy, Office of the Superintendent, Annapolis, Maryland 21402-6000/USA, Tel. 001-410-2936444, Fax 001-410-2932591. (M57)

Bieker, Klaus, Hengnau 83, 88142 Wasserburg. (M91)

Binek, Ralf, Dipl.-Ing., Binek Inspection Services, Düsseldorf; priv. Birkenstr. 17, 40233 Düsseldorf, Tel. u. Fax 0211-672327. (M84)

Birk, Carola, Studentin, Technische Universität Berlin; priv. Resselsteig 1, 12209 Berlin. (M88)

Birk, Lothar, Dipl.-Ing., Technische Universität Berlin, Institut für Schiffs- und Meerestechnik; priv. Resselsteig 1, 12209 Berlin. (M88)

Birkhoff, Conrad, Dipl.-Ing., Conrad Birkhoff – Naval Architects, Seekenkamp 6, 23909 Ratzeburg, Tel. u. Fax 04541-4267. (M51)

Bischoff, Klaus, Dipl.-Ing., Dockbau Gesellschaft mbH, Hamburg; priv. Lerchenfeld 11, 22081 Hamburg, Tel. 040-223909. (M63)

Blanding, Howard, Ing., 1 Gaines Avenue, Greenlawn, N.Y. 11740/U.S.A., Tel. (512) ANI-0085. (M78)

Blaurock, Jörg, Dipl.-Ing., Op de Elg 17 a, 22393 Hamburg, Tel. 040-6015553, Fax 040-6015641. (M67)

Blendermann, Werner, Dr.-Ing., Institut für Schiffbau der Universität Hamburg; priv. Rodelberg 6, 22955 Hoisdorf. (M67)

Blohm, Georg, Dr.-Ing., Blohm Industriebeteiligungsgesellschaft, Hamburg; priv. Wulfsdal 15, 22587 Hamburg, Tel. 040-862742. (M53)

Bludszuweit, Siegfried, Prof. Dr.-Ing. habil. Dieselmotorenwerk Rostock GmbH, Rostock; priv. Röntgenstr. 12, 18059 Rostock, Tel. 0381-41230, dienstl. 0381-12320, Fax 0381-1232102. (M90)

Blume, Jürgen, Dipl.-Ing., Germanischer Lloyd, Hamburg; priv. Dorfstr. 40a, 25451 Quickborn-Renzel, Tel. 04106-81138/82342. (M79)

Böckenhauer, Martin, Dipl.-Ing., Lausitzer Weg 5, 21465 Reinbek. (M53)

Böhm, Dieter, Dr.-Ing., Müsing Rohrbau + Prüftechnik, Rostock; priv. Robert-Koch-Str. 3, 18059 Rostock, Tel. priv. 0381-41648, dienstl. 0381-1232-401-407, Fax 0381-1232403. (M90)

Böhm, Folker, Dipl.-Ing., Stadtberger Str. 13a, 86157 Augsburg, Tel. 0821-544857. (M76)

Böllert, Horst, Dipl.-Ing., Dellmannsweg 126, 45277 Essen, Tel. 0201-8585041, Fax 0201-8585042. (M99)

Börnsen, Arne, Dipl.-Ing., Vizepräsident, Regulierungsbehörde für Telekommunikation und Post, Bonn; priv. Auf dem Glind 5, 27721 Ritterhude-Platjenwerbe. (M68)

Bösche, Klaus, Dipl.-Ing., Kornstr. 2 A, 27211 Bassum, Tel. 04241-2914. (M72)

Bohlken, Georg C. W., Geschäftsführer, The Dorchester Club, Bremen; priv. Senator-Caesar-Str. 63, 28213 Bremen, Tel. 0421-211788. (M69)

Bohlmann, Hans Jürgen, Dr.-Ing., Dipl.-Phys., Ingenieurkontor Lübeck; priv. Mühlenberg 2 d, 23617 Stockelsdorf, Tel. 0451-497439. (M90)

Bohnenkamp, Wulf, Dipl.-Ing., Roßpfad 9, 40489 Düsseldorf. (M75)

Boie, Cai, Dipl.-Ing., Krützkamp 11, 22549 Hamburg, Tel. 040-801590. (LM50)

Bonenberger, Alfred, Dipl.-Ing., Siemens AG, Erlangen; priv. Kutzerstraße 93 b, 90765 Fürth, Tel. und Fax 0911-7940265. (M83)

Book, Wilhelm, Dipl.-Ing., TÜV Bayern e.V., München; priv. Georgenstr. 7, 82152 Planegg, Tel. 089-8597949. (M75)

Boost, Rüdiger, Dipl.-Ing.,Geschäftsf. Gesellschafter der Schiffswerft Hans Boost Maschinen- und Stahlbau GmbH & Co. KG, Trier; priv. Zurmaienerstraße 12, 54292 Trier, Tel. 0651-23066. (M87)

Borchardt, Klaus, Dipl.-Ing., Bauassessor, Wehrtechnische Dienststelle für Schiffe und Marinewaffen WTD 71,Eckernförde; priv. Westerrade 24, 24340 Eckernförde. (M84)

Borchers, Lothar, Dipl.-Ing., Brombeerweg 48, 22339 Hamburg. (M55)

Borchert, Oliver, Dipl.-Ing., Germanischer Lloyd, Hamburg; priv. Alte Bahnhofstr. 167, 44892 Bochum, Tel. 0234-293709, dienstl. 040-361496784. (M96)

Borck, Klaus v., Dipl.-Ing., Brückwiesenstr. 6, 22453 Hamburg, Tel. 040-584205. (M63)

Borheier, Gerrit Theodor, Dipl.-Ing., Löwentorstr. 39, 7000 Stuttgart, Tel. 0711-852331. (M78)

Borsum, Laris, Dipl.-Ing. Westfalia Separator, Hamburg; priv. Curtiusweg 8, 20535 Hamburg, Tel. dienstl. 040-739156, Fax 040-7380585. (M98)

Boy, Peter, Prof. Dr.-Ing., Fachhochschule Flensburg; priv. Graf-Luckner-Str. 41, 24159 Kiel. (M74)

Boyksen, Dieter, Dipl.-Ing., Ingenieurbüro, Efeuweg 7, 26160 Bad Zwischenahn, Tel. 04486-2456, Fax 04486-6628. (M95)

Braasch, Wolfram, Dipl.-Ing., Germanischer Lloyd, Hamburg; priv. Im Mullsen 37a, 21449 Hamburg, Tel. dienstl. 040-361490. (M94)

Bräu, Daniela, Studentin, Technische Universität Berlin, Institut für Schiffs- und Meerestechnik; priv. Freudenberger Weg 10, 13583 Berlin, Tel. 030-37889764. (M99)

Brand, Hans-Heinrich, Dipl.-Ing., Geschäftsführer, Brand Elektro GmbH, Oldenburg; priv. Herrenweg 95 d, 26135 Oldenburg, Tel. 0441-201188. (M65)

Brand, Hartwig, Dipl.-Ing., Geschäftsführer, Brand Werft GmbH & Co. Kommanditgesellschaft, Oldenburg; priv. Reiherweg 23, 26135 Oldenburg, Tel. 0441-2047491. (M65)

Brand, Heinz, Ing., Dedestr. 21 a, 26135 Oldenburg, Tel. 0441-25635. (M53)

Brand, Sven, Student, Universität Hamburg, Institut für Schiffbau; priv. Herrenweg 95 d, 26135 Oldenburg, Tel. 0441-201188. (M97)

Brandes, Hertel, An der Hellrüsche 6, 32105 Bad Salzuflen, Tel. 05222-12340. (M74)

Brandl, Hans, Dipl.-Ing., Ministerialrat, Bundesministerium der Verteidigung, Referatsleiter RüM V 2, Bonn; priv. Barbarossastr. 14, 53721 Siegburg, Tel. 02241-68579. (M54)

Brandt, Hartmut, Prof. Dr.-Ing., Technische Universität Berlin, Institut für Schiffs- u. Meerestechnik; priv. Kaulbachstr. 21,12247 Berlin, Tel. 030-7714586. (M72)

Brandt, Hendrik, Student, Gerhard-Mercator-Universität – GH Duisburg; priv. Unterer Eicheshagen 59 a, 42555 Velbert, Tel. 02052-3348. (M99)

Brandt, Sabine, Dipl.-Ing., Ing.-Büro Kruithoff; Große Str. 33, 26721 Emden, Tel. 04921-35747. (M97)

Brauer, Georg, Dipl.-Ing., MPC Münchmeyer, Petersen GmbH & Co. KG, Hamburg; priv. Schäferkampsallee 43, 20357 Hamburg. (M64)

Brauer, Wolfgang, Dipl.-Ing., Krögerwerft GmbH, Rendsburg; priv. Bollwerkstr. 11, 24790 Schacht-Audorf, Tel. 04331-91939. (M72)

Braun, Martin, Dipl.-Ing., Abendrothsweg 36, 20251 Hamburg, Tel. 040-481890. (M53)

Brechtken, Thomas, Marinefliegergeschwader 3, 27637 Nordholz. (M95)

Bredemeier, Horst, Dipl.-Ing., Prokurist, Hydraulik & Maschinenbau, Buxtehude; priv. Sudetenweg 20 a, 21614 Buxtehude, Tel.04161-82912. (M82)

Brehme, Andreas, Student, Lomerstr. 6, 22047 Hamburg, Tel. 040-6939718. (M97)

Brenke, Rudolf, Dipl.-Ing., Fittjenberg 27, 28717 Bremen, Tel. 0421-630976. (M60)

Breyer, Helmuth, Dipl.-Ing., Beratender Ingenieur Norderstedt; priv. Am Gehölz 10, 22844 Norderstedt, Tel. 040-5223139, dienstl. 040-5223375. (M91)

Briese, Roelf, Kapitän, Seefahrtslehrer, Staatl. Seefahrtsschule, Leer; priv. Bergmannstr. 36, 26789 Leer. (M70)

Brinkmann, Markus, Student, Gerhard-Mercator-Universität – GH Duisburg; priv. Mommsenstr. 8, 47906 Kempen, Tel. 02152-52633. (M99)

Brockmann, Willi, Dipl.-Ing., Büro für Schiffbaufragen, Hamburg; priv. Auf dem großen Ruhm 16, 21465 Reinbek, Tel. 040-7224807, dienstl. 040-367251. (M54)

Brockmüller, Rüdiger, Dipl.-Ing., Flensburger Ingenieurbüro für Schiffstechnik Ingo Schlüter, Flensburg; priv. Grenzgau 3, 24943 Flensburg, Tel. 0461-181485. (M97)

Brockschmidt, Ulrich, Dipl.-Ing., Stuttgarter Straßenbahnen AG; priv. Dreimorgenstr. 17, 70771 Leinfelden, Tel. 0711-751404. (M73)

Brodda, Joachim, Dipl.-Ing., Bremer Vulkan, Bremen; priv. Hartlaubstr. 23, 28355 Bremen, Tel. 0421-2574653. (M88)

Bröer, Hartmut, Dipl.-Ing., Flensburger Schiffbau Gesellschaft; priv. Aalborgstr. 20, 24768 Rendsburg. (M83)

Bronsart, Robert, Prof. Dr.-Ing., Universität Rostock; priv. Goethestr. 29, 18209 Bad Doberan, Tel. dienstl. 0381-4983145/47. (M96)

Brosda, Dietmar, Dipl.-Ing., Blohm + Voss AG, Hamburg; priv. Bissenmoorweg 18, 24576 Bad Bramstedt, Tel. 04192-1222. (M83)

Broß, Helmut, Dipl.-Ing., Versuchsanstalt für Binnenschiffbau, Duisburg; priv. Dickelsbachstraße 32, 47053 Duisburg, Tel. 0203-86502. (M87)

Broszeit, Rüdiger, Prof. Dr.-Ing., Fachhochschule Hamburg; priv. Schulstraße 16, 21641 Apensen, Tel. 04167-6196. (M84)

Bruckmann, Klaus, Dipl.-Ing., NOELL-LGA Gastechnik, Marine Consulting; priv. Gartenholz 122, 22926 Ahrensburg, Tel. u. Fax 04102-43428. (M92)

Brück, Enno, Student, Institut für Schiffbau, Hamburg; priv. Auf der Bult 55 c, 27574 Bremerhaven. (M91)

Brück, Hardwig, Dipl.-Ing., Auf der Bult 55 c, 27574 Bremerhaven, Tel. 0471-35368. (M51)

Brügge, Dirk, Dipl.-Ing., Germanischer Lloyd, Hamburg; priv. Mellande 42, 22393 Hamburg , Tel. 040-6013003. (M90)

Brünner, Edzard, Dr.-Ing., Macor Neptun GmbH, Bremen; priv. Badeweg 12 B, 28870 Ottersberg. (M86)

Bruhn, Henning, Dipl.-Ing., Howaldtswerke-Deutsche Werft AG, Kiel; priv. Finkenrehm 10, 24321 Lütjenburg, Tel. 04381-347. (M68)

Bruhns, Hendrik, Dipl.-Ing., Germanischer Lloyd, Hamburg; priv. Stettiner Str. 101, 22435 Stelle, Tel. 04174-650954, Tel. dienstl. 040-361490. (M97)

Bruhns, Reemt, Kapitän, Schiffbauing., Reedereiinspektor Fisser & v. Doornum, Hamburg; priv. Newmans Park 15, 22609 Hamburg, Tel.040-820296. (M57)

Brumshagen, Wilhelm, Dipl.-Ing., selbständig, Rheinhöhenweg 105, 53424 Remagen, Tel. 02228-7298. (M95)

Brun, Herwig, Dr.-Ing., Ziviling. f. Schiffstechnik, Waagner-Biro AG; priv. Wohnpark Alt-Erlaa, Anton-Baumgartner-Str. 44–54, Stiege B4, Tür-Nr. 092, A-1232 Wien, Tel. 00431-6782504. (M62)

Brunk, Henning, Dr.-Ing., Geschäftsführer, Meidericher Schiffswerft GmbH & Co. KG, Duisburg-Meiderich; priv. Stadtmauer 10, 46519 Alpen, Tel. 02802-704560. (M91)

Bruns, Gerald, Dipl.-Ing., STN Atlas Elektronik GmbH, Bremen; priv. Espenstr. 10, 28832 Achim. (M86)

Brust, Karl-Heinz, Dipl.-Ing., Im Ackern 7, 21423 Winsen/Luhe-Rottorf, Tel. 04133-7682. (M80)

Buchalle, Knut-Michael, Dipl.-Ing., Lindenau GmbH, Kiel; priv. Sandkuhle 7, 24217 Wisch, Tel. 04344-1003. (M88)

Buchloh, Heiko, Dipl.-Ing., Schiffstechnik Buchloh Unkel, Honnefer Str. 65, 53572 Unkel, Tel. 02224-5735 u. 0171-6431066. (M81)

Büchler, Dirk, Dipl.-Ing., AIR Fertigung-Technologie GmbH, Rostock; priv. Olof-Palme-Str. 1, 18147 Rostock, Tel. 0381-6861150, dienstl. 0381-4059-620, Fax 0381-4059-200. (M90)

Büge, Ekkehard, Dipl.-Ing., Peene-Werft GmbH, Wolgast; priv. Schulkenstr. 8, 28755 Bremen, Tel. 0421-650873. (M86)

Bühr, Wolfgang, Dipl.-Ing., Flensburger Schiffbau-Gesellschaft; priv. Dorfstr. 13, 24977 Bönstrup, Tel. 04636-8458, dienstl. Tel. 0461-4940-251, Fax 0461-4940-217. (M91)

Bünger, Hartmut, Ing. (grad.), HDW-Nobiskrug GmbH, Rendsburg; priv. Westpreußenweg 21, 24784 Westerrönfeld, Tel. 04331-7204. (M66)

Büning, Jörg, Dipl.-Ing., Finkenstraße 70, 56751 Polch, Tel. 02654-1311. (M84)

Buhlmann, Ulf, Dipl.-Ing., STN Atlas Elektronik GmbH, Hamburg; priv. Gerhart-Hauptmann-Str. 7, 22880 Wedel, Tel. 04103-6301. (M64)

Buhtz, Claus-Peter, Dipl.-Ing., Prokurist, Jastram Werke GmbH KG, Hamburg; priv. Polarweg 1, 22145 Hamburg, Tel. 040-6782296. (M56)

Bulgarides, Peter C., Dipl.-Ing., Direktor, Technical Marine Planning Ltd., London; priv. 89 Pavilion Road, GB-London SW1X OET. (M59)

Burgdorf, Dieter, Ing., Großer Hof 14, 24235 Laboe, Tel. 04343-7409. (M72)

Burghardt, Rolf, Dipl.-Ing. Schiffbau (FH), Macor Marine Systems International GmbH, Bremen; Hindenburgstr. 28 A, 28717 Bremen, Tel. 0421-635062, dienstl. 0421-4682-284. (M94)

Burgmann, Marcus, M.S.E., Dipl.-Ing., Danish Maritime Institute, Lyngby; priv. Lersø Parkallé 41, 1 tv, 2100 Kopenhagen, Tel. 0045-39276506, Fax 0045-45879333, dienstl. Tel. 0045-45879325, Fax 0045-45879333. (M97)

Burmeister, Hartmut, Dipl.-Ing., MTG Marinetechnik GmbH, Hamburg; priv. Nordlandweg 109a, 22145 Hamburg, Tel. 040-6785755. (M63)

Buro, Norbert, Universität der Bundeswehr; priv. Steinbeker Weg 4, 22885 Barsbüttel, Tel. 040-65412493. (M95)

Burzeya, Christel-Maria, Dipl.-Ing., Blohm + Voss GmbH, Hamburg; priv. Isestr. 84, 20149 Hamburg. (M97)

Burzeya, Ulrich, Student, Gerhard-Mercator-Universität – GH Duisburg; priv. Heckenstraße 21, 47058 Duisburg. (M90)

Busch, Cornelia, Studentin, Gerhard-Mercator-Universität – GH Duisburg; priv. Bronkhorststr. 96, 46145 Oberhausen, Tel. 0208-660065. (M93)

Busch, Jochen, Student, Gerhard-Mercator-Universität – GH Duisburg; priv. Hohestr. 31, 47051 Duisburg, Tel. 0203-21457, Tel. dienstl. 0203-3792884. (M99)

Busch, Verena von, Studentin, Hochschule Bremen; priv. Am Holze 4, 28876 Oyten, Tel. 04205-1735. (M98)

Buss, Hanno, Dipl.-Ing., Flender-Werft, Lübeck; priv. Wiesenstr. 5, 23843 Rümpel, Tel. 04531-188708, Tel. dienstl. 0451-3001-228, Fax 0451-3001-202. (M99)

Bußenius, Jochen, Dipl.-Ing., Ingenieurkontor Lübeck; priv. Spitzbergenstr. 7 E, 23570 Lübeck, Tel. 04502-74898. (M90)

Butschke, Wilhelm, Schiffbauing., Aeronaval Ingenieurtechnik GmbH & Co.; priv. Lessingstraße 13, 65597 Hünfelden, Tel. 06438-2319. (M78)

Carlowitz v., Oswald, Ing., Mainzer Str. 18, 80804 München, Tel. und Fax 089-36109920. (M74)

Carstens, Bärbel, Dipl.-Ing., 2/1, 41 Sutcliffe Road, Anniesland, Glasgow G13 1AQ/Schottland, Tel. 0044-141-9541324. (M92)

Carstens, Helmut, Ing. (grad.), Eurolog GmbH, Hamburg; priv. Sandkrugweg 14, 22457 Hamburg, Tel. 040-5501348. (M74)

Carstensen, Conrad, Dr.-Ing., Statoil A/S, Trondheim; priv. Ole Blix Gate 2, N-4015 Stavanger. (M78)

Chatterji, Biswagopal, Dipl.-Ing., Bremer Vulkan GmbH, Werft und Maschinenfabrik, Bremen; priv. Landrat-Christian-Str. 5e, 28779 Bremen. (M68)

Chilian, Werner, Dipl.-Ing., Im Speitel 64, 76229 Karlsruhe (Grötzingen). (M50)

Chirila, Jon Valer L., Dr.-Ing., Gutzkowstr. 9, 22607 Hamburg, Tel. 040-892648. (M50)

Chomse, Gerhard, Dipl.-Ing., Oberbaurat a.D., Stadtbahnstraße 13, 22393 Hamburg, Tel. 040-6010839. (M54)

Christiansen, Andreas, Dipl.-Ing., Detlef Hegemann, Rolandwerft GmbH + Co KG, Berne; priv. Cap-Hoorn-Str. 27, 26931 Elsfleth, Tel. 04404-2931. (M73)

Cierpinski, Hans-Jürgen, Ziviling., Sachverständiger für Schiffsschäden, Ing.-Büro Cierpinski, Ernst-Wiese-Str. 24, 24226 Heikendorf, Tel. 0431-231189. (M57)

Claes, Lorenz, Dipl.-Ing., Beckers Barg 21, 28717 Bremen. (M90)

Clauss, Günther, Prof. Dr.-Ing., Technische Universität Berlin, Institut für Schiffs- u. Meerestechnik; priv. Schlangenbader Straße 73, 14197 Berlin, Tel. 030-8246776, dienstl. Fax 030-314-22885. (M77)

Clüver, Hans-Gunther, Dipl.-Ing., Blohm + Voss AG, Hamburg; priv. Oderstr.16 d, 22547 Hamburg. (M62)

Conradi, Torsten, Dipl.-Ing., judel/vrolijk + Co., engineering gmbh, Bremerhaven; priv. Haus Nickels, 27498 Helgoland Tel. 04725-663, Fax 04725-7404, Handy-Nr. 0171-4191605, dienstl. Tel. 0471-9712395, Fax 0471-9712398. (M89)

Cordes, Detlev, Kapitän, Dipl.-Ing., Schönebecker Feld 33, 28757 Bremen, Tel. 0421-622205. (M74)

Cordsen, Horst, Dipl.-Ing., Bundesamt für Wehrtechnik und Beschaffung, Koblenz; priv. Hunsrückhöhenstr. 2 a, 56154 Boppard. (M77)

Cosulich, Andrea, Dipl-Ing., Managing Director, Fratelli Cosulich, Piazza de Ferrari 1, I-16121 Genoa, Tel. 0039-10-53951, Fax 0039-10-532805. (M67)

Cramer, Heike, Dipl.-Ing., Flensburger Schiffbau-Gesellschaft mbH & Co. KG, Flensburg; priv. Alsenstr. 11, 24939 Flensburg, Tel. 0461-4902613, dienstl. Tel. 0461-4940542, Fax 0461-4940217. (M99)

Cravaak, Fred, Dipl.-Ing., Mathias-Thesen Werft, Wismar; priv. Hanns-Eisler-Str. 24, 23966 Wismar. (M90)

Csupor, Denis A., Dr.-Ing., 22, Chemin des Rasses, CH-1255 Veyrier Geneve, Tel. 0041-22-840100. (M52)

Cura Hochbaum, Andres, Dr.-Ing., Hamburgische Schiffbau-Versuchsanstalt GmbH, Hamburg; priv. Poppenbütteler Bogen 21, 22399 Hamburg, Tel. 040-6061055. (M91)

Cuvry de, Martin, Dipl.-Ing., Beratender Ingenieur für Schiffstechnik, CV Yacht- und Schiffstechnik GmbH; priv. Bonnusstr. 6, 23568 Lübeck, Tel. 0451-32812. (M53)

Dade, Reimar, Dipl.-Ing., Regierungsbaudirektor a.D., Schönkamp 34, 24226 Heikendorf. (M52)

Dahlweg, Eckhard, Maschinenbau-Ing., Fa. Ulstein, Bremen; priv. Brammer Str. 5, 28876 Oyten, Tel. 4205-8136. (M94)

Dalchow, Klaus D., Dipl.-Ing., Dornier System-Planungsberatung, Friedrichshafen; priv. Friedrich-Schiller-Str. 21, 88094 Oberteuringen, Tel. 07546-2030. (M66)

Dallach, Gert, Dr.-Ing., Ingenieurzentrum Schiffbau GmbH; priv. Schliemann-Str. 27, 18059 Rostock, Tel. 0381-27378. (M90)

Damaschke, Rudolf, Dipl.-Ing., Schlierbachstr. 20, 91077 Hetzles, Tel. 09134-5976. (M73)

Dannenberg, Lothar, Prof. Dipl.-Ing., Fachhochschule Kiel; priv. Reventlouallee 15, 24105 Kiel, Tel. 0431-577580. (M66)

Dawidowsky, Jörg, Dipl.-Ing., Pasteurstraße 2, 45470 Mülheim/Ruhr, Tel. 0208-375480. (M88)

Deichmann, Fred, Dipl.-Ing., Columbus Shipmanagement GmbH, Hamburg; priv. Kirchweg 2 A, 21244 Buchholz. (M85)

Delius, Albrecht, Prokurist, Kockums Computer Systems, Hamburg; priv. Ohkamp 23, 22339 Hamburg, Tel. 040-599153. (M85)

Demel, Ulrich, Schillerstr. 3, 21365 Adendorf. (M73)

Demir, Ekrem, Student, Institut für Schiffstechnik Duisburg; priv. Bachstr. 17, 47053 Duisburg. (M94)

Denk, Peter J., Dipl.-Ing./Schiffsing., Princ. Surv. ABS i.R., Appenzeller Str. 21, 81475 München, Tel. 089-752885. (M61)

Deter, Dietmar, Dipl.-Ing., NAUTEX INC.; priv. 11730 Dorrance, Stafford/Texas 77477/U.S.A. (M59)

Detlefsen, Steffen, Dammstr. 52, 24103 Kiel, Tel. 0431-96227. (M91)

Dettmers, Geerd, Dipl.-Ing., GEC-Dortmund, Gesellschaft für Engineering und Consulting; priv. Süderdiek 15, 26125 Oldenburg, Tel. 0441-602380. (M53)

Deucker, Stefan, Dipl.-Ing., MS, Thyssen Nordseewerke, Emden; priv. Kloster-Thedinga-Str. 99, 26789 Leer, Tel. 0172-2874548. (M95)

Dieckmann, Uwe, Dipl.-Ing., Arnoldstr. 77, 22763 Hamburg, Tel. 040-3909235. (M93)

Diederichs, Hark-Ocke, Prof. Dipl.-Ing., Fachhochschule Flensburg; priv. Zum Dickmoor 11, 24644 Timmaspe, Tel. 04392-1280. (M87)

Dien, Richard, Dr.-Ing., Habermannstr. 2, 21031 Hamburg, Tel. 040-7384314. (M69)

Dienstdorf, Josef, Dipl.-Ing., Lose Barg 9, 28779 Bremen, Tel. 0421-602054. (M40)

Diete, Lars, Student, Fachhochschule Kiel; priv. Dreiecksplatz 10, 24103 Kiel, Tel. 0421-51625. (M93)

Dimansky, Helmut, Prof. Dipl.-Ing., Fachhochschule Hamburg; priv. Hörnumer Weg 3, 28259 Bremen, Tel. 0421-582233. (M93)

Dinsing, Hans Jürgen, Dipl.-Ing., Hurth Maschinen und Werkzeuge GmbH, München; priv. Hardenbergstr. 20, 80992 München, Tel. 089-1419680. (M85)

Dittberner, Axel, Dipl.-Ing., Versuchsanstalt für Binnenschiffbau e.V.; priv. Nettelbeckstr. 2, 47057 Duisburg, Tel. 0203-352672. (M62)

Dittmers, Egon, Dittmers Korrosionsschutz GmbH, Hamburg; priv. Schillerstr. 26, 21465 Reinbek, Tel. 040-7224333. (M50)

Dittmers, Oliver, Kfm., Geschäftsführer, Dittmers Korrosionsschutz GmbH, Hamburg; priv. Kastanienallee 5, 21436 Marschacht, Tel. 04133-6633. (M87)

Dobinsky, Hartmut, Dipl.-Ing., Bundesanstalt für Wasserbau (BAW), Hamburg; priv. Moorlander Weg 9, 25474 Bönningstedt, Tel. 040-5566877. (M95)

Doebeli, Kurt, Schiffbau-Ing., Zumhofhalde 55, CH-6010 Kriens, Tel. 0041-41-410317. (M68)

Döhmel, Kurt, Dipl.-Ing., OEM, Shell International Petroleum Company, Shell Centre, London SE1 7NA/UK. (M77)

Döhrn, Klaus Jochen, Dipl.-Ing., Höhnerkamp 14, 22559 Hamburg, Tel. 040-813395. (M62)

Dölling, Horst, Ing., Germanischer Lloyd, Hamburg; priv. Friedenstr. 40, 25421 Pinneberg, Tel. dienstl. 040-36149491. (M72)

Dölling, Willy, Dipl.-Ing., Howaldtswerke-Deutsche Werft AG, Kiel; priv. Parkstr. 25 A, 24235 Laboe, Tel. 04343-499164 und 0171-6436320. (M91)

Does de, Joan Charles, Dipl.-Ing., Prinses Beatrixln 30, NL-3155 TJ Maasland. (M63)

Domagala, Wolfgang, Dipl.-Ing., Duisburger Kettenfabrik und Hammerwerk; priv. Am Pannenhof 12, 47441 Moers, Tel. 02841-56464. (M90)

Dombros, Apostolos, Dipl.-Ing., Technoship – Dipl.-Ing. A. Dombros; priv. Kolokotroni 100, Piräus/Griechenland, Tel. 0030-1-4125538. (M81)

Dombros, Konstantin, Dipl.-Ing., Technoship; priv. P.O.Box 8010300, 18510 Piräus/Griechenland. (M81)

Domnisoru, Leonard, Dr.-Ing., Universität „Dunarea de Jos", Galați; priv. Domneasca, Nr. 135A, Ap 9, 6200-Galați/Rumänien, Tel. 0040-36-413485. (M94)

Donker, Bernd, Dipl.-Ing., GKSS-Forschungszentrum Geesthacht GmbH, Geesthacht; priv. Bellevueberg 24, 21502 Geesthacht. (M64)

Draeger, Lothar, Dipl.-Ing., Scharpenbargsweg 11 A, 1149 Hamburg, Tel. 040-7963756. (M63)

Draheim, Harro, Dipl.-Ing., Rabla. M. Castellbell. 46, 4, E-08980 Sant Feliu de Ll. Barcelona. (M73)

Dreher, Helmut, Dipl.-Ing., Bundesminister der Verteidigung, Bonn; priv. Hangweg 34, 53757 St. Augustin, Tel. 02241-23168. (M75)

Drews, Rüdiger, Dipl.-Wirtsch.-Ing., Beratender Ingenieur, Wilhelm-Schmitt-Str. 71, 25421 Pinneberg. (M86)

Dreyer, Hans-Joachim, Prof. Dr.-Ing., Dipl.-Math., Geschäftsführer, Schiffbautechnische Gesellschaft e.V., Hamburg; priv. Falenbek 27, 22149 Hamburg, Tel. 040-6728354. (M92)

D'Souza, Stephen, Schiffbau-Ing., Kapitän, Bureau Veritas, Hamburg; priv. Flaßheide 16, 22525 Hamburg. (M70)

Dudszus, Alfred, Prof. em. Dr.-Ing. habil., Wissenschaftlich.-Techn. Information, WTI, Rostock; priv. Liskowstraße 34, 18059 Rostock, Tel. 0381-21447. (M90)

Dünow, Hans-Herbert, Dipl.-Ing., Krupp Fördertechnik GmbH, Lübeck; priv. Buchenweg 14, 23858 Reinfeld, Tel. 04533-798670. (M82)

Dürkop, Herbert, Obering., Prokurist, Flender Werft AG, Lübeck; priv. Kaninchenbergweg 57, 23564 Lübeck, Tel. 0451-77214. (M62)

Düvell, Günter, Dipl.-Ing., Käthe-Kollwitz-Str. 39 A, 28717 Bremen. (M70)

Durow, Christian, Dipl.-Ing., Flensburger Schiffbau-Gesellschaft; priv. Mühlenbarg 15, 24354 Norby, Tel. 04355-999909, dienstl. 0461-49400. (M91)

Dwinger, Klaus, Ing., Shipshape AG; priv. Brodhubel 10, CH-6072 Sachseln, Tel. 0041-41-6621540, Fax 0041-41-6621542, E-Mail: shipshape@bluewin.ch. (M76)

Dworski, Manfred, Dr.-Ing., Stulz GmbH, Hamburg; priv. Wolferskamp 16, 22559 Hamburg, Tel. 040-812272. (M86)

Ebbecke, Thomas, Dipl.-Ing., HDW Ingenieurkontor Lübeck; priv. Marquardstr. 1/3, 23554 Lübeck. (M89)

Ebeling, Rolf, Dipl.-Ing., Ltd. Regierungsbaudirektor a.D., Lortzingstr. 4, 49716 Meppen, Tel. 05931-16540. (M55†)

Eberlein, Jürgen, Geschäftsführer, Mecklenburger Metallguß; priv. D. Bonhoeffer Str. 9, 17192 Waren, Tel. 03991-167832. (M95)

Ebert, Helmut, Dipl.-Ing., Philipp Ebert & Söhne GmbH, Schiffswerft, Neckarsteinach; priv. Darsbergerstr. 41, 69239 Neckarsteinach, Tel. 06229-623. (M88)

Ebert, Jost, Dr.-Ing., TECHNO TRANS e.V., Rostock; priv. Lindenanger 14, 18069 Lambrechtshagen. (M90)

Ebner, Hans-Otto, Kapitän, Expert Shipping Service, Vander-Smissen-Str. 1, 22767 Hamburg, Tel. 040-38917710. (M76)

Echte, Jürgen, Dipl.-Ing., Lesmona-Str. 30 A, 28717 Bremen. (M55)

Eckermann, Karsten, Dipl.-Ing., Kapitän zur See, Armaments-Standardization Division IMS NATO, Brüssel; priv. 146, Avenue de la Chasse, B-1040 Brüssel, Tel. 0032-2-734.97.26. (M79)

Eckert, Jürgen, Dipl.-Ing., Siemens AG, Erlangen; priv. Im Schafhof 11, 91085 Weisendorf. (M94)

Eckhardt, Werner, Maschinenbau-Ing., Geschäftsführer, STORK-JAFFA Industrie- und Schiffstechnik GmbH, Hamburg; priv. Lerchenweg 19, 25364 Brande-Hörnerkirchen. (M73)

Economidis, Constantin, Dipl.-Ing., Elsflether Werft AG; priv. Hermann-Löns-Weg 10, 28790 Schwanewede, Tel. 04209-4082. (M71)

Economou, Christos, Dipl.-Ing., Eschenstieg 7, 20259 Hamburg, Tel. 040-497053. (M74)

Egge, Ernst-Detlev, Dr.-Ing., Germanischer Lloyd, Hamburg; priv. Klaus-Groth-Str. 14, 25746 Heide. (M67)

Eggers, Karl-Heinz, Obering., GEA Luftkühler GmbH, Herne; priv. Querenburger Str. 49 b, 44789 Bochum, Tel. 02321-40476. (M70)

Ehlers, Johann Carsten, Dipl.-Ing., Generalbevollmächtigter, Benteler Aktiengesellschaft, Paderborn; priv. Pohlweg 25, 33098 Paderborn. (M88)

Ehlers, K. Heinrich, Dipl.-Ing., Steinstraße 5, 21244 Buchholz. (M55)

Ehmke, Sven, Student, Fachhochschule Kiel; priv. Dorfstr. 14, 24124 Schierensee, Tel. 0431-672155. (M94)

Ehmsen, Emil, Dipl.-Ing., Dipl.-Ing. Emil Ehmsen & Co., Hamburg; priv. Pikartenkamp 11, 22587 Hamburg, Tel. 040-863638. (M56†)

Ehmsen, Klaus, Dipl.-Ing., Dipl.-Ing. Emil Ehmsen & Co., Hamburg; priv. Saturnweg 12, 22391 Hamburg. (M69)

Ehrenberg, Hans-Dieter, Dr.-Ing., Blohm + Voss AG, Hamburg; priv. Cranachstr. 16, 22607 Hamburg, Tel. 040-8100933. (M79)

Ehrig, Rüdiger, Dipl.-Ing., Ingenieurbüro Ehrig; priv. Fahrenholt, Am Denkmal 4, 27442 Gnarrenburg, Tel. 04764-535. (M76)

Eichberg, Götz, Soldat, Bundeswehr; priv. Goethestr. 6, 26382 Wilhelmshaven, Tel. 04421-137467. (M90)

Eichhorn, Elsa, Ludwigstr.16, Wohnstift Augustinum, 97421 Schweinfurt, Tel. 09721-724538. (M89)

Eichner, Claus-Rainer, Dipl.-Wirtsch.-Ing., DEMINEX, Essen; priv. Gebrüder-Grimm-Str. 3, 42579 Heiligenhaus, Tel. 02056-5282. (M79)

Eickelpoth, Manfred, Dipl.-Ing., J. G. Hitzler, Lauenburg; priv. Im Feld 23, 21522 Hohnstorf, Tel. 04153-6536. (M94)

Eitel, Erwin, Dipl.-Ing., Im Seefeld 40, 82387 Antdorf/Obb., Tel. 08856-4448. (M54)

El Seidi, Hussam, Dipl.-Ing., Wehrtechnische Dienststelle WTD 71, Eckernförde; priv. Nordring 12, 24558 Henstedt-Ulzburg, Tel. 04193-968981, dienstl. 0431-6075115. (M98)

Emeis, Georg, Dr.-Ing., Dr. Emeis und Partner, Hamburg; priv. Treudelbergkamp 8, 22397 Hamburg, Tel. 040-6083420, Tel. dienstl. 040-4803609. (M86)

Engel, Emil-Dieter, Dipl.-Ing., Herm. Sürken; priv. Graf-Moltke-Str. 52, 28211 Bremen, Tel. 0421-346214. (M62)

Engelskirchen, Jürgen, Dipl.-Ing., Blohm + Voss AG, Hamburg; priv. Geschw.-Scholl-Str. 41, 20251 Hamburg, Tel. 040-481929. (M88)

Ennen, Kai, Dipl.-Ing., Scherpenberg 9, 49624 Löningen, Tel. 05432-30309. (M81)

Erdmann, Erich, Dipl.-Ing., Eichenstr. 71 a, 20255 Hamburg, Tel. 040-407216. (M33)

Erdtmann, Jörg, Student, Technische Universität Hamburg-Harburg; priv. Lerchenweg 5, 21640 Horneburg, Tel. 04163-811955. (M94)

Erichsen, Stian, Prof., Ph.D., Dept. of Marine Design, MTS, Trondheim; priv. Bjarne Ness'v 6 B, N-7033 Trondheim, Tel. 0047-73-941-128. (M76)

Fabarius, Horst, Dipl.-Ing., Schnutds Treppe 1, 22587 Hamburg, Postfach 351, 22563 Hamburg. (M64)

Faber, Egon, Dr.-Ing., MarE, Marine Engineering Consultant, Gratstraße 20, CH-8472 Seuzach/ZH., Tel. u. Fax 0041-52-3353040. (M67)

Falk, Hans-Uwe, Blumenstraße 1, 41564 Kaarst, Tel. 02101-601549. (M78)

Feck, Asmus W., M. Sc., C. Eng., P.O. Box 2159, Pawleys Island, South Carolina 29585/U.S.A., Tel. (803) 237-8711. (M56)

Feeder, Friedrich-Lothar, Prof. Dr.-Ing., Eibenstr. 5, 28832 Achim, Tel. 04202-4588. (M61)

Fehr, Manfred, Dipl.-Ing., Howaldtswerke-Deutsche Werft AG, Kiel; priv. Am Klosterforst 32, 24223 Raisdorf. (M67)

Feilcke, Henrik, Dipl.-Ing., Wittenkamp 9, 21465 Reinbek, Tel. 040-7228248. (LM62)

Feldes, Waldemar, Flottillenadmiral, BMVg – Rü VII; priv. Kantstr. 40, 53332 Bornheim, Tel. 02222-65086, dienstl. 0228-124270, Fax 0228-126803. (M98)

Felkel, Frank, Dipl.-Ing., Oderwerft GmbH, Eisenhüttenstadt; priv. Klement-Gottwald-Str. 6, 15295 Wiesenau, Tel. 03360-935379. (M97)

Feltz, Hans Joerg, Dipl.-Ing., Pr. Eng., c/o Consortium Fishing (Windhoek) (Pty) Ltd., P.O.Box 751, Walvis Bay/Namibia 9190. (M67)

Fernau, Florian, c/o SBM Production Contractors, 24, Avenue de Fontvieille, PO Box 199, MC-98007 Monaco Cedex, Tel. 00377-92054503, Fax 00377-92051747, Email: Florian.Fernau@SingleBuoy.com. (M86)

Feuerhahn, Otto, Prof. Dipl.-Ing., Mackenstedter Str. 2, 28295 Bremen, Tel. 0421-582315. (M50)

Fichelmann, Wolfgang, Dipl.-Ing., Germanischer Lloyd, Hamburg; priv. Wiesenstraße 36, 15738 Zeuthen, Tel. 033762-3751. (M90)

Fiedler, Hugo, Dipl.-Ing., Geschäftsführer, F.M.C. Kiel GmbH; priv. Dorfstr. 6, 24214 Neuwittenbek. (M53)

Filter, Rolf, Elastogran GmbH, Lemförde; priv. Goethestr. 4, 49406 Barnstorf, Tel. 05443-120. (M83)

Fischer, Dietrich, Dipl.-Ing., Stockerauerstr. 29/8, A-2100 Korneuburg. (M70)

Fischer, Gerhard, Dipl.-Ing., Mühlenbrücke 6a, 23552 Lübeck, Tel. 0451-7070656. (M60)

Fischer, Hans-J. B., Schiffbau-Ing., Blohm + Voss AG, Hamburg; priv. Riepshofer Weg 28, 21255 Tostedt, Tel. 04182-5867. (M75)

Fischer, Klaus, Ing., Blumenstr. 24, 50126 Bergheim. (M62)

Flehmke, Andreas, Dipl.-Ing., Germanischer Lloyd, Hamburg; priv. Rugenbohm 14, 22589 Hamburg, Tel. 040-8703512. (M84)

Flehr, Dietmar, Dr.-Ing., ITAG, Celle; priv. Stauffenbergstr. 14, 29223 Celle. (M72)

Fleischer, Gerd, Dipl.-Ing., Lübbenstraße 13, 28237 Bremen, Tel. 0421-6160792. (M72)

Fleischhauer, Heinz Dieter, Dipl.-Ing., Wilh. Fleischhauer Schiffswerft, Stahlbau-Holzverarbeitung, Dormagen; priv. Postfach 500109, 41527 Dormagen, Tel. 02106-42106. (M90)

Flender, Dirk, Dipl.-Ing., Ingenieurbüro Dirk Flender, Hamburg, Boßdorfstr. 4, 20253 Hamburg, Tel. 040-4203292, Fax 040-4203293. (M76)

Fliege, Felix, Student, Technische Universität Berlin, Institut für Schiffs- und Meerestechnik; priv. H.-v.-Kleiststr. 27, 15711 Königs Wusterhausen, Tel. dienstl. 030-314-26620. (M97)

Fließbach, Dieter, Dipl.-Ing., Rheinmetall Industrie GmbH; priv. Pufendorfstr. 21, 29221 Celle, Tel. 05141-23634. (M62)

Förster, Walter, Dipl.-Ing., Europäisches Entwicklungszentrum für die Binnenschiffahrt e.V., Duisburg; priv. Gustav-Adolf-Str. 27, 47057 Duisburg. (M88)

Försterling, Hans Joachim, Dipl.-Ing., Germanischer Lloyd, Hamburg; priv. Neues Land 14, 28816 Stuhr, Tel. 04206-7330. (M82)

Frambourg, Jean-Claude, Dipl.-Ing., MTG Marinetechnik GmbH, Hamburg; priv. Schulbergredder 44 k, 22399 Hamburg. (M66)

Franck, Steffen, Dipl.-Ing., Ingenieurzentrum Schiffbau GmbH, Rostock; priv. St. Petersburger Str. 2, 18107 Rostock, Tel. dienstl. 0381-815385. (M92)

Franitza, Siegfried, Dr.-Ing., Ingenieurkontor Lübeck; priv. Claudiusring 26 a, 23566 Lübeck, Tel. 0451-68917. (M80)

Frank, Werner, Industriekaufmann, Walzstahl-Vereinigung, Düsseldorf; priv. Beethovenstraße 30, 40789 Monheim, Tel. 02173-30654. (M83)

Franz, Gerhard Siegfried, Dipl.-Ing., Sierichstr. 119, 22299 Hamburg 60, Tel. 040-4604459. (M80)

Fraunholz, Hans, Howaldtswerke-Deutsche Werft AG, Kiel; priv. Mellenrader Weg 1, 24214 Schinkel. (M78)

Freerichs, Uwe, Student, Gerhard-Mercator-Universität – GH Duisburg; priv. Mochfeldstr. 36, 47053 Duisburg, Tel. 0203-662240, dienstl. Tel. 0203-3790. (M98)

Freitas, Ayres, Dipl.-Ing., Thyssen Nordseewerke GmbH, Emden; priv. Steinweg 56, 26721 Emden, Tel. 04921-41717. (M77)

Freudenberg, Jürgen, Schiffbau-Ing. (grad.), Arminius Werke GmbH, Bodenwerder; priv. Hindenburgstr. 12a, 37619 Bodenwerder, Tel. 05533-40129. (M71)

Freund, Harald, Techn. Betriebswirt (HWL)/Schiffbau, Siemens AG, Erlangen; priv. Ermreus 32, 91358 Kunreuth, Tel. 09199-697912, dienstl. 09131-7-25413, Fax 09131-7-23253. (M98)

Fric, Kazimir, Dipl.-Ing., Haspingerstraße 740, A-6100 Seefeld/Tirol, Tel. 0043-5212-3718. (M58)

Fricke, Wolfgang, Dr.-Ing., Germanischer Lloyd, Hamburg; priv. Richard-Dehmel-Str. 31 c, 22926 Ahrensburg, Tel. 04102-31527. (M69)

Fries, Sören, Dipl.-Ing., GKSS-Forschungszentrum Geesthacht GmbH; priv. Teichberg 33, 21502 Geesthacht. (M64)

Friesch, Jürgen, Dipl.-Ing., Hamburgische Schiffbau-Versuchsanstalt GmbH; priv. Alte Dorfstr. 13, 29588 Oetzen, Tel. 05805-842, dienstl. Tel. 040-692030. (M74)

Friese, Kay, Dipl.-Ing., Wilhelmstr. 5, 25524 Itzehoe, Tel. 04821-76314. (M87)

Frischmuth, Roland Heinrich, Projekt-Ing., SICOM Stein Sohn GmbH, Norderstedt; priv. Burgwedel 63 d, 22457 Hamburg, Tel. 040-5509087. (M88)

Fritz, Peter, Ing. (grad.), Mc Dermott Inc. Offshore Fabrication & Shipyard Operations, Morgan City LA; priv. 506 Levert Drive, Thibodaux, LA 70301/U.S.A. (M78)

Fritze, Wolfram, Dipl.-Ing., Arminius Werke GmbH, Bodenwerder; priv. Sahlfeldstr. 20, 37619 Bodenwerder. (M88)

Fritzsche, Elmar, Dipl.-Ing., Blumenauerweg 55 a, 27578 Bremerhaven, Tel. 0471-62438. (M63)

Frühsorge, Hansgeorg, Dipl.-Ing, Baudirektor, BWB, SG II V, Kiel; priv. Apenrader Str. 38, 24211 Preetz, Tel. 04342-4835. (M66)

Fuchs, Werner, Dr.-Ing., Carl Zeiss Jena GmbH, PB Optische Meßtechnik; priv. Lützerodaer Weg 8, 07751 Cospeda, Tel. dienstl. 03641-642532. (M90)

Fürstenberg, Gerd, Fkpt. Dipl.-Ing., Dozent/Schiffsbetriebstechnik, Universität der Bundeswehr München, Neubiberg; priv. Marklandstr. 12, 81549 München, Tel. und Fax 089-6902378, dienstl. 089-6004-3141, Fax 089-6004-4091. (M98)

Fust, Jan, Schiffbauingenieur, Howaldtswerke-Deutsche Werft AG, Kiel; priv. Am Gerhardsdamm 1, 24768 Rendsburg, Tel. 04331-75269. (M92)

Gätjens, Hans Jakob, Dr.-Ing., Germanischer Lloyd, Hamburg; priv. Carl-Friedrich-Gauß-Str. 23, 24211 Preetz/Holst., Tel. 04342-84370. (M87)

Gaisberg-Schöckingen, Armin Frhr. v., Gut Neudegg, Postfach 1224, 86602 Donauwörth. (M81)

Gallin, Constantin, Prof. Dr.-Ing. Dr. h.c., GMC Gallin Marine Consultants, Vincentistr. 26, 76530 Baden-Baden, Tel. 07221-271480, Fax 07221-271450. (M58)

Ganschinietz, Dieter, Dipl.-Ing., Howaldtswerke-Deutsche Werft Aktiengesellschaft, Kiel; priv. Tannenweg 34, 24619 Bornhöved, Tel. 04323-7662. (M66)

Gatzer, Hans, Prof. Dr.-Ing. habil, Universität Rostock; priv. Eggersstr. 12, O-2500 Rostock, Tel. 0381-29468. (M91)

Gawlowski, Leszek, Dipl.-Ing., L & C, Steinmüller GmbH, Gummersbach; priv. Eckenhagener Str. 3, 51580 Reichshof-Wolfseifen, Tel. 02265-8332. (M78)

Geisler, Otto, Prof. Dr.-Ing., Technische Universität Hamburg-Harburg; priv. Memelerstr. 9, 25421 Pinneberg. (M72)

Geistert, Konrad, Dipl.-Ing., Versuchsanstalt für Wasserbau und Schiffbau, Berlin; priv. Sächsische Str. 70, 10707 Berlin, Tel. 030-8838166. (M73)

Gelbke, Walter, Vertreter der JOTUN (Deutschland) GmbH, Hamburg; priv. Eidelstedter Weg 79, 25469 Halstenbek, Tel. 04101-42113. (M68)

Gelpke, Karl, Dipl.-Ing., Deutsche DATEL GmbH, Hamburg; priv. Heschredder 41, 22335 Hamburg, Tel. 040-599452. (M82)

Gerbitz, Ulrich, Obering., Rudolf-Diesel-Weg 9, 24211 Preetz, Tel. 04342-83743. (M66)

Gerdsen, Hans Gerd, Dipl.-Ing., Bruker-Franzen Analytik GmbH, Bremen; priv. Nordenhamer Weg 5, 27809 Lemwerder, Tel. 0421-670457. (M70)

Gerike, Martin, Dipl.-Ing., Neubergerweg 134, 22419 Hamburg, Tel. 040-5206574. (M65)

Gerlach, Eberhard, Dr.-Ing., Institut für Schiffbau, Hamburg; priv. Stapelstr. 15, 22529 Hamburg, Tel. 040-588688. (M69)

Gerlach, Ron, Student, Technische Universität Berlin, Institut für Schiffs- und Meerestechnik; Ludolfingerplatz 9, 13465 Berlin, Tel. 030-4011549. (M99)

Gerloff, Dieter, Dipl.-Ing., Buchenweg 26, 23568 Lübeck, Tel. 0451-394094. (M55)

Gerstenkorn, Hermann, Student, Technische Universität Berlin; priv. Stephanstr. 24, 10559 Berlin, Tel. 030-3958995. (M86)

Giehl, Wilfried, Dipl.-Ing., Dieselmotorenwerk Rostock GmbH; priv. Niendorf, Hasselbruch 26, 18059 Papendorf, Tel. dienstl. 0381-12320. (M93)

Giese, Hans-Hermann, Dipl.-Ing., Howaldtswerke-Deutsche Werft AG, Kiel; priv. Dorfstraße 54, 24223 Raisdorf, Tel. 04307-1093, dienstl. 0431-7002321. (M95)

Giessel, Jonny, Dipl.-Ing., RF Reedereigemeinschaft Forschungsschiffahrt GmbH, Bremen; priv. Blömerstr. 4, 26931 Elsfleth, Tel. 04404-1507. (M86)

Gietzelt, Manfred, Prof. Dr.-Ing., Universität Hannover, Institut für Kältetechnik und angewandte Wärmetechnik; priv. Westermannweg 33, 30419 Hannover. (M67)

Gimperlein, Dieter, Dr.-Ing., Thyssen Nordseewerke GmbH, Emden; priv. Samlandstr. 24, 26725 Emden, Tel. 04921-34717. (M93)

Glahn, Hans-Dieter von, Dipl.-Ing., Detlef Hegemann Rolandwerft GmbH & Co. KG, Berne 2; priv. Rosenstraße 42, 26871 Papenburg, Tel. 04961-4621. (M74)

Glet, Walther, Dr., Dipl.-Chemiker, Fasanenring 15, 21217 Seevetal, Tel. 040-7685351. (M79)

Gleuel, Stefan, Dipl.-Ing., Mac Gregor (DEU) GmbH, Hamburg; priv. Rickenweg 5a, 25497 Prisdorf, Tel. 04101-72685. (M94)

Glinski, Wolfgang, Obering., Linde AG, Werksgruppe Technische Gase, Düsseldorf; priv. Wilhelm-Rongius-Weg 9, 42781 Haan. (M69)

Gloersen, Terje, Dipl.-Ing., Vice President, WILH. WILHELMSEN LIMITED A/S, Oslo; priv. Stromsborgveien 24, N-0287 Oslo 2. (M70)

Göckes, Thorsten, Student, Hochschule Bremen, FB Schiffbau und Meerestechnik; priv. Euckenstr. 31, 28201 Bremen, Tel. und Fax 0421-535143, dienstl. Tel. 0421-5905-700. (M99)

Görgen, Franz-Josef, Dipl.-Ing., Geschäftsführer, MTG Marinetechnik GmbH, Hamburg; priv. Farnstraße 19, 22335 Hamburg. (M84)

Goesmann, Hendrik, Dipl.-Ing., Ingenieurkontor Lübeck; priv. Wilhelm-Stahl-Weg 6, 23568 Lübeck, Tel. 0451-393988, dienstl. Tel. 0451-3107-573, Fax 0451-3107-576. (M85)

Göttsch, Ernst, LGA Gastechnik GmbH, Ahrensburg; priv. Friedensallee 96, 22926 Ahrensburg. (M62)

Gollenbeck, Jürgen, Dr.-Ing., Vorstandsmitglied, Howaldtswerke-Deutsche Werft AG, Kiel; priv. Steenkamp 3a, 24226 Heikendorf, Tel. dienstl. 0431-700-2305. (M71†)

Gosch, Thomas, Dipl.-Ing., Flensburger Schiffbau-Gesellschaft mbH & Co. K.G., Flensburg; priv. Weserstr. 35, 24943 Flensburg, Tel. priv. 0461-3107355, dienstl. 0461-4940281. (M94)

Gottschall, Patrick, Binnenschiffer, Student, Gerhard-Mercator-Universität – GH Duisburg; priv. Wasserstr. 309, 44789 Bochum, Tel. 0234-772163. (M96)

Gotzamanis, Georgios, G.B. Gotzamanis Fils, Thessaloniki; priv. Was. Sofias 42, 546-21 Thessaloniki/Griechenland. (M78)

Grabbe, Dieter, Dipl.-Ing. Blohm + Voss AG; priv. Goosacker 18, 22549 Hamburg. (M57)

Gräber, Manfred, Dr., Dozent, Universität Rostock; priv. Zum Walfisch Nr. 4, 23968 Wismar. (M90)

Gräfe, Rudolf, Dipl.-Ing., Hamhuser Str. 23, 26725 Emden. (M42†)

Gränz, Jochen, Dipl.-Ing., Wismarer Propeller- und Maschinenbau GmbH; priv. Schulweg 5, 18209 Hohenfelde. (M91)

Graf, Friedrich-Wilhelm, Dipl.-Ing., Baudirektor a.D., Mettenbergstr. 2, 78532 Tuttlingen-Möhringen, Tel. 07462-26122. (M59)

Graf, Kai Uwe, Prof. Dr.-Ing., Dozent, Fachhochschule Kiel; priv. Herderstr. 7, 24116 Kiel, Tel. 0431-554123. (M95)

Grafe, Christine, Studentin, Technische Universität Hamburg-Harburg; priv. Heimfelder Str. 56, 21075 Hamburg, Tel. 040-7929614. (M95)

Grams, Joachim, Dipl.-Ing., ASEA Brown Boveri AG, Abt. Kraftwerk-Technik, Mannheim; priv. Waldstr. 44, 64658 Fürth, Tel. 06253-7917. (M66)

Graubart, Arthur H., Kapitän zur See a.D., 261 Nightingale Trail, Palm Beach, Florida 33 480/USA. (M56)

Gref, Hans, Dr.-Ing., Ludwig-Aschhoff-Str. 6, 51061 Köln, Tel. 0221-661914. (M53)

Grenet, Francesco de, Dr.-Ing., selbständig, Casa Franchi 43, I-53010 Ville di Corsani SI, Tel. und Fax 0039-577-377236. (M94)

Grete, Peter-Heinrich, Prof. Dipl.-Ing., Fachhochschule Flensburg; priv. Backensmühle 34, 24941 Flensburg, Tel. 0461-96677. (M79)

Griebenow, Hans-Joachim, Dipl.-Ing., Ingenieurkontor Lübeck; priv. Jebsen Ring 5, 23617 Stockelsdorf. (M85)

Griewenka-Martini, Norbert, Dipl.-Ing., Neudorfer Str. 149, 47057 Duisburg. (M87)

Grigoropoulos, Gregor, Dr.-Ing., National Technical University of Athens, Department of Naval Architecture and Marine Engineering; priv. 120 Pindoustr., Papagou 15669, GR-Athen. (M79)

Grimmer, Klaus, Dipl.-Ing., Wismarer Propeller- und Maschinenbau GmbH, Wismar; priv. Vagel-Grip-Weg 15, 18055 Rostock. (M91)

Gritl, Dieter, Dr.-Ing., Germanischer Lloyd, Hamburg; priv. Schönenfelder Str. 69, 21109 Hamburg, Tel. 0172-5312049, dienstl. 040-361490. (M90)

Grollius, Walter, Dr.-Ing., Versuchsanstalt für Binnenschiffbau, Duisburg; priv. Auf dem Berg 34, 47228 Duisburg. (M67)

Gronarz, Andreas, Dipl.-Ing., Versuchsanstalt für Binnenschiffbau, Duisburg; priv. Am Geldermannshof 56, 47443 Moers, Tel. 02841-59732. (M89)

Gronda, Massimo, Dr.-Ing. Studio Tecnico Navale, Genova; priv. Viale G. Odino 6/1B, I-16125 Genova. (M88)

Groß, Harald, Dipl.-Ing., Voith Hydro GmbH, Heidenheim; priv. Aalweg 1, 89542 Herbrechtingen-Bolheim. (M67)

Groß, Michael, Student, Hochschule Bremen; priv. per Adr. Thorsten Hessler, Pappelstr. 24, 28199 Bremen, Tel. 0421-5978472, dienstl. 0421-5905-700, Fax 0421-5905-710. (M98)

Großer, Heinz, Dipl.-Ing., Wilmersdorfer Str. 3, 21502 Geesthacht, Tel.04152-2447. (M88)

Großmann, Günter, o. Prof. Dr.-Ing., Wachtelstr. 5, 14195 Berlin, Tel. 030-8327257. (M69)

Grote, Dieter, Dipl.-Ing., Institut für Schiffsbetriebsforschung, Flensburg; priv. Toosbüystr. 15, 24939 Flensburg, Tel. 0461-27897. (M89)

Grothe, Ralph, Dipl.-Ing., Technische Universität Berlin; priv. Kilstetter Str. 51, 14167 Berlin, Tel. 030-8113294. (M90)

Grothues-Spork, Hermann, Dr.-Ing. Heimat 61, 14165 Berlin. (M56)

Grube, Harald, Dr. jur., Reeder, Christian F. Ahrenkiel, Reederei, Hamburg; priv. Charlotte-Niese-Straße 1b, 22609 Hamburg, Tel. 040-824284. (M77)

Grünke, Ernst, Dipl.-Ing., Rönkkoppel 40, 22159 Hamburg. (M78)

Grützemacher, Karl-Wilhelm, Dipl.-Ing., INDESTA Elektronik GmbH, Deisenhofen; priv. Auf dem Kyberg 9, 82041 Deisenhofen. (M51)

Grützmacher, Peter, Dipl.-Ing., Ingenieurzentrum Schiffbau GmbH, Rostock; priv. Saßnitzer Str. 21, 18107 Rostock. (M91)

Gruhl, Eckart, Dipl.-Ing., Thyssen Nordseewerke GmbH, Emden; priv. Uphuserstr. 151, 26725 Emden. (M67)

Grundmann, Peter, Dipl.-Ing, Bundesamt für Wehrtechnik und Beschaffung, Koblenz; priv. Westerwaldstr. 25, 56335 Neuhäusel, Tel. 02620-1344. (M73)

Gudenschwager, Hans, Dr.-Ing., SSW Fähr- und Spezialschiffbau GmbH, Bremerhaven; priv. Kreienmoor 68, 28790 Schwanewede, Tel. 04209-2824, dienstl. 0471-392-312, Fax 0471-392-570. (M82)

Günther, Detlef, Dipl.-Ing., G + H Montage GmbH, Hamburg; priv. Johannesstr. 1, 25335 Elmshorn, Tel. 04121-24160. (M86)

Gütschow, Gerhard, Prof. Dipl.-Ing., Schulstraße 8, 21465 Reinbek, Tel. 040-7223355. (M68)

Gutzeit, Jürgen, Dipl.-Ing., Prokurist, Willbrandt & Co., Hamburg; priv. Pinneberger Chaussee 87, 22523 Hamburg, Tel. 040-576770. (M63)

Gutzke, Hans, Dipl.-Ing., Baudir., Bundesamt für Wehrtechnik und Beschaffung, Koblenz; priv. Jahnstr. 13, 56333 Winningen, Tel. 02606-549, dienstl. 0261-400-4210. (M62)

Haack, Tobias, Student, Gerhard-Mercator-Universität – GH Diusburg; priv. Petersstr. 22, 47249 Duisburg, Tel. 0203-707049, Fax 0203-707045. (M99)

Haaker, Heinz, Dipl.-Ing., Badenwerk AG, Karlsruhe; priv. Kirchbühl 6, 76287 Rheinstetten, Tel. 0721-518864, dienstl. Tel. 0721-63-12830, Fax 0721-63-13158. (M98)

Habel, Rolf, Dipl.-Ing., Technische Universität Berlin, Institut für Schiffs- und Meerestechnik; priv. Hortensienstr. 16, 12203 Berlin, Tel. 030-84108880, dienstl. 030-314-23412, Fax 030-314-22885. (M99)

Hack, Helmut, Dipl.-Ing., Kapitän, Thyssen Nordseewerke GmbH, Emden; priv. Stuttgarterstr. 5, 26721 Emden. (M72)

Härtel, Friedrich, Dipl.-Ing., Bremer Vulkan, Bremen; priv. Lange Wand 4, 27777 Ganderkesee. (M55)

Häusler, Franz-Ulrich, Dr.-Ing., Europäisches Patentamt, Rijswijk/Niederlande; priv. Laan Hofrust 5, NL-2282 AL Rijswijk, Tel. dienstl. 0031-70-3402040. (M69)

Hafsteinsson, Jon B., Dipl.-Ing., Ingenieurbüro, Reykjavik; priv. Saebraut 9, 170 Seltjarnarnes/Island, Tel. 00354-91-612148. (M62)

Hagen, Peter, Prof. Dipl.-Ing., Gerhard-Mercator-Universität – GH Duisburg, Fachbereich Maschinenbau/Schiffstechnik; priv. Ludwig-Richter-Ring 88, 47447 Moers. (M59)

Hahn, Heinz-Georg, Prof. Dipl.-Ing., Wippen 14, 24242 Felde, Tel. 04340-594. (M54)

Hahne, Joachim, Prof. Dr.-Ing., Institut für Sicherheitstechnik/Verkehrssicherheit e.V. (ISV), Rostock; priv. Kükensteg 22, 18069 Sievershagen, Tel. 0381-5196-202, Fax 0381-5196-257. (M91)

Halden, Horst A., Dipl.-Ing., Geschäftsführer, INTERING GmbH, Hamburg; priv. Farkenwisch 19, 22397 Hamburg, Tel. 040-6072239, dienstl. 040-3119-1153. (M69)

Hammer, Rolf, Dr.-Ing. Universität Rostock, FB Maschinenbau und Schiffstechnik; priv. Mecklenburger Allee 1, 18109 Rostock 25, Tel. 0381-405355, 405333. (M90)

Hampel, Bernd, Dipl.-Ing., Ökologische Technik e.V.; priv. Redderkoppel 10, 22399 Hamburg, Tel. 040-6021892. (M85)

Hansen, Hans-Joachim, Dr.-Ing., Germanischer Lloyd, Hamburg; priv. Sülldorfer Kirchenweg 50, 22587 Hamburg, Tel. 040-862073. (M65)

Hansen, Heinz, Dipl.-Ing., Bremer Vulkan Werft und Maschinenfabrik GmbH; priv. Oewerweg 93 a, 28325 Bremen, Tel. 0421-425896. (M71)

Hansen-Wester, Peter, Dipl.-Ing., Streitberg 2, 24113 Molfsee. (M60)

Harder, Andreas, Dipl.-Ing., Transocean Shipmanagement GmbH, Hamburg; priv. Kirschenweg 3, 21720 Guderhandviertel. (M86)

Harder, Andreas, Dipl.-Ing., Diedrich-Rebetje-Str. 4, 28759 Bremen. (M53)

Harder, Heinz, Schiffbau-Ing., Gotenstr. 17, 55218 Ingelheim. (M51)

Hargarter, Erich, Prof. Dr. rer. nat. Dipl.-Ing., Wegzoll 39, 22393 Hamburg , Tel. 040-6015004. (M70)

Harms, Dieder, Dipl.-Ing., Abteilungsleiter, STN ATLAS Elektronik GmbH, Hamburg; priv. Schleswiger Damm 183, 22457 Hamburg, Tel. 040-5500137. (M92)

Harms, Dirk, Dipl.-Ing., Estetalstr. 12, 21614 Buxtehude, Tel. dienstl. 040-361490. (M91)

Harms, Günther, Dipl.-Ing., Sillemstr. 1, 20257 Hamburg, Tel. 040-409956 u. 04183-4496. (M53)

Harms, Ulrich, Kaufmann, Trans-Navem Schiffahrtsges. Ulrich Harms mbH & Co., Hamburg; priv. An der Alster 3, 20099 Hamburg, Tel. 040-241232. (M54†)

Harms, Uwe, Dr.-Ing., KBN Cadtran EDV GmbH, Bremen; priv. Friedrichslust 1, 25725 Schafstedt, Tel. 04805-9281. (M84)

Harmstorf, Matthias, Dipl.-Ing., Am Kiekeberg 6, 22587 Hamburg, Tel. 040-869886. (M72)

Harries, Stefan, Dipl.-Ing., Technische Universität Berlin, ISM; priv. Marie-Elisabeth-Lüders-Str. 3, 10625 Berlin, Tel. 030-3422742, dienstl. 030-34124321. (M95)

Hartig, Rainer, Dipl.-Ing., Siemens AG, Hamburg; priv. Buchwaldstr. 103a, 22143 Hamburg, Tel. 040-6777582. (M97)

Hartmann, Dagmar, Dipl.-Ing., Howaldtwerke-Deutsche Werft AG, Kiel; priv. Kastanienallee 30, 24159 Kiel. (M84)

Hartmann, Dieter, Ing. (grad.), Hamburg-Südamerikanische Dampfschiffahrts-Ges. Eggert & Amsinck; priv. Im Winkel 47, 22880 Wedel. (M80)

Hartmann, Jan, Prof. Dipl.-Ing., Tilburger Str. 69, 28259 Bremen, Tel. 0421-582587. (M54)

Hartmann, Wolfgang, Schiffbau-Ing. (grad.), Schierhorner Weg 17, 21266 Jesteburg. (M72)

Hartz, Fritz, Dipl.-Ing., selbst., Beratender Ingenieur, Hirschgraben 70, 22089 Hamburg, Tel. 040-25491212. (M63)

Hasbach, Erich, Dipl.-Phys., Oberasselborn 1, 51429 Berg.-Gladbach, Tel. 02207-1357. (M57)

Hass, Hans, Dipl.-Ing., Rheingoldweg 62, 22559 Hamburg, Tel. 040-814960. (M41)

Hatlapa, Rolf, Dipl.-Ing., Ingenieurbüro Hatlapa; priv. Theodor-Storm-Allee 24 b, 25436 Uetersen, Tel. 04122-3070, dienstl. Tel. 04122-51855. (M64)

Haumann, Peter, SCHIFFKO ICC GmbH, Hamburg; priv. Herrengrabenweg 7, 19061 Schwerin. (M86)

Hauschild, Peter, Schiffbauingenieur, Hog'n Dor 19, 24784 Westerrönfeld, Tel. 04331-849514, Fax 04331-849115. (M72†)

Hauser, Wolfgang, Dipl.-Ing., Bremer Vulkan Werft und Maschinenfabrik GmbH; priv. Wigmodistr. 46,28779 Bremen, Tel. 0421-601433. (M64)

Hausmann, Klaus-Peter, Dipl.-Ing., Dieselmotorenwerk Rostock GmbH; priv. An der Bornwiese 9, 18239 Hanstorf, Tel. dienstl. 0381-1232-200, Fax 0381-1232-102. (M93)

Hausmann, Wolf Dietrich, Dipl.-Ing., Rumbachtal 29, 45470 Mülheim. (M78)

Haussmann, Gerhard, Dipl.-Ing., MTU Motoren- und Turbinen-Union Friedrichshafen GmbH, Friedrichshafen; priv. Vogelherdbogen 4, 88069 Tettnang, Tel. 075-426500, dienstl. Tel. 075-4190-3381, Fax 075-4190-3945. (M98)

Haut, Jörg, Student, Universität Hamburg; priv. Kasernenstraße 31, 21073 Hamburg, Tel. 040-216589, E-mail: Joerg_Haut@public.uni-hamburg.de. (M74)

Hebeler, Horst, Dipl.-Ing, Consultant for Multi-Modal-Transport, Klosterbergenstr. 48 a, 21465 Reinbek, Tel. 040-7222766, Fax 040-7222774. (M53)

Hecht, Eberhard, Dipl.-Ing., Kröger Werft, Schacht-Audorf; priv. Barkhorn 24, 24787 Fockbek, Tel. 04331-669785, dienstl. Tel. 04331-951-268. (M82)

Hecht, Kurt, Dr.-Ing., Ltd. Direktor a.D. Am Neuender Busch 7, 26386 Wilhelmshaven, Tel. 04421-83698. (M42)

Heckt, Hermann, Dipl.-Ing., Lechweg 32, 24146 Kiel, Tel. 0431-785922. (M69)

Heeschen, Klaus, Dr.-Ing., Ing. Erich Heeschen KG, Hamburg; priv. Inselstraße 28, 22297 Hamburg, Tel. 040-5117078. (M75)

Heide, Michael von der, Dipl.-Ing., Howaldtswerke-Deutsche Werft AG, Kiel; priv. Herzog-Friedrich-Str. 90, 24103 Kiel. (M89)

Heidrich, Adolf, Dipl.-Ing., Schiffswerft Linz AG; priv. Bachlbergweg 53, A-4040 Linz. (M70)

Heidt, Volker von der, Dipl.-Ing., Liebigstr. 1, 45479 Mülheim/Ruhr. (M83)

Heidtkamp, Paul, Dipl.-Ing., Hübingerweg 56, 56323 Waldesch. (M56)

Heimann, Justus, Dipl.-Ing., Technische Universität Berlin; priv. Heilmannring 68 A, 13627 Berlin, Tel. 030-3826746. (M91)

Heimbold, Werner, Dipl.-Ing., Platanenring 16, 24119 Kronshagen. (M72)

Heimes, Steffen, Student, Gerhard-Mercator-Universität – GH Duisburg; priv. Kammerstr. 206, 47057 Duisburg, Tel. und Fax 0203-375813, dienstl. Tel. 0203-3790. (M99)

Hein, Olaf, Dipl.-Ing., KWU, Mülheim/Ruhr; priv. Am Alten Bahnhof 32, 45481 Mülheim, Tel. 0208-486080. (M85)

Heinke, Hans-Jürgen, Dipl.-Ing., Schiffbau-Versuchsanstalt Potsdam GmbH; priv. Galileistr. 31, 14480 Potsdam. (M90)

Heinrich, Ralf, Dipl.-Ing., Klaus-Groth-Str. 14, 25436 Uetersen, Tel. 04122-2218. (M95)

Heinrich, Wolfgang, Schiffbau-Ing., Kröger-Werft, Kröger GmbH & Co Werft KG, Rendsburg; priv. Pöschendorfer Straße 13, 25560 Schenefeld, Tel. 04892-712. (M76)

Heinsohn, Heinz, Dipl.-Ing., Obere Buerger 20, 27568 Bremerhaven, Tel. 0471-46777. (M42)

Heise, Karlheinz, Schiffbau-Ing., Paul-Gerhardt-Str. 1e, 23554 Lübeck, Tel. 0451-491165. (M61)

Hellmich, Gerhard, Dipl.-Ing., Hochsteinstraße 19, 94469 Deggendorf. (M53)

Helmich, Rudolf, Dipl.-Ing., Baudirektor a.D., Bienenstück 58, 56072 Koblenz. (M55)

Henkel, Sebastian, Dipl.-Ing., Jos. L. Meyer GmbH & Co., Papenburg; priv. Papenburger Str. 252, 26810 Westoverledingen, Tel. dienstl. 04961-81-278. (M87)

Henn, Rupert, Student, Gerhard-Mercator-Universität – GH Duisburg; priv. Grabenstr. 132, 47057 Duisburg, Tel. 0203-362694. (M96)

Henschel, Günter, Dipl.-Ing., Schichau Seebeckwerft AG, Bremerhaven; priv. Langenacker 19, 27574 Bremerhaven, Tel. 0471-291165. (M84)

Hensel, Wilfried, Prof. Dr.-Ing., STN ATLAS Marine Electronics GmbH, Hamburg; priv. Krupunder Grund 52, 25469 Halstenbek, Tel. 04101-45755. (M84)

Henze, Ernst Dieter, Corrobesch Beschichtungen GmbH, Abt. Elektr. Korrosionsschutz; priv. Feldweg 19, 22844 Norderstedt, Tel.040-5225281. (M84)

Henzi, Max, Dipl.-Ing., Senator Eh. ETH, Klosterweg 5, 88149 Nonnenhorn, Tel. 08382-8205. (M84)

Herbst, Wilfried, Prof. Dipl.-Ing., Hochschule Bremen; priv. Ackerstraße 13, 27751 Delmenhorst, Tel. 04221-71333. (M70)

Herkens, Hermann, Dipl.-Ing., Thyssen Nordseewerke GmbH, Emden; priv. Sielweg 66, 26721 Emden. (M64)

Herrmann, Carl Ulrich, Dipl.-Ing., Bremer Vulkan Werft und Maschinenfabrik GmbH; priv. Fährer Flur 5, 28755 Bremen, Tel. 0421-534797. (M90)

Herrmann, Wolfgang, Dipl.-Ing., An Bömers Park 10, 28759 Bremen, Tel. 0421-624958. (M59)

Hesse, Ingo, Student, Institut für Schiffstechnik, Duisburg; priv. Grabenstr. 145, 47057 Duisburg, Tel. 0203-352606. (M94)

Heun, Rolf, Elektro-Ing., Ing. Büro Heun KG; priv. Alter Söhn 34, 21218 Seevetal, Tel. 04105-40015 o.7094. (M90)

Heuser, Hans H., Prof. Dr.-Ing., Versuchsanstalt für Binnenschiffbau e.V., Duisburg; priv. Kiefernkamp 21, 47445 Moers, Tel. 02841-43195. (M59)

Hevernick, Jens-Uwe, Dipl.-Ing., ROM Schiffbau-Dockbau, Hamburg; priv. Stolper Str. 7 A, 22145 Hamburg, Tel. 040-6791585. (M94)

Heyer, Hans-Gerd, Schiffbau-Ing. (grad.), Unternehmensberatung Heyer; priv. Scharmbeckstoteler Str. 23 A, 27771 Osterholz-Scharmbeck, Tel. 04791-12855. (M62)

Hinrichs, Christian, Student, Gerhard-Mercator-Universität – GH Duisburg; priv. Am Murbach 14, 42799 Leichlingen, Tel. 02175-71200. (M96)

Hinrichs, Walter, Dipl.-Ing., Handlungsbevollmächtigter, G+H MONTAGE GmbH, Rostock; priv. Ballastweg 3, 18147 Rostock, Tel. 0381-25304. (M91)

Hinrichsen, Broder, Dipl.-Ing., Institut für Schiffbau, Hamburg; priv. Groß Hove 24a, 21635 Jork, Tel. dienstl. 040-2984-3137. (M92)

Hinrichsen, Hans, Dr.-Ing., Direktor, Germanischer Lloyd, Hamburg; priv. Thesdorfer Weg 59, 25469 Hamburg, Tel. dienstl. 040-36149-329, Fax 040-36149-1707. (M97)

Hinsch, Svend, Dipl.-Ing., Germanischer Lloyd, Hamburg; priv. Osterbrook 8, 20537 Hamburg, dienstl. Tel. 040-361490. (M93)

Hinze, Heinz, Dipl.-Ing., Alsterblick 12 C, 22397 Hamburg, Tel. 040-6070031. (M61)

Hirche, Jochen, Dipl.-Ing., Dietrich D. Zoepffel, Hamburg; priv. Forstweg 19, 21271 Hanstedt-Ollsen, Tel. 04184-8182. (M67)

Hirt, Manfred, Prof. Dr.-Ing., Renk Aktiengesellschaft, Augsburg; priv. Stadlerweg 4, 86199 Augsburg. (M87)

Hitzler, Franz C., Dipl.-Ing., Neues Land 41, 21522 Hohnstorf, Tel. 04153-6457. (M69)

Hitzler, Franz, Dipl.-Ing., Schiffswerft u. Maschinenfabrik J. G. Hitzler, Lauenburg; priv. Elbkamp 27, 21481 Lauenburg, Tel. 04153-2197. (M50)

Hitzler, Uwe, Dipl-W.-Ing., Schiffbauing. (grad.), Theodor Hitzler Schiffswerft und Maschinenfabrik, Regensburg; priv. An der Schergenbreite 14, 93059 Regensburg, Tel. 0941-49195. (M78)

Hoa Xuan, Truong, Dipl.-Ing., BORSIG GmbH; priv. Barbarossastr. 32, 10779 Berlin. (M77)

Hochhaus, Karl-Heinz, Dr.-Ing., Technische Universität Hamburg-Harburg, Arbeitsbereich Hilfsmasch. u. Automation; priv. Rönneburger Str. 21, 21217 Seevetal. (M87)

Hochkirch, Karsten, Dipl.-Ing., Technische Universität Berlin; priv. Katzlerstr. 17, 10829 Berlin, Tel. 030-2161132, dienstl. 030-31421417. (M95)

Höck, Carl-Heinrich, Dipl.-Ing., 2 Cannon Close, Hout Bay 7806/South Africa, Tel. 0027021-7905612, Fax 0027021-7901497, Cell 082-7468405. (M58)

Höckels, Georg, Dipl.-Ing., Daimlerring 5, 76761 Rülzheim. (M84)

Höfelmann, Curt, Dipl.-Ing., Neckarpromenade 32, 68167 Mannheim. (M57)

Höflich, Dirk, Dipl.-Ing., Intering GmbH, Norderstedt; priv. Rübenhofstr. 24, 22335 Hamburg, Tel. 040-501138. (M88)

Höfling, Alexander, Dipl.-Ing., CSV Computer + Software VertriebsgmbH, Kiel; priv. Eichhofstr. 18, 24116 Kiel, Tel. 0431-548675, Fax 0431-548676 (Comp. muß an sein). (M91)

Hoeft, Hans Peter, Dipl.-Ing., Bocholterstr. 32, 28327 Bremen, Tel. 0421-473143. (M66)

Höft, Horst, Dr.-Ing., TH Hamburg-Harburg; priv. Elisabeth-Lange-Weg 74, 21079 Hamburg, Tel. 040-7686630. (M91)

Höpfner, Reiner, Dipl.-Ing., Neptun Stahlkonstruktion GmbH, Rostock; priv. Neubauerstr. 32, 17438 Wolgast, Tel. 03836-204305. (M96)

Höppner, Volker, Dipl.-Ing., MWB Motoren & Anlagen GmbH & Co. Marinetechnik KG; priv. Kreuzstr. 102, 28203 Bremen, Tel. und Fax dienstl. 0471-9450-251. (M95)

Hörder, Ernst Günter, Dipl.-Ing., Ltd. Baudirektor, Marinearsenal Arsenalbetrieb Kiel; priv. Hakensoll 13, 24226 Heikendorf. (M59)

Höveling, Astrid von, Studentin, Gerhard-Mercator-Universität – GH Duisburg; priv. Münchener Str. 96, 47249 Duisburg, Tel. 0203-791725. (M94)

Hoheisel, Wolf-Dieter, Dipl.-Ing., Direktor, Deutsches Schiffahrtsmuseum, Bremerhaven; priv. Im Schönortsfelde 26, 27612 Loxstedt, Tel. 04744-2596. (M59)

Holbach, Gerd, Dr.-Ing., Flensburger Schiffbau-Gesellschaft mbH & Co. KG., Flensburg; priv. Moorweg 56, 13509 Berlin, Tel. 030-4335606. (M86)

Hollenbach, Reiner, Dipl.-Ing., Jäger-von-Fall-Str. 28, 85662 Hohenbrunn. (M70)

Hollenbach, Uwe, Dr.-Ing., SDC Ship Design & Consult GmbH, Hamburg; priv. Schulstraße 2, 21228 Harmstorf, Tel. 04105-2946, dienstl. Tel. 040-611620912, Fax 040-611620918. (M91)

Hondelink, Jan, A. Friedr. Flender A.G., Herne; priv. Raudestr. 11, 44141 Dortmund, Tel. 0231-412508, dienstl. Tel. 02323-940988, Fax 02323-940970. (M99)

Honkanen, Max G. A., Dr., OY Duoinvent AB, Helsinki; priv. Pyhän Laurin tie 1 C, SF-00340 Helsinki 34. (M71)

Hoof, Jost-Reimer, Dipl.-Ing., Oberregierungsbaurat, Wehrtechnische Dienststelle 71; priv. Wilhelm-Ivens-Weg 87, 24226 Heikendorf, Tel. dienstl. 0431-723051-211. (M67)

Hooff, Pieter-Jan van den, Ing., Besichtiger, Germanischer Lloyd, Leerdam; priv. Hoogeind 19, NL-2630 Leerdam, Tel. 0031-3459-349. (M73)

Hoog, Sven, Dipl.-Ing., Technische Universität Berlin, Institut für Schiffs- und Meerestechnik; priv. Kaiserin-Augusta-Str. 70, 12103 Berlin, Tel. 030-75709813, dienstl. Tel. 030-31184238, Fax 030-31184400. (M99)

Hoogerbrugge, Bert-Ebele, Ing., c/o Det Norske Veritas, P.O. Box 30, 682-600 Dong Ulsan, Süd-Korea. (M90)

Hoppe, Rüdiger, Dipl.-Ing., Marinearsenal; priv. Haidbergstr. 13, 24582 Bordesholm. (M75)

Hormann, Hartmut, Dipl.-Ing., Germanischer Lloyd; priv. Dresdner Straße 5, 21614 Buxtehude, Tel. 04161-82410, dienstl. 040-36149221. (M64)

Horn, Laurens Arie Willem, Ir., BV Scheepswerf "DE HOOP", Lobith; priv. Polderdijk 73, NL-6914 KJ Herwen, Tel. 0031-8365-2259. (M86)

Horn, Ulrich, Dr.-Ing., STN Atlas Marine Electronics GmbH, Hamburg; priv. Elstorfer Ring 16 c, 21149 Hamburg, Tel. 040-7017843. (M94)

Horstkorte, Peter, Student, Technische Universität Berlin; priv. Hardenbergstr. 34, 10623 Berlin, Tel. 030-3133786. (M96)

Huang, Linchun, Dipl.-Ing., Technische Universität Berlin, Institut für Schiffs- und Meerestechnik; priv. Schlieperstr. 19, 13507 Berlin, Tel. 030-4334440, dienstl. Tel. 030-31422837, Fax 030-31422885. (M99)

Hucke, Joachim, Dipl.-Ing., Volkswerft GmbH Stralsund; priv. An der Obermühle 10, 27721 Ritterhude, Tel. priv. 04292-3846, dienstl. 03831-663343. (M68)

Hummel, Werner, Kapitän, Havarie Sachverständiger, Marine Claims Partner (Germany) GmbH, Hamburg; priv. Rönneburgerstr. 41 b, 21079 Hamburg, Tel. 040-7631845, Fax 040-7634301, dienstl. Tel. 040-37411920, Fax 040-37411911. (M98)

Hundt, Dirk, Dipl.-Ing., Howaldtswerke-Deutsche Werft AG, Kiel; priv. Gefionstr. 2, 24105 Kiel, Tel. 0431-8066438, dienstl. Tel. 0431-700-2959. (M99)

Hunsalzer, Günter, Dipl.-Ing., Howaldtswerke-Deutsche Werft AG, Kiel; priv. Justus-von-Liebig-Str. 12, 24211 Preetz. (M66)

Husmann, Wolfgang, Ing. (grad.), Volkswerft GmbH, Stralsund; priv. Erich-Weinert-Straße 3, 18435 Stralsund, Tel. 03831-71925. (M91)

Hutschenreiter, Karl, Dr.-Ing., Thyssen Nordseewerke GmbH, Emden; priv. Kurt-Schumacher-Str. 22, 26759 Hinte, Tel. 04925-8838. (M85)

Ibe, Hans-Joachim, Schiffbau-Ing. (grad.), Maierform Maritime Technology GmbH, Bremerhaven; priv. Hollerallee 22, 28209 Bremen. (M70)

Idler, Lothar, Dipl.-B.wirt., Dipl.-Ing, G + H Montage GmbH, Hamburg; priv. Schulredder 11 a, 21033 Hamburg, Tel. 040-7385136. (M90)

Ihler, Reinald, Dipl.-Ing., Unterweser Reederei GmbH, Bremen; priv. Nebelthaustr. 4, 28213 Bremen, Tel. 0421-211661. (M78)

Iken, Alexander, Dipl.-Ing., Tr. da Seara 25, 5° esq, 4450 Matosinhos/Portugal. (M86)

Ilchmann, Wilfried, Dipl.-Ing., Drosseleck 5, 24226 Heikendorf. (M67)

Ilgner, York, Student, Universität Hamburg, Institut für Schiffbau; priv. Geschwister-Scholl-Str. 133, 20251 Hamburg, Tel. 040-4808162. (M97)

Immink, Manfred, Ing.(grad.), Rob. Schumann Weg 22, 46145 Oberhausen. (M70)

Infanger, Willi, Kaufmann, Seestraße 2, CH-6373 Ennetbürgen, Tel. 0041-41-641571. (M77)

Ingwersen, Gert, Schiffbau-Ing., Ingenieurkontor Lübeck; priv. Am Struckteich 28, 23619 Zarpen. (M68)

Irretier, Günter, Schiffbau-Ing. (grad.), Orenstein & Koppel AG, Lübeck; priv. Carl-Harz-Str. 41 c, 23858 Reinfeld, Tel. 04533-3279. (M80)

Isay, W. H. , Prof. Dr.-Ing. habil., Institut f. Schiffbau an der Universität Hamburg; priv. Roter Hahn 48, 22159 Hamburg. (M58)

Isensee, Jürgen, Dipl.-Ing., Institut für Schiffbau, Hamburg; priv. Gretchenstraße 36, 30161 Hannover, Tel. 0511-315250, dienstl. 040-2984-3126. (M62)

Jahnke, Thomas, Dipl.-Ing., wiss. Mitarbeiter, Technische Universität Berlin – Institut für Schiffs- und Meerestechnik, Berlin; priv. Belzigerstr. 62, 10823 Berlin, Tel. 030-7849362. (M88)

Jakobs, Oliver, Student, Gerhard-Mercator-Universität – GH Duisburg; priv. Weifeldweg 4, 44795 Bochum. (M92)

Jakoby, Othmar, Dipl.-Ing., Dudenweg 16 a, 22117 Hamburg, Tel. 040-7121157. (M61)

Janduda, Heinz-Georg, Dipl.-Ing., Ackerstr. 2 a, 41542 Delrath. (M76)

Jansen, Kurt, techn. Kaufmann, INO-Schiffahrtskontor GmbH & Co. KG, Leer; priv. Lortzingstr. 3, 26789 Leer, Tel. 0491-72400. (M89)

Jansen, Max, Dipl.-Ing., Flender Werft AG; priv. Buchenweg 2, 23617 Stockelsdorf, Tel. 496310. (M52)

Janssen, Adolf, Kapt. Dipl.-Wirtschaftsing., Brookweg 120 b, 26127 Oldenburg, Tel. 0441-13221. (M97)

Janssen, Dieter, Geschäftsführer, Rolf Janssen GmbH, Elektrotechnische Werke; priv. Leerer Landstr. 41, 26603 Aurich, Tel. 04941-174-211. (M95)

Janssen, Hermann J., Dipl.-Ing., NAVTEC Consult GmbH, Emden; priv. Martin-Faber-Str. 1, 26725 Emden, Tel. 04921-32977, Fax 04921-32978. (M63)

Janssen, Klaus-Eberhard, Dipl.-Ing., Villa Ems, Postfach 1566, 26757 Borkum. (M60)

Janssen, Ubbo, Ing., Thyssen Nordseewerke GmbH, Emden; priv. Granitstr. 12, 26725 Emden, Tel. 04921-23428. (M70)

Jansson, Jan Erik, Prof. Dr.techn., M.Sc., Lindstedtsvägen 11, SF-Grankulla , Tel. 00358-0-599208. (M52)

Jastram, Peter, Dipl.-Ing., Jastram GmbH & Co. KG, Hamburg; priv. Am Mühlenteich 11, 21465 Wentorf. (M56)

Jebsen, Kay Michael, Student, Universität Hamburg, Institut für Schiffbau; priv. Probsteierstr. 27, 22049 Hamburg. (M89)

Jefferies, Holger, Student, Institut für Schiffbau, Hamburg; priv. Papenhuderstr. 42, b. Backes, 22087 Hamburg, Tel. 040-2273437. (M96)

Jenny, Wilhelm, Dipl.-Ing., Blohm + Voss AG, Hamburg; priv. Martin-Luther-Str. 14, 20459 Hamburg, Tel. 040-371644. (M71)

Jens, Joachim, Dipl.-Ing., Hermann Renner Str. 1, 22609 Hamburg, Tel. 040-820656. (M55)

Jensen, Gerhard, Dr.-Ing., Hamburgische Schiffbau-Versuchsanstalt GmbH, Hamburg; priv. Korten Oth 21, 22949 Ammersbek, Tel. 04532-23932, dienstl. 040-69203-216. (M78)

Jensen, Harald, Dr.-Ing., SDC-Ship Design & Consult GmbH, Hamburg; priv. Bönningstedter Feldweg 11, 22949 Ammersbek, Tel. 04102-44456. (M78)

Jensen, Peter, Dipl.-Ing., EMIT GmbH, Bremerhaven; priv. Lankenweg 12, 27607 Langen. (M61)

Jiang, Tao, Dr.-Ing., Gerhard-Mercator-Universität – GH Duisburg; priv. Bogenstr. 16, 47441 Moers, Tel. 0203-3792883. (M91)

Jobst, Thomas, Dipl.-Ing., Blohm + Voss AG, Hamburg; priv. Kirchenhang 6, 21073 Hamburg, Tel. 040-7909745. (M78)

Jockel, Karl, Student, Gerhard-Mercator-Universität – GH Duisburg; priv. Mintarder Weg 36 B, 45219 Essen-Kettwig. (M96)

Jöhnk, Walter, Dipl.-Ing., Scheel & Jöhnk, Hamburg-Harburg; priv. Lotsestieg 4, 21079 Hamburg, Tel. 040-7652194, Fax 040-7656503. (M70)

Johannsen, Karl, Dipl.-Ing., Ltd. Regierungsbaudirektor a.D., Im Brinkteil 9, 28870 Otterstedt, Tel. 04205-2525. (M33)

Jokat, Jürgen, Germanischer Lloyd, Hamburg; priv. Alsterdorfer Straße 275, 22297 Hamburg. (M80)

Jonigk, Rolf, Dipl.-Ing., Peterswerft Wewelsfleth GmbH & Co, Wewelsfleth; priv. Königskoppel 17a, 25348 Glückstadt, Tel. 04124-7077, Fax 04124-5340. (M69)

Josenhans, Michael, Dipl.-Ing., Binnenschiffahrts-Berufsgenossenschaft, Duisburg; priv. Elbestr. 3, 46499 Hamminkeln, Tel. 0203-2952115. (M81)

Jost, Andreas, Dipl.-Ing., E.C.H. Will, Hamburg; priv. Walter-Schüler-Weg 19, 22459 Hamburg, Tel. 040-583986. (M78)

Jost, Volker, Ing. (grad.), MTU Friedrichshafen GmbH; priv. Tobelweg 8, 88090 Immenstaad. (M65)

Junglewitz, Andreas, Dr.-Ing., Germanischer Lloyd, Hamburg; priv. Mergellstr. 9, 21073 Hamburg, Tel. 040-76753299, dienstl. Tel. 040-36149-3552. (M94)

Juul Joergensen, Leif, Dipl.-Kfm., J. C. Hempel's Skibsfarve-Fabrik A/S, Lyngby; priv. Lange Müllers Alle 28, DK-2960 Rungsted Kyst, Tel. 0045-42868104. (M90)

Kaeding, Patrick, Dipl.-Ing., Mittelstr. 16 b, 22851 Norderstedt, Tel. 040-5291908. (M96)

Kähler, Fritz, Techn. Kfm., Fritz A. Kähler, Hamburg; priv. Vogtskamp 8, 22391 Hamburg, Tel. 040-5266417. (M69)

Kaekenmeister, Hans-Werner, Ing., Volksdorfer Grenzweg 120, 22359 Hamburg. (M56)

Käther, Bernd-Leopold, Dipl.-Ing., Technische Universität Berlin, Institut für Schiffs- und Meerestechnik; priv. Gorkistr. 9, 13507 Berlin, Tel. 030-43490171, Fax 030-43490172, dienstl. Tel. 030-314-24997, Fax 030-314-26883. (M99)

Kahl, Holger, Rechtsanwalt, Dipl.-Ing., Mitglied der Geschäftsführung AEG Sachsenwerk GmbH, Regensburg; priv. Am Klostergrund 7, 93161 Sinzing, Tel. 0941-32080 o. 0431-678000. (M76)

Kahlen, Urs Christian, Student, Institut für Schiffstechnik Duisburg (ISD); priv. Boomdyk 65a, 47839 Krefeld, Tel. 02151-730073. (M94)

Kaldenberg, Klaus, Dipl.-Ing., Werderstr. 49, 20144 Hamburg. (M80)

Kanellopoulos, Nikolaos, Dipl.-Ing., Pitria Shipping Enterprises Inc., Athen/GRIECHENLAND; priv. 52, Fr. Roosevelt-Str., Ilioupolis, Athen 467/GRIECHENLAND, Tel. 0030-21-9916022. (M75)

Kannowski, Wolf, Dipl.-Ing., Dürerstr. 59, 26919 Brake, Tel. 04401-4797, dienstl. 0431-3394-370. (M68)

Kannt, Hans S., Dipl.Ing., Werftdirektor i.R., Wakenitzstr. 75, 23564 Lübeck, Tel. 0451-795338. (M50)

Kapfer, Hans-Jürgen, Bootsbauer, Annastr. 20, 47441 Moers, Tel. 02841-39963. (M98)

Kappel, Jens Julius, Dipl.-Ing., J. J. Kappel; priv. Hovmosevej 4, Gadevang, DK-3400 Hilleroed, Tel. 0045-2-260711. (M89)

Kaps, Hermann, Prof., Kapitän, Hochschule Bremen, Fachbereich Nautik, Institut GAUSS mbH, Bremen; priv. Am Vorfeld 47, 28259 Bremen, Tel. 0421-511227, dienstl. 0421-5905-685. (M79)

Karberg, Erik, Dipl.-Ing., Mitinhaber Karberg & Schmitz; priv. Nonnenstieg 23, 20149 Hamburg, Tel. 040-483982. (M52)

Karig, Peter, Dipl.-Ing., Carrer Cala Egos 5, E-07157 Puerto de Andraitx, Mallorca/SPANIEN, Tel. und Fax 003471-673339. (M51)

Karius, Dieter, Prof. Dr.-Ing., Fachhochschule Hamburg, Fachbereich Fahrzeugtechnik; priv. Hauptstraße 53, 22145 Stapelfeld. (M88)

Karnatz, Helmuth, Dipl.-Ing., Grüne Str. 10, 26655 Westerstede, Tel. 04488-862062. (M33)

Kassinikos, Johann, Dipl.-Ing., Menippou-Str. 2, GR-15772 Zographos. (M70)

Kastner, Sigismund, Prof. Dr.-Ing., Hochschule Bremen, Fachbereich Schiffbau u. Meerestechnik; priv. Albert-Schweitzer-Weg 14, 27777 Ganderkesee, Tel. 04222-8583, dienstl. 0421-5905704. (M65)

Katz, Heiner, Dipl.-Ing., Bundesanstalt für Wasserbau, Außenstelle Küste, Abteilung Maschinenwesen, Hamburg; priv. Krochmannstr. 13, 22299 Hamburg, Tel. 040-5119700, dienstl. 040-3190-8430. (M86)

Kaube, Klaus, Dipl.-Ing., Germanischer Lloyd, Hamburg; priv. Tangstedter Str. 34, 25462 Rellingen. (M64)

Kaufmann, Michael, Student, Gerhard-Mercator-Universität – GH Duisburg; priv. Spichernstr. 69, 47137 Duisburg, dienstl. Tel. 0203-379-2884. (M99)

Kayser, Peter, Dipl.-Ing., Geschäftsführer, Gabler Maschinenbau GmbH, Lübeck; priv. Am Ellernbrook 9, 23611 Sereetz, Tel.0451-391797. (M59)

Kayser, Sören, Dipl.-Ing., Gabler Maschinenbau GmbH, Lübeck; priv. Am Teich 6, 23689 Pansdorf, Tel. und Fax 04504-67286, dienstl. Tel. 0451-3109-366, Fax 0451-3109-100. (M98)

Keil, Harald, Prof. Dr.-Ing., Institut für Schiffbau der Universität Hamburg; priv. Starweg 40 B, 22926 Ahrensburg, Tel. 04102-57203, dienstl. 040-2984-3109. (M58)

Keil, Hermann, Dipl.-Ing., Dipl.-W.-Ing., Techn. Geschäftsführer, Paul Hettich & Co., Möbelbeschläge, Kirchlengern; priv. Waldstr. 23b, 32105 Bad Salzuflen. (M64)

Keil, Ullrich, Dipl.-Ing., Petersen Schiffstechnik GmbH; priv. Beim Riesenstein 25 a, 22393 Hamburg. (M69)

Keller, Matthias, Dipl.-Ing., Sulzer Escher Wyss, Ravensburg; priv. Wilhelmstr. 49, 88250 Weingarten, Tel. 0751-556422. (M86)

Kempe, Frank, Universität Duisburg; priv. Hermann-Hesse-Weg 17, 51109 Köln, Tel. 0221-896507. (M88)

Kempf, Gerhard, Dipl.-Ing., Zedernweg 55, 27578 Bremerhaven. (M80)

Kerlen, Heinrich, Dr.-Ing., BIA-Bremer Innovations-Agentur GmbH, Bremen; priv. Vor dem Heisterbusch 8, 28717 Bremen. (M67)

Kerschner, Hans-Jürgen, Dipl.-Ing., Germanischer Lloyd, Inspektion Bremerhaven; priv. Spreestr. 4, 12587 Berlin, Tel. 030-6458563. (M90)

Kerwin, Roland, Dipl.-Ing., Hirschbergstr. 7, 83703 Gmund. (M64)

Keuker, Walter, Dipl.-Ing., Bundesakademie für Wehrverwaltung u. Wehrtechnik; priv. Johann-Stelz-Straße 84, 68623 Lampertheim-Hüttenfeld. (M65)

Keune, Frank, Student, Institut für Schiffbau, Hamburg; priv. Margarethenstr. 20, 21244 Buchholz, Tel. 04181-34603. (M95)

Kiedel, Klaus-Peter, Historiker, Deutsches Schiffahrtsmuseum, Bremerhaven; priv. Johannisburger Str. 28, 27580 Bremerhaven, Tel. 0471-81699, dienstl. Tel. 0471-4820764, Fax 0471-4820755. (M98)

Kill, Eberhard, Dipl.-Ing., Siemens AG, Erlangen; priv. Eichenschlag 5, 91080 Rathsberg, Tel. 9131-27879. (M74)

Kim, Kyung Su, Prof., Inha Universität; priv. 253 Younghyun-Dong, Nam-Ku Inchon 402-751/Süd Korea, Tel. 0082-32-860-734. (M96)

Kinias, Constantin, Prof. Dr.-Ing., Fachhochschule, Kiel; priv. Schönkamp 21, 24226 Heikendorf, Tel. dienstl. 0431-2099-955, priv. 0431-245461. (M73)

Kirchner, Jens, Dipl.-Ing., Universität Rostock, AG Seefahrt, FG IDYS/INIS und INMarTech e.V.; priv. Dorfstr. 24, 18299 Dolgen, Tel. 038459-491. (M96)

Kirsch, Andreas, Dipl.-Ing., Schweißfaching., Blohm + Voss AG, Hamburg; priv. Brookdeich 288, 21029 Hamburg, Tel. 040-7207469. (M90)

Kirschnick, Hans-Hermann, Dipl.-Ing., MVD Rhäsa GmbH; priv. Gärtnerweg 2, 01462 Gompitz, Tel. und Fax 0351-4163073, dienstl. Tel. 035242-4560, Fax 035242-456-98. (M97)

Kirst, Wulf-Dieter, Dipl.-Ing., MAN B&W Diesel Aktiengesellschaft, Techn. Büro Hamburg; priv. Am Kolk 47, 21465 Reinbek, Tel. 040-7224699, Tel. dienstl. 040-37851511. (M87)

Kläschen, Harald, Ing. (grad.), Wehrtechnische Dienststelle für Schiffe und Marinewaffen, WTD 71, Eckernförde; priv. Ruschsehn 1 a, 24147 Klausdorf/Schwentine. (M71)

Klages, Wolfgang, Dipl.-Kfm., Warburgstr. 9, 20354 Hamburg. (M76)

Klanck, Horst, Dipl.-Ing., I.B.K. Ing. Büro H. Klanck; priv. Kiefernweg 5, 25451 Quickborn-Heide, Tel. 04106-73297. (M86)

Klante, Hansjörg, Dipl.-Ing., Blohm + Voss AG, Hamburg; priv. Pferdekoppel 41, 22880 Wedel. (M59)

Klar, Josef, Dipl.-Ing., Dillener Str. 65 A, 28777 Bremen, Tel. 0421-6039500. (M93)

Klaßen, Dieter, Dipl.-Ing., Geschäftsführer, CECON GmbH, Hamburg; priv. Schulstraße 38, 24558 Henstedt-Ulzburg, Tel. 04193-91767. (M66)

Klehe, Hans-Jörg, Dipl.-Ing., Howaldtswerke-Deutsche Werft Aktiengesellschaft, Kiel; priv. Hakensoll 39, 24226 Heikendorf. (M66)

Klein, Hans-Hartmut, Kapt., Expert Shipping Service, Hamburg; priv. Kritenbarg 5, 22391 Hamburg, dienstl. Tel. 040-389177-10, Fax 040-389177-80. (M85)

Klein, Hermann, Dr.-Ing., Geschäftsleitung, MWB Motoren & Anlagen GmbH, Bremerhaven; priv. Borchshöher Feld 33, 28757 Bremen, Tel. 0421-6588008, dienstl. 0471-488432. (M87)

Kleinau, Dietrich, Dr.-Ing., Universität Rostock; priv. Am weiten Moor 20, 18198 Kritzmow. (M90)

Kleinau, Manfred, Dipl.-Ing., Deutsches Kupfer-Institut, Berlin; priv. Durlacher Str. 36, 10715 Berlin, Tel. 030-2115664. (M72)

Kleinteich, Dieter, Prof. Dr.-Ing., Ing.-Schule f. Seefahrt, Universität Rostock; priv. St.-Georg-Str. 44, 18055 Rostock, Tel. u. Fax 0381-4901828. (M90)

Kleinwächter, Jürgen, Kapitän, Dipl.-Ing., Mobil Oil AG, Hamburg; priv. Peter-Lurens-Weg 23, 21077 Hamburg, Tel. 040-7603223. (M82)

Klemt, Michael, Dipl.-Ing., Geschäftsführer, Stucke Elektronik GmbH, Am Feenteich 18, 22085 Hamburg, Tel. 040-227468-11, Fax 040-227468-20. (M97)

Klenke, Jens Heinrich, Am Leymberg 24 a, 56075 Koblenz, Tel. 0261-47866. (M70)

Kliebhan, Henrik, Dipl.-Ing., Student, Fachhochschule Flensburg; priv. Josephinenstr. 236 a, 44791 Bochum, Tel. 0234-596925. (M97)

Klinge, Friedrich, Dipl.-Ing., Thyssen Nordseewerke GmbH, Emden; priv. Auricherstraße 9, 26721 Emden. (M64)

Klinger, Sven, Student, Hochschule Bremen; priv. Neuenfelde 17, 26931 Elsfleth, Tel. 04404-3445. (M98)

Klink, Thomas, Dipl.-Ing., Duewag AG, Krefeld; priv. Westerburgstr. 32, 47829 Krefeld. (M87)

Klischan, Rainer, Dipl.-Ing., Marinearsenal Wilhelmshaven; priv. Störtebekerstr. 3, 26419 Schortens, Tel. 04423-6189, dienstl. Tel. 04421-492273. (M72)

Kloppenburg, Meinolf, Prof. Dr.-Ing., Fachhochschule Hamburg; priv. Grasnelkenweg 12, 22391 Hamburg, Tel. 040-5362128. (M87)

Klug, Hilmar, Dipl.-Ing., Blohm + Voss GmbH, Hamburg; priv. Arnoldstr. 77, 22763 Hamburg, Tel. 040-3909235, dienstl. Tel. 040-3119-1809, Fax 040-3119-3328, E-mail: klug@blohmvoss.thyssen.com. (M93)

Kluge, Philipp, Dipl.-Ing., Germanischer Lloyd, Hamburg; Braamkamp 21, 22297 Hamburg, Tel. 040-51430962, dienstl. Tel. 040-361490. (M93)

Knaack, Klaus, Dr.-Ing., Goerdelerstr. 15, 23566 Lübeck, Tel. 0451-3885988. (M66)

Knebel, Joachim, Dr.-Ing., Aufbau- u. Bildungsgesellschaft mbH Stralsund (vorher Volkswerft Stralsund); priv. Hinter der Brunnenaue 3, 18435 Stralsund, Tel. dienstl. 03831-390055, Fax 03831-390024. (M91)

Kneiser, Siegfried Joachim, Konstruktionsbüro SJK-Design, 25465 Halstenbek, Tel. 04101-42035. (M85)

Knirsch, Hermann, Dipl.-Ing., STN Atlas Marine Electronics, Hamburg; priv. Am Hehsel 1, 22339 Hamburg, Tel. 040-5394128, dienstl. Tel. 040-8825-2694, Fax 040-8826-4102. (M98)

Knüpffer, Klaus, Dr.-Ing., Föhrengrund 10, 21224 Rosengarten-Ehestorf, Tel. 040-7967276. (M55)

Kobabe, Johannes, Schiffbau-Ing., Sumpfweg 24 k, 25469 Halstenbek, Tel. 04101-44364, dienstl. 040-37052361. (M85)

Kobylinski, Lech, Prof., Universität, Danzig; priv. H. Sawickiej, Gdansk/Polen, Tel. 0048-58-410651. (M84)

Koch, Thomas, Dr.-Ing., Kockums Computer Systems GmbH, Hamburg; priv. Alsterredder 55, 22395 Hamburg. (M82)

Koehler, Friedrich A., Obering., Händelstr. 3, 53340 Meckenheim, Tel. 02225-12310. (M86)

Köhler, Ingolf, Landwehr 2 b, 46487 Wesel, Tel. 0281-61541. (M72)

Köhler, Manfred, Ing.(grad.), Schweißfaching., Deutsche Aerospace AG, Wedel; priv. Urnenhang 28, 21077 Hamburg, Tel. 040-7603971. (M77)

Köhn, Gerd, Kapitän; Bundesamt für Seeschiffahrt und Hydrographie, Hamburg; priv. Schulenbecksweg 3, 20535 Hamburg, Tel. 040-206293, dienstl. 040-3190-4411. (M90)

Köhn, Martin, Kapitän, Fachhochschule Oldenburg, FB Seefahrt, Elsfleth; priv. Kirchstr. 544, 27498 Helgoland, Tel. priv. 04725-647, Tel. dienstl. 04404-92880, Fax 04404-928841. (M97)

Könemann, Holger, Student, FU Hagen; priv. Schinnaer Landstr. 8, 31592 Stolzenau/Weser, Tel. 05761-2364. (M92)

Koenig, Dieter, Dipl.-Ing., Mecon GmbH, Hamburg; priv. Dahlienweg 2, 21218 Seevetal-Hittfeld. (M66)

König, Heinz-Jürgen, Dipl.-Ing., Fritz-Stammer-Str. 8, 56154 Boppard. (M66)

König, Sebastian, Student, Zimmerstr. 31, 22085 Hamburg, Tel. 040-2204069. (M97)

Körbelin, Carsten, Kapitän, Dipl.-Ing., Verein Hamburger Assecuradeure, Hamburg; priv. Schotstek 20a, 21129 Hamburg, Tel. 040-7428239. (M94)

Körte, Gerrit, Dipl.-Ing, Konsul, Hamburger Landstr. 32a, 24113 Molfsee b. Kiel, Tel. 0431-658100. (M54)

Köser, Jochen, Dipl.-Ing., MTG Marinetechnik GmbH, Hamburg; priv. Otto-Burrmeister-Ring 29, 22309 Hamburg, Tel. 040-6316846. (M63)

Köser, Wulf, Dipl.-Ing., Blohm + Voss AG, Hamburg; priv. Oldenburger Straße 13, 21614 Buxtehude, Tel. 04161-62453. (M62)

Köster, Claus, Dipl.-Ing., Peene-Werft GmbH, Wolgast; priv. Tannenkampweg 93, 17438 Wolgast, Tel. 03836-60381. (M91)

Köster, Ole, Dipl.-Ing., Germanischer Lloyd, Hamburg; priv. Hellbrookstr. 86, 22305 Hamburg. (M94)

Koh, Hock Seng, Dr.-Ing., Chiltern Park, 131, Serangoon Ave 3, # 02-02, Singapore 556112/Rep. Singapore. (M84)

Kohlhaas, Elmar, Dipl.-Ing., Direktor, Köln-Düsseldorfer Deutsche Rheinschiffahrt AG, Köln; priv. Theodor-Heuss-Ring 42, 50668 Köln, Tel. 0221-123902. (M54)

Kohn, Dieter, Dipl.-Ing., SMK-Ingenieurbüro, Schönkirchen; priv. Kiebitzbek 75, 24149 Kiel, Tel. 0431-28362, dienstl. Tel. 04348-91750. (M89)

Kohnagel, Jens, Dipl.-Ing., Germanischer Lloyd, Hamburg; priv. Lattenkamp 13, 22299 Hamburg, Tel. 040-519174. (M94)

Kolbaske, Rolf, Dr.-Ing., Neptun Industrie Rostock GmbH; priv. Zur alten Schmiede 2, 18184 Poppendorf, Tel. 038202-30773, Tel. dienstl. 0381-384-3040. (M90)

Kolletschke, Horst-Dieter, Dr.-Ing., KzS, Technische Marineschule, Kiel; priv. Alter Kieler Weg 1 d, 24161 Altenholz, Tel. 0431-324756, dienstl. Tel. 0431-384-3500. (M98)

Kolzenberg, Malte v., Dipl.-Ing., Ing.-Büro für Schalltechnik im Schiffbau, Weiherhofstr. 13, 67069 Ludwigshafen/Rh., Tel. 0621-6295008, Funk 01715150880. (M88)

Koopmann, Wilhelm, Kapitän i.R., Bilser Stieg 2, 22297 Hamburg , Tel. 040-518120. (M75)

Koriath, Arne, Student, Fachhochschule Kiel; priv. Preetzer Str. 231, 24147 Kiel. (M94)

Koslowski, Jürgen, Dipl.-Ing., abH-Ingenieurtechnik, Emden; priv. Osterstraße 33, 26725 Emden, Tel. 04921-979910. (M92)

Koushan, Kourosh, Dr.-Ing., MARINTEK, Trondheim/NORWEGEN; priv. Jonsvannv. 87 C, N-7035 Trondheim, Tel. 0047-73590256, Fax 0047-73595870. (M90)

Kowitz, Haribert, Dipl.-Ing., Regierungsbaudirektor; priv. Landingersberg 5, 53773 Hennef. (M59)

Kracht, Alfred, Dr.-Ing., Versuchsanstalt für Wasserbau und Schiffbau, Berlin; priv. Kniephofstr. 33, 12157 Berlin. (M62)

Kramm, Martin, Dipl.-Ing., Aluminiumstr. 11, 78224 Singen. (M59)

Kranert, Klaus, Dr.-Ing., STN ATLAS Marine Electronics GmbH, Hamburg; priv. Marschweg 34, 22559 Hamburg. (M65)

Kranich, Udo, Dipl.-Ing. Dieselmotorenwerk Rostock GmbH (DMR), Sitz Hamburg; priv. Teutonenweg 54 f, 22453 Hamburg, Tel. 040-5512763. (M78)

Krappinger, Odo, Prof. Dr.-Ing., Institut für Schiffbau, Hamburg; priv. Weg am Sportplatz 25 E, 22850 Norderstedt, Tel.040-5252919. (M53)

Kratzenberg, Gerhard, Schiffbau-Ing., Ingenieurbüro für Binnenschiffbau, Westring 103, 55120 Mainz-Mombach, Tel. 06131-25824. (M55)

Kraus, Andreas, Dr.-Ing., Howaldtswerke-Deutsche Werft Aktiengesellschaft, Kiel; priv. Kanalstr. 11, 24159 Kiel, Tel. 0431-362 362. (M88)

Kraus, Richard, Dipl.-Ing., Eckhardt Marine GmbH, Hamburg; priv. Fischbeker Holtweg 80, 21149 Hamburg, Tel. 040-7015233. (M71)

Krause, Lothar, Dipl.-Ing., MTW Schiffswerft GmbH, Wismar; priv. Nachtigallenweg 4, 23968 Proseken, Tel. dienstl. 03841-770. (M90)

Krause, Wilfried, Dipl.-Ing., Karl-Kaltwasser Str. 13, 34121 Kassel, Tel. 0561-315123. (M59)

Krech, Rolf-Ingo, Reiherstieg 9, 21357 Barum. (M73)

Kresser, Anton, Dipl.-Ing., DASA, Ulm; priv. Harthauser Str. 37, 89081 Ulm, Tel. 0731-386564, dienstl. Tel. 0731-3923568. (M69)

Kreuz, Can, Student, Gerhard-Mercator-Universität – GH Duisburg; priv. Goethestr. 24, 57271 Hilchenbach, Tel. 02733-61708. (M99)

Krick, Helmut, Dipl.-Ing., Laboratorium für Werkzeugmaschinen und Betriebslehre der RWTH Aachen; Eichendorff Str. 29, 520146 Würselen. (M85)

Kringel, Helge, Dipl.-Ing., Bremer Vulkan Werft und Maschinenfabrik GmbH, Bremen; priv. Im Wiedel 9, 28759 Bremen. (M65)

Kristensen, Hans Otto Holmegaard, Naval Architect, M. Sc., DSB Rederi A/S., Kopenhagen; priv. Rugvaenget 204, DK-2890 Kokkedal, Tel. 0045-49143685. (M85)

Kroeber, Thomas, Dipl.-Ing., Lloyd's Register of Shipping; priv. Grenzwisch 3 B, 22359 Hamburg. (M89)

Kroeg, Friedrich J., Dipl.-Ing., Jarrestr. 52, 22303 Hamburg. (M54)

Kröger, Hans-Peter, Dr.-Ing. CAP debis, Hamburg; priv. Diekkamp 24 a, 22359 Hamburg, Tel. 040-6037243. (M73)

Kroll, Manfred, Kaltenbergen 29, 22117 Hamburg, Tel. 040-7122798. (M70)

Kroll, Peter Karsten, Ing.(grad.), KG Norderwerft GmbH & Co., Hamburg; priv. Grenzweg 24 a, 21465 Reinbek. (M78)

Krüger, Hans-Günter, Dipl.-Ing., Richard Wagner Str. 8, 89518 Heidenheim, Tel. 07321-42443. (M67)

Krüger, Hans-Jörg, Dipl.-Ing., TÜV Rheinland, Köln; priv. Am Sonnenhang 2b, 53721 Siegburg, Tel. 02241-384565. (M72)

Krüger, Peter, Dipl.-Ing, Ingenieurkontor Lübeck; priv. Blüchereiche 27, 23626 Ratekau. (M68)

Krüger, Roland, Student, Institut für Schiffbau, Hamburg; priv. Alsterdorferstr. 247, 22297 Hamburg, Tel. 040-5110231. (M93)

Krüger, Rolf, Ing., Köpenicker Weg 1, 21465 Reinbek. (M75)

Krüger, Stefan, Dr.-Ing., Flensburger Schiffbau-Gesellschaft mbH & Co. KG, Flensburg; priv. Friesische Str. 41, 24937 Flensburg, Tel. 0461-581743, dienstl. Tel. 0461-4940-516, Fax 0461-4940-217. (M87)

Krützfeldt, Claus, Dipl.-Ing., HANYUAN Technical Service Center GmbH, Hamburg; priv. Kiefernweg 1, 25421 Pinneberg, Tel. 04101-63783. (M67)

Kruppa, Claus F. L., Prof. Dr.-Ing., Technische Universität Berlin, Institut für Schiffs- und Meerestechnik, Berlin; priv. Lückhoffstr. 35, 14129 Berlin (Nikolassee). (M54)

Kruse, Robert, Dipl.-Ing., In de Masch 7, 22869 Schenefeld. (M66)

Kubitzke, Manfred, Dipl.-Ing., Volkswerft GmbH Stralsund; priv. Hohelandstraße 52, 23564 Lübeck, z.Zt. Kieler Ring 27, 18437 Stralsund. (M57)

Kucharzewski, Harro, Dr.-Ing., MarineSoft GmbH, Rostock-Warnemünde; priv. Fuchsienhof 3, 18107 Lichtenhagen-Dorf, Tel. 0381-7685047, dienstl. Tel. 0381-5196350, Fax 0381-5196355. (M98)

Kuder, Ernst, Dipl.-Ing., Schweißfaching, Aeronaval Ingenieurtechnik GmbH; priv. Kiefernweg 10, 25462 Rellingen, Tel. 04101-34593. (M78)

Küchelmann, Hans Walter, Dipl.-Ing., Schweißfaching., Franklinstr. 52, 28357 Bremen, Tel. 0421-273506. (M59)

Kühmstedt, Thomas, Dipl.-Ing., Kvaerner Warnow Werft GmbH, Rostock-Warnemünde; priv. Blücherstr. 61, 18055 Rostock, Tel. 0381-4903913, dienstl. Tel. 0381-5101993. (M91)

Kuehnlein, Walter, Dr.-Ing., Project Manager, (Parker Drilling), IMPal, Hamburg; priv. Koenigstr. 55, 22767 Hamburg, Tel. 0170-2162763, Fax 040-340500, dienstl. Tel. 040-3554400, Fax 040-340500. (M98)

Kuhlenkamp, Lothar, Dipl.-Ing., Schichau Seebeck-Werft AG, Bremerhaven; priv. Am Orint 12 a, 27619 Schiffdorf, Tel. 04706-1624. (M94)

Kuhlmann, Peter, Prof. Dr.-Ing., Universität der Bundeswehr, Hamburg; priv. Nedderndorfer Weg 8, 22111 Hamburg. (M76)

Kunow, Reinhard, Dr.-Ing., Iddensener Dorfstraße 7, 21224 Rosengarten, Tel. 04108-490194, Fax 04108-490196. (M67)

Kura, Herbert, Dipl.-Ing., Clausewitzstr. 26, 28211 Bremen, Tel. 0421-236453. (M67)

Kurzak, Karl Heinz, Dipl.-Ing., Zeppelinstr. 28, 26725 Emden, Tel. 04921-954427. (M42)

Kusche, Volker H. K., Schiffbau-Ing. (grad.), Kapitän, Schiffahrtssachverständiger, Expertenbüro Kapitän Kusche, Itzenbütteler Mühlenweg 10, 21227 Bendestorf, Tel. 04183-6333. (M81)

Kussoy, Rudi, Student, Schmuckshöhe 7A, 22337 Hamburg, Tel. u. Fax 040-6300088. (M97)

Kutscher, Claus, Dipl.-Ing., Nikolai von Stempel oHG., Hamburg; priv. Dalbekhöhe 6, 21039 Escheburg, Tel. 04152-4353. (M83)

Kux, Dietmar, Dipl.-Ing., Institut f. Schiffsbetriebsforschung, Flensburg; priv. Europastr. 52, 24941 Jarplund-Weding, Tel. 0461-92270. (M85)

Kux, Jürgen, Dr., Dipl.-Phys., Institut für Schiffbau, Hamburg; priv. Kelterstraße 37, 22391 Hamburg, Tel. 040-5362837. (M78)

Laabs, Dieter, Dipl.-Ing., Mörikestr. 29 a, 26386 Wilhelmshaven. (M71)

Lakeberg, Franz-Josef, Student, Institut für Schiffstechnik Duisburg; priv. Krummenhakstr. 56 (58?), 47053 Duisburg, bei von Höveling. (M95)

Lamprecht, Friedrich, Dipl.-Ing., Oberstudienrat, Gewerbeschule III, Lübeck; priv. Holunderweg 4 d, 23568 Lübeck, Tel. und Fax 0451-393651, dienstl. Tel. 0451-122-8897, Fax 0451-122-8919. (M99)

Landt, Manfred, Dipl.-Ing., Schichau Seebeckwerft AG, Bremerhaven; priv. Hagener Weg 121, 27572 Bremerhaven. (M69)

Landwehr, Klaus, Dipl.-Ing., Falkenstr. 7, 28195 Bremen, Tel. 0421-3045-212. (M65)

Landwehr, Ralph, Dipl.-Ing. CITO-Kunststoffe und Verpackungsfolien GmbH, Halle; priv. Am Schloßgarten 21, 48149 Münster. (M85)

Lang, Bernt, Dr., Dipl.-Ing., Versuchsanstalt für Wasserbau und Schiffbau, Berlin; priv. Remstaler Straße 7, 13465 Berlin, Tel. 030-4013415. (M79)

Lange, Klaus, Dipl.-Ing., Bundesforschungsanstalt für Fischerei, Inst. f. Fangtechnik, Hamburg; priv. Lühedeich 17, 21720 Grünendeich. (M64)

Langhans, Walter, Obering., Görlitzer Weg 5, 22850 Norderstedt, Tel. und Fax 040-5235337. (M78)

Langknecht, Marco, Student/Tischler, Institut für Schiffstechnik, Gerhard-Mercator-Universität – GH Duisburg; priv. Winkelstr. 20, 47058 Duisburg, Tel. 0203-345057. (M96)

Langmatz, Hans, Inhaber, Innovations-Center Langmatz, Riesserseestraße 51, 82467 Garmisch-Partenkirchen, Tel. 08821-3934 oder 08821-57495. (M54)

Larsson, Lars, Prof. Dr.-Ing. Chalmers University of Technology, Göteborg; priv. Hällsåsvägen 2, S-43040 Särö/Schweden, Tel. 0046-31-936378. (M95)

Lassen, Dirk, Dr.-Ing., Germanischer Lloyd, Hamburg; priv. Groß Borsteler Str. 10, 22453 Hamburg, Tel. 040-58918797, dienstl. 040-36149-679, Fax 040-36149-623. (M80)

Laubenstein, Lutz, Student, Maretstr. 39, 21073 Hamburg, Tel. 040-778664. (M95)

Laue, Uwe, Dr. sc. oec., Kapitän, Dozent, Hochschule Wismar, Außenstelle Warnemünde; priv. Demminer-Str. 8, 18109 Rostock, Tel. 0381-718669, dienstl. 0381-4659-462. (M90)

Lauther, Jürgen, Dipl.-Ing., Lindenau GmbH, Kiel; priv. Flensburger Str. 56, 24106 Kiel, Tel. 0431-331347. (M83)

Lecat, Henri Patrick, Dipl.-Ing., Chantiers de l'Atlantique Alsthom, Service Formation, Saint-Nazaire; priv. Chemin du Vallioux, St. Marc sur Mer, F-44600 Saint Nazaire, Tel. 0033-40917584. (M74)

Lee, Jae Wook, Prof. Dr.-Ing., Inha University, Inchon; priv. Sung San-Dong 39-12, Mapo-Ku, 121-251 Seoul/Korea, Tel. 00850-393-9784. (M84)

Leffers, Lothar, Dipl.-Ing., STN Atlas Elektronik GmbH, Bremen; priv. Hollwedeler Str. 50, 28259 Bremen, Tel. 0421-586173. (M84)

Leffler, Manfred, Dipl.-Ing., SIHI Industry Consult GmbH, Itzehoe; priv. Pappelweg 26, 25524 Itzehoe, Tel. 04821-91679. (M78)

Leffler, Peter, Dipl.-Ing., Baudirektor a.D., Pfarrer-Sesterhenn-Str. 1, 56179 Vallendar, Tel. 0261-62383. (M53)

Leger, Rolf, Dipl.-Ing. Howaldtswerke-Deutsche Werft AG, Kiel; priv. Beekengrund 46, 24211 Preetz, Tel. 04342-5668. (M95)

Lehfeld, Carsten, Technische Universität Berlin; priv. Paul-Schneider-Str. 27, 12247 Berlin, Tel. 030-8244957. (M89)

Lehmann, Dirk, Dipl.-Ing., KSW-Systems, Hamburg; priv. Höpenweg 18, 21423 Winsen/Scharnbeck, Tel. 04171-50972. (M87)

Lehmann, Eike, Prof. Dr.-Ing. Dr.-Ing. E.h., Dr. h.c. Vorstandsmitglied, Germanischer Lloyd, Hamburg; priv. Mühlenberg 21, 23570 Lübeck, Tel. 04502-6255, dienstl. 040-361490. (M64)

Lehmhus, Rolf, Dipl.-Ing., Germanischer Lloyd, Hamburg; priv. Sudetenweg 80, 21614 Buxtehude. (M68)

Lehnard, Bernd, Schiffbau-Ing., Jos. L. Meyer GmbH & Co., Papenburg; priv. Asdendorfer Dever 10, 26871 Papenburg. (M92)

Lehne, Markus, Dipl.-Ing., BIBA, Bremen; priv. Kohlhöker Str. 51, 28203 Bremen. (M87)

Lehnert, Horst, Schiffbau-Obering., Flughafenstr. 2, 27809 Lemwerder, Tel. 63412. (M54)

Leinschitz, Peter, Dipl.-Ing., Josefstädterstr. 56, A-1080 Wien 8. (M70)

Leinweber, Jost, Dipl.-Ing., Regierungs-Dir., Bundesministerium für Bildung, Wissenschaft, Forschung und Technologie, Bonn; priv. Simrockstr. 64, 53619 Rheinbreitbach. (M72)

Lembcke, Hans-Rudolf, Prof. Dr.-Ing., Friedrich-Voss-Ufer 6, 24159 Kiel-Holtenau, Tel. 0431-361156. (M81)

Lencer, Jürgen, Prof. Dipl.-Ing., Fachhochschule Hamburg, Fachbereich Schiffsbetriebstechnik; priv. Inne Beek 13, 21614 Buxtehude, Tel. 04161-83812. (M73)

Lengen, Hinrich, Betriebsleiter, Flensburger Schiffbau-Gesellschaft mbH & Co. KG; priv. Osterkamp 6, 24983 Handewitt, Tel. 04608-298. (M66)

Lennings, Manfred, Dr.-Ing., Westdeutsche Landesbank, Girozentrale, Düsseldorf; priv. Schmachtenbergstr. 142, 45219 Essen. (M73)

Leske, Thomas, Dr. -Ing. habil., freiberufl., Gutachter, Pfarrer-Seeanner-Str. 13, 85747 Garching. (M90)

Lettnin, Heinz, Dr.-Ing., GKSS-Forschungszentrum Geesthacht GmbH; priv. Wilhelmsburger Str. 1, 21502 Geesthacht. (M66)

Licht, Joachim, Dipl.-Ing., STN Atlas Elektronik GmbH, Bremen; priv. Kolberger Str. 7, 28201 Bremen, Tel. 0421-555509. (M87)

Lichtfuß, Klaus-Günter, Dipl.-Ing., Technische Universität Berlin; priv. Am Wiesenende 35, 13469 Berlin, Tel. 030-4025155. (M85)

Limbach, Konrad, Dipl.-Ing., MTG Marinetechnik GmbH, Hamburg; priv. Alsterkamp 9, 20149 Hamburg, Tel. 040-447242. (M65)

Linde, Horst, Prof. Dipl.-Ing. Technische Universität Berlin, Institut für Schiffs- u. Meerestechnik; priv. Salzachstr. 41, 14129 Berlin, Tel. 030-8027703, dienstl. 030-314-22639. (M59)

Lindenau, Dirk, Dipl.-Ing., Geschäftsleitung, Lindenau GmbH, Schiffswerft & Maschinenfabrik, Kiel; priv. Christianspries 29, 24159 Kiel. (M85)

Lindenau, Harald, Dipl.-Ing., Vorsitzender des Beirats der Geschäftsleitung, Lindenau GmbH, Schiffswerft & Maschinenfabrik, Kiel; priv. Blocksberg 29, 24103 Kiel, Tel. 0431-551062. (M33)

Lindenthal, Hartmut, Schiffbau-Ing. (grad.), Howaldtswerke-Deutsche Werft Aktiengesellschaft, Kiel; priv. Schrevendorf 47, 24253 Probsteierhagen, Tel. 04348-8859. (M68)

Lingstädt, Olaf, Student, Technische Universität Hamburg-Harburg; priv. Bräsig Weg 3, 22177 Hamburg, Tel. 040-6414396. (M99)

Linke, Wilfried, Dipl.-Ing., Siegfriedstr. 13, 13156 Berlin. (M65)

Linkenbach, Gunter, Schiffbau-Ing., Thyssen Nordseewerke GmbH, Emden; priv. Thomas-Mann-Str. 7, 26721 Emden. (M54)

Linnow, Alfred, Dipl.-Ing., Breslauer Str. 4 i, 23617 Lübeck. (M65)

Lochner, Marco, Student, Hochschule Bremen; priv. Luisental 29 e, App. 8-017, 28359 Bremen, Tel. 0421-2030094, E-mail: sanfjord@fbsm.hs-bremen.de. (M99)

Lochte-Holtgreven, Hermann, Dipl.-Ing., Versuchsanstalt für Binnenschiffbau e.V., Duisburg; priv. Diesterwegstraße 2, 47506 Neukirchen, Tel. 02845-27175. (M67)

Löblich, Bert, Dipl.-Ing. Selbst. (Schiffseinrichtung); priv. Schneiderkamp 10, 24107 Kiel, Tel. 0431-313969. (M91)

Löffelholz, Stefan, Dipl.-Ing., F. H. Bertling Reederei GmbH, Jork; priv. Neuenschleuse 1, 21635 Jork, Tel. 04162-5868, dienstl. Tel. 04162-944716, Fax 04162-944747. (M91)

Löll, Detlev, Bootsbaumeister, Konstrukteur, Selbstständig, navcon Löll, mais GbR, Hafenstr. 4, 17438 Wolgast, Tel. 03836-205995, Fax 03836-205993. (M98)

López Cortés, Joaquin, Dipl.-Ing., GUASCOR Investigación y Desarrollo, S.A., Apartado 768, E-01080 Vitoria-Gasteiz, Tel. 0034-45-298771, Fax 0034-45-298775. (M86)

Lorenz, Dietrich, Dr.-Ing., IDL Ingenieurbüro Dr. Lorenz, Rostock; priv. Kassebohmer Weg 6, 18055 Rostock, Tel. 0381-4059462, Fax 0381-4059200. (M90)

Lorenz, Klaus, Dipl.-Ing., ABB Industrietechnik AG, Hamburg; priv. Oddernskamp 3, 22529 Hamburg, Tel. 040-585490. (M93)

Lormes, Horst, Dipl.-Ing., Germanischer Lloyd, Hamburg; priv. Mattkamp 5, 22117 Hamburg, Tel. 040-7138371. (M72)

Lu, Rong-Jye, Dr.-Ing., Manhagener Allee 105 a, 22926 Ahrensburg. (M78)

Lucht, Wilhelm, Geschäftsführer, BREDO Bremerhavener Dock GmbH, Bremerhaven; priv. Schulstr. 51, 26954 Nordenham. (M65)

Ludwig, Peter, Prof. Dr., Hochschule Wismar, Fachbereich Seefahrt, Außenstelle Warnemünde über Universität Rostock; priv. Seenelkenweg 5, 18107 Elmenhorst. (M90)

Lübbers, Ansgar, Dipl.-Ing., Friedrich Lürssen Werft GmbH, Bremen; priv. Visbekerstr. 27, 28197 Bremen, Tel. 0421-545100. (M91)

Lühder, Michael, Dipl.-Ing., Bremer Vulkan Werft und Maschinenfabrik GmbH; priv. Fährer Kämpe 80, 28755 Bremen, Tel. 0421-656476. (M91)

Lührs, Günter, Corroconsult GmbH; Alter Postweg 38, 24558 Henstedt-Ulzburg, Tel. 04193-7641. (M83)

Lürssen, Peter, Technischer Direktor, Fr. Lürssen Werft GmbH, Bremen; priv. Am Wasser 11 A, 28759 Bremen, Tel. 0421-6604-314. (M93)

Lummerzheim, Peer, Student, Universität Hamburg; priv. Kaemmererufer 16/20 G, 22303 Hamburg, Tel. 040-2702861. (M97)

Lundt, Werner, Dipl.-Ing., Geschäftsführer, Volkswerft Stralsund GmbH, Stralsund; priv. Erlengrund 4, 24256 Stoltenberg, Tel. 04303-1081. (M69)

Maaß, Heinrich, Dr., Physiker, STN ATLAS Elektronik GmbH, Bremen; priv. Billungstr. 16, 28759 Bremen, Tel. 0421-662733. (M61)

Mademtzoglu, Prodromos, Dipl.-Ing., Ionias 1, GR-15121 Pefki. (M82)

Madian, Tawfik S. E., Staatssekretär, Schiffahrtsministerium Alexandrien/Ägypten; priv. Platenstr. 1, 22609 Hamburg, Tel. 040-823693. (M78)

Mäder, Hans, Dipl.-Ing., Lürssen Logistics, Bremen; priv. Schwaneweder Str. 129, 28779 Bremen, Tel. 0421-605166. (M67)

Magnusson, Palmar Oli, Dipl.-Ing., Inspekteur, HF. EIMSKIPAFÉLAG ISLANDS, Reykjavik; priv. Asbudartröd 13, IS-220 Hafnarfjördur, Tel. priv. 00354-5655258, dienstl. 00354-525-7000, Fax 00354-5257619. (M95)

Mahrenholtz, Oskar, Prof. Dr.-Ing. habil. Dr.-Ing. E.h., Technische Universität Hamburg-Harburg; priv. Hermann-Löns-Weg 17 f, 21220 Seevetal/Horst, Tel. 04105-82850. (M89)

Malchow, Ulrich, Dr.-Ing., Blohm + Voss AG, Hamburg; priv. Am Krähenberg 28, 22587 Hamburg, Tel. und Fax 040-8663768, dienstl. 040-3119-3196. (M88)

Maliatsos, Efstratios, Dipl.-Ing., American Bureau of Shipping; priv. Max-Herz-Ring 119, Haus 5, 22159 Hamburg, Tel. dienstl. 040-3785870. (M94)

Marburg, Christian, Ir., Krupp Fördertechnik GmbH, Lübeck; priv. Kronsforder Allee 28 B, 23560 Lübeck. (M94)

Marcus, John, Schiffbau-Obering., Germanischer Lloyd; priv. Bördestraße 64 A, 28717 Bremen, Tel. 0421-632308. (M57)

Marcus, John P., Kapitän, vereid. Sachverständiger, Nautisches Buero Bremen; priv. Bulthaupstr. 42, 28209 Bremen, Tel. 0421-76214, Fax 0421-700678, dienstl. Tel. 0421-3498150, Fax 0421-3498130, Cell. 0171-6453538, E-mail: nautbuero.bremen@t-online.de. (M97)

Marsich, Sergio, Prof. Dr.-Ing., Universita' di Genova, Dipartimento di Ingegneria Navale e Tecnologie Marine, Via Montallegro 1, I-16145 Genova/Italien. (M67)

Martensen, Peter, Dipl.-Ing., Bremer Vulkan GmbH, Bremen; priv. Gut Weilen 14, 28759 Bremen, Tel. 0421-6250226, dienstl. 0421-6682237. (M64)

Martin, Eike, Dipl.-Ing., Blohm + Voss AG, Hamburg; priv. Theodor-Körner-Weg 1, 22455 Hamburg, Tel. 040-5514134. (M65)

Martinelli, Luca, Forscher, CETENA SPA, Genua; priv. P.za di Sarzano 22/19, 16128 Genua/Italien, Tel. 0039-10-282463. (M93)

Martinen, Cornelius, Dipl.-Ing., Flensburger Schiffbau-Gesellschaft; priv. Lindenallee 5, 24939 Flensburg, Tel. 0461-42772, dienstl. 0461-4940-521. (M80)

Martokoesoemo, Wisnoentoro, Dipl.-Ing., Bes. für Schiff- und Maschinenbau, P. T. Trihasco Utama, Jalan Melawi V/20 Blok M3, Kebayoran Baru, Jakarta 12160/Indonesia. (M62)

Marzi, Jochen, Dr.-Ing., Hamburgische Schiffbau-Versuchsanstalt GmbH, Hamburg; priv. Heinr. von Ohlendorff Str. 25, 22949 Ammersbek, Tel. 040-6046779. (M92)

Masilge, Christian, Dr.-Ing., Werft Berlin GmbH; priv. Lindenufer 14, 13597 Berlin, Tel. 030-3333227. (M90)

Massel, Thomas, Dipl.-Ing., Fr. Lürssen Werft, Bremen; priv. Am Tiefbrunnen 48, 28757 Bremen. (M85)

Mathey, Oliver, Dipl.-Ing., Lloyd's Register of Shipping, Hamburg; priv. Heubergerstr. 11, 22145 Hamburg, Tel. 040-67941468. (M93)

Matthiesen, Uwe, Dipl.-Ing., Dipl.-W.-Ing., See-Berufsgenossenschaft, Hamburg; priv. Azaleenweg 5, 21218 Seevetal, Tel. 04105-51220, dienstl. 040-36137-222. (M65)

Matthiessen, Henning, Prof. Dipl.-Ing., Weberstr. 8, 24943 Flensburg. (M67)

Mau, Günther, Prof. Dipl.-Ing., Schiffahrtssachverständiger, Sonnholm 100, 24977 Westerholz, Tel. 04636-745. (M51)

Mau, Reinhard, Dipl.-Ing. Immenschuur 48, 22359 Hamburg, Tel. 040-6036386. (M66)

Meckel, Henner, Dipl.-Ing., Director Market, Hydro Aluminium s. a., Lausanne; priv. Av. de Rochettaz 32 b, Ch-1009 Pailly, Tel. 0041-21-7290047, dienstl. Tel. 0041-21-6218383, Fax 0041-21-6218343. (M63)

Mecklenburg, Heinz Hermann, Dipl.-Ing. Techn. Aufsichtsbeamter, Binnenschiffahrts-Berufsgenossenschaft, Duisburg; priv. Eschhang 15, 49733 Haren, dienstl. Tel. und Fax 05932-503862. (M85)

Mecklenburg, Jörn, Dr.-Ing., TÜV Norddeutschland e.V.; priv. Groß Hove 22, 21635 Jork. (M90)

Mehmel, Manfred, Dr.-Ing., Schiffbau-Versuchsanstalt Potsdam; priv. Döberitzer Str. 65, 14476 Fahrland. (M90)

Meier, Gerd, Dipl.-Ing., Siemens AG, Hamburg; priv. Meissener Weg 15, 28816 Stuhr, Tel. 0421-802599. (M89)

Meier, Hans, Dr.-Ing., Falkenburger Ring 10, 22147 Hamburg, Tel. 040-6445804. (M54)

Meier, Jan, Dipl.-Ing., c./o Marlo Meier, Am Röthbach 3, 29320 Hermannsburg. (M93)

Meier, Klaus-Martin, Dipl.-Ing., Lehnkering Reederei, Büro Duisburg-Rohrort; priv. Am Nibelungenbad 149, 46509 Xanten, Tel. 02801-706422. (M90)

Meier-Peter, Hansheinrich, Prof. Dr.-Ing., Institut für Schiffsbetriebsforschung, Flensburg; priv. Am Thingplatz 27, 24960 Glücksburg, Tel. 04631-61620. (M64)

Meincke, Ulrich, Dipl.-Ing., Flender-Werft AG; priv. Max-Planck-Str. 22, 23568 Lübeck, Tel. 0451-32824. (M70)

Meineke, Günter, Dipl.-Ing., IKM Ingenieurkontor Meineke, Ahornweg 3, 21493 Schwarzenbek, Tel. 04151-5332, Fax 04151-5432. (M86)

Meißner, Gert-Andreas, Dr.-Ing., Vertriebsingenieur, VW-GEDAS; priv. Ferbitzer Weg 27a, 13591 Berlin. (M92)

Meißner, Horst, Dipl.-Ing., Friedr.-Wolf-Str. 39, 18435 Stralsund, Tel. 03831-392833. (M90)

Meißner, Maren, Dipl.-Ing., Versuchsanstalt für Wasserbau und Schiffbau, Berlin; priv. Ferbitzer Weg 27a, 13591 Berlin. (M92)

Meliß, Dietrich, Dipl.-Ing., Reis GmbH & Co. Maschinenfabrik, Obernburg; priv. Am Stadtwald 52, 63906 Erlenbach, Tel. 09372-72371. (M71)

Mente, Edgar, Dipl.-Ing., Berat. Ingenier, Mente Technische Beratungsgesellschaft mbH, Rehwinkel 9, 21039 Escheburg, Tel. 04152-6830, Fax 04152-4055. (M73)

Mersmann, Ernst, Dipl.-Ing., Alter Schulplatz 4, 21438 Brackel, Tel. 04185-4771. (M69)

Mertens, Manfred, Dipl.-Ing., MACOR Marine Systems International GmbH, Bremen; priv. Fichtestr. 8, 27568 Bremerhaven, Tel. 0471-413834. (M74)

Metzler, Swen, Dipl.-Ing., Wehrtechnische Dienststelle für Schiffe und Marinewaffen, WTD 71, Eckernförde; priv. Cäcilienstr. 61, 24340 Eckernförde. (M88)

Mewis, Friedrich, Dipl.-Ing., Hamburgische Schiffbau-Versuchsanstalt GmbH, Hamburg; priv. Rosamstwiete 2, 22307 Hamburg, Tel. priv. 040-69793412, Tel. dienstl. 040-69203-224, Fax dienstl. 040-69203-345. (M90)

Meyer, Bernard, Dipl.-Ing., Jos. L. Meyer Schiffswerft, Papenburg, Hauptkanal links 1, 26871 Papenburg, Tel. 04961-81235. (M69)

Meyer, Frank, Dipl.-Ing., Ingenieurgemeinschaft Nord, Bremen; priv. Lindenstr. 13, 28844 Weyhe-Leeste, Tel. dienstlich 0421-53802. (M69)

Meyer, Hans, Dipl.-Ing., Ruhrgas Aktiengesellschaft, Essen; priv. Spindecksfeld 110, 40883 Ratingen, Tel. 02102-69425. (M71)

Meyer, Helmut, Dipl.-Ing., Wiedenbrücker Str. 10, 59555 Lippstadt. (M55)

Meyer, Jochen, Schiffsbetriebstechniker, Marlow Navigation Co. Ltd., Limassol; Riga Fereou Strett 17, „Kythira 4“, Flat 202, CY-3095 Limassol. (M91)

Meyer, Joseph-Franz, Dipl.-Ing., Jos. L. Meyer, Schiffswerft, Papenburg; priv. Bahnhofstr. 5, 26871 Papenburg, Tel. 04961-81234. (M37)

Meyer, Michael, Dr.-Ing., Universität Rostock; priv. Platz der Freundschaft 7, 18059 Rostock, Tel. 0381-4000127, dienstl. Tel. 0381-498-3692. (M90)

Meyer, Thomas, Dipl.-Ing., Institut für Solarschiffbau, Ingenieurbüro für Schiffbau und Meerestechnik, Dreysestraße 3, 10559 Berlin, Tel. und Fax 030-3941138, Tel. 0171-5341138, E-mail: 0303941138-0001@t-online.de. (M91)

Meyer-Bohe, Andreas, Prof. Dipl.-Ing., Fachhochschule Kiel; priv. Kählerkoppel 9, 24229 Strande, Tel. 04349-1893. (M96)

Meyer-Detring, Dieter, Dipl.-Ing., M.S.E., Beratender Ingenieur; priv. Binsenweg 3, 30916 Isernhagen. (M64)

Meyer-Haake, Gerhard, Dipl.-Ing., Grotelerweg 2, 21075 Hamburg, Tel. 040-7905258. (M50†)

Meyer-Hermann, Hartmut, Dipl.-Ing., Försterberg 4 b, 21144 Buchholz. (M56)

Meyerhoff, Jörg, Dipl.-Ing., Thyssen Nordseewerke, Emden; priv. Hauptkanal Nord 4, 26629 Großefehn 2, Tel. 04943-2276. (M98)

Meyerhoff, W. Kay, Dr.-Ing., MTG Marinetechnik GmbH, Hamburg; priv. Finkeneck 45, 25421 Pinneberg. (M62)

Meyersieck, Manfred, Dipl.-Ing., STN ATLAS Elektronik, Bremen; priv. Häsefeld 3, 27299 Langwedel, Tel. 04232-1275, dienstl. Tel. 0421-457-2741, Fax 0421-457-4195. (M98)

Meyne, Klaus J., Dr.-Ing., priv. Hombergstraße 13, 50996 Köln, Tel. 0221-395213. (M59)

Michael, Rolf, Dr. sc., Universität Rostock, FB Maschinenbau und Schiffstechnik; priv. Schnickmannstr. 12, 18055 Rostock, Tel. 0381-26666. (M90)

Micheels, Jens, Dipl.-Ing., August G. Koch, Maschinenfabrik, Kiel; priv. Kleiner Eiderkamp 13, 24113 Molfsee, Tel. 0431-65272, dienstl. Tel. 0431-68940, Fax 0431-6894139. (M99)

Miebach, Rainer, Dr.-Ing., Jos. L. Meyer GmbH & Co. Schiffswerft und Maschinenfabrik, Papenburg; priv. Zum Heidedamm 5, 26871 Papenburg, Tel. 04961-67436. (M90)

Mildner, Folker, Dr.-Ing., Escher Wyss GmbH, Ravensburg; priv. Elblingweg 1, 88677 Markdorf, Tel. 07544-2892. (M68)

Mindt, Hans-Wilfried, Dipl.-Ing., IKOSS-CSS CAE Software & Service GmbH, Essen; priv. Kevelohstr. 20, 45277 Essen, Tel. 0201-580383, dienstl. 0201-8127453. (M80)

Minks, Thomas, Student, Universität Hamburg; priv. Koldingstr. 16, 22769 Hamburg, Tel. 040-8514285. (M97)

Minnasch, Dieter-Josef, Dipl.-Wirtsch.Ing., Kapt., Ing.-Büro Kapt. Minnasch, Hamburg; priv. Wolffsonweg 4, 22297 Hamburg. (M93)

Mischke, Dietmar, Student, Gerhard-Mercator-Universität – GH Duisburg; priv. Schemkesweg 3–5/425, 47057 Duisburg, Tel. 0203-9367717. (M99)

Missalek, Rüdiger, Dipl.-Ing., Escher Wyss GmbH, Ravensburg; priv. Mozartstr. 9, 88276 Berg, Tel. 0751-59509. (M63)

Mittelstaedt, Roland, Dipl.-Ing. Howaldtswerke-Deutsche Werft AG, Kiel; priv. Feldstr. 133, 24105 Kiel, Tel. priv. 0431-802120, dienstl. 0431-7002526. (M92)

Mitzlaff, Alexander, Dipl.-Ing., IMS Ingenieurgesellschaft mbH, Hamburg; priv. Fanny-Lewald-Ring 50, 21035 Hamburg, Tel. 040-7355403. (M82)

Mix, Günter, Prof. Dr.-Ing., Meimersdorfer Weg 209, 24145 Kiel, Tel. 0431-713281. (M73)

Moeck, Eckard, Prof. Dr., Energie-Umwelt-Beratung e.V., Institut, Hohen Luckow; priv. Ziolkowski-Str. 8 a, 18059 Rostock, Tel. 0381-42269. (M90)

Möckel, Walther, Kapitän, An der Wildkoppel 8, 21465 Reinbek, Tel. 040-7225883. (M51)

Möller, Jürgen, Dr.-Ing., EMIT Entwicklungszentrum für maritime und industrielle Technik GmbH, Bremerhaven; priv. Zedernweg 45, 27578 Bremerhaven. (M90)

Möller, Jürgen, Dipl.-Ing., Architekt, Wildbacher Mühle 55, 52074 Aachen, Tel. 0241-174911. (M97)

Möller, Wolfgang, Dipl.-Ing., Ingenieurkontor Lübeck; priv. Löwigtstr. 13, 23566 Lübeck. (M71)

Möllmann, Markus, Dipl.-Ing. seacos Computersysteme & Software GmbH, Glücksburg; priv. Ruhetaler Weg 1e, 24960 Glücksburg, dienstl. Tel. 04631-3100, Fax 04631-3632, E-mail info@seacos.allcon.com. (M90)

Mohr, Johan H., Siviling., Lund, Mohr & Giæver-Enger Marin A/S, Bergen; priv. Hatlestad Terr. 89, N-5050 Nesttun, Tel. priv. 0047-5-101117, dienstl. Tel. 0047-55-594000, Fax 0047-55-594001. (M81)

Mohr, Peter, Kapt. z. See a.D., Gansweide 31, 53359 Rheinbach, Tel. 02226-14806. (M91)

Moll, Jürgen, Prof. Dipl.-Ing., Segelmacherstraße 1, 28777 Bremen, Tel. 0421-601216. (M55)

Morgan, Wm. B., Dr.-Ing., Research Center DAVID TAYLOR, Washington D.C./U.S.A.; priv. 110 Upton Street, Rockville/Maryland. 20850/U.S.A. (LM60)

Morgenstern, Wolfram, Dipl.-Phys. Direktor a.D., Landesanstalt für Umweltschutz, Baden-Württemberg; priv. 24837 Schleswig, Tel. 04621-34953. (M94)

Mroß, Matthias, Student, Technische Universität Hamburg-Harburg; priv. Eichholz 37, 20459 Hamburg, Tel. und Fax 040-3192632. (M98)

Mrugowsky, Hartmut, Prof. Dr.-Ing., Universität Rostock; priv. K.-Rasmussen-Str. 11/0609, 18106 Rostock, Tel. 0381-7699335. (M96)

Mücksch, Frank-Michael, Dipl.-Ing., Schottel-Werft Josef Becker GmbH & Co. KG, Spay/Rh.; priv. Breite Straße 3, 56154 Boppard, Tel. 06742-81354. (M90)

Muehlbacher, Wolfgang, Dipl.-Ing., Liekeweg 23, 26725 Emden. (M98)

Mühlhoff, Felix, Dipl.-Ing., Ingenieurbüro Mühlhoff, Kruisbergstr. 19, 47533 Kleve, Tel. 02821-20462. (M89)

Mühlstädt, Kurt, Kurt Mühlstädt Kiel, Kompressoren- und Pumpenbau; Am Tannhof 14, 24536 Neumünster, Tel. 04321-959022, Fax 04321-959023, Tel. priv. 04321-959024. (M50)

Müller, Ernst, Prof. Dr.-Ing., Landfermannstr. 26, 47051 Duisburg, Tel. 0203-341923. (M60)

Müller, Helmut A., Dipl.-Phys., Schlotthauerstr. 12, 81541 München, Tel. 089-498590. (M66)

Müller, Klaus, Dipl.-Ing., Prokurist, Controll-Co mbH, Technische Abteilung, Herne; priv. Eschweg 16, 45721 Haltern, Tel. 02364-6749. (M50)

Müller, Lutz, Dipl.-Ing., Germanischer Lloyd, Hamburg; priv. Am Neuen Fleet 11, 25248 Glückstadt. (M72)

Müller, Manfred, Dipl.-Ing., Wasserstraßen-Maschinenamt, Rendsburg; priv. Ostlandstr. 2, 24768 Westerrönfeld, Tel. 04331-5011-301. (M74)

Müller, Oliver René, Dipl.-Ing., Bundeswehr-Heer; priv. Auf dem Hügel 6, 34516 Marienhagen. (M93)

Müller, Oswald, Maschinenbauing., Geschäftsführer, Aker MTW Werft GmbH, Wismar; priv. Kindergartenweg 15, 18198 Stäbelow, Tel. dienstl. 03841-770. (M91)

Müller, Volker, Dr.-Ing., Dipl.-Phys., Technische Universität Hamburg-Harburg, AB Meerestechnik I; priv. Sonnenblumenweg 31, 18119 Diedrichshagen. (M90)

Müller, Wilfried, Dipl.-Ing., Komrowski Befrachtungskontor KG, Hamburg; priv. Köslinerstr. 54, 22147 Hamburg, Tel. 040-6470883. (M90)

Müller-Graf, Burkhard, Dr.-Ing., Westendallee 66, 14052 Berlin, Tel. 030-3048252. (M54)

Müller-Howahl, Hans Jürgen, Ing., Lange Gasse 17, 86152 Augsburg, Tel. 0821-151803. (M58)

Müller-Schwenn, Bernhard, Prof. Dipl.-Ing., Vizelinstr. 6 h, 22529 Hamburg, Tel. 040-563003, dienstl. 040-2488-2941. (M68)

Müller-Thomamühl, Dagobert, Schiffbau-Ing., Oberbaurat, Technischer Direktor a. D., Stadtwerke Klagenfurt; priv. Lanzendorf 2 – Poggersdorf, A-9131 Grafenstein, Tel. 0043-4225-536. (M35)

Münnich, Klaus, Dipl.-Ing., Uhlandstraße 66, 21218 Seevetal, Tel. 04105-51960. (M66)

Münster, Thomas, Student, Gerhard-Mercator-Universität – GH Duisburg; priv. Weselerstr. 49, 46149 Oberhausen, Tel. 0208-645544. (M93)

Münzer, Rüdiger, Dipl.-Ing., Siemens AG, Abt. ATD IS 3 T, Hamburg; priv. Ifflandstr. 35, 22087 Hamburg, dienstl. Tel. 040-2889-3205, Fax 040-2889-2492. (M92)

Mütze, Hans-Günther, Dipl.-Ing., Lindenau GmbH Schiffswerft und Maschinenfabrik, Kiel; priv. Neue Koppel 14, 24248 Mönkeberg, Tel. 0431-231863. (M84)

Mumm, Holger, Dipl.-Ing., Germanischer Lloyd, Hamburg; priv. Farmsener Landstr. 85 f, 22359 Hamburg, Tel 040-6034702. (M87)

Musfeldt, Hans Otto, Schiffbau-Ing., Howaldtswerke-Deutsche Werft Aktiengesellschaft, Kiel; priv. Eiderkamp 32, 24582 Bordesholm. (M71)

Nabbe, Eduard, Dipl.-Ing., NL-Verteidigungsministerium; priv. Lange Voort 38 A, NL-2341 KA Oegstgeest, Tel. 0031-71-175930. (M86)

Nagel, Rolf, Dipl.-Ing. Flensburger Schiffbau-Gesellschaft mbH; priv. Mommsenstr. 39, 24943 Flensburg, Tel. 0461-182144. (M94)

Nakonechny, Basil V., Dr.-Ing., Naval Architect, David Taylor Research Center; priv. 5304 Wakefield Road, Bethesda, MD 20816, U.S.A. (M64)

Napp, Manfred, Dr.-Ing., Goepfert, Reimer + Partner Ingenieurgesellschaft mbH, Hamburg; priv. Lichtwarkstraße 8, 20249 Hamburg, Tel. 040-481774. (M84)

Nath, Christian, Dipl.-Ing., Germanischer Lloyd, Hamburg; priv. Keilaer Str. 25, 22885 Barsbüttel. (M72)

Naujeck, Andreas, Dipl.-Ing., Howaldtswerke-Deutsche Werft AG, Kiel; priv. Hofholzallee 264, 24109 Kiel, Tel. 0431-521467. (M83)

Navone Ettore, DINAV – Universitá di Genova; priv. via Albaro 8A-12, I-16145 Genova, Tel. 0039-10-3623834. (M96)

Nebel, Achim, Student, Gerhard-Mercator-Universität – GH Duisburg; priv. Dinnendahlstr. 79, 46119 Oberhausen. (M92)

Neitzke, Klaus, Dipl.-Ing., Baumannskamp 6, 24248 Mönkeberg. (M68)

Neubeck, Bernd-Christian, Dipl.-Ing., Kaspar Ohm Weg 24, 22391 Hamburg, Tel. 040-5368376. (M60)

Neuer, Helmut K., Dipl.-Ing., Haydnstraße 24, 94469 Deggendorf, Tel. 0991-8559. (M60)

Neumann, Emil T. I., Dipl.-Ing., Prokurist, Rickmers Rhederei GmbH, Rickmers Werft, Bremerhaven; priv. Vörtelweg 27, 27574 Bremerhaven, Tel. 0471-29407. (M79)

Neumann, Horst, Dipl.-Ing., Schirnbornweg 22, 61476 Kronberg, Tel. 06173-5125. (M80)

Neumann, Rolf H., Assessor jur., Regional Director-Germany, Rolls-Royce International Ltd, Bonn; priv. Amselweg 51, 53844 Troisdorf, Tel. 02241-406711, dienstl. Tel. 0228-955830, Fax 0228-9558323. (M99)

Nguyen, Anh-Tai, Dr.-Ing., Thyssen Engineering; priv. Kiesbarg 24a, 21149 Hamburg, Tel. 040-7025069. (M75)

Nguyen Duc, Hung Viet, Dipl.-Ing., Gerhard-Mercator-Universität – GH Duisburg; priv. Duissernstr. 21, 47058 Duisburg. (M92)

Nicol, Ernst, Schiffbau-Ing., Fritz-Jebe-Str. 2, 25872 Ostenfeld. (M74)

Niemann, Uwe, Dr.-Ing., Patentanwalt, Ahornstraße 41, 45134 Essen, Tel. 0201-255489. (M68)

Nienaber, Klaus, Dipl.-Ing., Schiffahrts-Verlag „Hansa", Hamburg; priv. Sieker Landstraße 60, 22927 Großhansdorf, Tel. 04102-61972, dienstl. 040-79713-215. (M75)

Nießen, Erwin, Dipl.-Ing., Himmeroder Platz 18, 56072 Koblenz. (M59)

Niini, Mikko, Dipl.-Ing., Kvaerner Masa-Yards New Shipyard, Helsinki; priv. Ryytimaantie 7 D 47, SF-00320 Helsinki 32, Tel. 00358-90-578328. (M76)

Nitzsch, Herbert von, Dipl.-Ing., Vorstandsvors., Blohm + Voss AG, Hamburg; priv. Walderseestr. 91, 22605 Hamburg, Tel. 040-8804960, Fax 040-8804995. (M93)

Nohse, Lutz, Dipl.-Ing., Hasselbruchweg 16, 23568 Lübeck-Israeldorf. (M54)

Norrbin, Nils H., Dr.-Ing., Nils Norrbin Consulting, Göteborg; priv. Bångejordsgatan 14, S-41273 Göteborg. (M54)

Nowacki, Horst, Prof. Dr.-Ing. Dr. E. h., Schreberstr. 15 B, 14167 Berlin, Tel. 030-8114838, dienstl. 030-314-23342. (M58)

Nürnberg, Alexander, Dr.-Ing., Geschäftsführer, HATLAPA Verwaltungsgesellschaft GmbH, Uetersen; priv. Königsweg 8, 25361 Krempe, Tel. 04824-3161. (M86)

Nussbaum, Martin, Dipl.-Ing., Blohm + Voss AG, Hamburg; priv. Georg-Wilhelm-Str. 113, 21107 Hamburg. (M84)

Nussbaum, Wilfried, Schiffstechnik-Ing., Versuchsanstalt für Binnenschiffbau e.V., Duisburg; priv. Luppstr. 7, 40468 Düsseldorf, Tel. 0211-4220006. (M62)

Oberembt, Hans, Dr.-Ing., Thyssen Nordseewerke GmbH, Emden; priv. Ulfert-Lüken-Str. 6, 26721 Emden. (M65)

Oberhem, Raymund, Kolpingstraße 11, 42551 Velbert, Tel. 0171-524-8026 (D1). (M83)

Oberlein, August, Obering., Dipl.-Ing., Thomas-Mann-Str. 15, 37075 Göttingen. (M53)

Oberwinter, Peter, Dipl.-Ing., Werftunion Verwaltungs GmbH, Bodenwerder; priv. Max-Planck-Str. 46, 23568 Lübeck, dienstl. Tel. 05533-971291. (M69)

Ochocinski, Blazej, Dr.-Ing., ROM-Zentrale; priv. Horner Rampe 17, 22111 Hamburg, Tel. 040-6550423, dienstl. Tel. 040-69490. (M85)

Oehlmann, Heiko, Dipl.-Ing., MTG Marinetechnik GmbH, Hamburg; priv. Blumenstraße 38, 22885 Barsbüttel, Tel. 040-7119696. (M63)

Oehlmann, Herward, Schiffbau-Ing., Yachtkonstrukteur, Konstruktionsbüro Herward W. A. Oehlmann, Lübeck-Travemünde; priv. Friedrich-Ebert-Ring 31, 23611 Sereetz, Tel. 0451-394946. (M77)

Oehlmann, Kurt A. H., Dipl.-Ing., Ringstraße 12, 23626 Ratekau, Tel. 04502-2548. (M41†)

Oeker, Johann, Dipl.-Ing., Haidbrook 25, 22880 Wedel, Tel. 04103-6824. (M62†)

Ölkers, John, Dipl.-Ing., Howaldtswerke-Deutsche Werft AG, Kiel; priv. Buervogt 1 a, 24235 Brodersdorf, Tel. 04343-1081, dienstl. Tel. 0431-700-2775, Fax 0431-700-3393. (M98)

Oellerich, Johann-Otto, Dipl.-Ing., Lüneburger Str. 10 A, 27572 Bremerhaven, Tel. 0471-74025. (M55)

Oesten, Jürgen, Rotdornstieg 6, 22297 Hamburg, Tel. 040-5106 65. (M55)

Östergaard, Carsten, Dr.-Ing., Germanischer Lloyd, Hamburg; priv. Eppendorfer Landstr. 86, 20249 Hamburg, Tel. 040-475888. (M74)

Östermann, Bernd, Schiffbau-Ing., Lindenau GmbH, Schiffswerft, Kiel; priv. Kirchenstr. 12, 24245 Kirchbarkau, Tel. 04302-373, dienstl. 0431-3993-184. (M93)

Özden, Hüseyin, Dr.-Ing., Head of Mech. Engin. Department, Ingenieur. Wissensch. Fakultät, Uşak/TÜRKEI; priv. Özden Sit. No. 6, Alibey-Ayvalik/TÜRKEI, Tel. und Fax 0090-266-3271189, dienstl. Tel. 0090-276-2277201-04, Fax 0090-276-2277205. (M98)

Ohm, Thomas, Student, Technische Universität Hamburg-Harburg; priv. Am Langenzug 7, 22085 Hamburg, Tel. 040-2299447. (M98)

Oldenettel, Hein, Student, Institut für Schiffbau, Hamburg; priv. Pfenningsbusch 29, 22081 Hamburg, Tel. 040-2996799. (M93)

Oldenettel, Siegfried, Dipl.-Ing., Germanischer Lloyd, Bremerhaven; priv. Mittelweg 12, 27637 Nordholz, Tel. 04741-7437. (M94)

Olguin, Carlos, Dipl.-Ing., Grandweg 148, 22529 Hamburg, Tel. 040-567290. (M92)

Oltmann, Peter, Dr.-Ing., Hamburgische Schiffbau-Versuchsanstalt GmbH, Hamburg; priv. Schrötteringksweg 5, 22085 Hamburg. (M63)

Onneken, Carsten, CAD/CAM Engineer, Harland & Wolff, Queens Rd. Queens Island, Belfast BT 3 9 DU Northern Ireland GB, Tel. 0044-1232-458456, Fax 0044-1232-458515. (M89)

Oosterveld, Marinus, Willem, Cornelis, Dr. Ir., Maritime Research Institute Netherlands, 2, Haagsteeg, P.O. Box 28, NL-6700 AA Wageningen, Tel. 0031-8370-93911. (M87)

Ording, Hans A., Dipl.-Ing., Sea Technology (USA) Inc., 66 Pheasant Drive, New Canaan CT. 06840/U.S.A., Tel. dienstl. 001-203-661-1161, priv. 001-203-966-4753, Fax dienstl. 001-203-661-1584, priv. 001-203-972-7565. (M73)

Osgart, Günter, Dipl.-Ing., Germanischer Lloyd, Hamburg; priv. Brombeerweg 24, 21423 Winsen, Tel. 04171-73386. (M65)

Osterholz, Jens, Dipl.-Ing., Deggendorfer Werft und Eisenbau GmbH, Deggendorf; priv. Lucas-Cranach-Str. 22, 94469 Deggendorf, Tel. 0991-27934. (M92)

Osterloh, Hermann, Dipl.-Ing., WTD 71, Wehrtechnische Dienststelle für Schiffe und Marinewaffen, Eckernförde; priv. Bredowstraße 5, 24119 Kronshagen, Tel. 0431-582217. (M89)

Ostermann, Georg, Ing., Stüffelring 11 g, 22359 Hamburg, Tel. 040-6046860. (M66)

Ortuño-Stühring, Manuel, Student, Hochschule Bremen; priv. Hoher-Meißner-Weg 1, 28307 Bremen, Tel. 0421-456429. (M98)

Ott, Holger, Dipl.-Ing., KzS, Marineunterstützungskommando, Wilhelmshaven; priv. Rominter Str. 20, 26388 Wilhelmshaven, Tel. 04421-54874, dienstl. Tel. 04421-68-4515, Fax 04421-68-4392. (M99)

Otte, Karl-Heinz, Dipl.-Ing., Ministerialdirigent i.R.; priv. Burgacker 27, 53359 Rheinbach, Tel. 02226-4996. (M53)

Otte, Kurt Friedrich, Techn. Leiter, Peenewerft GmbH, Wolgast; priv. Lerchenweg 3, 24991 Freienwill. (M69)

Paduch, Walter, Elektro-Ing., An der Rehwiese 21, 21614 Buxtehude, Tel. 04161-81751. (M91)

Paetow, Hans-Hermann, Dipl.-Ing., Züricher Str. 110, 28325 Bremen, Tel. 0421-429533 / 429503, Fax 0421-429503. (M61)

Paetow, Karl-Heinz, Dipl.-Ing., Beekengrund 16, 24211 Preetz, Tel.04342-4010. (M95)

Paetzold, Hans Rainer, Dr.-Ing., Meyerhoff 2, 21217 Seevetal, Tel. 04105-4923. (M67)

Pahl, Ekke, Dipl.-Ing., Geschäftsführer, PAHL-SYSTEM GmbH, Hamburg; priv. Schloostr. 2, 21129 Hamburg, Tel. 040-7434144. (M81)

Pal, Prabhat Kumar, Dr., B.M.E., B. Techn., Ph. D., 45 Wassell Street, Chifley, NSW 2036/Aus. (M57)

Panhans, Christian, Lekkerland Flensburg, Carl Nielsen, Harrislee; priv. Industrieweg 21, 24955 Harrislee. (M61)

Panoch, Axel, Student/Bootsbauer, Institut für Schiffstechnik Duisburg, Gerhard-Mercator-Universität – GH Duisburg; priv. Rehwinkel 14, 45721 Haltern, Tel. 02364-4123. (M96)

Panos, Ladislav, Dipl.-Ing., Kapetan Misina 21, YU-11000 Beograd, Tel. 0038-11-629-440. (M70)

Papanikolaou, Apostolos, Prof. Dr.-Ing., National Technical University of Athens (NTUA), Laboratory of Ship Design; priv. 28th October, No. 27, 15121 Kato Pefki, Athens/Griechenland, Tel. 0030-1-6122306, dienstl. Tel. 0030-1-7721416, Fax 0030-1-7721408. (M78)

Paschen, Mathias, Prof. Dr.-Ing., Universität Rostock; priv. Tessiner Str. 46, 18055 Rostock, Tel. 0381-6865441. (M91)

Passow, Fritz, Dipl.-Ing., Lortzingstr. 12, 63225 Langen. (M59)

Paulsen, Johannes, Schiffbau-Ing., Hoisberg 22, 22359 Hamburg, Tel. 040-6039177. (M76)

Pauly, Dirk, Student, Geestwiesenweg 16, 21423 Winsen, Tel. 04171-5654. (M97)

Pawlik, Gerhard, Dipl.-Ing., Landsberger Str. 7, 28816 Stuhr, Tel. 0421-560903. (M84)

Payer, Hans G., Dr. techn., Vorstandsmitglied, Germanischer Lloyd, Hamburg; priv. Am Karpfenteich 51, 22339 Hamburg, Tel. 040-5381515. (M72)

Peipers, Friedrich, Dipl.-Ing., MAN B&W Diesel Aktiengesellschaft, Hamburg; priv. Wentorfer Straße 78 a, 21029 Hamburg, Tel. 040-7215745. (M86)

Pentschew, Pentscho, Prof. Dr. sc. techn., Universität Rostock, FB Maschinenbau und Schiffstechnik; priv. Am Findling 22, 18119 Rostock, dienstl. Tel. 0381-498-3147. (M90)

Pereira, Ricardo, Dipl.-Ing., MTG Marinetechnik GmbH, Hamburg; priv. Flotowstr. 2, 22083 Hamburg. (M84)

Peric, Milovan, Univ. Prof. Dr., Institut für Schiffbau, Hamburg; priv. Alsterstieg 51, 22851 Norderstedt, Tel. 040-5291765. (M95)

Peter, Rudolf E., Dipl.-Ing., Goethestraße 78, 86161 Augsburg, Tel. 0821-553405. (M82)

Petermann, Arthur, staatl. gepr. Galvanotechn., Oestricher Str. 68, 58638 Iserlohn, Tel. 02371-52191. (M83)

Petermann, Horst, Prof. Dipl.-Ing., Busestr. 3, 28213 Bremen, Tel. 0421-212471. (M59)

Peters, Hans-Erhard, Prof. Dr.-Ing., Schiffbau-Versuchsanstalt, Potsdam GmbH; priv. Lychener Str. 33, 10437 Berlin, Tel. 030-4499079. (M90)

Peters, Johannes, Dipl.-Ing., Howaldtswerke-Deutsche Werft AG, Kiel; priv. Am Wiesengrund, 24259 Westensee. (M62)

Peters, Martin, Student, Gerhard-Mercator-Universität – GH Duisburg; priv. Am Sportplatz 15, 53489 Sinzig. (M92)

Peters, Thorsten, Dipl.-Ing., Fa. Otto Piening GmbH, Glückstadt; priv. Doppelreihe 11, 25361 Süderau, Tel. 04824-1442. (M91)

Petersen, Knud, Dipl.-Ing., Deutsche Shell AG; priv. Groß Flottbeker Straße 31, 22607 Hamburg, Tel. 040-29888. (M71)

Petersen, Rolf, Dipl.-Ing., Eurolog Engineering GmbH, Hamburg; priv. Eydtkuhnenweg 18 c, 22047 Hamburg, Tel. 040-6936230. (M87)

Petersen, Thomas, Dipl.-Ing.(TU), Howaldtswerke-Deutsche Werft AG, Kiel; Unterstkoppel 56, 24147 Klausdorf. (M85)

Petersen, Ulf, Dr.-Ing. Germanischer Lloyd, Hamburg; priv. Strindbergweg 16, 22587 Hamburg, Tel. 040-8003548. (M94)

Petersen, Uwe-Karsten, Schiffbau-Ing., Howaldtswerke-Deutsche Werft AG, Kiel; priv. Dorfstr. 34, 24256 Stoltenberg. (M71)

Petershagen, Hansjörg, Prof. Dr.-Ing., Institut für Schiffbau der Universität Hamburg; priv. Ginsterkamp 16, 21266 Jesteburg, Tel. 04183-2161. (M64)

Petersjohann, Dirk, Student, Technische Universität Hamburg-Harburg; priv. Georgsweg 11, 21745 Hemmoor. (M99)

Peterson, Helmut, Dipl.-Ing., ROM Schiffbau-Dockbautechnik, Hamburg; priv. Waldstraße 16, 22339 Bokholt-Hanredder, Tel. 04123-2226. (M68)

Peterson, Uwe G., Dipl.-Ing., Geschäftsführer, Prokurist, SAN Sanierungstechnik GmbH und BSG Brand Sanierung GmbH, Bremen; priv. Finkenweg 14, 27612 Loxstedt. (M68)

Petey, Fernando, Dr.-Ing., STN Atlas Elektronik GmbH, Bremen; priv. Mozartstr. 6, 28203 Bremen, Tel. 0421-325819. (M93)

Petsch, Ernst-August, KzS, Technische Marineschule Kiel; priv. Hauptstr. 17–19, 23730 Neustadt, Tel. 04561-7450, Fax 04561-7027, dienstl. Tel. 0431-3843700, Fax 0431-3843518. (M98)

Pfeifer, Peter, Dipl.-Ing., Gerhard-Mercator-Universität – GH Duisburg, Fachgebiet Schiffstechnik; priv. Hirsestr. 19, 47269 Duisburg, Tel. 0203-766110. (M65)

Pfeifer, Werner, Dipl.-Ing., Blohm + Voss AG, Hamburg; priv. Rönneburger Kirchweg 56, 21079 Hamburg, Tel. 040-7687123. (M76)

Pfeiffer, Claus-Peter, Ing., F. Weiß FEG mbH, Ahrensburg; priv. Theodor-Storm-Str. 4, 21465 Reinbek, Tel. 040-7221519. (M85)

Pfister, Hans Ulrich, Dipl.-Ing., Brockdorffstr. 11, 22149 Hamburg, Tel. 040-6726710. (M58)

Philipp, Joachim, Dr.-Ing., Nußhäher Str. 45 b, 13505 Berlin, 030-4313248. (M78)

Philipp, Otto, Dr.-Ing., Motoren- und Energietechnik GmbH, Rostock; priv. Rembrandtstr. 5, 18057 Rostock. (M90)

Piasecki, Fritz, Dr.-Ing., Ostertorstr. 29 A, 30966 Hemmingen. (M64)

Piehler, Johann, Dipl.-Ing., Dipl.-Kfm., Kurt-Küchler-Str. 9, 22609 Hamburg. (M55)

Piening-Koehler, Horst, Dipl.-Ing., Ottostr. 13, 22525 Hamburg, Tel. 040-5709690. (M81)

Piker, Metin, Dipl.-Ing., Bureau Veritas, Hamburg; priv. Esmarchstr. 17, 25335 Elmshorn, Tel. 04121-83554. (M66)

Piller, Csaba, Student, Technische Universität Berlin, Institut für Schiffs- und Meerestechnik; priv. Franz-Mehring-Platz 2, WEN 27.20.11.82, 10243 Berlin, Tel. dienstl. 030-31426620. (M97)

Pinl, Harald, Dipl.-Phys., M.A., Historisches Seminar Universität Hannover; priv. Robert-Koch-Str. 69, 30853 Langenhagen, Tel. 0511-771763, Fax 0511-9735420, dienstl. Tel. 0511-762-4431, Fax 0511-762-4479. (M99)

Pinnekamp, Wolfgang, Dr.-Ing., Zahnräderfabrik RENK AG, Augsburg; priv. Zugspitzstr. 2, 86438 Kissing, Tel. 08233-5501. (M73)

Pipplies, Helmut, Dipl.-Ing., Sulzer Hydro GmbH, Ravensburg; priv. Blumenweg 39, 88212 Ravensburg. (M69)

Planitz, Wolfgang, Dr.-Ing., wiss. Mitarbeiter, Hamburgische Electricitäts-Werke; priv. Moorreye 103, 22415 Hamburg, Tel. dienstl. 04103-908260 o. 0172-2384810, priv. 0172-2384810. (M92)

Pleß, Eckhart, Dipl.-Ing., An der Hudau 18, 24576 Bad Bramstedt. (LM53)

Plum, Rüdiger, Dipl.-Ing., Gerhard-Mercator-Universität – GH Duisburg; priv. Schillerstr. 58a, 45768 Marl, Tel. 02365-16530, dienstl. Tel. 0203-379-2583. (M92)

Plump, Ralf, Röpers Weide 22, 22605 Hamburg, Tel. 040-8810875. (M87)

Pluntke, Bernd, Dipl.-Ing., Gerhard-Mercator-Universität – GH Duisburg; priv. Eisenhüttenstr. 76, 40882 Ratingen, Tel. 02102-82129. (M83)

Podgurski, Peter, Dipl.-Ing., Kastanienallee 24, 22955 Hoisdorf, Tel. 04107-5057. (M69)

Poehls, Harald, Dr.-Ing., o. Prof., Institut für Schiffbau, Hamburg; priv. Sandkamp 23, 21509 Glinde, Tel. 040-7107628, dienstl. 040-2984-3127. (M66)

Pöhlsen, Hans-Heinrich, Ing., Reederei-Inspektor, Reederei Egon Oldendorff, Lübeck; priv. Elbuferstr. 142, 29490 Neu Darchau. (M70)

Pöpsel, Konrad, Dipl.-Ing., Georg-Warring-Straße 31, 26721 Emden, Tel. 04921-43402. (M67)

Pöttgen, Jörg, Student, Gerhard-Mercator-Universität – GH Duisburg; priv. Prentzelstr. 25, 58095 Hagen, Tel. 02331-15588. (M92)

Pötz, Josef, Obering., Werftdirektor i.R., Am Lohne 4, 32457 Porta Westfalica, Tel. 05706-589. (M50†)

Pohl, Martin, Dipl.-Ing., Hamburgische Schiffbau-Versuchsanstalt GmbH; priv. Alter Teichweg 26, 22081 Hamburg, Tel. 040-297499. (M88)

Pollak-Banda, Erich, Dipl.-Ing., Fontanestr. 7, 86161 Augsburg, Tel. 0821-551980. (M59)

Pollmann, Ulrich, Dr., Hamburgische Schiffbau-Versuchsanstalt GmbH; priv. Malenter Weg 4, 22846 Norderstedt, Tel. 040-5355741, Fax 53531305,
E-mail: pollmann@on-line.de. (M92)

Polomsky, Stephan, Dr.-Ing., stellv. GF, Transocean Shipmanagement, Superintendent Department, Hamburg; priv. Große Gärtnerstr. 69, 25355 Barmstedt, Tel. 04123-7328, dienstl. 040-38016-547. (M90)

Pommer, Friedrich, Dipl.-Ing., Haderslebener Str. 1, 24768 Rendsburg, Tel. 04331-24360. (M59)

Pommer, Hans-Herbert, Dipl.-Ing., Howaldtswerke-Deutsche Werft AG, Kiel; priv. Dorfstr. 16, 24360 Barkelsby. (M78)

Porath, Dietmar, Dipl.-Ing., Ernst A. Nönnecke, Maritimes Ingenieurbüro, Hamburg; priv. Achter Lüttmoor 48, 22559 Hamburg, Tel. 040-817204. (M69)

Postel, Dirk, Dr.-Ing., Germanischer Lloyd AG, Hamburg; priv. Wiesendamm 15, 22305 Hamburg, Tel. 040-296727, dienstl. 040-361490. (M82)

Postel, Harro, Prof. Dipl.-Ing., Lange Koppel 6, 24248 Mönkeberg, Tel. 0431-231051. (M54)

Poulakis, Markos, Dipl.-Ing., Germanischer Lloyd; priv. Papadopoulou 7, GR-55236 Panorama Saloniki. (M82)

Praefke, Eckhard, Hamburgische Schiffbau-Versuchsanstalt GmbH; priv. Grasweg 13, 22299 Hamburg. (M86)

Präfke, Volker, Dipl.-Ing., Vertriebsleitung Motoren-Werke Mannheim AG, Hamburg; priv. Bahnstr. 188, 25451 Quickborn, Tel. 04106-72454. (M72)

Praël, Folker, Dipl.-Ing., Beratender Ingenieur, P.O. Box 5635, Victoria, B.C.,V8R 6S4/CANADA, Tel. 001-250-598-9723, Fax 001-250-598-9929. (M65)

Prange, Carsten, Dr., Museum für Hamburgische Geschichte, Holstenwall 24, 20355 Hamburg, Tel. 040-349122366. (M85)

Prediger, Rolf, Dr.-Ing., Ingenieurges. Prediger + Schulte (IGPS), Neumünster; priv. Quarnstedter Straße 8, 25548 Kellinghusen, Tel. 04822-6584. (M82)

Prescher, Karlheinz, Prof. Dr.-Ing. habil., Universität Rostock; priv. Ahornweg 3, 18239 Hanstorf, Tel. 038207-73642, Fax 038207-73643. (M95)

Preuß, Rainer, Dipl.-Ing., Bundeswehr; U-Bootflottille/1. U-Bootgeschwader; priv. Bahnhofstr. 41 c, 24217 Schönberg/H., Tel. 04344-4312. (M92)

Priebe, Thorsten, Student, Technische Universität Hamburg-Harburg; priv. Wiesendamm 135, Zim.251, 22303 Hamburg, Tel. 040-278779521. (M97)

Prien, Johann G., Dipl.-Ing., Germanischer Lloyd, Hamburg; priv. Uhlengrund 11, 25462 Rellingen. (M77)

Probst, Jan-Olaf, Dipl.-Ing., Germanischer Lloyd, Hamburg; priv. Gartenstr. 9, 25379 Herzhorn. (M90)

Probul, Eugen, Dipl.-Ing., Deutsche Aerospace AG, Militärflugzeuge, München; priv. Bischofshofener Str. 11, 82008 Unterhaching, Tel. 089-61155554. (M61)

Pruin, Axel, Dipl.-Ing., SCHIFFKO GmbH, Hamburg; priv. Mergesstr. 12, 38108 Braunschweig, Tel. 0531-351572, Fax 0531-3918221, dienstl. Tel. 040-37609-117. (M97)

Pruin, Berend, Dipl.-Ing., Geschäftsführer, SCHIFFKO GmbH, Multifunktionales Ingenieurbüro, Hamburg; priv. Binnenfeld 17, 21423 Winsen, Tel. 04179-442. (M67)

Puls, Dieter, Prof. Dr. sc. techn., Geschäftsführer, MTE Meerestechnik Engineering GmbH, Wismar; priv. Adolf-Becker-Str. 5, 18057 Rostock, Tel. 0381-4857295. (M90)

Pump, Hans-Joachim, Dipl.-Ing., Schoenrock Hydraulik GmbH; priv. Safranweg 4, 22523 Hamburg, Tel. 040-573192. (M62)

Pundt, Jürgen, Dipl.-Ing., Am Trave Eck 17, 23558 Lübeck. (M67)

Puntigliano, Fernando, Dipl.-Ing, Ing. Naval, Institut für Schiffbau und Hamburgische Schiffbau-Versuchsanstalt GmbH; priv. Luruper Chaussee 10, 22761 Hamburg. (M92)

Pylkkänen, Jaakko, Dr.-techn., Technische Universität Helsinki; priv. Suvikuja 4 B 42, SF-02120 Espoo 12, Tel. 00358-427474. (M71)

Quach, Paul Van-Can-Quyen, Dipl.-Ing., Kerbelweg 7, 22337 Hamburg. (M77)

Raabe, Jens, Dipl.-Ing., Institut für Schiffbau, Hamburg; priv. Immenkamp 2, 24107 Quarnbek. (M89)

Raben, Klaus Jürgen, Dipl.-Ing., Oberfinanzdirektion Kiel; priv. Wannseebogen 16 b, 24111 Kiel, Tel. dienstl. 0431-595-4114. (M90)

Radebold, Helmut, Dipl.-Ing., SCHIFFKO GmbH, Hamburg; priv. Am Hafen 30, 25348 Glückstadt. (M94)

Rader, Herbert, Obering., Dompfaffenweg 23 c, 22145 Hamburg, Tel. 040-6440428. (M61)

Radhi, Mohammed, Dr.-Ing., wiss. Angestellter, Technische Universität Berlin, Institut für Schiffstechnik; priv. Alte Allee 19, 14055 Berlin, Tel. 030-3143109. (M78)

Radtke, Detlef, Dipl.-Ing., Ingenieurkontor Lübeck; priv. Fahrenheitweg 1, 23568 Lübeck, Tel. 0451-36648. (M89)

Raeck, Hans-Joachim, Dipl.-Ing., Bauaufsicht des Bundesamtes für Wehrtechnik und Beschaffung, Emden; priv. Heilsberger Straße 48, 26725 Emden. (M67)

Rahn, Johann Ulrich, Dipl.-Ing., Dornier System, Friedrichshafen; priv. Sommerweg 15, 88048 Friedrichshafen. (M78)

Rameau, Cornelis Johannes, Commodore (RNLN Ret.), Ir., Director, Netherlands United Shipbuilding Bu-reaus, P.O. Box 16350, NL-2500 BJ The Hague. (M87)

Rancke, Hans-Herbert, Dipl.-Ing., Det Norske Veritas, Hamburg; priv. Westfeld 11, 21635 Jork. (M71)

Rantzau, Eberhart von, Dr., Reeder, Deutsche Afrika-Linien und John T. Essberger GmbH, Hamburg; priv. Mühlenberger Weg 34, 22587 Hamburg, Tel. 040-865816. (M93)

Rasche, Stefan, Student, Gerhard-Mercator-Universität – GH Duisburg; priv. Vluyner Str. 10, 47509 Rheurdt-Schaephuysen, Tel. 02845-6751. (M92)

Raschle, Hanspeter, Dipl.-Ing., SBT, Germanischer Lloyd AG, Hamburg; priv. Am Hang 15, 25421 Pinneberg, Tel. 04101-76125. (M92)

Rathje, Helge, Dipl.-Ing., Germanischer Lloyd, Hamburg, priv. Fasanenstieg 9, 23858 Reinfeld, Tel. 04533-8584, dienstl. Tel. 040-361490. (M98)

Rathjens, Dirk, Dipl.-Ing., Vorstandsmitglied, Howaldtswerke-Deutsche Werft Aktiengesellschaft, Kiel; priv. Hohrott 1, 24226 Heikendorf, Tel. 0431/7004543. (M89)

Rau, Ulrich, Dipl.-Ing., Kröger Werft, Rendsburg; priv. Albert-Schweitzer-Str. 92, 23611 Bad Schwartau, Tel. 0451-25311, dienstl. 04331-951-241. (M64)

Rausch, Hans-Michael, Schiffbau-Ing., Sachverständiger, Spaldingstr. 152, 20097 Hamburg, Tel. 040-233011. (M64)

Read, Keith, CBE, The Institute of Marine Engineers, The Memorial Building, 76 Mark Lane, London, EC3R 7JN/UK, Tel. 0044-171-4818493, Fax 0044-171-4881854, E-mail: imare@imare.org.uk.

Receveur, Holger, Dipl.-Ing., Rofin-Sinar Laser GmbH, Hamburg; priv. Haler Ort 14, 23568 Lübeck, Tel. 0451-6926175. (M84)

Reese, Christel, Kfm. Angestellte, Schiffbautechnische Gesellschaft e.V., Hamburg; priv. Lütjenmoor 17, 22850 Norderstedt, Tel. 040-5254457. (M89)

Reese, Ernst Dietrich, Schiffbau-Ing., Marienhöhe 140, 25451 Quickborn. (M50)

Reetmeyer, Henry, Dr.-Ing., STN ATLAS Elektronik GmbH, Hamburg; priv. Kriemhildstr. 1 a, 22559 Hamburg, Tel. 040-818298. (M92)

Rehbein, Axel, Dipl.-Ing., Bureau Veritas, Hamburg; priv. Riesserstr. 11, 20535 Hamburg, Tel. 040-2001744. (M94)

Rehling, Christof B., Dr.-Ing., M.Sc. (USA), Roland Berger & Partner GmbH, Hamburg; priv. Falkenried 65, 20251 Hamburg, Tel. dienstl. 040-376310, Fax 040-37631-102. (M88)

Rehling, Jürgen, Dipl.-Ing., Thyssen Nordseewerke GmbH, Emden; priv. Mergelstraße 24, 26725 Emden, Tel. 04921-24374. (M64)

Reinecke, Hinrich, Dipl.-Ing., Germanischer Lloyd, Hamburg; priv. Drosselweg 5, 21244 Buchholz, Tel. 04181-4602. (M90)

Reinsch, Karl-Heinz, Dr.-Ing., GERB Ges. für Isolierung mbH & Co. KG, Berlin; priv. Kronprinzenstr. 17, 13589 Berlin, Tel. 030-3752153. (M90)

Reinsch, Manfred, Dipl.-Ing., Lloyd's Register of Shipping, Kiel; priv. Kattendieck 8a, 24211 Preetz, Tel. 0434-29394. (M86)

Reischauer, Hans Jörg, Dipl.-Ing., MTG Marinetechnik GmbH, Hamburg; priv. Schloßstr. 84, 22041 Hamburg, Tel. 040-687080. (M82)

Reißmann, Christoph, Prof. Dr., Universität Rostock; priv. Augustenstr. 42, 18055 Rostock, Tel. 0381-405247. (M90)

Remmers, Bernd, Dipl.-Ing., Kempf & Remmers, Hamburg; priv. Mittelweg 114 c, 20149 Hamburg, Tel. 040-4101771. (M76)

Remmers, Karl, Dr. rer. pol., Kempf & Remmers, Hamburg; priv. Streekweg 32, 22359 Hamburg, Tel. 040-6036347. (M50)

Renner, Volker, Dipl.-Ing., Fachbereichsleiter Verkehrstechnik, Europäisches Entwicklungszentrum für die Binnenschiffahrt (EBD), Duisburg; priv. Obere Birk 41, 47443 Moers, Tel. dienstl. 0203-99378-0, Fax 0203-99378-50. (M68)

Reupke, Jens, Dipl.-Ing., Heinrich-Plett-Str. 67, 22609 Hamburg, Tel. 040-828388. (M67)

Reuß, Horst, Ing. (grad.), MTG Marinetechnik GmbH; priv. Mühlenkamp 3, 22303 Hamburg. (M77)

Richards, John, Dipl.-Ing., Hamburgische Schiffbau-Versuchsanstalt GmbH; priv. Bahnhofstr. 23, 21435 Stelle-Ashausen, Tel. 04171-50759. (M84)

Richter, Bernhard, Dr.-Ing., Germanischer Lloyd, Hamburg; priv. Doppheide 8, 21149 Hamburg, Tel. 040-7017608. (M78)

Richter, Olaf, Dipl.-Ing., Technische Universität Hamburg-Harburg; priv. Lohmannsstieg 1, 21075 Hamburg. (M95)

Richter, Stefan, Dipl.-Ing., Siemens AG, Hamburg; priv. Moltkestr. 22, 27749 Delmenhorst, Tel. 04221-14656, dienstl. Tel. 040-2889-2572, Fax 040-2889-2636. (M97)

Riedel, Arnd, Dipl.-Ing., Flensburger Schiffbau-Gesellschaft; priv. Kiefernweg 41, 24944 Flensburg. (M91)

Rimkus, Christian, Dipl.-Ing., SCHIFFKO DSE, Hamburg; priv. Wrangelstraße 119, 20253 Hamburg, Tel. 040-497632. (M92)

Rinke, Andreas, Dipl.-Ing., Friedrich-Ebert-Str. 57, 27570 Bremerhaven, Tel. 0471-20642. (M93)

Ritterhoff, Jürgen, Dr.-Ing., Ingenieurkontor Lübeck; priv. Aublick 6, 23611 Bad Schwartau, Tel. 0451-24198. (M65)

Ritters, Matthias, Dipl.-Ing., Lloyd's Register of Shipping; priv. P.O. Box 8935, Dubai/VEREINIGTE ARABISCHE EMIRATE. (M92)

Rittershausen, Wolfram, Heinrich-von-Kleist-Str. 58, 61350 Bad Homburg v.d.H., Tel. 06172-81976. (M52)

Rodermund, Siegmar, Obering., Beratender Ingenieur, Kirchmoor 11, 25358 Hohenfelde, Tel. 04127-92164, Fax 04127-92166. (M70)

Rodriguez Vicent, Euclides M., Dipl.-Ing., Ministerio de Transporte y Comunicaciones; priv. Conjunto Res. Juan Pablo II, Parque Res. Tres – Piso 13, Apto. 2E/02 – Montalban, Caracas/Venezuela. (M90)

Rögener, Heinz, o. Prof., Dr., TU Hannover; priv. Asselweg 10 B, 30826 Garbsen. (M73)

Röhl, Ohe, Dr.-Ing., Lange Str. 18, 21255 Kakenstorf, Tel. 04186-427. (M53)

Röhr, Joachim, Dr.-Ing., Sauer – Sundstrand GmbH, Neumünster; priv. Baumkamp 41, 22299 Hamburg. (M88)

Röhr, Udo, Prof. Dr.-Ing., Universität Rostock, FB Maschinenbau und Schiffstechnik, Institut für Technische Mechanik; priv. Sonnenblumenweg 22, 18119 Rostock, Tel. 0381-51643,Tel. dienstl. 0381-4980. (M90)

Röhreke, Wolfgang, Dipl.-Ing., Im Kamp 36, 21335 Lüneburg. (M78)

Römeling, Jens Ulrich, Dr., Obering., Danish Maritime Institute, Lyngby (Copenhagen); priv. Hjorthoj 15, DK-2800 Lyngby, Tel. 0045-42-881208. (M88)

Roenes-Bueno, Miguel, Student, Glojenbarg 14, 22848 Norderstedt, Tel. und Fax 040-52877679. (M93)

Rörup, Jörg, Dipl.-Ing., Technische Universität Hamburg-Harburg; priv. Chrysanderstr. 101, 21029 Hamburg, Tel. 040-72692381, dienstl. Tel. 040-2984-3103, Fax 040-2984-3337. (M99)

Röschmann, Dieter, Dr.-Ing., Vorstandsmitglied, Blohm + Voss AG, Hamburg; priv. Lüdenstorfer Feld 22, 21614 Buxtehude, Tel. 04161-85525. (M68)

Rösner, Olaf P. F., Dipl.-Ing., Lloyd's Register of Shipping, London; priv. 5 Blakeway, Tunbridge Wells/Kent TN2 3DF/ GROSSBRITANNIEN, Tel. dienstl. 0044-171-4232258. (M89)

Rohde, Jörg, Am Benderskothen 13 a, 40885 Ratingen. (M87)

Rohdjeß, Joachim, Schiffbau-Ing. (grad.), Ingenieur- und Entwicklungsbüro J. Rohdjeß; priv. Böckenrad 23, 23569 Lübeck, Tel. 0451-303986. (M64)

Rohkamm, Eckhard, Prof. Dr.-Ing. Vorstandsvorsitzender, Thyssen Industrie AG, Essen; priv. Danziger Str. 24, 45470 Mülheim. (M64)

Rohr, Anette, Institut für Schiffbau, Hamburg; priv. Margarethenstr. 20, 21244 Buchholz, Tel. 04181-34603. (M95)

Roll, Hans Ulrich, Prof. Dr., Rögenfeld 34, 22359 Hamburg, Tel. 040-6038882. (M67)

Roller, Marion, Studentin, Gerhard-Mercator-Universität – GH Duisburg; priv. Müllersgasse 6, 47051 Duisburg, Tel. 0203-27801. (M99)

Roller, Stephanie, Studentin, Gerhard-Mercator-Universität – GH Duisburg; priv. Müllersgasse 6, 47051 Duisburg, Tel. 0203-27801. (M99)

Romahn, Karl, Dipl.-Ing., Thyssen Nordseewerke GmbH, Emden; priv. Barkweg 12, 26723 Emden. (M53)

Rosponi, Andreas, Student, Technische Universität Hamburg-Harburg/RWE-DEA, Hamburg; priv. Kaulbachstr. 27, 22607 Hamburg, Tel. 040-892289, dienstl. Tel. 040-63751492. (M96)

Rother, Bernd, Dipl.-Ing.; priv. Seeblick 13 d, 24211 Preetz, Tel. 04342-82196. (M38)

Rother, Stefan, Dipl.-Ing., Krupp MaK Kiel; priv. Immingaweg 30, 26721 Emden, Tel. 04921-4711. (M93)

Roy, Dip Narayan, Dipl.-Ing., Det Norske Veritas, Albert-Einstein-Ring 21, 22761 Hamburg, Tel. 040-8905900. (M64)

Rucha, Herbert, Prof. Dipl.-Ing., Fachhochschule München; priv. Elritzenstr. 12, 81825 München, Tel. 089-425981. (M59)

Rudolph, Anton, Dipl.-Ing., Luisenstr. 6, 27721 Ritterhude, Tel. 04292-1396. (M93)

Rudolph, Rolf, Schiffbau-Ing., Lloyd's Register of Shipping, Bremerhaven; priv. Bremer Str. 20 d, 27572 Bremerhaven. (M68)

Rüde, Jan, Dipl.-Ing., Germanischer Lloyd, Hamburg; priv. Öjendorfer Steinkamp 28, 22117 Hamburg, Tel. 040-7132444. (M96)

Rüdiger, Klaus, Schiffbau-Ing. (grad.), Ruhrorter Schiffswerft; priv. Rumbachtal 8, 45470 Mülheim, Tel. 0208-370818. (M83)

Rührdanz, Hartmut, Schiffbau-Ing., Schweißfach-Ing., Ulmenstr. 113, 12621 Berlin, Tel. 030-5676515. (M98)

Rüsch, Peter, Dipl.-Ing., Blohm + Voss AG, Hamburg; priv. Estedeich 80, 21129 Hamburg, Tel. 040-7458741. (M91)

Rüssel, Kay, Dr.-Ing., Germanischer Lloyd, Hamburg; priv. Doktorberg 29, 21029 Hamburg, Tel. 040-7247859. (M89)

Rulfs, Horst, Prof. Dr.-Ing., Technische Universität Hamburg-Harburg; priv. Volksdorfer Weg 41, 22393 Hamburg, Tel. 040-6013789. (M88)

Rzadki, Wolfgang, Dipl.-Ing., Siemens AG, Hamburg; priv. Groothegen 4 e, 21509 Glinde, Tel. 040-7103706. (M94)

Saacke, Hans-Herbert, Dipl.-Ing, H. Saacke KG, Bremen; priv. Südweststraße 13, 28237 Bremen, Tel. 0421-64950. (M65)

Saarikangas, Jarl-Martin, Alexander, Dipl.-Ing., Executive Vice President, MASA-YARDS OY, Helsinki; priv. Ankkurisaarentie 33, SF-02160 Espoo. (M87)

Sabuncu, Tarik, Prof. Dr. techn., Istanbul Teknik Üniversitesi, Makine Fakültesi Istanbul; priv. Beylerbeyi Cad. No. 62-Kuzguncuk, 81200 Istanbul/TÜRKEI. (M53)

Sacher, Rainer, Dipl.-Ing., Bundesakademie für Wehrverwaltung und Wehrtechnik, Mannheim; priv. Ruhrsbrook 23a, 24226 Heikendorf, Tel. 0431-245850, dienstl. Tel. 0621-42950, Fax 0621-4295463. (M99)

Sachse, Joachim, Dipl.-Ing., Wirtsch.-Ing., Wohltorferstr. 1, 21465 Reinbek, Tel. 040-7221775. (M59)

Sadewasser, Holger, Dr.-Ing., Blohm + Voss AG, Hamburg; priv. Moorfleeter Deich 43, 22113 Hamburg. (M69)

Sadler, Karl-Otto, Dipl.-Ing., Kroneweg 21, 22159 Hamburg, Tel. 040-665626. (M98)

Saeger, Hans, Dipl.-Ing., Howaldtswerke-Deutsche Werft AG, Kiel; priv. Langkoppel 12, 24161 Altenholz, Tel. 0431-324000, Fax 0431-323374, dienstl. 0431-7000, Fax 0431-700-4525. (M98)

O. M. Saleck, Mohamed, Student, Gerhard-Mercator-Universität – GH Duisburg; priv. Immendal 45, 47053 Duisburg, Tel. 0203-62973. (M92)

Samelin, Hans-Walter, Schiffbau-Ing., Ingenieurbüro für Schiffstechnik Ingo Schlüter GmbH & Co., Flensburg; priv. Tannenredder 37, 23627 Groß Grönau. (M66)

Sames, Pierre C., Dr.-Ing., Germanischer Lloyd, Hamburg; priv. Oelkersallee 34, 22769 Hamburg, Tel. 040-436574, dienstl. Tel. 040-36149-113, Fax 040-36149-200, E-mail: pcs@hamburg.germanlloyd.de. (M97)

Sandmann, Fritz, Prof. Dipl.-Ing., Geschäftsführer, CONOC Continental Contractors GmbH, Hamburg; priv. Deichweg 14, 29484 Langendorf. (M80)

Sandomeer, Helmut, Sandomeer, Schulte & Partner; priv. Krögerkoppel 13, 22393 Hamburg, Tel. 040-6013032. (M90)

Sanftleben, Helmut, Dipl.-Ing., Boltenhagenweg 12, 23564 Lübeck, Tel. 0451-605959. (M54)

Santos, Jorge F. dos, Dr.-Ing., GKSS-Forschungszentrum Geesthacht GmbH, Geesthacht; priv. Heiligengeiststr. 23, 21335 Lüneburg, Tel. 04131-731732, dienstl. Tel. 04152-871926, Fax 04152-871909. (M98)

Sanusi, Yahaya, Dr.-Ing., Thyssen Nordseewerke GmbH, Emden; priv. Saarke-Moyarts-Str. 31b, 26725 Emden, Tel. 04921-32005. (M90)

Saroukh, Ahmed, Dr.-Ing., Technische Universität Berlin, Institut für Schiffs- und Meerestechnik; priv. Pfalzburger Str. 53, 10717 Berlin. (M92)

Sartori, Peter, Dipl.-Ing., Lais AG, Stahl und Schiffbau, Basel; priv. Bühlstr. 56a, 79541 Lörrach, Tel. dienstl. 0041-61-3227777. (M88)

Sattler, Gunter, Dipl.-Ing., Ingenieurkontor Lübeck; priv. Dornierstr. 49, 23568 Lübeck. (M71)

Sauerteig, Erhard, Bahnhofstr. 60, 85598 Neubaldham, Tel. 08106-6444. (M59)

Scarpa, Guiseppe, Dr.-Ing., Via Lavinia 51/5, I-Genova (614), Tel. 0039-10-302782. (M64)

Schaak, Helmuth, Dipl.-Ing., Vorsitzender der Geschäftsführung, Maschinenfabrik Paul Leistritz, Nürnberg; priv. Markgrafenstr. 29–39, 90459 Nürnberg, Tel. 0911-43060. (M55)

Schacht, Jürgen, E-Ing., MTG Marinetechnik GmbH, Hamburg; priv. Kehrwieder 5, 21423 Winsen/Luhe, Tel. 04171-3306. (M91)

Schade, Hans-Christoph, Dipl.-Ing., Normenstelle Schiffs- und Meerestechnik (NSMT) im DIN, Hamburg; priv. Haidlandsweg 17, 22175 Hamburg, Tel. 040-5363500, dienstl. 040-697084-12. (M76)

Schaedla, Hans M., Dipl.-Ing., Abeking & Rasmussen, Lemwerder; priv. Rohrstr. 41, 28757 Bremen, Tel. 0421-67330. (M87)

Schaedla, Hermann H., Dipl.-Ing., Abeking & Rasmussen, Schiffs- und Yachtwerft, Lemwerder; priv. Haus Butendiek, 27805 Lemwerder, Tel. 0421-67433. (M66)

Schäfer, Wilhelm, Dr.-Ing., A. Flender, Bocholt; priv. Rohlfsweg 6, 58452 Witten, Tel. und Fax 02302-30604, dienstl. Tel. 02323-940-987, Fax 02323-940-970. (M99)

Schafstall, Heino, Prof. Dr.-Ing., Auf der Höhe 4, 21365 Adendorf, Tel. 04131-188223. (M57)

Schakies, Kurt, Schiffbau-Ing., Porschestr. 22, 27574 Bremerhaven. (M66)

Schanz, Fritz, Dr.-Ing., Sulzer-Escher Wyss GmbH, Ravensburg; priv. Robert-Schumann-Str. 9-1, 88677 Markdorf. (M64)

Schauland, Jörg, Dipl.-Ing., KSW Systems, Hamburg; priv. Brookdeich 100, 21029 Hamburg, Tel. 040-7249774. (M95)

Scheel, Hans, Dipl.-Ing., Heilpraktiker, Philosophenring 62, 53177 Bonn, Tel. 0228-322275. (M80)

Scheidt, Josef, Dipl.-Ing., Gerhard-Mercator-Universität – GH Duisburg; priv. Johanniskirchstr. 41, 45329 Essen, Tel. 0201-355552. (M92)

Scheipner,
Robert Hans, Dipl.-Ing., Holzdorfer Str. 56, 26524 Berumbur/Ostfriesland, Tel. 04936-990127. (M60)

Schellenberger, Karlheinz, Dr.-Ing., Bayerische Schiffbaugesellschaft mbH, Klingenberger Str. 39, 63906 Erlenbach/Main, Tel. 09372-5229. (M42)

Schellin, Thomas, Dr.(Ph.D.), Dipl.-Ing., Germanischer Lloyd, Hamburg; priv. Abteistraße 23, 20149 Hamburg. (M78)

Schenkluhn, Gerhard, Dipl.-Ing., Hochschule Bremen; priv. Tilburger Str. 59, 28289 Bremen, Tel. 0421-5905712. (M92)

Schenzle, Peter, Dipl.-Ing., Hamburgische Schiffbau-Versuchsanstalt GmbH; priv. August-Krogmann-Str. 155, 22159 Hamburg. (M69)

Scherb, Martin, Dipl.-Ing., WSD Nordwest, Aurich; priv. Am Wald 43, 26605 Aurich, Tel. 04941-2123. (M91)

Schickhardt, Gerhard W., Kapitän, Siemensstr. 9, 23560 Lübeck, Tel. 0451-56211. (M67)

Schiele, Martin, Dipl.-Ing., Deutsches Patentamt, München; priv. Kriegerstr. 24 d, 82110 Germering. (M71)

Schiener, Stefan, Student, Gerhard-Mercator-Universität – GH Duisburg; priv. Lösorterstr. 3, 47137 Duisburg. (M99)

Schiff, Adolf, Dr.-Ing., Arthur-Piechler-Str. 32, 86161 Augsburg, Tel. 0821-550888. (M59)

Schiff, Clemens, Dipl.-Ing., Germanischer Lloyd, Hamburg; priv. Rudolf-Kinau-Allee 3 a, 21129 Hamburg. (M86)

Schild, Tomas, Dipl.-Ing., Ingenieurbüro Gansslaser, Tübingen; priv. Lange Furche 31, 72072 Tübingen, Tel. 07071-74293, Fax 07071-73665. (M94)

Schild, Wolfgang, Dipl.-Ing., Struhbarg 40, 22941 Bargteheide, Tel. 04532-8382. (M85)

Schill, Roland, Dipl.-Ing., Willbrandt & Co.; priv. Wöhrenweg 11, 22397 Hamburg, Tel. 040-6074254. (M97)

Schimansky, Siegfried, Dipl.-Ing., Ing.-Büro für Schiffbau, Siebenbergen 50, 26789 Leer-Logabirum, Tel. 0491-7643. (M66)

Schimke, Ernst, Dipl.-Ing., An der Schüttenhöhe 33, 51643 Gummersbach. (M71)

Schinck, Alfred, Dipl.-Ing., MTU Motoren- und Turbinen Union Friedrichshafen GmbH, Försterkamp 9, 21149 Hamburg, Tel. 040-797003-49, Fax 040-7963952. (M98)

Schindler, Frank-Peter, Dipl.-Ing., Technische Universität Berlin, Versuchsanstalt für Wasserbau und Schiffbau, Berlin; priv. Regensburger Str. 15, 10777 Berlin, Tel. 030-2132761. (M74)

Schindler, Wolfgang, Dipl.-Ing., Mühlenweg 6, 2397 Handewitt. (M82)

Schlachter, Gerhard, Dr.-Ing., MTG Marinetechnik GmbH, Hamburg; priv. Elsterkamp 14 A, 21244 Buchholz, Tel. 04181-33871. (M64)

Schlichting, Detlef, Dipl.-Ing. (FH), Abeking & Rasmussen, Lemwerder, Schiffs- und Yachtwerft GmbH & Co.; priv. Freier Damm 27 A, 28757 Bremen, Tel. 0421-6250593, dienstl. Tel. 0421-6604218, Fax 0421-6604472. (M86)

Schlichting, Hans Peter, Dipl.-Ing., Pamirweg 5, 23570 Lübeck-Travemünde, Tel. 04502-73812. (M51)

Schlögl, Reimar, Student, Institut für Schiffbau, Hamburg; priv. Elligersweg 18, 22307 Hamburg, Tel. 040-6314676. (M94)

Schlott, Hans Walther, Dr.-Ing., Adenauer Allee 197, 52066 Aachen, Tel. und Fax 0241-6088798. (M63†)

Schlottmann, Günther, Prof. Dr.-Ing., Universität Rostock, FB Maschinenbau und Schiffstechnik; priv. Groß Kleiner Weg 16d, 18119 Rostock, Tel. dienstl. 0381-498-3179, priv. 0381-52245. (M96)

Schlüter, Hans-Joachim, Prof. Dr.-Ing. habil., Gerhard-Mercator-Universität – GH Duisburg; priv. Hittfeldstr. 72, 45478 Mühlheim/Ruhr, Tel. 0208-52443. (M92)

Schlüter, Ingo, Dipl.-Ing., Flensburger Ingenieurbüro für Schiffstechnik; priv. Rabenslücke 33, 24944 Flensburg. (M62)

Schmidt, Andreas, Student, Schauenburger Str. 40, 24105 Kiel. (M94)

Schmidt, Anke, Dipl.-Ing., Bremer Vulkan Werft und Maschinenfabrik GmbH; priv. Vorberger Str. 4, 28779 Bremen. (M84)

Schmidt, Dietmar, Dr.-Ing., MPC Münchmeyer, Petersen Marine GmbH & Co., Hamburg; priv. Wittland 27 F, 22589 Hamburg, Tel. 040-876908, dienstl. Tel. 040-38022-258, Fax 040-38022-199, E-mail: sm@mpc-hamburg.com. (M96)

Schmidt, Hermann, Dipl.-Ing., Bendestorfer Ring 24, 21079 Hamburg, Tel. und Fax 040-7688829. (M73)

Schmidt, Klaus, Student, Fachhochschule Kiel; priv. Alter Bahnhof 18, 24783 Osterrönfeld, Tel. 04331-849974. (M97)

Schmidt, Rainer, Dipl.-Ing., Ministerialrat, Landesrechnungshof Schleswig-Holstein; priv. Flüggendorfer Str. 1, 24148 Kiel. (M71)

Schmidt, Thomas, Dipl.-Ing., Thyssen Nordseewerke GmbH, Emden; priv. Berliner Ring 9, 26603 Aurich. (M87)

Schmiechen, Michael, Prof. Dr.-Ing., Bartningallee 16, 10557 Berlin, Tel. 030-3927164. (M67)

Schmied, Eugen, Dipl.-Ing., Eugen Schmied & Assoc. Consulting Engineers Inc., 2041 Mac Arthur Street, Rancho Palos Verdes, CA 90732/USA. (M87)

Schmitt, Walburga, Dipl.-Ing., Marinearsenal Kiel; priv. Kilianstr. 51, 56072 Koblenz. (M80)

Schmitz, Dieter, Student, Gerhard-Mercator-Universität – GH Duisburg; priv. Rheinaustr. 187, 53225 Bonn. (M90)

Schmitz, Reinhard, Prof. Dr.-Ing., Kapitän, Fachhochschule Flensburg; priv. Moltkestr. 43, 24937 Flensburg. (M83)

Schmitz, Walther, Dipl.-Ing., Karberg & Schmitz, Hamburg; priv. Albertiweg 27, 22605 Hamburg, Tel. 040-826351. (M61)

Schnapauff, Dietrich, Schiffbau-Ing., Blohm + Voss AG, Hamburg; priv. Tönsfeldtstr. 5, 22763 Hamburg. (M70)

Schneekluth, Herbert, o. Prof. em. Dr.-Ing., Am Adamshäuschen 6, 52074 Aachen, Tel. 0241-74494. (M52)

Schneider, Alfred, Ing. (grad.), Wanderuper Str. 21, A 222, 24963 Tarp. (M72)

Schneider, André, Student, Universität Hamburg, Institut für Schiffbau; priv. Wätjenstr. 3, 28213 Bremen. (M97)

Schneider, Axel, Dipl.-Ing., Krog 30, 23560 Lübeck. (M71)

Schneider, Wolf-Rüdiger, Dipl.-Ing., Thyssen Nordseewerke GmbH, Emden; priv. Graf-Edzard-Str. 28 b, 26721 Emden. (M71)

Schnoor, Hans-Detlef, Dr., Dipl.-Volkswirt, Vorstandsmitglied, L. Possehl & Co. mbH, Lübeck; priv. Achtern Diek 2a, 22927 Großhansdorf, Tel. 04102-62751. (M69)

Schnoor, Hans-Uwe, Dipl.-Ing., Howaldtswerke Deutsche Werft Aktiengesellschaft, Kiel; priv. Doberkamp 42, 24223 Raisdorf. (M76)

Schnoor, Horst, Dipl.-Ing., Am Pohl 35, 23566 Lübeck. (M54)

Schönfeldt, Henry, Dipl.-Ing., Bataverweg 16, 22455 Hamburg, Tel. 040-5518459. (M62)

Schönherr, Bernhard, Dipl.-Ing., W. Hofrat, Friedrichstr. 4, A-4040 Linz. (M39)

Schönknecht, Rolf, Prof. Dr. sc. oec., Dr.-Ing., Universität Rostock; priv. Nigen Enn 25, 18109 Rostock, Tel. 0381-712298. (M90)

Schönstein, Harald, Ing., Ingenieurbüro – Antriebstechnik und Apparatebau, Cranachstr. 49, 22607 Hamburg, Tel. 040-893003. (M64)

Schöttelndreyer, Werner, Dr.-Ing., Hauptgeschäftsführer, Verband für Schiffbau und Meerestechnik, Hamburg; priv. Wilhelmistr. 14, 22605 Hamburg, Tel. 040-8904012. (M66)

Scholler, Roman, Student, Gerhard-Mercator-Universität – GH Duisburg; priv. Kammerstr. 206, 47057 Duisburg, Tel. und Fax 0203-377282, dienstl. Tel. 0203-3790. (M99)

Schomber, Erich, Ing., Lloyd's Register of Shipping; priv. Osterdeich 146 a, 28205 Bremen, Tel. 0421-447625. (M55)

Schormair, Josef, Kapitän, Marschweg 42, 22559 Hamburg. (M55†)

Schott, Hanns-Otto, Dipl.-Ing., Stresemannstr. 357, 22761 Hamburg. (M89)

Schouler, Norbert, Techn. Ang., F. Willich Isolierungen GmbH + Co., Norderstedt; priv. Werftstr. 41, 24148 Kiel, Tel. und Fax priv. 0431-7298182, dienstl. Tel. 040-53594-20, Fax 040-53594-44. (M97)

Schreck, Günter, Geschäftsführer, Mac Gregor-Navire (DEU) GmbH, Hamburg; priv. Im Heidewinkel 6, 21271 Asendorf, Tel. 04183-5658. (M86)

Schröder, Klaus, Dipl.-Ing., Kapitän, Marine Service GmbH, Hamburg; priv. Am Försterland 40, 21217 Seevetal. (M78)

Schroeter, Axel, Dipl.-Ing., SMK Ingenieurbüro Gesellschaft für Systemberatung, Projektmanagement und Konstruktion mbH, Schönkirchen; priv. Mühlenstr. 1c, 24232 Schönkirchen. (M76)

Schröter, Hans-Joachim, Hapag-Lloyd AG, Hamburg; priv. Emilienstr. 20 a, 20259 Hamburg. (M77)

Schropp, Günter, Dipl.-Ing., Schiffswerft Fr. Schweers, 27804 Berne, Tel. 0421-669093. (M67)

Schubring, Martin, Dipl.-Ing., Hamburger Hafen- und Lagerhaus AG; priv. Eduard-Reichenbaum-Weg 6, 22457 Hamburg, Tel. 040-5596146. (M88)

Schürenstedt, August jr., Deichstr. 196, 27804 Berne, Tel. 0421-671419. (M69)

Schürmann, Reinhard, Dipl.-Ing., Warnowwerft Warnemünde; priv. Stülower Weg 13, 18209 Bad Doberan, Tel. 038203-55897. (M90)

Schütt, Carl, Dipl.-Ing., Student, Technische Universität Hamburg-Harburg; priv. Lutherhöhe 22, 22761 Hamburg. (M98)

Schütz, Heinrich, Dipl.-Ing., Erster Direktor, BWB Bundesamt für Wehrtechnik und Beschaffung, Koblenz; priv. Bismarckstr. 34, 56068 Koblenz, dienstl. Tel. 0261-400-4300, Fax 0261-400-4464. (M66)

Schütz, Wolfgang, Germanischer Lloyd, Hamburg; priv. Riekbornweg 25, 22457 Hamburg, Tel. 040-5583083, dienstl. Tel. 040-361490. (M88)

Schützko, Cäsar, Dipl.-Ing., Ingenieurbüro C. Schützko; priv. Sonnenredder 32 A, 22045 Hamburg. (M92)

Schulthes, Karl H., Dipl.-Ing., Graf-Luckner-Haus 0408, 22880 Wedel, Tel. 04103-705417. (M30†)

Schultz, Hans-Georg, Prof. Dr.-Ing., Wernerstr. 5, 14193 Berlin-Grunewald. (M61)

Schultz, Karl-Ferdinand, Dr.-Ing., Hochrain 8, 22113 Oststeinbek, Tel. 040-7125541. (M80)

Schulz, Bernd, Dipl.-Ing., BESCO, Nordheimstr. 149a, 27476 Cuxhaven, Tel. 04721-201027, Fax 04721-201025, E-mail: BESCO@t-online.de. (M98)

Schulz, Edgar, Dipl.-Ing., C. Gielisch, Düsseldorf; priv. Hiesfelderstr. 125, 46147 Oberhausen. (M87)

Schulz, Hans, Obering., Schichau Seebeckwerft AG, Bremerhaven; priv. Rheinstraße 107 A, 27570 Bremerhaven, Tel. 0471-21758. (M79)

Schulz, Herbert, Dr.-Ing., Ingenieurzentrum Schiffbau, Rostock; priv. Am Kiewittsmoor 10, 18190 Sanitz. (M91)

Schulze, Detlef, Dr.-Ing., Technische Universität Berlin, Versuchsanstalt für Wasserbau und Schiffbau, Berlin; priv. Thaliaweg 6, 12249 Berlin, Tel. priv. 030-7722206, dienstl. 030-31184-228, Fax 030-31184-200. (M97)

Schulze, Rudolf, Dipl.-Ing. Neue Jadewerft GmbH, Wilhelmshaven; priv. Humboldtring 6, 26384 Wilhelmshaven, Tel.04421-32319. (M66)

Schumacher, Hermann, Prof. Dipl.-Ing., Goerdelerstraße 114, 21031 Hamburg, Tel. 040-7383435. (M54)

Schumacher, Theodor, Ing., Fröbelstr. 3, 47877 Willich, Tel. 02154-428348. (M53)

Schuppert, Günter, Ing. (grad.), AUDI AG; priv. Römerstr. 18, 85120 Hepberg, Tel. 08456-1875. (M62)

Schwaeppe, Marcus, Dipl.-Ing., Rübenhofstr. 2, 22335 Hamburg, Tel. 040-592979. (M95)

Schwanecke, Helmut, Dr.-Ing., o. Universitätsprof. a. D., Schiffahrtssachverständiger, Henstedter Weg 25, 22844 Norderstedt, Fasanenstr. 35a, 10719 Berlin, Tel. 040-5221926 od. 030-8839878. (M52)

Schwarz, Joachim, Dr.-Ing., Hamburgische Schiffbau-Versuchsanstalt GmbH; priv. Alter Achterkamp 74 b, 22927 Großhansdorf, Tel. 04102-63756. (M83)

Schwarz, Ronald, Dipl.-Ing., Ing.-Büro Ernst Schwarz, Außenschlag 14, 21521 Wohltorf, Tel. 04104-7273. (M70)

Schwenker, Helmuth, Dipl.-Ing., Olenmoorweg 11, 25469 Halstenbek, Tel. 04101-43600. (M55)

Schwertner, Harald, Dipl.-Ing., Zum Langen See 18, 12557 Berlin, Tel. 030-6569498. (M90)

Sebelefsky, Dirk, Dipl.-Kfm., Geschäftsführer, NOSKE-KAESER GmbH, Hamburg; priv. Ferdinands Höh 20 a, 22587 Hamburg, Tel. 040-860207, dienstl. Tel. 040-8544-2200, Fax 040-8544-2363, Handy 0172-4550490. (M86)

Seefisch, Fritz, Dipl.-Ing, Lübeckerstraße 3, Haus D/3/33, 22926 Ahrensburg, Tel. 04102-41427. (M34)

Seidler, Klaus-Michael, Dipl.-Ing., Thyssen Nordseewerke GmbH, Emden; priv. Oldersumer Neuland 2, 26802 Moormerland. (M72)

Selke, Wolfgang, Dipl.-Ing., Hohe Kiefer 28, 14532 Kleinmachnow. (M90)

Selle, Hubertus von, Dr.-Ing., Germanischer Lloyd, Hamburg; priv. Bredeneschredder 46, 22395 Hamburg, dienstl. Tel. 040-36149-954. (M99)

Sendner, Helmut, Dipl.-Ing., Bremer Vulkan Werft und Maschinenfabrik GmbH; priv. Maschkuhlen 1 c, 28759 Bremen, Tel. 0421-623058. (M64)

Sennert, Horst, Schiffbau-Ing., selbständig, A & HS Ingenieurbüro, Weiter Lohberg 18, 23552 Lübeck, Tel. 0451-72697. (M73)

Sens, Günter, Dr.-Ing., Ingenieurkonto Lübeck; priv. Karoline-Herschel-Str. 15, 23843 Bad Oldesloe, Tel. 04531-83266. (M82)

Seraphin, Dietmar, Ing., Blohm + Voss AG, Hamburg; priv. Rotbergkamp 5, 21079 Hamburg, Tel. 040-7644972. (M68)

Serr, Michael, Dipl.-Ing., Technische Universität Hamburg-Harburg; priv. Eppendorfer Weg 123, 20259 Hamburg, Tel. 040-475131. (M86)

Seyen, Malte, Dipl.-Ing., Geschäftsführer, Hilbig Schweißtechnik GmbH, Hamburg; priv. Hölertwiete 4 A, 21220 Seevetal, Tel. 04185-2514, dienstl. 040-769210-0, Fax 040-769210-21. (M97)

Seyffarth, Peter, Prof. Dr. sc. techn., Dipl.-Ing., Schweißtechnische Lehr- und Versuchsanstalt Mecklenburg-Vorpommern GmbH, Rostock; priv. Liskowstr. 28, 18059 Rostock, Tel. 0381-25801. (M90)

Sfetsas, Jean, Dipl.-Ing., Blohm + Voss AG, Hamburg; priv. Wilsdorfallee 5, 22549 Hamburg, Tel. 040-8318551. (M90)

Shala, Daniela, Studentin, Gerhard-Mercator-Universität – GH Duisburg; priv. Dennewitzstr. 7, 47138 Duisburg. (M94)

Sharma, Som Deo, Prof. Dr.-Ing., geschäftsf. Direktor des Instituts für Schiffstechnik der Gerhard-Mercator-Universität – GH Duisburg; priv. Friedenstr. 12, 40724, Hilden, Tel. dienstl. 0203-3792911. (M65)

Sideris, Dimitris, Dr., Germanischer Lloyd, Hamburg; priv. Martinistr. 23, 20251 Hamburg, Tel. 040-461898. (M85)

Siebeneicher, Jürgen, Dipl.-Ing., Ltd. Baudirektor, Bundesanstalt für Wasserbau, Außenstelle Küste, Abt. Maschinenwesen, Hamburg; priv. Moortwiete 11, 25337 Kölln-Reisiek. (M67)

Siekmann, Helmut E., o. Prof. Dr.-Ing., Technische Universität Berlin, Institut für Maschinenkonstruktion, FG Hydraulische Strömungsmaschinen und Strömungstechnik; Sekretariat K 2, Straße des 17. Juni 135, 10623 Berlin, Tel. 030-314-25262. (M70)

Siemer, Günter, Prof. Dr.-Ing., Geschäftsführung, Goepfert, Reimer & Partner, Ingenieurgesellschaft mbH, Hamburg; priv. Kohlhof 10, 21244 Buchholz, Tel. 04181-6872. (M75)

Siemerling, Kai, Dipl.-Ing., Up de Höh 5, 22952 Lütjensee, Tel. 04154-7703. (M67)

Silge, Friedrich, Dipl.-Ing., Warnowwerft Warnemünde; priv. Warener Str. 53, 18109 Rostock, Tel. 0381-55829. (M90)

Skalicky, Alexander, Student, Hochschule Bremen; priv. Buntentorsteinweg 248, 28201 Bremen. (M96)

Skrzypczak, Thorsten, Student, Gerhard-Mercator-Universität – GH Duisburg; priv. Sofienstr. 30, 47167 Duisburg, Tel. 0203-588516, Fax 0203-586388, dienstl. Tel. 0203-3790. (M99)

Skrzypczak, Volker, Student, Gerhard-Mercator-Universität – GH Duisburg; priv. Sofienstr. 30, 47167 Duisburg, Tel. 0203-588516, Fax 0203-586388, dienstl. Tel. 0203-3790. (M99)

Sloggett, Jolyon E., BSc, CEng, The Institute of Marine Engineers, The Memorial Building, 76 Mark Lane, GB-London EC3R 7JN, Tel. 0044-71-4818493. (M91)

Slopianka, Gert, Dipl.-Ing., IKRN – Ingenieur Kontor Rhein Neckar, Ortsstr. 36, 69469 Weinheim, Tel. 06201-22909. (M59)

Snay, Rüdiger, Dipl.-Ing., Technische Universität Berlin, Versuchsanstalt für Wasserbau und Schiffbau, Berlin; priv. Hammerstr. 3, 14167 Berlin. (M54)

Sobania, Uwe, Ing. f. Brandschutz, Stadt Brunsbüttel, III/Feuerschutz; priv. Kopernikusstr. 02, 25541 Brunsbüttel, Tel. 04852-51820, dienstl. 04852-51056. (M95)

Söding, Heinrich, Prof. Dr.-Ing., Institut für Schiffbau, Hamburg; priv. Finkenweg 5 a, 22885 Barsbüttel, Tel. 040-6702385, dienstl. 040-2984-3173. (M67)

Söhnlein, Matthias, Dipl.-Ing., MACOR Marine Systems International GmbH, Bremen; priv. Brahmsstr. 25, 28209 Bremen, Tel. 0421-46820. (M84)

Solterer, Horst, Dipl.-Ing., 18, Avenue du Gros-Chêne, CH-1213 Genf, Tel. 0041-22-931855. (M75)

Sommer, Klaus, Dr. Doz., Universität Rostock, FB Maschinenbau und Schiffstechnik; priv. Welk-Str. 6, 18106 Rostock, Tel. 0381-4050. (M90)

Song, Jae-Young, Dr.-Ing., Manager, Korean Register of Shipping, Yusung P.O. Box 29, Taejon/REPUBLIC OF KOREA, Tel. 0082-42-869-9200, Fax 0082-42-862-6011, E-mail: sjy76007@zeus.krs.co.kr. (M97)

Sonntag, Hans-Joachim, Dipl.-Ing., Oberbaurat a.D., Amselweg 13, 22889 Tangstedt, Tel. 04109-9514. (M64)

Sonntag, Wolfgang, Dr.-Ing., Volkswerft GmbH, Stralsund; priv. Friedrich-Wolf-Str. 77, 18435 Stralsund. (M90)

Speckheuer, Carsten, Dipl.-Ing., Howaldtswerke-Deutsche Werft AG, Kiel; priv. Schauenburgerstr. 32, 24105 Kiel, Tel. 0431-567293, dienstl. Tel. 0431-7004572. (M97)

Sperlich, Jürgen, Dipl.-Ing., Thiloweg 11, 13437 Berlin. (M65)

Spieker, Carsten, Dipl.-Ing., Student, Technische Universität Hamburg-Harburg; priv. Stiftstr. 60, 20099 Hamburg, Tel. 040-2802754, dienstl. 040-7718-4078. (M94)

Spiliopoulos, George, Dipl.-Ing., Government of Canada, DSS/MIMPC/I&TSD; priv. 56 Sample Road, Ottawa, Ontario/CANADA, Tel. 001-613-521-3568. (M82)

Spindler, Hans Günter, Obering., Am Weyerskamp 2, 46539 Dinslaken. (M54†)

Springer, Olaf, Prof. Dipl.-Ing., Hochschule Bremen; priv. Eckleinjarten 32, 27590 Bremerhaven, Tel. 0471-84620. (M83)

Srpak, Josip, Dipl.-Ing., SHIPTECH GmbH, Ahornweg 30, 24941 Flensburg, Tel. 0461-91309, Fax 0461-92258. (M81)

Staack, Olav Arne, Dipl.-Ing., IMG, Rostock; priv. Stettiner Str. 6 E, 23617 Stockelsdorf, Tel. 0451-4998351. (M88)

Staden, Wolfgang v., Prof. Dipl.-Ing., Jägerstr. 15b, 22926 Ahrensburg, Tel. 04102-57007. (M73)

Stäbler, Reinhard M., Dipl.-Ing., Kockums Computer Systems, KCS Consulting GmbH, Hamburg; priv. Georg-Thielen-Gasse 2, 22303 Hamburg, Tel. 040-2792316. (M86)

Stäuble, Ulrich, Schiffbau-Ing., Howaldtswerke-Deutsche Werft AG, Kiel; priv. Brammerkamp 28, 24232 Schönkirchen, Tel. 04348-516. (M81)

Stage, Walter, Prof. Dipl.-Ing., Heymelstr. 45, 28359 Bremen, Tel. 0421-230660. (M41†)

Stahl, Ulrich, Dr., Rechtsanwalt, Rechtsanwälte Lebuhn & Puchta, Hamburg; priv. Klosterallee 55, 20144 Hamburg, Tel. 040-4225808. (M93)

Stahlschmidt, Eberhard, Dipl.-Ing., MTG Marinetechnik GmbH, Hamburg; priv. Rosenweg 3, 22885 Barsbüttel, Tel. 040-7112064. (M66)

Stamm, Rolf, Dipl.-Ing., Ministerialrat, Wasser- und Schifffahrtsverwaltung; priv. Leibnizstr. 5, 53819 Neunkirchen-Seelscheid, Tel. 02247-8320. (M69)

Starkulla, Karlheinz, Dipl.-Ing., Schottel-Werft Spay-Rhein; priv. Im Wiesengrund 5, 56154 Boppard-Rheinbay, Tel. und Fax 06741-934185. (M89)

Stavorinus, Henrik, Dipl.-Ing., Siemens AG, Bereich Energieerzeugung, Berlin; priv. Ostpreußendamm 157, 12207 Berlin, Tel. 030-77392983, dienstl. Tel. 030-3461-2744. (M87)

Steffen, Roland F., Dr., Dipl.-Phys., selbst., In der Wehrhecke 60, 53125 Bonn, Tel. 0228-252192. (M93)

Steidlinger, Hermann, Dipl.-Ing., Techn. Aufsichtsbeamter, Binnenschiffahrts-Berufsgenossenschaft, Hamburg; priv. Breslauerstr. 45, 25474 Ellerbek, Tel. 04101-34805. (M92)

Steigerwald, Klaus, Dipl.-Ing., Schiffswerft Philipp Ebert & Söhne GmbH & Co. KG, Neckarsteinach; priv. Schulweg 7, 69239 Neckarsteinach, Handy 0172-6263730, dienstl. Tel. 06229-335 o. 336. (M84)

Stein, Frithjof, Dipl.-Ing., Bauderer Str. 9, 80689 München, Tel. 089-569081. (M63)

Stein, Norbert von der, Dr.-Ing., Drosselweg 59, 50374 Erftstadt Lechenich, Tel. 02235-5158. (M50)

Steinbach, Frank, Student, Gerhard-Mercator-Universität – GH Duisburg; priv. Lutherische Kirchstr. 57–59, 47798 Krefeld. (M90)

Steinbicker, Dieter, Dipl.-Ing., Händelstraße 14, 49716 Meppen, Tel. 05931-17324. (M65)

Steinhagen, Ulrich, Dipl.-Ing., Technische Universität Berlin, Institut für Schiffs- und Meerestechnik; priv. Krumme Str. 4, 12203 Berlin, Tel. 030-8430154, dienstl. 030-314-25393, Fax 030-31422885. (M99)

Stelzer, Michael, Student, Fachhochschule Kiel; priv. Lutherstr. 42, 24114 Kiel, Tel. und Fax 0431-62812, dienstl. Tel. 0431-210-1339. (M97)

Stelzer, Wolf-Rüdiger, Schiffbau-Ing., Howaldtswerke-Deutsche Werft Aktiengesellschaft, Kiel; priv. Haferkamp 26, 24235 Wendtorferstrand. (M64)

Stempinski, Florian, Student, Technische Universität Berlin, Institut für Schiffs- und Meerestechnik; priv. Kilstetter Str. 16, 14167 Berlin, Tel. 030-8114799, dienstl. Tel. 030-314-26671. (M97)

Stephan, Klaus, Schiffbau-Ing. Howaldtswerke-Deutsche Werft Aktiengesellschaft, Kiel; priv. Kittelweg 39, 22149 Hamburg. (M66)

Sternel, Michael, Prof. Dipl.-Ing., Max-Eichholz-Ring 43f, 21031 Hamburg, Tel. 040-7399821. (M65)

Steyer, Hans-Joachim, Dipl.-Ing., Fr.-Naumann-Str. 6, 18435 Stralsund. (M68)

Stigler, Friedrich, Dipl.-Ing., Thyssen Nordseewerke GmbH Emden; priv. Ant Möhlensteen 9, 26632 Ihlow. (M75)

Stockdreher, Gerhard, Schiffbau-Ing. (grad.), Schiffbaubüro Kölln/Jacoby, Hamburg; priv. Bockhorst 18, 22589 Hamburg, Tel. 040-8702167. (M76)

Stövhase, Walter, Dr.-Ing., Universität Rostock; priv. Rigaer Str. 19, 18107 Rostock, Tel. 0381-714186. (M91)

Stoll, Georg, Dipl.-Ing., Germanischer Lloyd, Berlin; priv. Am Wildgarten 14, 15745 Wildau, Tel. 033762-70057. (M93)

Stolle, Hans-Jürgen, Dipl.-Ing., Ingenieur-Büro, Unkel; priv. Rheinbüchel 62, 53572 Unkel, Tel. 02224-2061. (M88)

Stoye, Thomas, Student, Gerhard-Mercator-Universität – GH Duisburg; priv. Eschenweg 31, 40468 Düsseldorf, Tel. 0211-4791638. (M99)

Strasser, Gerhard, Prof. Dr.-Ing., Direktor, Schiffbautechnische Versuchsanstalt, Brigittenauerlände 256, A-1200 Wien, Tel. 0043-1-433318. (M72)

Strehlow, Herwarth, Dipl.-Ing., Waagestr. 23, 26386 Wilhelmshaven, Tel. 04421-60081. (M60)

Streit, Egmont, Dipl.-Ing., Thieshoper Grund 14, 21438 Brackel-Thieshope, Tel. 04173-8852. (M62)

Streller, Erika, Dr.-Ing., Kölner Str. 9, 18057 Rostock, Tel. 0381-2000487. (M90)

Strenziok, Rolf, Dr.-Ing., Universität Rostock; priv. Lilienthalstr. 22, 18119 Rostock, Tel. 0381-5190540, dienstl. 0381-4405292. (M95)

Strepp, Hans G., Ing., Fachjournal. f. Sportschiffahrt; priv. Rugenbarg 37, 22549 Hamburg, Tel. 040-804882. (M83)

Stühff, Holger, Dipl.-Ing., Südrohrbau GmbH & Co, Ingolstadt; priv. Runder Berg 5 G, 21502 Geesthacht, Tel. 04152-79458. (M82)

Stülpner, Karl, Dipl.-Ing., Maritime Consulting and Design (PTY) Ltd, Cape Town; priv. 32 Alexandra Avenue, Oranjezicht, Cape Town 8001/South Africa, Tel. dienstl. 0027-21-214120, Fax dienstl. 0027-21-252926, Tel. u. Fax priv. 0027-21-4614511. (M62)

Stumpe, Andreas, Dipl.-Ing., Wasserstraßen-Maschinenamt Brake; priv. Karl-Bunje-Str. 24, 26919 Brake, Tel. 04401-982280. (M86)

Stuntz, Norbert, Dipl.-Ing., Gerhard-Mercator-Universität – GH Duisburg; priv. Gneisenaustr. 73, 47057 Duisburg, Tel. 0203-361869. (M92)

Sturmhöfel, Ulrich, Ing. (grad.), Voith Hydro GmbH Schiffstechnik, Heidenheim; priv. Arnold-Böcklin-Str. 97, 89520 Heidenheim. (M62)

Stute, Rasmus, Student, Gerhard-Mercator-Universität – GH Duisburg; priv. Heinrich-Lersch-Str. 36-38, 47057 Duisburg, Tel. 0203-361568. (M99)

Stutz, Katja, Studentin, Technische Universität Berlin; priv. Ilsenburgerstr. 35, 10589 Berlin, bei Zips. (M91)

Suckow, Hans, Dipl.-Ing., Paseo de los Olmos, 5-3°-da, E-20016 San Sebastian, Guipuzccoa/Spanien, Tel. 0034-43-396046. (M52)

Suckow, Horst, Dipl.-Ing., Am Klosterforst 36, 24223 Raisdorf, Tel. 04307-6286. (M82)

Sükan, L. Macit, Assoc. Prof. Dr.-Ing., Istanbul Teknik Üniversitesi Gemi İnşaatı ve Deniz Bilimleri Fakültesi, Istanbul; priv. Bebek Yolu Sokak, Koru 1 Apt. D. 2, 80630 Etiler-Istanbul/Türkei. (M90)

Suerken, Heinz-Hermann, Dipl.-Ing., Lloyd's Register of Shipping, Bremen; priv. Brockenacker 52, 27711 Osterholz-Scharmbeck. (M80)

Sürmann, Axel, Student, Institut für Schiffstechnik Duisburg (ISD); priv. Minhorstweg 35, 47506 Neukirchen-Vluyn, Tel. 02845-31131. (M94)

Suhle, Eckhart, Dipl.-Ing., BWB Bundesamt für Wehrtechnik und Beschaffung, Koblenz; priv. Höhenweg 19, 56335 Neuhäusel, dienstl. Tel. 0261-4000, Fax 0261-400-7630. (M63)

Sukselainen, Juhani, Prof. Dr. techn., Technical Research Centre of Finland, VTT Ship Laboratory, Espoo; priv. Koivukankareentie 168, SF-25460 Toija. (M64)

Sundermeyer, Jürgen, Dipl.-Ing., ibs-Ingenieurbüro Sundermeyer, Junkerstraße 29, 26529 Rechtsupweg, Tel. 04934-7085, dienstl. Tel. u. Fax 04934-990070. (M79)

Syassen, Onno, Dr.-Ing. E.h., Mühlweg 55, 69502 Hemsbach/Bergstraße, Tel. 06201-75945. (M74)

Szponar, Kazimierz, Mrg.-Ing., Centrum Techniki Okretowej; priv. ul. Ogarna 99/100 m2, PL-80826 Gdansk, Tel. 0048-58-3147-75. (M58)

Tajib, Achmad, Dipl.-Ing., Gänselieselstr. 26, 81739 München, Tel. 089-6017033. (M77)

Taprogge, Rainer, Prof. Dr.-Ing., selbst., Beratender Ingenieur, Ing.-Büro für Kunststofftechnik, Stockkamp 10, 22607 Hamburg, Tel. 040-827601, dienstl. 827602. (M83)

Tasdemir, Ahmet, Dipl.-Ing., Institut für Schiffbau, Hamburg; priv. Edvard-Munch-Str. 21, 22115 Hamburg, Tel. 040-7156059. (M94)

Tence, Alberto, Dipl.-Ing., Acomarit S. A., Genf; priv. 15, Ch. des Coquelicots, CH-1214 Vernier/Ge. (M58)

Tennstedt, Ernst, Ministerialdirektor i.R., Krohnskamp 4, 22301 Hamburg, Tel. 040-276290. (M69)

Terlinden, Markus, Ebereschenweg 86, 46147 Oberhausen, Tel. 0208-671181. (M88)

Terno, Dieter, Dipl.-Ing., C. Eng., Marine Manager for Germany, Bureau Veritas, Central Office Hamburg; priv. Burgdammer Postweg 10, 28717 Bremen, Tel. dienstl. 040-236250, Fax 040-23625-620. (M66)

Tetens, Inken Maike, Studentin, Fachhochschule Flensburg; priv. Brixstraße 12, 24943 Flensburg, Tel. 0461-13963. (M96)

Tetzlaff, Joachim, Dipl.-Ing., Wittenbergener Weg 57, 22559 Hamburg, Tel. 040-817191. (M68)

Thiel, Ralf Rüdiger, Dipl.-Ing., Wi.-Ing., Total Walther Feuerschutz und Sicherheit GmbH, c/o Wormald International Marine, Kaltenkirchen; priv. Feldstr. 26, 24105 Kiel, Tel. 0431-561305, dienstl. Tel. 04191-505-52, Fax 04191-505-83. (M98)

Thiel, Johann-Jürgen, Prof. Dr.-Ing., Gerhard-Mercator-Universität – GH Duisburg; priv. Hinter den Kämpen 14, 40489 Düsseldorf. (M70)

Thiele, Lutz, Dipl.-Ing. OLtzS, Maschinenbau, Marineoffizier, 1. Minensuchgeschwader; priv. Bismarck-Str. 103, 26382 Wilhelmshaven. (M93)

Thielk, Bernd, Dipl.-Ing., Ingenieurkontor Lübeck; priv. Holunderweg 2 a, 23568 Lübeck, Tel. 0451-396446. (M93)

Thiemann, Steffen, Dipl.-Ing., DMT Marinetechnik GmbH, Wedel/Holst.; priv. Heidberg 8, 22301 Hamburg. (M89)

Thiemer, Klaus, Schiffbau-Ing.(grad.), Howaldtswerke-Deutsche Werft Aktiengesellschaft, Kiel; priv. Kaiserstr. 27 a, 24143 Kiel, Tel.0431-74600. (M66)

Thienemann, Sven W., Kapitän, Zoepffel & Thienemann GmbH, Hamburg; priv. Groß Flottbeker Str. 23, 22607 Hamburg, Tel. 040-892724. (M58)

Thobaben, Axel, Student, Fachhochschule Kiel; priv. Friedrich-Hebbel-Str. 21, 24784 Westerrönfeld, Tel. 04331-80825. (M97)

Thom, Volkhard, Ing., Parkallee 36, 20144 Hamburg, Tel. 040-452801. (M58)

Thomaidis, Moysis, Dipl.-Ing., Gutachten-Büro, Schackstr. 8, 30175 Hannover, Tel. 0511-817018, Fax 0511-816113. (M67)

Thomsen, Claus Peter, Prof. Dr.-Ing., Fachhochschule Hamburg, Schiffs- und Anlagenbetriebstechnik; priv. Neddernhof 27, 21255 Tostedt, Tel. und Fax 04182-5588, dienstl. Tel. 040-2488-2938. (M68)

Thomsen, Peter, Dipl.-Ing., Lürssen Werft, Bremen; priv. Tannenbergstr. 57, 27580 Bremerhaven, Tel. 0471-86301. (M71)

Thomsen, Walter, Dipl.-Ing., CARETRONIC Ingenieurbüro, Lübeck; priv. Fraunhoferstr. 10, 23566 Lübeck, Tel. priv. 0451-602656, dienstl. 0451-31448, Fax 0451-34463. (M81)

Thomson, James Campbell, Eng., New Sulzer Diesel AG, Winterthur/Schweiz; priv. Müliwiesstr. 35, CH-8487 Zell, Tel. 0041-52-3832543. (M96)

Thorade, Karl A., Dipl.-Ing., Parkterrasse 7, 22926 Ahrensburg, Tel. 04102-55634. (M51)

Thorbeck, Holger, Dr.-Ing., Dieselmotorenwerk Rostock GmbH, Rostock; priv. Haus-Nr. 14c, 18059 Nienhusen, Tel. und Fax 038207-71702, dienstl. Tel. 0381-12320, Fax 0381-1232-102. (M90)

Tiedt, Jörg, Dipl.-Ing., Kockums Computer Systems, KCS Consulting GmbH, Hamburg; priv. Mannhagen 3, 22965, Todendorf, Tel. priv. 04534-1828, Tel. dienstl. 040-61148-174, Fax 040-61148-191. (M91)

Tietjen, Günter, Dipl.-Ing., RF Reedereigemeinschaft Forschungsschiffahrt GmbH, Bremen; priv. Rallenstraße 13, 26131 Oldenburg, Tel. 0441-51913. (M78†)

Tigges, Kay, Dipl.-Ing., Siemens AG, Hamburg; Steinfeldstr. 34, 21698 Harsefeld, Tel. 04164-4735. (M81)

Timmann, Peter, Schiffbau-Ing., Grüner Weg 48, 23566 Lübeck, Tel. 0451-33000. (M55)

Timmerkamp, Karl, Dipl.-Ing., MAN Technologie Aktiengesellschaft, München; priv. Pilsenseeweg 32, 82194 Gröbenzell. (M67)

Tinnes, Franz-Josef, Dipl.-Ing., Backnanger Weg 8, 89522 Heidenheim. (M73)

Tinschmann, Georg, Dipl.-Ing., Technische Universität Hamburg-Harburg; priv. Geraer Weg 4, 21107 Hamburg, Tel. 040-7531827, dienstl. Tel. 040-7718-2280. (M97)

Todt, Hermann, Dipl.-Ing., Danziger Straße 20, 91080 Uttenreuth, Tel. 09131-51247. (M88)

Tolstrup, Roland, Dipl.-Ing., WTD 71, Wehrtechnische Dienststelle für Schiffe und Marinewaffen, Eckernförde; priv. Am Gehrenkamp 12 a, 23774 Heiligenhafen. (M80)

Tornier, Werner, Dr.-Ing., Standard-Kessel-Gesellschaft, Lentjes-Fasel GmbH & Co. KG, Duisburg; priv. Am Leitgraben 5, 46562 Voerde, Tel. 02855-4073. (M68)

Trad, Talel, Student, Gerhard-Mercator-Universität – GH Duisburg; priv. Kammerstr. 208, 47057 Duisburg, Tel. 0203-361436. (M99)

Trecksel, Holger, Student, Gerhard-Mercator-Universität – GH Duisburg; priv. Hochfeldstr. 36, 47053 Duisburg, Tel. 0203-662240, Fax 089-6617-35734, dienstl. Tel. 0203-3790. (M99)

Truglowsky, Jörg, Dipl.-Ing., Unitor GmbH, Hamburg; priv. Fettstr. 2, 20357 Hamburg, Tel. dienstl. 04282-93130, priv. 040-438702. (M84)

Tsohatzis, Michail, Dipl.-Ing., Blohm + Voss AG, Hamburg; priv. Hansastr. 39, 20144 Hamburg. (M92)

Tukay, Günther, Ing.(grad.), Tukay GmbH; priv. Haderslebener Str. 13, 25421 Pinneberg. (M74)

Tulinius, Gudmundur, Dipl.-Ing., G. Tulinius & Co. GmbH, Consulting/Export-Import, Wedel/Holst.; priv. Amselstieg 5, 22880 Wedel/Holst., Tel. 04103-88706. (M67)

Tympe, Siegfried, Dipl.-Ing., Ministerialrat, Bundesministerium der Verteidigung, Bonn; priv. In der Freiheit 29, 56179 Vallendar, Tel. 0261-62091, dienstl. 0228-124279. (M71)

Ude, Udo, Dipl.-Ing., Howaldtswerke-Deutsche Werft Aktiengesellschaft, Kiel; priv. Beethovenstr. 79, 53340 Meckenheim. (M51)

Uecker-Weigel, Michael, Dipl.-Ing., ABB Industrietechnik GmbH, Hamburg; priv. Richthofenstr. 66, 28759 Bremen, Tel. 0421-621804. (M94)

Uelner, Jochen, Student, Gerhard-Mercator-Universität – GH Duisburg; priv. Karl-Lehr-Str. 9, 47053 Duisburg, Tel. 0203-25827. (M99)

Ulken, Dieter, Prof. Dipl.-Ing., Teichberg 19, 21502 Geesthacht, Tel. 04152-72071. (M55)

Ulken, Ulf-Dieter, Dr.-Ing., Germanischer Lloyd, Hamburg; priv. Immenstieg 11 a, 21220 Seevetal-Horst, Tel. 04105-660740, dienstl. 040-36149-404. (M97)

Ulm, Jörg, Dipl.-Ing., MAN B&W Diesel Aktiengesellschaft, Augsburg; priv. Erlenstraße 29, 86343 Königsbrunn, Tel. 08231-2465. (M71)

Ulrich, Peter, Dipl.-Ing., Siemens AG, Bremen; priv. Auf der Heide 11, 28355 Bremen, Tel. 0421-259435. (M82)

Ulrich, Uwe, Dipl.-Ing., NORIS Steuerungstechnik GmbH, Rostock; priv. Groat Müritzer-Str. 57, 18146 Rostock, Tel. 0381-668622, dienstl. Tel. 0381-5199440, Fax 0381-5199444. (M99)

Unger, Otto, Obering. i.R., Oberes Emmatal 8, 28717 Bremen, Tel. 0421-630221. (M54)

Urban, Axel, Student, Gerhard-Mercator-Universität – GH Duisburg, Institut für Schiffstechnik; priv. Hüttenstr. 121, 40227 Düsseldorf. (M96)

Urban, Michael, Dipl.-Ing., Lloyd's Register of Shipping; priv. Schenefelder Landstr. 197, 22589 Hamburg, Tel. 040-32810730. (M89)

Utz, Bernhard, Dipl.-Ing., Bodan-Engineering GmbH, Kressbronn; priv. Säntisstr. 51, 88147 Achberg, Tel. 08380-981048, dienstl. Tel. 07543-6070. (M93)

Valanto, Petri, Dr. Ph.D. (Eng.), Hamburgische Schiffbau-Versuchsanstalt GmbH; priv. Steenrögen 13, 22397 Hamburg, Tel. 040-6072932. (M93)

Vannahme, Martin, Dipl.-Ing., Technische Universität Berlin, Institut für Schiffs- und Meerestechnik; priv. Geranienstr. 11, 12203 Berlin, Tel. 030-8348256, dienstl. 030-314-23412, Fax 030-314-22885. (M99)

Varges, Günter, Dipl.-Ing., Polarship Varges Consultants, Emden; priv. Heilsberger Str. 50, 26725 Emden, Tel. 04921-24208, dienstl. 04921-33162, Fax 04921-33196. (M62)

Vassilopoulos, Constantin, Dipl.-Ing., Hellenic Shipyards Co., Skaramanga/Athen; priv. Achilleos 52–54, GR-Athen 104-35. (M59)

Vaupel, Erich, Innenarchitekt Schiffbau (BDIA), selbst., priv. Leyboldstraße 25, 50968 Köln, Tel. 0221-381330 und 37. (M90)

Vekris, Markos, Dipl.-Ing., TEN-LTD, Piräus; priv. Etolikou 27, 18545 Piraeus/Griechenland, Tel. dienstl. 0030-4613724 u. 0030-4634315. (M96)

Verhoeks, Arndt, Dipl.-Ing., Jos. L. Meyer GmbH & Co, Papenburg; priv. Bokeler Str. 83a, 26871 Aschendorf, Tel. u. Fax 04962-6819. (M93)

Viergutz, Peter, Schiffbau-Ing. (grad.), Peene-Werft GmbH, Wolgast; priv. Immenbecker Weg 12 b, 21149 Hamburg. (M75)

Viets, Uwe, Ing.(grad.), MAN B&W Diesel Aktiengesellschaft, Augsburg; priv. Robert-Koch-Str. 10, 86420 Diedorf. (M77)

Vikse, Harald, Dipl.-Ing., Sarbuvollveien 10 A, N-1322 Hövik. (M69)

Vinnen, Christel, Reeder, F. A. Vinnen & Co., Reederei, Altenwall 21, 28195 Bremen, Tel. 0421-325951, dienstl. Tel. 0421-335000. (M60)

Vogel, Holger E., Dipl.-Ing., IBM-Deutschland Informations Systeme GmbH, München; priv. Hofmarkstr. 8, 82152 Planegg, Tel. 089-8599245. (M57)

Vogt, Richard, Student, Hochschule Bremen; priv. Lilienstr. 17, 26721 Emden, Tel. 04921-32548. (M92)

Voigt, Carsten, Dipl.-Ing., Werft Brandenburg-Plaue; priv. An der Vogelweide 12, 13158 Berlin. (M83)

Volger, Jobst, Dr.-Ing., BMW-AG, München; priv. Lohweg 14, 85386 Eching, Tel. u. Fax 089-3192695. (M87)

Volger, Manfred, Dipl.-Ing., Schönebecker Kirchweg 67a, 28757 Bremen, Tel. 0421-623224. (M50)

Vollers, Mathias, Dipl.-Ing., Howaldtswerke-Deutsche Werft Aktiengesellschaft, Kiel; priv. Rondeel 2, 22926 Ahrensburg, Tel. 04102-32149. (M83)

Vollmer, Bernhard, Dipl.-Ing., Deggendorfer Werft und Eisenbau GmbH; priv. Sankt-Ursula-Weg 9, 94557 Niederalteich, Tel. 09901-3136. (M84)

Vollmer, Julio, Ing.(grad.), Tacarigua Marina, C.A., Caracas; priv. Res. Vista Hermosa, Apto. 3-A, Blvrd. Naiguata, Urb. Caribe, Caraballeda 1165/Venezuela, Tel. 0058-2-7818665. (M83)

Volquardsen, Erika, Gussau 43, 22359 Hamburg, Tel. 040-603 6265. (M83)

Vorreiter, Jochen, Dipl.-Ing., MaK CAV, Kiel; Salzwedeler Str. 6, 29462 Wustrow, dienstl. Fax 0432-3995-912. (M67)

Vorwerk, Claus, Industrie-Designer, Travemünder Landstr. 272, 23570 Lübeck-Travemünde, Tel. 04502-4848. (M77)

Vossnack, Ernst, Dipl.-Ing., Koninklije Rotterdamsche Lloyd; priv. Seinpad 7, NL-3151 Hoek van Holland. (M60)

Voß, Andreas, Dr.-Ing., Technische Universität Berlin, Institut für Schiffs- und Meerestechnik; priv. Lange Reihe 34, 27711 Osterholz-Scharmbeck, Tel. und Fax 04791-969165. (M87)

Voß, Hans-Dieter, Dr.-Ing., Bauoberrat, Wasser- und Schifffahrtsdirektion Ost, Berlin; priv. Krakauer Straße 14, 14776 Brandenburg, Tel. 03381-24552. (M90)

Voß, Jochen, Dipl.-Ing., Hinrich Wragestr. 16a/415, 23714 Malente-Gremsmühlen. (M33)

Vouros, Georges, Dipl.-Ing., Technischer Direktor, FILIA MARITIME S.A., Piraeus; priv. Lyssimahou Str. 17, GR-116.33 Athen (Pangrati). (M69)

Waalkes, Arne, Dipl.-Ing., Thyssen Nordseewerke GmbH, Emden; priv. Seumestr. 28, 26725 Emden, Tel. 04921-20800, dienstl. Tel. 04921-85-2321, Fax 04921-85-2581. (M99)

Wächter, Michael, Dipl.-Ing., Germanischer Lloyd, Hamburg; priv. Elsastr. 69, 22083 Hamburg, Tel. priv. 040-2099514, dienstl. 040-361490. (M96)

Wagenknecht, Siegfried, Schiffbau-Ing., Bahnhofstr. 2, 24109 Melsdorf. (M66)

Wagner, Bernd, Dr.-Ing., Technische Marineschule Kiel; priv. Nettelbrook 8, 24226 Heikendorf. (M63)

Wagner, Diether, Dipl.-Ing., Germanischer Lloyd, Hamburg; priv. Schillerstraße 24, 22946 Trittau, Tel. 04154-4340, dienstl. 040-36149-226. (M65)

Wagner, Hans-Otto, Dipl.-Ing., Obering. i.R., Schwarze Rade 30, 24235 Wendtorf, Tel. 04343-9337. (M54†)

Wagner, Klaus, Dr.-Ing. habil., Maxim-Gorki-Str. 5, 18106 Rostock, Tel. 0381-7696467. (M90)

Waldorf, Frank, Student, Gerhard-Mercator-Universität – GH Duisburg; priv. Schmelztalstr. 6, 53604 Bad Honnef, Tel. 02224-75996. (M95)

Walker, Werner, Dipl.-Ing., Siemens AG, Hamburg; priv. Eidelstedter Weg 25, 25469 Halstenbek, Tel. dienstl. 040-28890. (M86)

Wallach, Heinrich-Georg, Schiffbau-Ing., Auf den Kämpen 17, 27580 Bremerhaven, Tel. 0471-803421. (M50)

Walter, Gerhard, Ing., Kurt-Küchler-Str. 38, 22609 Hamburg, Tel. 040-821155. (M60)

Walter, Jörg, Dipl.-Ing., Inec; priv. Dorfstr. 254, 24147 Klausdorf, dienstl. 04307-900227. (M94)

Walter, Josef, Dipl.-Ing., Geschäftsführung, Deutsche Binnenwerften GmbH, Hauptverwaltung, Berlin; priv. Otto-Rump-Str. 20, 25462 Rellingen, Tel. 04101-42052. (M92)

Walzer, Hans-Jürgen, Dipl.-Ing., Meidericher Schiffswerft, Duisburg; priv. Sonnenacker 67, 40489 Düsseldorf, Tel. 0211-401534. (M96)

Wanot, Janusz, Dr.-Ing., Ingenieurbüro Wanot, Norderstedt; priv. Storchenring 44, 24558 Henstedt-Ulzburg, Tel. und Fax priv. 04193-91499, dienstl. 040-52983866, Fax 040-52903868. (M89)

Ward, Lawrence W., Prof., 39 Wood Ln., Locust Valley, New York 11560-1628/USA. (M66)

Warhonowicz, Thomas, Dr., Dipl.-Phys., STN Atlas Elektronik GmbH, Bremen; priv. Joseph-Haydn-Str. 6, 28209 Bremen, Tel. 0421-343888, Fax 0421-343907, dienstl. Tel. 0421-457-2381, Fax 0421-457-2841. (M99)

Warsch, Christian, Dr.-Ing., Bremer Vulkan Verbund AG; priv. Hinrich-Ahrnke-Str. 3, 28757 Bremen, Tel. 0421-667367. (M93)

Waßmer, Heinz, Dipl.-Ing., St. Bernhard-Weg 7, 27798 Hude. (M74)

Watter, Holger, Prof. Dr.-Ing., Fachhochschule Hamburg, Institut für Schiffsbetrieb, Seeverkehr und Simulation (ISSUS); priv. Marderstieg 6, 24963 Tarp, Tel. u. Fax priv. 04638-898488, dienstl. 040-3807-548, Fax 040-3807-3323. (M96)

Weber, Otto, Dipl.-Ing., Liebermannstr. 31, 22605 Hamburg, Tel. 040-8803861, Fax 040-8803965. (M78)

Weber, Siegfried K., Ing., Ingenieurbüro Weber, Postfach 24, 53541 Linz am Rhein, Akazienweg 20, 53545 Linz am Rhein, Tel. 02644-9604-0 u. 02644-2377, Fax 02644-2083. (M68)

Wegener, Gerhard, Schiffbau-Ing., Germanischer Lloyd, Hamburg; priv. Ostpreußenweg 5, 21502 Geesthacht. (M62)

Weger, Dietrich, Dipl.-Ing., Mitglied der Geschäftsführung, Thyssen Still Otto Anlagentechnik GmbH, Bochum; priv. Anne-Frank-Str., 22587 Hamburg, Tel. 040-869391. (M79)

Wehmeyer, Egon, Dipl.-Ing., Egon Wehmeyer KG, Kurt-Schumacher-Str. 21, 27578 Bremerhaven, Tel. 0471-62480. (M83)

Wehner, Friedrich, Dipl.-Ing., Aachener Str.663, 50933 Köln, Tel. 0221-491405. (M51)

Wehowsky, Peter, Dipl.-Ing., Siemens AG – KWU, Bergisch-Gladbach; priv. Hagenbitze 5, 51491 Overath. (M72)

Weidel, Rolf-Dieter, Elektro-Ing., Raytheon Anschütz GmbH, Kiel; priv. Am Wohld 40 a, 24109 Kiel, Tel. 0431-526296. (M89)

Weinrich, Bernd, Dipl.-Ing., PROMARIN GmbH, Innungstr. 27, 50354 Hürth. (M89)

Weiss, Wolf-Dieter, Prof. Dipl.-Ing., Hochschule Bremen, Fachbereich Schiffbau und Meerestechnik; priv. Rudolf-Königer-Str. 10 c, 27753 Delmenhorst, Tel. 04221-120265, dienstl. 0421-5905-701, Fax 0421-5905-710. (M81)

Weiß, Friedrich, Dipl.-Ing., F. Weiß FEG mbH, Ahrensburg; priv. Gartenholz 35, 22926 Ahrensburg. (M66)

Weiß, Susanne, Dipl.-Ing., Germanischer Lloyd, Hamburg; priv. Rahlstedter Str. 150 b, 22143 Hamburg, Tel. 040-67580478. (M95)

Weißenborn, Christian, Student, Gerhard-Mercator-Universität – GH Duisburg; priv. Kammerstr. 208 III/305, 47057 Duisburg, Tel. 0203-356265. (M99)

Weitendorf, Ernst-August, Dr.-Ing., Beratender Ingenieur, Fritz-Reuter-Str. 10 C, 22177 Hamburg, Tel. 040-6426928. (M62)

Welte, Alfred, Prof. Dr.-Ing., Ringstraße 33 A, 22145 Hamburg, Tel. 040-6788981. (M73)

Wendel, Kurt, o. Prof. Dr.-Ing., TU Hannover, Universität Hamburg, Kleine Str. 15c, 21075 Hamburg, Tel. 040-7929261. (M42)

Wentorp, Karl-Fr., Dipl.-Ing., Blohm + Voss AG, Hamburg; priv. Bökenweg 3, 25497 Prisdorf. (M61)

Werner, André, Student, Fachhochschule Kiel; priv. Eckernförderstr. 74, 24116 Kiel, Tel. 0431-554140. (M96)

Werner, Ralf, Dipl.-Ing., Dipl.-Ing. Ralf Werner & Co. Bremen; priv. Riensberger Str. 47, 28213 Bremen, Tel. 0421-235209. (M83)

Wernicke, Ernst, Schiffbau-Ing., Schiffswerft Pohl & Jozwiak Hamburg; priv. Am Mühlenberg 9, 21271 Asendorf. (M63)

Wesche, Erwin, Dipl.-Ing., Im Sickviertel 12 b, 27607 Langen, Tel. 04743-7351. (M63)

Weselmann, Gerd, Dipl.-Ing., Ingenieur-Büro Gerd Weselmann, Steinhöft 11, 20459 Hamburg. (M59)

Wessel, Jürgen, Dr.-Ing., Blohm + Voss GmbH, Hamburg; priv. Achtern Diek 85, 22955 Hoisdorf, Tel. 04107-5306, dienstl. Tel. 040-3119-1302, Fax 040-3119-3324. (M98)

Wesselsky, Wilfried, Dr.-Ing., Bundesamt für Wehrtechnik und Beschaffung Koblenz; priv. Königsberger Str. 8, 41515 Grevenbroich, Tel. 02181-45310. (M93)

Westram, Arno, Dipl.-Ing., Pferdekoppel 49, 22880 Wedel. (M61)

Wetzel, Kay, Dipl.-Ing., Egon Oldendorff, Lübeck; priv. Wakenitzstr. 34 F, 23564 Lübeck, Tel. 0451-7020669. (M95)

Wetzel, Stefan, Dipl.-Ing., Knooper Landstraße 6 E, 24161 Altenholz-Knoop. (M74)

Wewer, Thomas, Herrensand 24, 45696 Peheim, Tel. 04479-529. (M89)

Weydling, Christoph, Dipl.-Ing., Germanischer Lloyd, Hamburg; priv. Mühlhauser Str. 3/4, 10405 Berlin, Tel. priv. 030-4422064, dienstl. 040-36149-944. (M90)

Weyer, Heinz, Dipl.-Ing., Texaco Inc., 81 Toilsome Ave., Norwalk, CT 06851/USA. (M52)

Wibiral, Gerhard, Dipl.-Ing., Siemens AG, ANL A 2, Erlangen; priv. Fichtenstraße 21, 91094 Langensendelbach, Tel. 09133-1489. (M90)

Wiebeck, Erno, Prof. Dr., Dipl.-Ing., IMS Nord Erno Wiebeck GmbH, Hohen Luckow; priv. Eikbomweg 20, 18069 Rostock, Tel. und Fax 0381-83508, dienstl. 038295-74121, Fax 038295-74146, Handy 0172-3808039. (M90)

Wiebensohn, Hans-Peter, Schiffbau-Ing., Cassens-Werft, Emden; priv. Orchideenstieg 19, 22297 Hamburg, Tel. 040-517791. (M59)

Wiedersheim, Roman, Student, Fachhochschule Kiel; priv. Hasselbrookstr. 46 a, 22089 Hamburg, Tel. 040-25492448. (M98)

Wielsch, Ekkehardt, Dipl.-Ing., Arbeiterwohlfahrt Landesverband Schleswig-Holstein, Neustadt; priv. Harmsstr. 128, 24114 Kiel, Tel. 0431-18546, dienstl. 04561-8632. (M84)

Wiese, Claus, Reedereiinspektor, Kapitän, Reederei Leonhardt & Blumberg, Hamburg; priv. Am Karpfenteich 46, 22339 Hamburg, Tel. 040-5386298. (M78)

Wiese, Stefan, Dipl.-Ing., aqua signal AG, Bremen; priv. Reddersenstr. 76, 28359 Bremen, Tel. 0421-2438462. (M88)

Wietasch, Klaus, Prof. Dipl.-Ing., Institut für Schiffstechnik Duisburg (ISD) Gerhard-Mercator-Universität – GH Duisburg; priv. Tulpenstraße 66, 47239 Duisburg. (M70)

Wilckens, Hellmut, Dipl.-Ing., Geschäftsführer, Forschungszentrum des Deutschen Schiffbaus, Hamburg; priv. Markusstraße 13, 20355 Hamburg, Tel. dienstl. 040-6919947. (M64)

Wild, Yves, Dr.-Ing., Dr.-Ing. Yves Wild Ingenieurbüro GmbH, Harburg; priv. Klopstockstr. 21, 22765 Hamburg, Tel. 040-394911. (M93)

Wilke, Konrad, Dr.-Ing., STN Atlas Elektronik GmbH, Hamburg; priv. Wiesenweg 12, 21224 Rosengarten, Tel. 040-7925166. (M69)

Wilkens, Klaus-Dieter, Schiffsing., Reederei E. Oldendorff, Lübeck; priv. Am Hellteich 8, 23619 Zarpen, Tel. 04533-1360. (M87)

Wille, Hans-Joachim, Dipl.-Ing., Bremer Vulkan Werft und Maschinenfabrik GmbH; priv. Blauholzmühle 14, 28717 Bremen, Tel. 0421-6364210. (M73)

Wille, Hans-Otto, Schiffsing., Germanischer Lloyd, Hamburg; priv. Sandstr. 10, 22175 Hamburg, Tel. 040-6435852. (M71)

Windler, Karl-Heinz, Dipl.-Ing., Ingenieurkontor Lübeck; priv. Bei St. Johannis 28, 23552 Lübeck, Tel. 0451-53708. (M74)

Windmöller, Dirk, Dipl.-Ing., Mac GREGOR – NAVIRE (DEU) GmbH; priv. St. Georg Str. 14 a, 21423 Winsen. (M90)

Winkel, Hans-Joachim, Dr.-Ing., Universität Rostock, FB Maschinenbau und Schiffstechnik, Institut für Schiffbau und Meerestechnik; priv. Ottostr. 20, 18057 Rostock, Tel. 0381-34907. (M90)

Winkler, Hans-Dieter, Schiffbau-Ing., Im Timp 23, 26605 Aurich-Haxtum. (M57)

Winkler, Klaus, Dipl.-Ing., Schönkamp 20 a, 24226 Heikendorf, Tel. 0431-231599. (M62)

Wippern, Dirk, Dr.-Ing., Dr.-Ing. Bender + Wippern, Hamburg; priv. Curt-Goetz-Straße 25, 22175 Hamburg. (M85)

Wippern, Hermann, Ing., Dr.-Ing. Bender & Wippern, Hamburg; priv. Litzowstieg 6, 22041 Hamburg, Tel. 040-680522. (M53)

Wirooks, Dietmar, Dipl.-Ing., Schottel-Werft Josef Becker GmbH & Co. KG, Spay; priv. Lehrer-Mohr-Str. 7, 55411 Bingen, Tel. 06721-48861, dienstl. Tel. 02628-61386, Fax 02628-61327. (M92)

Wischmann, Tewes, Dipl.-Ing., Am Spitzberg 31, 56075 Koblenz, Tel. 0261-56536. (M42)

Witolla, Thomas, Dipl.-Ing., Jos. L. Meyer, Papenburg; priv. Fahnenweg 27, 26871 Papenburg. (M75)

Witt, Johannes, Dipl.-Ing., Ministerialrat, Bundesministerium für Verkehr, Bau- und Wohnungswesen, Abteilung Seeverkehr, Bonn; priv. Haidbrook 42, 22880 Wedel, Tel. 04103-86120, dienstl. 0228-3004631. (M78)

Wittburg, Jürgen, Dipl.-Ing., Germanischer Lloyd, Hamburg; priv. Lerchenweg 7, 22880 Wedel, Tel. priv. 04103-89155, Fax 04103-13739, dienstlich 040-36149-526, Fax 040-36149-7399. (M97)

Witte, Gerhard, Dr.-Ing., GKSS-Forschungszentrum Geesthacht GmbH; priv. Lüneburger Str. 52, 21376 Salzhausen, Tel. 04172-8497. (M68)

Witte, Ralf, Dipl.-Ing., Dipl.-Naut., Nößlerstr. 2 a, 28359 Bremen. (M77)

Wittekind, Dietrich, Dr.-Ing., Howaldtswerke-Deutsche Werft AG, Kiel; priv. Lindenstr. 20, 24223 Raisdorf, Tel. 04307-839928. (M78)

Wittenberg, Lutz, Dipl.-Ing., Germanischer Lloyd, Hamburg; priv. Espellohweg 44, 22607 Hamburg, Tel. priv. 040-821588, dienstl. 040-36149-929, Fax 040-36149-6784. (M87)

Witter, Hans-Jürgen, Dipl.-Ing., IKOSS, Stuttgart; priv. Maximilianstr. 29, 67433 Neustadt/W. (M89)

Wöber, Wolfram, Dipl.-Ing., Marine Service GmbH, Hamburg; priv. Hinschallee 3, 22143 Hamburg. (M70)

Woehl, Rainer, Prof. Dipl.-Ing., Fachhochschule Kiel; priv. Friedrichshöh 1, 24939 Flensburg, Tel. 0461-43357. (M96)

Wohlers, Heinz, Twischlehe 12, 27580 Bremerhaven. (M93)

Woisin, Gerhard, Dipl.-Ing., Berat. Schiffbau-Ing., Gerhard Woisin Ing.-Büro für Schiffs- und Sicherheitstechnik, Geesthacht; priv. Am Haferberg 72, 21502 Geesthacht, Tel. 04152-71143, dienstl. 04152-79243. (M58)

Wolf, Erich, Prof. Dr.-Ing., Technische Universität Berlin, Institut für Schiffs- und Meerestechnik; priv. Solquellenstraße 48, 13467 Berlin. (M77)

Wolf, Hermann, Schiffbau-Ing. (grad.), Bremer Vulkan Werft und Maschinenfabrik GmbH; priv. Im Grund 3, 28790 Schwanewede. (M66)

Wolff, Helmut, Prof. Dr.-Ing., Technische Universität Berlin, Inst. für Bergbauwissenschaften; priv. Sandheide Weg 15, 13595 Berlin, Tel. 030-31423659. (M89)

Wolff, Udo, Dipl.-Ing., Mauerstr. 73, 52064 Aachen. (M82)

Wollhofen, Gerhard, Dipl.-Ing., Europa Ingenieur, Tribotechn. Konsultant; priv. Forstgarten 1, 67705 Trippstadt. (M52)

Wolski, Alexander, Dipl.-Ing., Karlsgarten 15, 91054 Buckenhof, Tel. 09131-57481. (M78)

Wragge, Friedrich, Dipl.-Ing., See-Berufsgenossenschaft, Hamburg; priv. Klosterbergenstr. 55 d, 21465 Reinbek, Tel. 040-7221583. (M66)

Wschiansky, Hanns Jörg, Dipl.-Ing., Assistant Vice-President, Cargill Gestion S.A.; priv. Avenue Louis Yung 23, CH-1290 Versoix, Geneva, Fax 0041-22-7791185. (M61)

Wucherpfennig, Edzard, Student, Fachhochschule Kiel; priv. Ahrensböker Str. 72, 23617 Stockelsdorf, Tel. 0451-4946376. (M93)

Wuchrer, Rudolf, Dipl.-Ing., Gut Weilen 9, 28759 Bremen. (M52)

Wührer, Wolfgang, Dr.-Ing., Sulzer Escher Wyss GmbH, Ravensburg; priv. Staufer Str. 54, 88214 Ravensburg, Tel. 0751-23770. (M78)

Wulf, Jobst, Dipl.-Ing., Germanischer Lloyd, Hamburg; priv. Ohkamp 44, 21614 Buxtehude, Tel. 04161-87894, dienstl. 040-36149-254, Fax 040-36149-990. (M97)

Wulf, Udo G., Dipl.-Ing., Schiffko GmbH, Hamburg; priv. Klingenbergstr. 146, 24147 Klausdorf, Tel. 0431-791034, dienstl. 040-37609143. (M95)

Wurdel, Uwe, Dr.-Ing., ATI Küste GmbH, Rostock; priv. Birkenholt 32, 18107 Lichtenhagen Dorf, Tel. dienstl. 0172-3806912. (M90)

Wustrau, Dieter, Dipl.-Ing., Lüderitzstr. 25, 28213 Bremen, Tel. 0421-215416. (M51)

Yoo, Seung-Deog, Dipl.-Ing., Institut für Schiffbau, Hamburg; priv. Sedanstr. 24, 20146 Hamburg, Tel. 040-4105745. (M94)

Yu, Xing, Dr.-Ing. Technische Universität Hamburg-Harburg; priv. Schneverdinger Weg 2, 21079 Hamburg, Tel. 040-7637651. (M97)

Zänkert, Otto, Dipl.-Ing., Forschungszentrum des Deutschen Schiffbaus e.V, Hamburg; priv. Am Blumenacker 10, 22335 Hamburg, Tel. 040-597884. (M90)

Zamboni, Eckhard, Dr.-Ing., Menck GmbH, Ellerau; priv. Birkeneck 24, 25479 Ellerau, Tel. 04106-773570, dienstl. 04106-70020. (M93)

Zamora, Luis, Dipl.-Ing., Apartado de Correo 2034, Lima/ Peru. (M57)

Zehender, Artur, Neuenbürgerstr. 48, 75335 Dobel, Tel. 07083-5544. (M80)

Zehm, Wolfgang, Dipl.-Ing., Vors. d. Vorstandes, Flender Werft Aktiengesellschaft, Lübeck; priv. Scheteligstr. 8, 23580 Lübeck, Tel. 04502-73528. (M56)

Zehner, Peter, Dr.-Ing., Preußenelektra; priv. Kaliweg 7, 30952 Ronnenberg, Tel. 05109-7766. (M77)

Zetzmann, Dieter, Dipl.-Ing., EMIT GmbH, Bremerhaven; priv. Alexanderstr. 129, 26121 Oldenburg. (M65)

Zhang, Leshan, Dr.-Ing., Germanischer Lloyd, Hamburg; priv. Georg-Bonne-Str. 118, 22609 Hamburg, Tel. 040-820993, dienstl. 040-361490. (M93)

Zibell, Hans Georg, Dr.-Ing., Versuchsanstalt für Binnenschiffbau e.V., Duisburg; priv. Prinzenstr. 99, 47198 Duisburg, Tel. 02066-37578. (M71)

Ziegler, Carl-August, Dipl.-Ing., Marineoberbaurat a.D., Tinsdaler Kirchenweg 254, 22559 Hamburg, Tel. 040-812591. (M55)

Ziegler, Friedrich, Dipl.-Ing., Howaldtswerke-Deutsche Werft Aktiengesellschaft, Kiel; priv. Ellerbeker Weg 123, 24147 Kiel, Tel. 0431-782806. (M92)

Ziemann, Klaus-Jürgen, Dipl.-Ing., Triton Werft A. Mause KG, Duisburg; priv. Wildstr. 71, 47057 Duisburg, dienstl. Tel. 0203-442051. (M85)

Zietsch, Anita, Dipl.-Ing., Preussag AG, Hannover; priv. Theodor-Lessing-Weg 16, 30559 Hannover, Tel. 0511-527071, Fax 0511-527890, dienstl. Tel. 0511-566-1132, Fax 0511-566-1097. (M97)

Zigic, Branislav, Naval Architect, Europäisches Entwicklungszentrum für die Binnenschiffahrt e.V., Duisburg; priv. Münchener Str. 120, 47249 Duisburg, Tel. 0203-791208. (M94)

Zimmer, Jens, Dipl.-Ing., Flensburger Schiffbau-Gesellschaft; priv. Strand Hof 21, 24955 Harrislee, Tel. 0461-7002195. (M95)

Zimmer, Walter F., Reedereikaufmann, Blöcktwiete 13, 22880 Wedel, Tel. 04103-83948. (M77)

Zimmermann, Bernhard, Dipl.-Ing., Georg-Clasen-Weg 38, 22415 Hamburg, Tel. 040-5202569. (M66)

Zimmermann, Sven-Holm, Dipl.-Ing. (TU), Technische Universität Berlin, Institut für Schiffs- und Meerestechnik; priv. Bundesplatz 8, 10715 Berlin, Tel. priv. 030-8539273, dienstl. 030-314-24049. (M84)

Zint, Thomas, Dipl.-Ing., Bürstner GmbH, Kehl; priv. Drechslerweg 5, 77866 Freistett, Tel. 07851-85693. (M80)

Zips, Jan Maria, Ilsenburgerstr. 35, 10589 Berlin, Tel. 030-3444302. (M89)

Zischka, Helmut, Dipl.-Ing., Schwalbenweg 1, 27721 Ritterhude, Tel. 04292-9283. (M82)

Zöllner, Joachim, Dipl.-Ing., Versuchsanstalt für Binnenschiffbau e.V., Duisburg; priv. Eisfahrtstraße 16, 45478 Mülheim. (M81)

Zoepffel, Dietrich, Dipl.-Ing., Zoepffel & Thienemann GmbH, Hamburg; priv. Klein Flottbeker Weg 72, 22605 Hamburg, Tel. 040-829193. (M66)

Zorn, Herbert, Dr.-Ing., Universität Rostock, FB Maschinenbau und Schiffstechnik; priv. Roald-Amundsen-Str. 25, 18106 Rostock. (M90)

Zou, Zao-Jian, Prof. Dr.-Ing., Wuhan Transportation University, Wuhan 430063/China, Tel. 0086-27-86552090, Fax 0086-27-86554406. (M96)

Zunker, E. Hubertus M., Dr.-Ing., Röttgenweg 9, 56333 Winningen. (M61)

2. Korporative Mitglieder

ABB Industrietechnik GmbH, Kieler Str. 131, 22769 Hamburg, Tel. 040-85345-0, Fax 040-85345407. (KM33)

ABB Turbolader Vertriebs- und Service-GmbH, Reiherdamm 44, 20457 Hamburg, Tel. 040-317877-0, Fax 040-317877-40. (KM97)

AKO-Filter • August G. Koch • Maschinenfabrik, Arfrade 48–51, 24113 Kiel, Postfach 2960, 24028 Kiel, Tel. 0431-68940, Fax 0431-689439. (KM92)

Alfa-Laval Industrie GmbH, Wilhelm-Bergner-Str. 1, 21509 Glinde, Tel. 040-727403, Fax 040-72701515. (KM50)

Association Technique Maritime et Aéronautique, 47, Rue de Monceau, F-Paris (8e). (KM57)

Fritz Barthel Armaturen, Klopstockplatz 5–7, 22765 Hamburg, Tel. 040-398202-0. (KM68)

Willi Becker Ingenieurbüro GmbH, Danziger Str. 22, 20099 Hamburg, Tel. 040-241990. (KM77)

Binnenschiffahrts-Berufsgenossenschaft, Düsseldorfer Str. 193, 47053 Duisburg, Postfach 210154 + 55, 47023 Duisburg, Tel. 0203-800060. (KM70)

Blohm + Voss GmbH, Hermann-Blohm-Str. 3, 20457 Hamburg, Postfach 100720, 20005 Hamburg, Tel. 040-3119-0, Fax 040-3119-3333. (KM56)

Bodan-Werft GmbH, Bodanstr., 88079 Kressbronn, Postfach 9163, 88075 Kressbronn, Tel. 07543-607-0, Fax 07543-607-50. (KM64)

Boll & Kirch Filterbau GmbH, Siemensstr. 2, 50170 Kerpen-Sindorf, Tel. 02273-5621. (KM75)

Aug. Bolten Wm. Miller's Nachf., Mattentwiete 8, 20457 Hamburg, Tel. 040-36011. (KM73)

Bremer Vulkan Werft GmbH, Lindenstr. 110, 28755 Bremen, Postfach 750262, 28722 Bremen, Tel. 0421-6680, Fax 0421-665805 o. 0421-651324. (KM39)

Bundesrepublik Deutschland, vertreten durch den Bundesminister für Verkehr, Robert-Schuman-Platz 1, 53157 Bonn, Tel. 0228-300-0, Fax 0228-3004649. (KM53)

CHUGOKU PAINTS (Germany) GmbH, Johannisbollwerk 19, 20459 Hamburg, Tel. 040-31-796480, Fax 040-31-796476, Herr Meldal Tel. u. Fax 04173-5527. (KM94)

Commerzbank Aktiengesellschaft, Filiale Hamburg, Ness 7–9, 20457 Hamburg, Tel. 040-3683-0 (Direktion). (KM52)

Deggendorfer Werft und Eisenbau Gesellschaft mbH, Werftstr. 11, 94469 Deggendorf, Tel. 0991-642-644, FS 069889. (KM58)

Det Norske Veritas, Albert-Einstein-Ring 21, 22761 Hamburg, Tel. 040-8905900, Fax 040-89059030. (KM70)

DGLR Deutsche Gesellschaft für Luft- und Raumfahrt e.V., Godesberger Allee 70, 53157 Bonn, Tel. 0228-376726. (KM53)

Deutscher Nautischer Verein von 1868 e.V., c./o. Schiffahrts-Verlag „Hansa“, Striepenweg 31, 21147 Hamburg, Tel. 040-7960105, Fax 040-7960806. (KM55)

Deutscher Schulschiff-Verein, Seemannsschule „Schulschiff Deutschland“, Friedrich-Klippert-Str. 1, 28759 Bremen, Tel. 0421-341863. (KM50)

Deutscher Verband für Schweißtechnik e.V., Aachener Str. 172, 40223 Düsseldorf, Tel. 0211-350481. (KM51)

Deutsches Museum, Museumsinsel 1, 80538 München, Tel. 089-21791. (KM72)

Deutsches Schiffahrtsmuseum, Hans-Scharoun-Platz 1, 27568 Bremerhaven, Tel. 0471-48207-0, Fax 0471-4820755. (KM72)

DIN Deutsches Institut für Normung e.V., Burggrafenstr. 4–7, 10787 Berlin, Tel. 030-26010. (KM68)

Dresdner Bank AG, Jungfernstieg 22, 20354 Hamburg, Tel. 040-3501-0. (KM62)

Elbewerft Boizenburg GmbH, Fährweg 1, 19258 Boizenburg, Tel. 038847-21210. (KM95)

ELNA Elektro-Navigation und Industrie GmbH, Siemensstr. 35, 25462 Rellingen, Tel. 04101-301210. (KM79)

John T. Essberger, Palmaille 49, 22767 Hamburg, Postfach 500429, 22704 Hamburg, Tel. 040-39171. (KM59)

Fachhochschule Hamburg — Institut für Schiffsbetrieb, Seeverkehr und Simulation (ISSUS), Rainvilleterrasse 4, 22765 Hamburg, Tel. 040-3807-0, Fax 040-3807-3323. (KM78)

Fr. Fassmer GmbH & Co., Schiffs- und Bootswerft, Motzen/Weser, Industriestr. 2, 27804 Berne, Tel. 04406-942-0, Fax 04406-942-11. (KM88)

Ferrostaal AG, Hohenzollernstr. 24, 45128 Essen, Postfach, 45116 Essen, Tel. 0201-818-2504-2224, Fax 0201-8182822. (KM93)

Flender Werft Aktiengesellschaft, Unter der Herrenbrücke 2, 23569 Lübeck, Postfach 140129, 23516 Lübeck, Tel. 0451-30010, FS 026829. (KM39)

Flensburger Schiffbau-Gesellschaft mbH & Co. KG., Batteriestr. 52, 24939 Flensburg, Postfach 1551, 24905 Flensburg, Tel. 0461-4940-0. (KM91)

Forschungszentrum des Deutschen Schiffbaus e.V., Bramfelder Str. 164, 22305 Hamburg, Tel. 040-6919964 + 47, Fax 040-6919973. (KM66)

Freie und Hansestadt Hamburg, Behörde für Wirtschaft, Verkehr und Landwirtschaft, Amt für Wirtschaft, Alter Steinweg 4, 20459 Hamburg, Postfach 112109, 20421 Hamburg, Tel. 040-349121. (KM50)

Germanischer Lloyd, Hauptverwaltung, Vorsetzen 32, 20459 Hamburg, Postfach 111606, 20416 Hamburg, Tel. 040-36149-0, Telex 212828 glhhd. (KM30)

GKSS-Forschungszentrum Geesthacht GmbH, Max-Planck-Str., 21502 Geesthacht, Postfach 1160, 21494 Geesthacht, Tel. 04152-87-0. (KM61)

Hafenbautechnische Gesellschaft e.V., Dalmannstr. 1, 20457 Hamburg 11, Tel. 040-3285-1. (KM38)

Hamburgische Schiffbau-Versuchsanstalt GmbH, Bramfelder Str. 164, 22305 Hamburg, Postfach 600929, 22209 Hamburg, Tel. 040-692030. (KM61)

Hamburg-Südamerikanische Dampfschiffahrts-Gesellschaft Eggert & Amsinck, Ost-West-Str. 59, 20457 Hamburg, Postfach 111533, 20415 Hamburg, Tel. 040-37050. (KM50)

Handels- og Søfartsmuseet På Kronborg, DK-Helsingör. (KM57)

Hapag-Lloyd Aktiengesellschaft, Ballindamm 25, 20095 Hamburg, Postfach, 20079 Hamburg, Tel. 040-3001-0. (KM30)

HATLAPA Uetersener Maschinenfabrik GmbH & Co., Tornescher Weg 5–7, 25436 Uetersen, Tel. 04122-7110. (KM67)

DETLEF HEGEMANN Rolandwerft GmbH & Co. KG, Arberger Hafendamm 16, 28309 Bremen, Tel. 0421-4107-0. (KM85)

Hellenic Institute of Marine Technology, 156, Kolokotroni Str., P.O.Box 355, Piraeus/Griechenland, Tel. 0030-1-4137311. (KM84)

Heyliger Orden der Schiffbauer LATTE, Technische Universität Berlin, Sekretariat SG 7, Salzufer 17–19, 10587 Berlin Tel. 030-314-26671, Fax 030-314-26883, E-mail: hf-latte@cadlab.tu-berlin.de (KM97)

J. G. Hitzler, Schiffswerft und Maschinenfabrik, Inh. Franz Hitzler, Bahnhofstr. 4–12, 21481 Lauenburg, Tel. 04153-5880, FS 0213496. (KM53)

Hochschule Bremerhaven, An der Karlstadt 8, 27568 Bremerhaven, Tel. 0471-48230. (KM81)

Hofmeister & Meincke GmbH & Co., Industrievertretungen, Carsten-Dressler-Str. 6, 28279 Bremen, Postfach 104709, 28047 Bremen, Tel. 0421-84050, Fax 0421-8405201. (KM77)

Howaldtswerke-Deutsche Werft Aktiengesellschaft, Werftstr. 112–114, 24143 Kiel, Postfach 146309, 24124 Kiel, Tel. 0431-7000. (KM31)

Institut für Schiffbau der Universität Hamburg, Lämmersieth 90, 22305 Hamburg, Tel. 040-29840. (KM54)

Institut für Schiffbau, Studenten Strak; Fachhochschule Kiel, Legienstr. 35, 24103 Kiel, Tel. 0431-5579007. (KM96)

Institut für Schiffs- und Meerestechnik, Technische Universität Berlin, Fachbereich für Verkehrswesen, Salzufer 17–19, 10587 Berlin, Tel. 030-31423411. (KM54)

Institut für Schiffstechnik Duisburg (ISD) Gerhard-Mercator-Universität — GH Duisburg, Bismarckstr. 69 Gebäude BK, 47057 Duisburg, Postfach 101629, 47057 Duisburg, Tel. 0203-3791173, Fax 0203-3792779. (KM75)

Institut für Verbrennungskraftmaschinen, Universität Hannover, Welfengarten 1 A, 30167 Hannover, Tel. 0511-762-2418, Fax 0511-762-2530. (KM72)

International Farbenwerke GmbH, Lauenburger Landstr. 11, 21039 Börnsen, Postfach 800449, 21004 Hamburg, Tel. 040-72003-0. (KM57)

İ.T.Ü. Gemi İnşaatı ve Deniz Bilimleri, Fakültesi Dekanlığı, Ayazağa Kampüsü, Maslak, 80626 Istanbul/Türkei Tel. 0090-212-2856464, Fax 0090-212-2856454. (KM77)

JASTRAM GmbH & Co. KG, Billwerder Billdeich 603, 21033 Hamburg, Tel. 040-7256010, Fax 040-72560128-56. (KM76)

Kaefer Isoliertechnik GmbH, Bürgermeister-Smidt-Str. 70, 28195 Bremen, Tel. 0421-30550, FS 0244054. (KM66)

KaMeWa AB, Technical Department, Herr Mats Johansson, Box 1010, S-68101 Kristinehamn/Schweden, Tel. 0046-550-15200, Fax 0046-550-84770. (KM69)

Köln-Düsseldorfer Deutsche Rheinschiffahrt AG, Frankenwerft 15, 50667 Köln, Postfach 102152, 50461 Köln Tel. 0221-20881. (KM52)

Körting Hannover AG, Badenstedter Str. 56, 30453 Hannover, Postfach 911363, 30433 Hannover, Tel. 0511-2129-0, Fax 0511-2129-223, FS 922451. (KM51)

KRÖGER WERFT, Kröger GmbH & Co. Werft KG, 24790 Schacht-Audorf, Postfach 460, 24754 Rendsburg, Tel. 04331-951-0. (KM85)

Krupp Fördertechnik GmbH, Einsiedelstr. 6, 23554 Lübeck, Tel. 0451-4501-406, Fax 0451-4501-750. (KM95)

H. F. Latte, Lämmersieth 90, 22305 Hamburg, Tel. 040-614450. (KM90)

LEISTRITZ Aktiengesellschaft, Markgrafenstr. 29–39, 90459 Nürnberg, Postfach 3041, 90014 Nürnberg, Tel. 0911-43060, FS 622301. (KM54)

Lips Prop Tech GmbH, Heidenkampsweg 101, 20097 Hamburg, Tel. 040-236270, Fax 040-2362710. (KM55)

Lloyd's Register of Shipping, Mönckebergstr. 27, 20095 Hamburg, Postfach 111109, 20411 Hamburg, Tel. 040-3281070. (KM69)

L + P Ingenieurtechnik, Lasse & Pache GmbH, Neidenburger Str. 15, 28207 Bremen, Tel. 0421-492053. (KM83)

Fr. Lürssen Werft (GmbH & Co.), Friedrich-Klippert-Str. 1, 28759 Bremen, Postfach 750662, 2820 Bremen, Tel. 0421-66040, FS 0244484. (KM57)

Machine Support Deutschland GmbH, Ernst-Barlach-Str. 60, 25358 Horst, Tel. 04126-394926, Fax 04126-38208 (KM99)

Märkisches Werk GmbH, Haus Heide 21, 58553 Halver, Postfach 1355, 58543 Halver, Tel. 02353-917245, Fax 02353-917290 (KM98)

Mahle Komm.-Ges., Herstellung von Kolben und Leichtmetallzylindern für alle Verbrennungsmotoren, Pragstr. 26–46, 70376 Stuttgart, Tel. 0711-5011. (KM50)

Maierform Maritime Technology GmbH, Postfach 140142, 28088 Bremen, Tel. 0471-416990. (KM95)

MAN B&W Diesel Aktiengesellschaft, Stadtbachstr. 1, 86153 Augsburg, Tel. 0821-3220. (KM31)

MAN B&W Diesel A/S, Teglholmsgade 41, DK-2450 Kopenhagen SV, Tel. 0045-33851100, Fax 0045-33851030. (KM82)

Mannesmann Rexroth Lohmann & Stolterfoht GmbH, Schiffsantriebe, Kupplungen u. Gleitlager, Kran- u. Baumaschinenantriebe, Industriegetriebe, Mannesmannstr. 29, 58455 Witten, Tel. 02302-877-0, Fax 02302-88148. (KM52)

Mannesmann Rexroth Pneumatik GmbH, Bartweg 13, 30453 Hannover, Postfach 911270, 30432 Hannover, Tel. 0511-2136-0, Fax 0511-2136-269. (KM59)

MARIN „Maritime Research Institut Netherlands“, Haagsteg 2, P.O. Box 28, NL-Wageningen, Tel. 0031-8370-93911. (KM73)

MASA-YARDS OY, Information Service, Box 666, SF-20101 Turku, Tel. 00358-21-666111. (KM82)

Maschinenfabrik STROMAG GmbH, Hansastr. 120, 59425 Unna, Tel. 02303-102-0. (KM71)

Jos. L. Meyer, GmbH & Co., Postfach 1555, 26855 Papenburg, Tel. 04961-81-0. (KM72)

Motoren-Werke Mannheim Aktiengesellschaft, Carl-Benz-Str. 5, 68167 Mannheim, Postfach, 68140 Mannheim, Tel. 00621-3840, FS 062341. (KM30)

MTG Marinetechnik GmbH, Wandsbeker Königstr. 62, 22041 Hamburg, Postfach 701249, 22012 Hamburg, Tel. 040-6583-1. (KM66)

MTU Motoren- und Turbinen-Union Friedrichshafen GmbH, Olgastraße 75, 88045 Friedrichshafen, Postfach, 88040 Friedrichshafen Tel. 07541-900. (KM53)

Mützelfeldtwerft GmbH, Wolfmannstr. 2, 27472 Cuxhaven, Tel. 04721-6012-0. (KM68)

Nautischer Verein zu Hamburg, Palmaille 29 a, 22767 Hamburg. (KM55)

New Sulzer Diesel Ltd., Zürcherstr. 9, CH-8401 Winterthur, Tel. 0041-52-811122, Fax 0041-5221-30484. (KM75)

NOELL-LGA GmbH, Bonner Str. 10, 53424 Remagen-Rolandseck, Tel. 02228-15234. (KM81)

Noris-Tachometerwerk GmbH & Co, Muggenhofer Str. 95, 90429 Nürnberg, Tel. 0911-32010. (KM74)

ÖSWAG Werft Linz GmbH, Postfach 45, Hafenstr. 61, A-4010 Linz, Tel. 0043-732-7656-283 (Techn. Büro: Herr Rath), Fax 0043-732-777312. (KM74)

Reederei Claus-Peter Offen (GmbH & Co.), Bleichenbrücke 10, Kaufmannshaus, 20354 Hamburg, Tel. 040-34843-0, Fax 040-34843-170. (KM97)

Oldenburg-Portugiesische Dampfschiffs-Rhederei GmbH, Kajen 10, 20459 Hamburg, Postfach 110869, 20408 Hamburg Tel. 040-36158-0. (KM57)

Egon Oldendorff OHG, Fünfhausen 1, 23552 Lübeck, Tel. 0451-1500-0. (KM91)

Palfinger Hebetechnik GesmbH, Moosmühlstr. 1, A-5203 Köstendorf/Salzburg, Tel. 0043-6216-7660-0, Fax 0043-6216-7667. (KM94)

Peene-Werft GmbH Wolgast, Ein Unternehmen der Hegemann-Gruppe Schützenstr. 18, 17438 Wolgast, Postfach 1164, 17431 Wolgast, Tel. 03836-250-0, Fax 03836-202281, Telex 381330. (KM90)

Peterswerft Wewelsfleth GmbH & Co, Am Hafen 6, 25599 Wewelsfleth, Tel. 04829-71-1. (KM55)

Reederei B. Rickmers GmbH + Cie., Van-der-Smissen-Str. 1, 22767 Hamburg, Tel. 040-3891770, Fax 040-38917713+17 (KM97)

Reintjes GmbH, Eugen-Reintjes-Str. 7, 31785 Hameln, Tel. 05151-1040, Fax 05151-104-300, Fax 05151-104212 (Direktion) (KM67)

RELIUS COATINGS GmbH & Co. Bereich Schiffsfarben, Donnerschweer Str. 372, 26123 Oldenburg, Tel. 040-752492-20, Fax 040-752492-15 (KM55)

RENK AG, Rodder Damm 170, 48432 Rheine, Tel. 05971-7900, Telex 98167. (KM55)

Rheinhold & Mahla GmbH, Gneisenaustr. 15, 80992 München, Postfach 500560, 80975 München, Tel. 089-14998-0. (KM73)

ROM Schiffbau-Dockbautechnik, Lademannbogen 12, 22339 Hamburg, Tel. 040-53902-0, Fax 040-53902-566, Telex 211952 romsb d. (KM54)

Erich Rottmann KG, Sophienallee 24, 20257 Hamburg, Postfach 203362, 20223 Hamburg, Tel. 040-4903091, Fax 040-4916079. (KM74)

J. P. Sauer & Sohm Maschinenbau GmbH & Co., Brauner Berg 15, 24159 Kiel, Tel. 0431-394080, Fax 0431-394024 (KM98)

Schaffran Propeller Lehne & Co. GmbH & Co. KG, Bei der Gasanstalt 6–8, 23560 Lübeck, Tel. 0451-530000. (KM56)

Schaller Automation Blieskastel/Saar — Germany, Industrielle Automationstechnik KG, Industriering 14, 66440 Blieskastel, Tel. 06842-508-0. (KM96)

Schichau Seebeckwerft AG, Riedermannstr. 1, 27572 Bremerhaven, Postfach 101240, 27512 Bremerhaven, Tel. 0471-3920, Fax 0471-392239. (KM30)

Schiffahrtsgesellschaft des Vierwaldstättersees, Werftestr. 5, CH-6002 Luzern, Tel. 0041-41-3676767, Fax 0041-41-3676868. (KM55)

Schiffahrts-Verlag „Hansa" C. Schroedter & Co., Striepenweg 31, 21147 Hamburg, Postfach 920655, 21136 Hamburg, Tel. 040-7971302, Fax 040-79713214. (KM52)

Schiffbau-Versuchsanstalt Potsdam GmbH, Marquardter Chaussee 100, 14469 Potsdam, Tel. 0331-567120. (KM91)

Schiffswerft und Maschinenfabrik Cassens GmbH, II. Hafeneinschnitt, 26723 Emden, Postfach 2442, 26704 Emden, Tel. 04921-827-0. (KM92)

Schottel-Werft Josef Becker GmbH & Co. KG, Mainzer Str. 99, 56322 Spay, Tel. 02628-610. (KM69)

Felix Schuh & Co. GmbH, Wilh.-Beckmann Str. 6, 45307 Essen, Tel. 0201-275031. (KM77)

See-Berufsgenossenschaft, Reimerstwiete 2, 20457 Hamburg, Postfach 110489, 20404 Hamburg, Tel. 040-361370, Fax 040-36137770, Telex 211084 seebg d. (KM50)

Seehafen-Verlag GmbH, Nordkanalstr. 36, 20097 Hamburg, Postfach 105605, 20038 Hamburg, Tel. 040-23714-02, Fax (Anzeigenabt.) 040-23714-236. (KM70)

Siemens Aktiengesellschaft, ANL A23, Lindenplatz 2, 20099 Hamburg, Tel. 040-2889-0. (KM41)

Springer-Verlag GmbH & Co. KG, Heidelberger Platz 3, 14197 Berlin, Postfach 311340, 10643 Berlin, Tel. 030-82787-0. (KM54)

STN ATLAS Marine Electronics GmbH, Schiffselektronik, Behringstr. 120, 22763 Hamburg, Postfach 500329, 22703 Hamburg, Tel. 040-8825-0, Fax 040-8825-2253. (KM41)

SULZER Hydro GmbH, Escher-Wyss-Str. 25, 88212 Ravensburg, Postfach 1380, 88183 Ravensburg, Tel. 0751-8300, Fax 0751-832396. (KM52)

Technische Universität Berlin, Zentraleinrichtung (ZE) Versuchsanstalt für Wasserbau und Schiffbau, Müller-Breslau-Str. (Schleuseninsel), 10623 Berlin 12, Tel. 030-31184-0 Fax 030-31184-200. (KM66)

Technische Universität Hamburg-Harburg, Freie und Hansestadt Hamburg, Behörde für Wissenschaft und Forschung, Denecketr. 22, 21073 Hamburg, Tel. 040-77180-2676/77. (KM81)

The Institute of Marine Engineers, 76 Mark Lane, GB-London EC3R 7JN, Tel. 0044-71-4818493. (KM57)

The Institute of Marine Engineers (India), 1012, Maker Chamber V, Nariman Point, Bombay-400021/Indien, Tel. 0091-22-234035. (KM85)

The Royal Institution of Naval Architects, 10 Upper Belgrave Street, GB-London SW 1. (KM57)

The Society of Naval Architects and Marine Engineers, 601 Pavonia Ave., Jersey City NJ 07306-2907/USA. (KM57)

The Society of Naval Architects of Japan, 15–16, Toranomon 1 Chome, Minato-ku, Tokyo 105/Japan. (KM57)

Thyssen Nordseewerke GmbH, Am Zungenkai, 26725 Emden, Tel. 04921-851, FS 027802. (KM39)

Verband Deutscher Maschinen- und Anlagenbau e.V., Schiffbau- und Offshore-Zulieferindustrie, VDMA, Sportallee 79, 22335 Hamburg, Tel. 040-501092. (KM65)

Verband Deutscher Reeder e.V., Esplanade 6, 20354 Hamburg, Postfach 305580, 20317 Hamburg, Tel. 351661, FS 0211407. (KM50)

Verband für Schiffbau und Meerestechnik e.V., VSM, An der Alster 1, 20099 Hamburg, Tel. 040-246205, FS 0211696. (KM30)

Verein Bremer Seeversicherer e.V., Herrlichkeit 6, 28199 Bremen, Postfach 100724, 28007 Bremen, Tel. 0421-500717. (KM50)

Verein der Schiffs-Ingenieure zu Hamburg e.V., Gurlittstr. 32, 20099 Hamburg, Tel. 040-2803883. (KM78)

Verein Deutscher Eisenhüttenleute VDEh, Sohnstr. 65, 40237 Düsseldorf, Postfach 105145, 40042 Düsseldorf, Tel. 0211-67070, Fax 0211-6707310. (KM52)

Verein für Europäische Binnenschiffahrt und Wasserstraßen e.V., Haus Rhein, Dammstr. 15–17, 47119 Duisburg, Tel. 0203-80006-0. (KM78)

Versuchsanstalt für Binnenschiffbau e.V., Klöcknerstr. 77, 47057 Duisburg, Tel. 0203-993690. (KM86)

Voith Hydro GmbH & Co.KG, Schiffstechnik, Paul Hartmann Str. 4, 89522 Heidenheim, Postfach 1925, 89509 Heidenheim, Tel. 07321-37-0, Fax 07321-377105. (KM33)

Voith Turbo GmbH & Co. KG, Voithstr. 1, 74564 Crailsheim, Postfach 74555 Crailsheim, Tel. 07951-32-0. (KM84)

VULKAN Kupplungs- und Getriebebau, Bernhard Hackforth GmbH & Co. KG., Heerstr. 66, 44653 Herne, Tel. 2325-9220. (KM67)

Wilckens Farben GmbH, Schmiedestr. 10, 25348 Glückstadt, Postfach 1160, 25342 Glückstadt, Tel. 04124-6060, Fax 04124-1537(KM98)

ZF Marine GmbH, Ehlersstr. 50, 88046 Friedrichshafen, Postfach 2520, 88038 Friedrichshafen, Tel. 07541-770, FS 0734338. (KM56)

Verzeichnis der Vortragenden und Diskussionsredner

(Fett gedruckt sind die Vortragstitel und die Namen der Verfasser)

Abdel-Maksoud, M.		
Brandt, H.		
Hochkirch, K.		
Fröhlich, M.	**Leistungsanalysen für das Segeldynamometer**	543
Abels, F.	Ausbildung des Nachwuchses	485
Abels, F.	Abstimmung über F+E-Vorhaben	485
Abels, F.	Untere Grenze der Systemfähigkeit	485
Abels, F.	Wachstumspotential	496
Abels, F.	Kostenanteile von W+F und Schiffstechnik	496
Abels, F.	Weltweiter Transport von U 212	504
Abels, F.	Abwehr von Hubschraubern	504
Abels, F.	Druckfestes Schott	504
Abels, F.	Ergänzungen für Fregatten und Uboote	504
Abicht, W.	Werden Berechnungen zur Grundberührung von Schiffen in Regelwerken berücksichtigt?	370
Abicht, W.	Längsfestigkeit bei Flutung von zwei Abteilungen	458
Abicht, W.	**Double Hull Bulkers for the Carriage of Cargo which may Liquefy**	477
Ackermann, G.	Datensammlung zur Zuverlässigkeit von Anlagen	340
Andersen, P.		
Vaupel, G.	**Reduzierung der Netzrückwirkungen durch innovative Stromrichtertechnik**	165
Asmussen, I.		
Cabos, C.		
Jokat, J.	**Anwendung der Noise-FEM auf die Körperschallausbreitung auf Schiffen**	391
Aue, D.		
Graf, K.	**Experimentelle und numerische Strömungsuntersuchungen mit Segelyachtmodellen**	535
Bach, F.-W.		
Haferkamp, H.		
Netuschil, M.		
Versemann, R.	**Plasmaschmelzschneiden von Schiffbauteilen**	437
Bachem, H.		
Dilthey, U.		
Reisgen, U.	**Leistungssteigerung bei mechanisierten Schutzgasschweißverfahren**	427
Bakenhus, J.		
Sadler, K.-O.	**Von der Fregatte Klasse 120 zur Fregatte Klasse 124**	487
Becker, H.-M.		
Harms, P.	**Störquellen und Störsenken im Bereich hochfrequenter Netz-Rückwirkungen und Merkmale eines EMV-gerechten Netzes**	127
Bergande, M.	**LNG-Transport per Binnenschiff**	287
Bertram, V.	**Vergleich verschiedener 3D-Verfahren zur Berechnung des Seeverhaltens von Schiffen**	594
Bessert, N.		
Schoop, H.		
Taenzer, L.	**Stand der Computersimulation für flexible Riggs von Segelyachten**	530
Beyer, M.	Berücksichtigt das CAD-System die Schweißschrumpfung automatisch?	520
Beyer, M.	Welche Parameter werden bei der Berechnung des Schweißvorganges berücksichtigt?	520
Beyrodt, M.		
Brünner, E.	**Einführung einer integrierten CAD/CAM-Lösung für die Konstruktion und Fertigung von Lukenabdeckungen**	507

Böckenhauer, M.		
Jost, A.		
Schulte, J.	**Zukünftige Genehmigungsprozeduren**	111
Böckenhauer, M.	Vergleich der „Substruktur-Methode" mit FE-Programm DYNA 3D	351
Böckenhauer, M.	Berücksichtigung von Kollisionsberechnungen bei der Lecksicherheit	351
Böckenhauer, M.	Definition des Meeresgrundes als Kollisionsgegner	370
Böckenhauer, M.	Einführung der Grundberührung in Regelwerke	370
Böckenhauer, M.		
Lehmann, E.		
Fricke, W.		
Hansen, H.-J.	**Festigkeitsaspekte von Massengutschiffen**	447
Böckenhauer, M.	Erhöhte Korrosions- und Abnutzungszuschläge bei Bulkern	458
Bohle-Carbonell, M.	**Das fünfte Rahmenprogramm der Europäischen Union — Neue Zugänge zur Forschungslandschaft**	297
Bohle-Carbonell, M.	Körperschallausbreitung zur Produktionskontrolle	396
Bohlmann, B.	**Entwurf der Stahlstruktur unter Benutzung neuer Dimensionierungsmethoden**	84
Borchert, M.		
Ritterhoff, J.	**Uboote Klasse 212**	499
Brandt, H.		
Hochkirch, K.		
Abdel-Maksoud, M.		
Fröhlich, M.	**Leistungsanalysen für das Segeldynamometer**	543
Breyer, H.	Fragebogen für Lotsen in Englisch und Deutsch	340
Breyer, H.	Festlegung von „Fuel Classes" für Haupt- und Hilfsanlagen	340
Breyer, H.	Wirkung des Tiefenruders bei Schleichfahrt	505
Breyer, H.	Propellerverhalten bei Schleppen	505
Brockmann, W.	Wirtschaftlichkeitsrechnungen auch für Trampfschiffe erforderlich	473
Brünner, E.		
Beyrodt, M.	**Einführung einer integrierten CAD/CAM-Lösung für die Konstruktion und Fertigung von Lukenabdeckungen**	507
Bühr, W.	**Einleitung**	75
Cabos, C.		
Asmussen, I.		
Jokat, J.	**Anwendung der Noise-FEM auf die Körperschallausbreitung auf Schiffen**	391
Conradi, T.	**Einfluß veränderter Randbedingungen auf den Yachtentwurf**	521
Cura Hochbaum, A.	**Berechnung viskoser Schiffsumströmungen**	183
Dilthey, U.		
Reisgen, U.		
Bachem, H.	**Leistungssteigerung bei mechanisierten Schutzgasschweißverfahren**	427
Dobinsky, H.	Kostenvergleich Schiene — Kabel	404
Duge, R.	**Integrierte Kühlcontainer im Laderaum von Containerschiffen**	51
Egge, E. D.		
Scharrer, M.	**Untersuchungen zum Kollisionswiderstand von RoRo-Schiffen**	343
Erhardt, R.	**Kriterien für die Entwicklung moderner Schiffsdieselmotoren**	309
Fabarius, H.	Roll-Stabilität	497
Fach, K.	**Yachtentwurf aus der Sicht einer Klassifikationsgesellschaft**	557
Fahrbach, J.	**Entwurf von Container-Feederschiffen und Variation bezüglich Wirtschaftlichkeit des Einsatzes auf ausgewählten Routen**	276
Fetzberger, T.	Schienensystem zur Energieversorgung auf Passagierschiffen	404
Feyand, G.		
Harms, P.	**EMV-Anforderungen und Prüfungen an Geräten**	141
Fischer, G.	Prozentsatz des menschlichen Versagens an Störfällen	341

Flemming, A.
Schnier, H. **Netzqualität in Bordnetzen mit diesel-elektrischer Fahranlage ohne Filterkreise** 157
Fricke, W.
Lehmann, E.
Böckenhauer, M.
Hansen, H.-J. **Festigkeitsaspekte von Massengutschiffen** 447
Fricke, W.
Nagel, R. **Entwurf, Konstruktion und Wirtschaftlichkeit von Doppelhüllen-Massengutschiffen** 461
Fröhlich, M. **Stabilität und Bewegungsverhalten eines Koppelsystems von verankertem Schwimmponton und Transportshuttle** 240
Fröhlich, M.
Brandt, H.
Hochkirch, K.
Abdel-Maksoud, M. **Leistungsanalysen für das Segeldynamometer** 543
Gallin, C. Quantifizierung des Vorteils bei weiterentwickelten Motoren 314
Gallin, C. Turbolader mit „Variable-Multi-Pulse"-Verfahren 323
Giuffrida, M.
Rieckmann, M. **Netzgestaltung zur Minimierung von Störauswirkungen auf Niederspannungsnetze am Beispiel „Costa Victoria"** 150
Göhr, L.
Hinrichsen, H. **Offshore Öl- und Gasinstallationen, Verbesserung der Sicherheit durch Zertifizierung** 232
Götze, H.-J.
Hadler, C.
Krapp, R. **Zukünftige Anforderungen an die Abgasemission von Schiffsdieselmotoren — Grenzwerte, Einführung, Nachweis** 301
Gollnast, W.
Pampel, R. **Neue Entwicklungen im Hebezeugbau zur Verkürzung der Schiffsliegezeiten im Hafen und zur Beschleunigung des Containerumschlages** 264
Graf, K. U.
Aue, D. **Experimentelle und numerische Strömungsuntersuchungen mit Segelyachtmodellen** 535
Großmann, G. Grenzwert für CO_2-Emission 307
Haasis, M. **Kinematik-Untersuchungen an einem 5,70 m langen Freifall-Rettungsboot** 264
Hadler, C.
Götze, H.-J.
Krapp, R. **Zukünftige Anforderungen an die Abgasemission von Schiffsdieselmotoren — Grenzwerte, Einführung, Nachweis** 301
Haferkamp, H.
Bach, F.-W.
Netuschil, M.
Versemann, R. **Plasmaschmelzschneiden von Schiffbauteilen** 437
Hansen, H.-J.
Lehmann, E.
Böckenhauer, M.
Fricke, W. **Festigkeitsaspekte von Massengutschiffen** 447
Harms, P.
Becker, H.-M. **Störquellen und Störsenken im Bereich hochfrequenter Netz-Rückwirkungen und Merkmale eines EMV-gerechten Netzes** 127
Harms, P.
Feyand, G. **EMV-Anforderungen und Prüfungen an Geräten** 141

Harries, S. Käther, B.-L.	Rechnererzeugte Propellergeometrien	105
Henschel, G. Meier-Peter, H. Ritterhoff, J. Wragge, F.	Ergebnisse einer Studie zur Erhöhung der Zuverlässigkeit von Vortriebs- und Manövrieranlagen	325
Henße, J. Junglewitz, A. Müller, V.	Messung der Wandschubspannung mittels Heißfilmtechnik an einem Schiffsmodell	195
Herold, H. Hinrichs, A. Zahariev, S.	UP-Senkrechtschweißen mit horizontaler Elektrodenzuführung	417
Heydebrand, E. von, Saeger, H.	Erhalt der Systemfähigkeit im deutschen Marineschiffbau in Behörde und Industrie	483
Hinrichs, A. Herold, H. Zahariev, S.	UP-Senkrechtschweißen mit horizontaler Elektrodenzuführung	417
Hinrichsen, H. Göhr, L.	Offshore Öl- und Gasinstallationen, Verbesserung der Sicherheit durch Zertifizierung	232
Hochhaus, K.-H.	Kühlschiffe, Analyse der derzeitigen weltweiten Kühlschiffsflotte	11
Hochhaus, K.-H. Wild, Y.	Kühlcontainerschiffahrt mit Porthole- und CA-Kühlcontainern	41
Hochkirch, K. Brandt, H. Abdel-Maksoud, M. Fröhlich, M.	Leistungsanalysen für das Segeldynamometer	543
Höpfner, R.	Entwurf eines modularen Deckshauses und Konzeption für seine Fertigung	88
Isay, W.-H.	Modellierung von Zwei-Phasen-Strömungen zur Behandlung von Kavitationsproblemen	594
Jensen, G.	Aktuelle Entwicklungen zum Numerischen Tank — Auswirkungen auf den Entwurfsprozeß	90
Jokat, J. Asmussen, I. Cabos, C.	Anwendung der Noise-FEM auf die Körperschallausbreitung auf Schiffen	391
Jost, A. Böckenhauer, M. Schulte, J.	Zukünftige Genehmigungsprozeduren	111
Junglewitz, A. Henße, J. Müller, V.	Messung der Wandschubspannung mittels Heißfilmtechnik an einem Schiffsmodell	195
Kaeding, P.	Ein Ansatz zum Abgleich von Fertigungs- und Widerstandsaspekten beim Formentwurf	272
Käther, B.-L. Harries, S.	Rechnererzeugte Propellergeometrien	105
Kahnfeld, A. Wild, W. Schilf, M. Krüger, P. Kahnfeld, M.	Automatischer Schweißtraktor für die Sektionsstöße	409

Kahnfeld, M.		
Wild, W.		
Schilf, M.		
Krüger, P.		
Kahnfeld, A.	**Automatischer Schweißtraktor für die Sektionsstöße**	409
Lieberich, E.-A.,		
Kallbach, B.	**Die Alternative: Integrierte Einheiten zur Energieverteilung**	399
Keil, H.	**Georg P. Weinblum**	579
Klante, H.	Drehzahlabhängiger Grenzwert für No_x	307
Kleine, U.	**Entwurf eines schnellen unkonventionellen Einrumpf-Fährschiffes**	278
Körner, A.		
Vaupel, G.	**Theoretische Erwartungen und Simulation von Netzrückwirkungen**	119
Kracht, A.	**Propeller und Ruder als Propulsionsorgan**	601
Krapp, R.		
Götze, H.-J.		
Hadler, C.	**Zukünftige Anforderungen an die Abgasemission von Schiffsdieselmotoren — Grenzwerte, Einführung, Nachweis**	301
Kringel, H.	Automatische Anpassung der Schweißparameter	425
Kringel, H.	Schweißung von Blockstößen bei Plattenstärken 7–10 mm	425
Kringel, H.	Kehlnähte bei Plattenstärken von 4–5 mm	436
Krüger, P.		
Wild, W.		
Schilf, M.		
Kahnfeld, A.		
Kahnfeld, M.	**Automatischer Schweißtraktor für die Sektionsstöße**	409
Krüger, S.	**Moderne hydrodynamische Entwurfsmethoden in der Werftpraxis**	77
Kuhlmann, N.	**Konzept zum Ersatz langsamlaufender Dieselmotoren durch moderne Mittel- oder Schnelläufer auf Binnenschiffen, insbesondere am Beispiel des TMS „EILTANK 230"**	251
Kuhn, H.	**EMV-Gesetzgebung für die Schiffahrt (EMVG, CE-Zeichen)**	137
Kulzep, A.		
Lehmann, E.		
Peschmann, J.	**Grundberührung von Schiffen**	355
Laudan, J.	**Untersuchung der wandnahen Strömung**	187
Lehmann, D.	**Kühlschiffe mit hoher Geschwindigkeit**	19
Lehmann, E.		
Peschmann, J.		
Kulzep, A.	**Grundberührung von Schiffen**	355
Lehmann, E.	Äußere Form der Schweißnähte	426
Lehmann, E.		
Böckenhauer, M.		
Fricke, W.		
Hansen, H.-J.	**Festigkeitsaspekte von Massengutschiffen**	447
Lorenz, K.	Typprüfung des Stromschienensystems	404
Meier, K.-M.	**Beitrag zur Entwicklung eines Integrierten Navigationssystems für die Binnenschiffahrt**	291
Meier-Peter, H.	**Der Entwurf der Maschinenanlage und sein Einfluß bei der Projektierung von Schiffen**	114
Meier-Peter, H.		
Henschel, G.		
Ritterhoff, J.		
Wragge, F.	**Ergebnisse einer Studie zur Erhöhung der Zuverlässigkeit von Vortriebs- und Manövrieranlagen**	325

Mewis, F.	**Zur Geschichte des Fachausschusses „Schiffshydrodynamik" der Schiffbautechnischen Gesellschaft e.V.**	571
Möller, P. **Röhr, U.**	**Elastische Schiffskörperschwingungen in begrenztem Fahrwasser**	373
Mühlbacher, W.	**Entwurf und Konstruktion eines flachgehenden Elbe Container-Binnenschiffes**	284
Müller, V. **Junglewitz, A.** **Henße, J.**	**Messung der Wandschubspannung mittels Heißfilmtechnik an einem Schiffsmodell**	195
Müller, W.	Stabilisierung verflüssigter Kupferkonzentratladung	481
Mundt, S. H. **Reinecke, H.**	**Anpassung von Prüfverfahren an den modernen Schiffbau:** **Teil 1: Reengineering von Abnahmeprozeduren: Vom Kosten-Faktor zum Nutzen-Faktor für den Reeder** **Teil 2: Weiterentwicklung von Prüfverfahren bei Arbeitsteilung zwischen Hersteller und Klassifikationsgesellschaft**	405
Nagel, J. **Vogt, R.** **Schlemmer-Kelling, U.**	**Modernes Motormanagement — Ein Baustein für zuverlässige emissionsarme Schiffsdieselmotoren**	317
Nagel, J.	Aufschlüsselung des menschlichen Versagens	341
Nagel, R. **Fricke, W.**	**Entwurf, Konstruktion und Wirtschaftlichkeit von Doppelhüllen-Massengutschiffen**	461
Netuschil, M. **Bach, F.-W.** **Haferkamp, H.** **Versemann, R.**	**Plasmaschmelzschneiden von Schiffbauteilen**	437
Nissen, P.	Kraftstoffverbrauchs- oder Emissionsoptimierung	314
Nowacki, H.	**Beschreibung, Bewertung und Verbesserung von Schiffsformen**	586
Oertel, A.	**Untersuchung der Redundanzverhältnisse von Schiffsmaschinenanlagen**	253
Pampel, R. **Gollnast, W.**	**Neue Entwicklungen im Hebezeugbau zur Verkürzung der Schiffsliegezeiten im Hafen und zur Beschleunigung des Containerumschlages**	246
Peschmann, J. **Lehmann, E.** **Kulzep, A.**	**Grundberührung von Schiffen**	355
Petersen, U.-K.	Erkennbarkeit bei Informationsabgabe	505
Petershagen, H.	Breite der Doppelhülle für Besichtigung	473
Petershagen, H.	Innenboden bei Greiferbetrieb	473
Planitz, W. **Schild, W.**	**Netzgestaltung mit Duplex-Drosseln**	173
Planitz, W.	Umschaltbare Emissions-/Verbrauchsoptimierung	323
Pohl, R.	**Das Naßschweißen als Instandsetzungsmaßnahme — Festigkeitsprüfung unter Wasser geschweißter Rohrverbindungen**	223
Postel, H.	**Über das Stabilitätsverhalten der Bremer Hansekogge von 1380**	207
Reinecke, H. **Mundt, S. H.**	**Anpassung von Prüfverfahren an den modernen Schiffbau:** **Teil 1: Reengineering von Abnahmeprozeduren: Vom Kosten-Faktor zum Nutzen-Faktor für den Reeder** **Teil 2: Weiterentwicklung von Prüfverfahren bei Arbeitsteilung zwischen Hersteller und Klassifikationsgesellschaft**	405

Reisgen, U.		
Dilthey, U.		
Bachem, H.	**Leistungssteigerung bei mechanisierten Schutzgasschweißverfahren**	427
Renk, B.	**„Kühlcontainer" — Prinzip, Betrieb und landseitiger Service**	61
Rieckmann, M.		
Giuffrida, M.	**Netzgestaltung zur Minimierung von Störauswirkungen auf Niederspannungsnetze am Beispiel „Costa Victoria"**	150
Ritterhoff, J.	Emissionsgrenzen für Gasturbine, Dampfkessel, Brennstoffzelle	307
Ritterhoff, J.	Konkurrenz Diesel / Brennstoffzelle	314
Ritterhoff, J.		
Henschel, G.		
Meier-Peter, H.		
Wragge, F.	**Ergebnisse einer Studie zur Erhöhung der Zuverlässigkeit von Vortriebs- und Manövrieranlagen**	325
Ritterhoff, J.		
Borchert, M.	**Uboote Klasse 212**	499
Röhr, U.		
Möller, P.	**Elastische Schiffskörperschwingungen in begrenztem Fahrwasser**	373
Rodermund, S.	**Schiffskälteanlagen nach der FCKW-Verordnung**	32
Sadler, K.-O.		
Bakenhus, J.	**Von der Fregatte Klasse 120 zur Fregatte Klasse 124**	487
Saeger, H.		
Heydebrand, E. von	**Erhalt der Systemfähigkeit im deutschen Marineschiffbau in Behörde und Industrie**	483
Scharrer, M.		
Egge, E. D.	**Untersuchungen zum Kollisionswiderstand von RoRo-Schiffen**	343
Schild, W.		
Planitz, W.	**Netzgestaltung mit Duplex-Drosseln**	173
Schilf, M.		
Wild, W.		
Krüger, P.		
Kahnfeld, A.		
Kahnfeld, M.	**Automatischer Schweißtraktor für die Sektionsstöße**	409
Schlemmer-Kelling, U.	Anerkennung von Emissionszertifikaten	307
Schlemmer-Kelling, U.		
Vogt, R.		
Nagel, J.	**Modernes Motormanagement — Ein Baustein für zuverlässige emissionsarme Schiffsdieselmotoren**	317
Schnier, H.		
Flemming, A.	**Netzqualität in Bordnetzen mit diesel-elektrischer Fahranlage ohne Filterkreise**	157
Schoop, H.		
Bessert, N.		
Taenzer, L.	**Stand der Computersimulation für flexible Riggs von Segelyachten**	530
Schulte, J.		
Böckenhauer, M.		
Jost, A.	**Zukünftige Genehmigungsprozeduren**	111
Schulz-Heimbeck, A.	**FEM-Festigkeitsuntersuchungen im Heckbereich einer Waterjet-Passagierfähre**	261
Schulze, R.	**Globale Optimierung von Propellern**	97
Schwanecke, H.	Theoretische Grundlagen der Noise-FEM	396
Sharma, S. D.	**Schiffswellen bei transkritischer Fahrt**	585
Söding, H.	**Unsymmetrische Katamarane und andere Mehrrumpfschiffe**	580
Strobel, C.	**Kühlschiffe der Zukunft**	25
Strobel, C.	Querspantenbauweise für Doppelhüllenbulker	474

Taenzer, L.		
Schoop, H.		
Bessert, N.	**Stand der Computersimulation für flexible Riggs von Segelyachten**	530
Tinschmann, G.	**Auslegung von Ballastwassertanks zur Kühlwasserwärmeabfuhr für Schiffe in der Eisfahrt**	256
Tröller, R.	**Experimentelle Untersuchungen an SWATH-Varianten**	269
Vaupel, G.		
Körner, A.	**Theoretische Erwartungen und Simulation von Netzrückwirkungen**	119
Vaupel, G.		
Andersen, P.	**Reduzierung der Netzrückwirkungen durch innovative Stromrichtertechnik**	165
Versemann, R.		
Bach, F.-W.		
Haferkamp, H.		
Netuschil, M.	**Plasmaschmelzschneiden von Schiffbauteilen**	437
Vogt, R.		
Schlemmer-Kelling, U.		
Nagel, J.	**Modernes Motormanagement — Ein Baustein für zuverlässige emissionsarme Schiffsdieselmotoren**	317
Weichert, A.	**Vorteile und Probleme des Kühltransportes von Früchten mit Kühlschiffen aus der Sicht des Importeurs**	1
Westram, A.	Besichtigung und Wartung von Bulkern	485
Wild, W.		
Schilf, M.		
Krüger, P.		
Kahnfeld, A.		
Kahnfeld, M.	**Automatischer Schweißtraktor für die Sektionsstöße**	409
Wild, W.	Tandem-Lichtbogen-Sensor für Stumpfnähte geeignet?	436
Wild, Y.		
Hochhaus, K.-H.	**Kühlcontainerschiffahrt mit Porthole- und CA-Kühlcontainern**	41
Wild, Y.	**Überblick über den aktuellen Stand bei der Kühlcontainer-Fernüberwachung (Remote Reefer Monitoring)**	68
Wischmann, T.	Notwendigkeit von FuE	486
Woisin, G.	Kritikpunkte und Möglichkeiten zur Weiterentwicklung von DYNA 3D	351
Woisin, G.	Auswirkungen der Masse des Ballastwassers und des umgebenden Wassers bei Kollision	370
Woisin, G.	Energieumwandlungen bei Kollision und Grundberührung	370
Woisin, G.	Festigkeit des Innenbodens im Greiferbetrieb	474
Wragge, F.		
Henschel, G.		
Meier-Peter, H.		
Ritterhoff, J.	**Ergebnisse einer Studie zur Erhöhung der Zuverlässigkeit von Vortriebs- und Manövrieranlagen**	325
Wragge, F.	Sicherheitsvergleich Schiene — Kabel	404
Zahariev, S.		
Herold, H.		
Hinrichs, A.	**UP-Senkrechtschweißen mit horizontaler Elektrodenzuführung**	417
Ziegler, F.	Klassifizierung der Meßwerterfassung für das Motormanagement	323
Zöllner, J.	**Nautische Modellversuche zur Bestimmung der benötigten Fahrspurbreite von Schiffen bei der Durchfahrt einschiffiger Trogbrücken**	201

Schrifttum der STG

Die Geschäftsstelle hält nachstehendes Fachschrifttum vorrätig, das größtenteils von unseren Mitgliedern im Rahmen der Fachausschüsse der Gesellschaft erarbeitet wurde. Bestellungen richten Sie bitte an die Geschäftsstelle der STG, Lämmersieth 72, 22305 Hamburg.

STG-Nr.	STG-Schrifttum (Stand 1998)	DM
1001	75 Jahre Schiffbautechnische Gesellschaft e.V. 1899–1974. Ein Überblick über die Entwicklung des Schiffbaus in 8 Jahrzehnten und die Geschichte der STG. Ganzleinen, reich bebildert	45,–
1002	Namen- und Sachverzeichnis der Vorträge und Beiträge der Jahrbücher 1900–1968 einschließlich Nachträge bis 1978	20,–
1003	Nachtrag zum Namen- und Sachverzeichnis 1969–1973	5,–
1004	Nachtrag zum Namen- und Sachverzeichnis 1974–1978	6,–
2201	Bauliche Maßnahmen gegen Schiffslärm, 1963, mit Ergänzungsblatt vom Dezember 1966 (Diese Richtlinie soll überarbeitet werden.)	11,–
2215	Richtlinien für Korrosionsschutz für Schiffe und Seebauwerke, Teil I „Schiff, Seebauwerk und Ausrüstung – Neubau", 3. Ausgabe (1998)	39,–
2216	STG-Datenblatt für Beschichtungsstoffe, 1. Ausgabe 1994	10,–
2203	Richtlinien für Korrosionsschutz für Schiffe und Wasserfahrzeuge, Teil II „Apparate, Rohrleitungen, Armaturen", 1976	7,–
2220	Richtlinien für Prüfung und Beurteilung der Verträglichkeit von Unterwasserbeschichtungssystemen für Schiffe und Seebauwerke mit dem kathodischen Korrosionsschutzverfahren, 1. Ausgabe 1988	18,–
2221	Richtlinien für Korrosionsschutz für Schiffe und Seebauwerke, Teil III „Instandhaltung von Korrosionsschutz-Systemen", 1. Ausgabe (1992)	25,–
2222	Richtlinie Definition von Reinheitsgraden für das Druckwasserstrahlen – ohne Zusatz fester Strahlmittel – von korrodierten oder beschichteten Stahloberflächen – bei verschiedenen Ausgangszuständen 1. Ausgabe (1992) deutsche und englische Fassung, je	120,–
2204	„Umweltgestaltung an Bord von Schiffen" – FA Schiffsentwurf und Schiffssicherheit, FA Schiffsmaschinenwesen, Sektion Schiffahrtsmedizin der Deutschen Gesellschaft für Verkehrsmedizin, 1971/1	5,–
2206	FA Schiffsentwurf und Schiffssicherheit, Sektion Schiffahrtsmedizin der Deutschen Gesellschaft für Verkehrsmedizin und Vereinigung der Deutschen Schiffs-Ingenieure zu Hamburg e.V., Bericht 1975	46,–
2208	FA Schiffshydrodynamik, Vorträge 1976	5,–
2211	FA Konstruktion und Festigkeit von Schiffen – Datensammlung zur effektiven Breite isotroper Platten, 1982	16,–
2212	FA Konstruktion und Festigkeit – Praktische Probleme der Konstruktion und Festigkeit von Schiffen sowie meerestechnischer Bauwerke, 1982	18,–
3001	Das Internationale Einheitensystem (Söding), 1974	5,–
3002	„Meerwasser-Korrosion", Vorträge 1983	24,–
3005	Vorträge des STG-Sprechtages „Hochseeyachten", 1990 (u.a. über Yachtbau, Yachtsegel, Kunststoffe, Modellierung, Bordmeßsysteme)	35,–
3007	Vorträge des „International Symposium on Propulsors and Cavitation" von STG/HSVA, Juni 1992	50,–
3008	wie vor, Ergänzungsband (mit Diskussionsbeiträgen)	10,–

Alle vorstehenden Veröffentlichungen inkl., 7 % MWSt, zuzüglich Versandkosten

STG-Nr.	STG-Schrifttum (Stand 1998)	DM
3006	DKMM-Symposium „Sensor- und Meßtechnologie in Meeresforschung und Meerestechnik", April 1991 – Tagungsband – zuzügl. Versandkosten	30,–
3009	DKMM-Symposium „Maritime Umwelttechnik – Mariner Umweltschutz", April 1993 – Tagungsband – zuzügl. Versandk.	25,–

STG-Mitgliedsbeiträge (Stand 1. Januar 1998)

Persönliche Mitglieder	mit Jahrbuch	DM	170,–
Persönliche Mitglieder	ohne Jahrbuch	DM	90,–
Studenten	mit Jahrbuch	DM	75,–
Studenten	ohne Jahrbuch	DM	25,–
Korporative Mitglieder		DM	1000,–

Druck (computer to plate): Mercedes-Druck, Berlin
Verarbeitung: Buchbinderei Lüderitz & Bauer, Berlin